Gesamtverzeichnis des deutschsprachigen Schrifttums (GV) 1700 – 1910

Bearbeitet unter der Leitung von
Hilmar Schmuck und Willi Gorzny
Bibliographische und redaktionelle Beratung:
Hans Popst und Rainer Schöller

34

Epk - Er

K · G · Saur München · New York · London · Paris 1981

CIP-Kurztitelaufnahme der Deutschen Bibliothek

Gesamtverzeichnis des deutschsprachigen Schrifttums :
(GV). – München, New York, London, Paris : Saur.
Bd. 1 – 6 bearb. unter d. Leitung von Peter Geils
u. Willi Gorzny.
ISBN 3-598-30000-X

1700 – 1910 / bearb. unter d. Leitung von Hilmar
Schmuck u. Willi Gorzny. Bibliograph. u. red.
Beratung: Hans Popst u. Rainer Schöller

NE: Schmuck, Hilmar [Bearb.]

34. Epk - Er - 1981.

Techn. Realisierung und Druck: Norbert Gärtner, Mainz-Kastel
Binden: Karl Schaumann, Darmstadt
Printed in the Federal Republic of Germany
ISBN 3-598-30000-X (Gesamtwerk)

Epkema, Ecconis, Poëmata. 8 maj. (9 B.) Lugd. Bat., Luchtmans 827. (Lipsiae, Weigel.)

Epkema, Petr., Epistola critica de oratione prima in Catilinam frustra a Cicerone abjudicata. gr. 8. (102 S.) Amsterdam 857, (J. Müller.) *

Eplen v. Härtenstein, Jos. Frz. Xav., s.a. E p p l e n.

— s. Abhandl. über d. Frage: In wiefern d. Miether rc.

Eplen v. Härtenstein, Jos. Frz. Xav., prakt. Anleit. zu Einrichtung der Archive u. Registraturen. 8. Frkf. 805. Jäger. 6 xr

— s.a. G e s c h i c h t e d. Landeshoheitsstreitigkeiten.

(Eplen v. Hartenstein, Jos. Fr. X.): Geschichte d. Landeshoheitsstreigkeiten u. Grundsätze, nach welchen diese beurtheilt werden müssen. *Ulm*, Stettin. B. 795. 8. (8 Gr.)

— üb. das Princip d. deutschen Territorialverfassung, eine Widerlegung der Schrift Zachariäs: Geist d. deutschen Territorialverfassung. 8. Frankf. 803. Jäger. 18 xr

Eplinius, A., Hamburger Theaterzustände. Vortrag, geh. i. d. öffentl. Mitgliederversammlung d. Vereins z. Hebg. d. öffentl. Sittlichkeit z. Hamburg am 24. Jan. 1895. gr. 8. (31 S.) Hamburg 895. Herold's Verl. n. — 50

Epner, Karl

Geschichte des Ulanen-Regiments Grossherzog Friedrich von Baden ⟨Rheinisches⟩ Nr. 7. 1734–1815–1902. Auf Befehl d. Regimentskommandeurs neubearb. u. fortgeführt von **Epner**, Rittm. Mit Ill. von Richard Knötel u. Ernst Zimmer, sowie e. Heliograv. nach e. Gemälde von Prof. Carl Röchling. *Berlin: G. Stilke 1902.* (151 S.) 8° [ ] [illegible]

Geschichte des Ulanen-Regiments Großherzog Friedrich von Baden ⟨Rheinisches⟩ Nr. 7 von [Karl] **Epner**. 2., ... neubearb. u. fortgeführte Aufl. von [Karl] Braun, Lt. im Regiment. Mit zahlr. Abb. ... Berlin: Stilke 1909. 322 S. 8° [illegible]

Epochae Habsburgo-Austriacae Mariae Theresiae. Viennae 1762. V: *Pelichyet Turksweert, Th. L. B. de.* (NYHOFF 274/458) (BIBLPORT)

Epoche, die wichtigste, in d. Chronik d. Pirizitten, gr. 8. Wien 789. Trattner. 5 xr

Epochen, Die beiden vornehmsten, des türkischen Reichs, und Munameds des Zweyten und Muhameds des Vierten Regierung. Gera 1789. V: *Heinse, Gottlob Heinrich.* (MGT)

Epochen, die beiden vornehmsten, des türkischen Reichs unter Muhamed d. II. Regierung. 8. Gera 789. Rothe. 18 xr (A. u. d. T.: Geschichte zweier d. berühmt. deutschen Kaiser, Muhammed II. u. Muhammed IV.)

Epoden. O. O. 1785; Satir. Gedichte. Halberst. 1795. V: *Gleim, Johann Wilhelm Ludwig.* (GGr) »Berlin 1792« (Körte, Gleim. Halb. 1811) (MGT)

Epoques raisonnées sur la vie d'Albert de Haller. Leipz. 1778. V: *Lanzberg, Max Graf.* (EB)

* Epoux, les, avant le mariage, ou ils sont chez eux, Opéra comique en un Acte, par Désaugiers. gr. 8. Rudolst. Hofbuchh. 810.

Epp, Heinrich, Kirchenältester der Mennonitengemeinde zu Chortitza. Leipzig 1897

Epp, Die entsiegelte Weissagung Daniels und Deutung der Offenbarung Johannes

Epp, D. H., Die Memriker Ansiedlung. Zum 25jähr. Bestehen derselben im Herbst 1910. Als Beilage einer Karte des Memriker Landes. 96 S. Berdjansk: Verlag der Buchh. J. Warkentin

Epp, D. H., Johannes Cornies. Züge aus seinem Leben und Wirken. — Echo-Verlag in Rosthern/Sask., Canada

Epp, D. H.: Die Chortitzer Mennoniten. Versuch einer Darstellung des Entwicklungsganges derselben. — Rosenthal bei Chortitz[a]: Selbstverl. 1889. VII, 195 S.

Epp, E., vom Dorf und aus der Stadt. Sätze und Aufsätze, Sprüche und kleine Geschichten. gr. 8. (VI, 428 S.) Mannheim 886, Löffler. *

Epp, F.: Rio Grande do Sul oder Neudeutschland. — Mannheim: Bender 1864. IV, 124 S.

Epp, F., Schilderungen aus Ostindiens Archipel. M. (7) Abbildn., u. 1 Karte. gr. 8. (14 B.) Heidelberg 841, J. Ch. B. Mohr.

Epp, F., Schilderungen aus Holländisch-Ostindien. gr. 8. (IX und 490 S.) Heidelberg [und Leipzig] 852, Winter'sche Vrlgsh. *

Epp, F., Seelen-Kunde. gr. 8. (VI und 76 S.) Mannheim 866, Schneider.

Epp, Franz Xaver:

— Abhandl. von d. Magnetismus der natürl. Elektricität. gr. 8. München 777. Lentner. 12 xr

— Abhandl. von d. Zusammenhang der Theile in den Körpern, u. dem Anhang der flüssigen Materien an die soliden, mit 4 Kpf. 4. München, (G. Franz). 16 xr

— s. Ephemeriden, meteorologische.

Epp, Frz. Xav., († d. 25. Dec. 1789.) problemata electrica publicae disputationi proposita, c. fig. 8. Münch. 773. Lentner. 8 xr

— Rede über den sogenannten Heerrauch, welcher 1783 in ganz Europa erschienen ist. 4. München 787. Lentner. 3 xr (bei Franz das.) 5 xr

— über d. Schweremaß u. eine neue Art v. Barometer, mit 5 Kpf. 4. München, (G. Franz). 9 xr

Eppan-Penegal, O., ist die Kultur e. Fluch oder ein Segen? Ein Beitrag zur Lebenskunst. (208 S.) 8. Stuttgart 905. Strecker & Schröder. n. 3. —; geb. in Leinw. n. 3. 80

Eppel, Chrn., die göttliche Einfalt des Evangeliums Jesu Christi! gr. 8. (30 S.) Straßburg 901. Buchh. der ev. Gesellschaft. n. — 40

Eppel, Ch., Fortschritte und Rückschritte des Protestantismus unserer Zeit in intensiver Hinsicht. Vortrag gehalten den 8. Juni 1875 in der Straßburger Pastoral-Conferenz. gr. 8. (55 S.) Straßburg 876, (Vomhoff.) **

— letzte Predigt, m. e. kurzen Lebenslauf. gr. 8. (16 S. m. Bildnis.) Ebd. 902. n. — 30

Eppel, Ch., das Rätsel dieser Welt und seine Lösung durch die heilige Schrift. Ein Beitrag zur Apologie des Christentums. gr. 8. (XI, 228 S.) Karlsruhe 886, Evangel. Schriften-Verein für Baden. *M 3.—; geb. * geb. mit Goldschn. *

Eppelein v. Gailingen, dramat. bearbeitet von Hansing. 8. Fürth, Gever. (Gräff in Leipz.) 795.

— — dass. m. K. 8. Leipz. Gräff. 795.

— — dass. 8. Nürnberg. (Bauer in Leipz.) 795.

EPPELEIN v. Gailingen, der verwegene Raubritter oder Kunigunde von Treuenfels, die schöne Verrätherin. 1. Lieferung. Dresden, Münchmeyer.
Verboten v. L.-G. Wien, 10. XI. 1900. § 516.

Eppelin, Johann (Nürnberg), De cognitione philosophica per rationem spuria ex mathesi illustrata. Disp. philos. Präs. Michael Kelsch. Altdorf (Meyer) Juni 1737. 16 S. (4.50) 8017

Theodor Eppelin. Über die Vergleichungen Virgils. 42 S. Lahr, P 1862

Eppelsheim, August, aus Grünstadt i. d. Rheinpfalz: Ueber die **Reduktion** ungesättigter Phenoläther mittelst Natrium und Alkohol. *Heidelberg 1904: K. Rößler.* (53 S.) 8°
Heidelberg, Naturw.-math. Diss. v. 1904

Eppen, *Johann* Heinrich *Georg* [aus Hannover]: Aus d. med. Klinik d. Kgl. Univ. zu Greifswald. Drei Fälle von acuter Bromoformintoxication ... Greifswald, Druck v. J. Abel, 1896; 28 S. 8.
Greifswald, Med. Fak., Inaug.-Diss. v. 18. Juli 1896

Eppen, Melchior (Pommern), Quid circa clavem ligantem liceat? Dissert. theoret.-pract. Präs. Michael Walther. Wittbg. (Mart. Schultz) 19. IV. 1688. 20 Bl. (5.20) 8018
Widm. v.: Präs, Theod. Dassov, Gerh. Meier, Theod. v. Essen (Demmin/Pomm.), Heinr. Stern (Stralsund), Joh. Gg. Buschmann (Rügen).

— — Dasselbe. Wittbg. 1700. 18 Bl. o. W. (5.—) 8019

Eppenauer, J. B., kleine poetische Versuche. 8. Bamberg 814. (Dresch.) 1/3 ℔

Eppenauer, J. B., kleine poetische Versuche. 8. Bamb. 814. Kunz. 8 ℔

Eppenauer, Joh. Bapt., Bilder aus d. heil. Schrift des alten Bundes. (Gedichte.) gr. 8. (6 1/4 B.) Bamberg 845. [Hohbach'sche Buchh.]

Eppenauer, Jh. Bapt., Bilder aus der heil. Schrift des alten Bundes. (Gedichte.) gr. 8. Bamberg 845, literar.-artist. Institut. 3/8 ℔

Eppenberger, Hermann, von Mogelsberg (Kt. St. Gallen): Die Politik Rapperswils von 1531—1712. Biel A. Schüler Dr. 1894. 4 Bl., 87 S. 8°.
Zürich, Phil. Diss. I. S. [v. 5. Juli 1894].

Eppenheim, Gustav: Über **Carcinoma** fungosum der Haut. *Würzburg 1897: Verlagsdr.* (35 S.) 8°
Würzburg, Med. Diss. v. 1897

Eppens, August [aus Quakenbrück]: Ueber das Campher-Phoron ... München, Buchdr. v. V. Höfling, 1892; 40 S. 8.
München, Phil. Fak., Inaug.-Diss. v. 1892

Eppenstein, Emil (Hrsg.), s. Handbuch, Kynologisches.

Eppenstein, Georg, aus Berlin: Über **Alkylarsenbenzoësäuren** und einige Derivate. *Rostock 1902: C. Boldt.* (36 S.) 8°
Rostock, Phil. Diss. v. [28. Febr.] 1902

Eppenstein, Hermann: Aus d. pharmakol. Institut d. Universität Breslau. Ueber die angeblich regionäre **Wirkung** von Arzneistoffen nach Injektion unter die Schläfenhaut. *Breslau 1903: Bresl. Genoss.-Buchdr.* (15 S.) 8°
Breslau, Med. Diss. v. 12. Juni 1903

Eppenstein, O., Grundzüge der Theorie der optischen Instrumente nach Abbe, s.: Czapski, Siegfr.

Eppenstein, Otto, aus Breslau: Über die **Dampfdruckerniedrigung verdünnter wässriger** Lösungen. *Breslau 1900: R. Galle.* (62 S.) 8°
Jena, Phil. Diss. v. (4. Mai) 1900

Eppenstein, Simon

Eppenstein, S., Beiträge zur Pentateuchexegese Maimuni's, s.: **Schriften**, hrsg. v. der Gesellschaft zur Förderung der Wissenschaft des Judentums.

Eppenstein, Simon: Aus dem Kohelet-Kommentar des Tanchum Jeruschalmi (Cap. I–VI). Mit Einleitung und Anmerkungen .... (Aus: Magaz. f. d. Wiss. d. Judenthums.) Berlin, Julius Benzian, 1888; 2 Bl. + 35 + 1 S. 8°
Leipzig, Phil. Fak., Inaug.-Diss. v. 6. März 1888

Eppenstein, S., der **Commentar** Joseph Kara's zu Micha. (In hebr. Sprache.) (9 S.) gr. 8. Berlin 903. (Frankfurt a/M., J. Kauffmann.) n. 1.20
Sonderabdr. aus: „Festschr. z. 70. Geburtstage A. Berliners."

— **Uebersicht** über die hebräisch-arabische Sprachvergleichung bei den jüdischen Autoren des Mittelalters, m. besond. Beziehung auf die Geschichte der Exegese. (31 S.) gr. 8. Frankfurt a/M. 905. J. Kauffmann. n.n. 1.25
Sonderabdruck aus: „Jahrb. d. jüd.-lit. Gesellsch."

Epper, J[oseph]. Gutachten über die Wasserverhältnisse des Etzelwerk-Projektes, erstattet an die Etzelwerk-Kommission. 10. November 1904. [Mit 2 graphischen Tabellen.] 40 S. 8. Zürich, Aschmann & Scheller.

Epper, J[oseph]. Die Wasserkraftverhältnisse im Puschlav. Gutachten, erstattet an die Gemeinde Puschlav und die Kraftwerke Brusio. [Mit Vignetten, 1 Karte und 5 Tafeln.] 34 S. fol. Bern, Rösch & Schatzmann, 1907.

Epperlein, Carl Friedrich (Bernsbach), Legitimationem per subsequens matrimonium nobilitatem Germanorum jure non restaurare. Diss. jur. Präs. Heinr. Gottfr. Bauer. Lpz. (Langenheim) 10. V. 1776. 8 S. (3.50) 8020

Eppert, Clara. Kurze Anleitung zur Anfertigung feiner Papierblumen. (VI, 22 S.) 2. verm. Aufl. 8. (VIII, 24 S. m. 6 Taf.) Darmst. 891, v. Aigner. 1. Aufl. * — 20; 2. Aufl. * — 40; Taf. allein * — 20

Eppert, Clara, s.: **Dilettanten-Theater** f. Damen.

— deklamator. **Schatzkästlein** f. Damen. E. Mustersammlg. ernster u. heit. Dichtgn., größ. Solovorträge, sow. Zwiegespräche, hrsg. v. E. 8. (XII, 304 S.) Stuttgart 895. Levy & Müller. n. 3.—; geb. n.n. 4.—

— Universalbuch f. Polterabend u. Hochzeit, s.: **Mensch,** E.

Eppes Kittisch!! Noch ä Beitraagk zu Israels Verkehr u. Geist. Vunn kaa'm vunn unsere Leut'. Vumm Verfasser vunn: „Ae Kalle unn aach kaan Kalle, ae Schwank unn aach kaan Schwank" ꝛc. 8. (11 B.) Speyer 843, Lang.

Epping, aus d. Waddenser Chronik, s.: **Vorträge,** 5, geh. i. Rüstringer Heimathsbund.

[F.] **Epping,** Hermann [Gerichts-Ref.]: Die Gewährleistung wegen Mängel der Kaufsache nach Bürgerlichem Gesetzbuch ... *Altenburg, Pierer'sche Hofbuchdr.,* 1897; 36 S. 8.
Erlangen, Jur. Fak., Inaug.-Diss. v. 1897

Epping, Jos.

Epping, J. Astronomisches aus Babylon, s.a. **Stimmen** aus Maria Laach. Ergänzungshefte.

—— Astronomisches aus Babylon oder das Wissen der Chaldäer über den gestirnten Himmel. Unter Mitwirkung von P. J. N. Straßmaier. Mit Kopieen der einschlägigen Keilschrifttafeln und andern Beilagen. (Ergänzungsheft zu den Stimmen aus M.-Laach.) Freiburg, Herder. 1889. gr. 8°, 90 S. mit 7 Seiten autograph. Text. 4 Mk.

Epping, Jos., Zur Entzifferung der astronomischen Tafeln der Chaldäer [Stimmen aus Maria-Laach. Jahrgang 1881. Achtes Heft]. Freiburg im Breisgau 1881.

Epping, Jos., Der Kreislauf im Kosmos. (18. Ergänzungsheft zu den Stimmen a. M.-Laach.) Freiburg, Herder, 1882, gr. 8°, IV, 103 S., 1,40 Mk.

Epping, Peter Nicolaus (Lippstadt/Westf.), De laesione ex delicto defuncti, ab haerede praestanda. Disput. jur. Präs. Heinrich Bodin. Halle (Joh. Gruner) 18. IX. 1702. 28 S. (5.—) 8021
Gew.: Pet. Hoffbauer (Bielefeld), Diederich Epping. — Widm. v.: Präs., Jac. Friedr. Ludwig, Burc. Gotthelff Struve, Joh. Praetorius (Quedlinburg), Conrad Budde, Joh. Caspar Trebbe (Herford; dtsch.), A. H. Güldener (Herford), Bernh. Heinr. Tripes (Herford; dtsch.), J. D. Bodendick (Lippstadt; dtsch.).

Eppingen [Schlagwort]

Eppingen, s.: Deutschland. Kürschner-Peip.

Eppingen, s.: Geologische Karten. Spezialkarte. (Baden.)

Eppinger, Fritz, Gerichtsrefer.: Übersicht über die Entwicklung des Auslieferungswesens in Württemberg. Stuttgart 1908: Sautter. 78 S. 8°
Tübingen, Jur. Diss. v. 23. April 1909, Ref. Frank
[Geb. 31. Dez. 82 Ludwigsburg; Wohnort: Ludwigsburg; Staatsangeh.: Württemberg; Vorbildung: Gymn. Ludwigsburg; Studium: Tübingen 3, Berlin 1, Tübingen 4 S.] [U 09. 3907

Eppinger, Hans

Eppinger, H., pathologische Anatomie d. Larynx u. der Trachea, s.: Klebs, E., Handbuch der pathologischen Anatomie.

Eppinger, Hans, die Hadernkrankheit, e. typische Inhalations-Milzbrandinfection beim Menschen, unter besond. Berücksicht. ihrer patholog. Anatomie u. Pathogenesis auf Grund eigener Beobachtgn. dargestellt. gr. 8. (VI, 199 S. m. 1 Taf.) Jena 894. G. Fischer. n. 6. —

Eppinger, H., Infection u. Immunität. Akademische Rede, geh. am 14. Octbr. 1890. gr. 8. (34 S.) Graz 891. Leuschner & Lubensky. n. 1. —

Eppinger, Hans, Pathogenesis, Histogenesis und Aetiologie der Aneurysmen, einschliessl. des Aneurysma equi verminosum. Pathologisch-anatom. Studien. gr. 8. (III, 563 S. mit 9 lithogr. Taf.) Berlin 887, Hirschwald. *
Aus: Archiv für klinische Chirurgie, besonders abgedruckt.

Eppinger, Hans, u. Leo **Hess**, die Vagotonie, s.: Sammlung klinischer Abhandlungen üb. Pathologie u. Therapie d. Stoffwechsel- u. Ernährungsstörungen.

Eppinger, Karl, die Gesetze der Preisbildung, s. Sammlung gemeinnütziger Vorträge.

Eppinger, Oscar: Ueber die Einwirkung des Aethyl- und Diaethylamins auf Aceton. Halle a/S. 1879: Plötz. 43 S. 8°
Halle-Wittenberg, Phil. Diss. v. [16. Dez.] 1879
Geb. [Poln.-]Krone an der Brahe (Kr. Bromberg: Posen) 23. 12. 1854. V.
Ersch. in gekürzter Bearb. in: Justus Liebigs Annalen der Chemie. Bd 204. Leipzig u. Heidelberg 1880. S. 50—67.

Eppinger, Paul, a. Ludwigsburg: Untersuchungen über den Blutfarbstoff. München 1907: C. Wolf & Sohn. (48 S.) 8°
München, Phil. Fak., Ref. v. Baeyer, Diss. v. 11. Jan. 1907
[Geb. 5. Okt. 79 Ludwigsburg; Wohnort: Ludwigsburg; Staatsangeh.: Württemberg; Vorbildung: Lyzeum Ludwigsburg VII. Kl. Aug. 95. pharmazeut. Staatsexamen Mai 03; Studium: München 10 S.; Rig. 11. Jan. 07.]

Eppink

Leitstern auf dem Lebenspfade der katholischen Lehrerin von Schulrat **Eppink**, Sem.Dir. Mit 1 Titelbilde. Dülmen: A. Laumann 1906. (VIII, 148 S.) 8° [F.] [07. 9344

Epple, Adreß-Kalender für Stuttgart, s. Adreß-Kalender.

Epple, Bened., die electrische Telegraphie im Allgemeinen und ihre Anwendung hauptsächlich im deutsch-österreich. Telegraphen-Verein, in Belgien, Dänemark, Frankreich ꝛc. mit Berücksichtigung der Translation und der neuesten Verbesserungen, nebst den Grundbestimmungen für die Benützung des Telegraphen-Netzes von Seite der Privaten. Ein Handbuch für Aspiranten und Laien. gr. 12. (VIII und 131 S. mit 7 Stnt. in 4. und qu. Fol.) Kempten 854(55,) Dannheimer.

Epplo, Hermann, aus Potsdam: Ueber **Hydrate** des Natriumcarbonats. *Heidelberg 1899: J. Hörning.* (65 S.) 8°
Heidelberg, Naturw.-math. Diss. v. [20. Febr.] 1899

Epple, J., dreißig Schullieder. Zunächst f. die Unterklassen der Volksschule componirt. Op. 8. gr. 8. (23 S.) Mainz 881. Kirchheim. n. — 20

Epple, Jos., ausgewählte Dialektdichtungen, s.a. Dialektdichtungen, ausgewählte, aus den Schriften älterer schwäbischer Dichter. III.

Ausgewählte Dialektdichtungen aus den Schriften Josef **Epple's**. Mit e. Nachwort von August Holder. Hrsg. von Joh. Schneiderhan. Ravensburg: F. Alber 1907. (146 S.) 8° [F.]
= **Dialektdichtungen**, Ausgewählte, aus d. Schriften älterer oberschwäb. Dichter. 3. [08. 434

Epple, Jos., lateinisches Elementarbuch für die 1. Klasse der Lateinschule. gr. 8. (X, 166 S.) Erlangen 888, Deichert'sche Verlagsb. Nachf. *

Epple, Jos., vermischte Gedichte. In reindeutscher und schwäb. Mundart. 8. (8 B.) Gmünd 842. (Stuttgart, Beck u. Fränkel.)

Epple & Buxbaum: Katalog der Vereinigten Fabriken landwirthschaftlicher Maschinen, vormals Epple & Buxbaum. Augsburg 1894

Epplen, Alex., die Hebung der Kochkunst in ihren Beziehungen zum Schulkinde. 8. Aufl. (15 S.) 8. Berlin (909). Gerdes & Hödel. p — 20
Sonderabdruck aus: „Das Schulkind".

Epplen, Jos. Franz Xav. v., s.a. Eplen v. Härtenstein.

Epplen, Jos. Franz Xav. v., prakt. Anleit. z. Einricht. d. Archive u. Registrat. 8. Frkf. Jäger. 805.

Epplen, Jos. Franz Xav. v.: Ueber das Prinzip der deutschen Territorialverfassung. Widerlegung der Schrift des Hr. Prof. Zachariae: Geist der deutschen Territorialverfassung. Frankfurt a. M. 1803.

Eppler, Alfred: **Beiträge** zu den Beziehungen zwischen dem Krystall und seinem chemischen Bestande. Die eutropischen Reihen der Calcium-Strontium-Baryum-Gruppe. *Leipzig: W. Engelmann 1898.* (62 S.) 8° * (Aus: Zeitschrift für Krystallographie und Mineralogie, Bd 30 H. 2.)
Jena, Phil. Diss. v. [26. Febr.] 1898

Eppler, Alfr., Chemie u. Mineralogie f. höh. Mädchenschulen u. Studienanstalten, s.: Schettler, R.

Eppler, Alfr., Haushaltungskunde. Ein Lehrbuch f. Frauen u. Mädchen, besonders zum Unterricht an höh. Mädchenschulen, Haushaltungspensionaten u. Fortbildungsschulen. Mit e. Vorworte v. Otto Lange. Illustr. v. A. Eberth. gr. 8. (VII, 255 S.) Wolfenbüttel 902. J. Zwißler. n. 2.50; geb. in Leinw. n. 3. —

— Haushaltungskunde f. die Frauenschulklassen des Lyzeums u. z. Gebrauch in Haushaltungsschulen. Nach d. Bestimmungen des Erlasses vom 18. VIII. 1908 bearb. (IX, 138 S. m. Abbildgn.) 8. Leipzig 910. B. G. Teubner. Geb. in Leinw. 2. 20

— das Korsett in seinem schädlichen Einfluß auf den menschlichen Organismus. [Aus: „E., Haushaltgskde."] gr. 8. (15 S. m. 6 Abbildgn.) Ebd. 902. — 25

— der Lehrer als Arzt. gr. 8. (15 S.) Ebd. 902. — 25

— Nahrungsmittelkunde. Ein Lehrbuch z. Gebrauch an Seminaren f. Lehrer u. Lehrerinnen, an Haushaltungs- u. Fortbildungsschulen, landwirtschaftl. Schulen ꝛc., sowie zum Privatgebrauch hrsg. Mit in den Text gedr. Illustr. v. A. Eberth. [Aus: „Haushaltungskunde".] gr. 8. (VI, S. XII u. XIII u. 144 S.) Ebd. 902. n. 1. 50; geb. in Leinw. n. 2. —

Eppler, Alfr., Schönschreibschule. (1 Bl. Text, 21 Bl. Schreibvorlagen, Linienbl. u. Schreibpap.) 8. Krefeld (905). (F. Greven.) In Mappe n.n. 1. 25

— Tabellen üb. die prozentische, chem. Zusammensetzung der Nahrung des Menschen. 1. Serie. gr. Fol. (20 farb. Taf. m. II S. Text.) Ebd. (902). In Mappe n. 6.—

— Übungsheft zur bildlichen Darstellung d. Nahrungsmittel des Menschen in ihrer chemischen Zusammensetzung ihrem Nährwerte u. ihrem Nährgeldwerte, f. den Unterricht in d. Nahrungsmittelkunde zusammengestellt. 2. Aufl. (6 S. u. 37 Bl.) 8. Leipzig 910. B. G. Teubner. — 50

— Übungsheft beim Unterricht in der Nahrungsmittelkunde zur bildlichen Darstellg. der chemischen Zusammensetzung d. Nahrungsmittel d. Menschen u. zur Berechnung ihres Nährwertes u. ihres Nährgeldwertes. gr. 8. (37 Bl. m. 6 S. Text.) Ebd. 902. n. — 50

— Wegweiser zu der Schönschreibschule. Für die Hand des Lehrers u. zum Selbstunterricht. Anleitung zur schnellen u. sichern Erlernung einer guten Handschrift. (16 S. m. Fig.) kl. 8. Ebd. (905). n. — 30

— das beschreibende Zeichnen. Mit bildl. Darstellgn. im Text u. 16 (farb.) Taf. 6 Hefte. (36 S.) gr. 4. Wolfenbüttel (903. 904). J. Zwißler. n. 3.—; einz. Hfte. n. — 60

Eppler, Christoph Friedrich

Eppler, Chrph. Fr., Blätter u. Blüthen vom Lebensbaume. Gedichte. 12. (IV, 312 S.) Bern 881. Wyß. n. 2. 80.

Eppler, Chrph. Frdr., Blätter u. Blüten vom Lebensbaume. Neue Folge. 12. (349 S.) Bern 899. K. J. Wyß. n. 2. 50 (1. u. 2.: n. 5. 30)

Eppler, Christoph Friedrich. David Brainerd (1718–1747). Ein Lebensbild aus der Indianer-Mission. dem Christenvolke vorgestellt von Ch' F' E'.... 8. Basel [1851].

Eppler, Chrph. Friedr., der Basler Rathsherr Adolf Christ, s.a. Reben am Weinstock.

Eppler, Christoph Friedrich. Der Basler Rathsherr Adolf Christ.... 8. Basel 1888.
Reben am Weinstock. (Bändchen) 3.

Eppler, Chrph. Friedr., Karl Rud. Hagenbach. Eine Friedensgestalt aus der streit. Kirche der Gegenwart. Mit dem Bildniß Hagenbachs in Lichtdr. 8. (VII, 160 S.) Gütersloh 875, Bertelsmann. *

—— der Kämmerer aus Morgenland oder die erste Heidenbekehrung. gr. 16. (64 S.) Basel 877, Spittler. *

Eppler, Chrph. Friedr., das Leben des Indianermissionars David Brainerd. Ein Bild aus der älteren Mission, dem heutigen Christenvolke vorgestellt. 8. (VIII und 256 S.) Zürich 851, Hanke.

— Missionsharfe. Weck- u. Ermunterungsstimmen an die evang. Christen Deutschlands u. der Schweiz. 8. (XX u. 262 S.) Basel 852, Schneider. 18 ngr.

—— D. Karl Gottlieb Pfander, ein Zeuge der Wahrheit unter den Bekennern des Islam. Mit Blicken in Vergangenheit und Gegenwart des Mohammedanismus. Ein Beitrag zur Missionsgeschichte. 8. (XVI, 192 S. mit Bildern.) Basel 888, Missionsbuchhandlung. *

— Thränensaat u. Freudenärnte auf Madagaskar, s.: Lebensbilder aus der Heidenmission.

Eppler, Friedr., über den Venenpuls in der Retina, s. Mittheilungen aus der ophthalmiatrischen Klinik in Tübingen.

(E[ppler], [Johann] R[udolf].) Die protestantische Genossenschaft des Amtes Hochdorf und Umgebung. ([Von] S. R. E. [— Separatabdruck aus: Nachrichten aus der evangelischen Diaspora.... Nr. 30. Basel, September 1902. Des Jahrg. 13 Nr. 3 und 4.]) 4 S. 8. [Basel, Basler Druck- und Verlags-Anstalt, 1902.]

Eppler, Paul

Eppler, P., e. Gang durch d. deutsche Missionslitteratur. M. bes. Berücksicht. d. Basler. Referat f. d. Missionskurs in Heinrichsbad v. Oktbr. 1897. 8. (44 S.) St. Gallen 898. Buchh. d. evang. Gesellschaft. n. — 40

Geschichte der Basler Mission 1815–1899. Von Paul Eppler, Pfarrer. Mit 4 Kartenskizzen. *Basel: Missionsbuchh. 1900.* (XV, 381 S.) 8° [F.] [... 7

(E[ppler], P[aul].) Alte Klostergeschichten, am drü und zwenzigosten Maien, do man zalt nach Christi Geburt 1898, den Liebhabern altfränkischer Geschichten & Curiositäten ze Heiden vorgetragen und ze besserem Gedæchtnus von genannten Liebhabern in den Druck gegeben. 8. Heiden 1898.

Eppler, Paul, die neuere Mission im Spiegel der altchristlichen nach Harnack, m. e. Nachwort über Jesus Christus u. die Weltmission, s.a. Missions-Studien, Basler. 16. Hft.

Eppler, Paul. Die neuere Mission im Spiegel der altchristlichen nach (Adolf) Harnack, mit einem Nachwort über Jesus Christus und die Weltmission. 44 S. 8. Basel, Missionsbuchh., 1903. (fr. —. 75)
Basler Missions-Studien. Heft 16.

— wie wecken u. pflegen wir d. Missionsinteresse in uns. Gemeinden? Referat f. d. Missionskurs in Heinrichsbad v. Oktbr. 1897. 8. (35 S.) Ebd. 898. n. — 40

Eppler, Richard: Zur Theorie des induzierten Magnetismus. Tübingen 1910: Laupp. 48 S. 8°
Tübingen, Naturwiss. Diss. v. 2. Mai 1910, Ref. Paschen
[Geb. 28. Juli 84 Stuttgart; Wohnort: Urach; Staatsangeh.: Württemberg; Vorbildung: Ev.-Theol. Sem. Urach Reife M. 02; Studium: Tübingen 8 S.; Coll. 2. Mai 10.] [U 10. 4239

Eppmaier. Die Lebensvers. zugunsten Dritter. D. Leipzig 1909.

Eppner, F., Die deutsche Wurstfabrikation, oder gründliche Anweisung, alle im Handel gebräuchlichen Fleischerwaaren zu bereiten, zu pökeln, zu räuchern und aufzubewahren. Für junge Fleischer, sowie für Hausfrauen und Wirthschafterinnen. Weimar 1870. 8.
—, — 2. Aufl. Ebda 1878. 4.
—, — 3. Aufl. Ebda 1881. 8.
—, — 4. Aufl.
—, — 5. verm. u. verb. Aufl., herausg. von J. Todzi. Ebda 1890. 8.

Eppner, F., die deutsche Wurstfabrikation, oder gründliche Anweisung, alle im Handel gebräuchlichen Fleischerwaaren zu bereiten, zu pökeln, zu räuchern u. aufzubewahren. Für junge Fleischer, sowie für Hausfrauen u. Wirthschafterinnen. Weimar 870. B. F. Voigt. 8. (VIII, 72 S.) 15 ngr.

Eppner, F., die deutsche Wurstfabrikation, oder gründliche Anweisung, alle im Handel gebräuchl. Fleischerwaaren zu bereiten, zu pökeln, zu räuchern und aufzubewahren. Für junge Fleischer, sowie für Hausfrauen und Wirthschafterinnen. 1. Aufl. 1870, und 2. Aufl. 8. (VIII, 69 S.) Weimar 874, B. F. Voigt.

Eppner, F., die deutsche Wurstfabrikation, od. gründl. Anweisung, alle im Handel gebräuchl. Fleischerwaaren zu bereiten, zu pökeln, zu räuchern u. aufzubewahren. Für junge Fleischer, sowie f. Hausfrauen u. Wirthschafterinnen. 3. Aufl. 8. (VIII, 96 S.) Weimar 881. B. F. Voigt. 1. 50

Eppner, F., die deutsche Wurstfabrikation oder gründl. Anweisung, alle im Handel gebräuchl. Fleischerwaaren zu bereiten, zu pökeln, zu räuchern und aufzubewahren. Für junge Fleischer, sowie für Hausfrauen und Wirtschafterinnen. 4. Aufl., nach Eppners Tode in neuer Bearbeitung hrsg. von Rud. Hilgers. 8. (VIII. 87 S.) Weimar 885, B. F. Voigt.

Eppner, F. Die deutsche Wurstfabrikation od. gründl. Anweisg. alle im Handel gebräuchl. Fleischerwaaren zu bereiten, zu pökeln, zu räuchern u. aufzubewahren. 5. verb. u. verm. Aufl., hrsg. v. Jul. Todzi. 8. (XII, 131 S.) Weim. 890, Voigt. 1 50

Eppner, F., die Wurstfabrikation. Leichtfaßliche Anweisung, alle im Handel gebräuchlichen Fleischwaren zu bereiten, zu pökeln, zu räuchern u. aufzubewahren. Nach den neuesten Erfahrgn. bearb. 6. verb. u. verm. Aufl. (VI, 126 S.) 8. Leipzig 905. B. F. Voigt. n. 1. 50

Eppner, Franziska, e. Badereise. Erzählung f. junge Mädchen. 8. (III, 228 S.) Delitzsch 890. Pabst. 2. 25; geb. n. 3. —

Eppner, (Gottfr. Wilh.), Mirabella. Mährchennovellen für Söhne u. Töchter gebild. Stände. 8. (418 S. m. lithochrom. Tit.) Leipzig 848, Arnold. 1 1/3 ℛ

Eppner, Mirabella. Mährchennovellen für Söhne und Töchter gebildeter Stände. 2. (Titel-)Aufl. 8. (418 S.) Leipzig 853, Arnoldische Buchh.

Eppner, Max (geb. Berlin 6. 9. 1854): Einige Beiträge zur Arterienligatur bei Elephantiasis Arabum. Berlin (1881). (31 S.) 8°
Berlin, Med. Diss. v. 12. Aug. 1881

Eppo von Gallingen. Ein Gemälde d. Vorwelt m. Gesang in 3 Akt. v. Gleich. 8. Wien, Kupffer u. W. 809.

Eppo Attila [Pseud.], s. Fink, A. W. Chr.

Epprecht, G[ottlieb], von Affoltern a. A. [Kt. Zürich]: Ueber den Eintritt der Halogene in das Molekül des Acetessigesters. [S. 5—13, Allgemeiner Teil, ist verfasst von Arthur Hantzsch: die ganze Arbeit ist schon gedruckt in: Liebig's Annalen der Chemie, Bd 278, S. 61—87]. Uster-Zür. A. Gull Dr. 1894. 33 S., 1 Bl. 8°.
Zürich, Phil. Diss. [v. 28. März 1894].

Eppstein, Hermann [pr. Arzt aus Berlin]: Ueber die Wirkung der β-Acetylamidosalicylsäure. . . . Berlin, Buchdr. v. Gust. Schade (Otto Francke) (1888); 30 S. + 1 Bl. 8°
Berlin, Med. Fak., Inaug.-Diss. v. 29. Sept. 1888

l'Epreuve de l'amour filial, traduit de l'Allemand par J. C. Vollbeding. 8. Köthen 798. Aue. 4 gl.

Epreuves du Sentiment, p. M. d'Arnaud. 7 T. gr. 8. Wien, Schrämbl. (Sammer.) 787—88.

Eps, Karl, approb. Arzt aus Essen, Ruhr: Klinische und pathologisch-anatomische Untersuchung eines Falles von Wirbelcaries und Compressionsmyelitis auf tuberkulöser Basis mit besonderer Berücksichtigung der sekundären Degenerationen. *Essen (Ruhr) 1898: W. Girardet.* (41 S.) 8° [Umschlagt.]
Tübingen, Med. Diss. v. 1898

Eps, Karl, klinische u. pathologisch-anatomische Untersuchung e. Falles v. Wirbelcaries u. Compressionsmyelitis auf tuberkulöser Basis m. besond. Berücksicht. der sekundären Degenerationen. Diss. (44 S.) 8. Essen 904. (Tübingen, F. Fues.) n. 1. 20

Epsteen, Saul. Untersuchungen über lineare Differentialgleichungen 4. Ordnung und die zugehörigen Gruppen. Diss. Phil. [II.] Univ. Zürich. 56 S. 8. Zürich-Oberstrass, Hans Fischer, 1901.

Epstein, ..., (Oberrath,) die Rechtsverhältnisse der öffentl. israelitischen Schulen, im Großh. Baden, dargestellt in e. Samml. der darauf bezügl. Gesetze u. Verordn. Mit e. Anhange. Aus Auftrag des großh. Oberraths d. Israeliten herausgeg. gr. 8. Carlsruhe 843, Bielefeld. 6 1/4 ngl

Epstein, ..., s. Schrift, die heilige, in der Ursprache.

Epstein, gehorsamste Vorstellung an d. hohe Zweite Kammer d. Ständeversamml. d. Großhrzgth. Baden, betreff. die bürgerl. u. polit. Rechte d. Badener, israelit. Religion. Mit e. Beil., enthalt. d. betreff. Auszug d. gr. bad. Gesetzgebung. gr. 8. (2 1/4 B.) Karlsruhe 832, Marx.

Epstein, A., Ein von Titus nach Rom gebrachter Peutateuch-Codex und seine Varianten. [SA. aus der Graetz-Frankl'schen Monatsschrift B. XXXIV.] Krotoschin o. J.

Epstein, A. W., meine Freunde auf Strachnitz. Roman. (IV 328 S.) 8. Berlin 908. F. Fontane & Co. 3.50; geb. 5. —

Epstein, Abraham

Epstein, A., Beiträge zur jüdischen Alterthumskunde. 1. Thl.: Abhandlungen. Midrasch Tadsche, nach Handschriften edirt. (In hebr. Sprache.) 8. (VI, 185 S.) Wien 887, (Lippe.) *

—— Bereschit-Rabbati [Handschrift der Prager jüd. Gemeinde], dessen Verhältniß zu Rabba-Rabbati, Moses ha-Darschan und Pugio fidei. gr. 8. (35 S.) Berlin 888, Benzian. *
Aus: Magazin für die Wissenschaft des Judenthums, besonders abgedruckt.

Epstein, Abraham. Eldad ha-Dani, seine Berichte üb. die X Stämme u. deren Ritus in verschiedenen Versionen nach Handschriften u. alten Drucken, m. Einleitgn. u. Anmerkgn., nebst e. Excurse üb. die Falascha u. deren Gebräuche. (In hebr. Sprache.) gr. 8. (LI, 192 S.) Pressb. 891. (Wien, Lippe.) * 3 40

— Rabbi Simeon Karo u. der Jalkut Simeoni. Ein Essay. gr. 8. (22 S.) Ebd. 891. n. — 75

Epstein, A., das talmudische Lexikon תנאים ואמוראים יחוסי u. Jehuda b. Kalonymos aus Speier. [Aus: „Monatsschr. f. Geschichte u. Wissenschaft d. Judenthums".] gr. 8. (30 S.) Breslau 895. (Wien, Ch. D. Lippe.) n. — 80

Epstein, Abraham, Literatur-Briefe. [Aus: „Hachoker".] (In hebr. Sprache.) gr. 8. (28 S.) Krakau 893. (Wien, Ch. D. Lippe.) n. — 60

Epstein, A., biblische Textkritik bei den Rabbinen. gr. 8. (16 S.) Berlin (899). S. Calvary & Co. n. — 60
Sonderabdruck aus: „Recueil des travaux réd. en mémoire du jubilé scient. de M. D. Chwolson".

— über Vulvovaginitis gonorrhoica bei kleinen Mädchen, s.: Beiträge zur Dermatologie u. Syphilis.

Epstein, Alexandra Chassia. Chirurgische Behandlung des Kryptorchismus. Diss. Med. Bern. 34 S. 8. Bern, K. J. Wyss, 1910.

Epstein, Al., Beitrag zur Kenntniss des systolischen Schädelgeräusches der Kinder. gr. 8. (35 S.) Prag 878. Dominicus. n. — 60

— über die Gelbsucht bei neugeborenen Kindern, s.: Sammlung klinischer Vorträge.

— Ueber Kinderschutz und Volksvermehrung mit besonderer Beachtung der Verhältnisse in Böhmen. (Aus: Ztschr. f. Volkswirtsch., Socialpol. u. Verw.) 8°. Wien, W. Braumüller, 1910.

Epstein, A., s.: Krankheiten, die, des Blutes.

Epstein, Alois, über antiseptische Maassnahmen in der Hygiene des neugeborenen Kindes, s. Wander-Vorträge, medicinische.

Epstein, A., s.: Mittheilungen üb. das Koch'sche Mittel aus den medicin. Kliniken der Prager deutschen Universität.

Epstein, Doc. Dr. Alois, Studien zur Frage der Findelanstalten unter besond. Berücksichtigung der Verhältnisse in Böhmen. (Denkschrift im Auftrage der vom hohen Landesausschusse des Kgr. Böhmen zur Vorberathung der Frage der Aufhebung der böhm. Findelanstalt einberufenen Enquête-Commission.) Lex.-8°. Prag, Calve, 1882.

Epstein, Berko, a. Krewo ⟨Rußland⟩: Untersuchungen über Nitro-o-toluylendiamin. Marburg 1905: R. Friedrich. (40 S.) 8°
Marburg, Phil. Fak., Ref. Zincke, Diss. v. 8. Sept. 1905
[Geb. 18. April 71 Krewo, Rußland; Wohnort: Krewo; Staatsangeh.: Rußland; Vorbildung: Jüdische Schule Wilna, Rabbinersch. Frankfurt a. M. Reife O. 97; Studium: Heidelberg 2, Gießen 5, Marburg 9 S.; Rig. 26. Juni 05.]

Epstein, Berthold, Referendar: Der Gläubigerverzug bei unmöglichen Leistungen. Borna-Leipzig 1910: Noske. X, 94 S. 8°
Breslau, Jur. Diss. v. 15. Febr. 1910, Ref. Dahn, Leonhard
[Geb. 21. Juli 87 Breslau; Wohnort: Grottkau; Staatsangeh.: Preußen; Vorbildung: König-Wilhelms-Gymn. Breslau Reife O. 06; Studium: Freiburg i. B. 1, Breslau 5 S.; Rig. 20. Juli 09.] [U 10. 480

Epstein, Berthold, approb. Arzt aus Eichstetten ⟨Baden⟩: Zur Kasuistik der Stichverletzungen des Unterleibs. Mit einigen Bemerkungen über d. operative Behandlung d. akuten diffusen Peritonitis. *Freiburg i. B.: Speyer & Kaerner 1901.* (22 S.) 8°
Freiburg i. B., Med. Diss. v. 1901

Epstein, C., die Bedeutung der Schülerbibliotheken, s.: Zeit- u. Streitfragen, pädagogische. 58. Hft.

Epstein, D., diagnostisch-therapeutisches Taschenbuch der Tuberkulose. Ein Leitfaden f. den prakt. Arzt. (VIII, 143 S.) 8. Wien 910. Urban & Schwarzenberg. Geb. in Leinw. 5. —

Epstein, Ed., der Musik-Unterricht der Jugend. Eine Anleitung für Eltern und Erzieher. 8. (III, 147 S.) Leipzig 886, [Linke.] Maeder und Wahl. *
—— dass. — 2. verm. Aufl. 8. (VII, 212 S.) Leipzig 888, Maeder und Wahl. *

Epstein, Emil, Vorlesgn. üb. Balneologie, s.: Clar, Conr.

Epstein, Ernst [Assistent d. K. Klinik f. Hautkrankheiten]: Ueber Zoster und Herpes facialis und genitalis .... Breslau, Th. Schatzky Buchdr. (1886); 8 + 32 S. 8°.
Breslau, Med. Fak., Inaug.-Diss. v. 4. Jan. 1886.

Epstein, Ernst, über Zoster und Herpes facialis und genitalis. Inaugural-Dissertation. gr. 8. (30 S.) Breslau 886, (Köhler.) *

Epstein, Feiga. Über den Einfluss der Infektionskrankheiten auf das Körpergewicht. Diss. Med. Univ. Zürich. *Kopftitel:* Aus der medizinischen Klinik in Zürich.... 28 S. 8. Zürich, J. J. Meier, 1908.

Epstein, Ferdinand [app. Arzt aus Breslau]: Über innere Erkrankungen des Intestinaltractus, speciell des Darmes, nach Unterleibstraumen ... Leipzig, Druck v. A. Edelmann, Univ.-Buchdr., *1894;* 30 S., 1 Bl. 8.
Leipzig, Med. Fak., Inaug.-Diss. v. 13. Juli 1894

Epstein, Friedrich, a. Breslau: Die Geschwindigkeit der chemischen Selbsterhitzung. (Adiabatische Reaktionskinetik. Mit drei Figuren im Text. Leipzig: W. Engelmann 1905. (48 S.) 8°
Heidelberg, Naturw.-math. Fak., Ref. Curtius, Diss. v. 1905
[Geb. 27. Jan. 82 Breslau; Wohnort: Berlin; Staatsangeh.: Preußen; Vorbildung: Wilh.-Gymn. Berlin Reife M. 01; Studium: Berlin 3, München 2, Lausanne 1, Heidelberg 5 S.; Rig. 3. Mai 05.]

Epstein, Georg, Gerichtsassessor: Beiträge zum Kündigungsrecht der Militärpersonen, Beamten, Geistlichen und Lehrer an öffentlichen Unterrichtsanstalten nach § 570 BGB. Berlin [1909]: Moeser. 38 S. 8°
Breslau, Jur. Diss. v. 12. Juli 1909, Ref. Schott-Meyer
[Geb. 28. Apr. 81 Breslau; Wohnort: Breslau; Staatsangeh.: Preußen; Vorbildung: König-Wilhelms-Gymn. Breslau Reife O. 99; Studium: Breslau 1, München 2, Berlin 1, Breslau 3 S.; Rig. 19. Dez. 02.] [U 09. 473

— Else, e. Liederreigen. 8. (X, 92 S. m. Bildnis.) Dresden 900. E. Pierson. n. 1.50; geb. n. 2.50

Epstein, Geo., ins neue Land. Eine stille Geschichte. Umschlag-Zeichng. v. Ernst Pickardt. (173 S.) 8. Berlin (910.) Boll & Pickardt. 2.50; geb. in Leinw. 3.50

Fallendes Laub. Novellen von Georg **Epstein**. *Berlin: Freund & Jeckel 1900.* (152 S.) 8° [F.] [00. 9373

Epstein, Geo., Bismarcks Staatsrecht, s.: Roöll, Paul v.

Studien zur Geschichte und Kritik der Sokratik. Von Dr. Georg **Epstein**. *Berlin: H. Streisand 1901.* (94 S.) 8° [Umschlagt.] [02. 13011

Die Vorschriften der deutschen Bundesstaaten über die Trageweise und die Rückgabe der Orden und Ehrenzeichen. Unter amtl. Förderung u. nach amtl. Quellen bearb. u. hrsg. von Prof. Dr. Georg **Epstein**. Berlin: C. Duncker [1906]. (59 S.) 8° [F.] [06. 3446

Epstein, Geo., die Vorschriften d. deutschen Bundesstaaten üb. die Trageweise u. d. Rückgabe d. Orden u. Ehrenzeichen. Unter amtl. Förderg. u. nach amtl. Quellen bearb. u. hrsg. (59 S.) gr. 8. Berlin (907). C. Duncker. 1.50

Georg **Epstein**. Im Vorübergehn: Neue Gedichte u. Skizzen. Buchschmuck von Max Rüdiger. *Berlin: Horn & Rausch 1901.* (134 S.) 8° [F.] [01. 4307

Epstein, Geo., erste Wanderfahrten. Gedichte u. Skizzen. 8. (VI, 119 S.) Großenhain 896. Baumert & Ronge. n. 1.50; geb. n. 2.50

Epstein, Harry, Gerichtsreferendar a. Duisburg: Das Verhältnis des § 185 Abs. 2 B.G.B. zur gemeinrechtlichen exceptio rei venditae et traditae. Borna-Leipzig 1904: R. Noske. (VIII, 57 S.) 8°
Leipzig, Jur. Fak., Diss. v. 10. Dez. 1904
[Geb. 26. Aug. 79 Duisburg; Wohnort: Duisburg; Staatsangeh.: Preußen; Vorbildung: Gymn. Duisburg Reife O. 98; Studium: Bonn 1, Leipzig 2, Berlin 1, Bonn 3 S.; Rig. 17. Mai 02.]

Epstein, J: Die Anwendung von Drehstrom-Hochspannungsanlagen für Versorgung von Großstädten mit Elektrizität. Vortrag. Frankfurt a. M. 1908

Epstein, J. Einführung in das elektrotechnische Maass-System. gr. 8. (21 S.) Frankf. a. M. 891, (Alt). ** — 80
Aus: Katalog d. internat. elektrotechn. Ausstellung, besonders abgedruckt.

Epstein J, über elektr. Fachschulen. 4° Berlin 1892

Epstein, J., 6 religiöse Gesänge, für 1 Singstimme mit Orgel- oder Clavierbegleitung oder f. 1 Solostimme m. Chor m. oder ohne Orgel- oder Clavierbegleitung componirt f. Schule u. Haus. Op. 35. 36. qu. 8. (23 S.) Wien 880. Klinthardt. n. — 32

Epstein, J., synoptische Tafel der indianischen Sprachen v. Mexico u. graphische Darstellg. ihrer Eintheilg. qu. gr. Fol. Mexico 875. Leipzig, Brauns. n. 3. —

—— Ueberblick üb. die Elektrotechnik. 6 populäre Experimental-Vorträge, geh. im physikal. Verein zu Frankfurt a. M. im Winter 1890/91. gr. 8. (61 S. m. Fig.) (Ebd.) 892. * 1.50
Aus: Jahresber. d. physikal. Vereins zu Frankfurt a. M. 1890/91, besonders abgedruckt.

- dasselbe. 2., verm. Aufl. gr. 8. (V, 89 S. m. 36 Abbildgn.) Ebd. 894. n. 2. —; kart. n. 2.80

Epstein, J., Ueberblick üb. d. Elektrotechnik. Sechs populäre Experimental-Vorträge, geh. i. physikal. Verein z. Frankfurt a/M. 3., verm. Aufl. gr. 8. (IV, 98 S. m. 47 Abb.) Frankfurt a/M. 896. J. Alt. Geb. in Leinw. n. 2.80

Epstein, Jacob Hermann

Die Autonome Fabrik. Ein Versuch z. Lösung d. Problems d. Gewinnbeteiligung industrieller Arbeiter. Von Jacob H[ermann] **Epstein**, Fabrikant. Dresden: O. V. Böhmert 1907. (120 S.) 8° [F.] [07. 1408

— Zur Verteidigung der Zuwachssteuer, s.a. Zeitfragen, soziale.

Zur Verteidigung der Zuwachssteuer. Von Jacob H[ermann] **Epstein**, Frankfurt a. M. Berlin: Bodenreform (1907). (48 S.) 8° [F.]
— **Zeitfragen**, Soziale. H. 33/34. [07. 9883

Epstein, Joseph: Die logischen Principien der Zeitmessung. Berlin, Druck v. C. Feicht, 1887; 48 S. + 1 Bl. 8°.
Leipzig, Phil. Fak., Inaug.-Diss. v. 11. Jun. 1887.

Epstein, Jul., Revisionsbericht, s.: Schubert's, Frz., Werke.

Epstein, Ludw., die Arbeiterversicherung des Deutschen Reichs. Enth.: Die neuesten gesetzl. Bestimmgn. aus der Kranken-, Unfall- u. Invalidenversicherg., nebst 14 vollständig ausgerechneten Beispielen u. 37 Uebungsaufgaben zur Berechnung der Versicherungs-Beiträge, des Kranken- u. Sterbegeldes, der Unfall-, Invaliden- u. Altersrente. Für Volks- u. Fortbildungsschulen, Gesellen- u. Arbeitervereine, Meisterkurse u. zur Selbstbelehrg. f. jeden Arbeitgeber u. Arbeitnehmer bearb. (V, 24 S.) gr. 8. Dresden 903. E. Pierson. n. — 20

Epstein, Ludw., Kaiserin Auguste Viktoria. Ein Bild ihres Lebens u. Wirkens. Festgabe zum 50jähr. Geburtstage unserer Kaiserin am 22. X. 1908. (107 S. m. 1 Abb. u. 11 Taf.) kl. 8. Gütersloh 908. C. Bertelsmann, Sep.-Kto. — 60; kart. — 70; geb. in Bibliotheksbd. — 80; in Leinw. — 90; Volksausg. (64 S.) — 20

Epstein, Ludw., vaterländ. Geschichte f. d. Schul- u. Selbstunterr. Zugl. e. Lesebuch f. uns. Volk u. Heer. Auf Gr. d. Erlasse u. minister. Verfüggn. bearb. gr. 8. (VII, 291 S.) Neu-Ruppin 895. R. Petrenz' Verl. n. 3.50

— Königin Luise. Ihr Leben, Wirken, Dulden u. Sterben. Ein Lebensbild f. Deutschlands Jugend, Volk u. Heer. Volksausg. (72 S. m. Titelbild.) kl. 8. Ebd. (910). — 20

— Luise, Königin v. Preußen. Ihr Leben, Wirken, Dulden u. Sterben. Ein Musterbild f. alle deutsch. Frauen u. Jungfrauen. (124 S. m. 8 Taf.) kl. 8. Ebd. 908. — 60; kart. — 70; geb. in Bibliotheksbd. — 80; in Leinw. — 90

Reichsfreiherr Heinrich Friedrich Karl vom und zum Stein. Ein Lebens- u. Charakterbild d. großen Staatsmannes, zu dessen 150jähr. Geburtstage am 26. Okt. 1907 f. Deutschlands Jugend u. Volk gezeichnet von Ludwig **Epstein**. Mit 7 Abb. Gütersloh: C. Bertelsmann [1907]. (105 S.) 8° [J.]
— **Volks**- u. Jugend**bibliothek**. [G. Nieritz]. No 244 [vielm. 245]. (07. 18481

— der botanische Unterricht in der Volksschule nach den Forderungen der Gegenwart, s.: Lehrer-Prüfungs- u. Informations-Arbeiten. 18.

— Was muß der Unteroffizier v. d. Literatur wissen?, s.: Unteroffizier-Bibliothek 10. Bd.

— Wilhelm II., deutscher Kaiser u. König v. Preußen. Ein Lebens- u. Charakterbild f. Deutschlands Jugend, Volk u. Heer. Festschrift zum 50jähr. Geburtstage unseres Kaisers am 27. I. 1909. (128 S. m. 12 Taf.) kl. 8. Gütersloh 908. C. Bertelsmann, Sep.-Kto. — 60; kart. — 70; geb. in Bibliotheksbd. — 80; in Leinw. — 90

— dasselbe. Volksausg. (80 S.) kl. 8. Ebd. 909. — 20

Epstein, M., oberstgerichtliche Entscheidungen in Eisenbahnsachen [nach den Akten des k. k. Obersten Gerichtshofes] und die Entscheidungen des Wiener Schiedsgerichtes. gr. 8. (VII, 600 S.) Wien 879, Hölder. *

Epstein, M., Poesien d. Alten Testaments im deutschen Gewande. I. Tl.: Pentateuch u. die ersten Propheten. (IV, 40 S.) 8. Leipzig-Gohlis 908. B. Volger. 1. —

Epstein, M., Sammlung v. eisenbahnrechtlichen Entscheidungen d. k. k. Obersten Gerichtshofes vom J. 1814—1878 [nach den Akten d. k. k. Obersten Gerichtshofes]. Mit Anh.: Entscheidungen d. Wiener Eisenbahn-Schiedsgerichtes. 2. Aufl. gr. 8. (VII, 601 S.) Wien 834. Perles. n. 8. —

— dasselbe. Neue Folge [vom J. 1879—1883] m. e. systemat. Materien- u. Gesetze-Register bezüglich d. ganzen Werkes. gr. 8. (VIII, 232 S.) Ebend. 884. n. 6. —; geb. n. 8. —

Epstein sen., Marcus, begründ. d. Deklarierung des Frachtgutes auf d. Frachtbriefe materielles od. bloss formelles Recht? (Eine bahntarifar. u. bahnreglementar. Studie.) Neue Folge der bahntarifar. u. reglementar. Studien f. Landwirtschaft u. Industrie v. J. 1905. (16 S.) gr. 8. Wien (907). M. Perles. — 80

Epstein, Marc., d. österr.-ung. Eisenbahn-Betriebsreglement m. allen b. 15. IV. 1898 erlass., i. den Text aufgenomm. Nachträgen u. d. neuen Frachtbrief-Formular, giltig v. 1. V. 1898, nebst allen bisher im Buchhandel noch nicht erschien. allgem. Zusatzbestimmgn. 8. (140 S. m. 2 Frachtbrief-Formularen.) Brünn 898. Karafiat & Sohn. n. 2. —

— die Grundsätze d. neuen Steuer-Gesetze, populär dargest. I. Thl.: „D. Erwerbsteuer". gr. 8. (42 S.) Ebd. 898. n. — 80

— die Grundsätze d. neuen Civilproceß-Ordnung, populär dargest. [Aus: „Tagesbote aus Mähren u. Schlesien".] gr. 8. (16 S.) Wien 897. M. Perles. n. — 60

Prozessuale Rechtsgrundsätze der Juden in biblischer und nachbiblischer Zeit. Eine jurist. quellenmäßige Studie z. Streitfrage: Bibel oder Babel. (Mit hebr. Urtexte d. zitierten Stellen.) Von JUDr. Markus **Epstein** sen. in Brünn. Frankfurt a. M.: J. Kaufmann [I] 1905. (30 S.) 8°
Aus: Oest.-Isr. Union. (05. 5043

— Bahn-tarifarische u. reglementarische Studien auf dem Gebiete der Landwirtschaft u. Industrie. (VI, 77 S.) gr. 8. Wien 905. M. Perles. n. 2. —

— Die Tariferhöhungen der k. k. österr. Staatsbahnen. (Ein Vergleich m. d. ungar. Reformtarif u. d. Barème der deutschen Bahnen.) 4. Folge d. „bahntarifar. Studien". (21 S.) gr. 8. Brünn 909. (Prag, A. Haase.) — 85
Sonderabdr. a.: „Rundschau f. Technik u. Wirtsch."

Epstein, Max, das neue österreichische Eisenbahn-Betriebs-Reglement für den Personen- und Frachten-Verkehr, unter krit. Hinweisung auf das alte österreich. und das Eisenbahn-Betriebs-Reglement Deutschlands, dann auf das deutsche Handelsgesetz und die Berathungen und Beschlüsse der Wiener Eisenbahn-Enquête, populär erläutert. Für Juristen, Eisenbahnbeamte, Kaufleute, Industrielle, sowie für jeden Gebildeten. Lex.-8. (IX, 145 S.) Brünn 872, Karafiat. *

Epstein, Max, die englische Goldminen-Industrie, s.: Mitteilungen der Gesellschaft f. wirtschaftl. Ausbildung. 4. Hft.

Epstein, Max, Hilfsbuch f. die 1. juristische Prüfung auf Grund der neuen Lehrpläne. 1.—4. Hft. gr. 8. Breslau, Schletter. n. 3. 60
1. Strafrecht, Strafprozess u. Gerichtsverfassung. (V, 47 S.) 898. n. 1. —
2. Das Kirchenrecht. (S. 49—78.) 898. n. — 80
3. Civilprozess u. Konkursrecht. (S. 79—109.) 898. n. — 80
4. Völkerrecht, Staatsrecht u. Verwaltungsrecht. (S. 111—164.) 898. n. 1. —

Das Kirchen-Recht. Von Dr. jur. Max **Epstein**. Breslau: Schletter 1898. (S. 49—78.) 8°
— **Epstein**: Hilfsbuch f. d. erste jurist. Prüfung. H. 2. (07. 4109

Epstein, Max, d. Landesverrat, s. a. Abhandlungen, strafrechtl.

Epstein, Max [Kammerger.-Ref.]: Der Landesverrat in historischer, dogmatischer und rechtsvergleichender Darstellung ... (Soll vollst. ersch.) Berlin, Buchdr. v. G. Schade, *1897*; S., 2 Bl. 8.
Berlin, Jur. Fak., Inaug.-Diss. v. 6. Aug. 1897

Der Landesverrat in historischer, dogmatischer und rechtsvergleichender Darstellung. Von Dr. Max Epstein, Kammerger.-Ref. *Breslau: Schletter 1898.* (125 S.) 8°
— Abhandlungen, Strafrechtliche. H. 12.

Epstein, Max, m. Lieb' bei Sang u. Klang. Gedichte. 8. (39 S.) Dresden 893. E. Pierson. n. 1. —

Epstein, Max, Montenegro e. Kulturstaat, s.: **Hahn**, **Alban v., u. Osk. Schlippe,** Winke f. d. Reise nach Montenegro.

Strafrecht, Strafprozess und Gerichtsverfassung. Von Dr. jur. Max **Epstein.** Breslau: Schletter 1898. (47 S.) 8°
— **Epstein:** Hilfsbuch f. d. erste jurist. Prüfung. H. 1. [07. 4108

Das Völkerrecht, Staatsrecht und Verwaltungsrecht. Von Dr. jur. Max **Epstein.** Breslau: Schletter 1898. (S. 111–161.) 8°
— **Epstein:** Hilfsbuch f. d. erste jurist. Prüfung. H. 4. [07. 4111

Civilprozess und Konkursrecht. Von Dr. jur. Max **Epstein.** Breslau: Schletter 1898. (S. 81–109.) 8°
— **Epstein:** Hilfsbuch f. d. erste jurist. Prüfung. H. 3. [07. 4110

Epstein, Mieczysław

Epstein, M., der Arbeiterschutz m. besond. Berücksicht. der Werkstatthygiene, s.a. **Arbeiter-Gesundheits-Bibliothek.** 10.

Der Arbeiterschutz mit besond. Berücks. d. Werkstatthygiene. Von Dr. M[ieczyslaw] **Epstein**-München. Berlin: Vorwärts 1906. (20S.) 8° [J.]
— **Arbeiter-Gesundheits-Bibliothek.** H. 10. [06. 6768

— s.: **Bericht der Kommission f. Arbeiterhygiene u. -Statistik der Abteilung f. freie Arztwahl.**

Epstein, M[iezislaw]: Die Erwerbsthätigkeit der Frau in der Industrie und ihre sozialhygienische Bedeutung. — Frankfurt a. M.: Schnapper 1901. 31 S. 8°

Epstein, Mor., Erzählungen u. Augenblicksbilder. 8. (III, 174 S.) Dresden 896. E. Pierson. n. 2. 50

Epstein, Mor., gestörte Flitterwochen, s. **Theater-Repertoir, Wiener.**

Epstein, Mor., der Tanzboden. Dramatische Kleinigkeit in 1 Aufzuge. gr. 16. (47 S.) Wien 876. Wallishausser. n. 1. 40

Epstein, Mordecai, a. London: The English Levant Company, its foundation and its history to 1640. London: G. Routledge & Sons 1908. (170 S.) 8°
Heidelberg, Phil. Fak., Ref. Gothein, Diss. v. 30. Juni 1908
[Geb. 24. Juni 80 Kowno; Wohnort: London; Staatsangeh.: England; Vorbildung: Privatunterricht; Studium: Breslau 4, Berlin 2, Manchester 6 S.; Rig. 31. Jan. 08.]

Epstein, Paul: Zur Lehre von den hyperelliptischen Integralen ... Stockholm, gedr. in d. Central-Dr., 1895: 2 Bl., 58 S., 1 Bl. 4.
Strassburg, Math.-naturw. Fak., Inaug.-Diss. v. 1895

Epstein, Paul, Repertorium der höheren Mathematik, s.: **Pascal, E.**

Epstein, Rich., Musica in nummis, s.: **Andorfer, Karl.**

Epstein, S. S., Paul Bourget als Lyriker. M. e. Portr. u. Facsm. Bourgets. 12. (47 S.) Leipzig 896. W. Friedrich. n. 1. —

— **Hermann v. Helmholtz, als Mensch u. Gelehrter.** [Aus: „Deutsche Revue".] 8. (92 S.) Stuttgart 896. Deutsche Verlags-Anstalt. n. 1. —

Epstein, **S. S.** Die vier Rechnungsoperationen mit Besselschen Functionen nebst einer geschichtlichen Einleitung. In-8°. 54 S. Bern. These. 1895.

Epstein, Sam., u. Mor. Zeckendorf, hebräische Fibel. 4. Aufl. Unver. Abdr. d. 1. Aufl. 8. (32 S.) Wien 896. A. Pichler's Wwe. & Sohn. Kart. n. — 32

Epstein, Sam., u. Mor. Zeckendorf, Hebräische Fibel. 5. Aufl. Unveränd. Abdruck der 1. Aufl. gr. 8. (32 S.) Wien 900. A. Pichler's Wwe. & Sohn. Kart. n. — 32

Epstein, Sam., u. Mor. Zeckendorf, hebräische Fibel. 6. Aufl. Unveränd. Abdruck der 1. Aufl. (32 S.) gr. 8. Wien 903. A. Pichler's Wwe. & Sohn. Kart. n. — 32

Epstein, S. und **Zeckendorf,** M., Hebräische Fibel. 7. Aufl. 8°. (32 S.) Wien: Pichler 1907. K —.32

Epstein, Sam., u. Mor. Zeckendorf, hebräische Fibel. 8. Aufl. Unveränd. Abdr. d. 1. Aufl. (32 S.) gr. 8. Wien 910. A. Pichler's Wwe. & Sohn. Geb. — 32

Epstein, Siegm. Stef., s. a.: **Stefan, S.**

Epstein, Siegm. Stefan (Hrsg.), s. Jahre, Hundert, in Wort und Bild.

— s.a. **Sang u. Klang im 19. Jahrh.**

Sang und Klang im XIX. Jahrhundert. Ernstes u. Heiteres aus d. Reiche d. Toene. Mit e. hist. Einl. von Hans Merian. Hrsg. u. eingerichtet v. Dr. S[iegm.] Stephan **Epstein.** *Berlin: Pallas 1900.* (408 S.) 4° [00. 565

Epstein, Simon, aus Warschau, Welche Structurveränderungen finden sich in der Wandung pathologisch erweiterter Venen.
Preisarbeit Dorpat 1885.

Epstein, Stanislaus [aus Krakau]: Studien in der Indazolgruppe. Basel 1896. 34 S. 8°.
Basel. Phil. Diss. 1896/97.

Epstein, Th., Geonomie [mathematische Geographie], gestützt auf Beobachtung und elementare Berechnung. Für Lehrer, Studierende und zum Selbstunterricht bearb. gr. 8. (XV, 576 S. mit 166 Holzschn. im Text und 18 Fig.-Taf., wovon 12 mit Sternbildern auf blauem Grunde.) Wien 888, Gerold's Sohn. *

Epstein, Th., Don Giovanni von Mozart. Eine Studie zur Oper auf Grundlage des da Ponte'schen Textes nebst einer verbesserten Uebersetzung des letztern. Frankfurt a. M. 870. (Offenbach, André.) gr. 8. (X, 137 S.) 1 ⅓

Epstein, Theobaldus *(geb. Herrnstadt in Schles. 18. 8. 1836)*:
De nova conjunctione cellulosae cum cupro oxydato. Vratislaviae (1860). (31 S.) 8°
Breslau, Phil. Diss. v. 21. März 1860

*Epstein, Th[eobald]: Die Sonnenflecke. (Mit Figuren im Text und einer Tafel Sonnenflecke.) S. 57—140. 8.
In: **Festschrift z. Jahrhundertfeier der Realschule der israelit. Gemeinde** (Philanthropin). 1804—1904. Teil II. *Frankfurt a. M.* 1904.
Progr.

Epstein, W.

Die Luftschiffahrt, ihre geschichtliche Entwicklung und ihre naturwissenschaftlichen Grundlagen gemeinverständlich dargest. von Dr. W. **Epstein,** Geschäftsführer d. Ausschusses f. Volksvorlesungen zu Frankfurt a. M. Mit 23 Abb. 10. 20. Taus. Frankfurt a. M.: Verband f. Volksbildung 1909. 65 S. 8° [09. 13791 4

Epstein, Wenzel T.

Trauerrede auf den würdigen Br. Franz Eszterhazy v. Galantha. Gehalten am 17. Nov. in der sehr e. Loge z. g[ekrönten] H[offnung] in O. v. W[ien] von W[enzel] T. E[pstein]. Wien: Gehlen 1785. 24 S. 8°
cf. WJ. 2, 4 (1785) S. 246—247.
Kl. 1369.

Epstein, Wilh. [aus Leipzig]: Ueber die Condensation von Zimmtaldehyd mit Acetessigäther und Ammoniak .... Leipzig, 1885; 1 + 36 + 1 S. 8°.
Leipzig, Phil. Fak., Inaug.-Diss. v. 11. Nov. 1885.

Epstein, Zacharias: Untersuchungen über die Stromleitung sehr schlecht leitender fester Körper. *Berlin [1902]: E. Ebering.* (53 S.) 8°
München, Phil. Diss. v. 1900

Epting, Hermann

Epting, H., General-Register, s.a. Correspondenz-Blatt, medicinisches, d. württembergischen ärztlichen Landesvereins.

GENERAL-REGISTER über die Jahrgänge 1856 bis 1865 des Württembergischen Medicinischen Correspondenz-Blatts. Von HERMANN EPTING. Stuttgart. 1866. E. Schweizerbart'sche Verlagshandlung. 4°.

GENERAL-REGISTER des Württembergischen Medicinischen Correspondenz-Blatts. Jahrg. 1866 bis 1875. Von HERMANN EPTING. ib. 1877. —

Epting, Carl Herm., das königl. Bad Teinach, medicinisch und topographisch-historisch dargestellt. gr. 8. (96 S. mit 2 Chromolithogr. und 1 lithogr. Karte in qu. Fol.) Stuttgart 860, Daack.

Équevilley, Raymond d'

Untersee- und Tauchboote [Les bateaux sous-marins et les submersibles] von R[aymond] d'Équevilley übers. von Oberlt. z. S. [O.] Wiencke. Kiel: R. Cordes 1905. (VIII, 187 S.) 8° [illegible]

Equey, André. La Divine Épopée ([d']Alexandre Soumet, 1840). Essai de critique littéraire. Thèse Phil. Berne. XII + 76 p. 8. Fribourg, Impr. du Progrès, 1906.

Equey, Étienne. Désiré Nisard et son œuvre. Étude de critique littéraire. Diss. Phil. Berne. IV + 102 p. 8. Berne, Stæmpfli & Cie., 1902.

Equitable-Album. Bearb. unter der techn. Leitung d. Verlegers Otto Henry Alexander im Auftrage der Equitable-Lebens-Versicherungs-Gesellschaft der Vereinigten Staaten. (Europ. Ausg. in deutscher, französ., engl. u. span. Sprache.) Imp.-4. (78 S. m. Abbildgn. u. Taf.) Berl. 890, (Bohne). geb. * 6 —

Equitations-Unterricht in Fragen und Antworten, nach dem k. k. Kavallerie-Abrichtungs-Reglement. 2. Thl. Abrichtung des Pferdes. Wien, 1857. Dr. von L. C. Zamarski, Universitäts-Buchdruck. (vormals J. P. Sollinger.) (114. S. 8.)

Er braucht einen Regenschirm. Komische Szene. Wien 1908. V: *Bartl, Hans.* (EB)

Er des lykkelig England, at retfaerdiggiore sit Rovertog imod Danemark? En Undersögelse, foranledet ved den engelske Declaration af 25. Sept. 1807. 8. Kiel, Hesse. 18 ß Schrbp. 20 ß

— fand, u. wurde wiedergefunden. 8. Breslau, Korn d. ält. 787.

Er führet mich! (*Cassel: J. G. Oncken Nachf. [1902].*) (16 S.) 8° [Kopft. J.] = [Traktate d. Christl. Traktat-Gesellschaft.] Neue Serie. No 111. [illegible]

Er geht fort oder die Schauspielertruppe in tausend Nöthen. Lustspiel in 1 Act v. Haut-goût Minos. gr. 8. (15 S.) Schmalkalden 879. (Wilisch.) — 75

Er geht in die Falle. Lstspl. in 1 Akt. 8. Leipz. 804. Baumgärtner. 12 ß

Er hält wahrhaftig Wort, komische Operette in 2 Aufzügen von F. E. v. Gewap. 8. Leipzig, Fr. Fleischer in Comm. 818.

— hat den Teufel im Leibe. Posse. 8. Gotha 780, Ettinger. 4 ß

Er hat sie alle zum Besten, oder die Mutterschule, ein Lustspiel nach dem Englischen [des O. Goldsmith]. Augsburg 1785. V: *Lambrecht, Matth. Georg.* (KY)

— hat sie alle zum Besten, oder die Mutterschule. Lstspl. 8. Augsb. 785. v. Jenisch u. St. 6 ß

— hat sie alle zum Besten; od. die Mutterschule. Lustsp. 8. Augsb. Stage. 785.

Er heißt Wunderbar, s.a. Immergrün.

— heißet „Wunderbar", s.a. Weihnachten. Nr. 8.

Er heisset Wunderbar. Berlin [1901]. V: *Oertzen, Margarete von.* (Berl 1904, S. 434)

Er in Allem u. Alles für Ihn. Oder: Kurze Betrachtungen in 336 Versen üb. Stellen des I. Buch Mosis, mit angemerkten, sich darauf beziehenden Parallelen. 8. (8 B.) Zürich 842, Hanke.

— ist es selbst. Nachsp. von Th. Hell. 8. Leipz. Hinrichs. 808.

Er ist nicht mehr, Friedrich der Grosse. Ein Lied, Seiner Königlichen Hoheit dem Prinzen Heinrich von Preussen gewidmet, von v. P. Berlin, gedruckt bey G. J. Decker, Königl. Hofbuchdrucker. 1786.

Er ist oben! | Niedersächsische Gesellschaft zur Verbreitung christlicher Erbauungsschriften. | Hamburg 1875. | Druck von Pontt & v. Döhren, Bergstraße 13. (= *No. 367.*).
Kol.: Zu haben in Hamburg: Brennerstr. 51; in Berlin: Auguststr. 81.
32 S., 164 × 100.
Priv.-Bes.

— ist Schuld an allem. Lustsp. in 4 Akt. 8. Brschw. Schröder. 798.

Er ist treu, der verheißen hat. Kurze Betrachtungen für einen jeden Tag im Monat. 8. Aufl. 32. (64 S.) Barmen 867. (Berlin, Beck.) *

Er ist treu, der verheißen hat. Kurze Betrachtungen für einen jeden Tag im Monat. 3. Aufl. 32. (63 S.) Barmen 872. (Berlin, C. Beck.) *
—— dass. — 4. Aufl. Hrsg. von der Wupperthaler Traktat-Gesellschaft. 16. (63 S.) Barmen 872, (Wiemann.) *

Er ist treu, der verheißen hat. Kurze Betrachtungen für einen jeden Tag im Monat. 6. Aufl. 16. (66 S.) Barmen 881. Wiemann. n. — 20; geb. m. Goldschn. n. — 50

Er ist treu, der verheißen hat. Kurze Betrachtungen für einen jeden Tag im Monat. 5. und 6. Aufl. 16. (66 S.) Barmen 882,84. Wiemann. — 20 Pf.; geb. mit Goldschn. *
—— dass. — 7. Aufl. 16. (65 S.) (Ebendas.) 884.

Er ist treu, der verheißen hat. Kurze Betrachtgn. f. e. jeden Tag im Monat. (Nach Macduffs Schriften bearb.) 10. Aufl. (64.–67. Taus.) gr. 16. (64 S.) Barmen (890). Wupperthaler Traktat-Gesellschaft. n. — 15; geb n. — 45; m. Goldschn. n. — 60

Er ist unser Friede. Erzählung von M. v. O. 1. u. 2. Aufl. 8. (à 391 S.) Schwerin 902. F. Bahn. n. 4. 50; geb. in Leinw. n. 5. 50

Er ist unser Friede. Erzählung von M. v. O. 3. Aufl. (391 S.) 8. Schwerin 905. F. Bahn. n. 4. 50; geb. n. 5. 50

Er ist unser Friede. Erzählg. v. M. v. O. 5. Aufl. (309 S.) 8. Schwerin 911. F. Bahn. 3.20; geb. 4. —

„Er ist verrückt!" Acht Wochen im Irrenhause. Enthüllgn. a. d. Leben e. ehemal. Geistlichen. gr. 8. (78 S.) Zürich 896. Th. Schröter. n. — 70

— kann! Erzählung v. M. v. O. 1. u. 2. Aufl. (100 S. m. Titelbild.) 8. Ebd. 905. n. 1. 20; geb. n. 1. 50

— kann! Erzählg. v. M. v. O. 4. u. 5. Aufl. (Je 78 S. m. Titelbild.) 8. Schwerin 910. F. Bahn. — 90; geb. n 1. —

Er kommt! Organ der Kieler China-Mission. Bibelauslegung und Nachrichten aus der Mission. Hrgg. v. J[ohannes] Witt. Kiel. 8°
Jg. 1—5, 1898—1902 (unvollständig).
Jg. 6—8, 1903—05. Jg. 10, 1907. Jg. 12 ff., 1909 ff.

— kommt! Organ der Kieler China-Mission. Bibelauslegung u. Nachrichten aus der Mission. Hrsg. f. Gotteskinder, welche die Erscheing. Jesu Christi lieb haben, v. J. Witt. Schriftleitung: Johs. Grohmann. 4. Jahrg. 1901. 24 Nrn. gr. 8. (à ca. 16 S.) Kiel (Missionshaus), Joh. Grohmann. n.n.n. 1. —
Nicht durch den Buchhandel zu beziehen.

— kommt. Organ der Kieler-China-Mission. Bibelauslegung u. Nachrichten aus der Mission. Hrsg. f. Gotteskinder, welche die Erscheinung Jesu Christi lieb haben, v. J. Witt. Verantwortlich: Witt. 9. Jahrg. 1906. 24 Nrn. (à ca. 16 S.) 8. Kiel, Verlag der Kieler China-Mission. n. 1. 50

— kommt. Organ der Kieler China-Mission. Bibelauslegung u. Nachrichten aus der Mission. Hrsg. f. Gotteskinder, welche die Erscheing. Jesu Christi lieb haben, v. J. Witt. Verantwortlich: Witt. 10—13. Jahrg. 1907—1910 à 24 Nrn. (à 16 S.) 8. Kiel, Buchh. d. Missionshauses. à Jahrg. 1. 50

— kommt! er kömmt! oder die Vaterlandsliebe Lstspl. 8. Bayreuth 796. Lübeck. 6 gl.

— kömmt! Er kömmt! od. d. Vaterlandsliebe. Lustspiel. 8. Bayr. Lubeck. 797.

— kommt, er kommt. 64. (16 S.) Elberfeld 878. (Langewiesche.) n. — 12

— mengt sich in Alles, s. a. Jünger.

— mengt sich in alles. Lstsp. nach d. Engl. v. Jünger. 8. Lpz. Göschen. 793.
Schreibr.

Er muß auf's Land. Lustsp. in 3 Akten. Freie Bearbeitg. nach Bayard u. de Bailly von Jos. Mendelssohn. 12. (3 B.) Hamburg 845, Berendsohn. *

— oder Sie lebe hoch! Vivat! Vivat! Neueste Sammlung geschmack- u. effectvoller Trinksprüche — Toaste — für alle Vorkommnisse des gesellschaftlichen u. Familienlebens. Dessau 865. Central-Verlag. (Barth.) 16. (111 S.) 10 ngr.

Er od. Sie lebe hoch! Vivat! Vivat! Neueste Sammlg. geschmack- u. effektvoller Trinksprüche — Toaste — f. alle Vorkommnisse d. gesellschaftl. u. Familienlebens. 2. (Titel-) Aufl. 16. (110 S.) Dessau 884. Baumann. n. — 50

Er schlägt sich nicht. Schauspiel in 5 Aufzügen. Wien 1887. V: *Birnbaum, Nathan (?)*. (EB)

Er schlägt sich nicht. Schauspiel in 5 Aufzügen. 12. (IV, 125 S.) Wien 887. Löwit. *

Er u. Sie, vier romantische Gedichte. 8. Eisenach 780. (Bärecke). 4 gl.

Er u. Sie, vier romant. Gedichte. 8. Eisenach, Wittekind. 780.

Er und Sie; vier romantische Geschichten. Eisenach 1781. V: *Kotzebue, August Frdr. Ferdinand von.* (MGT) (Mn) (JL)

— u. Sie. Lustsp. v. Sievers. 8. Hamb. Vollmer. 805.

Er und Sie od. das Alphabet d. Liebe in 50 Liedern, v. Verf. d. klugen Hökelhahns u. d. Fabelwoche. 8. (7 B.) Gotha 837, (Wenige.) *

ER!!; u. Sie!!! (Je sechs 4zeil. Stroph. sotadischen Inh., mit entsprechendem Holzschnitt-Kopfbilde, darstellend 5 Paare.) O. O. u. J. (c. 1895). 8°. 2 Bll., autogr.

Er, sie und ich auf der Greifswalder Oie. Eine Erzählung von Fauz vom ersten September. Berlin 1835. 8°. 101 S. Illustr. Umschlag. (3 Mk. Oskar Rauthe, Friedenau, 1908.)
Humoristische Reiseschilderung durch die vorpommerischen Badeorte etc. Selten!

Er soll Alexander heißen! Schausp. von Tank. 8. Bayreuth, Lubeck. 790.

— soll sich schlagen. Lustsp. v. Ochsenheimer. 8. Mannh. Schwan. 792.

— sucht nach mir, s. a. Für Dich. Nr. 25.

Er sucht nach mir. Erzählung von M. v. O. Berlin: Deutsche Ev. B. k. u. Tract. Ges. 1902. (24 S.) 8° [3.]
— Für Dich! No 25.

„— war unser". Zu Friedrich v. Schillers Gedächtnis, s.: Wartburghefte.

—— wird sie nicht unbereitet finden, oder der Knecht, der seines Herrn Kommen gewärtig ist. 8. (16 S.) Berlin 866, Buchh. des Missions-Vereins.

—— wird sie unbereitet finden, oder der Knecht, der seines Herrn Kommen nicht gewärtig ist. 8. (16 S.) Berlin 866, Buchh. des Missions-Vereins.

Er wollte es nicht glauben. | (*Text*).
Kol.: Herausgegeben von der Tractat-Gesellschaft der bischöfl. Methodisten-Kirche. Zu | haben in Bremen im Tractat-Hause, Georgsstraße Nr. 59. | Gedruckt bei Joh. Georg Heyse in Bremen. (= Nr. 39).
o. J., 8 S., 160 × 100, ab S. 5 die Erzählung: *Ich bin ein Freidenker.*
Priv.-Bes.

Erachten betreffend die Einführung eines Criminalgesetzbuches in Mecklenburg . . . Schwerin 1850. V: *Wieck, von.* (Schz)

Erachten betreffend die Einführung eines Criminalgesetzbuches in Mecklenburg. Abdruck aus den Acten des Justizministeriums. 2 Lfgn. gr. 8. Schwerin 850, (Stiller'sche Hofbuchh.) [1. (150 S.) * 25 Ngr., 2. (99 S.) * 15 Ngr.] Thlr. *

Erachten der theologischen Fakultät zu Rostock über die Frage, „ob eine Emendation oder Revision der Luther. Bibelübersetzung nöthig und räthlich erscheint"? gr. 8. (47 S.) Schwerin 863. [Halle, Schwabe.] *
Aus: Theologische Zeitschrift, besonders abgedruckt.

Erachten der Theologischen Facultät zu Rostock über die Lehre der Wisconsin-Synode von der Gnadenwahl. Rostock 1884. V: *Dieckhoff, Aug. Wilh.* (Erman & Horn, Bibliogr. d. dtsch. Universitäten. 2. Leipz. u. Berl. 1904.)

Erachten der Theologischen Facultät zu Rostock üb. die Lehre der Wisconsin-Synode v. der Gnadenwahl. 8. (15 S.) Rostock 884. Stiller. n. — 25

Erachten, Politisches, über die Möglichkeit der Schiffbar- und Fahrbarmachung der ... Tollensee. Neu-Strelitz 1797. V: *Zimmermann*, *Joh. Carl David.* (KY) (MGT)

Erachten, polit., über die Möglichkeit d. Schiffbar- u. Fahrbarmachung der von Neubrandenburg bis in die Peene gehenden Tollensee, (v. J. K. D. Zimmermann). 8. Neustrelitz 797.

Erachten, rechtliches, der Juristen-Facultät zu Heidelberg über die verfassungsmäßige Gültigkeit der großherzoglich hessischen Verordnungen vom 2. Octbr. 1850 und 17. Septbr. 1852, sowie über die Verpflichtung und Berechtigung des Richters, die Gültigkeit landesherrl. Verordnungen zu prüfen. Erbeten von den wegen Beitritts zum deutschen National-Verein durch das Ministerium v. Dalwigk in peinl. Untersuchung gezogenen 109 Offenbachern. gr. 8. (28 S.) Frankfurt a. M. 861, Auffarth. *

Erachten, Rechtliches, eines Mecklenburgischen Rechtsgelehrten über die zwischen dem ... Grafen von der Schulenburg-Wolfsburg und dem gemeinsamen Anwalde der Gläubiger des weil. Generallieut. Gr. v. d. Schulenburg, ... anhängigen Rechtssache, puncto Fideicommissi. O. O. [1796]. V: *Hennemann*, *Christian Ludwig.* (MGT)

Erachten, Unmassgebliches politisches, über die Möglichkeit der Schiffbar- oder Fahrbarmachung der von der Stadt Neubrandenburg bis in die Peene gehenden Tollensee. Neustrelitz 1796. V: *Zimmermann.* (Bachmann, Mecklenburg. Güstrow 1889. S. 316.)

Eraclius. s.a. Graef, H.

Eraclius. Deutsches u. französ. Gedicht des 12. Jahrh., s. Bibliothek d. gesammt. deutsch. Nation.-Literatur, 6. Bd.

Eram, s.a. Baumann, Friedrich

Eram. Skizzen aus den Jugendjahren eines Veteranen. Mit einem einleitenden Vorworte von Ldw. Rellstab. gr. 8. Berlin 845, Reichardt u. Comp. 1 ₰

Eram. Skizzen aus den Jugendjahren e. Veteranen. Mit e. einleitenden Vorw. v. Ludw. Rellstab. gr. 8. (14¾ B.) Berlin 845. [Leop. Schlesinger.] Thlr.

Eranckel Dr. O.: Die Bestimmungen des österr. Rechtes gegen unehrbaren Wettbewerb. 53. Wien H.-A. 84.
Progr

Eranen von D. K. Baldanus, s. im Alphabet Baldanus.

Eranien zum deutschen Recht, mit Urkunden-Fortsetzung. 1e Lfrg. v. H. F. A. Ph. v. Dalwigk. gr. 8. Heidelb. 825. Oswald. 20 K
2e u. 3e Lfrg., herausg. von R. Falck. gr. 8. Ebd. 826—28. Ebd. 1 ₰ 16 K

— dess. 1e Lieferung, s.a. Dalwigk.

Erano. Schausp. mit Gesang a. d. Zeiten der Kreuzzüge, v. Batsch. 8. Lpz. Barth. 780.

Eranos. Acta philologica suecana. Edenda cur. Vilelm. Lundström. Vol. I—III 1896—1898. à 4 fasc. (à ca. 3 Bog.) gr. 8. Upsaliae. (Leipzig, O. Harrassowitz). à vol. n.n. 6. —

Eranos. Acta philologica suecana. Edenda curavit Vilelm. Lundström. Vol. IV. 4 fasc. gr. 8. (Fasc. 1. 32 u. 88.) Upsaliae 900. (Leipzig, O. Harrassowitz.) n.n. 6. —

Eranos. Acta philologica suecana. Edenda curavit Vilelm. Lundström. Vol. V. 4 fasc. (IV, 165 S.) gr. 8. Upsaliae 903. (Leipzig, O. Harrassowitz.) n.n. 6. —

Eranos. Acta philologica suecana. Edenda curavit Vilelm. Lundström. Vol. VI—X à 4 fasc. 1905/6—1910. (Vol. 4—9: IV, 151; IV, 148; IV, 163 u. IV, 184 S.) gr. 8. Göteborg. Leipzig, O. Harrassowitz. à Vol. nn 6. —

Eranos Vindobonensis. gr. 8. (VI, 386 S. m Abbildgn.) Wien 893. A. Hölder. n. 10. —

— Wiener. Zur 50. Versammlg. deutscher Philologen u. Schulmänner in Graz 1909. (VI, 324 S. m. Abb., 1 Taf. u. 1 Karte.) gr. 8. Wien 909. A. Hölder. 8. 60

Eras, E., Besenfriedel, s.: Hoffmann's, Frz., Jugendbibliothek.

Eras, Gerhart, appr. Arzt aus Pirna: Ueber angeborene **Makroglossie.** *Leipzig 1902: B. Georgi.* (29 S.) 8°
Leipzig, Med. Diss. v. (3. Nov.) 1902

Eras, J. E., allgem. Kirchenzeitung f. d. kathol. Deutschland, s. Kirchenzeitung.

Eras, Johann Georg, approb. Arzt aus Pirna a. E., Sachs.: Die Dauer der 3. Geburtsperiode. *Greifswald 1903: J. Abel.* (31 S.) 8°
Greifswald, Med. Diss. v. 11. Sept. 1903

Eras, Kurt, a. Rittersgrün i. Sa.: Ueber einige Methoxy-α-β-Dichlorstyrole und das Methoxyphenylacetylen nebst Homologen. Rostock 1904: C. Hinstorff. (55 S.) 8°
Rostock, Phil. Fak., Ref. Michaelis, Diss. v. 25. März 1905
[Geb. 15. Jan. 75 Rittersgrün, Kgr. Sachsen; Wohnort: Rostock; Staatsangeh.: Sachsen; Vorbildung: Realgymn. Freiberg Reife f. Obersecunda O. 91; Studium: Leipzig 4, Rostock 5 S.; Rig. 29. Sept. 04.]

Eras, Wolfg. H., handelspolitische Aufgaben nach dem Kriege und bei der Annexion des „Generalgouvernement Elsaß". gr. 8. (48 S.) Berlin 871, Kortkampf. *

—— s. Aufsätze, volkswirthschaftliche.

Eras, Dr. W. H., der *Prozess Bebel-Liebknecht* u. die officielle Volkswirthschaft. Breslau, Maruschke & Berendt, 1872. Gr. 8°. Cart.
1 Bl., III—32 S.

Eras, Wolfg., das Branntwein-Monopol, s. Zeitfragen, volkswirthschaftliche.

—— Einrichtungen für die Binnen-Schifffahrt an deutschen und holländischen Handelsplätzen. Bericht über eine im Auftrage der Handelskammer unternommene Informationsreise. gr. 8. (49 S. mit 3 kartogr. Skizzen.) Breslau 885, Schottländer. *

Eras, Wolfg. Unser Handel m. den Balkanländern. Sein Umfang u. seine Entwickelungsfähigkeit m. besonderer Berücksicht. der Hafenstadt Salonik, auf Grund e. im Herbst 1890 ausgeführten Studienreise dargestellt. gr. 8. (VIII, 53 S.) Lpz. 891, Spamer. * 1 20

— die Oderregulirung, die commerzielle Bedeutg. ihres nahe bevorsteh. vorläuf. Abschlusses u. die Canalprojekte im Oderstromgebiet. Gemeinfaßlich dargestellt. Nebst e. (chromolith.) Uebersichtskärtchen der künstl. Wasserläufe zwischen Oder u. Havel. gr. 8. (62 S.) Breslau 884 Woywod. n. 1. 50

—— die Organisation des Binnenschifffahrts-Betriebes, s. Zeitfragen, volkswirthschaftliche.

Eras W, d. Organisation des Binnenschiffahrtsbetriebes. (Zeitfr. Volksw. 66) Berlin 1887

— aus der Praxis. Volkswirthschaftliche Studien u. Skizzen. gr. 8. (VII, 192 S.) Breslau 872. Maruschke & Berendt. n. 4. —

Eras, Wolfg., das Reichsbahn-Projekt, seine Entstehung u. seine Gefahren. Beitrag zur Eisenbahnenquête d. 17. Congresses deutscher Volkswirthe. Gutachten u. Thesen. gr. 8. (46 S.) Breslau 876. Schletter's Sort. n. 1. 50

— der Währungsstreit 1879—1883, s. a. Zeitfragen, volkswirthschaftliche.

Eras W, der Währungsstreit 1879-83. (Zeitfragen, Volksw. 34. 35) Berlin 1883

—— was steht in den preußischen Schulregulativen? 8. (IV, 54 S.) Leipzig 868, O. Wigand. *

—— vier Zeitfragen aus dem Gebiete der Volkswirthschaft und Gesetzgebung. Vorlesungen, gehalten in den kaufmänn. Vereinen zu Mainz, Mannheim, Frankfurt a. M. und an anderen Orten im Winter 1869—70. 8. (IV, 128 S.) Leipzig 870, O. Wigand. *

—— der Zwangsstaat und die deutschen Sozialisten. Volkswirthschaftliche Studien. 8. (III, 144 S.) Leipzig 868, O. Wigand.

Erasme, s. Erasmus, Desiderius

Erasmi, Geschwister, Hansa-Küche. Erprobte Rezepte f. d. feine u. bürgerl. Küche. (VII, 822 S.) 8. Dresden (907.) R. Kraut. Geb. in Leinw. 2. 50

Erasmi, Ge. Chrph.: Kurtzer Auszug aus denen Königlich Preußischen und Chur-Brandenburgischen Landes-Recessen, Edicten [usw.]. Ersterer Theil in sich haltend die Nachricht alter u. neuester Verfassungen wegen Wolle u. Wolle-Manufacturen u. derselben Dependenzien. Berlin u. Potsdam 1731.

Erasmi, G. G., Ausz. a. d. Preuß. Landesrecessen, ꝛc. 1r Thl. 4. Berl. 731.

Erasmi, Ludov. (geb. Lübeck 1. 6. 1815): De origine vermium intestinalium. Berolini (1843). (26 S.) 8°
Berlin, Med. Diss. v. 19. Sept. 1843

Erasmo: Percopo, s. Wiese, Berthold.

Erasmus oder goldener Spiegel für Theologen und Geistliche der christlichen Kirche. München 1821. V: *Poiger, Johann Baptist.* (Ky) »1824« (Schmal)

Erasmus, oder goldener Spiegel für Theologen u. Geistliche der christl. Kirche. 12. München 821. Lentner. 12 gr

Erasmus Agricola. Roman in 3 Büchern. 8. (26 B.) Liegnitz 843, Strempel.

Erasmus, Des. ; Leben. Ein Lesebuch f. d. Bürger. Mit Erasmus Bildn. 8. Leipz. 802. L. Voß. 12 gr

Erasmus. (Desiderius) E' von Roterdam in Basel. 1516–1536. (Njbl.) s. (Hagenbach, Carl Rudolf).

Erasmus von Rotterdam zu Freiburg im Breisgau. Von Th. St. Freiburg 1857. V: *Stähelin, Th.* (AarK)

Erasmus von Rotterdam nach seinem Leben und Schriften. Zürich 1790. V: *Hess, Salomon.* (GGr) »1790—92« (Winer)

Erasmus v. Rotterdam, nach s. Leb. u. Schriften. (v. Heß.) 2 Bd. gr. 8. Zürch, Ziegler. 790. (1r 1 Thlr. 8 gr., 2r 1 Thlr. 16 gr.)

— — herausgegeben v. Godin. gr. 8. Ebend.

Erasmus von Rotterdam. Historisches Spiel aus der Reformationszeit. Zürich [Winterthur] 1865. V: *Widmann, Joseph Victor.* (Verlagskat. Cäs. Schmidt Zürich 1897 S. 10.) (Zuwachsverz. d. Bibliotheken in Zürich 1808 ff.)

Erasmus v. Rotterdam. Historisches Spiel aus der Reformationszeit. 8. (35 S.) Winterthur 865, Lücke.

Erasmus Redivivus, s. a. Moloch, der, des Militarismus.

Erasmus Redivivus, Der Moloch des Militarismus. Ein Mahnwort an alle Welt. 8°. Zürich, Verlags-Magazin, 1894.

Erasmus Roterodamus, s. Erasmus, Desiderius

Erasmus von Rotterdam, s. Erasmus, Desiderius

Erasmus, Desiderius

Erasmus, Desid. Adagiorum epitome. 12. Hannov. Helwing. Rthlr.

— Anweisung zu wohlanständigen Sitten u. J. L. Vives, Anführ. z. Weisheit, latein. u. deutsch. 8. Bresl. 756, W. G. Korn. 4 gr

Briefe an Desiderius Erasmus von Rotterdam. Hrsg. von † Joseph Förstemann u. Otto Günther. *Leipzig: O. Harrassowitz 1904.* (XX, 460 S.) 8°
— Zentralblatt f. Bibliothekswesen. Beihefte. H. 27. [04. 9568]

Briefe an Desiderius Erasmus von Rotterdam. Hrsg. von Prof. Dr. L[udwig] K. Enthoven. Mit 1 Lichtdr. Strassburg: J. H. E. Heitz 1906. (XIV, 222 S.) 8° [06. 8409]

Erasmus von Rotterdam, Briefwechsel Papst Hadrian des Sechsten, s. Briefwechsel.

Erasmus, (Desiderius), und Melanchthon, (Philipp). (Briefwechsel....) 2 [Theile]. Bernburg 1877–1879 s. Walter, Emil.

Erasmus Roterod., civilitas morum puerilium. 8. Lips. Gleditsch. 757.

Erasmus, Des., (Roterd.,) civilitas morum puerilium cum vocabulario ed. J. Chr. Messerschmid. 8. Leipz. 758. Gleditsch. 3 gr

— de civilitate morum libellus, ed. J. F. Schwedler. 8. Halle 799.

Erasmi Rotterdami, Desid., Colloquia. Ad fidem optimor. exemplor. denuo edita c. scholiis selectis varior. Cur. God. Stallbaum. 8 maj. (29 B.) Lipsiae 828, Hinrichs.

— Coloquia familiaria.

— — c. not. auctoris, 18. Basel, Turneisen. 707.

— colloquia familiaria. 12. Bernae. (Pott et C. in Laus.) 709.

— colloquia familiaria c. omnium notis. 8. Tig. Orell. 714.

— — c. not. sel. varior. 8. Leid. Luchtmann. 729.

— — c. not. ad mod. Minelli. 8. Lps. Weidmann. 736.

Erasmus, Des. (Roterd.,) colloquia familiaria, ex recens. et cum not. Pet. Rabi. 8. Nürnb. 783. Felssecker. 20 gl.

— id. lib. excerpta in us. juventutis ed. Jh. Chr. Fr. Bähreus. 8. Halle 787. N. Aufl. 804. Hendel. 4 gl.

— — im Auszg. v. J. C. Bährens. 8. Halle, Hendel. 803.

—— Colloquia familiaria et Encomium moriae. Ad opt. edit. fidem dilig. emend. Cum succincta difficil. explanat. II Ti. Edit. stereotypa. 16. (43½ B.) Lipsiae 828, Tauchnitz. 20 Gr., fein Pap.

Erasmi Roterodami, Desiderii, colloquia familiaria et encomium moriae. Ad optimorum librorum fidem diligenter emendata. Cum succincta difficiliorum explanatione. 2 Tomi. Editio ster. C. Tauchnitiana. Nova impressio. 16. (IV und 771 S.) Leipzig 867, Holtze. à Tomo 9 Ngr.

Erasmi Roterodami, Desiderii, Colloquia familiaria et Encomium Moriae. Ad optimorum librorum fidem diligenter emendata, cum succinta difficiliorum explicatione. Editio ster. C. Tauchnitiana. Nova impressio. 2 vol. 16. (IV, 771 S.) Leipzig 872, Holtze. à Vol. M 1,05.

Erasmi Roterodami, Desiderii, colloquia familiaria et encomium moriae. Ad optimarum editionem fidem diligenter emendata. Cum succincta difficiliorum explanatione. Ed. ster. Tom. I. II. 16. (370 u. IV, 401 S.) Leipzig 892. 893. O. Holtze's Nachf. à 1.5

Erasmi, Desiderii, Roterodami, colloquia familiaria. Florilegium in usum gymnasiorum composuit N. J. Singels. 8. (VII, 180 S.) Groningen 900. J. B. Wolters. n. 2.—

Erasmus v. Rotterdam, 20 colloquia familiaria f. den Schulgebrauch bearb. v. Wilh. Kersten. (64 S.) 12. Leipzig 903. G. Freytag. Geb. n. 1.—

— verborum ac rerum copia. 12. Lps. Junius. 715

— de utraque verborum ac rerum copia libb. II, ad sermonem et stylum formandum utilissimi. 8. Clausenburg 775. (Wien), Gräffer u. Sohn; a. Mayr. 16 gl.

Erasmi, Des., Roterodami. Commentarii de verborum ac rerum copia, liber ad sermonem et styllum formandum utilissimus curante E. T. Hohler. 8. Vindob. 824, Geistinger. (Landshut, Krüll.)

— Commentarii de verborum ac rerum copia, ist Verlag von Gerold in Wien und der Preis jetzt nur ⅓ ꝛꝯ

Erasmus, D., declamatio de pueris ad virtutem ac literas liberaliter instituendis idque protinus a nativitate, s. a. Sammlung selten gewordener pädagogischer Schriften d. 16. u. 17. Jahrh.

—— Declamatio de pueris ad virtutem ac literas liberaliter instituendis idque protinus a nativitate. — Vortrag über die Nothwendigkeit, die Knaben gleich von der Geburt an in einer für Freigeborne würd. Weise sittlich und wissenschaftlich auszubilden zu lassen. In's Deutsche übers. und mit Einleitung und Anmerkungen versehen von Aug. Israel. gr. 8. (VI, 41 S.) Zschopau 872, Hermann. *

Aus: Jahresbericht über das Seminar zu Zschopau, besonders abgedruckt.

— De libero arbitrio διατριβή sive collatio, hrsg. v. Johs. Walter, s. a. Quellenschriften zur Geschichte d. Protestantismus. 8. Heft.

De libero arbitrio διατριβὴ sive collatio per Desiderium Erasmum Roterodamum. Hrsg. von Lic. Johannes v. Walter, Prof. in Breslau. Leipzig: Deichert 1910. XXXIII, 92 S. 8°
(Quellenschriften z. Geschichte d. Protestantismus. H. 8.) (10. 4081

— Ecclesiastae sive de ratione concionandi libri IV, recens., in capita divisit, indice rerum ac verborum copiosissimo instruxit F. A. Klein. 8 maj. Leipz. 820. Weidmann. 2 ꝛꝯ 18 gl. Velinp. 4 ꝛꝯ

Erasme, Eloge de la folie. 12. Basel, Flick.

— Eloge de la folie. 12. Basel, (Neukirch). 9 gl.

— le même trad. p. Guedeville. 8. Strasb. König, (Haas le fils à Basle.) 761.

— le même, traduction nouvelle, par C. H. Panalbe, avec une notice sur l'auteur. Ornée d'une gravure allégorique. 32. ... 828. (Leipz., W. Vogel). 16 gl.

— Enchiridion militis christiani. 8. Halle, Waisenh. 724.

— encomio della passia. 8. Bas. König. 762.

Erasmus R., D. Μωρίας Εγκωμιον, sive stultitiae laus. Declamatio cum Commentariis Gerardi Listrii . . . Basileae 1780. H: *Becker, Wilh. Glieb.* (Kläbe, Neuestes Gel. Dresden. Leipzig 1796.)

— Εγκωμιον μωριας sive laus stultitiae. In usum hominum elegantiorum. Access. brevis annotatio. 8 maj. Lipsiae 826. Hartmann.

Erasmi Roterdami Μωρίας Ἐγκώμιον, id est: Stultitiae laus. Declamatio. Ad fidem edit. antiquae Frobenii. Figuris Holbenianis ornata. Cum duabus Erasmi epistolis, ad Mart. Dorpium et ad Thomam Morum. Accessit dialogus Epicureus. 8 maj. (Mit 2 lithogr. Bildnissen u. vielen Holzschnitten.) Hornae 839. (Lipsiae, T. O. Weigel.) n. 3 ꝛꝯ

Erasmi Roterodami declamatio: Μωρίας Ἐγκώμιον, id est: Stultitiae laus. Ad fidem edit. antiquae Frobenii. Figuris Holbenianis (lign. inc.) ornata. Cum duabus Erasmi epistolis, ad Mart. Dorpium et ad Thom. Morum. Accessit dialogus Epicureus. 8maj. (XL und 233 S. mit 2 lithogr. Portr.) Lugduni Bat. 851. (Roterodami, Baedeker.) **

— Epistolae famil. ad Bonif. Amerbach. 8. Bas. Flick. 778.

— Epistolae familiar. ad Bonif. Amerbach. 8. Basel 778. (Neukirch). 12 gl.

— — selectiores, excerptae ex majori Vol. 8. Basel, Flick. 719.

— — select. c. praefat. Kappii et mant. 8. Bresl. W. G. Korn, (et. Flick, Bas.) 752.

Erasmus, Desiderius.... D' E' gegen Ulrich von Hutten (Spongia Erasmi adversus aspergines Hutteni. Basileae... 1523...).... Aus dem Lateinischen übersetzt ... s. Stolz. Johann Jacob. Ulrich von Hutten.... Aarau 1813.

Erasmus v. Rotterdam, für Prediger seiner u. neuerer Zeit: ein Auszug aus dessen klass. Werke: Ecclesiastes, sive de ratione concionandi; übersetzt u. mit e. Einleit. versehen v. J. W. Henneberg. Mit Erasmus Portrait. gr. 4. Gotha 822, Hennings.

Erasmus von Rotterdam, humoristische Erzählungen, s. Hausschatz, humoristischer, für's deutsche Volk.

— Gedanken über Feiertage, Fasten u. Priesterehe. 8. Dessau 782. Gelehrten B. 5 gl.

— Gespräche.

— — d. Friedr. Romberg. 8. Berl. 705.

Erasmus, (Desiderius). Gespräche des E', ausgewählt, übersetzt, eingeleitet von Hans Trog. (Mit Buchausstattung von F[ritz] H[ellmut] Ehmcke.) VI + XXVIII + 140 S. 8. Jena, Eugen Diederichs, 1907. [M. 3.—]

Erasmus von Rotterdam. Des Scharffsichtigen Erasmi von Rotterdam Ergötzliche und Lehrreiche Gespräche Rein und lebhafft in das Teutsche übersetzt, und mit nützlichen Real- und Verbal-Noten versehen, Der studierenden Jugend ... [zum] Zeit-Vertreib. Frankfurt & Leipzig, J. A. Schmidt, 1735. Kl. 8°. 8 Bl. 112 S. *mit 5 sehr hübschen Kupfern im Text und gestoch. Verlegermarke a. d. Titel.* Pbd. d. 19. Jahrh.

Gute, anonyme Übersetzung von 5 ausgewählten Colloquia: 1. Uxor sive Conjugium, Die störrische Hausfrau ... 2. Opulentia sordida, Der schändlich geitzige Reiche. 3. Alcumistica, Die unbesonnene Goldmacherey. 4. Hippoplanus, Der Roß-Teuscher. 5. Emeritia nobilitas, Der Reuter ohne Pferd ... Die Kupfer (je 90 : 80 mm) sind lebendig-amüsante Szenenbilder. Titel in Rot und Schwarz.

— Des Sarffsichtigen [!] Erasmus von Rotterdam Ergötzliche und Lehrreiche Gespräche Rein und lebhafft in das Teutsche übersetzt [von HIERONYMUS WILHELM SCHMID], und mit nutzlichen Real- und Verbal-Noten versehen. Frankfurt und Leipzig, J. A. Schmidt, 1735. Kl. 8°. 8 Bl. 112 S. *Mit 5 großen Kupfern im Text u. Titelvignette.* Pbd. d. Z. (Rücken oben läd.). 80.—

— Institut. hominis Christiani. 8. Heidelb. Mohr et Winter. 815.

Erasmus R., D. Institutio hominis Christiani. Heidelbergae 1816. H: *Kayser, Carl Philipp.* (Ky)

— Institut. hominis Christiani. 8. Heidelb. 816. Mohr. 3 gl

— stultitiae laus c. G. G, Becker. c. fig. 8. maj. Bas. Flick. 780.

— dasselbe. 8. Basel, Haas d. Sohn.

— stultitiae laus c. W. G. Becker, c. fig. 8. Basel 780. Thurneisen. 2 ß

— Laus stultitiae. In usum hominum elegantiorum. Acces. brevis annotatio. 8 maj. Leipz. 826. Lehnhold. 12 gl

— declamatio Stultitiae laus. Recognovit et adnotavit I. B Kan. Insertae sunt figurae Holbeinianae. gr. 8. (X, VII, 192 S.) Haag 898. M. Nijhoff. n.n. 5. 50; geb. n.n. 7. —

— Lob der Heilkunst. Ein Vortrag. Aus dem Latein. übertr. u. erläutert v. Ludw. Enthoven. (VIII, 72 S. m. Titelbild.) 8. Straßburg 907. J. H. E. Heitz. 2. —

—— das Lob der Narrheit, s. Universal-Bibliothek Nr. 1907.

ERASMUS VON ROTTERDAM. Lob Der Narrheit, Verfertiget Schon vor zwey hundert und eilf Jahren Von dem sehr berühmten Erasmo von Rotterdam. Mit Einigen schönen Anmerckungen des Listrii ... in gut und reines Teutsch übersetzet. Nebst einer absonderlichen Vorrede des Übersetzers, welche nebst dem Haupt-Wercke in Berlin, Leipzig und Halle zu bekommen. Im Jahr 1719. 12 Bl. 121 S. 4°. Leicht beschäd. Ppbd. d. Z. 100.—

Zweite deutsche Übersetzung in der seltenen Erstausgabe. Vander Haeghen S. 12[illegible].

Erasmus v. Rott., Lob der Narrheit. A. d. Latein., mit Anmerkk. u. Holbein's Kupfern. Frkf. u. Lpz. 1735. Hpgtbd. 8. 5. —

Erasmus R., D. Lob der Narrheit, in einer Scherzrede entworfen ... a. d. Latein. ... Frankf. u. Leipzig. [Nürnberg] 1735. H & Ü: *Rasca, Christian Friedrich.* (ML) (Will) (Ebert)

Desiderii Erasmi von Rotterdam Lob der Narrheit in einer Scherzrede entworffen. Aus dem lateinischen ins teutsche übersezt, mit nöthigen Anmerkungen erläutert, JOHANN HOLBEINS Kupfern gezieret, und mit dem Leben des Autoris versehen. Frankfurt & Leipzig, G. P. Monath, 1753. Kl. 8°. *Mit gefaltetem Frontispizporträt des Erasmus, 6 gefalteten Kupfern und zahlr. Kupfern im Text.* 18 Bl. 264 S. Marmor. Broschur vom Ende des 18. Jahrh.

Van der Haeghen 127. Vgl. Graeße II. 496, wo der Name des Übersetzers Rasca (der auch ein längeres Gedicht über Erasmus beigesteuert hat) genannt wird. Gute Übersetzung mit vielen Anmerkungen zum Text. Die Kupfer von J. A. SCHMIDT sind ziemlich treffende Nachbildungen der Holbeinschen Randzeichnungen. In der Vorrede werden verschied., auch bibliographisch interess. Bemerkungen über das Lob der Torheit gemacht, wobei unter anderem auch behauptet wird, daß die ersten Kupfer nach Holbein (für die Ausgabe von 1676) von M. Merian gestochen worden seien.

— Lob der Narrheit, in einer Scherzrede, mit Kpf. u. des Autors Leben. gr 8. Frankf. 754. Monath u. K. in Nürnb. 20 gl

Erasmus, Rod., Lob der Narrheit. Deutsch v. W. G. *Becker.* M. 83 Fig. Basel. 8°. 238 S. M. 7 Kpft. v. *Chodowiecki.* Brl. u. Lpz. 16°.

1780

— Dass., mit Anmerkk. vers. v. W. G. Becker, latein. u. deutsch, mit 6 Kpf. gr. 8. Berl. u. Leipz. 780, 81. (Rein in Lpz.) 1 ß 18 gl (bei Rottmann). 2 ß 12 gl

Erasmus Roterodamus, Desiderius, Das Lob der Narrheit. A. d. Latein. ... Berl. u. Leipz. 1781. Ü: *Becker, Wilhelm Gottlieb.* (Ky) (EE) (StAt) S. a. Nr. 1287.

— — dass. 8. Bas. Turneisen, (a. Haas d. Sohn.) 781.

—— das Lob d. Narrheit. A. d. Latein. übers. u. mit erklär. Anmerkn. versehen. M. 33 lith. Zeichnn. gr. 12. (12 B.) St. Gallen 839, (Scheitlin u. Zollikofer.) *

— das Lob der Thorheit [Encomion Moriae], aus dem Lat. verdeutscht v. Seb. Frank. Bevorwortet u. m. Anmerkgn. versehen v. Ernst Goetzinger. gr. 8. (XXIV, 163 S.) Leipzig 884. Urban. n. 4. —; Ausg. auf holländ. Büttenpap. n. 6. —

— opus de conscribend. epistolis, 8. Nrnb. Monath. 745.

— Paraphrasis in S. Paulli Epistolas ad Galatas et Colossenses, quam alma Congregatio major Benedictino-Salisburgens. sub titulo C. Maria V. D. sodalibus offert J. E. Hofer. 8. Salzb. 786.

Erasmi Roterodami paraphrasis in s. Pauli epistolas ad Galatas et Colossenses. Salzburg. 1796. kl. 8°. 11 Bg.

Erasmi, Des., Paraphrases in N. T. Ex rec. J. Clerici curav. J. F. S. Augustin. Berol. 777–80. 3 Vol. 8. 4 rthl.

— Paraphrasis in N. Test., ex recens. Jh. Clerici, cur. etc. J. Fr. S. Augustin, c. praef. J. A. Nösselt. III Tom. 8 maj. Berl. 778 — 80. Haude u. Sp. 4 ß

Erasme moderne sur la politesse dans les moeurs, à l'usage des jeunes gens. 8. Halle 765. Waisenh. B. 1½ gl

— proverbior. epitome a J. Chr. Messerschmidt. 8. Leipz. 759. (Brockhaus). 16 gl

— proverbior. epitome a Messerschmidt. 8. Lps. Gleditsch. 759.

— Quomodo se quisque etc., s. J. Ackermann, der Sieg 2c.

— ratio, s. methodus compendio perveniendi ad ver. theol. 8. Halae, Walther, 724.

— ratio, seu methodus compendio perveniendi ad veram theolog., recens. J. S. Semler. 8 maj. Halle 777. N. Aufl. 782. (Barth in Leipz.) 12 gl

Erasmus, Desiderius, ausgew. pädagog. Schriften, hrsg. v. Dietr. Reichling, s. a. Bibliothek d. kathol. Pädagogik.

[F.] Ausgewählte pädagogische Schriften des Desiderius Erasmus. Allgem. Einl., Biogr., Übs. u. Erläut. v. Dr. Dietrich Reichling, Prof. ... zu Heiligenstadt. Johannes Ludovicus Vives' pädagog. Schriften. Einl., Charakteristik, Übs. u. Erläut. v. Dr. Friedrich Kayser, Stadtpfarrer in Weinheim ... [M. Sondert.] *Freiburg i. Br.: Herder 1896.* (XXXVI, 436 S.) 1 Bd 8.
— Bibliothek d. katholischen Pädagogik. [Bd] VIII. [No 1. 2.] [96. 1846

Erasmi Roterodami silva carminum antehac nunquam impressorum. Gouda, 1513. Reproduction photo-lith. Avec notice sur la jeunesse et les premiers travaux d'Érasme par M. Ch. Ruelens. 4. (LV und 32 photolithogr. S. mit 1 ill. Photolithogr.) Brüssel 864. (Leipzig, List und Francke.) * *

Erasmus. (Desiderius). Das Testament des E' vom 22. (**Umschlag:* 24.) Januar 1527. Nach (Bonifacius) Amerbachs Copie in der Universitäts-Bibliothek zu Basel hrg. von Ludwig Sieber. [Mit Vignetten und illustriertem Umschlag.] 8. Basel 1889.

— Theologie, Linien der Religionslehre, aus seinen Schriften gezogen. 8. Züllichau 794. Frommann in Jena. 9 gl

Erasmus R., D. Von der Zung. O. O. u. J. Ü: *Heroldt, Joh.* (Hauptkat. d. Univ.-Bibl. Tübingen. G. Nachtr. 18.)

Erasmus, G., de apostolorum evangelizantium peregrinationibus. Regiom. 1702. 4.

Erasmus, Kurt, a. Riga: Roelant Savery, sein Leben und seine Werke. Halle a. S. 1908 (Parchim: H. Freise). (216 S.) 8°
Halle, Phil. Fak., Ref. Goldschmidt, Diss. v. 2. Juli 1908
[Geb. 22. Aug. 80 Riga (Rußland); Wohnort: Haag (Holland); Staatsangeh.: Preußen; Vorbildung: Gymn. Torgau Reife M. 03; Studium: Halle 3, Wien 1, Berlin 1, Halle 3 S.; Rig. 3. Dez. 07.]

Erasmus, Kurt, beschreibendes u. kritisches Verzeichnis d. Werke d. hervorrag. holländ. Maler des 17. Jahrh., s.: Hofstede de Groot, C.

Erasmus, Theod., Frauenlob, Dichterblüthen, gesammelt und zum Kranz gewunden. 12. (20 S.) Riga 887, (Jonck und Poliewsky.) *

Erasmus, Th., Beethoven's Pastoralsymphonie. Paraphrase. 12. (20 S.) Riga 887. (Jonck & Poliewsky.) n. —60

Erast u. Emilie, oder Briefe e. frommen Vaters an seine Tochter. 8. Frankf. 781. Strauß. 6 gr

Erast u. Luzinde. Operette in 1 Aufz., nach d. Silvain d. Hrn. Marmontel. Neue v. Eschenburg verm. Aufl. 8. Münst. 777. Coppenrath. N. A. (Leipz 807. W. Nauck). 2 gr

Erath, Anleitung zur Zucht, Wartung und Pflege, Fütterung und Mastung der Schweine. Nach der Natur dieser Hausthiere u. der Erfahrung der bewährtesten Schweinszüchter für den Bürger u. Landwirth bearb. u. herausg. 2. erst eigentlich in den Buchhandel kommende Ausg. Schw. Hall 853. Haspel. (Stuttgart, Fischhaber.) 12. (99 S.) 7½ ngr

Erath, gründliche Anweisung zur Bereitung des Haustrunks, oder Wein, Most und Bier, nebst einer Auswahl von gesunden und wohlfeilen Getränken, aus den Erzeugnissen der Landwirthschaft sich selbst zu bereiten. 8. (89 S.) Rottweil 847, Setzer'sche Vrlgsh.

—— gründliche Anweisung zur Kenntniß und Vertilgung von schädl. Insekten in der Landwirthschaft. Nebst einem Anhange der natürl. Feinde und Vertilger derselben. gr. 8. (VIII und 199 S.) Rottweil 848, Setzer'sche Vrlgsh.

—— Betrachtungen über den Dünger, seinen Werth und seine Zubereitung; nach den neuesten Entdeckungen bearb. gr. 8. (VIII und 100 S.) Rottweil 848, Setzer'sche Vrlgsh.

v. **Erath,** Fräul., (...) († .... 1776.) s. Cornelius Nepos, Lebensbeschreibungen ꝛc.

Erath, d. göttl. Rathschl. d. Haus Churbraunschw. a. d. Groß britt. Thron z. erheb. 4. Hannover. Helwing. 716.

Erath, Alb., Geschichte e. Reise nach Algier u. d. dreijähr. Aufenthalts in dies. Lande, nebst Beobachtn. üb. d. Zustand dsselb., in d. J. 1831—1834. M. 1 Ansicht v. Algier. 8. (13 B.) Rottenburg a. N. 839, Bäuerle.

Erath, (Alb.), wohin soll man auswandern? od. Nachricht üb. diejenigen Länder, wohin bisher die Deutschen gezogen sind, u. welche sich zur Auswanderung am besten eignen. 12. (3⅓ B.) Stuttgart 843, Sonnewald'sche Buchh. *

ab ***Erath,*** Ant. Ulr., († d. 26. Aug. 1773.) codex diplomaticus Quedlinburgens. Fol. maj. Frankf. 764. Brönner. 13 Rthlr 8 gr

— conspect. hist. Brunsu. Luneb. univ. in tab. chronol. et geneal. div. etc. fol. Brunsv. Schroeder. 745.

Erath, Ant. Uldar.: Diss. epistolica qua Aug. Leyseri natalem 46. celebraturus simul jurisprudentiam et jureconsultos adversus male de iis sentientes tuetur. Helmstadii 1728.

Erath, Anton Uldarich, Nexus philosophiae cum jurisprudentia in dissert. epist. ad virum Friedr. Balthasar Huebler. Helmstedt (P. D. Schnorr) 22. VIII. 1729. 16 S. (4.—) 8027

— — De ficta Henrici Superbi Bajoariae et Saxoniae ducis superbia ejusdemque vera magnanimitate Ottoni episcopo Frisingensi aliisque qui cum incaute sectantur historicis oppositum. Sched. apologet. Wolfenbüttel (Bartsch) März 1731. 48 S. (5.—) 8028

Erath, Anton Ulrich v.

UNTERRICHT für junge Personen beyderley Geschlechts .... (von *Anton Ulrich v. Erath*). Frankfurt a. M. 1760.
Anon.-Lex. IV. p. 261 (nach Kayser); war auch in der Bibl. Feuerlini. Norimb. 1813.

Erath, C. Jul., das Schloß Ehinger hinter Niedernau, Mirza und Mirimah, nebst Gedichten ꝛc. Wiesensteig 855. Schmid. 16. (190 S.) 12 ngr

— histor. Nachr. v. d. in Braunschw.-Lüneb. Hanses getr. Eintheil. 4. Hannov. Helwing. 736.

— s. Unterricht über Aufführung.

Erath, J.: Aufgehängte Decken und Isolierwände System Erath. Straßburg i. E. (1902)

Erath, J. C., Rede bei d. Primizfeier d. hochwürd. Hrn. Fr. J. Schwitzelm, gehalten am 4. Okt. 1840 zu Ulm. gr. 8. Ulm, [Seitz.]

Erath, K., Handbuch für Hopfen-Pflanzer. gr. 8. (VIII und 115 S. mit 3 Stnt. in Fol.) Stuttgart 847, Cotta'sche Buchh.

Erath, Karl Jul.

Erath, Carl Jul., Gedichte. 3. Bdchn. gr. 12. (4 B.) Rottenburg a. N. 842, Sack'sche Buchh.
1. u. 2. Bdchn...?

Erath, Carl Jul., Gertrude von Hohenberg. Romant.-histor. Erzähl. aus d. Zeiten d. 13. Jahrh. Mit Titlbild. 2., verm. u. verb. Aufl. 12. (5¾ B.) Rottenburg a. N. 838, Bäuerle.

—— der Schulmeister in der Klemme. Ein Schwank in Versen in 1 Akt. 16. (2½ B.) Wiesensteig 843, Schmidsche Buchh. (Leipzig, Stadler.)

Erato eine Sammlung kleiner Erzählungen . . . Meissen 1802-08. V: *Lindau, Wilhelm Adolph.* (Ky) (EE) (NN)

Erato; e. Samml. kl. Erzähl. v. Verf. d. Heliodora (Lindau). 3 Bde. 8. Meißen, Erdstein. (Göbsche.) 802—8. (à 1 Rthlr. 8 gr. der 3te B. a. d. Tit. Lilienblätter, e. Samml. romant. Erzähl.)

Erato, eine Auswahl lyrischer Gedichte. Hannover 1808. V: *Petri, Phil. August.* (Ky)

Erato, e. Auswahl lyrischer Gedichte. 12. Hannov. 808. Hahn. 18 gr

— e. Samml. kl. Erzählungen. 3 Bde. 8 Brünn 816. Traßler. 1 Rthlr 4 gr

Erato. Meissen 1819. H: *Ahlefeld, Charl. Soph. Luise Wilhelm.* (MGT)

Erato. Taschenbuch f. d. Jahr 1821. s. a. u.: Taschenbuch vom K. K. priv. Theater in der Leopoldstadt.

— Taschenbuch f. das Jahr 1821. Herausg. von Jos. Elbersberg. 12. Wien, Ziegelhauser.

Erato und Euterpe, oder zärtliche, scherzhafte und komische Lieder und Romanzen . . . O. O. 1790. V: *Plant, Johann Traugott.* (ML)

Erato, The German, or a collection of favourite airs . . . Berl. 1798. II: *Beresdorf, James.* (MGT)

Eratosthenes

Eratosthenis carminum reliquiae. Disposuit et explicavit Ed. Hiller. gr. 8. (III, 140 S.) Leipzig 872. Teubner. n. 3. —

Eratosthenis catastorismi, cum interpretat. lat. et comment. J. K. Schaubach; c. epistola C. G. Heyne, c. tab. 8maj. Götting. 795. Vandenhöck u. R. 18 ℛ

Eratosthenis Catastorismorum reliquiae. Rec. Carolus Robert. Accedunt prolegomena et epimetra tria. Lex.-8. (VIII, 254 S.) Berlin 878. Weidmann. n. 12 —

Eratosthenica composuit Gf. Bernhardy. 8maj. Berl. 822. Reimer. 1 ℛß 6 ℛ

Eratosthenis geographicorum fragmenta (gr. et lat.) ed. G. C. F. Seidel. 8. Gött. 789. Vandenhöck u. R. 14 ℛ

Eratosthenes, geographische Fragmente, s. Berger, Hugo.

Eraw, Blätter u. Blüthen von der Gartenlaube gepflückt u. mit der Lupe untersucht. 8. (119 S.) Breslau 878. Dülfer. n. 1. —

Eraw, Moses u. die Materialisten. Eine theologisch-naturwissenschaftl. Studie zur Rechtfertigg. der bibl. Schöpfungsgeschichte. Nebst e. Anh.: wie es kam, daß der dumme Affe e. vernünft. Seele empfing; od. wie die vernünft. Wissenschaft umgekehrt. gr. 8. (71 S.) Wolfenbüttel 872. Zwißler. n. 1. 20; Anh. (15 S.) apart n. — 40

Erb und Eigen
v. Die Botschaft.

Erb u. Buff, der Rechtschreibunterricht im 2. Schuljahre, e. method. Handreichg. f. den Lehrer. 10 ausgeführte method. Einheiten, nebst theoret. Abhandlg. (IV, 63 S.) gr. 8. Hildburghausen 904. F. W. Gadow & Sohn. n. — 80

Erb, Albin, med. prakt. von Seuzach [Kt. Zürich]: Aus dem pathologischen Institut der Universität Zürich. Ueber die Resorption von Nähr-Agar in der vordern Augenkammer von Kaninchen. Zür. H. Fischer Dr. 1896. 31 S. 8°.
Zürich, Med. Diss. [v. 26. Dec. 1896].

Erb, Frau Anna Regula, von Gott — zu Gott. Lieder e. Volksdichterin im Schweizerlande. Ausgew. v. Hermine Goos. 8. (VIII, 84 S.) Basel 897. R. Reich. n. 1. 20

[Erb, August.] Le pèlerinage suisse à Rome en l'année du jubilé 1900. Du 24 ⟨25, 26⟩ septembre au 15 octobre. [Traduit de l'allemand par les soins de l'Association catholique suisse. — Avec des illustrations et 1 planche.] 136 p. 8. Fribourg ⟨Suisse⟩, Impr. de l'Œuvre de Saint-Paul, 1901.
Deutsch erschienen 1900: A

Das Kloster Rheinau und die helvetische Revolution '(1798 —1803 resp. 1809)' v. Dr. Aug. Erb. Beil.: 2 Ill. u. 1 Situationspl. *Zürich: Keller & Müller (1895).* (XII, 248 S., 1 Taf., 1 Portr., 1 Pl.) 1 Bd 8.

Erb, Aug., d. Kloster Rheinau u. d. helvet. Revolution (1798—1803 resp. 1809). gr. 8. (XII, 248 S. m. 2 Ill. u. 1 Plan.) Zürich 895. (Schaffhausen, C. Schoch.) n.n. 2. 60

Erb, A(ugust). Die Schweizer Romfahrt im Jubiläums-Jahre 1900, 24. ⟨25., 26.⟩ September bis 15. Oktober. [Illustriert. SA.] & Solothurn 1900.

Erb, Emil, üb. den Einfluss subcutaner Carbolsäure-Einspritzungen auf die Körperwärme nach Infection durch putride Substanzen. Inaugural-Dissertation. gr. 8. (19 S.) Jena 874. Neuenhahn. n. — 50

Erb, Erich, aus Schleswig: Über Aplasie der Genitalien. *Greifswald 1903: J. Abel.* (34 S.) 8°
Greifswald, Med. Diss. v. 27. Febr. 1903

Erb, F., Reductions-Tafeln f. d. metrische System in Vergleichung mit den bisherigen schweiz. Längen-, Flächen-, Körper- und Hohlmassen und dem Gewicht. Mit Rechnungsbeispielen für jede Tafel als Gebrauchsanweisung. 32 Stn. 12. Winterthur, Bleuler-Hausheer & Co. 1873. —. 80

Erb, Frz., 23 Präparationen f. den naturkundlichen Anschauungsunterricht, s.: Wiedemann, Frz., Präparationen f. den Anschauungs-Unterricht.

Erb, Frz. Seraph, Versuch üb. d. gesetzl. Pfandrecht d. Bestandgebers, nach d. österreich. bürgerl. Gesetzbuche. Hrsg. aus Veranlassung seiner öffentl. Vertheidigung d. beygefügten Gegenstände aus allen Theilen d. Rechts- u. polit. Wissenschaften. Lex.-8. (4 B.) Wien 832, (Mechitaristen-Congreg.-Buchh.)

Erb, G., H. Lorch u. Joh. Wolf, Realienbuch f. Volksschulen, enth. Erdkunde, Geschichte, Menschenkunde m. Gesundheitslehre, Naturgeschichte u. Naturlehre. 3 Tle. Nach d. Bestimmgn. d. pfälz. Lehrordgn. bearb. 3. Aufl. gr. 8. Mannheim 908. J. Bensheimer's Verl.
Geb. à — 70; in 1 Bd. geb. 1. 80
I. 5. Klasse. (VI, 95 S. m. Abbildgn.)
II. 6. Klasse. (IV, 108 S. m. Abbildgn.)
III. 7. Klasse. (IV, 115 S. m. Abbildgn.)

Erb, Geo. Gph. Elias, f. Stimme e. Predigers.

Erb, Heinr., die Probleme der geraden Linie, des Winkels u. der ebenen Fläche. gr. 8. (6¼ B. u. 1 Stnt.) Heidelberg 840. (Engelmann.)

Erb, Heinrich, appr. Tierarzt: Aus d. Hyg. Inst. d. tierärztl. Hochsch. Berlin. Vorstand: Frosch. Untersuchungen über die Desinfektionskraft von Phenostal ⟨Diphenyl-o-Oxalester⟩ und Kresoloxalsäure mit besonderer Berücksichtigung von Erregern tierischer Infektionskrankheiten. Leipzig 1909: Brandstetter. 44 S. 8°
Gießen, Veterinär-Med. Diss. v. 20. Nov. 1909, Ref. Olt
[Geb. 16. Mai 86 Kolnhausen; Wohnort: Berlin; Staatsangeh.: Hessen; Vorbildung: Realgymn. Gießen Reife O. 04; Studium: Berlin Tierärztl. Hochsch. 7 S.; Rig. 5. Nov. 09.] [U 10. 1194

Erb, *Friedrich* Hermann [aus Heidelberg]: Beiträge zur Esterbildung aromatischer Säuren . . . Heidelberg, Univ.-Buchdr. v. J. Hörning, 1896; 34 S., 1 Bl. 8.
Heidelberg, Naturw.-math. Fak., Inaug.-Diss. v. [8. Aug.] 1896

Erb, Herm., Beiträge z. Entstehung aromat. Säuren Diss. gr. 8. (34 S.) Heidelberg 896. (J. Hörning.) n. — 80

Erb, J. Der wahre Gesundbrunnen und die wahre Heilmethode, oder: In welchem Kurorte wird ein Kranker am schnellsten und radikal geheilt? 8. (48 S.) Wien, U. Klopf u. Alex. Eurich 1853.

Erb, J., der wahre Gesundbrunnen und die wahre Heilmethode, oder: In welchem Kurorte und durch welche Kurregeln wird ein Kranker am schnellsten und radikal geheilt? Wien 853. Lechner. gr. 8. (47 S.) n. 10 ngr

Erb, J. — Die Militärspitäler und die Militärärzte, wie sie nach dem Standpunkte der neuesten Heilprinzipien sein sollen, nebst einem Anhange über die allein wahre und rationelle Heilung der Wunden, der Cholera, der egyptischen Augenentzündung, der Fieber und der ansteckenden Krankheiten von — —. 8. (60 S.) Wien. Druck und Verlag von A. Pichler's Witwe und Sohn. 1854.

Erb, J., der Selbstarzt in der Cholera oder keinerlei Furcht vor der Brechruhr. Deutliche Beschreibung eines neuen untrügl. Heilverfahrens, bei dessen Anwendung gegen die Cholera noch kein Todesfall vorgekommen ist und auch keiner vorkommen kann. (2. Aufl.) 8. (19 S.) Wien 849, Lechner's Universitäts-Buchh.) *

Erb, Jh. Ldw., († d. 25. Juni 18?4.) Fürchtet Gott! Ehret den König! Predigt am Geburtsfeste Sr. Königl. Hoheit des Großherzogs Ludwig v. Baden, gehalten am 9. Febr. 1821. 8. Heidelb., Groos. 3 kr

— Fürst u. Volk, einander genähert, durch Gerechtigkeit. Drei Predigten. 8. Manh. 800. Schwan u. G. 4 kr

— die Nacht ist vergangen, der Tag ist gekommen. Advent-Predigt über Römer 13, V. 12. 8. Heidelb. 824. Groos. 2 kr

— Unterwerfung unter Gottes weise Regierung in Zeiten d. Noth. 8. Heidelb. 817. Oswald. 3 kr

— die allgemeine Wasser-Noth. Aufruf an die verschonten Einwohner Badens zur Wohlthätigkeit. 8. Heidelb. 824. Groos. 1? kr

Erb, (J. L.,) die allgemeine Wasser-Noth. Aufruf an die verschonten Einwohner Badens zur Wohlthätigkeit. 8. Heidelberg 825. Groos.

ERB, Johann Philipp 1759? -
Antrittspredigt welche am 18. Sonntage nach Trinitatis im Lager bey Windmill Hill auf Rhod-Island vor beyden Hochfürstlich Anspachischen Regimentern gehalten hat Johann Philipp Erb.
Auf Verlangen sämmtlicher Herrn Officiers dieses Regiments zum Druck befördert.
Bayreuth: Lübeck. 1779. 32 S. 8°.
Staatsarchiv Bamberg

Erb, Joseph [aus Zürich]: Die vulkanischen Auswurfsmassen des Höhgaus. Zürich 1900. 2 Bl. 59 S. 1 Taf. 8°. (S.-A. aus Vierteljahrsschrift der Naturf. Ges. Zürich. 45. Jahrg. 1900.)
Zürich. Phil. Diss. II. S. 1899/1900.

Erb, K. M., das Aufsichtsamt über die Volksschule. Vom pädagogischen und administratorischen Standpunkte. gr. 8. Ulm 844, Wohler'sche Buchh. 1 ßß — 2. unveränderte Aufl. 845. 1 ßß

— Gemälde f. Gefühlvolle. 8. Bregenz 799. Brentano. 16 kr

Erb, K. A., Versäumte Schulung für angehende Forscher auf jeglichem Felde der Alterthumsforschung. [Erstes bis drittes Prodromusblatt.] Mannheim 1858

— s. Beltsberg, Gustav.

Erb, K. M., das Wiedersehen. 8. Basel 803. (Neukirch). 16 kr

Erb, Karl Aug., Forschungen über Geschlechts-Natur. (Vorläufig abgedr. 1s Bruchstück.) 8. Heidelb. 824. Groos. 8 kr

— zur Mathematik u. Logik. Vorspiele in ihrer Erweit. u. Begründung. 1e Lief. gr. 8. Heidelb. 821. Oswald. 20 kr

— Mittheilung eines ersten Entwurfes zu einer aero- u. hydrodynamischen Gesellschaft, oder Gesellschaft f. Luft u. Wasser nach meinen Erfindungen. gr. 8. Heidelb. 824. Oswald. 3 kr

Erb, Karl Aug., wissenschaftl. Mittheilungen. Bd. I. No. 1. u. 2. gr. 8. (6½ u. 7 B.) Heidelberg 828, 31, Groos. à

Erb, Kasp. Luk., die in Kindesnöthen seufzende Bauerfrau. 8. Augsb. 766. Doll. 4 kr

Erb, Kaspar Max:

— die dürftige Menschheit; leitende Winke zum Behuf ihrer phys. u. moral. Kultur. 8. Augsb. 808.

Erb, Kasp. Max., die Organisirung d. Gemeinde-Sittengerichte, zur Wiederbelebung der Sittenpolizei in Deutschland. 8. Rotweil 819. Herder. 1 ßß 8 kr

— Reden zur Beförderung d. Vaterlandsliebe, d. Sittlichkeit u. d. häusl. Glücks. 8. Ravensberg 810.

— die Wittwen u. Waisen d. Volksschullehrer in den Staaten des deutschen Bundes. Vorschläge zu Versorgungs-Anstalten f. dieselben. 8. Ravensberg 828. Gradmann. 3 kr

Erb, Conrad. Behandlung der Indier in Theorie und Praxis zur Zeit der Anfänge spanischer Herrschaft in Amerika ⟨1492— ca. 1560⟩. Diss. Phil. Bern ... von K' Erb.... 108 S. 8. Bern, Gustav Grunau, 1906.

Erb L.: Kurze Übersicht der Morphologie der Hemipteren nebst einer etwas eingehenderen Erörterung derselben an Vertretern der wichtigsten Familien dieser Insectenordnung. 36. Steyr R. 83.
Progr.

Erb Leopold: Director Josef Berger. †. 4. Steyr R. 91.
Progr.

Erb, M: Neuere Industriebahn-Lokomotiven. Frankfurt a. M. 1908

Erb, M. J., Abendglocken, s.: Stoskopf, G.

Eifersüchtig. ⟨Schalü!⟩ Musikal. Lustspiel in 1 Aufzug. Nach d. Elsässischen. Text u. Musik von M[aria] J[osef] Erb. [Op. 61.] Stuttgart: Feuchtinger [1900]. 8 S. 8° [Umschlagt.] 1o4. 5503

Erb, M. J., 80 kurze Orgelstücke üb. Choralmotive (Präludien, Interludien u. Postludien) zum Gebrauch beim Gottesdienst. Op. 74. Hrsg. v. Cäcilienverein d. Diözese Strassburg. (47 S.) 22×27 cm. Strassburg (908). F. X. Le Roux & Co. 3. —

— Schallü! Singspiel in 1 Aufzuge. 12. (14 S.) Strassburg 900. Schlesier & Schweikhardt. n. — 20

Erb, M. J., die Vogesentanne. Ein musikal. Walddrama in 1 Aufzug. (32 S.) 8. Straßburg 904. W. Heinrich. n. — 50

Erb, [Rudolf], Dr: Apparate aus der Apparatensammlung für den chemischen Experimentalunterricht am Realgymnasium zu Gießen. (Gießen 1905: O. Kindt.) (16 S.) 4°
Gießen, großh. RG u. R P 1905 (778)

[F.] Erb, *Rudolph* [Dr.]: Bemerkungen über den Schulgarten und den naturgeschichtlichen Unterricht. Giessen, C. v. Münchow, Grossh. Hess. Hof- u. Univ.-Dr., 1896; 12—18 S., 1 Taf. 4.
Giessen, grossh. RG u. R, OP 1896 (657)

[F.] Erb, Rudolf [Dr.]: Der Schulgarten des Realgymnasiums und der Realschule zu Giessen. — Bemerkungen über den naturbeschreibenden Unterricht an Realgymnasien und Realschulen im allgemeinen. (M. e. Plan.) Giessen, C. v. Münchow, Univ.-Buchdr., 1892; 3—17 S., 1 Pl. 4.
Giessen, grossh. RG u. R, OP 1892 (637)

Erb, Rudolf [aus Darmstadt]: Krystallographisch-chemische und physikalische Untersuchung einiger zweifacher Uranyl-Doppelacetate. (Aus: N. Jahrbuch f. Mineralogie etc. 1889. Bd. I.) . . . Stuttgart, E. Schweizerbart'sche Verlagsh. (E. Koch). 1889: 2 Bl. S. 121–150 u. 1 Taf. 8°
Giessen, Phil. Fak., Inaug.-Diss. v. 1889

Erb, V.: Kurzgefasste Geschichte des Schul- und Erziehungswesens vom Ursprunge bis zur Jetztzeit. 50 S. 8°—Znaim OR., Progr. 1868-1870.

Erb, W., üb. die Anwendung der Electricität in der inneren Medicin, s.a. Sammlung klin. Vorträge.

Erb, W., Ueber die Anwendung der Elektricität in der inneren Medicin. gr. 8°. *38 S.* Leipzig. Breitkopf & Härtel. 1872. M. —.75
(Samml. klin. Vorträge von R. Volkmann.)

Erb, W., die Pikrinsäure, ihre physiologischen und therapeutischen Wirkungen. gr. 8. (III und 36 S. mit 1 Stnt.) Würzburg 865, Stahel'sche Buchh. *

Erb, Walter, approb. Arzt aus Heidelberg: Über das Salzsäurebindungsvermögen einiger reiner Eiweißkörper. *München 1903: R. Oldenbourg.* (22 S.) 8° ¶[Aus: Zeitschr. f. Biologie, Bd 41, N. F. 23.]
Heidelberg, Med. Diss. v. 1903

Gesammelte Abhandlungen von Wilhelm **Erb**. 1864–1910. Als Ms. gedr. Bd 1. 2. Leipzig: Vogel 1910. 8° [11. 516 D

ERB, Wilhelm (Winnweiler): De acido picrinico. (Titel nach der Urkunde)
27.10.1864 - Urk. F 70
Diss. Ingolst.-Landsh.-Mchn.

Erb, Wilh., die Ätiologie der Tabes, s.: Sammlung klinischer Vorträge.

Erb, Wilh., Bemerkungen zur Balneologie u. physikal.-diätet. Behandlg. d. Nervenleiden, s.a. Sammlung klin. Vorträge.

Bemerkungen zur Balneologie und physikalisch-diätetischen Behandlung der Nervenleiden von Wilh. **Erb**. *Leipzig: Breitkopf & Härtel 1901.* (S. 635–652.) 8°
= Sammlung Klinischer Vorträge. N. F. No 321. [04. 10808

—— Theodor v. Dusch. Gedächtnissrede, geh. im Auftrage der medicin. Fakultät in der Aula der Universität am 16. Jan. 1890. gr. 8. (13 S.) Heidelb. 890, Koester. ** — 50

— Dystrophia muscularis progressiva, s.a. Sammlung klinischer Vorträge.

—— Dystrophia muscularis progressiva. Klinische u. pathologisch-anatom. Studien. gr. 8. (170 S. m. 3 Taf.) Lpz. 891, F. C. W. Vogel. * 4 —
Aus: Deutsche Zeitschrift f. Nervenheilkunde, besonders abgedruckt.
—— dass. — s. Sammlung klinischer Vorträge.

Erb, Wilh., über d. neuere Entwickelung d. Nervenpathologie u. ihre Bedeutung für den medicinischen Unterricht. Vortrag, gehalten beim Antritt d. Lehramtes an der Universität Leipzig am 16. Juni 1880. gr. 8. (30 S.) Leipzig 880. F. C. W. Vogel. n. 1. —

Erb, Wilh., Nikolaus Friedreich, s.: Professoren, Heidelberger, aus dem 19. Jahrh.

— Handbuch der Elektrotherapie, s.a. Handbuch d. allgemeinen Therapie.

— Handbuch der Elektrotherapie. gr. 8°. VIII, *310 S.* mit 15 eingedr. Holzschn. Leipzig, Vogel. 1882. M. 14.—
(Handb. d. allgem. Therapie. Herausg. von H. v. Ziemssen. Bd. 3.)

—— Handbuch der Krankheiten des Nervensystems, s. Handbuch der speciellen Pathologie und Therapie.

—— Handbuch der Krankheiten des Rückenmarks und des verlängerten Marks, s. Handbuch der speciellen Pathologie und Therapie.

—— die Thomsen'sche Krankheit. [Myotonia congenita.] Studien. gr. 8. (VIII, 128 S. mit 2 Taf.) Leipzig 886, F. C. W. Vogel. *

— Krankheiten d. Rückenmarks, s.: Handbuch der speciellen Pathologie u. Therapie.

—— über eine eigenthümliche Localisation von Lähmungen im Plexus brachialis. — Ueber Sehnenreflexe bei Gesunden und bei Rückenmarkskranken. gr. 8. (11 S.) Heidelberg 876, C. Winter's Universitäts-Buchh. **
Aus: Verhandlungen des naturhistorisch-medicinischen Vereins zu Heidelberg, besonders abgedruckt.

— über spinale Myosis u. reflectorische Pupillenstarre. gr. 4. (16 S.) Leipzig 880. Edelmann. — 75

Ueber die wachsende Nervosität unserer Zeit. Akad. Rede z. Geburtsfeste d. höchstsel. Grossh. Karl Friedrich am 22. Nov. 1893 beim Vortrage d. Jahresberichtes u. d. Verkündigg d. akad. Preise geh. v. Dr. Wilhelm **Erb**, Grossh. Bad. Geheimr., o. ö. Prof. d. Med., Director d. med. Klinik, d. z. Prorector ... Heidelberg, Univ.-Buchdr. v. J. Hörning, 1893; 54 S. 4.

— üb. die wachsende Nervosität unserer Zeit. [Aus: „Neue Heidelberger Jahrbb."] 1.—3. unveränd. Aufl. gr. 8. (32 S.) Heidelberg 893. 894. G. Koester. n. — 80

Erb, Wilh., s.: Sammlung klin. Vorträge.

— d. Therapie d. Tabes, s.a. Sammlung klin. Vorträge.

Die Therapie der Tabes. Von Wilhelm **Erb**, Heidelberg. *Leipzig: Breitkopf & Härtel 1896.* (42 S.) 8.
= Sammlung Klinischer Vorträge. N. F. No 150. [96. 3719

— Winterkuren im Hochgebirge, s.a. Sammlung klin. Vorträge.

Winterkuren im Hochgebirge von Wilhelm **Erb**, (Heidelberg). *Leipzig: Breitkopf & Härtel 1900.* (16 S.) 8°
= Sammlung Klinischer Vorträge. N. F. No 271. [00. 4607

— s.: Zeitschrift, deutsche, f. Nervenheilkunde.

Erb-Brockhausen, s. Erp-Brockhausen.

Erb-Mudtorffer, Clem., in stiller Nacht. Gedichte. 16. (III, 85 S.) Wien 891. A. Hölder. n. 2. —; geb. in Leinw. m. Goldschn. n.n. 3. 20

Erbach [Schlagwort]

Erbach, s.: Geolog. Karten (Hessen).

Erbach, s.: Hessen. Höhenschichtenkarte.

Erbach [Verfasser]

* Erbach, A., Bemerk. auf ein. Reise durch ein. Theil d. Schweiz. gr. 8. Heidelb. (Frankf. am M. Jäger.) 809.

Erbach, Alex., Minnesang. 16. (XIV und 335 S. mit 1 Stahlst.) Leipzig 851(52,) Baumgärtners Buchh.

Erbach, Alex., Minnesang. 2. Aufl. 16. (XV und 335 S. mit 9 Stahlst. und lithochrom. Titel.) Leipzig 854, Baumgärtners Buchh.

Ausgewählte Werke von Christian **Erbach** ⟨um 1570–1635⟩ ... Eingeleitet u. hrsg. von Ernst v. Werra. T. 1. *Leipzig: Breitkopf & Härtel 1903.* 2°(4°)
= Denkmäler d. Tonkunst in Bayern. Jg. 4, Bd 2, [1.]
= Denkmäler deutscher Tonkunst. Folge 2, Jg. 4, Bd 2, [1.] [04. 8663

Erbach, Eberh. Graf zu. Wandertage e. deutschen Touristen im Strom- u. Küstengebiet d. Orinoko. gr. 8. (XVII, 460 S. m. Abbildgn. u. 2 farb. Karten.) Lpz. 892, Thomas. * 10 —

Graf Eberhardt, Schenk zu **Erbach**, und die Hofkleidung des Kurfürsten Otto Heinrich von der Pfalz, im Jahr 1557. Weimar, im Verlage des Landes-Industrie-Comptoirs 1817.
13 S.; 1 Taf. in kol. Kupferst. 8°.
Aus: Curiositäten der physisch-literarisch-artistisch-historischen Vor- und Mitwelt. Bd. 6. 3 Stück

Erbach, Heinrich [pr. Arzt aus Flonheim]: Stimmbandlähmung bei multipler Sklerose des Gehirns und Rückenmarks ... Giessen, C. v. Münchow, Univ.-Dr., 1892; 16 S. 8.
Würzburg, Med. Fak., Inaug.-Diss. v. 1892

Erbach, Johann

Geschichte der St. Johannis-Freimaurer-Loge „Zu den drei Verbündeten" im Or. zu Düsseldorf a. Rhein. Festschrift zur Jahrhundertfeier dieser Bauhütte auf Grund der Akten und Protokolle verf. von Joh. **Erbach**, Theod. Groll. Als Hs. gedr. Düsseldorf [1906]: Dietz. 130 S. 8°
Nebst Verzeichn. der Beamten u. sonstigen statistischen Nachrichten. 23.

Erbach, Johannes: Ein wesentliches Kapitel aus dem Gebiet des weiblichen Bildungswesens. Zugleich ein Beitrag z. Lösung d. Schulbibelfrage. — Essen: Geck 1898. 52 S. 8°

Reisebriefe aus der französischen (romanischen) Schweiz von J[ohannes] Erbach. *Essen-Ruhr: H. L. Geck 1900.* (102 S.) 8° [F.] [00. 10484

[F.] Evangelisches Religionsbuch für höhere und mittlere Mädchenschulen v. Johannes **Erbach**, Essen ... Ausg. A m. d. Katechismus Dr. Martin Luthers. '(D. Ausg. B enthält d. 'Evangel. Katechismus'.)' Tl I. II. *Essen: G. D. Bädeker 1897.* 2 Bde 8.
I. Mittelschule. M. 3 farb. Kt. u. 20 Abb. (XII, 389 S., 3 Kt.)
II. Oberstufe. M. 2 farb. Kt. (XI, 412 S., 2 Kt.) [98. 8624

Erbach, Johs., Religionsbuch für evangelische Schulen. A. u. d. T.: Biblische Geschichten aus dem Alten u. Neuen Testament v. Johs. Erbach u. Vict. Steinecke. Mit 18 Landschaftsbildern u. 1 farb. Karte v. Palästina. Ausg. A f. höhere Schulen. (VI, 199 S.) 8. Essen 904. G. D. Baedeker. Geb. in Leinw. n. 1. —; Ausg. B f. Volks- u. Mittelschulen. (VIII, 236 S.) 904. Geb. in Leinw. n. 1. —

Erbach, Johs., evangelische Schulandachten. 8. (IV, 60 S.) Düsseldorf 882. A. Bagel. cart. — 75

— deutsche Sprachlehre. Ein Lern- u. Übungsbuch für Töchterschulen u. Mittelschulen, wie auch für die unteren u. mittleren Klassen anderer höherer Lehranstalten. Nebst einem ausführlichen Wörterverzeichnis. 2., bedeutend verm. Aufl. gr. 8. (96 S.) Düsseldorf 882. Schwann. cart. n. 1. —

Erbach, J. Deutsche Sprachlehre. Ein Lern- u. Übungsbuch f. Töchterschulen u. Mittelschulen, wie auch f. die unteren u. mittleren Klassen anderer höherer Lehranstalten. Nebst e. ausführl. Wörterverzeichnis. 3. verb. Aufl. gr. 8. (96 S.) Düsseld. 890, Schwann. cart. * 1 20

— deutsche Sprachlehre. Lern- u. Übungsbuch f. höh. Lehranst., wie auch f. Präparandenanst., Mittel- u. Fortbildungsschulen u. z. Selbstunterr. 4., gänzl. umgearb. Aufl. gr. 8. (V, 144 S.) Düsseldorf 896. L. Schwann. Kart. n.n. 1. 60

Deutsche Sprachlehre. Ein Lern- u. Übungsbuch f. höhere Lehranst., wie auch f. Mittelschulen, ... von J[ohannes] **Erbach**, Essen (Ruhr). 5. nach d. neuen Rechtschreibung umgearb. u. mit e. Wörterverz. versehene Aufl. *Düsseldorf: L. Schwann 1903.* (145 S.) 8° [F.] [04. 8848

Deutsche Sprachlehre. Ein Lern- u. Übungsbuch f. höh. Lehranst., wie auch f. Mittelschulen ... von J[ohannes] **Erbach**, Sem.Oberl. 6. Aufl. Düsseldorf: L. Schwann 1906. (145 S.) 8° [F.] [08. 4948

— - die Sprachlehre auf der Oberstufe. Satz- und Interpunktionslehre. 8. (63 S.) Essen 880, Geck.

Erbach, L., Theodor Körner, s.: Gabelsberger-Bibliothek.

Erbach, L., Ondolina. Romantische Oper in 3 Aufzügen. Mit Benutzung einer Grillparzer'schen Dichtung. Musik von Thdr. Müller-Reuter. 12. (35 S.) Straßburg 883, Trübner.

Erbach, Thdr. v., Lebensgrundsätze. 8. (88 S.) Frankfurt a/M. 878. Diesterweg. n. 1. 80

Erbach, Wilhelm: Ferdinand Freiligrath's Uebersetzungen aus dem englischen im ersten Jahrzehnt seines Schaffens. Bonn 1908: Foppen. 137 S. 8°
Münster, Phil. Diss. v. 13. Okt. 1908, Ref. Schwering
[Geb. 12. Okt. 85 Velbert; Wohnort: Munster i. W.; Staatsangeh.: Preußen, Vorbildung: Realgymn. Elberfeld Reife O. 04; Studium: Berlin 2, Bonn 2, Munster 4 S.; Rig. 6. Febr. 08.] [U 09. 3578

Erbach-Erbach, Ernst Graf zu, Reisebriefe aus Amerika. gr. 8. (VIII, 452 S.) Heidelberg 873, C. Winter's Universitäts-Buchh.

Erbach-Erbach, E. Graf zu. Reisebriefe aus Amerika, 1873 ... Heidelberg, 1892.

Erbach-Erbach's, Graf Franz zu, Lebensbild, s.: Dieffenbach. L. F.

Erbach-Fürstenau, Adalbert Graf zu

Erbach-Fürstenau, Graf zu, die Manfredbibel, s.a. Forschungen, kunstgeschichtliche. I.

(Adalbert) Graf zu **Erbach-Fürstenau**. Die Manfredbibel. Leipzig: Hiersemann 1910. XI, 54 S., 14 Taf. 4°
(Kunstgeschichtliche Forschungen. Bd 1.) [10. 6310

v. Erbach-Fürstenau, Graf, Albr. Aug. Edw., Bemerkk. auf einer Reise durch e. Theil der Schweiz u. einige ihrer nächsten Umgebungen, geschrieben im Blüthen-Monat. (Mit d. Umschlagstitel: Reminiscenzen aus den Schweizeralpen.) gr. 8. Heidelb. 809. (Frkf. a. M., Jäger). 1 ℔ Postp. 1 ℔ 12 gr. Velinp. 2 ℔

Erbach-Schönberg, Marie Gräfin zu, das Thor des Paradieses. Ein Osternachtstraum. Nach dem Engl. der Edith Jacob. gr. 16. (27 S.) Darmstadt 893. J. Waitz. n. — 40; in Kalbldr.-Papierbd. m. Goldschn. n. — 70

Erbacher, E., s. Beschreib. d. Sehens- u. Merkwürdigkeiten in u. um Würzburg, u. setze hinzu: (v. E. Erbacher).

Erbadel, der, u. seine Verfolger vor dem Richterstuhle d. Wahrheit. 8. Berl. 809. Schmidt. 8 gr.

Erbadel, üb. den mit Unrecht verfolgten. kl. 8. Leipzig. Gräff.

Erban, d', mémoires. 2 part. 12. Goett. 745.

Erban, Frz., Kartelle und Konventionen in der chemischen Industrie. (Aus: „Appretur-Ztg.“) 16°. Papiermühle bei Roda (S.-A.), Gebr. Voigt, 1910.

— Laboratoriumsbuch f. Tinktorial-Chemiker, Koloristen, Ingenieure u. techn. Reisende in Färbereien, Druckereien, Farben-, Lack- u. Papierfabriken, s.a. Laboratoriumsbücher f. d. chem. u. verwandte Industrien. IV.

Laboratoriumsbuch für Tinktorial-Chemiker, Koloristen, Ingenieure und technische Reisende in Färbereien, Druckereien ... Von Dr. Franz **Erban**. Mit 21 Abb. Halle a. S.: W. Knapp 1908. (XI, 100 S.) 8°
= **Laboratoriumsbücher** f. d. chem. u. verwandte Industrien. Bd 4. [08. 11404

Erban, Franz

Theorie und Praxis der Garnfärberei mit den Azo-Entwicklern. Von Dr. Franz **Erban**, Ingen.-Chemiker. Mit 68 Fig. Berlin: J. Springer 1906. (XIII, 485 S.) 8° [06. 11064

Die angeblichen **Erbansprüche** des Hauses Schleswig-Holstein-Sonderburg auf die vormaligen Grafschaften Oldenburg und Delmenhorst. („Abdruck aus der Neuen Preussischen Zeitung.“) Frankfurt a. M. 1865. 8°.

Erbansprüche des brandenburgischen Hauses an den Herzogthümern Schleswig-Holstein. Berlin 1864. V: *Zitelm nn, Otto Conr.* (Mitth. der Verlagsbuchh.)

Erbansprüche, die, des brandenburgischen Hauses an die Herzogthümer Schleswig-Holstein. gr. 8. (86 S.) Berlin 864, Bath. *

Die Oldenburgischen Erbansprüche auf Schleswig-Holst[illegible] Hamburg. 1864. 8°.

Los Desesperados oder Die Fünf Finger von Ojaca. Eine mexikanische Erzählung von Don Pablo **Erbasto**. *Leipzig: Leipziger Roman-Verl. (Erfurt: F. Bartholomäus 1901).* (127 S.) 8° [F.]
(Kollektion Fahrten u. Abenteuer. No 24.) [02. 654

Erbauung, Die, der Stadt Bern im Jahr 1191. [Bern 1814.] V: *Stierlin, E.* (AarK)

Die **Erbauung** und Einrichtung von Soldatenheimen auf den Truppenübungsplätzen des IX. und X. Armeekorps im Lockstedter Lager (Holstein) und Munster (Hannover). (Hamburg [1905]: H. O. Persiehl.) (12 S.) 8° 8

Erbauung und Einweihung, die, der evangelischen Kirche zu Görz mit einem geschichtl. Rückblick auf die Entstehung der Gemeinde. Lex.-8. (III und 120 S. mit 1 Holzschntaf.) Görz 865. (Leipzig, List und Francke.) *

Die Erbauung und Einweihung der evangel. Kirche zu Görz mit einem geschichtl. Rückblick auf die Entstehung der Gemeinde. — Görz: Selbstverl. des Presbyteriums 1865. 120 S.

Erbauung und Einweihung, die, der evangel. Kirche zu Görz, mit einem geschichtl. Rückblick auf die Entstehung der Gemeinde. gr. 8. (120 S. mit einer Ansicht der Kirche.) Görz. Sechar in Comm. netto baar. 1 fl. 1865.

Erbauung, Die, einer Eisenbahn von dem linksrheinischen Bahnhof Neuwied nach Niedermendig und Mayen. [Neuwied 1870.] V: *Hubalek.* (StBKöln II, 272)

Erbauung. die. einer Eisenbahn von Ulm gegen Schaffhausen. 4° Stuttgart 1861

Erbauung u. Ermunterung auf dem Gottesacker. 8. München, Fleischmann. 1 ℛ

Erbauung, Die, einer Gemeinde durch das Fürbild ihres Lehrers . . . O. O. 1767. V: *Bürger, Gotthelf Ehrenreich.* (MI.)

Erbauung. Die E' des Münsters zu Bern, 1421. Njbl. Bern 1833 s.a. [Stierlin, Emanuel].

Erbauung, Die, des Münsters zu Bern 1421. Bern 1833. V: *Stierlin, Emanuel.* (ZürKL)

Erbauung, die, des Münsters zu Bern, 1421. (Mit Titkpfr.) gr. 4. (2 B.) Bern 833, [Jenni, Sohn.]

Erbauung, tägliche, aus Dr. M. Luthers Schriften. 2 Abthlgn. (in 1 Bde.) gr. 8. (26 B.) Reval 840, Kluge. (Eggers.) *

Erbauungen

— oder Gottes Werk u. Wort. Eine Schrift f. Israeliten, zur Beförderung e. religiösen Sinnes, besond. in Hinsicht auf d. weibl. Geschlecht u. Jugend, v. E. Kley u. C. S. Günsburg. 1r u. 2r Jahrg. 8. Berl. 813—14. (Maurer'sche) B. 6 ₰ 8 ℛ

Erbauungen. Eine Schrift für Israeliten, zur Beförderung eines religiösen Sinnes . . . Berlin 1813—16. H: *Günsburg, Carl Siegfried & Ed. Kley.* (MGT)

— u. Betrachtt., christl., zum Todtlachen. 8. Bresl. 804. Barth. 8 ℛ

ERBAUUNGEN, Christliche, und Betrachtungen zum Todtlachen. Mecca und Medina, auf Befehl des Mufti dem Druck übergeben. (Breslau, Barth). O. J. (1804). 8°. (1 Mk. Scheible, c. 1880.)

Erbauungen für Jedermann. 2 Thle. 8. Flensburg (Christiani, Schlesw.) 786.

Erbauungen für Jedermann, für die Bedürfnisse unserer Zeiten. O. O. 1780. V: *Lihme, Martin Friedrich.* (MGT)

Erbauungen f. Jedermann. 8. Flensb. 780. (N. A., f. Glückseligkeitslehre.)

Erbauungs-Bibliothek, Christliche. Berlin 1842. H: *Reiche, C. F.* (ZU)

Erbauungs-Bibliothek, christliche. 3 Thle. gr. 8. Berlin 842. [Nordhausen, Büchting.]

Thl. 1. Das Leben u. Wirken Jesu von K. F. Reiche. Mit 20 Holzschn. 1 Thlr. 20 Ngr.
„ 2. Thomas von Kempis, die Nachfolge Christi. Neu bearbeitet von K. F. Reiche. 25 Ngr.
„ 3. Joh. Arnd, sechs Bücher vom wahren Christenthume, nebst Paradies-Gärtlein. Im Ausz. neu bearb. von K. F. Reiche. 25 Ngr.

Erbauungsblatt

— s. auch Kühl.

Erbauungsblatt zur Beförderung eines vernünftigen häuslichen Gottesdienstes . . . Hamburg 1784. V: *Kühl, Tim.;* dann: *Röding, Joh. Hnr.* (GGr) (Ky) (MGT)

Erbauungsblatt zur Beförderung eines vernünftigen häuslichen Gottesdienstes für alle Stände. Hamburg 1784. V: *Kühl, Timotheus;* dann: *Stöding.* (Ky) (MGT)

Erbauungsblatt, Christliches, für die Bedürfnisse unsrer Zeiten. 16 Bändchen, Strasb. Silvermann. (à 10 gr.)

Erbauungsblatt, christliches, für die Bedürfnisse unserer Zeiten. 16 Bdchn. Straßb., Treuttel u. W. 8 ₰

Erbauungsblätter z. Beförd. e. vernünft. Gottesdienst. 8. Hamb. Matthiesen. 784.

Erbauungsbuch

Erbauungsbuch, allgem. christl., kathol. üb. die Bibel. 1r Thl. 8. Nrnb. Stein. 786.

— zur Beförderung e. vernünftigen Gottesdienstes, (v. Tim. Kühl u. Stöding). Mit e. Vorrede v. J. D. Thiess. 8. Hamb. 784. Matthiesen. 1 ₰ 4 ℛ Anh.: Einige Blicke in die Herzen d. Lasterhaften, (v. T. Kühl). 8. Ebd. 784. Leipz., Rauck. 20 ℛ weiß P. 1 ₰

Erbauungsbuch zur Beförderung eines vernünftigen häuslichen Gottesdienstes . . . Leipzig 1789. V: *Dose, J. C.* (Ky) (MGT)

— zur Beförderung e. vernünftigen häusl. Gottesdienstes f. alle Stände, (von J. C. Dose). 8. Leipz. 789. (W. Rauck). 16 ℛ Schrbp. 20 ℛ

— z. Beförder. e. vernünft. häusl. Gottesdienstes für alle Stände. 8. Lpz. Sommer. 789.
Schreibp.

Erbauungsbuch zur Beförderung einer reinen Tugend . . . Leipzig 1795. V: *Pölitz, Carl Heinrich Ludwig.* (MGT) (Ky)

— zur Beförderung einer reinen Tugend, (v. K. H. L. Pölitz). (Als Fortsetz. des Sanderschen Erbauungsbuches.) gr. 8. Lpz. 795. (Aue in Altona). 16 ℛ

— z. Beförd. e. rein. Tugend. gr. 8. Lpz. Jacobäer. 795.

Erbauungsbuch für Christen, die d. Herrn suchen. Ein Auszug aus den beliebten Stunden d. Andacht, frei umgearb. v. Fr. L. Reinhold. gr. 8. Prenzlau 826. 2e Aufl. 830. Ragoczy. 1 ℛ︀ 8 ℊ︀ engl. Druckp. 1 ℛ︀ 12 ℊ︀ Schw. P. 3 ℛ︀

— für Christen, die d. Herrn suchen. — Ein Auszug a. d. Stunden d. Andacht, frei umgearb. v. Fr. L. Reinhold. 2., verb. Aufl. Lex.-8. (33¼ B. u. Titvign.) Prenzlau 831, [Kalbersberg.] 1 Thlr., weiß Drckp. 1 Thlr. 8 Gr., Schrbp. 1 Thlr. 12 Gr., Vlnp.

— für kathol. Christen, s. a. Handbuch f. Seelsorger.

Erbauungsbuch für katholische Christen. Mit Genehmigung einer geistlichen Obrigkeit. Breslau 1790. V: *Krüger, Dan.* (Ky) (MGT)

— f. kathol. Christen. 8. Bresl. Korn d. j. 790.

— — 8. Landsh. Hagen. 796.

Erbauungsbuch für katholische Christen. 3. Aufl. Heilbronn 1803—04. V: *Dereser, Thaddäus Anton.* (AarK) (Ky)

Erbauungsbuch f. kathol. Christen, insbesondere f. Leidende. Hrsg. von e. Gesellschaft kathol. Pfarrer. — A. u. d. Titel: Prakt. Handbuch f. kathol. Seelsorger am Krankenbette. 2., verb. u. verm. Aufl. 8. (21 B.) Weimar 812, Voigt.

Erbauungsbuch für Denkende in alten und neuen Dichterworten mit Erläuterungen von Mor. Carriere. 16. (VIII und 855 S.) Frankfurt a. M. 858, [Verlag für Kunst und Wissenschaft.] * geb. *

Erbauungsbuch f. kathol. Frauenzimmer, herausgeg. v. Schreiber. m. K. 8. Zürich, Gebner.

— häusliches, enthalt. Gebete auf alle Feste, Feyer- u. Wochentage, wie auch f. besond. Fälle d. Lebens. Eine Samml., ausgezogen a. d. J. C. Storr'schen u. Roos'schen Erbauungsbüchern. 1. Thl. 8. (24 B.) Tübingen 831, (Fues.)

— dass. 2. Thl. — A. u. d. T.: Christl. Hausbuch z. Uebung d. Gebets. Eine Auswahl kernhafter Gebete ält. u. neuerer Zeit. 8. (32 B.) Ebds. 832.

— häusliches, enthaltend Gebete auf alle Feste, Feyer- u. Wochentage, wie auch f. besondere Fälle des Lebens. Eine Sammlung, ausgezogen aus den J. C. Storr'schen u. Roos'schen Erbauungsbüchern. 1r Thl. 2e Aufl. 8. Tübing. 839. (Fues.) n. ½ ℛ︀

Erbauungsbuch, häusliches, enth. Morgen- u. Abendgebete auf 12 Wochen, sowie Gebete f. Fest- u. Feiertage, Beichte u. Abendmahl u. f. besondere Fälle des Lebens in Freud u. Leid v. Roos, Storr, Arnold, Bengel, Bogatzky u. A. 12. Aufl. 8. (VII, 422 S.) Stuttgart 893. Buchh. der Evang. Gesellschaft. Geb. in Halbleinw. n.n. 1. 20; in Halbldr. n. 1. 40; in Halbfrz. n. 1. 60; m. Goldschn. n. 2.

Erbauungsbuch, häusliches, enth. Morgen- u. Abendgebete auf 12 Wochen, sowie Gebete f. Fest- u. Feiertage, Beichte u. Abendmahl u. f. besond. Fälle des Lebens in Freud u. Leid, v. Roos, Storr, Arnold, Bengel, Bogatzky u. a. 14. Aufl. 8. (VII, 422 S.) Stuttgart 901. Buchh. der ev. Gesellschaft. Geb. in Halbleinw. n. 1.20; in Halbldr. n. 1.40 u. n. 1.60; in Leinw. m. Goldschn. n. 2.—

— häusl., f. gute Christen. Eine Auswahl vorzügl. Morgen-, Abend-, Buß-, Beicht- u. Communion-Gebete, geistr. Lieder u. Andachten auf alle Feste d. Jahrs, f. w. e treffr. Gebete f. besond. Zeiten u. Verhältnisse d. Lebens. (19 B.) Reutlingen 838, Fischer jun.

Erbauungsbuch für Jünglinge aus den mehr gebildeten Ständen, . . . Stendal 1800. V: *Thormeyer, Andr. Frdr. Chn.* (MGT) (NN)

Erbauungsbuch für studirende Jünglinge . . . bestimmt . . . Stendal 1800. V: *Thormeyer, Andreas Frdr. Chn.* (NN) (Ky) (MGT)

— für studirende Jünglinge in latein. Schulen u. Gymnasien bestimmt um jeden Tag des Lebens religiös anzuwenden, (v. Andr. Fr. Thormeyer). 8. Stendal 800. Franzen u. Gr. 1 ℛ︀

— f. aufgeklärte Katholiken, besonders für Leidende. 8. Erf. Beyer. 804.

— für aufgeklärte Katholiken, besonders für Leidende. 8. Erfurt 804. (Otto). 20 ℊ︀

Erbauungsbuch für Katholiken, die eine reine und vernünftige Andacht lieben. Frankf. a. M. 1793. V: *Bauerschubert, Joseph.* (ML) (Ky) (BB) »für katholische Christen« (schmal)

Erbauungsbuch für Katholiken, die eine reine u. vernünftige Andacht lieben, (v. Jos. Bauerschubert). 8. Frkf. 793. 14 ℊ︀ (Aschenberg in Münster). 10 ℊ︀

— f. Katholiken. 8. Frft. Varrentrapp. 793.

— katholisches, s. Gebet- und Erbauungsbuch.

— für Kranke u. Sterbende u. für diejenigen, welche Kranken beistehen. N. A., mit 1 Kpf. gr. 8. Wien 817. Ant. Doll. 16 ℊ︀ Schrbp. 1 ℛ︀

— für Landprediger, Privatlehrer u. Schulmänner. 1r Thl. Auch u. d. T.: Blicke auf den sittl. relig. Unterricht nebst Katechismus. 16 Bdchn. 8. Hamb. 793. Gundermann. 16 ℊ︀

— f. Landprediger, Privatlehrer und Schulm. 1r Thl. (auch unter d. Tit.: Blicke auf den sittl. relig. Unterr. u. Katechism. 16) 8. Hamb. Gundermann. 794. Rthlr.

Erbauungsbuch, nationales, für das deutsche Volk in Oesterreich. Hrsg. vom Deutschen Club in Brünn. 12. (III, 137 S.) Brünn 882. (Knauthe.) geb. n.n. 1.—

Erbauungsbuch, neues bibl., f. d. häusl. u. öffentl. Andacht. Bearb. v. e. Vereine evangel. Gottesgelehrter, u. hrsg. v. J. Hörner. 1. Thl. — A. u. d. T.: Das Leben Jesu nach d. Matthäus, f. Christen, die mehr Aufschluß üb. dass. zu erhalten wünschen, v. H. Stephani. gr. 8. (19¾ B.) Magdeburg 830, Heinrichshofen. Thlr.

Erbauungsbuch, neues bibl., ꝛc. 2. Thl. — A. u. d. T.: Das Evangelium Marci, f. Erbauungsuchende Leser u. zum kirchl. Gebrauche in Betstunden bearb. v. Aug. Ludw. Chrst. Heydenreich. 1. u. 2. Hälfte. gr. 8. Ebds. [1. (16 B.) 834. 1 Thlr., 2. (... B.) 835. 1 Thlr. 6 Gr.]

Erbauungsbuch, neues bibl., f. d. häusl. u. öffentl. Andacht. Bearb. von e. Vereine evangel. Gottesgelehrter u. hrsg. v. J. Hörner. 2. Thl. — A. u. d. T.: Das Evangelium Marci, f. Erbauungsuchende Leser u. zum kirchl. Gebr. in Betstunden bearb. v. Aug. Ludw. Christ. Heydenreich. 2. Hälfte. gr. 8. (19¾ B.) Magdeburg 835, Heinrichshofen. Thlr. 1. Thl. Ebendas. 830. 1 Thlr. 4 Gr.

Religiöses Erbauungsbuch für Gefangene, in zwei Abtheilungen, von *A. Schärer*, Gefangenschafts- und Zuchthausprediger. 1816 u. 1820. *Bern.*

Erbauungsfreund, der, (v. G. S. Gürnth). 6 Thle. 8. Bresl. 784—91. (W. Nauck in Leipz.) 2 ℛ︀ (1796 mit folg. neuen T.: Auszüge aus guten Erbauungsschriften. 6 Bdchn. 8. Lpz. (Ebd.)

Erbauungsfreund, d., 6 Thle. 8. Bresl. (Sommer, Lpz.) 784—91.

Erbauungsfreund, Der, zur Beförderung der Erbauung derjenigen, die sich nicht gute Erbauungsbücher anschaffen können . . . Breslau 1784—90. V: *Gürnth, Georg Samuel.* (MGT) »1784—91« (Ky)

Erbauungsstunden. Dresden 1775. V: *Behrisch, Henrich Wolfgang von.* (Ky) (Behrisch, Die Wiener Autoren. 1784.)

Erbauungsstunden, (von H. W. Berisch). 3 Thle. 8. Dresden 775. Hilscher. 12 gr Schrbp. 20 gr

Erbauungsstunden d. häusl. Andacht, s. Abendmahlsfeier, d.

Erbauungsstunden für Christen aller Confessionen in Liedern der vorzügl. deutschen Gottesgelehrten. Hrsg. von C. E. Hartmann. Nebst einem Anhange von Gebeten zur häuslichen Erbauung auf alle Sonn- und Wochentage. 8. (X und 308 S.) Sulzbach 848, v. Seidel'sche Buchh.
Ausg. auf Velinp. mit 1 Titkpfr. (in Stahlst.)

Erbauungsstunden, die drei ersten, der Deutsch-Katholiken zu Dresden. Dem Beschlusse derselben gemäß hrsg. v. Frz. Wigard. gr. 4. (4 B.) Dresden u. Leipzig 845. (Arnoldische Bh.) *

Erbbaurecht und Arbeiterwohnungen. (Schriften der Zentralstelle für Arbeiterwohlfahrt 22) Berlin 1903

Erbe, der, s.a. **Volksbücher, neue.**

Erbe, der, s.a. **Weihnachten. Nr. 9.**

Erbe, Der. Erinnerungen eines Arztes. Von J. W. Berlin 1895. V: *Westphal, J.* (Berl)

[F.] Der **Erbe.** Erinnergn e. Arztes v. I. W. M. 4 Ill. *Berlin: Christl. Zeitschriftenver. 1895.* (80 S.) 1 Bd 8.
— **Volksbücher, Neue.** Bdch. 24. [97. 7640]

Erbe, das. Sammlg. ausgewählter deutsch. Schriften. Hrsg. v. Ernst Lissauer. 1—4. Bd. kl. 8. Berlin, Concordia. à Bd. — 50; geb. 1. —
Droste-Hülshoff, Annette v., Gedichte, ausgewählt u. eingeleit. v. Ferd. Gregori. (110 S.) 908. (Bd. 3.)
Eichendorff, Jos. v., die Glücksritter. Novelle. Eingeleitet v. Herm. Todsen. (84 S.) 908. (Bd. 2.)
Kopisch, Aug., heitere Gedichte, ausgewählt u. eingeleitet v. Ernst Lissauer. (100 S.) 909. (Bd. 4.)
Mörike, Eduard, Gedichte, ausgewählt u. eingeleitet v. Ernst Lissauer. (100 S.) 908. (Bd. 1.)

— **das, der Alten.** Schriften üb. Wesen u. Wirkg. der Antike, gesammelt u. hrsg. v. O. Crusius, O. Immisch, Th. Zielinski. 1. Heft. Lex. 8. Leipzig 910. Dieterich. 1.80; geb. 2.50; in Perg. 5. —
Hellenische Stimmungen in der Bildhauerei v. einst u. jetzt. Von Geo. Treu. 1. u. 2. Aufl. (IX. 52 S. m. 62 Abb. u. 1 Taf.)

Erbe der, u. Bräutigam auf der Reise. Lstspl. in 3 A. 8. Leipz. 776. Barth. 2 gr

Erbe, der, u. Bräutigam a d. Reise. Lustsp. 8. Leipz. Barth. 809.

Erbe, der gewissenhafte, Lustspiel von Falsen. 8. Wien, Degen. 804. (Armbruster.) u. d. Preis

Erbe, Das irdische und das himmlische. Eine Familiengeschichte. Halle 1866. V: *Mitzlaff, Eugenia von.* (Russell) (Mitth. Fr. Müller-Kiel.)

Erbe, das irdische und das himmlische. Eine Familiengeschichte erzählt von der Verf. von „Gott ist mein Heil" und „Durch Kreuz zur Krone". 1. Aufl. 1866. und 2. Aufl. 8. (III und 446 S.) Halle 867, Fricke.

Erbe: Lebendiges Schweizer Erbe v. Neue Zürcher-Zeitung.

Erbe, Der, von Morton Park. Ein Roman nach dem Englischen . . . Wesel 1845. V: *Tabouillot, Mathilde Francisca von, geb. Giesler.* (Ky)

Erbe, der, von Morton Park. Ein Roman nach dem Engl.: The expectant by Miss Ellen Pickering. Von Mathilde Franziska (v. Tabouillot geb. Giesler). 3 Bde. 8. (54 B.) Wesel 845, Klönne.

Erbe, der, von Redclyffe. Von der Verf. von „Herzblättchen". Aus dem Engl. von W. E. Drugulin. 4 Bde. 8. (1167 S.) Leipzig 856, Kollmann.

Erbe. Der Väter E'. Beiträge zur Burgenkunde und Denkmalpflege. Aus Anlass des zehnjährigen Bestehens der Vereinigung zur Erhaltung deutscher Burgen hrg. von Professor Bodo Ebhardt.... Mit 6 Lichtdrucktafeln, 58 Bildtafeln und zahlreichen Abbildungen im Text. VI + 160 S. 4. Berlin, Franz Ebhardt & Co., 1909. [M. 6.—, geb. 7.50]

Erbe, Das, Kaiser Wilhelms I. Historischer Roman aus der Gegenwart. Breslau 1903. V: *Meding, Joh. Ferd. Martin Oscar.* (Berl)

Erbe, A., histor. Städtebilder aus Holland u. Niederdeutschland, s.a. **Aus Natur u. Geisteswelt. 117. Bdchn.**

Historische Städtebilder aus Holland und Niederdeutschland. Vorträge, geh. bei d. Oberschulbehörde zu Hamburg. Von A. **Erbe**, Reg.Baumeister a. D. in Hamburg. Mit 59 Abb. Leipzig: B. G. Teubner 1906. (103 S.) 8° [F.]
— **Natur, Aus, u. Geisteswelt.** Bdch. 117. [07. 9061]

Erbe, Chrstph., gründl. Anweisung zum Emailliren u. Verzinnen d. gegoss. u. geschlag. eisernen Kochgeschirre. Für Eisenhüttenwerke, Kupferschmiede, Klempner 2c. M. 1 Taf. Abbild. 8. (2 B.) Quedlinburg 837, Basse.

Erbe, Chrstph., gründl. Anweisung zur echten engl. Verzinnung des Eisens u. Eisenblechs. Mit Abbild. (auf 2 lithogr. Bl.) 8. Quedlinb. 837. Basse. 1/3 rthl

Erbe, Cl. Fr. rechtliche Anmerkungen üb. den Hofdiebstahl. 4. Erl. Palm. 775.

Erbe, K., Anthologia latina, s.: Märklin, E.

— **s.: Blätter, süddeutsche, f. höh. Unterrichtsanstalten.**

Erbe, Karl, Brauchen wir ein deutsches Olympia? Stuttgart 1897, 6 S., Gr.-8°.

Erbe, Karl, das Deutsche als Mittelpunkt des höheren Unterrichts. Rede, geh. am 27. Jan. 1893. 8. (32 S.) Stuttgart 893. A. Bonz & Co. — 30

Erbe, Karl, Einleitung in die deutsche Grammatik. Für die untersten Klassen höherer Lehranstalten bearb. gr. 8. (56 S.) Stuttgart 880. Bonz & Co. cart. n. — 50

Erbe, Karl, Einleitung in die deutsche Grammatik u. Aufsatzlehre. Für die unteren Klassen höherer Lehranstalten bearb. 2., verb. u. verm. Aufl. gr. 8. (106 S.) Stuttgart 884. Bonz & Co. n. — 75

— **Ludwigsburger Familien-Namen.** Eine sprachlich-geschichtl. Untersuchg. gr. 8. (34 S.) Ludwigsburg 901. (J. Aigner.) n. — 50

Ludwigsburger Familien-Namen. Eine sprachl. geschichtl. Untersuchung von K. **Erbe**, Gymn.-Rektor in Ludwigsburg. *Ludwigsburg 1901: O. Eichhorn.* (34 S.) 8° [Umschlagt. F.] [01. 7579]

— kurzgefaßte deutsche Grammatik mit Übungsaufgaben, s. **Stöckler, J. P.**

Erbe, (K[arl]): Gründung und Einweihung des Gymnasiums. *Ludwigsburg (1898): Ungeheuer & Ulmer.* (5—10 S.) 4° [F.]
Ludwigsburg, k. G u. Elementar-S, P 1898 (616a)

—— s. Hermann und Wechherlin, lateinische Schulgrammatik.

Erbe, Karl, Hermes. Vergleichende Wortkunde der deutschen, latein. u. griech. Sprache, s.a. **Sammlung v. Lehrmitteln f. höh. Unterrichtsanstalten. XI.**

— Hermes. Vergleichende Wortkunde der latein. und griech. Sprache. Für Tertia und Secunda von Gymnasien sowie für den Selbstunterricht bearb. qu. 8. (IV, 244 S.) Stuttgart 883, Neff. geb.

Erbe, (K[arl]): [Geschichtliche Nachrichten über die Anstalt.] *Ludwigsburg (1898): Ungeheuer & Ulmer.* (3—5 S.) 4° [F.]
Ludwigsburg, k. G u. Elementar-S, P 1898 (616a)

Erbe, *Karl*: Nachrichten über das Schuljahr 1897/98. 4 (S. 3—33).
Progr. Kgl. G. u. Elementarsch. *Ludwigsburg* 1898
Einleitung. I. Gründung und Einweihung des Gymnasiums.

Erbe, Karl. Randbemerkungen zu Dr. Wustmanns Allerhand Sprachdummheiten. Untersuchungen üb. wicht. Gegenstände der deutschen Sprachlehre. 1. u. 2. unveränd. Aufl. 8. (50 S.) Stuttg. 892, Bonz u. Comp. * — 50

— die neue deutsche Rechtschreibung u. ihr Verhältnis zu den bisher gültigen Vorschriften. Nebst e. Wörterverzeichnisse. 8. (56 S.) Stuttgart 902. Union. n. — 50

— leichtfaßliche Regeln f. d. Aussprache des Deutschen, m. zahlr. Einzeluntersuchgn. üb. d. deutsche Rechtschreibg. 8. (125 S.) Stuttgart 893. [P. Neff] A. Bonz & Co. n. 1. 60; geb. n.n. 1. 80
Auch desselb. Verfassers „Fünfmal sechs Sätze üb. d. Aussprache d. Deutschen" ist in obigen Verlag übergegangen.

— fünfmal sechs Sätze üb. d. Aussprache d. Deutschen. Als Grundlage f. e. Verständigg. üb. d. Aussprache d. Deutschen zusammengest. u. d. 10. Hauptversammlg. d. allgem. deutschen Sprachvereins gewidmet. gr. 8. (16 S.) Stuttgart 897. P. Neff, Verl. — 80

— lateinische Schulgrammatik, s. Dürr, C.

— lateinische Schulgrammatik, s.: Hermann, H. A.

—— Lateinische Schulgrammatik, s. Hermann u. Wechherlin.

— deutsches Sprach- u. Uebungsbuch. s.: Glötler.

— kurzgefaßte deutsche Sprach- u. Aufsatzlehre, s.: Glötler, J. P.

— kurzgefaßte deutsche Sprach- u. Aufsatzlehre m. Übungsaufgaben, s.: Glötler, J. P.

— Wörterbuch der deutschen Rechtschreibung. Nebst e. eingeh. Darstellung der neuen Rechtschreibregeln u. der Lehre v. den Satzzeichen. Zugleich e. Handbüchlein der deutschen Wortkunde u. der Fremdwortverdeutschg., sowie e. Ratgeber f. Fälle schwank. Sprach- u. Schreibgebrauchs. gr. 8. (XXIV, 288 S.) Stuttgart (902). Union. Geb. in Leinw. n. 1. 50

— Wörterbuch der deutschen Rechtschreibung. Nebst e. eingeh. Darstellg. der neuen Rechtschreibregeln u. der Lehre v. den Satzzeichen. Zugleich e. Handbüchlein der deutschen Wortkunde u. der Fremdwortverdeutschg., sowie e. Ratgeber f. Fälle schwank. Sprach- u. Schreibgebrauchs. 2., nach dem neuesten Stand der Rechtschreibfrage bearb. u. erweit. Ausg. 52—61. Taus. (346 S.) 8. Stuttgart (908). Union. Geb. in Leinw. 1. 60

— und Paul Vernier, Mentor. Vergleichende Wortkunde der latein. und französ. Sprache. Ein Hilfsmittel zur Erleichterung der Erlernung des Französischen und zur Befestigung in der Kenntniss des Lateinischen. Für Gymnasien und für den Selbstunterricht bearb. qu. 8. (IV, 316 S.) Stuttgart 884, Neff. geb.

— der schwäbische Wortschatz. E. mundartl. Untersuchg. Festschrift d. 10. Hauptversammlg. d. allgem. deutschen Sprachvereins. gr. 8. (43 S.) Stuttgart 897. A. Bonz & Co. n. — 50

—— Ziele u. bisherige Erfolge d. allgem. deutschen Sprachvereins. Vortrag, geh. im kaufmänn. Verein zu Stuttgart im Jan. 1890. gr. 8. (19 S.) Stuttg. 890, Fink. * — 20

Erbe, Karl Fr., rechtl. Anmerkk. über den Hofdiebstahl. 4. Erl. 775. Palm. 3 g*

Erbe. Carl Fridr.: Rechtliche Anmerkungen über den Hof-Diebstahl. Frankfurt u. Leipzig 1775.

Erbe, Kurt, Gesänge geistlichen u. weltlichen Inhalts f. Präparanden-Anstalten. Für die Stimmen der Präparanden ausgewählt, ein- u. mehrstimmig eingerichtet u. zusammengestellt. gr. 8. (57 S.) Quedlinburg 890. Vieweg. n. 1. —

Erbe, Kurt, Gesänge geistlichen u. weltlichen Inhalts f. Präparanden-Anstalten. Für die Stimmen der Präparanden ausgewählt, ein u. mehrstimmig eingerichtet u. zusammengestellt. 2., verb. u. verm. Aufl. (72 S.) gr. 8. Berlin-Gr. Lichterfelde (903). Ch. F. Vieweg. n. 1. —

Gesänge geistlichen und weltlichen Inhalts für Präparanden-Anstalten. Für d. Stimmen d. Präparanden ausgewählt, ein- u. mehrstimmig eingerichtet u. zsgest. von Kurt **Erbe,** Sem.Lehrer. 2., verb. u. verm. Aufl. Berlin-Gr. Lichterfelde: Ch. F. Vieweg [1904]. (72 S.) 8° [F.]

Erbe, Kurt, Liederstrauß. Eine Sammlg. v. 52 vierstimm. Schulliedern f. gemischten Chor, unter Zugrundelegg. des natürl. zweistimm. Satzes im Sopran u. Alt. Zum unterrichtl. Gebrauche bearb. u. hrsg. 12. (X, 68 S.) Quedlinburg 891. Ch. F. Vieweg. Kart. n. — 55

Liederstrauß. Eine Sammlung von 52 vierstimm. Schulliedern f. gemischten Chor unter Zugrundlegung d. natürl. zweistimm. Satzes im Sopran u. Alt. Zum unterrichtl. Gebrauch bearb. u. hrsg. von Kurt **Erbe.** 2. verb. Aufl. Berlin-Gr.Lichterfelde: Ch. F. Vieweg [1906]. (76 S.) 8° [F.]

— Loreley. Eine Sammlg. v. 2- u. 3stimm. Liedern u. Gesängen verschiedenen Inhalts. Zum unterrichtl. Gebrauche f. die oberen Klassen höherer Mädchenschulen ausgewählt, bearb. u. hrsg. gr. 8. (212 S.) Hildburghausen 893. F. W. Gadow & Sohn. n. —. 80; kart. n. 1. —

Geoplastische Karte Deutschlands und der angrenzenden Staaten. von L. Erbe. Stuttgart, 1865.

Erbe, Louis. Neue geoplastische Karte von Deutschland. 22 × 24 Zoll. Stuttgart, J. F. Steinkopf. 1846. (4 Rthlr.) . . . . (Br. Mus.)

Erbe, Louis, Reliefkarte von Deutschland, mit der Schweiz und den Niederlanden. Länge 1 Fuss $7\frac{1}{2}$ Zoll, Breite 1 Fuss 9 Zoll Württemb. Dezimalmaass. Verhältniss des Höhenmaassstabes = 1:5. Stuttgart, Erhard, 1844. ($3\frac{3}{4}$ Rthlr.) . . (Phil.; Br. Mus.)

Erbe, Max Cleon in den Rittern des Aristophanes. 4 (21 S.).
Progr. Christians-G. *Eisenberg* 1887 (636)

Erbe, Max: Ueber die Conditionalsätze bei Wolfram von Eschenbach. Halle a/S. (1877): Karras. 38 S. 8°
Halle-Wittenberg, Phil. Diss. v. 27. Febr. 1877
Geb. Wiehe (Kr. Eckartsberga) 25. 6. 1854. V.
Ersch. vollst. in: Beiträge zur Geschichte der deutschen Sprache und Literatur. Bd 5. Halle 1878. S. 1—50. — Verf. erlebte das goldene Dr.-Jubiläum 1927 als Gymnasial-Professor a. D. in Eisenberg (Sachs.-Altenb.).

Erbe, Max, griechisches Lesebuch nebst deutschen Übungsstücken für Untertertia. Hauptsächlich nach Arrians Anabasis bearb. gr. 8. (IV, 71 S.) Weimar 886, A. Krüger. *

Erbe, Philipp Heinrich (Wittendorf), Utrum electio praestet successioni? Diss. polit. Präs. Johann Eberhard Roesler. Tüb. (Hiob Francke) Sept. 1721. 32 S. (5.—) 8030

Erbe, Reinhard, Referendar: Der Begriff des sonstigen Rechts im § 823, Abs. 1, B.G.B. Eisenberg S.-A. 1908: Hartmann & Oertel. VIII, 32 S. 8°
Jena, Jur. Diss. v. 24. Aug. 1908, Ref. Thon
[Geb. 25. Mai 85 Eisenberg S.-A.; Wohnort: Eisenberg; Staatsangeh.: Sachsen-Altenburg; Vorbildung: Gymn. Eisenberg Reife O. 05; Studium: Grenoble 1, Berlin 1, Kiel 1, Jena 3 S.; Rig. 29. Juli 08.] [U 09. 2084

Erbe, Thdr., die Locrinesage u. die Quellen des Pseudo-Shakespeareschen Locrine, s.a. **Studien zur englischen Philologie.**

Erbe, Theodor, aus Wettmar: Die **Locrinesage** und die Quellen des Pseudo-Shakespeareschen Locrine. Textausgabe mit einer Einleitung. *Halle a. d. S. 1904: E. Karras.* (72 S.) 8°
(Erscheint vollst. u. mit d. Text in: Studien z. engl. Philologie.)
Göttingen, Phil. Diss. v. [10. Juni] 1904

Die Locrinesage und die Quellen des pseudo-shakespeareschen Locrine. Von **Theodor Erbe,** Dr. phil. *Halle a. S.: M. Niemeyer 1904.* (72 S.) 8°
[Erschien auch als Inaug.-Diss. Göttingen 1904.]
— **Studien** z. englischen **Philologie.** H. 16. [04. 14483

Erbe, Willy, prakt. Arzt: **Eumydrin ein neuer Atropinersatz.** *München 1903: Kastner & Callwey.* (47 S.) 8°
München, Med. Diss. v. 1903

Das drittälteste **Erbebuch** der Stadt Reval (1383—1458). Hrsg. von Eugen von Nottbeck. — Reval: Kluge 1892. XX. 363 S. 8°
(Revaler Stadtbücher. 3.)
(Archiv f. d. Gesch. Liv-, Est- u. Curlands. Folge 3. Bd. 3.)

[F.] Das Kieler **Erbebuch** '(1411—1604)'. Im Auftr. der Ges. f. Kieler Stadtgesch. bearb. u. hrsg. v. Chr[istian] Reuter. *Kiel: H. Eckardt 1597.* (4 Bl., LXIII, 371 S.) 1 Bd 8. [97. 8336

Das Kieler **Erbebuch** (1411–1604). Im Auftr. d. Gesellschaft f. Kieler Stadtgesch. bearb. u. hrsg. von Chr[istian] Reuter. *Kiel 1696: A. F. Jensen.* LXIII, 371 S.) 8° [F.]
— **Mitteilungen** d. **Gesellschaft** f. Kieler Stadtgesch. H. 14. 15.

Das zweitälteste **Erbebuch** der Stadt Reval (1360—1383). Hrsg. von Eugen von Nottbeck. — Reval: Kluge 1890. 155 S. 8°
(Revaler Stadtbücher. 2.)
(Archiv f. d. Gesch. Liv-, Est- u. Curlands. Folge 3, Bd. 2.)

ERBELDING, Johann (Zweibrücken): De morbo Biponti epidemice grassato.- Zweibrücken: Ponsonbacher 1830. 24 S.
12.8.1829 - Urk; F 59
Diss. Ingolst.-Landsh.-Mchn.

Erben, die,- Lustsp. in 4 Akt. s. Fr. v. Weißenthurn

— die,. Originallustsp. v. Schenk. 8. Hannov. Schmidt. 788.

Erben, d., nach d. Engl. d. Mistreß R. M. Roche, frey bearb. v. L. F. Huber. 2 Thle. 8. Braunschweig, Vieweg. 803.

Erben, Die grossmüthigen;
ein Lustspiel in einem Aufz. Leipz. 1776.
V: *Thilo, Frdr. Theophilus.* (Ky) (MGT) (NN)

Erben, die großmüthigen. Lstspl. (v. Fr. Th. Thilo). 8. Leipz. 776. Schneider. 2 gr.

Erben, die lachenden und weinenden, s. Novellen, hamburger.

— die, zur rechten Zeit. 8. Leipz. 797. Jacobäer. (Aue in Alt.) 6 gr.

Erben A.: Anwendung der algebraischen Grundoperationen zur Lösung von Aufgaben aus der Planimetrie und Stereometrie. 46. Znaim R. 74.
Progr.

Erben, A. Die Realschule und ihre Reform. Elbogen, O.-R., 1863. 5 S. 4. Progr.

Erben, C. J., Regesta diplomatica nec non epistolaria Bohemiae et Moraviae, s.a. **Regesta.**

Erben, Frz., Vergiftungen. Mit zwei Beiträgen von R. v. Jaksch. s.a. Handbuch der ärztlichen Sachverständigen-Tätigkeit. VII.

Vergiftungen. [illegible] Hälfte. Von Dr. Franz **Erben,** [illegible] Wien & Leipzig: Braumüller [illegible]
(Handbuch d. ärztl. Sachverst.-Tätigkeit. Bd. [illegible])

Erben Fritz: Über die Abhängigkeit der Polarisation von Platinelektroden von der Temperatur (mit 13 Textfiguren). S. 105. Ha. 8° — 70
Sonderabdruck

Erben, Fritz, üb. d. Abhängigkeit d. Polarisation v. Platinelektroden v. d. Temperatur. [Aus: „Sitzungsber. d. k. Akad. d. Wiss."] gr. 8. (19 S. m. 13 Fig.) Wien 896. (C. Gerold's Sohn.) n. — 70

Erben, J., s.: Verzeichniss d. Rosen.

Erben, Jos., Geschäfts- und Reise-Karte von Böhmen, Mähren und Schlesien und den angrenzenden Ländern. Mit Angabe aller Eisenbahn-, Telegraphen- und Post-Stationen und Strassen-Linien nebst einem Ortsverzeichniss und einer Anleitung, jeden auf der Karte in Böhmen, Mähren und Schlesien und dem angrenz. Theile von Nieder- und Ober-Oesterreich vorkomm. Namen schnell und leicht aufzufinden. 1 : 600,000. Fol. Nebst Orts-Verzeichniss. Zusammengestellt von Karl Kareis. 1. und 2. verb. und bis auf die neueste Zeit verm. Aufl. gr. 16. (84 S.) Tabor 873, Jansky. *

— s.a. **Handbuch, statist. d. kgl. Hauptstadt Prag.**

Erben, Jos., statistisches Handbüchlein der kgl. Hauptstadt Prag f. d. J. 1871 [1872]. Hrsg. v. der statist. Kommission der Hauptstadt Prag. Mit e. Beilage u. e. (chromolith.) Plane v. Prag (in gr. 4.) gr. 8. (VI, 168 S.) Prag 873. (Mourek.) geb. n. 2. 40

Erben, Jos., die statistische Commission d. kgl. Hauptstadt Prag sammt Vororten u. d. Prager städt. statist. Bureau in d. Zeit v. 1870—1895. Bericht, z. Gedächtnisse ihres 25jähr. Bestandes verf. Deutsche Ausg. gr. 8. (79 S.) Prag 895. (F. Řivnáč.) n. — 50

— **Sterblichkeit in Prag u. Vororten in den Jahren 1881—1890. Mit Unterstützg. d. städt. statist. Bureau's bearb. [Aus: „Statist. Handbuch v. Prag u. Vororten f. 1890".] Lex.-8. (15 S.) Prag 892. (F. Řivnáč.)** n. — 30

Erben, Jos., k theorii statistiky průmyslu. Prag 863. Kober. 8. (15 S.) n. 2½ ngr.

— s.: **Verwaltungsbericht** d. königl. Hauptstadt Prag.

— vévodství Korutany a Krajina v geograficko-statistickém i historickém přehledu. Ebend. 865. 8. (XIV, 146 S.) n. 14 ngr.

— s.: **Wohnungsverhältnisse** in d. kgl. Hauptstadt Prag.

Erben J, Wohnverhältnisse in der K. Hauptstadt Prag 1890. (305 S 15 Diagr.) Prag 1895

Erben, Karl Jaromir, der Blumenstrauß. In deutscher Uebersetzg. hrsg. v. Ed. Albert. 8. (IX, 121 S.) Wien 900. A. Hölder. n. 2. —

Erben, Karel Jaromír, slovanská čítanka. Výbor z prostonárodních pohádek a pověstí slovanských v nářečích původních. Sešit I—III. Prag 864, 65. Kober. gr. 8. (S. 1—288.) Jedes Heft n. 15 ngr.

Erben, Carl Jaromir, autentisches Häuser-Schema der königl. Hauptstadt Prag, [nach der neuen u. alten Numerirg.], der Vorstädte Karolinenthal u. Smichow u. der Bergstadt Wyschehrad, nebst Angabe der Besitzer, Schilder od. Benennungen, dann der Gässen, Plätze u. Pfarrbezirke. Verfaßt im Auftrage d. Stadtrathes d. königl. Hauptstadt Prag. gr. 8. (IV, 169 S.) Prag 871. (Grégr & Dattel.) n. 1. 60
Dasselbe ist auch in böhmischer Sprache zu gleichem Preise erschienen.

— nápěvy prostonárodních písní českých. Sešit I—IV. Ebend. 862, 64. gr. 8. (S. 1—160.) Jedes Heft n. 11 ngr.

Erben, Karl Jaromír, die Primatoren der kön. Altstadt Prag. gr. 8. (VIII und 270 S.) Prag 858, Tempsky. *

Erben, Carl Jaromir, Die Primatoren der k. Altstadt Prag. gr. 8. (VIII u. 270 S.) Prag. Tempsky. 1865. 3 fl.

Erben, Car. Jaromir, regesta diplomatica nec non epistolaria Bohemiae et Moraviae. Pars I. Annorum 600—1253. (Aus d. Abhandlgn. d. k. Böhm. Gesellsch. d. Wissensch.) (Prag 855. Tempsky.) gr. 4. (VIII, 813 S.) n. 8 ℳ

výbor z literatury české, s. Výbor.

Erben, Abolf, vaterländ. Liederbuch, s.: Wagner, E., u. W. Slute.

Enoch Arden. Text v. Vittorio di Dio. Oper in 1 Akt v. Robert **Erben.** Vollst. Clavier-Auszug m. Text ... *Charlottenburg: K. Köhler [1895?].* (117 S.) 1 Bd 4. [96. 9920

Erben, Sigm., Ischias skoliotica (Skoliosis neuralgica), s.: Beiträge z. klin. Medicin u. Chirurgie.

Erben, S., Nervosität, s.a. Volksschriften üb. Gesundheitswesen u. Sozialpolitik. 4. Bdchn.

Erben, S., Nervosität. [Volksschriften über Gesundheitswesen und Sozialpolitik. Bd. 4.] 8°. (18 S.) K —.15
Wien: J. Wiener Volksbuchhandlung 1905

Erben, S., s.: Simulation.

— **Klinische Untersuchungen üb. Muskelrheumatismus (Nackenschmerz, Kreuzschmerz),** s.a. Beiträge zur klin. Medicin u. Chirurgie.

Klinische Untersuchungen über Muskelrheumatismus (Nackenschmerz, Kreuzschmerz) von Sigmund **Erben.** Wien & Leipzig: Braumüller 1898. 85 S. 8°
(Beiträge z. klinischen Medicin u. Chirurgie. 10.) [99. 16183 G

Erben, Theodor

— u. Frz. **Chodounsky.** Beurteilung der Bonität der Gerste. Böhmische Gerste im J. 1902, s.: Berichte der Versuchsanstalt f. Brauindustrie in Böhmen 9. Heft.

Erben Th.: L. Faust in seiner umgearbeiteten Fassung. 32. Kolomea 85.
Prog'

Erben, Thdr., Statistik des Gerstenbaues in Böhmen. Vergleichende Gerste-Anbauversuche der landwirtschaftlichen Central-Gesellschaft f. das Königr. Böhmen, s.: Berichte der Versuchsanstalt f. Brauindustrie in Böhmen. 9. Heft.

— Die Frage der Heranziehung des Deutschen Ordens zur Verteidigung der ungarischen Grenze. Ar. 81. 503 . . . . 1.60
Separatabdruck

Erben, W. Ursprung u. Entwicklung d. deutschen Kriegsartikel. Innsbruck 1900. 57 S.

Erben, Wilhelm: Beiträge zur Geschichte der Landsknechte. (Mitteilungen des K. K. Heeresmuseums ... in Wien. 1907. Heft 3.) Wien 1907.

Louise Delolme, die Erzieherin zweier Königinnen von Dänemark. Eine biographische Studie v. Wilhelm Erben. Wien. 1897. 8° (Als Manuscript gedruckt.)

Erben, Wilh., die Frage d. Heranziehung d. deutschen Ordens z. Vertheidigg. d. ungar. Grenze. [Aus: „Archiv f. österr. Geschichte".] Lex.-8. (87 S.) Wien 894. (C. Gerold's Sohn.) n. 1. 60

Erben, Wilh., Katalog des k. u. k. Heeres-Museums. Im Auftrage des Curatoriums verf. 8. (XVI, 433 S. m. Abbildgn.) Wien 899. (L. W. Seidel & Sohn.) n. 2.40

Erben, Wilh., u. Wilh. **John,** Katalog des k. u. k. Heeresmuseums. Im Auftrage des Kuratoriums verf. 4. Aufl. (XVI, 485 S. m. Abbildgn.) 8. Wien 903. (L. W. Seidel & Sohn.) n. 3.—

Erben, Wilhelm: Kriegsartikel und Reglements als Quellen zur Geschichte der k. u. k. Armee. (Mitteilungen des Kaiserlichen und Königlichen Heeresmuseums. 1. Heft.) Wien 1902

— das **Privilegium Friedrich I. f. das Herzogtum Österreich.** gr. 8. (VI, 144 S.) Wien 902. C. Konegen. n. 3.—

— **Quellen z. Geschichte d. Stiftes u. d. Herrsch. Mattsee,** s.a. Fontes rerum austriacarum.

Quellen zur Geschichte des Stiftes und der Herrschaft Mattsee. Hrsg. u. erl. v. Dr. Wilhelm Erben. *Wien: C. Gerold's Sohn 1896.* (3 Bl., 226 S.) 8.
— Fontes rerum austriacarum. Abth. 2. Bd 49. Hälfte 1. [97. 6713

Erben, Wilh., s.: Quellenstudien aus dem historischen Seminar der Universität Innsbruck.

— Ein oberpfälzisches Register aus der Zeit Kaiser Ludwigs des Bayern, erläutert u. hrsg. (III, 171 S.) gr. 8. München 908. R. Oldenbourg. 4. —

Erben Wilhelm: Untersuchungen zu dem Codex traditionum Odalberti. Diss. Wien, Univ.
D: Selbstverlag.
1886 PN 458 712

— L. **Schmitz-Kallenberg** u. Osw. **Redlich,** Urkundenlehre, s.a. Handbuch der mittelalterlichen u. neueren Geschichte. IV.

Urkundenlehre von W(ilhelm) **Erben,** L(udwig) Schmitz-Kallenberg u. O(swald) Redlich. T. 1. München & Berlin: R. Oldenbourg 1907. 8°
= Handbuch d. mittelalterl. u. neueren Geschichte. Abt. 4, [1.] [07. 6844

Erbe- und Handfesten-Ordnung der freien Hansestadt Bremen. Anh.: Vorschriften, die Einführung der Erbe- und Handfesten-Ordnung betr. Bremen 1849.

— [Desgl.] Publicirt am 30. Juli 1860. Mit Berücks. der späteren Abänderungen von Neuem abgedr. Dec. 1876. Bremen 1876.

Erbe- und Handfesten-Ordnung der freien Hansestadt Bremen. Anh.: Vorschriften, die Einführung d. Erbe- u. Handfesten-Ordnung betr. Publiziert am 30. Juli 1860. Mit Berücks. d. späteren Abänderungen von neuem abgedr. Dez. 1876. Bremen: C. Schünemann 1876. (Neudruck mit Berücks. d. gesetzl. Abänderungen in d. Zeit v. 1. Dez. 1876 bis 31. Dez. 1905. Bearb. von Dr. jur. Emil Hirschfeld.) Bremen: C. Schünemann 1906. (90 S.) 4° [F.] [06. 11865

Erber, A., Institutiones dialecticae. 8. Vien. Gerold. 752.

[F.] Anleitung und Recepte zum schnellen und sparsamen Einlegen wohlschmeckender und feiner Conserven in Früchten und Gemüsen. Nach eig. prakt. Erfahrgn hrsg. v. Anna **Erber** geb. Höhne. *Görlitz: H. Erber [1896].* (36 S., 1 Bl.) 1 Bd 8. [96. 8902

Erber, Anna, geb. Höhne, Anleitg. u. Recepte z. schnellen u. sparsamen Einlegen wohlschmeck. u. feiner Conserven in Früchten u. Gemüsen. N. eig. prakt. Erfahrgn. hrsg. 12. (30 S.) Görlitz 896. (H. Tzschaschel.) n. — 60

Erber (Erberg), Anton., Dissertationes theologicae de conciliis oecumenicis. Graz 1737, 8°.

Erber, Ant., Epitome controversiarum religionem spectantium. Graz 1739, 8°.

Erber, Bernh., notitia regni Bohemiae script. geograph. et chorograh. fol. Vien. Wappler. 759.

Erber, Bhrd., (†....) notitia illustris regni Bohemiae scriptorum geograph. et chorographica collecta etc. Nebst 1 Generalkarte von Böhmen, 12 Spezialkarten d. Kreise u. 1 Prospekt. Fol. Wien 760. Beck. 3 ℳ 8 𝒦

Erber, Fel., s.: Efreb-Kador.

Erber, Fel., im Reiche der Sterne, s.: Heegaard, Poul.

Erber, Josef, Assist. an d. Techn. Hochsch. München: Über Amidoalizarine. 1903. 49 S. 8⁰ ¶ Vgl. Berichte d. Deutschen Chem. Gesellschaft. Jg. 35. 1902.
München, Dr.-Ing.-Diss. v. 19. 12. 1902

Erber, Jos. Beobachtungen und Versuche an lebenden Amphibien in der Gefangenschaft, namentlich an Zamenis Aesculapii. Wien 1856.

Erber, Jul., in e. Stunde Amateur-Photograph. Prakt. Anleitg. f. Anfänger im Photographiren. 12. (59 S. m. 10 Fig.) Dessau (899). Anhalt. Verlagsanst. n. — 80

Erber Max, Lehrbuch der Technologie für holzverarbeitende Gewerbe. Zum Unterrichtsgebrauch an Fachschulen für Holzbearbeitung und verwandte Lehranstalten sowie an gewerblichen Fortbildungsschulen. Im Auftrage des Ministeriums für Kultus und Unterricht verfaßt. Wien 1907. Schulbücherverlag. Geb. K 2.80. Dieses Buch wird zum Unterrichtsgebrauch an Fachschulen für Holzbearbeitung und den einschlägigen Abteilungen der Staatsgewerbeschulen, an Bau- und Kunsthandwerkerschulen und an gewerblichen Fortbildungsschulen, sämtliche mit deutscher Unterrichtsprache, allgemein zugelassen; an letzteren jedoch mit der dem Normallehrplan für gewerbliche Fortbildungsschulen entsprechenden Einschränkung des Lehrstoffes.

[F.] Burgen und Schlösser in der Umgebung von Bozen. Von Othmar **Erber.** M. Ill. v. W. Humer. *Innsbruck: Wagner 1895.* (XX, 193 S.) 1 Bd 8.

Erber, Othmar, das Genie, s.: Volksschriften zur Umwälzung der Geister.

Erber, Othmar, die Burgruine Gösting. Beschreibung — Geschichte — Erzählg. Mit 3 Vollbildern u. e. Lageplan. (VIII. 58 S.) 8. Graz 903. O. Erber. n. 1. —

— Graz. Ein Führer f. Einheimische u. Fremde. Mit 22 Illustr. nach neuesten Aufnahmen, dem neuesten Stadtplan, 1 Karte der Umgebg. v. Graz u. den Sitzplänen der Theater. (VIII, 98 S.) kl. 8. Wien 910. A. Hartleben. Geb. in Leinw. 1. 80

Erber, Paul, Gerichtsassessor: Die aus dem gesetzlichen ehelichen Güterrechte folgende Rechtsstellung des Mannes in bezug auf die Kosten eines Rechtsstreites der Ehegatten untereinander oder mit Dritten. *Weimar 1904: G. Uschmann.* (VIII, 31 S.) 8°
Jena, Jur. Diss. v. (20. Apr.) 1904

***Erber Tullio*: Storia della Dalmasia dal 1797—1814. 109. 160. (?) 70. Zara 86. 87. (88) 89.**
Progr

Erberg, Matth. v., il grande Dizionario universale perfotto divis. in III part. (I. Italiano - franc - tedesco, II. francese - Italiano - tedesco, III. tedesco - franc - Italiano). gr. 8. Nürnberg, Endter.

— Handels-Comtoir und Handels-Gewölbe, Deutsch, Französisch u. Italienisch. 12. Ebend.

Erberg, Matthia von: „Monatlicher Italiänisch-Teutscher Commission und Factur-Spiegel . . . .", Nürnberg 1702. — Vorh.: Büch. der Industrie- und Handelskammer Leipzig.

Erberfeld, Diss. de epilepsia hereditaria casum exhibens. Duisb. 4°. 1705

Monumentalplan von Nürnberg. Gez. von **P. C. Erberich,** staedt. Bauassistent. [Nebst] Straßenverzeichnis. *Nürnberg: J. L. Schrag [1903]; Photolith. E. Nister.* (1 Kartenbl. 76×60 cm, 4 Bl.) 8° [Kol.]
[Umschlagt.: Monumental-Plan Nürnberg.

Erbes, August

Erbes, A.: Freiübungen für Frauen und Mädchen in Verbindung mit Ordnungsübungen. Leipzig 1906. 92 S. m. Abb. (Deutsche Volks-Turnbücher. 35—36.)

Erbes, Aug., Gemeinübungen für das Gerätturnen der Mädchen u. Frauen, s.a. Volks-Turnbücher. 12.—14.

Erbes, A.: Gemeinübungen für das Gerätturnen der Mädchen und Frauen. Leipzig 1901. 128 S. (Deutsche Volks-Turnbücher. 12—14.)

Erbes, Aug., drei Reigen f. Erwachsene, s.a. Reigen f. das Turnen der Knaben, der Mädchen u. der Erwachsenen.

Erbes, Aug., s. Reigen für das Turnen.

Erbes, A.: Schrittarten, Tanzwechsel und Reigen. Leipzig 1905. 68 S. m. Abb. (Deutsche Volks-Turnbücher. 29—30.)

Erbes, A.: Stabübungen für Frauen und Mädchen in Verb. mit Ordnungsübungen als Einzelübungen, Gemeinübungen u. Reigen. Leipzig 1905. 60 S. m. Abb. (Deutsche Volks-Turnbücher. 27—28.)

Erbes, August, Drei Tanzreigen mit Verwandlung der Ordnungen, beschrieben von W. Jenny, m. Abb., Leipzig, 12 S., 4°.

Erbes, A., s.: Volks-Turnbücher, deutsche.

Erbes, C., die Todestage der Apostel Paulus u. Petrus u. ihre römischen Denkmäler, s.: Texte u. Untersuchungen zur Geschichte der altchristl. Literatur. N. F. IV. 1.

Erbes, Oberst F. **Packung des Sattels** und des **Gliederbockes** bei der k. u. k. Cavallerie, Artillerie und den beiden Landwehr-Cavallerien, sowie der Regiments- und Bataillons-Hornisten der Fusstruppen etc. Mit 19 Abbildungen. 8. Wien 1900.

Erbes, Johannes, Eine Schulfrage der ersten Einwanderer an der Wolga. 9 S.

Erbes, Johannes: Deutsche Volksschule in unseren Wolgakolonien. Saratow '06. 16 S. Aus: Dt. Volksztg. Jg. 1, Beil. 1

Erbes, Karl, die Offenbarung Johannis, kritisch untersucht. gr. 8. (VII, 184 S.) Gotha 891. F. A. Perthes. n. 3. 60

Erbes, Carolvs (geb. am 11 Mai 1853 in Traben a. d. Mosel): Theses theologicae ... ad obtinendvm gradvm licentiati S. S. theologiae ... Bonnae, typ. C. Georgi (1877). 2 Bl. 8.
Bonn, Ev.-theol. Fak., Thes. v. 4 Aug. 1877

Die Todestage der Apostel Paulus und Petrus und ihre römischen Denkmäler. Krit. Untersuchgn v. C[arl] Erbes, ... Pfarrer in Castellaun. *Leipzig: J. C. Hinrichs 1899.* (2 Bl., 138 S.) 8.
= Texte u. Untersuchgn z. Geschichte d. altchristl. Literatur. [Bd] 19. [H.] 1. N. F. Bd IV. H. 1 [No 1.]

Erbes, Paul, das Pferd der Turnerin. Lebende Bilder m. erläut. Versen f. Vorführgn. v. Frauenabteilgn. (25 S. m. Abb.) 12,5×17 cm. Leipzig 908. P. Eberhardt. 1. —

— s.: Vorträge f. Turnvereine.

Deutschlands **Erb- und Erzfeind.** Mahnruf an das deutsche Volk von einem alten Patrioten. Coburg. 1862. 8°.

Erbfolge

Erbfolge, die, nach dem B. G. B., erläutert an Stammbäumen v. e. prakt. Juristen. gr. 4. (III, 29 S. m. Fig.) Strassburg 899. [Bouillon & Bussenius Nachf.] Leipzig, C. F. W. Fest. n. 1. 50

Erbfolge, d., n. d. BGB. 899. (KEL 31.) Jetzt: München. J. Schweitzer Sort.

Erbfolge, von der, b. Erbsonderungen. gr. 8. Leipzig, Böhme. 810.

Erbfolge, Die in dem Elysischen Tempel der Göttin der Gerechtigkeit ... erörterte. O. O. 1744. V: *Vetter, Johann Friedrich.* (ML)

Erbfolge, die gesetzl., zwischen Eheleuten in d. Kur- u. Neumark, nach d. Joachimischen Konstitution u. deren Erklärungen, nebst d. hierauf bezügl. Gewohnheitsrechten u. Observanzen in 54 Märkischen Städten. 8. (2½ B.) Berlin 831, Hayn.

Erbfolge, die, und das eheliche Güterrecht nach der fränkischen Landgerichtsordnung unter Berücksicht. der späteren Verordnungen und oberstrichterlichen Rechtsprechung in Bayern. Zusammengestellt und mit Einleitungen versehen von einem prakt. Juristen. 8. (VII, 84 S.) Würzburg 884, Stahel'sche Universitäts-Buchh. *

Die legitime **Erbfolge** in Dänemark Nach Mittheilungen eines norddeutschen Juristen. (Aus der Minerva, October II. 1851 besonders abgedruckt. Jena. o. J.) 8°.

Erbfolge, die legitime, in Schleswig-Holstein. gr. 8. (82 S.) Leipzig 864, Hirschfeld. *

— über die Sayn- und Hachenburgische, ein Sendschreiben. 8. Tübingen, Herbrand. 787.

— über die Sayn- u. Hachenburgische, ein Sendschreiben. 8. Tübing. 787. Osiander. 4 ℋ

Erbfolge, Die, in Schleswig-Holstein. Altona 1836, Halle 1837. V: *Christian Herzog von Augustenburg.* (Collin, Anonymer. Kiobenh. 1869.)

Erbfolge, die, in Schleswig-Holstein. Eine histor. Beleuchtung der Behauptungen des Prof. Paulsen in der Schrift desselben: „Für Dänemark u. für Holstein. Altona 1836." Mit 2 Tabellen. gr. 8. Halle 837. Ed. Anton. ⅓ ß

Die **Erbfolge** ohne Testament (Gesetzliches Erbrecht) nach dem Bürgerlichen Gesetzbuch. Anh.: Te.-Abdr. aus d. BGB. *Berlin: Puss & Garleb [1900].* (32 S.) 8° [F.]
— Recht, Unser neues. II. 7. [00. 401]

Erbfolge, Die wahre teutsche, nach der Nähe des Grades nach Verträgen und Herkommen des H. gräfl. Limpurgischen Hauses bestätiget ... O. O. 1767. V: *Fabricius, Joh. Gfr. Andr.* (ML) (Ky) (Holz)

Erbfolge, die wahre deutsche, nach d. Nähe des Grades, durch Verträge u. Herkommen des hochgräfl. Limburg. Hauses bestätigt etc., (v. J. G. A. Fabricius). Mit Beil. I—XIII. Fol. 767.

Erbfolge. – Über d. weibliche Erbfolge in die von Rieppur'sche Lehen ..., s. Baz, Christian Friedrich

Erbfolge-Krieg, österreichischer, 1740—1748. I. u. II. Bd. N. d. Feld-Acten u. and. authent. Quellen bearb. in d. kriegsgeschichtl. Abtheilg. d. k. u. k. Kriegs-Archivs von Carl v. Duncker. A. u. d. T.: (Geschichte d. Kämpfe Oesterreichs) Kriege unt. d. Regierung d. Kaiserin-Königin Maria Theresia. Im Auftr. d. k. u. k. Chefs d. Generalstabes hrsg. v. d. Direction d. k. u k. Kriegs-Archivs. gr. 8. Wien 896. L. W. Seidel & Sohn. à Bd. n. 20. —

I. 2 Thle. (XXVIII, 1125 S. m. 9 Tab. u. 11 genealog. Taf.) Nebst 8 graph. Beil. (5 Karten auf 5 Blatt u. 4 Taf. in Farben m. 1 Bl. Text. à 48,5 × 66,5 cm.)

II. (XVI, 705 S.) M. 7 Beilagen. (Karten u Plänen à 55 × 70 cm.)

— dasselbe. III. Bd. Bearb. von Max Ritter v. Hoen u. Andr. Kienast. (XV, 997 S.) M. 6 Beilagen (Karten, Pläne u. Ansichten). à 55 × 70 cm. Ebd. 898. n. 30. —; geb. in Leinw. n.n. 34. — (I.—III. in 4 Bde. geb. n.n. 86. —)

Erbfolge-Krieg, österreichischer, 1740—1748. IV.—VI. Bd. gr. 8. Wien, L. W. Seidel & Sohn. à n. 30. —; geb. in Leinw. à n n. 35. —

IV. Nach den Feld-Acten u. anderen authent. Quellen bearb. in der kriegsgeschichtl. Abtheilg. des k. u. k. Kriegs-Archivs v. Osc. Criste u. m. Verwerthg. der Vorarbeiten v. Herm. Kusmanek, dann v. Heinr. Kematmüller u. Andr. Kienast v. Aug. Porges. A. u. d. T.: (Geschichte der Kämpfe Österreichs.) Kriege unter der Regierg. der Kaiserin-Königin Maria Theresia. Im Auftr. des k. u. k. Chefs des Generalstabes hrsg. v. der Direction des k. u. k. Kriegs-Archivs. (XVI, 968 S. m. 1 Tab.) Mit 10 Beilagen (Karten, Pläne u. Ansichten) à 55×70 cm. 900.

V. Nach den Feld-Acten u. anderen authent. Quellen bearb. in der kriegsgeschichtl. Abtheilg. des k. u. k. Kriegs-Archivs m. Verwerthg. der Vorarbeit v. Frdr. Polak Edlen v. Mürzsprung durch Aug. Porges u. Carl Edlen v. Rebracha. A. u. d. T.: (Geschichte der Kämpfe Oesterreichs.) Kriege unter der Regierg. der Kaiserin-Königin Maria Theresia. Im Auftr. des k. u. k. Chefs des Generalstabes hrsg. v. der Direction des k. u. k. Kriegs-Archivs. (XVI, 692 S. m. Tab. u. 15 Karten-Skizzen.) Mit 19 Beilagen (Karten, Pläne u. Ansichten) à 45×66 cm. 901.

VI. Nach den Feld-Acten u. anderen authent. Quellen bearb. in der kriegsgeschichtl. Abtheilg. des k. u. k. Kriegs-Archivs v. Pet. Hofmann, Frz. Masser, Ferd. Zwiedinek Edler v. Südenhorst u. Schidlo. A. u. d. T.: (Geschichte der Kämpfe Oesterreichs.) Kriege unter der Regierg. der Kaiserin-Königin Maria Theresia. Im Auftr. des k. u. k. Chefs des Generalstabes hrsg. v. der Direction des k. u. k. Kriegs-Archivs. (XV, 680 S. m. Tab. u. 24 Kartenskizzen.) Mit 5 Beilagen (Karten u. Pläne) à etwa 61×51 cm. 902.

I—III. Ebd. 896—898. n. 70. —; geb. n.n. 86. —.

Erbfolge-Krieg, österreichischer, 1740—1748. VII. u. VIII. Bd. Wien, L. W. Seidel & Sohn. à n. 30. —; geb. in Leinw. à n.n. 35. —

VII. Nach den Feld-Acten u. anderen authent. Quellen bearb. in der kriegsgeschichtl. Abtheilg. des k. u. k. Kriegs-Archivs v. Osc. Criste. A. u. d. T.: (Geschichte der Kämpfe Oesterreichs.) Kriege unter der Regierg. der Kaiserin-Königin Maria-Theresia. Im Auftrage des k. u. k. Chefs des Generalstabes hrsg. v. der Direction des k. u. k. Kriegs-Archivs. (XV, 880 S.) gr. 8. Mit 9 Beilagen (Karten u. Pläne) je etwa 48×65 cm. 903.

VIII. Nach den Feld-Acten u. anderen authent. Quellen bearb. in der kriegsgeschichtl. Abteilg. des k. u. k. Kriegsarchivs von Max Ritter v. Hoen. A. u. d. T.: (Geschichte der Kämpfe Oesterreichs) Kriege unter der Regierg. der Kaiserin-Königin Maria Theresia. Im Auftrage des k. u. k. Chefs des Generalstabes hrsg. v. der Direktion des k. u. k. Kriegsarchivs. (XIII, 607 S. m. 12 Karten u. 7 Taf.) gr. 8. Mit 9 (7 farb.) Beilagen (Karten u. Pläne), je etwa 41,5×50 cm. 905.

I.—VI. Ebd. 896—902. n. 160.—; geb. n n. 191. —.
Fortsetzung, s.: Geschichte d. Kämpfe Oesterreichs.

Erfolgeordnung. Kaiser Josephs des Zweyten allgemeine – für die gesammten deutsch-österreichischen Erbländer ... Berichtigte Aufl. o. V., Wien 1786. 1 vol. 15 S. + 1 Tafel.

Erbfolge-Ordnung, rheinische. Eine übersichtl. Darstellung der Bestimmungen des rhein. Erbrechtes, nebst zahlreichen Beispielen und Erläuterungen. Hrsg. von einem preuß. Gerichtsbeamten. gr. 8. (24 S.) Düsseldorf 888, Schwann. *

Erbfolgerecht, Das agnatische, des Durchlauchtigsten Herzoglichen Hauses Anhalt auf das Herzogthum Sachsen-Lauenburg und das Land Hadeln. Cöthen 1864. V: *Sintenis, Carl Friedrich Ferdinand.* (HHBD IX, 160)

Erbfolgerecht, das agnatische, des Durchlauchtigsten Herzogl. Hauses Anhalt auf das Herzogth. Sachsen-Lauenburg und das Land Hadeln. gr. 8. (VIII und 94 S.) Cöthen 864, Schettler.

Erbfolgerecht, Das, Herzog Friedrich's VIII. auf die Herzogthümer Schleswig-Holstein. Kiel 1865. V: *Samwer, Karl Friedrich Lucian.* (PROVBHANN 392)

— das, Herzog Friedrich's VIII. auf die Herzogth. Schleswig-Holstein. Lex.-8. (96 S.) Kiel 865, Schwers'sche Buchh. *

—— das, Herzog Friedrich's VIII. auf die Herzogth. Schleswig-Holstein. gr. 4. (XVI und 831 S.) Kiel 865, Schwers'sche Buchh. *

Erbfolge-Recht, Rechtsgegründetes, des ... Erzherzogl. Oest. Hauses auf die Spanische Monarchie. Nürnberg 1747. V: *Müller, Joh. Joachim.* (EB)

Erbfolgestreit, Der holsteinische, und das deutsche Bundesrecht. Von C. Prz. z. I. Frankfurt a. M. 1864. V: *Isenburg, C. Prinz zu.* (EngJ)

Erbfolgestreit, der Holsteinische, und das deutsche Bundesrecht von C. Prz. z. J. gr. 8. (19 S.) Frankfurt a. M. 864, Verlag für Kunst und Wissenschaft.

—— dass. — 2. Aufl. gr. 8. (19 S.) Ebendas. 864. *

Erbfolgsgeschichte v. Bayern, s.a. Fischer.

. Erbfolgsgeschichte des Herzogthums Bayern unter dem Wittelsbachischen Stamme. Stuttgart 1778—80. V: *Fischer, Friedrich Christoph Jonathan.* (Weber) (Ky) (MGT) (ML)

Erbfolgsgeschichte des Herzogth. Baiern unter d. Wittelsbacher Stamme, (v. F. C. J. Fischer). 4 Stücke. gr. 8. Stuttg. 778. Metzler. 5s Stück. gr. 8. Leipz. 780. Schwickert. 12 gr Auszug daraus, (v. F. C. J. Fischer). 8. Regensb. 778.

Allgem. Erbfolgs-Ordnung (Kaiser Joseph II.) f. d. gesammten österr. Erblande. Nebst ein. erlänt. Verwandtschaftstafel. *Salzburg*, Mayr. 786. 4. (8 Gr.)

Erbgangsrecht auf Jülich, Cleve und Berg. m. K. 8. Bremen. 749.

Erbgemälde für Gefühlvolle. Bregenz, Brentano. 802.

Erbgesetz, d. St. Gallische, m. v. kantonsgerichtl. Urtheilen unterstützten Erläutergn., verf. v. e. gründl. Kenner desselben. (J. Th. Widrig). 12. (157 S. m. 1 Stammbaum.) St. Gallen 878. (Trogen, U. Kübler.) n. 2. —

Erbhuldigung, die, dem Könige Friedrich Wilhelm IV. von den Ständen der Provinzen Brandenburg, Pommern, Schlesien, Sachsen, Westphalen u. Rheinland am 15. October 1840 geleistete. gr. 8. Leipzig 840. Böhme. n. 1/6 rf

Erbhuldigung Wie solche der allerdurchl. ... Frauen Mariae Theresiae zu Hungarn und Böheim Königinn ... die Böhmische Stände ... 1743 abgelegt haben. Prag [1743]. V: *Ramhoffsky von Ramhofen, Johann Heinrich.* (EB)

Erbhuldigungs-Act im Herzogthum Crain. Laybach [1739]. H: *Seyfried v. Peritzhof, Carl.* (EB)

Erbiceano, Octav [aus Jassy]: Sizilische Kunst auf Münzen! ... München, kgl. Hof- u. Univ.-Buchdr. v. Dr. C. Wolf & Sohn, 1891; 45 S. 8.
Erlangen, Phil. Fak., Inaug.-Diss. v. 1891

Erbin, Die. Lustspiel in fünf Akten. A. d. Engl. von Schenk. Hannover 1778. V: *Bourgoyne, John.* (Ersch, Schöne Künste. 1840. Nr. 4413.)

Erbin, Die; Lustspiel in fünf Akten. A. d. Englischen. Hannover 1778. Ü: *Schenck, Wilhelm.* (Ky)

Erbin, die; Lstspl. in 5 A. Aus d. Engl. (v. Wlh. Schenck). 8. Hannov. 778. Hahn. 12 gr

Erbin, die, v. Fritzburg, s.a. Saat u. Ernte. 17. Bd.

Die Erbin von Fritzburg. Eine Erzählung aus d. Reformationszeit. *Elberfeld: Buchh. d. Erzieh.-Ver. [1901].* (304 S.) 8° [...]
— Saat u. Ernte. Bd 17.

Erbin, e. reiche, s.: Dasbach's Novellenkranz.

Erbin, die, der Tante, s.: Jugendbühne, die.

Erbjungfrauen-Recht, Das Mecklenburgische, besonders die Frage betreffend: ob das zu den väterlichen Lehngütern gehörige Kirchen-Patronat den Erbjungfrauen oder den nächsten Agnaten zustehe. Rostock 1801. V: *Evers, Carl Friedrich.* (Schletter, Handb. d. jurist. Litt. Grimma 1843. S. 272.)

Erbkaiser, der Gagern'sche, s.a. Zeitstimmen.

Der Gagern'sche Erbkaiser und sein Erbe, der Prinz von Preußen. [A. u. d. T.: Zeitstimmen. Eine Reihe von Abhandlungen zur Beleuchtung der Gegenwart.] Leipzig, R. Blum u. Comp., 1848. 11 S. 8°.

Erbkam, Bernhard (Glogau), De vulneribus pectoris penetrantibus. Dissert. med. Bln. (Gebr. Unger) 21. V. 1831. 31 S. mit Biogr. (M.: H. Sack.) (4.20) 8031
Oppon.: M. Troschel, H. Simonson, L. George. — Gew.: J. W. Erbkam, J. F. Dieffenbach.

Erbkam, G., über den Gräber- und Tempelbau der alten Aegypter. Ein Vortrag bearb. für die Versammlung deutscher Architekten in Braunschweig im Mai 1852. gr. 8. (46 S.) Berlin 852, Ernst und Korn.
Aus: Zeitschrift für Bauwesen J. 1852, besonders abgedruckt.

Erbkam, G.: Ueber den Möris-See in der ägyptischen Provinz Fayum. Ein Vortrag gehalten im September 1864. Berlin 1864. 15 S., 1 Krt. 8°.

Erbkam, G., s.a. Zeitschrift für Bauwesen.

Erbkam, G., Zeitschrift für Bauwesen. Berlin 1851—80 — Text Fol. Atlas med. Fol.

Erbkam, H., Beleuchtung der Erklärung vom 15. Aug. gr. 8. (5½ B.) Berlin 846, Dehmigke's Buchh. *

Erbkam, H. W., Festrede bei Schleiermachers hundertjähriger Geburtstagsfeier am 21. Novbr. 1868, gehalten in der Universität zu Königsberg. Königsberg 868. Gräfe & Unzer. Lex.-8. (21 S.) n. 6 ngr

Erbkam, H. W., Geschichte der protestant. Sekten im Zeitalter der Reformation. gr. 8. (XVI und 583 S.) Hamburg und Gotha 848, Friedr. und Andr. Perthes. *

Erbkam, H. W., Melanchthons Verhältniß zu Herzog Albrecht von Preußen und zur königsberger Universität. Festrede gehalten in der Aula maxima der Albertina zum Gedächtniß Melanchthons am 19. April 1860. gr. 8. (20 S.) Königsberg 860, Gräfe und Unzer. *

Erbkam

— **Ludwig** (Berlin), De regulis quibus usus exceptionum in ordine judiciorum jure canonico et legibus imperii adstrictus est. Götting. (Frdr. Ernst Huth) 1827. 49 S. (4.50) 8032

Erbkam, Rich., Beiträge zur Kenntniss der Degeneration und Regeneration von quergestreifter Musculatur nach Quetschung. Inaugural-Dissertation. gr. 8. (36 S. mit 1 Stnt.) Königsberg 879, (Beyer.) *

Erbkam, Rich., Beiträge zur Kenntniss der Degeneration u. Regeneration von quergestreifter Musculatur nach Quetschung. Inaugural-Dissertation. gr. 8. (36 S. m. 1 Steintaf.) Königsberg 879. (Hartung.) n. 1. 50

Erbkam, Guil. Henr.: Theses theologicae. Berolini (1837). (2 Bl.) 4°
Berlin, Theol. Thes. v. 21. Okt. 1837

Ueber die Erbkontrakte d. Prediger (v. G. C. Wüstney). 2 Thle. *Schwerin*, Bödner. 797. 8. (1 Thl. 4 Gr.) *Ders.*: Fortsetz. *Ebend.* 798. 8. (16 Gr.)

Erbland, das preußische, Schleswig-Holstein. Nebst 1 (lithogr. und) color. Karte, zeigend die Reichstheilung von 1490 und die Erwerbungen und Abtretungen des Wiener Friedens vom 30. Octbr. 1864 (in gr. 4.). gr. 8. (VII und 55 S.) Berlin 865, Stilke und van Muyden. *

Erblande — Post Charte der Kais: Königl. — Durch Herrn Abbé Georg Ignatz Freyherrn von Mezburg K. K. Professor der Mathématique an der Universität in Wien 1783. Mannsfeld sculp. 1: 1,500,000. 1 Bl.

Erblandshuldigung, Die, Schlesiens den 15ten Okt. 1786 geleistet Friedrich Wilhelm dem Zweyten, König von Preussen ... Breslau 1787. V: *Pachaly, Friedrich Wilhelm.* (MGT) (Ky)

Erblandshuldigung Schlesiens, den 15. Oct. 1786, geleistet Friedr. Wilhelm II., (v. F. W. Pachaly). 4. Bresl. 787. W. G. Korn. 14 gl

Erb-Landts-Vereinigung der jenseith Rheins gelegener Ertz-Stiffts Cöllnischer Landtschafft in Westphalen, welche im Jahr Christi 1463 von Ertz-Bischoffen Roprecht u. dessen Nachfolgern am Ertz-Stifft zum gemeinen Besten bestättiget, u. nachgehendts anno 1590 ... ernewert worden. [Nebst] Sententia Caesarea in causa capituli Metropolitani Coloniensis contra electorem Joseph Clemens. [Dat.:] Wien den 5. Oct. 1702.

Erb-Landts Vereinigung des Rheinischen Ertz-Stiffts Cöllen welche im Jahr 1463 auffgericht, u. nachgehendts im Jahr 1550 ... beständig ernewert, u. von denen nachgefolgten Ertz-Bischoffen bestättigt worden. o. O. u. J. [Deutsch u. latein.]

— [Dasselbe.] Bonn 1729. fol.
[Daran:]

Erbner, V. v., Über das Hartwerden des Zahnschmelzes. [Aus: Sitzungsber. d. k. Akad. d. Wiss.] Gr.-8°. (6 S.) †
Wien: Gerold 1903 K --.20

Erbordnung für das Herzogth. Baden. 8. Frankf. 810. Hermann; (a. Müller in Karlsr.) 6 gl

Erbprinz, der; od. das große Geheimniß. Schausp. v. Ziegler. 8. Wien, Wallishauser.

Erbrecht, das, nach den Bestimmgn. des bürgerl. Gesetzbuches, s. a. Bibliothek der Gesamtlitteratur.

Das Erbrecht. Nach d. Bestimmungen d. Bürgerl. Gesetzb. gemeinverst. dargest. von e. prakt. Juristen. Mit d. Wortlaut der behandelten §§ des BGB. *Halle a. d. S.: O. Hendel (1899).* (82 S.) 8° [A.]
= Bibliothek d. Gesamtlitteratur d. In- u. Auslandes. No 1280.

Erbrecht, das bevorzugte, am Grundeigenthum im Herzogth. Oldenburg. Statistische Darstellung der Reformen des Erbrechts am Grund und Boden und ihrer Wirkungen. Hrsg. vom grossherzogl. oldenburg. statist. Bureau. gr. 8. (IV, 70 S.) Oldenburg 875, Schulze'sche Hofbuchh. *

Erbrecht, Das, nach den im Königreich Sachsen jetzt geltenden Gesetzen, zugleich mit Berücksichtigung der Herzogthümer, allgemein faßlich dargestellt. Leipzig 1836. V: *Kind, Emil.* (Schletter, Handb. d. jurist. Litt. Grimma 1843. S. 243.)

Erbrecht, gesetzliches, v. Rob. G(oldschmidt), s.: Rechtskatechismen, populäre.

— u. **Nachlaßbehandlung,** s. a. Miniatur-Bibliothek.

Erbrecht u. Nachlassbehandlung. Nach dem bürgerl. Gesetzbuch. (72 S.) Leipzig, A. O. Paul. 1910. —. 10.

Erbrecht, schweizerisches, s. Curti.

Erbrecht d. Stadt Zürich. 4. Zürich 752. Orell. 10 gl

Erbrechte, die Sächsischen, im Auszg., u. Erbregist. rc. 8. Chemn. Kretschmann. (a. Mauke.) 805.

Erbrechtsreform und Erbschaftssteuer. [Schaffhausen 1895.] V: *Walter, G.* (Cat. d. Stadtbibl. Zürich. Zürich 1864—97.)

Erbrich, Emil

Metzer Bilder und Lieder. Dichtungen von E[mil] Erbrich. Metz: G. Scriba 1899. (96 S.) 8° [F.] [07. 868]

Erbrich, Emil, Chan Heurlin od. Fanchons Verlobung. Epos in 7 Gesängen. Nach der gleichnam. Dichtg. in der Mundart des Metzer Landes v. A. Brondex u. D. Mory. Buchschmuck v. Alfr. Pellon. (XIII, 161 S. m. Abbildgn.) 8. Metz 907. G. Scriba. Geb. 3. —

Erbrich, Emil, Kaiser Karl V. vor Metz. Eine Dichtung. gr. 8. (75 S.) Leipzig 888, Friedrich. *

Erbrich, Emil, Lieder aus dem Metzer Lande. Französische Volkslieder, verdeutscht durch E. E. 12. (VII, 93 S.) Metz 893. P. Even. 1. 50

— Straduna. Polnische Volkslieder der Oberschlesier. Uebertr. v. E. E. gr. 16. (XIV, 98 S.) Breslau 891. J. Max & Co. n. 1. —; geb. n. 2. —

H., Erbrütung von Hechten in Coregonenapparaten. 1893 München

.**Erbschaft, Die.** Mannheim 1779. Frankf. 1779. V: *Gemmingen, Otto Heinr. Freih. von.* (GGr) (Ky) (EE) (Flaischlen, Gemmingen. Stuttgart 1890, S. 57.)

Erbschaft, die,. Schausp. 8. Frkft. Eßlinger. 779.

— die; Schspl. (von Otto H. v. Gemmingen). 8. Manh. 779. Schwan u. G. 6 ℛ 8. Frankf. 779. (Schäfer). 4 ℛ

— die; od. der junge Geizige. Lustsp. v. Brandes. 8. Lpz. Dyk. 791.

Erbschaft, die, Lustspiel in 1 Akt. 8. Wien, Wallishauser. 796.

Erbschaft

Die Erbschaft. Familiengemälde aus dem Englischen von *r. Th. 1-3. 1826

s.a. Becker, Gottfried Wilhelm [Übers.]

Erbschaft, die, s.a. Gallerie auserles. Familiengemälde.

Erbschaft, Die. Aus dem Englischen. Leipzig 1826. V: *Ferriar, Miss.* Ü: *Becker, Gottfried Wilhelm.* (Zeitschr. f. Büch. 1923, S. 83)

(Becker, Gottfried Wilhelm) [Übers.]
Die Erbschaft. Familiengemälde aus dem Englischen. Th. 1-3.
Leipzig: Focke 1826. 8°

Erbschaft, e., s.a. Dilettanten-Bühne, die. 15. Hft.

Eine **Erbschaft**. Posse in 3 Aufz. Zunächst f. Gesellenvereine von e. Freunde derselben. (2. Aufl.) *(Düsseldorf: W. Deiters [1903].)* (24 S.) 8° [F.]
— **Dilettanten-Bühne**, Die. H. 15. [04. 7756

— die, aus Ostindien. Lustsp. v. Bretzner. 8. Lpz. Jacobäer. 796.

.**Erbschaft, Die,** oder das wunderliche Testament. Ein Lustspiel in fünf Aufzügen ... Dresden 1788. V: *Brühl, Alois Friedrich Graf von.* (BrMm)

— die; od. das wundervolle Testament. Lustsp. v. Brühl. 8. Dresden, Walther. 788.

— die, zur rechten Zeit. 8. Lpz. Jacobäer. 797.

Erbschaften, die, oder die Sclaven in Algier. Eine moralische Erzählung f. die gebildete Jugend. Vom Verf. v. Gustav u. Thomas, e. Robinsonade. Mit 6 color. Kpf. 12. Lpz. 829. Kollmann. 20 ℛ

Die **Erbschaftsabgabe** und die Reichsfinanzreform. 8 Gutachten von Prof. Dr. Biermer [u. a.] mit e. Vorw. von Prof. Dr. Hans Delbrück. Berlin: Guttentag 1909. 39 S. 8°
Aus: 'Berliner Tageblatt' u. 'Deutsche Revue.' 1909. [10. 13454

Erbschafts-Process der Ordensschwestern Wolber oder die Frage: Kann und darf der Staat ... die flotte Vermögens-Anhäufung der todten Hand ... sich noch weiter gefallen lassen? [1898.] V: *Gies, A.* (StBKöln II, 113)

Ueber Erbschaftssteuer od. lachende Erbengebühr; nach Grundsätzen deutscher Provinzialrechte; insond. in Bezieh. auf d. Collateralanfall in d. Fürstenth. Baireuth; m. Vorr. v. J. L. Klüber. *Erlangen*, **Palm. 790. 8. (4 Gr.)**

Das **Erbschaftssteuergesetz** für Elsass-Lothringen. Imamtl. Auftr. erl. u. hrsg. von Carl Jacob, Ministerialrath. 2., gänzl. umgearb. Aufl. unter Zugrundlegung d. Fassung d. Ges. vom 17. Juni 1900. *Strassburg: K. J. Trübner 1900.* (VII, 230 S.) 8° [F.] [00. 8088

Das hamburgische **Erbschaftssteuergesetz** vom 2. März 1903 unter Benutzung d. Gesetzesmaterialien erl. von Dr. jur. J[ohannes] V[alentin] Geyer, Rat in Hamburg. *Hamburg: C. Boysen 1903.* (V, 149 S.) 8° [F.]
— **Sammlung, Boysen's,** Hamburger Gesetze. No 6. [04. 970

Erbschaftssteuergesetz vom 3. Juni 1906 nebst Ausführungsbestimmungen. Hrsg. im Reichsschatzamte. Berlin: C. Heymann in Komm. 1906. (111 S.) 8° [F.] [07. 119

Erbschaftssteuergesetz. Vom 3. Juni 1906. Mit ausführl. Sachreg. Breslau: J. U. Kern 1906. (35 S.) 8° [F.]
(Deutsche Reichsgesetze.) [07. 1048

Das Reichserbschaftssteuergesetz [**Erbschaftssteuergesetz**] (v. 3. Juni 1906) mit Erl. u. Ausführungsbestimmungen. Hrsg. von Erich Aron, Landgerichtsr. Leipzig: C. L. Hirschfeld 1906. (VIII, 134 S.) 8° [F.] [06. 14397

Erbschaftssteuergesetz vom 3. Juni 1906 nebst Ausführungsbestimmungen. Erl. von Dr. jur. Franz Wunsch. Berlin: C. Heymann 1907. (XII, 253 S.) 8° [F.]
— **Taschen-Gesetzsammlung**. No 27. [08. 3629

Das Reichs-Erbschaftssteuergesetz [**Erbschaftssteuergesetz**] vom 3. Juni 1906 nebst den Ausführungsbestimmungen des Bundesrats und den Vollzugsanweisungen Preußens, Bayerns, Sachsens, Württembergs u. Badens. Erl. von Dr. Albrecht Rudolf Hoffmann, Geh. Reg.R. Leipzig: Roßberg 1907. (XXXVII, 353 S.) 8° [F.]
— **Handbibliothek,** Juristische. Bd 187. [07. 189

Das Preußische **Erbschaftssteuergesetz,** s.a. Gesetz.

Erbschaftssteuergesetz, Preuss., v. 19./24. Mai 91 u. 31. 7. 95. Text m. Erltgn. v. **Loeck.** Berlin, Guttentag.

Das **Erbschaftssteuergesetz** für das Deutsche Reich vom 3. Juni 1906. Erl. von Ulrich Hoffmann, Geh. Registrator. Berlin: J. Guttentag 1906. (340 S.) 8° [F.]
— **Sammlung,** Guttentag'sche, Deutscher Reichsgesetze. No 77. [06. 14065

Erbschleicher, die, von Gotter. 8. Lpz. Dyk. 789.

Ueber **Erbschleicherei.** Zur Erläuterung einer in No. 139 der Zeitung für die elegante Welt 1803 mitgeth. Geschichtserzählung. Leipzig 1804.

Erbschleicherei, Die, der Jesuiten. Köln 1864. V: *Schneemann, Gerhard.* (SO)

Erbschloe, Reinhard. Gedichte. StL, 1864.

Erbse, Fritz, approb. Arzt aus Rudolstadt i. Th.: **Ein Fall von** Tetanus mit interessantem Rueckenmarksbefunde nebst Darstellung der neueren Ergebnisse der Tetanusforschung. *Würzburg 1902: C. J. Becker.* (62 S.) 8°
Würzburg, Med. Diss. v. 1902

Erbse, Hugo (Rudolstadt), Ueber die Entwicklung secundärer Carcinome durch Implantation. Diss. med.-chir. Halle (Plötz [R. Nietschmann]) 9. VIII. 1884. 32 S. mit Biogr. (4.—) 8033
Refer.: Ackermann. Oppon.: R. Lüddecke, P. Gessler. — Impr.: J. Bernstein.

Erbserklärung der Gräfin Karoline Starhemberg, gebornen Gräfin Kaunitz-Ritberg zu dem in Mähren gelegenen gräflich, resp. fürstlich Kaunitz'schen Primogenitur-Fideikommisse. 4. (IV. 90 S.) Wien, K. Gerold u. S. 1853.

Erbslöh, Walter: Fünf Fälle von osteoplastischem Carcinom. *Berlin 1900: G. Reimer.* (26 S.) 8° ¶(Aus: Virchow's Archiv f. pathol. Anat. u. Physiol., Bd 163.)
Strassburg, Med. Diss. v. 1900

Erbstatute und Hausverträge, Ältere . . . Neue Verfassungsurkunde . . . Darmstadt 1832. V: *Beck, Ferd. Carl Heinr.* (Ky)

Erbstein, Alb.

Erbstein, A., Beschreibung des Königlichen Historischen Museums und der Königlichen Gewehrgalerie zu Dresden. (VIII, 119 S.) Dresden 889, Baensch. broch. **

Erbstein, Alb. Beschreibung d. königl. historischen Museums u. der königl. Gewehrgalerie zu Dresden. Auf Grund archival. Forschgn. bearb. Hrsg. v. der Generaldirektion der königl. Sammlgn. 8. (V, 119 S.) Dresd. 889, Baensch. † — 65

Erbstein, Ambros, s.: Taschenbuch f. Conducteure.

Erbstein, H. A., der Münzfund von Trebitz bei Wittenberg. Ein Beitrag zur Geschichte des deutschen Münzwesens im 12. und 13. Jahrh. gr. 4. (69 S. mit 4 Kpfrt.) Nürnberg 865, (Stein's Buchh.) *

Erbstein, H. A.: Das der Stadt Nürnberg gehörige Isaak von Peyer'sche Münz- und Medaillen-Cabinet, s. Erbstein, J. R.

Erbstein, J. G. Historisches Denkmal der Stadt Langensalza. Salza 1715.

Erbstein, J. R.

Das der Stadt Nürnberg gehörige Isaak von Peyer'sche Münz- und Medaillen-Cabinet. Geordnet und beschrieben v. J. R. und H. A. Erbstein. Nürnberg. 1863. 8°.

Erbstein, Jh. Cph.

Erbstein, J. C., de baptismo et fide infantum. Berol. 1723. 4.

— Modesta de baptismo et fide infantum disquisitio. 8. Berl. 773. Mylius. 4 gr.

Erbstein, Johann Christoph, De Christo discriminis inter episcopos et presbyteros approbatore comment. Viro Johann August Essen, eccles. Rochlitii pastori primario nec non ejus dioecescos superint. cum idem munus grav. jussu seren. patris patriae apud Pirnenses adiret gratul. pastores Wehlenses. Friedrichstadt (Hagenmüller) o. J. 19 S. (4.50) 8034

Erbstein, J. C., Gedanken üb. d. Frage: ob der Erlöser sündigen könnte? Meiss. 1787. 8.

— Lehrbuch f. Katechumenen. 8. Meißen 786. Goedsche. 8 gr.

— ob unser Erlöser habe sündigen können? 8. Meißen, Gödsche. 789.

— Predigten vom ewigen Leben über die Evangelien. 2 Thle. 4. Pirna 783. N. T. Meißen 786. Goedsche. 1 rthl 8 gr.

Erbstein, J. C., de presbyteris. Arnst. 1767. 4.

Erbstein, Jh. Cph., († d. 1. Aug. 1805.) drei kleine Schriften vom heil. Abendmahl. 8. Berl. 780. (Reimer). 6 gr.

— über die vornehmsten Verheißungen u. Weissagungen von dem Messias. 1s Bdchn. gr. 8. Dessau 781. N. T. Meißen 783. Goedsche. 1 rthl

— Versuch über d. Fr.: Ob unser Erlöser habe sündigen können? 8. Meißen 787. Goedsche. 4 gr.

— Vorstellung, was die Kirche von Salbung des Erlösers lehre u. nicht lehre. 8. Erfurt 768. Straube. 4 gr.

— was d. Kirche v. Salbung d. Erlösers lehre und nicht lehre. 8. Erf. Straube. 768.

— üb. die vornehmst. Weissagung. vom Messias. gr. 8. Meißen, Gödsche. 783.

— Wörterbuch üb. d. neue Testament f. den Bürger u. Landmann. 2 Bde., à 2 Stücke. 8. Meißen 791—93. Goedsche. 1 rthl 6 gr.

— Wörterbuch über das Neue Test. f. d. Bürger und Landmann rc. 2 Bde. 8. Ebend. 791—93. (1 r 10 gr. 2 r 20 gr.)

— nützl. Zeitvertreib für Theologen, in Briefen. 3 Stücke. 8. Erfurt 767, 68. Straube.

— Zeitvertreib f. Theologen in Brief. 3 Stck. 8. Erf. Straube. 767—69.

— Johann Georg (Langensalza/Thür.), De eo, quod justum est circa personam se ipsam mortis accusantem absq. praevia inquisitione judicis. Disput. jur. Rector Philipp Wilhelm Graf von Boineburg. Präs. Johann Matthias Wincop. Erfurt (Grosch) 6. III. 1710. 10 Bl. (4.80) 8035

Erbstein, Jul., u. Alb. Erbstein, e. vergessenes Denkmal Peter d. Grossen. Lösung e. numismat. Räthsel. Mit 1 Kpfrtaf. gr. 8. (15 S.) Dresden 873. (v. Zahn.) n. 2. —

Erbstein, Jul., und Alb. Erbstein, Erörterungen auf dem Gebiete der sächsischen Münz- und Medaillen-Geschichte. Bei Verzeichnung der Hofrath Engelhardt'schen Sammlung veröffentlicht. (1. Abthl.) gr. 8. (VII, 84 S. mit 3 Taf.) (Ebendas.) 888. *

Erbstein, Jul. u. Alb. Erbstein. Erörterungen auf dem Gebiete der sächsischen Münz- u. Medaillen-Geschichte. Bei Verzeichng. der Hofrath Engelhardt'schen Sammlg. veröffentlicht. 2. Abthl. Mit 4 Taf. gr. 8. (V, S. 85—195.) (Ebd.) 890. * 8 70
1. Abthl. Ebd. 1888. * 6 70.

—— —— das Königliche Grüne Gewölbe zu Dresden. 8. (XIX, 212 S. mit Abbild.) Ebendas. 884. cart. **

—— —— The Guide to the Regal Green Vaults at Dresden. (88 S. with illustr.) Ebendas. 889. cart. **

Erbstein, Jul., und Alb. Erbstein, zur mittelalterlichen Münzgeschichte der Grafen v. Mansfeld und der Edlen Herren v. Querfurt, sowie deren Nachbarschaft, insbesondere auch des Stiftes Quedlinburg. Eine durch den Gerbstedter Bracteatenfund veranlasste numismat. Skizze. gr. 8. (34 S. mit 17 Abbild. auf 1 Lichtdr.-Taf.) Dresden 876, (v. Zahn's Verlag.) cart. **

Erbstein, Jul., russische Münzgeschichte, s.: Schmidt, Berth. u. Carl Knab.

— d. königl. Münz-Cabinets zu Dresden Doubletten an Münzen, Medaillen u. Büchern. Zum Zweck der Versteigerg. systematisch verzeichnet. Mit e. (lith.) Taf. gr. 8. (VIII, 232 S.) Dresden 875. (Schilling.) n.n. 6. —

Erbstein, Jul., und Alb. **Erbstein,** des königl. Münz-Cabinets zu Dresden Doubletten an Münzen, Medaillen und Büchern. Zum Zweck der Versteigerung systemat. verzeichnet. gr. 8. (VIII, 232 S. mit 1 lithogr. Taf.) Dresden 875, (v. Zahn's Verlag.) **

—— —— die Ritter v. Schulthess-Rechberg'sche Münz- und Medaillen-Sammlung. Als Anhang zum „Thaler-Cabinet" des verstorbenen K. G. Ritter v. Schulthess-Rechberg bearb. 1. Abthl. gr. 8. (XVI, 438 S. mit 8 lithogr. Taf. Abbild.) Dresden 868, (Schilling.) *

—— —— dass. — 2. Abthl. gr. 8. (XIII, 604 S.) Ebendas. 869. *
Ausg. auf Velinpap. mit 5 lithogr. Taf. Abbild. *
Vgl.: XIV. Bd. 2. Abthl. S. 445.

—— —— Der kurfürstlich sächsische Eisenschneider Paul Walter u. seine Arbeiten. Mit Vorbemerkgn. üb. die älteren Dresdner Künstler Namens Walter. gr. 4. (18 Sp.) Dresd. 886. (Lpz., C. G. Thieme.) * 2 —
Aus: Blätter f. Münzfreunde, besonders abgedruckt.

Erbstein, Jul. Th., der Bracteatenfund zu Wolkenberg bei Spremberg in d. Niederlausitz. gr. 8. (2 B. u. 3 Stnt.) Görlitz 846, Heinze u. Comp. *
Aus: Neues lausitzisches Magazin besond. abgedruckt.

JULIUS THEODOR ERBSTEIN, Alphabetisches Verzeichniss sämmtlicher, bei der Bibliothek des Königlich Sächsischen Vereins für Erforschung und Erhaltung der vaterländischen Alterthümer in Dresden am 28. Februar 1849 vorhandenen Handschriften, Druckschriften und Landcharten. s. l. & a. 8°.

Erbstein, Carl [aus Quedlinburg]: Ueber die Konstitution der Tetrinsäure ... Jena, Druck v. A. Kämpfe, 1894; 45 S., 1 Bl. 8.
Jena, Phil. Fak., Inaug.-Diss. v. [Sept.] 1894

Erbstein, Karl Friedrich Wilhelm

— s. Abhandl. v. Hopfenbau. Meiß. 787. s. Abhandl.

— s. Almanach d. Belletristen.

Erbstein, K. F. W., Aurikelflor, s. a. Aurikelflor.

Erbstein, Carl Fr. Wilh., Aurikelflor, od. e. nach d. Natur gemaltes Verzeichniss aller vorzüglich schönen u. guten Sortiments-Aurikel. 1. Bd. 1. u. 2. Stck. Mit 4 auf Grund gemalten Taf. gr. 8. Meissen, 1791 u. 95. (Leipzig, Jackowitz.) 3. 10

— s. J. G. Baumgarten, Saxonia aurea.

Erbstein, (K. F. W.,) numismat. Bruchstücke, in Bezug auf d. sächs. Geschichte. 2s Heft. 4s—8s Bruchst. M. Kpf. Dresden 821. (Walther.)

Erbstein, Karl Friedr. Wilh., numismat. Bruchstücke in Bezug auf sächs. Geschichte. 3. Hft. od. 9—11. Bruchstück, nebst e. starken Anh. v. Münzen d. Mittelalters d. Ausländer. M. 3 Stamm- u. 2 Kpfrt. gr. 8. (9 B.) Dresden 828, (Walther.)
1. u. 2. Hft. Ebendas. 1816, 21. 1 Thlr. 6 Gr.

Adolph Hess Nachf., Frankfurt a. M. Sammlung Erbstein. Nachlaß des ... Richard Julius **Erbstein.** Abth. 2—5. — Frankfurt a. M.: (Hess) 1908—1911. 4°

Erbsteuerpatent, Das, welches unterm 6. Juni des 1759sten Jahres herausgekommen ist. Sammt den Nachträgen, welche den Abhandlungsstellen bis Ende des 1801ten Jahres in Erbsteuersachen bekannt gemacht worden ist. Graz 1802. H: *Trost, Frz. Xaver.* (WBL 47/245) (BiblPort)

Erbstreit u. Uebergabe d. Grafsch. Cilli, eine dramat. Gesch. v. J. Pfanner; od. d. Gr. v. Cilli, letzter Theil. 8. Cilli. Bresl. Korn d. ält. 796.

Erbstreit der Ordensschwestern Wolber. Ein Beitrag zum Beweis: Der Zweck heiligt die Mittel oder die Frage: Kann und darf der Staat ... die flotte Vermögensanhäufung der toten Hand ... sich noch weiter gefallen lassen? [Berncastel-Cues 1905.] V: *Gies, A.* (StBKöln II, 113)

Erbstreit der Ordensschwestern Wolber. Ein Beitrag zum Beweis Der Zweck heiligt die Mittel od. die Frage: Kann u. darf der Staat ohne sofort. Remedur die flotte Vermögensanhäufg. der toten Hand wegen e. zufäll. Lücke in der Gesetzgebg. sich noch weiter gefallen lassen? (Von Aug. Gies.) (14 S. m. 1 Abbildg.) gr. 8. Berncastel-Cues (905). Aug. Gies. n. — 40

Erbt, Wilhelm

Elia, Elisa, Jona. Ein Beitrag z. Geschichte d. 9. u. 8. Jhs. Wilhelm **Erbt.** Leipzig: E. Pfeiffer 1907. (87 S.) 8°
— **Erbt:** Untersuchungen z. Geschichte d. Hebräer. H. 1. [07. 7880

Erbt, Wilh., Handbuch zum Alten Testament, s. a. Bücherschatz, der, des Lehrers. 18. Bd.

Handbuch zum Alten Testament von Wilhelm **Erbt.** Osterwieck Harz & Leipzig: Zickfeldt 1906. VIII, 270 S. 8°
(Der Bücherschatz d. Lehrers. Bd 18.) [09. 16673

Die Hebräer. Kanaan im Zeitalter d. hebr. Wanderung u. hebr. Staatengründungen. Von Wilhelm **Erbt.** Leipzig: J. C. Hinrichs 1906. (IV, 235 S.) 8° [06. [illegible]

Erbt, Wilh., Jeremia u. seine Zeit. Die Geschichte der letzten 50 Jahre des vorexil. Juda. Beigegeben ist der Untersuchg. des Jeremiabuches e. Übersetzg. der ursprüngl. Stücke u. die Umschrift der Profetensprüche m. Bezeichng. des Rhythmus. gr. 8. (VIII, 300 S.) Göttingen 902. Vandenhoeck & Ruprecht. n. 8. —

Israel und Juda. Bibelkunde z. Alten Testamente f. Seminare u. höh. Lehranst. Von Wilhelm **Erbt.** *Göttingen: Vandenhoeck & Ruprecht 1903.* (VI, 91 S.) 8° [F.] [03. 14477

— Kirchengeschichte. Ein Lehrbuch f. höh. Mädchenschulen u. die mittleren Klassen der Studienanstalt. Bearb. auf Grund der Bestimmgn. üb. die Neuordng. des höh. Mädchenschulwesens vom 18. VIII. u. 12. XII. 1908. (172 S.) 8. Frankfurt a/M. 910. Diesterweg.
Geb. in Leinw. 1. 80

Erbt, Wilhelm, cand. pro lic. aus Berlin: **Die Purimsage in der Bibel.** *Berlin: G. Reimer 1900.* (92 S.) 8°
Greifswald, Phil. Diss. v. 10. Nov. 1900

Die Sicherstellung des Monotheismus durch die Gesetzgebung im vorexilischen Juda. Von Wilhelm **Erbt.** Beigegeben ist der Untersuchung Umschrift u. Übers. d. metrisch abgef. Gesetze. *Göttingen: Vandenhoeck & Ruprecht 1903.* (VII, 120 S.) 8° [03. [illegible]

— Untersuchungen zur Geschichte der Hebräer. 1. Heft. Elia, Elisa, Jona. Ein Beitrag zur Geschichte des IX. u. VIII. Jahrh. (III, 88 S.) gr. 8. Leipzig 907. E. Pfeiffer. 4. —

— die Urgeschichte der Bibel, s. a. Mitteilungen der vorderasiatischen Gesellschaft. 1904. 4.

Die Urgeschichte der Bibel. Quellenscheidung u. polit. Bedeutung. Von Wilhelm **Erbt.** Beigegeben ist der Untersuchung: Umschrift u. Übers. d. metrisch abgefaßten Textes. *Berlin: W. Peiser (1904).* (40 S.) 8°
= Mitteilungen d. Vorderasiatischen Gesellschaft. 1904, 4. [illegible]

Erbtheil, Das beste, eine Erzählung ... Regensb. 1842. V: *Schmidt, Johann Christoph von.* (AarK) (Ky)

Erbtheil, Das beste, eine Erzählung . . . Regensburg 1842. Neue Aufl. 1879. V: *Schmid, Christoph.* (RUSSELL IX, 465)

Erbtheil, das beste, eine Erzähl. v. d. Verf. der Ostereier. 16. (6½ B. u. 1 Stahlst.) Regensburg 842, Manz.

Erbtheil, das beste. Eine Erzählung von dem Verf. der Ostereier. Neue, illustr. Originalaufl. gr. 8. (95 S. mit Stahlst. und feinen eingedr. Holzschnittbildern.) Regensburg 872, Manz.

Erbtheil, das beste. Eine Erzählung von dem Verfasser der Ostereier. 3. illustr. Originalaufl. 8. (95 S. mit 1 Stahlst. und Holzschn.) Regensburg 887, Verlags-Anstalt. geb. 65 Pf. und

Erbtheil des Vaters. Schausp. v. Iffland. 8. Lpz. Göschen.

Erbtheils-Vorschriften, Die bäuerlichen, und die Beschränkung der Freitheilbarkeit von Grund und Boden in Tirol. Innsbruck 1892. V: *Falser, Stephan Ritter von.* (MARGR)

Erbunterthänigkeit, keine. 8. Königsb. Nicolov. 808.

Erbunterthänigkeit, keine. 8. Königsb. 808. Univers.-B. 8 gr

Erbvergleich, landesgrundgesetzlicher, v. 1755, s. a. Sammlung aller f. Mecklenburg-Schwerin gültigen Landesgesetze.

Erb-Vergleich, Des Durchlauchtigsten Fürsten . . . Christian Ludwig's Herzogen zu Mecklenburg . . . mit Dero Ritter- und Landschaft getroffener, Landes-Grundgesetzlicher. Von dato Rostock den 18. April 1755. O. O. II: *Ditmar, Glieb Rudolph Freiherr von.* (MI.)

Erbvergleich, Landes-Grundgesetzlicher, vom Jahre 1755. Herausgegeben von Spalding mit einem alphabetischen Register. 8. Ist Verlag von Stiller in Rostock.

Des Durchl. Fürsten u. Hn., Hn. Christ. Ludw. Herz. zu Mecklenburg u. s. w., mit Dero Ritter- u. Landschaft getroff. landesgesetzl. Erbvergleich d. d. Rostock d. 18. April 1755. *Schwerin.* 755. Fol. (1 Thl. 16 Gr. — 4. 2 Thl. 8 Gr.) 2e verm. Aufl. *Eb.* 780. 788. 4. (3 Thl.) *Rostock.* 806. 8. (16 Gr.) Zu d. Ausg. v. 780 u. 88 gehört noch: Repert. od. vollst. Reg. üb. d. Erbvergl. (1 Thl. 12 Gr.)

— landesgrundgesetzl., welche d. Herzöge v. Mecklenburg mit ihren Ritter- u. Landschaften 1755 errichtet haben. 4. Schwerin 778. Bödner. 4 ℛ 16 gr Hbg. Pr. 2 ℛ Holländ. Pap. 2 ℛ 12 gr Repertorium darüber. 4. Ebd. 781. 1 ℛ Schrbp. 1 ℛ 8 gr Holländ. P. 1 ℛ 16 gr

Erbvergleich, wie er vom Herz. z. Mecklenburg Adolph. Friedr. IV. angenommen worden. 4. Wism. Bödner. 762.

Erbvergleich, wie er vom Herzog zu Mecklenburg, Adolph Friedrich IV., angenommen worden. 4. Wismar 762. (Stiller). 1 ℛ

Erbverpachtung, Die, der Pfarrländereien . . . Berlin 1799. V: *Uhlig, Johann August.* (WINER)

Erche & Co., Miniaturen-Katalog v. Genrebildern u. Portraits. gr. 4. (26 S. m. Abbildgn.) Berlin 894. Erche & Co. Geb. in Leinw. n. 13. 50

de Ercilla, Alonso, die Araucana. Aus d. Span. zum ersten Mal übers. v. C. M. Winterling. 1r u. 2r Gesang als Probe. gr. 8. Nürnb. 830. Riegel u. W. 5 gr

Ercilla, Don Alonso de, die Araucana, a. d. Span. zum ersten Mal übers. v. C. M. Winterling. 2 Bde. gr. 8. (41⅝ B.) Nürnberg 831, Riegel u. Wießner.
1. u. 2. Gesang (als Probe). (3 B.) Ebendas. 1830. 5 Gr.

Erck, der geschäftliche Aufsatz, s. Barnikol.

Erck, das Decimalrechnen, s.: Barnikol.

Erck, Rechenbuch f. Fortbildungsschulen, bez. Stadt- u. Landschulen, s.: Barnicol.

— u. Barnicol, methodisches Sprach-Buch zum Handgebrauch f. die Schüler in Stadt- u. Landschulen. 1. u. 2. Stufe. 8. Hildburghausen, Gadow & Sohn. n. — 60
1. (IV, 76 S.) 885. n. — 25
2. 2. Aufl. (128 S.) 886. n. — 35

—— und Barnicol, methodisches Sprach-Buch zum Handgebrauch für die Schüler in Stadt- und Landschulen. 2 Stufen. 8. Hildburghausen 886—88, Gadow und Sohn. [1. Stufe. 1.—7. Aufl. (72 S.) * 25 Pf.; 2. Stufe. 1.—5. Aufl. (128 S.) * 35 Pf.] *

— u. Barnicol, methodisches Sprachbuch zum Handgebrauch f. die Schüler in Stadt- u. Landschulen. 1. u. 2. Stufe. 8. Hildburghausen 889. 890. Gadow & Sohn. n. — 60
1. 11. Aufl. (72 S.) n. — 25. — 2. 8. Aufl. (128 S.) n. — 35

— u. Barnicol, methodisches Sprach-Buch zum Handgebrauch f. die Schüler in Stadt- u. Landschulen. 1. Stufe. 17. Aufl. 8. (76 S.) Hildburghausen 892. F. W. Gadow & Sohn n. — 25

— u. Barnicol, method. Sprach-Buch z. Handgebr. f. d. Schüler in Stadt- u. Landschulen. Ausg. B. in 3 Stufen. gr. 8. Hildburghausen 895. F. W. Gadow & Sohn. n. — 90
1. (64 S.) n. — 25. — 2. (83 S.) n. — 30. — 3. (116 S.) n. — 35

Erck u. Barnicol, methodisches Sprach-Buch zum Handgebrauch f. d. Schüler in Stadt- u. Landschulen. Ausg. A in 2 Stuf. 8. Hildburghausen 901. F. W. Gadow & Sohn. n. — 60
I. 26. Aufl. (76 S.) n. — 25. — II. 16. Aufl. (131 S.) n. — 35.

— u. Barnicol, methodisches Sprach-Buch zum Handgebrauch f. die Schüler in Stadt- u. Landschulen. (Ausg. in neuester Rechtschreibung.) Ausg. A in 2 Stufen. gr. 8. Hildburghausen, F. W. Gadow & Sohn. n. — 60
I. 27. Aufl. (II, 78 S.) 903. n. — 25
II. 17. Aufl. (120 S.) 903. n. — 35

— — dasselbe. Ausg. B in 3 Stufen. 4. Aufl. gr. 8. Ebd. 903. n. — 90
1. (64 S.) n. — 25. — 2. (83 S.) n. — 30. — 3. (116 S.) n. — 35.

Erck u. Barnicol, methodisches Sprach-Buch zum Handgebrauch f. die Schüler in Stadt- u. Landschulen. Ausg. A in 2 Stufen. 2. Stufe. 19. Aufl. (120 S.) 8. Hildburghausen (910). F. W. Gadow & Sohn. — 40

— — dasselbe. Ausg. B. 2. Stufe. 5. Aufl. (84 S.) 8. Ebd. 908. — 35

Erck, Adolf [aus Moringen]: Beiträge zur Kenntniss des Brasilins. Einwirkung von Cyansilber auf Monochloressigsäurechlorid . . . . Göttingen, Druck d. Univ.-Buchdr. v. E. A. Huth, 1885: 46 S. 1 Bl. 8°.
Göttingen, Phil. Fak., Inaug.-Diss. v. 1885.

Erck, Adf., Beiträge zur Kenntnis des Brasilins. Einwirkung von Cyansilber auf Monochloressigsäurechlorid. Inaugural-Dissertation. gr. 8. (46 S.) Göttingen 885, (Vandenhoeck und Ruprecht.) *

Erck, Christoph Albrecht (Meiningen), *ΤΑ ΤΟΥ ΕΠΙΚΤΗΤΟΥ ΥΠΕΡΣΟΦΑ ΚΑΙ ΑΣΟΦΑ* circa officia hominis erga se quoad animum excolendum observata. Präs. Ludwig Christian Crell. Lpz. (Titius) 8. II. 1716. 52 S. (5.—) 8036
Gew.: Jo. Christoph Trier, Jo. Caspar Grimm (Eisenach), Jo. Martin Erck.

Erck, C., Rechenbuch, s.: Barnikol.

Erck, C., Spruchbuch zu den fünf Hauptstücken nebst Luthers Erklärung, Gebeten u. Liederversen. 866. (56 S.) 1½ *ngr.* — 2. Aufl. 868. (61 S.) — 3. Aufl. Hannover 870. Meyer. 8. (72 S.) n. 2 *ngr.*; geb. n. 3 *ngr.*

Erck, C., Spruchbuch zu den fünf Hauptstücken nebst Luthers Erklärung, Gebeten und Liederversen. 3. Aufl. (72 S.) 1870, und 4. Aufl. 8. (68 S.) Hannover 872, Meyer. *
geb. *

Erck, C., Spruchbuch zu den fünf Hauptstücken nebst Luthers Erklärung. 5. und 6. Aufl. (86 S.) 1874,76; 7. und 8. Aufl. 8. (88 S.) Hannover 877,79, Meyer. * 25 Pf.; geb. *

—— Spruchbuch zu den fünf Hauptstücken, nebst Luthers Erklärung. 9.—13. nach der neueren Orthogr. verb. und sorgfältig durchges. Aufl. 8. (90 S.) Hannover 881—84, Meyer. *
geb. *

—— dass. — Zugabe, in Verbindung mit W. Hölscher und F. Nacke hrsg. von W. Rothert. 1.—3. Aufl. 8. (16 S.) Ebendas. 881—84. *

—— dass. — Zugabe, in Gemeinschaft mit den Lehrern der Parochie Barsinghausen hrsg. von Raven und Stedler. 8. (18 S.) Hannover 880, Feesche.

Erck, C., Spruchbuch zu den 5 Hauptstücken, nebst Luthers Erklärung. 14. und 15. sorgfältig durchges. Aufl. 8. (90 S.) Hannover 885,86, Meyer. * 25 Pf.; geb. *

—— dass. — 16. Aufl. Neu bearb. und mit einfachster Wort- und Sacherklärung versehen von G. Spieker. 8. (95 S.) Ebendas. 887. * 25 Pf.; geb. *

—— dass. — Neu bearb. und mit den nötigsten Erläuterungen versehen von G. Spieker. Mit dem kleinen und großen Einmaleins. 17. Aufl. 8. (96 S.) Ebendas. 888. 25 Pf.; geb.

Erck, C., Spruchbuch zu den 5 Hauptstücken, nebst Luther's Erklärg. 20. Aufl. [540.—576. Tausend.] Bearb. u. durchgesehen v. H. **Mehliß.** 8. (109 S.) Hannover 890. C. Meyer. n. —30; geb. n. —45

Erck, C. Spruchbuch zu den 5 Hauptstücken, nebst Luthers Erklärg. 21. Aufl. [576—612. Taus.] Bearb. u. durchgesehen v. H. Mehliß. 8. (109 S.) Hannov. 891, Meyer. * — 30; geb. * — 45
Vgl.: Mehliß, Herm.

Erck, C., Spruchbuch zu den 5 Hauptstücken, nebst Luthers Erklärung. 23. Aufl. (648.—684. Taus.) Bearb. u. durchgesehen v. H. Mehliß 8. (109 S.) Hannover 894. C. Meyer. n. — 30; geb. n. — 45

Erck, C., Spruchbuch z. d. 5 Hauptstücken, nebst Luthers Erklärg. 27. Aufl. (793.—828. Taus.). Bearb. u. durchges. v. H. Mehliß. 8. (109 S.) Hannover 898. C. Meyer. n. — 30; geb. n. — 50

— dasselbe, Zugabe, s.: **Rothert, W.**

Erck, C., Spruchbuch zu den 5 Hauptstücken, nebst Luthers Erklärg. 33. Aufl. (1009.—1044. Taus.) Bearb. u. durchgesehen v. H. Mehliß. (109 S.) 8. Hannover 906. C. Meyer. n. — 30; geb. n. — 50

Erck, C., Spruchbuch zu den 5 Hauptstücken, nebst Luthers Erklärg. 35. Aufl. (1081—1116. Taus.) Bearb. u. durchgesehen v. H. Mehliß. (109 S.) 8. Hannover 908. C. Meyer. — 30; geb. — 50

Erck, C., Wie sollen wir Pastoren in gegenwärtiger Zeit dazu helfen, daß unsere Landeskirche eine lutherische bleibe? Vortrag auf der Hildesheimer Pastoral-Conferenz am 24. Septbr. gehalten. Hannover 863. Meyer. gr. 8. (31 S.) 6 *ngr.*

Erck, E., s. Erck, C.

Erck, F., u. Silcher, Commersbuch, s. Commersbuch.

Erck, F., s.: Commersbuch, allgemeines deutsches.

Erck, Fr., das neue ABC, s.: Kocher, Jul.

Erck, Fr., freundliche Bilder f. brave Kinder, s.: Zweigle, W.

— merkwürd. Erlebnisse 10 kleiner Kätzchen. gr. 4. (14 S. m. z. Tl. farb. Bild. u. eingedr. Text.) Stuttgart 896. J. Weise. 1. —

Erck, Fr., Ferien auf dem Lande. 4. (28 S. m. z. Thl. farb. Illustr.) Leipzig 890. Meißner & Buch. cart. n. 3. —

Erck, Fr., zu Hause u. im Freien, } s.: Kocher, Jul.
— vom Jahrmarkt, }

— Unsre Haustiere. s.: Zweigle, W.

— s.: Landwirt, der kleine.

— Pracht-ABC, s.: Zweigle, W.

— Rechenbuch, s.: Barnikol.

— frohes Spiel — ernstes Ziel. Ein lehrr. Bilderbuch f. Kinder. M. 12 Farbdr.- u. viel. Textbild., sow. e. Buntumschlag, n. Zeichngn. v. F Reiß, E. Klimsch, W. Zweigle u. A. 4. (24 S.) Stuttgart 895. F. Löwe. Geb. 3. —

— frohes Spiel — ernstes Ziel. Ein lehrreiches Bilderbuch f. Kinder. Mit 12 Farbdr.- u. vielen Textbildern v. F. Reiß. E. Klimsch, W. Zweigle u. A. 2. Aufl. (25 S.) 4. Stuttgart (903). Loewe. Geb. 3. —

— was die Menschen treiben. Ein Bilderbuch f. Kinder von 6—10 Jahren, illustr. v. Fritz Reiß. 4. (20 Chromolith. m. eingedr. Text.) Leipzig 889. Meißner & Buch. cart. n. 5. —

Erck, Frdr., die deutsche Dichtkunst, deutsche Dichter u. Dichterwerke. Ein Merkbüchlein f. Schüler u. Schülerinnen der oberen Klassen in Bürger- u. Volksschulen. gr. 8. (58 S.) Ebd. 902. n. — 40

Erck, Frdr., Nahrung für Geist u. Gemüt der Kinder von 6—9 Jahren in Gedichten, Rätseln u. Bildern. Bilder nach Angabe des Verfassers gezeichnet. gr. 8. (25 S. m. 24 Chromolith.) Wesel 881. Düms. geb. 1. 20

Erck, Carl Aug. Thdr., Christus, euer Leben. Nachgelassene Predigten. Mit biograph. Zugaben bevorwortet v. L. Spitta. gr. 8. (XXXI, 112 S.) Hildesheim 883. Lax. n. 2. 40

Erck, Ulrich
Auf Irrwegen. Novelle. Stuttgart 1877.
In: Bibliothek der Unterhaltung und des Wissens. Bd 2.

Ercka, K. H. S. Offener Brief an Herrn Held. Ein Beitrag zur Charakteristik. Berlin, Walter 1848. 8 S. 8.

van Erkelens [*richtig* **Erckelens**], Franz ⟨geb. am 25 Apr. 1852 in Xanten⟩: Ueber Colotomie bei Mastdarmstenose durch Carcinom ... Bonn, Druck v. J. F. Carthaus (1876). 2 Bl. 8. ¶ Nur Titelbl., Vita u. Thesen.
Bonn, Med. Fak., Thes. v. 4 [nach d. Akten v. 5] Apr. 1876

van Erckelens, F[ranz] ⟨geb. am 25 Apr. 1852 in Xanten⟩: Ueber Colotomie, speciell bei Mastdarmstenose durch Carcinom ... Bonn, Druck v. J. F. Carthaus 1876. 44 S. 8.
[Bonn, Med. Fak., Diss. v. 5 Apr. 1876]

Erckens, Franz [aus Crefeld]: Ueber Milchsäurebehandlung des Lupus. ... Wurzburg. Druck d. Ferdinand Rohrl'schen Buchdr., 1890; 32 S. 8°
Würzburg, Med. Fak., Inaug.-Diss. v. 1890

Erckens, Jos., die Nachfolge des heiligen Joseph. Nebst Morgen-, Abend-, Meß-, Beicht- und Communion-Gebeten. 5. verb. Aufl. 16. (242 S.) Aachen 886, Cremer'sche Buchh. geb. *ℳ 1.—.; *ℳ 2.—. und *

Erckens, J., die Nachfolge der allerseligsten Jungfrau Maria in 4 Büchern. Als Seitenstück zu der Nachfolge Christi. Nebst Morgen-, Abend-, Meß-, Beicht- u. Communion-Gebeten. 6. Orig.-Ausg. 12. (359 S. m. 1 Stahlst.) Aachen 888. Cremer. 1. 20; geb. n. 1. 50

Erckens, H. J., der Pferde-Arzt. Ein treuer Rathgeber zur Erkenntniß u. Heilung sowohl der innern als äußern Krankheiten d. Pferde. gr. 12. Aachen 838. Hensen u. Comp. 1/4 ℛ

—— allgem. Rathgeber f. Landleute od. gründl. Anweis. zur zweckmäß. Zucht, Fütterung u. Behandl. d. Hausthiere. 8. Aachen 840, [Roschütz'sche Buchh.]

—— gemeinnütz. Thierarzneibuch, od. gründl. u. leichtfaßl. Unterr., wie man alle Krankheiten d. Pferde, d. Rindviehs, d. Schafe, Ziegen, Schweine u. Hunde, auf d. wohlfeilste u. einfachste Weise ohne Beihülfe e. Thierarztes leicht erkennen u. sicher heilen kann. rc. Nach vieljähr. Erfahr. hrsg. 1. Aufl. 12. (9 B.) 835., 2., verb. Aufl. gr. 12. (10⅓ B.) Aachen 840, Hensen u. Comp. à

Erckens, H. J., Zucht, Wartung u. Pflege der Hausthiere, oder Stein's ökonom. Hausbibliothek. 2. Thl. Düsseldorf 841, Roschütz u. Comp. 1/2 ℛ

Erckens, Jos., s. 1) Th. v. Kempis, vier Bücher von der Nachfolge Christi.

— s.a. Nachfolge des heil. Joseph.

Erckens, Jos., die Nachfolge d. heil. Joseph. Nebst Morgen-, Abend-, Meß-, Beicht- u. Kommunion-Gebeten. Ein Seitenstück zur Nachfolge Mariä. 2., verm. Aufl. (Mit Ttlbild. u. lith. Ttl.) 12. (9 B.) Aachen 841, Cremersche Buchh.

Erckens, Jos., die Nachfolge des heil. Joseph. Nebst Morgen-, Abend-, Meß-, Beicht- u. Kommunion-Gebeten. Ein Seitenstück zur Nachfolge Mariä. 2. stark verm. Aufl. (Mit Titelbild u. verziert. lith. Titel.) 12. Aachen 841, Cremersche B. 1/4 ℛ — 3. Aufl. Mit 1 Stahlst. 12. Ebd. 843. 1/4 ℛ

Erckens, Jos., die Nachfolge des heiligen Joseph. Nebst Morgen-, Abend-, Meß-, Beicht- u. Communion-Gebeten. 4. verb. Aufl. Aachen 860. Cremer. 12. (124 S. u. 1 Lithogr.) 7½ ngr.

Erckens, Jos., die Nachfolge d. hl. Joseph. Nebst Morgen-, Abend-, Meß-, Beicht- u. Communion-Gebeten. 5. Aufl. 16. (242 S.) Aachen 886. Cremer. — 75; geb. n. 1. —; n. 2. — u. n. 2. 40

Erckens, J., die Nachfolge der allerseligsten Jungfrau Maria, s.a. Nachfolge.

Erckens, Jos., die Nachfolge der allerseligsten Jungfrau Maria in 4 Büchern. Als Seitenstücke zu der Nachfolge Christi. Nebst Morgen-, Abend-, Meß-, Beicht- u. Communion-Gebeten. 6. Orig.-Ausg. 16. (359 S. m. 1 Stahlst.) Aachen 881. Cremer. 1. 20

— allgemeiner Rathgeber für Landleute, oder gründl. Anweisung zur zweckmäßigen Zucht, Fütterung u. Behandlung d. Hausthiere. 8. Aachen 840. Roschütz u. Comp. 3/4 ℛ

— gemeinnütziges Thierarzneibuch, od. gründl. u. leichtfaßl. Unterricht, wie man alle Krankheiten d. Pferde, des Rindviehes, der Schaafe, Ziegen, Schweine u. Hunde, auf die wohlfeilste u. einfachste Weise ohne Beihülfe eines Thierarztes leicht erkennen u. sicher heilen kann. Für Guthsbesitzer, Oekonomen, Landwirthe rc. Nach vieljähr. Erfahrung herausg. 12. Aachen 835. Hensen u. Comp. 1/2 ℛ 2e verb. Aufl. 8. Ebd. 838. 1/2 ℛ

—— Trost im Leiden durch die Nachfolge des heiligen Joseph. Ein Büchlein für alle bedrängten und leidenden Christen. 5. Aufl. 16. (124 S.) Ebendas. 886. * 40 Pf.; geb. *

Ercker, s.a. Erker.

Ercker, Lazarus

—. Aula subterranea domina dominantium subdita subditorum. Das ist: VNtererdische HOfhaltung ... Oder Grundliche Beschreibung derjenigen Sachen, so in der Tieffe der Erden wachsen ... Vormals durch ... Lazarum Ercker ... beschrieben. Anitzo ... auffs neue ... mercklich vermehret [durch Johannes Hiskias Cardalucius] / zusambt angehängter Außlegung der Terminorum und Redarten der Bergleute ... Franckfurt. In Verlegung Johann David Zunners / Buchhandlers. Gedruckt bey Paulus Hummen Sel. Wittib. Im Jahr / M. DC. LXXII [1672]. [Anhang m. d. Tit.:] Interpres phraseologiæ metallurgicæ. Oder Erklärung der furnembsten Terminorum und Redearten ... Nebenst angehangter ... Deduction deß löblichen Bergrechts ... zusammen getragen / Durch ... Christianum Berwardum ... Franckfurt am Mayn / In Verlegung Johann David Zunners ... M. DC. LXXIII [1673]. Kupfertit., Tit., 5 Bl., 332 S., 2 Bl. Register m. 41 Holzschn. Anhang: Tit. m. Signet in Holzschn., 1 Bl., 47 S. 4°.
1. Auflage Prag 1574. Weitere Ausgaben 1684, 1703, 1736.
Graesse II, 497

v. Erckert, ..., (Lieut.,) s. Dabrowski's Feldzug nach Großpolen.

Erckert, R. v., der Kaukasus und seine Völker. Nach eigener Anschauung. Mit Textabbild. und Lichtdr., kurzen tabellar. Resultaten linguist. und anthropolog. Forschung und 1 ethnogr. Karte des Kaukasus. gr. 8. (VII, 385 S.) Leipzig 887, [Frohberg.] Baldamus. *

Erckert, R. v. Der Kaukasus und seine Völker. Nach eigener Anschauung von R. v. Erckert. Leipzig. Verlag von Eduard Baldamus 1888. VII – 385 S.; 13 Taf.; 2 Karten 8°.

Erckert, R. v., die Sprachen d. kaukasischen Stammes. Mit e. Vorwort v. Frdr. Müller. I. Thl. Wörterverzeichniss. II. Thl. Sprachproben u. grammat. Skizzen. Mit 1 lith. Sprachenkarte. gr. 8. (VI, 204 u. XII, 391 S.) Wien 895. A. Hölder. n. 15. --

Erckert, R. v., der Ursprung der Kosaken. Vorzüglich nach neuesten russischen Quellen. gr. 8. (16 S.) Berlin 882. Dümmler's Verl. n. — 40

— dasselbe. Zugabe, in Verbindung mit W. Hölscher u. F. Nacke hrsg. von W. Rothert. 2. Aufl. 8. (16 S.) Ebend. 881. n. — 10

— dasselbe. Zugabe. In Gemeinschaft mit den Lehrern der Parochie [illegible] hrsg. von Raven u. Stedler. 8. ([illegible] S.) Hannover [illegible]. [illegible] — 15

— dasselbe. 2. Aufl. 8. (20 S.) Ebend. 882. n. — 10

Wanderungen und Siedelungen der germanischen Stämme in Mittel-Europa von der ältesten Zeit bis auf Karl den Grossen. Auf 12 Kartenbl. dargest. von Roderich v. **Erckert**, Kais. Russ. Generallt. a. D. (Vorr.: Joh. Ranke.) *Berlin: E. S. Mittler & Sohn 1901.* (12 Karten.) 2° [illegible]

Ercklentz, Heinrich: Ueber p-Xylo-p-oxybenzylalkohol und seine Umwandlungsprodukte. *Heidelberg 1898: Ph. Wiese.* (58 S.) 8°
Heidelberg, Naturw.-math. Diss. v. [24. März] 1898

Ercklentz, Wilhelm *Viktor Hermann* [aus M.-Gladbach]: Ein Fall von Gesichtsemphysem nach Trauma ... Bonn, Univ.-Buchdr. v. C. Georgi, 1895; 51 S. 8.
Bonn, Med. Fak., Inaug.-Diss. v. [1. Aug.] 1895

Ercklentz, Wilhelm, Dr., Arzt in Breslau: Experimentelle und klinische **Untersuchungen über die Leistungen der Kochsalzinfusion.** *Berlin 1902: L. Schumacher.* (67 S.) 8° ¶(Aus: Zeitschr. f. klinische Med., Bd 48, H. 3 u. 4.)
Breslau, Med. Hab.-Schr. v. 11. Dez. 1902
(Nicht für den Austausch)

Erckmann, Emile, s. Erckmann-Chatrian.

[F.] **Erckmann**, Gottfried: Atom und Molekül im chemischen Unterricht. *Bingen, Druck v. A. J. Pennrich, 1893;* 8—13 S. 4.
Bingen a. Rh., grossh. R, P 1893 (633)

Erckmann, Gottfried, Prof.: Justus Freiherr von Liebig. Zur hundertsten Wiederkehr seines Geburtstages. Bingen a. Rh. 1904: A. J. Pennrich Nachf. (S. 1—22.) 4° [F.]
Bingen am Rhein, großh. R. u. PG P 1904 (748)

[F.] **Erckmann, Gottfried: Der Rochusberg** bei Bingen **in seiner Bedeutung für den naturgeschichtlichen** Unterricht. **Bingen, Druck v. A. J. Pennrich,** 1895; 17—32 S. 4.
Bingen a. Rh., grossh. R, OP 1895 (662)

Erckmann, Ludw., praktische Anleitung zur Most- u. Weinveredlung u. Weinbehandlung. (Enth.: Das Gallisiren der Weine; das Entsäuren der Weine; das Schönen u. Filtriren der Weine; die Darstellung der Tresterweine; die Darstellung von Hefenwein; die Darstellung von Aepfelwein etc. mit einem Anh.: Beschreibung des Traubenpilzes u. der Reblaus. Mit (eingedr. Holzschn.-)Illustr. gr. 8. (44 S.) Alzey 879. (Maiermann.) n. 1. —

Erckmann, Ludwig: Praktische Anleitung zur Most- und Weinveredlung und Weinbehandlung. Enthält: Das Gallisiren der Weine; das Entsäuren der Weine; das Schönen und Filtrieren der Weine; die Darstellung von Tresterwein; die Darstellung von Hefenwein; die Darstellung von Aepfelwein etc. mit einem Anhang: Beschreibung des Traubenpilzes & der Reblaus. Mit Ill. Alzey: Selbstverl. 1879. 50 S. -- 36*

Erckmann-Chatrian, die Belagerung v. Pfalzburg, s.: Bibliothek d. Gesammtlitteratur d. In- u. Auslandes.

Erckmann-Chatrian, die beiden Brüder. Erzählung. Aus d. Franz. 8. (299 S.) Berlin 877. Janke. n. 3. —

Erckmann-Chatrian, la campagne de Mayence en 1792/93, s.a. Prosateurs français.

La campagne de Mayence en 1792/93. Récit hist. tiré de l'histoire de la révol. franç. racontée par un paysan par (Émile) Erckmann-(Alexandre) Chatrian. Im Auszuge. Mit Anm. z. Schul- u. Privatgebrauch hrsg. von Prof. Dr. K[arl] Bandow. Mit 1 Uebersichtskarte. [Nebst] Anm. *Bielefeld & Leipzig: Velhagen & Klasing 1901.* 2 Bde 8°
— Sammlung, Velhagen & Klasings, französ. u. engl. Schulausgaben. Prosateurs franç. Lfg 34 B. [oe. 10658]

Erckmann-Chatrian, confidences d'un joueur de clarinette, s.: Prosateurs modernes.

— **Deux contes populaires et deux contes des bords du Rhin. F. d. Schulgebr. hrsg. v. A. Mühlau. I. Tl.: Einleitg. u. Text. II. Tl.: Anmerkgn. u. Wörterverz. 8. (VII, 142 S.) Leipzig 897. G. Freytag. Geb. in Leinw. u. kart. n. 1. 25; Ausg. f. Mädchenschulen n. 1. 25**

Erckmann-Chatrian, deux contes populaires et deux contes des bords du Rhin. Für den Schulgebrauch hrsg. v. A. Mühlau. 1. Aufl., 2. Abdr. in neuer Rechtschreibg. (V, 96 S.) 8. Leipzig 908. G. Freytag. — Wien, F. Tempsky. Geb. 1.20; Wörterbuch. (46 S.) Kart. — 40

Erckmann-Chatrian, Contes de la montagne. gr. 12. (847 S.) Leipzig 860. A. Dürr. *

—— Erlebnisse eines Conscribirten, s.a. Romane, moderne, des Auslandes.

—— Erlebnisse eines Conscribirten des Jahres 1813. Aus dem Französ. übers. von C. v. C. 2 Bde. 8. (379 S.) Berlin 865, Janke. *

— Erlebnisse e. Rekruten v. 1813, s.a. Meyer's Volksbücher.

— **Erlebnisse e. Rekruten v. anno 1813,** s.a. **Verein f. Verbreitg. guter Schriften. Basel.**

Erckmann-Chatrian. Erlebnisse eines Rekruten von anno 1813. Deutsch v. Hallbauer. Basel 1895.

— **Französische Erzählungen, s.: Souvestre, Emile.**

Erckmann-Chatrian, neue Erzählungen. Mit Vor- und Nachwort von Karl Braun [Wiesbaden]. 8. (III, 320 S.) Berlin 872. Janke. *

— Erzählungen von den Rheinufern. Von Verfassern u. Verlegern autorisirte Uebersetzung von Rud. Plüß. 8. (265 S.) Bern 877. Lang & Co. n. 2. —

Erckmann-Chatrian, 4 Erzählungen aus Contes populaires u. Contes des bords du Rhin, hrsg. v. G. Schmidt, s.: Prosateurs français.

— das Forsthaus, s. Romane, moderne, des Auslandes.

— **L'Ami Fritz, hrsg. v. Arnold Krause, s.a. Prosateurs français.**

L'ami Fritz. Par [Emile] **Erckmann**-[Alexandre] Chatrian. Im Ausz. mit Anm. z. Schulgebr. neu hrsg. von Prof. J. Ellin. [Nebst] Anh. [u.] Wörterbuch. Bielefeld & Leipzig: Velhagen & Klasing 1906. 3 Bde 8°
— **Sammlung**, Velhagen & Klasings, franz. u. engl. Schulausgaben. Prosateurs franç. Ausg. B. Lfg 98. [oe. 3581]

— **Freund Fritz, s.a. Bibliothek der Gesamtlitteratur.**

dasselbe, s.a. Universal Bibliothek.

— Freund Fritz. Aus dem Franz. v. M. Platschek. 8. (149 S.) Berlin 892. J. Gnadenfeld & Co. n. 1. —

Freund Fritz. Lustsp. in 3 Aufz. von (Emile) Erckmann (Alexandre) Chatrian. Deutsch von Demetrius Schrutz. *Halle a. d. S.: O. Hendel (1893).* (66 S.) 8° [F.]
— Bibliothek d. Gesamtlitteratur d. In- u. Auslandes. No 1262. [oe. 1274]

— Geschichte eines Bauern. 4 Bde. Autorisirte Uebersetzung. 8. (280, 263, 303 u. 280 S.) Stuttgart 882. Rieger. à 2. —

—— Geschichte eines Anno 1813 Conscribirten s.a. Universal-Bibliothek Nr. 1459; 1460.

— Geschichte eines Konskribirten von 1813. Aus dem Franz. übertr. von Herm. Trescher. 8. (232 S.) Berlin 882. Janke. 1. 50

—— **Geschichte e. Rekruten v. anno 1813, s. Bibliothek der Gesamt-Litteratur d. In- u. Auslandes Nr. 398 u. 399.**

Geschichte e. Soldaten im J. 1813, s.: Lebensbilder der Jugend.

—— Histoire d'un conscrit de 1813

— **dasselbe, hrsg. v. A. Mühlau, s.a. Bibliothèque française.**

— **dasselbe. Hrsg. v. Karl Wimmer,** s.a. **Klassiker-Bibliothek, französisch-englische. 87 Bdchn.**

Histoire d'un conscrit de 1813, bearb. v. K. Holtermann, s.a. Perthes' Schulausgaben englischer u. französischer Schriftsteller Nr. 4.

Erckmann-Chatrian, Histoire d'un conscrit de 1813, hrsg. v. K. Bandow, s.a. Prosateurs français.

— dasselbe, hrsg. v. H. Merbach, s.a. Prosateurs français 1. Lfg.

— dasselbe, hrsg. v. Alfr. Duchesne, s.a. **Reformbibliothek**, neusprachliche. 26. Bd.

— dasselbe, hrsg. v. Gust. Strien, s.a. **Schulbibliothek**, französische u. englische. A. 43.

Erckmann-Chatrian, histoire d'un conscrit de 1813. Für den Schulgebrauch hrsg. v. Eugène Pariselle. Mit 2 Karten. 8. (V, 114 S.) Leipzig 902. G. Freytag. Geb. in Leinw. n. 1. 20; Wörterbuch. (42 S.) n. — 40

— histoire d'un conscrit de 1813. Edition abrégée à l'usage des écoles, publiée et annotée par Eugène Pariselle. 8. (V, 112 S. m. 2 Karten.) Leipzig 902. G. Freytag. Geb. in Leinw. n. 1. 20

Erckmann-Chatrian, Histoire d'un conscrit de 1813. [Freytag's Sammlung französischer und englischer Schriftsteller.] 8°. (16, V, 114 S. mit 2 Karten) Wien: Tempsky 1902. geb. K 1.50

— histoire du plébiscite. Racontée par un des 7,500,000 oui. F. Schul- u. Privatgebr. hrsg. v. Karl **Wimmer**. M. Wörterverzeichn. u. (3) Karten. 12. (VIII, 120 S) München 897. J. Lindauer. n. 1. 20; kart. n. 1. 40

— der Narr **Jegoff**. Autorisirte Uebersetzung. 8. (224 S.) Stuttgart 882. Rieger. 2. —

— l'invasion, hrsg. v. K. Bandow, s.: **Prosateurs français**.

— der polnische **Jude**, s.: **Bibliothek** der Gesamt-Litteratur d. In- u. Auslandes.

— aus dem **Leben** e. Klarinettenspielers. Erzählung. 8. (126 S.) Leipzig 888. Reinboth. n. 1. 50

Erckmann-Chatrian. Aus dem Leben e. Klarinettenspielers. Erzählung. 2. (Titel-)Aufl. 8. (126 S.) Lpz. 890, Reinboth. * 1 —

— d. berühmte **Doktor Mathäus**, s.: **Universal-Bibliothek**.

Erckmann-Chatrian, das Opfer **Abrahams**, s. **Bergson's** Eisenbahnbücher.

— die **Rantzau**, s.a. **Bibliothek** der Gesamtlitteratur.

—— Die Rantzau, s.a. **Universal-Bibliothek** Nr. 2548.

— die **Rantzau**. Aus dem Franz. 2. Aufl. 8. (208 S.) Berlin 883. Janke. 1. 50

—— die **Rantzau**. Aus dem Französ. 2. Aufl. 8. (208 S.) Berlin 888, Janke. *

Die Rantzau. Charakterbild in 4 Aufz. von (Émile) Erckmann (Alexandre) Chatrian. Deutsch von Demetrius Schrutz. *Halle a. d. S.: O. Hendel (1889)*. (70 S.) 8° [F.]
— Bibliothek d. Gesamtlitteratur d. In- u. Auslandes. No 1254.

—— **Maitre Daniel Rock**. gr. 12. (V und 334 S.) Leipzig 861. A. Dürr. *

—— zum Mainzer **Schinken**. Eine heitere Geschichte. 8. (134 S.) Basel 884, Bernheim. *

— **Madame Therese**, s.a. **Bibliothek** d. Gesamtlitteratur d. In- u. Auslandes.

— Madame Therese, s.a. **Reclam's** Unterhaltungs-Bibl.

—— Madame Therese, s.a. **Universal-Bibliothek** Nr. 1553; 1554.

— dasselbe, s.a. **Verein** f. Verbreitg. guter Schriften, Basel.

—— Madame **Therese**. Aus dem Französ. Deutsch von Friedr. Mayer. gr. 16. (316 S.) Stuttgart 865, C. Ebner.

—— Madame **Therese**. Uebersetzung von den Verff. ermächtigt und durchgesehen. gr. 8. (243 S. mit 21 Holzschntaf.) Straßburg 869. Noiriel.

—— dass. — s.a. **Godin**, Amelie.

[F.] Madame Therese v. [Émile] **Erckmann**-[Alexandre] **Chatrian**. Deutsch v. Theodor Bergfeldt. *Halle a. d. S.: O. Hendel (1896)*. (164 S.) 1 Bd 8.
— **Bibliothek** der Gesamtlitteratur d. In- u. Auslandes. No 913.914.

Erckmann, [Émile, und] Chatrian, [Alexandre]. Madame Therese von Erckmann-Chatrian. Deutsch von Theodor Bergfeldt. 184 S. 8. Basel, Emil Birkhäuser, Juli 1902. fr. —. 30
Verein für Verbreitung guter Schriften. Basel, No. 54.

— Waterloo, s.a. **Bibliothek** der Gesamtlitteratur.

— Waterloo, s.a. **Bibliothèque française**.

— dasselbe, s.a. **Erzählungen**, klassische, der Weltliteratur. 20. Bd.

— dasselbe, s.a. **Meyer's** Volksbücher.

— Waterloo, hrsg. v. Holtermann, s.a. **Perthes'** Schulausgaben engl. u. französ. Schriftsteller.

— dasselbe, hrsg. v. F. Ost, s.: **Prosateurs** français.

— Waterloo, hrsg. v. Jul. Sahr, s.a. **Prosateurs** français.

—— Waterloo, s.a. **Romane**, moderne, des Auslandes.

— dasselbe, erkl. v. Jos. Aymeric, s.a. **Schulbibliothek**, französische u. englische. A 51.

—— Waterloo, s.a. **Universal-Bibliothek** Nr. 1997 und 1998.

Erckmann, Émile

Waterloo. Erlebnisse eines Conscribirten. Von Émile Erckmann und Pierre Alexandre Chatrian. Aus dem Franz. von L.H. Berlin 1867.
In: Roman-Magazin des Auslandes. Nr 4-6.

Waterloo. Geschichte eines Conscribirten. [2. Thl.] Aus dem Französ. übertr. von Herm. Trescher. 2. Aufl. gr. 8. (224 S.) Berlin 883, Janke.

Waterloo. Suite du Conscrit de 1813 p. (Émile) **Erckmann**-(Alexandre) **Chatrian**. Im Ausz. m. Anm. z. Schulgebr. hrsg. v. Dr. Julius **Sahr**, Oberl. ... zu Dresden. M. 2 Übersichtskt. [Text.] (Anhang.) *Bielefeld & Leipzig: Velhagen & Klasing 1891.* 2 Bde 8.
[Text.] (VII, 115 S. 1 Kuhl.) (Anh. ... Anmerkgn ...) (48 S.)
— **Sammlung**, Velhagen & Klasings, französ. u. engl. **Schulausgaben**. Prosateurs franç. Lfg 85 B.

Waterloo. Fortsetzung d. 'Geschichte e. Rekruten von anno 1813' [Histoire d'un conscrit de 1813]. Von [Émile] **Erckmann**-[Alexandre] **Chatrian**. Übers. u. mit e. Vorw. versehen von Dr. [Otto] **Hallbauer**. Halle a. d. S.: O. Hendel (1904). (IV, 208 S.) 8° [F.]
(Bibliothek d. Gesamtlitteratur d. In- u. Auslandes. No 1835–37.)

(F) **Erckmann-Chatrian**, Waterloo. Aus dem Französischen. [Klassische Erzählungen der Weltliteratur. Bd. 20. Sammlung Prochaska.] 8°. (180 S.) Teschen: Prochaska 1906. geb. K 1.—

— **Waterloo**. Suite du conscrit de 1813. Für den Schulgebrauch hrsg. v. Eugène Pariselle. (120 S. m. Titelbild u. 4 Karten.) 8. Leipzig 907. G. Freytag. Wien, F. Tempsky. Geb. 1.20; Wörterbuch. (33 S.) Kart — 40

Erckmann-Chatrian, ausgewählte Werke. Autorisirte Uebersetzung. Eingeleitet u. zusammengestellt von Ludw. **Pfau**. (In ca. 60 Lfgn.) 1—32. Lfg. 8. (à 5 Bog.) Stuttgart 882. Rieger. à n. — 50

Erckmann-Chatrian, ausgewählte Werke. Autoris. Uebersetzg. Eingeleitet u. zusammengestellt v. Ludw. Pfau. 33—38. [Schluß-]Lfg. 8. (à 5 B.) Stuttgart 882. Rieger. à n. — 50

— dasselbe. 12 Bde. 8. Ebend. 882. 22. —; Einbd. in 9 Bdn. n. 6. —; pro je 1 Bd. n.n. — 50
1—4. Geschichte e. Bauern. 4 Bde. (XXX, 280; 263, 303 u. 280 S.) à 2. —
5. Frau Therese. (208 S.) 1. 50
6. Die Belagerung v. Pfalzburg. (235 S.) 2. —
7. Der Rekrut v. Anno 13. I. Leipzig. (223 S.) 1. 50
8. Dasselbe. II. Waterloo. (280 S.) 2. —
9. Der Narr Jegof. (224 S.) 2. —
10. Die „alte Garde". Die drei Liebhaber der Großmutter. (191 S.) 1. 50
11. Der Großvater Lebigre. Meister Nablot's Schuljahre. (216 S.) 2. —
12. Vetter Fritz. (248 S.) 1. 50

Erco, Rich. Ritter v., Notizen über Austern-Cultur. gr. 8. (57 S. mit 6 chromolithogr. Taf. in qu. Fol.) Triest 869. (Wien, Braumüller.) *

Ercole in Lydia; Drama in 2 Atti. 8. Wien 803. Wallishausser. 5 ƒ

Erdan, A [Autorname] = Jacob, Alexandre-André.

Erdäpfel-Katechismus, der, oder kurzer und gründlicher Unterricht auf eine einfache u. durchaus erprobte Weise die Krankheit der Erdäpfel zu kurieren. Zum allgemeinen Besten herausg. von G. A. Baden. 855. Zehnder. 16. (32 S.) 4 ngr

Erdball, der, vollständigste Erd-, Länder-, Völker- u. Staatenkunde; hrsg. von e. Vereine europ. Geographen, unt. Redakt. u. Mitwirk. v. Karl Friedr. Vollr. Hoffmann. 9 Lfgn. gr. Lex.-8. Stuttgart, [Scheible, Rieger u. Sattler.]
A. u. d. Tteln.:
Lfg. 1., 2. Der Erdball u. seine Völker. — Beschreibung d. Großhrzgth. Baden. Bearb. v. A. J. V. Heunisch. (13 B., 1 Höhenkarte, 1 Stahlst. u. 94 Holzschn.) 836. 1 Thlr. 12 Gr.
" 3—9. Der Erdball rc. — Beschreibung d. Königr. Sachsen u. d. ernestinischen, reußischen u. schwarzburgischen Lande durch Alb. Schiffner. (52½ B., 2 Kart. u. 192 Ansicht., Stahlst.) 839. 7 Thlr. 22 Gr.

Erdball, Der, und seine Völker. Stuttg. 1836—40. H: *Hoffmann, Carl Frdr. Vollrath.* (BrMm)

Erd- und Tunnelbau. *Potsdam & Leipzig: Bonneß & Hachfeld [1891].* (180 S.) 8° [&.]
— Baugewerbe. Das gesamte. Bd 5, [1.]

Erd- und Tunnelbau. *Potsdam & Leipzig: Bonneß & Hachfeld [1897].* (239 S.) 8° [&.]
— Baugewerbe, Das gesamte. Bd 5.

Erdbeben, das, s. a. Waldau.

Erdbeben, Das, oder die Hinderniss der Heyrath; ein Lustspiel von drei Aufzügen . . . Leipzig 1786. V: *Früwirth (Fruwärth), F. G.* (MGT)

Erdbeben, das; od. die Hindernisse der Heirath. Lustsp. v. Waldau. 8. Prag, Schönfeld. 786. Rtblr.

Erdbeben, die. Populäre Analyse u. Darstellung ihr. physikal.-geolog. Ursachen. Von C. v. K(örber). Ein Beitr. zur Erdkunde. gr. 8. (3½ B. u. 1 Zeichn.) Wien 844, Kaulfuß Wwe., Prandel u. Comp.

(Erdbeben. Das E' von Basel 1356.) Njbl. s. [Meyer, Johann Ludwig II].

Das | furchtbare Erdbeben | zu Manila, | (Fig.: *Menschen vor einstürzenden Häusern*, 83 × 78) | wodurch | der größte Theil der Stadt eingestürzt und | Hunderte von Menschen getödtet wurden. | Hamburg. Druck und Verlag v. J. Kahlbrock Wwe.
o. J., 4 Bl. n. n., 182 × 112.
LBO Bänkelsängerlit. III, 138.

Erdbeben, das große, in St. Domingo, wodurch verschied. Städte dieser Insel gänzlich zerstört und in Cap Hayti allein 15,000 Menschen ums Leben gekommen sind. Von e. Augenzeugen auf Cap Hayti ausführl. beschrieben. Aus d. Engl. übers. gr. 8. (½ B.) Altona 842. (Leipzig, Böhme?)

Erdbeben, das, auf der Insel Ischia am 28. Juli 1883. 8. (16 S.) Chemnitz 883, Hager.

— — das, auf Ischia am 28. Juli 1883. Mit Ansicht und Karte der Insel und 4 autotyp. Darstellungen der Zerstörungen in Kasamicciola nach Orig.-Photographien. gr. 8. (40 S.) [München 883.] Stuttgart, Cotta'sche Buchh. +
Aus: Ausland, besonders abgedruckt.

Erdbeben, das, in Messina, v. H. Schmieder, dialogis. Gesch. 8. Halle, Hemmerde u. S. 786.

Erdbeben, das rheinisch-schwäbische, vom 24. Januar 1880. Dargestellt von der Erdbebencommission des naturwissenschaftlichen Vereins zu Karlsruhe. [Aus: „Verhandlungen d. naturwiss. Vereins zu Karlsruhe".] Mit einer (chromolith.) Uebersichtskarte d. Erdbebens. gr. 8. (III, 68 S.) Karlsruhe 881. Braun. n. 1. 60

Erdbeben, die, in Ungarn in den J. 1900, 1902 u. 1903. Bearb. v. Ant. Réthly. Offizielle Publikation der dem kgl. ung. Ackerbauministerium unterstehe. k. ung. Reichsanstalt f. Meteorologie u. Erdmagnetismus. (In ungar. u. deutscher Sprache.) (IV, 91 u. XI, S. m. Fig.) gr. 8. Budapest 909. (L. Toldi). 3. —

Erdbeben, die, in Ungarn in den J. 1903—1905. Zusammengestellt v. Ant. Réthly. (Publikation d. k. ung. Reichsanstalt f. Meteorologie u. Erdmagnetismus.) (44 S. m. 2 Karten u. 60 u. 31 S. m. je 1 Karte.) gr. 8. Budapest 906. (L. Toldi.) à n. 1. —

— dasselbe im J. 1906. (143, CXVI u. II S. m. Fig. u. 3 Karten.) gr. 8. Ebd. 907. 4. —

— dasselbe im J. 1907. (46 u. XXVIII S. m. Fig.) gr. 8. Ebd. 908. 1. 50

Erdbeben, Der Anno 1728 verspürte, Samt den verschiedenen forchtbarlichen Ungewitern, Als eine Bewegung der Hertzen zur Andacht . . . vorgestellet. [Zürich 1728.] V: *Ziegler, Johann Rudolph.* (CLZür Forts. III) (BSchwLk V, 5, 11) (Cat. d. Stadtbibl. Zürich. Zürich 1864—97.)

Erdbeben, Das, im Visperthal 1855. [Zürich 1856.] V: *Heusser, Joh. Chn.* (Cat d. Stadtbibl. Zürich. Zürich 1864—97.)

Erdbeben Katastrophe, die, von Ischia am 28. Juli 1883. Nach authent. Berichten. 8. (96 S. mit 10 Illustr. und 1 Karte.) Wien 883, Hartleben's Verlag.

Die Erdbebenklausel in den Versicherungsbedingungen der Feuerversicherungs-Gesellschaften. Zürich 1907.

Erdbebenstörungen zu Triest, beobachtet am Rebeur-Ehlert'schen Horizontalpendel ... von Eduard Mazelle. [1.] 1900. Wien: C. Gerold's Sohn in Comm. 1901. 8°
— Mittheilungen d. Erdbeben-Commission d. Kais. Akad. d. Wiss. in Wien. N. F. No 5. [08. 3350 2

Erdbebenwarte, die. Monatsschrift, hrsg. v. Albin Belar. 1. Jahrg. 1901—März 1902. 12 Nrn. gr. 8. (à ca. 12 S.) Laibach (I. v. Kleinmayr & F. Bamberg.) n. 6.—

— dasselbe. 2. Jahrg. Juni 1902—Mai 1903. Nebst Beilage: Neueste Erdbeben-Nachrichten. 12 Nrn. gr. 8. (à ca. 40 S. m. Taf.) Ebd. n. 10.—

Erdbebenwarte, die. Monatsschrift, hrsg. v. A. Belar. 3.—5. Jahrg. 1903/1904—1905/1906. Nebst Beilage: Neueste Erdbeben-Nachrichten. à 12 Nrn. (252; 244 u. 234 S. m. Abbildgn. u. 6, 9 u. 5 Karten.) Lex.-8. Laibach, I. v. Kleinmayr & F. Bamberg. à Jhrg. n. 10.—

Erdbebenwarte, die. Monatsschrift, hrsg. v. A. Belar. 6—8. Jahrg. 1906/07—1908/09. Nebst Beilage: Neueste Erdbeben-Nachrichten. (6. Jhrg. IV, 139, 18 u. 16 S. u. 4 Taf.; 3 Beilagen u. 1 Karte.) Lex. 8. Laibach, I. v. Kleinmayr & F. Bamberg. à Jhrg. 30.—

Erdbeeren, Die, oder: Das verlorene Kind. Eine moralische Erzählung für die Jugend und Jugendfreunde. Nach dem Schauspiele gleichen Namens von dem Verfasser der Ostereier. Regensburg 1834. Neue Aufl. 1876. V: *Schmid, Christoph.* (Russell IX, 465)

Erdbeeren, die, od.: Das verlorene Kind. Eine moral. Erzähl. f. d. Jugend u. Jugendfreunde. (Nach d. Schauspiel gleichen Namens v. d. Verf. d. Ostereier.) gr. 12. (4½ B.) Landshut 834, [Regensburg,] Manz.

Erdbeeren, die, od.: das verlorene Kind. Eine Erzählg. f. Kinder- u. Kinderfreunde nach dem Schauspiele gleichen Namens [von Chph. v. Schmid.] 3. verb. Aufl. Mit 1 Stahlst. u. feinen (eingedr.) Holzschnittbildern. gr. 8. (115 S.) Regensburg 871. Manz. — 75

Erdbeer-Rösle, d., s.: Immergrün.

Erdberg, Alfr. v., zur Prophylaxe der Blennorrhoea neonatorum am Kreissbett. Diss. gr. 8. (52 S.) Jurjew (Dorpat) 892. (E. J. Karow.) n. 1. 20

[Erdberg, R. v.,] Die Anbahnung und Pflege von Beziehungen zwischen den verschiedenen Volkskreisen (Volksheime). Referat, erstattet der 15. Konferenz der Zentralstelle für Arbeiter-Wohlfahrtseinrichtungen am 7. u. 8. Juni 1906 in Nürnberg u. Fürth. Berlin, 1907. 147 S. mit 41 Abb.

Erdberg, R von, s. Concordia.

Erdberg, Rob. v., e. heiliger Abend, s.: Sammlung kleiner Volksschriften.

[F.] Friedrich Flender. Histor. Drama aus Siegens Vergangenheit (in 5 Acten) v. Robert v. Erdberg. *Siegen: Commr. v. Ph. Welle 1893.* (4 Bl., 86 S.) 1 Bd 8. [97. 770

Erdberg, Rob. v., die Tragödie. Drama in 3 Akten. (100 S.) 8. Berlin 909. K. Curtius. 2.—

— s.: Volksbildungsarchiv.

— Weigand & Sohn. Schauspiel in 4 Akten. (119 S.) 8. Berlin 908. K. Curtius. 2.—

— Die Wohlfahrtspflege. Eine socialwissenschaftliche Studie. gr. 8°. Jena, G. Fischer, 1903.

Erdberg-Krezenciewski, R. v., Johann Joachim Becher, s.a. Studien, staatswissenschaftl.

von Erdberg-Krczenciewski, Robert *Adalbert Wilhelm* [aus Riga in Livl.]: Johann Joachim Becher. E. Beitr. z. Geschichte d. Nationalökonomik ... [Erschien vollst. als Heft 1 d. 6. Bds von: Staatswiss. Stud. hrsg. v. L. Elster.] Halle a. S., *Lippert & C., Naumburg a S.*, 1896; IV S., 2 Bl., 66 S. 8.
Halle, Phil. Fak., Inaug.-Diss. v. [24. Juni] 1896

Johann Joachim Becher. E. Beitr. z. Gesch. d. Nationalökonomik ... Von Dr. R[obert] v. Erdberg-Krczenciewski. Berlin. *Jena: G. Fischer 1896.* (VI S., 1 Bl., 141 S.) 8.
— Studien, Staatswissenschaftliche. Bd 6. H. 2. [96. 5970

Erdbeschreibung, die, nach d. neuesten Bestimmungen u. Eintheilungen. Für d. mittl. Klassen d. Volksschulen. gr. 12. (5½ B.) Zweibrücken 831, Ritter.

— d. Herzogth. Braunschw. 8. Magdeb. Gieseke. 796.

— d. Königr. Dänemark, Norwegen, Schweden. 8. Frankf. 808. Jäger. 3 gl

— des Freistaats von Venedig. Aus d. Italien. 1r Thl., mit Kpf. gr. 8. Memmingen 792. Seyler. 1 Rthlr 8 gl

Erdbeschreibung und Geschichte von Dännemark, nebst einer genealogischen Tabelle und Zeittafel. o. O. u. J. 8°.

Historische Erdbeschreibung zum Gebrauche der Jugend.
München: Johann Nepomuk Fritz. 1770. 16, 622 S. 8°.
Bayerische Staatsbibliothek München
2. Ausg. 1776, 3. Ausg. 1783

Historische Erdbeschreibung zum Gebrauche der Jugend.
München: Fritz. 1776. 16, 720 S. 8°.
Bayerische Staatsbibliothek München
1. Ausg. 1770, 3. Ausg. 1783

Historische Erdbeschreibung zum Gebrauche der Jugend in den Churfürstlichen Gymnasien in Baiern.
München: Fritz. 1783. 16, 720 S. 8°.
Universitätsbibliothek Heidelberg
Nachdr. d. Ausg. v. 1776, 1. Ausg. 1770

— histor. 8. Münch. Lentner. 783.

ERDBESCHREIBUNG. - z. Gebrauche d. studierenden Jugend i. d. k. k. Staaten. Wien 1780-1820.

— zum Gebrauch d. studirenden Jugend im Königr. Hungarn. 6 Thle, nebst Anh. von d. alten Erdkunde. 8. Ofen 781—88. Univers.-B. 19 gl

— d. junge, e. Lesebuch. 2 Thle. 8. Bresl. Korn d. ält. 795. 96. (1r 18 gr. 2r 1 Rthlr. 4 gr.)

Erdbeschreibung, Kleine. (1780?)

Erdbeschreibung, kleine, der Schweiz. Zum Gebr. f. Landschulen, zunächst d. Kant. Bern. 8. (3 B.) Bern 836, Jenni Sohn.

.Erdbeschreibung, Kurze, oder Erklärung der vornehmsten allgemeinen Landcharten ... Bremen 1783. V: *Vogt, Johann Christoph.* (MGT) (Ky)

Erdbeschreibung, Kurze, der Schweitz ... Basel 1782. V: *Imhof, Martin.* (Ky) (MGT) (AarK)

— kurze, d. Schweiz, (v. Mt. Imhof). 8. Basel 782. Thurneisen. 3 gl

Erdbeschreibung, kurze, für Volksschulen im Königreiche Baiern. 8. Landshut 822, Thomann.

Erdbeschreibung, Kurzgefasste, für die Anfänger. Salzb. [1782]. V: *Kleinsorg, Raphael.* (Hr)

. **Erdbeschreibung, Kurzgefasste,** des Königreichs Hungarn. Pressb. 1772. V: *Windisch, Carl Gottlieb.* (Pk)
Löwe

• — kurzgefaßte, des Königreichs Westphalen. 8. Delmenhorst. Barth. 803.

.**Erdbeschreibung** der Hessischen Lande Casselischen Antheils. Hannover 1780—81. V: *Engelhard, Regnerus.* (EB)

— des Herzogthums Magdeburg. gr. 8. Magdeb. 795. Giesecke. 12 gr

— merkantilische, von d. Lausitz, Böhmen, Wien rc. s. d. gewerbfleiß. Deutschl.

Erdbeschreibung, Neue, von Amerika. A. d. Engl. v. Aug. L. Schlözer [Gottl. Chn H. List, W. J. C. Hennemann u. And.] Bern 1777. V: *Fening, Daniel & Joseph Collyer.* (CBH) (AarF) »Götting.« (EngG)

Erdbeschreibung, neue, von ganz Amerika; aus d. Engl., durchgesehen u. herausg. v. A. L. Schlözer. 2 Thle, mit Kpf. u. Landkarten. 8. Leipz. 777. Weygand. 3 rß

Erdbeschreibung, Neue, von Frankreich nach der Eintheilung in 83 Departements. A. d. Franz. . . . Hamburg 1792. V: *Chaussier, Canguion.* (EngG)

— neue, von Frankreich, nach d. neuen Eintheilung in 83 Departem.; aus d. Französ. d. Chaussier, verb. u. verm. v. H. W. Rotermundt. 8. Hamb. 792. (Campe). 20 gr Mit 1 Karte v. Frankreich 1 rß

— neue, nach d. Friedenschlüssen v. 1800—1802 rc. v. Europa 1e u. 2e Abthl. 8. Tübing. 805. Schramm. 2 rß 8 gr

• Erdbeschreibung, neueste, des Königr. Baiern nach seinen 9 Kreisen, zum allgem. Gebr. u. f. Schulen. 8. München, Fleischmann. 810.

. **Erdbeschreibung, Pfalzbaierische.** Mannheim 1796. V: *Hillesheim, Alois Friedrich Wilhelm von.* (Ky)

. **Erdbeschreibung, Physische und mathematische;** als Einleitung zu jeder Geographie . . . Dresden 1803. V: *Lange, Carl Frdr. Ernst.* (Ky)

— physische u. mathematische; als Einleitung zu jeder Geographie rc., (v. K. Fr. Er. Lange). 8. Dresd. 803. Gerlach. 1 rß 4 gr

— d. Schweiz. 8. Bas. Turneisen. 790.

— vollst., u. Geschichte v. Südindien, v. Ehrmann und Heusinger. (ist m. Plants Handb. 2r Thl. einerley.) gr. 8. Gera, Heinsius. 800.

Erdbeschreibung der alten Welt. Nach Herodot, Tacitus, Strabo, Ptolomäus, Plinius, Mannert, d'Aunille, Heeren, Nitsch und Anderen. Pforzheim 1841. V: *Friederich, Joh. Conrad.* (Ebrard, Friedr. Clemens & Louis Liebmann: Joh. Konrad Friederich. Frankfurt a. M. 1918. S. 288)

Erdbeziehung die, der Staaten, als Grundlag ihres politischen Lebens. (v. J. v. Xylander). gr. 8. München, Lindauer. 820.

. **Erdbeziehung, Die,** der Staaten, als Grundlage ihres politischen Lebens. München 1821. V: *Xylander, Johann Ludwig von.* (Ky) (MGT)

Erdbeziehung, die, d. Staaten, als Grundlage ihres politischen Lebens, (v. R. v. Xylander). gr. 8. Münch. 821. J. Lindauer. 6 gr

Erdbürger, d. freymüthige. 4. Wismar, Bödner. 747.

Erdbürger, d. junge, ein Lesebuch. 2 Thle. 8. Bresl. 795 u. 96. J. F. Korn. 2 rß 22 gr

Erd-Charte nach der Bonne'schen Projection alle für die Erdkunde ergiebigen Entdeckungsreisen zu Wasser und zu Lande von der Mitte des neunten Jahrhunderts bis jetzt darstellend, entworfen und gezeichnet von Heinrich Keller. Weimar im geographischen Institute. 1814. 2 Bl.

Erd-, Gruben-, Eimer- u. modificirte Wasser-Closet, das, in England. Nach dem public health report f. 1869, übers. v. J. Bockendahl. Mit e. (lith.) Taf. Abbildgn. (in qu. 4.) gr. 8. (102 S.) Kiel 871. Schwers. n. 2. —

Erde [Schlagwort]

Erde. Ueber die Bildung der Erde. Leipzig. 1790. 8.

Erde [Sachliches OW]

Erde, Die oder: Natur und Kunst in treuen Farbenbildern. Görlitz 1847—48. V (Text, Heft 1—8): *Heinze, A.* V (9—12): *Rehfeld, Julius.* (Ky)

Erde, die, oder: Natur und Kunst in treuen Farbenbildern. Text von A. Heinze und Jul. Rehfeld. 1. Bd. (12 Hefte.) qu. Lex.-8. (148 S. und 33 Stnt. in Buntdr.) Görlitz 847—48, Sachse's Kunstverlag. à Heft • 10 Ngr. •

— die, auf der wir leben. Ein nützl. Unterhaltungsbuch f. die wißbegier. Jugend v. 8—10 Jahren. Mit 12 (eingedr.) Abbild. 8. (113 S.) Braunschweig 848, Westermann. n. 12 ngr

Erde, die, u. ihre Bewohner, s.a. Familien-Bibliothek.

Erde, die, u. ihre Bewohner. Mit Abbildd. d. Nationen u. e. kleinen Erdkugel. In 1 Kästchen. Nürnb. 824. Campe. 16 gr

Erde, die, u. ihre Bewohner, eine unterhaltende u. belehrende Lesegabe für Freunde der Länder- u. Völkerkunde. Herausg. v. M. A. Barth. 1r Jahrg. 1833. 52 Lfrgg. Mit 52 Kpfr. Fol. Augsb. 833. Schlosser. 2 1/6 rß — Dass. mit 26 Kpfr. 2e Aufl. Ebd. 840. 1/4 rß

Deutsche Erde. Zeitschr. f. Deutschkunde. Beiträge zur Kenntnis dtsch. Volkstums allerorten und allerzeiten. Hrsg. v. Paul Langhans. Gotha 1902—1914/15: Justus Perthes.

Erde, deutsche. Beiträge zur Kenntnis deutschen Volkstums allerorten u. allerzeiten. Hrsg. v. Paul Langhans. 1. Jahrg. 1902. 6 Hfte. 4. (X, 182 S. m. Kartenskizzen u. 6 farb. Karten.) Gotha, J. Perthes. n. 6. —; einzelne Hfte. n. 1.50

Erde, deutsche. Beiträge zur Kenntnis deutschen Volkstums allerorten u. allerzeiten. Hrsg. v. Paul Langhans. 2. Jahrg. 1903. 6 Hfte. (VIII, 184 S. m. Kartenskizzen u. 8 farb. Karten.) 4. Gotha, J. Perthes. n. 6. —

— dasselbe. Zeitschrift f. Deutschkunde. Beiträge zur Kenntnis deutschen Volkstums allerorten u. allerzeiten. Unter Mitwirkg. der Zentralkommission f. wissenschaftl. Landeskunde v. Deutschland u. in Verbindg. m. Alb. Bachmann, Otto Behaghel, Gust. v. Bezold u. a. hrsg. v. Paul Langhans. 3.—5. Jahrg. 1904—1906. à 6 Hfte. (VIII, 184; VIII, 236 u. VIII, 252 S. m. Abbildgn. u. 9, 6 u. 6 farb. Karten.) 4. Ebd. à Jhrg. n. 8. —

Erde, deutsche. Zeitschrift f. Deutschkunde. Beiträge zur Kenntnis deutschen Volkstums allerorten u. allerzeiten. Unter Mitwirkg. der Zentralkommission f. wissenschaftl. Landeskunde v. Deutschland u. in Verbindg. m. Alb. Bachmann, Otto Behaghel, Gust. v. Bezold u. a. hrsg. v. Paul Langhans. 6. u. 7. Jahrg. 1907 u. 1908. à 6 Hefte. (VIII, 236 S. m. Abb., 6 Taf. u. 7 Karten u. VIII, 240 S. m. Abbildgn., 6 Taf. u. 11 farb. Karten.) Lex. 8. Gotha, J. Perthes. à Jhrg. 8. —

— dasselbe. Unter Mitwirkg. der Zentralkommission f. wissenschaftl. Landeskunde v. Deutschland u. der Zentralstelle f. Erforschg. des Deutschtums im Ausland u. in Verbindg. m. Alb. Bachmann, Otto Behaghel, Gust. v. Bezold u. a. hrsg. v. Paul Langhans. 8. u. 9. Jahrg. 1909 u. 1910. à 8 Hefte. (8. Jhrg. VIII, 256 S. m. Abbildgn., 8 Taf. u. 12 farb. Kart.) Lex. 8. Ebd. à Jhrg. 12. —

Die Erde in zwey Halbkugeln, nach den vorzüglichsten Karten und zuverlässigsten Ortsbestimmungen entworfen von Conrad Mannert, Professor.
Nürnberg bey Homanns Erben 1806. 1 Bl.

Auf Heimatlicher **Erde**. Schleswig-Holsteinische Erzählungen. Gesammelt u. hrsg. von d. Kieler Neuesten Nachrichten. Mit Bildschmuck von E. Krüger ... (Kiel: Kieler Neueste Nachrichten 1905.) (VIII, 305 S.) 8° [F.]
Zuerst erschienen in d. Kieler Neuesten Nachrichten. '07. 8

Erde, Die, in Karten und Bildern ... Wien 1889. Red: *Schweiger-Lerchenfeld, Amand Frh. v.* (EB)

Erde, die, in Karten und Bildern. Hand-Atlas in 60 Karten und 800 Illustr. 50 Lfgn. Fol. (à Lfg. 12 S. mit eingedr. Holzschn. und 1—2 chromolithogr. Karten.) Wien 887—89, Hartleben. à Lfg. * 80 Pf. *

Erde, die, u. die Kultur. Die Eroberg. u. Nutzbarmachg. der Erde durch den Menschen. In Verbindg. m. Fachgelehrten gemeinverständlich dargestellt v. Ludw. Reinhardt. 4. Bd. 2 Tle. gr. 8. München 911. E. Reinhardt. Geb. in Leinw. 20. —
4. Kulturgeschichte der Nutzpflanzen. Von Ludw. Reinhardt. 2 Tle. (VII, 738 u. VIII, 756 S. m. 92 Abbildgn. u. 100 Taf.) Bd. 1—3 sind noch nicht erschienen.

— die, u. ihre Länder u. Staaten, s. Karl Glaser's Atlas.

Erde, die, u. ihre Länder u. Staaten. Eine Zugabe zu C. Glaser's vollständ. Atlas üb. alle Theile d. Erde, sowohl zum Privatgebr., als auch f. Schulen. gr. 8. (1³/₄ B.) Darmstadt 839, Pabst. gratis.
Vgl. Glaser, Atlas.

Erde, die, und das Meer. Illustrirte phys. Geographie. (Das Weltall. 3. Thl.) gr. 8. (192 S. mit 4 farbigen Kpfrn. und vielen eingedr. Holzschn.) Berlin 866, Schlingmann.

Mutter Erde. Technik, Reisen und nützliche Naturbetrachtung in Haus und Familie. Bd. 1. (1899). Berlin u. Stuttgart 1899—1900. 2 Bde. 4°. W. Spemann.

Erde, die neue, Sonntagsblatt zur christl. Erbauung, zunächst f. das fränk. Würtemberg. Hrsg. v. Braun. 1841. 1. Jahrg. April—Dec. 20 Nrn. (Bog.) 4. Künzelsau. (Hall, Haspel'sche Buchh.) Thlr. *

— die neue. Sonntagsbl. zur christl. Erbauung, zunächst für d. fränkische Würtemberg. Hrsg.: Braun. 3. Jahrg. 1843. 26 Nrn. (Bog.) 4. (Schwäb. Hall, Haspel'sche Buchh.) *
1. u. 2. Jahrg. Ebendas. 1841, 42. à * 15 Ngr.

Erde, Die, in einem kleinen Raum ... Nürnb. 1741. V: *Munz, Georg Chph.* (ML)

— rote. Halbmonatsschrift m. Bilder-Beigaben f. deutsche Art u. deutsche Geschichtsbetrachtg., f. niedersächs. Stammeskunde u. niedersächs. Volkstum in Geschichte, Sprache, Brauch u. Sitte. Schriftleitung: Alfr. Kellermann. 1. Jahrg. April—Dezbr. 1903. 18 Nrn. (à ca. 8 S.) Fol. Dresden-Blasewitz [A. Kellermann]. Großenhain, Verlag Rote Erde. n. 3. 60

Erde, Die, steht. Lustspiel. Donauwörth 1792. V: *Mayr, Beda.* (ML) (Zeitschr. f. Büch. 1923, S. 83)

Unsere **Erde**. Der Werdegang d. Erdballs u. seiner Lebewelt, seine Beschaffenheit u. seine Hüllen. Gemeinverständl. dargest. unter Mitw. von ... von L[ukas] Waagen. Mit 715 Textabb., 56 Tafelbld., Beil. u. Kten. (Berlin &) München: Allg. Verl.-Ges. [1909]. VIII, 605 S. 4°
(Himmel u. Erde. Bd 2.) '10. 556

— die, vom Luftball aus gesehen. Eine Karte, entworfen von ... Zeune u. in Holz geschn. v. F. W. Gubitz. Bunt abgedr.: Erster Versuch in dieser Druckart. Mit e. Erklär. v. A. Zeune. Berl., Dümmler. 6 ℳ

Die Erde und das Weltall, s. Familien-Bibliothek.

Erde, die, wie sie den Mondbewohnern sich darstellt. Ein Vorschmack von den Genüssen, welche jenseits unserer warten. 8. (1 B.) Langensalza 843. [Wesel, Bagel.]

— die, wie sie den Mondbewohnern sich darstellt. Ein Vorschmack von den Genüssen, welche jenseits unserer warten. 8. Langensalza 843, Schulbuchh. d. Th. L. V. 1/12 ß

— Die, wie sie jetzt bekannt von C B. Globus 5 cm in Schachtel. Nürnberg

— Die, wie sie jetzt bekannt von C B. Globus 7 cm in Schachtel. Nürnberg

Erde, die, wie sie jetzt bekannt von C B. Gestochen von Huttala. Globus 10 cm in Schachtel. Nürnberg

Erdeborn [Schlagwort]

Erdeborn, s.: Preussen, Messtischblätter.

Erdeinbruch. Der E. von Zug ... Zug 1888 s. a. Wickart, Ant[on]

Erdeinbruch, der, von Zug, am 5. Juli 1887. Bericht des Hülfs-Comite. Zug 1888.

Erdel, Frdr., Geheime Wechselwirkungen zwischen Leib u. Seele. Wesentl. Mithilfe d. sogen. willkürl. Muskeln z. Entstehg. d. geist. Lebens u. dess. Wirkg. auf Gesundheit, Stärke, Gestalt, Schönheit u. Lebensdauer. gr. 8. (17 S.) Nürnberg 897. (F. Korn.) n. 1. —

Erdély, A[nna]. Über die Beziehungen zwischen Bau und Funktion des lymphatischen Apparates des Darmes. Diss. Med. Bern. Hierzu eine Tafel mit farbigen Figuren. ([Sep.-Abdr. aus:] Zeitschrift f. Biologie Bd. 46. H. 2.) II + 34 S. 8. München, R. Oldenbourg, 1904.

Erdelyi, ungarische Sagen und Märchen, s. Sagen und Märchen.

Erdélyi, Karl, s. a. **Wegweiser** d. südungar. Karpathonvereins.

Erdélyi, Karl, Wegweiser des südungarischen Karpaten-Vereines. Wesentlich vermehrte und ergänzte deutsche Ausgabe.. 16. (XV, 736 S.)
Budapest: Kilian 1895

Erdelyi, Michael von

Erdelyi M. ab: Dissertatio inaug. veter. de adenitide morbo equorum vulgatissimo. Viennae 1813. 152 S.
[Afhandlingen selv er paa Tysk].

Erdelyi (M. von). Anleitung zur Pflanzenkenntniss, oder Botanik. ... Wien, 1831. 8°.

Erdelyi, Mich. v., Anleitung zur Pflanzenkenntniß od. Botanik, zunächst f. d. Landwirth u. Thierarzt, so wie f. angeh. Aerzte u. Wundärzte faßl. dargest. 2 Thle. M. 2 Stnt. gr. 8. (43½ B.) Wien 835, [Tendler u. Schäfer.)

Erdelyi, Michael v.: Beschreibung der einzelnen Gestüte des österreichischen Kaiserstaates, nebst Bemerkungen über Hornviehzucht, Schafzucht u. Ökonomie. Mit mehreren Übersichts-Tab. u. 2 lithogr. Taf., d. Gestüts-Brandzeichen darstellend. Wien 1827. XVI, 250 S. Gerold

Erdélyi, Michael von: Darstellung des Zahnalters des Pferdes, Rindes, Schafes und Schweines, nebst einem Pferd-Scelette mit den äußeren Umrissen... Als Beytrag zur vergleichenden Anatomie und Physiologie, und als Beylage zur Knochenlehre des Pferdes und der übrigen Haussäugethiere. 3 S., gbd., 3 Taf., 1 Tab.

Wien: typ.Grund 1820

JB 6.017

— Darstellung des Zahnalters d. Pferdes, Rindes, Schafes u. Schweines. Mit 3 Kpf. (Fol.) und 1 Tab. Ebd. 20. Wimmer. M. 4.—

v. Erdelyi, Mich., über d. Drusenkrankheit d. Pferde. 8. Wien 813. Geistinger. 12 gr

Erdelyi, Michael von, üb. d. Drusenkrankh. d. Pferde. 8. Wien, Geistinger. 814.

Erdelyi, Mich. v., Über Drüsenkrankheiten der Pferde. 8. Wien 14. Gerold. M. 1.50

Erdélyi, Michael von: Grundlinien der Eingeweidlehre der Haussäugethiere, insbesondere des Pferdes. Als Handbuch für angehende Thierärzte bearbeitet. 39 S., 118 S., gbd.

Wien: typ.Grund 1819

— Grundlinien d. Eingeweidlehre d. Haussäugethiere, insbesond. d. Pferdes. gr. 8. Wien 819. (Wimmer, a. Heubner). 1 Thlr 8 gr

Erdélyi, Michael von: Grundlinien der Eingeweidlehre der Haussäugethiere, insbesondere des Pferdes. Als Handbuch für angehende Thierärzte bearbeitet. 2.verm.und verbess. Aufl. 111 S., gbd.

Wien: Ulrich 1831

JB 5.909

Erdélyi, Michael von: Grundlinien der Knochenlehre des Pferdes, mit Berücksichtigung der Abweichungen bey den übrigen Haussäugethieren. Nebst einer vollständigen Anweisung zu Beurtheilung des Alters aus den Zähnen. Als Handbuch für angehende Thierärzte und Oekonomen bearbeitet. 250 S., gbd., 3 Taf. (fehlen!)

Wien: Selbstverlag 1820

JB 5.907

— Grundlinien d. Knochenlehre d. Pferdes 2c. Nebst e. vollständ. Anweis. zur Beurtheil. d. Alters aus den Zähnen. Mit 3 Kpft. gr. 8. Wien 820. Wimmer; (a. Heubner). 2 Thlr 6 gr (A. u. d. T.: Darstell. d. Zahnalters d. Pferdes, Rindes, Schafes u. Schweines 2c.)

Erdelyi, Mich. v., Grundlinien der Knochenlehre des Pferdes, mit Berücksichtig. der Abweichungen bei den übrig. Haussäugethieren. Nebst e. vollständ. Anweis. zur Beurtheilung des Alters aus den Zähnen. Ein Handb. f. angeh. Thierärzte u. Oekonomen. 3., verb. Aufl. gr. 8. (13½ B.) Wien 845, Mayer u. Comp. Thlr.

Erdelyi, Mich. v., Grundlinien d. Muskellehre d. Pferdes, mit Berücksichtig. d. Abweichungen bey d. übrigen Haussäugethieren. Ein Handb. f. angeh. Thierärzte u. Oekonomen. gr. 8. (7 B.) Wien 829, (Wimmer.)

— Grundlinien der Muskellehre des Pferdes, mit Berücksichtigung der Abweichungen bei den übrigen Haussäugethieren. Als Handbuch für angehende Thierärzte u. Oekonomen bearbeitet. 2e Aufl. gr. 8. Wien 839. Gerold. ⅔ Thlr

Erdélyi, Michael von: Grundlinien der Nerven- und Gefäßlehre der Haussäugethiere, insbesondere des Pferdes. Als Handbuch für angehende Thierärzte bearbeitet. 99 S., gbd.

Wien: typ.Grund 1819

v. Erdelyi, Mich., Grundlinien d. Nerven- u. Gefäßlehre d. Haussäugethiere, insbesond. d. Pferdes. gr. 8. Wien 819. (Wimmer, a. Heubner). 1 Thlr 8 gr

— Grundlinien der Nerven- und Gefässlehre der Haussäugetiere; insbesondere des Pferdes. Ebd. 79. Wimmer. M. 4.—

Erdélyi, Michael von: Versuch einer Zoophysiologie des Pferdes und der übrigen Haussäugethiere. Nebst einer Skizze der vorzüglichsten österreichischen Pferde-Racen und Gestüte. Als Handbuch für angehende Thierärzte und Oekonomen bearbeitet. 391 S., gbd.

Wien: typ.Grund 1820

JB 5.908

— Versuch e. Zoophysiologie d. Pferdes u. d. übrigen Haussäugethiere. gr. 8. Wien 820. (Wimmer). 2 Thlr 8 gr 2e Aufl. gr. 8. Ebd. 830. Heubner. 1 Thlr 16 gr

—— Versuch e. Zoophysiologie d. Pferdes u. d. übrigen Haussäugethiere. Nebst e. Skizze u. 2 Uebersichts-Tab. d. merkwürd. in d. österr. Monarchie befindl. Gestüte, u. e. Anh. üb. d. Färbung d. Haare bey d. Pferde u. d. übrigen Haussäugethieren. Als Handb. f. angeh. Thierärzte u. Oekonomen bearb. 2., verm. u. verb. Aufl. gr. 8. (32½ B. incl. 2 B. Tab. in gr. 4.) Wien 830, Heubner.

Erdélyi, Michael von (Hrsg.u.Comm.):

s.: Waldinger, Hieronymus: Spezielle Pathologie und Therapie oder Anleitung, die einzelnen Krankheiten der nutzbarsten Haus-Säugethiere zu erkennen und zu heilen. 3.Aufl. Wien: 1832 - 1833

JB 5.912

Erdélyi, Vict., Lehrbuch der Stenographie auf Grundlage des v. Carl Faulmann vereinfachten Gabelsberger'schen Systems. Zum Selbstunterricht. 1. Thl.: Vollschrift. 8. (25 S.) Wien 895. C. Graeser. n. 1.--

Erdélyi, Vict., Lehrbuch d. Stenographie a. Grundlage d. v. Carl Faulmann vereinf. Gabelsberger'schen Systems. Z. Selbstunterricht. 2 Thle. 8. Wien, A. Reimann. à n. 1.--
1. Vollschrift. (25 S.) 896.
2. Correspondenz- u. Debattenschrift. (48 S.) 897.

Erdélyi, Vict., Selbstunterricht in der Gabelsberger'schen Stenographie. Auf Grundlage des v. Carl Faulmann vereinfachten Systems. 2 Thle. 2.[Titel-]Aufl. 8. Wien, C. Graeser & Co. à n. — 50
1. Die Vollschrift. (25 S.) (896.)
2. Correspondenz- u. Debattenschrift. (48 S.) (894.)

Erdenberger, d. Avancement d. akademisch gebild. Justizbeamten u. Lehrer im sächs. Staatsdienste in d. J. 1886—1896. E. Kritik d. Stellenetats. gr. 8. (32 S.) Leipzig 897. Renger. n. 1.

Gesellschaft Brudersinn, Marburg a. L. Festbuch zum 25jähr. Stiftungsfest. Hrsg. vom Festausschuss. Zsgest. von Ferd. **Erdenberger.** *Marburg (1901): J. Hamel.* (23 S.) 8° [U8. 14770 4

Erdenberger, Gustav Eduard (Radeburg), De vocalibus in altera compositarum vocum latinarum parte attenuatis. Diss. philos. Lpz. (Poeschel & Trepte) 1883. 62 S. mit Biogr. (M.: R. Schmelz.) (4.20) 8037

Erdenglück. . . . Berlin 1850.
V: *Danckelmann, Caroline Baronin v.* (Ky)

Erdenglück. Von der Verfasserin der „Ernsten Stunden" und der Gedichtsammlung „Den Frauen." 2 Thle. 8. (VI und 630 S.) Berlin 850. [Leipzig,] Herm. Schultze.

Erdenleben, das, als Vorläufer und weissagendes Vorbild des außerirdischen Daseins betrachtet. gr. 8. (15 S.) Breslau 860, (Dülfer.) Thlr. *

Erdenleben, zweipoliges. Betrachtgn. üb. den Lebenslauf unseres Planeten, sowie üb. Urheimath, Ausbreitg. u. Ende seiner Bewohner. Von O. F. J. A. gr. 8. (56 S.) Dresden 901. E. Pierson. n. — 75

Erdennacht, die, von E. Raupach. s. im Alphabet: Raupach, E.

Erdensohn, Karl, Fritz und Fritzchen. Ein kleinstaatl. Parlamentsroman. 3 Bde. gr. 16. (703 S.) Leipzig 867, Kollmann.

Erdensohn, Carl, Hübsche Leute! Humoristische Erzählung. 2 Bde. 8. (III, 232; III, 262 S.) Berlin 870, Langmann und Comp. [Leipzig, Stangel.]

Erdensohn, W., s.: Dasein u. Ewigkeit.

Erdentage, d. letzten, e. jungen Frau. Erinnergn. an Paulina Moreno. (Von Jos. Moreno.) Übers. v. A. v. Schaeffer. 8. (50 S.) Basel 896. Jaeger & Kober. n. — 40

. Erdenwallen, Des Burschen. Eine ächt wahre Burleske. Bremen 1822.
V: *Kobbe, Theodor Christian August von.* (Ky) (MGT)

Erden-Wallen, des Christen, ein Kalender f. Zeit u. Ewigkeit. Von d. Verf. des christl. Familien-Tempels u. s. w., nebst 365 Denksprüchen rc. u. e. Morgen-, Abend- u. Meßandacht. 12. (3 B., 1 Stahlst. u. 4 bibl. Abbild.) Augsburg 846, Schlosser'sche Buchh.

Dr. Fritz Friedmann's Erdenwallen in Bild und Lied. Humoristisches Quodlibet. Ergötzlich und reich illustriert von Maddalena (21.—40. Tausend.) Hamburg, G. Fritzsche. (50 Pfg.)

Erdenwandel, der, unseres Herrn Jesu Christi in biblischen Betrachtungen. gr. 8. (XII, 426 S.) Eisleben 887. Christl. Verein im nördl. Deutschland. Geb. 2. 25

Erdenwandel, der, unseres Herrn Jesu Christi in biblischen Betrachtungen. (Von v. Schliessen.) (XII, 426 S.) 8. Eisleben 887. Christl. Verein im nördl. Deutschland. Geb. 1. 50

Erdgeist. Illustrierte Halbmonatsschrift. Hrsg.: Gust. Eug. Diehl. Als Moderne Revue begründet 1906 v. Hugo Bitt. Eisenschiml. Künstlerische Leitg.: Ludw. Abels. Red.: Hugo Vikt. Eisenschiml, Paul Stefan, L. A. Ebert, J. Tauber. Verantwortlich: M. Jolsdorf. 3. Jahrg. 1908. 24 Hefte. (1125 S. m. Abbildgn. u. Taf.) 33×24,5 cm. Wien (H. Goldschmiedt). 20. —

Erdgeist. Illustrierte Halbmonatschrift. Jahrg. III. 4°. Erscheint in 12 Heften Wien: Konegen 1908. à K 1.—

Erdgeruch — e. deutsches Märchen. (Von Karl Holz.) (XVI, 29 S.) kl. 8. Leipzig 907. Dieterich. 1.—; geb. 2. 50

Erd- und Himmelsgloben, neue Ausgabe, sowohl in deutscher, als in böhmischer, englischer u. russischer Sprache; in viererlei Ausgaben, nämlich auf kleinem runden Gestell, mit Meridian, mit und ohne Höhenschichten:
2½" Durchmess. à 60 kr. u. 1 fl. 75 kr., dann à 70 kr. u. 1 fl. 85 kr.
3½" " à 1 fl. u. 3 „ 15 „ „ à 1 fl. 15 „ u. 3 „ 30 „
4½" " à 2 fl. u. 5 „ 30 „ „ à 2 „ 20 „ u. 5 „ 50 „
12" " à 3 fl. 30 kr. u. 8 „ 40 „ „ à 3 „ 50 „ u. 8 „ 60 „
(Die 6" u. 8" Durchmesser haltenden bereits früher erschienenen Globen, sowie jene in ungar. u. holländ. Sprache werden erst 1861 in neuer Ausgabe erscheinen.) Prag. Jos. Felkl. 1860.

Erd- und Himmelsgloben, neue Ausgabe, sowohl in deutscher, als in böhmischer, ungarischer, polnischer, russischer, englischer und holländischer Sprache; in viererlei Ausgaben, nämlich auf kleinem runden Gestelle oder mit Meridian, dann mit oder ohne Höhenschichten Colorite (in 5 braunen Schattirungen).
Nr. 1. 2½" Durchmesser à — fl. 60 kr. u. 1 fl. 75 kr.
„ 2. 3½ „ „ 1 „ — „ „ 3 „ 15 „
„ 3. 4½ „ „ 2 „ — „ „ 5 „ 30 „
„ 4. 6 „ „ 3 „ 30 „ „ 8 „ 40 „
„ 5. 8 „ „ 5 „ 30 „ „ 12 „ 60 „
„ 6. 12 „ „ 10 „ — „ „ 20 „ — „
dann à 1 fl. 85 kr. und à — fl. 70 kr.
„ „ 3 „ 30 „ „ „ 1 „ 15 „
„ „ 5 „ 50 „ „ „ 2 „ 20 „
„ „ 8 „ 60 „ „ „ 3 „ 50 „
„ „ 13 „ — „ „ „ 5 „ 60 „
„ „ 25 „ — „ „ „ 12 „ — „
Nr. 1—3 sind böhmisch, ungarisch, russisch und englisch; Nr. 5 in böhmischer, ungarischer und holländischer; Nr. 6. in böhmischer, ungarischer und russischer Sprache vorräthig, und zwar die neuen Ausgaben von 4 und 5 so wie die in ungar., poln. und holländ. Sprache 1861 erschienen. Prag. Jos. Felkl. 1861.

Erdglobus mit ungarischem Text von P Gönczy. 32 cm mit graduiertem Meridian, Stundenring und Kompass. Prag

— von Ed. Schels. 4 Zoll im Durchmesser. 2. Aufl. Coesfeld 842, Riesesche Buchh. Auf lackirtem Gestell mit Meridian $1\frac{3}{4}$ ℳ — Mit Emballage $1\frac{7}{8}$ ℳ

Erdglobus. 6 Zoll im Durchmesser. Auf lackirtem Gestelle mit Meridian. Weimar 843, Geograph. Institut. n. 6 ℳ

Erd-Globus, künstlicher. Darstellung d. fünf Welttheile, durch Zusammensetzung in eine kugelähnliche Gestalt, zur leichtern Vorstellung u. Gebrauch beim geographischen Unterricht in Schulen rc. Mit ill. Nationen. Stuttg., Rieger u. C. u. ⅔ ℳ

Erdglobus, physikalischer von 12 Zoll Durchmesser gez. von C. F. Weiland, für physikal. Geographie, bearb. v. H. Kiepert. Auf Gestell, mit messingenem Meridian, Stundenzeiger, Compass u. Quadranten. Nebst Erläuterungen. 12. (118 S.) Weimar 847, Landes-Industrie-Comptoir. n. 20 ℳ — Emballage 1⅓ ℳ — Schulausg., die blosse Kugel zum Aufhängen mit den Erläuterungen. n. 8 ℳ — Emballage ⅔ ℳ — Die Segmente besonders mit den Erläuterungen 2 ℳ — Die Erläuterungen besonders n. ⅓ ℳ

Erdglobus-Lehre, populäre, zum Privat- u. Schul-Gebr. 8. (16½ B. u. 1 Stnt.) Sulzbach 843, v. Seidelsche Buchh.

Erdheim, Jakob

Erdheim, J., über Epithelkörperbefunde bei Osteomalacie. (60 S. m. 2 Fig. u. 4 Taf.) gr. 8. Wien 907. (A. Hölder). 2. 90
Sonderabdruck aus „Sitzungsber. d. k. Akad. d. Wiss."

Erdheim Jakob. Dr.: Über Hypophysenganggeschwülste und Hirncholesteatome (mit 1 Taf. und 41 Textfiguren). S. 113. III. 57 . . . . 4.90
Separatabdruck

Erdheim, J., über Hypophysenganggeschwülste u. Hirncholesteatome. (190 S. m. 41 Fig. u. 1 Taf.) gr. 8. Wien 904. (A. Hölder.) n. 4. 90
Sonderabdruck aus: „Sitzungsber. d. k. Akad. d. Wiss."

— Rachitis und Epithelkörperchen (mit 11 Taf. und 16 Textfiguren). D 90. 363 . . . 32. —
Separatabdruck

Erdhund-Zeitung, allgem. Illustr. Fachblatt f. Jäger, Züchter u. Liebhaber v. Erdhunden. Red.: H. W. Gruner. 1. Jahrg. Aug. 1896—Juli 1897. 24 Nrn. (à ca. 2 Bog.) 4. Leipzig, W. Malende. n. 6. —

Erdient u. Verdient! Die Orden, militär. Ehrenzeichen u. Kriegs-Denkmünzen Seiner Majestät d. deutschen Kaisers u. Königs v. Preußen Wilhelm. (Von L. Schneider.) [Extra-Hft. zum 42. Jahrg. d. Soldaten-Freundes.] gr. 8. (107 S. m. eingedr. Holzschn.) Berlin 875. Mittler & Sohn. n. 1. —

Erding [Schlagwort]

Erding. s.: Deutschland. Karte (Abt. Bayern).

Erding [Sachliches OW]

Erding im Jahre 1811. Vom k. Steuerkataster. 1: 2500. 1 Bl.

Erdinger, Ant.

Erdinger, Ant., Bibliographie des Klerus der Diöcese St. Pölten von der Gründung derselben bis auf die Gegenwart. (1784—1872.) 8. (IX, 228 S.) St. Pölten 872. Wien, Kirsch. *

Erdinger, Ant., Bibliographie d. Klerus der Diöcese St. Pölten von der Gründg. derselben bis auf die Gegenwart. 1784—1872. 8. (IX, 228 S.) Wien 873. Kirsch. n. 2. —

Erdinger, A., Bibliographie des Clerus der Diöcese St. Pölten von der Gründung derselben bis auf die Gegenwart. [1785—1889.] 2. Aufl. gr. 8. (304 S.) St. Pölten 889. (Gregora.) n. 2. 60

—— s. Epistolae septem.

Erdinger, Ant., Erbauungsreden für die studierende Jugend. 8. (352 S.) Wien 862, Mechitharisten-Congregations-Buchh.

— Dr. Joseph Feßler, Bischof v. St. Pölten u. Sekretär d. vatikanischen Concils. Ein Lebensbild. gr. 8. (VII, 217 S. m. 1 Holzschn.) Brixen 874. theolog. Verlags-Anstalt. n. 2. 40

— Festtags-Exhorten für die studierende Jugend. 8. (VIII, 234 S.) Wien 871. Kirsch. 2. —

—— der oesterreichische Vianney. Ein Lebensbild. 8. (VII, 135 S. mit 1 Holzschntaf.) Wien 873, Kirsch.

Erdinger, Ant., die sieben Worte Christi am Kreuze. Exercitienreden für die studierende Jugend. 12. (XII und 191 S.) Wien 859, Mayer und Comp.

—— Zehrpfennige für die Reise aus der Fremde in die Heimat, das ist Worte der Erbauung an kathol. Vereinsgesellen als Vorbereitung zur würd. Erfüllung der Osterpflicht. gr. 16. (78 S. mit 1 Stahlst.) Wien 867, Sartori.

— das Zweitafelgesetz u. der 4. Stand, od. religiöse Vorträge üb. die Gebote Gottes f. die arbeit. Klasse. gr. 16. (VI, 175 S.) Innsbruck 873. F. Rauch. — 75

Erdinger (C.). Verzeichn. der bei Krems . . . Gefaess-Kryptogamen und Phanerogamen. Krems, 1872. 8°.

Erdkarte in 4 Blätter. Folio. Wien, Hartleben. 1869 1 fl. 80 kr.

— — Wandkarte der östlichen und westlichen Halbkugel, Ausgabe I. 2 Bl. gr. Folio. Wien u. Olmütz, Hölzel. 1869 1 fl 40 kr.
— — Ausgabe II. 4 Bl. gr. Folio. Ebds. 1 fl. 80 kr.

Erdkarten [Schlagwort]

– s.a. Atlanten. Peucker, Karl.

– s.a. Atlanten. Sydow.

– s.a. Eisenbahnkarten. Weltpostverkehr.

– s.a. Europa. Mercator, Gerh.

– s.a. Generalkarten.

– s.a. Hand- u. Reisekarten. 2. —

– s.a. Missionskarten.

– s.a. Physikalische Karten. Kiepert, Heinr.

– s.a. Schulwandkarten. Sydow.

– s.a. Seekarten.

Erdkarten. Algermissen, J. L., Schul-Wandkarte der östlichen u. westlichen Halbkugel, in homalograph. Projektion m. Höhenschichtenkolorit. à 6 Blatt. Imp.-Fol. Metz 888. Leipzig, Lang. à n. 12.; auf Leinw. m. Stäben à n. 20. —

Erdkarten. Bamberg's, Karl, Schulwandkarte der östlichen Halbkugel. Ausg. 1898. Physikalische Ausg. 12 Blatt à 48,5 × 37 cm. Farbdr. Berlin 898. C. Chun. 12.—; auf Leinw. in Mappe n. 16.50; m. Stäben n. 18.—; polit. Ausg. zu gleichen Preisen.

Erdkarten. Bamberg's, Karl, Schulwandkarte der östlichen Halbkugel. Ausg. 1899. (Physikalische Ausg.) 12 Blatt à 48,5×37 cm. Farbdr. Berlin 899. C. Chun. 12. —; auf Leinw. in Mappe n. 16. 50; m. Stäben n. 18. —

Erdkarten. Bamberg's, Karl, Schulwandkarte der östlichen Halbkugel. (Neue Ausg.) (Physikalische Ausgabe m. oder ohne polit. Grenzen u. polit. Ausg.) je 12 Blatt à 48,5×37 cm. Farbdr. Berlin (904). C. Chun. à n. 12. —; auf Leinw. in Mappe à n. 16. 50; m. Stäben à n. 18. —

— Bamberg, K., Schulwandkarten der östlichen u. westlichen Halbkugel. à 12 Blatt. 3. Aufl. Physikalische Ausg. Chromolith. qu. gr. Fol. Berlin 887. Chun. à 12. —; auf Leinw. in Mappe à n. 16. 50; m. Stäben à n. 18. —; polit. Ausg. zu gleichen Preisen.

— — Schulwandkarte der östlichen u. westlichen Halbkugel. (Physikalisch-polit. Ausg. f. einfache Schulverhältnisse.) 1 : 12,000,000. à 4 Blatt à 87×87 cm u. 1 Bl. 43×87 cm. Ebd. (900). à n. 11. —; auf Leinw. à n. 16. —; beide Karten zusammen, auf Leinw. n. 30. —

— — Schulwandkarte der östlichen u. westlichen Halbkugel. (Physikalisch-polit. Ausg. für einfache Schulverhältnisse.) 2. rev. Aufl. 1 : 12,000,000. je 4 Blatt à 87×87 cm. u. 1 Blatt. 43×87 cm. Ebd. (904). à n. 11. —; auf Leinw. à n. 16. —

— — Schulwandkarte der westlichen Halbkugel. Ausg. 1897. (Physikalische Ausg. m. rot markierten polit. Grenzen.) 12 Blatt à 48,5 × 36,5 cm. Farbdr. Ebd. 897. 12. —; auf Leinw. in Mappe n. 16. 50; m. Stäben n. 18. —

— — — dasselbe. Ausg. 1898. (Politische Ausg.) 12 Blatt à 48,5 × 37 cm. Farbdr. Ebd. 898. 12. —; auf Leinw. in Mappe n. 16. 50; m. Stäben n. 18. —

— — Schulwandkarte der westlichen Halbkugel. Ausg. 1899. (Physikalische Ausg.) 12 Blatt à 48,5× 37 cm. Farbdr. Ebd. 899. 12. —; auf Leinw. in Mappe n. 16. 50; m. Stäben n. 18. —

— — Schulwandkarte der westlichen Halbkugel. (Neue Ausg.) (Physikalische Ausgabe mit oder ohne polit. Grenzen u. polit. Ausg.) je 12 Blatt à 48,5×37 cm. Farbdr. Ebd. (904). à n. 12. —; auf Leinw. in Mappe à n. 16. 50; m. Stäben à n. 18. —

Erdkarten. Bamberg's, Karl, Schulwandkarte der westlichen Halbkugel. Billige Ausg. 4. rev. Aufl. 1:12,000,000. Je 4 Blatt à ca. 87×87 cm u. 1 Bl. 53 ×93 cm. Berlin (907). C. Chun. à 11.—; auf Leinw. m. Stäben à 16.—; zusammen bezogen, aufgez. 30.—

— Baur, C. F., neueste Karte der Erde in Mercator's Projection. Mit Rücksicht auf das Bedürfnis d. Handelsstandes, sowie f. den Unterricht an Lehranstalten. Neue Ausg. 1887. 4 Blatt. Chromolith. qu. gr. Fol. Stuttgart 887. J. Maier. n. 6.—

Erdkarten. Baur, C. F., Karte der Erde nach Mercator. Politische Uebersicht u. Darstellg. d. Weltverkehrs. Mit Angabe der Dampferlinien, der unterseeischen Kabel etc., sowie der Sitze der deutschen u. österreich-ungar. Konsulate. Rev. v. Osw. Meinke. 1:54,600,000. Farbendr. 64×92 cm. Stuttgart 891. J. Maier, Sep.-Cto. In Mappe. n. 3.—; auf Leinw. n. 6.—; m. Stäben n. 7.—

— — (u. Tr. Bromme), neueste Karte der Erde (nach Mercators Projection). Mit Rücksicht auf das Bedürfniss d. Handelsstandes, sowie f. den Unterricht an Lehranstalten bearb. 4 Blatt. à 44,5×59 cm. Farbendr. Ebd. 893. n. 6.—; auf Leinw. n.n. 9.—; in Leinw.-Mappe n.n. 10.—; m. Stäben u. lackiert n.n. 11.—

— Berghaus, Herm., Chart of the world on Mercators projection. Entirely reconstructed by Herm. Habenicht and Bruno Domann. 12. ed. 4 Blatt à 47,5× 77 cm. Farbdr. Gotha 897. J. Perthes. n. 14.—; auf Leinw. in Leinw.-Mappe n. 20.—; in Ldr.-Mappe n. 24.—; m. Stäben n. 20.—; u. lackiert n. 22.—; 32fach gebrochen in Leinw.-Mappe n. 20.—; in Ldr.-Mappe n. 24.—

— Berghaus, Herm., chart of the world on Mercators projection. Entirely reconstructed by Herm. Habenicht and Bruno Domann. 14. ed. 93×155 cm. Farbdr. Gotha (909). J. Perthes. 14.—; auf Leinw. in Leinw.-Mappe 20.—; in Ldr.-Mappe 24.—; m. Stäben 20.—; u. lackiert 22.—

— Berghaus-Gönczy, Wandkarte der fünf Erdtheile in Mercator's Projection. (In ungar. Sprache.) 8 Sektionen. 3. Aufl. Chromolithogr. gr. Fol. Gotha 887. J. Perthes. n. 10.—; auf Leinw. in Mappe n. 14.—; m. Stäben n. 18.—; m. Stäben u. lackirt n. 20.60

— Birk, C, Weltkarte in Merkators Projection. Aequatorial-Massstab 1:90,000,000. [Aus: „B., Netzatlas".] 36×56 cm. Lith. Berlin 897. S. Schropp. —30

— Bludau, A., Erdumrisskarte in flächentreuer Planisphäro. 1:30,000,000. 63×123 cm. Lith. Ebd. (900). n. 1.40

— Bosse, Aug., Weltkarte zur Bestimmg. der Zeitunterschiede im Depeschenverkehr m. überseeischen Ländern. 25,5×45 cm. Farbdr. Mit Messapparat. Berlin (904). D. Reimer. Auf Pappe n. 2.—

— Debes', E., physikalische Erdkarte in Mercators Projektion. 2. Aufl. 8 Blatt à 80,5×62,5 cm. Farbdr. Leipzig (900). H. Wagner & E. Debes. n. 12.—; auf Leinw m. Stäben n.n. 21.—

Erdkarten. Debes', E., physikalische Erdkarte in Mercators Projektion. 4. Aufl. 8 Bl. à ca. 80×62 cm. Farbdr. Leipzig (907). H. Wagner & E. Debes. 12.—; auf Leinw. m. Stäben 21.—

— Debes, E., Schulwandkarte der Erde. Ost- u. Westhälfte. Im Anschluss an d. Herausgebers Schulatlanten bearb. Radional-Massstab 1:18,225,000. à 6 Blatt à 58×79 cm. Farbdr. Leipzig 897. H. Wagner & E. Debes. à n. 6.—; auf Leinw. m. Stäben à n. 14.—

— Deichmann, L., Karte der Erde u. d. Weltverkehrs in der Projection des Gerh. Cremer, gen. Mercator. 34×53,5 cm. Farbendr. Cassel 894. L. Deichmann. n. 3.—; m. Stundenzonenteilg. in Intervallen von 5 zu 5 Minuten n. 3.—

— Diercke, C., Schulwandkarten. Östliche Halbkugel. Bodenverhältnisse. 1:12,000,000. 180×170 cm. Farbdr. Braunschweig (906). G. Westermann. Auf Leinw. m. Stäben 18.—

— — dasselbe. Westliche Halbkugel. Bodenverhältnisse. 1:12,000,000. 180×170 cm. Farbdr. Ebd. (905). Auf Leinw. m. Stäben 18.—

— — dasselbe. Staatenkarte. 1:12,000,000. 180×170 cm. Farbdr. Ebd. (905). Auf Leinw. m. Stäben 18.—

— — dasselbe. Staatenkarte. 1:12,000,000. 180×170 cm. Farbdr. Ebd. (906). Auf Leinw. m. Stäben 18.—

— Eckert, Max, Umrisskarte der Erde in flächentreuer Projektion. 1:20,000,000. 4 Blatt. à 60×105 cm. Leipzig (908). H. Wagner & E. Debes. 3.50

— Freytag, G., der Weltverkehr. Karte der Eisenbahn-, Dampfer-, Post- & Telegraphen-Linien. Aequatorial-Massstab 1:45,000,000. Ausg. 1895. 64,5× 90 cm. Farbendr. Wien 895. G. Freytag & Berndt. n. 2.—

— Freytag, G., der Weltverkehr. Karte der Eisenbahn-, Dampfer-, Post- u. Telegraphen-Linien. Masstab am Äquator 1:45,000,000. 64×95,5 cm. Farbdr. Wien 902. G. Freytag & Berndt. n. 2.—

— Gaebler, Ed., Karte der westlichen u. östlichen Erdhälfte. 1:24,000,000. 8 Blatt. Ausg. 1893. Mit Höhenschichten-Kolorit. Lith. u. kolor. à 56×56 cm. Leipzig 893. G. Lang. n. 14.—; auf Leinw. m. Stäben n. 22.—; m. polit. Kolorit zu gleichen Preisen.

— Gaebler, Eduard, Schulwandkarte der Erde. (In Merkators Projektion.) (Physikalisch.) Äquatorial-Massstab 1:15,000,000. 9 Bl. à 63×93 cm. Farbdr. Leipzig (910). G. Lang. 30.—; auf Leinw. m. Stäben 36.—

— Gaebler, Ed., Schulwandkarte der östlichen u. westlichen Erdhälfte. (Politisch-physikal. Ausg.) Mittlerer Massstab 1:12,000,000. 4. Aufl. à 6 Blatt. à ca. 60×82 cm. Farbdr. Leipzig (902). G. Lang. à n. 10.—; auf Leinw. m. Stäben à n. 15.—

— — dasselbe. Kleine Ausg. Mittlerer Massstab 1: 24,000,000. Politische Ausg. 5. Aufl. 8 Blatt à 56×56 cm. Farbdr. Ebd (902). n. 12.—; auf Leinw. m. Stäben n. 20.—

— Gaebler, Ed., Schulwandkarte der westlichen u. östlichen Erdhälfte. 1:24,000,000. 8 Blatt. Physikalische Ausg. Chromolith. Imp.-Fol. Metz 888. Leipzig, Lang. n. 14.—; auf Leinw. m. Stäben n. 22.—; polit. Ausg. zu gleichen Preisen.

— — Schulwandkarte der Erdhälften. Grosse Ausgabe. Politisch. Mittlerer Massstab 1:12,000,000. 2. Aufl. 12 Blatt à ca. 58×81,5 cm. Farbdr. Ebd. 898. n. 20.—; auf Leinw. in Mappe od. m. Stäben n. 30.—

Erdkarten. Gaebler, Ed., Wandkarte der östlichen Erdhälfte. Grosse Ausg. Physikalisch u. politisch vereinigt. Mittlerer Massstab 1:12,000,000. 6 Blatt à 58×80,5 cm. Farbendr. Leipzig 895. G. Lang. n. 12.—; auf Leinw. m. Stäben od. in Mappe n. 18.—

— — Wandkarte d. östlichen Erdhälfte. Mittlerer Massstab: 1:12,000,000. Physikalische Ausg. 4. Aufl. 6 Blatt à 59×81 cm. Farbdr. Ebd. (900). n. 12.—; auf Leinw. in Mappe od. m. Stäben n. 18.—

— Gaebler, Eduard, Wandkarte der östlichen Erdhälfte. Mittlerer Massstab: 1:12,000,000. Physikalische Ausg. 7. Aufl. 6 Blatt je etwa 59×81 cm. Farbdr. Leipzig (905). G. Lang. n. 12. —; auf Leinw. in Mappe oder m. Stäben n. 18. —; polit. Ausg. 5. Aufl. (904). n. 10. —; auf Leinw. in Mappe oder m. Stäben n. 15. —

— — Wandkarte der östlichen Erdhälfte. Mittlerer Massstab 1:12,000,000. Physikalische Ausg. 9. Aufl. 6 Blatt à ca. 59×81 cm. Farbdr. Ebd. (909). 13.—; auf Leinw. m. Stäben 18.—; politische Ausg., 7. Aufl., (910) zu gleichen Preisen.

— — Wandkarte d. östlichen u. westlichen Erdhälfte. 1:24,000,000. (Politische Ausg.) 3. Aufl. Kleine Ausg. 8 Blatt à 56×56 cm. Farbdr. Ebd. 898. n. 12. —; auf Leinw. in Mappe od. m. Stäben n. 20. —

— — dasselbe der östlichen u. westlichen Erdhälfte. Kleine Ausg. Mittlerer Massstab 1:24,000,000. Physikalische Ausg. 5. Aufl. 8 Blatt à 56×56 cm. Farbdr. Leipzig (901). G. Lang. n. 12. —; auf Leinw. m. Stäben n. 20.—; polit. Ausg. 4. Aufl., zu gleich. Preisen.

— — Wandkarte der östlichen u. westlichen Erdhälfte. Kleine Ausg. Mittlerer Massstab 1:24,000,000. (Physikalische Ausg.) 7. Aufl. 8 Blatt à 56×56 cm. Farbdr. Ebd. (905). n. 12. —; auf Leinw. in Mappe oder mit Stäben n. 20. —; polit. Ausg. 7. Aufl., zu gleichen Preisen.

— — Wandkarte der östlichen u. westlichen Erdhälfte. Kleine Ausg. Physikalische Ausg. 10. Aufl. Mittlerer Massstab. 1:24,000,000. 6 Bl. à ca. 56×56 cm. Farbdr. Ebd. (910.) 15.—; auf Leinw. m. Stäben 20.—; politische Ausg., 10. Aufl., zu gleichen Preisen.

— — Wandkarte d. westlichen Erdhälfte. Grosse Ausg. Physikalisch u. politisch vereinigt. Mittlerer Massstab 1:12,000,000. 6 Blatt à 58×80,5 cm. Farbendr. Ebd. 895. n. 12.—; auf Leinw. m. Stäben od. in Mappe n. 18.—

— — dasselbe der westlichen Erdhälfte. Mittl. Massstab: 1:12,000,000. Physikalische Ausg. 4. Aufl. 6 Blatt à 59×81 cm. Farbdr. Ebd. (901). n. 12. —; auf Leinw. in Mappe od. m. Stäben n. 18. —

— — Wandkarte der westlichen Erdhälfte. Mittlerer Massstab: 1:12,000,000. Physikalische Ausgabe. 7. Aufl. 6 Blatt je etwa 59×81 cm. Farbdr. Ebd. (905). n. 12. —; auf Leinw. in Mappe od. m. Stäben n. 18. —; polit. Ausg. 5. Aufl. (904). n. 10. —; auf Leinw. in Mappe oder m. Stäben n. 15. —

— — dasselbe. Kleine Ausg. Mittl. Massstab 1:24,000,000. (Physikalische Ausg.) 9. Aufl. 8 Blatt à 56×56 cm. Farbdr. Ebd. (909). 13.—; auf Leinw. m. Stäben 20.—; polit. Ausg., 9. Aufl., zu gleichen Preisen.

— — Wandkarte der westlichen Erdhälfte. Mittlerer Massstab. 1:12,000,000. Physikalische Ausg. 10. Aufl. 6 Bl. à ca. 59×81 cm. Farbdr. Ebd. (910). 13.—; auf Leinw. m. Stäben 18.—; polit. Ausg., 7. Aufl., zu gleichen Preisen.

— — Wandkarte der östlichen Halbkugel. Mittlerer Massstab 1:12,000,000. Physikalische Ausg. 2. Aufl. 6 Blatt à 59—81 cm. Farbdr. Ebd. 897. n. 12. —; auf Leinw. in Mappe od. m. Stäben n. 18. —

— — Wandkarte der westlichen Halbkugel. Mittlerer Massstab 1:12,000,000. Grosse Ausg. 2. Aufl. Physikalisch m. roten Grenzlinien. 6 Blatt à 58×81 cm. Farbdr. Ebd. 897. n. 12. —; auf Leinw. m. Stäben od. in Mappe n. 18. —

— Haack, Herm., Planigloben der Erde in flächentreuer Azimutalprojektion. Östliche u. westl. Halbkugel. Politische Ausg. 1:12,000,000. à 154×154 cm. Farbdr. (Gotha (908). J. Perthes. à 8.—; auf Leinw. in Mappe à 14.—; m. Stäben à 16.—; u. lackiert à 19.—; phys. Ausg. (907) zu gleichen Preisen.

— Haardt, V. v., Wandkarte der Planigloben. Orohydrograph. Ausg. Mittlerer Massstab 1:20,000,000. M. 2 Nebenkarten: a) d. Nordpolar-Länder 1:20,000,000. b) die Südpolar-Regionen. 1:40,000,000. 8 Blatt à 53,5×53 cm. Farbdr. u. kolor. Wien 897. E. Hölzel. n. 7. —; auf Leinw. in Mappe n. 12. 50; m. Stäben n. 14. 50

— Haardt v. Hartenthurn, Vinc., Wandkarte der Planigloben. Politische Ausg. 1:20,000,000. 8 Blatt à 65×53 cm. Farbdr. Ebd. 898. n. 9. —; auf Leinw. in Mappe n. 14. 50; m. Stäben n. 16. 50

Erdkarten. Hackmann, W., Schulwandkarte der östlichen u. westlichen Halbkugel. à 6 Blatt à 67×104 cm. Farbdr. Düsseldorf (901). L. Schwann. à 13. —; auf Leinw. m. Stäben à n.n. 22. —

— Handtke, F., Generalkarte der östl. u. westl. Halbkugel. Mittlerer Massstab: 1:45,000,000. 2. Aufl. Farbendr. gr. Fol. Glogau 890. Flemming. à n. 1. —

— Handtke, F., General-Karte der östlichen u. westlichen Halbkugel. Mittlerer Massstab 1:45,000,000. 4. Aufl. à 55×55 cm. Farbendr. Glogau 894. C. Flemming. à n. 1. —

— — Wandkarte der östlichen Halbkugel. 14. Aufl. 12 Blatt à 47×40 cm. Farbendr. Ebd. (891). 4. 50; auf Leinw. in Mappe n. 9. —; m. rohen Stäben n. 10. 50; m. schwarz polierten Stäben n. 11. 50

— — Wandkarte der westlichen Halbkugel. 14. Aufl. 12 Blatt à 47×40 cm. Farbendr. Ebd. (891). 4. 50; auf Leinw. in Mappe n. 9. —; m. rohen Stäben n. 10. 50; m. schwarz polierten Stäben n. 11. 50

— Harms, H., Planigloben. Oestliche u. westl. Hälfte. Radial-Massstab 1:16,000,000. Ausg. A m. polit. Grenzen, Ausg. B, physikal. Ausg. à 185×135 cm. Farbdr. Braunschweig (903). [H. Wollermann.] Leipzig, List & von Bressensdorf. à n. 14. —; auf Leinw. m. Stäben à n. 21. —; beide Halbkugeln zusammen jede Ausg. n. 40. —

— Hauptformen, die, d. Erdoberfläche. Farb. Reliefkarte. 28×35,5 cm. Berlin-Steglitz 896. R. Auerbach. In Rahmen n.n. 10. —

— Hauptformen, die, der Erdoberfläche nach der Darstellung in der E. v. Seydlitz'schen Geographie für den ersten geograph. Unterricht gez. unter wissenschaftl. Revision mehrerer Fachmänner. In vielf. Farbendr. auf starkem Karton-Papier ausgeführt (1 m br., 0,77 m h.). Breslau 887. Hirt. Ausg. A.: Das Tableau m. Kiste n. 4. —; B. dasselbe m. Leinw.-Einfassung u. Ösen incl. Kiste n. 5. 50; C. dasselbe aufgezogen u. m. Stäben versehen incl. Verpackung n. 8. 50

— Hemmleb, Herm., Schulwandkarte der Planigloben. 1:15,000,000. Politisch-physikal. Ausg. (5. Aufl.) 4 Blatt à 70,5×51 cm u. 4 Blatt à 52×51 cm. Farbendr. Weimar 892. H. Hemmleb. 14. —; auf Leinw. m. Stäben n. 20. —

— Herrich, A., Wandkarte des Weltverkehrs. Aequatorial-Massstab 1:22,000,000. 4 Blatt à 70×95 cm. Farbendr. Glogau 895. C. Flemming. In Mappe n. 12. —; auf Leinw. n. 17. —; m. rohen Stäben n. 19. —; m. polierten Stäben n. 20. 50

— — dasselbe. (Ausg. f. Oesterr.-Ungarn.) 1:22,000,000. Mit 4 Nebenkarten: Central-Amerika, 1:11,000,000. Nordsee u. Kanal, Strasse v. Suez u. Strasse v. Malakka, 1:4,400,000. 4 Blatt à 70,5 × 95 cm. Farbendr. Ebd. 896. In Mappe n. 12. —; auf Leinw. in Mappe n. 17. —; m. Stäben n. 19. —; m. polirt. Stäben n. 20. 50

— Herrich, A., Weltverkehrskarte. 1:50,000,000. 62×83 cm. Farbendr. Glogau 894. C. Flemming. n. 1. —

— — Weltverkehrskarte. 1:50,000,000. 3. u. 4. Aufl. 62 × 83 cm. Farbendr. Ebd. 894. 95. n. 1. —

— Karte der grossen Postdampfschifflinien im Weltpostverkehr. Bearb. im Kursbureau des Reichspostamts. 1:47,000,000. 68,5×97,5 cm. Farbdr. Nebst: Verzeichniss der Postdampfschifflinien im Weltpostverkehr. gr. 8. (21 S.) Berlin 899. Berliner lith. Institut. n. 1. 50

— Kiepert, Heinr., formae orbis antiqui. 36 Karten à 52×64 cm m. krit. Text u. Quellenangabe zu jeder Karte. Nr. XIX, XX u. XXIII. Berlin, D. Reimer. à n. 3. —

XIX. Italia inferior cum insulis. Ergänzt u. hrsg. v. Rich. Kiepert. 1:1,600,000. 43×56 cm. Nebst Text. gr. Fol. (5 S.) 901.

XX. Italiae pars media. Ergänzt u. hrsg. v. Rich. Kiepert. 1:800,000. Nebst Text. gr. Fol. (8 S.) 902.

XXIII. Italia superior cum regionibus alpinis. Ergänzt u. hrsg. v. Rich. Kiepert. 1:1,600,000. Farbdr. Nebst Text. (11 S.) 52×32 cm. 902.

— Kiepert, Heinr., politische Wandkarte d. westlichen u. östlichen Planiglob. Neubearbeitg. v. Rich. Kiepert. 1892. 10 Blatt. Farbendr. u. kolor. à 45×55 cm. Berlin 892. D. Reimer. n. 10. —; auf Leinw. in Mappe n. 16. —; m. Stäben n. 18. —

— — Wandkarte der alten Welt. (Orbis terrarum antiqui tabula geographica ad illustrandam potissimum antiquissimi aevi usque ad Alexandrum M. historiam in usum scholarum descripta.) 1:5,400,000. 3. Aufl. 10 Blatt. Farbendr. à 51×61 cm. Ebd. 892. n. 9. —; auf Leinw. in Mappe n. 15. —; m. Stäben n. 17. —

— Kuhnert, M., Erdkarte, östliche Hälfte (in Reliefmanier). In Verbindung m. G. Leipoldt gezeichnet. Mittlerer Massstab 1:12,000,000. 6 Blatt. à ca. 81×52 cm. Farbdr. Dresden (901). A. Müller, Fröbelhaus. n. 12. —

— — dasselbe, westliche Hälfte (in Reliefmanier). In Verbindg. m. G. Leipoldt gezeichnet. Mittlerer Massstab 1:12,000,000. 6 Blatt à ca. 86×60 cm. Farbdr. Ebd. (901). n. 12. —; auf Leinw. n. 18. —

— — physikalische Erdkarte in Mercators Projektion, m. Darstellg. der Meeresströmgn. Bearb. v. G. Leipoldt. 132×206 cm. Farbdr. Ebd. (902). Auf Leinw. m. Stäben n. 20. —

— Kuhnert, physikalische Erdkarte in Mercators Projektion m. Darstellung der Meeresströmungen. Bearb. v. G. Leipoldt. 2. unveränd. Aufl. 4 Blatt à 67×103,5 cm. Farbdr. Dresden 907. Leipzig, Alfr. Müller, Verlagsanstalt. 14.—; auf Leinw. m. Stäben 20.—; erh. Pr. 22. —

— Lang's, G., Erdkarte in Merkators Projection zur Übersicht der politischen Besitzverhältnisse u. d. Weltverkehrs. 4 Blatt à 53,5×83 cm. Farbendr. u. kolor. Leipzig 892. G. Lang. n. 7. —; auf Leinw. m. Stäben n. 14. —

— Lang's, G., Erdkarte in Merkators Projection. Zur Übersicht der polit. Besitzverhältnisse u. des Weltverkehrs. 2. gänzlich umgearb. Aufl. 4 Blatt à 53,5×83 cm. Farbdr. Leipzig (901). G. Lang. n. 7. —; auf Leinw. m. Stäben n. 12. —

— Langhans, Paul, kaufmännische Wandkarte der Erde zur Übersicht der Handelsbeziehungen, Dampfer- u. Kabel-Verbindungen des Deutschen Reiches m. Übersee, sowie der deutschen Schutzgebiete u. Konsulate. 4 Blatt à 47,5×76,5 cm. Farbdr. Gotha (899). J. Perthes. n. 8. —; auf Leinw. m. Stäben n. 12. —

Erdkarten. Langhans, Paul, Wandkarte der Roherzeugung der Erde f. den Welthandel u. grösseren Eigenverbrauch der Produktionsländer. Bearb. im Anschluss an seinen „Handelsschul-Atlas". 1:20,000,000. 8 Blatt à 56×51 cm. Farbdr. Gotha (906). J. Perthes. n. 16. —; auf Leinw. m. Stäben n. 24. —

— Langhans, Paul, Wandkarte der Roherzeugung der Erde f. den Welthandel u. grösseren Eigenverbrauch der Produktionsländer. 1:20,000,000. 2. Aufl. 8 Blatt. 100×203 cm. Farbdr. Gotha (907). J. Perthes. 16.—; auf Leinw. m. Stäben 24. —

— — Weltverkehrs- u. Flotten-Wandkarte zur Veranschaulichung deutscher See-Geltung u. See-Geschichte. 144×203 cm. Farbdr. Ebd. (909). 16.—; auf Leinw. m. Stäben 24. —

— Leeder, E., Wandkarte der östlichen Halbkugel. Für den Schulgebrauch. Rev. v. M. Leeder. 6. Aufl. 6 Blatt à 50×72 cm. Farbendr. u. kolor. Essen 894. G. D. Baedeker. n. 5.—; auf Leinw. in Mappe n. 12. —; m. Stäben n. 14. —

— Leeder, E., Wandkarte d. östlichen Halbkugel. F. d. Schulgebrauch entworfen u. hrsg. Rev. v. M. Leeder. 7. Aufl. 6 Blatt. à 50,5 × 71,5 cm. Farbendr. u. kolor. Essen 896. G. D. Baedeker. n. 5. —; auf Leinw. in Mappe n. 12; m. Stäben n. 14. —

— Leeder, E., Wandkarte der östlichen Halbkugel. Für den Schulgebrauch entworfen, gezeichnet u. hrsg. 9. Aufl. Rev. v. M. Leeder. 6 Blatt à ca. 50,5×72 cm. Farbdr. Essen (902). G. D. Baedeker. n. 5. —; auf Leinw. m. Stäben n. 14. —

— — Wandkarte der westlichen Halbkugel. Für den Schulgebrauch. 6. Aufl. 6 Blatt à 50×72 cm. Farbendr. Ebd. 892. n. 5. —; auf Leinw. in Mappe n. 12. —; m. Stäben n. 14. —

— — dasselbe der westlichen Halbkugel. Für den Schulgebrauch entworfen, gezeichnet u. hrsg. Rev. v. M. Leeder. 9. Aufl. 6 Blatt à 46×50,5 cm. Farbdr. u. kolor. Ebd. (902). n. 5. —; auf Leinw. m. Stäben n. 14. —

— Leeder, E., Wandkarten der östlichen u. westlichen Halbkugel. à 6 Blatt. 4. Aufl. Chromolith. u. color. qu. gr. Fol. Essen 888. Baedeker. à n. 5. —; auf Leinw. in Mappe à n. 12. —; m. Stäben à n. 14. —

— Leipoldt, Gust., Wandkarte des Weltverkehrs. Politische Erdkarte im Mercator-Entwurf m. Darstellg. der wichtigsten Eisenbahnen, Dampfer-, Telegraphenlinien u. Karawanenstrassen. 2. Aufl. (Neue Ausg.) Ergänzt im J. 1905. 4 Blatt à 67×104 cm. Farbdr. Dresden (905). A. Müller-Fröbelhaus. n. 14. —; auf Leinw. m. Stäben n. 20. —; erh. Pr. n. 22. —

— Leipoldt, Gust., Wandkarte des Weltverkehrs. Politische Erdkarte im Mercator-Entwurf m. Darstellung der wichtigsten Eisenbahnen, Dampfer-, Telegraphenlinien u. Karawanenstrassen. 5. Aufl. 204×134,5 cm. Farbdr. Dresden 910. Leipzig, Alfr. Müller Verlagsanstalt. Auf Leinw. m. Stäben 22. —

— Lingg, Ferd., Erdprofil der Zone von 31° bis 65° n. Br. 1:1,000,000. Fol. (8 S. Text m. 6 Bl. Karten.) München 886. Piloty & Loehle. Zusammengelegt in cart. Umschlag. n. 20. —; in Calico-Mappe n. 24. —; die Karten m. Leinw. unterlegt m. Ringen n. 21. —; Text in Lex.-8. gedruckt (27 S.) n. — 50

— Mayer, Ernst, u. Jos. Luksch, Weltkarte zum Studium der Entdeckungen. Mit dem colonialen Besitze der Gegenwart. Aequat.-Massstab 1 : 30,000,000. 6 Blatt à 70,5×56 cm. Farbendr. Wien 893. Artaria & Co. n. 10. — ; auf Leinw. in Mappe n. 16. — ; m. Rollen. n. 18. —

— Miller, Konrad, mappae mundi. Die ältesten Weltkarten. Hrsg. u. erläutert. 1. Hft.: Die Weltkarte des Beatus (776 n. Chr.) Mit Abbildgn. im Text u. der Karte v. St. Sever in den Farben des Originals. (54×79 cm.) gr. 4. (III, 70 S.) Stuttgart 895, J. Roth. Kart. n. 5. —

— Miller, Konr., mappae mundi. Die ältesten Weltkarten. Hrsg. u. erläut. II. Hft.: Atlas v. 16 Lichtdr.-Taf. gr. 4. Stuttgart 895. J. Roth. In Mappe n. 5. —

— — dasselbe. III. Hft. gr. 4. Ebd. 895. Kart. Subskr.-Pr. n. 5. — ; Einzelpr. n. 7. 20
III. Die kleineren Weltkarten. M. 74 Abb. im Text u. 4 Taf in Farbendr.) (IV, 160 S.)

Erdkarten. Miller, Konr., mappae mundi. Die ältesten Weltkarten. Hrsg. u. erläut. IV. u. V. Hft. gr. 4. Stuttgart 896. J. Roth. Subskr.- u. Einzelpr. n. 15. —
IV. Die Herefordkarte. M. 2 Uebersichtskarten im Text u. d. Herfordkarte in Farbendr. als Beilage. (IV, 54 S.) n. 5. —
V. D. Ebstorfkarte. M. 1 farb. Karte. 118,5 × 106 cm. (IV, 79 S.) n. 10. —

— Mittelbach's, R., politische Karte der Erdtheile zum Hand- u. Comptoirgebrauch, m. besond. Berücksicht. des deutschen überseeischen Weltverkehrs. 1 : 86,500,000. 82×114,5 cm. Farbdr. Leipzig (901). Mittelbach. n. 1. 25; auf Leinw. m. Stäben 4. 25

— Neumayer, G., Erdkarten m. Linien gleicher magnetischer Variation [Deklination], gleicher magnetischer Inklination u. gleicher magnetischer Horizontal-Intensität nach Gauss'schen Einheiten 1885,0. 3 Blatt. Lith. u. color. qu. Fol. Hamburg 889. Friederichsen & Co. n. 3. —

— Ochsenwadel, G., Erdkarte in Mercator-Projektion. Aequatorial-Massstab 1 : 15,500,000. 6 Blatt. 2 Blatt à 86×111,5 cm u. 4 Blatt à 85,5×79 cm. Farbdr. Stuttgart (904). [Hobbing & Büchle.] Holland & Josenhans. n. 10. — ; auf Leinw. n. 20. — ; Blatt I u. II, Amerika, allein 4. — ; auf Leinw. n. 8. 50; Blatt III—VI, Alte Welt u. Australien, allein 7. — ; auf Leinw. n. 13. —

Erdkarten. Ohmann, C. L., Schulwandkarte der östlichen u. westlichen Hemisphäre. à 16 Blatt ca. 2 □m. Berlin, A. Wruck's Verl. à 8. 50; auf Leinw. in Mappe od. m. Stäben à 20. —

— Oppel, Alw., Erdkarte, darstellend die Entwicklung der Erdkenntnis vom Mittelalter bis zur Gegenwart in Stufen v. Jahrhunderten. Aequatorial-Massstab 1 : 20,000,000. 6 Blatt à 85×69 cm. Farbendr. Nebst erläut. Anmerkgn. 8. (24 S.) Winterthur 892. Topogr. Anstalt Winterthur, J. Schlumpf. n. 12. —

Erdkarten. Osbahr's, Wilh., Wandkarte des Weltverkehrs. 1 : 20,000,000. 4 Bl. à ca. 70×113 cm. Farbdr. Berlin (910). C. Chun. 13. — ; auf Leinw. m. Stäben 20. —

— Osbahr's, Wilh., Wandkarte zur Wirtschaftsgeographie der Welt. Kulturzonen, Rohproduktion, Verkehr. Äquatorialmassstab 1:20,000,000. 4 Bl. à 69×114 cm. Farbdr. Berlin (908). C. Chun. 16. — ; auf Leinw. m. Stäben 24. —

— Rothaug, J. G., Karte der Planigloben. 1:100,000,000. (Neue Ausg.) 31×41,5 cm. Farbdr. Wien (909). G. Freytag & Berndt. nn — 20

— Rothaug, J. G., Schulwandkarte der östlichen und westlichen Erdhälfte. Mittlerer Massstab 1 : 14,000,000. Physikalisch. ca. 180×200 cm. 21 Blatt. Farbdr. Wien 899. G. Freytag & Berndt. n 14. — ; auf Leinw. in Mappe n. 20. — ; m. Stäben n. 24. — ; polit. Ausg. zu gleichen Preisen.

— Schott, Gerh., Weltkarte zur Uebersicht der Meeresströmungen u. Dampferwege. 2. Aufl. 88×166,5 cm. Farbdr. Mit Text. (4 S.) Lex.-8. Berlin 905. D. Reimer. Auf Leinw. n. 12. —

— Serth, E., Handels- u. Produktenkarte der Erde. Mit Angabe der Dampferlinien, der unterseeischen Kabel etc., sowie der Sitze der deutschen u. österreichisch-ungar. Konsulate. Neu bearb. v. Osw. Meinke. 1 : 54,600,000. Farbendr. 64×92 cm. Stuttgart 891. J. Maier, Sep.-Kto. In Mappe. n. 3. — ; auf Leinw. n. 6. — ; m. Stäben n. 7. —

— Serth, E., Schulwandkarte der Erde in Mercators Projection, rev. v. O. Meinke. 1 : 28,000,000. Ausg. 1896. 6 Blatt à 58 × 54,5 cm. Farbendr. Esslingen 896. (Stuttgart, F. Doerr.) n. 8. — ; auf Leinw. in Mappe n.n. 12. — ; m. Stäben n.n. 14. —

— Sipman, Globus-Karte. Weltkarte in Teilkarten in einheitl. Flächenmassstabe. 1:74,000,000. 58,5×70 cm. Farbdr. Mit e. statist. Tabelle der selbständ. Staaten u. der deutschen Kolonien. (8 S. m. Fig.) 32,5×25 cm. Berlin 907. D. Reimer. 1. —

— Sommerbrodt, Ernst, die Ebstorfer Weltkarte, im Auftrage d. histor. Vereins f. Niedersachsen m. Unterstützg. d. königl. preuss. Ministeriums der geistl., Unterrichts- u. Medizinal-Angelegenheiten u. der Wedekind'schen Preisstiftg. zu Göttingen hrsg. gr. 4. (XII, 88 S.) Mit 1 Atlas v. 25 Taf. in Lichtdr. Imp.-Fol. Hannover 891. Hahn. In Mappe. n. 32. —

— Umrisskarte der Erde. Äquatorialmassstab 1 zu 64,000,000. 53×74,5 cm. Leipzig (908). H. Wagner & E. Debes. 1. — ; m. Blaudruck 1. 30

— — dasselbe in Eckerts flächentreuer Projektion. Äquatorial- u. Mittelmeridianmassstab 1:90,000,000. 23,5×45,5 cm. Ebd. (910). — 80

— Wagner, Herm., Umrisskarte der Erde. (3. Aufl.) 6 Blatt à 56,5 × 68 cm. Lith. Gotha 897. J. Perthes. n. 3. —

— Wagner, Herm., Umrisskarte der Erde. Äquatorial-Massstab 1:20,000,000. 7. Aufl. 6 Blatt à 57×68,5 cm. Gotha 909. J. Perthes. 3. —

— Weltkarte (zum Einzeichnen der Schiffswege). 37×85,5 cm. Hamburg (909). Eckardt & Messtorff. — 70

— Weltkarte, älteste spanische, v. 1527. Lichtdr.-Ausg. 29×75 cm. Mit Text. [Aus: „Weimar. Zeitg."] gr. 4. (2 S.) Weimar 893. (Berlin, D. Reimer.) n. 6. — ; auf Karton n. 7. 50; Photogr.-Ausg. auf Karton n. 15. —

— Weltkarte, philatelistische. Von F. von E. 1 : 30,000,000. 69,5×100 cm. Farbdr. Nebst Text. (23 S.) 4. Berlin (904). Vossische Buchh. n.n. 1. 75

— Wolf's, J., Erdkarte. Oestliche u. westl. Erdhälfte. 1 : 22,500,000. à 2 Blatt à 61 × 91 cm. Farbendr. Esslingen 896. Stuttgart, A. Lung. à Erdhälfte n. 2. 75; auf Leinw. m. Stäben n. 6. 60

— Wunder, Rob., Verkehrsatlas der Erde. Communications cards of the globe. 1:45,000,000. 50,5×87,5 cm. Farbdr. Mit Text auf den Innenseiten des Umschlags. Braunschweig (910). Verlag R. Wunder. 1. 20

Erdkugel
— die, u. ihre Bewohner, mit Landkart. u. B. Halle, Dreyssig. 18 ℋ

Erdkugel, künstliche, zur Verbreitung gemeinnütz. Kenntnisse über d. Eintheilung u. Gestalt d. Erde, mit Landkarten u. Kpf. gr. 8. Nürnb. 825. Campe. 1 ℛ 8 ℋ

Die verfinsterte Erdkugel, d. i. geographische Vorstellung der Sonnen- und Erdfinsterniss, den 25. July 1748, wie solche sowohl nach ihrer Grösse, als Figur und Veränderung auf der Oberfläche der Erde, in Absicht der bedeckten Länder und Oerter sich verhält. Auf das Fundament der Euler'schen Sonnen- und Monds-tafeln nach den orthographischen Gründen stereographisch in 2 Blättern verzeichnet von Gg. Moritz Lowitz. He ausgegeben in der Homännischen Officin. Ao. 1747. M. Decemb. 2 Bl.

Erdkunde [Sachliches OW]

Erdkunde. Ein Auszug für die Jugend. Aus dem Lesebuch von Dr. Bumüller und Dr. Schuster. Neue verb. Ausg. 8. (212 S. mit 1 Holzschntaf. und vielen Abbild. in eingedr. Holzschn.) Freiburg im Br. 869, Herder'sche Verlagsh. * 60 Pf.; cart. * Feine Ausg. 90 Pf.; cart.

Erdkunde, die. Eine Darstellg. ihrer Wissensgebiete, ihrer Hilfswissenschaften u. der Methode ihres Unterrichtes. In Verbindg. m. Ant. Becker, Jul. Boneš, Cyr. Bodenstein u. a. hrsg. v. Max Klar. I. III. VI. VII. XI. XIII. XVI—XIX. XXIII. u. XXVI. Tl. Lex.-8. Wien, F. Deuticke. Subskr.-Pr. n. 75. 10; Einzelpr. n. 88. 90; Einbde. à n. 1.—
Becker, Ant., Methodik des geographischen Unterrichtes. Ein pädagogisch-didakt. Handbuch f. Lehramtskandidaten u. Lehrer. (IX, 92 S.) 905. (III. Tl.) Subskr.-Pr. n. 2. 50; Einzelpr. n. 3.—
Gelcich, Eug., die astronomische Bestimmung der geographischen Koordinaten. Mit 48 Holzschn. im Texte. (X, 126 S.) 904. (VII. Tl.) Subskr.-Pr. n. 4.—; Einzelpr. n. 5.—
Götz, Wilh., historische Geographie, Beispiele u. Grundlinien. (IX, 294 S.) 904. (XIX. Tl.) Subskr.-Pr. n. 9.—; Einzelpr. n. 10. 50
Günther, Siegm., Geschichte der Erdkunde. (XI, 343 S.) 904. (I. Tl.) Subskr.-Pr. n. 10.—; Einzelpr. n. 11. 60
Herz, Norb., Geodäsie. Eine Darstellg. der Methoden f. die Terrainaufnahme, Landvermessg. u. Erdmessg. Mit e. Anh.: Anleitung zu astronom., geodät. u. kartograph. Arbeiten auf Forschungsreisen. Mit 3 Steindr.-Taf. u. 280 Fig. im Texte. (IX, 418 S.) 905. (XXIII. Tl.) Subskr.-Pr. n. 12.—; Einzelpr. n. 14.—
Kaindl, Raim. Frdr., die Volkskunde, ihre Bedeutg., ihre Ziele u. ihre Methode, m. besond. Berücksicht. ihres Verhältnisses zu den histor. Wissenschaften. Ein Leitfaden zur Einführg. in die Volksforschg. Mit 59 Abbildgn. (XI, 149 S.) 903. (XVII. Tl.) Subskr.-Pr. n. 4.—; Einzelpr. n. 5.—
Löwl, Ferd., Geologie. Mit 266 Fig. im Texte. (VIII, 582 S.) 906. (XI. Tl.) Subskr.-Pr. n. 10.—; Einzelpr. n. 11. 60
Nagl, J. W., geographische Namenkunde. Methodische Anwendg. der namenkundl. Grundsätze auf das allgemeiner zugängl. topograph. Namenmaterial. Mit 18 Abbildgn. im Texte. (IX, 136 S.) 903. (XVIII. Tl.) Subskr.-Pr. n. 4.—; Einzelpr. n. 5.—
Schmidt, Wilh., astronomische Erdkunde. Mit 81 Holzschn. im Texte u. 3 lith. Taf. (VIII, 232 S.) 903. (VI. Tl.) Subskr.-Pr. n. 6.—; Einzelpr. n. 7.—
Schurtz, Heinr., Völkerkunde. Mit 34 Abbildgn. im Texte. (XIII, 178 S.) 903. (XVI. Tl.) Subskr.-Pr. n. 6.—; Einzelpr. n. 7.—
Trabert, Wilh., Meteorologie u. Klimatologie. Mit 37 Fig. im Text. (VII, 132 S.) 905. (XIII. Tl.) Subskr.-Pr. n. 4.—; Einzelpr. n. 5.—
Vital, Arth., die Kartenentwurfslehre. Mit 19 Holzschn. im Texte u. 4 lith. Taf. (VIII, 96 S.) 903. (XXVI. Tl.) Subskr.-Pr. n. 3. 60; Einzelpr. n. 4. 20
Die fehlenden Teile sind noch nicht erschienen.

Erdkunde, Allgemeine. Ein Leitfaden der astronomischen Geographie, Meteorologie, Geologie und Biologie. Bearbeitet von Dr. J. Hann, Dr. F. v. Hochstetter und Dr. A. Pokorny. Mit 150 Holzschn. im Text und 7 Farbendruck-Tafeln. 2. verm. u. verbess. Auflage. 8. Prag 1875.

Erdkunde, Allgemeine. 5. neu bearbeitete Auflage von J. Hann, Ed. Brückner und A. Kirchhoff. 1. Abth. Die Erde als Ganzes, ihre Atmosphäre und Hydrosphäre. Von Julius Hann. Mit 24 Tafeln in Farbendruck und 92 Textabbildungen. — 2. Abth. Die feste Erdrinde und ihre Formen. Ein Abriss der allgemeinen Geologie und der Morphologie der Erdoberfläche. Von Eduard Brückner. Mit 182 Abbildungen im Text. — 3. Abth. Pflanzen und Tierverbreitung. Von Alfred Kirchhoff. Mit 157 Abbildungen im Texte und 3 Karten in Farbendruck. (3 Bde.) 8. Wien. Prag. Leipzig 1896 1899.

Erdkunde, allgemeine, von Europa, s.: Wissen, unser, von der Erde.

Erd- und Himmelskunde, Allgemeine, und besondere Erdkunde für Schulen ... Karlsruhe 1843. V: *Stern, Wilh.* (EngG)

Erd- u. Himmelskunde, allgemeine, u. besondere Erdkunde f. Schulen; mit besond. Berücksichtig. d. heil. Landes u. der geistigen u. sittl. Zustände der Völker. Besondere Ausg. des geograph. Unterr. aus d. Lese- u. Unterrichtsb. f. Volksschulen. 2. Stufe. gr. 12. (5⅓ B.) Karlsruhe 843, Groos.

Erdkunde im Anschluß an das Lesebuch von J. Bumüller und J. Schuster. Illustrierte Ausg., neu bearb. 8. (VII, 343 S. mit 52 Abbild.) Freiburg i. Br. 888, Herder'sche Verlagsh. * cart. *

Erdkunde, im Anschluß an das Lesebuch v. J. Bumüller u. J. Schuster. 2., verb. Aufl. 8. (VII, 336 S. m. 107 Abb.) Freiburg i/B. 900. Herder. n. 2.—; geb. n. 2. 25

Erdkunde f. Bürger- u. Volksschulen. Hrsg. durch e. Kommission v. Lehrern. (II, 104 S. m. eingedr. Kartenskizzen.) 8. Güstrow (910). Opitz & Co. Geb. — 60

Erdkunde f. die Jugend. 3. Aufl. Mit vielen Abbildgn. (in eingedr. Holzschn. u. Holzschntaf.) [Aus: „Bumüller u. Schuster, Lesebuch."] 8. (218 S.) Freiburg i. Br. 874. Herder. n. — 60; geb. n. 1. 5

— kleine. Nach unterrichtlichen Grundsätzen bearb. Ein Lernbuch für Volks- und Bürgerschulen. 8. (54 S.) Halle 871, Anton. *

Erd- und Länderkunde der heiligen Schrift für katholische Schulen und Familien zur Erläuterung der heil. Geschichte des alten und neuen Bundes. Ausg. ohne Karten. (Hrsg. von L. C. Gratz.) 8. (X und 262 S.) Kempten 848(66), Kösel'sche Buchh.

Erd- und Länderkunde, der heiligen Schrift für katholische Schulen und Familien ... Kempten 1868. H: *Gratz, Lorenz Clemens v.* (Ky)

Erdkunde, Neueste, welche Asien, Afrika, Europa ... enthält ... Nürnb. u. Altdorf 1785. V: *Walther, Frdr. Ludwig.* (Ky) (MGT) (Stri) (HS)

Erdkunde, neueste, welche Asien, Afrika, Europa, Amerika u. d. 5ten Welttheil ꝛc. enthält, (v. F. L. Walther). 8. Nürnb. 785. Monath u. K. 1 ℛ

Erdkunde [Schlagwort]

Erdkunde, s.: Atlanten. Bismarck, O.

Erdl, M., s. Erdl, Michael Pius

ERDL, Michael (München): Disquisitiones de piscium glandula choroideali.- Monachii: Wolf 1839.
11 S., Taf.
5.5.1838 - Urk; F 64
Diss. Ingolst.-Landsh.-Mchn.

Erdl, Michael Pius

— anatom. Atlas, s. Oesterreicher, H.

Erdl, M. P., Beschreibung des Skeletes des Gymnarchus niloticus nebst Vergleichung mit Skeleten formverwandter Fische. gr. 4. (41 S. und 1 Stnt.) (München 851, Franz.) *
Aus: Abhandlungen der k. Akademie der Wissenschaften. II. Classe. V. Bd. 1. Abthl., besonders abgedruckt.

Erdl, M. P., Entwicklung des Hummereies von den ersten Veränderungen im Dotter an bis zur Reife des Embryo. gr. 4. (5 B. u. 4 zum Theil col. Kpfrt.) München 843, Palm's Hofbuchh. *

—— die **Entwickelung** des Menschen u. des Hühnchens im Eie zur gegenseitigen Erläuterung nach eig. Beobachtungen zusammengest. u. nach der Natur in Stahlstichen ausgeführt. 1. u. 2. Thl. gr. 4. Leipzig. (Voss.) à Thl. *
A. u. d. Tln.:
Thl. 1. Entwickelung der Leibesform des Hühnchens. (9½ B. u. 28 Kpfrt.) 845.
- 2. Entwickelung der Leibesform des Menschen. (8¼ B. u. 33 Kpfrt.) 846.

—— **Leitfaden** zur Kenntniss des Baues des menschl. Leibes. 1. u. 2. Abthlg. gr. 8. München, Palm's Hofbuchh. à
Abthlg. 1. Knochenlehre, Bänderlehre, Muskellehre, Eingeweidelehre. (16 B.) 843.
- 2. Gefässlehre, Nervenlehre, Sinnesorgane. (17½ B. u. 1 Tab.) 845.

—— **Tafeln** zur vergleichend. Anatomie des Schädels. Mit erläuternd. Texte. Imp.-Fol. (10 B. Text u. 20 Taf.) München 841, Palm's Hofbuchh. *

Erdl. M. Untersuchungen über den Bau der Zähne bei den Wirbelthieren, insbesondere den Nagern. (Aus d. Abh. d. k. Akad. d. Wiss.) 1841. 4.

Erdland, Aug., M. S. C., Wörterbuch u. Grammatik der Marshall-Sprache, s.a. **Archiv** f. das Studium deutsch. Kolonialsprachen.

Wörterbuch und Grammatik der Marshall-Sprache nebst ethnogr. Erl. u. kurzen Sprachübungen von August Erdland. Berlin: G. Reimer in Komm. 1906. (VI, 224 S.) 8°
— Archiv f. d. Studium deutscher Kolonialsprachen. Bd 4. [06. 1394] 9

Erdle, Conrad August, Zuchthausverwalter in Nürnberg. Basel 869. Spittler. 8. (23 S.) 1 ngr.

Erdle, Jos. Cölestin, das bayerische Notariatsgesetz für die Landestheile diesseits des Rheins (vom 10. Novbr. 1861) mit Rücksicht auf die Motive zum Entwurfe, die Vorträge der Referenten bei beiden Kammern und der Ausschußverhandlungen ꝛc. Nebst einem Anh. die Notariatsgebührenordnung und den Notariatssitz betr. 8. (IX und 214 S.) München 862, Literarisch-artistische Anstalt. *

Erdle, Jos. Cölestin, das bayerische Strafgesetzbuch vom 10. Novbr. 1861 nebst Hinweisung auf die Stellen, an denen jeder einzelne Artikel in den Verhandlungen der beiden Kammern und ihrer Ausschüsse behandelt ist. gr. 16. (III, 288 S.) Rosenheim 869, Gaßner und Mühlberger. *

Erdmagnetismus [Schlagwort]

Erdmagnetismus, s.: **Atlanten. Berghaus.**

Erdmandeln zu pflanzen, besser als Kaffee. Bregenz 802. Brentano. 2 Kr

Erdmann, e. Bildungsgesch., s.a. **K. W. Thieme.**

Erdmann, eine Bildungsgeschichte ... Leipzig 1800. V: *Engelhardt, Carl August.* (Ky) (MGT) (NN) V: *Thieme, K. Traug.* (ErschDL)

Erdmann: e. Bildungsgeschichte (v. Karl Aug. Engelhardt). 8. Leipz. 800, 801.

Erdmann, Der alte, ein Hausspiegel für Eltern, Lehrer und Erzieher ... Leipzig 1800—02. V: *Thieme, Carl Aug.* (MGT) »mit einer Vorrede von J. Ch. Dolz. Leipz. 1812.« (ErschDL)

Erdmann von Mühlenberg, oder der Schauerschwur zur Wanderung. Wien 1800. V: *Gleich, Joseph Alois.* (Ky) (MGT) (NN) (WBL)

Erdmann

— s. a. **Erdtmann.**

Erdmann, Kgl. Kreisbauinspektor: Beschreibung des Neubaus des Königlichen Gymnasiums zu Stade. *Stade (1902): A. Pockwitz.* (S. 35—42.) 4°
Stade, k. G, P 1902 (354)

Erdmann, zur Erinnerg. a. Konsistorialrat **Meuß**. Rede a. s. Sarge, geh. a. 4. Juli 1893. gr. 8. (10 S.) Breslau (893). C. Dülfer. n. — 15

Erdmann: Drei **Lebensläufe** verfasst ..., s. **Schoene.**

Erdmann. Die Stellung der Mittelschule zu den übrigen Lehranstalten. Königsberg i. P., Löbenicht'sche M. S., 1875. Progr.

Erdmann, der Tod im Recht. Ein Vortrag, geh. am 31. Jan 1881. gr. 8. (20 S.) Dorpat 881. Karow. n. — 60

Erdmann, die hohe Wichtigkeit des v. J. B. Logier erfund. Musikunterr.-Systems. Eine patriot. Phantasie. Nebst e. Anh. u. dazu gehör. Beiln. 16. (22 B.) Hamburg 830. (Leipzig, Hofmeister.)

Erdmann, A., Aphorismen zum Unterricht in der Logik. Warendorf.
Schul-/Univ.-Schrift 1867

Erdmann, A. Geognost. mineralog. Beschreibung des Kirchspiels Tunaberg in Südermannland. Übers. von Fr. Cropiin. Stuttgart 1851.

Erdmann, A., über die Heimat u. den Namen der Angeln. gr. 8. (119 S.) Upsala 890. (Akadem. Buchh. C. J. Lundström.) n. 3. —

Erdmann, A., der geraubte Knabe oder die Räuber im Böhmerwalde. (10 Lfgn.) 12. (451 S. und 7 Lithochrom.) Löbau 848—49, Breyer. (à Lfg. 2½ Ngr.)

Erdmann, A., die deutschen Privat-Post-Werthzeichen mit Markenabbildungen und Städtewappen. Zusammengestellt und mit statist. Beiträgen und Erläuterungen versehen. gr. 4. (111 S.) Leipzig 887, Heitmann. cart. * M 3.—; geb. *

†**Erdmann, A. E.** [A. E. Glasewald], die Postmarken von Griechenland. Philaletistische Studie. 6. Aufl. gr. 4. (5 S.) Gössnitz 886. (Leipzig, Schneider.) *

Erdmann, A. L., die Alkoholfrage im Zusammenhange m. der gesellschaftlichen Bedeutung der Genussmittel, s.a. **Volksschriften** zur Umwälzung der Geister 74. Heft.

Erdmann, A. L., d. **Alkoholfrage**, im Zusammenhange m. d. gesellschaftl. Bedeutg. d. Genussmittel betrachtet. gr. 8. (XV, 166 S.) Bamberg 895. Handels-Druckerei. n. 3. —; geb. in Halbleinw. n. 3. 60

Erdmann, A. L., Die Alkoholfrage, im Zusammenhange m. der gesellschaftlichen Bedeutung der Genussmittel betrachtet. (64 S.) Bamberg, Handels-Druckerei u. Verlagshaus.
Volksschriften zur Umwälzung der Geister H. 74. 1908.

Erdmann, Alfred, Referendar: Der Abholungsanspruch der §§ 867 und 1005 des Bürgerlichen Gesetzbuchs mit Berücksichtigung der actio ad exhibendum. Burgstädt 1909: Schmidt. VI, 44 S. 8°
Leipzig, Jur. Diss. v. 8. Juni 1909
[Geb. 22. Dez. 80 Streumen; Wohnort: Chemnitz; Staatsangeh.: Sachsen; Vorbildung: Fürstensch. St. Afra Meißen Reife O. 01; Studium: Leipzig 3, München 1, Leipzig 4 S.; Rig. 12. Juli 06.] [U 09. 2495

Erdmann, Arlotta. Schauspiel in 17 Bildern, einem Vorspiel und Schlußbild. 8. (54 S.) Berlin 888, (Funcke und Naeter.) **

Erdmann, Aug., die christliche Arbeiterbewegung in Deutschland. (VIII, 718 S.) gr. 8. Stuttgart 908. J. H. W. Dietz Nachf. 9.—; geb. 10. 50

Erdmann, Aug., der Schwindel der klerikalen Arbeiterpolitik. (56 S.) 8. Berlin 906. Buchh. Vorwärts. n. — 75

Erdmann, August [aus Iserlohn]: Ueber einige neue Zoantheen. Ein Beitrag zur anatomischen und systematischen Kenntnis der Actinien .... Jena, Gust. Fischer, 1885; 57 S. 8°.
Bonn, Phil. Fak., Inaug.-Diss., eingereicht im Febr. 1885 (vertheidigt am 6. Febr. 1886).

Erdmann (Axel). Versuch einer geognostisch-mineralogischen Beschreibung des Kirchspiels Tunaberg in Südermannland. Aus dem Schwedischen übersetzt von Creplin. Mit 5 Tafeln. Stuttgart 1751. 8. (Beilageheft zu Leonhard's neuem Jahrbuch für Mineralogie.)

Erdmann, Axel, Versuch einer geognostisch-mineralogischen Beschreibung des Kirchspiels Tunaberg in Südermannland, mit besond. Rücksicht auf die in demselben befindl. Gruben. Aus dem Schwed. von Fr. Creplin. gr. 8. (77 S. und 5 Stnt.) Stuttgart 851, Schweizerbart'sche Buchh. *

Aus: Jahrbuch, neues, für Mineralogie etc., Beilageheft, besonders abgedruckt.

Erdmann, B., Plutarchi Numae aliquot capita commentariis illustravit. Pr. 1874. 12 S. 2.—

Erdmann: Observationes aliquot grammaticae in A. Persii Flacci satiras. 8 S.–Wittenberg, Progr. 1866

Erdmann, B. A., die Anwendung der Elektricität in der praktischen Medicin. 4. ganz umgearb. Aufl. von Duchenne-Erdmann, die örtl. Anwendung der Elektricität in der Physiologie, Pathologie und Therapie. Neue (Titel-)Ausg. gr. 8. (VIII, 311 S. mit 72 eingedr. Holzschn.) Leipzig (877)888, Stauffer.

Erdmann, B. A., die örtliche Anwendung der Elektricität in Bezug auf Physiologie, Pathologie und Therapie. Mit Zugrundlegung von: Duchenne de Boulogne de l'électrisation localisée et de son application à la physiologie, à la pathologie et à la thérapeutique. Paris 1855, bearb. Lex.-8. (VIII und 231 S. mit 69 eingedr. Holzschn.) Leipzig 856, Barth. *

Erdmann, B. A., die örtliche Anwendung der Elektricität in der Physiologie, Pathologie und Therapie. Mit Zugrundelegung von Duchenne de Boulogne de l'électrisation localisée et de son application à la physiologie, à la pathologie et à la thérapeutique bearb. A. u. d. T.: Die Anwendung der Elektricität in der praktischen Medicin. 2. Aufl. 1858. und 3., durchaus umgearb. Aufl. Lex.-8. (VIII und 295 S. mit 68 eingedr. Holzschn.) Leipzig 860, Barth. *

Erdmann, Benno, s.: Abhandlungen zur Philosophie u. ihrer Geschichte.

Erdmann, Benno (Mitarb.), s. Abhandlungen, Philosophische

Erdmann, Benno, die Axiome der Geometrie. Eine philosophische Untersuchung der Riemann-Helmholtz'schen Raumtheorie. gr. 8. (X, 174 S.) Hamburg 877. Voss. n. 4. 80

Beiträge zur Geschichte und Revision des Textes von Kants Kritik der reinen Vernunft ... von **Benno Erdmann**. *Berlin: G. Reimer 1900.* (115 S.) 8°
— **Kant, Immanuel**: Kritik d. reinen Vernunft. Hrsg. von Erdmann. 5. Aufl. Anhang. (00. 3340

Logische Elementarlehre von Benno **Erdmann**. 2., völl. umgearb. Aufl. Halle a. S.: M. Niemeyer 1907. (XVI, 814 S.) 8°
— **Erdmann**: Logik. Bd 1. (07. 3036 5

Wissenschaftliche Hypothesen über Leib und Seele. Vorträge geh. zu Köln von Benno **Erdmann**. Köln: M. Dumont-Schauberg [1908]. (294 S.) 8° (08. 3039 9

Über Inhalt und Geltung des Kausalgesetzes von Benno **Erdmann**. Halle a. d. S.: M. Niemeyer 1905. (52 S.) 8° (05. 3038 3

— Immanuel Kant. (Rede bei der akadem. Gedächtnisfeier der rhein. Friedrich-Wilhelms-Universität am 100. Todestage Kants.) (III, 39 S.) 8. Bonn 904. F. Cohen. n. 1. —

Erdmann, B., s. Kant's Imman., Kritik der Urtheilskraft.

—— s. Kant's, Imman., Kritik der reinen Vernunft.

Erdmann, B., s.: Kant's Reflexionen zur kritischen Philosophie.

Erdmann, Benno, Martin Knutzen u. seine Zeit. Ein Beitrag zur Geschichte der Wolfischen Schule u. insbesondere zur Entwicklungsgeschichte Kants. gr. 8. (X, 148 S.) Leipzig 876. Voss. n. 4. —

— Kant's Kriticismus in der 1. u. 2. Auflage der Kritik der reinen Vernunft. Eine histor. Untersuchung. gr. 8. (XI, 247 S.) Ebend. 878. n. 7. 20

— Logik. 1. Bd. Logische Elementarlehre. gr. 8. (XV, 632 S.) Halle a/S. 892. M. Niemeyer. n. 10. —

— Logik. 1. Bd. Logische Elementarlehre. 2., völlig umgearb. Aufl. (XVI, 814 S.) gr. 8. Halle 907. M. Niemeyer. 18.—; geb. in Leinw. 19.—; in Halbfrz. 20. —

— die Psychologie des Kindes u. die Schule. 8. (III, 52 S.) Bonn 901. F. Cohen. n. 1. —

Erdmann, Benno (geb. Guhrau in Schles. 30. 5. 1851): Die Stellung des Dinges an sich in Kants Aesthetik und Analytik. (Th. 1.) Berlin (1873). (38 S.) 8° * Fortsetzung bis 1899 nicht erschienen.
Berlin, Phil. Diss. v. 28. Nov. 1873

Erdmann, B., zur Theorie des Syllogismus und der Induktion, s. Aufsätze, philosophische.

Zur Theorie des Syllogismus und der Induktion. Von Benno **Erdmann**. (Leipzig 1887.) Separatabdruck aus: Philos. Aufsätze, Ed. Zeller gewidmet. Leipzig. 1887. 8°.

— Umrisse zur Psychologie des Denkens, s.a. Abhandlungen, philosophische.

— Umrisse zur Psychologie des Denkens. 2., umgearb. Aufl. (VIII, 59 S.) gr. 8. Tübingen 908. J. C. B. Mohr. 2. —

— historische Untersuchungen üb. Kants Prolegomena. (VII, 144 S.) 8. Halle 904. M. Niemeyer. n. 3. 60

Erdmann, Benno, u. Raymond Dodge, Psycholog. Untersuchgn. üb. d. Lesen auf experiment. Grundlage. gr. 8. (VIII, 360 S.) Halle 898. M. Niemeyer. n. 12. —

Erdmann, Bernhard Arthur (Leipzig), De dictyitidem. Diss. ophthalm. Lpz. (C. W. Vollrath) 2. IV. 1853. 31 S. mit 1 Abb. u. Biogr. (M.: C. Jungnickel.) (4.50) 80:38
Gew.: Otto Linné Erdmann, C. G. Theodor Ruete.

Erdmann, Bruno, der grüne Tropfen. Novellen. (95 S.) 8. Leipzig 907. Modernes Verlagsbureau. 2. —

Der grüne Tropfen. Novellen von Bruno **Erdmann**. Berlin-Leipzig: C. Wigand 1907. (95 S.) 8° (08. 3836

Erdmann (C.). Zwei neuere Gasausströmungen in deutschen Kalisalzlagerstätten. Halle a. S. 1910. 6 S.
(Mitteil. aus d. Univ.-Laborat. f. angew. Chemie in Halle a. S.)
Aus: Kali 1910, H. 7.

Erdmann, Charles

Erdmann, Karl, das gelbe Fieber in Jamaika im J. 1798. gr. 8. Philadelphia 798. (Hamb.) 800. Bohn. 9 *gr*

Erdmann, Chrn., d. gelbe Fieber in Philadelphia 1798. gr. 8. Philadelphia. (Bohn, Hambg.) 799.

ERDMANN, Karl
Das Gelbe Fieber in Philadelphia im Jahr Eintausend Siebenhundert Acht und Neunzig. Nebst Einer Liste der Todten, vom 1sten August, bis zum 31sten October, 1798. von Charles Erdmann.
Philadelphia: Kämmerer. 1799. 4, 85 S. 8°
Staats- und Universitätsbibliothek Göttingen
Ausg. Philadelphia 1798 [Seidensticker, S. 150; nicht in Evans und Bristol] u. Hamburg 1800 [Politisches Journal, Jg. 1800, Bd. 2, S. 1018] konnten nicht gefunden werden.
Evans 35449.

Erdmann, Chr. F. D., die Bücher Samuelis, s.: Bibelwerk, theologisch-homiletisches.

Erdmann, Christian Fried. Guil. Dav., s. Erdmann, David.

Erdmann, Chro.: Das gelbe Fieber in Philadelphia, s. Erdmann, Charles.

Erdmann, D., bauet Zion! Predigt, am Jahresfest des schles. Hauptvereins der evangel. Gustav-Adolf-Stiftung, den 28. Juni 1865, in der St. Petri- und Paul-Kirche zu Liegnitz gehalten. gr. 8. (14 S.) Breslau 865, (Max und Comp.) **

—— die Bewegung der Heiden zu Christo. Missionspredigt, am Reformationsfest, den 31. Octbr. 1865, beim Jahresfest des Oels-Bernstädter Diöcesan-Missions-Vereins gehalten. gr. 8. (24 S.) Oels 866, Grüneberger und Comp. *

Erdmann, D., Luther und seine Beziehungen zu Schlesien, insbesondere zu Breslau, s. Schriften des Vereins für Reformationsgeschichte.

—— unser Werk ein Werk im Dienst unseres Herrn Jesu Christi. Predigt, am Jahresfest des Breslauer Zweigvereins der evangel. Gustav-Adolph-Stiftung, den 6. Novbr. 1864, in der St. Bernhardin-Kirche zu Breslau gehalten. gr. 8. (18 S.) Breslau 865, Max und Comp. **

Erdmann, D. L. De natura affinitatis chemica. Lipsiae 1825.

Erdmann, David, Anweisungen der Kirchenväter zum rechten Gebrauch der heil. Schrift. Worte der Einladung zur 48. Stiftungsfeier der preuß. Haupt-Bibel-Gesellschaft. 4. (33 S.) Berlin 857, (Evangelische Buchh.) *

Erdmann, Dav., primae Joannis epistolae argumentum, nexus et consilium. Commentatio exegetica. 8maj. (III und 220 S.) Berolini 855, Wiegandt und Grieben. *

Erdmann, Dav., der Brief des Jakobus, erklärt. gr. 8. (VII, 383 S.) Berlin 881. Wiegandt & Grieben. n. 5. —

—— Lieben und Leiden der ersten Christen. I. (Thl.:) Die Zeit der Apostel und der apostol. Väter. (1. und 2. Jahrhundert.) 8. (X und 154 S.) Berlin 854, Wiegandt und Grieben. *

—— Luther und die Hohenzollern. 1. und 2. Aufl. gr. 8. (212 S.) Breslau 883,84, Max und Comp.

Erdmann, (Christian. Frid. Guil. Dav. (geb. 28. 7. 1821): De notionibus ethicis Graecorum. Berolini (1847). (32 S.) 8°
Berlin, Phil. Diss. v. 12. Okt. 1847

—— die Reformation und ihre Märtyrer in Italien. (Ein Vortrag auf Veranstaltung des evangel. Vereins für kirchliche Zwecke gehalten am 29. Jan. 1855.) gr. 8. (VIII und 103 S.) Berlin 855, W. Schultze.

Erdmann, Dav.: Theses theologicae. Berolini (1850). (2 Bl.) 4°
Berlin, Theol. Thes. v. 27. Febr. 1850

Erdmann, Dav., Winfried oder Bonifacius der Apostel der Deutschen. Ein im evangel. Verein am 30. Mai 1855 gehaltener Vortrag. Berlin 855. Wiegandt u. Grieben. gr. 8. (32 S.) n. 5 ngr.

Erdmann, E.: Die nordwestdeutsche Heide in forstlicher Beziehung, s. Erdmann, F.

Erdmann, E. A., Brandpredigt üb. Apostelgesch. 21, 8—14. 8. (1¼ B.) Hildburghausen 832, Kesselring.

Erdmann, E. O., Dr., Erklarung der Bahnen des Bumerangs. Berlin 1869.

Drei Beiträge zu einer allgemeinen Theorie der 'Begriffe'. Von E. Th. Erdmann, Lektor zu Warschau. *Leipzig: O. Mutze 1904.* (26 S.) 8° [illegible]

Erdmann, Eduard, Rede bei seiner Beerdigung, s. Goebel, G.

Erdmann, [illegible]
[illegible]
Berlin, Phil. [illegible] Mai [illegible]

Erdmann, Emilie, Methodik d. Handarbeit. Beitrag z. Reform d. Handarbeits-Unterrichtes. 1. Hft. D. Stricken. gr. 8. (82 S. m. 87 Abb.) Mainz 897. E. Kern. n. 1. 25

Erdmann, Ernst, Dr.: Beitrag zur Kenntniss des Kaffeeöles und des darin enthaltenen Furfuralkohols. *Halle a. S. 1902: Waisenhaus.* (46 S.) 8° ¶ [Aus: Arch. f. exper. Path. u. Pharmakol., Bd 48, H. 3/4.]
Halle, Phil. Hab.-Schr. v. 1902

Die Chemie der Braunkohle. Von Dr. E[rnst] Erdmann, Leiter d. Univ.-Inst. für angew. Chemie. Halle a. S.: (W. Knapp) 1907. (IV, 104 S.) 4°(8°)
Erw. S.-A. aus: Festschrift d. 10. Allg. deutschen Bergmannstages. [illegible] 3

Erdmann, E., die Chemie u. Industrie der Kalisalze, s.a. Abhandlungen der königl. preuss. geolog. Landesanstalt.

Die Chemie und Industrie der Kalisalze. Von E[rnst] Erdmann. Mit 8 Fig., 1 Profil u. e. Lit.-Verzeichn. Berlin 1907: [A. W. Schade]. (123 S.) 4°(8°)
Aus: Deutschlands Kalibergbau. Festschrift z. 10. Allg. Deutschen Bergmannstage 1907 — Abhandl. d. Kgl. Preuss. Geol. Landesanstalt. N. F. H. 52. [illegible] 3

– dasselbe, s.a. Kalibergbau, Deutschlands.

Erdmann, E., Eigenschaften der tertiären Braunkohlen. Halle a. S., 1907. 29 S.

Erdmann, Ernst [aus Tilsit]: Ueber die Einwirkung von Schwefelsäure auf die Zimmtsäure in der Wärme. (J. H. Meyer's Buchdruckerei, Hamburg), (1881). 8. 39 S.

Erdmann, Ernest(us) Aemil(ius): De haemophilia. Halis (1844): Ruff. 44 S. 8°
Halle-Wittenberg, Med. Diss. v. 24. Aug. 1844
Geb. Schkeuditz (Kr. Merseburg) 11. 9. 1818. V.

Eugen Erdmann, Herzog von Württemberg, sechs Gedichte, illustrirt durch Mathilde, Herzogin Eugen E. von Württemberg. Fol. (6 Blatt Text und 6 Chromolithogr.) Frankfurt a. d. O. 870, Harnecker und Comp. *
In Leinwd.-Mappe **

Obsternte und Obstverwertung v. F. Erdmann. Elmshorn. 1902. 8°

Erdmann, Ferd., Frida. Märchen in drei Gesängen. 16. (55 S.) Berlin 870, Henschel. [München, Th. Ackermann.] geb.

Erdmann, F[erdinand]: Katalog der Lehrer-Bibliothek. Görlitz: Görlitzer Nachrichten u. Anzeiger 1910. 95 S. 8°
Görlitz, st. RG, Reform-S OP 1910 (302) [S 10. 97

Erdmann, Franc., s. Erdmann, Franz Fr. L.

Erdmann, Franz

– – s. Behram-Gur.

Erdmann, Frz. v., Muhammed's Geburt u. Abraham's Untergang. Lex.-8. (3⅛ B.) Kasan 843. (Berlin, Logier.)

Erdmann, Frz. v., Temudschin der Unerschütterliche. Nebst einer geographisch-ethnograph. Einleitung und den erforderl. besondern Anmerkungen und Beilagen. gr. 8. (XV und 655 S.) Leipzig 862, Brockhaus. *

—— vollständ. Uebersicht der ältesten türkischen, tatarischen und mogholischen Völkerstämme, nach Raschid-Ud-Din's Vorgange bearbeitet. gr. 8. (12 B.) Kasan 841. (Leipzig, Brockhaus u. Avenarius.) *

Erdmann, Frz., s.a. Ursachen, die, des Herero-Aufstandes.

Die Ursachen des Herero-Aufstandes und die Entschädigungsansprüche der Ansiedler. Dargest. von d. Ansiedler-Abordnung. (Verf.: Franz Erdmann, Farmer auf Haris.) *Berlin: W. Baensch 1904.* (17 S.) 4° [illegible]

—— der Veitstanz keine Krankheit. Allen Medicinern zur Beprüfung gewidmet. Lex.-8. (2⅛ B.) Kasan 843. (Berlin, Logier.)

Erdmann, Franz Fr. L.

Erdmann, F. Fr. L., curarum exeget. crit. in Jeremiae Threnos, Spec. 8maj. Rostock 819. Stiller. 12 gr.

Erdmann, Franc., de expeditione Russorum Berdaam versus auctore imprimis Nisamio. II Ps. 8 maj. (41 B. u. 1 Tab.) Casani 826, 28. (Lipsiae, Voss.)

Erdmann, Franc. de, de expeditione Russorum Berdaam versus, auctore inprimis Nisamio disseruit. III Pts. 8maj. (62 B. u. 1 Tab.) Casani 826, 28, 32. (Rostochii, Oeberg et Soc.; Lipsiae, Voss.) *

— s. Frähn, de quibusdam.

— Numi Asiatici Musei Univers. Caesar. Literarum Casanensis, quos recensuit et illustravit. Pars I. Vol. I. 4maj. Casani 834. (Rostock. Oeberg.) n. 9 ℔

Erdmann, Franc., Numophylacium universit. Casanensis. C. III tab. aen. 8 maj. (14¼ B.) Casani 826. (Lipsiae, Voss.) Thlr.

— Progr. Prodromus ad novam Lexici Wilmetiani editionem adornandam. 4maj. Casan 822. (Halle, Schwetschke u. S.) 2 ℔ 12 gr. s.a. Erdmann, Johann Fr.

— die Schöne vom Schlosse Muhammed Nisameddin dem Gendscher nachgebildet. (Gedicht. Mit d. Original zur Seite.) gr. 4. Mit Titelkpfr. Casan 832. (Rostock, Oeberg.) n. 2 ℔

Erdmann, Friedrich

Erdmann, F., die nordwestdeutsche Heide in forstlicher Beziehung. (VIII, 75 S.) 8. Berlin 907. J. Springer. 1. 60

Erdmann, F., die Heideaufforstung u. die weitere Behandlung der aus ihr hervorgegangenen Bestände. Als Mskr. gedr. f. die Ausstellg. der preuss. Staatsforstverwaltg. zu St. Louis (Nordamerika). (IV, 126 S.) gr. 8. Berlin 904. J. Springer. n. 2. —

Erdmann, Frdr., Knud Laward. Ein Trauerspiel in 5 Akten. gr. 8. (99 S.) Hamburg 901. C. Boysen. n. 1. 50

Erdmann, Frdr., u. Geo. Hartwig, Privatsekretair Sr. Durchlaucht, s.: Universal-Bibliothek.

Erdmann, Friedrich, appr. Arzt a. Hannover: Aus dem pathologischen Institute zu Kiel. Über Pulsionsdivertikel der Harnblase mit ulcerativen Prozessen. Kiel 1905: Schmidt & Klaunig. (15 S.) 8°
Kiel, Med. Fak., Ref. Heller, Diss. v. 6. Juni 1905
[Geb. 20. Juni 78 Hannover; Wohnort: Hannover; Staatsangeh.: Preußen; Vorbildung: Lyceum I Hannover Reife O. 97; Studium: Halle 4, Göttingen 1, Halle 3, Kiel 4 S.; Coll. 23. Mai 05; Approb. 7. Aug. 03.]

Erdmann, Friedr., unter dem Stadtbahn-Viaduct. Berliner Plaudereien. 8. (334 S.) Berlin 885, Barthel.

Erdmann, Friedrich Paul, s. Erdmann, Paul.

Erdmann, Friedr. Wilh., Beschreibung der Kathedral-Kirche ad St. Joannem und der Kirche zum heil. Kreuz, auf der Dominsel zu Breslau. Ein Wegweiser für alle Diejenigen, welche diese beiden Kirchen besuchen, und sämmtl. darin befindl. Reliquien, Denkmäler, Gemälde und sonstigen Merkwürdigkeiten kennen lernen wollen. Mit Abbildung des Altars in der St. Elisabeth-Kapelle in der Domkirche. gr. 8. (VI und 182 S. mit 1 Stnt.) Breslau 850, G. P. Aderholz, Verlag. *

Erdmann, G., Vorschläge zur Beseitigung unseres landwirthschaftl. und socialen Notstandes. 1. u. 2. verm. u. verb. Aufl. 8°. Oranienburg, Freyhoff, 1886.

Erdmann, G. A., Geschichte der Entwicklung und Methodik der biologischen Naturwissenschaften. [Zoologie und Botanik.] Nebst 2 Anhängen, enth. ergänzende Anmerkungen zum Text und Nachweise über Litteratur und Veranschaulichungsmittel. Für pädagog. Schriftsteller, Fachlehrer und zur Vorbereitung auf das preuss. Mittelschul- und Rektoratsexamen bearb. gr. 8. (VIII, 198 S.) Kassel 887, Fischer. *

Erdmann, G. A., Türke, Ungar und Russe, oder das seltene Kleeblatt. Eine Erzählung aus der neuesten Zeit. Löbau (854.) (Dresden) Breyer. 8. (221 S. u. 3 lith. u. color. Abbildgn.) 21 gr.

Erdmann, G. A., Türke, Ungar und Russe, oder das seltene Kleeblatt. Eine Erzählung aus der neuesten Zeit. 8. (221 S. mit 6 ill. Stnt.) Löbau 855, [Walde.]

Erdmann, Georg [aus Coppenbrügge]: Ein Beitrag zur Lehre von der Osteomyelitis.... Berlin. Buchdr. v. Goedecke & Gallinek (1887): 27 S. + 2 Bl. 8°.
Berlin, Med. Fak., Inaug.-Diss. v. 14. Mai 1887.

Erdmann, Georg, ein Beitrag zur Lehre von der Osteomyelitis. Diss. Berlin 1887, Mayer und Müller. 8°. 27 S.

Erdmann, Geo. (I.), dramatische und lyrische Dichtungen. 1. und 2. Bdchn. gr. 8. Leipzig 887, (Moltke.) à Bd. * ℳ 1.50. * geb. in 1 Bd. *

Inhalt:
Bdchn. 1. Gudrun. Schauspiel in 5 Akten. (VIII, 87 S.)
" 2. Engelhart. Schauspiel in 5 Akten. Mit freier Benutzung des Konrad von Würzburgschen Gedichtes. Nebst einem lyr. Anhang. (VIII, 88 S.)

Erdmann, Georg [aus Göttingen]: Einführung der Reformation in der Stadt Göttingen.... (Einbeck, Druck v. Adolf Lämmerhirt, 1888); 41 + 1 S. 8°
Göttingen, Phil. Fak., Inaug.-Diss. v. 6. März 1888

Erdmann, Georg, Einführung der Reformation in der Stadt Göttingen. Diss. Göttingen 1888. Dieterichsche Univ.-Buchh. 8°. 41 S.

Erdmann, Geo. (II.), Geschichte der Kirchen-Reformation in der Stadt Göttingen. gr. 8. (84 S.) Göttingen 888, Vandenhoeck und Ruprecht's Verlag. *

Erdmann, Geo., Gudrun. Schauspiel in 5 Akten. gr. 8. (VIII, 87 S.) Leipzig 885. (Moltke.) n. 1. 50

Erdmann, Geo., Gustav Adolph. Geschichtl. Trauersp. in 5 Akten. 8. (90 S.) Potsdam 897. (A. Stein.) n. 1. —

Erdmann, George, das Oberbischofsamt des Großherzogs und der Verfassungsausschuß. (Berichterstatter: Jul. Wiggers.) 8. (16 S.) Schwerin 849, Stiller'sche Hofbuchh. *.

Erdmann, Geo., Reformation u. Gegenreformation im Fürstenth. Hildesheim, s.a. Veröffentlichungen zur niedersächs. Geschichte. 1. Hft.

Reformation und Gegenreformation im Fürstenthum Hildesheim. Von Dr. Georg **Erdmann**. *Hannover: M. & H. Schaper 1899.* (34 S.) 8° [J.]
Aus: Hannoversche Geschichtsblätter.
— Veröffentlichungen z. niedersächsischen Geschichte. H. 1. (—.40) 7

Erdmann

— **Gottlob** (Mansfeld), De praescriptione petitionis hereditatis paternae et avitae. Diss. jur. Präs. Christoph Ludw. Crell. Wittbg. (Scheffler) 17. X. 1738. 24 S. (4.80) 8011

Erdmann, Gustav [aus Badendiek '(Mecklenb.-Schw.)']: Über die Einwirkung von Thionylchlorid auf Amidoazoverbindungen und Naphtylendiamine ... Rostock, C. Boldt'sche Hof-Buchdr., 1895; 35 S. 8.
Rostock, Phil. Fak., Inaug.-Diss. v. [8. Nov.] 1895

Erdmann, Gust. Adf. Populäre Abhandlungen üb. Erziehung u. Unterricht. 1. Heft. gr. 8. (III, 80 S.) Gotha 890, Behrend. [* 1 20] * 1 —

Erdmann, Gust. Adf., eine deutsche Auslands-Flotte. Zur Anregg. u. Kritik. (62 S.) gr. 8. Leipzig 903. Schulze & Co. n. 1. —

Erdmann, Gust. Adf., an Bord der „Hansa". Erzählung. (128 S.) 8. Leipzig (907). G. Müller-Mann. 1. —

— unter der Flagge der Hamburg-Amerika-Linie. (85 S. m. Abbildgn. u. 3 farb. Taf.) gr. 8. Braunschweig 902. G. Westermann. n. 1. —
Sonderabdruck aus: „Westermann's illustr. Monatshefte".

— frei die See! Betrachtungen zum Flottenprogramm des deutschen Flotten-Vereins. (Umschlag: 2. Aufl.) (130 S.) gr. 8. Leipzig 905. B. Elischer Nachf. n. 1. 60

— Glockenklang u. Mönchsgesang. Humorist.-Satirisches. 8. (64 S. m. Abb.) Bamberg 896. Handels-Druckerei. n. 1. —

— Zwei Grundfragen der deutschen Flottenpolitik. (Das deutsche Flottenbau-Prinzip u. seine Gegner. — Seerüstungs-Verständigungen u. ihre polit. Folgen.) (VII, 115 S.) gr. 8. Oldenburg 910. G. Stalling's Verl. 1. 50

— Moderne Hansepolitik. (78 S.) gr. 8. Leipzig 909. O. Gracklauer. 1. 50

Erdmann, Gust. Adf., Holda. Ein Elfentraum in 9 Gesängen. 8. (102 S.) Wien 886, Konegen. *

— Wilhelm Jensen. Sein Leben u. Dichten. (IX, 193 S. m. 5 Vollbildern.) 8. Leipzig (907). B. Elischer Nachf. 2. 50; geb. in Leinw. 4. —

— der deutsche Kaiser u. sein Volk. gr. 8. (38 S.) Leipzig (901). B. Elischer Nachf. n. — 60

— Klar Schiff! Marinebilder f. die Jugend. gr. 8. (175 S. m. Abbildgn.) Ebd. 902. Kart. n. 2. 50

— Unter deutscher Kriegsflagge, s.: Bürger-Bibliothek, deutsche, f. Jugend u. Volk. 2. Bd.

— die deutsche Kriegsmarine i. zwölfter Stunde! Nothwendigkeit e. Vermehrg. uns. Kriegsflotte zur Wahrg. deutscher Ehre u. z. Schutze v. Deutschlands Handel u. Industrie. gr. 8. (89 S.) Leipzig 897. F. Luckhardt. n. — 50

— Eine Krisis in der Kriegsmarine? Ein Wort zur Abwehr u. Mahng. (42 S.) gr. 8. Leipzig (909). B. Elischer Nachf. — 60

Die deutsche Handelsflagge auf dem Meer. Norddeutscher Lloyd, Bremen. (Verf.: Gustav Adolf Erdmann.) — Berlin: Eckstein [1906]. 70 S. 2° [Kopft.] (Dt. Industrie, dt. Kultur. 4, 17.) 1. 38 A.

Norddeutscher Lloyd, Bremen. (Verf.: Gustav Adolf Erdmann.) Berlin: Eckstein [1907]. (35 S.) gr. 2°
(Historisch biogr. Blätter. Der Staat Bremen.) [07. 5794

—— die Lutherfestspiele. Geschichtliche Entwicklung, Zweck und Bedeutung derselben für die Bühne. Litterarhistorisch-krit. Studien. gr. 8. (VII, 161 S.) Wittenberg 888, Herosé Verlag. *

— Militäranwärter u. Kapitulantenbildung. Ein Beitrag zur Hebg. des Unteroffiziermangels. (24 S.) Lex.-8. Berlin 905. A. Bath. n. — 50

— „Nun aber weiter!" Das Endziel kaiserl. Flottenpolitik. gr. 8. (VII, 68 S.) Wittenberg 900. R. Herrosé. n. 1. —

— die Politik in der Volkserziehung. Ein Vorschlag zur Bekämpfg. der sozialdemokrat. Jugendagitation. (34 S.) gr. 8. Berlin 906. W. Süsserott. n. — 50

Erdmann, Gust. Adf., Deutschlands Seeherrschaft im XX. Jahrh. 2., durchgeseh. Aufl. gr. 8. (94 S.) Leipzig 900. F. Luckhardt. n. 1. 50
1. Aufl. (88 S.) Ebd. 900. n. 1. 50.

Erdmann, Gust. Adf., Sempach. Ein Schweizer Freiheitslied. 8. (151 S.) Wittenberg 893. R. Herrosé. Geb. in Leinw. n. 3. 50

— Theater-Reformen? Kritische Studien. 8. (X, 82 S.) Berlin 892. E. Rentzel. n. 1. 50

— wehrhaft zur See! Die Hauptpunkte der deutschen Flottenfrage. gr. 8. (70 S. m. Fig.) Leipzig 900. B. Elischer Nachf. n. 1. —

Wehrlos zur See. Eine Flottenphantasie an d. Jahrhundertwende. Von Gustav Adolf Erdmann. *Berlin & Leipzig: F. Luckhardt 1900.* (88 S.) 8° [F.] [00. 3837

Erdmann, H., Luther als Volkswirth. Vortrag, auf Veranlassung des Comités für die Hamburger Volks-Lutherfeier gehalten am 27. Septbr. 1883. gr. 8. (31 S.) Hamburg 883, Seelig und Ohmann.

Erdmann, H., der Osterruf an die Christen unseres Vaterlandes: Entsetzet euch nicht! Predigt gehalten am 1. Osterfeiertage 1848. 8. (12 S.) Thorn 848, Lambeck. *

Erdmann, Hans, a. Riga: Aus d. I. med. Klinik zu München. Beitrag zur Lues cerebri nebst einem Fall von Encephalitis gummosa in Form eines Solitärgummas im Pons. München: G. C. Steinicke [1908]. (106 S.) 8°
München, Med. Fak., Ref. v. Bauer, Diss. v. 10. Juli 1908
[Geb. 14. Okt. 82 Wolmar in Livland; Wohnort: Riga; Staatsangeh.: Rußland; Vorbildung: St. Katharinen-Sch. Petersburg Reife Juni 02; Studium: Dorpat 5, München 5 S.; Rig. 10. Juli 08.]

Erdmann, Hans, Jud Süß, s.: Hauff, Wilh.

König Tod. Schauspiel in 3 Akten von Hans Erdmann [d. i. Käte Becher]. *Leipzig: W. Friedrich [1899].* (34 S.) 8° [F.] [99. 4246 II

Erdmann, Hans, Graf Vargas. Schauspiel in 3 Aufzügen. (IV, 107 S.) 8. Dresden 904. E. Pierson. n. 1. 50

Erdmann, Heinr., zur orthographischen Frage. gr. 8. (IV, 79 S.) Hamburg 874. O. Meißner. 1. 20

Erdmann, Heinr., gegen Gott, König, Vaterland od. die Sozialdemokratie? Streifzüge durch das alltägl. Leben. (32 S.) 8. Mühlhausen 906. (Leipzig, B. Stiehl.) n. — 35

Erdmann, Heinr., Hamburg vor 200 Jahren od. die Jastram Snitger'schen Wirren [1674—1686]. Auf Veranlassg. d. Central-Ausschusses Hamburger Bürger-Vereine v. f. Mit 2 Holzschn. u. 2 Beilagen. gr. 8. (73 S.) Hamburg 886. Epstein & Engelke. n. — 30

Erdmann, Heinr., Herder, als Religions-Philosoph. Inaugural-Dissertation. gr. 8. (100 S.) Hersfeld 866, Maier's Buchh.

Erdmann, Heinr., das Kaiserthum d. heiligen römischen Reichs deutscher Nation u. das neue deutsche Kaiserreich unter Wilhelm I., dem Siegreichen. Ein Parallele. gr. 8. (27 S.) Hersfeld 871. Böttrich & Höhl. — 75

Heinrich Erdmann. Deutsche und Hamburger Theaterzustände. 2 Vorträge. Zugleich e. Beitrag z. Pathologie d. Presse. Hamburg: Herold 1896. V, 32, 16 S. 8° [11. 17789

Erdmann, Hein. Augustus Franc. (geb. Berlin 17. 6. 1833): De bovina peste typho hominum analoga. Berolini (1857). (26 S.) 8°
Berlin, Med. Diss. v. 28. Sept. 1857

Erdmann, Hermann

Gedenkblätter aus der kommunalen Geschichte der Kreisstadt Neustadt Wpr. zur Erinnerung an d. Einweihung d. neuen Rathauses 1905, d. Feier d. 250jähr. Bestehens d. Stadt ... zsgest. von Bürgerm. Hermann **Erdmann**. Neustadt Wpr. 1908: (H. Brandenburg). (44 S.) 4° [F.] [et. 10774] 10

Erdmann, Hugo

Erdmann, H., Alaska. Ein Beitrag zur Geschichte nord. Kolonisation. Bericht, dem Hrn. Minister der geistl., Unterrichts- u. Medizinal-Angelegenheiten erstattet. Mit 68 Abbildgn. u. Kartenskizzen im Text u. 1 (farb.) Karte v. Alaska. (XV, 223 S.) gr. 8. Berlin 909. D. Reimer. Geb. in Leinw. 8. —

ERDMANN, H.
Anleitung zur Darstellung chemischer Präparate. Ein Leitfaden für den praktischen Unterricht in der anorganischen Chemie. Frankfurt a. M., 1890. 8vo. Ill.

Erdmann, Hugo. Anleitg. zur Darstellg. chem. Präparate. Leitfaden f. den prakt. Unterricht in der anorgan. Chemie. gr. 8. (VIII, 71 S. m. Abbildgn.) Frankf. a. M. 891, Bechhold. geb. * 2 50

Erdmann, H., Anleitung zur Darstellung chemischer Präparate. Ein Leitfaden f. den prakt. Unterricht in der anorgan. Chemie. 2. Aufl. m. 15 Abbildgn. im Text. (VIII, 92 S.) 8. Frankfurt a/M. 899. Leipzig, M. Heinsius Nachf. Geb. in Leinw. n. 2. 60

Erdmann, H., histor. Bemerkgn. üb. Vorkommen u. physiolog. Bedeutg. d. Jods. [Aus: „Zeitschr. f. Naturwiss."] gr. 8. (8 S.) Leipzig 896. C. E. M. Pfeffer. n. — 30

— Denaturirungsfragen. Volkswirthschaftl.-chem. Betrachtgn. [Aus: „Zeitschr. f. Naturwiss."] gr. 8. (6 S.) Ebd. 896. n. — 30

— Die Fixierung des Luftstickstoffes u. ihre Bedeutung f. Ackerbau u. Industrie, bearb. von Dr. M. v. Unruh, s.: Arbeiten auf den Gebieten der Gross-Gasindustrie. Nr. 1.

Erdmann, Hugo, üb. Calciumcarbid u. Acetylengas [Aus: „Zeitschr. f. Naturwissensch."] gr. 8. (12 S.) Leipzig 895. C. E. M. Pfeffer. n. — 30

Erdmann (H.). Karte von Alaska. 1 : 5 000 000.
[Nebenkt.:] Das Deutsche Reich . . .

Erdmann, Hugo [aus Tilsit]: Condensationen und Metamorphosen der Phenylcrotonsäuren. Strassburg, Universitäts-Buchdruckerei von Johann Heinrich Eduard Heitz, 1883. 8. 38 S.

Lehrbuch der anorganischen Chemie v. Prof. Dr. H(ugo) **Erdmann** in Halle. M. 270 Abb. u. 4 farb. Taf. *Braunschweig: F. Vieweg & Sohn 1898.* (XXVI, 756 S., 2 Doppeltaf., 2 Taf., 2 Tab.) 1 Bd 8. [98. 7798

Lehrbuch der anorganischen Chemie von H[ugo] **Erdmann**. 2. Aufl. Mit 287 Abb., 1 Reihentafel u. 6 farb. Taf. *Braunschweig: F. Vieweg & Sohn 1900.* (XXVI, 757 S.) 8° [00. 11346 3

— dasselbe. 3. Aufl. (5.—8. Taus.) Mit 291 Abbildgn., 99 Tab., 1 Rechentaf. u. 6 farb. Taf. gr. 8. (XXXVIII, 788 S.) Ebd. 902. Geb. in Leinw. n 15. —; in Halbfrz. n. 16. —

— Lehrbuch der anorganischen Chemie. 4. Aufl. (9. bis 12. Taus.) Mit 303 Abbildgn., 95 Tab., e. Rechentaf. u. 7 farb. Taf. (XXVI, 796 S.) gr. 8. Braunschweig 906. F. Vieweg & Sohn. n. 15. —; geb. in Leinw. n. 16. —; in Halbfrz. n. 17. —

— Lehrbuch der anorganischen Chemie. 5. Aufl. (13—16. Taus.) Mit dem Portr. d. Verf. in Gravüre, 319 Abbildgn., 95 Tab., 1 Rechentaf. u. 7 farb. Taf. (XXVIII, 807 S.) gr. 8. Braunschweig 910. F. Vieweg & Sohn. 16. —; geb. in Leinw. 17. —

Naturkonstanten in alphabetischer Anordnung. Hilfsbuch f. chem. u. physik. Rechnungen, mit Unterstützung d. Internat. Atomgewichtsausschusses hrsg. von Prof. Dr. H[ugo] **Erdmann** [&] Privatd. Dr. P[aul] Köthner. Berlin: J. Springer 1905. (192 S.) 8° [05. 11464

Erdmann, Hugo, aus den Papieren e. Kritikers. Gesammelte Essays. (173 S.) 8. Strassburg 908. J. Singer. 2. 50

Erdmann, Hugo, chemische Präparatenkunde, s.: Bender, Adf.

ERDMANN, H.
Organische Präparatenkunde. Stuttgart, 1894. 8vo. Ill.
Cf. Bender, A., und H. Erdmann.

Erdmann, *Otto Gustav* Hugo [aus Bielkenfeld in Ostpr.]: ... Molières Psyché, Tragédie-Ballet, im Vergleich zu den ihr vorangehenden Bearbeitungen der Psyche-Sage. E. Versuch, d. Quellen d. französ. Werkes festzustellen ... Insterburg. Druck v. J. G. Driest, 1892; 42 S., 1 Bl. 8.
Königsberg, Phil. Fak., Inaug.-Diss. v. 15. Okt. 1892

Erdmann, Hugo, Molières Psyché, Tragédie-Ballet, im Vergleich zu den ihr vorangehenden Bearbeitungen der Psyche-Sage. Ein Versuch, die Quellen e. französ. Werkes festzustellen. Diss. gr. 8. (42 S.) Insterburg 892. (Königsberg i/Pr., W. Koch.) n. 1. —

Erdmann, Hugo: Ueber die Umwandlung der Lactonsäuren in Lactone durch Schwefelsäure und über eine neue Reaction des Isocaprolactons, ein Beitrag zur Geschichte der Lactone. Halle a/S.: Niemeyer 1885. 38 S. 8°
Halle-Wittenberg, Phil. Hab.-Schr. v. 13. März 1885
Ersch. (ohne S. 3—16: I. Zur Geschichte der Lactone) u. d. T.: Umwandlung von Lactonsäuren in Lactone und Einwirkung von Natriumäthylat auf Isocaprolacton, auch in: J. Liebig's Annalen der Chemie. Bd 228. Leipzig & Heidelberg 1885. S. 176—198.

Erdmann, Hugo R. Geschichte der Dt-Ev-Luth Zions-Gemeinde zu Johnstown, Pa, 1853-1903 ... Reading, 1903.

Geschichte der Loge Immanuel seit ihrer Stiftung [1864] bis zum 22. April 1889. Von J. Erdmann. Königsberg i. Pr. 1889: Leupold. 18 S. 8°

Erdmann, J., der geographische Unterricht unter besond. Berücksicht. der „zeichnenden Methode" mit 24 Skizzen auf 19 Kärtchen. gr. 8. (23 S.) Düsseldorf 885, Schwann. *

Erdmann, J. Der geographische Unterricht unter besond. Berücksicht. der sogen. „zeichnenden Methode" m. 20 Kärtchen. 2. vollst. umgearb. Aufl. gr. 8. (32 S.) Düsseld. 890, Schwann. * 1 20

Erdmann, J.: Über die Veränderlichkeit des Rotweinfarbstoffes. 1878.

Erdmann, J. E. W., einige Bemerkk. über Cap. 21. d. Evangelii Johannis. Rostock 819.

Erdmann, J. Fridol.

— der vollständigen Punktirkunst neueste Deutung. Nebst dem beliebten Frag- u. Antwortspiel. Ganz neu u. unterhaltend bearb. Wien 855. Wenedikt in Comm. 16. (64 S.) n. 10 ngr

Erdmann, J. Fridol., der vollständigen Punktirkunst neueste Deutung. Nebst dem beliebten Frag- u. Antwortspiel u. die Chiromantie, oder Kunst, aus den Linien der Hand wahrzusagen. 3. Aufl. Wien 870. Wenedikt. 16. (64 S.) 6 ngr.

Erdmann, J. Fridol., neu gepflückte Epheuranken für Marien's Album. Enthaltend die gelungensten und neuesten Stammbuchverse, nebst Akrosticha. Als Denkmal der Liebe und Freundschaft gewidmet. 16. (96 S.) Wien 855, Wenedikt.

Erdmann, J. Fridolin, neu gepflückte Epheuranken für Marien's Album. Enthltd. die gelungesten u. neuesten Stammbuchverse nebst Akrosticha. Als Denkmal der Liebe u. Freundschaft gewidmet. Wien 856. Wenedikt. 16. (96 S.) 12 ngr

— Wer wird mein Mann? Ein untrügliches Kartenwahrsagebuch verbunden mit einem Anhange: Die Zukunft aus dem Kaffeesatze zu prophezeien und einer kurzen launigen Auslegung der Träume. Leitomischl. — Wien (855). Wenedikt in Comm. 16. (64 S.) n. 10 ngr

Erdmann, J. Fridolin, wer wird mein Mann? Ein untrügl. Kartenwahrsagebuch, verbunden m. e. Anh.: die Zukunft aus dem Kaffeesatze zu prophezeien u. Würfelprophezeign. nebst Zeichenausleggn. 6., verm. Aufl. 16. (71 S.) Warasdin 892. (Leipzig, Literar. Anstalt A. Schulze.) Kart. n. — 80

Erdmann, Jakob, a. Bingen a. Rhein: Beiträge zur Kenntnis der Mundart von Bingen-Stadt und Bingen-Land. Halle a. S. 1906: Waisenhaus. (39 S.) 8° ¶(Erschien vollst. in: Zeitschrift für deutsche Mundarten Jg. 1.)
Gießen, Phil. Fak., Ref. Behaghel, Diss. v. 29. März 1906
[Geb. 19. Okt. 82 Bingen; Wohnort: Gießen; Staatsangeh.: Hessen; Vorbildung: Gymn. Bensheim Reife O. 01; Studium: Gießen 2, Straßburg 1, Berlin 1, Gießen 4 S.; Rig. 6. März 05.]

— Johann (Lüben/Laus.), Differentiam jur. comm. et statutarii Lubenensis intuitu successionis ab intestato consanguineorum. Präs. Gottfr. Thomas Ludewig. Lpz. (Langenheim) 1. III. 1731. 32 S. (5.—) 8042
Gew.: Joh. Friedr. v. Patov (Malaenchen . .)

Erdmann, Johann: „Die landwirthschaftlichen Gewerbe in ihrer nützlichen Verbindung mit dem Feldbau", Neustadt 1822 (Wagner).

Erdmann, Jh., (H. Becker), die landwirthschaftl. Gewerbe in ihren nützl. Verbindungen mit d. Feldbaue, durch eine zweckmäßige Musteranstalt dargestellt. 8. Neustadt 823. Wagner. 9 gl

— vergl. d. schwarze Becker.

Erdmann, Jh. Cph., († d. 10. Oct. 1812.) Biographie sämmtl. Pastoren an d. Pfarrkirche zu Wittenberg vom Anfange d. 16n Jahrh. bis auf gegenwärtige Zeit. 4. Wittenb. 801. Zimmermann. 8 gl

— Biographie sämmtl. Pröbste an d. Schloß- u. Universitäts-Kirche zu Wittenberg. 4. Wittenb. 802. Zimmermann. 8 gl

— de curatore mulieris legitimo. 4. Wittenb. 771.

— Diaconorum Wittenbergensium. 8maj. Wittenb. 789.

— Suppl. u. Berichtigungen zur Biographie d. Wittenberg. Diaconen. 4. Wittenb. 808.

— von d. Freude rechtschaffener Eltern über d. Glück ihrer Kinder. 4. Wittenb. 769.

— Friedensaltar, in zwei Denkpredigten an den zwei sächs. Friedensdankfesten 1763 u. 1779 gehalten. 8. Wittenb. 779. Zimmermann. 3 gl

— Gedanken üb. d. Wahl e. zukünftigen Gattin. 4. Wittenb. 774.

— Lebensbeschreib. u. literar. Nachr. von d. Wittenberg. Theologen rc. seit 1502 bis 1802. 4. Wittenb. 804. Zimmermann. 1 rthl 8 gl

— Lehren d. Christenthums. (A. u. d. T.: Spruchbuch.) 8. Wittenb.… N. Aufl. 805. Kühne. 8 gl

— s. J. M. Schröckh, histor. Begriff.

— Joh. Christoph (Wurzen), ΘΗΡΙΟΤΡΟΦΟΥΣ sive homines a bestiis enutritos. Dissert. philol.-histor.-morali. Präs. Carl Friedrich Pezold. Lpz. (J. Chph. Brandenburger) 29. XII. 1703. 12 Bl. (5.—) 8043
Gew.: Frz. Conr. Romanus.

— Vorbereitungspredigt. zur 3ten hundertjähr. Jubelfeier d. Universität. Wittenberg. 8. Wittenb. 803. Zimmermann. 2 gl

Erdmann, Johann Eduard

— Gottes u. des Menschen Antheil an unseren Werken. Predigt über Jac. 1, 13—18, gehalten in der Moritzkirche am S. Cantate 1867. Halle 867. Schmidt. gr. 8. (16 S.) n. 3 ngr

J. Ed. Erdmann's vermischte Aufsätze. *Lpz.*, Vogel. 846. gr 8° 27 Ngl

Erdmann, Jh. Ed., s. Billroth, J. G. F.: Vorlesung über Religionsphilosophie.

—— psychologische Briefe. 8. (VII und 383 S.) Leipzig 851(52,) Geibel.

Erdmann, Joh. Ed., psychologische Briefe. 2., verm. Aufl. 8. (XIX und 384 S.) Leipzig 856, Geibel.

Erdmann, Joh. Ed., psychologische Briefe. 3., verb. und verm. Aufl. 1863. und 4. Aufl. gr. 8. (XX und 399 S. mit dem Portr. des Verf. in Stahlst.) Leipzig 868, Geibel. * geb. *

Erdmann, Joh. Ed., psychologische Briefe. 5. Aufl. Nebst einem Postscript über das Altwerden. gr. 8. (XX, 412 S. mit dem Portr. des Verf. in Stahlst.) Leipzig 875, Geibel. * geb. *

Erdmann, Joh. Ed., psychologische Briefe. 6. Aufl. Mit dem (Stahlst.-)Portr. des Verfassers. gr. 8. (XX, 412 S.) Leipzig 882. Geibel. n. 8. —; geb. n. 9. 20

Erdmann, Joh. Ed, psycholog. Briefe. 7. Aufl. gr. 8. (XVIII, 478 S.) Leipzig 896. G. Reichardt. n. 8. —; geb. in Leinw. n. 9. 20

—— die Bußfertigen und die Gerechten. Predigt gehalten am 3. Sonntag nach Trinitatis 1867 in der Moritzkirche. gr. 8. (14 S.) Halle 867, Schmidt's Verlag. *

— Christtag u. Stephanustag. Predigt, geh. am 26. Decbr. 1871 in der Glaucha'schen Kirche zu Halle. gr. 8. (16 S.) Halle 872. Schmidt. n. — 30

—— Christus unsere Speise. Predigt, gehalten in der unirten Domgemeinde am 20. Juli 1856. gr. 8. (16 S.) Halle 856, Schmidt. *

— Denkzettel für Prof. K. Ph. Fischer in Erlangen. (Zugleich ein Nachtrag zu seiner Abhandlung über den Naturalismus.) Halle 854. Schmidt. gr. 8. (34 S.) n. 6 ngr

—— über Duldsamkeit in Glaubenssachen. Predigt geh. am Sonnt. Miseric. Dom. 1845 in der Domkirche zu Halle. gr. 8. (1½ B.) Halle. [Schmidt's Verl.]

— über Duldsamkeit in Glaubenssachen. Predigt gehalten am Sonntage Miseric. Dom. 1845 in der Domkirche zu Halle. gr. 8. Ebend. 845. 3 ngr

—— über Dummheit. Vortrag im wissenschaftl. Verein zu Berlin gehalten am 24. März 1866. 1.—3. Abdr. 16. (32 S.) Berlin 866, Hertz. *

—— Er trägt unsere Schwachheit. Predigt am Himmelfahrtsfeste. gr. 8. (16 S.) Halle 868, Schmidt's Verlag. *

—— Darwin's Erklärung pathognomischer Erscheinungen. 4. (12 S.) Halle 873, Schmidt's Verlag. *
Aus: Sitzungsberichte der naturforschenden Gesellschaft zu Halle, besonders abgedruckt.

Erdmann, (Joh. Ed.), der strenge Ernst der Freudenbotschaft. Pfingstpredigt, gehalten am 24. Mai 1858. gr. 8. (21 S.) Halle 858, Schmidt's Verlagsb. *

– s. Ejusd. Essai de Theodicée.

—— Fichte, der Mann der Wissenschaft und des Katheders. Festrede, gehalten in der Aula der Universität Halle-Wittenberg am 19. Mai 1862. 16. (39 S.) Halle 862, Fricke. *

— über die Fortschritte der Naturwissenschaften unter der Regierung Sr. Maj. d. Königs Friedrich Wilhelm IV. u. ihren Einfluß auf die Industrie, Künste und Wissenschaften. Festrede gehalten am 15. Octbr. 1855. Berlin, A. Hirschwald. gr. 8. (1 Bl., 21 S.) n. 4 ngl

Erdmann, Joh. Ed., die Gebets-Erhörung. Pred., gehalt. in d. Dreifaltigkeitskirche zu Berlin. gr. 8. (1 B.) Berlin 837, [Eyssenhardt.]

Erdmann, Jh. Ed., die Gebets-Erhörung. Predigt. gr. 8. Berlin 837. Martius u. Comp. 1/12 rf

— der wahre Gemeingeist. Predigt gehalt. am 19. Jan. 1851. gr. 8. (16 S.) Halle 851, Schmidt. n. 3 ngl

—— unsere Gerechtigkeit. Predigt gehalten am 8. Juli 1866 in der St. Moritzkirche zu Halle. gr. 8. (16 S.) Halle 866, Schmidt's Verlag. *

—— über Gewohnheiten und Angewohnheiten. Vortrag, gehalten im wissenschaftlichen Verein zu Berlin. 16. (36 S.) Berlin 858, Hertz. *

— der Glaube an den dreieinigen Gott. Predigt, gehalten am 3. Juli 1853. Halle 853. Schmidt. gr. 8. (15 S.) n. 3 ngl

— Glaube und Wissenschaft. Akademische Rede zum Geburtstage S. M. des Königs gehalten. Halle 856. Schmidt. 16. (1 Bl., 42 S.) n. 5 ngl

—— Grundriss der Geschichte der Philosophie. 2 Bde. gr. 8. Berlin 866, Hertz. *
Inhalt:
Bd. 1. Philosophie des Alterthums und des Mittelalters. (VIII und 623 S.) * 2 Thlr. 20 Ngr.
» 2. Philosophie der Neuzeit. (VIII und 812 S.) * 3 Thlr. 10 Ngr.

—— Grundriss der Geschichte der Philosophie. 2 Bde. gr. 8. Berlin, Hertz. *
Inhalt:
Bd. 1. Philosophie des Alterthums und des Mittelalters. 2. verb. Aufl. (VIII, 605 S.) 869. * M 8.
» 2. Philosophie der Neuzeit. 2. sehr verm. Aufl. (X, 854 S.) 870. * M 10.

Erdmann, Joh. Ed., Grundriss der Geschichte der Philosophie. 2 Bde. 3. verb. Aufl. gr. 8. Berlin 878, Hertz. *
Inhalt:
Bd. 1. Philosophie des Alterthums und des Mittelalters. (XII, 260 S.) * M 10.
» 2. Philosophie der Neuzeit. (XII, 872 S.) * M 14.

Grundriss der Geschichte der Philosophie v. Johann Eduard Erdmann. 4. Aufl. Bearb. v. Benno Erdmann Bd 1. 2. *Berlin: W. Hertz 1896.* 2 Bde 8.
1. Philosophie d. Alterthums u. d. Mittelalters. (XVI, 682 S.)
2. Philosophie d. Neuzeit. (XV, 928 S.) [96. 2366

—— Grundriss d. Logik u. Metaphysik. Für Vorlesn. gr. 8. (11⅝ B.) Halle 841, Lippert.

Erdmann, Joh. Ed., Grundriss der Logik u. Metaphysik. Für Vorlesungen. 2., verb. Aufl. gr. 8. (12 B.) Halle 843. [Schmidt's Verl.]

J. Ed. Erdmann's Grundriss d. Logik u. Metaphysik; für Vorless. *Halle*, Lippert. (841-43.) 3° vb. A. 848. gr 8° 1 rf

Grundriss der Logik u. Metaphysik. Für Vorlesungen. 1., verb. Aufl. Halle 863. Schmidt's Verlag. gr. 8. (XVI, 188 S.) 1 rf

—— Grundriss der Logik und Metaphysik. Für Vorlesungen. 4., verb. Aufl. gr. 8. (XVI und 188 S.) Halle 864, Schmidt's Verlag.

—— Grundriss d. Psychologie. Für Vorlesn. gr. 8. (6½ B.) Leipzig 840, Vogel.

—— Grundriss der Psychologie. Für Vorlesungen. 2., veränd. Aufl. gr. 8. (7¼ B.) Leipzig 842, W. Vogel.

—— Grundriss der Psychologie. Für Vorlesungen. 3., veränd. Aufl. gr. 8. (XX und 123 S.) Leipzig 847, Vogel.

—— Grundriss der Psychologie. Für Vorlesungen. 4., verb. Aufl. gr. 8. (XII und 123 S.) Leipzig 862, Vogel. *

— Grundriss der Psychologie. Für Vorlesgn. 5. Aufl. gr. 8. (VIII, 133 S.) Leipzig 873. F. C. W. Vogel. n. 2. —

— über das Heidnische im Christenthum. Vortrag gehalten in Halle am 30. Januar 1854. Berlin 854. Hertz. 16. (32 S.) n. 5 ngl

—— Himmelfahrtspredigt über Marc. 16, 14—20. gr. 8. (19 S.) Halle 860, Schmidt's Verlagsb. *

—— die Hochzeit zu Cana. Homilie über Joh. 2, 1—11. gehalten in U. L. Frauen zu Halle. gr. 8. (16 S.) Halle 859, Schmidt's Verlagsb. *

— über Collision der Pflichten. Vortrag im wissenschaftlichen Verein zu Berlin. Berlin 853. Hertz. 16. (32 S.) n. 5 ngl

— über Lachen u. Weinen. Über die Stellung deutscher Philosophen zum Leben. Zwei Vorträge gehalt. im wissenschaftl. Verein zu Berlin in den J. 1848 u. 1850. gr. 8. (47 S.) Berlin 850, Hertz. n. 1/3 rf

—— über die Langeweile. Vortrag gehalten im wissenschaftl. Verein. 1. und 2. Abdr. 16. (36 S.) Berlin 852, Hertz. *

—— die Lehre vom Vater, Sohn und Geist. Trinitatis-Predigt gehalten am 7. Juni 1857. gr. 8. (16 S.) Halle 857, Schmidt's Verlagsb. *

Erdmann, Jh. Ed., Leib und Seele nach ihrem Begriff und ihrem Verhältniß zu einander. Ein Beitrag zur Begründung der philosophisch. Anthropologie. gr. 8. Halle 837. Schwetschke u. Sohn. 2/3 rf

—— Leib und Seele nach ihrem Begriff und ihrem Verhältniß zu einander. Ein Beitrag zur Begründung der philosoph. Anthropologie. 2., verb. Aufl. gr. 8. (X und 174 S.) Halle 849. [Braunschweig,] Schwetschke und Sohn.

— die Liebe, die Freiheit und die Gerechtigkeit durch den Glauben. Drei Predigten. 8. Halle 841, Lippert (u. Schmidt.) 1/4 rf

— Lustreisen u. Reiselust. Vortrag geh. im wissenschaftl. Verein zu Berlin. 16. (30 S.) Berlin 873. Hertz. n. — 50

—— der Mann, deß wir bedürfen. Predigt gehalten am 16. Juni 1850. gr. 8. (16 S.) Halle 850, Schmidt.

—— zwei Märtyrer der Wissenschaft. Vortrag gehalten zum Besten des Halle'schen Frauenvereins am 9. März 1864. 16. (36 S.) Berlin 864, Hertz. *

—— der neue Mensch — die eherne Schlange — der Gang nach Emmaus nebst drei andern bisher ungedruckten Predigten, gehalten den 11. Juni, 3. Septbr., 29. Novbr. 1854. Ostern und 9. Aug. 1855. Ostern 1856. gr. 8. (94 S.) Halle 856, Schmidt. *

—— das Nationalitätsprincip. Ein Vortrag, gehalten im Künstlerverein zu Bremen am 9. April 1862. 16. (52 S.) Bremen 862, Strack. *

J. Ed. Erdmann: Natur u. Schöpfung; e. Frage an d. Naturphilos. u. Religionsphilos. *Lpz.*, Vogel. 840. gr 8° 18 *ngl*

Erdmann, Joh. Ed., über den Naturalismus, seine Macht und seine Widerlegung. gr. 8. (31 S.) Halle 854, Pfeffer. ⅓ Thlr.

Aus: Zeitschrift für Philosophie und philosoph. Kritik, 23. Bd., besonders abgedruckt.

—— Neujahrspredigt, gehalten in der Domkirche zu Halle. gr. 8. (15 S.) Halle 859, Schmidt's Verlagsh. *

– s. Leibnitz, Opera philosophica.

—— Pharisäer und Zöllner. Predigt über das Evangelium am 11. Sonntage n. Trin. gr. 8. (16 S.) Halle 852, Schmidt. *

—— Predigt am Todtenfeste gehalten in der St. Moritzkirche zu Halle. gr. 8. (1¼ B.) Halle 844. [Schmidt's Verl.] *

—— vier Predigten, theils in der St. Moritz-, theils in der Domkirche zu Halle gehalten. gr. 8. (4¼ B.) Halle 845. [Schmidt's Verl.] *

—— zwei Predigten gehalten zum Schluß des akadem. Gottesdienstes und am 13. p. Trin. 1847. gr. 8. (25 S.) Halle 847, Schmidt. *

—— Preußen und die Philosophie. Academische Rede, gehalten zum Geburtsfest Sr. Maj. des Königs. 16. (35 S.) Halle 854, Pfeffer.

— Rechenschaft von unserm Glauben. — Reihe von Predigten, theils in Wolmar in Livland, theils in Berlin gehalten. gr. 8. Riga u. Dorpat 835. Frantzen. ¾ *ℛ*

—— Rechenschaft von uns. Glauben. — Reihe v. Predigten, theils in Wolmar in Livland, theils in Berlin u. Halle gehalten. 1. Aufl. (10¼ B.) Riga 835, [Kommiss.] ¾ Thlr.; 2., verm. A. gr. 8. (11¼ B.) Halle 842, Lippert. *

— Rede zur Saecularfeier Friedrich Wilhelm III. nebst 3 anderen akadem. Reden. gr. 8. (IV, 88 S.) Ebend. 875. n. 1. 40

—— der Reiche und Lazarus. Predigt gehalten am 26. Juni 1859. gr. 8. (19 S.) Halle 859, Schmidt's Verlagsh. *

— über den poetischen Reiz des Aberglaubens. Vortrag, gehalt. in Halle am 30. Novbr. 1850. gr. 8. (20 S.) Halle 851, Knapps Sort.-B. [Schrodel & Simon.] n. ⅙ *ℛ*

—— Sammlung aller Predigten, welche vom Jan. 1851 bis Juli 1867 gehalten wurden. gr. 8. (III und 230 S.) Halle 867, Schmidt's Verlag. *

— Sammlung aller Predigten, welche vom J. 1846 bis zum Juni 1850 gehalten wurden. 1. Die Ueberwindung des Bösen. — 2. Die Bedeutung des Todes. — 3. Zum Osterfeste 1847. — 4. Der Geist Gottes im Menschen. — 5. Klugheit u. Traum (soll heißen: Treue). — 6. Schickt Euch in die Zeit. — 7. Der Mann, deß wir bekennen. gr. 8. (108 S.) Halle 850, Schmidt. n. ⅓ *ℛ*

—— über Schelling, namentlich seine negative Philosophie. gr. 8. (VI und 68 S.) Halle 857, Schmidt's Verlagsh. *

—— die heilige Schrift, die Richtschnur unseres Glaubens. Predigt über Gal. 3, 15—22. gehalten am 17. Aug. 1856. gr. 8. (18 S.) Halle 856, Schmidt. *

—— über Schwärmerei und Begeisterung. Vortrag gehalten am 21. März 1863 im wissenschaftl. Verein zu Berlin. gr. 16. (36 S.) Berlin 863, Hertz. *

—— ernste Spiele. Vorträge, theils neu theils längst vergessen. 16. (X und 302 S.) Berlin 855, Hertz. *

— ernste Spiele. Vorträge, theils neu, theils längst vergessen. 2. zur Gesammtausg. aller seiner populären Vorträge vervollst. Aufl. gr. 8. (VII, 338 S.) Ebend. 871. n. 5. —

— dasselbe. 3. Aufl. gr. 8. (VI, 345 S.) Ebend. 875. n. 6. —

Erdmann, J. E., ernste Spiele. Vorträge, theils neu, theils längst vergessen. 4. Aufl. Gesammtausg. seiner jemals gehaltenen populären Vorträge. gr. 8. (VII, 356 S.) Berlin 890. Hertz. n. 4. —; geb. n. 5. —

—— Sünde und Gnade. Predigt gehalten im akadem. Gottesdienst. gr. 8. (18 S.) Halle 852, Schmidt. *

—— das Träumen. Vortrag gehalten im wissenschaftl. Verein zu Berlin. 16. (36 S.) Berlin 861, Hertz. *

—— die Ueberwindung des Bösen. Predigt gehalten am 3. Sonnt. n. Epiphan. 8. (1¼ B.) Halle 846. [Schmidt's Verl.]

— üb. einige der vorgeschlagenen Universitätsreformen. Ein Votum. gr. 8. (32 S.) Leipzig 848, Vogel. n. 4 *ngl*

—— Vergebung und Liebe. Predigt gehalten im akadem. Gottesdienst am 11. Jan. 1863. gr. 8. (19 S.) Halle 863, Schmidt's Verlag. *

— vom Vergessen. Vortrag im wissenschaftlichen Verein zu Berlin gehalten am 20. März 1869. Berlin 869. Hertz. 16. (35 S.) n. 5 *ngl*

— sehr Verschiedenes je nach Zeit u. Ort. Drei Vorträge. gr. 16. (III, 103 S.) Ebend. 871. n. 1. 20

Erdmann, Joh. Ed., Versuch e. wissenschaftl. Darstell. d. Geschichte d. neuern Philosophie. 1. Bd. 1. Abthl. — A. u. d. T.: Darstellung u. Kritik d. Philosophie d. Cartesius, nebst e. Einleit. in d. Gesch. d. neuern Philosophie. gr. 8. (22 B.) Riga 834, (Frantzen.)

—— Versuch ein. wissenschaftl. Darstellung d. Geschichte d. neuern Philosophie. 1. Bd. 2. Abthl. u. 2. Bd. 1. u. 2. Abthl. gr. 8. (Riga.) Leipzig, Vogel.

A u. d. Ttln.:

Bd. 1. Abthl. 2. Malebranche, Spinoza u. d. Skeptiker u. Mystiker d. 17. Jahrh. Darstellung u. Kritik ihrer Systeme. (24¾ B.) 836. 1 Thlr. 18 Gr.

- 2. - 1. Die Entwickelung d. Empirismus u. Materialismus in d. Zeit zwischen Locke u. Kant. (29 B.) 840. 2 Thlr. 6 Gr.

- 2. Leibnitz u. d. Entwicklung d. Idealismus vor Kant. (33½ B. u. 11 B. Beiln.) 842. 4 Thlr. 16 Gr.

1. Bd. 1. Abthl. (Riga.) Leipzig, Vogel. 1834. 1 Thlr. 16 Gr. 4

—— Versuch einer wissenschaftl. Darstellung der Geschichte der neuern Philosophie. 3. Bd. 1. Abthl. A. u. d. T.: Die Entwicklung der deutschen Speculation seit Kant. 1. Thl. gr. 8. (VII und 708 S.) Leipzig 848, Vogel.

1. und 2. Bd. Ebendas. 1834—42. 10 Thlr. 10 Ngr.

— Versuch einer wissenschaftl. Darstellung d. Geschichte d. neuern Philosophie. 3. Bd. 1. Abth. A. u. d. T.: Die Entwicklung der deutschen Speculation seit Kant. 1. Thl. gr. 8. (VIII u. 708 S.) Leipzig 849, Vogel. 4 *ℛ* 21 *ngl* (I—III, 1.: 15 *ℛ* 3½ *ngl*)

— Versuch einer wissenschaftlichen Darstellung der Geschichte der neuern Philosophie. 3. Bds. 2. Abth. A. u. d. T.: Die Entwicklung der deutschen Speculation seit Kant. 2. u. letzter Theil. Leipzig 853. Vogel. gr. 8. (XII, 855 S.) n. 5 *ℛ*

—— Versuch einer wissenschaftlichen Darstellung der Geschichte der neuern Philosophie. 3. Bd. 2. Abthl. A. u. d. T.: Die Entwicklung der deutschen Speculation seit Kant. 2. (letzter) Thl. gr. 8. (XII und 855 S.) Leipzig 853, Vogel. *
1—3. Bd. 1. Abthl. Ebendas. 1834—48. 15 Thlr. 1 Ngr.

—— Vorlesungen üb. Glauben u. Wissen, als Einleit. in d. Dogmatik u. Religionsphilosophie, gehalt. ꝛc. gr. 8. (18⅛ B) Berlin 837, Duncker u. Humblot.

—— Vorlesungen über akademisches Leben und Studium. gr. 8. (XVI und 859 S.) Leipzig 858, Geibel. *

Erdmann, Joh. Ed., philosophische Vorlesungen über den Staat. gr. 8. (VI und 192 S.) Halle 851, Schmidt. Thlr. *

— Wenn diese schweigen, werden Steine schreien. Was ist christlich? und Die Berufung. Drei Predigten. gr. 8. Halle 837. Anton. ¼ ₰

— die Wiedergeburt. Pred., gehalt. in d. Dreifaltigkeitskirche zu Berlin. gr. 8. (1 B.) Berlin 837, [Eyssenhardt.]

— die Wiedergeburt. Predigt. gr. 8. Berlin 837. Martius u. Comp. ⅟₁₂ ₰

—— Wir leben nicht auf der Erde. Vortrag gehalten in Halle am 13. März 1852. 16. (36 S.) Berlin 852, Hertz. *

—— die Wunder sonst und jetzt. Predigt gehalten im akadem. Gottesdienste zu Halle am 24. Juli 1853. gr. 8. (16 S.) Berlin 853, Hertz. *

—— zarys logiki i metafizyki. Przełozył na jezyk Polski L. O. gr. 8. (9⅓ B.) Lipsk 844, Breitkopfa i Härtela.

Erdmann, (Joh. Eduard). Die Zusammensetzung der ersten Kammer nach § 38 des Verfassungsgesetzes. Halle, Schmidt 1848. 15 S. 8.

Erdmann, Johann Fr.

Erdmann, J. F., Annales schol. med. Dorpat. etc., s. a. Annales.

v. *Erdmann*, Jh. Fr., Annales scholae clinicae medicae Dorpatensis annor. 1818—20. Mit 2 Tabb. 4maj. Dorpat 821. (Riga, Meinshausen). 3 ₰ Dass. N. A. 823. (Leipz., Kummer). 2 ₰ 16 ℊ

— Elemementa Organonomiae ex notione motus derivata. 4. Wittenb. 804.

— Prodromus ad novam Lexici Willmetiani. Edit. adornandam. gr. 4. Casan 822. (Halle, Hemmerde.)
s. a. Erdmann, Franz Fr. L.

v. Erdmann, Jh. Fr., Selbstbeschreibung. 8. Kasan u. Berl. 810.

— utrum aqua electricitatem columnae a cel. Volta inventae in elementa sua dissolvatur? Diss. physiol.-chemica, cum tab. aeri incisa. 4. Wittenb. 802. (Gerlach in Dresd.) 6 ℊ

Erdmann, I. F., utrum aqua per electricitatem columnae a Volta in ventae in elementa s. dissolv. c. tab. aen. 4. Dresd. Gerlach. (in Commiss.) 803.

Erdmann, Johann Friedrich

— Beiträge zur Kenntniß des Innern von Rußland. 1r Thl. A. u. d. T.: medicin. Topographie d. Gouvernements u. d. Stadt Kasan ꝛc. Nebst 1 Plan. gr. 8. Riga 822. Meinshausen. 2 ₰ 18 ℊ 2r Thl. 1e u. 2e Hälfte. A. u. d. T.: Reisen im Innern Rußlands, 1e u. 2e Hälfte. Mit 12 Steintaf., 2 Karten u. mehrern Musikbeilagen. gr. 8. Leipz. 825—26. Kummer. 7 ₰

Erdmann, Joh. Friedrich (Präs.), s. Drechsler, Johann Gotthelf: Praecipuas fermentationis theorias . . .

— Progr. de hydropis natura et curatione. Prs. I—X. 4. Wittenb. 804—10.

— — De hydropis natura et curatione I. Wittbg., 16. VII. 1808. 11 S. (3.—) 8045
Mit Biogr. v. Carl Heinrich Meissner (Hundeshübel/Schneeberg; M.: J. S. Baumgaertel).

— — Dasselbe. II. Wittbg., 18. VII. 1808. 12 S. (3.—) 8046
Mit Biogr. v. Christian Ernst Vehse (Schroebitz/Misn.; M.: Ch. E. Aster).

— — Dasselbe. III. Wittbg. (F. I. Seibt) 19. VIII 1808. 8 S. (3.—) 8047
Mit Biogr. v. Joh. Andreas Thomas (Mühlberg; M.: C. Korn).

— — Dasselbe. IV. Wittbg., 15. IX. 1808. 12 S. (3.—) 8048
Mit Biogr. v. Gotthold Immanuel Blankmeister (Rudersdorf/Thür.: M.: J. F. F. Schmelz).

— — Dasselbe. V. Wittbg., 28. XI. 1809. 15 S. (3.—) 8049
Mit Biogr. v. Jacob Reinhard (Dresden; M.: S. Ch. Bassenge).

— — Dasselbe. VI. Wittbg., 2. IV. 1810. 12 S. (3.—) 8050
Mit Biogr. v. Joh. Gotthelf Drechsler (Burckhardsdorf/Chemnitz; M.: A. F. Karg).

— — Dasselbe. VII. Wittbg., 6. IV. 1810. 12 S. (3.—) 8051
Mit Biogr. v. Carl Traugott Kretzschmar (Dobrilugk; M.: S. F. Boehmer).

— — Dasselbe. VIII. Wittbg., 16. IV. 1810. 12 S. (3.—) 8052
Mit Biogr. v. Heinr. Aug. Vieweg (Falkenhayn/Zeitz; M.: D. Müller).

— — Dasselbe. IX. Wittbg., 17. IV. 1810. 14 S. (3.—) 8053
Mit Biogr. v. Heinr. Gottlieb Kolbe (Olbernhau; M.: Ch. F. Hartwig).

— — Dasselbe. X. Wittbg., 18. IV. 1810. 12 S. (3.—) 8054
Mit Biogr. v. Franz Adolph Koberwein (Meißen; M.: J. Ch. Rossberg).

— Johann Friedrich (Wittenberg), Praecepta artis paedagogicae ex Terentio petita. Diss. philos.-philol. Präs. Johann Gottlob Graesse. Wittbg. (Chn. Phil. Meltzer) 22. I. 1800. 19 S. (4.50) 8044
Gewidm.: Joh. Gottfr. Leonhard, Joh. Mattn. Schroeckh.

Erdmann, Jh. Fr., aus der ärztlichen Praxis. Beobachtungen u. Ansichten. gr. 8. Halle 846, Lippert u. Schmidt. n. 1⅓ ₰

Erdmann, Johann Friedrich: Aus der ärztlichen Praxis. Beobachtungen und Ansichten. 284 S., gbd.

Halle: Lippert & Schmidt 1847

JB 2.537

Erdmann, Johann Friedrich: Medicinische Topographie des Gouvernements und der Stadt Kasan nebst mehreren darauf Bezug habenden historischen, geographischen, statistischen und ethnographischen Notizen. Nebst e. grossen Plane in Steindruck. Riga, Dorpat 1822. VI, 344 S.
(Erdmann, Johann Friedrich: Beiträge z. Kenntniss d. Innern von Rußland.)

Erdmann, Johann Friedrich Gottlieb

— **Jo. Friedrich Gottlieb** (Lübben/Laus.), De gasindis hodiernis necessariis ex jure des Dienstzwanges. Diss. forens. Präs. Christian Heinrich Breuning. Lpz. (Langenheim) 12. V. 1757. 16 S. (4.50) 8055

Erdmann, Johann Friedrich Gottlieb: Versuch einer Historie vom öffentlichen Armbrust- und Büchsenschießen. Mit Kupferstichen. Leipzig, Löwe. 1737.

Erdmann, Joh. Frdr. Gtlob, Versuch zu einer Historie vom Armbrust- und Büchsenschiessen. Leipzig 1637. 8. . . . . (D.)

Erdmann, Johann Gottlob

— — **Leges Mosis morales praestantiores esse legibus Lycurgi et Solonis.** Disp. histor.-theolog. Präs. Franz Volkmar Reinhard. Wittbg. (A. Ch. Charisius) 23. IX. 1788. 36 S. (4.80) 8057
Gew.: Aug. Gottfr. Clausnitzer (Dresden).

— **Johann Gottlob,** De utilitate doctorum religionis nonnulla praefatus viros Fried. Gottl. Thalwitzer, Jo. Christ. Gottl. Wiltsch, Ernst Heinr. Schulze, Matth. Moritz Schulze, Jo. Friedrich Balzer e societate eorum qui sub praesidio viri Friedrich Wilhelm Dresde disput. se exercent nomine societ. valere jubet. Wittbg. (Jo. Tzschidrich) Febr. 1788. 11 S. mit Namen. (3.50) 8056

Erdmann, Joseph: Aus der medizinischen Klinik zu Kiel. Ueber sekundäre Atrophie des Rückenmarks nach Amputationen. *Kiel 1897: P. Peters.* (14 S.) 8°
Kiel, Med. Diss. v. [11. Jan.] 1898

Erdmann, Jos., vom Kurhut bis zur Kaiserkrone. Vortrags-Gedichte u. Gesänge zur 200jahrfeier der Gründg. des Königr. Preußen u. zu and. vaterländ. Gedenktagen. Als leichter, je nach Bedürfnis einzuricht. Festakt f. Schulen, Vereine u. Volksunterhaltungsabende zusammengest. gr. 8. (25 S.) Striegau (900). A. Hoffmann. n. — 50

[J.] Kaiser Wilhelm der Grosse. Leichter Festakt m. Deklamation, Musik u., nach Belieben, leb. Bildern. F. Festversammlgn, Vereine u. Schulen, auch m. d. einfachsten Mitteln aufführbar. Von Jos. Erdmann. *Oppeln: G. Maske 1897.* (1 Bl., 19 S.) 1 Bd 8. [98. 1888

Erdmann, *Julius* [Rekt.]: Katalog der Schüler-Bibliothek der Löbenichtschen höheren Bürgerschule zu Königsberg in Pr. nach Klassen u. Wissenschaften geordn. Königsberg in Pr., Buchdr. v. R. Leupold, 1892; 56 S. 8.
Königsberg i. Pr., Löbenichtsche HB, OP 1892 (23)

Erdmann, Julius, a. Halle a. S.: Eichendorffs historische Trauerspiele. Eine Studie. ⟨Kap. 1.⟩ Halle a. S. 1908: E. Karras. (VIII, 35 S.) 8° ¶ (Erscheint vollst. b. M. Niemeyer, Halle a. S.)
Halle, Phil. Fak., Ref. Strauch, Diss. v. 16. Juni 1908
[Geb. 4. Aug. 83 Halle a. S.; Wohnort: Halle a. S.; Staatsangeh.: Preußen; Vorbildung: Gymn. Halle a. S. Reife O. 02; Studium: Halle 2, Heidelberg 1, Berlin 1, Halle 6 S.; Rig. 8. Febr. 08.]

Erdmann, Jul., Eichendorffs histor. Trauerspiele. Eine Studie. (XII, 123 S.) gr. 8. Halle 908. M. Niemeyer. 3. —

Erdmann, Karl, Anfangsgründe der ebenen Geometrie verbunden m. e. Aufgabensammlung. 2 Tle. gr. 8. Dresden, Bleyl & Kaemmerer. à n. 2. 25; geb. in Leinw. à n.n. 2. 55
1. Mit 282 in den Text eingedr. Fig. (VIII, 178 S.) 904.
2. Mit 212 in den Text eingedr. Fig. (VII, 164 S.) 905.

Erdmann, Karl, Anfangsgründe der ebenen Geometrie, verbunden m. e. Aufgabensammlung. 2., umgearb. Aufl. (VIII, 283 S. m. 397 Fig.) gr. 8. Dresden-Blasewitz 911. Bleyl & Kaemmerer. 3.80; geb. in Leinw. 4. 40

Erdmann, Carl, die theologische und philosoph. Aufklärung des 18. und 19. Jahrhunderts. Mit besond. Rücksichtnahme auf die religiösen Bewegungen und kirchl. Bestrebungen der Gegenwart. Nebst einem Anhange: über das Treiben der hallischen Pietisten gegen Chrn. Wolf; und Friedrich der Große und das Conventikelwesen. gr. 8. (VII und 358 S.) Leipzig 849, Brandstetter. Thlr.

Erdmann, Carl. Die unorganischen Bestandtheile in den Pflanzen. Göttingen, 1855.

Erdmann, Karl (Übers.):

s.: Carey, Matthew: Eine kurze Nachricht von dem bösartigen Fieber, welches kürzlich in Philadelphia grassiret... (A short Account on the malignant fever, lately prevalent in Philadelphia... Fourth edition. Dt.) Lancaster: 1794

JB 5.109

Erdmann, Carl, e. Ei des Columbus. Klärende sociale Betrachtgn. gr. 8. (48 S.) Berlin 894. Bibliograph. Bureau. n. 1. —

Erdmann, Karl: Das gelbe Fieber in Philadelphia, s. Erdmann, Charles.

— siehe: Gemeinde-Blatt, Guhrauer frei christliches.

—— populäre Geschichte und Charakteristik der Bibel überhaupt und der einzelnen bibl. Schriften insbesondere für Gebildete aus allen Ständen nach dem Resultate der histor. Kritik übersichtlich zusammengestellt. gr. 8. (VIII und 208 S.) Neustadt a. d. O. 847, Wagner. *

Erdmann, Carl, das Güterrecht der Ehegatten nach dem Provinzialrecht Liv-, Ehst- und Curlands. gr. 8. (III, 258 S.) Dorpat 872, Gläser. [Schnakenburg.] *

Erdmann, Karl, s.: Handbuch des modernen Reklamewesens der bedeutendsten Industrien.

—— über die Person Jesu biblisch und literatur-historisch. 8. (44 S.) Berlin 848, [Geelhaar.] *

Erdmann, Carl, Kunst u. Politik. Klär. soziale Betrachtungen. gr. 8. (XII, 48 S.) Berlin 897. A. Deubner. n. 1. —

Erdmann, Carl [pr. Arzt aus Berlin]: **Die Laparotomie bei penetrirenden Bauchwunden** ... Berlin, Buchdr. v. G. Schade, *1893*; 31 S. 8.
Berlin, Med. Fak., Inaug.-Diss. v. 18. Apr. 1893

Erdmann, Karl (Hrsg.), s. Osnabrück. — Osnabrück und seine schönen Berge.

—— Pfingst-Predigt zu Glogau und Guhrau gehalten. 8. (15 S.) Wohlau 849, Leuckart.

Erdmann, Carl, über die Stellung der Rechtswissenschaft vor dem Richterstuhl der Laien und der Schwesterwissenschaften. Festrede zur Jahresfeier der Stiftung der Universität Dorpat am 12. Decbr. 1874. gr. 4. (20 S.) Dorpat 875, Schnakenburg's Verlag. *

Erdmann, Carl, s.: Studien, Dorpater juristische.

Erdmann, C., System d. Privatrechts der Ostseeprovinzen Liv-, Est- u. Curland. 1. Bd. Allgemeiner Theil. — Familienrecht. gr. 8. (X, 566 S.) Riga 889. Kymmel's Verl. n. 12. —

— System d. Privatrechts der Ostseeprovinzen Liv-, Est- u Curland. 2.—4. (Schluß-)Bd. gr. 8. Riga, N. Kymmel's Verl. à n. 12. — (kplt.: n. 48. —)
2. Sachenrecht. (VIII, 504 S.) 891.
3. Erbrecht. (IX, 514 S.) 892.
4. Obligationenrecht. (VI, 560 u. Register zum ganzen Werk 29 S.)

Erdmann, System d. Privatrechts der Ostseeprovinzen Liv-, Est- u. Curland. Band III u. IV. Riga 892—94.
III. Erbrecht. 892. 12.—.
IV. Obligationenrecht. 894. 12.—.
(4 Bde. cplt. Riga 889—94. 48.—.)

Erdmann, Carl, aus Kasan, Unter welchen Umständen tritt nach dem Aufhören des Lebens die Todtenstarre ein? Welche Veränderungen in den organischen Geweben, insbesondere im Muskelgewebe, liegen diesem Zustande zu Grunde? Unterscheidet sich derselbe von der Zusammenziehung des lebenden Muskels, oder ist er mit ihr identisch? Preisarbeit. Dorpat 1838.

Die Volksschule am Abgrund? Enthüllungen u. Gedanken von Karl Erdmann. (1. Aufl.) Krefeld: Worms & Lüthgen 1906. (III, 170 S.) 8° [F.] 06. 10708

— Vorträge (Die Familie. Das Wesen der Heimath. Ewige Personen. Die Ehre.) (Ausg. der „Baltischen Monatsschrift".) 8. (69 S.) Reval 893. F. Kluge. n. 2.

[F.] Gesammelte Vorträge v. Dr. Carl Erdmann, Prof. emer. *Reval: F. Kluge 1897.* (IV S., 1 Bl., 248 S.) 1 Bd 8. 97. 7743

Erdmann, Karl, wie kann der Protestantismus üb. den Katholizismus siegen? gr. 8. (46 S.) Berlin 900. H. Walther. n. 1. 20

Erdmann, Karl Gf., Aufsätze u. Beobachtt. aus allen Theilen d. Arzneiwissenschaft u. d. Naturkunde. 1r Thl., mit 3 Kpft. 8. Dresd. 802. Gerlach; (a. Weygand in Leipz.) 12 Gr.

Erdmann, C. G., Aufsätze u. Beobacht. a. all. Th. d. Arzneywissensch. u. d. Naturkunde. m. K. 8. Dresd. Beger. 806.

— s. Gemälde aus d. Plauenschen Grunde.

— merkwürd. Gewächse d. Obersächs. Flora. 1s—30s Heft, mit 450 natürl., getrockneten Pflanzen. Fol. Dresd. 801. Gerlach. 20 ß

— physische u. patholog. Merkwürdigkeiten, mit Kpf. 8. Dresd. 806. Beger. 12 Gr.

— Samml. u. Beschreib. d. Giftpflanzen, d. in Sachsen wild wachsen. 9 Hefte, jedes mit 10 getrockn. Pflanzen. Dresd. 797. Gerlach. 4 ß 12 Gr.

— tabellar. Uebersicht d. theoret. u. prakt. Botanik. gr. 4. Dresd. 802. Gerlach. (Centr.-Compt.) 6 Gr.

Erdmann

— Carl Gottfried (Wittenberg), De nexu theoriam et praxin medicam intercedente. Diss. med. Wittenbg. (Tzschiedrich) 20. XI. 1798. 19 S. (4.50) 8039
Gew.: Joh. Gottfr. Leonhard.

Erdmann, (Carl Gtlieb. Heinr.), über die Fortschritte der Naturwissenschaften unter der Regierung Sr. Maj. des Königs Friedrich Wilhelm IV. und ihren Einfluß auf die Industrie, Künste und Wissenschaften. Fest-Rede gehalten am 15. Octbr. 1855. gr. 8. (21 S.) Berlin 856, A. Hirschwald. *

Erdmann, Karl Gli. Hnr., Lehrbuch der Chemie u. Pharmakologie für Aerzte u. Thierärzte. Zum Gebrauch bei Vorlesungen u. zum Selbstunterricht entworfen. 1r oder chemischer Theil. 1e Abthl. Mit 8 Steintaf. gr. 8. Berlin 836. Veith u. C. $1^2/_3$ ß

Erdmann, Karl Gli. Hnr., Lehrbuch der Chemie u. Pharmakologie für Aerzte, Thierärzte und Pharmaceuten. Zum Gebrauch bei Vorlesungen und zum Selbstunterricht entworfen. 1. Theil. Unorganische Chemie und Pharmakologie. 2. Abtheil. Mit 5 lith. Abbild. gr. 8. (Mit 3 Tab.) Berlin 841, Veit u. Comp. $2^1/_3$ ß (I. 1. 2.: 4 ß)

Erdmann, Carl Gli. Heinr., Lehrbuch der Chemie und Pharmakologie für Aerzte, Thierärzte u. Pharmaceuten. Zum Gebrauch bei Vorlesungen und zum Selbstunterricht entworfen. Mit 1 (lith.) Tafel Abbildgn. 2. Thl. Organische Chemie und Pharmakologie. Berlin 854. (Leipzig) Veit u. Co. gr. 8. (LVIII, 1042 S.) n. 4 ß

Erdmann u. Hertwig, thierärztliche Receptirkunde, s. a. Hoffmann, L., thierärztliche Arzneiverordnungslehre.

— und C. H. Hertwig, thierärztliche Receptirkunde und Pharmakopöe, nebst einer Sammlung bewährter Heilformeln. Berlin 856. A. Hirschwald. 8. (XVI, 214 S.) n. 1 ß

Erdmann, C. G. H., und C. H. Hertwig, thierärztliche Receptirkunde und Pharmakopöe nebst einer Sammlung bewährter Heilformeln. 2., verb. Aufl. br. 8. (XVIII und 228 S.) Berlin 868, A. Hirschwald. *

Erdmann, C. G. H., u. H. Hertwig, thierärztliche Receptirkunde u. Pharmakopöe nebst e. Sammlg. bewährter Heilformeln. 3. verb. Aufl. 8. (XVII, 233 S.) Berlin 875. Hirschwald. n. 4. —

Erdmann, C. G. H., u. C. H. Hertwig, thierärztliche Receptirkunde u. Pharmakopöe, nebst einer Sammlung bewährter Heilformeln. 4., verb. Aufl., bearb. v. C. H. Hertwig. 8. (XVI, 240 S.) Berlin 881. Hirschwald. n. 4. —

Erdmann, [Carl Gottlieb] Heinrich: Untersuchung der Giftmasse, womit die Afrikaner ihre Pfeile überziehen; e. Beitrag z. nähern Kenntniss d. Pfeilgifte. o. O. u. J. 28 S.

Erdmann, Karl Hnr., Predigt zur Gedächtnißfeier des in Gott ruhenden Königs von Preußen Friedrich Wilhelm III. gr. 8. Zeitz 840. Webel. n. $^1/_{12}$ ß

Erdmann, Karl Martin

ERDMANN, C. MT. De Arsenico nonnulla. Berolini, 1852.

Erdmann, Car. Martin. (Ludov. Adolphus) (geb. Berlin 11. 7. 1827): De arsenico nonnulla. Berolini (1853). (32 S.) 8°
Berlin, Med. Diss. v. 17. Aug. 1853

Erdmann, Karl Otto, Alltägliches u. Neues. Ges. Essays. gr. 8. (VII, 319 S.) Florenz 898. E. Diederichs. n. 5. —

Erdmann, Carl Otto, Alltägliches u. Neues. Gesammelte Essays. 2. [Titel-]Ausg. gr. 8. (IV, 320 S.) Leipzig [898.] 902. E. Diederichs. n. 5. —; geb. n. 6. —

Erdmann, Karl Otto, die Bedeutg. des Wortes. 8. (IX, 218 S.) Leipzig 900. E. Avenarius. n. 3.60; geb. n. 4.20

Erdmann, Karl Otto, die Bedeutung des Wortes. Aufsätze aus dem Grenzgebiet der Sprachpsychologie u. Logik. 2. Aufl. (XII, 226 S.) 8. Leipzig 910. E. Avenarius. 3.80; geb. 4.75

Karl Otto Erdmann. Das monarchische Gefühl. 1.-10. Taus. *Florenz & Leipzig: E. Diederichs 1898.* (36 S.) 8° [F.]
Aus: Erdmann: Alltägliches u. Neues. 1898. [98. 1336: 2

— Immoralitäts-Fexerei, s.: Flugschrift, 41., des Dürerbundes zur ästhetischen Kultur.

— Wahrheitswert u. Phantasiewert, s.: Flugschrift, 47., des Dürer-Bundes zur ästhetischen Kultur.

Erdmann, Leon Conrad, Rigenser, Beobachtungen über die Resorptionswege in der Schleimhaut des Dünndarms. Diss. Dorpat. 8°. 97 pp. mit einer lithographirten Tafel. 1867.

Erdmann, Linné O., s. Erdmann, Otto Linné

Zither-Schule. Lehrbuch d. Zitherspielkunst nach leichtfaßl., schnell z. Erfolg führender Methode f. d. Selbstunterr. bearb. von Louis **Erdmann.** Mit 155 Notenbeispielen u. Übungen u. e. Anh. Erfurt: F. Kniestädt [um 1906]. (28, 20 S.) 4° [06. 14984

Erdmann, *Martin* Adversaria critica in Malalae chronographiam. 8 (S. 69—88 = [20 S.]).
In: Teil II. der Festschrift zur Feier des 350jähr. Bestehens
Progr. des prot. G. *Strassburg* 1888.

Erdmann, Mart., der Athenerstaat. Eine aristotel. Schrift. Deutsch v. M. E. gr. 8. (118 S.) Leipzig 892. A. Neumann's Verl. n. 1. 60

Erdmann, Martinus [Tilsensis]. De Pseudolysiae epitaphii codicibus. Lipsiae, typis B. G. Teubneri, 1881. 8. 38 S.

Erdmann, M., Hippodamos von Milet und die symmetrische Städtebaukunst der Griechen. S.-A. o. J. 85 S.

Erdmann, M. Zur Kunde der hellenistischen Städtegründungen. [Alexandria, Antiocheia.] 30 S. u. Taf. **Progr.** Pr. G. *Strassburg* 1883

Erdmann, *Martin* [Dr.]: Lysiaca. (Nachtr. zu: Pseudolysiae oratio funebr. ed. Lipsiae 1881.) Strassburg, J. H. E. Heitz, 1891; S. 3–20; 4°
Strassburg, Prot. G, MP 1891 (513)

M. **Erdmann.** Schiller-Rede geh. am 9. Mai 1905 in d. Mädchenschule z. Charlottenburg. Als Ms. gedr. Berlin 1905: H. S. Hermann. (30 S.) 8° [F.] [05. 3163

Erdmann, M., s.: Verhandlungen der 46. Versammlg. deutscher Philologen u. Schulmänner.

Erdmann, (Martin): Das Wahrträumen. Ein Beitr. z. Verständnis d. Xenophon. (Charlottenburg 1908: Gertz.) 32 S. 8°
Charlottenburg, Auguste-Victoria-S, st. HM mit RGklassen OP 1908
[S 08. 79

Erdmann, Max

Einführung des Automobilbetriebes für die Feuerwehr. (Verf.: Dr. [Max] **Erdmann** & [Hermann] Ruhstrat.) Dat. Stettin 14. Sept. 1904. [Fing. T.] (12 S.) 4°(2°) [F.] [05. 4011 9

Betrifft Ergebnis der Versuche mit der Braun'schen Automobilleiter und Antrag auf Beschaffung einer Drehleiter für Pferdezug. ([Unterzeichn.:] Dr. [Max] **Erdmann,** H[ermann] Ruhstrat.) (Stettin 1905.) (9 S.) 2° [Kopft. F.] [06. 8611 9

Erdmann, O., Arbeiten u. Erfahrungen e. 25jährigen Thätigkeit in der inneren Mission. Ein Beitrag zur freien kirchl. Laienthätigkeit aus der Geschichte der evang. Gesellschaft f. Deutschland. 2 Thle. gr. 8. (319 u. 431 S.) Elberfeld 873. 74. Buchh. d. evangel. Gesellschaft. n. 6. —

Erdmann, O., Bedeutung d. christl. Lehre v. d. Gottheit Christi f. d. christl. Leben. [Aus: „Beweis des Glaubens".] gr. 8. (27 S.) Gütersloh 896. C. Bertelsmann. n. — 40

Erdmann: De L. Apulei Madaurensis elocutione. 18 S. Standal. Progr. 1864.

Erdmann, O., die Glaubwürdigkeit der hl. Schrift als des Wortes Gottes. gr. 8. (120 S.) Gütersloh 893, C. Bertelsmann. n. 1. 60

Erdmann, O., Kennzeichen wahrer Erweckung. Vortrag, gehalten auf der Siegener Jahresversammlung des westdeutschen Zweiges der evangel. Allianz. gr. 8. (23 S.) Elberfeld 883, Buchh. der evangel. Gesellschaft.

Erdmann, Oskar

Erdmann, Osk., über F. M. Klinger's dramatische Dichtungen. gr. 4. (44 S.) Königsberg 877. Nürmberger's Buchh. in Comm. n. 1. 50

Erdmann, Osk., die rechtlichen Grundlagen des Kali- u. Steinsalzbergbaus in der Prov. Hannover. (In 2 Tln.) 1. Tl. 8. Hannover 906. C. Meyer. n. 6. 50
Die zivilrechtl. Grundlagen des Kali- u. Steinsalzbergbaus nach dem gemeinen Recht u. dem bürgerl. Gesetzbuch. (XII, 236 S.)

Erdmann, Osk., Grundzüge der deutschen Syntax, nach ihrer geschichtlichen Entwicklung dargestellt. 1. Abtl.: Gebrauch der Wortklassen. Die Formationen des Verbums in einfachen Sätzen und in Satsverbindungen. gr. 8. (X, 197 S.) Stuttgart 886, Cotta'sche Buchh. *

Erdmann, Osk., Grundzüge der deutschen Syntax, nach ihrer geschichtl. Entwicklg. dargest. 2. Abtlg.: D. Formationen d. Nomens (Genus, Numerus, Casus) v. Otto Mensing. gr. 8. (XVI, 276 S) Stuttgart 898. J. G. Cotta Nachf. n. 6. 50 (kplt.: n. 10. —)

Erdmann, Osk., über die Wiener und Heidelberger Handschrift des Otfrid. gr. 4. (21 S. mit 5 Lichtdr.-Taf.) Berlin 880, (Dümmler's Verlagsh.)
Aus: Abhandlungen der k. Akademie der Wissenschaften zu Berlin, besonders abgedruckt.

Erdmann, Oskar, Gerichts-Ref. aus Hannover: **Das Miterbenverhältnis im Bürgerlichen Gesetzbuch verglichen mit dem des Gemeinen Rechts.** *Hannover 1899: A. Grimpe.* (80 S.) 8°
Erlangen, Jur. Diss. v. 5. Dez. 1898

Erdmann, Osk., das Miterbenverhältnis im bürgerl. Gesetzbuch verglichen m. dem des gemein. Rechts. (Diss.) 8. (80 S.) Hannover 899. Hahn. 1. 50

Erdmann, Osc., Untersuchungen üb. die Syntax der Sprache Otfrids. 1. u. 2. Thl. gr. 8. Halle 874. 76. Buchh. d. Waisenh. n. 14. —
1. Die Formationen d. Verbums in einfachen u. in zusammengesetzten Sätzen. (XVIII, 234 S.) n. 6. —
2. Die Formation d. Nomens. (VIII, 272 S.) n. 8. —

Erdmann, Osk., de Pindari usu syntactico. gr. 8. (VII und 96 S.) Halle 867, Buchh. des Waisenhauses. *

Erdmann, Osk., de Pindari usu syntactico. Halle 868. Buchh. d. Weisenhauses. gr. 8. (VII, 96 S.) n. 15 *ngr.*

— s.: Zeitschrift f. deutsche Philologie.

Erdmann, Oskar Emil Wilhelm

Wie stellen wir Pfarrer uns zu der gegenwärtigen Evangelisations- und Gemeinschafts-Bewegung? Vortrag geh. von Pfarrer [Oskar Emil Wilhelm] Erdmann-Graudenz in d. Pastoralkonferenz in Danzig 1900. *Danzig: Ev. Vereinsbuchh. 1901.* (32 S.) 8° [F.] [01. 1373 10

Erdmann, Otto, Arbeiten und Erfahrungen einer 25jährigen Thätigkeit in der inneren Mission. Ein Beitrag zur freien kirchl. Laienthätigkeit aus der Geschichte der evangel. Gesellschaft für Deutschland. 1. und 2. Thl. gr. 8. Elberfeld, Buchh. der evangel. Gesellschaft. [1. Thl. (319 S.) 873. *M 2,50.; 2. Thl. (431 S.) 874. *M 3,50.] *

Erdmann, Otto [app. Arzt aus Altona]: **Aus d. chirurg. Abtheilg d. Altonaer Krankenhauses. Ein Beitrag zur operativen Behandlung der Epilepsie ... Baden-Baden, E. Kölblin, Hofbuchdr., 1895; 16 S. 8.**
Kiel, Med. Fak., Inaug.-Diss. v. [28. Juni] 1895

Erdmann, [Otto] (Kgl. Kreisbauinsp.): Beschreibung des Neubaus des Königlichen Gymnasiums zu Stade. S. 35—42. 4.
Progr. Kgl. Gymn. *Stade* 1902 (354).

Erdmann, Otto Über den Gebrauch der lateinischen Adiektiva mit dem Genetiv, namentlich bei den Schriftstellern des ersten Jahrhunderts n. Chr. 24 S. **Progr.** *Stendal* 1879.

Erdmann, Otto Henricus: • De Valerii Catulli dicendi genere, compositione, arte metrica. 22 Bl. 4° (2°)
Halle-Wittenberg, Phil. Diss. v. 19. Dez. 1857
Geb. [Zeitz 19. 10. 1835]
Verf. erlebte die Diplomerneuerung 1907 als Gymnasialprofessor a. D. in Stendal, vgl. Anh. Nr. 641.

Erdmann, Otto Linné

— — u. **Friedrich Wilhelm Thieme,** Dissertatio de nonnullis niccoli combinationibus. I/II. Leipzig (Friedr. Niese) 30. III. 1836. 40 S. (4.80) 8059

— — — — Dasselbe. I. 26 S. (3.50) 8060

— — Dasselbe. II. (S. 27—40.) (3.—) 8061

ERDMANN, OTTO LINNÉ.
Populäre Darstellung der neueren Chemie. Leipzig, 1825. 8vo.

— populare Darstell. d. neuern Chemie, mit Berücksichtigung ihrer techn. Anwendung. gr. 8. Leipz. 827, Barth.

Erdmann, O. Linn., populäre Darstell. d. neuen Chemie, mit Berücksichtigung ihrer technischen Anwendung. gr. 8. Leipz. 828. Barth. 2 ₰ 9 ℊ

Erdmann, Otto Linné, populäre Darstellung d. neueren Chemie mit Berücksicht. ihrer techn. Anwendungen. 2. Aufl. gr. 8. (38 B.) Leipzig 834, Barth.

Erdmann, O. L.: Populäre Darstellung der neuern Chemie, mit Berücksichtigung Ihrer technischen Anwendungen. 2. Aufl. Leipzig. 1839.

Erdmann, O. L., Gasprüfer. (Aus dem Journal für praktische Chemie abgedr.) Leipzig 860. J. A. Barth. gr. 8. (15 S. u. 1 lith. Taf. in 4.) 3 *ngr.*

—— Grundriß d. allgem. Waarenkunde. Zum Gebr. f. Handels- u. Gewerbschulen, so wie z. Selbstunterr. entworfen. gr. 8. (25¼ B.) Leipzig 833, Barth.

Erdmann, Otto Linné, Grundriss der allgemeinen Waarenkunde. Zum Gebrauche für Handels- und Gewerbschulen sowie zum Selbstunterrichte. 2., umgearb. und verm. Aufl. gr. 8. (X und 367 S. mit eingedr. Holzschn.) Leipzig 852, Barth.

—— **Grundriss der allgemeinen Waarenkunde. Zum Gebrauche für Handels- und Gewerbschulen so wie zum Selbstunterrichte entworfen. 3. Aufl. 1857. und 4., umgearb. und verm. Aufl. gr. 8. (XII und 468 S. mit eingedr. Holzschn.) Leipzig 860, Barth.**

Erdmann, Otto Linné, Grundriss der allgemeinen Waarenkunde. Zum Gebrauche für Handels- und Gewerbeschulen sowie zum Selbstunterrichte entworfen. 5. Aufl. 1864. * 1 Thlr. 21 Ngr., und 6., umgearb. und verm. Aufl. gr. 8. (XI und 394 S. mit eingedr. Holzschn.) Leipzig 868, J. A. Barth.

Erdmann, Otto Linné, Grundriss der allgemeinen Waarenkunde. Zum Gebrauche an Handels- u. Gewerbschulen sowie zum Selbstunterricht entworfen. 7., völlig umgearb. u. stark verm. Aufl. v. Chrn. Rud. König. Mit 43 (eingedr.) Holzschn. u. e. Taf. m. mikroskop. Abbildgn. (in Holzschn.) gr. 8. (XII, 472 S.) Leipzig 871. Barth. 5. 10

— dasselbe. 8. verb. u. stark verm. Aufl. v. Chr. Rud. König. Mit 43 (eingedr.) Holzschn. u. 1 (lith.) Taf. m. mikroskop. Abbildgn. gr. 8. (XIII, 506 S.) Ebend. 873. 5. 70

— dasselbe. 9. verb. u. stark verm. Aufl. v. Chrn. Rud. König. Mit 46 (eingedr.) Holzschn. u. 1 (Holzschn.-) Taf. m. mikroskop. Abbildgn. gr. 8. (XI, 557 S.) Ebend. 875. n. 6. —

Erdmann, Otto Linné, Grundriss der allgemeinen Waarenkunde. Zum Gebrauche f. Handels- u. Gewerbschulen sowie zum Selbstunterrichte entworfen. 10., verb. u. verm. Aufl. v. Chr. Rud. König. Mit 46 (eingedr.) Holzschn. u. 1 (Holzschn.-)Taf. m. mikroskop. Abbildungen. gr. 8. (XI, 566 S.) Leipzig 880. Barth. n. 6. —

Erdmann, Otto Linné, Grundriss der allgemeinen Warenkunde f. Handels- u. Gewerbeschulen, sowie zum Selbstunterrichte. 11., neu bearb. u. verm. Aufl. v. Chr. Rud. König. Mit 44 Holzschn. u. 1 Taf. m. mikroskop. Abbildgn. gr. 8. (XII, 603 S.) Leipzig 885. Barth. n. 6. 75

Erdmann, Otto Linné, Grundriss der allgemeinen Warenkunde für Handels- und Gewerbeschulen, sowie zum Selbstunterrichte. 11. neu bearb. und verm. Aufl. von Chr. Rud. König. gr. 8. (XII, 603 S. mit 44 Holzschn. und 1 Taf. mit mikroskop. Abbild.) Leipzig 886, Barth. *
geb. *

Erdmann, Otto Linné, u. Chr. Rud. **König,** Grundriss der allgemeinen Warenkunde unter Berücksicht. der Technologie. Für Handels- u. Gewerbeschulen, sowie zum Selbstunterrichte entworfen u. fortgesetzt. 12., vollständig neubearb. u. umgeänd. Aufl. v. Ed. Hanausek. gr. 8. (XIV, 570 S. m. 144 Abbildgn.) Leipzig 895. J. A. Barth. n. 6. 75; geb. in Leinw. n. 7. 50

ERDMANN, O. L., und C. R. KÖNIG.
Grundriss der allgemeinen Waarenkunde, unter Berücksichtigung der Mikroscopie und Technologie. Dreizehnte Auflage von E. Hanausek. Leipzig, 1900. 8vo. Ill.

Erdmann, Otto Linné, u. Chr. Rud. **König,** Grundriss der allgemeinen Warenkunde unter Berücksicht. der Mikroskopie u. Technologie Für Handelsschulen u. gewerbl. Lehranstalten, sowie z. Selbstunterrichte entworf. u. fortgesetzt. 13. vollst. neubearb. Aufl. v. Ed. Hanausek. gr. 8. (XVI, 752 S. m. 270 Abbildgn.) Leipzig 901. J. A. Barth. n. 9. —; geb. in Leinw. n. 10. —

Erdmann, Otto Linné, u. Chr. Rud. König's Grundriss der allgemeinen Warenkunde unter Berücksicht. der Mikroskopie u. Technologie. Für Handelsschulen u. gewerbl. Lehranstalten sowie zur Weiterbildg. f. Kaufleute u. Techniker in prakt. Betrieben. 14. vollständig neubearb. Aufl. v. Eduard Hanausek. (XVI, 930 S. m. 416 Abbildgn.) gr. 8. Leipzig 906. J. A. Barth. n. 13. 50; geb. in Leinw. n. 15. —

Erdmann, Otto Linné (Hrsg.):

s.: Journal für die praktische Chemie. Bd 28-36, 38-43, 65-69, 71-75. Leipzig: 1843-48, 1855-58.

JB 6.170

—— **Journal f. techn. u. ökonom. Chemie etc., s. Journal.**

ERDMANN, OTTO LINNÉ.
Lehrbuch der Chemie. Leipzig, 1828.
Vierte völlig umgearbeitete und vermehrte Auflage. Leipzig, 1851.

—— Lehrbuch der Chemie. 3., völlig umgearb. Aufl. gr. 8. (41 B.) Leipzig 839, Barth. Thlr.

—— Lehrbuch der Chemie. 3. Aufl. Leipzig 1840. 8.

Erdmann, Otto Linné, Lehrbuch der Chemie. 2 Lfgn. 4., umgearb. und verm. Aufl. gr. 8. (VIII und 610 S.) Leipzig 851, Barth.

——— Lehrbuch der Anorganischen Chemie. Braunschweig 1898. 8.

— Otto Linné (Dresden) u. Julius Albert Hofmann (Dresden), De natura affinitatis chemicae. Dissertatio. Lpz. (Hirschfeld) 30. IV. 1825. 45 S. (4.50) 8058
Gew.: Carl Gottfr. Erdmann (Vater).

— über d. Nickel, seine Gewinnung im Großen u. technische Benutzung, vorzügl. zu Weißkupfer. 8. Leipz. 827. Klein. 16 gℓ

(— —). Quod felix faustum fortunatumque sit summis auspic. Frid. Aug. regis Saxoniae almae univers. Lipsiensis rect. Ottone Linnaeo Erdmanno legibus univers. obedientiam fide dextraque data pollicitus in numerum civium academicorum relatus est princeps cels. Ernestus principis ducis Altenburgensis filius, imperii heres. 19. IV. 1819. Folio-Einblatt. (2.—) 8062

—— über das Studium der Chemie. 8. (VII und 81 S.) Leipzig 861, Barth. *

—— vollständ. allgem. Waaren-Lexikon, s. Schedel, J. C.

Erdmann, Ottomar. Plan vom Friedrichshain bei Berlin. Berlin, L. Kraatz. 1 Bl. Fol.
Flugblatt. Berlin, 22. März 1848.

Erdmann, *Friedrich* Paul [aus Torgau]: Ueber alte Erstgebärende und ihre Mortalität unter dem Einflusse der Antisepsis. . . . (In gekürzter Form ersch. in: Arch. f. Gynäk. 1890. Bd. XXXIX, H. 1.) Leipzig, Druck v. A. Th. Engelhardt, 1890; 1 Bl., 69 S. 8°
Berlin, Med. Fak., Inaug.-Diss. v. 22. Okt. 1890

Erdmann, Paul, Dr. med.: Über experimentelles Glaukom nebst Untersuchungen am glaukomatösen Tierauge. Leipzig 1907: W. Engelmann. (110 S., 2 Taf.) ¶(Aus: „Graefe's Archiv f. Ophthalmologie" Bd 66 H. 2 u. 3.)
Rostock, Med. Fak., Hab.-Schr. v. 1907

Erdmann, Paul, approb. Arzt aus Hannover: Ueber die wahre und scheinbare Luxation der Linse in die vordere Kammer. *Freiburg i. B. 1900: E. Kuttruff.* (58 S.) 8°
Freiburg i. B., Med. Diss. v. 1900

Erdmann, Dr. Paul, Lola Montez und die Jesuiten. Eine Darstellung der jüngsten Ereignisse in München. Hamburg, Hoffmann u. Campe, 1847. 8°. 2 Bll., VI—370 S. (1⅓ Rthl.) (In Hamburg, Bibl. der „Harmonie".) (3 Mk. 50 Pfg. H. Hugendubel, c. 1902; 6 Mk. 50 Pfg. E. Frensdorff, 1904.)

Erdmann, R.: Die Fabrikation des Siegellackes, s. Harzer, F.

Erdmann, R., und R. Illemann, Führer durch den Deister, Osterwald und Saupark. 12. (IV, 31 S. mit eingedr. Kärtchen.) Hannover 885, Erdmann. * 75 Pf.; geb. *

Erdmann, R., üb. die organische Leistung d. Kaliums in der Pflanze, s.: Nobbe, F.

Erdmann, Rob. Die Grundlehren d. rationellen Obstbaues. Auf Grundlage der besten Quellen u. der eigenen Erfahrg. bearb. Mit 10 Farbendr.-Taf. od. 1 Farbendr.-Wandtaf. gr. 8. (VIII, 60 S.) Lippa 891. (Graz, Cieslar.) * 2 40

Erdmann, Rob., moderner Weinbau. Ein Leitfaden f. Winzer u. Rebfreunde, die Weinbau nach neuer Methode u. m. höchstem Gewinn betreiben wollen gr. 8. (83 S. m. 15 Taf.) Erfurt 899. [J. Frohberger.] Leipzig, Amthor. Geb. in Leinw. n. 2. 50

Erdmann, Rhoda: Experimentelle Untersuchung der Massenverhältnisse von Plasma, Kern und Chromosomen in dem sich entwickelnden Seeigelei. Mit zahlr. Tab. u. Kurven. Leipzig: W. Engelmann 1908. 62 S. 8° ¶(Aus: Archiv f. Zellforschung. Bd 2.)
München, Phil. Diss. v. 2. März 1908, Ref. Hertwig
[Geb. 5. Dez. 70 Hersfeld; Wohnort: Hamburg; Staatsangeh.: Hamburg; Vorbildung: Realgymn. Kassel Reife O. 06; Studium: Berlin 5, Zürich 1, Marburg 1, München 3 S.; Rig. 2. März 08.] [U 09. 3460

Erdmann, Theod., die alte Kaiserstadt Goslar u. ihre Umgebung in Geschichte, Sage u. Bild. 8. (237 S.) Goslar 891. L. Koch. n. 1. 50

— Inschriften an den alten Gebäuden der Stadt Goslar (Harz). 16. (27 S.) Goslar 890. (B. Schaake.) n. — 20

Erdmann, Theod. Lehrpläne der Anstalt. 15 S. *Papenburg* 1881.

Erdmann, Th., Wegweiser und Beschreibung von Goslar und Umgebung. 8. (72 S. mit 1 Karte von Goslar und 9 Abbild.) Harzburg 888, Stolle's Hofbuchh. cart.

Erdmann, Waldemar

Erdmann, Wald., Bibliothek des Militär-Anwärters. 1. Bd. 12. Berlin 895. Funcke & Naeter. n. 1. 20
Der Militär-Anwärter im Justizdienst. (VI, 58 S.)

Erdmann, Wald., Bibliothek des Militär-Anwärters. 2. Bd. 12. Berlin 895. [Funcke.] K. Siegismund. n. 1. 20
D. Militär-Anwärter i. d. allgem. Landesverwaltg. (Regierungs- u. Kommunal-Verwaltg.) (VI, 98 S.)

— dasselbe. 3. Bd., s.: Bibliothek d. Militäranwärters.

— praktisches Handbuch f. die Gemeinde-Verwaltungen des Deutschen Reichs in Militär-Angelegenheiten. Zusammenstellung sämtl. Bestimmgn. betr. die Leistgn. der Gemeinden. Mit erklär. Anmerkgn., Formularen u. Sachregister. Nach amtl. Quellen bearb. gr. 8. (VIII, 260 S.) Berlin 893. S. Gerstmann. Geb. in Leinw. n. 6. 75

— u. Wilh. Lauer, der Militair-Anwärter in d. Polizei-Verwaltg., s.a. Bibliothek d. Militair-Anwärters.

[F.] Der Militair-Anwärter in der Allgemeinen Landesverwaltung '(Regiergs- u. Kommunal-Verwaltg)' v. Waldemar Erdmann, Bürgermeister ... *Berlin: Funcke & Naeter 1895.* (vi, 98 S.) 1 Bd 8.
= Bibliothek des Militair-Anwärters. Bd II. [96. 2367

[F.] Der Militair-Anwärter in der Polizei-Verwaltung v. Waldemar Erdmann, Bürgermeister ..., [&] Wilhelm Lauer, Gymnas.-Lehrer ... *Berlin: R. F. Funcke 1896.* (viii, 40, xxii S.) 1 Bd 8.
= Bibliothek des Militair-Anwärters. Bd III. [96. 2368

Erdmann, Wald. Die Praxis der Polizei-Verwaltung. Ein Handbuch f. die Polizei- u. Gemeinde-Verwaltgn. der ganzen preuß. Monarchie. gr. 8. (VIII, 791 S.) Berl. 892, Heine. * 12 —; geb. * 13 —

Erdmann, Wald., d. Registratur in d. Gemeindeverwaltg. Das Einwohner-Meldeamt. Ein Leitfaden z. Erlerng. d. Registraturdienstes u. z. Einrichtg. v. Registraturen bezw. v. Einwohner-Meldeämtern in d. Kommunal-Verwaltung. gr. 8. (VIII, 140 S.) Berlin 895. K. Siegismund. n. 3. —; geb. n. 3. 60

Erdmann, Walter, Kammergerichtsrefer.: Die Entwicklung der Testierfreiheit im römischen Recht. Stuttgart 1908: Union. 31 S. 8° ¶(Aus: Zeitschr. f. vgl. Rechtswiss. Bd 22.)
Jena, Jur. Diss. v. 22. Aug. 1908, Ref. Thon
[Geb. 1. Juli 82 Ehrenbreitstein; Wohnort: Steglitz; Staatsangeh.: Preußen; Vorbildung: Gymn. Barmen Reife O. 01; Studium: Marburg 1, Bonn 1, Berlin 5 S.; Rig. 30. Juli 07.] [U 09. 2085

Erdmann, Wilh., Erklärung der biblischen Geschichte für Schule und Haus. 2 Bde. gr. 8. Münster, Aschendorff'sche Buchh. *
Inhalt:
Bd. 1. Altes Testament. Vorher geht eine Anweisung zur Vornahme der bibl. Geschichte. (XXXIII, 636 S.) 875. *ℳ 3.
„ 2. Neues Testament. Mit verschiedenen (11 lithogr.) Karten und Plänen. (IV, 832 S.) 876. *ℳ 4.

Erdmann, Wilh., Erklärung der biblischen Geschichte f. Schule u. Haus. 1. Bd. Altes Testament. 3. Aufl. gr. 8. (XXIV, 566 S. m. 5 Karten u. Plänen.) Münster i/W. 892. Aschendorff. n. 3. —

Erdmann, Wilh., Erklärung d. bibl. Geschichte f. Schule u. Haus. 2. Bd.: Neues Testament. 3. Aufl. gr. 8. (VII, 703 S. m. 6 Karten u. Plänen.) Münster 896. Aschendorff. n. 4. — (kplt.: n. 7. —)

— biblische Geschichte, s.: Overberg, Bernard.

Erdmann, Wilh., Das Octoberfest zu München. 1835, bei George Jacquet. Mit lithogr. Orig.-Umschl. Selten! (3 Mk. H. Hugendubel, 1909.)

Erdmann, W., Palästina oder das heilige Land. Zum Gebrauche für Volksschulen. Ein Auszug aus des Verf. größerem Werke: „Palästina". 8. (48 S. mit 1 Karte.) Münster 886, F. Schöningh. *

Erdmann, W., Palästina od. Das Heilige Land. Zum Gebrauche f. Präparandenschulen sowie f. die unteren Klassen höherer Lehranstalten. 2. Aufl., neu bearb. v. A. Weis. Mit e. Karte v. Palästina. (48 S.) 8. Paderborn 907. F. Schöningh. — 40

—— Palästina oder das hl. Land nach seinen geographischen, staatlichen, bürgerlichen und häuslichen Verhältnissen. Ein Handbuch für Lehrer beim Unterricht in der Biblischen Geschichte und zugleich zum nützlichen Gebrauche für das Haus. Dritte neu bearb. Aufl. von W. Erdmann. Mit 17 Abbildungen denkwürdiger Stätten und 1 Karte des heil. Landes. Münster und Paderborn, F. Schöningh, 1885, 8°, V und 214 S., 2,10 Mk. (1. Aufl. Soest, Nasse, 1846.)

Der Tifel-Max und andere Geschichten. Verf. von Wilh. Erdmann. Mit allerhand Bildern von William Krause. Berlin: W. Erdmann; L. Abel in Komm. [1901]. (32 Bl.) 4° [F.]

[F.] Erdmann, Willy [Referendar]: Irrtum beim Vergleich ... Greifswald, Druck v. J. Abel, 1895; 58 S. 8. Greifswald, Jur. Fak., Inaug.-Diss. v. 1895

Erdmann-Bordasch, E.

Die Freischaaren in Schleswig-Holstein während des Freiheitskampfes der Herzogthümer gegen Dänemark im Sommer 1848, mit besonderer Berücksichtigung der Freikorps der Königlich Baierschen Offiziere, Oberstlieutenants von der Tann und Hauptmanns Aldosser, nebst einem Anhang von Liedern und Gedichten, so wie auch historischen Notizen, welche die Verhältnisse der Herzogthümer zu Dänemark erörtern, v. E. Erdmann-Bordasch. Dessau. 1849. 8°.

Erdmann-Jesnitzer, Selma, Bekenntnisse e. jungen Mannes. Novellen. (VII, 287 S.) 8. Berlin 906. E. Fleischel & Co. n. 3. —; geb. n. 4. 50

Erdmann-Jesnitzer, Selma. Bekenntnisse e. jungen Mannes. Novellen. 2. Aufl. (VII, 258 S.) 8. Berlin 907. E. Fleischel & Co. (Urspr. Pr. 3.—; geb. 4. 50)

— der Stafflerfranzl. Roman. (285 S.) 8. Ebd. 903. n. 3. 50; geb. in Leinw. n. 5. —

— um Seinetwillen. Schauspiel in 4 Aufzügen. (105 S.) 8. Bremen (905). G. Winter. n. 2. —

Erdmannsdorf v.

Architectonische Studien in Rom gezeichnet. Erstes Heft. Herausgegeben durch die chalcographische Gesellschaft zu Dessau. 1797. Fol.

v. Erdmannsdorf, ..., architekton. Studien in 24 Tafeln. 13—46 Heft. gr. Fol. Weimar 805. Industr.-Compt. 6 ₰

Erdmannsdorf, G. A. v., s. Erdmannsdorff.

Erdmannsdörfer, Bernhard, s. Erdmannsdörffer.

Erdmannsdörfer, Chrst. Friedr., Predigt auf Veranlass. d. glückl. Wiederaufbauung der in d. Dorfe Nähermemmingen in d. Nacht v. 12. auf d. 13. Nov. 1831 niedergebrannten 25 Gebäude, gehalt. am 11. Sonnt. nach Trinit. 1835 rc. gr. 8. (1 B.) Nördlingen 836, Beck'sche Buchh.

Erdmannsdörfer, H. G., s. Korrespondenz, Liberale.

Erdmannsdorff, F. W. v., Gedanken üb. e. allgemein vorbereitende Unterrichtsanstalt zu mechanischen Gewerben u. zu bildender Kunst f. Dessau [1796]. Hrsg. v. W. Hosäus. gr. 8. (71 S.) Dessau 890. Baumann. n. 1. —
s.a. Erdmannsdorff, Wilhelm v.

Erdmannsdorff, G. A. v., der Feldzug von 1796 in Italien. Nach den besten Quellen bearb. gr. 8. (VIII und 454 S. mit 1 lithogr. Karte in gr. Fol.) Magdeburg 847, [Fabricius.] *

—— der Jäger im Kriege nebst Beispielen ruhmvoller Waffenthaten preußischer Büchsenschützen. gr. 8. (IV und 91 S.) Nordhausen 848, Förstemann. *

Erdmannsdorff, G. A. v., Lehrbuch d. Kriegswissenschaften, bearb. innerhalb der Grenzen, welche durch die allerhöchsten Bestimmungen f. das Offizier-Examen d. Infanterie u. Cavallerie in der k. preuß. Armee festgestellt sind. 2 Thle. I. Thl. Die kleinen Waffen od. die Waffen der Infanterie u. Cavallerie, mit Einschluß d. Lehre v. Schießpulver rc. — II. Thl. Die Artillerie Die Truppenlehre. Der kleine Krieg. Die Fortification. Nebst 11 Stnt. gr. 8. (54 B.) Magdeburg 844, 45, Heinrichshofen.

Erdmannsdorff, Wilh. v. Gedanken üb. e. allgemein vorbereitende Unterrichtsanstalt zu mechanischen Gewerben u. zu bildender Kunst f. Dessau [1796]. Hrsg. v. Wilh. Hosäus. gr. 8. (71 S.) Dessau 890, Baumann. * 1 —
s.a. Erdmannsdorff, F. W. v.

Erdmannsdorffer, Frdr., Lola. Roman. (210 S.) 8. Dresden 904. E. Pierson. n. 2. 50; geb. n 3. 50

Erdmannsdorffer, Frdr., von neuen Ufern. Gedichte. (VI, 103 S.) kl. 8. Dresden (909). E. Pierson. 1.—; geb. n 1. 50

Erdmannsdörffer, Bernh., de commercio quod inter Venetos et Germaniae civitates aevo medio intercessit. Dissertatio historica. gr. 8. (51 S.) Leipzig 858. (Jena, Doebereiner.) *

—— s. Correspondenz, politische, Karl Friedrichs von Baden 1783—1806.

— deutsche Geschichte vom westfälischen Frieden bis zum Regierungsantritt Friedrich's d. Großen, s.a. Geschichte, allgemeine, in Einzeldarstellungen.

Deutsche Geschichte vom Westfälischen Frieden bis zum Regierungsantritt Friedrich's des Grossen. 1648—1740. Von Bernhard Erdmannsdörffer. Bd. 1—2. Mit Porträts, Illustrationen und Karten. Berlin. 1892—93. = Allgemeine Geschichte in Einzeldarstellungen, hrgg. v. W. Oncken. Hauptabth. 3. Th. 7. 8°.

Erdmannsdörffer, Bernh., Herzog Karl Emanuel I. von Savoyen und die deutsche Kaiserwahl von 1619. Ein Beitrag zur Vorgeschichte des 30jähr. Krieges. gr. 8. (V und 157 S.) Leipzig 862, Veit und Comp. *

— Mirabeau, s.a. Monographien zur Weltgeschichte. 13.

Mirabeau. Von Prof. Dr. B[ernhard] Erdmannsdörffer. Mit 4 Kunstbeil., 1 Faks. u. 93 Abb. *Bielefeld & Leipzig: Velhagen & Klasing 1900.* (128 S.) 4°(8°) [F.]
— Monographien z. Weltgeschichte. 13.

— das badische Oberland im J. 1785; Reisebericht e. österreich. Kameralisten, s.: Neujahrsblätter, badische.

Friedrich Christoph Schlosser. Gedächtnissrede zur Feier von Schlossers hundertjährigem Geburtstag am 17. November 1876 in der Aula der Universität zu Heidelberg v. Bernhard Erdmannsdörffer. Heidelberg. 1876. 4°.

—— politische Verhandlungen, s. Urkunden und Aktenstücke zur Geschichte des Kurfürsten Friedrich Wilhelm von Brandenburg.

—— bestandene Versuchungen in der preußischen Geschichte. Festrede am 22. März 1872 in der Universitäts-Aula zu Greifswald gehalten. gr. 8. (33 S.) Greifswald 872, (Bindewald.)

—— Graf Georg Friedrich v. Waldeck. Ein preuß. Staatsmann im 17. Jahrhundert. gr. 8. (XX, 476 S.) Berlin 869, G. Reimer. *

Kaiser Wilhelm I. Festrede z. hundertjähr. Gedenkfeier seines Geburtstags geh. in d. Aula d. Universität Heidelberg am 6. Febr. 1897 v. Dr. *Bernhard* **Erdmannsdörffer** Grossh. Bad. Geh. Hofr. u. o. ö. Prof. d. Gesch. ... Heidelberg. Univ.-Buchdr. v. J. Hörning 1897; 18 S. 4.

—— das Zeitalter der Novelle in Hellas. gr. 8. (III, 47 S.) Berlin 870, G. Reimer. *
Aus: Preußische Jahrbücher, besonders abgedruckt.

—— aus den Zeiten des deutschen Fürstenbundes. Akademische Rede, zum Geburtsfest des höchstsel. Grossherzogs Karl Friedrich am 22. Novbr. 1884 bei Vortrag des Jahresberichts und Verkündung der akadem. Preise gehalten. 4. (47 S.) Heidelberg 885. (C. Winter's Sortiment.) *

Erdmannsdörffer, Ernst [aus Luckau in N.-Lausitz]: Die Reime der Trobadors. Tl 1 ...
Halle a. S., *C. Vogts Buchdr., Berlin,* 1895; VII, 75 S. 8.
Halle, Phil. Fak., Inaug.-Diss. v. [7. Sept.] 1895

Erdmannsdörffer, E., Reimwörterbuch d. Trobadors, s.a. Studien, romanische.

Reimwörterbuch der Trobadors. M. e. Einl. üb. altprovenzal. Doppelformen. Von E[rnst] **Erdmannsdörffer,** Dr. phil. *Berlin: E. Ebering 1897.* [S. 1—75 erschien als Hallische Diss., 1895.] (VII, 199 S.) 1 Bd 8.
— Studien, Romanische. H. n. (97. 4376

Erdmannsdörffer, H. G., dem Abgrunde zu! D. deutsch-soziale Reformpartei in krit. Beleuchtg. gr. 8. (46 S.) Hann.-Münden 898. R. Werther. n. — 60

Erdmannsdörffer, Hans Gust. Die Juden u. die Cholera. Eine intolerante Streitschrift. gr. 8. (32 S.) Lpz. 892, Werther. * — 50

—— Ein Phantasiestaat. Darstellung u. Kritik v. Bellamys „Im Jahre 2000, Rückblick auf 1887". Vortrag, geh. im Deutsch-sozialen Reform-Verein zu Leipzig. gr. 8. (31 S.) Ebd. 891. * — 50

Erdmanndörffer, Otto Heinrich

Erdmannsdörffer, O. H., petrographische Mitteilungen aus d. Harz. IV u. V. Lex. 8. Berlin (N. 4, Invalidenstr. 44.) Vertriebsstelle d. kgl. geolog. Landesanst. nn 1.60
IV. Die silur. Diabase des Bruchberg-Ackerzuges. (22 S. m. 1 Taf. u. 1 Bl. Erklärgn.) 908. nn 1.20
V. Über Andalusit führ. Granite u. Porphyroide vom Ostrande des Brockenmassivs. (S. 194—205.) 908. nn — 40
Sonderabdr. a. „Jahrb. d. kgl. preuss. geol. Landesanst".
I—III sind nicht als Sonderdruck erschienen.

Erdmannsdörffer, O[tto] H[einrich]: Geologische und petrographische **Untersuchungen** im Wehrathal. (Mit 1 Taf.) *Heidelberg: C. Winter 1901.* (49 S.) 4° (8°) ¶(Aus: Mitteil. d. Grh. Bad. Geol. Landesanst., Bd 4, H. 2.)
Heidelberg, Naturw.-math. Diss. v. 1901

Erdmannsdörffer, Thdr., Erläuterungen zum bayerischen Strafgesetze von 1861. gr. 8. (IV und 176 S.) München 861,62, Palm's Hofbuchh.

Erdmenger, Bodo (Oberröblingen), Über Krebsmetastasen. Diss. med. Halle (J. G. Lipke) 3. X. 1872. 32 S. mit Biogr. (4.—) 8064
Oppon.: J. Behrens, R. Zeuner.

Erdmenger, L., Schlacken-Portland-Cemente u. Überproduktion. (23 S.) gr. 8. Berlin (899). Tonindustrie-Zeitg. 1. —
Sonderabdruck aus „Tonindustrie-Ztg.".

Erdmenger, Rudolf: Ueber die Behandlung des Typhus abdominalis mit Kaltwasser und Chinin. Halle (1869): Plötz. 30 S. 8°
Halle-Wittenberg, Med. Diss. v 27. Okt. 1869
Geb. Oberröblingen a. d. Helme (Kr. Sangerhausen) 12. 11. 1841. V.

Internationale **Erdmessung.** Das schweizerische Dreiecksnetz. Herausgegeben von der Schweizerischen Geodätischen Commission. Bd. 1. 2. 4–8. Zürich 1881 ff. 4°.

Erdmessung, internationale. Das Schweizerische Dreiecknetz, hrsg. von der Schweizerischen geodätischen Commission. 3.—5. Bd. gr. 4. Zür., (Höhr u. Fäsi). à Bd. * 10 —; * 30 —
3. Hirsch, A. und J. Dumur. La mensuration des bases. (104 S. mit 6 Taf.) 888.
4. Die Anschlussnetze der Grundlinien. (IV, 250 S. mit Tabellen.) 889.
5. Astronomische Beobachtungen im Tessiner Basisnetze, auf Gäbris und Simplon; definitive Dreieckseitenlängen; geograph. Coordinationen. (IV, 197 S. mit 1 Karte.) 890.
1. u. 2. Bd., s. Gradmessung, europäische.

Erdmessung, internationale. Das schweizer. Dreiecknetz hrsg. von der schweizer. geodätischen Kommission. VIII. Bd.: Lotabweichungen in der mittleren u. nördlichen Schweiz. Im Auftrage ausgeführt u. bearb. v. *J. B. Messerschmitt.* Mit e. Taf. 4°. IV, 203 S. (Zürich, Fäsi & Beer.) 1899. 10 —

Erdner, Fritz, Erdenenge u. Weltenweiten. Gedichte. (330 S.) 8. Leipzig 909. F. Eckardt. 3.—; geb. in Leinw. 4. —

Erdner, M., neue Blumenkränze für das blühende Alter, oder (22) Erzählungen zur sittlich-religiösen Bildung der Kinder. Zum Gebrauche für d. Volksschulen. (Mit Titelbild.) gr. 12. Nördlingen 839. Beck. $^1/_6$ ℛ

Erdöd s.: Pálffy ab Erdöd.

Erdöl, das, seine Physik, Chemie, Geologie, Technologie u. sein Wirtschaftsbetrieb. In 5 Bdn. Unter Mitwirkg. v. S. Aisinman, M. Albrecht u. E. Albrecht u. a. hrsg. v. C. Engler u. H. Höfer. II. Bd. Lex. 8. Leipzig, S. Hirzel. 46.—; geb. 50. —
II. Geologie, die, Gewinnung u. der Transport des Erdöls. Unter Mitwirkg. v. Max Albrecht, Ernst Albrecht, Joh. Holobek u. Jos. Muck bearb. v. Hans Höfer. Mit 307 Abbildgn. u. 26 Taf. (XX, 967 S.) 909.
Bd. I. ist noch nicht erschienen.

Erdölgruben [Schlagwort]

Erdölgruben. Karte der deutschen Erdölgruben Tustanowice. 1 : 5760. 34,5×56,5 cm. Antogr. u. kolor. Berlin (907). Verlag f. Fachliteratur. 1. —.

Erdörfer, G. L. H., Brot u. Steine. Sozialer Roman. (203 S.) 8. Hannover (907). Göhmann'sche Buchdr. 1. 20

Erdös, Jos. v. Biblisch-theolog. Analyse d. Römerbriefes. gr. 8. (IV, 77 S.) Amsterd. 892, Scheffer u. Comp. (Lpz., K. F. Koehler.) * 1 25

Erdrevolutionen, die, od. Beschreib. u. Erklär. d. in Spanien am 21. März 1829 ausgebroch. großen Erdbebens. Ein Beitr. z. Lehre v. d. Verwitterung d. Erde, mit Bezugnahme auf Geognostik. Von W. A. E. W. (E. A. W. Weyrich.) gr. 8. (3½ B.) Leipzig 830, Wienbrack.

Erdrotation, Die, als Schiessfehlerquelle. Beihft. z. „Milit.-Wochenblatt". Berlin 1867.

Erdsiek, C., religiöse Gedanken e. Laien. (12 S.) 8. Heppenheim 909. G. Allendorf. — 20
Sonderabdruck aus „Neue ev. Blätter".

Erdstein, Ch., Sde-Perachim. Talmudische u. bibl. Exegesen, rationell erklärt m. grammatikal. u. krit. Bemerkgn., u. m. e. psycholog. Einleitg., die sich auf die heil. Schrift stützt, versehen. (In hebr. Sprache.) gr. 8. (II, 94 S.) Wien 892. (Ch. D. Lippe.) n. 1. 50

Erdstern, G., s.a. Tilgungs-Fond der Gotthardbahn-Schuld.

Erdstern, G., Tilgungs-Fond der Gotthardbahn-Schuld nebst Besprechung einiger sozialer Fragen. 40 Stn. 8 Zürich, in Commission beim Verlags-Magazin. 1876. —. 80

Erdt, Bhrd., († ...) ecclesia Christi regnans in suo Regimine a Statu politico independens stabilita atque contra adversarios propugnata. 8maj. Augsb. 784. Rieger. 8 ℊℊ

Erdt, Bertr.: Ecclesia Christi regnans in suo regimine, a statu politico, independens stabilita. *Aug. Vind.* 783. 8.

Erdt, Fr., der Jesuit. Dramat. Charaktergemälde in 5 Acten. 12. (7½ B.) Danzig 846, Gerhard'sche Buchh. Thlr. *

Erdt, Paulin

— Anfangsgründe d. christl.-geistl. Beredsamkeit....

Erdt, Paul, Anfangsgr. d. allgem. Gelehrtengesch. gr. 8. Ebend. 785.

Erdt, Paulin, († d. 16. Dec. 1800.) Anfangsgründe zur allgem. Gelehrtengeschichte. gr. 8. Augsb. 786. Rieger. 1 ℛ 4 ℊℊ

– s. Anleit. f. Bibliothekare.

— assertiones ex universa theologia in systemate quodam facili ac simplici congestae. 8. Kempt. 771.

– s.a. Aufklärer, der.

—— Auch ich will ein Aufklärer sein. Augsburg, Wolff, 1791—2, 8°, 3 Teile.

Erdt, Paulin, Bekenntnis des wahren Glaubens in der wahren Kirche gegen alle Verirrungen desselben bis auf unsere Zeiten. Augsburg, Rieger, 1785 - 6, 8°, 4 Bde.

— das Bild d. Religion für ihre Freunde u. Feinde. 8. Bregenz 796. Brentano. 1 ℛ

Erdt, Paul, Bild d. Religion f. ihre Fr. u. Feinde. 8. Bregenz, Brentano. 802. Rthlr.

— conspectus librorum octo ac decem de historia literaria universim; singillatim vero theologiae cum adnotationibus exaratorum, subnexo systemate juris ecclesiastici universi. 8maj. Augsb. 785.

— Erläuterungen über d. heutige Lehrart auf Academien in österr. Staaten. 8. Augsb. 786. Rieger.

— Fragmente zur Kultur u. Religion. 8. Augsb. 794.

— kurzgefaßte Gelehrtengeschichte d. christl. Religion. 2 Bde. 8. Augsb. 784. Veith. 1 ℛ 20 ℊℊ

—— Kurzgefaßte gelehrte Geschichte der christlichen Religion. Augsburg, Veith, 1781, 8°, 2 Teile, 5 Mk.

– s. Handbuch d. Religion u. Moral.

— Lehr-, Gebet- u. Erbauungsbuch für Katholiken. 8. Einsiedeln 787.

– s. Lupinai de la Vinde.

— Philosophie d. gemeinen Mannes. 8. Augsb.

– s. Philetdenus.

— d. Religion am Ende des 18ten Jahrhund. 8. St. Gallen 787.

—— Religion u. Moral der starken Geister. Daselbst 1788.

— Religion u. Moral d. starken Geister. 8. St. Gallen...

Erdt, Paulin, Die natürliche Religion samt einer kurzen Geschichte derselben. Augsburg, Rieger, 1786, 8°.

— historiae literariae theologiae rudimenta, octodecim libris comprehensa, seu via ad historiam literariam theologiae revelatae, adnotationibus literariis instructa. IV Tom. Augsb. 785.

– s. Seele d. Menschen.

— Theoremata ex universa philosophia in breve systema redacta. 4. Kempt. 768.

— Versuch über d. Hirtenamt in d. Kirche, nebst d. Gelehrtengeschichte d. Pastoral. 8. Bregenz 785.

— Versuche über d. Freiheit zu denken, in 4 Thlen....

— Versuche über d. moral. Denkungsart u. Gelehrtengeschichte d. Moral, insbesondere d. christl. 2 Bde. 8. Bregenz 785.

— Versuche über d. Kultur d. Religion. 8. Bregenz 785.

— d. wahren Wege zur Glückseligkeit d. Menschen. 2 Bde. 8. Augsb. 793.

Erdt, Paulin, d. Weise nach vollendeten Reisen. 8. Bregenz 785. Brentano. 6 ℊℊ

— Züge von d. Geschichte d. Gottlosigkeit. (A. d. Engl.) 8. Augsb. 786. Rieger. 6 ℊℊ

ERDT, Victor (Augsburg): Ein Fall von Puerperaler Pyaemie mit metastatischer Ophthalmie und Thrombose der beiden Venae crurales.- München: Wolf 1882. 28 S.
17.3.1882 - Urk (Titel: De pyaemia puerperali cum chorioiditide metastatica iuncta.); Chr 1881/1882,8
Diss.Ingolst.-Landsh.-Mchn.

Erdt, W. E. A., die Drehkrankheit der Schafe, ihre Natur, Aetiologie, Prophylaxis und Therapeutik nach den neuesten Forschungen und Entdeckungen, mit Nachweisen, wie sie zu vertilgen und zu heilen ist. Theoretisch und praktisch bearb. für Landwirthe, Schafzüchter und Thierärzte. Mit erläut. Zeichnungen auf 4 lithogr. Taf. 8. (XI, 130 S.) Prag 870, Calve'sche Universitäts-Buchh. *

—— die rationelle Hufbeschlagslehre nach den Grundsätzen der Wissenschaft und Kunst am Leitfaden der Natur theoretisch und praktisch bearb. für jeden denkenden Hufbeschläger und Pferdefreund. Mit erläut. Zeichnungen auf 5 lithogr. Taf. (in qu. 4. und qu. Fol.) und (eingedr.) Holzschn. gr. 8. (XVI, 248 S.) Breslau 868, Trewendt. (ℳ 6,75.)

—— Negretti- oder Rambouillet-Zucht? Zeitgemäße Beantwortung der Frage: Wo finden wir in der Schafzucht die höchste und bleibende Verwerthung unserer als Futterstoffe dienenden Bodenerzeugnisse, also die sicherste und beste Bodenrente rc. Vom diätetisch-physiolog. Standpunkte aus bearb. gr. 8. (80 S.) Prag 870, Calve'sche Universitäts-Buchh. *

Erdt, W. E. A., die Rotzdyskrasie und ihre verwandten Krankheiten oder die scrophulösen Dyskrasien des Pferdes, ihre Natur und Formen in nosolog., diagnost., ätiolog. etc. Beziehung dargestellt. Nach Impfversuchen und 33jähr. Studien und Erfahrungen pragmat. bearb. für Thierheilkundige und alle Freunde des Pferdes. gr. 8. (X und 549 S.) Leipzig 863, O. Wigand.

Erdt: Über Schafzucht u. den Werth d. französ. Kammwoll-Merino (Rambouillet-) Schafes, seine Zucht u. Stämme im Regierungsbezirk Cöslin. (Cöslin 1867). 32 S. P.

—— das Thierarzneiwesen im Preuß. Staate. Eine pragmat. Skizze zur Information für Landwirthe, Militairs, Thierärzte und Beamte. br. 8. (247 S.) Berlin 862, Schotte und Comp. * –

— die Thierarzneiwissenschaft nach ihrer Tendenz, Verwerthung und ihrem Standpunkte im preußischen Staate beim Civil und Militair dargestellt im Interesse der Wissenschaft und des Vaterlandes für Landwirthe, Militairs, Thierärzte und Beamte. 1. Abth.: 3 Fragen. Cöslin 861. (Wittenberg, Herrosé.) gr. 8. (60 S.) n. 10 ℊℊ

Erdt, W. E. A., die Thierarzneiwissenschaft nach ihrer Tendenz, Verwerthung und ihrem Standpunkte im preuß. Staate beim Civil und Militair dargestellt im Interesse der Wissenschaft und des Vaterlandes für Landwirthe, Militairs, Thierärzte und Beamte. 1. Abthl.: 3 Fragen. gr. 8. (60 S.) Cöslin 861. (Wittenberg, Kölling's Verlag.) *

Erdt, W. E. A., die Traberkrankheit der Schafe, ihre Natur, Genesis, Erkennung, Ursachen, Verhütung und Ausrottung. Für Landwirthe, Schafzüchter und Thierärzte wissenschaftlich bearb. gr. 8. (IV und 113 S.) Berlin 861, Bosselmann. Thlr. *

– — Die Traberkrankheit der Schafe, ihre Natur, Genesis, Erkennung, Ursachen, Verhütung u. Ausrottung. (113 S.) Berl. 61. Parey. M. 2.—

—— die Veterinär-Polizei, Bedeutung und Zweck derselben zum Schutze des Staats- und Privat-Eigenthums, sowie der Gesundheit und des Lebens der Menschen, nach ihren humanist. Principien und gesetzl. Rechtsnormen. Ein Leitfaden für Verwaltungsbeamte, Viehhalter und veterinär-polizeil. Techniker. gr. 8. (IV und 70 S.) Sorau 865, Klinkmüller. *

Erdt, W. E. A., die Viehprocesse, ihre Ueberhandnahme, Ursachen und schädlichen Wirkungen als Folge des Verfahrens in denselben. Zur Erkenntniß dessen, was in ihnen zum Rechtsschutze dient. Ein Leitfaden auf dem Wege des Rechts für Rechtsverständige, Viehhalter und forens. Techniker. gr. 8. (IV und 67 S.) Sorau 865, Klinkmüller. *

Erdtman, Ant., Platonis de rationibus quae inter Deum et ideas intercedunt doctrina. Dissert. philosoph. Monasterii 855. Cazin. 8. (2 Bl., 59 S.) 15 ngl

s.a. Erdtmann.

Erdtmann

— s. a. **Erdmann.**

Erdtmann: Aphorismen z. Unterricht in d. Logik. 16 S. u. Taf. Warendorf, Progr. 1867.

Erdtmann, Ant. Parallellehre über die Modi in der lateinischen und griechischen Sprache. Erster Teil. Die Modi in unabhängigen Sätzen. 16 S. Progr. *Warendorf* 1882.

Erdtmann, Ant., Platonis de rationibus quae inter Deum et ideas intercedunt doctrina. Dissertatio philosophica. 8maj. (IV und 59 S.) Monasterii 855, Cazin.

s.a. Erdtman.

Erdtmann, (Carl Gust. (geb. Berlin 10. 1. 1823): De emphysemate pulmonum. Berolini (1847). (31 S.) 8°

Berlin, Med. Diss. v. 1. Okt. 1847

Erdtmann, Gustav: Das Buch Hiob im Religionsunterricht der Untersekunda. *(Königsberg i. Pr. 1901: E. Rautenberg.)* (18 S.) 4°

Lötzen, st. PG, OP 1901 (10)

Erdtmann, Heinr., ungeheure Heiterkeit! Sammlung humorist. Gedichte, komischer Monologe, Parodieen u. Travestieen, nebst einem Anh. enth. Anecdoten, Schnurren u. Einfälle. 3. wohlf. Aufl. 12. (VIII u. 232 S.) Lübeck 850, Boldemann. 5/12 ℛ

Erdtmann, Carl Leopold (Kriwitz), Disquisitio, an, jus Romanum in Germania receptum esse contendi possit? Götting. (Barmeier) 1770. 46 S. (5.—) **8065**

ERDUJHELYI, MELCHIOR: Geschichte der Stadt Neusatz. Aus dem Ungarischen Original ins Deutsche übersetzt von Heinrich Gunde und Friedrich Steiger. Herausgegeben von der Königl. Freistadt Neusatz. Aussagen bezüglich der Katholischen Kirche: Katholiken, S. 103-111. Römisch-katholische Kirchengemeinde, S. 182-187. Königl. katholisches ungarisches Obergymnasium, S. 217-232. Katholische Volksschule, S. 320. Neusatz 1894. Druck v. Emil Fuchs & Comp. 428 S. - 265 mm

Erdujhelyi, Melch., Geschichte der Stadt Neusatz. Aus dem ungar. Original ins Deutsche übers. von Heinr. Gudo u. Frdr. Steiger. Hrsg. v. der königl. Freistadt Neusatz. Lex.-8. (VIII, 428 S.) Neusatz 895. (A. Herger.) n. 6. —

Erdumsegelung der Königl. Schwedischen Fregatte Eugenie. In den Jahren 1851 bis 1853 ausgeführt unter dem Befehl des Commandeur-Capitains C. A. Virgin behufs Anknüpfung politischer und commercieller Beziehung und wissenschaftlicher Beobachtungen und Entdeckungen. Nach der amtlichen von G. Skogman redigirten Ausgabe übersetzt von Anton v. Etzel. Mit 20 Bildern in Farbendruck, Karten, Plänen und vielen in den Text gedruckten Holzschnitten. Bd. 1, 2. Berlin 1856. 1 Bd. VIII, 304; VI, 366 S. 8°.

Der Erdwachsbergbau in Galizien und die neuen Bergpolizeivorschriften für denselben. Nebst Bericht von J. Holobek. Wien, 1900. 65 S.

Erdy, Joa., de tabulis ceratis in Transsilvania repertis. Insunt 6 tabb. lithogr. Lex.-8. (21 S. in latein. und ungar. Sprache.) Pest 856, Eggenberger. *

Erechtheion, das, zu Athen, s. A. F. v. Quast.

Schreckliches Ereigniß | von New-Orleans, in Amerika, | wo das große Dampfschiff »Louisiana« zersprang – zwei andere grosse | Schiffe entzündete und dabei mehr als 400 Menschen das Leben verlo- | ren haben. Das grausame Ereigniß wird durch einen Augenzeugen | bestätigt, welcher am 28. März 1851 in seiner Heimath ankam.
Kol.: Mülhausen, gedruckt bei J. P. Rißler.
1 Bl., zweiseitig bedruckt, 285 × 220.
Arch. Bas-Rhin, Strasbourg T. 216.
Das Flugblatt erschien auch in Colmar in der Buchdruckerei von K. M. Hoffmann (BNP 4° Z. 77).

Ein | schreckliches Ereigniß | welches sich im Amt Heilbronn | (im Weiler Happenbach) | im Jahr 1860 zugetragen hat und den 4. Januar 1861 | abgeurtheilt wurde.
Kol.: Straßburg, gedruckt bei Ed. Huder.
1 Bl. zweiseitig bedruckt, 230 × 170.
BNP 4° Z. 77.

Ereigniß, das seltene, e. Familiengemälde in 4 Akten. v. E. F. W. Work. 8. Braunschw. Plüchart. 813.

Ereignisse, abentheuerliche, aus dem Leben der ersten Ansiedler an den Grenzen der Mittleren u. Westlichen Staaten. Nebst histor. Skizzen v. den Feldzügen der Generale Harmar, St. Clair u. Wayne gegen die Indianer im Nordwesten; u. nebst einem Anh. u. einer Uebersicht. Aus glaubwürd. Quellen gesammelt. Uebers. v. Benj. S. Schneck. gr. 8. (537 S. m. 8 lith. u. Holzschntaf. in gr. 8., 4. u. gr. 4.) Lancaster 812. (Philadelphia, Schäfer & Koradi.) n. 2⅔ ℛ

Ereignisse, die, in Amerika in ihrer Rückwirkung auf Deutschland. Berlin 861. F. Schneider. (Stilcke & v. Muyden.) gr. 8. (2 Bl., 80 S.) n. 10 ngr

Ereignisse, beyspiellose, und außerordentliche Thaten unserer Zeit, besonders aus der Geschichte Oesterreichs, zur Unterhaltung für die Jugend, mit 3 illum. Kpfrn. und einer Vorrede von J. G. Zimmermann. 12. Wien, Müller. 819.

—— die bevorstehenden großen, des Herbstes 1850. Zusammengestellt aus den hinterlass. Papieren der Propheten Herm. v. Lehnin, Barth, Holzhausen, Jasper, des Mönchs von Werl rc. Von Gottfried Weber. gr. 16. (28 S.) Coblenz 850, Reiff'sche Buchh.

—— die blutigen, in Leipzig, am 12. Aug. 1845. gr. 8. (½ B.) Leipzig 845, Herbig. *

Aus: Die Grenzboten rc., besond. abgedruckt.

Die blutigen **Ereignisse** in St. Petersburg in den Tagen vom 9.–11. (22.–24.) Januar 1905. Dargest. auf Grund von Zeugenaussagen u. juristisch beleuchtet durch d. Ausschuß d. Petersburger Rechtsanwälte. Übers. des in Rußland beschlagnahmten Orig. Berlin: S. Cronbach 1905. (79 S.) 8° [illegible]

Ereignisse, die blutigen, in St. Petersburg in den Tagen vom 9—11. (22—24.) I. 1905. Dargestellt auf Grund v. Zeugenaussagen u. juristisch beleuchtet durch den Ausschuss der Petersburger Rechtsanwälte. Übersetzung des in Russland beschlagnahmten Originals. (79 S.) 8. Berlin 905. S. Cronbach. n. 1. —

—— die denkwürdigen, der drei glorreichen wiener Revolutionstage, des 13., 14., 15. März 1848, und deren segensreiche Folgen. Eine umständl. und authent. Beschreibung aller bekannten und bisher unbekannt gewesenen Vorfälle. Verfaßt und hrsg. von einem Augenzeugen und Nationalgardisten. gr. 16. (IV und 126 S. mit 1 Holzschn. in qu. 4.) Wien 848, Wenedikt.

Ereignisse, die, v. Falkenau u. Ostrau im Parlamente. Nach dem stenograph. Protokoll. 8. (136 S.) Wien 894. (1. Wiener Volksbuchh., J. Brand.) n. – 40

. **Ereignisse** aus meiner Familiengeschichte . . . O. O. 1802. V: *Günter, Franz von.* (MGT)

Ereignisse, die, vor Fredericia, vom 7. Mai bis zum 6. Juli 1849. Mit 1 (lith.) Plane der Schlacht bei Fredericia (in Roy.-Fol.). Beiheft zum Militair-Wochenblatt für Januar bis incl. Juni 1853. Redig. von der historischen Abtheilung des Generalstabes. Berlin, Mittler u. Sohn in Comm. gr. 8. (VI, S. 165—289, 6 Bl. Beilagen u. 1 Tab. in Fol.) 1 ₰

Ereignisse, Die, der Jahre 1812 und 13. Berlin 1814. V: *Cosmar, Eman. Carl Wilh.* (Ky)

Die jüngsten Ereignisse. Zweites Heft: Des deutschen Volkes Aufschwung. Erste Lieferung: Sachsen. Leipzig, C. W. B. Naumburg, 1848. 51 S. 8°.

Dasselbe. Zweite Lieferung: Baden, Würtemberg, Hessen-Darmstadt, Hessen-Kassel, Frankfurt, Nassau, Baiern, Oesterreich, Preußen. Ebenda. 103 S. 8°.

Eriegnisse, Die kirchlichen, des Jahres 1845 im Waadtlande in ihrem Zusammenhange mit früheren Erscheinungen und Tendenzen urkundlich dargestellt von einem deutschen Laien. Darmstadt 1847. V: *Wiener, Hermann.* (Hessische Biographien, hgbn. von Herman Haupt. Darmstadt 1918. I, 108)

— die kirchlichen, d. Jahres 1845 im Waat-Lande in ihrem Zusammenhange mit früheren Erscheinungen u. Tendenzen urkundlich dargestellt v. einem deutschen Laien. 12. (88 S.) Darmstadt 847, Ollweiler. 8 ngr.

Ereignisse, die kölner, vom 3. u. 4. August nebst ihren Folgen. — Uebersichtl. dargestellt von Franz Raveaux. 8. (5½ B.) Mannheim 846, Zeiler. *

Ereignisse: Die kriegerischen E' in Italien im Jahre 1848. Zürich 1848. — Die kriegerischen E' in Italien im Jahre 1849. Zürich 1850 s.a.[Meyer, Wilhelm].

Ereignisse, Die kriegerischen, in Italien im Jahre 1848. Zürich 1848. V: *Meyer-Ott, Wilh.* »Im Jahre 1849. Zürich 1850«. V: *Meyer-Ott, Wilh.* (Cat. d. Stadtbibl. Zürich. Zürich 1864—97.) (Zuwachsverz. d. Bibliotheken in Zürich. Zürich 1898 ff.) (Doubletten-Anzeiger 1903. Nr. 6.)

Ereignisse, Die kriegerischen, in Italien im Jahre 1848 [und 1849]. Zürich 1848—50. V: *Rüstow, Wilhelm.* (BMarsch 123)

— die kriegerischen, in Italien im J. 1848. Mit einer gedrängten histor. Einleitung. 3 Lfgn. gr. 8. (III und 348 S.) Zürich 848—49, Schultheß.

— die kriegerischen, in Italien im J. 1849. Fortsetzung der „Kriegerischen Ereignisse in Italien im J. 1848." gr. 8. (189 S.) Zürich 850, Schultheß.

Ereignisse, die kürzlichen, in Mexico von e. Augenzeugen. Bremen 867. Geisler. gr. 8. (15 S.) n. 5 ngr.

— die, zu Leipzig am 12. Aug. 1845. Nebst e. Plane des Roßmarktes. (in 4.) gr. 8. (1½ B.) Siegen 845, Friedrich's Buchh.

Ereignisse. Die letzten E' in Luzern, an den denkwürdigen Tagen des 22., 23. und 24. November 1847. Nebst Namensverzeichniss der in den Gefechten bei Gehwil, Gisikon etc. Gefallenen und Verwundeten. (Mit Abbildung.) 8. Baden 1847.

Ereignisse, die letzten revolutionären, in Russland u. Leo Tolstoj. (In russ. Sprache.) 8. (141 S.) Berlin 901. H. Steinitz. n. 2. —

Ereignisse. Die E' im Kanton Luzern vom Christmonat 1844. Eine Appellation an die Eidgenossenschaft im Namen der freisinnigen Partei des Kantons Luzern. 8. Baden 1845.
Ausg. A. ... der freisinnigen ...
Ausg. B. ... der frei sinnigen ...

— die, im Kanton Luzern vom Christmonat 1844. Eine Appellation an die Eidgenossenschaft im Namen der freisinnigen Partei des Kantons Luzern. 8. (4½ B.) Baden 845. (Schaffhausen, Brodtmann'sche Buchh.) *

. **Ereignisse** in der Festung Mantua 1848. Wien 1849. V: *Stäger von Waldburg.* (Pr)

Ereignisse. Die E' in Messina am 6. und 7. September 1848. Bern s.a. Stürler, August von.

— die, in Messina am 6. und 7. Septbr. 1848. Von einem Augenzeugen des 4. Schweizerregiments (Aug. v. Stürler.) 1. und 2. Aufl. gr. 8. (18 S.) Bern 849, [Blom.] *
Aus: Der schweizerische Beobachter ꝛc., besonders abgedruckt.

Ereignisse, die neuesten denkwürd., in Paris, München, Wien u. Berlin in den erfolgreichen Monaten Febr. u. März 1848; nebst d. neuesten Gedichte von F. Freiligrath. gr. 12. (31 S.) Ulm 848, Fr. Ebner. 2 ngr.

Ereignisse, Die neuesten denkwürdigen in Paris, Carlsruhe, München, Stuttgart, Wien u. Berlin in den erfolgreichen Monaten Februar u. März 1848. Ehrenbreitenstein 1849. 16°. (1 Mk. 20 Pfg. Friedr. Meyer, Lpz., 1898.)

— d. neuesten, in ihren Folgen für d. Menschheit. 3 Hefte. 8. Berl. 814 u. 15. Maurers B. 1 ₰ 20 gr (1s Heft. A. u. d. T.: die Ereignisse d. J. 1812 u. 13. (v. E. K. W. Cosmar). 4s Heft. A. u. d. T.: die wicht. Folgen vom europ. Freiheitskampfe, seit dem Friedensschlusse zu Paris, od. d. J. 1814—15. 8. Ebd. 816. 1e u. 2e Hälfte (à 18 gr) 1 ₰ 12 gr

Ereignisse, Die neuesten, in ihren Folgen für die Menschheit. Berlin 1814—18. V: *Cosmar, Eman. Carl Wilh.* (Ky)

Ereignisse, die neuesten, in ihren Folgen für die Menschheit (von E. K. W. Cosmar). 4 Hefte. 8. Berlin 814—18. jetzt Heymann. 2⁷⁄₁₂ ₰

Ereignisse, die, in Paris, v. 26., 27., 28. u. 29. Juli 1830, u. deren Folgen. Dargest. v. mehr. Augenzeugen. Nebst e. Samml. interess. Anekdoten u. Charakterzüge a. dieser Epoche, u. d. neu abgeänd. Constitutionellen-Charte Frankreichs. A. d. Franz. 12. (4½ B.) Aachen 830, Mayer.

— dass. (nebst der von den Repräsentanten d. Nation verbess. u. von d. König beschwor. Constitut.-Charte d. Franzosen, als Zugabe.) A. d. Franz. gr. 12. (6 B.) Darmstadt 830, Leske.

— dass. a. d. Franz. übers. Nebst mehr. Nachträgen: 1) von patriot. Zügen, u. 2) über d. Vorfälle bis zur Thronbesteigung Ludwig Philipps I. Mit d. neuen constitut. Charte f. Frankreich u. e. ausführl. Plane v. Paris. gr. 8. (10½ B.) Karlsruhe 830, Müller.

— die, in Preußen vom 12. Octbr. bis 5. Decbr. 1848, s. Preußen, Berlin ꝛc.

Ereignisse, Die, in den russisch-polnischen Provinzen und ihr Verhältniss zu Russland . . . Nürnb. 1831. H: *Spazier, Richard Otto.* (WA)

—— die, in d. Russ.-Poln. Provinzen, u. ihr Verhältniß zu Rußland vor u. in d. neuesten Revolution, v. e. Podolier. (A. d. „Nürnberger Blättern" hrsg. v. Spazier. 8. (1½ B.) Nürnberg 831, Schrag.

— im Herzogthum Sachsen-Altenburg während des Kriegsjahres 1757. Abdr. aus der „Zeitung für Stadt und Land". (Von J. Gersdorf.) Altenburg 858. Pierer. 8. (IV, 118 S.) 10 ngl

—— die, in Schleswig-Holstein. 8. (16 S. mit 1 Karte vom Kriegsschauplatze in Holzschn.) Elbing 864, Neumann-Hartmann'sche Verlagsh. *

Ereignisse. Die E' in (°*Umschlag:* Begebenheiten im Kanton) Wallis im Jahre 1843. Gesammelt von Augenzeugen. 8. Genf, im Oktober 1843.

Ereignisse, welche wichtige, u. welchen Gewinn an menschlicher und bürgerlicher Glückseligkeit haben wir im künftigen Jahrhundert zu erwarten? kl. 8. Zerbst, Füchsel. 797.

— welche wichtige, u. welchen Gewinn an menschlicher u. bürgerl. Glückseligkeit haben wir in künftigen Jahrh. zu erwarten? 8. Zerbst 797. Kummer. 16 gl

—— die weltgeschichtlichen, in den letzten Zeiten und was sie im Gefolge haben, im Spiegelbilde der Johanneischen Offenbarung betrachtet. Ein Versuch zu ihrer Deutung nach dem in der Offenbarung selbst dargebotenen Schlüssel zu deren Verständniß. Von Th. P. gr. 8. (62 S.) Stuttgart 873. (Ullrich.) *

Ereignisse, die wichtigsten, aus der Geschichte v. Görlitz. Seit Entstehung der Stadt bis auf unsere Zeit. Nebst histor. Nachrichten von den übrigen Sechsstädten. Mit 6 (lith.) Abbildungen. 8. (272 S.) Görlitz 879. Neumeister. geb. n. 1. 50

—— die wichtigen, der ewig denkwürd. Tage des 18. und 19. März zu Berlin 1848. Nebst vielen Nachrichten und Heldenthaten. gr. 8. (32 S.) Minden 848, Eßmann. *

—— die, in Wien, s. a. Vaterlands-Bibliothek. 7. Thl.

— die, in Wien, v. der Erhebung der Stadt am 13. März 1848 bis zur Verkündigung der oktroyirten Verfassung vom 4. März 1849. Von C. W. 8. (86 S.) Zwickau 849, Verein zur Verbreitg. v. Volksschriften. 3 ngl

. **Ereignisse, Die,** in und um Wien im Oktober 1848. Wien 1848. V: *Zedtwitz, Friedrich Graf.* (EB)

[Wiener **Ereignisse** von 1848] Wien o. J
22 Taf. in Lithogr. 4°.
Einige Blätter bez.: gez. u. lith. von C. Lanzedelli

. **Ereignisse, Die Wiener,** vom 6. Okt. bis 12. Nov. 1848 . . . Wien 1849. V: *Lyser, Johann Peter Theodor.* (KY) (A) (PR) (SCHR)

—— die wiener, und die deutsche Centralgewalt. Genaue Darstellung der letzten wiener Ereignisse und der Thätigkeit des Reichsministeriums in Frankfurt gegenüber diesen Ereignissen, nebst Correspondenz des Ministeriums mit den Reichscommissären Welcker und Mosle. gr. 8. (60 S.) Frankfurt a. M. 848, Auffarth. *
Vgl.: Wiener-Ereignisse.

Ereignisse unserer Zeit oder Fastenpredigten und Untersuchungen zu Heinsberg. Sittard 1836. V: *Hendrichs.* (KGBerlin II, 2733)

Ereignisse, zwei, von größter Bedeutung rücksichtlich der Entwickelung unserer kirchlichen Verhältnisse in der nächsten Zukunft. Beleuchtet von einem Laien. gr. 8. (15 S.) Berlin 869, Schlawitz. [Leipzig, Hinrichs' Verlag.] *
Aus: Evangelische Kirchenzeitung, besonders abgedruckt.

Ereignisse, zwei große. Mit Gott reden. gr. 16. (8 S.) Barmen 874. (Wiemann.) — 6

Eremie-Popa, Drusu, aus Braila ⟨Rum.⟩: Über die Molekulargröße des Jods und anderer flüchtiger Stoffe. *Rosswein i. S. 1903: A. Haubold.* (45 S.) 8°
Leipzig, Phil. Diss. v. 1903

Eremit, Der. . . . Leipz. 1767—69. H: *Bielefeld, Jacob Friedr. Freih. von.* (KY) (SCHR) (ML)

— der, eine moralische Wochenschrift, (v. Frhr. v. Bielefeld). 12 Thle. 8. Leipz. 767—69. (Kue in Altona). 6 ngl

Eremit, der, e. moral. Wochenschr. (v. Fh. v. Bielefeld.) 12 Thle. 8. Lpz. Jacobaer. 767—69.

. **Eremit, Der;** a. d. Engl. Frankf. 1776. Ü: *Ibbeken, Heinrich L.* (KY)

Eremit, der, aus dem Engl. von W. Thompson, mit 1 Kupf. 8. Frankfurt, 776. Garbe. 15 ggl.

Eremit, der; aus d. Engl. (v. H. L. Ibbeken); 2 Thle. 8. Frankf. 776. Gebhardt u. K.. (a. Herrmann) 12 K

Eremit, der; od. was vermag Freundschaft nicht? Schausp. 8. Frkft. (Krieger in Marb.) 780.

Eremit, Der, oder was vermag Freundschaft nicht! ein Schauspiel. Giessen 1780. V: *Horstmann, Philipp Bernh.* (MGT) »Marb. 1780.« (KY)

(—— der,) Freimüthige Uebersicht d. Journalistik d. Inn- u. Auslandes. Hrsg. v. Fr. Gleich. 3. Jahrg. 1828. (78 B.) gr. 4. Leipzig, Industrie-Comptoir.
Als Fortsetzung schließt sich an:

—— der, Blicke in d. Leben, d. Journalistik u. Literatur d. Zeit. Hrsg. v. Fr. Gleich. 4—9. Jahrg. 1829—34. à 156 Nrn. gr. 4. Altenburg, [Exped. d. E.] à
1. Jahrg. 1826 unt. d. T.: Der Eremit in Deutschland, hrsg. v. D. L. Panse. gr. 8. 8 Thlr. — 2. Jahrg. 1827 nur Jul.—Dec., hrsg. v. Fr. Gleich. gr. 4. Leipzig, Industrie-Compt. 3 Thlr. — Seit 1833 heißt es auf d. T. statt Blicke ꝛc.: Blätter f. Politik u. öffentl. Leben; 1834 fällt d. Wort „Politik" weg, hinter „Leben" wird dagegen hinzugefügt „u. Wirken." Vom 7. Jahrg. an wurde ein Literat.- u. Anzeigeblatt beigegeben.

—— der, od. Nikolaus von d. Flüe Eine Erzähl. f. d. Jugend. 8. (3½ B. u. 1 Abbild.) Coblenz 832, Hergt.

Eremit, der, Blätter für öffentl. Leben u. Wirken. Herausg. von Fr. Gleich. 8r—15r Jahrg. 1833—40. gr. 4. Altenburg, Expedition d. Eremiten. (15r Jahrg. Leipzig, Weber.) (à J. n. 6 ngl) 48 ngl

Eremit, der, Blätter f. öffentl. Leben u. Wirken. Hrsg. v. Fr. Gleich. 10—14. Jahrg. 1835—39. à 156 Nrn. (½ Bog.) Nebst Literatur- u. Anzeigebl. gr. 4. Altenburg, [Pierer.] à *

—— ders., hrsg. v. dems. 15. Jahrg. 1840. 156 Nrn. (½ Bog.) Schmal gr. 4. Leipzig, Weber. *
Vgl. 8. Bd. 1. Abthl. S. 229.

EREMIT, Der, in Berlin. Ein Unterhaltungsblatt für Gebildete. Hrsg. von K. Ed. Frhrn. von der Oelsnitz. Berlin, Petri. Erster Jahrg. 1827 (und diverse Nrn. von 1828, theils gebd., theils in Heften.) 4°. (In Warmbrunn: 2 voll.) Rarl

Goedeke VIII, 39, 197: Vom zweiten Jahrg., 1828, scheinen nur 11 Nrn. erschienen zu sein. Vgl. Gesellschafter 1827. Nr. 197. S. 985: „Künftige, neuere und wiedergeborene Zeitschriften."

Eremit, der, in Berlin. Unterhaltungsblatt f. Gebildete. Redig. v. K. E. v. der Oelsnitz. 2. Jahrg. 1828. No. 1—11, mit Vign. gr. 4. Berlin, Petri.
1. Jahrg. 1827. Ebendas. 4 Thlr. — Eine weitere Forts. ist nicht erschienen.

Eremit, der, in Deutschland. Eine Schrift üb. Sitten u. Gebräuche d. 19n Jahrhunderts, herausgeg. v. (D. L.) Danse. gr. 8. Leipz. 826, Ind.-Compt. Rthlr.

— der, in Deutschland ꝛc., eine Uebersicht d. Journalistik d. Zeit, herausg. v. Fr. Gleich. Für 1827, 28. (2r, 3r J.) gr. 4. Ebd. (à J. 2 ℛ) 4 ℛ Fortgesetzt unt. d. T.: Eremit, d., Blicke in d. Leben, d. Journalistik u. Literatur d. Zeit. Herausg. v. Fr. Gleich. 4r—7r Jahrg. 1829—32. gr. 4. Altenb. Exped. d. Eremiten. (à J. 6 ℛ) 24 ℛ

Eremit, Der, auf Formentera nach dem Singspiel des Herrn August v. Kotzebue. Wien 1790. V: *Perinet, Joachim.* (WBL 22/21) (BiblPort) (GGr V/275, Nr. 8/5) (GGr V/333, Nr. 113/3)

— auf Formentera, n. d. Singsp. d. Hrn. v. Kotzebue bearb. als Schausp. in 3 A. v. Perinet. 8. Wien, Gerold. 790.

— der, auf Formentera. Schausp. mit Gesang v. A. v. Kotzebue. 8. Lpz. Kummer. 805.

Eremit v. Gauting, s. Hallberg, Frhr. v.

— gel. Gesch. d. Religion. 2 Bde. 8. Augsb. Veith. 784.

Eremit, der, am schwarzen Grabmale, oder das Gespenst im alten Schlosse. Nach dem Engl. der Miß Anna Radcliffe. 2 Bände. Mit Kupf. 8. Prag und Wien, Haas. 817.

— der, an d. Heerstraße, od. literar., zeitgenöss. Blätter. Hrsg. v. Eugen, Frhrn. v. Hammerstein. 1. Jahrg. 1. u. 2. Hft. gr. 8. (4 B.) Celle 811, (Schulze'sche Buchh.)

— le jeune, conte pour les enfans, par l'auteur des oeufs de pâques; trad. de l'Allemand. Mit 4 ill. Steindr. u. ill. Titelvign. 12. Paris u. Strassb. 831. Levrault. 10 gGr

Eremit, Der, nach Parnel. Hamb.
U & B: *Bodmer, Joh. Jacob.* (GGr) (JL) (Vetter) (ML) »Eremite, Der. Von Dr. J. P. [Hamb. 1752.] V: *Parnell, Thom.* Ü: *Bodmer, Joh. Jac.* (Bächtold, Litt. d. Schweiz. Frauenf. 1892. S. 186.)

— d. natürl. Religion s. ihr. Gesch. 8. Augsb. Rieger. 786.

Eremit, Der, von Sabina, oder Aloys, des deutschen Einsiedlers, Jugendjahre und Wanderungen nach Rom . . . Münster 1849—53. V: *Gehlen, Franz Joseph.* (Ky) (EngG)

Eremit, der, v. Sabina, oder Aloys, des teutschen Einsiedlers, Jugendjahre und Wanderungen nach Rom, Assisi und Loreto, mitgetheilt v. seinem Reisegefährten (von F. J. Gehlen). 12. (VIII u. 184 S. mit 1 Holzschn.) Münster 849, Deiters. ⅓ ℛ

Eremit, der, von Sabina, 2. Thl. oder Aloys, des deutschen Einsiedlers Wanderungen nach Jerusalem, Bethlehem und Nazareth, mitgetheilt von seinem Reisegefährten. Münster 853. Deiters. (Aschendorff.) 12. (XVI, 311 S. u. 1 Holzschnittaf.) 10 ngr.

Eremit, Der, auf der Schlangeninsel. Singspiel (nach Kotzebue). Donauwörth 1785—1789. V: *Mayr, Beda.* (ML) (Zeitschr. f. Büch. 1923, S. 83)

Eremit im Schweizergebirg [Pseudon.] s. Scherer-Boccard, Theodor.

— d. Seele d. Menschen. 8. Ebend. 786.

Eremit, der in den Todtenhöhlen in Egypten. Roman v. Stehmann. 8. Dessau (824.) Ackermann.

— der, von Warkworth, eine northumberland. Ballade; aus d. Engl. 8. Bresl. 790. (W. Nauck in Leipz.) 5 gGr

— Derselbe, s. a. Einsiedler, d., v. Warckworth.

— d., v. Warkworth, e. nordhumberl. Ballade. a. d. Eng. 8. Bresl. (Sommer, Lpz.) 790.

— — e. and. Uebers. s. a. Campe.

— der wahre Weise. Bregenz, Brentano. 802.

— der, v. Winkermeere, aus d. Engl. von Henr. Schubert. 8 Leipz., Baumgärtner. 16 gGr

Eremit, Der, von Windermoore. 1820. (II, 1374. VI, 4377.) — Nach Meusel 20, 294 ist weder der Verf. (*W. F. Sullivan*) noch der Übers. (*Henr. Schubart*) dieser Jugend-Erz. ungenannt. Damit stimmt die Verlegeranzeige in der Ztg. f. d. eleg. Welt 1820, Intbl. 18 vom 8. Aug., Sp. 2. Dort, wie bei Meusel, heisst es: Der Einsiedler, usw. — Der Wiener Sammler (1820, Nr. 58/60) druckt aus dem »Eremiten von Windermere« eine Geschichte ab, ohne Verf. und Übers. zu nennen. — Vgl. auch Kayser, Romane, S. 37 (»Eremit« o. Verf.) und S. 137 (Sullivan, »Einsiedler«). (DARP)

Eremit, Der, von Windermoore, ein Roman a. d. Engl. Leipzig 1820. V: *Schubart, Henriette.* (Schl)

— Züge v. d. Gesch. d. Gottlosigkeit. 8. Ebend. 786.

Eremita, Fernensehnsucht u. Heimweh. Gedichte. (VII, 233 S.) kl. 8. Dresden 910. E. Pierson. 2.50; geb. in Leinw. m. Goldschn. n 3.50

Eremita, Dan. Nobilis Belgae, panegyrici, c. praef. J. G. Graevii, ed. J. A. Emmerich. 8. Hildburgh. 787. (Er. Fleischer in Leipz.) 6 gGr

Eremita, D., panegyrici. ed. Emmerich. 8. Hlbh. Hanisch. 787.

Eremita (Geo. Lasson), s. a. Richtung, die moderne, u. die Kunst.

Eremita. Die moderne Richtung und die Kunst. Von Eremita. IV + 268 S. 8. Gr. Lichterfelde-Berlin, Edwin Runge, (1901). [M. 3.—]
Darin S. 69—98: Künstler und Publikum ([gegen] Hugo von Tschudi), *S. 121—145:* Arnold Böcklin, pro et contra.

— f.: Stichproben moderner Litteratur.

— f.: Streiflichter auf mod. Kunst u. Bildung.

Eremita, J., f.: Sonette, katholische.

Eremita, Janus (Pseud.) s. a. G r e t s c h e l , Joh. Christian

Eremita, Jan., (Jh. Chr. Gretschel), Satyrische Blätter. 2. u. 3. Teil. Hohnstädt 1798 ersch. a. u. d. Titel: Satyrischer Almanach a. d. J. 1799—1800. s. a. u.: Almanach Satyrischer.

Eremita, Jan., (Jh. Chr. Gretschel), satyr. Blätter. 8. Hohnstädt 798. 2r u. 3r Thl. A. u. d. T.: satyr. Almanach auf d. J. 1799—1800. 8. Ebd., (Herold jun. in H.) 4 ℔

Eremita d. Jüng., Janus, Das teutsche Carneval. 1802. Sehr rar!
Weller, Lex. Ps. p. 174.

— kleine satyr. Schriften; eine Fortsetz. d. satyr. Blätter. 8. Lpz. 804. (Herold in Hamb.) 1 ℔ 8 gr

Eremita, Johs, f.: Vollführung, die, d. Geheimnisses Gottes.

Eremita, Julius

Eremita, (J.,) Aline od. d. Trennung u. Wiedersehen. 8. Quedlinb. 826, Basse.

— die Ruinen d. Bergschlosses Cesarini; e. Roman. 8. Quedlinb. 824. Basse. 1 ℔

Eremita, Peregrinus, Mittheilungen üb. pädag. Gegenstände, s. a. Mittheilungen.

Eremita Peregr., Mittheilungen über pädagog. Gegenstände. 1s Heft. gr. 8. Nürnb. 831. Stein. 12 gr

Eremita, B. H., s. a. Ebing, Rütger.

Eremita, B. H., Rütger Ebing. Eine Kulturkampfsgeschichte aus der Reformationszeit. 12. (504 S.) Steyl 882, Missionsdruckerei.

Eremita, Vikt., f.: Entweder — Oder.

Eremita, Viktor [Pseud.], s. K i e r k e g a a r d , Sören

Eremita, Wedanus, üb. die Amts-Suspension des Erzbischofes v. Cöln, f. Amts-Suspension.

Eremita, Wedanus, über d. Amtssuspension d. Erzbischofs v. Cöln 2c., f. Ueber.

Eremita, Westphalus (J. Fr. Jos. Sommer), Über die Glaubwürdigkeit des deutschen Juden. Münster (?) 1819.

Eremita, Westphal., (Jh. Fr. Jos. Sommer), von d. Kirche in dieser Zeit. Betrachtungen. Münster 819.

Eremitage, s. a. Köppel.

Eremitage, Die, oder nichts ohne zureichenden Grund. Eine spanische Geschichte mit Wekhrlins Prolog. Frankfurt a. M. 1782. V (nicht): *Wekhrlin, Wilh. Ludw.* (GGr IV³/849, Nr. 11/20) (Friedr. W. Ebeling: Wilhelm Ludwig Wekherlin. Berlin 1869)

EREMITAGE, Die, oder N i c h t s o h n e z u r e i c h e n d e n G r u n d, eine Spanische Geschichte Mit W e k h r l i n's Prolog. Frankfurt a. M., Eßlinger, 1782. 8°.

Eremitage, die, od. Nichts ohne zureichenden Grund. Mit Weckherlins Prolog. 8. Frankf. a. M. 782. (Schäfer). 16 gr

Eremitage, das königl. Lustschloss, bei Bayreuth. Eine Schilderung u. ausführl. Beschreibung d. Lustschlosses u. aller Sehenswürdigkeiten der Zimmer, Gemälde, Skulpturen etc.), nebst e. kurzen Abhandlung über die *Sage der „weissen Frau“.* 2. Aufl. (Bayreuth) Max Poessl'sche Buchdr., 1882. 12°. Cart.
Tit. in Einfass. u. 23 S.

Eremitage sonst u. jetzt. (Von Frz. Herrmann.) 8. (46 S.) Bayreuth 901. (R. Bechtold.) n. — 70

Eremite, Der. Eine Erzählung. Kerapolis (Stuttgart) 1749. V: *Lessing, Gotthold Ephraim.* (GGr) (Redlich, Lessing-Bibliothek. Berlin 1878, 678)

Eremitenglocke, die. Betrachtungen, Denksprüche u. Poesieen aus alter u. neuer Zeit. Hrsg. von Heinr. Jos. Leyde. Jahrg. 1890. 24 Nrn. (Bog.) 4. Saulgau 890, (Kitz). * 4 80
Nur eine Nummer erschienen.

Eremitenhaus, Das, in Wittenbach oder das heilige Kreuz im Lande Entlebuch . . . Einsiedeln 1855—56. V: *Boog, Gotthard.* (Cat. d. Stadtbibl. Zürich. Zürich 1864—97.)

Eremites, J., der Orden der barmherzigen Schwestern. Uebersicht sein. Entstehung, Verbreit., Gliederung, Leistung, Nothwendigkeit u. Zweckmäßigkeit in d. Gegenwart. 8. (38 B.) Schaffhausen 844, Hurter'sche Buchh.

Eremos: Auf der F a h r t nach dem Frieden, s. a. B a u m s t a r k , Anton

Eremos, auf der Fahrt nach dem Frieden. Eine Seelengeschichte in Italien. Tagebuchaufzeichngn. (273 S. m. 1 Bildnistaf.) 12. Rom 904. F. Pustet. n. 2. —

Erenstein, J. R. G., Smets v. Straf- u. Polizeygesetz. d. 18 Jh. jurist. philos. u. polit. betr. gr. 8. Lpz. Breitkopf. 795.

Ererdmanns, Fr. Aug. Alex., Uebers. d. Eisen- und Stahlerzeugung auf d. Wasserwerke zw. d. Lahn u. Lippe 2c. m. K. 2 Thle. 1r in 8. 2r in 4. Dortm. Mallinkrodt. 804, m. 1 grch. technol. Karte

Eres, Dorilla, s. a. Winter, Geo.

Dorilla oder Die goldene Spindel (Eine Rübezahlsage.) Dichtung von Eres. Für dreistimm. Kinder- oder Frauenchor, Soli u. Klavier (mit verbindender Deklamation) komp. von Georg Winter. Textbuch. *Düsseldorf: L. Schwann [1900].* (15 S.) 8° [J.]

Eres, Gedichte. 12. (92 S.) Dresden 896. E. Pierson. n. 1. 50; geb. n. 2. 50

Eresda. Tagebuch einer Reise von Wien über Triest, Venedig, Verona, Insbruck, Salzburg, München, nach den Rheinlanden von R. B. gr. 8. Bautzen 840. Reichel. 1 ℔

Erf, Ernst Gtfr., der Freiheitskampf unser. Zeit. Sendschreiben an Georg Herwegh. gr. 8. (1 B.) Königsberg 833, Windolff u. Striese.

Erfahrung, die, oder Licht und Schatten; Lstspl. 8. Danzig 805. (Anton in Lpzg.) 12 gr

Erfahrung einer künstl. Befruchtung d. Leotoyen. Mit Kpf. 8. Frankf. 790. Geyer. 12 gr

Erfahrung. – Bittere Erfahrung eines Tilsiter Bürgers, s. Becker, Friedrich

Erfahrung für die gegenwärtige Lage den Bürgern Innsbrucks geweiht von einem patriotischen Freunde M. C. M., den 12. Juni 1796. O. O. V: *Menk, M. C.* (GGr)

Erfahrung, Die, eines Magnetopathen und seine feste Überzeugung, dass das ganze magnetische Heilverfahren Unsinn ist. Köln a. Rh. 1902. V: *Klitsch, Fr.* (Berl)

Erfahrungen

— von J. J. S. 4 Thle. 8. Brandenb. 757—60. 20 gr

Erfahrungen. Vom Verf. d. Morgenlandes (J. G. Günnel). 8. (117 S.) Zwickau 847, Verein zur Verbreitung v. Volksschriften. n. 4 ngr

Erfahrungen im Gebiete der Ackerbodencultur der Neuzeit, insbesondere: bewährte Methoden der Kartoffelcultur mit Angabe der geeignetsten, neueren Kartoffelsorten zum Anbau mit künstlichen Düngermitteln, specielle Beschreibung der Zuckerrübencultur im Großen, sowie des Futterrübenanbaues, geeignetste Verwerthung der künstlichen Düngermittel u. des Stalldüngers beim Hackfruchtbau, Einrichtung von Fruchtfolgen auf verschiedenen Bodenarten, rentabelste Bewirthschaftung der Außenfelder sowie der Binnenschläge, Beschreibung hoch rentirender Wirthschaften der Neuzeit ꝛc. Von einem schles. Gutsbesitzer. 2., verm. Aufl. gr. 8. (IV, 193 S.) Liegnitz 881. (Cohn.) n. 7. 50

Erfahrungen im Gebiete der Ackerbodencultur unserer Zeit. Von einem Landwirth. 3. sehr verm. Aufl. gr. 8. (VIII, 208 S.) Liegnitz 887, (Cohn.) **

Erfahrungen im Gebiete der Ackerbodencultur der Neuzeit. Hinweise zur Einrichtg. v. zeitgemäßen Wirthschaftssystemen. Die Moorcultur nach den neuesten Erfahrgn. Ueber Werth u. Unwerth der Wirthschaftsbeamten. Von e. Landwirth (S. G. Weber). 4. verm. Aufl. gr. 8. (XV, 389 S.) Liegnitz 889, (Cohn). ** 7 50

— u. Anregungen zur Kunst der Rechtspflege. Für Thüringer Juristen v. Auch Einem. (66 S.) gr. 8. Jena 909. H. Pohle. 1.—

— — dasselbe. 2. Tl., s.: Deinhardt, Rich., praktische Justiz.

Erfahrungen u. Ansichten prakt. Landwirthe aus den Verhandlungen der landwirthschaftl. Abtheilung des Gewerbe-Vereins zu Erfurt kurz zusammengest. v. Eduard v. Keller; nebst einig. Abhandlungen prakt. Werthes von mehr. Mitgliedern u. Freunden d. Vereins. gr. 4. (13¾ B.) Erfurt 843, Hennings u. Hopf.

Erfahrungen der Artillerie-Schieß-Schule beim Schießen aus Feldgeschützen. Berlin 1885. 68 S.

Erfahrungen, die, eines alten Arztes, gesammelt in einer 40jährigen Praxis. Von der Krankheit, eine Denkschrift in 3 Thln. (in 1 Bde.) gr. 8. (XIV und 995 S.) Königsberg 860, Richter. *

— auch, u. Ansichten über Erziehung, Institute u. Schulen, oder Beurtheilung d. v. J. Schmidt verf. Erfahrr. u. Ansichten ꝛc. 8. Bremen ..., Müller, 8 gr

— u., üb. Aufbewahr. und Anwendung d. thierisch. Düngers ꝛc. 8. Ulm, Stettin. 805.

Erfahrungen u. Aufschlüsse über berichtigte Wunderkuren mit d. Salzsäure. 12. Frkf. u. Lpz. 801. Magazin f. Lit. in Stuttg.; (auch Sonnewald ebd.) 3 gr

Erfahrungen. Die aus- und inländischen handelsgerichtlichen Erfahrungen als Begründung unseres Vorentwurfes, nebst Erläuterungen desselben. 94 S. 8. Bern, Gebr. Fischer, 1903.

Kantonale Bernische Handels- und Gewerbekammer.... Serie der Berichte und Entwürfe: Nr. 8.

Darin S. 65—94: Erläuterung des Vorentwurfes ... von Fürsprech Fritz Zeerleder.

Erfahrungen über leichte, wohlfeile u. schärfste Aussonderung der allervervollkommensten Getreidekörner, auch Kartoffeln zur Saat u. zu ähnl. Zwecken. gr. 8. Berlin 833, Schlesinger. $^1/_3$ ß

— — u. Bedenken e. schles. Freistellen-Besitzers. Ein Wort zu seiner Zeit dem Bürger- u. Bauernstande Preußens gewidm. 8. (2 B.) Leipzig 843. (Friese.)

— e. künstl. Befruchtung der Levkopen ꝛc. m. K. 8. Frft. Geyer. 790.

— oder Beitrr. zu dem Geheimnisse d. gesunden Vernunft. 8. Dessau 783. (Barth in Leipz.). 5 gr

Erfahrungen und Beyträge zu den Geheimnissen der gesunden Vernunft oder Moral der Tempelherrn oder der Mensch, wie er ist, oder der Mensch im Kleinen und die Fråumåurerey [!] im Grossen. Dessau u. Leipzig: Buchh. der Gelehrten 1783. 92 S. 8⁰
Recens: WJ. 1, 4 (1784) S. 220.
Kl. 448. Allgem. Sentenzsammlung; bringt nichts Näheres über Frmrei. 193.

— od. Beytr. z. d. Geheimnisse d. gesund. Vernunft. 8. Dessau. (Barth, Lpz.) 787.

— u. Bemerkungen aus d. Felde d. medizin. Praxis, s.a. Arzt, d. freimüthig-hippokratische.

Erfahrungen und Bemerkungen aus dem Felde der medicinischen Praxis. Marburg 1811. V: *Vogler, Johann Philipp.* (zuwzür 13, 1909, I, S. 120)

Erfahrungen und Bemerkungen eines Landpredigers ... Stuttgart 1797 – 98. V: *Weihenmaier, Joh. Frdr.* (ML) (Ky) (Winer)

— u. Bemerkk. eines Landpredigers nach einer Amtsführung v. 17 Jahren, (v. J. F. Weihenmajer). 2 Hefte. 8. Stuttg. 797, 98. (Gebhardt u. K. in Frankf.) 12 gr

—— und Beobachtungen über die Epidemie zu Diekirch im Frühjahr 1866. 12. (11 S.) Luxemburg 866, Brück.

— u. Beobachtt. für alle Stände. 2 Thle. 8. Marb. 786 u. 87. Krieger. 12 gr

Erfahrungen und Beobachtungen über das Vorkommen der Feldmäuse, den Nachtheil, welchen sie herbeiführen und die Mittel, welche sie beseitigen. Erfurt 859. Keyser. 8. (8 S.) n. 1 ngr

— über die rentabelste Bewirthschaftung der Außenfelder, sowie über den Anbau der geeignetsten Export- u. Fabrik-Kartoffeln ohne Stalldünger. Von einem schles. Gutsbesitzer. gr. 8. (37 S.) Liegnitz 881. (Reisner.) n.n. 1. 80

— v. d. Bienenz. s. C. H. Heydenreich.

Erfahrungen im Gebiete d. Bodenkultur mittelst Dampfkraft. Von R. Toepfer. 3—4. ³2. Aufl. Magdeb. 1873—74.

— chemisch-medicin.-chirurgische, über d. Angusturarinde u. Hahnemanns auflösl. Quecksilber; aus d. Latein. 8. Leipz. 793. Hertel. 8 Gr.

Erfahrungen, Einwürfe und Berichtigungen, das Befruchtungsmittel der Erde betreffend. Magdeburg 1796. V: *Gieseke, Joh. Chn.* (Ky)

— Einwürfe u. Berichtigungen, das Befruchtungsmittel d. Erde betreffend, (v. J. Chr. Gieseke). 3 Hefte. 8. Magdeb. 796. Giesecken. 1 Rthlr.

. **Erfahrungen** aus der Feld- und Landwirthschaft . . . Freyberg 1787—88. V: *Engel, Lüder Hermann Hans von.* (Ky) (MGT)

— aus d. Feld- u. Landwirthschaft, (v. L. H. H. v. Engel). 2 Thle. gr. 8. Frberg 787 u. 88. Craz u. G. 1 Rthlr.

Erfahrungen Jonas Frank, des Kosmopoliten. Leipzig u. Dessau: Buchhandl. der Gelehrten 1782. 168 S. 8°

— °[Dasselbe.] Neue Aufl. Leipzig: Gräff 1788. 168 S. 8°

Kl. 3954, TB. 37. **Hat mit der Frmrei in Wahrheit gar nichts zu tun.**

— des Kosmopoliten Jonas Franks. 8. Leipz. 788. Wienbrack. 10 Gr.

Erfahrungen, fünfzigjährige, bey den Soldaten und in der Ehe, von C. Köhmann. Mit einer Nachschrift von Dr. Siemers. 8. Hamburg, Herold. 818.

„Gemeinnützige Erfahrungen zum praktischen Gebrauch für den Bürger und Landmann", 2. vermehrte Auflage, Hamburg 1796 Gundermann).

— gemeinnütz. medicinische. gr. 8. Leipz. Schwickert. 794.

„Gemeinnützige ökonomische Erfahrungen. Ein Magazin praktischer Kenntnisse zu höherer Vervollkommnung der Haus- und Landwirthschaft und zur Verbesserung der Vieharzneykunde", Hamburg 1793. 2. verbesserte und vermehrte Auflage 1796.

— gemeinnützige ökonomische. 8. Hamb. 796. Gundermann. (Aue in Altona). 20 Gr.

Erfahrungen, genossenschaftliche. Zugleich Geschäftsbericht der landwirtschaftl. Prov.-Genossenschaftskasse f. die Mark Brandenburg u. die Niederlausitz, eingetragene Genossenschaft m. beschränkter Haftpflicht f. d. J. 1902. Erstattet v. Eschenbach. (21 S.) Lex.-8. Berlin 903. J. Guttentag. n. 1. —

—— gesammelte, über den Grubenbau auf Braunkohle. Ein Rathgeber für Schurflustige von einem praktischen Bergmanne. 8. (21 S.) Bernburg 851, Gröning'sche Buchh. *

— über Gicht u. Rheumatismus, Verhalten dabei u. Heilung durch einfache Mittel &c. 8. Berlin 823. (H. Schultze.) 1/6 Rthlr.

— üb. Gicht u. Rheumatismus, Verhalten dabei, u. Heilung durch einfache Mittel für alle daran Leidende. 8. Rathenow 823. Flick. 4 Gr.

— u. Grundsätze, aus d. Umgange mit d. Menschen gezogen. 8. Hamb. 780. Herold. 6 Gr.

Erfahrungen einer Hausmutter . . . Halle 1789. V: *Morgenstern-Schulze, Johanne Catherine geb. Brömmen.* (Ky) (ML)

— einer Hausmutter, von d. Verfasserin d. Unterrichts in d. Küche u. Haushaltung. 8. Hannov. 789. Hahn. 18 Gr.

– einer Hausmutter, (v. J. K. Morgenstern). 8. Leipz. 793. Hertel. 20 Gr. Neue Erfahrr. für e. junges Frauenzimmer, welche Küche u. Haushalt selbst besorgen will, als Fortsetzung d. Unterr. f. e. junges Frauenzimmer &c., (v. J. K. Morgenstern). 8. Ebd. 793.

— eines Hausvaters, Kartoffeln in Mehl zu verwandeln, ja sogar gefrorne zu schmackhaftem Brodbacken anzuwenden. 8. Marb. 813. Krieger. 2 Gr.

Erfahrungen des Herzens u. Lebens. Eine Sammlung von Gedichten über Sprüche der heil. Schrift im Versmaaß evangel. Kirchenlieder herSg. Neusalz a. O. 869. Lange. 8. (X, 160 S.) n. 15 ngr.; geb. n. 22½ ngr.

Erfahrungen über die Holzhaltigkeit geschlossener Waldbestände bei verschiedener Betriebsweise und über die Derbräume der Holzmaße. Gesammelt bei der Waldschätzung im Grossherzogthum Baden und amtlich herausgegeben. - Karlsruhe 1838-1873. 5 H. - 1. H.: mit den Erfahrungen von den Jahren 1836 und 1837. 1838. 123 S. - 2. H.: mit den Erfahrungen von den Jahren 1838 und 1839. 1840. 149 S. - 3. H. u. d. T.: Erfahrungen über den Massen-Vorrath und Zuwachs geschlossener Hochwald-Bestände, über den Zuwachs der Stämme im Einzelstande und über das Verhalten der Stammkreisflächen bei Messungen mit dem Meßband und dem Gabelmaaß. Gesammelt bei der Forst- Einrichtung im Großherzogthum Baden. Amtliche Ausgabe 1862. 142 S. - 4. H. u. d. T.: Erfahrungen über den Massen-Vorrath und Zuwachs geschlossener Hochwaldbestände. Gesammelt bei der Forst-Einrichtung im Großherzogthum Baden. Amtliche Ausgabe. 1865. 287 S. - 5. H. u. d. T.: Erfahrungen über den Massen-Vorrath und Zuwachs geschlossener Hochwaldbestände und einzeln stehender Stämme. Gesammelt bei der Forst-Einrichtung im Großherzogthum Baden. Amtliche Ausgabe. 1873. 105 S. Braun'sche Hofbuchh.

—— und Ideen a. d. Gebiete d. Wasserbaues u. d. Mechanik v. N. V. qu. ½ Roy.-Fol. (3 lith. B. u. 7 Stnt.) Wien 833, (Gerold.)

Erfahrungen. Meine E' über Klöster und über katholische Geistliche überhaupt. Neumünster bei Zürich 1842 s. [Kottinger, Hermann Marcus].

Erfahrungen eines Coloristen im Gebiete der Färberei, Colorirung u. Malerei seidener, baumwoll., wollener u. and. feinen Stoffe, gesammelt auf einer Reise nach Wien und der Türkei. Enthaltend eine Menge ausgewählter und erprobter Recepte für Färber und Coloristen, sowie für Färberei- und Fabriksbesitzer. Aus dessen hinterlassener Reisemappe herausgeg. von C. D. F. 8. Leipzig 842. (Braune.) n. ⅔ Rthlr.

--- e. Coloristen im Gebiete der Färberei, Colorirung u. Malerei seidener, baumwoll., wollener u. a. feinen Stoffe, gesammelt auf e. Reise nach Wien u. der Türkei. Enthalt. eine Menge ausgew. u. erprobter Recepte f. Färber u. Coloristen, sowie f. Färberei- u. Fabriksbesitzer. Aus dessen hinterlass. Reisemappe hrsg. v. C. D. F. 8. (8½ B.) Leipzig 842. [Wöller.] *

— die, des russisch-japanischen Krieges in Bezug auf die Tätigkeit der Infanterie u. teilweise der Artillerie. Mitteilungen mehrerer an dem Feldzuge beteiligt gewesener russ. Offiziere. Zusammengestellt v. P. K. (51 S.) gr. 8. Graz 906. (Wien, L. W. Seidel & Sohn.) n. 1. 60

Erfahrungen aus dem Kriege von 1866 über die Organisation der freiwilligen Hülfsthätigkeit und die Genfer Uebereinkunft von 1864 zur Verbesserung des Looses der im Felddienst verwundeten Militärpersonen, in Mittheilungen der in den Feldhospitälern am Main thätig gewesenen Herren Böhm, v. Czihak, Dettweiler etc. an den Hülfsverein im Grossherzogth. Hessen für die Krankenpflege und Unterstützung der Soldaten im Felde. gr. 8. (XI und 121 S.) Darmstadt 867, (Zernin.) *

— außereuropäischer Kriege neuester Zeit, s. a. Einzelschriften, kriegsgeschichtliche.

Erfahrungen außereuropäischer Kriege neuester Zeit. 1, 1. *Berlin: E. S. Mittler & Sohn 1903.* 8° [F.]

— Einzelschriften, Kriegsgeschichtliche. H. 32. [04. 1914

Erfahrungen außereuropäischer Kriege neuester Zeit. I., 1—3. Berlin 1903—05. 8°. — I. Aus dem südafrikanischen Kriege 1899—1902: 1. Colenso—Magersfontein. 1903. — 2. Expeditionen unter Lord Roberts bis zur Einnahme von Bloemfontein. 1904. — 3. Kämpfe in Natal nach dem Gefecht von Colenso. Übersicht über die Ereignisse im Oranje-Freistaat und Transvaal bis zum Herbst 1900. 1905.
Dass. 2. Aufl. 1908.

Erfahrungen außereurop. Kriege neuester Zeit. II. 1—6. Berlin 1906—10. 8°. — II. Aus dem russisch-japan. Kriege 1904/05: 1. Port Arthur. — 2. Yalu. — 3. Wa fan gou und Vorkämpfe von Liao yan. — 4. Die Schlacht bei Liao yan. — 5. Die Schlacht am Scha ho. — 6. Der Streifzug gegen Yin kou und die Schlacht bei San de pu.

Erfahrungen außereuropäischer Kriege neuester Zeit. [Bd] 1. 2. Hrsg. vom Gr. Generalstabe. Kriegsgeschichtl. Abt. I. Berlin 1904—1913. 8°

1. Aus d. südafrikan. Kriege 1899 bis 1902. [Tl 1]—3. 1904. 1905.
   [1.] Vom Einmarsch d. Buren in Natal bis z. Gefecht bei Colenso. 2. Aufl. Mit 5 Beil. in Steindr. u. 5 Textskizz. 1909.
   2. Operationen unt. Lord Roberts bis z. Einnahme von Bloemfontein. Mit 5 Ktenbeil. in Steindr. 1904.
   3. D. Kämpfe in Natal nach d. Gefecht von Colenso. Übers. üb. d. Ereignisse im Oranje-Freistaat u. Transvaal bis z. Herbst 1900. Mit 7 Ktenbeil. in Steindr. u. 6 Landschaftsbild. 1905.
2. Aus d. russisch-japan. Kriege 1904—1905. [Tl] 1—8.
   1. Port Arthur. Mit 12 Kten in Steindr. . . 1906.
   2. Ya lu. Mit 9 Ansi. u. 6 Skizz. 1907.
   3. Wa fan gou u. Vorkämpfe von Liao yan. Mit 5 Ansichten u. 11 Skizz. in Steindr. 1908.
   4. D. Schlacht bei Liao yan. Mit 3 Ansicht. u. 10 Skizz. in Steindr. 1908
   5. D. Schlacht am Schah ho. Mit 5 Ansicht. u. 11 Skizz. in Steindr. 1909.
   6. D. Streifzug gegen Yin kou u. d. Schlacht bei San de pu. Mit 3 Ansicht. u. 7 Kten in Steindr. 1910.
   7. Zwischen San de pu u. Mukden. Mit 14 Ansicht., 4 Textskizz., 5 Kten in Steindr. u. 9 Anl. in Buchdr. 1912.
   8. D. Schlacht bei Mukden, Tl 1. vom 25. 2. bis 3. 3. 1905. Mit 4 Ansicht. u. 10 Kten in Steindr. [Nebst] Kten. 1912.

. **Erfahrungen** eines jungen Landpredigers aus dem ersten Halbjahre seiner Amtsführung . . . Hamburg 1799. V: *Goldhorn, Johann David.* (MGT) (Ky)

— eines jungen Landpredigers aus d. ersten halben Jahre seiner Amtsführung, (von J. D. Goldhorn). 8. Hamb. 799. (Herold jun.) 21 gl

— e. jung. Landpredigers a. d. erst. halb. Jahre s. Amtsführ. 8. Hamb. Vollmer. 799.

Pratje, Johann Heinrich (Herausgeber): „Landwirthschaftliche Erfahrungen zum Besten des Landmanns", Quart. 1—3 (= 38 Stücke), Altona 1768—1769. — Vorh.: UB Göttingen.

— landwirthschaftliche, von Hohenheim. Hrsg. unter Mitwirkung mehr. Lehrer und Beamte der hohenheimer Anstalt von (H. W.) v. Pabst. (1. Heft.) gr. 8. (VII und 189 S.) Stuttgart 849, Cotta'sche Buchh.

Landwirthschaftliche Erfahrungen von Hohenheim. Hrsg. von Heinr. Wilh. v. Pabst. Stuttgart: Metzler 1849.

Erfahrungen, einige landwirthschaftliche, in Ostpreußen v. N. S. gr. 8. (39 S.) Königsberg 893. Braun & Weber. n. — 75

Erfahrungen und Läuterungen; Charakterbild... Zürich 1864. V: *Lohbauer, Joh. Casp.* (Cat. d. Stadtbibl. Zürich. Zürich 1864—97.)

— und Läuterungen. Charakterbild in Briefen von dem früh vollendeten J. C. L. gefallen im amerikan. Kriege 6. Oktbr. 1863. (Als Mscr. für Freunde gedr.) 8. (VI und 164 S.) Zürich 864, (Schabelitz'sche Buchh.)

— des Lebens, oder d. Geheimniß, sich ohne Universalarzney ec. gesund zu erhalten, (v. C. S. Grüner). 4 Thle. 8. Danzig 794 u. 95. Troschel. 1 ℔ 14 gl

Erfahrungen des Lebens, oder das Geheimniss, sich ohne Universalarzneyen ... gesund an Leib und Seele zu erhalten ... Danzig 1794—95. H: *Grüner, Chph Sigmund.* (MGT) (Ky)

— des Lebens, oder d. natürl. Magie. 8. Hamb. 798. (Gunderdermann. (Aue in Altona). 6 gl

— aus dem Leben e. Konvertiten aus dem Volke. Von ihm selbst erzählt. 16. (VI, 344 S.) Waldsee 888. (Saulgau, Kitz.) n. 1. 50

Erfahrungen und Lebensanschauung eines ehemaligen Lehrers im Kanton Zürich. Zürich 1879. V: *Jucker, Hnr.* (Cat. d. Stadtbibl. Zürich. Zürich 1864—97.)

Erfahrungen eines jungen Magisters. Heidelberg 1832. V: *Richter, Friedrich.* (Rosenkranz, Von Magdeburg b. Königsberg, S. 415) (Zeitschr. f. Büch. 1923, S. 83)

— eines jung. Magisters. 8. (15 B.) Heidelberg 832, Mohr.

— e. alt. Mannes. 12. Prag, Geers. 795.

— im berg- und hüttenmännischen Maschinen-, Bau- und Aufbereitungswesen, s.a. Rittinger, P. v.

Erfahrungen im berg- und hüttenmännischen Maschinen-, Bau- und Aufbereitungswesen. Zusammengestellt aus den ämtl. Berichten der k. k. österreich. Berg-, Hütten- und Salinen-Beamten von P. Rittinger. Jahrg. 1854. gr. 4. (VI und 44 S. mit 24 Stnt. und 3 Tab. in Imp.-Fol.) Wien 855, Manz. *

— dass. — Hrsg. von Dems. Jahrg. 1855. gr. 4. (VI und 46 S. mit Atlas von 13 Stnt. und 4 Tab. in Imp.-Fol.) Ebds. 856. *

— im berg- und hüttenmännischen Maschinen-, Bau- und Aufbereitungswesen. Zusammengestellt aus den ämtl. Berichten und Mittheilungen der österreich. k. k. und gewerksch. Berg-, Hütten- und Salinenbeamten von P. Rittinger. Jahrg. 1856—60. gr. 4. Wien, F. Manz. [1856. (IV und 35 S. mit 20 Stnt. in Imp.-Fol. und 2 lithogr. Tab. in qu. Imp.-Fol.) * 4 Thlr., 1857. (IV und 42 S. mit 1 Atlas von 15 Stnt. in Fol. und Imp.-Fol.) * 2 Thlr., 1858. (IV und 34 S. mit 1 Atlas von 10 Stnt. und 1 lithogr. Tab. in Imp.-Fol.) * 1 Thlr. 20 Ngr., 1859. (IV und 44 S. mit 1 Atlas von 15 Stnt. in Imp.-Fol.) * 2 Thlr. 20 Ngr., 1860. (IV und 52 S. mit 1 Atlas von 10 Stnt. in Imp.-Fol.) * 2 Thlr.] *

— im berg- und hüttenmännischen Maschinen-, Bau- und Aufbereitungswesen. Zusammengestellt aus den Berichten und Mittheilungen der österreich. k. k. und gewerksch. Berg-, Hütten- und Salinen-Beamten von P. Rittinger. Jahrg. 1861—67. gr. 4. Wien 862—68, Manz' Verlag. [1861. (IV und 40 S. mit 1 Atlas von 22 Stnt. in Imp.-Fol.) * 3 Thlr., 1862. (III und 40 S. mit 1 Atlas von 11 Stnt. in Imp.-Fol.) * 2 Thlr., 1863. (III und 48 S. mit 1 Atlas von 20 Stnt. in Imp.-Fol.) * 3 Thlr., 1864. (IV und 50 S. mit 1 Atlas von 17 Stnt. in Imp.-Fol.) * 2 Thlr., 1865. (IV und 30 S. mit 1 Atlas von 15 Stnt. in Imp.-Fol.) * 2 Thlr., 1866. (IV und 18 S. mit 1 Atlas von 13 Stnt. in Imp.-Fol.) * 1 Thlr. 20 Ngr., 1867. (III und 34 S. mit 1 Atlas von 17 Stnt. in Imp.-Fol.) * 2 Thlr.] *

— im berg- und hüttenmännischen Maschinen-, Bau- und Aufbereitungswesen. Zusammengestellt aus den Berichten und Mittheilungen der österreich. k. k. und gewerkschaftl. Berg-, Hütten- und Salinen-Beamten von P. Ritter v. Rittinger. Jahrg. 1868. Mit einem Atlas von 9 lithogr. Taf. (in Fol.). gr. 4. (III, 20 S.) Wien 870, Manz. *
— dass. — Jahrg. 1869. Mit einem Atlas von 16 lithogr. Taf. (in gr. Fol.). gr. 4. (III, 31 S.) Ebendas. 870. *
— dass. — Jahrg. 1870. Mit einem Atlas von 18 lithogr. Taf. (in gr. Fol.). gr. 4. (VIII, 21 S.) Ebendas. 872. *
— dass. — Jahrg. 1871. Mit einem Atlas von 16 lithogr. Taf. (in gr. Fol.). gr. 4. (III, 31 S.) Ebendas. 872. *
— dass. — Zusammengestellt aus den Berichten und Mittheilungen oesterreich.-ungar. Montan-Beamten von Egid. Jarolimek. Jahrg. 1872. Mit einem Atlas von 12 lithogr. Taf. (in gr. Fol.). gr. 4. (16 S.) Ebendas. 873. *

— meine, üb. d. Kleebau. 8. Ulm, Stettin. 792.

J.V.P.Z.A.R.St.K., Meine Erfahrungen über den Kleebau. 1807 Ulm

Erfahrungen, Meine, über Klöster und über katholische Geistliche überhaupt. Neumünster 1842. V: *Kottinger, Herm. Marcus.* (Cat. d. Stadtbibl. Zürich. Zürich 1864—97.)

Erfahrungen, Meine, als Curator einer Fallit-Masse in Hamburg ... Hamb. 1836. V: *Meyer, Joh. Chph Wilh.* (schr)

. **Erfahrungen und Meinungen, Meine.** Ein Beytrag zur heutigen Geschichte der Bienenzucht ... Wittenberg 1796. V: *Heydenreich, Carl Heinrich.* (EB)

— meine, auf d. Vogelheerde, oder gründlicher u. genauer Unterr., wie man einen Vogelheerd anlegen u. einrichten muß rc., nebst e. Anweis. zur Pflege u. Wartung d. Vögel. Mit Kpf. 8. Leipz. 803. Joachim. 12 gr

Erfahrungen, Meinungen und Berathungen, eine Fortsetzung der Lebensansichten für Jünglinge vom Verfasser der Bruchstücke zur Menschen- und Erziehungskunde. Frankfurt a. M. 1821. V: *Willemer, Johann Jakob.* (Zeitschr. f. Büch. 1923, S. 83)

— Meinungen u. Berathungen, eine Fortsetzung d. Lebensansichten, für Jünglinge, vom Verfass. d. Bruchstücke, zur Menschen- u. Erziehungskunde. 8. Frankf. a. M. 821. Andreä. 1 Rthlr 12 gr (Vergl. Lebensansichten.)

—— und Mittheilungen mecklenburg. Landwirthe. gr. 8. (11½ B.) Rostock 846. (Leipzig, Klinkhardt.) *
Aus: Annalen des mecklenburg. patriot. Vereins rc., besond. abgedruckt.

— u. Mittel, schöne, gesunde u. m. gut. Anlag. begabte Kinder zeug. z. können. 8. Berl. Schöne. 805.

Erfahrungen eines Mühlenmeisters, von der Behandlung des zum Vermahlen bestimmten Getreides. Leipzig 1778. V: *Füllmanns, Johann Chn.* (Ky)

— e. Mühlenmeisters, (Jh. Chr. Füllmanns), von d. Behandl. des zum Vermahlen bestimmten Getreides. 8. Leipz. 778. Weidmann. 3 gr.

— neue, über Aufbewahrung u. Anwend. d. thier. Düngers. 8. Ulm 803. Stettin. 6 gr
s.a. Erfahrungen, Neueste ...

—— neue, in d. Bierbrauerey, welche bisher geheim gehalten, od. nur zu sehr hohen Preisen an einzelne Wißbegierige eröffnet wurden. Nach vielfält. Erprobung u. Bewährtfindung zum allgem. Besten bekannt gemacht. Nebst e. Anh. von d. üb. diesen Gewerbszweig besteh. Polizey- u. Gewerbs-Gesetzl. Verfügungen, u. den neuen Verzehrungssteuer-Verordn. in d. k. k. Oesterr. deutsch-böhm.-galizischen Staaten. M. 6 Stnt. gr. 8. (4 B.) Grätz 830, Ferstl.

Erfahrungen, Neue chemisch-medicinisch-chirurgische, über die Angusturarinde ... A. d. Lat. Leipz. 1793. V: *Filter & Carl Chn Georg Amelung.* (Call)

Erfahrungen und Entdeckungen, Neue, im Gebiete des Electromagnetismus. Leipzig 1813. 8.

—— u. Entdeckungen, neue, im Gebiete des Electromagnetismus. (Von Stieglitz.) Als Fortsetz. d. Schrift: Die Dampfkraft ersetzt rc. Mit erläut. Abbild. Lex.-8. (1 B.) Leipzig 843. (Polet.) *

Erfahrungen, Neue, einer Hausmutter, für junge Frauenzimmer, ... Leipzig 1793. V: *Morgenstern-Schulze, Johanne Catherine geb. Brömmen.* (Ky) (ML)

— neue, e. Hausmutter. 8. Lpz. Hertel. 793.

—— neue landwirthschaftliche, über Zucht und Pflege der Hausthiere, s.a. Notizen, naturhistorische.

– Neue landwirtschaftliche, über Zucht und Pflege der Haustiere 8. (X., u. 342 S.) Berlin 60. Expedit. d. medizin. Centralzeitung. n. M. 3.—

[F.] Neuere Erfahrungen auf dem Gebiete des Ackerbaues. Zehn Vortr., geh. auf dem von d. Deutschen Landwirtschafts-Ges. veranstalt. dritten Lehrgange f. Wanderlehrer zu Eisenach v. 18. bis 23. April 1898. *Berlin: Dr. v. Gebr. Unger 1898.* (3 Bl., 290 S., 1 Tab.) 1 Bd 8.
— Arbeiten d. Deutschen Landwirtschafts-Gesellschaft. H. 36.
[98. 11771

– dasselbe, s.a. Arbeiten der Deutschen Landwirtschafts-Gesellschaft. H. 36.

Neuere **Erfahrungen** auf dem Gebiete des Acker- und Pflanzenbaues. Halle a. S.: Landwirtschaftskammer f. d. Prov. Sachsen 1906. (91 S.) 8° [F.]
[Nebent.:] Neun Vorträge, geh. auf dem von d. Landwirtschaftskammer ... 1906 veranstalt. Vortragskursus f. prakt. Landwirte. 1. Spezialkursus über Fragen d. Acker- u. Pflanzenbaues. Dessau 1906. [06. 11490 S

— neuere, auf dem Gebiete des landwirtschaftlichen Betriebswesens, s.a. Arbeiten der deutschen Landwirtschaftsgesellschaft.

Neuere **Erfahrungen** auf dem Gebiete des landwirtschaftlichen Betriebswesens. 19 Vorträge geh. auf d. von d. Deutschen Landwirtschafts-Gesellschaft veranstalteten 7. Lehrgange f. Wanderlehrer zu Eisenach 1910. Berlin: Deutsche Landwirtschafts-Gesellsch. 1910. XI, 460 S. 8°
(Arbeiten d. Deutschen Landwirtschafts-Gesellschaft. H. 167.) [10. 14545

[F.] Neuere **Erfahrungen** auf dem Gebiete des Düngerwesens. Zehn Vortr., geh. auf d. Lehrgange zu Eisenach v. 13. bis 18. Apr. 1896. *Berlin: Dr. v. Gebr. Unger 1896.* (VIII, 215 S.) 1 Bd 8.
— Arbeiten d. Deutschen Landwirtschafts-Gesellschaft. H. 17.

– dasselbe, s.a. Arbeiten der Deutschen Landwirtschafts-Gesellschaft. H. 17.

— neuere, auf dem Gebiete der Tierzucht, s.a. Arbeiten der deutschen Landwirtschafts-Gesellschaft.

[F.] Neuere **Erfahrungen** auf dem Gebiete der Tierzucht. Acht Vorträge, geh. auf d. Lehrgange zu Eisenach v. 26. Apr. bis 1. Mai 1897. *Berlin: Dr. v. A. Klarbaum 1897.* (VIII, 231 S.) 1 Bd 8.
— Arbeiten d. Deutschen Landwirtschafts-Gesellschaft. H. 28.

Neuere **Erfahrungen** auf dem Gebiete der Tierzucht. 12 Vorträge geh. auf d. 6. Lehrgang d. Deutschen Landwirtsch.-Geselisch. f. Wanderlehrer zu Eisenach 1907. Berlin: Deutsche Landwirtsch.-Gesellsch. 1907. (VIII, 435 S.) 8° [F.]
— Arbeiten d. Deutschen Landwirtschafts-Gesellschaft. H. 128. [07. 13515

Neueste *Erfahrungen* üb. zweckmässige Aufbewahrung, Zubereitung u. Anwendung d. thierischen Düngers ... Ulm 1803. (16) 63 S.
s.a. Erfahrungen, Neue ...

Erfahrungen, neueste, zur Erhaltung d. Gesundheit u. Verhütung d. Ansteckung v. d. Cholera morbus. Ein treuer Rathgeber f. Diejenigen, welche sich vor d. Cholera schützen, od. von ihr heilen wollen. 8. (2½ B.) Nordhausen 831, Fürst. Thlr.

— die neuesten, in der Anwendung u. Heilkraft des kalten Wassers bei mehr als hundert verschiedenen Krankheiten, besond. auch bei acuten Hautkrankheiten, als: Blattern, Masern und Scharlachfieber. Mit einer getreuen Darstellung der Gräfenberger u. der in Sachsen befindl. Wasserheilanstalten. 8. Leipzig 840. Schreck. 1/2 Thlr.

Erfahrungen, d. neuesten, z. Schnellmästung folg. Thiere, als: des Rindviehes, der Kälber, Schweine, Schaafe, Ziegen, Gänse, Enten, Tauben, Hühner, Kapaunen, Fische u. Krebse. Nebst Anleit., zur vortheilhaft. Anwendung aller Futterarten. 8. Nordhausen 835. Fürst. 5/12 Thlr. — 2e verb. Aufl. 12. Ebd. 836. 5/12 Thlr.

— die neuesten, zur Schnellmästung folgender Thiere, als: des Rindviehes, der Kälber, Schweine, Schafe, Ziegen, Enten, Gänse, Tauben etc. 3., umgearb. Aufl. 12. (6½ B.) Nordhausen 844, Fürst.

—— die neuesten, zur Schnellmästung folgender Thiere, als: des Rindviehes, der Kälber, Schweine, Schaafe, Ziegen, Gänse, Enten, Tauben, Hühner, Kapaunen, Fische und Krebse. Nebst Anleitung zur vortheilhaftesten Anwendung aller Futterarten. 3. (4. Titel-)Aufl. 12. (IV und 128 S.) Quedlinburg 849, Ernst'sche Buchh.

Erfahrungen zum Nutzen der Herren Officiere vom Landetat, die zur Flotte commandirt werden ... Hamburg 1794. V: *Schaumburg, Leopold Heinrich von.* (Ky) (MGT)

— z. Nutz. f. Officiere vom Land-Etat, d. z. Flotte commandirt werd. 8. Hamb. Bohn. 794.

Erfahrungen zum Nutzen der Offiziere v. Landetat, d. zur Flotte commandirt werden d. C. H. v. S. etc. Ist jetzt Verl. von Schnuphase in Altenburg.

—— pädagogische, beim Klavierunterrichte im täglichen Verkehre mit den Schülern am Conservatorium von Xaver Scharwenka in Berlin. Monatsschrift für Klavierlehrer und Freunde einer rationellen musikal. Erziehung. In Verbindung mit den übrigen Kräften des Lehrer-Collegiums hrsg. von Aloys Hennes. 1. Jahrg. 1882. 12 Nrn. (Bog.) gr. 8. Berlin. (Leipzig, Haendel.)

— pädagogische, beim Klavierunterrichte. Monatsschrift für Klavierlehrer und Freunde einer rationellen musikal. Erziehung. In Verbindung mit bewährten Musikpädagogen hrsg. von Aloys Hennes. 2. und 3. Jahrg. 1883 und 1884. à Jahrg. 12 Nrn. (Bog.) gr. 8. Berlin. (Ebendas.) à Jahrg.
Nicht weiter erschienen.

Erfahrungen von u. für praktische Pferdeärzte, Cur- u. Fahnenschmiede. Herausg. v. C. Wagner. H. 1-2 (1 Vol.). Berl. 1816-17. (262) S.

— pharmaceutische, s. a. Rüde.

Erfahrungen, Pharmaceutische, vorzüglich Receptirkunst betreffend ... Leipzig 1804. V: *Rüde, Gg Wilhelm.* (Call) (Ky)

— pharmaceutische, vorzügl. d. Receptirkunst betr. 8. Lpz. W. Fleischer. 804.

Erfahrungen pract. Photographen üb. d. gebräuchlichsten Entwicklungs-Methoden. E. Rundfrage, beantwortet v. 80 Fachphotographen. gr. 8. (64 S. m. Abb.) Düsseldorf (890). Leipzig, E. Liesegang. Erm. Pr. 1. –
Sonderabdruck aus: „Photogr. Archiv".

Erfahrungen und Bemerkungen, Practische, im Felde der medizinischen Praxis. Marburg 1811. V: *Vogler, Johann Philipp.* (HS) (Call)

Erfahrungen, prakt., e. künstl. Befruchtung d. Levkoyen, wie dadurch gefüllte Blumen z. erhalten etc. Mit 1 ill. Kpf. Frankfurt u. Leipzig, 1790. Köhler. — 15

— s.: Stein, Joh. Heinr.

— praktische, u. Mittheilungen mecklenburgischer Landwirthe. Besond. Abdruck u. 2. Abthl. des 1. Bds. d. landwirthschaftl. Annalen des mecklenburg. patriot. Vereins 1. gr. 8. mit 1 Taf. u. 1 Tab. Rostock 846. (Leipzig, Klinkhardt.) n. 2/3 Thlr.

—— praktische, und Mittheilungen mecklenburg. Landwirthe. 1. und 2. (Heft.) gr. 8. Rostock. (Leipzig, Klinkhardt.) [1. (IV und 180 S. mit 1 Stnt. und 1 Tab. in 4.) 847, 2. (130 S. mit 1 Stnt. und 1 Tab. in qu. Fol.) 848. à * 20 Ngr.] *
Aus: Landwirthschaftl. Annalen des mecklenburg. patriot. Vereins. 2. Abthl. 1. und 2. Bd., besonders abgedruckt.

Erfahrungen, praktische, v. denen der Erfolg im Exportgeschäft abhängt, s.: Export-Reklame, die.

—— eines jungen Predigers, oder: Umsonst habt ihr es empfangen, umsonst gebt es auch! Aus dem Holländ. übers. Hrsg. von der Amerikan. Traktat-Gesellschaft. gr. 16. (64 S.) New-York 863. (Philadelphia, Schäfer und Koradi.) geb. *

Aus den Erfahrungen eines Regimentskommandanten der Infanterie. 8°. (65 S.) Wien: Seidel 1905. K 2.—

— aus dem Tagebuche eines unbekannten Mannes, für Jünglinge und Mädchen etc. Herausgegeben von Fr. Rochlitz. 2 Thle. Neue unveränd. Ausgabe. 8. Leipzig, Jacobäer. 817. Rthlr.

Erfahrungen aus dem Tagebuche eines unbemerkten Mannes ... Leipz. 1796. V: *Rochlitz, Friedrich.* (Ky) (MGT)

— aus d. Tagebuche e. unbemerkten Mannes, gesammelt f. Jünglinge u. Mädchen, (v. Fr. Rochlitz). 2 Thle. 8. Leipz. 796, 97. Mit neuem Titel ... 8. Ebd. (Aue in Altona). 2 Thlr.

Erfahrungen aus dem Tagebuche eines unbemerkten Mannes gesammlet für Jünglinge aus den feinern Ständen, herausgegeben von Fr. Rochlitz, 2 Theile, 8. Leipz. 796/97. Jacobäer. 2 Rthl. 5 ggl.

Erfahrungen, Tannenbauers, im häuslichen Leben usw. Heilbronn und Rothenburg 1801. V: *Lohbauer, Phil. Gtfr.* Obiges ist der 2. Theil des im An.-L. IV, 4614 verzeichneten Büchleins. Autobiographisch. Vgl. Gradmann, Gel. Schwaben 1802, S. 319. (DARP)

—— aus d. Gebiete d. Thierheilkunde, od. Anweis. zum Gebr. echt specif., durch mehrjähr. Prüfung bewährter homöopath. Heilmittel geg. die am häufigsten vorkomm. Krankheiten d. Haus- u. Nutz-Thiere. Von e. prakt. Landwirthe. 8. (5½ B.) Düsseldorf 835, Schaub.

Erfahrungen über das Tischrücken und ihre Erklärungen. Passau 853. Elsäßer u. Waldbauer. 8. (16 S.) n. 2 Ngr.

— u. Untersuchung über d. Menschen. 8. Berl. 772. Reimer. 12 kr.

— u. Untersuch. üb. d. Menschen. 8. Berl. Realsch. 772.

—— eines Wechselschuldners. Winke für Groß und Klein, Hoch und Niedrig. 8. (82 S.) Dresden 866, Breyer.

Erfahrungen, Welche, sind mit den in den letzten Jahren errichteten Klärvorrichtungen städtischer Abwässer gemacht worden? Anh.: v. Sehlen, Ueber die Wirksamkeit des Hulwa'schen Klärverfahrens für Abwässer. Braunschweig 1889

— die zuverlässigsten, in d. Kunst d. Bierbrauens; oder Anweis., wie man Weißbier, Braunbier, Mumme 2c. brauen soll. Nebst 7 Recepten, Bierhefen zu machen. 3e Aufl. 8. Leipz. 811. Bruder. 8 ℊ

Erfahrungsbuch f. Freunde d. Kinderwelt. 8. Erfurt u. Gotha 811. Hennings. 1 ß

Erfahrungslehren über die Gichter und das Zahnen der Kinder; nebst einem bewährten Mittel, den Gichtern Einhalt zu thun, die leidenden Kinder davon auf immer zu befreien und die Zahnentwickelung mächtig zu befördern. Ein Geschenk für liebevolle Eltern, welchen die Gesundheit ihrer Kinder zunächst am Herzen liegt, von einem Familienvater. 2. Aufl. 12. (33 S.) Ravensburg 849, Dorn'sche Buchh.

Erfahrungsschatz, der. 1. Bd.: Berather in Kauf- und Hypothekensachen oder was man hat beim An- und Verkauf eines Oekonomiegutes, eines Wohnhauses, einer Fabrik, eines Gasthofes, einer Restauration, eines kaufmännischen Geschäftes 2c., sowie in Hypotheken-Angelegenheiten zu beachten, um sich vor Schaden und Nachtheilen zu schützen? Von Osk. Förster. Mit vielen ausführl. Formularen zu Kauf-Kontrakten und sonst. Schriftstücken, welche in Kauf- und Hypothekensachen vorkommen. 8 Hefte. gr. 8. (XVI, 240 S.) Leipzig 884,85, Schorpp. à Heft 30 Pf.; *M* 2,40.; geb. *

Erfahrungsschatz, der, 2. Bd., s.a. Förster, Osk., der Ratgeber in Geldsachen.

Erff, Christoph Friedrich (Gotha), De digestione sublevanda. Diss. med. Jena (Bran) 29. VI. 1827. 16 S. (4.—) 8066

Erffa, Burkhart Frh. von, Referendar: Das gesetzliche Pfandrecht des Vermieters und Verpächters nach gemeinem Recht und Bürgerlichem Gesetzbuch. *Rostock 1901: H. Winterberg.* (86 S.) 8°
Rostock, Jur. Diss. v. [10. Dez.] 1901

Erffa, Burkhart Frhr. v., Reise- u. Kriegsbilder v. Deutsch-Südwest-Afrika. Aus Briefen des am 9. IV. 1904 bei Onganjira gefallenen v. E. (Umschlag: 4. Taus.) (64 S.) 8. Halle 904. Buchh. d. Waisenhauses. n. —80; kart. n. 1. —

Reise- und Kriegsbilder von Deutsch-Südwest-Afrika. Aus Briefen des 1904 bei Onganjira gefallenen Dr. jur. Burkhart Frh. v. Erffa. 5. u. 6. Taus. Mit 43 Abb. u. Bildn. Halle a. S.: Waisenhaus 1905. (85 S.) 8° [F.] [05. 8993]

Erffa, E. Hartmann v. (equ. Thur.), Quaestio jurid. an, si certa usurarum quantitas per transactionem remissa, residuum vero usurarum sorti antiquae distinctis terminis solvendum jungatur, a tempore morae de tota quantitate usurae a debitore peti possint? Präs. Johann Florenz Rivinus. Lpz. (Zschau) 5. VI. 1716. 32 S. (5.—) 8067

Erffa, Frhr. Karl Ldw. Hartm., († d. 9. Sept. 1825.) Hülfstabellen für Richter, Schulzen u. Dorfeinnehmer des Königreichs Sachsen. gr. 8. Neustadt 806. Wagner. 6 ℊ

Erffa, Karl Ludwig Hartm. Freih. von: „Kurze Uebersicht der Entstehung, Vertheilung und Gattungen der Steuern und Abgaben in Sachsen", Neustadt a. d. Orla 1811 (Wagner).

Erffurth, Johann Friedrich (Eisleben), Selectas fori observationes. Präs. Gottfried Ludwig Mencken. Wittbg. (Gerdes) 18. IX. 1728. 20 S. (4.80) 8068

Erfinden, vom, u. Bilden, (v. Jh. Fr. H. v. Dalberg). gr. 8. Frankf. 791. Hermann. 6 ℊ

Der Erfinder und Fabrikant: 1871?- 1872?
Monthly: Sub-title: Ein monatliches Journal, den Wissenschaften, Künsten, Erfindungen, und Fabrikanten gewidmet. Large quarto, each issue 16 pages. Circulation: 1871, 1500 (est.). Edited by G. von Chateaubriand, & published by T. von Kannel & Co.
Cincinnati, OH

Erfinder-Bibliothek. Bd 1. Berlin: Internat. Patentmarkt 1907. 8° [F.] [07. 8891]

Erfinderfreund, der deutsche. Organ des Vereins zur Wahrnehmg. der Interessen deutscher Erfinder, m. 2 Beiblättern: „Erfindungsmarkt". — „Unterhaltungsblatt". Red.: G. Menge. 2. u. 3. Jahrg. 1905 u. 1906 à 12 Nrn. (96 S. m. Abbildgn.) Lex.-8. Bremen, Norddeutsche Handels- u. Industrie-Gesellschaft. (Nur direkt.) à Jhrg. n. 5. —

Erfinderfreund, der deutsche. Organ zur Wahrnehmg. der Interessen deutsch. Erfinder. Red.: R. Pfaff u. H. Meißner. 4—7. Jahrg. 1907—1910. à 12 Nrn. (à ca. 16 S.) Lex. 8. Bremen (Bahnhofstr. 12), Norddeutsche Handels- u. Industrie-Gesellschaft. à Jahrg. 10. -

Erfinderschutz, der, u. die Reform der Patentgesetze. Amtlicher Bericht üb. den internationalen Patent-Congress zur Erörterg. der Frage d. Patentschutzes. Wien, August 1873. Mit e. Einleitg. v. C. W. Siemens. Hrsg. im Auftrag d. Executiv-Comités durch Carl Pieper. gr. 8. (267 S.) Dresden 874. Leipzig, Jenne in Comm. n. 4. 80

Erfindung zu Absolutionsreden aus besondern biblischen Sprüchen heil. Schrift. O.O. 17?? V: *Lesser, Wolf Hnr.* (MGT)

Erfindung, Die beste und bewährteste, wider das Koppen der Pferde. 8 vo. Mit 3 Kpf. 1½ Bogen. Ansbach 764.

Erfindung, Die beste und bewährteste, wider das Koppen der Pferde. Uffenheim 1764. V: *Reitzenstein, Wolf Ehrfr. Freih. von.* (BV) (Ky)

Erfindung, die erste. Vorgeschichtliche u. culturhistor. Gedanken. 8. (VIII, 48 S.) Dresden 900. O. Damm. n. 1.20

— dasselbe. 2. Aufl., s.: Helbig, Carl Ernst, die erste Erfindung.

Erfindung einer leichten und sichern Heilart der Wechselfieber . . . Pesth 1805. V: *Gemmingen, Eberhard Georg Freih. von.* (EngM) (Ky) (MGT)

— wider d. Koppen d. Pferde, (v. Wolf Ehrenfr. v. Reitzenstein). 4. Ulm 764. Wohler. 8 ℊ

— sein Glück in d. Lotterie zu machen. 8. Berl. 774. Maurers B. 3 ℊ

— e. teigartigen Masse, s.a. Auracher v. Aurach.

— einer teigartigen Masse, welche nach vollendeter Austrocknung die Härte d. festesten Holzes übersteigt. M. K. 8. Wien, Gerold. 815.

Die Moser'sche angebliche Erfindung in fachmännischer Beleuchtung. (Unterz.: Die Freie Vereinigung d. Berl. Pianofortefabr. u. verwandten Berufsgenossen.) *(Berlin 1900: A. Schulze.)* (16 S.) 8° [Umschlagt.] [00. 20485]

— neue, u. Belehrung f. Bruchpatienten; hauptsächl. in Hinsicht auf Leisten- u. Hodensackbrüche. Nach d. zweiten, mit Zusätzen verm. Ausg. Aus d. Engl. übers. v. S. E. Mit 1 Kpf. 8. Leipz. 802. Gr. Fleischer. 8 ℊ

-- neue, e. sehr einfachen Vorrichtung, zum Vergnügen mit geringen Kosten u. ohne Verlegenheit u. Gefahr im Zimmer zu destilliren. Nebst e. Anweis. zur Benutzung d. Lampenfeuers rc. Mit Kpf. N. Aufl. 8. Leipz. o. J. (804.) Centr.-Compt. 16 gr Daraus apart: 1) Beschreib. e. neuen einfachen Vorrichtung im Zimmer zu destilliren. Mit Kpf. 8 gr 2) Anweis. zum Gebrauch d. Quinquetschen oder Argandlampe, zum Leuchten u. Kochen zu gleicher Zeit. Mit Kpf. 8 gr

— e. neuen u. einfachen Vorrichtung, im Zimmer z. destilliren rc. m. K. 8. Lpz. Joachim. 804.

— neue, in 1 Stunde ohne Lehrer zeichnen zu lernen. 8. Berl. 805. Schöne. 8 gr N. A. 822. Ebd. 6 gr

— neue, eine feuchte, teigartige Masse rc., s. Auracher.

— neue ökonomische, d. Küchengewächse rc. mittelst d. Wasserdämpfe zu kochen, v. F. v. M—r. 8. Wien 802. Heubner. 3 gr

Erfindung, neue u. wichtige, f. d. Färberei, ohne Eisen u. Eisenverbindungen, somit ohne Benachtheiligung d. Wolle, Garne, Zeuge. Schneller, wohlfeil. u. ächter als auf die bisher bekannten Arten. gr. 12. (1 B.) Paris 838. (Solothurn, Kaßmus.)

— neue, wie man in Zeit von 1 Stunde ohne Lehrer d. Zeichnen lernt, von e. Engländer. 12. Wien 806. Gerold: (a. Eurich in Linz). 8 gr

Erfindung, neue, wie man in Zeit von einer Stunde ohne Lehrer das Zeichnen lernen kann rc. 2e Aufl. Jetzt Crantz in Berlin. In Couvert 1/4 rthl

— neue, wie man in Zeit von einer Stunde ohne Lehrer d. Zeichnen lernen kann, nebst sicherer Anweisung, die schönsten Sorten Tusche von verschiedenen Farben zu machen. 2te Aufl. 8. Berl. Schöne. 815.

— neue, wie man in Zeit von einer Stunde das Zeichnen erlernen kann. Ne Aufl. 8. Berlin 822. Schöne.

Erfindung, Neue, wie man mitten im Winter Ananas, Spargel, Melonen, ... und andre Vegetabilien ... ohne Mistbeeten ... zur Reife bringen kann ... Leipz. 1801. V: *Touchy, Ferd. Chn.* (MGT)

Erfindung, neue, wie man mitten im Winter Ananas, Spargel, Melonen, Gurken, Erdbeeren etc., desgl. Rosen, Veilchen etc. ohne Mistbeet u. sogar in Zimmern erziehen u. zur Reife bringen kann. Mit Kpf. gr. 8. Leipzig, Joachim. — 2. Augsburg, Daisenberger. — 5 Cöln, Imhof-Schwarz. — 2. 3. Aufl. Hall, 1820. Schmeisser. (Nürnberg, Geiger.) — 7½
— s.: Dietrich, Chr. Heinr.

Erfindung, neue, wie man mitten im Winter Ananas, Melonen, Gurken, Erdbeeren rc. 3te Aufl. Mit 1 Kupf. 8. Hall am Kocher, Schmeisser. (Nürnb., Stein in C.) 820.

— die neueste, Briefe in belagerte Plätze zu bringen. 8. Cassel u. Marb. 814. Krieger. 3 gr

Erfindung, Neueste, zur bequemen und zweckmässigen Feldequipage für Officiere, auch zum Theil für Reiseliebhaber eingerichtet. Mit 10 Kupfern 1792. 2. Aufl. 1805. V: ***Friedrich Georg August Prinz von Hessen.*** (Hessische Biographien. Hgbn. von Herman Haupt. Darmstadt 1918. I, 493.)

— neueste, z. bequem. u. zweckmäß. Feldequipage f. Officiere. m. K. 8. Frkf. Eichenberg. 797.

Höchst nützliche *Erfindung* für Gutsbesitzer, Acker-Bürger, Land-Bebauer ... Herausg. v. einem Gutsbesitzer. Strassb. 1827. 16 S. 3 Tvl. P.
s.a. Erfindungen.

Erfindung, die, der Sittlichkeit. Von Rideamus. Illustr. v. Paul Telemann. (112 S. m. 4 farb. Taf.) gr. 8. Berlin (909). Harmonie. 2.50; geb. 3.50

Erfindung, wichtige, für Bierbrauer. (6 Recepte.) Versiegelt. Lex.-8. Nürnberg 832, Leuchs u. Comp.

— höchst wichtige. Die Schießbaumwolle. Eine Anweisung zur Bereitung derselben. 8. Wien 840, Wenedikt. 1/8 rthl

Erfindung, höchst wichtige. Die Schießbaumwolle. Eine Anweisung zur Bereitung derselben. 8. (23 S.) Wien 847, Wenedikt.

— über d. wichtige, gesprungene Glocken ohne Umguß u. mit wenigen Kosten zum Gebrauche gänzl. wieder herzustellen. Voran geht: gemeinnütz. Belehrungen über d. Glocken überhaupt in Ansehung d. Erfindung, Beschreib., Guß, Gebrauch, technische Ausdrücke derselben rc. 8. Quedlinb. 821. Basse. 8 gr

Erfindungen und Uebersetzungen, Dramatische. Wetzlar 1771. V: *Goué, Aug. Siegfr. von.* (VLBS VI, 151)

Erfindungen u. Entdeckungen, s.a. Miniatur-Biblioth.

Erfindungen u. Entdeckungen. Lenkbare Luftschiffe u. Flugmaschinen. 1901. Leipzig, Verl. f. Kunst u. Wissensch. 8°. (80 S. m. Abb.) M. —.20

Erfindungen und Entdeckungen: Lenkbare Luftschiffe u. Flugmaschinen. (80 S. m. Abb.) 8°. Leipzig. 1910. M. —.20

Erfindungen und Entdeckungen: Motorwagen, Automobile. 1901. Leipzig. 8° 41 S m. Al b. M. —.10

— gemeinnützige, in der Branntweinbrennerei u. Bierbrauerei. Hrsg. v. W. Keller. 1. u. 2. Jahrg. 1844, 45. à 12 Hfte. gr. 4. Berlin. (Moeser u. Kühn.) à 3.

— dass. Hrsg. v. Dems. 3. Jahrg. 1846. 12 Hfte. gr. 4. Berlin. (Heymann.)

Erfindungen, gemeinnützige, in der Branntweinbrennerei und Bierbrauerei. Hrsg. v. W. Keller. III. Jahrg. 7—12. Hft. gr. 4. Berlin 847, Heymann in Comm. n. 2½ rthl (I—III: n. 12½ rthl)

Erfindungen, Neueste, und Erfahrungen, auf den Gebieten der praktischen Technik, Elektrotechnik ..., s. Erfindungen, Neueste, auf den Gebieten der praktischen Technik, der Gewerbe ...

— u. Erfahrungen, neueste, auf den Gebieten der praktischen Technik, der Gewerbe, Industrie, Chemie, der Land- u. Hauswirthschaft. Hrsg. u. red. v. Th. Koller. 1—3. Jahrg. à 12 Hfte. Lex.-8. (à Hft. 48 S. m. eingedr. Holzschn.) Regensburg 874—76. Manz. à Hft. — 60
Erscheint an Stelle d. „pract. Technikers."

— dass. — Hrsg. und redig. unter Mitwirkung hervorragender Fachmänner von Thdr. Koller. 4.—6. Jahrg. 1877—1879. à Jahrg. 13 Hefte. (à 3 Bog. mit eingedr. Holzschn.) gr. 8. Wien, Hartleben's Verlag. à Jahrg.
In 13 Heften à Heft 60 Pf.

— — und Erfahrungen, neueste, auf den Gebieten der praktischen Technik, der Gewerbe, Industrie, Chemie, der Land- und Hauswirthschaft. Hrsg. und redig. unter Mitwirkung von hervorragenden Fachmännern von Thdr. Koller. 7.—10. Jahrg. 1880—1883. à Jahrg. 13 Hefte. (à Heft 3 Bog. mit eingedr. Holzschn.) gr. 8. Wien, Hartleben's Verlag. à Jahrg.

Erfindungen u. Erfahrungen, neueste, auf den Gebieten der praktischen Technik, der Gewerbe, Industrie, Chemie, der Land- u. Hauswirtschaft. Hrsg. u. red. unter Mitwirkg. v. hervorrag. Fachmännern v. Thdr. Koller. 10—13. Jahrg. 1883—1886. à 13 Hfte. (3 B. m. eingedr. Holzschn.) gr. 8. Wien, Hartleben. à Jahrg. 7. 50; à Hft. — 60

—— dass. — Vollständiges Sachregister über die Jahrg. 1874 bis 1883 oder die Bde. I—X. gr. 8. (76 S.) Ebendas. 884. *

Erfindungen und Erfahrungen, neueste, auf den Gebieten der praktischen Technik, der Gewerbe, Industrie, Chemie, der Land- und Hauswirthschaft. Hrsg. und redig. unter Mitwirkung von hervorragenden Fachmännern von Thdr. Koller. 12.—15. Jahrg. 1885—1888. à Jahrg. 13 Hefte. (à Heft 3 Bog. mit eingedr. Holzschn.) gr. 8. Wien, Hartleben. à Jahrg. * à Heft *

Erfindungen u. Erfahrungen, neueste, auf den Gebieten der praktischen Technik, Elektrotechnik, der Gewerbe, Industrie, Chemie, der Land- u. Hauswirthschaft. Hrsg. v. Th. Koller. 14.—17. Jahrg. 1887—1890. à 13 Hfte. (3 B. m. eingedr. Holzschn.) gr. 8. Wien, Hartleben. à Jahrg. n. 7. 50; à Hft. n. — 60

Erfindungen u. Erfahrungen, neueste, auf den Gebieten der praktischen Technik, Elektrotechnik, der Gewerbe, Industrie, Chemie, der Land- u. Hauswirthschaft. Hrsg. von Thdr. Koller. 16.—19. Jahrg. 1889—1892. à Jahrg. 13 Hefte. (à Heft 3 Bog. m. eingedr. Holzschn.) gr. 8. Wien, Hartleben. à Heft * — 60; à Jahrg. * 7 50 geb. * 9 25

Erfindungen u. Erfahrungen, neueste, auf den Gebieten der praktischen Technik, Elektrotechnik, der Gewerbe, Industrie, Chemie, der Land- u. Hauswirthschaft. Hrsg. u. red. unter Mitwirkg. hervorrag. Fachmänner v. Thdr. Koller. 18.—22. Jahrg. 1891—1895. à 13 Hfte. (3 Bog. m. Abbildgn.) gr. 8. Wien, A. Hartleben. à Jahrg. n. 7. 50; geb. n. 9. 25; à Hft. n. — 60

Erfindungen u. Erfahrungen, neueste, auf d. Gebieten d. praktischen Technik, Elektrotechnik, d. Gewerbe, Industrie, Chemie, d. Land- u. Hauswirthschaft. Hrsg. v. Thdr. Koller. 23.—26. Jahrg. 1896—1899. à 13 Hfte. (à 3 Bog. m. Abb.) gr. 8. Wien, A. Hartleben. à Jahrg. n. 7. 50; geb. n. 9. 25; à Hft. n. — 60

— u. Erfahrungen, neueste, auf d. Gebieten der praktischen Technik, Elektrotechnik, der Gewerbe, Industrie, Chemie, der Land- u. Hauswirtschaft. Hrsg. von Thdr. Koller. 27.—30. Jahrg. 1900—1903. à 13 Hfte. gr. 8. (à ca. 48 S. m. Abbildgn.) Wien, A. Hartleben. à Jahrg. 7. 50 geb. à Jahrg. n. 9. 25

— u. Erfahrungen, neueste auf dem Gebiete der praktischen Technik, Elektrotechnik, der Gewerbe, Industrie, Chemie, der Land- u. Hauswirtschaft. Hrsg. v. Thdr. Koller. 31. —33. Jahrg. 1904—1906. à 13 Hfte. (XIII, 624; XIV, 624 u. XIII, 624 S. m. Abbildgn.) Lex.-8. Wien, A. Hartleben. à Jhrg. 7.50; geb. à 9. 25

Erfindungen u. Erfahrungen, neueste, auf den Gebieten der praktischen Technik, Elektrotechnik, der Gewerbe, Industrie, Chemie, der Land- u. Hauswirtschaft. Begründet v. Thdr. Koller. Hrsg. v. L. Banino. 34—37. Jahrg. 1907 —1910. à 18 Hefte. (à Jahrg. XVI, 624 S. m. Abb.) Lex. 8. Wien, A. Hartleben. à Jahrg. 7.50; geb. 9. 25

Erfindungen u Erfahrungen, neueste. 34-39. 1907-12. Wien 1908-13

— die neuesten Berliner, vom 18. bis 20. März 1848. Aus amtlichen u. privaten Nachrichten. 8. (16 S.) Grünberg 848, Levysohn. 1 1/2 ngl

Erfindungen und Erfahrungen, die neuesten, in d. Mühlenbaukunst, zur Verbesserung d. Getraidemahlens. Nebst Abbild. u. Beschreib. d. erforderl. Maschinen u. Hilfswerkzeuge. Ein Supplem. zu allen vorhand. Werken üb. Mühlenbaukunst. 1. Abthl. 1. u. 2. Hft. — A. u. d. T.: Anleitung zur Anfertig. aller Maschinen u. Hilfswerkzeuge d. engl.-amerikan. u. schweizer. Kunstmüllerei rc. Von Chr. Wilh. Fritzsch. 1. u. 2. Hft. Jed. m. 3 lith. Taf. Lex.-8. (1 1/2 u. 1 3/4 B.) Leipzig 841, 42, Theile. à * 16 Gr. *

Erfindungen und Erfahrungen, die neuesten, in der Mühlenbaukunst, z. Verbesserung d. Getreidemahlens. Nebst Abbild. u. Beschreibung der erforderl. Maschinen u. Hilfswerkzeuge. 1. Abthl. 1.—4. Heft. — A. u. d. T.: Anleitung zur Anfertigung aller Maschinen und Hilfswerkzeuge der englisch-amerikanischen und schweizerischen Kunstmüllerei rc. Von Chr. Wilh. Fritzsch. 1.—4. Heft. Mit lith. Tafeln. Lex.-8. Leipzig 842, 43, Brauns. 1.—3. à n. 2/3 ℛ — 4. 5/6 ℛ — 1.—4. n. 2 5/6 ℛ

Erfindungen u. Erfahrungen, die neuesten, in d. Mühlenbaukunst, zur Verbesser. des Getreidemahlens rc. Ein Supplem. zu allen vorhand. Werken üb. Mühlenbaukunst. 1. Abthl. 3. u. 4. Hft. A. u. d. T.: Anleitung zur Anfertig. aller Maschinen u. Hilfswerkzeuge d. engl.-amerikan. u. schweizer. Kunstmüllerei. Von Chr. Wilh. Fritzsch. 3. u. 4. Hft. Lex.-8. (6 Stnt. u. 3 1/4 B.) Leipzig 843. [Möller.] à *
1. u. 2. Hft. Ebendas. 1841, 42. * 1 Thlr. 10 Ngr.

Erfindungen, die neuesten, im Gebiete der Landwirthschaft, des Bergbaues, des Fabriks- und Gewerbewesens und des Handels. Illustrirte Zeitschrift hrsg. und redig. von Fernand Stamm. 1—5. Jahrg. 1857—61. à Jahrg. 52 Nrn. (à 2 Bog. mit eingedr. Holzschn.) gr. Fol. Wien, Wallishausser's Buchh. à Jahrg. **

Erfindungen, die neuesten, im Gebiete der Landwirthschaft, des Bergbaues, des Fabriks- und Gewerbewesens und des Handels. Illustrirte Zeitschrift hrsg. und redig. von Fernand Stamm. 6.—9. Jahrg. 1862—65. à Jahrg. 52 Nrn. (à 2 Bog. mit eingedr. Holzschn.) Mit Beilagen. gr. Fol. Wien, Wallishausser'sche Buchh. à Jahrg. *

—— dass. — 10. und 11. Jahrg. 1866 und 1867. à Jahrg. 52 Nrn. (à 2 Bog. mit eingedr. Holzschn.) Mit Beilagen. gr. Fol. Wien, Expedition. à Jahrg. *

Erfindungen, die neuesten, im Gebiete der Landwirthschaft, des Bergbaues, des Fabrik- und Gewerbewesens und des Handels. Illustrirte Zeitschrift. Redig. von Jul. Hirsch. Hrsg. von Ferd. Stamm. 12.—15. Jahrg. 1868—1871. à Jahrg. 52 Nrn. (à Nr. 1—2 Bog.) Fol. Wien, Administration. à Jahrg. *
—— dass. — Redig. von Jul. Hirsch. 16.—18. Jahrg. 1872—1874. à Jahrg. 52 Nrn. (à Nr. 1—2 Bog.) Fol. Wien, (Thiel.) à Jahrg. *

Erfindungen, die neuesten, im Gebiete der Landwirthschaft, des Bergbaues, des Fabrik- und Gewerbewesens und des Handels. Illustrirte Zeitschrift. Redig. von Jul. Hirsch. 19. Jahrg. 1875. 52 Nrn. (à 1—2 Bog.) Fol. Wien, (Thiel.) *
—— dass. — Hrsg. und redig. von Carl Albertha. 20. Jahrg. 1876. 26 Nrn. (Bog.) Fol. Wien, (Perles.) *
Nicht weiter erschienen.

Erfindungen, d. neuesten u. wichtigsten mechanischen u. chemischen, für Ganzgelehrte, Halbgelehrte u. Ungelehrte, für Physiker, Chemiker rc., in e. Reihe von Briefen aus Japan von M. Centrophilus. 1e Hälfte. 8. Frkf. a. d. O. 820. Hoffmann. 10 gl

Erfindungen u. Verbesserungen, die neuesten u. wichtigsten, an den verschied. Arten d. Mühlen, als Wasser-, Schiff-, Wind-, Roß-, Tret-, Hand- u. andern Mühlen, insbesondere der Mahl-, Oel- u. Papiermühlen, u. Beschreibung einiger neuen hydraul. Maschinen. Mit 144 lithgraph. Abbildd. gr. 8. Quedlinburg 826, Basse.

—— und Verbesserungen, die neuesten u. wichtigsten, an d. verschied. Arten d. Mühlen. 1. Bd. — A. u. d. T.: Prakt. Lehrbuch d. Mühlenbaukunst. Od. gründl. Anweis., alle Arten v. Wasser-, Wind-, Schiff-, Hand-, Tret- u. Roßmühlen, insbesond. ober- u. unterschlächt. Mahl-, Graupen-, Oel-, Schneide-, Pulver-, Papiermühlen u. dgl. m. nach neuester Construction zu erbauen; nebst genauer Beschreib. u. Abbild. aller einzelnen Theile ders. Für angeh. Mühlenbauer u. jeden Mühlenbesitzer. Von C. Kuhnert. 1. Bd. 3. (?), verb. u. sehr verm. Aufl. M. 235 Abbild. (auf 6 Bog. in gr. Fol.) gr. 8. (26¼ B.) Quedlinburg 832, Basse.

—— dass. 2. Bd. — A. u. d. T.: Prakt. Lehrbuch d. Mühlenbaukunst ꝛc. Von C. Kuhnert. 2. Bd. 3. (?), verb. u. verm. Aufl. M. 211 lith. Abbild. (auf 7 Bog. in gr. Fol.) gr. 8. (13½ B.) Ebds. 832.

—— und Verbesserungen, die neuesten u. wichtigsten, an d. verschied. Arten d. Mühlen ꝛc. 1. u. 2. Bd. — A. u. d. T.: Prakt. Lehrbuch d. Mühlenbaukunst. Von Karl Kuhnert. 1. u. 2. Bd. 4., verb. u. sehr verm. Aufl. gr. 8. Quedlinburg, Basse. [1. (30¼ B. u. 46 Stnt.) 836. 2⅔ Thlr., 2. (32 B. u. 52 Stnt.) 841. 3⅔ Thlr.]

—— u. Verbesserungen, die neuesten u. wichtigsten, an den verschied. Arten der Mühlen u. Beschreib. einiger neuen hydraulischen Maschinen. Supplement-Band zur 4. u. allen früheren Aufl. gr. 8. (10⅓ B. u. 21 Taf. Abbild.) Quedlinburg 814, Basse.

„Höchst nützliche Erfindungen für Guthsbesitzer, Ackerbürger, Landbewohner, überhaupt jeden landwirthschafttreibenden Geschäftsmann", Hamburg 1828 (Landw. Kommiss. Compt.).
s.a. Erfindung.

Erfindungen und Verbesserungen der Engländer, Franzosen, Italiener, Amerikaner und Deutschen in der gesammten Gewerbkunde", Band 1—4, je 12 Hefte, Band 5, Heft 1—3, Leipzig 1832 bis 1840 (Baumgärtner). — Vorh.: Bd. 1—3, Com. Bibl. Hamburg.

Erfindungen und Entdeckungen, die wichtigsten ꝛc., s. Brugger, J. D. C.

Erfindungen, die, der neuesten Zeit. Zwanzig Jahre industrieller Fortschritte im Zeitalter der Weltausstellungen. Mit besond. Rücksicht auf Patentwesen und die Ziele der Kunstindustrie. Unter Mitwirkung von Ingenieuren des k. Patentamtes und anderen Fachmännern. Hrsg. von G. van Muyden und Heinr. Frauberger. [Ergänzungsbd. zur Pracht-Ausg. vom Buch der Erfindungen.] 20 Hefte. Lex.-8. (X, 704 S. mit zahlreichen Text-Abbild. und Kunstbeigaben.) Leipzig 881,82, Spamer. à Heft * 50 Pf. * M 10.; geb. in Halbfrz. *

Erfindungen, Die, der neuesten Zeit. 20 Jahre industrieller Fortschritte im Zeitalter der Weltausstellungen. Hrsg. von G. van Muyden und H. Frauberger. Leipzig und Berlin 1883

Erfindungen und Vorschriften, 200, zur Bereitung, Reinigung und Bleichung der fetten Oele, des Talges, des Stearins, des Wachses, des Thranes, so wie zur Gewinnung des Harzes und aller flüchtigen Oele. Gemacht in den J. 1844 bis 1849. Zugleich als Nachtrag zu Leuchs Oelkunde und Lichterfabrikation. gr. 8. (VI und 138 S.) Nürnberg 1849, Leuchs und Comp.

Erfindungs-Ausstellung, staatliche, Stuttgart 1910. Katalog. (126, 60 S) Stuttgart 1910

Erfindungsmarkt, internationaler, s.: Erfinderfreund, der deutsche.

Erfindungsschutz. Berlin 1889

Erfle, Heinrich: Optische Eigenschaften und Elektronentheorie. Leipzig: J. A. Barth 1907. 83 S. 8⁰ ¶ Ausz. in: Annalen d. Physik. Folge 4, Bd 24.
München, Dr.-Ing.-Diss. v. 1. 8. 1907

Erfolg, der, größer als die Erwartung; Lstspl. in 3 A. 8. Münch. 781. Lentner. 3 gr

Der **Erfolg** im geschäftlichen Leben. Prakt. Wegweiser f. Vorwärtsstrebende. Von e. erfahrenen Geschäftsmann. Berlin: R. Foerster [1907]. (192 S.) 8° (07. 1461)

Erfolg, der persönliche. Ein Werk üb. Anwendg. u. Verwertg. persönl. Kräfte im prakt. Leben. IV Tle. (118 S.) gr. 8. Braunschweig (903). H. Bischoff. n. 10. —; erm. Pr. n. 3. —

— dasselbe. (Neue Ausg.) I—III. gr. 8. Ebd. 904. à n. 3. —; erm. Pr. à n. 1. —
I. Cursus im Hypnotismus u. persönlichen Magnetismus. (107 S. m. 2 Taf.) — II. Ausbildung des menschlichen Magnetismus. (50 S.) — III. Gedankenkraft. Drahtlose Telegraphie von Mensch zu Mensch. Telepathie. (38 S.)

— dasselbe. I u. III. 8. Ebd. 905. a n. 1. —
I. Cursus in Hypnotismus u. persönl. Magnetismus. (Neue Ausg.) (109 S. m. 1 Abbildg. u. 1 Taf.)
III. Willensgymnastik. (Neue Ausg.) (48 S.) 905.

DIE POLITISCHEN ERFOLGE DES BUNDES DER LANDWIRTE. Berlin. Verkaufsstelle des Bundes der Landwirte. kl. 8°.

Wirtschaftliche und finanzielle Erfolge der Kornhaus-Genossenschaften in Preussen. Darmstadt: Verl. der Dt. Kornhaus-Kommission 1901.

Erfordernisse, die, f. das Aufgehen d. Morgensterns in den Herzen der Gläubigen, nach 2. Petri 1, 19. Von F. St. 12. (36 S.) Gernsbach 888. Christl. Kolportage-Verein. n. — 20

Erfordernisse zur Erlangung der philosophischen Doctorwürde. [Am Ende:] Die philosophische Facultät. Dat. Halle 7. Nov. 1818. 1 Bl. 4° (2°) [Kopft.]
Die vorherige Ausgabe war datiert 2. Jan. 1816.

— — Dat. Halle 7. Nov. 1818. [Mit Zusatz:] Nachschriftlich muß noch bemerkt werden: … [Am Ende:] Die philosophische Facultät. Der zeitige Decanus. Dat. Halle 4. März 1824. 1 Bl. 4° (2°) [Kopft.]

— — [Am Ende:] Halle im Dec. 1840. Die philosophische Facultät der vereinigten Friedrichs-Universität zu Halle.
[Halle 1841: Hendel.] 3 S. 8° (4°) [Kopft.]

— — [Am Ende:] Halle im Dec. 1840. Die philosophische Facultät der Königl. Preuss. vereinigten Friedrichs-Universität zu Halle. Von neuem abgedr. ([Halle] 1853: Hendel.) 3 S. 8° (4°) [Kopft.]

— — [Halle 1855: Hendel.] ½ Bog. 4°
Ein Exemplar nicht nachweisbar.

— — [Am Ende:] Halle im Dec. 1840. Von neuem abgedr. [Halle] (1862: Plötz). 1 Bl. 8° (4°) [Kopft.]

— — im Jan. 1864. [Halle] (1864): [Plötz]. 1 Bl. 4° [Kopft.]

— — im Nov. 1865. [Halle] (1865): [Hendel]. 1 Bl. 4° (2°) [Kopft.]

— — im Juni 1868. [Halle] (1868): [Hendel]. 1 Bl. 4° [Kopft.]

— — im Juli 1870. [Halle] (1870): [Ploetz]. 1 Bl. 4° [Kopft.]

— — im Juli 1871. [Halle] (1871): [Plötz]. 1 Bl. 4° [Kopft.]

— — im April 1873. [Halle] (1873): [Plötz]. 1 Bl. 4° [Kopft.]

— — im Januar 1875. [Halle] (1875): o. Dr. 1 Bl. 4° [Kopft.]

— — im August 1876. [Halle] (1876): [Hendel]. 1 Bl. 4° [Kopft.]

— — im Febr. 1877 [Halle] (1877): [Hendel]. 1 Bl. 4° [Kopft.]

— — im Mai 1878. [Halle] (1878): o. Dr. 1 Bl. 4° [Kopft.]

— — im Januar 1880. [Halle] (1880): o. Dr. 1 Bl. 4° [Kopft.]

— — im Juli 1882. (Halle a. S. 1882: Plötz). 1 Bl. 4° [Kopft.]
Wieder abgedr. in: Baumgart, Max: Grundsätze und Bedingungen zur Erlangung der Doctorwürde bei allen Facultäten der Universitäten des

deutschen Reichs. Berlin 1884. S. 179—82.

— —im Januar 1883. Halle 1883: Plötz. 1 Bl. 4°
Ein Exemplar nicht nachweisbar.

[Nachtrag zu §] 3 [der Erfordernisse]. [Halle 1867: Hendel.] 1 Bl. 8°
Betrifft den Fall einer deutschen Dissertation.
Ein Exemplar nicht nachweisbar.

Zusätze der Erfordernisse...
Halle 1871: Plötz.
Ein Exemplar nicht nachweisbar.

Erfordernisse für die Erteilung des Zeugnisses der Reife. Bützow 1893
s. **Winckler,** Wilhelm Carl August Th.

Erfordernisse, nothwendige, der Vorbildung zum Elementar-Schulamt und eigenthüml. Stellung des düsselthaler Neben-Seminars zur Lösung dieser Aufgabe. gr. 8. (29 S.) Düsselthal 857, Rettungs-Anstalt.

Erfordiensis — Nova Territorii — in suas Praefecturas accurate divisi descriptio. Auctore Joh. Bapt. Homanno Noribergae Anno 1762. 1 : 95,000. 1 Bl.

Erforscher, Der lächerliche. Lustspiel. [Wien 1764/5.] V: *Petrasch, Jos. Freiherr von.* (Zeitschr. d. deutschen Vereines für Gesch. Mährens u. Schlesiens XVIII, 110—111.)

Erforscher der Wahrheit von C. W. Frankfurt u. Leipzig 1746. V: *Weiss, Johann Conrad* (?). (Sabell, Literatur der sog. Lehninschen Weissagungen. Heilbronn 1879. S. 76 f.)

Erforschung der Möglichkeit willkührlicher Erzeugung beider Geschlechter nach physiolog. Grundsätzen, mit besond. Berücksichtigung des bei der Zeugung mit thätigen Einflusses der Psyche; durch mehrjähr. Beobachtungen erläutert. Von einem Arzte Würtembergs. 8. Reutlingen 838. Mäcken jun. 7/12 ₰

Sewerzow's Erforschung des Thian-Schan etc.
s. Petermann, A. Mittheilungen aus Justus Perthes geogr. Anstalt

Erforschung üb. die christlichen Tugenden u. üb. den Beruf, zum Gebrauche der jungen Mädchen. Von e. Ordensfrau. (VIII, 194 S.) 16. Straßburg (905). F. X. Le Roux & Co. n. — 60

Erforschung, die versuchte, einiger sittlichen Weltgesetze, zur naturgemäß friedlichen Lösung aller kirchlich-politischen Wirren u. zur Versöhnung aller kämpfenden Parteien. 8. (XII, 120 S.) Zürich 875. Verlags-Magazin in Comm. n. 2. —

Die wissenschaftliche Erforschung Chinas und seiner Nebenländer. *St. Petersburg 1899: Buchdr. d. 'St. Petbg. Ztg.'* (50 S.) 8° [F.]
Aus: St. Petersburger Zeitung. 1899. No 52—56. [04. 7018 10

Erft, Wilhelm von der

[F.] Land und Leute am Rhein. E. Beitr. z. Kenntn. unserer schönen Heimath m. bes. Bez. auf d. Rheinprov. u. den 'Neuwieder Becken' benannten Theil ders. v. Wilhelm v. der Erft. Sep.-Ausg. (aus e. in Aussicht genomm. grösseren Werke). *Coblenz: Comm.-V. v. W. Groos; (Dr. r. Kindt & Meinardus) 1895.* (4 Bl., 167 S.) 1 Bd 8. [96. 3907

Erfurdt, Hermannus: *De Agrigento. 67 Bl. 8° (4°)
Halle-Wittenberg, Phil. Diss. v. 23. März 1831
Geb. [Merseburg 7. 8. 1807]
Gedruckt liegt vor ein Teil von Cap. III. Historia Agrigenti. § 1. Origo Agrigenti; nebst Einl. u. Thesen u. d. T.:
Commentationis de Agrigento particula. Halis Saxonum (1831): Gebauer. IV, 10 S. 8° (4°)
Vom Verf. ersch. später: De monumentis Agrigentinis. Stralsund 1839. (Das Lehrer-Collegium zu Putbus zur Jubiläumsfeier des Cons.-Rats Koch.).

Erfurdt, Hermann (Merseburg), Commentationis de Agrigento particula. Halle (Gebauer) 23. III. 1831. 12 S. (3.50) 8070
Oppon.: Rosenkranz, Theiss, Bormann.

Erfurdt, Karl Gottlieb August

– s.a. **Ammiani Marcell.**

Erfurdt, **Karl Gli. Aug., († d. 8. Febr. 1813.) observationum criticarum maxime in Athenaei Deipnosophistas. Part. I et II. 8maj. Königsb. 812.**

– s.a. **Sophoclis** tragoediae.

Erfurdt, Karl Glob. Aug., s. Sophocles Tragoediae.

Erfurt [Schlagwort]

– s.a. **Deutschland.** Grundkarte.

– s.a. **Europa.** Liebenow.

– s.a. **Europa.** Übersichtskarte.

– s.a. **Heimatskärtchen.** 24.

– s.a. **Preussen.** Messtischblätter.

– s.a. **Radfahrerkarten.** Franke. Ravenstein.

– s.a. **Radfahrerkarten.** Strassenprofilkarte.

– s.a. **Thüringen.** Gräf

Erfurt, s.a. **Woerl's** Reisehandbücher.

Erfurt, Stadt. **Abbildung,** uhralte u. eigendliche, der Churfürstlichen Mäyntzischen weitberümten Stadt Erffurdt. 1675. Neudruck 1886. 3 Blatt. Imp.-Fol. Erfurt 887. Villaret. n. 2. —

Erfurth der Hauptstadt in Thuringen neuester mit Fleiss verfertigter Grundriss. Aus Licht gestellt von Homaennischen Erben. Ohne M. 1 Bl.

Erfurt, Stadt. **Karte,** neue, der Umgegend v. Erfurt. Stadt- u. Landkreis Erfurt m. angrenz. Landesteilen u. Angabe der Kilometer-Entferng. von Ort zu Ort. 1 : 50,000. 67×61 cm. Farbdr. Erfurt 902. H. Neumann. n. 1. 50; auf Pappe n. 2. 75; auf Leinw. n. 3. —; m. Stäben n. 3. 50

Erfurt, Stadt. **Karte** der Umgegend v. Erfurt. Bearb. in der kartograph. Abtheilg. der königl. preuss. Landes-Aufnahme. 1 : 50,000. Steindr. 61×63 cm. Berlin 891. (Erfurt, C. Villaret.) n. 1. —

Erfurt, Reg.-Bez. **Liebenow's,** W., Specialkarte des Reg.-Bez. Erfurt u. der Thüringischen Staaten, für Reise, Bureau u. Verkehr. 1 : 300,000. (Volksausg.) 61,5×73 cm. Frankfurt a/M. (904). L. Ravenstein. n. 1. 50

Erfurt, Kreis. **Maass-Pforta,** C. J. Wilh., Wandkarte d. Kreises Erfurt. 1 : 25,000. 4 Blatt à 70×67 cm. Farbendr. Erfurt 896. Leipzig, Otto. Auf Leinw. m. Stäben n. 15. —

Erfurt, Reg.-Bez. **Nowack,** Special-Karte v. dem Reg.-Bez. Erfurt. 1 : 300,000. (Neue Ausg. 1894.) 54×51 cm. Kpfrst. u. kolor. Berlin 894. S. Schropp. n. 2. —

Erfurt, Reg.-Bez., Nowack, Special-Karte v. dem Reg.-Bez. Erfurt (u. dem nördlichen Thüringen), nach den besten Materialien entworfen u. zusammengetragen. Ergänzt 1900. 1 : 300,000. 54,5×51,5 cm. Farbdr. Berlin (900). S. Schropp. n. 2. —

Erfurt. Pharus-Plan Erfurt. 1:12,000. 31,5×51,5 cm. Farbdr. (Mit Strassenverzeichnis am Rande.) Berlin (909). (Erfurt, Keyser.) — 50

— Plan von Erfurt. 1 : 16,000. Farbendr. 16,5×23 cm. Mit Strassenverzeichnis. qu. gr. 4. (1 Bl.) Zürich 891. Artist. Institut Orell Füssli, Verl. n. 1. —

Erfurt. Plan v. Erfurt. 1:10,000. 34×40,5 cm. Mit Umgebungskarte. 1 : 130,000. (Auf der Rückseite.) Farbdr. Hrsg. vom Thüringerwald-Verein, Zweigverein Erfurt. Nebst Text. schmal gr. 8. (18 S.) Zürich (900). Art. Institut Orell Füssli. n. — 30

Erfurt, Stadt. Plan von Erfurt. 1 : 10,000. 34×40,5 cm. Mit Umgebungskarte. 1 : 130,000. (Auf der Rückseite.) Farbdr. Hrsg. vom Thüringerwald-Verein, Zweigverein Erfurt. (Neue Aufl.) Nebst Text. (18 S.) schmal gr. 8. Zürich (903). Art. Institut Orell Füssli. n.n. — 30

— Plan von Erfurt. 1:10,000. Nebst Umgebungskarte v. Erfurt. 1:130,000. (Auf der Rückseite.) 34×40 cm. Farbdr. Erfurt (908). (K. Keil.) — 30

Erfurt, Stadt. Plan der Stadt Erfurt. 40×26 cm. Farbendr. M. Strassenverzeichnis u. Karte v. Steigerwald (auf dem Umschlag). Erfurt 896. Keyser. — 25

— — der Stadt Erfurt m. Ilversgehofen sowie e. Karte der Promenadenwege im Steiger. Hrsg. v. der Erfurter Verkehrs-Kommission. 1:10,000. 65×47 cm. Farbdr. Mit Strassenverzeichnis. (8 S.) 8. Ebd. (908). — 30

Erfurt [Sachliches OW]

Erfurt. Die Hoch Berühmt und Grösseste Haupt Stadt Thüringens nach der neuest. und accuratesten Zeichnung verfertigt und verlegt von Matthaeus Seutter etc. in Augspurg. Ohne M. 1 Bl.

Erfurt. Politische Gedenkblätter für preuß. Deputirte. 1. und 2. Abdruck. gr. 8. (18 S.) Berlin 850, Hertz. *

Erfurt u. die Eisenbahn. Ein scherzhaft-ernstes Büchlein von der Zukunft. Von Beier dem Jüngern. Lex.-8. (1 B.) Erfurt 842. (Leipzig, Hartung.)

Erfurt und die Eisenbahn. Ein scherzhaft-ernstes Büchlein von der Zukunft. Von Beier dem Jüngern. Lex.-8. Erfurt 842, Hilsenberg. 1/8 ℔

Erfurt in seinem höchsten Glanze während der Monate September und Oktober 1808 . . . Erfurt 1808. V: *Arnold, Ignaz Ferd.* (*Theod. Ferd. Cajetan*). (Ky) (MGT)

Erfurt im höchsten Glanze während d. Monate Sept. u. Oct., (v. Thdr. Fd. Kaj. Arnold). 2 Bde. 8. Erf. 808. Müller. (Weygand in Leipz.) 1 ℔

— u. die Musen. Ein Mahnruf. gr. 8. (14 S.) Weimar 892. H. Weißbach. n. — 30

Erfurt unter französischer Oberherrschaft. Deutschland [Erfurt] 1814. V: *Müller, J. Philibert.* (Wr)

Erfurt unter französischer Oberherrschaft vom 16. October 1806 bis den 6. Januar 1814. Ein actenmässiges Gemälde der Leiden, Erpressungen, Misshandlungen und Betrügereien, die diese Provinz während den sieben Jahren, erduldete. In Briefen an einen Freund (v. G. z. B.). Deutschland [d. i.: Erfurt]. 1814. 8°.

Erfurt unt. franz. Oberherrschaft vom 6. Oct. 1806 bis 6. Jan. 1814. 8. Erf. Müller. 814.

Erfurt, Die Stadt, ein getreuer und zuverlässiger Wegweiser . . . Erfurt 1848. V: *Hasenstein, F.* (EngG)

—— die Stadt. Ein getreuer und zuverläss. Wegweiser für Einheimische, Fremde und Reisende durch die Stadt und ihre Umgebung, nebst einem Adreßverzeichnisse der Behörden ꝛc., unter Redaction der Verlagshandlung nach dem Alphabete geordnet. 12. (IV und 120 S.) Erfurt 848, Körner. Thlr. *
Mit 4 Ansichten * -
Mit 1 Plane und 4 Ansichten *

Erfurt in Thüringen. Mit 21 Tonbild. u. 26 Bild., 1 Karte d. Steigerwaldes, 1 Karte d. Umgegend, 1 Stadtpl. u. 1 Pl. von Ilversgehofen. Erfurt: Erfurter Verkehrs-Kommiss. 1908. (140 S.) 8° [illegible] 3

Erfurt in Thüringen. Mit 21 Tonbildern u. 26 Bildern im Text, 1 Karte des Steigerwaldes, 1 Karte d. Umgegend, 1 Stadtplane u. 1 Plane von Ilversgehofen. Hrsg. v. der Erfurter Verkehrs-Kommission. (140 S.) kl. 8. Erfurt 908. (K. Keil.) — 50

— u. seine Umgebung, s. a. Städtebilder u. Landschaften aus aller Welt.

Erfurt und seine Umgebung. Mit Original-Zeichnungen von Arthur Leissner [woron 8 Tafeln], einem Stadt-Plane und einer Umgebungs-Karte. Städtebilder und Landschaften aus aller Welt. No. 93. 8. Zürich, Erfurt [1891].

Erfurt in seiner Vergangenheit u. Gegenwart. Historisch-topograph. Führer durch die Stadt. Mit 8 photogr. Ansichten u. 1 ausführl. (lith.) Stadtplane. Erfurt 868. Villaret. 8. (2 Bll., 103 S.) n. 1 *ℛ* 10 *𝔫𝔤𝔯*

Erfurt [Verfasser]

Erfurt s.: Abalar v. Erfurt.

Erfurt, E., die Gräber auf dem Windmühlenberge bei Ilbersdorf, s. a. Alterthümer, vorgeschichtliche, der Prov. Sachsen.

Die Gräber auf dem Windmühlenberge bei Ilbersdorf von E. **Erfurt,** Lehrer in Bebitz. Halle a. d. S.: O. Hendel 1888. (S. 15–18.) 2° [Umschlagt.] — **Altertümer,** Vorgeschichtl., d. Prov. Sachsen u. angrenz. Gebiete. Abt. 1, H. 9, [3.] [illegible]

Erfurt, Friedrich: Derivate der niedersten Oxyde des Schwefelwasserstoffs. Freiburg i. B.: Speyer & Kaerner 1909. 40 S. 8°
Freiburg i. B., Phil. Diss. v. 14. Jan. 1910, Ref. Gattermann
[Geb. 4. Aug. 84 Straupitz b. Hirschberg; Wohnort: Straupitz; Staatsangeh.: Preußen; Vorbildung: Realgymn. Zittau Reife O. 03; Studium: Darmstadt Techn. Hochsch. 5, Freiburg i. B. 3 S.; Rig. 19. Nov. 09.] [U 10. 1043

Erfurt, J. B. M. v., der jungen Damen Gesellschaftsbüchlein. Ein Magazin d. Wissenswürdigsten f. Besuch u. Unterhaltg. v. großen u. kleinen Gesellschaften. 16. (IV, 143 S.) Naumburg 874. Regel. n. 1. 50

Erfurt, Jul.

Erfurt, J: Das Färben des Papierstoffs. Berlin 1881

Erfurt, Jul., das Färben des Papierstoffs. gr. 8. (VIII, 182 S.) Berlin 882. C. Hofmann. geb. n. 10. —

Erfurt, Jul., Färben des Papierstoffs. Prakt. Anleitg. f. Papierfabriks-Leiter, Werkführer u. s. w., m. 145 Proben in Stoff gefärbter Papiere. 2. vollst. umgearb. Aufl. gr. 8. (VIII, 144 S. m. Abbildgn.) Berlin 900. C. Hofmann. Geb. in Leinw. n. 12. —

Erfurt, Carl (St. Petersburg), Pericarditis chronica tuberculosa. Diss. med.-chir. Bln. (G. Schade [O. Francke]) 6. III. 1876. 39 S. mit Biogr. (4.—) 8071
Oppon.: E. Müller, H. Borgmann, A. Kühnemann.

Erfurt, Traug., der vollkommene Schafmeister od. allgemeinfaßl. Schäfer-Katechismus. 8. (5 B.) Leipzig 844, Naumburg. Thlr. ·

Erfurter-Programm (Das). 8°. Stuttgart, J. H. W. Dietz, s. a.

Erfurth, u. Mickley, religiöser Lernstoff. Enth. Mart. Luthers kleinen Katechismus, Bibelsprüche, Gebete u. Kirchenlieder. F. evang. Volksschulen zusammengestellt. 3. Aufl. gr. 8. (48 S.) Potsdam 896. A. Stein. n. — 20

Erfurth, A. F., Jahresbericht über die Wasserheilanstalt und das heilgymnastische Institut Feldberg in Mecklenburg-Strelitz nebst einem Anhange über Thermoelektricität. 8. (68 S.) Hamburg 856, Hoffmann und Campe. Thlr.

Erfurth, A. F., nach welchen Grundsätzen muß das Wasser als Heilmittel angewandt werden? 8. (VII und 96 S.) Neubrandenburg 860, Brünslow. *

Erfurth, A. F., Theorie des Wasserheilverfahrens oder elektrische Strömungen als Ursache der belebenden Wirkung des kalten Wassers. 8. (IX und 82 S.) Hamburg 851, Hoffmann und Campe.

—— die Wirkung und Anwendung der nassen Einhüllungen und die Verbindung des Wasserheilverfahrens mit der schwedischen Heilgymnastik. 8. (68 S.) Hamburg 854, Hoffmann und Campe.

Erfurth, August [app. Arzt]: Ueber Haematoma ovarii ... Rostock, Univ.-Buchdr. v. Adler's Erben, 1895; 35 S. 8.
Rostock, Med. Fak., Inaug.-Diss. v. [13. Jan.] 1896

Erfurth, C., Haustelegraphie, Telephonie und Blitzableiter in Theorie und Praxis. Mit alleiniger Berücksicht. der Bedürfnisse Derjenigen, die sich mit Einrichtung solcher Anlagen beschäftigen wollen, zusammengestellt. gr. 8. (VII, 207 S. mit 186 Abbild.) Berlin 885, (Kühl.) *

Erfurth, C., Haustelegraphie, Telephonie u. Blitzableiter in Theorie u. Praxis. Mit alleiniger Berücksicht. der Bedürfnisse Derjenigen, die sich m. Einrichtg. solcher Anlagen beschäftigen wollen, zusammengestellt u. m. üb. 250 Abbildgn. ausgestattet. 2., erweit. Aufl. gr. 8. (VIII, 286 S.) Berlin 886. (Polytechn. Buchhandlg.) n. 4. —; geb. n. 4. 60

Erfurth, C., Haustelegraphie, Telephonie und Blitzableiter in Theorie und Praxis. Mit alleiniger Berücksicht. der Bedürfnisse Derjenigen, die sich mit Einrichtung solcher Anlagen beschäftigen wollen, zusammengestellt. 2. bedeutend erweit. Aufl. gr. 8. (VIII, 286 S. mit über 250 Abbild.) Berlin 887, (Polytechn. Buchhandlung.) *ℳ 4.—.; geb. *

Erfurth, C. Haustelegraphie, Telephonie und Blitzableiter in Theorie und Praxis. Mit alleiniger Berücksichtigung der Bedürfnisse Derjenigen, die sich mit Einrichtung solcher Anlagen beschäftigen wollen, zusammengestellt und mit über 250 Abbild. ausgestattet. Zweite bedeutend erweiterte Auflage. 8. Berlin 1888.

Haustelegraphie, Telephonie, Blitz-Ableiter, Feuertelegraphen u. Einrichtung elektr. Lichtanlagen in Theorie u. Praxis. Mit alleiniger Berücks. d. Bedürfnisse derjenigen, die sich mit Einrichtung solcher Anlagen beschäftigen wollen. Zsgest. u. mit über 260 Abb. ausgest. von C[arl] Erfurth. 3. erw. Aufl. *Berlin: J. Joost* (übergekl.: *Leipzig: Hachmeister & Thal*) 1896. (V, 306 S.) 8° [illegible]

Erfurth, C., Haustelegraphie, Telephonie, Blitz-Ableiter, Feuertelegraphen u. Einrichtg elektr. Lichtanlagen in Theorie u Praxis. M. allein. Berücksicht. d. Bedürfnisse derjenigen, die sich m. Einrichtg. solcher Anlagen beschäftigen wollen, zusammengest. u. mit über 260 Abb. ausgest. 3., erweit. Aufl. gr. 8. (X, 306 S.) Berlin 896. [Langenberg, J. Joost.] Polytechn. Buchhandlg Geb. in Leinw. 4. 50

Erfurth, C., Hilfsbuch f. Elektropraktiker, s.: Wietz, H.

— Sammlung v. Leitungsskizzen f. Schwachstromanlagen. Zum Gebrauch f. Installateure u. zum Selbstunterricht. (81 Taf. m. IV u. II S. Text.) gr. 8. Wien 903. A. Hartleben. Geb. in Leinw. n. 3. —
s.a. Erfurth, E.

Erfurth, Ch. B., Flora von Weimar mit Berücksichtigung der Culturpflanzen. Zum Gebrauche in Schulen u. beim Selbstunterrichte. Weimar 867. Böhlau. 8. (XVI, 320 S.) n. 1 ₰

Erfurth, Ch. B., Flora v. Weimar m. Berücksichtigung der Kulturpflanzen. Zum Gebrauche in Schulen u. beim Selbstunterrichte. 2. Aufl. 8. (XX, 339 S.) Weimar 892. Böhlau. n. 4. —

—— Rechenschule für Elementar-, Volks- und Bürgerschulen. 3 Thle. gr. 8. Erfurt 863,64, Körner's Verlag. *
Inhalt:
Thl. 1. Der Zahlenraum von 1—100 in Zahlbildern. (IV und 121 S.) * 12 Ngr.
Inhalt:
Thl. 2. Die 4 Grundrechnungen in ganzen Zahlen und in Brüchen. Wurzelausziehung. (199 S.) * 18 Ngr.
" 3. Praktisches Rechnen. (VIII und 166 S.) * 15 Ngr.

Erfurth, Emil, des deutschen Kaisers großer Titel. Histor. Entwicklg. u. Begründg. desselben, unt. Berücksicht. kulturhistor. Momente in belehr. u. unterhalt. Weise dargest. gr. 8. (43 S.) Berlin 895. G. A. Dewald n. — 50

Erfurth, E: Sammlung von Leitungsskizzen für Schwachstromanlagen. Wien, Pest und Leipzig 1903
s.a. Erfurth, C.

Erfurth, G., u. A. Hetzsche, der Lebensgang Jesu nach d. Evang. Johannis, angeschl. an eine Übersicht üb. d. alttestamentl. Prophetie. Präparationen für die Oberstufe. gr. 8. (106 S.) Leipzig 897. Dürr'sche Buchh. n. 1. 60

Erfurth, Paul

— u. M. **Walther,** französische Gedichte. Zum Gebrauch in Schulen stufenweise geordnet. 8. (VIII, 111 S.) Potsdam 890. Dienemann. cart. n. — 80; geb. n. 1. —

Erfurth, Paul, a. Halle a. S.: Die Komplementärflächen der pseudosphärischen Schraubenflächen. Halle a. S. 1908: C. A. Kaemmerer & Co. (59 S.) 8°
Halle, Phil. Fak., Ref. Wangerin, Diss. v. 13. Juni 1908
[Geb. 25. März 80 Halle a. S.; Wohnort: Halle a. S.; Staatsangeh.: Preußen; Vorbildung: Oberrealsch. Halle a. S. Reife O. 00; Studium: Halle 13 S.; Rig. 19. Dez. 07.]

Erfurth, P., religiöser Lernstoff. Enth. D. Martin Luthers kleinen Katechismus, Bibelsprüche, Gebete und Kirchenlieder. Zum Gebrauch in Schulen zusammengestellt. 8. (VIII, 95 S.) Potsdam 887, Stein's Verlagsh. cart. *

—— und Mickley, religiöser Lernstoff. Enth. D. Martin Luthers kleinen Katechismus, Bibelsprüche, Gebete und Kirchenlieder. Für evangel. Volksschulen zusammengestellt. 8. (48 S.) Ebendas. 888. *
—— —— dass. — Mit Anhang: Sprüche für die höhere Knabenschule in Potsdam. 8. (58 S.) Ebendas. 888. cart. *

—— u. Mickley. Religiöser Lernstoff. Enth. D. Martin Luthers kleinen Katechismus, Bibelsprüche, Gebete u. Kirchenlieder. Für evangel. Volksschulen zusammengestellt. 2. Aufl. gr. 8. (48 S.) Ebd. 890. * — 20; m. Anh.: Sprüche f. die höhere Knabenschule in Potsdam (S. 49—58.) cart. * — 30

Erfurth, P. Religiöser Lernstoff. Enth. D. Martin Luthers kleinen Katechismus, Bibelsprüche, Gebete u. Kirchenlieder. 2. Aufl. 8. (VIII, 95 S.) Potsd. 892, Stein. cart. * — 80

Erfurth, P., religiöser Lernstoff. Enth. D. Martin Luthers kleinen Katechismus, Bibelsprüche, Gebete u. Kirchenlieder. Zum Gebrauch in Schulen zusammengestellt. 3. Aufl. gr 8. (VIII, 92 S.) Potsdam 900. A. Stein. Geb. n. — 80

Religiöser Lernstoff. Enth. D. Martin Luthers kleinen Katechismus, Bibelsprüche, Gebete u. Kirchenlieder. Zum Gebr. in Schulen zsgest. von P[aul] **Erfurth**, Rektor. 4., nach d. Spruch- u. Liederverzeichn. d. evang. Oberkirchenrates bearb. Aufl. Potsdam: A. Stein 1903. (VII, 92 S.) 8° [F.] [o4. 393*

—— u. H. Lindner. Deutsche Litteraturkunde. Auswahl charakterist. Stücke in Poesie u. Prosa, chronologisch u. nach Dichtergruppen geordnet, m. geschichtl. Einleitgn. u. Übersichten. Lesebuch f. die oberen Klassen mittlerer u. höherer Schulen. gr. 8. (VIII, 567 S.) Ebd. 889. * 4 50; geb. * 4 90

Erfurth, P., die Mittelschule u. höhere Bürgerschule f. Mädchen u. die an diese Anstalten sich anschließenden Fachschulen, die Handels- u. Gewerbeschule u. das Lehrerinnen-Seminar. 8. (VIII, 188 S.) Berlin 884. Prenzlau, Biller. n. 2.—

Erfurth, P[aul]: Die Mittelschule und höhere Bürgerschule für Mädchen u. die an diese Anstalten sich anschliessenden Fachschulen, die Handels- u. Gewerbeschule u. d. Lehrerinnen-Seminar. — Berlin u. Potsdam: Schleiermacher 1884. VIII, 188 S. 8°

—— die deutsche Volksdichtung. Ihre Geschichte, Bedeutung für das Volksleben und Stellung in der Volksschule. gr. 8. (108 S.) Ebendas. 888. *

Waarenhaus und Kleinhandel. Die einzige prakt. Lösung d. Frage. Von Paul Erfurth. *Berlin: H. Spamer (1898).* (47 S.) 8° [o. 9 II

Erfurth P, wie rettet man das Kleingewerbe vor dem Untergang? (22 S) Berlin 1898

Erfurth, Richard

Erfurth, Rich., Bilder aus der Kulturgeschichte unserer Heimat. Mit besond. Berücksicht. der Prov. Sachsen, des Herzogt. Anhalt u. des Königr. Sachsen. (VII, 128 S.) 8. Wittenberg 905. A. Ziemsen. Geb. n. 1. 60

Erfurth, Rich., Bilder aus der Kulturgeschichte unserer Heimat. Mit besond. Berücksicht. der Prov. Sachsen, des Herzogt. Anhalt u. des Königr. Sachsen. 2. verm. Aufl. Mit 1 Taf.: Vor- u. frühgeschichtl. Altertümer. (V, 132 S.) gr. 8. Halle 907. R. Mühlmann's Verl. 1.20; geb. in Leinw. 1.60

Erfurth, Rich., auf buntbewegten Gassen. Novellen u. Bilder. 8. (III, 124 S.) Dresden 892. E. Pierson. n. 1. 50

Erfurth, Rich., Heimatkunde des Kreises Wittenberg. Für Schule u. Haus bearb. Mit e. Plane v. Wittenberg u. e. Plane der Schlacht bei Wartenburg. gr. 8. (72 S. m. Abbildgn.) Wittenberg 902. R. Herrosé. Kart. n. — 60

Ergänzung der von den Herren C. L. Nagel, G. Repsold und Prof. Wiebel veröffentlichten Actenstücke über die Kessel-Anlage in der Wasch- und Bade-Anstalt. gr. 4. (25 S.) Hamburg 855, Nestler und Melle. *

Ergänzung, über die von den Ausschüssen der II. Kammer als Artikel VIII. beantragte, des Eisenbahn-Gesetzentwurfes. gr. 8. München 846, Franz. n. 4 ngl

Ergänzung der Generalkonzession f. die evangelisch altluther. Gemeinden n. Preussen, s.: Bewegungen, kirchl. der Gegenwart. II. 4.

Ergänzung zum Militär-Stiftungsbuche bis Ende October **1887** 4°. (27 S.) Wien, Hof- u. Staatsdruckerei. fl. —.20. **1887**.

Ergänzung, die, der Offiziere des stehenden Heeres. 8. (27 S.) Dresden 869, Meinhold und Söhne. *

(F) **Ergänzung** zur Separatausgabe 41. [Manz'sche Gesetzausgabe. Nr. 41*a*.] 8°. (42 S.) Wien: Mauz 1909. K —.40

—— des Strafgesetzbuches oder Sammlung und Nachweisung der neben dem Strafgesetzbuche vom 14. April 1851 geltenden und in Beziehung zu demselben stehenden strafrechtl. Gesetze und Verordnungen. Mit chronolog. und alphabet. Registern hrsg. von einem prakt. Juristen. Ein Anhang zu allen Ausg. des Strafgesetzbuches insbesondere zu den Materialien zum Strafgesetzbuche für die preuß. Staaten zusammengestellt und in einem Kommentar erläutert durch Goltdammer. gr. 8. (VIII und 304 S.) Berlin 851(52,) C. Heymann. *

Ergänzung des Strafgesetzbuchs für die preuß. Staaten. Eine Zusammenstellung der neben dem Strafgesetzbuche noch geltenden Strafgesetze. 1. Thl.: Die im ganzen Staate und in den Landestheilen, in denen das allgemeine Landrecht eingeführt ist, neben dem Strafgesetzbuche noch geltenden Strafgesetze. Von A. Wentzel. (2 Lfgn.) gr. 8. (XIV und 634 S.) Leipzig 851, Weidmann'sche Buchh. *

—— des Strafgesetzbuchs für die preuß. Staaten. 2. Thl.: Die in Neu-Vorpommern und Rügen neben dem Strafgesetzbuche noch geltenden provinzialrechtl. Strafvorschriften. Von C. C. B. Dabis. Ueber die im Bezirke des Justizsenats zu Ehrenbreitstein neben dem Strafgesetzbuche noch geltenden Strafgesetze. gr. 8. (XV und 128 S.) [Berlin] 853, Weidmann'sche Buchh. *

—— dass. — 3. Thl.: Die in dem Bezirk des Appellationsgerichtshofes zu Cöln neben dem Strafgesetzbuche noch geltenden Strafgesetze und Verordnungen. Von A. Salm und F. J. Schmitz. gr. 8. (XII und 932 S.) Ebds. 853. *
1. Thl. Ebendas. 1851. * 2 Thlr. 20 Ngr.

Ergänzung und Verbesserung eines Artikels in Clement Bibliotheque curieuse . . . O. O. 1777. V: *Riederer, Johann Bartholomaeus.* (will) (ML)

Ergänzung der Verfassung Österreichs. Wien 1898. V: *Lang, Otto.* (Mitth. Grolig)

Ergänzung d. Verfassg. Oesterreichs. E. Antrags-Entwurf z. Nationalitätenfrage, verf. u. begr. v. e. Patrioten. gr. 8. (32 S.) Wien 898. M. Breitenstein. n. — 50

Ergänzungen. –
Ergänzungen zu einem bestimmten Werk, s.a. unter dem Titel des betreffenden Werkes.

—— und Abänderungen d. preuss. Gesetzbücher, s. Landrecht, allgem.

Ergänzungen der vorläufigen Ausführungsbestimmungen zum Branntweinsteuer-Gesetz vom 24. Juni 1887. Erlassen vom Bundesrath am 3. Novbr. 1887. gr. 4. (20 S.) Berlin 887, C. Heymanns Verlag. *

Ergänzungen zu Denken und Handeln. Gewidmet den deutschen Männern und Frauen . . . Birkenwerder [1899]. V: *Fridolin, Frau (= Auguste Koch).* (Berl)

—— zur Allgem. Deposital-Ordnung. Zum prakt. Gebrauch zusammengestellt für Richter und höhere Subaltern-Beamte v. L. F. Schmidt. gr. 8. (X u. 143 S.) Ebd. 850. n. 2/3 ₰

Ergänzungen zur allgemeinen Deposital-Ordnung. Zum prakt. Gebrauch zusammengestellt für Richter und höhere Subaltern-Beamte von L. F. Schmidt. gr. 8. (X und 143 S.) Berlin 851, (C. Heymann.) *
Aus: Ergänzungen zum allgem. Landrecht 2c., besonders abgedruckt.

Ergänzungen d. Dienst-Reglements f. das k. k. Heer, in seiner Anwendg. auf die k. k. Landwehr. [Genehmigt mit A. h. Entschliessg. vom 20. Aug. 1875.] 8. (26 S.) Wien 875. k. k. Hof- u. Staatsdr. n. — 20

— zum Dienst-Reglement f. das k. k. Heer, 1. Thl. [2. Aufl. d. Reglements vom J. 1873] in seiner Anwendung auf die k. k. Landwehr. Genehmigt m. den Allerhöchsten Entschließgn. vom 30. April u. 2. Mai 1887. 8. (20 S.) Wien 887. Hof- u. Staatsdruckerei. n. —20

Ergänzungen zum Dienst-Reglement für das k. u. k. Herr, I. Theil (2. Auflage des Reglements vom Jahre 1873), in seiner Anwendung auf die k. k. Landwehr. 8. (17 S.) —.05
Wien: Hof- u. Staatsdruckerei 1894.

— — III. Theil. [Infanterie- und Jäger-Truppe.] (2. Auflage des Reglements vom Jahre 1876.) In seiner Anwendung auf die k. k. Landwehrfußtruppen. 8. (11 S.) —.05
Wien: Hof- u. Staatsdruckerei 1894.

Ergänzungen des dem Reichstage vorliegenden Entwurfs des Etatsgesetzes u. des Reichshaushaltsetats f. d. Rechnungsj. 1908 nebst Anlagen (betr. den Post-Überweisgs.- u. Scheckverkehr). (Drucksachen des Reichstags. 12. Legislatur-Periode. I. Session 1907/1908. Nr. 747.) (34 S.) 31,5×23,5 cm. Berlin (908). (C. Heymann.) 1. —

——, **Erläuterungen und Berichtigungen zu Dr. Römer's** Schrift keine Uebervölkerung mehr oder Mittheilungen über den Geschlechtsumgang und dessen Folgen von einem prakt. Arzte. 16. (32 S.) Berlin 851, Plahnsche Buchh. *

—— und **Erläuterungen** aus dem preußischen Gewerberecht zur Gewerbe-Ordnung für den norddeutschen Bund vom 21. Juni 1869. 2 Abthlgn. 8. Breslau 870, Korn's Verlag. à Abthl. * 80 Pf. *

Inhalt:
Abthl. 1. Gewerbliche und Dampfkessel-Anlagen. (VII, 55 S.)
" 2. Concessionswesen. Marktverkehr. Arbeiterverhältnisse. Auswanderer-Beförderung. (IV, 64 S.)

— u. Erläuterungen aus dem preußischen Gewerberecht zur Gewerbe-Ordng. f. den norddeutschen Bund vom 21. Juni 1869. 8. (VIII, 120 S.) Breslau 871. Korn. n. 1.60

Ergänzungen und Erläuterungen zum allgemeinen Landrecht, mit Ausschluß des Staatsrechts. Von C. C. E. Hiersemenzel. 1. Thl.: Zu Theil I. Tit. 1 bis 11. gr. 16. (VII und 520 S.) Berlin 854, Hempel. *

—— dass. — 2. Thl.: Zu Thl. I. Tit. 12 bis 23. gr. 16. (III und 561 S.) Ebds. 854. *

Ergänzungen und Erläuterungen

— - —— des allgemeinen Landrechts für die Preußischen Staaten durch Gesetzgebung und Wissenschaft. Unter Benutzung der Justizministerialakten und der Gesetzrevisionsarbeiten. 7. Ausg., neu bearb. von Ludw. v. Rönne. 1. Bd. 1.—3. Lfg. gr. 4. (S. 1—600.) Ebendas. 884. à Lfg. *ℳ 5. *

—— und **Erläuterungen** des allgemeinen Landrechts für die Preußischen Staaten durch Gesetzgebung und Wissenschaft. Unter Benutzung der Justizministerialakten und der Gesetzrevisionsarbeiten. 7. Ausg., neu bearb. von Ludw. v. Rönne. 1. Bd. 4. und 5. Lfg. gr. 4. (VIII, S. 601—1010.) Berlin 885, v. Decker's Verlag.
1. Bd. 1.—3. Lfg. Ebendas. 1884. *ℳ 5.—. (1. Bd. compl. *ℳ 25.50.)

—— —— dass. — 2. Bd. 4 Lfgn. gr. 4. Ebendas. [1. Lfg. (S. 1—200.) 885. *ℳ 5.—; 2. Lfg. (S. 201—400.) 885. *ℳ 5.—; 3. Lfg. (S. 401—600.) 886. *ℳ 5.—; 4. Lfg. (S. 601—696.) 886. *ℳ 2.40.]

—— —— dass. — 3. Bd. 4 Lfgn. gr. 4. Ebendas. [1. Lfg. (S. 1—160.) 887. *ℳ 4.—; 2. Lfg. (S. 161—320.) 887. *ℳ 4.—; 3. und 4. Lfg. (S. 321—552.) 888. à *ℳ 3.20.] *

—— —— dass. — 4. Bd. 5 Lfgn. gr. 4. Ebendas. [1. Lfg. (S. 1—200.) 885. *ℳ 5.—; 2. Lfg. (S. 201—400.) 885. *ℳ 5.—; 3. Lfg. (S. 401—608.) 886. *ℳ 5.—; 4. Lfg. (S. 609—774.) 888. *ℳ 4.50.; 5. Lfg. (S. 775—817.) 888. *ℳ 1.60.] *

— und **Erläuterungen** der Preuß. Rechtsbücher durch Gesetzgebung u. Wissenschaft. Unter Benutzung d. Justiz-Ministerial-Akten u. der Gesetz-Revisions-Arbeiten, hrsg. v. H. Gräff, C. F. Koch, L. v. Rönne, H. Simon, A. Wentzel. 3. verb. u. verm. Ausg., bearb. v. H. Gräff, L. v. Rönne, H. Simon. 10 Bde. in 20 Lfgn. gr. 8. 1 u. 2. Lfg. Ergänzgn. z. Criminal-Ordnung u. z. Criminal-Rechte. (638 S.) — 3. Lfg. Ergänzgn. zur Hypotheken- u. Deposital-Ordnung od.: Bd. IX. (VIII u. 412 S.) — 4—8. Lfg. Ergänzgn. zur Allgem. Gerichts-Ordnung oder: Bd. VII u. VIII. (890 u. 572 S.) — 9 u. 10. Lfg. Ergänzgn. zum allgem. Landrecht. Bd. II. (756 S.) — 12 u. 13. Lfg. Ergänzgn. zum allgem. Landrecht. Bd. I. (XIV u. 700 S.) — 14 u. 15. Lfg. Ergänzgn. zum allgem. Landrecht. Bd. III. (442 S.) — 16 u. 17. Lfg. Ergänzgn. zum allgem. Landrecht. Bd. IV. (692 S.) — 18 u. 19. Lfg. Ergänzgn. z. Allgem. Landrecht. Bd. V. (444 S.) — 20. Lfg. Chronologische u. Sach-Register. (240 S.) Breslau 847. 49, G. P. Aderholz. (à Lfg. 1½ ℳ) 30 ℳ — Die einzelnen Abtheilgunen besonders zu folgenden erhöhten Preisen: Allgem. Landrecht 5 Bde. u. Register-Bd. 22 ℳ — Criminalrecht mit Register-Bd. 4 ℳ — Gerichtsordnung, 2 Bde. u. Register-Bd. 8 ℳ — Hypotheken- u. Deposital-Ordnung mit Register-Bd. 4 ℳ

—— und Erläuterungen d. preuß. Rechtsbücher durch Gesetzgebung u. Wissenschaft. Hrsg. v. H. Gräff, C. F. Koch, L. v. Rönne, H. Simon u. A. Wenzel. 5 Thle. (od. 13 Abthl.) gr. 8. (721 B.) Breslau, Aderholz.
A. u. d. Ttln. einzeln:
Thl. 1. Allgemeines Landrecht. 4 Abthln. 837—40. 14 Thlr. 8 Gr.
Supplemente dazu. 2 Thle. [1. 3 Thlr. 20 Gr., 2. 2 Thlr 16 Gr.] 841. 6 Thlr. 12 Gr.
" 2. Criminal-Ordnung u. Tit. 20. Thl. II. d. allgem. Landrechts 838. 4 Thlr.
Supplementbd. dazu. 839. 1 Thlr. 12 Gr.
" 3. Allgemeine Gerichts-Ordnung. 3 Abthl. 839. 6 Thlr. 14 Gr.
Supplementbd. dazu. 840. 1 Thlr. 16 Gr.
" 4. Allgemeine Hypotheken- u. Deposital-Ordnung. 3 Abthln. 838 3 Thlr.
Supplementbd. dazu. 840. 14 Gr.
" 5. Bergwerksrecht. Steuergesetzgebung u. Agrargesetzgebung. 839—40. 3 Thlr. 20 Gr.
Supplementbd. zum Bergwerks-Recht u. d. Steuer-Gesetzgebung nebst Sach- u. chronolog. Register. 841. 12 Gr.
Supplementbd. zu d. Agrar-Gesetzen nebst Sach- u. chronolog. Register. 841. 5 Gr.

— dass. 2r Nachtrag, s. Sammlung, neueste, der die religiöse u. bürgerliche Verfassung der Juden in den Königl. Preuß. Staaten betreffenden Gesetze, Verordnungen, Gutachten, Berichte u. Erkenntnisse.

—— dass. Hrsg. von Dens. — 2., verb. u. verm. Ausg., bearb. v. Gräff, v. Rönne, Simon. 10 Bde. Breslau, G. P. Aderholz. Subscr.-Pr. à Bd. 3 Thlr. Ladenpr. f. alle 10 Bde.
Bd. 1—6. Ergänzungen ꝛc. zu dem allgem. Landrecht, der agrarischen Gesetzgebung, der Steuergesetze u. des Bergwerks-Rechtes. 6 Bde. [1. (46¾ B.) 843., 2. (50⅔ B.) 44., 3. (32¾ B.) 4. (56¼ B.) 43., 5. (57¾ B.) 6. (56 B.) 44.] Ladenpr. 24 Thlr. 15 Ngr.
" 7. Ergänzungen ꝛc. zu dem Criminalrechte. 2 Abthlgn. (54¼ B.) 842. 5 Thlr. 15 Ngr.
" 8., 9. Ergänzungen ꝛc. zu der allgem. Gerichtsordnung. 2 Abthlgn. (52 u. 42¼ B.) 843. 8 Thlr. 10 Ngr.
" 10. Ergänzungen ꝛc. zu den Hypotheken- und Deposital-Ordnung. (39½ B.) 843. 3 Thlr. 20 Ngr.

Ergänzungen u. Erläuterungen der preuß. Rechtsbücher durch Gesetzgebung u. Wissenschaft. Hrsg. v. H. Gräff, C. F. Koch, L. v. Rönne, H. Simon u. A. Wenzel. 2. Supplem.-Bd. zur 1. Ausg., bearb. von H. Gräff, L. v. Rönne, H. Simon. 3 Abthlgn. gr. 8. Breslau 841, G. P. Aderholz.
Abthl. 1. Ergänzungen des allgem. Landrechts. Tit. 1—12. (54 B.) 3 Thlr. 15 Ngr.
" 2. Ergänzungen zum allgem. Landrechte II. Tit. 13—19, sowie zum V. Theile des Werkes, betreff. das Bergwerks-Regale, die Steuergesetzgebung u. die Agrargesetze. (24½ B. u. Register.) 2 Thlr.
" 3. Ergänzungen der Criminal-Ordnung, des Criminal-Rechts, der allgem. Gerichts-Ordnung, der Hypotheken- u. Deposital-Ordnung. (34¼ B.) 2 Thlr. 5 Ngr.
Vgl. 9. Bd. 1. Abthl. S. 231. Fortsetz. s. 3. Supplementbd.

—— dass. 3. Supplbd. z. 1. Ausg., gleichzeitig 1. Supplbd. z. 2. Ausg. bearb. v. H. Gräff, L. v. Rönne u. H. Simon. 1—3. Abthl. Lex.-8. Breslau, G. P. Aderholz.
Abthl. 1., 2. Ergänzungen zu dem allgemeinen Landrecht. 2 Abthlgn. [1. (13⅝ B.) 1 Thlr., 2. (21⅝ B.) 1 Thlr. 20 Ngr. 846.] 2 Thlr. 20 Ngr.
" 3. Ergänzungen zur allgem. Gerichtsordnung, Hypotheken- u. Deposital-Ordnung, Criminalordnung u. zum Criminalrechte. (Mit chronolog. u. Sachregister für alle 3 Abthlgn.) (32⅝ B.) 847. 2 Thlr. 15 Ngr.

—— und Erläuterungen der preuß. Rechtsbücher durch Gesetzgebung und Wissenschaft. Unter Benutzung der Justiz-Ministerial-Akten und der Gesetz-Revisions-Arbeiten, hrsg. von H. Gräff, C. F. Koch, L. v. Rönne, H. Simon, A. Wentzel. 3., verb. und verm. Ausg., bearb. von H. Gräff, L. v. Rönne, H. Simon. 10 Bde. (20 Lfgn.) gr. 8. (..... S.) Breslau 847—49, G. P. Aderholz, Brlgsb. (à Lfg. 1 Thlr. 15 Ngr.)
Einzelne Abtheilungen werden zu nachstehenden Preisen abgegeben:
Allgemeines Landrecht. 5 Bde. mit Register-Band. 22 Thlr.
Criminalrecht mit Register-Band. 4 Thlr.
Gerichtsordnung. 2 Bde. mit Register-Band. 8 Thlr.
Hypotheken- und Deposital-Ordnung mit Register-Band. 4 Thlr.

—— dass. — 3., verb. und verm. Aufl., bearb. von H. Gräff und L. v. Rönne. 11. Bd.: Nachträge zu den ersten 10 Bdn. bis Ende Juli 1849. gr. 8. (349 S.) Ebds. 850.

—— dass. — 3., verb. und verm. Aufl., bearb. von Denselben. 12. Bd.: Nachträge zu den ersten 11 Bdn. bis Ende Decbr. 1850. gr. 8. (IV und 571 S.) Ebds. 851.

—— und Erläuterungen der preuß. Rechtsbücher durch Gesetzgebung und Wissenschaft. Hrsg. von H. Gräff, C. F. Koch, L. v. Rönne, H. Simon, A. Wentzel. 4. Suppl.-Bd. zur 1. Ausg., gleichzeitig 2. Suppl.-Bd. zur 2. Ausg., bearb. von H. Gräff und L. v. Rönne. 2 Abthlgn. gr. 8. (862 S.) Breslau 850, G. P. Aderholz, Brlgsb.

—— dass. — 5. Suppl.-Bd. zur 1. Ausg., gleichzeitig 3. Suppl.-Bd. zur 2. Ausg., bearb. von H. Gräff und L. v. Rönne. gr. 8. (IV und 571 S.) Ebds. 851.
Vgl. 10. Bd. 1. Abthl. S. 225.

—— —— der preußischen Rechtsbücher durch Gesetzgebung und Wissenschaft. Hrsg. von H. Gräff, C. F. Koch, L. v. Rönne, H. Simon, A. Wentzel. 6. und 7. Suppl.-Bd. zur 1. Ausg., gleichzeitig 4. und 5. Suppl.-Bd. zur 2. Ausg., bearb. von H. Gräff und L. v. Rönne. gr. 8. Breslau, Aderholz. [6. (769 S.) 853. 3 Thlr. 25 Ngr., 7. (637 S.) 855. 3 Thlr.]
Vgl. 11. Bd. 1. Abthl. S. 253.

—— —— dass. — 3., verb. und verm. Aufl. bearb. von H. Gräff und L. v. Rönne. 13. und 14. Bd.: Nachträge zu den 12 ersten Bänden bis Ende März 1855. gr. 8. Ebds. [13. (769 S.) 853. 3 Thlr. 25 Ngr., 14. (637 S.) 855. 3 Thlr.]
Vgl. 11. Bd. 1. Abthl. S. 253.

—— und Erläuterungen der preußischen Rechtsbücher durch Gesetzgebung und Wissenschaft. Hrsg. von H. Gräff, C. F. Koch, L. v. Rönne, H. Simon, A. Wentzel. 8. Suppl.-Bd. zur 1. Ausg., gleichzeitig 6. Suppl.-Bd. zur 2. Ausg. bearb. von H. Gräff und L. v. Rönne. gr. 8. (618 S.) Breslau 857, Aderholz. *

—— —— dass. — 3., verb. und verm. Ausg. bearb. von H. Gräff und L. v. Rönne. 15. Bd.: Nachträge zu den 12 ersten Bdn. bis März 1857. gr. 8. (618 S.) Ebendas. 857. *

—— —— der preußischen Rechtsbücher durch Gesetzgebung und Wissenschaft. Unter Benutzung der Justizministerial-Akten und der Gesetz-Revisions-Arbeiten. 4. Ausg. bearb. von Ludw. v. Rönne. (In 4 Bdn. oder 16 Lfgn.) 1—4. Lfg.: Ergänzungen des Allgemeinen Landrechts. Thl. I. gr. 4. (XII und 798 S.) Berlin 858. 59, Decker'sche geheime Ober-Hofbuchdruckerei. à Lfg. * 1 Thlr. *

—— —— dass. — 5. und 6. Lfg. (2. Bd.:) Ergänzungen des Allgemeinen Landrechts. Thl. II. 1. und 2. Lfg. gr. 4. (S. 1—400.) Ebendas. 859. à Lfg. * 1 Thlr. *

—— und Erläuterungen der preußischen Rechtsbücher durch Gesetzgebung und Wissenschaft. Unter Benutzung der Justizministerial-Akten und der Gesetz-Revisions-Arbeiten. 4. Ausg. bearb. von Ludw. v. Rönne. 7.—15. Lfg. gr. 4. (2. Bd. S. 401—780, 3. Bd. VIII und 821 S., 4. Bd. VIII und 601 S.) Berlin 860—63, v. Decker'sche geheime Ober-Hofbuchdruckerei. [Lfg. 7—14. à * 1 Thlr., Lfg. 15. * 1 Thlr. 15 Ngr.] *
1.—6. Lfg. Ebendas. 1858,59. * 6 Thlr.

—— dass. — 5. Ausg. bearb. von Ludw. v. Rönne. 1.—14. Lfg. gr. 4. (1. Bd. XII und 1000 S., 2. Bd. 1175 S., 3. Bd. VIII und 982 S., 4. Bd. S. 1—400.) Ebendas. 864—68. à Lfg. * 1 Thlr. *

Ergänzungen und Erläuterungen der preußischen Rechtsbücher durch Gesetzgebung und Wissenschaft. Unter Benutzung der Justizministerial-Akten und der Gesetz-Revisions-Arbeiten. 5. Ausg. bearb. von Ludw. v. Rönne. 15. und 16. Lfg. 4. (4. Bd.: Ergänzungen zum Strafrechte und Strafprozesse. S. 401—795: Schluß des Textes.) Berlin 869, v. Decker'sche Geh. Ober-Hofbuchdr. à Lfg. * M 3. *
1.—14. Lfg. Ebendas. 1864—68. * M 42.

—— —— dass. — 6. Ausg. neu bearb. von Ludw. v. Rönne. 1.—7. Lfg.: Allgemeines Landrecht. gr. 4. Ebendas. 873—75.
1. Bd. [1.—4. Lfg.] (VII, 788 S.) * M 14,25.;
2. Bd. [5.—7. Lfg.] (S. 1—607.) à Lfg. * M 3,75. *

—— und Erläuterungen der preußischen Rechtsbücher durch Gesetzgebung und Wissenschaft. Unter Benutzung der Justizministerial-Akten und der Gesetz-Revisions-Arbeiten. 6. Ausg., bearb. von Ludw. v. Rönne. 8.—13. Lfg.: Allgemeines Landrecht 3. und 4. Bd. gr. 4. Berlin, v. Decker's Verlag. [8. Lfg. (3 Bd. S. 1—200.) 876. * M 3,75.; 9. Lfg. (3. Bd. S. 201—507.) 876. * M 5,85.; 10.—13. Lfg. (4. Bd. 800 S.) 878,79. à Lfg. * M 3,75.] *
1. und 2. Bd. Ebendas. 1873—75. * M 25,50.

Ergänzungen und Erläuterungen der preußischen Rechtsbücher durch Gesetzgebung und Wissenschaft. Unter Benutzung der Justizministerial-Akten und der Gesetz-Revisions-Arbeiten. 6. Ausg., bearb. von Ludw. v. Rönne. 14. und 15. (Schluß-)Lfg. 4. Bd.: Allgemeines Landrecht. gr. 4. Berlin 880, v. Decker's Verlag. [14. Lfg. (S. 801—1000.) * M 3,75.; 15. Lfg. (III, S. 1001—1153.) * M 6.] *
compl. 4 Bde. *
1.—13. Lfg. Ebendas. 1873—79. * M 50,10.

— d. allgem. Gerichtsordnung u. d. allgem. Gebührentaxen, d. Hypotheken- u. Depositalordnn., d. Landrechts rc. in den Preuß. Staaten, s. Fr. H. v. Strombeck.

Ergänzungen der allgemeinen Gerichts-Ordnung u. der allgemeinen Gebüren-Taxen ... Leipz. 1822. V: *Strombeck, Friedrich Heinrich von.* (BrVV)

— der allgem. Gerichtsordnung u. der allgem. Gebührentaxen für die Gerichte rc. in den Preuß. Staaten. Herausgeg. v. Fr. H. v. Strombeck. 2 Bde. 2e sehr verm. u. verb. Ausg. gr. 8. Leipz. 824, Brockhaus. 2 Rthlr. Schreibpap.

—— der allgem. Gerichtsordnung u. d. allgem. Gebührentaxen f. d. Gerichte, Justizcommissarien u. Notarien in d. Preuß. Staaten, d. Stempelgesetzes, Salarien-Cassen-Reglements, sammt d. Instruction f. d. Ober-Rechnungs-Cammer. Hrsg. v. Friedr. Heinr. v. Strombeck. 3., verb. u. verm. Aufl. 3 Bde. gr. 8. (134 B. incl. Tab. in gr. Fol.) Leipzig 829, Brockhaus.
5 Thlr. 16 Gr., Schrbp.

—— der allgem. Gerichtsordnung u. d. allgem. Gebührentaxen. Hrsg. v. Friedr. Heinr. v. Strombeck. 4. Bd. (Enth. die Nachträge zur 3. Ausg. ders. bearb. u. bis auf d. neueste Zeit fortgeführt v. Ferd. Leop. Lindau. gr. 8. (33 1/8 B. u. 1 B. Tab.) Leipzig 838, Brockhaus. * 1 1/3 Thlr., Schrbp. *
4 Bde. Ebendas. 1829—38. zusamm. hrbgs. Pr. * 4 Thlr. 16 Gr., Schrbp. * 7 Thlr. 12 Gr.

Ergänzungen zur allgemeinen Gerichts-Ordnung. Zusammengestellt von L. F. Schmidt. (2 Hefte.) gr. 8. (XLIV und 800 S.) Sorau 850—51. (Berlin, C. Heymann.) (à Heft * 1 Thlr. 15 Ngr.) *
Aus: Ergänzungen zum allgem. Landrecht rc., besonders abgedruckt.

— d. Geschichte von Asien u. Afrika. 3 Thle. 8. Dessau 783—85. Gelehrt.-B. 1 ß 23 g.

Ergänzungen zum Handbuch der Polizei- Militair- Steuer- und Gemeindeverwaltung in den Königl. Preuss. Staaten. Münster 1843. V: *Ostermann, Hnr.* (Rass)

—— zu dem Handwörterbuch der Chemie und Physik. In Verbindung mit Mehreren hrsg. von Rud. Wagner. A. u. d. T.: Bericht über die neuesten Fortschritte in der Chemie, Physik und Mineralogie. gr. 8. (VI und 216 S.) Berlin 850, Simion.

Ergänzungen der allgem. Hypotheken- u. Depositalordnung f. d. Preuss. Staaten, od. vollständ. Samml. aller noch geltenden, die Preuss. Hypotheken- u. Depositalordn. ergänz., erläut. od. abändernden Gesetze, Verordnn. u. Ministerialverfügungen, verkürzt hrsg. v. Fr. Heinr. v. STROMBECK. 4e verb. u. verm. Ausg. *Halberstadt.* 830. (Weinedel in *Lpz.*) gr. 8. (2 Thl. 16 Gr.)
Supplementband, enthalt. Nachträge zur 4n Ausg. v. 1830, od. sämmtl. seitdem bis 1836 erschienenen sowie früher im Hauptwerke nicht mit aufgeführten gesetzl. Bestimmungen, herausg. v. Ferd. Leop. LINDAU. *Leipzig.* Weinedel. 837. gr. 8. (1 Thl. 4 Gr. — compl. nur 3 Thl.)

—— zur allgemeinen Hypotheken-Ordnung. Zum prakt. Gebrauch für Richter, Rechts-Anwalte, Notare ꝛc. von L. F. Schmidt. gr. 8. (X und 111 S.) Sorau 851. (Berlin, C. Heymann.) *

—— zur Instruktion zur Verwaltung der gerichtlichen Salarien-Kassen und zur Instruktion zur Anfertigung der Jahresrechnungen und der Quartal-Abschlüsse der gerichtlichen Salarienkassen. Zum praktischen Gebrauch zusammengestellt für Richter und höhere Subaltern-Beamte von L. F. Schmidt. gr. 8. (XII und 234 S.) Sorau 852. (Berlin, C. Heymann.) *

—— zur allgemeinen Kriminal-Ordnung. Zum prakt. Gebrauch zusammengestellt für Richter, Staats- und Polizei-Anwalte, Vertheidiger, Geschworene, von L. F. Schmidt. gr. 8. (XII und 240 S.) Sorau 851. (Berlin, C. Heymann.) *

Ergänzungen d. Preuß. Criminalrechts s. a. **F. H. v. Strombeck.**

Ergänzungen, des Preuß. Criminal-Rechts, herausgeg. v. Fr. H. v. Strombeck. 1r Thl. A. u. d. T.: Ergänzungen des Preuß. Strafrechts ꝛc. 3e Aufl. gr. 8. Berlin 827, Dümmler.

Ergänzungen d. Preuß. Criminalrechts, enthalt. e. Zusammenstellung d. jetzt noch anwendbaren Verordn. u. Ministerialverfügungen, welche vor u. seit d. Gesetzeskraft d. Tit. 20. Th. II. d. allgem. Landrechts u. d. Criminalordn. öffentl. bekannt gemacht sind u. dieselben ergänzen, erläut. od. abändern. Hrsg. v. Friedr. Heinr. v. Strombeck. 1. Bd. — A. u. d. T.: Ergänzungen d. Preuß. Strafrechts. 4., sehr verm. u. verb. Ausg. gr. 8. (55 B.) Berlin 829, Dümmler.

—— dass. 2. Bd. — A. u. d. T.: Ergänzungen d. Preuß. Criminalordnung. 4., verm. u. verb. Ausg. gr. 8. (45¼ B.) Ebds. 831.

Ergänzungen des preuß. Criminalrechts, enthalt. e. Zusammenstell. d. jetzt noch anwendbaren Verordnn. u. Ministerialverfügn., welche vor u. seit d. Gesetzeskraft d. Tit. 20. Thl. II. d. Allgem. Landrechts u. d. Criminalordn. öffentl. bekannt gemacht sind u. dieselb. ergänzen, erläut. od. abändern. Hrsg. v. Friedr. Heinr. v. Strombeck. 1. Bd. — A. u. d. T.: Ergänzungen d. preuß. Strafrechts ꝛc. 5., verm., durchgängig bericht. u. verb. Ausg., hrsg. v. Ferd. Jul. Hafemann. gr. 8. (57¼ B.) Berlin 831, Dümmler.
2. Bd. Ebendas. 1831. 2 Thlr. 12 Gr.

„Chronologisches und Sachregister der Ergänzungen des Allgemeinen Landrechts", Berlin 1841. — Vorh.: Preuß. Oberbergamt Dortmund — J. p. 24.

—— zum allgemeinen Landrecht. Zusammengestellt von L. F. Schmidt. (2 Hefte.) gr. 8. (XXVIII und 697 S.) Sorau 850. (Berlin, C. Heymann.) *

—— zum allgemeinen Landrecht, zur allgem. Gerichts-, Kriminal-, Hypotheken- und Deposital-Ordnung, zum allgem. Registratur- und Kanzlei-Reglement, zur Anweisung zur Verwaltung der gerichtl. Salarienkassen und zur Instruktion über die Anfertigung der Jahres-Rechnung und Quartal-Extrakte der gerichtl. Salarienkassen für höh. Justiz-Subaltern-Beamte von L. F. Schmidt. 1—10. Heft. (1—3. Bd.) gr. 8. Sorau 850—51. (Berlin, C. Heymann.) [Bd. 1. (696 S.) 2. (880 S.) 3. (632 S.)] Thlr. *

—— zum allgemeinen Landrecht, zur allgem. Gerichts-, Kriminal-, Hypotheken- und Deposital-Ordnung, zum allgem. Registratur- und Kanzlei-Reglement, zur Anweisung zur Verwaltung der gerichtl. Salarienkassen ꝛc. für höhere Justiz-Subaltern-Beamte von L. F. Schmidt. 11. und 12. Heft. gr. 8. (3. Bd. S. 633—973 und Register 78 S.) Sorau 852. Berlin, (C. Heymann.)
1—10. Heft. Ebendas. 1850—51. * 6 Thlr.

Ergänzungen des allgemeinen Landrechts für die Preußischen Staaten . . . Berlin, Breslau und Halberstadt 1823—33. V: *Strombeck, Frdr. Hnr. v.* (Kat. d. Bibl. d. Techn. Hochsch. Berlin 1900.)

— d. allgem. Landrechts f. d. preuß. Staaten; herausgeg. v. Fr. H. v. Strombeck. 2 Bde. 2e Ausg. gr. 8. Leipz. 824, Brockhaus. 3 Rthlr. 12 gr. Schreibpap.
— vergl. **Strombeck.**

—— des allgem. Landrechts f. d. Preuß. Staaten, enthalt. e. vollständ. Zusammenstell. aller noch geltenden, d. allgem. Landrecht abändernden, ergänz. u. erläut. Gesetze, Verordn. u. Ministerialverfügungen, nebst e. chronolog. Verzeichnisse ders., u. Register; hrsg. v. Friedr. Heinr. v. Strombeck. 3., verm. u. verb. Aufl. 3 Bde. gr. 8. (201¼ B. u. 8 Tab.) Leipzig 829, Brockhaus. 6 Thlr., Schrbp.

—— des allgem. Landrechts f. d. preuß. Staaten, hrsg. v. Friedr. Heinr. v. Strombeck. 4. Bd. Enth. d. Nachträge zur 3. Ausg. dess., bearb. u. bis auf d. neueste Zeit fortgeführt v. Ferd. Leop. Lindau. gr. 8. (31 B.) Leipzig 837, Brockhaus. * 1⅓ Thlr., Schrbp.
4 Bde. Ebendas. 1829—37. zusamm. hrbgs. Pr. * 5 Thlr., Schrbp. * 6 Thlr. 16 Gr.

—— neueste, zu sämmtlichen Auflagen von Pierers Universal-Lexikon und zu jedem ähnlichen Werke. 1—6. Heft. gr. 8. (S. 1—480.) Altenburg 855—56, Pierer. à Heft 5 Ngr.

Ergänzungen, neueste, zu sämmtl. Auflagen von Pierers Universal-Lexikon und zu jedem ähnlichen Werke. 7—12. Heft. gr. 8. (2. Bd. S. 1—458.) Altenburg 857. 58, Pierer. à Heft 5 Ngr.
1—6. Heft. Ebendas. 1855, 56. 1 Thlr.

— der Preußischen Rechtsbücher durch Gesetzgebung u. Wissenschaft. Unter Benutzung der Justizministerial-Akten u. der Gesetz-Revisions-Arbeiten, herausg. von H. Gräff, C. F. Koch, L. v. Rönne, H. Simon, A. Wentzel. 3., verb. u. verm. Ausg. bearb. von H. Gräff u. L. v. Rönne. 13—15. Bd. A. u. d. T.: 6—8. Supplementband zur 1. Ausgabe, gleichzeitig 4—6. Supplementband zur 2. Ausgabe. Breslau 853—57. Aderholz. Lex.-8. 9 ₰ 25 ngr
13. Bd.: Nachträge zu den 12 ersten Bänden bis März 1853. (1 Bl., 769 S.) 3 ₰ 25 ngr
14. Bd.: Nachträge zu den 12 ersten Bänden bis zum Jahre 1855. (1 Bl., 637 S.) 3 ₰
15. Bd.: Nachträge zu den 12 ersten Bänden bis März 1857. (1 Bl., 618 S.) 3 ₰

Ergänzungen der Preußischen Rechtsbücher durch Gesetzgebung und Wissenschaft ꝛc. ꝛc. 4. Ausg. bearb. von L. v. Rönne. (In 4 Bdn. oder 16 Liefgn.) 1-4. Liefg. Berlin 858. Decker. gr. 4. (1. Bd. 1. Abth.: XII, 798 S.) Jede Liefg. n. 1 ₰
1. Bd.: Ergänzungen und Erläuterungen des Allgemeinen Landrechts für die Preuß. Staaten durch Gesetzgebung und Wissenschaft ꝛc. 1. Abth.

—— zum allgemeinen Registratur- und Kanzlei-Reglement. Zum prakt. Gebrauch zusammengestellt für Richter und höhere Subaltern-Beamte von L. F. Schmidt. (gr. 8. (IV und 136 S.) Sorau 851. (Berlin, C. Heymann.) *
Letztere drei Schriften wurden aus: Ergänzungen zum allgem. Landrecht ꝛc., besonders abgedruckt.

Ergänzungen der Schiess-Instruction für die Infanterie und Jägertruppe. 2. Auflage der Instruction vom Jahre 1879, in ihrer Anwendung auf die k. k. Landwehr-Fusstruppen. (Zu Nr. 13015/3297/IV vom Jahre 1890.) 8. Wien 1890.
- 3. Auflage der Instruction vom Jahre 1879. (N.-V.-Bl. für das k. u. k. Heer, 9. Stück ex 1895.) 8. Wien 1895.
Hof- u. Staatsdruckerei

Ergänzungen zu der [illegible] Schrift über die Politik der Großmächte und der [illegible] in der [illegible] Verfassungsfrage (Berlin 1861). [illegible] 1862. 27 S. 8.

Ergänzungen zum Seminar-Lesebuche. 1. Vaterländisches. gr. 8. (IV, 141 S.) Berlin 891. Herz. Kart. n. 1 —

Ergänzungen zum Seminar-Lesebuche. I.: Vaterländisches. 8., unveränd. Aufl. gr. 8. (IV, 141 S.) Berlin 898. Besser. Kart. n. 1. —

Ergänzungen zum Seminar-Lesebuche. 8. unveränd. Aufl. 1. *Berlin: W. Hertz 1898.* 8° [J.] [?]

ERGÄNZUNGEN DES STATUTS des historischen Vereins für Niedersachsen. In Gemässheit des § 35 des Statuts. Hannover 1845. 8°.

Ergänzungen zu den in Bayern geltenden Strafgesetzbüchern. Mit Erläuterungen und Anmerkungen. Zum Handgebrauch. 1. und 2. Lfg. 8. Erlangen 872, Deichert. [1. Lfg. (S. 1—272.) *M 1,50.; 2. Lfg. (S. 273—392.) *M 1.] *

Ergänzungen zu Möhlers Symbolik aus dessen Schrift: Neue Untersuchungen der Lehrgegensätze zwischen den Katholiken u. Protestanten. Herausgeg. von J. M. Raich. Nebst dem Lebensbilde Möhlers von H. Kihn. Mit dem Bildnis Möhlers [in Lichtdruck nach der Marmorstatue]. Mainz, Kupferberg. 1889. gr. 8°. LIX u. 112 S., 1,80 Mk.

Ergänzungen zu dem Tagebuche des Rittmeisters v. Colomb, die Streifzüge von 1813 und 1814 betreffend. Beihft. z. „Milit.-Wochenblatt". Berlin 1855.

Ergänzungen zu Th. 3 der Verfassung der Grossloge zur Sonne. [Bayreuth] o. J.: [Burger]. 11 S. 8° [Kopftit.] 223.

Ergänzungen zu der im Anhange von Prof. Penck's Schrift uber Friedrich Simony enthaltenen, von A. E. Forster und J. Longo zusammengestellten Uebersicht von Simony's Arbeiten.
in Böhm: Zur Biographie Friedrich Simony's. Wien 1899. 20 S. 8°.

Ergänzungsband zu allen Ausg. von Shakespeare's dramat. Werken, s. a. Shakespeare.

Ergänzungsband zu allen englischen Ausgaben und zur Schlegel-Tieckschen Uebersetzung von Shakespeare's dramatischen Werken. Enthaltend die von J. Payne Collier in einem alten Expl. der Folio-Ausg. von 1632 aufgefundenen und hrsg. handschriftl. Bemerkungen und Veränderungen in übersichtlich vergleichender Zusammenstellung bearb. und übers. von Jul. Frese. Lex.-8. (XXIII und 282 S.) Berlin 853, Besser's Verlag.

Ergänzungs-Bd. zur Provinz.-Gesetzsamml. u. s. w., welcher d. nachträgl. aufgenommenen Verordn. vom 1. Jan. 1819 bis letzt. Dec. 1820 enthält. *Ebend.* 822. gr. 8. (1 Thl. 4 Gr.)

Ergänzungs-Band (1872 bis Ende 1875) des vollständigen Sach- und Nachschlage-Registers zum österreichischen Reichsgesetzblatte. Nach Materien chronologisch geordnet, mit einem 8000 Schlagwörter umfassenden alphabetischen Index über sämmtliche Bände des österreichischen Reichsgesetzblattes von 1849 bis Ende des Jahres 1875, von Franz Starr, k. k. Justiz-Ministerial-secretär, etc. gr. 8. Wien 1876.

Ergänzungsbände des Leipziger Journals. I. (Bd.:) Vor und nach dem Frieden von Villafranca. Studien zur Geschichte und Kritik der politischen Entwickelung des letzten Zeitdramas. gr. 8. (XXIV und 270 S.) Leipzig 860, [Henninge'sche Buchh.] Thlr.

Ergänzungsbände des Leipziger Journals. I. Leipzig, 860. Lehmann. (Wolf.) gr. 8. (XXIV, 270 S.) 1 ♃ 15 ngr
Inhalt: Vor und nach dem Frieden von Villafranca. Studien zur Geschichte und Kritik der politischen Entwickelung des letzten Zeitdramas.

Ergänzungs-Bestimmungen d. Chefs d. Admiralität zu dem Gesetz betr. Aenderungen der Wehrpflicht vom 11. Februar 1888. gr. 8. (55 S.) Berlin 888. Mittler & Sohn. n. — 60

Ergänzungsbestimmungen zu den neuen japan. Gesetzen betr. den Schutz des gewerbl. Eigentums, nebst den Patent-, Handelsmarken-, Muster- u. Gebrauchsmuster-Ordngn. f. Korea. Übers. v. Karl Vogt. (V, 94 S.) 8. Yokohama 910. (Leipzig, O. Zehrfeld.) nn 3.50

Ergänzungs-Bezirks-Eintheilung der österreichischen Monarchie. mit Ausnahme der Militär-Grenzländer. Genehmigt mittelst A. Befehlschreiben vom 8. December 1856. (Ad Nr. 8589, Sect. 3. A. 2., vom 22. December 1856.) (3 Bde.) 4. Wien 1857—1867.

Ergänzungs-Bezirks-Eintheilung der österreichischen Monarchie, mit Ausnahme der Militär-Grenzländer. 4. (18 S.) Wien 860, Hof- und Staatsdruckerei.

Ergänzungs-Bezirks-Einteilung der Österr. Monarchie. Wien 1867. 4°.

Ergänzungsblatt, enthaltend die Abänderungen der in der 2. Colonne des spanischen Zolltarifes vom 17. Juli 1877 angegebenen Zollsätze für Vertragsstaaten, auf Grund der Handelsverträge Spaniens mit Frankreich vom 6. Febr. 1882, mit Oesterreich-Ungarn vom 3. Juni 1880, und Belgien vom 4. Mai 1878. gr. 8. (7 S.) Wien 884, Hof- und Staatsdruckerei. *

Ergänzungs-Blatt der luzernischen Abendblätter v. Abendblätter.

Ergänzungsblatt zum Häuserkataster der k. k. Reichshaupt- und Residenzstadt Wien. Fol. erscheint in 12 Nrn. kompl. K 24.—
Wien: Zenobel 1905.

Ergänzungsblatt zum Häuserkataster der k. k. Reichshaupt- und Residenzstadt Wien. IV. Jahrg. 1908. Fol. Erscheint in 12 Nrn. Wien: Zenobel 1908. kompl. K 24.—

Ergänzungsblatt zum Häuserkataster der k. k. Reichshaupt- und Residenzstadt Wien. 5. Jahrg. Fol. Erscheint in 12 Nrn. Wien: Zenobel 1909. kompl. K 24.—

Ergänzungsblätter zur Eisenbahn-Verkehrsordnung. Monatsschrift üb. das Verkehrs- u. Tarifwesen f. Abfertigungsbeamte u. Spediteure, Handel u. Industrie. Red.: C. Malcomes. 2. Jahrg. April 1910—März 1911. 12 Nrn. (à ca. 8 S.) Lex. 8. Berlin, O. Dreyer. n 2.40

—— zur Fackel. Redakt.: Hugo Häpe. 1. Jahrg. April—Decbr. 1849. 18 Nrn. und 2. und 3. Jahrg. 1850 und 1851. à 24 Nrn. (Bog.) 4. Grimma, Verlags-Comptoir. [1. Jahrg 22⅔ Ngr., und 2. und 3. Jahrg. à 1 Thlr.]

Ergänzungsblätter zur Kenntniß der Gegenwart. Redact.: Otto Dammer. 1.—3. Bd. à Bd. 12 Hefte. (à 64 S.) Mit Abbild. Lex.-8. Hildburghausen 865—67, Bibliographisches Institut. à Heft 6 Ngr.

Ergänzungsblätter zur Kenntniß der Gegenwart. Redact.: Otto Dammer. 4.—8. Bd. à 12 Hefte. (à 64 S.) Mit Abbildungen. A. u. d. T.: Supplemente zu Meyers Conversations-Lexikon. 1.—4. Bd. Lex.-8. Hildburghausen 869—71, Bibliogr. Institut. à Heft 60 Pf.; à Bd. geb. in Leinwd. M 8,20.; geb. in Halbfrz. geb. in Halbjuchten

Ergänzungsblätter zur Allgemeinen evangelisch-lutherischen Kirchenzeitung. Redact.: C. E. Luthardt. (1.) Jahrg. 1879. 26 Nrn. (Bog.) gr. 4. Leipzig, Dörffling und Franke. *
Erscheint von 1880 an u. d. T.: Zeitschrift für kirchliche Wissenschaft und kirchliches Leben.

Ergänzungsblätter zu allen Conversationslexiken, s. a. Ergänzungsconversationslexikon.

Ergänzungsblätter zu allen Conversationslexiken, hrsg. v. e. Verein von Gelehrten, Künstlern u. Fachmännern unter d. Redakt. v. Fr. Steger. Eine Wochenschrift. 1845. Juli—Dec. Nr. 1—26. (à 1 B.) (od. 1. Bd. u. 2. Bd. 1. u. 2. Hft.) gr. 8. Leipzig, Romberg. *

—— dass. Hrsg. von Dems. Nr. 27—130. (à 1 Bog.) (od. 2. Bd. 3. u. 4. Hft. u. 3. Bd. 1. u. 2. Hft.) Lex. 8. Ebds. 846, 47. *

Ergänzungsblätter zu allen Conversationslexiken hrsg. von einem Vereine von Gelehrten, Künstlern und Fachmännern. Redig. von Fr. Steger. Nr. 131—416. (à 1 Bog.) oder 3. Bd. 3. und 4. Heft und 4—8. Bd. (à 4 Hefte.) Lex.-8. Leipzig und [Meißen 848—52, Ergänzungsblätterverlag.] à Bd. * 2 Thlr. *
1—3. Bd. 1. und 2. Heft. Ebendas. 1846—47. * 5 Thlr. Der erste und zweite Band dieses Werkes erschien bereits (1846—47.) in 2., unveränderter Auflage. — Eine vervollständigte 5. Auflage des ersten Halbbandes (à 6 Hefte. S. 1—416 mit 1 Stnt.) wurde 1850 (à Heft 5 Ngr.) u. d. T.: Ergänzungs-Conversationslexikon ausgegeben.

Ergänzungsblätter zu allen Conversations-Lexiken hrsg. von einem Verein von Gelehrten, Künstlern und Fachmännern. Redig. von Fr. Steger. 9—11. Bd. oder Neue Folge 2—4. Bd. A. u. d. T.: Ergänzungs-Conversationslexikon der neuesten Zeit. Lex.-8. (à Bd. 52 Bog.) Meißen 853—55, Ergänzungsblätterverlag. à Bd. Thlr. *
Die Fortsetzung erschien unter dem Titel:
Ergänzungs-Conversationslexikon.

— malerische. Supplement zu allen vorhandenen Conversations-Lexiken. 1. Serie. 1. Hft. Berlin (854.) Landsberger. gr. 8. (6 Bl. in Stahlst. u. Holzschn.) 5 ngl

Ergaenzungsbuch zum Arzneibuch für das Deutsche Reich. (Arzneimittel, welche in d. Arzneibuch f. d. Deutsche Reich nicht enthalten sind.) 3. Ausg. Bearb. u. hrsg. von d. Deutschen Apotheker-Verein. Berlin 1906. 8°. *[1. Aufl. 1891.]*

Ergänzungsbuch zum Arzneibuch für das Deutsche Reich. (Arzneimittel, welche in dem Arzneibuch für das Deutsche Reich nicht enthalten sind.) 3. Ausg. Bearb. u. hrsg. v. dem deutschen Apotheker-Verein. (III, 429 S.) gr. 8. Berlin 906. Selbstverlag des deutschen Apotheker-Vereins. Geb. in Halbfrz. n. 6.—
Bisher u. d. T.: Arzneimittel usw.

Ergänzungsconversationslexikon, s.a. Ergänzungsblätter zu allen Conversationslexiken.

Ergänzungs-Conversationslexikon, s.a. Tage, unsere.

Ergänzungsconversationslexikon, von Steger. 4. unveränderte Aufl. 1. 2. Bd. oder 1.—24. Heft. Nr. 1—104. Lex.-8. Leipzig 846, 47, Romberg. à H. 1/6 ß

Ergänzungsconversationslexikon. Ergänzungsblätter zu allen Conversationslexiken. Hrsg. von e. Vereine von Gelehrten, Künstlern rc. unter der Red. v. Fr. Steger. 3—5. Bd. à 4 Hfte. Nr. 105—260. Lex. 8. (à Nr. 1 Bog.) Leipzig 847 u. 48, Romberg. (Meißen, Ergänzungsblätterverlag.) — 6—8. Bd. Nr. 261—416. Lex. 8. (Bog.) Meißen 849—52, Ergänzungsblätterverlag. à Bd. n. 2 ß — Jeder Bd. in 52 Nrn. der Ergänzungsblätter zu allen Conversationslexiken. 5. vervollständigte Aufl. (In Halbbdn. à 6 Hfte.) 1. Halbbd. Lex. 8. (1. Bd. S. 1—416 m. 1 Lith.) Ebd. 850. (à Hft. 1/6 ß) 1/2 ß

Ergänzungs-Conversationslexikon. Jeder Band in 52 Nrn. (à 1 Bgn.) der Ergänzungsblätter zu allen Conversationslexiken. Herausg. von einem Verein von Gelehrten, Künstlern u. Fachmännern unter der Red. von Fr. Steger. 10—14. Bd. oder: Neue Folge 3—7. Bd. A. u. d. T.: Ergänzungs-Conversationslexikon der neuesten Zeit auf das Jahr 1854/55. — 1858/59. Meißen, Ergänzungsblätterverlag. Lex.-8. Jeder Bd. n. 2 ß
1—9. Bd. vergl.: Ergänzungsblätter.

Ergänzungs-Conversationslexikon. Jeder Bd. in 52 Bog. der Ergänzungsblätter zu allen Conversationslexiken. Hrsg. von einem Verein von Gelehrten, Künstlern und Fachmännern unter der Redakt. von Fr. Steger. 12. Bd. oder: Neue Folge 5. Bd. A. u. d. T.: Ergänzungs-Conversationslexiken der neuesten Zeit auf das Jahr 1856/57. Lex.-8. Ebds. 856. *

Ergänzungs-Conversationslexikon. Jeder Bd. in 52 Bog. der Ergänzungsblätter zu allen Conversationslexiken. Hrsg. von einem Verein von Gelehrten, Künstlern und Fachmännern unter der Redact. von Fr. Steger. 13. und 14. Bd. oder Neue Folge. 6. und 7. Bd. A. u. d. T.: Ergänzungs-Conversationslexikon der neuesten Zeit auf die J. 1857/58 und 1858/59. Lex.-8. Meißen 857.58. [Braunschweig, Westermann.] à Bd. * 2 Thlr. *

—— dass. — Fortsetzung, s. Tage, unsere.

ERGÄNZUNGSHEFT ZU DEN BLÄTTERN DER VEREINIGUNG FÜR GOTHAISCHE GESCHICHTE UND ALTERTUMSFORSCHUNG „AUS DER HEIMATH".
1. M. d. T.: Zur Geschichte Herzog Ernsts des Frommen. 1. Herzog Ernst der Fromme, ein Lebensbild von A. ZEYSS. 2. Ernsts des Frommen Baumeister. Von M. BERBIG. 3. Ein forstwirtschaftlicher Versuch Ernsts des Frommen. Von H. HESS. Vorträge, gehalten in der „Vereinigung für Gothaische Geschichte und Altertumsforschung" zu Gotha am 2. November 1897. 1. Ergänzungsheft zu den Blättern der Vereinigung für Gothaische Geschichte … Gotha 1897. Kommissionsverlag von Th. Herm. Wechsung Nachf. 8°.
2. M. d. T.: H. HESS, Der Thüringer Wald in alten Zeiten. Wald- und Jagdbilder. (2. Ergänzungsheft zu „Aus der Heimat", Blätter der Vereinigung für Gothaische Geschichte …) Mit 1 Karte. ib. 1898. Friedrich Andreas Perthes.
3. M. d. T.: H. KEHNERT, Die Kriegsereignisse des Jahres 1866 im Herzogtum Gotha und die gothaischen Turner zur Zeit des Treffens von Langensalza. Mit einer Karte. (3. Ergänzungsheft zu „Aus der Heimat", Blätter der Vereinigung …) ib. 1899. —
4. M. d. T.: G. JÄNNER, Die Mythen des Hörselberges und seiner Umgebung. 4. Ergänzungsheft zu „Aus der Heimat", Blätter der Vereinigung für Gothaische Geschichte und Altertumsforschung. ib. 1899. Carl Gläser, Verlag.

ERGÄNZUNGS-HEFT ZUM JAHRBUCH DER GESELLSCHAFT FÜR LOTHRINGISCHE GESCHICHTE UND ALTERTUMSKUNDE.
I. Lothringische Mundarten von LÉON ZÉLIQZON, Ordentlicher Lehrer am Lyzeum zu Metz. Metz. 1889. Verlag von G. Scriba, Hofbuchhändler. 4°.

ERGÄNZUNGSHEFT ZUM JAHRBUCH DER GESELLSCHAFT FÜR LOTHRINGISCHE GESCHICHTE UND ALTERTUMSKUNDE.
II. SUPPLÉMENT DE L'ANNUAIRE DE LA SOCIÉTÉ D'HISTOIRE ET D'ARCHEOLOGIE LORRAINE. ib. 1907. — A. u. d. T.: Geschütze auf handschriftlichen Bildern. Herausgegeben und erläutert von Dr. RUDOLF SCHNEIDER. (Mit Tafeln.) ib. 1907. —
III. Die merkantilistische Währungspolitik Herzog Leopolds von Lothringen (1697—1729) mit besonderer Berücksichtigung der Geschichte John Laws von ALFRED WEYHMANN. Leipzig 1910. Verlag von Quelle & Meyer.

ERGÄNZUNGSHEFT … ZUM JAHRBUCH DER GESELLSCHAFT FÜR LOTHRINGISCHE GESCHICHTE UND ALTERTUMSKUNDE.
SUPPLÉMENT À L'ANNUAIRE DE LA SOCIÉTÉ LORRAINE D'HISTOIRE ET D'ARCHÉOLOGIE.
IV. Textes patois recueillis en Lorraine par L. ZÉLIQZON et G. THIRIOT. ib. 1912. Verlag der Gesellschaft für lothringische Geschichte und Altertumskunde.

ERGÄNZUNGSHEFT zum 9. Jahrgange der Zeitschrift des Harz-Vereins für Geschichte und Alterthumskunde. Mit 14 Tafeln und 1 in den Text gedruckten Holzschnitt. Herausgegeben im Namen des Vereins von … ED. JACOBS. ib. 1877. — — 4°.
In Jahrg. 12. 1879.: Sachlich geordnetes Inhaltsverzeichniss der Veröffentlichungen des Harzvereins für Geschichte und Alterthumskunde von 1868—1879. — Alphabetisches Verzeichniss der Mitarbeiter an der Zeitschrift des Harzvereins für Geschichte und Alterthumskunde und ihrer Beiträge in den Jahrgängen 1–12.

Ergänzungsheft, siebentes, zu den Verfügungen im Reichs-Gesetz-Blatte. Jahrg. 1864. 4. (1864.) Wien, k. k. Hof- & Staatsdruckerei. 16 kr. 1865.

Ergänzungshefte s.a. die betr. Hauptwerke.

Ergänzungshefte zum Archiv für Dermatologie und Syphilis. In Gemeinschaft mit Professor Caspary, Prof. Kaposi, Prof. Lewin, Professor Neisser herausgegeben von Prof. F J. Pick in Prag. Jahrg. 1891. II. Heft. Mit 5 Tafeln. Gr.-8. (112 S.) Wien: Braumüller 1891. **3.60**

Ergänzungshefte zum Archiv der Dermatologie und Syphilis. In Gemeinschaft mit Prof. Caspary, Prof. Kaposi, Prof. Lewin, Prof. Neisser herausgegeben von Prof. F. J. Pick in Prag. Jahrg. 1892. 2. Heft. Mit 6 Tafeln und 6 Abbildungen im Texte. Gr.-8. (256 S.) Wien: Braumüller 1892. **6.—**

Ergänzungshefte zum Archiv für Dermatologie und Syphilis. In Gemeinschaft mit Prof. Caspary, Prof. Kaposi, Prof. Lewin, Prof. Neißer herausgegeben von Prof. F. J. Pick in Prag. Jahrg 1893. 1. Heft. Mit 3 Tafeln. 8. (192 S.) Wien: Braumüller 1894. **3.60**

Ergänzungshefte zu den Blättern für Volksbibliotheken und Lesehallen.
1. Kritische Studien zum volkstümlichen Bibliothekswesen der Gegenwart v. E. Reyer. Leipzig. 1905. 8°.

Ergänzungs-Hefte zu den Schreibebüchern mit Vorschriften vom Hannoverschen Lehrerverein. Vorlagen zum Geschäfts-Verkehr. Heft Nr. 3: Post-Verkehr. Hrsg. von B. Bodenheim. 4. (44 S.) Hannover 879, Hahn'sche Buchh. * *
1. und 2. Heft sind noch nicht erschienen.

Ergänzungs-Hefte zu den Schreibebüchern mit Vorschriften vom Hannoverschen Lehrerverein. Vorlagen zum Geschäfts-Verkehr. 1. und 2. Heft. Hrsg. von B. Bodenheim. 4. Hannover, Hahn'sche Buchh. à Heft * 15 Pf. *
Inhalt:
Heft 1. Vorschriften für das bürgerliche Leben. 1. und 2. Aufl. (24 S.) 881,82.
" 2. Kaufmännische Vorlagen. (24 S.) 882.
3. Heft. Ebendas. 1879. * 15 Pf.

Ergänzungshefte zu den „Stimmen aus Maria Laach", s. Stimmen.

WISSENSCHAFTLICHE ERGÄNZUNGSHEFTE ZUR ZEITSCHRIFT DES D. U. Ö. ALPENVEREINS.
Bd. I. — 1. Heft. Der Vernagtferner, seine Geschichte und seine Vermessung in den Jahren 1888 und 1889 von S. FINSTERWALDE. Mit 1 Karte des Ferners in 1 : 10 000, 2 Tafeln und vielen Textfiguren. Dazu ein Anhang: Die Nachmessungen am Vernagtferner in den Jahren 1891, 1893 und 1895 von A. BLÜMCKE und H. HESS. Mit 1 Karte und Textfiguren. Graz, 1897. Verlag des Deutschen und Österreichischen Alpenvereins. In Kommission bei der J. Lindauer'schen Buchhandlung in München. 4°.
2. Heft. Untersuchungen am Hintereisferner von ADOLF BLÜMCKE und HANS HESS. Mit 1 Karte des Hintereisferners in 1 : 10 000 und 9 Tafeln. München, 1899. — Hergestellt durch die Verlagsanstalt F. Bruckmann A.-G. in München.
3. Heft. Das Gottesackerplateau. Ein Kartenfeld im Allgäu. Studien zur Lösung des Karrenproblems von MAX ECKERT. Mit 1 Karrenkarte des Gottesackerplateaus 1 : 7500, 40 Autotypiebildern auf 20 Tafeln, 64 Textfiguren und 1 Karte der Ifengruppe 1 : 50 000 im Text. Innsbruck 1902. — —
Bd. II. — 1. Heft. Über den Gebirgsbau der Tiroler Zentralalpen mit besonderer Rücksicht auf den Brenner. Von FRITZ FRECH. Hierzu eine geologische Karte der den Brenner umgebenden Gebirge zwischen Olperer und Zuckerhütl, XXV Tafeln und 48 Textabbildungen. ib. 1905. — —

ERGÄNZUNGSHEFTE ZUM CENTRALBLATT FÜR ALLGEMEINE GESUNDHEITSPFLEGE Organ des Niederrhein. Vereins für öffentliche Gesundheitspflege herausgegeben von FINKELNBURG, LENT, WOLFFBERG.
Bd. 1. Heft 1. ib. 1883. —

ERGÄNZUNGSHEFTE ZUM CENTRALBLATT FÜR ALLGEMEINE GESUNDHEITSPFLEGE. Organ des Niederrhein. Vereins für öffentliche Gesundheitspflege herausgegeben von FINKELNBURG. LENT. WOLFFBERG.:
Bd. 1. Mit 12 Tafeln, 8 Tabellen und 18 Holzschnitten. ib. 1885. — 8°.
Bd. 2. Heft 1—2. (Mit Tafeln.) ib. 1885—1886. —

Ergänzungshefte z Zentralbl. f. allgem. Gesundheitspfl. Bonn 1885.89,90. 3 Bde.

Ergänzungssteuergesetz. Text-Ausg. mit Anm. u. Sachreg. von Geh. Oberfinanzrat A[rthur] Fernow. 4. verm. u. verb. Aufl. Berlin: J. Guttentag 1907. (270 S.) 8° [F.]
— Sammlung, Guttentag'sche, Preussischer Gesetze. No 13. [07. 9300

Ergänzungssteuergesetz nebst Ausführungsanweisung in der vom 1. IV. 1909 an gültigen Fassung. 1. Tl. (104 S.) gr. 8. Berlin, C. Heymann. — 80; m. der Ausführungsanweisung zum Einkommensteuergesetz u. zum Ergänzungssteuergesetz, 3 Tle., in 1 Bd. geb. 4. —
1909.
Den 2. u. 3. Tl. s. u. d. T.: Ausführungsanweisung nebst Nachträgen zum Einkommensteuergesetz u. zum Ergänzungssteuergesetz.

— dasselbe. Amtliche Ausg. (104 S.) gr. 8. Berlin, R. v. Decker. —. 75.
1906.

— nebst Ausführungsanweisung in der vom 1. IV. 1909 an gültigen Fassung. 1. Tl. (104 S.) gr. 8. Berlin 910. C. Heymann. — 80; m. d. Ausführungsanweisung zum Einkommensteuergesetz u. zum Ergänzungssteuergesetz, 3 Tle., in 1 Bd. geb. 4. —
Den 2. u. 3. Tl. s. u. d. T.: Ausführungsanweisung nebst Nachträgen zum Einkommensteuergesetz u. zum Ergänzungssteuergesetz.

Ergänzungssteuergesetz in der Fassung der Bekanntmachung vom 19. Juni 1906 nebst Ausführungsanweisung vom 25. Juli 1906. Amtl. Ausg. T. 1. Berlin: R. v. Decker 1906. 8° [06. 13379

Ergänzungssteuergesetz in der Fassung der Bekanntmachung vom 19. Juni 1906 nebst Ausführungsanweisung vom 25. Juli 1906. Berlin: C. Heymann 1906. (104 S.) 8° [F.]
— Einkommensteuergesetz in d. Fassung d. Bekanntmachung v. 19. Juli 1906 nebst Ausführungsanweisung ... T. 1[b]. [07. 117

Das Ergänzungssteuergesetz ⟨Vermögenssteuer⟩ vom 14. Juni 1893. Erl von Dr. [Georg] Strutz, Wirkl. Geh. Ober-Finanz-R. 4. völlig umgearb. Aufl. Berlin: Heymann 1909. XX, 615 S. 8°
(Taschen-Gesetzsammlung. Nr 11.) [09. 12194

Ergänzungssteuergesetz vom 14. 7. 93.
Textausgaben u. Erläuterungen von:

Fernow. 2. Aufl. Berlin 895.	1 —	Pfeffer. Halle 894.
Fuisting. Berlin 899.	12 —	Strutz. 3. Aufl. Berlin 895.
Gauss. Berlin 894.	18 —	Zweigert. Essen 950.
Höinghaus. Berlin 893.	— 60	

Ergänzungssteuergesetz vom 14. Juli 1893, nebst Ausführungsanweisg. d. Finanzministers. Vom 3. Apr. 1894. 1. u. 2. Tl. Amtliche Ausg. Lex.-8. Berlin 894. R. v. Decker. — Berlin, C. Heymanns Verl. 1. 80
1. (59 S.) — 60. — 2. (S. 61—183.) 1. 20.

— dasselbe. gr. 8. (47 S.) Königsberg 895. Hartung. n. — 50

— dasselbe, nebst Ausführungs-Anweisg. d. Finanzministers vom 3. Apr. 1894 u. techn. Anleitg. vom 26. Dezbr. 1893 f. die erstmal. Schätzg. d. Wertes der Grundstücke behufs Veranlagg. der Ergänzungssteuer. gr. 8. (77 S.) Leipzig 894. C. E. M. Pfeffer. n. 1. 10

Ergänzungssteuergesetz vom 14. VII. 1893, nebst Ausführungsanweisung v. 6. VII. 1900. 1. Thl. gr. 8. (102 S.) Berlin 901. C. Heymann. n. — 80

— dasselbe. Mit Genehmigg. d. königl. Finanzministeriums der amtl. Ausg. nachgedruckt. Chemisch-anastat. Reproduktion. gr. 8. (110 S.) Berlin 900. R. v. Decker. n. 1.—
Vergl.: Ausführungsanweisung zum Einkommensteuergesetz u. zum Ergänzungssteuergesetz.

Ergänzungssteuergesetz. Vom 14. Juli 1893. Textausg. mit Anm. u. Sachreg. von A[rthur] Fernow, Geh. Finanzr. 3. verm. u. verb. Aufl. Berlin: J. Guttentag 1901. (141 S.) 8° [F.]
= Sammlung, Guttentag'sche, Preussischer Gesetze. No 13. [01. 1087

[F.] Das Ergänzungssteuer-Gesetz für die Preussische Monarchie v. 14. Juli 1893 nebst Ausführgsanweisg d. Finanzministers v. 3. April 1894. Textausg. m. Einl., Anm. u. Sachregister v. Erich Zweigert, Oberbürgerm. in Essen ... Essen: G. D. Bädeker 1895. (X, 294 S.) 1 Bd 8. [96. 2033

— das neue preußische (Vermögenssteuer-Gesetz), nebst dem Gesetz, betr. Änderg d. Wahlverfahrens. Vom 29. Juni 1893. 16. (40 S.) Langensalza 893. Wendt & Klauwell. — 15

Ergänzungs-Steuer-Gesetz, das neue preußische, v. 19. VI. 1906. Amtl. Fassg. (30 S.) 16. Berlin (908). L. Schwarz & Co. — 60

— das königl. sächsische, vom 2. VII. 1902, s. a. Handbibliothek, juristische.

Das Königlich Sächsische Ergänzungssteuergesetz vom 2. Juli 1902 nebst Ausführungsverordnung u. Instruktion, die Veranlagung z. Ergänzungssteuer u. d. Erledigung d. Rechtsmittel gegen d. Veranlagung betr. Vom k. Sächs. Finanzminist. amtl. hrsg. Dresden: C. Heinrich [1902]. (176 S.) 4°(8°) [F.] [03. 7300

Das Königlich Sächsische Ergänzungssteuergesetz vom 2. Juli 1902 nebst Ausführungsverordnung u. Instruktion. Erl. von Ernst Just, Geh. Finanzrat. Leipzig: Rossberg 1903. (XXVI, 331 S.) 8°
— Handbibliothek, Juristische. Bd 150. [03. 6400

Das Königlich Sächsische Ergänzungssteuergesetz vom 2. Juli 1902 nebst Ausführungsverordnung u. Instruktion. Erl. von Ernst Just, Geh. Finanzrat. [Nebst] Anh. Leipzig: Roßberg 1903—07. 2 Bde 8° [F.]
Ergänzungssteuergesetz. 1903.
Anh. — Gesetz, Das Königl. Sächs., d. Abänderung d. Ergänzungssteuergesetzes v. 2. Juli 1902 betr., v. 21. April 1906 nebst Ausführungsbestimmungen. 1907.
— Handbibliothek, Juristische. Bd 150. 150a. [06. 15380

— kgl. sächsisches, vom 2. VII. 1902 nebst Ausführungsverordnung u. Instruktion. Deckblätter Nr. 1 bis m. 62. (14 Bl.) 8. Dresden (908). C. Heinrich. — 35
Hauptwerk Ebd. 903. 1. 50

Ergänzungs-Steuertarif, § 17, 18, 19, Absatz 1 d. Gesetzes, u. Verordng. v. 25. Juni 1895, nebst Tabelle f. d. Berechng. d. im Laufe d. Steuerjahres eintret. Zu- u. Abgänge u. Ausfälle 2c. gr. 8. (11 S.) Limburg 895. Glaßer. n. — 60

Ergänzungssteuertarif (§ 17, 18 u. 19[1] d. Ergänzungssteuergesetzes v. 19. VI. 1906, Verordnung vom 25. VI. 1895 u. § 8 des Gesetzes betr. die Bereitstellg. v. Mitteln zu Diensteinkommensverbesserungen vom 26. V. 1909 — G. S. S. 85), nebst e. Tabelle zur Feststellung der Zu- u. Abgänge. (19 S.) 8. Bielefeld-Gadderbaum (909). W. Bertelsmann. — 50

Ergänzungs-Stück, Nothwendiges, zu der Schutz-Vorrede Herrn Dr Tr*ll*rs Vor seinem neuen Aesopischen Fabelwerke ... Zürich 1740. V: *Bodmer, Joh. Jac.* (GGr) (ML) Dagegen: V: *Breitinger, Johann Jacob.* (Waniek, Gottsched. Leipz. 1894. p. 433)

Deutsches Reich. K. Normaleichungs-Kommission: Ergänzungstafel für hochprozentige Spiritusmischungen. Berlin. 1898.

Ergänzungs-Taxe des Deutschen Apotheker-Vereins für 1902. Mit e. Höchstgaben-Verzeichnisse. *Berlin: Selbstverl. d. Deutschen Apotheker-Ver. 1902.* (35 S.) 8° [illegible]

ERGÄNZUNGS-TAXE des Deutschen Apotheker-Vereins zur Königlich Preussischen Arzneitaxe für 1903, herausgegeben vom Deutschen Apotheker-Verein und in dessen Auftrag bearbeitet von HERMANN STEIN. 2. Ausgabe. Karlsruhe. 1903. Verlag der G. Braunschen Hofbuchdruckerei. 8°.

ERGÄNZUNGS-TAXE des Deutschen Apotheker-Vereins zur Königlich Preussischen Arzneitaxe für 1904, herausgegeben vom Deutschen Apotheker-Verein und in dessen Auftrage bearbeitet von HERMANN STEIN. 3. Ausgabe. Karlsruhe. 1904. Druck und Verlag der G. Braun'schen Hofbuchdruckerei. 8°.

Ergänzungs-Taxe zur Deutschen Arzneitaxe. Hrsg. v. Deutschen Apotheker-Ver. u. in dessen Auftr. bearb. von Hermann Stein. [1.] 1905. Berlin: Deutscher Apotheker-Ver. (1905). 8° [illegible]

Ergänzungstaxe zur deutschen Arzneitaxe f. 1905. (22 S.) kl. 8. Berlin (905). J. Springer. n.n. — 25
Sonderabdruck aus: „Pharmazeut. Zeitg."

ERGÄNZUNGS-TAXE zur Deutschen Arzneitaxe. Herausgegeben vom Deutschen Apotheker-Verein und in dessen Auftrage bearbeitet von HERMANN STEIN: für 1906. Berlin. Selbstverlag des Deutschen Apotheker-Vereins. 8°.

Ergänzungstaxe zur deutschen Arzneitaxe 1910. (22 S.) kl. 8. Berlin (910). J. Springer. nn — 25
Sonderabdruck aus „Pharmazeut. Ztg."

— dasselbe. Hrsg. vom deutschen Apotheker-Verein u. in dessen Auftrage bearb. v. Herm. Stein. (III, 241 u. 10 S.) 8. Berlin (910). Selbstverlag des deutsch. Apotheker-Vereins. Geb. in Lw. 2.50 u. durchsch. n 3. —

Ergänzungs-Taxe zur königl. preussischen Arzneitaxe f. den Gebrauch in den Apotheken d. Grossherzogth. Baden, hrsg. von dem Ausschuss der Apotheker in Baden. 2. Aufl. gr. 8. (88 S.) Karlsruhe 893. (G. Braun.) Kart. n.n. 1 50

Ergänzungs-Taxe z. kgl. preuss. Arzneitaxe f. 1898. Im Auftr. d. Ausschusses d. Apotheker in Baden f. d. Gebr. in den Apotheken d. Grossherzogth. Baden hrsg. v. Herm. Stein. 6. Aufl. gr. 8. (99 S.) Karlsruhe 898. G. Braun'sche Hofbuchdr. u. Verl. n. 2. —

— zur königl. preuss. Arzneitaxe f. 1902. Im Auftrage des Ausschusses der Apotheker in Baden f. den Gebrauch in den Apotheken des Grossherzogth. Baden hrsg. v. Herm. Stein. 10. Aufl. gr. 8. (108 S.) Karlsruhe 902. G. Braun'sche Hofbuchdr. Kart. n 2. —

— zur königl. preussischen Arzneitaxe f. 1904. Im Auftrage des Ausschusses der Apotheker in Baden f. den Gebrauch in den Apotheken des Grossherzogt. Baden hrsg. v. Herm. Stein. 12. Aufl. (111 S.) gr. 8. Karlsruhe 904. G. Braun'sche Hofbuchdr. Kart. n. 2.—

Ergänzungsworte zur Schrift d. Hrn. Geh. R. Schmalz in Berlin über polit. Vereine, u. über d. Wesentlichste bei d. zukünftigen preuß. Constitution. 8. (Leipz. 816. Rein). 6 gl.

Ergebnis, Bisheriges, der Bohrungen nach Grundwasser ... [Stettin 1903.] V: *Benduhn, Carl.* (Berl)

Ergebniss der Enquete uber die freimaurische Werkthätigkeit in den deutschen Logen. Ausgeführt durch die Loge „Carl zu den drei Adlern" in Erfurt auf Anregung des vorsitzenden Meisters derselben Br (Dr. Emil) Dittrich. Erfurt. Conrad. 1878. 8. 16 S.

Ergebnis einer statistischen Erhebung über die Lebensverhältnisse der Bremischen Arbeiter. Bearbeitet vom Arbeitersecretariat Bremen. 8°. Bremen, Selbstverlag, 1902.

Ergebniss der Erhebung üb. die Zertrümmerung bäuerlicher Anwesen in Bayern während der J. 1888—1890, s.: Beiträge zur Statistik des Königr. Bayern.

Ergebnis der statistischen Erhebungen über Arbeits- und Lohnverhältnisse in der Metallindustrie in Berlin. Aufgenommen im Herbst 1902 vom Deutschen Metallarbeiter-Verband (Verwaltungsstelle Berlin). gr. 8°. Berlin, Buchhdlg. Vorwärts, 1903.

Ergebniß der bergpolizeilichen Erörterungen über den in dem Freiherrl. v. Burgk'schen Steinkohlenwerke zu Burgk am 2. Aug. 1869 vorgekommenen Unglücksfall. Dresden 869. Meinhold & S. in Comm. gr. 8. (59 S. u. 1 lith. Plan in Fol.) n. 8 ngr.

Ergebniß, das, d. jetzigen Krieges f. Deutschlands Handel u. Industrie u. die Stellg. v. Elsaß u. Deutsch-Lothringen. Eine Anschaug. aus dem rhein. Handelsstande. gr. 8. (25 S.) Berlin 871. Puttkammer & Mühlbrecht. n. — 80

Ergebnis, Ein, aus der Kritik der Kantischen Freiheitslehre ... Leipzig 1861. V: *Wied, Hermann Fürst zu.* (BrVV)

Ergebniß, ein, aus der Kritik der Kantischen Freiheitslehre. Von dem Verf. der Schrift: „Das unbewußte Geistesleben und die göttliche Offenbarung." gr. 8. (XXIII und 102 S.) Leipzig 861, (Brockhaus.)

Ergebniss der Kritik d. religionsphilosoph. Lehren Jacobi's u. Bouterwek's. gr. 8. (5¾ B.) Göttingen 843. (Dieterichsche Buchh.)
Aus: Krause, C. Chr. Friedr., absolute Religionsphilosophie besond. abgedruckt.

K. Polytechnikum (1889 ff.: Kgl. Technische Hochschule: 1892 ff.: in) Stuttgart. **Ergebniss** (1891 ff.: **Ergebnisse**) der Preisbewerbung vom Jahre ... (1904 ff.: Veröff. bei d. Feier d. Geburtsfestes d. Königs am 25. 2. [des folgenden Jahres]). 1881—1911.

Ergebniss der Probeerhebung einer Statistik des Grundeigenthums und der Gebäude in den Regierungsbezirken Danzig und Aachen. Bearb. vom Königlichen statistischen Bureau. Berlin. 1884. Bei: Zeitschrift des Königlich Preussischen Statistischen Bureaus. Jg. 23 Berlin. 1883. 4°.

Ergebniss der Regierungsrathswahl und Gesetzesabstimmung vom 26. Mai u. 2. Juni 1872. 1 Bl. fol. Basel-Landschaft 1872.

Ergebnis der vom Reichsmilitärgericht gemäß **§ 113 MStGO. vorgenommenen Prüfung, betreffend die zum 1. April 1901 ff. eingereichten Urteile der Oberkriegsgerichte und die bei den standgerichtlichen und kriegsgerichtlichen Sachen gemachten Ausstellungen. I—VII. (Berl. 1901—1904.) — VIII. Prüfungsergebnis. (1. 4.—30. 9. 1904.) (§ 113 MStGO.) — IX. u. ff.: Prüfungsergebnis. (2 Halbjahr 1904.) (§ 113 MStGO.) 2°.**
Autographiert.

Ergebniß, das, der Reichstagswahlen vom J. 1890 u. seine Consequenzen. Von Silesius. gr. 8. (30 S.) Berl. 890, Puttkammer u. Mühlbrecht. * — 60

Ergebnis der Reichstagswahlen vom Jan. u. Febr. 1907 in Bayern. (24 S.) 31,5×23 cm. München 907. (J. Lindauer.) — 60
Sonderabdr. aus „Ztschr. d. k. bayer. statist. Bureaus".

— der Reichstagswahlen vom Juni 1903 in Bayern. (S. 81—105.) gr. 4. München 903. (J. Lindauer.) n. 1. —
Sonderabdruck aus: „Ztschr. d. bayer. statist. Bureaus".

Ergebniß, das, der Reichstags-Wahlen nach der Parteistellung der Gewählten. Fol. (6 S.) Görlitz 881. Richter. n. — 20

Ergebniss der Rekruten-Prüfung in der Schweiz im Jahre 1875. Hrsg. vom eidgen statist. Büreau. (Mit zwei graphischen Karten.) VII und 15 S. 4. Zürich, Orell Füssli & Co. 1876. 2. —

Ergebnis der Rekrutenprüfungen, vorgenommen im Herbst 1900 (im) Kanton Bern. — Résultats des examens de recrues qui ont eu lieu pendant l'automne de 1900 (dans le) Canton de Berne. 19 S. 4. (1901.)

Ergebnis der Rekrutenprüfungen, vorgenommen im Herbst 1901 (im) Kanton Bern. — Résultats des examens de recrues qui ont eu lieu pendant l'automne de 1901 (dans le) Canton de Berne. 18 S. 4. (1902.)

Ergebnis der Rekrutenprüfungen, vorgenommen im Herbst 1902 (im) Kanton Bern — Résultats des examens de recrues ... automne de 1902 (dans le) Canton de Berne. 20 S. 4. (1903.)

Ergebnis der ärztl. Rekrutenuntersuchung i. Herbste 1891. (Schw. Statistik.) Bern 1894. 4.

Ergebniss der Strafrechtspflege . . . . im k. b. Reg.-Bez. Oberbayern während des Geschäftsjahres 1873. Dargest. durch den k. Oberstaatsanwalt am k. Appellationsgericht in München. Ibid. 1874. 8°. 16 S. Cart.

Ergebniss der Volksabstimmung vom 18. Juni 1871. 1 Bl. in-fol. Basel-Landschaft

Ergebniß der am 2. Januar 1850 vorgenommenen Volkszählung (im Herzogth. Oldenburg). gr. 4. (15 S.) Oldenburg 850, (Schulze'sche Buchh.)

Ergebniß, vollständiges, der Reichstags-Wahlen vom 17. Oktbr. 1881 mit Rücksicht auf die Parteistellung der Gewählten. Den Abgeordneten, die aus Stichwahlen hervorgingen, sind ihre Gegenkandidaten beigesetzt. gr. 4. (8 S.) Sulzbach 882. v. Seidel. — 15

Vorläufiges Ergebniss der Volkszählung vom 1. Dez. 1900 im Herzogthum Sachsen-Meiningen. (*Meiningen 1900: Keyssner.*) (1 Bl.) 4° [Kopft.] [Z.]

[Kopft.:] [Z.] Vorläufiges Ergebniss der Volkszählung vom 2. Dezember 1895 im Herzogthum S. Meiningen. (*Meiningen: Dr. d. Keyssner'schen Hofbuchdr. 1895.*) 2 Bl. 8.

Ergebniss, s. Ergebnis.

Ergebnisse der Alpstatistik im Kanton Bern pro 1891—1902. *Bern 1902: Steiger.* (S. 91—420.) 8°
= Mitteilungen d. bernischen statist. Bureaus. Jg. 1902, Lfg 2.

— der Anatomie u. Entwickelungsgeschichte. Unter Mitwirkg. v. D. Barfurth, R. Bonnet, G. Born etc. hrsg. v. Fr. Merkel u. R. Bonnet. I.—III. Bd.: 1891—1893. A. u. d. T.: Anatomische Hefte. 2. Abtlg. 1.—3. Bd. gr. 8. Wiesbaden, J. F. Bergmann. n. 70. —
I. 1891. (XVIII, 778 S. m. 47 Abbildgn.) 892. n. 25. —
II. 892. (X, 669 S. m. Abbildgn. u. 3 Taf.) 893. n. 25. —
III. 1893. (XI, 663 S. m. 49 Abbildgn.) 894. n. 20. —

Ergebnisse d. Anatomie u. Entwickelungsgeschichte. Unt. Mitwirkg. von Karl v. Bardeleben, D. Barfurth, A. Barth etc. hrsg. v. Fr. Merkel u. R. Bonnet. IV.—VI. Bd.: 1894—1896. A. u. d. T.: Anatomische Hefte. 2. Abtlg. IV.—VI. Bd. gr. 8. Wiesbaden, J. F Bergmann. à Bd. n. 25. —
IV. (X, 660 S. m. 7 Abb. u. 10 Taf.) 895.
V. (IX, 731 S. m. 75 Abb. u. 1 Taf.) 896.
VI. (VIII, 812 S. m. 40 Abb.) 897.

Ergebnisse der Anatomie u. Entwickelungsgeschichte. Unter Mitwirkg. von K. v. Bardeleben, D. Barfurth, J. Disse etc. hrsg. v. Fr. Merkel u. R. Bonnet. VII.—X. Bd.: 1897—1900. A. u. d. T.: Anatomische Hefte. 2. Abtlg. VII.—X. Bd.: 1897—1900. gr. 8. Wiesbaden, J. F. Bergmann. n. 115. —
VII. (X, 958 S. m. 59 Abb.) 898. n. 25. —
VIII. (XI, 1165 S. m. 90 Abb.) 899. n. 30. —
IX. (X, 886 S. m. 35 Abb. u. 8 Taf. im Text.) 900. n. 28. —
X. (XIV, 1133 S. m. 148 Abb.) 901. n. 32. —

— der Anatomie u. Entwickelungsgeschichte. XI.—XIV. Bd.: 1901—1904. A. u. d. T.: Anatomische Hefte. 2. Abtlg. XI.—XIV. Bd.: 1901—1904. gr. 8. Wiesbaden, J. F. Bergmann. n. 120. —
XI. Unter Mitwirkung v. K. v. Bardeleben, D. Barfurth, J. Disse u. a. hrsg. v. Fr. Merkel u. R. Bonnet. Mit 36 Textabbildgn. (XII, 1187 S.) 902. n. 32. —
XII. Unter Mitwirkung von K. v. Bardeleben, D. Barfurth, C. Benda u. a. hrsg. v. Fr. Merkel u. R. Bonnet. Mit 42 Textabbildgn. u. 1 Text-Taf. (X, 932 S.) 903. n. 27. —
XIII. Unter Mitwirkung von K. v. Bardeleben, D. Barfurth, W. Felix u. a. hrsg. v. Fr. Merkel u. R. Bonnet. (IX, 747 S. m. Abbildgn.) 904. n. 25. —
XIV. Unter Mitwirkung von F. Merkel, A. Oppel, E. Göppert u. a. hrsg. v. Fr. Merkel u. R. Bonnet. (XI, 1309 S. m. Abbildgn.) 905. n. 36. —

— der Anatomie u. Entwickelungsgeschichte. A. u. d. T.: Anatomische Hefte. 2. Abtlg. XV—XVIII. Bd. 1905—1908 u. XIX. Bd. 1909. 1. Hälfte. Lex. 8. Wiesbaden, J. F. Bergmann. 144. —
XV. Unter Mitwirkung von K. v. Bardeleben, D. Barfurth, I. Broman u. a. hrsg. v. Fr. Merkel u. R. Bonnet. (IX, 1014 S. m. Abb.) 906. 32. —
XVI. Unter Mitwirkung v. R. Fick, K. v. Bardeleben, S. R. Cajal u. a. hrsg. v. Fr. Merkel u. R. Bonnet. (XII, 913 S. m. Abb. u. 1 farb. Taf.) 907. 32. —
XVII. Unter Mitwirkung v. H. Driesch, L. Neumayer, K. v. Korff u. a. hrsg. v. Fr. Merkel u. R. Bonnet. (X, 768 S. m. Abb. u. 7 Taf.) 909. 28. —
XVIII. Unter Mitwirkung v. Fr. Merkel, Karl v. Bardeleben, Fr. W. Müller u. a. hrsg. v. Fr. Merkel u. R. Bonnet. (VIII, 906 S. m. Abb. u. 1 Taf.) 910. 32. —
XIX. 1. Unter Mitwirkung v. J. Aug. Hammar, Ernst Bresslau, Giovanni Vitali u. a. hrsg. v. Fr. Merkel u. R. Bonnet. (XI, 525 S. m. Abb.) 910. 20. —

Ergebnisse der Arbeiten des Königlich Preußischen Aeronautischen Observatoriums bei Lindenberg im J. 1905. Bd 1. Hrsg. v. Dr. Richard Assmann, Dir. Braunschweig: F. Vieweg & Sohn 1906. 4°

Ergebnisse der Arbeiten am kgl. preuss. aeronaut. Observatorium b. Lindenberg in d. J. 1906—08. II. bis IV. Bd. Hrsg. v. Rich. Assmann. (V, XIV, 176 S. m. Abb. u. 3 Taf.; III, XXI, 115 S. m. 4 Fig. u. III, XXIX, 139 S.) 32,5×25 cm. Braunschweig 907—09. (F. Vieweg & Sohn.) à Bd. nn 15. —

— dasselbe. Bericht üb. die aerolog. Expedition des kgl. aeronaut. Observatoriums nach Ostafrika im J. 1908, erstattet v. ihrem Leiter Arth. Berson. (XXXIII, 120 S. m. 13 Abb. u. 21 Taf.) 32,5×25 cm. Ebd. 910. nn 10. —

— der Arbeiten des Samoa-Observatoriums der königl. Gesellschaft d. Wissenschaften zu Göttingen, s. a. Abhandlungen der königl. Gesellschaft der Wissenschaften zu Göttingen. Mathemat.-phys. Klasse VII, 1. 2.

Ergebnisse der Arbeiten des Samoa-Observatoriums der Königlichen Gesellschaft der Wissenschaften zu Göttingen. 1. Berlin: Weidmann 1908. 4°
— Abhandlungen d. Kgl. Gesellschaft d. Wiss. zu Göttingen. Math.-phys. Kl. N. F. Bd 7, No 1.

Ergebnisse der Arbeitsvermittlung in Oesterreich in den Jahren 1903—1909. Hrsg. vom k. k. arbeitsstatist. Amte im Handelsministerium. Lex.-8⁰. Wien, A. Hölder, 1904—1911.

Ergebnisse der Arbeitsvermittlung in Oesterreich im J. 1903. (44 S.) Lex.-8. Wien 904. A. Hölder. n. 1.—

— dasselbe, im J. 1904. Hrsg. vom k. k. arbeitsstatist. Amte im Handelsministerium. (III, 82 S.) Lex.-8. Ebd. 905. n. 1.80
Sonderabdrucke aus: „Soziale Rundschau".

— dasselbe, im J. 1905. (III, 50 S.) Lex.-8. Ebd. 906. n. 1.50

— der Arbeitsvermittlung in Österreich im J. 1906. Hrsg. v. k. k. arbeitsstatist. Amte im Handelsministerium. (III, 50 S.) gr. 8. Wien 907. A. Hölder. 1.30

— dasselbe in den J. 1907 u. 1908. Hrsg. vom k. k. arbeitsstatist. Amte im Handelsministerium. (IV, 119 S. m. 4 Taf.) gr. 8. Ebd. 909. 1.80

Die Ergebnisse der von dem Deutschen Reich veranstalteten Ausgrabung. Im Auftrage des Königl. Preuss. Ministers der geistl. Unterrichts- u. Medicinal-Angelegenheiten hrsg. von Ernst Curtius u. Friedr. Adler. Berlin 1890-96. Textbd. I-II (1892), III, (1894), IV (1890) u. V (1896). Tafelbd. I-IV (in 3 Mappen). Fol. Karten u. Pläne (1 Mappe). Grossfol.
Textbd. I. Topographie u. Geschichte von Friedr. Adler, Ernst Curtius, Wilh. Dörpfeld, Paul Graef, Joseph Partsch, Rud. Weil. 1897.
Textbd. II. Die Baudenkmäler von Olympia. Bearb. von Friedr. Adler, Rich. Borrmann, Wilh. Dörpfeld, Fried. Graeber, Paul Graef. 1892.
Textbd. III. Die Bildwerke von Olympia in Stein u. Thon. Bearb. von Georg Treu. 1897.
Textbd. IV. Die Bronzen u. die übrigen kleineren Funde von Olympia. Bearb. von Adolf Furtwängler. 1890.
Textbd. V. Die Inschriften von Olympia. Bearb. von Wilh. Dittenberger u. Karl Purgold. 1896.

Ergebnisse, Die, der neueren Ausgrabungen auf der Akropolis von Athen. [Aarau 1893.] V: *Escher, Jac.* (Zuwachsverz. d. Bibl. Zürich 1898 ff. 8.)

Ergebnisse, die, der Ausgrabungen zu Pergamon. Vorläufiger Bericht von A. Conze, C. Humann, R. Bohn, H. Stiller, G. Lolling und O. Raschdorff. Fol. (III, 120 S. mit eingedr. Holzschn. und 7 Taf. [3 Holzschn., 1 Radirung, 1 Lichtdr. und 2 Kpfr.-Lichtdr.].) Berlin 880, [Weidmann'sche Buchh.] Grote'sche Verlagsh. *
Aus: Jahrbuch der k. preussischen Kunstsammlungen, besonders abgedruckt.

Ergebnisse, die, der Ausgrabungen zu Pergamon. 3. vorläuf. Bericht 1883—1886 von C. Humann, R. Bohn, M. Fränkel. Fol. (63 S. mit 2 Taf.) Berlin 888, Grote'sche Verlagsh. *
Aus: Jahrbuch der k. preussischen Kunstsammlungen, besonders abgedruckt.
[1.] vorläuf. Bericht. Ebendas. 1880. *ℳ 12.—; [2.] vorläuf. Bericht, s. Conze, Alex., C. Humann und Rich. Bohn [XVII. Bd. 1. Abthl. S. 301]. Ebendas. 1882. *ℳ 8.—.

Aachener und Münchener Feuer-Versicherungs-Gesellschaft. Ergebnisse der Ausstellung für Spiritus-Industrie vom Standpunkt der Feuerversicherung. München 1902.

Ergebnisse und methodische Bemerkungen zum Rechenbuch ... s. Rechenbuch für die Primarschulen des Kantons Graubünden.

Ergebnisse der in den J. 1848 bis 1857 angestellten Beobachtungen des meteorologischen Instituts, s. a. Tabellen etc. über den preussischen Staat.

Ergebnisse der in den Jahren 1848 bis 1857 angestellten Beobachtungen des Meteorologischen Instituts. (Tabellen und amtliche Nachrichten über den Preussischen Staat. Herausgegeben von dem Statistischen Büreau zu Berlin.) Berlin 1858. XXIV, 179 S. Fol.

Ergebnisse der Beobachtungen über die Gewitterregen vom 1. August 1896 in Nieder-Oesterreich. Herausgegeben vom k. k. hydrographischen Central-Bureau. ([S.-A.] Oesterreichische Monatsschrift für den öffentlichen Baudienst. Heft 9. 1896.) (Hydrographischer Dienst in Oesterreich.) Wien 1896. 10 S., 2 Krt. Fol.

— der magnetischen Beobachtungen in Potsdam u. Seddin, bearb. v. A. Schmidt, s. a. Veröffentlichungen des kgl. preussischen meteorologischen Instituts.

Ergebnisse der Magnetischen Beobachtungen in Potsdam. [1.] In d. J. 1890 u. 1891. Berlin: A. Asher & Co. 1894. 4°
(Veröffentlichungen d. Kgl. Preuss. Meteorol. Instituts.) Iob. 83

Ergebnisse

—— der meteorologischen Beobachtungen. 1879—1884. Berlin. Roy.-4.
Sieh: Preuss. Statistik. II. 54. 59. 64. 71. 78. 82. (D.)

Ergebnisse der meteorologischen Beobachtungen im Jahre 1879—87.
(Bis 1884 s. m. d. T. Preussische Statistik. Amtliches Quellenwerk. Herausgegeben in zwanglosen Heften vom Königl. Stat. Bur. in Berlin. LIV, LIX, LXIV, LXXI, LXXVIII, LXXXII.) Berlin 1880–88.
Berlin, Meteorol. Institut

Ergebnisse der meteorologischen Beobachtungen im Jahre —. Veröffentlicht vom Königlichen Meteorologischen Institut. 1882—1884. (Preussische Statistik. 71. 78. 82.) Berlin 1883—1884. 3 Bde. 4°.

—— der meteorologischen Beobachtungen im J. 1885. Hrsg. von dem königl. preuss. meteorolog. Institut durch Wilh. v. Bezold. gr. 4. (LXIX, 246 S. mit 2 Karten, 6 lithogr. Taf. und 14 Holzschn.) Berlin 887, Asher und Comp. **
—— dass. — im J. 1886. Hrsg. von dem königl. preuss. meteorolog. Institut durch Wilh. v. Bezold. gr. 4. (LVI, 223 S. mit 1 Karte.) Ebendas. 888. **

—— der meteorologischen Beobachtungen für 1887 folg. Beobachtungssystem d. Kgr. Preussen etc., s. Jahrbuch, deutsches meteorologisches.

Ergebnisse der meteorologischen Beobachtungen im Jahre 1887...1892.
(Jahrbuch des —. V.–X. Jahrgang. 1887–92.) Chemnitz 1888–93.
Chemnitz, Königl. sächs. meteorologisches Institut

Ergebnisse der Meteorologischen Beobachtungen im Jahre 1889.
Heft 1. Berlin 1889.
Berlin, Meteorologisches Institut

Aachen, Meteorolog. Station I. Ordnung (Polis, P.), Ergebnisse der meteorologischen Beobachtungen im Jahre 1895—97. [Deutsches Meteorologisches Jahrbuch, 1898.] Jahrg. I—III. Aachen 1896—98. Müller.

Potsdam, K. Preuss. Meteorolog. Observatorium, Ergebnisse der meteorologischen Beobachtungen in den Jahren 1897, 98. Berlin 1899, 1900. 4°.

Bremen, Meteor. Observatorium, Ergebnisse der meteorol. Beobachtungen 1898, 99. [D. Meteor. Jahrb. für 1898, 99.] Bremen 1899, 1900. 4°.

Aachen, Meteorolog. Station I. Ordnung [Polis, P.], Ergebnisse der meteorolog. Beobachtungen in den Jahren 1898, 99. [Deutsches Meteorolog. Jahrbuch für 1898, 99], Jahrg. IV u. V. Karlsruhe 1899, 1900. 4°.

Centralstelle des meteorologischen Landesdienstes in Elsass-Lothringen, Ergebnisse der meteorologischen Beobachtungen im Reichsland Elsass-Lothringen im Jahre 1890, 91. (Deutsches meteorolog. Jahrbuch für 1890, 91.) Strassburg i. E. 1892, 93.

Strassburg, Centralstelle des meteorologischen Landesdienstes in Elsass-Lothringen, Ergebnisse der meteorologischen Beobachtungen im Reichsland Elsass-Lothringen im Jahre 1892—95. (Deutsches meteorologisches Jahrbuch für 1892–95.) Strassburg i. E. 1894–97.

Strassburg, Centralstelle des Meteorologischen Landesdienstes in Elsass-Lothringen, Ergebnisse der meteorologischen Beobachtungen im Reichsland Elsass-Lothringen im Jahre 1896. [Deutsches Meteorol. Jahrbuch für 1896.] Strassburg 1899. 4°.

— der meteorologischen Beobachtungen d. Landesstationen i. Bosnien-Hercegovina i. J. 1894. Hrsg. v. d. bosn.-hercegovin. Landesregierg. gr. 4. (XII, 112 S. m. 16 Taf. u. 1 Karte.) Wien 895. Hof- u. Staatsdruckerei. n. 15.—

— dasselbe, i. J. 1895. gr. 4. (X, 157 S. m. 3 graph. Taf.) Ebd. 896. n. 12.—

— dasselbe i. J. 1896. gr. 4. (X, 222 S. m. 4 Taf. u. 1 Karte.) Ebd. 897. n. 16.—

— der meteorologischen Beobachtgn. an d. Landesstationen in Bosnien u. der Hercegovina i. d. J. 1897 u. 1898. Hrsg. v. der bosnisch-hercegovin. Landesregierg. gr. 4. Wien, Hof- u. Staatsdruckerei. n. 20.—
1897. (XIII, 235 S. m. 4 Taf. u. 1 Karte.) 899.
1898. (XVIII, 223 S. m. 1 Taf. u. 1 Karte.) 901.

— der meteorologischen Beobachtungen an den Landesstationen in Bosnien-Hercegovina in d. J. 1899—1901. Hrsg. von der bosnisch-hercegovin. Landesregierg. (XI, 279; XIV, 257 S. m. 1 Taf. u. XIV, 277 S.) 4. Wien 902—905. Hof- u. Staatsdruckerei. à n. 20.—

— der meteorologischen Beobachtungen an den Landesstationen in Bosnien-Hercegovina in den J. 1902 u. 1903. Hrsg. v. der bosnisch-hercegovin. Landesregierg. (XIV, 147 S.) 31,5×24,5 cm. Wien 906. Hof- u. Staatsdruckerei. 20.—

Ergebnisse der meteorologischen Beobachtungen in Pola für das Lustrum 1896—1900. Zusammengest. von Kesslitz u. Maschotti. Gruppe V. (Veröff. d. hydrogr. Amtes der k. u. k. Kriegs-Marine Nr. 12.) 4°. (35 S.) † Gerold & Co. in Wien. 1902.

Ergebnisse der meteorologischen Beobachtungen in Pola für das Lustrum 1901 1905. Gruppe V. [Veröffentlichungen des hydrographischen Amtes der k. u. k. Kriegsmarine in Pola. Nr. 22.] Fol. (32 S.) Wien: Gerold 1906. * K 2.—

— in Potsdam, s.a. Veröffentlichungen des kgl preussischen meteorologischen Instituts.

Ergebnisse der Meteorologischen Beobachtungen in Potsdam. [1.] Im J. 1893. Berlin: A. Asher & Co. 1895. 4°
(Veröffentlichungen d. Kgl Preuss. Meteorol. Instituts.)

Berlin, Königl. Preuss. Meteorologisches Institut, Ergebnisse der meteorologischen Beobachtungen in Potsdam im Jahre 1893—96.
Berlin 1895—98.

— der meteorologischen Beobachtungen der meteorologischen Station 1. Ordnung in Bremen v. 1803—1890. Hrsg. v. Paul Bergholz. 1. Jahrg. Fol. (XII. 40 S. m. 8 Taf.) Bremen 891. Nössler. n. 3.—
s.: Jahrbuch, deutsches meteorologisches.

Ergebnisse der meteorologischen Beobachtungen an 10 Stationen II. Ordnung und an 45 Signalstellen, sowie stündliche Aufzeichnungen an 3 Normal-Beobachtungs-Stationen. Jahrg. XVIII.
Hamburg 1896.
Hamburg, Deutsche Seewarte

Ergebnisse der Meteorologischen Beobachtungen im Systeme der Deutschen Seewarte für die Lustren 1876—80 und 1881—85 sowie das Dezennium 1876—85. Hamburg 1889.

Ergebnisse der meteorologischen Beobachtungen im System der Deutschen Seewarte für das Lustrum 1886—90. Hamburg 1891.
Hamburg, Deutsche Seewarte

Ergebnisse der meteorologischen Beobachtungen im Systeme der — für das Dezennium 1886—90, 91—95. Hamburg 1896, 98.
Hamburg, Deutsche Seewarte

— der meteorologischen Beobachtgn. i. Systeme d. deutschen Seewarte f. d. Dezennium 1886—1895. Hrsg. v. d. Direktion d. Seewarte. gr. 4. (VI, 10 S.) Hamburg 898. (L. Friederichsen & Co.) n.n. 2.—

— der meteorologischen Beobachtungen im Systeme der deutschen Seewarte f. das Lustrum 1896—1900 sowie f. die 25 J. 1876—1900. Hrsg. v. der deutschen Seewarte. (VI, 20 S.) 4. Hamburg 904. (L. Friederichsen & Co.) n.n. 3.—

— dasselbe im Systeme der deutschen Seewarte f. das Lustrum 1901—1905 sowie f. das Dezennium 1896—1905. Hrsg. v. der deutschen Seewarte. (Kaiserl. Marine.) (IV, 20 S.) 32×24,5 cm. Hamburg 910. (L. Friederichsen & Co.) nn 2.—

— der meteorologisch-magnetischen Beobachtungen am Observatorium in Ogyalla, s.: Jahrbücher der usw. kgl. ung. Reichsanstalt f. Meteorologie u. Erdmagnetismus.

Prag, Bureau des Landeskulturrathes für das Königreich Böhmen, Ergebnisse der ombrometrischen Beobachtungen in Böhmen für das Jahr 1889, 90, 91. Prag 1890—92.

— der ombrometrischen Beobachtungen in Böhmen f. die J. 1890—1892. Mit je 1 hyetograph. Übersichtskarte. Hrsg. v. der hydrograph. Abth. d. techn. Bureau d. Landesculturrathes f. d. Königr. Böhmen. (Deutsch u. čechisch.) gr. 4. (XLVI, 142; LXII, 144 u. LXVIII, 148 S.) Prag 891—893. (J. G. Calve.) à n. 6.—

Prag, Technisches Bureau des Landeskulturrathes für das Königreich Böhmen, Ergebnisse der ombrometrischen Beobachtungen in Böhmen für das Jahr 1892—94. Prag 1893—95.

— der Beobachtungen an den Regenstationen u. Uebersicht üb. die wichtigsten Beobachtungsresultate an sämmtl. Stationen in den J. 1888, 1889, 1890. Hrsg. vom kgl. preuss. meteorolog. Institut. [Aus: „Ergebnisse der meteorolog. Beobachtgn."] Imp.-4. Berlin, A. Asher & Co. n. 11.—
1888. (XII u. S. 169—244.) 891. n.n. 3.—. — 1889. (XIV u. S. 187—277.) 892. n.n. 3. 50. — 1890. (XVIII u. S. 187—307.) 893. n.n. 4. 50.

Ergebnisse der Beobachtungen an den Regenstationen u. Uebersicht über die wichtigsten Beobachtungsresultate an sämmtlichen Stationen im J. 1888. Imp.-4. (XII, S. 169—244.) Berl. 891, Asher u. Comp. ** 3 —
Aus: Jahrbuch, deutsches meteorologisches f. 1888, besonders abgedruckt.

Karlsruhe, Meteorologische Centralstation, Ergebnisse der Beobachtungen der meteorologischen Stationen des Grossherzogthums Baden im Jahre 1886, 87. (Sonderabdr. aus dem Statist. Jahrb. für das Grossh. Baden. [o. O u. J.]

— der Beobachtungen der meteorologischen Stationen im Königreich Bayern während des 5jährigen Zeitraumes 1879—1883. gr. 4. (XX, 19 S. mit 3 Stnt.) München 884, Th. Ackermann. *
Aus: Beobachtungen der meteorologischen Stationen im Königreich Bayern, besonders abgedruckt.

— d. Beobachtungen an Stationen II. u. III. Ordng., s.a. Veröffentlichgn. des kgl. preuss. meteorolog. Instituts.

Ergebnisse der Beobachtungen an den Stationen II. und III. Ordnung im Jahre 1891—94. [Deutsches Meteorologisches Jahrbuch für 1891—94.]
Berlin 1896—98. Berlin, Kgl. preußisches meteorologisches Institut.

Berlin, Königl. Preuss. Meteorolog. Institut, Ergebnisse der Beobachtungen an den Stationen II. und III. Ordnung im Jahre 1895. [Deutsches Meteorolog. Jahrbuch für 1895.] Berlin 1899. Fol.

Nordhausen a. H., Meteorologische Station (Stern, Paul), Ergebnisse zwanzigjähriger Beobachtungen der Station Nordhausen a. Harz. [o. O. u. J.]

— der Beobachtungsstationen an den deutschen Küsten über die physikalischen Eigenschaften der Ostsee und Nordsee und die Fischerei. Veröffentlicht von der Ministerial-Kommission zur Untersuchung der deutschen Meere in Kiel. 1—IX. Jhg 1873—81 & Jhg. 1882—94. Berlin 1874—94. qu.-Fol. . . . . (KGA., HC.)

Ergebnisse der Beobachtungsstationen an den deutschen Küsten üb. die physikalischen Eigenschaften der Ostsee u. Nordsee u. die Fischerei. Jahrg. 1873. 12 Hfte. Veröffentlicht v. der Ministerial-Kommission zur Untersuchg. der deutschen Meere in Kiel. qu. Fol. (ca. 230 S.) Berlin 874. 75. Wiegandt, Hempel & Parey. à Jahrg. n. 12.—

Ergebnisse der Beobachtungsstationen an den deutschen Küsten über die physikalischen Eigenschaften der Ostsee und Nordsee und die Fischerei. Veröffentlicht von der Ministerial-Kommission zur Untersuchung der deutschen Meere in Kiel. Jahrg. 1875—1878. à Jahrg. 12 Hefte. qu. Fol. (à Heft ca. 21—23 S.) Berlin, Wiegandt, Hempel und Parey. à Jahrg *

— der Beobachtungsstationen an den deutschen Küsten über die physikalischen Eigenschaften der Ostsee und Nordsee und die Fischerei. Veröffentlicht von der Ministerial-Kommission zur Untersuchung der deutschen Meere in Kiel. Jahrg. 1879—1883. à Jahrg. 12 Hefte. qu. Fol. (à Heft ca. 24 S.) Berlin, Parey. à Jahrg. *

Ergebnisse der Beobachtungsstationen an den deutschen Küsten über die physikalischen Eigenschaften der Ostsee und Nordsee und die Fischerei. Veröffentlicht von der Ministerial-Kommission zur Untersuchung der deutschen Meere in Kiel. Jahrg. 1884—1886. à Jahrg. 12 Hefte. qu. Fol. (à Heft ca. 24 S.) Berlin, (Parey.) à Jahrg. *

—— der Beobachtungsstationen an den deutschen Küsten über die physikalischen Eigenschaften der Ostsee u. Nordsee und die Fischerei. Veröffentlicht von d. Ministerial-Kommission zur Untersuchung d. deutschen Meere in Kiel. Jahrg. 1887—1892. à Jahrg. 12 Hefte. qu. Fol. (à Heft ca. 24 S.) Berl., (Parey). à Jahrg. * 12 —

— d. Beobachtungsstationen an den deutschen Küsten über d. physikal. Eigenschaften d. Ostsee u. Nordsee u. d. Fischerei. Veröffentl. v. d. Ministerial-Kommission z. Untersuchung d. deutschen Meere in Kiel. Jahrg. 1893. 12 Hfte. qu. Fol. (205 S.) Kiel 895. Lipsius & Tischer. n. 12.—

— dasselbe. Fortsetzg., s.: Meeresuntersuchungen, wissenschaftliche.

Ergebnisse der (ersten) eidg. Betriebszählung vom 9. August 1905. Hrg. vom Statistischen Bureau des eidg. Departements des Innern = Résultats du (premier) recensement fédéral des entreprises agricoles, industrielles et commerciales du 9 août 1905. Publié par le Bureau de statistique du Département fédéral de l'intérieur. Band 1: Die Betriebe und die Zahl der darin beschäftigten Personen = 1er volume: Les entreprises et le nombre des personnes actives dans ces c'. Heft 1: Kanton Zürich = Fascicule 1: Canton de Zurich. XX + 248 S. 4. Bern, Komm. A. Francke, Druck Neukomm & Zimmermann, 1906. (fr. 2.50)

Schweizerische Statistik. Liefg. 154 = Statistique de la Suisse. 154e livraison.

Ergebnisse der [ersten] eidg. Betriebszählung vom 9. August 1905. Hrg. vom Statistischen Bureau des eidg. Departements des Innern = Résultats du [premier] recensement fédéral des entreprises agricoles, industrielles et commerciales du 9 août 1905. Publié par le Bureau de statistique du Département fédéral de l'intérieur. Band 1: Die Betriebe und die Zahl der darin beschäftigten Personen = 1er volume: Les entreprises et le nombre des personnes actives dans ces c'. Heft 2 u. 3 = 2e et 3e Fascicule.... 4. Bern, Komm. A. Francke, Druck Neukomm & Zimmermann, 1907. (*je* fr. 2.50)

Heft 2: Kanton Bern = 2e Fasc': Canton de Berne. XVI + 495 S.
Heft 3: Kantone Luzern, Uri, Schwyz, Obwalden, Nidwalden, Glarus, Zug = 3e Fasc': Cantons de Lucerne, Uri, Sch', Unterwald-le-Haut, Unt'-le-Bas, Glaris, Zoug. X + 208 S.
Schweizerische Statistik. Liefg. 154 = Statistique de la Suisse. 154e livraison.

Ergebnisse der [ersten] eidg. Betriebszählung vom 9. August 1905. Hrg. vom Statistischen Bureau des eidg. Departements des Innern = Résultats du [premier] recensement fédéral des entreprises agricoles, industrielles et commerciales du 9 août 1905. Publié par le Bureau de statistique du Département fédéral de l'intérieur. Band 1: Die Betriebe und die Zahl der darin beschäftigten Personen = 1er volume: Les entreprises et le nombre des personnes actives dans ces c'. Heft 4 = 4e Fascicule.... 4. Bern, Komm. A. Francke, Druck Neukomm & Zimmermann, 1907. (fr. 2.50)

Heft 4: Kantone Freiburg, Solothurn, Baselstadt, Baselland, Schaffhausen, Appenzell A.-Rh., App' I.-Rh. = 4e Fasc': Cantons de Fribourg, Soleure, Bâle-Ville, B'-Campagne, Schaffhouse, App' Rh.-Ext., App' Rh.-Int. XVI + 859 S.
Schweizerische Statistik. Liefg. 154 = Statistique de la Suisse. 154e livraison.

Ergebnisse der [ersten] eidg. Betriebszählung vom 9. August 1905. Hrg. vom Statistischen Bureau des eidg. Departements des Innern = Résultats du [premier] recensement fédéral des entreprises agricoles, industrielles et commerciales du 9 août 1905. Publié par le Bureau de statistique du Département fédéral de l'intérieur. Band 1: Die Betriebe und die Zahl der darin beschäftigten Personen = 1er volume: Les entreprises et le nombre des personnes actives dans ces c'. Heft 5 = 5e Fascicule.... 4. Bern, Komm. A. Francke, Druck Neukomm & Zimmermann, 1907. (fr. 2.50)

Heft 5: Kantone St. Gallen, Graubünden, Aargau, Thurgau = 5e Fasc': Cantons de St-Gall, Grisons, Argovie, Thurgovie. X + 394 S.
Schweizerische Statistik. Liefg. 154 = Statistique de la Suisse. 154e livraison.

[**Ergebnisse** der ersten eidg. Betriebszählung....] 1o Volume. Fascicolo 6o.... Berna ... 1907 s. Risultati del [primo] censimento....

Ergebnisse der [ersten] eidg. Betriebszählung.... Band 1.... Heft 7 ... s. Résultats du [premier] recensement fédéral des entreprises....

Ergebnisse der (ersten) eidg. Betriebszählung vom 9. August 1905. Hrg. vom Statistischen Bureau des eidg. Departements des Innern = Résultats du (premier) recensement fédéral des entreprises agricoles, industrielles et commerciales du 9 août 1905. Publié par le Bureau de statistique du Département fédéral de l'intérieur. Band 1: Die Betriebe und die Zahl der darin beschäftigten Personen = 1er volume: Les entreprises et le nombre des personnes actives dans ces c'. Heft 8 ... = 8e ... fascicule .... 4. Bern, Komm. A. Francke, Druck Neukomm & Zimmermann, 1908. (fr. 5.—)

Heft 8, zugleich Schlussheft des Bandes 1: (Einleitung;) Schweiz und Kantone = 8e et dernier fasc' du 1er vol': (Introduction;) Suisse et cantons. [Mit 4 graphischen Tafeln.] II + 172* + 626 [+ *Beilagen* 24 + *Annexes* 24] S.
Schweizerische Statistik. Liefg. 154 = Statistique de la Suisse. 154e livraison.

Ergebnisse der [ersten] eidg. Betriebszählung vom 9. August 1905. Hrg. vom Statistischen Bureau des eidg. Departements des Innern = Résultats du [premier] recensement fédéral des entreprises agricoles, industrielles et commerciales du 9 août 1905. Publié par le Bureau de statistique du Département fédéral de l'intérieur. Band 2: Die Betriebe der Urproduktion. Teil 1: Landwirtschaft; Teil 2: Forstwirtschaft; Teil 3: Bergbau, Jagd und Fischerei = 2e volume: Exploitation des produits bruts du sol. 1re Partie: Agriculture; 2e Partie: Sylviculture; 3e Partie: Mines et carrières, chasse et pêche. [Mit 5 Karten und 12 graphischen Tafeln.] VIII + 86* + 569 [+ 20] S. 4. Bern, Komm. A. Francke, Druck Neukomm & Zimmermann, 1910. (fr. 5.—)

Schweizerische Statistik. Liefg. 168 = Statistique de la Suisse. 168e livraison.

— der Berufs- u. Gewerbezählung im Grossherzogt. Hessen am 14. VI. 1895, s.: Beiträge zur Statistik des Grossherzogt. Hessen. 47.—49. Bd.

Die **Ergebnisse** der Berufs- und Gewerbezählung vom 14. Juni 1895 im Königreich Württemberg. Hrsg. von d. K. Statist. Landesamt (In 3 Heften.) *Stuttgart: W. Kohlhammer in Komm. 1898(–1900).* (Getr. Pag.) 4°(8°)
= Jahrbücher, Württemberg., f. Statistik u. Landeskunde. Erg.Bd 1.
[... 9170

Aus den **Ergebnissen** der gewerblichen Betriebszählung vom 3. Juni 1902 im Königreiche Böhmen. Deutsche Ausg. Prag: Selbstverl.; Calve in Komm. 1907. CXXVIII, 321 S. 4°
(Mitteilungen d. Statist. Landesamtes d. Königr. Böhmen. Bd 9.) ... 7231

Ergebnisse, d. gewerbl. Betriebszählung, s.a. Statistik, österreichische.

Ergebnisse der gewerblichen Betriebszählung vom 3. Juni 1902 in den im Reichsrate vertretenen Königreichen und Ländern. 1. Heft. 2. Abteilung. Reichsübersichten nach Gewerbearten. [Österr. Statistik. LXXV. Bd. 1. Heft. 2. Abt.] Fol. (L, 334 S.) † Wien: Gerold 1907. K 11.60

Ergebnisse der gewerblichen Betriebszählung vom 3. Juni 1902 in den im Reichsrate vertretenen Königreichen und Ländern. 2. Heft. Reichsübersichten nach Gewerbeklassen und Ländern. [Österr. Statistik. LXXV. Bd. 2. Heft.] Fol. (XI, 193 S.) † K 6.20 Wien: Gerold 1908.

Ergebnisse der gewerblichen Betriebszählung vom 3. Juni 1902 in den im Reichsrate vertretenen Königreichen und Ländern. 3. Heft. Niederösterreich. [Österr. Statistik. 75. Bd. 3. Heft] Fol. (XVIII, 82 S.) † Wien: Gerold 1906. K 3.20

Ergebnisse der gewerblichen Betriebszählung vom 3. Juni 1902 in den im Reichsrate vertretenen Königreichen und Ländern. 4. Heft. Oberösterreich und Salzburg. [Österr. Statistik. 75. Bd. 4. Heft.] Fol. (XVIII, 43 S.) † K 1.90
Wien: Gerold 1905.

Ergebnisse der gewerblichen Betriebszählung vom 3. Juli 1902 in den im Reichsrate vertretenen Königreichen und Ländern. 5. Heft. Steiermark. [Österr. Statistik. 75. Bd. 5. Heft.] Fol. (XVIII, 59 S.) † Wien: Gerold 1905. K 2.40

Ergebnisse der gewerblichen Betriebszählung vom 3. Juni 1902 in den im Reichsrate vertretenen Königreichen und Ländern. 6. Heft: Kärnten und Krain. [Österr. Statistik. 75. Bd. Heft 6.] Fol. (XVIII, 33 S.) † Wien: Gerold 1905. K 1.70

Ergebnisse der gewerblichen Betriebszählung vom 3. Juni 1902 in den im Reichsrate vertretenen Königreichen und Ländern. 7. Heft. Küstenland und Dalmatien. [Österr. Statistik. 75. Bd. 7. Heft.] Fol. (XVIII, 45 S.) † Wien: Gerold 1905. K 1.90

Ergebnisse der gewerblichen Betriebszählung vom 3. Juni 1902 in dem im Reichsrate vertretenen Königreichen und Ländern. 8. Heft. Tirol und Vorarlberg. [Österr. Statistik. 75. Bd. 8. Heft.] 4°. (XVIII, 71 S.) † K 2.70
Wien: Gerold 1905.

Ergebnisse der gewerblichen Betriebszählung vom 3. Juni 1902 in den im Reichsrate vertretenen Königreichen und Ländern. 9. Heft. Böhmen. [Österr. Statistik. LXXV. Bd. 9. Heft.] 4°. (XVIII, 188 S.) † Wien: Gerold 1906. K 5.90

Ergebnisse der gewerblichen Betriebszählung vom 3. Juni 1902 in den im Reichsrate vertretenen Königreichen und Ländern. 10. Heft. Mähren und Schlesien. [Österr. Statistik. 75. Bd. 10. Heft.] 4°. (XVIII, 99 S.) † Wien: Gerold 1905. K 3.60

Ergebnisse der gewerblichen Betriebszählung vom 3. Juni 1902 in den im Reichsrate vertretenen Königreichen und Ländern. 11. Heft. Galizien und Bukowina. [Österr. Statistik. LXXV. Bd 11. Heft.] Fol. (XVIII, 134 S.) † Wien: Gerold 1905. K 4.60

Ergebnisse der landwirtschaftlichen Betriebszählung vom 3. Juni 1902 in den im Reichsrate vertretenen Königreichen u. Ländern. Bearb. von d. Bureau d. K. k. Statist. Zentralkommission. H. 1. Wien: Gerold in Komm. 1900. 4°
(Österreichische Statistik. Bd 83, H. 1.) [09. 18391

Ergebnisse der landwirtschaftlichen Betriebszählung vom 3. Juni 1902 in den im Reichsrate vertretenen Königreichen und Ländern. Bezirksübersichten für Kärnten, Krain, Triest und Gebiet, Görz und Gradisca, Istrien, Dalmatien, Tirol und Vorarlberg. [Österr. Statistik. LXXXIII. Bd. 3. Heft.] 4°. (IV, 45 S.) † K 2.20 Wien: Gerold 1909.

Ergebnisse der landwirtschaftlichen Betriebszählung vom 3. Juni 1902 in den im Reichsrate vertretenen Königreichen und Ländern. Bezirksübersichten für Böhmen, Mähren und Schlesien. [Österr. Statistik. Bd. LXXXIII. 4. Heft.] Fol. (IV, 105 S.) † Wien: Gerold 1907. K 3.30

Ergebnisse der landwirtschaftlichen Betriebszählung vom 3. Juni 1902 in den im Reichsrate vert[ret]enen Königreichen und Ländern. Bezirksübersichten für Galiz[ien] und die Bukowina. [Österr. Statistik. LXXXIII. Bd. 5. Heft.] . (IV, 45 S.) † K 3.80 Wien: Gerold 1909.

Ergebnisse der gewerblichen Betriebszählung vom 3. Juni 1902 in Niederösterreich. Bearb. v. statist. Bureau d. niederösterr. Handels- u. Gewerbekammer. Wien: Handels- u. Gewerbekammer 1909. XXXIX, 325 S. 4°
(Statist. Mitteilungen d. niederösterr. Handels- u. Gewerbekammer.) [09. 8818

[F.] **Ergebnisse** der Bevölkerungs- u. Wohnungsaufnahme v. 2. Dez. 1895. Hrsg. v. Statist. Amt d. Stadt. (Vorr.: E[rnst] Hirschberg.) *Charlottenburg: Dr. v. A. Gertz 1897.* (3 Bl., 41 S., 1 Pl., 6 Taf.) 1 Bd 8.
— Statistik, Charlottenburger. H. 1. [98. 195

— der **Bevölkerungsstatistik** d. Kantons Bern f. den Zeitraum v. 1886—1890, s.: **Mitteilungen** d. bernischen statistischen Bureau's.

— der Bevölkerungsstatistik des Kantons Bern 1891 bis 1905/06, s.: Mitteilungen des bernischen stat. Bureaus.

Botanische **Ergebnisse** der schwedischen Expedition nach Patagonien und dem Feuerlande 1907–1909. 1. Uppsala & Stockholm 1910: Almqvist & Wiksell. 4°
(Svenska Vetenskapsakademiens Handlingar. Bd 46, Nr 3.) [11. 4098 4

— **botanische**, der v. der Gesellschaft f. Erdkunde zu Berlin unter Leitung Dr. v. Drygalski's ausgesandten Grönlandsexpedition, s. a. **Bibliotheca botanica.** 42. Hft.

Botanische **Ergebnisse** der von der Gesellschaft für Erdkunde zu Berlin unter Leitung Dr. v. Drygalski's ausgesandten Grönlandexpedition nach Dr. Vanhöffens Sammlungen bearbeitet. Mit Taf. A. B. *Stuttgart: E. Nägele 1897–99.* 2 Bde 4°
A. Kryptogamen. 1897.
B — Abromeit, Joh.: Samenpflanzen (Phanerogamen) aus d. Umanaks- u. Ritenbenks-Distrikt. 1899.
— Bibliotheca botanica. H. 42 [u.] s. [01. 866

— **botanische**, der im J. 1907 m. Unterstützg. der kaiserl. Akademie ausgeführten Reise nach Java u. Britisch-Indien. Nr. I u. II. gr. 8. Wien, A. Hölder. 2. 10
Czapek, F., über die Blattentfaltung der Amherstieen. M. 4 Taf. (30 S.) 909. (Nr. I.) 1. 60
— Zur Kenntnis des Phytoplanktons im Indischen Ozean. Mit 5 Textfig. (9 S.) 909. (Nr. II.) — 50
Sonderabdr. aus „Sitzungsber. d. k. Akad. d. Wiss."

Ergebnisse der schweizerischen Brandzählungen 1893 bis 1894. Herausgegeben vom Schweiz. statistischen Bureau. 1896.

Ergebnisse der Chirurgie und Orthopaedie. Hrsg. von Erwin Payr, Greifswald [u.] Hermann Küttner, Breslau. Bd 1. Berlin: Springer 1910. 8°. [10. 10034

Ergebnisse, definitive, der Gewerbezählung vom 1. Dezember 1875 im Königreich Bayern. München 1875

Definitive **Ergebnisse** der Volkszählung vom 1. December 1875 im Preussischen Staate. I. Flächeninhalt, ländliche Verwaltungsbezirke, Communalverbände, Wohnstätten, Bewohner und Haushaltungen der einzelnen Kreise (mit Hervorhebung der Städte). II. Alphabetisches Verzeichniss der Kreise nebst Angabe der Lage und Bewohnerzahl. Mitgetheilt vom Königlich Preussischen Statistischen Bureau. Berlin. 1877. Siehe in: Zeitschrift des Königlich Preussischen Statistischen Bureaus. Jg. 17. 4°.

— der Durcharbeitung des Quellenlesebuchs f. den Geschichtsunterricht, zugleich e. Leitfaden f. Volksschulen. (Lehr- u. Lesebuch f. deutsche Geschichte. B. Anh.) gr. 8. (72 S.) Halle a/S. 893. H. Schroedel. n. — 40

— einstweilige, der Volkszählung vom 1. Decbr. 1890 in der Stadt Berlin. Veröffentlicht vom statist. Amt der Stadt. gr. 8. (III, 64 S. m. 1 farb. Karte.) Berl. 891, Stankiewicz. * 2 —

Die endgültigen **Ergebnisse** der ausserordentlichen Viehzählung vom 1. Dezember 1908. (Berlin 1908: Koebke.) 14 S. 4° [09. 13117 10

Die endgültigen **Ergebnisse** der außerordentlichen Viehzählung v. 1. Dezember 1909. (Berlin 1909: Koebke.) 14 S. 4° [10. 17398

Die endgültigen **Ergebnisse** der außerordentlichen Viehzählung vom 1. Dez. 1902 im preußischen Staate sowie in den Fürstentümern Waldeck und Pyrmont. Berlin. 1906. = Preußische Statistik, 185. 4°.

Die endgültigen **Ergebnisse** der Vieh- und Obstbaumzählung vom 1. Dez. 1900 im preussischen Staate sowie in den Fürstenthümern Waldeck und Pyrmont. Th. 1. Der Viehstand nach Stückzahl, Verkaufswerth und Lebendgewicht sowie der Obstbaumbestand nach der Stückzahl. Mit 2 Tafeln graphischer Darstellungen. Berlin. 1905. Tl. 2. Der Viehbestand der Gehöfte. ebd. 1906. = Preussische Statistik, 172. 4°.

Ergebnisse, Die endgültigen, der Viehzählung . . . im Preussischen Staate. *[Wird fortges.]*
(Preuss. Statistik. H. 31 ff.)

Die endgültigen **Ergebnisse** der Volkszählung vom 1. Dez. 1900 im preussischen Staate etc. Tl. 1. Berlin. 1903; Tl. 2: Gebürtigkeit. Blinde. Taubstumme. Arbeitsort und Wohnort. ebd. 1903; Tl. 3: Die Muttersprache. ebd. 1902. = Preussische Statistik, 177. 4°.

Die endgültigen **Ergebnisse** der Volkszählung vom 1. Dezember 1905 im Grossherzogtum Baden. Mitgeteilt v. Grossh. Statist. Landesamt in Karlsruhe. o. O. [1906]. (22 S.) 4° [F.] [07. 684 3

Die endgültigen **Ergebnisse** der Volkszählung vom 1. Dez. 1905 im Großherzogtum Baden. Mitgeteilt v. Großh. Statist. Landesamt in Karlsruhe. [Karlsruhe: Statist. Landesamt 1906.] (22 S.) 4° [F.] [07. 441

Ergebnisse, Die endgültigen, der Volkszählung vom 1. Dez. 1905 im preussischen Staate sowie in den Fürstentümern Waldeck u. Pyrmont nebst e. aktenmäss. Berichte über d. Ausführ. d. Zählung. Tl 1. 2. Berlin 1908. 4°.
(Preuss. Statistik, 206.)

Die endgültigen **Ergebnisse** der Volkszählung vom 1. Dezember 1905 im preußischen Staate sowie in d. Fürstentümern Waldeck u. Pyrmont ... T. 1. Berlin: Kgl. Statist. Landesamt 1908. 4°
(Preußische Statistik. 206.) [09. 18898

— endgiltige, d. **Volkszählung** v. 2. XII. 1895. [Aus: „Ztschr. d. k. bayer. statist. Bureau".] gr. 4. (16 S.) München 897. (J. Lindauer.) n. — 50

[Umschlagt.:] Endgültige **Ergebnisse** der Volkszählung vom 2. December 1895 im Herzogthum Anhalt. Hrsg. v. d. Herzgl. statist. Bureau. *Dessau: Anhalt. Buchdr. Gutenberg 1897.* (26 S.) 1 Bd 8.(4.) [97. 4794

Ergebnisse einer Enquête über die Preise der Wohnungen und der wichtigsten Lebensmittel, sowie über die Steuerverhältnisse in den verschiedenen Gegenden der Schweiz 1902—1903. [Herausgeber: Generaldirektion,] Schweizerische Bundesbahnen = **Résultats** d'une enquête concernant les prix des logements et des aliments principaux, ainsi que les taux des impôts dans différentes contrées de la Suisse 1902—1903. [Publié par la Direction générale des] Chemins de fer fédéraux. [Mit 4 Tafeln.] II + 37 S. fol. Bern, Neukomm & Zimmermann, 1903.

—— der Entwicklung des österreich. Post- und Telegraphenwesens im J. 1868 und 1869. 8. Wien 870, k. k. Hof- und Staatsdruckerei. *

— der berufsstatistischen Erhebung, s.: Beiträge zur Statistik der innern Verwaltung des Großherzogth. Baden.

Ergebnisse einer Erhebung über die in bayer. Fabriken u. grösseren Gewerbebetrieben zum Besten der Arbeiter getroffenen Einrichtungen. Veröffentlichung des Kgl. Staats-Ministeriums des Innern. 4⁰. München 1874.

— der Erhebung vom Novbr. 1890 üb. die Wohnverhältnisse, s.: Mittheilungen d. statist. Amtes der Stadt München.

Die **Ergebnisse** der am 1. December 1900 erfolgten statistischen Erhebung über die im Gebiete d. Stadt Hamburg in offener Armenpflege unterstützten Personen unter besond. Berücks. d. Wohnungsverhältnisse. Bearb. im Auftr. d. Armen-Collegiums. Hamburg 1902: Lütcke & Wulff. 169 S. 4°(8°) [illegible]

Ergebnisse, Die, der über die Standes-Verhältnisse der Privat-Angestellten im Jahre 1896 eingeleiteten amtlichen Erhebungen. I. Theil. Vom k. k. Ministerium des Innern mitgetheilt. 4. (142 S) Wien: Hof-und Staatsdruckerei 1898. --.75

Ergebnisse, Die, der über die Standesverhältnisse der Privat-Angestellten im Jahre 1896 eingeleiteten amtlichen Erhebungen. II. Theil. Vom k. k. Ministerium des Innern mitgetheilt. Gr.-4. (112 S. u. Register) Ebd. 1898. —.75

— die, der im J. 1907 eingeleiteten Erhebungen betr. die nach dem Gesetze vom 16. XII. 1906 R.G.Bl. Nr. 1 ex 1907 versicherungspflichtigen Angestellten. Bearb. im k. k. Ministerium des Innern. (217 S.) Lex. 8. Wien 908. (Hof- u. Staatsdruckerei.) 5. —

Ergebnisse der Erhebungen über die Beschäftigung gewerblicher Arbeiter an Sonn- u. Festtagen. 3 Bde. fol. Berlin 1887.

—— der Erhebungen betr. die Fälschung von Tabularurkunden und die Wirkungen der in dem allgemeinen Grundbuchsgesetze enth. Legalisirungsvorschriften. gr. 8. (64 S.) Wien 873, Manz. *
Aus: Zeitschrift für Notariat und freiwillige Gerichtsbarkeit in Oesterreich, besonders abgedruckt.

Ergebnisse der über die Frauen- und Kinderarbeit in den Fabriken auf Beschluss des Bundesraths angestellten Erhebungen, zusammengest. i. Reichskanzler-Amt. — Berlin: Heymann 1876. 116 S. 4⁰

——1877. 180 S. 8⁰

—— der Erhebungen über die Lage der Landwirthschaft im Großherzogth. Baden 1883. Auszug aus der amtl. Darstellung des Ministeriums des Innern. gr. 8. (III, 57 S.) Karlsruhe 884, Braun'sche Hofbuchh. *

Ergebnisse der Erhebungen über die Lage der bäuerlichen Landwirthschaft in den Gemeinden Willsbach OA. Weinsberg, Oeschelbronn OA. Herrenberg, Ober-Kollwangen OA. Calw, Wiesenbach OA. Gerabronn, Ingerkingen OA. Biberich und Christazhofen OA. Wangen des Kgr. Würtemberg 1884—85. gr. Lex.-8⁰. Stuttgart, Kohlhammer, 1886.

Ergebnisse der üb. Lehrlinge u. Gesellen angestellten Erhebungen. Amtlich. Berlin 877.

Ergebnisse, d. amtlichen Ermittelg. d. landwirthschaftl. Bodenbenutzg. u. d. Ernteertrages in Preussen im Jahre 1878. Berlin 879.

— die, d. Ermittelg. d. landwirthschaftlichen Bodenbenutzung im Königr. Bayern im J. 1893, s.a. Beiträge z. Statistik d. Königr. Bayern.

Bayer. Statist. Landesamt, Die Ergebnisse der Ermittlung der landw. Bodenbenutzung im Königreich Bayern 1893. München 1894

Die **Ergebnisse** der Ermittelung der landwirtschaftlichen Bodenbenutzung im Jahre 1900, d. forstwirtschaftl. Bodenbenutzung im J. 1900, die Ergebnisse d. Obstbaumzählung v. 1. Dez. 1900, die Ernteerträge von 1899 bis 1902 ... im Großherzogtum Mecklenburg-Schwerin. Schwerin 1905: Bärensprung. (164 S.) 4°
= Beiträge z. Statistik Mecklenburgs. Bd 14, H. 1. [illegible]

Die **Ergebnisse** der Ermittelung des Ernteertrages im Jahre 1879, nebst Anhang enthaltend die Angaben über die Bodennutzung der Gemarkungen der Städte, Landgemeinden, Guts- und Forstbezirke und die Bonitätsziffern des Ackerlandes derselben. - Berlin 1880. XVI, 155 S. - (Preuss. Statistik H. LVII). - Dass. für das Jahr 1884. ebd. 1885. - (Preuss. Statistik H. LXXXV)

— der Ermittelung d. Ernteertrages im preußischen Staate, s.: Statistik, preußische.

Ergebnisse der Ermittelungen, welche über den Umfang, die Ursachen und die Wirkungen der im Jahre 1902 eingetretenen Steigerung der Fleischpreise angestellt worden sind. Berlin [illegible]: Reichsdr. 93 S. 4°(2°) [illegible]

— der botanischen Expedition der kaiserl. Akad. der Wissenschaften nach Südbrasilien 1901. Hrsg. v. R. v. Wettstein u. V. Schiffner. I. Bd. Pteridophyta u. Anthophyta. Unter Mitwirkg. zahlr. Fachmänner hrsg. v. R. v. Wettstein. 1. Halbbd. (313 S. m. 12 Abb., 1 Karte, 26 Taf. u. 26 Bl. Erklärgn.) 31,5×24,5 cm. Wien: Hölder 1908. 36. —
Sonderabdr. aus „Denkschr. d. k. Akad. d. Wiss."

— dasselbe. II. Bd. Thallophyta u. Bryophyta. Hrsg. v. V. Schiffner. 31×24,5 cm. Ebd.
Höhnel, Frz. v., Eumycetes et Myxomycetes. Mit 1 Taf. (45 S. m. 1 Bl. Erklärgn.) 907. 4. 20
Zahlbruckner, Alex., Lichenes (Flechten). (125 S. m. 5 z. Tl. farb. Taf.) 909. 12. 40

— der zoologischen Expedition der kais. Akad. der Wissensch. nach Brasilien im J. 1903. III. 4. Wien 906. (A. Hölder.) n. — 60
Eine neue Opisthodrilus-Art aus Brasilien. Von Luigi Cognetti de Martiis. Mit 1 Textfig. (2 S.)
Sonderabdruck aus: „Denkschr. d. k. Akad. d. Wiss."
I u. II sind noch nicht erschienen.

Ergebnisse der Kgl. bayer. Fabrik- und Gewerbe-Inspektoren über das Maurergewerbe. gr. 8⁰. München 1901.

Die **Ergebnisse** der von der Allgemeinen Zeitung veranstalteten Flotten-Umfrage. München: Allg. Zeitung 1898. (Getr. Pag.) 4° [Umschlagt.]
= Zeitung, Allgemeine. Jg. 1898. Außerordentl. Beil. [illegible]

Ergebnisse d. bisher. Forschungen über d. Echtheit d. Mozart'schen Requiem. gr. 8. Mainz 826. Schott S. 8 gr.

Ergebnisse einer zoologischen Forschungsreise in den Molukken u. Borneo, im Auftr. d. Senckenberg. naturforsch. Gesellsch. ausgef. v. Dr. Willy Kükenthal, ... a.-o. Prof. an d. Univ. Jena. Tl 1: Reisebericht. Tl 2: Wissenschaftl. Reisergebnisse. Bd 1. n, H. 1. *Frankfurt: M. Diesterweg 1896. 97.* 4.
— Abhandlungen hrsg. v. d. Senckenbergischen naturforsch. Gesellschaft. Bd 22. 23. 24, H. 1. [98. 171]

— einer zoologischen Forschungsreise v. Franz Werner nach Ägypten u. dem ägyptischen Sudan. I—IV. gr. 8. Ebd. n. 3. 90
I. Die Orthopterenfauna Ägyptens m. besond. Berücksicht. der Eremiaphilen. Von Frz. Werner. (80 S. m. 1 Taf.) 905. n. 1. 60
II. Cestoden aus Fischen, aus Varanus u. Hyrax. Von Bruno Klaptocz. (21 S. m. 1 Taf.) 906. n. — 75
Sonderabdrucke a.: „Sitzungber. d. k. Akad. d. Wiss."
III. Auchmophila Kordofensis, e. neue Psychidengattung u. Art, nebst Verzeichnis der übrigen gesammelten Lepidopteren. Von H. Rebel. (10 S. m. 1 Taf.) (906). n. — 55
IV. Krokodile u. Schildkröten. Von Frdr. Siebenrock. Mit 8 Textfig. (23 S.) 906. n. 1. —

— der m. Subvention aus der Erbschaft Treitl unternomm. zoologischen Forschungsreise Dr. Franz Werner's nach dem ägypt. Sudan u. Nord-Uganda. V—XVI. gr. 8. Wien. (A. Hölder.) 21. 25
Attems, Karl Graf, Myriopoden. (6 S. m. 5 Abbild.) 910. (XVI.) — 50
Birula, A. A., Scorpiones u. Solifugae. (32 S.) 908. (XIV.) — 90
Daday, E. v., Beiträge zur Kenntnis der Mikrofauna des Nils. (53 S. m. 3 Taf.) 910. (XV.) 3. 30
Glinkiewicz, Anna, Parasiten u. Pachyuromys duprasi Lat. (Mit 2 Taf.) (6 S.) 907. (X.) — 65
Karny, H., die Orthopterenfauna des ägyptischen Sudans u. v. Nord-Uganda (Saltatoria, Gressoria, Dermaptera) m. besond. Berücksichtig. der Acridoideengattung Catantops. (Mit 3 Taf.) (112 S.) 907. (IX.) 3. 30
Klaptocz, Bruno, Cestoden aus Numida ptilorhyncha Lebt. (12 S. m. 1 Taf.) 906. (VI.) — 60
— Vogelcestoden. (40 S. m. 1 Fig. u. 2 Taf.) 908. (XIII.) 1. 75
Mayr, Gust., Liste der v. Dr. Frz. Werner am oberen Nil gesammelten Ameisen, nebst Beschreibung e. neuen Art. (6 S.) 907. (XI.) — 30
Simon, Eugène, Araneida. (18 S.) 906. (VII.) — 55
Werner, Frz., Beiträge zur Kenntnis der Fischfauna des Nils. (Mit 4 Taf. u. 6 Textfig. sowie 1 Kartenskizze.) (62 S.) 906. (V.) 2. 90
— Orthoptera Blattaeformia (m. e. Revision der Mantodeengattung Tarachodes). (Mit 3 Taf. u. 1 Textfig.) (103 S.) 907. (VIII.) 3. 30
— Die Reptilien u. Amphibien. (104 S. m. 4 Taf.) 908. (XII.) 3. 15
Sonderabdrucke aus „Sitzungsber. d. k. Akad. d. Wiss." I—IV. Ebd. 905. 06. 3. 90

— e. zoologischen Forschungsreise nach Westindien v. W. Kükenthal u. R. Hartmeyer im J. 1907, s. a. Jahrbücher, zoologische.

Ergebnisse einer zoologischen Forschungsreise nach Westindien von Prof. W. Kükenthal und Dr. R. Hartmeyer im Jahre 1907. Mit 8 Taf. u. 8 Abb. Jena: Fischer 1908. 104 S. 8° [Umschlagt.]
(Zoologische Jahrbücher. Suppl 11, H. 1.) [09. 1221

Ergebnisse u. Fortschritte der Heilkunde, in populären Einzeldarstellgn. bearb. v. pract. Aerzten. Nr. 3, 4, 6—8. gr. 8. Leipzig 890. Rauert & Rocco. n. 3. 80
3. Die Fettsucht und ihre Behandlung. Von H. Rocco. (23 S.) n. — 80
4. Der Kopfschmerz. Von Kaiser. (26 S.) n. — 80
6. Die Lungenschwindsucht. Ihre Verhütg. u. Behandlg. Von H. Rocco. (29 S.) n. — 60
7. Die günstigen u. ungünstigen Einwirkungen d. Alkohols auf den menschlichen Organismus. Von H. Rocco. (24 S.) n. — 80
8. Die Zuckerkrankheit [Diabetes mellitus]. Von Prager. (23 S.) n. — 80
Nr. 1, 2 u. 5 erscheinen später.

Ergebnisse und Fortschritte der germanistischen Wissenschaft im letzten Vierteljahrhundert. Im Auftrage der Gesellschaft für deutsche Philologie hrg. von Richard Bethge. (Festschrift zur Feier des fünfundzwanzigjährigen Bestehens der Gesellschaft....) X + LXXX + 618 S. 8. Leipzig, O. R. Reisland, 1902. [M. 12. —]

Ergebnisse und Fortschritte der Zoologie hrsg. von Dr. J[ohann] W[ilhelm] Spengel, Prof. Bd 1, H. 1. Jena: Fischer 1907. 8° [09. 10671]

— u. Fortschritte der Zoologie, hrsg. v. J. W. Spengel. I. u. II. Bd. (596 u. 585 S. m. 121 bezw. 254 Abbild.) gr. 8. Jena 907—09. G. Fischer. 20. —

Ergebnisse. Die Ergebnisse der Internationalen Friedenskonferenz im Haag. Eröffnet am 18. Mai 1899. 1. Beschluss des 9. Friedenskongresses (in Paris); 2. Vortrag von Baron [Paul-Henry-Benjamin] d'Estournelles de Constant; 3. Konvention für die friedliche Regelung internationaler Streitigkeiten; 4. Liste der Mitglieder des internationalen Schiedsgerichtshofes. II + 23 S. 8. Berne, Büchler & Co., VI. 1901.

— der 2. Haager Friedenskonferenz, s. a. Marine-Rundschau.

Ergebnisse der Zweiten Haager Friedenskonferenz. Berlin: E. S. Mittler & Sohn 1908. (71 S.) 8° [F.]
— Marine-Rundschau. Beih. 1908, Februar-H. [08. 3060

Ergebnisse der im Jahre 1907 im Haag abgehaltenen Zweiten Internationalen Friedenskonferenz. [Berlin: Auswärtiges Amt 1907.] (204 S.) 4° [F.] [08. 1379

Die Ergebnisse der Gebäudesteuerrevision. Berlin. 1891. Bei-Gesetz betreffend . . . Gebäudesteuer. Berlin. 1861. 8°.

Ergebnisse (Die) der Gebäudesteuer-Revision 8°. Berlin 1881.

Die Ergebnisse der Gebäudesteuerrevision. Berlin: Reichsdruckerei 1891.

Ergebnisse aus dem innern Geistesleben des Menschen in dem Gebiete des Magnetismus und Somnambulismus in auf die Jetztzeit bezügl. Vorherbestimmungen und Aussagen entnommen von mehreren Somnambülen. Beobachtet und aufgestellt von Chr. H—t ms. gr. 8. (84 S.) Schneeberg 848. Leipzig, (Brauns.)

Kanton Basel-Landschaft. Ergebnisse der Gemeinde-Rechnungen vom Jahre 1887, nebst einer Uebersicht über den gegenwärtigen Stand des Gemeindesteuerwesens. Bearbeitet von der Direktion des Innern und veröffentlicht auf Anordnung des Regierungsrathes. Gr. in-4°, 69 u. XV S. Liestal, Druck von A. Brodbeck und Gebr. Lüdin. 1888 Basel-Land.

Ergebnisse der Gemeinde-Rechnungen vom Jahre 1900 [im] Kanton Basel-Landschaft. Bearb. von der Direktion des Innern und veröffentlicht auf Anordnung des Regierungsrates. 111 S. 4. Liestal, Suter & Cie., 1901.

Ergebnisse der Gemeinde-Rechnungen vom Jahre 1903 [im] Kanton Basel-Landschaft. Bearb. von der Direktion des Innern und veröffentlicht auf Anordnung des Regierungsrates. 115 S. 4. Liestal, Gebr. Lüdin, 1904.

Ergebnisse der Gemeinde-Rechnungen vom Jahre 1906 [im] Kanton Basel-Landschaft. Bearb. von der Direktion des Innern und veröffentlicht auf Anordnung des Regierungsrates. II + 119 S. 4. [Liestal, Gebr. Lüdin *und* Suter, Marti & Schäublin, 1907.] [fr. 1. —]
(*vorher letztmals pro* 1903 *veröffentlicht.*)

Ergebnisse der Gemeinde-Rechnungen vom Jahre 1909 [im] Kanton Basellandschaft. Bearb. von der Direktion des Innern und veröffentlicht auf Anordnung des Regierungsrates. II + 135 S. 4. Liestal, Buchdr. zum Landschäftler A. G., 1910.

Ergebnisse der Gemeinderechnungen im Kant. Bern auf Ende 1880. Vom kantonalen statistischen Bureau. In-4°, 70 S. Bern, Wyss. 1883?

Ergebnisse der Deutschen Gewerbezählung nach der allgemeinen Berufszählung vom 5. Juni 1882. 4 Theile. 1885—87.
(Stat. d. d. Reichs. N. F. Bd. 6. 7.) . . . . (D.)

Ergebnisse, einige, der deutschen Gewerbezählung vom 5. Juni 1882 für den Bezirk der Handels- und Gewerbekammer Dresden. Dresden 1889

Ergebnisse, Die, der Gewerbezählung vom 1. December 1875 im Deutschen Reiche. Herausg. vom Kais. Statistischen Amt. Th. 1—2: Berlin 1879. gr. 4.
Th. 1.: Übersicht sämmtlicher am 1. Dec. 1875 erhobenen Gewerbebetriebe des Deutschen Reichs, unterschieden nach Betrieben mit höchstens 5 und mit mehr als 5 Gehülfen. Abth. 1. 2.
Th. 2.: Die am 1. Dezember 1875 im Deutschen Reiche gezählten Gewerbebetriebe mit mehr als 5 Gehulfen. Abth. 1. Betriebs- und Personalverhältnisse. Abth. 2. Umtriebs- und charakteristische Arbeitsmaschinen.
Fst: Stat. d. deut. Reichs. R. 1. Bd. 34—35.

Ergebnisse der in Österreich vorgenommenen Gewerbezählung nach dem Stande vom 1. Juni 1897 (sammt den in diesem Stande bis z. 31. Mai 1898 vorgefallenen Veränderungen). Verf. u. hrsg. vom Arbeitsstatist. Amte im k. k. Handelsminist. (Vorr.: Victor Mataja.) *Wien: K.-k. Hof- u. Staatsdr. 1899.* (XL, 381 S.) 4°

— der in Oesterreich vorgenommenen Gewerbezählung, Fortsetzg., f.: Veränderungen im Stande der Gewerbe während der beiden Perioden 1898/1899 u. 1899/1900.

— der Gewitter-Beobachtungen, s.a. Veröffentlichgn. d. kgl. preuss. meteorolog. Instituts.

Ergebnisse der Gewitter-Beobachtungen. [1.] Im J. 1891. Berlin: A. Asher & Co. 1895. 4°
(Veröffentlichungen d. Kgl. Preuss. Meteorol. Instituts.)

Ergebnisse der Gewitterbeobachtungen in dem Jahre 1902. [Jahrbücher der k. ungar. Reichsanstalt für Meteorologie und Erdmagnetismus. 32. Bd. Jahrg. 1902. 3. Teil.] Fol. (XXVIII, 49 S. mit 1 Karte.) † Budapest: Toldi 1904. K 4.—

Ergebnisse der Gewitter-Beobachtungen in den Jahren 1892—96. Berlin 1897, 98. Berlin, Königl. preussisches meteorologisches Inst.

Ergebnisse d. Grundbesitzstatistik, s.a. Statistik, österr.

Ergebnisse der Grundbesitzstatistik in den im Reichsrathe vertretenen Königreichen und Ländern nach dem Stande vom 31. December 1896. 1. Heft. [Österr. Statistik. 56. Bd. 1. Heft.] 4°. (XLVI, 33 S.) † Wien: Gerold 1902? K 2.40

Ergebnisse der Grundbesitzstatistik in den im Reichsrathe vertretenen Königreichen und Ländern nach dem Stande vom 31. December 1896. 2. Heft: Ober-Oesterreich und Salzburg. Bearbeitet von dem Bureau der k. k. statistischen Central-Commission. Wien. 1900. In Comm. Gerold's Sohn. 4°. XLVI, 21 S. K 2.—

Ergebnisse der Grundbesitzstatistik in den im Reichsrathe vertretenen Königreichen und Ländern nach dem Stande vom 31. December 1896. 3. Heft. Steiermark. Bearbeitet von dem Bureau der k. k. statistischen Central-Commission. Wien. 1901. In Comm. Gerold's Sohn. 4°. XXXIX, 21 S. K 2.—

Ergebnisse der Grundbesitzstatistik in den im Reichsrate vertretenen Königreichen und Ländern nach dem Stande vom 31. Dezember 1896. 4. Heft. Böhmen. [Österr. Statistik. 56. Bd. 4. Heft.] Fol. (XLIV, 91 S) † Wien: Gerold 1904? K 4.20

Ergebnisse der Grundbesitzstatistik in den im Reichsrate vertretenen Königreichen und Ländern nach dem Stande vom 31. Dezember 1896. 5. Heft. Mähren und Schlesien. [Österr. Statistik. 56. Bd. 5. Heft.] Fol. (LIII, 52 S.) † K 3.30 Wien: Gerold 1904?

Ergebnisse der Grundbesitzstatistik in den im Reichsrate vertretenen Königreichen und Ländern nach dem Stande vom 31. Dezember 1896. 6. Heft: Tirol und Vorarlberg. [Österr. Statistik. LVI. Bd. Heft 6.] Fol. (L, 35 S.) † K 2.60 Wien: Gerold 1908?

Ergebnisse der Grund- und Gebäudesteuerveranlagungen für den preussischen Staat. Hrsg. vom Kgl. Finanzministerium. 25 Bde. 8° Berlin 1866—1872.

— der Grund- u. Gebäudesteuerveranlagung f. den preussischen Staat. Hrsg. vom königl. Finanzministerium. Bd. 1—25. 4. Berlin 872. (Wiegandt, Hempel & Parey.) n.n. 171. 50

1. Regierungsbezirk Königsberg. (804 S.) n.n. 10. 50
2. Regierungsbezirk Gumbinnen. (787 S.) n.n. 10. 50
3. Regierungsbezirk Danzig. (205 S.) n.n. 5. —
4. Regierungsbezirk Marienwerder. (542 S.) n.n. 7. 50
5. Regierungsbezirk Posen. (679 S.) n.n. 9. —
6. Regierungsbezirk Bromberg. (462 S.) n.n. 6. 50
7. Regierungsbezirk Stettin. (408 S.) n.n. 6. —
8. Regierungsbezirk Köslin. (397 S.) n.n. 5. 50
9. Regierungsbezirk Stralsund. (192 S.) n.n. 3. —
10. Regierungsbezirk Breslau. (799 S.) n.n. 10. 50
11. Regierungsbezirk Liegnitz. (633 S.) n.n. 9. —
12. Regierungsbezirk Oppeln. (620 S.) n.n. 8. 50
13. Regierungsbezirk Potsdam. (560 S.) n.n. 8. —
14. Regierungsbezirk Frankfurt a. O. (553 S.) n.n. 8. —
15. Regierungsbezirk Magdeburg. (351 S.) n.n. 5. 50
16. Regierungsbezirk Merseburg. (502 S.) n.n. 7. 50
17. Regierungsbezirk Erfurt. (165 S.) n.n. 3. —
18. Regierungsbezirk Münster. (127 S.) n.n. 4. —
19. Regierungsbezirk Minden. (193 S.) n.n. 5. 50
20. Regierungsbezirk Arnsberg. (305 S.) n.n. 7. 50
21. Regierungsbezirk Koblenz. (317 S.) n.n. 7. 50
22. Regierungsbezirk Düsseldorf. (253 S.) n.n. 6. —
23. Regierungsbezirk Köln. (175 S.) n.n. 4. 50
24. Regierungsbezirk Trier. (329 S.) n.n. 8. —
25. Regierungsbezirk Aachen. (202 S.) n.n. 5. —

Die landräthlichen Kreise sind auch einzeln à n.n. — 75 zu haben.

— der Grundstücks-Aufnahmen, s. Statistik, Berliner.

Ergebnisse, gültige, der eidgen. Volkszählung vom 1. XII. 1900. Die Gesamtbevölkerg. der Gemeinden der Schweiz. Vom statist. Bureau des eidgenöss. Departements des Innern. (In deutscher u. französ. Sprache.) (31 S.) gr. 4. Bern '01, Schmid & Francke. 1. —

Ergebnisse der Revaler Handelsstatistik aus d. J. 1880—1884 u. 1885—1889. Bearb. v. Paul Jordan u. hrsg. vom Revaler Börsen-Comité. gr. 8. (III, 36 u. III, 52 S.) Reval 886. 891. (F. Kluge.) à n. 4. —

— d. Revaler Handelsstatistik aus d. J. 1890—1894. Im Auftr. d. Revaler Börsen-Comités bearb. u. hrsg. v. Chrn. Fleischer. gr. 8. (III, 76 S.) Reval 895. (F. Kluge.) n. 4. —

— die hauptsächlichsten, aus den v. allen meteorologischen Stationen des Königr. Sachsen im J. 1901 eingesandten Beobachtungen. Bearb. im Auftrag von Paul Schreiber durch C. Lindemann. (80 S. m. 6 Taf.) 4. Chemnitz 905. (C. Brunner.) n. 5. —
Sonderabdr. aus: „Deut. meteorol. Jahrb. Königr. Sachsen".

Die Ergebnisse der Haushaltzählung vom 1. Dezember 1905. Im Auftr. d. Oberbürgermeisters bearb. v. Städt. Statist. Amt. Elberfeld (1905): Martini & Grüttefien. 18 S. 4°
(Beiträge z. Statistik d. Stadt Elberfeld. H. 2. Lfg 2.)

— des v. der Landes-Versicherungsanstalt der Hansestädte eingeleiteten Heilverfahrens bei lungenkranken Versicherten bis Ende 1904. (47 S. m. Tab.) gr. 8. Hamburg (906). (Lübeck, R. Quitzow.) n.n. 4. —

Ergebnisse v. Kalidüngungsversuchen in Westfalen. Münster i. W. U. A. 8 S. Fig. P.

Ergebnisse der Käserei-Statistik und K'-Inspektion des Kantons Luzern, ausgeführt im Sommer 1909. (Bericht der Experten.) [Mit 8 Tabellen.] 31 S. 8. Luzern, J. Schills Erben, 1910.

— der Catastral-Revision auf Grund des Gesetzes vom 12. VII. 1896 (R.G.Bl. Nr. 121). Verf. im k. k. Finanzministerium. 2 Bde. gr. 4. Wien 901. (Hof- u. Staatsdruckerei.) n. 32. —

1. Darstellung der Flächenmasse u. Reinerträge d. einzelnen Culturgattungen, sowie des Ausmasses der steuerfreien Flächen u. des Gesammt-Flächenmasses nach den einzelnen Districten, Schätzungsbezirken u. Ländern, nebst den auf die Bonitätsclassen entfallenden Flächen u. Reinerträgen. (IX, 893 S.) n. 24. —
2. Die Vertheilung d. Culturflächen der im Reichsrathe vertretenen Königreiche u. Länder auf die einzelnen Classen des Tarifes d. jochweisen Reinerträge. (VI, 291 S.) n. 8. —

— der vom k. k. Ackerbauministerium im J. 1903 eingesetzten Kommission zur Untersuchung der Betriebsverhältnisse des Erdölbergbaues in Galizien. (49 S.) gr. 8. Wien 904. (Hof- u. Staatsdruckerei.) n. 1. 80

Ergebnisse der vom k. k. Ackerbauministerium im Jahre 1903 eingesetzten Kommission zur Untersuchung der Betriebsverhältnisse des Erdwachsbergbaues in Galizien. *Wien: k. k. Hof- u. Staatsdr. 1903.* (V, 90 S.) 8°

Ergebnisse der in seekriegsrechtlichen Angelegenheiten in London abgeh. Konferenz. [Aus: „Mittlgn. a. d. Geb. d. Seewesens".] (23 S.) gr. 8. Pola, Schrinner. 1909. 1. —

Ergebnisse des Concursverfahrens, s.a. Statistik, Österreichische.

Die Ergebnisse des Konkursverfahrens im Jahre 1902. 2. Abteilung des 1. Heftes der „Statistik der Rechtspflege" in den im Reichsrate vertretenen Königreichen und Ländern für das Jahr 1905. [Österr. Statistik. LXXXI. Bd. 1. Heft. 2. Abt.] 4°. (XXII, 47 S.) † Wien: Gerold 1908. K 2.10

Die Ergebnisse des Konkursverfahrens im Jahre 1906. 2 Abteilung des 1. Heftes der „Statistik der Rechtspflege". [Österr. Statistik. LXXXV. Bd. 1. Heft. Abt. 2.] 4°. (XXII, 49 S.) † Wien: Gerold 1908. K 2.20

Die Ergebnisse des Konkursverfahrens im Jahre 1907. 2. Abt. des 1. Heftes der „Statistik der Rechtspflege" in den im Reichsrate vertretenen Königreichen und Ländern für das Jahr 1907. [Österreichische Statistik. LXXXVII. Bd. 1. Heft. 2. Abt.] 4°. (XXII, 59 S.) Wien: Gerold 1909. K 2.50

Die Ergebnisse des Konkursverfahrens im Jahre 1908. 2. Abteilung des 1. Heftes der „Statistik der Rechtspflege" in den im Reichsrate vertretenen Königreichen und Ländern für das Jahr 1908. [Österr. Statistik. LXXXIX. Bd. 1. Heft. 2. Abt.] Fol. (XXVI, 59 S.) Wien: Gerold 1910. K 2.50

Die Ergebnisse des Concursverfahrens in den im Reichsrathe vertretenen Königreichen und Ländern im Jahre 1888, s. Statistik, Österreichische. XXX Bd

Die Ergebnisse des Concursverfahrens in den im Reichsrathe vertretenen Königreichen und Ländern im Jahre 1895. 2. Heft der „Statistik der Rechtspflege in den im Reichsrathe vertretenen Königreichen und Ländern für das Jahr 1895". Bearbeitet von dem Bureau der k. k. statistischen Central-Commission unter Mitwirkung des k. k. Justiz-Ministeriums. Wien. 1899. In Comm. Gerold's Sohn. 4°. XVI, 57 S. fl. 1.10

Die Ergebnisse des Concursverfahrens in den im Reichsrathe vertretenen Königreichen und Ländern im Jahre 1896. 2. Heft der „Statistik der Rechtspflege" in den im Reichsrathe vertretenen Königreichen und Ländern für das Jahr 1896. Bearbeitet von dem Bureau der k. k. statistischen Central-Commission unter Mitwirkung des k. k. Justiz-Ministeriums. Wien. 1900. In Comm. Gerold's Sohn 4°. XVI, 55 S. K 2.20

Die Ergebnisse des Concursverfahrens in den im Reichsrathe vertretenen Königreichen und Ländern im Jahre 1897, 2. Heft der „Statistik der Rechtspflege" in den im Reichsrathe vertretenen Königreichen und Ländern für das Jahr 1897. Bearbeitet von dem Bureau der k. k. Statistischen Central-Commission unter Mitwirkung des k. k. Justiz-Ministeriums. Wien. 1901. In Comm. Gerold's Sohn. 4°. XVI, 57 S. K 2.20

Ergebnisse, die, des Concursverfahrens in Oesterreich in den J. 1876—1878. Veröffentlicht vom k. k. Justizministerium. Lex.-8. (108; 110; 108 S.) Wien 877—79, k. k. Hof- und Staatsdruckerei. à Jahrg. *

— die, des Concursverfahrens in Oesterreich im Jahre 1876—1878. Veröffentlicht vom k. k. Justizministerium. Lex.-8. (108, 110 u. 108 S.) Wien 878—80. k. k. Hof- u. Staatsdruckerei. à n. 2. 80

Die Ergebnisse der seitens der Schlesischen Aerztekammer auf das Berichtsjahr 1896 sich erstreckenden Krankenkassenenquête für die Provinz Schlesien. [Vorr.: Dr. Theodor Koerner-Breslau.] *Breslau: W. G. Korn 1899.* (224 S.) 4° [illegible] 2

Baltische landwirtschaftliche Zentralausstellung zu Riga 1899. **Ergebnisse** u. Kritik. 4. Riga '00.

o. N., Ergebnisse der Cultur des Maises im landw. Distrikte Vilshofen im Jahre 1848. Vilshofen

Ergebnisse d. bayer. Landtagswahlen v. 31. V. 1907. (40 S.) 32×24 cm. München 907. (J. Lindauer.) 1. — Sonderabdruck aus „Ztschr. d. k. bayer. statist. Bureaus".

Die Ergebnisse d. preussischen Landwirthschaft, v. E. Marcard. 1884, 85/86, 87/88. Berl. 1886, 88, 90. (= Landwirthschaftliche Jahrbücher. Ergänzungsbd., resp. 15 III, 17 IV, 19 I). 373

Ergebnisse der Inneren Medizin und Kinderheilkunde. Hrg. von F[riedrich] Kraus, O[scar] Minkowski, Fr[iedrich] Müller, H[ermann] Sahli [-Bern], A[dalbert] Czerny, O[tto] Heubner. Redigiert von Th Brugsch..., L[eo] Langstein..., Erich Meyer..., A Schittenhelm.... Band 1. Mit 28 Textabbildungen und 1 mehrfarbigen Tafel. VIII + 620 S. gr.-8. Berlin, Julius Springer, 1908. [M. 18.—]

Darin S. 195—517: Über die Verdauung der Milch im Magen. Von (Privatdozent Dr.) Ludwig Tobler [von Zürich]-Heidelberg. (Mit 1 Tafel.)

— der inneren Medizin u. Kinderheilkunde. Hrsg. v. F. Kraus, O. Minkowski, Fr. Müller, H. Sahli, A. Czerny, O. Heubner. Red. v. Th. Brugsch, L. Langstein, Erich Meyer, A. Schittenhelm. 1.—6. Bd. Lex. 8. Berlin, J. Springer. 123. ; geb. in Halbfrz. n 138. 50

1. (VII, 620 S. m. 28 Abbildgn. u. 1 farb. Taf.) 908. 18. ; geb. 20. 50
2. (IV, 708 S. m. 13 Abbildgn. u. 6. photograph. Taf.) 908. 24.—; geb. n 26. 80
3. (III, 628 S.) 909. 18.—; geb. n 20. 50
4. (III, 587 S. m. 45 Abb. u. 8 Taf.) 909. 23.—; geb. n 25. 60
5. (III, 555 S. m. 57 Abb. u. 2 Taf.) 910. 18.—; geb. n 20. 50
6. (III, 674 S. m. 101 Abb. u. 1 Taf.) 910. 22.—; geb. n 24. 60

— der wissenschaftlichen Medizin. Organ f. übersichtl. Darstellg. medizinisch-biolog. Fragen u. ihrer Grenzgebiete. Hrsg. unter Mitwirkg. zahlr. Fachgenossen v. Carl Lewin. 1. Jahrg. Oktbr. 1909—Septbr. 1910. 12 Hefte. (IV, 515 S. m. 13 Abb.) gr. 8. Leipzig, Dr. W. Klinkhardt. 16. —

Meteorologische **Ergebnisse** der schwedischen Südpolar-Expedition. 1. Stockholm 1908: Lith. Inst. d. Generalstabs; Berlin: Asher. 4°(8°) (Wissenschaftl. Ergebnisse d. schwed. Südpolar-Expedition 1901—1903. Bd 2, Lfg 2.) [illegible]

Ergebnisse d. Militär-Ersatzgeschäftes d. J. 1890 in Bayern. (Nach den Mittheilgn. der Militär-Medizinal-Abthlg. d. k. Kriegsministeriums.) [Aus: „Zeitschr. d. bayr. statist. Bureau".] gr. 4. (8 S.) München 891. (J. Lindauer.) n. — 40

— dasselbe d. J. 1891. [Aus: „Zeitschr. d. bayer. statist. Bureau".] gr. 4. (7 S.) Ebd. 892. n. — 40

— d. Militär-Ersatzgeschäftes i. J. 1896—1897. (Nach d. Mittheilgn. d. k. Ersatzbehörden III. Instanz.) [Aus: „Zeitschr. d. k. bayer. statist. Bureau".] gr. 4. (4 S.) München 897. (J. Lindauer.) n. — 40

Ergebnisse der Morbiditäts-Statistik in den Heilanstalten des deutschen Reiches f. d. J. 1877. Bearbeitet vom kais. Gesundheitsamt. (Berlin 1878.) 4. Ist: Extra-Beilage zu Jhg. 1879 der Veröffentlich. d. kais. deut. Gesundheitsamtes. (D.; SDB.; KGA.; FWI.)

Ergebnisse der speziellen pathologischen Morphologie und Physiologie des Menschen und der Tiere. Bearb. v. ... hrsg. v. O(tto) Lubarsch, Rostock, u. R(obert) Ostertag, Berlin. M. Textabb. *Wiesbaden: J. F. Bergmann 1896.* (XIV S., 1 Bl., 804 S.) 1 Bd 8.
— **Ergebnisse** der allg. Pathologie u. patholog. Anat. d. Menschen u. d. Tiere. Abt. 3. [illegible]

Ergebnisse der speziellen pathologischen Morphologie und Physiologie der Sinnesorgane. Bearb. v. ... Hrsg. v. O(tto) Lubarsch ... u. R(obert) Ostertag ... *Wiesbaden: J. F. Bergmann 1896.* (XII, 553 S.) 1 Bd 4.(8.)
— **Ergebnisse** d. allg. Pathologie u. patholog. Anatomie d. Menschen u. Tiere. Abt. 4. [illegible]

Ergebnisse der Moststatistik (aus Arbeiten des Kais. Gesundheitsamtes) 1903. 04. 05. Berlin 1904-06

Ergebnisse. Die E' der schweizerischen Münzenquete vom 23. Januar 1905. Vom eidgenössischen Finanzdepartement. Separatabdruck aus der «Zeitschrift für schweizerische Statistik», Jahrg. 42, 1906 [Band 1, Liefg. 1] = Les résultats de l'enquête monétaire suisse du 23 janvier 1905. Par le Département fédéral des finances.... [Mit 4 Karten.] II + 50 S. 4. Bern, Stämpfli & Cie., 1906.

Die naturwissenschaftlichen **Ergebnisse** der Expedition S. M. S. „Gazelle". (Zeitschrift der Gesellschaft für Erdkunde zu Berlin. Bd 11. 1876. S 59—78. 81—142.) Berlin 1876. 82 S. 8°.

Ergebnisse der Niederschlags-Beobachtungen. [1.] Im J. 1891. Berlin: A. Asher & Co. 1893. 4° (Veröffentlichungen d. Kgl. Preuss. Meteorol. Instituts.) [illegible]

Ergebnisse der Niederschlags-Beobachtungen im Jahre 1892—94. Berlin 1893—97. **Berlin. Königl. preuß. meteorologisches Inst.**

Ergebnisse der Niederschlags-Beobachtungen in den Jahren 1895, 96. Berlin 1899. Fol. **Berlin. Königl. preuß. meteorologisches Inst.**

Ergebnisse der Niederschlagsbeobachtungen im Jahre 1901. [Jahrbücher der k. ungar. Reichsanstalt für Meteorologie und Erdmagnetismus. 31. Bd. Jahrg. 1901. 4. Teil.] Fol. (LXVIII, 136 S mit 2 Karten.) † Berlin: Toldi 1904. K 4.—

— der **Niederschlags-Beobachtungen** im J. 1905, s.: **Jahrbücher** der usw. kgl. ung. Reichsanstalt f. Meteorologie u. Erdmagnetismus.

— dasselbe i. J. 1908, bearb. v. C. Kassner, s.: **Veröffentlichungen** des königl. preuss. meteorolog. Instituts.

Ergebnisse von 1800 Ortskrankenkassen aus dem Jahre 1910. Lex.-8⁰. Gross-Lichterfelde, Verlag der Arbeiterversorgung, A. Troschel, 1911.

Ergebnisse der Allgemeinen Pathologie und pathologischen Anatomie des Auges. Hrsg. von Otto Lubarsch u. Robert Ostertag. Bericht über die Jahre 1897—99. Dazu e. Nachtrag: Über den heutigen Stand der pathologischen Anatomie der sogen. funktionellen Psychosen. Von K. Heilbronner. Wiesbaden 1901. XII, 605 S..
— Bericht über die Jahre 1906—1909. 1910. XIII, 819 S.

(Ergebnisse d. allgem. Pathologie u. patholog. Anatomie d. Menschen u. d. Tiere. Erg. Bd zu Jg. 6. 14.)

— der allgem. **Pathologie** u. patholog. Anatomie d. Menschen u. d. Tiere. Unt. Mitwirkg. v. Fachgenossen, hrsg. v. O. **Lubarsch** u. R. **Ostertag**. 1. Jahrg. 1894. 4. Abtlgn. Lex.-8. Wiesbaden, J. F. Bergmann. n. 83. 05

1. Ergebnisse der allgem. Ätiologie. Bearb. v. M. Beck, J. Behrens, H. Bircher etc. (XI, 988 S.) 895. n. 27. —
2. Ergebnisse d. allgem. patholog. Morphologie u. Physiologie. Bearb. v. E. Albrecht, L. Aschoff, K. Benda u. a. (XII, 725 S. m. Abb.) 895. n. 18. 65
3. Ergebn. d. spec. patholog. Morphologie u. Physiologie d. Menschen u. der Tiere. Bearb. v. H. Albrecht, M. Casper, H. Eppinger etc. (XV, 804 S m. Abb.) 896. n. 22. —
4. Ergebn. d. spez. patholog. Morphologie u. Physiologie d. Sinnesorgane. Bearb. v. Th. Axenfeld, S. Ehrmann, A. E. Fick etc. (XII, 553 S.) 896. n. 15. 40

— 2. Jahrg. 1895. I. u. II. Allgem. u. spez. Mykopathologie. III. Intoxikationen. IV. Progressive Ernährungsstörgn. V. Teratologie. VI. Spezielle patholog. Anatomie u. Physiologie. gr. 8. (X, 840 S.) Ebd. 897. n. 25. —

— dasselbe. 3. Jahrg. 1896. 1. Hälfte I. Allgem Ätiologie: A. Äuss. Krankheitsursachen. B. Inn. Krankheitsursachen. II. Allgem. patholog. Morphologie u. Physiologie. A. Stoffwechsel, Pathologie. B. Pathologie d. Zelle. C. Pathologie d. Cirkulation. D. Pathologie der Ernährg. gr. 8. (X, 770 S.) Ebd. 898. n. 22. 60

— dasselbe. 3. Jahrg. 1896. 2. (Schluss-)Hälfte. III. Spez. patholog. Anatomie u. Physiologie: A. Respirationstraktus. B. Harnorgane. C. Männl. Genitalien. D. Weibl. Genitalien: 1. Beim Menschen. 2. Bei Tieren. E. Verdauungstraktus. F. Nervensystem bei Tieren. G. Sinnesorgane: Das Auge. Das Ohr. Nachtrag: Geschwülste d. Tiere. Cysten d. Tiere. gr. 8. (X, 878 S.) Ebd. 898. n. 25. 40

— der allgemeinen **Pathologie** u. pathologischen Anatomie des Menschen u. der Tiere. Bearb. v. A. Blaschko, M. Borst, W. P. Dunbar etc. Hrsg. v. O. Lubarsch u. R. Ostertag. 4. Jahrg.: 1897. I. Stoffwechselpathologie. II. Allgemeine Ätiologie. III. Pathologie der Infektionskrankheiten. IV. Allgemeine pathol. Anatomie u. Physiologie. V. Spezielle pathol. Anatomie u. Physiologie: A. Bewegungsapparat. B. Nervensystem u. Sinnesorgane. VI. Tierpathologie: A. Infektionskrankheiten. B. Missbildungen. Mit 4 Abbildgn. auf Taf. I u. 27 Fig. im Text. gr. 8. (X, 1009 S.) Wiesbaden 899. J. F. Bergmann. n. 27. —

Ergebnisse der allgemeinen Pathologie u. pathologischen Anatomie des Menschen u. der Tiere. Bearb. v. L. Aschoff, M. Beck, C. Benda etc. Hrsg. v. O. Lubarsch u. R. Ostertag. 5. Jahrg.: 1898. I. Allgemeine pathol. Morphologie u. Physiologie. II. Spezielle pathol. Anatomie u. Physiologie. III. Spez. Mykopathologie. IV. Ausländische Litteratur. V. Nachtrag. gr. 8. (XII, 1050 S.) Wiesbaden 900. J. F. Bergmann. n. 28. —

— dasselbe. 6. Jahrg.: 1899. I. Allgemeine Ätiologie. II. Spezielle Morphologie u. Physiologie. III. Allgemeine patholog. Morphologie u. Physiologie. gr. 8. (XII, 1056 S.) Ebd. 901. n. 28. —

— dasselbe. 7. Jahrg.: 1900/1901. I. Spezielle patholog. Anatomie u. Physiologie. II. Allgemeine Ätiologie. III. Allgemeine patholog. Morphologie u. Physiologie. Anh. gr. 8. (XV, 984 S.) Ebd. 902. n. 28. —

— dasselbe. Register zu Jahrg. I—VI. Bearb. v. R. Grashey. gr. 8. (251 S.) Ebd. 902. n. 8. —

— der allgemeinen **Pathologie** u. pathologischen Anatomie des Menschen u. der Tiere. Hrsg. von O. Lubarsch u. R. Ostertag. 8. Jahrg.: 1902. 2 Abtlgn. Lex.-8. Wiesbaden 904. J. F. Bergmann. n. 46. 60

1. I. Spezielle patholog. Anatomie u. Physiologie. II. Allgemeine Ätiologie. III. Allgemeine patholog. Anatomie u. Physiologie. Bearb. v. L. Aschoff, C. Benda, H. Bircher u. a. (X, 713 S.) n. 22. 60
2. Bearb. v. O. Petrik, R. Kretz, E. Sauerbeck. (X, 729 S.) n. 24. —

— dasselbe. 9. Jahrg.: 1903. 2 Abtlgn. Lex.-8. Ebd. 904. n. 68. —

1. Spezielle patholog. Morphologie u. Physiologie. Bearb. v. G. Arndt, M. Borst, W. Kattwinkel u. a. (XV, 1271 S.) 904. n. 34. —
2. A. Technisches u. Literarisches. B. Allgemeine Ätiologie. C. Allgemeine patholog. Anatomie u. Physiologie. Bearb. v. F. Chvostek, G. Fütterer, G. Herxheimer u. a. Mit 13 Taf. u. 25 Abbildgn. im Text. (XII, 767 S.) 905. n. 24. —

— dasselbe. Bearb. v. A. Eber, W. Eichmeyer, B. Fischer u. a. Hrsg. von O. Lubarsch u. R. Ostertag. 10. Jahrg.: 1904/1905. A. Ausländische Literatur. B. Allgemeine u. spezielle Mykopathologie. C. Spezielle patholog. Morphologie u. Physiologie. D. Allgemeine patholog. Morphologie u. Physiologie. (XV, 989 S. m. 1 Taf.) Lex.-8. Ebd. 906. n. 32. —

dasselbe. 10. Jahrg.: Ergänzungsbd. Morphologie u. Pathologie der Sinnesorgane. Bearb. von A. Birch-Hirschfeld, W. Bornemann, C. Brons u. a. Hrsg. v. O. Lubarsch u. R. Ostertag. 1. Hälfte. (IX, 548 S.) Lex.-8. Ebd. 906. n. 16. —

— der allgemeinen **Pathologie** u. pathologischen Anatomie des Menschen u. der Tiere. 10. Jahrg.: Ergänzungsbd. Patholog. Morphologie u. Physiologie der Sinnesorgane. Bearb. v. A. Birch-Hirschfeld, W. Bornemann, C. Brons u. a. Hrsg. v. O. Lubarsch u. R. Ostertag. 2. Hälfte. (S. X—XV u. 549—1182.) Lex. 8. Wiesbaden 907. J. F. Bergmann. 20. — (Vollst.: 36. —)

Ergebnisse der allgemeinen **Pathologie** u. pathologischen Anatomie des Menschen u. der Tiere. Bearb. v. O. Busse, K. Th. Fahr, G. Herxheimer u. a. 11. Jahrg.: 1906. I. Abtlg. Allgemeine Ätiologie. (XIV, 1053 S. m. 18 Abb. u. 5 Taf.) Lex. 8. Wiesbaden 907. J. F. Bergmann. 32. —

— dasselbe. Bearb. v. E. Albrecht, M. Casper, L. Freund u. a. 11. Jahrg., 2. Abtlg. 1907. B. Spezielle patholog. Anatomie u. Physiologie. C. Ausländische Literatur. D. Allgemeine patholog. Morphologie u. Physiologie. (XI, 1224 S.) Lex. 8. Ebd. 907. 35. —

— dasselbe. Bearb. v. A. Bickel, W. W. Cadbury, C. Davidsohn u. a. Hrsg. v. O. Lubarsch u. R. Ostertag. 12. Jahrg. 1908. A. Ausländ. Literatur. B. Allgem. patholog. Morphologie u. Physiologie. C. Spezielle patholog. Morphologie u. Physiologie. D. Technik. (X, 801 S.) Lex. 8. Ebd. 908. 28. —

— dasselbe. Bearb. v. Th. Fahr, W. Fromme, G. Jochmann u. a. Hrsg. v. O. Lubarsch u. R. Ostertag. 13. Jahrg. 1. Abtlg.: 1909. A. Allgem. Ätiologie. B. Spezielle patholog. Anatomie u. Physiologie. (IX, 603 S.) Lex. 8. Ebd. 909. 22. —

— dasselbe. Bearb. v. R. Cassirer, A. Dietrich, G. Herxheimer u. a. Hrsg. v. O. Lubarsch u. R. Ostertag. 13. Jahrg. 2. Abtlg.: 1909. C. Allgem. patholog. Morphologie u. Physiologie. D. Spezielle patholog. Morphologie u. Physiologie. (VIII, 629 S.) Lex. 8. Ebd. 910. 22. 60

— dasselbe. Bearb. v. H. Beitzke, C. Hart, M. Koch u. a. Hrsg. v. O. Lubarsch u. R. Ostertag. 14. Jahrg. 1. Abtlg.: 1910. A. Technik. — B. Allgem. Ätiologie. — C. Allgem. u. spezielle patholog. Physiologie u. Morphologie. (X, 771 S.) Lex. 8. Ebd. 910. 24. —

— dasselbe. Unter Mitwirkg. v. Axenfeld. 14. Jahrg.: Ergänzungsbd. Ergebnisse der allgem. Pathologie u. patholog. Anatomie des Auges. Bearb. v. A. Birch-Hirschfeld, C. Brons, M. zur Nedden u. a. Unter Mitwirkg. v. Axenfeld hrsg. v. O. Lubarsch u. R. Ostertag. Bericht üb. die J. 1906—1908. (XIII, 819 S.) Lex. 8. Ebd. 910. 27. —

— der experimentellen **Pathologie** u. Therapie einschliessl. Pharmakologie. Hrsg. v. Baccelli, Ebstein, Ehrlich u. a. Red. v. E. Schreiber. I. Bd. 1. Abtlg. (VII, 104 S. m. 1 Taf.) Lex. 8. Wiesbaden 907. J. F. Bergmann. 2. 80

— der **Physiologie**. Unter Mitwirkg. v. K. Basch, A. Bethe, W. Biedermann u. a. Hrsg. v. L. Asher u. K. Spiro. 1. Jahrg. 1. u. 2. Abtlg. gr. 8. Wiesbaden 902. J. F. Bergmann. n. 47. 60

1. Biochemie. Bearb. v. F. Blumenthal, G. Bredig, M. Cremer u. a. (XIX, 929 S.) n. 22. 60
2. Biophysik u. Psychophysik. Bearb. v. L. Asher, W. Biedermann, R. Du Bois-Reymond. (XVIII, 926 S. m. Abbildgn. u. 8 Taf.) n. 25. —

— der **Physiologie**. Unter Mitwirkg. von W. O. Atwater, K. Basch, A. Bethe u. a. Hrsg. v. L. Asher u. K. Spiro. II. Jahrg. 2 Abtlgn. gr. 8. Ebd. n. 42. 60

1. Biochemie. Bearb. v. K. Basch, O. Cohnheim, F. Czapek u. a. (XV, 689 S.) 903. n. 18. 60
2. Biophysik u. Psychophysik. Bearb. v. W. Biedermann, R. du Bois-Reymond, F. B. Hofmann u. a. Mit 45 Abbildgn. im Text u. auf Taf. I/II. (XIV, 882 S.) 903. n. 24. —

— dasselbe. III. Jahrg. 2 Abtlgn. Lex.-8. Ebd. n. 32. 20

1. Biochemie. Bearb. v. W. O. Atwater, R. Burian, W. Connstein u. a. (XV, 636 S. m. Abb. u. 5 Taf.) 904. n. 18. 60
2. Biophysik u. Psychophysik. Bearb. von J. v. Uexküll, P. Grützner, H. Boruttau u. a. Mit 2 Taf. u. 59 Abbildgn. im Text. (XII, 521 S.) 904. n. 13. 60

Ergebnisse der Physiologie. Bearb. von ... A[rthur] Heffter, Bern; ... [u. a.]. Hrg. von L[eon] Asher, Bern, und K[arl] Spiro, Strassburg i. E. Jahrg. 4. Abteilung 1 und 2: Biochemie und Biophysik und Psychophysik. Mit 49 Abbildungen im Text. XIV + 908 S. gr.-8. Wiesbaden, J. F. Bergmann, 1905. [M. 25. 60]

A. u. d. T.: Ergebnisse der Physiologie. Unter Mitwirkung von ... A. Heffter, Bern; ... A[lfred] Jaquet, Basel; ... H[ugo] Kronecker, Bern; ... Fr[iedrich] Löscher, Bern; ... C[onstantin] von Monakow, Zürich; ... E[rnst] Schulze, Zürich; ... E[rnst] Winterstein, Zürich; ... . Hrg. von L. Asher, Bern, und K. Spiro, Strassburg i. E. Jahrg. 4. Wiesbaden ... 1905.

— der **Physiologie**. 5.—10. Jahrg. Lex. 8. Wiesbaden, J. F. Bergmann. 137. 60

5. Unter Mitwirkg. v. W. O. Atwater, K. Basch, W. M. Bayliss u. a. Hrsg. v. L. Asher u. K. Spiro. Biochemie u. Biophysik u. Psychophysik. (XVI, 902 S. m. Abb.) 906. 28. —
6. Unter Mitwirkg. v. Sv. Arrhenius, weil. W. O. Atwater, I. Bang u. a. Hrsg. v. L. Asher u. K. Spiro. Biochemie u. Biophysik u. Psychophysik. (XI, 620 S.) 907. 20. —
7. Unter Mitwirkg. v. Sv. Arrhenius, weil. W. O. Atwater, I. Bang u. a. Hrsg. v. L. Asher u. K. Spiro. (XI, 846 S. m. 33 Abbildgn.) 908. 27. —
8. Unter Mitwirkg. v. Sv. Arrhenius, weil. W. O. Atwater, I. Bang u. a. Hrsg. v. L. Asher u. K. Spiro. (X, 823 S. m. Abbildgn. u. 4 Taf.) 909. 24. —
9. Unter Mitwirkg. v. Sv. Arrhenius, weil. W. O. Atwater, S. Baglioni u. a. Hrsg. v. L. Asher u. K. Spiro. (X, 627 S. m. Abbildgn.) 910. 18. 60
10. Unter Mitwirkg. v. Sv. Arrhenius, weil. W. O. Atwater, S. Baglioni u. a. Hrsg. v. L. Asher u. K. Spiro. Mit Sach- u. Autorenregister zu den Bdn. 1—10. (XVI, 699 S. m. 13 Fig.) 910. 20. —

— **physiologische**, der im J. 1906 durchgeführten Monte-Rosa-Expedition v. A. Durig Unter Mitwirkg. v. W. Kolmer, R. Rainer, H. Reichel u. W. Caspari. 31×24,5 cm. Wien, A. Hölder.

Caspari, W., über den Stoffwechselversuch in Alagna u. üb. die Einwirkung kurzdauernden Aufenthalts in grösseren Bergeshöhen auf den Stoffwechsel. (27 S. m. 2 Fig.) 910. 2. 40

Durig, Arnold, Einleitung. Mit 5 Taf. (36 S. m. 5 Bl. Erklärgn.) 909. 5. 80

— Üb. d. Erhaltungsumsatz. (117 S. m. 1 Fig.) 909. 8. 50

Durig, Arnold, über d. Gaswechsel beim Gehen. Über den Umsatz beim Marsch auf ansteig. Bahn. (55 S. m. 1 Fig.) 909. 4. —

— dasselbe. Über d. Umsatz beim Marsch auf horizontaler Bahn. (51 S. m. 2 Fig.) 909. 4. —

— Über das Verhalten der Atemmechanik u. der Alveolartension. (133 S.) 910. 9. 50

— u. W. Kolmer, über d. Verhalten v. Puls, Blutdruck u. Körpertemperatur. Mit 4 Kurventaf. u. 4 Taf. m. Sphygmogrammen. (42 S.) 909. 5. 10

Reichel, Heinr., Beobachtungen üb. Luftionisation. (7 S. m. 1 eingedr. Tab. u. 1 eingedr. Kurventaf.) 909. — 80

— Über die Dauer einfacher psychischer Vorgänge unter dem Einflusse des Höhenklimas u. üb. die psychische Alkoholwirkung in grossen Höhen. Mit 4 Tab. u. 4 Taf. (35 S.) 909. 3. 90

Sonderabdrucke aus „Denkschr. d. k. Akad. d. Wiss."

— der in dem Atlantischen Ocean von Mitte Juli bis Anfang Novbr. 1889 ausgeführten **Plankton-Expedition** der Humboldt-Stiftung. Auf Grund v. gemeinschaftl. Untersuchgn. e. Reihe v. Fach-Forschern hrsg. v. Vict. Hensen. (In 5 Bdn.) (1. Bd.) A. C. gr. 4. Kiel, Lipsius & Tischer. Subskr.-Pr. n. 36. —; Einzelpr. n. 40. —

A. Reisebeschreibung der Plankton-Expedition v. Otto Krümmel, nebst Einleitg. v. Hensen u. Vorberichten v. Dahl, Apstein, Lohmann, Borgert, Schütt u. Brandt. Mit 100 Fig. im Text, sowie 5 Karten, 2 Taf. u. e. Photograv. (VII, 271 S.) 892. Kart. Subskr.-Pr. n. 27. —; Einzelpr. n. 30. —

C. Geophysikalische Beobachtungen der Plankton-Expedition. Von Otto Krümmel. (119 S. m. 2 farb. Karten.) 893. Subskr.-Pr. n. 9. —; Einzelpr. n. 10. —

— dasselbe. (2. Bd.) E. a. A. gr. 4. Ebd. 893. Subskr.-Pr. n. 1. 80; Einzelpr. n. 2. —

Die Thaliacea der Plankton-Expedition. A. Systematische Bearbeitg. v. M. P. A. Traustedt. (16 S. m. 1 Taf.)

— dasselbe. (2. Bd.) E. a. B. gr. 4. Ebd. 894. Subskr.-Pr. n. 6. 75; Einzelpr. n. 7. 50

Die Thaliacea der Plankton-Expedition. B. Vertheilung der Salpen. Von Carl Apstein. (68 S. m. 14 Fig., 1 Taf. u. 2 farb. Karten.)

— dasselbe. (2. Bd.) G. a. α u. β. gr. 4. Ebd. 893. Subskr.-Pr. n. 14. 40; Einzelpr. n. 16. —

G. a. α. Die Halobates-Ausbeute der Plankton-Expedition. Von Frdr. Dahl. — β. Die Halacarinen der Plankton-Expedition. Von H. Lohmann. (95 S. m. 19 Abbildgn. u. 13 Taf.)

— dasselbe. (2. Bd.) G. b. gr. 4. Ebd. 893. Subskr.-Pr. n. 12. 60; Einzelpr. n. 14. —

Decapoden u. Schizopoden. Von Arnold Ortmann. (120 S. m. 1 Fig., 7 Taf. u. 3 Karten.)

— dasselbe. (2. Bd.) K. c. gr. 4. Ebd. 894.
Subskr.-Pr. n. 12. 60; Einzelpr. n. 14. —
Die craspedoten Medusen. Von Otto Maas. (107 S. m. 3 Fig., 6 Taf. u. 2 Karten.) — Nachtrag zu den Akalephen der Plankton-Expedition v. Ernst Vanhöffen. (S. 29 u. 30.)

— dasselbe. (2. Bd.) K. d. gr. 4. Ebd. 893.
Subskr.-Pr. n. 7. 20; Einzelpr. n. 8. —
Die Akalephen der Plankton-Expedition. Von Ernst Vanhöffen. Mit 4 Taf. u. 1 Karte. (28 S.)

— dasselbe. (4. Bd.) M. g. gr. 4. Ebd. 894.
Subskr.-Pr. n. 5. 40; Einzelpr. n. 6. —
Die Bakterien des Meeres nach den Untersuchungen der Plankton-Expedition unter gleichzeitiger Berücksicht. einiger älterer u. neuerer Untersuchungen v. Bernh. Fischer. (83 S. m. 3 Fig. u. 1 Karte.)

— der i. d. Atlantischen Ocean v. Mitte Juli b. Anfang Novbr. 1889 ausgef. Plankton-Expedition der Humboldt-Stiftg. Auf Grund v. gemeinschaftl. Untersuchgn. e. Reihe v. Fachforschern hrsg. v. Vict. Hensen. I. Bd. B. gr. 4. Kiel 895. Lipsius & Tischer.
Subskr.-Pr. n. 21. 60; Einzelpr. n. 24. —
Methodik d. Untersuchgn. v. Vict. Hensen. (III, 200 S. m. 14 Fig., 11 Taf. u. 1 Karte.)

— dasselbe. II. Bd. E. a. C. gr. 4. Ebd. 895.
Subskr.-Pr. n. 7. 65; Einzelpr. n. 8. 50
4. Kanton Basel-Stadt u. -Land. 1897. (43 S. m. Fig. u. 1 Karte.) 897. n.n. 2. 50
Lfg. 1 erschien 1897 u. d. T.: Résultats, les, de la triangulation de la Suisse.

Ergebnisse der i. d. Atlantischen Ocean v. Mitte Juli bis Anfang Novbr. 1889 ausgef. Plankton-Expedition d. Humboldt-Stiftg. Auf Grund v. gemeinschaftl. Untersuchgn. e. Reihe v. Fachforschern hrsg. v. Vict. Hensen. II. Bd. E. b. u. c. gr. 4. Kiel, Lipsius & Tischer. Subskr.-Pr. n. 37. 80; Einzelpr. n. 42. —
b. Die Pyrosomen d. Plankton-Exped. Von Osw. Seeliger. (95 S. m. Fig., 6 Taf. u. 1 Karte.) 895.
Subskr.-Pr. n. 10. 80; Einzelpr. n. 12. —
c. D. Appendicularien d. Plankton-Exped. Von H. Lohmann. (148 S. m. 20 Taf., 3 Karten u. 1 Diagramm.) 896.
Subskr.-Pr. n. 27. —; Einzelpr. n. 30. —

— dasselbe. II. Bd. F. d—f. gr. 4. Ebd.
Subskr.-Pr. n. 51. 60; Einzelpr. n. 57. 50
d. D. Gastropoden d. Plankton-Exped. Von Heinr. Simroth. (206 S. m. 17 Fig. u. 22 Taf.) 895.
Subskr.-Pr. n. 30. —; Einzelpr. n. 33. 50
e. D. Acephalen d. Plankton-Exped. Von Heinr. Simroth. (44 S. m. 2 Taf. u. 1 Karte, nebst Nachtrag zu: D. Gastropoden 1 S.) 896.
Subskr.-Pr. n. 5. 40; Einzelpr. n. 6. —
f. D. Brachiopoden d. Plankton-Exped. Von Heinr. Simroth. (19 S. m. 1 Taf.) 897.
Subskr.-Pr. n. 16. 20; Einzelpr. n. 18. —

— dasselbe. II. Bd. G. c. gr. 4. Ebd. 895.
Subskr.-Pr. n. 12. 60; Einzelpr. n. 14. —
Isopoden, Cumaceen u. Stomatopoden d. Plankton-Expedition. Von H. J. Hansen. (105 S. m. 8 Taf. u. 8 Bl. Erklärgn.)

— der in dem Atlantischen Ocean von Mitte Juli bis Anfang Novbr. 1899 ausgeführten Plankton-Expedition der Humboldt-Stiftung. Auf Grund v. gemeinschaftl. Untersuchgn. e. Reihe v. Fach-Forschern hrsg. v. Vict. Hensen. II. Bd. G. d. gr. 4. Kiel, Lipsius & Tischer. Subskr.-Pr. n. 6 75; Einzelpr. n. 7.50
Die Cladoceren u. Cirripedien der Plankton-Expedition. Von H. J. Hansen. Mit 3 Taf. u. 1 Karte. ([illegible] S.) 899.

— dasselbe. II. Bd. G. c. 1. Thl. gr. 4. Ebd.
Subskr.-Pr. n. 20. —; Einzelpr. n. 22. 20
Die Amphipoden d. Plankton-Expedition. 1. Thl. Hyperiidea 1. Von J. Vosseler. Mit 11 Taf., 2 Karten u. 5 Textfig. (VIII, 129 S. m. 11 Bl. Erklärgn.) 901.

— dasselbe. II. Bd. H. b. gr. 4. Ebd.
Subskr.-Pr. n. 14. 40; Einzelpr. n. 16. —
Die Alciopiden u. Tomopteriden der Plankton-Expedition. Von C. Apstein. Mit 7 Taf. u. 7 Karten. (62 S.) 900.

— dasselbe. II. Bd. H. c. d. u. f. g. gr. 4. Ebd.
Subskr.-Pr. 22. 95; Einzelpr. 25. 50
c. D. pelagischen Phyllodociden u. Typhloscoleciden d. Plankton-Expedition. Von Joh. Reibisch. (63 S. m. 5 Taf. u. 3 Karten.) 895. Subskr.-Pr. n. 9. —; Einzelpr. n. 10. —
d. Die pelagischen Polychaeten- u. Achaetenlarven d. Plankton-Expedition. Von Valentin Häcker. (50 S. m. 4 Taf., 1 Karte u. 8 Abbildgn. im Text.) 898.
Subskr.-Pr. n. 6. 75; Einzelpr. n. 7. 50
f. D. Polycladen d. Plankton-Expedition v. Marianne Plehn. (14 S. m. 1 Taf.) 896. Subskr.-Pr. n. 1. 80; Einzelpr. n. 2. —
g. Die Turbellaria acoela d. Plankton-Expedition. Von Ludw. Böhmig. (48 S. m. 3 Taf.) 895. Subskr.-Pr. n. 5. 40;
Einzelpr. n. 6. —

— dasselbe. II. Bd. J. gr. 4. Ebd. 898.
Subskr.-Pr. n. 15. —; Einzelpr. n. 16. 60
D. Echinodermenlarven d. Plankton-Expedition, nebst e. systemat. Revision d. bisher bekannten Echinodermenlarven. Von Th. Mortensen. (120 S. m. 9 Taf., 1 Karte u. 13 Fig. im Text.)

— dasselbe. II. Bd. K. a. u. b. gr. 4. Ebd.
Subskr.-Pr. n. 18. 90; Einzelpr. n. 21. —
a. D. Ctenophoren d. Plankton-Expedition. Von Carl Chun. (32 S. m. 3 Taf.) 898. Subskr.-Pr. n. 4. 50; Einzelpr. n. 5. —
b. Die Siphonophoren d. Plankton-Expedition. Von Carl Chun. (126 S. m. 5 Taf., 3 Karten u. 2 Fig. im Text.) 897. Subskr.-Pr. n. 14. 40; Einzelpr. n. 16. —

— dasselbe. II. Bd. K. e. gr. 4. Ebd. 897.
Subskr.-Pr. n. 28. 80; Einzelpr. n. 32. —
Les Anthozoaires de la „Plankton-Expedition". Par Ed. van Beneden. (222 p. avec 16 planches, une carte et 59 figures dans le texte.)

— dasselbe. IV. Bd. M. a. A. gr. 4. Ebd. 895.
Kart.; Subskr.-Pr. n. 34. —; Einzelpr. n. 38. —
D. Peridineen d. Plankton-Expedition. Von Frz. Schütt. 1. Thl. (170 S. m. 27 Taf.)

— der in dem Atlantischen Ozean von Mitte Juli bis Anfang Novbr. 1889 ausgeführten Plankton-Expedition der Humboldt-Stiftung. Auf Grund v. gemeinschaftl. Untersuchgn. e. Reihe v. Fachforschern hrsg. v. Vict. Hensen. II. Bd. F. b., G. g., M. f. III. Bd. L. a. Atlas u. Tafelerklärg. L. f. α., L. h. 1—3 u. IV. Bd. N. 4. Kiel, Lipsius & Tischer.
Kart. u. geh. Subskr.-Pr. n. 128. 80; Einzelpr. n. 143. 20
II. F. b. Die Pteropoden der Plankton-Expedition. Von Paulus Schiemenz. Mit 3 Taf. u. 2. Fig. im Text. (38 S.) 906. Subskr.-Pr. n. 5. 40; Einzelpr. n. 6. —
II. G. g. Die Ostracoden (Halocypriden u. Cypridiniden) der Plankton-Expedition. Von V. Vávra. Mit 8 Taf. (76 S.) 906. Subskr.-Pr. n. 10. 80; Einzelpr. n. 12. —
II. M. f. Die Schizophyceen der Plankton-Expedition. Von N. Wille. Mit 3 Taf. (88 S.) 904. Subskr.-Pr. n. 9. —;
Einzelpr. n. 10. —
III. L. a. Die Tintinnodeen der Plankton-Expedition. Atlas v. 70 Taf. u. Tafelerklärgn. nebst kurzer Diagnose der neuen Arten. Von Karl Brandt. (33 S.) 906.
Kart. u. geh. Subskr.-Pr. n. 51. —; Einzelpr. n. 60. —
Der Textband hierzu ist noch nicht erschienen.
III. L. f. α. Die Acantharia der Plankton-Expedition. 1. Tl.: Acanthometra. Von A. Popofsky. Mit 12 Taf. (158 S. m. Abbildgn. u. 1 Tab.) 904. Subskr.-Pr. n. 21. 60;
Einzelpr. n. 24. —
III. L. h. 1. Die Tripyleen-Familie der Aulacanthiden. Von Ferd. Immermann. Mit 8 Taf. (92 S.) 904.
Subskr.-Pr. n. 12. 60; Einzelpr. n. 14. —
III. L. h. 2. Die Tripyleen Radiolarien der Plankton-Expedition. Tuscaroridae. Von A. Borgert. Mit 1 Taf. u. 2 Fig. im Text. (S. 93—114.) 905. Subskr.-Pr. n. 2. 70;
Einzelpr. n. 3. —
III. L. h. 3. Die Tripyleen Radiolarien der Plankton-Expedition. Atlanticellidae. Von A. Borgert. Mit 1 Taf. (S. 115—125 m. 1 Bl. Erklärgn.) 905.
Subskr.-Pr. n. 2. [illegible]; Einzelpr. n. 3. —
IV. N. Eier u. sogenannte Cysten der Plankton-Expedition. Anh.: Cyphonautes. Von H. Lohmann. Mit 7 Taf. (62 S.) 904. Subskr.-Pr. n. 10. —; Einzelpr. n. 11. 20

Ergebnisse der in dem Atlant. Ozean von Mitte Juli bis Anfang Novbr. 1889 ausgeführten Plankton-Expedition der Humboldt-Stiftung. Auf Grund v. gemeinschaftl. Untersuchgn. e. Reihe v. Fach-Forschern hrsg. v. Vict. Hensen. II. Bd. H. a., III. Bd. L. a., L. [illegible] u. h. 4. [illegible] u. IV. Bd. M. [illegible] 24,5 cm. Kiel, Lipsius & Tischer. [illegible] Pr. 169. 15;
Einzelpr. 188. 30
[illegible]

III. L. a. Die Tintinnodeen d. Plankton-Expedition. Systemat. Tl. Von Karl Brandt. (488 S.) 909.
Kart., Subskr.-Pr. 45.—: Einzelpr. 50. —
III. L. f. β. Die Acantharia der Plankton-Expedition. II. Tl.: Acanthophracta. Von A. Popofsky. Mit 16 Taf. (160 S.) 906. Subskr.-Pr. 23.40: Einzelpr. 26. —
III. L. h. 4. Die Tripyleen Radiolarien der Plankton-Expedition. Medusettidae. Von A. Borgert. Mit 4 Taf. (S. 131—192.) 906. Subskr.-Pr. 7.20: Einzelpr. 8. —
L. h. 5. Dasselbe. 5. Concharidae. Von A. Borgert. Mit 3 Taf. (S. 193—231.) 907. Subskr.-Pr. 10.—; Einzelpr. 11. —
L. h. 6. Dasselbe. 6. Castanellidae. Von Wilh. J. Schmidt. Mit 4 Taf. (S. 233—280.) 908. Subskr.-Pr. 18.—: Einzelpr. 20. —
L. h. 7. Dasselbe. Phaeodinidae, Caementellidae u. Cannorrhaphidae. Von A. Borgert. Mit 2 Taf. (S. 281—316.) 909. Subskr.-Pr. 11.40: Einzelpr. 12.80
L. h. 8. Dasselbe. Circoporidae. Von A. Borgert. Mit 3 Taf. (S. 317—352.) 909. Subskr.-Pr. 16.20: Einzelpr. 18. —
L. h. 9. Dasselbe. Cannosphaeridae. Von A. Borgert. M. 2 Taf. (S. 353—380.) 909. Subskr.-Pr. 9.45: Einzelpr. 10.50
L. h. 10. Dasselbe. Porospathidae u. Cadiidae. Von A. Borgert. Mit 2 Taf. (S. 383—415.) 910.
Subskr.-Pr. 10.80: Einzelpr. 12. —
IV. M. c. Die Pyrocysteen der Plankton-Expedition. Von C. Apstein. Mit 2 (farb.) Taf. u. 3 Textfig. (28 S.) 909. Subskr.-Pr. 7.20; Einzelpr. 8. —

— praktische, der Geburtshilfe u. Gynäkologie. Unter Mitwirkg. v. F. Ahlfeld, K. Baisch, H. v. Bardeleben u. a. hrsg. v. K. Franz u. J. Veit. I. u. II. Jahrg. à 2 Abtlgn. Lex. 8. Wiesbaden, J. F. Bergmann. 22. —
I. 1. Bearb. v. K. Baisch, W. Busse, O. Frankl u. a. (VII, 297 S. m. 1 Taf.) 909. 7. —
2. (VIII u. S. 299—473 m. Abbildgn. u. 2 Taf.) 909. 5. —
II. 1. Bearb. v. R. Birnbaum, Edv. A. Björkenheim, S. Gottschalk u. a. (V, 213 S. m. 6 Abb. u. 1 Taf.) 910. 6. —
2. Bearb. v. E. Abderhalden, W. Busse, R. Freund u. a. (V u. S. 245—394 m. Fig. u. eingedr. Kurven.) 910. 4. —
— der gewerblichen Betriebszählung vom 3. VI. 1902 in Niederösterreich, s.: Mitteilungen, statistische, der niederösterr. Handels- u. Gewerbekammer. 9. Hft.

Praktische Ergebnisse auf dem Gebiete der Haut- und Geschlechtskrankheiten. Bearb. von ... Hrsg. von A[lbert] Jesionek, Giessen. Jg. 1. Wiesbaden: Bergmann 1910. 4°(8°) [10. 17984

Die Ergebnisse des Präcisions-Nivellement in der österreichisch-ungarischen Monarchie. Westlicher Theil. Hrsg. v. k. u. k. militär-geograph. Institute. M. 1 Kt. *Wien: Dr. d. k.-k. Hof- u. Staatsdr. 1897.* (XI, 132 S., 1 Kt.) 1 Bd 4. [97. 4337

— die, d. Präcisions-Nivellement i. d. österr.-ungar. Monarchie. Westl. Thl. Hrsg. v. k. u. k. militär-geograph. Institute. 4. (XI, 132 S. m. 2 Fig. u. 1 farb. Karte.) Wien 897. (R. Lechner's Sort.) n.n. 5. —

Die Ergebnisse des Präcisions-Nivellement in der österreichisch-ungarischen Monarchie. Nordöstl. Theil. Hrsg. v. k. u. k. militär-geograph. Inst. M. 1 Kt. *Wien: Dr. d. K.-K. Hof- & Staatsdr. 1898.* (XII, 78 S., 1 Kt.) 1 Bd 4. [99. 597

Die Ergebnisse des Präcisions-Nivellement in der österreichisch-ungarischen Monarchie. Südöstlicher Theil. Herausgegeben vom k. und k. militär-geographischen Institute. Mit einer Karte. Wien. 1899. Hof- und Staatsdruckerei. Gr.-8°. XII, 89 S. fl. 1.50

— die, des Präcisions-Nivellement in der österreich.-ungar. Monarchie. Südöstlicher Thl. Hrsg. v. k. u. k. militär-geograph. Institute. 4. (XII, 89 S. m. 1 Karte.) Wien 899. (R. Lechner's Sort.) n.n. 3. —

Ergebnisse der Preisbewerbung ...., vorh. u. d. Titel: Ergebniss...

Die Ergebnisse d. Preisbewerbung s. in den Königsgeb.-Progr. 1821 u. 1822

Die Ergebnisse d. Preisbewerbung s. in der Königsgeb.-Rede 1822 u. im Königsgeb.-Progr. 1823

Die Ergebnisse d. Preisbewerbung s. im Königsgeb.-Progr. 1824

Die Ergebnisse d. Preisbewerbung s. im Königsgeb.-Progr. 1825

Die Ergebnisse d. Preisbewerbung s. im Königsgeb.-Progr. 1826

Die Ergebnisse d. Preisbewerbung s. im Königsgeb.-Progr. 1827

Die Ergebnisse d. Preisbewerbung s. im Anhang zum Königsgeb.-Progr. 1829

Die Ergebnisse d. Preisbewerbung s. im Anhang zum Königsgeb.-Progr. 1830

Die Ergebnisse d. Preisbewerbung u. die neuen Preisaufgaben s. im Königsgeb.-Progr. 1840

Die Ergebnisse d. Preisbewerbung u. die neuen Preisaufgaben s. im Ind. schol. 1844—45

Die Ergebnisse d. Preisbewerbung u. die neuen Preisaufgaben s. im Ind. schol. 1846—47

Die Ergebnisse d. Preisbewerbung u. die neuen Preisaufgaben s. im Ind. schol. 1847—48

Bekanntmachung der Ergebnisse der akademischen Preisbewerbung (vom Jahre 1889 bis 1890 und der neuen für das Jahr 1890 bis 1891 bestimmten Preisaufgaben. Tübingen, L. F. Fues'sche Buchdr., 1890; 27 S.) 4°

[F.] Bekanntmachung der Ergebnisse der akademischen Preisbewerbung vom Jahre 1892 bis 1893 und der neuen für das Jahr 1893 bis 1894 bestimmten Preisaufgaben. Tübingen, Druck v. W. Armbruster & O. Riecker, 1893; 15 S. 4.

Ergebnisse der Preisbewerbungen vom Jahre 1890 bis 1891 und Preisaufgaben für das Jahr 1891 bis 1892 bei der Universität Marburg, welche bei der öffentlichen Feier des K. Geburtstags am 27. Jan. 1891 verkündigt sind. *Marburg, Univ.-Buchdr. (R. Friedrich), 1891;* 6 S. 4°

Ergebnisse der Preisbewerbungen vom Jahre 1901 bis 1902 und Preisaufgaben für das Jahr 1902 bis 1903 bei der Universität Marburg, welche bei der öffentlichen Feier des Königlichen Geburtstags am 27. Januar 1902 verkündigt sind. *(Marburg 1902: R. Friedrich.)* (4 S.) 4° [Kopft.]

Ergebnisse der Preisbewerbungen vom Jahre 1902 bis 1903 und Preisaufgaben für das Jahr 1903 bis 1904 bei der Universität Marburg, welche bei der öffentlichen Feier des Königlichen Geburtstags am 27. Januar 1903 verkündigt sind. *(Marburg 1903: R. Friedrich.)* (4 S.) 4° [Kopft.]

Ergebnisse der Preisbewerbungen vom Jahre 1903 bis 1904 und Preisaufgaben für das Jahr 1904 bis 1905 bei der Universität Marburg, welche bei der öffentlichen Feier des Königlichen Geburtstags am 27. Januar 1904 verkündigt sind. *(Marburg 1904: R. Friedrich.)* (4 S.) 4° [Kopft.]

Ergebnisse der Preisbewerbungen vom Jahre 1904 bis 1905 und Preisaufgaben für das Jahr 1905 bis 1906 bei der Universität Marburg, welche bei der öffentlichen Feier des Königlichen Geburtstags am 27. Januar 1905 verkündigt sind. (Marburg 1905: R. Friedrich.) (4 S.) 4° [Kopft.]

Ergebnisse der Preisbewerbungen vom Jahre 1905 bis 1906 und Preisaufgaben für das Jahr 1906 bis 1907 bei der Universität Marburg, welche bei der öffentlichen Feier des Königlichen Geburtstages am 27. Januar 1905 verkündigt sind. (Marburg 1906: R. Friedrich.) (4 S.) 4° [Kopft.]

Ergebnisse der Preisbewerbungen vom Jahre 1906 bis 1907 und Preisaufgaben für das Jahr 1907 bis 1908 bei der Universität Marburg, welche bei der öffentlichen Feier des Königlichen Geburtstags am 27. Januar 1907 verkündigt sind. (Marburg 1907: R. Friedrich.) (6 S.) 4° [Kopft.]

Ergebnisse der Preisbewerbungen vom Jahre 1907 bis 1908 und Preisaufgaben für das Jahr 1908 bis 1909 bei der Universität Marburg, welche bei der öffentlichen Feier des Königlichen Geburtstags am 27. Januar 1908 verkündigt sind. (Marburg 1907: R. Friedrich.) (3 S.) 4° [Kopft.]

Ergebnisse der Preisbewerbungen vom Jahre 1908 bis 1909 und Preisaufgaben für das Jahr 1909 bis 1910 bei der Universität Marburg, welche bei der öffentlichen Feier des Königlichen Geburtstags am 27. Januar 1909 verkündigt sind. (Marburg 1909: Friedrich.) 5 S. 4° [Kopft.]
[U 09. 3114

Ergebnisse der Preisbewerbungen vom Jahre 1909 bis 1910 und Preisaufgaben für das Jahr 1910 bis 1911 bei der Universität Marburg, welche bei der öffentlichen Feier des Königlichen Geburtstages am 27. Januar 1910 verkündet worden sind. (Marburg 1910: Friedrich.) 4 S. 4° [Kopft.]
[U 10. 3292

Die **Ergebnisse** der Reichrathswahlen in den im Reichsrathe vertretenen Königreichen und Länder für das Jahr 1897, s. Statistik, Österreichische.

Die Ergebnisse der Reichsratswahlen in den im Reichsrate vertretenen Königreichen und Ländern im Jahre 1907. [Österr. Statistik. LXXXIV. Bd. 2. Heft.] Fol. (XIX, 112, 36 S.) † Wien: Gerold 1908. K 5.—

— d. Reichstagswahlen v. Juni 1898 in Bayern. [Aus: „Ztschr. d. k. bayer. statist. Bureau".] gr. 4. (22 S.) München 898. (J. Lindauer.) n. — 50

— einer Reise durch die Schweiz nach Mayland in der Lombardie und Italien im Sommer 1858 von C. T. R. 8. (IV und 92 S.) Elberfeld 861, (Bädeker'sche Buchh.)

— der ärztlichen Recrutenuntersuchung, s.: Statistik, schweizerische.

— der Rindviehzuchtenquête in Liv-, Est- u. Kurland v. J. 1898. gr. 4. (IV, V, 80 u. 43 S. m. 6 Tab. u. 1 Karte.) Reval 899. (Berlin, Puttkammer & Mühlbrecht). n. 8.—

Kais. Gesundheitsamt. **Ergebnisse** der Sammelforschung über das Diphterieheilserum für das 1. Quartal (Jan.-Apr.) 1895. Bearb. im Kais. Gesundheitsamte. (*Berlin 1895: B. Paul.*) 2° [S.] [4. 3344 4

Ergebnisse der Sammelforschung über Krankheiten des Ohres im k. und k. Heere in den Jahren 1897—1899. Im Auftrage des k. und k. Reichs-Kriegs-Ministeriums bearbeitet im k. und k. Militär-Sanitäts-Comité. 4. Wien 1901.

Ergebnisse der Hamburger Magalhaensischen Sammelreise 1892/93. Hrsg. v. Naturhist. Museum zu Hamburg. (Vorr.: G[eorg] Neumayer.) Bd 1–3. (In 8 Lfgen.) Hamburg: L. Friederichsen & Co. 1896–1907. 3 Bde 4°(8°)
1. Allgem., Chordonier, Echinodermen u. Coelenteraten.
2. Arthropoden. 3. Bryozoen u. Würmer. [4. 2343

— der Hamburger Magalhaensischen Sammelreise. Hrsg. v. naturhistor. Museum zu Hamburg. 1.—3. Lfg. Lex.-8. Hamburg, L. Friederichsen & Co. n. 37. 50
1. (IV, 47; 64, 43, 7, 10, 8 u. 22 S. m. 4 Phototyp. u. 5 Taf.) 896. n. 10. —
2. (148, 8, 48 u. 38 S. m. 4 Fig. u. 13 Taf.) 897. n. 17. 50
3. (98, 26, 10 u. 30 S. m. 5 Abb. u. 5 Taf.) 898. n. 10. —
Hieraus einzeln:
Attems, Carl Graf, Myriopoden. (8 S. m. 4 Fig.) 897. n. — 80
Beddard, Frank E., Naiden, Tubificiden u. Terricolen. (64 S. m. 1 Taf.) 896. n. 3. 60
Braun, M., Trematoden. (8 S. m. 1 Taf.) 896. n. 1. 20
Breddin, G., Hemipteren. (38 S. m. 1 Taf.) 897. n. 3. —
Ehlers, E., Polychaeten. (148 S. m. 9 Taf.) 897. n. 12. —
Fischer, W., Gephyreen. (7 S.) 896. n. — 60
Kramer, P., Acariden. (40 S. m. 1 Taf.) 898. n. 3. —
Linstow, v., Nemathelminthen. (22 S. m. 1 Taf.) 896. n. 2. —
Lönnberg, Einar, Cestoden. (10 S. m. 1 Taf.) 896. n. 1. 20
Ludwig, H., Holothurien. (98 S. m. 3 Taf.) 898. n. 6. —
Matschie, Paul, Säugethiere. (30 S. m. 1 Farbendr.) 898. n. 3. —
Michaelsen, W., Reisebericht. (47 S. m. 4 Phototyp.) 896. n. 2. —
Schaeffer, C., Apterygoten. (48 S. m. 3 Taf.) 897. n. 5. —
Uhde, H., Enchytraeiden. (43 S. m. 1 Taf.) 896. n. 3. —
Vávra, W., Süsswasser-Ostracoden. (26 S. m. 5 Abb.) 898. n. 1. 60

— d. Hamburger Magalhaensischen Sammelreise. Hrsg. vom naturhistor. Museum zu Hamburg. 4.—6. Lfg. Lex.-8. Hamburg, L. Friederichsen & Co. n. 28. —; (1—6 n. 65. 50)
4. (48, 22, 28, 7, 14, 15 u. 118 S. m. 3 Abbildgn. u. 2 Taf.) 899. n. 10. —
5. (18, 10, 18, 20, 25 u. 34 S. m. 21 Abbildgn. u. 1 farb. Taf.) 900. n. 6. —
6. (30, 29, 18, 47, 36 u. 7 S. m. 31 Abbildgn. u. 7 Taf.) 902. n. 12. —
Hieraus einzeln:
Blanchard, Raph., Hirudineen. (20 S. m. 13 Abb. u. 1 farb. Taf.) 900. n. 3. —
Böhmig, L., Turbellarien: Rhabdocoeliden u. Tricladiden. (30 S. m. 2 Taf.) 902. n. 3. —
Bürger, O., Nemertinen. (14 S.) 899. n. 1. —
Carlgren, Osk., Zoantharien. (48 S. m. 1 Taf.) 898. n. 3. —
Ludwig, H., Crinoideen. (7 S.) 899. n. — 60
— Ophiuroiden. (28 S.) 899. n. 1. 20
Martens, G. H., Vögel. (34 S.) 900. n. 2. —
May, Walth., Alcyonarien. (22 S. m. 3 Abb.) 899. n. 1. 20
Meissner, Max, Echinoideen. (18 S. m. 1 Abb.) 900. n. 1. —
Michaelsen, W., Terricolen. (Nachtrag.) (28 S.) 899. n. 2. —
Mrázek, Al., Süsswasser-Copepoden. (29 S. m. 4 Taf.) 902. n. 3. —
Rübsaamen, Ew. H., Pteromaliden. (7 S. m. 1 Taf. in Photograv.) 902. n. 1. 60
Simon, Eugène, Arachnoideen, excl. Acariden u. Gonyleptiden. (47 S.) 902. n. 2. 40
Sörensen, William, Gonyleptiden (Opiliones, Laniatores). (36 S.) 902. n. 2. 40
Staudinger, O., Lepidopteren. (118 S. m. 1 Taf.) 898. n. 6. —
Steinhaus, O., Chaetognathen. (10 S.) 900. n. — 80
Vávra, W., Süsswasser-Cladoceren. (25 S. m. 7 Abbildgn.) 900. n. 2. 40
Weltner, W., Cirripedien. (15 S.) 898. n. 1. —
Zimmer, Carl, Cumaceen. (18 S. m. 31 Abb.) 902. n. 2. 40

— der Hamburger Magalhaensischen Sammelreise. Hrsg. vom naturhistor. Museum zu Hamburg. 7. Lfg. (28, 45, 44, 8, 13, 26, 6, 7 u. 21 S. m. 24 Abbildgn. u. 8 Taf.) Lex.-8. Hamburg 904. L. Friederichsen & Co. n. 12. —
Hieraus einzeln:
Calvet, L., Bryozoen. (45 S. m. 3 Taf.) n. 4. —
Forel, A., Formiciden. (7 S.) n. — 60
Klapálek, Fr., Plecopteren. (13 S. m. 10 Abb.) n. 1. 20
Meissner, Max, Asteroideen. (28 S. m. 1 Taf.) n. 2. —
Ris, F., Odonaten. (41 S. m. 14 Abb.) n. 2. 40
Schouteden, H., Aphiden. (6 S.) n. — 60
Ulmer, Geo., Ephemeriden. (8 S. m. 1 Taf.) n. 1. 20
— Trichopteren. (26 S. m. 2 Taf.) n. 2. 40
Werner, Frz., Reptilien u. Batrachier. (21 S. m. 1 Taf.) n. 2. —

— der Hamburger Magalhaensischen Sammelreise. Hrsg. vom naturhistor. Museum zu Hamburg. 8. Lfg. (III, III, III, 19, 7, 20, 125, 84, 16 u. 5 S. m. 32 Abb., 5 Taf. u. 3 Karten.) Lex. 8. Hamburg 907. L. Friederichsen & Co. 15. — (Kplt.: 92. 50)
Hieraus einzeln:
Hodgson, T. V., Pycnogoniden. (20 S. m. 6 Fig.) 1. —
Kolbe, H., Coleopteren. (125 S. m. 3 farb. Karten.) 6. —
Lönnberg, Einar, Fische. (16 S. m. 1 Taf.) 1. 20
Michaelsen, W., Tunicaten. (81 S. m. 3 Taf.) 6. —
Ritter-Záhony, Rud. v., Turbellarien: Polycladiden. (19 S. m. 9 Abbildgn. u. 1 Taf.) 2. 40
Zimmer, Carl, Schizopoden. (7 S. m. 17 Abb.) — 80

Ergebnisse der Sanitäts-Statistik des k. k. Heeres in den Jahren 1870—1882. Mit vergleichender Berücksichtigung der Jahre 1883—1885, sowie der Sanitäts-Statistik fremder Armeen. Mit 58 Tabellen und 17 graphischen Beilagen. Nach den militär-statistischen Jahrbüchern und anderen authentischen Quellen bearbeitet von Dr. Paul Myrdacz. gr. 8°. (VII, 334 S.) Wien, Seidel & Sohn. fl. 5.—.

— der Säuglingsfürsorge. Hrsg. v. Arth. Keller. 1.—5. Heft. Lex. 8. Wien, F. Deuticke. 18. —
Deneke, C. u. W. Thorn, Ergebnisse e. Stillstatistik im Reg.-Bez. Magdeburg f. d. J. 1906—1907. (56 S.) 909. (Heft 4) 1. 50
Keller, Arth., kommunale Säuglingsfürsorge. Ärztl. Erfahrgn. — Lindemann, Paul, die Stadtgemeinde im Dienste der Säuglingsfürsorge. Prakt. Vorschläge. (III, 138 S. m. Fig.) 908. (Heft 1) 4. —
— u. Heinr. Reicher, d. Fürsorge f. uneheliche Kinder. 2 Vorträge. (III, 94 S.) 909. (Heft 2) 2. 50
Neumann, H., aus der Berliner Säuglingsfürsorge. Unter Mitwirkg. v. Clara Birnbaum, Ernst Michaelis, Ernst u. Lillie Oberwarth. Nebst e. Anh.: Die ärztl. Schweigepflicht bei Syphilis v. Thiersch. (V, 100 S.) 910. (Heft 5) 3. 50
Säuglingsfürsorge, die städtische, in Magdeburg im Halbj. April—Oktbr. 1908. I. Allgemeiner Verwaltungsbericht. Von Paul Lindemann. — II. Ärztl. Bericht. Von Mart. Thiemich. (III, 54 S.) 909. (Heft 3) 1. 50

Ergebnisse der von den landwirthschaftlichen Vereinen . . . kreisweise bewirkten Schätzung der Ernte-Aussichten der wichtigsten feldmässig angebauten Früchte in Preussen, in Procenten einer Mittelernte ausgedrückt. Zusamg. vom Königlichen Statistischen Bureau. Ende Juni 1882 ff. Berlin. 1882 ff. Siehe in: Zeitschrift des Königlich Preussischen Statistischen Bureaus. Jg. 22 ff. 4°.

Ergebnisse der Schiessversuche der k. u. k. Armee-Schiessschule . . . Wien 1900. V: *Kruis, Friedrich.* (EB)

— der Schiessversuche der k. u. k. Armee-Schiessschule in den letzten 4 Jahren u. deren Bedeutung f. die Ausbildung der Infanterie. Von F. K. gr. 8. (25 S. m. 2 Taf.) Wien 900. L. W. Seidel & Sohn. n. 1.—

Ergebnisse von Schiess-Versuchen der k. k. Armee-Schützenschule im Jahre 1884 sammt Schluss-Folgerungen. kl. 8. Wien 1885.

Ergebnisse, die, der Schlachtvieh- u. Fleischbeschau im Deutschen Reiche im J. 1904. Bearb. im kaiserl. Gesundheitsamte. (III, 135 S.) 4. Berlin 906. J. Springer. n. 5.—

— die, der Schlachtvieh- u. Fleischbeschau im Deutschen Reiche in d. J. 1905—1908. Bearb. im kaiserl. Gesundheitsamte. 33,5×26,5 cm. Ebd. 29. 30
1905. (IV, 74 u. 119 S.) 908. 7. 50
1906. (V, 55 u. 117 S.) 908. 7. —
1907. (VI, 62 u. 117 S.) 909. 7. 40
1908. (IV, 50 u. 137 S.) 910. 7. 40

Das Generalcomité des Landw. Vereins, Ergebnisse der Schlußberatungen des General-Comités des Landw. Vereins über die Vorschläge zur Verbesserung der Pferdezucht. 1872 München

Errichtung (Ueber die) einer Schulden-Tilgungskasse für das Königr. Hannover, Gedanken und Vorschläge, zunächst den Ständen des Königr. gewidmet. gr. 8°. Hannover 1820.

— der Schutzimpfungen gegen die Hämoglobinurie der Rinder. (Verhandlungen der XXXVIII. Plenarversammlg. des deut. Landwirtschaftsrats 1910.) (S. 370—388.) Lex. 8. Berlin 910. P. Parey. nn — 75
Sonderabdruck aus „Archiv d. deut. Landw. Rats".

Ergebnisse der in London v. 4. XII. 1908 bis z. 26. II. 1909 abgeh. Seekriegsrechts-Konferenz. (Drucksachen des Reichstags. 12. Legislatur-Periode. I. Session 1907/1909. Nr. 1286.) (V, 33 S.) 31,5×23 cm. Berlin 909. (C. Heymann.) — 50

Ergebnisse, die, d. Sommerpflege in Deutschland (Ferienkolonien, Kinderheilstätten u. s. w.) i. d. J. 1893—1895. Bericht d. Contralstelle d. Vereiniggn. f. Sommerpflege in Deutschland. Adresse: Berlin, W., Steinmetzerstr. 16. gr. 8. (24, 22 u. 35 S.) Berlin 894—896. (Puttkammer & Mühlbrecht.) à n.n. — 75
Früher u. d. T.: Bericht üb. d. Ergebnisse d. Sommerpflege etc.

— dasselbe i. J. 1896. gr. 8. (49 S.) Ebd. 897. n.n. — 90

— dasselbe i. J. 1897. gr. 8. (59 S.) Ebd. 898. n. 1. 20

— die, der Sommerpflege in Deutschland (Ferienkolonien, Kinderheilstätten u. s. w.) i. d. J. 1898, 1899 u. 1900. Bericht der Centralstelle der Vereiniggn. f. Sommerpflege in Deutschland. Adresse: Berlin, N., Auguststr. 91. gr. 8. (63, 59 u. 53 S.) Berlin 900—902. (Puttkammer & Mühlbrecht). à n.n. 1. 50

— die, der Sommerpflege in Deutschland (Ferienkolonien, Kinderheilstätten u. s. w.) in den J. 1901—1903. Bericht der Centralstelle der Vereiniggn. für Sommerpflege in Deutschland. Adresse: Berlin N., Auguststr. 91. (51, 56 u. 62 S.) gr. 8. Berlin 903. 905. (Puttkammer & Mühlbrecht.) à n.n. 1. 50

— die, der Sommerpflege in Deutschland (Ferienkolonien, Kinderheilstätten u. s. w.) in d. J. 1905—1908. Bericht der Zentralstelle der Vereiniggn. f. Sommerpflege in Deutschland. Adresse: Steglitz, Ruge-Strasse 3. (64, 67, 73 u. 75 S.) Lex. 8. Berlin 907—10. (Puttkammer & Mühlbrecht.) à nn 1. 50

Ergebnisse einer Statistik der württ. Brauereiarbeiter. (40 S) Stuttgart 1903

Statistische Ergebnisse des Katasters der im Königreich Preussen vorhandenen eingetragenen Genossenschaften. Berlin: Heymann 1898. = Mitteilungen der Preussischen Central-Genossenschaftskasse. 1. DGK

Ergebnisse d. Strafrechtspflege in Bayern 867—75. Amtl. 9 Hfte. Münch. (7.75)

Ergebnisse der Strafrechtspflege im Königr. Bayern während der J. 1868, 1869. 1870. gr. 8. (119; 99 S. mit 1 Tab.; 72 S.) München 869—71, Kaiser. à Jahrg. *

—— dass. — während der J. 1872 und 1873. gr. 8. (88; 38 S.) Ebendas. 873,75. à Jahrg.

—— der Strafrechtspflege im Königr. Bayern während der J. 1874 und 1875. gr. 8. (à 42 S.) München 876,77, Kaiser. à Jahrg.
Die Fortsetzung bildet: Geschäftsaufgabe der Gerichte in bürgerlichen Rechtsstreitigkeiten.

Ergebnisse der Strafrechtspflege bei den Gerichten im Reg.-Bez. Oberbayern während des Geschäftsjahres 1867. München 1867. 8°. 19 S. Cart.

— der Strafrechtspflege, s.a. Statistik, österreichische.

Die Ergebnisse der Strafrechtspflege in den im Reichsrathe vertretenen Königreichen und Ländern im Jahre 1896. 3. Heft der „Statistik der Rechtspflege" in den im Reichsrathe vertretenen Königreichen und Ländern für das Jahr 1896. Bearbeitet von dem Bureau der k. k. Statistischen Central-Commission unter Mitwirkung des k. k. Justizministeriums. Wien. 1900. In Comm. Gerold's Sohn. 4°. XLVI, 209 S. K 6.—

Die Ergebnisse der Strafrechtspflege in den im Reichsrathe vertretenen Königreichen und Ländern im Jahre 1897. [Österr. Statistik. 58. Bd. 3. Heft.] 4°. (XLV, 209 S.) † Ebd. K 6.—

Ergebnisse der Strafrechtspflege in den im Reichsrathe vertretenen Königreichen und Ländern im Jahre 1898. [Oesterr. Statistik. 61. Bd. 3. Heft.] Fol. (XLVI, 161 S.) † Ebd. K 6. -

Die Ergebnisse der Strafrechtspflege in den im Reichsrathe vertretenen Königreichen und Ländern im Jahre 1899. [Oesterr. Statistik. 69. Bd. 3. Heft.] 4°. (LVIII, 163 S.) † Ebd. K 6.—

Die Ergebnisse der Strafrechtspflege in den im Reichsrate vertretenen Königreichen und Ländern in den Jahren 1902 und 1903. 3. Heft der „Statistik der Rechtspflege". [Österr. Statistik. 74 Bd. 3. Heft.] Fol. (CI, 280 S.) † Ebd. K 11.60

Die Ergebnisse der Strafrechtspflege in den im Reichsrate vertretenen Königreichen und Ländern im Jahre 1904. 3. Heft der Statistik der Rechtspflege. [Österr. Statistik. LXXVIII. Bd. 3. Heft.] Fol. (LXX, 142 S.) † Ebd. K 6.40

Die Ergebnisse der Strafrechtspflege in den im Reichsrate vertretenen Königreichen und Ländern im Jahre 1905. 3. Heft der Statistik der Rechtspflege in den im Reichsrate vertretenen Königreichen und Ländern für das Jahr 1905. [Österr. Statistik. LXXXI. Bd. 3. Heft.] Fol. (CLIX, 295 S.) † Ebd. K 13.—

Die Ergebnisse der Strafrechtspflege in den im Reichsrate vertretenen Königreichen und Ländern im Jahre 1907 3. Heft. [Österr. Statistik. LXXXVII. Bd. 3. Heft.] Fol. (CLXIII. 348 S.) † Ebd. K 15.40

Ergebnisse der Strafrechtspflege in Oesterreich. (Oesterreich. Statistik. Amtlich.) In den Jahren 1882—87. 7 Bde. Wien.

— einer v. Dr. Ad. Steuer m. Unterstützung des k. k. Ministeriums f. Kultus u. Unterricht u. des Vereines zur Förderung deutscher Kunst u. Wissenschaft in Prag unternommenen Studienreise nach Ägypten. II. gr. 8. Wien, A. Hölder. — 40

II. Plankton-Copepoden aus dem Hafen v. Brindisi. Von Ad. Steuer. (8 S. m. 6 Fig.) 910.

Sonderabdr. aus „Sitzungsber. d. k. Akad. d. Wiss."

I. ist noch nicht erschienen.

Ergebnisse der eidg. Stutfohlenprämiierungen pro 1901. Beilage zu den «Mitteilungen des schweizer. Landwirtschafts-Departements» [Jahrg. 2, 1901, N°. 39]. — Liste des pouliches primées dans les concours fédéraux de 1901. Annexe au «Bulletin du Département fédéral de l'Agriculture» [2e année, 1901, №. 39]. II + 40 S. 8. Bern, K. J. Wyss, 1901.

Ergebnisse der eidg. Stutfohlenprämiierungen pro 1902 *u.* pro 1903 = Liste des pouliches primées dans les concours fédéraux de 1902 *et* de 1903. Beilage zu den «Mitteilungen des schweizer. Landwirtschafts-Departements [Jahrg. 3, 1902 *u.* Jahrg. 4, 1903] = Annexe au «Bulletin du Département fédéral de l'Agriculture». II + 39 *u.* II + 36 S. 8. Bern, K. J. Wyss, 1902 *u.* 1903.

Ergebnisse der eidg. Stutfohlenprämiierungen pro 1904 = Liste des pouliches primées dans les concours fédéraux de 1904. Beilage zu den «Mitteilungen des schweizer. Landwirtschafts-Departements» [Jahrg. 5, 1904] = Annexe au «Bulletin du Département fédéral de l'Agriculture». II + 35 S. 8. Bern, K. J. Wyss, 1904.

Ergebnisse der eidg. Stutfohlenprämiierungen pro 1905 = Liste des pouliches primées dans les concours fédéraux de 1905. Beilage zu den «Mitteilungen des schweizer. Landwirtschafts-Departements» [Jahrg. 6, 1905] = Annexe au «Bulletin du Département fédéral de l'Agriculture». II + 28 S. 8. Bern, K. J. Wyss, 1905.

Ergebnisse der eidg. Stutfohlen- u. Pferdezuchtgenossenschafts-Prämiierungen pro 1906 *u.* pro 1907 = Concours fédéraux de pouliches et concours de syndicats chevalins en 1906 *et* en 1907 – Liste des sujets primés. Beilage zu den «Mitteilungen des schweizer. Landwirtschafts-Departements» [Jahrg. 7, 1906 *u.* Jahrg. 8, 1907] = Annexe au «Bulletin du Département fédéral de l'Agriculture» [7e Année, 1906 *et* 8e Année, 1907]. II + 80 *u.* II + 136 S. 8. Bern, K. J. Wyss, 1907 *u.* 1908.

Auch Beilage zu: Landwirtschaftliches Jahrbuch der Schweiz. ... Jahrg 21, 1907 *u.* Jahrg 22, 1908.

— summarische, der Statistik d. Reichsratswahlen v. 1907 in d. im Reichsrate vertretenen Königreichen u. Ländern. Bearb. u. hrsg. v. d. k. k. statist. Zentral-Kommission. (XIX, 57 S.) Lex. 8. Brünn 907. F. Irrgang. 3. —

—· im Systeme der deutschen Seewarte für die Lustren 1876—1880 und 1881—1885, sowie für das Dezennium 1876—1885. Herausg. von der Direktion der deutschen Seewarte. Hamburg 1889. 4. . . . . (HC.; KPA.)

— die, unserer Tage als Vorläufer einer bessern Zeit nebst Andeutungen, wie u. durch wen letztere zu begründen sei. Oekonomisch-statistische Betrachtungen eines prakt. Landmanns. gr. 8. (Mit 1 Lithogr.) Hamburg 845, Perthes-Besser u. Mauke. n. 1 ß

Die **Ergebnisse** der Triangulation der Schweiz. Herausg. durch das Eidg. topograph. Bureau. 2. Liefg.: Kanton Zürich. 1896. Mit 1 Karte u. zahlr. Textfig. Gr. in-4°. 88 S. Bern (Basel u. Genf, Georg & Co.). 1896. 5 —

*** Die 1. Lieferung erschien u. d. T.: Les résultats de la triangulation de la Suisse. Voir Bibliographie 1897. Col. 37.

— Dasselbe. 3. Liefg., s.a. *Risultati della triangulazione della Svizzera.*

— die, d. Triangulation d. Schweiz. Hrsg. durch d. eidgen. topograph. Bureau. — Risultati della triangolazione della Svizzera. 2.—4. Lfg. gr. 4. Bern (Schmid & Francke). n.n. 10. 50 (1.—4.: n n. 12. 50)

2. Kanton Zürich. 1896. (88 S. m. Fig. u. 1 Karte.) 896. n. 4. —
3. Cantone Ticino. 1897. (91 S. m. Fig. u. 1 Karte.) 897. n. 4. —
4. Kanton Basel-Stadt u. -Land. 1897. (43 S. m. Fig. u. 1 Karte.) 897. n.n. 2. 50

Lfg. 1 erschien 1897 u. d. T.: Résultats, les, de la triangulation de la Suisse.

Ergebnisse, die, der Triangulation der Schweiz. Hrsg. durch das eidgen. topograph. Bureau. 6. u. 7. Lfg. gr. 4. Bern (A. Francke). n.n. 11. 20

6. Kanton Aargau. 1900. (148 S. m. Fig. u. 1 Karte.) 900. n.n. 8. —
7. Kanton Uri. 1901. (49 S. m. Fig. u. 1 Karte.) 901. n.n. 3. 20

Lfg. 5 s.: Résultats, les, de la triangulation de la Suisse.

Die **Ergebnisse** der Triangulation der Schweiz. Herausgeg. durch das Eidgenössische topographische Bureau. Liefg. 6. Kanton Aargau. 4°. 148 S. u. 1 Karte. Bern, Schmid & Francke. 8 — 1900.

Ergebnisse. Die Ergebnisse der Triangulation der Schweiz. Hrg. durch das Eidgen. topographische Bureau. Liefg. 7: Kanton Uri 1901. [Mit vielen Figuren und 1 Karte.] 49 S. 4. Bern, Verlag des Eidgen. topograph. Bureau, Buchdr. Haller, 1901. [fr. 3. —]

Ergebnisse. Die E' der Triangulation der Schweiz. Hrg. durch die Abteilung für Landestopographie des Schweiz. Militärdepartements. (Liefg. 8:) Kanton Schaffhausen 1904—1907. [Mit Figuren und 1 Karte.] 25 S. 4. Bern, Verlag der Schweiz. Landestopographie, Haller'sche Buchdr., 1909. [fr. 2. 50]

Die **Ergebnisse** der Triangulierungen des k. u. k. militär-geographischen Instituts. Hrsg. vom k. u. k. milit.-geogr. Institute. Bd 1. *Wien 1901: K.-K. Hof- u. Staatsdr.* 4°(8°) [illegible]

— die, der Triangulierungen des k. u. k. militär-geograph. Institutes. I. Bd. Triangulierung I. Ordng. im westl. Theile d. Monarchie u. den südl. anschliess. Gebieten. Hrsg. vom k. u. k. militär.-geograph. Institute. Lex.-8. (X, 217 S. m. Abbildgn. u. 7 Taf.) Wien 901. (R. Lechner's Sort.) n.n. 6. —

Ergebnisse, die, der Triangulierungen des k. u. k. militär-geographischen Institutes. II. u. III. Bd. Hrsg. vom k. u. k. militär-geograph. Institute. Lex.-8. Wien (R. Lechner's Sort.) à n.n. 6. —

II. Triangulierung I. Ordnung im östlichen Theile der Monarchie. (VIII, 171 S. m. 4 Taf.) 902.
III. Triangulierung II. u. III. Ordng. in Ungarn. (VII, 274 S m. 5 Taf.) 905.

Ergebnisse, die, der Triangulierungen des k. u. k. militärgeograph. Inst. IV. Bd. Triangulierung. II. u. III. Ordng. in Österreich. Hrsg. vom k. u. k. militär-geograph. Institute. (VII, 360 S. m. 2 Taf.) Lex. 8. Wien 906. (R. Lechner's Sort.). nn 8. —

— der i. d. J. 1897 u. 1898 in Bayern vorgenommenen Tuberkulinimpfungen an Rindern. gr. 4. (à 24 S.) München 899. (J. Lindauer). n.n. 1. 30

1897. n. — 80. — 1898. n.n. — 50.

Sonderabdruck aus: „Zeitschr. d. k. bayer. statist. Bureau".

Ergebnisse der Unfallstatistik der fünfjährigen Beobachtungsperiode 1897—1901. 1. Tl. Auf Grund der von den Arbeiter-Unfallversicherungs-Anstalten vorgelegten Zählkarten bearb. im k. k. Ministerium d. Innern. gr. 4⁰. Wien, Hof- u. Staatsdruckerei, 1904.

— der Unfallstatistik der fünfjährigen Beobachtungsperiode 1897—1901. 2 Tle. Auf Grund der v. den Arbeiter-Unfallversicherungsanstalten vorgelegten Zählkarten bearb. im k. k. Ministerium des Innern. (XVI, 703 u. XIV, 207 S.) gr. 4. Wien 904. 905. (A. Hölder.) n. 8. 60

— der Unfallstatistik der fünfjährigen Beobachtungsperiode 1902—1906. 1. Tl. Auf Grund der von den Arbeiter-Unfallversicherungsanstalten vorgelegten Zählkarten bearb. im k. k. Ministerium des Innern. (XXIII, 830 S.) 31,5×24,5 cm. Wien 909. A. Hölder. 5. 20

Ergebnisse der zum Zwecke der Revision der Gefahrenclasseneintheilung überprüften Unfall-Statistik der J. 1890—1896. Auf Grund der bezügl. Vorlagen d. Arbeiter-Unfallversicherungsanstalten zusammengestellt im k. k. Ministerium des Innern. gr. 4⁰. Wien, Hof- u. Staatsdruckerei, 1899.

Ergebnisse des altsprachlichen Unterrichts. Eine Sammlg. v. Handbüchern f. Lehrer d. Griechischen u. Lateinischen. 1. u. 2. Bd. gr. 8. Gotha, F. A. Perthes. n. 7. —
1. Methodischer Lehrer-Kommentar zu Ovids Metamorphosen. Bearb. v. Adf. Lange. 1. Hft.: Buch I—V. (VIII, 207 S.) 892. n. 4. —
2. Methodischer Lehrer-Kommentar zu Xenophons Anabasis. Bearb. v. Reimer Hansen. 1. Hft.: Buch I. (V, 153 S.) 891. n. 3. —

— aus dem Unterricht in der biblischen Geschichte, f. die Schüler der unteren Kurse. 2 Bdchn. 8. (à Bdchn. 32 S.) Regensb. 890, Coppenrath's Verlag. à Bdchn. * — 20; * — 40
1. Altes Testament. — 2. Neues Testament.

Ergebnisse des grammatischen Unterrichts in unteren und mittleren Schulklassen. Nach der Methode des „Sprachschülers" mit steter Bezugnahme auf die Aufgaben und Musterstücke desselben bearb. von einem Lehrer. 8. (24 S.) Mainz 864, Wirth'sche Sortiments-Buchh.

Ergebnisse des grammatischen Unterrichtes in zweiklassigen Volks- und Bürgerschulen. *Leutschau* 1858. Verlag von *Carl Seeliger*. Gedr. bei *C. Werfer* in *Kaschau*. 55 S. 8⁰.

Ergebnisse der Untersuchung der Hochwasserverhältnisse im deutschen Rheingebiet. Erstes und zweites Heft. Berlin 1891. geb. Fol.
Karlsruhe, Centralbureau für Meteorologie und Hydrographie

— der Untersuchung der Hochwasserverhältnisse im deutschen Rheingebiet. Auf Veranlassg. der Reichskommission zur Untersuchg. der Stromverhältnisse d. Rheins etc. u. auf Grund der v. den Wasserbaubehörden d. Rheingebietsstaaten gelieferten Aufzeichngn bearb. u. hrsg. v. dem Centralbureau für Meteorologie u. Hydrographie im Grossherzogth. Baden. Nach Anleitg. des Vorstandes M. Honsell bearb. von M. v. Tein. Fol. Berl. 891, Ernst u. Sohn. cart. ** 30 —
1. Begründung der Art der Darstellung f. den Verlauf d. Hochwasserwellen. (X, 12 S. m. 2 Abbildgn. u. 4 farb. Taf.)
2. Auftreten u. Verlauf der Hochwasser v. 1824, 1845, 1852, 1876 u. 1882/83, (123 S. m. Abbildgn. u. 7 Taf.)
Bildet d. Fortsetzg. zu Rheinstrom, der, u. s. wichtigsten Nebenflüsse (s. d.).

Ergebnisse der Untersuchung der Hochwasserverhältnisse im deutschen Rheingebiet. Heft III, IV, V. Berlin 1897, 98. Fol.
Karlsruhe, Centralbureau für Meteorologie und Hydrographie

— d. Untersuchg. d. Hochwasserverhältnisse im deutschen Rheingebiet. Auf Veranlassg. der Reichskommission z. Untersuchg. d. Stromverhältnisse des Rheins u. s. wichtigsten Nebenflüsse u. auf Grund der v. d. Wasserbaubehörden d. Rheingebietsstaaten geliof. Aufzeichngn. bearb. u. hrsg. v. d. Centralbureau f. Meteorologie u. Hydrographie im Grossherzogthum Baden. III. Hft.: D. Anschwellgn. i. Rhein, ihre Fortpflanzg. i. Strome n. Mass u. Zeit unt. d. Einwirkg. d. Nebenflüsse. Bearb. von M. v. Tein. M. 10 Taf. IV. Hft.: Auftreten u. Verlauf d. Hochwassers vom März—April 1896. Bearb. von M. v. Tein. M. 5 Taf. Fol. (V, 91 u. 57 S.) Berlin 897. W. Ernst & Sohn. Kart. n. 24. —

— **dasselbe. V. Hft.: Auftreten u. Verlauf des Hochwassers v. März 1896. Bearb. von M. v. Tein. Mit 2 Taf. Fol. (III, 55 S. m. Fig.) Ebd. 898. n. 12. — (I—V.: n.n. 66. —)**

— der Untersuchung der Hochwasserverhältnisse im deutschen Rheingebiet. Auf Veranlassg d. Reichskommission zur Untersuchg. der Stromverhältnisse des Rheins u. sein. wichtigsten Nebenflüsse u. auf Grund der v. den Wasserbaubehörden der Rheingebietsstaaten gelief. Aufzeichngn. bearb u. hrsg. v. d. Centralbur. f. Meteorologie u. Hydrographie i. Grossherzogth. Baden. VI Hft. Fol. Berlin, W. Ernst & Sohn. n.n. 24. —
Das Maingebiet. Von Max v. Tein. Mit 9 Taf. (VIII, 145 S.) 901.

— **der Untersuchung der Hochwasserverhältnisse im deutschen Rheingebiet. Auf Veranlassg. der Reichskommission zur Untersuchung der Stromverhältnisse des Rheins u. seiner wichtigsten Nebenflüsse u. auf Grund der von den Wasserbaubehörden der Rheingebietsstaaten gelieferten Aufzeichngn. bearb. u. hrsg. v. dem Zentralbureau f. Meteorologie u. Hydrographie im Grossherzogt. Baden. VII. Heft. gr. 4. Berlin, W. Ernst & Sohn. Kart. n. 24. — (I—VII n.n. 114. —)**
Das Moselgebiet. Von M. v. Tein. Mit 12 (farb.) Taf. (VIII, 69 u. 67 S.) 905.

— der Untersuchung der Hochwasserverhältnisse im deutschen Rheingebiet. Auf Veranlassg. d. Reichskommission zur Untersuchg. der Stromverhältnisse des Rheins u. seiner wichtigsten Nebenflüsse u. auf Grund der v. den Wasserbaubehörden der Rheingebietsstaaten gelief. Aufzeichngn. bearb. u. hrsg. v. dem Zentralbureau f. Meteorologie u. Hydrographie im Grossherzogt. Baden. VIII. Heft. 36,5×27 cm. Berlin, W. Ernst u. Sohn. 15. — (I—VIII: nn 129. —)
VIII. Der Abflussvorgang im Rhein unter der wechselnden Wasserlieferung des Stromgebietes u. die Vorherbestimmung der Rheinstände. Von M. v. Tein. Mit 1 Höhen- u. Gewässerkarte des Rheingebietes. (VII, 51 u. 55 S. m. eingedr. Kurven u. 6 Taf.) 908. 15. —

Die Ergebnisse der ersten Untersuchung der im Kanton Aargau zum Vertrieb kommenden Trinkbranntweine. Aarau. 1892.

Ergebnisse der Untersuchung über die in Fabriken und Gewerben Nieder-Oesterreichs bestehenden Einrichtungen zum Wohle der Arbeiter. Als Grundlage für weitere Erhebungen veröffentlicht von der n.-ö. Handels- und Gewerbekammer. 8⁰. Wien 1869.

Ergebnisse d. Untersuch. üb. d. Frauen- u Kinderarbeit in d. Fabriken. Berlin 1877

Ergebnisse der von dem kaiserlich-königlichen Militär-Gerichte geführten Untersuchung wider die Mörder des k. k. Kriegsministers, General-Feldzeugmeisters Theodor Grafen Baillet von Latour. Wien 1850. V: *Kopetzky, Emanuel.* (Molisch, P., Die Wr. akad. Legion. Wien 1922. S. 120, 141 f.)

Ergebnisse, Die, der technischen Untersuchung über eine Eisenbahn von Solothurn nach Olten . . . Solothurn 1871. V: *Dietler, Herm.* (BSchwLk V, 9 b)

Ergebnisse der Untersuchungen von Kesselblechen des Peiner Walzwerks. Berlin, 1889.

Chur. Naturforschende Gesellschaft Graubündens. Die Ergebnisse der sanitarischen Untersuchungen der Rekruten des Kanton Graubünden (Schweiz) in den Jahren 1875—79, von Dr. P. Lorenz. [Siehe XVII, 2 — — Jahresbericht der —, Bd. XXXVIII, 1894—95, Beilage.] Chur u. Bern 1895.

Ergebnisse der Untersuchungen über die Ursachen der Grundwasserverschlechterung in Breslau. Gutachten über ihre Entstehung u. Vorschläge zu ihrer Beseitigung. Breslau (1907): Graß, Barth & Co. (188 S.) 4° [F.] 08. 2346 2

Ergebnisse der Untersuchungen über die Ursachen der Grundwasserverschlechterung in Breslau. Gutachten über ihre Entstehung u. Vorschläge zu ihrer Beseitigung. T. [1.] 2. Breslau (1908): Graß, Barth & Co. 2 Bde 4° [F.] 08. 13032

Ergebnisse der Untersuchungsfahrten S. M. Kanonenboot Drache (Kommandant Korv.-Kapt. Holzhauer) in der Nordsee in den Sommern 1881, 82 u. 84. Veröffentlicht von dem hydrogr. Amt der Admiralität. Berlin 1886. 8. . . . . (ue.; D.)

—— die, der Untersuchungsfahrten S. M. Knbt. „Drache" [Kommandant Korvetten-Kapitän Holzhauer] in der Nordsee in den Sommern 1881, 1882 und 1884. Veröffentlicht von dem hydrograph. Amt der Admiralität. gr. 4. (V, 77 S. mit 15 zum Theil color. Stnt.) Berlin 887, Mittler und Sohn. *

Ergebnisse der über die Verhältnisse der Lehrlinge, Gesellen und Fabrikarbeiter auf Beschluss des Bundesrathes angestellten Erhebungen, zusammengestellt im Reichskanzler-Amt. gr. 8⁰. Berlin, C. Heymann's Verl., 1877.

Ergebnisse der über die Verhältnisse der Lehrlinge, Gesellen und Fabrikarbeiter angestellten Erhebungen. Berlin 1887

Ergebnisse der trigonometrischen Vermessungen in der Schweiz. Nach Befehl der Hohen Tagsatzung aus den Protokollen der eidgenössischen Triangulirung bearbeitet und herausgegeben von J. Eschmann. Zürich 1840. XVI, 237 S. 4°

Ergebnisse der trigonometr. Vermessungen der Schweiz. Nach Befehl der hohen Tagsatzung aus den Protokollen der eidgenössischen Triangulirung bearbeitet und herausgeg. von J. Eschmann. Mit 1 Uebersichtskarte. Imp.-4. Zürich 841, Orell, Füßli u. Comp. n. 4 ₰

— d. Versteigergn. v. (1893er) Mosel- u. Saarweinen zu Trier l. April 1895. Nr. 1. Tabelle. Trier 895. Fr. Lintz'sche Buchh. n. — 40
Vergriffen.

— dasselbe. Nr. 2. Ausg. a. 20. Apr. 1897. (Versteigergn. v. 10.—21. III. u. 14.—18. IV. 1896.) Tabelle. 52,5 × 76 cm. Ebd. 896. n. — 40

— dasselbe. Nr. 3. Ausg. am 1. V. 1897. (Versteigergn. v. 2.—10. u. 23.—30. IV. 1897.) Tabelle. 55×75,5 cm. Ebd. 897. n — 40

— der Versteigerungen 1904er Mosel-, Saar- u. Ruwer-Weine im kath. Bürgerverein in Trier im Frühj. 1906. Mit vergleich. Uebersichten u. den Versteigergn. in Berncastel u. im Trierischen Hof in Trier. (IV, 69 S.) schmal 8. Trier 906. J. Lintz. n. 1. —
Vergl.: Ergebnisse der Wein-Versteigerungen usw.

— der Versteigerungen 1904er, 1905er, 1906er u. 1907er Mosel-, Saar- u. Ruwerweine im kathol. Bürgerverein in Trier. Mit vergleich. Übersichten u. den Versteigergn. in Bernkastel u. im Trierischen Hof in Trier. 8. Trier, J. Lintz. 2. 60
1904er, 1905er. Frühj. 1907. (V, 46 S.) 907. — 80
1906er. Frühj. 1908. (VI, 43 S.) 908. — 80
1907er. Frühj. 1909. (V, 54 S.) 909. 1. —
Fortsetzg., s.: Ergebnisse der Versteigerung 1908er Weine.

— der Versteigerungen 1908er Weine, des Trierer Vereins v. Weingutsbesitzern der Mosel, Saar u. Ruwer im kathol. Bürgerverein in Trier. Frühj. 1910. Mit 5 Tab. vergleich. Übersichten u. den Naturweinversteigergn. des Jahrg. 1908 in Trier u. Bernkastel. (Nr. 15.) (V, 72 S.) 8. Trier 910. J. Lintz. 1. 25
Vergl.: Ergebnisse der Versteigerungen 1907er Mosel-, Saar- u. Ruwerweine usw.

Freiwilliger Erziehungsbeirat f. schulentlassene Waisen ... Ergebnisse der im 27. Bezirksausschusse gemachten Versuche, Mädchen in häusliche Stellungen zu bringen. *([Berlin 1904]: H. Kühz.)* (23 S.) 8° [Umschlagt. F.] 04. 4864

Ergebnisse landwirthschaftlicher und agrikultur-chemischer Versuche an der Station des General-Comité des bayer. landwirthschaftlichen Vereines in München. 1. Heft. gr. 8. (XVIII und 138 S.) München 857, Literarisch-artistische Anstalt. *

—— dass. — 2. Heft. gr. 8. (VIII und 159 S. mit 1 Tab. in Fol.) Erlangen 859, Enke's Verlagsbuchh. *

—— dass. — 3. Heft. gr. 8. (IX und 165 S.) München 861, Literarisch-artistische Anstalt. *

—— landwirthschaftlicher und agrikulturchemischer Versuche an der Station des General-Comité des bayer. landwirthschaftl. Vereines in München. 4. Heft. gr. 8. (VI und 89 S.) München 863, Literarisch-artistische Anstalt. *
1. und 3. Heft. Ebendas. 1857,61 und 2. Heft. Erlangen 1859, Enke's Verlag. à Heft * 28 Ngr.

Ergebnisse der Verzehrungssteuer im Jahre 1879—1893. Zusammengestellt vom Rechnungs-Departement 2 des k. k. Finanzministeriums. (Abtheilung für die indirecten Abgaben.) (15 Bde.) 4. Wien 1880—1895.

Ergebnisse der Verzehrungssteuer (Fortsetzung) im Jahre 1894. Separatabdruck aus den „Mittheilungen des k. k. Finanz-Ministeriums". II. Jhrg. 2. Heft. — Im Jahre 1895. (Wie vor.) III. Jahrg. 2. Heft. — Im Jahre 1896. (Wie vor.) IV. Jahrg. 1. Heft. — Im Jahre 1897. (Wie vor.) V. Jahrg. 1. Heft. — Im Jahre 1898. (Wie vor.) VI. Jahrg. 3. Heft. — Im Jahre 1899. (Wie vor.) VII. Jahrg. 4. Heft. — Im Jahre 1900. (Wie vor.) VIII. Jahrg. 4. Heft. — Im Jahre 1901. (Wie vor.) IX. Jahrg. 1. Heft. (8 Bde.) (Fortgesetzt unter dem Titel:) 4. Wien 1896—1903.

Ergebnisse der Verzehrungssteuer

— — in den im Reichsrate vertretenen Königreichen und Ländern im Jahre 1903. 8. Wien 1904.

Ergebnisse der Verzehrungssteuer im Verwaltungsjahr 1860. fol Wien 1861

Ergebnisse der (thurgauischen) kantonalen Viehschau pro 1901. 40 S. 8.

Ergebnisse der [thurgauischen] kantonalen Viehschau pro 1902. 40 S. 8.

Ergebnisse der Viehzählung, s.: Beiträge zur Statistik Mecklenburgs.

— dasselbe, s.: Statistik, österreichische.

Die *Ergebnisse* d. Viehzählung im Königreiche Bayern v. 1/12 1892 m. einleitenden Bemerkungen v. C. Rasp. II. Ergebniss d. Erhebung üb. Zertrümmerung bäuerlicher Anwesen in Bayern 1888-1890. Münch. 1893. I: (66) 405 S. 1 Kt. 1 Tvl. II: 31 S. 4°.

– dasselbe, s.a. Beiträge zur Statistik d. Kgr. Bayern.

— d. Viehzählung in Bosnien u. d. Hercegovina v. J. 1895. Zusammengest. v. statist. Departement d. Landesregierg. Hrsg. v. d. Landesregierg. f. Bosnien u. d. Hercegovina. (In deutscher u. bosn. Sprache, letzt. in latein. u. cyrill. Schrift.) gr. 4. (V, XXXVIII, 384 S.) Sarajevo 896. (Wien, C. Gerold's Sohn.) n. 16. —; erm. Pr. n. 8. —

Ⓑ — d. Viehzählg. in Bosnien u. d. Herzegowina vom J. 1895. 898. (KBL 29.) Jetzt: Wien, A. Holzhausen.

— die, der Viehzählung vom 1. XII. 1900 im Deutschen Reich, s.a. Vierteljahrshefte zur Statistik des Deutschen Reichs.

Die **Ergebnisse** der Viehzählung am 1. Dezember 1900 im Deutschen Reich. Bearb. im Kais. Statist. Amt. Berlin: Puttkammer & Mühlbrecht 1903. (121 S.) 4° [Umschlagt. F.]
— **Vierteljahrshefte** z. Statistik d. Dtsch. Reichs. Erg. H. zu 1903, I. (…)

Ergebnisse der eidgenössischen Viehzählung vom 19. April 1901 im Kanton Zürich, festgestellt vom kantonalen statistischen Bureau. 24 S. 8. Winterthur, Geschwister Ziegler, 1901.

2 Abdrücke, wovon der eine: Beilage zum Amtsblatt des Kantons Zürich No. 47 vom 11. Juni 1901.

Ergebnisse der eidgenössischen Viehzählung vom 20. April 1906 im Kanton Zürich, festgestellt vom kantonalen statistischen Bureau. 36 S. 8. Zürich, A. Tschopp, 1906.

—— der Viehzählung vom 10. Januar 1883 im Deutschen Reiche. Bearb. im kaiserl. statist. Amt. gr. 4. (64 S.) Berlin 884, Puttkammer und Mühlbrecht.

— d. Viehzählung, s.a. Mitteilgn., stat., Els.-Lothr.

Die **Ergebnisse** der Viehzählung und der Zählung der Obstbäume vom 1. Dezember 1900. Hrsg. von d. Statist. Bureau d. Kais. Ministeriums f. Elsaß-Lothringen. Straßburg: DuMont-Schauberg 1903. LXXVII, 290 S. 8°
(Statist. Mitteilungen über Elsaß-Lothringen. H. 29.) (10. 1903)

Ergebnisse der Volkszählung...
(weitere Ordnung nach geographischen Begriffen)

Baltikum

Ergebnisse der baltischen Volkszählung vom 29. Dec. 1881. T. 1—3. — Riga, Mitau 1883—1885: Steffenhagen. 4°

—— der baltischen Volkszählung vom 29. Decbr. 1881. 1. Thl.: Ergebnisse der livländ. Volkszählung. 1. Bd.: Die Zählung in Riga und im rigaschen Patrimonialgebiet. Bearb. und hrsg. auf Veranstaltung der statist. Commission der Stadt Riga von Fr. v. Jung-Stilling und W. Anders. 1. Lfg. gr. 4. (VI, S. 1—50 mit Tab.) Riga 883, (Kymmel's Buchh.) **

—— dass. — 1. Thl.: Ergebnisse der livländ. Volkszählung. Bearb. und hrsg. auf Veranstaltung der statist. Commission der Stadt Riga von Fr. v. Jung-Stilling und W. Anders. 1. Bd. 2. Lfg. nebst Anhang und 2. Bd. 1. Lfg. gr. 4. Riga 883, (Deubner.) **

Inhalt:
Bd. 1. Lfg. 2. Die Zählung in Riga und im rigaschen Patrimonialgebiet. (S. 51—99 mit Tab.) **M 3,60. — Anhang: Kartographische Darstellung der Bevölkerungsdichtigkeit in der Stadt Riga. 3 Bl. Chromolithogr. Imp.-Fol. Nebst 1 Bl. Text. **M 6.
» 2. » 1. Die Zählung in den Städten Schlock, Lemsal, Wolmar, Wenden, Walk, Dorpat, Werro, Pernau, Fellin und Arensburg. (V, 93 S. mit Tab.) **M 6.

—— dass. — 1. Thl.: Ergebnisse der livländ. Volkszählung. Bearb. und hrsg. auf Veranstaltung des livländ. Landraths-Collegiums von Fr. v. Jung-Stilling und W. Anders. 3. Bd.: Die Zählung auf dem flachen Lande. 1. Lfg. gr. 4. (VI, 123 S.) Riga 884, (Jonck und Poliewsky.) *

—— dass. — 2. Thl.: Ergebnisse der ehstländ. Volkszählung. Im Auftrage des ehstländ. statist. Comités bearb. und hrsg. von Paul Jordan. 1. Bd. 1. Lfg. und 3. Bd. 1. Lfg. gr. 4. Reval, (Karow.) *

Inhalt:
Bd. 1. Lfg. 1. Die Zählung in Reval. (62 S.) 883. *M 3,50.
» 3. » 1. Die Zählung auf dem flachen Lande. (IV, 97 S.) 884. *M 5.

Ergebnisse der baltischen Volkszählung vom 29. Decbr. 1881. 3. Thl.: Ergebnisse der kurländ. Volkszählung. 1. Bd.: Die Zählung auf dem Lande und in den Flecken. 1. Lfg. gr. 4. (XIV, 402 S.) Mitau 884, (Besthorn.) *

—— der baltischen Volkszählung vom 29. Dezbr. 1881. 1. Thl.: Ergebnisse der livländ. Volkszählung. 1. Bd.: Die Zählung in Riga und im rigaischen Patrimonialgebiet. Bearb. und hrsg. auf Veranstaltung der statist. Commission der Stadt Riga von Fr. v. Jung-Stilling und W. Anders. 3. Lfg. gr. 4. (XXIII, 65 S. mit Tab.) Riga 885, (Jonck und Poliewsky.) *

1. Lfg. Riga 1883, (Kymmel's Buchh.) **M 4.50.; 2. Lfg. nebst Anhang. Riga 1883, (Deubner.) **M 9.60.

—— dass. — 2. Bd.: Die Zählung in den Städten: Schlock, Lemsal, Wolmar, Wenden, Walk, Dorpat, Werro, Pernau, Fellin und Arensburg. Bearb. und hrsg. von Fr. v. Jung-Stilling und W. Anders. 2. Lfg. gr. 4. (V, S. 41—65 mit 3 Tab.) (Ebendas.) 885. **

1. Lfg. Riga 1883, (Deubner.) **M 6.—.

—— dass. — 3. Bd.: Die Zählung auf dem flachen Lande. Bearb. und hrsg. auf Veranstaltung des livländ. Landraths-Collegiums von Fr. v. Jung-Stilling und W. Anders. 2. Lfg. gr. 4. (XX, S. 124—187 mit Tab.) (Ebendas.) 885. **

1. Lfg. (Ebendas.) 1884. *M 5.—.

—— dass. — 2. Thl.: Ergebnisse der ehstländ. Volkszählung. 1. Bd. 2. Lfg., 2. Bd. und 3. Bd. 2. Lfg. gr. 4. Reval, Lindfors Erben. *

Inhalt:
Bd. 1. 2. Lfg.: Die Zählung in Reval. 2. Lfg. (S. 63—101.) 883. *M 3.—.
» 2. Die Zählung in den übrigen Städten ausser Reval: Baltischport, Wesenberg, Weissenstein und Hapsal. (36 S.) 885. *M 3.—.
» 3. 2. Lfg.: Die Zählung auf dem flachen Lande. 2. Lfg. (S. 99—134.) 884. *M 3.—.
1. Bd. 1. Lfg.; 3. Bd. 1. Lfg. Ebendas. 1883,84. (Anstatt *M 8.50.) *M 7.60. — Alle 5 Hefte (I, 1, 2; II; III, 1, 2) zusammen *M 12.—.
Vgl.: Jordan, Paul, die Resultate der ehstländischen Volkszählung vom 29. Decbr. 1881 in textlicher Beleuchtung.

Bayern

— der Volkszählung im Königr. Bayern vom 1. Dcbr. 1871 s.: Beiträge zur Statistik d. Königr. Bayern.

— vorläufige, der Volkszählung vom 1. XII. 1900 f. Bayern. gr. 4. (15 S.) München 901. (J. Lindauer). n. —80
Sonderabdruck aus: „Zeitschr. d. k. bayer. statist. Bureau".

Bern

— der Volkszählung vom 1. Dezbr. 1880 im Kanton Bern. Hrsg. von der Direction des Innern. (Deutsch u. französisch.) gr. 8. (100 S.) Bern 881. (Huber & Co.) n. 2. —

Ergebnisse der Eidgenössischen Volkszählung im Kanton Bern vom 1. Dez. 1900. Recensement fédéral de la population du canton de Berne au 1er déc. 1900. *Bern 1901: Büchler & Co.* (264 S.) 8°
— **Mitteilungen** d. bernischen statist. Bureaus. Jg. 1901, Lfg 2. (…)

Deutsches Reich

Die vorläufigen **Ergebnisse** der Volkszählung vom 1. December 1871 im Deutschen Reiche überhaupt und im Preussischen Staate insbesondere. Mitgetheilt vom Königlich Preussischen Statistischen Bureau. Berlin. 1872. Siehe in: Zeitschrift des Königlich Preussischen Statistischen Bureaus. Jg. 12. Berlin. 1872. 4°.

Ergebnisse der Volkszählung vom 1. Dec. 1871 im Deutschen Reiche überhaupt und im Preussischen Staate insbesondere, Die vorläufigen. Bd. 1—2. Berlin 1872. 4. (PGSt.; D.)

Elberfeld

Die Ergebnisse der Volkszählung vom 1. Dez. 1905. Im Auftr. . . . bearb. vom städt. Statist. Amt (Elberfeld). Elberfeld 1907. 4°.
(Beiträge z. Statist. d. Stadt Elberfeld. H. 2.)

Elsass-Lothringen

— dasselbe, s.: **Mittheilungen**, statistische, über Elsass-Lothringen.

Frankfurt

—— die, der Volkszählung vom 1. Decbr. 1885 zu Frankfurt a. M., s. Beiträge zur Statistik der Stadt Frankfurt a. M.

Aus den **Ergebnissen** der Volkszählung vom 1. Dezember 1900. Mit 2 Taf. *Frankfurt a. M. 1903: R. Mahlau.* (89 S.) 4° [J.]
— Beiträge z. Statistik d. Stadt Frankfurt a. M. N. F. Erg.H. 7. (03. 6685

Holstein

Die **Ergebnisse** der Volkszählung im Herzogthum Holstein nach der Aufnahme vom 3. Dec. 1864. Hrgg. v. Statistischen Bureau. Kiel. 1867. 4°.

Leipzig

Ergebnisse der Leipziger Volkszählung 1885. Leipzig. V: *Hasse, Ernst.* (Kat. d. stat. Bureaus. Dresden 1890.)

— die, der Volkszählung vom 1. Decbr. 1885 in der Stadt Leipzig. Bearb. im statist. Amt der Stadt Leipzig. 1. u. 2. Thl. [Aus: „Städt. Verwaltungsbericht f. d. J. 1885 u. 1886".] Lex.-8. Leipzig, Duncker & Humblot. n. 5. —
1. (61 S.) 886. n. 1. —. — 2. (180 S.) 887. n. 4. —.

— die, der Volkszählung vom 1. Decbr. 1890 in der Stadt Leipzig. Bearb. im statist. Amt der Stadt Leipzig. 1.—3. Thl. [Aus: „Verwaltungsber. der Stadt Leipzig".] hoch 4. (52, VIII, 93, X, 266 S.) Leipzig 891—893. Duncker & Humblot. à n. 1. —

— die, d. Volkszählung v. 2. XII. 1895 u. d. Berufs- u. Gewerbezählg. v. 14. VI. 1895 in d. Stadt Leipzig. Bearb. i. statist. Amt d. Stadt Leipzig. I. Thl. [Aus: „Verwaltungsbericht d. Stadt Leipzig f. d. J. 1895".] Lex.-8. (IX, 254 S.) Leipzig 897. Duncker & Humblot. n. 1. —

— die, der Volkszählung vom 2. XII. 1895 u. der Berufs- u. Gewerbezählung vom 14. VI. 1895 in der Stadt Leipzig. Bearb. im statist. Amt der Stadt Leipzig. II. Thl. Lex.-8. (IX, 73 S.) Leipzig 899. Duncker & Humblot. n. 1. —
Sonderabdruck aus: „Verwaltungsbericht der Stadt Leipzig für die J. 1896 u. 1897".

— die, der Volkszählung vom 1. XII. 1900 in der Stadt Leipzig. Bearb. im statist. Amt der Stadt Leipzig. I. u. II. Thl. Lex.-8. (96 u. VII, 148 S.) Ebd. 901. 902. à n. 1. —
Sonderabdruck aus: „Städt. Verwaltungsber. f. d. J. 1900".

— die, der Volkszählung vom 1. XII. 1900 in der Stadt Leipzig. Bearb. im statist. Amt der Stadt Leipzig. III. u. IV. Thl. (118 u. 21 S.) Lex.-8. Leipzig 902. 903. Duncker & Humblot. n. 1. 50
Sonderabdruck aus: „Städt. Verwaltungsber. f. d. J. 1902".

— dasselbe vom 1. XII. 1905 in der Stadt Leipzig. Bearb. im statist. Amt der Stadt Leipzig. I. Tl. (119 S.) Lex.-8. Ebd. 906. n. 1. —
Sonderabdruck aus: „Städt. Verwaltungsber. f. d. J. 1905".

— die, der Volkszählung vom 1. XII. 1905 in der Stadt Leipzig. Bearb. im statist. Amte der Stadt Leipzig. II. u. III. Tl. [Aus: „Städt. Verwaltungsber. f. d. J. 1907".] (40 S. u. XII, 71 S.) Lex. 8. Leipzig 907. 08. Duncker & Humblot. à 1. —

Mecklenburg – Schwerin

Die **Ergebnisse** der Volkszählung vom 1. Dez. 1905 im Großherzogtum Mecklenburg-Schwerin. Schwerin: Stiller in Komm. 1907. 71 S. 4°
(Beiträge z. Statistik Mecklenburgs. Bd 15, H. 3.) (10. 11436

München

Aus den Ergebnissen der Volkszählung vom 1. XII. 1900 in München. [Aus: „Mittheilgn. des statist. Amtes der Stadt München".] gr. 4. (2 u. 7 S.) München, J. Lindauer. *1901.* —. 20.

Österreich (k. u. k.)

Ergebnisse der in den Ländern der ungarischen Krone am Anfange des Jahres 1870 vollzogenen Volkszählung sammt Nachweisung der nutzbaren Hausthiere. Im Auftrage des königl. ungarischen Ministers für Landwirthschaft, Gewerbe und Handel, verfasst und herausgegeben durch das königl. ungarische statistische Bureau. (Karl Keleti, Ministerial-Sections-Rath, Chef des königl. ungarischen statistischen Bureaus.) (In ungarisch. und deutsch. Sprache.) gr. Fol. Pest 1871.

Ergebnisse, Die wichtigsten, der durch den III. G.-A. vom Jahre 1869 angeordneten . . . Volkszählung in den Ländern der ungarischen Krone. Hermannstadt [1872]. V: *Müller, Friedrich.* (Trausch IV, 310)

Ergebnisse, die wichtigsten, der durch den III. Gesetzartikel vom J. 1869 angeordneten u. am Anfang d. J. 1870 durchgeführten Volkszählung in den Ländern der ungarischen Krone nach dem Stande vom 31. Dezbr. 1869 m. besond. Berücksicht. Siebenbürgens. Mit e. Anh. gr. 8. (24 S. m. 1 Tab. in Fol.) Hermannstadt 873. Michaelis. n. 1. —

—— vorläufige, der Volkszählung vom 31. Decbr. 1880 in den im Reichsrathe vertretenen Königreichen und Ländern. Zusammengestellt und veröffentlicht von der k. k. statist. Central-Commission. gr. 8. (45 S.) Wien 881, (Hölder.) *

—— die wichtigsten, der nach dem Stande vom 31. Decbr. 1880 in den im Reichsrathe vertretenen Königreichen und Ländern ausgeführten Zählung der Bevölkerung und der häuslichen Nutzthiere. Definitive Ergebnisse. Hrsg. von der k. k. statist. Central-Commission. Lex.-8. (III, 65 S.) Wien 882. Gerold's Sohn. *

—— dass. — in Böhmen. Imp.-4. (273 S.) Ebendas. 882. *

—— dass. — in der Bukowina. Imp.-4. (47 S.) Ebendas. 882. *

—— dass. — in Dalmatien. Imp.-4. (57 S.) Ebendas. 882. *

—— dass. — in Galizien. Imp.-4. (243 S.) Ebendas. 882. *

—— dass. — in Kärnten. Imp.-4. (45 S.) Ebendas. 882. *

—— dass. — in Krain. Imp.-4. (57 S.) Ebendas. 882. *

—— dass. — in Mähren. Imp.-4. (121 S.) Ebendas. 882. *

—— dass. — in Nieder-Oesterreich. Imp.-4. (72 S.) Ebendas. 882. *

—— dass. — in Ober-Oesterreich. Imp.-4. (57 S.) Ebendas. 882. *

—— dass. — Reichs-Uebersicht. Imp.-4. (73 S.) Ebendas. 882. *

—— dass. — in Salzburg. Imp.-4. (40 S.) Ebendas. 882. *

—— dass. — in Schlesien. Imp.-4. (49 S.) Ebendas. 882. *

—— dass. — in Steiermark. Imp.-4. (73 S.) Ebendas. 882. *

—— dass. — in Tirol und Vorarlberg. Imp.-4. (91 S.) Ebendas. 882. *

—— dass. — in Triest sammt Gebiet, Görz-Gradiska und Istrien. Imp.-4. (67 S.) Ebendas. 882. *

—— die, der in Croatien und Slavonien am 31. Decbr. 1880 durchgeführten Volkszählung. gr. 8. (6 S.) Wien 883, (Seidel und Sohn.) *

—— der nach dem Stande vom 31. Decbr. 1880 in Nieder-Oesterreich ausgeführten Zählung der Bevölkerung und der häuslichen Nutzthiere. Hrsg. von der k. k. statist. Central-Commission. gr. 4. (71 S.) Wien 886, (Gerold's Sohn.) *

—— vorläufige, der Volkszählung vom 31. Decbr. 1890 in den im Reichsrathe vertretenen Königreichen u. Ländern. Bearb. u. hrsg. v. der k. k. statist. Central-Commission. Lex.-8. (XXVI, 141 S.) Wien 891, Hölder. * 2 40

— vorläufige, der Volkszählung vom 31. XII. 1900 in den im Reichsrathe vertretenen Königreichen u. Ländern. Bearb. u. hrsg. v. der k. k. statist. Central-Commission. gr. 8. (XXXI, 157 S.) Wien 901. A. Hölder. n. 3. 20

Die Ergebnisse der Volkszählung vom 31. December 1900 in den im Reichsrathe vertretenen Königreichen und Ländern. [Oesterr. Statistik. LXIII. 1. Heft.] 4°. (CXIII, 131 S.) † K 9.— Wien: Gerold 1902.

Die Ergebnisse der Volkszählung vom 31. Dezember 1900 in den im Reichsrathe vertretenen Königreichen und Ländern. [Oesterr. Statistik. 63. Bd. 2. Heft.] 4°. (LXV, 150 S.) † K 6.— Wien: Gerold 1903.

Die Ergebnisse der Volkszählung vom 31. Dezember 1900 in den im Reichsrate vertretenen Königreichen und Ländern. 2. Bd. [Österr. Statistik. 63. Bd. 3. Heft.] Fol. (XVI, 180 S.) † Wien: Gerold 1903. K 7.—

Die Ergebnisse der Volkszählung vom 31. December 1900 in den im Reichsrathe vertretenen Königreichen und Ländern. 2. Bd. [Oesterr. Statistik. 64. Bd. 1. Heft.] 4°. (XXXIV, 147 S.) † Wien: Gerold 1902. K 5.50

Die Ergebnisse der Volkszählung vom 31. Dezember 1900 in den im Reichsrate vertretenen Königreichen und Ländern. 2. Heft. Die Ausländer in den im Reichsrate vertretenen Königreichen und Ländern sowie die Angehörigen dieser letzteren im Auslande. [Österreichische Statistik. 64. Bd. 2. Heft.] Fol. (XXX, 45 S.) † Wien: Gerold 1905. K 2.30

Die Ergebnisse der Volkszählung vom 31. Dezember 1900 in den im Reichsrate vertretenen Königreichen und Ländern. 1. Heft. Erweiterte Wohnungsaufnahme. [Österr. Statistik. 65. Bd. 1. Heft.] Fol. (LIII, 199 S.) † Wien: Gerold 1904. K 7.80

Die Ergebnisse der Volkszählung vom 31. Dezember 1900 in den im Reichsrate vertretenen Königreichen und Ländern. 3. Heft. Die Aufnahme der Häuser in den Gemeinden der erweiterten Wohnungsaufnahme. [Österr. Statistik. 65. Bd. 3. Heft.] 4°. (XXXV, 14 S.) † Wien: Gerold 1904. K 1.50

Die Ergebnisse der Volkszählung vom 31. Dezember 1900 in den im Reichsrate vertretenen Königreichen und Ländern. 4. Heft. [Österr. Statistik. 65. Bd. 4. Heft.] Fol. (XLI, 60 S.) † Wien: Gerold 1904. K 3.—

Die Ergebnisse der Volkszählung vom 31. Dezember 1900 in den im Reichsrate vertretenen Königreichen und Ländern. 5. Heft. Die Haushaltungs- und Familienstatistik in den Großstädten. Anhang: Sterblichkeitstafeln Österreichs auf Grund der Volkszählung vom 31. Dezember 1900. [Österr. Statistik. 65. Bd. 5. Heft.] 4°. (XXXIV, 171 S.) † Wien: Gerold 1905. K 6.20

Die **Ergebnisse** der Volks- und Viehzählung vom 31. Dezember 1900 im Vergleiche mit denen der Volks- u. Viehzählungen v. 31. Dez. 1880 u. 1890 im Herzogtume Bukowina nach d. Angaben d. K. k. statist. Zentral-Komm. in Wien bearb. v. Statist. Landesamte d. Herzogtums Bukowina. Veröff. von Anton Zachar, Landesamts-Dir. Cernowitz: H. Pardini in Komm. (1907). (Getr. Pag.) 4°(8°)

—**Mitteilungen** d. Statist. Landesamtes d. Herzogt. Bukowina. H. 11. [illegible]

Preußen

—— die, der Volkszählung und Volksbeschreibung, der Gebäude- und Viehzählung, nach den Aufnahmen vom 3. Decbr. 1864 etc., s. a. Statistik, preussische.

—— der Volkszählung vom 3. Decbr. 1867, s. a. Statistik, preussische.

Die **Ergebnisse** der Volkszählung und Volksbeschreibung im Preussischen Staat v. 3. Dec. 1861. 1864 u. 1867; v. 1. Dec. 1871, 1875, 1880, 1885 u. 1890. = Preussische Statistik, Heft 5, 10, 16, 30, 39, 66, 96 u. 121. 4°.

Vorläufige **Ergebnisse** der Volkszählung vom 1. December 1875 im Königreich Preussen. Mitgetheilt vom Königlich Preussischen Statistischen Bureau. Berlin. 1876. Siehe in: Zeitschrift des Königlich Preussischen Statistischen Bureaus. Jg. 16. 4°.

— vorläufige, der Volkszählung vom 1. Decbr. 1875 im Königr. Preussen. Mitgetheilt vom königl. preuss. statist. Bureau. Imp.-4. (IV, 60 S.) Berlin 876. Verl. d. k. statist. Bureaus. n. 1. 60

— vorläufige, der Volkszählung vom 1. Decbr. 1880 im Königr. Preussen. Mitgetheilt vom königl. preuss. statist. Bureau. Imp.-4. (IV, 61 S.) Berlin 881. Verl. d. k. statist. Bureaus. n. 1. 60

—— vorläufige, der Volkszählung vom 1. Dezbr. 1885 im Königr. Preussen, sowie in den Fürstenthümern Waldeck und Pyrmont, nebst einer Zusammenstellung der vorläuf. Ergebnisse der Volkszählung vom 1. Dezbr. 1885 in der Prov. Hessen-Nassau nach der vom 1. April 1886 ab geltenden Landeseintheilung. Hrsg. vom königl. preuss. statist. Bureau. gr. 4. (VI, 65 S.) Berlin 886, Verlag des k. statist. Bureaus. *

—— vorläufige, der Volkszählung vom 1. Dezbr. 1890 im Königr. Preußen, sowie in den Fürstenthümern Waldeck u. Pyrmont. Hrsg. vom königl. preuß. statist. Bureau. Imp.-4. (XII, 62 S.) Berl. 891, Verlag d. statist. Bureaus. * 2 —

Vorläufige Ergebnisse der Volkszählung vom 2. Dezember 1895 im Königreiche Preussen sowie in den Fürstenthümern Waldeck und Pyrmont. Herausgegeben vom Königlich preußischen statistischen Büreau. Berlin 1896.
Dieselben vom 1. Dezember 1900.
" " 1. " 1905.
" " 1. " 1910.

— vorläuf., d. Volkszählung v. 2. Dezbr. 1895 im Königr. Preußen, sow. i. d. Fürstenthümern Waldeck u. Pyrmont. Hrsg. v. kgl. preuß. statist. Bureau. Fol. (XIV, 64 S.) Berlin 896. Verl. d. k. statist. Bureaus. n. 2. 40

Vorläufige **Ergebnisse** der Volkszählung vom 1. Dez. 1900 im Königreiche Preussen sowie in den Fürstenthümern Waldeck und Pyrmont. Berlin. 1901. 4°.
(Sonderabdruck aus: Zeitschrift des K. Preuss. Statistischen Bureaus Jg. 41, 1901, Vierteljahrsh. 1/2.)

— vorläufige, der Volkszählung vom 1. XII. 1900 im Königr. Preußen sowie in den Fürstenthümern Waldeck u. Pyrmont. Hrsg. vom königl. preuß. statist. Bureau. Fol. (XVIII, 66 S.) Berlin 901. Verlag des statist. Bureaus. n. 3. 20

Vorläufige **Ergebnisse** der Volkszählung vom 1. Dezember 1910 im Königreiche Preußen sowie in den Fürstentümern Waldeck und Pyrmont. — Berlin: Verl. d. Kgl. Stat. Landesamts 1911. 68 S. 4°

——— Dass. vom 1. Dez. 1900. — Berlin: Kgl. Stat. Bureau 1901. XVIII, 66 S.

Schweiz

Ergebnisse der eidgenössischen Volkszählung vom 1. Dez. 1888. 4° Bern 1889

Ergebnisse. Die E' der Eidgenössischen Volkszählung vom 1. Dezember 1900. Band 1: Zahl der Häuser, der Haushaltungen, der Bevölkerung; Unterscheidung der Wohnbevölkerung nach Heimat, Geburtsort, Geschlecht, Konfession und Muttersprache; Die Schweizerbürger nach Heimatkanton und Heimatgemeinde. Vom statistischen Bureau des eidg. Departements des Innern. Ausgegeben den 30. Aug. 1904. [Mit 5 Karten.] II + 52* + 370 S. 4. Bern, Buchdr. Lack & Grunau, Komm. A. Francke, 1904. [fr. 10. —]
Schweizerische Statistik. Liefg. 140.

Ergebnisse. Die E' der Eidgenössischen Volkszählung vom 1. Dezember 1900. 3 Bände. Vom statistischen Bureau des eidg. Departements des Innern. 4. Bern, Buchdr. Gustav Grunau (*Band 1:* Buchdr. Lack & Grunau), Komm. A. Francke, 1904–1907.
Band 1: Zahl der Häuser, der Haushaltungen, der Bevölkerung; Unterscheidung der Wohnbevölkerung nach Heimat, Geburtsort, Geschlecht, Konfession und Muttersprache; Die Schweizerbürger nach Heimatkanton und Heimatgemeinde. Ausgegeben den 30. Aug. 1904. [Mit 5 Karten.] II + 52* + 370 S. 1904. (fr. 10. —)
Band 2: Die Unterscheidung der Bevölkerung nach dem Geschlechte, nach dem Familienstande und nach dem Alter. Ausg' den 15. Juli 1905. [Mit 1 Tabelle und 7 Karten.] II + 31* + 406 S. 1905. (fr. 10. —)
Band 3: Die Untersch' der Bev' nach dem Berufe. Ausg' den 15. Februar 1907. [Mit 4 Karten.] II + 48* + 460 S. 1907. [fr. 10. —]
Schweizerische Statistik. Liefg. 140 *u.* 145 *u.* 151.

Ergebnisse. Die E' der Eidgenössischen Volkszählung vom 1. Dezember 1900. 4 Bände. Vom statistischen Bureau des eidg. Departements des Innern. 4. Bern, Buchdr. Gustav Grunau (*Band 1:* Buchdr. Lack & Grunau), Komm. A. Francke, 1904–1908.
Band 1–3 1904–1907. (*je* fr. 10. —) *s. Bulletin 1907, S. 126.*
Band 4: Die Besprechung der wichtigeren Zählergebnisse. [Mit 1 Karte.] II + 100* + 64 S. 1908. [fr. 2. —]
Schweizerische Statistik. Liefg. 140 *u.* 145 *u.* 151 *u.* 162.

Ergebnisse. Die E' der Eidgenössischen Volkszählung vom 1. Dezember 1900. Band 2: Die Unterscheidung der Bevölkerung nach dem Geschlechte, nach dem Familienstande und nach dem Alter. Vom statistischen Bureau des eidg. Departements des Innern. Ausgegeben den 15. Juli 1905. [Mit 1 Tabelle und 7 Karten.] II + 31* + 406 S. 4. Bern, Buchdr. Gustav Grunau, Komm. A. Francke, 1905. [fr. 10. —]
Schweizerische Statistik. Liefg. 145.

— dasselbe, s.a. Statistik, schweizerische.

Württemberg

Die **Ergebnisse** der Volkszählung vom 1. Dez. 1900 für das Königreich Württemberg. Stuttgart: W. Kohlhammer in Komm. 1903. (S. 187–244.) 4° [Umschlagt. F.]
Aus: Württemb. Jahrbücher f. Statistik u. Landeskunde. Jg. 1902. (03. 13) 9

Zürich (Kanton)

Ergebnisse der eidgenössischen Volkszählung vom 1. Dezember 1900 im Kanton Zürich, festgestellt vom kantonalen Statistischen Bureau... unter Vorbehalt der endgültigen Verifikation durch das eidgen. Statistische Bureau. 24 S. 8. Zürich, Kirsten & Zeisberg, 1901.
2 *Abdrücke, wovon der eine:* Beilage zum Amtsblatt des Kantons Zürich Nr. 7 vom 22. Januar 1901.

Ergebnisse der eidgenössischen Volkszählung vom 1. Dezember 1910 im Kanton Zürich, festgestellt vom kantonalen statistischen Bureau auf Grund der nach eidgenössischer Vorschrift geprüften Zähllisten und Gemeindezusammenzüge.... 22 S. 8. Zürich, Jean Frey, 1911.

Zürich (Stadt)

Ergebnisse der Volkszählung in der Stadt Zürich vom 1. Juni 1894. Bearb. im Statistischen Amt der Stadt Zürich. 2 Teile. 4.
Teil 1: Mit acht Tafeln und acht Karten. XX + 160 S. Zürich, C. Aschmann (*Aufdruck:* Komm. Albert Müller), 1897. (fr. 8. —)
Teil 2: (Mai 1902.) X + 130 S. [Zürich,] Aschmann & Scheller. [fr. 2. —]

Ergebnisse der Volkszählung in der Stadt Zürich vom 1. VI. 1894. Bearb. im statist. Amt der Stadt Zürich. II. Tl. (X, 130 S.) Lex.-8. Zürich (902). (Rascher & Co.) n. 1.60 (vollständig n. 4. —; erm. Pr. n. 2.40)

Ergebnisse. Die Ergebnisse der Eidgenössischen Volkszählung vom 1. Dezember 1900 in der Stadt Zürich. Bearb. im Statistischen Amt der Stadt Zürich. Heft 2. IV + 36 + *Tabellen* 26 S. 4. Zürich, Buchdr. des Schweiz. Grütlivereins (*Aufdruck:* Ed. Rascher's Erben), 1902. (fr. 1.50)
s.a. (Osmer, Friedrich).

— die, der eidgen. Volkszählung vom 1. XII. 1900 in der Stadt Zürich. Bearb. im statist. Amt d. Stadt Zürich. 2. Hft. gr. 4. Zürich (E. Rascher's Erben). n. 1.20
Methode u. Ergebnisse der Arbeitslosenzählung im Dezbr. 1900 Mit e. Anh.: Zur Frage der Arbeitslosenversicherg. (IV, 36 u. 26 S.) 902.
Hft. 1 ist noch nicht erschienen.

Ergebnisse, Die, der eidgenössischen Volkszählung vom 1. Dez. 1900 in der Stadt Zürich... Zürich 1905. V: *Thomann, Hnr.* (Zuwachsverz. d. Bibl. Zürich 1898 ff.

Ergebnisse. Die E' der Eidgenössischen Volkszählung vom 1. Dezember 1900 in der Stadt Zürich. Bearb. im Statistischen Amt der Stadt Z'. Heft 1: Bewohnte Gebäude, Haushaltungen und Bewohner nach Strassen; Unterscheidung der Wohnbevölkerung nach Geschlecht, Alter, Familienstand, Heimat, Geburtsort, Konfession, Muttersprache und Zuzugszeit. Mit fünf Tafeln. IV + *Tabellen* 103* S. 4. Zürich, Komm. Ed. Rascher's Erben, Druck von Aschmann & Scheller, 1905. fr. 2. —

Ergebnisse, Die, der Vorconcurrenz zu dem Baue des Kaiser Franz Joseph-Museums der Stadt Wien. Wien 1902. V: *Sitte, Camillo.* (Berl)

— die, der Vorconcurrenz zu dem Baue des Kaiser Franz Joseph-Museums der Stadt Wien. (Von Camillo Sitte.) gr. 8. (22 S. m. 30 Abbildgn. u. 4 Taf.) Wien 902. R. v. Waldheim. n. 1.30

Ergebnisse. Vorläufige E' der eidgenössischen Betriebszählung vom 9. August 1905 im Kanton Zürich. Hrg. vom Kantonalen statistischen Bureau. 16 S. 8. Zürich, Buchdr. des Schweiz. Grütlivereins, 1905.

— vorläufige, der gewerblichen Betriebszählung vom 3. VI. 1902 in den im Reichsrate vertretenen Königreichen u. Ländern. Hrsg. v. der k. k. statist. Zentral-Kommission. (16 u. 121 S.) Lex.-8. Wien 904. A. Hölder. n. 2.60

Vorläufige Ergebnisse der landwirtschaftlichen Betriebszählung vom 3. Juni 1902 in den im Reichsrate vertretenen Königreichen und Ländern. [Österr. Statistik. Sonderheft zum LXXXIII. Bd.] Fol. (IV, 45 S.) †Wien: Gerold 1907 K 2.—

— vorläufige, der Schlachtvieh- u. Fleischbeschau im Deutschen Reiche f. d. J. 1905. Zusammengestellt im kaiserl. Gesundheitsamte. Besondere Beilage zu d. „Veröffentlichgn. des kaiserl. Gesundheitsamtes 1907, Nr. 5". (16 S.) Lex. 8. Berlin 907. J. Springer. nn — 30

Ergebnisse. Vorläufige Ergebnisse der ärztlichen Untersuchung der in den Jahren 1899 und 1900 ins schulpflichtige Alter gelangten Kinder. Vom eidg. statistischen Bureau. — Exposé préliminaire du résultat de l'examen sanitaire des enfants arrivés, en 1899 et 1900, à l'âge de scolarité. Par le bureau fédéral de statistique. — Separatabdruck aus der «Zeitschrift für schweiz. Statistik», Jahrg. 37, 1901. 22 S. 4. [Bern, Stämpfli & Cie.]

Die vorläufigen **Ergebnisse** der Viehzählung vom 1. Dezember 1892 im preußischen Staate sowie in den Fürstenthümern Waldeck und Pyrmont. Hrsg. v. Kgl. preuß. statist. Bureau. (Vorr.: [Emil] Blenck.) Berlin: Kgl. statist. Bureau 1893. (XIV, 48 S.) 4° [F.] (93. 1486) 10

Die vorläufigen **Ergebnisse** der Viehzählung vom 1. Dezember 1904 für den preußischen Staat sowie die Fürstentümer Waldeck und Pyrmont. (Berlin 1904: W. Koebke.) (15 S.) 4° [Kopft. F.] (05. ....) 10

Die vorläufigen **Ergebnisse** der Vieh- und Obstbaumzählung vom 1. Dezember 1900 f. d. preuss. Staat sowie d. Fürstenthümer Waldeck u. Pyrmont. *(Berlin [1901]: W. Koebke.)* (16 S.) 4° [Kopft. F.]

— die vorläufigen, der Viehzählung im preussischen Staate am 10. Januar 1873. Mithgetheilt vom königl. preuss. statist. Bureau. hoch 4. (VI, 28 S.) Berlin 873. Verlag d. k. statist. Bureaus. n. 1. —

Ergebnisse, Vorläufige der Volkszählung . . ., s. Ergebnisse der Volkszählung . . .

— der Wassermessungen des hydrotechn. Bureaus, ausgeführt im bayer. Donaugebiet in den J. 1839 bis 1909. (Veröffentlichung des kgl. bayer. hydrotechn. Bureaus.) (III S. u. 88 Doppels.) 35,5×26,5 cm. München 909. (A. Buchholz.) nn 6. 50

— dasselbe, ausgeführt im bayer. Rhein- u. Elbegebiet in den J. 1899 bis 1909. (Veröffentlichung des kgl. bayer. hydrotechn. Bureaus.) (III S. u. 36 u. 5 Doppels.) 35,5×26,5 cm. Ebd. 909. nn 3. —

Ergebnisse der Wasserstands-Beobachtungen an den Flüssen Böhmens für das Jahr 1889, 91. Prag 1890, 92.
Prag, Bureau des Landesculturrathes für das Königreich Böhmen

— der Wasserstands-Beobachtungen an den Flüssen Böhmens f. das J. 1892. Nebst e. Anh.: Das Verfahren zur Vorausberechng. der Wasserstände der oberen Elbe. Hrsg. vom techn. Bureau d. Landesculturrathes f. das Königr. Böhmen. (Deutsch u. čechisch.) gr. 4. (XVII, 66 u. 28 S. m. 3 Fig., 2 Karten u. 5 autogr. Taf.) Prag 893. (J. G. Calve.) n. 10. —

Ergebnisse der amtlichen Weinstatistik (aus den Arbeiten aus dem K. Gesundheitsamte) 1892. 93. 95-99. 1900-12. Berlin 1893-1913

— der Weinversteigerungen 1897er—1900er Mosel-, Saar- u. Ruwerweine im kath. Bürgerverein zur Trier Frühj. 1899, 1900, 1901 u. 1902. Mit vergleich. Uebersichten u den Versteigergn. zu Bernkastel. 8. (32, 25, 44 u. 47 S.) Trier 899—902. J. Lintz. à n. — 50

— der Wein-Versteigerungen 1901er u. 1902er Mosel-, Saar- u. Ruwer-Weine im kathol. Bürgerverein zu Trier im Frühj. 1903 bezw. 1904. Mit vergleich. Uebersichten u. den weiteren Versteigergn. in Trier u. Bernkastel. (51 u. II, 40 S.) 8 Trier 903. 904. J. Lintz. à n. — 50

— dasselbe. 1903er Mosel-, Saar- u. Ruwer-Weine im kathol. Bürgerverein zu Trier im Frühj. 1906. Im Anh. die weiteren Versteigergn. in Trier u. Bernkastel. (55 S.) 8. Ebd. 905. n. — 50
Fortsetzg., s.: Ergebnisse der Versteigerungen 1901er Mosel-, Saar- u. Ruwer-Weine.

— weitere, d. weiteren Forschungen über d. Echtheit d. Mozart'schen Requiem. gr. 8. Mainz 827. Schott S. 8 gr

Ergebnisse, Die wesentlichsten, der Ermittelungen, betreffend den gegenwärtigen Zustand und die künftige Gestaltung des Faß-Eichungs-Wesens. Berlin (1875)

Ergebnisse, die wichtigsten, der Berufs- u Betriebszählungen unter besonderer Berücksichtigung der Eisen- und Metallindustrie. (76 S) Stuttgart 1910

Ergebnisse, Die wichtigsten, der Pastoralkonferenzen im Bisthum Konstanz. Ehingen 1835—39. V: *Wessenberg-Ampringen, Ign. Hnr. Carl Freih. v.* (Kn)

Ergebnisse, die wichtigsten, d. Pastoralkonferenzen im Bisthum Konstanz von 1802 bis 1827 in systemat. Zusammenhang geordnet, oder: Das Archiv für die Pastoralkonferenzen im Bisthum Konstanz im Auszuge. 1r—6r Bd. gr. 8. Ehingen 835, 36. Feger; Leipzig, Herbig. 5 1/3 Thlr

Ergebnisse, Die wichtigsten . . . der Volkszählung . . ., s. Ergebnisse der Volkszählung . . .

Ergebnisse, Die wichtigsten . . . der Zählung . . ., s. Ergebnisse der Volkszählung . . .

Wissenschaftliche **Ergebnisse** der im Jahre 1886 Allerhöchst befohlenen Expedition nach Transcaspien. Herausgegeben von Gustav Radde. Bd. 1. Zoologie. Mit 1 Karte und 8 Tafeln. Tiflis 1890. 8°.

— wissenschaftliche, der schwedischen Expedition nach den Magellansländern 1895—1897 unter Leitung v. Otto Nordenskjöld. 1. Bd.: Geologie, Geographie u. Anthropologie. 1. Hft. (In deutsch. u. engl. Sprache.) gr. 8. (108 S. m. Abbildgn., 1 Bildnis, 2 Karten, 12 Taf. u. 4 Bl. Erklärgn.) Stockholm (899). (Berlin, R. Friedländer & Sohn.) n.n. 10. —

— dasselbe. II. Bd.: Zoologie. 1. Hft. (In deutscher, engl. u. französ. Sprache.) gr. 8. (170 S. m. 14 Taf.) Ebd. 900. n.n. 9. —

— dasselbe. III. Bd.: Botanik. 1. Hft. (In deutscher, engl. u. latein. Sprache.) gr. 8. (316 S. m. 18 Taf.) Ebd. (900). n.n. 12. —

— wissenschaftliche, der schwedischen Expedition nach den Magellansländern 1895—1897 unter Leitung von Otto Nordenskjöld. I. Bd.: Geologie, Geographie u. Anthropologie. 2. Heft. (S. 109—248 m. Abbildgn. u. 4 Taf.) gr. 8. Stockholm (905). (Berlin, R. Friedländer & Sohn.) n.n. 7. —

Ergebnisse, wissenschaftliche, der schwedischen Expedition nach den Magellansländern 1895—1897 unter Leitung von Otto Nordenskjöld. III. Bd.: Botanik. 2. Heft. (V u. S. 317—523 mit Abbildgn., 11 Taf. u. 1 farb. Karte) gr. 8. Stockholm (905). (Berlin, R. Friedländer & Sohn.) n.n. 8. — (Vollständig n.n. 20. —)

— wissenschaftliche, der schwedischen Expedition nach den Magellansländern 1895—1897 unter Leitung v. Otto Nordenskjöld. I. Bd.: Geologie, Geographie u. Anthropologie. 3. Heft. (Schluss.) (III u. S. 249—257.) 8. Stockholm (907). (Berlin, R. Friedländer & Sohn.) nn 1. 50

— dasselbe. II. Bd.: Zoologie. 2. Hft. (Schluss.) (In deutscher, engl. u. französ. Sprache.) (III u. S. 171—306 m. 11 Taf.) 8. Ebd. (907.) nn 12. —
(Vollständig 3 Bde.: nn 56. —)

Wissenschaftliche **Ergebnisse** der schwedischen zoologischen Expedition nach dem Kilimandjaro, dem Meru und den umgebenden Massaisteppen Deutsch-Ostafrikas 1905–1906 unter Leitung von Prof. Dr. Yngve Sjöstedt. Hrsg. mit Unterstützung von d. Kgl. Schwed. Akad. d. Wiss. Mit Taf. Bd 1–3. Stockholm 1910: Palmquist. 4°
1. Abt. 1–7. 2. Abt. 8–14. 3. Abt. 15–22.

— wissenschaftliche, e. zoologischen Expedition nach dem Baikal-See unter Leitung des Professors Alexis Korotneff in den J. 1900—1902. 1. u. 2. Lfg. 4. Kiew. (Berlin, R. Friedländer & Sohn.) n. 28. —
1. Die Oligochaeten des Baikal-Sees, monographisch bearb. von W. Michaelsen. Mit 9 Abbildgn. im Text. (69 S.) 905. n. 8. —
2. Die Comephoriden des Baikal-Sees, monographisch bearb. von A. Korotneff. (Russisch u. deutsch.) Mit 3 Taf. u. 19 Abbildgn. im Text. (99 S.) 905. n. 20. —

— wissenschaftliche, e. zoologischen Expedition nach dem Baikal-See unter Leitung des Prof. Alexis Korotneff in den J. 1900—1902. 3. u. 4. Lfg. 33,5×25,5 cm. Berlin, R. Friedländer & Sohn. 45. —

3. Die Cataphracti des Baikal-Sees (Fam. Cottidae, Cottocomephoridae u. Comephoridae). Beiträge zur Osteologie u. Systematik. Von L. S. Berg. Mit 5 Taf. u. 15 Abbildgn. im Text. (III, II, 75 S.) St. Petersburg 907. 25. —
4. Die Mollusken des Baikal-Sees (Gastropoda et Pelecypoda), systematisch u. zoogeographisch bearb. von W. A. Lindholm. Mit 2 phototyp. Taf. und 3 Abb. im Text. (IV, 104 S.) Kiew 909. 20. —

— wissenschaftliche, der Expedition Filchner nach China u. Tibet 1903—1905. III, VI—IX. Bd. u. X. Bd. 1 Tl. Lex. 8. Berlin, E. S. Mittler & Sohn. 104.—; geb. 117. —

III. Karte der chinesischen Provinz Kan-su. Von Wilh. Filchner (u. G. Scholz). 1:1,000,000. 88,5×100,5 cm. Photolith. Nebst Text. (VIII, 81 S.) 910. 15.—; geb. 17. —
VI. Ergänzungsband zum Kartenwerk Hangkiang u. Ts'inling. Von Wilh. Filchner. (XXXII, 34 S. m. 50 Abb. u. Skizzen auf 38 Taf.) 910. 15.—; geb. 17. 50
VII. Katalog der Ausbeute an ethnographischen Gegenständen. China. Mit 46 Bildertaf. (V, 2 S. Text u. 45 Bl. Erklärgn.) 910. 18.—; geb. 20. —
VIII. Katalog der Ausbeute an ethnographischen Gegenständen. (68 Taf. m. IX S. u. 68 Bl. u. S. Erklärgn.) 910. 20.—; geb. 22. 50
IX. Barometrische Höhenmessungen u. meteorologische Beobachtungen. Von Geo. v. Elsner. Mit 2 Bildertaf. (VIII, 237 S.) 908. 16.—; geb. 18. —
X, 1. 1. Abschn.: Zoologische Sammlungen, bearb. von C. Attems, Malcolm Burr, A. Forel, H. Friese, Grünberg, Heinr. Karny, Fr. Klápalek, H. J. Kolbe, Fr. Konow, Th. Kuhlgatz, Matschie, Obst, Pappenheim, K. Parrot, A. v. Schulthess, Tornier, Osk. Vogt, J. Weise. 2. Abschnitt: Botanische Sammlungen, bearb. von Diels. Mit 6 Lichtdr.-Taf., 20 Autotypietaf. u. 1 Karte. (XII, 287 S.) 908. 20.—; geb. 22. —
Bde. I, II, IV u. V sind noch nicht erschienen.

— dasselbe. Karten. Aufgenommen v. F. Konstruiert u. bearb. unter Leitg. v. P. Sprigade u. M. Moisel. (Zum Tl. Farbdr.) 2 Tle. Je 62×52 cm. Ebd. In Mappe je 100. —

1. Hang-Kiang (Han-K'öu—Hing-An-Fu). Bestehend aus 1 Übersichtsblatt m. Erläutergn., 23 Kartenblättern (davon 5 im Massstab 1:250,000 u. 18 im Massstab 1: 44,000) u. 6 Skizzenblättern.
2. Ts'in-Ling-Schan (Hing-An-Fu—Si-An-Fu). Bestehend aus 1 Übersichtsblatt m. Erläutergn., 15 Kartenbl. u. 20 Skizzenblättern.

Wissenschaftliche Ergebnisse einer amtlichen Forschungsreise nach dem Bismarck-Archipel im Jahre 1908. 1. Berlin: Mittler 1910. 4°
(Mitteilungen aus d. Deutschen Schutzgebieten. Erg. H. 3.)
(Deutsches Kolonialblatt. Wiss. Beihefte. 1910). A 11. 5417

Ergebnisse. Wissenschaftliche E' des internationalen botanischen Kongresses, Wien 1905 s. Résultats scientifiques du Congrès international de Botanique, Vienne 1905.

Ergebnisse, Wissenschaftliche, einer auf Kosten Sr. Exc. des Herzogs von Loubat in den Jahren 1895—1897 ausgeführten Reise durch Mexiko und Guatemala. Berlin 1901. V: *Seler, Eduard.* (Berl)

Die wissenschaftlichen Ergebnisse der Reise des Grafen Béla Széchenyi in Ostasien 1877—1880. I Bd. Die Beobachtungen während der Reise. Mit 175 Figuren, 10 Tafeln und 1 geologischen Uebersichtskarte. Nach dem im Jahre 1890 erschienenen ungarischen Originale. II. Bd. Die Bearbeitung des gesammten Materials. Nach dem im Jahre 1896 erschienenen Original. Mit 6 zinkographirten und 17 lithographirten Tafeln. III. Bd. Die Bearbeitung des gesammten Materials. Nach dem im Jahre 1897 erschienenen ungarischen Original. Mit 14 lithographirten, und 1 zinkografirten Tafel, 37 zinkographirten Figuren im Text und 7 Tabellen, ferner mit dem Generalindex zu dem ganzen Werke. 4°. I. Bd. CCLIII., 851 S. II Bd. XIII., 780 S. III. Bd. VII., 528 S. Wien. 1893—1899. In Comm. Hölzel. fl. 60.—

Wissenschaftliche Ergebnisse von W. Junkers Reisen in Central-Afrika 1880—85. Mit 4 Karten. = Petermanns Mittheilungen aus Perthes' geogr. Anst. Ergänzungsbd. 20, 1888—1889; Nr. 92 und 93. Gotha 1889. 4°.

Wissenschaftliche Ergebnisse der Reisen in Madagaskar und Ostafrika in d. J. 1889—1895 v. Dr. A(lfred) Voeltzkow. H. 1. *Frankfurt a. M.: M. Diesterweg 1897.* 4.
— Abhandlungen hrsg. v. d. Senckenbergischen naturforsch. Gesellschaft. Bd 21. H. 1. ,98. 171

Wissenschaftliche Ergebnisse der Reisen in Madagaskar und Ostafrika in den Jahren 1889—95 von Dr. A. Voeltzkow. Bd. 1. Mit 38 Tafeln, 3 Karten und 8 Abbildungen im Text. Bd. 2. Mit 40 Tafeln und 48 Textfiguren. (Abhandlungen herausgegeben von der Senckenbergischen Naturforschenden Gesellschaft. Bd. 21. 26.) Frankfurt a. M. 1899. 2 Bde. (II). 664; (II). 586 S. 4°.

Wissenschaftliche Ergebnisse der schwedischen Südpolar-Expedition 1901—1903 unter Leitung von Dr. Otto Nordenskjöld. Bd 1, Lfg 3. 4. Stockholm 1905: Lith. Inst. d. Generalstabs; Berlin: A. Asher & Co. 4°(8°)

— wissenschaftliche, der deutschen Tiefsee-Expedition auf dem Damper „Valdivia" 1898—1899. Im Auftrage des Reichsamtes des Innern hrsg. v. Carl Chun. I. Bd. u. III. Bd. 1. u. 3.—6. Lfg. Imp.-4 Jena, G. Fischer. n. 176. 50

1. Oceanographie u. maritime Meteorologie. Im Auftrage d. Reichs-Marine-Amtes bearb. Von Gerh. Schott. Mit 40 Taf. (Karten, Profilen, Maschinenzeichngn. u. s. w.), 26 Taf. (Temperatur-Diagrammen) u. 35 Fig. im Text. 2 Bde. (X, XII, 403 S.) 902. Kart. n. 1. 20
III. 1. Die acraspeden Medusen. — Die craspedoten Medusen. I. Trachymedusen. Von Ernst Vanhöffen. Mit 12 Taf. (86 S. m. 12 Bl. Erklärgn.) 902. n. 25.—; Einzelpr. n. 32.—
3. Beiträge zur Kenntnis der auf den Seychellen lebenden Elefanten-Schildkröten. Von Paul Schacht. Mit 7 Taf. (29 S. m. 7 Bl. Erklärgn.) 902. n. 13.—; Einzelpr. n. 16.—
4. Die Oligochäten, nebst Erörterung der Terricolenfauna oceanischer Inseln, insbesondere der Inseln des subantarktischen Meeres. Von W. Michaelsen. Mit 1 Taf. u. 1 geograph. Skizze. (36 S. m. 1 Bl. Erklärgn.) 902. n. 3. 50; Einzelpr. n. 4. —
5. Proneomenia Valdiviae n. sp. Von Joh. Thiele. Mit 1 Taf. (8 S. m. 1 Bl. Erklärgn.) 902. n. 2.50; Einzelpr. n. 3.—
6. Die Pantopoden. Von K. Möbius. Mit 7 Taf. (22 S. m. 7 Bl. Erklärgn.) 902. n. 12. 50; Einzelpr. n. 16. —

— wissenschaftliche, der deutschen Tiefsee-Expedition auf dem Dampfer „Valdivia" 1898—1899. Im Auftrage des Reichsamtes des Innern hrsg. von Carl Chun. II. Bd. 1. Tl. 1. Lfg. u. 2. Tl. 1. u. 2. Lfg.; III. Bd. 2. u. 7. Lfg.; IV. Bd.; V. Bd. 1.—3. Lfg.; VI. Bd.; VII. Bd. 1.—6. Lfg.; VIII. Bd. 1. u. 2. Lfg.; IX. Bd. 1. u. 2. Lfg.; X. Bd. 1. u. 2. Lfg.; XI. Bd. 1. Lfg.; XII. Bd. 1.—3. Lfg. u. XIII. Bd. 1. Lfg. Imp.-4. Jena, G. Fischer. Subskr.-Pr. n.n. 854. 75; Einzelpr. n.n. 984. 50

II. 1. I. Vergleichende Darstellung der Pflanzengeographie der subantarktischen Inseln, insbesondere über Flora u. Vegetation v. Kerguelen. Von H. Schenck. Mit Einfügg. hinterlassener Schriften von A. F. W. Schimpers. Mit Taf. I—X u. 34 Abbildgn. im Text. — II. Ueber Flora u. Vegetation v. St. Paul u. Neu-Amsterdam. Mit Einfügg. hinterlassener Berichte A. F. W. Schimpers. Mit Taf. XI—XV u. 14 Abbildgn. im Text. Text u. Atlas. (221 S. m. 15 Bl. Erklärgn.) 905. Subskr.-Pr. n.n. 40. —; Einzelpr. n.n. 50. —
2. I. Das Phytoplankton des Antarktischen Meeres nach dem Material der deutschen Tiefsee Expedition 1898—1899. Von G. Karsten. Mit 19 Taf. 2 Tle. (136 S. u. 19 Bl. Erklärgn.) 905. Subskr.-Pr. n.n. 39. 50; Einzelpr. n.n. 50. —
2. II. Das Phytoplankton des Atlantischen Oceans nach dem Material der deutschen Tiefsee-Expedition 1898—1899. Von G. Karsten. (S. 137—219 m. 15 Taf. u. 15 Bl. Erklärgn.) 906. Subskr.-Pr. n.n. 28. —; Einzelpr. n.n. 35. —
III. 2. Die Antipatharien. Von L. S. Schultze. Mit 2 Taf. u. 4 Abbildgn. im Text. (S. 87—100 m. 2 Bl. Erklärgn.) 902. Subskr.-Pr. n. 4. —; Einzelpr. n. 5. —
7. Die Landarthropoden der von der Tiefsee-Expedition besuchten antarktischen Inseln. I. Die Insekten u. Arachnoideen der Kerguelen. II. Die Landarthropoden der antarkt. Inseln St. Paul u. Neu-Amsterdam. Von Günth. Enderlein. (S. 197—270 mit 6 Abbildgn., 10 Taf. u. 10 Bl. Erklärgn.) 903. Subskr.-Pr. n. 15. —; Einzelpr. n. 17. —
IV. Hexactinellida. Von Frz. Eilhard Schulze. Mit 52 Taf. (VIII, 266 S. m. 52 Bl. Erklärgn.) 904. Kart. n.n. 120. —
V. 1. Anatomie des Palaeopneustes niasicus. Von Joh. Wagner. Mit 8 Taf. u. 8 Abbildgn. im Text. (60 S. m. 8 Bl. Erklärgn.) 905. Subskr.-Pr. n. 17. —; Einzelpr. n. 20. —
2. Die Echinoiden der deutschen Tiefsee-Expedition. Von Ludw. Döderlein. Mit Taf. IX—L [1—XLII] u. 46 Abbildgn. im Text. 2 Tle. (S. 61—290 m. 48 Bl. Erklärgn.) 906. Subskr.-Pr. n.n. 82. 50; Einzelpr. n.n. 100. —
V. 3. Anatomie der Echinothuriden. Von Walth. Schurig. Mit Taf. LI—LIV [I—IV] u. 22 Abbildgn. im Text. (S. 291—350 m. 4 Bl. Erklärgn. u. 2 Pausen.) 906. Subskr.-Pr. n.n. 10. —; Einzelpr. n.n. 12. —

VI. Brachyura. Von Frz. Doflein. Mit 58 Taf., 1 Texttaf. u. 68 Fig. u. Karten im Text. (XII, 314 S. m. 59 Bl. Erklärgn.) 904. n n. 120. —

VII. 1. Die beschalten Gastropoden der deutschen Tiefsee-Expedition 1898—1899. A. Systematisch-geograph. Tl. Von v. Martens. — B. Anatomisch-systemat. Untersuchungen einiger Gastropoden. Von Joh. Thiele. Mit 9 Taf. u. 1 Abbildg. im Text. (180 S. m. 9 Bl. Erklärgn.) 903. Subskr.-Pr. n. 26. —; Einzelpr. n. 32. —

2. Die stolidobranchiaten Ascidien der deutschen Tiefsee-Expedition. Von W. Michaelsen. (S. 181—260 m. 4 Taf. u. 4 Bl Erklärgn.) 904. Subskr.-Pr. n. 11. —; Einzelpr. n. 13. —

3. Steinkorallen. Von Emil v. Marenzeller. (S. 261—318 m. 5 Taf. u. 5 Bl. Erklärgn.) 904. Subskr.-Pr. n. 12. - ; Einzelpr. n. 16. —

4. Zur Kenntnis der Luftsäcke bei Diomedea exulans u. Diomedea fuliginosa. Von Frz. Ulrich. (24 S. m. 4 Taf. u. 4 Bl. Erklärgn.) 904. Subskr.-Pr. n. 7. 50; Einzelpr. n. 9. —

5. Uebersicht der auf der deutschen Tiefsee-Expedition gesammelten Vögel. Von Ant. Reichenow. Mit 2 (farb.) Taf. (16 S.) 904. n.n. 4. —

6. Die Stomatopoden der deutschen Tiefsee-Expedition. Von Bruno Jurich. Mit 6 Taf. (S. 359—408 m. 6 Bl. Erklärgn.) 904. n.n. 13. —

VIII. 1. Die Leptostraken. Von Joh. Thiele. Mit Taf. I—IV. (26 S. m. 4 Bl. Erklärgn.) 904. n.n. 8. 50

2. Ostracoda. Von C. W. Müller. Mit 31 Taf. Text u. Atlas. (128 S. m. 31 Bl. Erklärgn.) 906. Subskr.-Pr. n.n. 60. —; Einzelpr. n.n. 75. —

IX. 1. Pteropoda. Von Johs. Meisenheimer. (2 Bde. Text u. Atlas.) Mit 27 Taf., 9 Karten u. 35 Abbildgn. im Text. (VI, 314 S. m 27 Bl. Erklärgn.) 905. Subskr.-Pr. n n. 100. —; Einzelpr. n.n. 120. —

2. Archaeomenia prisca n. g., n. sp. — Ueber die Chitonen d. deutschen Tiefsee-Expedition. Von Joh. Thiele. (S. 315—336 m. 2 Taf. u. 2 Bl. Erklärgn.) 906. Subskr.-Pr. n.n. 5. —; Einzelpr. n n. 6. —

X. 1. Das Wiederauffinden d. Bouvet-Insel durch d. deutsche Tiefsee-Expedition. Von W. Sachse. Mit Taf. I—IX u. 1 Abbildg. im Text. (34 S.) 905. Subskr.-Pr. n.n. 16. —; Einzelpr. n.n. 18. —

2. Petrographie. I. Untersuchung des vor Enderby-Land gedredschten Gesteinsmaterials. Von F. Zirkel u. R. Reinisch. Mit Taf. X u. 6 Abbildgn. im Text. (S. 35—44 mit 1 Bl. Erklärgn) 905. Subskr.-Pr. n.n. 2. 25; Einzelpr. n.n. 3. —

XI. 1. Die Xenophyophoren, e. besond. Gruppe der Rhizopoden. Von Frz. Eilh. Schulze. (55 S. m. 8 Taf. u. 8 Bl. Erklärgn.) 905. Subskr.-Pr. n. 16. 50; Einzelpr. n.n. 20. —

XII. 1. Amphioxides. Von Rich. Goldschmidt. Mit Taf. I—X u. 10 Abbildgn. u. 1 Karte im Text. Text u. Atlas. (92 S. m 10 Bl. Erklärgn.) 905. Subskr.-Pr. n.n. 25. 50; Einzelpr. n.n. 30. —

2. Doliolum. Von Günth. Neumann. Mit Taf XI—XXIV, 1 Karte u. 20 Abbildgn. im Text. (S. 93—213 m. 14 Bl. Erklärgn.) 906. Subskr.-Pr. n.n. 32. 50; Einzelpr. n.n. 40. —

3. Salpen der deutschen Tiefsee-Expedition. Von C. Apstein. Mit Taf. XXVI XXXII [I—VII] u. 15 Abbildgn. im Text. (S. 245—290 m. 7 Bl. Erklärgn.) 906. Subskr.-Pr. n.n. 14. —; Einzelpr. n.n. 18. —

XIII. 1. Alcyonacea. Von Willy Kükenthal. Mit Taf. 1—12. (111 S. m. 12 Bl. Erklärgn.) 906. Subskr.-Pr. n.n. 25. —; Einzelpr. n.n. 30. —

— wissenschaftliche, der deutschen Tiefsee-Expedition auf dem Dampfer „Valdivia" 1898—1899. Im Auftrage des Reichsamtes des Innern hrsg. v. Carl Chun. II. Bd. 1. Tl. 2. Lfg.; II. Bd. 2. Tl. 3. u. 4. Lfg. II. Bd. 3. Tl.; VIII. Bd. 3. Lfg.; IX. Bd. 3. Lfg.; X. Bd. 3. u. 4. Lfg.; XI. Bd. 2. Lfg.; XIV. Bd. 1.—3. Lfg.; XV. Bd. 1. u. 2. Lfg.; XVI. Bd. 1 u. 2. Lfg.; XVIII. Bd. 1. Tl.; XIX. Bd. 1.—4. Lfg. u. XX. Bd. 1. Lfg. 35×26 cm. Jena, G. Fischer. Subskr.-Pr. 1053.50; Einzelpr. 1279.—

II. 1, II. III. Beiträge zur Kenntnis der Vegetation der Canarischen Inseln. Von H. Schenck. Mit Einfügg. hinterlassener Schriften A. F. W. Schimpers. Mit Taf. XVI—XXVII [I—XII], 2 Kärtchen u. 69 Abbildgn. im Text. (S. 225—406 m. 12 Bl. Erklärgn.) 907. Subskr.-Pr. 36. : Einzelpr. 45. —

II. 2, III. Das indische Phytoplankton. Nach dem Material d. deutschen Tiefsee-Expedition 1898—1899. Von H. Karsten. 3. Lfg. der Gesamtbearbeitg. Mit Taf. XXXV—LIV. (Taf. I—XX.) Text u. Atlas. (S. 221—548 m. 5 Abbildgn. u. 20 Bl. Erklärgn.) 907. Subskr.-Pr. nn 60. —: Einzelpr. nn 70. —

II. 2, IV. Die Meeresalgen der deutschen Tiefsee-Expedition 1898—1899. Von Th. Reinbold. Mit Taf. LV—LVIII [I—IV]. (III u. S. 349—586 m. 4 Bl. Erklärgn.) 907. Subskr.-Pr. 9. —: Einzelpr. 11. —

II. 3. Tl. Das Kapland, insonderheit das Reich der Kapflora, das Waldgebiet u. die Karroo, pflanzengeographisch dargestellt. Von Rud. Marloth. Mit Einfügg. hinterlassener Schriften A. F. W. Schimpers. Mit 8 Karten, 28 Taf. u. 192 Abbildgn. im Text. (436 S. m. 20 Bl. Erklärgn.) 908. Subskr.-Pr. nn 81.50: Einzelpr. nn 100. —

VIII, 3. Die Cumaceen der „Deutschen Tiefsee-Expedition". Von Carl Zimmer. Mit Taf. XXXVI—XLVI [I—XI]. (III u. S. 155—196 m. m. 11 Bl. Erklärgn.) 908. Subskr.-Pr. nn 20.50: Einzelpr. nn 25. —

IX, 3. Die Solenoconchen der Valdivia-Expedition. Von L. Plate. Mit Taf. XXX. (S. 337—361 m. 1 Bl. Erklärgn.) 908. Subskr.-Pr. nn 3.— ; Einzelpr. nn 4. —

X, 3. Petrographie. Von R. Reinisch. II. Gesteine v. d. Bouvet-Insel, v. Kerguelen, St. Paul u. Neu-Amsterdam. Mit Taf. XI—XV u. 20 Abb. im Text. (S. 45—75 m. 5 Bl. Erklärgn.) 908. Subskr.-Pr. nn 10.50; Einzelpr. nn 15. —

X, 4. Die Grundproben der „Deutschen Tiefsee-Expedition". Von Sir John Murray u. E. Philippi. Mit Taf. XVI—XXII [Taf. I—VII] u. 2 Karten. (130 S. m. 7 Bl. Erklärgn. u. 2 Pausen.) 908. Subskr.-Pr. nn 22.—: Einzelpr. nn 28. —

XI, 2. Die Tetraxonia. Von Rob. v. Lendenfeld. (IV u. S. 59—374 u. III S. m. 38 Taf. u. 38 Bl. Erklärgn.) 907. Kart. Subskr.-Pr. nn 80.— ; Einzelpr. nn 100. —

XIV, 1. Tiefsee-Radiolarien. Von Valent. Haecker. Spezieller Tl. 1. Lfg. Aulacanthidae-Concharidae. Mit Taf. 1—LXII u. 40 Abbildgn. im Text. Text- u. Tafelbd. (X, 336 S. m. 62 Bl. Erklärgn.) 908. Kart., Subskr.-Pr. nn 123.—: Einzelpr. nn 150. —

XIV, 2. Dasselbe. Die Tripyleen, Collodarien u. Mikroradiolarien der Tiefsee. 2. Hälfte. Aulacanthidae-Concharidae. Mit Taf. LXIII—LXXXV u. 62 Abbildgn. im Text. (S. 337—476 m. 23 Bl. Erklärgn.) 908. Subskr.-Pr. nn 53.50; Einzelpr. nn 65. —

XIV, 3. Dasselbe. Allgemeiner Tl. Form u. Formbildg. bei den Radiolarien. Mit Taf. LXXXVI—LXXXVII u. 2 Karten. (III u. S. 477—706 m. 2 Bl. Erklärgn.) 908. Subskr.-Pr. nn 20.—: Einzelpr. nn 25. —

XV, 1. Die Tiefsee-Fische. Von Aug. Brauer. I. Systemat. Tl. Mit 16 Taf., 2 Karten u. 176 Fig. im Text. (432 S.) 906. Für Text u. Atlas: Subskr.-Pr. nn 120.—: Einzelpr. nn 140. —

XV, 2. Dasselbe. II. Anatomischer Tl. Mit 26 Taf. u. 11 Fig. im Text. (266 S. u. 25 Bl. Erklärgn.) 908. Subskr.-Pr. nn 59.—: Einzelpr. nn 70. —

XVI, 1. Die bodensässigen Anneliden aus den Sammlgn. d. deutschen Tiefsee-Expedition. Von E. Ehlers. Mit Taf. I—XXIII. (167 S. m. 23 Taf.) 908. Kart., Subskr.-Pr. nn 45.—; Einzelpr. nn 55. —

XVI, 2. Die Nemertinen. Von Otto Bürger. Mit Taf. 24—36 (1—13). (S. 169—222 m. 13 Bl. Erklärgn.) 909. Subskr.-Pr. nn 24.50: Einzelpr. nn 28. —

XVIII, 1. Die Cephalopoden. 1. Tl.: Oegopsida. Mit e. Atlas v. 61 (z. Tl. farb.) Taf u. 32 Abbildgn. im Text. (401 S. m. 61 Bl. Erklärgn.) 910. Subskr.-Pr. nn 225.—: Einzelpr. nn 275. —

XIX, 1. Die Calcarea. Von Ferd. Urban. Mit Taf. 1—6. (S. 1—40 m. 6 Bl. Erklärgn.) 909. Subskr.-Pr. nn 12.50: Einzelpr. nn 15. —

XIX, 2. Die Narcomedusen. Von E. Vanhöffen. Mit Taf. VII—IX u. 5 Fig. im Text. (Taf. I—III.) (S. 41—74 m. 3 Bl. Erklärgn.) 908. Subskr.-Pr. nn 7.—: Einzelpr. nn 9. —

XIX, 3. Die Tetraplatien. Von Osk. Carlgren. Mit Taf. X—XIII u. 3 Fig. im Text. (Taf. I—IV.) (S. 75—122 m. 4 Bl. Erklärgn.) 909. Subskr.-Pr. nn 9.—; Einzelpr. nn 11. —

XIX, 4. Die Astrophaeriden. Von H. Mast. Mit Taf. XIV—XXI. (Taf. I—VIII.) (68 S. m. 8 Bl. Erklärgn.) 910. Subskr.-Pr. nn 17.50; Einzelpr. nn 22. —

XX, 1. Das Gammaridenauge. Studien üb. ausgebildete u. rückgebildete Gammaridenaugen. Von Erich Strauss. Mit Taf. I—VI u. 47 Abbildgn. im Text. (84 S. m. 6 Bl. Erklärgn.) 909. Subskr.-Pr. nn 15.—; Einzelpr. nn 18. —

—— die wissenschaftlichen, der Vega-Expedition, s. a. Nordenskiöld, Adf. Erik Frhr. v.

— die wissenschaftlichen, der Vega-Expedition. Von Mitgliedern der Expedition u. andern Forschern bearb. Hrsg. v. A. E. Nordenskiöld. Autoris. deutsche Ausg. Mit Abbildungen in Holzschn. u. lith. Taf. u. Karten. (1. Bd. in 12 Lfgn.) 1. Lfg. gr. 8. (1. Bd. S. 1—64.) Leipzig 883. Brockhaus. n. 2. —

— die wissenschaftlichen, der Vega-Expedition. Von Mitgliedern der Expedition u. andern Forschern bearb. Hrsg. v. A. E. Nordenskiöld. Autoris. deutsche Ausg. Mit Abbildgn. in Holzschn. u. lith. Taf. u. Karten. 2—12. Lfg. gr. 8. (1. Bd. XII u. S. 65—730.) Leipzig 883. Brockhaus. à n. 2. — (1. Bd. geb.: n. 24 —)

— wissenschaftliche, der deutschen Zentral-Afrika-Expedition 1907—1908 unter Führung Adolf Friedrichs, Herzogs zu Mecklenburg. II. Bd. 1. Lfg. u. III. Bd. 1—3. Lfg. Lex. 8. Leipzig, Klinkhardt & Biermann. Subskr.-Pr. 7. 35
II, 1. Botanik. Hrsg. v. J. Mildbraed. 1. Lfg..: Pteridophyta, Coniferae, Monocotyledonae. (87 S. m. 10 Taf.) 910. Einzelpr. 3.60; Subskr.-Pr. bei Bezug des II. Bdes. 3.30; des vollständ. Werkes 3. —
III, 1. Zoologie. Hrsg. v. Dr. H. Schubotz. 1. Lfg.: Michaelsen, W., die Oligochäten des inneren Ostafrikas u. ihre geograph. Beziehungen. (90 S. m. 17 Fig., 2 Taf. u. 1 eingedr. Kartenskizze.) 910. Einzelpr. 3.60; Subskr.-Pr. bei Bezug des III. Bdes. 3.30; des vollständ. Werkes 3. —
2. Dasselbe. 2. Lfg. Kieffer, J. J., Serphidae, Cynipidae, Chalcididae, Evaniidae u. Stephanidae des Äquatorialafrika. (29 S. m. 14 Fig.) 910. Einzelpr. 1.—; Subskr.-Pr. bei Bezug des III. Bdes. —90; des vollständ. Werkes —85
3. Dasselbe. 3. Lfg. Lenz, H., Dekapode Crustaceen Aquatorialafrikas. (13 S. m. 1 Taf. u. 1 Tab.) 910. Einzelpr. —.60; Subskr.-Pr. bei Bezug des III. Bdes. —.55; des vollständ. Werkes —50

Westfäl. Verein z. Förderung d. Kleinwohnungswesens. **Ergebnisse** der Wohnungsaufnahme in westfälischen Städten vom 1. Dez. 1905. T. 1. Münster i. W. 1907: J. Bredt. 4°(2°) [F.] [07. 15803 2

Westfäl. Verein z. Förderung d. Kleinwohnungswesens. Ergebnisse der Wohnungsaufnahme in westfälischen Städten vom 1. Dez. 1905. T. 1. 2. (Schluß.) Münster i. W. 1907—09: Bredt. 4° [07. 15314 8

Die **Ergebnisse** der Wohnungszählung vom 1. Dezember 1905. Im Auftr. d. Herrn Oberbürgermeisters bearb. v. städt. Statist. Amt. [1.] (Elberfeld 1907: Wuppertaler Aktien-Dr.) 4°
— **Beiträge** z. Statistik d. Stadt Elberfeld. H. 2. [08. 4870

Ergebnisse der Wohnungszählung am 1. Dez. 1905 u. d. Wohnungsuntersuch. von 1905/06. Posen 1907. 4°
(Verwaltungsbericht d. Provinzialhauptstadt Posen f. d. J. 1906. Anl.)

— die, der Wohnungszählung in der Stadt Offenbach a. M. im J. 1906/07. (65 S. m. 1 Plan.) Lex. 8. Offenbach 909. (Th. Steinmetz.) 3. —

Ergebnisse der Zählung der Bevölkerung . . ., s. Ergebnisse der Volkszählung . . .

— der gesamten Zahnheilkunde. Unter Mitwirkg. v. Paul Adloff, Erich Baumgartner, Dependorf u. a. begründet u. hrsg. v. Guido Fischer u. Bernh. Mayrhofer. I. Jahrg. 1—3. Heft. (VIII, IV, IV u. 1079 S. u. 160a—c m. 410 Fig. u. 2 Doppeltaf.) Lex. 8. Wiesbaden 910. J. F. Bergmann. 25. 60

— der Civilrechtspflege, s.a. Statistik, österreichische.

Die Ergebnisse der Zivilrechtspflege in den Jahren 1900 und 1901. 1. Heft der „Statistik der Rechtspflege" in den im Reichsrate vertretenen Königreichen und Ländern für die Jahre 1900 und 1901. [Österr. Statistik. 71. Bd. 1. Heft.] Fol. (LXIX, 193 S.) † Wien: Gerold 1904. K 8.—

Die Ergebnisse der Zivilrechtspflege in den Jahren 1902 und 1903. 1. Heft der „Statistik der Rechtspflege" in den im Reichsrate vertretenen Königreichen und Ländern für die Jahre 1902 und 1903. [Österr. Statistik 74. Bd. 1. Heft.] 4°. (XCVI, 203 S.) † Wien: Gerold 1905. K 9.—

Die Ergebnisse der Zivilrechtspflege im Jahre 1904. 1. Heft der „Statistik der Rechtspflege" in den im Reichsrate vertretenen Königreichen und Ländern für das Jahr 1904. [Österr. Statistik, LXXVIII. Bd. 1. Heft.] Fol. (LXIII, 111 S.) † K 5.30 Wien: Gerold 1906.

Die Ergebnisse der Zivilrechtspflege im Jahre 1905 mit Ausschluß des Konkursverfahrens. 1. Abteilung des 1. Heftes der „Statistik der Rechtspflege" in den im Reichsrate vertretenen Königreichen und Ländern für das Jahr 1905". [Österr. Statistik. LXXXI. Bd. 1. Heft. 1. Abt.] Fol. (LI, 67 S.) † K 3.80 Wien: Gerold 1907.

Die Ergebnisse der Zivilrechtspflege im Jahre 1906 mit Ausschluß des Konkursverfahrens. 1. Abt. des 1. Heftes der „Statistik der Rechtspflege" in den im Reichsrate vertretenen Königreichen und Ländern für das Jahr 1906. [Österr. Statistik. LXXXV. Bd. 1. Heft. 1. Abt.] Fol. (LIX, 185 S.) † K 7.40 Wien: Gerold 1908.

Die Ergebnisse der Zivilrechtspflege im Jahre 1907 mit Ausschluß des Konkursverfahrens. 1. Abteilung des 1. Heftes der „Statistik der Rechtspflege" in den im Reichsrate vertretenen Königreichen und Ländern für das Jahr 1907. [Österreichische Statistik. LXXXVII. Bd. 1. Heft. 1. Abt.] Fol. (LXV, 175 S.) † Wien: Gerold 1909.

Die Ergebnisse der Zivilrechtspflege im Jahre 1908 mit Ausschluß des Konkursverfahrens. [Österr. Statistik LXXXIX. Bd. 1. Heft. 1. Abt.] Fol. (LXIX, 185 S.) † K 7.70 Wien: Gerold 1910.

Ergebnisse der Civilrechtspflege mit Einschluss des Executions- und Concursverfahrens im Jahre 1898. [Oesterr. Statistik. 61. Bd. 1. Heft.] Fol. (XLVIII, 179 S.) † K 7.— Wien: Gerold 1903?

Die Ergebnisse der Zivilrechtspflege mit Einschluß des Exekutions- und Konkursverfahrens im Jahre 1899. [Österr. Statistik. LXIX. Bd. 1. Heft.] Fol. (LVI, 179 S.) † K 7.— Wien: Gerold 1903?

Die Ergebnisse der Civilrechtspflege in den im Reichsrathe vertretenen Königreichen und Ländern im Jahre 1895. 1. Heft der „Statistik der Rechtspflege" in den im Reichsrathe vertretenen Königreichen und Ländern für das Jahr 1895. Bearbeitet von dem Bureau der k. k. statistischen Central-Commission unter Mitwirkung des k. k. Justiz-Ministeriums. Wien. 1899. In Comm. Gerold's Sohn. 4°. XLVII, 113 S. fl. 2.20

Die Ergebnisse der Civilrechtspflege in den im Reichsrathe vertretenen Königreichen und Ländern im Jahre 1896. 1. Heft der „Statistik der Rechtspflege" in den im Reichsrathe vertretenen Königreichen und Ländern für das Jahr 1896. Bearbeitet von dem Bureau der k. k. Statistischen Central-Commission unter Mitwirkung des k. k. Justizministeriums. Wien. 1900. In Comm. Gerold's Sohn. 4°. XLVII, 115 S. K 4.40

Die Ergebnisse der Civilrechtspflege in den im Reichsrathe vertretenen Königreichen und Ländern im Jahre 1897. 1. Heft der „Statistik der Rechtspflege" in den im Reichsrathe vertretenen Königreichen und Ländern für das Jahr 1897. Bearbeitet von dem Bureau der k. k. statistischen Central-Commission unter Mitwirkung des k. k. Justiz-Ministeriums. Wien. 1901. In Comm. Gerold's Sohn. 4°. XLVIII, 113 S. K 5—

— der Zivil- u. Strafrechtspflege u. Bevölkerungsstand der Gerichtsgefängnisse u. Strafanstalten d. Königr. Bayern im J. 1885, 1886, 1887, 1888. gr. 4. (XXXVI, 89; XXXV, 87; XXXIV, 87; XXXV, 89 S.) München 887—890. Kaiser. à Jahrg. n. 3. —

— der Zivil- u. Strafrechtspflege u. Bevölkerungsstand der Gerichtsgefängnisse u. Strafanstalten d. Königr. Bayern im J. 1889, 1890, 1891, 1892. gr. 4. (à XXXVI, 89 S.) München 891—894. Chr. Kaiser. à n. 3. —

— d. Zivil- u. Strafrechtspflege u. Bevölkerungsstand d. Gerichtsgefängnisse u. Strafanstalten d. Königr. Bayern i. d. J. 1893 - 1896. Fol. München 895—898. Ch. Kaiser. à n. 3. —
1893. (XXXIV, 89 S.) — 1894. (XXXIII, 89 S.) — 1895. (XXXIII, 89 S.) — 1896. (XXXIII, 89 S.)

— der Zivil- u. Strafrechtspflege u. Bevölkerungsstand der Gerichtsgefängnisse u. Strafanstalten d. Königr. Bayern i. d. J. 1897 - 1900. München, Ch. Kaiser. à n. 3.—
1897. Fol. (XXXVII, 89 S.) 899. — 1898. Fol. (XXXVII, 89 S.) 900 — 1899. gr. 4. (XXXVII, 89 S.) 901. — 1900. gr. 4. (XXXIX, 101 S.) 902.

— der Zivil- u. Strafrechtspflege u. Bevölkerungsstand der Gerichtsgefängnisse u. Strafanstalten des Königr. Bayern in d. J. 1901—1904. (XXXVIII, 101; XXXVIII, 101; XXXVII, 101 u. XXXVII, 101 S.) 4. München 903—905. Ch. Kaiser. à n. 3. —

Ergebnisse der Zivil- u. Strafrechtspflege u. Bevölkerungsstand der Gerichtsgefängnisse u. Strafanstalten des Königr. Bayern im J. 1905. (XL, 102 S.) 33,5 - 25,5 cm. München 906. Ch. Kaiser. 3
Fortsetzg. s.: Justizstatistik, bayerische.

Ergebnisse der Zivil- und Strafrechtspflege bei den Gerichten (1885 ff.: Strafrechtspflege u. Bevölkerungszustand d. Gerichtsgefängnisse u. Strafanstalten) d. Königreichs Bayern [1–26.] Im J. 1880–1905. München: Ch. Kaiser 1882–1906. 26 Bde 4° [F.]
[1–22.] 1880–1901. 1882–1903. [23–26.] 1902–1905. 1903–06.
Anf. s. u. d. T.: Geschäftsaufgabe d. Gerichte d. Königreichs Bayern ...
Forts. s. u. d. T.: Bayerische Justizstatistik. 1906 ff. [07. 16691

Zoologische Ergebnisse der schwedischen Expedition nach Spitzbergen 1908 unter Leitung von Prof. G. de Geer. Eine Untersuchung über d. Bodenfauna d. Eisfjords nebst e. Übersicht über d. Plankton u. d. hydrograph. Verhältnisse red. von N(ils) v. **Hofsten** u. S. Bock. T. 1. Uppsala & Stockholm 1910: Almqvist & Wiksell. 4°
(Svenska Vetenskapsakademiens Handlingar. Bd 45, Nr 9.) [11. 4205

– **zoologische, der 3. asiatischen Forschungsreise des Grafen Eug. Zichy, redig. v. G. Horváth,** s. a. **Forschungsreise, 3. asiatische.**

Zoologische **Ergebnisse** der Dritten Asiatischen Forschungsreise des Grafen Eugen Zichy. Redig. von Dr. G(éza) Horváth. Mit 28 Taf. u. 22 Textfig. *Budapest: V. Hornyánszky; Leipzig: K. W. Hiersemann 1901.* (XLI, 470 S.) 4°
[Nebent.:] Zichy Jenö Gróf harmadik ázsiai utazásának állattani eredményei.
= **Forschungsreise,** Dritte asiatische, d. Grafen Zichy. Bd 2. [01. 4822

– **zoologische, d. v. d. Gesellschaft f. Erdkunde zu Berlin unt. Leitung v. Drygalski's ausges. Grönländer-expedition, nach Vanhöffen's Sammlgn. bearb.,** s. a. **Bibliotheca zoologica**

Zoologische Ergebnisse der von der Gesellschaft für Erdkunde zu Berlin unter Leitung Dr. von Drygalski's ausgesandten Grönland-expedition nach Dr. Vanhöffen's Sammlung bearb. 1–9. (In 4 Lfgen.) Mit Textfig. u. Taf. *Stuttgart: E. Nägele 1895–98.* (131 S.) 4°
1 = Vanhöffen, E[rnst]: Untersuchungen über Anatomie u. Entwicklungsgesch. von Arachnactis albida Sars. 1895.
2 = Vanhöffen: Die grönländ. Ctenophoren. 1895.
3 = Lohmann, H[ans]: Die Appendikularien d. Expedition. 1896.
4 = Brandt, K[arl]: Die Tintinnen. 1896.
5 = Lenz, H(einr.): Grönländ. Spinnen. 1897.
6 = Kramer, P[aul]: Grönländ. Milben. 1897.
7 = Sommer, W.: Drei Grönländerschädel. 1897.
8 = Rübsamen, Ew. H.: Grönländ. Mycetophiliden, Sciariden, Cecidomyiden, Psylliden, Aphiden u. Gallen. 1898.
9 = Michaelsen, W.: Grönländ. Anneliden. 1898.
= Bibliotheca zoologica. H. 20, Lfg 1–4. [03. 10630
1–4 s. 02. 13714–16 8. 9 s. 99. 426

—— **zoologische, der Nordseefahrt vom 21. Juli bis 9. Septbr. 1872.** Fol. (215 S. mit 8 Kpfrt.) Berlin 874, Wiegandt, Hempel und Parey.
Aus: Jahresberichte der Kommission zur Untersuchung der deutschen Meere in Kiel, besonders abgedruckt.

Zoologische **Ergebnisse** einer Reise in Niederländisch-Ost-Indien hrsg. von Dr. Max Weber, Prof. in Amsterdam. Mit Kt., Taf. u. Fig. Bd 1–4. Leiden: Brill 1890–1907. 4°(8°)
1. 1890–91. 2. 1892. 3. 18(93–)94. 4. 1897–1907. [10. 6283

Aus den Ergebnissen der gewerblichen Betriebszählung vom 3. Juni 1902 im Königreiche Böhmen. Deutsche Ausgabe. [Mitteilungen des statistischen Landesamtes. Bd. IX.] Gr.-8°. (CXXVIII, 821 S.) † Prag: Calve 1907. K 8.–

Aus den **Ergebnissen** der Volkszählung ..., s. Ergebnisse ...

Ergenzinger, H., die schweizerische Landwirthschaft, wie sie ist und wie sie sein könnte, s. Wie kann die schweizerische Landwirthschaft im Allgemeinen intensiver betrieben werden ꝛc.

Ergenzinger, Jul., bis zur Bürgerschule. Geschichte der vereinigten evangel. Schulen in Wien von 1794–1870. 8. (IX, 122 S.) Wien 872. Faesy & Frick in Comm. n. 1. 20

Ergenzinger, Jul., Anti Deckert. Offener Brief an Hrn. Pfarrer Dr. Deckert, Verf. der Flugschrift „Luther's Selbstmord, e. historisch erwiesene Thatsache". gr. 8. (26 S.) Wien 899. Stähelin & Lauenstein. n. – 40

—— **Heimatskunde.** Wien, Niederösterreich. 1. Aufl. 1871, und 2. Aufl. 8. (XVI, 91 S. mit 1 lithogr. Plan, 2 Karten und 1 Curventaf.) Wien 874, Gerold's Sohn.

Ergenzinger's Heimatkunde. Wien u. Niederösterreich. Neu bearb. v. R. Trampler. 3. Aufl. 8. (XII, 107 S.) Wien 888. Gerold's Sohn. n. 1. –

Ergenzinger, Jul., Nikodemus. 7 Predigten. 8. (85 S.) Wien 879. C. A. Müller. n. 1. –

Ergenzinger, W., drei Abhandlungen, s.: Deerberg, Ed.

Ergenzinger, W. L., Gebetbüchlein für Kinder. 16. (VIII und 165 S.) Stuttgart 864, Oetinger. cart.

Ergenzinger, Wilhelm Ludwig (Hrsg.), s. Scriver, Christian: Die Herrlichkeit und Seligkeit ...

Christian **Scriver.** Leben und Auswahl seiner Schriften v. Wilhelm Ludwig Ergenzinger. Ausschnitt aus: Evangel. Volksbibliothek, Bd. 3. [Stuttgart. 1862.] 8°.

Ergetzungen: Musikalisch-wöchentliche Ergetzungen
① bestehend in geistlichen Liedern zu zwey Cantstimmen mit einem Generalbaß ⑤ Anfang 1773—Ende 1773 ⑥ 8° ⑦ Wochenblatt ⑧ Zürich: Bürgkli ⑩ David Bürgkli ⑪ Pfarrer Johannes Schmidlin (Komponist) ⑬ BGSZ: 99 (p. 101, Nr. 26); Edgar Refardt: Historisch-Biographisches Musikerlexikon der Schweiz, p. 274—275 ⑪ Bs: U; Zh: Z ⑮ Eine Fortsetzung war geplant.

ERGETZUNGEN DER VERNÜNFTIGEN SEELE aus der Sittenlehre und der Gelehrsamkeit überhaupt. [Hrsg. von H. J. G. Justi und J. Chr. Gottsched]. Band 1, 3—4 und 6 (je 6 Stücke). Leipzig 1745—48. 8°. Pgt. d. Z. 200.—
Diesch 582. Kirchner, Grundlagen 732. Es erschienen insges. 6 Bände (1745—48).

Ergezinger, Joh. Conrad (Renningen) u. **Johann Friedrich Weigelin** (Stuttgart), De obligatione rei ad sustinendam poenam. Präs. Joh. Eberhard Rösler. Tübing. (Hiob Francke) März 1712. 24 S. (5.—) 8073

Erggelet, F., die Gesundheitsverhältnisse der Bevölkerung des Amtsbezirks Sinsheim. Ein Beitrag zur Medicinal-Statistik. gr. 8. (31 S.) Heidelberg 877. Weiß. n. – 80

Erggelet, Heinrich: Ueber Urinbefunde nach Lumbalanaesthesie mit Stovain (Billon). Freiburg i. B. 1909: Poppen. 37 S. 8°
Freiburg i. B., Med. Diss. v. 1910, Ref. Krönig
[Geb. 16. Aug. 83 Freiburg i. B.; Wohnort: Freiburg i. B.; Staatsangeh.: Baden; Vorbildung: Gymn. Freiburg i. B. Reife Juli 03; Studium: Freiburg i. B. 5, Kiel 1, Freiburg i. B. 4 S.; Coll. 22. Jan. 09.] [U 10. 963

Erggelet, Rudolf Frh. von, aus Wien: **Beiträge zur Kenntnis** des as. o-Xylenolpentabromids. *Heidelberg 1899: Ph. Wiese.* (70 S.) 8°
Heidelberg, Naturw.-math. Diss. v. 1899

Ergiebigkeits-Schwankungen der Quellen, Ueber, namentlich der Mineral-Quellen. Herausgegeben von der Gesellschaft für Physiokratie in Böhmen. Prag 1880. 8. Mit 1 Tafel.

Ergießungen, freie, eines christlichen Gläubigen in kurzen Reden, Gedanken u. Aufsätzen. 8. Zürich 838, Hanke. 1/8 Rℓ

— deutschen Gefühles in Gesängen u. Liedern bei den Ereignissen dieser Zeit. 8. Heidelb. 814. (Hermann in Frkf. a. M.) 18 Kr

Ergießungen des Herzens vor Gott, in Versen. Mit 1 Titelkpf. 8. Wien 793. Al. Doll. 6 Kr

Ergiessungen, Zufällige, eines einsamen Denkers, . . . [Tübingen 1795.] V: *Jacobi, Friedrich Heinrich.* (MGT)

Ergo bibamus. Leitfaden für die Abendsitzungen deutscher Naturforscher und Aerzte während ihrer 57. Versammlung zu Magdeburg vom 18.–23. Septbr. 1884. 8. (IV, 80 S.) Magdeburg 884, (Faber'sche Buchdr.) cart.

Ergo bibamus. Leitfaden für die Abendsitzungen deutscher Naturforscher und Aerzte während ihrer 57. Versammlung zu Magdeburg vom 18.—23. Septbr. 1884. 2. Aufl. 8. (IV, 80 S.) Magdeburg 885, (Faber'sche Buchdr.) cart.

—— —— Neue Lieder für durstige Kehlen von Gust. Edmund. 8. (112 S.) Leipzig 886, Unflad. *

Ergo, der Kopf des Menschen in zerlegbaren (farb.) Abbildungen. Kurze leichtfaßl. Darstellg. der einzelnen Teile des menschl. Kopfes m. erklär. Text. (34 S. m. Abbildgn. u. 6 Bl. in schmal 8.) gr. 8. Eßlingen (903). J. F. Schreiber. Geb. n. 2. 50

Ergötzliches u. Nützliches v. der Berliner Börse. 8. (162 S.) Berlin 894. H. Steinitz' Verl. n. 2. —

Ergötzlichkeiten, Auserlesene, vom Tabak . . . Leipzig 1715. V: *Bontekoe, Corn.* (Mitth. M. Grolig.)

Ergötzlichkeiten, bibl., m. K. 8. Jtst. 737.

Ergötzlichkeiten und Nachrichten, Gelehrte. Stuttgart 1774. H: *Haug, Balth.* (ErschDL) (Heyd) Cotta
Fortges. u. d. T.: Magazin, Schwäbisches, von gelehrten Sachen.

ERGÖTZLICHKEITEN, Historische, in sich haltend neulich passirte artige Geschichte, listige Intriguen . . . . Aus d. Frantzös. übers. von J. D. Leipzig und Zelle, bey H. F. Hoffmann. 1704. 8°. 1 Alphab. Sehr selten!
Bibl. Ludovici continuatio.

* — —, Juristische, Vom Jungfrauen-Rechte, Bestehend in Nutz- und Lehr-reichen Gesetzen, Urtheln, Exempeln und Begebnüßen, Sonderlich Von getragener Sorgfalt vor die Jungfern bey den Alten; Von Nahmen, Beschreibung und Eintheilungen der Jungfern; Ob Mägde Jungfern seyn; Von Schenckungen der Jungfern unter Lebenden und auf den Todes Fall; öffentlichen und heimlichen Verlöbnüßen der Jungfern, — — — Wie solche ehemals Vom Herrn M. Pfeiffern, Geheimbden Rath Rhetio, D. Schwendendörffern und Doctorando Donaten, auf den (!) Catheder defendiret, Voritzo aber Denen Gelehrten und Ungelehrten, — — nebst einem Anhange einiger auserlesener Lesenswürdiger Sachen von Jungfern, — — in teutscher Sprache an den Tag geleget worden. Mit Titelkpf. Franckfurth und Leipzig, Bey Johann Martin Burgmannen, im Pauliner-Collegio zu Leipzig 1715. 8°. (7 Mk. 50 Pfg. Max Jaeckel, Potsdam, 1908.) (In Leipzig, Bibl. des Reichsgerichts.)
86 S. S. 70ff.: „Anhang Auserlesener Lesenswürdiger Historien, Sprüchwörter, scharffsinniger Reden und Urtheilen von Jungfern, etc." Das Titelkpf. stellt Trachten dar, darunter auch eine „Berlinische Jungfer". — Selten!

—, Juristische, vom Junggesellen-Rechte. Mit Titelkpf. Franckfurt und Leipzig, b. Joh. Mart. Burgmannen, im Pauliner-Collegio zu Leipzig. 1723. 8°. 4 Bogen.
Cat. Meissner II; Scheible, Cat. 4. p. 18, an No. 447.

— — Dasselbe titulo: Juristische Ergötzlichkeiten vom Junggesellen-Rechte, bestehend in Nutz und lehrreichen Gesetzen, Exempeln und Begebnüssen. wie solche chemals von Herrn D. Schoepffern und Herrn Schützen auf dem juristischen Catheder zu Frankfurt a. O. defendiret, voritzo aber den Gelehrten und Ungelehrten, Künstlern und Handwerksleuten etc. zu beliebiger Ergötzlichkeit und erbaulicher Nutzbarkeit in teutscher Sprache etwas vermehret, an den Tag geleget worden. Ebd., 1728. (In Rostock, Landesbibl.)

Ergötzlichkeiten der Capuciner, oder historische Beschreibung der Lustbarkeiten und Lebensart, welcher die Capuciner zur Zeit ihrer Musse sich bedienen. Aus dem Frantzös. übersetzet von Veramandern (Joh. Zach. Gleichmann). Leipzig 1739, bey Wolffg. Heinr. Schönermarck. 8°. Rar! (8 Mk. Scheible, c. 1888; 6 Mk. E. Frensdorff, c. 1905.)

— sakramentalische. 12. Cöln, Haas.

SACRAMENTALISCHE Ergötzlichkeiten einer gegen dem hochwürdigen Sacrament des Altars verliebten Seele, so bey allen Umgängen, sonderlich unter der Oktav des heiligen Fronleichnamstag, und wann sonst das hochwürdige Gut getragen wird, können gebraucht werden. Pest o. J.: Johann Hertrumpf. 96 S. - 140 mm

— b. d. Wassern z. Aachen. 8. Berl. Rüdiger. 738.

— — z. Baden. 8. Nrnb. 748.

— — z. Cleve. 8. Lemgo. 748.

— — z. Schwalbach. 8. Lüttich. 759.

—, Die, zur Zeit der Musse. Leipzig 1739. 8°. Rar!

Ergötzungen, Fortgesetzte theologische. Erlang. 1756. V: *Chladny, Martin.* (JES)
Vorher u. d. T.: Ergötzungen, Wöchentliche theologische.
Fortges. u. d. T.: Nachforscher, Theologischer.

Ergötzungen, Historisch-kritisch moralische, für Frauenzimmer. Brünn 1779. V: *Soubiran, Frz. oder Heinrich Georg Hoff.* (KY 3/161) (Brünner Zeitung 1778, 26/11) (BiblPort)

Ergötzungen für gute Kinder. Enthaltend 16 Bilder mit erläut. Text. gr. 8. Emmerich 844, Romen. (Leipzig, B. Hermann.) geb. n. $6^{1}/_{4}$ ngl

— philosophische, od. Unters. w. d. Seemuscheln auf d. Berge gefom. 8. Brem. Cramer. (a. Hilscher in Dresden.) 765.

Ergötzungen, Die reinen unschuldigen und wahren, aechter Freimaurer, in einer Rede fürgetragen und abgelesen in der Loge zu den drey Schüsseln in Regensburg 5. 7. 68. Von K. Regensburg 1768. V: *Keiser.* (Wolfstieg I, 171)

Ergötzungen der vernünftigen Seele aus der Sittenlehre und der Gelehrsamkeit überhaupt. Leipz. 1745—48. H: *Justi, Johann Heinrich Gottlob.* (ML) »H: *Gottsched, Johann Christoph.*« (ML)

— d. vernünft. Seele a. d. Sittenlehre rc. 6 Bde. 8. Lpz. Breitkopf. 745—48.

Ergötzungen bei müßigen Stunden, eine Wochenschrift, (v. Fr. Börner). 20 Stücke. 8. Wittenb. (Leipz.) 760. Breitkopf u. H. 12 gl

ERGOTZUNGEN bey müssigen Stunden (hrsg. von Friedr. Börner). Wittenberg 1761.
Anon.-Lex. II. p. 42 (nach Meusel). Kayser hat „1760".

Ergötzungen, Wöchentliche theologische. Erlang. 1755. V: *Chladny, Martin.* (JES)
Fortges. u. d. T.: Ergötzungen, Fortgesetzte theologische.

Ergreifendes, mancherlei, a. d. großen Franzosen-Kriege, s.: Geschichten u. Bilder fürs deutsche Volk.

Erguel: L'Erguel
① Journal politique, littéraire et industriel ⑤ 1855—1857 (?) ⑥ in-2° ⑦ bi-hebdomadaire ⑧ St-Imier: Rodophe Stettler, Heer (BGSZ: 1, no. 6367) ⑩ l'imprimeur ⑪ l'imprimeur ⑬ BGSZ: 1, no. 6367 (avec l'indication: jusqu'en 1862 ?), 973 ⑭ Be: L ⑮ Dans le no. 89 du 1. 4. 1858 le «Schweizer Handels-Courier» dit: «Das St. Immerthaler Blättchen ‚Erguel' bewegt sich ... in sehr engen, geistigen Gränzen.»

Erhabene, über das, (v. K. Große). 8. Götting. 788. Brose. 12 gr

Erhabene, Das, in dem Orden der Freymaurer, aus dessen vorzüglichen Verbindlichkeiten bey Gelegenheit der feyerlichen Johannis-Loge in einer Rede erwiesen von dem Redner der ger. und vollknk. (!) Loge de la parfaite Union in Stettin. [Stettin] 1763. V: *Scholtz Fch. Wilh.* (?), oder *J. G. Fritze* (?), (wolfstieg I, 1181)

Das Erhabene in dem Vergnügen ächter Freimäurer wurde bey Gelegenheit der feierlichen Johannis-Loge in einer Rede vorgestellet von J. D. S. L. [Berlin] 1761. 11 S. 4° [Kupfertit.] Sehr selten. 65.

Erhabene, Das, wozu die Freymaurerey ihre ächten Schüler führet, wurde in einer Rede an dem Johannis-Tage 1744 der ger. und vollk. Versammlung derer Freymaurer in Halle vorgestellet von dem Redner. Halle 1744. V: *Weber, Andreas.* (KL 798) (wolfstieg I, 180)

Erhaltung und Errettung, Frankfurts, in drey Gedichten. Frankfurt a. M. 1795. V: *Gerning, Joh. Isaac Freih. von.* (Mn)

Erhaltung Frankfurts, d., u. Errettung in 5 Gedichten. 8. Frankf. Hermann. 795.

Erhaltung, die, der deutschen Freihäfen, ein nationales Bedürfniss. I—IV. 8. (16, 16, 16 u. 24 S.) Hamburg 880. (Meissner & Bohre.) à n.n. — 30

Erhaltung der Gesundheit, s.a. **Wochenbände.**

Erhaltung der Gesundheit, A. d. Engl., v. Theodor Roth, (angeb.) Die Mäßigkeitsvereine, A. d. Engl., v. Franz Kottenkamp, Stuttgart 1851, 55 u. 38 S., 8°.

Erhaltung des Holzes nach der Methode Boucherie. Direktion Lichtensteg Nr. 639 in Wien. (Aus dem Französischen.) Wien, 1857. Mechitharisten-Buchdr. (28 S. 8)

Erhaltung, die, der deutschen Kalilager f. die inländische Produktion. (Verhandlungen der XXXIV. Plenarversammlg. des deutschen Landwirtschaftsrats.) (S. 501 - 613.) Lex. 8. Berlin 906. P. Parey. nn 1.—
Sonderabdruck aus „Archiv d. deutschen Landwirtschaftsrats".

Erhaltung, über die, der Lebenskraft in Hinsicht des Zeugungstriebes. 2e Aufl. 8. Leipzig 834. (Melzer.) 1/8 ₰

Erhaltung, über, der Lebenskräfte. 8. Dresd. 809. (Reimann in Leipz.) 4 gr

— über, d. öffentl. Ruhe in Deutschland. 4. Erfurt 794. Keyser. 12 gr

Erhard, s.a. Ehrhard, Erhardt und Erhart.

Erhard, Fauna der Cykladen. 1. Thl.: Die Wirbelthiere der Cykladen. Nebst einem Anhang über deren Pflanzendecke. Mit 1 Karte über die Verbreitung der Hasen und Kaninchen. Lex.-8. (V und 117 S. mit 1 ill. Karte in Stndr.) Leipzig 858, Voigt und Günther. *

Erhard, Gesch. d. Wiederaufblühens wissenschaftl. Bildung in Deutschld. bis zum Anfange d. Reformation. 3 Bde. Magdeburg 827—32.

Erhard, v.: Kociančič.

Erhard, kurze ärztliche Notizen über Kissingen und seine Heilquellen, über Bestandtheile, Wirkung und Gebrauch derselben, über das Kissinger Bitterwasser und die Mineralquellen zu Boklet und Brückenau. gr. 8. (63 S. mit 1 Tab. in gr. 4.) Bayreuth 862, Giessel. *

Erhard & Söhne, Schw. Gmünd. Ornamente. 2 Bde 4° und qufol Gmünd

Erhard, Tuwingia illustrata, daz ist das abgebildt Tüwingen nach Christi Geburt als man zalt Tusend vierhundert sibentzig u. sieben Jare. Für das heut. Verständniß bearb. 1878. gr. 8. (VI, 113 S.) Tübingen 878. Riecker. n. 1. 60

Erhard. [1]) Zur Untersuchg d. Gehörorgans b. Entscheidg v. Militärpflichtigkeit u. v. Kriminal- sowie kriegsrechtl. Fragen. — [2]) D. Gehörorgan als Objekt d. Kriegsheilkunde. (S.-A.)

Erhard, A., Wallace, histor.-romant. Trauersp. in 5 Akten. 8. (15 B.) Stuttgart 831, Hallberger.

Erhard, Adolf

Erhard, Beiträge zur Geschichte d. polnischen Thronfolgekrieges, s.a. Einzelschriften, kriegsgeschichtliche.

Erhard, A. v. Beiträge zur Geschichte des polnischen Thronfolgekrieges. <Feldzug am Oberrhein 1734.> Mit 1 Pl. Berlin 1887. 99 S.

— Bilder aus der bayer. Heeresgeschichte zwischen 1793 u. 1799. München 1882. 50 S.

Erhard, Adf., bayerische Einzeltaten u. Gefechtsbilder aus dem deutsch-französischen Kriege 1870—71. Gesammelt u. bearb. zumeist nach Kriegsministerialakten u. Aufzeichnungen der Truppenteile. gr. 8. (93 S.) München 899. J. Lindauer. n. 1.—
Sonderabdruck aus: „Darstellungen aus der bayer. Kriegs- u. Heeres-Geschichte".

— dasselbe, s.a. **Darstellungen aus der bayerisch. Kriegs- u. Heeresgeschichte.** 8. Hft.

Erhard, A., Kriegsgeschichte von Bayern, Franken, Pfalz und Schwaben von der ältesten Zeit bis 1273. 1. Bd.: Kriegsgeschichte und Kriegswesen von der ältesten Zeit — 921. gr. 8. (XLIII, 655 S.) München 870, Literar.-artist. Anstalt. *

Erhard, Adolf (k. Major a. D.), *Herzogin Maria Anna von Bayern und der Teschener Friede* (13. Mai 1779). (S.-A. aus d. „Oberbayer. Archiv", Bd. XI, S. 1 ff.) München 1881. Gr. 8°. 38 S. Cart.°)

Erhard, Adolf (k. b. Oberstlieut. z. D.), *Bayerische Patrioten-Verfolgung vor einem Jahrhundert.* (S.-A. aus dem „Sammler", Beilage z. „Augsb. Abendztg.") 1884. 8°. Schreibpap. Cart.°)
80 S. Betrifft die Behandlung, welche Kurfürst Karl Theodor der Herzogin Maria Anna u. ihren Anhängern (Sekretär u. Kammerzahlmeister Andr. Andrée, geh. Rath Jos. Eucharius Frhr. v. Obermayr, geh. Rath Joh. Geo. v. Lori), ferner dem Herzog Karl von Zweibrücken, nach dem Friedensschlusse von Teschen (13. Mai 1779) angedeihen liess.

Erhard, A. Eine Studie üb. die kurfürstl. pfälzische Armee von 1610 —1778, s. Darstellungen aus d. bayer. Kriegs- u. Heeresgeschichte.

—— Johann Nepomuk Graf v. Triva, k. b. General der Artillerie, der 1. Kriegsminister Bayerns, s.a. **Bibliothek, bayerische.** 29—30

Triva. — Erhard, Adolf. — Johann Nepomuk Graf v. ....., k. b. General der Artillerie, der erste Kriegsminister Bayerns 1755—1827. Zeichnungen von Heinrich Nisle. Aus: „Bayerische Bibliothek." Begründet und herausgegeben von Karl v. Reinhardtstoettner und Karl Trautmann. 29. und 30. Bd. (Mit 1 Portrait.) (In 1 Bd. geb.)
8. München, Bamberg, Leipzig 1892.

Erhard, Alex., Geschichte der Stadt Passau. 2 Bde. gr. 8. Passau 862—64, Keppler's Verlag. [1. Bd. (VIII und 325 S.) * 1 Thlr., 2. Bd. (VIII und 324 S. mit 3 Stnt.) * 1 Thlr. 12 Ngr.] *

ERHARD, Alexander (Martinszell): Ueber das perforirende Magengeschwür.- München: Weiss 1855. 15 S.
19.7.1855 - F 68 Diss.Ingolst.-Landsh.-Mchn.

Erhard sen., Alex., die giftigen Pflanzenalkaloide und deren Ausmittlung auf mikroskopischem Wege. gr. 8. (77 S. mit 14 Stnt. in qu. 4.) Passau 866, Deiters. *
Aus: Jahrbuch für Pharmacie und verwandte Fächer, besonders abgedruckt.

ERHARD, Alexander (Passau): De tetano, cum adnexa historia tetani nuper observati.- Landishuti: Storno 1822. 30 S., 4 Bl.
21.8.1822 - Pe 393; F 58
Diss. Ingolst.-Landsh.-Mchn.

Erhard, Alois, wichtige Mittheilung für Photographen. Darstellung einer auf Wahrheit und Erfahrung begründeten negativen Hervorrufungsflüssigkeit, welche das Verstärken mit der sehr theueren Pyrogallussäure unnöthig macht und dabei trotz kürzerer Exponirzeit vorzügl., brillante, schön detailirte Negativs liefert etc. Als Mscr. gedr. 8. Bamberg 865, (Hepple.) Verklebt. * *

Erhard, Andr., Handbuch d. Logik, zunächst zum Behufe f. Vorlesn. gr. 8. (15 B.) München 839, Lindauer'sche Buchh.

Erhard, Andr., Handbuch der Moralphilosophie, zum Behufe für Vorlesungen u. Selbstbelehrung. gr. 8. München 841, Lindauer'sche Buchh. (Sauer.) $^{11}/_{12}$ ß

Erhard, Andr. (geb. 1790 zu Bozen, † 27. Novbr. 1846 als Hofrath u. Prof. d. Philos. an d. Univers. München). Heimeran. Ein Trauerspiel in 5 Aufz., mit e. Vorspiele, das Heiligthum. München. J. J. Lentner, 1819. Gr. 8°. Orig.-Ppb.
In Versen. XVI, 101 S., 1 Bl. Err. Das Vorspiel wurde für die Eröffnung des neuen Hoftheaters in München verfertigt.

And. Erhard's Metaphysik. *Regensb.*, Pustet. 845. gr 8° 16 gl

Erhard, Andr. (Prof d. Philos. an d. Univers. in München. geb. 1790, † 1846), *Möron*, philosophisch-ästhetische Phantasien in 6 Gesprächen. Passau, Frdr. Pustet, 1826. Gr. 8°. Unbeschn. im Orig.-Ppb. Mit Autogr. *Melch. v. Diepenbrock's* († 1853 als Kardinal u. Fürstbischof v. Breslau).
XIV—400 S., 1 Bl Err. — „Bayerns edlen Jünglingen geweiht", de dato München, d. 20. Junius 1825. — Cfr. Brümmer, deutsches Dichter-Lexikon, I. p. 176—177.

— Möron, philosophisch-ästhetische Phantasien in 6 Gesprächen. gr. 8. Regensb. 827. (Augsb., Kollmann.) $1^1/_3$ ß

Erhard, Anton Ernst Benjamin, Medizinalpraktikant: Aus d. Prosektur d. städt. Krankenhauses München r. d. I. ⟨Prosektor: Privatd. Dr. Oberndorfer.⟩ Lymphangitis carcinomatosa der Extremitätenmuskulatur bei Cancer en cuirasse. München 1907: Kastner & Callwey. (24 S.) 8°
München, Med. Fak., Ref. v. Bollinger, Diss. v. 27. Febr. 1908
[Geb. 17. Dez. 81 München; Wohnort: München; Staatsangeh.: Bayern; Vorbildung: Ludwigs-Gymn. München Reife Juli 01; Studium: München 11 S.; Coll. 27. Febr. 08; Approb. 31. Jan. 08.]

Erhard, B. J.: „Ueber freiwillige Knechtschaft und Alleinherrschaft; über Bürger-, Ritter- und Mönchsthum", Berlin 1821. — Vorh.: Preuß. Staatsbibliothek Berlin.

Erhard, Balth., ökon. Pflanzenhist. n. d. Kern d. Landwirthschaft 2c. 12 Thle. n. Regist. 8. Ulm, Stettin. 762.
s.a. Erhart.

Erhard, Christian Daniel

— de administratore jurisdictionis patrimonialis munere suo indicta caussa haec privanda. 4. Leipz. 801.

Erhard, Chr. Dn., († d. 17. Febr. 1813.) Amalthea. Zeitschrift f. Wissenschaft u. Geschmack. 6 Stücke in 2 Bden. gr. 8. Leipz. 788—90. 2 ß

Erhard, C. Dan., Amalthea, Zeitschr. 2c. 6 Stcke. in 2 Bde. gr. 8. Lpz. Klepb. 788—90.

Erhard, C. D., Dissertationes duae de ampliationibus judiciorum publicorum apud Romanos. Lips. 793. 2 P. 4.

— — De ampliationibus judiciorum publicorum apud Romanos I. Lpz. (Breitkopf) 30. I. 1793. 18 S. (3.50) 8079

— üb. d. Ansehen d. Gesetze 2c. gr. 8. Lpz. Feind. (a. Göthe.) 804.
Schreibp.

— Beitrr. z. Staatsrechte des Zwischenreichs in Deutschland. 1r Heft. gr. 8. Leipz. 790.

— Beschreib. d. Dietrichschen Münzkabinets. 8. Leipz. 784.

Erhard, Christian Daniel.
Betrachtungen über Leopold des Weisen Gesetzgebung in Toscana. A. d. Ital. Dresd. 1791. Ü: *Steingrüb[n]er, Joh. Chn Aug.* (Ky)

— Betrachtt. über Leopold d. Weisen Gesetzgebung in Toscana. Aus d. Italien., (mit Beitrr. v. J. C. A. Steingrüber) u. 1 Titelkpf. gr. 8. Dresd. 791. (W. Nauck in Leipz.) 1 ß 12 gl. Bei Gothe in Lpz. 1 ß 10 gl.

— Betracht. üb. Leopolds d. Weis. Gesetzgeb. in Toscana. gr. 8. Dresd. (Sommer in Lpz.) 791.

— Comm. de §§. 1. et 4. Leg. V. Cod. ad Leg. Juliam Majest. in judicio Majest. non attendend. 8. maj. Lps. Göthe. 803.

— comment. de §§. II et III. Leg. V. Cod. ad Leg. Juliam Majest. in justicio Majest. non attendend. 8maj. Leipz. 803. Göthe. 7 gl.

— — Conjectaneorum ex jure vario spec. I. — Sollemnia inauguralia candidati Paul Christoph Gottl. Andreae (Leipzig). Lpz., Nov. 1798. 16 S. mit Biogr. A.'s. (M.: R. C. S. Topf.) (3.—) 8081

— — Dasselbe. II. — Viro Johann Georg Palm (Hamburg) summos in utr. jure honores. Lpz., 8. V. 1800. 15 S. mit Biogr. P.'s. (M.: C. Paulsen.) (3.—) 8082

— — Dasselbe. III/IV. — Summos in utr. jure honores candid. Friedrich Adolph Scharf (Leipzig). Lpz., 30. V. 1805. 16 S. mit Biogr. Sch.'s. (M.: Ch. F. Hebenstreit.) (3.—) 8083

— — Dasselbe. V. — Summos in utr. jure honores candid. Ludwig Puttrich (Dresden). Lpz., 5. II. 1807. 20 S. mit Biogr. P.'s. (M.: Ch. D. Zimmer.) (3.—) 8084

— — Dasselbe. VI. — Summos in utr. jure honores candid. Friedrich Anton Pfannenberg (Dessau). Lpz., 27. III. 1810. 19 S. mit Biogr. P.'s. (M.: C. F. Neumann.) (3.—) 8085

(— —). Ordinarius senior facult. jurid. Lips. summos in jure honores viro **Christian Daniel Erhard** (Dresden). — Inest corollarium juris criminalis sextum. Lpz. (Breitkopf) 2. III. 1782. 23 S. mit Biogr. (M.: Ch. D. Hoese.) (3.50) 8077

Erhard, Christian Daniel [Praes.] , s. Eisenstuk, Christian Theophil: Quae jura in alendis . . . liberis sec. statum naturalem et civ. obtineant.

— Entwurf eines Strafgesetzbuchs für d. Königreich Sachsen herausg. von C. G. E. Friderici. gr.8. Gera 810. (Heinsius). 2 Thlr 12 Gr

Gebet am Schlusse des 18. Jahrhunderts. Gesprochen in der ger. und vollk. Loge Minerva zu den drey Palmen in Leipzig von C[hristian] D[an.] Erhard. Abschrift f. Brr. Leipzig [1800]: Sommer. 2 Bl. 8° [Umschlagtit.]

Abgedr. in: Erhard, Ch. D.: Nachgelassene Gedichte. 1823 S. 76—78.
Auszug in: Taschenbuch f. Frmr. 1803 S. 354 bis 358.
Kl. 1125. In unbereimten Versen. „Vor Dir dem Weltgeist, Vater der Natur . . .“

— Gedicht, dem Vater d. Vaterlandes. Fol. Leipz. 807. (W. Nauck). 8 Gr

Erhard, (C. D.,) nachgelassene Gedichte: ein Vermächtniß f. seine Freunde u. Verehrer, nebst dessen Bildniß u. biograph. Skizze; herausgeg. v. C. G. E. Friderici. gr. 8. Gera 822, Heinsius.

Christian Daniel Erhards nachgelassene Gedichte. Ein Vermåchtniss für Erhards Freunde und Verehrer, nebst dessen Bildn. und biographischer Skizze hrsg. von Christian Gottlob Edu. Friederici. Gera: Heinsius 1823. IV, 256 S. 8° [Umschlagtit.:] Erhard's poetischer Nachlass.

Kl. 623. Enth. S. 49—78 frmrische Gedichte. Kl. gibt Gera: Heinsius 1822 an.

— Gedichte bei Gelegenheit d. Säcularfeier d. Leipziger Universität, nebst Namenverzeichniß aller zu dieser Zeit auf d. Universität Leipzig befindl. gewesenen Studirenden. gr. Fol. Leipz. 816. (W. Nauck). 4 Gr Velinp. 8 Gr

Erhard, Chr. Dan.: Napoleons I. bürgerliches Gesetzbuch. Nach der neuesten officiellen Ausg. verdeutscht u. nebst . . . Parallelstellen des Römischen und ältern Französischen Rechts. [Nebst] Suppl. Dessau u. Leipzig 1808. 3 Bde

[Nebentit.:] Code Napoléon [usw.].

— 2. Aufl. Leipzig 1811.

— s. Giuliani, Versuch.

Erhard, Chr. Dan.: Handbuch des im Königr. Sachsen geltenden peinl. Rechts. 2e verm. Aufl., besorgt von *Kr. Mor. Schilling*. 1r Thl. Von Verbrechen u. Strafen. *Leipzig*, Serig. (789.) 832. gr. 8. (1 Thl. 8 Gr.)

Erhard, Chrstn. Dan., Handbuch des im Königr. Sachsen geltenden peinl. Rechts. 2., verm. Aufl., besorgt v. Er. Mor. Schilling. 1. Thl. Von Verbrechen u. Strafen. gr. 8. (18½ B.) Leipzig 832, Serig.

— Handbuch d. Preuß. Brandenburg. Civilrechts. gr. 8. Leipz. 793. Baumgärtner. 1 Thlr

— s. H. Kuppermann, Samml.

Hohenthal, Friedr. Wilh. Graf v.: **Lied zur Feier der Genesung des Grafen v. Hohenthal gesungen von den Brüdern der Loge Minerva zu den drey Palmen [in Leipzig] am 11. des 10. M. 5810. [Unterz.: Christian Daniel] E[rhard]. Leipzig [1810]: Sommer. 2 Bl. 2° [Umschlagtit.]**

Ohne Noten: „Erfleht, ersehnt mit frommer Gluth, . . .“ 283.

Hebenstreit, E. B. G.: **[Lieder] Den Manen E. B. G. Hebenstreits. Minerva zu den drey Palmen [in Leipzig]. [Von Christian Daniel Erhard.] [Leipzig 1808: Sommer.] 2 Bl. 8° [Umschlagtit.]**

Abgedr. in: Ehrhard, Ch. D.: Nachgelassene Gedichte. 1823 S. 49—52.
Kl. 1419. Choral u. Kantate ohne Noten. 193.

— de literis patentibus contra debitorem cambialem a carcere perfugum haud injuste evulgandis. 8. Lpz. 801.

— s. Napoleon I., Gesetzbücher.

— comment. de furti notione pro lege constituta accuratius definienda. 8maj. Leipz. 806. Göthe. 10 Gr (A. u. d. T.: de notione furti liber singularis).

— de fideicommissis familiae observationes practicae. 8. Leipz. 806.

— de origine praescriptionis criminum observationes historicae. 4. Leipz. 803.

Oertel, Friedr. Frh. v.: **[Lied.] Unserm geliebten Br. Frh. v. Oertel. Gesungen in der ger. und vollk. Loge Minerva zu den drey Palmen [in Leipzig] am 10. Oct. 1809. [Unterz.: Christian Daniel] E[rhard]. [Leipzig 1809: Sommer.] 1 Bl. 8° [Kopftit.]**

Abgedr. in: Erhard, Ch. D.: Nachgelassene Gedichte. 1823 S. 72—73.
Ohne Noten: „Komm, o komm in unsern Kreis. . . .“

— s. Pastoret, Betrachtt. üb. d. Strafgesetze ꝛc.

— — Summos in utr. jure honores viro Carl Ludwig Pein (Pilsverda/Torgau). Lpz. (Kramer) 13. X. 1795. 15 S. mit Biogr. P.'s. (M.: Ch. Bruckmeyer.) (3.20) 8080

De ejus, qui delicti majestatis falso civem accusaverat, apud Athenienses poena.

— — u. **Gotthelf Christian Grenz** (Dresden), De prudentia in legibus condendis adhibenda. Diss. philos. Lpz. (Breitkopf) 20. II. 1782. 14 S. (4.50) 8076

Gew.: Carl Wilhelm Mueller (Leipzig).

— s. A. Sidney, Betrachtt.

— — De sponsoribus juris gentium. Lpz. (Breitkopf) 26. IX. 1787. 16 S. (3.50) 8078

Erhard, Chr. Dn., s. Versuch einer Anleitung zur Abfassung geschickter Relationen.

— Versuch über d. Ansehen d. Gesetze u. d. Mittel, ihnen solches zu verschaffen. gr. 8. Dresd. 791. Mit neuem Titelbl. Leipz. 804. Taubert. (Göthe). 8 gl. Schrbp. 10 gl.

ERHARD, Ch. Dn.: Vers. e. Kritik d. allg. Gesetzb. f. d. preuss. Staaten. *Dresd.*, Richter. 1r B. 792. 8. (1 Thl. 8 Gr.)

— Versuch e. Kritik d. allgem. Gesetzbuches f. d. preuß. Staaten. 1r Thl. gr. 8. Leipz. 792. Kühn. 1 ₰ 8 gl.

Erhard, Christian Daniel (Dresden), De vicariatu Saxonico lib. I. Präs. Carl Ferdinand Hommel. Lpz. (Holl) 10. X. 1780. 72 S., tlws. dtsch. (4.50) 8074
Gew.: Friedr. Ludw. Wurmb (Grossen-Furra), Chn. Gotthelf Frh. v. Gutschmid (Kl.-Wolmsdorf), Ad. Heinr. Grf. v. Schoenberg (Berthelsdorf), Joh. Aug. Heinr. Roeder.

— — Dasselbe lib. II. ohne Präs. Lpz. (Breitkopf) 28. II. 1782. 37 S., tlws. dtsch. (4.—) 8075

ERHARD, Ch. Dn.: Sel. capita de vicariatu Saxon. *Dresd.*, Breitkopf. 790. 8. (3 Gr.)

— de vicariatu Saxonico. 8. Dresd. Richter. 790.

Erhard, E., die Freundinnen. od. d. Geheimniß. 8. Nordhaus. 814. (Nitsche). 1 ₰ 8 gl.

Erhard, E.: Handbuch f. d. untersuchungführenden Offiziere, s. Erhard, K. F. E.

— christliches Hausbuch, oder das große Leben Christi, mit ausführlichen, kräftigen u. andächtigen Betrachtungen, Erzählungen u. Gebeten. Zur Erklärung u. Verehrung des sterblichen u. glorwürdigen Lebens unseres Herrn u. Erlösers Jesu Christi. Mit einem Zusatze von den vier letzten Dingen. 14., neu verb. Aufl. von Sim. Buchfelner. 2 Thle. 854. — 17. Aufl. rc. Augsburg 857, 58. Rieger. 4. (XII, 620; 690 S. u. 15 Holzschn.) 2 ₰ 12 ngr

— das himmlische Jerusalem. Ein vollständiges kathol. Gebetbuch rc. Verbessert zur 16. Aufl. von Andr. Scheuregger. Mit 6 Stahlst. Augsburg 856. Schmid. 8. (XVI, 408 S.) 11¼ ngr

— die Martersäule. Ein vollständiges katholisches Gebet- u. Andachtsbuch. Neu bearb. u. verb. von Andr. Büschl. 10. Aufl. Mit 1 Stahlst. Ebend. 858. 12. (240 S.) 5 ngr
Gleichen Inhalts mit desselben Verf. „Myrrhengarten".

— katholisches Meßbüchlein, oder andächtige und sehr nützliche Weise, der heil. Messe in Betrachtung des bittern Leidens u. Sterbens Jesu Christi beizuwohnen. Mit Morgen-, Abend- u. andern Gebeten, wie auch 3 Fußfällen zum heil. Antonius von Padua. Passau 858. Elsässer u. Waldbauer. 32. (96 S. u. 1 Holzschn.) 2¼ ngr

— — oder nützliche Weise, der heil. Messe in Betrachtung des bittern Leidens u. Sterbens Jesu Christi beizuwohnen. Sammt Morgen-, Abend- u. andern Gebeten rc. Mit vielen Holzschn. (im Text.) Augsburg 856. Schmid. 12. (120 S.) 1 ngr

— Myrrhengarten. Ein vollständiges Gebet- u. Andachtsbuch. Neu bearb. u. verb. von Andr. Büschl. 10. Aufl. Mit 1 Stahlst. Ebend. 858. 12. (240 S.) 5 ngr
Gleichen Inhalts mit desselben Verf. „die Martersäule".

Allg. Bücher-Lexikon. IV. Supplement-Band. 1.

Erhard, E.: Voyage de Dresde à Prague, s. Erhard, Jh. Er.

Erhard, Emile [Pseud.], s.a. Warburg, Emilie von.

[F.] Aus Fortunios Erinnerungen. Von Emile Erhard [d. i. Emilie v. Warburg]. Ill. v. Hertha v. Warburg. *Stuttgart, Leipzig, Berlin, Wien: Deutsche Verl.-Anst. 1896.* (IX, 148 S.) 1 Bd 8.

Aus Fortunios Erinnerungen. Von Emile Erhard [d. i. Emilie v. Warburg]. Ill. von Hertha v. Warburg. Stuttgart, Leipzig, Berlin, Wien: Deutsche Verl.-Anst. 1896. (IX, 148 S.) 8° [F.]

Erhard, Emile (Frau Baronin Emilie Erhardine v. Warburg), aus Fortunios Erinnerungen. Illustr. v. Hertha v. Warburg. (Neue [Titel-]Ausg.) 8. (IX, 148 S.) Stuttgart [896.] (901). Deutsche Verlags-Anstalt. n. 1. —; kart. n. 1. 25

Erhard, Emile. Ein Fragezeichen. Novelle. 12. (132 S.) Stuttg. 891. Deutsche Verlags-Anstalt. * 2 —; geb. * 3 —

Erhard, Emile, zwischen Havel und Spree. Novellen. 8. (279 S.) Stuttgart 887. Deutsche Verlags-Anstalt. * geb. *

Erhard, Emile (Frau Baronin Emilie Erhardine v. Warburg), Onkel Hermann, s. a. Deva-Roman-Sammlung. 4. Bd.

— Onkel Hermann, s. a. Roman-Bibliothek der Deutschen Illustrirten Zeitung.

— Onkel Hermann, s. a. Romansammlung „Deva". Nr. 4.

Erhard, E., Onkel Hermann. Novelle. 2. Aufl. 8. (172 S.) Stuttgart 889. Deutsche Verlags-Anstalt. n. 3. —

— die Lehnsjungfer. Roman. 5 Bde. 8. (341; 326; 318; 296; 300 S.) Ebendas. 887. * M 20.—.; geb. *

Erhard, Emilie (Baronin v. Warburg), die Lehnsjungfer. Roman. (Wohlf. Ausg.) 2 Bde. (288 u. 268 S.) 8. Berlin (909). W. Vobach & Co. 6. —; geb. 8. —

— das Meerweibchen. Roman. 8. (296 S.) Stuttgart 886. Deutsche Verlags-Anstalt. n. 5. —

— Vom letzten Meeting in Iffezheim. Aus dem Tagebuch e. Sportsmanns. 12. (122 S.) Berlin (902). O. Janke. n. 1. —; kart. n. 1. 60

Erhard, Emile, die Rose vom Haff. Roman. 3 Bde. 8. (290; 264; 307 S.) Stuttgart 884, Deutsche Verlags-Anstalt. *

— die Rose vom Haff. Roman. 3. Aufl. 3 Bde. 8. (290, 264 u. 307 S.) Ebd. 893. n. 12 —

Die Rose vom Haff. Ein Hofroman von Emile Erhard (Baronin v. Warburg). Billige Ausg. Berlin, Leipzig, Wien: Vobach [1908]. 318 S. 8°

Erhard, Emile, Gräfin Ruth. Roman. 2 Bde. 8. (243 u. 249 S.) Stuttgart 879. Deutsche Verlags-Anstalt. n. 8. —

Erhard, Emile, Gräfin Ruth. Roman. 2 Bde. 8. (243; 249 S.) Stuttgart 879, Hallberger. * M 8.; geb. *

— Gräfin Ruth. Roman. 2. (Titel-)Aufl. 2 Bde. 8. (243; 249 S.) Ebendas. 882. *

— Gräfin Ruth. Roman. 3. Aufl. 2 Bde. 8. (243; 249 S.) Ebd. 891. * 8 —; geb. * 9 —

Gräfin Ruth. Roman von Emile Erhard (Baronin v. Warburg). Wohlf. Ausg. Berlin, Leipzig, Wien: Vobach [1909]. 241 S. 8°

— Sonne. Ein Märchen nach Skizzen von Hertha v. Warburg. gr. 8. (68 S. m. 11 Vollbildern.) Berl. 891. Alex. Duncker. * 5 —

— im Spiegel. Roman. 1. und 2. (Titel-)Aufl. 8. (240 S.) Ebendas. 881, 83. *

—— Turf und Parket. Zwei Novellen. 8. (191 S.) Ebendas. 884. *

Worte. Roman in 2 Bden von Emile **Erhard** [d. i. Emilie v. Warburg]. T. 1–4 (in 2 Bden) [?]. *Berlin: O. Janke 1902.* 2 Bde 8° [l. S.] [?] [illegible]

Erhard

— **Ernst** (Dresden), De gratiola officinali ejusque praesertim in mania usu. Dissert. med. Präs. Christian Gotthold Eschenbach. Lpz. (Staritz) 15. IX. 1818. 24 S. (4.50) 8086
Gew.: Johann Christ. Aug. Clarus.

Erhard, Fr., ketzerische Betrachtungen e. Arztes. (68 S.) gr. 8. München 906. Verlag der ärztl. Rundschau. n. 1.40

Erhard, Fr., Gedanken u. Meinungen des Lazarettgehilfen Neumann. Hrsg. v. E. (38 S.) 8. München 907. Verlag der ärztl. Rundschau. 1.—

— Nachdenkliches zur heutigen Heilkunde, f. Laien, Aerzte u. die es werden wollen. (40 S.) 8. Leipzig 906. B. Konegen. n. — 60

ERHARD, Franz Xaver (Friedberg): De vasorum ligatura [?].- Monachii 1832.
25.2.1832 – Urk; P 60
Diss. Ingolst.-Landsh.-Mchn.

Erhard, Gertr., aus dem Leben e. Sonntagskindes. Erzählung f. junge Mädchen. (155 S. m. Abbildgn. u. 7 Vollbild.) 8. Stuttgart (909). G. Weise. Geb. in Leinw. 3.—

Erhard, Gust., Rheinerinnerungen. Gedichte. 8. (VIII und 180 S.) Dresden 847, Adler und Dietze. *

Erhard, H., der Spiegel, Zeitschrift, s. Spiegel.

Erhard, Hans [pr. Arzt in Holzen]: Über Sectio alta in zwei Zeiten. . . . München, k. Hof- u. Univ.-Buchdr. v. Dr. C. Wolf & Sohn, 1890: 15 S. 8°
München, Med. Fak., Inaug.-Diss. v. 1890

Erhard, Heinrrich August (Hrsg.), s.a. Erfurth mit seinen Umgebungen.

Erhard, Heinr. Aug., Erfurth mit seinen Umgebungen, nach seiner Geschichte u. seinen gegenwärt. gesammten Verhältnissen dargest. Ein Handb. f. Einheim. u. Fremde. M. 8 Ansicht. u. 1 Karte. 8. (21½ B.) Erfurth 830, Andreä.

Erhard, H. A. Geschichte des Jülich-Clevischen Erbfolge-Streites. 8. Münster 1846.

Erhard, Hnr. Aug., Geschichte Münsters. Nach den Quellen bearb. 4 Hefte. gr. 8. Münster 835—37. Regensberg. n. $1^2/_3$ rthlr.

Erhard, Heinr. Aug., Geschichte d. Wiederaufblühens wissenschaftl. Bildung, vornehml. in Teutschland bis z. Anfange d. Reformation. 2. u. 3. (letzt.) Bd. gr. 8. Magdeburg, Creutz. [2. (39 B.) 830. 2 Thlr 12 Gr., 3. (34 B.) 832. 1 Thlr. 12 Gr.] Thlr.
1. Bd. Ebendas. 1827. 2 Thlr.

— Handbuch d. deutschen Sprache in ausgewählten Stücken deutscher Prosaiker u. Dichter aus allen Jahrh. 1r Curs. 2e Aufl. A. u. d. T.: Deutsches Lesebuch rc. 827. 12 gr. — 2r Curs. Prosaischer Theil. 1e u. 2e Abtheilg. A. u. d. T.: Schauplatz deutscher Prosa in ausgewählten Stücken. 1e u. 2e Abthlg. 8. Erfurt 822, Maring. (1e 12 gr., 2e 18 gr.)

— dess. 2r Curs. 1e u. 2e Abthlg. Poesie. A. u. d. T.: Schauplatz deutscher Dichtkunst rc. 1e u. 2e Abtheilg. 8. Ebend. 822—23. à 18 gr.

— dess. 3r Curs. 2r poet. Thl. — A. u. d. T.: Probeblätter deutscher Sprach- u. Dichtkunst älterer Zeit, 2r Thl. 8. Erfurt 826, Maring.

— Handbuch d. deutschen Sprache in ausgewählten Prosaikern u. Dichtern aus allen Jahrh. 1r Cursus. Zur Vorübung. (A. u. d. T.: deutsches Lesebuch für d. Jugend.) 8. Erfurt 821. 2e A. 827. Otto. 12 ggr 2r Curs. Prosaischer Thl. 1e u. 2e Abtheil. A. u. d. T.: Schauplatz deutscher Prosa in ausgewählten Stücken. 1e u. 2e Abthl. 8. Erf. 822. Otto. (1e 12 ggr 2e 18 ggr) 1 rthlr. 18 ggr

— Dess. 2r Curs. 1e u. 2e Abtheil. Poesie. A. u. d. T.: Schauplatz deutscher Dichtkunst rc. 8. Ebd. 822—23. à 18 ggr 1 rthlr. 12 ggr

— Dess. 3r Curs. 2r poet. Thl. A. u. d. T.: Probeblätter deutscher Sprach- u. Dichtkunst älterer Zeit. 2r Thl. 8. Erfurt 826. Otto. 16 ggr Alle 3 Curs. 4 rthlr. 22 ggr

—— Handbuch d. teutschen Sprache, in ausgewählten Stücken teutscher Prosaiker u. Dichter aus allen Jahrhund. 1. Curs. z. Vorübung. — A. u. d. T.: Teutsches Lesebuch f. d. Jugend, z. ersten Bildung d. Sprache u. d. Geschmacks. 3., verb. Aufl. 8. (27 B.) Erfurt 834, Otto.
2. Curs. 4 Abthln. 1822, 23. 2 Thlr. 18 Gr. — 3. Curs., 2 Thle. 1824, 26. 1 Thlr. 16 Gr. Ebendas.

Erhard, Hnr. Aug., Handbuch der teutschen Sprache, in ausgewählten Stücken teutscher Prosaiker u. Dichter aus allen Jahrhunderten. 1r Cursus zur Vorübung. A. u. d. T.: Teutsches Lesebuch für die Jugend, zur ersten Bildung der Sprache u. des Geschmacks, 3e Aufl. 8. Erfurt 834. Otto; jetzt Voigt in Weimar. $^1/_2$ rthlr. Velinp. $^7/_8$ rthlr. Alle 7 Theile jetzt bei Voigt in Weimar (kosten $4^{11}/_{12}$ rthlr.) (Vgl. Thl. II. S. 144.)

— dass. ohne Heftangabe. gr. 8. Ebd. 837. $2^1/_2$ rthlr.

— Theod. Körner. Sein Leben, nebst e. ausführl. Beurtheilung seiner Schriften. 8. Arnst. 821. Hildebrandt. 18 ggr

— Diss. inaug. acad. Erford. de restauratis literis tam sacris, quam profanis, seculo sedecimo initio optime merita. 4. Erfurt 817. 9 ggr

—— Mittheilungen zur Geschichte d. Landfrieden in Teutschland, vornehml. d. westfäl. Landfriedens im 14. Jahrh., mit besond. Rücksicht auf Thüringen. Nach Urkunden dargest. 4. (7 B.) Erfurt 829, [Otto.]

Erhard, H. A. (Hrsg.), s. Mitwelt, Die.

(HEINRICH AUGUST ERHARD), Nachricht von den bei Beckum entdeckten alten Gräbern. Herausgegeben auf Veranstaltung der Münsterschen Abtheilung des Vereins für Geschichte und Alterthumskunde Westfalens. Mit Abbildungen und 1 Charte. Münster 1836, auf Kosten des Vereins. In Comm. der Fr. Wundermann'schen Buchhandlung. 8°.

Erhard, H. A., regesta historiae Westfaliae, s. Regesta.

Erhard's Regesta historiae Westfaliae, Fortsetzg., s.: Urkunden-Buch, westfälisches.

— Ueberlieferungen z. vaterländ. Geschichte alter u. neuer Zeiten. 1s—3s Heft. 8. Magdeb. 825—28. Rubach. à 15 ggr 1 rthlr. 21 ggr

—— Ueberlieferungen rc., 3. Hft., s. a. Ueberlieferungen.

— s. Zeitschrift für Archivkunde.

Erhard, H. A., s. Zeitschrift f. vaterländ. Geschichte u. Alterthumskunde.

Erhard, Hermann, a. Schwäbisch Gmünd: Die Psychologie als angebliche Grundlage von Geschichte und Sozialökonomik. München 1908: C. Wolf & Sohn. (57 S.) 8°
München, Phil. Fak., Ref. Lipps, Diss. v. 18. Nov. 1907
[Geb. 15. Jan. 83 Schwäbisch-Gmünd; Wohnort: Schwäbisch-Gmünd; Staatsangeh.: Württemberg; Vorbildung: Realgymn. Schwäbisch-Gmünd Reife Juli 01; Studium: Heidelberg 2, München 3, Greifswald 1, München 8 S.; Rig. 18. Nov. 07.]

Erhard, Hubert: Studien über Flimmerzellen. Leipzig: W. Engelmann 1910. S. 310—442. 8° ¶(Aus: Archiv f. Zellforschung. Bd 4, H. 2/3.)
München, Phil. Diss. v. 19. Juli 1909, Ref. Hertwig
[Geb. 9. Jan. 83 München; Wohnort: München; Staatsangeh.: Bayern; Vorbildung: Luitpold-Gymn. München Reife Juli 02; Studium: München 4, Jena 1, München 3, Jena 1, München 5 S.; Rig. 19. Juli 09.] [U 10. 3636

Erhard, J. G., zwölf Landschafts-Studien. gr. 4. Nürnb. 818. Campe. 3 ℛ

— **Jacob Bernhard** (Stuttgart), Vindiciae obligationis jurijurando propriae. Präs. Joh. Eberhard Roesler. Tübing. (Joseph Sigmund) Sept. 1723. 24 S. (4.80) 8087

Erhard, Ignaz, a. Hügelsheim (Baden): Über Spasmotin und Clavin und ihre Bedeutung als wehenerregende Mittel in der Geburtshilfe. Straßburg i. E. 1906: C. Müh. (29 S.) 8°
Straßburg, Med. Fak., Ref. Fehling, Diss. v. 1906
[Geb. 10. Okt. 76 Hügelsheim; Wohnort: Hügelsheim; Staatsangeh.: Baden; Vorbildung: Gymn. Rastatt Reife; Studium: Freiburg i. B. 5, München 1, Straßburg 4 S.; Approb. 8. März 03.]

Erhard, Johann Benjamin

Erhard. Ungedruckte Briefe des Philosophen und Arztes Joh. Benjamin ..... Mitgetheilt von H. M. **Richter** in Wien. (Aus dem Zeitalter der französischen Revolution.) (Aus:) „Deutsche Revue." VII. 11. 8. Stuttgart u. Leipzig 1882.

— über d. Einrichtung u. Zweck d. höhern Lehranstalten. gr. 8. Berl. 802. N. A. 816. F. Dehmigke. 1 ℛ 4 g

Erhard, Jh. Benj., über freiwillige Knechtschaft u. Alleinherrschaft, über Bürger-, Ritter- u. Mönchsthum. gr. 8. Berl. 821. Rücker. 20 g

— an Hrn. Fr. Nicolai. 8. Sulzb. 798. v. Seibel. 3 g

— über das Recht des Volks zu einer Revolution. 8. Jena 795. Gabler. 16 g (Knobloch in Leipz.) 1 ℛ

— s. Ribeira-Sanchez, Dampfbäder.

— Theorie d. Gesetze, die sich auf d. körperl. Wohlsein d. Bürger beziehen. gr. 8. Tübing. 800. v. Cotta. 18 g

— Theorie d. höh. Lehranstalt. gr. 8. Berlin, Braun. 802.

— s. K. A. Varnhagen v. Ense.

Erhard, Joh. Christ., Miscellanea Poetica, // Oder // Poetischer Mischmasch // bestehend /// In 50. Madrigalen allerhand Materie, // bey // Academischen Nebenstunden // einfältig verfertiget // Von // J. C. E. P. L. C. // Und ietzo unter den Nahmen des // Einfältigen. // herausgegeben. // WITTENBERG /// Gedruckt durch Johann Haken / 1706. - 24 Blatt (nicht paginiert).
Auf dem Titelblatt steht in Tinte die Bemerkung:
M. Jo. Christ. Ehrhard.
+ als Studente in Vitemb.
B. S. T. 8°.341/2.

Erhard, Jh. Cph., († d. ... Oct. 1784.), s. 1) Etwas für Alle. 2) Magazin, Stuttgart. 3) *Mercure* politique. 4) Nachrichten, monatl. 5) Realzeitung. 6) G. L. Schwarz, Reise nach Ostindien. 7) *Selecta* physico-oeconomica.

Erhard, Johann Er.

s. Tharand en Saxe.

Erhard, Jh. Er., Voyage de Dresde à Prague en 1808. 12. Dresd. 808. Walther. 16 g

Erhard, E, Voyage en Suisse Saxonne. 12. Dresde, Beger. 811. Druckp. Schreibp.

Erhard, Jh. Er., Voyage en Suisse Saxonne, ist Verlag von Weygand in Leipzig u. d. Pr. $1^1/_3$ ℛ

— s. Vue des rives de l'Elbe.

Erhard, Jos., Alterthum verschied. Gebräuche u. Ceremonien in d. christl. Kirche. 8. Wien 809. Wimmer. 10 g

— Betrachtungsreden von d. Auferstehung d. Fleisches u. d. Gericht. 8. Wien 801. Binz. 8 g

Erhard, (Car. Frid.) Julius (geb. Berlin 29. 7. 1826): De auditu quodam difficili nondum observato. Berolini (1849). (27 S.) 8°
Berlin, Med. Diss. v. 16. Aug. 1849

Erhard, Jul.

Erhard, J., das Gehör und die Schwerhörigkeit. Offener Brief an das Publikum gegen den Charlatanismus. Mit 1 (lith.) Abbildg. Berlin 855. (Leipzig) Förstner. 8. (26 S.) $7^1/_2$ g

Erhard, Jul., klinische Otiatrie. gr. 8. (VIII und 224 S. mit 42 eingedr. Holzschn.) Berlin 863, A. Hirschwald. *

Erhard, (J.), rationelle Otiatrik nach klinischen Beobachtungen bearb. Lex.-8. (XV und 380 S. mit eingedr. Holzschn.) Erlangen 859, Enke's Verlagsbuchh. Thlr. *

—— Reform der Ohrenheilkunde. Sendschreiben an seine Collegen. gr. 8. (13 S.) Berlin 855. [Leipzig,] Förstner'sche Buchh.

—— über Schwerhörigkeit heilbar durch Druck. gr. 8. (51 S. mit eingedr. Holzschn.) Leipzig 856, Förstner'sche Buchh.

—— **Vademecum für clinische Otiatrie. 12. (VIII und 82 S.) Lissa [Breslau] 864, Günther's Verlag. cart. ***

Erhard, Jul., Vorträge üb. die Krankheiten d. Ohres. Geh. an der Friedrich-Wilhelms-Universität zu Berlin. gr. 8. (VIII, 278 S.) Leipzig 875. Veit & Co. n. 4. 80

Erhard, K. B., Apologie des Teufels. 795. 8. (a. Niethammer Jour. 795. H. II. p. 105. sq.)

Erhard, K. F. E.

Erhard, E.: Handb. f. d. Untersuch. führenden Officiere u. Beysitzer d. Kriegs- u. Standgerichte der königl. preuss. Armee, enth. d. ersten Begriffe u. Grunds. d. Crim.-Rechts. Nebst d. Erläut. d. königl. preuss. Kriegsart. v. 3. Aug. 1808. *Merseb.* u. *Berl.*, Mittler. (8..) 818. 8. (17 Gr.)

Erhard, K. F. E., Handbuch für d. untersuchungführenden Offiziere u. Beisitzer d. Kriegs- u. Standgerichte d. königl. preuß. Armee, enthaltend: d. ersten Begriffe u. Grundsätze d. Criminal-Rechtes. gr. 8. Merseb. 181.. 2e Ausg. gr. 8. Berl. 818. Mittler. 18 g Hbg. Pr. 12 g

Erhard, Karl Fr. u. Jh. Schlaff, auf Beobacht. u. Erfahrung gegründ. Angaben u. Vorschläge, Feuersbrunsten vorzustehen u. zu dämpfen. Mit 3 Kpft. gr. 8. Karlsr. 803. Macklott. 16 g Mit Jahrz. 818. unt. d. Tit.: Noth- u. Hülfsbuch bei Feuersbrünsten ꝛc. Ebd., (Braun). 16 g

Erhard, Karl Friedrich

Erhard, Karl Fr., auf Chemie u. Erfahrung gegründete prakt. Anleit. zu Erziehung schmackhafter, gesunder u. haltbarer Weine; durch zweckmäßige Anwendung e. verbesserten Weinlese, Kelterung, Gährung ꝛc. Mit 4 Kpf. 8. Karlsr. 803. 2e Aufl. 814. Braun. 16 g
s.a. Erhardt.

Erhard, Carl Friedrich Julius, s. Erhard, Julius.

Erhard, Karl Jos., Abhandl. über d. Freiheit, d. weltl. Zehentherren von d. Verbindlichkeit des Baues u. Besserung d. Kirchen. 8. Wien 785.

Erhard, Caspar, geistlicher Baumgarten zur vollkommenen Erlangung der Liebe Gottes, oder: Auswahl der besten Morgen-, Abend-, Meß-, Beicht- und Communion-Gebete, mit beigesetzten Tagzeiten, Litaneien, den 4 Evangelien rc. Umgearb. und verb. von Andr. Büschl. 9. Aufl. 12. (252 S. mit 1 Stahlst.) Augsburg 857, Schmid'sche Verlagsbuchh.

Erhard, Casp., geistliches Baumgärtlein. Ein christkathol. Lehr- und Gebetbuch für alle gottesfürcht. und tugendliebenden Personen. Neue verm. und verb. Aufl. 12. (336 S. mit 1 Holzschntaf.) Passau 864, Keppler's Verlag.
Erscheint auch zu gleichem Preise u. d. T.: Geistliches Vergißmeinnicht. — Geistliche Seelen-Weide. — Geistliche Haus-Magd. — Der Christ im Gebet.

Erhard, Casp., katholisches Gebet- und Erbauungsbuch. Verm. und durchaus verb. von Carl Alois Nack. Stereotyp-Ausg. 12. (248 S. und 36 S. mit 1 Stahlst. und 1 Holzschn.) Augsburg 850, Schmid'sche Buchh. •
Wurde auch u. d. Titln: Geistlicher Baumgarten und Gertraudenbuch ausgegeben.

— marianischer Gnadenpfennig; Morgen-, Abend-, Meß-, Beicht- rc. Gebete rc. 8. Landsh. 770. Storno. 5 gr.

Erhard, Kasp., christl. Hausbuch oder d. große Leben u. Leiden Jesu Christi. 2 Thle, mit Kpf. 4. Augsb. 803. Rieger. 2 fl 20 kr

Erhard, Casp., christl. Hausbuch od. d. groß. Leb. u. Leid. Jesu C. 2 Thle. m. K. 4. Augsb. M. Rieger. 808.

— — dass. 2 Thle. 4. Augsb. Veith. 799.

Erhard, Casp., christliches Hausbuch, od. das große Leben Christi, mit ausführl., kräft. u. andächt. Betrachtungen, Erzähln. u. Gebeten. Zur Erklär. u. Verehr. d. sterbl. u. glorwürd. Lebens uns. Herrn u. Erlösers Jesu Christi. Mit e. Zusatze von d. vier letzten Dingen. 2 Bde. (od. 12 Hfte.) 12., neu verb. Aufl. von e. kathol. Geistlichen. 4. (145½ B., 2 Stahlst. u. 2 Holzsch.) Augsburg 841, 42, Rieger'sche Buchh. à H. ¼ Thlr.

Erhard, Casp., christl. Hausbuch, od. das große Leben Christi, mit ausführl., kräftigen u. andächtigen Gebeten. Zur Erklärung u. Verehr. des sterbl. u. glorwürd. Lebens unsers Herrn u. Erlösers Jesu Christi. Mit ein. Zusatze von d. 4 letzten Dingen. 13., neu verb. Aufl. v. Simon Buchfelner. 2 Thle. 4. Augsburg, Riegersche Buchh. [1. (85 B.) 845, 2. (86 B.) 46. à 1 Thlr. 15 Ngr.]

Erhard's, Casp., christliches Hausbuch, oder das große Leben Christi, mit ausführl., kräftigen und andächtigen Betrachtungen, Erzählungen und Gebeten. Mit einem Zusatze von den vier letzten Dingen. 14., neu verb. Aufl. von Sim. Buchfelner. (In 2 Thln. oder 12 Heften.) 1. Heft. 4. (1. Thl. XII und S. 1—112 mit 1 Holzschnt.) Augsburg 854, Rieger'sche Buchh.

— — dass. — zur Erklärung und Verehrung des sterbl. und glorwürd. Lebens unseres Herrn und Erlösers Jesu Christi. 17., neu verb. Aufl. von Sim. Buchfelner. (In 2 Bdn. oder 12 Heften.) 1. Heft. 4. (1. Thl. XII und S. 1—112. mit 2 Holzschnt.) Ebds. 856(57.)

Erhard's, Casp., christliches Hausbuch, oder: das große Leben Christi, mit ausführl., kräftigen und andächt. Betrachtungen Gebeten und Geschichten. Neueste sehr verb. Aufl. von einem Priester der Diöcese Augsburg. 2 Thle. in 12 Lfgn. 4 (689 S. und 703 S., mit 1 Stahlst. und vielen eingedr. Holzschnittbildern.) Regensburg 865, Manz. à Lfg. 6⅔ Ngr.

Erhard's, Casp., christliches Handbuch, oder: das große Leben Christi, mit ausführlichen kräftigen u. andächtigen Betrachtungen, Gebeten u. Geschichten. Zur Erklärung u. Verehrung des sterblichen u. des glorreichen Lebens unsers Herrn u. Erlösers Jesu Christi. Mit e. Beigabe: Ueber die vier letzten Dinge. Neueste sehr verb. Aufl. von e. Priester der Diöc. Augsburg. Mit 1 Stahlst. u. vielen Holzschnittbildern (im Text). 2 Thle. Regensburg 866. Manz. 4. (689; 703 S.) 2 fl 20 ngr

— große Hauslegende. 2 Bde, mit Kpf. 4. Augsb. 786. Veith. 2 fl 8 kr

— geistliche Haus-Magd, oder kathol. Lehr- und Bet-Buch darin enth.: Das Leben, wie auch die tugendl. und gottsel. Uebungen einer frommen Magd sammt Morgen-, Abend-, Meß rc. Gebeten, zu sonderbarer Verehrung des bittern Leidens Jesu Christi. Für Mägde und alle gottesfürchtige Personen, die Andern dienen müssen. Nebst der sonntägl. Vesper. 12. (337 S. und 1 Holzschn.) Augsburg 851, (Rieger'sche Buchh.)

— geistliche Haus-Magd. Ein christkathol. Lehr- und Gebetbuch für das liebe Landvolk. Für Mägde und für alle gottesfürchtigen Personen, die Andern dienen müssen. Neue verm. und verb. Aufl. 16. (288 S. mit 1 Holzschntaf.) Passau 863, Keppler's Verlag.

— das himmlische Jerusalem. D. i. vollständ. christkathol. Gebetbuch, vorzüglich handelnd vom bittern Leiden u. Tode Jesu Christi. Verb. zur 13. Aufl. von Karl Alois Nack. 8. (Mit 6 Kpfr.) Augsburg 843, Schmid'sche Buchh. ⅓ rf

Erhard, Casp., das himmlische Jerusalem. Ein vollständ. kathol. Gebetbuch, welches verschied. Morgen-, Abend-, Meß-, Beicht- rc. Andachten, wie auch viele Gebete für alle heil. Tage rc. in sich enthält. Verb. zur 15. Aufl. von Andr. Scheueregger. A. u. d. T.: Der große Myrrhengarten. 8. (XVI und 408 S. mit 6 Stahlst. und eingedr. Holzschn.) Augsburg 850, Schmid'sche Buchh. Thlr. Blnv.

— das himmlische Jerusalem. Ein vollständiges kathol. Gebetbuch, welches verschiedene Morgen-, Abend-, Meß-, Beicht-, Communion-, Vesper- und Kreuzwegandachten rc. in sich enthält. Verbessert zur 16. Aufl. von Andr. Scheueregger. 8. (XVI und 408 S. mit eingedr. Holzschn., 1 Holzschnt. und 6 Stahlst.) Augsburg 856, Schmid'sche Verlagsbuchh.

— Instructio et Manuductio ad Theologiam mysticam. 12. maj. Augsb. Wolf. 727.

— die Martersäule. Ein vollständiges kathol. Gebet- und Andachtsbuch. Neu bearb. und verb. von Andr. Büschl. 10. Aufl. 12. (240 S. mit 1 Stahlst.) Augsburg 858, Schmid'sche Verlagsbuchh.

Erhard, Kaspar —. Weltlicher Leute Meßbuch, begreifend sehr kräftige, andächtige und herzliche Meßgebete. In 52 heiligen Messen, von großer Kraft und auf alle Sonn- und Feiertage, alle heiligen Zeiten und auf alle Tage eingerichtet rc. rc. Durch — — von Neuem verbessert, vermehrt und in diese nützliche Form gebracht. 8. (260 S.) St. Pölten. Druck von Franz Lorenz. 1854.

— katholisches Meßbüchlein oder nützliche Weise, der heil. Messe in Betrachtung des bittern Leidens und Sterbens Jesu Christi beizuwohnen. Sammt Morgen-, Abend- und andern Gebeten rc. 24. (120 S. mit eingedr. Holzschn.) Augsburg 857, Schmid'sche Verlagsbuchh.

— katholisches Meßbüchlein, oder andächtige und sehr nützliche Weise, der heil. Messe in Betrachtung des bittern Leidens und Sterbens Jesu Christi beizuwohnen. Mit Morgen-, Abend- und andern Gebeten, wie auch 8 Fußfällen zum heil. Antonius von Padua. 32. (96 S. mit 1 Holzschnt.) Passau 858, Elsässer und Waldbauer. geb.

Erhard, K., katholisches Meßbüchlein, oder andächtige und sehr nützliche Weise, der heil. Messe in Betrachtungen des bitteren Leidens und Sterbens Jesu Christi beizuwohnen. Sammt Morgen-, Abend- und anderen Gebeten, wie auch drei Fußfällen des heil. Antonio von Padua. Mit 36 die heil. Messe erklär. Vignetten. Neue Aufl. 12. (230 S.) Augsburg 878, Schmid'sche Verlagsb.

Erhard, Casp. Katholisches Meßbüchlein, od. nützl. Weise, der hl. Messe beizuwohnen. 24. (120 S. m. Holzschn.) Augsb. 890, Schmid's Verlag. * — 10

— Myrrhengarten. Ein vollständiges kathol. Gebet- und Andachtsbuch. Neu bearb. und verb. von Andr. Büschl; 10. Aufl. 12. (240 S. mit 1 Stahlst.) Augsburg 858, Schmid'sche Verlagsbuchh.

Erhard, Casp., Myrrhengarten. Vollständiges Gebet-, Betrachtungs- und Erbauungsbuch für kathol. Christen aller Stände. Neue, vollständig umgearb. und verm. Aufl. vom Hrsgbr. des „Missions-Buches" und „Andachts-Buches zu Ehren der schmerzhaften Mutter Gottes in Steinach". 16. (XX, 635 S. mit 1 Stahlst.) Leutkirch 886, Roth.

Erhard, Casp., Myrrhengarten. Vollständ. Gebet-, Betrachtungs- u. Erbauungs-Buch f. kathol. Christen aller Stände. Neue, vollst. umgearb. u. verm. Aufl. Vom Hrsg. d. „Missionsbuches" u. „Andachtsbuches zu Ehren der schmerzhaften Mutter Gottes in Steinbach". 16. (XX, 635 S. m. Titelbild.) Kevelaer (899). Butzon & Bercker. Geb. in Leinw. 1. 40

— geistl. Seelentrost; schöne u. trostreiche Morgen-, Abend-, Meß-, Beicht- rc. Gebete rc. 8, Landsh. 797. Storno. 6 gr.

Erhard, Caspar. Geistlicher Trost-Spiegel Für die Trost-lose halb-verzweifflete Sünder ... Augsburg, F. J. Eysenbarths Erben, 1741. Kl.8°. 3 Bl. 226 S. 4 Bl. 32 S. Ld. d. Z. mit reicher Rv. und Rsch.

Conrad Philippi Erhard Disquisitio de motu cordarum vibrantium. Greifswald. 4. 1763.

Erhard L, Staatliche Gewerbeförderung. Vortrag. (12 S) 4° München 1901

Erhard L, der Gewerbeförderungsdienst des k. k. Handelsministeriums. (56 S) 4° Heidelberg 1906

Erhard L, der Gewerbeförderungsdienst des K. K. Handelsministeriums. (56 S) 4° Wien (1907)

(Erhard, L.): Die Motoren für das Kleingewerbe auf der Kraft- und Arbeitsmaschinen-Ausstellung in München 1888. (o. O. Um 1889)

Erhard, M. Das 13. Inf.-Reg. Kaiser Franz Joseph von Österreich. Für Unteroffiz. und Mannschaften bearb. Mit Portr. München 1889. 130 S.

Erhard, M., Trauerrede bei d. Todesfeier d. Hrn. Weihbischofs Gregorius v. Zirkel. 4. Bamb. 818. (Wesché in Frkf.) 2 gr.

Erhard, Max, Geschichte Bayerns, für Unteroffiziere u. Soldaten der Armee bearb. 8. (III, 52 S.) Ingolstadt 881. Ganghofer. cart. n. — 40

Erhard, Otto, Anna, Gräfin v. Öttingen, geborne Landgräfin v. Leuchtenberg. Ein Beitrag zur Geschichte des Rieses. 8. (31 S.) Hohenaltheim 900. (Nördlingen, C. H. Beck.) n. — 40

Erhard, Otto, der Bauernkrieg in der gefürsteten Grafsch. Kempten. Nach gedruckten u. ungedruckten Quellen bearb. (120 S. m. 1 Bildnis.) gr. 8. Kempten 908. J. Kösel. 2. 50

Der Bauernkrieg in der gefürsteten Grafschaft Kempten. Nach gedr. u. ungedr. Quellen bearb. von Otto Erhard. Kempten & München: Kösel 1908 (1909). 120 S. 8°
(Beiträge z. 'Allgäuer Geschichtsfreund'. [Jg. 1], Nr 1.) [10. 370 7

Geschichte von Hohenaltheim auf Grund archivalischer Studien in Einzelbildern dargest. von Otto **Erhard**, Pfarrer. *Erlangen: F. Junge 1904.* (VI, 116 S.) 8° [J.] [03. 13037

[J.] Die Reformation der Kirche in Bamberg unter Bischof Weigand 1522—1556 auf Grund archival. Studien dargest. v. Otto **Erhard**, Pfarrer in Hohen-Altheim. *Erlangen: F. Junge 1898.* (2 Bl., 99 S.) 1 Bd 8. [98. 3371

Erhard, Paul, wie soll ich vortragen? Eine Anleitg. zum Selbstunterricht. (70 S.) gr. 8. Berlin (903). H. Steinitz. n. 1. —

* Erhard, S., Vorlesungen üb. die Theologie u. d. Studium derselben. gr. 8. Erlang. Palm. 810.

Erhard, Siegismund Justus, s. Ehrhardt und Erhardt.

Erhard, Theodor, s.a. Erhard, Thomas Aquinas

Erhard, Theodor

Erhard, Th., der elektrische Betrieb im Bergbau. Die Eigenschaften der elektr. Maschinen u. ihre Anwendg. in der Grube m. besond. Berücksicht. der Betriebssicherheit. Ein Leitfaden f. Betriebsbeamte. gr. 8. (VII, 154 S. m. 31 Fig.) Halle 902. C. O. Lohmann. n. 5. —; geb n. 6. —

Einführung in die Elektrotechnik. Die Erzeugung starker elektrischer Ströme u. ihre Anwendg z. Kraftübertragg v. Dr. Theodor **Erhard**, ... Prof. a. d. Bergakad. Freiberg. M. 95 Fig. i. Text. *Leipzig: J. A. Barth 1897.* (VI, 183 S.) 1 Bd 8. [98. 3c05 Go

Erhard, Thdr., Einführung in die Elektrotechnik. Die Erzeugg. starker elektr. Ströme u. ihre Anwendg. zur Kraftübertragg. 2. verb. u. verm. Aufl. (VIII, 200 S. m. 99 Fig.) gr. 8. Leipzig 903. J. A. Barth. n. 4.50; geb. in Leinw. n. 5. 50

Erhard, Thdr., über die Entwickelung des Studiums an der Freiberger Bergakademie von ihrer Eröffng. im J. 1766 bis zur Gegenwart. Antrittsrede bei Übernahme des Rektorates der kgl. sächs. Bergakademie f. d. 142. Studienj., geh. am 15. XI. 1907. (25 S.) gr. 8. Freiberg 908. Craz & Gerlach. — 75

Erhard, Th., Tabellen zur Feuerungskunde. 8. (11 S.) Freiberg 878. Engelhardt. n. — 50

ERHARD, Theodor (München): Das Tuberkel in pathologisch-anatomischer Hinsicht.- Regensburg: Pustet 1848, 111 S., Taf.
3.6.1848 - Urk (Titel: Descriptio anatomico-pathologica tuberculi et phtiseos tuberculosae.); F 67
Diss. Ingolst.-Landsh.-Mchn.

ERHARD, TH. Untersuchungen über die Absorption des Lichtes in einigen Chromsalzen. (Leipzig) Freiburg, 1872 [?]

Erhard, Th., Untersuchungen üb. die Absorption d. Lichtes in einigen Chromsalzen. gr. 8. (41 S. m. 2 Steintaf. in qu. Fol.) Freiberg 875. (Engelhardt.) n. 1. 50

Erhard, Thdr., mein Vermächtniß! Gedichte. 16. (IV u. 220 S.) Leipzig 851, Thomas. In Engl. Einb. m. Goldschn. 5/6 rf.

Erhard, Thdr., mein Vermächtniß! Gedichte. 2. verm. Aufl. Leipzig (853.) Thomas. 16. (IV, 236 S.) 15 ngl.

Erhard, Th., wie bildet man sich zum Bergingenieur und Hütteningenieur aus? Mit Berücksicht. der bestehenden Vorschriften bearb. 8. (III, 44 S.) Leipzig 887, Roßberg'sche Buchh. *

Erhard, Thomas Aquinas

Erhard, Thom., ars memoriae s. methodus excerpendi. III pts. 8. Augsb. Wolf. 715.

Erhard, Thom. Aquin., Isagoge et commentarius in universa Biblia Vulgata. Augsburg, 1735, Fol., 2 Teile in 1 Bde.

— Polycrates Gerseensis. 8. ibid. 729.

LIEDER eines Jünglings (von *Asmus Friedr. Erhardi*). Greifswald 1766.
Anon.-Lex. III. p. 70 (nach Meusel).

Erhardi, J. C., Gisbert v. Rheineck, s. Jahrbuch deutscher Bühnenspiele.

Erhardt, J. E., Schwächen und Ränke, s. Jahrbuch deutscher Bühnenspiele.

Erhardt, J. E., Clementine v. Aubigny, | s. Jahrbuch deut-
—— der Lotterie-Berechner, | scher Bühnenspiele.

— Schwächen und Ränke, s. Jahrbuch deutscher Bühnenspiele.

Erhardt, s.a. Ehrhardt, Erhard und Erhart.

Die zahnärztliche Doktorpromotion an den Universitäten des Deutschen Reiches m. Berücks. d. neuesten Prüfungsordnung. Von Dr. Erhardt. Charlottenburg: Golde in Comm. (1910). 14 S. 8°

Erhardt, Grammatikalien zum Verständniß des Nibelungen-Liedes. Lex.-8. (56 S.) Ellwangen 866. (Tübingen, Fues' Sortimentsh.) *

Erhardt, Grammatikalien zum Verständniss des Nibelungen-Liedes. 2. Abthl. Syntaktisches enth. gr. 8. (26 S.) Tübingen 873, Fues'sche Sortimentsh. *
1. Abthl. (Ebendas.) 1866. * 60 Pf.

Erhardt, Adam, Familienbuch f. meine Fr. u. Nachkom. 8. Hamm. Verrenos. 785.

Erhardt, Adolf, aus Freiburg i. B.: Ueber einige alkylirte Derivate des Ortho- und Paratoluidin. Hottingen-Zür. H. Zürcher Dr. 1882. 48 S. 8°.
Zürich, Phil. Diss. [v. 21. Dec. 1882].

Erhardt, Balth., de belemnitis Suevicis dissertatio. 4. Augsb. 727.
s.a. Erhart.

Erhardt, C., Bad Petersthal im Grossherzogth. Baden und seine Stahlsäuerlinge. gr. 8. (VIII und 61 S. mit 1 chromolith. Taf. und 1 lithogr. Karte in qu. gr. 4.) Carlsruhe 856, Braun'sche Hofbuchh. *

Erhardt, C. F., s. Ehrhardt.

Erhardt, E. L., jus statutar. Lcivit. Memming. circa tutelam actat. 4. Altorf. Monath. 777.

Erhardt, Eberh. Fr., († d. ... April 1797.) Lieder u. Gedichte. Mit e. biograph. Vorberichte herausg. v. W. Chr. Friebe. 8. Riga 801. Hartmann. 16 gl

Erhardt, Erwin, die in der Chirurgie gebräuchl. Nähte u. Knoten in histor. Darstellg., s.a. Sammlung klin. Vorträge.

Die in der Chirurgie gebräuchlichen Nähte und Knoten in historischer Darstellung. Von Dr. Erwin Erhardt. Mit 38 Textfig. Leipzig: Barth 1910. 39 S. 8° [Umschlagt.]
(Sammlung klinischer Vorträge. N. F. Nr 580/581.)

Erhardt, Erwin, Med.-Prakt.: Experimentelle Studien über Lumbalanaesthesie. München 1908: Kastner & Callwey. 73 S. 8°
München, Med. Diss. v. 5. Jan. 1909, Ref. v. Tappeiner
[Geb. 27. April 83 München; Wohnort: München; Staatsangeh.: Bayern; Vorbildung: Realgymn. München Reife Juli 02; Studium: München 10 S.; Coll. 5. Jan. 09; Approb. 15. Dez. 08.] [U 09. 3303

Erhardt, F., Beytr. z. Naturkunde rc. s. Ehrhardt.

Erhardt, F. (Franziska Hahn), der Erste. Roman. 8. (477 S.) Berlin 898. Deutsches Verlagshaus Bong & Co. n. 4.—; geb. 5.50

Erhardt, F. (Franziska Hahn), Wandlungen. Roman. 8. (263 S.) Berlin 899. Deutsches Verlagshaus Bong & Co. n. 3.—; geb. n. 4.50

Erhardt, Ferdinand. Ueber historisches Erkennen. Probleme der Geschichtsforschung. Diss. Phil. Bern. 79 S. 8. Bern, Gustav Grunau, 1905.

Erhardt, Ferdinand. Ueber historisches Erkennen. Probleme der Geschichtsforschung. [2., erweiterte Ausgabe.] 96 S. 8. Bern, Gustav Grunau, 1906. [fr. 3.—]
Ausg. 1: Diss. Phil. Bern. 1905 *s. Bulletin 1905, S. 414.*

Erhardt, Ferd., die katholische Kirche u. ihr Kampf! Niedergang od. neues Leben? (149 S.) gr. 8. München 904. J. Roth. n. 1.50

— dasselbe. 2. u. 3. Aufl. (3.–8. Taus.) (à 147 S.) gr. 8. Ebd. 904. n. 1.50

Erhardt, Ferd., die kathol. Kirche u. ihr Kampf! Niedergang od. neues Leben? 3. Aufl. (8. Taus.) (Neue [Titel-] Ausg.) (149 S.) 8. Mergentheim [904] (907). C. Ohlinger. 1.50; geb. 2. —

Erhardt, Franz [aus Niedertrebra]: Kritik der Kantischen Antinomienlehre. (Erster Teil.) ... Cöthen, Druck v. Paul Schettler's Erben, 1888; 1 Bl. + 45 S. 8°
Jena, Phil. Fak., Inaug.-Diss. v. 1888

Erhardt, Franz, Kritik der Kantischen Antinomienlehre. (Erster Teil.) Diss. Jena 1888, G. Neuenhahn. 8°. 45 S.

Erhardt, Frz., Kritik der Kantischen Antinomienlehre. gr. 8. (83 S.) Leipzig 888, Fues's Verlag. *

Erhardt, Frz. Mechanismus u. Teleologie. Eine Abhandlg. üb. die Principien der Naturforschg. gr. 8. (VII, 160 S.) Lpz. 890, Reisland. * 3 60

Erhardt, Frz., Metaphysik. 1. Bd. Erkenntnistheorie. gr. 8. (X, 642 S.) Leipzig 894. O. R. Reisland n. 12.—

Erhardt, Frz., psycho-physischer Parallelismus u. erkenntnistheoretischer Idealismus. Eine ergänz. Abhandlg. zu meiner Schrift: Über die Wechselwirkg. zwischen Leib u. Seele. gr. 8. (44 S.) Leipzig 900. [C. E. M. Pfeffer.] H. Haacke. n. — 80
Sonderabdr. aus: „Ztschr. f. Philosophie u. philos. Kritik".

Erhardt, Frz., die Philosophie des Spinoza im Lichte der Kritik. (VIII, 502 S.) gr. 8. Leipzig 908. O. R. Reisland. 9.—

Erhardt, Franz [Dr. phil.]: Der Satz vom Grunde als Prinzip des Schließens. ... (Aus: Zeitschr. f. Philos. u. philos. Kritik.) Halle a. S., Heynemann'sche Buchdr., 1891; 56 S. 8°
Jena, Phil. Fak., Hab.-Schr. v. 1891

—— Der Satz vom Grunde als Prinzip d. Schließens. Habilitationsschrift. gr. 8. (56 S.) Halle a. S. 891. — Lpz., Pfeffer. * — 80
Aus: Zeitschrift f. Philosophie u. philosoph. Kritik, besonders abgedruckt.

Die Wechselwirkung zwischen Leib und Seele. Eine Kritik der Theorie des psychophysischen Parallelismus v. Franz Erhardt, Privatdoz. ... a. d. Univ. Jena. *Leipzig: O. R. Reisland 1897.* (IV S., 1 Bl, 163 S.) 1 Bd 8.

Erhardt, G., Christentum und Politik. Vortrag, gehalten im conservativen Verein in Nürnberg am 12. Juni 1883, mit der von der Versammlung gefaßten Resolution. 8. (15 S.) Nürnberg 883, Löhe's Buchh.

Erhardt, Geo., Memoiren Maximilian Robespierres, s.: Memoiren-Bibliothek.

— dasselbe, neue Ausg., s.: Mannstaedt, A., die Blutopfer der Guillotine.

Erhardt, Georg Wilhelm (Meckl.-Schwerin), De secretione lotii renali unica et sufficiente. Diss. phys.-med. Erfurt (J. Ch. Goerling) 1799. 15 S. (4.20) 8090

Erhardt, H., der Tabak, mit besond. Rücksicht auf d. f. Kultur u. Handel wicht. Arten nebst deren Varietäten botan. u. landwirthschaftl. dargest. gr. 8. (4½ B.) Heidelberg 811, J. Ch. B. Mohr. Thlr.

Erhardt, Hans, approb. Arzt aus Breslau: Die **Craniectomie** bei Microcephalie. *Leipzig 1900: B. Georgi.* (31 S.) 8°
Leipzig, Med. Diss. v. (15. Juli) 1900

Erhardt, Hans: Die Schafräude. Mit 3 Textabb. u. 1 Kurventaf. Stuttgart 1910. 52 S.
Giessen, Vet.-med. Diss. v. 1910.
Aus: Monatshefte für prakt. Tierheilkunde. Bd 22.

Erhardt, Hch. Aug. Theodor Körners Leben. 8. Arnstadt 1821.

Erhardt, J., Samml. v. Beobacht. z. Geburtsh. 8. Nrnb. Felsecker. 775.

Erhardt, J., Vocabulary of the Enguduk Iloigob, as spoken by the Masai-Tribes in East-Africa. gr. 8. (111 S.) Ludwigsburg 857. (Riehm.)

Erhardt, J. C., der Lotterie-Berechner, s. Jahrbuch deutscher Bühnenspiele.

Erhardt, J. S., der Rechenschüler oder methodisch geordneter Stoff für den Unterricht im Rechnen, mit besonderer Rücksichtnahme auf Selbstbeschäftigung der Schüler. 1. Bdchn.: Behandlung der vier Grundrechnungsarten innerhalb hundert. 2 Abthlgn. 2., verb. Aufl. 8. (IV und 72 S.; 68 S.) Nürnberg 860, Korn'sche Buchh. à Abthl. * 4 Ngr. *

Erhardt, J. S., der Rechenschüler oder methodisch geordneter Stoff für den Unterricht im Rechnen mit besonderer Rücksichtnahme auf Selbstbeschäftigung der Schüler. 1. Bdchn. Behandlung der vier Grundrechnungsarten innerhalb hundert. 2 Abthlgn. 3., verb. Aufl. Nürnberg 860. Korn. 8. (IV, 72; 68 S.) Jede Abth. n. 4 ngr.

— — 2. Bdchn. A. [Kopfrechnen.] Behandlung der vier Grundrechnungsarten mit grösseren gleichbenannten Zahlen. 1. Abth. Mit Zahlen bis 1000. 3. Aufl. Ebend. 860. 8. (48 S.) n. 4 ngr.

Erhardt, J. S., der Rechenschüler oder methodisch geordneter Stoff für den Unterricht im Rechnen, mit besond. Rücksichtnahme auf Selbstbeschäftigung der Schüler. 2. Bdchn. A. (Kopfrechnen.) Behandlung der 4 Grundrechnungsarten mit grösseren gleichbenannten Zahlen. 1. Abthl. Mit Zahlen bis 1000. 3. Aufl. 8. (48 S.) Nürnberg 863, Korn'sche Buchh. *
geb. **

Erhardt, J. S., der Rechenschüler oder methodisch geordneter Stoff für den Unterricht im Rechnen mit besonderer Rücksichtnahme auf Selbstbeschäftigung der Schüler. 1. Bdchn. 2. Abth. 4., nach dem neuen Maße umgearb. Aufl. Nürnberg 870. Korn. 8. (68 S.) n. 4 ngr.
— — 2. Bdchn. A. 1. Abth. 4., nach dem neuen Maße umgearb. Aufl. Ebend. 870. 8. (52 S.) n. 4 ngr.

Erhardt, J. S., der Rechenschüler oder methodisch geordneter Stoff für den Unterricht im Rechnen mit besond. Rücksichtnahme auf Selbstbeschäftigung der Schüler. 1. Bdchn. 2 Abthlgn. 8. Nürnberg, Korn'sche Buchh. [1. Abthl. 4. Aufl. (72 S.) 873; 2. Abthl. 5. Aufl. (64 S.) 875.] cart. à Abthl. * 40 Pf. *
—— dass. — 2. Bdchn. A. 5. Aufl. 8. (52 S.) Ebendas. 875. cart. *

Erhardt, J. S., der Rechenschüler oder methodisch geordneter Stoff für den Unterricht im Rechnen. Neu bearb. von Steph. Scherber. 1. Bdchn. 2 Abtlgn. und 2. Bdchn. 8. Nürnberg, Korn'sche Buchh. geb. à * * 50 Pf. **
Inhalt:
Bdchn. 1. Behandlung der vier Grundrechnungsarten innerhalb hundert. 1. Abtl.: Addieren und Subtrahieren. 5. Aufl. (72 S.) 883.
" 1. —— dass. — 2. Abtl.: Multiplizieren und Dividieren. 6. Aufl. (64 S.) 884.
" 2. Kopfrechnen mit Zahlen bis tausend. 6. Aufl. (52 S.) 884.

Erhardt, J. S., der Rechenschüler oder methodisch geordneter Stoff für den Unterricht im Rechnen. Umgearb. von Friedr. Rosenhauer und Matth. Wettschureck. 2. Bdchn.: Kopfrechnen mit Zahlen bis Tausend. Aufgaben im schriftlichen Rechnen bis Millionen. 7. Aufl. 8. (65 S.) Nürnberg 888, Korn'sche Buchh. geb. *

Erhardt, Iac., de Scriptor. errorib. praecip. in causis Mahomedi. 8. Ulm. 731.

— **Joh. Christoph** (Querfurt), De advocato injuriante. Diss. jur. Präs. Heinrich Brokes. Wittbg. (Schlomach) März 1731. 18 S. (4.80) 8092
Gew.: Christian Ludwig Büttner.

Erhardt, Jh. Sim., über d. Begriff u. Zweck d. Philosophie. 8. Frburg 818. Herder. 6 gl. Hbg. Pr. 3 gl.

— Volkmars Bekenntnisse u. Lebensgeschichte, aus dessen Papieren gezogen u. herausg. 8. Nürnb. 817. Schrag. 1 ß 3 gl.

— Einleit. in d. Studium d. gesammten Philosophie. gr. 8. Heidelb. 824. Groos. 18 gl.

— s. Eleutheria.

— philos. Encyklopädie, oder System d. gesammten wissenschaftl. Erkenntnisse. 8. Frburg 818. Herder. 12 gl.

— Grundlage d. Ethik, zum Gebrauch seiner Vorlesungen. 8. Frburg 821. Wagner. 1 ß

— d. Leben u. seine Beschreibung. 8. Nürnb. 816. Campe. 16 gl.

— Vordersätze zur Aufstellung e. systemat. Anthropologie. (Aus d. Eleutheria besond. abgedr.) 8. Frburg 819. Wagner. 4 gl.

— Vorlesungen über d. Theologie u. d. Studium derselben. gr. 8. Erlang. 810. Palm. 1 ß

Erhardt, C[arl] F[riedrich]: Auf Chemie und Erfahrung gegründete praktische Anleitung zu Erzielung schmakhafter, gesunder und haltbarer Weine. ... Carlsruhe: Macklots Buchhandl. 1803. XVI, 165 S., 4 Tab. -- 16.21*.25. Frei 100*
BJ: Ehrhard, C.F.; Erhardt, C.F. -- Bibliotheca oenologica: Erhardt, E.F. -- Dochnahl: Erhard, Carl Fr. -- Heinsius: Erhard, C.F. -- Kayser: Erhard, Karl Fr. -- Simon: Bibliotheca vinaria: Ehrard, C.Fr. -- Thienemann: Ehrhard, C.F.
--- Dass. 2. Ausg. Ebd. 1814. -- [Zit. nach dem Realkatalog der DSB: 1: Kriegsverlust]
BJ: Erhardt, C.F. -- Dochnahl: Erhard, Carl Fr. -- Heinsius: Ehrhard, C.F. -- Kayser: Erhard, Karl Fr. -- Simon: Bibliotheca vinaria: Erhard, C.Fr. -- Thienemann: Ehrhard, C.F.
s.a. Erhard.

Erhardt, [Carl Friedrich]: Eine durch Erfahrung erprobte Verfahrungs-Art Weinstöke und zwar mehrere auf einmal, sehr schnell zu erziehen, und zum frühern Ertrage zu bringen. Ludwigsburg o.J. [um 1820]. 24 S. -- 21*

Erhardt, L. Frhr. v., Ehre u. Spiritismus vor Gericht. E. Kampfesschrift f Wahrheit, sittl. Recht u. Justizreform. gr. 8. (VIII, 405 u. 64 S.) Berlin 897. H. Walther. n. 3. —

Erhardt, L. Frhr. v., Ehrlos! Ein „Hannibal ante portas!" gegen Willkür v. Behörden u. Wissenschaft. (256 S.) gr. 8. Berlin '07. Herm. Walther. 2. 50.

Erhardt, L. Frhr. v., Vor der Entscheidung! Ein deutscher Dreyfusfall! Ketzerverfolgung. — Wahnsinn. Ein „memento mori!" Ein Appell an die Ehre des Kaisers, der Richter, des Justizministers, des Offizierstandes u. des Deutschen Reiches u. e. Ruf an Verstand u. Herz der Menschheit. (83 S.) gr. 8. Berlin '06, Herm. Walther. 1. —

— Ohne Recht u. Gesetz u. im Kampfe um die Weltanschauung. Zwei Appelle an Regiergn., Volksvertretgn. u. Presse u. e. vierter Ruf an die Menschheit zur Befreig. Aller v. Elend u. Rechtlosigkeit. (III, 67 S.) 8. Dresden (907). E. Pierson. — 80

Erhardt, L. Frhr. v., Spiritismus u. Ehrenwort als Zeugen der Unsterblichkeit. gr. 8. (260 S.) Leipzig 893. [M. Spohr.] E. Fiedler. n. 3. —

Erhardt, L. Frhr. v., Spiritismus u. Ehrenwort als Zeugen der Unsterblichkeit. Ein Aufruf zum Kampfe f. Wahrheit u. sittl. Menschheitsentwicklg. gr. 8. (260 S.) Leipzig 893. M. Spohr. n. 3. -

Erhardt, L. Frh. v., unschuldig Verurteilte u. der Menschheitswille als Befreier aus Rechtlosigkeit u. Elend. Eine Verteidigg. u. dritte Kampfesschrift f. Recht, Wahrheit u. Reform. (IV, 268 S.) gr. 8. Dresden 906. E. Pierson. n. 2. —

Erhardt, Leon Frh. von

Erhardt, L. Frhr. v., Anklagen u. Proteste u. die andre Welt. (98 S.) gr. 8. Berlin 908. Herm. Walther. 1. 50

Erhardt, Louis, die Entstehung der homerischen Gedichte. gr. 8. (CXIII, 546 S.) Leipzig 894. Duncker & Humblot. n. 12. —

Erhardt, Louis, Gedichte. Aus dem Nachlass des Verf. Buchschmuck v. Rich. Cossmann. (VII, 300 S. m. Bildnis.) kl. 8. Dresden (908). E. Pierson. 4.—; geb. n 5. —

Erhardt, Louis. Ueber die Grundlagen unserer höheren Schulbildung. gr. 8. (47 S.) Berl. 891, Lüstenöder. * 1 —
Aus: Das zwanzigste Jahrhundert, besonders abgedruckt.

Erhardt, Louis. Kelten, Belger und Germanen. Inaug.-Diss. Leipzig 1878. gr. 8. (0.)

Erhardt, Louis, älteste germanische Staatenbildung. Eine histor. Untersuchung. gr. 8. (82 S.) Leipzig 879. Duncker & Humblot. n. 2. —

Erhardt, L., Zum Text von Tacitus Germania. S.-A. 1906. 6 S. 1.—

Erhardt, M., Hauptm. und Compagnie-Chef im Reg. Das königl. bayer. 13. Inft.-Reg. „Kaiser Franz Joseph von Oesterreich" (1806—1890). Im Auftrage des Reg. bearbeitet für Unterofficiere und Mannschaften. 2. Aufl. (Mit Portrait des Prinzregenten Luitpold.) 8. München 1890.

Erhardt, Max, Diapositive, s.: Schnauss, Herm.

Erhardt, Max. Die Warenhaus-Umsatzsteuer. Eine Besprechung der Regierungsvorlage und der Denkschrift des Bundes der Handel- und Gewerbetreibenden zu Berlin. gr. 8°. Berlin, J. Guttentag, 1900.

Erhardt, Rob[ert], Dr. sc. pol.: Die russischen Handels- und Gewerbeabgaben. *Riga: N. Kymmel 1899.* (VIII, 335 S.) 4°(8°)
Tübingen, Staatswiss. Diss. v. 1899

Erhardt, Siegismund Justus, s.a. E h r h a r d t .

— Abhl. v. d. Religionszust. in Schles. vor d. Reform. 4. Bresl. Korn d. ä. 778.

Erhardt, Sigm. Just., n. diplom. Beyträge z. niederschles. Gesch. u. Rechte. 5 Stck. gr. 4. Bresl. Korn d. jüng. 775. ff.

Erhard, Sig., Gesch. u. gerett. Ehre d. Freymäurerordens. 8. Coby. Otto. 754.

— alt. u. neues Cüstrin. 4. Glog. Günter. 769.

— de praecip. Claud. Tib. Neronis in literar. studia meritis. 8. ibid. 753.

— Presbyterologie d. evang. Schlesiens. 1r Bd. 2 Thle. 2r Bd. 3 Thle. 8. Dess. Gel. Hdl. 784. 85.

Erhardt, Simon

Sim. Erhardt üb. d. Begr. u. Zweck d. Philos. *Freiburg*, Herder. 817. 8° 5 gl

Sim. Erhardt's Einleit. in d. Studium d. gesammten Philos. *Heidelb.*, Groos. 824. gr 8° 18 gl

Sim. Erhardt's philos. Encyklop., od. System d. gesammten wissenschaftl. Erkenntniss. *Freiburg*, Herder. 818. gr 8° 12 gl

Sim. Erhardt's Grundl. der Ethik. *Freib.*, Wagner. 821. 8° 1 ß

Erhardt, Simon s. Huber, Daniel. Johann Heinrich Lambert. Basel 1829.

Erhardt, Th., de asphyxia neophytorum. 8. maj. Memming. Seyler. 789.

Erhardt (U.). Der Tabak . . . Heidelb. 1811. 8°.

Erhardt, W., die Ausgeschiedenen. Ein Vorschlag zur Verbessorg. der Menschheit. (8 S.) 16. Wiesbaden 905. Moritz & Münzel. n. — 10

Erhardt, W., Bebel u. Bibel. (12 S.) 16. Wiesbaden 909. Moritz & Münzel. - 10

Erhardt, W., zeitgemässe Gasthäuser. Einige Vorschläge zur zweckmäss. Anlage. gr. 8. (15 S.) Frankfurt a/M. 902. Mahlau & Waldschmidt. — 30

— Kolonial-National. (8 S.) 16. Ebd. 907. — 10

Erhardt, W., neue Polterabend- und Hochzeits-Scherze, Deklamationen, Festspiele und Vorträge für ein, zwei und mehrere Personen. 8. (148 S.) Oberhausen 886, Spaarmann.

Erhardt, W. Neue Polterabend- u. Hochzeits-Scherze, Deklamationen, Festspiele u. Vorträge f. 1, 2 u. mehrere Personen. 2. Aufl. 8. (148 S.) Styrum 892, Spaarmann. 1 —

Erhardt, W., s.: Untersuchungen zur Naturlehre der Menschen u. der Thiere.

ERHARDT, Walther (Rom): Ueber den Einfluss electrischer Ströme auf das Gesichtsfeld und seinen Werth in therapeutisch-diagnostischer Beziehung.- München: Wolf 1885. 32 S., 4 Taf.
7.5.1885 - Urk (Titel: De vi et effectu quem rivi electrici exercent in conspectum quo oculi eum longissime ferant therapiae et diagnosis ratione habita.); Chr 1884/85,21
Diss.Ingolst.-Landsh.-Mchn.

Erhardt, Wilh. Fritz, die Schule d. Geistesgegenwart. Mittel u. Wege zur Erlangg. v. Kaltblütigkeit u. Besonnenheit in allen Gefahren, sowie in d. schwier. Situationen d. Lebens. (181 S.) gr. 8. Leipzig (908). (M. Wendel.) 6. —

Erhart, s.a. E h r h a r t , E r h a r d und E r h a r d t .

Erhart, Balthasar

Erhart, B.: De B e l e m n i t i s suevicis dissertatio. Ed. alt. Augustae. Vindelic. 1727. 4°.
s.a. E r h a r d t

Balthasar Erhart, Oekonomische Pflanzenhistorie nebst dem Kern der Landwirthschaft, Garten- und Arzneykunst.
4 Bde.. 2. Aufl. nach dem Tod des Verf. herausgg. von Prof. F. Gmelin, Tübingen, 1753. Verf. Stadtarzt von Memmingen und Mitglied der Leopoldinisch-Carolinischen Akademie. Mit bes. Ber. von Flora, Landw. und Gartenbau um Memmingen, auf Grund 40jähr. Beobachtungen. 1750 Memmingen

ERHART, Balthas.: Oeconomische Pflanzenhistorie. - Ulm, Memmingen 1751. 3 Tl.

Erhart, Balth., ökonomische Pflanzenhistorie. 12 Thle. 8. Ulm, Stettin. 762.
s.a. Erhard.

Erhart, E., Guide de Teplitz. kl. 12. (5⅓ B. u. 1 Ansicht d. Stadt.) Prague 829, Neureutter. (Leipzig, Central-Comptoir.)

ERHART, F., Aufforderung an die Fürsten wegen von Dr. Taur in Wien angekündigten Mittel wider die Lustseuche. Frankfurt 1784. 8°.
Karajan's Bibl. II. no. 1334. — Selten!

Erhart, F. G. D., Diac. zu Heidelheim in Württemberg. Echo aus den Zeiten des dreissigjährigen Krieges. Vom Anfange des XVII. Jahrhunderts bis zum Tode des Königs Gustav Adolph von Schweden. Stimmen der Wahrheit und der Warnung an meine Zeitgenossen. 8. Mannheim 1826.
s.a. Erhart, J.G.D.

Erhart, Ferdinand: Über brenztraubensauren Glycidäther. S. 92. II. 356. vgr.
Separatabdruck

Erhart, J., d. Schaufenster-Dekorateur. Lehrb. zur zweckmäss. Dekoration d. Schaufenster f. sämtl. Modebranchen m. üb. 300 Illustr. gr. 8. (224 S.) Frankfurt a/M. 895. A. Blažek jun. Geb. n. 15.—
Die Thaliacea d. Plankton-Expedition. C. Vertheilung d. Doliolen. Von A. Borgert. (68 S. m. 2 Fig., 2 Taf., 1 Karte u. 1 Diagramm.)

Erhart, J., der Schaufenster-Dekorateur. Ein Lehrbuch zur zweckmäss. Dekoration der Schaufenster f. sämtl. Modebranchen, m. üb. 300 Illustr. (224 S.) gr. 8. Magdeburg (905). Leipzig, Wissen giebt Macht-Verlag. Geb. n. 6.—

Erhart, (J. G. D.,) üb. d. christl. Auferstehungslehre. gr. 8. Ulm 823, Stettin.

— Echo aus d. Zeiten d. 30jähr. Krieges. Vom Anfange d. 17. Jahrh. bis z. Tode d. Königs Gustav Adolph v. Schweden. Stimmen d. Wahrheit u. d. Warnung an meine Zeitgenossen. gr. 8. Mannh. 826, Löffler; (Halberst. Vogler.) Rthlr.
s.a. Erhart, F.G.D.

Erhart, Philipp, P., O. S. A.: Wie läßt sich der Physikunterricht nutzbar gestalten? *Ansbach 1903: C. Brügel & S.* (65 S., 2 Taf.) 8°
Münnerstadt, k. humanist. G, P 1903*

Erhebung, eine Zeitschrift f. Vaterland. gr. 8. Lübeck, Niemann. 809. R hlr.

Erhebung. Deutsche Turnerschaft. Turnkreis 3b (Mark Brandenburg). Berlin.
1905, 1910, 1912.

— die, e. Abgabe v. Wein u. Obstmost (Umgeld). Kurzgefaßte Zusammenstellg. der zur Zeit gilt. gesetzl. u. instruktiven Vorschriften. 16. (62 S.) Stuttgart 889. [Rieger.] W. Kohlhammer. —70

Erhebung üb. d. Arbeits- u. Gehalts-verhältnisse d. Kellner u. Kellnerinnen, s.a. Drucksachen der Kommission f. Arbeiterstatistik.

Erhebung über die Arbeits- und Gehalts-Verhältnisse der Kellner und Kellnerinnen. T. [1.] 2. — Berlin: Heymann 1894-95. 4° (Drucksachen der Kommission für Arbeiterstatistik. Erhebungen. Nr. 6. 9.)

[1.] ... Veranst. i. J. 1893. Bearb. i. Kais. Stat. Amt. 1894.
2. ... Nebst Ermittelungen betr. Küchenpersonal in Gast- u. Schankwirtschaften. 1895.

Erhebung über landwirtschaftliche Arbeitsverhältnisse (Arbeitsnachweis, private Vermittelung, Fort und Zuzug, Vertragsbruch) in der Provinz Hannover. Bearb. von Heinrich Steiger. Hannover: Landwirtschaftskammer 1900. 70 S. 8°
(Arbeiten d. Landwirtschaftskammer f. d. Prov. Hannover. H. 1) [illegible] 7

Erhebung über die Arbeitszeit in Bäckereien u. Konditoreien, s.: Drucksachen der Kommission f. Arbeiterstatistik.

Erhebung üb. die Arbeitszeit im Binnenschiffahrts-Gewerbe, s.a. Drucksachen d. kaiserl. statist. Amts, Abtlg. f. Arbeiterstatistik.

Erhebung über die Arbeitszeit im Binnenschiffahrts-Gewerbe. Bearb. im Kaiserl. Statist. Amt, Abt. f. Arbeiterstatistik. Berlin: C. Heymann 1907. (IV, 87 S.) 4° [F.]
— Drucksachen d. Kais. Statist. Amts. Abt. f. Arbeiterstatistik. Erhebungen. No 7. [illegible]

Erhebungen über die Arbeitszeit im Binnenschiffahrtsgewerbe, s.a. Drucksachen d. kaiserl. statist. Amtes, Abtlg. f. Arbeiterstatistik. Nr. 8.

Erhebung über die Arbeitszeit im Binnenschiffahrtsgewerbe. Gutachten der Organisationen der Arbeitgeber und Arbeitnehmer ... Erstattet im J. 1909. Fortsetz. d. Erheb. Nr 7 vom J. 1907. Bearb. im Kais. Statist. Amt, Abt. f. Arbeiterstatistik. Berlin 1909. 4°.
(Drucksachen d. Kais. Statist. Amts Abt. f. Arbeiterstatist. Erheb. Nr 8)

— üb. d Arbeitszeit in gewerbl. Fuhrwerksbetrieben, s.a. Drucksachen d. kaiserl. statist. Amts. Abtlg. f. Arbeiterstatistik. Nr. 6.

Erhebung über die Arbeitszeit in gewerblichen Fuhrwerksbetrieben. Veranst. im Sommer 1902. Bearb. im Kais. Statist. Amt, Abt. f. Arbeiterstatistik. *Berlin: C. Heymann 1904.* (CXII, 173 S.) 4° [F.]
— Drucksachen d. Kaiserlichen Statist. Amts. Abt. f. Arbeiterstatistik. Erhebungen No 2. [illegible]

Erhebung über die Arbeitszeit in gewerblichen Fuhrwerksbetrieben. Veranst. im Sommer 1905. Bearb. im Kais. Statist. Amt, Abt. f. Arbeiterstatistik. Berlin 1905. 4° (2°)

Erhebungen über d. Arbeitszeit in gewerbl. Fuhrwerksbetrieben. Gutachten 1905. (151 S) (Drucksachen d. k. Statist. Amts. Erheb. 6) 4° Berlin 1908

— über die Arbeitszeit der Gehülfen u. Lehrlinge im Fleischergewerbe, s.a. Drucksachen des kaiserl. statistischen Amts, Abteilg. f. Arbeiterstatistik. Nr. 1.

Erhebung über die Arbeitszeit der Gehülfen und Lehrlinge im Fleischergewerbe. Veranst. im Sommer 1902. Bearb. im Kais. Statist. Amt, Abt. f. Arbeiterstatistik. *Berlin: C. Heymann 1903.* (LXXIV, 219 S.) 4° [F.]
— Drucksachen d. Kaiserlichen Statist. Amts, Abt. f. Arbeiterstatistik. Erhebungen No 1. [illegible]

— über die Arbeitszeit der Gehilfen u. Lehrlinge im Fleischergewerbe, s.a. Drucksachen des kaiserl. statist. Amts, Abtlg. f. Arbeiterstatistik. Nr. 5.

Erhebung über die Arbeitszeit der Gehilfen und Lehrlinge im Fleischergewerbe. II. 1905. (103 S) (Drucksachen des K. Statist. Amts. Erheb. 5) 4° Berlin 1907

— üb. die Arbeitszeit der Gehilfen u. Lehrlinge sowie der Hilfsarbeiter in solchen Kontoren des Handelsgewerbes u. kaufmännischen Betrieben, die nicht m. offenen Verkaufsstellen verbunden sind s.a. Drucksachen des kaiserl. statistischen Amtes.

Erhebung über die Arbeitszeit der Gehilfen und Lehrlinge, sowie der Hilfsarbeiter in solchen Kontoren des Handelsgewerbes und kaufmännischen Betrieben, die nicht mit offenen Verkaufsstellen verbunden sind. Berichte d. Handelskammern ... Erstattet im J. 1903. Forts. d. Erhebung v. Sept 1901. Bearb. im Kais. Statist. Amt, Abt. f. Arbeiterstatistik. Berlin: C. Heymann 1904. (IV, 174 S) 4° [F]
— Drucksachen d. Kaiserlichen Statist. Amts, Abt. f. Arbeiterstatistik. Erhebungen. No 3. [illegible]

Erhebung über die Arbeitszeit der Gehülfen und Lehrlinge in solchen Kontoren des Handelsgewerbes und kaufmännischen Betrieben, die nicht mit offenen Verkaufsstellen verbunden sind. Veranst. im Sept. 1901. Bearb. im Kais. Stat. Amt Abth. f. Arbeiterstatistik. *Berlin: C. Heymann 1903.* (XLIV, 164 S.) 4° [F]
— Drucksachen d. Kommission f. Arbeiterstatistik. Erhebungen No 11. [illegible] 2

Erhebung über die Arbeitszeit der Gehülfen u. Lehrlinge in solchen Komtoren d. Handelsgewerbes u. kaufmänn. Betrieben, die nicht mit offenen Verkaufsstellen verbunden sind. Bearb. i. Kais. Stat. Amt, Abt. f. Arbeiterstatistik. Veranst. i. Sept. 1901. [Nebst Forts.] — Berlin: Heymann 1902–04. 4°

Das Hauptwerk erschien als „Drucksachen d. Kommission für Arbeiterstatistik, Erhebungen. Nr. 11."

Die Forts. (veranst. i. J. 1903) ersch. als „Drucksachen d. Kais. Stat. Amts, Abt. f. Arbeiterstatistik, Erhebungen. Nr. 3"

– über die Arbeitszeit in Getreidemühlen, s.a. Drucksachen der Kommission f. Arbeiterstatistik.

Erhebung über die Arbeitszeit in Getreidemühlen. Th. [1.] 2. Berlin: C. Heymann 1894–95. 4°
[1.] Veranst. im Sommer 1893. Bearb. im Kais. Statist. Amt.
— **Drucksachen** d. Kommission f. Arbeiterstatistik. Erhebungen. No 4. 8.
[08. 11405

– über Arbeitszeit, Kündigungsfristen u. Lehrlings-Verhältnisse im Handelsgewerbe, s.a. Drucksachen der Kommission f. Arbeiterstatistik.

— über Arbeitszeit, Kündigungsfristen und Lehrlingsverhältnisse im Handelsgewerbe. Bearb. i. Kaiserl. Stat. Amt. T. [1.]-3. — Berlin 1893: Koebke (2 f.: Berlin: Heymann 1894). 4° (Drucksachen d. Kommission f. Arbeiterstatistik. Erhebungen. Nr. [2.] 5. 7.)

— über die Arbeitszeit der in Plättanstalten u. in nicht als Fabriken od. Werkstätten m. Motorbetrieb anzusehend. Waschanstalten beschäftigten Personen, s.a. Drucksachen d. kaiserl. statist. Amts, Abtlg. f. Arbeiterstatistik. Nr. 4.

Erhebung über die Arbeitszeit der in Plättanstalten und in nicht als Fabriken od. Werkstätten mit Motorbetrieb anzusehenden Waschanstalten beschäftigten Personen. Veranst. i. Okt. 1905. Bearb. i. Kais. Stat. Amt; Abt. f. Arbeiterstatistik. — Berlin: Heymann 1907. V, 88*, 256 S. 4° (Drucksachen d. Kais. Stat. Amts, Abt. f. Arbeiterstatistik. Erhebungen. Nr. 4.)

Erhebung, Bayern's, s. Bayern's Erhebung.

Erhebung d. preuss. Bundesstempels v. 1/3 % d. Kaufpreises f Kauf- u. Liefergsverträge, beurtheilt von d. Verein z. Wahrung d. wirthschaftl. Interessen. Berlin 887.

Erhebung, üb. die endliche, Germaniens? 8. Berl. neue Societ. Buchh. 813.

Erhebung, die, eine Gebühr für das Halten von Hunden. Gesetz vom 2. Juni 1876. Sammlung der hierauf bezügl. u. bis auf die neueste Zeit erschienenen Verordnungen u. Bekanntmachungen. Handbüchlein zum Gebrauch der kgl. Aufschlags-Einnehmer, Zollbeamte, Thierärzte u. Bürgermeister. 2., verm. Aufl. 16. (67 S.) Ansbach 878. Brügel & Sohn. n. — 60

ERHEBUNG des Geistes zu Gott. Gebetbuch zur Erhebung für katholische Christen. Pesth o. J.: Trattner-Károlyi. 4. verm. Aufl. 8 Bogen - 12°
- Dass. Pesth o. J.: Landerer u. Heckenast. - 16°

Erhebung des Geistes zu Gott. Ein Gebet- und Erbauungsbuch. Mit zwei Stahlstichen. Eigenthum des G. W. 1te Auflage. Wien, 1857. Druck und Verlag von Karl Ueberreuter. (366 S. 4 Bl. 8.)

ERHEBUNG des Geistes zu seinem Schöpfer. Gebetbuch für andächtige katholische Christen. Kaschau o. J.: St. Ellinger. - 12°

Erhebung des Geistes zu dem Schöpfer. Mit Kupf. 8. Pesth Müller. 820.

ERHEBUNG des Geistes zu dem Schöpfer für katholische Christen. Gesammelt von einem Freunde wahrer Andacht. Pesth 1821. Verlegt von Joseph Müller Buchhändler. Gedr. bei Erben Edlen von Ghelen. Wien 1820. 294 S. - 180 mm

Erhebung des Gemüthes zu Gott. Ein Gebetbüchlein für das fromme Landvolk. 8. Luzern 834. (Augsb., Kollmann.) 5 xr bei (M. Riger in Augsb.) nur 1/6 ₰

Erhebung des Gemüthes zu Gott in frommen Augenblicken unsers Lebens. Ein christkathol. Gebet- u. Erbauungsbuch. 12. (Mit 1 Lithogr.) Reichenberg 844, Pfeiffner. 1/4 ₰ Mit 3 Stahlstichen 1/2 ₰

—— des Gemüthes zu Gott in frommen Augenblicken unseres Lebens. Ein christ-kathol. Gebet- und Erbauungsbuch. 2., verm. Aufl. 12. (408 S. und 5 Stahlst.) Reichenberg 848, Pfeiffner.

Erhebung des Gemüthes zu Gott in frommen Augenblicken unseres Lebens. Ein christkathol. Gebet- und Erbauungsbuch mit Morgen-, Meß-, Nachmittags-Andachten rc. 2., verb. und verm. Aufl. 8. (VIII und 371 S. mit 1 Stahlst.) Reichenberg 866, Jannasch. *

D. **Erhebung** üb. d. öffentl. Gesundheitsverhältnisse in Italien. Wien 1887.

Erhebung, Die glücksälige, des H. Hrn. Johannes Debary zu der Würde eines Obersten Zunftmeisters des hochlöbl. Standes Basel . . . Basel 1760. V: *Merian, E. A.* (Cat. d. Stadtbibl. Zürich. Zürich 1864—97.)

Erhebung. Die glücksälige E' des... Herrn Johannes Debary, zu der Würde eines Obersten Zunftmeisters des Hochlöblichen Standes Basel. besungen von E A M . [Mit Vignetten.] fol. Basel 1760.
Ausg. A: ... den 18. Augstmonat. 1760.
Ausg. B: ... den 18. Augusti, 1760.

—— zu Gott. Ein Familienschatz für jeden Christen. Sammlung der beliebtesten poetischen Gebete und Lieder für alle Lebensverhältnisse. Nebst einem Anhange, enth. Gebete für Kinder. gr. 8. (VIII und 271 S. mit 1 Stnt.) Breslau 847, Verlags-Comptoir.

Erhebung des Herzens zu Gott. Ein kathol. Gebetb. f. jede gläubige Seele. Vorzüglich für die reifere Jugend geeignet. 2. Aufl. 12. (18 B. u. 1 Stahlst.) Innsbruck 845. (Wagner'sche Buchh.) Thlr. -

Erhebung des Herzens zu Gott. Ein katholisches Gebethbuch für jede gläubige Seele, die auf eine ganz einfache Weise Gott anzubethen, und Maria, die Mutter Gottes, und die Heiligen Gottes zu verehren wünscht, um Gnade, Trost u. Stärke zu erlangen. Vorzüglich für die reifere Jugend geeignet. 6. Aufl. Innsbruck 853. C. Rauch. 8. (VIII, 424 S. u. 2 Lithogr.) 12 ngr.

Erhebung des Herzens zu Gott. Ein katholisches Gebetbuch für jede gläubige Seele etc. etc. Achte Aufl. *Innsbruck* 1858. Druck u. Verl. von *Felician Rauch.* 4 Bl., 424 S., kl. 8°. 30 kr.

Erhebung über die Kinderarbeit in Oesterreich im J. 1908. (K. k. Arbeitsstatistisches Amt im Handelsministerium.) 1. Tl. 4°. Wien, A. Hölder, 1911.

Erhebung, über die, des Kunstfleißes in Deutschland, (v. K. W. Juch). 8. Nürnb. 802.

Erhebung über die wirtschaftliche Lage der Privatbeamten [im Großherzogtume Luxemburg]. Luxemburg 1910. 8°

— die, d. Reichs-Stempelabgaben. Gesetz vom 1. Juli 1881, nebst den Ausführungsvorschriften. gr. 4. (20 S.) Berlin 881. Germania. — 60

Erhebung beim Scheiden eines theuern Bruders. Gesungen am Stiftungsfeste 1828. [Unterz.:] Br. o. O. [1828.] 1 Bl. 8° [Kopftit.]
Lied ohne Noten: „Wer immer hat an theurer Gruft geweilt, . . .“ 430.

Die **Erhebung** von Schiffahrtsabgaben auf dem Rhein. Denkschrift d. Arbeitsausschusses d. Rheinschiffahrtsinteressenten (Handelskammern, Städte, wirtschaftl. Vereine). Mainz: J. Diemer 1905. (VII, 121 S.) 8° [F.] [05. 8804]

Erhebung, Schleswig-Holsteins. Eine historische Skizze. Altona 1848. V: *Biernatzki, Carl Leonhard.* (A)

Erhebung, die, der Schweiz für Neuenburg. Eine geschichtliche und rechtliche Darstellung für das Volk. Mit Illustr. und 1 Kärtchen des Kantons Neuenburg und der Rheingrenze. 6 Lfgn. Lex.-8. (416 S. mit 2 Portr. in Stndr., eingedr. Holzschn. und 1 lithogr. Karte in qu. 4. und qu. Fol.) Freiburg i. d. Schweiz 857. (Leipzig, Gerhard.) à Lfg. * 12 Ngr. *
Vgl.: l'Enthousiasme, de, de la Suisse.

Erhebung. Die E. der Schweiz für Neuenburg. Freiburg 1858 s.a. Ineichen, Adolf.

— die, der Schweiz für Neuenburg. Eine geschichtliche und rechtliche Darstellung für das Volk. Mit Illustr. (Holzschn. im Text) u. (lith.) Kärtchen des Kantons Neuenburg u. der Rheingrenze (in 4.). Freiburg 858. (Leipzig, Gerhard.) gr. 8. (416 S. u. 2 lith. Portr.) n. 2 ß 12 ngr.

— statistische, üb. d. Lohn- u. Arbeitsverhältnisse d. in d. Metallindustrie Leipzigs u. Umgegend beschäft. Arbeiter u. Arbeiterinnen. Winterhalbj. 1896/97. 8. (74 S.) Leipzig 897. (Buchdruckerei u. Verlagsanstalt d. Leipziger Volkszeitg.) n. — 20

Die statistische **Erhebung** über Spiele und Turnerfahrten in der Deutschen Turnerschaft 1891. Leipzig. 8 S., 8°.

Statistische **Erhebung** innerhalb der Deutschen Turnerschaft v. 1. 11. 1876 u. 1. 1. 1878, 1. 1. 1880 — 1. 1. 1887, 1. 1. 1888 1. 1. 1909, 1. 1. 1901 1. 1. 1910, 1. 1. 1912 — 1. 1. 1913 (S. Abdr. a. d. Dtsch. Turnztg.), 4°. 5 Bde.

Erhebung über Verhältnisse im Handwerk. Veranstaltet im Sommer 1895. 3 Hefte. Fol. Berlin 1895—96.

[F.] **Erhebung** über Verhältnisse im Handwerk. Veranstaltet im Sommer 1895. Bearb. im Kaiserl. Statist. Amt. H. [1.] 2, (Nr. 1. u.) *Berlin: (Gedr. in d. Buchdr. W. Koebke;* (2, i. *Dr. d. C. Feister'schen Buchdr.)) 1895.* 1 Bd 4.
[1.] (IV, 93 S., 3 Kt., 4 Taf.) 2, d. u., Tabellenwerk. (2 Bl., 123; 363 S.) 96. 134

Des deutschen Volkes **Erhebung** und Befreiung. 3 Vorträge. Allen vaterländ. Vereinen gewidm. vom Deutschen Patriotenbund zur Errichtung eines Völkerschlacht- u. Nationaldenkmals bei Leipzig. *Leipzig: Deutscher Patriotenbund 1906.* (53 S.) 8° [F.] [06. 9618]

Erhebung über die Wirkungen des Handwerkergesetzes (Reichsgesetz v. 26. Juli 1897). Veranst. Anf. 1905. Mit Anh.: Nachträgl. Erhebung über d. Tätigkeit u. d. Erfolge d. Handwerkskammern nach d. Stande am 31. Okt. 1907. Bearb. im Kais. Statist. Amt. Abt. f. Arbeiterstatistik. Berlin: C. Heymann 1908. (114, 257, 31 S.) 4° [F.] [08. 4943]

— d. Wirtschaftsrechnungen minderbemittelter Familien im Deutschen Reiche, s.a. Reichs Arbeitsblatt. 2.

Erhebung von Wirtschaftsrechnungen minderbemittelter Familien im Deutschen Reiche. Bearbeitet im Kais. statist. Amte, Abt. f. Arbeiterstatistik. Reichs-Arbeitsblatt, 1909, 2. Sonderheft. Lex.-8°. Berlin, C. Heymann, 1909.

Erhebung über die Wohnungs- u. Lebensmittelpreise in den Jahren 1896—1900, umfassend 388 Orte. Als Mscr. gedruckt. Imp.-Fol. Berlin, Druck von W. Büxenstein, 1902.

die, der Wohnverhältnisse in der Stadt München 1904—1907, s.a. Mitteilungen des statistischen Amtes der Stadt München.

Die **Erhebung** der Wohnverhältnisse in der Stadt München 1904–1907. T. 1–6. München: Lindauer 1906–10. 4°
1. Die Altstadt. 1906. 2. Der X., XI. u. XII. Stadtbezirk. 1906. 3. Das Ostend. (XIV–XVIII. Stadtbez.) 1906. 4. Die Stadtbez. V–IX u. XIII. 1907. 5. Das Westend. (XIX–XXIV. Stadtbez.) 1910. 6. Gesamtergebnis. 1910.
(Mitteilungen d. Statist. Amtes d. Stadt München. Bd 20, H. 1, T. 1–6.) [11. 8369]

Erhebung über die Zustände im Gebiet des Thüringer Bezirksvereins g. d. M. g. G. betr. d. Missbr. geist. Getränke. Gotha 1890. 8 S. 8°.

Erhebungen, eine Zeitschrift für das Vaterland. Lübeck 1809. H: *Herrmann, Friedrich & Andere.* (ErschDL)
Niemann

Erhebungen über Arbeitslöhne in Deutschland. Uebersicht über die von Behörden und Vereinen veranstalteten Aufnahmen zur Lohnstatistik. (S.-A. aus den Vierteljahresheften zur Statistik des Deutschen Reiches, III, 1893.) gr. 4°. Berlin 1893.

Erhebungen betr. die Arbeitsverhältnisse im Fleischergewerbe u. im Fuhrwerksgewerbe, s.a. Drucksachen der Kommission f. Arbeiterstatistik. Nr. 22.

Erhebungen, betr. die Arbeitsverhältnisse im Fleischergewerbe u. im Fuhrwerksgewerbe. *Berlin: C. Heymann 1902.* (S. 8 – 25.) 4° [F.]
— Drucksachen d. Kommission f. Arbeiterstatistik. Verhandlungen No 22, 01 [illegible]

Erhebungen über die Arbeitszeit in gewerblichen Fuhrwerksbetrieben, s. Erhebung.

Erhebungen über die Arbeitszeit in Getreidemühlen, s. Drucksachen der Kommission für Arbeiterstatistik.

Erhebungen in Blüthen schöner Wissenschaften u. Kunst. Nr. 1—19. 4. Bresl., Holäufer. (Leipz., Barth). 1 ₰ 8 ℊ
(ist fortgesetzt unter dem Titel: Zeitblüthen.)

— üb. die bestehend. Einrichtgn. u. Vorschriften zur Verhütung v. Feuers- u. Explosionsgefahren im Bergbau. (Drucks. d. Reichst. 12. Legislatur-Periode. I. Session. 1907/1908. Nr. 558.) (177 S.) 31,5×23 cm. Berlin (908). C. Heymann. 5.—

Erhebungen der Kgl. bayer. Fabriken- u. Gewerbe-Inspektoren über das Bierbrauergewerbe. (Beilageheft zu d. Jahresberichten f. 1902.) gr. 8⁰. München, Th. Ackermann, 1903.

Erhebungen der Kgl. bayerischen Fabriken- und Gewerbe-Inspectoren über die wirtschaftliche Lage der gewerblichen Arbeiter Bayerns. 1. Tl.: Arbeitsgelegenheit, Arbeitsnachweis, Arbeitslosenfürsorge. (Beilageheft zu den Jahresberichten für 1903.) gr. 8⁰. München, Th. Ackermann, 1904.

— 2. Tl.: Lohnverhältnisse, Wohnungs- und Ernährungswesen. (Beilageheft zu den Jahresberichten für 1905.) gr. 8⁰. Ebenda 1906.

— der königl. bayerischen Fabriken- u. Gewerbe-Inspektoren üb. das Maurergewerbe. (Beilagenheft zu den Jahresberichten f. 1900.) gr. 8. (78 S.) München (901). Th. Ackermann. n. 1.—

Erhebungen der Koniglich Bayerischen Fabriken- und Gewerbe-Inspektoren über das Müllergewerbe. (Vorr.: Karl Poellath.) *(München: Th. Ackermann 1902.)* (63 S.) 8° [5.]
- Jahresberichte d. Kgl. Bayerischen Fabriken- u. Gewerbe-Inspektoren. 1901, Beil. II.

Erhebungen des Geistes zu Gott. Ein Gebetbuch für katholische Christen. Budapest 1844. V: *Albach, J. Stanislaus.* (Russell XII, 1, 288)

Erhebungen des Geistes u. Herzens zu Gott. gr. 12. (15 B.) Mainz 823, Stenz. 12 Gr., Schrbv.

Erhebungen des Geistes u. Herzens zu Gott. Ein Andachtsbuch für gebildete Katholiken. 8. Einsiedeln 833. (M. Rieger in Augsb.) 1 ₰

Erhebungen des Gemüths zu Gott. Ein vollständiges Gebet- und Erbauungsbuch . . . 2. Aufl. Wiesensteig 1838. V: *Scheuerecker, Andreas.* (Ky)

Erhebungen des Gemüths zu Gott. Ein vollständ. Gebet- u. Erbauungsb. f. Katholiken. (Von Scheuerecker.) 2., umgearb. u. sehr verm. Aufl. Von d. Verf. d. Gebetb. „Die Weihe d. Andacht.“ M. 1 Stahlst. u. gest. Titl. gr. 12. (18½ B.) Wiesensteig 838, Schmid'sche Buchh. ½ Thlr., Blnw.

Erhebungen des Gemüthes zu Gott. Ein vollständ. Gebet- u. Erbauungsb. f. Katholiken. 3. Aufl. (18½ B. u. 1 Stahlst.) 841 u. 4., verb. u. verm. Aufl. v. d. Verf. des Gebetbuchs: „Die Weihe der Andacht.“ 12. (16½ B., 1 Stahlst. u. Titel in Buntdr.) Wiesensteig 846, Schmid'sche Buchh. (Leipzig, Stadler.) 15 Ngr. Mit 3 Stahlst.—

Erhebungen zu Gott. Gebet- und Betrachtungsbuch für die gebildete Frauenwelt. 24. (511 S. mit 1 Farbendr.) Einsiedeln 884, Gebr. Benziger.

Erhebungen zu Gott. Gebet- u. Erbauungsbuch f. gebild. Frauen u. Jungfrauen. *Einsiedeln, Köln: Benziger & Co. [um 1902].* (511 S.) 8° [5.]

— zu Gott in 16 geistl. Liedern. 8. Bonn 827. Habicht. 2 ℊ

Die Erhebungen d. Deutschnationalen Handlungsgehilfen-Verbandes üb. die wirtschaftl. Lage d. Handlungsgehilfen. Hamburg 1909. 8⁰

—— des Herzens zum Dreieinigen Gott. Ein Gebetbüchl. f. die christkathol. Jugend. 1. u. 2. Aufl. 16. (à 9½ B.) Oberndorf 844, 45. (Ulm, Seitz.) à

Erhebungen des Herzens zum dreieinigen Gott. Ein Gebetbüchlein für die christkathol. Jugend. 3. Aufl. gr. 16. (180 S. und 1 Kpfr.) Ulm 847, Müller's Buchh.

—— des Herzens auf d. Wege zur Heimath mit Gott. 8. (14 B. u. Titvign.) Sulzbach 830, v. Seidel.

Erhebungen über das Kleingewerbe im Bezirk Mannheim und Adelsheim für 1885. 3 Bde Karlsruhe 1887-88

Erhebungen über die Lage der Berufe der Feinmechanik, Optik und verwandten Gewerbe. (16, 48 S) Stuttgart 1909

Erhebungen über die Lage des Kleingewerbes im Amtsbezirk Adelsheim und Mannheim 1885, veranstaltet durch das Grossherzogl. Ministerium des Innern. 3 Bde. 4⁰. Karlsruhe 1887.

Erhebungen über die Lage des Kleingewerbes im Großherzogth. Baden 1885, veranstaltet durch das großherzogl. Ministerium des Innern. 3 Bde. 4. Karlsruhe, (A. Bielefeld's Hofbuchh.) *
Inhalt:
Bd. 1. Amtsbez. Adelsheim. (XI, 431 S.) 887.
" 2. Amtsbez. Mannheim. (XI, 367 S.) 887.
" 3. Ergebnisse der Erhebungen über die Lage der Landwirthschaft im Großherzogthum Baden. (191 S.) 888.

Erhebungen über die Lage der Landwirtschaft im Grossherzogthum (Baden), veranstaltet durch das Grossherz. Ministerium des Innern. 4 Bde. Karlsruhe 1883.

— - über die Lage der Landwirthschaft im Großherzogth. Baden 1883, veranstaltet durch das großherzogl. Ministerium des Innern. 4 Bde. Lex.-8. (590; 724; 611; 185 S. mit 8 graph. Stnt.) Karlsruhe 884, (Bielefeld's Sort.)

Erhebungen bei den Sommer- und Winterbauten im Jahre 1900. Hrsg. von d. Zentralkommission f. Bauarbeiterschutz zu Hamburg. Hamburg: Elflinge 1903. LI, 110 S. 4°

Zentralverband der Zimmerer Deutschlands. Statistische Erhebungen über Arbeitszeit und Löhne der Zimmerer Deutschlands. 1885 1905 Hamburg: Schrader 1906. 130 S. 8°

Statistische Erhebungen in den Buchbindereien und verwandten Berufen Deutschlands im Jahre 1900. Hrsg. vom Vorstand des Deutschen Buchbinder-Verbandes. Stuttgart 1902: Dietz. 252 S. 8°

Statistische Erhebungen über die Erwerbsverhältnisse der Sattler Deutschlands im Jahre 1905. Hrsg. v. Vorstand d. Verbandes d. Sattler. Bearb. von P[eter] Blum. Berlin: (P. Singer) 1905. (52 S.) 8° [5.]

Verband d. Sattler. Statistische **Erhebungen** über die Erwerbsverhältnisse der Sattler Deutschlands. [1.] Im J. 1905. Rechenschafts-Bericht d. Vorst. f. d. Zeit v. 1. Jan. 1903 bis z. 31. Dez. 1905. Protokoll d. 6. ordentl. Gen.-Versammlung ... Berlin: P. Blum 1906. 8° [J.]

Statistische Erhebungen über die Lage der Kartonnagenarbeiter und -Arbeiterinnen in Deutschland. Hrsg. v. Vorstand d. Dt. Buchbinder-Verbandes. — Berlin: Kloth 1908. 40 S. 8°

Verband d. Fabrikarbeiter Deutschlands. Statistische **Erhebungen** über Lohn- und Arbeitsbedingungen der Verbandsmitglieder. Hannover: Brey 1909. VII, 63 S. 8°

Erhebungen (Statistische) über die Lohn- u. Arbeitsverhältnisse der in der Metallindustrie Leipzigs und Umgebung beschäftigten Arbeiter und Arbeiterinnen. Winterhalbjahr 1896/97. 8°. Leipzig, Buchdr. u. Verl.-Anstalt der Leipziger Volkszeitung in Komm., 1897.

Erhebungen (Statistische) über die Lohn- und Arbeitsverhältnisse der Maurer Deutschlands für d. J. 1890. Im Auftrage des 3. Maurercongresses zu Gotha zusammengestellt u. bearbeitet von dem derzeitigen Generalbevollmächtigten 8°. Hamburg, Dammann, 1892.

Germania in Stettin. Statistische Erhebungen über die Sterblichkeitsverhältnisse bei verschiedenen Berufen. Berlin 1882 u. 1883.

Erhebungen des Verbandes der Maler, Lackierer, Anstreicher, Tüncher u. Weissbinder Deutschlands über die Lohn- u. Arbeitsverhältnisse. Aufgenommen im Mai 1909. Hrsg. v. Verbandsvorstand. 4°. Hamburg, A. Tobler, 1909.

Erhebungen über die Verbreitung der wildwachsenden Holzarten in der Schweiz. Bearb. und veröffentlicht im Auftrage des eidg. Departements des Innern unter Leitung des eidg. Oberforstinspektorates in Bern und des botanischen Museums des eidg. Polytechnikums in Zürich. Liefg. 1: Gebiet des Kantons Genf = Recherches sur la répartition des plantes ligneuses croissant spontanément en Suisse. Élaborées et publiées par ordre du Département fédéral de l'Intérieur sous la Direction de l'Inspection fédérale des forêts à Berne et du Musée botanique de l'Ecole polytechnique fédérale à Zurich. Livraison 1: Territoire du canton de Genève. (Avec deux cartes. Par A[lfred] Lendner....) II + XX + 63 S. 4. (Berne, Büchler & Co., 1906.)
(Vorwort = Préface von Dr. C[arl] Schröter, Professor, ... Zürich.)

Erhebungen über die Verhältnisse zwischen Arbeitgeberinnen, Arbeiterinnen und Lehrtöchtern. Veranstaltet auf Wunsch des h. Handels- und Landwirtschaftsdepartements vom Schweizer Frauenverband. Zürich 1887. V: *Boos-Jegher, Emma.* (BSchwLk V, 9 f) (Cat. d. Stadtbibl. Zürich. Zürich 1864—97.)

Erhebungen über die Verhältnisse im Handwerk. Veranstaltet im Sommer 1895. Bearbeitet im Kais. statist. Amt. 2 Thle. in 3 Heften. fol. Berlin 1895.

Erhebungs-Rolle d. Abgaben, welche von Gegenständen zu entrichten sind, die entweder aus dem Auslande eingeführt oder durchgeführt, oder aus d. Lande ausgeführt werden, vom 19ten Nov. 1824. Geltend vom 1. Jan. 1825 bis Ende 1826. 4. Lpz. 825. Klein. 6 gr

— Dass., alphabet. geordnet u. mit den für d. westl. Provinzen bestimmten Sätzen auf sämmtl. im Handelsverkehre vorkomm. Gegenstände angewendet, v. J. Wallraff. 4. Köln 825. Bachem. 20 gr

— d. Abgaben, welche von Gegenständen zu entrichten sind, die entweder aus d. Auslande eingeführt, oder durchgeführt, oder aus d. Lande ausgeführt werden; für d. J. 1828—30. Vom 30. Oct. 1827. gr. 8. Leipz. 828. Klein. 6 gr

— d. Abgaben, welche von Gegenständen zu entrichten sind, die entweder aus d. Auslande eingeführt, oder durchgeführt, oder aus d. Lande ausgeführt werden; für d. J. 1828, 29 u. 30. de dato Berlin d. 30. Oct. 1827, nebst Nachtrag. gr. 8. Halle 828. Fr. Ruff. 9 gr. Der Nachtr. allein 3 gr

—— dies. f. d. J. 1832, 1833 u. 1834. De Dato Charlottenburg, d. 30. Oct. 1831. Fol. (6 B.) Berlin 832. (Leipzig, Enobloch.)

— dass. von Gegenständen, die entweder aus dem Auslande eingeführt oder durchgeführt, oder aus d. Lande ausgeführt werden, für d. J. 1832, 1833 u. 1834. gr. 8. Berlin, Rubach. 1/6 Rthlr
Ergänzungen dazu. 1/8 Rthlr

—— dies. 8. (2½ B.) Magdeburg 832, Rubach.
Vgl. Heß, May, Verzeichniß &c.

—— der Abgaben, welche von Gegenständen zu entrichten sind, d. entweder a. d. Auslande in d. Staaten d. Preuß.-Hess. Zollvereins, d. h. die Länder, welche mit d. Krone Preußen zu e. gemeinschaftl. Zollsysteme verbunden sind, eingeführt, od. durchgeführt, od. a. d. Lande ausgeführt werden, f. d. J. 1832, 1833 u. 1834. gr. 8. (4⅓ B. u. 1 Tab. in qu. Fol.) Darmstadt 832, [Heyer'sche Vrlebuchh.]
Vgl. Waarenverzeichniß.

— d. Abgaben, welche von Gegenständen zu entrichten sind, die entweder aus d. Auslande in d. Staaten des Preuß.-Hess. Zollvereins &c. eingeführt, oder durchgeführt &c. werden; für d. J. 1832, 33 u. 34. 8. Darmst, 832. Heyer; (a. DüMont-Schauberg in Köln). 4 gr

Erheiterungen
s. a. Der Erzähler (Lu), Schweizerisches Gewerbeblatt

—— s.a. Taschen-Bibliothek der Reise-, Zeit- und Lebensbilder.

Erheiterungen
(1) Eine Monatsschrift für gebildete Leser (5) 1801—1808, 1811—1827 (6) 8° (7) Monatsblatt (8) Aarau: Heinrich Remigius Sauerländer (9) Heinrich Zschokke und seine Freunde (11) Heinrich Zschokke (13) Aarauer Zeitung 7. 9. 1816, Nr. 108, p. 533 (14) Be: L; Aa: K.

Erheiterungen, e. Monatsschrift für gebild. Leser, v. K. Graß, J. v. Ittner, A. v. Kotzebue, Zschokke u. A. 1r—17r Jahrg. 1811—27. 8. Aarau, Sauerländer. (à J. 4 Rthlr 20 gr Hbg. Pr. aller 17 Jahrg. 20 Rthlr)

Erheiterungen, eine Monatsschrift für gebildete Leser, herausgegeben von H. Zscholke und seinen Freunden. 17r — 22r Jahrgang. 8. Aarau, Sauerländer. 816 — 21. à 4 Rthlr. 20 Gr.

— Herausg. v. H. Zschocke u. seinen Freunden. Jahrg. 822—827. 8. Aarau, Sauerländer. à 4 Rthlr. 20 gr.

Erheiterungen. Erfurt 1806. V: *Heyne, Theodor.* (MGT)

Erheiterungen. Mit Beyträgen v. Amalie Berg, Wilhelm. Willmar rc. 3s 4s Bändchen. 8. Erfurt, Müller. 816.

Erheiterungen, mit Beitr. v. A. Berg, W. Willmar, Th. Heyne u. A. 3 Bde. 8. Erf. 816. (Weygand in Leipz.) 3 ₰ 4 ₰

Erheiterungen. Blätter f. Unterhalt. u. Belehr. Neue Folge. 1—10. Jahrg. 1833—42. à 24 Hfte. (à J. 120 Bog.) gr. 4. Stuttgart, Müller. à J.

Erheiterungen. Blätter f. Unterhaltung u. Belehrung. Hrsg. v. Karl Müller. Der neuen Folge 11—15. Jahrg. 1843—47. à 24 Hfte. (à 5 B.) gr. 4. Stuttgart. [Müller.] à J.
1—10. Jahrg. 1833—42. Ebendas. à J. 4 Thlr.

– dies. 13. Jahrg. 1845. 24 Hfte. gr. 4. Stuttgart, Becher. 4 ₰ in 1 Bd. cart. 4 ₰ 8 ngl

Erheiterungen. Blätter für Unterhaltung und Belehrung. Jahrg. 1847 u. 1848. — Eine Hausbibliothek der Unterhaltg. u. Belehrg. f. Leser aller Stände. Hrsg.: Karl Müller. 1849—1852. à Jahrg. 24 Hfte. gr. 4. (à 40 S.) Stuttgart, J. B. Müller. à Jahrg. 4 ₰

—— Eine Hausbibliothek der Unterhaltung und Belehrung für Leser aller Stände. Hrsg. von Carl Müller. Jahrg. 1849 —52. à 24 Hefte. (à 40 S.) gr. 4. Ebds. à Jahrg. 4 Thlr.
Vgl. 10. Bd. 1. Abthl. S. 226.

—— Eine Hausbibliothek der Unterhaltung und Belehrung für Leser aller Stände. Hrsg. von Carl Müller. 25—29. Jahrg. 1853—57. à Jahrg. 24 Hefte. (à 40 S.) gr. 4. Stuttgart, [Verlag der Erheiterungen.] à Jahrg.
Vgl. 11. Bd. 1. Abthl. S. 254.

Erheiterungen. Eine Hausbibliothek zur Unterhaltung und Belehrung für Leser aller Stände. Hrsg. von Carl Müller. 30—33. Jahrg. 1858—61. à Jahrg. 24 Hefte. (à 40 S.) gr. 4. Stuttgart, Verlag der Erheiterungen. à Jahrg.

Erheiterungen. Eine Hausbibliothek zur Unterhaltung und Belehrung für Leser aller Stände. Hrsg. von Karl Müller 34. Jahrg. 1862. 24 Hefte. (à 40 S.) gr. 4. Stuttgart, Verlag der Erheiterungen.

—— dass. — Hrsg. von Otfr. Mylius. 35.—37. Jahrg. 1863 —65. à Jahrg. 24 Hefte. (à 40 S.) gr. 4. Ebendas. 1863 und 1864. à Jahrg. 4 Thlr., 1865.

Erheiterungen. Eine Hausbibliothek zur Unterhaltung u. Belehrung für Leser aller Stände. Herg. von Otfr. Mylius. 37. u. 38. Jahrg. 1865 u. 1866. à 24 Hefte (à 40 S.). Stuttgart, Müller & Co. (Levi.) gr. 4. Jeder Jahrg. 3 ₰ 6 ngr

—— Eine Hausbibliothek der Unterhaltung und Belehrung für Leser aller Stände. Hrsg. von Otfried Mylius. 39. Jahrg. 1867. 24 Hefte. (à 40 S. mit eingedr. Holzschn.) gr. 4. Stuttgart, Kleeblatt und Comp. [Grüninger.]

Erheiterungen. Eine Hausbibliothek der Unterhaltung und Belehrung für Leser aller Stände. Hrsg. von Otfrid Mylius. 40. Jahrg. 1868. 24 Hefte. (à 40 S. mit eingedr. Holzschn.) gr. 4. Stuttgart 868, Grüninger. [Ullrich.] (M 12.) *

—— dass. — Hrsg. von Karl Seifart. 41. Jahrg. 1869. 24 Hefte. (à 40 S. mit eingedr. Holzschn.) gr. 4. [Ebendas.] (M 12.) *

Erheiterungen, oder 460 merkwürdige Anekdoten über Theater und aus dem Leben der Künstler, Gelehrten und Liebenden, wie auch Anekdoten militair. Inhalts, von fürstl. Personen rc. Neue Ausg. gr. 16. (IV und 238 S.) Quedlinburg 854, Ernst'sche Buchh. —
Erschien 1849 bereits u. d. T.: Anekdotenschatz der Deutschen.

—— für Alt u. Jung. Ein Lesebuch zur angenehmen u. nützl. Unterhaltung. (Von S. Baur.) 2 Bde. 8. Nürnberg, Campe. [1. (16½ B.) 828., 2. (14½ B.) 829 à 20 Gr.]

—— für Geist u. Herz. Oder Samml. kleiner neuer Erzähln. u. Anekdoten. Eine Weihnachtsgabe. 16. (10 B.) Hamburg 836, [Perthes-Besser u. Mauke.]

—— am häuslichen Herd. Illustrirtes Familienblatt. Hrsg. von Otfr. Mylius. 38. Jahrg. 1866. 24 Hefte. (à 40 S. mit eingedr. Holzschn.) gr. 4. Stuttgart, Müller und Comp. à Heft 4 Ngr.

— f. d. Jugend. Ein Lesebuch in den Mußestunden. Mit 24 ill. Kpf. 8. Berl. 827. Hasselberg. 1 ₰ 12 ₰

Erheiterungen für Hamburgs Jugend. Hamburg 1836. H: *Hoffmann, Peter Friedrich Ludwig.* (Schr)

— für Jung u. Alt. Ein Lesebuch zur angenehmen u. nützl. Unterhaltung. 1r Bd. 8. Nürnb. 828. Campe. 20 ₰ 2r Bd. 829. 20 ₰ 1 ₰ 16 ₰

— nützl., für d. Jugend, von Albini, Bertram, Brentano, Chletas, A. Ellrich, F. W. Gubitz, Haug u. A. Herausg. von e. sorgsamen Vater. 8. Berl. 831. Vereinsbuchh. 12 ₰

Erheiterungen, Poetische, von L. A. W. Aachen 1825. V: *Warnkönig, Leopold August.* (GGr) (Ky)

Erheiterungen, poetische, v. L. A. W(arnkönig). Herausg. u. mit Vorrede begleitet v. J. B. Rousseau. gr. 8. Aachen 825. La Ruelle. 12 ₰

Erheiterungen für Schullehrer. Herausgeg. von Georg [Chr. Wilh.] Pasche. 1. Bdch. Oldenburg in Holstein. 1840. (Mere udkom ikke).

—— f. alle Stände. Ausgewählte Novellen, Erzählungen, Reiseberichte, Criminalgeschichten, Lustspiele, Mährchen, Gedichte ernsten u. komischen Inhalts, Anekdoten, Räthsel u. Charaden. 1. Jahrg. 1843. 12 Hfte. 8. Augsburg, v. Jenisch u. Stage'sche Buchh. à Hft. * 7½ Ngr. *

— in geschäftfreien Stunden. 2 Bde. 12. Wien 812. Wallishauser. 1 ₰ Hbg. Pr. 16 ₰

Erheiterungs-Bade-Almanach f. Damen. Hg.: Fr. Told. [1827]. 3 Bl., 365 u. 3 unbez. S.
Wien. Goed. VIII, 120, 304.

Erheiterungsbibliothek. Samml. verschiedener belehr. u. erheiternder Aufsätze. 1837. 2. Semester, 1838. 1. u. 2. Sem. u. 1839. 1. Sem. od. 1—4. Bd. gr. 8. (104 B.) Innsbruck, Wagner'sche Buchh. à Bd. 1¼ Thlr.

Erheiterungs-Pillen. Beiträge zur Unterhaltung geselliger Zirkel. Enth.: Eine Samml. launiger Declamationsstücke und Lieder; die Melodien der Letzteren sind für 1 Singstimme nebst Clavier-Begleitung im Anhange beigefügt von L'Arronge. gr. 12. (128 S.) Danzig 846. (Berlin, Adolf und Comp.) *

Erheiterungsstunden. Wochenschrift zur nützlichen Belehrung und angenehmen Unterhaltung. II. Jahrg. Verantw. Red. *M. J. Katzianer.* Druck und Verl. von *A. C. Veith* in *Bruck.*
Erscheint in **Bruck** a. d. Mur, wöchentlich 1 Bogen in 4°. Prän.-Pr. ½-jähr. 1 fl. 30 kr.

Erheiterungsstunden für Rechtsgelehrte. Itzehoe 1819. V: *Paysen, Andr. Pet. Bened.* (Ky) (NN)

Erheiterungsstunden für Rechtsgelehrte. 8. Itzehoe 819. (Aue in Altona). 12 ₰

Erheiterungsstunden für Rechtsgelehrte. 8. Itzehoe. (Busch in Altona in Commiss.) 819.

Erhöhung des Armeebudgets! Lösung der Unteroffizier-Frage! gr. 8°. Wiesbaden, Rodrian, 1873.

Erhöhung (Gegen die) der Brausteuer in der Steuergemeinschaft. gr. 8°. Frankfurt a. M. 1881.

Erhöhung (Ueber die) vom Credite des Landmannes: besonders in dem Grossherzogthum Baden. Von einem badischen Justizbeamten. (Nationalökonom, 1834₉.)

Erhöhung des Militär-Budgets und die Unteroffiziersfrage. Wiesbaden 1878. 8.

Erhöhung, die — der Rüben-Zucker-Steuer und ihr Einfluß auf den Betrieb der Rübenzuckerindustrie im österreichischen Kaiserstaate. 4. (12 S.) Prag. Druck der k. k. Hofbuchdruckerei von Gottlieb Haase Söhne. 1853.

Erhöhung, über die, der Schutzzölle u. deren Nothwendigkeit für die Nationalindustrie. Mit Bezug auf die jüngst erschienene Schrift: „Ueber die Nachtheile für die Industrie durch Erhöhung der Schutzzölle von John Prince-Smith." gr. 8. Leipzig 845. (Bamberg.) n. 1/6 ₰

Erhöhung (Die) der Tabakssteuer und ihre Folgen. gr. 8°. Leipzig, Hebenstreit, 1856.

Erholung, die. Zeitschr. f. d. Mitgl. d. Erholungshauses u. d. Fabrikvereine d. Farbenfabriken vorm. Fr. Bayer & Co. Hrsg.: Ausschuss f. Bildungsbestrebgn. der Farbenfabriken vorm. Frdr. Bayer & Co., Leverkusen. Schriftl.: H. Caspari. 1. Jahrg. 1910. 6—8 Nrn. (à ca. 6 S.) 33×25 cm. Leverkusen (bei Mülheim [Rhein]), Farbenfabriken vorm. Frdr. Bayer & Co. (Nur direkt.) 1. —

Erholung f. Kinder, v. d. Verfasserin d. Vermächtnisses e. guten Mutter. 2. Abthl. 2 Thle. (In polnischer Sprache.) 8. (8¼ u. ... B.) Posen 832, Munk.

Zur Erholung für Lehrerinnenkreise. Hrsg. v. kath. Lehrerinnen-Ver. Verband Bonn-Sieg. H. 1. Paderborn: F. Schöningh [1905]. 8° [5.] [illegible]

Erholungen. Leipzig 1759—62. V: *Brunner*, *Gfr. Sam.* (Ky)

Erholungen, (v. Gf. S. Brunner). 8. Leipz. 759, 62. Weidmann. 6 ₰

Erholungen, von W. G. Becker, v. 1796—1810. d. Jahrg. z. 4 Bdch. 8. Lpz. Gleditsch. (à 1 Rthlr.)

Erholungen. Hrsg. v. W[ilhelm] G[ottlieb] Becker.
Leipzig: Voß (1800ff.: Leipzig: Roch) 1796—1800. 8°
1796 Bdch. 1: 2 Bl., 292 S.
Bdch. 2: 2 Bl., 272 S.
Bdch. 3: 2 Bl., 284 S.
Bdch. 4: 2 Bl., 283 S.
1797 Bdch. 1: 2 Bl., 284 S.
Bdch. 2: 2 Bl., 284 S.
Bdch. 3: 2 Bl., 284 S.
Bdch. 4: 2 Bl., 284 S.
1798 Bdch. 1: 2 Bl., 284 S.
1800 Bdch. 1: 2 Bl., 284 S.
vorh. u.d.T.: Leipziger Monatsschrift für Damen. Alm 327

Erholungen. Hg.: W. G. Becker. (1808—10 = Neue Erholungen.) 1796—1810. (XV. Jge zu je 4 Bändchen). Leipzig. s.a. Linas Ferien. Goed. VIII, 48, 5.

— e. Samml. neuer Erzählungen, Romane u. and. Aufsätze, v. Göthe, Kotzebue, Lafontaine, Jean Paul Richter, Rochlitz, Langbein u. and. 1810. 4 Quartale. 8. Grätz, Ferstl. 810.

— dies. für 1811. 4 Quartale. 8. Ebend.

Erholungen, ein thüringisches Unterhaltungsblatt ... Erfurt 1812—19. H: *Keyser*, *Friedrich* & *Andere*. (Ky)

— ein thüringisches Unterhaltungsblatt für Gebildete. (Herausg. v. Fr. Keyser u. A.) 8 Jahrgg. f. 1812—19. gr. 4. Erfurt, Keyser. 39 ₰ 12 ℊ

Erholungen, eine Sammlung unterhaltender Erzählungen. Herausg. von Gustav. Mit 4 Kupf. 8. Leipzig, Sommer. 820.

— z. Beförderung d. Humanität u. Unterhaltung. 1r—4r Jahrg. à 5 Thle, mit Kpf. 8. Bresl. 803—6. Schall. 10 ₰
Fortges. u.d.T.: Zeitblüten.

Erholungen f. Christenkinder, s. Scheler.

— die, im Freien. Ein ABC- u. Lesebuch mit nützlichem u. lehrr. Inhalt, als: Denk- u. Sittensprüchen, anziehenden Erzählungen u. Gebeten. Mit 22 ill. Abbildd. 8. Nürnberg ... Renner u. Comp. 1/2 ₰

— für Freunde d. Lektüre. 8. Manh. 803. Kaufmann. 12 ℊ

— für Freunde e. angenehmen u. geistreichen Lektüre, od. Samml. neuer Geschichten u. Erzählungen von A. v. Kotzebue u. A. 4 Bde. 8. Grätz 809. Ferstl. 16 ℊ

Erholungen in Geschichten u. Erzählungen von Kotzebue, Lafontaine, Göthe u. m. 8 Bde. 8. Grätz, Ferstl. 809 u. 10. Rthlr.

— häusliche, zur angenehmen u. nützl. Unterhaltung für Deutschlands Söhne u. Töchter. 8. Elberf. 815. Mannes. 18 ℊ

— häusliche, zur angenehmen und nützlichen Unterhaltung für Deutschlands Söhne und Töchter. 8. Elberfeld, Mannes. 817.

Erholungen f. d. Jugend. Eine ausgewählte Samml. v. Orig.-Erzähln., Fabeln, Gedichten u. Aufsätzen a. d. Natur- u. Vaterlandskunde rc. Hrsg. v. Sebast. Bauer. 12 Bdchn. Mit Titkpfr. 12. ... Wien 829, (Mayer.)

Erholungen der Jugend, oder Jugendspiele, in den schönsten Gruppen zum Nachzeichnen für Maler u. Freunde d. Zeichenkunst, nach Deveria u. a. berühmten Meistern. 4. Aachen 835. Hensen u. Comp. 7/12 ₰

— f. Kinder. E. Samml. Erzähl. u. Gespr. von J. G. Volte. m. ill. K. 8. Lpz. Leo. 805.

Erholungen für Kinder. Eine Sammlung kurzer Erzählungen und Gespräche. Leipzig 1806. V: *Volte*, *Joh. Gfr.* (GGr)

Erholungen für arbeitsame und fleissige Kinder. Leipzig 1787. V: *Gürnth*, *Georg Sam.* (Ky)

— für arbeitsame u. fleißige Kinder. 8. Leipz. 787. (Aue in Alt.) 10 ℊ

— f. arbeits. u. fleiß. Kinder. 8. Lpz. Jacobäer. 787.

— f. d. Kinder der Freude. 8. Berl. Littfas. (a. Bruder in Lpz.) 808.

Erholungen f. Leser u. Leserinnen von Geschmack u. Gefühl, von Carl Lang. 2 Bde. neue Ausg. 8. Leipz. Sommer. 814.

— neue, v. W. G. Becker, Jahrg. 1808—1810. od. 1r—12r Bd. 8. Ebend. (à 1 Rthlr.)

—— für alle Stände, vorzügl. f. d. Bürger, Profession. u. Landmann; z. Beförder. d. sittl. Lebens, v. Just. Hyperboreus. 1. Bd. 8. (20½ B.) Berlin 828, (Hayn.)

— für alle Stände, vorzügl. für d. Bürger, Professionisten u. Landmann, z. Beförd. d. sittl. Lebens, von Justus Hyperboreus. 1r Bd. 8. Berl. 828. (Köbecke). 18 ℛ

Erholungs-, Zeitverkürzungs- u. Unterhaltungs-Blatt, allgemeines, e. neues Lesekabinet, von interessanten Geschichten ꝛc. 1s Heft. gr. 8. Leipz. 811. Joachim. 12 ℛ

Erholungsblätter, rheinische, für Leser aus allen Ständen, herausg. von A. Gebauer. Jahrg. 1822. gr. 4. Manh., Schwan u. G. 4 nß

Erholungslektüre, auch Geist- u. Herzensnahrung für d. Jugend, in Fabeln u. Erzähl. v. C. R. S. 8. Frankf. 802. Jäger. 10 ℛ

Erholungsmittel. Copenhagen 1795. V: *Josephson, Hajman.* (Collin, Anonymer. Kiobenh. 1869)

Erholungsorte im württembergischen Schwarzwald. Hrsg. vom württemberg. Schwarzwald-Verein (Geschäftsstelle: Stuttgart, Schellingstr. 15). (84 S. m. Abbildgn.) kl. 8. Stuttgart 906. (A. Bonz' Erben.) n. — 30

Erholungsreise eines Pädagogen aus Pestalozzi's Schule. Njbl. Winterthur 1885 s.a.[Morf, Heinrich].

Erholungsreise eines Pädagogen aus Pestalozzi's Schule. Winterthur 1885. V: *Morf, Hnr.* (Cat. d. Stadtbibl. Zürich. Zürich 1864—97.)

Erholungsspiele im Hause, s. Wochenbände.

Erholungsstündchen: Das Erholungsstündchen
v. Wochenzeitung der Urschweiz.

Erholungsstunde, die. Red.: E. Hülle. 2. u. 3. Jahrg. 1897—1898. à 52 Nrn. (Bog. m. Abb.) gr. 4. Berlin. (Leipzig, H. G. Wallmann.) à Jahrg. 2. 20
Kann auch vierteljährlich bezogen werden.

Erholungsstunde, die. Red.: Th. Brandin. 4.—7. Jahrg. 1899—1902. à 52 Nrn. hoch 4. (à ca. 8 S. m. Abb.) Berlin. (Leipzig, H. G. Wallmann.) à Jahrg. n. 2. 20
Die Jahrgge. 4—6 sind von E. Hülle redigiert.

Erholungsstunde, die. Red.: Th. Brandin. 8.—11. Jahrg. 1903—1906. à 52 Nrn. (à ca. 8 S. m. Abbildgn.) Lex.-8. Berlin, Schriftenvertriebsanstalt. à Jhrg. n. 2. 20

Erholungsstunde, die. Red.: Th. Brandin. 12—15. Jahrg. 1907—1910 à 52 Nrn. (à ca. 8 S. m. Abbildgn.) Lex. 8. Berlin, Schriftenvertriebsanstalt. à Jahrg. 2. 20

Erholungsstunden
s.a. Thuner Blatt.

Erholungsstunden. Halle, Dreyssig.

Erholungsstunden, eine Wochenschrift. Naumburg 1771—72. V: *Spieler, Christian Heinrich.* (MGT)

Erholungsstunden. Mietau [Magdeb.] 1810. V: *Brennecke, Jac. Andr.* (Wr)

Erholungs-Stunden. Ein Taschenb. f. Deutsche des Nordens a. d. J. . . .
Hg.: J. A. Brennecke.
1811. 205, 184 S.
Mitau. Goed. VIII, 79, 147.

Erholungsstunden, (v. F. R. v. C.) 8. Wien 815. (Gerold). 8 ℛ

Erholungsstunden. Leipzig 1823. V: *Gensicken, Wilhelm. geb. Herz.* (Schl)

— Zeitschrift für gebildete Leser. 1r—6r Jahrg. 1828—33. à 12 Hefte. Herausg. v. G. Döring, fortges. v. Ed. Duller. Mit Steindr. 8. Frankf. a. M. Sauerländer. (à J. 5 nß) 30 nß (1r Jahrg. bei Sauerländer in Aarau).
Trat an die Stelle der „Erheiterungen, hrsg. v. H. Zschocke u. seinen Freunden." 1—17. Jahrg. 1811—27. Aarau, [Sauerländer, Brlshdlg.] zus. hrbgs. Pr. 20 Thlr., einzeln à J. 4 Thlr. 20 Gr. — „Erholungsstunden." 1. Jahrg. 1828. Ebendas. 5 Thlr. — Hieran schliesst sich:

—— ders. Neue Folge. Jahrg. 1834. 12 Hfte. Hrsg. v. Ed. Duller. gr. 16. Frankfurt a. M., Sauerländer.

Erholungsstunden. Ein angenehm unterhalt. Lesebuch f. d. Jugend. M. 4 ill. Abbild. 8. (9 B.) Neuhaldensleben 830, Eyraud.

Erholungsstunden. Unterhaltungsblatt für Leser aus allen Ständen. Hrsg. v. Carl Raven u. Mathilde Beckmann. Jahrg. 1846. 52 Nrn. (Bog.) 4. Osnabrück, Rackhorst'sche Buchh. *

—— dass. Jahrg. 1847. 52 Nrn. (½ B.) gr. 4. Ebds. *

— Unterhaltende u. gemeinnützige Blätter, als Beilage zum Tageblatt f. den Kanton Schaffhausen. 1—7. Jahrg. 1846 April—Decbr. 1847. Jan.—Juni (in 4.) 1847 Juli—Decbr. 1852 (in 8.) — à 12 Hfte. oder 156 Nrn. (à Nr. ¼ Bog.) Schaffhausen, Brodtmann. 1847 ½ nß 1848—52 à Jahrg. ⅔ nß

Erholungstunden. Ein Blatt für Leser aus allen Ständen. 16. Jahrg. 1847. 52 Nrn. gr. 4. (½ B.) Osnabrück, Rackhorst. n. ⅚ nß

Erholungsstunden. Blätter zur Unterhaltung und Belehrung. 1. Bd. Nr. 1—3. gr. 8. (S. 1—16.) Berlin 855—56, Literatur- und Kunst-Comptoir. à Nr. 1 Ngr.

Erholungsstunden. Blätter zur Unterhaltung und Belehrung. 1. Bd. Nr. 1—3. (à 1 Bgn.) Berlin (856). Literatur- u. Kunst-Comptoir. (Streerath u. Co.) 8. Jede Nr. 1 sgr

Erholungsstunden. Unterhaltungsblatt für das deutsche Volk. Redact.: Wiedemann. 1.—3. Jahrg. 1876—1878. à Jahrg. 52 Nrn. (à 2 Bog.) gr. 4. Stuttgart, Looff. à Nr. 10 Pf.; à Jahrg.

Erholungs-Stunden. Neue Novellenbibliothek. Mit Beiträgen der beliebtesten Erzähler. 1. Serie. 15 Hefte. hoch 4. (432 S.) Stuttgart 877, Gebr. Kröner. à Heft 40 Pf.
Nicht weiter erschienen.

— Neue deutsche Romanzeitung. 4. Jahrg. 1878/79. 52 Nrn. (à 2—2½ B.) gr. 4. Breslau, Schottlaender. 6. —;
1. Jg. 1876 in 26 Heften à — 30

— dasselbe. 5. u. 6. Jahrg. Oktbr. 1879—Septbr. 1881. à 52 Nrn. (2 B.) gr. 4. Ebend. à Jahrg. n. 8. —; in 26 Hftn. à — 35; in 13 Hftn. à — 70

Erholungs-Stunden: 1879–1906
Literary weekly. Subtitle: Zur Unterhaltung und Belehrung. Published as a supplement of Deutsche Warte, 1879–89?; as an edition of Deutsche Warte, 1889?–1906. Dated also at Milwaukee, Wis. Circulation: 1882, 10,000; 1885, 19,000; 1890, 23,500; 1895, 22,146; 1900, 22,355; 1905, 22,000. Edited & published by Kortsch & Hotow, 1883–84; published by Germania Publishing Co. (Milwaukee), 1885–86; edited & published by George Brumder, 1887–1903; published by Germania Publishing Co., 1904–06.
Chicago, IL

Erholungsstunden: 1879–1906.
Literary weekly published as supplement of Deutsche Warte, 1879–89?; as an edition of Deutsche Warte, 1889?–1906. Dated also at Chicago, Ill. Circulation: 1882, 10,000; 1885, 19,000; 1890, 23,500; 1895, 22,146 (sworn); 1900, 22,355 (sworn); 1905, 22,000. Edited & published by Kortsch & Hotow, 1883–84; published by Germania Publishing Co. (Milwaukee), 1885–86; edited & published by George Brumder, 1887–1903; published by Germania Publishing Co., 1904–06.
Milwaukee, WI

—— Illustrirtes Familien- und Unterhaltungsblatt. Redact.: Alb. Weigert. 6. Jahrg. 1880/81. 52 Nrn. (à Nr. 2—2½ Bog.) gr. 4. Breslau, Schottländer.
1.—6. Jahrg. *ℳ 10.

— Illustrirtes Familien- u. Unterhaltungsblatt. Red.: Karl Teschner. 7. u. 8. Jahrg. 1881/83. à 52 Nrn. (2 B. m. eingedr. Holzschn.) gr. 4. Ebend. à Jahrg. 6. 40; in 13 Hftn. à — 60; in 26 Hftn. à — 30

Erholungsstunden. Illustrirtes Familien- u. Unterhaltungsblatt. Red.: Karl Teschner. 8—11. Jahrg. à 52 Nrn. (2 B. m. Holzschn) gr. 4. Breslau 884—86. Schottländer. à Jahrg. 6. 40; in 26 Hftn. à — 30; in 13 Hftn. à — 60

Erholungsstunden. Illustrirtes Familien- u. Unterhaltgs.-Blatt. Red.: K. Teschner. 12. Jahrg. 1886/87. 52 Nrn. (2 B. m. eingedr. Holzschn.) gr. 4. Breslau, Schlesische Verlagsanstalt. n. 6. 40; in 26 Hftn. à — 30; in 13 Hftn. à — 60

— dasselbe. 13. u. 14. Jahrg. Octbr. 1887 — Septbr. 1889. à 52 Nrn. (2 B. m. eingedr. Holzschn.) gr. 4. Ebd. à Jahrg. n. 6.—; in 26 Hftn. à — 30; in 13 Hftn. à — 60

— dasselbe. Red.: Osk. Wilda. 15. u. 16. Jahrg. Octbr. 1889 — Septbr. 1891. à 52 Nrn. (2 B. m. eingedr. Holzschn.) gr. 4. Ebd. à Jahrg. n. 6. 40

Erholungsstunden. Illustriertes Familien- u. Unterhaltungsblatt. Red.: Osk. Wilda. 17.—19. Jahrg. Octbr. 1891 — Septbr. 1894. à 52 Nrn. (2 Bog.) gr. 4. Breslau, Schlesische Verlags-Anstalt. à Jahrg. n. 6. 40; in 26 Hftn. à — 30; in 13 Hftn. à — 60

— Illustr. Familien- u. Unterhaltungsblatt. Red.: Osk. Wilda. 19. Jahrg. Oktbr. 1893 — Dezbr. 1894. 5. Quart. 13 Nrn. (ca. 2 Bog. m. Abb.). gr. 4. Breslau, Schles. Buchdruckerei 2c. n. 1. 60; auch in 7 Hftn. à — 30

— dasselbe. 20.—24. Jahrg. 1895 — 1899. à 52 Nrn. (à 2 Bog. m. Abb.) gr. 4. Ebd. à Jahrg. n. 6. 40; einz. Nrn. — 15; auch in 26 Hftn. à — 30
Kann auch vierteljährlich bezogen werden.

Erholungsstunden. Illustrirtes Familien- u. Unterhaltungsblatt. Red.: Osk. Wilda. 25. u. 26. Jahrg. Oktbr. 1899 — Septbr. 1901. à 52 Nrn. Nebst Beilagen à 13 Nrn. 1. Der Kinderfreund. 2. Die Küche. 3. Die Mode. 4. Das Möbel. gr. 4. (à ca. 16 u. 4 S.) Breslau, Schles. Buchdruckerei 2c. à Jahrg. n. 6. 40
Fortsetzung, s.: Wochen-Zeitung, neue illustr.

—— Zeitschrift für Blinde. Hrsg. von A. Mill. 1.—5. Jahrg. 1880 — 1884. à Jahrg. 12 Hefte. hoch 4. (à Heft 16 Bl.) Bromberg, (Mittler'sche Buchh.) à Jahrg. *

Erholungsstunden. Familienblatt zur Unterhaltung u. Belehrung. Red.: L. W. Dütschke. 1. u. 2. Jahrg. 1881 u. 1882. à 52 Nrn. (B.) gr. 4. Hamburg, Exped. à Jahrg. 4. —

Erholungs-Stunden: 1885? Racine, WI
Literary supplement to RACINE CORRESPONDENT.

Erholungsstunden: 1888?
Sub-title: Ein Jahrbuch des illustrierten Jugendblatt. Published by The Pilger Publishing House. Reading, PA

Erholungs-Stunden: 1889 – ?
Weekly. Circulation: 1889, 800. Boston, MA

— Schöne Märchen u. Geschichten f. liebe Mädchen. 8. (128 S. m. 3 Farbdr.) Mülheim a/R. 897. J. Bagel. Geb. n. — 80

Erholungsstunden. Erzählgn. f. d. Jugend. I. Sprengel, Klementine: D. erste April. — II. Sprengel, Klementine: Vertrau auf Gott. — III. Osten, Herb. v.: Fromm u. treu. M. 5 feinen Farbendr.-Bild. u. Aquarellen v. W. Schäfer. 16.—18. Taus. 12. (128 S.) Wesel 898. W. Dums. Geb. — 75

Erholungsstunden, Amaliens, Teutschlands Töchtern geweiht . . . Stuttg. 1790-92. H: *Ehrman, Marianne.* (ML)
Cotta

— angenehme, enthalt. Erzähll., Lieder 2c., v. Blase u. a. m. 8. Halle 801. Dreyssig. 12 gr

— bildende, für d. Jugend u. ihre Freunde. 1s—4s Bdchen. 8. Frankf. 804 u. 5. Hermann. 2 rß Hbg. Pr. 18 gr

Erholungsstunden für gebild. Bürger u. Landleute beiderlei Geschlechts. Ein Beitr. zur nützl. u. angenehmen Beschäftigung in d. Feierstunden. Gesammelt u. hrsg. v. Alb. Freundlich. 2 Bdchn. 8. (22 B.) Sondershausen 835, (Eupel.)

Christliche **Erholungsstunden**. Wochenschrift z. Unterhaltung u. Belehrung. Beilage zum 'Sankt Joseph'. Jg. [1.] 1906. Warendorf: Gebr. C. & J. Leopold (1906). 8° 07. 2745 G

Erholungsstunden für geistige Erheiterung ... 1. Jg. Aarau 1828. Red: *Malten, Heinrich von.* (DARP)

— einig. Freunde. 8. Quedlb. Ernst. 776.

ERHOLUNGSSTUNDEN für frohe Gesellschaften: Räthsel, Scharaden (so!), Sprüchwörter, Aufsätze für Stammbücher, Lieder, Gesundheiten etc. 4 Thle. Leipzig 1798. 12°. '5/6 Rthl. Scheible; 3 Mk. A. Bielefeld, 1891; jetzt theurer!)
Mit viel Jocosem.

— e. Illuminaten, s. Tempel d. Vorurtheils.

—— Israels, hrsg. v. Auerbach in Berlin, Auerbach in Frankfurt a. M., Frankfurter, Geiger, Hirsch. 1. Bd. 1. Lfg. gr. 8. (5 B.) Berlin 846, Stern u. Comp.

— für Land- u. Bauersleute. 8. Wien 794. (v. Mößle). 5 gr

—— lehrreiche u. unterhaltende, f. allerlei Leser, insbesond. aber f. Kaufleute, Fabrik-Unternehmer, Manufakturisten, überhaupt alle Geschäftsmänner u. deren Zöglinge. 8. (24⅜ B.) Erfurt 844. (Bartholomäus.)

— d. Mannes v. Gef. s. Arnaud.

MEINE Erholungsstunden. In Briefen, Abhandlungen u. Erzählungen über interessante Gegenstände aus dem menschlichen Leben. Ein Geschenk. Erstes (einz.) Geschenk f. Ehelustige u. junge Ehestandsgenossen. Mit Titelkpfr. (Meno Haas fec: Berlin). Leipzig 1798, bei Heinr. Gräff. 12°.

Erholungsstunden, Meine, ein Intermezzo zu den Lieblingsstunden. Berlin 1779–80. V: *Cranz, August Frdr.* (MGT) (GGr) (Ky) (Schr)

— meine, e. Intermezzo zu d. Lieblingsstunden, (von A. F. Cranz). 2 Bde. 8. Berl. 779, 80. Stahlbaum. 1 rß 16 gr

— für Menschen aus allen Religionen u. Ständen. 8. Wien 788. Gammer. 5 gr

Erholungsstunden für Menschen aus allen Religionen und Ständen. Wien 1789. V: *Fetzer, Joh. Jacob.* (wrztg 1788, S. 2910) (BiblPort)

Erholungsstunden, Moralische; a. d. Franz. Altona 1768. V: *Ekkard, Friedrich.* (Ky) (MGT)

Erholungsstunden, neue, od. kleine auserles. Erzählungen z. angenehmen Lectüre, v. d. vorzügl. Schriftstellern Deutschlands, aus Almanachs u. Journalen gesammelt. 1r Thl. 8. Lpz. Joachim.

— neue, e. Samml. kl. Aufsätze f. d. J. 1809—29. (1r—21r Jg). 8. Leipz., Schödel. (Schmidt). (à J. 2 ₰) 36 ₰

Erholungsstunden, neue, eine Wochenschrift zur angenehmen Unterhaltung. 3r — 7r Jahrg. 8. Leipz. Schödel. (Schmidt in Comm.) 811 — 15. (à 2 Rthlr.)

Erholungsstunden, neue, zur angenehmen und nützlichen Unterhaltung. Jahrgang 1815 — 1821. Jeder Jahrgang in 4 Stücken. 8 Leipzig, Schmidt. à 2 Rthlr.

Erholungsstunden, neue, zur angenehmen u. nützl. Unterhaltung. Jahrg 822 — 27. 8. Leipz., Schmidt. à 2 Rthlr.

Erholungs-Stunden der lachenden Philosophie für gemüthliche Volksschullehrer und alle Freunde dieses Standes. Unter Mitwirkung bewährter Volksschullehrer redig. von Herm. Görwitz. 1. Bd. 15 Hefte. (à 1—1½ Bog.) gr. 8. Stadt-Sulza 864, Rost. s.a. Kladderadatsch, Pädagogischer.

—— der lachenden Philosophie. Humoristisch-satyrisches Unterhaltungsblatt und pädagog. Kladderadatsch vornehml. für gemüthl. Volksschullehrer und alle Freunde dieses Standes. Redact.: H. Görwitz. 2. und 3. Jahrg. 1866 und 1867. à Jahrg. 12 Nrn. (Bog. mit eingedr. Holzschn.) gr. 4. Stadt-Sulza, Rost. à Jahrg.
mit Thüringer Lesehalle. 52 Nrn. (Bog.)

Erholungsstunden im Schwesterkreise von G. E. E. Bdchen 1. Hamb. 1870. V: *Erich*, *G. E.* (wolfstieg I, 80)

Erholungsstunden nach verrichtetem Tagewerk
v. Neue Aargauer Zeitung (I).

— für gesellige Zirkel. Eine Samml. von Räthseln, Charaden, Liedern rc. 4 Bdchen. 12. Altona 820. (Aue). 2 ₰ 8 ℊ

— für gesellige Zirkel. Eine Sammlung von Räthseln, Charaden, Liedern rc. 12. 4 Bdchn. Altona, Busch, 820.

Erholungs Taschenbuch für das Jahr 1805, für Freunde und Freundinnen des guten Geschmacks.
Köln: J. L. Kaufmann [1805]. 2 Bl., XII, 66, 52, 50 S., 1 Titelkupf., 7 Kupfertaf., 3 Notenbl. 12°
[Kupfert.]
Neuaufl. d. Taschenbuchs für Kunst und Laune, Jg. 1804.

Erholungswochen, vier, oder Reise durch d. neupreuß. Lausitz, Schlesien, Böhmen u. Sachsen, beschrieben von J. W. F. 8. Magdeb. 816. Creutz. 20 ℊ

Erhörung vor der Bitte. 3. Aufl. Nonnenweier 869. (Barmen, Klein.) 32. (16 S.) 1½ ngr

Erhörung, die, d. Gebets. 8. (16 S.) Barmen 874. Wiemann. — 30

Erhörung, von d. unfehlbaren, d. Gebetes im Geiste Jesu. Zwei Predigten von Nik. H. Ruete u. Th. Horn. gr. 8. Gött. (802.)

Erjavec, Fran.

Erjavec, Fr., hudo brezno ali gozdnarjev rejenec. Klagenfurt 861. (Leon.) 8. (39 S.) u. 6 ngr

Erjavec, Fr., die malakologischen Verhältnisse der gefürsteten Grafschaft Görz im österreichischen Küstenlande. gr. 8. (82 S.) Görz 877, (Wokulat.) *

Erjavec, Fran. Domače in tuje živali v podobah. Drugi natis. V Celovcu, St. Hermagoras-Druck., 1888—1893. 2 Bde. (1. Aufl. in Slov. Večernice.)

Erjavec, Fran. Naše škodljive živali v podobi in besedi. V Celovcu, St. Hermagoras-Druck., 1880. 336 S.

Erica. Album für Poesie und Prosa, mit Orig.-Beiträgen von J. G. Seidl, J. J. Castelli, J. N. Vogl u. a. m. nebst einer Musikbeilage von Lindpaintner (in gr. 4.). 16. (XVI und 184 S.) Prag 853, (Heß.) Thlr. *

Erich, König. Ein Trauerspiel in 5 Akten, von J. Freih. v. Auffenberg. 8. Bamberg, Göbhardt. 820.

Erich od. Schritt f. Schritt. Aus dem Engl. übers. v. Elis. Schück. 8. (198 S.) Misdroy 898. R. Schück. n. 2. —

— und Abel; ein Trauerspiel von A. Oehlenschläger; aus d. Dän. übers. von Lowtzow. 8. Schleswig, Taubstummen-Institut. (Leipzig, Tauchnitz in Comm.) 821.

— Dasselbe v. A. Oehlenschläger. 8. Stuttgart, Cotta. 821.

Erich u. Abel, Könige v. Dänemark. Trauersp. v. Rüdinger. 8. Schlesw. Christiani. 796.

Erich und Abel, Könige von Dänemark; Trauerspiel von Rüdinger. 8. Schleswig. 796. (Hammerich in Altona.)

Erich, der treue Diener. 16. (12 S.) Elberfeld 873. Buchh. d. evang. Gesellschaft. — 5

Erich und Florentine, oder die geprüfte Zärtlichkeit, ein Lustspiel in drei Aufzügen. Berlin 1772. V: *Wegener*, *Carl Friedrich*. (ML) (BrMm) »1755« (Ky)

Erich und Florentine, oder die geprüfte Zärtlichkeit; Lstspl. (v. Karl Fr. Wegener). 8. Berl. 755. Birnstiel. 4 ℊ

Erich, Herr, u. sein Mündel, od. was ein Kind wirken kann. Nach der 21. Aufl. aus dem Engl. übers. von Pauline Spangenberg. 8. (331 S.) Dresden 892. O. Brandner. n. 2. 80; geb. n. 4. —

Erich König von Norden aus den heydnischen zauberreichen Zeiten vor Christi Geburt, 2 Theile m. 1 K. 8. Leipzig, 794. Reinicke. 2 Rtl. 20 gl.

Erich, König in Norden; e. Gesch. aus d. heidnischen zauberreichen Zeit, v. Christi Geburt, 2 Thle. Mit 1 Kpf. N. Aufl. 8. Halle 809. Reinicke u. C. 1 ₰ 8 ℊ

Erich, König in Norden. 2 Thle. 8. Lpz. Hinrichs. 809.

— von Ulsingen. (Dramatisirte) Rittergeschichte aus d. 14ten Jahrh. 2 Thle mit 1 Kpfr. 8. Leipz. 826, Kollmann.

Erich d. 14te König von Schweden. s. a. d. wahnsinnigen Könige 1r

— der Vierzehnte, König von Schweden, ein historisches Gemählde. Siehe die wahnsinnigen Könige.

Erich, Geschichte des 7. Ostpreußischen Infanterie-Regiments Nr. 44 von 1860—1885. Die sämmtl. Anlagen sind bearb. von Toeppen. gr. 8. (VII, 339, 220 S. mit 1 photogr. Titelbild, 4 Skizzen im Text und 3 Plänen.) Berlin 885, Mittler und Sohn. *

Erich, Geschichte des Infanterie-Regiments Graf Dönhoff (7. ostpreuß.) Nr. 44 1860—1905. Die sämtl. Anlagen sind bearb. v. Toeppen. 2., teils neu bearb. Aufl. Mit Titelbild, 7 Skizzen u. 2 Plänen. (VII, 576 S.) Lex.-8. Berlin 905. R. Eisenschmidt. n. 11. —; geb. n. 12.50

Erich, Altgraf, Licht! Dramat. Dichtg. 12. (III, 91 S.) Teschen 895. (K. Prochaska.) n. 1. —

Erich, Adf., Hurrah Couleur! Soldatengeschichten. Illustr. v. H. Albrecht. gr. 8. (III,95 S.) Stuttgart 893. C. Krabbe. n. 1. —

Erich, Adf., Hurrah Couleur! Soldatengeschichten. Illustr. v. H. Albrecht. gr. 8. (III, 95 S.) Stuttgart 898. C. Krabbe. n. 1. —

Erich, Adf. Das heilige Rußland. Roman in 2 Bdn. 8. (338; 385 S.) Augsb. 889, Gebr. Reichel. * 7 —

Erich, Alfr., Leiden. Skizzen. 8. (72 S.) Leipzig 896. W. Friedrich. n. 1. —

Erich, Christian August

Erich, Ch. Aug., Gutachten über das Sendschreiben an die Aktionäre der bayer. Hypotheken- u. Wechsel-Bank, insbesondere an deren stimmberechtigten Ausschuss .... Ein Anhang zur Schrift: Die bayer. Hypotheken- u. Wechselbank v. *Anselm Dehez*, Dr. der Rechte. Würzburg, C. Etlinger, 1837. 8°. 27 S. Cart.

Erich, Chrst. Aug., Sendschr. an d. Actionäre d. bayer. Hypotheken- u. Wechselbank, insbesond. an deren stimmberecht. Ausschuß. 2., unveränd. Aufl. gr. 8. (1½ B.) München 837, [Hofbuchhandlung.] •

Erich, Christ. Aug., Sendschreiben an die Actionäre der bayer. Hypotheken- u. Wechselbank, insbesond. an deren stimmberechtigten Ausschuß. 2e unveränd. Aufl. gr. 8. München 837. Weber. (Bayer.) n. ¹/₁₂ ℛ

Erich, E., De Euagora Cyprio. Diss. 1872. 81 S. —.90

Erich

— Felix (Frankfurt/O.), Ueber Carcinoma mammae und seine Metastasen. Diss. med.-chir. Bln. (M. Niethe) 16. VIII. 1877. 31 S. mit Biogr. (4.—) 8095
Oppon.: Campe, Lange, Weigelt. — Gew.: Dreibholz.

Erich, Fritz, des Vaters Segen. Ein Drama in 5 Aufzügen u. 5 Tagen. 8. (100 S.) Bielefeld (902). A. Helmich. n. 2. —; geb. n. 3. —

Erich, Fritz, Udo vom Unkenstein. Ein Zyklus humoristisch-satyr. Balladen. (53 S.) 8. Leipzig 905. Modernes Verlagsbureau. n. 1. —

Erich, G., sämmtl. Kanzelreden. 4 Thle. 4. Augsb. 773. Veith. 4 ℛ

[Lied. Von G. Erich?] o. O. u. J. 1 Bl. 8°
Ohne Noten: „Im Reiche der Blumen, die Rosen ...“ 3.

Erholungsstunden im Schwesternkreise von G. E. E[rich]. Bdch. 1. Hamburg 1870. 8° [Umschlagtit.]
1. D. Gnomen-Werkstatt. Dramat. Festspiel in einem Aufzuge. (Aufgeführt 22. März 1862. Schwesternfest in der Erholung.) 32 S. 25 a.

Erich, Gerhard, Rechtskand. aus Berlin: **Wesen und Bedeutung des fahrlässigen Meineides.** *Berlin 1904: O. v. Holten.* (71 S.) 8°
Heidelberg, Jur. Diss. v. 1904

Erich

— Gottfried, De rescindenda divisione hereditaria. Disp. jur. Rector Phil. Wilh. Grf. v. Boineburg. Präs. Johann Matthias Wincop. Erfurt (Grosch) 28. VI. 1709. 8 Bl. (4.80) 8096

Erich, Gust. E.

. Die Gnomen-Werkstatt. Dramatisches Festspiel in einem Aufzuge, dem Br P[eter] O[tto] H[einr.] Pepper gewidmet von G[ust.] E. E[rich]. (Aufgeführt 22. März 1862. Schwesternfest in der Erholung.) [Hamburg: 1870.] 32 S. 8°
in: Erich, G. E.: Erholungsstunden i. Schwesternkreise. 1.
Rekt. Kneisner, Hamburg.

Ein Johannistag. Festvortrag, gedichtet und gesprochen in der Johannisfestloge 24. Juni 1865 von [Gust. E.] E[rich]. [Hamburg: 1865.] 4 Bl. 8° [Umschlagtit.]
Erzählung in Versen. Mahnung zur Nächstenliebe. 193.

Zimmermann, Karl Gottfr.: Tafellied dem geliebten Br. Zimmermann zu seinem goldenen Maurerjubiläum gewidmet von den Beamten der □ Ferdinande Caroline [in Hamburg] 12. April 1867. [Text von Gust. E. Erich.] [Hamburg 1867]: Adler. 2 Bl. 8° [Umschlagtit.]
Ohne Noten. — Üb Zimmermann s. Allgem. Deutsche Biographie Bd 45 1900 S. 280 (Pagel, Zittel). 193.

Erich, H., s.: Zeitschrift für Heizung, Lüftung u. Beleuchtung.

Erich, J. C., Leitfaden für den geographischen Unterricht. 2. verm. Aufl. Halle 855. Hendel. 12. (VIII, 134 S.) 3 ngr

Erich, J. F. L., Begräbniß u. Auferstehung d. Schloßkirche in Hannover. gr. 8. Hannov. 814. Hahn. 2 gr

— Kriegslieder d. Hannoveraner. 8. Ebd. 814. 2 gr

Erich

— Johann Georg (Osterfeld), De initio discrepantiae linguarum. Schediasma philolog. Präs. Johann August Egenolff. Lpz. (Krüger) 16. XII. 1705. 8 Bl. (4.80) 8069

Erich, Jul., s. a.: Kloß, Erich.

— seine Freundin vom Brettl. Ein Roman aus der Berliner Bohême. (224 S.) 8. Berlin (904). Verlag Continent. n. 2. —

Erich, M. S., Leben u. Schicksale des Abenteurers Friedrich, Freiherrn von der Trenck, nebst e. Anh.: Anekdoten u. Charakterzüge aus d. Leben dessen Vetters, des berühmten u. berücht. Panduren-Anführers, Franz v. d. Trenck. Nach Originalquellen u. mit den nöthigen Anmerkgn. u. Berichtign. 8. (10½ B. u. 2 Bildn.) Wien 846, Dirnböck's Verls.-Exped.

Erich, M. S., Leben u. Schicksale des Abenteurers Friedr. Frh. v. d. Trenck, nebst e. Anhange: Anekdoten u. Charakterzüge aus dem Leben dessen Vetters des Panduren-Anführers Franz Frh. v. d. Trenck. Nach Originalquellen rc. Mit 2 Bild. gr. 8. (VIII u. 160 S.) Leipzig 847, (Wien) Dirnböck. 16 ngr

Erich, Max, der Spion. Posse in 4 Aufz. (47 S.) kl. 8. Paderborn 910. Bonifacius-Druckerei. — 50

Praktische Erfahrungen bei Anlage und Betrieb von Dampfwäschereien. Von O. H. Erich, Civil-Ingen. (Vorr.: Prof. Dr. H[ermann] F. Wiebe.) Halle a. S.: C. Marhold 1905. (259 S.) 8°
Erschien zuerst in Zeitschr. f. Heizungs-, Lüftungs- u. Wasserleit.-Technik. [05. 3800]

Erich, Oskar Hugo

. Katalog der Münzen- und Medaillen-Sammlung der vereinigten fünf Logen Absalom, St. Georg, Emanuel, Ferdinande Caroline, Ferdinand zum Felsen in Hamburg. [Bearb. von Osk. Hugo Erich, Jul. Tiedtke, Karl Wiebe.] Taf. 1—8. Hamburg: Archiv d. vereinigten fünf Logen [1898]. 6 Bl. 8° [Umschlagtit.]
Aus: HZC. 31 (1897—1898) S. 71—79. cf. Ebendas. S. 65—70 (O. Erich). 193.

[Schreiben.] An das Beamten-Kollegium der Ehrw. Grossen Loge von Hamburg. [Unterz.:] O[sk.] H[ugo] Erich. [Hamburg 1893.] 10 S. 8°
Betr. die Entlassung von H. Settegast aus der Loge Ferdinande Karoline. 193.

Erich, Otto, Studenten-Tagebuch 1885—1886. 8. (89 S.) Zürich 886, Verlags-Magazin. *

Erich, Otto. Studenten-Tagebuch. Zweite veränderte und vermehrte Aufl. Kl. in-8°, 116 S. Zürich, Verlagsmagazin (J. Schabelitz). 1888. 1 50

Erich, Rafael: Über Allianzen und Allianzverhältnisse nach heutigem Völkerrecht. 286 + VI pg. 8:o. Helsingfors.
Diss. Hels. 1907.

Erich, Theo., der Foxterrier. Seine Entwicklungsgeschichte. (89 S. m. Abbildgn.) 8. Husum (905). (Frankfurt a/M., Kern & Birner.) n. 1. 50; geb. n. 2 —

Erich, W., Erstlinge. Poetische Blätter. 12. (V, 106 S.) Dresden 882. Pierson. n. 1. 50; geb. n. 2. 50

Erichs Erzählungen, s. K. Blumauer.

Erichsen, A. v., Erfordernisse, Form u. Beurkundung der Eheschließung. (III. u. IV. Abschnitt d. Reichsgesetzes vom 6. Febr. 1875.] Nach den Ausführungs-Verordnungen, Instruktionen u. Entscheidungen d. Bundesraths, des Reichs-Justizamts u. der Central-Aufsichtsbehörden der Bundesstaaten zum prakt. Gebrauche f. Standesbeamte zusammengestellt u. erläutert. 8. (VI, 158 S.) Berlin 882. Grosser. cart. n. 1. 50

— dasselbe. 2., verm. Aufl. 8. (VII, 166 S.) Ebend. 883. cart. n. 1. 50

Erichsen, A. v., die Führung der Standesregister. Praktische Anleitung für Standesbeamte, in Beispielen systematisch zusammengestellt und erläutert. 1.—3. vervollständ. Aufl. gr. 8. (VIII, 148 S.) Berlin 878,79, Grosser. cart. *

— dasselbe. 4., vervollständ. Aufl. gr. 8. (VIII, 148 S.) Ebend. 882. geb. n. 2. —

Erichsen, A. v. Die Führung der Standesregister. Praktische Anleitg. f. Standesbeamte, in Beispielen systematisch zusammengestellt u. erläutert. 5. u. 6. umgearb. Aufl. gr. 8. (XVI, 256 S.) Berl. 890. Grosser. geb. * 6 —

Erichsen, A. v., die Führung der Standesregister. Praktische Anleitung f. Standesbeamte, in Beispielen systematisch zusammengestellt u. erläutert. 7., umgearb. Aufl. gr. 8. (XV, 256 S.) Berlin 893. E. Grosser. Geb. in Leinw. n. 6. —

Erichsen, A. v., die Führung der Standesregister. Prakt. Anleitg. f. Standesbeamte. 8. vollst. neu bearb. Aufl. Die Vorschriften des Gesetzes über die Beurkundg. des Personenstandes u. die Eheschliessg. in der vom 1. I. 1900 an gelt. Fassg., an der Hand der einschläg. weit. Gesetze, Verordngn. u. Entscheidgn., der in der Zeitschrift „Der Standesbeamte" niedergelegten Erfahrgn., sowie der vorhand. Kommentare erläut. u. m. zahlr. Musterbeispielen versehen v. Otto Weiße. gr. 8. (XIV, 480 S.) Berlin 900. E. Grosser. Geb. in Leinw. n. 10. —

Erichsen, A. v., die Führung der Standesregister. Praktische Anleitg. f. Standesbeamte. 9., vollständig neu bearb. Aufl. Die Vorschriften des Gesetzes üb. die Beurkundg. des Personenstandes u. die Eheschliessg. in der vom 1. I. 1900 an gelt. Fassg., an der Hand der einschläg. weiteren Gesetze, Verordngn. u. Entscheidgn., der in der Zeitschrift „Der Standesbeamte" niedergelegten Erfahrgn, sowie der vorhandenen Kommentare erläutert u. m. zahlreich verm. Musterbeispielen versehen v. Otto Weiße. (XXXVI, 562 S.) gr. 8. Berlin 904. E. Grosser. Geb. in Leinw. n. 10. —

Erichsen, A. v., Handbuch f. angeh. Cavalleristen. M. 3 lith. Taf. (in Fol.) 8. (10 B.) Braunschweig 828. (Potsdam, Vogler.)

Erichsen, Asmus, a. Möllmark i. Angeln: Thomas Shadwell's Komödie „The Sullen Lovers" in ihrem Verhältnis zu Molière's Komödien „Le Misanthrope" und „Les Fâcheux". Flensburg 1906: J. B. Meyer. (48 S.) 8°
Kiel, Phil. Fak., Ref. Holthausen, Diss. v. 6. Febr. 1906
[Geb. 13. Juli 82 Birnstof, Kr. Flensburg; Wohnort: Möllmark, Angeln; Staatsangeh.: Preußen; Vorbildung: Gymn. Flensburg Reife O. 02; Studium: Berlin 2, Lausanne 1, München 1, Kiel 3 S.; Rig. 13. Jan. 06.]

Erichsen, C. M. W., Enthüllung von Havarie-Umtrieben. Dem Handel u. der Schiffahrt zum Nutzen. 8. (21⅞ B.) Altona 844. (Hamburg, Nestler u. Melle.)

Verborgene Schuld. Novellen von Erich Erichsen [d. i. Petersilie]. *Dresden & Leipzig: E. Pierson 1900.* (155 S.) 8° [F.] [04. 1917]

Erichsen, F. R. Wegweiser für Seefahrende in den dänischen Gewässern. Kopenhagen 1878. Ü: *Lohse, A. W.* (Bücherverz. d. Hauptbibl. d. Reichs-Marine Amts. Berlin 1902.

Erichsen, J., zur Frage üb. die Canalisation u. Reinigung v. St. Petersburg. Ein Plan üb. die Voruntersuchgn. dieses Unternehmens. gr. 8. (54 S.) St. Petersburg 874. Röttger. n. 1. —

Erichsen, Jens

Erichsen, J., die Anfänge des Hauses Schwarzburg. (24 S.) 8. Sondershausen 909. F. A. Eupel. — 60

Deutschlands wirtschaftliche Existenz und seine Flotte. Von Dr. J[ens] Erichsen. *Kiel: Selbstverl. 1899 (1900).* (56 S.) 8° [F.] [00. 335]

Erichsen, Jens: Zur Geschichte der Besitzungen des Klosters Bordesholm. T. 1. *Kiel 1899: A. F. Jensen.* (40 S.) 8° [Ant. u. F.] ¶ (Erscheint vollst. u. d. T.: 'Die Besitzungen des Klosters Neumünster von seiner Verlegung nach Bordesholm bis zu seiner Einziehung' in d. Zeitschrift d. Gesellschaft f. Schleswig-Holsteinische Geschichte.)
Kiel, Phil. Diss. v. [22. März] 1899

[F.] Der Kreis Hadersleben. Bearb. v. J[ens] Erichsen. *Hadersleben: Gedr. v. W. L. Schütze 1895* (a. d. Umschl.: *1897*). (179 S., 1 Bl.) 1 Bd 8. [99. 817 B

Erichsen, J[ens]: Die erste Landesteilung der Schauenburger in Holstein. Mit 1 Karte. Sondershausen 1909: Eupel. 32 S. 8°
Sondershausen, fürstl. G u. R OP 1909 (966) [S 09. 92

— Topographie d. Landkreises Kiel. gr. 8. (167 S.) Kiel 898. E. Marquardsen. Geb. in Leinw. n. 2. 80

Frühere Wald-Verhältnisse im Kreise Kiel (v. [Jens] Erichsen). o. O. u. J. 1 Bl. Fol., geb. in 8° Sonderabdruck aus?

Erichsen, Jos., de textura nervi olfactorii ejusque ramorum. Dissertatio inauguralis. gr. 8. (52 S. mit 1 Stat. in 4.) Dorpat 857. (Mitau, Reyher'sche Verlagsbuchh.) *

Erichsen, Joh., neue Thalia. Ein Abendblatt rc., siehe Thalia.

Erichsen, John E(ric), praktisches Handbuch der Chirurgie. Nach dem Mskr. der 4. Aufl. mit Bewilligung des Verf. frei übers. von Osk. Thamhayn. 2 Bde. Lex.-8. (XXVIII und 1179 S. mit 280 eingedr. Holzschn.) Berlin 864, A. Hirschwald. *

Erichsen, John Eric, über die Verletzungen der centralen Theile des Nervensystems, vorzüglich durch Unfälle auf den Eisenbahnen. Aus dem Engl. von L. Kelp. gr. 8. (V, 130 S.) Oldenburg 868, Schulze'sche Buchh. *

Erichsen, L., hochstehende, stilisierte Blumen, s.: Vorlagen, f. Brandmalerei 84. Lfg.

— Vorlagen f. Brandmalerei, s.: Gerspacher, Gebr.

Erichsen, Leo, an der Grenze des Übersinnlichen. Unser Seelenleben — Hypnose — Suggestion — Telepathie. Der persönl. Einfluss. Ein neuer Weg zum Erfolg! 6.—10. Taus. (103 S.) 8. Strassburg 905. J. Singer. n. 2. —; geb. n. 3. —

Erichsen, Leo, an der Grenze d. Ubersinnlichen. Unser Seelenleben — Hypnose — Suggestion — Telepathie. Der persönl. Einfluss. Ein neuer Weg zum Erfolg! 15—20. Taus. (103 S.) 8. Strassburg (910). J. Singer. 2.—; geb. 3. —

Erichsen, Anm. üb. schwere St. d. heil. Schrift. 2 Thle. Stockh. Kiesewetter. 742—744.

Erichson, (angebl. Chr. Aug. Fischer), Manuscript aus Süd-Deutschland. 8. London 820.

Erichson, Franz Joseph Niederhuber der rechte Katholik. Eine Dorfgeschichte aus neuerer Zeit. Hamburg 854. Kittler. 16. (28 S.) n. 2 ngl

—— Meister Niederhuber, der rechte Katholik. Eine Stadtgeschichte aus neuester Zeit, zugleich als Fortsetzung des Franz Joseph Niederhuber. 16. (23 S.) Hamburg 854, Kittler. *

Erichson, A., üb. die Abnahme der Theologie-Studirenden in Elsaß-Lothringen. Vortrag geh. auf der Straßburger Pastoral-Conferenz. gr. 8. (16 S.) Straßburg 875. (Treuttel & Würtz.) — 75

Erichson, Alfr., Bibliographia Calviniana. Catalogus chronologicus operum Calvini. Catalogus systematicus operum, quae sunt de Calvino. Cum indice auctorum alphabetico. gr. 8. (161 S. m. 1 Bildnis.) Berlin 900. C. A. Schwetschke & Sohn. n. 3. —
Sonderabdruck aus: „Calvini opera (cum additionibus)".

Erichson, Alfr., offener Brief an die „Anti-Semiten". Auszug aus einem, demnächst erscheinenden, größeren Werke des Verf.] Berlin, im Novbr. 1880. 8. (7 S.) Berlin 881, (Steinitz und Fischer.)

Erichson, Alfr. Martin Butzer, der elsässische Reformator. Zu dessen 400jähr. Geburtsfeier den elsäss. Protestanten gewidmet. 8. (VI, 76 S. m. 1 Bildnis.) Straßb. i. E. 891, Heitz. * — 40

— das theologische Studienstift Collegium Wilhelmitanum 1544—1894. Zu dessen 350jähr. Gedächtnisfeier. gr. 8. (VIII, 212 S. m. Abbildgn. u. 1 Bildnis.) Strassburg 894. J. H. E. Heitz. n. 3. 50

Das Duell im alten Strassburg. Z. 25. Stiftgsfest d. Kais.-Wilh.-Univ. am 1. Mai 1897 v. Alfred Erichson, Dr. theol. *Strassburg: F. Bull 1897.* (59 S., 1 Taf.) 1 Bd 8. [97. 3080

Erichson, Alfr., l'église française de Strasbourg au 16e siècle d'après des documents inédits. gr. 8. (72 S.) Strassburg 886, Schmidt. *

— „Ein' feste Burg". Entstehung, Inhalt und Geschichte des Lutherliedes, dem protestant. Volk erklärt. Zur 400jähr. Geburtsfeier Dr. Martin Luthers. 8. (28 S. mit Holzschn.-Portr.) Straßburg 883, Treuttel und Würtz.

Erichson, A., die evangelische Gemeinde zu Benfeld in alter u. neuer Zeit. gr. 8. (18 S.) Straßburg 877. (Treuttel & Würtz.) — 30

— die Calvinische u. die Altstrassburgische Gottesdienstordnung. Ein Beitrag zur Geschichte der Liturgie in der evangelischen Kirche. gr. 8. (35 S.) Ebd. 894. n. — 80

[F.] Der Alten Strassburger Hochschule Erstes Jahrhundertfest am 1. Mai 1667. E. Rückblick am 25. Stiftgstage der Kaiser-Wilhelms-Universität, 1. Mai 1897. Von D. Alfred Erichson. *Strassburg i. E.: F. Bull 1897.* (14 S.) 1 Bd 8. [97. 3080

— Litteratur üb. Butzer, s. Zur 400jähr. Geburtsfeier Martin Butzers.

— über den handschriftlichen Nachlaß u. die gedruckten Briefe Butzers. s.: Zur 400jährigen Geburtsfeier Martin Butzers.

—— das Marburger Religionsgespräch über das Abendmahl im J. 1529 nach ungedr. Straßburger Urkunden, s. a. Schriften des protestantischen liberalen Vereins in Elsaß-Lothringen.

Erichson, A. Das Marburger Religionsgespräch und das Abendmahl im Jahre 1529 nach ungedruckten Strassburger Urkunden. In-16°, 59 S. Strassburg, Druck von J. Ed. Heitz 1880.
Schriften des protestantischen liberalen Vereins in Elsass-Lothringen. [Nr.] 15.

—— Zwingli's Tod und dessen Beurtheilung durch Zeitgenossen. Zumeist nach ungedr. Straßburger und Züricher Urkunden. Ein Beitrag zur 350. Todesfeier Zwingli's. gr. 8. (III, 43 S.) Straßburg 883, Schmidt's Universitäts-Buchh. *

—— das Straßburger Universitätsfest vom J. 1621. Ein Rückblick am Tage der Einweihung der neuen Universitätsgebäude zu Straßburg, den 27. Octbr. 1884. 8. (15 S. mit 2 Illustr.) Straßburg 884, Schmidt's Universitäts Buchh.

—— Matthäus Zell, der erste elsässische Reformator und evangelische Pfarrer in Straßburg, s. Schriften des protestantischen liberalen Vereins in Elsaß-Lothringen.

Erichson, Alfr., Ulrich Zwingli und die elsässischen Reformatoren. Gedenkblätter, den Protestanten des Elsasses gewidmet. Zur 400jähr. Geburtsfeier Zwingli's. 8. (40 S. mit Holzschn.-Portr.) Straßburg 884, Treuttel und Würtz. *

Erichson, C. W., gemeinfaßliche u. treue Beschreib. der Dampfwagenmaschine (Lokomotive). Mit 2 erklärend. Abbildd. gr. 8. Leipzig 838. Kayser'sche Buchh. 3/8 ₰

Erichson, C. B., gemeinfaßl. u. treue Beschreibung d. Dampfwagenmaschine (Lokomotive). gr. 8. (2 B. u. 1 Stnt.) Leipzig 838, [Peter.]

Erichson (F. G. L. Lindner?): „Manuscript aus Süddeutschland", London 1820. — Vorh.: Com. Bibl. Hamburg.

Erichson, G., (Lindner) Manuscript aus Süddeutschland. London 1820. 8.

Erichson, Gustav Adolf [pr. Arzt zu Münster '(Els.)']: Beitrag zur Pathologie der Hernia funicularis congenita ... Strassburg, Universitätsbuchdr. J. H. E. Heitz, 1893; 1 Bl., 42 S. 8.
Strassburg, Med. Fak., Inaug.-Diss. v. 1893

Hütt un Mütt. Spassige un irnsthafte Geschichten v. Heinrich Erichson. *Berlin: Selbstv.:* (übergekl.: *Hilfsverein deutscher Lehrer in Komm.*) 1897. (256 S.) 8° [F.]

Erichson, Heinr., Kinnerrimels för lütt un grot Kinner, m. Biller v. K. Storch. (32 S.) 8. Berlin (906). Dr. A. Tetzlaff. Kart. n. — 80

Erichson, Heinr., Knallschoten. Spaßige plattdütsche Rimels. (Zu Vorträgen geeignet.) (93 S.) kl. 8. Berlin 907. (Dr. A. Tetzlaff.) nn 1.—; geb. nn 1.50

— ut Krang un Katen. En plattdütsch Vertelleꝭ. (352 S.) 8. Berlin 906. W. Röwer. n. 3.—

Erichson, Heinr. „Läuschen". Plattdeutsche Gedichte heiteren Inhalts in mecklenburg. Mundart. 8. (156 S.) Berl. 891. Frankl. * 1 50 Neufeld & Henius

Erichson, Joh., über die neueren Angriffe auf die histor. Grundlage d. christl. Religion. Eine Rede zur Feyer d. Geburtstages Sr. Maj. d. Königs v. Preußen Friedrich Wilhelm III. gr. 4. (4¼ B.) Greifswald 837, (Bamberg.) *

— s. Archiv, Greifswaldisches academisches, u. setze hinzu: v. Jh. Erichson II.

Erichson, Jh. I., († ... 177..) Bibliotheca runica, worin zuverlässige Nachrichten von den Schriftstellern über d. runische Literatur ꝛc. ertheilt werden. Herausg. (v. Jh. Karl Dähnert). Mit Anhang. kl. 4. Greifsw. 766. (Knobloch in Lpz.) 6 K

Erichson, griech. Blumenkranz, s. a. Blumenkranz.

— griechisch. Blumenkranz. gr. 8. Wien. Geistinger

Erichson, J., Griechischer Blumenkranz, eine Auswahl aus der lyrischen Poesie der Griechen. Griech. u. Deutsch, nebst einem Anhange eigener Gedichte und vier Umrissen. Wien u. Triest. 810. 8. 2 rthl. 12 gr.

***Erichson*, Jh. II., de dicto Paulino, omnia fieri debere in honorem Dei. Diss. theolog.-moralis. 4. Greifsw. 799.**

— s. Lucian...

— s. Musenalmanach.

— s. Thalia.

J. **Erichson** üb. d. Verhältniss der Theodicee zu speculat. Kosmologie; Feier-Rede. *Greifsw.* (*Bamberg.*) 836. gr 4° 8*gl*

Erichson, Johs., über den Kampf des Geistes des Universalismus und Particularismus in unserer Zeit. 2 academ. Reden zu Greifswald den 15. Octbr. 1843 und 1844 gehalten. 4. (46 S.) Greifswald 848, (Koch's Vrlgsh.) *

Erichson, Jos. De Philippia sive amoris Equini apud Priscos boreales causis per Joh. Erici. Lipsiae 755.

Erichson, W., s. Erichson, Wilh. Ferd.

Erichson, Wilh. Ferd., Archiv f. Naturgeschichte, s. Archiv.

—— **Bericht** üb. d. wissenschaftl. Leistungen in d. Gebiete d. Entomologie während d. J. 1838 u. 1839. gr. 8. Berlin, Nicolai'sche Buchh. [838. (6½ B.) 840., 839. (7 B.) 841. à * ⅚ Thlr.] *

—— **Bericht** üb. die wissenschaftl. Leistungen im Gebiete der Entomologie während d. J. 1840—1844. gr. 8. Berlin, Nicolai'sche Buchh. [1840. (7¼ B.) 842. * 25 Ngr., 1841. (9 B.) 43, 1842. (9 B.) 44, 1843. (6¼ B.) 45, 1844. (7½ B.) 46. à 1 Thlr.] *
Aus: Archiv f. Naturgeschichte 1840—45 besond. abgedruckt. Bericht d. J. 1838 u. 39. Ebendas. à * 25 Ngr.

—— **Bericht** über die wissenschaftl. Leistungen im Gebiete der Entomologie während der J. 1845—47. gr. 8. (132 S.) Berlin 847—48, Nicolaische Buchh. [Jahrg. 1845. (132 S.) 1846. (144 S) 1847. (116 S.) à Jahrg. * 1 Thlr.] *
Aus: Archiv für Naturgeschichte etc., besonders abgedruckt. Vol. 9. Bd. 1. Abthl. S. 226.

Erichson, W., Beschreibung fremder Insekten, s. Acta nov., Acad. Caes. Leopold.-Carol. naturae curiosorum. Vol. XVI. Supplement I.

Erichson, Wilh. Ferd., Beschreibung der v. Meyen auf sein. Reise gesamm. Insekten, s. Acta, nova, acad. Caes. Leop.-Carol., Vol. XVI. Suppl. 1.

— Entomographien, Untersuchungen in dem Gebiete der Entomologie, mit besond. Benutzung der Königl. Sammlung zu Berlin. 1s Heft. Mit 2 Kpfrtaf., wovon 1 color. ist. gr. 8. Berlin 840. Morin. 1⅓ ß

— Viro J. C. F. Klug de quinquaginta annis post summos in medicina honores rite captos gratulatur. Praemittitur dissertatio de fabrica et usu antennarum in insectis. 4. (15 S. m. 1 Kpfrtaf.) Berolini 847, tyris fratrum Unger.

—— Genera Dyticeorum. (Dissert. inaug.) 8 maj. (3¼ B.) Berolini 832, (Hold.)

Erichson, Wilhelm Ferdinand (Stralsund), Genera dyticeorum. Diss. med. Bln. (Nietack) 7. XII. 1832. 52 S. mit Biogr. (4.20) 8097
Oppon.: O. Reich, C. Hopffer, A. Simmons.

—— **Genera** et species Staphylinorum insectorum Coleopterorum familiae. Ps. I. et II. Lex.-8. Berolini, Morin. [I. (25 B. u. 3 Kpfrt.) 839. 3 Thlr., II. (35½ B. u. 2 Kpfrt.) 840. 4½ Thlr.]

—— die **Käfer** d. Mark Brandenburg, beschrieben. 1. Bd. 1. u. 2. Abthl. gr. 8. Berlin, Morin. [1. (24½ B.) 837., 2. (22½ B.) 839. à 2 Thlr.]

—— Naturgeschichte der Insecten Deutschlands. 1. Abth. Coleoptera. 3. Bd. 1—3. Lfg. gr. 8. (30 B.) Berlin 845, 46, Nicolaische Buchh. à L.
Band 1 u. 2. sind noch nicht erschienen.

—— **Naturgeschichte** der Insecten Deutschlands. 1. Abthl.: Coleoptera. 3. Bd. 4—6. (letzte) Lfg. gr. 8. (V und S. 481—968.) Berlin 847—48, Nicolaische Buchh. à Lfg. 25 Ngr.
1. Abthl. 3. Bd. 1—3. Lfg. Ebendas. 1845—46. 2 Thlr. 15 Ngr. Der 1. und 2. Bd. sind noch nicht erschienen.

Erichson, Wilh. Ferd., Naturgeschichte der Insecten Deutschlands. Fortgesetzt von H. Schaum, G. Kraatz und H. v. Kiesenwetter. 1. Abthl.: Coleoptera. 1. Bd. Bearb. von H. Schaum. 1. Lfg. und 2. Bd. Bearb. von G. Kraatz. 1. und 2. Lfg. gr. 8. (1. Bd. S. 1—192 und 2. Bd. S. 1—376.) Berlin 856, Nicolaische Buchh. à Lfg. 1 Thlr.
3. Bd. Ebendas. 1845—48. 5 Thlr.

—— dass. — 1. Abthl.: Coleoptera. 4. Bd. Bearb. von H. v. Kiesenwetter. 1. Lfg. gr. 8. (S. 1—172.) Ebds. 856.

Erichson, W. F., Naturgeschichte der Insecten Deutschlands. Fortgesetzt von H. Schaum, G. Kraatz und H. v. Kiesenwetter. I. Abthl.: Coleoptera. 1. Bd. 2—4. Lfg., 2. Bd. 3—6. Lfg., 4. Bd. 2. und 3. Lfg. gr. 8. Berlin, Nicolai'sche Verlagsbuchh.

1. Abthl. 1. Bd. 2—4. Lfg. Bearb. von H. Schaum. (VI und S. 193—791.) [2. Lfg. 857. 1 Thlr., 3. Lfg. 858. 1 Thlr., 4. Lfg. 860. 1 Thlr. 15 Ngr.] 3 Thlr. 15 Ngr.
1. » 2. » 3—6. » Bearb. von G. Kraatz. (VI und S. 377—1080.) [3. und 4. Lfg. 857. 2 Thlr., 5. und 6. Lfg. 858. 1 Thlr. 22½ Ngr.] 3 Thlr. 22½ Ngr.
1. » 4. » 2., 3. » Bearb. von H. v. Kiesenwetter. (S. 173—568.) 858 und 60. (à Lfg. 1 Thlr.) 2 Thlr.
1. Abthl. 1. Bd. 1. Lfg., 2. Bd. 1., 2. Lfg., 3. Bd. cpl. und 4. Bd 1. Lfg. Ebendas. 1845—56. 9 Thlr.

—— dass. — 1. Abthl.: Coleoptera. 4. Bd. Bearb. von H. v. Kiesenwetter. 4. Lfg. gr. 8. (VI und S. 569—746.) Ebendas. 863.

Vgl. XIII. Bd. 1. Abthl. S. 271. — I. Abthl. 1. Bd. 1. Hälfte und 2. Hälfte 1. Lfg. und II.—IV. Bd. kosten 20 Thlr. 15 Ngr.

Erichson, W. F., Naturgeschichte der Insecten Deutschlands Fortgesetzt von H. Schaum, G. Kraatz und H. v. Kiesenwetter. 1. Abthl.: Coleoptera. 1. Bd. 2. Hälfte. Bearb von H. Schaum und H. v. Kiesenwetter. 1. Lfg. gr. 8 (S. 1—144.) Berlin 868, Nicolai's Verlag.

Erichson, W. F., Naturgeschichte der Insecten Deutschlands. Fortgesetzt von H. Schaum, G. Kraatz und H. v. Kiesenwetter. 1. Abthl.: Coleoptera. 5. Bd. Bearb. von H. v. Kiesenwetter. 1. Lfg. gr. 8. (200 S.) Berlin 877, Nicolai'sche Verlagsh. *

1.—4. Bd. Ebendas. 1848—63. (*ℳ 61,50.) *ℳ 36.

Erichson, W. F., Naturgeschichte der Insekten Deutschlands. Fortgesetzt von H. Schaum, G. Kraatz, H. v. Kiesenwetter, Jul. Weise und Edm. Reitter. 1. Abthl.: Coleoptera. 3. Bd. 2. Abthl. Bearb. von Edm. Reitter. 1. Lfg. gr. 8. (VI, S. 1—198) Berlin 882, Nicolai'sche Verlagsh. *

—— dass. — 1. Abthl.: Coleoptera. 6. Bd. 1.—3. Lfg. Bearb. von Jul. Weise. gr. 8. Ebendas. [1. und 2. Lfg. (S. 1—368.) 882. à *ℳ 4,50.; 3. Lfg. (S. 369—568 mit 1 Stnt.) 881. *ℳ 6.] *

Erichson, W. F., Naturgeschichte der Insecten Deutschlands. Fortgesetzt von H. Schaum, G. Kraatz, H. v. Kiesenwetter, Jul. Weise und Edm. Reitter. 1. Abthl.: Coleoptera. 3. Bd. 2. Abthl. 2. Lfg. Bearb. von Edm. Reitter. gr. 8. (S. 199—362.) Berlin 885, Nicolai'sche Verlagsh. *

1. Lfg. Ebendas. 1882. *ℳ 4.50.

—— dass. — Fortgesetzt von H. Schaum, G. Kraatz, H. v. Kiesenwetter und Jul. Weise. 1. Abthl.: Coleoptera. 6. Bd. Bearb. von Jul. Weise. 4. und 5. Lfg. gr. 8. (S. 569—960.) Ebendas. 886,88. à Lfg. *ℳ 6.—. *

1.—3. Lfg. Ebendas. 1882—84. *ℳ 15.—.

Erichson, W. F., Naturgeschichte d. Insecten Deutschlands, begonnen v. W. F. E., fortgesetzt v. H. Schaum, G. Kraatz, H. v. Kiesenwetter, Jul. Weiss, Edm. Reitter u. Geo. Seidlitz. 1. Abth. Coleoptera. 5. Bd. 2. u. 3. Lfg. Bearb. v. Geo. Seidlitz. gr. 8. (S. 201—608.) Berlin 893. 894. Nicolai's Verl. à Lfg. n. 6. — (1—3.: n. 16. —)

— dasselbe. 6. Bd. 6. (Schluss-)Lfg. Bearb. v. Jul. Weise. gr. 8. (XIV u. S. 961—1161.) Ebd. 893. n. 6. — (6. Bd. kplt.: n. 33. —)

— Naturgeschichte d. Insecten Deutschlands, begonnen v. E., fortges. v. H. Schaum, G. Kraatz, H. v. Kiesenwetter, Jul. Weise, Edm. Reitter u. Geo. Seidlitz. 1. Abth. Coleoptera. 5. Bd. 1. Hälfte. 4. u. 5. Lfg. Bearb. v. Geo. Seidlitz. gr. 8. (XXVIII u. S. 609—877.) Berlin 895 u. 898. Nicolai's Verl. n. 9. —

— dasselbe. 1. Abth. Coleoptera. 5. Bd. 2. Hälfte. 1. u. 2. Lfg. Bearb. v. Geo. Seidlitz. gr. 8. (S. 1—680.) Ebd. 896 u. 898. n. 21. — (V, 1—2. II.: n. 46. —)

Erichson, W. F., Naturgeschichte der Insecten Deutschlands, begonnen v. E., fortgesetzt v. H. Schaum, G. Kraatz, H. v. Kiesenwetter, Jul. Weise, Edm. Reitter u. Geo. Seidlitz. 1. Abth. Coleoptera. 5. Bd. 2. Hälfte. 3. Lfg. Bearb. v. Geo. Seidlitz. gr. 8. (S. 681—968.) Berlin 899. Nicolai's Verl. n. 9. —; (V, 1—II, 3. n. 55. —)

Ericl, Joh. (in acad. equestri Sorana)

— epistola ad Finnum Joanneum de chronologia Gulangssaga. 4. Kopenh. 778. (Schubothe). 4 gl.

— tentam. philos. antiq. de nominibus Islandor. 8. Kopenh. 755. Pelt. 3 gl.

Erici, J., observat. ad antiquitates septentrional. pertin. 8. Kopenh. 760. Schubothe. 6 gl.

— de peregrinationibus Islandor. et de Philippia veterum. 8. Kopenh. 755. Pelt. 3 gl.

Ericia oder die Vestallin. Trauerspiel in drei Handlungen. Aus dem Französischen. Hamburg 1768. Ü: *Wittenberg, Albr.* (der Ossianübersetzer). (Klotz, Dtsch. Bibliothek d. schön. Wiss. 3, 170) (Kat. Hugo Thimig 5253) V: *Dubois-Fontanelle, Jean Gaspard.* (Bresl 31, S. 165)

Ericius

— **Moritz Christian** (Holstein), De bonis civitatum primariis. Comment. philos. II. Präs. Carl Friedr. Meisner. Götting. (Joh. Friedr. Hager) Okt. 1751. 44 S. (5.—) 8100

Ericke, Entwürfe f. moderne Kunstschlosserarbeiten. 22 Taf. m. 65 Abbildgn. Einfriedigungen, Gartentore, Eingangspforten, Haustore, Treppengitter, Brüstungsgitter, Balkongitter, Schutzgitter, Kellerfenstergitter, Fenstergitter, Füllungsgitter, Oberlichtgitter, Mauerzieranker, Fahnenhalter, Bogenlichtarme, Schirmständer. Mit Preisangaben u. Gewichtsberechngn. f. sämtl. Entwürfe. (12 S.) 4. Lübeck (906). Ch. Coleman. In Mappe n. 6. —

Ericie oder die Vestalinnen; a. d. Franz. übers. München 1774. Ü: *Daun, Max. Joseph Graf von.* (Ky)

Ericie, oder die Vestalinnen; aus d. Französ. übersetzt (v. M. Jos. Graf v. Daun). 8. Münch. 774.

Ericson-Aurén, T., u. **Wilh. Palmaer**, über die Auflösung v. Metallen. II. (S. 93—110.) gr. 8. Stockholm 903. (Berlin, R. Friedländer & Sohn.) n. — 60

Sonderabdruck aus: „Arkiv f. kemi, mineralogi och geologi" Der I. Tl. ist nicht als Sonderdr. erschienen.

Ericson-Aurén, Tycho Emanuel: Über die Auflösungsgeschwindigkeit von Zink in sauren Lösungen. Inaugural-Dissertation von Tycho Ericson-Aurén. Leipzig 1901. 8°. 47 S. (Ur: Zeitschr. f. anorg. Chemie. Bd. 27)
Phil. Diss. Upsal.

Ericsson, L. M., & Co.: Catalogue. 4. ed. Nebst Preisliste [über Fernsprechapparate]. Stockholm 1897. (Engl., deutsch, franz.)

Erie Leuchtthurm: Apr. 1869—1885?

Weekly, 1869—78; daily, evening except Sunday, 1878—85. Democratic [but Rowell, 1884—85, lists as Independent]; supported Tilden. For weekly edition, see Der Wöchentliche Leuchtthurm. Circulation: 1870, 1000 (est.); 1875, 944; 1880, 1050; 1884, 1200. Edited & published by Bätzel & Atkinson, 1869; by Wilhelm Kraiss, 1870; by Willard, Redway & Cook, 1871; by Redway & Cook, 1872; by P. Uhlmschneider, 1873; by Merhoff & Wallenhorst, 1874; edited by F. A. Ludwig, & published by H. Merhoff & Co., 1875—79; edited & published by J. F. Boyer & Charles A. Rastatter, 1880; by Merhoff & Boyer, 1881; by John F. Boyer, 1882—83; by Otto Luedicke, 1884; by John F. Boyer, 1885.
Erie, PA

Erie Tageblatt-Wochenschrift: Oct. 1, 1884—1940.

Weekly. 1884; daily, evening except Sunday, 1885—1931; weekly, 1932—40. Independent, 1885—1918; Republican, 1919—32; non-political, 1933—37; Independent, Republican, 1938; Independent, 1939—40. Title varies: 1) Erie Tageblatt, 1884—1930. Absorbed Zuschauer in der Neuen Heimath. Absorbed Sonntagsgast. For weekly edition, see Wochenschrift; 2) National Zeitung; 3) Zuschauer und Sonntagsgast. Circulation: 1885, 1200; 1891, 1850; 1905, 2300; 1915, 2000; 1921, *2561*; 1930, 1088; 1940, 1850. Edited & published by Otto Luedicke, 1884—87; by Hugo Held & Co., 1888—94; by Frank Weiss, 1895—99; edited by Frank Weiss & J. H. Penske, 1900—02; by A. B. C. Kalkhorst, 1924; by Prosper Schoeb, 1925—31; by Ernst Schnurpfeil, 1932—34; by Max F. Freiwald, 1935—37; by Ernst Schnurpfeil, 1938—40.
Published by Held, Gorenflo & Co., 1895—1907; by Erie Printing Co., 1908—14; by Erie Tageblatt Publishing Co., 1914—37; by Schnurpfeil & Co., 1938—40.
Eric, PA

Erie Wöchentliche Leuchtthurm: 1878?—1885? Erie, PA

Weekly edition of Erie Leuchtthurm. Circulation: 1878, 800 (est.); 1884, 800.

Der landwirtschaftliche Taxator. Anleitung z. Ausführung von landwirtschaftl. Abschätzungen. Gekr. Preisschrift verf. von Dr. [Johann] Erig u. W. Lohaus. Münster: Landwirtschaftskammer 1904. 95 S. 4° 【09. 12673 0】

Erig, Johannes [aus Weiberg (Westf.)]: Ueber Derivate des Hydroresorcins ... Halle a. S., Buchdr. O. Thiele, 1896; S., 1 Bl. 8.
Halle, Phil. Fak., Inaug.-Diss. v. [20. Febr.] 1896

Erigena, Janus Scotus

— s. auch F. A. Staudenmaier.

Erigena, Janus Scotus. De divisione naturae libri quinque. Editio recognita et emendata ... Monasterii Guestphal. 1838. H: *Schlüter, Chph Bernhard.* (winer) (Ky) (Barbier)

Erigena, Joh. Scoti, de divisione naturae libri quinque. Edit. recogn. et emend. Acced. tredecim auctoris hymni ad Carolum Calvum ex palimpsestis Aug. Maii. (Edid. C. B. Schlüter.) Smaj. (40 B.) Monasterii Guestphal 838, libr. Aschendorff.

Erigena, J. Scotus, über die Eintheilung der Natur, s. Bibliothek, philosophische.

Erik, oder das Kind der Wüste. Mit Kupf. 8. Wien, Haas, 819.

Erik der Vierzehnte. Ein dramatisches Gedicht in zwei Abtheilungen. Übersetzung a. d. Schwed. Stockholm 1827. V: *Beskow, Bernhard v.* Ü: *Bagge, Lorens Pet.* (Bygdén, Svenskt anon. och pseud. lex. Upsala 1898 ff. I.)

Erik der Vierzehnte. Ein dramat. Gedicht in 2 Abthln. Uebersetz. a. d. Schwed. 8. (15½ B.) Stockholm 827. (Stralsund, Löffler.)

Erika [Pseud.], s. a. Fricke, Friederike

Erika, dein Will' der ist der beste. Erzählgn. 8. (324 S.) Stuttgart 895. J. F. Steinkopf. n. 4.—; geb. in Leinw. n. 5.—

Erika, e. reiche Erbin. Erzählung. 8. (418 S.) Stuttgart 890. J. F. Steinkopf. n. 4.—; geb. n. 5.—

Erika, Ilse v. Ibingen u. andere Erzählgn. (V, 362 S. m. Titelbild.) 8. Hermannsburg 908. Missionshandlg. 3.—; geb. 4.—

Erika, Hans Markwarts Jugend. 8. (405 S.) Stuttgart 891. J. F. Steinkopf. n. 4.—; geb. in Leinw. n. 5.—

[F.] **Erika.** Fibel nach d. Normalwörter-Methode m. e. Vorkursus. Bearb. v. Lüneburger Lehrern. 6. gänzl. umgearb. Aufl. ... *Harburg: G. Elkan (1899).* (2 Bl., 82 S.) 1 Bd 8. 【99. 9087】

Erika. Fibel nach der Normalwörter-Methode mit einem Vorkursus. Bearb. von Lüneburger Lehrern. 7. Aufl. ... *Harburg: G. Elkan (1899).* (82 S.) 8° [F.] 【99. 7358 7】

Erika-Fibel. Normalwörter-Methode m. Vorkursus. Bearb. v. Lüneburger Lehrern. 10. Aufl. (Neue Rechtschreibg.) gr. 8. (IV, 92 S. m. Abbildgn.) Harburg (902). G. Elkan. n.n. —45; geb. n.n. —60

Erika-Fibel. Normalwörter-Methode m. Vorkursus. Bearb. v. Lüneburger Lehrern. 12. Aufl. (Neue Rechtschreibg.) (IV, 82 S. m. Abbildgn.) 8. Harburg (905). G. Elkan. n.n. —45; geb. n.n. —60

Erika-Fibel. Normalwörter-Methode m. Vorkursus. Bearb. v. Lüneburger Lehrern. 15. Aufl. (IV, 82 S. m. Abb.) 8. Harburg (909). G. Elkan. nn —45; geb. nn —60

Lob dem deutschen Mann. Ein deutsches Kaiserlied. Gedichtet von Frau Maria Rothe-Gierschner. In Musik gesetzt von Adolf **Erikson.** *Berlin [1902]: Paris & Co.* (5 S.) 4° [F. u. Ant.] 【02. 5540 8】

Eriksson J.: Über Wärmebildung durch intramolekulare Athmung d. Pflanzen. 1881. [Rostr. Saml.].

Eriksson, J. A., De syntaxi Andocidea quaestiones. Diss. 1877. 80 S. 4°.

Eriksson, Jakob

Die Getreideroste, ihre Geschichte und Natur sowie Massregeln gegen dieselben. M. 13 Taf. u. 1 Kt. in Farbendr. sowie 5 Abb. im Text. Bericht üb. die am Experimentalfelde d. Kgl. Schwedischen Landbau-Akademie in d. J. 1890—93 ... ausgeführte Untersuchg v. Prof. Dr. Jakob **Eriksson** u. Dr. Ernst Henning in Stockholm. (A. d. Schwed. übs. v. C. O. Nordgren, Lehrer ... an d. K. Kriegsakad. zu Stockholm.) *Stockholm: P. A. Norstedt & söner 1896.* (1 Bl., VII, 463 S., 12 Taf., 1 Kt., 1 Tab.) 1 Bd 8.
— Meddelanden från Kgl. Landtbruks-Akademiens Experimentalfält. No 38. 【96. 4186】

Eriksson, Jak., über das vegetative Leben der Getreiderostpilze. I—IV. 4. Berlin, R. Friedländer & Sohn. n.n. 9.—

I. Puccinia glumarum (Schm.) Eriks. & Henn. in der heranwachsenden Weizenpflanze v. Jak. Eriksson u. Geo. Tischler. (Kurrigt svenska vetenskaps-akademiens handlingar. 37. Bd. Nr. 6.) (19 S. m. 3 Taf. u. 3 Bl. Erklärgn.) Stockholm 904. n.n. 3.50
II. III. Puccinia dispersa Eriks. in der heranwachsenden Roggenpflanze. — Puccinia glumarum (Schm.) Eriks. & Henn. in der heranwachsenden Gerstenpflanze. (K. svenska vetenskaps-akademiens handlingar. 38. Bd. Nr. 3.) (18 S. m. 3 Taf. u. 3 Bl. Erklärgn.) Stockholm 904. n.n. 2.60
IV. Puccinia graminis Pers. in der heranwachsenden Getreidepflanze. (K. svenska vetenskaps-akademiens handlingar. 39. Bd. Nr. 5.) (41 S. m. 2 Taf.) Uppsalae 905. n.n. 3.—

Eriksson, Jak., die Rostarten des Getreides, s.: Wandtafeln, pflanzenpathologische. V, VI.

— Der Stachelbeermehltau. Hrsg. auf Veranlassg. der kgl. agrikulturbotan. Anstalt München. (1 farb. Taf.) 29,5×21 cm. Stuttgart (909). E. Ulmer. —80

— Neue Studien üb. die Spezialisierung der grasbewohnenden Kronenrostarten. (26 S. m. 1 farb. Taf.) 8. Uppsala 908. (Berlin, R. Friedländer & Sohn.) nn 1.60
Sonderabdr. a.: „Arkiv för botanik".

Eriksson, Jak., was ist in den europäischen Staaten v. Seite derselben bis jetzt gethan worden, um die Erforschg. der in landwirthschaftl. u. forstl. Hinsicht wicht. Pflanzenkrankheiten zu befördern u. die zerstör. Wirkgn. derselben zu reduciren u. was kann u. muß in solcher Richtg. noch gethan werden? [Aus: „Centralbl. f. d. ges. Forstwesen".] (Internationaler land- u. forstwirthschaftl. Congreß zu Wien 1890, Hft. 26.) gr. 8. (6 S.) Wien 890. W. Frick. n. 1.20

— dasselbe, s. a. Hartig, Robert

Eriksson, Jak. Was ist in den europäischen Staaten bis jetzt gethan, um die Erforschung der in landwirthschaftlicher u. forstlicher Hinsicht wichtigen Pflanzenkrankheiten zu befördern? 2c. gr. 8. (6 S.) Wien 892, Frick. * 1 20
Aus: Centralblatt f. d. ges. Forstwesen, besonders abgedruckt.

— F. Zach's cytologische Untersuchungen üb. die Rostflecken d. Getreides u. die Mycoplasmatheorie. Wien 1910. 8 S. (Særtr.). P.

v. Erimfeld, s. a. Ehrimfeld.

Erimfeld, Tobias Edler v., edle That. Schausp. in 2 A. n. d. Franz. von Frech. 8. Wien. Rehm.

Erin. Auswahl vorzüglicher irischer Erzählungen mit lebensgeschichtl. Nachrichten von ihren Verfassern und Sammlung der besten irischen Volkssagen, Mährchen und Legenden von K. v. K(illinger). 6 Bdchn. 8. Stuttgart, Cotta'sche Buchh.
Auch unter den Titeln:
Bdchn. 1., 2. Gerold Griffin, ein Schriftstellerleben. 2 Bdchn. (604 S.) 847. 1 Thlr. 21 Ngr.
Bdchn. 3., 6. Sagen und Mährchen. Von K. v. K. 2 Thle. [1. (XXII und 303 S.) 847. 27 Ngr., 2. (VI und 469 S.) 849. 1 Thlr. 10 Ngr.] 2 Thlr. 7 Ngr.
" 4., 5. Gerald Griffin, die Schulfreunde. 2 Thle. (XII und 701 S.) 848. 1 Thlr. 24 Ngr.

Erin, Amabel Leigh. 8. (183 S.) Gotha 887. F. A. Perthes. n. 2. 40

Eringaard, *Jakob* C. [aus Delft]: Holländische Musterstätten persönlicher Fürsorge von Arbeitgebern für ihre Geschäftsangehörigen ... *Delft, Druckerei »van Marken«, 1896;* 3 Bl., 345 S., 1 Bl., II S., 4 Bl. 8.
Heidelberg, Phil. Fak., Inaug.-Diss. v. [1. Aug.] 1896

Erinnae fragmenta ed. E. A. Moebius, s. Bibliotheca Graeca etc. Poetae. Vol. XIX.

Erinnerer: Der Erinnerer
① Eine moralische Wochenschrift ⑤ 4. 1. 1765—29. 1. 1767 [Verbot am 12. 2. 1767] ⑦ Wochenblatt ⑧ Zürich: Bürgklische Truckerey (1765), Heidegger & Co. (Anfang 1766), Fueßli & Co. (1766—1767) ⑨ Helvetische Gesellschaft zur Gerwi ⑪ Johann Caspar Lavater (1765), Johann Heinrich Füßli (1766—1767); Mitarbeiter: Johann Tobler, Jakob und Felix Heß, J. G. Zimmermann Johann Heinrich Pestalozzi ⑬ BGSZ: 99 (p. 96—97, Nr. 20), 242; Schönebaum, H.: Der junge Pestalozzi (1746—1787; p. 26—35 ⑭ Bs: U; Zh: Z.

Erinnerer, der, eine moral. Wochenschrift. gr. 8. Zürich 767. Orell. 1 ℛ

Erinnerer: Der Thurgäuische Erinnerer
① Eine Monatschrift zur Beförderung des wahren Patriotismus und zur Erweckung moralisch guter Gesinnung und Handlungen ⑤ August 1799—Juni 1800 ⑥ 8° ⑦ Monatsblatt ⑧ Bischofszell: Leonhard Dieth ⑩ Pfarrer Johann Heinrich Müller in Amriswil ⑫ antiunitarisch ⑬ BGSZ: 107, 204, 1069 ⑭ Be: L; Lu: Z ⑮ Nach der »Vorerinnerung« war das 1. Stück schon im Juni 1799 gedruckt.

Erinnern, e. süß. In ausgestanzter Azalienform. (8 Bl.) München 889. Stroefer. n. — 40

Erinnerung. Nach d. Leben u. auf Stein gez. v. J. M. Graack. Hamburg. o. J. 1 Bl. Imp.-Fol.

Erinnerung. Schausp. v. A. W. Iffland. 8. Lpz. Göschen. 799.

Erinnerung. Augsburg 1801. V: *Malsiner, Joseph.* (J. P. Ehrenberger, Herkulan Oberrauch. Bozen 1862. S. 30) (BIBLPORT)

Erinnerung. Zur E'. Drei Reden gehalten bei der 400-jährigen (Ulrich) Zwingli-Feier in Kappel am 6. Januar 1884 (von Pfarrer [Alfred] Kappeler, Reg.-Rat [Emanuel] Grob und Pfarrer [Rudolf] Egg). 8. Affoltern a. A. [1884].

Erinnerung an Aarau und das eidgenöss. Ehr- und Freischießen 1849. Lenzburg, 1849.

Erinnerung. Zur E' an Herrn Major Achilles Alioth-Franck in Arlesheim, geboren den 26. September 1822, gestorben den 13. Januar 1898.... 8. [Basel.]

Erinnerung an Amberg. 14 Lithogr. 16. Amberg 884, F. Pohl's Buchh. geb. * *

Zur Erinnerung an Hermann Ameler, Superint. a. D. u. Pfarrer em. ... zu Herford, geb. 26 Dez. 1811 in Herford, gest. 17. Nov. 1904 daselbst. Ein Lebensbild d. Verewigten nebst d. Reden zu s. Gedächtnis. Herford: Menckhoff 1905. 70 S. 8° [illegible]

Erinnerung, Eine Anmuthige, zu einer Christlichen Betrachtung Von der Wunderbaren Allgegenwart des Allwissenden Gottes. Germantown 1760. V: *Mack, Alexander.* (Seidensticker, German Printing in America. Philad. 1893.)

Erinnerung. Zur E' an Herrn Pfarrer Joh[ann] Rudolf Anstein, geboren den 20. Juli 1824, gestorben den 28. Januar 1900.... [Mit Porträt-Tafel.] 8. (Basel.)

Zur Erinnerung an die kgl. Hannoversche Armee und ihre Stammtruppen. Gedenkblatt z. Feier d. 19. Dec. 1903. *(Berlin-Schöneberg [1903]: Meisenbach, Riffarth & Co.)* (30 S.) 8° [F.] [illegible]

Erinnerung. Zur E' an Robert Aeschbacher, gewesener Pfarrer am Münster in Bern. [Mit 1 Porträt-Tafel.] 64 S. 8. Bern, Raillard & Schiller, 1910. [fr. 1. 20]

Erinnerung an Athen. Zwölf Ansichten der merkwürdigsten Denkmale aus dem class. Alterthume in Athen (in Stahlst.) qu. gr. 4. Triest 861, Direction des österreich. Lloyd. *

Erinnerung, Atlantische, ein Christ- und Neujahrsgeschenk für .... 1826.
Philadelphia. Goed. VIII, 117, 290.

Erinnerungen an meinen Aufenthalt in der Besserungsanstalt für Jugendliche zu Shipping-Norton, U. S. A. Von einem ehemaligen Zögling. O. O. u. J. (ca. 1905). 32 S. Privatdruck. (Mk. 1,50.)

Zur Erinnerung an ihren Aufenthalt in Hamburg den amerikanischen Turngenossen gewidmet von den Turnvereinen Hamburg-Altonas, 6. Juni 1880, 24 S., 1 Bl., 8°.

Eines redlichen Protestantens aufrichtige Erinnerung an den Verfasser des Exorcisten in seiner Blöße den Prager Hirtenbrief betreffend. Frkf. u. Leipz. 776. 8.

ERINNERUNG an die feierliche Aufsetzung des Thurmkreuzes der Klosterkirche von U. L. Frau zu Fünfkirchen am 1. November 1853. Mit 1. Lithographie. o. O. o. Dr. 1853. 2 f. - 16°

Erinnerung an Augsburg. — Souvenir d' Augsbourg. Lex.-8. (11 Stahlst.) München 843, Franz. *

Zur Erinnerung an den 1. August 1891. ([Festschr. der] J. C. Hinrichs'schen Buchhandlung, Leipzig. 1791 1891.) [Mit Abb. u. Facs.] (Leipzig 1891: Pries.) 31 S. 8° [Umschlagt.]

Erinnerung an den Verenahof Baden. 1891.

Erinnerung. Zur E' an Herrn Pfarrer Immanuel Balmer-Riehm, geboren 2. Juni 1853, gestorben 14. Dezember 1898. [Mit Porträt-Tafel.] 8. Basel 1898.

Erinnerung. Zur E' an Herrn Dr. J(oh[ann]) J(acob) Balmer-Rinck, geboren 1. Mai 1825, gestorben 12. März 1898. [Mit Porträt-Tafel.] 8. Basel 1898.

Erinnerung an Bamberg. — Souvenir de Bamberg. München, Franz. qu. gr. 8. (18 Stahlst.) n. 1 ℛ 18 ngr.

—— an Bamberg. 12 Bl. in Stahlst. Souvenir de Bamberg. Lex.-8. Bamberg 843. [Hohbach'sche Buchh.] München, Franz. *

— an Bamberg. — Souvenir de Bamberg. (12 Bl. in Stahlstich.) Lex.-8. Bamberg 843, Institut littéraire. (München, Franz.) n. 1½ ℛ

Erinnerung. Zur E' an Pfr. Albert Barth.... Geboren den 10. August 1816. Gestorben den 9. Mai 1879. 8. Basel 1879.

Zur Erinnerung an Dr. Hermann Baerwald, Direktor der Realschule der israel. Gemeinde (Philanthropin) 1868—1899. Frankfurt a. M. 1907: Kumpf & Reis. (23 S.) 4°
Frankfurt a. M., R u. HM Philanthropin OP 1907 (514)

Erinnerung an Frau Anna Bäschlin-Tappolet, geboren den 24. Mai 1851 in Ottenbach (Kt. Zürich), gestorben den 7. Januar 1891 in Bern. 8. o. O.

Erinnerung an Basel. gr. 16. (32 Holzschntaf. m. lith. Plan in qu. gr. Fol.) Basel 875. (Binningen, Kompfe.) 2. 15

Erinnerung an Basel. [Album von 12 Ansichten in Lichtdruck.] 1 Bl. fol., zus.-gefaltet in Umschlag quer-8. (Basel, H. Speiser, [1903].) [fr. 2. 25]

Erinnerung an Bayreuth. qu. 16. (12 Photogr.-Imitationen.) Bayreuth (889). H. Heuschmann. In Leinw.-Decke n. 1. —

— an die Bedeutsamkeit des 24. Novbr. 1757 zum Säcular-Gedächtniß des 7jährigen Krieges in Hannover, Kurhessen, Braunschweig, Sachsen-Gotha u. Bückeburg. Seinen Kameraden dortselbst gewidmet von einem nord-deutschen Offizier. Hanau 857. König. gr. 8. (15 S.) n. 4 ngr

— an Ludwig van Beethoven u. die Feier der Enthüllung seines Monumentes zu Bonn am 10., 11. u. 12. Aug. 1845. gr. 8. (2 B. u. 4 Kpfr.) Bonn 845. [Coblenz, Pleimes.]

. **Erinnerung, J. B.,** an Hamburgs merkwürdige Begebenheiten . . . St. Petersburg 1813. V: *Bläsing, Johann Nicolaus.* (Schr)

— an d. Markgrafen v. Brandenburg Christian Wilhelm Bekehrung z. kathol. Glauben u. an dess. Schrift, betitelt: Speculum veritatis Brandenburgicum. gr. 8. (17¼ B.) Offenbach 827. [Aschaffenburg, Pergay.]

Erinnerung an des Markgrafen Christian Wilhelm von Brandenburg Bekehrung zum katholischen Glauben . . . Offenbach 1828. V: *Schütz auf Rheinwalde, Wilhelm von.* (Kd) »Erinnerungen« (Th)

Erinnerung an des Markgrafen von Brandenburg Christian Wilhelm Bekehrung zum katholischen Glauben . . . Offenbach a. M. 1828. V: *Pfeilschifter, Johann Baptist.* (ClZür Forts. III)

— an des Markgrafen von Brandenburg, Christian Wilhelm, Bekehrung zum kathol. Glauben u. an dessen Schrift: Speculum veritatis Brandenburgicum. gr. 8. Offenb. 828. Hauch: (a. Pergay ebd.) 1 rf

Erinnerung. Zur E' an die 1555 gestiftete Kirchgemeinde Benken. 19. August 1855. [Mit 1 Tafel.] 8. Zürich 1855.

Erinnerung an J[ohann] Ulrich Benker. Frauenfeld 1860 s. a. Benker, J[ohann] Ulrich.

— an J. Ulrich Benker, s. Z. Rektor der thurgauischen Kantonsschule. Stimmen aus seiner Gedankenwelt nebst einer Skizze seines Lebens und Wirkens. Hrsg. von einem seiner Schüler. 12. (XXXXIV und 187 S.) Frauenfeld 860, Huber's Buchh.

— an Freibergs Bergbau. Ein Leitfaden bei dem Besuche d. Halsbrückner Amalgamir- u. Hüttenwerke, so wie beim Befahren der vorzügl., sich dazu am besten eignenden Gruben. 2. verb. Aufl. gr. 12. Freiberg 846, Engelhardt. n. ¼ rf

Erinnerung an Schloss Bergheide bei Schweinfurt. Schweinfurt 1910. V: *Herberth, Johanna.* (Berl 1918, S. 8)

Erinnerung an den 1. Allgemeinen deutschen Bergmannstag in Kassel, September 1880. Dortmund, 1880. 28 S.

Erinnerung an den Bergwerksball in Stuttgart. 1880. Figuren aus Trompeter von Säkkingen. (12 Photographien) Boudoir-Format. Stuttgart 1880.

Erinnerung an die Berichterstattungs-Commission der Deutschen Zollvereins-Regierungen bei der Industrie-Ausstellung zu London im J. 1851. Berlin 1853

Erinnerung an Berlin. 16 Ansichten (seize vues de Berlin). Berlin 836. Schlesinger. 1 rf

Erinnerung an Berlin. 16 (lithochrom.) Ansichten d. merkwürdigsten Gebäude u. Monumente nebst e. (lithochrom.) Plane v. Berlin (in gr. 4.) — Souvenir de Berlin. 16 vues des plus remarquables édifices et monuments, et le plan de Berlin. qu. 8. (16 S. Text.) Berlin 852, Th. Grieben. n. 2 rf

Erinnerung an Berlin. 16 (lithochrom.) Ansichten der merkwürdigsten Gebäude und Monumente nebst einem (lithochrom.) Plane von Berlin (in gr. 4.) — Souvenir de Berlin. 16 vues des plus remarquables édifices et monuments, et le plan de Berlin. qu. 8. (16 S. Text.) Berlin 852, Th. Grieben. *

VII. Intern. Geographen-Congr., Berlin 1899. Erinnerung an Berlin dargeboten vom Geographischen Institut Wilhelm Greve. *Berlin: (W. Greve 1899).* (43 Taf.) quer-8°

-- **an Berlin.** 50 Ansichten m. deutscher, engl. u. franz. Beschreibg. (auf der Rückseite). Fcsm.-Drucke nach photograph. Orig.-Aufnahmen. qu. gr. 8. Berlin (899). M. Pasch. Geb. in Leinw. 2. 50

Erinnerung an Berlin, Charlottenburg und Potsdam. 50 Ansichten mit deutscher, engl. u. franz. Beschreibung. Facsimiledrucke nach photogr. Orig.-Aufn. 2. verb. Aufl. *Berlin: M. Pasch 1900.* (45 Bl.) quer-8°

Erinnerung an Bern. Den Gästen gewidmet. [Mit Ansichten im Text, sowie Plan und Karte auf 1 Tafel.] IV + 16 S. 8. ([Bern,] A. Benteli, [1905].)

Erinnerung an Bern. Den Gästen gewidmet. Éd. française. [Avec des illustrations et 1 planche: plan et carte.] IV + 16 p. 8. ([Berne,] A. Benteli, [1905].) [fr. —. 25]

Erinnerung an zwei Berner. (Frauenfeld 1850) s. [Zeerleder von Steinegg, Bernhard].

Erinnerung. Zur E' an Herrn Johannes Bernoulli, geboren den 4. Oktober 1826, gestorben den 3. November 1895. 8. [Basel.]

Erinnerung. Zur E' an Herrn Eduard Bernoulli-Riggenbach, geboren den 17. November 1819, gestorben den 12. Oktober 1899. [Mit Porträt-Tafel.] 8. [Basel.]

Erinnerung. Zur E' an Frau Elise Bertholet-Wagner, geb. den 6. Jan. 1841, gest. den 22. Dez. 1894. 8. Basel 1895.

Erinnerung. Zur E' an den zehnjährigen Bestand der Volksversicherung der Schweizerischen Lebensversicherungs- und Rentenanstalt in Zürich. 1894—1904. [Mit Vignette.] II + 8 S. 8. ([Zürich, Buchdr. des Schweiz. Grütlivereins,] 1904.)

Erinnerung an das 25-jährige Bestehen der Section Bozen des Deutschen u. Oesterreichischen Alpen-Vereins. Bozen (1895): Ferrari. 40 S. 8°

Erinnerung an d. 25jähr. Bestehen d. Section Bozen d. deutschen u. österreich. Alpen-Vereins. gr. 8. (III, 40 S. m. Abb. u. 1 Bildn.) Bozen 895. (F. Moser.) n. — 80

Zur Erinnerung an das 25jähr. Bestehen der Eintracht-Werke (Welzow N. L.). (1881—1906.) Den Aktionären u. Freunden d. Eintracht Braunkohlenwerke u. Brikettfabriken gewidmet. — (Berlin 1907: Dohrn.) 20 S., 1 Taf. 4°

Zur Erinnerung an das fünfundzwanzigjährige Bestehen der Sparkasse des Kreises Pr. Holland. *(Pr. Holland 1902: H. Weberstadt.)* (22 S.) 8° [Beilage zu: Pr. Holländer Kreis-Blatt 1902. No 65.]

Zur Erinnerung an das 50jährige Bestehen der Firma Gustav Boehm, Toiletteseifen- und Parfumeriefabrik, Offenbach am Main. (1855–1905.) [Mit Abb. u. Tab.] [Offenbach a. M.: Selbstverl. 1905.] 45 Bl. quer-8°
[Text in engl. Sprache: dt. Ausg. vergriffen.]

Zur Erinnerung an das fünfzigjährige Bestehen der Corporation der Kaufmannschaft zu Elbing. (1824–1874.) Elbing 1874: Neumann-Hartmann. 51 S. 8°

1857—1907. Z. Erinnerung an das 50jähr. Bestehen des Steinkohlenbergwerkes Rheinpreußen zu Homberg <Niederrhein>. — (Düsseldorf 1907: Bagel.) 98 S., 15 Pl. 4°

Zur Erinnerung an das 50jährige Bestehen des naturwissenschaftlichen Vereins für das Fürstentum Lüneburg. 1851–1901 (Vorr.: Prof. Dr. A[ugust] Gleue). *Lüneburg 1901: H. König.* (101 S.) 8

Zur Erinnerung an das 10jährige Bestehen des Walhalla-Theaters zu Halle a. S. Den Freunden dess. gewidmet. 1. Febr. 1899. Die Direktion. *(Halle a. S.: Dr. v. P. Schwarz 1899.)* (8 Bl.) 1 Bd 8.

Zur Erinnerung an das 200jährige Bestehen der K. Leibgarde der Hartschiere. Von A. Erhard). München 1869. 18 S.

Zur Erinnerung an den Besuch der Diakonissen-Anstalt in Kaiserswerth. *(Leipzig [1899]: Breitkopf & Härtel.)* (34 S.) 8° [Umschlagt. F.]

Zur Erinnerung an den Besuch der Diakonissen-Anstalt zu Kaiserswerth. *(Düsseldorf [1900?]: L. Voss & Co.)* (32 S.) 8° [Umschlagt. F.]

Zur Erinnerung an den Besuch auf der Zeche Shamrock III/IV der Bergwerksgesellschaft Hibernia in Herne am 13. September 1901. Gewidmet den Teilnehmern am 8. Allgemeinen deutschen Bergmannstag. o. O., 1901. 12 S. mit 7 Abb.
Dasselbe. Neue Ausg. 1902. o. O. 1902. 14 S.

Erinnerung über die Betrachtung der Werke der Kunst. [Leipzig 1760.] V: *Winckelmann, Johann Joachim.* (ML)

Erinnerung. Zur E' an Prof. Dr. Louis P[aul] Betz (✝ am 29. Januar 1904). Reden und Ansprachen bei der Trauerfeier in der Neumünsterkirche, bei der Bestattung auf dem Friedhof Enzenbühl und bei dem Gedächtnisakt im Literarischen Klub. [Mit Porträt-Tafel.] 38 S. 8. ([Zürich,] Fritz Amberger, [1904].)

Erinnerung. Zur E' an Gustav Adolf Bider von Langenbruck. An der Jungfrau mit fünf Gefährten verfallen". 8. Basel [1888].

Erinnerung. Zur E' an Frau Elisabeth Margaretha Biedermann geb. Holzach. gestorben 15. März 1893. 8. [Basel.]

Zur Erinnerung an Wilhelm Baron Biela, k. k. österr. Major in Pension. (Geb. zu Roßla in der Grafschaft Stolberg 1781, gest. zu Venedig am 18. Februar 1856) Mit lithogr. Porträt. G. Prosdocimi gez. L. Reinhardt lith. Druck von J. Grimaldo 1856. Venedig.

— an Bielefeld. 16 photolithogr. Ansichten. 16. Bielefeld 881, Helmich. geb. **

Erinnerung an die Bischofsweihe des Hochw. Herrn Nikolaus Adames, Bischof von Halikarnaß und apostol. Vikar des Großherzogth. Luxemburg. 8. (48 S.) Luxemburg 863, Brück. *

Zur Erinnerung an Richard Boeckh, Geh. Reg.R. u. Prof. d. Statistik an d. Univ. Berlin. Geb. am 28. März 1824 zu Berlin. Gest. am 5 Dez. 1907. Reden bei d. Trauerfeier, Lebensgang u. Schriftenübersicht. (Halensee) 1907: (A. Zippdill). (52 S.) 4°

Erinnerung an die Bogenschützen in Zürich. Zürich [1868]. V: *Gysi, Heinrich.* (CLZür Forts. I)

Erinnerung. Zur E' an Frau Lisette Böhlen ✝ (1897), gewesene Wirtin zum Kasino Bern. [Mit Porträt.] 8. *o. O.*

Zur Erinnerung an Pastor Ernst Böhme. *Berlin: F. Zillessen in Komm. [1901].* (44 S.) 8° [F.]

Erinnerung an Bonn, in Liedern u. Bildern. (Eine Sammt. v. 41 Gedichten u. 20 lith. Ansichten, auf Bonn u. dess. Umgebung Bezug habend, u. 2 lith. Plänen d. Stadt.) Lex.-8. (5 B.) Bonn 837, Henry u. Cohen.

— an Bonn. Führer durch Bonn und seine Umgebung, Siebengebirge, Ahrthal, Laachersee etc. für Fremde und Einheimische. Mit 1 (chromolithogr.) Plan der Stadt und 1 (chromolithogr.) Kärtchen des Siebengebirges. 16. (88 S.) Bonn 881, Strauss' Verlag.

Erinnerung an r. Karl Brandes s. [Morel, r. Gall].

Erinnerung. Zur E' an Herrn Pfarrer Emil Brändli in St. Gallen. Gedenkblatt für Verwandte und Freunde. Mit einem Bildnis [Tafel]. II + 32 S. 8. St. Gallen, Fehr, 1905. [fr. —.50]

Erinnerung. Zur E' an Herrn Pfarrer Oskar Brändli zu St. Leonhard in Basel (1852—1906). Gedenkblatt für Verwandte und Freunde. Mit einem Bildnis [Tafel]. II + 55 S. 8. Basel, J. Frehner, [1906]. [fr. —.40]

Zur Erinnerung an sieben in den ewigen Osten eingegangene Brüder der ger.·. und vollk.·. St.·. Joh.·. Loge zum Frankfurter Adler im Or. von Frankfurt am Main. Eine Zeichnung, vorgetragen in der Trauer-Loge vom 23. Tage des ersten Monats 5844 (23. März 1844 prof.·. Zeitrechn.·.) von Abrah. Ellissen. [Frankfurt a. M. 1844: Bach.] 22 S. 8° [Umschlagtit.]
Gedächtnis der Verstorbenen. Im Anh. Worte von J. Hamburg am Grabe des verstorbenen Br. Ph. Ib. Urspruch, 1841.

. *Schüller, Edu.:* Den Brüdern der „Heissen Quelle" [in Hirschberg] zur **Erinnerung** [an die fünfzigjährige Amtsjubelfeier des Brs Schüller. Hirschberg 1863: Krahn]. 4 Bl. 8°
Gedicht von R. Schweitzer. Dank des Jubilars an die Loge. — Üb. Schüller s. Allgem. Deutsche Biographie Bd 32 1891 S. 686–688 (Lier). 358 a.

Erinnerung an das 5. deutsche Bundesschiessen in Stuttgart 1875. Album. qu 12° Stuttgart (1875)

Erinnerung. Zur E' an Frau Elise Burckhardt geb. Hensler. 1840–1896. 8. *o. O.*

[F.] Zur Erinnerung an Herrn Prof. Dr. Jakob Burckhardt, geb. d. 25. Mai 1818, gest. d. 8. Aug. 1897. *Basel: C. F. Lendorff 1897.* (22 S.) 1 Bd 8.

Erinnerung. Zur E' an Herrn L(ucas) G(ottlieb) Burckhardt-Alioth. (Basel) s. (Stähelin, Rudolf).

Erinnerung. Zur E' an Herrn Daniel Burckhardt-Bachmann, geb. 17. August 1822 – gest. 29. Januar 1890. 8. *Lithographiert. o. O.*

Erinnerung. Zur E' an Herrn Prof. Dr. E(mil) Burckhardt-De Bary, geboren den 6. Dezember 1853, gestorben den 12. Oktober 1905. II + 11 S. 8. [Basel, Friedrich Reinhardt, 1905.]

Erinnerung. Zur Erinnerung an Herrn alt Ratsherr Dr. Carl Burckhardt-Burckhardt, geboren den 5. Dezember 1831, gestorben den 7. Juli 1901. II + 15 S. 8. Basel, Fr. Reinhardt, 1901.

Darin S. 9–15: Ansprache gehalten ... durch Herrn Pfarrer E[rnst] Miescher.

Erinnerung. Zur E' an Herrn Samuel Burckhardt-Kern. Geboren den 15. Dezember 1821. Gestorben den 26. Mai 1899. 8. Basel 1899.

Erinnerung. Zur E' an Herrn Th(eophil) Burckhardt-Piguet, geboren den 16. Februar 1817, gestorben den 15. März 1898. 8. Basel 1898.

Erinnerung. Zur E' an Herrn Oberst Otto von Büren. Worte gesprochen bei seinem Begräbnisse den 27. Dezember 1888. Mit dem Porträt des Verstorbenen [Tafel]. 8. Bern 1889.

Erinnerung. Zur E' an Frau Bürgermeister A(nna) E(lisabeth) Burckhardt-Ryhiner, geboren den 1. Juli 1815, gestorben den 17. März 1899. 8. Basel.

Erinnerung an Dr. Emil Buss, gest. 1. ... Juni 1878. 8. *o. O.*

Erinnerung. Zur E' an die Catull-Feier auf Sirmione am Gardasee [abgehalten auf der] Elfte[n] Ferienreise des Gymnasiums und der Industrieschule Winterthur, Juli 1906. 45 S. 8. Winterthur, Buchdr. W', 1906.

(Festrede, gesprochen von Rudolf Hunziker; C. Valerius Catullus, Uebertragungen aus seinem Buch der Lieder von Emil Ermatinger und R' H'; etc.)

Zur Erinnerung a. d. eidgen. Freischießen Chaux-de-Fonds 1863. Neuenburg, 1863.

Erinnerung, Christliche, an die sämmtlichen Herren Censores des unschuldigen Patrioten Anno 1724. O. O. V: *Glauche, Johann Georg.* (Jacoby, Moral. Wissensch. Hamb. 1888.)

Erinnerung. Zur E' an Frau Leopoldine Ida M(aximiliane) Courvoisier geb. Sachs, geboren den 21. Mai 1849, gestorben den 31. August 1905. [Mit Porträt-Tafeln.] 16 S. 8. (Basel, M. Werner-Riehm.)

Erinnerung. Zur E' an Salomon Cramer, geb. 1819, gest. 1. November 1844 .... 8. Zürich 1845.

Erinnerung. Zur E' an Oberstlt. Heinrich Carl Cunz. Geboren den 21. Juli 1838. Gestorben den 11. April 1899. [Mit Porträt-Tafel.] 8. (Rorschach.)

Erinnerung. Zur E' an Dr Hermann Custer-Fueter. Aarau s. [Custer, Emil, und Mühlberg, Fritz].

Erinnerung. Zur E' an die selig verstorbene Jungfrau Anna Elisabetha Däniker von Zürich, geb. 5. Sept. 1828, gest. 6. Nov. 1891 .... 8. *o. O.*

Erinnerung, Dankbare, an die Gemeinde der Schwenkfelder zu Philadelphia. Görlitz 1816. V: *Jähne, Chph Glob.* (winer) (MGT)

— dankbare, an d. Gemeinde d. Schwenkfelder zu Philadelphia in Nordamerika. gr. 8. Görlitz 817. (Anton in Halle). 8 gl.

Erinnerung. – Zur dankbaren Erinnerung an Dr. Ludw. Koch, s. Beck, Franz

Erinnerung an Danzig. 12 Photolithogr. qu. 16. Danzig 870, Saunier'sche Buchh. In Carton

— an Danzig. 14 Photogr.-Imitationen. 16. Danzig 883, Saunier's Buchh. geb.

Erinnerung an Danzig. 14 photolithogr. Ansichten. [Leporello-Album.] ff. qu. 16. Danzig 888. Saunier's Buchh. n. 1. 50

Erinnerung. Zur E' an Herrn a. Decan Rud(olf) Heinrich Denzler von Zürich. Pfarrer in Affoltern a. A. 1847–1894, geb. den 27. März 1824, gest. den 29. Juni 1894. [Mit Porträt-Tafel.] 8. Affoltern a. A. 1894.

Erinnerung. Zur E' an Carl Detloff. † 6. August 1890. 8. Basel.

ERINNERUNG an den 30. Dezember 1899. Feier der Frankfurter Juristen zur Bewillkommnung des Bürgerlichen Gesetzbuches. Gedruckt für die Festtheilnehmer und die Mitglieder der Juristischen Gesellschaft als Beilage zur Frankfurter Juristischen Rundschau. Frankfurt am Main 1900. Druck von C. Adelmann. 8°.[1]

[1]) Angebunden an Jahrg. 33 der „Rundschau."

Erinnerung an die erste Decennalfeier der Abiturienten des ... J. 1876 ... [Innsbruck 1886.] V: *Redlich, Oswald.* (margr)

Zur **Erinnerung** an meine **Dienstjahre**. *[Berlin-München: A. Thämecke Nachf. 1896.]* (11 Bl., 1 Portr., 1 Taf., 2 Anl.) 1 Bd 4. (98. 5080

Zur Erinnerung an das Dienst-Jubelfest des Generals und Kriegs-Ministers Grafen Carl von Alten am 24. Julius 1831. Hannover 1831. (Druck u. Verlag von Giere). 17 S., 12 Taf. in Lithogr. gr 2°.

Erinnerung. Zur E' an Karl Diethelm (Ingenieur, Oberstlieutenant und Stadtrat in Winterthur) † 7. Mai 1904. [Mit 1 Porträt-Tafel.] 29 S. 8. [Winterthur, Buchdr. Winterthur, 1905.]

ERINNERUNG an das fünfzigjährige Doktorjubiläum des Hrn. Franz Xaver v. Haeberl Doctors der gesammten Heilkunde, königl. bayerischen geheimen Rathes ... Den 16. Februar 1834. München, bei Georg Franz. 8°.

— an den Dom zu Köln. Eine Sammlung seiner merkwürdigsten Denkmale u. der sich in der berühmten Schatzkammer befindenden kunstvollen Ornamente u. kostbaren Gefäße. Gez. u. lith. von E. Gerhardt u. D. Levy-Elkan. Fol. (11 lith. Taf.) Köln 845, Eisen. n. 1 ℛ 2 ngl

— an Dresden. (Ansichten in Kupferstich.) qu. gr. 8. Dresden. (Leipzig, Meißner.) Eleg. cart. 12 Bl. n. 5/6 ℛ — 20 Bl. n. 1 1/2 ℛ — 15 Bl. color. u. mit Einfassung in Golddruck, in elegant. Etui n. 2 1/2 ℛ

— dass. in 15 lith. Bl qu. 32. Ebd. 839. Geb. in Futeral n. 3/8 ℛ

— dass. als Panorama aufzurollen. Ebd. n. 1/2 ℛ

– an Dresden. qu. gr. 16. (15 Chromolith.) Dresden 885. Warnatz & Lehmann. geb. n. 1. —

—— an Dresden. qu. gr. 16. (15 Chromolithogr.) Dresden 885, Warnatz und Lehmann. geb. *

— an Dresden u. die Sächsische Schweiz. gr. 8. (3 Photolith. m. lith. Stadtplan u. 3 S. Text.) Dresden 883. v. Kunowski. cart. 1. —

—— an Dresden und die Sächsische Schweiz. gr. 8. (3 Photolithogr. mit lithogr. Stadtplan und 3 S. Text.) Dresden 883, v. Kunowski. cart.

—— an Dresden u. seine Umgebungen. 17 Stahlst. nach Originalzeichn. von C. Beichling u. C. J. v. Leupold. qu. 16. Dresden 844, Grimm. *

— an Dresden u. seine Umgebungen: 17 Stahlst. nach Originalzeichn. von C. Beichling u. C. J. v. Leupold. qu. 16. Dresden 844, Grimm. n. 1/4 ℛ

Erinnerung. Zur E' an Dr. Emanuel Dür, Arzt in Burgdorf. Getauft ... 1801, gestorben 3. November 1888. 8. Burgdorf 1888.

—— an Albrecht Dürer, s. Souvenir de Albrecht Dürer.

Erinnerung. Zur E' an den sel. Johannes Dürst ... gewesenen Pfarrer der Gemeinde Knonau, Kantons Zürich (gestorben den 1. Oktober 1881). [Mit Porträt.] 8. Affoltern a./A.

Zur **Erinnerung** an die Einführung von Benjamin Lütge als Pastor der niederländisch-reformierten Gemeine in Elberfeld am 6. Oktober 1901. 1. Einführungs-Predigt von Pastor R. Huber in Löhningen über Apostelgeschichte Cap. 10. 2. Antrittspredigt von B(enjamin) Lütge über Ebräer Cap. 12, Vs. 28 u. 29. Elberfeld: Niederl.-reform. Gemeine 1902. 34 S. 8° (no. 17481 6

Zur Erinnerung an die Einweihung des neuen Baues der ger.·. und v.·. St. Joh.·. Loge „Zur Brudertreue" im Or.·. v.·. Aarau am 29. Oct. 1865 verbunden mit der fünfzigjährigen Jubelfeier des Bestandes dieser Loge. (Als Ms gedr. f. BBr.·.) Beigabe: Ansicht des neuen Logen-Gebäudes. Aarau 1866: Sauerländer. 39 S. 8°
Tt. 498. Bericht; Einweihungsrede von E. F. Gelpke; Gesch. der Loge v. J. Frey-Feer. 193. 358.

Erinnerung an die Einweihung des neuen Gebäudes der Frauenarbeitsschule in Reutlingen. Reutlingen 1877

—— an die am 10. Juni 1860 stattgefundene Einweihung der St. Jakobskirche zu Neuhaus. 8. (64 S.) Neuhaus 860, Landfraß und Sohn.

Zur Erinnerung an die Einweihung des neuen Kantonsschulgebäudes in Aarau am 26. April 1896. Gr. in-8°. 40 S. Aarau, H. R. Sauerländer & Co. 1897.

Erinnerung. Zur E' an die Einweihung des Evangel. Lehrerseminars in Zürich, den 13. und 14. Mai 1905. [Illustriert.] 97 S. 8. Zürich, Berichthaus, 1905.

— an d. Einweihg. d. Pauluskirche (in Plauen) am 29. XI. 1897. I. Weiherede, geh. v. Lieschke. II. Kirchweihpredigt üb. Matthäus 21, 1—9, geh. v. Kesselring. gr. 8. (23 S.) Plauen 897. (F. E. Neupert's Verl.) n. — 20

Erinnerung an die Einweihung der Pfarrkirche zu Bernhardzell im Jahr 1779. [Goss. 1879.] V: *Ruggle Joh. Theodor.* (Cat. d. Stadtbibl. Zürich. Zürich 1864—97.)

. Zur Erinnerung an die Einweihung des neuen Realgymnasialgebäudes in Altena i. Westf. am 31. Oktober 1903. 50 S., 1 Abb. 8
Progymn. mit Realklassen (Realgymn. i. E.) *Altena i. Westf.* 1903.
Rebling. [Oskar]: Beiträge zur Geschichte der städtischen höheren Lehranstalt. S. 5—42. — Bolle, [Hermann] (Stadtbaumstr.): Beschreibung des Neubaues. S. 43—50.
Progr.

— **Erinnerung** an die Einweihung der St. Matthäuskirche in Basel, Sonntag den 11. Oktober 1896. Mit 1 Abb. In-12°. 31 S. Basel, R. Reich. 1896. — 50

Erinnerung. Zur E' an die Einweihung des neuen Schulhauses in Schlossrued, Sonntag den 19. — **Ueberdruck:* 21. — August 1904. Hrg. vom Festkomitee. 27 S. 8. Menziken, F. J. Schori. 1904. [fr. —. 35]

**Zur Erinnerung an die Einweihung des neuen Tempels der Freimaurer-Loge „Zur Hoffnung" in Bern 4. Juni 1899. Bern [1899]: Büchler & Co. 6 Bl. 8° [Umschlagtit.]
[Nebentit.:] Souvenir de l'inauguration du nouveau temple de la loge maçonnique l'Espérance de Berne 4. juin 1899.**
Festkantate, gedichtet von J. Brassel, Musik von W. Rennefahrt. Ohne Noten: „Klinge, Lied der Freude, laut . . ." Beigefügt ein franz. Gedicht von E. Ducommun. Die Kantate auch abgedr. in: Schmid, F.: D. alte u. neue Heim d. L. „Z. Hoffnung", Bern. 1900 S. 94—97; Tschumi, H.: D. Loge z. Hoffnung, Bern. 1903 S. 182—184.

Zur Erinnerung an die Einweihung der neuen Turnhalle des T. V. „Milwaukee" 21—22. 1. 1883, Milwaukee, Wis. 1883, 15 S., 8°.

Erinnerung an die Einweihung des neuen Zunfthauses zur Meisen am 22. September 1757. Sechseläuten 1857. [Illustriert.] 4. [Zürich.]

Erinnerung an die Einweihungsfeier des Altersheims für Freimaurer „Johannisstift" im Or.·. Einbeck am 15. Sept. 1907. [Einbeck 1907.] 2 Bl. 8° [Umschlagtit.]
2 Gedichte. 1. Widmung von W. Koch. 2. Den lieben Helferinnen am Bau. 3.

Zur Erinnerung an die Einweihungsfeier der Institute für Hüttenkunde der Königlichen Technischen Hochschule (Aachen). — Aachen 1910. 18 Taf. quer-8" [Umschlagt.] 1.

Erinnerung, zur. an die am 20. u. 21. Aug. 1876 stattgehabte Einweihungsfeierlichkeit und Schwesternarbeit (auch mit Titel in ungar. Sprache). Budapest. Druck v. Laufer. 1876. 8. 40 S.
Extrabeilage zu Nr. . des „Hajnal". Betrifft die Einweihung des Schott. Grossorients von Ungarn.

—— an Eisenach, Liebenstein, Inselberg, Friedrichsroda und Umgebungen. 28 Ansichten nach der Natur aufgenommen, in Photolithogr. ausgeführt. qu. 16. Leipzig 868, Klein's Kunsth. In Couvert

Zur Erinnerung an Dr Otto Elben. (68 S) Stuttgart 1899

Erinnerung. – Zur Erinnerung an Dr. Otto Elben, s.a. Elben, Karl

— an Elgersburg. 11 (lith.) Ansichten in Tondruck. Erfurt (856). Bartholomäus. qu. 8. n. 15 ngr

Erinnerung an Elisabeth . . . [Berl.] 1835. V: *Stägemann, Frdr. Aug. v.* (EE)

Erinnerung. Zur Erinnerung an Frau Elisabeth Margreth geb. Geering, geboren den 6. April 1823, gestorben den 19. April 1901. 10 S. 8. Basel, M. Werner-Riehm, 1901.

— an die Königin Elisabeth v. Ungarn. (Rede, geh. bei der v. der Budapester kön. ungar. Universität anläßlich des traur. u. erschütt. Todes Ihrer Maj. der verewigten Königin Elisabeth am 10. X. 1898 veranstalteten Trauerfeier v. Zsolt Beöthy.) gr. 16. (86 S.) Leipzig 902. Duncker & Humblot. n. 1. —

Erinnerung an den Empfang der Herren Vertreter des Handels und der Industrie Westdeutschlands am 18. Juni 1907 in Antwerpen. [Beschreibung der Hafenanlagen von Antwerpen,] hrsg. von der Handelskammer in Antwerpen. Antwerpen, 1907. 36 S. mit 2 Karten.

Erinnerung. Zur E' an Rudolf Engeloch. Sekundarlehrer. Geboren 17. November 1850. Gestorben 12. Februar 1897. [Mit Portrat-Tafel.] 8. Bern 1897.

Zur **Erinnerung** an die Enthüllung des Denkmals zu Stendal für den Generalkonsul Dr. Gustav Nachtigal am 28. Juni 1891. Stendal, Druck v. Franzen & Grosses Verl., 1892; 1 Bl. 4.
Stendal, G, OP 1892 (252)

Central Verband der Veteranen u Krieger der Dten Armee. Zur Erinng an d Enthullungsfeier des ersten Dten Krieger-Denkmals in A, errichtet bei Phila, 30. Mai, 1903 . . . Phila, 1902.

Erinnerung an die Erneuerung des Kirchengeläutes in Riehen im Jahre 1907 s. a. [Iselin, Ludwig Emil].

Erinnerung an die Erneuerung des Kirchengeläutes in Riehen im Jahre 1907. Allen freundlichen Gebern gewidmet. Basel 1907. V: *Iselin*, *Ludwig Emil.* (BBullschw 8, 1908)

Zur Erinnerung an die Eröffnung der „Neuen Börse" in Hamburg am 2. December 1841. Gedenkbl. . . . überreicht von der Handelskammer. Hamburg 1891: (Gente). 45 S. 8°

Erinnerung, Zur, an die Eröffnung der Gotthard-Bahn vom 22. bis 25. Mai 1882. In-8°, 1 Karte und 7 Ansichten. Luzern, Doleschal's Buchhandlung. 1882.

— an die Eröffnung des schweizerischen Landesmuseums in Zürich 25. VI. 1898. Gruppen-Bilder vom Trachten-Festzug. (40 Lichtdr.-Taf.) 40,5×51,5 cm. Zürich (898). Polygraph. Institut. In Leinw.-Mappe n. 20. —; erm. Preis n. 15 —

*Zur Erinnerung an die Eröffnung des neuen Progymnasiums in Frankenthal am 30. September 1903. 6 Bl. 2.
Aus dem Leben eines Frankenthaler Lateinschul-Rektors im 17. Jahrhundert [J. Redinger]. Von Joh[ann] Kraus. Mit 12 Abbildungen. — Johann Jakob Redinger (1619—1688) weiland Rektor der Lateinschule zu Frankenthal. Von Fr[itz] Zollinger, Sekretär des Erziehungswesens des Kantons Zürich (Schweiz).
Progr.

Zur **Erinnerung** an die Eröffnung des neuen Progymnasiums in Frankenthal am 30. Sept. 1903. *Frankenthal: F. Saam in Komm. 1903.* (6 Bl.) 4° [Umschlagt. F.] [04. 7019 B

Mainz. Zur Erinnerung an die Eröffnung des neuen Zoll- und Binnenhafens in — am 5./6. Juni 1887.

Zur **Erinnerung** an die Errichtung der Spar- und Leihkasse der Stadt Flensburg am 26. Juni 1819. Ein Rückblick 1819—1919. (Flensburg. 1920.) 4°
Angeb. an: Rechnung der Spar- und Leihkasse der Stadt Flensburg. 1905—20.

Zur Erinnerung an die Errichtung des neuen Sparkassen-Gebäudes der Städtischen Sparkasse zu Elberfeld. 1822—1910. Denkschrift nebst Jahresbericht über das Rechnungsjahr 1909. — [Elberfeld: Selbstverl. 1910.] 26 S. 4° 38 A.

Erinnerung an das Fahnen- und Gesangs-Fest zu Salzburg 1849. Salzburg 1849. V: *Steinhauser*, *Adolph R. von.* (Hr)

Erinnerung an das Fahnen- und Gesangs-Fest zu Salzburg 1849. 8. (80 S. und 1 Stnt.) Salzburg 849, Duyle'sche Buchh. Thlr. *

— an das Fahnen- u. Gesangs-Fest zu Salzburg 1849. 8. (80 S. m. 1 Lith.) Salzburg 849, Duyle. n. 16 ngr

Erinnerung an die Fahnenweihe in der k. k. Genie-Akademie den 15. August 1853. (Mit 1 Abbildung) (Donation Liechtenstein.) gr. Fol. Wien **1853.**

Zur Erinnerung an die Fahnenweihe des Turnvereins Neu-Ulm und an das gleichzeitige 1. Gauturnen des Iller-Donau-Turngaues, 9. 7. 1882 zu Neu-Ulm, Neu-Ulm 1882, 16 S., 8°.

Erinnerung. Zur E' an Herrn Ludwig Fankhauser-Roth, gew. Pfarrer, geboren den 17. Dezember 1797, gestorben den 4. April 1886. 8. Burgdorf 1886.

Erinnerung an den Fasching 1839 (in München). Eine ausgelassene Schaar v. Masken, z. T. ziemlich derb gezeichnet, in verschiedenen humorist. Szenen. Reiche Arabesken mit d. Attributen des Carnevals. Origl.-Lithogr. Ferd. Petzl del. Gr. Fol. 44,5:61 cm. (20 Mk. J. J. Lentner, 1913.)
Sehr selten! Fehlt bei Maillinger u. bei Pfister.

Erinnerung. Zur E' an Herrn Johann Konrad Fehr, Telegraphen-Direktor. (Geb. 15. Juli 1831. - Gest. 14. Januar 1905.) [Mit Portrât.] 17 S. 8. Solothurn, C. Gassmann, 1905.

Erinnerung. Zur E' an die Feier des 25-jährigen Bestandes des Evangelischen Schulvereins Basel s. (W[enk, Eduard]).

Zur Erinnerung an die Feier des 50jährigen Bestandes d. k. k. Staats-Ober-Gymnasiums in Triest. 8 (15 S., 1 S. unp., 1 Abb.). 1892. K. k. G. *Triest* 1893.
Inhalt: Festrede des k. k. Professors und ehemaligen Schülers der Anstalt Dr. Peter Tomasin. — Nitsche, *Adolf* Carmen gratulatorium.
Progr.

Zur **Erinnerung** an die Feier des 700jährigen Bestandes des Geschlechtes von Maltzan u. von Maltzahn in Malchin 1194–1894. *o. O. (1894).* (52 S.) 8° [F.] [illegible]

Zur Erinnerung an die Feier des 100jähr. Bestehens der Firma Forstmann & Huffmann (Tuchfabrik), Werden a. d. Ruhr, 1903. — Köln (1903): Du Mont Schauberg. 20 S., 24 Bl. 8° 38.

Zur Erinnerung an die Feier der Einweihung des Basellandschaftl. Vereinshauses in Liestal. 35 Stn. 8. Liestal, Druck v. Lüdin & Walser. (Basel, C. F. Spittler.) 1873. **—. 30**

—— an die Feier der Einweihung des Winkelried-Denkmales auf dem Schlachtfelde ob Sempach den 11. Septbr. 1864. 8. (31 S. mit 1 Holzschntaf.) Luzern 864, (Gebr. Räber.) cart. *

—— an die Feier der hohen Festtage in Schleswig und Jütland 1849. Für die Soldaten der dort kommandirten bayer. Brigade zusammengestellt von Friedr. Geiger. 16. (32 S.) Passau 849, Elsässer und Waldbauer. *

Erinnerung. – Zur Erinnerung an d. Feier des . . . Friedens 1871, s. Bauer, Franz

Zur **Erinnerung** an die Feier des 100. Geburtstages des Sangesmeister Ludwig Erk am 6. Januar 1907 den jugendl. Sängern gewidmet von d. Verlagsh. G. D. Baedeker in Essen. (Essen: G. D. Baedeker 1907.) (12 S.) 8° [Umschlagt.]
[Beigeb.:] L. Erk u. W. Greef, Liederkranz. Heft 2. 40. Aufl. 1898. (96 S.) [07. 6948

[F.] Zur **Erinnerung** an die Feier der Grundsteinlegung des Melanchthon-Hauses m. Gedächtnisshalle u. Museum in Bretten am 400j. Geburtst. Philipp Melanchthons 16. Febr. 1897 . . . *Bretten: Ver. zur Errichtg e. Melanchthon-Hauses 1897.* (8 S.) 1 Bd 4. [97. 4791

Zur Erinng an die Feier der goldenen Hochzeit v Gustav u Sophie Körner, am 17. Juni 1836, in Belleville, Ill. Eine Vorfeier, veranstaltet von den Bürgern Belleville's fand am Abend des 16. Juni statt. Belleville, 1886. Repr fr: Belleville Zeitung.

Erinnerung. Zur E' an die Feier des 25jährigen Jubiläums des Herrn Dr Ed[uard] Güder, I. Pfarrers der Nydeckgemeinde in Bern, Sonntags den 25. April 1880 . . . 8. Bern 1880.

Erinnerung. Zur E' an die Feier des 25jährigen Jubiläums des Herrn Pfarrer H(einrich) Hugendubel an der Nydeckkirche in Bern . . . den 14. und 15. Februar 1897. [Mit Porträt und 1 Tafel.] 8. Bern 1897. Wyss

Zur Erinnerung an die Feier des 25-jähr. Jubiläums des Vereins zur Unterstützung hilfsbedürftiger Dt. Reichsangehöriger in Moskau. — Moskau 1905: Lissner und Sobko. 129 S. mit Abb. 4°

Zur Erinnerung an die am 5. Mai 1886 in der Loge zur aufgehenden Morgenröthe in Frankfurt a. M. begangene Feier des hundertjährigen Geburtstags ihres ehemaligen Mitglieds Ludw. Börne. (Geb. den 6. Mai 1786, gest. den 12. Febr. 1837.) Frankfurt a. M. 1886: Mahlau & Waldschmidt. 8 S. 8° [Umschlagtit.] Enth. Börnes 1811 geh. Rede üb. d. Wesen

d. wahren Frmrei, auch abgedr. in: Festgaben, dargebr. von d. Brr. d. Loge zur aufgehenden Morgenröthe. 1833 S. 107—110; Erwinia. 1 (1817) S. 70—77 [mit franz. Übers.]; FZ. 7 (1853) S. 139—142; 27 (1873) S. 3—6; A. 25 (1864) S. 253—258; T. 19 (1873) S. 60—62; F. 2 (1877) S. 67—69; Bh. 29 (1886) S. 174—175, 182—183; 32 (1889) S. 330—332.

Zur Erinnerung an die am 8. März 1894 stattfindende Feier des 50jährigen Bestehens der Sachsenberg'schen Maschinenfabrik zu Rosslau a. E. den geehrten Firmeninhabern und allen Mitfeiernden gewidmet. 1844—1894. [Mit Abb.] (Magdeburg 1894: Haenel.) 36 S. 4°

—— an die Feier des 100jährigen Schiller-Jubiläums in Baltimore, am 10. November 1859. gr. 8. (56 S.) Baltimore 859. (Philadelphia, Schäfer und Koradi.) *

Zur Erinnerung an die Feier des dreissigjährigen Stiftungsfestes der Gesellschaft für Erdkunde in Berlin am 18. April 1858. (Auf Veranlassung des Vorstandes als Manuscript gedruckt.) Berlin 1858. 40 S. 8°.

Zur Erinnerung an die Feier des fünf und dreissigjährigen Stiftungsfestes der Gesellschaft für Erdkunde in Berlin am 26. April 1863. (Auf Veranlassung des Vorstandes als Manuscript gedruckt.) Berlin 1863. 37, 9 S. 8°.

Zur Erinnerung an die Feier des fünf und zwanzigjährigen Stiftungsfestes der Geographischen Gesellschaft in Berlin am 24. April 1853. (Auf Veranlassung des Vorstandes als Manuscript gedruckt.) Berlin 1853. 51 S. 8°.

Zur Erinnerung an die Feier des vierzigjährigen Stiftungsfestes der Gesellschaft für Erdkunde in Berlin am 26. April 1868. (Auf Veranlassung des Vorstandes als Manuscript gedruckt.) Berlin 1868. 59 S. 8°.

Zur Erinnerung an die Feier der Vollendung der 7000. Schnellpresse. Gewidm. . . . von Koenig & Bauer, (Maschinenfabrik G. m. b. H., Kloster Oberzell). [Mit Abb.] (Würzburg) 1906: (Stürtz). 27 S. 8°

Erinnerung an das Fest der Fahnenweihe beim k. Landwehrbataillon Erding 1856. Freysing 1857. V: *Bachmair, Anton*. (Bücher-Samml. d. h'st. Ver. v. u. f. Oberbayern. Münch. 1867.)

Erinnerung an das Joh. Festessen im „Englischen Hof" in Bad Ems. 1884. 8. 11 S. — Festprotocoll u. einige Gedichte.

Erinnerung an die Festfeier am 16. Novbr. 1858 bei feierlicher Eröffnung der erzenen Thüren mit den 95 Sätzen an der Schloßkirche zu Wittenberg. Wittenberg 858. Herrosé. gr. 8. (31 S.) nn. 2½ ngr

—— an die Festfeier am 10. November 1858 bei feierlicher Eröffnung der erzenen Thüren mit den 95 Sätzen an der Schloßkirche zu Wittenberg. gr. 8. (31 S.) Wittenberg 858, Herrosé. **

. Zur **Erinnerung** an die maurerische Festlichkeit im Or. zu Gotha am 9. Aug. 1857. Ms im Drucke für die Festgenossen. Gotha [1857]: Engelhard-Reyher. 11 S. 8° [Umschlagtit.]
Ansprache von E. Walther an den Herzog Ernst II. bei dessen Einführung als 1. hammerführender Mstr dieser Loge u. die Erwiderung des Herzogs darauf. 3. 23. 25.

Erinnorung an die Festtage in Osorno am 30. u. 31. Dez. 1899 u. 1. Jan. 1900. Hrsg. vom Vorst. d. Deutschen Ver. *Valparaiso 1900: A. Trautmann.* (20 S.) 8° [04. 3584

— an den historischen Festzug zur Jubiläums-Feier in Heidelberg. Fol. (22 Photogr. auf 18 Taf. u. 1 Bl. Text.) Heidelberg 886. Bangel & Schmitt. — E. v. König. In Leinw.-Mappe. n. 20. —

—— an den historischen Festzug zur Jubiläums-Feier in Heidelberg. Fol. (22 Photogr. auf 18 Taf. und 1 Bl. Text.) Heidelberg 886, (Petters. — E. v. König.) In Leinw.-Mappe *

— an den Festzug des VIII. bayer. Turnfestes, Würzburg 9.—12. Aug. 1890. qu. gr. 8. (24 S. m. eingedr. Abbildgn. u. 1 Plane.) Würzburg 890. (Hof, Lion.) n. — 50

Erinnerung. Zur E' an Frau Dr. Eugenie Louise Fetscherin-Fueter von Bern, gestorben am 5. April 1900 in Basel. 8. Basel 1900.

Erinnerung. Zur E' an Herrn Dr. Rud(olf) Friedrich Fetscherin-Fueter. Direktor der Métairie bei Nyon. gestorben am 17. Oktober 1892.... 8. [Basel.]

Erinnerung. Zur E' an Bischof Dr. Friedrich Fiala s. (G[isi], M[artin]).

eine, an Johann Gottlieb Fichte. (Abgedr. aus den Preuß. Jahrbüchern.) Berlin 861. G. Reimer. gr. 8. (19 S.) 3 ngr.

Erinnerung an das Fichtelgebirge. Album m. 32 Ansichten. (34 S.) qu. 16. Wunsiedel (905). G. Kohler. n. 1. —

Erinnerung. Zur Erinnerung an unsere Mutter Frau Marie Fischli-Hanhart geb. 13. Mai 1840, gest. 12. August 1902. 12 S. 8. (Schaffhausen, H. Meier & Co.)

Erinnerung. Zur E' an Albert Fleiner. Geboren den 10. August 1859 in Aarau. Gestorben den 17. Juni 1902 in Rom. [Mit Porträt-Tafel.] 12 S. 8. (Zürich, Typ. Neue Zürcher Zeitung.)

Erinnerung. Zur E' an Herrn Rudolf Forcart-von Gentschik, geboren 22. März 1812. gestorben 11. Juni 1896. 8. Basel 1896.

Erinnerung. Zur E' an August Heinrich Francke, Buchdruckereibesitzer in Zofingen. Geboren den 20. Juli 1854, Gestorben den 12. Dezember 1906. [Mit Porträt-Tafel.] 7 S. 8. [Zofingen, Francke, Ringier & Cie., A.-G., 1907.]
(*Gedicht* ... Von Rudolf Aeberly ... *und Nekrolog von* Ulrich Frei, Pfr.)

Erinnerung an Franzensbad. Gesammelte Gedichte. 16. (71 S.) Eger, Kobrtsch & Gschihay. 1870 80 kr.

—— deutscher Frauen und Jungfrauen an die verew. Königin Luise von Preußen nebst einer Rede des Bischofs Eylert gehalten bei der Einweihung ihres Denkmals zu Gransee am 19. Octbr. 1811. gr. 8. (26 S. mit lithogr. Portr.) Bremen 863, (Hampe.) *

Erinnerung. Zur E' an Herrn August Frese. Inspektor der Taubstummenanstalt in Riehen. geboren den 8. Dezember 1834. gestorben den 30. Mai 1900. [Mit Porträt-Tafel.] 8. Basel 1900.

Zur Erinnerung an Jacob Freund. Vorträge, gehalten in der von der Breslauer Dichterschule für den Verewigten veranstalteten Gedächtnissfeier am 12. Juni 1877. (Mit Photographie auf dem Titelblatt.) Breslau. Commissionsverlag: Lichtenberg'sche Buchhandlung. (Dagobert Herz.) 8o.

Erinnerung, Eine freundliche, an den wackern Pestalozzi und sein Lehramt. [Dresden 1819.] V: *Jaspis, Lebrecht Sigmund.* (MGT)

Zur freundlichen Erinnerung an den Besuch der Deutschen Steinzeugwaarenfabrik für Canalisation und Chemische Industrie, Friedrichsfeld in Baden. — (Mannheim o. J. [um 1904]: Haas.) 32 S. 8° 38 A.

Schiller [Nr 263 in Detroit, Michigan]. Zur freundlichen Erinnerung an die dritte Convention des Zirkels deutsch-amerikanischer Freimaurer-Logen, am 25. Mai 1899, Detroit, Mich. [Detroit, Mich.: Gentsch 1899.] 44 S. 8° [Umschlagtit.:] Schiller ▭ 263. Zirkel Detroit, Mich. Dritte Convention des Zirkels deutsch-amerikanischer Freimaurer-Logen. 25. Mai 1899.
Enth. Programm, Bericht üb. Stiftung der Schillerloge, Verzeichn. von deren Beamten u. Mitgl., Bildn. u. a. m.

Erinnerung, Freundschaftliche, an einen jungen Menschen, der itzt in die grosse Welt geht. München 1777. 1778. V: *Schönberg*, *Matthias von.* (JES)

Erinnerung, Freundschaftliche, an die Kochische Schauspielergesellschaft in Leipzig. Hamb. 1766. V: *Mauvillon*, *Jacob.* (ML)

Erinnerung an Dr. Max Friedländer. Wien 1883. H: *Thaler, Carl von.* (EB)

Zur Erinnerung an den Br. Wilhelm Friedrich Karl Prinz der Niederlande Grossmeister des Gross-Orients der Niederlande im Haag. Geboren den 28. Februar 1797, eingegangen in den ewigen Osten den 8. September 1881. Berlin [1881]: Büxenstein. 17 S. 8°. [Umschlagtit.] 21.

— an Friedrichsroda und Umgegend. 16 (lith.) Ansichten in Tondr. Erfurt (856). Bartholomäus. qu. 16. n. 15 ngr

Erinnerung. Zur E' an Samuel Gerson Fröhlich, heimgegangen am 21. März 1909. [Mit 1 Vignette und 1 Porträt-Tafel.] II + 22 S. 8. [Glarus,] Typ. Glarner Nachrichten, (1910).

— fromme, an Kaplan N. Kluth, gest. d. 29. Febr. 1840. 8. Düsseldorf 841, Schreiner. 1/12 ℛ︁

[Ant. u. F.] In piam memoriam. Zur **Erinnerung** an Emil Frommel ... M. e. Bildn. in Lichtdr. *Berlin: E. S. Mittler & Sohn 1897.* (48 S., 1 Portr.) 1 Bd 8. (97. 9337

Erinnerung. Zur frommen E' an Frau Landammann, Dr. Josephine Etlin-Christen (1823–1892). und an Frau Dr. Marie Etlin-Büeler (1868–1892). (Personalien [und] Grabrede[n].) 8. [Sarnen.]

Zur frommen Erinnerung an den hochw. Herrn Johann Klaischer, Priester aus der Congreg. der Mission des h. Vincenz v. Paul, gestorben zu St. Josef bei Cilli den 15. März 1853. 8. (32 S.) Druck von A. Kienreich.

Erinnerung an das am 6. Junius 1852 im Or. zu Bielefeld von den vereinigten Logen Rheinlands und Westphalens gefeierte Frühlingsfest. (Als Hs. gedr.) Bielefeld 1853: Küster. 20 S. 8° [Umschlagtit.]
Bericht. Festrede von Bahrdt: Üb. die Keime der Frmrei im Menschen u. üb. das Wesen der wahren Frmr. — Der Verband wurde 1876 als Rheinisch-Westfälischer Logenverband ein fester Verband. 193

Zur Erinnerung an die Fünfzig-Jahrfeier der Kgl. Turnlehrerbildungsanstalt in Dresden im September d. J. 1900, Dresden 1900, 34 S., 8°.

Erinnerung. Zur E' an Professor Dr. (Ed[uard]) Fueter [1801–1855]. Seinen Verwandten, Freunden und Schülern gewidmet 8. Bern 1855.

—— an das Gängeviertel. qu. 16. (12 Photogr.) Hamburg 866, Grüning. In Mappe *

Erinnerung an Gastein. Gasteiner Zustände im Mittelalter. Von Emil * *. Erstes Bändchen. Edelinde von Strochner. Zweite Auflage. Zweites Bändchen. Die Weitmoser. Salzburg, 1856. Verlag und Druck der Oberer'schen (Endl & Penker) Buchdruckerei. (70 S. 40 S. 8.)

[F.] Zur **Erinnerung** an den 100. Geburtstag Kaiser Wilhelms des Grossen 22. März 1897. *(Berlin: Dr. v. H. S. Hermann [1897].)* (16 S.) 1 Bd 8. (00. 1979

Erinnerung. Zur E' an die Gedächtnissfeier der fünfundzwanzigjährigen Amtsführung (° *Umschlag:* Gedächtnissfeier der fünfundzwanzig Amtsjahre) des Herrn Decan (Joh[ann] Jakob) Frei als Pfarrer in Trogen (13. Mai 1849). Geschichtliches Vorwort. Beschreibung des Festes, nebst Gedichten und Vorträgen. Festpredigt. 8. Trogen 1849.

Zur **Erinnerung** an die 50jährige Gedenkfeier des Bürgervereins zu Frankfurt a. M. am 10. Mai 1898. Frankfurt a. M. (1898): Adelmann. 24 S. 8° [Umschlagt.] (10. 1039

. **Erinnerung** über einen wichtigen Gegenstand der Erziehung ... Prag 1773. V: *Kinsky von Wchinitz und Tettau*, *Franz Joseph Graf.* (Behrisch, Die Wiener Autoren. 1784) (MGT)

— über einen wichtigen Gegenstand, von e. Böhmen (Gr. Frz. J. v. Kinsky). 8. Prag 774. Gerle. 14 K

Erinnerung. Zur E' an Frau Ernestine Geigy-Lichtenhahn s. (Lichtenhahn. H[ans]).

— an die Dresdner Gemälde-Gallerie. 60 der beliebtesten Bilder, [besond. Abdrücke von d. Auswahl der beliebtesten Bilder der Dresdner Gallerie,] gestochen von W. Witthoeft. gr. 4. Leipzig 849, G. Mayer. 6 ℛ︁

Zur **Erinnerung** an die General-Kirchenvisitation in den Gemeinden der evangelischen Unität vom 4. bis 11. Mai 1907. Posen 1908: W. Decker & Co. (24 S.) 8° [F.] (08. 3880

Staatsverband d. Dten Röm.-Kath. Unterst.- u. Jünglings-Vereins v. Wisconsin u. Ober-Michigan.
--Zur Erinng an die elfte General Versammlung ... 7.-9. Juni 1908. Madison, Wis. 1908.

Zur Erinnerung an das 25jähr. Geschäfts-Jubiläum der Bleistiftfabrik vorm. Johann Faber A.-G. in Nürnberg. (1879—1904.) — (Nürnberg 1904: Bleling-Dietz.) 31 S. 4° 38 A.

Zur Erinnerung an das 25jähr. Geschäfts-Jubiläum der Firma Kollmar & Jourdan A.-G., Uhrketten-Fabrik in Pforzheim. — (München) 1910 (:Meisenbach, Riffarth & Co.). 31 S. 8° 38 A.

1885—1910. . . . Zur Erinnerung an das 25jähr. Geschäftsjubiläum . . . von Schütze & Freund, Flügel- u. Piano-Mechanik-Fabrik, Berlin-Lichtenberg. — (Berlin-Wilmersdorf 1910: Grimm.) 6 Taf. 4° [Umschlagt.:] Schütze & Freund, Berlin-Lichtenberg, 1885—1910. 38 A.

Zur Erinnerung an das fünfzigjährige Geschäftsjubiläum der Blaubeurer Cementfabrik von E. Schwenk, Ulm a./D. 1847—1897. — Ulm [1897]: Ebner. 7 S. 4°

Erinnerung, Eine, aus der Geschichte des Grossmünsters in Zürich . . . Zürich 1873. V: *Rahn, Joh. Rud.* (Zuwachsverz. d. Bibliotheken in Zürich 1898 ff.)

Erinnerung; Auffrichtig gesinnte und christliche, an die umb ihre Hälss entblösste und mit ärgerrlichen Reiff-Röcken und Kleider-Trachten einher tretend- und schwäntzende Frauens-Personen . . . . O. O. 1713. 8°.
§ — — Dasselbe. O. O. 1725. 8°.
Beide Drucke höchst selten!

Erinnerung. Zur Erinnerung an Salomon Gessner. 6 Künstlerpostkarten in Heliogravüre nach Gessner'schen Radierungen, *in Couvert.* ([Hrg. vom] Lesezirkel Hottingen Zürich.) 8. (Zürich, H. Feh, [1903].) fr. 1. 20

Erinnerung, Zur, an Adolph Geyger. Gedächtnißworte. Berlin (1887)

Erinnerung. Zur E' an die Glockenweihe in Frauenfeld . . . 1906 s. (Berger, [Johann Jacob, und] Meier, [Jacob]).

Erinnerung. Zur E' an die Glockenweihe der Fraumünstergemeinde. Zürich 1874 s.a.[Spyri, Bernhard, und Pestalozzi, Friedrich Otto].

Zur Erinnerung an die Glockenweihe der Fraumünstergemeinde und das 25jährige Amtsjubiläum ihres Geistlichen, H. Dekan G. R. Zimmermann, d. 18. Oct. 1874. 24 Stn. gr. 8. Zürich, in Commission bei S. Höhr. 1875. 1. —

. Zur **Erinnerung** an Joh. Phil. Glökler. Geboren in Thuningen den 12. Jan. 1819. Gestorben in Stuttgart den 19. März 1889. Beerdigt auf dem Pragfriedhof den 21. März 1889. Stuttgart [1889]: Bonz' Erben. 16 S. 8°
Enth. auch einen Nachruf der Logen in Ludwigsburg, Stuttgart, Ulm, Reutlingen, Heilbronn. 430.

Erinnerung an C(arl) A(nton Johann Nepomuk) Glutz. 1839 s.a.[Zeerleder von Steinegg, Bernhard].

Erinnerung an C. A. Glutz. O. O. 1839. V: *Zeerleder de Steinegg, Bernard Marie.* (Cat. d. Stadtbibl. Zürich. Zürich 1864—97.)

Zur Erinnerung an D. theol. Gerhard Goebel, Ersten Domprediger . . . in Halle a. S. Halle a. d. S. 1908: E. Karras. (31 S.) 8° [F. u. Ant.] [illegible] 3

Erinnerung. Zur E' an Frau (Franziska) C(äcilia) Goldschmid-v(on) Waldkirch (geb. 1826). Verwandten und Freunden gewidmet von ihren Kindern. 8. Zürich 1896.

Erinnerung. Zur E' an Dr. med. E(mil) Oscar v[on] Gonzenbach . . . . Geboren den 1. November 1813. Gestorben den 31. Marz 1896. Lebens-Skizze gezeichnet von Freundeshand. 8. St. Gallen 1896.

Erinnerung an Herrn Georg Friedrich Goppelsröder, geboren den 22. April 1801, gestorben den 30. März 1873. 8. *o. O.*

Erinnerung. Zur E' an den eidg. Grenzbesetzungs-Dienst des Thurgauer-Bataillons No. 49 ⟨Guhl⟩ vom 18. 19. Januar bis 11. März 1871, während des deutsch-französischen Krieges von 1870/71, und an den Occupations-Dienst in Zürich vom 12. bis 15. März 1871. [Mit illustriertem Umschlag.] 8. ([Zürich] 1896.)

Erinnerung. Zur E' an den seligen J(ohann) C(aspar) Grob. Zürich 1865 *s.* (Grob, Johann Caspar).

Erinnerung an Joseph Gruber, Studierenden . . . Am 8. März 1844. Innsbruck 1844. V: *Holzknecht, J.* (margr)

Zur Erinnerung an die Grundsteinlegung der Turnhalle in Halda 2. 5. 1880, 1 Bl.

Erinnerung. Zur E' an die 100jährige Gründungsfeier der Bündnerischen Kantonsschule [in Chur] 1804—1904. (Kommers-Programm [und] Lieder.) [Mit illustr. Titel.] II + 16 S. gr.-8. (Chur, Bischofberger & Hotzenköcherle, [Mai 1904].) [fr. —.50]

Erinnerung an Seminardirektor . . . Karl Grütter in Hindelbank. Zürich *s.* (Balsiger, Ed[uard]).

Erinnerung. Zur E' an Karl Grütter, Pfarrer und Seminardirektor in Hindelbank. Reden gehalten bei der Leichenfeier — den 25. Januar 1899. [Mit Porträt.] 8. Burgdorf.

Erinnerung an Gumbinnen. Hrsg. v. Alfr. Ponnor. 12. (10 Photogr.) Gumbinnen 894. (R. Hinz.) In Leinw.-Decke. n.n. 2. —

— an die Gutenbergs-Feier zu Leipzig im Jahre 1840. Ein Blatt mit 16 Gebäude-Ansichten u. farbig gedruckt. Randverzierungen. Lithogr. Imp.-Fol. Leipz. 840. Polet. n. 2/3 ß

Zur **Erinnerung** an die Gutenberg-Feier in Mainz 1900. *Mainz: Mainzer Verlagsanst. 1900.* (XXXIV, 80 S.) 8° [Umschlagt. F.]
[Sondert. 1.] Johannes Gutenberg u. seine Kunst. Von Prof. Dr. Joh. Ledroit. [2.] Führer durch Mainz nebst Stadtplan u. e. Plan d. Umgeb. v. Mainz. [illegible]

Erinnerung. Zur E' an den selig verstorbenen Herrn Pfarrer J(ohannes) Guyer-Rieter, deutsch-evangelischer Pfarrer in Marseille. Geboren am 31. Dezember 1837. Gestorben am 12. November 1900. [Mit 1 Vignette.] II + 29 S. 8. Zürich, Berichthaus, 1901.

Erinnerung. Zur E' an Herrn F(riedrich) G(ottlieb) Häberli, geb. den 2. März 1818, und seine Gattin Frau Susanna geb. Schönholzer, geb. den 25. Juni 1823, von Märstetten, gestorben an demselben Tage den 4. Juni 1898 . . . . 8. (Weinfelden.)

Erinnerung. Zur Erinnerung an Herrn F(riedrich) Gottlieb Häberli-Oppikofer, Hauptmann, von Märstetten. [Mit Porträt-Tafel.] II + 15 S. 8. Frauenfeld, Huber & Co., 1902.
Darin S. 1—10: Leichenrede, gehalten von E[rnst] Nagel, Pfarrer . . . .

Erinnerung. Zur E' an Herrn Johann Haberstich, Fürsprech und alt Ständerath von Aarau und Ober-Entfelden (geboren den 16. Juni 1824, gestorben den 6. März 1891). [Mit Porträt.] 8. Aarau.

Erinnerung an Karl Rudolf Hagenbach, Prof. der Theologie in Basel, geboren den 4. März 1801, gestorben den 7. Juni 1874. Personalie, Leichenrede und Grabreden, gehalten am Begräbnisstage, den 9. Juni 1874. 8. (Basel 1874.)

Erinnerung an Frau Marg(aretha) Hagenbach-Bischoff, geboren den 7. Juni 1842, gestorben den 21. März 1887. 8. (Basel.)

Erinnerung. Zur E' an Herrn Friedrich Hagenbach-Merian, geboren den 1. Dezember 1804, gestorben den 22. August 1900. 8. [Basel.]

—— an Halberstadt. 16. (12 Photolithogr.) Halberstadt 866, Frantz'sche Buchh. In Carton *

-- an Halle a. S. u. Umgebung. 16 Photolith. in Medaillon-Format. Halle 875. Reichardt. In Kapsel. n. 1. —

Erinnerung an Hamburg, s.a. Album, Hamburgisches

— an Hamburg. Hamburg (856). Gassmann. qu. Fol. (24 lith. Bl. in Tondr.) 7 ℔ 18 ngl; einzelne Bl. à 7 1/2 ngl

— an Hamburg u. dessen Umgebungen. Maler. Ansichten nach Originalzeichnungen in Holz geschnitten. 12. (32 Bl.) Hamburg 847, Berendsohn. n. 18 ngl

Erinnerung an die bei der Innung des Handelsstandes der königl. Stadt Außig protokollirten Handlungs-Lehrlinge. Für den Lehrling. K. k. Hofbuchdruckerei v. Gottlieb Haase Söhne in Prag. (2 Bl. 8.) 1856.

Erinnerung. Zur E' an Herrn Hartmann Krauer-Widmer von Regensberg. Geboren den 3. Oktober 1831. Gestorben den 11. April 1901. [Mit Porträt-Tafel.] 22 S. 8. Zürich, Buchdr. der Neuen Zürcher Zeitung, 1901.

Zur Erinnorung an Otto Hartwig, Geh. Reg.R. u. Bibl.Dir. *Marburg 1901: H. Bauer.* (9 S.) 8° [Umschlagt.] [04. 486, 4

Erinnerung. Zur E' an den sel. Nationalrath J(akob) Hasler, geboren in Stäfa den 22. Jan. 1825, gestorben in Bern den 24. Dez. 1880 .... 8. (Stäfa.)

Zur Erinnerung an die Hauptversammlung des Landwirthschaftlichen Generalvereins zu Burg a. F. am 20.—22. Juni 1888. ⟨Mit 1 Karte.⟩ (Burg a. F. 1888.) 8°

Erinnerung, Zur, an die 32. Haupt-Versammlung des Vereins deutscher Ingenieure vom 16. bis 20. August 1891 in Düsseldorf und Duisburg. Düsseldorf (1891) Fol.

Zur Erinnerung an das Haus-Weihefest der Joh.-Loge Wilhelm zur Dankbarkeit, Mannheim. 20. Mai 1900. [Mannheim 1900]: Hahn. 16 S. 8°
Angabe der Speisefolge u. Abb. des Logenhauses. 303.

Erinnerung. Zur E' an Joh(ann) Jakob Heer, Adjunkt des eidgen. Telegraphen-Direktors († 5. April 1905). Von Freunden und Kollegen des Verstorbenen gewidmet. [Mit 1 Porträt-Tafel.] 14 S. 8. Bern, R. Suter, (1905).

Erinnerung, Heilsame, nach Anleitung Ebr. 13, 14. Nördlingen 1726. V: *Hinckeldey, Georg Wilhelm.* (Myl)

Heilsame Erinnerung an den Herrn Recensenten der Frankfurther gelehrten Anzeigen No. XXXIII. über die Geschichte deren Gaßnerischen Schriften, von dem Verfasser deren unpartheyischen Gedanken. Gedruckt von eben demselben Verleger. 775. 8.

Zur Erinnerung an den Heimgang von Direktor G(ustav) Breddin. Oschersleben 1910: Kaulfuß. VI S. 4°
Oschersleben, R OP 1910 (373) [S 10. 98

Erinnerung an J. Pl. Heinrich. Regensburg 1825. V: *Schmöger.* (Lindner)

Erinnerung. Eine E' an König Heinrich IV. von Frankreich s.a. [Wyss, Georg von].

Erinnerung, Eine, an König Heinrich IV. von Frankreich. Zürich 1866. V: *Wyss, Georg von.* (ZÜRKL)

Erinnerung an Karl Friedrich Hennig, Prof. der Math. am k. Gym. dahier. Von Dr. Friedr. Leonh. Enderlein, G. P. — 1857. Ebend. — S. 3—18.
Progr. Schweinfurt.

— eine, an Georg Herwegh. [Aus: „der Volksstaat".] 8. (13 S.) Leipzig 875. Genossenschaftsbuchdr. --- 20

Erinnerung. Zur E' an Dr Otto Herzog (1825–1891). [Mit Porträt.] 4. Biel 1892.)

Erinnerung. Zur E' an Herrn Wilh(elm) Heusler-VonderMühll, geboren den 15. September 1837, gestorben den 12. Mai 1904. [Mit Porträt-Tafel.] II + 14 S. 8. (Basel, Basler Berichthaus, [1904].)

Erinnerung. Zur E' an Carl Hilty. [Mit 1 Porträt-Tafel.] 48 S. 8. Bern, K. J. Wyss, 1909. [fr. 1.20]

Erinnerung. Zur E' an (Johann) C(onrad) Hirzel-von Meyenburg, alt Pfarrer und Waisenvater, geboren 1804, gestorben 1884. 8. Zürich 1884.

Erinnerung. Zur E' an H(an)s Heinrich Hirzel-Schinz, Med. Doctor, geboren 1806, gestorben 1884. [Mit Porträt-Tafel.] 8. Zürich 1884.

Friedrich Wilhelm Ernst, Prinz von Hessen-Philippsthal-Barchfeld: Zur Erinnerung an das höchsterfreuliche Hochzeitsfest Seiner hochfürstlichen Durchlaucht Prinz Friedrich Wilhelm Ernst von Hessen-Philippsthal-Barchfeld und Ihrer Durchlaucht Prinzess Marie von Hanau am 27. Dec. 1857. [Aus der Loge zur Eintracht und Standhaftigkeit in Kassel.] [Hannover 1857: Jänecke.] 8 Bl. 8° [Umschlagtit.]
4 Gedichte. 358.

Erinnerung. Zur E' an Herrn Alb(ert) Hoffmann-Burckhardt, geboren den 26. August 1826, gestorben den 6. März 1896. 8. [Basel.]

Erinnerung. Zur E' an Herrn Fritz Hoffmann-Merian, geboren den 4. November 1838, gestorben den 26. Juli 1897. 8. Basel 1897.

. Erinnerung, Hoffnung und Vorsatz am ersten Tage des Jahres 1811 an ... In ... Königsberg 1811: Degen. 8 Bl. 8° [Umschlagtit.]
In Versen: „Bote des Himmels, geweckt aus Nichtseyn zur jährigen Wandrung, ..." 258.

Erinnerung. Zur E' an (Fried[rich]) Chr(ist[ian]) Höhr-Hirzel, geboren den 6. Oktober 1840, gestorben den 17. Januar 1891. 8. Zürich 1891.

Zur Erinnerung an Karl Alexander Holtzmann, R. d. O. d. württ. Krone, Director der K. polytechnischen Schule in Stuttgart. Geb. den 23. Okt. 1811, gest. den 25. April, beerdigt den 27. April 1865. 23 S. 8° S*

Erinnerung. Zur E' an Adolf Hopf, gew. Pfarrer in Gerzensee (1847–1900). Mit dem Bilde des Heimgegangenen [Tafel]. 8. Bern 1900.

Erinnerung an Gustav Hopf, Finanzrath und Direktor der Lebensversicherungsbank f. D. in Gotha. Gotha 1872. V: *Henneberg, von.* (BMarsch 408)

Erinnerung. Zur E' an Dr. Ludwig Horner s. [Horner, Johann Jacob II].

Erinnerung an d. Hundertjahrfeier d. Braunschweiger Husaren. 10(farb.) Künstlerpostkarten m. beschreib. Text (v. Andree.) (24 S.) 10 ~ 16 cm. Braunschweig (909). G. Westermann. — 80

Erinnerung. Zur E' an Fräulein Jeannette Sophie Jacob. Gestorben den 22. Januar 1878.... 8. Basel 1878.

Erinnerung an Rudolf Jahn (1844–1883). 8. Bern 1883.

Erinnerung an das Jahr 1870.
Das norddeutsche Panzer-Geschwader. Arminius. Kronprinz. König Wilhelm. Friedrich Karl. Prinz Adalbert o. O. u. J. 1 Bl. Fol. 29/34,5 cm. Photographie.

Zur **Erinnerung** an die ersten fünfzig Jahre des Bestehens der Hamburg-Bremer-Feuer-Versicherungs-Gesellschaft in Hamburg. Neujahrstag 1903. (1853—1903.) [Hamburg: Selbstverl. 1903.] 14 S. 4° [Umschlagt.]

Zur **Erinnerung** an das 10. Jahresfest des Verbandes der Kriegsfreiwilligen von 1870–1871 am 22. März 1907 im Künstlerhause zu Berlin. (Berlin: Verb. d. Kriegsfreiwill. 1907.) (4 Bl.) 4° [Umschlagt. J.] [illegible]

Erinnerung. Zur E' an die XXVII. Jahresversammlung des Schweiz. Ingenieur- & Architecten-Vereins. Zürich 1877 s. [Lamarche, Friedrich].

ZUR ERINNERUNG AN DEN 25. JANUAR 1858. (Festgedicht zur Begrüssung Ihrer Königlichen Hoheit der Frau Prinzessin Friedrich Wilhelm von Preussen Princess Royal von Grossbritannien und Irland bei Ihrem Einzuge in Berlin den 8. Februar 1858 dargebracht von dem Coppernicus-Verein für Wissenschaft und Kunst zu Thorn.) Thorn, 1883. (Gedruckt in der Rathsbuchdruckerei.) 4°.

Erinnerung. – Zur Erinnerung an den 25. Jan. 1776 u. 1836 in der . . . St. Johannis-Loge zum goldenen Schwerdt, s. Chappuzeau

Zur Erinnerung an den 26. Januar 1850. [Album enth. Eintragungen preuß. Abgeordneten, in Faks.] Berlin (1850). quer 8°

Zur Erinnerung an *Hans Peter Boje Jessen.* Dorpat 1875. 11 S. (Særtr.). P. (Vedlagt: 4 Dorpat'ske Avisartikler om Prof. Jessens Jubilæum 1873).

Erinnerung, Zur. an Hans Peter Boje Jessen. Separatabdruck aus Nr. 24 der Balt. Wochenschrift 1875. Dorpat 75.

— an Ilmenau. 20 (lith.) Ansichten in Tondr. Ebend. (856). qu. 16. n. 20 ngr

Erinnerung. Zur E' an Frau (Anna) Marie Imhoof geb. Baer, geboren den 22. November 1821, gestorben den 26. Mai 1896. 8. Basel.

Erinnerung. Zur E' an Herrn Johann Rudolf Imhoof-Baer, geboren den 25. März 1812, gestorben den 29. Juli 1896. 8. Basel.

Erinnerung. Zur E' an Herrn Professor (Carl Ferdinand) Hermann Immermann von Basel, geboren den 2. September 1838, gestorben den 9. Juni 1899. 8. (Basel.)

Erinnerung an Innsbruck. 16 in Kpfr. gest. Ansichten mit erklär. Text. qu. 16. (1⅝ B. Text.) Innsbruck 844. (Wagner'sche Buchh.) Thlr. *

. *Ödenburg:* **Zur Erinnerung an das erste Johannisfest welches die ▭ „Zur Verbrüderung" im Or. Oedenburg den 9. und 10. Juli 1870 feierte. Den Brr. und Schw. gewidmet. Oedenburg 1870: Reichard. 15 S. 8° [Umschlagtit.]**
Tt. 1996. Zwei Vorträge von G. Poszvék u. O. Brée; Toast auf die Schwestern von Bergmann. 193. 358a.

Ems: **Erinnerung an das Johannis-Festessen im „Englischen Hof" in Bad Ems 1884. Ems [1884]: Ommer. 11 S. 8° [Umschlagtit.]**
Tt. 1997a. Festbericht. 303.

. **Erinnerung an die mr. Johannisfest-Feier in Bad Kissingen 1873. o. O. [1873]: Schachenmayer. 2 Bl. 8° [Umschlagtit.]**
Verzeichnis der Teilnehmer an diesem Feste. 25.

. **Erinnerung an die Johannisfest-Loge zur Ceder 1842. Als Ms. f. die Brr. der Loge. [Hannover 1842: Jänecke.] 8 S. 8° [Kopftit.]**
Kurze Ansprache: Johannistag — ein Bildungsfest, ein Lebensfest, 3 Gedichte u. 1 Lied ohne Noten. 215.

Erinnerung. Zur E' an Herrn Arnold Joneli-Riggenbach, alt Pfarrer, Redaktor der Allgemeinen Schweizer Zeitung, geboren den 10. Mai 1835, gestorben den 4. Mai 1894. 8. [Basel.]

Erinnerung an die wohlehrwürdige Frau Ignatia Jorth . . . München 1845. V: *Sintzel, Johann Michael.* (Th)

—— an die wohlehrwürd. Frau Ignatia Jorth, Gründerin u. erste General-Oberin des Ordens der barmherz. Schwestern in Bayern. Eine biograph. Skizze. gr. 8. (1½ B. u. 1 Stnt.) München 845, Lentner'sche Buchh. *

Erinnerung an Gottfried Ischer, Pfarrer in Mett 1832—1896. D. Kirchgemeinde Mett gewidmet v. ein. Freunden. gr. 8. (16 S. m. Bildn.) Biel 897. (E. Kuhn.) n. — 50

Erinnerung. Zur E' an Johann Rudolf Isler, Vater. Gestorben den 25. Oktober 1880. 8. Basel 1880.

— an Italien. Eine Sammlung der interressantesten Städteansichten mit Randbildern, die vorzüglicheren Paläste, Kirchen, Denkmale, Plätze etc. darstellend. Triest (856). Literar.-artist. Abth. d. Oesterr. Lloyd. qu. Fol. (16 Bl. in Stahlst.) n. 2 ₰ 20 ngr

(12 Postkarten) **Erinnerung** an die Jubelfeier in Eckernförde d. 5. April 1899. (Eckernförde. 1899.) 8°.

Zur **Erinnerung** an die 550jährige Jubelfeier des Städtischen Lyceums I zu Hannover am 2. Februar 1898. *Hannover 1898: F. Culemann.* (47 S.) 8°
Hannover, st. L. I, OP 1898 (322)

Zur Erinnerung an die 50jahrige Jubelfeier der Johannis-Loge Victoria zur Morgenröthe in Hagen i. W. am 19. Jan. 1908. Hagen i. W. [1908]: Quitmann. 36 S. 4 Taf. 8⁰
Gesch. der Loge mit Abb. der Logenmstr u. der 50jährigen Jubilare. Im Anh.: Verzeichn. der Beamten, Mitgl., Ehrenmitgl. u. statistische Zsstellungen. 139.

Erinnerung an Jubelfeier u. Hingang weil. des Erzbischofs Hermann von Freiburg. Mit urkundlichen Beilagen. Freiburg im Br. 868. Herder. gr. 8. (57 S.) n. 5 ngr.

. **Zur Erinnerung** an die hundertjährige Jubelfeier der Loge zum westfälischen Löwen in Schwelm am 25. April 1892. Von dem zeitigen Br.·. Redner. Als Ms. f. Br.·. Br.·. gedr. Schwelm 1892: Scherz. 22 S. 8⁰
Übersicht der Gesch. der Loge unter Benutzung einer hs. Gesch. der Loge von A. Gertner aus d. J. 1875. Im Anh.: Lieder ohne Noten, Grundsätze der Loge aus d. J. 1818, Auszüge aus Protokollen u. a. m. 3.

Erinnerung an die 700jährige Jubelfeier des Cistercienser-Stiftes Wilhering im Jahre 1846. Linz. V: *Prandstetter, Johann Evangelist.* (xenia)

Zur Erinnerung an das Jubelfest des funfzigjährigen Bestehens der FrMrei im O. Plauen, 58 $\frac{12.}{XII.}$ 39. Plauen 1840: Wieprecht. 26 S. 8⁰ [Umschlagtit.]
Kl. 3021 b. Festbericht. Rede von M. H. Fiedler: Vergleichender Rückblick auf die Anfänge der Frmrei in Plauen. Histor. Abriss der Frmrei in Plauen von F. E. Schillbach. 25.

Zur **Erinnerung** an das 25jährige **Jubelfest** des Königlichen Gymnasiums zu Nakel am 20. April 1901. *(Nakel 1901: R. Giroud.)* (42 S.) 8°
Nakel, k. G, Festbericht 1901 **

Zur Erinnerung an das 50jährige Jubelfest des 4. rheinischen Infanterie-Regiments No. 30 am 25. März 1865. (128) 8. Frankfurt a/M. 1865.

Erinnerung an das Jubelfest der g.·. und v.·. St. Joh. Loge Modestia cum libertate im Or.·. von Zürich. Am 25. Aug. 1861, nach fünfzig Jahren ihrer Restauration. Zürich 1861: Orell, Füssli & Co. 43 S. 8⁰
Auszug aus dem Protokoll der Feier; Festrede von K. Meyer-Hoffmeister Gesch. der Loge, Toast von Meyer-Ahrens.

— an das 700jähr. Jubel-Fest des sel. Berthold, ersten Abtes zu Garsten im J. 1842. In e. Vorw. u. 8 Predigten auf dasselbe Fest. gr. 8. (7½ B.) Linz 843, Haslinger.

Zur Erinnerung an das 300jähr. Jubiläum der Branntwein- u. Liqueur-Fabrik 'Der Lachs' in Danzig, 6. Juli 1898. — o. O. (1898). 18 S. 8" [Umschlagt.:] Festschrift über d. 300jähr. Bestehen der Liqueur-Fabrik 'Der Lachs'. Firma: Isaac Wed-Ling Wwe & Eydam Dirck Hekker zu Danzig. 1598—1898.

1885 — 3. Juli — 1910. Zur Erinnerung an das 25jähr. Jubiläum des Geschäftshauses Otto Freyberg [Manufakturwarenhandlung], Leipzig. — Leipzig (1910): Trenkler. 36 Bl. quer-8° [Umschlagt.:] Festschrift zum 25jähr. Jubiläum d. Firma Otto Freyberg, Leipzig.

Russische Feuer-Asseкuranz-Kompagnie von 1827. Zur Erinnerung an das 50jährige Jubiläum. St. Petersburg 1877.

Zur **Erinnerung** an das 50jährige Jubiläum der Firma L. Possehl & Co., Lübeck am 1. Mai 1897. Lübeck: [Selbstverl.] 1897. 31 S. 8° [Umschlagt.]

Socialer Sängerchor [StL]. Zur Erinng an das goldene Jub, 1900. StL, 1900.

Freemasons, Chi . . . Germania Loge.
- - Zur Erinng an d goldene Jub 1905. Chicago, 1905.

Deutsch-Anische Schule. Z Erinng an das goldene Jub d Dt-Anischen Schule . . . frühere Beacon St. Schule . . . Newark, 1908.

27. Juli 1804 - 1904. Zur **Erinnerung** an das hundertjährige Jubiläum der Höheren Stadtschule zu Geseke i. W. *Geseke 1904: L. Flamm.* (32 S.) 8° [F] [c4. 134(, 6

—— an das 700jährige Jubiläum der Geburt des heil. seraphischen Vaters Franziskus v. Assisi, gefeiert von seinen Kindern und Verehrern in der St. Magdalenakirche zu Altötting vom 19. bis 21. Novbr. 1882. (Predigten.) 8. (94 S. mit 1 Lichtdr.) Altötting 883, (Lutzenberger.)

Erinnerung. Zur E' an das 40 jähr. Jubiläum ärztlichen Wirkens des Herrn Dr. Alexander Spengler, gefeiert zu Davos den 8. November 1893. 8. *o. O.*

Christkatholische Kirchgemeinde Schönenwerd. Erinnerung an die Jubiläums-Feier ihres 25jährigen Bestandes, Sonntag den 3. November 1901. 62 S. 8. Schönenwerd, Gebrüder Widmer, 1902.
(*S. 3—10:* Predigt ... von Bischof Dr. Eduard Herzog; *S. 11—18:* Ansprache des Herrn Dr. V[ictor] Käser; *S. 19—57:* Entstehungsgeschichte und Entwicklung.... Vortrag des Herrn Karl Richterich, Pfarrer; *S. 58—61:* Festbericht.)

— an die Jubiläumsfeier der Gemeinde Kornthal am 9. Juli 1869, enthltd. Reden u. Gebete von Staudt, Hoffmann, Kapff 2c. Stuttgart 869. Greiner. gr. 8. (36 S.) 4 ngr.

Erinnerung an die Jubiläumsfeier des Historischen Vereins des Kantons St. Gallen ⟨1859—1909⟩ vom 18. Dezember 1909. [Mit 1 Wappenvignette.] 40 S. 8. St. Gallen, Zollikofer & Cie., 1910.

Z. Erinnerung an d. Jubiläumsfestlichkeiten d. Krieger-Vereins-Verbände Berlins, am 19. 8. 95.

— an die Jubiläums-Festlichkeiten zum 200jährigen Bestande des k. u. k. Dragoner-Regimentes Albrecht Prinz v. Preußen Nr. 6. 1701—1901. (Umschlag: Dragoner-Regiment Albrecht Prinz v. Preußen Nr. 6. 1701—1901.) qu. gr. 8. (40 Taf. m. III S. Text.) Wien 902. R. Lechner's Sort. Kart. n. 10.—

Erinnerung, Eine, an den 24. Juli 1895. Wien 1900. H: *Kretschmann, Theobald.* (EB)

Zur Erinnerung an den Kaiser-Commers des Münchener S.-C. u. der Inactiven des Aschaffenburger S.-C., am 11. März 1887. München, 1887. Kgl. Hof- u. Univers.-Buchdr. von Dr. C. Wolf & Sohn. 8°. Cart.
41 S. Lat. Lett. — S. 28: Pfister, k. Regierungs-rath (als Gast der „Franconia“). Festlokal war der „Zacherl-Keller“. Die brillante Festrede hielt Bank-Director Gareis („Palatia“).

— an die Kaisertage in Leipzig, 5—8. Septbr. 1876. qu. 8. (10 Photogr. m. Text 4 S.) Leipzig 877. Webel. n. 12.—; in Leinw.-Carton m. Vergrößerungsglas n. 15.—

Zur **Erinnerung** an Immanuel Kant. Abhandlungen aus Anlaß d. 100. Wiederkehr d. Tages seines Todes. Hrsg. von d. Univ. Königsberg. *Halle a. S.: Waisenhaus 1904.* (374 S.) 4°(8°)

Zur **Erinnerung** an das Carnevalsfest des Vereins der Freimüthigen, am 3. März 1849. Für die Theilnehmer am Feste als Manuskript gedruckt. Druck von Carl Schultze. 1 Bl. Fol.
Flugblatt. Berlin, 1848/49.

— an Kärnten. 32. (16 Photogr.-Imitationen.) Klagenfurt 882. Liegel. n. 1. 20

Erinnerung an Kärnten. Klgft., Raunecker, (ca. 1885). Sedez. 16 Lichtdr.

. *Karsten, Gust.*: Zur **Erinnerung** an Karsten. Den Freunden des Verklärten gewidmet. Berlin, im May 1810. [Berlin 1810]: Decker. 15 S. 8° [Umschlagtit.]
Kl. 1434 b.

— an Kassel. Ansichten. 12 Blatt. Kassel, Appel. 2 2/3 ℳ

Erinnerung an Dr. Alfred Kaufmann 1857—1903 . . . St. Gallen 1903. V: *Kaufmann, Friedr. & Johs. Dierauer.* (BBullSchw 3, 1903)

Erinnerung an Dr. Alfred Kaufmann 1857—1903. St. Gallen 1903. V: *Kaufmann, Frieda & Johannes Dierauer.* (BBullSchw 3, S. 343)

Kaulla, Rud. v.: **Erinnerung** an Rud. v. Kaulla. Geboren den 10. Aug. 1814. Gestorben den 15. Juni 1872. Stuttgart [1872]: Metzler. 14 S. 8°
Enth. auch den Nachruf im Namen der Loge zu den drei Cedern in Stuttgart, gesprochen von Th. Walter.

Erinnerung an Frdr. Ldw. Keller. München 1861. V: *Bluntschli, Joh. Casp.* (Cat. d. Stadtbibl. Zürich. Zürich 1864—97.)

Erinnerung an Friedrich Ludwig Keller. gr. 8. (27 S.) München 861. Literarisch-artistische Anstalt. Thlr. *
Aus: Kritische Vierteljahrsschrift, besonders abgedruckt.

Erinnerung an Kiel. Ansichten von Kiel, dem Hafen, den Kriegsschiffen und dem Kanal. Lichtdruck. Kiel. 1895. 4°k.

. Eine **Erinnerung** an das Kinzigthal am 14. Sept. 1890 zu Gelnhausen. Gelnhausen 1890: Kalbfleisch. 2 Bl. 8° [Umschlagtit.]
2 Gedichte, davon 1 von Burmeister. 140.

Erinnerung. Zur E' an Frau Mimi Kinzler, geb. Merker, geb.... den 16. Feb. 1842, gest. in Basel... den 23. Nov. 1884. 8. Basel 1884.

Erinnerung. Zur E' an Dr. med. Gotthold Kinzler-Ensinger, geboren den 29. März 1871, gestorben den 24. Februar 1899. 8. Basel 1899.

— an Bad Kissingen. qu. 12. (26 Ansichten in Farbendr.) Bad Kissingen 892. Fr. Weinberger. In Halbleinw.-Decke. n. 4. 50

Erinnerung. Zur E' an Anna Kitt. geb. in Bergamo 10 Juni 1838, gest. in Bergamo 14 September 1881. 8. Bergamo 1881.

[F.] Zur **Erinnerung** an den k. Dekan und Hauptprediger Karl Klein in Nördlingen, Vf. d. 'Fröschweiler Chronik', geb. am 31. Mai 1838 zu Hirschland in Lothringen, gest. am 29. Apr. 1898 zu Kaufbeuren. *Nördlingen: (C. H. Beck) 1898.* (25 S.) 1 Bd 8.

Erinnerung. Zur E' an Herrn Wilhelm Klein, Reg.-Rath von Basel und schweiz. Nationalrath. Personalien und Gedächtnissrede gehalten... [zu Basel] am 14. Mai 1887. nebst Grabreden und einem Nachruf. [Mit Porträt.] 8. Basel.

Zur **Erinnerung** an Dr. Julius Klengel. Leipzig 1879.

Zur **Erinnerung** an den heimgegangenen [Br.] Georg Burkhard [!] Kloss. Aus dem Protokolle der Grossen Mutterloge zu Frankfurt am Main. 1854. [Frankfurt a. M. 1854.] 5 S. 8° [Umschlagtit.]
Nachruf.

Erinnerung. Zur E' an Prof. Dr. M(elchior) Knaus. [SA. aus: Der Bund, Jahrg. 52, 1901, No 102.] 8 S. 8. Bern, Jent & Co., 1901.

Erinnerung an Paul Kober-Gobat, geboren den 30. Juli 1842, entschlafen... den 22. Oktober 1898. Gedächtnis-Feier in Basel am 1. November 1898. [Mit Porträt.] 8. St. Chrischona bei Basel.

Erinnerung. Zur E' an Martin Koch-Abegg, Architekt. Geboren den 23. August 1846. Gestorben den 22. Juli 1895. 8. Zürich 1895.

Erinnerung. Zur E' an Frau Elisabeth Koechlin-Iselin, geboren den 14. April 1860, gestorben den 15. April 1893. 8. (Bâle.)

— eine, an Dr. theol. Herm. Friedr. Kohlbrügge, weil. Pastor der niederländisch=reformirten Gemeinde in Elberfeld. 8. (139 S.) Hagen 882. Risel & Co. n. 2. 40

Erinnerung. Zur E' an Juliane Kolb, geb. Lauxmann, geboren... 19. Okt. 1816, entschlafen Basel 20. Nov. 1879.... 8. Basel 1879.

Erinnerung. Zur E an Marie Sophie Christiane Kolb, geb. 30. März 1845, gest. 20. December 1874.... 8. Basel.

Erinnerung an den Kollegentag vom 11. Jänner 1908. Wien 1908. V (1—2): *Bass, Joseph.* (EB)

— an die Leipziger Communalgarde. 8. (6 color. Stnt.) Leipzig 869. (Wartig.)

— an Königsberg. qu. 16. (12 Photogr.) Königsberg 869, Meyer und Comp. cart.

Zur **Erinnerung** an die Constituirung des Vereins der Protestanten von Schönenwerd und Umgebung. In 8°, 20 S. Aarau, H. R. Sauerländer's Verlag. 1881.

— an das L'Estocq'sche Corps. Hrsg. bei der von Sr. Maj. dem Könige Friedrich Wilhelm IV. befohlenen Grundsteinlegung eines Denkmals auf dem Schlachtfelde von pr. Eylau durch das Comité zur Errichtung eines Denkmales für das L'Estocqsche Corps. gr. 4. (28 S. mit 1 lithogr. Abbildung des zu errichtenden Denkmals und 2 lithogr. Uebersichtskarten.) Königsberg 856, (Gräfe und Unzer.)

H. v. E., In kostbarer **Erinnerung** an eine treugeliebte Mutter. 8°. (10 S.) Wien: Braumüller 1909. K 1.—

Gedenket an eure Lehrer. Ebr. 13, 7. Zur **Erinnerung** an Leonhard Kötz, ev.-luth. Pastor. *Elberfeld: Luther. Bücherverein 1899.* (29 S.) 8° | F. |

Zur Erinnerung an Julius Künzli weil. Pastor der niederl.-reform. Gemeine zu Elberfeld.
Elberfeld: Niederl.-reform. Gemeine 1901. 32 S. 8°

Erinnerung, Kurze, über die österreichische Steuerregulirung. Wien [Baiern] 1790. V: *Wöckl, Leopold Andreas.* (WA) (Hr) (Ky) (ML)

Erinnerung, Kurze, wegen der Ordensgelübde an Herrn Franz Xaver Gmeiner. 1782. V: *Gmeiner, Frz. Xaver* (?). (wrztg 1782 Nr. 48 Anhg. 1793 S. 3225) (S. Brunner, Mysterien der Aufklärung, S. 261) (Geissau Verzeichniss S. 14) (biblport)

Kurtz Erinnerung der k. Residenzstadt Wien, sambt letzttürkischen Belagerung. (60.) fol. Wien 1702.

Erinnerung an **Cuxhaven.** Cuxhaven. o. J. Lithographie. 1 Bl. Fol.

Erinnerung. Zur E' an Herrn Joh[ann] Urban Kym, Salinen-Direktor von Möhlin, geboren 1805, gestorben 1889. 8. [Aarau.]

— an Landshut. Ansichten-Album. qu. gr. 16. (12 Photogr.-Imitationen.) Landshut 892. Ph. Krüll. In Leinw.-Decke. n.n. 1. 50

Lange, Johannes: **Zur Erinnerung an Johannes Lange. Bericht über die im Ordenshause veranstalteten Trauerfeiern. Berlin 1904: Mittler & Sohn. 1 Bl. Bildn., 19 S. 8°.**
Vgl. W. 16854/56. 358.

Zur Erinnerung an Dr. Ernst Friedrich Langhans, Professor der Theologie in Bern. Vier Reden gehalten bei der Bestattung am 19. April und bei der Gedächtnissfeier am 16. Mai 1880. In-8°, 31 S. Bern, J. Dalp. 1880. — 60

Erinnerung. Zur E' an Herrn Joseph Lanz, med. Geboren 12. Dezember 1818, Gestorben 22. Januar 1908. [Mit Porträt.] II + 15 S. 8. Biel, C. Schweizer & Co., 1908.

Erinnerung an Herrn Diakon Karl Hektor Laquai. Leichenreden, gehalten den 3. August 1847. 8. St. Gallen.

Erinnerung. Zur E' an Dr. Ant(on) Phil[ipp] Largiadèr, alt Rektor, von St. Maria und Basel. Geboren den 25. November 1831, Gestorben den 31. Dezember 1903. Worte gesprochen in der Pauluskirche in Basel anlässlich der Beerdigung am 2. Januar 1904. [Mit Porträt-Tafel.] 20 S. 8. [St. Gallen, Zollikofer, 1904.]

Zur **Erinnerung** an Dr. Heinrich Otto Lehmann, Geh. Justizr. u. Prof. zu Marburg, geb. am 28. Okt. 1852 zu Kiel, gest. am 27. Jan. 1904 zu Marburg, beerdigt daselbst am 29. Jan. *(Gießen 1904: v. Münchow.)* (15 S.) 8° [Umschlagt. F.]

Erinnerung. Zur E' an † Frau Fanny Lehner geb. Schmidt, von Baden und Sülli (1860–1898). [Mit Porträt.] 4. Baden.

Erinnerung. Zur E' an Herrn Gottlieb Lenz, gew. Fürsprecher, Oberstlieutenant, Mitglied des Grossen Rates des Kantons Bern und des Stadtrates von Bern. 1849—1906. [Mit 1 Porträt-Tafel.] II + 15 S. 8. Bern, Haller, 1906.

— an Leipzig. 13 Ansichten. 1/2 Fol. Leipzig, Rocca. Illum. n. 1/2 ₰

Erinnerung der Liebe. (Haskereth ahaba) Trauer-Feier für dahingeschiedene Seelen zum Gebrauche in den Synagogen an den Festtagen. Auf eigene Kosten herausgegeben von S. P. R. Prag. 1855. Druck der k. k. Hofbuchdruckerei von Gottlieb Haase Söhne. (28 S. 8.) Deutsch und hebräisch.

Erinnerung an das dritte Liederfest des Thüringer Sängerbundes zu Gotha ... Gotha 1845. V: *Welcker, Philipp Heinrich.* (ABJP)

— an das 3. Liederfest des thüringer Sängerbundes zu Gotha am 1. Sept. 1845. Im Auftrage der goth. Liedertafel geschrieben v. ein. Thüringer. gr. 8. (3½ B.) Gotha 845, Becker'sche Sort.-Buchh. *

— an das 5. Liederfest d. Thüringer Sängerbundes zu Eisenach. E. vollständ. Festbeschreibung mit sämmtl. gehalt. Reden etc. Nebst 2 (lith.) Abbildgn. gr. 8. (68 S.) Arnstadt 847, Meinhardt. n. 1/6 ₰

— an das Liederfest zu Tübingen. qu. 4. (4 Stat. in Tondr. mit 1 Bl. Text.) Tübingen 857, Riecker. *

Erinnerung. Zur E' an Frau Veronika Elisabeth Linder-Steinegger, geboren 26. April 1812, heimgegangen 30. Mai 1885. 8. Basel.

Erinnerung. Zur E' an Herrn Theophil Lotz-Landerer, Dr. med., geb. 28. Oktober 1842, gest. 25. Okt. 1908. 16 S. 8. (Basel, Emil Birkhäuser, [1908].)

Zur Erinnerung an die vor 100 Jahren in Kiel gestiftete erste Freimaurerloge Louise zur gekrönten Freundschaft. Für die säkulare Erinnerungsfeierlichkeit am 2. Juli 1876 geschrieben v. K. Mit dem Bildniss v. Carl Leonhard Reinhold. Als Manuscript für Freimaurer gedruckt. Kiel. 1876. 8°

— an d. verewigte unvergeßliche Louise, Königin v. Preußen, bei Gelegenheit d. siegreichen Fortschritte d. verbündeten Heere in Frankreich. 12. Leipz. 814. Seeger. 8 gl

Erinnerung. Zur E' an Herrn Rudolf Löw-Burckhardt, geboren den 2. März 1832, gestorben den 6. August 1898. 8. Basel 1898.

Erinnerung. Zur E' an Herrn Pfarrer Gottfried Ludwig-Neuhaus, Spitalprediger in Bern, geb. den 14. Februar 1832, gest. den 22. Mai 1889. 8. Bern 1889.

Erinnerung. Zur E' an Oberrichter Gregor Lützelschwab von Rheinfelden (geb. 1793. [Von] M.....). 8. (Aarau.)

— an Lyck. 16. (12 Photolith.) Lyck 887. Wiebe. In Leinw.-Decke. n. 2. —

— an Mainz. 6 Blatt. Photolithogr. qu. 16. Mainz 864, v. Zabern. In Carton einzelne Bl.

— an Mainz. qu. 16. (16 Steintaf.) Mainz 876. v. Zabern. 2. —

Erinnerung (Zur) an die am 11. November 1887 in Chicago hingerichteten Märtyrer des Proletariats. Das Agitationscomité der I. A. A. 8°. New York 1887.

Erinnerung an den 25. März 1850. Allen an jenem denkwürdigen Tage auf der Leuenmatte zu Münsingen versammelt gewesenen Bernern gewidmet ([vom provisorischen] Comite). [Mit 1 Tafel.] 8. Bern.

Erinnerung. Zur E' an Herrn Prof. Dr. L(eonhard) Rudolf Massini von Basel, geboren den 8. November 1845, gestorben den 12. Dezember 1902. [Mit 2 Vignetten und 1 Porträt-Tafel.] 20 S. 8. (Basel, Emil Birkhäuser, [1902].)

Erinnerung. Zur E' an den Herrn Regierungsrath Ferdinand Meier,... Mitglied des Kirchenrathes und Präsident des Erziehungsrathes [des Cantons Zürich] (1799[–1840]). 8. *o. O.* [1840].

— an Meißen. 15 photolith. Ansichten in Medaillonformat. Meißen 874. Bärmann. n. 1. —

—— an Meissen u. die Umgegend. 8 Stahlst. nach Originalzeichn. v. C. J. v. Leupold. qu. 16. Dresden 844, Grimm.*

Erinnerung. Zur E' an Herrn Professor und Alt-Rathsherrn Peter Merian, geboren den 20. December 1795, gestorben den 8. Februar 1883. 8. (Basel.)

Erinnerung. Zur E' an Frau Louise Merian-Merian, geboren den 13. Juli 1819, gestorben den 23. September 1890. 8. Basel.

Erinnerung. Zur E' an Wilhelm Friedrich Merz, gew. Pfarrer zu Rütti (1828[–1881]). ([Von] F St .) [SA.] 8. Bern 1881.

Erinnerung. Zur E' an den sel. Notar Franz Meyer. Geboren 1801. Gestorben 1879. SA. 8. Zürich 1880.

Erinnerung. – Zur Erinnerung an Friedrich Ludwig Wilhelm Meyer..., s. Campe, Elisabeth

Erinnerung. Zur E' an Dr. Conrad Ferdinand Meyer. Geboren am 12. Oktober 1825. Gestorben am 28. November 1898. 8. Zürich 1898.

Erinnerung. Zur E' an Frau Marie Meyer-Kraus, geboren den 4. Januar 1821, gestorben den 20. März 1906. [Mit Porträt-Tafel.] 16 S. 8. Basel, M. Werner-Riehm, 1906.

Erinnerung. Zur E' an Frau Emilie Meyer-Schmid, geboren den 26. Mai 1855, gestorben den 1. Juli 1906. 16 S. 8. Basel, M. Werner-Riehm, 1906.

Erinnerung. Zur E' an Herrn Max Ed(uard) Miescher von Basel, Kaufmann in Neapel, geboren den 25. August 1846 in Bern, gestorben den 10. März 1896 in Neapel. 8. *o. O.*

Erinnerung an Milwaukee. Festgabe d Delegaten zum Natl Brauer-Convent, Juni 5.-8. 1877, gewidmet vom Milw Brauerver. Milw. 1877.

Erinnerung, Des hamburgischen Ministerii pflichtmässige, an die demselben anvertrauten Gemeinden ... Hamb. 1773. V: *Herrnschmid, Georg Ludwig.* (schr)

Zur Erinnerung an die heilige Mission 1890. Quer-4. Mehrfarbig gedruckt * —.25
Wien: „Austria" (Drescher) 1890.

Erinnerung an Eilhard Mitscherlich 1794—1863 ... Berlin 1894. V: *Mitscherlich, Alexander.* (Zuwachsverz. d. Bibliotheken in Zürich 1898 ff, 7.) (Berl)

Erinnerung an Eilhardt Mitscherlich 1794–1863. Berlin, 1894. Roy. 8vo. Portrait.

Erinnerung. Zur Erinnerung an Bundesrichter Dr J(oseph) K(arl) P(ankraz) Morel. Geboren in St. Gallen den 8. Februar 1825. Gestorben in Lausanne den 13. Dezember 1900. Beerdigt den 17. Dezember 1900 in St. Gallen. Wortlaut der an der Beerdigung... gesprochenen Reden. [Mit Porträt.] II + 23 S. 8. St. Gallen, Zollikofer, [1901].

—— an Friedr. Joh. Albr. Muck, k. b. prot. Kirchenrath, Decan u. Hauptprediger u. decorirten Jubilar zu Rothenburg a. d. T., in der v. Senior, ꝛc. Lehmus gehaltenen Gedächtnißrede u. den verf. beigeg. Personalien. Den Verehrern u. Freunden d. Verewigten. gr. 8. (1 B.) Rothenburg a. d. T. 839, Beck. Thlr.

Erinnerung. Zur E' an Frau Landammann Anna Muheim geb. Arnold. Geboren 30. August 1859. Gestorben 17. April 1899. SA. 8. Altdorf (1899).

Erinnerung. Zur E' an Herrn Landammann Karl Muheim sel. Gest. den 15. Februar 1883. 8. Altdorf 1883.

Erinnerung an Herrn Alf(red) Von der Mühll-Fürstenberger, geboren den 13. Februar 1819, gestorben den 22. Februar 1892. [Mit Porträt-Tafel.] 8. [Basel.]

Erinnerung. Zur E' an Dr. theol. Eduard Müller, Professor der Theologie an der Universität Bern, gestorben den 25. Januar 1900. [Mit Porträt-Vignette.] 8. (Erfurt.)

Erinnerung an Emilie Müller, geb. Burckhardt (1815[–1879]). 8. Basel 1879.

Erinnerung. Zur E' an Herrn Pfarrer Theodor Müller in Grosshöchstetten (1835–1897). [Mit Porträt.] 8. Münsingen 1898.

Erinnerung an München. Stahlst. in gr. 4. 841. (München, Franz.) n. 1/3 ℳ

— an München. Bock-Lieder. 8. (16 S. m. Holzschn.) München 886. Hirth. n. — 40

—— an München. Bock-Lieder. 8. (16 S. mit Holzschn.) München 886, Knorr und Hirth. *

Erinnerung. Zur E' an Herrn Dr. med. Alfr(ed) Mürset, eidgenössischer Oberfeldarzt, 1860—1910. [Mit 1 Porträt-Tafel.] Abgedruckt aus der Zeitschrift « Das Rote Kreuz » [Jahrg. 18, Nr. 17]. II + 4 S. gr.-8. Bern, Genossenschafts-Buchdr., [1910].

— an das Berliner Museum. Auswahl der besten Gemälde in Photographien. Photogr. von Gebr. Lincke. Berlin 858. Wagner. 4. (10 Bl.) n. 4 ℳ

Erinnerung an das Museum der Stadt Metz ... Metz [1905]. V: *Keune, Joh. Bapt.* (Berl)

Erinnerung an Al Mutillah; a. d. Arab. [Zürich 188?] Ü· *Bürkli, Frdr.* (Zuwachsverz. d. Bibliotheken in Zürich 1898 ff.)

Zur Erinnerung an unsere Mutter [d. i. Armgard Freifrau v. Biel-Zierow geb. v. Veltheim]. 1886–1902. (Stettin [1904]: L. Pasenow.) (35 S.) 8°
[Ŝ·]
:·3. 33=3 9

Erinnerung an die Mutterworte vom Gnadenbilde zu Marie-Stein im Unterinnthale bei der 300jährigen Jubelfeier der Wallfahrt ... Innsbruck 1887. V: *Seeböck, Philibert.* (margr)

Erinnerung, Nachträgliche, an die 300jährige Jubelfeier der Albertina. Königsberg 1844. V: *Nesselmann, Georg Heinrich Ferdinand.* (Mitth. Fr. Müller-Kiel.)

Erinnerung an das schönste Naturidyll der Schweizer Alpenwelt. Bestimmt als Zutritts-Karte zum Privatbesitz Blausee.... (Ein Ausflug von Bern durch's Kanderthal auf die Gemmihöhe und Blausee. Im Auszug dem „Neuen Hausfreund" entnommen. — Der „Blaue See" als Luftkurort.) [Illustriert.] 8. (Zürich) *o. J.* [1880/99].

— an Neuschwanstein. 8. (12 Lichtdr.-Taf.) Leipzig 887. (Hebeler.) In Leinw.-Mappe. n. 6. —

— an Neustadt-Eberswalde. qu. 16. (12 Photogr.-Imit.) Eberswalde 878. Rittor. geb. in Etui. n. 1. 25

Zur **Erinnerung** an Herrn Fr[iedrich] H[einrich] Neviandt, Pred. d. freien ev. Gemeinde Elberfeld-Barmen, geb. 1. Okt. 1827, † 1. Apr. 1901. *Elberfeld: Ev. Brüderver. [1901].* (23 S.) 8° [J.]

Erinnerung. Zur E' an Ludwig Edwin Nil, Pfarrer in Kirchberg. Reden und Gesänge, vorgetragen bei seinem Begräbnis, den 9. Oktober 1893. [Mit Porträt.] 8. Bern 1894.

Erinnerung an die Nord-Ostdeutsche Gewerbe-Ausstellung. Königsberg i. Pr. (Königsberg i. Pr. [1895].) (15 Taf.) quer-8° [Umschlagt.]

Erinnerung, Nothwendige, eines Lehrers an seine Gemeine. Worms 1750. V: *Rödiger (Rediger), Andreas.* (ML)

Erinnerung (Zur) an den 11. November 1887. 8°. New York 1890.

— an Nürnberg, s.: Rittor, Wilh., Nürnberg.

Erinnerung. Zur E' an Hans Konrad Nüscheler, J. U. Dr., Bezirksrichter, gestorben den 18. Juni 1887. 8. Zürich 1887.

—— an die sächsische Oberlausitz. 8 Stahlst. nach Originalzeichn. von C. Beichling. qu. 16. Dresden 844, Grimm.*

— eines alten Offiziers. Ein Skizzenbuch v. Friedrich Arthur. 8. (82 S.) Berlin 886. Parrisius. n. 1. —; geb. n. 1. 50

— eines deutschen Offiziers. 1848—1871. 2 Bde. gr. 8. Wiesbaden 884. Bergmann. n. 10. 60; geb. in Leinw. n. 12. 60; in Halbkalbldr. n. 16. —
1. Aus zwei annektirten Ländern. (VI, 356 S.)
2. Per aspera ad astra. (VI, 325 S.)

Erinnerung. Zur E' an Hans Konrad von Orelli, Oberst der Artillerie. Geboren 2. März 1853, Gestorben 19. März 1904. [Mit Porträt-Tafel.] 39 S. 8. Frauenfeld, Huber & Co., [1904].

Erinnerung. Zur E' an Herrn Pfarrer J[ohann] J[akob] Oeri, geboren den 7. Januar 1817, gestorben den 5. Juli 1897.... [Mit Porträt.] 8. [Basel.]

Erinnerung. Zur E' an Pfarrer Friedrich Oser, (geboren den 29. Februar 1820, gestorben den 15. Dezember 1891). Lebensabriss und Gedächtnisworte. Mit einem Bilde [Tafel] in Lichtdruck, nach dem Gemälde von C[arl] Brünner. 8. (Basel.)

Erinnerung. Zur E' an Dr. Paul Albert Ostertag. Geb. 18. April 1810. Gest. 17. Februar 1871. 8. Basel 1871.

Erinnerung. Zur E' an Frau Maria Ostertag geb. von Speyr. Geb. 17. Sept. 1808. Gest. 15. Juni 1866. 8. Basel 1866.

Erinnerung. Zur E' an Paul Ott-Buser, Missionar. Geboren... den 1. November 1845. Gestorben in Basel den 23. Januar 1896.... 8. Basel

Zur **Erinnerung** an D. Samuel Oettli, Professor der Theologie und Konsistorialrat in Greifswald. (1846–1911.) Bern (1911): Stämpfli. 30 S. 8°

—— an Passau. 12 Stahlst. in qu. 8. (wovon 1 color.) München 846, Franz. *

Erinnerung. Zur E' an [Johann] Heinrich Pestalozzi s. [Brassel, Johannes].

Erinnerung. Zur E' an Herrn Mathias Pestaluzz, Pfarrer zu Richtenschweil... (1777[–1829]). ⟨SA.⟩ 4. [Zürich 1829.]

—— an Pest-Ofen. qu. 4. (22 Stahlst.) Pest 858, Lauffer und Stolp. *
Einzelne Bl. auf chin. Pap. in Imp.-4. *

Erinnerung an Sigismund Gottfried Peuchen, ... Meurs 1843. V: *Lange, Joh. Peter.* (zu)

—— an Sigism. Gottfr. Peuchen, weil. Pastor an der evang. Gemeinde zu Ruhrort. Eine Auswahl aus sein. Predigten nebst den bei seiner Beerdigung gehaltenen Gedächtnißreden, hrsg. von seinen Freunden für seine Freunde. gr. 8. (11⅓ B.) Meurs 843, Dolle. *

Erinnerung. Zur E' an das silberne Pfarr-Jubiläum des Hochw. Herrn Edmund Jeker, römisch-katholischer Pfarrer in Biel, am 12. Mai 1895. [Mit Porträt. Erweiterter] SA. 8. Luzern 1895.

Erinnerung an Anna Maria Cath(r[ina]) Pfenninger-Hirzel (1809–1876). ⟨Gedruckt für theilnehmende Freunde.⟩ 8. Basel 1876.

Erinnerung an Frau Marie Pfisterer-Tappolet, Hausmutter im Missionsknabenhaus in Basel, geboren 9. November 1839, gestorben 26. Mai 1891. 8. Basel.

Erinnerung. Zur E' an Gottlob Fr(iedrich) Pfleiderer, Geschäftsführer der Missionshandlungsgesellschaft in Basel. Geboren... den 28. September 1829. Gestorben in Basel den 23. März 1898. [Mit Porträt.] 8. Basel 1898.

Erinnerung. Zur E' an Frau Elise Piguet (1783–1864). Weihnachtsgabe als Manuskript für die Familie und die Freunde gedruckt. 8. Basel 1864.

— an Ploen, Eutin u. Umgebung. 16. (12 Photogr.-Imitationen.) Ploen 879. Hahn. geb. n. 1. 20

Erinnerung an Prag in bildl. Ansichten u. histor. Erläuterungen. Als Gedenkbuch f. Fremde u. Einheimische, hrsg. im Jahre d. Krönung J. J. M.M. d. Kaisers u. Königs Ferdinand, u. Sr. durchl. Gemahlin Maria Anna v. Savoyen, v. Gtli. Haase Söhne. qu. gr. 4. (7 B. mit Einfass. u. 39 Kpfrt.) Prag 836, Haase Söhne. 4⅔ Thlr., col. *
Dass. mit italien. Text zu gleichen Preisen. Die Ansichten einzeln in 8. à 3 Gr., col. à 6 Gr.

Erinnerung. Zur E' an Hermann Prätorius, zweiter Inspektor der Basler Missionsgesellschaft, geboren den 25. Juni 1852..., gestorben den 7. April 1883 in Akra.... [Mit Porträt.] 8.
Ausg. A. ⟨SA⟩ (Basel.)
Ausg. B. [Mit 1 Ansicht.] Basel 1883.

Erinnerung. Zur E' an Jakob Pratorius. Geboren 5. Oktober 1821,... gestorben 31. Oktober 1888.... 8. Stuttgart 1888.

Erinnerung. Zur E' an Schwester Emilie Preiswerk, geb. 28. Juni 1861, gestorben 27. Mai 1889. [Mit Porträt-Tafel.] 8. (Basel.)

Erinnerung. Zur E' an Jungfrau Bertha Preiswerk, geboren den 18. Januar 1870, entschlafen den 10. Februar 1897. 8. Basel.

Erinnerung des Presbengels an seinen Buchdruckergesellen wegen seines Schreibens über die Schriften der Preussischen Publicisten. Dantzig 1757. 4. (32 S.)
— Dasselbe, anderer Druck 24 Seiten.

—— an das Priester-Jubel-Fest zu Kötzting am 15. und 16. Juli 1862. gr. 8. (30 S.) Regensburg 862, Manz. *

— an das 25jährige Priesterjubiläum in Pressath am 15. Juli 1879. 12. (64 S.) Amberg 880. Habbel. n. — 40

— an d. 50jähr. Priesterjubiläum Sr. Heil. Papst Pius X. Reden u. Ansprachen, geh. bei der durch die Katholiken Augsburgs veranstalteten kirchl. u. weltl. Feier am 3. V. 1908. (29 S.) 8. Augsburg (908). Kranzfelder. — 30

Erinnerung an die 60jährige Priester-Jubiläumsfeier ... Leopold Anton Wackarz' ... Bregenz [1896]. V: *Pavel, Raphael.* (EB)

Erinnerung an Radetzky und sein Heer ... Wien 1858. V: *Jüngling, Joh. Bapt.* (EB)

Erinnerung. Zur E' an Herrn (Johann) A(ugust) Raillard-Nidecker, geb. den 16. Februar 1821, gest. den 1. September 1889. [Mit Porträt.] 8. [Basel.]

Erinnerung. Zur E' an Professor Dr. Hans Rauchenstein (1859–1884. [Von] E L). SA. 8. Genf 1884.

Erinnerung. Zur E' an Prof. Dr. Balth(asa)r Reber. 1875 s. Respinger, J[ohann] R[udolf. und] Vischer, W[ilhelm] *II.* Ansprache gehalten bei der Beerdigung von Prof. Dr. Balth. Reber. (Basel.)

Reichs-Constitutions- auch Provincial-Religions-Receß-mässige Erinnerung und Vortrag, mit nochmaliger Inhaesion der 1724 ... von der Königl. Preuß. Regierung zu Cleve, ausgelassenen Anzeige, wodurch die ... von der Düsseldorfischen Regierung zu Wien, angebrachte vermeintl. Religions-Beschwerden, schon zum drittenmahl refutiret werden. Soest [1733]. fol.

— [Dasselbe.] (Mit Praeliminair-Gegen-Anmerckungen.) Soest [1735]. fol.

[Nebentit.:] Warhaffte Bestättigung deren Ihrer Römisch-Kays. ... Maj. in denen J. 1723 u. 1727. von Ihrer Churfürstl. Durchleucht zu Pfaltz Gülich- u. Bergischer Lands-Regierung repräsentirter Clev-Marckisch u. Ravensbergischer Religions-Gravaminum [usw.]. Düsseldorf [1735].

Reinhardt, Aug. v.: **Zur Erinnerung** an [Br.] Aug. v. Reinhardt. Geboren den 7. Okt. 1827. Gestorben den 15. Okt. 1907. Feuerbestattung im Krematorium des Pragfriedhofes zu Stuttgart den 17. Okt. 1907. Stuttgart 1908: Kohlhammer. 16 S. 8⁰ [Umschlagtit.]

Enth. die bei der Bestattung gesprochenen Worte, darunter die Ansprachen der Vertreter von Logen, u. Reinhardts Lebenslauf. — Üb. Reinhardt s. Militär-Ztg. 1907 Nr 588.

Zur **Erinnerung** an die Reise des Prinzen Waldemar von Preußen nach Indien in den Jahren 1844—1846 ... Berlin 1853 Gedruckt in der Deckerschen Geheimen Ober-Hofbuchdruckerei.

4 Teile in 2 Bdn. gr 2

I. Titelbild u. Tit. in Lithogr., gedr. Tit. [illegible] S.

1 Die Reise von Berlin bis Kalkutta. Unterstr. 33 S., 2 Karten u. 30 Taf. m. 30 Bl. Text

2 Die Reise durch Hindostan. 47 S., 1 Karte u. 13 Taf. m. 34 Bl. Text.

Anhang: Die Insel Ceylon. 18 S.

II. Tit. in Lithogr., gedr. Tit.

3 Die Reise im Himalaya. Unterstr. 22 S., [illegible] Karten, 26 Taf. m. 26 Bl. Text

4 Der Feldzug gegen die Sikhs. 30 S., 4 Karten u. 15 Taf. m. 12 Bl. Text

Die Karten in kol. Kupferst., die Tafeln in lithogr. Tondruck, nach Skizzen des Prinzen Waldemar von Ferd. Bellermann u. H. Kretzschmer gezeichnet; Text überarbeitet von H. Mahlmann und Graf von Groeben.

Erinnerung eines ehemaligen pfälzischen Reserveleutenants aus dem deutsch-französischen Feldzuge 1870—71. Ein Beitrag zum 20. Jubiläum d. Schlacht bei Sedan. Mit Plänen der Schlachtfelder v. Weißenburg, Wörth, Sedan u. Paris. 8. (VII, 283 S.) Kaiserslautern 891, Crusius. * 2 40; cart. * 2 80

— an den Rhein. 16 Hft. Von Düsseldorf bis Andernach. 16 Ansichten in Futteral, worauf der Rheinlauf von Düsseldorf bis Andernach gezeichnet. 8. Bonn ... Henry u. Cohen. 1 ℳ — 26 Hft. Von Andernach bis Mainz. 32 Ansichten in Futteral, mit dem betreff. Rheinlauf. 8. Ebd. 2 ℳ — 1s u. 2s Hft. color. 5 ℳ

— an den Rhein. 24 Blatt. Photolithogr. qu. 16. Mainz 864, v. Zabern. In Carton einzelne Bl.

— dass. — 12 Photolithogr. qu. 16. Ebendas. 868. In Carton

— an den Rhein (von Emminger). 12 Photogr. qu. 16. Mainz 869, v. Zabern. In Carton

— dass. — (5. Aufl.) 12 Photolithogr. qu. 32. Ebendas. 871. geb.

— dass. — 12 photolithogr. Ansichten. Neuer Abdr. qu. 16. Ebendas. 873. In Carton

— an den Rhein. qu. 16. (12 Stnt.) Mainz 875, v. Zabern. cart.

— an den Rhein in Poesie, Sagen u. Geschichte. Illustr. v. F. Foltz. Ausg. A. 8. (V, 136 S. m. 2 Stahlst.) Leipzig 880. Lesimple. cart. n. 1.60; Ausg. B. m. 6 Stahlst. n. 2.—

Erinnerung. Zur E' an Herrn Isaak Heinrich Riehm, gew. Decan von Pforzheim, geboren den 3. Mai 1799, gestorben den 16. Oktober 1881. 8. (Basel.)

Erinnerung. Zur E' an Frau Luise Riehm geb. Geiger, geboren den 17. März 1830, gestorben den 21. Dezember 1895. 8. Basel.

— an das Riesen-Gebirge. 9 Ansichten in Stahlst. Nebst Sagen von Rübezahl und der Ruine Kynast. qu. 8. (24 S. Text.) Breslau 852, Kern.

Erinnerung. Zur E' an Herrn Chr(istoph) Joh(annes) Riggenbach, Prof. und Dr. theol., geboren den 8. October 1818, gestorben den 5. September 1890.... [Mit Porträt.] 8. [Basel.]

Erinnerung. Zur E' an Frau Witwe Margaretha Riggenbach-Holzach, zur letzten Ruhe geleitet den 27. Januar 1893. 8. [Basel.]

Erinnerung. Zur E' an (Anna) Maria Riggenbach-Im Hof, geboren zu Basel den 7. Juli 1847, gestorben zu Arisdorf den 7. Oktober 1878. 8. Tübingen 1878.

Erinnerung. Zur E' an Prof. D. Dr. Bernhard Riggenbach-Oser. 1848–1895. [Mit Porträt.] 8. (Basel.)

Erinnerung an die Rigi. St. Gallen und Bern 1836. V: *Meyer von Knonau, Gerold.* (Bibliogr. d. Schweiz. Landeskunde. Bern 1892 ff. III.)

Erinnerung an Rigi-Kaltbad. 15. August 1866. 8. (Luzern.)

Erinnerung. Zur E' an Paul Ringier, gewes. Pfarrer in Kirchdorf ([1851–]1897). Mit dem Porträt des Verewigten [Tafel]. 8. Bern 1898.

Zur Erinnerung an Ferdinand von Rohr, k. preuß. General der Infanterie und Kriegsminister außer Dienst. Berlin 1851. (Beiheft zum Militairwochenblatt für Oktober.) 18 S. 8.

Erinnerung. Zur E' an Pfarrer Karl Rohr, 1827—1910. [Mit 1 Porträt-Tafel.] II + 15 S. 8. Thun, Eug. Staempfli, (1910).

Erinnerung. Zur E' an Frau Pfarrer Albertine Rohr-Stadler, Geboren den 19. März 1832, Gestorben den 4. November 1896. 8. Bern.

Zur Erinnerung an Friedrich Romer. Calw: 5. Juni 1861. [Stuttgart: 1864.]

Erinnerung. Zur E' an Jungfrau Christ(ina) Marg(aretha) Carolina Rosenburger. Geboren den 2. April 1829. Gestorben den 20. September 1896. 8. (Basel.)

Erinnerung. Zur E' an Herrn Professor Dr. (Karl Ludwig) Roth (°*Nachtitel:* Rede bei der Beerdigung von Herrn Prof. Dr. K' L' Roth. gehalten... den 18. Juli 1860... [zu Basel] durch Herrn Antistes S[amuel] Preiswerk). 8. (Basel.)

Erinnerung. Zur E' an Hermann Ludwig Rottmann, weiland Missionar der Basler Missionsgesellschaft. Geboren... den 26. Mai 1832. Gestorben in Basel den 8. Oktober 1899. [Mit Porträt.] 8. Basel 1899.

Erinnerung an Rügen. Hrsg. Ferd. Beckor. *Bergen a. R.: F. Becker (1898?).* (7 Bl.) quer-8° (м. 3904 9

Erinnerung. Zur E' an Johannes Rupe. Gestorben den 3. April 1899. 8. Basel 1899.

Erinnerung. Zur E' an Herrn Pfarrer Ch(ristian) A(lbrecht) Rütimeyer zu Gerzensee (1795–1880). 8. Basel 1880.

— an das Saalthal mit Kahla, Leuchtenburg, Orlamünde, Hummelshain, Fröhliche Wiederkunft. qu. 16. (15 Photogr.-Imitationen.) Kahla 888. Heyl. n. — 40

Erinnerung an das junge Herrchen Sailer. O. O. 1780. V: *Buz, Erhard.* (Jes)

Zur Erinnerung an die Säcularfeier des Bankhauses H. F. Fetschow & Sohn, Berlin . . . (1785—1885.) — [Berlin: Selbstverl. 1885.] 6 Bl. Phot. in Mappe. gr. 2° [Umschlagt.:] H. F. Fetschow & Sohn, Berlin.

Zur Erinnerung an die Saecularfeier der unter Constitution der Gr. National-Mutterloge Zu den drei Weltkugeln arbeitenden St. Johannisloge zum flammenden Stern im Or. Berlin am 5. März 1870. Leipzig 1870: Vollrath. 31 S. 8°
Vortrag von K. Ch. L. Kleiber: Blick in Vergangenheit, Gegenwart u. Zukunft, Rede von O. Th. M. Tillich: Des Bundesgeistes Mahnung. 430.

— an die vierte Säcular-Feier der Erfindung der Buchdruckerkunst: Der Gutenbergsplatz in Mainz. — Der Schöfferplatz in Gernsheim. 2 Bl. in Stahlstich. qu. gr. 8. Mannh. 840. Hoff. 1/2 ℳ

— aus dem Leben Christian Gotthilf Salzmanns, d. Gründers der Erziehungsanstalt Schnepfenthal. Von dessen Pflegesohn Joh. Wilh. Ausfeld u. der ältesten Tochter Salzmanns. Zum 100jähr. Jubelfeste der Anstalt Schnepfenthal neu bearb. v. e. Urenkel Salzmanns. Mit Salzmanns Portr. u. e. Ansicht Schnepfenthals (in Holzschn.). gr. 8. (X, 122 S.) Leipzig 884. Dürr'sche Buchh. n. 1. 50; geb. n. 2. 25

—— an das Sängerfest zu Regensburg 1847. gr. 16. (174 S. mit 2 Stnt., eingedr. Holzschn. und 1 Musikbeilage in qu. 4.) Regensburg 848, (Manz.) *

[Bildert.:] **Erinnerung** an das IX. Kantonale Sängerfest in St. Moritz 19. u. 20. Juni 1898. *(Samaden & St. Moritz: Buchdr. S. Tanner 1898.)* (4 Bl.) 1 Bd 8. (98. 10366

Zur Erinnerung an die St. Jakobs-Feier von 1872. Festnummern der „Basler Nachrichten." 2. Auflage. 12 Stn. gr. 4. Basel, Schweighauserische Buchdr. 1873.

— an Sans Souci. Nach Aquarellen von C. Graeb. 2 Hefte. Berlin (855, 56). Storch u. Kramer. qu. Fol. (à 4 lith. Taf. in Farbendr.) Jedes Heft 5 ℳ

—— an Sans-Souci. 3. (Schluss-)Heft. Nach Aquarellen von H. Kraemer. qu. Fol. (4 chromolithogr. Taf.) Berlin 859, Storch und Kramer. Subscr.-Pr.
1. und 2. Heft. Ebendas. 1855,56. 10 Thlr.

Erinnerung an Sanssouci. 12 Aquarellen von Carl Graeb u. H. Krämer. Berlin. Querfol. — Neue Ausgabe unter d. Tit.: Architect. landschaftl. Darstellungen von Sanssouci u. Umgebung. Berlin 1885. (8. Tlin.) Querfol.

—— an Sanssouci u. Potsdam. 8 Bl. in Stahlst. — Souvenir de Sanssouci et Potsdam. 8 feuilles sur acier. qu. Lex.-8. München 846, Poppel u. Kurz.
Vgl. Gallerie europäischer Städte.

— an Sanssouci u. Potsdam. 8 Blätter in Stahlst. qu. Lex. 8. München 847, Poppel & Kurz. 3/4 ℳ

— von der Säntisspitze 2504 Mot. üb. Meer. Landschaftliches Bild der ganzen Rundsicht. Lith. qu. Fol. Nebst Angaben üb. verschiedene Wege auf d. Säntis u. Touren im Alpstein-Gebiet. 8. (4 S.) St. Gallen 887. (F. B. Müller.) In Carton. n. 4. —

Erinnerung. Zur E' an Frau Salomea Sarasin, geb. Heusler. Geb. 20. März 1795. Gest. 14. Nov. 1869. 8. Basel 1869.

Erinnerung. Zur E' an Herrn Alt-Rathsherrn Karl Sarasin-Sauvain, gestorben den 21. Januar 1886. Personalien und Leichenrede. 8. Basel 1886.

Erinnerung. Zur E' an Herrn Rudolf Sarasin-Thiersch, geboren den 23. Februar 1831, gestorben den 16. Januar 1905. Personalien und Leichenrede gehalten von Karl Gelzer, Pfarrer ...; Ansprache von Herrn Dr. Wilhelm Vischer. [Mit Porträt-Tafel.] II + 15 S. 8. (Basel, Basler Berichthaus, [1905].)

Erinnerung. Zur E' an Professor I[gnaz] Sartori. Zürich 1883 *s.* (W[achter, Rudolf]).

Erinnerung an Frau Emma Sauerländer geb. Custer, geboren 22. Mai 1821, gestorben 16. März 1902. ⟨Als Manuskript gedruckt.⟩ [Mit Porträt-Tafel.] II + 15 S. 8. [Aarau, H. R. Sauerländer & Cie., 1902.]

Erinnerung. Zur E' an Heinrich Remigius Sauerländer von Aarau. Gesprochen bei seiner Beerdigung den 4. Juni 1847. 8. *o. O.*

Zur Erinnerung an Joh. Remigius Sauerländer, Artillerie-Oberstlieutenant, von Aarau, am Tage seiner Beerdigung, d. 21. Sept. 1844. s. l. & a.

Erinnerung. Zur E' an Herrn Wilh(elm) Ph(ilipp) Schaeffer-Rittmeyer. Geboren am 5. Juli 1831, Gestorben am 29. September 1898. 8. St. Gallen 1898.

Erinnerung. Zur E' an Herrn Pfarrer Johannes Schürer in Biel. 1822–1891. 8. *Lithographiert. o. O.*

Erinnerung. Zur E' an Herrn Joh(ann) Jak(ob) Schaub-Grysin, geboren den 24. Juli 1812, gestorben den 30. August 1899. 8. [Basel.]

Erinnerung. Zur E' an Frau Susanna Schäublin geb. Schmidt, geboren den 2. Juli 1831, gestorben den 16. Oktober 1898. 8. Basel 1898.

Erinnerung an Joseph Viktor Scheffel *s.* [Finsler, Georg *III*].

Zur Erinnerung an Pfarrer Joseph Scherrer, weiland an St. Leonhard in St. Gallen, Präsident des St. Gallischen-Protest. Hülfsvereins. In-8°, 28 S. St. Gallen, Huber & Cie. (E. Fehr). — 40 1886.

Erinnerung. Zur E' an das fünfzigjährige Amtsjubiläum des Herrn G(eorg) Schibel, Director der Blinden- und Taubstummen-Anstalt Zürich, den 11. Mai 1882. 8. Zürich 1882.

Erinnerung. Zur E' an Herrn Alfred Schiess, Pfarrer in Grabs, geboren den 23. Juli 1849, gestorben den 23. Januar 1899.... 8. Buchs-Werdenberg.

—— eine, an den frühe vollendeten Vict. Schieß, gew. Pfarrer v. Schiers. 8. (40 S.) St. Gallen 861, Huber und Comp.

—— an die 100jährige Schiller-Feier der Buchhandlungsgehülfen in Wien am 13. November 1859. gr. 8. (32 S.) Leipzig 860, [Henning'sche Buchh.] **

— an die 100jährige Schiller-Feier der Buchhandlungsgehülfen in Wien am 13. November 1859. Leipzig 860. Lehmann in Comm. (Wolf.) gr. 8. (32 S.) n. 7 ngr.

Erinnerung an die Schlacht bei Breitenfeld am 7. Sept. 1631 ... Leipzig 1831. V: *Falkenstein, Joh. Paul Freih. v.* (ABJP)

Erinnerung an d. Schlacht bei Breitenfeld am 7. Sept. 1631 u. deren Feier am 7. Sept. 1831. M. 1 Abbild. d. Denkmahls (in gr. 4.) u. 1 Schlachtpl. gr. 8. (2⅓ B.) Leipzig 831, (Voß.)

Erinnerung, Eine, an das Schlachtfeld von Böblingen 12. Mai 1525. [Stuttgart 1879.] V: *Pfister, Alb.* (Heyd)

Erinnerung. Zur E' an Louise Schlatter. Geb. den 5. Febr. 1825. Gest. den 17. Mai 1880. 8. Bern.

Erinnerung an den Schluß des letzten Bogens der neuen Dresdener Elbbrücke. Dresden [1849]. V: *Zumpe, Carl.* (Kat. d. stat. Bureaus. Dresden 1890.)

Erinnerung. Zur E' an unsern theuren Dekan Jakob Schmid, Pfarrer in Winterthur (1820[–1881]). Ansprachen bei der Begräbniss-feier. Nekrologe. Als Manuscript gedruckt. 8. (Zürich.)

Erinnerung. Zur E' an Herrn Julius Schmid, gew. Mitglied der Generaldirektion der Schweiz. Bundesbahnen. 1845—1905. [Mit Porträt-Tafel.] II + 11 S. 8. Bern, Haller, 1905.

Schmider, Franz Jos.: Der **Erinnerung** an den am 20ten October 1891 im 78ten Lebensjahre verstorbenen Franz Joseph Schmider von Zell a. H. gewidmet am Allerseelentag 1891 von seinen Freunden. [Lahr 1891: Pfisterer & Leser.] 12 S. 8°. [Umschlagtit.]
Nimmt auch Bezug auf die Zugehörigkeit Sch.s zum Freimbunde. 21.

Erinnerung. Zur E' an Herrn Johannes Schmidhauser, Lehrer an der obern Realschule in Basel. Gestorben den 1. August 1898.... [Mit Portrat.] 8. *o. O.*

Zur **Erinnerung** an Prof. Dr. Carl Schmidt. Geb. 1./13. Juni 1822. Gest. 27. Febr./11. März 1894. *Jurjew (Dorpat) 1895: C. Mattiesen.* (33 S.) 4°(8°) [F.] 10

Erinnerung. Zur E' an Frau Luise Schmidt geb. Sarasin. geboren den 6. April 1825. gestorben den 21. Mai 1896. 8. *o. O.*

Erinnerung an das eidgenössische Schützenfest in Bern 1885 ... Bern [1885]. V: *Fischer-Hinnen, Hen i.* (Cat. d. Stadtbibl. Zürich. Zürich 1864–97.)

Erinnerung an den heil. Schutzengel. Salzburg 1830. V: *Mandl, Jos.* (Hr)

Zur **Erinnerung** an Theodor Schüz, Landschafts- u. Genremaler in Düsseldorf. *Berlin: F. Zillessen [1901].* (22 S.) 8° [F.]

Erinnerung an die Schweiz. Salzb. 1868. V: *Engelmayr, Math as.* (Hr)

— an die sächsische Schweiz. 18 Stahlst. nach Originalzeichn. von C. Beichling u. C. J. v. Leupold. qu. 16. Dresden 844, Grimm. *

Erinnerung. Zur E' an den im Herrn verstorbenen Carl Heinrich Schweizer von Zürich. Pfarrer in Bubikon..., geb. 23. Juli 1802, gest. 10. Januar 1875. 8. Zürich.

Erinnerung an eine geliebte Schwester. O. O. u. J. V: *Albanus, Aug.* (R-N)

. **Erinnerung an den Schwestern-Abend in der Loge Minerva zu den drei Palmen. 14. Nov. 1894. [Leipzig 1894: Leiner.] 14 S. 8° [Umschlagtit.]**
Rede von F. Schuster: Üb. Wesen der Frmrei u. der Mrarbeit, Trinkspruch von A. Linge. 430.

Zur **Erinnerung** an das Schwesternfest, abgehalten am 27. März 1870 in der Loge zur Hoffnung im Or. Bern. Bern [1870]: Jent & Reinert. 18 S. 8° [Umschlagtit.]
Bericht; Rede von A. Lasche: Üb. Entstehung u. Entwicklung des Bundes, von K. Tscharner: Üb. praktischen Wert u. Bedeutung der Frmrei mit Rücksicht auf das weibl. Geschlecht. 193. 358.

Zur **Erinnerung** an das Schwesternfest der Modestia cum libertate 20. Nov. 1869. Zürich 1869: Schiller & Co. 23 S. 8° [Umschlagtit.]
Bericht. Eröffnungsworte von L. Steiner, Festrede von R. Ottensoser: Bedeutung des Bruder- u. Schwesternamens. 462.

Zur **Erinnerung** an das Schwestern-Fest am 30. Okt. 1904. Loge zu den 3 Degen. [Halle 1904: Gebauer-Schwetschke.] 17 S. 8° [Umschlagtit.]
2 Reden u. 1 Toast auf die Schwestern von K. R. F. Stieber. 3.

a. **Erinnerung** an die Schwestern-Loge am 8. März 1878. Den verehrten Schwestern gewidmet von den Mitgliedern der Loge „Globus" [Hamburg: 1878.] 10 Bl. 8°
4 Lieder ohne Noten.
Rekt. Kneisner, Hamburg.

. **Erinnerung** an die Schwestern-Loge vom 7. März 1859. Den Schwestern gewidmet von den Mitgliedern der Loge zur Brudertreue an der Elbe. Hamburg [1859]: Hartwig & Müller. 10 Bl. 8°
Programm u. 7 Lieder ohne Noten. 193.

Erinnerung an die Schwestern-Loge vom 22. März 1865. Den verehrten Schwestern gewidmet von den Mitgliedern der Loge zur Bruderkette. Hamburg [1865]: Kümpel. 5 Bl. 8°
Tt. 2420. Programm zur Fest- u. Tafel-Loge, 4 Liedertexte. 193.

Erinnerung an die Schwestern-Loge vom 2. März 1861. Den verehrten Schwestern gewidmet von den Mitgliedern der Loge zur Bruderkette. Hamburg [1861]: Kümpel. 10 Bl. 8°
[Umschlagtit.] Schwestern - Loge den 2. März 1861.]
Programm u. 7 Lieder ohne Noten.
Rekt. Kneisner, Hamburg.

Erinnerung. Zur E' an Herrn Franz Xaver Schwytzer von Buonas *s.* (Z[elger]. F[ranz]).

Erinnerung. Zur E' an Herrn G(ustav) Senn-Sinmoth, geboren 23. März 1838, gestorben 30. Oktober 1895. [Mit Porträt.] 8. Basel 1895.

Erinnerung an den 27. September 1855 im Schwefelbade bei Neutitschein. Neutitschein. 1855. Schnellpressendruck von J. N. Enders. (2 Bl. 8.) Enthält: Ein Lied.

Erinnerung an den 7. September 1830. [Braunschweig 1830?] V: *Gottwald, E.* (Mitth. Dr. H. Bäsecke.)

Erinnerung. Zur E' an Frau Hanna Siber-Heusler, gestorben den 29. April 1894. 8. Basel 1894.

Erinnerung an Frau Amelie Sieber-Bischoff, geboren den 4. März 1845, gestorben den 17. September 1881. 8. (Basel.)

Zur Erinnerung an 1787. 4 (S. 31–39)
Progr. Katharineum *Lübeck* 1887 (676)

. *Sievert, Fritz:* **Zur Erinnerung an unseren am 13ten Juni 1891 in den ewigen Osten eingegangenen, geliebten Br. Fritz Sievert. Or.·. Lahr. Lahr [1891]: Pfisterer & Leser. 6 Bl. 8° [Umschlagtit.]**
Enth. Nekrolog, Reden an der Gruft vor Stadtpfarrer Werner u. O. Vesenbeckh, Gedicht „Nach der Rosenspende" von E. Peschier. 8.

—— **an Sigmaringen und seine Umgebung. 16. (6 Photolithogr. und 24 S. Text.) Sigmaringen 866, Liehner'sche Buchh. In Carton ***

Erinnerung. Zur Erinnerung an Frau Johanna Signer, geb. Scheitlin. Geboren den 1. Januar 1861. Gestorben am 14. Oktober 1902. [Mit Porträt.] II + 16 S. 8. St. Gallen, Zollikofer.

Erinnerung: E' an Brecht Sinner. 1859 — E' an Brecht Ernst Sinner. 1859 s.a.[Zeerleder von Steinegg. Bernhard].

Erinnerung an Brecht Sinner. [Frauenfeld] 1859. V: *Zeerleder, Bernhard.* (BBullSchw 4, 1904. Stadtbibl. Bern S. 58.)

Erinnerung. Zur E' an Jungfrau Eleonore Socin. 1830–1893. 8. Basel.

Hirschengraben-Leist, Bern. Erinnerung an die Soiree zu Gunsten des (Albrecht von) Haller-Denkmals, abgehalten im Gesellschaftshaus Museum zu Bern am 19. Februar 1902. [Mit Porträt-Tafel und illustriertem Umschlag.] 14 S. 8. Bern, Haller. [fr. 1.—]

Darin u. A.: Prolog von J[oseph] V[ictor] Widmann *und* Vom grossen Haller». Plauderei von Fanny Prächter-Haaf.

[Lithogr.] Zur **Erinnerung** an das Sommer-Johannisfest 12. und 13. Juli 1873. Jubelfest von [Heinr.] Gysi. 100jähriges Stiftungsfest. Modestia cum libertate. Zürich. [Zürich 1873.] 54 S. 8°
Tt. 1097. Bericht. Festrede von J. K. Bluntschli: Üb. das Ziel der Mrei u. die Mittel zu diesem Ziel. Einl. u. Bericht üb. die Festloge abgedr. in: FZ. 28 (1874) S. 36—38, 76—77, 99—102, 116—119, 140—141, 147—149. 223.

Zur **Erinnerung** an ... Ernst Wilhelm Christian Sopp, Superint. u. erster Pfarrer d. Marienkirche zu Hanau. Geb.: 18. Aug. 1829. Gest. 10. Nov. 1904. Hanau 1905: Waisenhaus. (92 S.) 8° [J.]
Darin enthalten: Gedichte von Sopp. [06. 3932 4]

Erinnerung. Zur E' an Frau Esther Speiser-Hauser (1819–1898). Personalien und Gebete bei der Beerdigung am 22. August 1898. 8. [Basel.]

Erinnerung. Zur E' an Herrn Wilhelm Speiser-Strohl, geboren 10. Februar 1845, gestorben 19. September 1909. [Mit Porträt-Tafel.] II + 16 S. 8. Basel, Emil Birkhäuser, [1909].

Erinnerung. Zur E' an Jungfrau Susette Spittler. Personalien und Ansprachen bei der Beerdigung am 15. Mai 1880. 8. Basel.

Erinnerung. Zur E' an Herrn J(oh[anns]) J(ak[ob]) Stähelin, Dr. theol. und deren Professor an der Universität Basel. Die an seinem Begräbnisstage, 30. Aug. 1875. öffentlich gesprochenen Worte. 8. Basel 1875.

Erinnerung. Zur E' an Herrn Dr. theol. E(rnst) Stähelin-Hagenbach. Hauptpfarrer zu St. Theodor in Basel. geb. den 18. Oktober 1829. gest. den 2. Januar 1888. 8. Basel 1888.

Zur **Erinnerung** an Herrn Professor Rudolf Stachelin-Stockmeyer, Dr. theol. et phil., geb. d. 22. Sept. 1841, gest. d. 13. März 1900. (Basel 1900: Basler Dr.- u. Verl.-Anst.) 33 S. 8° [01. 17706]

Erinnerung. Zur E' an Herrn Alt-Nationalrat Karl Stämpfli, Buchdrucker in Bern. Gestorben den 12. Juli 1894. [Mit Porträt.] 8. [Bern.]

Zur Erinnerung an **Karl Steffensen,** geb. d. 25. April 1816 in Flensburg, gest. d. 12. Dez. 1888 in Basel. Den Freunden dargereicht von seiner Wittwe an seinem 80. Geburtstag 25. April 1896. (Mit 1 Bildnis.) o. O. (1896.) 8°

— an Sternberg i/Mähren. qu. 16. (12 Photolith.) Sternberg 874. Jahnke. geb. n. 2. —

— **an Steyermark. 30 Ansichten in Stahlst. qu. 8. Leipzig 819, Haendel. 21 ℳ**

Erinnerung an die Stiftung der deutschen Gesellschaft durch die Feier ihres 100jährigen Jubelfestes. Leipzig 1827. V: *Stieglitz.* (Erman & Horn, Bibliogr. d. dtsch. Universitäten. 2. Leipz. u. Berl. 1904.)

Erinnerung an Stiftungsfest und Fahnenfeier des Bozner Turnvereins, 26. 4. 1863, Bozen, 15 S., 16°.

Denver Colorado: **Zur Erinnerung an das 25jährige Stiftungsfest der Schiller Loge No 41 a. f. & a. m. Denver Colorado. 21. Sept. 1906.**
[Nach hs. Katalog der Hanselmannloge, Cincinnati.]

Erinnerung an das 25-jhr Stiftungsfest des Turn-Verein „Vorwärts," zu Baltimore, am 3. und 4. Juli, 1892. Baltimore, 1892.

Syracuse [N.Y.] Liederkranz. Zur Erinnrg an das 50 jhr Stiftungsfest ... 19.–21. Juni 1905. Syracuse, 1905.

Zur **Erinnerung** an das 100jaehrige Stiftungsfest des Kgl. Medic. Chirurg. Friedrich Wilhelms Institutes zu Berlin Anno 1895. *(Berlin 1895: G. Hornberg Nachf.)* (4 Bl.) 4° [Umschlagt.] (o. 1970 II

Zur Erinnerung an das 47. Stiftungsfest der Loge „V. z. M." [d. i. „Victoria zur Morgenröte"] am 15. Januar 1905. [Hagen 1905.] 19 S. 8°. [Umschlagtit.] 430.

Zur **Erinnerung** an das zehnjährige Stiftungsfest der Provinzial-Großloge von Hamburg in Berlin. 1900. 1910. (Berlin 1910: Unger.) 30 S. 8° [Umschlagt.]
(Bausteine. Festschrift 1910.) 10. 16146

Zur Erinnerung an das 2. Stiftungsfest und Schauturnen des deutschen Turnvereins zu Amsterdam 19. 10. 1862, Leipzig 1862, 12 S., 8°.

Erinnerung. Zur E' an Felix Stockar-Esslinger. Geboren 1806. Gestorben 1885. Seinen Enkeln gewidmet. [Mit Porträt-Tafel.] 8. (Zürich.)

Erinnerung. Zur E' an Herrn Immanuel Stockmeyer-Burckhardt, Dr. & Prof. der Theologie und alt Antistes, geboren den 28. Juli 1814, gestorben den 15. November 1894. 8. [Basel.]

Erinnerung. Zur E' an Herrn Immanuel Stockmeyer-Oeri, Pfarrer in Ormalingen, Kt. Baselland, geboren den 4. September 1842, gestorben den 21. April 1893. 8. [Basel.]

Erinnerung. Zur E' an Herrn Fritz Streckeisen-Teich, geboren in Basel 20. Februar 1861, gestorben in Bern 24. September 1907. [Mit Porträt-Tafel.] 19 S. 8. Basel, Gasser & Cie., [1907].

Erinnerung. Zur E' an Herrn Dr. Johannes Strickler von Hirzel (Kanton Zürich). Geboren am 27. Januar 1835. Gestorben am 8. Oktober 1910. Ansprachen, gehalten in der Kapelle des Krematoriums in Bern. [Mit 1 Vignette und 1 Porträt-Tafel.] II + 8 S. 8. Bern, Stämpfli & Cie., 1910.

Erinnerung. Zur E' an Herrn Johannes Sulger-Heusler s. (Preiswerk, S[amuel] *II*).

Erinnerung. Zur E' an Frau Susanna Sulger-Heusler, geboren den 20. Oktober 1821, gestorben den 17. August 1880. 8. (Basel.)

Erinnerung an Frau Professor Ernestine Sutermeister-Moehrlen. Geboren den 16. Oktober 1832. Gestorben den 18. Juli 1900. 8. *o. O.*

Erinnerung an den Tag der Confirmation. 8. Aufl. Barmen 1857. V: *Jaspis, Leberecht Sigm.* (Ky)

—— an den Tag der Confirmation. (Von S. Jaspis.) 8. Aufl. (Ster.-Ausg.) Hrsg. von der wupperthaler Traktat-Gesellschaft. gr. 16. (42 S.) Barmen 857. Berlin, Evangelische Buchh. **.

TÄGLICHE Erinnerung des Todes, oder andächtige Gebether um selig zu sterben. Neusohl: J. J. Tumler. 1791. (Ungez.) - 8°

TÄGLICHE ERINNERUNG des Tods Und andächtiges Gebet um Erhaltung eines glückseligen Tods. Tyrnau 1758. Gedruckt in der Academ. Collegii Buchdruck. 40 S. - 12°

- Dass. Ebd. 1762. 40 S. 1 t. - 12°
- Dass. Ebd. 1768. 40 S. - 12°

Erinnerung. Zur E' an Albrecht Viktor von Tavel, gewes. Oberstlieutenant und Oberforstmeister des Kantons Bern (1791–1854). 8. Bern 1856.

Erinnerung an die Tellspiele in Altdorf 1901. [Mit illustriertem Umschlag.] II S. + 12 Tafeln. quer-8. Zürich, (Aufnahmen & Druck) Polygraphisches Institut A. G.

—an Teplitz. Bade-Saison 1833. Nach d. Natur gezeichnet v. W. v. Hüllesheim u. lithogr. v. Hosemann. Ein Heft von 4 Bl. qu. Imp.-Fol. Berlin, Heymann. 3 ₰ Chinesisch Pap. 4½ ₰ Ein einzelnes Bl. 1 ₰

—— an Thüringen. 28 Ansichten nach der Natur aufgenommen, in Photolithogr. ausgeführt. qu. 16. Leipzig 868, (Klein's Kunsth.) In Couvert

—— an Thüringen. 29 Photogr.-Imitationen. qu. 16. Leipzig 883, Bauer. geb.

— an Tyrol. 30 Ansichten in Stahlst. qu. 8. Ebd. 849. 24 ₰

Erinnerung. Zur E' an Frau Pfarrer Emma Friederike Tischhauser geb. Zündel, gestorben den 18. Dezember 1899. Personalien und Leichenrede. 8. Basel 1900.

Erinnerung an einen alten Titel, den mehrere grosse und kleine Zwingherren unserer Zeiten gern ... gewinnen ... wollen. [Gotha 1818.] V: *Petri, Sam. Fr. Erdm.* (MGT)

Erinnerung und Warnung, Treuhertzige, bestehend in vielen Klag-Reden vom Verfall des Christenthums im äußerlichen Gottesdienst. Germantown 1755. V: *Kemper, Henry.* (Seidensticker, German Printing in America. Philad. 1893.)

Erinnerung, Treu-meinend- und Christliche, an die um ihre Hälss entblösste Frauens-Persohnen. Aus d. Frantzös. übers. O. O. 1719. 8°. Rarl

Erinnerung an die Turnfahrt IX Hamburg—Kiel, Eckernförde, Flensburg, Düppel, Alsen 28.—30. 7. 1898, Ottensen 1898, 27 S., 8°.

Erinnerung an das Turnfest in Augsburg, Augsburg, 1 Bl., 16°. (Angeb.): Festprogr. z. d. 3. bayer. Turnfest in Augsburg 16.—17. 7. 1865.

Erinnerung an das Eidgenössische Turnfest in Chaux-de-Fonds 4.—7. 8. 1900, 8 u. 32 S., 1 Bl., Quer-8°.

Zur Erinnerung an das 9. Deutsche Turnfest in Hamburg 1898, Hamburg-St. Pauli, 15 Bl., Quer-8°.

Zur **Erinnerung** an die Uebergabe der Büste des Dir. Dr. Oscar v. Fraas im Kgl. Naturalien-Kabinett zu Stuttgart am 17. Jan. 1899. Stuttgart 1899: C. Grüninger. (24 S.) 8° 07. 1049 9

—— an die Übungsreise d. III. Jahrgangs d. k. u. k. Militär-Akademie zu Wiener-Neustadt. In Wort u. Bild geschildert von Zöglingen dieses Jahrgangs. gr. 8. (143 S. m. 1 Karte.) Wiener-Neustadt 892, (Folk). * 2 —

— an Friedrich v. Uechtritz u. seine Zeit in Briefen v. ihm u. an ihn. Mit e. Vorwort von Heinr. v. Sybel. Hierzu e. Portr. in Lichtdr., nach e. Zeichng. v. C. F. Lessing. gr. 8. (XXXVI, 419 S.) Leipzig 884. Hirzel. n. 7. —

Erinnerung. Zur E' an Dr. Joh[ann] Caspar Ulrich, alt Oberrichter, geboren 1796, gestorben 1883. [Mit Porträt-Tafel.] 8. Zürich 1883.

— an Danzigs Umgegend. 14 photolithogr. Ansichten. [Leporello-Album.] 1. qu. 16. Ebd. 888. n. 1. 50

Erinnerung über den Unterricht junger Leute auf Schulen in Sprachen. [Hannover 1774.] V: *Göckingk, Leop. Frdr. Günther von.* (MGT)

Erinnerung über den Unterricht junger Leute auf Schulen in den Wissenschaften ... [Hannover 1775.] V: *Göckingk, Leopold Friedrich Günther von.* (MGT)

Erinnerung an einen vielgeliebten Vater. (Bins IX.) Kl.-Fol. (16 S.) Mit ca. 330 Illustr. * —.20
Wien: Kirsch 1895.

—— an Venedig. 10 Bl. in Stahlst. qu. Lex.-8. München 846, Poppel u. Kurz.

—— dasselbe in 15 Bl. Ebds. 846.
Vgl.: Gallerie europ. Städte.

Erinnerung an die Jüngste Vergangenheit. Schilderung der für Bayern so wichtigen, in der Haupt- und Residenzstadt vorgefallenen Ereignisse vom Beginne des Jahres 1848 bis zum 13. März desselben Jahres. Von einem treuen Freunde des Vaterlandes. München 1848. Dr. Fr. Wildtsche Buchdruckerei. 8°. 16 S.

Erinnerung an das Verlosungsfest der Johann Lukiewicz'schen Ausstattungs-Stiftung für Lemberger Waisen-Mädchen, am 24. Juni 1853, im St. Sophien-Wäldchen. Deutsch und Polnisch. 4. (4 Blätter.) Lemberg. Gedruckt bei Michael Franz Poremba.

Erinnerung. Zur E' an das Vermählungsfest von Herrn Jacob Engelmann und Frl. Fanny Fleiner in Aarau, den 29. October 1875. 8. (Aarau.)

[Wappen] | LES PRESIDENT, | ET GENS | Du Conseil Provincial | de Sa Majesté l'Imperatrice | Reine Apostolique ... (Rappel de l'ordonnance du 19 août 1757 au sujet des patrouilles) ... De Luxembourg le | 24°. Octobre 1760. ... | Der Kayserlichen | Majestät | Apostolischen Königin in Hun-|garn und Böhmen Präsi-|dent und Räthe ... (Erinnerung an die Verordnung vom 19. August 1757 bezüglich der Wachtrunden) ... (A la fin:) A LUXEMBOURG, | Chez la Veuve de Jean Baptiste Kleber, ... 1760. |
2 S., 4° (330 × 200 mm).

Zur Erinnerung an die 32. Versammlung deutscher Naturforscher und Aerzte in Wien. Allen Freunden, Schülern und Verehrern des deutschen Chemikers und Naturforschers Professor Dr. Justus Freiherrn von Liebig. Wien, 1855. Druck von Anton Schweiger in Wien. (42 S. 8.)

Zur Erinnerung an einen Verstorbenen. (Franz Ellenberger in Prag.) *Leutschau* 1857. Gedruckt bei *J. Werthmüller & S.* 22 S. 12°.

Zur Erinnerung an Gerhard Ulrich Anton Vieth, weiland Schulrath u. Director d. Herzogl. Hauptschule zu Dessau 1786—1836, A. s. Nachl., hrsg. v. Gustav Krüger, Dessau 1885, 54 S., 8°.

ZUR ERINNERUNG AN RUDOLF VIRCHOW. Drei historische Arbeiten Virchows zur Geschichte seiner Vaterstadt Schivelbein. Von neuem herausgegeben von der Gesellschaft für Pommersche Geschichte und Altertumskunde. (Mit Tafeln.) Berlin. 1903. A. Asher & Co. 8°.

Erinnerung. Zur E' an den Herrn Domdecan Alois Vock (1785[—1857]). [A.] 4. [Aarau 1858.]

Erinnerung. Zur E' an Frau Carolina Louisa Voegelin, geb. Escher. (Zürich) s. (V[ögelin, Friedrich] S[alomon]).

Dt. Anischen Staats-Verband von Pennsyl.

--Westlicher Zweig. Zur Erinnerung an das 2. Große dte Volksfest ... 25. Juni. 1906, in Ross Grove ... Allegheny, 1906.

Zur Erinnerung an Herrn Dr. jur. Paul Robert Vollsack, * 30. März 1832 † 17. Febr. 1902. *(Leipzig 1902: J. B. Hirschfeld.)* (15 S.) 8°

Zu den drei Weltkugeln: **Erinnerung** an die im Bunde bestehenden Vorschriften und Observanzen. Johannis 1818. [Unterz.:] D. A. S. Direktorium. o. O. [1818]. 2 Bl. 4°. [Kopftit.] 21.

Erinnerung an Vorträge über die allgemeine Geschichte der Poesie, gehalten im Winter 1841 von Fr. Th. [München 1842.] V: *Thiersch, Frdr.* (Bücher-Samml. d. hist. Ver. v. u. f. Oberbayern. Münch. 1867.)

Töpfer-Gesellschaft Solothurn. Zur Erinnerung an die Öffentlichen Vorträge.... [Mit Vignetten.] 8.
Winter 1900/1901. XXII S. (Solothurn, Gassmann, Sohn, 1901.) — *Darin S. IX—XX:* Schlusswort ([von] Pfarrer G[ustav] A[dolf] Lechner).
Winter 1901/1902. XII S. Solothurn, Buch- und Kunstdruckerei Union, 1902. — *Darin S. VII—XII:* Schlusswort. Aus Hilarius Immergrüns Tagebuch. ([Von Prof.] W[alther] v[on] A[rx].)

— an d. Vorzüge u. Gebrechen d. ehemal. Verfassung d. deutschen Reichs. gr. 8. Leipz. 813. Brockhaus. 5/6

Erinnerung. Zur E' an Dr. Joh(ann) Gottfr(ied) Wackernagel, geb. 26. Mai 1844, gest. 23. Februar 1886. 8. Basel, im März 1886.

Erinnerung. Zur E' an Frau Marie Wackernagel geb. Sarasin. Geb. 22. Juni 1816. Gest. 11. März 1894. 8. Basel 1894.

Erinnerung. Zur E' an Wilhelm Wackernagel. Geboren... den 23. April 1806. Gestorben zu Basel den 21. December 1869. 8. Basel 1870.

— an die Wagner-Opern-Aufführungen München 1893. 12. (10 S. m. 1 Ansicht u. 2 Bildnistaf.) München 893. A. Bruckmann. —40

—— an den Teutoburger Wald und das Wesergebirge. gr. 16. (12 Photogr.-Imitationen.) Bielefeld 886, Helmich. In Carton **

Erinnerung. Zur E' an Frau Pfarrer Walder, geb. [Esther Henriette] Meyer. Geboren 1821, gestorben 1901. 14 S. 8. Wädenswil, A. Stutz, 1901.

—— an die Wallfahrt nach dem wunderthätigen Muttergottesbilde zu Kevelaer. Eine Sammlung der schönsten ältesten und neuesten Kirchenlieder der kathol. Kirche zu Ehren der allersel. Jungfrau Maria rc. 12. (130 S. mit 2 lithogr. Bildern in Tondr.) Emmerich 853, Romen. *

Erinnerung an die Wartburg. Das menschliche Leben in Thiergestalt. (a. Das männl., b. das weibl. Geschlecht.) Mit 20 Holzsch.-Illustr. — Wartburg-Sprüche. (In Reimen.) -- Bruchstücke aus dem Gedicht vom Sängerkrieg. O. O. u. J. (18**). 8°. Cart.
16 S. Roth u. schwarz gedr. m. Randleisten.

Erinnerung. Zur Erinnerung an Herrn Prof. Dr. B(ernhard) Wartmann, Museums-Direktor von St. Gallen. Geboren den 8. Dezember 1830. Gestorben den 3. Juni 1902. [Mit Porträt-Tafel.] 36 S. 8. [Zürich, Buchdr. der Neuen Zürcher Zeitung, 1902.]
Darin S. 3—18: Lebensbild..., von Prof. Dr. C[arl] Schröter; *S. 14—21:* Verzeichnis sämtlicher Publikationen von Dr. B. Wartmann.

Erinnerung an Joach. v. Watt (Vadianus) 1484—1551; überreicht vom Verwaltungsrate der Stadt St. Gallen. St. Gallen [1904]. V: *Dierauer Joh.* (zuwzür) S. a. Nr. 2924.

Erinnerung. Zur Erinnerung an Joh[ann] Jakob Weber z[ur] Schleife [in Winterthur]. Reden, gehalten bei seiner Beerdigung am 16. Januar 1901. 14 S. 8. Winterthur, Geschw. Ziegler, 1901.

Zur Erinnerung an Johann Theodor Wehrenfennig, k. k. Superintendenten der evangel. Kirche A. C. in Oberöst'rreich und Pastor der Gemeinde Goisern nächst Ischl. Linz, 1857. Druck von Josef Wimmer. (56 S. 8. Mit dem lithogr. Porträt des J. Theodor Wehrenfennig. Superintendent.) (Geb. am 27. April 1794, gest. am 26. Jänner 1857.)

ERINNERUNG an die bischöfliche Weihe der Egbeler Pfarr-Kirche in dem Erzbisthume Gran, Dekanate Sassin, Ober-Neutraer Comitate, auf der Allerhöchsten k. k. Familien-Herrschaft Holitsch, welche im J. 1859. den 13. Juni vollbracht wurde. Mit 1 Holzschnitt. Skalitz 1859: Skarnitzl'sche Buchdruckerei. 8 S. - 8°

—— an die Weihe d. protestant. Kirche d. k. Corrections- u. Arbeits-Anstalt in Zwickau, am 16. Sonnt. nach d. Dreieinigkeitsfeste, 1838. (Von Würdig.) gr. 8. (3 B.) Leipzig 839, (Fr. Fleischer.)

Zur **Erinnerung** an die Weihe des neuen Logenheims der Johannisloge „Hohenzollern treu und beständig" und an die Einsetzung der Schottischen Andreasloge „Fides coronata" in Magdeburg. [Magdeburg 1909: Krimmling.] 3 Bl. 8°. 358.

— an die Weihnachtstage 1841. Drei Predigten, gehalten im deutschen Congregations-Saale der Herren u. Bürger in München u. zum Besten der Frauen vom guten Hirten herausgeg. von den Verfassern. gr. 12. München 842, Lentner'sche Buchh. (W. Keck.) 1/6 ℔

Erinnerung. Zur E' an Fräulein Marie Weiss von Zürich, geboren den 20. Juni 1841, gestorben den 10. August 1886. 8. Zürich 1886.

Erinnerung. Zur E' an Herrn Pfarrer Rudolf Wenger. Geboren den 28. Februar 1831. Gestorben den 15. Februar 1899. [Mit Porträt.] 8. Heiden 1899.

Erinnerung. Zur E' an Herrn Martin Werner-Riehm, Buchdruckereibesitzer von Basel, geboren den 28. Oktober 1845, gestorben den 18. Mai 1908. [Mit Porträt-Tafel.] 12 S. 8. [Basel, M. Werner-Riehm, 1908.]

— an Wesel. Leporello-Album. 12. (12 Lichtdr.-Taf. m. 18 Ansichten.) Wesel 892. C. Kühler. In Leinw.-Decke. n. 3. —
— dasselbe. Kleine Ausg. 16 (12 Lichtdr.-Taf. m. 13 Ansichten. Ebd. 892. In Leinw.-Decke. n. 1. —

Erinnerung von Aegydii Hunnii vermeinter Widerlegung des Berichts . . . O. O. u. J. V: *Alting, Menso.* (Rotermund, Gel. Hannover. Bremen 1823.) (Jöch)

Zur **Erinnerung** an die Wieder-Eröffnung der Stadtkirche in Eßlingen am 20. Nov. 1904. Eßlingen 1904: Haugg. 35 S. 8° [illegible]

Erinnerung. Zur E' an Fidel Joseph Wieland, Med. Dr. und Regierungsrath von Rheinfelden. Gesprochen bei dessen Beerdigung in Aarau am 24. Februar 1852. 8. *o. O.*

Erinnerung. Zur E' an Herrn Carl Dietrich Wieland. J. U. D., geboren den 11. Oktober 1830, gestorben den 26. Februar 1894. 8. [Basel.]

— an Wien. Nach photograph. Aufn. qu. 8. (47 Bl.) Wien (899). R. Lechner's Sort. Geb. in Leinw. 2.50; in Ldr. 3. —

Erinnerung. Zur E' an den seligen Herrn Pfarrer Heinrich Wild in Hirzel (1808–1885). 8. *o. O.* (1885).

Zur Erinnerung an das eidgen. Schützenfest Winterthur 1895. Zürich, 1895.

Erinnerung. Zur E' an Herrn Gottfried Wintsch-Meyer, geboren den 25. Dezember 1836, gestorben den 6. Januar 1900. 8. Basel.

Erinnerung an die Wirkung d. in Dämpfe aufgelössten Kochsalzsäure als Mittel z. Verbeugung d. Rindviehseuche u. Hemmung ihrer Verbreitung. V. einem Mitgliede d. schleswig-holstein. patriot. Gesellschaft. Kiel 1814. 8 S.

Erinnerung an Joh[ann] Georg Wirth. Dekan und Stadtpfarrer in St. Gallen (1785[–1869]). 8. St. Gallen 1869.

Erinnerung an Heinrich Wiser-Balber. Zürich 1880. V: *Pestalozzi, F. Otto.* (Zuwachsverz. d. Bibl. in Zürich 1898 ff.)

— an den Hochwürd. u. Hochsel. Hrn. Dr. Georg Michael Wittmann, Bischof von Miletopolis, Weihbischof u. General-Vikar des Bisthums Regensburg ꝛc. ꝛc. (Von Mich. Sintzel.) gr. 4. Regensb. 833. (Landsh., Krüll.) 1/8 ℔

—— an d. Hochwürd. u. Hochsel. Hrn. D. Geo. Mich. Wittmann, Bischof v. Miletopolis, Weihbischof u. General-Vikar d. Bisth. Regensburg ꝛc. ꝛc. (Von Michael Sintzel.) gr. 4. Regensburg 833, (Manz.)

Erinnerung. Zur E' an Monika Witzemann-Zeller, Hausmutter der Anstalt Kasteln, geboren den 31. Januar 1829, gestorben den 23. Mai 1893. 8. Aarau.

— an das Ministerium Wöllner. gr. 8. (1 B.) Leipzig 846, Otto Wigand. *

Erinnerung, wohlgemeinte, an Mitglieder der evangel. Gemeine zu Bonn, in Bezug auf die sogenannten gemischten Ehen. gr. 8.
Bonn: Weber 1824.

— an den Wörther See. qu. 12. (12 Photogr.-Imitationen.) Klagenfurt 893. (A. Raunecker.) In Leinw.-Decke. n.n. 2. —

Erinnerung an den Exjesuiten Herrn Wurz wegen seiner Trauerrede auf die Kaiserin. Wien 1781. V: *Wittola, Marc Anton.* (BiblPort)

Erinnerung. Zur E' an den selig verstorbenen Herrn Prof. Dr. Friedrich von Wyss. Geboren am 6. November 1818, Gestorben am 29. Nov' 1907. II + 16 S. 8. Zürich, Berichthaus, 1907.

Erinnerung. Zur E' an Herrn Eduard Zahn-Rognon. Geboren den 13. Mai 1820. Gestorben den 10. Juli 1887. 8. (Basel.)

Erinnerung. Zur E' an Herrn Th(eodor) Zaslein-Müller, geboren den 24. August 1825, gestorben den 30. Juni 1899. 8. [Basel.]

Erinnerung an Ludwig Zeerleder s. [Zeerleder von Steinegg. Bernhard].

Erinnerung an Herrn Wilhelm Karl Albert Zeerleder, J. U. Dr., Professor der Rechte an der Universität Bern. Geboren den 6. Juni 1838 — Gestorben den 1. März 1900. [Mit Porträt-Tafel.] 8. [Bern.]

Erinnerung an Bernhard Zeerleder von Steinegg. Bern 1864 s.a.[Zeerleder. Theodor].

Erinnerung an Bernhard Zeerleder von Steinegg. (Von Oberst L. Wurstenberg.) Gedruckt für dessen Freunde in 100 Exemplaren. Bern 1864.
Über den Konvertiten Zeerleder s. Rosenthal I, 2, 373–9.

— aus alter u. neuer Zeit v. e. alten Münsteraner. 8. (VI, 256 S.) Münster 886. Verl. d. „Westfäl. Merkur". n. 1. —

— aus der Zeit der Heimsuchung u. Trauer. Von C. D. — A. mit d. Umschlagst.: Melancholia dispersa. (Gedichte.) gr. 8. Hamburg 836. (Hoffmann u. Campe.) 5/8 ℔

Erinnerung. Zur E' an Reinhard Zeller, Inspektor der Armenschullehrer- und Kinderanstalt zu Beuggen. Gestorben am 5. Juli 1891. 8. Basel 1892.

Erinnerung. Zur Erinnerung an Herrn alt Dekan Diethelm Ziegler, weiland Pfarrer in Pfäffikon ⟨Zürich⟩ und ... Basel. geboren in Winterthur am 23. Juni 1818, gestorben in Basel am 4. April 1901. 15 S. 8. Basel, Fr. Reinhardt, 1901.
Darin S. 8–13: Ansprache ... [von] Pfarrer [Ernst] Miescher.

Erinnerung. Zur E' an Frau Oberst (Johanna Luise) Ziegler geb. Bodmer. Geboren 21. September 1813. Gestorben 9. März 1895. 8. Zürich 1895.

Erinnerung. Zur E' an Frau Louise Zimmerlin-von Speyr, geboren den 17ten August 1813, gestorben den 1ten Juni 1883. 8. Basel 1883.

Zöllner, Herm.: Zur **Erinnerung** an den † Oberst a. D. [Hermann] Zöllner. Trauerfeier am Sarge des entschlafenen früheren Grossmeisters der Gr. Landesloge der Frm. v. D. Brs. Hermann Zöllner den 9. März 1907 in dem Festsaale des Ordenshauses Eisenacher Strasse 12. Berlin 1907: Mittler & Sohn. 8 S. 8°.
aus: BZC. (1907) H. 6. 358.

Erinnerung. Zur E' an Heinrich Zschokke. Gesprochen bei seiner Beerdigung in Aarau den 30. Juni 1848. 8. *o. O.*

Erinnerung. Zur E' an Frau Dr. Marie Züblin, geb. Rittmeyer (1821–1889). 8. Bern 1889.

— an den Zug der Hanauer Turnerwehr nach Baden im J. 1849. 8. (48 S.) Hanau 874. König. n.n. -- 60

Erinnerung an den Zug der 'Hanauer Turnerwehr' nach Baden im Jahre 1849. Zsgest. von einigen Wehrmännern z. 25j. Erinnerungsfeier am 2. Juni 1874. Neuaufl. z. 50j. Erinnerungsfeier am 3. Juni 1899. *Hanau 1899: J. G. Kittsteiner.* (35 S.) 8° [F.] [illegible]

Zur Erinnerung an die 2. Zusammenkunft der Feldzugsteilnehmer des 106. Regiments 1870/71 am 2. u. 3. August 1902 in Leipzig. (Hrsg.: Paul Schulze, [Buchhändler], [&] Otto Dibbern, Leipzig.) *(Leipzig 1902: A. Pries.)* (96 S.) 8° [F.]
[Sondert.:] Kurze Geschichte d. Kgl. Sächs. 7. Infanterie-Regiments 'Prinz Georg' Nr. 106, jetzt 7. Königs-Inf.-Reg. Nr. 106, während d. Feldzuges 1870/71. Mit Erlaubnis d. Hrsg. Oberst a. D. Georg v. Schönberg. Nebst e. Verzeichnis der im J. 1902 noch lebenden Feldzugsteilnehmer u. 36 Portr. von Offizieren d. mobilen Reg. Leipzig: Schulze & Co. (1902). [illegible]

Erinnerung. Zur E' an Herrn J. Ulrich Züst-Beer, gestorben den 4. Dezember 1887. Personalien und Leichenrede. 8. Heiden 1887.

—— an Zwickau. 16. (6 Photolithogr.) Zwickau 865, Badstübner. In Carton *

Erinnerung, Erinnerungen.

— über P. Herkulans Abhandlung. 8. Augsb. 801. Doll. 6 kr

— an Berlin. (Gezeichnet v. Gärtner, gestochen v. Richter). 1s—4s Hft. (à 8 ill. Ansichten von Berlin). 12. Berl. 832. Gropius. à Heft 16 kr 2 fl 16 kr

— u. Betrachtt. über d. bittere Leiden u. Sterben Jesu Christi, auf jeden Tag d. 40täg. Fasten. 8. Wien 779. Trattner. 16 kr

— dankbare, des bittern Leidens u. Sterbens Jesu Christi 2c. 8. Augsb. 810. Nikol. Doll. 1 kr

— zur dankfeiernden, an d. segensreiche Leben u. Wirken Papst Leo XII., aus d. Hause della Genga. Nebst e. Gebete 2c. gr. 8. Augsb. 829. Bäumer. (Leipz., Hinrichs). 3 kr

— u. vorbereitete Fragen an d. Katechumenen, welche d. Hauptstücke d. Heilserkenntniß gefaßt haben. 8. Halle 786. Waisenh.-Buchh. 1½ kr

— freundschaftliche. 8. Wien, Trattner. 3 kr

— freundschaftl., an Hrn. Pfarrer Karl Jos. Huber, seine Abhandl. von Halbguldenmessen betreffend. gr. 8. Augsb. 784. Doll. (Landsh., Krüll). 6 kr

— u. Gebete. Als Mitgabe f. angehende Krieger. Mit 1 Kpf. 8. Insbruck 822. Wagner. 4 kr

— über den öffentl. Gottesdienst. 8. Leipz. 776. (W. Nauck). 6 kr

— an Gustav Adolph, enthaltend seine eigenhändige Einleitung zur Geschichte seines Lebens u. G. R. Weckherlins Ebenbild Gustav Adolphs; herausg. v. Fr. Rühs. 8. Halle 806. Gebauer. 12 kr

— an d. nichtadligen Gutsbesitzer in Mecklenburg. 4. Rostock u. Schwerin 793. Stiller. 4 kr

— heilsame, u. Betrachtt. über d. Leiden u. Sterben Jesu Christi. 8. Wien 776. Trattner. 13 kr

— aus den Jahren 1813—15, in Räthseln, Charaden u. Logogryphen. 8. Berl. 823. (Burchhardt). 12 kr

— kurze, an d. Jugend, die zum erstenmal communicirt. 8. Landsh. 800. Storno. 1½ kr

— aus J. G. Manso's Leben. 8. Oldenb. 796.

— über d. große u. kleine Lehrbuch d. christkathol. Religion, v. J. F. Bas. 8. Augsb. 811. Doll. 4 kr

— letzte, e. kathol. Schullehrers an seine Zöglinge beim Austritt aus d. Schule ins prakt. Leben. 8. Regensb. 796. Montag u. W. 9 kr

— an alle Mütter, denen d. Gesundheit ihrer Kinder am Herzen liegt. 8. Hannov. R. A. 798. Hahn. 3 kr

— nöthige, über d. vom Stadt Regensburgischen Syndikus, Bibliothekar, K. Greiner herausg. Geschichte d. Herzogth. Baiern unter Kaiser Friedrichs I. Regierung, in Rücksicht auf d. herzogl. baiersche u. fürstl. Regensburgische Gerechtsamen. 8. Landsh. 800. Storno. 2 kr

— nöthige, über Heß Geschichte d. drei letzten Lebensjahre Jesu. 8. Dresd. 774. Hilscher. 6 kr

— eines berühmten Philosophen aus dem Reiche d. Todten an d. jetzige gelehrte Welt. 8. Leipz. 776. Kummer. 2 kr

— an den Rhein, für Reisende am Rhein. Ein Heft mit 24 d. interessantesten, gemalten Ansichten. Düsseld., Arnz u. Comp. 2 fl 12 kr

— des Todes u. d. Ewigkeit, mit Kpf. Fol. Linz 779. Frenner. 2 fl 4 kr

— an Tugend u. Pflicht, in Beispielen, mit Kpf. 8. Nürnb. 802. Endter. 6 kr

— über d. Ursachen d. geringen Nutzens, den man in Schulen aus d. Lektüre d. alten class. Autoren erhält. 8. Münch. 774. (Lindauer). 2 kr

— an die Verdienste d. Dr. Müller um Leipzig. 8. Altenb. 801. Schnuphase. 2 kr

— an d. Verfasser d. ökonomischen Versuche. 8. Wien 767. Trattner. 2 kr

— wohlgemeinte, für Aeltern, die ihre Kinder dem geistl. Stande widmen, u. für Jünglinge, die zu demselben bestimmt sind, vom Prediger C. F. B. 8. Berl. 792. Maurers B. 3 kr

— wohlgemeinte, an Mitglieder d. evangel. Gemeinde zu Bonn, in Bezug auf d. sogenannten gemischten Ehen. gr. 8. Bonn 824. Weber. 2 kr

— an d. Würde d. Christen am Trinitatis- u. Confirmationsfeste in d. evangel. Kirche zu Bayreuth. 8. (Erlang. 820. Heyder). 3 kr

Erinnerungen

—— s. a. Büchsel, Carl.

Erinnerungen. 33. Jahrg. Heft 3, 4, 5. Prag. Redakteur W. H. Landt 1853.

Erinnerungen. 33. Jahrgang. 4. 1853. Heft 6 u. 7. Redakteur W. H. Landt.

Erinnerungen. Auszüge aus einem Tagebuche von S. v. D. Wien 857. Helf. 16. (XI, 280 S.) n. 1 ℛ 6 nℛ

—— Oesterreichische belletristische Monatschrift. Redig. unter Verantwortlichkeit von J. Oheral. 73—76. Bd. à 6 Hefte oder 37. und 38. Jahrg. 1857 und 1858. gr. 4. (à Heft ca. 32 S. mit eingedr. Holzschn., Stnt., 1 Stahlst. und 2 S. Musikbeilagen.) Prag, Bellmann's Verlag. à Bd. * 24 Ngr. *

—— dass. — Illustrirte Blätter für Kunst und Humor. Redig. von W. Ernst. 77. und 78. Bd. à 12 Hefte oder 39. Jahrg. 1859. gr. 4. (77. Bd. 1. und 2. Heft. 64 S. mit eingedr. Holzschn., 2 Holzschnt. in Tondr. und 1 Musikbeilage.) Ebendas. à Bd. * 1 Thlr. 10 Ngr. *

—— dass. — Illustrirte Blätter für Ernst und Humor. 79—82. Bd. à 12 Hefte oder 40. und 41. Jahrg. 1860 und 1861. gr. 4. (à Heft ca. 32 S. mit eingedr. Holzschn., Holzschnt. in Tondr. und Musikbeilagen.) Ebendas. à Bd * 1 Thlr. 10 Ngr. *
Die frühern Jahrgänge dieser Zeitschrift erschienen unter dem Titel: Erinnerungen an merkwürdige Gegenstände und Begebenheiten, bis 1854 im Verlag von Medau in Leitmeritz, von 1855 ab in Bellmann's Verlag in Prag.

Erinnerungen. Illustrirte Blätter für Ernst und Humor. 83.—88. Bd. à Bd. 12 Hefte oder 42.—44. Jahrg. 1862—64. gr. 4. (à Heft 32 S. mit eingedr. Holzschn., 1 Holzschntaf. in Tondr. und 1 Musikbeilage.) Prag, Bellmann's Verlag. à Bd. *

Erinnerungen. (Gedichte in deutscher, russ. u. französ. Sprache.) (148 S.) kl. 8. St. Petersburg 901. (Reval, Kluge & Ströhm.) 2. 40

Erinnerungen an der sogenannten Abfertigung, womit die Prüfung derjenigen Schrift, welche das Verhalten derer Soldaten u. Unterthanen eines in Krieg verwikkelten Staats bestimmen soll, angesehen werden wollen. (Mit Anmerkungen.) 1757. 4.

Erinnerungen. – Wohlmeinend a b g e f a s s t e – von dem Verfasser der Anmerkungen zur vermutlich 2. Auflage von der 1. Vorlesung . . . Wien: Kurzbeck 1781. 1 vol. 18 S.

— wid. Kahlens Abhl. v. d. Balance Europens. 2 Thle. 8. Lpz. Kunkel. 745. 746.

Erinnerungen eines Achtundvierzigers. Cleveland, 1896.

Erinnerungen an 1804, einem kleinsten Kreise von Jahrgängern vorgelesen am 12. Mai 1854s.a.[Vögelin, Anton Salomon].

Erinnerungen an 1804; einem kleinsten Kreise von Jahrgängern vorgelesen am 12. Mai 1854. [Zürich 1854.] V. *Vögelin, Sal.* (Zuwachsverz. d. Bibl. in Zürich 1898 ff.)

Erinnerungen aus dem Ahrthale. 12 Ansichten in Futteral, worauf eine Karte der Ahr gezeichnet. gr. 8. Bonn, Henry u. Cohen. 2/3 ₰

Erinnerungen für alle, welche in den Jahren 1813, 1814 und 1815 Theil genommen haben an dem heyl. Kampfe ... Halle u. Berl. 1817. V: *Jochmus, Carl F. L.* (MGT) »Erinnerungsbuch« (Ky)

Erinnerungen, alte, v. H. F(indeisen). 8. (V, 167 S.) Altenburg 897. (O. Bonde.) Geb. in Leinw. n. 3. —

Erinnerungen, Andere, an den hochwürdigen Herrn Widerleger des P. Veremund Gufls. O. O. 1767. V: *Ganser, Benno.* (ML)

— u. Anordnungen f. die katholischen Volksschulen zu Duisburg. 8. (15 S.) Duisburg 876. Naske & Mendelssohn. n. — 30

Erinnerungen wider die Antwort auf das Sendschreiben eines Ungenannten an den Grafen Reventlau. Lübeck 1805. V: *Hensler, Chn Gotthilf.* (LS)

Erinnerungen wider die Antwort auf das Sendschreiben eines Ungenannten an den Herrn Grafen von Reventlow und wider die Schrift: An den Nachbar mit Rath u. s. w. (v. Theophilus Irenäus) Lübeck. 1805. 8°.

Erinnerungen an das Armeefest zur Feier d. 800-jähr. Jubiläums d. Hauses Wettin. 9 Taf. in Licht- u. Farbendr. qu. gr. Fol. Dresden 890. Wilh. Hoffmann. In Mappe. 60. —

Erinnerungen e. Arztes, s.: Familien-Bibliothek.

— aufricht., e. redl. Protestant. an d. Verf. des Exorcisten in s. Blöße. 8. Lpz. (Montag, Regensb.) 776.

— an alle Auftritte d. Lebens. 8. Wien 781. v. Mösle Wwe. 6 K

— f. alle Auftritte des Lebens. 8. Wien, Baumeister. 788.

Erinnerungen an einige ... Aussprüche des Propheten Daniels. Görl. 1819. V: *Klien, Glieb Adolf.* (MGT)

— aus dem Badeleben. Vom Verf. der „Laien-Vorträge". 8. (VIII, 216 S.) Berlin 875. Wiegandt & Grieben. n. 2. 50

Erinnerungen an den k. k. Feldzeugmeister und Kriegsminister Theodor Grafen Baillet v. Latour. gr. 8. (150 S.) Gratz 848, (Kienreich. Leipzig, G. Wigand.)

— an den k. k. Feldzeugmeister u. Kriegsminister Theodor Grafen Baillet v. Latour. gr. 8. (150 S.) Gratz 849, Kienreich in Comm. (Leipzig, G. Wigand.) 1 ₰

Erinnerungen an Jos. Emanuel Banz, Sextar und Pfarrer in Hildrisrieden ... Luzern 1839. V: *Schiffmann, Joseph Laurenz.* (Bibliogr. d. Schweiz. Landeskunde. Bern 1892 ff. V, 10e.)

Erinnerungen an den seligen Professor [Johann Tobias] Beck s. (I[-elin], W[ilhelm]).

Erinnerungen u. Bedenken üb. das deutsche Schulwesen, als Stoffe zum weitern Nachdenken, für Alle, die sich für die Erziehung u. den Unterr. der Jugend interessiren können, sollen u. müssen. 8. (6 B.) Augsburg 845, Rieger'sche Buchh.

Erinnerungen aus den deutschen Befreiungskriegen 1813 u. 1814. Für Volksbibliotheken. 1. Hft.: Erinnerungen e. Lützower Jägers a. d. Lüneburger Haide. Von W. H. Ackermann. — Das Geschwisterpaar unter der Eiche bei Wöbbelin. Von demselben. — Bruchstücke aus dem Kriegsleben des Feldwebels Bär. Von Stiebel. Mit 1 (lith.) Abbild. gr. 12. (67 S.) Frankfurt a. M. 847, Hermann. 1/4 ₰

Erinnerungen wegen der über die jetzigen Kriegsvorfälle erschienenen ... Beylagen zur Wiener Zeitung. Wien 1788. V: *Rautenstrauch, Johann.* (MGT) (Fiker)

— an d. ächten Beiträge. 4. Frankf. u. Leipz. 783. Zeh in Nürnb. 9 K

Erinnerungen, Des Gar Bekannten, an M. Melch. Schäfern. O. O. 1730. V: *Schultes, George Bernhard.* (OL)

Erinnerungen an den neunmonatlichen Berliner Belagerungszustand. Verlag von L. Weyl u. Co. 1 Bl. Fol.
Flugblatt. Berlin, 1848/49.

Erinnerungen an Freiberg's Bergbau. Ein Leitfaden bei dem Besuche d. Halsbrückner Amalgamir- u. Hüttenwerke, so wie beim Befahren d. vorzüglichsten, sich dazu am besten eignenden Gruben. gr. 12. Freiberg 839. Engelhardt. n. 1/4 ₰

— an Freibergs Bergbau. Ein Leitfaden f. d. Besuch d. Gruben u. Wäschen, sowie der Hütten, des Amalgamirwerkes u. der Extractionsanstalt. Vollständig umgearb. 3. Aufl. 8. (VI u. 58 S.) Freiberg 850, Engelhardt. n. 1/4 ₰

— an Berlin. 3 Hefte. Mit 27 Ansichten. qu. 32. Berlin, (Recht.) 1 ₰

Erinnerungen, bescheidene, f. Baulustige. Von Einem, der selbst gebaut hat. 8. (2 1/4 B.) Leipzig 841, Böhme.

Erinnerungen, bescheidene, an den Verfasser der Denkwürdigkeiten der Brandenburgischen Geschichte, dar. dessen Vorgeben geprüft: ob die Reformation in Deutschland ein Werk des Eigennutzes? In Frankreich eine Wirkung des Gassenliedes? Und in Engelland ein Erfolg der Liebe? Frankfurt a. M. 1751. 8.

— gegen den Beweis des Dr. Müller in Betreff d. Kuhpocken. 8. Frankf. 801. Jäger. 3 K

Erinnerungen mit Beziehung auf das philosophische Studium für angehende Studirende bei der ihrer Aufnahme unter die Mitbürger der vereinten Hall'ischen und Wittenberg'ischen Universität vorangehenden Prüfung ihrer Zeugnisse vom Decan der philosophischen Facultät. [Verf.: Johann Salomo Christoph Schweigger.] Halle 1831: (Plötz). 12 S. 8°
Wieder abgedruckt als:
Studienplan für die Studirenden der philosophischen Fakultät der Universität Halle. Von 1831. In J. F. W. Koch: Die preussischen Universitäten. Bd. 2, 1. Berlin 1840. S. 208/14.

— aus Ziegenbein's kleiner Bibel, neu bearb. v. Dr. Bank, in reimlosen Strophen; für Confirmirte besonders, bei den Sonntags-Katechisationen. (Von Ant. Karl Wirk.) 8. Helmstedt 842, Fleckeisen. n. $^1/_{24}$ rß

Erinnerungen, bibl., zu frommer Erhebung f. jed. Tag im Jahre. (Von Robert Florey.) 8. (24½ B.) Leipzig 831, Liebeskind.

— biographische, an Johann Georg Hamann, den Magus in Norden (v. Carl Carvacchi). gr. 8. (IV und 77 S. mit 2 Stnt.) Münster 855, Regensberg. *

Erinnerungen, Die, der katholischen Bischöfe und apostolischen Vikarien in Grossbritannien ... Lüneburg 1827. V: *Albers.* (Th)

Erinnerungen einer Blindgebornen nebst Bildungsgeschichte der beiden Taubstummblinden Laura Bridgman und Eduard Meystre, nach dem franzöf. und engl. Originalberichten des P. A. Dufau, S. G. Howe und H. Hirzel, frei ins Deutsche übertr. durch J. G. Knie. gr. 8. (IX und 365 S.) Breslau 852, (Graß, Barth und Comp. Sortimentsb.) *

— an Carl Bögehold, Stud. theol., gestorben zu Berlin 8. Decbr. 1859. 2., verm. Aufl. 8. (28 S.) Berlin 861, (Beck.) *

— an Philipp Wilhelm Moritz Boegehold weil. an St. Elisabeth, Gründer u. Hausvater d. Lazarus-Krankenhauses zu Berlin. gr. 8. (46 S.) Leipzig 874. Bredt. n. — 50

Erinnerungen an die Bogenschützen in Zürich. Zürich [1863]. V: *Gysi, Hnr.* (Zuwachsverz. d. Bibl. in Zürich 1898 ff.)

Erinnerungen an die Bogenschützen in Zürich. Zürich, [1868].

Erinnerungen an Abby Bolton. Verfaßt von ihrer Schwester. Frei nach dem Engl. von Minna Waldner. Einzig rechtmäß., von der Verf. autoris. deutsche Ausg. Basel 868. Spittler. 8. (68 S.) n. 3 ngr

Erinnerungen an Börne Frankfurt a. M. 1877. V: *Schott, Sigmund.* (EB)

Erinnerungen aus ... Bornholm, übers. v. Quehl. Berlin [1856]. V: *Eschricht, Dan. Frederik.* (Collin, Anonymer. Kiobenh. 1869.)

— ub. Hrn. D. Bahrdts Briefe über die systematische Theologie in Brief. 8. Lpz: Hertel. 1770.

Erinnerungen über einige Briefe eines vorgeblichen Franzosen, der sehr sonderbar von Sachsen aus über die Eider hinüber gereiset seyn will (von *Fr. Eckard*). Altona 1784. 8°. Rarl
Rich. Siebert, Berlin, Cat. 193. [1890.] No. 220, Beibd.

— über einige Briefe (s. d.) eines vorgeblichen Franzosen (Risbeck) .... (von *Friedr. Ekhart*). [Alethinien (Altona) 1784.]
Anon.-Lex. II. p. 45 (nach Meusel, Weller). Vgl. Bruun, Bibl. Danica I, 406.

Erinnerungen üb. einige Briefe e. vorgebl. Franz. 8. Altona, (Gleditsch in Leipzig.) 784. Ntblr.

— über einige Briefe eines vorgebl. Franzosen. 8. Altona 788. (Brockhaus in Leipz.) 8 gl.

Erinnerungen zu den Briefen eines Reisenden über Berlin ... [Tübingen 1807.] V: *Müchler, Carl Frdr.* (MGT)

Erinnerungen e. Buchhändlers. Von *.* (Karl. Frdr. Pfau). 8. (79 S.) Leipzig 894. K. F. Pfau. Geb. n. 2. 70

— an F. W. Buttel, weil. Großherzogl. Mecklenb.-Strel. Ober-Baurath. Mit 1 (lith.) Ansicht der St. Marienkirche in Neubrandenburg. Berlin 870. (Neubrandenburg, Brünslow.) gr. 8. (32 S.) n. 7½ ngr

Erinnerungen, Christliche. Essen 1828. V: *Homberg, Tinette.* (Krusche)

Erinnerungen an den deutschen Club in Liverpool. Gedichte a. d. J. 1889—1893. 1893. V: *Kossmann, H.* (Südd. Antiqu. München 1892. Nr. 19, S. 84.)

Erinnerungen an Ernst Curtius, geb. 2. IX. 1814, gest. 11. VII. 1896. (Von Ludw. Gurlitt) gr. 8. (82 S. m. Bildnis.) Berlin 902. Leipzig, O. R. Reisland. n. 1.—
Sonderabdruck aus: „Biograph. Jahrb. f. Altertumskde".

Erinnerungen an Friedrich Dändliker, Hausvater des Diakonissen-Mutterhauses Bern 1821—1900. Dinglingen 1904. V: *Dändliker-Schnell, Jenny.* (BBullschw 4, 1904.)

Erinnerungen, denkwürdige, aus der Geschichte der Aachener Heiligthumsfahrt. Von einem Priester der Erzdiöcese Köln. 16. (28 S.) Aachen 881. Weyers-Kaatzer in Comm. n. — 10

— an d. zum ungar. Reichstag bestimmten Deputirten d. Königr. Kroatien u. Slavonien. Ein Beitr. z. Würdigung d. polit. Lebens im ungar. Staatenvereine, v. e. Alt-Kroaten. A. d. Illyr. übers. 8. (4½ B.) Leipzig 834, Liebeskind.

— an den General der Infanterie Erasmus Graf v. Deroy. Ein kleiner Beitrag zu dessen Biographie v. e. alten Soldaten. gr. 8. (30 S.) Augsburg 852, Schmid in Comm. 6 ngr

Erinnerungen, diätetische, von einer Gesellschaft Leipziger Aerzte. 16 Stück. gr. 8. 817. (Leipzig, F. C. W. Vogel in Comm.) *

Anonym: „Erinnerungen an Diensteide und Unterthanentreue. Eine Rede an seine Mitbürger von einem Sachsen", o. O. (1815).

— an meine Dienstjahre. E. Tagebuch f. d. Mannschaften d. deutschen Heeres. 4. (à ca. 20 S. Text m. Abb., 1 Bildn. u. farb. Uniformbild.) Berlin 896. A. Thümecke Nachf. Geb. à 1. 50
In 437 verschied. Ausg. f. jedes selbständ. Rgt. bezw. Bataillon m. entspr. Bild. u. Regimentsgeschichte.

— dasselbe. Merkbuch f. Kriegervereine. 4. (27 u. 20 S. m. Kaiserbildnis, 1 farb. Uniformbild u. 16 Photogr.-Rahmen) Ebd. 897. Geb. n. 2. 50
In 437 versch. Ausgaben f. sämtl. Regimenter u. selbständ. Bataillone m. entsprech. Bild u. d. Regimentsgeschichte.

— aus dem Dienstleben e. alten pensionirten Officiers der königl. preußischen Armee. 8. (III, 123 S.) Görlitz 875. Remer in Comm. n. 2. —

Erinnerungen an Johann Georg v. Dillis, k. bayer. Central-Gemälde-Gallerie-Direktor. München 1844. V: *Schönwerth, Fr.* (?). (Bücher-Samml. d. hist. Ver. v. u. f. Oberbayern. Münch. 1867.) V: *Speth, B.* (ADB 5, 237)

e. Dorfgeistlichen. Ein Beitrag zur Geschichte der Leibeigenschaft u. ihrer Aufhebg., s.a. Bibliothek russischer Denkwürdigkeiten.

Erinnerungen eines Dorfgeistlichen. Beitrag zur Geschichte der Leibeigenschaft und ihrer Aufhebung. Deutsch von M. v. Oettingen. 8⁰. Stuttgart 1894.

Erinnerungen eines 13er Dragoners an den 16. August 1870. — Kiel o. J. [nach 1870]: P. Peters. 8 S. 8°

Erinnerungen aus dem alten Dresden. 24 Ansichten alter, um die Mitte unsers Jahrhunderts abgebrochener Baulichkeiten nach Aquarellen von FRIEDR. AUG. KANNEGIESSER auf 14 Lichtdrucktafeln nebst einem Stadtplane vom Jahre 1833. Für seine Mitglieder herausgegeben vom Verein für Geschichte Dresdens. Dresden 1896. Lichtdruck von Stengel u. Markert. qu. fol.

Erinnerungen an Melly Dumas f. deren Freunde u. Schülerinnen. Nebst dem (lith.) Bildniß der Verstorbenen. 8. (72 S.) Leipzig 874. Hinrichs' Verl. n. 1. 50; geb. n.n. 2. —

Erinnerungen an Elisabeth. Als Handschrift gedruckt. Berlin 1835. V: *Stägemann, Friedrich August & Elisabeth von Stägemann.* H: *Stägemann, Friedrich August.* (ZUWZÜR) (GGr) (ADB 35, 389)

— an das Elster-Bad bei Adorf im sächsischen Voigtlande. In Briefen an e. im Auslande verweilenden Freund. 32. (VI u. 70 S.) Eilenburg 852, Schreiber. ¼ ₰

Erinnerungen an das schöne Engadin. 52 Ansichten aus dem Ober- & Unter-Engadin. [II + 40 S.] quer-fol. Chur & St. Moritz, Manatschal Ebner & Cᵢₑ, [1902]. fr. 3. 50

Erinnerungen an das schöne Engadin. 100 Ansichten aus dem Ober- und Unter-Engadin. [II + 40 S.] quer-4. Chur & St. Moritz, Manatschal, Ebner & Cᵢₑ, [1904]. [geb. fr. 6. —]

— an das schöne Engadin. 100 Ansichten aus dem Ober- u. Unter-Engadin. (80 S.) qu. 4. Chur (904). (J. Rich.) Geb. n. 5. 20

Erinnerungen an Engelberg, Sommer 1875; eine musikalische Sommerfrische. O. O. [1875]. V: *Haffter, Elias.* (Zuwachsverz. d. Bibl. in Zürich 1898 ff., 7.)

— des Enkels an Betrachtungen des Großvaters. gr. 8. Weimar 811. (Industr.-Compt.) 6 gr

— enkyklopaedische, an fortraege aus logik, ethik, aesthetik, literaturgeschichte etc. (Von Klacel.) Brünn 869. Buschak & Irrgang. Lex.-8. (VI, 484 S.) n. 2 ₰ 20 nkr.

— erbauliche, aus d. Ordensleben des Dieners Gottes Karl Odescalchi, gesammelt von e. Pater rc. Aus d. Italien. v. Mich. Sintzel. 12. (7½ B.) Landshut 844, Thomann'sche Buchh. —

— an die wichtigsten Ereignisse der jüngsten Vergangenheit verbunden mit Erzählungen und Novellen. Ein Volksbuch zur Unterhaltung und Belehrung. Hrsg. von Louis Oeser. 1—11. Lfg. Lex.-8. (S. 1—176 mit 11 Stnt.) Neusalza 860. 61, Oeser. à Lfg. 1⅓ Ngr.
ill. à Lfg. 2 Ngr.

— an die wichtigsten Ereignisse der jüngsten Vergangenheit, verbunden mit Erzählungen und Novellen. Ein Volksbuch zur Unterhaltung und Belehrung. Hrsg. von Louis Oeser. 12.—16. (Schluß-)Lfg. Lex.-8. (IV und S. 177—252 mit 1 Stnt.) Neusalza 862, Oeser. à Lfg. 1⅓ Ngr.
ill. à Lfg. 2 Ngr.
1.—11. Lfg. Ebendas. 1860,61. * 16⅔ Ngr.; ill. * 22 Ngr.

— u. Erlebnisse d. königl. hannov. General-Majors Geo. Friedr. Ferd. Dammers, letztem General-Adjutanten d. Königs Georg V. v. Hannover. gr. 8. (III, 260 S.) Hannov. 890, Helwing. * 6 — geb. * 7 50

Erinnerungen die nothwendige Errichtung eines neuen Rheinkreises . . . betreffend. [Tübingen 1803.] V: *Schwarzenau, Ludw. Frdr. von.* (MGT)

Erinnerungen an Ludwig Heinrich Escher, gestorben den 22. April 1839 .... 8. [Zürich.]

Erinnerungen eines alten Estländers. *Gr. Lichterfelde: E. Runge [1902].* (178 S.) 8° [F.]
Aus: Monatsschrift f. Stadt u. Land. 1902. [03. 6979

— an d. Feier d. Säcular-Festes d. Universität Leipzig am Abend d. 4ten Dec. 1809. Mit 1 Musikblatt. gr. 8. Leipz., Mitzky. (W. Engelmann). 12 gr

Erinnerungen zur Feier des St. Johannis-Festes 18²⁴/19. [Insterburg 1819.] 2 Bl. 8⁰ [Kopftit.]
Thema: Was sucht der Suchende? Wie findet er, was er sucht? Wie eignet er sich den gefundenen Schatz, das eigentliche Wort, zu? 3.

— aus dem deutsch-französischen Feldzuge 1870—1871 v. e. bayer. Soldaten. gr. 16. (61 S.) Nürnberg 872. v. Ebner'sche Buchh. n. 1. —

Erinnerungen aus dem Feldzug gegen Frankreich 1870—1871 . . . Leipzig 1872. V: *Wigand, Martin.* (cb)

Erinnerungen aus dem Feldzuge des sächsischen Corps, unter dem General Grafen Reynier im Jahr 1812; aus den Papieren des verstorbenen Generallieut. **Funck.** 8. Dresden und Leipzig 1829.

Erinnerungen. – Erinnerungen aus dem Schleswig-Holsteinischen Feldzuge von 1850, s.a. Bedbur, Klaus

Erinnerungen aus dem Schleswig-Holsteinischen Feldzuge von 1850. Von einem ehemaligen Freiwilligen des 1. Jägercorps. Itzehoe 1851. V: (*Claus?*) *Bedbur.* Vgl. Kat. d. Schlesw.-H. Landesbibl., 1. Nachtr. 1907 (DARP)

Erinnerungen aus dem Feldzuge gegen den Sonderbund. Aus dem Tagebuche eines Offiziers. 8. Zürich 1847.

Erinnerungen aus dem Feldzuge des sächs. Truppencorps 1812. 8. Leipzig 1818.

Erinnerungen an den ungarischen Feldzug im Jahre 1849. Von dem Adjutanten des russischen Generals Grafen Rüdiger. Herausgegeben von Adolf **Hess,** Speyer. (Aus:) „Die Grenzboten. Zeitschrift für Politik, Litteratur und Kunst.“ 59. Jahrg. No. 14. 15. und 17. 8. Leipzig 1900.

— aus den Feldzügen 1859 u. 1866. Ein Beitrag zur Geschichte des k. k. Uhlanen-Regimentes Nr. 1. Von e. ehemal. Rittmeister dieses Regimentes (General Karl Fischer v. Wellenborn). gr. 8. (III, 247 S. m. 5 Karten.) Wien 894. L. W. Seidel & Sohn. n. 3. —

Erinnerungen aus den Feldzügen von 1806—1815. A. d. Papieren eines Militärarztes. Karlsruhe 1854. V: *Meier*, *Wilhelm*. (Pr) (Ky)

— aus den Feldzügen von 1806 bis 1815. Aus den hinterlassenen Papieren eines Militärarztes. (Von W. Meier.) Karlsruhe 851. Müller. gr. 8. (VIII, 160 S.) 18 ngl.

— üb. die, des Cardinals Fesch zum Coadjutor des Churerzkanzlers. 8. Nürnberg, Grattenauer. 806.

— aus der Franzosenzeit von 1806 bis 1814. Für Kinder erzählt von e. Hamburgerin. 2. Aufl. 8. (175 S.) Hamburg 873. Nolte. n. 1. 80

— aus d. Franzosenzeit in Hamburg, 3. Aufl., s. a. Prell, Marianne.

Erinnerungen aus der Franzosenzeit in Hamburg. Für Kinder erzählt. Hamburg 1863. V: *Prell*, *Marianne*. (sch)

Erinnerungen für edle Frauen von Elisabeth von Stägemann. Leipzig 1846. H u. B: *Dorow*, *Wilhelm*. (ADB 35, 389)

Erinnerungen an das alte Schloss Frauenstein. 3. Aufl. Dippoldiswalde o. J. V: *Köhler*, *E. F.* (Bibl. d. stat. Bureaus. Dresden 1890.)

Erinnerungen, Freimütige und bescheidene, wider des ... Doctor Kahle Abhandlung von der Balance Europens ... Leipz. 1745—46. V: *Stisser*, *Chn Frdr*. (On)

Erinnerungen an eine Freundin. Zyrich 1754. V: *Wieland*, *Chph Martin*. (GGr) »Berlin 1755« (Ky) (MGT)

— an eine Freundin, (v. Chph. M. Wieland). 8. Berl. 758. Rüdiger. 2 ₰

Erinnerung, Freundschaftliche, an den Herrn Arzt Groar Bonifacius Cöls über seine in dem Herbstmonate 1781 zu Freyburg herausgegeben und um den Preis des Doctors würdig vertheidigte Sätze von den Kinderpocken. Wien 1787. V: *Rebsamen*, *Franz*. (wrztg 1782, Beil. zu Nr. 60.) (BiblPort)

Erinnerungen, Freundschaftliche, an die Kochsche Schauspieler-Gesellschaft, bey Gelegenheit des Hausvaters des Herrn Diderots. Frankfurt 1766. V: *Mauvillon*, *Jacob*. (Bresl 31, S. 202)

Erinnerungen, Freundschaftliche, wegen übelgebutzten Morgenstern zu Wittenberg ... Presb. 1752. V: *Kuen*, *Mich*. (AarK)

—— an den zweiten preußischen König Friedrich Wilhelm I. Eine kleine Volksschrift. 8. (44 S.) Neuhaldensleben 866, Eyraud.

Aus: Neues Preußisches Sonntagsblatt, besonders abgedruckt.

Erinnerungen an Friedrich II., König von Preußen in Beziehung auf die gegenseitigen Verhältnisse der evangelischen und katholischen Kirche in Schlesien, auf Veranlassung der Schrift: Die katholische Kirche Schlesiens mitgetheilt. Breslau 1827. V: *Fischer*, *Joh. Wilhelm*. (Nowack, Schles. Schriftst.-Lex. Bresl. 1836—43. II, 32.)

— an Friedrich II., König v. Preußen, in Beziehung auf d. gegenseitigen Verhältnisse d. evangel. u. kathol. Kirche in Schlesien. 8. Bresl. 827. J. F. Korn. 8 ₰

— des Garde-Feld-Artillerie-Regiments an den Feldzug des J. 1866. (Von Kraft Prinz zu Hohenlohe Ingelfingen.) Berlin 868. Voß. 16. (XVIII, 108 S.) 1½ ngr.

Erinnerungen an meine selige Gattin. Tübingen 1831. V: *Ruckstuhl*, *Carl*. (GGr)

—— aus d. russ. Gefangenschaft 1812 u. 1813. Von e. k. sächs. Offizier. 8. (9 B.) Leipzig 837, Schreck.

— an merkwürdige Gegenstände und Begebenheiten. Erzählungen, Novellen, Humoresken, Sagen, Zeit- u. Sittenbilder. Red.: J. Oheral. (Jahrg. 1856.) 71. 72. Bd. à 6 Hefte (à ca. 2 Bgn. m. lith. Taf. u. Musikbeilagen rc.). Prag 856. Bellmann. gr. 4. Jeder Bd. n. 24 ngl.

—— an merkwürd. Gegenstände u. Begebenheiten, verbunden mit Novellen, Sagen u. Geschichten, nebst beigefügten Tableaux, Steinstichen, Karten, Planen u. Musikalien. Hrsg. v. Carl Wilh. Medau. Unter Mitwirk. mehr. Schriftsteller redig. v. Heinr. Urbani. 1—22. Jahrg. 1821—42. à 12 Hfte. (à 18 B.) gr. 4. Leitmeritz, Medau. à J.

Erinnerungen an merkwurdige Gegenstande und Begebenheiten, verbunden mit erheiternden Erzählungen. Band 3. 5. 9. Zweite Folge Band 3. 4. Neue Folge 1. Band und 26—28 33—35. Jahrgang. Gesammelt und herausgegeben von K. E. Rainold. Wien und Prag, gedruckt bei Gottlieb Haase ... 1824. [1825. 1829. 1835—1837. 1846—1848 1853—1855.] Mit Abb. 8° u. 4°.
1835 ff.: Verlag der Carl Wilhelm Medau'schen Buchhandlung in Leitmeritz. – 1837 ff. Herausgegeben von Carl Wilhelm Medau. – 1846 ff.: Druck und Verlag von C. W. Medau und Comp. in Prag
Erschienen seit 1821.

—— gemeinschaftl., an d. Leiden u. d. Tod Jesu, in Betrachtn., Gebeten u. Gesängen, als Vorbereit. z. würdigen Ostercommunion. 8. ... Weilburg 832, Lanz.

(F) **Erinnerungen** von Rosa von Gerold 8°. (88 S.) Wien: Gerold 1908. K 3.—, geb. K 5.—

— aus der Geschichte der Jahre 1521, 1621, und 1721. Ein Lesebuch für alle Stände. 8. Augsburg. (Leipzig, Reinsche Buchhdl.) 821.

Erinnerungen aus der Geschichte des k. k. 28. Infanterie-Regiments. [Prag 1866.] V: *Kolb*, *Adolph*. (KA)

Erinnerungen aus der Geschichte des k. u. k. 21. Infanterie-Regiments. 2. Aufl. [Czaslau] 1890. V: *Bayerer*, *Vinc*. (KA)

Erinnerungen aus Mindens Geschichte, von Karl dem Grossen bis zum Westphälischen Frieden ... Minden 1834. V: *Seemann*, *A. W.* (EngG)

— aus Mindens Geschichte, v. Karl dem Großen bis zum westphälischen Frieden, nebst e. Zugabe, enthaltend eine Beschreibung des Fürstenth. Minden im 18. Jahrh. u. des älteren Mindenschen Bauernhauses. Für den Bürger u. Landmann. Mit 1 Grundriß. 8. Minden 833. Eßmann. 1/3 ₰

—— aus Mindens Geschichte, v. Karl d. Großen bis z. westphäl. Frieden, nebst e. Zugabe, enthalt. e. Beschreib. d. Fürstenth. Minden im 18. Jahrh. u. d. ält. Mindenschen Bauerhauses. Für d. Bürger u. Landmann d. Fürstenth. M. 1 Grundriß. 8. (8¼ B.) Minden 834, Eßmann.

— aus d. sächs. Geschichte, s. Lipsius, J. G.

Erinnerungen aus der Geschichte der Stadt Schaffhausen. Schaffhausen s.a.[Schalch, Johann Jacob].

—— aus der Geschichte d. Stadt Schaffhausen, zunächst f. derselben Jugend (v. J. J. Schalch). 2 Bdchn. 8. (43⅛ B. u. 1 ill. Stndr.) Schaffhausen 834, 36, Hurter'sche Buchh. *

Einige Erinnerungen aus der Geschichte Scheyern's. A. B. L. — 1849. Augsburg, Lauter (Fr. Reitmayr.) -- S. 3—8.
Progr. Kloster Scheyern.

Church of St. Joseph in Yorkville, NY. Erinngen aus d Gesch der St. Joseph's Kirche ... Silbernes Jub. 23.-24. Apr. 1899. NY. 1899.

—— geschichtliche, bei der Feier d. 1000jähr. Liborianischen Jubelfestes in d. Cathedralkirche zu Paderborn d. 24. Juli 1836. 1. u. 2. Ausg. Mit d. Bildn. d. heil. Liborius. gr. 12. (à 5½ B.) Paderborn 836, [Crüwell.] à

—— geschichtliche, an das kgl. Hofbräuhaus in München. Von 1589 bis 1864. 8. (15 S. mit 7 lithogr. Bildern von dem Verf. H. V.) München 864, (J. A. Finsterlin.) *

Erinnerungen, geschichtliche, an das Kgl. Hofbräuhaus in München. Von 1589 bis 1864. Mit 7 lithogr. Bildern (fehlen!) von dem Verfasser *H. V.*, Maler. München, Selbstverlag d. Vf., 1864. 8°. 15 S. Cart.

Erinnerungen, Einige geschichtliche, an das frühere Studium der Anatomie in Schlesien, nebst einer Beschreibung und Abbildung des jetzigen Königlichen Anatomie-Instituts ... Breslau 1823. V: *Otto, Adolph Wilhelm.* (Kat. d. Druckschr. üb. Breslau. Breslau 1903. S. 216.) (Erman & Horn, Bibliogr. d. dtsch. Universitäten. 2. Leipz. u. Berl. 1904.)

Erinnerungen an die Gesellschaft Gelehrter der Predigterkritiker für ihre erste herausgegebene Geissel der Prediger über die Lobrede auf den heil. Kastulus des Herrn Professor Wydra. I. Stück am 24. April 1782. Im Ganzen 6 Stücke. H: *Kraus, Johann.* (Deutsche Arbeit 2. Jg. S. 525) (F. Prohazka, Miscellaneen, S. 255) (GGr VI/695cc) (BiblPort)

Erinnerungen an die Gesellschaft der Litteraturfreunde zur Verbreitung gemeinnütziger Kenntnisse. [Leipz. 1797.] V: *Gerber, Ernst Ludwig.* (MGT)

Erinnerungen über die Gesetze des Lykurgus. [Hannover 1773.] V: *Göckingk, Leopold Friedrich Günther von.* (MGT)

— an Ulrich Wohner. Herausg. v. e. Freunde des Verewigten. gr. 8. Sulzbach 836. v. Seidel. 1⅓ ₰

-- an Albrecht v. Graefe. Zu s. 25. Todestage zusammengest. a. Werken u. Briefen L. Jacobson's. M. 11 Graefe'schen Briefen als Beilage. gr. 8. (93 S.) Königsberg 895. W. Koch. n. 1. 60

Erinnerungen an den Grenzbesetzungsdienst des Bat. 15 vom 18. Januar bis 27. März 1871. Den Freunden und Waffengeführten gewidmet von drei Offizieren des Bataillons. In-8°. 39 S. Menziken, Buchdr. Wildi. (Aarau, H. R. Sauerländer's Sort.) 1891. — 70

— e. Großmutter aus ihren Ehestandsjahren, s.: Volksschriften, Berner.

— e. Großmutter an ihre Jugend- u. Dienstjahre, s.: Volksschriften, Berner.

Grossväterliche Erinnerungen über das Schreiben eines Vaters an seinen Sohn, den gegenwärtigen Zustand in Sachsen betreffend. 1757. 4. 32 S.

grossväterl. Erinerungen üb. d. Schreiben e. Vaters an s. Sohn d. gegenw. Zustand in Sachsen betr. fol. s. l. 1759.

— an die feierliche Grundsteinlegung zur Otto-Kapelle bei Kiefersfelden, als National-Denkmal des Abschiedes Sr. Maj. des Königs Otto von Griechenland vom bayer. Vaterlande, am 1. Juni 1834. Mit 1 Steindr. gr. 4. München 834. (Finsterlin.) baar ¼ ₰

—— an Gustav Adolph, sa. Rößler, K. G.

— an Gustav Adolph, sa. Rüd.

.**Erinnerungen** an Gustav Adolph, König von Schweden. Merseburg 1832. V: *Rössler, Carl Gfr.* (Ky) (Pr)

— an Gustav Adolph, König v. Schweden, gefallen in d. Schlacht bei Lützen d. 6. Nov. 1632. (Von Karl Gf. Rößler.) Mit 1 Bildn. 8. Merseb. 832. Römer. 4 gl

—— an Gustav Adolph u. die Schlacht bei Lützen. Hrsg. bei Gelegenheit d. feierl. Errichtung e. Denkmals an d. Stelle, wo er fiel. Am 6. Nov. 1837. 8. (1 B.) Leipzig 838, Schreck. * 2 Gr., m. 1 Ansicht d. Denkmals. *

—— an Gustav Adolph u. die Schlacht bei Lützen. Hrsg. bei Gelegenheit der Erricht. des Denkmals bei Lützen an der Stelle wo er fiel. Am 6. Novbr. 1837. 2. u. 3. Aufl. 8. (à 1 B.) Leipzig 844, 45, Schreck. à *

Erinnerungen an Gustav Adolph und die Schlacht bei Lützen. Hrsg. bei Gelegenheit der Errichtung des Denkmals bei Lützen an der Stelle, wo er fiel. Am 6. Novbr. 1837. 7. Aufl. 1852. und 8. Aufl. 8. (16 S.) Leipzig 854, Schmidt. Thlr. *

—— an Gustav Adolph und die Schlacht bei Lützen. Hrsg. bei Gelegenheit der Errichtung des Denkmals bei Lützen an der Stelle, wo er fiel. Am 6. Novbr. 1837. 10. Aufl. 1859. und 11. Aufl. 8. (16 S.) Leipzig 861. C. F. Schmidt. *

—— an Gustav Adolph und die Schlacht bei Lützen. Hrsg. bei Gelegenheit der Errichtung des Denkmals bei Lützen am 6. Novbr. 1887 an der Stelle, wo er fiel. 12. Aufl. 8. (16 S.) Leipzig 866, C. F. Schmidt. *

—— an Augustin Hacklinger, D. d. Philos., u. vorm. Archidiakon, Probst u. lateranens. Abt zu Gars rc. gr. 8. (4 B.) München 831, [Jaquet.]

Hacklinger, Augustin (Dr. philos., vorm. Archidiakon, Probst u. lateranens. Abt zu Gars [Ldgr. Mühldorf], geistl. Rath, Domkapitular u. Generalvikar d. Erzbisth. München-Freising, geb. 12. Oktob. 1755 zu Irschenberg, † 19. Febr. 1830 in München). — Erinnerungen an — —. (Am Ende die Namen von 4 Geistlichen, de dato 25. III. 1831.) München, Mich. Lindauer, 1831. 8°. 64 S. Ppb. (aus Roming's Bibl.).

Erinnerungen an Hamburg, s.a. Naturgemälde, deutsche.

Erinnerungen an Hamburg. Aus den Papieren des armen Mannes von Güttbronn. Leipzig 1803. V: *Georgi, Wilhelm Gottlieb.* (Mitt. d. Ver. f. Hamb. Gesch. 9, 522 f.) (Zeitschr. f. Büch. 1923, S. 83)

— an Hamburg, Bremen u. Lübeck. schmal 12. (12 Taf. in Photogr.-Imitation.) Hamburg 896. Kramer's Buchhandlg. — 10

— an Hamburg in Brief. e. reis. Obersächs. m. K. gr. 8. Lpz. Tauchnitz. 803.

— an Hamburg u. dessen Umgebungen. 40 maler. Ansichten in Stahl gest. v. J. Gray. qu. gr. 16. Hamburg 850, Berendsohn. $2^1/_2$ ℳ

Erinnerungen aus Hannover und Hamburg aus den Jahren 1803—1813. Leipz. u. Hannover 1843. V: *Mierzinsky.* (JStBbH)

— aus Hannover u. Hamburg aus den Jahren 1803—1813. Nebst e. Anh. mit Bemerkungen. Von e. Zeitgenossen. gr. 8. (11 B.) Hannover 843, Helwing'sche Hofbuchh. *

Erinnerungen aus Hannover und Hamburg aus den Jahren 1803—1813. Nebst einem Anhange mit Bemerkungen. Von einem Zeitgenossen. Leipzig und Hannover. 1843. 8°.

Erinnerungen, Harmlose, an den Landtag von 1849/50. O. O. V: *Nar, Carl.* (BMarsch 1058)

Erinnerungen an Dr. Nicolaus Harscher s. [Stockmeyer-Burckhardt, Esther Valeria].

Erinnerungen an J. G. A. v. Hartmann. Stuttgart 1849. V: *Schwab, Gust. Benj.* (Tübz 12, 27)

Erinnerungen an Hrn. C. R. Hausen über seine pragmatische Geschichte der Protestanten in Teutschland . . . Frankf. u. Leipz. 1768. V: *Schöber, David Gottfried.* (ML)

Erinnerungen an Friedrich Hecker. StL. 1882. The 48-page ms is preserved in the Missouri Hist Soc.

Erinnerungen an den sel. Herrn Landammann Kosmus Heer von Glarus. Glarus 1837. V: *Blumer, Joh. Jac.* (ADB 11, 239)

— an einen Heimgegangenen. Briefe des vor den Düppeler Schanzen gefallenen Major v. Jena während des schleswig-holstein. Feldzuges an seine Familie. 1.—3. Aufl. 8. (XXIV und 124 S. mit Portr. in Stahlst.) Berlin 864,65, König. *

Erinnerungen an Emilie Heins. Bonn 1831. V: *Voss, Ernestine.* (ZP)

— an Helgoland, s.: Laeisz.

— an Henriette Hendel-Schütz. Nach ihren hinterlassenen Aufzeichnungen u. Mittheilungen von Zeitgenossen hrsg. Darmstadt 870. Zernin. 8. (V, 83 S.) n. 15 ngr

Erinner- und Ermahnungen, Einige herzliche, eines treuen Vaters an seinen einigen lieben Sohn . . . Altdorf 1762. V: *Scheurl v. Defersdorf, Chph Glieb.* H: *Scheurl v. Defersdorf, Carl Wilh.* (Bibliotheca Norica Williana. Altdorf 1772—74. I, 2, 257.)

Erinnerungen, Herzliche, am 29. May 1818. [Dorpat 1818.] V: *Kobst, Johann Bernhard August.* (R-N)

Erinnerungen von Heski . . . Hamb. 1837. 1852. V: *Schön, Joh. Matthias Albrecht.* (Schr)

Erinnerungen, Einige, der Hessen aus dem Kampfe auf der Pyrenäischen Halbinsel in den Jahren 1808 bis 1812. Den zur 25jährigen Gedächtnisfeier des Kampfes zu Badajoz am 6. April 1837 versammelten Kriegskameraden zum Andenken übergeben. Darmstadt, in April 1837. V: *Maurer Georg Philipp.* (Herman Haupt, Hessische Biographien. Darmstadt 1918. I 12.)

— hessische. Aus den Papieren eines verstorbenen kurhess. Offiziers. 8. (VIII, 240 S.) Kassel 882. Klaunig. n. 2.—

Erinnerungen an Eugen und Moritz von Hirschfeld aus Deutschland und Spanien . . . Berlin 1863. V: *Hirschfeld, M. von.* (Pr)

Erinnerungen an Eugen und Moritz von Hirschfeld aus Deutschland und Spanien. Zusammengestellt von einem 80-jährigen Veteranen des Yorkschen Corps vom Leib Regimente. Berlin 1863. V: *Holleben, von.* (HHBD IX, 25)

Erinnerungen an Eugen und Moritz v. Hirschfeld aus Deutschland und Spanien. Zusammengestellt von einem 80jähr. Veteranen des Yorkschen Corps vom Leib-Regimente. gr. 8. (IX und 211 S.) Berlin 863, Mittler und Sohn.

— histor., od. Denkwürdigkeiten aus d. neuern Geschichte d. bayer. Staates, nämlich vom Ausgange d. Regierung d. Churfürsten Karl Theodor, bis zum Tode d. Königs Maximilian Joseph. 2 Bde. 8. (33 B.) Stuttgart 836, [Scheible, Rieger u. Sattler.]

— historische, od. Denkwürdigkeiten aus d. neuern Geschichte des Bayerischen Staates, nämlich vom Ausgange d. Regierung des Kurfürsten Karl Theodor, bis zum Tode des Königs Maximilian Joseph. 2 Bde. 8. Stuttgart 836. Scheible; jetzt Gaul u. Tonger in Cöln. $1^1/_2$ ℳ

Erinnerungen, Historische, bei Gelegenheit des Entwurfes des kaiserlichen Hofes die österreichischen Niederlande gegen Baiern zu vertauschen. O. O. 1786. V: *Moser, Johann Jacob.* (BiblPort)

— histor., bei Gelegenheit d. Entwurfs des kaiserl. Hofs die österr. Niederlande gegen Baiern zu vertauschen. 4. Frankf. 786. Hermann. 3 gr

— an das bayerische Hochland. Ausflug in's Allgäu. München (855.) Franz. gr. 8. (12 Stahlst.) n. 1 ℳ 5 ngr

— an Homburg. qu. 16. (12 Lichtdr.) Homburg 895. F. Schick. In Leinw.-Karton n. 1. —

— an C. J. Huber, d. Halbguldenmessen betr. gr. 8. Augsb. Doll. 784.

Erinnerungen an den im Kampfe... gefallenen Dr. Heinrich Hug von Zürich. Liestal 1834 s.a.[Zschokke, Emil].

Erinnerungen an den im Kampfe der Basellandschaft gefallenen Dr. Heinrich Hug von Zürich. 8. Liestal 1834.

Erinnerungen eines 13er Husaren Offiziers aus den Jahren 1866--1871. Zusammengestellt von F. v. Bardeleben. Herausgegeben vom Verein ehemal. 13er Husaren. 8. Frankfurt a/M. (1904)

— e. Husaren-Offiziers aus den J. 1866—1871. Zusammengestellt von F. v. Bardeleben. (295 S.) gr. 8. Frankfurt a/M. (Adlerflychtstr. 2 III) (904). Verein ehemal. 13er Husaren (durch Jean Ettling). n.n. 2. 50

Erinnerungen an das Jahr 1801 in Amtsvorträgen ... Riga 1802. H: *Sonntag, Carl Gottlob.* (R-N)

— an das Jahr 1801 für Unterthanen des russ. Reichs, in Predigten. 8. Riga 802. Hartmann. 16 gr

Erinnerungen aus den Jahren 1813 u. 1814 ... Hamb. 1816. V: *Roepe, Carl Reinhard.* (schr)

Erinnerungen aus den Jahren 1813 und 1814. Aus dem Tagebuche eines Freiwilligen. Leipzig 1820. V: *Fischer, Heinrich.* (GGr X, 315) (Zeitschr. f. Büch. 1923, S. 83)

— aus d. Jahren 1813 u. 14. Aus d. Tagebuche eines Freiwilligen. 2 Thle. 8. Leipz. 820. Kollmann. 2 ₰

— aus d. Jahren 1837, 1838 u. 1839. (Vom Fürsten Felix Lichnowsky.) 1. u. 2. Thl. gr. 8. Frankfurt a. M. 841, Sauerländer. [1. (21 B. u. Titvign.), 2. (25 B.) à * 2 Thlr.] *

Erinnerungen aus den frühesten Jahren der Kindheit ... [Berlin 1784.] V: *Mauchart, Joh. David.* (MGT)

Erinnerungen an das achtzehnte Jahrhundert. 8. Brandb. (Heinland in Magdeb.) 801.

Erinnerungen an Johannes Janssen. Von einem alten Schüler. Frankfurt a. M. 1892. V: *Meister, Franz.* (StBFrankf I, 193)

— an Johannes Janssen. Von e. alten Schüler. gr. 8. (50 S.) Frankfurt a/M. 892. A. Foesser Nachf. n. — 60

— dasselbe, s.a. Broschüren, Frankfurter zeitgemäße.

Erinnerungen an Theodor Jeß, Kirchenpropst und Pastor des St. Jakobi-Pfarrbezirks zu Kiel. Ausschnitt aus: Kieler Zeitung, den 13. Dez. 1892. Nr. 3973. 1 Bl. Fol., geb. in 8°

Erinnerungen eines ehemaligen Jesuitenzöglings. In certis, in dubiis libertas, in omnibus caritas Augustinus. Leipz. 1862. V: *Koehler, Joseph Eduard.* (BrVV)

— eines ehemaligen Jesuitenzöglings. 8. (VIII und 466 S.) Leipzig 862, Brockhaus. *

— dass. — 2. Thl. Durch Kampf zum Sieg. 8. (VIII und 214 S.) Dortmund 865, Krüger.

Erinnerungen aus Ilmenau. 1. Heft, archäologischen Inhalts. Halle 1855—56. V: *Keferstein, Chn.* (EngG) (Ky)

— aus Ilmenau (von Ch. Keferstein). 1. Heft, archäolog. Inhalts. br. 12. (63 S.) Halle 855, Anton. *

— aus Ilmenau. (Von Ch. Keferstein.) 1. Heft, archäologischen Inhalts. 855. (43 S.) n. 6 ngr. — 2. Heft, geognostisch-geologischen Inhalts. 856. (95 S.) n. 9 ngr. Halle, Anton. gr. 8. n. 15 ngr

Erinnerungen an das k. k. 28. Infanterie-Regiment. Deutsch u. czechisch. 8.

Erinnerungen des 7. Brandenburg. Infanterie-Regiments Nr. 60 an die Feldzüge 1864 u. 1866. Berlin 1869. 123 S.

Erinnerungen an Johannes Joneli, gewesenem Direktor der neuen Mädchenschule in Bern (1803[-1870]). 8. Bern 1870.

— an Agnes Elisabeth Jones v. ihrer Schwester. Aus dem Engl. v. der Verf. der „Erinnerungn. an Gräfin Mathilde v. der Recke-Volmerstein". 8. (VIII, 336 S.) Breslau 875. Dülfer's Verl. n. 3. —; geb. n. 3. 90

— an Italien. (1. Lfg.: Toskana.) qu. ½ gr. 4. (10 Ansichten in Kpfrst. u. 10 Bl. Text (Gedichte) auf farb. Pap.) Frankfurt a. M. 834, Schmerber. 20 Gr., Chines-Pap.

— an Italien. 1e u. 2e Lfrg. A. u. d. T.: Erinnerungen an Toskana. 1e u. 2e Lfrg. Mit 26 Abbildd. Mit Text. qu. ½ gr. 4. Frankfurt 834, 35. Schmerber. Subscr.-Pr. 2 ₰ Chines Pap. 2⅚ ₰

— an Italien. 2. Lfg. — A. u. d. T.: Erinnerungen an Toskana. (2. Lfg.) M. 16 Abbild., Stahlst. qu. ½ gr. 4. (12 Bl. Text, wovon 10 auf farb. Pap.) Frankfurt a. M. 835. [Halle, Kirsten.] * 1⅙ Thlr.. chin. Pap. * 1. Lfg. Ebendas. 1834. * 20 Gr., chin. Pap. * 1 Thlr. 4 Gr.

Erinnerungen an die Jubiläums-Festlichkeiten zum 200jährigen Bestande des k. u. k. Dragoner-Regimentes Albrecht Prinz von Preussen Nr. 6. 1701—1901. Quer-8°. (mit 40 Tafeln) R. Lechner (Wilhelm Müller), k. u. k. Hof- u. Univ.-Buchhandlung in Wien. 1902.

— für d. Jugend u. Freunde d. Vaterlandes zur Unterhaltung eben sowohl, als zur Erweckung u. Belebung ächt patriot. Gesinnungen etc. Vom Verf. d. „Vater Helmuth." Mit 8 Kpf. u. 1 Titelkpf. Leipz.... (Elberf., Schönian). 1 ₰ 8 gr

— für die Jugend und Freunde des Vaterlandes zur Unterhaltung eben sowohl, als zur Erweckung und Belebung ächt patriot. Gesinnungen und Entschließungen. Ist Verl. von Büschler in Elberfeld.

— aus d. Jugendleben William Cowper's. Von ihm selbst verfaßt. Nebst einigen seiner Briefe u. e. Skizze sein. Lebens. A. d. Engl. v. Paul Kind. 12. (4½ B.) Basel 846, Schneider.

Erinnerungen aus meinem Jugendleben. [Zürich 1882.] V: *Hirzel, Emilie geb. Lampe.* (Cat. d. Stadtbibl. Zürich. Zürich 1864—97.)

— aus dem Jugendleben eines Unbemittelten. 12. (5 B.) Dresden 844. (Walther'sche Brlsb.) *

Erinnerungen aus der Jugendzeit. Zürich 1907. V: *Pestalozzi-Stockar, Maria.* (zuwzür 1910)

Erinnerungen aus der Jugendzeit eines Volksschullehrers zu Anfang dieses Jahrhunderts. 1897. V: *Backes, Georg Karl.* B: *Backes, Karl.* (Herman Haupt, Hessische Biographien. Darmstadt 1918. I, 44.)

Erinnerungen, Einige, aus dem Kampfe auf der Pyrenäischen Halbinsel in den Jahren 1808—12. Darmstadt 1837. V: *Maurer, Georg Philipp.* (Quartalbll. d. Hist. Ver. f. d. Grossh. Hessen 5, 29) (Zeitschr. f. Büch. 1923, S. 84)

[Erinnerungen.] Als wir die blaue Schürze trugen. Erinnerungen an unsere Kandidatenzeit in d. Bielefelder Anstalten. M. e. Geleitsw. von F[riedr.] v. *Bodelschwingh.* Z. 25jährigen Jubiläum d. westfäl. Brüderanstalt Nazareth hrsg. von einigen ihrer Brüderhelfer. Bethel b. Bielefeld 1902. 8°.

Erinnerungen an die Aargauische Kantonsschule, s.: Was vor mehr als e. halben Säculum Stadtbach u. Aare einander erzählt haben.

—— an Carlsruhe. — 32 Ansichten mit d. Panorama u. d. Plan v. Carlsruhe, nebst e. erklär. Texte. — 32 vues avec un panorama et le plan de Carlsrouhe, avec un texte explicatoire. Lithogr. qu. 4. (1½ B.) Carlsruhe 835, Wagner. *

Erinnerungen und Wünsche, Karlsruher. Karlsruhe 1895. V: *Pezold, Leopold von.* (stadtBiblBerlin XII S. 212)

Erinnerungen an die Katechumenen, die ihren Taufbund erneuern wollen. Flensburg 1773. V: *Stresow, Conrad Frdr.* (Kordes, Schlesw.-holst. u. eutin. Schriftst. Schleswig 1797. Nachtr.)

Erinnerungen an Katharina II. nach ihren eigenen Memoiren, s.: Bülow, Wilh. v., das Weiberregiment an den Höfen Europas. III.

—— an die Kirchenvereinigung in den kurhess. Provinzen Hanau u. Fulda. Nebst e. Predigt am Gedächtnißtage der vor 25 Jahren erfolgten Kirchenvereinigung am Pfingstsonntage 1843, geh. v. Wilh. Friedr. Böhm. 8. (3 B.) Hanau, König.

— Kissinger. Badegästen geboten v. e. Badegaste. gr. 16. (86 S.) Kissingen 875. (Würzburg, Stuber.) n. 1. —

Erinnerungen aus dem österreichischen Klosterleben. Von einem ehemaligen Benediktiner. Heft 1. Breslau, Selbstverlag des Verfass. 1848. 48 S. 8.

Erinnerungen aus den Knaben- und Jünglingsjahren eines alten Thüringers. Leipzig 1894. V: *Schöler, Georg.* (Erman & Horn, Bibliogr. d. dtsch. Univ. 1. Leipz. u. Berl. 1904. S. 74.) (Berl)

— aus den Knaben- u. Jünglingsjahren e. alten Thüringers. 8. (106 S.) Leipzig 894. F. W. Grunow. n. 1. 20

—— an die erste heilige Kommunion. A. d. Franz. v. P. Blum. 12. (3 B.) Trier 840, 41, Lintz'sche Buchh.

—— an die erste heil. Communion. Nach dem in franz. Sprache erschienenen Originale frei übers. 16. (4⅜ B.) Passau 846, Ambrosi's Buchh. *

Erinnerungen an den Grossen König. — Bei der feierlichen Darstellung der Ihm zu Stettin errichteten Statue den 10. Oktober 1793. Gedruckt bei Johann Samuel Leich.

—— an Direktor Krannhals. gr. 8. (32 S.) Riga 891, (Jonck u. Poliewsky). * — 75
Aus: Rigaer Tageblatt, besonders abgedruckt.

Erinnerungen an unseren selig heimgegangenen Missionsinspektor D. theol. [Eduard] Kratzenstein. (Barmen: Buchh. d. Berliner ev. Missionsgesellsch. [1897].) (16 S.) 8° [Kopft. J.]
= [Missionstraktate. Kleine. No 21.] [ez. 3360]

Erinnerungen aus dem deutsch-französischen Krieg 1870—71 von einem Griechen in preussischen Diensten. Autorisierte Übersetzung aus dem Griechischen von Hans Müller. Leipzig 1889. V: *Rangabé, Emil Rhisos.* (BMarsch 286)

— aus dem letzten französischen Kriege v. 1870 u. 71. Zur Unterhaltung u. Belehrung hrsg. v. einem damal. Feldgeistlichen. 8. (III, 149 S. m. 8 Steintaf.) Luxemburg 882. (Hary.) 1. —

Erinnerungen an die Kriege von 1870 und 1871 ... O. O 1873. V: *Leick, Paulus.* (Keiter, Kath. Litteraturkal. IV 116.)

Erinnerungen aus dem Kriegsleben von 1618 bis 1866, dem gräflichen Geschlechte der St. Julien entnommen. Linz 1876.

—— an die ersten Kriegsübungen d. achten deutschen Armeecorps im J. 1840. A. d. Tagebuch e. Augenzeugen. M. 1 lith. Abbild. gr. 8. (5½ B.) Ulm 840, Nübling. *

Erinnerungen aus Kriegs- und Friedenszeiten, geschrieben auf einer Reise von Hamburg nach Helogoland im Aug. 1851 ... Altona 1851. V: *Valentiner, Christian August.* (A) (schlesHolst) (UBTüb, F, Nachtr. 11) (Collin, Anonymer. Kiobenh. 1869.)

—— aus Kriegs- und Friedenszeiten, geschrieben auf einer Reise von Hamburg nach Helgoland im Aug. 1851. Von einem abgesetzten schleswigschen Geistlichen. 12. (190 S.) Altona 851(52,) Schlüter.

Erinnerungen, Wilhelm Georg Krügers ...

Erinnerungen, W. G. K., aus einer Reise von Kurland aus durch Dänemark und einen Theil des nördlichen Deutschlands nach Ronneburg. Ronneburg 1819. V: *Krüger, Wilh. Georg.* (NN)

Erinnerungen an die Kurfürsten von Brandenburg und Könige von Preussen aus dem Hause Hohenzollern ... Hamburg 1838. V: *Nicolovius, Georg Heinrich Ludwig.* (Kat. d. Bibl. d. dtsch. Reichstages. Berl. 1882.)

—— an die Kurfürsten v. Brandenburg u. Könige v. Preußen aus d. Hause Hohenzollern, hinsichtl. ihres Verhaltens in Angelegenheiten d. Religion u. d. Kirche. gr. 8. (25 B.) Hamburg 838, Fr. Perthes.

Erinnerungen, Kurze aber nothwendige, über die Leiden des jungen Werthers ... Hamburg 1775. V: *Goeze, Joh. Melch.* (GGr) (EE)

Erinnerungen, Kurze, von dem Sterbjahr und von der Grabschrift des heiligen Rupertus ... Augsburg 1773. V: *Seeauer, Beda.* (BB)

Erinnerungen, kurze, von dem *Sterbejahre u. von der Grabschrift d. heil. Ruperts*, Ersten Bischofs zu Salzburg, u. der Bayerischen Landen Apostels. Den histor. Anmerkgn. . . . . Herrn Don *Ferd. Sterzinger*, Theatiners, ..., in seinem neuen Entwurfe . . . ., entgegen gesetzt von den Zenobiten d. Benediktinerklosters zu St. Peter in Salzburg. . . . . Augsburg, im Verlage Jos. Wolffs. 1773. 4°. 24 S. Beibd.

Kurtse und wohlgemeinte Erinnerungen über des Herren Hof-Raths und Professor [Christian von] Wolffens [Wolff, 1679-1754] in Halle vor weniger Zeit heraus gegebene Entdeckung der wahren Ursache von der wunderbaren Vermehrung des Getraidigs... o.O. 1718. 71 S. 8°

Erinnerungen, Kurz gefassto, etc. An den ächten und wahrhaften Beiträger etc. oder den sogenannten militärischen österreichischen Patrioten im engsten Verstande, und an den Versucher einer militärischen Geschichte des baierischen Erbfolge-Krieges von 1778, im Gesichts-Punkte der Wahrheit etc.
4. Frankfurt und Leipzig 1783.

Erinnerungen eines Layen über den öffentlichen Gottesdienst beantwortet . . . Leipzig 1776. V: *Wichmann, Gottfried Joachim.* (Ky) (Ml.)

Erinnerungen aus der Landesausstellung 1883 in Zürich. [Zürich 1884.] V: *Stadler, Julius.* (Cat. d. Stadtbibl. Zürich. Zürich 1864—97.)

Erinnerungen zu den Landtagsverhandlungen im Fürstenth. Hohenzollern-Sigmaringen v. J. 1840. [Schaffhausen 1841.] V: *Schönberger, Marcus.* (Kat. d. ständ. Bibl. Stuttg. 1907. S. 482.)

— zu den Landtags-Verhandlungen im Fürstenthum Hohenzollern-Sigmaringen v. J. 1840. 8. (7¾ B.) Schaffhausen 842, (Hurter'sche Buchh.)

Erinnerungen an Wilhelm Lang... Leipzig [1879]. V: *Lang, W.* (Heyd)

— Langensalzaer, aus der Zeit vor u. während des tollen Jahres 1848/49 (v. Wolf), s.a. Aus d. Unstrutthale.

Erinnerungen, Langensalzaer, aus der Zeit vor und während des tollen Jahres 1848/49. Langensalza 1902. V: *Wolf, Carl.* (Berl)

— an Amalie v. Lasaulx, s.a. Hoiningen-Huene, Christine Freiin v.

Erinnerungen an Amalie von Lasaulx, Schwester Augustine . . . Gotha 1878. V: *Huene, Chr. von.* (Kat. d Bibl. d. dtsch. Reichstages. Berl. 1882.)

— an Amalie v. Lasaulx, Schwester Augustine, Oberin der Barmherzigen Schwestern im St. Johannishospital zu Bonn. Lex. 8. (XLIII, 372 S.) Gotha 878. F. A. Perthes. n. 6. —

— dasselbe. 2. u. 3. Aufl. 8. (VI, 271 S.) Ebend. 878. 80. n. 3. —

— an Amalie v. Lasaulx, Schwester Augustine, Oberin der Barmherzigen Schwestern im St. Johannishospital zu Bonn. Mit dem (Lichtdr.) Portr. der Schwester Augustine. 3. Aufl. 8. (XXXIV, 309 S.) Gotha 881, F. A. Perthes.

an Amalie v. Lasaulx, Schwester Augustine, Oberin der Barmherzigen Schwestern im St. Johannishospital zu Bonn. (309 S.) Gotha 1883. F. A. Perthes.

— an Friedrich v. Laßberg, ehemal. fürstl. Hohenzoll.-Sigmaring. Geh.-Rath, u. Regierungsdirector. Eine kurze Darstell. seines Lebens u. Wirkens, d. Freunden d. Verewigten gewid. Mit d. Portr. d. Verewigten. 4. (2 B.) Stuttgart 840, Beck u. Fränkel.

Erinnerungen an J. C. Lavater. O. O. u. J. V: *Korrodi (Corrodi), Carl.* (Cat. d. Stadtbibl. Zürich. Zürich 1864—97.)

— eines Lebemannes. 2 Bdchn. New-York. Gedruckt für d. Freunde des Verfassers. O. J. (c. 1880). 12°. (12 Mk. S. Calvary & Co., Berlin, c. 1900.)
112 u. 120 SS. Tolles sotadisches Machwerk.

***Arndt, Ernst Mor.*: Erinnerungen aus dem äusseren Leben von Ernst Mor. Arndt. Leipzig: Weidmann 1840. VI, 381 S. 8°**
[Dasselbe.] 2. unveränd. Aufl. Ebendas. 1840. VI, 381 S. 1 Bildn. 8°
°[Dasselbe.] 3. durchgängig verb. Aufl. Ebendas. 1842. VI, 381 S. 8°
°[Dasselbe.] Hrsg. von Hugo Rösch. Leipzig: Pfau 1892. IV, 344 S. 1 Taf. 8°
(Arndt, E. M.: Ausgewählte Werke. 1. Gesamt-Ausg. Leipzig 1.)
Berichtet (S. 68—69), dass E. M. Arndt Mitgl. eines Studentenordens war. Vgl. üb. E. M. Arndt: Cbl. f. Bibliothekswesen 21 1904 S. 499—511; Allgem. Deutsche Biographie 1 1875 S. 541—548 (G. Freytag).
[Erman, W. u. E. Horn: Bibliogr. d. deutschen Universitäten. 1 (1904) Nr 1182. 1183.]

Erinnerungen aus dem Leben des Grafen Johann Hartwig Ernst von Bernstorf. Leipz. 1777. V: *Sturz, Helfrich Peter.* (Bruun, Bibl. Danica. III, 996) (Collin, Anonymer, Kiobenh. 1869) (Archiv VII, 67) (Holz)

— aus d. Leben des Grafen Hartwig Ernst v. Bernstorf. 8. Leipz. 777. Weidmann. 6 gl.

— aus dem Leben d. kaiserl. russischen General-Lieutenant Johann v. Blaramberg. Nach dessen Tagebüchern von 1811—1871. 1—3. Bd., m. dem (lith.) Portr. d. Verf. u. 2 (chromolith.) Ansichten (in 8. u. qu. 4.) 8. (XX, 374; VII, 463 u. X, 430 S.) Berlin 873—75. Schroeder's Verl. à n. 8. —

— aus dem Leben d. General-Feldmarschalls Herm. v. Boyen. Aus seinem Nachlaß im Auftrag der Familie hrsg. v. Friedr. Nippold. 3 Thle. gr. 8. Lpz., Hirzel. 36 —; geb. 42 50
1. 1771—1809. (XXXVIII, 492 S. m. 1 Bildniß.) 889. 11 —; geb. 13 —.
2. Ende 1809 bis z. Bündn. v. Kalisch. (XX, 550 S.) 889. 10 —; geb. 12 —.
3. Vom Bündniß v. Kalisch bis zur Leipziger Schlacht. Mit Namenregister, Abdr. e. Denkmünze u. Karten. (XXVIII, 699 S.) 890. 15 —; geb. 17 50.

— aus dem Leben e. Erzieherin. „Meine Kraft ist in den Schwachen mächtig". 2. Kor. 12, 9. (96 S.) kl. 8. Kassel (909). E. Röttger. Kart. 1.—; geb. 1.50

— aus dem Leben eines Handwerkers, s.: Familien-Bibliothek.

— aus dem Leben heiliger Jünglinge, nach authent. Documenten aus dem Archive der Familie Piccolomini u. den hinterlass. Schriften des Daniel Bartoli, bearb. u. hrsg. v. Vincenz Piccolomini. Lex.-8. (8⅞ B. u. Titelkpfr.) Würzburg 813, Voigt u. Mocker. Thlr.

aus dem Leben eines Landgeistlichen. (Aus der Evangel. Kirchenzeitung.) 1. 3. Abdr. Berlin 861, 63. Stahlberg. 8. (VII, 303 S.) n. 20 ngr.

-- 2. Bd. Ebend. 864. 8. (III, 266 S.) n. 20 ngr.

—— aus dem Leben eines Landgeistlichen. (Von Karl Büchsel.) 1. Bd. 3. und 4. Abdr. und 2. Bd. 1. und 2. Abdr. 8. (VII und 303 S., III und 266 S.) Berlin 865—67, Schlawitz. à Bd. * 20 Ngr. *
Velinp. à Bd. * 1 Thlr. *
Aus: Evangelische Kirchenzeitung, besonders abgedruckt.

—— aus dem Leben eines Landgeistlichen. (Vom General-Superint. Dr. Carl Büchsel.) 3. Bd. 8. (V, 270 S.) Berlin 869, Schlawig. [Wiegandt und Grieben.] *
Velinp. *
1. und 2. Bd. Ebendas. 1865—67. *ℳ 4.; Velinp. *ℳ 6.
Aus: Evangelische Kirchenzeitung, besonders abgedruckt.

Erinnerungen. Einige E' aus dem Leben des... Oberst Joh[ann] Jakob Meyer. Zürich 1820 s.a.[Lavater, Johann Jacob].

Erinnerungen, Einige, aus dem Leben des Seligen Herrn Oberst Joh. Jakob Meyer von Zürich. Zürich 1820. V: *Lavater, Joh. Jac.* (Cat. d. Stadtbibl. Zürich. Zürich 1864—97.) (ADB)

— einige, aus d. Leben d. Obersten J. J. Meyer von Zürich. 12. Zürich 820. Orell. 1 ℳ

—— aus dem Leben eines ostindischen Missionars, s.a. Unterhaltungs-Bibliothek, christliche.

—— aus dem Leben eines ostindischen Missionars. 8. (VI und 470 S.) Halle 865, Fricke.

— aus dem Leben einer frommen Mutter, von ihrem ältern Sohne. 12. Augsburg, Doll. 816.

Erinnerungen aus dem Leben der Herren Generäle J[ohann] Ulrich von Orelli und Baron Ulysses Anton von Salis-Marschlins. Zürich 1886 s.a.E[scher-]B[ürkli]. A[lbertine].

Erinnerungen aus dem Leben der Generäle J. Ulr. v. Orelli und Ul. Ant. v. Salis-Marschlins. Zürich 1886. V: *Escher-Bürkli, Albertine.* (Cat. d. Stadtbibl. Zürich. Zürich 1864—97.)

—— aus dem Leben der Fürstin Pauline zur Lippe-Detmold. Aus den nachgelassenen Papieren eines ehemal. lippischen Staatsdieners. gr. 8. (64 S.) Gotha 860, F. A. Perthes. *

— aus dem Leben der Gräfin Mathilde v. der Recke-Volmerstein, geb. Gräfin v. Pfeil u. Klein-Ellguth, Dame d. Louisenordens II, 1. 8. (IV, 282 S.) Breslau 873. Dülfer. n. 3. —; geb. n. 4. —

— dasselbe. 2. verb. Aufl. Mit 2 Holzschn. u. dem Bildniß der Verewigten (in Stahlst.) 8. (VI, 287 S.) Ebend. 875. n. 3. 30; geb. n.n. 4. 20

—— aus dem Leben Christian Gotthilf Salzmanns, des Gründers der Erziehungsanstalt Schnepfenthal. Von dessen Pflegesohn Joh. Wilh. Ausfeld und der ältesten Tochter Salzmanns. Zum 100jähr. Jubelfeste der Anstalt Schnepfenthal neu bearb. von einem Urenkel Salzmanns. Mit Salzmanns Portr. und einer Ansicht Schnepfenthals (in Holzschn.). gr. 8. (X, 122 S.) Leipzig 884, Dürr'sche Buchh. geb. *

Erinnerungen aus dem Leben eines Veteranen. Wien 1861. V: *Reiche, Wilhelm von.* (KA)

—— aus dem Leben eines Veteranen der Freiheitskriege. 16. (31 S.) Berlin 863, Beck.

—— aus dem Leben des sel. Karl Friedrich Werner, Pfarrer in Fellbach [Württemberg]. 8. (175 S. mit Lichtdr.-Portr.) Basel 881, Spittler. *ℳ 1.20.; geb. *

Erinnerungen aus dem Lebensabende des Herrn Heinrich Bodmer-Stockar [gest. 1875]. Der Familie... gewidmet von G H . 8. [Zürich 1875.]

Erinnerungen aus den letzten Lebensjahren von J(acob) H(einrich) Meister. Zürich 1885 s.a.E[scher]-B[ürkli], A[lbertine].

Erinnerungen aus den letzten Lebensjahren von J. H. Meister. Zürich 1885. V: *Escher-Bürkli, Albertine.* (Cat. d. Stadtbibl. Zürich. Zürich 1864—97.)

Erinnerungen aus den zehn letzten Lebensjahren meines Freundes A. R. Berlin 1794. V: *Klischnig, Carl Frdr.* (KY)

Erinnerungen aus der Lebensreise des sel. Herrn Carl Ludwig Schulthess s.[Schulthess, Robert].

Erinnerungen eines Legionärs oder Nachrichten von den Zügen der deutschen Legion ... Hannover 1826. V: *Hering.* (JStBbH)

— eines Legionärs, oder Nachrichten von den Zügen d. deutschen Legion des Königs (v. England) in England, Irland, Dänemark, d. Pyrenäischen Halbinsel, Malta, Sicilien u. Italien. In Auszügen aus d. vollständ. Tagebuche eines Gefährten derselben. gr. 8. Hannov. 826. Helwing. 1 ℳ 16 𝔤

Erinnerungen aus der Lerber-Schule. Den Schülern des Freien Gymnasiums [in Bern] zum 50jährigen Jubiläum 1909 gewidmet. [Illustriert.] 136 S. 8. Bern, Buchdr. Berner Tagblatt, 1909. [geb. fr. 2.—]

Erinnerungen, Die letzten, in Bildern an den Landtag von 1854/55. O. O. V: *Nar, Carl.* (BMarsch 1058)

Erinnerungen, Letztere, bey dem von M. J. G. Schützen in denen sogenannten zureichenden Gründen declarirten Ende seiner ... Streitigkeit ... Görlitz [1745]. V: *Knochenhauer, Matthias.* (OL)

— liebe. qu. 4. (32 S. m. farb. Illustr.) Nürnberg 892. Th. Stroefer. Kart. n. 3. —; geb. in Leinw. n. 3. 60

— an d. Liebhaber d. Kunst, Gold zu machen. 8. Ulm, Stettin. 77.

Erinnerungen an das Liederfest in Ravensburg, 28. Juni 1841. 8. (2 B.) Ravensburg, [Gradmann u. Knapp.] Thlr.

Erinnerungen gewidmet ... Ludwig Lock zu dessen 25jährigen Dienstjubiläum ... Wien 1900. V: *Meznik, Johann.* (EB)

— an Luther u. seine Zeit, s.: Für die Feste u. Freunde des Gustav-Adolf-Vereins.

-- e. alten Lutheraners (Past. em. Ebel), s.a. Altes u. Neues aus der luth. Kirche. 8. Bdchn.

Erinnerungen eines alten Lutheraners ... Elberfeld 1898. V: *Ebel.* (Berl)

Erinnerungen an Nationalrat Dr. G. Lutz. Luzern 1910 s.a.H[olenstein], Th[omas].

Erinnerungen an Nationalrat Dr. G. Lutz. Luzern 1910. V: *Holenstein, Thomas.* (BBullschw 11, S. 37)

— an Nationalrat Dr. G. Lutz, v. Th. H. (47 S. m. 1 Bildnis.) 8. Luzern 910. (Räber & Co.) — 40
Sonderabdruck aus: „Vaterland".

ERINNERUNGEN an alle unter der Herrschaft ihrer Weiber seufzende Männer. Leipzig 1763. 8⁰.
Ehestandsalmanach f. d. J. 1799. S. 284 (wo auch d. folgende): Gollner.

— eines alten Mannes. Der Überfall. — Die Wehrhand. Zwei Erzählungen für Jung und Alt. 12. (32 S.) Basel 881, Spittler. *

Erinnerungen eines alten Mannes aus der Zeit der Wiedererweckung der deutschen Turnkunst 1817—1818. Hof 1878. V: *Clöter, Florian.* H: *Lion, Rudolph.* (Erman & Horn, Bibliogr. d. dtsch. Univ. Leipz. u. Berl. 1904—05. III.)

— eines alten Mannes aus der Zeit der Wiedererweckung der deutschen Turnkunst 1817—1818. Hrsg. zur 100jähr. Gedenkfeier des Geburtstages von Friedr. Ludw. Jahn am 11. Aug. 1878. Mit dem Bildniß Jahn's (Holzschntaf.) gr. 8. (34 S.) Hof 878, Grau und Comp. 75 Pf.; mit Goldschn. geb. mit Goldschn. *

ERINNERUNGEN der Mrs. Martinett. Von *E. D.* Ungekürzte Uebersetzung (aus d. Französ.) von T. v. L. Privatdruck. (1908.) 8⁰. 146 S. (Mk. 12—.)
Eine Encyclopädie des erotischen Flagellantismus. Vom Vf. („*E. D.*") der „Hochgeschürzten Röcke", der „Memoiren e. russ. Tänzerin" etc.
Das französ. Orig. erschien titulo: „Souvenirs de Mrs. Martinett."

ERINNERUNGEN der Miß Martinett. Von E. D. Aus dem Französischen überfetzt von T. v. L. (Wien ca. 1910). 8⁰. 146 S.

Erinnerungen an Johann Conrad Maurer. Schaffhausen 1843 s.a. [Maurer-Constant, Johann Heinrich].

Erinnerungen an Johann Conrad Maurer ... Schaffhausen 1843. H: *Maurer von Constant, C.* (zu)

Erinnerungen an Johann Conrad Maurer. Bilder aus dem Leben ein. Predigers. (1771—1841.) Größtentheils nach dessen hinterlass. Papieren hrsg. Nebst mehr. Briefen Johann v. Müller's, Joh. Geo. Müller's, Heyne's u. Anderer. gr. 12. (18 B.) Schaffhausen 843, Hurter'sche Buchh.

Erinnerungen eines alten Mechanikers. Buchs-Werdenb. 1887. 3. Aufl. Basel 1890. V: *Riggenbach, Nicolaus.* (Cat. d. Stadtbibl. Zürich. Zürich 1864—97.) (Ky) (BSchwLk V, 9 h) (Stadtbibl. Frankf. a. M. Kat. d. Neueren Bestände.)

— eines alten Mechanikers. (Von N. Riggenbach.) 2. Aufl. 8. (159 S.) St. Gallen 887. (Basel, R. Reich.) n. 1. 60

— e. alten Mechanikers. (Von N. Riggenbach.) 3. Aufl. 8. (172 S.) Basel 889. [Detloff] Reich. * 1 60; geb. * 2 40

Erinnerungen eines Mechanikers. 4. Aufl. 8⁰. 164 S. Basel. R. Reich, Verlag. 1899. 2 –

MEINE Erinnerungen. (Roman.) 2 Thle. (Leipzig, Fleischer d. jüng. in Commiss.) 1808. 8⁰. (1⅓ Rthl.)
Harpf's (Königsb. i. Pr.) Leihbibl.-Cat., no. 10437—38.

— meine. Privater Notizkalender f. jedes Jahr. Lex.-8. (55 u. 12 S. m. 4 gummierten Blättern.) Dresden 893. Exped. der Europ. Modenzeitg. Geb. u. geh. n. 3. —

Erinnerungen, Meine, über die gute Erziehung der Kinder ... Bregenz 1791. V: *Krapf, Jos. Ant. von.* (Ky) (MGT)

Erinnerungen an die liebe Menschheit. Breslau 1786. V: *Eugen Friedrich Heinrich Prinz von Würtemberg.* (Ky) (MGT)

— an d. liebe Menschheit, (v. Eugen Fr. Heinrich). 8. Bresl. 786. 2e A. 789.

— an die Merkwürdigk. des 1755. 756 u. 757 Jahr. 4. Frft. 758.

— militairische, s. Soldaten-Freund, der.

— militairische, aus dem Tagebuche des Generallieutenants von Minutoli. kl. 8. (Mit 2 Plänen.) Berlin 845, Reichardt u. Comp. 1¼ ℛ

— militairische, aus d. Tagebuche des Generallieutenants von Minutoli. 8. (20⅞ B. u. 2 Pläne in 4.) Berlin 845. [Leop. Schlesinger.]

Erinnerungen an die Militarverfassung der Völker des Alterthums, veranlasst durch die neueste Militär-Organisation Baierns. 8. München 1808.

Erinnerungen an die Militärverfassung der Völker des Altertums. München 1809. 36 S.

ERINNERUNGEN, Moralische, an ein junges Frauenzimmer. Frankfurt a. M., gedruckt mit Schepernschen Schriften, 1773. 8⁰. 31 S.
[B. II, 165.]
Bibl. Goth. Weißstein Nr. 804.

— an Ernst Theodor Mosevius. gr. 8. (47 S.) Breslau 859, Kern.

Erinnerungen an Joseph Godehard Müller. (Gedichte von demselben.) 8. (196 S.) Hildesheim 884, Borgmeyer. geb. mit Goldschn. *

Erinnerungen eines alten Münsteraners. O. O. 1882. V: *Kappen, Herm. Jos.* (Keiter, Kath. Litt.-Kal. IV, 91.)

— e. Mutter aus den ersten Lebensjahren ihrer Kinder in Ostindien. (69 S.) gr. 8. Hannover 902. (Zwickau, Schriften-Verein.) n. 1. —

— e. Mutter a. d. Verlobg. ihres Sohnes. Ein Kapitel a. d. Alltagsleben. 8. (98 S.) Neustadt a. d. H. 895. A. H. Gottschick-Witter's Sort. Geb. in Halbleinw. 3. —

Erinnerungen (Nachrichtliche) vom Betteln in Wien und desselben Abschaffung. fol. Wien 1724.

Erinnerungen, Nachträgliche, an die dreihundertjährige Jubel-Feier der Albertina ... Königsberg 1844. V: *Hasenkamp, Hugo von.* (Erman & Horn, Bibliogr. d. dtsch. Universitäten. 2. Leipz. u. Berl. 1904.)

— nachträgliche, an die 300jähr. Jubel-Feier der Albertina, von M . . . r. gr. 8. (1⅛ B.) Königsberg 844, Theile.

Erinnerungen eines Nachtwandlers s. [Zeerleder von Steinegg, Bernhard].

Erinnerungen an P. Leopold Nägeli sel., gewes. Conventual von St. Urban, später Präbandar u Organist an der Hofkirche in Luzern. 31 Stn. 8. Solothurn, Schwendimann. 1874.

Erinnerungen aus Nord, Süd, Ost, West. Hrsg. ... von d. Verfasserin von 'O lieb', so lang du lieben kannst'. Berlin: Vaterländ. Verl.- u. Kunstanst. (1906). (133 S.) 8⁰ [Z.] (08. 67 8

— aus der Normandie u. Bretagne, s.: Familien-Bibliothek.

Erinnerungen, Noethig befundene, zu der . . . im Druck erschienenen sogenannten aktenmässigen facti specie in Sachen derer Herren Rheingrafen zu Grumbach . . . O. O. 1758. V: *Kremer, Johann Martin.* (ML)

Erinnerungen, Nöthige, an den Verfasser des anonymischen . . . Aufsatzes über die Annahme der Krone Polens. Leipzig 1792. V: *Erhard, Chn Daniel.* (MGT)

Erinnerungen, Nützliche, an die Merkwürdigkeiten der Jahre 1755—57. Lauban 1757—59. V: *Dietler, Wilh.* (ZUWZÜR)

Erinnerungen, Nützliche, an die Merkwürdigkeiten des 1755., 56. und 57. Jahres. Lauban 1758. V: *Dietler, Wilh.* (Ky)

— nützl., für Mitglieder von Privattheatern; mit 4 Lustspielen. 12. Halberst. 798. Groß. (W. Nauck in Leipz.) 1 ℛ𝓉
Sommer

—— eines alten Offiziers. Ein Skizzenbuch von Friedrich Arthur. 8. (82 S.) Berlin 886, Parrisius. *
geb. *

Erinnerungen eines alten preussischen Officiers aus den Feldzügen 1792, 1793 u. 1794 . . . Glogau u. Leipz. 1835. V: *Valentini, von.* (Pr)

—— eines alten preuß. Offiziers aus d. Feldzügen v. 1792, 1793 u. 1794 in Frankreich u. am Rhein. 8. (7 B.) Glogau 833, Heymann.

—— eines deutschen Offiziers. 1848—1871. 2 Bde. gr. 8. Wiesbaden 884, Bergmann.
geb. in Leinw. ℳ 12,60.; in Halbkalbldr. *
Inhalt:
Bd. 1. Aus zwei annektirten Ländern. (VI, 356 S.)
2. Per aspera ad astra. (VI, 325 S.).

Erinnerungen eines deutschen Offiziers 1848—71. Wiesbaden 1884. 3. Aufl. 1890. V: *Hartmann, Julius.* (KA)

Erinnerungen eines ehemaligen Griechischen Offiziers aus d. J. 1833—1837. Darmstadt 1839. V: *Sander, H.* (Pr)

— eines ehemaligen griech. Offiziers aus den Jahren 1833—1837. 8. Darmstadt 839. Pabst. 1 1/6 ℛ𝓉

— eines Offiziers des kaukasischen Corps. Aus dem Russischen. 2 Bde. Berlin 868. Janke. 8. (473 S.) 2 ℛ𝓉

— eines preuß. Officiers aus den Jahren 1812—1814. 11. 8. Koblenz 846, Bädeker. 24 gℛ

— an die Öffnung der Kaisergräber u. den Neubau der Kaisergruft im Dom zu Speyer vom J. 1900 bis 1906. (Von Ludw. Moos.) (39 S.) 8. Speyer 906. (Jaeger.) n. — 60

— ostafrikanische, e. freiwilligen Krankenpflegerin von H. v. B. gr. 8. (78 S.) Berlin 891. Buchhandlg. der Deutschen Lehrer-Zeitg. n. 1. —; geb. n. 1. 50

Erinnerungen aus Paris. Im Jahr 1831. Von einem Süddeutschen. Stuttgart 1832. V: *Seybold, Friedrich.* (GGr VI, 210) (Zeitschr. f. Büch. 1923, S. 84) Vgl. V, 2949.

—— aus Paris. Im Jahr 1831. Von e. Süddeutschen. gr. 12. (13¾ B.) Stuttgart 832, Schweizerbart.

Erinnerungen aus Paris. Im Jahr 1831. Von einem Süddeutschen. Stuttgart 1852. V: *Seybold, Frdr.* (EngG)

Erinnerungen aus Paris. Im Jahr 1831. Stuttgart 1832. V: *Seybold, Frdr.* (Mitth. A. Rosenbaum.)

—— aus Paris. 1817—1848. gr. 8. (267 S.) Berlin 851, Hertz. *

Erinnerungen aus Paris im Jahre 1804. Berlin 1804. 2. Aufl. Berlin 1804. Nachdr. Carlsruhe 1810. V: *Kotzebue, Aug. Fch. Ferd. von.* (BGE VI[a], 76)

— pflichtmäß., des Hamb. Ministerii an ihre Gemeinde. 8. Hamb. Herold. 773.

Erinnerungen bey der Philosophie des guten Verstandes . . . Eisenach 1762. V: *Trier, Johann Paul.* (ML)

— bei d. Philosophie d. guten Verstandes des Marquis d'Argens. 8. Eisenach 762. Bärecke. 6 gℛ

— an den II. bayerischen Pilgerzug vom 10.—20. Apr. 1894 v. e. Lourdespilger. gr. 8. (III, 100 S.) Augsburg 894. Literar. Institut v. Dr. M. Huttler. n.n. — 50

— an d. III. bayer. Pilgerzug v. 14.—25 Apr. 1896, v. e. Lourdespilger (Alois Edfelder). gr 8 (III, 97 S.) Augsburg 896. (Literar. Institut v. Dr. M. Huttler.) n. — 50

— an e. vielgeliebten Vater (Pius IX.) Hrsg. vom beförd. sich in Bologna befindl. Comité d. 100jähr. Geburtstagsfeier Pius IX. gr. 4. (16 S. m. Abb.) Mailand. Wien 895. (H. Kirsch.) n. — 40

— an Polen. 1830 u. 1831. — Souvenir de Pologne. — Recollection of Poland. (8 Portraits.) gr. 8. Hamburg 836. Berendsohn. 1 1/6 ℛ𝓉 2e Aufl. 838. n. 4 1/2 gℛ

Erinnerungen des alten Predigers und Herrn Dr. Semlers Anmerkungen über das Sendschreiben an den Herrn von Wöllner. [Leipzig 1789.] V: *Purgold, Daniel Hermann.* (ML)

— an d. 50jähr. Priesterjubiläum Sr. Heil. Papst Pius X. Reden u. Ansprachen, geh. bei der durch die Katholiken Augsburgs veranstalteten kirchl. u. weltl. Feier am 3. V. 1908. (29 S.) 8. Augsburg (908). Kranzfelder. — 30

Erinnerungen an Pulawy. Leipz. 1829. V: *Gutschmidt, Eugen Freiherr von.* (BrMm) (EngG)

—— an Pulawy. (Gedichte v. E. Frh. v. G.) M. 12 Ansichten (auf farbig. Pap. gezogen) a. d. Gärten v. Pulawy. 8. (9 B. u. 1 Vign.) Leipzig 829, (Kummer.)

Kunst u. Kunst-Institute. (Erinnerungen aus einem Referate über . . . Als Mspt. gedr. München, akad. Buchdr. von F. Straub. 1885. 8°. 56 S. Cart.*) [illegible]

Erinnerungen aus einer Reise von Kurland aus durch Dänemark und einen Theil des nördl. Deutschlands nach Ronneburg im Spätsommer 1818 von W. G. K. 8. Ronneburg, Com. Cptr. 819. Rthlr.

— aus einer Reise von Kurland aus durch Dänemark u. e. Theil d. nördl. Deutschlands nach Ronneburg im Spätsommer 1818, von Wlh. Geo. K(rüger). 8. Ronneb. 819. Fr. Weber. 16 gl.

Erinnerungen an die Reise nach der Insel Rügen. 12 Ansichten in Stahlstich. qu. gr. 8. Stettin 846, Müller u. Comp. n. 2/3 ℛ

Erinnerungen aus einer Reise nach Stockholm, s.a. Hegewisch, Dietr. Herm. 1795.

Erinnerungen aus einer Reise nach Stockholm im Jahre 1794. O. O. 1795. V: *Hegewisch, Dietrich Hermann.* (MS) (MGT) (EngG)

—— aus einer Reise durch einen Theil des nordöstl. Deutschlands im Sommer 1846. 8. (IV und 258 S.) Breslau 847, Kühn'sche Buchh.
(Troppau — Prag — durch Sachsen — Swinemünde — Rügen.)

Erinnerungen aus einer in die Unterwelt nolens volens gemachten Reise. Stendal 1806. V: *Oemler, Christian Wilhelm.* (Ky)

— aus einer in d. Unterwelt nolens volens gemachten Reise, (v. K. Wlh. Oemler). 8. Stendal 806. Franzen u. Gr. 12 gl.

Erinnerungen und Reisebilder eines alten Hennebergers. Als Manuskript gedruckt. [Schleusingen] 1910. V: *Banse, F.* (Berl 1914 S. 507)

Erinnerungen und Reisebilder eines alten Hennebergers. Als Ms. gedr. [Schleusingen: Henneb. Kreisbl.] 1910. 697 S. 8°
Ersch. zuerst in: Henneberger Kreisblatt. (11. 6343)

Erinnerungen aus meinen Reisen nach England. A. d. Franz. Zürich 1796. V: *Meister, Jacques Henri.* (EngG)

— aus meinen Reisen nach England. Aus d. Französ. gr. 8. Zürich 796. Orell. 1 ℛ

Erinnerungen, einige, von meinen Reisen in Rußland, d. Türkei u. Italien. Zur Unterhaltung für alle Leser, besonders für d. weibl. Geschlecht von Frau E. B..., geb. L... in E.. 8. Augsb. 831. Kollmann u. Himmer. 12 gl.

— e. alt. Reiter-Offiziers a. D. an d. Schlacht b. Königgrätz, den 3. VII. 1866. (Von Frhr. v. Friesen.) gr. 8. (79 S. m. 1 Karte.) Rötha (902). (G. Alpitz.) (Nur direkt.) 1.50

— eines ehemaligen pfälzischen Reserveleutenants aus dem deutsch-französischen Feldzuge 1870—71. Ein Beitrag zum 20. Jubiläum der Schlacht bei Sedan. Mit Plänen der Schlachtfelder v. Weißenburg, Wörth, Sedan u. Paris. 8. (VII, 283 S.) Kaiserslautern 891. Crusius. n. 2.40; kart. n. 2.80

— russischer Revolutionäre. (In russ. Sprache.) (91 S.) 8. Berlin (904). H. Steinitz. n. 2.—

— gegen die Recension, welche Hr. D** über die Predigt auf das Rosenkranzfest von J. M. Feder gemacht hat. 8. Augsb. 798. Rieger. 1/12 ℛ

Erinnerungen an die Rheingegenden. Frankfurt a. M. 1826. V: *Döring, Georg.* (GGr IX, 231) (Zeitschr. f. Büch. 1923, S. 83)

—— an d. Rheingegenden. In 12 maler. Ansichten, nach Original-Zeichn. lith. v. Arnoud, Bichebois u. Derou. 4. (6 B. Text u. 1 ill. Postkarte d. Rheingegend.) Frankfurt a. M. 826, Jügel.

— Dasselbe. In maler. Ansichten, nach den von J. A. Lasinsky aufgenommenen Skizzen ausgeführt u. lithographirt, (v. F. C. Vogel). 4. Frankf. 829. Jügel. 2 ℛ 16 gl. Chines. Pap. 3 ℛ 16 gl.

Erinnerungen an Johann Wilhelm Ridler . . . Wien 1835. V: *Veith, Carl.* (Feil)

—— an Johann Wilhelm Ridler, k. k. Regierungsrath, u. Vorsteher d. k. k. Universit.-Bibliothek in Wien. 12. (1½ B.) Wien 835, Beck'sche Univ.-Buchh.
Aus: Pietznigg's Mittheilungen aus Wien, Jahrg. 1831, besond. abgedruckt.

General Rockschössels Erinnerungen. Heitere Bilder aus dem Soldatenleben. München, Braun & Schneider [1872].
2 Teile. 4°.
[1.] 2 Bl., 50 S. mit zahlr. Holzschn.
[2.] Tit., 51 S. mit zahlr. Holzschn.
Zeichner: Wilhelm Diez.

Erinnerungen aus Rom vom Jahr 1844. O. O. [1846]. V: *Muralt, Eduard v.* (Cat. d. Stadtbibl. Zürich. Zürich 1864—97.)

—, Romantische, aus dem Leben. 3 Bdchn. Erfurt, Hennings, 1822. Kl. 8°. (8 Mk. 50 Pfg. Edm. Meyer, Berlin, 1908.)

Erinnerungen, romant., aus den Leben. 3 Bdchn. (Inhalt: 1s Bdch. der verhängnißvolle Schuß, oder die Folgen des mütterlichen Fluchs. 2s Bdchn. die Jungfrau. Wittwe. 3s Bdchn. die gefährl. Schriftproben oder die Studentenbraut.) 8. Gotha 822, Hennings.

— s.: Rubinstein, Ant.

Erinnerungen u. Rückblicke am Grabe meines Lehrers (Andreas Thomsen). Ein Fragment, blos für Freunde geschrieben. Kiel. 1810. 8°

— an Rügen in 12 Blättern, nach der Natur und auf Stein gezeichnet von Lütke u. Krüger. 2. verm. u. mit Text begleitete Aufl. qu. gr. 4. (Text: Rügenfahrten.) Berlin 842, Cornelius. n. 2 ℛ — Chines. Papier n. 3 ℛ

—— an Rügen in 12 Blättern, nach der Natur u. auf Stein gezeichn. v. Lutke u. Krüger. 2., verm. u. mit Text begleit. Aufl. qu. gr. 4. (2½ B. Text: Rügenfahrten.) Berlin 842. [Danz.] * 2 Thlr. Chines. Pap. *
Vgl.: Rügenfahrten.

Erinnerungen, Sabbatliche, für 1851, 1852. Erfurt 1851—1852. V: *Cassel, Paul.* (Zu)

— sabbatliche. 1851 u. 1852. gr. 8. (1: IV u. 100 S. 2: IV u. 91 S.) Erfurt, Keyser. (à ¼ ℛ) ½ ℛ

— sabbatliche. 1852. Erfurt 853. Keyser. gr. 8. (IV, 91 S.) 7½ ngl

— — Im Auftrage herausg. von Graffunder. (3. Sammlung 1853.) 1. u. 2. Aufl. Erfurt 854. Villaret in Comm. gr. 8. (VIII, 72 S.) n. 10 ngl

Erinnerungen an das junge Herrchen Sailer, den Verfasser der praktischen Logik. O. O. 1780. V: *Bus, Erhard.* (MGT)

—— an das Sängerfest in Thalweil d. 7. Juni 1811. Eine Beschreib. dies. Festes u. e. Samml. d. dabei gehalt. Reden. gr. 8. (2⅔ B.) Zürich 811, Orell, Füßli u. Comp.

— an St. Petersburg und dessen nächste Umgebungen. — Souvenirs de St. Pétersbourg et de ses plus proches alentours. (50 vues gravées en acier avec une explication.) (50 Stahlstiche nebst Erklärung in russ., deutscher u. franz. Sprache. gr. 16. St. Petersb. 840. Eggers u. Comp. n. 3 ℛ

— an W. Sauerländer, Lehrer u. Küster zu Lüdenhausen, nebst e. Orig.-Bericht desselben üb. die Erweckungszeit in Lippe. Von e. Berufsgenossen (Heinr. Meier). (141 S.) kl. 8. Lemgo 903. O. Mai. Kart. n.n. 1. —

— an Emil August v. Schaden. Herausg. von H. W. J. Thiersch. Mit v. Schadens (lith.) Bildniß. Frankfurt a. M. 853. Heyder u. Zimmer. gr. 8. (VIII, 320 S.) n. 1 ℛ 15 ngr
Inhalt: 1. Abth. I. Schadens Lebensgeschichte. Von dem Herausg. — II. Beitrag zur Charakteristik Schadens. Von Sigm. Baumler. — III. Elegie auf Schadens Tod. Von Heinr. Puchta. — 2. Abth.: Aus Schadens Nachlaß.

—— an die Schlacht von Groß-Görschen. Zum Gedenktage beim Ablauf des 1. halben Jahrhunderts. gr. 8. (32 S.) Zeitz 863, Webel.

Erinnerungen an die Schlacht bei Zorndorf u. König Friedrich II. nebst einem Bericht über die Errichtung eines Denkmals auf dem Friedrichsberge bei Zorndorf. Hrsg. v. C. G. Th. Kalisch. Berlin 1828. 86 S.

Erinnerungen an Schleswig. 1850, s.a. Brück, O. von

Erinnerungen an Schleswig ... Dresden 1850. V: *Brueck, O. von.* (BrMm)

— an Schleswig. Skizzen aus dem Album eines sächs. Offiziers. 12 (lith.) Blätter. Fol. Dresden 850, Adler & Dietze. n. 1 ℛ 18 ngr

Erinnerungen einer alten Schleswig-Holsteinerin. Lübeck [1898]. V: *Bang, Theodora geb. Lorentzen.* (Berl)

— e. alten Schleswig-Holsteinerin. 12. (117 S.) Lübeck 898. E. Schmersahl Nachf. n. 2. 40; geb. n. 3. —

— J. Watterohls Schr. f. Toleranz. 8. Frft. Eichenberg. 782.

Erinnerungen an den ältesten meiner jetzigen Schüler vor dem Genusse des Abendmahls. Mitau 1801. V: *Regiment, Carl Friedrich.* (R-N)

[S.] Erinnerungen an meine Schuljahre ... *Berlin-München: A. Thümecke Nachf. (1897).* (12 Bl., 140 S., 28 Bl., 1 Taf., 1 Portr.-Taf.) 1 Bd 4.(8.) [98. 5080

Erinnerungen an meine Schuljahre. *Berlin-München: A. Thümecke Nachf. (1897).* (140 S.) 4°(8°) [S.]
[Sonderdr.:] Das Werden d. deutschen Volkes u. d. deutschen Reiches von Prof. Dr. Alfred G[eorg] Meyer [in Berlin] [97. 10,85

— an meine Schuljahre. gr. 4. (III, 16, 140 u. 60 S. mit Abb., 1 Farbdr., 1 Bildnistaf., 1 Photograv. u. 18 Photogr. Rahmen.) Berlin 898. A. Thümecke Nachf. Geb. n. 3. —

—— aus d. Schullehrer-Examen zu Hofwyl, im Herbst 1832; nebst Bemerkn. üb. d. Fellenbergisch-Langhansische Streitsache. gr. 8. (6 B.) Bern 833, [Jenni, Sohn.]

— an Schulpfleger ꝛc. Hamm, Wundermann. 819.

— aus meiner Schulzeit u. meinen Unteroffiziers-Schuljahren. Erzählt v. e. alten Soldaten. Allen Soldatenfreunden, sowie Unteroffiziers-Schülern, die es sind u. die es waren, gewidmet. (47 S. m. 1 Abbildg.) 8. Zwickau i/S. (Wilhelmstr. 13) 902. C. A. Günther Nachf. n.n. — 75

Erinnerungen eines Schwaben. Zeit- und Sittenbilder aus den letzten und ersten Tagen des 18. u. 19. Jahrh. ... Nördlingen 1874—77. V: *Pflug, Joh. Bapt.* (Heyd) (Kat. d. ständ. Bibl. Stuttg. 1907. S. 506.)

— eines Schwaben. Zeit- u. Sittenbilder aus den letzten u. ersten Tagen d. 18. u. 19. Jahrh. Hrsg. v. Jul. Ernst Günthert. 8. (VIII, 204 S.) Nördlingen 874. Beck. n. 2. 75

—— eines Schwaben. Zeit- und Sittenbilder aus den letzten und ersten Tagen des 18. und 19. Jahrh. Hrsg. von Jul. Ernst Günthert. 2. Reihe. 8. (VI, 189 S.) Nördlingen 877, Beck'sche Buchh. *
1. Reihe. Ebendas. 1874. n.ℳ 2,75.

— aus der böhmischen Schweiz, in 4 Stahlst. m. 44 Ansichten in Miniatur, grösstentheils nach Orig.-Zeichnungen des Hrn. P. J. Preis in Stahl gest. v. J. W. Zinke. qu. gr. 8. Wien 851, Wenedikt in Comm. ½ ℛ

Erinnerungen der Schwester Saint-Louis aus der Zeit ihrer Erziehung und ihres Lebens in der Welt. Vom Verfasser von »Rom und Loretto«. Tübingen 1843. 2. Aufl. 1846. V: *Veuillot, Louis.* (Kussell XI, 185) (Bl. f. litt. Unt. 1844. Nr. 2, S. 15.)

—— der Schwester Saint-Louis aus d. Zeit ihrer Erziehung u. ihres Lebens in d. Welt. Vom Verf. von „Rom u. Loretto." 2 Bdchn. 1. Aufl. 843 u. 2., unveränd. Aufl. 8. (32⅓ B.) Tübingen 846, Laupp'sche Buchh.

Erinnerungen an das Schwestern-Fest gefeiert den 6. Dez. 1862 in der Bauhütte zur Freundschaft und Beständigkeit in Basel. Basel 1863: Schweighauser. 38 S. 8°
Bericht. Rede des Br. Fr. Brenner: Üb. den Geist des Bundes, des Br. J. Wimmer: Üb. Wesen u. Zweck der Mrei. 430.

Erinnerungen an das Schwesternfest gefeiert den 27ten Nov. 1841 in der Bauhütte zur Freundschaft und Beständigkeit in Basel. [Basel 1841.] 34 S. 8°
Bericht. Begrüssungsansprache in Versen des M. v. St., Rede des Br. F. Brenner: Üb. Aufgaben der Frmrei. 430.

Erinnerungen an die Secundiz-Feier ... Kaspar Egger ... Salzb. 1848. V: *Kaltner, Johann Alois.* (Hr)

Erinnerungen aus Seelisberg im August 1865. Würzburg [1865]. V: *Walter, Ferdinand.* (Cat. d. Stadtbibl. Zürich. Zürich 1864—97.)

Erinnerungen in einem Sendschreiben an Tit. Hrn Lic. Neuberger. O. O. 1768. V: *Ganser, Benno.* (ML)

Erinnerungen an 1799. Frauenfeld 1905 s.a. H[uber], J[acques].

Erinnerungen an 1799. Nach neuerer französischer Darstellung für das Sonntagsblatt der Thüringer Zeitung bearbeitet von Dr. J. H. Frauenfeld 1905. V: *Huber, Jacques.* (BBullschw S. 367)

Erinnerungen eines Soldaten. Den noch lebenden braunschweigischen Kriegern von 1814 und 1815 gewidmet. Braunschw. 1865. V: *Sack, C. W.* (Pr)

Erinnerungen aus dem Soldatenleben in Frieden und Krieg 1863/64 ... [Braunschw. 1897.] V: *Pilger, Hermann.* (Berl)

— aus d. Soldatenleben in Frieden u. Krieg 1863/64. Auch e. Gedenkblatt z. 100jähr. Jubelfeier d. Geburtstages Kaiser Wilhelms d. Großen. 8. (IV, 95 S.) Braunschweig 897. (Leipzig. R. Streller.) n. — 60

— aus dem Sonderbunds-Kriege. 1847. (Auf Stein gez. v. E. Rittmayer.) 6 Bl. in Tondr. in qu. gr. Fol. St. Gallen 848, Huber & Co. n. 1 *ℛ* 6 *ngr*

— an Spanien. April 1889—März 1890. Autoris. Übersetzg. 12. (VII, 119 S.) Frankfurt a/M. 891. J. Baer & Co. n. 4. —

— an Papa Staub. I. Nekrolog a. d. „Vaterland", verf. v. Burkard Villiger. II. Nachruf a. d. „Ostschweiz", verf. v. Schönenberger. Mit 1 Bildnisse d. Verewigten. (22 S.) u. 8. Luzern 907. (Räber & Co.) — 40

—— an d. Preuß. Staats-Minister Frh. Karl vom Stein, u. seine Wünsche f. Preußen. Mit sein. Bildn. gr. 8. (7 B.) Altenburg 832. (Leipzig, Nauck.)

Erinnerungen an die Stiftung der Loge „Zur Goldenen Wage" in Quedlinburg und an ihre fünfzigjährige Tätigkeit von 1846 bis 1896. Quedlinburg [1896]: Voges. 16 S. 1 Taf. 8°
Überblick der Gesch. der Loge, Verzeichn. der Beamten 1846—1896, der Mitgl. für 1896/1897, Festrede von A. Schoenfeldt: Betrachtung üb. die Stiftung der Loge.
140. 358.

Erinnerungen an Ernst Stückelberg von Basel 1831—1903. Zürich 1903. V: *Gessler, Albert.* (BBullschw 4, 1904)

Erinnerungen an Ernst Stückelberg von Basel 1831—1903. Zürich 1903. V: *Gessler, Albert.* (Berlzu 1918, I, 266)

Erinnerungen an die Tage des Unheils. Wien 1867. V: *Du Nord, Wilh.* (KA)

—— an die Tage des Unheils. Für die Kameraden gesammelt von einem Leidensgenossen. 8. (67 S.) Wien 867, Mechitharisten-Congregations-Buchh. *

— tägl., des Todes, sammt Gebet und Tagzeiten 2c. 12. Duisburg, Bädecker u. K. 796.

Einnerungen an Hermann Köchly's Thätigkeit in Zürich. [Zürich 1887.] V: *Kinkel, Gfr.* (Cat. d. Stadtbibl. Zürich. Zürich 1864—97.)

Erinnerungen an Teplitz. Radeberg 1851. V: *Lindau, M. B.* (EngC)

—— an Teplitz. gr. 8. (30 S.) Radeberg 851, (am Ende.) **

Erinnerungen an Feldzeugmeister Franz Graf Thun ... Wien 1889. V: *Kodakowski, Joseph Ritt. v.* (KA)

— der Kitty Trevylyan. Ein Charakterbild aus der Zeit Wesleys u. Whitefields. Frei nach dem Engl. bearb. v. H. Liebhart. 8. (312 S.) Cincinnati 876. (Philadelphia, Schäfer & Koradi.) geb. n. 4. —

Erinnerungen an den Truppenzusammenzug 1900. Album in 18 : 24½ cm. 32 S. mit vielen Illustr. Buchdruckerei Winterthur, vorm. G. Binkert 2 — 1900

Erinnerungen an das 8. Deutsche Turnfest zu Leipzig 2.—5. 8. 1863, v. A—B—C, Leipzig, 4°.

Erinnerungen an das Eidgenössische Turnfest 1897 in Schaffhausen, 8°. (Angeb.): Turnf.-Führer, Arbeitsplan, Toastrede.

Erinnerungen bey der Uebersetzung des neuen Testaments ... Frankf. a. M. [Eisenach] 1754. V: *Trier, Johann Paul.* (MI.)

—— an Friedrich v. Uechtritz und seine Zeit in Briefen von ihm und an ihn. Mit einem Vorwort von Heinr. v. Sybel. Hierzu 1 Portr. in Lichtdr., nach einer Zeichnung von C. F. Lessing. gr. 8. (XXXVI, 419 S.) Leipzig 884, Hirzel. *

Erinnerungen und Vorschläge, Unmassgebliche, zur Beförderung der ordinairen Visitation des K. und R. Cammergerichts. Regensburg 1787. V: *Borie, Aegid. Val. Freih. von.* (Pütter, Litt. d. Teutsch. Staatsr. Gött. 1773—91. IV, 356.)

Erinnerungen gegen den kurzen Unterright vom Pyrmonter Wasser. o.O. 1785. 4 Bl. 8°

— —, Unterrichtende, die Erziehung der Landjugend betreffend. 2 Thle. Leipzig 1784. Barth
Ehestandsalmanach I. p. 283, ohne Formatsangabe.

Erinnerungen einer Urgrossmutter 1787—1825. Mit Originalbriefen von Goethe, Wieland, Herder ... Hrsg. von Carl Graf Oberndorff. Berlin 1902. V: *Bechtolsheim, Katharina Freifrau v. geb. Gräfin Bueil.* (Berl)

— e. Urgrossmutter (Katharina Freifrau v. Bechtolsheim geb. Gräfin Bueil) 1787—1825. Mit Orig.-Briefen v. Goethe, Wieland, Herder, Kaiserin Katharina II., Kaiser Alexander I. u. Kaiserin Maria v. Russland, Herzog Carl August v. Weimar, Ernst v. Sachsen-Gotha, Frau v. Staël, Fürst v. Ligne, Graf Ségur, Fürst Primas v. Dalberg u. v. anderen. Hrsg. von Carl Graf Oberndorff. Mit 12 Illustr. u. 6 Faksm.-Beilagen. gr. 8. (XIV, 474 S.) Berlin 902. F. Fontane & Co. n. 12. —; geb. n. 15. —

— an d. Verfass. d. anonym. an d. Churf. z. Sachs. ger. Aufs. üb. d. Annahme der Krone Pohlen. 8. Lpz. Voß. 793.

§ — —, Vernünftige, an alle unter der Herrschaft ihrer Männer Seufzendende (sic!) Weiber, zum Troste beyderley Geschlechts, entworfen von AMALIA G** als der Zweyte Theil der Ermahnungen an die Männer. (Druckerst.) Leipzig, verlegts Johann Christoph Gollner. 1763. 8°. (In München: Ph. pr. 419 m, ex bibl. erot. Fr. Krenneri).
Zieml. zahm. 96 S. (incl. Tit. u. 3 Bll. Vorr.).

Erinnerungen an einen Verschollenen. Aufzeichnungen und Briefe von und über Eduard Vogel. Gesammelt von seiner Schwester Elise Polko. Leipzig 1863. VIII, 231 S. 8°.

Erinnerungen an die Versuche Mitscherlichs über die wichtigsten Gegenstände der Chemie. Berlin, 1838.

Erinnerungen eines österreichischen Veteranen aus dem italienischen Kriege 1848 u. 1849. 1.—6. Aufl. Stuttg. u. Tübingen 1852. 7. Aufl. 1853. V: *Schönhals, Carl Ritter von.* (Litt. Centralbl. 1852. Sp. 558) (Pr) (Ky) Zuwachsverz. d. Bibliotheken in Zürich 1898 ff.) (Doubl. Anz. 1903. Nr. 6) (Kat. d. Bibl. d. dtsch. Reichstages Berlin 1882.) (Kat. d. Bibl. d. K. Preussischen Gr. Generalstabes. Berlin 1878.) (Tübz 10, 17) (ADB 10, 252) (KA)

— eines österreichischen Veteranen aus dem italienischen Kriege der J. 1848 u. 1849 (von Frhrn. v. Schönhals). 2 Bde. gr. 8. (1: IV u. 315 S. 2: VIII u. 237 S.) Stuttgart 852, Cotta. — 2—6. unveränd. Abdr. 2 Bde. gr. 8. Ebd. 852. n. 2 1/3 ℛ

Erinnerungen eines Weimarischen Veteranen aus dem geselligen, litterarischen und Theaterleben. Leipzig 1856. V: *Schmidt, Heinrich.* (ADB)

Erinnerungen eines 84ers aus dem Feldzuge 1870—71. Apenrade 1900. V: *Feddersen, H. C.* (Berl)

— an das Volksfest, das Uebungslager, dann an den Aufenthalt d. Königl. Familie in der Burg zu Nürnberg und Beschreibung d. allgem. Industrie-Ausstellung im Herbste 1840. Mit 3 Abbild. gr. 4. Nürnb. 841, Riegel u. Wießner. 3/4 ℛ

— aus Lichtenbergs Vorlesungen, s. Gamauf.

— e. Waisenknaben, s.a. Lebensschicksale.

Erinnerungen eines Waisenknaben. Von ihm selbst erzählt. Mit Vorw. von Prof. August Forel. München: Reinhardt 1910. V, 117 S. 8°
(Lebensschicksale. Bd 2.) [11. 440]

Erinnerungen, Wanderungen, Erfahrungen und Lebensansichten eines froh- und freisinnigen Schweizers ... Trogen [Stuttgart] 1828—29. V: *Biedermann, Em.* (EngG)

— Wanderungen, Erfahrr. u. Lebensansichten e. froh- u. freisinnigen Schweizers. Schmucklos, aber treu niedergeschrieben für seine Freunde. 2 Thle. gr. 8. Trogen 828 u. 29. (Hoffmann in Stuttg.) 3 ℛ

—— Wanderungen, Erfahrungen u. Lebensansichten e. froh- u. freisinn. Schweizers. Schmucklos, aber treu niedergeschr. f. seine Freunde. 2 Thle. gr. 8. (26 1/2 B.) Trogen 828, 29. (Stuttgart, Weise.)

Erinnerungen aus unserer Wanderzeit. (Als Ms. gedr.) Nr. [1]–5. Halle a. S. (1892–1900): O. Hendel. 5 Bde 8° [Umschlagt.]
[1]. Vom 19. Aug. bis 25. Sept. 1892. 1892.
2. Vom 10. Aug. bis 22. Sept. 1893. 1893.
3. Vom 14. Aug. bis 20. Sept. 1897. 1897.
4. Vom 14. Aug. bis 12. Sept. 1899. 1899.
3. Vom 1. Aug. bis 1. Sept. 1900. 1900. [07. 9347 2

Erinnerungen an Joachim von Watt (Vadianus) 1484—1551 ... St. Gallen 1904. V: *Dierauer, Johs.* (BBullschw 4, 1904)

Erinnerungen an Dr. J(oseph) L(eonz) Weibel. Bern 1899 s. (H[erzog], E[duard]).

Erinnerungen an alle unter d. Herrsch. ihr. Männer seufz. Weiber. 8. Lpz. Sollner. 763. Rthlr.

— an die Weihe der protestant. Kirche der Konigl. Correktions- u. Arbeitsanstalt in Zwickau, am 16. Sonnt. nach d. Dreieinigkeitsfeste 1838. gr. 8. Leipzig, Fr. Fleischer. 1/4 ℛ

Erinnerungen betreffend den Wellenbergthurm in Zürich. Zürich 1838. V: *Nüscheler, David.* (Cat. d. Stadtbibl. Zürich. Zürich 1864—97.)

— a. d. Leben des sel. Karl Friedrich Werner, Pfarrer in Fellbach (Württemberg). 8. (175 S. m. 1 Bildnis.) Basel (881). Kober. n. 1. —; geb. n. 1. 60

— aus dem Leben des sel. Karl Friedrich Werner, Pfarrer in Fellbach [Württemberg]. 8. (175 S. m. Lichtdr.-Portr.) Basel 881. Spittler. n. 1. 20; geb. n. 2. —

Erinnerungen an den hochw. Herrn Jos. Widmer ... Baden im Aargau 1848. V: *Göldlin, Joseph.* (Th)

Erinnerungen an Kaiser Wilhelm I. Berlin [1891]. H: *Robolsky, Herm.* (Berl)

— an Kaiser Wilhelm I. (Billige Volks-[Titel-]Ausg. v. „Kaiser Wilhelm I., politische Correspondenz".) gr. 8. (XIX, 412 S.) Berlin 891. H. Steinitz' Verl. n. 3. —; geb. in Leinw. n. 4. —

— an Past. Winter in Schwarzenberg. Hrsg. v. Freundeshand. 8. (146 S.) Annaberg 874. Graser. n. 1. —

Erinnerungen an die Wirksamkeit des Grafen N. J. von Montgelas, ehemaligen Minister unter der Regierung König Max I. 2 Thle. Stuttgart 1838. 8.

Erinnerungen an Bischof Gg. M. Wittmann. Regensburg 1832. V: *Sintzel, Johann Michael.* (cramerBKde S. 132)

— einer jungen Wittwe als Zimmervermietherin. (Sotadisches Machwerk schlimmster Art.) Paris. Verlagsbureau (c. 1892). Kl. 8°. 32 S. Lat. Lett. (2 Mk., eine böhmische Firma, c. 1898.)

ERINNERUNGEN einer jungen Wittwe als Zimmervermieterin. Paris, Verlagsbureau, o. J. (um 1900). 16°. 24 S.

— — Dasselbe. Babylon 1908. Don Juan Casanova. Breit-12°. 24 S. Lat. Lett. (7 Mk. H. Streisand, Berlin, 1907.)
Auf dem Titel u. Umschlag steht „Nr. 74."

Erinnerungen, Wöchentliche, eines Freundes. Eine Wochenschrift. Mit Erlaubniss der Obern. Brünn 1777. H: *Lauber, Joseph.* (GGr VII/3b) Swobodaische Erben (Johann Siedler)

Erinnerungen, Wohlgemeinte, an Herrn Melchior Schaeffern, betreffend das so genannte Herrnhutische Zeugniss der Wahrheit. O. O. 1730. V: *Schultes, Georg Bernhard.* (Myl)

Erinnerungen, Wohlgemeinte, eines Vaters an seinen Sohn auf Akademien. Lübeck 1785. V: *Hude, von der.* (Ky) (MGT)

— wohlgemeinte, eines Vaters an seinen Sohn auf Academien, (v. ... v. d. Hude). 8. Lübeck 785. Niemann u. C. 2 gl.

Anonym: „Wohlgemeinte Erinnerungen gegen den Versuch einer Beantwortung auf verschiedene .... Fragen des Herrn Münzwardein Eberle", Frankfurt a. M. 1786. fol. — Vorh.: Com. Bibl. Hamburg.

– w o h l g e m e i n t e , gegen den Versuch einer Beantwortung bey gegenwärtiger Lage unsers Münzfußes aufgeworfene Fragen. Fol. Frankfurt: Hermann.

Erinnerungen an Friedrich August Wolf. Berlin 1836. V: *Schulz, Otto.* (GGR VII 807) (Zeitschr. f. Büch. 1923, S. 83)

— an Fr. Aug. W o l f. (Aus d. Schulfreunde abgedruckt.) gr. 8. Berlin 836. L. Oehmigke. 1/4 ß

E r i n n e r u n g e n an Cav.-Major Paul W u n d e r l y - v(on) Muralt, gestorben den 3. Januar 1885 in Ospedaletti, bestattet ... in Zürich. 8. Zürich.

E r i n n e r u n g e n an Ferdinand Z e h e n d e r. Zürich 1885 s. a. (M[eyer]-B[urkhard], F[riedrich]).

Erinnerungen an Ferdinand Zehender. Zürich 1885. V: *Meyer-Burkhard, Frdr* (Cat. d. Stadtbibl. Zürich. Zürich 1864—97.)

—— aus der Zeit. England gegenüber dem Bürgerkriege in den Vereinigten nordamerikan. Staaten. Lex.-8. (23 S.) Brünn 863, Rohrer. *

Erinnerungen aus alter und neuer Zeit von einem alten Münsteraner. Münster 1880. V: *Kappen, Hermann Joseph.* (Kat. d. Bibl. d. dtsch. Reichstages. Berl. 1882.) (RASS) (ADB 46. 388) (Erman & Horn, Bibl. d. dtsch. Universitäten. 2. Leipz. u. Berl. 1904.)

—— aus alter und neuer Zeit von einem alten Münsteraner. 8. (VI, 256 S.) Münster 886, Verlag des „Westfäl. Merkur". *

— aus der Zeit vor dem Dorpater Brande, am 25. Juni 1775. 8. (41 S.) Dorpat 874. Schnakenburg. n. — 50

—— aus früherer Zeit. 4 kleine Novellen. 8. (III und 70 S.) Hamburg 865, (Agentur des Rauhen Hauses.) *

Erinnerungen an traurige Zeiten. 2. Heft. Erlebnisse und Zusammenstellungen eines 50jährigen. Luzern, Buchdruckerei Bucher. 64 S. 8.

Erinnerungen an traurige Zeiten. Luzern 1876—78. V: *Wapf, Anton.* (Cat. d. Stadtbibl. Zürich. Zürich 1864—97.) (ZUWZÜR)

—— an Heinr. Wilh. v. Zeschau, königl. sächs. Generalleutnant und Staatssecretair rc. 2. Aufl. 8. (IV und 99 S.) Dresden 866, Burdach. *

Erinnerungen an den Grafen [Nik. Ludw.] von Zinzendorf. Berlin 1828. V: *Schrautenbach, C. F. v.* Vgl. Oettinger. Bibliogr. biogr. 1854, Sp. 1938. (DARP)

—— an d. Grafen Z i n z e n d o r f. (Bei Gelegenheit seines neuesten, v. F. Lehmann gestoch. Bild.) 8. (7 B.) Berlin 823, Maurer.

— an den Grafen v. Z i n z e n d o r f. 8. Berlin 828, jetzt Heymann. 1/2 ß

— f. meine Z u h ö r e r, s. a. K i n d.

Erinnerungen für meine Zuhörer aus dem Lehrcurs 1811 ... Stuttgart 1812. H: *Kind, B. Frdr.* (MGT)

—— zwei heilſ., an Jul. Sempr. G r a c c h u s, welcher d. Geistlichen zum Heirathen ermuthigt. 8. (1 B.) Coblenz 831, Hergt.

Erinnerungen und Zweifel gegen die Brauchbarkeit des Hannöverischen Landeskatechismus. Giessen 1793. V: *Snell, Johann Peter Ludwig.* (KY) (MGT) (STRI)

— u. Zweifel gegen d. Brauchbarkeit d. Hannöv. Landeskatechismus, (v. J. P. L. Snell). 8. Gießen 793. Heyer. 1 gl.

E r i n n e r u n g e n an (Ulrich) Z w i n g l i. Njbl. Zürich s. a. [V ö g e l i n, Anton Salomon].

Erinnerungen an Zwingli. Zürich [1865]. V: *Vögelin, Anton Salomon.* (Cat. d. Stadtbibl. Zürich. Zürich 1864—97.)

Erinnerungs-Album. 1870. 1871. 2. Aufl. gr. 16. (50 S. m. eingedr. Holzschn. u. 24 Holzschntaf.) Zittau 871. Horn. n. — 75

Erinnerungs-Album. Eine Familienchronik. Ein Gedenkbuch für Verlobte und Neuvermählte. 11. 4. (84 S.) Berlin 885, Dressel's Verlag. **

Erinnerungs-Album an Reichenhall und Berchtesgaden mit 16 feinen Stahlstich-Ansichten. qu. 4. Salzburg 860, Baldi. *

Erinnerungs-Album, erfurter, an den 21. und 22. Aug. 1852. (1802—1852.) gr. 8. (IV und 66 S.) Erfurt 852, (Keyser'sche Buchh.) *

Erinnerungs-Almanach, täglicher, historisch-politischer. Eine Taschenbibliothek der wissenswürdigsten Ereignisse aus 27 Jahrhunderten. 8. Leipzig, Baumgärtner. 817.

. *Lieber, Aug.*: Erinnerungsblatt. [Weimar 1850.] 8 Bl. 8⁰ [Umschlagtit.] Bericht der Trauerfeier für A. Lieber, Gedächtnisrede von T r ö b s t. 146.

E r i n n e r u n g s b l a t t zum Andenken an Professor Dr. Karl Dändliker, 1849—1910. Zusammengestellt von Richard Frei, Zürich. [Mit 1 Porträt-Tafel.] 24 S. 8. (Zollikon bei Zürich, Verlag: Pressbureau «Ipf», [1910].) fr. —. 90

Erinnerungsblatt an 18. August 1863. Nach C. Langl's Original-Composition photogr. Wien, Kunst- und Industrie-Comptoir von Gustav Jägermayer. 1863 4. auf Carton 1 fl.

Erinnerungsblatt zum 10jähr. Bestehen des Turnvereins „Frisch auf" in N e u b r a n d e n b u r g, 4. 3. 1900, Neubrandenburg 1900, 8 S., 8⁰.

[Kopft.:] Erinnerungsblatt an das zwanzigjährige B e s t e h e n der Sonntagsschule der Marienkirche [in Halle]. 15. Sonntag nach Trin. '(9. Sept. 1877 bis 26. Sept. 1897.)' *(Halle a. S.: Plötz'sche Buchdr. 1897.)* (4 S.) 1 Bd 4.(2.) [97. 6047 H.

— für Besucher d. Grafschaft Glatz u. deren Umgegend. Bresl., (Hentze). schwarz 16 gl. ill. 2 ß

Erinnerungsblatt für Besucher d. Riesengebirges. Bresl., (Hentze). schwarz 16 gl. ill. 2 ß

E r i n n e r u n g s b l a t t zum dritten deutschen Bundesschiessen in Wien 1868. In Tondr. lithogr. gr. Fol. Wien 868, Hartleben's Verlag.

Erinnerungsblatt, e., an die Einweihung der Evangelischen Garnison-Kirche zu Spandau am 16. März 1890. gr. 8. (17 S.) Spandau 890, Neugebauer. * — 25

Chicago's Schiller Denkmal. Erinngsblatt z Enthüllungsfeier am 8. Mai, 1886. Ed: Carl Härting. Publ: Th. Gerbracht. Chi. 1886.

Erinnerungsblatt an die Enthüllungsfeier des Monumentes im Strubpasse. Kitzbühel 1887. V: *Vordermayr, Peter.* (Margr)

Erinnerungs-Blatt an die Eröffnung des Winter-Betriebes der Vitznau-Rigi-Bahn 1906-07. Rigi-Bahn...—Wintersport. [Illustriert.] [IV + 16 S.] quer-8. (Luzern, H. Keller, [1906].)

Erinnerungsblatt an die Feier der Einweihung des neuen Tempels zu der Loge Lessing zu den 3 Ringen im Or. Greiz am 22. Jan. 1880. Leipzig 1880: Findel. 21 S. 8⁰ [Umschlagtit.]
Aus: Bh. 23 (1880) S. 57—58, 67—71.
Tt. 2000. Bericht mit Angabe des Rituals von Th. Zopf. Festrede von ebendemselben. 430.

[F.] Ein Erinnerungsblatt an den von der Erlanger Studentenschaft z. Wiederkehr d. 100. Geburtstages Kaiser Wilhelm I. . . veranst. Fest-Commers. *Erlangen: F. Junge 1897.* (25 S., 4 Portr.) 1 Bd 8.

Erinnerungs-Blatt an Se. königl. Hoheit Prinz Friedrich Carl v. Preussen, Generalfeldmarschall. Fol. (3 S. m. Portr.) Leipzig 885. Milde. — 25

Erinnerungsblatt an den 100jährigen Geburtstag Friedrich Fröbels. Fol. (6 S. m. eingedr. Holzschn.) Leipzig 882. Weltpost-Verlag in Comm. n. — 30

Erinnerungsblatt an das 25jährige Geschäftsjubiläum der Fuldaer Actiendruckerei in Fulda im Dezember 1898. *(Fulda:) Dr. d. Fuld. Actiendr. (1898).* (42 S.) 1 Bd 8.

Erinnerungsblatt für Gustav Falk's Gönner und Freunde. Riga 1818. V: *Brosse, Friedrich Christoph.* (R-N)

Erinnerungsblatt an die Hauptversammlung der schweizerischen Offiziersgesellschaft in Zug den 13., 14. und 15. August 1904. [4 S.] fol. (Zug, Rey & Kalt.)

— fur Herren u. Damen f. 1808. 8. Brschw. Vieweg.

— für d. Jahr 1809. z. Gebrauch in den Russisch-Kaiserl. Staaten. Riga, Meinshausen.

— f. das Jahr 1810. 8. Braunschw. Schulbuchhdl.

— fur d. Jahre 1807—10. 8. Ebendas. (807. 20 gr. 8. 9. u. 10. à 1 Rthlr.)

Erinnerungsblatt an das Johannisfest 1843. [Unterz.:] —l. [Weimar: 1843.] 1 Bl. 4⁰ [Kopftit.]
Gedicht: „Noch einmal holde Schwestern, seid gegrüsst, . . .“ 446.

ERINNERUNGSBLATT an das Irrhainfest am 5. Juli 1876. Nürnberg 1876. — 8⁰.

Erinnerungs-Blatt an die Jubelwoche Alt-Heidelbergs. Sep.-Beilage der Neuen Bad. Landeszeitung. Redact.: Adph. Zahn. Fol. (8 S. mit Holzschn.) Mannheim 886, (Bensheimer's Verlag.) *

Erinnerungsblatt an die 50jährige Jubiläumsfeier der Vincke'schen Provinzial-Blinden-Anstalt zu Paderborn am 6. Okt. 1897. (Paderborn. 1897.) Bei: Die Vincke'sche Provinzial-Blindenanstalt für Westfalen etc. v. F. W. Woker.

Erinnerungsblatt an die 50jähr. Jubiläumsfeier der Vincke'schen Provinzial-Blinden-Anstalt zu Soest am 5. Okt. 1897. (Soest. 1897.) 4⁰.

— an d. Kirschfest in Naumburg an d. Saale. Lithogr. in qu. gr. Fol. Mit d. Zugabe: Zum Andenken an d. Feier d. 400jähr. Jubiläums d. Kirschfestes zu Naumburg. 8. Leipz. u. Naumb. 832. Franke. 16 gr

Erinnerungsblatt an die erste heil. Communion. 1 Blatt mit Bildern u. Text in Gold- u. Buntdruck. gr. 4. Aachen 846, Wengler.

Erinnerungsblatt an die Körner-Feier in Pest am 26. Aug. 1863. Hrsg. von dem Festcomité. gr. 8. (16 S.) Pest 863, (Gebr. Lauffer.) *

Erinnerungsblatt an d. Lutherkirche in Apolda. gr. 8. (16 S.) Apolda 864. R. Birkner. — 80

Erinnerungsblatt an die Restauration der St. Oswaldskirche in Zug, 1866. Zug 1866. V: *Keiser, Carl Albert.* (Bibliogr. d. Schweiz. Landeskunde. Bern 1892 ff. V. 10 e.)

Erinnerungsblatt an das 150jährige Stiftungsfest der St. Joh. ☐ Minerva z. d. 3 P[almen] i. O. Leipzig. Den gel. BBr zur Jubelfeier am 21. und 22. März 1891 gewidmet von M. W[ilh.] Honoré H. H. Reclam. F. J. Wezel. H. A. Brachmann. Th[eod.] Plenge. M. Krause. H. O. F. Settegast. [Max] Hesse. [Leipzig 1891: Hesse & Becker.] 23 S. 1 Taf. 8⁰
[Umschlagtit.:] Festgabe zur Feier des 150jährigen Stiftungsfestes der Loge Minerva zu den drei Palmen am 21. und 22. März 1891.
Enth. eine Zsstellung geschichtl. Daten der Loge von 1741—1891.

Erinnerungsblatt an die fröhlichen Tage des ersten österr. Sängerfestes in Krems, Stein u. Mautern am 29. u. 30. Juni 1861. Den Theilnehmern und Freunden des Festes gewidmet. Gezeichnet und lithogr. von V. Katzler. Tondruck in kl. Fol. Wien, Fr. Förster & Brüder. 1861 50 kr.

Erinnerungsblatt an die Vermählungsfeier Sr. k. Hoh. des Erbgroßherzogs Nicolaus Friedrich Peter von Oldenburg mit der durchl. Prinzessin Elisabeth Pauline Alexandrine von Sachsen-Altenburg und den feierl. Einzug des hohen Paares in die Residenzstadt Oldenburg. gr. 8. (137 S. mit 1 Stnt.) Oldenburg 832, Stalling. *

Erinnerungsblatt, welthistorisches, s. Wedekind.

Erinnerungsblatt an die Wieder-Eröffnung des Naturhistorischen Museums zu Hamburg im neuen Gebäude am Steinthorwall am 17. September 1891. Hamburg. 1891. 8⁰.

Erinnerungsblatt zur 100. Wiederkehr des Todestages Friedrich Schillers am 9. Mai 1905. Gewidmet z. Feier in Bad Lauchstedt 1905. Bad Lauchstedt 1905: A. W. Hellig. (2 Bl.) 2⁰ [Kopft.]

Erinnerungsblätter. Eine Samml. v. Erzählungen u. Novellen. Hrsg. v. Andr. Schumacher u. Bern. Jäkle. 1—4. Bdchn. 16. Wien, (Kaulfuß Wtwe., Prandel u. Comp.) à Bd. ½ Thlr.
A. u. d. Tiln.:
Bdchn. 1. Das Ende eines Dichters. Erzähl. v. Andr. Schumacher. (5¾ B.)
" 2. Das Duell. Erzähl. v. Bern. Jäkle. (6⅜ B.)
" 3. Das Vokalquartett. Humorist. Lebensbild v. Joh. Heinr. Mirani. (2½ B.)
" 4. Ehrgute. Erzähl. a. d. ersten Zehntel d. 15. Jahrh. v. Will. Fitz-Berth. (6¾ B.)

— Eine Sammlung von Erzählungen und Novellen. Herausg. von Andr. Schumacher u. Bern. Jäkle. 1s Bdchn. A. u. d. T.: Das Ende eines Dichters. Erzählung von Andr. Schumacher. 16. Wien 839. Kaulfuß's Wittwe u. Kugler. ½ ₰ — 2s u. 3s Bdchn. A. u. d. T.: Das Duell. Erzählung von Jäkle. — Vokalquartett. Humorist. Lebensbild v. Jh. Hnr. Mirani. 16. Ebd. 839. 1 ₰ — 4s Bdchn. A. u. d. T.: Ehrgute. Erzählung aus dem ersten Zehntel des 15. Jahrh. von Will. Fitz-Berth. 16. Ebd. 839. ½ ₰

Erinnerungs-Blätter. Rühmliche Waffenthaten, welche von Chargen und Mannschaften der k. k. Artillerie in dem Doppel-Feldzuge des Jahres 1866 vollführt worden sind. Ein Lesebuch für die Mannschaft der k. k. Artillerie. kl. 8. Wien 1867.

Erinnerungs-Blätter. hoch 4. (51 Blatt.) Chemnitz 880. Bülz. geb. m. Goldschn. 6. —

Erinnerungs-Blätter. Sammelbuch f. allerhand Zeitungs-Ausschnitte. gr. 4. (III, 16 u. 96 S.) Leipzig 889. Heitmann. geb. n. 3. 50

— hrsg. vom Verein früherer Schüler der Friedrich-Wilhelms-Schule zur Feier seines zehnjährigen Bestehens u. d. fünfzigjährigen Jubiläums der Friedrich-Wilhelms-Schule. gr. 8. (VII, 93 u. 9 S. m. 1 Portr.-Taf.) Stettin 890. (Dannenberg.) n. 2. —

Erinnerungsblätter. Separat-Abdruck aus den Berichten der „Akademischen Lesehalle" an der k. k. Franz Josefs-Universität in Czernowitz. I. Grillparzer-Feier. 1891. II. Schuler-Libloy-Jubiläum. 8. (42 S.) Czernowitz: Pardini * —.40

Erinnerungs-Blätter. [Aus: „Berichte der akadem. Lesehalle an der k. k. Franz-Josefs-Universität in Czernowitz".] gr. 8. Czernowitz 894. H. Pardini. n. — 70
I. Grillparzer-Feier, 1891. — II. Schuler-Libloy-Jubiläum, 1892. (42 S. m. Bildnis.)

Erinnerungs-Blätter. Ein Album zum Einschreiben f. d. Freunde u. Gäste d. Hauses. (Neue Aufl.) hoch 4. (III S. u. 50 Blatt.) Chemnitz 896. M. Bülz.
Geb. in Leinw. m. Goldschn. 6. —

Erinnerungs-Blätter an den 50jähr. Bestand der Firma C. G. Grossmann (Bandfabrik), Grossröhrsdorf. (1850—1900.) — (Leipzig, Dresden 1900: Meisenbach, Riffarth & Co.) 37 S. quer-8"

Erinnerungsblätter an die Beteiligung und den Sieg der Schweizer-Schützen am 1. Argentinischen Bundes-Schiessen in Buenos Aires, 18. bis 31. Oktober 1903, und am 7. Internationalen Gewehr-Match, 30. und 31. Oktober 1903. 24 Original-Aufnahmen in Autotypie-Druck [Tafeln] nebst einem Begleitwort (*Umschlag:* Die Reise der Schweizer Weltmeisterschützen nach Argentinien 1903. Buenos Aires. Photogr. Aufnahmen v. E. Blom). [Mit Noten und illustr. Umschlag.] 27 S. quer-kl.-4. Buenos Aires, E. Blom, Photograph (Druck Jacobo Peuser), [1904]. ($3. — m. l. [fr. 5. —])

Erinnerungsblätter, Hrn. Geh. Kommiss.-R., Hof-Pianoforte-Fabrikanten Wilh. Biese gewidmet bei Gelegenheit der Fertigstellg. d. 15,000 Instrumentes v. seinen Freunden. gr. 8. (29 S. m. Portr.) Berlin 884. R. Pohl. n. 1. 35

Erinnerungsblätter an das 1150jähr. Bonifatius-Jubiläum in Fulda vom 4.—11. VI. 1905. Hrsg. im Auftrage des Komitees. (VI, 232 S. m. 29 Abbildgn.) 8. Fulda 906. Fuldaer Actiendruckerei. n. 1. 80

Erinnerungsblätter an Frh. v. Reinhard von Dalwigk. Mainz 1881. V: *Biegeleben, Arnold von.* (Hdschr. Mitth. von Prof. Dr. Heinrich Ritter von Srbik Wien.)

— an Freiherrn Reinhard von Dalwigk zu Lichtenfels. Eine Lebensskizze von einem alten Diplomaten. Mit dem (Lichtdr.-)Bildniß des Frhrn. v. Dalwigk. gr. 8. (175 S.) Mainz 881. Kirchheim. n. 2. 20

Erinnerungs-Blätter aus e. Dichtermappe. Ein Willkommen dem siegreich heimkehrenden „eisernen" 94 Regimente „Großherzog v. Sachsen". gr. 8. (14 S.) Eisenach 871. Baerecke. n. — 20

Erinnerungs-Blätter an das vierzigjährige Dienstjubiläum des Johann Klima ... Wien [1893]. V: *Janota, Gustav & Emanuel Brezina.* (EB)

Erinnerungsblätter an das goldene Ehe-Jubiläum Sr. Excellenz des Staatsministers a. D. und Abgeordneten Herrn Dr. L. Windthorst und Frau Julie, geb. Engelen. gr. 8. (56 S. mit dem Portr. des Jubilars.) Hannover 888, Weichelt. *

— an das dem Herrn Polizei-Präsidenten Carl Ludwig Friedrich v. Hinckeldey am 29. Jan. 1853 von Einwohnern Berlins veranstaltete Ehrenfest. Mit dem (lith.) Bildniß des Herrn Präsidenten u. 1 (lith.) Abbildg. seines Geburtsortes Sinnershausen in Sachsen-Meiningen. Berlin 853. Hayn. Lex.-8. (35 S.) nn. 20 ngr

Erinnerungsblätter an die festliche Einweihung der neuen Bürgerschule zu Meißen am 16. und 17. Septbr. 1857. gr. 8. (82 S. mit 2 Stnt. in Tondr.) Meißen 858. Mosche.

Erinnerungsblatter zur Einweihungsfeier des ([Johann] Heinrich) Pestalozzi-Denkmals in Zürich. Zurich s. [Hardmeyer-Jenny, Jacob].

Erinnerungs-Blatter zur Einweihungsfeier des (Ulrich) Zwingli-Denkmals in Zürich. Hrg. vom Denkmal-Komite. 2 Hefte. 8. Zürich 1885.
Heft 1 (Zwinglis Lebensbild — Geschichte des Zwingli-Denkmals. [Mit 2 Portrat-Tafeln])
Heft 2 (Die Einweihungsfeier des Denkmals — Festreden und Festgedichte — Rechnungs-Auszug.)

—— zur Einweihungs-Feier des Zwingli-Denkmals in Zürich. Hrsg. vom Denkmal-Komité. 1. und 2. Heft. 8. (60; 45 S. mit 2 Taf.) Zürich 885, (Meyer und Zeller.) *

—— an die Eröffnung des Museums zu Weimar und an die Prellerfeier. gr. 4. (31 S.) Weimar 869, (Böhlau.) (* 60 Pf.)
Aus: Weimarische Zeitung, besonders abgedruckt.

Deutscher Krieger-ver v Chi. Erinngs-blätter an die Excursion d Dten Kriegervers v Chi, z 25jhr Sedan-feier in Berl u Lpz am 2. Sept 1895. Chicago. 1895.

— a. d. Feier des 25jährigen Bestandes d. landwirthschaftl. Lehranst. Francisco-Josephinum u. deren Zweiganst. in Mödling 2.—4. Octbr. 1894. Lex.-8. (III, 39 S.) Mödling 895. (Wien, W. Braumüller.) n.n. 1. —

Erinnerungsblätter zur Feier der Enthüllung des Denkmals für Carl Maria von **Weber** in seiner Vaterstadt Eutin am 1. Juli 1890. Eutin. 1890. 8°
Ist ein unveränderter Abdruck v. Adolph Kohut: Weber-Gedenkbuch, Reudnitz-Leipzig. 1887. 8°

Erinnerungsblätter an die Feier des 27. Februar 1854 in der ger. u. vollk. Loge zu den drei Sternen im Or. zu Rostock. Eine Brudergabe aus der genannten freien Werkstätte. Rostock 1854. H: *Polick, Aug. Fch.* (wolfstieg I, 629)

Erinnerungsblätter an die Feier des 27. Febr. 1854 in der Loge z. d. 3 Sternen im Or. zu Rostock. Eine Brudergabe. Rostock, Druck v. Behm. 1854. 8. 29 S. Herausgegeben von A. F. Polick.

Erinnerungs-Blätter an die Feier von Schiller's 100jähr. Geburtstag am 10. November 1859. 1. Heft. Weimar 860. Kühn. qu. 16. (6 Holzschntaf.) n. 5 ngr

Erinnerungs-Blätter an die Feier der goldenen Hochzeit ... Herrn Johann G. Mahl ... gewidmet. [Bruneck 1899.] V: *Guttmann, Julius.* (margr)

Erinnerungsblätter an die Feier des 50jähr. Maurer-Jubeltages des Br. A. F. Polick in der ger. und vollk. St. Johannis-Loge zu den 3 Sternen in Or. Rostock am 31. März 1874. [Rostock 1874]: Behm. 18 S. 8° [Umschlagtit.]
Tt. 1999. Bericht. Festrede von F. Bunsen. Nebst 3 Liedertexten u. 1 Gedicht. 193.

Erinnerungsblätter an die Feier des 50 jähr. Maurer-Jubeltages des Br. A. F. Polick in der Loge z. d. 3 Sternen in Rostock am 31. März 1874. Rostock. Druck v. Rehm. 1871. S. 18 S.
Enthält den Festbericht, eine Rede von Banan und fünf Gedichte.

1870–1910. **Erinnerungs-Blätter** an den Feldzug 1870/71. (Berlin: Verl. d. Vereinigung ehemal. Einjährig-Freiwilliger 1910.) 70 S. 4° [Umschlagt.]
('Die Schnur' Fest-Nr.) (10. 1911)

Erinnerungsblätter an die Festfeier zu Maria Loreto bei St. Andrä im Lavantthale im Jahre 1894. Klgft., St. Josefs-Druck., 1894. 46 S.

Erinnerungsblätter an das Festspiel der Basler Bundesfeier 1901; nach Aufnahmen von C[onrad] Ruf, Basel, in Lichtdruck ausgeführt von H(enri) Besson; Einbanddecken nach Entwurf von Burkh[ard] Mangold (**Umschlag*: Album zur Erinnerung an die Basler Bundesfeier 1901; mit Genehmigung des Organisationscomites hrg. von Henri Besson, Lichtdruckanstalt, Basel). II S. + 28 Tafeln. quer-fol. Basel, H. Besson. [geb. fr. 12. —]

— schlesischer Geschichte. I. Oels unter den Piasten. gr. 4. (14 S.) Oels 876. Grüneberger & Co. — 75

ERINNERUNGSBLÄTTER DER MATHEMATISCHEN GESELLSCHAFT ZU JENA. Den Mitgliedern derselben gewidmet von HERMANN SCHÄFFER.
Sammlung (1)—4. (Mit 1 Tafel.) Jena 1859—1870. 8°.

Erinnerungsblätter an den Heimgang des Ehrenkreisvertreters Professor Woldemar Bier, Dresden 1906, 31 S., 8°.

Erinnerungsblätter an den Basler Hof und das Haus zum Vogel Strauss in Frankfurt am Main. [Frankf. a. M.] 1897. V: *Pallmann, Hnr.* & *Rud. Jung.* H: *Bethmann, Sim. Mor. v.* (Berl)

Erinnerungsblätter des oldenburgischen Infanterie-Regiments No. 91 aus dem Kriege 1870—71. Oldenburg 1873. V: *Dincklage, G.* (Pr) (Ky)

— des Oldenburgischen Infanterie-Regiments No. 91 aus dem Kriege 1870/71. (v. G. Dincklage.) hoch 4. (15 Photogr.) Oldenburg 873. Schulze. In Mappe. n. 18. —

— zur 500jährigen Jubelfeier der Heiligsprechung der schwedischen Seherin u. Ordensstifterin St. Birgitta, gewidmet v. Verehrern der Heiligen aus Bayern u. Schwaben. 12. (77 S.) Augsburg 891. Literar. Institut v. Dr. M. Huttler. n. — 80

Erinnerungsblätter an die goldene Jubelfeier des Bonifatius-Vereins am Grabe d. hl. Bonifatius zu Fulda am 23. u. 24. VIII. 1899. 8. (48 S. m. Abbildgn.) Fulda 899. Fuldaer Actiendruckerei. n. — 20

Erinnerungsblätter an das 500jähr. Jubelfest des Lyceums zu Hannover und die 50jähr. Dienstjubelfeier des Directors Grotefend am 2. Febr. 1848. gr. 8. (IV und 115 S.) Hannover 848, Hahn'sche Hofbuchh. *

Erinnerungsblätter an das 50jährige Jubiläum der Gründung der deutschen Burschenschaft am 14., 15. und 16. Aug. 1865. Redact.: Wilh. Fischer. 6 Nrn. ($\frac{1}{2}$ Bog.) 4. Jena 865, (Doebereiner.) *

Erinnerungsblätter, dem 15ten July 1827 ... geweihet von G .... H ..... O. O. [Hannover] u. J. 32 S. V: *Harrys, Georg.* (DARP)

Erinnerungsblätter für Knaben und Mädchen, welche aus der Elementarschule entlassen werden. 8. Trier 834. Lintz. (à $\frac{1}{12}$ ℛ) $\frac{1}{6}$ ℛ

Erinnerungsblätter an die erste heil. Communion für römisch-katholische junge Christen von einem römisch-kathol. Priester des Bisthums Ermland. qu. gr. 8. (100 lithogr. Bl.) Braunsberg 855, Beyer's Buchh.

— der kirchlichen Konferenz in Mecklenburg-Strelitz, anläßlich ihres 25jähr. Bestandes hrsg. v. e. Mitgliede des Vorstands-Ausschusses. (35 S. m. 2 Bildn.) gr. 8. Neubrandenburg 903. C. Brünslow. n. — 60

Erinnerungsblätter an d. Konfirmation. Mit Geleitswort v. Karl Teupser. (24 Bl. m. Titelbild.) gr. 8. Leipzig (904). J. C. Bösenberg. Geb. in Leinw. m. Goldschn. 2. 50; in Ldr. m. Goldschn. 3. 50

— an den österreichischen Krieg 1866 u. Führer üb. die böhmischen Schlachtfelder v. R. R. gr. 8. (24 S. m. 1 Karte.) Breslau 890, [Preiser]. * — 50

Erinnerungs-Blätter an das Crucianerfest am 1. u. 2. Mai 1891. gr. 8. (VIII, 41 S.) Dresden 891. (Warnatz & Lehmann.) n.n. — 75

— an die deutsche Kunst-Ausstellung Dresden 1899. Unter Mitwirkg. v. Ferd. Avenarius, Paul Schumann, Rich. Stiller u. Ernst Arnold hrsg. als Sonderausg. der Wochenschr. „Dresdener Kunst u. Leben". qu. gr. 8. (48 S. m. Abbildgn. u. 12 Taf.) Dresden 899. Lehmann'sche Buchdr. u. Verlagsbuchh. n. 2. —

— aus verschiedenen Ländern, s.: Trösteinsamkeit, katholische.

— aus dem Leben u. Künstlerwirken d. Frau Amalie Haizinger, geb. Morstadt. gr. 8. (17 B. mit vielen Vign. u. col. Titvign.) Carlsruhe 836, Marx'sche Buch- u. Kunsth.

Erinnerungsblätter aus dem Leben Luise Mühlbachs, hrsg. v. Thea Ebersberger, s.a. Napoleon I.

— aus dem Leben Luise Mühlbach's. Gesammelt u. hrsg. v. ihrer Tochter Thea Ebersberger. gr. 8. (XVII, 307 T. m. 1 Bildnis.) Leipzig 902. H. Schmidt & C. Günther. n. 5. —; geb. n.n. 6. —

— an die 17. deutsche Lehrerversammlung zu Cassel am 4., 5. und 6. Juni 1868. 5 Hefte. gr. 8. (LXXII, 142 S.) Cassel 868, G. Luckhardt's Buchh. à Heft 50 Pf.

— dass. — Gesammelte Aufsätze und Reden. 2. Aufl. gr. 8. (LXXVI, 142 S.) Ebendas. 869. *

Erinnerungsblätter f. gebildete Leser aus allen Ständen. 3 Bde. auf 1813, 14 u. 15, m. K. 8. Zwickau, Gebrüd. Schumann. (à 2 Rthlr. 8 gr.)

Erinnerungsblätter für gebildete Leser aus allen Ständen. Eine fortlaufende Chronik unserer Zeit. Mit Kupfrn. Jahrg. 1816 — 821. 8. Zwickau, Schumann. à Jahrg. 2 Rthlr. 8 Gr.

Erinnerungsblätter f. gebild. Leser aus allen Ständen. Jahrg. 822 — 26. 8. Zwickau, Schumann. à 2 Rthlr. 8 gr.

— dess. Fortsetzung, s. Biene.

— für gebildete Leser aus allen Ständen. Herausg. v. J. Schumann. 1r Jahrg. 1832 (Mai — Dec.) 52 Nummern. Mit d. Beilage: Allgem. Conversations-Lexikon nach Ersch, Krünitz, dem Leipziger u. Rheinischen Conversations-Lexikon u. and. ält. u. neuern in- u. ausländ. Hülfsquellen bearbeitet u. herausg. v. e. Gesellschaft vaterländ. Gelehrten. Erste Originalausgabe. (Hiervon erscheint wöchentl. 1 Bog. in gr. 8.) Berl. 832. Expedition. (Leipz., Zirges). 2 ℛ 4 gr

Erinnerungsblätter f. gebild. Leser a. allen Ständen. Hrsg. v. J. Schumann. 1—3. Jahrg. 1832—34. à 52 Nrn. (B. in 8.) Mit d. Beilage: Allgem. Conversationslex. nach Ersch, Krünitz, d. Leipziger u. Rheinischen Conversations-Lex. u. and. älteren u. neueren in- u. ausländ. Hülfsquellen bearb. u. hrsg. v. e. Gesellsch. vaterländ. Gelehrten. Erste Originalausg. gr. 8. Berlin, [Lewent.] [832, 33. à 2 Thlr. 4 Gr., 34. 3 Thlr. 6 Gr.]

— für gebild. Leser aus allen Ständen. 4. Jahrg. 1835. Redig. v. Joh. Sachs. 52 Nrn. (Bog.) Mit d. Beil.: Allgem. Conversationslexikon rc. 104 Bog. Mit Abbild. 8. Berlin, Lewent.
1—3. Jahrg. 1832—34. Ebendas. 7 Thlr. 14 Gr.

Erinnerungsblätter für gebildete Leser aus allen Ständen. Red. von A. Cohnfeld. 1.—3. Jahrg. 1841—1846. Mit 12 Kunstblätt. gr. Lex.-8. Berlin, Bade. 1. 2. J. à n. 2 ℛ 3. J. n. 1 ℛ 18 gr

—— dass. Red. von Demj. 3. Jahrg. 1846. 52 Dopp.-Nrn. (Bez.) Berlin, Sittenfeld. *

Erinnerungs-Blätter an die Leyden-Feier im April 1902. (Vorr.: Ernst v. Leyden.) *Berlin: A. Hirschwald 1902.* (XXXIV, 131 S.) 8° [illegible]

Erinnerungsblätter an den am 16. März 1900 verstorbenen Generalvikar und Domdechanten Dr. Clemens Lüdtke f. s. Freunde u. Verehrer zsgest. von einem seiner Schüler. Danzig: Boenig (1900). 16 S. 8° [illegible]

—— malerische, an d. Rhein. Eine Samml. d. schönsten Ansichten v. Mainz bis Coeln. Nach Orig.-Zeichn. mehr. Künstler, in Aquatinta ausgef. v. J. J. Weber. Hrsg. v. C. Jügel. qu. Fol. (15 Bl. u. so viele Bl. Text in deutscher u. franz. Sprache, u. verzierter Tit.) Frankfurt a. M. 830, Jügel. Chines. Pap. 6 Thlr. 20 Gr., col.

— an Ostseebad Misdroy. 12. (12 Phototyp.) Berlin 895. (Misdroy, R. Schück.) In Leinw.-Decke n.n. 2. —

—— an Nürnberg und dessen Umgegend aus alter und neuer Zeit. Aus dem Nachlasse der Brüder Geo. und Chrph. Wilder nebst Beiträgen von mehreren anderen nürnberger Kupferstechern. Mit erklärendem Texte. gr. 4. (19 Kpfrt. mit 4 S. Text.) Nürnberg 861, Zeiser. **

Erinnerungs-Blätter an Jean Paul, dessen Leben und Heimgang in Bayreuth. qu. gr. 4. (5 lithogr. Blatt.) Bayreuth 861, Giessel. Thlr. *
Einzelne Bl. *

— vom goldenen Priesterjubiläum des hochwürdigsten Hrn. Dr. theol. Johann Evang. Pruner, Hausprälat Sr. Heiligkeit, Dompropst u. Professor der Pastoraltheologie am bischöfl. Lyceum in Eichstätt, gefeiert am 26. IV. 1899. gr. 8. (59 S. m. 1 Bildnis.) Eichstätt 899, Ph. Brönner. n. — 60

— an das 25jährige Regierungsjubiläum Sr. K. H. des Großherzogs Karl Friedrich von Sachsen-Weimar-Eisenach am 15. Juni 1853. Weimar 853. Böhlau. gr. 8. (1 Bl., 86 S.) n. 10 *ngl*

— an die Reise nach Oberammergau im Passionsspielj. 1900. qu. gr. 8. (31 S. m. Abbildgn.) München (900). (C. Andelfinger & Co.) — 50

—— an den sel. Heinr. Richter, zuletzt Pfarrer in Bacharach am Rhein. Gesammelt aus seinem schriftl. Nachlaß. 16. (156 S.) Barmen 862, Bertelsmann. cart. mit Goldschn.

— aus Riesengebirge. Ein Führer für Badegäste u. Reisende. (In 15 Hftn.) 1. Heft. Warmbrunn u. seine nächsten Umgebungen mit 12 Ansichten und Erläuterungen. qu. gr. 16. (12 lith. Taf. u. Text.) Hirschberg 844, Lucas. n. 1/3 ₰ — col. n. 1 2/3 ₰

Erinnerungsblätter an P. Roh, S. J. Konferenzen, gehalten in den von dem Verstorbenen geleiteten Männerexercitien zu Aachen. 8. (103 S.) Regensburg 886, Verlags-Anstalt.

Erinnerungs-Blätter an Wolfgang Amadeus Mozarts Säkularfest im September 1856 zu Salzburg. Mit dem Facsimile einer musikalischen und brieflichen Handschrift W. A. Mozart's. Salzburg, 1856. Verlag von M. Glonner. Leipzig. Druck von A. Edelmann. (VIII. 96 S. 8.)

Erinnerungsblätter an Salzburg zur Zeit der Enthüllungsfestlichkeiten des Mozartdenkmals im September 1842. Carlsruhe 1842. V: *Gassner, F. S.* (Liepmanssohn 199/772) (BiblPort)

—— an Salzburg zur Zeit der Enthüllungsfestlichkeiten d. Mozartdenkmals im Sept. 1842. gr. 8. (3½ B., 4 Kpfr. u. 1 Musikbeilage.) Carlsruhe 842, Müller'sche Hofbuchh.
Aus: Zeitschrift f. Deutschlands Musikvereine, besond. abgedruckt.

Erinnerungsblätter aus dem Kloster Sankt Marienberg. Als Ms. gedruckt. Braunschweig [1897]. V: *Veltheim, Luise von.* (Loewe, Bibliogr. d. Hann. u. Braunschw. Gesch. Hann. 1908 S. 332.)

Erinnerungsblätter an Josef Victor v. Scheffel. 2. vermehrte Auflage. gr. 8°. Prag, Calve. Baar. fl. —.40. 1886

Erinnerungsblätter an die Ploener Schillerfeier, den 10. Nov. 1859. Den Festgenossen vom Festcomité. Ploen. 1859. 8°.

Deutsch-Anischer Verband v Kalifornien. Erinngsblätter z Schiller-Gedächtnis-feier ... San Fr. 7. Mai 1905. San Fr. 1905.

Erinnerungsblätter zur hundertjährigen Stiftungsfeier des medizinisch-chirurgischen Friedrich-Wilhelms-Instituts. Mit 2 Taf. Berlin 1895: Mittler. 166 S. 8° [illegible]

Erinnerungsblätter. Technische E' aus Basel und Kurzer Führer durch die Basler Industrie. Den Mitgliedern der Gesellschaft gewidmet von der Basler Sektion [bei Anlass der] 28. Generalversammlung der Gesellschaft ehemaliger Studierender des Eidgen. Polytechnikums 9.—11. Juli 1904 in Basel. [Mit 38 Tafeln, 1 Plan und illustriertem Umschlag.] VIII [+ 36] + 50 S. 8. Basel, Schweighauser, 1904. [cart. fr. 3.—]

. Erinnerungsblätter an die Todtenfeier für die verstorbenen Brüder der Loge „Zur Bruderkette" [in Hamburg] den 10. April 1868. Hamburg [1868]: Kümpel. 12 S. 8° [Umschlagtit.]
Üb. den Tod u. die Unsterblichkeit. 157.

Erinnerungsblätter an den 6. Deutschen Turntag, abgehalten in Dresden vom 25.—27. 7. 1875, Dresden 1876, 8 S., 4°.

—— vaterländische insbesondere akademische, an den Befreiungskrieg. Von einem Freiwilligen vom J. 1813—14. I. Fichte und das Befreiungsjahr 1813. gr. 8. (18 S.) Jena 863, Frommann.
Aus: K. H. Scheidler's Jenaischen Blättern für höhere Jugend- und Volksbildung, besonders abgedruckt.

Erinnerungsblätter an d. Vermählungsf. d. Franz Wilhelm Metz, Turnlehrer, m. Auguste Ravenstein, Tochter d. Dir. d. öffentl. Turnanst. in Frankfurt a. M., 26. 12. 1855, 16 S., 8°.

Erinnerungs-Blätter an den am 5. Aug. 1904 in Frankfurt a. M. verschiedenen Geheim-Rat Prof. Dr. Carl Weigert. Allen s. Freunden gewidmet von Ludwig Weigert, Breslau. Kattowitz [1904]: Gebr. Böhm. (67 S.) 8° [illegible]

Erinnerungsblätter, Zaizoner. Kronstadt 1842—44. V: *Greissing, Jos. von.* (KU)

Zaizoner Erinnerungsblätter. Jg.1842, 1844, gbd.

Kronstadt: typ.Gött 1842 - 1844

JB 2.830

—— Zaizoner. (2 Hefte. 1842 u. 1844. Letzteres mit Titvign.) Lex.-8. (à 1½ B.) Kronstadt 842, 44. (Németh.) à *

Erinnerungsblüthen von 1840. 2. Festgabe . . . Hirschberg 1841. V: *Lischke, Chn Glieb.* (Nent)

Erinnerungsblüten ... z Feier d silbernen Hochzeit d ... Schriftleiters der "Stickelein," Herrn G. W. Spier u seiner Frau Olga. Wash. 1908.

Erinnerungsblüthen vom 50 jährigen Jubiläum der Hochschule Bern. Bern 1884.

Erinnerungsbuch

— academisches, für die, welche in d. Jahren 1787 bis 1817 d. Königsberger Universität bezogen haben. 8. (Berl. 825. Enslin). 1 ₰ 12 *gl*

Erinnerungsbuch für Alle, welche in d. Jahren 1813, 14 u. 15 Theil genommen haben an dem heil. Kampfe um Selbstständigkeit u. Freiheit. Mit e. Auswahl vaterländ. Gedichte. Erste Ausg. auf Schrbp., mit 2 Kpf. u. 11 Schlachtpl. gr. 4. Halle 817. Schlesinger in Berl. 8 ₰ Mit 1 Kpf. u. 11 Plänen 4 ₰ 2e Ausg., auf holländ. Pap., mit 21 Portr. u. 11 Plän. 12 ₰ 3e Ausg., auf Velinp., mit eben so viel Kpf. u. Plän., in Maroquin mit goldn. Schnitt u. silberner Clausur u. einem Schilde 4½ Friedrichsd'or.

Erinnerungsbuch, allgemeines, f. mehrere Jahre brauchbar. 8. München, Zeller. (Nürnb. Riegel u. W. in Comm.) 815. broch. ueb.

— für Christen. 8. Königsb. 788. (Unzer). 16 ₰

—— der wissenswürdigsten Ereignisse, mit 4 Schlacht-Scenen u. 1 Situationsplan v. Raab, nebst vaterländ. Sagen, Gedichten, Anecdoten, Räthseln u. Miscellen rc. 4. (19½ B.) Grätz 840, Kaiser. *

Erinnerungsbuch f. d. Jahr 1841. (Mit kurzem Denkspruch auf jed. Tag u. als Anh. 7 Blätter: Geschichtl. Uebersicht f. alle Tage d. Jahres, od. denkwürd. Begebenheiten ält. u. neuerer Zeit. 16. Zerbst. [Berlin, Trautwein u. Comp.] *

Erinnerungsbuch für das Jahr 1841. 12. Zerbst 840. Kummer. n. ⅚ ₰

Erinnerungsbuch für das Jahr 1842. (Mit einer geschichtl. Uebersicht.) 18. (192 Blätter.) Berlin 841, Trautwein u. Comp. geb. mit Tasche u. Bleifeder n. ⅔ ₰

— f. die Jahre 1811—816. in Taschenfor. Braunschweig, Vieweg. geb. (à 1 Rthlr.)

— tägliches, für Juristen, Kameralisten, Steuerbeamte und alle Geschäftsmänner für das Jahr 1821. Tschnform. Erfurt, Müller. 821.

Erinnerungs-Buch des zur Secular-Feyer an der Nußdorfer-Linie errichteten Standbildes des heiligen Johann von Nepomuk im Jahre 1729 . . . Wien 1829. V: *Trathnigg, Franz & Joseph Graf.* (EB)

Erinnerungs-Buch f. Theater, Concerte u. gesellschaftl. Vergnügen. (2. u. 3. Aufl.) 16. (96 S. m. Ornamenten.) Elberfeld 895 S. Lucas. Geb. in Leinw. 1. 20

Erinnerungs-Büchel an die Einweihung der Standstatue des heil. Johann von Nepomuk im Jahre 1856. Wien 1856. Gedruckt bei A. Pichler's Witwe und Sohn. (8 S. 8.)

Erinnerungsbüchlein, geograph.-statist.-politisches. qu. 8. Kaschau, Wigand. 8 ₰

Erinnerungs-Denkmal an d. bei Einsetzung d. neuerwählten städtischen Behörden in Zittau, Sonnt., d. 15. Juli 1832, stattgeh. Feier. Enthalt. d. v. Cr. Wilh. Friedr. Just u. Karl Friedr. Ed. Schmidt gehalt. Reden u. e. vollständ. Verzeichn. d. Mitglieder d. Stadtraths u. d. Stadtgerichts. gr. 8. (1¼ B.) Zittau 832, [Leipzig, Taubert jun.]

Erinnerungs-Feier, die, des Aufrufs d. Freiwilligen v. 1813, 1814, 1815. Am 25jähr. Jubelfeste zu Berlin d. 3. Febr. 1838. (M. 1 Abbild. d. Tafelschmucks.) gr. 8. (2¾ B.) Berlin 838, Mittler. *

Zur Erinnerungsfeier bei Döberitz. 29. Mai 1903. ([*Berlin: Gr. Generalstab*] 1903.) (2 Bl., 5 Pl.) gr. 2°

Erinnerungs-Feier an August Hermann Francke's Eintritt in das Pfarramt St. Georgen am Sonntage Estomihi 1692, nebst allen gehaltenen Reden u. Ansprachen, hrsg. v. G. Knuth. 8. (III, 79 S.) Halle a. S. 892, Buchh. d. Waisenhauses. * — 80

Erinnerungsfeier, Die 25jährige allgemeine, an die erfolgreiche Landesvertheidigung im Kriegsjahre 1866. [Innsbruck 1891.] V: *Heim, Engelbert.* (Margr)

Erinnerungs- u. Jubelfeier, die 25jähr., des ehemal. mecklenburg.-strelitz. Husaren-Regiments, am Tage d. Aufrufs d. 30. März 1838 in Neustrelitz. Nebst den dabei gehalt. Reden d. Hrrn. Pastoren Milarch, Denzin, Giesebrecht u. Jacobi. gr. 8. (2½ B.) Neubrandenburg, [Brünslow.]

Erinnerungs- und Jubelfeier, die 25jährige, des ehemaligen Mecklenburg-Strelitzischen Husaren-Regiments, am Tage des Aufrufs, den 30. März 1838, in Neustrelitz. Nebst den dabei gehalt. Reden der Pastoren Milarch, Denzin, Giesebrecht und Jacobi. gr. 8. Neu-Strelitz u. Neu-Brandenb. 838. Dümmler. ⅙ ₰

Erinnerungsfeier an die Grenzwacht des Bataillons N° 15. Januar-März 1871. In-8°, 16 S. Aarau, H. R. Sauerländer.

Zur Erinnerungsfeier an Joh. Sebastian Bach's Todestag (28. Juli 1750). (Jena 1850.)

Erinnerungs-Feier an den 100jährigen Todestag Friedrich Schiller's. Mainz, d. 9. Mai 1905. Ansprache d. Oberbürgerm. Dr. [Heinrich] Gaßner am Schiller-Denkmal. Gedächtnisrede von Justizrat Dr. Hermann Horch in d. 'Stadthalle'. (Mainz 1905: K. Theyer.) (26 S.) 4°

Erinnerungsfest

Der Hannoveraner Erinnerungsfest an den Befreiungskrieg von 1813. Hannover 1851. 8°.

Erinnerungsfest, der hannoveraner 25jähr., an d. Befreiungskrieg v. 1813. Gefeiert auf d. rehburger Brunnen am 3. Jul. 1838. gr. 12. (3 B.) Hannover, Hahn'sche Hofbh.

DAS ZEHNTE ERINNERUNGSFEST der Stiftung der Rheinischen Naturforschenden Gesellschaft in Mainz. Mainz 1844. Hofbuchdruckerei von Theodor v. Zabern. 8°.

Erinnerungs-Glöckchen. Fest-Spende zum Jahres-Wechsel 1857 von den Billeteurs des städtischen Theaters in Gratz ihren hochgeehrten Gönnern dargebracht. Druck und Papier von A. Leykam's Erben. (6 S. 8.)
Ein Gedicht.

Erinnerungs-Heft aus dem Confirmanden-Unterricht. gr. 8. (56 S.) Göppingen 864, Bölter.

Erinnerungs-Kalender. Neuwied 855. van der Beeck. (4 Bl. in qu. Fol.) 3 ₰

Erinnerungs-Kalender, des deutschen Michels, s. Michel.

Erinnerungs-Kalender an das 3. deutsche Turnfest zu Leipzig am 1. bis 5. Aug. 1863. 16. (104 S. mit 1 Ansicht der Festhalle in Holzschn. und eingedr. Holzschn.) Leipzig 863, Waldow.

Erinnerungskranz an die Freiheitskriege in den J. 1813, 1814 und 1815 und an die Festfeier am 17. März 1863. Preußens Kriegern dargebracht von C. L. Rautenberg. 8. (172 S. mit eingedr. Holzschn. und 2 Holzschntaf.) Mohrungen 863, Rautenberg.

Erinnerungskränze aus den Annalen der Wiener-Neustadt gewunden. Grätz 1835. V: *Schodl, Carl.* (EB)

Erinnerungs-Kränze aus d. Annalen d. Wiener-Neustadt gewunden, u. allen Menschenfreunden gewidmet v. Verf. d. „Posaunentöne." 8. Grätz 835, Kienreich.

Erinnerungslied nach der Melodie des Preussischen Volksgesanges. Berl. 1819. V: *Zunz, Leopold.* (Koner) (Hitzig)

Erinnerungsmedaille von der Weltausstellg zu Chicago für d. K. Preuß. Kriegsministerium, Med. Abt. Dazu ein Widmungsblatt. 1893. (Im Glaskasten.)

Erinnerungsrede des Todes unsers Erlösers in d. heil. Charwoche. 8. Linz 809. Akad. B. 2 ₰

Erinnerungsschreiben an Hubertum Mosanum. Frankf. a. O. 1691. V: *Masius, H. G.* (Collin, Anonymer. Kiobenh. 1869.) »Copenh. 1691.« (Bruun, Bibl. Danica I, 234.)

Erinnerungsschrift. Spittal a. d. Drau. Spittal a. d. D., Liebl, (1909). Quart. 8 S.

Suomi, Lebensversicherungs-Gesellschaft. Erinnerungsschrift, 1890 bis 1900. Helsingfors 1900.

Erinnerungsschrift zum 25jährigen Bestehen der Elektrotechnischen Abteilung der Maschinenfabrik Esslingen in Cannstatt und der Württembergischen Gesellschaft für Elektrizitätswerke A.-G. in Esslingen. — (Esslingen 1909.) 22 S., 23 Taf. quer-8° 89.

Erinnerungsschrift aus Anlaß des 150jähr. Bestehens des Hauses Stahel in Würzburg im J. 1903. (27 S. m. Abbildgn.) hoch 4. Würzburg (903). Stahel's Verl. n. 2. —

Erinnerungsschrift an die 500jährige Geburtsfeier Joh Gutenberg's zu Nürnberg. Veranstaltet von den Buchdruckern Nürnbergs 1900. (52 S) 4° Nürnberg 1900

Erinnerungsschrift zum Gedächtnisse an die VII. Jahresversammlung der deutschen Ornithologen-Gesellschaft, abgehalten in Halberstadt vom 11. bis 14. Juli 1853. Mit Beiträgen von H. Lichtenstein, L. Reichenbach, J. F. Naumann, G. Hartlaub etc., herausg. von Jean Cabanis. Mit 2 (lith. u.) color. Taf. Cassel 854. Fischer. gr. 8. (4 Bl., 120, 24 S.) n. 1 ₰

— zum Gedächtnisse an die VIII. Jahresversammlung der deutschen Ornithologen-Gesellschaft, abgehalten in Gotha vom 17. bis 20. Juli 1854. Mit Beiträgen von L. Reichenbach, G. Hartlaub, E. v. Homeyer etc., herausg. von Jean Cabanis. Mit 2 (lith.) Taf. (in gr. 8. u. gr. 4.) Cassel 855. Fischer. gr. 8. (CXIV S.) n. 1 ₰
Beilagehefte zum Journal für Ornithologie etc.

Erinnerungsschrift an das 25jähr. Jubiläum des Eisenacher Turnvereins, Eisenach 1885, 79 S., 8°.

Erinnerungsschrift an das 50jähr. Jubiläum des Eisenacher Turnvereins v. 1860, Eisenach 1910, 63 S., 8°.

Deutscher Veteranen-Bund 1870-71, NY. Erinngs-Schr ... zum 1. und 2. Stiftungsfeste ... 19. März 1896 u 1. Apr 1897. NY, 1896-97. Two parts.

Erinnerungsschrift des Nordamerikanischen Turnerbundes, Chicago 1898, 102 S., 1 Bl., 8°.

Erinnerungs-Tafel d. denkwürdigsten Ereignisse d. Jahres 1830. Gezeichnet u. lithogr. v. Ed. Dietrich. Fol. Erfurt 831. Andreä. 18 Kr

Erinnerungszeichen an d. Ausstellung d. Kunstwerke in d. Sälen d. königl. sächs. Academie d. Künste zu Dresden. 1816 bezeichnet von Th. Hell. gr. 8. Dresd., Arnold. 2 Kr

Die Erinnerungsturnhalle zu Freyburg a. U., Zeitungsber. üb. Geschichte, Bau u. Einweihung d. 1890—1894, Gr.-8°.

Erinnerungsworte a. alle Tage d. Jahrs u. s. w. 8. Nrnbg. Endter. 784.

Eris. Philosoph. Conversationsblatt. Redig. v. G. (F.) Schumacher. 1. Jahrg. 1832. 1. Quartal. Jan.—März od. No. 1—13. gr. 4. Göttingen, Dieterich.
Fortsetzung ist nicht erfolgt.

Eris, od. d. Kriegsführung in d. gigantischen Formen d. Zukunft. Ein Fragment. M. 15 Holzschn. u. 7 Stnt. gr. 4. (30 B.) Nürnberg 838, Renner u. Comp. Thlr.
Aus: Propyläen zu ein. Imperatorik, besond. abgedruckt.

Eris, Karl, Arbeiter-Evangelium. 3 Vorträge an die Arbeiter. 3 Hfte. gr. 8. (16, 15 u. 20 S.) Stuttgart 893. Glaser & Sulz. à n.n. — 25

Erismann, J. Gaule u. F. Metschnikoff, Ber. üb. d. gymnasiale Mädchenschule. — Das medizin. Studium u. die ärztl. Praxis d. Frauen. »Jahresbericht des Vereins f. erweiterte Frauenbildung in Wien. Beilagen.« Wien 1892/93. Bermann u. Altmann.

Erismann, J. Gaule u. El. Metschnikoff, das medicinische Studium u. die ärztliche Praxis der Frauen, s. a. Jahresbericht des Vereines f. erweiterte Frauenbildung in Wien.

Erismann, Adf., Armee und Militärsanitätswesen der Herzogth. Schleswig-Holstein. Nebst einem Anhange: über Sanitätscompagnien, mit specieller Rücksicht auf die eidgenöss. Armee. gr. 8. (III und 63 S.) Bern 851, Jent und Reinert. •

Erismann, Adolf, von Brugg, Ct. Aargau: Beiträge zur Casuistik der Leberkrankheiten. Zür. D. Bürkli Dr. 1864. 31 S. 8°.
Zürich, Med. Diss. [v. 19. März 1864].

Erismann, A[dolf]. Brestenberg am Hallwyler-See. ‹Schweiz.› Wasserheilanstalt - Seebäder - Traubenkur. [Mit Titelvignette, 2 Tafeln und 1 Karte.] 8. *o. O.* 1866.

Erismann. Adolf. Die Kur-Anstalt Brestenberg am Hallwyler-See im Kanton Aargau. Wasserheilanstalt Seebäder. [Mit 2 Tafeln.] 8. Baden 1848.

Erismann. Adolf. Etablissement hydrothérapeutique de Brestenberg, sur le lac de Hallwyl. Fondé et dirigé par le docteur Adolphe E'. [Avec 2 planches.] 8. Lenzbourg 1854.

Erismann, Adf., Dr. Johann Siegismund Hahn und das kalte Wasser im J. 1743. 8. (28 S.) Aarau 874, Sauerländer's Verlag. *

Erismann, A. Die Mängel d. eidgenöss. Militär-Sanitätswesens. Luzern 1848.

Erismann, Ad., über d. gegenwärt. Stand der Hydrotherapie. Ein Beitr. zur wissenschaftl. Begründung d. Priessnitz'schen Heilverfahrens. Nebst e. Anh.: Die Ergebnisse d. hydrotherapeut. Heilverfahrens in der Wasserheilanstalt Brestenberg am Hallwylersee. gr. 8. (3 B.) Baden 846, Zehnder.

Erismann. Adolf. Verzeichniss der in den Gefechten bei Geltwyl (12. November 1847) und Gisikon (23. November 1847) gefallenen und verwundeten Offiziere und Soldaten der IV. eidgenössischen Armeedivision. Aus den Rapporten der Korps- und Spitalärzte zusammengetragen durch Dr. A'. E'.... Hrg. zum Besten der hinterlassenen Familien der Gebliebenen. 4. [Luzern 1847.]

Erismann, F., gemeinsames Universitätsstudium f. Männer u. Frauen, od. besondere Frauen-Hochschulen? Lex.-8. (20 S.) Berlin (899). W. Moeser. n. 1. —
Sonderabdruck aus: „Die Frau".

Erismann, Friedrich, s.a. Erismann, Huldreich Friedrich

Erismann, Friedr., zur Anatomie der Variola haemorrhagica. Lex.-8. (7 S. mit 1 lithogr. Taf.) Wien 869, (Gerold's Sohn.) *
Aus: Sitzungsberichte der k. Akademie der Wissenschaften, besonders abgedruckt.

Erismann, Frdr., die Desinfectionsarbeiten auf dem Kriegsschauplatze der europäischen Türkei während d. russisch-türkischen Feldzugs 1877/78. Bericht über die Thätigkeit der russ. Commission zur Assainirung der von der Donauarmee besetzt gewesenen Theile der europ. Türkei. gr. 8. (VIII, 220 S.) München 879. Rieger. n. 5. —

Erismann, F., die Entfernung der Abfallstoffe, s. a. Handbuch der speciellen Pathologie u. Therapie.

Erismann F, Entfernung der Abfallstoffe. (Handbuch der Hygiene von Pettenkofer u Ziemssen II. 1, 1) Leipzig 1882

—— Gesundheitslehre für Gebildete aller Stände. gr. 8. (X, 428 S.) Ebendas. 878. *

—— dass. — 2. verm. und verb. Aufl. Hrsg. im Auftrag des Verf. von Adph. Schuster. 8. (XII, 458 S.) Ebendas. 879. *

Erismann, Friedr., Gesundheitslehre für Gebildete aller Stände. 3. verm. und verb. Aufl. gr. 8. (XIV, 467 S.) München 885, Rieger'sche Universitäts-Buchh. *

— die Hygiene der Schule, s.a. Handbuch der speciellen Pathologie u. Therapie.

Erismann F, die Hygiene d. Schule. (Handb.d.Hyg.v.Pettenkofer u Z. II, 2) Leipzig 1882

Erismann, Friedrich, von Gontenschwyl. Ct. Aargau: Ueber Intoxikations-Amblyopieen. Zür. Zürcher u. Furrer Dr. 1867. 76 S., 1 Bl. Thesen. 8°.
Zürich, Med. Diss. [v. 27. Febr. 1867].

Erismann, F. Das Musterschulzimmer. (Internat. wiss. Ausstellung 1890. 12.

Erismann, F. Sanitäts-Untersuch. d. Fabrikanstalten d. Klinskischen Bezirkes. (Russ.) Moskau 1881.

Erismann, F., Untersuchungen über die körperliche Entwickelung der Fabrikarbeiter in Zentralrussland. gr. 8. (96 S. mit eingedr. Diagrammen.) Tübingen 889. Laupp. n. 2. —

Erismann, F. Sanitäre Untersuchung. d. Fabrikanstalten d. Moskauer Bezirks. (Russ.) 1. Bd. Moskau 1882.

— Verbrechen u. Strafe vom naturwissenschaftlich-socialistischen Standpunkte aus betrachtet. Berlin 869. Bergmann. gr. 8. (38 S.) n. 4 ngr.

Erismann, Friedrich (Hrsg.), s. Zeitschrift für Gesundheitspflege.

Erismann, Fr., s.: **Zeitschrift f. Schulgesundheitspflege.**

Erismann, Huldreich Friedrich s. Gesundheitspflege. Die Gesundheits- und Wohlfahrtspflege der Stadt Zürich.

Erismann, [Huldreich] F[riedrich]. Hat die Arbeiterschaft wirklich kein Interesse an der offenen Bebauung? Separatabdruck aus dem «Volksrecht». 4 S. fol. [Zürich, Kirsten & Zeisberg. 1901.]

Erismann, [Huldreich] F[riedrich]. Die russischen Hungerbrote und ihre Ausnutzung durch den Menschen. Von Professor Dr. F. E' in Zürich. Sonderabdruck aus der «Zeitschrift für diätetische und physikalische Therapie» 1901/1902. Band 5. Heft 8. II + 16 S. 8. Leipzig, Georg Thieme.

Erismann, [Huldreich] F[riedrich]. Max von Pettenkofer. Ein Lebensbild. Von Prof. Dr. F. Erismann, Zürich. Sonderabdruck aus der «Deutschen Medicin. Wochenschrift» 1901, No. 14—20.... 48 S. 8. Leipzig, Georg Thieme, 1901. [M. 1. —]

Erismann, [Huldreich] F[riedrich]. Was verstehen wir unter kommunaler Sozialpolitik? Von Prof. Dr. F. Erismann.... Separatabdruck aus dem Schweiz. Zentralblatt für Staats- und Gemeinde-Verwaltung Nr. 21, 22 und 23 ⟨Jahrg. 2⟩ vom 8. und 22. Januar und vom 5. Februar 1902. 26 S. 8. Zürich, Art. Institut Orell Füssli.

Erismann, Clara Maria Balsiger-, s. Balsiger-Erismann

Erismann, Osk., das schweizer. **Eisenbahn-Haftpflicht-Gesetz** v. 1. Juli 1875, interpret durch d. Bundesgericht v. 1876—1894. gr. 8. (75 S.) Basel 895. R. Reich. n. 1. 60

Erit sepulchrum ejus gloriosum Js 11. Meditatio oder das glorreiche Grab des heiligen Francisci Regis S. J. Priestern ... Ynsprugg [1738]. V: *Neumayr, S.* (MARGR)

Eritis sicut Deus. Ein anonymer Roman. Hamburg 1854. 2. Aufl. 1855. V: *Canz, Wilhelmine Friederike Gottliebe.* (Biogr. Jahrb. v. Bettelheim VI, 78.) (Krauss, Schwäb. Litteraturgesch. Freib. 1877—99. II, 288.) V nicht: *Lanz, Wilhelmine.* (National-Zeitung Berlin 1901, Nr. 42.) (E&H) nicht: *Schwab, Marie.* (Rosenkranz, Neue Studien. Bd. 2. Leipzig 1875. S. 248—68.) *Knaak, Pastor.* (Mitth. Stadt-Bibl. Hamburg 26. XI. 1892.)

Eritis sicut Deus. Ein anonymer Roman. 3 Bde. 1. Aufl. (II und 1597 S.) 1854. und 2. Aufl. gr. 12. (VIII und 1601 S.) Hamburg 855, Agentur des Rauhen Hauses.

Eritrea [Schlagwort]

Eritrea, s.: **Afrika**, Herrich, A.

Erk, Ludwig. Ein Gedenkblatt zur Feier seines 100jähr. Geburtstages am 6. I. 1907. (12 S. m. 1 Bildnis.) gr.8. Essen (906). G. D. Baedeker. — 30

Erk, Friedrich: Der Einfluß des Gebirges . . . , s. Erk, Fritz

Gesangbuch für Freimaurer mit mehrentheils volksthümlichen Melodien und ausgewählten, theilweise neuen Texten. Zsgest. und arrangirt von **Friedr. Erk.** [Nebst] Anh. Als Ms. gedruckt f. BBr.·. und Logen. Düsseldorf 1851: Voss. IV, 132 S. 4°
°Anh. *[FZ. 9 (1855) S. 199.]*

[Dasselbe.] 2. verb. u. verm. Aufl. Ebendas. 1853. VI, 146 S. 8°

[Dasselbe.] 3. verb. u. verm. Aufl. Ebendas. 1859. VI, 146 S. 8°

Erk, Friedr., Gesangbuch für Freimaurer mit mehrentheils volksthüml. Melodien und ausgewählten, theilweise neuen Texten. 4., verb. und sehr verm. Aufl. gr. 8. (IV und 154 S.) Essen 865, Bädeker. *

—— **Gesangbuch** für Freimaurer mit mehrentheils volksthüml. Melodien und ausgewählten, theilweise neuen Texten. 5. durch einen Anhang verm. Aufl. gr. 8. Essen 870, Bädeker. *
geb. *
Anhang apart *

Erk, Friedr., Gesangbuch für Freimaurer, mit mehrentheils volksthümlichen Melodien und ausgewählten, theilweise neuen Texten. 6. und 7. durch einen Anhang verm. Aufl. Als Mscr. gedr. für BBr. .·. und Logen. gr. 8. (IV, 168 S.) Essen 875,77, Bädeker. *M 1,60.; cart. *

Erk, Friedr., Gesangbuch für Freimaurer mit mehrentheils volksthümlichen Melodien und ausgewählten, theilweise neuen Texten. 8. durch einen Anhang verm. Aufl. gr. 8. (IV, 178 S.) Essen 885, Bädeker. cart. *

Erk, Frdr., Gesangbuch f. Freimaurer m. mehrentheils volksthümlichen Melodien u. ausgewählten, theilweise neuen Texten. 9. Aufl. gr. 8. (IV, 178 S.) Essen 894. G. D. Baedeker. n. 1. 60; kart. n. 1. 90

Gesangbuch für Freimaurer mit mehrentheils volksthüml. Melodien u. ausgewählten, theilw. neuen Texten. Zsgest. u. arrang. von Br.: Friedrich Erk. 10. verm. u. verb. Aufl. Als Ms. gedr. f. BB. u. Logen. *Essen: G. D. Baedeker 1899.* (231 S.) 8° [F.] [illegible] 5

Erk, Frdr., Gesangbuch f. Freimaurer m. mehrenteils volksthüml. Melodien u. ausgewählten, theilw. neuen Texten. Zusammengestellt u. arrangirt. 10., verm. u. verb. Aufl. gr.8. (IV, 231 S.) Essen (900). G. D. Baedeker. Kart. n. 2.—

Erk, Frdr., Gesangbuch f. Freimaurer m. mehrentheils volksthümlichen Melodien u. ausgewählten, theilweise neuen Texten. Zusammengestellt u. arrangirt. 11., verm. u. verb. Aufl. (IV, 231 S.) 8. Essen 904. G. D. Baedeker. Kart. n. 2. —

Erk, Frdr., Gesangbuch f. Freimaurer m. mehrenteils volkstüml. Melodien u. ausgewählten, teilweise neuen Texten. Zusammengestellt u. arrangiert. 12., verm. u. verb. Aufl. (IV, 263 S.) 8. Essen 909. G. D. Baedecker. Kart. 2. —

—— und F. Silcher, allgemeines deutsches Commersbuch, s. Commersbuch.

— allgemeines deutsches Kommersbuch, s.: Schauenburg, Ed.

Erk, F., u. L. Erk, frische Lieder und Gesänge für gemischten Chor. Zum Gebrauch auf Gymnasien und höhern Lehranstalten bearb. 1. Heft. Essen 857. Bädeker. qu. gr. 8. (48 S.) n. 5 ngr

Erk, Frdr., und Ludw. Erk, frische Lieder und Gesänge für gemischten Chor. Zum Gebrauch auf Gymnasien und andern höhern Lehranstalten bearb. 2. Heft. Essen 859. Bädeker. qu. 8. (48 S.) n. 5 ngr

—— und Ludw. Erk, frische Lieder und Gesänge für gemischten Chor. Zum Gebrauch auf Gymnasien und anderen höheren Lehranstalten. 2 Hefte. qu. gr. 12. Essen, Bädeker. à Heft * 50 Pf.

Inhalt:
Heft 1. 35 Lieder und Gesänge enth. 3. Aufl. 867.
" 2. 48 Lieder und Gesänge enth. 2. Aufl. 866.

— u. Ludw. Erk, frische Lieder u. Gesänge f. gemischten Chor. Zum Gebrauch auf Gymnasien u. andern höhern Lehranstalten. 1. u. 2. Hft. qu. gr. 8. (à 48 S.) Essen 876. Bädeker. à n. — 50
1. 3. Aufl. — 2. 2. Aufl.

—— und Ludw. Erk, frische Lieder und Gesänge für gemischten Chor. Zum Gebrauch auf Gymnasien und andern höheren Anstalten. 3 Hefte. qu. gr. 8. Ebendas. *

Inhalt:
Heft 1. 35 Lieder und Gesänge enthaltend. 4. und 5. Aufl. (48 S.) 874.79. * 50 Pf.
" 2. 48 Lieder und Gesänge enthaltend. 3. Aufl. (48 S.) 877. * 50 Pf.
" 3. 52 Lieder und Gesänge enthaltend. (62 S.) 878. * 60 Pf.

—— und Ludw. Erk, frische Lieder und Gesänge für gemischten Chor. Zum Gebrauch auf Gymnasien und andern höheren Anstalten. 3. Heft: 52 Lieder und Gesänge enthaltend. 2. Aufl. qu. gr. 8. (62 S.) Essen 880, Bädeker.
1. und 2. Heft. Ebendas. 1877,79. à * 50 Pf.

—— und Ludw. Erk, frische Lieder und Gesänge für gemischten Chor. Zum Gebrauch auf Gymnasien und andern höheren Lehranstalten bearb. [In 3 Heften.] 2. und 3. Heft. qu. gr. 8. Essen 886, Bädeker. [2. Heft. 4. Aufl. (50 S.) * 50 Pf.; 3. Heft. 3. Aufl. (62 S.) * 60 Pf.] *
1. Heft. Ebendas. 1879. * 50 Pf.

—— —— Vorstufe zu Erk und Greefs „Sängerhain". Ein- und zweistimm. Lieder für das Jugendalter vom 6. bis 9. Jahre. 3. Aufl. 12. (IV, 68 S.) Ebendas. 888. *

— u. Ludw. Erk, frische Lieder u. Gesänge f. gemischten Chor. Zum Gebrauch auf Gymnasien u. anderen höheren Lehranstalten. (In 3 Hftn.) 1. Hft. 35 Gesänge. 6. Aufl. [illegible] Essen 895. G. D. Baedeker. n. — 50

— u. Ludw. Erk, frische Lieder u. Gesänge. Zum Gebr. auf Gymnasien u. and. höh. Lehranst. (In 3 Hftn.) 3. Hft. 52 Gesänge. 4. Aufl. qu. gr. 8. (II, 62 S.) Essen 898. G. D. Baedeker. n. — 60

— Sammlung mehrstimmiger Gesänge für Männerstimmen v. verschiedenen Componisten. Für Seminarien, Gymnasien u. kleinere Singvereine. 2. Heft. 79 Gesänge. Partitur. 3., verb. u. verm. Aufl. 4. (84 S.) Ebend. 880. n. 2. —

— Sängerhain, s.a. Erk, Ludw.

Erk, Gebr. F. und Ludw., und W. Greef, Sängerhain. Sammlung heiterer und ernster Gesänge für Gymnasien, Real- und Bürgerschulen. 1—3. Heft. qu. 8. Essen, Bädeker. à Heft * 6 Ngr. *

Heft 1. Zwei und achtzig meist zwei- und dreistimm. Gesänge. (II und 78 S.) 850.
" 2. Vier und funfzig vier- und neun fünfstimmige Gesänge. (Stereot.-Ausg.) (64 S.) 850.
" 3. Zwei und dreißig vier- und fünfstimmige Gesänge. (Stereot.-Ausg.) (II und 64 S.) 851.

Erk, Gebr. Friedr. und Ludw., und W. Greef, Sängerhain. Sammlung heiterer und ernster Gesänge für Gymnasien, Real- und Bürgerschulen. 2. Heft, 54 vier- und 9 fünfstimmige Gesänge enthaltend. 6. Aufl. qu. gr. 8. (64 S.) Essen 857, Bädeker. *
1. und 3. Heft. Ebendas. 1850 und 51. * 12 Ngr.

—— und Ludw., und W. Greef, Sängerhain. Sammlung heiterer und ernster Gesänge für Gymnasien, Real- und Bürgerschulen, sowie auch für Singvereine. 1. Heft 16 Aufl., 2. Heft 14. Aufl., 3. Heft 5. Aufl. qu. 4. (à 64 S.) Essen 868, Baedeker. à Heft * 6 Ngr. *

—— —— und Wilh. Greef, Sängerhain. Sammlung heiterer und ernster Gesänge für Gymnasien, Real- und Bürgerschulen. 1. Heft 1. und 2. Abthl., und 2. und 3. Heft. qu. gr. 8. Essen, Baedeker. à Abthl. oder Heft * 60 Pf.

Inhalt:
Heft 1. 1. Abthl.: 98 ein-, zwei- und dreistimmige Gesänge enth. 24. (Ster.-) Aufl. 873.
" 1. 2. Abthl.: 113 ein-, zwei- und dreistimmige Gesänge enth. Hrsg. von den Gebrudern Ludwig und Friedrich Erk. 874.
" 2. 67 vier- und fünfstimmige Gesänge enth. 23. (Ster.-)Aufl. 874.
" 3. 40 vierstimmige Gesänge enth. 8. (Ster.-)Aufl. 874.

— — u. W. Greef, Sängerhain. Sammlung heiterer u. ernster Gesänge f. Gymnasien, Real- u. Bürgerschulen. 2. u. 3. Hft. qu. gr. 8. Ebend. 877. à n. — 60
2. Neue Ausg. 67 vier- u. fünfstimmige Gesänge enth. 27. Aufl. (72 S.)
3. 40 vierstimmige Gesänge f. gemischten Chor. 10. (Ster.-) Aufl. (61 S.)

— s.: Schauenburg's allgem. deutsches Kommersbuch.

Erk, Friedr. Schulgesang f. höhere Lehranstalten, s. Schauenburg, Ed.

—— Schulgesangbuch für die Morgenandachten höherer Lehr-Anstalten, s. Schauenburg, E.

—— und M. Schauenburg, allgemeines deutsches Schützen- und Turnerliederbuch. Mit Melodieen. Festausg. zum allgemeinen deutschen Turnfest in Leipzig den 2.—4. Aug. 1863. gr. 16. (VIII und 338 S.) Lahr 863, (Schauenburg).

— u. M. Schauenburg, allgemeines deutsches Schützen- u. Turnerliederbuch. Mit Melodien. [2. Aufl.] Lahr, Schauenburg & Co. 16. (VIII, 336 S.) n. 10 ngr

— Siona. Choräle und andere religiöse Gesänge in alter und neuer Form für höhere Schulen u. Singvereine. 1. Heft, 45 4- u. 5stimm. Gesänge enthltd. — 2. Heft, 35 4- u. 5stimmige Gesänge enthltd. Essen 855, 57. Bädeker. qu. gr. 8. (à 32 S.) Jedes Heft n. 4 ngr

– und Ludwig Erk

-- — u. Wilh. Greef, Siona. Choräle u. andere religiöse Gesänge in alter u. neuer Form f. höhere Schulen u. Singvereine. 1. u. 2. Hft. 2. Aufl. qu. gr. 8. (à 32 S.) Ebend. 870. 72. à n. — 40

Erk, Friedrich, Ludwig Erk und Wilh. Greef

—— —— —— Siona. Choräle und andere religiöse Gesänge in alter und neuer Form für höhere Schulen und Singvereine. 2 Hefte. qu. gr. 12. Essen, Baedeker. à Heft * 40 Pf. *

Inhalt:
Heft 1. 45 vier- und fünfstimmige Gesänge enth. 2. Aufl. 873.
" 2. 35 vier- und fünfstimmige Gesänge enth. 2. Aufl. 870.

— und M. Schauenburg

Erk, Fritr., siehe: Soldatenlieder.

— und M. Schauenburg

—— —— allgemeines deutsches Turnerliederbuch. Mit Melodien. 2. Aufl. gr. 16. (VIII und 312 S.) Lahr 862, (Schauenburg.) *

-- u. M. Schauenburg, allgemeines deutsches Turnerliederbuch. 6. Aufl. gr. 16. (333 S.) Lahr 873. Schauenburg. n. 1. —; cart. n. 1. 20

Erk, Friedrich, und Ludwig Erk

—— —— Vorstufe zum Erk-Greef'schen „Sängerhain". Ein- und zweistimmige Lieder für das Jugendalter vom 6. bis 9. Jahre. 16. (IV, 68 S.) Ebendas. 876. *

—— —— Vorstufe zum Erk-Greef'schen „Sängerhain". Ein- und zweistimmige Lieder für das Jugendalter vom 6. bis 9. Jahre. 2. verm. Aufl. 16. (IV, 68 S.) Ebendas. 881. *

— u. L. Erk, Vorstufe zu Erk u. Greef's „Sängerhain". Ein u. zweistimm. Lieder f. das Jugendalter vom 6. bis 9. Jahre. 3. Aufl. 12. (IV, 68 S.) Essen 888. Bädeker. n. — 40

— — Vorstufe zu Erk u. Greefs „Sängerhain". Ein- u. zweistimm. Lieder f. d. Jugendalter v. 6.—9. Jahre. 4. Aufl. 12. (IV, 68 S.) Ebd. 897. n. — 40

Erk, Fritz, approb. Arzt aus Lennep (Rhpr.): **Beitrag zur Lehre von den Oesophagus-Carcinomen.** *Erlangen 1900: F. Junge.* (VI, 80 S.) 8°
Erlangen, Med. Diss. v. 5. Juli 1900

Erk, Fritz, die Bestimmung wahrer Tagesmittel der Temperatur unter besond. Berücksicht. langjähriger Beobachtungen v. München [m. 3 (lith.) Taf.], m. einleit. Bemerkgn. von Wilh. v. Bezold. [Aus: „Abhandlgn. d. k. b. Akad. d. Wiss."] gr. 4. (55 S.) München 885. (Franz' Verl.) n.n. 1. 60

Erk, Friedrich: Der Einfluss des Gebirges auf die tägliche Periode des Luftdrucks am Nordabhang der bayerischen Alpen. Nebst den Resultaten der Barometer-registrirungen in München, Bayrischzell und Wendelstein im Jahre 1888. (S.-A.: Beobachtungen der meteorologischen Stationen im Königreiche Bayern. Bd. 10 Jahrg. 1888.) (München 1888.) 11, 2 S. 4°.

Erk, F. Eine wissenschaftliche Fahrt mit zwei Ballons am 11. Juli 1892. 1892. 4.

Erk, Fritz, der Föhn. Eine meteorolog. Skizze. Vortrag, gehalten im polytechn. Verein in München am 14. Novbr. 1887. Lex.-8. (19 S. mit 4 Karten.) München 888, (Literarisch-artist. Anstalt.) *
Aus: Bayerisches Industrie- und Gewerbeblatt, besonders abgedruckt.

Erk, Fritz, s.: Jahrbuch, deutsch. meteorol. (Bayern).

Erk, F., Die internationale Konferenz der Repräsentanten der meteorologischen Dienste aller Länder in München. (26. August bis 2. September 1891.) München 1891.

Erk, Fritz, s.: Lüftung, die natürliche, des Stuttgarter Thales.

Erk, Fritz [Dr., Adjunkt der k. b. meteorol. Centralstation]: Zwei Studien über die Anwendung einer räumlich-geometrischen Darstellung auf Probleme der Meteorologie. A. Ueber die Darstellung der stündlichen und jährlichen Vertheilung der Temperatur durch ein einziges (Thermo-Isoplethen-) Diagramm und dessen Verwendung in der Meteorologie. B. Die vertikale Vertheilung und die Maximalzone des Niederschlags am Nordabhang der bayerischen Alpen im Zeitraum November 1883 bis November 1885. . . . (Separatabdr. a. d. meteorol. Zeitschr. 1886.) München, Druck v. J. Kerskes: Berlin, 1887; 1 Bl. + 19 + 16 S. 8°.
München, Phil. Fak., Hab Schr. v. 1887.
(Nicht für den Austausch.)

Erk, Fritz, zwei Studien über die Anwendung einer räumlich-geometrischen Darstellung auf Probleme der Meteorologie. A. Ueber die Darstellung der stündlichen und jährlichen Vertheilung der Temperatur durch ein einziges (Thermo-Isoplethen-) Diagramm und dessen Verwendung in der Meteorologie. B. Die vertikale Vertheilung und die Maximalzone des Niederschlags am Nordabhang der bayerischen Alpen im Zeitraum November 1883 bis November 1885. Hab.-Schr. München 1887. 8°. 19, 15 S.
Sonder-Abdruck aus: Meteorologische Zeitschrift, red. von W. Koeppen. 2. Band. Berlin 1885. Asher & Comp.

Erk, Fritz, s.: Veröffentlichungen der königl. bayer. meteorolog. Centralstation.

Meteorolog. Centralstation
Wetterkarte und Wetterbericht für jeden Tag des Jahres 1882—1888. Herausgegeben durch (W. von Bezold [bis 1884 incl.]) und Carl Lang und Fritz Erk. München 1882—1888. Fol.

Erk, G., Anhaltspunkte zum Nachstudium der Geschichte, nach Pütz und Preger zusammengestellt. 2 Hefte. 2. Aufl. gr. 8. Regensburg 884, Bauhof. à Heft ℳ 1. *
Inhalt:
Heft 1. Altertum und Mittelalter. (III, 51 S.)
" 2. Die neuere Geschichte. (III, 53 S.)
1. Aufl. erschien im Selbstverlage des Verfassers.

Erk, Georg

Erk, G. Ueber die Aussprache des Englischen. Straubing, St. A., 1856. 10 S. 4.
Dasselbe. II. Ebd., 1857. 8 S. 4.
Progr.

Erk, Karl

Festschrift zum fünfzigjährigen Jubiläum des Hannoverschen Männergesangvereins (6 bis 9. Juni 1901). Auf Wunsch d. Vorst. bearb. von Carl Erk. Enth.: Die Gesch. d. Ver. (im Ausz.) 1851—1901, nebst e. Anh.: 'Zur Gesch. d. deutschen Männergesanges'. *Hannover 1901: Gebr. Janecke.* (168 S.) 8° [5.]

Erk, Ludwig

—— und Wilh. Greef, Auswahl ein-, zwei- und dreistimmiger Lieder für Volksschulen. 3 Hefte. 8. Essen 874, Baedeker. à Heft * 20 Pf. *
Inhalt:
Heft 1. 64 Lieder für die Unterklasse. 21. (Ster.-)Aufl.
" 2. 59 Lieder für die Mittelklasse. 25. (Ster.-)Aufl.
" 3. 41 Lieder für die Oberklasse. 16. (Ster.-)Aufl.

—— und Wilh. Greef, Auswahl ein-, zwei- und dreistimmiger Lieder für Volksschulen. 3 Hefte. 8. (à Heft 32 S.) Ebendas. à Heft * 20 Pf. *
Inhalt:
Heft 1. 64 Lieder für die Unterklasse. 22.—25. (Ster.-)Aufl. 875—79.
" 2. 59 Lieder für die Mittelklasse. 26.—31. (Ster.-)Aufl. 874—79.
" 3. 41 Lieder für die Oberklasse. 17.—19. (Ster.-)Aufl. 874—79.

und Wilh. Greef, Auswahl ein-, zwei- und dreistimmiger Lieder für Volksschulen. 3 Hefte. 8. (à Heft 32 S.) Ebendas. à Heft * 20 Pf. *
Inhalt:
Heft 1. 64 Lieder für die Unterklasse. 26. und 27. (Ster.-)Aufl. 881, 82.
" 2. 59 Lieder für die Mittelklasse. 32.—35. (Ster.-)Aufl. 880—83.
" 3. 41 Lieder für die Oberklasse. 20.—22. (Ster.-)Aufl. 880—83.

—— und Wilh. Greef, Auswahl ein-, zwei- und dreistimmiger Lieder für Volksschulen. In 3 Heften hrsg. 8. (à Heft 32 S.) Essen, Baedeker. à Heft * 20 Pf. *

Inhalt:
Heft 1. 64 Lieder für die Unterklasse. 29.—31. Aufl. 885—88.
" 2. 59 Lieder für die Mittelklasse. 36.—38. Aufl. 885—87.
" 3. 41 Lieder für die Oberklasse. 23. und 24. Aufl. 885,87.

Erk, Ludwig u. Wilh. Greef. Auswahl 1-, 2- u. 3stimmiger Lieder für Volksschulen. In 3 Heften hrsg. 12. (à Heft 32 S.) Essen, Baedeker. à Heft * — 20; * — 60
1. Heft: 64 Lieder für die Unterklasse. 32. Aufl. 889. — 2. Heft: 59 Lieder für die Mittelklasse. 42. Aufl. 892. — 3. Heft: 41 Lieder für die Oberklasse. 25. Aufl. 888.

Erk, Ludw., u. Wilh. Greef, Auswahl 1-, 2- u. 3stimmiger Lieder f. Volksschulen. 3 Hfte. 8. (à 36 S.) Essen, G. D. Baedeker. à n. — 20
1. 66 Lieder f. die Unterklasse. 33. Aufl. 892.
2. 59 Lieder f. die Mittelklasse. 43. Aufl. 894.
3. 41 Lieder f. die Oberklasse. 28. Aufl. 894.

— u. Wilh. Greef, Auswahl ein-, zwei- u. dreistimmiger Lieder f. Volksschulen. (In 3 Hftn.) 2. Hft. 59 Lieder f. d. Mittelklasse. 46. Aufl. 8. (36 S.) Ebd. 898. n. — 20

— u. W. Greef, Auswahl ein-, zwei- u. dreistimm. Lieder f. Volksschulen. (In 3 Hftn.) 3. Hft.: 47 Lieder f. die Oberklasse. 32. verm. Aufl. 8. (II, 46 S.) Ebd. 902. n. — 20

— u. Wilh. Greef, Auswahl ein-, zwei- u. dreistimmiger Lieder f. Volksschulen. 3 Hfte. 8. Ebd. 906. à n. — 20
I. 66 Lieder f. die Unterklasse. 38. Aufl. (36 S.)
II. 59 Lieder f. die Mittelklasse. 50. Aufl. (38 S.)
III. 47 Lieder f. die Oberklasse. 33. Aufl. (II, 46 S.)

— u. Wilh. Greef, Auswahl ein-, zwei- u. dreistimmiger Lieder f. Volkssch. In 3 Heften hrsg. I. Heft. kl. 8. Ebd. — 20
I. 66 Lieder f. d. Unterklasse. 39. Aufl. (36 S.) 906.

—— und Wilh. Greef, Auswahl ein- und mehrstimmiger Lieder für die Volksschulen der Provinz Brandenburg. 2. Heft: 42 Lieder für die Mittelklasse. Neue Ausg. 11. (Ster.-)Aufl. 8. (24 S.) Essen 862, Bädeker. *

Erk, Ludw., Blätter und Blüthen. Lieder alter und neuer Zeit. Für den Schulgebrauch und für gemischten Chor bearb. 1. und 2. (Heft). qu. gr. 8. (32 S.) Berlin 854—56, Erk. à Heft * 3 Ngr. *

Erk, Ludw., Blätter und Blüthen. Lieder alter und neuer Zeit. Für den Schulgebrauch und für gemischten Chor bearb. I. u. II. (Heft.) Berlin 854, 55. (Leipzig, Dörffling u. Franke.) qu. gr. 8. (S. 1—32.) Jedes Heft n. 3 ngr

Blätter und Blüten. Liederschatz f. gemischten Chor. Aus d. Nachlasse d. weil. Kgl. Musikdir. Ludwig Erk hrsg. von Georg Federich. 2 T. in Partitur u. Einzelstimmen. T. 1. 2. Essen: Bädeker 1894. 8°
T. 1. [1] Partitur. [2] Einzelstimmen-Heft A. Sopran-Alt. [3] ... B. Tenor-Bass.
T. 2 (125 Gesänge). [1] Partitur. [2] Einzelstimmen-Heft A. Sopran-Alt. [3] ... B. Tenor-Bass. 10. 3332

Erk, Ludw., Choralbuch f. Schule u. Haus. Eine Auswahl v. 77 der vorzügl. u. gangbarsten Choralmelodieen d. evangel. Kirche, mit vollständ. Texten, nebst e. Anh. 4stimm. liturg. Chöre. gr. 8. (5 B.) Berlin 836, Bechtold u. Hartje.

Erk, Ludw., vierstimmiges Choralbuch für evangelische Kirchen. Mit besond. Rücksicht auf die in der Provinz Brandenburg gangbaren Gesangbücher bearb., nebst einem Anh. historischer Notizen. In Gemeinschaft mit Ernst Ebeling und Frz. Petreins hrsg. Lex.-8. (VI und 266 S.) Berlin 863, Th. C. F. Enslin.

Erk, Ludw., die bekanntesten Choräle der evangelischen Kirche, dreistimmig gesetzt für zwei Soprane und einen Alt, nebst untergelegten Texten. Zum Gebrauch in Schulen. In 3 Heften. 1. und 2. Heft. 8. Essen 876, Bädeker. *

Inhalt:
Heft 1. 26 Choräle enthaltend. 8. verb. und verm. Aufl. [Neue Ster.-Ausg.] (32 S.) 876. * 20 Pf.
" 2. 24 Choräle enthaltend. 5. Ster.-Ausg. 875. * 18 Pf.
3. Heft. Ebendas. 1866. * 18 Pf.

Erk, Ludw., die bekanntesten Choräle der evangelischen Kirche, dreistimmig gesetzt für zwei Soprane und einen Alt, nebst untergelegten Texten. Zum Gebrauch in Schulen. (In 3 Heften.) 1. Heft. 9. Aufl. 8. (32 S.) Essen 881, Bädeker.
2. und 3. Heft. Ebendas. 1866,75. à * 18 Pf.

Erk, L., die bekanntesten Choräle der evangel. Kirche, 3stimmig gesetzt f. 2 Soprane u. 1 Alt, nebst untergelegten Texten. Zum Gebrauch in Schulen hrsg. Neue Ausg. in 1 Hefte, bearb. v. E. Niemeyer. 8. (82 S.) Essen 890. Bädeker. n. — 50

Erk, Ludw., die bekanntesten u. vorzügl. Choräle d. evang. Kirche, 3stimmig gesetzt f. 2 Soprane u. 1 Alt nebst untergelegt. Texten. Zunächst f. Schulen bestimmt. 1. Hft. 25 Choräle enth. 12. (1 B.) Essen 846, Bädeker. * —

Erk, Ludw., die bekanntesten und vorzügl. Choräle der evangel. Kirche, dreistimmig gesetzt für 2 Soprane und 1 Alt, nebst untergelegten Texten. Zunächst für Schulen bestimmt. 2. Heft 26 Choräle enth. 12. (24 S.) Essen 847, Bädeker. *
1. Heft. Ebendas. 1846. * $1\frac{1}{2}$ Ngr.

Erk, Ludw., die bekanntesten und vorzüglichsten Choräle der evangelischen Kirche, dreistimmig gesetzt für zwei Soprane und einen Alt, nebst untergelegten Texten. Zunächst für Schulen bestimmt. 3 Hefte. 8. Essen, Baedeker. à Heft * 18 Pf.

Inhalt:
Heft 1. 26 Choräle enth. 7. (Ster.-)Aufl. 870.
" 2. 24 Choräle enth. 4. (Ster.-)Aufl. 863.
" 3. 24 Choräle enth. 866.

Erk, Ludw., die bekanntesten u. vorzüglichsten Choräle der evangel. Kirche, dreistimmig gesetzt f. 2 Soprane u. 1 Alt, nebst untergelegten Texten. Zunächst f. Schulen bestimmt. 3 Hfte. 8. (à 24 S.) Essen 866—76. Bädeker. à n. — 18
1. 8. [Ster.-]Aufl. — 2. 4. [Ster.-]Aufl.

Erk, Ludwig. Die bekanntesten u. vorzüglichsten Choräle der evangelischen Kirche, dreistimmig gesetzt für 2 Soprane und 1 Alt, nebst untergelegten Texten. Zunächst für Schulen bestimmt. 1. Heft, 26 Choräle enthaltend. 10. verb. u. verm. Aufl. 8. (32 S.) Essen 888, Baedeker. geb. * — 20
2. u. 3. Heft. Ebd. 1866,75. à Heft * — 18.

—— dass. — Neue Ausg. in 1 Hefte, bearb. v. Emil Niemeyer. 8. (82 S.) Ebd. 890. * — 50

—— und Carl Ed. Par, Choräle für Männerstimmen. (In alter und neuer Melodieform.) Für höhere Schulen und Singvereine. 1. Heft. qu. 4. (48 S.) Essen 866, Bädeker. *

— u. Carl Ed. Par, Choräle f. Männerstimmen (In alter u. neuer Melodieform.) Für höhere Schulen u. Singvereine. (In 2 Hftn.) 1. Hft. 52 Choräle enth. 2. Aufl. qu. gr. 8. (48 S.) Ebd. 894. n. — 50

Erk, Ludw., Choralmelodienbuch, s. a. Choralmelodienbuch.

— Choralmelodienbuch f. Schulen u. Kirchen evangel. Bekenntnisses. Mit untergelegten Textversen u. berichtigten Lesarten. 86 Melodien enth. 12. (48 S.) Berlin 847, Logier. 1/12 ꝥ

Erk, Ludw., Choralmelodienbuch für Schulen und Kirchen evangelischen Bekenntnisses. In Gemeinschaft mit E. Ebeling, R. Lange und Frz. Petreins herausg. Ebend. 861. 8. (IV, 60 S.) n. 5 ngr

Erk, Ludw., u. Frz. Petreins, neues Choralmelodienbuch f. Schulen u. Kirchen evangel. Bekenntnisses. 2 Hfte. 8. Berlin 873. Enslin. n. — 45
1. Choräle f. die Unter- u. Mittelstufe. (32 S.) n. — 25
2. Choräle f. die Oberstufe. (24 S.) n. — 20

—— und Frz. Petreins, neues Choralmelodienbuch für Schulen und Kirchen evangelischen Bekenntnisses. 2. [Ster.-]Aufl. 2 Hefte. 8. Berlin, Enslin. [1. Heft. (32 S.) 877. * 25 Pf.; 2. Heft. (24 S.) 880. * 20 Pf.] *

—— und Frz. Petreins, neues Choralmelodienbuch für Schulen und Kirchen evangelischen Bekenntnisses. In 2 Heften hrsg. 1. Heft: Choräle für die Unter- und Mittelstufe. 3. Aufl. gr. 8. (32 S.) [Berlin 885, Th. Ch. F. Enslin.] Leipzig, R. Winkler. *
2. Heft. Ebendas. 1880. * 20 Pf.

—— u. Friedr. Filitz, vierstimmige Choralsätze, s. Choralsätze

—— zweistimmige Choralsätze. Für den Schulgebrauch eingerichtet und in 2 Heften hrsg. 1. Heft: 42 Choräle enth. 8. (24 S.) Essen 870, Bädeker. *

Erk, Ludw., zweist. Choralsätze. Zum Schulgebr. einger. u. hrsg. 3. Aufl. 8. (24 S.) Essen 901. G. D. Baedeker. n. —20

Erk, Ludw., zweistimm. Choralsätze. Für den Schulgebrauch eingerichtet u. hrsg. 4. Aufl. (24 S.) kl. 8. Essen 908. G. D. Baedeker. —20

Chorbuch des 'Sängerhain'. Hrsg. von Ludwig Erk, Friedrich Erk u. Wilhelm Greef. Neubearb. von Friedrich Wiedermann ... 314 vierstimm. Gesänge f. gem. Chor ... Für d. oberen Klassen. Essen: Baedeker [1910]. 512 S. 8°
(Erk: Sängerhain. [Band-]Ausg. A. Bd 2.) [11. 1908

—— und Carl Ed. Bar, Chorgesänge berühmter Meister der Vorzeit und Gegenwart, in 3stimmiger Bearbeitung für 2 Soprane und 1 Alt. Für die oberen Klassen der Volksschulen und für höhere Lehranstalten hrsg. (In ca. 3 Heften.) 1. und 2. Heft. qu. 4. (32 S.) Berlin 860, Th. Chr. Friedr. Enslin. à Heft * 2½ Ngr. *

—— —— Chorgesänge berühmter Meister der Vorzeit und Gegenwart, in 3stimm. Bearbeitung für 2 Soprane und 1 Alt. Für die oberen Klassen der Volksschulen und für höhere Lehranstalten hrsg. 3. Heft. qu. 4. (S. 33—48.) Berlin 864, Th. C. F. Enslin. *
1. und 2. Heft. Ebendas. 1860. * 5 Ngr.

—— und C. E. Bar, Chorgesänge berühmter Meister der Vorzeit und Gegenwart in dreistimmiger Bearbeitung für zwei Soprane und einen Alt. 2. Heft. 2. Ster.-Aufl. Berlin 870, Th. C. F. Enslin. *
1. Heft. 2. Aufl. 1867. 3. Heft. 1864. à * 25 Pf.

Erk, Ludw., Chorgesänge berühmter Meister der Vorzeit und Gegenwart, in dreistimmiger Bearbeitung für zwei Soprane und einen Alt. Für die oberen Klassen der Volksschulen und für höhere Lehranstalten hrsg. 1. und 2. Heft. 3. Ster.-Aufl. qu. gr. 8. (à Heft 16 S.) Berlin 876,80, Enslin. à Heft * 25 Pf.
3. Heft. Ebendas. 1864. * 25 Pf.

—— die deutschen Freiheitskriege in Liedern und Gedichten. Mit ein-, zwei- und dreistimm. Weisen. 8. (64 S.) Berlin 863, Th. C. F. Enslin. *

Erk, Ludw., der alte Fritz im Volksliede. Zur Feier des 31. Mai. 16. (24 S. mit Melodien.) Berlin 851, Logier. Thlr.

—— dass. — 2., verb. und verm. Aufl. 16. (24 S.) Berlin 851, K. W. Krüger's Separat-Conto. *

— Germania. Deutsches Volksgesangbuch. Neue, verb. u. mit Melodien versehene Ausg. Berlin 869. Janke. 16. (VI, 346 S.) n. 1 ℛ

—— mehrstimmige Gesänge für Männerstimmen von verschied. Componisten. Für Seminarien, Gymnasien und kleinere Singvereine. 1. Heft: 66 Gesänge enthaltend. 5. (1. Ster.-)Aufl. 4. (74 S.) Essen 851, Bädeker.

—— mehrstimmige Gesänge für Männerstimmen von verschied. Componisten. Für Seminarien, Gymnasien und kleinere Singvereine. 1. Heft. 66 Gesänge enth. 6. Aufl. 4. (74 S.) Essen 864, Bädeker. Partitur *
Einzelstimmen à *

—— mehrstimmige Gesänge für Männerstimmen von verschiedenen Componisten. Für Seminarien, Gymnasien und kleinere Singvereine. 2 Hefte. 4. Essen, Baedeker. *
Inhalt:
Heft 1. Partitur. 65 Gesänge enth. 6. Aufl. 871. * ℳ 2. — Einzelstimmen dazu (Tenor I. II., Baß I. II.) zur 5. Aufl. 870. à * 60 Pf.
2. Partitur. 47 Gesänge enth. 2. Aufl. 845. * ℳ 2.

— mehrstimmige Gesänge für Männerstimmen v. verschiedenen Componisten. Für Seminarien, Realschulen, Gymnasien u. kleinere Singvereine hrsg. 1. Hft. 6. Aufl. Tenor I, II u. Baß I, II. [Nach der 6. Aufl. der Partitur verb.] 4. (à 42 S.) Essen 878. Bädeker. à n. — 60

—— Grabgesänge für mehrstimmigen Männerchor (in 3 Heften.) 1. (Heft.) qu. gr. 8. (16 S.) Berlin 854, Erk. *

— Grabgesänge f. vierstimmigen Männerchor. 2. [verm.] Aufl. Enth.: 25 Grab- u. Trostlieder, sowie Gesänge zu Trauer- u. Gedächtnisfeiern. Neue Ausg. in Partitur u. Einzelstimmen. Partitur. 8. (II, 24 S.) Leipzig 888. R. Winkler. geb. n. — 60

— dasselbe. 4 Einzelstimmen. 12. (à 24 S.) Ebd. 888. geb. à n. — 30

—— und Aug. Jakob, musikalischer Jugendfreund. Sammlung von Gesängen mit Clavierbegleitung für die deutsche Jugend aller Stände. 1. Heft, 79 für das zartere Jugendalter geeignete Lieder enthaltend. 4. (IV und 44 S.) Essen 849, Bädeker.

Erk, Ludw., u. Wilh. Greef, Kindergartchen, s. Kindergärtchen.

—— Kinderlieder, s. Kletke, H.

—— und C. Ebeling, Krönungs-Lieder, s. Ebeling, C.

Erk, Ludw., method. Leitfaden f. d. Gesangunterr. in Volksschulen. 1. Thl. Lex.-8. (10½ B.) Crefeld 854, Funcke.

Erk, Ludw., frische Lieder u. Gesänge, s.: Erk, Frdr.

—— u. Aug. Jacob, deutscher Liedergarten. Sammlung von 1-, 2-, 3- u. 4stimmigen Liedern für Mädchenschulen. In 3 Hftn. 1. Hft. 64 Lieder enth. 12. Ebend. 846. n. $^1/_{12}$ ℛ — 2. Hft. 82 Lieder enth. 12. Ebend. 846. n. $3^1/_2$ ngr

—— —— deutscher Liedergarten. Sammlung von 1-, 2-, 3- und 4stimmigen Liedern für Mädchenschulen. 3. Heft. 66 3. und 4stimmige Gesänge enthaltend. 12. (86 S.) Essen 847, Bädeker. *

—— —— dass. — 1. Heft, 70 theils ein-, theils zweistimm. und für das Jugendalter von 5 bis 9 Jahren geeignete Lieder enthaltend. 2., verm. und verb. (Stereotyp-)Aufl. 8. (IV und 32 S.) Ebds. 851. **
2. Heft. Ebendas. 1846. * 3½ Ngr.

—— u. Aug. Jakob, deutscher Liedergarten. Sammlung von 1-, 2- u. 3stimm. Liedern für Mädchenschulen. 3. Heft. 5. [Stereot.-]Aufl. Ebend. 868. 16. (II, 92 S.) n. 5 ngr

—— und Aug. Jacob, deutscher Liedergarten. Sammlung von ein-, zwei-, drei- und vierstimmigen Liedern für Mädchenschulen. 3 Hefte. 8. Essen, Baedeker. *
Inhalt:
Heft 1. 70 ein- und zweistimmige Lieder für das Jugendalter von 5 bis 9 Jahren enth. 6. (Ster.-)Aufl. 873. * 25 Pf.
„ 2. 103 ein- und zweistimmige Lieder für das Jugendalter von 9 bis 12 Jahren enth. 7. (Ster.-)Aufl. 873. * 35 Pf.
„ 3. 67 dreistimmige Gesänge für das reifere Jugendalter von 12 bis 15 Jahren enth. 6. (Ster.-)Aufl. (II, 92 S.) 873. * 50 Pf.

Erk, Ludw., und Aug. Jakob, deutscher Liedergarten. Sammlung ein-, zwei-, drei- und vierstimmiger Lieder für Mädchenschulen. 3 Hefte. 8. Essen, Bädeker. *

Inhalt:
Heft 1. 76 ein- und zweistimmige Lieder für das Jugendalter von 5 bis 9 Jahren enth. 7. [Ster.-]Aufl. (32 S.) 877. * 25 Pf.
" 2. 103 ein- und zweistimmige Lieder für das Jugendalter von 9 bis 12 Jahren enth. 8. Aufl. 876. * 35 Pf.
" 3. 67 dreistimmige Gesänge für das reifere Jugendalter von 12 bis 15 Jahren enth. 7. [Ster.-]Aufl. (III, 92 S.) 877. * 50 Pf.

— u. Aug. Jakob, deutscher Liedergarten. Sammlung ein-, zwei-, drei- u. vierstimm. Lieder f. Mädchenschulen. 3 Hfte. 8. Ebend. 880—82. n. 1. 10
1. 76 ein- u. zweistimm. Lieder. 7. Ster.-Aufl. (32 S.) n. — 25
2. 107 ein- u. zweistimm. Lieder f. d. mittlere Jugendalter [von 9 bis 12 Jahren]. 9., verb. u. verm. [Ster.-]Aufl. [Nach d. neuen Orthogr.] (62 S.) n. — 35
3. 8. [Ster.-]Aufl. (III, 92 S.) n. — 50

—— und Aug. Jakob, deutscher Liedergarten. Sammlung ein-, zwei-, drei- und vierstimmiger Lieder für Mädchenschulen. 3 Hefte. 8. Ebendas.

Inhalt:
Heft 1. 92 ein- und zweistimmige Lieder für das Jugendalter von 5 bis 9 Jahren enth. 8. verb. und verm. [Ster.-]Aufl. (IV, 44 S.) 883. * 30 Pf.
" 2. 107 ein- und zweistimmige Lieder für das mittlere Jugendalter von 9 bis 12 Jahren. 9. verb. und verm. Aufl. (62 S.) 880. * 35 Pf.
" 3. 92 dreistimmige Gesänge für das reifere Jugendalter von 12 bis 15 Jahren enth. 8. [Ster.-]Aufl. (III, 92 S.) 882. * 50 Pf.

—— und Aug. Jakob, deutscher Liedergarten. Sammlung ein-, zwei-, drei- und vierstimmiger Lieder für Mädchenschulen. 3 Hefte. 8. Ebendas. *

Inhalt:
Heft 1. 92 ein- und zweistimmige Lieder für das Jugendalter von 5 bis 9 Jahren. 9. [Ster.-]Aufl. (IV, 44 S.) 885. * 30 Pf.
" 2. 107 ein- und zweistimmige Lieder für das mittlere Jugendalter von 9 bis 12 Jahren. 10. verb. und verm. Aufl. (62 S.) 885. * 35 Pf.
" 3. 92 dreistimmige Gesänge für das reifere Jugendalter von 12 bis 15 Jahren. 9. [Ster.-]Aufl. (III, 92 S.) 887. * 50 Pf.

— u. Aug. Jacob, deutscher Liedergarten. Sammlung v. 1-, 2- u. 3stimmigen Liedern f. Mädchenschulen. (In 3 Hftn.) 2. u. 3. Hft. 8. Ebd. n. — 85
2. 107 ein- u. zweistimmige Lieder f. das mittlere Jugendalter (von 9 bis 12 Jahren). 11. Aufl. (64 S.) 889. n. — 35
3. 92 dreistimmige [illegible] f. das reifere Jugendalter (von 12 bis 15 Jahren) [illegible] enth. 10. Aufl. (III, 92 S.) 892. n. — 50

— u. Aug. Jacob, deutscher Liedergarten. Sammlg. v. ein-, zwei- u. dreistimm. Liedern f. Mädchenschulen. (In 3 Hftn.) 2. Hft. 8. Ebd. 895. — 35
107 ein- u. zweistimm. Lieder f. d. mittl. Jugendalter (v. 9 — 12 Jahren). 12. Aufl. (64 S.)

—— deutscher Liederhort. Auswahl der vorzüglichern deutschen Volkslieder der Vorzeit und Gegenwart mit ihren eigenthüml. Melodien. (7 Lfgn. oder) 1. Bd. hoch 4. (XIX und 416 S.) Berlin 853—55, Th. Enslin. *

—— Deutscher Liederhort. Auswahl der vorzüglichern deutschen Volkslieder aus der Vorzeit u. der Gegenwart, m. ihren eigenthüml. Melodien hrsg. (Neue Titel-Ausg.) Lex.-8. (XVIII, 416 S.) Lpz. 890, Breitkopf u. Härtel. cart. * 10 —

— deutscher Liederhort. Auswahl der vorzüglicheren deutschen Volkslieder, nach Wort u. Weise aus der Vorzeit u. Gegenwart gesammelt u. erläutert. Im Auftrage u. m. Unterstützg. der königl. preuß. Regierg. nach Erks handschriftl. Nachlasse u. auf Grund eigener Sammlg. [illegible] u. fortgesetzt v. Frz. M. Böhme. 36 Lfgn. [illegible] 1. Bd. LXIII, 656 S.; 2. Bd. III, 800 S.; [illegible] IV, [illegible] Leipzig 893. 894. Breitkopf & Härtel [illegible] Bd. kplt.: kart. n. 12 —; geb. in Leinw. n. n. 15 20

—— und Wilh. Greef, Liederkranz. Auswahl heiterer u. ernster Gesänge f. Schule, Haus u. Leben. 1. Hft. 1. Aufl. (102 ein- u. zweistimm. Lieder.) (3½ B.) 839., 2., verb. u. verm. A. (105 ein- u. zweistimm. Lieder). gr. 12. (3 B.) Essen 841, Bädeker. [illegible]

—— —— Liederkranz. Ausw. heiterer u. ernster Gesänge für Schule, Haus u. Leben. 1. Hft. (124 Lieder m. 113 ein- u. zweistimm. Singweisen enthalt.) 1—8. (Stereot.-)Aufl. 12. (à 3½ B.) Essen 843—46, Bädeker. Thlr.

—— —— dass. 2. Heft. (66, meist dreistimmig gesetzte Gesänge enth.) 2., verb. Aufl. 12. (4 B.) Ebds. 841.

—— und Wilh. Greef, Liederkranz. Auswahl heiterer und ernster Gesänge für Schule, Haus und Leben. 1. Heft. (124 Lieder mit 113 ein- und zweistimm. Singweisen enthaltend.) 12. Aufl. 8. (IV und 84 S.) Essen 850, Bädeker.

—— —— dass. — 2. Heft, 90 drei- und vierstimmige Gesänge enthaltend. 3., verm. und verb. Aufl. gr. 12. (II und 94 S.) Ebds. 849.

—— und Wilh. Greef, Liederkranz. Auswahl heiterer und ernster Gesänge für Schule, Haus und Leben. 1. Heft. (155 ein- und zweistimm. Lieder.) 15., verb. und verm. Aufl. (2. Ster.-Ausg.) 8. (II und 94 S.) Essen 854, Bädeker.

—— —— **Liederkranz.** Auswahl heiterer und ernster Gesänge für Schule, Haus und Leben. 3 Hefte. 8. Essen, Baedeker. à Heft * 50 Pf. *

Inhalt:
Heft 1. 163 ein- und zweistimmige Lieder enth. 48. (Ster.-)Aufl. 874.
" 2. 92 dreistimmige Lieder enth. 17. (Ster.-)Aufl. 874.
" 3. 72 vierstimmige Lieder enth. 4. (Ster.-)Aufl. 874.

—— —— Liederkranz. Auswahl heiterer und ernster Gesänge für Schule, Haus und Leben. 3 Hefte. 8. Ebendas. à Heft * 50 Pf. *

Inhalt:
Heft 1. 163 ein- und zweistimmige Lieder. 49.—62. Aufl. (II, 98 S.) 875—79.
" 2. 83 Gesänge, dreistimmig gesetzt für Sopran- und Altstimmen. 18.—23. Aufl. (II, 93 S.) 875—78.
" 3. 72 vierstimmige Gesänge für gemischten Chor. 5. Aufl. (94 S.) 878.

—— —— Liederkranz. Auswahl heiterer und ernster Gesänge für Schule, Haus und Leben. 3 Hefte. 8. Ebendas. à Heft * 50 Pf. *

Inhalt:
Heft 1. 162 ein- und zweistimmige Lieder. 63.—73. Aufl. (II, 98 S.) 880—84.
" 2. 88 Gesänge, dreistimmig gesetzt für Sopran- und Altstimmen. 24.—29. Aufl. (94 S.) 880—84.
" 3. 72 vierstimmige Gesänge für gemischten Chor. 6. Aufl. (94 S.) 882.

—— —— Liederkranz. Auswahl heiterer und ernster Gesänge für Schule, Haus und Leben. 3 Hefte. 8. Ebendas. à Heft * 50 Pf. *

Inhalt:
Heft 1. 162 ein- und zweistimmige Lieder. 75.—82. Aufl. (II, 95 S.) [illegible]
" 2. 88 Gesänge, dreistimmig gesetzt für Sopran- und Altstimmen. 30. und 31. Aufl. (94 S.) 886.
" 3. 72 vierstimmige Gesänge für gemischten Chor. 7. Aufl. (94 S.) 886.

— Liederkranz. Auswahl heiterer u. ernster Gesänge f. Schule, Haus u. Leben. 3 Hfte. 8. Ebd. à n. — 50
[illegible]

—— —— Liederkranz. Auswahl heiterer u. ernster Gesänge f. Schule, Haus u. Leben. 1. u. 2. Heft. 8. Ebd. à Heft * — 50; * 1 —
1. Heft: 163 ein- und zweistimmige Lieder. 86. Aufl. (98 S.) 891. — 2. Heft: 92 dreistimmige Lieder. 36. Aufl. (96 S.) 892.
3. Heft. Ebd. 1886. * — 50.

— — Liederkranz. Auswahl heit. u. ernster Gesänge f. Schule, Haus u. Leben. 1. Hft. 162 ein- u. zweistimm. Lieder. 92. u. 93 Aufl. (106 S.) 8. Ebd. 894. 95. n. — 50

— Liederkranz. Auswahl heiterer u. ernster Gesänge f. Schule, Haus u. Leben. 3 Hfte. 8. Ebd. 894. [illegible]
1. [illegible]
2. [illegible]
3. [illegible]

— — Liederkranz. Auswahl heiterer u. ernster Gesänge f. Schule, Haus u. Leben. Neu bearb. v. F. Wiedermann u. L. Krämer. (Ausg. f. höhere Schulen.) 1. Hft. Abtlg. A u. B u. 2. Hft. 8. (Mit je 1 Bildnistaf.) Ebd. n. 2. 30

1. A. 107 ein- u. zweistimmige Lieder u. 41 Spiellieder für Kinder von 6—8 Jahren. 5. verb. u. verm. Jubiläums-Ausg. 100. Aufl. (XII, 100 u. 5 S.) 899. n. — 50

B. 206 zweistimmige Lieder u. 16 Kanons für Kinder von 9—11 Jahren. 5. verb. u. verm. Jubiläums-Ausgabe. 100. Aufl. (XII, 192 u. 9 S.) 899. n. — 80

2. 94 dreistimmige Lieder, 51 drei- u. zweistimmige Lieder, 18 zweistimmige Lieder, 2 vierstimmige Lieder u. 8 Kanons f. Kinder von 11—14 Jahren. 4. verb. u. verm. Ausg. 42. Aufl. (XVI, 248 u. 16 S.) 900. n. 1.—

— — dasselbe. (Ausg. f. evangel. höhere Schulen für die Prov. Brandenburg.) 1. Hft. Abtlg. A u. B u. 2. Hft. 8. (Mit je 1 Bildnistaf.) Ebd. n. 2. 30

1. A. 107 ein- u. zweistimmige Lieder, 41 Spiellieder u. 10 Choräle nach dem brandenburg. Choralmelodieenbuch von 1887 für Kinder von 6—8 Jahren. 5. verb. u. verm. Jubiläums-Ausg. 100. Aufl. (XII, 100, 6 u. 5 S.) 899. n. — 50

B. 206 zweistimmige Lieder, 16 Kanons u. 26 Choräle nach dem brandenburg. Choralmelodieenbuch von 1887 f. Kinder von 9—11 Jahren. 5. verb. u. verm. Jubiläums-Ausg. 100. Aufl. (XII, 192, 16 u. 9 S.) 899. n. — 80

2. 94 dreistimmige Lieder, 51 drei- u. zweistimmige Lieder, 18 zweistimmige Lieder, 2 vierstimmige Lieder, 8 Kanons, 32 einstimmige Choräle nach dem brandenburg. Choralmelodieenbuch von 1887, 18 dreistimmige Choräle u. die liturgischen Gesänge für Kinder von 11—14 Jahren. 4. verb. u. verm. Ausg. 42. Aufl. (XVI, 248, 48 u. 16 S.) 900. n. 1.—

Erk, Ludw., u. Wilh. Greef, Liederkranz. (Ausg. für Volksschulen.) 1. Hft. Abtlg. A u. B u. 2. Hft. 8. (Mit je 1 Bildnistaf.) Essen, G. D. Baedeker. n. 1. 50

1. A. 107 ein- u. zweistimmige Lieder u. 41 Spiellieder für Kinder von 6—8 Jahren. 5. verb. u. verm. Jubiläums-Ausg. 100. Aufl. (XII, 100 u. 5 S.) 899. n. — 40

B. 206 zweistimmige Lieder u. 16 Kanons f. Kinder von 9—11 Jahren. 5. verb. u. verm. Jubiläums-Ausgabe. 100. Aufl. (XII, 192 u. 9 S.) 899. n. — 50

2. 94 dreistimmige Lieder, 51 drei- u. zweistimmige Lieder, 18 zweistimmige Lieder, 2 vierstimmige Lieder u. 8 Kanons für Kinder von 11—14 Jahren. 4. verb. u. verm. Ausg. 42. Aufl. (XVI, 248 u. 16 S.) 900. n. — 60

— — dasselbe. (Ausg. für kathol Volksschulen.) 1. Hft. Abtlg. A u. B u. 2. Hft. 8. Ebd. n.n. 1. 50

1. A. 107 ein- u. zweistimmige Lieder u. 41 Spiellieder für Kinder von 6—8 Jahren. Mit Anh., enth. 11 Choräle u. religiöse Lieder f. kathol. Schulen, bearb. von Adf. Halama. 5. verb. u. verm. Jubiläums-Ausg. 101. Aufl. (VIII, 100, 10 u. 5 S.) 901. n.n. — 40

B. 206 zweistimmige Lieder u. 16 Kanons f. Kinder von 8—11 Jahren. Mit Anh., enth. 24 Choräle u. religiöse Lieder f. kathol. Schulen, bearb. von Adf. Halama. 5. verb. u. verm. Jubil.-Ausg. 101. Aufl. (VIII, 192, 31 u. 9 S.) 901. n.n. — 50

2. 94 dreistimmige Lieder, 51 drei- u. zweistimmige Lieder, 18 zweistimmige Lieder, 2 vierstimmige Lieder u. 8 Kanons für Kinder von 11—14 Jahren. Mit Anh., enth. 25 Choräle u. religiöse Lieder f. kath. Schulen, bearb. v Adf. Halama. 4. verb. u. verm. Ausg. 43. Aufl. (XII, 248, 32 u. 16 S.) 901. n.n. — 60

— — dasselbe. (Ausg. f. evangel. Volksschulen f. die Prov. Brandenburg.) 1. Hft. Abtlg. A u. B u. 2. Hft. 8. (Mit je 1 Bildnistaf.) Ebd. n. 1. 50

1. A. 107 ein- u. zweistimmige Lieder, 41 Spiellieder u. 10 Choräle nach d. brandenburg. Choralmelodienbuch von 1887 für Kinder von 6—8 Jahren. 5. verb. u. verm. Jubiläums-Ausg. 100. Aufl. (XII, 100, 6 u. 5 S.) 899. n. — 40

B. 206 zweistimmige Lieder, 16 Kanons u. 26 Choräle nach dem brandenburg. Choralmelodieenbuch von 1887 für Kinder von 9—11 Jahren. 5. verb. u. verm. Jubiläums-Ausg. 100. Aufl. (XII, 192, 16 u. 9 S.) 899. n. — 50

2. 94 dreistimmige Lieder, 51 drei- u. zweistimmige Lieder, 18 zweistimmige Lieder, 2 vierstimmige Lieder, 8 Kanons, 32 einstimmige Choräle nach d. brandenb. Choralmelodieenbuch v. 1887, 18 dreistimmige Choräle u. die liturgischen Gesänge f. Kinder v. 11—14 Jahren. 4. verb. u. verm. Ausg. 42. Aufl. (XVI, 248, 48 u. 16 S.) 900. n. — 60

— — Liederkranz. Auswahl heiterer u. ernster Gesänge f. Schule, Haus u. Leben. Neu bearb. v. F. Wiedermann u. L. Krämer. (Ausg. f. Berliner Gemeindeschulen.) I. Hft. Abtlg. A u. B u. II. Hft. 8. Ebd. (903). n.n. 1. 50

I. Abtlg. A. 107 ein- u. zweistimmige Lieder, 41 Spiellieder, sowie e. Liederanh. u. e. Übungsanh. nach den Bestimmungen des Berliner Grundlehrplans v. 1902 f. die Unterstufe (8., 7. u. 6. Klasse). 5. verb. u. verm. Jubiläums-Ausg. 102. Aufl. (100, 12 u. 1[illegible]) n.n. — 40

I. Abtlg. B. 206 zweistimmige Lieder, 16 Kanons, sowie e. Liederanh. u. e. Übungsanh. nach den Bestimmungen des Berliner Grundlehrplans v. 1902 f. die Mittelstufe. (5. u. 4. Klasse). 5. verb. u. verm. Jubiläums-Ausg. 106. Aufl. (192, 12 u. 20 S.) nn. — 50

II. 94 dreistimmige Gesänge, 51 drei- u. zweistimmige Lieder, 18 zweistimmige Lieder, 2 vierstimmige Lieder, 8 Kanons, sowie e. Liederanh. u. e. Übungsanh. nach den Bestimmungen des Berliner Grundlehrplans v. 1902 f. die Oberstufe (3., 2. u. 1. Klasse). 4. verb. u. verm Ausg. 47. Aufl. (218, 38 u. 32 S. m. 1 Fig.) n.n. — 60

— — dasselbe. Ausg. f. katholische Berliner Gemeindeschulen. 1. Hft. Abtlg. A u. B u. 2. Hft. 8. Ebd. (903). n.n. 1. 50

I. Abtlg. A. 107 ein- u. zweistimmige Lieder u. 41 Spiellieder, sowie e. Liederanh. u. e. Übungsanh. nach den Bestimmungen des Berliner Grundlehrplans v. 1902 f. die Unterstufe (8., 7. u. 6 Klasse). Die Kirchenlieder sind bearb. v. Adf. Halama, der Übungsanh. v. F. Wiedermann. 102. Aufl. (100, 14 u. 10 S.) n.n. — 40

I. Abtlg. B. 206 zweistimmige Lieder u. 16 Kanons, sowie e. Liederanh. u. e. Übungsanh. nach den Bestimmungen des Berliner Grundlehrplans v. 1902 f. die Mittelstufe (5 u. 4. Klasse). Die Kirchenlieder sind bearb. v. Adf. Halama, d. Übungsanh. v. F. Wiedermann. 102. Aufl. (192, 13 u. 19 S.) n.n. — 50

II. 94 dreistimmige Gesänge, 51 drei- u. zweistimmige Lieder, 18 zweistimmige Lieder, 2 vierstimmige Lieder, 8 Kanons, sowie e. Liederanhang u. e. Übungsanh. nach den Bestimmungen des Berliner Grundlehrplans v. 1902 f. die Oberstufe (3., 2. u. 1. Klasse). Die Kirchenlieder des Liederanh. sind bearb. v. Adf. Halama, der Übungsanhang v. F. Wiedermann. 47. Aufl. (218, 26 u. 32 S. m. 1 Fig.) n.n. — 60

— — dasselbe. Unter Zugrundelegg. der Neubearbeitg. des „Liederkranz" v. F. Wiedermann u. L. Krämer nach dem Berliner Grundlehrplan v. 1902 in e. Stoffverteilg. auf 8 Schuljahre hrsg. v. Frdr. Wiedermann. Ausg. C f. 8- (7- u. 6-)klass. evangel. Volksschulen. 3 Hfte. kl. 8. Essen (904). G. D. Baedeker. n.n. 1. —

1. Unterstufe (1.—3. Schulj.). 7 Choräle, 32 einstimm. Volkslieder, 11 Spiellieder, sowie e. Übungsanh. f. die Unterstufe (8., 7., u. 6. Klasse). (44 S.) n.n. — 20

2. Mittelstufe (4. u. 5. Schulj.). 11 Choräle, 56 ein- u. zweistimm. Volkslieder, 3 Kanons, sowie e. Übungsanh. f. die Mittelstufe (5. u. 4. Klasse). (72 S.) n.n. — 30

3. Oberstufe (6.—8. Schulj.). 26 ein-, drei- u. vierstimm. Choräle, die liturg. Gesänge, 2 Kanons, 82 zwei-, drei- u. vierstimm. Volkslieder u. andere Gesänge, sowie e. Übungsanh. f. die Oberstufe (3., 2. u. 1. Klasse). (160 S.) n.n. — 50

Erk, Ludw., u. Wilh Greef, Liederkranz. Auswahl heiterer u. ernster Gesänge f. Schule, Haus u. Leben. Unter Zugrundelegg. der Neubearbeitg. des „Liederkranz" v. F. Wiedermann u. L. Krämer nach dem Berliner Grundlehrplan v. 1902 in e. Stoffverteilg. auf 8 Schuljahre hrsg. v. Frdr. Wiedermann. Ausg. D f. 8- (7- u. 6-)klass. kathol. Volksschulen. 3 Hefte. kl. 8. Essen (904). G. D. Baedeker. n.n. 1. —

1. Unterstufe (1.—3. Schulj.). 8 Kirchenlieder, 32 einstimm. Volkslieder, 10 Spiellieder, sowie ein Übungsanh. für die Unterstufe (8., 7. u. 6. Klasse). Die Kirchenlieder sind bearb. v. Adf. Halama. (44 S.) n.n. — 20

2. Mittelstufe (4. u. 5. Schulj.). 8 Kirchenlieder, 54 ein- u. zweistimm. Volkslieder, 3 Kanons, sowie e. Übungsanh. f. die Mittelstufe (5. u. 4. Klasse). (72 S.) n.n. — 30

3. Oberstufe (6.—8. Schulj.). 23 ein- u. mehrstimm. Kirchenlieder, 82 mehrstimmige Volkslieder u. andere Gesänge, 2 Kanons, sowie e. Übungsanh. f. die Oberstufe (3., 2. u. 1. Klasse). (160 S.) n.n. — 50

— — dasselbe. 3. Heft. (Ausg. f. Brandenburg.) kl. 8. Ebd. 1.—; Ausg. f. Volksschulen. — 60

3. (Frühere Bezeichng.: 2. Hft.) 91 dreistimmige Gesänge, 48 drei u. zweistimmige Lieder, 15 zweistimmige Lieder, 1 vierstimm. Lied, 5 Kanons, 35 einstimm. Choräle nach d. brandenbur. Choralmelodienbuch v. 1887, 18 dreistimmige Choräle u. die liturgischen Gesänge f. Kinder v. 11 bis 14 Jahren. 49. Aufl. (240, 48 u. 16 S.) 907. 1.—; Ausg. f. Volksschulen. (240, 48 u. 16 S.) — 60

— — dasselbe. Neu bearb. v. F. Wiedermann u. L. Krämer. 3. Hft. (Ausg. f. kathol. Schulen.) kl. 8. Ebd. 1.—

3. (Frühere Bezeichng.: 2. Hft.) 91 dreistimmige Gesänge, 48 drei u. zweistimmige Lieder, 15 zweistimmige Lieder, 1 vierstimm. Lied u. 5 Kanons f. Kinder v. 11 bis 14 Jahren. Mit Anh., enth. 25 Choräle u. religiöse Lieder f. kathol. Schulen, bearb. v. Adf. Halama. 49. Aufl. (240, 32 u. 16 S.) (907.) 1.—

— — dasselbe. Unter Zugrundelegg. d. Neubearbeitg. d. „Liederkranz“ v. F. Wiedermann u. L. Krämer nach d. Berliner Grundlehrplan v. 1902 in e. Stoffverteilg. auf 8 Schuljahre hrsg. v. Frdr. Wiedermann. Ausg. C f. 8- (7- u. 6-)klass. ev. Volkssch. 2. u. 3. Heft. kl. 8. Ebd. nn —80

2. Mittelstufe (4. u. 5. Schulj.) 11 Choräle, 56 ein- u. zweistimm. Volkslieder, 3 Kanons, sowie e. Übungsanh. f. d. Mittelstufe (5. u. 4. Klasse.) 4. Aufl. (72 S.) (909.) nn —30
3. Oberstufe (6—8. Schulj.) 26 ein-, drei- u. vierstimm. Choräle, die liturg. Gesänge, 2 Kanons, 82 zwei-, drei- u. vierstimm. Volkslieder u. andere Gesänge, sowie e. Übungsanh. f. die Oberstufe (3., 2. u. 1. Klasse). 4. Aufl. (160 S.) (909.) nn —50

— — Liederkranz. Auswahl heiterer u. ernster Gesänge f. Schule, Haus u. Leben. Neu bearb. v. F. Wiedermann u. L. Krämer. 2. u. 3. Heft. kl. 8. Ebd. 1.80; Ausg. f. Volksschulen nn 1.10

2. (Frühere Bezeichng.: I B.) 206 zweistimmige Lieder u. 16 Kanons f. Kinder v. 8—11 Jahren. 115. Aufl. (192 u. 8 S.) (910.) —80; m. Anh.: 26 Choräle nach d. brandenb. Choralmelodienbuch v. 1877 (Umschlag: 1887). 114. Aufl. (192, 8 u. 16 S.) (910.) —80.; Ausg. f. Volksschulen. 206 zweistimmige Lieder u. 16 Kanons f. Kinder v. 8—11 Jahren. 116. Aufl. 192 u. 8 S.) (910.) —50; m. Anh.: 26 Choräle nach d. brandenburg. Choralmelodienbuch v. 1877 (Umschlag: 1887). (192, 8 u. 16 S.) (910.) —50
3. (Frühere Bezeichng.: 2. Hft.) 91 dreistimmige Gesänge, 48 drei- u. zweistimmige Lieder, 15 zweistimmige Lieder, 1 vierstimmiges Lied u. 5 Kanons f. Kinder von 11 bis 14 Jahren. 52. Aufl. (240 u. 16 S.) (909.) 1.—; Ausg. f. Volksschulen. 91 dreistimmige Lieder, 48 drei- u. zweistimmige Lieder, 15 zweistimmige Lieder, 1 vierstimmiges Lied, 5 Kanons, 32 einstimmige Choräle nach d. brandenb. Choralmelodienbuch v. 1887, 18 dreistimmige Choräle u. d. liturg. Gesänge f. Kinder v. 11 bis 14 Jahren. 51. Aufl. (240, 48 u. 16 S.) nn —60

— u. Ben. Widmann, neue Liederquelle. Periodische Sammlung ein- u. mehrstimm. Lieder für Schule u. Leben. In Verbindung mit Mehreren herSg. 1—3. Heft (à 48 S.). Leipzig 868, 69. Merseburger. 16. Jedes Heft 3 ngr.

—— deutscher Liederschatz. Zunächst für Seminarien und die höheren Klassen von Gymnasien und Realschulen. Neu bearb. und hrsg. 1—3. Heft. qu. gr. 8. (96 S.) Berlin, Th. Chr. Friedr. Enslin. à Heft * 5 Ngr. *

Inhalt:
Heft 1. 30 Lieder enthaltend. 1. und 2. Ster.-Aufl. 859,61.
" 2. 30 Gesänge für vierstimmigen Männerchor enthaltend. 859.
" 3. 33 Gesänge für vierstimmigen Männerchor enthaltend. 860.

—— deutscher Liederschatz. Zunächst für Seminarien und die höheren Klassen der Gymnasien und Realschulen. Neu bearb. und hrsg. 1. Heft 3. Aufl. 1868, und 2. Heft 2. Ster.-Aufl. 1864. qu. gr. 8. (à 32 S.) Berlin, Th. C. F. Enslin. à Heft *

—— dass. — 4. Heft. 26 Gesänge für vierstimm. Männerchor enth. qu. gr. 8. (S. 97—128.) Ebendas. 865 *

— deutscher Liederschatz. Zunächst für Seminarien u. die höheren Klassen der Gymnasien u. Realschulen. Neu bearb. u. herSg. 1. Heft. 3. Aufl. Berlin 868. Th. Enslin. qu. 4. (32 S.) n. 5 ngr.

— — 3. Heft. 2. Stereot.-Aufl. Ebend. 869. qu. 4. (S. 65 bis 96.) n. 5 ngr.

—— deutscher Liederschatz. Zunächst für Seminarien und die höheren Klassen der Gymnasien und Realschulen. Neu bearb. und hrsg. 5 Hefte. qu. 4. Berlin, Th. C. F. Enslin. à Heft * 50 Pf. *

Inhalt:
Heft 1. 4. Ster.-Aufl. (S. 1—32.) 872.
" 2. 30 Gesänge für vierstimmigen Männerchor. 3. Ster.-Aufl. 1871, und 4. Ster.-Aufl. (S. 33—64.) 873.
" 3. 2. Ster.-Aufl. 1869, und 3. Ster.-Aufl. (S. 65—96.) 872.
" 4. 26 Gesänge für vierstimmigen Männerchor enth. 2. Ster.-Aufl. (S. 97—128.) 874.
" 5. 33 männerstimmige Gesänge enth. (S. 129—160.) 872.

Erk, Ludw., deutscher Liederschatz. Männerstimmige Gesänge für Seminarien und die höheren Classen der Gymnasien und Realschulen. 1., 2., 5. und 6. Heft. qu. gr. 8. Berlin, Enslin. *

Inhalt:
Heft 1. 54 Gesänge. 5. verb. und verm. Aufl. (S. 1—48.) 878. * 60 Pf.
" 2. 45 Gesänge. 5. verb. und verm. Aufl. (S. 49—96.) 879. * 60 Pf.
" 5. 33 Gesänge. 2. verb. und verm. Aufl. (S. 129—160.) 879. * 50 Pf.
" 6. Vierstimmige Männergesänge. (S. 161—192.) 879. * 50 Pf.
3. und 4. Heft. Ebendas. 1872.74. à * 50 Pf.

—— deutscher Liederschatz. Männerstimmige Gesänge für Seminarien und die höheren Klassen der Gymnasien und Realschulen. 1.—4. Heft. [Nach der neueren Orthogr.] qu. gr. 8. Ebendas. *

Inhalt:
Heft 1. 54 Gesänge. 6.—8. Ster.-Aufl. (S. 1—48.) 881—84. * 60 Pf.
" 2. 45 Gesänge. 6. Aufl. (S. 49—96.) 883. * 60 Pf.
" 3. 50 Gesänge. 4. verb. und verm. Aufl. (S. 97—148.) 880. * 60 Pf.
" 4. 45 Gesänge. 3. verb. und verm. Aufl. (S. 149—196.) 880. * 50 Pf.
5. und 6. Heft. Ebendas. 1879. à * 50 Pf.

—— deutscher Liederschatz. Männerstimmige Gesänge für die höheren Klassen der Gymnasien und Realschulen und für Seminarien. 3. Heft. 5. Aufl. qu. gr. 8. (S. 97—144.) [Berlin 886, Th. Chr. Fr. Enslin.] Leipzig, R. Winkler. *

—— dass. — Gesamt-Ausg. der 6 Einzelhefte. 1. und 2. Aufl. qu. gr. 8. (VIII, 257 S.) Ebendas. 885,86. geb. *

—— dass. — 250 männerstimm. Gesänge für die höheren Klassen der Gymnasien und Realschulen und für Seminarien. Gesamt-Ausg. der 6 Einzelhefte. 3. Aufl. qu. gr. 8. (VIII, 263 S.) Leipzig 888, R. Winkler. geb. *

— deutscher Liederschatz. Männerstimmige Gesänge f. Seminarien u. die höheren Klassen der Gymnasien u. Realschulen. 2. u. 3. Hft. qu. gr. 8. Leipzig 889. R. Winkler. à n. —60

2. 45 Gesänge. 7. Aufl. (S. 49—96.)
3. 50 Gesänge. 6. Aufl. (S. 97—144.)

— deutscher Liederschatz. Männerstimmige Gesänge f. die höheren Klassen der Gymnasien u. Realschulen u. f. Seminarien. 1. Hft. 54 Gesänge. 9. Aufl. qu. gr. 8. (48 S.) Leipzig 890. R. Winkler. n. —60

—— Deutscher Liederschatz. Männerstimmige Gesänge f. die höheren Klassen der Gymnasien u. Realschulen u. f. Seminarien. 8 Hefte. qu. gr. 8. Lpz., R. Winkler. à Heft * — 60; * 1 80

1. 54 Gesänge. 9. Aufl. (S. 1—48.) 892. — 2. 45 Gesänge. 7. Aufl. (S. 49—96.) 889. — 3. 50 Gesänge. 6. Aufl. (S. 97—144.) 889.

— dasselbe. 250 männerstimm. Gesänge f. die höheren Klassen der Gymnasien u. Realschulen u. f. Seminarien. Gesamt-Ausg. der 6 Einzelhefte. 5. Aufl. qu. gr. 8. (VIII, 263 S.) Ebd. 893. Geb. in Leinw. n. 3. —

— deutscher Liederschatz. 300 männerstimm. Gesänge f. die höh. Klassen der Gymnasien u. Realschulen u. für Seminarien. Neu bearb. Gesamt-Ausg. der 7 Einzelhefte. 7. (verm.) Aufl. qu. gr. 8. (XVI, 316 S.) Leipzig 899. R. Winkler. Geb. in Leinw. n. 3.—; auch in 7 Hftn. à n. —60

— — Liederschatz f. deutsche Schulen. Neu bearb. v. F. Wiedermann u. L. Krämer. 2 Hfte. (Ausg. f. die Prov. Brandenburg.) 8. Ebd. 900. à n. —35

1. 42 ein- u. zweistimmige Volkslieder u. 18 Spiellieder f. die Unterstufe, 100 zweistimmige Volkslieder u. 4 Kanons f. die Mittelstufe der Volksschule, nebst e. Anh., enth. 27 einstimmige Choräle nach dem brandenburg. Choralmelodieenbuch von 1887. (VIII, 136 u. 16 S.)
2. 27 dreistimmige Gesänge, 20 zwei- u. dreistimmige Lieder, 48 zweistimmige Lieder, 2 einstimmige Lieder u. 3 Kanons f. die Oberstufe der Volksschule, nebst e. Anh., enth. 21 einstimmige Choräle nach dem brandenburg. Choralmelodieenbuch v. 1887, 8 dreistimmige Choräle u. die liturg. Gesänge. (IV, 116 u. 28 S.)

— — dasselbe. 2 Hfte. (Ausg. f. Volksschulen.) 8. Ebd. 900. à n. —35

1. 42 ein- u. zweistimmige Volkslieder u. 18 Spiellieder f. die Unterstufe, 100 zweistimmige Volkslieder u. 4 Kanons f. die Mittelstufe der Volksschule. (VIII, 136 S.)
2. 27 dreistimmige Gesänge, 20 zwei- u. dreistimmige Lieder, 48 zweistimmige Lieder, 2 einstimmige Lieder u. 3 Kanons f. die Oberstufe der Volksschule. (IV, 116 S.)

— — Liederschatz f. deutsche Schulen. Neu bearb. v. F. Wiedermann u. L. Krämer. I. Hft. kl. 8. Ebd. nn — 35
I. 42 ein- u. zweistimmige Volkslieder u. 18 Spiellieder f. die Unterstufe, 100 zweistimmige Volkslieder u. 4 Kanons f. die Mittelstufe d. Volksschule. 2. Aufl. (VIII. 136 S.) (907.)

—— deutsche Liedertafel. Auswahl ernster und heiterer Gesänge für Männerstimmen. 1.—8. Heft. qu. gr. 8. (S. 1—196.) Ebendas. 883,84. à Heft 30 Pf.

—— Liedertafel. Volkslieder für vierstimm. Männergesang. Ausg. in 4 Einzelstimmen. 8. (à 116 S.) Ebendas. 888. geb. à Stimme *

—— s. Lindner, E. O., Geschichte des deutschen Liedes.

—— und Otto Tiersch, allgemeine Musiklehre. Auf Anregung und unter Mitwirkung von L. E. bearb. und hrsg. von O. T. gr. 8. (VII, 298 S.) Berlin 885, Oppenheim. *

—— Reiselieder. Für Männerstimmen gesetzt. 1. Heft. qu. gr. 4. (28 S.) Berlin 874, Th. C. F. Enslin. *

—— Reiselieder. Für Männerstimmen gesetzt. 2. Heft. Mit 22 Liedern. qu. gr. 8. (24 S.) Ebendas. 876. *
1. Heft. Ebendas. 1874. * 40 Pf.

—— Reiselieder für vierstimmigen Männerchor. 2 verm. Aufl. in Partitur und Stimmen, hrsg. von Geo. Federich. Partitur. 12. (IV, 176 S.) Ebendas. 888. geb. in Lederbuch *

—— dass. — Stimmen: Tenor und Baß. 12. (à IV, 116 S.) Ebendas. 888. geb. in Lederbuch à Stimme *

—— Sammlung drei- u. vierstimm. Gesänge rc., s. a. Sammlung.

— Sammlung drei- u. vierstimmiger Gesänge für Männerstimmen von verschied. Componisten, zum Gebrauch auf Seminarien, Gymnasien u. kleinern Singvereinen. 28 Hft. qu. 4. Essen 835. Bädeker. $^{1}/_{2}$ ℛ

—— Sammlung mehrstimm. Gesänge f. Männerstimmen v. verschied. Componisten. 1. Heft 65 Gesänge enth. 3. u. 4., verb. u. verm. Aufl. in Partitur u. Stimmen. Partitur. 4. (à $10^{1}/_{4}$ B.) Essen 843, 44, Bädeker. à ·

—— dass. 2. Hft. 47 Gesänge enth. 2., sehr verb. u. verm. Aufl. 4. (14 B.) Essen 845, Bädeker. * ·

—— dieselbe, einzelne Stimmen dazu. 1. Hft. (Tenor I. II., Baß I. II.) 4., verb. u. verm. Aufl. 4. (à Hft. $5^{1}/_{4}$ B.) Ebds. 846.

—— Sammlung mehrstimmiger Gesänge für Männerstimmen von verschiedenen Komponisten. Für Seminaristen, Realschulen, Gymnasien und kleinere Singvereine. 2 Hefte. 4. Essen, Bädeker. *

Inhalt:
Heft 1. 66 Gesänge. Partitur. 7. Aufl. [Übereinstimmend mit den vier Einzelstimmen zur 6. Aufl.] (72 S.) 883. * ℳ 2. — Einzelstimmen dazu [Tenor I. II., Baß I. II.]. 2 Hefte. (à 42 S.) 878. à * 60 Pf.
» 2. 79 Gesänge. Partitur. 3. verb. und verm. Aufl. (84 S.) 880. * ℳ 2. — Einzelstimmen dazu [Tenor I. II., Baß I. II.]. 2 Hefte. (62; 61 S.) 882. à * ℳ 1.

— s. Samml. ein-, zwei-, drei- u. vierstimm. Lieder.

Erk, Ldw., s. Samml. geistl. Lieder.

—— neue Sammlung deutscher Volkslieder mit ihren eigenthüml. Melodien. 1—3. Hft. gr. 12. (3 B.) Berlin, Bechtold u. Hartje. à $^{1}/_{3}$ Thlr.
Hft. 1. 56 Lieder enth. (3 B.) 841.
» 2. 51 » » (3 B.) 841.
» 3. 61 » » (3 B.) 842.

—— neue Sammlung deutscher Volkslieder mit ihren eigenthüml. Melodien. 4—6. u. letztes Hft. des 2. Bds., 160 Lieder enthaltend. 12. (8 B.) Berlin 844, Logier. à Hft. *
1—3. Hft. Ebendas. 1841, 42. 1 Thlr.

—— dass. 3. Bd. 1 Hft. 85 Lieder enth. 12. (4 B.) Ebds. 845. *

—— Sammlung ein-, zwei-, drei-, u. vierstimm. Schul-Lieder v. verschied. Componisten. 1. u. 2. Hft. 3., verb. u. verm. Aufl. u. 3. Hft., 2., verm. u. verb. A. Lex.-8. Essen, Bädeker. à $^{1}/_{3}$ Thlr.
Hft. 1. Vorzugsweise f. d. Kindesalter d. ersten Schuljahre bestimmt. ($6^{1}/_{2}$ B.) 836.
» 2. 100 ein- u. zweistimm. Lieder (vorzugsweise f. d. reifere Jugendalter bestimmt). (6 B.) 837.
» 3. 59 drei- u. vierstimm. Lieder enth. (7 B.) 835.
Das Supplement. Ebendas. 1834. 8 Gr.

Erk, Ludwig, und Aug. Jakob

— — patriotischer Sängerhain. Lieder üb. den deutschen Volkskrieg v. 1870 u. 1871 Für gemischten Chor. [Sopran, Alt, Tenor u. Baß.] Zunächst f. Gymnasien, Real- u. Bürgerschulen. 1. Hft. qu. 4. (44 S.) Berlin 871. Stubenrauch. n. — 60

— u. Frdr. Erk, Sängerhain. Sammlung heiterer u. ernster Gesänge f. Gymnasien, Real- u. Bürgerschulen. 1. Hft. 2. Abth. 113 ein-, zwei- u. dreistimm. Gesänge. qu. gr. 8. (72 S.) Essen 874. Bädeker. n. — 60

— dasselbe. 1—3. Hft. qu. gr. 8. Ebend. 875. à n. — 60
1. 98 1-, 2- u. 3stimm. Gesänge. 20. [Ster.-]Aufl. (II, 62 S.)
2. Neue Ausg. 67 4- u. 5stimm. Gesänge. 25. Aufl. (73 S.)
3. Neue Ausg. 40 4stimm. Gesänge 9. [Ster.-]Aufl. (II, 64 S.)

——, Friedr. Erk und W. Greef, Sängerhain. Sammlung heiterer und ernster Gesänge für Gymnasien, Real- und Bürgerschulen. 1. Heft 2 Abthlgn. und 2. und 3. Heft. qu. gr. 8. Essen, Bädeker. à * 60 Pf. *

Inhalt:
Heft 1. 1. Abthl. 98 ein-, zwei- und dreistimmige Gesänge. 25.—31. [Ster.-] Aufl. (IV, 63 S.) 875—79.
» 1. 2. Abthl. 113 ein-, zwei- und dreistimmige Gesänge. 2. und 3. Aufl. (72 S.) 876.
» 2. 67 vier- und fünfstimmige Gesänge. 24.—30. Aufl. (72 S.) 875—77.
» 3. 40 vierstimmige Gesänge. 9.—11. [Ster.]Aufl. (II, 64 S.) 877.

—— Friedr. Erk und W. Greef, Sängerhain. Sammlung heiterer und ernster Gesänge für Gymnasien, Real- und Bürgerschulen. 3 Hefte. qu. gr. 8. Essen, Bädeker. *

Inhalt:
Heft 1. Abthl. A. 101 ein-, zwei- und dreistimmige Gesänge. 32.—36. [Ster.-]Aufl. (II, 70 S.) 880—83. * 60 Pf.
» 1. Abthl. B. 113 ein-, zwei- und dreistimmige Gesänge. 4. Aufl. (72 S.) 881. * 60 Pf.
» 2. 66 vier- und fünfstimmige Gesänge. 31.—36. [Ster.-]Aufl. (72 S.) 880—83. * 60 Pf.
» 3. 40 vierstimmige Gesänge. 12.—14. [Ster.-]Aufl. (II, 64 S.) 880—83. * 60 Pf.

—— Friedr. Erk und W. Greef, Sängerhain. Sammlung heiterer und ernster Gesänge für Gymnasien, Real- und Bürgerschulen. 3 Hefte. qu. gr. 8. Essen, Bädeker. à Heft * 60 Pf. *

Inhalt:
Heft 1. Abtl. A.: 101 ein-, zwei- und dreistimmige Gesänge. 37.—40. Aufl. (II, 70 S.) 885—87.
» 2. 66 vierstimmige Gesänge für gemischten Chor. 39.—44. Aufl. (II, 70 S.) 885—88.
» 3. 40 Gesänge für gemischten Chor. 15. und 16. Aufl. (64 S.) 886,87 und 17. verm. Aufl. (II, 70 S.) 888.
1. Heft. Abtl. B. Ebendas. 1881. * 60 Pf.

—— Friedr. Erk u. Wilh. Greef. Sängerhain. Sammlung heiterer u. ernster Gesänge f. Gymnasien, Real- u. Bürgerschulen. 1. Heft. Abtl. A. u. B., 2. u. 3. Heft. qu. gr. 8. Essen, Baedeker. * 3 —
1. A. 45. neu bearb. u. verm. Aufl. (II, 87 S.) 892. * — 80. 1. B. 6. neu bearb. u. verm. Aufl. (100 S.) 891. * — 80.
2. 47. neu bearb. u. verm. Aufl. (88 S.) 891. * — 80.
3. 18. [verm.] Aufl. (II, 70 S.) 891. * — 60.

— Frdr. Erk u. Wilh. Greef, Sängerhain. Sammlung heiterer u. ernster Gesänge f. Gymnasien, Real- u. Bürgerschulen. 1. Hft., Abtlg. A u. B, 2. u. 3. Hft. qu. gr. 8. Essen, G. D. Baedeker. n. 3. —
1. Abtlg. A. 111 1-, 2- u. 3stimmige Gesänge. 47., neu bearb. u. verm. Aufl. (II, 88 S.) 894. n. — 80. — B. 120 1-, 2- u. 3stimmige Gesänge. 7., neu bearb. u. verm. Aufl. (100 S.) 892. n. — 80
2. 76 4stimmige Gesänge f. gemischten Chor. 60., neu bearb. u. verm. Aufl. (88 S.) 894. n. — 80
3. 43 Gesänge f. gemischten Chor. 19. (verm.) Aufl. (II, 71 S.) 891. n. — 60

— Frdr. Erk u. Wilh. Greef, Sängerhain. Sammlg. heit. u. ernster Gesänge f. Gymnasien, Real- u. Bürgerschulen. 3. Hft. 43 Gesänge f. gem. Chor. 20., verm. Aufl. (II, 71 S.) qu. gr. 8. Essen 895. G. D. Baedecker. n. — 60

— Frdr. Erk u. Wilh. Greef, Sängerhain. Sammlung heiterer u. ernster Gesänge f. Gymnasien u. andere höh. Lehranstalten. Neu bearb. Jubiläums-Ausg. der während des Zeitraumes v. 50 Jahren erschienenen 150 Aufl. der 8 Einzelhefte v. „Sängerhain", „Vorstufe zum Sängerhain" u. „Frische Lieder u. Gesänge". (In 2 Bdn. od. 6 Einzelhftn.) Bandausg. Ausg. A. 2 Bde. gr. 8. (Mit je 1 Bildnistaf.) Essen 899. G. D. Baedeker.
Geb. in Leinw. n. 5. 10; erhöht. Pr. n. 5. 70
1. (Enth. die Hfte. I, II u. III.) 476 ein-, zwei- u. dreistimm. Gesänge f. die Vorschule, die unteren u. mittleren Klassen. (VIII, 392 u. 18 S.) n. 2. 40; erhöht. Pr. n. 3. —
2. Chorbuch. (Enth. die Hefte IV, V u. VI.) (304 vierstimm. Gesänge f. gemischten Chor. heiteren, ernsten u. geistl. Inhalts.) Für die oberen Klassen. (VIII, 497 u. 20 S.) n. 2. 70

— — — dasselbe. Ausg. B. 2 Bde. gr. 8. (Mit je 1 Bildnistaf.) Ebd. 899. Geb. in Leinw. n. 3. 20; erh. Pr. n. 3. 80
1. (Enth. die Hfte. II u. III.) 345 zwei- u. dreistimm. Gesänge f. die unteren u. mittleren Klassen. (VIII S., S. 65—392 u. 22 S.) n. 1. 60; erhöht. Pr. n. 2. 20
2. (Enth. die Hfte. IV u. V.) 235 vierstimm. Gesänge f. gemischten Chor, heiteren u. ernsten Inhalts. Für die oberen Klassen. (VIII, 345 u. 23 S.) n. 1. 60

— — — dasselbe. (Heftausg.) 1.—6. Hft. gr. 8. (Mit je 1 Bildnistaf.) Ebd. n. 5. 20; erhöht. Pr. n. 6. 40
1. 5. Aufl. 131 ein- u. zweistimm. Gesänge für die Vorschule. (VIII, 64 u. 20 S.) 899. n. — 60; erhöht. Pr. n. — 80
2. 52. Aufl. 179 ein-, zwei- u. dreistimm. Gesänge f. die unteren u. mittleren Klassen. (VIII, 154 u. 20 S.) 899. n. — 80; erh. Pr. n. 1. —
3. 11. Aufl. 166 ein-, zwei- u. dreistimm. Gesänge f. die unter. u. mittleren Klassen. (VIII, 174 u. 9 S. m. 1 Bildnistaf.) 902. n. — 80; erhöht. Pr. n. 1. —
4. 55. Aufl. 116 vierstimm. Gesänge f. gemischten Chor, meist weltl. Inhalts. Für die oberen Klassen. (VIII, 178 u. 22 S.) 899. n. 1. —; erhöht. Pr. n. 1. 20
5. 14. Aufl. 119 vierstimm. Gesänge f. gemischten Chor, meist weltl. Inhalts. Für die oberen Klassen. (VIII, 167 u. 22 S.) 899. n. 1. —; erhöht. Pr. n. 1. 20
6. 22. Aufl. 69 vierstimm. Gesänge ernsten Inhalts f. gemischten Chor. Für die oberen Klassen. (VIII, 151 u. 21 S.) 899. n. 1. —; erhöht. Pr. n. 1. 20

Erk, Ludw., Frdr. Erk u. Wilh. Greef, Sängerhain. Sammlung heiterer u. ernster Gesänge f. Gymnasien u. andere höhere Lehranstalten. Neubearbeitung der bisher. 8 Einzelhefte v. „Sängerhain", „Vorstufe zum Sängerhain" u. „Frische Lieder u. Gesänge". (In 2 Bdn. od. 6 Einzelheften.) I., II. u. IV. VI. Hft. 8. Essen, G. D. Baedeker. n. 5. 40
I. 6. Aufl. 131 ein- u. zweistimm. Gesänge f. die Vorschule. (68 S.) 904. n. — 80
II. 56. Aufl. 179 ein-, zwei- u. dreistimm. Gesänge f. die unteren u. mittleren Klassen. (154 u. 10 S.) 905. n. 1. —
IV. 58. Aufl. 116 vierstimmige Gesänge f. gemischten Chor, meist weltlichen Inhalts. Für die oberen Klassen. (178 u. 8 S.) (905.) n. 1. 20
V. 17. Aufl. 119 vierstimmige Gesänge f. gemischten Chor, meist weltlichen Inhalts. Für die oberen Klassen. (VIII, 167 u. 8 S. m. 1 Bildnistaf.) 905. n. 1. 20
VI. 23. Aufl. 69 vierstimmige Gesänge ernsten Inhalts f. gemischten Chor. Für die oberen Klassen. (VIII, 151 u. 5 S. m. 1 Bildnistaf..) 903. n. 1. 20

— — — Sängerhain. Sammlg. heiterer u. ernster Gesänge f. Gymnasien u. andere höh. Lehranstalten. Neubearbeitg. v. Frdr. Wiedermann. (In 2 Bdn. od. 6 Einzelheften.): II., III., IV. u. VI. Heft. 8. Ebd. 4. 40
II. 179 ein-, zwei u. dreistimm. Gesänge f. d. unteren u. mittleren Klassen. 60. Aufl. (IV, 154 u. 8 S.) (909.) 1. —
III. 13. Aufl. 166 ein-, zwei- u. dreistimm. Gesänge f. d. unteren u. mittleren Klassen. (174 u. 9 S.) 906. 1.
IV. 116 vierstimm. Gesänge f. gemischten Chor, meist weltlichen Inhalts. Für die oberen Klassen. 61. Aufl. (178 u. 8 S.) (909.) 1. 20
VI. 79 vierstimm. Gesänge ernsten Inhalts f. gemischten Chor. Für die oberen Klassen. 25. Aufl. (167 S.) 910. 1. 20

— Sangesblüthen. Lieder für gemischten Chor (Sopran, Alt, Tenor und Baß). 1. Heft. 1. u. 2. Aufl. u. 2. Heft. Berlin 854, 55. (Leipzig, Dörffling u. Franke.) qu. gr. 8. (S. 1 – 32.) Jedes Heft n. 4 1/2 Ngr.

— Sangesblüthen. Lieder für gemischten Chor. (Sopran, Alt, Tenor und Baß.) 1. Heft. 1. und 2. Aufl. und 2. Heft. qu. gr. 8. (à Heft 16 S.) Berlin 854—56, Erk. à Heft * 1 1/2 Ngr. *

— Sangesblüten. Lieder für gemischten Chor. (Sopran, Alt, Tenor und Baß.) In Einzelstimmen und Partitur hrsg. 2., verb. und verm. Ausg. 1. Heft, 26 Gesänge enth. gr. 8. (22 S.) Leipzig 867, Klinkhardt.
in 4 Einzelstimmen à

— Schul-Choralbuch für die Provinz Brandenburg. In 2 Heften. 2., verb. und verm. Aufl. B.: Text nach dem Porst'schen Gesangbuche. 1. Heft: Choräle für die Unter- und Mittelklasse. 12. (24 S.) Berlin 853, Th. Enslin. *

— dass. — 3., verb. Aufl. A.: Text nach dem berliner Gesangbuch, bei Decker. 1. Heft: Choräle für die Unter- und Mittelklasse. gr. 12. (24 S.) Berlin 855(56,) Th. Enslin. **

— Schul-Choralbuch für die Provinz Brandenburg. Text nach dem neuen Berliner Gesangbuche. 1. Heft. Choräle für die Unter- und Mittelklasse. 4—8. Stereot. Aufl. Ebend. 859—65. 12. (24 S.) n. 1 1/2 Ngr.

— Schul-Choralbuch für die Provinz Brandenburg. (Verfügung des k. Schulcollegii der Prov. Brandenburg vom 20. Juni 1851.) 4., verb. und verm. Aufl. 1858., 5., verb. und verm. Ster.-Aufl. 1860. und 6. Ster.-Aufl. A. Text nach dem berliner Gesangbuche. (In 2 Heften.) 1. Heft: Choräle für die Unter- und Mittelklasse. gr. 12. (24 S.) Berlin 861, Th. Chr. Friedr. Enslin. *

— dass. — 2. Heft: Choräle für die Oberklasse. 3., verb. und verm. Aufl. (16 S.) Ebendas. 858. *

Erk, Ludw., Schul-Choralbuch für die Provinz Brandenburg in 2 Heften. [Text nach dem neuen Berliner Gesangbuche.] 8. Berlin 869—74, Th. C. F. Enslin. *
Inhalt:
Heft 1. 46 Choräle für die Unter- und Mittelklasse. 9.—15. Ster.-Aufl. (S. 1—24.) * 15 Pf.
„ 2. Choräle für die Oberklasse. 8. und 9. Ster.-Aufl. (S. 25—40.) * 10 Pf.

— Schul-Choralbuch für die Provinz Brandenburg. Text nach dem neuen Berliner Gesangbuche. 2 Hefte. 8. Ebendas. 876. *
Inhalt:
Heft 1. 46 Choräle für die Unter- und Mittelklasse. 16.—19. Ster.-Aufl. (S. 1–24.) 876—79. * 15 Pf.
2. Choräle für die Oberklasse. 10. Ster.-Aufl. (S. 25–41.) 876. * 10 Pf.

— Schul-Choralbuch für die Prov. Brandenburg. 2 Hefte. [Nach der neuen Orthogr.] Text nach dem neuen Berliner Gesangbuche. 8. Berlin, Enslin.
Inhalt:
Heft 1. 46 Choräle für die Unter- und Mittelklasse. 20.—23. Ster.-Aufl. (S. 1—24.) 880—84. * 15 Pf.
„ 2. Choräle für die Oberklasse. 11. und 12. Ster.-Aufl. (S. 25—40.) 878,80. * 10 Pf.

— Schul-Choralbuch für die Prov. Brandenburg. Text nach dem neuen Berliner Gesangbuche. 2 Hefte. 8. [Berlin 885,87, Th. Chr. Fr. Enslin.] Leipzig, R. Winkler.
à Heft ** 15 Pf. **
Inhalt:
Heft 1. 46 Choräle für die Unter- und Mittelklasse. 24. und 25. Aufl. (S. 1—24.)
„ 2. Choräle für die Oberklasse. 14. und 15. Aufl. (S. 25—42.)

— dass. — 2 Hefte. Ausg. B. Texte und Melodien mit Rücksicht auf das vom königl. Konsistorium der Prov. Brandenburg 1886 hrsg. neue „Evangelische Gesangbuch" und die dazu 1887 erschienenen „Choralmelodien" umgestaltet. gr. 8. Leipzig 887, R. Winkler. à Heft ** 15 Pf. **
Inhalt:
Heft 1. 47 Choräle für die Unter- und Mittelklasse. 26. Aufl. (20 S.)
„ 2. 38 Choräle für die Oberklasse. 16. Aufl. (15 S.)

— Schul-Choralbuch. 27. Aufl. Ausg. C. Enth. die f. die Berliner Gemeindeschulen zur Einübg. bestimmten Choräle u. e. Anh. von 16 Chorälen. 8. (32 S.) Ebd. 889. n.n. — 15

— Schulchoralbuch. 28. Aufl. Ausg. C. Enth. die f. die Berliner Gemeindeschulen zur Einübg. bestimmten Choräle u. e. Anh. v. 16 Chorälen. 12. (32 S.) Ebd. 891. ** — 15

— dass. — f. die Prov. Brandenburg. (In 2 Heften.) 29. Aufl. Ausg. B. Texte u. Melodien m. Rücksicht auf das vom königl. Konsistorium der Prov. Brandenburg 1886 hrsg. neue „Evangel. Gesangbuch" u. die dazu 1887 erschienenen „Choralmelodien" umgestaltet. 1. Heft. 48 Choräle f. die Unter- u. Mittelklasse. gr. 8. (20 S.) Ebd. 892. ** — 15
2. Heft. Ebd. 1887. ** — 15.

— Schul-Choralbuch f. d. Prov. Brandenburg. (In 2 Hftn.) 30. Aufl. Text nach dem neuen Berliner Gesangbuche. 1. Hft. 46 Choräle f. die Unter- u. Mittelklasse. 8. (24 S.) Ebd. 893. n. — 15

Erk, Ludw., Schul-Choralbuch f. d. Prov. Brandenburg. Ausg. A. In 2 Hftn. Text n. d. neuen Berliner Gesangbuche. 12. Leipzig 895. R. Winkler. à n.n. — 15
I. 46 Choräle f. d. Unter- u. Mittelklasse. 33. Aufl. (24 S.)
II. Choräle f. d. Oberklasse 18. Aufl. (S. 25—40.)

— dasselbe. Ausg. B. Texte u. Melodien m. Rücksicht auf d. v. kgl. Konsistorium d. Prov. Brandenburg 1886. hrsg. neue „Evang. Gesangbuch" u. d. dazu 1887 erschien. „Choralmelodien" umgestalt. 1. Hft. 48 Choräle f. d. Unter- u Mittelklasse. 81. Aufl. gr. 8. (20 S.) Ebd. 895. n.n. — 15

— dasselbe. Ausg. C. Enth. d. f. d. Berliner Gemeindeschulen z. Einübg. bestimmt. Choräle u e Anh. v. 16 Chorälen. Texte u. Melodien sind n. d. v. kgl. Konsistorium d. Prov. Brandenburg 1886 hrsg. neuen „Evang. Gesangbuch" u. d. dazu 1887 erschien. „Choralmelodien" bearb. 32. Aufl. 12. (32 S.) Ebd. 895. n.n. — 15

— dasselbe. (In 2 Hftn.) Ausg. B. Texte u. Melodien m. Rücksicht auf das vom königl. Konsistorium der Prov. Brandenburg 1886 hrsg. neue „Evangel. Gesangbuch" u. die dazu 1887 erschienenen „Choralmelodien" umgestaltet. 2 Hfte. gr. 8. Ebd. à n.n. — 15
1. 48 Choräle f. die Unter- u. Mittelklasse. 36. Aufl. (20 S.) 900. — 2. 38 Choräle f. die Oberklasse. 19. Aufl. (16 S.) 898.

Erk, Ludw., Schul-Choralbuch f. die Prov. Brandenburg. Ausg. C. Enthalt. die f. die Berliner Gemeindeschulen zur Einübg. bestimmten Choräle u. e. Anh. v. 16 Chorälen. Texte u. Melodien sind nach dem vom königl. Konsistorium der Prov. Brandenburg 1886 hrsg. neuen „Evangel. Gesangbuch" u. den dazu 1887 erschienenen „Choralmelodien" bearb. 35. Aufl. 12. (32 S.) Leipzig 900. R. Winkler. n.n. — 15

— Schul-Choralbuch f. die Prov. Brandenburg. (In 2 Hftn.) 37. Aufl. Text nach dem neuen Berliner Gesangbuche. 1. Hft. 46 Choräle f. die Unter- u. Mittelklasse. 12. (24 S.) Ebd. 901. n.n. — 15

— dasselbe. 2 Hefte. Ausg. B. Texte u. Melodien m. Rücksicht auf das v. kgl. Konsistorium der Prov. Brandenburg 1886 hrsg. neue „Evangel. Gesangbuch" u. d. dazu 1887 erschienenen „Choralmelodien" umgestaltet. gr. 8. Ebd. 907. nn — 15
I. 38 Choräle f. die Unter- u. Mittelklasse. 40. Aufl. (20 S.)
II. 38 Choräle f. die Oberklasse. 22. Aufl. (16 S.)

— Schul-Choralbuch f. d. Prov. Brandenburg. In 2 Heften. Ausg. A. 2. Heft. Choräle f. d. Oberklasse. 19. Aufl. Text nach dem neuen Berliner Gesangbuche. (S. 25—40.) kl. 8. Leipzig 910. R. Winkler. nn — 15

– Ein-, zwei-, drei- und vierstimm. Schul-Lieder, s. Sammlung.

— 100 Schullieder, s.: Hoffmann, Aug. H., v. Fallersleben.

Erk, Ludwig, und Wilh. Greef

—— —— Singvögelein. Samml. 1-, 2-, 3- u. 4stimmiger Lieder f. Schule, Haus u. Leben. 3 Hfte. gr 12. Essen, Bädeker. à * -
Hft. 1. 34 Lieder mit 29 Singweisen (1 B.) 842.
" 2. 36 " " 33 " (1 B.) 844.
" 3. 40 " " 34 " (1 B.) 845.

—— —— Singvögelein. Sammlung ein-, zwei-, drei- und vierstimmiger Lieder für Schule, Haus und Leben. 5. Heft. (42 Lieder enthaltend.) Ster.-Ausg. 12. (24 S.) Essen 855, Bädeker. **

—— und Wilh. Greef, Singvögelein. Sammlung ein-, zwei-, drei- und vierstimm. Lieder für Schule, Haus und Leben. 1. Heft 41. Aufl., 2. Heft 28. Aufl., 3. Heft 19. Aufl., 4. Heft 14. Aufl., 5. Heft 8. Aufl., 6. Heft Ster.-Aufl. 8. (24 S.) Essen 867, Bädeker. à Heft *

—— —— Singvögelein. Sammlung ein-, zwei- und dreistimmiger Lieder für Schule, Haus und Leben. 6 Hefte. 8. Essen 868—74, Baedeker. à Heft * 15 Pf. *
Inhalt:
Heft 1. 41 Lieder enth. 42.—49. (Ster.-)Aufl.
" 2. 44 Lieder enth. 29.—35. (Ster.-)Aufl.
" 3. 39 Lieder enth. 20.—25. (Ster.-)Aufl.
" 4. 43 Lieder enth. 15.—20. (Ster.-)Aufl.
" 5. 42 Lieder enth. 9.—12. (Ster.-)Aufl.
" 6. 47 Lieder enth. 3. und 4. (Ster.-)Aufl.

—— —— Singvögelein. Sammlung ein-, zwei- und dreistimmiger Lieder für Schule, Haus und Leben. 6 Hefte. 8. (à Heft 24 S.) Ebendas. à Heft * 15 Pf. *
Inhalt:
Heft 1. 41 Lieder. 50.—55. [Ster.-]Aufl. 874—79.
" 2. 44 Lieder. 36.—40. [Ster.-]Aufl. 875—79.
" 3. 39 Lieder. 26.—29. Aufl. 2. und 3. verm. und verb. Ster.-Ausg. 876—78.
" 4. 43 Lieder. 21.—24. [Ster.-]Aufl. 876—79.
" 5. 42 Lieder. 13.—17. [Ster.-]Aufl. 875—79.
" 6. 47 Lieder. 5.—7. [Ster.-]Aufl. 875—79.

Erk, Ludw., und Wilh. Greef, Singvögelein. Sammlung ein-, zwei- und dreistimmiger Lieder für Schule, Haus und Leben. 6 Hefte. 8. (à Heft 24 S.) Essen, Bädeker. à Heft 15 Pf. *
Inhalt:
Heft 1. 41 Lieder. 56. [Ster.-]Aufl. 880.
" 2. 44 Lieder. 41. und 42. [Ster.-]Aufl. 880,82.
" 3. 39 Lieder. 30.—32. [Ster.-]Aufl. 880—81.
" 4. 43 Lieder. 25. [Ster.-]Aufl. 881.
" 5. 42 Lieder. 18. und 19. [Ster.-]Aufl. 880,82.
" 6. 47 Lieder. 8. und 9. [Ster.-]Aufl. 879,82.

—— —— Singvögelein. Sammlung ein-, zwei- und dreistimmiger Lieder für Schule, Haus und Leben. [In 6 Heften.] 1., 3., 4. und 6. Heft. 8. (à Heft 24 S.) Ebendas. à Heft * 15 Pf. *
Inhalt:
Heft 1. 41 Lieder. 59. und 60. [Ster.-]Aufl. 885,88.
" 3. 39 Lieder. 33. [Ster.-]Aufl. 885.
" 4. 43 Lieder. 27. [Ster.-]Aufl. 885.
" 6. 47 Lieder. 11. [Ster.-]Aufl. 888.
2. und 5. Heft. Ebendas. 1882. à * 15 Pf.

—— —— Singvögelein. Sammlung ein-, zwei- u. dreistimmiger Lieder für Schule, Haus und Leben. [In 6 Heften.] 2. u. 5. Heft 8. (à Heft 24 S.) Ebd. à Heft * — 15
2. Heft: 44 Lieder. 43. u. 44. Aufl. 884,86. — 5. Heft: 42 Lieder. 21. Aufl. 887. 1., 3., 4. u. 6. Heft. Ebd. 1885—88.

— — Singvögelein. Sammlung 1-, 2- u. 3stimmiger Lieder f. Schule, Haus u. Leben. 2., 4. u. 5. Hft. 8. (à 26 S.) Ebd. 894. à n. — 15
2. 41 Lieder. 45. Aufl.
4. 43 Lieder. 28. Aufl.
5. 42 Lieder. 21. Aufl.

— Singvögelein. Sammlg. ein-, zwei- u. dreistimm. Lieder f. Schule, Haus u. Leben. 1. u. 3. Hft. 12. Ebd. à n. — 15
1. 41 Lieder. 61. Aufl. (24 S.) 896.
3. 39 Lieder. 34. Aufl. (24 S.) 895.

— — Singvögelein. Sammlung 1-, 2- u. 3stimm. Lieder f. Schule, Haus u. Leben. 6. Hft. 42 Lieder. 12. Aufl. 8. (24 S.) Ebd. 902. n.n. — 15

— — Singvögelein. Sammlung 1-, 2- u. 3stimm. Lieder f. Schule, Haus u. Leben. 4. u. 5. Heft. kl. 8. Ebd. à n.n. — 15
4. 43 Lieder. 29. Aufl. (24 S.) 904.
5. 42 Lieder. 22. Aufl. (24 S.) 896.

Erk, Ludwig, Friedr. Erk und W. Greef

—— —— —— Siona. Choräle und andere religiöse Gesänge in alter und neuer Form für höhere Schulen und Singvereine. 2 Hefte. qu. gr. 12. Ebendas. *
Inhalt:
Heft 1. 68 vier- und fünfstimmige Gesänge enth. 3. und 4. Aufl. (48 S.) 875,76. * 50 Pf.
2. 35 vier- und fünfstimmige Gesänge enth. 2. Aufl. (32 S.) 870. * 40 Pf.

— — — Siona. Sammlung von Chorälen u. anderen religiösen Gesängen in älterer u. neuerer Form f. höh. Lehranstalten, Kirchenchöre u. Gesangvereine. [Sonderabdr. des 6. Hfts. der Jubiläums-Ausg. des „Sängerhain".] 2. Hft. 3. Aufl. 69 vierstimm. Gesänge ernsten Inhalts f. gemischt Chor. gr. 8. (III, 160 S.) Ebd. 900. n. 1.—

—— Soldatenlieder, s. Soldatenlieder.

— Taschenliederbuch. Volks-, Vaterlands-, Soldaten-, Jäger- u. Studenten-Lieder f. 1 Singstimme. D. Texte u. Melodien rev. v. E. Auszug aus Erk's deutscher Liederschatz m. Clavierbegleitg. (Edition Peters Nr. 2816.) 16. (IV, 162 S.) Leipzig 895. C. F. Peters. — 60

Erk, Ludwig, und Aug. Jakob

— — Teutonia. Lieder üb. den deutschen Volkskrieg. Für den mehrstimmgen Männerchor, zunächst f. Seminarien u. die höheren Classen der Gymnasien, u. Realschulen. 1. Hft. qu. 4. (40 S.) Ebend. 871. n. — 60

—— Turn- u. Volkslieder f. deutsche Schulen. Unter Benutzg. d. „Turnliederbuches für die deutsche Jugend" hrsg. v. dem Berliner Turnlehrer-Verein, der Turnvereinigg. Berliner Lehrer u. dem Turnlehrer-Verein der Mark Brandenburg. 3. Aufl. 12. (IV, 138 S.) Ebd. 891. * — 60

— Turn- u. Volkslieder f. deutsche Schulen. Unter Benutzg. des „Turnliederbuches f. die deutsche Jugend" hrsg. v. dem Berliner Turnlehrer-Verein, der Turnvereinigg. Berliner Lehrer u. dem Turnlehrer-Verein der Mark Brandenburg. 4. Aufl. 12. (IV, 136 S.) Ebd. 898. n. — 60

— Turn- u. Wanderlieder f. die deutsche Jugend. Entnommen aus dem „Turnliederbuch." 3. Aufl. 16. (64 S.) Ebend. 874. n. — 30

—— Turn- und Wanderlieder für die deutsche Jugend. Entnommen aus dem „Turnerliederbuch". 4. Aufl. 16. (64 S.) Ebendas. 877. *

—— Turn- und Wanderlieder für die deutsche Jugend. 5. und 6. Aufl. 16. (64 S.) Ebendas. 880,83. *
Aus: Turnliederbuch, besonders abgedruckt.

Erk, Ludw., Turn- und Wanderlieder für die deutsche Jugend. Entnommen aus dem „Turnliederbuch". 7. Aufl. 12. (64 S.) [Berlin 886, Th. Chr. Fr. Enslin.] Leipzig, R. Winkler. *

—— Turn- u. Wanderlieder f. die deutsche Jugend. 8. Aufl. 16. (64 S.) Ebd. 890. * — 30
Aus: Turnliederbuch, besonders abgedruckt.

— Turn- u. Wanderlieder f. die deutsche Jugend. [Aus: „Turnliederbuch".] 9. Aufl. 16. (64 S.) Ebd. 894. n. — 30

— Turn- u. Wanderlieder für die deutsche Jugend. Entnommen aus dem „Turnliederbuch". 10. Aufl. gr. 16. (64 S.) Ebd 900. n. — 30

—— Turnliederbuch für die deutsche Jugend. gr. 16. (VI und 194 S.) Berlin 864, Th. C. F. Enslin. cart. *

—— Turnliederbuch für die deutsche Jugend. 2. Aufl. 16. (194 S.) Ebendas. 883. cart. *

—— deutsches Volksgesangbuch, s.a. Volksgesangbuch, deutsches.

Erk, Ludw., deutsches Volksgesangbuch. Berlin (855). Janke. 32. (2 Bl., 254 S.) 5 ngr

—— deutsches Volksgesangbuch. Neue, verb. und verm. Aufl. 16. (VII und 349 S.) Berlin 868, Janke. *

—— Volksklänge. Lieder für den mehrstimm. Mannerchor. 1. Lfg. qu. gr. 8. (16 S.) Berlin 851, K. W. Krüger's Separat-Conto. *

—— Volksklänge. Lieder für den mehrstimmigen Männerchor. 1—6. Heft. 2., verm. und verb. Aufl. qu. gr. 8. (96 S.) Berlin 854—56, Erk. à Heft * 3 Ngr. *

—— Volksklänge. Lieder für mehrstimm. Männerchor. 1. Heft 43 Gesänge enth. 3., verm. und verb. Aufl. Lex.-8. (32 S.) Berlin 865. [Leipzig, Klinkhardt.] Partitur *
Einzelstimmen. (à 24 S.) à Heft *

—— dass. — 2. Heft, 43 Gesänge enth. 3., verm. und verb. Aufl. Lex.-8. (37 S.) Ebendas. 866. Partitur *
Einzelstimmen. (à 25 S.) à Heft *

—— dass. — 3. Heft, 39 Gesänge enth. 3. Aufl. Lex.-8. (32 S.) Ebendas. 867. Partitur *
Einzelstimmen. (à 24 S.) à Heft *

s. Volkslieder, alte und neue.

— s.a. Volkslieder, die deutschen.

Erk, Ludw., deutsche Volkslieder aus den Freiheitskriegen 1813 und 1814. Für gemischten Chor bearb. und hrsg. Der deutschen Jugend als Festgabe zur Jubelfeier des 18. Octobers gewidmet. 1. und 2. Heft. qu. 4. (à 16 S.) Berlin 863, Erk. à Heft

—— und Wilh. Irmer, die deutschen Volkslieder mit ihren Singweisen. 6. Hft. gr. 12. (3 B.) Crefeld 841, Funcke.
1—5. Hft. Ebendas. 1832—35. à 8 Gr.

—— u. Wilh. Irmer, die deutschen Volkslieder mit ihren Singweisen. 2. Ausg. in 1 Bde. gr. 12. (18 B.) Leipzig 843, Hermann.

— 14 deutsche Volkslieder für mehrstimmigen Männerchor. Ebend. 869. gr. 8. (13 S.) n. 2 ngr

— 14 deutsche Volkslieder f. mehrstimmigen Männerchor hrsg. 2. Aufl. gr. 8. (13 S.) Leipzig 876. Klinkhardt. n. — 20

—— Weihnachtslieder. 8. (16 S.) Berlin 862, A. Enslin. *

— Weihnachtslieder. Ebend. 863. 8. (16 S.) n. 1 ngr

—— Weihnachtslieder aus alter und neuer Zeit. Neu hrsg. und bearb. Nebst Luther's Brief an sein Söhnlein Hänschen. br. 8. (16 S.) Berlin 860, Th. Chr. Friedr. Enslin. *

— Weihnachtslieder aus älterer u. neuester Zeit. Für Schule u. Haus neu bearb. u. hrsg. 8. (32 S.) Berlin 874. Enslin. — 30

Erk, J. P., Skribax. Ungezwungene Reime. (IV, 182 S.) kl. 8. Fürth 907. G. Rosenberg. 1.50; geb. in Leinw. 2. —

Erk, Vinc. van, ueb. den Unterschied v. Traum u. Wachen. Eine erkenntniss-theoret. Studie. gr. 8. (43 S.) Prag 874. Tempsky. n. — 80

Erkältungskrankheiten. Die E' und ihre Heilung. (Broschüre [über] Sirolin Roche, [hrg. von]) F. Hoffmann-La Roche & Co., Basel und Grenzach.... [Illustriert.] 31 S. 8. [Basel, Schweizer. Verlags-Druckerei G. Böhm, 1907.]

Erkanntnuß, s. Erkenntnis.

Teuer erkauft (u. andere Erzählungen). *Hamburg: J. G. Oncken [1901].* (30 S.) 8° [F.]
[Sonderl. 1:] A. Steen: 2 Weihnachtsgeschichten. 1897.
[2.] A. Steen: 3 Weihnachtsabende.
= Jugendheim. 29. [illegible]

Erkaumajekset 1854. 8. (14 S.) Löbau 854, (Walde.)

Erkel, Frz., Ladislaus Hunyadi. Histor. Oper in 4 Aufzgn. F. d. deutsche Bühne bearb. u. einger. v. Aloys Prasch. 16. (45 S.) München (898). Rubinverlag. Mit Goldschn. n. 1. —

Erkelens, van, Strafgesetz u. widernatürl. Unzucht. gr. 8. (21 S.) Berlin 895. Fischer's medicin. Buchh. n. 1. —

Erkelens, Franz van, s. Erckelens.

van Erkelens, Wilhelm [aus Burgsteinfurt]: Über Mutacismus und Namensverschweigung ... München, Druck v. F. Bickel, 1893; 31 S. 8.
München, Med. Fak., Inaug.-Diss. v. 1893

Erkelenz [Schlagwort]

Erkelenz, Kreis, s.: Aachen, Reg.-Bez.

Erkelenz, s.: Deutschland. Karte (Abt. Preussen). Uebersichtskarte.

Erkelenz, Ant., die freiheitlich-nationale Arbeiterbewegung, s.a. Handbücherei, politische.

Erkelenz, Anton: Die freiheitlich nationale Arbeiterbewegung. München 1910. 8°
(Polit. Handbücherei. 1.)

— u. **Kopp**, die Arbeiterfrage, s.a. Volks-Schriften des Nationalvereins f. d. liberale Deutschland. 1. Hft.

Erkelenz, [Ant.], u. [Karl] *Kopp*. Die Arbeiterfrage. München [190-]. 8°.
(Volks-Schriften d. Nationalvereins f. d. liberale Deutschland, hrsg. von Wilh. *Ohr*. H. 1.)

Arbeiter-Katechismus. Eine Erklärung d. Programms d. freiheitl.-nationalen Arbeiterschaft. Von Anton **Erkelenz**, Arbeitersekr. Berlin-Schöneberg: Hilfe 1908. (176 S.) 8° [F.] [c.a. 11730]
(Der Liberalismus u. die Berufsstände [c.j])

Erkelenz, Ant., die neutr. Gewerkvereine. Eine Kritik u. Antikritik a. Dr. Fliederstrauchs unpolit. Mappe, sowie e. Versuch z. Darstellg. des neutralen Gewerkvereinswes. (VII, 82 S.) gr. 8. Weißenfels 907. (M. Lehmstedt.) 1 —

Die neutralen Gewerkvereine. Eine Kritik u. Antikritik aus Dr. Fliederstrauchs unpolitischer Mappe, sowie e. Versuch z. Darstellung d. neutralen Gewerkvereinswesens. Von Anton **Erkelenz**, Arbeitersekr. Weißenfels a. S.: Mitteldeutsche Volkszeitung 1907. (82 S.) 8° [F.] [07. 13036]

Erkelenz, Ant., die Gewerkvereine u. die Politik. Erweiterter Vortrag. Erstattet auf dem Delegiertentag des rheinisch-westfäl. Ausbreitungs-Verbandes der deutschen Gewerkvereine in M.-Gladbach, am 23. u. 24. IV. 1905. (26 S.) 8. Düsseldorf 905. Buchh. Gewerkverein. n. — 30

Erkelenz, s. Grundlagen des Liberalismus.

— **Katechismus des Gewerbegerichts-Gesetzes. Bearb. im Auftrage des Vorstandes u. Ausschusses des rheinisch-westfäl. Ausbreitungsverbandes der deutschen Gewerkvereine. 2. Aufl. (35 S.) 8. Ebd. 902. n. — 30**

— **Katechismus d. Gewerbegerichts- u. Kaufmannsgerichtsgesetzes, nebst Beschreibung d. Verhältniswahl, d. Gesch. d. gewerbl. Gerichtsbarkeit usw. 3. verm. Aufl. (63 S.) 8. Berlin-Schöneberg 908. Verl. d. „Hilfe". — 40**

— **Katechismus des Invalidenversicherungs-Gesetzes. Bearb. im Auftrage des Vorstandes u. Ausschusses des rheinisch-westfäl. Ausbreitungsverbandes der deutschen Gewerkvereine. (35 S.) 8. Ebd. 903. n. — 30**

— **Kraftprobe im Ruhrgebiet, s. a. Agitations-Bibliothek, gewerkvereinliche. Nr. 1.**

Erkelenz, A., Kraftprobe im Ruhrgebiet. 1.—5. Tausend. Düsseldorf, 1905. 71 S.

Erkelenz, Ant.: Was ist sozial? München 1916.

Erkelenz, H. Ronsard und seine Schule. Eine literaturhistorische Studie als Beitrag zur franz. Literaturgeschichte des 16. Jahrhunderts. Diss. Jena 1868. 40 S.

Erkelenz, Herm., Denkschrift über die Organisation der städtischen höheren Töchterschule zu Köln, den städtischen Behörden gewidmet. gr. 4. (19 S.) Köln 873, (DuMont-Schauberg'sche Buchh.) **

—— Denkschrift über die Organisation der städtischen höheren Töchterschule zu Köln. Den städtischen Behörden gewidmet. 4. Köln 874, DuMont-Schauberg'sche Buchh. **

Erkelenz, H., über weibliche Erziehung und die Organisation der höheren Töchterschule. 8. (65 S.) Köln 872, DuMont-Schauberg'sche Buchh.

Erkelenz, Herm., deutsches Lesebuch f. höhere Mädchenschulen. 1. Thl. Für d. drei unteren Klassen, m. Rücksicht auf mündl. u. schriftl. Uebungen. gr. 8. (XVIII, 455 S.) Köln 880. Du Mont-Schauberg. n. 4. —

—— deutsches Lesebuch für höhere Mädchenschulen. 2. Thl.: Für die mittleren und oberen Klassen, mit Rücksicht auf den Unterricht in der Literaturgeschichte in den letzteren. gr. 8. (XXVI, 630 S.) Ebendas. 880.

Erkelenz, Herm., deutsches Lesebuch für höhere Mädchenschulen. Vorstufe. Für die vorbereitenden Elementarklassen. [Zweites und drittes Schuljahr.] gr. 8. (VIII, 260 S.) Köln 882, Du Mont-Schauberg'sche Buchh.

—— dass. — 1. Tl.: Für die drei unteren Klassen, mit Rücksicht auf mündl. und schriftl. Übungen. 2. verb. Aufl. gr. 8. (XVI, 439 S.) Ebendas. 882.

Erkelenz, Herm., deutsches Lesebuch f. höhere Mädchenschulen. Vorstufe. Für die vorbereit. Elementarklassen. [2. u. 3. Schuljahr.] gr. 8. (VIII, 260 S.) Köln 883. Du Mont-Schauberg. n. 2. —

Erkelenz, Herm., deutsches Lesebuch für höhere Mädchenschulen. 2. Tl.: Für die mittleren und oberen Klassen [Klasse IV, III, II und I], mit Rücksicht auf den Unterricht in der Litteraturgeschichte in den letzteren. 2. verb. Aufl. gr. 8. (XXIII, 513 S.) Köln 885, DuMont-Schauberg'sche Buchh.
Vorstufe und 1. Tl. Ebendas. 1882. *M 2.—; *M 3.60.

Erkelenz, Herm. Deutsches Lesebuch f. höhere Mädchenschulen. 3 Tle. 8. Köln, Du Mont-Schauberg. * 10 40
1. [Früher Vorstufe.] Für die vorbereit. Elementarklassen. [2. u. 3. Schuljahr.] 2. (Titel-)Ausg. 891. * 2 —. — 2. [Früher 1. Tl.] Für d. mittleren Klassen VII, VI u. V. [d. i. 4., 5. u. 6. Schulj.] m. Rücksicht auf mündl. u. schriftl. Übgn. 4. verb. Aufl. (VIII, 406; XVIII S.) 890. * 3 60. — 3. [Früher 2. Tl.] Für die oberen Klassen IV, III, II u. I m. Rücksicht auf den Unterricht in der Litteraturgeschichte. 3. verb. Aufl. (XXIV, 523 S.) 891. * 4 80.

Erkelenz, Herm., deutsches Lesebuch f. höhere Mädchenschulen. 1. Tl. Für die unteren Klassen IX u. VIII (d. i. 2. u. 3 Schulj.). 2., verb. Aufl. gr. 8. (VIII, 221 S.) Köln 894. M. Du Mont-Schauberg. n. 2.

Erkelenz, Herm., deutsches Lesebuch f. höhere Mädchenschulen. 2. u. 3. Tl. gr. 8. Köln, M. Du Mont-Schauberg. n. 8. 40
2. F. d. Mittelstufe (d. i. 4., 5. u. 6. Schulj.) m. Rücksicht auf mündl. u. schriftl. Übgn. 5., umgearb. u. verb. Aufl. (VIII, 401 S.) 895. n. 3. 60
3. F. d. Oberstufe. 4., verb. u. n. d. preuß. Bestimmgn. vom 31. Mai 1894 umgearb. Aufl. (XXIII, 520 S.) 896. n. 4. 80

Erkelenz, Herm., deutsches Lesebuch f. höhere Mädchenschulen. 1.—3. Tl. gr. 8. Köln 900. M. Du Mont-Schauberg. n. 9. 20
1. Für die unteren Klassen IX u. VIII (d. i. 2. u. 3. Schulj.) 3. Aufl., besorgt v. Ed. Schrammen. (VIII, 224 S.) 900. n. 2. —
2. Für die Mittelstufe (d. i. 4., 5. u. 6. Schulj.) m. Rücksicht auf mündl. u. schriftl. Übgn. 6. Aufl., besorgt v. E. Schrammen. (VIII, 401 S.) 899. n. 3. 60
3. Für die Oberstufe. 5., verb. u. nach den preuß. Bestimmgn. vom 31. V. 1894 eingerichtete Aufl. Besorgt v. E. Schrammen. (XX, 376 S.) 901. n. 3. 60

Erkelenz, Herm., deutsches Lesebuch für mittlere u. höhere Mädchenschulen. 2. u. 3. Tl. gr. 8. Cöln, M. Du Mont-Schauberg. à n. 3. 60
2. Für die Mittelstufe (d. i. 4., 5. u. 6. Schulj.) m. Rücksicht auf mündl. u. schriftl. Übungen. 7. Aufl., besorgt v. E. Schrammen. (VIII, 400 S.) 904.
3. Für die Oberstufe 6., verb. Aufl., besorgt v. E. Schrammen. (XX, 376 S.) 905.

Erkelenz, Herm., deutsches Lesebuch f. mittlere u. höhere Mädchenschulen. 1—3. Tl. 8. Cöln, M. Du Mont-Schauberg. Geb. 10. 90
1. Für d. unteren Klassen IX u. VIII (d. i. 2. u. 3. Schulj.) 4. Aufl., besorgt v. Eduard Schrammen. (VIII, 224 S.) 908. 2.—; geb. n 2. 50
2. Für d. Mittelstufe (d. i. 4., 5. u. 6. Schulj.), m. Rücksicht auf mündl. u. schriftl. Übungen. 8. Aufl., besorgt v. E. Schrammen. (VIII, 400 S.) 909. Geb. 4. 20
3. Für d. Oberstufe. 7., verb. Aufl., besorgt v. E. Schrammen. (XX, 381 S.) 909. Geb. 4. 20

—— die städtische höhere Töchterschule und Lehrerinnen-Bildungs-Anstalt zu Köln in ihrer neuen Organisation [vom Herbste 1876 an]. 4. (50 S.) Ebendas. 875. *

Erken, Ludwig [aus Merzenich (Rheinl.)]: Über Beckensarkome ... München, Druck v. Knorr & Hirth, 1894; 23 S. 8.
München, Med. Fak., Inaug.-Diss. v. 1894

Erkenne Dich selbst! Gedenkbuch zur Charakteristik der Freunde u. Freundinnen. gr. 4. (69 S.) Leipzig 878. Weber. geb. m. Goldschn. n. 3. —

Erkenne Dich selbst! Gedenkalbum zur Charakteristik der Freunde und Freundinnen. 10.—13. Aufl. gr. 4. (8 S. und 40 Bl.) Leipzig 885—88, J. J. Weber. geb. mit Goldschn. **

Erkenne dich selbst! Gedenkalbum zur Charakteristik der Freunde u. Freundinnen. (14. Aufl.) gr. 4. (87 S.) Leipzig 890. J. J. Weber. geb. m. Goldschn. n.n. 5. —

Erkenne dich selbst! Gedenkalbum zur Charakteristik der Freunde und Freundinnen. 17. Aufl. gr. 4. (100 S.) Lpz. 891, J. J. Weber. geb. m. Goldschn. ** 5 —

Erkenne Dich selbst! Gedenkalbum zur Charakteristik der Freunde u. Freundinnen. 17.—19. Aufl. Mit 14 Fksms. namhafter Frauen u. Männer der Gegenwart. gr. 4. (52 Bl.) Leipzig 892—894. J. J. Weber. Geb. in Leinw. m. Goldschn. n. 5. —

Erkenne Dich selbst! Gedenkalbum zur Charakteristik der Freunde u. Freundinnen. 21. Aufl. M. 14 Fksms. namhafter Frauen u. Männer der Gegenwart. gr. 4. (52 Bl.) Leipzig 896. J. J. Weber. Geb. in Leinw. m. Goldschn. n. 5. —

Erkenne dich selbst! (Zusammenlegbare Modelle d. männl. u. weibl. Körpers m. Erklärg. auf d. Innenseiten des Umschl.) gr. 8. Oranienburg (910). F. Koslowsky. 1.50

Erkennen und Empfinden, vom, der menschl. Seele. gr. 8. Riga, Hartknoch. 778.

Erkennen und Heilen. System weil. Dir. Friedrich Lampe. Goslar (Harz): Laboratorium Goslaria [1907]. (47 S.) 8° [Umschlagt. F.] 07. 7328

Erkennt wohl jedermann in Würtemberg die Wohlthat der freyen Presse? [Stuttgart 1819.] V: *Pahl, Joh. Gfr.* (MGT)

Erkenntnis, s. Erkenntniss.

Erkenntnislehre, Kant's, als Grundlage unserer Erkenntnis. Marienwerder 1881. V: *Krause, Gust. Ferd.* (Haupt-kat. d. Univ.-Bibl. Tübingen. A. Erg.heft 1.)

Erkenntniss

Erkenntnis und Anbethung Gottes. 4. Aufl. Salzb. 1813. V: *Reiter, Matthias.* (Hr)

— von, u. Anwend. verschied. Erdarten zur Verbesser. d. Ackerbaues. 8. Leipz. 771. Hilscher. 4 gr.

Erkenntniss des Königlichen Appellationsgerichts zu Kiel vom 30. September 1876 in Sachen des Landes-Direktors von Ahlefeld in Kiel, in Vertretung des provinzialständischen Verbandes der Provinz Schleswig-Holstein, Klägers, Appellanten, wider die Königliche Regierung in Schleswig, in Vertretung des Fiskus, Verklagte, Appellantin, betreffend Auslieferung der Glückstädter Straf-Anstalten und des Neubaufonds. (Kiel. 1876.) 8°.

Erkenntniss, die, u. d. Behandlung d. asiatischen Cholera, s. a. Ammon, Fr. Aug. v.

— die, u. d. Behandlung d. nach Deutschland verschleppten asiat. Cholera. Mit Berücksichtigung d. durch Leichenöffnungen gewonnenen Aufklärungen über d. Natur dieser Krankheit, u. mit e. Samml. der bei Behandl. derselben erprobten Heilmittel u. Heilformeln ꝛc. gr. 8. Dresd. 831. Walther. 5 gr.

Erkenntnis, die, d. bunten Einfalt, deren erste Fassg. aus dem geistl. Verstande d. Animatus. (471 S.) 8. Berlin 908. Oesterheld & Co. 6.50; geb. 8. —

—— erstes, des kgl. Ober-Censur-Gerichts in Berlin. gr. 8. (1 B.) Berlin 843. [Adolf u. Comp.] *

Erstes Erkenntniß des königl. Ober-Censur-Gerichts in Berlin. Berlin, Lese-Cabinet 1843. 11 S. 8.

— v. d. Gewißheit der menschl., 8. Quedlb. 744.

Göttliche Erkanntnuß [Erkenntnis], welche auß wunderbaren figurirten Steinen, so in der Gegend deß Boller-Bades und Zeller-Stabs in der Erden, in dem Wasser, auch in dem Schifer und in den andern Steinen gefunden werden,... Auß welchen die wunderbare göttliche Allmacht kan erkennet werden, wie auch die göttliche Weißheit u. Güte, so theils dem Menschen zur Lust und auch Artzney dienlich u. nutzlich seyn. ... Ulm: Kühn [nach 1719]. 56 S. 8°

[Unvollst., S. 33-48 fehlen.]

Erkenntnis, Gründliche, der ewigen Liebe Gottes, in Christo ... Freystadt [Hamburg] 1726. V: *Pagencopen, C.* (Wr)

— d., der Herrlichk. Gottes aus natürl. Dingen. gr. 8. Nürnbg. Zeh. 769.

Erkenntnis, Die, der Herrlichkeit Gottes, aus Betrachtung der natürlichen Dinge. Nürnberg 1770. V: *Heppe, Johann Christoph.* (Ky)

— die, d. Herrlichkeit Gottes, aus Betracht. d. natürl. Dinge, (von J. C. Heppe. gr. 8. Nürnb. 770. Zeh. 16 gr.

Erkenntniß des heiligsten Herzens Jesu. Von e. Priester der Erzdiöcese Bordeaux. Aus d. Französ. Wien 870. Mayer & Co. 8. (VI, 250 S. u. 1 Stahlst.) 15 ngr.

Erkenntnis, Das, des grossherzoglich Badischen Hofgerichts zu Mannheim in Anklagesachen wider den Professor G. G. Gervinus ... Braunschw. 1853. V: *Bremer, Jürgen.* (A)

Erkenntniß, das, des großherzogl. badischen Hofgerichts zu Mannheim in Anklagesachen wider den Prof. G. G. Gervinus in Heidelberg, wegen Aufforderung zum Hochverrath und Gefährdung der öffentl. Ruhe und Ordnung, dem Rechtsgutachten der Juristen-Facultät zu Göttingen gegenüber. gr. 8. (19 S.) Braunschweig 853, Schwetschke und Sohn.

Erkenntniss erster Instanz in dem Prozess zwischen dem Herzoge von Rovigo und dem Königl. Preussischen Fiskus. (Berlin 1823.)

[Erkenntniß der Juristen-Fakultät zu Göttingen v. J. 1740 in Reconventions-Sachen Heinr. Ernstes v. Vogel ... wieder Elisabeth Sabine v. Rosenau wegen Darlehnsforderung. Abschrift.] [Erfurt 1740.]

— d. kön. Kammerger. in Berlin in d. Sache d. D. Würzer. m. Anm. 8. Kifr. (Gräff, Lpz.) 789.

— des königl. Kammer-Gerichts zu Berlin in d. Sache des Hrn. Dr. Würzer. 8. Leipz. 798. (Wienbrack). 5 gr.

Erkenntniß des königl. Kreisgerichts zu Cassel in Sachen Ihrer Hochfürstl. Durchlauchten der Herren Landgrafen und Prinzen von Hessen-Philippsthal und Hessen-Philippsthal-Barchfeld gegen die königl. General-Verwaltung des kurfürstl. Hausfideicommisses ꝛc. ꝛc. wegen Anerkennung und Eintrags fideicommissarischer Rechte, nebst einer Zusammenstellung der Rechtsverhältnisse des Fideicommisses und der Rechtsgründe, auf welche die Herren Kläger ihre Klage stützten. Fol. (IV, 72 S.) Kassel 877, (Württenberger.)

— d. ewig. Liebe Gottes in Christo u. s. w. 8. Hamburg. 726.

— der göttl. Liebe, s. Guyon

Erkenntniss wider die Mitglieder des sogenannten Jünglingsbundes, auf den Grund d. zu Cöpenick stattgefund. Unters. u. d. hierüber verhandelten Akten, gesprochen v. d. Königl. Ober-Landes-Gericht zu Breslau, mit ausdrückl. Erlaubniss des Königl. Preuss. hohen Ministerii d. geistl., Unterrichts- u. Medic.-Angelegenheiten *Halle*, Anton. 826. gr. 8. (8 Gr.)

—— nebst Motiven des königl. Ober-Appellations-Gerichts in Sachen des Präsidenten der holstein. Provinzialständeversammlung, Kammerhrn. Baron C. v. Scheel-Plessen, Citanten, wider den Minister ad interim für die Herzogth. Holstein und Lauenburg, Kammerhrn. ꝛc. L. N. v. Scheele, Citaten, abgegeben am 1. Septbr. 1856. 8. (12 S.) Kiel 856, (Schwers'sche Buchh.) *

—— u. Richtigkeits-Beschwerde in der wider den Oberlehrer Witt geführt. fiscalischen Untersuchungssache. gr. 8. (1¼ B.) Königsberg 844, Voigt. *

dasselbe: Oldenburg. 1856. 8⁰

— des hamburgischen Niedergerichts in Sachen Fiscalis in Criminalibus ex officio inquirentis u. peinlichen Anklägers contra P. J. Jambers, C. F. Wurmb, H. W. A. Hocker u. J. H. Meldau. Inquisiten u. peinl. Angeklagten, publicirt am 27. Octbr. 1843. 8. Altona 844, Heilbutt. n. 1/12 ₰

— rechtfertigendes, in der wider den Dr. Horn geführten Criminal-Untersuchung. Berl. 812. Rücker. 12 ℛ

— rechtliches, d. preuß. Monarchie in den zwischen den von dem erloschenen markgräfl. Mannsstamme zu Brandenburg-Schwedt abstamm. Prinzessinnen u. s. w. Fol. Berl. 791. Mylius. 12 ℛ

Erkenntniß | des Schuhmachers | Jonas Segger | aus Ambleben, | wegen verübten Doppelmordes und Brandstiftung. | Geschehen in der Nacht vom 19. zum 20. April 1868. | Verlag und Eigenthum | von Louis Henneberg in Salzhemmendorf.
Kol.: Druck von Gebr. Gerstenberg in Hildesheim.
8 S., 187 × 110.
LBO Bänkelsängerlit. II, 41.

Erkenntnis seiner selbst . . . Regensb. [17??] V: *Kraus, Joh. Bapt.* (ML) (Lindner)

— sein selbst v. d. Physiologie und Pathologie. 8. Regensb. Montag. 739.

Erkenntniß des 2. Senats des Königl. hochlöbl. OLG. zu Münster in Sachen des Fürsten Emil zu Bentheim-Tecklenburg, Klägern und Appellanten, wider den Fürsten Alexis zu Bentheim-Steinfurt, Beklagten und Appellaten. Publicatum Münster den 28. Aug. 1827. Essen 1827. fol. (in

— d. überschwengl., d. Sohnes Gottes u. d. Herrl. Evangel. u. s. w. 8. Bautzen. 746.

—— und Ursachen d. häut. Bräune u. ausschwitz. Gehirnentzündung, zweier besond. f. d. kindl. Alter so oft tödtl. Krankheiten. Besorgten Aeltern gewid. v. e. Kinderfreunde. 8. (1¼ B.) Leipzig 830, Reclam.

Erkenntniß des kgl. bayerischen Verwaltungsgerichtshofes vom 18. Juli 1894. 1894 München A. F.Z., 19.

Erkenntnisse, die bayerischen, in der Untersuchung gegen Alb. Henry Payne, Besitzer der Englischen Kunstanstalt zu Leipzig und Dresden, wegen widerrechtl. Nachbildung artist. Erzeugnisse der königl. bayer. priv. Kunstanstalt von Piloty und Löhle zu München, in der Payne'schen Stahlstichsammlung betitelt: Der Kunstverein. 3. Serie: Die Gallerie von München ꝛc. gr. 8. (36 S.) München 862, Piloty und Löhle.

Erkenntnisse der österreichischen Gerichte in Folge der Erläße des böhmischen Episkopates vom 3. und 24. Juni 1868. gr. 8. (30 S.) Regensburg 869, Pustet.

Erkenntnisse der österreichischen Gerichte in Folge der Erlasse des böhmischen Episkopates vom 3. u. 24. Juni 1868. Regensburg 870. Pustet. gr. 8. (30 S.) 1 mk

Erkenntnisse 1ster und 2ter Instanz in Sachen des Stadt-Syndicus Rehfeldt auf Goltzow Klägers u. Revidenten wider den Amtmann Hertzer auf Hertzershof Verklagten und Revisen nebst den Deductionen des Klägers. o. O. 1821.

Erkenntnisse zweiter Instanz in d. Untersuchungssache gegen den Bürgermstr. Dr. Scheffer u. Genossen wegen versuchten Hochverraths, beziehungsweise Beihilfe zu Hochverräth. Unternehmungen u. sonst. Vergehen, ertheilt v. dem Criminalsenat des Oberappellationsgerichts zu Cassel, auf die von den Mitangeklagten Prof. Dr. Jordan, Dr. Hoch ꝛc. erhobene Berufung gegen das Urtheil des Criminalsenats des Obergerichts zu Marburg v. 14. Juli 1843. Mit Anmerk. v. H. F. Eggena. gr. 8. Marburg 846, Elwert. ⅔ ₰

Erkenntnisse, Neueste protestantische, über Sittengeist und Kanzelkrieg. Deutschland [Stuttgart] 1802. V: *Köster, Wilh.* (WR)

—— des k. preuß. geh. Obertribunals in Berlin so wie eines Ober- und Untergerichts, den Verkauf einer Apotheke in der Rheinprovinz im J. 1812 betreffend. gr. 8. (25 S.) Soest 817, (Nasse'sche Buchh.) *

Erkenntnisse, Psychologische, der göttlichen Wahrheit. Frankf. 1853. V: *Bossard, Hnr.* (Cat. d. Stadtbibl. Zürich. Zürich 1864—97.)

Erkenntnisse und Gutachten, Rechtliche, in peinlichen Fällen. Göttingen 1771—85. H (Th. 3—5): *Meister, Christian Friedrich Georg.* (KY)

Erkenntnisse, die, in der gegen den Kreisamtmann D. L. Heubner geführten Untersuchung. Mit Genehmigung des königl. Justizministerii aus den Jahrbüchern für sächs. Strafrecht abgedruckt. gr. 8. (18 S.) Leipzig 850, Arnoldische Buchh. *

Erkenntnisse des k. k. Verwaltungsgerichtshofes. Zusammengestellt auf dessen Veranlassung von Adam Frhrn. v. Budwiński. 1. Bd. Jahrg. 1876/77; 2. Bd. Jahrg. 1878. gr. 8. (VII, 611; IV, 658 S.) Wien 878,79, Manz'sche Hofbuchh. à Bd. *
—— dass. — 3. Bd. Jahrg. 1879. gr. 8. (III, 519 S.) Ebendas. *

— dasselbe. 4. Bd. Jahrg. 1880. gr. 8. (III, 578 S.) Ebend. 881. n. 7. 20

— dasselbe. 5. Bd. Jahrg. 1881. gr. 8. (523 S.) Ebend. 882. n. 6. 80

Erkenntnisse d. k. k. Verwaltungsgerichtshofes. Zusammengestellt auf dessen Veranlassg. von Adam Frhrn. v. Budwiński. 6—8. Jahrg. 1882—1884. gr. 8. (697, 667 u. 703 S.) Wien 883—85. Manz. à n. 8. —

— dasselbe. 1. Bd. Jahrg. 1876/77. 2. Aufl. gr. 8. (VII, 480 S.) Ebend. 884. n. 8. —

— dasselbe. 9. Jahrg. 1885. gr. 8. (843 S.) Ebend. 885. n. 10. —

— dasselbe. 10. Jahrg. 1886. gr. 8. (Bog. 1: 16 S.) Ebend. pro 40 Bog. n. 8. —

Erkenntnisse d. k. k. Verwaltungsgerichtshofes. Zusammengestellt auf dessen Veranlassg. v. Adam Frhrn. v. Budwiński. 11. 12. Jahrg. 1887. 1888. gr. 8. (945, 959 S.) Wien 888. 889. Manz. à Jahrg. n. 11. 20

Erkenntnisse d. k. k. Verwaltungsgerichtshofes. Zusammengestellt auf dessen Veranlassg. von Adam Frhrn. v. Budwiński. 12.—15. Jahrg. 1888—1891. gr. 8. (959; 999; 869; 1038 S.) Wien, Manz.
12. u. 14. Jahrg. à * 11 20; geb. * 12 40
13. u. 15. Jahrg. à * 11 60; geb. * 12 80
Vgl.: Verwaltungsgerichtshof-Erkenntnisse. — Zeitschrift, österreichische, für Verwaltung.

Erkenntnisse des k. k. Verwaltungsgerichtshofes Zusammengestellt auf dessen Veranlassg. v. Adam Frhrn. v. Budwiński. 14.—17. Jahrg. 1890—1893. gr. 8. Wien, Manz. n. 49. 80; geb. n. 64. 60
14. 1890. (1038 S.) 891 n. 11. 20; geb. n. 12. 40. — 15. 1891. (1038 S.) 892. n. 11. 60; geb. n. 12. 80. — 16. 1892. (1130 S.) 893. n. 13. —; geb. n 14 20. — 17. 1893. (1250 S.) 894. n. 14. —; geb. n 15. 20.

Erkenntnisse d. k. k. Verwaltungsgerichtshofes. Zusammengest. auf dessen Veranlassg. v. Adam Frhrn. v. Budwiński. 18. Jahrg. 1894. gr. 8. (1300 S.) Wien 894. Manz. n. 16. —

— dasselbe. 19. Jahrg. 1895. 2 Thle. gr. 8. (1552 S.) Ebd. 895. n. 19. 60; geb. n. 22. —

Erkenntnisse des k. k. Verwaltungsgerichtshofes. 20. Jahrg. 1896. 2 Thle. gr. 8. (2044 S.) Wien 896. 897. Manz. n. 24. —; geb. n. 26. 40

— dasselbe. 21. Jahrg. 1897. 2 Thle. gr. 8. (1833 S.) Ebd. 898. n. 23. —; geb. n. 25. 40

— dasselbe. 22. Jahrg. 1898. Administrativrechtl. Thl. 12 Hfte. (à ca. 5 Bog.) gr. 8. Ebd. 898. n. 12. —

— dasselbe. Finanzrechtl. Thl. 12 Hfte. (à ca 4 Bog.) gr. 8. Ebd. 898. n. 8. —

Erkenntnisse des k. k. Verwaltungsgerichtshofes. Zusammengestellt auf dessen Veranlassg. von Adam Frhrn. v. Budwiński. 23. Jahrg. 1899. Administrativrechtlicher Thl. gr. 8. (1439 S.) Wien (900). Manz. n. 18. —; geb. in Leinw. n. 19. 60

— dasselbe. Finanzrechtlicher Thl. gr. 8. (765 S.) Ebd. (900). n. 9. 60; geb. in Leinw. n. 11. 20
Fortsetzung s.: Budwiński.

— vier, in Augsburger Wasserrechtssachen veröffentlicht mit e. Vorw. von v. Kerstorf. Augsburg 870. Rieger in Comm. gr. 8. (VI, 70 S.) 12 ngr.

Erkenntnisse, Warnungen u. Mittel für Mütter rc. gegen eine sich immer mehr ausbreitende Frauenzimmerkrankheit. 8. Leipz. 789. Gnobloch. 10 gr.

Ueber Erkennung und Beurteilung von Herzkrankheiten. Vorträge aus d. Sitzung d. Wissensch. Senats bei d. Kaiser Wilhelms-Akad. f. d. militärärztl. Bildungswesen am 31. März 1903, *Berlin: A. Hirschwald 1903.* (43 S.) 8°
— Veröffentlichungen aus d. Geb. d. Militär-Sanitätswesens. H. 22.

Erkens s.a. Erckens.

Erkens, H. G., neues Vieharzneibuch für Jedermann. Ein gründl. Unterricht zur Behandlung der Krankheiten der Pferde, des Rindviehs, der Schafe, Ziegen, Schweine und Hunde. Nach vieljähr. Erfahrung hrsg. 3., verb. Aufl. gr. 12. (248 S.) Aachen 852, Hensen und Comp.
s.a. E r k e n s , J. H. G.

Erkens, J., s. Th. v. Kempis, vier Bücher.

Erkens, J. H. G., Der Pferdearzt. Ein treuer Ratgeber zur Erkenntnis u. Heilung sowohl der inneren als äusseren Krankheiten der Pferde. gr. 12. Aachen '38. Hensen & Co. M. – .75

— Gemeinnütziges Tier-Arzneibuch für Stallmeister, Pferdemeister, Gutsbesitzer, Ökonomen, Landwirte u. Pferdebesitzer überhaupt. Nach vieljähr. Erfahrung hrsgegeb. 2. verbess. Aufl. gr. 12. Aachen (35.) 38. Ebd. M. 1.50

— Neues Vieh-Arzneibuch für jedermann. Ein gründl. Unterricht zur Behandlung der Krankheiten der Pferde, des Rindviehs, der Schafe, Ziegen, Schweine und Hunde. Nach vieljähriger Erfahrung herausgegeben. 3. verb. Aufl. gr. 12. (248 S.) Aachen 52. Ebd. M. 1.50

Erker, die, der Stadt St. Gallen. Hrsg. v. Ingenieur-Archit.-Verein, Kunstverein u. histor. Verein. Aufgen. u. gezeichn. v. J. L. Meyer. Imp.-Fol. (10 Lichtdr.-Taf.) St. Gallen 886, (Hausknecht). * 10 —

Erker, Josephus, Enchiridion liturgicum in usum clericorum et sacerdotum in sacro altaris ministerio. Ex libris liturgicis s. rituum congregationis decretis et probatis auctoribus collegit E. Ed. altera emendata et aucta. (XV, 503 S.) 8. Laibach 910. Kathol. Buchh.
s.a. E r k n e r . 4.—; geb. n 5. —

Erker, Jos., Missae de requie juxta rubricas a Leone papa XIII reformatas et decreta s. rituum congregationis novissima, accedit appendix de missis in altari privilegiato. Tractatus liturgicus in usum cleri concinnatus. (III, 92 S.) gr. 8. Laibach 903. (Kathol. Buchh.) n. 1. —

Erker, Lazarus, Berg- und Probirbuch. m. K. Fol. Fift. Eßlinger. 736.

l'Erkert, R., Atlas ethnographique des provinces habitées en totalité ou en partie par des Polonais. 6 Blatt. Chromolithogr. gr. Fol. St. Pétersbourg 863. (Leipzig, Hinrichs' Sortiment.) *

Erkes, Heinr., aus dem unbewohnten Innern Islands Ódáðahraun u. Askja. Mit 1 Skizze d. Gebirgsstockes Dyngjufjöll u. d. Askja. (64 S.) gr. 8. Dortmund 909. F. W. Ruhfus. 1. 50

Erkes, Heinr., kurzer deutsch-neuisländischer Sprachführer m. Grammatik u. Wörterverzeichnis. (VIII, 224 S.) kl. 8. Dortmund 906. F. W. Ruhfus. Geb. in Leinw. n. 4. —

Kurzer Deutsch-Neuisländischer Sprachführer mit Grammatik und Wörterverzeichnis von Heinrich **Erkes**. [Nebst] Beilage. Dortmund: F. W. Ruhfus 1906–07. 2 Bde 8°

Erklärung, s.a. E r k l ä r u n g e n .

Erklärung, s.a. E r k l ä r u n g , E r k l ä r u n g e n .

Erklärung. [Unterz.: Phil.] Brand, [Bernh. Arthur] Erdmann, [Karl] Wiebe, [Hugo] Ficke, [Fritz] Auerbach, C. W. Mayer, [Karl] Berninger, [Wilh. Theod.] Rau. o. O. 1902. 2 Bl. 2° [Kopftit.]
Abgedr. in: FZ. 56 (1902) S. 404—406; BayrBbl. 3 (1902—1903) S. 153—157.

Erklärung der acht anatomischen Abbildungen des Menschen-Magens, welche die schrecklichen Folgen des Branntweingenusses, selbst in der kleinsten Quantität, in seinen verschiedenen Epochen, zur Warnung u. Belehrung der Menschheit, darstellen rc. Diesdorf 868. (Berlin, E. Beck.) 8. (8 S. u. 8 color. Lithogr.) 7½ ngr.

Erklärung, abgedrungene, der mannheimer Deutsch-Katholiken s. Unsere Antwort.

Erklärung und Gegennothdurft, Abgedrungene öffentliche, abseiten der unterschriebenen Mitglieder der Kaufmannschaft in Flensburg, wider die . . . Schrift: über die Brandweinbrennereyen in Flensburg . . . Flensburg 1794. V: *Timmermann, Conrad Hildemar.* (Kordes, Schlesw.-holst. u. eutin. Schriftst. Schleswig 1797.)

. Abgenöthigte **Erklärung**! [Unterz.:] Ein Freimaurer. o. O. [ca 1870]. 2 Bl. 4° [Kopftit.]
Tt. 1524. Abwehr von Angriffen des ultramontanen Blattes: „Die freie Stimme am See" auf die Frmrei. 430.

Erklärung des Abrisses von dem Treffen bey Landshut in Schlesien, am 14. des Augustmondes im 1757. Jahre, worinnen die kais. kön. Truppen, unter dem Commando des Obersten Freyherrn von Jahnus, über die, von den Herren Generalen Kreutzen und Mitschefall angeführten preussischen Truppen den Vortheil erhalten haben. Wien, Prag und Triest bey J. Th. Trattnern, k. k. Hofbuchdrucker und Buchhändlern. O. M. 1 Bl.

([Erklärung von] Abt, Dekan und Konvent des Stiftes St. Gallen [betreffend verschiedene, von den] Gotteshausleuten der alten Landschaft [erhobene] Beschwerden und Forderungen. Gegeben... St. Gallen den 7. October 1795.) 4. *o. O.*

Erklärung der unter staatlicher Aufsicht stehenden 11 preuß. Aktien-Hypothekenbanken üb. die Mündelsicherheit der v. ihnen ausgegebenen Inhaber-Schuldverschreibungen. gr. 8. (16 S.) Berlin 899. (Puttkammer & Mühlbrecht.) — 25

Erklärung des Alkoholgesetzes. Herausgegeben von Anhängern desselben. Zürich [1887]. V: *Curti, Theod.* (BSchwLk V 9j)

— amtl., d. Berliner Synode über die am 30. Oct. von ihr zu haltende Abendmahlsfeier. gr. 8. Berl. 817. Reimer. 2 gr.

Erklärung, Analytische, aller Briefe der Apostel Jesu ... Berl. 1787-89. V: *Bahrdt, Carl Friedrich.* (Ky) (ML) (GGr)

— analytische, aller Briefe d. Apostel Jesu, ein Magazin f. Prediger rc., (v. K. F. Bahrdt). 3 Bde. gr. 8. Berl. 787—89. Mylius. 6 ℔ 8 gr

Erklärung. (Die Anerkennung der Revolution durch die Bürgerwehr betreffend.) Die unterzeichneten Wehrmänner — 87 Wehrmänner des 14. Bezirks, welche sich bei der Demonstration betheiligt haben. Druck von F. Reichardt u. Comp. 1 Bl. Fol.
Flugblatt. Berlin, 8. Juni 1848.

Erklärung (auf die Ansprache des Magistrats vom 21. November 1848:) Der Magistrat der Stadt Berlin — Der Bezirks-Central-Verein. Nebst Denkschrift des Berliner Central-Vereins zu dem Bericht, welchen der Abgeordnete und Unter-Staats-Secretair Herr Bassermann über seine Sendung nach Berlin in der deutschen National-Versammlung erstattet hat. Druck von W. Lohmann in Berlin. 2 Bl. 4.
Flugblatt. Berlin, 24. Nov. 1848.

Erklärung, Apodictische, des Buchs Irrthum und Wahrheit ... Wittenberg, Zürich u. Rom 1789. V: *Saint-Martin, Louis Claude de.* (Kl)

Erklärung, apodiktische, über das Buch: Irrthum u. Wahrheit, vom Verf. selbst.(?) Nebst Original-Briefen über Katholizismus, Freimaurerei, Schwärmerei, Magie. Starken. Lavateru. Schwedenborg. Cagliostro. Schröpfern. Mesmern und Magnetismus. Zur Beruhigung der allarmirten Protestanten. Wittenberg. Zürich u. Rom. (Weissenfels, Severin.) 1789. 8. 144 S.

— apodiktische, über d. Buch: „Irrthum u. Wahrheit, vom Verf. selbst rc." 8. Weißenf. 789. (Weygand in Leipz.) 9 gr.

Erklärung und Appellation an die Gerechtigkeit ([einiger] Mitglieder der unterm 7. Jänner 1831 ... gewählten provisorischen Regierung der Landschaft Basel ... gegen die unterm 4. Juny 1831 über [sie] gefällte Urtheile). 8. (Mülhausen.)

Erklärung des vierten Artikels des Westphälischen Friedensschlusses so weit er die Erlöschung des Churbairschen Mannsstammes angehet. kl. 8. Berlin 1778.

— der 4te Artikel des westphäl. Friedens, so weit er d. Erlöschung d. Churbair. Mannsstamm angeht. 4. München, Lentner. 778.

— — dieselbe. 8. Cöln, Haas.

Erklärung des vierten Artikels des Westphälischen Friedensschlusses ... [Berlin] 1788. V: *Steck, Johann Christoph Wilhelm von.* (ML) (Pütter, Litt. d. Teutsch. Staatsr. Gött. 1777—91. II, 199.)

Erklärung und Aufforderung. (Gegen die Kreuzzeitung gerichtet.) Kiel. 25. Januar 1864. Die theologische Facultät in Kiel. Die Geistlichen Kiels. 1 Bl. 4°.

Erklärung und Aufforderung an den sogenannten Herrn Joseph Wezel. O. O. u. J. [1784]. V: *Rautenstrauch, Johann.* (BiblPort)

Oberaargauische Armenverpflegungsanstalt im Dettenbühl bei Wiedlisbach. Erklärung der Aufsichtsbehörden. (1901 November 14.) 15 S. 8. Wangen a. A., G. Reinmann, 1901.

Erklärung [der Aufzunehmenden in der Schweizerischen Landesloge „Helvetia"]. o. O. u. J. 1 Bl. 4°. [Kopftit.] 21.

Erklärung der in Dr. med. Schüßlers abgek. Therapie vorkommenden fremdsprachlichen Ausdrücke, nebst Anleitung f. den Gebrauch der homöopath. Hausapotheke. 3. verm. Aufl. (24 S.) 8. Lage 904. H. Welchert. n. — 50

Erklärung philosoph. Ausdrücke, v. M. K. 8. Brünn 833, Winiker's Buchh.

Erklärung, Ausführliche, über zwey Homännische Charten, als über das Systema solare et planetarium Copernico-Hugenianum und Europam eclipsatam ... Nürnberg 1707. Nürnberg 1720. V: *Doppelmayr, Johann Gabriel.* (StBFMath S. 219)

Erklärung, Ausführliche, der dermaligen ... eingeführten Staatsbuchführung ... O. O. 1772. V: *Beeckhen, Georg Adalbert von.* (MGT)

— ausführl., der Haubold'schen Tafeln zur Lehre der Verwandtschaft und Schwägerschaft. Mit 1 lithogr. Taf. gr. 8. Leipzig 835. (Günz.) 1/4 ℔

—— ausführl., der Haubold'schen Tafeln zur Lehre d. Verwandtschaft u. Schwägerschaft. M. 1 lith. Taf. (1/2 Imp.-Fol.) gr. 8. (1 B.) Leipzig 835, [Serig.]

Erklärung, Ausführliche, der im kleinen Catechismo Lutheri enthaltenen göttlichen Wahrheiten ... Hamburg 1753. V: *Neumeister, Erdmann.* (Schr)

Erklärung, Ausführliche, der Weissagungen aller Propheten des alten und neuen Testaments ... Leipzig 1804. V: *Scherer, Joh. Ludw. Wilh.* (MGT) (HS) (Ky)

Erklärung, Ausführliche, der sämmtlichen Weissagungen des N. Testaments ... Altenb. u. Erfurt 1801. Leipzig 1803. V: *Scherer, Johann Ludwig Wilhelm.* (HS) (Ky) (Winer)

Erklärung, Ausführliche, der sämmtlichen Wundergeschichten des Alten Testaments aus natürlichen Ursachen. 2 Bde. Berlin (Körner in Frankfurt) 181*.
Weller, fing. Dr.

Erklärung (Graf Luckners Ausscheiden als Großmeister aus dem Bundesrathe des Treubundes betreffend). Seit einigen Wochen sehen wir zu unserm tiefsten Schmerz — Der Treubund für König und Vaterland. Gedruckt bei J. Sittenfeld. 2 Bl. 4.
Flugblatt. Berlin, 6. Dez. 1849.

Erklärung über des ... Präsidenten von Seuffert Äusserung in der 18. ... öffentlichen Sitzung der 2. Kammer der Baierischen Ständeversammlung ... München [1822]. V: *Heldenberg, Franz Xaver.* (EB)

Erklärung ... über eine ungegründete ... Außerung. Wetzlar 1808. V: *Kamptz, Carl Albrecht Chn Hnr. von.* & *Frdr. Jos. v. Stein.* (TübZ 25, 20)

Erklärung, D. Bahrdts neuerlich ausgeheckte, an das Publikum . . . widerlegt. Leipzig 1780. V: *Lucas, Johann Christoph.* (MGT) (Ky) (ML)

(Erklärung des Belagerungszustandes.) Die in hiesiger Stadt eingetretenen Ereignisse — Das Staats-Ministerium. Decker'sche Geh. Ober-Hofbuchdruckerei. 1 Bl. Fol.
Flugblatt. Berlin, 12. Nov. 1848.

Erklärung hinsichtlich der Beleuchtung der über O. W. Masings Beitrag zur esthnischen Orthographie erschienenen Bemerkungen. Pernau 1827. V: *Knüpffer, Arnold Frdr. Johann.* (R-N)

Erklärung über Andreas Gross sogenannten unpartheyischen Bericht . . . Büdingen u. Leipzig 1740. V: *Zinzendorf und Pottendorf, Nicolaus Ludwig Graf von.* (OL) (ML)

Erklärung, Bescheidene und freimüthige, an das Publikum wegen des Verbots der allgemeinen deutschen Bibliothek. Berlin 1768. V: *Nicolai, Christoph Friedrich.* (JL)

Erklarung und Beschreibung der Manovers, welche von dem Königl. Preussischen Corps, das zwischen dem Amte Spandau campirt, vorgenommen worden. 4. Berlin 1753.

Erklärung und Beschreibung einer uralten mit mannigfaltigen Gemälden verzierten Vase. Eine allegorische Untersuchung als Jubelprogramm, womit alle Verehrer der K. Kunst auf den 1. Nov. 1829 brüderlich einladet der Meister T. . in.
Kl. 3001 b.

Erklärung über die Bestandtheile d. Feuergewehrs. Nebst Anleit. dass. reinlich zu halten. Mit 1 Holzschnitt. 8. Basel 824, Neukirch.

[illegible] 1870.

Erklärung von 2016 Bewohner [?] Angelns. (Abgedruckt nach dem Itzehoer Wochenblatte.) Flensburg. 1851. 8°.

Erklärung [illegible] vom 6. —
Die 97. Compagnie. [illegible] 1 Bl. Fol.
Flugblatt. Berlin 6. Okt. 1848.

Erklärung des Bischofs von Rottenburg an das Publikum auf einen Schmähartikel aus der Augsburger Postamtszeitung. Tübingen 1844. V: *Keller, Joh. Bapt. von.* (Kat. d. ständ. Bibl. Stuttg. 1907. S. 89.)

Erklärung der katholischen Bischöfe, der apostolischen Vikarien und ihrer Coadjutoren in Grossbritannien . . . A. d. Engl. Lüneburg 1827. Ü: *Albers.* (Ky)

— d. kathol. Bischöfe, d. apostol. Vikarien u. ihrer Coadjutoren in Großbritannien, nebst Addresse d. brit. Katholiken an ihre protestant. Mitbürger. Aus d. Engl.; mit angehängten Nachrichten von d. Hannöv. Vikariate; aus d. Latein. (v. ... Albers). gr. 8. Lüneb. 827. Herold u. W. 8 gl.

Die Braunschweiger Erklärung des Deutschen Gymnasial-Vereins vom 5. Juni 1900 nebst den bis z. 1. Jan. 1901 eingelaufenen Unterschriften. *Bonn 1901: C. Georgi.* (XX, 111 S.) 8° [F.] (Ge. 1107 5

— d. Briefs Pauli an d. Galater. 8. Görlitz 798. (Anton in L.) 1 gl.

Erklärung des „Buches der Wilden", s. Meissner, J. P.

Erklärung des Bundes der Landwirthe bezüglich der Hebung der Getreidepreise. Unterzeichnet: Berlin, den 6. November 1895. Der Gesammt-Vorstand. In dessen Auftrage: von PLÖTZ, ROESICKE, H. SUCHSLAND. Berlin. Wilhelm Issleib. fol.

Erklärung der Bergwerks Charte von dem wichtigsten Theil der Gebürge im Bergamtsrefier Marienberg. [Annaberg 1770.] V: *Trebra, Frdr. Wilh. Hnr. v.* (Kat. d. stat. Bureaus. Dresden 1890.)

Erklärung an die evangelischen Christen in Frankfurt in Bezug auf die Vorstellungen an einen Rath von Seiten des evangelisch-lutherischen Predigerconvents daselbst mit Genehmigung ihres Presbyterii gegeben von den Pfarrern der deutschen evangelisch-reformirten Gemeinde. Frankfurt a. M. 1816. V: *Passavant, Jacob Ludwig & Johann Christ. Spiess.* (STBFRANKF I, 65)

— evangelischer Christen in Magdeburg. gr. 8. (8 S.) Magdeburg 818, (Creutz'sche Buchh.)

Erklärung der, zum Bessten Nothleidender . . . zu Riga . . . veranstalteten Darstellung . . . Riga 1822. V: *Grave, Carl Ludwig.* (R-N)

Erklärung. [illegible] erhalten werde.) [illegible] Commandeur [illegible] Major u. a. [illegible] Geh. Ober-[illegible] 1 Bl.
Flugblatt. Berlin. 14. Mai 1848

Erklärung. [illegible] An das Land! [illegible] bis zum 27. [illegible] Rechten und [illegible] Gedruckt bei [illegible] 1 Bl. [illegible]
Flugblatt. Berlin. 14. Nov. 1848

Erklärung, Joh. Dassiers, von Schaumünzen, deren Gepräge . . . Begebenheiten aus der Römischen Geschichte vorstellen. Leipz. 1763. V: *Lippert, Philipp Daniel.* (ML)

Erklärung [illegible] Versammlung.) [illegible] demokratische [illegible] der [illegible] Druck [illegible] Brandes u. Schultze. 1 Bl. Fol.
Flugblatt. Berlin. 6. Sept. 1848.

Erklärung der in doppelter Hinsicht, auf Veranlassung der ger. und vollk. Loge zur Einigkeit [in Frankfurt a. M.] geprägten Denkmünze. [Frankfurt a. M. 1802.] 8 S. 8°
Kl. 552. Beschreibung der zur Vermählungsfeier von C. Fellner geprägten Denkmünze.
139.

Erklärung der Deputation der Bürgerschaft der Stadt Cöln. Durch die von einer Deputation. — Bauendahl u. a. Druck von E. Litfaß. 1 Bl. Fol.
Flugblatt. Berlin. 29. März 1848.

Erklärung der oberschlesischen Deputation. Wir waren beauftragt — Graf Reichenbach u. a. Berlin. Druck von A. W. Hayn. 1 Bl. Fol.
Flugblatt. Berlin. 31. März 1848.

Erklärung, Deutliche und zur Erbauung eingerichtete, der Offenbarung Johannis. O. O. 1789. V: *Roos, Magnus Friedrich.* (MGT)

Deutliche Erklärung derer Institutionen u. s. w. v. J. Chr. Bolz. *Nürnb.* 734 — 50. IV. 4.

* Deutliche Erklärung derer Kauffmann- und ökonomischen Rechnungen, welche bisher unter diesen beiden Titeln: Fortsetzung und Beschluss der Rechenkunst herausgekommen. Zum drittenmal unter diesem neuen Titel publiciret. Budissin, 1 Alph. 7 und 1 halb. Bog. 8. 1766.

Erklärung, Deutliche, aller Sonn- und Festtagsevangelien in Gesprächen ... Nürnberg 1786—87. V: *Ludwig, Joh.* (MGT) (Ky) »1785—87« (Ky)

— deutliche, aller Sonn- und Festtagsevangelien in Gesprächen rc. Ein Beytrag zum Wachsthum der Jugend in christlicher Erkenntniß und Rechtschaffenheit. 2 Theile. gr. 8. 785 -- 87. Jetzt Eichhorn in Nürnberg.

Erklärung, deutsche, üb. d. erste Buch d. Oden des Horaz, nach Kopp bearbeitet v. Suck. 8. Halle, Gebauer. (in Comm.) 811.

Teutsche Erklärung des grossen in der Kupfer-Platte sich darzeigenden Werkes (von G. Guaitta). Frf. a./M. 1764 8.

Erklärung der Prose Dies irae, oder Affekte eines Sünders, welcher aufrichtig an seiner Bekehrung arbeiten will. 8. Mainz. (Frankfurt a. M., Streng.) 786.

ERKLÄRUNG einiger natürlichen Dinge, welche der Kostjugend bey denen Englischen Fräulein zu Pest gegeben wird. (Pest) 1795: Druck. Patzko. 16 S.

Erklärung des Würzburger Diözesankatechismus. Würzb. 1832. V: *Schön, E.* (schmal) (Th)

Erklärung der Direction der Altona-Kieler Eisenbahngesellschaft über die Eingabe des Handels- u. Industrievereins in Kiel vom 15. März 1850 an den dortigen Magistrat in Betreff der Anlage der Altona-Lübecker Eisenbahn. o. O. (1850.) 4° [Kopft.]

Erklärung der rechtmäßigen Eigenthümer von Zehnten und Bodenzinsen über ihre Ansprüche ... O. O. 1800. V: *Schulthess, Joh. Gg.* (Cat. d. Stadtbibl. Zürich. Zürich 1864—97.) (zuwzür)

Erklärung der rechtmässigen Eigenthümer von Zehnten und Bodenzinsen über ihre Ansprüche. Zürich 1800. 4.

Erklärung, Zum immerwährenden Gebrauch eingerichtete, des hamburgischen Schiffer-Kalenders. [Hamb. 17??] V: *Müller, Chn Glieb Dan.* (CBH)

Königl. Englisch in Teutschland verschickte Erklärung oder Abmahnungs-Schreiben. *Datiert: London, den 31. December 1709. (1) S.*
Reprinted in: The German exodus to England in 1709. (Massenauswanderung der Pfälzer). By Fr. R. Diffenderffer. Lancaster, Pa. 1897 [= no. 296]. p. 271.

-- erbauliche u. schriftgemäße, d. kl. Katechismus Martin Luthers in Fragen, u. Antworten. Nebst e. kurzen Religionsgeschichte u. einigen Schulgebeten. N. Aufl. 8. Greiz, Henning. 6 gl.

Erklärung, Erforderliche, einer Ehrensache. Hamb. 1844. V: *Kessler, Johann Friedrich Meinhard.* (schr)

Erklärung aller in dem vorgeschriebenen Evangelienbuche vorkommenden Evangelien. 8. (VIII. 380 S.) Wien. Gedruckt bei Anna Pichler. 1828
Verlag der Schulbücher-Verschleiß-Administration

Erklärung der theologischen Facultät zu Göttingen in Veranlassung ihrer Denkschrift „über die gegenwärtige Krisis des kirchl. Lebens." hoch 4. (IV und 99 S.) Göttingen 854, Dieterichsche Buchh. Thlr. *

Erklärung der theologischen Facultät zu Halle über Herrn Dr. K. F. Bahrdts Appellation an das Publikum. Halle 1785. V: *Nösselt, Joh. Aug.* (GGr) (MGT) (Ky)

— d. theolog. Fakultät zu Halle über Dr. Bahrdts Appellation an d. Publikum, (v. J. A. Nösselt). 8. Halle 785. Schwetschke u. S. 14 gl.

— die falsche, des Wortes Religion. gr. 8. Görlitz, Anton in Com. 817.

— d. falsche, des Wortes Religion. gr. 8. Berlin 818. (Anton in Halle). 5 gl.

—— sämmtl. christl. u. jüdischen Feste, nach deren Reihefolge im Kalender. gr. 12. (1⅙ B.) Frankfurt a. M. 811, Varrentrapp.

(Erklärung gegen die Forderungen der Schneidergesellen.) An unsere Mitbürger. Wir sehen uns -- Sämmtliche Schneidermeister von Berlin. Druck von F. Reichardt. 1 Bl. Fol.
Flugblatt. Berlin. 13. April 1848.

Erklärung, Fortgesetzte, des sechsten Siegels in dem siebenten Kapitel von den Verfolgungen der Kayser Domitiani, Trajani, Hadriani und Antonini Pii. O. O. 1745. V: *Kanfft, Johann Georg.* (ML)

Erklärung der beyden Wiener Freimaurer-Logen zur gekrönten Hoffnung und zum heiligen Joseph [an Kaiser Franz II]. Wegen ihrer, bis auf ruhigere Zeiten, indessen eingestellten Arbeiten und Versammlungen. [Dat.:] Wien 1793.
Abgedr. in: FZ. (Wien) 3 (1876) S. 27; Brabbée, G.: Sub Rosa. 1879 S. 116—119. cf. FZ. (Wien) 3 (1876) S. 25—28; Brabbée, G.: Sub Rosa. 1879 S. 107—124.
Selten.
[Z. 9 (1879) S. 66.]

Erklärung der drei Prager Freimäurerlogen an das Publikum, über eine Stelle in der Wiener Zeitschrift des [Leop. Alois] Hof[f]mann. [Prag] 1792: Hladik. 16 S. 8°
Abgedr. in: Alxinger, J. B. v.: Anti-Hoffmann. 2 (1792) S. 56—75; FZ. 11 (1857) S. 401—405.
Kl. 3450. Verteidigung gegen Angriffe Hoffmanns auf die Prager geheim. Gesellschaften.
23. 25.

Erklärung, freimüthige, eines Deutschen, über zwei herrschende Mißbräuche. 8. Kempten 792. Dannheimer. 1 gr.

— freimüthige, e. protestant. Gemeinde in Westphalen, gegen die Schrift: „Luther in Beziehung auf d. preuß. Kirchenagende" geltend gemachten liturg. Ansichten u. Grundsätze. gr. 8. Leipz. 827, Kollmann.

— freimüthige, einer protest. Gemeinde in Westphalen, gegen die in d. Schrift: „Luther in Beziehung auf d. preuß. Kirchenagende" geltend gemachten liturg. Ansichten u. Grundsätze. gr. 8. Leipz. 828. Kollmann. 6 gr.

— v. Fremdwörtern, welche in der Krankenpflege häufig vorkommen. 16. (47 S.) Stuttgart 900. (J. F. Steinkopf.)
In Wachstuch kart. n.n. — 30

Erklärung v. Fremdwörtern, welche in d. Krankenpflege häufig vorkommen. (47 S.) 16. Stuttgart 909. J. F. Steinkopf. In Wachstuch kart. nn — 30

— der Fresko-Gemälde am Museum. Nebst einer kurzen Biographie von Cornelius und Schinkel. 8. Berlin 844. (Grobe.) n. 1/12 ℛ

Erklärung, Freundschaftliche und richtige, der katholischen Religionsgründe wider die unrichtigen Erklärungen der Herren Protestanten. Prag 1774. V: *Khun, Carl Joseph.* (KY 3/334) (WBL 11/239) (Nova Eccles. Friburgensis Bibliotheca 1773—1785 Bd. I, S. 243—252) (BiblPort)

Erklärung, Fromme, der Freimaurerey ... Rudolstadt [ca. 1805]. V: *Haugwitz, Chn Hnr. Carl Graf v.* (Tt)

Erklärung, Fromme, der Freymaurerey von einem deutschen Meister (erster Grad). [Weimar ca. 1792.] Neudr. Rudolstadt 1805—1806. H (1): *Bode, Joh. Joachim Christoph.* (2): *Schröder, Friedr. Ludwig.* (Kl 1933) (Tt 1341) (Wolfstieg II, 739)

Erklärung der königl. Fürstengruft in der Michaeli-Hofkirche zu München. [München 1800.] V: *Baumgartner, Ant.* (HThPP)

— d. Br. P. an d. Galater. 8. Görlitz, Anton. 798.

— zu Heinrich Pudors Gärten f. das Kind auf der Armee-, Marine- u. Kolonial-Ausstellung, Berlin 1907. [Aus: „Kultur d. Familie".] (8 S.) gr. 8. Berlin-Steglitz 907. Leipzig-Stötteritz. H. Pudor. — 10

Erklärung und Gebrauch des Kalenders wobey zugleich ein Modell eines gehörig eingerichteten Kalenders auf das Jahr der christlichen Zeitrechnung 1793, auf die Stadt Braunschweig, befindlich ist. Ein Programm auf Ostern 1792 von Johann Friedrich Häseler ...
Braunschweig 1792: Ernst W. G. Kircher. 28 S., 16 Bl. 4°

Erklärung der Gebräuche und Ceremonien unserer heiligen katholischen Kirche zum Gebrauche der studierenden Jugend. 10. Auflage. 8. (VIII 376 S.) Eger. Druck und Verlag von J. Kobitsch und Gschihay. 1854.

—— der Gebräuche und Ceremonien unserer heil. katholischen Kirche zum Gebrauche der studirenden Jugend. 13., unveränd. Aufl. 8. (XV und 244 S.) Wien 856, Gerold's Sohn.

—— der Gebräuche und Ceremonien unserer heil. kathol. Kirche zum Gebrauche der studirenden Jugend. 14., unveränd. Aufl. gr. 8. (XV und 244 S.) Wien 860, Gerold's Sohn.

—— der Gebräuche u. Ceremonien unserer heiligen katholischen Kirche zum Gebrauche der studirenden Jugend. 15. unveränd. Aufl. Wien 869. Gerold's Sohn. 8. (XV, 244 S.) 15 ngr.

Erklärung, gedrängte — der katholischen Glaubenslehre. Ein Buch für Katecheten, Lehrer, wie auch besonders für gebildete christliche Familien, welche die Lehre ihres Katechismus richtig verstehen und im Glauben sich befestigen wollen. Von einem Priester der Diözese Brixen. Mit hochwürdiger fürstbischöflicher Ordinariats-Bewilligung. Innsbruck, 1857. Druck von Felician Rauch. (211 S. 8.)

— verschiedener Gegenstände aus d. Landwirthschaft u. Naturgeschichte, e. Lesebuch für d. Jugend. gr. 8. Wien 804. Heubner. 1 ℛ 4 gr.

— versch. Gegenst. a. d. Landwirthsch. und Naturgesch. e. Leseb. f. d. Jug. gr. 8. Wien, Camesina. 804.

— der Geheimnisse des Leidens Christi in der heil. Messe. Aus d. Latein. übersetzt von G. R. B. Mit einer kurzen Meßandacht. 12. Landshut 838. Thomann. (Attenkofer.) 5 gr.

—— mehrerer Geistlichen über ihr Verhältnis zur bayerisch-protestant. Landeskirche. Eine Erwiederung auf die Sätze der culmbacher Conferenz vom 23. Septbr. 1851. gr. 8. (18 S.) Nürnberg 851. (Nördlingen, Beck'sche Buchh.)
Aus: Correspondenzblatt der Gesellschaft für innere Mission &c., besonders abgedruckt.

—— der katholischen Geistlichkeit im Großherzogthum Baden. gr. 4. (8 S.) Freiburg im Br. 860. (Herder'sche Verlagsbuchh.)

Gemüssigte Erklärung der Commission für Handel und Schifffahrt, betr. die Hamann'sche Eingabe über den Elbe-Trave-Kanal. (Lübeck. 1884.) 4° [Kopft.]

Erklärung, Genaue

—— über die Lage des Hauptgestells der Sattlung und Packung der k. k. Cavallerie. Für die Chevauxlegers, Husaren und Uhlanen.
4. Wien 1816.

Erklärung, Genaue, über die Lage des Hauptgestells der Sattlung und Packung für die k. k. Cavallerie, der Cürassiere und Dragoner
4 Wien 1816.

Erklärung zu der Gerhabschaft, und den Pupillarrechnungen ... Wien 1777. V: *Wimmer, Justinian.* (EB)

(Erklärung gegen das neue Gesetz zum Schutze der öffentlichen Ordnung.) [illegible] an die preußische [illegible] Druck von [illegible] u. Comp. 1 Bl. Fol.
Flugblatt. Berlin, 23. Aug. 1848.

Erklärung des Gewerbevereins zu Schwenningen, betr. den Anschluss der oberen Neckarbahn an das badische Bahnsystem. Villingen 1864

—— eine, des nicenischen Glaubensbekenntnisses. Aus dem Engl. übertragen von Jul. Pilgrim. Mit einem Vorwort von Heinr. W. J. Thiersch. gr. 8. (XII und 45 S.) Nördlingen 867, Beck'sche Buchh. *

(Erklärung gegen die an den Deutschen in Posen verübten Gräuel.) Polnische und deutsche Brüder! — Die Versammlung des bewaffneten Corps der Berliner Universität. (Deutsch und polnisch.) Druck von E. Litfaß. 1 Bl. Fol.
Flugblatt. Berlin, 26. April 1848.

Erklärung über die in einem Ministerial-Dekrete ... enthaltenen Gründe betreffs der Aufhebung der Gesellschaft Jesu in den k. k. österreichischen Staaten. Innsbruck [1848]. V: *Pierling, Jacob.* (Jes)

Erklärung einiger von einem Rechtsgelehrsamkeitsbeflissenen (Weisbeck) angetasteter ... Grundsätze der Vogler. Theorie ... Ulm 1785. V: *Vogler, Georg Joseph.* (MGT) (HS)

—— der Grundsätze der kathol. Christen in Schwaben, welche unlängst von dem bischöfl. Ordinariat zu Augsburg exkommunizirt worden sind. 8. (89 S.) Frankfurt a. M. 857, (Heyder und Zimmer.)

Erklärung zu Gunsten des Hauptmann von Natzmer. Die beklagenswerthen Ereignisse — Der Bürgerwehr-Club. Gedruckt bei J. Sittenfeld. 1 Bl. Fol.
Flugblatt. Berlin, 16. Juni 1848.

(Erklärung über die Haltung der Nat.-Vers. der Reaktion gegenüber.) Mitbürger! Als durch die Revolution der Märztage — Die Abgeordneten der National-Versammlung. 2 Bl. Fol.
Flugblatt. Berlin, 27. Nov. 1848.

Erklärung der Handelskammer zu Leipzig betr. das Feuerversicherungswesen. Leipzig 1869.

Erklärung der fünf Hauptstücke christlicher Lehre, zum Gebrauch für den Unterricht in Schulen und Kirchen, sowie zum Selbstunterricht. Herfeld 1861. V: *Busch.* (ZU)

—— der fünf Hauptstücke christlicher Lehre, zum Gebrauch für den Unterricht in Schulen und Kirchen, sowie zum Selbstunterricht für Familienkreise, mit Bibelsprüchen, bibl. Beispielen, Anfängen von Kirchenliedern und Zeugnissen erleuchteter Männer. Vorausgeht der Text der Kinderlehre ꝛc. für die Kirchen und Schulen in Hessen. gr. 8. (136 S.) Hersfeld 861. (Cassel, Vollmann.) geb. Thlr. **

Erklärung der Hieroglyphen, Zeichen, Worte und Griffe der Hiramitischen und der Schottischen Maurerei vom I., II., III., IV., V., VI. u. VII. Grade. Handschrift ca. 1810. 4. 8 Bl.
Auszüge aus dem Ritual der Grossloge z. d. 3 Weltkugeln, nach dem System der stricten Observanz, zufolge bis 1797.

Erklärung, Historische, der Gemälde außerhalb des hiesigen Weber-Hauses ... [Augsburg 1718]. V: *Göbel, Joh. Frdr.* (Cat. d. Stadtbibl. Zürich. Zürich 1864—97.)

Erklärung, Historische, der Kalckmahlerey in Fressko ... Znaym [1778.] V: *Korber Ritter von Korbenau, Gregor Norbert.* (BiblPort)

Erklärung, homiletische, der feiertäglichen Evangelien für Katecheten u. die erwachsene Jugend. Von einem Freunde der Jugend. 8. Innsbruck 840. (Regensburg, Manz.) n. 5/6 ℛ — 2. Aufl. gr. 8. Ebend. 844. Rauch. (Wagner'sche Buchh.) n. 3/4 ℛ

— homiletische, der feiertäglichen Evangelien für Katecheten und die erwachsene Jugend. Von einem Freunde der Jugend. 2. Aufl. Innsbruck 855. F. Rauch. 8. (1 Bl., 413 S.) 22 1/2 ngr

Erklärung, Homiletische, der sonntäglichen Evangelien für Katecheten und die erwachsene Jugend. Innsbruck 1834. V: *Maldoner.* (Ky)

— homilet., der sonntägl. Evangelien für Katecheten u. die erwachsene Jugend. Von e. Freunde der Jugend (Maldoner). 8. Innsbruck 834. Wagner. 3/4 ℛ

— dies. der festtäglichen (feiertagl.) Evangelien. 8. Ebd. 840. (Augsburg, Kollmann.) 3/4 ℛ, beide 1 1/2 ℛ

—— homiletische, der sonntägl. Evangelien f. Katecheten u. die erwachsene Jugend. Von e. Freunde der Jugend. 2. Aufl. gr. 8. (33 B.) Innsbruck 844, Rauch. (Wagner'sche Buchh.)* —

Erklärung über das am 21. Aug. 1734 in ... Schackenburg gefundene güldene Horn ... Altona 1736. V: *Grauer, B.* (Bruun, Bibl. Danica II, 584 f.)

Erklärung der bey der zweymaligen Durchreise des Großfürsten Paul Petrowitz u. der Ankunft der Prinzessin von Würtemberg, Sophia Dorothea Augusta Louise, in Riga von der löbl. Compagnie der schwarzen Häupter veranstallteten Illuminationen. O. O. (Riga?) 1776. 4 S. Fol. Br. 18.—

Die Erklärung der Index-Kongregation über die Kontroversen in betreff der natürlichen Kraft der menschlichen Vernunft (übersetzt von Meyer). Kathol. Schweizerblätter Jahrg. 4 (1862), Heft 9.

Erklärung einiger Individuen des Ritter- und Adelstandes in Baiern auf das Circularschreiben der landschaftlichen Verordnung. O. O. 1800. V: *Pelkhoven, Joh. Nep. Freiherr von.* (KN)

Erklärung der Inhaber der zu Münden bestehenden Tabaks-Fabrik-Geschäfte gegen den Beschluss der Handelskammer zu Göttingen vom 18. April 1879. 8°. Münden 1879.

Erklärung von Joh. 2, 1—12: Die Hochzeit zu Kana. [Freiburg 1831.] V: *Hug, Johann Leonhard.* (Gl)

Erklärung. Zu einem vom Minister Eichmann gegengezeichneten Kabinetsschreiben — Der Bürgerwehr-Club. Druck von Harth u. Schultze. 1 Bl. Fol.
Flugblatt. Berlin, 24. Okt. 1848.

Erklärung ... K a i s e r ...
Weitere Ordnung chronologisch

[Wappen F. u. F.] | Erklärung | Des Kaysers | Vom 20ten Augusti 1782. | Dienend zum Zusatz der Verordnung | vom 6ten Octobris 1781. belangend die Voll-| ziehung der in der Provinz Lutzemburg in | Civil Sachen gefällten Urtheilen. | ... (Am Ende:) Lutzemburg, | Bey der Wittib J. B. Kleber, ... 1782. |
3 S., 4° (330 × 205 mm).

[Wappen F. u. F.] | Erklärung | Des Kaysers. | Ueber die Anwendung der Güter der Abgeschaften [sic] Dreyfaltigkeits Klöster | und die in den Niederlanden für die | Loskaufung der Gefangenen errichteten | Bruderschaften. | Vom 2ten Julii 1783. | ... (Am Ende:) Lützemburg, | Bey der Wittib Joannis Baptistae Kleber, ... 1783. |
6 S., 4° (335 × 200 mm).

[Wappen F. u. K.] | Erklärung | Des Kaysers. | Anlangend die Einsiedlere. | Vom 2ten Julii 1783. | ... (Am Ende:) Lützemburg, | Bey der Wittib J. B. Kleber, ... 1783. |
3 S., 4° (335 × 200 mm).

[Wappen F. u. K.] | Erklärung des Kaysers | Anlangend jene Soldaten so der Gemeinen und | nicht militarischen Missethaten schuldig, und jene, so | wegen ihrer Unverbesserlichkeit des Dienstes entsetzt sind. | ... Gegeben zu | Brüssel ... den 29ten | Decembris 1783. ... (Am Ende:) Lützemburg, | Bey der Wittib J. B. Kleber, ... 1784. |
3 S., 4° (330 × 205 mm).

[Wappen F. u. F.] | Erklärung | Des Kaysers. | Vom 31ten März 1784. | Inhaltend den Widerruf jener vom 29ten | Decembris 1783. anlangend jene Soldaten, so | der gemeinen Missethaten schuldig, und jene so | wegen ihrer Unverbesserlichkeit des Dienstes ent-|setzt sind. | ... (Am Ende:) Lützemburg, | Bey der Wittib J. B. Kleber, ... 1784. |
2 S., 4° (330 × 210 mm).

[Wappen F. u. F.] | Erklärung | Des Kaysers, | Vom 2ten Augusti 1784. | So aufhebet das Verbot Salz-Siede-|reyen in den offenen Städten und auf dem | Platten Lande zu errichten. | ... (Am Ende:) Lützemburg, | Bey der Wittib J. B. Kleber, ... 1784. |
2 S., 4° (310 × 200 mm).

[Wappen F. u. F.] | Erklärung | Des Kaysers, | Anlangend die Kundmachung der Edicten | und Anordnungen, gleich wie die Ueberbrin-|gung der Verordnungen und Befehle für den | Dienst in der Provinz Lutzemburg. | ... Gegeben zu Brüssel den | 24ten Augusti 1784. ... (Am Ende:) Lützemburg, | Bey der Wittib J. B. Kleber, ... 1784. |
3 S., 4° (330 × 205 mm).

[Wappen F. u. K.] | Erklärung des Kaysers, | Vom 29ten Decembris 1784. | Anlangend den Civil-Stand der Glieder der in | diesem Lande abgeschaften Geistlichen Häuser eines | und andern Geschlechts. | ... (Am Ende:) Lützemburg, | Bey der Wittib J. B. Kleber, ... 1785. |
3 S., 4° (330 × 210 mm).

[Wappen F. u. F.] | Erklärung | Des Kaysers, | Anlangend den Gerichtszwang der Mi-|litaren, so Glieder sind der Landständen einer | oder anderer der Niederländischen Provinzen. | Vom 3ten Septembris 1785. | ... (Am Ende:) Lützemburg, | Bey der Wittib J. B. Kleber, ... 1785. |
3 S., 4° (330 × 210 mm).

[Wappen F. u. F.] | Erklärung | Des Kaysers und Königs, | Vom 3ten Octobris 1785. | Anlangend das Wegziehen außer der Provinz | Lutzemburg. | ... (Am Ende:) Lützemburg, | Bey der Wittib J. B. Kleber, ... 1785. |
11 S., 4° (315 × 190 mm).

[Wappen F. u. F.] | Erklärung | Des Kaysers, | Vom 13ten May 1786. | Anlangend den Erlaß der Ausrufe oder der | Abkündigungen der Heyrathen. | ... (Am Ende:) Lützemburg, | Bey der Wittib J. B. Kleber, ... 1786. |
2 S., 4° (330 × 210 mm).

[Wappen F. u. F.] | Erklärung | Des Kaysers, | Vom 13ten May 1786. | Anlangend jene Unterthanen Seiner Majestät, so | sich außer dem Lande heyrathen gehen, um die | Gesetze, so sich auf die Heyrathen beziehen, | kraftlos zu machen. | ... (Am Ende:) Lützemburg, | Bey der Wittib J. B. Kleber, ... 1786. |
2 S., 4° (330 × 210 mm).

[Wappen F. u. F.] | Erklärung | des Kaysers, | Vom 15ten May 1786. | Ueber das am 9ten Jenner des namlichen | Jahrs erlassenes Edict in Betref der Freymaurer. | ... (Am Ende:) Lützemburg, | Bey der Wittib J. B. Kleber, ... 1786. |
3 S., 4° (330 × 210 mm).

[Wappen F. u. F.] | Erklärung | Des Kaysers, | Um den Kupfer-Stück von einem Stü-|ber in der Provinz Lutzemburg Lauf | zu geben. | ... Gegeben zu Brüssel den 31ten Heu-|monat 1786. ... (Am Ende:) Lützemburg, | Bey der Wittib J. B. Kleber, ... 1786. |
2 S., 4° (330 × 210 mm).

[Wappen F. u. K.] | Erklärung | Des Kaysers, | Belangend die Montirung, Montirungs-Gattungen, Pferd | und Gewehr, so Unter-Officiere und Soldaten verkaufen, | vertauschen, versetzen, oder sonsten veraussern wollten. | Vom 24ten Martii 1787. | ... (Am Ende:) Lutzemburg, | Bey der Wittib J.B. Kleber, ... 1787. |
2 S., 4° (330 × 195 mm).

[Wappen F. u. F.] | Erklärung | Des Kaisers und Königs, | In Betreff der Aufhebung der Intendenzen. | Vom 28ten May 1787. | ... (Am Ende:) Lützemburg, | Bey der Wittib J. B. Kleber, ... 1787. |
2 S., 4° (330 × 195 mm).

[Wappen F. u. F.] | Erklärung | Des Kaysers und Königs, | Vom 25ten Heumonat 1787. | Inhaltend Verbot Schmah-Schriften zu machen, auszutheilen, herumzutragen und zu drucken. | ... (Am Ende:) Lützemburg, | Bey der Wittib J. B. Kleber, ... 1787. |
2 S., 4° (320 × 200 mm).

[Wappen F. u. F.] | Erklärung des Kaysers, | Vom 27ten Herbstmonat 1787. | Ueber die Ausführung der Fruchten aus | dem Lande. | ... (Am Ende:) Lutzemburg, | Bey der Wittib J. B. Kleber, ... 1796. |
2 S., 4° (325 × 195 mm).

[Wappen F. u. F.] | Erklärung | des Kaisers und Königs, | Vom 17ten Christmonat 1787. | So die Verordnung vom 26ten Herbstmonat 1755. in Betref der Kundmachung der Edikten auf die Kanzel einschränkt. | ... (Am Ende:) Lützemburg, | Bey der Wittib J. B. Kleber, ... 1788. |
3 S., 4° (330 × 205 mm).

[Wappen F. u. K.] | Erklärung des Kaisers und Königs, | in Betreff der Edikten und Verordnungen, die am | 1ten April 1787. kundgemacht waren. | Vom 17ten Christmonat 1787. | ... (Am Ende:) Lützemburg, | Bey der Wittib J. B. Kleber, ... 1788. |
3 S., 4° (330 × 195 mm).

[Wappen F. u. F.] | Erklärung | Des Kaisers und Königs, | Anlangend die Ausführung ins Fremde der Früchten. | Mehl und anderer Lebens-Mitteln. | Vom 18ten März 1789. | ... (Am Ende:) Lützemburg, | Bey der Wittib J. B. Kleber, ... 1789. |
2 S., 4° (325 × 195 mm).

[Wappen F. u. F.] | Erklärung | Des Kaisers und Königs, | Sich beziehend auf das Edict, anlangend den Concurs | vom 15ten Brachmonat 1786. | Vom 27ten April 1789. | ... (betreffend die Pfründen) ... (Am Ende:) Lutzemburg, | Bey der Wittib J. B. Kleber, ... 1789. |
3 S., 4° (320 × 200 mm).

[Wappen F. u. K.] | Erklärung | Des Kaisers und Königs, | Sich beziehend auf die Verordnung vom | 16ten März 1789. für die Loskaufung der Zinsen, Ren-|ten und Gefällen, so in die Domanien geliefert | werden müssen. | Vom 6ten Erndte Monat 1789. | ... (Am Ende:) Lutzemburg, | Bey der Wittib J. B. Kleber, ... 1789. |
2 S., 4° (330 × 200 mm).

[Wappen F. u. F.] | Erklärung | Des Kaisers, | Enthaltend Verlängerung bis auf den ersten April | des künftigen Jahrs die Ecker-Mast zu genießen in | allen Büschen überhaupt dieser Provinz. | Vom 22ten Wintermonat 1789. | ... (Am Ende:) Lutzemburg, | Bey der Wittib J. B. Kleber, ... 1789. |
2 S., 4° (320 × 195 mm).

[Wappen F. u. F.] | Erklärung | Des Kaisers und Konigs, | Inhaltend Verbot an die Pfarrherrn der Provinz | Lutzemburg den Zehend des Heu, der Früchten und anderer Gewächs in jenen Orten, so nach der Verordnung | vom 24ten Herbst Monat 1770. eingeschlossen worden | sind, ganz allein zu heben. | Vom 26ten Octobris 1790. | ... (Am Ende:) Lutzemburg, | Bey der Wittib J. B. Kleber, ... 1790. |
2 S., 4° (330 × 195 mm).

[Wappen F. u. F.] | Erklärung | des Kaisers und Königs, | Vom 19ten März 1791. | Anlangend den in dem Haag am 10ten Christ-|Monat 1790. getroffenen Vertrag, und die darauf | erfolgte Genehmigung Seiner Majestät. | ... (Am Ende:) Lutzemburg, | Bey der Wittib J. B. Kleber, ... 1791. |
14 S., 4° (340 × 200 mm).

Erklärung d. zweiten Kammer d. Badischen Stände üb. d. neuesten Bundestagsbeschlüsse d. Preßfreiheit betreff. (A. d. „Landtagsblatt" abgedr.) gr. 8. (3 B.) Karlsruhe 831, Groos.

(**Erklärung** der Kanal-Arbeiter gegen die Agitatoren.) Bürger Berlins! Es hat sich das Gerücht verbreitet — Die Arbeiter am Schiffahrts-Kanal von Berlin nach Spandau. Druck von Harth u. Schulze. 1 Bl. Fol.
Flugblatt. Berlin. 26. April 1848.

Erklärung des Kanzlers der k. k. Universität zu Wien über die Bitte der protest.-theolog. Facultät um Einverleibung in die genannte Hochschule ... Wien 1863. V: *Kutschker, Johann.* (EB)

Erklärung des XI. Capitels des Briefes Pauli an die Römer. Mitau 1747. V: *Scheunevogel (v. Scheinvogel), David.* (R-N)

Erklärung des 7ten Kap. des Propheten Daniel. Cassel 1704. V: *Caul, Johann Heinrich.* (Adel)

Erklärung d. erzbischöflichen Capitelsvicariats, den Gesetzentwurf üb. die Aufbesserung gering besoldeter Kirchendiener aus Staatsmitteln betr. gr. 8. (24 S.) Freiburg i/Br. 876. Herder. n. — 25

Erklärung der Loge Carl zum neuen Lichte im Or. zu Alzey, die von der Hochw. Grossen Mutterloge des Eklektischen Freimaurerbundes entworfene Erläuterung des Princips der eklektischen Freimaurerei, sowie den Zwiespalt mit der Loge Carl zum aufgehenden Lichte im Or. zu Frankfurt a. M. betreffend. (Ms. f. Brr.) [Alzey 1844.] 38 S. 8° [Umschlagtit.]
Tt. 434. 25.

(F) Erklärung des vom österreichischen Gesammtepiskopate approbierten Kleinen Katechismus der katholischen Religion. Herausgegeben von Leonhard Wiedemayr. Mit kirchlicher Approbation. 2. Auflage. Innsbruck. 1900. Rauch. 8°. 427 S. K 2.40

—— des kleinen Katechismus Luthers, zum öffentl. Gebrauche hrsg. von einem ehrwürd. Ministerio der freien Stadt Lübeck. 8. (128 S.) Lübeck 864, (Dittmer'sche Buchh.) geb. *

— nützl. Kenntnisse von verschied. merkwürd. Lehrgegenständen in Beziehung auf d. neue Bilderbuch ꝛc. 2 Thle. gr. 8. Wien 802. Heubner. 1 ₰ 12 ℊ

Erklärung der im 20sten Stück gelehrter Beyträge ... aufgegebenen Wörter: Kesernage, Schlosses-Kerken und Blieden. [Riga 1790.] V: *Schwartz, Joh. Chph.* (MGT)

Erklärung, Johann Daniel Köhler's

Erklärung, J. D. K., acht kleiner Schau-Münzen ... O. O. ca 1730. V: *Koeler, Johann David.* (Feuerlin, Bibl. symbol. Gott. 1752.)

—— der stader Conferenz lutherischer Pastoren auf die Denkschrift der theolog. Fakultät zu Göttingen. Nebst der ursprüngl. Eingabe an das Konsistorium.] gr. 8. (11 S.) Hannover 851, Hahn'sche Hofbuchh.

Erklärung über den [illegible] der [illegible] und der Volksvertretung. An das [illegible] Volk! Deutsche! In ernster Stunde für unser Vaterland spreche ich zu Euch — Der [illegible]: [illegible] Johann. Frankfurt a. M. Druck von C. Krebs u. Schmidt. 1 Bl. Fol.
Flugblatt. Berlin. 21. Nov. 1848.

Erklarung des Wiener Kongresses die Schweizerischen Angelegenheiten betreffend. (Wien, am 20. Marz 1815.) Aus dem Französischen übersetzt. 4. *o. O.*

Erklarung des Wiener Congresses (die Schweizer-Angelegenheiten betreffend). Wien den 20. Merz 1815 – Déclaration du Congrès de Vienne.... Vienne le 20. Mars 1815). (SA.) 8. (St. Gallen 1815.)

[Wappen [illegible]] Erklärung [illegible], Anlass und die Verfahr des Hopfen, des Heu, [illegible] Vom 9ten Heumonat 1790. [illegible] (Am Ende:) [illegible] J. G. Kleber, ... 1790. | 3 S., 4° (339 × 210 mm).

Erklärung des Königs von Preussen an die Reichs-Mitstände in Betreff des am 5. April 1795 mit der Französ. Republik geschlossenen Friedens-Tractactes. (14.) 4. Berlin (1795). 1,00.

Erklärung, Koeniglich-Preussische und Chur Brandenburgische Schliessliche, gemäßigte Protestation, und Reservation zu denen Chur- und fürstlichen Protocollis bei der Reichsversammlung zu Regensburg in der Ostfriesischen Sache abgegeben und zu dem Ständischen communiciret den 6. Julii 1753. H: *Pollmann, Adam Heinrich.* (Preußische Staatsschriften. II. Berlin 1885. 412.)

Erklärung der helvetischen Konstitution in Fragen und Antworten. 8. Luzern 1798.
[1. Aufl.:] Aus dem Französischen frey übersetzt.
2. Aufl. [Mit] Anhang.)

Erklärung des in dem Zuchthause ... angestellten Kontrolleurs auf den Abdruck seines ... erstatteten Berichts ... Nürnberg 1800. V: *Seyfried, Paul Siegm.* (will) (MGT)

Erklärung der Kriegsartikel, nebst Beispielen und einem Anhang über Beschwerden und Gesuche. Die Militär-Gerichtsbarkeit. Zur Benutzung bei Instruction der Soldaten. Von M. v. A. 8. (36 S.) Rathenow 887, Babenzien. *

Erklärung des Kriegs-Ministers und Minister-Präsidenten v. Pfuel auf die Interpellation des Abgeordneten Bar. Gedruckt bei Mocier und Kühn. 1 Bl. Fol.
Flugblatt. Berlin, 23. Sept. 1848.

— kritische, d. Lehre von dem durch den Tod Jesu Gott dargebrachten Opfer ꝛc. 8. Frankf. u. Leipz. 796. (Meyer in Lemgo). 10 ℊ

Erklärung der Krystall-Modellen-Sammlung. Zu haben bei Franz Joseph Kaiser, Inhaber einer artistisch-lithographischen Anstalt in Gratz. 4. (4 Blätt.) Gedruckt bei A. Leykam's Erben. 1855.

Erklärung aller Kunstwörter und Redensarten bey Bergwerk- und Hüttenarbeiten. Helmstädt 1802. 8. Fleckeisen

Erklärung sämmtlicher Kunstwörter des Forst- und Jagdwesens, Kurzgefasste nebst einem Beitrage über die bekanntesten wilden Baumgattungen. Leipzi 1818. 8.

d. Kupfertafeln zur ersten u. zweiten Nahrung, oder Lesebuch fur Kinder. 8. Leipz. 801. Leo. (Zur 1n 16 ℊ zur 2n 20 ℊ) 1 ₰ 12 ℊ

Erklärung der Kupfertafeln zur ersten Nahrung für den keimenden Verstand ... Leip. 1802. V: *Seidel, Carl Aug. Glieb.* (StAt)

der Course u. Zinsberechnungen auf Werthpapiere im Anschluß an e. Reihe von Tabellen, mit deren Hilfe sich Jedermann Aufklärung über die verschiedenen bei uns heimischen Werthpapiere verschaffen u. jede Zinsberechnung selbst machen oder controliren kann. München 868. Franz. gr. 8. (36 S.) 10 ngr.

Erklärung, Kurze, über Hrn. D. Semlers Antwort auf das Bahrdtsche Glaubensbekenntniß. Berlin 1779. V: *Bahrdt, Carl Friedrich.* (Erman & Horn, Bibliogr. d. dtsch. Universitäten. 2. Leipz. u. Berl. 1904.)

„Kurze Erklärung" für die Brüder der Loge „Licht, Liebe, Leben" zu Erlangen. [Erlangen 1865: Jacob.] 4 S. 8° [Kopftit.]
Tt. 1112. Enth. die von J. Leutbecher entworfene Verfassung der Loge. 439.

Erklärung, Kurze und einfältige, des Catechismi Lutheri der Koblinischen Gemeine in Gross-Pohlen. Lissa 1719. V: *Rost, Johann Chph.* (Myl)

Erklärung, Kurze, der Evangelien und Epistelr. Prag 1796. V: *Eichler, Andreas Chrysogen.* (MGT) (GGr) (Ky) (NN)

— kurze u. faßliche, d. Offenbarung des Johannes. 8. Stuttg. 827. Löflund. 4 gr.

Erklärung, Kurze, der zehen Gebote, zur Erkänntnus der Sünden für die Jugend . . . O. O. u. J. V: *Feuerlein, Joh. Conr.* (Bibliotheca Norica Williana. Altdorf 1772—78. I, 3, 162.)

Erklärung, Kurze, des kleinen, Katechismi Lutheri. Bremen 1782. V: *Vogt Johann Christoph.* (MGT)

—— kurze, des kleinen Katechismus Dr. Martin Luthers, mit beigefügten Bibelstellen zum Gebrauche in Familien, für Confirmanden-Unterricht, Katechisation rc. 16. (148 S.) Sumnytown 854. (Philadelphia, Schäfer und Koradi.) *

Erklärung, Kurze, des Catechismus Lutheri . . . [Giessen 1792.] V: *Ouvrier, Ludwig Benjamin.* (stri)

— kurze, der lapidis benedicti, Ober- u. Nieder-Wasserberg. 8. ... 769. ...

Erklärung, Kurze, der Lutherischen Lehre von der wahren Gegenwart des Leibes und Blutes Christi im heiligen Abendmahl . . . O. O. 1724. V: *Schlesner Laurenz David.* (Myl)

— kurze und letzte, einiger reform. Prediger üb. die sogen. ausführl. Beurtheilung einiger kl. Schriften derselben. 8. Bremen, Müller. 804.

Erklärung, kurze, d. heil. Meßopfers. 12. Wien 773. Trattner. 2 gr.

—— kurze, d. Reformen in d. kathol. Kirche, so wie sie gewünscht u. bezweckt werden, v. e. Verein kathol. Geistlicher in d. Diözese Trier. Von e. kathol. Pfarrer am Niederrhein. gr. 8. (1 B.) Köln 831, DüMont-Schauberg. Thlr.
Vgl. Reformen.

Erklärung, Kurtze und schrifftmässige, auf Christopholi Wohlgemuths Rettung der Unsündhafftigkeit der menschlichen Natur Christi zu einem Anhang der vorherigen de A. 1734 edirten Erläuterung von den nothwendigen guten Wercken des Glaubens zur Seeligkeit und andern geistlichen Materien . . . Franckfurt und Leipzig 1736. V: *Fende, Christian.* (StBFrankf I, 99 f.)

—— kurze, über das kleine himmelblaue Scapulier zu Ehren der allerseligsten unbefleckten Jungfrau Maria, das von den Regular-Clerikern der Teatiner-Congregation geweiht wird, sammt einem Verzeichniß der Ablässe. (Getreue Uebersetzung des röm. Textes.) 16. (32 S.) Mainz 862, Kirchheim. *

Erklärung, Kurze, dunkler Stellen, Wörter und Redensarten des Neuen Testaments . . . Giessen u. Hadamar 1790—94. V: *Schmidt, Carl Christian Ludwig.* (Ky) (MGT) »1790—92« (Winer)

— kurze, dunkler Stellen u. Redensarten d. neuen Testaments. (v. K. Chr. Ldw. Schmidt). 5 Stücke. (A. u. d. T.: Erklär. d. N. Test. nach Luthers Bibelübersetzung. 1s Bdchen). 8. Frankf. 791—93. Gebhardt u. K. 19 gr. Fortsetz. oder 2r Bd, 1s u. 2s Stck. 8. Gießen 793 u. 94. Heyer. 8 gr.

Kurze Erklärung der Hufelandschen Theorie über die Kunst das menschliche Leben zu verlängern, sammt einer Anweisung zur Ausübung dieser Kunst. Von einem Wienerarzte. 167 S., gbd.

Leipzig: 1799

JB 2.947

—— kurze, des Trente-et-quarante und Roulette-Spieles. 32. (24 S. mit 1 Stnt. in qu. 4.) Bad Ems 865, Fahdt.

Erklärung, Kurze, aber hinlänglich vollständige, des Neuen Testaments . . . Giessen 1790—94. V: *Schmidt, Carl Christian Ludwig.* (MGT) »Frankfurt 1791-93« (Ky)

—— kurze, d. Ziffern-Tonschrift, mit Bezieh. auf d. „Melodien d. Straßburger Choralbuchs in Ziffernschrift, f. 2 od. 3 Stimmen." Nebst Winken z. zweckmäß. Gebr. d. Ziffern-Methode. qu. gr. 16. (1 B. u. 2 Stndr.) Straßburg 832, Levrault.
Vgl. Melodien.

Erklärung, Kurzgefasste, der liturgischen Bestandtheile des heiligen Messopfers . . . zusammengestellt von einem katholischen Priester. Innsbruck 1847. V: *Tuzer, Alois.* (margr)

Erklärung, kurzgefaßte, der litürg. Bestandtheile des heil. Meßopfers. Zur Belehrung und Erbauung nach den bewährt. Auctoren auszugsweise zusammengestellt von einem kathol. Priester. 8. (VIII und 130 S.) Innsbruck 847, Wagner'sche Buchh.

Erklärung, kurz gefasste — des grossen Himmels-Globus, welcher zur geneigten Ansicht ausgestellt ist. *Prag* 1858. *Fr. Rohlíček.* 13 S. 8°.

— kurzgefaßte, sämmtl. Kunstwörter des Jagd- u. Forstwesens, nebst e. Beitrag über d. bekanntesten wilden Baumgattungen. 8. Leipz. 818. Köhler. 12 gr.

— d. Landesfreyheit in Ober- und Niederbayern. 8. München, Scherer. 800.

[**Erklärung** der Landesversammlung in Rendsburg.] o. O. (1864.) 2 Bl. 8°.

Erklärung der Wunderseltzamen Land-Charten Utopiä . . . Arbeitshausen [Nürnberg] 1730. V: *Schnebelin.* (WA) (Wr)

Erklärung der vereinigten Landwehrmänner Berlins über ihre Stellung zur Bürgerwehr. Druck von E. Litfaß. 1 Bl. Fol.
Flugblatt. Berlin, 15. Juni 1848.

Erklärung der im Landwehr-Zeughause versammelt gewesenen Landwehrmänner. — Die erwählten abgeordneten Landwehrmänner. Druck von E. Litfaß. 1 Bl. Fol.
Flugblatt. Berlin, 29. Mai 1848.

•Erklärung der in Deutschland tätigen außerdeutschen Lebensversicherungs-Gesellschaften, von der New-Yorker Germania überreicht. Berlin, Dez. 1900.

Erklärung des allgemeinen deutschen Lehnrechts nach Böhmer's principiis juris feudalis ... Wien 1793. V: *Dolliner, Thomas.* (Stur) (NNJ) (EngJ) (WBL) (MGT) »*Chymani, Frz* [?]« (EB)

— des allgem. deutschen Lehenrechts, nach Böhmer. (v. Th. Dolliner). gr. 8. Wien 793. Kaiserer. 1 ℛ

Erklärung des Lehenrechtes, besonders des Longobardischen, welches in Deutschland angenommen ist. Nach Böhmers Principien und dem Geiste der öffentlichen Vorlesungen an der Wiener hohen Schule. Wien 1794. V: *Chymani, Franz.* (KGBerlin I 618) Vgl. II 1590.

Erklärung des Lehenrechtes, besonders des Longobardischen, welches in Deutschland angenommen ist ... Wien 1794. V: *Dolliner, Thom.* (WFM)

— lehrreiche, d. öffentl. Andachtsübungen, Gebräuche rc. 8. Padamar 804. (Lanz in Weilb.) 9 gr

ERKLAERUNG. – der Lehrsätze über das Naturrecht des Freyherrn von Martini. Von dem Herausgeber der Scheidleinschen Vorlesungen. Auf Kosten des Herausgebers, Wien 1787.

Erklärung, leichtfaßliche, der Kriegs-Artikel für die Unterofficiere und Soldaten der Königl. Preuß. Armee, mit Hinzufügung der Disciplinarstrafen und des Militair-Gerichtsverfahrens. Zum Gebrauch für die Instructionsstunde bearb. von v. D. Potsdam 860. Schlesier in Comm. 12. (36 S.) n. 4 ngr.

Erklärung und Verdeutlichung, leichtfaßliche, der Sonnenfinsterniß am 28. Juli 1851. Mit einer Abbildung der Sonnenscheibe, wie dieselbe zur Zeit der größten Verfinsterung in Mecklenburg erscheinen wird. 2. Aufl. 8. (16 S.) Schwerin 851, [Hildebrand.] Thlr. *

— d. Logik, Metaphysik u. prakt. Philosophie, nach Feder. 3 Thle. gr. 8. Wien 793 u. 94. v. Mösle. (2 Stcke 2 ℛ) Schaumburg. 3 ℛ 8 gr

Erklärung ... M a j e s t ä t ...
Weitere Ordnung chronologisch

Erklärung, so Ihro Königl. Majestät in Pohlen u. Churfürstl. Durchl. zu Sachsen am 19. Sept. 1756 bey Dero im Lager bey Pirna stehenden Armée haben publiciren lassen. 4. (2 Bl.)

[Wappen F. u. K.] | Ihro Verwittibten Kayserlichen auch | Königlichen Apostolischen | Majestät, | In Hungarn und Böhmen | Präsident und Räthe ... (Erklärung über die Verordnung betreffend die Erbschaften, die an preußische Untertanen fallen) ... Lutzemburg den 20ten Aprilis | 1774. ... (Am Ende:) Lutzemburg, | Bey der Wittib J. B. Kleber, ... 1774. |
3 S., 4° (330 x 205 mm).

[Wappen F. u. K.] | Ihro Verwittibten Kayserlichen auch | Königlichen Majestät | Erklärung | Vom 9ten Novembris 1774. | Betreffend die zur Lehn gegebene oder andere durch | die Weltliche besessene und durch selbe vor dem im Jahr | 1179. gehaltenen Lateranischen Kirchen-Rath an sich | gebrachte Zehende. ... (Am Ende:) Lutzemburg, | Bey der Wittib J. B. Kleber, ... 1774. |
3 S., 4° (315 x 185 mm).

[Wappen F. u. K.] | Ihro Verwittibten Kayserlichen auch Königlichen | Majestät Erklärung | Vom 2ten Septembris 1775. über den Weltlichen Stande | der vormahligen Jesuiten. | ... (Am Ende:) Lutzemburg, | Bey der Wittib J. B. Kleber, ... 1775. |
4 S., 4° (330 x 200 mm).

Erklärung, Seiner königlichen Majestät von Preussen und churfürstl. Durchl. zu Brandenburg, an Ihre hohe Mitstände des Teutschen Reichs über die Bairische Successionsangelegenheit ... O. O. 1778. V: *Herzberg, Ew. Frdr. von.* (Pütter, Litt. d. Teutschen Staatsrechts. Gött. 1773—91. II, 210 f.)

Sr. Königl. Majestät von Preussen und Churfürstl. Durchl. zu Brandenburg Erklärung an Ihre Hohe Mit-Stände des teutschen Reichs über die Bayerische Successions-Angelegenheit und über die Ursachen, welche Höchstdieselbe nöthigen, sich der widerrechtlichen Trennung des Herzogthums Bayern zu widersetzen. Nebst Beylagen und Beweisschriften, so wie sie am 17ten Junius 1778 von der K. Preuss. Chur-Brandenburg. Comitial-Gesandtschaft zu Regensburg bey einer allgemeinen Raths-Zusammenkunft, öffentlich verlesen und mitgetheilet worden. (36 S. Beylagen, 81 S. — Nachtrag 4 S.) Berlin 1778. 4.
— Dasselbe. (38 S. ohne Beilagen.)

[Wappen F. u. F.] | Erklärung, | so Ihro Majestät erlassen | haben über die Appellations Sachen | in der Provinz Lutzemburg. | ... Gegeben zu Brüssel unter Ihro Majestät Ge-|heimen Insiegel den 25ten Octobris 1780. ... (Am Ende:) Lutzemburg, | Bey der Wittib J. B. Kleber, ... 1780. |
6 S., 4° (330 x 210 mm).

[Wappen F. u. K.] | Erklärung | Seiner Majestät | Ueber die Misbräuch auf dem Land und über die Jahr-|Gedinge in der Provinz Lutzemburg. | ... Gegeben zu Brüssel ... | den 9ten März 1782. ... (Am Ende:) Lutzemburg, | Bey der Wittib J. B. Kleber, ... 1782. |
3 S., 4° (335 x 210 mm).

[Wappen F. u. F.] | Erklärung | Seiner Majestät, | Inhaltend besondere Strafen für die Uebertre-|tungen so die Gemeinden gegen die Büsch-Ordnungen | in dem Umhauen ihrer Gemeinen Wälder begehen. | ... Gegeben zu | Brüssel unter dem geheimen Insiegel Seiner Majestät den 13ten Jen-|ner 1783. ... (Am Ende:) Lutzemburg, | Bey der Wittib Joannis Baptistae Kleber, ... 1783. |
3 S., 4° (335 x 200 mm).

[Wappen F. u. K.] | Erklärung | Seiner Majestät | Vom 25ten Octobris 1783. | Anlangend die Abschaffung des | Uebertrifts. | ... (Am Ende:) Lützemburg, | Bey der Wittib J. B. Kleber, ... 1783. |
3 S., 4° (335 x 205 mm).

[Wappen F. u. K.] | Erklärung | Seiner Majestät des Kaysers und Königs, | Vom 9ten Februar 1784. | Durch welche allen, in einige Zunft aufgenommenen Meistern völlige Freyheit gestattet wird so viel | Arbeiter aufzusetzen als sie rathsam finden. | ... (Am Ende:) Lützemburg, | Bey der Wittib Joannis Baptistae Kleber ... 1784. |
2 S., 4° (335 x 210 mm).

[Wappen F. u. F.] | Erklärung | Seiner Majestät, | Vom 18ten Augusti 1784. | Als Zusatz des Edict vom 12. Februar | 1739. in Betref der satyrischen, verleumderi-|schen und aufrührischen Bücher und Schriften. | ... (Am Ende:) Lützemburg, | Bey der Wittib J. B. Kleber, ... 1784. |
6 S., 4° (330 x 210 mm).

[Wappen F. u. K.] | Erklärung | Seiner Majestät, | Vom 13ten Novembris 1784. | Ueber die Stück von Kupfer im Werth eines | Stübers. | ... (Am Ende:) Lützemburg, | Bey der Wittib J. B. Kleber, ... 1784. |
2 S., 4° (330 x 210 mm).

[Wappen F. u. F.] | Erklärung | Seiner Majestät, | Vom 10ten Februar 1785. | Anlangend die Apostolische Notarien und Proto | Notarien. | ... (Am Ende:) Lützemburg, | Bey der Wittib J. B. Kleber, ... 1785. |
2 S., 4° (320 x 210 mm).

[Wappen F. u. K.] | Erklärung | Seiner Majestät, | Vom 3ten Decembris 1785. | Anlangend die zu seiner Ein- und Ausführungs | Rechten seiner Mauten und seiner Domanien überhaupt | Bestellte, eben so wohl als jene der laufenden Gefällen | des wieder abgetretenen Landes. | ... (Am Ende:) Lützemburg, | Bey der Wittib J. B. Kleber, ... 1786. |
2 S., 4° (330 x 210 mm).

[Wappen F. u. F.] | Erklärung Seiner Majestät | des Kaisers und Königs, | Haltend in Aufschub jene Verordnungen, vermög welcher | erfordert ist, daß man in der Universität Löwen sich | zum Licentiaten annehmen lassen, vom 19ten März 1791. | ... (Am Ende:) Lutzemburg, | Bey der Wittib J. B. Kleber, ... 1791. |
2 S., 4° (340 x 200 mm).

[Wappen F. u. F.] | Erklärung Seiner Majestät | des Kaisers und Königs, | Betreffend die den Obergerichts-Höfen in dem Erledigungs | Fall einiger Stelle gestattete Vorstellungen, wie auch daß | die Gerichts-Glieder der nämlichen Höfen ihrer Stellen | nicht können entsetzt werden, vom 19ten März 1791. | ... (Am Ende:) Lutzemburg, | Bey der Wittib J. B. Kleber, ... 1791. |
2 S., 4° (340 x 200 mm).

[Wappen F. u. F.] | Erklärung Seiner Majestät | des Kaisers und Königs, | Anlangend die Wiedereinsetzung der Universität zu Löwen in | ihr Recht der Benennung vom 19ten März 1791. | ... (Am Ende:) Lutzemburg, | Bey der Wittib J. B. Kleber, ... 1791. |
2 S. (davon die 2. Seite irrtümlich als 8 beziffert), 4° (340 × 200 mm).

[Wappen F. u. K.] | Erklärung Seiner Majestät | des Kaisers und Königs, | Bestimmend die Frist innerhalb welcher all Re-|visions Urtheil zu sprechen ist. | Vom 14ten May 1791. | ... (Am Ende:) Lutzemburg, | Bey der Wittib J. B. Kleber, ... 1791. |
2 S., 4° (340 × 200 mm).

[Wappen F. u. K.] | Erklärung Seiner Majestät | des Kaisers und Königs, | In Betref der Ausführ der Früchten. | Vom 16ten May 1791. | ... (Am Ende:) Lutzemburg, | Bey der Wittib J. B. Kleber, ... 1791. |
2 S., 4° (340 × 200 mm).

[Wappen F. u. F.] | Erklärung | Seiner Majestät | des Kaisers und Königs, | Betreffend die Französischen Ausgewanderten. | Vom 23ten Weinmonat 1792. | ... (Am Ende:) Lutzemburg, | Bey der Wittib J. B. Kleber, ... 1792. |
3 S., 4° (340 × 205 mm).

[Wappen F. u. F.] | Erklärung | Seiner Majestät, | Gestattend Pardon jenen seiner Unterthanen, so | in dem Corpo der Bethunisten Dienst genommen haben. | Vom 13ten May 1793. | ... (Am Ende:) Lutzemburg, | Bey der Wittib J. B. Kleber, ... 1793. |
2 S., 4° (320 × 210 mm).

[Wappen F. u. K.] | Erklärung | Seiner Majestät des Kaisers und | Königs, | Anlangend die Wiedereinsetzung der Universität zu Löwen | und der Philosophischen Facultät in ihre Rechten der | Benennung. | Vom 3ten Weinmonat 1793. | ... (Am Ende:) Lutzemburg, | Bey der Wittib J. B. Kleber, ... 1793. |
2 S., 4° (340 × 205 mm).

[Wappen F. u. F.] | Erklärung Seiner Majestät | des Kaisers und Königs, | Anlangend die Abschaffung der Erklärung vom 19ten März | 1791. inhaltend Aufschub der Verordnungen, nach wel-|chen die Graden des Rechts, der Medecin und der Philosophie in der Universität zu Löwen genommen wer-|den müssen. | Vom 14ten Weinmonat 1793. | ... (Am Ende:) Lutzemburg, | Bey der Wittib J. B. Kleber, ... 1793. |
2 S., 4° (340 × 200 mm).

[Wappen F. u. K.] | Erklärung | Seiner Majestät | Des Kaisers und Königs, | So jene vom 26ten Wintermonat 1781. | auf mehrere Fälle erstreckt. | Vom 29ten May 1794. | ... (Am Ende:) Lutzemburg, | Bey der Wittib J. B. Kleber, ... 1794. |
2 S., 4° (330 × 200 mm).

Erklär. Sr. K. Maj. v. Preussen an Ihro Höchste u. Hohe Reichsmitstände in Betreff des am 5. April 1795 m. d. franz. Republ. geschl. Friedenstractats. *Berlin.* **795. 4.**

Erklärung im Namen Sr. königl. Maj. von Preussen der allgemeinen Reichsversammlung mitgetheilt ... O. O. 1795. V: ***Müller, Johann von.*** (MGT)

Erklär. im Namen Sr. K. Maj. v. Preussen der allgem. Ständeversamml. mitgeth. in Betreff des zu Basel im April geschl. Friedens. Mit ein. Anmerkk. *Germanien.* 795. gr. 8.

Erklärung der wichtigsten und nothwendigsten Materien aus den Institutionen und Pandekten ... Wien 1791. V: *Sonnleithner, Frz Xaver.* (Ky) (MGT) »1781« (WBL)

— d. wichtigsten u. nothwendigsten Materien aus d. Institutionen u. Pandekten; zum Gebrauch d. Gerichtshöfe Deutschlands, (v. F. X. Sonnleithner). 1r Thl. gr. 8. Wien 791.

Erklärung des Reichsraths v. *Maurer* zu dem Protokolle der 5. Sitzung der Kammer der Reichsräthe vom 17. Febr. 1849. 8°. Cart.
Aussch. aus d. Verhandlgn. d. Kammer d. Reichsräthe. (Beil.-Bd. II. S. 87 bis 109.) 1 Bl. [illegible]

Erklärung einer, auf die vor funfzig Jahren vollzogene Vermählung Ihro Königl. Preussl. Majestäten entworfenen, aber nicht ausgeprägten Medaille. Den 12. Junius 1783.

(Erklärung der grossen Mehrzahl der Gemeinden der Landschaft Basel [an ihre!]) Werthe Miteidgenossen! (Unterzeichnet den 29. Jenner 1831.) 4. *o. O.*

Erklärung des Schottischen Meisters oder Ritters des heiligen Andreas zur Distel. [Rudolstadt 1805.] V: *Schröder, Friedrich Ludwig.* (Tt)

—— der Menschenrechte. Ein Actenstück des demokrat. Congresses. 1 Bl. in gr. 4. Gera 819, (Illgens Erben.) *

Erklarung der Menschen- und Bürgerrechte.
4 pp. 8°. s. l. s. a.

—— der Merkmale der Liebe. Aus dem Französ. übers. 8. (228 S.) Trier 853, Lintz'sche Buchh.

—— der heil. Messe, wie d. Priester sie am Altare lies't. gr. 12. (2⅞ B.) Coblenz 832, Herat.

Erklärung (der Minister für Hochverräther.) 1. Nach den Beschlüssen der National-Versammlung. – Das 15. Bataillon der Bürgerwehr, die Urwähler, der Arbeiter-Verein. Vereins-Buchdruckerei. 1 Bl. Fol.
Flugblatt. Berlin, 13. Nov. 1848.

(**Erklärung** des Ministers des Innern über den Tumult in der Brüderstraße.) Mitbürger! In Folge des beklagenswerthen Ereignisses ... v. Bodelschwingh. Gedruckt bei W. Moeser und Kühn. 1 Bl. 8.
Flugblatt. Berlin, 15. März 1848.

Erklärung des Minister-Präsidenten General der Infanterie v. Pfuel auf die Interpellation des Abgeordneten v. Kirchmann. Gedruckt bei Moeser und Kühn. 1 Bl. Fol.
Flugblatt. Berlin, 22. Sept. 1848.

Erklärung der bimetallistischen Mitglieder der deutschen Silberkommission, s.: Arendt, Otto, wie Deutschland zur Goldwährung kam.

(**Erklärung** gegen die Mitglieder der Linken.) In unserer Vorversammlung — Joel Wolff Meyer u. a. Druck von Harth u. Schultze. 1 Bl. 4.
Flugblatt. Berlin, 15. Jan. 1849.

Erklärung, Montans zu Hinterbergen, des Edelsteins am Kometen ... Riga 1746. V: *Fischer, Johann Bernhard von.* (ML) (R-N)

—— des Ministers Grafen v. Münster üb. einige in d. Schmähschrift „Anklage d. Ministeriums Münster" ihm persönl. gemachte Vorwürfe, so wie üb. seinen Austritt aus d. Kgl. Hannöver. Staatsdienst. gr. 8. (2 B.) Hannover 831, Hahn.

— über eine, des Ministers Grafen v. Münster über einige in d. Schmähschrift „Anklage d. Ministeriums in Münster" ihm persönl. gemachten Vorwürfe ꝛc. gr. 8. Nürnb. 831, Schrag. 3¾

—— der üblichen Münzen, Gewichte und Maaße. 2 Bl. in 4. Wernigerode 851, (Halberstadt, Frantz.) **

Erklärung solcher Namen und Örtlichkeiten der Grafschaften Hoja und Dipholz, deren Abstammung sich nicht sofort aus dem Namen selbst ergibt, von einem Niedersachsen. Göttingen 1868. V: *Hinüber, von.* (Ky) (Loewe, Bibliographie der Hann. u. Braunschw. Geschichte. Posen 1908 S. 29.)

— solχer namen von örtern u. örtliχkeiten der grafsaften Hoja u. Dipholz, deren abstammung oder bedeutung siχ niχt sofort aus dem Namen selbst ergibt. Fon e. Niedersaχsen (fon Hinüber). Göttingen 868. (Deuerlich.) gr. 8. (29 S.) n. 5 *ngr.*

Erklärung, Natürliche, des **Traumes eines Arcadiers. Berlin 1866. V: *Kirsch, G. W.*** (schl)

Erklärung, Natürliche, des berühmten Traums eines Arcadiers . . . Hof 1795. V: *Kirsch von Kirschenstein, Georg Wilhelm.* (Ky) (Fiker) (Ebert)

— naturl., des berühmten Traums eines Arkadiers, (von G. W. Kirsch). 8. Hof 796. Grau. 6 gl

Erklärung, Neue, des höchst wichtigen Paulinischen Gegensatzes: »Buchstabe und Geist« . . . Jena 1799. V: *Böhme, Chn Frdr.* (Winer) (NN) (Ky)

— neue, des Paulinischen Gegensatzes Buchstabe u. Geist, (v. Chr. F. Böhme). gr. 8. Jena 799. Schmid. 1 gl

— neue pathologische, der Cholera und darauf gestützte Heilgrundsätze. (Von Fischer.) Bayreuth 854. Grau in Comm. gr. 8. (8 S.) n. 2 ngl

Erklärung, Neue, der Worte θεὸς ἦν ὁ λόγος Joh. I, 1. [Leipzig 1791.] V: *Justi, Leonh. Joh. Carl.* (stri)

— nöthige, über die Erbauungsgesellschaften in der evangel. Kirche. 8. Hamm 827, Schulz.

— nothwendige, der jüdischen Gemeinde zu Grünberg an ihre christl. Mitbürger. 8. Grünberg 844, Levysohn. n. 1/12 gl

Erklärung, Nothwendige, des Martinischen Grundrisses der Stadt Luzern vom Jahre 1597 . . . Luzern 1786. V: *Balthasar, Joseph Anton Felix von.* (EngG)

—— offene, auf die vom Oberkirchenrath Dr. Kliefoth veröffentlichte Abhandlung: Zwei politische Theologen. 8. (12 S.) Erlangen 865, Deichert.

—— offene, eines Laien gegen die Union, s. Kirche, evangel.-lutherische.

— offene, der wegen ihrer Weigerung der Anerkennung d. am 28. Juli 1873 f. den Regierungsbezirk Cassel eingesetzten Consistoriums f. vom Amt suspendirten od. d. Amtes entsetzt erklärten niederhess. Pfarrer u. Metropolitane. 4. (16 S.) Kassel 874. Jungklaus. n. — 30

Erklärung, Öffentliche, des Bischofs von Mainz in Betreff eines angeblich katholischen Glaubensbekenntnisses. Mainz 1852. V: *Ketteler, Wilhelm Emanuel Freih. von.* (StBFrankf I, 118)

Oeffentliche **Erklärung** der Deutschen Bundesversammlung nebst einem Abdruck der einschlagenden Actenstücke. Frankfurt a. M., Bundesdruckerei (B. Krebs). 1848. 31 S. 8°.

— öffentliche, d. Freunde protest. Kirchenerneuerung zu Offenbach a. M. nebst einigen derselben vorausgegang. Vorträgen, herausgeg. v. Lorenz Diefenbach. gr. 8. Offenbach a. M. 846, Heinemann. n. 4 ngl

Erklärung, öffentl., von sechs Candidaten E. H. E. Ministerii, in Veranlassung der von den Candidaten Schleiden u. Grapengießer herausgeg. Schriften. 8. Hamburg 840. Niemeyer. 1/12 gl

—— öffentliche, wegen der streitigen Lehren von der Kirche, dem Kirchenregiment und den Kirchenordnungen. Aus den Vorlagen und im Auftrage der diesjähr. General-Synode sämmtl. Gemeinden mitgetheilt von dem Ober-Kirchen-Collegium der evangel.-luther. Kirche in Preußen. gr. 8. (46 S.) Breslau 864, (Dülfer.) *

—— öffentliche, betr. die Looslösung der Kreuzgemeinde zu Hermannsburg vom Synodal-Ausschuß der Hannöver. Freikirche. 2. Aufl. 8. (16 S.) Celle 886. (Hannover und Celle, Schulbuchhandlung.) *

Oeffentliche **Erklärung** der Statthalterschaft der Herzogthümer Schleswig-Holstein. Delegirte des Königreichs Dänemark und der Herzogthümer sollen zusammentreten, um über einen Frieden zu berathen. Gottorff, den 12. Mai 1849. 2 Bl. 4°.

ERKLAERUNG. - der Pandekten nach dem Leitfaden des Heineccius und dem Geiste der öffentlichen Vorlesungen an der Wiener hohen Schule. Auf Kosten des Herausgebers, Wien 1792. 1 vol. 542 S. + 5 Bl.

Erklärung der Pandecten nach Heineccius. *Wien*, 796. 8. (1 Thl. 16 Gr.)

Erklärung des Panorama vom Gamskahrkogel bei Gastein. Salzburg 1844. V: *Thurwieser, Peter Carl.* (WBL)

Erklärung der Pfarrer der Kreissynode Dortmund in Betreff der Schwelmer Pfarrer-Wahlangelegenheit. Dortmund 1836. H: *Roos, Magnus Fr. & Johann Heinrich Christoph Nonne.* (zu)

—— der Pfarrer d. Kreissynode Dortmund in Betreff d. schwelmer Pfarrer-Wahl-Angelegenheit. (Eingesandt v. Roß u. Nonne.) 8. (1 1/4 B.) Dortmund 836, Krüger.

Erklärung und Antwort, Philo's endliche, auf verschiedene Anforderungen und Fragen, die an ihn ergangen . . . Hannover 1788. V: *Knigge, Adolph Frz Frdr. Ludw. Freih. v.* (ML) (SJL)

Erklärung der Loge Plato zur beständigen Einigkeit zu Wiesbaden zu den Berichten der Gesetzgebung-Kommission der Grossen Mutterloge des Eklektischen Freimaurer-Bundes [in Frankfurt a. M.] über den Entwurf der Achter-Commission des Grosslogentags betreffend Nachtrag zu dem Statut des deutschen Grosslogenbundes. Wiesbaden !892: Ritter. 8 S. 8° [Umschlagtit.]

—— praktische, des bayerischen Lotto's. Ein Handbüchlein für Lottospieler und Collecteure, zum Selbstunterrichte und zum Schutze gegen die aus der Unkenntniß mit seinen Eigenthümlichkeiten entspringenden Benachtheiligungen. Zugleich eine Erläuterung seines administrativen Betriebs und eine Beantwortung der Frage: „Soll das Lotto aufgehoben werden?" 8. (27 S.) Nürnberg 858, Zeh'sche Buchh.

— eines der protestant. Preisrichter und Laien zu einer zur Rechtfertigung der kathol.-theolog. Facultät zu Tübingen (bei Laupp 1842) zum Druck beförderten Schrift: „Drei Preispredigten über Galater 6, 7. 8." gr. 8. Tübingen 842, Fues. 1 3/4 ngl

— des österr. Provinzialrechtes, n. Scheidleins Vorles. 3 Thle. gr. 8. Wien, Gaßler. 805.

Erklärung des CX. Psalms. [Leipzig 1788.] V: *Hensler, Chn Ghilf.* (MGT)

—— an d. Publikum üb. d. Tendenz d. sich gebildet haben sollenden Vereins unt. d. Geistlichen. gr. 8. (3/4 B.) Hanau 831. (Trier, Montigny.)

Erklärung einiger Punkte der allerhöchsten Verordnung betreffend die Einschränkung der Ueppigkeit vom 20. Januar 1783. d. d. Glückstadt, 10. April 1783. Glückstadt. o. J. 4°.

(Erklärung gegen die Reaktionäre.) Mitbürger! Jene Parthei, deren Endzweck -- Der Verein des 7. 8. und 9. Bezirks. Druck von H. T. Hermann. 1 Bl. Fol
Flugblatt. Berlin, 31. Juli 1848.

Prorector und Senat der Friedrichs-Universität haben mit überwiegender Majorität beschlossen, folgende **Erklärung** zu veröffentlichen: ... [Am Ende:] Halle den 21. November 1848. Der Prorector der Königl. vereinten Friedrichs-Universität. Dr. Meier. 1 Bl. 4°
Betrifft 1. u. 2. das Recht der Krone zur Verlegung und Vertagung der Nationalversammlung, 3. das neue sog. Novemberministerium, 4. die Steuerverweigerung, 5. das Ansehen der Krone.
Die Erklärung war auch veröffentlicht in: Der Courier. Hallische Zeitung f. Stadt u. Land. Nr. 275 v. 23. Nov. 1848.

— d. Rechte d. Menschen u. Bürgers, in deutscher Sprache herausg. v. A. Andr. Meyer. 8. Straßb. 791.

Erklärung über die sogenannte Rechtfertigung der Prüfung des Rothfischerschen Sieges der Wahrheit ... Regensb. 1753. V: *Schäfer, Jac. Christian.* (BB) (ML)

Erklärung, Reformirte, über das Abendmahl. Giessen 1858. V: *Solms-Hohensolms-Lich, Fürst Ludwig zu.* (Hessische Biographien. Hgbn. von Herman Haupt. Darmstadt 1918. I, 388.) Vgl. V, 2987.

Erklärung, reformirte, über das Abendmahl. gr. 8. (24 S.) Gießen 858, Heyer's Universitäts-Buchh. *

—— der kurfürstlich hessischen Regierung, die kurhessische Verfassungs-Angelegenheit betreffend, abgegeben in der Bundesversammlung am 14. Novbr. 1861. gr. 8. (46 S.) Cassel 861, Trömner und Dietrich. **

- der Kurfürstlich Hessischen Regierung, die Kurhessische Verfassungs Angelegenheit betr., abgegeben in der Bundesversammlung am 14. November 1861. Cassel 862. Trömner & Dietrich. gr. 8. (46 S.) 5 ngr.

Erklärung der Repräsentanten der vereinigten Colonien in Nord-Amerika abgefaßt auf dem General-Congreß zu Philadelphia, enthalten die Ursachen und Bewegungsgründe zur Ergreifung der Waffen, nebst angehängten Kriegs-Reglement der vereinigten Truppen.
Nach dem Englischen Original in Philadelphia in das Teutsche übersetzt.
Frankfurt-Leipzig: Fleischer. 1775. 48 S. 8°.
Zentralbibliothek der deutschen Klassik Weimar
Dt. Ausg. d. Declaration of Taking Up Arms v. 6. Juli u. d. Articles of War v. 30. Juni 1775.
Frankfurt-Leipziger Meßkatalog, Ostermesse 1776, S. 23.
Palmer.

Erklärung über eine Recension vom Prof. Hegel, s. a. (Schubarth, K. E.)

Erklärung in Betreff der Recension des Hrn. Prof. Hegel. Berlin 1830. V: *Schubarth, Carl Ernst.* (Ky)

— in Betreff d. Recension des Hrn. Prof. Hegel in den letzten Nrn. d. Jahrbücher für wissenschaftl. Kritik vom vorig. Jahre. (Von K. E. Schubarth.) gr. 8. Berl. 830. Enslin'sche B. 3 gr

Erklärung, Richtige, in der heil. Schrift sowohl, als Erfahrung heiliger Menschen gegründete ... und dem schädlichen Missbrauche fleischlich gesinnter Menschen entgegen gesetzte, des VII. Capitels der Epistel Pauli an die Römer ... O. O. 1747. V: *Havighorst, Johann.* (ML)

Erklärung der Kurländisch-Piltenschen Ritterschaft über eine Stelle aus den Bemerkungen des Herrn von Sahlfeldt ... Mitau 1810. V: *Schlippenbach, Ulrich Heinrich Gustav Freih. v.* (Ky) (R-N)

(Erklärung gegen die Rückkehr des Prinzen.) Zweierlei A. Man hat gestern von den Ministern gefordert Ein Mitglied des constitutionellen Clubbs. Gedruckt bei A. W. Schade. 1 Bl. Fol.
Flugblatt. Berlin, 14. Mai 1848.

Erklärung eines antiken Sarkophags zu Trier ... Bonn 1850. V: *Braun, Johann Wilhelm Joseph.* (Ky)

—— eines antiken Sarkophags zu Trier (von J. W. J. Braun). Einladungs-Programm zu der am Geburtstage Winckelmann's, den 9. Decbr. 1850 stattfindenden Generalversammlung des Vereins von Alterthumsfreunden im Rheinlande. Hrsg. vom Vorstande des Vereins. gr. 4. (22 S. mit 1 Stnt.) Bonn 850, (Marcus.) *

— der vier Sätze von d. französ. Kirche, welche d. Senatusconsult v. 17. Hornung 1810 d. französ. Staate als Norm vorschreibt. 8. Wien 812. (Frankf., Hermann). 12 gr

Erklärung, Herrn Schlendrians obersten Richter zu Tropos, der tropofanischen Kriegsvorfälle. Wien 1788. V: *Huber, Franz Xaver (I).* (BGE[s] VII/180) (PK 3/309) (Karajan I/589) (Wieser 1/1075) (BiblPort)

Erklärung, Schliessliche, der ger.·. und vollk.·. St.·. Joh.·. Loge Johannes der Evangelist zur Eintracht im Or.·. von Darmstadt gegen die Hohe Directorial- und Grossloge des Eklektischen Bundes zu Frankfurt a. M. Ms. f. BBr.·. Darmstadt 1844 V:. *Lotheissen, Joh. Friedr.* (Wolfstieg II, 553)

Erklärung der heil. Schriften des Neuen Testaments ... Straubing u. Regensburg 1841—48. V: *Le Maistre de Sacy, Isaac Louis.* (Tb)

Erklärung, Schriftgemässe, des kleinen Katechismus M. Luthers. Dorpat 1827. V: *Henning, Carl Matth.* (Ky)

'Schriftmäßige Erklärung der Erscheinung Samuels nach seinem Tode. Nebst Anhang wahrhafter Geschichten von verschiedenen Geistern nach dem Tode. 2. Aufl. Prenzl. u. Leipz. 745—49. III Thle. 8.

Erklärung, Schrifftmäßige, Der wahrhafftigen Erscheinung Samuels nach seinem Tode, 1. Samuelis 28, v. 7—20 ... Nebst einem Anhange wahrhaftiger Geschichte von einigen erschienenen Geistern nach dem Tode,... Wozu noch einige Eröffnungen Von dem (!) himmlischen Wohnungen der seeligen Seelen, Und auch v. d. Zustande der Verdammten ... mitgetheilet werden. Gedruckt Anno 1744. 102 S. Kl.8°. Mod. Kart.

—— einiger Schriftstellen nach d. Zusammenhang, nämlich Röm. 9, 10 u. 11. — 1 Cor. 15. u. Jac. 5, 14—20 f. Schriftforscher. 8. ... M. Gladbach ..., [Schmachtenberg u. Comp.]

Erklärung der zu (*Ausg. B:* zur) Herstellung ihres Vaterlandes vereinigten Schweizer bey ihrem Wiedereintritt in die Schweiz. (Neu-Ravenspurg den 1ten Maymonat 1799. [Erlassen von Niclaus] Friedrich von Steiger ... im Namen aller vereinigten Schweizer.)
Mutmasslicher Verfasser: Carl Ludwig von Haller.
Ausg. A 4. *o. O. u. J. — Ausg. B* 8. Zürich 1799.

— d. z. Herstell. ihr. Vaterlandes vereinten Schweitzer ꝛc. 4. Würzburg, Rienner. 799.

Erklärung! (gegen den Magistrat. Sicherheits-Ausschuß.) Bei den beklagenswerthen Ereignissen am 16. October — Der Bürgerwehr-Club. Druck von Harth u. Schultze. 1 Bl. Fol.
Flugblatt. Berlin, 24. Okt. 1848.

Erklärung der sechs ersten Siegel in der Offenbahrung Johannis. O. O. 1745. V: *Kanfft, Johann Georg.* (ML)

— des Sinnes Jesu in d. ersten 2 Versen d. 10ten Kapitels Johannis. 8. Hamb. 782. (Campe). 2 gr.

— der großen Sonnenfinsterniß am 7ten September. Nebst illum. Abbild. 8. Leipzig, P. Vogel. 820.

([Erklärung] der verbündeten Souverains [an] die Schweitz. Freiburg im Breisgau, am 21. Dec. 1813.) 8. *o. O.*

Erklårung einer egyptischen Spitz-Såule, welche vor dem Lateran in Rom zu finden ist, und die Såule des heiligen Johannes genannt wird. Aus d. Ital. übers. Berlin: [Haude & Spener] 1768. 16 S. 8°
Abgedr. in: Frmr-Bibliothek. 3 (1786) S. 22 bis 26; 2. Aufl. 1793; Beweise, dass d. Afrik. Bauherrn sich auf Kenntnisse d. Alterthůmer legen. 1790 S. 46—51; D. entdeckte Orden d. afrik. Bauherrn-Loge. 1806 S. 46—51 der 2. Pag.
cf. Bremer, J. G.: D. symbol. Weisheit d. Aegypter. 1793 S. 187—190 (K. F. Köppen).

Erklärung der vornehmsten Teutschen Sprichwörter, nach ihrem Ursprung und wahren Verstande. Leipzig 1746. 8. 0,1
. —— 2. unveränd. Aufl. Ebda 1748. 8.

(**Erklärung** des Staats-Ministeriums.) Die vom Staatsministerium Sr. Majestät vorgeschlagene Zurückberufung des Prinzen — Das Staats-Ministerium. Deckersche Geh. Ober-Hofbuchdruckerei. 1 Bl. Fol.
Flugblatt. Berlin, 13. Mai 1848.

Erklärung des deutschen Staatsrechtes nach Pütters kurzem Begriff. Wien 1793. V: *Dolliner, Thomas.* (WBL)

— d. deutschen Staatsrechts, nach Pütter. gr. 8. Wien 793. Kaiserer. 1 Thlr. 16 gr. (a. Wagner in Insbr.) 1 Thlr. 14 gr.

Erklär. d. dentschen Staatsrechts nach *Pütter's* kurzem Begriffe u. d. öffentl. Vorlesungen d. Wiener hohen Schule. *Wien*, Kaiserer. 798. gr. 8. (1 Thl. 16 Gr.)

Erklärung der Stadtvertretung der königl. freien Stadt Hermannstadt betreffend weitere Beibehaltung des bisherigen amtlichen Namens der Stadt Hermannstadt in der Form 'Hermannstadt'. *[Hermannstadt] (1900.)* (35 S.) 8° [Kopft. J.] [uo. 9921 5

Erklärung des Stammbaums von 32 Königen von Ungarn. Wien 1840. V: *Lenk von Treuimfeld, Ignaz.* (Trausch)

Erklärung der katholischen Stände, welche an der den 30. November 1790 ... gehaltenen Versammlung der Katholiken keinen Antheil genommen haben. O. O. V: *Abaffy, Franz.* (Pk)

Erklärung der weltlichen Stände über die ... kontroverse Bestimmung des Zahlenverhältnisses ... in dem künftig zu formirenden Ausschuss. [Tübingen 1797.] V: *Georgii, Eberh. Frdr. von.* (MGT)

Erklärung der Statuten des Feldkirchner-Brandversicherungs-Vereines in dem k. k. Bezirksgerichte Ottensheim im Mühlkreise in Oberösterreich. (Philipp Gruber und Johann Thallhammer'scher Feuer-Verein.) Fol. (1 Bog.) Linz. Druck von Johann Huemer's Wwe. 1855.

(**Erklärung** der Studenten gegen die Frankfurter National-Versammlung.) An das deutsche Volk! — Im Namen von 41 demokratischen Studenten: F. Rechenberg u. a. Druck von W. Fähndrich. 1 Bl. Fol.
Flugblatt. Berlin, 17. Okt. 1848.

Erklärung der eidgenössischen Tagsatzung an das Schweizervolk. ([Vom] 4. November 1847.) 8. *o. O.*

—— der eidgenössischen Tagsatzung an das Schweizervolk. 1 Bl. in Fol. Mannheim 848, Hoff.

Erklärung. Der helvetischen Tagsatzung am 17ten Oktober 1801 ubergeben von einigen Mitgliedern derselben. 8. *o. O.* [1801].
Ausg. A. [SA] *6 S.* — *Ausg. B. 8 S.*

[Erklärung.] An die hohe eidgenössische Tagsatzung ([gerichtete E' einer Anzahl] Mitglieder des aargauischen Grossen Raths, dass sie bei der am 19. Juli abhin gefassten Schlussnahme in Betreff der Klosterangelegenheiten fest und unabänderlich stehen bleiben ...). (Aargau, im August 1841.) fol. *Lithographiert. o. O.*

— des Tarokspiels, seines Alterthums 2c. 8. Braunschw. 802. (Vieweg). 3 gr.

(**Erklärung** gegen den demokratischen Theil der Landwehr.) Die Zusammenberufung der Landwehr — Bürgerwehr-Versammlung des 14. Bezirks. 1 Bl. Fol.
Flugblatt. Berlin, 17. Juni 1848.

Erklärung der zwischen den sämtlichen Vohensteinischen Erbs-Interessenten 1748 und 1754 beschehenen Theilung ... Wetzlar 1773. V: *Seyfert, Carl Jac.* (Holz) (MGT)

Erklärung des luzernischen Ueberfalls vom 8. Christmonat 1844. Luzern 1845 *s.* [Liebenau. Hermann von].

(**Erklärung** gegen die Uniformirung der Bürgerwehr.) Wichtig für die Bürgerwehr! Der General von Aschoff — Aus den Bürgerwehr-Compagnien. Druck von E. Litfaß. 1 Bl. Fol.
Flugblatt. Berlin, 2. Mai 1848.

Erklärung und kurtzer Unterricht | des Jubel-Jahrs 1750. | ... [Textbeginn, da ohne eigentliches Titelblatt] (Am Ende:) Gedruckt zu Lüxemburg, bey J. B. Kleber, Buch-|drucker und Buchhandler. Im Jahr 1751. |
8 S., kl-8° (162 × 105 mm).
Luxbg BSémin.*

Erklärung. Urkundliche E' des Grossen Raths von Bern. (Bern, den 21. Herbstmonat, im Jahr 1815.) 4. (Bern) 1815.

Erklärung der ersten wirkenden Ursache in der Materie und der Ursache der Schwere ... Hamb. 1748. V: *Colden, Cadwallader.* (EB)

Erklärung der Ursachen, welche Seine Königliche Majestät in Preußen zu denen gerechten Repressaillen wider den Fürsten und Bischoff zu Lüttich bewogen haben. O. O. 1740. V: *Friedrich II., König von Preußen.* H: *Oehlefeld., Buriette von.* (Preußische Staatsschriften. I. Berlin 1877. 14 ff.)

Erklärung der Ursachen, welche Se. Königl. Maj. von Preussen bewogen haben, ihren hohen Mitständen des Teutschen Reichs eine Association zu Erhaltung des Reichs-Systems anzutragen und mit einigen derselben zu schliessen. (Berlin 1785) 4. (2 Bl.)

[Wappen F. u. K.] | Erklärung | Vom 28ten Jenner 1791. | Inhaltend Verbot dem Gold- Silber- und Kupfer- | Geld, so währender Zeit der letzten Unruhen unter dem | Name der so genannten Vereinigten Niederländischen Staaten gepräget worden ist, Umlauf zu geben. | ... (Am Ende:) Lutzemburg, Bey der Wittib J. B. Kleber, ... 1791. |
2 S., 4° (330 × 200 mm).

Erklärung der Verfasser der Abhandlung über die Entschädigungs-Berechtigung ... Frankfurt a. M. 1808. V: *Kamptz, Carl Albr. Chph Hnr. von & Franz Joseph Freih. von Stein.* (Ky)

— d. Verfasser (v. Kamptz u. v. Stein) d. Abhandl. über d. Entschädigungs-Berechtigung ꝛc. über e. ungegründ., nur zur Verläumdung hingeschriebenen Aeußerung. 8. Frkf. a. M. 808.

Erklärung des Verfassers der Schrift: Doctor Bahrdt mit der eisernen Stirn. Königsberg 1791. V: *Schlegel, Traugott Friedrich Lebrecht.* (GGr) (R-N)

(Erklärung gegen den Verfassungsentwurf.) Die Revolution vom 18. März — Der Verein für Volksrechte. Druck von E. Litfaß. 1 Bl. Fol.
Flugblatt. Berlin, 30. Mai 1848.

Erklärung (gegen die Verlegung der National-Versammlung). In Erwägung, daß das Ministerium Brandenburg eingesetzt ist, — Der Bürgerverein der Friedrich-Wilhelmstadt. Buchdruckerei der Reform. 1 Bl. Fol.
Flugblatt. Berlin, 8. Nov. 1848.

Erklärung wider einige in der allgemeinen deutschen Justiz- und Polizey-Fama vorkommende Verunglimpfungen. [180?]. V: *Schmidt, Frdr. Chn.* (Mitth. Dr. A. Goldmann.)

Erklärung der Verzierungen und Gesänge behuf der Schwester-Trauerloge den 18ten May 1809. [Hannover 1809.] 4 Bl. 8° [Umschlagtit.]
Nebst 5 Liedertexten. 215.

(Erklärung gegen bewaffnete Volksversammlungen.) Bürger Berlins! Welcher politischen Meinung wir auch angehören — Die Bürgerwehr-Männer des 4. Bataillons. Druck von F. Reichardt. 1 Bl. Fol.
Flugblatt. Berlin, 14. Mai 1848.

— vollständ., d. heiligen Schrift, s. Bibel, d. i. vollst. Erklärung d. heil. Schrift.

— des Vorstandes u. der Aeltesten der hiesigen christkathol. Gemeinde, veranlaßt durch den von Dr. Ant. Theiner gegen Ronge erhobenen Angriff. Bresl. 846, Schulz u. Co. n. 2 ngr

—— des Vorstandes und der Aeltesten der hies. christkathol. Gemeinde, veranlaßt durch den von Dr. Ant. Theiner gegen Ronge erhobenen Angriff. 8. (15 S.) Breslau 847, Schulz und Comp. *

(Erklärung gegen das direkte Wahlsystem.) Mitbürger. Unsere Stadt erfüllt sich — der constitutionelle Clubb. Gedruckt bei Moeser u. Kühn. 1 Bl. Fol.
Flugblatt. Berlin, 18. April 1848.

(Erklärung für das indirekte Wahlsystem.) Mitbürger! Freunde! In einigen Volksversammlungen — Stadtverordnete zu Berlin. Druck von A. W. Hayn. 1 Bl. Fol.
Flugblatt. Berlin, 19. April 1848.

Erklärung, wahre, des „Buches der Wilden." Ein Schreiben an den Abbé Domenech v. Vitzliputzli. Aus dem Aztek. von J. P. Meissner. gr. 8. (31 S. mit eingedr. Holzschn.) Leipzig 862, Herbig. *

— der stereochromischen Wandgemälde ausgeführt in der Aula d. Gebäudes der königl. Albrechts-Hochschule zu Königsberg in Pr. 16. (16 S.) Königsberg 871. Hübner & Matz. n. — 25

ERKLAERUNG. – d. Wechselgeschaftes, nebst der Wechselordnung i. d. k. k. Erblanden. Gerold, Wien 1791.

— d. Weihungen aller Propheten des alten u. neuen Testaments, (v. J. L. W. Scherer). gr. 8. Leipz. 804. Weygand. 16 gr

Erklärung der sämmtlichen Messianischen Weissagungen Alten Testaments. Flensburg 1793. V: *Voss, Martin Detl.* (Ky)

— d. sämmtl. Weissagungen d. alten Testaments, (v. J. L. W. Scherer). gr. 8. Altenb. 801. Schnuphase. 1 rß 4 gr

— d. sämmtl. Weissagungen d. neuen Testam., (v. J. L. W. Scherer). gr. 8. Leipz. 803. Weygand. 1 rß 8 gr

Erklärung über das Wesen der evangelischen Kirche im Preussischen Staate ... Berlin 1837. V: *Goltz, G. F. G.* (Ky)

—— über das Wesen d. evangel. Kirche im preuß. Staate, v. einigen Geistlichen derselben. gr. 8. (1 B.) Berlin 837. [Müller's Verlag.] *

Erklärung und Wiederruf. Abgegeben von dem Verfasser der Schrift: Herr Berendsohn. Hamb. 1845. V: *Caspar, Carl Rudolph.* (schr)

[Wappen F. u. K.] | Erklärung | Enthaltend die Wiederrufung verschiedenen Edikten, Verord-|nungen nud [sic] Dekreten. | Vom 12ten Hornung 1790. | ... (Am Ende:) Lützemburg, | Bey der Wittib J. B. Kleber, ... 1790. |
6 S., 4° (330 × 195 mm).

Erklärung. Wir erkennen es als den hohen Beruf aller einzelnen deutschen Staaten an, — Das Comité des Bezirks-Central-Vereins. Druck von W. Lohmann. 1 Bl. Fol.
Flugblatt. Berlin, 6. Aug. 1848.

Erklärung des h[eiligen] W[ortes] des III Gr[ades]. Le Havre o. J. V: *Bielefeld, J. M.* (wolfstieg II, 609)

Erklärung der neuen Wörter, so seit der Revolution in Gang gekommen ... O. O. 1800. V: *Heinzmann, Johann Georg.* (MGT)

— der Wörter und Redensarten im Vicar of Wakefield. Ein Hülfsmittel für diejenigen, welche die engl. Sprache lernen wollen. 8. Leipzig, Sommer. 821.

— d. Wörter u. Redensarten im Vicar of Wakefield. Ein Hülfsmittel für diejenigen, welche d. engl. Sprache lernen wollen. 8. Leipz. 823. W. Nauck. 1 rß 12 gr

Erklärung der Wunder des alten und neuen Testaments. Berlin 1799. V: *Steger, Johann Andreas Frdr.* (Ky) (MGT)

— d. sämmtl. Wundergeschichten des alten Testaments, aus natürl. Ursachen. 2 Thle. gr. 8. Berl. 800 u. 804. (Körner in Frankf.) 1 rß 16 gr

(Erklärung über die Zeit der Rückkehr des Prinzen.) Der mitunterzeichnete Vorsitzende — Das Staats-Ministerium. Deckersche Geh. Ober-Hofbuchdruckerei. 1 Bl. Fol.
Flugblatt. Berlin, 15. Mai 1848.

Erklärung des Centralkomite's des schweizerischen Anti-Jesuitenvereins an das Schweizervolk. (Bern. im Jänner 1845.) 8. *o. O.*

Erklärung des Centrums der Kammer d. Abgeordneten am Schlusse des Landtags 1849. O. O. u. J. 8° 16 S. Cart.

Erklärung des Centrum (!) der bayer. Kammer der Abgeordneten üb. seine bisherige Wirksamkeit. München, 1849. Gedr. in der M. Pössenbacher'schen Buchdr. 8°. 14 S. Cart.

—— die, des Hrn. v. Zeschau in der Angelegenheit der chemnitzrisaer Zehnthalerscheine beleuchtet von dem Unbetheiligten (Carl Biedermann). Ein Nachtrag zu der Schrift desselben Verf.: Ein Blatt aus der neuesten Verwaltungsgeschichte Sachsens rc. 8. (17 S.) Mannheim 848. (Leipzig, Biedermannsche Vrlgsb.

(1.) Herzoglich Zweybrückische (2.) Chursächische (3.) Königlich Preussische Erklärung. Regensburg 1778. 8.

Erklärungen, s.a. Erklärung.

Erklärungen, s.a. Erklärung, Erklärungen.

— analyt., d. Briefe d. Apostel, s. Bahrdt.

— apodiktische, üb. d. Buch: Irrthum und Wahrheit v. Verfass. selbst rc. 8. Weissens. Severin. 789.

— authentische, des Generals Lafayette u. seiner Mitgefangenen. 8. Altona 798. Hammerich. 5 gr.

— u. Beschr. d. Manöuvres v. d. preuß. Corps, d. zw. d. Amte Spandau campiret. 4. Berlin. 753.

— deutl., alle Sonn- und Festtags-Evangelien in Gespr. 2 Thle. gr. 8. Nürnbg. Grattenauer. 786. 787.

Erklärungen, deutsche, aus Siebenbürgen. gr. 8. (119 S.) Hermannstadt 882, Michaelis.
Aus: Siebenbürgisch deutsches Tageblatt, besonders abgedruckt.

— d. wahrh. Erscheinung Samuelis' u. s. Tode. 1 Sam. XXVIII. 7—20. 2 Thle. 8. Prenzlau, Ragoczky. 745.

— d. Sonn- und festtägl. Evangelien. 2 Thle. 8. Lpz. Gräff. 791.

— d. Sonn- u. Festtägl. Evangelien. 3 Thle. gr. 8. Prag 791. Geers. (Leipz., Wienbrack). 20 gr. Mit Kpf. 2 Rthlr.

— dunkler Fabeln u. Traditionen d. Alterthums, von Adam, Seth, Henoch, Noah, Abraham, Joseph u. Moses. Zur Erläuterung wichtiger Symbole u. geheimer Lehren. 8. Leipz. 791. (W. Rauck). 12 gr.

— dunkl. Fabeln u. Tradition der Alterth. 8. Lpz. Sommer. 794.

— geheime u. buchstäbl., d. Offenbarung Johannis. 8. Halberst. 791. (W. Rauck in Leipz.) 1 Rthlr.

— geh. u. buchstäbl. d. Offenbar. Johannis. 8. Halberst. (Sommer. Leipz.) 791.

— gemeinschaftl., mehrerer ansehnl. Gesandten zu Rastadt über d. Ermordung d. französ. Gesandten. 8. Berl. 799. Unger. 8 gr.

Erklärungen üb. d. Geschäftsstyl in d. österreich. Erblanden. *Wien*. 794. 8.

Erklärungen, Historische, der Gemälde, welche Winkler in Leipzig gesammelt hat. Leipzig 1768. V: *Kreuchauf, Franz Wilhelm.* (Ky) Dyk

— histor., d. Gemälde, welche Winkler in Leipzig gesammelt hat, (v. Frz. Wlh. Kreuchauf). 4. Leipz. 768. Dyck. 2 Rthlr. 12 gr.

Erklärungen, Historische und moralische, der Bilder und Gemählde auf der Kapellbrücke der Stadt Luzern. Zürich 1775. V: *Balthasar, Joseph Anton Felix von.* (EngG) »1755« (AarK) Orell.

— histor. u. moral., d. Bilder u. Gemälde auf d. Kapellenbrücke zu Luzern. 8. Zürich 775. Orell. 3 gr.

Erklärungen, Homiletische — der feiertäglichen Evangelien für Katecheten und die erwachsene Jugend. Von einem Freunde der Jugend. Zweite Auflage. Innsbruck. 18 5. Druck und Verlag von Felician Rauch. (414 S. 8.) geh.

— d. Röm. Institutionen n. Heineccius rc. gr. 8. Wien, Schaumburg. 796.

Erklärungen, einige, über die Judenfrage aus früheren Sitzungen des preußischen Herrenhauses. [Abdruck aus den stenograph. Berichten.] gr. 8. (40 S.) Berlin 880. Heinicke in Comm. — 30

— katechet., d. jährl. Evangelien. 2 Thle. 8. Dresd. 784 u. 85. Hilscher. 16 gr.

Erklärungen, katechet., der in Sachsen seit 1811 für 5 Sonntage neu verordneten Evangelien. 8. Leipz. 823. Andrä.

— d. Königs v. Preußen in Betreff des zu Basel 1795 geschlossenen Friedens. 8. Frankf. 795. (Schäfer). 8 gr.

— — in Betreff d. z. Basel 1795 geschloss. Friedens. 8. Frft. Eßlinger, 795.

— des Königs v. Preußen, über d. baier. Successions-Angelegenheit. 4. Leipz. 778. Breitkopf u. H. 8 gr.

— crit. d. Lehre v. d. durch d. Tod Jesu Gott dargebr. Opfer rc. 8. Frankf. u. Leipz. (Meyer in Lemgo.) 796.

— d. Kupfert. z. ersten und zweyten Nahrung, oder Lesebuch f. Kinder. 8. Leipzig, 801. (z. ersten Nahr. 16 gr. z. zweyten Nahr. 20 gr.)

— kurze, d. Sonn- und festtägl. Evangelien. 3 Theile. gr. 8. Prag, Geers. 791.
mit Kupfern.

Erklärungen, Kurze, der Wagnerischen Prospekte der Schweitzer-Gebürge. Bern 1777. V: *Wyttenbach, Jacob Samuel.* (Ky) (MGT)

— kurze, d. Hufelandschen Theorie üb. die Kunst das menschl. Leben zu verlängern. gr. 8. Wien, Tendler. 799.

— d. allgem. deutsch. Lehenrechts n. Böhmer. gr. 8. Wien. Kaiserer. 793.

— d. Lehenrechts bes. d. Longobard. n. Böhmer. gr. 8. Wien. Schaumburg. 793.

— d. Logik, Metaphys. u. prakt. Philosophie n. Feder. 3 Thle. gr. 8. Wien, Schaumburg. 793. 94. (1r 22 gr. 2r 1 Rthlr. 2 gr. 3r 1 Rthlr. 8 gr.)

— mystische, über d. hohe Lied Salomonis. 4. Hamb. 788. (Campe). 1 Rthlr. 16 gr.

— derj. Naturalien d. d. Batsch naturhistor. Vorles. vorgezeigt werd. gr. 8. Jena, Gabler. 796.

— natürl., des der. Traums e. Arkadiers. (v. Kirsch.) 8. Hof, Grau. 796.

— neue, d. Paulin. Gegensatz. Buchstabe u. Geist. gr. 8. Jena, Stahl. 799.

— nützl. Kennt. v. versch. merkw. Lehrgegenständ. in Bezieh. a. d. neue Bilderbuch rc. 2 Thle. gr. 8. Wien, Camesina. 802.

— d. Offenbar. Johannis a. d. Natur d. Schrift. 8. Büding. 738.

— d. Pandekten n. Heineccius. gr. 8. Wien, Schaumburg. 796.

Erklärungen, d. transcendent. Philosophie. 1s Stck. 8. Gießen, Heyer. 802. Rthlr.

— der in den Kalender vorkommenden astronom. u. chronolog. Redensarten. 8. Quedlinb. 761. Ernst. 3 gr.

— d. Repräsentant. d. vereinigt. Colonien in Nordamerika. 8. Frankf. Fleischer. 776.

— d. Runischen Schr. in Helsingland. Fol. Leipz. 754.

— d. vornehmst. deutsch. Sprüchwörter. 8. Leipz. Gleditsch. 748.

— d. deutsch. Staatsrechts n. Pütter. gr. 8. Wien, Kaiserer. 793.

• — des deutschen Staatsrechts nach Pütter; hat auch Wagner in Innsbruck.

— dunkler Stellen d. N. Test. 5 Stck. 8. Frankf. Gebhardt. 791—93.

— — dess. Forts. od. 2r Bd. 1s. 2s. 8. Gießen, Heyer. 793. 94. (à 4 gr.)

Erklärungen zur Tabelle für das Guinness'sche Werk »Licht für die letzte Zeit«. Riga 1899. V. *Beuningen, Paul W. Uno van.* (Berl)

Erklärungen des Berliner Turnlehrer-Vereins gegen die Angriffe auf das Spießsche Schulturnen. Berlin um 1880. 1 Bl.

— umschreibende, des Vater unsers wld. Döderlein. 8. Straßb. Akad. 785.

— d. erst. wirkend. Ursache in d. Materie etc. a. d. Engl. v. Kästner. 8. Hamburg. 748.

— vier, veranlaßt durch d. geschichtl. Darstell. d. Münsterschen Kirche etc. 8. Münster 815. Aschendorff. 2 gr.

— des Wechselgeschäfts u. d. Wechselordn. in K. K. Erbland. 8. Wien, Gerold. 791.

— wechselseitige, d. Höfe Wien, Paris u. Petersburg. 4. Leipz. 805. Jacobäer. 8 gr.

— d. sämmtl. Messianisch. Weissagungen A. Test. m. Anm. gr. 8. Altenb. Schnuphase. 801.

— — dieselben. gr. 8. Leipz. Weygand. 803.

Erklärungen, Wesentliche, über den Unterschied zwischen den eingekauften und uneingekauften Bauerngründen in Böhmen. Prag u. Wien 1802. V: *Platzer, P.* (Stur)

— wesentliche, über den Unterschied zwischen eingekauften u. uneingekauften Bauergründen in Böhmen etc. Prag 808. Schönfeld. 16 gr.

Erklärungen, Aufgaben und Regeln, Die wichtigsten aus der Rechenkunst. Für die Stadt- und Landschulen des Herzogthums Anhalt-Dessau. Dessau 1840. V: *Goetz, Jacob.* (HHBD VI, 105)

— der Zeichen alter berühmter Künstler. Mit Kpf. gr. 8. Wien 798. (Schaumburg). 8 gr.

Erklärungsversuch einer noch nicht bekannt gemachten Abraxas-Gemme. Dorpat u. Leipzig 1845. V: *Morgenstern, Carl.* (Bibl. d. archäol. Inst. in Rom. Rom 1900—02.) 1843. (Tübz 17, 19)

Ein Erklärungs-Zeugniß der sogenannten Quäker, Aufgesetzt in einer Versammlung der Vorsteher besagter Gemeinen in Pennsylvanien und Neu-Jersey welche zu Philadelphia gehalten worden den 24sten Tag des Ersten Monats. 1775. [A. d. Engl.]
Germantown: Saur. 1775. 8 S. 8°.
Library Company of Philadelphia
Übers. v. The Testimony of the People Called Quakers, Philadelphia 1775.
Bristol B 3994.

Erkmann, die moderne Stenographie in ihrer Bedeutung als Laut-Schrift. Mit 4 lith. Taf. gr. 8. (80 S.) Görlitz 874. Wollmann. n. 2. —

Erkmann, theoretisch-praktisches System der stenographischen Lautschrift. 3 Thle. 8. Leipzig, (Stauffer.) *

Inhalt:
Thl. 1. Theoretisches System der stenographischen Lautschrift nach Wilh. Stolze's Methode der deutschen Stenographie. (X, 81 S. mit 4 lithogr. Taf.) 876. * M. 2.
„ 2. Praktisches System der stenographischen Lautschrift nach Wilh. Stolze's Methode der deutschen Stenographie. (32 S. mit 15 lithogr. Taf.) 876. * M. 1,50.
„ 3. Die Kürzungs-Methode der stenographischen Lautschrift. (20 S. mit 4 lithogr. Taf.) 877. * 70 Pf.

Erkner [Schlagwort]

Erkner. s.a. Mark. — Wanderkarten.

Erkner. Kiessling's Special-Karte der Umgegend von Erkner u. der Rüdersdorfer Kalkberge. 1 : 15,000. Entworfen u. gest. v. Th. Delius, neu bearb. v. G. Müller. 3. Aufl. Farbendr. Berlin 888. Kiessling. n. — 75

Erkner. Kiessling's Special-Karte d. Umgegend v. Erkner u. der Rüdersdorfer Kalkberge. 1 : 25,000. 5. Aufl. Entworfen u. gestochen v. Th. Delius, neu bearb. von Gust. Müller. 41,5 × 29,5 cm. Farbendr. Berlin 894. A. Kiessling. — 75

Erkner [Verfasser]

Erkner, Jos., enchiridion liturgicum in usum clericorum et sacerdotum in sacris functionibus. Ex libris liturgicis s. rituum congregationis decretis et probatis auctoribus coll. E. 8. (XII, 398 S.) Laibach 896. Katholische Buchh. n. 3. —

s.a. Erker.

Erkrankungen, die häufigsten, der Mundhöhle, s.: Miniatur-Bibliothek.

Erkrankungen der inneren Organe, hervorgebracht durch den Alkoholismus. Hrsg. vom belg. Mässigkeitsverein, Brüssel. Nach Angaben des Dr. van Coillie. 1 Blatt. 73 × 55 cm. Farbdr. Nebst Text. 1 Bl. kl. 4. Brüssel 899. (Essen, H. Vos.) n.n. 1.50

Erkrankungen, traumatische, idiopathische und nach Infektionskrankheiten beobachtete, des Nervensystems bei den deutschen Heeren im Kriege gegen Frankreich 1870/71. Hrsg. von der Militär-Medizinal-Abtheilung des Königl. Preuss. Kriegsministeriums unter Mitwirkung der Militär-Medizinal-Abtheilung des Königl. Bayer. Kriegsministeriums, der Königl. Sächs. Sanitäts-Direktion und der Militär-Medizinal-Abtheilung des Königl. Württemberg. Kriegsministeriums. Berlin 1885, E. S. Mittler & Sohn. Gr. 4°. X, 481 S. mit 6 lithogr. und einer Lichtdr.-Taf. und 33 Zeichnungen im Text. 36 M.

Besondere Ausgabe des 7. Bandes des Sanitäts-Berichtes über die deutschen Heere im Kriege gegen Frankreich 1870/71.

Erkrankungen, traumatische, idiopathische u. nach Infektionskrankheiten beobachtete, d. Nervensystems bei den deutschen Heeren im Kriege gegen Frankreich 1870/71. Hrsg. v. der Militär-Medizinal-Abtheilg. d. königl. preuss. Kriegsministeriums unter Mitwirkg. der Militär-Medizinal-Abtheilg. d. königl. bayer. Kriegsministeriums, d. sächs. Sanitäts-Direktion u. der Militär-Medizinal-Abtheilg. d. königl. württemberg. Kriegsministeriums. Mit 6 lith. Taf., 1 Taf. in Lichtdr. u. 33 Zeichngn. im Text. [Besondere Ausg. d. 7. Bds. d. Sanitätsberichts üb. die deutschen Heere im Kriege gegen Frankreich 1870/71.] gr. 4. (X, 481 S.) Berlin 886. Mittler & Sohn. n. 36. —

Erkrankungen, typhöse, etc. bei den deutschen Heeren im Kriege gegen Frankreich 1870/71, s.a. Sanitäts-Bericht üb. die deutschen Heere im Kriege gegen Frankreich 1870/71.

Erkrankungen, typhöse, und Ruhr bei den deutschen Heeren im Kriege gegen Frankreich 1870/71 unter Berücksichtigung der entsprechenden Verhältnisse bei den französischen Armeen, bei den kriegsgefangenen Franzosen und bei der Civilbevölkerung der kriegführenden Staaten. Hrsg. von der Militär-Medizinal-Abtheilung des Königl. Preuss. Kriegsministeriums unter Mitwirkung der Militär-Medizinal-Abtheilung des Königl. Bayer. Kriegsministeriums, der Königl. Sächs. Sanitäts-Direktion und der Militär-Medizinal-Abtheilung des Königl. Württemberg. Kriegsministeriums. Berlin 1886, E. S. Mittler & Sohn. Gr. 4°. VI, S. 111–574, 126—270 mit 8 lithogr. Taf. und 45 Zeichnungen im Text. 30 M.

Besondere Ausgabe des 2. und 3. Kapitels des 6. Bandes des Sanitäts-Berichtes über die deutschen Heere im Kriege gegen Frankreich 1870/71.

Erkrankungsverhältnisse der Beamten von 21 später 25 deutschen Eisenbahnverwaltungen, Die. In den Jahren 1880–84. Berlin. 8. . . . . (KGA)

Erl, Cyrillus, s.: Maria-Lourdes-Predigten.

Erlabeck, Georg Christoph (Nürnberg), Collegii feudalis ad B. Stryckii examen juris feud. cap. V. VI. et VII. disput. III. De speciali juris feudalis primo personas feudales earumque nuptias atque tutelas. Präs. Heinrich Hildebrand. Altdorf (Jod. Wilh. Kohles) 13. VII. 1715. 8 S. (3.20) 8103

Erlach (Sachliches Ordnungswort)

Erlach's, General Hans Ludw. v., Lebens- u. Charakterbild, s.: Gonzenbach. A. v.

Erlach. General Hans Ludwig v[on] Erlach von Castelen. Ehrenrettung eines deutschen Feldherrn und Korrektur von [Friedrich von] Schiller's Dreissigjährigem Kriege. Nach den Resultaten von [August von] Gonzenbach's Biographie. Von Dr. H R . 8. Berlin o. J. [1882.89.]

Erlach, Karl Ludwig v., s. Ermordung, die, d. Generals K. L. v. E.

(Erlach. Rudolf von E' [im] Lauper-Krieg.) Njbl. s. [Füssli, Hans Heinrich].

Erlach. Ritter Rudolf von E' und die Schlacht bei Laupen. Bern 1849 s. [Probst. Samuel].

von Erlach, Ritter Rudolph, u. die Schlacht bei Laupen im J. 1339. 8. (53 S. m. 1 lith. Taf.) Bern 849, Jenni Vater (jetzt: Blom). n. 4 ngl

Erlach [Schlagwort]

Erlach, s.: Schweiz. Atlas.

Erlach (Verfasser)

Erlach C. L. v.: Versuche üb. die Perspiration einiger mit Lungen athmender Wirbelthiere. Diss. Bern. 1846. 91 S. 2 Tvl. 4°.

v. Erlach, C. L., Versuche über die Perspiration einiger mit Lungen athmenden Wirbelthiere. 4. (Mit 2 Tab. u. 2 Lith.) Bern 846. (Huber u. Comp.) n. 1 ₰

Erlach, Fr.von: Das Salinen-Dampfbad in Ischl. 50 S., gbd.

Wien: PP.Mechitaristen 1837

Erlach. Franz von. Die Freiheitskriege kleiner Völker gegen grosse Heere. [Mit 2 Karten.] 8. Bern 1867.

Erlach, (J.) Frz. (L.) v., die Freiheitskriege kleiner Völker gegen große Heere. 6 Hefte. gr. 8. (VI und 688 S. mit 2 Stnt. und 1 lithogr. Plane in gr. Fol.) Bern 867,68, Haller. à Heft * 8 Ngr. *

v. Erlach, Frz. Aus dem französ.-deutschen Kriege 1870–1871. Beobachtungen u. Betrachtungen e. Schweizer. Wehrmanns. (488) 8. Leipzig 1873. 8,00.

Erlach, Frz. v., aus dem französisch-deutschen Kriege 1870–1871. Beobachtungen u. Betrachtg. e. Schweizer-Wehrmanns. gr. 8. (580 S.) Berlin 874. Luckhardt. n. 10. –

—— die Kriegführung der Polen im J. 1863. Nach eigenen Beobachtungen, von März bis August an Ort und Stelle gesammelt. gr. 8. (IV und 109 S. mit mehreren in den Text gedr. Holzschn. und 1 Stnt. in Fol.) Darmstadt 866, Zernin. *

— Wiedergeburt d. eidgenössischen Wehrwesens. gr. 8 (IV, 200 S.) Gotha 873. Schloeßmann. n. 3. –

Erlach, Friedrich Karl Frh. von

v. Erlach, Frhr. Fr. Karl, Britanicus, s. Racine, Britannicus.

v. Erlach, Frhr. Fr. Karl, s. Charis.

Erlach, F. K., Charis, Unterhaltungsblatt für Leben und Literatur, Poesie und Kunst. April—Juny. 4. Mannheim, Schwan und G. 821.

Erlach, (F. K.,) Charis. Unterhaltungsblatt f. Leben u. Litt. ꝛc. Jahrgang 1821, Jan. — Decbr. 4. Mannheim, Schwan u. G. Rthlr.

Erlach, (F. K.,) Charis. Unterhaltungsblatt ꝛc. 2r — 4r Jahrg., 1822—24. gr. 8. Mannheim. (Groos in Heidelb.) 2r J. 4 Rthlr. 3r J. 6 Rthlr. 4r J. 7 Rthlr.

v. Erlach, Frhr. Fr. K., s. v. Salvandy, Islaor.

Erlach, Fr. Karl Frhr. v., die Volkslieder d. Deutschen, s.a. Volkslieder.

Erlach, F. K. Frhr. v., die Volkslieder der Deutschen. Eine vollständ. Sammlung d. vorzügl. deutsch. Volkslieder von der Mitte d. XV. bis in d. 1. Hälfte d. XIX. Jahrh. 5 Bde. Mannheim, bei Heinr. Hoff. 1834–36. Gr. 8°. Ppbde.

I: X 591 S. II: 631 S. III: 632 S. IV: 623 S. V: 648 S. u. General-Reg. 30 S.

Erlach, Frdr. Karl Frh. von, Die Volkslieder der Deutschen. Eine vollständige Sammlung der vorzüglichen deutschen Volkslieder von der Mitte des 15. bis in die erste Hälfte des 19. Jahrhunderts. Bd. 1—5. Mannheim 1834—37. 8. . . . .

Erlach, [Gabriel Albrecht] von. Le Baron d'Erlach de Spiez, Sénateur de Berne, à ses amis, sur les écrits du colonel (Frédéric-César) de la Harpe. (Berne 30 Décembre 1797.) 8. s. l. Décembre 1797.

Erlach, Gabriel Albrecht von s. Réflexions d'un patriote.... 1786.

Erlach, Gustav von

Erlach, G. v., u. P. Ch. Martens, wie kann man e. guter Buchhalter werden? Taschenbuch f. den kaufmänn. Buchhalter, verbunden m. e. buchhalter. Lexikon. (Dr. Ludw. Huberti's moderne kaufmänn. Bibliothek.) gr. 8. (80 S.) Leipzig (900). Dr. L. Huberti. Geb. in Leinw. n. 2. 75

Erlach, Gust. v., Wie man als Buchhalter Differenzen sucht. [Aus: „Schweiz. kaufmänn. Centralbl."] 12. (III, 12 S.) Zürich 898. E. Speidel n. — 50

Erlach, Heinr., Sprüche und Reden für Maurer bei Legung des Grundsteins zu bürgerlichen und herrschaftlichen Wohngebäuden, Landhäusern ꝛc., so wie auch bei Versetzung des Schlußsteins von Brückenbögen und Kirchengewölben. 12. (XII und 183 S.) Weimar 864, Voigt.

Erlach, Heinr., Sprüche und Reden für Maurer bei Legung des Grundsteins zu allerlei öffentlichen und Privatgebäuden. 2. verb. und verm. Aufl. 8. (XI, 147 S.) Weimar 888, B. F. Voigt.

Erlach, H., Sprüche u. Reden f. Maurer u. Poliere bei Grundsteinlegung zu öffentl. u. Privatgebäuden zum Gebrauch f. Gesellen, Poliere u. Meister. Bearb. v. E. Polz. 3. verb. u. verm. Aufl. (VII, 98 S.) 8. Leipzig 910. B. F. Voigt. 2.—; geb. 2. 75

Aus d. Maria Theresia-Frauenhospitale in Wien. Beiträge zur Beurtheilung der Bedeutung der vaginalen und sacralen Totalexstirpation des Uterus für die Radicalheilung des Gebärmutterkrebses. Von Dr. Hermann v. **Erlach** u. Dr. Hans R. v. Woerz. Wien: Seidel 1901. 112 S. 8° [illegible] 11

Erlach, J. Franz L. von, s. Erlach, Franz von

Erlach, Karl von, Dr., Mikroskopische Beobachtungen über organische Elementartheile bei polarisirtem Lichte. (Vorgetragen in der Physikalischen Gesellsch. zu Berlin am 5. März 1847.) (Hierzu Tafel XVI und XVII.) (Aus: Muller's Archiv, 1847.)

Erlach, K. v., Meteorologische Notizen aus Meyringen. (Ausz. aus einem Briefe an C. Brunner Sohn.) (Mittheil. der naturforsch. Gesellsch. in Bern. Nr. 140 und 141. Ausgegeben den 16. Dez. 1848.)

v. Erlach, Ldw. Rud., († 1809.) Code du Bonheur etc. VII Vols. gr. 8. Lausanne 787. (Haller in Bern). 6 ₰

Erlach, R. L. d', Code du Bonheur etc. VI Tom. gr. 8. Bern, Haller. 787.

— — le même. VI Tom. gr. 8. Lausanne, Pott. 788.

— précis des Devoirs du Souverain. 8. ibid. (Haller à Bern.) 792.

Erlach, Rob. v., Bericht an den hohen Bundesrath über die Sendung eines Abgeordneten als Mitglied des Preisgerichts für die Schweiz an die Viehausstellung in Paris vom Jahr 1855. (Gratis-Beilage zum Archiv für Thierheilkunde.) Bern 856. (Zürich, Höhr.) gr. 8. (114 S. u. 10 Tab. in 4. u. Fol.)

Erlach. Bericht an den Bundesrath über die Viehausstellung in Paris 1855. Bern 1856. Auch franz. u. ital.

(Erlach, R[obert] von. [und] Escher von der Linth, A[rnold].) Bericht über den im Canton Graubündten in den Thälern von Misox, Hinter- und Vorder-Rhein durch die Anschwellung der Gewässer vom 27. August 1834 veranlassten Schaden. (Hindelbank und Zürich im Januar 1835.) 4. o O.

(E[rlach]. R[obert] v[on].) Das erste Stammhaus des Geschlechtes v. Erlach in Bern. [SA.] 8. (Bern [1876].)

Erlach, Rud. v., die zweckmässigste Art der Feld-Verpflegung und die Lagergeräthschaften der eidgenössischen Armee. Gekrönte Preisschrift. 8. (IV und 51 S. mit 1 Stnt. in qu. Fol.) Aarau 865, Sauerländer's Verlag. *

— Ausrüstung der Geschütze,
— Ausrüstungsgegenstände der Geschütze,
} s. Handbuch f. schweizerische Artill.-Offiziere.

Erlach, R. v., Beschreibung der Ausrüstungsgegenstände der Geschütze, } s. Handbuch für schweizer. Artillerie-Officiere.

Erlach, Rudolph v., Deklamationen, s.: Volkstheater, schweizerisches.

Erlach, Rudolf von: Geschützrohre, s. Handbuch f. schweizer. Artillerie-Offiziere.

Erlach, R. v., zur Bernischen Kriegsgeschichte des Jahres 1798. Sammlung meist ungedruckter Aktenstücke mit einem Plan u. einer Karte nach Orig.-Zeichnungen aus damaliger Zeit. gr. 8. (XVI, 973 S.) Bern 881. Wyss. n. 16. —

Erlach, Rudolf von: Laffeten u. Kriegsfuhrwerke, s. Handbuch f. schweizer. Artillerie-Offiziere.

[Erlach, Rudolf von.] ... das Leben des Kunstmalers J(ohann) J(akob) Ulrich. Professor (1798–1877). [Mit 2 Tafeln.] Njbl. Künstlerges. Zürich 1878. 4. [Zürich.]

Erlacher, Ans., aphorismi ex universa philosophia. 8. Würzb. 798.

— religio per Jesum de Nazareth expectatum generis humani salvatorem completa etc. 8. Würzb. 796.

— Theses philosophicae. 8. Würzb. 794.

Erlacher, Geo. J., elektrische Apparate f. Starkstrom. Anleitg. zu deren Konstruktion u. Fabrikation, sowie zum Aufbau v. Schalttafeln. Mit 131 Abbildgn. im Text u. auf 10 Taf. (VI, 231 S.) gr. 8. Hannover 903. Dr. M. Jänecke. Geb. in Leinw. n. 8. —

— Briefe eines Betriebsleiters über Organisation technischer Betriebe. 2. verm. Aufl. (IV, 62 S. m. Fig.) 8. Ebd. 906. n. 1. 60
1. Aufl. (52 S.) 903. n. 1. 50.

Erlacher, Georg J.: Organisation von Fabrik-Betrieben. 3. neubearb. Aufl. d. Briefe e. Betriebsleiters über Organisation techn. Betriebe. Mit 13 Fig. u. 17 Formularen. Hannover: Jänecke 1908. 63 S. 8°

Erlacher, Johann Jacob s. Lavater, Johann Caspar, und Erlacher, Johann Jacob.

Erlachs Tod; e. vaterländ. Trspl. in 5 Aufz. (v. Jos. Ign. Zimmermann). 8. Augsb. 790.

Erlangen (Sachliches Ordnungswort)

Erlangen. s.a. Woerl's Reisehandbücher.

Erlangen. Ein Führer durch die Stadt u. ihre Sehenswürdigkeiten. Mit einem (lith.) Plane. gr. 16. (IV, 34 S.) Erlangen 879. Besold. n. 1. —

Erlangen im Jahre 1822. Vom k. Steuerkataster. 1 : 2500. Bl.

Erlangen, Die Universität, von 1743—1843. Zum Jubiläum der Universität 1843. Erlangen 1843. V: *Engelhardt, Joh. Georg Veit.* (Bücher-Samml. d. hist. Ver. v. u. f. Oberbayern. Münch. 1867.) (Cat. d. Stadtbibl. Zürich. Zürich 1864—97.)

Die Universitätsstadt Erlangen. Hrsg. v. Verein z. Förderung d. Fremdenverkehrs in Erlangen u. Umgebung. (Erlangen 1905: E. Th. Jacob.) (96 S.) 8° [J.] [n.] 2

Erlangen in der Westentasche. Ein treuer Führer durch Stadt u. Universität. 1. Aufl. (64 S.) 843 u. 2., mit ein. Nachtr. verm. Ausg. 32. (88 S.) Erlangen 845, Bläsing. à ·

Erlangen in der Westentasche. Ein treuer Führer durch Stadt und Universität, den lieben Gästen des 100jährigen Jubelfestes freundlich dargeboten. 32. Erlangen 843, Blaesing. 1/8 ₰ — 2. mit einem Nachtrag verm. Ausg. 32. Ebend. 845. 1/8 ₰

Erlangen [Schlagwort]

— s. a.: Militärkarten. Garnisonkarte.

Erlangen. Loreck, G., u. A. Winter, Umgebungskarte v. Erlangen (1:100,000) u. Karte v. Mittelfranken (1:500,000). Bearb. unter Mitwirkg. v. Joh. Geyer. (3 farb. S.) Lex. 8. München (910). Piloty & Loehle. — 35

Erlangen. Müller, Ludw., Karte d. Umgegend v. Erlangen. 1 : 100,000. 30 × 34 cm. Lith. Erlangen (893). Th. Blaesing. — 15

— Pharus-Plan v. Erlangen. 1:7000. 39×38,5 cm. Farbdr. Mit ausführl. Strassenverzeichnis (an den Seiten). Erlangen (909). Th. Krische. — 40

Erlangen. Stöcklein, Hans, neuer Plan v. Erlangen. 1 : 7500. Farbendr. Fol. Erlangen 890. Blaesing. n. — 40

Erlangen. Stöcklein, Hans, Plan von Erlangen. 1 : 7,500. 40×38,5 cm. Farbdr. Erlangen (901). Th. Blaesing. n. — 30

Erlangens Wichtigkeit für d. Königr. Baiern. gr. 8. Nürnb. 810. Schrag. 3 gl

v. Erlanger, Buon u. Bibour. Urtheil des kaiserl. Gerichtshofes zu Paris am 21. Februar 1865. [Abdr. aus dem „Volksfreund für das mittlere Deutschland."] Frankfurt a. M. 865. (Baist.) 8. (24 S.) 2½ ngr

Erlanger, Albert: Materiellrechtliche und prozessuale Bedeutung des § 213 des Reichsstrafgesetzbuchs. Breslau: Schletter 1903. (64 S.) 8°.
Jur. Diss. Marburg (15. Aug.) 1903.

Die materiellrechtliche und prozessuale Bedeutung des § 213 Reichsstrafgesetzbuchs. Von Albert Erlanger. *Breslau: Schletter 1903.* (64 S.) 8° = Abhandlungen, Strafrechtliche. H. 49. [n.] 4

Erlanger, Arthur [aus Wiesbaden]: Struma colloides sarcomatosa mit multiplen metastatischen Erkrankungen der Lunge ... Würzburg, Becker's Univ.-Buchdr., 1896; 27 S. 8.
Würzburg, Med. Fak., Inaug.-Diss. v. 1896

Der polnische Jude. Elsässische Volkserzählung in 3 Aufz. u. 5 Bildern nach Erckmann-Chatrian. Dichtung von Henri Cain u. P.-B. Gheusi. Deutscher Text von Felix Vogt. Musik von Camille **Erlanger.** *Köln, Berlin, Leipzig: A. Ahn 1900.* (40 S.) 8°
— Operntext-Bibliothek, Ahns. No 79.

Meine Reise durch Süd-Schoa, Galla und die Somal-Länder. Vortrag von Carlo Frh. v. **Erlanger.** (Mit 1 Karte.) *(Berlin: D. Reimer 1902.)* (77 S.) 8°
— Abteilung Berlin-Charlottenburg d. Deutschen Kolonial-Gesellschaft. Verhandlungen. 1901/02, H. 3.

Erlanger, David [app. Arzt aus Thalmässing]: Aus d. Patholog. Institut zu München. Ein Fall von Leptomeningitis chronica syphilitica ... M. e. Abbild. Nürnberg, Druck v. J. L. Stich, *1892;* 26 S., 1 Bl., 1 Taf. 8.
München, Med. Fak., Inaug.-Diss. v. [2. Juni] 1892

Erlanger, Gustav

Erlanger, G., s.: Beethoven's, Ludw. van, Symphonien.

Erlanger, Gust., u. Mart. Feuchtwanger, Münchener Schauspielpremièren des ersten Halbjahrs 1905. (IV, 200 S.) 8. München 905. (O. Mütterlein.) n.n. 1. 80

Erlanger, Gustav, L. van Beethovens 1. Symphonie (in C-dur), Op. 21,
— L. van Beethovens 2. Symphonie (in D-dur), Op. 36,
— L. van Beethovens 8. Symphonie (in F-dur), Op. 23,
— Felix Mendelssohn-Bartholdy's 4. (ital.) Symphonie (A-dur),
s.: Musikführer, der.

Ludwig van Beethoven, Achte Symphonie (in F-dur) Op. 93. Erläut. v. Gustav **Erlanger.** *Frankfurt a. M.: H. Bechhold [1896].* (21 S.) 1 Bd 8.
— **Musikführer,** Der. No 66.

Felix Mendelssohn Bartholdy, Vierte (italienische) Symphonie (A-dur) op. 90. Erläut. v. Gustav **Erlanger.** *Frankfurt a. M.: H. Bechhold [1897].* (18 S.) 1 Bd 8.
— Musikführer, Der. No 126.

Beethoven's Symphonien erläut. m. Notenbeisp. v. G(ust.) **Erlanger,** Prof. Dr. (Theodor) Helm, A. Morin, Dr. (Ernst) Radecke, Prof. [Jos.] Sittard u. kgl. Musikdir. (C.) Witting nebst e. Einl.: Ludwig v. Beethoven's Leben u. Wirken m. bes. Berücks. s. Schaffens als Symphoniker v. A. Pochhammer. *Frankfurt a. M.: H. Bechhold [1896].* (222 S.) 1 Bd 8.
(Musiker u. ihre Werke.)

Beethoven's **Symphonien** erl. mit Notenbeispielen von G[ustav] Erlanger [u. a.] nebst e. Einl.: Ludwig van Beethovens Leben u. Wirken mit besond. Berücks. s. Schaffens als Symphoniker von A[dolf] Pochhammer. Berlin: Schlesinger [1907]. (222 S.) 8°
— **Meisterführer.** No 1.
(Schlesinger'sche Musik-Bibliothek.)

— s.: Symphonien u. symphon. Dichtungen, die beliebtesten.

[F.] **Erlanger,** Hugo [Justizref. in Stuttgart]: Ueber Ursprung und Wesen der Firma ... Esslingen, L. Harburger'sche Buchdr., 1892; VI, 75 S. 8.
Tübingen, Jur. Fak., Inaug.-Diss. v. 1892

ERLANGER, Isidor Joseph (Gailingen): Experimentelle Untersuchungen über die Anwendung des Natrium salicylicum per rectum bei Gelenkrheumatismus.- Leipzig: Hirschfeld 1893. 2 Bl., 26 S.
22.7.1892 - Chr 1892/93,15; Jv 1892/93,205 (Prom.-Datum 1893)
Diss. Ingolst.-Landsh.-Mchn.

[F.] **Erlanger,** Michael: Kaufvertrag unter Ehegatten m. Festsetzg d. Kaufpreises unter d. Werte d. Sache in Schenkgsabsicht ... Erlangen, k. b. Hof- u. Univ.-Buchdr. v. F. Junge, 1892; 40 S. 8.
Erlangen, Jur. Fak., Inaug.-Diss. v. 1892

Erlanger, Moses, med. pract. in Luzern: **Mikroskopische Untersuchung einer sogenannten Embolie der Centralarterie (linkes Auge), Retinitis haemorrhagica (rechtes Auge), sowie Gefässveränderungen in der Arteria fossae Sylvii.** [Mit 2 Tafeln.] Zürich 1906. 50 S. 8°. [28. VII. 06.]
Zürich. Med. Diss. 1905/1906.

Erlanger, Moses. Mikroskopische Untersuchung einer sogenannten Embolie der Centralarterie ⟨linkes Auge⟩, Retinitis haemorrhagica ⟨rechtes Auge⟩, sowie Gefässveränderungen in der Arteria fossae Sylvii. Diss. Med. Univ. Zürich. [Mit Figuren und 2 Tafeln.] 49 S. 8. Zürich, Gebr. Leemann & Co., 1906.

Einladung zur öffentlichen Probe-Vorlesung, welche Dr. *Raphael Slidell* **von Erlanger** zur Erlangung der Venia legendi bei der naturwissenschaftlich-mathematischen Facultät der Ruprecht-Carls-Universität zu Heidelberg Freitag, d. 3. März 1893 ... abhalten wird. Thema: Einführung in die Morphologie der Mollusken. *Heidelberg,* Druck v. J. Hörning, *1893;* 1 Bl. 8.
(Nicht für den Austausch)

v. Erlanger, *Raphael Slidell Freiherr:* Zur Entwicklung von Paludina vivipara. ... (Aus: Morphol. Jahrb. XVII. H. 3.) Leipzig, W. Engelmann, 1891; 45 S., 4 Taf. 8°
Heidelberg, Naturw.-math. Fak., Inaug.-Diss. v. [3. März] 1891

von Erlanger, *Raphael Slidell* [Dr.]: Zur Entwicklung von Paludina vivipara. (II. Tl.) ... M. 2 Taf. u. 3 Fig. im Text. (Aus: Morphol. Jahrb., Bd. XVII.) [I.: Inaug.-Diss. v. Heidelberg 1891.] Heidelberg, C. Winter's Universitätsbuchh., 1893; 17 S., 2 Taf. 8.
Heidelberg, Naturw.-math. Fak., Hab.-Schr. v. [3. März] 1893

Erlanger, Theodor, Rechtsprakt. in Neustadt a. A.: Der Gesetzeswiderspruch der § 134, 138 B.G.B. mit § 817 B.G.B. Ein Beitrag zur Lehre vom abstrakten Schuldvertrage des Bürgerlichen Gesetzbuches. Neustadt a. A. 1904: Ph. C. Schmidt. (58 S.) 8°
Erlangen, Jur. Fak., Diss. v. 25. April 1904
[Wohnort: Neustadt a. A.; Staatsangeh.: Bayern; Rig. 25. Apr. 04.]

Zur Erlangung der Doctorwürde bei der Juristenfacultät zu Halle werden folgende Leistungen erfordert: 1. ... [bis] 9. ... o. O. [1845]. 1 Bl. 4°

Erlangung, über die, brillanter Negative und schöner Abdrücke. 6. Aufl. 8. (36 S.) Düsseldorf 878. (Berlin, Grieben.) *

Erlaß betr. Abänderungen u. Ergänzungen der Instruktion vom 2. Septbr. 1875 zur Ausführung des Gesetzes vom 13. Febr. 1875 über die Naturalleistungen für die bewaffnete Macht im Frieden. Vom 11. Juli 1878. 8. (18 S.) Berlin 878. v. Decker. — 15

Erlaß, allerhöchster, vom 10. Septbr. 1873 betr. die Einführung einer evangelischen Kirchen-, Gemeinde- und Synodal-Ordnung für die Provinzen Preußen, Pommern, Brandenburg, Posen, Schlesien und Sachsen, sowie die Berufung einer außerordentl. General-Synode für die acht älteren Provinzen. 1. und 2. Aufl. 8. (41 S.) Berlin 878, Kortkampf. *

Erlass, Allerhöchster, vom 21. Mai 1873, betreffend die Genehmigung des Statuts der Central-Landschaft für die Preussischen Staaten. (Gesetz-Samml. f. 1873. S. [illegible]) Berlin (1906). 2°.

Erlaß, allerhöchster, vom 9. Juni 1857 betreffend die Genehmigung der Tax-Prinzipien der pommerschen Landschaft, welche an Stelle der bisherigen Taxgrundsätze dieses Kreditvereins zu treten haben. Nebst Reglement vom 26. Oktober 1857. gr. 8. (115 S.) Berlin 857. Decker'sche geheime Ober-Hofbuchdruckerei. *

Erlaß, Allerhöchster, vom 29. Juni 1850, betreff. die Grundzüge einer Gemeinde-Ordnung f. die evangel. Kirchengemeinden d. östlichen Provinzen u. die Einsetzung d. Evangel. Ober-Kirchenraths nebst Ressort-Reglement f. die evangel. Kirchen-Verwaltung, nebst den dazu gehörigen Aktenstücken. [Amtl. Abdr.] gr. 8. (35 S.) Berlin 850, Decker. 1/12 ℛ

[F.] Allerhöchster **Erlass** vom 28. Juli 1892, betreffend die Neuordnung der Titel- und Rangverhältnisse der Leiter und Lehrer an den höheren Unterrichtsanstalten. Köln, Druck, Gebr. Brocker, 1893; 38—39 S. 4.
Köln, OR u. VS sowie Fortbildungs-S, P 1893 (404)

—— allerhöchster, vom 22. Septbr. 1873, betr. das Regulativ über den Geschäftsgang bei der Ober-Rechnungskammer. gr. 8. (16 S.) Berlin 873, v. Decker'sche Geh. Ober-Hofbuchdr.

Erlaß, der amtliche, betreffend Maßnahmen gegen die Cholerагefahr. Vom 19. Aug. 1893. 8. (31 S.) Königsberg 893. Hartung. n. – 10

(**Erlass** des Ministers der geistlichen Unterrichts- und Medicinal-Angelegenheiten ... betr. die Amtstrachten der Universität Berlin, bekannt gemacht vom Rector der Universität. 27. August 1845). [o. O. 1845]. (1 Bl.) 2°

(**Erlass** des Preussischen Ministers des Innern betr. Ausführung des Grundsteuergesetzes in der Oberlausitz. Berlin, den 12. December 1863.) Fol. (In 4° gebunden.)

Erlaß d. königl. Landesconsistoriums zu Hannover an die Geistlichen, betr. d. Ausführg. d. § 37 d. Kirchenvorstands- u. Synodalordnung. [Die kirchl. Armenpflege.] 8. (15 S.) Hannov. 891, (Feesche). * * — 15
Aus: Kirchliches Amtsblatt, besonders abgedruckt.

Erlaß, betr. Ausführungs-Bestimmungen zu dem Militär-Pensionsgesetz vom 27. Juni 1871, das Verfahren bei Bewilliggn. an die Hinterbliebenen der im Kriege gefallenen Militärpersonen der Unterklassen. Vom 18. Oktbr. 1871. gr. 8 (8 S.) Berlin 871. v. Decker. – 10

—— vom 18. Oktober 1871 betr. Ausführungs-Bestimmungen zu dem Militair-Pensions-Gesetz vom 27. Juni 1871 für das Verfahren bei Bewilligungen an die Hinterbliebenen der im Kriege gefallenen Militair-Personen der Unterklassen. 8. (10 S.) Berlin 871, Kortkampf. **

Erlaß, betreffend Ausmittelung des zu confiscirenden Erbteils eines ausgetretenen Cantonisten oder desertirten Soldaten. Berlin, den 21. December 1801. o. O. u. J. Fol.

(Erlaß über die Berufung eines neuen Ministeriums.) Nach erfolgter Entlassung des bisherigen Minister-Präsidenten — Friedrich Wilhelm. Decker'sche Geh. Ober-Hofbuchdruckerei. 1 Bl. Fol.
Flugblatt. Berlin, 8. Nov. 1848.

Erlaß des k. k. Finanz-Ministeriums vom 25. Mai 1890, betreffend die Einbekennung des dem Gebühren-Aequivalente unterliegenden Vermögens, dann die Bemessung und Entrichtung dieser Abgabe für das V. Decennium (1891 bis 1900). 8. (34 S.) —.05
Wien: Hof-u.Staatsdruckerei 1890

Erlaß vom 7. Mai 1868, betr. die Einrichtung des Vermessungswesens bei Vorbereitung der Ausführung des Gesetzes vom 21. Mai 1861 wegen anderweiter Regelung der Grundsteuer in den Provinzen Schleswig-Holstein, Hannover u. Hessen. Berlin 868. v. Decker. gr. 8. (45 S.) n. 6 ngr.

Erlass vom 7. Mai 1868 betreff. die Einrichtung des Vermessungswesens in den Provinzen Schleswig-Holstein, Hannover und Hessen-Nassau. 2. A. Berlin 1870.

Erlaß des Justizministers betr. gewerblichen Rechtsschutz. [Dat.:] Berlin, d. 11. Okt. 1907. (Berlin 1907.)

Erlaß d. K. preuß. Kriegsminist. M. M. A. v. 29. 1. 1878, betreff. Entwürfe zu Lazarett-Neubauten, nebst zugehör. Zeichn. Fol. (360,23.)

— des Ministers der öffentlichen Arbeiten betr. Gehälter der unmittelbar bei der Staatseisenbahn-Verwaltung eingetretenen Beamten vom 12. Mai 1894. [Aus: „Eisenbahn-Verordnungs-Bl."] gr. 4. (32 S.) Berlin 894. C. Heymanns Verl. n. 1.—

Erlass betr. Grundzüge üb. d. Regelung d. Verkehrs m. Arzneimitteln ausserhalb d. Apotheken. (3 S.) 8. Berlin (910). (Selbstverlag d. deutsch. Apotheker-Vereins.) — 30

Erlass betreffend Grundzüge über die Regelung des Verkehrs mit Arzneimitteln ausserhalb der Apotheken. Berlin [1910]: Denter & Nicolas. 2 Bl. 8° [Kopft.] [illegible]

Erlaß des k. k. Handels-Ministeriums v. 11. Juni 1889, Zahl 19.579, an die k. k. priv. Kaiser Ferdinands Nordbahn als Vorsitzende in der Eisenbahn-Directoren-Conferenz etc. 8. (4 S.) —.1
Wien: Hof-u.Staatsdruckerei 1889

— betr. die Instruktion zur Ausführung d. Gesetzes vo 13. Febr. 1875 üb. die Naturalleistungen f. die bewaffne Macht im Frieden. Vom 2. Septbr. 1875. gr. 8. (! S.) Berlin 875. C. Heymann's Verl. in Comm. — :

Churpfältzischer Erlass über die ausgerottete Weingarthen. Mannheim 1770 ? --
[Zit. nach Bibliotheca oenologica, Nachtr.3]

Erlaß des k. k. Ministers für Kultus und Unterricht an die hochwürdigen evangel. Superintendenzen beider Bekenntnisse in Ungarn. Pesth, 1856. Druck von Gustav Emich. (67 S. 8.)

Erlaß des f. e. Ordinariates von Olmütz an den Klerus der Erzdiözese. 4. Olmütz, Druck des J. Slawik 1853.

—— vom 24. August 1861, betreffend die Organisation des Vermessungswesens bei Ausführung der Grundsteuergesetze vom 21. Mai 1861, sowie die Ausführung und Bezahlung der geometrischen Arbeiten, in den Provinzen Preußen, Pommern, Posen, Schlesien, Brandenburg und Sachsen. Amtliche Ausg. gr. 8. (88 S.) Berlin 861, Decker'sche geheime Ober-Hofbuchdruckerei *

Erlaß, betreffend den § 2 der Vorschriften für die Studierenden der Landesuniversitäten pp. vom 1. Oktober 1879 / 6. Januar 1905 (Berlin, den 11. April 1909.) [Göttingen 1909: Dieterich.] 1 Bl. 8° [Kopft.] [Nachträglich geliefert.] [U 10. 1319

Reglement üb. d. Dienst d. Armeen im Felde. Erlass vom 28. Mai 1895 über das Reglement für den Dienst der Armeen im Felde. 7. Ausg. Uebs. [aus d. Französ.] v. W[illibald] Stavenhagen. *Berlin: H. Peters 1897.* (174 S., 1 Bl.) 1 Bd 8. [illegible]

Erlass betreffs des *Siegelpapiergebrauchs* (de dato München, den 24. May 1783). Fol. Beibd., etw. fleckig. Cart.
2 Bll. Text u. 1 Bl. Formular.

Erlaß in Betreff der dienstlichen und geschäftlichen Stellung der Bezirks-Commissarien zur Regelung der Grundsteuer. Vom 6. Juli 1861. Berlin, Decker, 1861.

Erlaß in Betreff der geschäftlichen Stellung der General-Commissarien für die Regelung der Grundsteuer. Vom 8. Juni 1861. (1/4 Bog.) Berlin, Decker. 1861.

Erlaß in Betreff der geschäftlichen Stellung der Veranlagungs-Kommissarien für die Regelung der Grundsteuer. Vom 6. Juli 1861. Berlin, Decker, 1861. (1/2 Bog.)

[Erlass des Senates der Stadt Regensburg gegen „geheime Verbindungen und Gesellschaften".] [Dat.:] Decretum in Senatu. Regensburg, den 22. August 1793. 1 Bl. 8°.
Abgedruckt in: [Beyer, Bernh.:] Beiträge zur Bibliographie der freimaurerischen Literatur. [1916.] S. 60–61. 21.

Erlaß des Staatsministeriums an die Commission f. d. Verhandlungen uber die Vereinigung der Herzogthumer, betr. den Protest der Agnaten. Coburg. d. 20. Sept. 1851. [Metallogr.]

- das Verdingungswesen betr. (bearb. v. Wagner), s.a. Finanz- u. Steuerwesen. 1. Hft.

Erlass, betr. das Verdingungswesen. Nebst dem Circular-Erlass, betr. das Verdingungswesen, u. den allgemeinen Vertragsbedinggn. f. die Ausführg. v. Staatsbauten. Fol. (15 S.) Berlin 886. Ernst & Korn. n.n. — 30

-- das Verdingungswesen betr. gr. 4. (23 S.) Darmstadt 893. (G. Jonghaus.) n. — 60

Erlass, betr. das Verdingungswesen. Allgemeine Bestimmgn. betr. die Vergebg. v. Leistgn. u. Lieferg n. (12 S.) 4. Berlin (906). W. Ernst & Sohn. n.n. -- 30

Erlass betreffend die mit dem *fürstl. Hochstift Passau wegen der Ausfuhrzölle getroffenen Vereinbarungen* (de dato München, d. 1. Decbr. 1792). Fol. Beibd.
[illegible]

Erlass des französ. Ministers des öffentl. Unterrichts u. der schönen Künste Vereinfachung der französ. Grammatik betr. (Uebers. v. Johs. Hertel.) gr. 8. (12 S.) Dresden (901). Bleyl & Kaemmerer. n.n. — 20
Sonderabdruck aus: „Pädagog. Studien."

— d. preuss. Ministers d. geistl., Unterrichts- u. Medizinalangelegenheiten betr. die Verwendung d. Salicylsäure z. Konservierung v. Nahrungs- u. Genussmitteln. Vom 8. II. 1908. (M. 5309.) (Ministerialblatt f. Medizinal- u. medizin. Unterrichtsangelegenheiten 1908. S. 92—100.) (7 S.) gr. 8. Berlin 908. J. Springer. an — 25
Sonderabdr. aus „Ztschr. f. Unters. d. Nahr.- u. Genussm."

— der, d. königl. Staatsministeriums des Innern über die neue Wahlkreiseintheilung vom politischen u. gesetzlichen Standpunkte aus betrachtet. Dezember 1869. Augsburg 870. Kranzfelder. gr. 8. (22 S.) 3 ngr.

(F) Erlass des k. k. Finanzministeriums vom 1. März 1899, Z. 8020. Wien. 1899. Hof- und Staatsdruckerei. Fol. 6 S. fl. —.10

Betrifft die von der Rentensteuer befreiten ungarischen und ausländischen Wertpapiere.

Erlaß des Ministeriums des Cultus und Unterrichts vom 1. Oktober 1850, womit in Folge a. h. Entschließung vom 29. September 1850 die allgemeinen Anordnungen über die Fakultätsstudien der Universitäten zu Wien, Prag, Lemberg, Krakau, Olmütz, Gratz und Innsbruck kundgemacht werden. Prag, 1855. Druck von Fr. Rohlicek im fürsterzbischöflichen Seminar. (15, 8, 4 S. 8.)

Erlasse, die Allerhöchsten, vom 5. Dezbr. 1848 u. die Wahl-Reglements der 1. u. 2. Kammer. gr. 8. (43 S.) Berlin 848, Decker. 1/12 rf

Erlasse. Evang. kirchliche Erlasse (*Umschlag: Sammlung der Erlasse des Evangel. Kirchenrates) des Kantons St. Gallen. Band 2: Nr. 1—91, von 1892 bis Ende 1901. (zus. 725 S.) 8. St. Gallen, Zollikofer.

Erlasse. Evang. kirchliche Erl' des Kantons St. Gallen. Band 3: Nr. 1 bis 82, von 1902 bis Ende 1909. (zus. 707 S.) 8. St. Gallen, Zollikofer & Cie.

[F.] Die kirchlichen Erlasse, Verordnungen und Bekanntmachungen der Erzdiöcese Freiburg. Gesamm., geordn. u. hrsg. v. Franz Heiner, ... Prof. ... d. Univ. Freiburg i. B. 2., verm. Aufl. *Freiburg i. B.: Herder 1898.* (VIII, 812 S., 1 Tab.) 1 Bd 8.

Erlasse, die neuesten kirchlichen, über die liturgische Behandlung des Allerheiligsten außer dem Opfer der heil. Messe. Kritische Bemerkungen und Nachträge zu dem gleichnam. Buche des Domkapit. Dr. W. A. Maier. Bearb. von einem Priester des Bisth. Eichstätt. gr. 8. (IV und 140 S.) Regensburg 864, Manz. *

Erlasse, die neuesten kirchlichen, über die liturgische Behandlung des Allerheiligsten außer dem Opfer der heiligen Messe. Kritische Bemerkungen und Nachträge zu dem gleichnam. Buche des Domkapit. Dr. W. A. Maier. Bearb. von einem Priester des Bisthum Eichstädt. 2. Heft. gr. 8. (76 S.) Regensburg 869, Manz. *

1. Heft. Ebendas. 1864. * M 1,50.

Erlasse u. Reden Sr. Maj. d. Kaisers u. Königs Wilhelm II. vom 15. Juni 1888 bis 14. Juni 1889. gr. 8. (IV, 80 S.) Berlin 889. A. Duncker. n. 2. —

Erlasse, Unterricht und Gebete für das Jubiläum im J. des Heils 1852. 8. (32 S.) Breslau 852, Aderholz.

Erlasse, f. d. gerichtl. Praxis wichtige, d. großherzogl. S.-Weimar. Staatsministeriums, Departement d. Justiz. 1. Hft [Aus: „Blätter f. Rechtspflege".] gr. 8. (11 S.) Jena 897. H. Pohle. — 25

Erläuterung, s.a. Erläuterungen.

— d. Anfangsgr. d. Arithmetik rc. s. Lempe.

Erläuterung der Anleitung zum Schießen aus gezogenen Geschützen für die Fuß-Artillerie, nebst einem Anhang, betr. das Schießen mit Bomben u. mit Kartätschen. [Aus: „Militär-Zeitung für die Reserve- u. Landwehr-Offiziere des deutschen Heeres".] gr. 8. (64 S.) Berlin 881. Feicht, Adlerstr. 5. n.n. 2. —

Erläuterung der so betitelten Anmerkungen über die sogenannte Betrachtungen oder: Defense en Revers. 1778. 4.

Erläuterung nebst einigen praktischen Anmerkungen über das Erbfolgerecht der Eheleute im Hennebergischen. Hildburghausen 1778. V: *Schwabe, Heinrich Elias Gottlob.* (Ky) (EngJ) (MGT)

— nebst einigen prakt. Anmerkk. über das Erbfolgerecht der Eheleute rc. (von J. E. G. Schwabe), ist Verlag von Krappe in Leipzig, und d. Pr. 1/12 rf

Erläuterung d. Archiv-Ansprüche des deutsch. Reichs a. d. ehem. Königr. Burgund. 8. Ulm. Stettin. 793.

— der Kästnerischen Arithmetik, Geometrie u. Trigonometrie, (v. J. F. Lempe). Mit Hindenburgs Vorrede, u. Kpf. 3 Bde. 8. Leipz. u. Altenb. 780, 81. (Hennings in Neisse). 3 rf

— der 45 Artikel d. Reichsdeputationsschlusses vom 25. Horn. 803. 4. Cöln, Keilisch. 803. Schreibp.

Erläuterung, Ausführliche, an das unpartheyische Stadtkölnische Publikum. V: *Hüpsch, Johann Wilhelm Carl Adolph Frh. von.* (StBKöln I, 97)

Erläuterung einiger Ausstellungen gegen die Schrift „Aufklärung nach Actenquellen" über den Religionsprozeß zu Königsberg in Preußen von dem Verfasser der genannten Schrift. Basel 864. Balmer & Riehm. 8. (23 S.) 2 ngr.

Erläuterung der Beyträge zu Vervollständigung der Schrift, betitelt: Ueber den Schweizerischen Bundesverein. 1814 *s.* [Rengger, Albrecht].

Erläuterung der Schrift [Albrecht Renggers]: über den Schweizerischen Bundesverein und die Ansprüche Berns. 8. *o. O.* Geschrieben im August 1814.

Erläuterung eines von P. Paul Rubens an N. E. de Peiresc gerichteten Dankschreibens. Petersburg 1835. V: *Köhler, Heinrich Carl Ernst von.* (Mp) (Choulant)

Erläuterung der zum Besten der Armen ... veranstalteten Darstellung mimisch-plastischer Bilder. Mitau 1821-22. V: *Schlippenbach Erbherr auf Ulmahlen und Jamaiken, Ulrich Heinrich Gustav Freiherr von.* (GGr) (R-N)

Erläuterung der Devisen und Inscriptionen, welche an der ... dem Herzog Ferdinand von Braunschweig und Lüneburg ... errichteten Ehrenpforten zu befinden. O. O. 1762. V: *Grupen, Christian Ulrich.* (Ky) (ML)

Erläuterung, H. B. P. Diplomatisch-chronologische, über einen in der güldenen Bulle Kaysers Caroli IV. ... vorkommenden ... Calender-Zweifel. Zweybrücken [1760?]. V: *Patrick, Hermann Bernhard.* (BrMm)

— d. Ehrenpforte, w. d. Herz. Ferdinand v. Braunschw. z. Ehr. aufger. Fol. Hannov. Helwing.

Erläuterung zu dem Entwurfe eines General-Regulirungsplanes über das gesammte Gemeindegebiet von Wien. Wien 1893. V: *Fassbender, Eugen.* (EB)

Erläuterung zu den Ergebnissen der in London v. 4. XII. 1908 bis zum 26. II. 1909 abgeh. Seekriegsrechts-Konferenz, s. a. Marine-Rundschau. Beiheit.

Erläuterung zu den Ergebnissen der in London vom 4. Dez. 1908 bis z. 26. Febr. 1909 abgehaltenen Seekriegsrecht.-Konferenz. Berlin: Mittler 1910. 55 S. 8°

(Marine-Rundschau. Beiheft. Januar-H. 1910.)

Erläuterung derer Glimpflichen Erinnerungen bey einem von der Reichs-Ritterschaft distribuirten Promemoria, nebst gründl. Beantwortung derer darüber entworffenen Gegen-Anmerkungen. [Regensb. April] 1751. V: *Rothkirch, Joh. Freih. von.* (Kat. d. ständ. Bibl. Stuttg. 1907. S. 212.)

Erläuter- und Erklärung der vornehmsten deutschen Wörter deren sich D. Martin Luther in Uebersetzung der Bibel ... gebrauchet ... Bremen 1724. V: *Stade, Dietrich von.* (Reichard, Vers. e. deutsch. Sprachkunst. Hamburg 1747. S. 353 f.)

— d. Forsteinrichtung durch ein ausgeführtes Beispiel, (von Hnr. Cotta). Als Zugabe zu Cotta's Grundriß d. Forstwissenschaft u. als 2r Thl. der Anweis. zur Forsteinrichtung u. Abschätzung. Mit 4 color. Kpft. gr. 8. Dresd. u. Lpz. 832. Arnold. 1 ₰ 6 𝕶

Erläuterung der Frage, ob der Herr von Zugehör die den fremden Ministern in Polen zustehenden Vorrechte des Völkerrechts geniessen könne. [Warschau] 1785. V: *Naruszewicz, Adam Stanislaus.* (R-N)

Erläut. d. Frage: Ob d. H. v. Zugehör d. den fremden Ministern in Polen zusteh. Vorrechte d. Völkerrechts geniessen könne? 786.

Erläuterung der Frage: ob in Concursen die Domini n. Creditores separati zur Mittragung der gemeinsamen Kosten zu verpflichten? *Rost.*, Stiller. 777. 8. (1 Gr.)

Erläuterung zu dem Preisthema: „Die Freimaurerei, ihr Wesen und ihre Bedeutung." o. O. [1909]. 1 Bl. 8⁰ [Kopftit.]
Abgedr. in: Bh. 53 (1910) S. 23—24 ; L. 33 (1910) S. 7—8.
D. Thema wurde v. Verein deutsch. Frmr gestellt. 157.

Erläuterung der Gedanken von der Nachahmung der griechischen Werke ... [Dresden] 1756. V: *Winckelmann, Johann Joachim.* (EB)

Erläuterung der deutschen Grundrechte, s. Vereinsblätter.

— histor., zu dem Gemälde der Hrn. Gebr. Riepenhausen, welches die Vertreibung der rebellischen Römer durch Heinrich d. Löwen, der dem Kaiser Friedrich Barbarossa u. dem Papste Hadrian IV. vor d. Peterskirche zu Hülfe geeilt war, darstellt, (v. Fr. Neden). gr. 4. Hannov. 826. Hahn. 4 𝕶

Erläuterung, Historische, der alten Gewohnheit, am Sonntage Lätare, todte Bilder ... herumzutragen ... Frankf. u. Leipzig 1773. V: *Schmidbauer, Christoph Melchior.* (ML)

Erläuter. d. österr. Justizgesetze nach d. Grundsätzen d. philosoph. Rechts. 1. Th. *Klagenfurt* u. *Leipzig*, Walliser. 790. 8.

Erläuterung der österr: Justizgesetze, nebst den Grundsätzen d. philosoph. Rechts. 1. Th. *Leipz.*, (W. Vogel.) 790. 8.

Erläuterung einer in Kupfer gestochenen Charte der Sächsischen Historie ... Berlin 1755. V: *Hähn, Johann Frdr.* (BrMm)

— einiger in Kupfer gestochenen Karten der Kriegsbaukunst. 8. Berl. 757. Reimer. 7 𝕶

. **Erläuterung, Catechetische,** der in hiesigen Landen verordneten biblischen Vorlesung ... Hannover 1772. V: *Götten, Gabriel Wilhelm.* (ML)

Erläuterung des Dresdner Katechismus. Delitzsch 1784. V: *Masius [Meese], Johann Nicolaus* (später *Gottfried Lebrecht*). (MGT)

Erläuterung des vom Architekten Franz Sitte entworfenen Kirchenbauplanes. 8. (20 S.) Wien. Mechitaristen Druck. 1853.

Erläuterung der Fürstlich Mecklenburgschen Kirchen-Ordnung. Schwerin. 1708. Bey: Christlyke Kercken Ordeninge De yn den Fürstendömen, Schleswig, Holsten etc. schal geholden werden. Fol.

Chur-Mayntzische **Erleuterung** des so benannten acten-mäßigen Unterrichts die Chur-Böhmische Wahl-Stimme u. deren Ausübung betr. Maintz 1742. fol.

Erläuterung, kurze, der kathol. allgem. wohlfeilen Bilder-Bibel nach d. Vulgata übers. u. von e. alten kathol. Geistlichen in Bayern nach bewährten u. bereits v. mehr. bischöfl. Ordinariaten gutgeheiß. Schrifterklärn. verfaßt. Mit Genehm. d. kathol.-geistl. Consistor. im Königr. Sachsen. Supplement z. A. Testamente. 3 Lfgn. 4. (22⅔ B.) Leipzig 837, 38, Baumgärtners Buchh.
Vgl. Bilderbibel f. d. Katholiken.

Erläuterung, Kurtze, der Eintheilung eines Bataillons in Divisions, halbe Divisions und Pelotons wie auch Sowohl derer Officiers als Unter Officiers, Tambours, Pfeiffers und Gemeinen, wie solche regulariter und auch nach Maassgebung der Schwäche und Stärke eines jeden Theiles insbesondere geschehen soll. 8. (1809?)

Erläuterung, Kurze, des unterm 14. December 1801 in Kursachsen emanirten Generalis ... Zeitz 1803. V: *Berger, Joh. Frdr. Chn.* (MGT) (Ky) (EngJ)

Kurze Erläuternng, des unterm 14. Dec. 1801 in Kursachsen emanirten Generalis, die Verjährung der auf Ankündigung gestellten Schuldforderung betreffend (von *J. F. Chr. Berger.*) *Zeitz*, Webel. 803. gr. 8. (4 Gr.)

Kurze Erläuterung derjenigen Staats-Revolutionen, welche sich seit 1748 bis 1756 zugetragen, und die ersten Funken des itzigen Kriegsfeuers angezündet haben. Aus Originalberichten derer Gesandten, aus ihren mündlichen Vorstellungen, und aus denen Negotiationsacten mit verschiedenen Höfen zusammengetragen. 1758. 4. (12 S.)
— Dasselbe: (anderer Druck.) 4. (16 S.)

Kurze Erläuterung aller Verschanzungen, welche zu Ende des Monats September 1787 in der Gegend der berühmten Stadt Amsterdam angelegt worden, der daran auf 1. Okt. unter Anführung des regierenden Herrn Herzogs von Braunschweig vorgefallenen preuß. Attaquen; nebst d. daselbst veranstalteten Überschwemmung; zu einer hiezu gehörigen Charte. (Von Th. Ph. v. Pfau.) Bielefeld 1789. 1 Krt., 16 S. Text.

— aller Verschanzungen, welche 1787 in d. Gegend von Amsterdam angelegt worden sind, mit 1 Karte. 4. Hannov. 789. Helwing. 2 ₰ 6 𝕶 (Meyer in Lemgo). 2 ₰

Erläuterung, Kurze, einer in Kupfer gestochenen Vorstellung von der biblischen Geschichte ... Berlin 1755. V: *Hähn, Johann Friedrich.* (Ky)

Erläuterung, kurze, e. in Kupfer gestochenen Vorstellung v. der bibl. Gesch. in Tabb., (v. J. F. Hähn). Mit d. Anh. (od. Spielter Geschichte d. bibl. Person. 780). 8. Berl. 755. N. A. 782. Reimer. 10 gl. mit Karte. 16 gl.

Erläuterung, Kurzgefasste historische, über die ohnlängst ans Licht getretene Lebensbeschreibung des General Cromströms ... Frankfurt u. Leipz. 1757. V: *Groschuf, Friedrich.* (stri)

— des Schwarzburg. Landes-Katechismus. 8. Leipz. 803. E. Fleischer. 14 gl.

— d. Schwarzburg. Landes-Katechismus. 8. Leipz. G. Fleischer. 803.

Erläuterung einer Landcharte über die Orte und Güter, welche vorhin zu dem Reich auf die Burg zu Nürnberg gehöret haben ... [Altd.] 1795. V: *Will, Georg Andreas.* (ML)

Erläuterung üb. d. würtemb. Landrecht. 1r Th. *Stuttgart.* (Metzler.) 781. 8. (12 Gr.)

— über das würtemberg. Landrecht. 1r Thl. 8. Stuttg. 791. Metzler. 12 gl.

Erläuterung des longobardischen, teutschen und österreichischen Lehenrechtes ... Wien 1801. V: *Chimani, Franz.* (stur)

— d. deutsch. longobard. u. österr. Lehnrechts n. Böhmer. gr. 8. Wien, Wappler. 801.

— des deutschen longobardischen und österreichischen Lehnrechtes, nach Böhmers Prinzipien und den Vorlesungen an der Wiener hohen Schule, v. F. Ch***. gr. 8. Wien, Beck. 817.

—— der Hegel'schen Lehre üb. Seyn, Nichts u. Werden. Zunächst als Erwiederung auf d. „Einige Zweifel an d. Lehre d. Hrn. Prof. Hegel." 8. (2 B.) Berlin 829. Pauli.

— des Lehrplans für die Volksschulen in Baiern, als Instruction für die Distrikts- u. Local-Schulinspectoren zu nöthiger Leitung u. Berathung der Volksschullehrer. Fol. München. (Landsh., Krüll). 2 gl.

— zu Büschings Magazin d. Historie u. Geographie, 18r Thl., betreff. die neueste Geschichte der Evangel. in Polen, (v. Frhn. v. Schlichting). 8. (Glogau) 784.

Erläuterung zu Büschings Magazin der Historie und Geographie 18ten Theil ... Schwetzko [Glogau] 1784. V: *Schlichting, Freih. von.* (Ky) (MGT)

Erläuterung und Begründung, Nähere, der von Seiten der Ritter- und Landschaft zu Gera ... vorgenommenen Neuerungen. Göttingen 1774. V: *Pütter, Johann Stephan.* (Ky)

— nähere, u. Begründung des v. Seiten der Ritter- u. Landschaft zu Gera wider den Grafen Reuß Heinrich XXX. vorgenomm. Neuerungen rc., (von J. St. Pütter). Fol. (Götting.) 774. Dieterich. 12 gl.

Erläuterung, Nähere, der Berechnung über die neue Schleswig-Holsteinische Kupfermünze ... Altona 1788. V: *Fink, Otto Jacob.* (MGT)

Erläuterung, Nähere, des Heumannischen Erweises, dass die Lehre der Reformirten Kirche vom heilig. Abendmahl die rechte und wahre sey. O. O. 1765. V: *Jungendres, Johann Wilh.* (will) (ML)

Erläuterung und Rechtfertigung, Nähere, der von Seiten der sieben Landstädte des Hochstifts Hildesheim wider die drey vorsitzende Stände ... ergriffenen Appellation. O. O. 1780. V: *Wöltge, Friedr. Joachim.* (Pütter, Litt. d. Teutsch. Staatsr., Gött. 1773—91, III, 376 f. II, 76 f.)

Erläuterung d. Pandekten. Bd. 1—7. *Lpz.*, Rabenhorst. 747—800. 8. (11 Thl.)

Erläuterung des 3ten und 4ten Paragraphs des ersten Artikels der kaiserl. Wahlkapitulation. O. O. 1794. V: *Hoffmann, Matthaeus.* (MGT)

— des Allerhöchsten Patentes vom 29. Novbr. 1852 über die Aviticitäts-Verhältnisse. Von einem praktischen Juristen. Wien 853. Braumüller. gr. 8. (1 Bl., 92 S.) n. 15 ngr

— zur, der Sonn- u. Festtägl. Perikopen d. neuen Weimar. Evangelienbuchs. Einleitungen, Predigtentwürfe u. Predigtauszüge von Chr. E. Anger, F. G. Frenkel u. K. Bj. Meißner. 1r Bd. 1ó—9ó Heft. 8. Neust. a. d. O. 826. Wagner. à Heft 9 gl. 1 rf 21 gl. 2r Jahrg. 4ó Heft. 8. Ebd. 826. 12 gl.

— phyl. therapevt. all. Arzneymittel, d. in d. n. österr. Provinzial-Pharmacopöe enth. f. 3 Thle. gr. 8. Wien. Kaulfuß. 803.

— phyl. therapeut. aller Arzneimittel, die in der neuen österr. Provinzial-Pharmacopöe enthalten sind. 3 Thle. gr. 8. Wien 803. (Schaumburg u. Comp.) 3 rf 8 gl. Hbg. Pr. 1 rf 16 gl.

Erster Entwurf. Erläuterung der Preisfrage: „Wie kann die Gesundung unseres sozialen Lebens durch Volkserziehung im Geiste der Humanität gefördert werden?" o. O. [1906]. 2 Bl. 8° [Kopftit.]

cf. MitthVdF. (1906—1907) S. 74—78; DrL. 37 (1906—1907) S. 105—106.
Die Preisfrage wurde vom Verein deutscher Frmr gestellt. 3.

Erläuterung über die der emanirten Arzneitaxe zum Grunde gelegten Principien. gr. 8. Berlin ... (H. Schultze.) n. 1/12 rf

Erläuterung an das Publikum über sein Glaubensbekenntniss. Berlin 1780. V: *Bahrdt, Carl Friedrich.* (ML)

Erläuterung einiger Puncte aus der Erneuerten Husumschen Schulordnung. Flensb. 1764. V: *Schaumann, Pet.* (Bruun, Bibl. Danica III, 758 f.)

Erläuterung der Rechte der Dissidenten, verbunden mit den Gerechtsamen der um ihre Erhaltung bemüheten Mächte. *Riga*, (Hartknoch in *Lpz.*) 767. 8. (4 Gr.)

Erläuterung derer Marggräflich Badischen Rechte auf die Lahr und Mahlbergische Reichslehne ... O. O. 1768. V: *Reinhard, Joh. Jac.* (Holz)

Erläuterung der teutschen Reichsgeschichte, nach Pütter's Grundriss. Wien 1794. V: *Dolliner, Thom.* (MGT) (Ky) (NN) »1794—1802« (WBL)

— d. deutschen Reichsgeschichte, nach Pütters Grundriß d. Staatsveränderung d. deutschen Reichs, (v. Th. Dolliner). 3 Thle., in 4 Abtheill. gr. 8. Wien 794—802. Beck. 6 ₰

— d. deutsche Reichsgesch. n. Pütters Grundr. d. Staatsveränd. d. deutsch. Reichs. 1r—3r Thl. gr. 8. Wien, Wappler. 794—802. (I. 2 Rthlr. II. 1 Rthlr. 8 gr. III. 1ste u. 2te Abth. à 1 Rthlr. 8 gr.)

Erläuterung zu der Schrift des Herrn v. Kotzebue: Das merkwürdigste Jahr meines Lebens. Prag 1802. — Leipzig 1802. V: *Kaffka, Joh. Chph.* (BiblPort)
S. a. GGr V/281, Nr. 8/75a.

— zu der Schrift des Hrn. v. Kotzebue: das merkwürdigste Jahr meines Lebens, (von J. Chr. Kaffka). 8. Riga 802. (Leipz., Voß). 16 ₰

Erläuterung, Schriftmässige, über die Frage: Ob die guten Werke nöthig seyen zur Seligkeit? ... Christiania [Greiz] 1733. V: *Fend, Christian.* (WF)

Erläuterung, Schriftmässige, über die gemeine disputirliche Frage, ob die guten Wercke nöthig seyen zur Seeligkeit mit einer Abbildung eines wahren innerlichen Christen nebst andern geistlichen Materien, insonderheit von der unchristlichen Ketzermacherey ... 2. Edition. [Frankfurt a. M.] 1734. V: *Fende, Christian.* (StBFrankf I, 99)

— schriftmäßige, ob. d. gut. Werke z. Seligkeit nöthig. 8. Alt. Hellmann. 734.

— schrift- u. vernunftmäßige, der Lehre von d. heil. Dreifaltigkeit. 8. Leipz. 766. Hartknoch. 2 ₰

Erläuterung für Herrn Caspar Schwenkfeld, und die Zugethanen, seiner Lehre, wegen vieler Stücke, beydes aus der Historie und Theologie, welche insgemein unrichtig vorgestellt, oder gar übergangen werden. *Deroselben Historie bis 1740 kürzlich entworffen; Ihre Glaubens-Bekänntnisse summarisch verfaßt; und der eigentliche Zustand der Streitigkeiten, über dem heiligen Predigt-Amt, dem heiligen Sacramenten, und der Gloria der Menschheit Jesu Christi entdecket ist. Alles aus bewährten, glaubhaften und vielen niemahls an Tag gekommenen, richtigen Documenten, und eigener Erfahrung, treulich und einfältig beschrieben und allen aufrichtigen Nachforschern und Liebhabern der Wahrheit zu Dienste, ans Licht zu stellen bedacht, durch Etliche der ehmahligen Emigranten aus Schlesien, und nunmehro eingesessene Innwohner in Pennsylvanien in Nord-Amerika. Auf eigene Kosten. Breslau u. Leipzig: In Commission bey Gottfr. Wilh. Seidel; Jauer: Heinr. Christ. Müllern 1771. (14), 468, (4) S.*

Erläuterung für Herrn Caspar Schwenkfeld, und die Zugethanen seiner Lehre, wegen vielen Stücken, beydes aus der Historie und Theologie; *allen aufrichtigen Nachforschungen und Liebhabern der Wahrheit zum Dienste ans Licht zu stellen, beabsichtigt und verfaßt worden, durch Etliche der ehemahligen gottseligen Auswanderer aus Schlesien nach Pennsylvanien in Nord-Amerika. Zweite Auflage. Von einer dazu angestellten Committee revidirt, und unter der unmittelbaren Aufsicht derselben, auf Kosten der Subscribten, gedruckt. Sumnytown, Pa.: E. Brenner 1830. (2), XIV, 507, (2). S.*

Erläuterung, Sinceri Pistophili neue und gruendliche, schwerer Stellen heiliger Schrift. Frankf. u. Leipzig [Ansbach] 1735—39. V: *Oeder, Georg Ludw.* (ML)

Erläuterung eines Sprichworts. [Nürnb. 1799.] V: *Siebenkees, Joh. Christian.* (Will) (MGT)

Erläuterung einiger historischen Sprichwörter. [Nürnb. 1799.] V: *Siebenkees, Johann Christian.* (Will) (MGT)

Erläuterung des Würtembergischen Spruchbuchs zum Gebrauch für Schullehrer ... Stuttgart 1798. V: *Scholl, Gottfried Heinrich.* (Ky) (MGT)

— staatsrechtl.-politische, des §. 34. des neuen Entschädigungsplans, nach vorausgegang. histor. Entwickelung des Grundcharakters unserer Konstitution, u. dessen Bestimmung durch das Entschädigungsgeschäft, (v. Fr. Kohlhaas). 8. (Regensb.) 802. Dann unter folg. T.: Wissenschaftl. Entwickelung des Grundcharakters unserer Konstitution, mit Hinsicht auf dessen Bestimmung durch d. Entschädigungsgeschäft. 8. Regensb. 803.

Erläuterung des Namens Sudan. [Nürnberg 1786.] V: *Welser von und zu Neuhof, Hans Carl.* (ML)

— über die Langianische Syntaxin ordinariam figuratam et ornatam. 8. Braunschw. 763. Schröder. 3 ₰

Erläuterung des Systems der Wesen. O. O. 1769. V: *Reinhard, Adolph Fridr. von.* (ML)

Erläuterung eines Theiles der Ansprüche und Gerechtsame des Herrn Friedr. August von der Pforte ... Cöthen 1797. V: *Haase, Joh. Chn Gottlieb.* (MGT)

Erläuterung, U n u m s t ö ß l i c h e , der Notae, wie sie in dem ... Hoch-Fürstl.-Brandenburgischen ... Beytrag ... beygedruckt worden, s. B a u m g a r t n e r , Christoph Konrad

([E r l ä u t e r u n g] der Baadischen Vergleichs-Handlung von Anno 1755, [den] Einwohnern des Lands Toggenburg [aufgesetzt durch] die Abgesandten der drey Hochlöblichen paciscirenden Ständen Zürich Bern und Fürstl. Stifft St. Gallen dißmal in Frauenfeld versammlet... den 1. Tag Februarii Anno 1759.) 4. *o. O.*
Ausg. A 7 S. — Aus. B. 5 S.

Erläuterung und Vermehrung der Nassauischen Catechismus-Fragen. Idstein 1727. V: *Lange, Joh. Christian.* (Myl)

— vollständ., des gemeinen Deutschen u. Sächsischen Processes, (v. S. G. Liekefett). 4 Bde. gr. 8. Leipz. 791—94. (Enobloch). 7 ℳ 8 𝔤𝔤

Erläuterung, Vollständige, des gemeinen teutschen und Sächsischen Processes. Leipzig 1792—94. V: *Liekefett, Samuel Gottfried.* (EngJ) (Ky) (MGT) »Erläuterungen« (OL)

Erläuterung, Vollstaendige, sämtlicher summarischer Prozessacten. Leipz. 1795—96. V: *Liekefett, Samuel Gottfried.* (OL) (EngJ) (MGT) (Ky)

— sämmtl. summar. Processarten. (von S. G. Liekefett). 3 Thle. gr. 8. Leipz. 794 — 96. Enobloch. 5 ℳ

Erläuterung, Vollständige, sämmtlicher summarischer Processarten. Leipzig 1795—96. V: *Liekefett, Samuel Gottfried.* (KGBerlin I, 930)

Erläuterung einer in Kupfer gestochenen Vorstellung des Erdbodens ... Neue Aufl. O. O. 1795. V: *Hähn, Johann Friedrich.* (Ky)

— e. in Kupfer gestoch. Vorstellung d. Erdbodens, worauf 22 kl. Karten, (v. J. F. Hähn). N. A. 8. Berl. 795. Reimer. 12 𝔤𝔤

Erläuterung einer in Kupfer gestochenen Vorstellung des Brandenburgischen Hauses ... Berlin 1751. 2. ... Aufl. 1759. V: *Hähn, Johann Friedrich.* (Ky) (Fiker (ML)

— e. in Kupfer gestoch. Vorstellung des Hauses Brandenburg, (v. J. F. Hähn). Mit Kpf. 12. Berl. 751. 2e A. 759. Reimer. 22 𝔤𝔤

— einer in Kupfer gestochenen Vorstellung d. röm. Kaiser, (v. J. F. Hähn). 6e Aufl. 8. Berl. 764. Reimer. 9 𝔤𝔤

Erläuterung einer in Kupfer gestochenen Vorstellung von der Reformationsgeschichte. O. O. 1772. V: *Hähn, Joh. Friedrich.* (Ky)

Erläuterung der Holländischen ... Waaren-, Geld- und Wechsel-Preiss-Couranten ... [Leipzig? 1730?] V: *Marperger, Paul Jacob.* (BrMm)

Erläuterung der neuesten Welt-Geschichte aus den vorhergehenden und älteren Zeiten ... Kiel 1741—42. V: *Hane, Philipp Friedrich.* (EB)

Erläuterung zum Zeichenschlüssel nebst Vorschrift über die Anwendung der Signaturen in den Militär-Aufnahms-Sectionen. Hrsg. vom k. k. militär.-geogr. Institute in Wien. 8. (XII, 116 S.) Wien 887. (Lechner's Sortiment.) n. 1. 60

Erläuterung der Zeitvorfälle. Für teutsche Gemüther. Stück 1. O. O. u. J. (München 1813?). 8°. 8 S. Beibd.

Erläuterung einer Censur-Mystification, betreff.: das Erklärungsblatt e. lithograph. polit. Zeitbildes ohne Titel, v. Ortlep II. gr. 8. (1 B.) Leipzig 831, (Sühring.)

— d. **Civil-Jurisdictionsnorm** u. Scheidlein. gr. 8. Wien, Gassler. 805.

Erläuterungen, s.a. E r l ä u t e r u n g .

Erläuterungen der Abbildungen von den Bildhauer-Arbeiten des Johann Gottfried Schadow, seines Sohnes Ridolfo Schadow, und der Transparent-Gemälde des Professors Kolbe nach Gedichten von Wolfgang von Goethe. (Mit 29 Tafeln). Berlin 1849. Fol.

.**Erläuterungen** der Kästnerischen Analysis endlicher Grössen. Mannheim 1776. V: *Langsdorf, Carl Christian.* (EB)

Erläuterungen der Kaestnerischen Analysis endlicher Grössen. Mannheim 1776—77. V: *Langsdorf, Karl Christian.* (StBFmath S. 85)

.**Erläuterungen** der Kästnerischen Anfangsgründe der Arithmetik, Geometrie, ebenen und sphärischen Trigonometrie ... Altenburg 1781. V: *Lempe, Johann Frdr.* (Ky) (MGT)

Erläuterungen einiger der neuesten kirchlichen Angelegenheiten der Reichsstadt Bremen ... Hamb. 1803. V: *Petri, Georg Wilhelm.* (Ky) (MGT)

— e. der neuerl. kirchl. Angelegenheiten d. Reichsst. Bremen. Mit Anmerkk. (von G. W. Petri). 8. Hamb. 803. (Aus d. theolog. Annalen N. XVI. abgedr.)

— über drei Anmerkk., die in dem Entwurfe D. F. Sterzingers von dem Zustande der baierischen Kirche unter dem ersten christl. Herzoge Theodor II. den Zenobiten anstößig fielen. 4. München 773. Lentner. 2 𝔤𝔤

* Erläuterungen über die öffentlichen Anstalten zum Besten sowohl der Witwen als Sterbefälle nebst der Beschreibung einer neuen Art von Tontine, die für das Publikum eben so bequem als für den Staat nützlich ist. Berechnet unter der Aufsicht des Herrn. *Leonard Euler* durch Herrn *Nicolas Fuss* Adjunktus der Kaiserl. Akadem. der Wissenschaften zu Petersburg. Aus dem Französischen übersetzt und mit einer Einleitung versehen von *Johann Augustin Kritter* Senat. und Camerar. in Göttingen. Altenburg in der Richterischen Buchhandlung. 4. 79 S.
1782.

Erläuterungen über die ganze Aesthetik in einer Nuss, in einigen Briefen den Liebhabern der neuen aesthetischen Schreib- und Dichtungsart mitgetheilet. Frey-Singen [Sorau] 1755. V: *Reichel, Chph Carl.* H: *Rosenberg, Abrah. Glob.* (Waniek, Gottsched, Leipz. 1897, S. 601.) V: *Schönaich, Chph Otto Freih. von.* (Wr) V: *Reichel, Joh. Gfr. & C. O. Freih. von Schönaich.* (Ladendorf, Schönaich. Leipz. 1897, S. 69.)

— zum geschichtlichen Atlas der Rheinprovinz, s.: Publikationen der Gesellschaft f. rheinische Geschichtskunde. XII.

[Kopft.:] [Hg.] Verein z. Förderg d. Deutschthums in d. Ostmarken. Erläuterungen über die nächsten Aufgaben des Vereins. *(Posen 1891.)* (7 S.) 1 Bd 8. 100 1891

— ausführl., d. Wolfisch. vernünft. Gedank. v. d. Mensch. Thun u. Lassen. 8. Frankf. 735.

Erläuterungen und Ausführungen zum Voranschlag des Budgets für das Fiscaljahr 1899—1900. Frankfurt a. M. [1899]. V: *Limantour, J. Y.* (Rothsch)

Erläuterungen zur Ausstellung des Vereins der Steinkohlenwerke des Aachener Bezirks in Düsseldorf 1902. Aachen, 1902. 92 S. mit Abb.

[Erläuterungen zu den Ausstellungsgegenständen der] Ständigen Ausstellung für Arbeiterwohlfahrt Charlottenburg. (Berlin)
[Bd 1. Umfassend] 1905—1911

Erläuterungen betreffend A. den Bau der Verbindungsbahnen in und um Cöln ... B. den Bau der Bahn von Rolandseck nach Bingen. [Cöln 1862.] V: *Hartwich, Emil.* (StBKöln II, 268)

Erläuterungen zur Baupolizeiordnung f. die Vororte v. Berlin vom 5. Decbr. 1892, nebst Übersichtsplan u. erläut. Holzschn. [Aus: „Centralbl. der Bauverwaltg."] gr. 8. (13 S.) Berlin 893. W. Ernst & Sohn. n. — 60

Erläuterungen zu den Bekenntnissen eines Soldaten. Von einem Freunde der Wahrheit. Wien 1851. 8°. (Verin. Jähns.)

Erläuterungen zu den Bekenntnissen eines Soldaten. Wien 1851. V: *Babarcsy, Emerich von.* (Auctions-Kat. Gilhofer & Ranschburg-Wien XI.)

„Erläuterungen zu der magdeburgischen Beleuchtung des Entwurfs zu einem Zolltarife für das vereinte Deutschland, von einem gewesenen Deputirten des Handelsstandes in Königsberg beim Freihandelsverein in Frankfurt am Main", Königsberg 1849. — Vorh.: Com. Bibl. Hamburg.

Erläuterungen zur Benutzung der von der Königl. Preuss. Admiralität herausg. See-Karten der Jade-, Weser- u. Elb-Mündungen. Berlin 1859.

—— zur Benutzung der von der königl. preuss. Admiralität herausgegebenen See-Karten der Jade-, Weser- und Elb-Mündungen. gr. 8. (17 S.) Berlin 860, D. Reimer. *

Erläuterungen des Allgemeinen Preußischen Berggesetzes (1865). Von den Juristen der Preußischen Bergbehörden. Bonn, 1865. 78 S.

Erläuterungen zu den Beschlüssen des Stadtmagistrats München vom 27. Juli 1894 betr. die Einführung des elektrischen Tramway-Betriebes u. die Ausdehnung der elektr. Straßenbeleuchtung. gr. 4. (45 S.) München 894. (J. Lindauer.) n. 1. —

Erläuterungen, die Bestimmungen der Verfassungs-Urkunde vom 5. Dezbr. 1848 über Religion, Religionsgesellschaften und Unterrichtswesen betreffend. (Hrsg. vom Ministerium der geistl., Unterrichts- rc. Angelegenheiten.) gr. 4. (33 S.) Berlin 849, Deckersche geheime Ober-Hofbuchdr.

— zu dem v. 1. I. 1910 gültigen Betriebsreglement f. d. Eisenbahnen d. im Reichsrate vertreten. Königreiche u. Länder nebst 2 Textregistern. Aufgelegt als Anleitg. z. Dienstgebrauch v. d. gemeinschaftl. Eisenbahn-Direktoren-Konferenz. (62 S.) 8. Wien 909. Druckerei- u. Verlags-Aktien-Gesellschaft vorm. R. v. Waldheim. — 50

Erläuterungen und Beweggründe zum Entwurf einer Kirchenordnung für die evangelisch-luther. Kirche im Königr. Sachsen. gr. 8. (36 S.) Dresden 860, Meinhold und Söhne. Thlr. *

Erläuterungen zur Bilanz des Sondervermögens und der Sonderlast der Landes-Versicherungsanstalt Schlesien nach dem Stande vom 1. Januar 1904. Breslau, 1905. 23 S.

Erläuterungen zum Bundesgesetze betreffend die Erwerbung und den Betrieb von Eisenbahnen für Rechnung des Bundes ... [Bern 1898.] V: *Weissenbach, Placid, Ldv. Mürset & Edm. Wilh. Milliet.* (BSchwLk V, 9 h)

Erläuterungen zum Bundesgesetze betr. d. Erwerbg. u. d. Betrieb v. Eisenbahnen f. Rechng. d. Bundes u. d. Organisation d. Verwaltg. d. schweiz. Bundesbahnen, v. 15. X. 1897. Beilage z. „Berner Korrespondenzblatt" (V. Jahrg. 1898). Lex.-8. (63 S.) Bern 898. Schmid & Francke. n. — 50

Erläuterungen der allgemeinen Dienstbotenordnung, welche von der k. k. mähr. Statthalterei unterm 6. Februar 1857 Z. 122 für das Kronland Mähren geltend kundgemacht wurde. Von einem praktischen Juristen. Olmütz, 1857. Dr. und Verlag von Anton Halauska's Universitäts-Buchdruckerei. In Kommission bei Johann Neugebauer. (28 S. 8)

Aechte Erläuterungen u. Zusätze zu der Rede des Reichsraths-Referenten Fürsten Ludwig v. Oettingen-Wallerstein, gelegentl. der Berathungen über die *Klösterfrage*. Der Kammer der Reichsräthe überreicht in ihrer 28. Sitzung des Landtages 1845/46. O. O. u. J. 8°. 1 Bl. CCIII S. Beibd.

— u. Zusätze, ächte, zu d. Rede des Reichsraths-Referenten Fürsten Ldw. v. Oettingen-Wallerstein gelegentlich d. Berathung üb. die Klösterfrage. Der Kammer d. Reichsräthe überreicht in ihrer 28. Sitzung des Landtages $18^{45}/_{46}$. gr. 8. München 846. (Palm.) n. $^1/_3$ ℔

Erläuterungen und Zusätze, Aechte, zu der Rede des Reichsraths-Referenten Fürsten von Oettingen-Wallerstein über Kölster und Quarten. München 1846. V: *Oettingen-Wallerstein, Ludwig Fürst von.* (BMarsch 92)

Erläuterungen der Hermesianischen Einleitungen in die christkatholische Theologie ... Trier 1833. V: *Neumann, L.* (Schmal) »1835« (Ky)

—— der Hermesischen Einleitung in d. christ-kathol. Theologie. (Von L. Neumann.) 1., philos. Thl. Ein Versuch. 8. (9¼ B.) Trier 834, Gall.

Erläuterungen zur athmosphär. Eisenbahn von Dublin nach Dalkey ausgeführt u. in Betrieb gesetzt durch die Hrn. Clegg u. Samuda in Irland. Lex.-8. (¼ B. u. 1 Stahlst.) Darmstadt 844, Lange. *

Erläuterungen zum Entwurfe eines permanenten Lagerforts mit Bezug auf die Pläne litt. *A*, *B*, *A'*, *B'* und Erläuterungen zum Entwurfe eines provisorischen Lagerforts mit Bezug auf die Pläne litt *C* und *C'*. Nebst von Sr. k. k. A. Majestät genehmigten Beschluss (*E*) der Commission *B* mit Bezug auf die Pläne litt. *A*, *B*, *C*, *A'*, *B'*, *C'* und Schriftstück *D*. Wien. am 25. Juni 1872, ferner: Auszug (*L*) aus dem Kommissions-Protokoll vom 5. Dezember 1872 mit Bezug auf die Pläne litt. *F*. *F'*. *G*, *H*. *I*, *K* und Bemerkungen (*M*) über die Einrichtung der Wallgänge. (Lithographiert. Mit 1 Tabelle und 13 Plänen.)
gr. Fol. (Wien 1872—1873.)

Erläuterungen zu dem Entwurfe eines Landes-Kulturgesetzes für Württemberg, s. Entwurf.

Erläuterungen zu dem Entwurf eines Landes-Kulturgesetzes für Württemberg. (184 S.) Stuttgart 1855

Erläuterungen zum Entwurf des Strafgesetzbuches für das Kgl. Preuß. Militär. T. 1. 2. Berlin 1835 —37. 8°.

„Erläuterungen zum Entwurf einer Wechselordnung nach den Beschlüssen einer Commission des kgl. Staatsraths", Berlin 1845. — Vorh.: Bibl. des Reichsbankdirektoriums Berlin.

— u. Ergänzungen z. Janssens Geschichte d. deutschen Volkes. Hrsg. v. Ludw. Pastor. I. Bd. 1.—3. Hft. gr. 8. Freiburg i/B. 898 Herder. n. 4. —
1. Luthers Lebensende. E. krit. Untersuchg. von Nik. Paulus. (VIII, 100 S.) n. 1. 40
2. 3. Nationaler Gedanke u. Kaiseridee b. d. elsäss. Humanisten. Ein Beitrag z. Geschichte d. Deutschthums u. d. polit. Ideen im Reichslande. Von Jos. Knepper. (XV, 207 S.) n. 2. 60

— u. Ergänzungen zu Janssens Geschichte des deutschen Volkes. Hrsg. v. Ludw. Pastor. I. Bd., 4.—6. Hft. gr. 8. Freiburg i/B., Herder. n. 4. 60; (1. Bd. kplt. n. 8. 60; geb. in Leinw. n. 10. —)
4. Pater Augustin v. Alfeld († um 1532). Ein Franziskaner aus den ersten Jahren der Glaubensspaltg. in Deutschland. Von Leonh. Lemmens, O. S. F. (VII, 108 S.) 899. n. 1. 60
5. 6. Die Reichsstadt Schlettstadt u. ihr Antheil an den social-politischen u. religiösen Bewegungen der J. 1490—1536. Nach meist ungedr. Quellen bearb. Von Jos. Gény. (XIV, 223 S.) 900. n. 3. —

— — dasselbe. II. Bd. 5 Hfte. gr. 8. Ebd. n. 8. 80; geb. in Leinw. n. 10. 20
1. Bernhard Adelmann v. Adelmannsfelden, Humanist u. Luthers Freund (1457—1523). Ein Lebensbild aus der Zeit der beginn. Kirchenspaltg. in Deutschland. Von Frz. Xav. Thurnhofer. (VII, 153 S.) 900. n. 2. 20
2. 3. Der Karmelit Eberhard Billick. Ein Lebensbild aus dem 16. Jahrh. Von Alois Postina. (XII, 244 S.) 901. n. 3. 40
4. Die Jesuiten an den deutschen Fürstenhöfen des 16. Jahrh. Auf Grund ungedruckter Quellen. Von Bernh. Duhr, S. J. (IX, 155 S.) 901. n. 2. 20
5. Der Bauernkrieg in Steiermark (1525). Eine histor. Studie. Von Mich. Maria Rabenlechner. (VIII, 56 S.) 901. n. 1. —

Erläuterungen u. Ergänzungen zu Janssens Geschichte des deutschen Volkes. Hrsg. v. Ludw. Pastor. III. Bd. 1.—4. Hft. gr. 8. Freiburg i/B., Herder. n. 7. 30
1. Die katholische Restauration in den ehemaligen Kurmainzer Herrschaften Königstein u. Rieneck. Nach archival. Quellen dargestellt. Von Jak. Schmidt. (XII, 124 S.) 902. n. 1. 80
2.–4. Jakob Wimpfeling (1450—1528). Sein Leben u. seine Werke nach den Quellen dargestellt. Von Jos. Knepper. (XX, 375 S.) 902. n. 5. 50

— u. Ergänzungen zu Janssens Geschichte des deutschen Volkes. Hrsg. v. Ludw. Pastor. III. Bd., 5. Heft. gr. 8. Freiburg i/B., Herder. n. 2. 50 (3. Bd. kplt. n. 9. 80; geb. in Leinw. n. 11. 20)
Kurmainz in den Pestjahren 1666—1667. Von Heinr. Schrohe. (XV, 133 S.) 903.

Erläuterungen und Ergänzungen zu Janssens Geschichte des deutschen Volkes. Hrg. von Ludwig Pastor. Band 4. (5 Hefte [= 4 Teile].) VI (+ *zus.* XLVI + 712) S. 8. Freiburg im Breisgau, 1905. [M. 12. 60, geb. 14. —]

Die einzelnen Hefte a. u. bes. Titeln, einzeln käuflich.
Heft 1 und 2: Paulus, Nikolaus. Die deutschen Dominikaner im Kampfe gegen Luther ⟨1518—1563⟩. XIV + 335 S. 1903. [M. 5. —] — Heft 3: VIII + 66 S. 1901. [M. 1. 40] — Heft 4: Pastor, Ludwig. Die Reise des Kardinals Luigi d'Aragona durch Deutschland, die Niederlande, Frankreich und Oberitalien, 1517—1518, beschrieben von Antonio de Beatis. Als Beitrag zur Kulturgeschichte des ausgehenden Mittelalters veröffentlicht und erläutert von L. P. XII + 186 S. 1905. [M. 3. 50] — Heft 5: Hirn, Ferdinand. Geschichte der Tiroler Landtage von 1518 bis 1525. Ein Beitrag zur sozialpolitischen Bewegung des 16. Jahrhunderts. Mit Benützung archivalischer Quellen dargestellt. XII + 124 S. 1905. [M. 2. 70]

Erläuterungen und Ergänzungen zu Janssens Geschichte des deutschen Volkes. Hrg. von Ludwig Pastor. Band 5. (5 Hefte [= 3 Teile].) VI (+ *zus.* L + 720) S. 8. Freiburg im Breisgau, Herder, 1907. [M. 13. 80, geb. 15. 20]

Die einzelnen Hefte a. u. bes. Titeln, einzeln käuflich.
Heft 1 und 2: Gulik, Wilhelm van. Johannes Gropper ⟨1503—1559⟩. Ein Beitrag zur Kirchengeschichte Deutschlands, besonders der Rheinlande, im 16. Jahrhundert. Mit Benutzung ungedruckter Quellen. XVI + 278 S. 1906. [M. 5.—] — Heft 3 und 4: Götz, Johann Baptist. Die Glaubensspaltung im Gebiete der Markgrafschaft Ansbach-Kulmbach in den Jahren 1520—1535. Auf Grund archivalischer Forschungen. Mit urkundlichen Beilagen. XX + 291 S. 1907. [M. 5. 50] — Heft 5: Knieb, Philipp. Geschichte der katholischen Kirche in der freien Reichsstadt Mühlhausen in Thüringen von 1525 bis 1629. Nach archivalischen und andern Quellen bearbeitet. XIV + 151 S. 1907. [M. 3. 30]

Erläuterungen und Ergänzungen zu Janssens Geschichte des deutschen Volkes. Hrg. von Ludwig Pastor. Band 6. (4 Hefte [= 3 Teile].) VI (+ *zus.* XXXIV + 335) S. 8. Freiburg im Breisgau, Herder, 1908. [M. 8. 20, geb. 9. 60]

Die einzelnen Hefte a. u. bes. Titeln, einzeln käuflich.
Heft 1: Siebert, Hermann. Beiträge zur vorreformatorischen Heiligen- und Reliquienverehrung. XII + 64 S. 1907. [M. 2. —] — Heft 2 und 3: Pfleger, Luzian. Martin Eisengrein ⟨1535—1578⟩. Ein Lebensbild aus der Zeit der katholischen Restauration in Bayern. XIV + 175 S. 1908. [M. 3. 60] — Heft 4: Falk, Franz. Die Ehe am Ausgange des Mittelalters. Eine kirchen- und kulturhistorische Studie. VIII + 96 S. 1908. [M. 2. 60]

Erläuterungen und Ergänzungen zu Janssens Geschichte des deutschen Volkes. Hrg. von Ludwig von Pastor. Band 7. (6 Hefte [= 3 Teile].) VI (+ *zus.* LXXXIV) + 608 S. 8. Freiburg im Breisgau, Herder, 1910. [M. 17. 60, geb. 19. —]

Die einzelnen Hefte a. u. bes. Titeln, einzeln käuflich.
Heft 1 und 2: Schmidlin, Joseph. Die kirchlichen Zustände in Deutschland vor dem Dreissigjährigen Kriege nach den bischöflichen Diözesanberichten an den Heiligen Stuhl. Teil 1: Österreich. LXVIII + 187 S. 1908. [M. 6 —] — Heft 3 und 4: Teil 2: Bayern ⟨einschl. Schwaben, Franken, Ober- und Niederösterreich⟩. VIII + 166 S. 1910. [M. 4. 60] — Heft 5 und 6: 3. ⟨Schluss-⟩ Teil: West- und Norddeutschland. VIII + 254 S. 1910. [M. 7. —]

Erläuterungen des Evangelium St. Johannis. 8. (IV und 405 S.) Berlin 866, Wiegandt und Grieben. *

— d. Hamb. Fallitenordn. 1r. f. Anderson, Hamb. Privatr. 7r Thl. 18.

Erläuterungen des Höchstcommandirenden der südwestdeutschen Bundes-Armee zu dem ... Feldzugs-Journal ... des Prinzen Alexander von Hessen ... München 1867. V: *Carl Prinz v. Bayern.* (KA)

—— des Höchstkommandirenden der südwestdeutschen Bundes-Armee zu dem im Buchhandel erschienenen Feldzugs-Journal Sr. großherzogl. Hoheit des Prinzen Alexander von Hessen, Oberbefehlshaber des 8. deutschen Bundes-Armee-Corps im Feldzuge von 1866. gr. 8. (13 S.) München 867, Manz.

Erlaeuterungen des Höchstkommandierenden der südwestdeutschen Bundes-Armee zum Feldzugs-Journal des Prinzen Alexander von Hessen. 2. Aufl. München 1867. 13 S.

Erläuterungen zur Flötzkarte des Saarbrücker Steinkohlen-Distriktes. Gotha.

Erläuterungen verschiedener wichtiger Gegenstände für den Staatsmann und Gelehrten; a. d. Franz. ... Schmalkalden 1786. V: *John, Frdr. Aug.* (MGT)

Erläuterungen zu d. neuen badischen Gemeinde-Ordn., geschöpft a. d. Verhandln. beider Kammern. gr. 8. (11½ B.) Karlsruhe 832, Müller.
Vgl. Gesetz.

Erläuterr. zu d. neuen Gemeinde-Ordn. für d. Grossh. Baden; zusammengest. a. d. Verhandll. d. badisch. Kammern. 2e Aufl. *Karlsruhe*, Müller. 832. gr. 8. (9 Gr.)

— gemeinfaßliche, der allgem. österr. Wechselordnung vom 25. Jänner 1850, in ihrem Unterschiede v. den früheren österreich. Wechselgesetzen, f. Nichtjuristen, Kaufleute, Fabrikanten, Professionisten 2c. sammt einer vollständ. Darstellung sämmtlicher bestehender Wechselproceßgesetze. Mit allen nöthigen Formularien u. vielen Beispielen versehen. 8. (IV u. 224 S.) Wien 850. (Leipzig, Hübner.) n. ⅔ ₰

— d. unterm 14. Dec. 1801 in Chursächs. emanirten Generalis. gr. 8. Zeitz, Webel. 803.

[F.] Erläuterungen zum Preussischen Gerichtskostengesetz v. 25. Juni 1895 u. zu den m. d. amtl. Ausg. dess. erschienenen Tab. nebst Ausführgsverfügungen u. e. Sachreg. z. amtl. Ausg. u. zu d. Erläut. Hrsg. v. Otto Flügge, Geh. Kalkulator im Justizminist. *Berlin: R. v. Decker 1895.* (3 Bl., 121 S.) 1 Bd 8. [56. 3164

Erläuterungen der jüdischen Geschichte, bis zur Zerstörung Jerusalems durch die Römer ... Tübingen 1824. V: *Gaab, Johann Friedrich von.* (Ky)

- d. jüdischen Geschichte, bis zur Zerstörung Jerusalems durch die Römer. In kurzen Sätzen f. Studirende u. denkende Leser. (v. Gaab). 8. Tübing. 824. Osiander. 16g.

Erläuterungen, geschichtl., z. N. Testamente. I., s.a. Schriften, kleine, z. Beförderung d. christl. Glaubens rc. No. 4.

— geschichtl., zum neuen Testamente. 1. Herodes. 8. Nürnberg 828. Raw. 1/12 ℛ

Erläuterungen zu dem Gesetze, betreffend den Verkehr mit Wein, weinhaltigen und weinähnlichen Getränken, v. 24. Mai 1901. Hrsg. vom Bunde deutscher Nahrungsmittel-Fabrikanten und -Händler. Vorw.: R. Kayser. Nürnberg [1901]: Stich. 64 S. -

— d. Glaubenslehren, üb. Seedorfs Briefe. 8. Breslau, Meyer. 750.

— zu Grillparzer, König Ottokars Glück u. Ende, s.: König's, Wilh.. Erläuterungen zu den Klassikern.

Erläuterungen über einige Grund-Begriffe der Württembergischen Landes-Grund-Verfassung nach dem Geist und den Folgen des Tübinger Vertrags von 1514 mit Anwendung auf die neuesten Verhältnisse. [Stuttg.] 1816. V: *Gutscher, Frdr.* (Kat. d. ständ. Bibl. Stuttg. 1907. S. 247.)

Erläuterungen über einige Grundbegriffe der Württembergischen Landesgrund-Verfassung nach dem Geist und den folgenden des Tübinger Vertrags von 1514 mit Anwendung auf die neuesten Verhältnisse (von E. F. Paulus,) gr. 8. Stuttgart, Metzler. 816. (Commission).

Museumsverein. — ERLÄUTERUNGEN ZUM HAFENMODELL von 1840, ausgestellt im Jahre 1898. (Hamburg 1898. Druck von Lütcke & Wulff.) (Ohne bes. Titelbl.) 8°.

— z. d. vier Hauptcharten d. schlesisch. Atlas. 8. Bresl. Pietsch. 763.

— d. Heraldik, als e. Commentar üb. Gatterer. m. K. Fol. Nürnb. Weigel. 788.

— der Heraldik, als e. Commentar über Gatterer. Abriß dieser Wissenschaft, (v. Jh. Chrstn. Siebenkees). Mit 23 Kpft. Fol. Nürnb. 789. Schneider u. W. 2 ℛ 16 ℊ

Historisch-ethnographisch-statistische Erläuterungen zur neuesten National- und Sprachenkunde des österreichischen Kaiserstaates und der angrenzenden Theile, mit genauer Angabe der einzelnen Sprachenfamilien. Im Verein mit Mehreren herausgegeben von R. A. Fröhlich. Mit 1 Karte unter dem Titel: Neueste National- und Sprachenkarte des österreichischen Kaiserstaates und der angrenzenden Theile mit genauer Angabe der einzelnen Sprachenfamilien. 8. Wien 1849.

Erläuterungen, Historisch-geographische, des Handels und der jetzigen Lage der österreichischen und vereinigten Niederlande ... Nürnberg 1785. V: *Jäger, Wolfgang.* (will) (Ky) (BB)

- histor.-geographische, des Handels u. der jetzigen Lage der österr. u. vereinigten Niederlande wegen Eroffnung der Schelde rc., (v. W. Jäger). Mit 1 Karte. 8. Nürnb. 785. (Schneider u. W.) 8 ℊ

Erläuterungen zu Hubers Holzkabinet oder Naturgeschichte der vorzüglichsten deutschen Holzarten in Tabellen dargestellt. - Landshut, München 1801-1805. Tab. 1-3

— d. Prophet Hosea u. Joel. 8. Berl. Rüdiger. 761.

Erläuterungen zum Jahrbuch des Vereins für wissenschaftliche Pädagogik, s.a. Jahrbuch des Vereins für wissenschaftliche Pädagogik.

ERLÄUTERUNGEN ZUM JAHRBUCH DES VEREINS FÜR WISSENSCHAFTLICHE PÄDAGOGIK nebst Mitt(h)eilungen an seine Mitglieder.

Von Dr. T. ZILLER, Professor an der Universität zu Leipzig.

Jahrg. (VIII.) 1876[1]. Langensalza 1876. Druck und Verlag von Hermann Beyer & Söhne. 8°. — Jahrg. (IX.) 1877. ib. 1878. — Jahrg. (X.) 1878. ib. 1878. — Jahrg. (XI.) 1879. ib. 1880. —

In Vertretung des Herrn Prof. D. T. ZILLER herausgegeben von Dr. O. ALTENBURG. Prorektor am Gymnasium zu Ohlau.

Jahrg. XII. 1880. ib. 1880. — Jahrg. XIII. 1881. ib. 1882. —

Begründet von Prof. Dr. T. ZILLER. Herausgegeben von Univ.-Prof. Dr. THEODOR VOGT in Wien.

(Jahrg. XIV. 1882.) Leipzig. 1882. Verlag von Veit & Comp. — (Jahrg. XV. 1883[1]) ib. 1884. — (Jahrg. XVII. 1885.) ib. 1886. — (Jahrg. XVIII. 1886.) ib. 1887. — (Jahrg. XIX. 1887.) Dresden 1888. Verlag von Bleyl & Kaemmerer. (Paul Th. Kaemmerer.) — (Jahrg. XX—XXX. 1888—1898.) ib. 1889—1899. — (Jahrg. XXXI—XXXVII. 1899—1905.) ib. 1900—1905. Verlag von Bleyl & Kaemmerer. (Inh. O. Schambach).

Begründet von Prof. Dr. T. ZILLER. Herausgegeben von Univ.-Prof. Dr. THEODOR VOGT in Wien und Prof. Dr. KARL JUST in Altenburg.

(Jahrg. XXXVIII. 1905.) ib. 1906. —

Begründet von Prof. Dr. T. ZILLER. Herausgegeben von Prof. Dr. KARL JUST in Altenburg.

(Jahrg. XXXIX. 1906.) ib. 1907. —

Begründet von Prof. Dr. T. ZILLER. Fortgesetzt von Prof. Dr. TH. VOGT. Herausgegeben von Prof. Dr. W. REIN.

(Jahrg. XL. 1907.)[2]) Dresden-Blasewitz 1908. —

(Jahrg. XLI. 1908.) ib. 1909. —

— d. Oesterr. Justizgesetze u. d. Grunds. d. philos. Rechts. 1r Thl. 8. Leipz. F. C. W. Vogel. 790.

Erläuterungen zu der geognostischen Charte des Königr. Sachsen und der angränz. Länderabtheilungen. Herausgeg. von Carl Fr. Naumann. A. u. d. T.: Geogn. Beschreibung des Königr. Sachsen und der angränz. Länderabtheilungen. 1. Heft. Erläuterungen zu Section XIV. — Geogn. Skizze der Gegend zwischen Taucha, Strehla, Heinichen u. Altenburg. Von C. F. Naumann. 2. unveränd. Ausg. gr. 8. Dresden u. Leipzig 845, Arnoldische Buchh. n. 1 ℛ

— dass. 2. Heft. Erläuterungen zu Section XV. — Geogn. Skizze der Gegend zwischen Gößnitz, Oederan, Sebastiansberg u. Auerbach. Von C. F. Naumann. 2. Ausg. Mit 3 Steindrucktaf. gr. 8. Ebend. 845. n. 3 ℛ

— dass. 3. u. 4. Hft. Erläuterungen zu Section VI. u. VII. — Geogn. Skizze der Gegend zwischen Neustadt, Bischoffswerda, Wittichenau, Rothenburg, Görlitz, Ostritz, Rumburg, und Schluckenau, Schandau, Zittau, Kratzau, Gabel, Böhmisch-Leipe, Wernstadel und Teischen. Von Bernh. Cotta. 2. Ausg. Mit 3 Steindrucktaf. gr. 8. Ebend. 845. n. 1½ ℛ

– dass. 5. Heft.

— zur geognostischen Karte Tirols und Schlussbericht der administrativen Direction des Geognostisch-Montanistischen Vereines für Tirol und Vorarlberg. Redig. von d. Vereins-Secretair Herm. v. Widmann. Innsbruck 853. (Wagner.) gr. 4. (4 Bl., 22, 21, 69 S.; 1 Bl., 96, 5 S.) n. 2 ℛ
Geognost. Karte Tirols etc. In 13 Blättern gr. Fol. Ebend. 852. nn. 14 ℛ

Erlaeuterungen zur geologischen Karte von Preussen und benachbarten Bundesstaaten. Hrsg. von d. Kgl. Preuss. Geolog. Landesanstalt u. Bergakademie. Lfg 52. 64. 70. 78. 81. 92. 95. 100. 101. 103. 108—111. 119. 120. 122—124. 126—132. 134—140. 142—144. 146—148. 155. 158. 171. Berlin 1905—1910. 8°.

Erläuterungen zu der Karte über die Produktion, Konsumtion und Zirkulation der mineralischen Brennstoffe in Preussen während der Jahre 1860 u 71. Berlin 1862. 73

— einig. in K. gestochn. Chart. der Kriegsbaukunst. 8. Berlin, Realsch. 757.

Erläuterungen über das Kataster-Gesetz. Solothurn ca. 1865.

Erläuterungen, Kirchenrechtliche, über die Statuten des Domkapitels von Basel. O. O. [1838]. V: *Vock, Alois.* (Cat. d. Stadtbibl. Zürich. Zürich 1864—97.)

Erläuterungen zu Klage und Replik der Actionäre der (aufgehobenen) solothurnischen Bank gegen den Staat Solothurn ... O. O. [1887]. V: *Kaiser, Sim.* (Cat. d. Stadtbibl. Zürich. Zürich 1864—97.)

Erläuterungen zu den ausländischen Klassikern. 1—Bdchn. gr. 16. Leipzig 874. 75. Wartig. à n. 1.
1. Shakespeare's Romeo u. Julia. Erläutert v. Rob. Prölß (107 S.)
2. — Viel Lärmen um Nichts. Erläutert v. Rob. Prölß. (140
3. 4. — Julius Cäsar. Erläuterungen durch Rob. Prölß. (219
5. — Kaufmann v. Venedig. Erläutert v. Rob. Prölß. (128

Erläuterungen zu den deutschen Klassikern, s.a. Düntzer, Heinr.

— zu den deutschen Klassikern. Jena 855—58. Hochhausen. 16. Jedes Bdchn. n. 4 ngr

1. Abth.: Erläuterungen zu Goethes Werken von Heinr. Düntzer.

1. Bdchn.: Goethes Hermann u. Dorothea. Erläutert von Heinr. Düntzer. 855. (3 Bl., 131 S.)

2 Bdchn.: Goethes Leiden des jungen Werthers. Erläutert rc. 855. (3 Bl., 122 S.)

3. Bdchn.: Wilhelm Meisters Lehrjahre. Erläutert rc. 856. (2 Bl., 123 S.)

Erläuterungen zu den deutschen Classikern. 1. Abthl.: Erläuterungen zu Goethe's Werken von Heinr. Düntzer. 4—14. (Bdchn.) gr. 16. Wenigen-Jena, Hochhausen's Verlag. à Bdchn. * 4 Ngr. *

Inhalt:

Bdchn. 4. Wilhelm Meisters Wanderjahre. (III und 119 S.) 857.
" 5. Wahlverwandtschaften. (III und 135 S.) 857.
" 6. Götz v. Berlichingen. (III und 142 S.) 858.
" 7. Egmont. (III und 120 S.) 858.
" 8. Clavigo und Stella. (138 S.) 858.
" 9. Iphigenie auf Tauris. (154 S.) 859.
" 10. Tasso. (144 S.) 859.
" 11. Die natürliche Tochter. (128 S.) 859.
" 12. Faust. 1. Thl. (159 S.) 859.
" 13., 14. Faust. 2. Thl. (192 S.) 860.

—— zu den deutschen Classikern. 1. Abthl.: Erläuterungen zu Goethe's Werken. 1., 3., 6., 7., 9.—11., 13.—15., 17.—19. Bdchn. 16. Leipzig, Wartig. à Bdchn. (* 50 Pf.) *

Inhalt:

Bdchn. 1. Hermann und Dorothea. Erläutert von Heinr. Düntzer. 2., neu durchgeseh. Aufl. (145 S.) 872.
" 3. Wilhelm Meisters Lehrjahre. Erläutert von Heinr. Düntzer. 2., neu durchgeseh. Aufl. (133 S.) 875.
" 6. Götz von Berlichingen. Erläutert von Heinr. Düntzer. 2. neu durchgeseh. Aufl. (155 S.) 874.
" 7. Egmont. Erläutert von Heinr. Düntzer. 2. neu durchgeseh. Aufl. (133 S.) 874.
" 9. Iphigenie auf Tauris. Erläutert von Heinr. Düntzer. 2. neu durchgeseh. Aufl. (149 S.) 871.
" 10. Tasso. Erläutert von Heinr. Düntzer. 2. neu durchgeseh. Aufl. (160 S.) 875.
" 11. Trilogie. Die natürliche Tochter. Erläutert von Heinr. Düntzer. 2. durchgeseh. Aufl. (143 S.) 874.
" 13. 14. Faust. Erläutert von Heinr. Düntzer. 2. Thl. 2. neu durchgeseh. Aufl. (193 S.) 871.
" 15. Erzählungen. 1. Goethe's Reise der Söhne Megaprazons und Unterhaltungen deutscher Ausgewanderten. Erläutert von Heinr. Düntzer. (141 S.) 873.
" 17.—19. Lyrische Gedichte. 2. neu bearb. Aufl. (VIII, 479 S.) 874.

—— dass. — 2. Abthl.: Erläuterungen zu Wielands Werken von Heinr. Düntzer. 2. (Bdchn.): Wielands Oberon. gr. 16. (V und 132 S.) Ebds. 855. *

—— dass. — 3. Abthl.: Erläuterungen zu Schillers Werken von Ludw. Eckardt. 1. und 2. (Bdchn.): Schiller's Geistesgang. Die Räuber. gr. 16. (VII und 195 S.) Ebds. 856. à Bdchn. * 4 Ngr. *

—— dass. — 3. Abthl.: Erläuterungen zu Schiller's Werken von Ludw. Eckardt. 3—6. (Bdchn.) gr. 16. Ebendas. à Bdchn. * 4 Ngr. *

Inhalt:

Bdchn. 3., 4. Fiesko. (V und 172 S.) 857.
" 5., 6. Kabale und Liebe. (VIII und 184 S.) 859.

—— zu den deutschen Klassikern. 3. Abthl.: Erläuterungen zu Schiller's Werken. Die lyr. Gedichte erläut. von Heinr. Düntzer. 7.—16. Bdchn. gr. 16. Wenigen-Jena 864—66, Hochhausen's Verlag. à Bdchn. * 4 Ngr. *
einzeln à Bdchn. *

Inhalt:

Bdchn. 7. 8. Schiller als lyrischer Dichter. Von Heinr. Düntzer. (VI und 263 S.)
" 9—16. Schiller's lyrische Gedichte. Erläut. von Heinr. Düntzer. III—X. (V und 1096 S.)

— zu den deutschen Klassikern. 3. Abth.: Erläuterungen zu Schiller's Werken. 9—16. Bdchn. W.-Jena 865, 66. Hochhausen. (Leipzig, Wartig.) 16. Jedes Bdchn. n. 4 ngr; einzeln à n. 6 ngr

9—16. Bdchn.: Schiller's lyrische Gedichte. Erläutert von Heinr. Düntzer. III—X. (813 S.)

Erläuterungen zu den deutschen Klassikern. 3. Abthl.: Erläuterungen zu Schiller's Werken von H. Düntzer und L. Eckardt. 7.—28. Bdchn. gr. 16. Leipzig, Wartig. à Bdchn. (* 50 Pf.) *

Inhalt:

Bdchn. 7—10. Lyrische Gedichte der ersten und zweiten Periode. Erläutert von Heinr. Düntzer. 2. neu durchgeseh. Aufl. (570 S.) 874.
" 11—16. Dass. — Die Gedichte der dritten Periode. 6 Bdchn. Erläutert von Heinr. Düntzer. 2. neu durchgeseh. Aufl. (416; V, 370 S.) 874.75.
" 17. 18. Schillers Wallenstein. Erläutert von Heinr. Düntzer. (258 S.) 870.
" 19. 20. —— Maria Stuart. Erläutert von Heinr. Düntzer. (170 S.) 871.
" 21. 22. —— Jungfrau von Orleans. Erläutert von Heinr. Düntzer. (178 S.) 871.
" 23. —— Braut von Messina. Erläutert von Heinr. Düntzer. (144 S.) 872.
" 24. 25. —— Wilhelm Tell. Erläutert von Heinr. Düntzer. (244 S.) 872.
" 26—28. —— Don Carlos. Erläutert von Heinr. Düntzer. (302 S.) 873.

—— dass. — 4. Abthl.: Erläuterungen zu Herders Werken von Heinr. Düntzer. 1. und 2. Bdchn. gr. 16. Ebendas. 860. à Bdchn. * 4 Ngr. *

Inhalt:

Bdchn. 1. Cid. (128 S.)
" 2. Legenden. (108 S.)

—— dass. — 5. Abthl.: Erläuterungen zu Klopstocks Werken von Heinr. Düntzer. 1—6. Bdchn.: Oden. 1—6. Heft. gr. 16. (742 S.) Ebendas. 860,61. à Bdchn. * 4 Ngr. *

—— dass. — 5. Abthl.: Erläuterungen zu Klopstock's Werken. Erläutert von Heinr. Düntzer. 1. Bdchn.: Klopstock's Oden. 2. neu durchgeseh. Aufl. gr. 16. (163 S.) Ebendas. 874.

—— dass. — 6. Abthl.: Erläuterungen zu Lessing's Werken von Heinr. Düntzer. 1.—6. Lfg. gr. 16. Ebendas. 862,63. à Lfg. * 4 Ngr. *
einzeln à Lfg. *

Inhalt:

Lfg. 1. 2. Lessing als Dramatiker und Dramaturg. (XIV und 249 S.)
" 3. Minna v. Barnhelm. (126 S.)
" 4. Emilia Galotti. (138 S.)
" 5. 6. Nathan der Weise. (253 S.)

—— dass. — 6. Abthl.: Erläuterungen zu Lessings Werken von Heinr. Düntzer. 3.—6. Bdchn. gr. 16. Ebendas. *

Inhalt:

Bdchn. 3. Minna v. Barnhelm. Erläutert von Heinr. Düntzer. 2. neu durchgeseh. Aufl. (141 S.) 872. * 50 Pf.
" 4. Emilia Galotti. 2. neu durchgeseh. Aufl. (152 S.) 874. 75 Pf.
" 5. 6. Nathan der Weise. 2. neu durchgeseh. Aufl. (269 S.) 874. * M. 1.

Erläuterungen zu den Deutschen Klassikern. Abt. 7. 1890

s. Uhland, Ludwig: Uhlands Balladen und Romanzen.

—— dass. — Billige Ausgabe. 1.—4. Lfg. gr. 16. Ebendas. 870. à Lfg. *

Inhalt:

Lfg. 1. 1. Abthl.: Erläuterungen zu Goethe's Werken von Heinr. Düntzer. XII. Faust. 1. Thl. 2. neu durchgeseh. Aufl. (156 S.);
" 2. 3. Abthl.: Erläuterungen zu Schiller's Werken von H. Düntzer und L. Eckardt. XVII. und XVIII. Schiller's Wallenstein. Erläutert von Heinr. Düntzer. (S. 1—123.)
" 3. Wieland's Oberon. Erläutert von Heinr. Düntzer. (132 S.)
" 4. Goethe's Leiden des jungen Werther. Erläutert von Heinr. Düntzer. (122 S.)

Diese billige Ausgabe erschien nicht weiter.

Neue Eintheilung der Sammlung in Bändchen à (50 Pf.)

Bdchn. 1. Goethe, Hermann und Dorothea, von Düntzer. 2. Aufl.
" 2. Wieland, Oberon, von Düntzer.
" 3. Goethe, Leiden des jungen Werther, von Düntzer.
" 4. —— Wilhelm Meisters Lehrjahre, von Düntzer.
" 5. 6. Schiller, die Räuber, von Eckardt.
" 7. 8. —— Fiesko, von Eckardt.
" 9. Goethe, Wilhelm Meisters Wanderjahre, von Düntzer.
" 10. —— Wahlverwandtschaften, von Düntzer.
" 13. —— Clavigo und Stella, von Düntzer.
" 14. —— Iphigenie auf Tauris, von Düntzer. 2. Aufl.
" 15. 16. Schiller, Kabale und Liebe, von Eckardt.
" 17. Goethe, Tasso, von Düntzer. 2. Aufl.
" 18. —— die natürliche Tochter. 2. Aufl.
" 19. —— Faust, von Düntzer. Erster Theil. 2. Aufl.
" 20. 21. —— dass. — von Düntzer. Zweiter Theil. 2. Aufl.
" 22. Herder, Cid, von Düntzer. 2. Aufl.
" 23. —— Legenden, von Düntzer.
" 24—29. Klopstock, Oden, von Düntzer. 6 Bdchn.
" 30. 31. Lessing als Dramatiker, von Düntzer. 2. Aufl.
" 32. —— Minna von Barnhelm, von Düntzer. 2. Aufl.

- 36. 37. Schiller, als lyrischer Dichter, von Düntzer. 2. Aufl.
- 38—45. —— lyrische Gedichte, von Düntzer. 2. Aufl.
- 46. 47. —— Wallenstein, von Düntzer.
- 48. 49. —— Maria Stuart, von Düntzer.
- 50. 51. —— Jungfrau von Orleans, von Düntzer.
- 52. —— Braut von Messina, von Düntzer.
- 53. 54. —— Wilhelm Tell, von Düntzer.
- 55—57. —— Don Karlos, von Düntzer.
- 58. 59. Goethe's Erzählungen, von Düntzer. 1. und 2. Bdchn.

Ferner: Goethe's lyrische Gedichte in 10 Bändchen.

Erläuterungen zu den deutschen Classikern. Erläutert v. Heinr. Düntzer. 1—8. 11. 12. 14. 17. 18. 20. 21. 24. 32—35. 38—58. 60—69 Bdchn. gr. 16. Leipzig 871—76. Wartig. à n. 1. —

1. Goethe's Hermann u. Dorothea. 2. neu durchgeseh. Aufl. (145 S.)
2. Wieland's Oberon. (132 S.)
3. Goethe's Leiden d. jungen Werther. (122 S.)
4. — Wilhelm Meisters Lehrjahre. 2. neu durchgeseh. Aufl. (133 S.)
5. 6. Schiller's Räuber. (VIII, 293 S.)
7. 8. — Fiesko. Neue Aufl. (259 S.)
11. Goethe's Götz v. Berlichingen. 2. neu verb. Aufl. (155 S.)
12. — Egmont. 2. neu durchgeseh. Aufl. (133 S.)
14. — Iphigenia auf Tauris. 2. neu durchgeseh. Aufl. (149 S.)
17. — Tasso. 2. neu durchgeseh. Aufl. (160 S.)
18. — Trilogie. Die natürliche Tochter. 2. neu verb. Aufl. (143 S.)
20. 21. — Faust. 2. neu durchgeseh. Aufl. 2. Thl. (193 S.)
24. Klopstock's Oden. 2. neu durchgeseh. Aufl. 1. Bdchn. (S. 1—163.)
32. Lessing's Minna v. Barnhelm. 2. neu durchgeseh. Aufl. (141 S.)
33. — Emilia Galotti. 2. neu durchgeseh. Aufl. (152 S.)
34. 35. — Nathan der Weise. 2. neu durchgeseh. Aufl. (269 S.)
38—45. Schiller's lyrische Gedichte. 2. neu durchgeseh. Aufl. 3 Thle. (570, 416 u. V, 370 S.)
46. 47. — Wallenstein. (258 S.)
48. 49. — Maria Stuart. (170 S.)
50. 51. — Jungfrau v. Orleans. (178 S.)
52. — Braut v. Messina. (144 S.)
53. 54. — Wilhelm Tell. (244 S.)
55—57. — Don Karlos. (302 S.)
58. Goethe's Erzählungen. 1. Bdchn. Reise der Söhne Megaprazon's u. Unterhaltungen deutscher Ausgewanderten. (141 S.)
60. — Prometheus u. Pandora. (143 S.)
61—69. — lyrische Gedichte. 2. neu bearb. Aufl. 1—9. Bdchn. (VIII, 479, 1189 u. 239 S.)

Erläuterungen zu den deutschen Klassikern. Von Heinr. Düntzer. 1., 5.—10., 13.—16., 19.—21., 27.—29., 32., 46.—51., 53., 54., 60.—78. Bdchn. gr. 16. Leipzig, Wartig's Verlag. à Bdchn. * M

Inhalt:

- Bdchn. 1. Goethe's Hermann und Dorothea. 3. neu durchges. Aufl. (154 S.) 877.
- 5. 6. Schiller's Räuber. Neue Aufl. (VIII, 293 S.) 876.
- 7. 8. —— Fiesko. Neue Aufl. (259 S.) 876.
- 9. Goethe's Wilhelm Meisters Wanderjahre. 2. Aufl. (132 S.) 876.
- 10. —— Wahlverwandtschaften. 2. neu durchges. und verm. Aufl. (142 S.) 878.
- 13. —— Clavigo und Stella. 2. Aufl. (IV, 156 S.) 878.
- 14. —— Iphigenie auf Tauris. 3. neu durchges. Aufl. (140 S.) 878.
- 15. 16. Schiller's Kabale und Liebe. Neue Aufl. (230 S.) 878.
- 19—21. Goethe's Faust. 2 Thle. 3. neu durchges. Aufl. (175; 288 S.) 877.
- 27—29. Klopstock's Oden. 4.—6. (Schluß-)Heft. 2. neu durchges. Aufl. (VI, 384 S.) 878. compl. * M 6.; geb. * M 7.
- 32. Lessing's Minna v. Barnhelm. 3. neu durchges. Aufl. (155 S.) 879.
- 46. 47. Schiller's Wallenstein. 2. neu durchges. Aufl. (311 S.) 877.
- 48. 49. —— Maria Stuart. 2. durchges. und erweiterte Aufl. (244 S.) 878.
- 50. 51. —— Jungfrau von Orleans. 2. durchges. und erweiterte Aufl. (260 S.) 878.
- 53. 54. —— Wilhelm Tell. 2. neu durchges. und verm. Aufl. (284 S.) 878.
- 60. Goethe's Prometheus und Pandora. (143 S.) 876.
- 61—73. —— lyrische Gedichte. 2. neu bearb. Aufl. 1.—13. Bdchn. (VIII, 479; 488; 750 S.) 876.
- 74—76. —— westöstlicher Divan. (XII, 428 S.) 878.
- 77. 78. Uhland's Balladen und Romanzen. (VIII, 320 S.) 879.

—— zu den deutschen Klassikern. Von Heinr. Düntzer. 1.—3., 11., 12., 14., 17., 19., 23., 32., 34., 35., 46., 47., 50.—54., 79.—81. Bdchn. 12. Leipzig, Wartig's Verlag. à Bdchn. *

Inhalt:

- Bdchn. 1. Goethe's Hermann und Dorothea. 4. Aufl. (VII, 160 S.) 880.
- 2. Wieland's Oberon. 2. neu durchges. und verm. Aufl. (160 S.) 880.
- 3. Goethe's Leiden des jungen Werthers. 2. neu durchges. und verm. Aufl. (156 S.) 880.
- 11. —— Götz v. Berlichingen. 3. neu durchges. und verm. Aufl. (169 S.) 881.
- 12. —— Egmont. 3. neu durchges. Aufl. (156 S.) 882.
- 14. —— Iphigenie auf Tauris. 4. neu durchges. Aufl. (160 S.) 883.
- 17. —— Tasso. 3. neu durchges. Aufl. (173 S.) 882.
- 19. —— Faust. 1. Thl. 4. neu durchges. und verm. Aufl. (198 S.) 882.
- 23. Herder's Legenden. 2. neu durchges. und verm. Aufl. (128 S.) 880.
- 32. Lessing's Minna v. Barnhelm. 4. neu durchges. Aufl. (170 S.) 884.
- 34. 35. —— Nathan der Weise. 3. neu durchges. und verm. Aufl. (292 S.) 883.
- 46. 47. Schiller's Wallenstein. 3. neu durchges. Aufl. (344 S.) 881.
- 50. 51. —— Jungfrau von Orleans. 3. neu durchges. und erweit. Aufl. (276 S.) 884.
- 52. —— Braut von Messina. 2. neu durchges. und verm. Aufl. (176 S.) 881.
- 53. 54. —— Wilhelm Tell. 3. neu durchges. und verm. Aufl. (293 S.) 882.
- 79—81. Goethe's Dichtung und Wahrheit. 2 Thle. [1. Thl.: Einleitung. (158 S.) 881. — 2. Thl.: Erläuterung. (323 S.) 881.]

Erläuterungen zu den deutschen Klassikern. Von Heinr. Düntzer. 1., 11., 20., 21., 33., 41., 42., 46.—49., 53.—57., 82. und 83. Bdchn. 12. Leipzig, Wartig's Verlag. à Bdchn. *

Inhalt:

- Bdchn. 1. Goethes Hermann und Dorothea. 5. neu durchgeseh. und verm. Aufl. (VII, 160 S.) 886.
- 11. —— Götz v. Berlichingen. 4. neu durchgeseh. und verm. Aufl. (178 S.) 888.
- 20. 21. —— Faust. 2. Thl. 4. neu durchgeseh. und verm. Aufl. (314 S.) 887.
- 33. Lessings Emilia Galotti. 3. neu durchgeseh. und verm. Aufl. (174 S.) 885.
- Bdchn. 41. 42. Schillers lyrische Gedichte. 6. und 7. Bdchn. 3. neu durchgeseh. Aufl. (319 S.) 888.
- 46. 47. —— Wallenstein. 4. neu durchgeseh. Aufl. (346 S.) 886.
- 48. 49. —— Maria Stuart. 3. durchgeseh. und erweit. Aufl. (260 S.) 885.
- 53. 54. —— Wilhelm Tell. 4. neu durchgeseh. Aufl. (292 S.) 887.
- 55. 56. —— Don Karlos. 2. neu durchgeseh. Aufl. (324 S.) 886.
- 57. —— Demetrius. (124 S.) 886.
- 82. 83. Goethes Maskenzüge. In ihrem Zusammenhange dargestellt und erläutert. (XII, 248 S.) 886.

Erläuterungen zu den deutschen Klassikern. Hrsg. v. Heinr. Düntzer. 1., 12., 17., 19 a. u. b., 32., 39., 40., 43., 46.—54., 77., 78., 84. u. 85. Bdchn. 12. Lpz. 889—92, Wartig. à Bdchn. * 1 —

1. b. Goethes Hermann u. Dorothea. 6. Aufl. (VII, 168 S.)
12. —— Egmont. 4. Aufl. (163 S.)
17. —— Tasso. 4. Aufl. (V, 192 S.)
19 a. u. b. —— Faust. 1. Thl. 5. Aufl. (VI, 218 S.)
32. Lessings Minna v. Barnhelm. 5. Aufl. (172 S.)
39. Schillers lyrische Gedichte. 4. 3. Aufl. (147 S.)
40. —— dass. — 5. 3. Aufl. (151 S.)
43. —— dass. — 8. 3. Aufl. (144 S.)
46. 47. —— Wallenstein. 5. Aufl. (351 S.)
48. 49. —— Maria Stuart. 4. Aufl. (282 S.)
50. 51. —— Jungfrau v. Orleans. 4. Aufl. (V, 280 S.)
52. —— Braut v. Messina. 3. Aufl. (178 S.)
53. 54. —— Wilhelm Tell. 5. Aufl. (335 S.)
77. 78. Uhlands Balladen u. Romanzen. 3. Aufl. (VIII, 331 S.)
84. 85. —— Dramen u. Dramenentwürfe. (351 S.)

Erläuterungen zu dem berühmten fünfjährigen Kriminal-Prozeß gegen Peter Ant. Fonk oder Replik auf das erste Heft der Vertheidigungsschrift des wegen der Ermordung des Wilh. Coenen angeklagten Peter Ant. Fonk. Von einem Königl. Preuß. Justiz-Beamten. Bonn 1822.

Erläuterungen zu dem 5jährigen Kriminalprozess gegen Pt. Ant. Fonk ... Bonn 1822. V: *Hartmann.* (MGT) (Ky)

— zu d. fünfjähr. Criminal-Proceß gegen P. A. Fonk, oder Replik auf das erste Heft der Vertheidigungsschrift des wegen Ermordung des W. Cönen angeklagten Pet. Ant. Fonk. 8. Bonn 822. Marcus. 12 gl

Kurze Erläuterungen von einem alten kath. Geistlichen (Jäck) in Bayern, nach bewährten u. von bischöflichen Ordinariaten gutgeheißenen Schrifterklärungen verfaßt. Mit Druckgenehmigung des kath. geistl. Konsistoriums im Königreich Sachsen. Ebendaselbst. 1837—1838, 4°. 3 Hefte, 1,50 Mk.

Eine letzte (Stereotyp-) Ausgabe vorstehender Bibelübersetzung mit unter dem Texte befindlichen Erläuterungen: Leipzig, Baumgärtner, 1845—1847, gr. 8°, 4 Lfrgen, 4,50 Mk.

Erläuterungen über den Landes-Kultur-Kredit-Verein für Ungarn. Wien, 1856. Druck und Papier von Leopold Sommer. Als Manuskript gedruckt. (22 S. 8.)

Erläuterungen üb. Landschafts-Gartenkunst, s.: Illustrations of Landscape Gardening.

Erläuterungen über die heutige Lehrart auf Akademien in Oesterreichischen Staaten ... Augsburg 1785. V: *Erdt, Paulin.* (ML)

— über die heutige Lehrart auf Akademien in österr. Staaten. 8. Augsb. 785. Rieger. 6 kr.

— d. Lehre v. d. heil. Dreyfaltigkeit. 8. Königsb. Wagner. 766.

— zu Hirt's deutschem Lesebuche, Ausg. B: Mittel- u. Oberstufen (Teile III bis VI). I.—IV. Bdchn. gr. 8. Breslau, F. Hirt. n. 6. 20
I. Die allgemein litterarischen Stoffe. 1. Abtlg. Erläuterungen zum ersten Lesebuch f. die Mittelstufe. Von Otto Schocke. (Tl. III.) (320 S.) 900. n. 3. 50
II. Geschichtliche Stoffe. Von Ernst Hupfer. (64 S.) 899. n. — 70
III. Erdkundliche Stoffe. Von Johs. Ziesemer. (94 S.) 899. n. 1. —
IV. Naturkundliche Stoffe. Von J. G. Paust. (104 S.) 899. n. 1. —

— zu den Mittel- u. Oberstufen (Teile III bis VI) v. F. Hirts deutschem Lesebuche, Ausg. B. (In 5 Bdn.) 1. Bd. 2. Abtlg. gr. 8. Breslau, F. Hirt. n. 2. —
Die allgemeinen literarischen Stoffe. 2. Abtlg. Erläuterungen zu den Lesestücken 1—48 im zweiten Lesebuch für die Mittelstufe. Von Otto Schocke. (Tl. IV.) (167 S.) 904.
Mit den übrigen Bdn. aus dem Handel zurückgezogen.

— zu F. Hirt's deutschem Lesebuche, Ausg. B.: Mittel- u. Oberstufen. (In 5 Bdchn.) V. Bdchn. gr. 8. Breslau 898. F. Hirt. n. 1. 50
Volkswirtschaftl. Belehrungen von Wilh. Heumann. (144 S.)

—— zum 3. Thl. des in den Volksschulen Badens eingeführten Lesebuchs. Von mehreren Schulmännern. 2 Bde. gr. 8. Tauberbischofsheim 877, Lang. [1. Bd. (S. 1—480.) *M 6.; 2. Bd. (VIII, 481—732 S.) *M 3,20.] *
Erläuterungen zum 1. und 2. Thl., s. Berger. Wilh.

— zum Lesebuch für Volksschulen, 3. Thl. Von mehreren badischen Schulmännern. 2 Bde. gr. 8. (732 S.) Tauberbischofsheim 877. 78. Lang. n. 9. 50
Die Erläuterungen zum 1. u. 2. Thl. d. Lesebuchs, s.: Berger, W.

Erläuterungen zu sämtl. Lesestücken in F. Hirts deutschem Lesebuch. Ausg. B f. d. Prov. Brandenburg. 3. Tl. (6—8. Schulj.) Bearb. v. Wilh. Klempin, Walth. Nohl u. Eduard Schlegel. (XXXII, 452 S. m. 2 Abb. u. 23 Kartenskizzen.) gr. 8. Breslau 910. F. Hirt. Geb. in Leinw. 6. 50

— dasselbe. Ausg. B f. die Prov. Schlesien. 3. Tl. (6—8. Schulj.) Bearb. v. Frdr. Heider, Wilh. Klempin, Walth. Nohl u. Eduard Schlegel. (XXXII, 468 S. m. 2 Abb. u. 29 Kartenskizzen.) gr. 8. Ebd. 910. Geb. in Leinw. 6. 50

— zu den Liedern eines Patreyka. Hamburg 870. Grilning. 8. (48 S.) n. 10 ngr.

Erläuterungen zum Lotröhren-Massstab (Modell 1909). Hrsg vom Reichs-Marine-Amt. (Berlin: Siegismund [1909].) 2 Bl. 8° [Kopft.]

— z. Meisterwerken d. deutschen Litteratur, s. a. Universal-Bibliothek.

— zu den Meisterwerken der deutschen Litteratur. 2. Tl. gr. 8. Hannover 887. C. Meyer. n. — 80 (1. u. 2.: n. 3. 80)
Schiller's Don Karlos. Für den Schul- u. Selbstunterricht erläutert v. H. Deiter. (40 S.)
Den 1. Tl. s. u. Eysell. G. F., Schiller's Jungfrau v. Orleans, erklärt. n. 3. —

—— zu den Meisterwerken der deutschen Litteratur. 1. und 2. Tl. gr. 8. Hannover, C. Meyer. *
Inhalt:
Tl. 1. Schillers Jungfrau von Orleans. Neu erklärt von Geo. Friedr. Eysell. (IV, 364 S.) 886. *M 3.—.
" 2. —— Don Karlos. Für den Schul- und Selbstunterricht erläutert von H. Deiter. (40 S.) 887. * 80 Pf.

— zu Meisterwerken der Tonkunst, s. a. Universal-Bibliothek.

Erläuterungen zu Meisterwerken der Tonkunst. Bd 1. Leipzig: Ph. Reclam jun. [1905]. 8° [F.]
(Universal-Bibliothek. 4709.) [05. 9784

ERLAEUTERUNGEN. – der neuen österr. Militär-Pharmakopön zum Gebrauche der österr. Feldärzte. Patzowsky, Wien 1795. 1 vol. 1 Bl. + 268 S.

— der neuen österr. Militair-Pharmakopöe, gr. 8. Wien 800. Schaumburg. 1 rthl.

Erläuterungen zu dem Modell und den Plänen des Strafgefängnisses bei Berlin zu Plötzensee. Berlin 1882

— zu dem Modell u. den Plänen d. neuen Strafgefängnisses bei Berlin [Plötzensee], ausgestellt auf der internationalen Ausstellg. f. Gesundheitspflege u. Rettungswesen zu Brüssel 1876 durch das königl. preuss. Justitzministerium. Lex.-8. (IV, 88 S. m. 2 Holzschntaf.) Berlin 876. v. Decker. n. 2. —

Musikalische Erläuterungen und Einführungen. Nr 1. Berlin: Simrock [um 1893]. 8° [10. 9700

Erläuterungen zu den Musterblättern für die topographischen Arbeiten des Königlich Preussischen Generalstaabes. Nebst drei Musterblättern und einem Schriftmesser. Berlin 1818. 12 S., 4 Tf. 4°.

Erläuterungen, Neue, der Europäischen Balance . . . Hannover 1746. V: *Kahle, Ludwig Martin.* (ML)

Neue Erläutt. d. europ. Balance, als d. vornehmsten Richtschnur d. Krieges u. Friedens, worin d. Hrn. Dr. *Kahlens* Abhandl. bestät. u. vertheid. wird. *Hann.* 746. 8.

Erläuterungen, Nöthige, zu »Das merkwürdigste Jahr des Lebens« . . . Leipzig 1802. V: *Kaffka, Johann Chph.* (GGr) (R-N)

Erläuterungen, Nöthige, der unverfänglichen Vorschläge . . . Hanau 1766. V: *Neufville, J. Noé de.* (Lipsius)

Erläuterungen, Nothwendige, über die gegenwärtige Lage der publiken Angelegenheiten in Curland. Mitau 1770. V: *Tottien, Christoph Anton.* (R-N)

Erläuterungen, Nothwendige, über die gegenwärtige Lage der publiken Landesangelegenheiten in Curland. Mitau 1770. V: *Orgies, Carl Ferdinand v., genannt Rutenberg.* (R-N)

Erläuterungen zur Ordnung der Diplomprüfungen an der Kgl. Polytechnischen Schule zu Hannover (v. Dez. 1873).

— d. Pandekten. 1r—7r Bd. gr. 8. Leipz. Rabenhorst. 797—800. (1r—6r Bd. f. 2 Abthl. à 18 gr. 7r Bd. 1ste 18 gr. 2te 1 Rthlr. 6 gr.)

Erläuterungen des Allerhöchsten Patentes vom 29. November 1852 über die Aviticitäts-Verhältnisse. Von einem praktischen Juristen. 8. (92 S.) Wien. Gedruckt bei A. Pichler's Witwe u. Sohn. Wilhelm Braumüller. 1853.

Erläuterungen, Populäre, des allgemeinen österreichischen Strafgesetzes für die k. k. Gendarmerie verfasst . . . 2. Aufl. Wien 1883. V: *Swoboda, Johann.* (EB)

Erläuterungen, praktische, zu dem amtlichen Abdrucke der Abschätzungs-Grundsätze der Schles. Landschaft nach d. Revision vom J. 1846. Von einem Landschafts-Beamten. gr. 8. (27 S.) Breslau 848, Max & Co. 4 ngr.

— der medicin. u. chirurg. Praxis, durch wichtige, von berühmten Engländern beschrieb. Krankheitsfälle. Mit Kpf. gr. 8. Liegnitz 795. Siegert. 10 kr.

Erläuterungen über die Berliner Preisschriften die Allgemeine Stallfütterung betreffend . . . Berlin 1789. V: *Riem, Johann.* [?] (BrMm)

Erläuterungen zu dem Promemoria der Königlich Preussischen Regierung über die Dänische Angelegenheit. Kiel 1849. V: *Lorentzen, Carl.* (schles)

—— zu dem Promemoria der k. preuß. Regierung über die dänische Angelegenheit. gr. 8. (46 S.) Kiel 849, Schwers'sche Buchh. *

— d. gem. deutsch. u. sächs. Processes. 4 Bde. gr. 8. Leipz. Böhme. 791—94. (à 1 Rthlr. 20 gr.)

— sämmtl. summar. Prozeßarten. 3 Thle. gr. 8. Leipzig, Böhme. 794—96. (1r 1 Rthlr. 12 gr. 2r 1 Rthlr. 3r 2 Rthlr. 12 gr.)

— der Psalmen Davids. 17 Thle. 8. Zurich 757—66. Luschky. 1 ℳ 10 ₰

Erläuterungen

—— des preuß. Rechtes. Eine Zusammenstellung von Senats- und Plenarbeschlüssen des k. geheimen Ober-Tribunals, nach Ordnung der Gesetzbücher. gr. 8. (576 S.) Leipzig 848, Kollmann.

— d. Rechte d. Dissidenten. 8. Riga. (Hartknoch, Leipz.) 767.

— über die Rechte des Menschen. 8. Hamb. 793. Gundermann. (Aue in Altona). 6 ₰

—— der preußischen Rechtsbücher, s. Ergänzungen und Erläuterungen.

Erläuterungen zu den Regierungsvorlagen eines Gesetzes, betreffend den Schutz gegen unlauteren Wettbewerb, und eines Gesetzes, betreffend die Abänderung und Ergänzung der Gewerbeordnung. Wien (1906)

— d. Reichshistorie v. erst. Urspr. b. 1734. rc. 8. Halle. 747.

Erläuterungen des Satzes des zureichenden und determinirenden Grundes . . . Frankf. u. Leipz. [Nürnberg] 1747. V: *Schaubert, Johann Wilhelm.* (BB) (ML) (will)

Erläuterungen zu der Schrift des Herrn Dr. Baldamus. Schleswig 1825. V: *Horst, Joh. Friedrich to der.* (LS I, 711)

— einiger Schriftsteller, welche die Redensarten betreffen: „den heil. Geist oder die Gaben des Geistes empfangen", nebst bescheidenen Zweifeln wider Herrn Dr. Semlers Erklärungen derselben. 8. Halle 768. Gebauer. 3 ₰

— zu den Sicherheitsvorschriften f. den Betrieb elektrischer Starkstromanlagen. Hrsg. von der Vereinigg. der Elektrizitätswerke. (23 S.) gr. 8. München 904. R. Oldenbourg. n. — 50

— d. Sonn- u. Festtags-Evangelien u. Epist. rc. v. C. C. Sturm. gr. 8. Jena, Cuno. 763.

Erläuterungen zur geologischen Specialkarte der Länder der ungarischen Krone. Hrsg. vom kgl. ungar. geol. Institut. (1. u. 2. Hft.) gr. 8. Budapest 884. (Berlin, Friedländer & Sohn.) n. 2. 40
1. Umgebungen v. Kismarton [Eisenstadt]. Blatt C 6. 1 : 144,000. [Mit 2 lith. Taf.] Geologisch aufgenommen u. erläutert von L. Roth v. Telegd. (67 S.) n. 1. 40
2. Umgebungen v. Fehértemplom [Weisskirchen] u. Kubin. Blatt K 15. 1 : 144,000. Geologisch aufgenommen u. erläutert v. Jul. Halaváts. (16 S.) n. 1. —

Erläuterungen des Würtembergischen Spruchbuchs . . . Stuttg. 1798. V: *Scholl, Gfr. Hnr.* (Gradmann, Gel. Schwaben. 1802.)

Erläuterungen einiger Stellen des Buches Hiob. Herborn 1773. V: *Dresler, Joh. Otto.* (Linde, Nassauer Drucke. Wiesbaden 1882.)

— einig. Stellen d. Buchs Hiob. 8. Frankf. Brönner. 773.

Erläuterungen zu Karl Eichlers Stoffsammlung f. den naturgeschichtlichen Unterricht in höh. u. nied. Lehranstalten. Mit e. Vorwort v. F. Reuleaux. 2., durchgeseh. u. erweiterte Aufl. gr. 8. (187 S.) Stuttgart (899). Deutsche Verlags-Anstalt. n. 2. 50

— zweyer Stromkarten Mecklenburgs. 4. Leipz. Gräff.

— zweier Stromkarten Mecklenburgs. 4. Leipz. 792. Wienbrack. 6 ₰

— e. Tabelle d. allgem. Völkerhist. 8. Berlin, Realsch. 753.

— einer Tabelle der allgem. Völkerhistorie. 8. Berl. 758. (Reimer). 10 ₰

—— in den Tagen vom 2. bis 9. Aug. 1870 und was denselben vorherging und nachfolgte. Von einem Saarbrücker. 2. erweit. Abdr. aus dem „Treuen Eckart" nebst Kriegs-Ansicht von Saarbrücken (in Holzschn.). 8. (48 S.) Eckartsberga 871. (Barmen, Klein.) *

Technologische Erläuterungen zur Vorschrift für den Dienst bei den Motorverwaltungsanstalten des k. u. k. Heeres. II. Teil. Lex.-8°. (VII, 107 S) K 4.—
Wien: Hof-u.Staatsdruckerei 1907

Erläuterungen z. Alten Testament. Hrsg. v. Calwer Verlagsverein. 1—3. Tl gr. 8. Calw u. Stuttgart, Vereinsbuchh. 6.50; geb. in Leinw. nn 8. 75
Köberle, J., der Prophet Jeremia. Sein Leben u. Wirken, dargest. f. d. Gemeinde. (280 S.) 908. (2. Tl.) 3.—; geb. n 3.75
Oettli, S., das Buch Hiob. erläutert f. Bibelleser. (125 S.) 908. (1. Tl.) 1.50; geb. n 2. 25
Procksch, O., die kleinen prophet. Schriften vor dem Exil. (175 S.) 910. (3. Tl.) 2.—; geb. n 2. 75

— des neuen Testaments nach d. Grundtexte. 4. Nürnb. 769. Ammermüller. 1 ℳ 12 ₰

Erläuterungen zum Neuen Testament aus einer neueröfneten Morgenländischen Quelle [Zend-Avesta.] Riga 1775. V: *Herder, Johann Gottfried von.* (GGr) (Ky) (JL)

— zum neuen Testament, aus e. neueröffn. morgenländ. Quelle, (v. J. G. v. Herder). 4. Riga 775. Hartknoch in Leipz. 20 ₰

Erläuterungen zur Theorie der Dichtkunst für die Vorträge der II. hum. Classe. Graz 1848. V: *Rieder, Edmund.* (Scriptores ord. s. Benedicti. Vindob. 1881.)

— unentbehrliche, üb. des H. Prof. Okens Schrift. 8. Berlin, Dunker u. H. 810.

—— Veränderungen u. Zusätze zu einigen Titeln d. Anhalt. Landesordn., desgl. zu d. Prozeßordn., nebst e. Anh. zu d. Letztern, d. summar. Proceßarten betreff. 4. (34¼ B.) Dessau 822, (Ackermann.)

Erläuterungen die Verfassungs-Urkunde vom 5. Dezember 1848 betr., über Religion, Religionsgesellschaften und Unterrichtswesen. Hrsg. vom Ministerium der geistlichen u. s. w. Angelegenheiten. Berlin, Decker 1848. 33 S. 4.

— von den Verhältnissen d. bish. üblich gewesenen Münzsorten. Fol. Liegnitz, Siegert. 764.

—— zu den Verhandlungen der bayerischen Kammer der Abgeordneten vom 10. März 1859 die k. Hof- und Staatsbibliothek in München betreffend. (Von Carl Halm.) gr. 8. (IV and 52 S.) München 859, Palm's Hofbuchh. *

— all. Verschanzungen, welche 1787. in d. Geg. v. Amsterdam angel. word. m. Kh. 4. Hannov. Helwing. 789.

Erläuterungen zum Verstande der Schifffahrt und des Seekrieges . . . Breslau 1774. H: *Groeben, Georg Dietrich von der.* (MS) (ML) (Ky) (CBH)

Erläuterungen zum Verstande der Schiffahrt und des Seekrieges, nach alphabetischer Ordnung durch den Herausgeber der Kriegs-Bibliothek gesammelt. Breslau bey Korn. 8. 600 S. 1774

Erläuterungen zum Vorentwurf des eidgenössischen Justiz- und Polizeidepartements ... Heft 1. Bern 1901. V: *Huber*, *Eug.* (Zuwachsverz. d. Bibliotheken in Zürich 1898 ff.) (Berl)

Erläuterungen zu den Vorlagen für das Fachzeichnen an den gewerblichen Fortbildungsschulen. 1-3. (18 S 28 T) 4° (Karlsruhe 1904)

Erläuterungen zu den Vorlagen der königlichen Staatsregierung betr. die deutsche Verfassungsangelegenheit, vorgetragen in der 9. Sitzung der 2. (preuß.) Kammer am 25. Aug. 1849. 18 S. 4.

Erläuterungen zu den Vorschriften für den Unterricht in den Waffenübungen der königl. bayerischen Cavallerie. (Lithographirt.) 4. München 1831.

—— zu den Vorschriften über das Verfahren, betr. die gerichtliche Vertheilung der Erlöse aus der Veräußerung der Liegenschaften [§§. 42 bis 69 des Gesetzes vom 30. April 1880]. Bearb. von einer bei dem kaiserl. Oberlandesgerichte in Colmar niedergesetzten Kommission. gr. 8. (IX, 218 S.) Straßburg 888, Straßburger Druckerei und Verlagsanstalt, vorm. Schultz und Comp., Verlag. *

— e. in K. gestochn. Vorstell. d. Hauses Brandenb. m. K. 8. Berl. Realsch. 759.

— e. in K. gest. Vorstell. d. Erdbodens, worauf 20 kl. Chart. 8. Ebend. 795.

— e. in K. gest. Vorstell. d. bibl. Gesch. in Tab. 8. Ebend. 782. m. d. Anh. (od. Spielter Gesch. d. bibl. Person.) 786. m. Charte

— e. in K. gest. Vorstell. d. sächs. Gesch. 8. Ebend. 755.

— e. in K. gest. Vorstell. d. röm. Kaiser. 8. Ebend. 765.

Erläuterungen der Waldversicherungseinrichtungen der Gladbacher Feuerversicherungs-Gesellschaft. - Mönchen-Gladbach 1904. 16 S.

Erläuterungen zu Grillparzers „Des Meeres u. der Liebe Wellen". s.: Kösla's. Wilh.. Erläuterungen zu den Klassikern.

— d. neuest. Weltgesch. (v. Haue.) 4 Thle. 8. Hamburg, Bohn. 782.

Erläuterungen zu den Wohlfahrts-Einrichtungen für das Arbeiter-Personal des Eisenhüttenwerks Marienhütte bei Kotzenau. Eisenhüttenwerke bei Kotzenau und Mallmitz. 1889

— zum Zentralrechnungsabschlusse über den Staatshaushalt der im Reichsrat vertretenen Königreiche u. Länder f. d. J. 1903. (VI, 675 S.) gr. 4. Wien 905. (Hof- u. Staatsdruckerei.) n. 7. —

Erlaeuterungen zum Zentralrechnungsabschlusse über den Staatshaushalt der im Reichsrate vertretenen Königreiche und Länder f. d. J. 1906 ff. Wien 1908 ff. 4°.
1906. 1908 1907. 1909.

Erläuterungen, zolldienstliche, zum neuen Zolltarif. 2. Auflage. (504 S) 4° Karlsruhe 1905

Erläuterungen zum Zolltarif für das österr.-ung. Zollgebiet vom 13. Febr. 1906. Wien 1906: k. k. Hof- & Staatsdr. (500 S., 80 S. Abb., 133 S.) 4°(8°) [F] [a.4. 8870

Erläuterungen und Zusätze zur Rede des Fürsten von Oettingen-Wallenstein ... 1. u. 2. Aufl. Augsburg 1845. V: *Höfler, Constantin Ritter von.* (Th)

Erläuterungen u. Zusätze zu d. Rede, welche S. D. d. Hr. Fürst Ludw. v. Oettingen-Wallerstein üb. die Klöster in Bayern gelegentlich d. Berathungen üb. die Anträge des Hrn. Fürsten v. Wrede gehalt. hat. gr. 8. (5 B.) Augsburg 846, Schmid'sche Bh.

„Erläuterungen über Zweck und Einrichtung der Lebensversicherungsbank für Deutschland in Gotha", Gotha 1838. — Vorh.: Com. Bibl. Hamburg.

„Erläuterungen über Zweck, Einrichtung und Benutzung der Lebensversicherungs-Bank für Deutschland in Gotha", 2. Auflage, Gotha 1840. — Vorh.: Preuß. Staatsbibl. Berlin.

Allgemeine Ausstellung für Landwirthschaft Köln a. Rhein, Mai bis October 1890. **Erläuterungs-Bericht** zur Collectiv-Ausstellung der Herzogl. Technischen Hochschule zu Braunschweig. Braunschweig: Vieweg 1890. 34 S., 1 Taf. 8°

Erläuterungsbericht u. Kostenanschlag zu einem abgeänderten Project für die Wasserversorgung von Darmstadt. gr. 8. (22 S.) Darmstadt 877. (Jonghaus.) n. — 50

Rendsburgischer Erleuterungs-Recess. Vom 30ten April 1712. o. O. u. J. 4°k.

Erläuterungsschriften über den Hippolyter a Lapide. 8. Frankf. a. d. O. 763. Acad. B. 4 gl

Erläuterungstabellen von dem gegenseit. Verhältniß d. bisher üblich gewesenen Münzsorten. Fol. Liegnitz, Siegert. 4 gl

Erläuterungstafeln u. Muster-Alphabete verschied. Schriftarten, s. a. Muster-Alphabete verschied. Schriftgattungen.

Erläuterungstafeln und Musteralphabete verschiedener Schriftgattungen. Beilage zur Anleitung für den Schreibunterricht von einem bernischen Lehrer. Klein quer-Fol. 20 Tfln. Zürich, Orell Füssli & Cie. 1881

Erlbach, Otto v., Aktphotographien-Unfug unter dem falschen Deckmantel der Kunst. (16 S.) gr. 8. München (907). Dr. A. Kausen. — 10

Erlbach, Otto v., privilegierte Massenvergiftung des deutschen Volkes. Trutzbriefe eines Unverantwortlichen. Rev. u. ergänzter Sonderabdr. aus der „Allgemeinen Rundschau". (46 S.) 8. München (906). Dr. A. Kausen. n. — 60

Erlbach, O. v.: Privilegierte Massenvergiftung des deutschen Volkes. Trutzbriefe eines Unverantwortlichen. 2. Aufl. Mit e. Anh.: Parlamentarische Erörterungen über die Bekämpfung der Pornographie. München [1906].
(S.-A. a.: Allgemeine Rundschau.)

-- Rechtsprechung u. Pornographie. Ein freimüt. Wort. (44 S.) gr. 8. Ebd. (909). — 60
2 Sonderabdrucke aus „Allg. Rundschau".

Erlburg, L. v., der Antinous-Kopf, s. Familienfreund.
— die Badereise, s. Familien-Bibliothek.
—— Editha, s. Familien-Bibliothek.
—— Malvina, s. Familien-Bibliothek.
— der Mensch denkt, Gott lenkt, s. Familien-Bibliothek.

Erlburg, L. v., aus Herz und Welt. Novellen für den Familientisch. 1.—4. Bdchn. 8. Mainz, Kirchheim. à Bd.
Inhalt:
Bd. 1. Aus Herz und Welt. (VII, 360 S.) 868.
- 2. Die Rechte. Führungen. Zwei Novellen für den Familientisch. (VII, 318 S.) 869.
- 3. Ein Duell. Das Glück. Zwei Novellen für den Familientisch. (VI, 380 S.) 871.
- 4. Die Erben von Hoheneck. Blümchen Wunderhold. Die Grafen v. Lauenaar. (386 S.) 874.

—— Menschenleben, s. a. Familienfreund.

— Menschenleben. Novelle f. den Familientisch. br. 8. (245 S.) Einsiedeln 871. Benziger. 2. 25

—— die neue Penelope, s. Familien-Bibliothek.

—— verschlungene Pfade. Eine Erzählg. aus der Gegenwart. 8. (391 S.) München 875. Stahl. 4. —

— die Stieftochter, s.: Familienfreund.

—— der Waffenschmied von Antwerpen, s. Familien-Bibliothek.

Erle, Gustav (Pseud.), s.a. Gerle, Wolfgang Adolf

— s. [illegible]

Erle, Gust., d. Bastard v. Navarra. Novelle. 8. Eisenberg 806. Schöne. 18 gr

— Euphemion d. Unerforschliche. 8. Leipz. 805. Wienbrack. 16 gr

Erle, Wilh., die Hochschulstipendien im Großherzogt. Hessen. Nach amtl. Quellen zusammengestellt. (48 S.) gr. 8. Gießen 904. v. Münchow. n. 1. 20

[Lithogr.] Erlebach, Rud.: Willkommen! Ernste Worte, gewidmet den Schwestern zum 14. Nov. 1870 am Schwesternfest des Br. Vereins Humanitas. Wien 1870. 13 S. 8°
Tt. 2001. Üb. den Wert der Frauen.

Erlebnisse u. Abenteuer des Hans Michel aus Obersteier auf seiner ersten Eisenbahnfahrt durch das Mürz- u. Murthal nach Grätz, nebst seinen Bemerkungen üb. den Bahnbetrieb, die Umgebungen der Bahn ec. u. Aufenthalt in Grätz. 8. (4 B. u. 1 Stnt.) Grätz 845, Dirnböck. *.

Erlebnisse und Abenteuer des Hans Michel aus Obersteier auf seiner ersten Eisenbahnfahrt nach Gratz. 2. Aufl. Graz 1845. V: *Dirnböck, Jac. Franz.* (JOANSTYRA)

Erlebnisse und Abenteuer eines Seesoldaten von der Kaiserlich Franz. Garde in Spanien und Rußland. 2 Bde. 8. Leipzig 838. Reclam jun. 2 ℛ

Erlebnisse und Abenteuer eines Seesoldaten v. d. kaiserl. frzs. Garde in Spanien u. Rußland. 2 Bde. 8. (27 B.) Leipzig 838, [Schulz.]

Erlebnisse eines Advocaten. Von Dr. jur. S– Aus dem Engl. von Wm. E. Drugulin. 2 Bde. Leipzig 857. Kollmann. 8. (172; 174 S.) 1 ℛ 5 ngr

ERLEBNISSE einer Amerikanerin. Von ihr selbst erzählt. Chicago, Verlag von Salamonski & Cie., 1891. Kl. 8°. 64 S.

ERLEBNISSE einer Amerikanerin. Von ihr selbst erzählt. (Sotad. Roman.) Chicago, Verlag von Salamonski & C. 1891.
Verboten v. L.-G. Wien, 28. April 1895. § 516.

Erlebnisse eines Appenzellers in neapolitanischen Diensten 1854—59 . . . St. Gallen 1901. V: *Niederer, Caspar.* (Berl)

— — zweier Backfische in der Sommerfrische. (5 Mk., eine böhm. Firma. 1901.)

Die Erlebnisse des II. Bataillons 1. Ostasiatischen Infanterie-Regiments in China, Sept. 1900 bis Juni 1901. Als Hs. gedr. (Vorr.: Major v. Mühlenfels.) *(Schanghai: Deutsche Dr. u. Verl.-Anst. 1902.)* (149 S.) 8° [F.]

Erlebnisse der 3. leichten Batterie d. badischen Feld-Artillerie-Regimentes im Feldzug 1870/71 gegen Frankreich. 16. (66 S. m. 1 lith. Karte in qu. Fol.) Karlsruhe 871. (Bielefeld.) n. — 75

Erlebnisse der 3. leichten Batterie des Badischen Feld-Artillerie-Regiments No. 14 im Feldzuge 1870—1871 gegen Frankreich. (66) 16. M. 1 Krte. Karlsruhe, Bielefeld 1872. 0.75.

Erlebnisse der 3. schweren Batt. des Bad. Feld-Art. R. im Feldzug 1870/71. Karlsruhe 1871. 8°.

Erlebnisse der 3. schweren Batterie des Badischen Feld-Artillerie-Regiments No. 14 im Feldzuge 1870—1871 gegen Frankreich. (92) 16. M. 1 Krte. Karlsruhe, Bielefeld 1872.

Erlebnisse der 1. schweren Batt. des badischen Feldart.-Reg. Nr. 14 im Feldzuge 1870—1871 gegen Frankreich (95) 16. M. 1 Krt. Karlsruhe 1871. 0.80.

—— der 1. schweren Batterie des badischen Feld-Artillerie-Regiments Nr. 14 im Feldzug 1870/71 gegen Frankreich. 16. (95 S. mit 1 lithogr. Karte in qu. Fol.) Karlsruhe 872, (Bielefeld's Hofbuchh.) *

Erlebnisse der reitenden Batterie des badischen Feld-Art.-Reg. Nr. 14 im Feldzuge 1870—1871 gegen Frankreich. (51) 16. M. 1 Krt. Karlsruhe 1871. 0.60.

—— der reitenden Batterie im Feldzug 1870/71. 16. (51 S. mit 1 lithogr. Karte in qu. Fol.) Karlsruhe 871, (Bielefeld's Hofbuchh.) *

—— der 4. leichten Batterie des badischen Feld-Artillerie-Regiments im Feldzug 1870/71 gegen Frankreich. 16. (40 S. mit 1 lithogr. Karte in qu. Fol.) Karlsruhe 872, (Bielefeld's Hofbuchh.) *

Erlebnisse der 4. leichten Batterie des Badischen Feld-Artillerie-Regiments No. 14 im Feldzuge 1870—1871 gegen Frankreich. (97) 16. M. 1 Krte. Karlsruhe, Bielefeld 1872.

—— der 4. schweren Batterie des badischen Feld-Artillerie-Regiments Nr. 14 im Feldzug 1870/71 gegen Frankreich. 16. (97 S. mit 1 lithogr. Karte in qu. Fol.) Karlsruhe 871, (Bielefeld's Hofbuchh.) *

Erlebnisse und interessante Begebenheiten eines Deutschen in englischen, römischen, garibaldischen, neapolitanischen und französischen Kriegsdiensten. Genau nach den geführten Tagebüchern bearb. u. herausg. von J. N. Augsburg 863. (Berlin, Th. Grieben.) 8. (IV, 146 S.) n. 15 ngr

Erlebnisse einer jungen Berlinerin Lina S. auf dem Kriegsschauplatze in Böhmen. Von ihr selbst niedergeschrieben. Berlin 866. Mecklenburg. gr. 8. (15 S.) 2½ ngr

— — eines Commis Voyageurs. (5 Mk., eine böhmische Firma, 1901.)

ERLEBNISSE zweier Damen beim Ringkampf in der Haupt- und Residenzstadt Berlin. Köln, J. Valerien (um 1910). Kl. 8°. Verb. d. Ldg. Breslau 7. J. M. 527/10. v. 11. 8. 1910.

Erlebnisse e. Deserteurs vom Regiment Markgraf Ludwig Wilhelm (3. badisches) Nr. 111 in der französ. Fremdenlegion 1889—1896. 2. Aufl. 8. (31 S.) Baden-Baden 898. Straßburg, E. d'Oleire. — 30

—— des litthauischen Dragoner-Regiments Nr. 1 [Prinz Albrecht von Preußen] im Feldzuge von 1866 in Oesterreich. gr. 8. (IV, 96 S.) Berlin 869. (Tilsit, Loesch.) **

— u. Erfahrungen aus der Arbeit der Brüdermission. Hrsg. v. H. Kluge. 2. Bd. Bandausg. der kleinen Traktate 9—16. 8. (124 S. m. Abbildgn.) Herrnhut (901). Missionsbuchh. Kart. n. — 50

— u. Erfahrungen e. alten Arbeiterfreundes. Von W. F. gr. 8. (32 S.) Berlin 890. F. Luckhardt. n. — 60

— u. Erfahrungen e. Appenzeller Webers. (Von ihm selbst erzählt.) Anläßlich der schweiz. Heimarbeiterausstellg. hrsg. 2. Aufl., besorgt v. J. Lorenz. (31 S.) 8. Zürich 909. Buchh. des schweiz. Grütlivereins. — 50

— eines freiwilligen Feldgeistlichen auf dem Kriegsschauplatz in Böhmen mit besonderer Berücksichtigung des Schlachtfeldes von Königgrätz. 866. (32 S.) n. 5 ngr — 2. sehr verm. Aufl. Brandenburg 867. Wiesike in Comm. gr. 8. (72 S. u. 1 Holzschn.) n. 7½ ngr

Erlebnisse eines St. Gallischen Freiwilligen der Loire-Armee im Winter 1870. Njbl. St. Gallen 1872 s.a. [Fäh, Johann Joseph].

— eines St. Gallischen Freiwilligen der Loire-Armee im Winter 1870. gr. 4. (22 S. m. 1 lith. Karte.) St. Gallen 872. Huber & Co. n. 1. 60

— dasselbe. 2. Aufl. gr. 8. (52 S.) Ebend. 872. — 90

(U.-Titel:) Lazarus Gitschner's und Anderer : merkwürdige | Erlebnisse und Abenteuer : im Salzburgischen , Untersberg oder Wunderberg | nebst den aus demselben stammenden Prophezeiungen. · (Fig.: Ritter und Mädchen, unter einem Baum schlafend, 65 × 76) ' Zweite Auflage. | Reutlingen. : Verlag von Enßlin und Laiblin. : (Hebsaker). (Reutlinger Volksbücher, 50).
Ohne Angabe des Druckers, o. J., 29 S. + 3 S. Anzeigen. 164 × 108.
LBS d. oct K 3351.
Geht zurück auf die Sagen der Vorzeit, oder ausführliche Beschreibung von dem berühmten Salzburgischen Untersberg oder Wunderberg. Wie solche Lazarus Gitschner ... geoffenbaret ... Brixen, im Jahr 1782. Das Büchlein gelangte durch einen Ehninger Kolporteur von Augsburg nach Reutlingen. Fischer durfte es nicht nachdrucken, da es sich um eine höchst abergläubische und widersinnige Piece handelte. St. A. Ludwigsburg D 54 , 171.

Erlebnisse eines zu den Galeeren Frankreichs verurtheilten protestantischen Glaubensgenossen; a. d. Franz. übers. v. Herm. Adelberg . . . Erlangen 1867. V: *Marteilhe, Jean.* (Cat. d. Stadtbibl. Zürich. Zürich 1864—97.)

—— eines zu den Galeeren Frankreichs verurtheilten protestantischen Glaubenszeugen, von ihm selbst erzählt. Aus dem Französ. übers. von Herm. Adelberg. Mit einem Vorwort von Herzog. 8. (XVI und 414 S.) Erlangen 867, Deichert.

Erlebnisse u. Gleichnisse aus der Natur. Nach dem Englischen. gr. 16. (69 S.) Cannstatt 877. (Bosheuyer.) n. — 80

Erlebnisse. Die E' eines Handwerkers von Pruntrut. Bern 1852 *s.* (S[temmlin], Joseph).

— zweier Hausfreunde, v. ihnen selbst beschrieben. I. „Rabe". Lebensgeschichte e. Pferdes, v. ihm selbst erzählt. Nach dem Engl. Neuer Abdr. (16—20. Taus.) Mit 3 Abb. — Tiras. Lebenserinnerungen e. Hundes, v. ihm selbst berichtet. Mit 25 Abb. (144 u. 132 S.) 8. Stuttgart (907). Darmstadt, P. Hobbing. 1.25; geb. 2. —

Erlebnisse des Herzens. Liebes-Novelletten . . . Berlin 1839. V: *Schulz, Eduard Ferrand.* (Mn)

— — eines Hôtelkellners. New-York, auf Kosten guter Freunde (1898).
Verboten v. L.-G. Wien, 1. 11. 1898. § 516.

Erlebnisse, Einige interesssante, aus den beiden französischen Kriegen 1813—14 und 1815 erzählt von einem damaligen Sergeanten der königl. bayer. Armee. München 1854. V: *Kirchmayr, Gg.* (Hdschr. Mitth. von Friedrich Müller, München.)

(Erlebnisse. Höchst interessante E' eines Schweizer-Offiziers (Oberst David Zimmerli, 1792—1875), welcher den... Feldzug nach Russland... im Jahr 1812. mitgemacht hat. Mit Portrait [Tafel]. Nach dessen eigenen Aufzeichnungen. 8. *Lithographiert. o. O. u. J.* [ca. 1875].

Erlebnisse, Interessante, eines deutschen Schriftsetzers in der französischen Fremdenlegion sowie dessen abenteuerliche Flucht aus derselben. Bearbeitet von Wilhelm Richmer. Pfersen-Augsburg [1895]. V: *Reichel, Otto.* (Berlzu 1919, I, 493)

Erlebnisse der verhafteten Kammergerichts- u. Regierungsräte auf der Festung Spandau im Jahre 1780. Auszüge aus dem Tagebuche des Rats Neumann. (Ein Beitrag zum Müller Arnold Prozess.) 2 Hefte. Mit 1 Faksimile u. 1 Silhouette. Privatdruck. (190*.) 8°. (4 Mk. F. Waldau, Fürstenwalde, 1909.)
Skandalschrift, nicht im Buchhandel. Von jedem Hefte wurden 500 mit der Hand numer. Expll. hergestellt.

— komische, im Schul- u. Kirchendienst oder: „Bei mir zu Lande ist's ebenso." Drastische Beiträge zur Beleuchtung der Schulemancipationsfrage. Hannover 869. Lemke. 16. (72 S.) 5 ngr.

Erlebnisse, Die, der achten Kompagnie Infanterie-Regiments . . . Nr. 79 während des deutsch-französischen Krieges 1870/71 . . . Hildesheim 1897. V: *Buhlers, Max.* (Berl)

[F.] Die **Erlebnisse** der achten Kompagnie Infanterie-Regiments v. Voigts-Rhetz '(3. Hannoverschen)' Nr. 79 während des deutsch-französischen Krieges 1870/71 f. die jungen u. alten Kameraden erzählt v. M. B. *Hildesheim: A. Lax 1897.* (72 S., 1 Portr., 1 Kt.) 1 Bd 8. [98. 375]

— e. sächsischen Landpredigers in den Kriegsjahren 1806—1815. s. a. Volksbücher. Wiesbaden...

Erlebnisse eines sächsischen Landpredigers in den Kriegsjahren von 1806 bis 1815. Leipzig 1846. V: *Schlosser, Ludwig Wilhelm Gottlieb.* (Ky)

—— ein. sächs. Landpredigers in den Kriegsjahren v. 1806 bis 1815 (v. L. W. G. Schlosser.) 16. (8½ B.) Leipzig 846. (Schrev.)

—— eines deutschen Landsknechts [1484—1493], von ihm selbst beschrieben. Ein Beitrag zur Geschichte des schwarzen Heeres. Zum ersten Mal hrsg. und erläut. von W. J. A. Frhr. v. Tettau. gr. 8. (51 S.) Erfurt 869, Villaret. *
Aus: Mittheilungen des Vereins für Geschichte und Alterthumskunde von Erfurt, besonders abgedruckt.

Erlebnisse zweier Luzerner.... 1888 *u.* 1890 *s.* (H[uber], J[oseph]).

Erlebnisse zweier Luzerner als Bürger u. Soldaten in den Vereinigten Staaten u. Indianer-Territorien v. Nord-Amerika 1865—1889. gr. 8. (48 S.) Luzern 888. (Fößler Nachf.) n. — 80

Erlebnisse zweier Luzerner als Bürger u. Soldaten in den Vereinigten Staaten u. Indianer-Territorien von Nord-Amerika 1865—1869. 2. Aufl. 8. (48 S.) Luzern 890. (Foesser Nachf.) n. — 60

ERLEBNISSE eines jungen Mädchens in einem russischen Zuchthause (Flagellationen und Züchtigungsszenen). Amsterdam 1898. 16°. 136 S.
Verb. 17. 6. 25 d. AG. Berlin-Mitte 17 J. 1212/23.

Erlebnisse eines schweizerischen Malers in Strassburg. Lausen *s.* (W[eidmann, Ulrich]).

-- eines Mannesbusens. Ausgeplaudert v. Pater Filucius. 16. (40 S.) Berlin 873. Radetzki. n. — 50

Erlebnisse einer Mannesseele. Herausgegeben von Berthold Auerbach. Stuttgart 1873. V: *Lasker, Eduard.* (PROVBHANN 450) (Zeitschr. f. Büch. 1923, S. 84) (BGE)

Erlebnisse einer Mannes-Seele. Hrsg. v. Berth. Auerbach. gr. 16. (120 S.) Stuttgart 873. Cotta. n. 1. 50

Erlebnisse, meine, im Felde 1870—71. Von e. alten Landwehrarzt (Alb. Cohn). (127 S.) 8. Berlin 907. H. Schildberger. 2.—; geb. in Leinw. 3. —

Meine Erlebnisse in französischen Gefängnissen aus jüngster Zeit. E. Seitenstück z. Prozeß Zola-Dreyfus. Von N. R., Kaserneninspektor. Glogau [um '00]. 94 S.

Meine Erlebnisse in Italien. Mailand, Rom, Neapel, Gaëta. Blätter a. d. Tagebuche eines englischen Arztes. Lief. 1. (Mehr nicht erschienen.) Wien 1861. 72 S.

Erlebnisse, meine, in Italien, Mailand, Rom, Neapel, Gaeta. Blätter aus dem Tagebuche eines englischen. Arztes. Mit Plänen, Karten und Portraits ausgezeichneter Persönlichkeiten. 1. Liefg. Wien 861. Gerold. gr. 8. (72 S.) n. 12 ngr.

Erlebnisse. Meine militärischen E' im Jahre 1847. Interlaken 1887 s. [Benteli, Rudolf].

Erlebnisse, Meine, vor dem Schwurgericht. [Zürich 1881.] V: *Werndli, Johann Rudolph.* (Cat. d. Stadtbibl. Zürich. Zürich 1864—97.)

Erlebnisse aus dem Indischen Militäraufstande im Jahr 1857. [Mit 1 Vignette.] 8. Basel 1866.

Erlebnisse in einem Militärinvaliden-Palais u. das ehrenrätliche Verfahren. Von e. ehemal. k. u. k. invaliden Offizier. (56 S.) gr. 8. Graz 905. Leykam. n. 1. 20

Erlebnisse eines abgefallenen Mormonen. Herisau 1883. V: *Kellenberger, Barthol.* (Cat. d. Stadtbibl. Zürich. Zürich 1864—97.)

Erlebnisse eines Nihilisten. (Von ihm selbst erzählt.) Der Oeffentlichkeit übergeben von Gregor Iwan. Kuptschanko. 8°. Leipzig, Minde, s. a. (1880).

—— die, eines k. k. Offiziers im österreichisch-serbischen Armee-Corps in den J. 1848 und 1849. gr. 8. (VIII und 208 S. mit 2 lithogr. Situationsplänen in Fol.) Wien 861. (Prag, Credner's Verlags-Conto.) *

Erlebnisse, die, eines kaiserlich-königlichen Officiers im österreichischen Armee-Corps in den J. 1848 und 1849. 2., unveränd. Ausg. 8. (VIII und 200 S. mit 2 lithogr. Situationsplänen.) Prag 862, (Credner's Verlags-Conto.) *

Die Erlebnisse des Herrn Oppenheimer. o. O. um 1850.
16 Pinselzeichn. in Braun m. Weisshöhung auf 3 Bogen blaugrauen Papiers. 2°
Mit franz. Beschriftungen.

—— eines deutschen Pfarrers in Amerika. Eine histor. Erzählung. 2., verm. und verb. Ausg. 16. (175 S.) Tiffin, O. 858. (Philadelphia, Schäfer und Koradi.) geb. ·

-- eines deutschen Pfarrers in Amerika. Eine histor. Erzählg. 3. Ausg. 16. (217 S. m. Holzschntaf.) Cleveland, O. 875. (Philadelphia, Schäfer & Koradi.) geb. n. 2. —

Erlebnisse eines Pioniers im Kriege und Frieden von 1847 bis 1874 und auf dem Gebiete der Industrie von 1875 bis 1906. Wien [1910]. V: *Wiethe, Joseph.* (EB)

— einer amerikanischen Predigersfrau im XIX. Jahrh. (287 S.) 8. Solingen 904. (Vict. W. Heldt). (Nur direkt.) Kart. n. 3. —

Erlebnisse einer amerikanischen Predigersfrau im 19. Jahrhundert. Solingen: V. W. Heldt [1905]. (284 S.) 8° [F.] [illegible]

[F.] **Erlebnisse** eines kleinen Preussen in Frankreich im J. 1870—71. Von Dr. F. M., Lt. d. Landw. *Rathenow: M. Babenzien [o. J.]* (1 Bl., 31 S.) 8.
= Ruhmestage, Deutschlands, 1870, 71. [No 8.] [illegible]

— e kleinen Preußen in Frankreich im J. 1870—71. Von F. Müller). gr. 8. (31 S.) Rathenow 892. M. Babenzien. n. — 50

Erlebnisse eines Priesters und Soldaten unter den Negern in Afrika. Eine Erzählung zur Belehrung, Erbauung und Unterhaltung für die Jugend. Nach dem Französ. 2. Aufl. des u. d. T. erschienenen: Die Pulosi von de Préo. 8. (VIII, 213 S. mit 1 Stahlst.) Regensburg 884, Manz.

—— eines reisenden Prinzen, s. Studien und Erlebnisse.

— rätselhafte. Aus dem Leben e. Nichtspiritistin. Von F. S R. (V, 160 S.) gr. 8. Leipzig 903. O. Mutze. n. 3. —

Erlebnisse während e. Reise zu unseren Truppen vor Paris im Novbr. u. Decbr. 1870. Ein Tagebuch v. M. gr. 8. (VI, 63 S.) Dresden 871. Burdach n. 1.-

Erlebnisse der ersten freiwilligen Scharf-Schützen-Kompagnie Innsbruck-Sonnenburg 1866. Innsbruck 1867. V: *Laschan, Viktor & Alois Zimmeter.* (Margr)

ERLEBNISSE, Schaurige u. grausige, eines alten Breslauer Nachtwächters. Oels (ca. 1860). 8°. — Bunte Bilder aus Breslau's dunklen Nächten gezeichnet von einem Breslauer Nachtwächter. Ebd. (Seitenstück zur vorigen Schrift.) 8°.
Dr. Franz Schnitzer's Bibl. München 1802. No. 787.

— — einer Schauspielerin .... (5 Mk., eine böhmische Firma, 1901.)

Erlebnisse auf dem Schlachtfelde in Böhmen [illegible] preußischen [illegible] Der erste [illegible] Trautenau [illegible] Die [illegible] Die [illegible] Schlachtfelde [illegible] Der [illegible] Offizier [illegible] Das Schlachtfeld [illegible] Königgrätz. Die Vergeltung. [illegible] Hannover [illegible] Druck und Verlag von J. J. Spiegel
o. J., 8 S., [illegible]
LBO Bänkelsänger [illegible] III. 14

ERLEBNISSE, Schreckliche, eines Laubfrosches und eines Dreckkäfers. (Um 1890.) Kl. 8°.
Verb. d. Ldg. Bautzen St. A. III. 452/95.

—— e. deutschen Schulmannes in den Jahren von 1872—1888 als politischer Parteimann u. Mensch. Nach Aufzeichgn. hrsg. von C. Reese. 8. (IV, 56 S.) Berl. 889, Brieger. * — 80

Erlebnisse, Die, der freiwilligen akademischen Schützen-Compagnie im Feldzuge des Jahres 1866 ... Innsbruck 1867. V: *Pfaundler, Leop.* (Erman & Horn, Bibliogr. d. dtsch. Universitäten. 2. Leipz. u. Berl. 1904.)

—— die, der freiwilligen akademischen Schützen-Compagnie im Feldzuge des J. 1866, erzählt von einem Mitgliede derselben. 8. (82 S. mit 1 Holzschntaf. in 4.) Innsbruck 867, Wagner'sche Universitäts-Buchh. *

— e. jungen Sklaven in Ostafrika, wiedergeg. v. L. Grieseмann. s.: Missionsschriften f. Kinder.

Erlebnisse aus dem Sonderbund-kriege von einem Soldaten des St. Gallischen Bataillons Martignoni. St. Gallen 1848 s. [Henseler, Matthias Joseph].

Erlebnisse aus d. Sonderbundskriege v. einem Soldaten des St. Gallischen Bataillons Martignoni. 8. (20 S.) St. Gallen 848, Scheitlin & Zollikofer. 1/12 rß

— in der Sozialdemokratie. Von K. K. S. (Flugschrift Nr. 18.) (8 S.) gr. 8. Berlin 905. (Reichsverbandsverlag.) n.n. — 10

—— eines Kurhessischen Staatsdieners. Ein Streiflicht zu den Verfassungswirren in Kurhessen und ein Beitrag zu der Charakteristik der bei absolutist. Regierungen so beliebten Disciplinar-Gerichte für Civil-Beamte. gr. 8. (28 S.) Jena 863, Doebereiner.

— in den Tagen vom 2. bis 9. Aug. 1870 u. was denselben vorherging u. nachfolgte. Von e. Saarbrücker. 2. erweit. Abdr. aus dem „Treuen Eckart" nebst Kriegs-Ansicht v. Saarbrücken (in Holzschn.) 8. (48 S.) Eckartsberga 871. (Barmen, Klein.) n. — 50

— des 1. hannoverschen Ulanen-Regiments Nr. 13 in dem Feldzuge gegen Frankreich 1870—71. 8. (VI, 130 S.) Hannover 871. (Helwing's Verl.) 3. —

— der Schwester Vera, nebst Anh.: Aus den Papieren einer Wahnsinnigen. (95 S.) gr. 8. Berlin 907. Herm. Walther. 1.50

Erlebnisse eines Veteranen der grossen Armee während des Feldzuges in Russland 1812 . . . Dresden 1860. V: *Meerheim, Franz Ludwig August von.* (Mitth. M. Grolig.)

—— eines Veteranen der großen Armee während des Feldzuges in Rußland 1812, hrsg. von dessen Sohne Rich. v. Meerheim. gr. 8. (XIV und 327 S.) Dresden 860, Meinhold und Söhne.

—— eines Veteranen der Befreiungskriege. Zur Erinnerung an die Jubelfeier den 18. Juni 1865 auf den Wunsch vieler Cameraden beschrieben und allen Cameraden gewidmet. 8. (140 S.) Quedlinburg 865, Basse.

-- der Cisterzienser-Abtei Waldsassen unter Karl Theodor, erzählt v. e. Zeitgenossen. Veröffentlicht v. Frz. Binhack. 8. (29 S.) Regensburg 902. J. Habbel. — 30

— — eines Wollustspenders (Godmiché). Bukarest. Verlag von Sam. Hecht. O. J. (c. 1890). Gr. 8°. (4 Mk., eine Böhm Firma, 1901.)
Spielt in London. Scheint auch Uebersetzung a. d. Engl. 40 S. Lat. Lett. Büttenpap.

ERLEBNISSE eines Wollustspenders (Godemiché). New York, Langerhahn & Schnabelmöse, 1905. Kl. 8°. 60 S. [E. II, 167.]
Verb. d. Ldg. III Berlin A. 4. J. 197/12.

— der Puppe Wunderhold, v. ihr selbst erzählt. (Ausgestanzte Puppe.) 8. (12 S. m. z. Tl. farb. Bildern.) Stuttgart 893. F. Loewe. n. — 40

Erlebnissen. Aus den E' eines Schweizers im Sezessionskriege. Bern 1895 s. (Frey. [Emil]).

Erlebtes in Bosnien (Juli und August 1878) aus dem Tagebuch eines k. k. Officiers. Wien 1878. V: *Odescalchi, Victor Fürst.* (EB)

Erlebtes in Bosnien. Aus dem Tagebuche eines k. k. Officiers. [Juli und Aug. 1878.] 1. und 2. Aufl. gr. 8. (31 S.) Wien 878, Manz'sche Hofbuchh. *

Erlebtes, nicht Erdachtes vom Krankenbett . . . Kaiserswerth a. Rh. [1898]. V: *Hackewitz, Lili v.* V (Vorrede): *Schlegel, Carl.* (Berl)

Erlebtes, nicht Erdachtes vom Krankenbett. Von L. v. H. 8. (73 S.) Kaiserswerth 898. Buchh. d. Diakonissen-Anstalt. n. — 75

Erlebtes, nicht Erdachtes vom Krankenbett. Von L(ili) v. H(ackewitz). 7. Aufl. 8. (74 S.) Kaiserswerth (900). Buchh. der Diakonissenanstalt. n. — 75

Erlebtes, nicht Erdachtes vom Krankenbett. Von L. v. H(ackewitz). 10. Aufl. (74 S.) 8. Kaiserswerth 904. Buchh. der Diakonissen-Anstalt. n. — 75; kart. n. 1. —

— u. Erstrebtes, Lebens-Erinnerungen, s. a. Rothe, Edm.

Erlebtes und Erstrebtes aus der Jugendzeit. Von E. R. 'Bremen 1899. V: *Rothe, Edmund.* (Berl) (Allg. Litt.-Bl. Nr. 4, XI. Jg. 1902, S. 120. 121.)

— an Gehörtes, allerlä. Marburger Geschichten u. Anecdoten. 16. (IV, 52 S.) Marburg 878. Elwert's Verl. n.—60

Erlecke, Alb., die Besitz- und Firmenveränderungen im deutschen Verlags-, Buch-, Kunst-, Musikalien- und Landkartenhandel 1750—1885. Auf Grund der Register zum Börsenblatt für den deutschen Buchhandel, sowie von Schulz' Adressbuch etc. bearb. [I. Abtl. der Verlagsveränderungen bis 1885.] gr. 8. (120 S.) Leipzig 886, Siegismund und Volkening. *
geb. und durchsch. *

Erlecke, A., Bibliotheca mathematica. Systematisches Verzeichniss der bis 1870 in Deutschland auf den Gebieten der Arithmetik, Algebra, Analysis, Geometrie, Trigonometrie, Polygonometrie u. Stereometrie, Dynamik, Statik u. Mechanik, Hydrologie, Hydrodynamik, Hydrostatik und Hydraulik, Cosmologie, Astronomie, Astrologie, mathemat. u. physikalischen Geographie erschienenen Werke, Schriften u. Abhandlungen. Mit Autorenregister. Halle 1872. 8°. Bd. 1: Die encyclopädisch-mathematische Literatur.

Erlecke, A., Bibliotheca mathematica. Systematisches Verzeichniss der bis 1870 in Deutschland auf den Gebieten der Arithmetik, Algebra, Analysis etc. erschienenen Werke, Schriften und Abhandlungen. Mit Autorenregister etc. 3 Abthlgn. gr. 8. (1. Abthl. S. 1—224) Halle [London] 872, Erlecke.

Erlecke, Alb., Festschrift zur Erinnerung an das deutsche Kriegerfest Köln, Pfingsten 1881. Die Unüberwindlichkeit der deutschen Heeresmacht. 8. (48 S.) Köln 884, Erlecke und Comp. *

— unsere Finanzen u. das Project e. Weltausstellung in Köln im J. 1885. 8. (19 S.) Ebend. 884. n. — 50

—— patriotische Geschichte des Königr. Sachsen und der sächsisch-thüringischen Lande von den ältesten Zeiten bis zur Gegenwart. Nach archival. Quellen volksthümlich bearb. Mit Illustr. von der Hand unserer ersten Künstler, Portr. unserer Landesfürsten 2c. 1.—4. Heft. (à Heft 3 Bog.) gr. 8. Chemnitz 886, Schmeitzner. à Heft *
Nicht weiter erschienen.

— die Literatur d. römischen Concils 1869 etc. Ein Beitrag zur Bibliographie der Kirchengeschichte. 1. Abth. Die deutsche Literatur bis ultimo 1870. 16. (IV, 24 S.) Leipzig 871. Wolff. — 40

[Erlecke, Alb.]: Sechs Monate in einem Preussischen Central-Gefängnisse. Aus den Folgen e. modernen Justizmordes nebst e. Einl. London 1877.

— die Verlagsveränderungen im deutschen Buchhandel in den J. 1851—1870. Ein Repertorium zum Börsenblatt f. den deutschen Buchhandel 1850—1870, sowie e. Supplement zu den „Kayser- u. Heinsius'schen Lexicis." gr. 8. (I.: S. 1—80.) Leipzig 871. Minde. n. 4. —

— dasselbe in den J. 1871—1873 nebst zahlreichen Nachträgen aus den Jahren 1851—1870. Ein Repertorium zum „Börsenblatt f. den deutschen Buchhandel 1871—1873", sowie e. Supplement zu den „Kayser- u. Heinsius'schen Lexicis." gr. 8. (64 S.) London 874. Erlecke. n. 3 —

— systematisches Verzeichniss v. Büchern etc., welche zu ermässigten Preisen zu beziehen sind. Mit Angabe v. Verlagsorten, Jahren, Ladenpreisen u. Special-Notizen bearb. 1. Jahrg. 1871. gr. 8. (V, 197 S.) Berlin 871. Luckhardt. 3. —

Erlecke, A., systematisches Verzeichniss von Büchern etc., welche zu ermässigten Preisen zu beziehen sind. Mit Angabe von Verlagsorten, Jahren, Ladenpreisen und Special-Notizen. 2. Jahrg. 1875. gr. 8. (160 S.) [Zürich, Erlecke.] Leipzig, Siegismund und Volkening.
Nicht weiter erschienen.

Erledigung, authentische, mehrer üb. d. Ausführung einiger Bestimmungen d. Landgemeindeordn. entstand. Zweifel, als Nachtr. z. erläut. Landgemeindeordn. aus offic. Quell en extrahirt, m. e. Vorw. vers. v. d. Ameisenschreiber. 12. (1 B.) Grimma 839, Verlags-Comptoir. *

Erledigung über die im Jahre 1857 in den Diöcesen Seckau und Leoben abgehaltenen Pastoral-Conferenzen. *Gratz. J. A. Kienreich.* 5 Blätter in 4°. Ohne Pr.

INHALT. I. Auf welche Umstände haben die Seelsorger vorzüglich zu sehen, um zu beurtheilen, ob ein giltiges Eheverlöbniss bestehe? Nach welchen Grundsätzen haben sie sich in ihrem Amte zu benehmen, um, wenn der eine Theil sein Versprechen zu erfüllen sich weigert, die Angelegenheit ohne gerichtliche Schritte im Geiste der Kirchengesetze zu schlichten? — II. Welche Pflichten obliegen dem Seelsorger in Beziehung auf sein Benehmen gegen Beamte? — III. Wie kann der katechetische Unterricht in der Christenlehre anziehend und fruchtbar gemacht werden? Wäre nicht das öftere Abhalten von katechetischen oder Christenlehrpredigten beim Früh- oder Spätgottesdienste sehr zweckmässig? — IV. Wie sind Verzehrungssteuer-Defraudationen vom Seelsorger zu behandeln, insbesondere in Betreff der Restitutionspflicht?

אשרי המוץ **Erleichtert den Bedrängten!** Aufruf an die gelehrten einflußreichen Rabbinen des 19. Jahrh. 1. Abthl. Ueber die drückende ungesetzl. Beschränkung des Genusses der für die Armen unentbehrl. Lebensmittel an Pesahfreudentagen. 8. Prag 841. (Leipzig, C. L. Fritzsche.) n. 1/6 ₰

Erleichterung, die, der Beschaffung der Geldmittel für die gemeinnützige Bautätigkeit. (Schriften der Zentralstelle für Arbeiterwohlfahrtseinr. 18) Berlin 1900

Erleichterung, die größte, des Lesenlehrens. 8. Lpz. 789. Wienbrack. 2 gr

Erleichterungen im Zollverkehr, s. Veröffentlichungen des mitteleurop. Wirtschaftsvereins in Deutschland.

Erleichterungen im Zollverkehr. (133 S) (Veröffentlichungen des mitteleuropäischen Wirtschaftsvereins 9) Berlin 1909

Erleichterungsmittel, neues, zu Erlernung d. französ. Sprache. 1e u. 2e Liefr. 8. Frankf. 800. Guilhaumann. (1e Liefr. 10 gr 2e Liefr. 20 gr) 1 ₰ 6 gr

Erlemann, Edmund, aus Neuwied a. Rh.: Das landschaftliche Auge der angelsächsischen Dichter. *Berlin 1902: C. Salewski.* (32 S.) 8° ¶ (Erscheint vollst. bei Mayer & Müller in Berlin u. d. T.: Die Natur in d. angelsächs. Dichtung...)
Berlin, Phil. Diss. v. 13. Aug. 1902

Erlenbach [Schlagwort]

Erlenbach, s.: Zollikon.

Erlenbach, Adph., in schlechter Gesellschaft oder der verlorene Sohn. Drama in 5 Aufzügen. 8. (107 S.) Leipzig 882. Mutze. n. 1. —

Erlenbach, Arnold [aus Nürnberg]: Über die Einwirkung von Natrium auf Monochloressigsäure-Athylester. ... Strassburg, Univ.-Buchdr. v. J. H. Ed. Heitz (Heitz & Mündel), 1889; 58 S. 8°
Strassburg, Math.-Naturw. Fak., Inaug.-Diss. v. 1889

Erlenbach, Edgar [aus Nürnberg]: Über die Isobutylatikonsäure, eine neue Isomere der Isobutylitakonsäure ... Strassburg i. E., Buchdr. C. & J. Goeller, 1896; 42 S., 1 Bl. 8.
Strassburg, Math.-naturw. Fak., Inaug.-Diss. v. 1896

Erlenbach, Wilh., Belehrer und Rathgeber für den Concursschuldner. 3. Aufl. 8. (68 S.) Ludwigshafen 886. (Leipzig, Streller.) *

Erlenbach, Wilh. Belehrer u. Rathgeber f. den Concursschuldner. 7. Aufl. gr. 8. (48 S.) Ludwigshafen a. Rh. 892. (Lpz., Streller.) * 1 50

Erlenbach, Wilh[elm]: Grosse Haverei nach Binnenschiffahrtsrecht. Mannheim 1909: Haas. 94 S. 8°
Würzburg, Jur. Diss. v. 10. Juli 1909, Ref. Mayer
[Geb. 4. Juli 84 Ludwigshafen; Wohnort: Ludwigshafen; Staatsangeh: Bayern; Vorbildung: Gymn. Ludwigshafen Reife Juli 03; Studium: München 5, Würzburg 2, Marburg 1 S.; Rig. 26. Mai 09.] [U 09. 4047

Erlenbad [Schlagwort]

Erlenbad, s.: Baden. Woerl, J. E.

Erlenbusch, H., die Sphinx, s.: Bachem's Novellen-Sammlung.

Erlencamp, Frhr. v., Geschichte des 3. Posenschen Infanterie-Regiments Nr. 58, s.: Langermann.

Erlenfels, Arth. v. (Jos. Casimir Arth. v. Sojecki), **Friedhofsblüten.** D. Gedichte 1. Bd. 8. (XVIII, 85 S. m. Bildn.) Dresden 898. E. Pierson. n. 1. 50; geb. n. 2. 50

Erlenkötter, G., der Humorist. Eine Sammlung meist humoristischer Gedichte aus alter u. neuer Zeit. gr. 8. (80 S.) New-York 880. (Philadelphia, Schäfer & Koradi.) n. 2. —

Erlenkötter, G., der Humorist. Eine Sammlung meist humorist. Gedichte aus alter und neuer Zeit. gr. 8. (80 S.) New-York 889. (Philadelphia, Schäfer und Koradi.) *

Erlenkötter, G., Lesebuch für die Mittelklasse der Elementarschule. 8. Aufl. 1871, und 4. Aufl. 8. (120 S.) Philadelphia 873, Schäfer und Koradi. geb.

— Lesebuch für die Oberklasse der Elementarschule. 3. Aufl. 8. (IV, 186 S.) Philadelphia 871, Schäfer und Koradi. geb.

— Lesebuch für Realklassen deutsch-amerikanischer Schulen. Nach den besten Quellen bearb. gr. 8. (IV, 266 S.) Philadelphia 873, Schäfer und Koradi. geb.

Erlenkötter, G., Lesebuch für Realklassen deutsch-amerikanischer Schulen. Nach den besten Quellen bearb. 2. Aufl. gr. 8. (IV, 266 S.) Philadelphia 875, Schäfer und Koradi. cart.

— Lesebuch für die Unterklasse der Elementarschule [nebst Wandfibel]. 8. (48 S.) Philadelphia 873, Schäfer und Koradi. geb.

Erlenkötter, G., erstes Lese-Büchlein für deutsche Elementarschulen. 3. Aufl. Philadelphia 867. Schäfer & Koradi. 8. (24 S.) 6 ngr

— Liederbuch für deutsch-amerikanische Schulen. 1. Bdchn. Zweistimmige Lieder. qu. 8. (116 S.) Philadelphia 873, Schäfer und Koradi.

— Mensch und Natur. Ein Lehrbuch gemeinnütz. Kenntnisse. Nach den besten Quellen bearb. gr. 8. (IV, 266 S.) Philadelphia 871, Schäfer und Koradi. geb.

— Rechenbuch für deutsche Elementarschulen in Amerika. 1. Thl. Die vier Species in ganzen Zahlen und Brüchen; (nebst Antwortenheft) streng stufenmäßig bearb. 2. Aufl. 8. (88 S.) Philadelphia 867, Schäfer und Koradi. *
Antwortenheft. (32 S.)

— Rechenbuch für deutsche Elementarschulen in Amerika. Ebend. 868. 8.
1. Thl.: Die vier Species in ganzen Zahlen u. Brüchen [nebst Antwortenheft]; streng stufenmäßig bearb. 2. Aufl. 8. (88 S.) n. 12 ngr; Antwortenheft (32 S.) 6 ngr
2. Thl.: Die Rechnungsarten des bürgerlichen Lebens [nebst Antwortenheft]; streng stufenmäßig bearb. 8. (78 S.) n. 12 ngr

— Rechenbuch für deutsche Elementarschulen in Amerika. 1. und 2. Thl. Philadelphia, Schäfer und Koradi. à Thl.
Inhalt:
Thl. 1. Die vier Species in ganzen Zahlen und Brüchen (nebst Antwortenheft) streng stufenmäßig bearb. 3.—20. Aufl. (88 S.) 863—73.
„ 2. Die Rechnungsarten des bürgerlichen Lebens (nebst Antwortenheft) streng stufenmäßig bearb. 2. und 3. Aufl. (78 S.) 868,69.

— Rechenbuch f. deutsche Elementarschulen in Amerika. 1. u. 2. Thl. 8. Ebend. 873. à 1. 20
1. Die 4 Species in ganzen Zahlen u. Brüchen (nebst Antwortenheft) streng stufenmäßig bearb. 20. Aufl. (88 S.)
2. Die Rechnungsarten d. bürgerl. Lebens (nebst Antwortenheft) streng stufenmäßig bearb. 3. Aufl. (78 S.)

— Rechenfibel. Stufenmäßig geordnete Aufgaben für Anfänger im Kopf- und Tafelrechnen. 8. (36 S.) Philadelphia 873, Schäfer und Koradi. cart.

— Rechenfibel. Stufenmäßig geordnete Aufgaben f. Anfänger im Kopf- u. Tafelrechnen. 8. (36 S.) Ebend. 874. — 60

— 14 Wandtafeln f. Schulen. gr. Fol. Ebend. 871. n. 2. —

—— 14 Wandtafeln für Schulen. gr. Fol. Philadelphia 873, Schäfer und Koradi. *

Erlenmeier, Richard August Karl (Langenschwalbach)
Ueber basisches Cyanblei.
[In: Annalen der Chemie u. Pharmacie Bd 72 (1849) 265.]
Dr. phil. Giessen 12.3.1851.

Erlenmeyer, die Vorschuß- und Creditvereine in ihrer Anwendung auf die bäuerliche Bevölkerung nach den Erfahrungen der im Herzogth. Nassau bestehenden Vereine. Ein Rathgeber für Vereinsvorstände und Gründer von Vereinen. gr. 8. (VIII und 98 S.) Wiesbaden 863, Limbarth.

Bausteine zu einer Lebensbeschreibung des General Louis Aug. Emile Franç. de Guionneau in den Jahren 1804—1829 von Albrecht Erlenmeyer.
cf. Bbl. 20 (1906) S. 76—83 (A. Frh. v. Reitzenstein), 586—588 (R. Wehmer).
Vielleicht nie gedruckt, sondern nur im Archiv der National-Mutterloge vorhanden.
[*Bbl. 20 (1906) S. 77.*]

Erlenmeyer, Albr., die freie Behandlung der Gemüthskranken u. Irren in „detachirten Colonieen" für Aerzte, Verwaltungsbeamte, Abgeordnete u. Architekten. Neuwied 869. Heuser. gr. 8. (VIII, 148 S. u. 1 lith. Taf. in Fol.) n. 24 ngr.

Erlenmeyer, A., Bericht über die Fortschritte im Gebiete der Krankheiten des Nervensystems während des Jahres 1853. (Neuwied 854. Heuser.) gr. 8. (20 S.) n. 5 ngr.

Erlenmeyer jun., Albr., Bericht über die Heil-Anstalt für Nervenkranke zu Bendorf am Rhein, während der ersten 10 Jahre ihres Bestehens, vom 10. Oct. 1866 bis 30. Septbr. 1876. [Aus: „Corresp.-Bl. d. deutschen Gesellschaft für Psychiatrie".] gr. 8. (80 S. m. 1 Steintaf. in qu. Fol.) Neuwied 877. Heuser's Verl. n. 1. 60

Erlenmeyer, Albr., s.: Centralblatt f. Nervenheilkunde u. Psychiatrie.

Ueber den Charakter der Freimaurer. Ueber freimaurerische Arbeit. Ueber Gemüthsbildung. Drei Festreden, gehalten in der ger.·. u. vollk.·. St. Joh.-Loge Friedrich zur Vaterlandsliebe i.·. O.·. Coblenz von Albrecht Erlenmeyer. (Als Ms. gedr.) Bonn [1890]: Georgi. 27 S. 8⁰ [Umschlagtit.] 23.

Erlenmeyer, Albr., zur Dehnung grosser Nervenstämme bei Tabes dorsalis. [Aus: „Centralblatt für Nervenheilkunde".] gr. 8. (12 S.) Leipzig 881. Böhme in Comm. n. — 50

Erlenmeyer, A., die Embolie der Hirnarterien. 2. Aufl. gr. 8. (VII und 40 S.) Neuwied 867, Strüder. *

Erlenmeyer, Sanitäts-Rat Dr. Albr. Die Entmündigung wegen Trunksucht nach dem Bürgerlichen Gesetzbuch. 76 S. 8⁰. Coblenz 1898. Mk. 1.—.

— die Entmündigung wegen Trunksucht nach dem bürgerlichen Gesetzbuch. gr. 8. (76 S.) Coblenz 899. W. Groos. n. 1.—

Festrede bei dem ersten Schwesternfeste zu Coblenz am 22. Febr. 1862 von Erlenmeyer. (Als Ms. gedr.) Coblenz 1862: Buet. 10 S. 8⁰ [Umschlagtit.]
Abgedr. in: Bh. 5 (1862) S. 126—127.
Tt. 2002. Die Verwirklichung der von Christus gebotenen allgem. Menschenliebe, Zweck des Frmrbundes. 253.

—— die Gehirnatrophie der Erwachsenen. Eine Skizze. 1. Aufl. (39 S.) 1852. und 2., umgearb. Aufl. gr. 8. (IV und 53 S.) Neuwied 854, Heuser. *

Erlenmeyer, A., die Gehirnatrophie der Erwachsenen. Eine Skizze. 3., erweiterte Aufl. gr. 8. (XI und 54 S.) Neuwied 857, Heuser. *

Die Gründung der St. Johannis-Loge Friedrich zur Vaterlandsliebe im Or.·. zu Coblenz. Ein Beitrag zur Geschichte der rheinischen Freimaurerei. Von Albrecht Erlenmeyer. Berlin 1901: Büxenstein. VIII, 153 S. 9 Taf. 8⁰
Recens: A. (NF.) 21 (1902) S. 280; Bh. 45 (1902) S. 40 (C. Gotthold).
cf. Bbl. 15 (1901) S. 588—590 (R. Wehmer); L. 24 (1901) S. 192 (R. Fischer); BZC. 30 (1901) S. 597—600 (F. Dittmar); S. 9 (1902) S. 88—89 (J. G. Findel).

— s.: Handschrift, die.

—— die subcutanen Injectionen der Arzneimittel. Ein Vortrag. 3. Aufl. gr. 8. (IV und 108 S.) Neuwied 866, Heuser's Verlag.

Erlenmeyer, Albr., Irren-Statistik des Fürstenthums Waldeck. (Abdr. aus dem Archiv für Psychiatrie.) Neuwied 862. Heuser. gr. 8. (VII, 48 S.) n. 10 ngr.

Erlenmeyer. Das Irrenwesen der Schweiz. (O. J.)

Unser Irrenwesen. Studien u. Vorschläge zu s. Reorganisation. Von Dr. Albrecht Erlenmeyer in Bendorf ... *Wiesbaden: J. F. Bergmann 1896.* (XII, 132 S.) 1 Bd 8.

Erlenmeyer, Albrecht (Hrsg.), s. Korrespondenzblatt d. deutschen Gesellschaft f. Psychiatrie u. gerichtl. Psychologie.

—— die Morphiumsucht und ihre Behandlung. Auf Grund eigener Beobachtung und Erfahrung. gr. 8. (III, 95 S.) Neuwied 883, Heuser's Verlag. *
—— dass. — 2. verm. und verb. Aufl. gr. 8. (IV, 134 S.) Ebendas. 883. *

Erlenmeyer, A., die Morphiumsucht u. ihre Behandlung. 3., verm. Aufl. Mit 22 in den Text gedr. Holzschn. Lex.-8. (VIII, 463 S.) Neuwied 887. Heuser's Verl. n. 10. —

Erlenmeyer, Albrecht (Hrsg.), s. Padiera: Das italien. u. schweizer. Irrenwesen der Gegenwart.

Erlenmeyer, Ad(olph) Albert (geb. Wiesbaden 11. 7. 1822): Nonnullae observationes et physiologicae et pathologicae in morotrophio Sigburgensi institutae. Pars I. De urina maniacorum. Berolini (1844). (40 S.) 8⁰
Berlin, Med. Diss. v. 28. Dez. 1844

Erlenmeyer, Albr., die Principien der Epilepsie-Behandlung. Vortrag, am 7. Octbr. 1885 im Verein der Aerzte zu Coblenz. gr. 8. (40 S.) Wiesbaden 886, Bergmann. *

Erlenmeyer, Albr., die luëtischen Psychosen in diagnostischer u. prognostischer Beziehung. gr. 8. (VII, 99 S.) Neuwied 876. Heuser. n. 2. 50

— die luëtischen Psychosen in diagnostischer, prognostischer u. therapeutischer Beziehung. 2., verm. u. verb. Aufl. gr. 8. (VII, 142 S.) Neuwied 877. Heuser's Verl. n. 3. —

Ludwig, Heinr.: Rede für den i. d. e. O. eingegangenen Br.·. Heinr. Ludwig gehalten in der Trauerloge der Loge Friedrich zur Vaterlandsliebe i. O. Coblenz am 20. Nov. 1890 von Albr[echt] Erlenmeyer. [Bonn 1890: Georgi.] 8 S. 8⁰ [Umschlagtit.] 253.

— über statische Reflexkrämpfe. 2. Abdr. gr. 8. (47 S.) Leipzig 885. Thomas. n. 1. 60

Friedr. Ribbentrop als Freimaurer. Ein Gedenkblatt zum 6. Okt. 1903, der 135. Wiederkehr seines Geburtstages. Von Albrecht **Erlenmeyer.** [Berlin 1903: Denter & Nicolas.] 30 S. 8°
[Kopftit.]
Aus: Bbl. 17 (1903) S. 489—498, 517—525, 547 bis 554, 583—588.
Aufklärungen üb. Ribbentrop u. die Feldlogen seiner Zeit mit mancherlei Berichtigungen bisheriger Daten. 3.

— die Schrift. Grundzüge ihrer Physiologie u. Pathologie. Mit 3 in den Text gedr. Holzschn. u. 12 lith. Taf. gr. 8. (VII, 72 S.) Stuttgart 879. Bonz & Co. n. 3.—

—— die Soolthermen zu Nauheim in ihrer medicinischen Bedeutung mit besond. Berücksicht. der Krankheiten des Nervensystems. 12. (V und 85 S.) Neuwied 855, Heuser. *

—— Uebersicht der öffentlichen und privaten Irren-Anstalten Deutschlands, der Schweiz und der Niederlande. gr. 8. (III und 26 S.) Wetzlar 859, Rathgeber.
Aus: Correspondenzblatt der deutschen Gesellschaft für Psychiatrie, besonders abgedruckt.

Erlenmeyer, Albr., Uebersicht der öffentlichen und privaten Irren- und Idioten-Anstalten in Deutschland und Oesterreich. Verm. und verb. Aufl. 2 Abthlgn. gr. 8. Neuwied, Heuser'sche Verlagsh. *
Inhalt:
Abthl. 1. Königreich Preussen und die Reichslande. (IV, S. 1—56.) 875. *M 1,50.
» 2. Die nichtpreussischen Staaten Deutschlands und Oesterreich. (VII, S. 57—156 und Anhang 40 S.) 876. *M 3.

—— Uebersicht der öffentlichen und privaten Irren- und Idioten-Anstalten aller europäischen Staaten. gr. 8. (IV und 145 S.) Neuwied 863, Heuser's Verlag.

— Uebersicht der schweizerischen Irren- u. Idioten-Anstalten. 4. Ausg. [Aus: „Corresp.-Bl. der deutschen Gesellschaft für Psychiatrie u. gerichtl. Psychologie".] gr. 8. (16 S.) Neuwied 877. Heuser's Verl. n. — 60

—— wie sind die Seelenstörungen in ihrem Beginne zu behandeln? Eine von der „deutschen Gesellschaft für Psychiatrie und gerichtl. Psychologie" gekrönte Abhandlung. 1. Aufl. 1860. und 2. und 3., verm. und verb. Aufl. gr. 8. (VII und 102 S.) Neuwied 861, Heuser. *

—— wie sind die Seelenstörungen in ihrem Beginne zu behandeln. Gekrönte Abhandlung. 4. und 5., verm. und verb. Aufl. gr. 8. (V und 112 S.) Neuwied 863, Heuser's Verlag.

Das Zeugniss vom Licht. Festrede bei der Lichteinbringung in den neuen Tempel der Loge [Friedrich zur Vaterlandsliebe] zu Coblenz. Von Erlenmeyer. [Leipzig 1864: Bär & Hermann.] 8 S. 8°
Aus: Bh. 7 (1864) S. 17—19.
Mahnung, im Lichte zu wandeln. 253.

Erlenmeyer, Emil, die Aufgabe d. chemischen Unterrichts gegenüber den Anforderungen der Wissenschaft u. Technik. Rede geh. in der öffentl. Sitzg. der k. Akademie der Wissenschaften am 25. Juli 1871 zur Vorfeier d. allerhöchsten Geburts- u. Namensfestes Sr. Maj. d. Königs Ludwig II. v. Bayern. gr. 4. (33 S.) München 871. (Franz.) n. 1. 20

Erlenmeyer, Emil, Bemerkgn. üb. Examina u. Ausbildg. d. techn. Chemiker. gr. 8. (28 S.) Heidelberg 898. G. Koester. n — 60

ERLENMEYER, EMIL. Ueber Bildung und Zusammensetzung des sogenannten sauren phosphorsauren Kalks. Heidelberg, 1857.

— über den Einfluss d. Frhrn. Justus v. Liebig auf die Entwicklung der reinen Chemie. Eine Denkschrift. gr. 4. (65 S.) Ebend. 874. n. 2. 25

Erlenmeyer, Emil [aus Heidelberg]: Zur Kenntniss der Phenyl-alpha- und der Phenyl-alpha-beta-oxypropionsäure .... Giessen, Druck v. Wilhelm Keller, 1888; 2 Bl. + 48 S. + 1 Bl. 8°
Göttingen, Phil. Fak., Inaug.-Diss. v. 1. Febr. 1888

Erlenmeyer, E., zur Kenntniss der Phenyl-alpha- u. der Phenyl-alpha-beta-oxypropionsäure. Inaug.-Diss. gr. 8. (48 S.) Giessen 888. (Göttingen, Vandenhoeck & Ruprecht.) n. 1.—

Erlenmeyer, Emil, Lehrbuch der organischen Chemie. (In 4 Lfgn.) 1. Lfg. gr. 8. (224 S. mit eingedr. Holzschn.) Leipzig 867, C. F. Winter'sche Verlagsh. *

Erlenmeyer, Emil, Lehrbuch der organischen Chemie. 1. Thl. 2.—4. (Schluss-)Lfg. gr. 8. Leipzig, C. F. Winter'sche Verlagsh. [2. Lfg. (S. 225—434.) 868. *M 3.; 3. Lfg. (S. 435—658.) 882. *M 4.; 4. Lfg. (XII, S. 659—813.) 883. *M 4.]
1. Lfg. Ebendas. 1867. *M 3.

—— dass. — 2. Thl.: Die aromatischen Verbindungen von Rich. Meyer. 1.—3. Lfg. gr. 8. (S. 1—480.) Ebendas. 882—84. à Lfg. *M 3.

Erlenmeyer, Emil (I.), Lehrbuch der organischen Chemie. 5.—7. Lfg. [1. Thl. 2. Bd.] Redig. von Otto Hecht. gr. 8. Leipzig, C. F. Winter'sche Verlagsh. [5. Lfg. (S. 1—208.) 885. *M 4.—.; 6. und 7. Lfg. (VIII, S. 209—702.) 886,87. *M 10.—.] *
1.—4. Lfg. oder 1. Thl. 1. Bd. Ebendas. 1867—83. *M 14.—.
—— dass. — 2. Thl.: Die aromatischen Verbindungen. Begonnen von Rich. Meyer, fortgesetzt von Heinr. Goldschmidt. 1. Bd. 4.—6. Lfg. gr. 8. (S. 481—960.) Ebendas. 885—87. à Lfg. *M 3.—. *
1.—3. Lfg. Ebendas. 1882—84. à *M 3.—.

Erlenmeyer, Emil. Lehrbuch der organischen Chemie. [1. Thl.] 8. u. 9. Lfg. Hrsg. v. Otto Hecht. gr. 8. Lpz., Winter. [8. Lfg. (1. Thl. 2. Bd. XIX, S. 703—1030, Schluss.) 889. * 8 —; 9. Lfg. (1. Thl. 3. Bd. VI, S. 1—224.) 891. * 6 —.] * 14 —
1.—7. Lfg. Ebd. 1867—87. * 28 —.
—— dass. — 2. Thl.: Die aromat. Verbindgn. Begonnen v. Rich. Meyer, fortgesetzt v. Heinr. Goldschmidt, weiter fortgeführt von Karl v. Buchka. 1. Bd. 7. Lfg. gr. 8. (S. 961—1120.) Ebd. 892. * 4 —
1.—6. Lfg. Ebd. 1882—87 * 18 —

Erlenmeyer, Emil, Lehrbuch der organischen Chemie. 1. Thl. 9. Lfg. Hrsg. v. Otto Hecht. gr. 8. (1. Thl. 3. Bd. VI u. S. 1—224.) Leipzig 890. C. F. Winter. n. 6. — (1—9: n. 42. —)

— dasselbe. 2. Thl. Die aromat. Verbindgn. Begonnen v. Rich. Meyer, fortgesetzt v. Heinr. Goldschmidt, weiter fortgeführt v. Karl v. Buchka. 1. Bd. 7. u. 8. (Schluss-)Lfg. gr. 8. Ebd. n. 10. — (2. Thl. 1. Bd. kplt.: n. 28. —)
7. (S. 961—1120.) 892. n. 4. —. — 8. (III u. S. 1121—1350.) [illegible] n. 6. —

Erlenmeyer, E., s.: Liebig's Just. v., Annalen der Chemie.

Erlenmeyer, Emil (Hrsg.), s. Zeitschrift f. Chemie u. Pharmacie. – Zeitschrift, Kritische, f. Chemie, Physik, Mathematik u. d. verwandten Wissenschaften ...

Erlenmeyer, Frdr. Albr., die Sage v. d. Burg Adolphseck bei Langenschwalbach. In 2 poet. Versuchen wiedergeg. u. zur Bezeugung seiner Theilnahme an dem, den 3. Aug. 1845 z. feiernden 50jähr. Dienst-Jubil. d. herzogl. Geheimr. u. Brunnenarztes Dr. Fenner v. Fenneberg. 8. (1 B.) Wiesbaden 846, Beyerle.*

Erlenmeyer, J. F. Alb., Beitrr. zur deutschen Sprachlehre. 2 Hefte. 1s Hft. Auch u. d. T.: Die Declinationen d. deutschen Gattungswörter rc. 3 gr u. 2s Hft. Auch u. d. T.: Die deutsche Declination der Eigennamen u. der Selbstlauter. 3 gr 8. Herborn 822 u. 23. Krieger in Cassel. 6 gr

ERLENMEYER, Ludwig (Weissenborn; Gundelfingen): De bubonibus inguinocruralibus venereis. (Titel nach der Urkunde)
26.7.1867 - Urk; F 71; Chr 1867/68,12
Diss. Ingolst.-Landsh.-Mchn.

Erlenmeyer'schen Anstalten, die, für Gemüths- und Nervenkranke zu Bendorf bei Coblenz, s. Anstalten, die.

D. **Erlenmeyer**schen Anstalten f. Gemüts- u. Nervenkranke z. Bendorf b. Koblenz 1871—80. M. 3 chromolith. Abb. u. 2 Plänen. Leipzig 1881.

ERLENSTROM, Carl („Vf. der Bruchstücke aus dem Wanderleben"), Humoristische (zahme) Zeichnungen eines Einsiedlers. Stuttgart, Hallberger, 1838. 8°. 216 S. (incl. Tit. u. 1 Bl. Widm.), 3 Bll. Verlag d. Firma. (3 Mk. H. Streisand, 1908; 4 Kr. 80 H., Expl. im Orig.-Umschl., A. H. Huber, Salzburg, 1908.)

Erler, s.: Gesetzbuch, das bürgerliche, m. besond. Berücksicht. der Rechtsprechung des Reichsgerichts.

Erler, siehe: Schulbuch, des Kindes zweites.

Erler, die Störungen im deutschen Verkehrsgewerbe, s.: Schachner, Rob.

Erler, A., wie die Los- v.-Rom-Prediger ausknëifen, wenn man ihnen auf den Leib rückt. s.: Volksaufklärung. Nr. 88.

Erler, Alex. Ost., die Lüge zur Mitgift. Drama in 4 Aufzgn. 16. (71 S.) München (898). Rubinverlag. n. 1. —

Erler, Arthur, aus Leipzig: Ueber Condensationsreaktionen der 1-5-Diketone. *Heidelberg 1903: K. Rößler.* (40 S.) 8°
Heidelberg, Naturw.-math. Diss. v. 1903

Erler, Carl Robert, s. Erler, Karl Robert

Erler, Curt, s. Erler, Kurt

Erler, Chrst. Aug., meine Auswanderung nach Polen u. Nordamerika. 8. ($1^{1}/_{4}$ B.) Zwickau 839, (Richter'sche Buchh.) *

Erler, Friedrich, Ref. in Plauen i. V.: Der Gepäckschein. Borna-Leipzig 1906: R. Noske. (36 S.) 8° [J.]
Leipzig, Jur. Fak., Diss. v. 25. Juni 1906
[Geb. 2. Aug. 83 Leipzig; Wohnort: Plauen i. V.; Staatsangeh.: Sachsen; Vorbildung: König Albert-Gymn. Leipzig Reife O. 02; Studium: Tübingen 1, Freiburg i. B. 1, Leipzig 4 S.; Rig. 24. Juni 05.]

Erler, Fritz, Fresken im Kurhaus Wiesbaden. (5 Taf. m. 1 Bl. Text.) 38,5×50,5 cm. München (907). F. Hanfstaengl. In Mappe 15. —

Erler, Georg

Erler, Geo., s.: Beiträge f. die Geschichte Niedersachsens u. Westfalens.

—— Dietrich von Nieheim. [Theodericus de Nyem.] Sein Leben und seine Schriften. gr. 8. (XIV, 490 S., Beilagen XLV S.) Leipzig 887, A. Dürr. *

Erler, Geo., Florenz, Neapel und das päpstliche Schisma, s. Taschenbuch, historisches.

Erler, Dr. Georg. Deutsche Geschichte von der Urzeit bis zum Ausgang des Mittelalters in den Erzählungen deutscher Geschichtsschreiber. 1. Bd. Wanderzüge und Staatengründungen der Ost- und Westgermanen. 2. Bd. Aus der Kaiserzeit. 3. Bd. Das deutsche Reich und das deutsche Volk in den letzten Jahrhunderten des Mittelalters. Leipzig 1882—1884.

Erler, Geo., deutsche Geschichte von der Urzeit bis zum Ausgang d. Mittelalters in den Erzählungen deutscher Geschichtschreiber. 7—22. (Schluß-)Lfg. gr. 8. (1. Bd. VIII u. S. 481—532. 2. Bd. 670 u. 3. Bd. V, 562 S.) Leipzig 883—86. A. Dürr. à n. 1. —; 3 Bde. cplt. n. 22. —; geb. m. Leinw. n. 26. 50; in Halbfrz. n. 28. 75

Erler, Georg Zur Geschichte des pisanischen Konzils. 40 S.
Progr. Nik. *Leipzig* 1884.

Erler, Georgius: Lectiones cursorias, quas ... Ricardus Loewenherz Phil. Dr. „Die neueren Methoden der Molekulargewichtsbestimmungen" ad docendi facultatem rite impetrandam die XXIX Julii ... habebit, indicit. *Regimonti Bor. 1898: Hartung.* (1 Bl.) 4°

Erler, Georgius: Lectiones cursorias, quas ... Maximilianus Immich Phil. Dr. „Ueber die Politik der römischen Kurie unter Papst Innocenz XI (1676—1689)" ad docendi facultatem rite impetrandam die XXII Junii ... habebit, indicit. *Regimonti Bor. 1898: Hartung.* (1 Bl.) 4°

Erler, Geo., s. Liber, der, cancellariae apostolicae vom J. 1380 und der Stilus palatii abbreviatus Dietrichs von Nieheim.

— Leipziger Magisterschmäuse im 16., 17. u. 18. Jahrh. (Buchschmuck u. Zeichng. des Einbandes v. E. Doepler d. J.) (VII, 220 S.) 8. Leipzig 905. Giesecke & Devrient. Geb. n. 10. —

Erler, Geo., s.: Matrikel, die, der Univ. Königsberg i. Pr.

Erler, Geo., s.: Matrikel, die, der Universität Leipzig.

Erler, Geo., d. Matrikel d. Universität Leipzig, s.: Codex diplomaticus Saxoniae regiae.

— Die jüngere Matrikel der Universität Leipzig 1559—1809, als Personen- u. Ortsregister bearb. u. durch Nachträge aus den Promotionslisten ergänzt. Im Auftrage der königl. sächs. Staatsregierg. hrsg. 3. Bde. Lex. 8. Leipzig 909. Giesecke & Devrient. à nn 40. —

I. Die Immatrikulationen vom Wintersemester 1559 bis zum Sommersemester 1634. (CXI, 713 S.)
II. Die Immatrikulationen vom Wintersemester 1634 bis zum Sommersemester 1709. (LXX, 695 S.)
III. Die Immatrikulationen vom Wintersemester 1709 bis zum Sommersemester 1809. (XXXVII, 660 S.)

Erler, G., Quaestiones de Xenophonteo libro de republica Lacedaemoniorum. Diss. 1874. 41 S.

Erler, Georg [Dr. phil.]: Die Historischen Schriften Dietrichs von Nieheim .... Leipzig, Druck v. Otto Dürr, 1887; VII + 1 + 104 S. 8°.
Leipzig, Phil. Fak., Hab.-Schr. v. 19. Febr. 1887.

Erler, Georg, die historischen Schriften Dietrichs von Nieheim. Hab.-Schr. Leipzig 1887, Gustav Fock. 8°. VII, 104 S.

Erler, Heinr., die Aufzucht und Pflege der Stubenhunde nebst kurzer faßl. Darstellung ihrer häufigsten Krankheiten und der Wuth. Ein populäres Schriftchen für Hundeliebhaber. 8. (III und 43 S. mit Illustr. auf 3 Stnt.) Dresden 864, Meinhold und Söhne.

Erler, Heinr., einige Worte zur sächsischen Pferdezuchtfrage. Dresden 868. Meinhold & S. 8. (9 S.) n. 2 ngr.

Erler, Heinrich Wilhelm, s. Erler, Wilhelm

Erler, Herm., Robert Schumann's Leben. Aus seinen Briefen geschildert. Mit zahlreichen Erläuterungen und einem Anhang, enth. die nicht in die „Gesammelten Schriften" übergegangenen Aufsätze R. Schumann's. 1. und 2. Aufl. 2 Bde. gr. 8. (X, 337; IX, 351 S. mit 1 Medaillon-Bilde [in Lichtdr.] R. Schumann's von A. Donndorf.) Berlin 887, Ries und Erler. *ℳ 10.50.; geb. *

Erler, Hugo, üb. das Verhältniss der Kohlensäure-Abgaben zum Wechsel der Körperwärme. Inaugural-Dissertation. gr. 8. (37 S.) Königsberg 875. (Leipzig, Kessler.) n. 2. —

Erler, Joh., das Bilderbuch u. Werke bildender Kunst im Unterrichte, s.: Ratgeber f. deutsche Lehrer u. Erzieher.

Erler, Johs., Heidezauber. Erzählungen, Gedichte, Märchen, Schildergn. u. Wanderbilder aus Heide u. Moor. Mit 2 Kartenbildern in Licht- u. Vierfarbensteindr., 26 Vollbildern u. 46 Textabbildgn. (XXIV, 280 S.) 8. Altenburg 907. St. Geibel. Geb. in Leinw. 4. —

Erler, Johs., Ludwig Richter, d. Maler d. deutschen Hauses. D. erziehl. Bedeutg. Ludwig Richters in s. Lebensbilde u. in s. Werken. gr. 8. (163 S. m. 48 Holzschn.) Leipzig 897. Sigismund & Volkening. n. 2. 50; geb. n. 3. 50

[J.] Ludwig Richter, der Maler des deutschen Hauses. Die erziehliche Bedeutg Ludwig Richters in s. Lebensbilde u. in s. Werken. Von Johannes Erler. 2. Aufl. *Leipzig: Sigismund & Volkening (1898).* (162 S., 1 Bl.) 1 Bd 8. [98. 1079]

Erler, Johann Karl

Erler, Jo. Car., Comment. exegetica de libertatis christianae notione, in N. T. libris obvia. 4 maj. (6 B.) Soraviae 830, Julien.

Erler, I[oannes] C[arolus]: Iustitiae divinae defensio. 23 Bl. 8° (4°)
Halle-Wittenberg, Theol. Dr.-Diss. v. 13. August 1835
Geb. [Baruth 23. 1. 1802]
Ersch. u. d. T.: De justitia divina dissertatio apologetica. Halis Saxonum: Kümmel 1838. [VII,] 43 S. 8°. Verf. wurde abwesend promoviert.

Erler, Joh. Carl, Predigt am 3. Adventsonnt. 1844 z. Gedächtnißfeier der an demselben Tage vor 200 Jahren wiederhergestellten u. zum evang. Gottesdienste eingeweiheten Johanneskirche in Magdeburg. Nebst e. Anh. geschichtl. Mittheilungen. 2. Aufl. gr. 8. (1⅓ B.) Magdeburg 845, Baensch.

—— Predigt, gehalt. dom. XXIII. p. trin. 1846. gr. 8. (1 B.) Magdeburg, Creuß'sche Buchh.

— Predigt, gehalten Dom. XXIII. p. trinit. 1846. gr. 8. Ebend. 846, (47.) n. 3 ngl

—— Predigt am 8. Sonnt. nach Trin. über Ev. Matth. 7, V. 15—23: „Sehet euch vor vor den falschen Propheten ꝛc." gr. 8. (1 B.) Magdeburg 842, Inkermannsche Buchh.

—— zwei Predigten, gehalt. am Reformationsfeste dom. XXI. p. trinit. u. am Todestage Luthers den 18. Febr. 1846. gr. 8. (1½ B.) Magdeburg, Creuß'sche Buchh. *

— zwei Predigten, gehalten am Reformationsfeste Dom. XXI. p. trinit. u. am Todestage Luther's, d. 18. Febr. 1846. gr. 8. Magdeburg 846, (47,) Creuß. n. 4 ngl

—— Sammlung geistl. Fest- u. Gelegenheits-Reden. gr. 8. (15⅓ B.) Magdeburg 842, Creuß'sche Buchh.

—— dass. 2. Thl. A. u. d. T.: Neue Sammlung ꝛc. gr. 8. (19 B.) Ebds. 845.

— **Johann Samuel Carl** (Freiberg), De aëris marini salubritate. Diss. med. Präs. Salomon Constantin Titius. Wittbg. (Tzschiedrich) 13. XI. 1794. 24 S. (4.80) 8108

Erler, Josef

Erler, Jos., des Kaisers Ehrentag. Eine Festgabe zum 40jähr. Regierungs-Jubiläum Sr. Maj. Kaiser Franz Josef I. gr. 8. (22 S.) Innsbruck 888, Wagner'sche Universitäts-Buchh. *

Erler, Jos., des Kaisers Geigenmacher in Tirol. Drama in 1 Aufzug. [Mit freier Benutzung der Grundidee der Novelle „Jakob Stainer" von J. Schuler.] gr. 16. (51 S.) Innsbruck 878, Wagner'sche Universitätsbuchh. *

—— Gemeinde-Ordnung und Gemeinde-Wahlordnung für das Land Vorarlberg vom 22. April 1864. Nebst verschiedenen auf Gemeinde-Angelegenheiten bezügl. Gesetzen und Verordnungen. 3. Aufl., mit Anmerkungen versehen. 8. (190 S.) Innsbruck 884, Wagner'sche Universitäts-Buchh.
1. und 2. Aufl. vgl. Gemeinde-Ordnung und Gemeinde Wahlordnung.

—— Innsbruck. Ein Führer durch die Hauptstadt des Alpenlandes und deren nächste Umgebung. Mit 1 lithogr. Plane der Stadt und 1 lithogr. Umgebungskarte. 3. neu revid. Aufl. 8. (53 S.) Ebendas. 881.

— aus der Mappe e. Criminal-Commissars, s.: Eckstein's Reisebibliothek.

—— des Prinzen Meister-Schuss. Ein Märlein, wie man es in 100 Jahren erzählen wird. 4. (15 S.) Linz 880, Fink.

— s.: Saison-Bibliothek, pikante.

Erler, Jos., Aus d. Schwarzbuche e. Polizeibeamten, s.: Universal-Bibliothek.

— drei Tage in Innsbruck. Ein Führer durch die Hauptstadt des Alpenlandes u. deren nächste Umgebung. 2., neurev. Aufl. 8. (53 S. mit lith. Karte u. Plan.) Innsbruck 877. Wagner. n. — 80

— vom Theater! Eine Skizze aus d. Leben. 8. (138 S.) Innsbruck 898. Wagner. n. 2. —

—— mein Land Tirol. Dramatisches Gedicht in 1 Akt. Eine Festgabe zur Enthüllung des Rudolf-Brunnens. gr. 8. (31 S.) Ebendas. 877. *

Erler, J.: Gegen das Vagabundenthum. 8. (26 S.) Innsbruck 887. Wagner.

Erler, Jos., vom Bodensee zum Arlberg. Ein poetischer Spaziergang durch Vorarlberg. 16. (36 S.) Bregenz 883. Wagner. n. — 60

Erler, Jos., diese Weiber! s.: Eckstein's Reisebibliothek.

—— Die letzte Zuflucht! Dramatische Scene aus d. letzten Schreckenstagen in Tirol. kl. 8. (16 S.) Innsbruck 891, Wagner. * — 40

— die letzte Zuflucht. Dramatische Scene aus den jüngsten Schreckenstagen in Tirol. 3., m. e. Vorworte verseh. Aufl. 16. (16 S.) Innsbruck 891. Wagner. n. — 40

Erler, Julius

Erler, Jul., Ehescheidungsrecht u. Ehescheidungsprozeß, einschließlich Ehenichtigkeit u. Eheungiltigkeit im Geltungsgebiet des preußischen Landrechts unter Berücksicht. d Entwurfs e. bürgerlichen Gesetzbuches f. das Deutsche Reich. 8. (VII, 233 S.) Berlin 893. H. W. Müller. Kart. n. 4. —

Erler, Jul., Ehescheidungsrecht u. Ehescheidungsprozeß einschließlich der Nichtigkeitserklärung der Ehe im Deutschen Reiche. 2., völlig umgearb. Aufl. des gleichnam. preußisch-deutschrechtl. Buches. gr. 8. (VII, 249 S.) Berlin 900. H. W. Müller. Kart. n. 5. —

[J.] Die Sprache des neuen Bürgerlichen Gesetzbuchs. Von Julius Erler, Oberlandesgerichtsr. in Marienwerder. *Berlin: Verl. d. allg. dtsch. Sprachver. 1896.* (30 S.) 1 Bd 8. [96. 7981

JULIUS ERLER, Die Sprache des neuen Bürgerlichen Gesetzbuchs. Berlin 1896. Verlag des allgemeinen deutschen Sprachvereins (Jähns und Ernst). 8°.

Erler, Karl, a. Nietleben: Die volkswirtschaftliche Bedeutung der Jagd in Deutschland und die Entwicklung der Wildstände im letzten Jahrhundert. Halle a. S.; (Neudamm: Neumann) 1910. 116 S. 8° ¶(Ersch. auch als Buch ebd.)
Halle, Phil. Diss. v. 27. Juni 1910, Ref. Conrad
[Geb. 9. Juli 86 Züllsdorfer Pechhütte, Kr. Torgau; Wohnort: Düsseldorf; Staatsangeh.: Preußen; Vorbildung: Gymn. Torgau Reife M. 00; Studium: Halle 7 S.; Rig. 21. Jan. 10.] [U 10. 1726

Erler, Karl Hugo [aus Altenburg]: Zur Kenntniss der hereditär luetischen Zungen-, Speicheldrüsen- und Halslymphdrüsen-Vergrösserung ... Jena, Druck v. B. Engau, 1892; 27 S., 1 Taf. 8.
Jena, Med. Fak., Inaug.-Diss. v. [4. Aug.] 1892

Erler, Karl Hugo, zur Kenntniss der hereditär luetischen Zungen- u. Speicheldrüsen- u. Halslymphdrüsen-Vergrösserung. Diss. gr 8. (28 S. m. 1 Taf) Jena 892. (Rudolstadt, H. Dabis.) n. — 80

Erler, Carl Robert (Freiberg), De corporis telarum inflammationibus. Diss. med. Präs. Carl Siegm. Franz Credé. Lpz. (A. Edelmann) 14. VIII. 1858. 19 S. mit Biogr. (M.: W. Weichelt.) (4.—) 8107

Erler, Curt, a. Zwickau: Der Philhellenismus in Deutschland. 1821–1829. Ein Betrag zur Geschichte der öffentlichen Meinung im 19. Jahrhundert. Lucka S.-A. 1906: R. Berger. (70 S.) 8°
Leipzig, Phil. Fak., Ref. Lamprecht, Brandenburg. Diss. v. 26. April 1906
[Geb. 1. Mai 80 Zwickau; Wohnort: Zwickau; Staatsangeh.: Sachsen; Vorbildung: Gymn. Zwickau Reife O. 00; Studium: Leipzig 6, Freiburg i. B. 1, Leipzig 3 S.; Rig. 30. Jan. 06.]

Erler, Lebr. Jh. Fr.

— s. Beschreibung d. Pferdegöpels.

Erler, L. J. F., ausführl. Beschreib. d. Pferdegöpels insonders a. d. Grube neuer Morgenstern bei Freyberg. 8. Freyberg, Craz u. G. 811.

Erler, Lebr. Jh. Fr., († d. 25. Apr. 1800.) Versuch e. Anleit. zur Strecken- u. Schachtmauerung, mit 6 Kpft. 4. Freiberg 796. Craz u. G. 20 gl

Erler, Max [aus Sayda]: Ueber Bromdiphensäuren und einige Derivate derselben .... Freiburg i. B., Druck d. Fr. Wagner'schen Buchdr., 1885; 50 S. 8°.
Freiburg i. B., Phil. Fak., Inaug.-Diss. v. 1885.

Erler, Otto, der Bundschuh. Drama aus den Bauernkriegen in 3 Aufzügen. Musik von Waldem. v. Baußnern. (71 S.) 8. Leipzig 904. Breitkopf & Härtel. n. 1. —

— die Ehekünstler. Tragikomödie in 3 Aufzügen. (III, 143 S.) 8. Dresden 904. C. A. Koch. n. 2. —; geb. n. 3. —

Erler, Otto, Giganten, Künstlertragödie in 3 Aufzügen. 4. (83 S.) Leipzig 901. Breitkopf & Härtel. n. 2. 50

Erler, Otto [aus Gera]: Das Mystère de Saint Denis nach der Handschrift No. 1041 der Pariser Nationalbibliothek und seine Quelle ... Marburg, *Druck v. F. W. Kunike, Greifswald*, 1896; 81 S. 8.
Marburg, Phil. Fak., Inaug.-Diss. v. [1. Aug.] 1896

— Zar Peter. Drama in 4 Aufzügen. (VIII, 229 S.) 8. München 905. G. D. W. Callwey. n. 2. 50

Erler, Otto, die Reliquie od. Die Hosen des hl. Bartolus. Komödie in 2 Aufzügen. (III, 90 S.) 8. Dresden 910. C. A. Koch. 2. —

Erler, Otto, a. Leipzig-Plagwitz: Über Salz- und Komplexsalzbildung bei Phenolcarbonsäuren und Phenolsulfonsäuren. Weida i. Th. 1907: Thomas & Hubert. (62 S.) 8°
Leipzig, Phil. Fak., Ref. Hantzsch-Beckmann, Diss. v. 1. März 1907
[Geb. 17. Juli 76 Leipzig-Plagwitz; Wohnort: Oederau i. S.; Staatsangeh.: Sachsen; Vorbildung: Realgymn. Leipzig Reife O. 98; Studium: Leipzig 16 S.; Rig. 18. Dez. 06.]

— Verse. 8. (VIII, 40 S.) Dresden 899. E. Pierson. n. 1. —; geb. n. 2. —

Erler, W., die Direktoren-Conferenzen d. preussischen Staates. Sämmtliche auf ihnen gepflogenen Verhandlgn., geordnet, excerpirt u. eingeleitet durch e. Darstellg. der geschichtl. Entwickelg. dieser Conferenzen. gr. 8. (XVI, 272 S.) Berlin 876. Wiegandt & Grieben. n. 5. —

Erler, W., die Direktoren-Conferenzen der preussischen höheren Lehranstalten in den Jahren 1876 u. 1877. Ihre Verhandlungen, geordnet u. excerpirt. Zugleich als 1. Nachtrag der „Direktoren-Conferenzen des preuss. Staates". gr. 8. (IV, 114 S.) Berlin 879. Wiegandt & Grieben. n. 2. 25

— dasselbe, in den Jahren 1879, 1880 u. 1881. Ihre Verhandlungen, geordnet u. excerpirt. Zugleich als 2. Nachtrag der „Direktoren-Conferenzen des preussischen Staates". gr. 8. (V, 131 S.) Ebend. 882. n. 2. 75 (Hauptwerk m. 1. u. 2. Nachtrag: n. 10. —)

Erler, Wilhelm

Erler: Eine zahlentheoretische Abhandlung. 19 S.–Züllichau, Progr. 1855

Erler, W., Aufgaben aus der Mathematik für grössere Vierteljahrsarbeiten der Primaner. gr. 8. (XII und 116 S. mit 2 Stnt. in gr. 4.) Jena 867, F. Frommann. *

Erler, W., Einleitung in die analytische Geometrie und in die Lehre von den Kegelschnitten. gr. 8. (VII und 69 S. mit 1 Stnt. in gr. 4.) Berlin 862, Dümmler's Verlag. *

Erler, W., Einleitung in die analytische Geometrie u. in die Lehre von den Kegelschnitten. 2., verm. u. verb. Aufl. gr. 8. (V, 82 S. m. 1 Steindr.-Taf.) Berlin 893. F. Dümmler's Verl n. 1. —

Erlerus, Henric[us] Guilelm[us]: Elementa doctrinae numerorum de quovis modulo exposita. Halis 1841: Grunert. 43 S. 8°
Halle-Wittenberg, Phil. Diss. v. 13. März 1841
Geb. Hamm [b. Hamburg 28. 5. 1820]. V.
Verf. erlebte die Diplomerneuerung 1891 als Professor am Pädagogium in Züllichau.

— die Elemente der Kegelschnitte in synthetischer Behandlung. Zum Gebrauche in der Gymnasialprima bearb. Mit 1 lith. Fig.-Taf. (in qu. 4.). [Aus: „Zeitschrift für mathemat. Unterricht".] gr. 8. (35 S.) Leipzig 877. Teubner. — 60

— dasselbe. 2. Aufl. gr. 8. (46 S.) Ebend. 881. n. 1. —

Erler, W., die Elemente der Kegelschnitte in synthetischer Behandlung. Zum Gebrauche in der Gymnasialprima bearb. 3. verb. Aufl. gr. 8. (IV, 45 S. mit 1 lithogr. Fig.-Taf.) Leipzig 887, Teubner. cart. *

Erler, W. Die Elemente der Kegelschnitte in synthetischer Behandlung. Zum Gebrauche in der Gymnasialprima bearb.. 4. Aufl. gr. 8. (49 S. m. 1 lithogr. Fig.-Taf.) Lpz. 892, Teubner. cart. * 1 20

Erler, W., die Elemente d. Kegelschnitte in synthet. Behandlg. Z. Gebr. in d. Prima höh. Lehranst. bearb. M. 30 Fig. im Text. 5. Aufl., besorgt v. L. Huebner. gr. 8. (VI, 60 S.) Leipzig 898. B. G. Teubner. Kart. n. 1. 20

Die Elemente der Kegelschnitte in synthetischer Behandlung. Zum Gebr. in d. Prima höh. Lehranst. bearb. von Dr. W[ilhelm] **Erler,** weil. Prof., Züllichau. Mit 30 Fig. 6. Aufl. besorgt von Dr. L[ouis] Huebner, Prof. zu Schweidnitz. *Leipzig & Berlin: B. G. Teubner 1903.* (VI, 60 S.) 8°
[04. 880]

Erler, W., Lehrbuch der Naturlehre für Volksschullehrer, zum Gebrauch an Seminarien und zum Selbstunterricht. Mit 170 Holzschn. (im Text.) Berlin 853. Dümmler's Verlhdlg. 8. (X, 288 S.) n. 20 ngr

— — Anhang enthltd. die wichtigsten mathemat. Entwickelungen zu demselben. Mit 1 lith. Taf. (in 4.) Ebend. 855. 8. (32 S.) 3 ngr

— Lehrbuch der Naturlehre für Volksschullehrer, zum Gebrauch an Seminarien und zum Selbstunterricht. 2., verm. u. verb. Aufl. Mit 177 Holzschn. (im Text.) Ebend. 862. 8. (XV, 300 S.) n. 20 ngr

— Lehrbuch der Naturlehre für Volksschullehrer, zum Gebrauch an Seminarien u. zum Selbstunterricht. 3. verb. u. verm. Aufl. Mit 200 Holzschn. (im Text). Berlin 866. Dümmler's Verlhdlg. gr. 8. (XII, 274 S.) n. 20 ngr

— Lehrbuch der Naturlehre f. Volksschullehrer, zum Gebrauch an Seminarien u. zum Selbstunterricht. 4. verb. u. verm. Aufl. Mit 203 (eingedr.) Holzschn. gr. 8. (XII, 284 S.) Berlin 874. Dümmler's Verl. n. 2. —

Erler De periodis quae compositione formarum quadraticarum fiunt. 16 S.
Züllichau, Progr. 1847

Erler, Willi: Die schlesische Volksstimmung in den Jahren der inneren Wiedergeburt Preußens. 1807 bis 1813. Leipzig 1910. 8°
Leipzig, Phil. Diss. v. (1910).

Erlernung, die gründliche, des Whistspiels. Nach den bewährtesten Regeln bearb. von S. v. F. Quedlinburg 850. Ernst. 16. (2 Bl., 50 S. u. 1 Holzschnitttaf.) 7½ ngr

Erlernung, üb. die, der Landesgesetze in Volksschulen, (v. W. G. Wangerow). 8. Lpz. 789. (Schwetschke u. S. in Halle). 3 gr

Erlernung, leichte, des Lateinischen. 7. u. 8. (Schluß-)Heft. (S. 241—264.) Lex.-8. Leipzig (905. 906.) K. G. Th. Scheffer. n. 1. 20 (Kplt. n. 7. 20)
Sonderabdr. aus: „Der Hauslehrer". — Hft. 1—6 s.: Otto, W.

— d. Zeichenkunst durch Geometr. u. Perspectiv. 3 Thle. gr. 8. Erf. Straube. 764.

Erles, Johs., der Unsterblichkeitsglaube, belegt mit geschichtl., philosoph. und bibl. Zeugnissen. Den Lehrern der Volksschule sowie den Freunden der Wahrheit und höherer Erkenntnis gewidmet. gr. 8. (96 S.) Karlsruhe 885, Reiff. *

Erleuchtung. Ein Andachtsb. f. gebild. Christen ohne Unterschied d. Glaubensbekenntnisses. Seitenstück d. Opferflamme. 8. (31¼ B.) Leipzig 835, Leo.

Erleuchtung. Andachtsbuch f. gebildete Christen ohne Unterschied des Glaubensbekenntnisses. Neue unveränd. Ausg. 8. (31¼ B. u. 1 Stahlst.) Leipzig 846, Herm. Fritzsche.

Erleuterung, s. Erläuterung

Erlewein, J., comment. de causa hujusque plane ignota efficacie cauteriorum, fonticulorum et setaceorum in corpus animale. 4. Götting. 803. Brose. 3 gr

— Tableau généalogique des alliances de la Famille Royale de Prusse, avec la maison de Mecklenburg, gr. 8.

Erley, Fridericus (geb. 1812 in Roensahl Rgbz. Arnsberg): De morbis corporis callosi ... Bonnae, typ. C. Georgii 1838. 2 Bl., 25 S., 1 Bl. 8.
Bonn, Med. Fak., Diss. v. 31 Dez. 1838

Erley, Otto, Sedanfestspiel nebst 2 Ansprachen u. e. Wechselgespräch z. Gebr. in Volksschulen. 4. Aufl. gr. 8. (20 S.) Wahlen bei Wesel 898. Selbstverlag. — 50

[F.] Die Weihnachts-Feier in der Schule und im Familienkreise. Zsgest. v. Otto **Erley** in Gahlen b. Wesel. 2. Aufl. *Wesel: (Selbstv.); Dr. v. Fincke & Mallinckrodt [o. J.]* (46 S.) 1 Bd 8. 1y8. 9761 Ho

[F.] Kaiser Wilhelm I. Festspiel f. Schulen zum 22. März v. Hauptl. Otto **Erley** in Gahlen b. Wesel. *Wesel: (Selbstv.); Dr. v. Fincke & Mallinckrodt [o. J.]* (8 S.) 1 Bd 8. 1y8. 9763 Ho

[F.] Kaiser Wilhelm II. Festspiel f. Schulen z. 27. Jan. v. Hauptl. Otto **Erley** in Gahlen b. Wesel. *Wesel: (Selbstv.); Dr. v. Fincke & Mallinckrodt 1897.* (15 S.) 1 Bd 8. 1y8. 9764 Ho

Erlich, Nicolaus, Untersuchungen über die congenitalen Defekte und Hemmungsbildungen der Extremitäten. Diss. Strassburg i. Els. 1885. Trübners Sort. 8°. 34 S.

ERLICH, S. Ueber ortho-α para-Methylphenanthridine und α und β Chrysidine. Zürich, 1891.

Erlin, Hedwig. 1908 [Pseud.]
s.a. **Platen** zu Hallermund, Hedwig Gräfin v. 109. 1170

Erlin, Hedw. (Gräfin v. Platen zu Hallermund), die Erste Beste. Roman. (338 S.) 8. Stuttgart (908). Union. 3.50; geb. in Leinw. 4.50

Hedwig **Erlin**-Schmeckebier. Gezeichnet. *Stuttgart, Berlin, Leipzig: Union [1902].* (220 S.) 8° [F.]
— Union-Sammlung moderner Romane. 30. 1y. 799

Erlin-Schmeckebier, Hedw., ich will! Roman. 2 Bde. (235 u. 181 S.) 8. Leipzig (903). P. List. n. 5.—; in 1 Bd. geb. n. 6.—

Erlin, Hedw. (Hedw. Schmeckebier), Kinderseelen. Skizzen. 8. (V, 119 S.) Dresden 897. E. Pierson. n. 1.50; geb. n. 2.50

(B) — Kinderseelen. 897. Jetzt: Berlin, Verlag Berlin-Wien.

— der Mut zum Glück. Roman. 8. (223 S.) Leipzig (902). P. List. n. 3.—; geb. 4.—

Der Zug des Herzens (Verf.: H[edwig] **Erlin**[-Schmeckebier]) und andere lustige Geschichten. Mit 25 Ill. von Rich. Coßmann ... *Berlin: G. E. Nagel [1902].* (63 S.) 8° [F.]
— Bibliothek. Nagel's, illustrierter Humoresken. 1. 1y. 1801

Erlinde. A. u. d. T.: Der Mensch u. die elementarische Natur. 3. Beitrag. 4. (31½ B.) Stuttgart 845, Cotta'sche Buchh.
Vgl.: Mensch, der, u. die elementarische Natur.

Erlinde, die Ilm-Nixe. Seitenstück zu d. Sage der Vorzeit: Hulda, die Saal-Nixe; v. dem Verf. derselben (C. A. Vulpius). Mit 1 Steindr. 8. Meißen 827, Gödsche.

„Li Lais de Lanval" altfranzösisches Gedicht der Marie de France nebs Th. Chestre's „Launfal" neu herausgegeben. — Von Ludwig **Erling**, G. Ass. - 1883, Kempten, T. Dannheimer. — S. III—VIII, 1—54.
Progr. Kempten, K. Gymn.

Erlinghagen, Friedrich Wilhelm

Erlinghagen, F. W., der Rückgriff des Bürgen auf den Schuldner im Konkursfalle des letzteren. Zur Kritik der Reichsgerichts-Entscheidgn. II. Civilsen. v. 24./IV. 1883 (Bd. 9, S. 75) u. Verein. Civilsen. v. 15./II. 1886 (Bd. 14, S. 172.) gr. 8. (37 S.) Elberfeld 902. S. Lucas. 1.—

Erlinghagen, C[arl], Obering.: Die Feststellung des Fallens und Streichens von Tiefbohrlöchern durch Messung. 1907. 27 S. 4° ¶ Aus: Glückauf. Jg. 43. Karlsruhe, Dr.-Ing.-Diss. v. 29. 4. 1907

Erlistoun, Lord, s. Collection of British authors.

Erlmann

— **Jo. Gottlieb** (Palaeo-Belgera Misn.), Examen doctrinae Quesnellianae de ecclesia ejusque notis et attributis bulla papali condemnatae. Disp. theol. III. Präs. Martin Chladen. Wittbg. (Gerdes) April 1718. 54 S. (5.—) 8110
Gew.: Joh. Gottfr. Dachsel (Leisnig).

Erlmann, J. Gottl., Regeln z. Beurtheil. d. Irrthüm. des Separatismi. 8. Leipz. Sommer. 769.

— bibl. **Seelenparadies.** 8. Leipz. Junius. 718.

— **Unterweis.** d. Kind. Gottes z. Seligkeit. 12. Ebend. 740.

— d. göttl. **Zeugniß** d. Vaters v. Sohne d. Liebe. 8. Ebend. 754.

Erlmann, Johann Ernst Gottfried (Merseburg), De diverso praescriptionis juris civilis effectu sistens. Diss. jur. Präs. Friedrich Gottlieb Zoller. Lpz. (Fried. Gotth. Jacobäer) 7. VI. 1753. 32 S. (4.80) 8109
Gew.: Carl Heinr. v. Dieskau (Knauthain..)

Erlmann, Jh. Er. Gf., († d. 1. Nov. 1795.) s. **Momus, kein Fabelmacher** rc.

MOMUS kein Fabelmacher. Am Ende eines erleuchteten 18. Jahrhunderts (von *Joh. Ernst Gottfr. Erlmann*). Jena 1789. 8°. (⅓ Rthl.) Selten!

— **Ludwig Christoph** (Nürnberg), De juribus aedificiorum ad illustr. quasdam leges tit. XXVI. reform. Nor. Diss. jur. Altdorf (J. A. Hessel) 19. VI. 1760. 44 S., meist dtsch. (5.50) 8104
Widm. v.: Joh. Bartholom. Riederer, Wolfg. Albert Spis, Gust. Phil. Vogel, Gg. Chph. Albert Spis, Joh. Nic. Tresenreuter, Daniel Lochner, Andreas Martin Amthor (Langenfeld/Frk.).

Erlo, Albert

— **Edelweiß.** Ein Sommernachtstraum u. Tagebuchblätter. 8. (VI, 88 S.) Ebd. 896. n. 2.—

Erlo, Alb., Aus d. Gesellschaft. Wiener Humoresken. 8. (V, 79 S.) Leipzig 897. Literar. Anstalt, A. Schulze. n. 1.—

Erlöse sie, o Herr! Ein Andachtsbüchlein für die Mitglieder der Armenseelen-Bruderschaft, aber auch f. jeden andern kathol. Christen, welcher den leidenden Seelen Erlösung bringen will. gr. 16. (VI u. 152 S.) Sulzbach 848, v. Seidel. ¼ ₰

Erlöse uns von dem Uebel! Eine Erzählung für die Jugend. gr. 16. (39 S.) Berlin 878. Hauptverein für christliche Erbauungsschriften. — 30

Erlöser, der. Gebet- u. Betrachtungs-Buch f. kathol. Christen. Von e. kath. Priester. gr. 8. (30½ B.) Brilon 843. Paderborn. (Wesener.) -

Erlöser, der, oder Leben und Wirken unseres Heilandes Jesu Christi. 2 Bde. Berlin (858.) Sacco. gr. 8. (2 Bl., 493; 456 S. u. 40 Stahlst.) 4 ₰

Erlöser, Der, oder Leben und Wirken unseres Heilandes Jesu Christi. Berlin [1858—59]. V: *Brandt, Carl F. W.* (zu)

Erlöser, Der heiligste, als Vorbild der göttlichen Vollkommenheit ... Wien 1831. V: *Passy, Anton.* (schmal) (Th) (Ky)

Erlöser, der heil., als Vorbild geistl. Vollkommenheit Zehntägige geistl. Uebungen. (Von A. Passy.) gr. 18. (14 B.) Wien 831, Mechitaristen-Congreg.-Buchh.

Erlöst, M. F. G. Novelle. Hermannstadt 1893. V: *Müller, Friedrich.* (Trausch IV, 311)

Erlöst. Novelle v. M. F. G. 8. (26 S.) Hermannstadt 893. W. Krafft. n.n. — 60

Erlösung, die. Hrsg. von C. Bartsch, s. Bibliothek der deutschen Nationalliteratur. 37. Bd.

Erlösung, Die, ein religiöser Harfengesang. Regensburg 1841. V: *Bauberger, Wilhelm.* (winer) »1842« (Th)

Erlösung, die, e. religiöser Harfengesang. Allen gemüthreichen u. geistvollen Christen gesungen. Von d Verf. d. Beatushöhle, ꝛc. M. 1 Stahlst. u. Facsim. d. Verf. gr. 12. (5⅓ B.) Regensburg 811, Manz.

Erlösung, die, oder Ende gut, Alles gut. Metaphysisches Welten-Drama in 5 Acten von Dr. Faust jun. 12. (38 S.) Quedlinburg 885, Vieweg's Buchh. geb. *

Erlösung. Wochenschrift d. Deutschen Bundes d. Menschlichkeitsreligion. Red.: Carl Harz. Jg. 1. Altona: Gebr. Harz (1907). 4°
[0]. 14016 8

Erlösung. Ein Programmgedicht an die Juden von einem Juden. 1908. V: *Zepler, Gg.* (Franz Brümmer, Lexikon der deutschen Dichter des 19. Jahrhunderts. 6. Aufl. Leipzig 1913 ff., VIII, 83)

Erlösung! Ein Programm. Gedicht an die Juden v. e. Juden. (31 S.) kl. 8. Leipzig-Gohlis 908. B. Volger. — 60

Erlösung, die, vom Dasein. (Von Karl Eman. Ryhiner.) gr. 8. (XVII, 286 S.) Leipzig 902. C. G. Naumann. n. 4. —; geb. in Halbfrz. n.n. 5. 20

Erlösung, die, Deutschlands, s. Deutschlands Erlösung.

Erlösung, Deutschlands, oder der Fürstenbund, geschlossen über dem Grabe der Königin Louise von Preussen. Augsburg 1845. V: *Ambach, Eduard v.* (Ky)

Erlösung Deutschlands, die, im J. 1813. Ein Nationalsingspiel. gr. 8. (Leipz. Brockhaus.)

Erlösung, in Frucht fortbringen. Kopenh. 1706. V: *Paulli, Holger.* (Collin, Anonymer. Kiobenh. 1869.) (Bruun, Bibl. Danica. I, 248.)

Erlösung, die, der Menschen durch Jesus Christus. Zur Andacht u. Erbauung frommer Christen. Mit 1 Steindr. 12. Landsh. 825. Storno. 5 gl. N. Aufl., mit 3 Steindr. gr. 12. Münch. 831. Jaquet. 6 gl.

Erlösung, die, d. Menschen durch Jesus Christus uns. Heiland u. göttl. Mittler. Zur Andacht u. Erbau. from. Christen. Neue, verm. Aufl. gr. 12. (2½ B. u. 3 Stndr.) München 831, [Jaquet.]

Erlösung. Die E' der Toten. Präexistenz und Herkunft des Menschen. Taufe für die Toten. Traktat Nr. 3. Hrg. von dem Missionsbureau ..., Bern. 16 S. 8. Bern (Typ. C. Sturzenegger) 1901.
Tractat[e]. Hrg. ([durch die] Kirche Jesu Christi der Heiligen der letzten Tage).

Erlösung, Die wahre, vom Antisemitismus von einem getauften Juden. Leipzig 1883. V: *Köri.* (EB)

Erlösung, die wahre, vom Antisemitismus. Von einem getauften Juden. gr. 8. (61 S.) Leipzig 883, O. Wigand.

Erlsfeldt, Leonh. ab., nova et vet. aphorismor. Hippocratis interpretatio. 4. Nrnb. 711.

Erlwein, Georg

Erlwein, Geo., Cyanid-Prozesse zur Goldgewinnung, s.: Uslar, Manuel v.

— die Ozon-Wasserwerke Wiesbaden-Schierstein u. Paderborn nach System Siemens & Halske A.-G. (26 S. m. 9 Taf) gr. 8. Leipzig 903. F. Leineweber. n. 2. —

Erlwein, Georg [gepr. Cand. rer. nat. aus Bamberg]: Schiefergesteine Süd-Georgiens. Ein Beitrag zur chemischen Kenntnis der Thonschiefer .... Berlin, Buchdr. v. Gustav Schade (Otto Francke), 1887; 30 S. 8°
Erlangen, Phil. Fak., Inaug.-Diss. v. 1887

Über Trinkwasserreinigung durch Ozon und Ozonwasserwerke. Von Dr. G[eor]g **Erlwein**, Berlin. *Leipzig: F. Leineweber 1904.* (35 S.) 8° [04. 333]

Erlwein, Gg., Trinkwasserreinigung durch Ozon nach dem System v. Siemens & Halske (A.-G.), Berlin. gr. 8. (28 S. m. Fig., 6 Taf. u. 4 Tab.) Leipzig 901. F. Leineweber. n. 1. —
Sonderabdruck aus: „Gesundheit".

Erlwein, G., und Th. Weyl: Die Unterscheidung von Ozon, salpetriger Säure und Wasserstoffsuperoxyd. Berlin 1899

Das Chirurgische Krankenhaus zu Bamberg. Eröffnet am 21. April 1901. Von Architekt Dr. Hans **Erlwein**. *Bamberg: M. R. Schulz (1901).* (77 S.) 4°
[Deckelt.:] Festschrift z. Eröffnung d. Chirurg. Krankenhauses zu Bamberg April 1901. [01. 6196

Ermacora, G. B., übersinnliche Thätigkeit u. Spiritismus. A. d. Italien. v. F. Feilgenhauer. gr. 8. (19 S.) Leipzig 895. [M. Spohr.] E. Fiedler. n. — 60

Ermacora, G. B., untersinnliche Thätigkeit u. Spiritismus. A. d Ital. übertr. v. Fritz Feilgenhauer. gr. 8. (19 S.) Leipzig 895. M. Spohr. n. — 60

— d spiritistischen Thatsachen u. d. übereilten Hypothesen. Bemerkgn. üb. e. v. C. Lombroso verf. Artikel. A. d. Ital. übers. v. Fritz Feilgenhauer. gr. 8. (48 S.) Ebd. 895. n. 1. —

Ermahnung, s. a. Ermahnungen.

[Br. **Ermahnung.**] An den Verfasser des Schreibens an den Prinzen von Preussen, (Hamburg, 1850) von einem alten Maurer. Heiligenstadt: Dölle & Brunn [usw.] 1850. 14 S. 8° [Umschlagtit.]
Tadelt Form u. Inhalt des Schreibens. 193.

Eine Ermahnung zur Armen- und Krankenpflege nach dem gesegneten Vorgang der großen Armenfreundin Amalie Wilhelmine Sieveking. Nebst ausführl. Darst. des Ursprungs, jetz. Bestandes, d. Einrichtung u. Thätigkeit des Hamburgischen Frauenvereins, ausgez. aus den 17 Jahresberichten der Stifterin desselben ... — Stuttgart: Steinkopf 1850. IV, 104 S. 8°

Ermahnung des Beleuchters an den Handlaternen-Macher / sein Handwerk niederzulegen. Frankfurt und Leipzig 1771. 16 S. 8°.

(**Ermahnung** zur Besonnenheit und Einigkeit.) An die Bürgerwehr und die gesammte Bevölkerung Berlins. — Das Commando der Bürgerwehr: Rimpler. Deckersche Geheime Ober-Hofbuchdruckerei. 1 Bl. Fol.
Flugblatt. Berlin, 2. Nov. 1848.

(**Ermahnung** zur Einigkeit zwischen Krone und Volk.) Mitbürger! Es mahnt uns der Ernst des Augenblicks, — Der patriotische Verein. Druck von J. F. Starcke. 1 Bl. Fol.
Flugblatt. Berlin, 9. Nov. 1848.

(**Ermahnung** zur Eintracht) Mitbürger! Mit tiefem Schmerz nehmen wir wahr, — 127 Bürgerwehrleute verschiedener Bezirke. Druck von F. Reichardt und Co. 1 Bl. Fol.
Flugblatt. Berlin, 26. Mai 1848.

Ermahnung der Heucheley und der Sicherheit zu entsagen ... Eisenach 1758. V: *Trier, Johann Paul.* (ML)

— d. Heucheley u. Sicherheit z. entsagen. 8. Eisen. Wittekind. 758.

Ermahnung, Ernste, an das Schweizervolk in der gegenwärtigen Zeit. Zürich 1831—32. V: *Trechsler, H.* (Cat. d. Stadtbibl. Zürich. Zürich 1864—97.)

Ermahnung an die Freymåurer in Wien zu einem anståndigern, månnlichen Betragen. Anticyra 1776. [Wien 1786.] 28 S. 8°

Abgedr. in: Sammlung aller aus Gelegenheit d. k. k. Verordn. v. 16. Dez. 1785 z. Vorschein gekommenen Schriften d. Frmr. betr. 8 (1786) S. 1—26.
Recens: WJ. 3, 3 (1786) S. 234—236.
Kl. 486. Selten.
[Abafi, L.: Gesch. d. Frmrei in Oesterreich-Ungarn. 4 (1893) S. 176.]

Ermahnung, An alle wahre Patrioten Hamburgs gerichtete, zur Aufrichtung einer ähnlichen patriotischen Gesellschaft ... wie die zu London und Paris ist. Hamb. 1765. V: *Pauli, Joh. Ulrich.* (schr)

Ermahnung, Hinterlassene, einer Dame an ihre Kinder, welche sie einer ihrer Vertrauten versiegelter übergeben, um solche ihrem Herrn nach ihrem Tode einzuhändigen. Ofen 1787. V: *Durville, Maria-anne Baronesse de, geb. von Sauska.* (Pk 1/576) (széchenyi 4/169) (biblPort)

ERMAHNUNG, Hinterlassene gute, eines ausländischen Freundes von der ganzen Welt. Nahmens *von W****. bey seiner Abreise aus der berühmten Mönine, an das gesammte weiblich Geschlecht daselbst. (Typ. Barock-Ornament.) O. O. 1759. 4°. (In Frankfurt a. M., Stadtbibl.) (Für Mk. 10·— erworben, März 1912.)
16 S. (incl. Tit. u. 1 Bl. Vorwort). Ganz in Versen.

Ermahnung e. Moslemim an d. Christen, insonderheit an d. Griechen. 1. Thl. A. d. Franz. 8. (9½ B.) Zerbst 830, (Kummer.)

Ermahnung eines Moslemim an die Christen, insonderheit an die Griechen. 1. Thl. Aus d. Französ. 8. Zerbst 831. Kummer. 10 Ngr

Ermahnung der Todten in Briefen an die Lebendigen. Berlin 1756. V: *Müchler, Johann Georg.* (MGT) (Ky)

Ermahnung, Treue, einer Mutter an ihre einzige Tochter. Leipzig 1763. V: *Hellenbach, Frau von, geb. Janoczky.* (Ung. Magazin 1/485) (széchenyi 5/148) (K. K. Anzeigen, 5 Jgg., 52, S. 409) (biblPort)

Treuherzige Ermahnung eines alten Generals an seinen Sohn. 1760. 4. 20 S. (Spruchgedicht.)
Ihr wisst, mein lieber Sohn, dass ich in meinem Leben.

—— und Trost d. göttl. Wortes, bei d. jetzt drohenden allgem. Noth. Nebst e. Anh. v. Liedern u. Gebeten. 8. (3 B.) Breslau 831, Graß, Barth u. Comp.

Ermahnung eines Vaters an seinen Sohn, wegen Erwählung eines Standes. Wien 1781. V: *Hiltenbrand, Anton.* (MGT)

Ermahnung eines Vaters an seinen Sohn wegen Erwählung eines Standes.
Wien: Sonnleithner 1781. 28 S.

ERMAHNUNG, Wohlmeinende, an alle unter dem Joche ihrer Weiber seufzende Mitbrüder. Frankfurt 1757. 8°.

Ermahnungen, s. a. Ermahnung.

Ermahnungen, Apostolische, oder Kern der christlichen Sittenlehre. In drey Predigten über Röm. XII. 7—21. Basel 1790. V: *Lavater, Johann Kaspar.* (schstr S. 126)

Brûderliche Ermahnungen eines Freimaurers in einem Schreiben an Br. S. [Unterz.:] R. Gedr. in B... 1786. 20 S. 8°

Betr. die Verfügung Josephs II. aus d. J. 1785. Wünscht die Hrsgabe weiterer Flugschriften üb. dieses Thema zu verhindern. 23.

Ermahnungen an Confirmirte, s. Ermahnungen an Konfirmirte.

Ermahnungen, die uns in's Innere hineinführen. Aus der Nachfolge Christi d. Thomas v. Kempen. Mit e. Anh. Allen seinen lieben Mitchristen als e. Gabe d. Liebe dargebothen v. e. kathol. Priester. 18. (2 B.) Augsburg 830, Wolff. (Kollmann.)

— d. Freundschaft, a. d. Fr. 8. Liegnitz, Siegert. 749.

— zeitl., Gott um Friede z. bitten, u. d. den Frommen versprochene Friede. 4. Leipz. 757.

Ermahnungen über die wichtigsten Glaubenswahrheiten, s. Unterricht.

Ermahnungen, Hinterlassene, einer Dame an ihre Kinder, welche sie einer ihrer Vertrauten versiegelter gegeben ... Ofen 1787. V: *Durville, Maria Anna.* (Pk)

Ermahnungen an Jünglinge und Jungfrauen insbesondere an austretende Wiederholungsschüler wohl auch an Menschen jedes Alters und Standes nebst einem Anhange verschiedener Gebete. Zusammengeschrieben von einem Landpfarrer der Diözese Brixen. 12. (VI u. 316 S.) Innsbruck, Felix Rauch 1853.

Ermahnungen an Jünglinge und Jungfrauen ... Von einem Landpfarrer der Diöcese Brixen. 6. Aufl. Innsbruck 1900. V: *Niederkofler, Sebastian.* (Margr)

(F) Ermahnungen an Jünglinge und Jungfrauen auch an Menschen jeden Alters und Standes. Von einem Landpfarrer der Diöcese Brixen. 6. umgearbeitete Auflage von G. Pl. Mit Gutheissung des f. b. Ordinariates Brixen. Innsbruck. 1900. Rauch. 8°. VIII, 492 S. mit 1 Tafel. K 2.60

Ermahnungen an Konfirmirte.

Ermahnungen an Confirmirte, bei ihrem Austritt aus d. Schule. N. Aufl. 8. Frankf. a. M., Steinkopf. 2 Ngr

ERMAHNUNGEN, Lehrreiche, an eine Freundin, zu einer vernünftigen Aufführung in der Welt, sonderlich in Ansehung des Heyrathens, aus dem Französischen der Frau *von P**** übersetzt. Hamburg, Hertel, 1750. 8°. 9 Bogen.
O. M. V. 1750. D 4a; Cat. Meissner I. p. 870.

Ermahnungen an e. Freundin z. e. vernünft. Aufführung in d. Welt. 8. Hamb. (Gleditsch. Leipz.) 760.

— eines Predigers an junge Leute vor der Confirmation rc. Aus d. Engl. 8. Leipz. 773. Schwickert. 6 gr

Ermahnungen und Christenlehren, Sechs und dreissig christliche, eines Seelsorgers auf dem Lande an seine Pfarrgemeinde. München u. Regensburg 1826. V: *Jais, Aegid.* (BiblPort)

— d. Todten an d. Lebendigen, in Brief. a. d. Engl. 8. Berlin, Haude. 757.

Ermahnungen eines Vaters an den Geist und das Herz seines Sohnes ... Leipz. 1824. V: *Kerndörffer, Heinr. Aug.* (NN)

— e. Vaters an den Geist u. das Herz seines Sohnes, bei dessen Eintritte in das bürgerl. Leben, f. den Gewinn innerer Ruhe, Zufriedenheit u. Glückseligkeit. Mit 1 Kpf. 8. Lpz. 825. Glück. 1 rℓ 6 gr

Ermahnungen eines Vaters zunächst an seine Tochter, vor ihrem ersten Abendmahl-Genusse ... Dresden 1824. V: *Jaspis, Lebrecht Siegmund.* (Ky) (MGT)

— e. Vaters zunächst an seine Tochter, vor ihrem ersten Abendmahls-Genusse, z. Erinnerung f. Alle, die ihres Confirmations-Tages ihr ganzes Leben hindurch freudig gedenken wollen, (v. L. S. Jaspis). gr. 8. Dresden 824. Arnold. 5 gr

Ermahnungen, väterliche, an christl. Jünglinge, die auf den Ruf ihres Fürsten in den Militärstand treten. Von e. kathol. Geistl. d. Bisth. Augsburg. 12. (1 B.) Kempten 810, Kösel.

Ermahnungen, Zehn, an Jünglinge und Jungfrauen ... Von einem Landpfarrer der Diöcese Brixen. 3. Aufl. Innsbruck 1856. V: *Niederkofler, Sebastian.* (Margr)

Ermahnungen, zehn, an Jünglinge und Jungfrauen, insbesondere an austretende Wiederholungsschüler, wohl auch an Menschen jeden Alters und Standes, nebst einem Anhang verschiedener Gebete am Morgen u. Abend, bei der heil. Messe rc. Zusammengeschrieben von einem Landpfarrer der Diöz. Brixen. 4. verm. Aufl. Innsbruck 857. F. Rauch. 18. (VI, 846 S. u. 1 Lithogr.) 27 ngr

Ermahnungs- und Warnungs-Predigt am 5. Sonnt. nach dem Fest der H. Dreieinigkeit 1770 ... O. O. V: *Stoy, Johann Siegmund.* (will)

Ermahnungs-Puncta, ernstliche, wie in der kayserlichen (sic) Haubt- u. Residenz-Statt Munchen sich eine gesambte Burgerschafft in ain: so anderen zu verhalten habe. München 1745. Kl. 8°. Cart.
18 Bll. unpag.

Ermahnungsrede über den christlichen Ehestand, besonders in Hinsicht gemischter Ehen. Eine Belehrung für das fromme Volk. Mit einem Vorworte. Von dem Verfasser: »Schritte zur vollkommenen Liebe Gottes«. Regensburg 1839. V: *Blum, Georg.* (Russell IX 466)

Ermahnungsrede über d. christl. Ehestand, besond. in Hinsicht gemischter Ehen. Eine Belehr. f. das fromme Volk. Mit e. Vorw. Von d. Verf. d. „Schritte z. vollkomm. Liebe Gottes rc." 8. (3 B.) Regensburg 839, Manz.
Vgl. Im kathol. Glauben rc.

Ermahnungsrede eines Landdechants bey Abhaltung des jährlichen Capitels an seine untergeordnete Geistlichkeit ... Freyburg 1790. V: *Miller, Anton Thaddäus.* (MGT) V: *Müller.* (Wr)

Ermahnungsrede eines Landdechants, wie s. Untergeordnet. b. Landesunruhen sich betragen sollen. 8. Kempten, Kösel. 790.

Ermahnungs-Rede wider die heutigen Moden, wider die Hoffart und Kleiderpracht; gehalten von einem jungen Weltpriester im Jahre 1817. Luzern. V: *Rohrer, Joseph.* (BSchwL V, 5, S. 265)

Ermahnungsreden auf hohe Festtage und heilige Zeiten, als: Weihnachten, Charfreitag, Ostern, Pfingsten, Dreifaltigkeits-, Kirchweih-, Dankfest, Neujahr. Herausgegeben von dem Verfasser des Gebet- und Andachtsbuches: »Schritte zur vollkommenen Liebe Gottes«. Regensburg 1844—47. H: *Blum, Georg.* (Russell IX, 467)

— — auf hohe Festtage u. heil. Zeiten, als: Weihnachten, Charfreitag, Ostern, Pfingsten, Dreifaltigkeits- u. Kirchweihfest. Hrsg. v. Verf. der „Schritte zur vollkomm. Liebe Gottes." (G. Blum.) 8. Regensburg, Manz. à Bdchn. 11¼ Ngr.
A. u. d. Tln.:
Bdchn. 1—5. 6 verschied. Ermahnungsreden an d. hohen Feste der Geburt Jesu Christi. — 6 verschied. Ermahnungsreden auf d. heil. Charfreitag 6 verschied. Ermahnungsreden an d. heil. Osterfeste. — 6 verschied. Ermahnungsreden an d. heil. Pfingstfeste. — 6 verschied. Ermahnungsreden an d. hohen Feste der heil. Dreifaltigkeit. (43 B.) 1 Thlr. 26¼ Ngr.

— dies. 6. Bdchn. A. u. d. T.: Sechs verschied. Ermahnungsreden auf das Kirchweihfest. 8. Ebend. 844. 3/8 rℓ

— dies. 7. Bdchn. A. u. d. T.: Sechs verschied. Ermahnungsreden auf das Dankfest. 8. Ebend. 844. 3/8 rℓ

— dies. 8. Bdchn. A. u. d. T.: Sechs verschied. Ermahnungsreden auf das neue Jahr. 8. Ebend. 844. 3/8 rℓ

— dies. 9. Bdchn. A. u. d. T.: Sechs verschied. Ermahnungsreden an dem Feste der Himmelfahrt Christi. 8. Ebend. 845. 3/8 rℓ

— dies. 10. Bdchn. A. u. d. T.: Sechs verschied. Ermahnungsreden an dem Feste der heil. Apostel Petrus und Paulus. 8. Ebend. 846. 3/8 rℓ

— dies. 11. Bdchn. A. u. d. T.: Sechs verschied. Ermahnungsreden am Gedächtnißtage aller verstorbenen Christgläubigen. 8. Ebend. 846. 3/8 rℓ

— dies. 12. Bdchn. A. u. d. T.: Sechs verschied. Ermahnungsreden auf das Fest aller Heiligen. 8. Ebend. 846. 3/8 rℓ

— dies. 13. Bdchn. A. u. d. T.: Sechs verschied. Ermahnungsreden an dem Feste d. heil. 3 Könige. 8. Ebend. 846. 3/8 rℓ

— dies. 14. Bdchn. A. u. d. T.: Sechs verschied. Ermahnungsreden auf das Fest der Himmelfahrt Mariä. gr. 8. Ebend. 846. 3/8 rℓ

Ermahnungsreden auf hohe Festtage u. heil. Zeiten. 15. Bdchn. A. u. d. T.: 6 verschied. Ermahnungsreden auf das Fest der Geburt Mariä. 8. (120 S.) Regensburg 847, Manz. 3/8 rℓ

— dies. 16. Bdchn. A. u. d. T.: 6 verschied. Ermahnungsreden auf das Fest des heil. Rosenkranzes. 8. (124 S.) Ebd. 847. 3/8 rℓ

Ermahnungsreden auf hohe Festtage und heilige Zeiten. 17. Bdchn. A. u. d. T.: Sechs verschiedene Ermahnungsreden auf das Fest des heil. Herzens Jesu. 8. (120 S.) Regensburg 847, Manz. Thlr. —
1—16. Bdchn. Ebendas. 1843—47. 6 Thlr. 11¼ Ngr.

Ermahnungsreden, Kurze, an das katholische Christenvolk über die wichtigsten Glaubenswahrheiten und Sittenlehren, aus den nützlichsten Predigtwerken zusammengetragen. Von dem Verfasser: »Schritte zur vollkommenen Liebe Gottes«. Regensburg 1840—45. V: *Blum, Georg.* (Russell IX, 467)

Ermahnungsreden, kurze, an das kathol. Christenvolk, über die wichtigsten Glaubenswahrheiten u. Sittenlehren, aus den nützlichsten Predigtwerken zusammengetragen. Von d. Verf. der „Schritte zur vollkomm. Liebe Gottes ꝛc." 1s u. 2s Bdchn. 8. Regensburg 840. Montag u. Weiß. (à 1/3 ₰) 2/3 ₰ — 3s Bdchn. A. u. d. T.: Sechs Ermahnungsreden an den Sünder über die Nothwendigkeit seiner Bekehrung u. die Mittel, zu einer wahren Bekehrung zu gelangen. 8. Ebd. 840. Manz. 1/3 ₰ — 4s Bdchn. 8. Ebd. 840. Ebd. 1/3 ₰

Ermahnungsreden, kurze, an d. kathol. Christenvolk, üb. d. wichtigsten Glaubenswahrheiten u. Sittenlehren, aus d. nützlichsten Predigtwerken zusammengetr. Von d. Verf. d. „Schritte zur vollkomm. Liebe Gottes ꝛc." 1—6. Bdchn. 8. Regensburg, Manz. [1. u. 2. (14½ B.), 3. (7 B.), 4. (7¼ B.) 840. à ⅓ Thlr., 5. u. 6. (à 9 B.) 841. à 5/12 Thlr.]
3. Bdchn. — A. u. d. T.: Sechs Ermahnungsreden an den Sünder üb. d. Nothwendigkeit seiner Bekehr. u. die Mittel, zu e. wahren Bekehrung zu gelangen.

Ermahnungsreden, kurze, an das kathol. Christenvolk üb. die wichtigsten Glaubenswahrheiten u. Sitten-Lehren aus d. nützl. Predigtwerken zusammengetr. Von d. Verf. der „Schritte zur vollkomm. Liebe Gottes ꝛc." (G. Blum.) 7—10. Bdchn. 8. Regensburg, Manz. [7. u. 8. (17½ B.) 842. 25 Ngr., 9. u. 10. (17 B.) 45. 25 Ngr.]
1—6. Bdchn. Ebendas. 1840, 41. 2 Thlr. 7½ Ngr.

Ermahnungsreden, Sechs, an den Sünder über die Nothwendigkeit seiner Bekehrung und die Mittel, zu einer wahren Bekehrung zu gelangen. Regensburg 1840. V: *Blum, Georg.* (Russell IX, 467)

Ermahnungsreden, Zehn, von dem guten Tode, nebst einer Rede bei der Beerdigung eines auf dem Sterbebette bekehrten Gotteslaugners. Von dem Verfasser: »Schritte zur vollkommenen Liebe Gottes«. Regensburg 1842. V: *Blum, Georg.* (Russell IX, 466)

—— zehn, von dem guten Tode, nebst e. Rede bei d. Beerdigung eines auf d. Sterbebette bekehrten Gottesleugners. Von d. Verfasser der „Schritte zur vollkomm. Liebe Gottes ꝛc." (G. Blum.) 8. (12½ B.) Regensburg 842, Manz. Thlr.

Ermahnungs-Reim uber allzufrechentblöste Weibs-Brüste unter gemeinen Leuten. Druck-verfasset im Jahr, da nackete Brüste sich zeigeten. O. O. 1709. 4°. (8 Mk. Jacques Rosenthal, c. 1903.)
2 Bll. In Versen. — Sehr rar!

Ermahnungsschreiben an die Herren Stubenmädchenvertheidiger. Nebst einem Recipe wider die Hirnentzündung. Wien, v. Ghelen, 1781.

— — Dasselbe. Ebd., Berger, 1781.

Ermahnungsstücke, LXXII, eines Geistlichen der katholischen Kirche an den Kaiser J** ... Frankf. u. Leipz. 1782. V: *Agapetus.* Ü: *Prahll, M.* (MGT)

Erman. Der Fall Ahrens u. das Eulenburg'sche Gutachten. gr. 8. (23 S.) Hamb. 891, Hoffmann u. Campe's Sort. * — 50

Erman. Beiträge zur Monographie des Marekanit, Turmalin und brasilianischen Topas in Bezug auf Electricität. (Aus d. Schriften der Berliner Akad. 1829.) 4.

Erman. Ueber die mit der Tiefe wachsende Temperatur der Erdschichten nach Beobachtungen im Bohrloch zu Rüdersdorf (Aus den Abh. d. k. Akad.) Berlin. 1831. 8.

Erman, A., einige Untersuchungen über die bei Sulza an der Ilm entspringenden Soolquellen. gr. 8. (56 S.) Berlin 865, G. Reimer. *

Erman, Adolf, Physiker, 1806-1877, s. Erman, Georg Adolf

Erman, Adolf

Erman, Adf., Aegypten und aegyptisches Leben im Altertum. 2 Bde. Lex.-8. Tübingen, Laupp'sche Buchh. [1. Bd. (XVI, S. 1—350 mit 236 Abbild. im Text und 7 Vollbildern.) 885; 2. Bd. (VIII, S. 351—742 mit 164 Abbild. im Text und 5 Vollbildern.) 887.] à Bd. * geb. à Bd. *
Vgl.: Abel, C., gegen Herrn Prof. Erman.

Erman, Adf., Aegypten u. ägypt. Leben im Altertum, geschild. v. E. M. 12 Vollbild. u. 400 Abb. i. Text. (Neue bill. [Umschlag-]Ausg. gr. 8. (XVI, 742 S.) Tübingen (887) 896. H. Laupp. n. 10. —; geb. n. 12. —

Erman, Adf., 2 Aktenstücke aus der thebanischen Gräberstadt. (S. 330—347.) Lex. 8. Berlin 910. G. Reimer. 1. —
Sonderabdr. aus „Sitzungsber. d. preuss. Akad. d. Wiss."

— u. Heinr. Schäfer, der angebliche ägyptische Bericht üb. die Umschiffung Afrikas. (12 S.) Lex. 8. Ebd. 908. — 50
Sonderabdr. aus „Sitzungsber. d. preuss. Akad. d. Wiss."

— Bruchstücke kopt. Volkslitteratur. [Aus: „Abhandlgn. d. k. preuss. Akad. d. Wiss. zu Berlin".] gr. 4. (64 S.) Berlin 897. (G. Reimer.) n. 3. 50

Aegyptische Chrestomathie. Zum Gebr. auf Univ. u. z. Selbstunterr. Von Adolf Erman. *Berlin: Reuther & Reichard 1904.* (XXII, 156, 78 S.) 8°
= Porta linguarum orientalium. P. 19. [04. 5,0] 6

— zur Erklärung des Papyrus Harris. (19 S.) gr. 8. Berlin 903. (G. Reimer.) n. 1. —
Sonderabdruck aus: „Sitzungsber. d. preuss. Akad. d. Wiss."

Erman, Adf., die Flexion des aegyptischen Verbums. gr. 8. (37 S.) Berlin 900. (G. Reimer.) n. 2. —
Sonderabdruck aus: „Sitzungsber. d. preuss. Akad. d. Wiss."

Erman, (Johannes Petrus) Adolf, (geb. Berlin 31. 10. 1854): De forma pluralis in lingua Aegyptiaca. Berolini (1878). (32 S.) 8° • Vollst. ersch. u. d. T.: Die Pluralbildung des Aegyptischen. Leipzig: Engelmann 1878.
Berlin, Phil. Diss. v. 26. Jan. 1878

— Gespräch e. Lebensmüden m. s. Seele. Aus d. Papyrus 3024 d. königl. Museen hrsg. [Aus: „Abhandlgn. d. k. preuss. Akad. d. Wiss. zu Berlin".] gr. 4. (77 S. m. 10 Taf.) Ebd. 896. Kart. n. 6. —

Aegyptisches Glossar. Die häufigeren Worte d. aegypt. Sprache zsgest. von Adolf Erman. *Berlin: Reuther & Reichard 1904.* (VIII, 160 S.) 8°
= Porta linguarum orientalium. P. 20. [04. 11,0] 4

— ägyptische Grammatik, s.a. Porta linguarum orientalium. XV.

Ägyptische Grammatik mit Schrifttafel, Litteratur, Lesestücken u. Wörterverzeichnis von Adolf Erman. 2. gänzl. umgearb. Aufl. *Berlin: Reuther & Reichard 1902.* (XIII, 238, 24 S.) 8°
= Porta linguarum orientalium. 15. [02. 14,0] 2

Erman, Adf., neuägyptische Grammatik. Lex.-8. (X, 276 S.) Leipzig 880. Engelmann. n. 12. —

— s.: Literaturen, die orientalischen.

— die Märchen d. Papyrus Westcar, s.: Mittheilungen aus den orientalischen Sammlungen der königl. Museen zu Berlin.

Erman, Adf. (II.), deutsche Medailleure des 16. und 17. Jahrh. gr. 8. (VIII, 123 S. mit 11 photogr. Taf. und ausführl. Registern.) Berlin 884, Weidmann'sche Buchh. *

Aus den Papyrus der Königlichen Museen von Adolf Erman u. Fritz Krebs. Mit 13 Abb. u. 24 Taf. *Berlin: W. Spemann 1899.* (VII, 291 S.) 8°
= Handbücher d. Königl. Museen zu Berlin. [8.] [... 2-6]

Erman, Adf., die Pluralbildung des Aegyptischen. Ein grammat. Versuch. gr. 4. (VIII, 47 S.) Leipzig 878, Engelmann. *

— Die ägyptische Religion, s.a. Handbücher der königl. Museen zu Berlin. IX.

Die ägyptische Religion. Von Adolf **Erman**. Mit 165 Abb. Berlin: G. Reimer 1905. (IV, 201 S.) 8°
— Handbücher d. Kgl. Museen zu Berlin. [9.] [05. 1397

Ermann, A.: Die orientalischen Religionen, s. Religionen ...

-- die Sphinxstele. (17 S.) gr. 8. Berlin 904. (G. Reimer. n. 1. —
Sonderabdruck aus: „Sitzungsber. d. preuss. Akad. d. Wiss."

-- – Die Sprache d. Papyrus Westcar. Eine Vorarbeit zur Grammatik der älteren ägypt. Sprache. 4. (158 S.) Göttingen 889, Dieterich's Verlag. * 18 —
Aus: Abhandlungen der k. Gesellschaft der Wissenschaften, besonders abgedruckt.

-- s.: Texte, hieratische, des mittleren Reiches.

— Zur ägyptischen Wortforschung. Lex. 8. Berlin 907. (G. Reimer). -- 50

Erman, Adf., Zaubersprüche f. Mutter u. Kind aus dem Papyrus 3027 des Berliner Museums. gr. 4. (52 S. m. 2 Taf.) Berlin 901. (G. Reimer.) Kart. n. 4. —
Sonderabdruck aus: „Abhandlgn. d. preuss. Akad. d. Wiss."

— s.: Zeitschrift f. ägyptische Sprache u. Altertumskunde.

Erman, Adolf Georg, s. Erman, Georg Adolf

Erman, E., s.: Nordenskiöld's Vegafahrt um Asien u. Europa.

Erman, Fritz (geb. Berlin 12. 11. 1845): Ueber Verlauf und Behandlung der Pleuritis exsudativa. Berlin (1869). (32 S.) 8°
Berlin, Med. Diss. v. 17. Juni 1869

Erman, G., Deutschland im J. 2000, s.: Schriften, deutsche, f. nationales Leben.

-- die moderne Gesellschaft, ihre Geselligkeit u. ihre Moral, s.: Pochhammer, Margarete.

Erman, G., s. Herger, J. Fr., die Systeme der magnetischen Curven.

Erman, Georg Adolf

— s. Archiv f. wissenschaftl. Kunde v. Rußland.

Erman. A. Archiv für wissenschaftliche Kunde von Russland. Vol. 1—22. Berlin. 1841—1863. 8.

— jun., Dr., Beobachtungen über die Ausdehnung des Meerwassers zwischen +8° und —3° R. (Ann. der Physik, B. 88, St. 3, J. 1828, St. 3.) (S. 5362)

Erman, Beobachtungen der Grosse des Luftdrucks über den Meeren und von einer sehr bestimmten Beziehung dieses Phänomens zu den geographischen Coordinaten der Orte.

Erman, Adolph: [Ueber meteorologische Beobachtungen auf russischen Schiffen.] [I.] Beobachtungen bei einer Seereise um die Erde auf der Korvette Krotkoi. ([S.-A.] Archiv für wissenschaftliche Kunde von Russland. 1843. Heft 3.) [Berlin 1843.) 74 S. 8°.

Erman, Ado. Geo., Bericht an d. kgl. Akademie d. Wissenschn. zu Berlin, üb. d. Fortsetz. seiner magnet. Beobachtn. im russ. Asien durch d. großen u. atlant. Ocean. Geschr. im April u. Mai 1830 auf d. atland. Ocean zwischen Kap Horn u. Rio de Janeiro, u. in Rio. (Abgedr. a. „Berghaus' Annalen.") Nebst 1 magnet. Karte (in gr. Fol.) gr. 8. (2½ B.) Berlin 830, Reimer.

Erman, Bericht an die K. Acad. der Wissenschaften zu Berlin, über die Fortsetzung seiner magnet. Beobachtungen im russischen Asien durch den großen atland. Ocean. Geschrieben im April u. Mai 1830 auf dem atland. Ocean zwischen Kap Horn u. Rio de Janeiro, u. in Rio. (Aus Berghaus Annalen abgedr.) Mit magnet. Karte. gr. 8. Berl. 831. Reimer. 10 gℓ

Erman, G. A., Dr., Vorläufiger Bericht über die Resultate der vom — auf seiner gegenwärtigen Reise durch Russland, in Bezug auf den Erdmagnetismus, angestellten Beobachtungen. (Ausgezogen aus mehreren Briefen des Reisenden, welche dem Herausgeber zu diesem Behufe von Herrn Prof. Erman gütigst mitgetheilt wurden.) (Aus: Annalen der Physik, B. 92, St. 1, J. 1829, St. 5.)

Erman, Georg Adolf (Hrsg.), s. Briefwechsel zwischen Olbers u. Bessel.

— Fragmens sur Hérodote et la Sibérie. 11 S. . .

Progr. Berlin C.F. 1834

Erman, A., u. H. Petersen, die Grundlagen der Gaussischen Theorie u. die Erscheinungen d. Erdmagnetismus im J. 1829. Mit Berücksicht. der Säcularvariationen aus allen vorlieg. Beobachtgn. Mit 13 Tabellen in qu. gr. 4. u. 6 (lith. u. chromolith.) Karten. Hrsg. im Auftrage der kaiserl. Admiralität. 4. (43 S.) Berlin 874. D. Reimer. n. 6. —

— s. Kabinets-Bibliothek der neuesten Reisen u. Forschungen etc. 2r Bd.

— über die Klimatologie v. Californien u. über d. geograph. Verbreitung d. Goldes, siehe: Hoppe, J.

Erman, G. A., Dr., Der Lauf des Obi zwischen Tobolsk und Obdorsk, berichtigt durch astronomische Beobachtungen. Berlin 1831.

Erman, Adolph.: De inclinationis virium magneticarum mensura. Berolini (1830). (10 S.) 4° ¶ Deutsch bearb. in des Verf. Reise um die Erde. 2. Abth. Bd 2. Berlin: G. Reimer 1841. S. 8-20.
Berlin, Phil. Fak., Antrittsprogr. v. 12. Aug. 1839

—— Ortsbestimmungen bei einer Ueberfahrt von Ochozk nach Kamtschatka und darauf begründete Untersuchung der Strömungen im Ochozker oder Penjinsker Meere. Aus einem Schreiben desselben an den Herrn Professor Berghaus. ([S.-A.] Annalen der Erd-, Völker- und Staatenkunde. 3. Reihe. Bd. 5. Heft 5.) Berlin 1838. 26 S. 8°.

—— Reise um d. Erde, durch Nord-Asien u. d. beiden Oceane in d. J. 1828, 1829 u. 1830 ausgeführt. In e. histor. u. e. physikal. Abtheil. dargest. u. mit e. Atlas begleitet. 1. Abthl.: Histor. Bericht. 1. Bd. Reise v. Berlin bis z. Eismeere im J. 1828. gr. 8. (48½ B., 5 Stnt. in qu. gr. Fol. u. 1 Farbentab. in gr. 4.) Berlin 833, Reimer.

—— Reise um d. Erde durch Nord-Asien u. d. beiden Oceane, in d. J. 1828, 1829 u. 1830 ausgeführt. I. Abthl. 2. Bd. u. 2. Abthl. 1. u. 2. Bd. gr. 8. Berlin, Reimer.
Abthl. 1. Histor. Bericht. 2. Bd.:
Reise von Tobolsk bis zum Ochozker Meere im J. 1829. (25⅔ B.) 838. 2 Thlr. 4 Gr.
2. Physikalische Beobachtungen. 2 Bde.
Bd. 1. Ortsbestimmungen u. Declinationsbeobachtungen auf d. festen Lande. (27 B. u. 2 Stnt.) 835. 2 Thlr. 6 Gr.
2. Inclinationen u. Intensitäten. — Declinationsbeobachtungen auf d. See. — Periodische Declinationsveränderungen. (40 B. incl. 2½ B. Tab.) 841. 3 Thlr. 8 Gr.
1. Abthl. 1. Bd. Ebendas. 1833. 4 Thlr. 12 Gr.

—— **Reise um die Erde durch Nord-Asien und die beiden Oceane in den J. 1828, 1829 und 1830 ausgeführt. I. Abthl.: Historischer Bericht. 3. Bd.: Die ochozker Küste, das ochozker Meer und die Reisen auf Kamtschatka im J. 1829. gr. 8. (VIII und 581 S. mit Atlas von 11 Stnt. in qu. Fol.) Berlin 848, G. Reimer.**
1. Abthl. 1. und 2. Bd. und 2. Abthl. 2 Bde. 1833—41. 12 Thlr. 7½ Ngr. Der Atlas hierzu kostet 4 Thlr. 10 Ngr., ill. * 6 Thlr.

—— dass. — Naturhistor. Atlas hierzu: A. u. d. T.: Verzeichniss v. Thieren u. Pflanzen, welche auf e. Reise um d. Erde gesammelt wurden. M. 17 Taf. (15 lith. u. 2 in Kpfr. gest. u. ill.) gr. Fol. (17½ B. Text.) Ebds. 835.

(**Erman,** Adolph): Reise des Professors Dr. Adolph Erman durch das Ural-Gebirge und Sibirien.
in: Reisen in den mittleren und nördlichen Festländern Asiens. Herausgegeben von Friedrich Heinzelmann. S. 107–350. Leipzig 1855. 244 S. 8°. [G 234

Erman. Geognostische Skizze von Nordasien. Berlin. 1842. Fol.

Erman, Georg Adolph, Rationis quae inter volumina corporis ejusdem: solidi, liquescentis, liquidi, intercedit, specimen. Diss. philos. Bln., 7. IX. 1826. 45 S. mit Biogr. (M.: Hitzig.) (4.50) 8111
Oppon.: Frank, Herter, Neumann. — Gew.: E. H. Dirksen.

Conceptio formularum, actio in factum und ipso jure-Consumptio. Von Heinrich **Erman**. *Weimar: H. Böhlaus Nachf. 1899.* (108 S.) 8°
Aus: Zeitschrift d. Savigny-Stiftung f. Rechtsgesch. Bd 19, Rom. Abt. [04. 373 6

Den Lausanner deutschen Studenten d. Vergangenheit, Gegenwart u. Zukunft! Das Lausanner Deutschtum und der Streit Kuhlenbeck-Herzen. Von Heinrich **Erman**, Prof., Münster i. W. (Münster i. W.: E. Obertüschen) 1908. (XXI, 107 S.) 8° [08. 17084 6

Erbbaurecht und Kleinwohnungsbau von Heinrich **Erman**, Prof., Münster i. W. Münster i. W.: E. Obertüschen 1907. (IV, 66 S.) 8° [J.] [07. 14614 11

Erman, Karl Heinr. (geb. Berlin 15. 1. 1857): Zur Geschichte der römischen Quittungen und Solutionsakte. Berlin 1883. (85 S.) 8° [J.]
Berlin, Jur. Diss. v. 3. März 1883

Erman, Heinr., zur Geschichte der römischen Quittungen und Solutionsakte. Mit einem Vorwort von Dernburg. gr. 8. (VII, 82 S.) Berlin 883, Puttkammer und Mühlbrecht.

Erman, H., d. römische Recht 1884—1894, s.: Litteraturbericht, juristischer.

Zum antiken Urkundenwesen. Von Heinrich Erman. Weimar: H. Böhlau 1905. (25 S.) 8°
Aus: Zeitschr. d. Savigny-Stiftung f. Rechtsgesch. Bd 20, Roman. Abt.

— Von der Münsterschen zur Westfälischen Universität! 2 Trinksprüche geh. v. dem zeitigen Rektor d. Westfäl. Wilhelms-Universität. (16 S.) 8. Ebd. 909. — 50

Die pompejanischen Wachstafeln. Von Heinrich Erman. *Weimar: H. Böhlaus Nachf. 1899.* (46 S.) 8°
Aus: Zeitschrift d. Savigny-Stiftung f. Rechtsgesch. Bd 20, Rom. Abt.

Erman, Johann Georg, s. a. Erman, Johann Peter

Erman, Jh. Geo.

— sermon sur le devoir de prier pour les rois. gr. 8. Berl. 791.

***Erman,* Jh. Geo., († d. 1. Mai 1805.) Sermon pour le prem. Jubilé centenaire de la fondation du Collège royal français de Berlin. gr. 8. Berl. 790. (Köchly). 2 gr**

***Erman,* Jh. Geo., sermon sur divers textes de l'écriture sainte. gr. 8. Berl. 791. Köchly. 12 gr**

Erman, Johann Peter, s. a. Erman, Johann Georg

— Abrégé de mythologie. 8. Berl. 779.

Erman, J. P., Geographiae antiquae elementa. Berol. 777. 8.

— eloge de Frédéric II. à la jambe d'argent, Landgrave de Hess. Homburg. Lu dans la séance, publ. de l'académie le 26 Jan. 1804. 8. Berl. Sander. 804.

***Erman,* Jh. Pt., († d. 11. Aug. 1814.) Eloge historique de Mr. Reclam. gr. 8. Berl. 789. (Köchly). 4 gr**

— Eloge historique de Sophie Charlotte d'Hannovre, Reine de Prusse. I—IV. mémoire. 8. Berl. 790—95. (Köchly). 16 gr

Ermann, Eloge historique de Sophie Charlotte d'Hannov. Reine de Prusse. gr. 8. Berl. Lagarde.

– Friedrich Wilhelm I. Instruction.

— de l'influence des relations du Brandenbourg et de la Hollande sur le bonheur des deux Nations. gr. 8. Berl. 790. (Köchly). 3 gr

Erman, Johann Peter, s. Lettre à une Amie de Genève.

— hist. Lobschrift a. Sophie Charlotte, Kön. v. Pr. a. d. Fr. 8. Ebend. 791.

— mémoire hist. sur la Fondation du Collège royal franç. 8. ibid. 790.

— — second mémoire.

— — troisième mémoire

– Mémoire historique sur la fondation de l'eglise francaise.

— et Reclam, mémoires pour servir à l'histoire des Réfugiés français dans les Etats du Roi. Vols. I — VI. gr. 8. Berl. 782—87. Vols. VII. VIII. (von Erman allein). du même. 790—94. Köchly. 9 rℓ 22 gr Vol. IX. Ebd. 800. Quien. 1 rℓ 4 gr

— mémoires p. servir à l'histoire des Réfugiés franç. etc. 8 Tom. gr. 8. Berl. Lagarde. 790—94.

— mémoires pour servir à l'histoire de Sophie Charlotte, Reine de Prusse. gr. 8. Berl. 801. (Köchly). 1 rℓ 12 gr

— mémoires, p. serv. à l'histoire de Sophie Charlotte Reine de Prusse. gr. 8. Berl. Lagarde. 801.

— monument séculaire consacré à la Mémoire de Fréderic Guillaume le Grand. gr. 8. Berl. 788. (Köchly). 4 gr

Erman, Johann Peter & Peter Christian Friedrich Reclam. Historische Nachricht von der Stiftung der französischen Kolonien in den Preussischen Staaten . . . Berlin 1785. Ü: *Catel, Samuel Heinrich.* (MGT)

Erman, Oraison funèbre de très-haut, très-puissant et très-excellent prince Fréderic II roi de Prusse; prononcée le 10. septembre dans le temple du Werder. Berlin 1786. 8. (Avec remarques historiques.)

— Oratio panegyrica Friderici Primi. 8 maj. Berl. 790. (Köchly). 2 gr

— sur l'ordre de Succession dans la Dynastie des Souverains de la Prusse et du Brandenbourg de la maison de Hohenzollern. gr. 8. Berl. 798. (Köchly). 2 gr

Predigt über die Vaterlandsliebe gehalten in der Friedrichsstädtischen Kirche, den 21ten des Heumonats 1776, als am Tage des Einzugs Seiner Kayserlichen Hoheit des Grossfürsten von Russland Paul Petrowiz von Herrn Ermann Professor der Beredsamkeit bey dem französischen Gymnasium und Prediger bey der Werderschen Kirche zu Berlin. Aus dem Französischen übersetzt von J. H. A. Braun. Offenbach am Main 1777. 8.

— Recherches historiques sur le mariage de Jean de Brandenbourg av. Germaine de Foix. gr. 8. Berl. 788. (Köchly). 4 gr

Erman, Sermon prononcé le 23. May dans le temple de Werder à l'occasion de la paix conclue à Teschen le 13. May. Berlin 1779. 8. (30 Seit.)

Erman, Jean Pierre, Sermon prononcé à l'occasion de la paix d'Hubertsbourg. Berlin 1763. kl. 8.

Erman, Jean Pierre, Sermon sur Ps. 27. 9. à l'occasion de la victoire de Rosbach. Prononcé dans le temple du Werder le dimanche après-midi, 13. Novembre, 1757. A Berlin 1757.

— sermons sur divers textes. 8. Berl. 779.

— — les mêmes. gr. 8. Berl. Hesse. 785.

— Sermons s. divers text. gr. 8. ibid. 791.

— Tableau généalogique des Alliances de la Famille Royale de Prusse, avec la maison de Mecklenburg. gr. 8. Berl. 794. Köchly. 4 gr

— Tableau généalogique des alliances de la famille royale de Prusse avec la maison de Mecklenb. gr. 8. Berlin, Lagarde. 794.

— Tableau généalogique des Descendans du Bourggrave du Nürnberg Frédéric auquel remontent en ligne directe presque toutes les maisons regnantes de l'Europe. 8. Berl. 795.

Erman, Margarethe, Lausanner Märchen. 12. (VIII, 144 S.) Lausanne 896. B. Benda.
Geb. in Damast m. Goldschn. n. 3. 50

Erman, Paul, der 3. August u. d. Granit-Schale. — Zur öffentl. Sitzung d. Akad. gr. 4. (1 B. u. Titvign.) Berlin 831, Duncker u. Humblot.

Erman Kritische Beiträge zur atmosphaerischen Electrometrie. (Annalen der Physik, Jahrg. 1803. 12. Stück.)

— Ueber die Entladung der Voltaischen Saule durch Vermittelung einer beträchtlichen Strecke eines Stroms. (Aus: Ann. der Phys., B. 14, St. 4, J. 1803, St. 3.) (S. 5437)

Erman, P., Ueber Entzündung durch Comprimiren der Luft. (Auszug aus einem Briefe vom 8. Okt. 1801 an Herrn Gilbert.) (Ann. der Physik, B. 18, St. 2, J. 1801, St. 10.) (S. 5362)

— Ueber einen anomal scheinenden Erfolg beim Freiwerden der latenten Wärme, mit Beziehung auf die Thermologie des Aristoteles. (Gelesen in der Akad. der Wissensch. am 5. April 1827.) (S. 5646)

— Ueber Erzeugung von Elektro-Magnetismus durch blosse Modification der Vertheilung der Polarität in einem unbewegten Magnet. (Gelesen in der Akad. der Wissensch. am 25. Okt. 1832.) (S. 5371)

— Ueber die Fahigkeit der Flamme, der Knochen und des luftleeren Raumes, die Wirkungen der Voltaischen Saule zu leiten. (Eine in der philomatischen Gesellsch. gehaltene Vorlesung, in welcher zugleich die beschriebenen Versuche angestellt wurden.) (Aus: Ann. der Phys., B. 11, St. 2, J. 1802, St. 6.) (S. 5437)

— Ueber epoptische Figuren des Arragonits ohne vorlaufige Polarisation. (Gelesen in der Akad. der Wissensch. am 12. Juli 1832.) (S. 5709)

— — und Herter. Ueber Messungen der permanenten Ausdehnung, die das Gusseisen durch Erhitzen erleidet, und die dabei gebrauchten Mittel zur Bestimmung hoher Temperaturen. (Sep.-Abdr.)

Erman, P., Ueber die elektroskopischen Phanomene des Gasapparats an der Voltaischen Saule. (Aus Ann. d. Phys., B. 10, St. 1. J. 1802, St. 1.) (S. 5437)

Erman. Ueber die aus Beobachtung der Quellen sich ergebende Temperatur des Bodens in der Gegend von Berlin. (Aus d. Abhandl. d. k. Akad.) Berlin. 1819. 4

— Umrisse zu den physischen Verhältnissen des von Oersted entdeckten elektro-chemischen Magnetismus, mit 1 Kpft. u. 2 Tabb. gr. 8. Berl. 820. Nauck. 18 ⁄⁄

Erman, P. Umrisse zu den physischen Verhältnissen des von Oersted entdeckten electro-chemischen Magnetismus. Berlin 1821.

Erman (P.). Ueber die magnetischen Verhältnisse der Gegend von Berlin. (Aus den Abhandl. der Berlin. Akademie der Wissenschaft.) 4.

Erman, P., Versuch einer physischen Theorie der Voltaischen Säule. (Ausgezogen aus einem Briefe an den Herausgeber.) (Aus: Ann. der Physik, B. 11, St. 1, J. 1802, St. 5.) (S. 5137)

Erman, Wilh., über die von der Central-Commission für wissenschaftliche Landeskunde von Deutschland unternommenen bibliographischen Arbeiten. gr. 8. (20 S.) Berlin 885, D. Reimer. *
Aus: Verhandlungen der Gesellschaft für Erdkunde zu Berlin, besonders abgedruckt.

Bestand und Vermehrungsfonds der öffentlichen wissenschaftlichen Bibliotheken des Deutschen Reichs. Von Wilhelm Erman Leipzig: Harrassowitz 1909. 12 S. 8°
Aus: Zentralblatt f. Bibliothekswesen [illegible] 5

Erman, Wilh., u. Ewald Horn, Bibliographie der deutschen Universitäten. Systematisch geordnetes Verzeichnis der bis Ende 1899 gedruckten Bücher u. Aufsätze über das deutsche Universitätswesen. Im Auftrage des preuss. Unterrichts-Ministeriums bearb. 3 Tle. gr. 8. Leipzig, B. G. Teubner. n. 85. —; geb. n. 100. —
1. Allgemeiner Tl., unter Mitwirkg. v. E. Horn bearb. v. W. Erman. (XX, 836 S.) 904. n. 30. —
2. Besond. Tl., unter Mitwirkg. v. W. Erman bearb. v. E. Horn. (XX, 1250 S.) 904. n. 40. —; geb. n. 46. —
3. Tl. Register u. Nachträge enth., bearb. v. W. Erman. (V, 313 S.) 905. n. 15. —; geb. n. 18. —

Denkschrift über die Neukatalogisierung der Bonner Universitätsbibliothek. Von Wilhelm Erman. Leipzig: Harrassowitz 1910. 15 S. 8°
Aus: Zentralblatt f. Bibliothekswesen Jg. 27, H. 5. [10. 8604 3

Denkschrift über die Notwendigkeit eines Neubaues der Königlichen Universitäts-Bibliothek zu Bonn. [illegible] März 1910. (Vf.: W[ilhelm] Erman.) Bonn [1910] Carthaus. 11 S. 8° [Umschlagt.]

Erman, W., De titulorum Ionicorum dialecto. Diss. 1872. 60 S.

Einheitliche Katalogisierung der preußischen Bibliotheken. Ein Vorschlag von Wilhelm Erman. [1.]2. Halle a. d. S. 1904–05: E. Karras. 2 Bde 8°
Aus: Zentralblatt f. Bibliothekswesen. Jg. 21, H. 11. Jg. 22, H. 9. 10 [illegible]

Erman, Wilhelm (Hrsg.), s. Mitteilungen d. Afrikan. Gesellschaft in Dtld.

Wilhelm Erman, Verzeichnis der Berliner Universitätsschriften 1810/1885, Berlin 1899.

Ermani, Carl, d. Memoiren d. Barrisons. 8. (242 S.) Berlin 898. Cassirer & Danziger. n. 2. —

Ermann, Daniel, aus Zeltingen: Ueber eine Methode zur Feststellung der in den menschlichen Faeces enthaltenen Gewichtsmengen von Bakterien. *Bonn a. Rh. 1902: S. Foppen.* (29 S.) 8°
Bonn, Med. Diss. v. [18. Juli] 1902

Ermann, Marie, neues Buch für Mädchen. Erzählungen für junge Mädchen von 10—12 Jahren. gr. 8. (190 S. mit 4 Bildern in Farbendr.) Stuttgart 885, Schmidt und Spring. geb.

Ermann, M., neues Buch f. Mädchen. Erzählgn. f. junge Mädchen v. 10—12 Jahren. 2. Aufl. 8. (189 S. m. 4 Farbdr.) Stuttgart 898. E. Barth. Geb. 3. 75

Ermann, M. Getreu bis in den Tod. — f. Hoffmann's, Frz., Jugendbibliothek.

— in strenger Hand. Eine Erzählung für heranwachs. Mädchen. gr. 16. (249 S.) Ebend. 877. geb. 3. —

Ermann, M., der Heldenkrieg, s.: Hoffmann's, Frz., Jugendbibliothek.

Ermann, Marie, Um ein Herz. Eine Novelle für junge Mädchen. 12. (224 S.) Stuttgart 881, Schmidt und Spring. geb.

— d. Letzte s. Stammes, s.: Hoffmann's, Frz., Volks- u. Jugendbibliothek.

— nur ein Mädchen. Eine Erzählung für die reifere weibl. Jugend. 8. (297 S.) Ebend. 878. geb. 3. —

—— Nur e. Mädchen. Erzählg. f. die reifere weibl. Jugend. 2. Aufl. 12. (297 S.) Stuttg. 891, Schmidt u. Spring. geb. 3 —

— Poetisch od. Prosaisch? Erzählung. 8. (VII, 144 S. m. 1 Holzschntaf.) Breslau 878. Trewendt. geb. 3. 75

Ermann, Marie, s.: Sammlung beliebter Jugendschriften.

Ermann, Marie, an der Schwelle d. Lebens. Novellen f. junge Mädchen. 1. u. 2. Bd. 8. (186 u. 235 S.) Glogau 888. Flemming. geb. à n. 2. 50

Ermann, Marie, an der Schwelle des Lebens. Novellen f. junge Mädchen. 2. Aufl. 8. (III, 208 S.) Glogau (900). C. Flemming. n. 2. —; geb. in Leinw. n. 2.50

An der Schwelle des Lebens. Neue Novellen f. junge Mädchen v. Marie Ermann 2. Aufl. *Glogau: C. Flemming [1900].* (259 S.) 8° [F.] [illegible]

— der Trotzkopf v. Denzin, s.: Hoffmann's, Frz., Jugendbibliothek.

— Komtesse Vera. Erzählung f. die Mädchenwelt. Mit 3 Einschaltbildern. (243 S.) 8. Berlin (907). Verlag Jugendhort. Geb. in Leinw. 5.—; Prachtausg. m. 4 Einschaltbildern 6. —

— Haus Wallenberg. Eine Familiengeschichte. 8. (358 S.) Ebend. 883. geb. 4. 50

Ermann, M., wo liegt das Glück? Eine Erzählung für erwachsene Mädchen. 12. (190 S.) Stuttgart 879. Schmidt & Spring. geb. 3. —

— Meister Wohlfahrt u. seine Söhne. Erzählung. 12. (326 S.) Stuttgart 880. Schmidt & Spring. geb. 3. —

Ermanne dich Oesterreich! Offener Brief an Kaiser und Volk. Geschrieben in Wien, Mitte December 1860. gr. 8. (14 S.) Leipzig 861, Engelmann.

Ermannung, Preussens. Berl. 1865. V: *Gerlach, Ernst Ludwig von.* (Singer, A., Bismarck in d. Literatur. Würzburg 1909. S. 15.)

Ermans, S. J., s.: Lilie, die, v. Castiglione.

Ermässigungen f. deutsche Ärzte in Bädern u. Kurorten sowie in Kurhäusern, Hotels u. Pensionaten des In- u. Auslandes. Vereinbarungen, welche m. dem Verlag der „Deutschen med. Presse“ pro 1910 getroffen worden sind. (24 S.) 8. Berlin 910. J. Goldschmidt. · 40

Ermatinger, Emil, aus Schaffhausen: Die attische Autochthonensage bis auf Euripides. Mit einer einleitenden Darstellung der Bedeutung und Entwickelung der attischen Sage bis auf Euripides. Berl. Mayer & Müller 1897. 2 Bl., 148 S., 1 Bl. 8.
Zürich, Phil. Diss. 1. S. [v. 29. Oct. 1897].

Ermatinger, Emil, s.: Dichterbuch, schweizerisches.

Ermatinger, Emil. Festdialog. [Zur] 87. Jahresversammlung der Schweizerischen Naturforschenden Gesellschaft in Winterthur. 16 S. 8. Winterthur, Geschwister Ziegler, 1904.

Ermatinger, Emil. Kantate zur Jahrhundertfeier von [Friedrich von] Schillers Todestag. Musik von Max Conrad. Aufgeführt am Schillerfest des Lesezirkels Hottingen am 25. März 1905 ... in Zürich. [Mit Porträt-Vignette.] 16 S. 8. Zürich, Verlag des L' Hott', 1905. [fr. 1.—]

Ermatinger, Emil. Heinrich Leuthold und Gottfried Keller. Mit ungedruckten Briefen G' Kellers. 8.

In: Süddeutsche Monatshefte. Unter Mitwirkung ... Hrg. von P(aul) N(ikolaus) Cossmann. (Jahrg. 7. Heft 9.) September 1910. München, Süddeutsche Monatshefte. M. 1.50. S. 290—314.

— u. Rud. Hunziker, Antike Lyrik im mod. Gewande. M. e. Anh.: D. Kunst d. Übersetzens fremdsprachl. Dichtgn. 12. (VIII, 88 S.) Frauenfeld 898. J. Huber. Geb. in Leinw. n. 1.60

[F.] Meleagros von Gadara, ein Dichter der griechischen Decadence. Von Dr. Emil Ermatinger in Winterthur. *Hamburg: Verlagsanst. u. Dr. A.-G. 1898.* (43 S.) 8.
= Sammlung gemeinverständl. wiss. Vorträge. N. F. Ser. 13. H. 304.
[98. 10958

Ermatinger, Emil. Friedrich [von] Schiller. Vortrag zur Jahrhundertfeier seines Todestages. 40 S. 8. Zürich, Schulthess & Co., 1905. [fr. —.80]

(Text ... des Vortrages [gehalten] am 8. Mai ... zu Winterthur und am 20. Mai ... zu Brugg, [mit Anhang:] Literarische Nachweise.)

Ermatinger, Emil, Jenseits des Tages. Gedichte. 8. (126 S.) Zürich 900. Schultheß & Co. n. 2.—; geb. in Leinw. n. 2.80

Ermatinger, Emil. Der Weg ins Leben. Eine Gymnasiastengeschichte. IV + 254 S. 8. Berlin, Egon Fleischel & Co., 1909. [M. 3.50]

Ermatinger, Emil. Weggefährten. Erzählungen. IV + 248 S. 8. Frauenfeld, Huber & Co., [1902]. [br. fr. 3.20, geb. fr. 4.—]

Ermatinger, Emil. Die Weltanschauung des jungen (Christoph Martin) Wieland. Ein Beitrag zur Geschichte der Aufklärung. VIII + 175 S. 8.

Ausg. A: Beilage zu den Jahresberichten des Gymnasiums und der Industrieschule in Winterthur, 1906/07 und 1907/08. (1. *u.* 2. Hälfte. Beilage ... 1906/07 *u.* 1907/08.) II + VIII S. + S. 1—80 *u.* II S. + S. 81—175. Winterthur, Buchdr. Geschwister Ziegler, 1907 *u.* [1908].

Ausg. B: Frauenfeld, Verlag Huber & Co., 1907. [fr. 4.—]

Ermekeil, Emil [aus Bonn]: Aus d. chirurg. Klinik zu Bonn. Über intrauterine Abschnurungen. ... Bonn, Buch- u. Steindr. Joseph Bach Wwe., 1880: 47 + 1 S. + 1 Bl. 8°
Bonn, Med. Fak., Inaug.-Diss. v. [7. Jun.] 1880

Ermel, kein Geldschrank. Lustspiel in 3 Aufzügen. (96 S.) 8. Bautzen-Strehla (906). R. Mendel. n. 1.50

— Myrtenblüten. Drama in 1 Vorspiel u. 4 Akten. (77 S.) 8. Ebd. (906). n.n. 1.25

Ermel, Alexander

ERMEL. Eine Reise nach der Robinson-Insel Juan Fernandez. Mit Abbildungen. Leipzig o. J.

Ermel, Alex. Eine Reise nach der Robinson-Crusoe-Insel. Mit 1 Karte u. 11 Lichtdr.-Bildern. gr. 8. (134 S.) Hamb. 889, Friederichsen u. Comp. geb. * 6 —

Ermel, August Christ. (Grimma), De beneficio competentiae. Diss. jur. Präs. Ernst Tenzel. Erfurt (J. H. Grosch) 19. VI. 1719. 28 S. (5.—) 8112
Gew.: **Joh. Sigismund Birnbaum.**

Ermel, Christian Albert

Ermel, Chr. Alb., Anweis. z. wahr. Christenth. rc. 8. Sorau, Hebold. 747.

Ermel, C. A., erbauliche Litanei-Betrachtung. Lubec. 1727. 4.

— Litaneybetracht. 4. Lübben. Voß. 733.

Ermelius, Christian Albert, Kurtz=gefaste Nachricht // Von Biblischer // Gedächtniß=Versen // und Reimen, // Wobey sonderlich befindlichen des sel. // Herrn M. Christian Weimanns, // Weyland berühmten Rectoris des // Gymnasii zu Zittau, // recht güldenes A. B. C. // Vermittelst dessen // In einer kleinen Gedächtniß=Bibel, // Eines iedweden Capitels Zahl und In= //halt, auch in welches biblisches Buch es gehö= //ret, durch dreyerley Arth Verse schicklich // angezeiget und bemercket wird: // Worzu noch kommen eines gewissen Au- //toris Anweisung, die Ordnung und Anzahl aller // Biblischen Bücher und Capitel, auff leichte Ma= //nier ins Gedächtniß zu bringen, der lieben studi= //renden Jugend zum besten, zusammen getragen, // und nebst einer Vorrede, von dem höchstnöthi= //gen und nützlichen Bibel=fleiß der Jugend, // wohlmeynend herausgegeben // Von // CHRIST. ALBERTO ERMELIO, // Diac. zu Lübbenau, in der N. L. // Lübben, verlegts George Voß, 1728. - 208 S.

Ermel

— Friedrich (Dresden), De cyanosi. Dissert. med. Lpz. (Teubner) 7. XII. 1827. 42 S. (4.50) 8113
Gew.: **Carl Eduard Schultze, Carl Wilhelm Ludwig Pappe.**

— Friedrich August (Dresden), Rhapsodiae supplementa. Präs. Carl Ferdinand Hommel. Lpz. (Langenheim) 29. III. 1770. 24 S. (4.50) 8114

— Friedrich Christian (Dresden), Quae ponderanda sint in judicio de electione canonica rite ferendo? Accedunt observationes de formula capituli Wurcenensis hodierna. Diss. jur. Präs. Christian Rau. Lpz. (C. Tauchnitz) 6. XII. 1804. 42 Seiten. (4.80) 8115
Gew.: Christoph Gottlob v. Burgsdorff. — — Widm. v. Präs.

Ermel, Gottlob Sigismund

Ermel, G. S., alt. u. n. v. d. St. Grimma. 1r. 4. Leisnig. 792.

Ermel, Glo. Sigism., († d. 16. Jan. 1804.) Altes u. Neues von der Stadt Grimma. 1r Thl. 4. Leißnig 793. 16 gl.

Ermel, J. Fr., physiol. u. anatom. Tafeln. 4. Dresden, Walther. 727.

— Johann Gottfried u. Carl Albrecht Poccarl, Inclytae Vitebergensis academiae monumenta publica sive conspectus dissertationum, programmatum, aliorumque scriptorum 1802 in tabulis publicis propositorum. Access. nomina doctorum, licentiatorum et magistrorum eodem anno ibi renunc. Wittbg. (Meltzer). 12 Bl. (4.20) 8116

— — — — Dasselbe. 1807. Wittenbg. (Ch. H. Graessler). 7 Bl. (4.—) 8117

— — — — Dasselbe. 1811. Wittenbg. (Ch. H. Grässler). 9 Bl. (4.—) 8118

Ermeland, s. Ermland.

Ermeler, C. F., Mustertafel aller in Deutschland üblichen deutschen Schreibschriften, in Kupfer gestochen von J. D. Gale. gr. Fol. Paris 818. Treuttel u. W. 9 gl.

Die Érmellék, ihre Weinkultur und ihr Wein. Mit besonderer Rücksicht auf die Kellerwirthschaft. Budapest: Gebr. Légrády 1873. 68 S.

Ermels, Robert: Frankreichs koloniale Handelspolitik. Berlin 1910.
Münster, Rechts- u. staatswiss. Diss. v. (1910).

Ermels, Rob., Frankreichs koloniale Handelspolitik. Geschichte, Wirkg. u. Kritik derselben. Mit e. (farb.) Beilage. (212 S.) gr. 8. Berlin 910. R. Trenkel. 4.—

Ερμηνεία τῆς ζωγραφικῆς. Das Handbuch der Malerei vom Berge Athos aus dem handschriftl. neugriech. Urtext übersetzt, mit Anmerkungen von Didron d. A. und eigenen von Godeh. Schäfer. gr. 8. (XI und 471 S.) Trier 855, Lintz'sche Buchh.

Ermenek [Schlagwort]

Ermenek. s.: Asien. Kiepert, Kleinasien.

Ermengem, E. van, neue Untersuchungen über die Cholera-Mikroben. Officieller Bericht an das belg. Ministerium des Innern. Mit Autorisation des Verf. frei bearb. von Rich. Kukula. gr. 8. (IV, 105 S. mit 6 Lichtdr.-Taf.) Wien 886, Braumüller. *

Ermenrici epistola ad Grimoldum archicapellanum ex cod. S. Galli membr. 265 p. 3–91 ed. E. Dümmler. 1873. 46 S. 4°. 1. 0

Ermenrikes, Koninc, Döt. Ein niederdeutsches Lied zur Dieterichssage. Aufgefunden u. m. einem Briefe von Jac. Grimm hrsg. v. Karl Godeke. gr. 8. (15 S.) Hannover 851, Ehlermann. 1/4 ℳ

Dr. Josef Petzvals Leben und Verdienste. Von Phil. Dr. Erményi, Ingen. 2. verm. Aufl. mit 11 Bild. u. 2 Fig. *Halle a. S.: W. Knapp 1903.* (VIII, 86 S.) 8° (03. 13038) 3

Ermenyi L. Die Methoden der Transformation der Differential-Ausdrücke der 1., 2. u. 3. Ordnung und die der einfachen, doppelten u. dreifachen Integrale durch die Einführung neuer Veränderlichen sowie die Anwendung dieser Transformation in der Geometrie. 1875. 8 Diss. Rostock

Ermer, Aug., die Stadt Apolda in den J. 1695 bis 1702. gr. 8. (47 S.) Apolda 892. (R. Birkner.) n. – 80

Ermer, Aug., die Hexe v. Weimar. Histor. Volksschausp. in 4 Aufzgn. N. d. histor. Roman: „D. Bürgerweib v. Weimar v. Jul. Grosse" f. d. Bühne bearb 16. (VIII, 118 S.) Weimar 895. Leipzig, A. Thiem. — 75

Ermer, Aug., nach 22 Jahren! Lustsp. in 1 Aufz. N. e. Erzählg. d. Lahrer hink. Boten. Z. 25jähr. Jubiläum d. glorreichen Feldzuges 1870/71. Gewidmet allen deutschen Kriegervereinen. 12. (32 S.) Ebd. 895. — 30

Ermerin, R.-J., s.: Annuaire de la noblesse de Russie.

Ermerin, R. J., la noblesse titrée de l'empire de Russie avec la description de ses armoiries d'après les documents officiels. gr. 4. (V, 179 u. VII S.) Sorau 898. E. Zeidler. Kart. 20. —; geb. in Halbfrz. 24. —

Ermerins, Franc. Zach.

Ermerins, F. Z., anecdota medica graeca. 8 maj. Leyden 840. Luchtmans. (Leipzig, Weidmann; auch T. O. Weigel.) n. 3²/₃ ℳ

Ermerins, Franc. Zach., Continuatio epimetri ad editionem Hippocratis. Accedunt nonnulla ad Aretaeum. gr. 4. (III, 64 S.) Utrecht 867, Kemink und Sohn. Velinp. **

Ermerins, Franc. Zach., epistola critica ad Soranum a se editum. Accedit de vita Ermerinsii editoris epilogus. gr. 8. (100 S.) Utrecht 872. Kemink & Sohn. n. 2. 40

Ermers, Max, die Architekturen Raffaels in seinen Fresken, Tafelbildern u. Teppichen, s.: Zur Kunstgeschichte des Auslandes. 64. Hft.

Ermert, Alfred, approb. Arzt aus Hof Sonnenberg bei Wiesbaden: Aus d. patholog. Institut zu Giessen. Zur Casuistik der inneren Darmincarcerationen. *Giessen 1899: v. Münchow.* (36 S.) 8°
Giessen, Med. Diss. v. 1899

Ermert, Otto, vom deutschen Aufsatz in der Volksschule, s.: Sammlung pädagogischer Vorträge. XVII, 1.

Ermes, Carl, approb. Arzt aus Ehrenbreitstein: Aus d. psychiatr. Klinik zu Gießen. Über die Natur der bei Katatonie zu beobachtenden Muskelzustände. Untersuchungen unter Anwendung graph. Registriermethoden. Mit 35 Abb. *Gießen 1903: v. Münchow.* (61 S.) 8°
Gießen, Med. Diss. v. 1903

Ermin, Frz., Devrient in Wien. Seine Biographie mit dess. wohlgetroff. Bildn., nebst e. Uebersicht sein. Leistungen in Wien. Zum Andenken seiner Gastspiele daselbst. gr. 4. ... Wien, Adolph. (Leipzig, Gnobloch.) Thlr.

Ermin, Frz., Devrient in Wien. Seine Biographie mit dessen wohlgetroff. Bildniß, nebst einer Uebersicht seiner Leistungen in Wien. Zum Andenken seiner Gastspiele daselbst. gr. 4. Wien 829. M. Chr. Adolph. (sammt d. Bildn. nach der Natur gemalt von Daffinger, lithogr. von Kriehuber). 1 ℳ

Erminia, die Einsiedlerin unter Roms Ruinen . . . Meissen 1800. V: *Lindau, Wilhelm Adolph.* (Ky) (MGT) (GGr) (NN)

Erminia d. Einsiedlerin unt. Roms Ruinen, v. Verf. d. Heliodora (Lindau.) 8. Meißen, Erbstein. (Gödsche.) 800.

Ermisch, August Adolph (Braunschweig), De statibus secularibus imperii. Diss. jur. Präs. Jacob Brunnemann. Halle (Joh. Gruner) 7. IV. 1701. 14 Bl. (4.50) 8119

Ermisch, Chr. Lud.

— acta Iubilaei II. Brunsuic. 4. Brunsu. 718.

Ermisch, Chr. Lud., heilige Blumenlese. 6 Thle. 8. Braunschw. 705—17.

— Bußpredigten. 4. Hannov. 721.

— evang. Haus- u. Schul-Theologie. 8. Hannov. Helwing. 720.

— Kirchenredner üb. d. Evangel. ꝛc. 2 Thle. Fol. Leipz. Weidmann. 716.

Ermisch, Chr. Lud., leidend. Leben Jesu od. Paßionsbetr. 8. Hannov. Helwing. 716. Rthlr. –

— Leichen- u. Miscell. Predigten. 4. Leipzig, Weidmann. 710.

— Quatember-Sermones od. Bußpredigt. 2 Thle. 8. Braunschw. (Helwig in Hannov.) 705—17.

Ermisch, Hub., der königl. sächs Altertumsverein. 1825—1900. Im Auftrage des Vereins bearb. gr. 8. (68 S. m. 1 Bildnis.) Dresden 900. W. Baensch. n. 1. 25
Sonderabdruck aus: „Festschrift z. 75jähr. Jubiläum d. kgl. sächs. Altertumsvereins".

— s.: Archiv f. sächsische Geschichte.

Ermisch, Hub., s.: Archiv, neues, f. sächs. Geschichte u. Altorthumskunde.

Ermisch, Hub., das alte Archivgebäude am Taschenberge in Dresden. Ein Erinnerungsblatt. gr. 8. (36 S. mit 4 Lichtdr.-Taf.) Dresden 888, Baensch. *

Ermisch, H., Ein Beitrag zur Geschichte des Schneeberger Bergbaues. Dresden, o. J. 5 S.

Ermisch. H., Bergbau, Bergrecht, Münze. Leipzig, 1886. 58 S.

—— das sächsische Bergrecht des Mittelalters. gr. 8. (CLXIV, 249 S. mit 1 Taf.) Leipzig 887, Giesecke und Devrient. *

Ermisch, Hubert, die Chronik d. Regino bis 813. Eine Quellenuntersuchg. gr. 8. (86 S.) Göttingen 872. Breithaupt. n. 1. —

— s.: Codex diplomaticus Saxoniae regiae.

— die Dohnasche Fehde. gr. 8. (68 S.) Dresden 901. W. Baensch. n. 1. 25
Sonderabdruck aus: „Neues Archiv f. sächs. Geschichte u. Altertumskunde".

Ermisch, Hub., die sächsische Geschichtsforschung in den letzten 30 Jahren. [Aus: „Neues Archiv f. sächs. Geschichte u. Altertumskde."] gr. 8. (26 S.) Dresden 894. W. Baensch. 1. —

Grundkarte von Deutschland nach v. Thudichum's Vorgange als Grundlage für hist. u. statist. Forschungen bearb. 1:100,000. (Kgr. Sachsen.) Hrsg. von d. Kgl. Sächs. Komm. f. Gesch. Sect. 416 412. [Nebst] Erläuterungen bearb. von Hubert Ermisch. *(Leipzig: B. G. Teubner 1899.)* gr. 2° u. 8°
— [Schriften d. K. Sächs. Kommission f. Geschichte. 4.]

Ermisch, Hubert (Hrsg.), s. Haushaltung in Vorwerken.

Ermisch, Hubert (Hrsg.), s. Mitteilungen d. Kgl. Sächsischen Altertumsvereins.

Ermisch, Hubert, appr. Arzt: (Aus d. Prov.-Heilanst. Treptow a. R.) Über Simulation von Simulation bei Geisteskranken. Greifswald (1909): Adler. 54 S. 8°
Greifswald, Med. Diss. v. 3. Febr. 1910, Ref. Schultze
[Geb. 22. April 81 Lipine; Wohnort: Treptow a. R.; Staatsangeh.: Preußen; Vorbildung: Gymn. Königshütte Reife O. 00; Studium: München 1, Breslau 1, Kiel 2, Breslau 6 S.; Coll. 13. Dez. 09; Approb. 26. Dez. 05.] [U 10. 1570

Ermisch, Hub. Das Freiberger Stadtrecht. Mit 1 Taf. gr. 8. (XCI, 364 S.) Lpz. 889, Giesecke u. Devrient. * 9 60

— Studien zur Geschichte der sächsisch-böhmischen Beziehungen in den J. 1464 bis 1471. Mit urkundl. Beilagen. gr. 8. (144 S.) Dresden 881. Baensch. n. 3. —

— s.: Urkunden der Markgrafen v. Meissen u. Landgrafen v. Thüringen.

— s.: Urkundenbuch der Stadt Chemnitz u. ihrer Klöster.

— Urkundenbuch der Stadt Freiberg in Sachsen, s.: Codex diplomaticus Saxoniae regiae.

HUBERT ERMISCH. Die Wettiner und die Landesgeschichte. Festrede zur 75jährigen Stiftungsfeier des Königlich Sächsischen Altertumsvereins, gehalten auf der Albrechtsburg zu Meissen am 26. September 1900. Leipzig 1900. B. G. Teubner. 8°.

Ermisch, H., Das Zinnerrecht von Ehrenfriedersdorf. Dresden, o. J. 18 S.

l'Ermite, Pierre, die große Freundin. Von der französ. Akademie preisgekrönter Roman. Autoris. Uebersetzg. v. F. Mersmann, eingeleitet durch e. biographisch-literar. Skizze. Mit dem Bildnis des Verf. u. 18 Einschaltbildern v. Damblans. (VI u. S. 3—313.) 8. Einsiedeln 908. Verlagsanstalt Benziger & Co. 3.60; geb. in Leinw. 4.60

l'Ermite, Pierre, die Gründung. Sozialer Roman. Autoris. Uebersetzg. v. F. Mersmann. Einleitung v. François Coppée. Mit 21 Orig.-Illustr. v. H. Rousseau. (416 S.) 8. Einsiedeln 910. Verlagsanstalt Benziger & Co. 4.—; geb. in Leinw. 5.20

Ermittelung, die, d. landwirthschaftl. Bodenbenutzg. u. d. Ernteertrages i. J. 1895 in Elsaß-Lothringen, s.a. Mitteilungen, statist., f. Elsaß-Lothringen.

Die **Ermittelung** der landwirtschaftlichen Bodenbenutzung und des Ernteertrages im Jahre 1895 in Elsaß-Lothringen. Straßburg: DuMont Schauberg 1895. 162 S. 8°
[illegible] Elsaß-Lothringen. H. 29 [illegible]

Ermittelung, Die, des Bremsweges und der Bremsdauer für Eisenbahnzüge mit durchgehender selbstthätiger Luftbremse. Berlin 1886

Ermittelung der Wohnungsverhältnisse der Stadt Erfurt gelegentlich der am 1. Dez. 1905 stattgefundenen Volkszählung. Erfurt [1908]. Ohlenroth. (79 S.) 4° [5.] 108. 4323

Ermittelungen über die allgemeine Lage der Landwirthschaft in Preussen, s.a. Jahrbücher landwirthschaftliche.

Ermittelungen üb. die allgemeine Lage d. Landwirthschaft in Preussen. Aufgenommen im Jahre 1888/89. 2 Th. Berl. 1889-91. 4°. (= Landw. Jahrbücher. Bd. 18 Erg.-bd. 3. Bd. 19 Erg.-bd. 4). 373.

— über die Lehr-Verhältnisse in Berlin im Septbr. 1888. Eingezogen durch die Gewerbe-Deputation des Magistrats, bearb. u. hrsg. vom statist. Amt der Stadt. Imp.-4. (78 S. m. 1 farb. Plan.) Berlin 889. Stankiewicz. n. 3. —

Ermittelungen über die Lohnverhältnisse in Berlin. Eingezogen durch die städtische Gewerbe-Deputation in dem statist. Amt der Stadt Berlin. I. Mai 1887, II. Mitte September 1889. Imp. 4°. Berlin, Stankiewicz, 1889—1890. — Mitte Sept. 1891. Imp. 4°. Berlin 1892.

— über die Lohn-Verhältnisse in Berlin im Septbr. 1888, 1889 u. 1891. Eingezogen durch die Gewerbe-Deputation d. Magistrats, bearb. u. hrsg. vom statist. Amt der Stadt. Imp.-4. Berl., Stankiewicz. [1888. (78 S. m. 1 farb. Plan.) 889. * 3 —; 1889. (61 S.) 891. * 3 —; 1891. (87 S.) 892. * 3 —.] * 9 —

Ermittlungen. Statistische, der Stein- und Kohlenfall-Kommission nebst Bemerkungen zu denselben. Hrsg. vom Oberbergamt in Dortmund. Dortmund, 1889. 118 S.

Ermland [Schlagwort]

Ermland, s.: Culm.

Ermeland, s.: Ostpreussen. Sicker.

Ermeland — Karte von — oder zweites Blatt von Westpreussen. Verfasst von Joh. Fried. Endersch. Neu herausgegeben von Herrn F. A. Schraembl 1789. Zu finden in eigenem Verlag in Wien. 1 : 2.0,000. 1 Bl.

Ermold, F., historisch-topographisch-statistische Erzählungen von Graßlitz. 8. (142 S.) Graßlitz 860, Selbstverlag.

Ermoldus Nigellus, Lobgedicht auf Kaiser Ludwig und Elegien an König Pippin, s.a. Geschichtschreiber, die, der deutschen Vorzeit.

Ermoldus Nigellus. Lobgedicht auf Kaiser Ludwig, und Elegien an König Pippin. Nach der Ausgabe der Monumenta Germaniae übersetzt von Dr. Th. G. Pfund. 8. Berlin 1856.
Die Geschichtschreiber der deutschen Vorzeit. IX Jahrhundert, Band 3

Die Ermordung und Bestattung | des | in der Nacht zum 1. Sept. erschlagenen | Nachtwächters Carl Hasper, | und die Verhaftung der Uebelthäter | Schlachter Wolff und Genossen. (Fig.: *Erschlagung des Nachtwächters*, 48 × 78) | Nebst Leichentext der Grabrede und Gedicht. | Preis 10 Pfennig. | Hannover. Druck und Verlag von Fr. Rodewald, Hallerstr. 20.
o. J. (um 1881), 4 Bl. n. n., 180 × 115.
U/SB Göttingen Poet. Germ. IV. 7588(19).

Ermordung, die, Carnot's, Präsidenten der Republik Frankreich, am 24. Juni 1894 u. die Wahl des neuen Präsidenten Casimir Perier, nach authent. Berichten geschildert. Mit e. Rückblick auf Frankreich, besonders seit 1870. Mit Bildern. Ausg. A. 12. (16 S.) Leipzig 894. A. Wilde. — 10; Ausg. B. (32 S.) — 50

Die Ermordung der Herzogin (Fanny) v. Choiseul-Praslin. Nach den von dem Pairshofe zu Paris veröffentlichten Briefen und Actenstücken. — (Leipzig: Brockhaus & Avenarius 1847.) 92,125 S.
Sondertitel:
1. Choiseul-Praslin, Fanny Duchesse de: Briefe und Empfindungen der Herzogin von Choiseul-Praslin [Lettres et impressions, deutsch].
2. Die Ermordung der Herzogin von Choiseul-Praslin.
Im Exemplar von 7 fehlt das Haupttitelblatt.
12: Crim. 85 hm. 7.
7.9075

Ermordung, die, der Herzogin von Choiseul-Praslin. (II.) Das Untersuchungsverfahren nach den von dem Pairshofe zu Paris veröffentl. Actenstücken. Aus dem Französ. 8. (128 S.) Leipzig 847, [Brockhaus.]
Vgl.: Choiseul-Praslin.

Ermordung, die, von Denen-Gabet, s. Gabe.

Ermordung, die, d. Kaiserin Elisabeth. Ausführl. Schilderg. d. Tragödie zu Genf m. vielen Ill. Volksausg. (3. Aufl.) 4. (18 S.) Aussig 898. (A. Grohmann.) n — 20

Ermordung, die, Ihrer Maj. der Kaiserin u. Königin Elisabeth in Genf am 10. IX. 1898. Wahrheitsgetreuer Bericht nebst kurzer Biographie u. Schilderg. der Uebersetzg. der Leiche, sowie Beisetzg. derselben in der Kapuzinergruft. gr. 8. (32 S.) Wien (898). E. Hassenberger. — 35

Ermordung, Die, des Generals Karl Ludwig v. Erlach und seiner Offiziere ... Biel und Bern [1892]. V: *Bühler, Eduard.* (Cat. d. Stadtbibl. Zürich. Zürich 1864—97.)

Ermordung, die, d. Generals Karl Ludwig v. Erlach u. seiner Offiziere im Uebergang 1798. Oeffentlicher Vortrag v. E. B. gr. 8. (32 S. m. 1 Bildnis.) Bern 892, (Nydegger u. Baumgart). ** — 50

Ermordung der französ. Gesandten. Läneb., Herold u. W. 3 gl.

Gräßliche | Ermordung | einer | jungen hübschen Frau | durch ihren Ehemann | den Hausschlachter Günther | in der | Niedernstraße in Hamburg. | (Fig.: *Frau und Mann in einem Zimmer*, 56 × 73) | Hamburg. Druck und Verlag von J. Kahlbrock Wwe.
o. J. (1850), 4 Bl. n. n., 168 × 102.
Dt. Vl.-Arch. Freiburg.
o. O. (Heppenheim: G. Allendorf), o. J., 1 Bl. zweiseitig bedruckt, 310 × 205.
LBO Bänkelsängerlit. III, 92.

(U.-Titel:) Die Ermordung | des Kaisers von Rußland Alexander II. | am 13. März 1881 in St. Petersburg. | (Fig. *Alexander II.*, 89 × 70) | Reutlingen. | Druck und Verlag von Rob. Bardtenschlager. (= *Nro.* 270).
16 S., 160 × 106.
LBS d. D. oct K. 3167.

Ermordung, die, des Geldbriefträgers Koßäth durch den Raubmörder Sobbe. 1.—5. Aufl. gr. 8. (14 S.) Leipzig 883, Milde.

Ermordung und Begräbniss, Liebseelchens Rothkelchens. Zürich 1844. V: *Brentano, Clemens.* (Ky)

— die, des Präsidenten Mac Kinley. — Die Gefahren des Amerikanismus u. Anarchismus. 8. (28 S. m. 5 Abb.) Leipzig 901. J. Milde. — 30; Kolportageausg. — 15

— die räthselhafte, des Gymnasiasten Ernst Winter in Konitz am 11. III. 1900. Mit 5 Abbildgn. nach Photographien v. J. Heyn & Co. 8. (16 S.) Chemnitz (900). C. A. Hager. — 15

Die Ermordung des Kronprinzen Rudolf von Oesterreich. Enthüllungen eines Eingeweihten. Frankfurt a. M. 1901. Verlag der „Sonne".
Verboten v. L.-G. Prag, 8. II. 1901. § 64.

Ermordung (Die) des Polizeirath Dr. Rumpf vor dem Schwurgericht zu Frankfurt a. M. vom 29. Juni bis 1. Juli 1885. Redigiert von dem Journalisten Hugo Friedländer aus Berlin nach den von demselben prima vista niedergeschriebenen Zeitungsberichten. 2. Aufl. 8°. Leipzig, Leopold u. Bär, 1885.

Die | schauderhafte Ermordung | von | 11,000 Christen | und das | Blutbad in Damaskus | in den Tagen | vom 29. Mai bis 30. Juni 1860. | durch die Drusen und Türken. | Nicht allein daß die Zahl der abgeschlachteten Männer, Frauen | und Kinder sich nach sichern Berichten auf 11,000 ausweist, nein es wurden durch die fanatisirten Scheusale 80,000 Menschen | aller ihrer Habe beraubt, die Mädchen und jungen | Frauen geschändet und verkauft. Nach besten Berichten bearbeitet.
o. O., o. J., 7 S., 180 × 110, ohne Lied.
LBO Bänkelsängerlit. III, 135.

Die | schauderhafte Ermordung | von | 20,000 Christen | und das | Blutbad in Damaskus | vom 8. bis 16. Juli 1860 | durch Drusen und Türken. | Nicht allein, daß die Zahl der abgeschlachteten | Männer, Frauen und Kinder, sich nach sichern | Berichten auf 20,000 ausweist, nein es wurden | durch die fanatisirten Scheusale 80,000 Men- | schen aller ihrer Habe beraubt, die Mädchen | und jungen Frauen geschägdet (sic) und verkauft. | Oldenburg. Schnellpressendruck von Büttner & Winter.
o. J., 4 Bl. n. n., 170 × 115. Text mit Lied.
LBO Bänkelsängerlit. III, 136 und V, 13.

Ermordung, die, des Schlossermeisters Wagenknecht aus Spremberg nach den Verhandlungen des königl. Schwurgerichts zu Cottbus am 27. und 28. Septbr. 1870. gr. 8. (16 S.) Cottbus 870, Heine.

Ermordung, Wallensteins. Ein gleichzeitiges italienisches Gedicht. Herausgegeben von Georg Martin Thomas. München 1857. V: *Testi, Fulvio conte.* (EB)

Ermunterung zur Barmherzigkeit für die Brandbeschädigten zu Otterbach und Niederweningen. Den 30. May 1790. Zürich [1790]. V: *Lavater, Johann Kaspar.* (schstr S. 126)

Ermunterung zur Busse, über die Worte II. Cor. V. 20 ..., gehalten am Buß-Tag 1765. Zürich 1766. V: *Lavater, Joh. Casp.* (CLzür Forts. II) (zuwzür)

Ermunterung zur würdigen Feier des Johannisfestes 1797, denen ehrw. Freimaurerlogen Maria zu den drey Herzen in Odensee, und Carl zum Felsen in Altona gewidmet von Br. L. B. M. Als Ms. f. Brr. Altona [1797]. V: *Meier, L. B.* (wolfstieg I, 142)

Ermunterung zur Freude der Brüder, am Johannisfeste 1779 vom Br. Redner. Bayreuth [Loge zur Sonne]. [Bayreuth 1779:] Fieweg. 2 Bl. 4°. [Umschlagtit.]
Sehr selten. — Preist Friedrich den Gr. als Friedensstifter. 21.

Ermunterung zur Gottseligkeit. O. O. 1789. V: *Eugen Friedrich Heinrich Prinz von Würtemberg.* (Ky) (MGT)

Ermunterung zum Heirathen. [Leipzig 1784.] V: *Schwarz, Johann Ludwig Georg.* (MGT)

Ermunterung, herzliche, an gelehrte u. ungelehrte Bekenner der jüdischen Religion, mit Fleiß u. Nachdenken die Bibel zu lesen. 8. Bresl 812. Kayser. 4 gl.

Ermunterungen, apostolische. 8. Frankf. 761. Hanisch in Hildburgh. 8 gl.

— z. Aufmerksamk. a. d. göttl. Wort. bey dunkl. Kirchenzeit. 8. Bützow, Bodner. 775.

— z. Beforder. des rein. Waterlandsgefühls. 8. Leipz. Böhme, 792.

— zur Beförderung des reinen Vaterlandsgefühls, (von G. K. Claudius). 8. Leipz. 792. Gnobloch. 3 gl.

Ermunterungen zur Beförderung des reinen Vaterlandsgefühls ... Leipzig 1793. V: *Claudius, Georg Carl.* (Ky) (MGT)

— zur Bildung des Verstandes u. Herzens in moral. Erzähll. 3 Thle. 8. Leipz. 770—71. W. Vogel. 1 ₰

Ermunterungen zur Bildung des Verstandes und Herzens ... A. d. Franz. Leipz. u. Zwickau 1772. Ü (Th. 3): *Heyde, Johann Daniel.* (ML)

— an junge Christen, zur würdigen Erfüllung ihrer Bestimmung. Ein Confirmantengeschenk. 8. Leipz. 797. Wienbrack. 4 gr.

Ermunterungen an junge Christen zur würdigen Erfüllung ihrer Bestimmung ... Schwerin 1797. V: *Ackermann, Georg Christian Benedict.* (Winer)

Einige Ermunterungen zu dem einzig Nothwendigen sein Heil in Christo Jesu zu begründen, veranlasst durch die Noten des Pastor und Ritter Funk zu seiner Bibelausgabe, nebst mehrern in dieser Hinsicht erschienene Schriften. o. O. 1817. 8°.

Ermunterungen zum Vergnügen des Gemüths. Hamb. 1747. H: *Agricola, Martin.* (Jacoby, Moral. Wochenschr. Hamb. 1888. S. 46.) (Schr)

ERMUNTERUNGEN zum Vergnügen des Gemüths. St. 1—9 (soviel ersch.?). Hamburg, Martini, 1747. Kl. 8°. (In Warmbrunn: 1 vol.)

Ermunterungen zum Vergnügen des Gemüths. Hamburg 1747—48. H: *Mylius, Christlob.* (Less 25)

Ermunterungslied eines wahren Patrioten an die kk. Kriegsvölker bey des Anfangs des Jahrs 1779 sammt der Musik und 1 Portr. Joseph II. V: *Link, Ernst.* (WrDiar 1779, Anhg. zu Nr. 6 u. 7.) (Wrztg 1780, Nr. 30) (BiblPort)

Ermunterungsrede, gehalten bey Aufstellung einer Schwäbischen Landmilitz ... O. O. 1800. V: *Elbs, Vincenz.* (MGT)

Ermunterungsrede am Titularfeste Mariä Verkündigung ... [Augsburg 1795.] V: *Malsiner, Joseph.* (Jes) (MGT)

Ermuthigung. o. O. u. J. 1 Bl. 8°. [Kopftit.]
Ohne Noten: „Verzage nicht in dieses Lebens Stürmen," ... 21.

Ermuthigung. 32. (21 Chromolithogr.) Düsseldorf 867, Breidenbach und Comp. cart. mit Goldschn.

Erna, kein Roman. Herausgegeben von C. 8. Altona, Hammerich. 820.

Erna, kein Roman ... Meissen 1820. V: *Ahlefeld, Charlotte Sophie Luise Wilhelmine von.* (MGT) »1830« (Ky)

Ernährung f. Fettleibige (Entfettungskuren), s.: Flugschriften, hygienische. 29. Hft.

— u. **Gesundheit.** Zeitschrift für hygienisch richtige Lebensweise des gesunden u. kranken Menschen. Geleitet v. F. Schilling. Jahrg. 1903/04. 12 Hefte. (300 S.) Lex.-8. Leipzig, Amthor. n. 6.—
Erscheint nicht mehr.

— für Lungenkranke (Lungenschwindsucht), s.: Flugschriften, hygienische. 24. Hft.

— für Magenkranke u. Darmkranke, s.: Flugschriften, hygienische. Hft. 25. 26.

— für Magere etc. (Mastkuren). Traubenkuren. Citronenkuren, s.: Flugschriften, hygienische. 30. Hft.

Ernährung, die, des Menschen. Theoretisch-prakt. Zeitschrift f. zweckmäß. Ernährung des Menschen in gesunden u. kranken Tagen aller Altersstufen, nebst General-Anzeiger f. sämtl. natürl. Nahrungs- u. Genußmittel, sowie Kunstprodukte derselben, einschließlich medizin. Nähr- u. Heilpräparate. Red.: Ad. Alf. Michaelis. 1. Jahrg. Oktbr.—Dezbr. 1901. 6 Nrn. gr. 4. (à ca. 12 S.) Leipzig, A. Michaelis. n. 1. 25

— dasselbe. Unter Mitwirkg. namhafter Fachleute hrsg. 2. Jahrg. 1902. 12 Nrn. gr. 4. (à ca. 8 S.) Ebd. n. 1. 60

— die, des Menschen. Praktischer Ratgeber f. zweckmäß. Ernährg. in gesunden u. kranken Tagen aller Altersstufen, nebst General-Anzeiger f. sämtl. natürl. Nahrungs- u. Genußmittel, sowie Kunstprodukte derselben, einschließlich medizin. Nähr- u. Heilpräparate. Unter Mitwirkg. namhafter Fachleute hrsg. 3. Jahrg. Jan.—April 1903. 4 Nrn. (à 8 S.) gr. 4. Leipzig, A. Michaelis. à Nr. n. — 10
Erscheint nicht mehr.

— bei Nierenkrankheiten (Nierensteine u. Gicht), s.: Flugschriften, hygienische. 23. Hft.

Ernährung, die, der Pflanze. Mitteilungen des Kalisyndikats G. m. b. H. Red.: Paul Krische. 3. Jahrg. 1907. 24 Nrn. (à ca. 12 S. m. Abbildgn.) 32×24 cm. Stassfurt, (R. Weicke.) 2.—

Ernaehrung, Die, der Pflanze. Mitteilungen d. Kalisyndikats G. m. b. H. zu Stassfurt-Leopoldshall. Verantwortl. Leiter: **P. Krische.** Stassfurt-Leopoldshall. 4°
Jg. 5. 1909.
6. 1910.

Ernährung des Soldaten, Ueber die rationelle, sowie überhaupt über die physiologisch-chemische Wirkung der gewöhnlichsten Nahrungsmittel auf den menschlichen Organismus. Allen Militär-Menagen gewidmet von einem k. preuss. Officier der Artillerie. 8. Potsdam 1858.

Ernährung, die rationelle, unseres Volkes, insbesondere der Armen. Ein volkswirthschaftlich-sozialer Versuch, bearb. auf Grund der bern. Amtsarmenversammlgn. v. 1873. Von Fürchtegott Volksfreund. [In 3 Hftn.] 1. Hft. Wie steht's gegenwärtig m. der Ernährungsweise unseres Volkes, insbesondere der Armen? gr. 8. (39 S.) Bern 874. Huber & Co. in Comm. n. — 60

— im Säuglingsalter sowie f. magen- u. darmkranke Kinder, s.: Flugschriften, hygienische. Hft. 27. 28.

Ernährg d. Soldaten i. Frieden u. i. Kriege. (Bayer. Kommissionsber.) München 1880.

Ernährung, Die zweckmässigste, der ländlichen Bevölkerung ... Luzern 1887. V: *Amsler, Frz Käch & Frdr. Ebersold.* (Cat. d. Stadtbibl. Zürich. Zürich 1864—97.)

Ernährung, die zweckmäßigste, der ländlichen Bevölkerung. Preisschriften, hrsg. vom Bauernverein des Kantons Luzern. gr. 8. (VII, 173 S.) Luzern 887, (Doleschal's Buchh.) *

Ernährungsverhältnisse, die, der Volksschulkinder, s.: Schriften der Zentralstelle f. Volkswohlfahrt. 4.

Die Ernährungsverhältnisse der Volksschulkinder. Vorbericht u. Verhandlungen d. 3. Konferenz d. Zentralstelle f. Volkswohlfahrt 1909 in Darmstadt. Berlin: Heymann 1909. 170 S. 8°
(Schriften d. Zentralstelle f. Volkswohlfahrt. H. 4.)

Ueber die Ernährungsweise der arbeitenden Klassen im Kanton Zug. Beleuchtung der bezüglichen offiziellen Darlegung von Hrn. Dr. Schuler, eidgen. Fabrikinspektor, durch den Regierungsrath des Kant. Zug. (Vom 25. Nov. 1884.) In-8°, 14 S., mit Tafel. Zug, M. A. Blunschi. 1885.

Ernau, K., Kriegsbilder. In Rahmen gefaßt u. in fünf Tableaux aufgestellt. 1. Bdchn. gr. 12. (9 B.) Gotha 837, Wenige.

Ernd, J., kurze Art u. Weise den Sterbenden beizustehen. 8. Wien, Gerhard. 782.

Ernd(e)l, Chr. Heinrich (vgl. E r n d t e l)

Erndl, Chr. Henr., Warsavia physice illustrata, de aere aquis et locis et incolis Warsaviensibus eorumque moribus et morbis. Dresd. 1730. 4°. *Haller*, Bibl. med. pr. IV, 107.

E r n d e l, C. H., Varsovia physice illustr. 4. Dresd. Gorlach. 730.

Erndorfer, ..., s. Geschichte Jesu.

Erndte, die, ein lyrisch-relig. Drama v. J. B. R. Eichenstamm. gr. 8. Strasburg, Treuttel u. W. 818.

Erndtebrück [Schlagwort]

Erndtebrück, s.: **Preussen. Messtischblätter.**

Erndtefest, das; Sgspl. Aus d. Dän. 8. Altona 795. Hammerich. 6 gr.

Erndtel, Chr. Heinrich (vgl. E r n d (e) l)

Erndtel (C. H.). De flora japanica, codice bibliothecae regiae berolinensi rarissimo, epistola . . . Dresdae, [1716]. 4°.
Two volumes of drawings by native artists, collected by A. Cleyer, Dutch ambassador. (Bibl. Banks.)

Erne, Karl Friedrich, approb. Arzt u. Apotheker aus Karlsruhe: **Beitrag zur Kenntnis der Bedeutung des menschlichen Mundspeichels für die Magenverdauung.** ⟨Nach Selbstversuchen.⟩ *Freiburg i. B. 1899: Ch. Lehmann's Nachf.* (19 S.) 8°
Freiburg i. B., Med. Diss. v. 1899

Ernecke, Erich, Ub. elektrische Wellen u. ihre Anwendg. z. Demonstration d. Telegraphie ohne Draht n. Marconi. Experimentalvortrag, geh. i. naturwissenschaftl. Ferienkursus z. Berlin a. 2. X. 1897 u. im Verein z. Förderg. d. physikal. Unterr. zu Berlin a. 18. X. 1897. M. 12 Abb. 2., unveränd. Abdr. gr. 8. (15 S.) Berlin 898. R. Gaertner. n. — 80

Projektionen mit dem Schulprojektionsapparat Type Nor, Bildwerfer z. Projektion von Photogrammen u. physikal. Versuchen, konstruiert von Ferdinand **Ernecke**, Berlin-Tempelhof. 3. verm. Aufl. Mit 85 Holzschn. ... Berlin 1906: (Denter & Nicolas.) (95 S.) 8°

E r n e c k e, Ferd. 150 optische Versuche zur Veranschaulichung der Grundlehren der Ausbreitung, Spiegelung u. Brechung d. Lichtes. Nach Angaben v. Herm. Zwick zusammengest. Mit 24 Holzschn. gr. 8. (IV, 52 S.) Berl. 889, Gaertner. * 1 60

Ernefel't [russ. Transkription]
s. Järnefelt.

E r n e n n u n g. Die E' eines Coadjutors ([Ignaz Heinrich] Freiherrn von Wessenberg) für das Bisthum Konstanz, aus dem wahren kirchenrechtlichen Gesichtspunkt dargestellt. 8. Germanien 1816.

Ernennung, Die, eines Coadjutors für das Bisthum Constanz . . . Germanien 1817. V: *Wessenberg, Ign. Heinr. Carl Freih. von.* (Th)

Ernennung, über die, des Hrn. Cardinals Fesch zum Coadjutor u. Nachfolger des Kurf. Reichs-Erzkanzler. 8. Erlang. 806. Heyder. 8 gr.

Ernennung und Heyrath des Schulmeisters zu Blindheim . . . Schauspiel in vier Aufzügen . . . Tübingen 1825. V: *Wagner, Gottlieb Friedrich.* (GGr)

Ernennung und Heirath des Schulmeisters zu Blindheim, oder: ist das Volk mündig? Schspl. in 4 A. vom Verf. der „Schulmeisterswahl." 8. Tübing. 825. Fues. 8 gr.

Ernennung u. Heirath des Schulmeisters zu Blindheim, oder: Ist das Volk mündig? Schauspiel in 4 Aufzügen vom Verf. d. Schulmeisters-Wahl. 8. Tübingen 825, (Leipz., Kummer.)

Ernennung u. Heyrath des Schulmeisters zu Blindheim oder Ist das Volk mündig? Schauspiel in 4 Aufzügen vom Verf. der Schulmeisters-Wahl. 2. Aufl. Mit einer Erklärung der schwäb. Idiotismen. 8. (116 S.) Tübingen. 880. Fues. n. 1. 50

— über die, der Reichsdeputirten, (v. X. F. Baz). 4. Regensb. 797. Montag u. W. 12 gr. Nachtrag dazu, 4. Ebd. 797.

E r n e n n u n g, über die, des Herrn General-Vikars Freyh. von W e s s e n b e r g zum Coadj. und Coadministrator des Bisthums Konstanz. 8. Bamberg, Compt. der Zeit. 816. Die A n t w o r t darauf. s. unter A n t w o r t.

Ernennung, üb. die, des Herrn General-Vikars Freih. von Wessenberg zum Coadj. u. Coadministrator des Bisthum Konstanz, (von F. X. Frey). 8. Bamb. 816. Draußnick. 8 gr.

Ernenputsch, Eduard (Dhunae/Rhld.), De aëris morbis causarumque localium in hos efficacia. Diss. med. Bln. (Nietack) 12. IX. 1835. 32 S. mit Biogr. (M.: Fischer.) (4.50) 8122
Oppon.: W. Lehnhoff, F. Schulz, E. Rehmet.
— Gew.: Carl Schnabel.

— Julius (Dhünnensis/Rhld.), De cyanosi. Diss. med. Bln. (Nietack) 23. VIII. 1836. 32 S. mit Biogr. (M.: J. Fischer.) (4.50) 8123
Oppon.: E. Rehmet, M. Schulze, G. Gellhaus.
— Gew.: Wilh. Fischer.

Ernenwein, Friedr. „Essai historique sur l'origine de la langue française". pg. 1—10. 4°. J. B. Rindfleisch.
Neuburg a. D., Progr. 1862/63

Ernenwein, Fr., praktisches Lehrbuch der französischen Sprache. Für Gewerb-, Real- und höhere Bürgerschulen bearb. 1. Abthl. 8. (IV und 107 S.) Würzburg 868, Stuber.

Erner, Dr. Adolf, Grundriß zu Vorlesungen über Geschichte und Institutionen des römischen Rechtes. 8. (179 S.) geh. 2 fl. Wien: Manz 1882.

Erner, Adolf: Die L e h r e vom Rechtserwerb durch Tradition nach österreichischem und gemeinem Recht. gr. 8. (XII u. 370 S.) Wien: Manz'sche Buchh. Verlags-Conto. 1867.

Ernert, Frid. Adam. (geb. Koettichau 1798): De medicamentis in febribus intermittentibus cortici peruviano substitutis. (Berolini 1822.) (31 S.) 8°
Berlin, Med. Diss. v. 30. Nov. 1822

Ernert, Paul [aus Dresden]: Ueber Diazouracilcarbonsäure und einige Derivate derselben. . . . Giessen, Druck v. Wilhelm Keller, 1889; 87 S. + 1 Bl. 8°
Leipzig, Phil. Fak., Inaug.-Diss. v. 1. Jun. 1889

Ernest, oder die unglücklichen Folgen der Liebe; ein Schauspiel in drei Aufz.; nach d. Franz. Berlin 1776. V: *Bonin, Christian Friedrich von.* (Ky) (MGT)

Ernest; od. die unglückl. Folgen der Liebe. Drama. 8. Berl. Himburg. 776.

Ernest und Gabriele; ein Trauerspiel. Prag 1776. V: *Möller, Heinrich Ferdinand.* (Ky)

Alpina: Installation de la Grande Loge nationale suisse. Faite à Berne le 24 juin 5822. [Unterz.:] d'Ernest. [Bern 1822.] 21 S. 8⁰ [Umschlagtit.]
Abgedr. in: Globe. 1 (1839) S. 234—240. Kl. 3157b. Bericht nach dem Protokoll. Ein anderer Bericht in: Annuaire maç. helvétique. 1838 S. 30—42. 3. 25.

Ernest, Hans, Waldaist. Ein Sang aus Oberösterreich. Mit e. Geleitwort v. Ottilie Fürböck. Zeichnungen v. Max Pauly. (100 S.) kl. 8. Linz 910. F. Steurer. Geb. in Leinw. 2. 50

Ernest, Marie von (Pseud.), s.a. Baussnern, Marie von

Ernest, Marie v., Liederstrauß aus der Puszta. 16. (95 S.) Wien 878. Hartleben. 1. 80

Ernest, S. P., des Comtes de Durbuy et de la Roche aux XI. et XII. siècles, publ. par M. Ed Lavalleye. gr. in-8. Liége 836. (Bruxelles, Mayer et Somerhausen; Aix-la-Chapelle, Mayer.) n. 1/3 ℛ

— histoire de la province de Limbourg. Vol. I. et II. gr. in-8. Liége 838. (Bonn, Marcus. (à n. $2^1/_4$ ℛ) $4^1/_2$ ℛ

Ernest, S. P., histoire de la Province de Limbourg. Tom. III—VI. 8. Liége 839—41. (Aachen, Mayer.) à $2^1/_2$ ℛ

— Mémoire sur les Comtes de Louvain, jusqu'à Godefroi le Barbu. Ouvrage posth., publ. par Ed. Lavalleye. gr. in-8. les mêmes 837. n. 1/2 ℛ

Ernest-Falk. Midas. Eine politisch-literar. Comödie. 16. (5 B.) Herisau 840. [Schläpfer'sche Buchh.]

Memoria viri **Johann August Ernesti** (Kahnsdorf, Biersten) commend. ab rectore univers. litter. Lips. Lpz. (Klaubarth) 1781. 16 S. mit Biogr. (M.: C. S. Heden.) (4.80) 8189

Ernesti, über, u. den Zustand d. deutschen Literatur bei seinem Tode, an d. studir. Jugend in Deutschland, (v. H. Gf. Reichard). 8. Leipz. 782.

Ernesti, Dr., s. Classiker, die, der Römer und Griechen. 9.—11. Band.

Ernesti, Rechtsstreit des Großen Waisenhauses Beatae Mariae Virginis zu Braunschweig gegen Se. Maj. den König von Sachsen und Se. Königl. Hoh. den Herzog von Cumberland wegen des Guts Hedwigsburg. gr. 8. (22 S.) Braunschweig 886, [Bruhn's Verlag.] A. Hafferburg's Buchh. *
Aus: Zeitschrift für Rechtspflege im Herzogth. Braunschweig, besonders abgedruckt.

Ernesti, A., Arznei-Schatz fürs Haus. Kurzgef. Lehr- u. Nachschlage-Buch üb. d. wichtigsten Arzneimittel, ihre Wirkg. u. Anwendg. in gemeinverständl. Darstellg. 8. (VI, 88 S.) Wiesbaden 897. Lützenkirchen & Bröcking. n. 1. 20

Ernesti, August Wilhelm, s. Ammianus Marcell: opera.

— — Magistris lib. art. creand. Lpz. (Langenheim) 1774. 15 S. (2.50) 8129
Über Joach. Camerarius.

— — Doctae ignorantiae commendatio. Sollemne carmen creationi 30 magistrorum. Rector Georg Heinrich Borz. Lpz. (Klaubarth) 1787. 31 S. (5.—) 8137
Biographien von: Carl Heinr. Bernh. Ertel (Lpz.), Theoph. Sigism. Fuhrmann (Triptis/Vgtld.), Joh. Chph. Roempler (Tennstad/Thür.), Frdr. Leber. Schoenemann (Schoenfeld/Mansfeld), Chn. Ernst Weiss (Lpz.), Carl Gottlob Schmid (Plauen), Rud. Hommel (Lpz.), Carl Gottlob Sontag (Radeberg), Carl Aug. Sattler (Lpz.), Abrah. Theoph. Raab (Bernstad/Laus.), Joh. Chn. Thalemann (Naumburg), Friedr. Aug. Leibnitz (Naumburg), Bernh. Kordesius (Lübeck), Chn. Friedr. Wehrd (Naumburg), Heinr. Wohlr. Rehkopf (Zwickau), Carl Sam. Ehrlich (Sorau/Laus.), Aug. Adolph Wendler (Lpz.), Aug. Friedr. Werner (Penig), Joh. Andr. Jng (Lpz.), Friedr. Aug. Weishun (Schoenwerda/Thür.), Adolph Chn. Kretschmar (Niederschoena/Misn.), Urban Theoph. Haubold (Lpz.), Joh. Gg. Scheibe (Rothenburg/Laus.), Curl David Ilgen (Sehna/Thür.), Joh. Andr. Reuter (Lengefeld/Vogtld.), Chn. Gottlob Flad (Mudisdorf), Aug. Magn. Kraft (Niedertrebra/Th.), Carl Chn. Seltenreich (Kamenz), Carl Friedr. Bresclus (Bautzen), Carl Friedr. Heinsius (Zella/Schneeberg).

— — Vitae eruditae commendatio. Carmen solemne creationi 26 magistrorum. Rector Jo. Friedrich Burscher, Procancell. Jo. Georg Eccius. Leipzig (Klaubarth) 26. II. 1789. 28 S. (5.—) 8140
Biographien v.: Benjam. Traug. Steinmetz (Zittau), Joh. Gottfr. Müller (Ebersbach/Laus.), Gg. Chn. Peukert (Eisleben), Joh. Gottfr. Bergmann (Lpz.), Heinr. Wilh. Stokmann (Freiberg), Carl Sigism. Ouvrier (Rakschütz/Breslau), Andr. Aug. Roche (Nordhausen), Joh. Friedr. Hermann (Lpz.), Chph. Frdr. Benedict Schroeer (Leuben/Meissen), Heinr. Aug. Wilh. Bermann (Wechselburg), Carl Chn. Leber. Weigel (Lpz.), Joh. Gottfr. Quandt (Lpz.), Chn. Gottlob Richter (Freiberg), Ephr. Joh. Gotthelf Schmid (Stoessen), Joh. Gottfr. Beker (Stoeben/Camburg), Chn. Gottfr. Tilling (Annaberg), Chn. Martin Koch (Breslau), Wilh. Ferdin. Vetter (Blankenburg/Brschwg.), Paul Chn. Andreae (Lpz.), Carl Gotthelf Arnold (Seyda), Joh. Adolph Gottlob Voekler (Querfurt), Joh. Friedr. Schmidt (Eilenburg), Chn. Traug. Hermann Hahn (Schneeberg), Gottfr. Sigm. Jaspis (Meissen), Chn. Adolph Stübel (Pausitz/Wurzen), Heinr. Carl Abraham Eichstaedt (Oschatz).

— — Sollemnia magistrorum creandorum inaug. — De panegyrica T. Livii eloquentia. Lpz. (Klaubarth) 22. II. 1787. 28 S. mit Namen. (3.20) 8138

— — Sollemnia magistrorum creandorum inaug. — De panegyrica eloquentia Romanorum aureae quidem aetatis. Lpz. (Klaubarth) 6. III. 1783. 15 S. mit Namen. (3.50) 8134

Ernesti, August Wilh. (J. C. fil.), Exercitationum Flavianarum prima de fontibus archaeologiae. Präs. Jo. August Ernesti. Lpz. (Langenheim) 24. VII. 1756. 32 S. (5.—) 8124

— s. Glossarium Livianum.

— — Historia ingenii ad usum eloquentiae necessaria. Lpz. (Breitkopf) 21. XII. 1765. 24 Seiten. (3.80) 8127

— — (Tennstad / Thür.) u. **Paul Christian Grenz** (Dresden), Hosium concilio Nicaeno non praesedisse. Disp. histor.-crit. Lpz. (Langenheim) 9. X. 1758. 30 S. (4.80) 8125

— — De ingenio elocutionis. Lpz. (Langenheim) 29. VIII. 1770. 24 S. (3.60) 8128

— s. Livius historiar.

— — Magistris creandis. Honor. philos. candidatis. Lpz. (Klaubarth) 1794. 12 S. (1.20) 8141

— s. Pomp. Mela: de situ.

Ernesti, Aug. Wlh., († d. 29. Juli 1801) opuscula orator. philologica. 8 maj. Leipz. 794. Weidmann. 16 gl.

— Plinius epist. ed. Gesaneri.

— s. Quinctilianus institutiones.

— — Sollemnia magistrorum creandorum inaug. Lpz. (Klaubarth) 10. II. 1785. 15 S. mit Namen. (1.50) 8135

— — Sollemnia magistrorum creandorum inaug. Lpz. (Klaubarth) 2. III. 1797. 8 S. mit Namen. (1.20) 8142

— — Sollemnia magistrorum creandorum inaug. — Novi lexici Liviani specimen. Lpz. (Klaubarth) 26. II. 1789. 16 S. mit Namen. (3.20) 8139

— — Supplementum primum catalogi scriptorum Camerarianorum Fabriciani. Lpz. (Klaubarth) 1782. 15 S. (3.20) 8133

— — Supplementum secundum catalogi scriptorum Camerarianorum Fabriciani. Lpz. (Klaubarth) 1786. 12 S. (2.50) 8136

— — De usu fabularum in eloquentia praefatus ad sollemnia magistrorum creandorum inaug. Lpz. (Langenheim) 1775. 16 S. mit Namen. (3.50) 8130

— — De concilii Lateranensis a. c. 774 veritate. Disp. histor Lpz. (Langenheim) 8. VIII. 1761. 27 S. (3.70) 8126

— — Sollemnia magistrorum creandorum inaug. — Vindiciae panegyristarum. Lpz. (Langenheim) 18. II. 1779. 16 S. mit Namen. (2.50) 8131

— — Memoriam Graffianam sollemni ritu. — De voluptate honestati non repugnante secundum Ciceronem. Lpz. (Langenheim) 22. IX. 1779. 11 Seiten. (2.—) 8132
Joh. Chn. Kühn (Merseburg), Friedr. Melch. Drechsler (Naumburg).

Ernesti, Carl, s. Ernesti, Karl

Ernesti, Conrad, s. Ernesti, Konrad

Ernesti, Daniel Heinrich

— Daniel Heinrich (Schrebiz/Misn.), De poenis occulte sumtis. Disp. I/II. Präs. Martin Hasse. Wittbg. (Hake) Juli 1745. 38 S. (5.—) 8143
Respond. von Tl. II (ab S. 25): Matthias Prunl (Trentschin/Ungarn).

— — Dasselbe. Tl. I. 24 S. (4.—) 8144
Gew.: Joach. Sam. Weickhmann.

Ernesti, Günther Gli.

Ernesti, Gth. Gli., pract. Behandlungsart d. christl. Glaubenslehre. 8. Hildburgh. Hanisch. 795.

— Beitr. zur Beforderung eines vernünftigen u. häusl. Gottesdienstes. 8. Hildburgh. 788. (W. Rauck in Leipz.) 18 gl.

— z. Beförder. e. vernünft. Gottesdienst. e. Beytr. in Predigt. 8. Leipz. Sommer. 789.

— über das Leben u. den Charakter weil. Dohner. 4. Hildburgh. 788. Hanisch. 1½ gl.

— über das Leben u. den Charakter des Hrn. Professor Dressel. 4. Hildburgh. 789. Hanisch. 2 gl.

— Predigt am Dankfest für die Wahl u. Krönung Leopold II. zum deutschen Kaiser. 8. Hildburgh. 790. Hanisch. 1 gl.

— Predigten. 8. Coburg 787. (Riemann). 10 gl.

— Predigten üb. Sonn- u. Festtags-Evangelien des ganzen Jahres, herausg. v. J. G. Rosenmüller. gr. 8. Hildburgh. 798. (Taubert in Leipz.) 2 rß 20 gl.

— Predigten über verschiedene Texte, nebst Anh. v. Festpredigten. 8. Hildburgh. 792. (E. Fleischer in Leipz.; a. Taubert). 1 rß

— Religionsunterricht zur Vorbereit. auf die Confirmation. 8. Hildburgh. 790. Hanisch; (a. Taubert in Leipz.) 4 gl.

Ernesti, Günth. Gli., († d. 3. Juli 1797.) Versuch e. prakt. Behandlungsart der christl. Glaubenslehre. 8. Hildburgh. 795. (Er. Fleischer; a. Taubert in Leipz.) 8 gl.

Ernesti, Heinrich Friedrich Theodor Ludwig

Ernesti, H. Fr. Th. L., die Ethik des Apostels Paulus in ihren Grundzügen dargestellt. Braunschweig 868. Leibrock. (Berlin, Ebeling & Plahn.) gr. 8. (XII, 157 S.) 1 rß

Ernesti, H. Fr. Th. L., die Ethik d. Apostels Paulus in ihren Grundzügen dargestellt. Ein Versuch. 2. Ausg. gr. 8. (XII, 155 S.) Leipzig 875. Teubner. 1. 50

Ernesti, H. Fr. Th. L., d. Ethik d. Apostels Paulus in ihren Grundzügen dargestellt. 3., neu bearb. Aufl. gr. 8. (XII, 195 S.) Göttingen 880. Vandenhöck & Ruprecht's Verl. n. 4. —

Ernesti, Hnr. Fr. Thdr. Ldw., Unsere Gemeinschaft mit Christo. Eine gekrönte Preispredigt über Joh. 15., 1—9. gr. 8. Göttingen 835. Deuerlich. ⅛ rß

Ernesti, H. Fr. Th. L., Heimleuchtung des Hrn. Superint. Althaus zu Fallersleben im Hannöverschen von seinem Ausfalle auf den Braunschweigischen Landeskatechismus in der Zeitschrift von Dr. Rudelbach und Dr. Guericke. gr. 8. (59 S.) Braunschweig 862, J. G. Meyer. *

Ernesti, H. Fr. Th. L., der kleine Katechismus Dr. Mart. Luthers in Fragen und Antworten erklärt. 8. (175 S.) Braunschweig 859, J. H. Meyer. **

—— der kleine Katechismus Dr. Mart. Luthers in Fragen und Antworten erklärt. 4. Aufl. 8. (175 S.) Braunschweig 862, J. H. Meyer. **

— der kleine Katechismus Dr. Martin Luthers in Fragen u. Antworten erklärt. 14. Aufl. 8. (175 S.) Braunschweig 871. J. H. Meyer. n.n. — 50

Ernesti, H. F., Th. L., Der kleine Katechismus Dr. Martin Luther's in Fragen und Antworten. 25. Auflage. Braunschweig. H. Meyer. (Min.-Erl. 23. Juni 1891. Z. 12557) —.32

Ernesti, H. Fr. Th. L., der kleine Katechismus Mart. Luthers, in Fragen u. Antworten erklärt. 49. Aufl. 8. (175 S.) Braunschweig 894. J. H. Meyer. Geb. n.n. — 70

Ernesti, H. Fr. Th. L., d. kleine Katechismus Mart. Luthers, in Fragen u. Antworten erklärt. 51. Aufl. 8. (175 S.) Braunschweig 895. J. H. Meyer. Geb. n.n. — 70

Ernesti, H. Fr. Th. L., der kleine Katechismus Dr. Martin Luthers, in Fragen u. Antworten erklärt. 67. Aufl. (176 S.) 8. Braunschweig (904). J. H. Meyer. Geb. n. — 70

—— zur Orientirung über die Katechismus-Literatur der evangelisch-luther. Kirche mit besond. Rücksicht auf den Stand der Katechismus-Angelegenheit im Herzogth. Braunschweig. 8 Vorträge im Prediger-Seminare zu Wolfenbüttel gehalten. gr. 8. (62 S.) Braunschweig 859, J. H. Meyer. *

Ernesti, Henr. Frid. Theod. Lud., de praeclara Christi in apostolis instituendis sapientia et prudentia. Commentatio. 4 maj. (10½ B.) Gottingae 834, Vandenhoeck et Ruprecht.

Ernesti, H. Fr. Th. L., vom Ursprunge der Sünde nach paulinischem Lehrgehalte in besonderer Berücksichtigung der einschlägigen modernen Theorien. 1. Bd. A. u. d. T.: Die Theorie vom Ursprunge der Sünde aus der Sinnlichkeit im Lichte des paulinischen Lehrgehalts betrachtet. Wolfenbüttel 855. Holle. 8. (XVI, 280 S.) n. 1 rß

— vom Ursprung der Sünde nach paulinischem Lehrgehalte in besonderer Berücksichtigung der einschlägigen modernen Theorieen. 2 Bde. Göttingen 862. Vandenhoeck & Ruprecht. gr. 8. n. 2 rß 12 ngr
1. Bd.: Die Theorie vom Ursprunge der Sünde aus der Sinnlichkeit. 2. (Titel-)Ausg. (XVI, 280 S.) n. 1 rß
2. Bd.: Die Theorie vom Ursprunge der Sünde aus vorzeitlicher Selbstentscheidung. (XII, 349 S.) n. 1 rß 12 ngr

Erneſti, H. Fr. Th. L., der neue Verdächtigungsverſuch Seitens des Herrn Superintend. Althaus zu Fallersleben in Sachen des Braunſchweigiſchen Landeskatechismus. Gewährung ſeiner hochnöthigen Bitte, der Wahrheit die Ehre zu geben. Braunſchweig 862. J. H. Meyer. gr. 8. (51 S.) n. 8 ngr.

—— was für ein Geiſt es ſei, der uns in der Kirchenleitung muthig erhält. Predigt zur Eröffnung der 7. deutſchen evangel. Kirchen-Conferenz in der Kapelle der Wartburg über 2. Tim. 1. 7. gehalten am 4. Juni 1863. gr. 8. (16 S.) Darmſtadt 863, Zernin.

Erneſti, Heinr. Friedr. Theod. Ludw., welches iſt der unſrer Kirche eigenthümliche Geiſt? Predigt üb. Gal. V, 1. am Reformationstage (20. S. nach Tr.) 1846 geh. gr. 8. (1 B.) Wolfenbüttel, Holle'ſche Buchh.

Ernesti, Johann August

— Abhandl. von den Negotiatoren der Alten. Aus d. Latein. (von J. F. Krickow). 8. Leipz. 772. (W. Nauck). 6 gr

— das Andenken des Herrn Chr. Fürchtegott Gellert. gr. 8. Leipz. 790. Weidmann. 3 gr

Ernesti, J. A. Anmerkungen über die Bücher des neuen Testaments. Leipz. u. Quedlinb. 1786. H: *Waldau, Gg Ernst.* (MGT)

— Anmerkk. über die Bücher d. N. Teſtaments. gr. 8. Quedlinb. 786. N. Aufl. 799. Ernſt. 18 gr

Ernesti, J. A., de anno, quo natus fuit Chr. contra Magnaeum; Lips. 1774. 4; rep. in ejsd. opusc. philol. (ed. 2.) p. 420 ss.

— Anti-Muratorius s. confutat. Murator. disp. de rebus liturgicis. 8. Leipz. 754. Junius. 4 gr

— Anti-Muratorius. s. confutat. Murator. disp. de rebus liturgicis. 8. Lips. Junius. 1755

— Archaeologia liter. 8 maj. Leipz. 768. Ed. II, emend. atque aucta, opera et studio G. H. Martini. 790. Hahn. 1 Thlr

Ernesti, Johann August, s. A r i s t o p h a n e s : Nubes v. L. Küster.

— vermiſchte Aufſätze z. Erläuterung d. Geſchichte d. Natur u. des blühenden Zuſtandes d. Handlung unter verſchied. Völkern; aus d. Latein. 8. Frankf. 776. (Linke in Leipz.) 9 gr

— neue theologiſche Bibliothek, 10 Bde., nebſt Anh. u. Regiſter. 8. Leipz. 760—71. Breitkopf u. H. 4 Thlr 12 gr Deſſ. neueſte theolog. Bibl. fortgeſ. von J. C. Döderlein. 4 Bde., nebſt Regiſter. 8. Ebd. 773—79. 1 Thlr 16 gr

– s. P. J. B r u n s : Fragmenta Livii.

– s. C a l l i m a c h u s : Hymni.

— J. A., — Catalogus libror. J. A. Ernesti. Lips. 782. 8.

Ernesti, J. A., de Christo rege domino. Lips. 1768. 4.

– s. C i c e r o : Opera.

— clavis Ciceroniana. 8 maj. Leipz. 739. Ed. II. longe auctior. 8 maj. Halle 757. Ed. III. 8 maj. ib. 769. Ed. IV. 8 maj. Halle ... Ed. V. 819. Ed. VI. 831. Waisenh.-Buchh. 2 Thlr (vergl. *Cicero* Opera).

Ernesti, J. A. Clavis Ciceroniana . . . Editio sexta . . . Halae 1831. H: *Rein, Anton Hermann.* (BrMm)

Ernesti, Jo. Aug., Clavis Ciceroniana, sive indices rerum et verbor. philolog.-crit. in opera Ciceronis, acced. graeca Ciceronis necess. Observationibus illustr. Edit. VI. prioribus auct. et emend. 8 maj. (47½ B.) Halae 831, libr. Orphanotrophei.

– s. Seb. C o r r a d i : Quaestura.

— — Erisichthonis Callimachii et Ovidiani comparatio. Prolusio oratiunculis in schola Thomana. Lpz. (Langenheim) 6. V. 1756. 12 S. (3.—) 8174
Paul Gottlob Andreae (Colditz), Joh. Sigism. Hund (Wurzen), Sam. Gottlob Graef (Tennstad), Joh. Jac. Baumann (Beucha), Joh. Gottlieb Soelner (Zwickau).

Ernesti, Joh. Aug. (Praes.), s. Dathe, Joh. Aug.: De origene interpretationis librorum ss. grammaticae auctore.

— — Defensio veterum philosophorum adversus eos qui methodum mathematicam ab iis vel ignoratam vel male neglectam esse contendunt. Oratiunculis in schola Thomana. — Obiter demonstrationis mathematicae natura e mente veterum declaratur. Lpz. (Langenheim) 21. IV. 1741. 16 Seiten. (3.—) 8157
Friedlieb Koenig (Delitzsch), Just. Friedr. Gunz (Koenigst.), Jo. Chn. Dietel (Falckenh. Misn.), Gottfr. Sam. Aster (Oschatz), Chn. Beck (Baalsdorf), Jo. Ernst Teubner (Lpz.), Carl Chph. Folger (Beerendorf), Jo. Gottlob Hofmann (Lpz.), Jo. Aug. Bach (Hohndorff/Misn.).

— Denkmäler u. Lobſchriften an gelehrte Männer; aus d. Latein. v. G. F. Rothe. gr. 8. Leipz. 792. Schwickert. 16 gr

Ernesti, J. A., de die paschatos constituendo. Lips. 1775. 4.

— — Pro Fabio historico adversus Polybium disputatiuncula. Praem. oratiunculis in schola Thomana Lpz. (Langenheim) 17. V. 1746. 12 S. (3.—) 8163
Jo. Friedr. Ackermann (Waldkirch./Vogtld.), Jo. Carl Krebs (Butstad/Thür.), Jo. Chn. John (Reinsberg/Misn.), Jo. Wilh. Machts (Weimar).

Ernesti, Johann August (Präs.), s. E r n e s t i , August Wilhelm: Exercitationum Flavianarum prima de fontibus archaeologiae.

– s. J. A. F a b r i c i u s : Bibliotheca.

— — De glossariorum Graecorum vera indole et recto usu in interpretatione disputatiuncula. Lpz. (Langenheim) 9. IV. 1742. 36 S. (4.80) 8158

— — De negotiatoribus Romanis disputatiuncula ad v. c. Gottfried Leonhard Baudis (Leipzig) ipso die quo academicos jurisscientiae honores capiebat. Lpz. (Jo. Chn. Martin; litteris Bittorff) 1737. 16 S. (4.20) 8149

— von d. chriſtl. Disciplin, oder Anweiſ. zur wahren Tugend; aus d. Latein. gr. 8. Breſl., W. G. Korn. 6 gr

— v. d. chriſtl. Disciplin, oder Anweiſ. zur wahren Tug. gr. 8. Breslau, Korn d. jüng. 773

— — Elogium Caspari Borneri grammatici philosophi mathematici et theologi Lipsiensis clarissimi. Oratiunculis V in schola Thomana. Lpz. (Langenheim) Juni 1740. 16 S. (4.80) 8155
Gottlob Chn. Albrecht (Borna), Jo. Tobias Krebs (Butstad/Thür.), Fried. Aug. Kuhl (Annaburg), Jo. Chph. Zeigermann (Cölleda/Thür.), Gg. Ephr. Richter (Puchensis/Misn.).

— — Elogium viri Christian Fürchtegott Gellert profess. philos. extraord. 13. XII. 1769 pie defuncti. Lpz. (Weidmann Erb. & Reich) 1770. 24 S. mit Biogr. G.'s. (5.—) 8186

— Johann August (Tennstad/Thür.), u. Johann Friedrich Hofmann (Sangerhausen), Emendationem voluntatis per saltum. Lpz. (Joh. Chn. Langenheim) 22. VII. 1730. 34 S. (5.—) 8146

– s. H e d e r i c h : Lexicon manuale.

— — Historia critica operum Ciceronis typographorum formulis editorum. Praem. orat. qua profession. eloquentiae. Lpz. (Langenheim) 28. VII. 1756. 24 S. (4.50) 8175

– s. H o m e r u s : Opera.

– s. H o r a t i u s : Op. c. Fischer.

Joan. Augusti Ernesti Initia doctrinae solidioris, Pars prima, Arithmeticam, Geometriam, Psychologiam et Ontologiam complexa. Lipſ. 8. 1734
— * Editio quinta. Lipſ. ap. Caſp. Fritſch. 6 Kupf. 8. 1776
— ibid. 8. 1783

Ernesti, Jo. Aug., Initia doctrinae solidioris. 732 pp. Edit. quinta. Lps. 1769. 8°.

— initia doctrinae solidioris. 8. Leipz. 736. Ed. II. 742. Ed. III. 750. Ed. IV. 758. Ed. V. 769. Ed. VI. 776. Ed. VII. 783. N. Aufl. 8. Ebd. 796. Hahn. 1 ℛ

-Initia doctrinae ſolidioris auctore *Jo. Aug. Erneſti.* Lipſ. Fritſch. 8. 1750.
1758. * — edit. quarta. 8.
1775. * — edit. quinta. 8.

— initia rhetorica. 8. Leipz. 783. Hahn. 6 gl

— institutio interpretis N. Test. 8. Lpz. 761. Ed. II. 765. Ed. III. 775. Ed. IV. suis observat. auct. cur. Chr. Fr. Ammon. 8. ibid. 792. Weidmann. 1 ℛ Schrbp. 1 ℛ 8 gl

Ernesti, J. A., Institutio interpretis N. Test. ed. Ammon. 8. Lipsiae, Weidmann. 809. Ritolt. Schreibp.

Ernesti, J. A., de voce κατάλυμα et αἰλη ad Luc. 2, 7. Lips. 1776. 4; rep. in ejsd. opusc. theol. p. 593–598.

— lectiones in Epist. ad Ebraeos. a Gli. Jm. Dindorf. 8 maj. Leipz. 795. Hahn. 3 ℛ

Erneſti, Jh. Aug., († d. 11. Sept. 1781.) Lehre v. Abendmahl; aus d. Latein. 8. Altona 784. Brockhaus in Leipz. 8 gl

— Lehre der evangel.-luther. Kirche von der Gegenwart des Leibes u. des Blutes Chriſti; aus d. Latein. von C. F. Stöſſner. 8. Leipz. 766. N. Aufl. Altona 784. Gleditſch in Leipz. 8 gl

Ernesti, J. A. Graecum Lexicon manuale . . . Editio III. Leipzig 1788. H: *Wendler, Christian Ludwig.* (ErschDL)

— — Ad aud. oratiunculas VII in schola Thomana. — Obiter loci aliquot e Ciceronis de nat. deorum libris emendantur, vindicantur, illustrantur. Lpz. (Breitkopf) 6. V. 1737. 6 Bl. (3.—) 8150
Sam. Kittler (Belgern), Jo. Aug. Landvoigt (Lpz.), Jo. Gottl. Krause (Deuben), Jo. Fried. Reiss (Cletstad/Thür.), Gottl. Christ. Albrecht (Borna), Gotthelf Chn. Loth (Croebern), Gottl. Aug. Zwicker (Lpz.).

— — Mag. philos. et bon. art. creandis philos. et bon. art. stud. s. d. Lpz. (Langenheim) 1758. 8 S. (—.50) 8180

— metaphysica et logica cum praefat., disputatione proemiali et notis ed. E. J. de Condado. 8. Madrid 785.

– s. Felix M i n u t i u s v. Lindner.

— — Ad solemnia disp. III. theologicarum et licentiae cap. honor. summos theol. invitat. — Inest brevis narratio critica de interpretatione propheticarum Messianarum in ecclesia christiana. 20./21. IX. 1769. 42 S. (4.50) 8185
Darin Biogr. v.: Chn. Wilh. Thalemann (Weberstad/Thür.; M.: B. S. Ernesti), Joh. Aug. Datho (Weissenfels; M.: J. M. Eulenberg), Melch. Traug. Schubart (Eilenburg; M.: Ch. M. Dedekind).

— — Solemnia magistror. philos. et bonar. art. creandor. inaug. — Inest narratio critica de editionibus orationum Ciceronis. Lpz. (Langenheim) März 1759. 20 S. mit Namen. (3.50) 8183

Ernesti, Jo. Augusti, narratio de Jo. Matthio Gesnero ad Davidem Ruhnkonium V. C. Ed. nova, quam ad natalicia ducentesima Gesneri in memoriam revocanda curavit Guil. Pökel. 8. (58 S.) Berlin 891. Mayer & Müller. n. 1. —

— de necessitate revelation. div. 4. Lips. Junius. 759.

— — De grata negligentia orationis. Prolusio scholast. oratiunculis III in schola Thomana. Lpz. (Langenheim) 3. V. 1743. 12 S. (3.—) 8160
Gottlieb Chn. Albrecht (Borna), Benjam. Gottfr. Fleckeisen (Döbeln), Chn. Gottl. Steyer (Borna).

Ernesti, J. A., de nomine doctoris apud veteres Christianos. Lips. 1775. 4.

— observationes philologico-criticae in Aristophanis Nubes et Flavii Josephi Antiq. Jud. Accesserunt Gfr. Olearii notae ad Suidam, (ed. Jh. Chr. Gli. Ernesti). 8 maj. Lps. 795. Hahn. 1 ℛ

Ernesti, J. A., de variis opinionibus super loco nativitatis. J. Chr. Lips. 1776. 4.

Ernesti, J. A. Opuscula varii argumenti. Lipsiae 1794. H: *Stange, Theod. Frdr.* (ErschDL) (Ky)

— opuscula varii argumenti, (ed. Theod. F. Stange). 8 maj. Leipz. 794. Hahn. 1 ℛ 8 gl

— opuscula oratoria. 8. Leyden. (Lpz.) 762. Ed. II. Ebd. 767. Gleditsch. 1 ℛ 2 gl

Ernesti, J. A. Opusculorum Oratoriorum novum volumen. Accessit elogium . . . Lipsiae 1791. H: *Ernesti, Joh. Chn Gottlieb.* V (elogium): *Ernesti, Aug. Wilh.* (BrMm)

— opusculorum oratoriorum novum Volumen; accessit elogium b. viri publice scriptum, ed. Jh. Chr. Gli. Ernesti. 8 maj. Leipz. 791. Hahn. 16 gl Daſſ. deutſch v. G. F. Rothe. gr. 8. Ebd. 791.

— opuscula philologico-critica emend. et aucta. 8. Leyd. 764. Ed. II. ibid. 776. 1 ℛ 6 gl

Ernesti, Jh. Aug., opuscula theologica. 8 maj. Leipz. 773. Ed. auctior. ibid. 792. Hahn. 1 ℛ 12 gl

– opuscula theolog. 8. maj. Lips. Fritsch. 792.

— oratio de doctrinae accuratae et promtae laudibus. 4. Hannov. 751. Hahn. 2 gl

— — Oratio de doctrinae accuratae et promtae laudibus in schola Thomana inaug. conrectori Jo. Friedr. Fischer. Lpz. (Joh. Wendler) 15. II. 1751. 19 S. (3.50) 8168

— — Oratio professionis rhetoricae adeundae caussa. Lpz. (Langenheim) 4. VIII. 1756. 27 S. (3.50) 8176

— oratio inter solemnia exequiar. seren. Friderici Christiani, Elect. Sax. Fol. Leipz. 764. Langenheim. 6 gl Daſſ., deutſch v. ihm ſelbſt. 8. Leipz. 765. Dyck. 5 gl

Ernesti, J. A., de Origene, interpretationis librr. ss. grammaticae auctore. Lips. 1756. 4; rep. in ejsd. opusc. philol. (ed. I., p. 288 - 323.

– s. O v i d i u s Opera c. Fischer.

— — De philosophia vitae. Prolusio oratiunculis in schola Thomana. Lpz. (Langenheim) 16. IV. 1755. 12 S. (2.50) 8173
Joh. Gottfr. Fleck (Lpz.), Dan. Eman. Folger (Delitzsch), Fried. Gotthard Findeisen (Lpz.), Chn. Friedr. Gabler (Eisenberg), Theoph. Chn. Traug. Frege (Oschatz).

– s. Plautus: Comoediae v. Gronovius.

– s. Polybius v. Gronovius.

— — Ad oratiunculas V in schola Thomana invitat et popularitatem eruditam commendat. 17. IV. [1739]. 12 S. (3.—) 8154
Gabr. Gottlieb Troeger (Auerbach/V.), Gg. Friedr. Rudolph (Lpz.), Chn. Heinr. Breunicke (Lpz.), Joh. Aug. Claus (Brehna/Misn.), Chn. Dav. Seyffert (Güldengossa).

— Praefatio et Notae ad M. T. Ciceronis Operum omnium editionem majorem etc. II Part. 8. Halle 805, 7. Waisenh.-B. 3 ℛ 12 ℊ (vergl. *Cicero* Opera).

Ernesti, Joh. Aug., praelectiones in libros symbolicos ecclesiae Lutheranae, ab anno 1752 et 1777. Vol. I, continens tria symbola oecumenica, Augustanam confessionem et apologiam ejus. Mit einem Vorwort hrsg. v. J. M. Redling. gr. 8. (VIII, 201 S.) Berlin 878. Wiegandt & Grieben. n. 3. —

— Predigten zur Beförd. des innern Christenthums. gr. 8. Leipz. 768. Breitkopf u. H. 16 ℊ

— christl. Predigten. 1r, 2r Thl. 3r u. 4r Thl., herausg. von J. C. G. Ernesti. 8. Leipz. 768—82. Breitkopf u. H. 2 ℛ 16 ℊ

— drei christl. Predigten vom Gebet. 8. Leipz. 758. Breitkopf u. H. 5 ℊ

— — Prolusio acad. qua demonstratur majus utiliusque esse latinos auctores intelligere, quam probabiliter latine scibere, et plerumque illud non posse, qui hoc possit simul ratio lectionum Ciceronianarum per hoc semestre hibernum. Lpz. (Langenheim) 8. X. 1738. 16 S. (4.—) 8153

— — De antro Platonis prolusio qua ad oratiunculas VI in schola Thomana. Lpz. (Langenheim) 13. IV. 1758. 8 S. (2.50) 8182
Chn. Frdr. Schmid (Merseburg), Gottfr. Joach. Vichman (Leisnig), Jo. Gottlob Marschner (Mühlberg), Frd. Adolph Seyfert (Waldheim), Dan. Aug. Freyberg (Lpz.), Jo. Gottlob Thierbach (Meuselwitz).

— — Prolusio de intereuntium humaniorum litterarum causis. Oratiunculis in schola Thomana. Ed. II. Lpz. (Langenheim) 20. IV. 1736. 15 S. (3.—) 8147
Gottfr. Theod. Krause (Herzberg), Joh. Andr. Koepping (Grossbothen), Chn. Gottfr. Hofmann (Nebra), Joh. Aug. Landvoigt (Lpz.), Dav. Dieze (Loeben), Theoph. Jac. Haus (Soelchau).

— — Prolusio de difficultatibus novi testamenti recte interpretandi. Oratiunculis in schola Thomana. Lpz. (Langenheim) Mai 1748. 20 Seiten. (3.—) 8165
Jo. Conr. Friderici (Delitzsch), Gottfr. Aloesius (Eilenbg.), Chph. Naumann (Pegau), Jo. Gottfr. Bauer (Lpz.), Jo. Nathan. Bamler Kirchberg/ Vogtland).

— — Prolusio de privata veterum Romanorum disciplina ad oratiunculas de disciplina Lycurgi in schola Thomana. Lpz. (Langenheim) 19. IV. 1747. 16 S. (3.—) 8164
Jo. Gottlieb Rausch (Düben), Gotth. Christ. Albrecht (Born.), Jo. Friedr. Akermann (Waldkirch/Vogtl.), Jo. Wilh. Cunis (Cölleda/Thür.), Jo. Heinr. Rudorf (Nischwic. Misn.), Jo. Carl Krebs (Buttstadt/Thür.).

— — Prolusio de Epigrammate Callimachi in Arati Phaenomena. Oratiunculis VI in schola Thomana. Lpz. (Langenheim) 28. IV. 1757. 12 Seiten. (3.20) 8179
Jo. Gotthilf Engelmann (Zwickau), Jo. Sam. Kutner (Plissa / Chemnitz), Jo. Heinr. Bach (Hondorf/Pegau), Carl Friedr. Barth (Glauchensem), Imman. Joh. Gerh. Scheller (Dahme), Chr. Adolph Topf (Dondorf/Th.).

— — Prolusio de finibus humaniorum studiorum regundis ad oratiunculas VII in schola Thomana. Lpz. (Langenheim) 25. IV. 1738. 8 Blatt. (3.50) 8151
Chph. Heinr. Andreae (Gerenensis/Thür.), Jo. Tob. Krebs (Butstad/Thür.), Chn. Beck (Baalsdorf), Carl Chn. Crusius (Allerstad/Thür.), Jo. Gunther Auer (Plauen), Friedr. Aug. Kuhl (Annaburg), Jo. Gottfr. Neucke (Grimma).

— — Prolusio pro grammatica interpretatione librorum in primis sacrorum. Oratiunculis in schola Thomana. Lpz. (Langenheim) 25. IV. 1749. 15 S. (3.50) 8166
Conr. Jul. Friderici (Oschatz), Jo. Adam Francke (Neukirch/Vogtld.), Dan. Voelckner (Schkeuditz), Carl Wendelin Herzberg (Butstad.), Jo. Gottfr. Dintsch (Reichenbach).

— — Prolusio de theologiae historicae et dogmaticae conjungendae necessitate. Lpz. (Langenheim) Mai 1759. 24 S. (4.—) 8184

— — De Judaeorum odio adversus literas Graecas prolusio ad memoriam Geierianam. Lpz. (Langenheim) 15. III. 1758. 12 S. (3.—) 8181

— — Prolusio ad orationes VII. in schola Thomana. Lpz. (Breitkopf) 28. VIII. 1736. 15 Seiten. (3.20) 8148
Chn. Wilh. Kustner, Joh. Gottfr. Lazer, Joh. Bened. Carpzov, Gottlob Friedr. Munch, Gottlob Aug. Zwicker (Lpz.), Gottlob Chn. Albrecht (Borna), Chn. Dav. Seyffert (Gossensis).

— — Prolusio ad aud. oratiunculas contrarias IV contra chalcographiam et pro eadem in schola Thomana. — Quibus literarum disciplinis et quatenus chalcographia prosit. Lpz. (Langenheim) 26. IX. 1740. 16 S. (3.50) 8156
Carl Chph. Folger (Baerendorf/Misn.), Joh. Ernst Teubner (Lpz.), Joh. Aug. Bach (Hohendorf/Misn.), Joh. Chph. Zeigermann (Cölleda/ Thüringen).

— — Prolusio ad oratiunculas VI pro barbaris philosophis et contra eosdem in schola Thomana. Lpz. (Langenheim) Sept. 1738. 20 Seiten. (3.50) 8152

— — Prolusio de solariis oratiunculis in schola Thomana. Lpz. (Langenheim) 4. V. 1744. 15 S. (3.—) 8161
Chph. Frdr. Schroeer (Taucha), Joh. Friedem. Kern (Thamsbrück/Thür.), Chn. Gottlob Fleckeisen (Döbeln), Joh. Chph. Albrecht (Geithain), Chph. Fritzsch (Ranstad/Misn.), Joh. Gottfr. Kade (Leubingen/Thür.), Joh. Chn. Hauptvogel (Leipzig).

— — Prolusio de actorum s. p. q. r. diurnorum origine ad Sueton. Caes. C. XX. ad oratiunculas V in schola Thomana. Lpz. (Langenheim) 28. V. [1745]. 12 S. (2.50) 8162
Jo. Carl Krebs (Butstad/Thür.), Jo. Wilhelm Machts (Weimar), Jo. Gottl. Rausch (Düben), Jo. Friedr. Folger (Delitzsch), Carl August Thieme (Teuchern).

— — De philosophia populari prolusio actui oratorio in schola Thomana. Lpz. (Langenheim) Mai 1754. 12 S. (3.—) 8171
Sam. Gotthelf Hofmann (Borna), Polycarp Gottlieb Wagner (Pegau), Mich. Aug. Müller (Delitzsch), Joh. Heinr. Schulz (Leipzig), Gottfr. Adam Lehmann (Lpz.), Friedr. Wilh. Sonnekalb (Neustadt/Vogtl.), Joh. Chn. Pezold (Weissenfels).

— — Prolusio qua animadversiones philologicae in librum Francicum de caussis legum ad oratiunculas VII in schola Thomana. Lpz. (Langenheim) 4. V. 1751. 16 S. (3.—) 8169
Joh. Heinr. Sturm (Merseburg), Chn. Wilh. Conrad (Plauen), Heinr. Fried. Innoc. Apel (Borna), Chn. Fried. Hecht (Delitzsch), Chn. Aug. Kunz (Leisnig), Chn. Fried. Graef Visenens./Thür.), Joh. Adam Frank (Neukirch/Vogtl.)

— — Prolusio de templo Herodis M. ad Aggaei II. 10, et Joseph. A. I. XV. extr. ad declamatiunculas V in schola Thomana. Lpz. (Langenheim) 21. IV. 1752. 12 S. (2.50) 8170
Chn. Friedr. Hofmann (Düben), Joh. Gottfr. Reusmann (Schleiz), Heinr. Friedr. Innoc. Apel (Lpz.), Joh. Gottfr. Baumann (Wolkenstein), Chn. Friedr. Mittenzwey (Colditz).

— — Prolusio de vanitate philosophantium in interpretatione librorum s. Oratiunculis in schola Thomana. Lpz. (Langenheim) 15. IV. 1750. 20 Seiten. (4.—) 8167
Joh. Chn. Mittenzwey (Colditz), Gottfr. Aloesius (Eilenburg), Conr. Jul. Friderici (Oschatz), Chph. Naumann (Pegau).

Ernesti, J. A., de Christi in vitam reditu. Lips. 1773. 4.

– s. Scriptores rei rusticae v. Gessner.

— — Solemnia disputat. publ. pro licentia cap. gradum doctoris et duorum theolog. doctor. creand. invitat. Lpz. (Langenheim) Juni 1775. 16 S. (1.80) 8187

— — Ad solemnia disputationis publicae pro licentia cap. grad. doctoris et doct. theolog. creandi invitat. Lpz. (Langenheim) Dez. 1775. 16 S. (4.—) 8188
Ausf. Biogr. v. Gottlieb Merkel (Ringenthal; M.: A. Joost).

— — Solemnia magistrorum philosophiae et bonarum artium creandorum inaug. Lpz. (Langenheim) 24. II. 1757. 15 S. mit Namen. (2.50) 8178

— — Specimen castigationum in Jo. Jac. Wettstenii editionem n. testamenti. Lpz. (Langenheim) Juni 1754. 24 S. (3.50) 8172

— — Lectionum Callimachiarum specimen. Oratiunculis IV in schola Thomana. Lpz. (Langenheim) 2. V. 1742. 12 S. (3.—) 8159
Chn. Friedr. Hubler (Oelz. Var.), Carl Chn. Crusius (Allerst. Th.), Joh. Chn. Hauptvogel (Lpz.), Joh. Rud. Buttensig (Doebernitz).

– s. Suetonius, Cajus Tranquillus.

– s. Tacitus Opera.

— — Theses theologiae dogmaticae. Nunc primum edidit Jo. Chr. Gottl. Ernesti. Lpz. (Weidmann's Erb. & Reich) 1783. 72 S. (4.80) 8190
Gew.: Christian Gotthelf Frh. v. Gutschmid (Kl.-Wolmsdorf).

— Trauerrede auf d. Tod des Kurfürsten Friedr. Christian. Aus d. Latein. von ihm selbst. gr. 4. Leipz. 760. Dyck. 5 gl.

— Trauerrde auf d. Tod Churf. Friedr. Christian. gr. 4. Leipzig, Dyk. 765.

– s. H. Tursellini: de particulis lat.

— Vertheidigung des Willkührlichen in d. Religion. 8. Lpz. 765. Langenheim. 8 gl.

— J. Aug., De vexillariis. — De navibus ΔΙΠΠΡΩΡΟΙΣ et ΔΙΠΡΥΜΝΟΙΣ. o. O. u. J. (Aussehn.) 5 Bl. (1.50) 8145

— — Vindiciae arbitrii divini in religione constituenda. Tl. I/III. Lpz. (Langenheim) 1756—62. 123 S. (6.50) 8177
Tl. III verteid. u. Präs. E.'s Christian Samuel Weis. — (Tl. III einzeln 4.—.)

– s. Weismann: Lexicon bipartitum.

– s. Weltgeschichte von Guthrie u. Gray.

– s. Xenophon: Memorabilia.

– s. Xenophon: Opera v. Thieme.

Ernesti, Johann Christian

— Jo. Christian, De incommodo ex literatis Ephemeridibus capiendo. Präs. Jo. Wilhelm Berger.

Tl. I. Wittbg. (Creusig) Juni 1716. 11 Blatt. (4.80) 8191
Gew.: Levin Adolph, Christian Rud. u. Chph. Rud. v. Marschall (Alten-Gottern).

— — Dasselbe. 10 Bl. o. Widm. (anderer Text) (4.50) 8192

— — (Thüringen), De primordiis emendatae per Lutherum religionis. Präs. Gottlieb Wernsdorf, 8. XI. 1717. Ed. nova prior. locupletior. Wittbg. (Wwe. Gerdes). 72 S. (6.—) 8193

— — Dasselbe. Ed. nova. Wittbg. (Wwe. Gerdes). 1735. (6.—) 8194

Ernesti, J. C., de antiquo excommunicationis usu. Viteb. s. a. 4.

Ernesti, Johann Chritian Gottlieb, s. Aesopieae fabulae. Leipz. 781.

Ernesti, J. C. G., — Bibliotheca J. C. G. Ernestii. Lips. 802. 8.

– s. Cicero: auserles. Briefe.

– s. Cicero's Geist u. Kunst.

Ernesti, J. C. T., Epistola de Procopii Gaz. commentariis Graecis in Heptateuchum et Canticum ineditis. Lips. 785. 4.

— epistola ad J. F. Schleusner. de Suidae Lexicographi usu ad crisin et interpret. libror. sacrorum. 8 maj. Lpz. 785. (Berl., List). 5 gl.

— — Epistola ad Joh. Frid. Schleusner (Prof. z. Göttingen) de Suidae lexicographi usu ad crisin et interpretationem libr. sacrorum. Lpz. (Sommer) 2. I. 1785. 38 S. (5.—) 8197

– s. Jh. A. Ernesti: observatt. et theses theol. et opusculor.

— — De glossis sacris Hesychii. Lpz. (Klaubarth) 18. XII. 1782. 26 S. (4.50) 8196

– s. Hesychius: Glossae.

Ernesti, J. C. G., der Kirchenstaat der drei ersten Jahrh. Cob. 1814. 8.

— Leben Sophie Friederike Ernesti. 8. Leipz. 782.

Ernesti, I. C. Theoph., Lexicon technol. graecor. rhetoricae. 8. maj. Lips. Fritsch. 795.

Ernesti, Jh. Chr. Gli., († d. 5. Juni 1802.) Lexicon technolog. graecor. rhetoricae, congessit et animadvers. illustr. 8 maj. Leipz. 795. Hahn. 1 ℛ 8 𝒢

Ernesti, J. C. Th., Lexicon technologiae Latinorum rhetoricae. Lips. 797. 8. 1 rthlr. 12 gr.

— Lexicon technol. Romanorum rhetoricae. 8 maj. Lpz. 797. Hahn. 1 ℛ 12 𝒢

— — u. **Friedrich August Wolf** (Leipzig), De elocutionis poetarum latinorum veterum luxurie. Comment. I. Lpz. (C. Tauchnitz) 10. III. 1802. 66 S. (5.—) 8199

— — Dasselbe. II. Lpz. (C. Tauchnitz) 13. III. 1802. S. 67—98. (3.—) 8200

– s. Silius Italicus.

— **Joh. Christian Theophil,** Viro Johanno Gottfr. Beyer (Oberschoen. u. Wegefahrt) nuptis cum virgine Johanna Elisabeth Seyfert, viri Christiani Friderici Seyferti (Freiberg) filia natu majore gratul. societ. philo-biblica Lipsiensis. — Disseritur de sublimitate orationis judicanda. Lpz. (Langenheim's Erb. & Klaubarth) 10. IV. 1780. 12 S. (4.50) 8198

– s. Suida : Glossae.

— allgem. lateinische Synonymik, s. G. *Dumesnil.*

Ernesti's, J. C. G., Allgemeine lateinische Synonymik, nach dem Französ. von Dusmenil. Leipz. 798. 3 Thle. 8. 3 rthl. 12 gr.

Ernesti, J. C. Glo., allgem. latein. Sinonymik n. d. 2ten Ausg. v. Gardin Dumesnil Synonymes latins. 3 Bde. gr. 8. Leipzig, Baumgärtner. 799.

Ernesti, Jo. Chr. Gtli., allgem. latein. Synonymik. Neue Auflage, s. Ramshorn, Ludw.

— **Johann Christian Gottlieb** u. **Adolph Wencesl. Schmidt,** De usu vitae communis ad interpretationem novi test. Lpz. (Langenheim's Erb. & Klaubarth) 13. X. 1779. 42 S. (5.—) 8195
Gew.: Joh. Aug. Ernesti.

Ernesti, Johann Christoph

— — **(Bruchteren),** De Eusebio Pamphili episcopo Caesariensi. Disquis. histor.-eccles. Wittbg., Juni 1689. Ed. III. (Chn. Schrödter) 1703. 20 Blatt. (5.—) 8202
Widm. v.: C. S. Schurzfleisch.

— **Johann Ehrenfried** (Rochlitz), Commentatio exegetica in epigrammata tria Matthaei Zuberi ad autores totidem panegyricorum philosophicorum Lipsiensium. Präs. Jo. Heinrich Ernesti. Lpz. (Chn. Göz) 2. X. 1700. 32 Bl. mit zahlr. Namen. (5.50) 8203

Ernesti, Joh. Heinrich [Praes.], s. Carpzov, Chrn. Bened.: De meliori resurgentium post incendia conditione.

Ernesti, I. H., comment in Cornel. Nep., Plautum etc. 8. Lips. Eurich. 797.

— — Commentatio in res philosophicas secularis honoribus in philosophia summis in acad. Lips. Rector Aug. Quirin Rivinus. Procancell. Jo. Burch. Mencken. Decan Chn. Ludwig. Lpz. (Joh. Andr. Zschau) Dez. 1709. 108 S. (7.—) 8210
Mit überaus zahlreichen Namen.

— — Evangelica acad. Lipsiensis rectore Gottlob Friedrich Jenichen. Decan Chn. Ludwig Sietzsch, Gördenitz, Gr. Kühna) creatis more antiquo et usitato bon. art. et phil. magistris solenni carmine applaudentia. Lpz. (Imman. Titius) März 1726. 14 Bl. (4.80) 8213
Biogr. Widm. a.: Heinr. Bened. Starcke (Wolfenbüttel), Ferdin. Gottfr. Schmid (Colditz), Phil. Jac. Sultzberger (Podelwitz/Misn.), Friedr. Balth. Hubler (Chemnitz), Carl Friedr. Heinz (Lpz.), Sigism. Basch (Juliusburg/Schles.), Joh. Chn. Glauch (Weissenfels), Jo. Gottfr. Richter (Rötha), Joh. Valent. Zehner (Schleusingen), CarlWilh.Haenschkel (Wesmar/Misn.), Joh. Gg. Lotter (Augsburg), Joh. Chph. Luz (Augsburg), Joh. Ackerman (Stockholm), Ephr. Gotthelf Koechly (Naundorf), Gotthelf Heinr. Thiele (Chemnitz), Gottlob Ehrenfried Barth (Lauban / Laus.), Martin Gottlieb Kerstan (Dresden), Joh. Heinr. Seitz (Dresden), Anton Wilhelm Zwerg (Tondern / Holstein), Gg. Ehrenfried Reichel (Camenz).

— — Laudes hyemales supremis philosophiae honoribus in acad. Lips. Rector Joh. Cyprian. Procancell. Joh. Schmid. Decan Joh. Burch. Mencken. Lpz. (Wwe. Chn. Goetz) Febr. 1713. 20 Bl. (5.—) 8212
Biogr. Widm. a.: Joh. Gg. Wunderlich (Haynensis), Joh. Tob. Haennicker (Freiberg), Joh. Chph. Otto (Hildburghausen), Chn. Gottlieb Barthel (Nerchau), Adam Heinr. Lohrmann (Ober-Crinitz/Schneeberg), Paul Chn. Gilbert (Werda/Misn.), Joh. Dan. Schadaeus (Auerstad/Thür.), Dan. Gottlieb Metzler (Erdmannsdorf/Misn.), Gottfr. Michaelis (Schortau/Misn.), Joh. Wilh. Gunther (Esslingen), Jac. Chn. Vogel (Neohusa/Saxo), Joh. Friedemann Meyer (Seyperhüttensis/Misn.), Chph. Heinr. Pfaffreuther (Regensburg), Joh. Gottlieb Bohne (Lpz.), Paul Doering (Reichenbach/Vogtl.), Gg. Reichenbach (Frankfurt / Mark), Friedr. Gottlieb Krantz (Schkeuditz), Heinr. Friedr. Albanus (Eisleben), Paul Friedr. Opitz (Kiel), Gg. Heinr. Ayn (Sommerfeld/Schles.), Stephan Bergler (Corona / Transsylvanus), Joh. Kretzschmar (Großkorbetha), Joh. Gottlieb Krause (Wohlau/Schlesien), Jac. Aug. Franckenstein (Lpz.), Jac. Metzner (Zielenzig/Mark), Lorenz Müller (Meiningen/Henneberg), Joh. Chn. Hebenstreit (Neustadt/Vogtl.), Joh. Ernst Marbach (Waldheim/Misn.), Friedr. Gottlieb Breitsprach (Gribensis/Mark), Joh. Gg. Walch (Meiningen), Joh. Dan. König (Bitterfeld), Paul Martin Finck (Coburg), Andr. Pechtel (Walcha/Laus.), Chn. Heinr. Bischoff (Breslau).

— — **Officia Curtii sententiosa cum translatione Trochaica depromtisque ex philosophia practica annotationibus loco lectionum poeticarum publicarum p. aut. hyemem. Lpz. (Zeidler) 1712. 68 S. (5.—) 8211**

— — Panegyrica, qua facta solennia collatis in academia Lips. ab anno 1600 usq. ad 1700 philosophiae & bonar. art. honoribus summis carmina in ultima seculi promotione. Rector Aug. Quirin Rivinus. Procancell. Anton Gunther Heshus. Decan Johann Cyprian. Lpz. (Joh. Georg) 25. I. 1700. 40 Bl. (6.50) 8209
Enthält Biogr. Widm. a.: Samuel Ackermann (Schaffstaed/Misn.; Gratulant: Ambros. Bardenstein [Annaberg], Heinr. Rausch (Silberberg/Schles.; Rochsburg u. Luntzenau; Gratul.: Hieron. Kromayer [Döbeln]), Chn. Mich. Adolphi (Hirschberg / Schles.; Gratul.: Mich. Calert [Zeitz]), Joh. Friedr. Fritzsch (Chemnitz; Gratul.: Joh. Förstner [Auerbach]), Friedr. Bened. Kettner (Lpz.; Gratul.: Thomas Ittig), Valent. Alberti (Lpz.; Gratul.: Valent. Alberti [Schles.]), Gottfr. Theodor Trübe (Lpz.; Gratul.: Leonard Ursinus), Joh. Anton Schmidt (Lutteringhausen/Westf.; Gratul.: Josua Stegmann), Joh.

Friedr. Mens (Dortmund; Gratul.: Abraham Teller), Jo. Paul Gumbrecht (Lauban/Lausitz; Gratul.: Michael Haubold [Hainensi; Schneeberg]), Christiern Christiernin (Vestmannia/Schwed.; Gratul.: Pet. Beccer [Halle]), Joh. Mich. Zierold (Groitsch/Misn.; Gratul.: Gottfr. Cundis [Radeberg]), Conr. Boetner (Lauban/Laus.; Gratul.: Joach Feller [Zwickau]), Joh. Sam. Richter (Grimma; Gratul.: Joh. Richter), Chn. Flemig (Guben; Gratul.: Friedr. Rappolt), Joh. Dav. Ladengast (Pegau; Gratul.: Sebast. Gottfr. Starck [Mittweida]), Joh. Dan. Longolius (Bischofswerda; Gratul.: Chn. Becmann [Borna]), Sigism. Schramm (Geyer/Misn.; Gratul.: Thoma Kempfer), Joh. Chn. Einigk (Corbussio/Misn.; Gratul.: Hieron. Kromayer [Zeitz]), Heinr. Graichen (Altenburg; Gratul.: Chph. Bulaeus [Kötzschenbroda]), Paul Friedr. Hesse (Knautnaundorf; Gratul.: Samuel Benedict Carpzov), Chn. Benjam. Otto (Breslau; Gratul.: Jac. Thomasius), Gg. Ernst Sendler (Zabutho/Schles.; Gratul.: Chph. Pfautz), Aug. Hayner (Zittau; Gratul.: Adam Olearius [Aschersleben]), Ernst Salomon Dietscher (Waenbruck/Sax.; Gratul.: Joh. Chph. Lichtner), Dav. Zoelner (Zittau; Gratul.: Chn. Gallo [Halle]), Gabr. Jac. Reich (Neustadt/Misn.: Gratul.: Joh. Gottlieb Hardt), Joh. Dav. Bär (Freiberg; Gratul.: Joach. Feller), Elias Hoffmann (Opfershaus./Frk.; Gratul.: JohannStrauch [Colditz]), Joh. Ventzke (Falkenburg/Neumark; Gratul.: Friedr. Rappolt), Roetger Rigeman (Riga; Gratul.: Joh. Gg. Roth), Joh. Friedr. Schmid (Zittau; Gratul.: Thoma Securio [Sangerhausen]), Adam Heinr. Rosenbach (Grimma; Gratul.: Gg. Lehmann [Belgrano]), Joh. Chph. Grabs (Friedersdorf/Schles.; Gratul.: Jacob Thomasius [Lpz.]), Joh. Adolph Brotkorb (Gotha; Gratul.: Thomas Ittig [Lpz.]), Joh. Gottfr. Krancke (Zittau; Gratul.: Joh. Jacob Petri [Zittau]), Andr. Rüdiger (Rochlitz; Gratul.: Joh. Heinr. Ernesti), Gottreich Schuster (Longohassensis/Misn.; Gratul.: Joh. Heinr. Ernesti), Gottfr. Sigism. Trowitzsch (Sehma/Misn.; Gratul.: Chph. Pfautz [Ulm]), Chn. Heinr. Erndl (Dresden; Gratul.: Joach. Feller), Andr. Bretag (Crosna/Silesius; Gratul.: Joh. Mauckisch [Freiberg]), Joach. v. Dam (Brandenburg; Gratul.: Joh. Zader [Zeitz]), Chn. Gottfr. Moerlin (Liegnitz; Gratul.: Joach. Feller [Zwickau]), Ulrich Junius (Ulm; Gratul.: Friedr. Rappolt).

Ernesti, Johann Heinrich Martin

Ernesti, J. H. M., Alterthumskunde der Griechen, Römer und Deutschen, oder Alterthümer der Griechen u. s. w. Erfurt 809 folgg. 4 Theile. 8. 3 rthl. 6 gr. (I. 1. 18 gr. I. 2-4. 2 rthl. 12 gr.)

— Alterthumskunde d. Griechen, Römer u. Deutschen. (Auch u. d. T.: Alterthümer der Griechen rc.) 1r Bd., 1r — 4r Thl. 8. Erfurt 810. Keyser. 3 ℛ 6 𝒢

Ernesti, Joh. Heinr. Mart., Analecten f. d. Sprachkunde, Schriftenthum u. schönen Künste. 1. u. 2. Bd. 8. Sulzbach, v. Seidel. [1. (31 B.) 830. 1 Thlr. 8 Gr., 2. (22½ B.) 831. 1 Thlr.]
Vgl. dess. Memorabilien rc.

— Anleit. z. gesittet. u. feinen Lebensart. 8. Halle, Hemmerde. 805.

— — dasselbe. 8. Freyburg, Herder.

J. H. Mt. Ernesti's Anleit. z. gesitt. u. feinen Lebensart mit d. nöth. Gesundheitsl. f. d. Jug. *Halle*, Hemmerde. 805. 8° 14 𝒢

— Anleitung zur gesitteten u. feinen Lebensart. 8. Halle 805. Schwetschke u. S. 14 𝒢 N. Aufl. 811 u. 14. Rotweil. N. A. 8. (Frburg, Wagner). 6 𝒢

Ernesti, J. H. M., Anleitung z. gesitteten u. feinen Lebensart. Neue Aufl. 8. Freiburg, Herder. 814. Rthlr.

— Anweis. zur Glückseligkeit, ein Elementarbuch f. Schulen. 8. Coburg 787. (Riemann). 8 𝒢

Ernesti, Jh. Hnr. Mart., der Aesop f. Kinder, in Aesop. Fabeln, mit Anwendungen, Lehren u. eingedr. Kupfern, auch Aesop's Leben u. Schicksale. Mit 134 Vign. N. Aufl. gr. 8. Nürnb. 822. Monath u. K. 2 ℛ

Ernesti, Johann Heinrich Martin (Hrsg.), s. Aesop: Erlesene Fabeln.

Ernesti, J. H. M., über religiöse Aufklärung, Religions- und Kirchenfreyheit, vornämlich von der staatsrechtl. Seite betrachtet. gr. 8. Quedlinburg, Basse. 819.

— Beitr. zur Geschichte d. Deutschen. gr. 8. Bayr. 786. Grau. 16 𝒢

— clavis Horatiana. III Tom. 8. Berl. 802 u. 3. Acad. B. 3 ℛ 8 𝒢 (Liebeskind in Leipz.) 2 ℛ 8 𝒢

— clavis Horatiana brevior, in usum scholarum. 8 maj. Halle 819. Schwetschke u. S. 1 ℛ 12 𝒢

— Denkwürdigkeiten aus d. öffentlichen u. verborgenen Leben des Verfassers vom erziehenden Staate. Ein Beitrag z. Menschenkunde rc. 8. Quedlinb. 819. u. 8. Berl. 825. (Krause). 1 ℛ

— Denkwürdigkeiten aus d. öffentlichen u. verborgenen Leben d. Verf. vom erziehenden Staate. Ein Beitrag zur Menschenkunde rc. 8. Berlin 825, Burchhardt.

Ernesti, Denkwürdigkeiten aus dem öffentlichen und verborgenen Leben des Verfassers vom erziehenden Staate. Ein Beitrag zur Menschenkunde, Staatsregierung, Erziehungslehre und Schriftenthum. 8. 825, Halle, Colditz'sche B. 1 ℛ

—— neues Elementar- u. Vorbereitungsbuch d. latein. Sprache, zur zweckmäß. Einleit. in d. Classiker u. zum frühern u. nützl. Gebr. ders. f. Schulen. 3., durchaus neue Ausg. gr. 8. (14½ B.) München 830, Fleischmann.

Ernesti, Jh. Hnr. Mart., auserlesene äsop. Fabeln, mit Anwendungen, Lehren u. eingedr. Kupfern. Auch Aesop's Leben u. Schicksale, mit Anmerkk. gr. 8. Nürnb. 790. Monath u. K. 1 ℛ 8 𝒢 ill. 2 ℛ 4 𝒢 N. Aufl., s. oben Aesop.

Ernesti, Joh. Heinr. Mart., Friedrich d. Große. Vergangenheit, Gegenwart u. Zukunft. 8. (9¾ B. u. Bildn.) Meißen 835, Goedsche.

— kurze römische Geschichte f. die Jugend. 8. Coburg 782. 2e A. 785. (Riemann). 4 𝒢

— römische Geschichte für die Jugend. 8. Coburg, Ahl. 785.

— Grundgeschichte der Welt. 2 Thle. 8. Berlin, Academ. Buchh. 801-2. (I. 18 gr., II. 1 Rthlr. 6 gr.)

— Grundgeschichte d. Welt. 2 Thle. 8. Berl. 801, 2. 2e A. 823. Burchhardt. (Krause). 2 ℛ

— Grundgeschichte d. Welt, ein Schul- u. Hausbedarf. 1r Bd. 2e Aufl. u. 2r Bd. 8. Berlin 823, Burchhardt.

J. H. Mt. Ernesti's encyklopäd. Handbuch e. allgem. Gesch. d. Philosophie u. ihrer Literatur. *Lemgo*, Meyer. B. 807. 8° 2 ℛ

— neues Handbuch d. Dicht- u. Redekunst in Beispielen, Grundsätzen u. Regeln rc. 2e Thle. gr. 8. Bayr. 798. Grau. 2 ℛ 8 𝒢 4e Aufl. oder: (eigentl. die 3e Aufl. seines Lehrb. d. schönen Wissenschaften.)

— — theoret. prakt. Handbuch der schönen Redekünste. 2 Theile. 4te verm. Aufl. 8. Quedlinburg, Basse. 820. 1r Theil Dichtkunst, 2r Thl. Redekunst. à 1 Rthlr. 10 Gr.

Ernesti, J. H. M., neues Handbuch d. Dicht- und Redekunst in Beispielen, Grundsätzen u. s. w. 2 Thle; ist jetzt Verlag v. Schnuphase in Altenb.

—— neues theoret.-prakt. Handbuch d. schönen Redekünste f. d. obern Klassen d. Gelehrten-Schulen. 1. Thl. Dichtkunst. 5., neue u. einzig rechtmäß. Orig.-Ausg. gr. 8. (40 B.) München 828, Fleischmann.
2. Thl. Redekunst. 4. Aufl. Ebendas. 1820. 1 Thlr. 10 Gr.

— prakt. Handbuch d. Beredtſamkeit u. Dichtkunſt f. die Jugend. (N. Aufl., d. Lehrb. d. ſchönen Wiſſenſchaften.) 8. Nürnb. 784. Felſſecker. 20 gr.

Ernesti, Johann Heinrich Martin, s. H e r z b e r g v.: Religionsspiegel.

– s. F. K. G. H i r s c h i n g : histor. Handbuch.

– s. H o r a t i u s : Opera u. sämmtl. Werke.

— initia roman. latinitatis, quibus tirones ad classicos auctores cum legendos etc. II Voll. 8. Coburg 780, 81. N. Aufl. u. d. T.: Initia romanae latinitatis denuo edita emend. aucta; oder Leſe- u. Vorbereitungsbuch der latein. Sprache ꝛc. 8. Coburg 792. (Riemann). 12 gr.

—— Irene. — Der Weg z. chriſtbrüderl. Religionsvereinigung, z. allgem. Kirchenfrieden; nebſt e. Anh. denkwürd. Hirtenbriefe erhab. Biſchöfe Deutſchlands u. Italiens; mit Anmerkn. 8. (15½ B.) Sulzbach 823, v. Seidel.

E r n e s t i, D e r J u g e n d f r e u n d. Mit *Anhang* einer seltenen K a n z e l r e d e ü b e r d e n G e s c h l e c h t s - t r i e b v o n e i n e m k a t h o l i s c h e n G e i s t l i c h e n i n S p a n i e n. O. O. 1817. 8°. (75 Pfg. Schmidt, Halle, Cat. 440.)

– s. J u g e n d f r e u n d z. Bewahr. d. Unschuld.

— — der J u g e n d f r e u n d, zur Bewahrung der Unſchuld, zur Beförderung der ſittl. Güte und der Lebensfreuden. gr. 8. Leipzig, Klein. 817.

ERNESTI, Joh. Heinr. Mart. Der Jugendfreund, zur Beratung der Unſchuld, zur Beförderung der ſittlichen Güte und der Lebensfreuden. Merſeburg 1817. 8°. VI, 137 S.

—— der K i r c h e n - S t a a t, od. d. chriſtkirchl. Verfaſſ. u. Gemeinſchaft d. drey erſten Jahrhund. Zur beſſ. Begründung u. Erklärung d. heut. Kirchenrechts. Nebſt Beyträgen u. e. Kernauszuge d. dahin gehör. Urſchrift von d. berühmten Kanzler Fronteau zu Paris als Anh. 2., verb. u. beträchtl. verm. Ausg. 8. (14 B.) Nürnberg 830, Riegel u. Wießner.

– s. K i r c h e n - S t a a t. Mannichfaltigkeiten für Kinder.

— Concordie, e. Buch zur Beförderung des häusl. u. bürgerl. Nationalglücks, mit Kpf. gr. 8. Nürnb. 797. Monath u. K. 1 Rthlr. 12 gr.

— moral.-prakt. Lehrbuch d. ſchönen Wiſſenſchaften. Mit e. Vorrede von G. Fr. Seiler. Nürnb. 779. N. Aufl. iſt deſſen Handbuch d. Beredtſamkeit.

— Lehren der Höflichkeit, des Wohlſtandes u. der Geſundheit. (N. Aufl., d. kleine Sittentafel.) 8. Coburg 788. Riemann. 7 gr. 3e Aufl., ſ. unten Sitten- u. Diättafel.

— — daſſelbe. 8. Augsburg, Bollinger. 810.

— Lesebuch für Anfänger der griech. Sprache. Coburg. 782. 8.

— Leſe- u. Vorbereitungsbuch d. griech. Sprache; nebſt e. Nachrr. v. griech. Schriftſtellern. 8. Altenb. 784. 2 Ausg. 796. (Hennings in Neiſſe). 12 gr. 3e, durchaus verb. Ausg. 8. München 829. Fleiſchmann. 9 gr.

—— M e m o r a b i l i e n aus d. literar. Welt u. d. Hofleben. (A. d. 2. Bde. d. „Analecten" beſond. abgedr.) 8. (17 B.) Sulzbach 830, v. Seidel.

— — die M e n ſ c h e n w e l t. Für denkende Leſer. 8. Quedlinburg, Baſſe. 819.

— Miscellaneen z. deutſchen Alterthumskunde, Geſchichte u. Statiſtik. 8. Halle 794. Kümmel. 1 Rthlr. 18 gr.

Ernesti, Johann Heinrich Martin. M o r a l für Kinder nebst einer kleinen Sittentafel ...
Prag. Samm. 1784. 1285.

— M o r a l für Kinder. 8. Prag, Diesbach. 800.

— kl. M o r a l f. Kinder. 8. Cob. Ahl. 782.

– s. N i t s c h, P. F. A: Beschreib.

Ernesti, Joh. Hnr. Mart., Notitia Hermundurorum etc. Accedunt ... alii eiusdem viri scripta ad Taciti Germaniam inprimis inedita. Appendicis loco J. Perizonii notulae in Taciti Germaniam nondum vulgatae et var. doctiss. disputationes eundem libellum illustrantes. Tom. 1. 2. Lipsiae 1793. 8. . . . . (D.)

— notitia Hermundurorum eorumque causa maximae partis Germaniae antiquae in his B. Paulli Dan. Longolii dissertat. de Hermunduris etc. II Voll. 8 maj. Nürnb. 793. Monath u. K. 2 Rthlr. 10 gr.

E r n e s t i, J. H. M., Onomasticon poëtarum illustratum, inprimis Horatii, sive Interpres rerum ad mythologiam etc. pertinentium. Hal. 818. 8. 16 gr.

— Onomasticon Poëtarum, inprimis Q. Horatii Fl., illustratum s. Interpres rerum ad mythologiam, geographiam, historiam pertinent. 8 maj. Halle 819. Schwetschke u. S. 14 gr.

– s. O s t i n d i e n, Das alte u. neue.

– s. P a l ä p h a t u s.

— Paläphatus von unglaublichen Begebenheiten; griechiſch mit erklärendem Wörterbuche nach den Capiteln des Paläphatus. 8. Leipz. Gerh. Fleiſcher. 816.

— Parerga Horatiana, quibus continentur: I) Vita Horatii diligentius exposita et historia Romanorum per vitam H. II) H. C. A. Eichstadi censura novissim. observationum in Horat. epist. ad Pis. cum Boschii curis secundis in Horat. epist. ad P. de arte poëtica III) Prolusiones de ingenio poëtae Venusini. 8 maj. Halle 819. Schwetschke u. S. 12 gr.

Eb. Pflichten- u. Tugendlehre d. Vernunſt u. Religion nach d. Bedürfniſſen d. Zeit; z. allg. Gebr. u. öffentl. Unterricht, m. Beiſpielen a. d. Geſch. u. d. Lebenskreiſe. *Halle*, Gebauer. 817. 8° 12 gr.

– s. P h i l a l e t h e s ...

— Kardinal Querini u. Prof. Kießling, für u. gegen d. Katholicismus, zur Beruhigung d. Gemüther. gr. 8. Coburg 827, Sinner.

—— über d. R e c h t, beſond. das d. Hierarchie, auf Cenſur u. Bücherverbote, u. üb. d. ſich anmaßende Abgaben-Befreiung d. kathol. Geiſtlichkeit in weltl. Dingen, nebſt e. Lebens- u. Charakterſchilderung d. berühmten Erzbiſchof M. A. de Dominis. Aus bisher unbenutzten Quellen. gr. 8. (8½ B.) Leipzig 829, Rein.

— das Römerreich, vom Urſprunge des Staats bis zum Untergange der Weltherrſchaft Roms, für Kenner und Freunde der Wiſſenſchaften, vornehmlich des claſſiſchen Alterthums, zur Veredlung des Geiſtes u. Herzens. gr. 8. Leipzig 836. Hartmann, jetzt Klinkhardt. 1½ Rthlr.

– s. S a l l u s t i u s : Werke.

– s. J. G. S c h l o s s e r : Katechismus.

– s. S c h ö p f l i n : Commentatio.

Erneſti, Jh. Hnr. Mt., Sittenb., od. v. d. Pflichten d. Menſchen, mit Beiſpielen d. Weisheit u. Tugend. 8. Cob. 800. Sinner. 1 Rthlr. 2e verm. u. verb. A. 8. Sulzb. 829. v. Seidel. 1 Rthlr. 8 gr.

—— S i t t e n b u c h, od. von d. Pflichten d. Menſchen, mit Beyſpielen d. Weisheit u. Tugend. 2., verm. u. verb. Aufl. (28½ B.) 829., 3., verm. u. verb. A. (30 B.) 8. Sulzbach 833, v. Seidel.

— kl. Sittenlehre f. Kinder. 8. Coburg 782.

— kl. Sittentafel, ein Weihnachtsgeſchenk f. Kinder. 12. Coburg 782. N. Aufl., ſ. oben L e h r e n d. Höflichkeit. 3e Aufl. u. dem T.: Sitten- u. Diättafel, oder Lehren d. Höflichkeit. 8. Coburg 790. Riemann. 10 gr.

— Sitten- und Diättafel od. Lehren der Höflichkeit ꝛc. 8. Coburg, Ahl. 790.

PHILALETHES (d. i. *Joh. Heinr. Mart. Ernesti*, 1755—1836), Der offene Spiegel. (Vignette.) Istambol und Monte Santo (Coburg, Riemann) 1799. 8°. (5 Mk. 50 Pfg., schönes unbeschn. Expl., Max Perl's Berliner Oct.-Auct. 1907, no. 199.)
Zahme Satyre. 192 S. „Der Kaiserl. blühenden Reichsstadt Hamburg gewidmet." Weller, fing. Dr.
Mit „Anhang zu dem offenen Spiegel: *D'Alembert's* Versuch üb. d. Umgang d. Gelehrten u. Grossen .... Nach der neuen Ausgabe mit eigenen Zusätzen des Verfassers". (110 S.)

— Symmicta, Mancherlei zur Belehr. u. Unterhaltung. Mit e. Registerzum beständ. Gebrauch. 8. Quedlinb. 819.

— geograph.-statist. Ueberblick v. Sachsen. 8. Hildburgh. 803. Hanisch. 20 gl.

— erstes Uebungsbuch in der Muttersprache, und praktische Vorbereitung zu den schönen Redekünsten für die zu bildende kleine Jugend. Auch unter dem Titel: Vorübungen zum ersten Unterricht in der Muttersprache. 5te Aufl. 8. Ebend. 819.

—— erstes Uebungs-Buch in d. Muttersprache, u. prakt. Vorbereitung zu d. schönen Redekünsten f. d. zu bildende kl. Jugend. Voraus, Anweis. z. öffentl. u. Privat-Gebr. — A. u. d. T.: Vorübungen z. ersten Unterricht in d. Muttersprache. 6., ganz neue, vollständ. Orig.-Ausg. 8. (19½ B.) München 829, Fleischmann.

— praktische Unterweisung in den schönen Wissenschaften für die kleine Jugend von Seiler. 8. Brünn, Gastl.

— Unterweis. in d. schönen Wissensch. Mit e. Vorrede von G. Fr. Seiler. 8. Nürnb. 778. 2e Aufl. 780. N. Aufl. ist dessen Vorübungen. 3e Aufl., s. oben Handbuch.

Ernesti, Joh. Hnr. Martin, Versuch eines geogr.-histor. Wörterbuches, vornehmlich zum Gebrauche des Tacitus über Deutschlands Lage, Sitten und Völker. Nürnberg 1792. 8.

— Versuch e. geograph. Wörterbuchs, vornehmlich zum Tacitus. gr. 8. Nürnb. 792. Monath u. K. 14 gl (Vgl. Tacitus von Deutschl. Lage.)

— — der Tacitus hierin besonders. Ebend. 791.

— Völkergeschichte d. Alterthums. 1s Heft. 8. Cob. 783. (Riemann). 5 gl

Ernesti, J. H. M., Völkergeschichte des Alterthums. Coburg 788. Heft 1. 8. 5 gr.

— erstes Vorbereitungsbuch zur griech. Sprache, s. oben Lese- u. Vorbereitungsbuch.

— erst. Vorbereitungsbuch d. griech. Sprache. 8. Altenburg. (Academ. Buchh. in Jena.) 784.

—— erstes Vorbereitungsbuch d. Griechischen Sprache, z. öffentl. u. Privatgebr. 3., ganz neue Ausg. 8. (11 B.) München 829, Fleischmann.

— Vorübungen zum ersten Unterr. in d. Muttersprache. (N. umgearb. Ausg. d. Unterweis. der schönen Wissensch.) 8. Cob. 788. 4e Aufl. 801. Sinner. 15 gl 5e Aufl. u. d. T.: erstes Uebungsbuch in der Muttersprache, u. prakt. Vorbereit. zu den schönen Redekünsten f. die zu bildende kleine Jugend. 8. Quedlinb. 819. 6e Aufl. 8. München 829. Fleischmann. 16 gl

Ernesti, J. H. M., geographisches Wörterbuch, vornämlich zum Gebrauch des Tacitus. Nürnb. 792. 8. 14 gr.

Ernesti, Johann Rudolf

— **Jo. Rudolph (Coburg), De juris incertitudine. Diss. jur. Altdorf (J. W. Kohles) Mai 1718. 28 Seiten. (5.—)** 8214
Gew.: Joh. Phil. Eschenbach. — Widm. v.: Barthold Vincenz Stisser (Helmstedt), Joh. Christ. Pertsch.

Ernesti, Ios., Initia rhet. 8. Münch. Lentner. 777.

Ernesti, Carl, auf gefährlicher Wacht in Feindesland, s.: Bibliothek interessanter Erzählgn.

Ernesti, Conr., Anleitung zur geistlichen Beredsamkeit. gr. 8. (VIII, 240 S.) Regensburg 881. Manz. 2. 80

Die Ethik des Titus Flavius Clemens von Alexandrien oder Die erste zusammenhangende Begründung d. christl. Sittenlehre. Zugl. e. Beitrag z. Gesch. d. einschläg. Wissenschaften. Quellenmässig bearb. von Konrad **Ernesti**. *Paderborn: F. Schöningh 1900.* (VII, 174 S.) 8° [ot. 0001]

Die Ethik des Titus Flavius Clemens von Alexandrien oder Die erste zusammenhangende Begründung d. christl. Sittenlehre. Zugl. e. Beitrag z. Gesch. d. einschläg. Wissenschaften. Quellenmässig bearb. von Konrad **Ernesti**. *Paderborn: F. Schöningh 1901.* (XII, 174 S.) 8°
— Jahrbuch f. Philosophie u. spekulat. Theologie. Erg.H. 6. [01. 886] 6

Ernesti, Konr., die Kirche in ihrem Liede, ihren Festen, ihrem Opfer. Für den Unterricht an Seminarien u. höheren Schulen, wie auch fürs Privatstudium bearb. gr. 8. (VIII, 176 S.) Regensburg 883. Verlags-Anstalt. n. 2. —

Ernesti, Conr., Frz. v. Fürstenberg's Leben u. Schriften üb. Erziehung u. Unterricht, s.: Sammlung der bedeutendsten pädagogischen Schriften aus alter u. neuer Zeit.

Ernesti, Konr., Methodik d. Religionsunterrichtes in d. kathol. Volksschule. Beitrag z. prakt. Katechetik. Für Geistliche u. Lehrer u. deren Bildungsanst. 8. (VII, 216 S.) Paderborn 898. F. Schöningh. n. 1. 50

— kurzgefaßte Poetik u. Lektüre. Für den Unterricht an Seminarien u. höheren Schulen, sowie auch für's Privatstudium bearb. gr. 8. (XII, 204 S.) Ebend. 884. n. 2. 80

Ernesti, K., kurzgefaßte Poetik u. Lektüre. Für den Unterricht an Seminarien u. höheren Schulen, sowie auch fürs Privatstudium bearb. 2., verb. Ausg. gr. 8. (XII, 204 S.) Regensburg 889. Verlags-Anstalt. n. 2. 80

Aus Seminar und Schule. Gesammelte Schriften über Erziehung u. Unterr. von Conrad **Ernesti**, Sem.Oberl. a. D. Paderborn: F. Schöningh 1907. (VII, 284 S.) 8° [F.] [07. 10737] 6

Der Unterricht im Deutschen nach seinen verschiedenen Seiten und Stufen. Ein prakt. Wegweiser f. Lehrer ... von Conrad **Ernesti**, Sem.-Oberl. a. D. Paderborn: F. Schöningh 1906. (VIII, 199 S.) 8° [F.] [07. 10501] 6

Ernesti, L., üb. die Abnahme der Theologie-Studirenden. gr. 8. (64 S.) Stuttgart 875. Cotta. n. 1. —

Ernesti, Luise, (Malvine v. Humbracht), die Aristokratin und der Fabrikant. Ein Roman. 4 Bde. 8. (940 S.) Leipzig 865, Costenoble.

— unauflösliche Bande. Roman. 2 Bde. Leipzig 869. Dürr'sche Buchhdlg. 8. (411 S.) 2 ℛ 7½ ngr

Ernesti, Luise, Bilder und Skizzen aus dem Leben. 2 Bde. 8. (VI und 571 S.) Leipzig 861, Grunow. *

—— Bilder und Skizzen aus dem Leben. 2 Bde. 2. (Titel-) Ausg. 8. (VI und 571 S.) Leipzig (861)64, Grunow.

—— Waldemar Boothouse oder der Werth eines Namens. 2 Bde. 8. (475 S.) Leipzig 861, Grunow. *

—— Waldemar Boothouse oder der Werth eines Namens. 2 Bde. 2. (Titel-)Ausg. 8. (475 S.) Leipzig (861)64, Grunow.

Ernesti, Luise, [M. v. Humbracht], die Eremitin v. St. Cloud. Roman. 8. (226 S.) Jena 873. Costenoble. 4. 50

Ernesti, Louise, [M. v. Humbracht], aus den Fluthen des Lebens. Novelle. 8. (301 S.) Breslau 889. Schlesische Verlagsanstalt. n. 4. —; geb. n. 5. —

—— zwei Fürstinnen. Roman. 2 Bde. 8. (582 S.) Jena 867, Costenoble.

—— Geld und Talent. Ein Roman. 3 Thle. 8. (787 S.) Leipzig 860, Costenoble.

—— Geld und Talent. Ein Roman. 2 Thle. 2. (Titel-)Aufl. 8. (787 S.) Jena (860)64, Costenoble.

†Ernesti, Luise [M. v. Humbracht], ersehntes Glück. Roman. 8. (V, 286 S.) Breslau 883, Schottländer. geb.

Ernesti, Luise, die Heimath im Vaterhause. 4 Thle. Leipzig 858. Kollmann. 8. (392; 388; 399; 460 S.) 5 ℳ 10 ngr

— ein neues Jahr — e. neues Leben. Roman. gr. 16. (257 S.) Bremen 873. Kühtmann & Co. — 75

— ein neues Jahr — ein neues Leben. Roman. 2. (Titel-) Aufl. 12. (257 S.) Norden 883, Fischer Nachf.

—— Todtes Capital. Roman. 4 Bde. gr. 8. (V, 205; V, 221; V, 200; V, 198 S.) Jena 870, Costenoble.

Ernesti, Luise, eine Parthie nach den Externsteinen. 2 Bde. 8. (666 S.) Leipzig 856, Kollmann.

Ernesti, Luise [M. v. Humbracht], die zwölfte Perle. Roman in 3 Bdn. 8. (341, 193 u. 195 S.) Breslau 880. Schottländer. n. 15. —

— am Scheidewege, s.: Lese-Cabinet, neuestes belletristisches.

—— die Tochter des Spielers. Roman. 3 Bde. 1. Aufl. 1862. * 4 Thlr. und 2. (Titel-)Ausg. 8. (735 S.) Leipzig 865, Grunow.

Ernesti, Luise, Unterwegs. Reise-Novellen und Reise-Skizzen. 1. Aufl. 1858. 2 Bde. und 2. (Titel-)Ausg. in 4 Thln. 8. (X und 1012 S.) Leipzig 859, Kollmann. Thlr. *

— Unterwegs. Reise-Novellen und Reise-Skizzen. 2. (Titel-) Ausg. in 4 Thln. Leipzig 860. Kollmann. 8. (X, 1012 S.) 3 ℳ

—— unverhofft kommt oft. Novelle. 1. Aufl. 1862. * 1 Thlr. 10 Ngr. und 2. (Titel-)Ausg. 8. (226 S.) Leipzig 865, Grunow.

—— ein kaiserlicher Wahlspruch. 1. und 2. Abthl. 8. Jena, Costenoble.
Inhalt:
Abthl. 1. Die Glieder eines Stammes und ihres Hauses Vorgeschichte. 2 Bde. (312; 291 S.) 874. ℳ 9.
„ 2. Die neue Zeit und das neue Geschlecht. 3 Bde. (302; 315; 319 S.) 874. ℳ 15.

†Ernesti, Luise [M. v. Humbracht], ein kaiserlicher Wahlspruch. Roman. 2 Abthlgn. 2. (Titel-)Aufl. 8. Jena 879, Costenoble.
Inhalt:
Abthl. 1. Die Glieder eines Stammes und ihres Hauses Vorgeschichte. 2 Bde. (312; 291 S.) ℳ 7,50.
„ 2. Die neue Zeit und das neue Geschlecht. 3 Bde. (302; 315; 319 S.) ℳ 12.

†Ernesti, Luise [M. v. Humbracht], gleiche Wege — andere Ziele. Roman. 3 Bde. 8. (326; 304; 235 S.) Jena 887, Costenoble. *

—— ein unerfülltes Wort. Roman. 3 Bde. 8. (665 S.) Jena 867, Hermsdorf.

—— ein unerfülltes Wort. Roman. 3 Bde. 2. (Titel-)Aufl. 8. (III, 224; III, 227; III, 214 S.) Jena (867)69, Hermsdorf.

Ernesti, Luise, [Maloine v. Humbracht], aus alter u. neuer Zeit. Novellen u. Skizzen. 2 Bde. Jena 865. Costenoble. 8. (615 S.) 3 ℳ

Ernesti, (Rudolf) siehe R. Schnorr.

Philosophisches Resonnement oder Antikritik über Wahrheit und Licht etwas zur Vertheidigung der Freymaurer [!] wider ihre Gegner von J. F. Ernesti von Ernest, Prag: Eisenwanger 1792. 31 S. 8⁰.
Der Verfasser, welcher angibt selbst nicht Frmr. zu sein, verteidigt die idealen u. menschenfreundlichen Bestrebungen derselben.
Sehr selten! 20.

Ernestine, oder der Reiz d. Jugend, s. Bibliothek für die reifere Jugend.

Ernestine, von Riccoboni, ist a. d. Landbibliothek z. e. angeneh... und lehrr. Zeitvertr. 10r Thl.

— e. Roman, a. d. Franz. der Madame Riccoboni. 8. Frankf. Brönner. 781.

Ernestine, eine Novelle der neuesten Zeit, als Spiegel aufgestellt für Väter und Söhne, Mütter und Töchter, Jünglinge und Mädchen, in 2 Abtheil. 8. Köthen, 796. Aue. 10 sgl.

— e. Novelle der neuesten Zeit. Als Spiegel aufgestellt für Väter u. Söhne, Mütter u. Töchter, Jünglinge u. Mädchen. 8. Cöthen, Aue. 797.

Ernestine; e. schwedische Novelle. 8. Lpz. Rein. 804.

Ernestine. Fürstin zu Oettingen-Wallerstein. s. Grupp, Geo.

Ernestine, Maria unser Morgenstern, s.: Schul- u. Vereinsbühne, christliche, Nr. 53.

— am Scheideweg des Lebens, s.: Schul- u. Vereinsbühne, christliche, Nr. 23.

Ernestine (Baronin v. Fürstenwärther), Skizzen, entworfen in meinen Mußestunden. 8. (VIII u. 174 S.) Gratz 850, Hesse. n. 21 ngr

†Ernesto, (Ernst Frh. v. Odeleben,) Aurelie, od. d. natürliche Tochter. Romant. Erzähl. nach e. wahren Begebenheit. 8. (7 B.) Leipzig 834, [Wagner.]

Ernesto, ..., Aurelie oder die natürl. Tochter. Romant. Erzählung nach einer wahren Begebenheit. 8. Leipzig 834. Expedition des Naturfreundes (Wagner). 1/2 ℳ

— das Haus im Walde, geschichtl. Anekdote als Schauspiel in 1 Akt. 8. Leipzig 834. Expedition des Naturfreundes (Wagner). 1/4 ℳ

Ernestus Dux Styriae cognomento ferreus a Constantiae fortitudine Turcarum victor . . . Graecii 1725. V: *Prembsel, Siegmund.* (Jes) (So)

[Umschlagt.:] Ein lehrreiches Gespräch für alle Naturforscher, welche populäre Bücher schreiben wollen von? (Unt. d. Vorr.: Ernestus.) *Danzig: M. Brockstein 1829.* (16 S.) 1 Bd 8. 10

Ernestus, B., kritische Betrachtungen üb. die Zukunft der Feld-Artillerie, im Besonderen üb. die Grundzüge ihrer Taktik, Organisation u. Ausbildg. gr. 8. (113 S.) Berlin 875. Luckhardt. n. 3. —

Ernestus, B., militairische Jugenderziehung, s. Zeit- u. Streitfragen, militairische.

Ernestus. B. Militärische Jugenderziehung. Beitrag zu den Erörterungen über die Schulregulative. (Aus: „Militärische Zeit- und Streitfragen für Officiere aller Waffen". Heft 31.) 8. Berlin 1879.

Ernestus, Clericus, s.: Jesus ruft zum hl. Gastmahl.

Erneuerung der Allianz zwischen Sr. Majestät von Franckreich und den cathol. Cantons in der Schweitz, auch der Republic de Valais. 4. Solothurn 1715.

FEIERLICHE Erneuerung des Jubeltages, am welchem vor fünfzig Jahren die Einkleidung der hochw. Frau Maria Agnes vom guten Hirten, wohlverdienten Oberin des Klosters der ehrw. Elisabethinerinnen in diesem heil. Wohlthätigkeits-Orden als vollzogen gefeiert wurde. Ofen 1827. Gedr. in der Universitäts-Buchdruckerey. 7 S. - 8⁰

Erneuerung des apostolischen Geistes. Stadtamhof 1828. V: *Wittmann, Georg Michael.* (Th) (schmal)

Erneuerung d. apostolischen Geistes, mit 1 Steindr. 12. Landsh. 828. Krüll. 8 gr

Erneuerung d. apostol. Geistes. 12. (5½ B. u. 1 Stndr.) Landshut 828, [Regensburg,] Manz.

Erneuerung, Die, der Gesellschaft und die Mission der Wissenschaft. Berlin 1850. V: *Frantz, Constantin.* (wen S. 268)

Erneuerung, die, der Gesellschaft u. die Mission der Wissenschaft. Lex. 8. (VI u. 68 S.) Berlin 850, Brandis in Comm. n. ⅓ ℛ

Erneuerung. Die heilsame E' des katholischen Schweizerbundes, in einer Sittenrede vorgetragen von einem geistlichen Freunde des Vaterlandes, im Jahre 1780. 8. Luzern 1780.

[Wappen F. u. F.] | Anlangend die Erneuerung für zehen Jahre des am 20ten | May 1767. zwischen Ihrer Majestät und dem Staat | von Lüttich getroffenen Vertrags über die Auslieferung | der beiderseits Ausreißer. | Vom 18ten Herbstmonat 1789. | ... (Am Ende:) Lutzemburg, | Bey der Wittib J. B. Kleber, ... 1789. |

6 S., 4° (325 × 195 mm).

Die Erneuerung des Privilegiums der Reichsbank. (Mittheilungen des deutschen Handelstages, Jahrgang 29, No. 25.) Berlin 1889.

Erneuerung, Die, des Taufbundes, vor dem ersten Zugang zum hl. Abendmahl ... Tübingen 1822. V: *Grausbek, Frdr.* (Ky) (schmal)

Erneuung, die, des Taufbundes vor dem ersten Zugang z. heil. Abendmahl f. die kathol. Jugend, (von Grausbeck). 8. Tübing. 822. Osiander. 3 gr

Erneuerung und Wiederbelebung, die, der christlichen Kirche. Ein Wort der Mahnung u. der Warnung für alle Christen. Mit Bezugnahme auf die Vorlesungen des Dr. Schneckenburger über die Lehrbegriffe der kleineren protestantischen Kirchenparteien. Schweinfurt 864. Wetzstein in Comm. gr. 8. (VIII, 13 S.) n. 8 ngr.

Erneuerung, die, u. Wiederbelebung der christlichen Kirche. Ein Wort der Mahnung u. der Warnung für alle Christen. Mit Bezugnahme auf die Vorlesungen von Dr. Schneckenburger über die Lehrbegriffe der kleineren protestantischen Kirchenparteien. 2. Aufl. Basel 867. Riehm in Comm. gr. 8. (IV, 43 S.) n. 8 ngr.

Erneuerungen, die, des evangelischen Gymnasiums zu Erfurt, nebst Blicken auf dessen Vorzeit. gr. 8. Erfurt, Maring. 821.

Erneuerungen, die, des evangel. Gymnasiums zu Erfurt, nebst Blicken auf dessen Vorzeit. gr. 8. Erfurt 821. (Otto). 4 gr

Erni, Ant., u. Basilius Fellmann, Festreden an der Schlachtfeier in Sempach vom 9. VII. 1900. 8. (31 S.) Luzern (900). (Räber & Co.) n. — 40

Erni. Arthur. aus Olten: Das Rhät im schweizerischen Jura. [Mit sieben Figuren im Text.] Lausanne 1910. 55 S. 8° Extrait des Eclogae geologicae Helvetiae, vol. 11, No. 1. juin 1910, p. 5–54. [6. VII. 10]
Zürich. Univ. Phil. Diss. II S. 1909/10.

Erni. Arthur. Das Rhät im schweizerischen Jura. Diss. Phil. [II.] Univ. Zürich. [Mit Figuren.] (Extrait des Eclogæ Geologicæ Helvetiæ, vol. 11, No 1, Juin 1910...) 55 S. 8. Lausanne. Imprimeries Réunies ⟨S. A.⟩. 1910.

Erni, F. Kurzer Leitfaden zur regelmässigen Handhabung der Stickmaschine und sicherer Ausführung von korrekter und sauberer Arbeit. Bearb. für Sticker und andere Fachinteressenten. In-8°. 26 S. St. Gallen, F. Hasselbrink. — 50
1890

Erni, F. Kurzer Leitfaden zur regelmäss. Handhabung der Stickmaschine u. sicherer Ausführung v. korrekter u. sauberer Arbeit. 2. Aufl. gr. 8. (26 S.) St. Gallen 890, (Hasselbrink). * — 50

Erni, F., Leitfaden f. Maschinenstickerei m. 200 Zeichnungen u. Erklärungen, bearb. f. Sticker u. andere Fachinteressenten. 2. Aufl. gr. 4. (21 S. m. 97 S. Abbildgn.) Dornbirn 893. F. Rusch. Geb. in Leinw. 6. —

Erni, F., Leitfaden f. Maschinenstickerei m. 200 Zeichngn. u. Erklärungen, bearb. f. Sticker u. andere Fachinteressenten. 3. Aufl. hoch 4. (24 S. m. 49 Taf.) Dornbirn (901). F. Rusch. Geb. in Leinw. n. 6. —

Erni, H[an]s. Hohentrins! (Gedicht von J[ohann] B[artholome] Caflisch.) Für vierstimmigen Männerchor komponiert von Hs. E', Trins. Eigentum des Komponisten. [3 S.] gr.-8. Chur, Jos. Casanova, 1901. [fr. —. 50]

Erni, Hans, med. prakt., aus Grossdietwil (Kt. Luzern): Über Ursachen und Behandlung der akuten diffusen Peritonitis. Bern 1906. 62 S. 8°. [23. III. 06.]
Zürich. Med. Diss. 1905/1906.

Erni, Hans. Über Ursachen und Behandlung der akuten diffusen Peritonitis. Diss. Med. Univ. Zürich. 62 S. 8. Bern, Büchler & Co., 1906.

Erni. Heinrich, prakt. Arzt in Wallisellen [Kt. Zürich]: Die Erkrankungen der Nebennieren ohne Bronzehaut. Zür. Zürcher u. Furrer Dr. 1879. 103 S., 1 Taf. 8°.
Zürich, Med. Diss. [v. 17. Juli 1879].

Erni, J., Beitrag zur Kenntniss d. Blasen-Tuberkulose. Inaug.-Diss. gr. 8. (63 S.) Einsiedeln 888. (Bern, Huber & Co.) n. 1. 20

Erni, J. H., s. *Memorabilia Tigurina.*

Erni, J. H. Memorabilia Tigurina. Neue Chronik od. fortgesetzte Merkwürdigkeiten der Stadt u. Landschaft Zürich. 4. M 1 Krte. Zürich 1820.

Erni, J. N., Evangelien-Uebersicht: Sämmtliche vier kanonische Evangelien auf 7 Blättern, lückenlos, in ununterbrochenem Zusammenhange wörtlich nach der offiziellen Uebersetzung der Zürcherischen Landeskirche bearb. u. vergleichend zusammengestellt. Zürich 867. Schabelitz. gr. Fol. n. 1 ℛ

Erni, Johs., Elementarkursus z. raschen, anreg. u. gründl. Einführg. in d. französische Sprache m. bes. Berücksicht. d. französ. Sprechens f. d. Privat- u. Schulunterr. 3 Tle. gr. 8. Biel 897. E. Kuhn. n. 2. —
1. Lehrbuch. (XV, 81 S.) — 2. Übungsbuch. (63 S.)
3. Konjugationstafeln nebst Beigaben z. Formenlehre u. Syntax. (12 Tab.)

Erni, Joh[annes]. Ueber Erziehung zur Sittlichkeit und Charakterbildung. Beilage zum Jahresbericht 1905/06 der Kantonsschule in Schaffhausen. IV + 42 S. 8. Schaffhausen, H. Meier & Cie., 1906.

Erni, Johannes, von Thundorf (Kanton Thurgau): Über die älteste Geschichte der Stadt Biel und die Art und Entstehung ihrer Connexion mit dem Bistum Basel. Biel A. Schüler Dr. (E. Kuhn Verl.) 1897. XII. 88 S. 8°.
Zürich. Phil. Diss. I. S. [v. 1. März 1897].

Erni, Johannes. Lehrbuch der pädagogischen Psychologie. Studierenden und Freunden der Erziehungswissenschaft gewidmet. VIII + 176 S. 8. Schaffhausen, Komm. Carl Schoch, 1905. [fr. 2.50]

Erni, Johs., Lehren u. Lernen nach den Anforderungen der Zeit u. der Herbart-Zillerschen Didaktik. Progr. gr. 8. (IV, 110 S.) Schaffhausen (900). (C. Schoch.) n. 1. 60

Erni, Joh. Der Lesefreund. Übungen u. didakt. Winke für das Sprechen u. Lesen auf der obern Stufe der Volksschule. 8. (36 S.) Zür. 890, Alb. Müller's Verlag. * — 40

Erni, Joh(annes). Psychologische Pädagogik. Ein Lehr- und Lesebuch für Studierende und Interessenten der Erziehungswissenschaft. VIII + XIV + 210 S. 8. Schaffhausen, Komm. C. Schoch, 1906. [fr. 3. —]

Erni, Jos., u. Jost Jos. Suter, Festreden an der Schlachtfeier in Sempach am 6. Juli 1885. gr. 8. (31 S.) Luzern 885. (Räber.) n. — 40

Erni-Greiffenberg, H., die Behandlung der Verwundeten im Kriege der Niederländer gegen das Sultanat Atjeh. Mit 2 Kartonskizzen. gr. 8. (75 S.) Basel 888. Schwabe. n. 1. 60

Erni-Greiffenberg. Die Cholera in Indien, s. Tagesfragen, hygienische.

Erni-Greiffenberg, die Reorganisation der schweizer. Militärsanität. gr. 8. (51 S.) Zürich 891. Meyer & Zeller. n. -- 80

Erni am See, s.: Sang, der, vom Rozberg.

Erni am See. Der Sang vom Rozberg. Epische Dichtung. In-8°. 251 S. Luzern, Geschw. Doleschal's Buchh. 1894 Olwd. 4 70

Hamburgs tiefste Erniedrigung in den letztverflossenen Jahren. Von e. Hamburger. 8. Hamburg 1814. 0,75.

Ernkner [Schlagwort]

Ernkner, s.: Spree.

Ernuest, Ludw., Fritz — arm u. reich. Ein neues Märchen f. Jung u. Alt. (108 S.) 8. Dresden 905. E. Pierson. n. 1. 50; kart n. 2. —

Erno, Eb., Höhenkarte der k. württemberg'schen Staats-Eisenbahnen. Im techn. Bureau Königl. Eisenbahn-Bau-Commission nach dem Entwurf des Baurath Morlok gefertigt. Lithogr. und color. gr. Fol. Stuttgart 865, (Belser's Sortiment.) *

Erno, E., Militär-Statistik nebst (lith. u. color.) Karte von Europa nach den vorzüglichsten Quellen bearb. Stuttgart (854.) Quack. (1 Bgn. in gr. Fol.) 1 ₰

Erno, Eb., Post- u. Reise-Buch f. das Königr. Württemberg u. der Hohenzoller'schen Fürstenthümer. 8. (8¼ B. u. 1 ill. Karte.) Reutlingen 844, Fleischhauer u. Spohn. —

Erno, E., Post- und Reise-Karte von Deutschland und den angrenzenden Ländertheilen bis London, Havre, Marseille, Genua, Warschau, Lemberg, Memel, Copenhagen, nebst einer Uebersichtskarte der Hauptverbindungsstrassen von Europa, unter Angabe der Haupt-Zollämter des Zollvereins und der Eisenbahnen u. Dampfschiffscourse. Stuttgart, Ebner'sche Kunsthandlung. 1841. Imp.-Fol. 2 Bll. (1 ₰ Kolor. 1¾ ₰)

— Post- und Reisekarte von Deutschland mit Rücksicht auf die Nachbarstaaten u. Angaben der Eisenbahnen u. Dampfboot-kurse. (Neue Aufl.) Imp.-Fol. Col. Nebst einem Universal-Meilenzeiger u. Tabellen. Ebend. 846. Auf Leinwand u. in Etui. 1 ₰ 22 ngl

Erno, Post- und Reise-Karte von Deutschland. mit Rücksicht auf die Nachbarstaaten und Angaben der Eisenbahnen u. Dampfbootkurse entworfen u. gez. Reutlingen, Fleischhauer u. Spohn. 1847. Imp.-Fol. Lith. u. kolor. 4 ₰

Erno, E. Post- und Reise-Karte des Königreichs Württemberg und der Hohenzollernschen Fürstenthümer. 1 : 450 000. Stuttgart. 1 Bl. c. I..

Erno, (Eb.), Telegraphen-Karte v. Deutschland m. Angabe der Stationsentfernungen in deutschen Meilen u. einem Gebühren-Tarif f. Beförderung der Depeschen. Fol. Lith. Ulm 851, Fr. Ebner. 8 ngl

Erno, Telegraphen-Karte von Deutschland mit Berücksichtigung von Frankreich, England, Belgien, Holland, der Schweiz etc. und Angabe der Stationsentfernungen in Deutschen Meilen, nebst einem Gebühren-Tarif etc. Neue verb. Aufl. Ulm, Fr. Ebner, 1852. Fol. Lith. (8 ngl)

—— statistische Uebersicht des Königr. Württemberg nach den neuesten Quellen bearb. 1 Bog. in Imp.-Fol. mit eingedr. lithogr. Karte. Stuttgart 855, Quack.

Erno, W., Sammlung der wichtigsten Geheimnisse der Lack- u. Firnißfabrikation, Beizkunst, der feinsten Polituren, Oelfarb-Anstriche 2c. Wichtig u. unentbehrl. f. Schreiner, Drechsler, Maler, Lackirer, Kammmacher 2c. Neue Aufl. 8. (32 S.) Reutlingen 879. Enßlin & Laiblin. Verklebt. 1. —

Ernoth, Ernst. Hanstühnenburg. Eine Sage vom Oberharz in Romanzen. Neue Ausg. 16. (48 S. m. 1 Photogr.) Osterode 889. (Sorge). — 60

Ernoth, Ernst, im Waldgebirge. Dichtgn. u. Skizzen a. d. Harz. M. „Hanstühnenburg". 3. Aufl. 8. (III, 82 S. m. 1 Abb.) Osterode 895. A. Sorge. n. 1. 30; geb. n. 2. —

— **Deutsche Weihnacht.** E. Liederreih'n f. Groß u. Klein, f. Aller Hand im Deutschen Land. 8. (19 S.) Berlin (896). Deutschverlag v. Ernst Cumme. — 30

Ernsdorfer, Bhrd., Beleuchtung e. Aufsatzes d. Kreisschulr. Dr. Stephani über die einfachste u. natürlichste Weise, Taubstumme zu unterrichten. 8. Landsh. 819. Krüll. 6 kr

— über die bürgerl. Brauchbarkeit d. Taubstummen. 8. Freysing 810.

— Elementarbuch f. den Unterricht d. Taubstummen, zum Gebr. des K. Baier. Central-Taubstummen-Instituts. 1e Abtheil. Unterr. in d. Tonsprache. 8. Münch. 812. (Landsh., Krüll). 2 kr

— Gesichtspunkte in Bezug auf d. Nothwendigkeit u. Zweckmäßigk. öffentl. Taubstummenanstalten. 8. Freysing 815. Verf.

— kurzer Inbegriff d. christl. Lehre f. die kathol. Zöglinge des k. Baier. Taubstummen-Instituts. 8. Freys. 816. Verf. (Landsh., Krüll). 1 kr

— üb. Moralität u. moral. Charakter d. Taubstummen. 8. Freysing 811. Verf.

— kurze histor. Nachricht über das K. Baier. Taubstummen-Institut zu Freysing. 8. Freysing 807. Verf.

— üb. Religion u. Religionsunterricht d. Taubstummen. 8. Freysing 812. Verf.

— Sammlung kl. Schriften über Taubstumme. gr. 8. Landsh., Krüll. 15 kr

— über Taubstumme. 8. Freysing 808. Verf. Fortgesetzte Bemerkk. über Taubstumme. 8. Ebd. 809.

— vollständ. Uebersicht d. Grundsätze, d. Verpflegung, des Unterrichts u. Erziehung d. Taubstummen in d. Taubstummen-Institute zu Freysing. 8. München 804, 5.

— über die gesetzl. u. bürgerl. Verhältnisse d. Taubstummen. 8. Freysing 813. Verf.

— wie ist die Bildungsfähigkeit d. Taubstummen zu beurtheilen? 8. Freysing 816. Verf.

— über den Zweck öffentl. Taubstummen-Institute. 8. Freysing 814. Verf.

Ernsing, R., Wilhelm III. v. Jülich als Herzog v. Geldern, s.: Beiträge, Münsterische, zur Geschichtsforschung.

Ernst (Sachliches Ordnungswort)

Ernst, ein komischer Roman, mit mancherley Nebenrollen weder nach Jünger noch nach Swift, sondern nach meinen eigenen Lebensheften. Von dem Verfasser der Abentheuer des Herrn von Lümmel. In drey Lebenstafeln. Leipzig u. Borna 1800. V: *Bornschein, Johann Daniel Ernst.* (BGE I[a], 175) (GGr V, 518) (Zeitschr f. Büch. 1923, S. 84)

Ernst, e. komischer Roman, mit mancherley Nebenrollen, wed. nach Jünger noch nach Swift, sondern nach meinen eignen Lebensheften, v. d. Verf. der Abent. des Hrn. v. Lummel. 8. Lzg. Joachim. 800. Rthlr.

Ernst, Herzog, Original-Trauerspiel in drei Akten. Frankfurt a. d. O. 855. Trowitzsch u. Sohn in Comm. 8. (104 S.) 15 ngl

Ernst. Eine wahre Geschichte. Frei nach dem Engl. von J. A. Reidenbach. 8. (90 S.) Nördlingen 871, Beck'sche Buchh. *

Ernst August, König v. Hannover, u. seine Zeit. Ein Gedenkbuch f. jeden Hannoveraner. 8. (96 S.) Quedlinburg 852, Basse. 1/3 ℳ

Herzog Ernst | von | Bayern und Oesterreich. | Eine merkwürdige Historie. | (Fig.: *Zweikampf mit dem Vogelmenschen*, 70 × 75) ‡ Reutlingen. | Verlag von Enßlin u. Laiblin. (= *Reutlinger Volksbücher*, o. Nr.).
Kol.: Druck von G. L. Bohm in Reutlingen.
o. J., 64 S. 164 × 106, U.-Fig.: *Ernst vor Kaiser und Kaiserin*, 73 × 75.
LBS d. D. oct K 3264.

Ernst, Herzog v. Bayern u. Oesterreich. Eine merkwürd. Historie. gr. 16. (64 S.) Reutlingen 874. Enßlin & Laiblin. — 20

Ernst der Bekenner u. d. Einführg. d. Reformation i. Lüneburgischen. Als Festschrift z. 400. Wiederkehr d. Geburtstages dieses gottbegnad. Förderers d. Reformation d. evang. Jugend u. d. evang. Hause d. Reg.-Bez. Lüneburg gewidmet v. Celler Lehrerverein. 8. (38 S.) Celle 897. (Hannover u. Celle, Schulbuchh.) — 30

Ernst u. Emilie. 8. Frankf. a. d. O. 781. Acad. Buchh 6 gr.

Ernst u. Falk, s. Lessing.

Ernst und Falk. Gespräche für Freymäurer. Wolfenb. 1778—80. V: *Lessing, Gotth. Ephr.* (System. Verz. d. Less.-Litteratur. Wolfenb. 1889.) (SJL) (GGr) (Kl) (Mn)

Ernst und Falk, Lessings. Ein Rückblick und eine Mahnung. München 1880. V: *Meyer, Carl Frdr.* (Tt)

Ernst und Ferdinand, oder der Christ und der Weltmann ... Hamb. [1830]. V: *Hudtwalcker, Martin Hieronymus.* (Schr)

Ernst u. Ferdinand, od. d. Christ u. d. Weltmann. Eine Weihnachtsgabe f. Hamburger. gr. 12. (2½ B.) Hamburg 831, [Nestler u. Melle.]

Friedrich Wilhelm Ernst, geb. 10. Dez. 1814, gest. 15. April 1894. (Als Hs. f. d. Hinterbliebenen u. Freunde gedr.) (*Berlin: W. Ernst & Sohn um 1891.*) (16 S.) 8° — 10

— u. Frohsinn; e. Samml. v. Erzählungen, Gedichten u. Charaden, mit Beiträgen v. F. L. Bührlen, Haug, Lindner, Reinbeck, L. Robert, M. Roos u. And. Herausg. v. Korsinsky, für d. Jahr 1822. 1e Gabe, mit 1 Kpf. 8. Stuttg. 822. (Brodhag). 1 ℳ

Ernst und Scherz, Fürstlicher. Zwei Bühnenstücke ... Leipz. 1819. V: *Merkel, Salomon Friedrich.* (GGr)

— und Scherz, fürstlicher; zwey Bühnenstücke, von A. A. Kronelsler. (enthält: Zaubereyen beym Lonfeste, Lustspiel in 2 Akten — das öffentliche Gericht, Schau- u. Redenspiel in 1 Akt.) 8. Leipzig, Hartknoch. 819.

Ernst, der, Egidy'scher Gedanken. (Von O. Hartwich.) 2. Tausend. gr. 8. (40 S.) Berlin 891. H. Walther. n. — 50

Ernst, Graf v. Basel, aus dem Engl. für deutsche Bühnen bearbeitet, v. Schröter, Schausp. in 5 Aufz. gr. 8. Altenb. Schnuphase. 807.

Ernst, Graf v. Gleichen, Gatte zweyer Weiber. Schausp. v. Soden. 8. Berlin, Maurer. 791.

Ernst Heiter. Deutsche Sonntags-Zeitung. Red. u. Herausg.: Adf. Glaßbrenner. Mit-Red.: E. Claudius. 1. Jahrg. Octbr.—Decbr. 1856. (13 Nrn.) — 2. Jahrg. 1857. 52 Nrn. (à 1 Bgn.) Hamburg, Fr. Schuberth in Comm. Fol. Vierteljährlich n. 25 ngr

Ernst, Herzog von Schwaben, Trauerspiel in 5 Aufzügen von L. Uhland. 8. Heidelberg, Mohr u. W. 817.

Ernst August, Johannisloge, zum goldenen Anker im Or. Harburg (Elbe), Festschrift zur 50jährigen Jubelfeier. 1858 bis 1908. [Harburg 1908.] V: *Kaltwasser.* (wolfstieg I, 552)

Ernst's, Dompropst Dr. Jos., Lebensskizze, s.: Morgott, F. v. P.

Ernst und Laune. Eine periodische Schrift ... Wien, Berlin u. Hamb. [Leipzig] 1788—90. H: *Claudius, Georg Carl.* (Wr) (Ky) (MGT)

Ernst u. Laune, e. period. Schrift in vermischten Aufsätzen u. Erzähll., (v. G. K. Claudius). 3 Bde. 8. Leipz. 788—90. 1 ℳ 18 gr

Ernst und Laune. In Erzählungen für Erholungsstunden, von Groß, Jetner, Pfister, Pichler, Loden, Wyß, Zschokke u. a. m. 8 Bändchen. (Aus den Erheiterungen Jahrgang 1814 und 1815 besonders abgedruckt.) 8. Aarau, Sauerländer. 816.

Ernst u. Laune. Scherze u. Gedichte zum Vortrage am Polterabend von C. A. Görner, Th. Sievers u. A. 1. Bdchn. Altona 868. Verlags-Bureau. 16. (96 S.) 7½ ngr

— u. Laune in Conferenz-Aufsätzen von Geistlichen u. Schullehrern in Süddeutschland. Gesammelt u. herausg. von e. Schul- u. Schullehrer-Freunde. 1s u. 2s Bdchn., u. 3s Bdchn., a. u. d. T.: Die Schulconferenzen des Kirchspiels Ulmenhayn, v. Dr. Dinter. Mit Anmerkk. (vom Verf.: Ad Ultimum. Wahrheit ohne Schminke rc., Schullehr. Gehring in Ravensberg). gr. 8. Heilbr. 829. Drechsler. 1 ℳ 18 gr

Ernst und Laune, in Wahrheit und Dichtung. Dresden 1815. V: *Oldendorp, Christian Johannes.* (GGr) (NN) (MGT) »Naumburg 1817« (Ky)

— u. Laune in Wahrheit u. Dichtung, (v. Chr. Jh. Oldendorp). 1s Heft. 8. Naumb. 817. (Wild). 6 gr

Grossherzog Ernst Ludwig und die Ausstellung der Künstler-Kolonie in Darmstadt von Mai bis Oktober 1901. Hrsg. von Alexander Koch mit Text-Beitr. von Georg Fuchs [u. a.]. (*Darmstadt: A. Koch 1901.*) (348 S.) 4° [ð.]

Ernst und Maria, Dem Durchlauchtigsten Fürstenpaare, bei Ihrem festlichen Einzuge am 31. Dec. 1832 ... [Gotha 1832.] V: *Welcker, Phil. Hnr.* (ABJP)

Ernst und Minette. Ein Roman mit einigen Beylagen. Cythere [Berlin] 1791. 1796. Rom u. Paris [Altona] ca. 1872. V: *Schaffner, Joh. George.* (BGE I², 176) (Ed. Grisebach, Weltlitteratur-Katalog. 2. Aufl. Berlin 1905. S. 361 ff.)

— u. Minette. Mit Kpf. 8. Cythere 796. (Maßdorf in Berl.) 2 ℳ

Ernst Rüdiger, Graf von Stahrenberg; e. Schspl. in 4 A. (v. B. D. A. Cremeri.) 8. Wien 791.

Ernst von Sachsen-Coburg und Gotha, Dem Durchlauchtigsten Erbprinzen, bei Seiner Geburtsfeier den 31. Junius 1827 . . . Gotha. V: *Welcker, Philipp Heinrich.* (ABJP)

Ernst im Scherz, s.: Geschichten u. Bilder fürs deutsche Volk.

Ernst und Scherz, s.a. Labarre, A.

— u. Scherz. Samml. von Erzähll. s.a. Volksbüchlein.

— u. Scherz, Unterhaltungen f. deutsche Mädchen in Versen u. in Prosa. 8. Frankf. 791. (Herold jun. in Hamb.) 18 gl.

— und Scherz, oder der alte Freymüthige. Herausgeg. von G. Merkel. Jahrg. 1816 1s — 3s Quart, Jahrg. 1817. 1s Quart. gr. 4. Berlin, Haude und Spener.
— Dasselbe Jahrg. 817. 2s Quart. gr. 4. Berlin, Enslin.

Ernst und Scherz, Lustspiel in 3 Aufz. von F. W. Ziegler. gr. 8. Leipzig, Köhler. 818.

Ernst und Scherz. Eine Samml. vermischter Erzähln. Enthalt.: Die Legende v. St. Christoph, die Wanderungen des Spiegelschwaben, nebst vielen and. erbaul. u. ergötzl. Historien. Neue wohlf. Ausg. f. Volksfreunde. gr. 12. (8 B. u. 1 Abbild.) München 835, Jaquet.

Ernst u. Scherz. Originalcompositionen f. große u. kleine Liedertafeln. (Vierstimmig.) Nr. 1—7. Lex.-8. (15¼ B.) Schleusingen 845, Glaser.
Jedes Stimm-Heft à 2½ Ngr.

— dass. 8.—17. Hft. Von J. Otto d. j. Lex.-8. Ebend. 846. à Hft. ⅓ ₰

— u. Scherz. Originalcompositionen f. grosse u. kleine Liedertafeln. Hrsg. v. (Ernst) Jul. Otto. 18—26. Hft. — 27 u. 28. Hft.: Gesellenfahrten. — 27 u. 28. Hft. 2. Aufl. — 29—38. Hft. à 4 Stimmen. Lex. 8. Schleusingen 849 — 51, Glaser. 18—26. 29. 30. 33. 34. 37. 38. à Stimme $^{1}/_{12}$ ₰ 27. 28. à St. $^{1}/_{4}$ ₰ 31. 32. à St. 12 ngl 35. 36. à St. $^{1}/_{2}$ ₰

— dass. Partitur. Nr. 1—7. (8⅔ B.) Ebds. 845.
Nr. 1—4. u. 7. à 6 Ngr.; Nr. 5. u. 6. zusammen 22½ Ngr.

— dass. Partitur. 8.—17. Hft. Lex.-8. Ebend. 846. 8., 11., 14. Hft. à 6 ngl 9., 10., 12., 13., 15. à 9 ngl 16. 17. 1 ₰

— dass. Partitur 18—38. Hft. Lex. 8. Ebd. 849—51. 18. 21—26. 29. 30. 33. 34. à 6 ngl 27 u. 28. 1 ₰ 31 u. 32. n. 1⅓ ₰ 35 u. 36. 1½ ₰ — vergl. Gesellenfahrten. — Otto d. j., Jul., u. Thieme, der Spinnabend.

Ernst u. Scherz. Festgabe bei der 50jähr. Stiftungsfeier der Loge Socrates zur Standhaftigkeit in Frankfurt a. M. den 7. Decbr. 1851. Den verehrten Schwestern geweiht v. sämmtl. Brüdern dieser Loge u. dargebracht v. d. Verf. d. „maurerischen Tempelbilder" (G. Friederich). 16. (IV u. 48 S.) Frankfurt a. M. 851, Boselli. n. 6½ ngl

Ernst und Scherz. Festgabe bei der 50jährigen Stiftungsfeier der Loge Sokrates zur Standhaftigkeit in Frankfurt a. M. den 7. December 1851 . . . 2. Aufl. Frankfurt a. M. 1852. V: *Friederich, Gerhard.* (Tt)

Ernst und Scherz. Eine Auswahl des Interessantesten zu Vorträgen in geselligen Kreisen. Hrsg. von Aug. Labarre. (Separatausg. von dessen deklamator. Abendunterhaltungen. II.) 16. (IV und 196 S.) Leipzig 859, [Klinkhardt.] *

Ernst und Scherz. Mährisch-schlesische Blätter für Landwirthschaft, Gewerbe, Poesie, Kunst, Theater, Novellistik rc. 2. Jahrg. 1862. Hrsgbr. und Redact.: Theod. Alb. Preuß. 52 Nrn. gr. 4. (à 1 Bog.) Mährisch-Schönberg, Selbstverlag. **

Ernst u. Scherz. Bewegliche Bilder für artige Kinder. Fürth 866. Löwensohn. 4. (6 color. Bll.) 18 ngl

—— Vorträge für Bergmanns-Vereine. Gesammelt und hrsg. von einem Vereins-Präses. 1. Heft. 82. (74 S.) Trier 868, Groppe. *

— Unterhaltung für Vereine. Zunächst für den Bergmanns-Verein „Wilhelm". Gesammelt von e. Vereins-Präses. 1. Jahrg. 4 Hefte (à 64 S.). Trier 868. Groppe. 32. Jedes Heft 3 ngl

—— Unterhaltung für Vereine. Zunächst für den Bergmanns-Verein „Wilhelm". Gesammelt von einem Vereins-Präses. 1. Jahrg. 4 Hefte. 32. (à Heft 64 S.) Trier 869, Groppe. à Heft 30 Pf.

Ernst und Scherz, gewidmet von treuen Freunden des Samlandes gelegentlich d. festlichen Eröffnungsfeier der Samlandbahn. *Königsberg i. Pr. [1900]: Hartung.* (54 S.) 8° [F.] [n. 8.] 10

Ernst u. Scherz. Kultur- u. naturgeschichtl. Abhandlgn. Gereimte u. ungereimte Plaudereien aus dem Tagebuche e. Laien. gr. 8. (VII, 232 S.) Leipzig (900). W. Friedrich. n. 3. —

Ernst u. Scherz f. Bauleute aller Art. Lieder der Bauhandwerker, Bauhebesprüche, Lieder allgemeinen Inhalts, Inschriften, Sprüche rc. 12. (IV, 111 S.) Frankenberg 894. C. G. Roßberg. n. 1. —

—— der Kinderwelt in Bild und Reimen dargestellt. 4. (8 Chromolithogr.) Mörs 869, Spaarmann.

Ernst u. Scherz, der Kinderwelt in Bild u. Reimen dargestellt. 2 Sorten. 4. (à 8 farb. Taf. m. Text.) Leipzig 889. Fr. Pfau. cart. à n. — 25

Ernst u. Scherz — Humor u. Ulk. Der interessante, unterhalt. u. erheit. Declamator. Eine ausgewählte Sammlg. der besten, beliebtesten u. neuesten Vorträge ernsten u. heiteren Inhalts zur gesellschaftl. Unterhaltg. gr. 16. (127 S.) Elberfeld 872. Büttmann. n. 1 —

—— für's Kinderherz. Unzerreißbares Bilderbuch. qu. 4. (12 Chromolithogr. und 11 S. Text mit eingedr. Holzschn.) Wesel 869, Düms. cart.

Ernst und Scherz für's Kindesherz. Eine Sammlung lehrreicher Erzählungen, Mährchen, Spiele und Gedichte für die Jugend. 8. (171 S. mit 4 color. Bildern.) Mülheim a. d. R. 872, Bagel. geb.

Ernst und Scherz für's Kinderherz. Ein Bilderbuch mit unzerreißbaren Blättern. 7. Aufl. qu. 8. (12 Chromolithogr. mit 12 S. Text.) Wesel 881, Düms. geb.

— — fürs Kinderherz. 12. (6 Farbdr. m. eingedr. Text.) Reutlingen, Enßlin & Laiblin. — 10; auf Pappe — 25

— — dasselbe. 12. (8 farb. Bl. m. eingedr. Text.) Ebd. 892. — 12; m. eingedr. u. 8 S. Text — 15

Ernst und Scherz fürs Kinderherz. (*Heft 1 u. 2:* Hrg. unter dem Protektorate des Schweiz. Kath. Erziehungsvereins....) [Illustriert.] Heft 1—6. *je* IV + 16 S. 8. Einsiedeln *etc.*, Benziger & Co. A. G. (*je* fr. —. 25)
Heft 1 *u.* 3 *u.* 5: Für Kinder von 7—10 Jahren. [1902 *u.* 1903 *u.* 1904.]
Heft 2 *u.* 4 *u.* 6: Für Kinder von 10—14 Jahren. [1902 *u.* 1903 *u.* 1904.]

Ernst und Scherz fürs Kinderherz. [Illustriert.] Heft 7—10. 8. Einsiedeln *etc.*, Benziger & Co. A. G.
Heft 7 *u.* 9: Für Kinder von 7—10 Jahren. *je* IV + 16 S. [1905 *u.* 1906.] [*je* fr. —. 25]
Heft 8 *u.* 10: Für Kinder von 10—14 Jahren. IV + 16 *u.* IV + 32 S. [1905 *u.* 1906.] [fr. —. 25 *u.* —. 40]

Ernst und Scherz fürs Kinderherz. [Illustriert.] Heft 11 *u.* 12. 8. Einsiedeln *etc.*, Benziger & Co. A. G., [1906].
Heft 11: Für Kinder von 7—10 Jahren. IV + 16 S. [fr. —. 25]
Heft 12: Für K' von 10—14 J'. IV + 32 S. [fr. —. 40]

Ernst und Scherz fürs Kinderherz. [Illustriert.] Heft 13 *u.* 14. 8. Einsiedeln *etc.*, Benziger & Co. A. G., [1907].
Heft 13: Für Kinder von 7—10 Jahren. IV + 16 S. [fr. —. 25]
Heft 14: Für K' von 10—14 J'. IV + 32 S. [fr. —. 40]

Ernst und Scherz fürs Kinderherz. [Illustriert.] Heft 15 u. 16. 8. Einsiedeln *etc.*, Benziger & Co. A. G., [1908].
Heft 15: Für Kinder von 10--14 [*d. i.* 7—10] Jahren. IV + 16 S. [fr. —. 25]
Heft 16: Für K' von 10—14 J'. IV + 32 S. [fr. —. 40]]

Ernst und Scherz fürs Kinderherz. [Illustriert.] Heft 17 u. 18. 8. Einsiedeln ..., Benziger & Co. A. G., [1910].
Heft 17: Für Kinder von 7—10 Jahren. IV + 16 S. [fr. —. 25]
Heft 18: Für K' von 10—14 J'. IV + 32 S. [fr. —.40]

— u. Scherz f. Politiker. Eine Auswahl interess. Anekdoten, Charakterzüge u. and. unterhalt. Aufsätze. 8. Deutschland 814. (Leipz., Joachim). 3 ℳ

Ernst und Scherz des Verfassers des travestierten Herkules. Herausgegeben von J. G. N. D. O. O. u. J. V: *Koller, Bened. Jos. Maria.* (Sammlung Dr. Richard Abeles, Wien.) (BGE^3, II/176) (biblPort)

Ernst und Scherz des Verfassers vom Travestirten Herkules. 1787. V: *Koller, Benedict Joseph Maria.* (BGE II^3, 176)

Ernst u Scherz in Versen. Lieder, gewidmet d Mitgliedern des Dt-Anischen Lehrerbundes. Festgabe des 14. Dt-Anischen Lehrertags, vom 31. Juli bis 4. Aug 1883, zu Chicago, Ill. Chicago, 1883.

ERNST und Scherz im Wechsel. Eine Sammlung von Erzählungen und Schwänken für das große Publikum (hrsg. von Carl Stein). Berlin, Littfas, 1808. 8^0. (1^1/$_3$ Rthl.)
Anon.-Lex. II. p. 54 (nach Kayser).

Ernst und Schwank in Spruch und Sang, s. Perlen zu Hausfesten.

Ernst von Thalburg, eine Geschichte. Thl. 1. Wien 1784. Frankfurt [Salzburg]. 1788. V: *Schreiber, Chph. Ludw.* (BGE^3, VII/612) (KY 8/138) (biblPort)

— Witz u. Laune, s. Galanterien, 3r Thl.

Ernst II., Herzog v. Sachsen-Coburg-Gotha, e. litterarische Skizze, s.: Schmitz, M.

Ernst II., Herzog von Sachsen-Gotha. 8. Weimar 1806.

Ernst II., Herzog zu Sachsen, Gotha u. Altenburg, als Gelehrter u. Beförderer d. Wissenschaften. Mit 1 Portr. gr. 8. Weim., Ind.-Compt. 6 ℳ

Ernst (Verfasser)

Ernst Herzog v. Coburg, Briefwechsel, s.: Freytag, Gust.

Erlaß des Herzogs **Ernst** zu Sachsen-Coburg u. Gotha an die Commission fur die Vereinigung der Herzogthumer, den 17. Sept. 1851. [Mit Beil.:]
A. **Entwurf** zum Staatsgrundgesetz f. d. Herzogthum Coburg-Gotha. [Metallogr.]
B. [fehlt.]
C. **Entwurf.** Einführungsgesetz zum Staatsgrundgesetz f. d. Herzogthum Coburg-Gotha zum Gesetz uber den Civilstaatsdienst, ingl. zum Gesetz, die Organisation des Staatsministeriums betr.
D. **Entwurf.** Provisor. Gesetz uber verschiedene Gegenstande der Criminalrechtspflege u. Polizei.
E. **Entwurf.** Provisor. Gesetz uber die Pensionsverhältnisse der Officiere. [Hs.]

Ernst II., Herzog von Sachsen-Coburg-Gotha, aus meinem Leben und aus meiner Zeit. 2 Bde. 1.—4. Aufl. gr. 8. Berlin 887,88, W. Hertz. [1. Bd. (XI, 616 S.) *ℳ 14.—.; 2. Bd. (III, 543 S.) *ℳ 13.—.] *
2 Bde. geb. in Leinw. *ℳ 30.—.; in Halbjuchten *
Vgl.: Jansen, K., die Erinnerungen des Herzogs Ernst II. von Coburg.

Ernst II., Herzog v. Sachsen-Coburg-Gotha, aus meinem Leben u. aus meiner Zeit. 3 Bde. 1.—6. Aufl. gr. 8. Berlin 887—889. W. Hertz. n. 44.—; geb. in Leinw. n. 48. 50; in Halbjuchten n. 53.—
1. (XI, 616 S.) n. 14.—; geb. in Leinw. n. 15. 50; in Halbjuchten n. 17.—
2. (III, 543 S.) n. 13.—; geb. in Leinw. n. 14. 50; in Halbjuchten n. 16.—
3. (III, 726 S.) n. 17.—; geb. in Leinw. n. 18. 50; in Halbjuchten n. 20.—

Ernst II., Herzog v. Sachsen-Coburg-Gotha, aus meinem Leben u. aus meiner Zeit. Bearbeitung in 1 Bde. 10 Lfgn. gr. 8. (XV, 716 S. m. 1 rad. Portr.) Berlin 892. Besser. à n. 1.— (kplt.: n. 10. ; geb. in Leinw. n. 11. 50; in Halbfrz. n. 13. —)

—— Santa-Chiara, s. Universal-Bibliothek Nr. 2917.
Vgl.: Schmitz, M. Festschrift. — Ruete, Herm. — Schmitz, M. und R. Schrattenthal.

Der Schulmethodus (Methodus) des Herzogs **Ernst** des Frommen [von Sachsen-Gotha] nach d. Ausg. von 1672 f. Seminaristen u. Lehrer hrsg. von A. Prall, Kreisschulinsp. in Hadersleben. *Breslau: F. Hirt 1903* (76 S.) 8° [F.]
= Schriften hervorragender Pädagogen. H. 4.

Ernst, Herzog von Coburg-Gotha. Charakteristiken und Skizzen. Zusammengestellt u. herausgegeben v. Fr. Mayer. Gotha. Thienemann. 1861. kl. 8. 80 S.

Ernst des Frommen Spezial- und sonderbarer Bericht, wie die Knaben u. Mägdlein unterrichtet werden können. 1642. Hrsg. von J. Müller. (136 S.) Zschopau 1885. Raschke.

Ernst August, Herzog zu Braunschweig-Lüneburg, Briefe an Johann Frz. Diedrich v. Wendt aus den J. 1703 bis 1726. Hrsg. v. Erich Graf Kielmansegg. gr. 8. (VIII, 400 S. m. 1 Bildn.) Hannover 902. Hahn. n. 8.—

Ernst Augusts. Bischoffs zu Oßnabrück etc. Eigenthums-Ordnung, wonach in vorkommenden Fällen bey denen Gerichten und sonsten, in gedachtem Unserm Fürstenthum und Hoch-Stifft Oßnabrück, man sich zu richten. [Dat.:] 25. April 1722. Osnabrück (1722).

[ERNST AUGUST, Herzog von Sachsen-Weimar]. Zu dem hoechsten alleinigen Jehovah gerichtete theosophische Herzens Andachten oder Fürstliche, selbst abgefassete Gedancken, Wie wir durch Gottes Gnade uns von dem Fluch des Irdischen befreyen und im Gebet zum wahren Lichte ... eingehen sollen; nebst einigen ... Philosophischen Betrachtungen von denen dreyen Haushaltungen Gottes im Feuer, Licht und Geist zur Wiederbringung der Creatur. O. O. 1742. 4°. Sehr schon gestoch. Titel (m. Ansicht d. herzogl. Lustschlosses Belvedere), 148 S. 1 leeres Bl. Gleichzeit. Lederbd. mit Randverzierungen u. d. Wappen des Herzogs in Goldpressung (etwas berieben). 135.—
Seltener Privatdruck, den der Herzog nur in wenigen Geschenkexemplaren für seine intimsten Freunde drucken ließ. — Auf Typographie und Ausstattung ist sehr viel Sorgfalt verwendet, mehrere hubsche Holzschnittornamente beleben den Druck.

Zu dem hoechsten alleinigen Jehova gerichtete theosophische Herzensandachten, oder Fürstliche selbst abgefasste Gedanken, wie wir durch Gottes Gnade uns von dem Fluch des Irdischen befreyen, und im Gebet zum wahren Lichte und himmlischen Ruhe in Gott eingehen sollen; nebst einigen philosophischen Betrachtungen von denen dreyen Haushaltungen Gottes im Feuer, Licht und Geist zur Wiederbringung der Creatur. [Von Ernst August Herzog von Sachsen-Weimar.] o. O. 1742. 148 S. 4^0 [Kupfertit.]

[Dasselbe.] 1762. 8^0

[Dasselbe.] 1786. 8^0
Kl. 269. Sehr selten. Enth. die Resultate der Forschungen des Herzogs zur Ergründung des Zwecks der Mrei. (°Morgenbl. 1813 Nr 257 S. 1027.) Vgl. ferner FZ. (Neuwied). 1787 S. 178—180.

Ernst's Briefe, zur Bildung e. gemeinnütz. Landpredigers, an J. Werner, (v. J. M. Affsprung). 8. Leipz. 795.

Ernst, Gaaden. Et Digt. 8. (68 S.) Kopenhagen 847, Gyldendal. n. 1/3 ₰

Ernst: Gedächtnisrede zu Ehren derjenigen ehemaligen Schüler der Anstalt, welche im deutsch-französischen Kriege gefallen sind. 11 S.– Oels, Progr. 1872.

† Ernst, Gedichte. (Von M. J. Schleiden.) 16. (XV und 392 S.) Leipzig 858, Engelmann. geb.

Ernst (J.), Gedichte. 8. (78 S.) Flensburg 869, Herzbruch. [Westphalen.] *

Ernst [M. J. Schleiden], Gedichte. 2. Sammlung. 12. (XVI, 392 S.) Leipzig 873. Engelmann. 4. 50; geb. 5. 50

Ernst: Das neue Kleid, s. Schul- u. Vereinsbühne, christl.

Ernst, la nove latine debel esse la future lingua internationalis. (37 S.) kl. 8. Warburg (910). E. F. Werth Söhne. 1. —

Ernst, Preis-Reduction für Spiritus an der Börse von Berlin. Giltig vom 1. October 1870 ab. Berlin 870. Weber in Comm. gr. 16. (4 S.) n. 3 ₰

Held, Anton: Rede am Grabe des Br. Anton Held, geboren den 13. Jan. 1811, gestorben den 9. Nov. 1894. Gehalten von Ernst. Neu-Ulm [1894]: Helb. 8 S. 8° [Umschlagtit.]
Enth. auch den Nachruf der Loge, gesprochen von G. H. Möller. 429.

Ernst: Der Regenschirm, s.: Schul- u. Vereinsbühne, christl.

Ernst, der kleine Robinson. Bilderbuch mit bewegl. Kupfern. Wien 818. Bermann u. Sohn. 2/3 ₰, mit unbewegl. Kupfern 5/12 ₰

Ernst: Skizzen über Descartes, sein Leben u. Denken. 34 S. 8°–B.-Leipa OR., Progr. 1869.

Ernst: Keine Sommerfrische, s. Schul- u. Vereinsbühne, christl.

Ernst, Spaßvogel in Berlin. 1. Hft. 8. 838, Halle Coldiß'sche Buchh. 1/6 ₰ — 2. Hft. hat auch den Titel: „Wollwitze."

Ernst. Die Wachenden an die Träumenden. September 1848. Gedruckt bei L. Kolbe. 2 Bl. 4.
Flugblatt. Berlin, 1848/49.

Ernst, Dr., einige Worte über Dr. Strauß und die Züricher. gr. 16. Altenburg 839. Pierer. 1/3 ₰

(Ernst, A.) Antwort auf die Broschüre: „Die Vorrechte der Offiziere". Von einem deutschen Bürger und Soldaten der Landwehr. Hannover 1884. 8°.

Ernst A v. Handw. u Ingenieurwissensch. i. Dienste d. Kultur. (30 S) Stuttgart 1905

Ernst, A., u. J. Tews, Haus u. Welt. E. Lesebuch f. Mädchen. Zugl. als Haus- u. Familienbuch hrsg. (Deutsches Lesebuch f. Mädchenschulen, 3. Bd.) 4. Aufl. gr. 8. (XII, 563 S.) Leipzig 896. J. Klinkhardt. Geb. in Leinw. n. 3. —

Ernst, A.: Haushaltungs-Schulen für Mädchen aus dem Volke. Vortrag. — Posen: Decker 1889. 43 S. 8°
— — 2. Aufl. 1890. 47 S.

Ernst, A. (II.), das Heirathsfieber. Mainzer Orig.-Carnevalsposse mit Gesang und Tanz in 5 Acten. 2. revid. Aufl. 8. (96 S.) Mainz 886, Müller. *

Ernst, A. u. J. Tews: Deutsches Lesebuch.

— f. städtische u. gewerbliche Fortbildungsschulen. Zugleich als Haus- u. Familienbuch f. Handwerker u. Gewerbtreibende hrsg. 2 Bde. gr. 8. Ebd. 891. * 3 20
1. Für einfachere Schulverhältnisse u. die unteren Stufen mehrklassiger Fortbildungsschulen. (XII, 377 S.) * 1 50. — 2. Für die oberen Stufen mehrklassiger Fortbildungsschulen. (XII, 430 S.) * 1 70.

— — deutsches Lesebuch f. städtische u. gewerbliche Fortbildungsschulen. Zugleich als Haus- u. Familienbuch f. Handwerker u. Gewerbtreibende hrsg. 2 Bde. gr. 8. Ebd. n. 3. 20; geb. n.n. 3. 80
1. Für einfachere Schulverhältnisse u. die unteren Stufen mehrklassiger Fortbildungsschulen. 2. Aufl. (XII, 377 S.) 894. n. 1. 50; geb. n.n. 1. 80
2. Für die oberen Stufen mehrklassiger Fortbildungsschulen. (XII, 430 S.) 891. n. 1. 70; geb. n.n. 2.

— — u. F. Pagel, deutsches Lesebuch f. städt. u. gewerbl. Fortbildungsschulen. Ausg. f. Berlin u. Vororte. 2 Bde. gr. 8. Berlin 902. Leipzig, J. Klinkhardt. Geb. in Leinw. n.n. 3. 80
1. (416 S.) n.n. 1. 80. — 2. (454 S.) n.n. 2. —.

Ernst, A., u. J. Tews, deutsches Lesebuch f. städtische u. gewerbliche Fortbildungsschulen. Zugleich als Haus- u. Familienbuch f. Handwerker u. Gewerbtreibende hrsg. Ausg. A. Für einfachere Schulverhältnisse u. die unteren Stufen mehrklass. Fortbildungsschulen. 5. Aufl. (In neuer Rechtschreibg.) (XII, 379 S.) 8. Berlin 905. J. Klinkhardt. Geb. n.n. 1. 80

— u. J. Tews, deutsches Lesebuch f. städtische u. gewerbliche Fortbildungsschulen. Zugleich als Haus- u. Familienbuch f. Handwerker u. Gewerbetreibende hrsg. Ausg. A. Für einfachere Schulverhältnisse u. die unteren Stufen mehrklass. Fortbildungsschulen. 6. Aufl. (XII, 379 S.) 8. Berlin 907. Leipzig, J. Klinkhardt. Geb. nn 1. 80

— — u. J. Tews. Deutsches Lesebuch für Mädchenschulen. [Mit Berücksicht. d. hauswirtschaftl. Unterrichts.] 3 Bde. gr. 8. Lpz., Klinkhardt. * 3 90; geb. ** 4 70
1. Haus u. Heimat. [Für das 2. u. 3. Schulj.] 2. Aufl. (XII, 260 S.) 891. * — 90; geb. ** 1 15. — 2. Haus u. Vaterland. [Für das 4. u. 5. Schulj.] 2. Aufl. (X, 344 S.) 892. * 1 20; geb. ** 1 45. — 3. Haus u. Welt. [Für das 6., 7. u. 8. Schulj.] 1. u. 2. Aufl. (XII, 563 S.) 891. * 1 80; geb. ** 2 10.

— — — — dass. — 3. Bd. Ausg. B. Für paritát. u. Simultan-Schulen. gr. 8. (XII, 563 S.) Ebd. 891. * 1 80; geb. ** 2 10
1. u. 2. Tl. sind nicht erschienen.

— — — — dass. — 3 Bde. Ausg. f. das Königr. Sachsen. gr. 8. Ebd. 892. * 4 10; geb. ** 4 95
1. Haus u. Heimat. [Für das 2. u. 3. Schulj.] (XII, 260 S.) * — 90; geb. ** 1 15. — 2. Haus u. Vaterland. [Für das 4. u. 5. Schuljahr. (X, 350 S.) * 1 20; geb. ** 1 45. — 3. Haus u. Welt. (Für das 6., 7. u. 8. Schulj.] (XII, 600 S.) * 2 —; geb. ** 2 35.

Ernst, A., u. J. Tews, deutsches Lesebuch f. Mädchenschulen. [Mit Berücksicht. d. hauswirtschaftl. Unterrichts.] 4 Bde. gr. 8. Leipzig, J. Klinkhardt. n. 8. 40; geb. n.n. 9. 70
1. Haus u. Heimat. [Für das 2. u. 3. Schulj.] 3. Aufl. (XII, 260 S.) 894. n. — 90; geb. n.n. 1. 15
2. Haus u. Vaterland. [Für das 4. u. 5. Schulj.] 2. Aufl. (X, 344 S.) 894. n. 1. 20; geb. n.n. 1. 45
3. Haus u. Welt. [Für das 6., 7. u. 8. Schulj.] 3. Aufl. (XII, 563 S.) 893. n. 1. 80; geb. n.n. 2. 10
4. Litteraturkunde f. höhere Mädchenschulen. (XVI, 704 S.) 893. n. 4. 50; geb. n.n. 5. —

Ernst, A., u. J. Tews, deutsches Lesebuch f. Mädchenschulen. (M. Berücksicht d. hauswirtschaftl. Unterrichts.) In 5 Bdn. 4. Bd. gr. 8. Leipzig 895. J. Klinkhardt. n. 1. 70; geb. in Halbleinw. n.n. 2. — (kplt.: n. 10. 10; geb. n.n. 11. 70)
Deutsche Gedichte f. mittl. u. höh. Mädchenschulen. (F. d. 8. u. 9. Schulj.) Nebst e. Anh.: Grundz. d. Poetik u. biograph. Nachrichten üb. d. Dichter. (XV, 296 S.)

— — deutsches Lesebuch f. Mädchenschulen. (M. Berücksicht. d. hauswirtschaftl. Unterrichts.) In 3 Bdn. gr. 8. Ebd. n. 3. 90; geb. in Halbleinw. n.n. 4. 70
1. Haus u. Heimat. (F. d. 2. u. 3. Schulj.) 4. Aufl. (XII, 260 S.) 896. n. — 90; geb. n.n. 1. 15
2. Haus u. Vaterland. (F. d. 4. u. 5. Schulj.) 4. Aufl. (X, 343 S.) 897. n. 1. 20; geb. in Halbleinw. n.n. 1. 45
3. Haus u. Welt. (F. d. 6., 7. u. 8. Schulj.) 4. Aufl. (XII, 563 S.) 895. n. 1. 80; geb. n.n. 2. 10

— — dasselbe. In 3 Bdn. Ausg. C f. kathol. Mädchenschulen. Bearb. v. Fr. Schroller. gr. 8. Ebd. 897. n. 3. 90; geb. n n. 4. 70
1. Haus u. Heimat. (F. d. 2. u. 3. Schulj.) (XII, 260 S.) n. — 90; geb. n.n. 1. 15
2. Haus u. Vaterland. (F. d. 4. u. 5. Schulj.) (X, 343 S.) n. 1. 20; geb. n.n 1. 45
3. Haus u. Welt. (F. d. 6., 7. u. 8. Schulj.) (XII, 563 S.) n. 1. 80; geb. n.n. 2. 10

Ernst, A., u. J. Tews, deutsches Lesebuch f. Mädchenschulen. (Mit Berücksicht. des hauswirtschaftl. Unterrichts.) In 3 Bdn. gr. 8. Leipzig 900. J. Klinkhardt. Geb. in Halbleinw. n.n. 4. 75
1. Haus u. Heimat. (Für das 2. u. 3. Schulj.) 5. Aufl. (XII, 260 S.) 900. n. — 90; geb. n.n. 1. 15
2. Haus u. Vaterland. (Für das 4. u. 5. Schulj.) 5. Aufl. (X, 343 S.) 901. Geb. n.n. 1. 50
3. Haus u. Welt. (Für das 6., 7. u. 8. Schulj.) 5. Aufl. (XII, 579 S.) 899. n. 1. 80; geb. in Halbleinw. n.n. 2. 10

— dasselbe. Ausg. B. Für paritär. u. Simultan-Schulen. 3. Bd. Haus u. Welt. (Für das 6., 7. u. 8. Schulj.) 5. Aufl. gr. 8. (XII, 579 S.) Ebd. 900. n. 1. 80; geb. in Halbleinw. n.n. 2. 10

— — deutsches Lesebuch f. Mädchenschulen. (Mit Berücksicht. des hauswirtschaftl. Unterrichts.) In 3 Bdn. 8. Leipzig, J. Klinkhardt. Geb. n.n. 4. 80
1. Haus u. Heimat. (Für das 2. u. 3. Schulj.) 7. Aufl. (XII, 260 S.) 904. n.n. 1. 20
2. Haus u. Vaterland. (Für das 4. u. 5. Schulj.) 6. Aufl. (X, 343 S.) 904. n.n. 1. 50
3. Haus u. Welt. (Für das 6., 7. u. 8. Schulj.) 7. Aufl. (XII, 580 S.) 905. n.n. 2. 10

— — dasselbe. Ausg. B. Für die oberen Stufen mehrklass. Fortbildungsschulen. 4. durchges. Aufl. (XII, 432 S.) 8. Ebd. 905. Geb. n.n. 2. —

— — dasselbe. (In 5 Bdn.) 4. Bd. 8. Berlin 907. Leipzig, J. Klinkhardt.. Geb. nn 2. —
4. Deutsche Gedichte f. mittlere u. höhere Mädchenschulen. Nebst e. Anh.: Grundzüge der Poetik u. biograph. Nachrichten üb. die Dichter. 3. Aufl. (XV, 286 S.)

— — Deutsches Lesebuch f. Mädchenschulen. (Mit Berücksicht. des hauswirtschaftl. Unterrichts.) In 3 Bdn. 8. Leipzig, J. Klinkhardt. Geb. nn 4. 80
1. Haus u. Heimat. (Für das 2. u. 3. Schulj.) 8. Aufl. (XII, 260 S.) Geb. nn 1. 20
2. Haus u. Vaterland. (Für das 4. u. 5. Schulj.) 7. Aufl. (X, 343 S.) Geb. nn 1. 50
3. Haus u. Welt. (Für das 6., 7. u. 8. Schulj.) 8. Aufl. (XII, 580 S.) 908. Geb. nn 2. 10

Ernst, A., s.: Lesebuch, deutsches. f. höhere Mädchenschulen.

Ernst, A. u. J. Tews

— — Litteraturkunde f. d. reif. weibl. Jugend. (Deutsches Lesebuch f. Mädchenschulen, 4. Bd.) gr. 8. (XVI, 704 S.) Leipzig 896. J. Klinkhardt. Geb. in Leinw. n. 6. —

—— Verfahren uud Vorrichtung zur Gewinnung des Flugstaubes in den Rauchkanälen und Condensationsräumen von Hüttenwerken etc., s. Schlösser, E.

Ernst, A., die Zuckerkrankheit. (Schumanns medizin. Volksbücher.) 8. (96 S.) Leipzig 902. J. F. W. Schumann. Geb. in Leinw. n. 1. 60

(B) Ernst, A., d. Zuckerkrankheit. 902. Jetzt: Ulm, A. Ebner.

Ernst, A. W., erste Nahrung f. Geist u. Herz d. Kinder. Ein Hülfsbüchl. f. Aeltern u. Kinder. — Kindersprüche, Gebete, kleine Gedichte. 8. (4 1/2 B.) Brandenburg 812, Müller.

Ernst, Adelb., Wetterleuchten im Osten, s.: Wertung.

Ernst, Adolf

Ernst, Adf., s.: Beguelin, Heinr. u. Amalie v., Denkwürdigkeiten.

Ernst, die künstliche Beschränkung d. allzureichen Kindersegens. (Die Mittel zur Verhütung der Empfängnis.) Gemeinverständlich abgefasst. gr. 8. (85 S. m. Abbildgn.) Dresden 894. Verlagsanstalt „Zum Merkator". 2. —

Ernst, Adf., das Buch üb. Liebe u. Ehe. Ratschläge üb. Ehefragen u. das Geschlechtsleben des Menschen. Durchgesehen v. Rhold. Gerling. (120 S.) 8. Dresden (908). Rudolph. 2. —

Ernst, Ad., Eingriffverhältnisse der Schneckengetriebe m. Evolventen- u. Cykloidenverzahnung u. ihr Einfluss auf die Lebensdauer der Triebwerke. Ein Abriss der graph. Untersuchg. v. Schneckenräderwerken f. die Praxis u. den Unterricht an techn. Lehranstalten. Mit 77 Konstruktionsfig. (im Text u. auf 17 Taf.). gr. 8. (VI, 92 S.) Berlin 901. J. Springer. Geb. in Leinw. n. 4. —

Ernst, Adf., die Hebezeuge. Theorie und Kritik ausgeführter Konstruktionen. Ein Handbuch für Ingenieure und Architekten, sowie zum Selbstunterricht für Studirende. 2 Bde. Lex.-8. (XXII, 653 S. mit zahlreichen in den Text gedr. Holzschn. und 1 Atlas von 46 lithogr. Taf.) Berlin 883, Springer. geb. *

Ernst, Ad., die Hebezeuge. Theorie u. Kritik ausgef. Konstruktionen. E. Handbuch f. Ingenieure u. Architekten, sow. z. Selbstunterricht f. Studir. 2., neubearb. Aufl. M. 645 Textfig. u. e. Atlas v. 64 lith. Taf. Lex.-8. (XXV, 873 S.) Berlin 895. J. Springer. In 2 Leinwbdn. n. 50. —

— die Hebezeuge. Theorie u. Kritik ausgeführter Konstruktionen m. besond. Berücksicht. der elektr. Anlagen. Ein Handbuch f. Ingenieure, Techniker u. Studierende. 3. neubearb. Aufl. unter Mitwirkung v. W. Maier u. R. Rau. Mit üb. 1000 Textfig. u. 85 lith. Taf. 3 Bde. Lex.-8. (XXVI, 808, XV, 783 u. VII S.) Ebd. 899. Geb. in Leinw. n. 60. —

Ernst, Ad., die Hebezeuge. Theorie u. Kritik ausgeführter Konstruktionen m. besond. Berücksicht. der elektr. Anlagen. Ein Handbuch f. Ingenieure, Techniker u. Studierende. 4. neubearb. Aufl. unter Mitwirkg. v. J. Kirner. Mit 1486 Textfig. u. 97 lith. Taf. 3 Bde. (XXVIII, 948; XIV, 802 u. VIII, 18 S.) Lex.-8. Berlin 903. J. Springer. Geb. in Leinw. n. 60. —

Die Hebezeuge. Theorie u. Kritik ausgeführter Konstruktionen, mit besond. Berücks. d. elektr. Anlagen. Ein Handbuch f. Ingenieure, Techniker u. Studirende von Ad[olf] Ernst, Prof. zu Stuttgart. 4., neubearb. Aufl. unter Mitw. von J(osef) Kirner, Reg.Bauführer. Mit 1486 Textfig. u. 97 Taf. Bd 1–3. Berlin: J. Springer 1903. 3 Bde 4°(8°)
Bd 3. Figurentaf. u. Krahntabellen. [03. 4000

Ernst, Adf., Kampf u. Vorurteile gegen die höhere Gewerbeschule. Mit einer Schlussbetrachtung üb. die Entwickelung der techn. Mittelschule in Preussen. gr. 8. (40 S.) Berlin 881. Springer. n. — 80

Ernst, Adf., Kultur und Technik. Festrede, zur Feier des Geburtstages Sr. Maj. des Königs gehalten in der Aula des Polytechnikums Stuttgart am 6. März 1888. gr. 8. (35 S.) Berlin 888, Springer. *

Ernst, Ad. Ausrückbare Kupplungen f. Wellen u. Räderwerke. Theoretische Grundlage u. vergleich. Beurteilg. ausgeführter Konstruktionen. gr. 8. (XII, 274 S. m. 165 eingedr. Fig.) Berl. 890, Springer. geb. * 6 —
Aus: Zeitschr. d. Ver. deutscher Ingenieure, besonders abgedruckt.

Ernst, Adolf, Tournüromanie. Vertraulicher Briefwechsel zwischen zwei jüngen Frauen. Mit vielen komischen Holzsch.-Silhouetten. Verlag v. Braun & Schneider in München. O. J. (1875). 8°. 94 S. in Einfassung. (3 Mk., Expl. im illustr. Orig.-Umschl., Rich. Härtel, Dresden, 1909.) (Bibl. Lipperheide no. 3646.)

James Watt und die Grundlagen des modernen Dampfmaschinenbaues. E. geschichtl. Studie, vorgetr. in d. 37. Hauptvers. d. Ver. Deutsch. Ingen. zu Stuttgart. Von Ad. Ernst, Prof. . . . Stuttgart. M. d. Bildn. v. J. Watt u. 27 Textfig. *Berlin: J. Springer 1897.* (V, 106 S., 1 Portr.) 1 Bd 8. [97. 9907

Neue Beiträge zu Heinrich Leuthold's Dichterportrait. Mit 49 Originalübers. u. mit literarhist. Aufsätzen Leuthold's. Gesammelt u. hrsg. von Adolf Wilhelm Ernst. Hamburg: Kloss 1897. 126 S. 8°
(Ernst: Heim. Leuthold. 2.) [illegible] II

Ernst, Adf. Wilh., litterarische Charakterbilder. Ein Buch f. die deutsche Familie. gr. 8. (III, 319 S. m. 10 Bildnissen.) Hamburg 895. C. Kloß. n. 4. —; geb. n.n. 5. —; auch in 10 Lfgn. à n. — 40

— Empor! Gedichte. 8. (126 S.) Ebd. 897. n. 2. —; geb. n. 3. —

Ernst, Adf. Wilh., Lenaus Frauengestalten. gr. 8. (VII, 410 S.) Stuttgart 902. C. Krabbe. n. 5. —; geb. in Leinw. n. 6. —; in Halbfrz. n. 7. —

[F.] Hermann von Gilm. Beiträge zu s. Werden u. Wirken. M. e. Anh. enth. Gilms Novelle. Von Adolf Wilhelm Ernst. *Leipzig: G. H. Meyer 1898.* (XII, 240 S.) 1 Bd 8. [97. 8014

(B) Ernst, Ad. Wilh., Hermann v. Gilm. 898 Jetzt: Berlin. F. Wunder.

Ernst, Adf. Wilh., Lessings Leben und Werke. (XVI, 529 S. m. 1 Bildnis.) 8. Stuttgart 903. C. Krabbe. n. 5. —; geb. in Leinw. n. 6. —; in Halbfrz. n. 7. —

— Heinrich Leuthold. Ein Dichterportrait. Mit ungedruckten Gedichten u. Briefen u. dem Bildniß Leuthold's nach e. Gemälde von Frz. v. Lenbach. 1. u. 2. Aufl. gr. 8. (VIII, 163 S.) Ebd. 891. 893. n. 2. 50

Heinrich Leuthold. Ein Dichterportrait. Mit ungedr. Gedichten u. Briefen, sowie d. Bildn. Leuthold's. Von Adolf Wilhelm Ernst. (T. 1. 2.) Hamburg: Kloß 1893–97. 8°
1. 2. Aufl. 1893.
2 [u. d. T.]: Neue Beiträge zu Heinrich Leuthold's Dichterportrait. 1897.
[illegible] II

— Goethes Religion. Eine Studie. 8. (62 S.) Hamburg 895. C. Kloß. n. 1. —

Alsatica. Catalogue de la collection d'ouvrages sur l'Alsace, la Lorraine et les Pays limitrophes ⟨livres et estampes⟩ de feu M. Adolphe Ernst, de Saint-Dié-les-Vosges. Le vente aura lieu le 25 Nov. 1901. Katalog der Alsatica. Bücher u. Kupferstiche von Adolphe Ernst ... *(Strasbourg: J. Noiriel 1901.)* (VII, 181 S.) 8° [illegible]

Ernst, Albert

Ernst, Alb., die mineralischen **Bodenschätze** des Donezgebietes in Süd-Russland. Eine auf bergbaul. Studien beruh. Mittheilg. Mit e. (farb.) geolog. Uebersichtskarte. gr. 8. (VIII, 56 S.) Hannover 893. (Freiberg, Craz & Gerlach.) n. 3. —

Ernst, A. (I.). Eine bergmännische Excursion durch den Ural. Mit 1 geolog. Uebersichtskarte u. 2 Specialkärtchen. gr. 8. (82 S.) Hannov. 892. (Freiberg i. S., Craz u. Gerlach.) 3 —

Ernst, A., das Gold- und Silbererz-Vorkommen von Tambang-Salida auf Sumatra's Westküste. Mit 1 Taf. gr. 8. (15 S.) Hannover 890. (Freiberg i/S., Craz & Gerlach.) n. 1. —

Ernst, A. (I.), verschiebliche Haldensturz-Bühne für Bergbau- und derartige Betriebe. gr. 8. (6 S. mit 1 Stnt.) Freiburg 886, (Craz und Gerlach.)

— geognostische u. bergbauliche **Skizzen** üb. die Kaukasus-Länder. gr. 8. (17 S. m. 1 farb. Karte.) Ebd. 891. n. 1. 50

Ernst, Alb., Wittekind. Ein nation. Heldengedicht. 8. (111 S.) Berlin 898. A. Frantz. n. 1. 80

Ernst, Alex., die Kunst aus d. gewöhnl. weissen Mohn (Papaver somniferum L.) Opium zu gewinnen. Nebst Anweis. zur erforderl. Cultur d. Mohns. Eine nützl. Schrift f. Landwirthe u. Pharmazeuten. 8. (1 B. u. 1 Taf. Abbild.) Quedlinburg 838, Basse. Thlr.

Ernst, Alfred. Baumbilder aus den Tropen. [Mit 6 Tafeln.] Separatabdruck aus den Verhandlungen der Schweizerischen Naturforschenden Gesellschaft. 93. Jahresversammlung vom 4. bis 7. September 1910 in Basel. [Band 1.] II + 19 S. 8. Basel, Emil Birkhäuser, 1910.

Ernst, A[lfred]. Der Befruchtungsvorgang bei den Blütenpflanzen. [Mit Figuren.] Separatabdruck aus den Mitteilungen der Naturwissenschaftlichen Gesellschaft in Winterthur. Heft 5. Jahrg. 1903 und 1904. 45 S. 8. Winterthur, Geschwister Ziegler, 1904.

Ernst, Alfred. Beiträge zur Kenntnis der schweizerischen Characeen. 1. Die Stipularblätter von Nitella hyalina ⟨DC.⟩ Ag. Mit [Figuren und] 1 Tafel. Separat-Abdruck aus der Vierteljahrsschrift der Naturforschenden Gesellschaft in Zürich. Jahrg. 49 1904. Heft 1. *Kopftitel:* Arbeiten aus dem Laboratorium für allgemeine Botanik und Pflanzenphysiologie der Universität Zürich. 53 S. 8. Zürich, Zürcher & Furrer.

Ernst, Alfred. Beiträge zur Kenntniss des Dimethylanilins und Diphenylamins. (Bern) Winterthur, 1887.

Ernst, Alfred. Beiträge zur Kenntniss des Dimethylanilins und Diphenilamins. Inauguraldissertation. Gr. in-8°, 44 S. Bern. 1888

Ernst, A[lfred], und Bernard, Ch[arles]. Beiträge zur Kenntnis der Saprophyten Javas: 1. Zur Systematik von Thismia javanica-J. J. S. von J J Smith; 2. Aussere und innere Morphologie von Th' jav' J. J. S. von Ch. B' und A. E'; 3. Embryologie von Th' jav' J. J. S. von Ch. B' und A. E'. [Mit 9 Tafeln.] Extrait des Annales du Jardin Botanique de Buitenzorg. 2° Serie Vol. 8.... III S. + S. 20—61. gr.-8. Leide, Libr. & Impr. ci-devant E. J. Brill, 1909.

Ernst, A[lfred]. Beiträge zur Morphologie und Physiologie von Pitophora. Von A. E' [Zürich]. (Mit 4 Tafeln.) Extrait des Annales du Jardin Botanique de Buitenzorg. IIe Serie. Vol. 7.... I p + p. 18—55. gr.-8. Leide, E. J. Brill, 1908.

Ernst, A[lfred]. Beiträge zur Ökologie und Morphologie von Polypodium pteropus Bl., von A. E' (Zürich. Mit 3 Tafeln). Extrait des Annales du Jardin Botanique de Buitenzorg. IIe Serie. Vol. 7.... II p. + p. 103—143. gr.-8. Leide, E. J. Brill, 1908.

Ernst, A[lfred]. Die Besiedelung vulkanischen Bodens auf Java und Sumatra. [Mit] Tafel 1—12. [IV + 30 S.] 4. Jena, Gustav Fischer, 1909. [M. 8. —]
Vegetationsbilder, hrg. von Dr. G[eorg] Karsten ... und Dr. H[einrich] Schenck.... Siebente Reihe, Heft 1 und 2....

Ernst, Alfred. Chromosomenreduction, Entwickelung des Embryosackes und Befruchtung bei Paris quadrifolia L. und Trillium grandiflorum Salisb. Habilitationsschr. Phil. II. Univ. Zürich ... November 1901. ⟨Sonderabdruck aus «Flora oder Allgem. Bot. Zeitung», Ergänzungsband 1902.⟩ [Mit 6 Tafeln.] 50 S. 8. München, Val. Höfling, 1902.

Ernst, A[lfred]. Das Ergrünen der Samen von Eriobotrya japonica ⟨Thbg.⟩ Lindl. Von A. E' [Zürich]. ⟨Mit Tafel 2.⟩ (Abdruck aus: Beihefte zum Botanischen Centralblatt. Original-Arbeiten.... Band 19. Abt. I. Heft 1. 1905.) II S. + S. 118—130. 8. (Leipzig, Georg Thieme.)

Ernst, A[lfred]. Die neue Flora der Vulkaninsel Krakatau. Mit 2 Kartenskizzen und 9 Landschafts- und Vegetationsbildern [auf 6 Tafeln]. (Separat-Abdruck aus der « Vierteljahrsschrift der naturf. Gesellschaft in Zürich », Jahrg. 52, 1907, Heft 3.) II + 77 S. gr.-8. Zürich, Füsi & Beer, 1907. [fr. 3. —]

Ernst, A[lfred]. Über androgyne Infloreszenzen bei Dumortiera. Von A. E' (Zürich). Sonderabdruck aus den Berichten der Deutschen Botanischen Gesellschaft, Jahrg. 1907, Band 25, Heft 8. Mit Tafel 13. II S. + S. 455—464. 8. Berlin, Gebrüder Borntraeger, 1907.

Ernst, A[lfred]. Das Keimen der dimorphen Früchtchen von Synedrella nodiflora ⟨L.⟩ Grtn. Von A. E' (Zürich. Mit 3 Abbildungen im Text). Sonderabdruck aus den Berichten der Deutschen Botanischen Gesellschaft, Jahrg. 1906, Band 24, Heft 8. III S. + S. 450—458 8. Berlin, Gebrüder Borntraeger, 1906.

Ernst, A[lfred]. Zur Kenntnis von Ephemeropsis tjibodensis Goeb. ([Mit] Tafel XXVIII.) Extrait des Annales du Jardin Botanique de Buitenzorg. 2e Serie Suppl. III. II p. + p. 699—710. 8. Leide. Libr. et Impr. ci-devant E. J. Brill, 1910.

Ernst, A[lfred]. Zur Phylogenie des Embryosackes der Angiospermen. Von A. E' (Zürich). Mit einer Tafel. Sonderabdruck aus den Berichten der Deutschen Botanischen Gesellschaft, Jahrg. 1908. Band 26a, Heft 6. II S. + S. 419—438. 8. Berlin. Gebrüder Borntraeger. 1908.

Ernst, Alfred. Ueber Pseudo-Hermaphroditismus und andere Missbildungen der Oogonien bei Nitella syncarpa ⟨Thuill.⟩ Kützing, und Beiträge zur Kenntniss der Entwickelung des Embryosackes und des Embryo ⟨Polyembryonie⟩ bei Tulipa Gesneriana L. Diss. Phil. [II.] Univ. Zürich. Sonderabdruck aus « Flora oder Allgem. Botan. Zeitung » 1901, Bd. 88, Heft 1. [Mit 8 Tafeln.] IV + 77 S. 8. München, Val. Höfling, 1901.

Ernst, A[lfred]. Siphoneen-Studien. [Teil] (1)—4. 8.

([Teil] 1: Dichotomosiphon tuberosus ‹A. Br.› Ernst, eine neue oogame Süsswasser-Siphonee.) Mit Tafel 6—10. Abdruck aus den Beiheften zum Botanischen Centralblatt. Original-Arbeiten…. Band 13. Heft 1. II S. + S. 115—148. Jena, Gustav Fischer, 1902.

[Teil] 2: Beiträge zur Kenntnis der Codiaceen. Mit 3 Tafeln. Abdruck aus den Beiheften…. Bd. 16 Heft 2. II + 38 S. Jena, G' F', 1904.

[Teil] 3: Zur Morphologie und Physiologie der Fortpflanzungszellen der Gattung Vaucheria DC. Mit 1 Tafel. Abdruck aus den Beiheften…. Bd. 16 Heft 3. II + 16 S. Jena, G' F', 1904.

[Teil] 4: Zur Kenntnis des Zellinhaltes von Derbesia. [Mit 1 Tafel.] Sonderabdruck aus « Flora oder Allgem. Botan. Zeitung » 1904, Band 93, Heft 4. *Kopftitel:* Arbeiten aus dem Laboratorium für allgemeine Botanik und Pflanzenphysiologie der Universität Zürich. 21 S. München, Val. Höfling, 1904.

Ernst, A[lfred]. Untersuchungen über Entwicklung, Bau und Verteilung der Infloreszenzen von Dumortiera. Von A. E', Zürich. (Mit 7 Tafeln.) Extrait des Annales du Jardin Botanique de Buitenzorg. II° Serie. Vol. 7…. II p. + p. 153—223. gr.-8. Leide, J. E. Brill, 1908.

Ernst, Anton (geb. Reichenbach in Schles. 22. 4. 1825): De eclampsia. Berolini (1849). (26 S.) 8°

Berlin, Med. Diss. v. 24. Dez. 1849

Ernst, Anton [aus Paderborn]: Pseudolepra . . . . Berlin, Druck v. A. Haack, 1888; 30 S. + 1 Bl. 8°

Berlin, Med. Fak., Inaug.-Diss. v. 1. Aug. 1888

Ernst, August, Bacc. jur., Fürsprech: Die Bedeutung des Merkmals 'widerrechtlich' in Art. 50 des schweizerischen Obligationenrechts. Aarau 1910: Sauerländer. VIII, 56 S. 8°

Leipzig, Jur. Diss. v. 13. Juli 1910

[Geb. 2. Dez. 80 Aarau; Wohnort: Aarau; Staatsangeh.: Schweiz; Vorbildung: Gymn. an d. Kantonssch. Aarau Reife O. 01; Studium: München 3, Zürich 1, Leipzig 3 S.; Rig. 11. Jan. 05.] [U 10. 2691

Ernst, August: Republik Chili. Erlebnisse und Beobachtungen daselbst. — Bln: Möser & Scherl 1863. 121 S. mit 4 Ill.

Ernst, Aug., das vornehmste Gebot od. War Preußen fähig, Deutschland zu führen? Eine Befreiungs-, Fest- u. Erinnerungsrede, geh. im Walde v. Klein-Tschunkawe. (24 S.) 8. Berlin 910. Spree-Verlag. — 50

Ernst, Aug., u. Joh. Adam, Kathechet. Geschichte d. Elsasses b. z. Revolution. Von d. theolog. Fakultät Strassburg gekrönte Preisschrift. gr. 8. (XI, 351 S.) Strassburg 897. F. Bull. n. 5. —

— dasselbe. Namen- u. Sachreg. gr. 8. (S. 353—360.) Ebd. 897. Unentgeltlich.

Ernst, Aug., „Jubilate!" Festschr. z. 100jähr. Jubelfeier d. Geburtstages Kaiser Wilhelm d. Großen am 22. März 1897. gr. 8. (27 S. m. 1 Bildn.) Frankfurt a/M. 896. (Gebrüder Knauer). n. — 75; kart. n. 1. —; m. Goldschn. n. 1.25

Ernst, A.: Ethnographische Mittheilungen aus Venezuela. ([S.-A.] Verhandlungen der Berliner Anthropologischen Gesellschaft Sitzung vom 16. October 1886. S. 514—545.) (Berlin 1886.) 32 S., 1 Tf. 8°.

Ernst, A.: Die Producte Venezuelas auf der Internationalen Landwirthschaftlichen Ausstellung in Bremen 1874. Im Auftrage des Präsidenten der Republik Antonio Guzman Blanco zusammengestellt und beschrieben. Bremen 1874. 96 S. 8°.

Ernst, Aug., Nationalismus u. Liberalismus, s.: Wesen u. Werden, das, des Protestantismus.

Ernst, A., Rede, gehalten am Abend der Vorfeier des Humboldt-Festes, 13. Sept. 1869 in der Ruine von Sabana Grande. Caracas 1869.

Ernst, Aug., Religion u. Wissenschaft. 12. (26 S.) Warnsdorf 896. A. Opitz. n. — 15

– Christl. od. confessionslose Schule? Rede, geh. am Vereinstage d. kathol. Männervereine Nordböhmens in B.-Kamnitz a. 22. VII. 1894. 16. (12 S.) Ebd. 894. — 05

Ernst, B. (Mitarb.), s. Beiträge zu einer Kritik der neuen, deutsch-katholischen Glaubensbekenntnisse.

Ernst, B., Cäcilienbüchlein zur Förderung der Andacht beim hl. Meßopfer. Den kathol. Laien u. besonders den Chorsängern gewidmet. gr. 16. (192 S. m. Titelbild.) Paderborn 899. Junfermann. n. — 60; geb. in Leinw. n.n. — 85

— Dichterstimmen üb. Erziehung u. Unterricht. Eine Sammlung Gedichte u. poet. Citate f. Eltern, Lehrer u. Erzieher. 12. (144 S.) Ebd. 902. n. 1. 50; geb. in Halbleinw. n. 2. 25

— dem Leben zurückgegeben, s.: Veröffentlichungen des Vereins der Bücherfreunde. 8. Jahrg. 7. Bd.

Ernst, B., Luftzug, atmosphärische, klimatische Einflüsse u. die Erkältung. Eine Satire f. Ärzte. Mit e. Nachwort v. K. Chodounský. (20 S.) 8. Wien 911. J. Šafář. — 60

Ernst, B., prüfe, wer sich ewig bindet. Roman 8. (318 S.) Berlin 896. Deutsches Verlagshaus Bong & Co. n. 4. —; geb. n. 5. 50

Ernst, Bened., speculum sine macula Dei majestatis, d. i. hochheiliges Meßopfer rc. 4. Augsb. 796. M. Rieger. 1/12 Rthlr.

Ernst, Benjamin Gottlob

Ernst, …, neues Planetenbuch oder Mikro- u. Makrokosmos. Hypothese. gr. 8. Breslau 846, Kern. 1/2 Rthlr.

Ernst, neues Planetenbuch oder Mikro- und Makrokosmos. Hypothese. gr. 8. (VIII und 98 S.) Breslau 847, Kern.

Ernst, (Benj. Gottlob), Planetognosis. Neues Planetenbuch od. Mikro- u. Makrokosmos. Eine These. 2. verm. Aufl. 2 Lfgn. in 1 Bd. Nebst einem Anh.: Papierstreifen aus dem Portefeuille eines verstorb. Naturforschers. gr. 8. (XVI u. 272 S.) Breslau 850, Kern. 1 1/4 Rthlr.

— Planetognosis. 2. Hft. (zur 1. u. 2. Aufl.) des neuen Planetenbuchs. I. Bausteine von Ernst. II. Papierstreifen aus d. Portefeuille eines verstorb. Naturforschers. gr. 8. (IV u. 164 S.) Ebd. 850. 3/4 Rthlr.

Ernst, C., der große Brand v. Gera am 18. Septbr. 1780. Gedicht. 12. (39 S.) Gera 880. (Hahn.) n. — 50

Ernst, C., die österreichischen Gebühren- und Stempelgesetze, mit Benützung der neuesten Bestimmungen ausschließlich zum praktischen Gebrauche für die Gewerbs- und Handelswelt zusammengestellt und faßlich bearb. 8. (52 S.) Salzburg 864, Glonner. *

Ernst, C., die Mühle bei Auerstädt, oder die unverhoffte Erbschaft; Schspl. 8. Basel 810. (Neukirch). 6 gr. Ebner in Ulm. 8 gr.

Ernst, C. B., Soll die Vernunft regieren, oder der Glaube? Vom Standpunkte der Demokratie. 8°. Bremen 1850.

Ernst, Carl, s. Ernst, Karl

Ernst, Ch.: Ueber Haupttangentencurven auf einigen singul. Flächen 3.0.1873. 8°. Diss. Göttingen.

Ernst, Ch., über Complexe 2. Grads, welche durch Flächenpaare 2. Grads erzeugt werden. (Gekrönte Preisschrift.) Diss. München 1885. A. Buchholz. 8°. 80 S.

Ernst, Ch.: Ueber Complexe 2. Grads, welche durch Flächenpaare 2. Grads erzeugt werden. (Gekrönte Preisschrift.) . . . München, Akad. Buchdr. v. F. Straub, 1885; 8 + 80 S. 8°.

München, Phil. Fak., Inaug.-Diss. v. 1885.

Ernst, Ch., Eine Theorie d. elektrischen Stromes auf Grund d. Energieprincipes. gr. 8. (64 S. m. 6 Fig.) München 897. Dr. H. Lüneburg. n. 2. —

Ernst, Charlotte, das Bild der Gouvernante. Eine Erzählg. 8. (V, 129 S.) Norden 876. Soltau. n. 1. 60

Ernst, Charlotte, allerlei Blätter u. Blüthen aus ernsten u. frohen Tagen. 8. (93 S.) Norden 879. Soltau. n. 1. —

— für Mütter! Ernste Worte. 16. (31 S.) Ebend. 877. cart. m. Goldschn. n. 1. —

Ernst, Charlotte, wie stehst du zu Christo? Briefe üb. e. Lebenserfahrg. gr. 8. (48 S.) Heidelberg 901. (Ev. Verlag.) n. — 50

Ernst, Chr., und L. Stolte, Lehrbuch der Geometrie zum Gebrauche an Gymnasien, Realschulen und anderen höheren Lehranstalten. 1. Tl.: Planimetrie, nebst einer Sammlung von Aufgaben. gr. 8. (107 S.) Straßburg 886, Straßburger Druckerei und Verlagsanstalt, vorm. Schultz und Comp., Verlag. cart. *

Ernst, Chr., u. L. Stolte, Lehrbuch der Geometrie zum Gebrauche an Gymnasien, Realschulen u. anderen höheren Lehranstalten. 1. Tl. Planimetrie, nebst e. Sammlg. v. Aufgaben. 2., verb. Aufl. gr. 8. (109 S. m. Fig.) Straßburg i/E. 891. Straßburger Druckerei u. Verlagsanstalt. Kart. n. 1. 50

Ernst, Chr., u. L. Stolte, Lehrbuch der Geometrie zum Gebrauche an Gymnasien, Realschulen u. anderen höh. Lehranstalten. 1. Tl. Planimetrie, nebst e. Sammlg. v. Aufgaben. 4. Aufl. gr. 8. (109 S. m. Fig.) Straßburg 903. Straßburger Druckerei u. Verlagsanstalt. Kart. n. 1. 50

Ernst, Chr., u. L. Stolte, Lehrbuch der Geometrie zum Gebrauche an Gymnasien, Realschulen u. anderen höheren Lehranstalten. 1. Tl. Planimetrie nebst e. Sammlg. v. Aufgaben. 7. verb. Aufl. (116 S. m. Fig.) 8. Straßburg 910. Straßburger Druckerei u. Verlagsanstalt. Geb. 1. 80

Ernst, Christian

— Leben des berühmten Paul Math. Wehner. 8. Nürnb. 725.

Ernst, Chrn., der Mauschel-Christ. Nach seinem Leben u. Streben dargestellt. 12. (36 S.) Paderborn 880. Bonifacius-Druckerei. — 25

Ernst, Christian, Prof. Dr.: Die Prinzipien der Arbeit und Energie auf Grund des Axioms der Wirkung und Gegenwirkung. Amberg 1906: H. Böes. (46 S.) 8°
Amberg, k. G P 1906*

Ernst, Christian, Marggr. z. Brandenburgs Reisen. 12.

Ernst, Christoph Friedrich Wilhelm

Ernst, (C. F. W.,) Entwürfe zu Predigten, nebst einer Vorrede über d. Abfassen u. Halten derselben f. Candidaten des Predigtamts. gr. 8. Marburg 826, Krieger.

— Gedächtniß-Predigt auf den am 27. Febr. 1821 erfolgten Tod Sr. königl. Hoh. d. Kurfürsten v. Hessen, Wilhelm I., gehalten am 8. April in d. Brüderkirche. 2e Aufl. 8. Cassel 821. Luckhardt. 2 gr

Ernst, Chrstph. Friedr. Wilh., Confirmations-Handlung d. Gräfin Louise v. Reichenbach-Lessonitz, nebst d. darauf sich bezieh. Predigt; auf allerhöchsten Befehl in d. Druck gegeb. 8. (2 B.) Cassel 828, (Luckhardt.)

—— Predigt z. 3. Sekular-Feier d. Uebergabe d. Augsburg. Lehr- u. Glaubensbekenntnisses, gehalten in d. Brüderkirche. 8. (1 B.) Cassel 830, Luckhardt.

— Predigt über d. Vaterlandsliebe. 8. Cassel 813.

Ernst, Chph. Friedr. Wilh., Predigt üb. d. unzertrennl. Verbindung d. Vernunft u. d. Christenthums, gehalt. in d. Brüdergemeinde zu Kassel am 24. Aug. 1834. 8. (1 B.) Kassel 835, Luckhardt'sche Hofbuchh. *

— Predigten vermischten Inhalts. gr. 8. Cassel 806. 2e A. 823. Krieger. 1 ℛ 2r Thl. gr. 8. Ebd. 20 gr 815. beide Theile bei Luckhardt ebd. 2 ℛ 4 gr

— Predigten vermischten Inhalts. 1e Samml. 2e Aufl. gr. 8. Cassel 822, Krieger.

— Predigten über selbstgewählte Stellen der heil. Schrift. 4. Cassel 827, Luckhardt.

—— Predigten üb. selbst gewählte Stellen d. heil. Schrift; zum Vorlesen bei öffentl. Gottesverehrungen, an Sonn- u. Festtagen, so wie zur häusl. Erbauung. 2., verm. Aufl. Mit d. Bildn. d. Verf. 4. (36 B.) Kassel 839, Luckhardt'sche Buchh. *

Ernst, C. F. W., zwey Predigten nach dem am 11. Januar 1820 erfolgten Tode Ihrer königl. Hoheit, der Kurfürstin von Hessen, gehalten in der Brüderkirche zu Cassel. 8. Cassel, Luckhardt. 821. *

— **Christoph Sigismund** (Meissen). De potestate appellandi judicem a sententia arbitri. Exercit. jur. Präs. Georg Friedrich Kraus. Wittbg. (Schlomach) März 1749. 44 S. (4.80) 8220

Ernst, Clara, s.: Ernst, Klara.

Ernst, Conrad, s. E r n s t , Konrad

Ernst, Constantin, s. E r n s t , Konstantin

Ernst, Cornelius, s. E r n s t , Kornelius

Ernst, E., Elternpflicht. Beiträge zur Frage der Erziehg. der Jugend zur Sittenreinheit. Gesammelt u. bearb. 3., erweit. Aufl. 7.—9. Taus. (208 S.) 8. Kevelaer (906). Butzon & Bercker. n. 2. 50; geb. n. 3. 50
1. Aufl. (176 S.); 2. Aufl. (188 S.) 905. à n. 2.—.

Ernst, E. —. Architektonische Erörterungen von — —. Wien. 1855. Druck und Verlag von Leop. Sommer. (28 S. 8.)

Ernst Eduard, (Pfr. in Weggis), Anrede bei der Grundsteinlegung der neuen Pfarrkirche in Uffikon, Ktn. Luzern, am Pfingstmontag 1871. 14 Stn. 8. Luzern, Gebrüder Räber. 1871 **—. 20.**

Ernst, Ed., die Gymnastik der Hand, oder Vorschule der Musik und der verschied. Künste und Gewerbe. Ein nützl. Handbuch für Eltern, Erzieher, Musiklehrer, sowie eine Anleitung zur radikalen Heilung des Händezitterns, Schreibekrampfes und anderer Handübel. 16. (XII und 56 S. mit 21 in den Text gedr. Abbild. in Holzschn.) Leipzig 865, Weber. *

Ernst, Ed., die Gymnastik der Hand od. Vorschule der Musik u. der verschiedenen Künste u. Gewerbe. Ein nützl. Handbuch f. Eltern, Erzieher, Musiklehrer, sowie e. Anleitg. zur Behandlg. d. Händezitterns, Schreibkrampfes u. anderer Handübel. 2., verb. Aufl. 16. (XII, 53 S. m. 23 Abbildgn.) Leipzig 893. J. J. Weber. n. 1. —

Ernst, Ed., Predigt über die christl. Reinigkeit, gehalten am Feste der heil. Jungfrau und Martyrin Katharina, in Horw den 25. Wintermonat 1859. gr. 8. (19 S.) Luzern 860, Gebr. Räber.

Ernst, Edu., 150 verschied. Touren od. der Vortänzer des Cotillon u. der Touren-Tänze. 2. Aufl. (5 B.) 843 u. 3., verb. u. verm. Aufl. 32. (96 S.) Schneeberg 844. (Leipzig, Rein'sche Buchh.) à *—

Ernst, Ed., 134 verschiedene Touren oder der Vortänzer des Cotillon u. der Touren-Tänze. 2. Aufl. 16. Schneeberg 843, Rentzsch. geb. 5/12 ℛ — 3. verb. u. verm. Aufl. 150 verschiedene Touren rc. 32. Ebend. 844. (Leipzig, Reinsche Buchh.) n. 5/12 ℛ

Ernst, Emil, das Mikroskop u. seine Anwendung, s.: Unterhaltungen, naturwissenschaftliche, f. Knaben.

Ernst's (Erichsen), des Steuermannes Mensen, Leben, See-, Land- u. Schnell-Reisen in allen 5 Welttheilen. Nach mündl. u. schriftl. Ueberlieferungen, mit Erläuterungen u. vergleich. Anmerkk. herausg. von Gust. Rieck, Verf. des „Alten Sergeanten." 1r Thl. Vom Jahre 1799 bis zum J. 1814. 1e—4e Lfrg. 8. Breslau 837—39. (Verlags-Compt.) (à n. 1/3 ℛ) 1 1/3 ℛ

Ernst, Erichsen, des Steuermannes Mensen, Leben, See-, Land- u. Schnell-Reisen in allen fünf Welttheilen. Nach mündl. u. schriftl. Ueberliefern., mit Erläutern. u. vergleich. Anmerkn. hrsg. v. Gust. Rieck. 1. Thl. Vom J. 1799 bis z. J. 1814. 1—4. Lfg. 8. (27 B. u. Portr.) Breslau 838, 39, (Verlags-Comtoir.) à * 1/3 Thlr. *

Ernst, Eugen: Die geburtshülflichen Indicationen bei Gebärmutterkrebs. Strassburg, Buchdruckerei von R. Schultz & Comp., 1882. 8. 80 S.

Ernst, Eug., Mainachtgeister. 12. (153 S.) Riga 886, Mellin und Neldner. **ℳ 2.—; geb. **

Ernst, Eulogius, d. Patriot. Eine schweizerische Erzählung a. d. J. 1830. 2 Thle. 8. (37 1/2 B.) Frankfurt a. M. 846, Sauerländer's Verl. *

Ernst, Fr.

— — Bemerkungen auf einer Reise durch das Innere der vereinigt. Staaten von Nord-Amerika im Jahre 1819. Nebst einer Uebersetzung der Constitution des Illinois-Staats. Mit 1 Kupf. 8. Hildesheim, Gerstenberg. 820.

Ernst, F., Beschreibung eines neu erfundenen Destillir-Apparats für Branntweinbrenner, Destillateure, Apotheker ic. Mit Kupfern. gr. 8. Hildesheim, Gerstenberg. 819. 1½ Louisd'or.

Ernst, (Fr.,) die Eroberung Antiochiens, oder Friedrich von Flamming u. Kunigunde v. Schwarzenstein. Aus den Zeiten der Kreuzzüge. 8. Quedl. 827, Basse.

Ernst, F., die Visitation d. Apotheken, od. Anleit. zur gründl. Untersuch. sämmtl. bis jetzt bekannt. Arzneimittel auf ihre Aechtheit, Güte u. Verfälschung. Zum Gebr. f. Aerzte, Chirurgen, Apotheker u. Droguisten. gr. 8. (32 B.) Ulm 840, Ebner'sche Vrlsbuchh.

Ernst, Fr. A., Professor Lapsens Reise nach dem Mond m. dem Zeppelin-Ballon. In Reimen erzählt. (32 S.) 8. Dresden (909). E. Freyer. 1.—; erm. Pr. —60

Ernst, Franz

Ernst, F. Byron und Southey. Grevenbroich, H. B., 1892. 30 S. 4. Progr.

[Ant. u. F.] **Ernst,** *Franz* [Dir.]: Die Einführung des Direktors und die Feier des Ausbaus der Anstalt zum Progymnasium. Grevenbroich, Buchdr. v. P. A. Bochum, 1897; 44—51 S. 4.
Grevenbroich, PG, P 1897 (462)

Ernst, Frz., Bruder Frantzius. Roman aus dem Leben e. Idealisten. 3 Tle. in 1 Bde. (134, 159 u. 72 S.) kl. 8. Schwerin 906. F. E. A. Müller. n. 5. —

Ernst Franz: Der Untergang der Angehörigen Alexander des Großen. 9. Prag I. St. R. 91.
Progr.

ABC für Adamssöhne von **Friedrich Ernst**. *Heiligenstadt Eichsfeld : F. W. Cordier (1899).* (VIII, 200 S.) 8° [Ant. u. F.] [99. 2816

[F.] ABC für Evastöchter v. **Friedrich Ernst** ... *Heiligenstadt (Eichsfeld): F. W. Cordier (1896).* (VIII, 183 S.) 1 Bd 8. [98. 0338

Ernst, Frdr., ABC f. Evastöchter. 12. (VIII, 183 S.) Heiligenstadt 897. F. W. Cordier. Geb. in Leinw. n. 1. —

Ernst, Friedrich, von Winterthur [Kt. Zürich]: Ueber die Anordnung der Blutgefässe in den Darmhäuten. Zür. F. Schulthess Dr. [u. Verl.] 1851. 2 Bl., 31 S., 1 Bl., 1 Taf. 8°.
Zürich. Med. Diss. v. 12. Juli 1851.

Ernst, Friedrich. Nach Arosa! Eine Sommerfahrt in die Schweizer Berge. IV + 118 S. 8. Braunschweig und Leipzig, Richard Sattler, 1901. [br. M. 2. —, geb. M. 2. 80]

Ernst, Frdr., die heutige deutsche Burschenschaft. Ein Mahnwort an sie selbst. 8. (32 S.) Jena 851, Döbereiner in Comm. n. 4 ngr

Ernst, Friedr., Gymn.-Assist.: Der Lyriker und der Metriker Caesius Bassus. *München 1901: H. Kutzner.* (38 S.) 8°
München, k. Wilhelms-G, P 1901*

Ernst, Friedr., Dichtungen. gr. 8. (18½ B.) Heidelberg 837, C. F. Winter.

Ernst, Frdr., Freidenker-Brevier. 8. (VII, 272 S. m. 10 Bildn.) Bamberg 895. Handelsdruckerei. n. 3. —; geb. in Celluloid u. Leinw. n. 4. 25

Ernst, Frdr., Freidenker-Brevier. 2. Aufl. (VII, 272 S. m. 10 Bildnissen.) 8. Bamberg (908). Handels-Druckerei u. Verlagsh. 3.—; geb. in Leinw. 4. 25

Ernst, Frdr., plattdütsche Gedichte. 16. (VIII u. 162 S.) Berlin 847, Plahn. n. ⅔ ℛ

Ernst, Frdr., plattdeutsche Gedichte. Neue Ausg. Berlin 861. Gaertner. 16. (152 S.) 15 ngr

[F.] Gratulationsbuch. E. Wunschbuch f. alle Gelegenhtn. Nebst e. Anh.: Album-Sprüche. Hrsg. v. **Friedrich Ernst**. *Berlin: Neufeld & Henius [1897].* (VI S., 1 Bl., 134 S.) 1 Bd 8.
— Volksbibliothek, Neufelds. Bd 6. [97. 3084

Ernst, Frdr., Gratulationsbuch. Ein Wunschbuch f. alle Gelegenheiten. Nebst e. Anh.: Album-Sprüche. 2. u. 3. Aufl. 8. (à VI, 134 S.) Berlin (899. 901). Neufeld & Henius. 1.—

Ernst, Frdr., Gratulationsbuch. Ein Wunschbuch f. alle Gelegenheiten. Nebst e. Anh.: Album-Sprüche. 4. Aufl. 10—12. Tauf. (VI, 134 S.) 8. Berlin (908). Neufeld & Henius. 1. —

Ernst, Frdr., Humanität — Christentum u. Schule. Ein Blatt zeitgemäßer Pädagogik f. Jedermann. gr. 8. (44 S.) Essen 880. Silbermann. n. — 75

Ernst, Friedr., humoristische Jagd- und Manoeuvre-Affairen, s. Lindau's Reisebibliothek.

Ernst, Friedr. (II.), humoristische Jagd- und Manoeuvreaffairen, s. Wallner's Reisebibliothek.

Ernst, Friedrich: Interesse und Wille im § 683 B.G.B. Borna-Leipzig 1904: R. Noske. (107 S.) 8° [F.]
Tübingen, Jur. Fak., Ref. v. Rümelin, Diss. v. 31. Juli 1904
[Geb. 6. Mai 75 Lippstadt, Westf.; Wohnort: Berlin; Staatsangeh.: Preußen; Vorbildung: Paulinisches Gymn. Münster i. W. Reife 93; Studium: München, Berlin, Leipzig; Rig. 4. Aug. 04.]

Ernst, Frdr., die Krankheiten der Nase u. des Halses, s.a. Sammlung Mejo 2.

Ernst, Frdr., die Krankheiten der Nase u. des Halses, ihre Beziehungen zum Gesammtorganismus u. ihre Bedeutung f. die Singstimme. Zehn allgemeinverständl. Vorträge. gr. 8. (VII, 163 S. m. Abbildgn.) Berlin 899. H. Th. Hoffmann. n. 3. 20

Ernst, Fr. (venator jocosus), Naturgeschichte der Jäger (historia naturalis venatorum). Humoristisch-satirisch-wissenschaftl. Abhandlg. (Umschlag: Schlüsseltrieb-Humor.) (223 S.) 8. Berlin (903). R. Eckstein Nachf. n. 2. —

—— die Sage vom Minneberg b. Neckarthals. Ein Romanzenkranz. M. (3) Umrissen nebst 1 Musikbeil. 8. (13½ B.) Stuttgart 840, Ebner u. Seubert.
Die Musikbeilage: Minna's Lebewohl v. L. Hetsch (für 1 Singstimme mit Pianoforte-Begleitung), einzeln 4 Gr.

Ernst, Friedr., das Wichtigste über das evangelisch-christliche Kirchenjahr für evangel. Elementarschüler. 8. (32 S.) Langensalza 868, Beltz.

Ernst, Friedrich H. Peter Mühlenberg, oder Bibel u Schwert; hist Schauspiel in fünf Akten. NY, 1899.

Ernst, Fritz, Berufsrichter u. Volksrichter in der Strafrechtspflege. (94 S.) 8. Berlin 911. Puttkammer & Mühlbrecht. 1. 60

Ernst, Fritz (Hrsg.), s. Breslau.

Ernst, Fritz (Fritz Ernst Blumenthal), der Ring, s.: Unterhaltungsbücher, neue, f. Stenographen. Nr. 9.

Ernst, Fritz, von [Winterthur und] Zürich: Ueber die Wasserstoffaddition des Thiophenkerns. — Synthetische Versuche in der Thiophenreihe. Zür. Orell Füssli Cie Dr. 1887. 44 S. 8°.
Zürich. Phil. Diss. [v. 5. Juli 1887].

Ernst, G., u. F. Gottsloben, Handbuch f. Geleise-Anlagen zum theoretischen u. praktischen Gebrauche, nebst Anh. v. Formeln u. Reductionstab. Mit 82 in den Text gedr. Holzschn. gr. 8. (VIII, 435 S.) Wien 871. Lehmann & Wentzel. n. 7. 20

ERNST, G. Ph. Gotthold (geb. 21. Jan. 1871 zu Nüstenbach in Baden), Die Heroide in der deutschen Litteratur. (Diss.) Heidelberg, Universitäts-Buchdruckerei von J. Hörning. 1901. Gr. 8°.
3 Bll., 137 S., 1 S. Lebenslauf. — Gediegene, erschöpfende Arbeit.

Ernst, Geo., die ländlichen Arbeitsverhältnisse im rechtsrheinischen Bayern. (VIII, 191 S.) gr. 8. Regensburg (907). (F. Habbel. — Verlagsanstalt vorm. G. J. Manz. — München, F. F. Lentner.) 2. —

Ernst, Georg, a. Buchbach: Die ländlichen Arbeitsverhältnisse im rechtsrheinischen Bayern. München 1908: G. J. Manz. (VIII, 189 S.) 8°

Erlangen, Phil. Fak., Ref. v. Eheberg, Diss. v. 6. März 1908

[Geb. 25. Dez. 80 Buchbach (Oberbayern); Wohnort: München; Staatsangeh.: Bayern; Vorbildung: Gymn. Freising Reife Juli 00; Studium: Lyzeum Freising 8, Univ. München 3 S.; Rig. 18. Febr. 07.]

Ernst, Geo., Feldblumen. Gedichte. (VII, 79 S.) 8. Dresden (906). E. Pierson. n. 1. 60; geb. n. 2. 60

Ernst, G. Geschichte des k. k. 9. Hus.-Reg. Fürst Franz Liechtenstein. Mit Abb. Wien 1862. 346 S. 4°

Ernst, Geo., Leben! Dramat. Scenen. (1 Aufz.) 16. (27 S.) München (898), Rubinverlag. n. 1. —

Ernst, Geo., Militärstrafgerichtsordnung, s.: Herz, Paul.

Ernst, Geo., Militär-Strafgesetzbuch f. d. Deutsche Reich, s.: Herz, Paul.

De geometricis illis, quae sub Boëthii nomine nobis tradita sunt, quaestiones. — Scripsit Georgius Ernst, G.-A. — 1903, Bayreuth, Emil Mühl. — P. 3—32.

Progr. Bayreuth, K. Gymnasium

—— **s. Rechnungs-Aufgaben für Schüler der Volks- und Bürgerschule.**

— Strafrecht der Militärpersonen, s.: **Herz, Paul.**

Ernst, Geo., praktischer Wegweiser f. den Unterricht in der Elementarclasse, s.: Frühwirth, Ant.

Ernst, George, Handbuch des Bicycle-Sport, s. Silberer, Victor.

Ernst, George (Hrsg.), s. Silberer, Viktor: Ruderbuch 1882.

—— Sport-Geschichten, } s. Silberer, Vict.
—— das Training des Rennpferdes,
—— das Training des Trabers,

Ernst, Gottlieb [aus Celle]: Bericht über 25 von Herrn Professor Dr. Riedel operierte Fälle von Kropfgeschwülsten ... Jena, Frommannsche Hof-Buchdr., 1892; 52 S. 8.

Jena, Med. Fak., Inaug.-Diss. v. [1. Apr.] 1892

Ernst, Glieb., trauriges Bild einer in der blinden Liebe bestehenden verkehrten Erziehung, dargestellt in der Selbstbiographie des Konr. Trüb v. Dornheim. [Eine nur zu wahre Geschichte.] Enth.: Vielfache Belehrungen u. Winke f. Erzieher, f. Väter u. Mütter, f. Jünglinge u. Jungfrauen. 8. (110 S.) Winterthur 851. (Herisau, Meisel's Sort.-B.) n. 9 ngr

Ernst, Glieb., der Pauperismus od. die Armennoth. Eine Abhandlung. 8. (39 S.) Winterthur 852. (Herisau, Meisel's Sort.-B.) n. 4 ngr

Ernst, Gottlob

Ernst, Glob., die Bibelchriste. Eine apologet. Erzählg. 12. (158 S.) Kropp 883. Buchh. „Eben-Ezer". n. — 60; cart. n. — 80

Ernst, Glob., der Künstler auf dem Kriegspfad. 12. (24 S.) München 880. Th. Ackermann in Comm. n. — 60

Ernst, Gustav, s. Aus d. Leben eines Arztes.

Ernst, Gustav. Der Gastaufnahmevertrag. Ein Beitrag zur Revision der darüber im schweizerischen Obligationenrecht bestehenden Rechtsnormen. Diss. Jur. Univ. Zürich. VIII + 108 S. 8. Zürich, Zürcher & Furrer, 1903.

Ernst, Gust., der Jagdfiguren-Zeichner. Eine Reihenfolge von 16 (lith.) Vorlegeblättern vom Umriss bis zur Ausführung. Hauptsächlich für Zeichenschulen, Graveure, Schäfter etc. Zella (853.) (Gotha, Gläser.) qu. gr. 8. n. 10 ngr

Ernst, Gust., eine Sammlung Musterblätter. Enthaltend die anwendbarsten Jagdstücke im verjüngten Maaßstabe, nach den Werken von Riedinger u. a. berühmten Künstlern. Zunächst für Graveur, Porzelanmaler, Büchsenschäfter, Holz-, Bein- u. Hornschneider. Lfrg. 1. (10 Bl. in Kupferstich.) qu. gr. 4. Zella 839. (Gotha, Gläser.) n. 5/6 ₰

Ernst, Gust., eine Sammlung Musterblätter zunächst für Graveure, Büchsenschäfter, Porzelainmaler, Holz-, Bein- und Hornschneider. 2. Liefg. qu. gr. 4. (10 Kupfertaf.) Gotha 841, Gläser. n. 1 ₰ (1. 2.: n. 1 5/6 ₰)

Ernst, Gust., Musterblätter enthaltend die anwendbarsten Jagdstücke u. Arabesken f. Büchsenschäfter, Graveure etc. II. Abth. qu. gr. 4. (12 lith. Bl.) Zella 848. (Gotha, Glaeser.) n. 1 ₰ (I, 1. 2. II.: n. 2 5/6 ₰)

Ernst, G(ust.), Musterblätter enthaltend die anwendbarsten Jagdstücke und Arabesken für Büchsenschäfter, Graveure etc. 3. Lfg., enth. 48 verschied. Gewehrtheile. qu. 8. (6 lithogr. Bl.) Gotha 850, (Glaeser.)

1. und 2. Lfg. Ebendas. 1839, 44. * 2 Thlr. 25 Ngr.

—— Musterblätter von Arabesken in griech., byzantin., Renaissance, Grotesken, Roccoco und gothischen Geschmack. Für Zeichnenschulen zur Anleitung im Arabeskenzeichnen, ferner für Büchsenschäfter etc. qu. gr. 4. (18 lithogr. Bl.) Zella 853. (Gotha, Gläser.) *

Ernst, Gustav, s. Schattenrisse aus d. Jugendleben e. Arztes.

Ernst, H., Bericht üb. Unterrichtswesen, s.: Wettstein, H.

Ernst, H., die Ehre des Weibes u. die Thure-Brand'sche Massage. Ein Mahnwort an alle Männer zum Schutze unserer Frauen u. Töchter. Zugleich Lehrbuch zur erfolgr. Behandlg. der Hysterie u. der Unterleibsleiden der Frauen. gr. 8. (III, 70 S. m. 1 Taf.) Leipzig (901). F. E. Fischer. 1. 50

Ernst, H., die Influenz-Tuberkulose u. der Bazillen-Koller. (16 S.) kl. 8. Duisburg (901). (Leipzig, Fritzsche & Schmidt.) n. — 20

Sonderabdruck aus: „Natur- u. Volksheilkunde."

Ernst, H., in der Oase. 8. (191 S.) Oppeln 899. G. Maske. n. 2. —

Ernst, H., zur Reform der Kantonsschule. Beleuchtung d. Postulates d. Schulsynode, betr. den Anschluss d. Gymnasiums an die Sekundarschule. gr. 8. (II, 32 S.) Wülflingen 887. (Winterthur, Kieschke.) n. — 50

Ernst, H. H. Rud., s.: Ernst, Rud.

Ernst, H. J., Handbuch für Seefahrer, Schiffsrheder, Makler und Handeltreibende. 8. (IV und 115 S.) Flensburg 862. (Itzehoe, Claussen.) *

Ernst, H. W.: Leone. Wien 1847.

Ernst, H. W., die Stenographie im Altertum. (30 S.) 8. Wolfenbüttel 910. Heckner. — 60

Ernst, Heinrich

Ernst, Hnr., Abbild. u. Beschreib. e. Buttermaschine. Mit 1 Kpf. 4. Leipz. 802. Gr. Fleischer. 10 gr

— **Abbildd. u. Beschreib. e. Hand-, Mahl- u. Schrot-Mühle.** Mit 1 Kpft. gr. 4. Leipz. 803. Elberf. 806. (Schönian). 12 gr

Ernst, H., Abbild. u. Beschr. einer Hand- Mahl- und Schrot-Mühle. gr. 4. Leipzig, Fleischer der jüng. 806. Rthlr.

— — **dasselbe. m. illum. K. 8. Leipzig, Bruder u. H. 806.**

— — **Beschreib. und Abbild. einer Hand-, Mahl- und Schrotmühle ic. 8. Ist jetzt Verlag von Büschler in Elberfeld.**

— **Abbild. u. Beschreib. e. Maschine zum Schneiden d. Kartoffeln u. Rüben.** Mit 1 Kpf. 4. Leipz. 805. Gr. Fleischer. 12 gr

— **Abbild. u. Beschreib. e. Pendular-Windmaschine zu Ent- u. Bewässerung d. Wiesen.** Mit 1 Kpf. 4. Leipz. 807. Gr. Fleischer. 8 gr

Ernst, Hnr., Abbild. u. Beschreib. e. Stabes- Schöpfrades zur Wiesenwässerung. Mit 1 Kpf. 4. Lpz. 803. Gr. Fleischer. 10 gr

— Abbild. u. Beschreib. e. sehr vortheilh. Streichtisches zu Braunkohlenziegeln. Mit 1 Kpft. 4. Leipz. 801. Er. Fleischer. 10 gr.

— Anweis. zum prakt. Mühlenbau. 5 Thle, mit 82 Kpft. 8. Lpz. 802—7. 2e verm. Aufl. in 7 Bden, mit 113 Kpf. 8. Ebd. 818. Er. Fleischer. 6 Thlr.

Ernst, H.: Anweisung zum praktischen Mühlenbau. Th. 1—5 u. Atlas. Leipzig 1802—1808 (2 Bde)

— Anwend. u. Beschreib. e. Maschine zum geschwinden Einsümpfen d. Braunkohlen. 4. Leipz. 801. Er. Fleischer. 8 gr.

Ernst's gemeinv. Anwend. d. Arithm., Geometr. u. Mechanik rc. m. Kupf. 8. Leipz. Baumgärtner. 811.

Ernst, Hnr., gemeinverständl. Anwendung d. Arithmetik, Geometrie u. Mechanik auf d. Mühlen- u. Zimmermannsbaukünste für Müller- u. Zimmerleute. Mit 12 Kpf. 8. Leipz. 811. (Er. Fleischer). 2 Thlr. Hbg. Pr. 1 Thlr. 8 gr.

Ernst, Heinrich, Prof. Dr.: Die Preußische Armee 1740—1821. Langenberg 1906: A. Forsthoff. (94 S.) 8° [F.]
Langenberg, RPG P 1906 (601)

ERNST, Heinrich (Hof): Beitrag zur Casuistik der Tuberkulose der Mamma.- Hof: Katzenberger 1893. 35 S.
17.3.1892 - Chr 1891/92,27; Jv 1892/93,203 (Prom.-Datum: 1893)
Diss. Ingolst.-Landsh.-Mchn.

Ernst, H., Beyträge zur Kritik d. Schulunterrichts. 1s-4s Stck. 8. Leipzig, G. Fleischer. 796-800. (à 12 gr.)

— Beschreib. u. Abbild. von zwei ganz neu erfund., höchst nutzbaren u. ausgeführten Windmühlen mit vollkomm. Mechanismus horizontaler Flügel rc. Mit 6 Kpft. gr. 4. Leipz. 814. Hinrichs. 18 gr.

— Beschreib. u. Abbild. von 2 ganz neu erfundenen, höchst-nutzbaren u. ausgeführten Windmühlen mit vollkomm. Mechanismus horizontaler Flügel u. s. w. Mit 6 Kupfert. gr. 4. Ebend. 815.

— kurze Beschreib. d. Maschinen u. Geräthschaften, welcher sich d. Russen in den jetzigen Kriege bedienen, um mit Mannschaft, Kanonen u. Equipage über Sümpfe u. Moräste zu setzen. Mit 2 Kpft. erläutert. gr. 8. Leipz. 814. Hinrichs. 10 gr.

Ernst, H[einrich]. Eine Schweizerische Bundesbank. Beitrag zur Geschichte des schweizerischen Bankwesens. VIII + 300 S. 8. Winterthur, Geschwister Ziegler, 1904. [fr. 5. —]

Ernst, Heinr., kurzgefaßte Geschichte d. preuß. Armee. (68 S.) 8. Berlin 907. Cöpenick, R. Schön. Kart. 1. 50

Ernst, Heinrich Die Colonisation von Ostdeutschland. Uebersicht und Litteratur. Erste Hälfte. 4 (S. 3—32).
Progr. Rprg. Langenberg 1888 (165)

— die Kunst, das Getreide zu mahlen u. zu schroten, mit Kpf. 8. Leipz. 808. Er. Fleischer. 2 Thlr. Hbg. Pr. 1 Thlr. 8 gr.

Ernst, Heinrich [Prof. Dr.]: Meklenburg im 13. Jahrhundert. Cap. 1. Die Vasallen. Langenberg, Druck v. A. Forsthoff, 1894; 3 33 S. 4.
Langenberg, RPG, P 1894 (480)

— s. A. H. Melzer, Mühlenbaukunst, 4r Thl.

Ernst, [Heinrich]: Direktor Dr. Meyer †. 2 Bl. 4.
Progr. Realprogymn. *Langenberg* 1904 (565)

Ernst, H[einrich]. Die direkten Staatssteuern des Kantons Zürich im neunzehnten Jahrhundert. VI + 279 S. 8. Winterthur, Geschwister Ziegler, 1903. [fr. 4. —]

Ernst, Heinrich Michael

Ernst, Hnr. Mich., meine Bemerkk. über das fränkische Gesetz, die Gottesverehrung betreff. 8. Kirchheim-Bolongen 798.

Ernst, Hermann

Ernst, Herm. De genere dicendi et compositione rhetorica in prioribus Ciceronis orationibus. 18 S. Progr. Neuruppin 1885.

Ernst, Herm., Berliner Masseusen u. Manikuren. (90 S.) gr. 8. Leipzig 908. Leipziger Verlag. 2. —

Ernst, Herm., Berliner Masseusen. Im Deutschen Reiche verboten.

Ernst, Hermann: De Demosthenis oratione adversus Leptinem habita quaestio rhetorica. 47 Bl. 4° (2°)
Halle-Wittenberg, Phil. Diss. v. 8. Juli 1875
Geb. [Prädikow bei Wriezen 20. 9. 1845]

Ernst, Herm. Ric. (geb. Sänitz in d. Lausitz 12. 11. 1837): De spirituosorum et physiologico et pathologico effectu. Berolini (1861). (32 S.) 8°
Berlin, Med. Diss. v. 7. Aug. 1861

Ernst, Hugo. Alte u. neue Lieder. Gedichte aus Chile u. Argentinien. gr. 8. (VIII, 103 S.) Buenos Aires 889. (Lpz., W. Friedrich.) * 1 50

Ernst, J., Erzählungen f. die Jugend, zur Veredlung des kindl. Gemüthes. 8. (10½ B.) Magdeburg 842. [Baensch.]

Ernst, J., Erzählungen für die Jugend, zur Veredlung des kindlichen Gemüthes. 8. Magdeburg 842. Schmilinsky. ⅚ Thlr.

Ernst, J., Erzählungen f. die Jugend zur Veredlung des kindl. Gemüthes. 2. mit 4 (lith.) Abbild. verb. Aufl. 8. (164 S.) Magdeburg 847, Baensch. n. 5/12 Thlr. col. n. 2/3 Thlr.

Ernst, J., Lehrbuch d. christl. Religion f. Volksschulen; nach Anleit. d. bibl. Katechismus v. Junker als Hülfsmittel zur Präparation f. d. Religionsunterr. u. für Katechisationen method. entworfen. — A. u. d. T.: Junkers bibl. Katechismus f. Volksschulen, als Handb. f. Lehrer beim Unterr. in d. Religion method. bearb. gr. 12. (16⅙ B.) Magdeburg 841, Schmilinsky.

—— Lehrbuch der christlichen Religion für Volksschulen; besonders nach Anleitung des bibl. Katechismus von Junker, aber auch jedes anderen Leitfadens für den Religionsunterricht und für Katechisationen, methodisch entworfen. 2., unveränd. Aufl. (Ausg.) 12. (XII und 376 S.) Magdeburg 848, Baensch.

Ernst, J., De extrema Hesiodeae Theogoniae parte. Diss. 1866. 62 S.

Ernst, J., De usu aoristi et praesentis coniunctivi in enuntiatis relativis condicionalibus et temporibus. Diss. 1873. 60 S. 1.50

Ernst, J., s.: Vergißmeinnicht, klassisches.

Wiedergeburt und Bekehrung in ihrem gegenseitigen Verhältnis u. ihrer Bedeutung für das Christentum. Vortr. von J. Ernst. *Mühlhausen i. Th. 1899: Th. Pecena.* (45 S.) 8° [F.] [... 99] 8

Ernst, J., Wiedergeburt u. Bekehrung in ihrem gegenseitigen Verhältnis u. ihrer Bedeutung f. das Christentum. Vortrag, geh. auf der diesjähr. Versammlung der ev.-luth. Immanuel-Synode in Wollin. 8. (45 S.) Mühlhausen i/Th. 900. Th. Pecena. — 25

Ernst, J. Erh., das Nothwendigste und Gemeinnützigste aus der Obstbaum-Zucht in Fragen und Antworten. Ein Handbüchlein für Schule und Haus auf dem Lande. 12. (X und 40 S. mit 4 Taf. Abbild. in Holzschn., 1 Musikbeilage und eingedr. Holzschn.) Bamberg 856, Buchner'sche Buchh.

Ernst, I. H., de therapia hydropis. 4. Erlang. Palm 783.

Ernst, J. O., ausführlicher Preis-Berechner für das neue Decimal- oder Gramm-Gewicht mit Reductions-Tabellen, nebst Auszug aus der Eich-Ordnung für den norddeutschen Bund, bezügl. des vorschriftsmäß. Materials, der Form und der Bezeichnung der neuen Gewichte rc. Tabellen, in welchen man sofort, ohne zu rechnen, ablesen kann, was kosten ein oder mehrere Gramme, ein oder mehrere Neu-Lothe, Kilogramme, u. s. w. 2. Ster.-Aufl. gr. 16. (IV, 92 S.) Berlin 869, Schweigger'sche Hofbuchh. *

Ernst, J. O., ausführlicher Preis-Berechner für das neue Decimal- oder Gramm-Gewicht mit Reductions-Tabellen, nebst Auszug aus der Eich-Ordnung für den norddeutschen Bund, bezüglich des vorschriftsmäßigen Materials, der Form u. der Bezeichnung der neuen Gewichte rc. Tabellen, in welchen man sofort, ohne zu rechnen, ablesen kann, was kosten ein oder mehrere Gramme, ein oder mehrere Neu Lothe, Kilogramme u. s. w. 1. u. 2. Stereot.-Aufl. Berlin 870. Schweigger. 16. (IV, 92 S.) n. 10 ngr.

Ernst, J. W., die Geschichte des preußischen Staates, chronologisch kurz zusammengestellt und mit Stammtaf. versehen. 8. (III und 128 S. mit 1 Tab. in Fol. und qu. gr. Fol.) Eisleben 864, (Reichardt.) *

Ernst, J. W., die alkoholfreie Wirtschaft u. ihre Bedeutg., m. besond. Berücksicht. der Restaurationen des Frauenvereins f. Mäßigkeit u. Volkswohl in Zürich. (8 S.) 8. Basel (908). Schriftstelle des Alkoholgegnerbds. n — 05

Ernst, Jacques. Cäcilie. Eine Erzählung. 118 S. 8. Zürich, Jacques Bollmann, August 1903. fr. —. 20
Verein für Verbreitung guter Schriften. (Zürich) No. 51. 1903.

Ernst, Jacques, Dorfmagnaten. Idylle aus dem zürcher. Volksleben. 16. (285 S. mit Initialbildern in Holzschn. nach Zeichnungen von Aug. Corrodi.) Frauenfeld 865, Huber.

—— Schreiner Joseph Kraft. Ein Bild aus dem schweizer. Handwerkerleben. gr. 16. (VII und 218 S.) Winterthur 861, Steiner'sche Buchh. *

—— vier Novellen. 2 Thle. gr. 16. (367 S.) Frauenfeld 866, Huber. *

Ernst, Jacques, Glaser Sühtrunk. Eine Dorfgeschichte. 8. (VIII und 488 S.) Winterthur 860, Lücke.

Die Entwickelung des nationalen Gedankens in der Gegenwart. Von Jakob Ernst. *Stuttgart: Ch. Belser 1903.* (63 S.) 8° [J.]
— Zeitfragen d. christlichen Volkslebens. Bd 28, H. 6.

Zur 'gelben Gefahr' nebst Schlußbemerkungen zur Missionsfrage von Jakob Ernst. *Stuttgart: Ch. Belser 1904.* (52 S.) 8° [J.]
— Zeitfragen d. christlichen Volkslebens. Bd 29, H. 7.

Ernst, Jak., zur Jahrhundertwende, s.a. Zeitfragen des christl. Volkslebens. 186. Hft.

Zur Jahrhundertwende. Von Jakob Ernst. *Stuttgart: Ch. Belser 1900.* (60 S.) 8° [J.]
— Zeitfragen d. christlichen Volkslebens. Bd 25, H. 2.

— Polonismus u. verwandte Erscheinungen des Antinationalen, s.a. Zeitfragen d. christl. Volkslebens. 176. Hft.

[J.] Polonismus und verwandte Erscheinungen des Antinationalen. Von Jakob Ernst. *Stuttgart: Ch. Belser 1898.* (44 S., 2 Bl.) 8.
— Zeitfragen d. christlichen Volkslebens. Bd 23. H. 8.

— Sommerfrische u. Großstadt, s.a. Zeitfragen d. christl. Volkslebens. 196. Hft.

Sommerfrische und Grossstadt. Betrachtungen u. Bedenken von Jakob Ernst. *Stuttgart: Ch. Belser 1901.* (56 S.) 8° [J.]
— Zeitfragen d. christlichen Volkslebens. Bd 26, H. 4.

[J.] Über die Wirren im Orient. Von Jakob Ernst. *Stuttgart: Ch. Belser 1896.* (44 S.) 8.
— Zeitfragen d. christlichen Volkslebens. Bd 21. H. 8.

Ernst, Jakob Daniel

— — Historische Begebenheiten der Welt, oder gantz besondere und merckwürdige Exempel, so sich in derselbigen zugetragen, nebst e. Menge erstaunenswürdiger Historien von Gespenstern u. Kobolden, woraus die Gewißheit derselbigen bewiesen, Herr D. Beckers (s. Hexenwesen) Meynung aber widerleget wird. (Leipzig) b. Friedr. Lanckischens Erben. 8°.
O. M .V. 1738. E 4b.

— Das Neu-auffgerichtete Histor. Bilderhauss In dessen 2 Gemächern Als dem Laster und Trauer-Zimmer ein ansehnl. Vorrath ausserlesener Geschichte, und sonderlicher Begebenheiten ... vorgestellet wird. 3 Bde. mit 3 Titelkupfern und Portrait. Ebd. 1702. 8°. 8 Alphab. 3 Bog.
Bibl. Ludov. I. p. 72; Haydinger's Bibl. I. 1. Wien 1876.

— — M. *Jacob Daniel Ernst's* .... Auserlesene Denckwürdigkeiten, in Vierhundert Abtheilungen verfaßet, Darinnen die, aus denen berühmtesten Scribenten mit sonderbarem Fleiss gezogene, Philologische, Historische, Ethische, Politische, Natur- und geistliche Sachen, fürgetragen .... Mit Titelkpfr. Leipzig 1693. 8°. (In Berlin: Yt 9596; auch in Stuttgart.) (12 Kr., Ldrbd. mit eingepr. gräfl. Wappen, Franz Malota, Wien, 1909.)
Tit., 20 S. Vorr., 52 S. Autoren- u. Titelreg., 1184 S. Text u. 152 S. anderes u. drittes Reg.
Schon das M. M. V. 1691. F 2a hat: Ernst, Etliche 100 auserlesene Denckwürdigkeiten. Leipzig, b. Lanckischens Erben. 8°.

— — Dasselbe. Ebd. 1700. 8°. 3 Alph. 19 Bog. (5 frcs. Schweizerisches Antiqu., Zürich, Cat. 51.)
Bibl. Ludovici I. p. 72.
— — Dasselbe. Altenburg 1728. 8°.
Heinsius. Cat. univ. Lpz. 1748.

— — Dasselbe, tit.: 400 auserlesene Merckwürdigkeiten (so!), darinnen die aus denen berühmtesten Scribenten gezogenen Philolog. Histor. Ethischen, Politischen Sachen fürgetragen, mit vielen herrlichen Exempeln erläutert. (Leipzig) b. Friedr. Lanckischens Erben. 8°.
So im O. M. V. 1738. E 4b. — „Merckwürdigkeiten" ist wohl Lese- oder Druckfehler statt „Denckwürdigkeiten"

— — M. *Jac. Dan. Ernsts* Wohlangewendete Fastnachts-Woche, Oder XXVI. Betrachtungen über die denckwürdige Geschichte von dem Besessenen in der Gegend der Gergesener. Mit vielen erbaulichen Erinnerungen, und sonderbaren Beyspielen gezieret, und zur Erweiterung der Göttlichen Ehre und des Nechsten Erbauung heraus gegeben. Altenburg, Druck und Verlag Joh. Ludwig Richters. 1703. 8°. (In Berlin: an Yt 9601.) Rar!
7 Bll., 447 S., 1 Bl.

— — Der Treulich-gewarnete, beweglich-erschreckte, und heilsamlich-unterrichtete Weltgesinnte Felix. Oder Sonderbare und erbauliche Erwegung der unbeschreiblichen Bosheit der gottlosen Welt, und des .... Zorns Gottes in 32 Betrachtungen angestellet, mit sonderbaren so wol geist- als weltlichen Beyspielen beleuchtet .... Altenburg, Richter, 1687. 8°. (In Berlin: Yt 9586.)

— — Dasselbe. Mit Titelkpf. Ebd., bey Joh. Ludw. Richtern. 1713. 8°. (In Breslau, Stadtbibl.: K 690.)
Titel, 26 S. Vorst., 827 Seiten u. 45 Bll. Reg.

— Gemüthsergötzlichkeiten od. lust. Gespr. 8. Magdeburg, Scheidhauer. 719.

— Auserlesene Gemüths-Ergetzligkeiten, D. i. 50 sonderbare Lust- und Lehr-Gespräche, In welchen Von viel- und mancherley Histor., Natürl., Ethischen, Politischen, wie auch Theolog. Sachen ... Unterredung gepflogen etc. Mit Titelkupfer. Magdeburg u. Leipzig, b. Chp. Seidel. 1719. 8°. (In Stuttgart.)
O. M. V. 1719. F 3b; Haydinger's Bibl. I. 1, Wien 1876, No. 393.

— — Irenophilia oder theologischer und Histor. tractat von(!) edlen Frieden und guter Einigkeit Altenburg 1703. 8°. 10 Bogen. Rar!
Bibl. Ludovici (bibliop.) continuatio.

— — Die Neu-zugerichtete Historische Confect-Tafel, Worauff in Einhundert anmuthigen Schaalen, viel und mancherley ausserlesene, sehr denckwürdige, und meistentheils neue Trauer-, Lust- und Lehr-Geschichte auffgesetzet worden. Zum andern mal gedruckt u. verlegt von Gottfried Richtern, im J. 1690 (Dedic. dat. 1677) zu Altenburg. — Der Neu-zugerichteten Historischen Confect-Taffel Zweyter und Dritter Auffsatz. Ebd. 1682. 8°. (28 Mk., schönes Expl. in Hldr. m. Goldschn., Adolf Weigel, c. 1905.) (In Berlin: Yt 9576, 1 vol.)

— — Dasselbe. Ebd. 1722. 8°. (20 Sgr. Scheible, 1868; jetzt theurer!)
Heinsius, Cat. univers. Lpz. 1748 (ohne Theilesangabe).

— — Des Unglücklich-verliebten Printzens Sichems, und Des unfürsichtigen Fräuleins Dina, Traurig abgelauffene Liebes Geschichte .... mit Beyspielen beleuchtet und in XXIII. Betrachtungen herausg. von M. *Jacob Daniel Ernsten.* Altenburg, Druck und Verlag Gottfried Richters Im Jahr 1693. 8°. (In Berlin: Yt 9601, mit 5 Beibdn.; auch in Breslau, Stadtbibl.: an S 1418.)
1 Bog. Vorst. (incl. roth u. schwarz gedr. Titel), 503 Seiten u. 20 Bll. Reg.
— — Dasselbe. Ebd. 1701. 8°. (In Berlin: Yt 9606; auch in Breslau, Stadtbibl.: an S 1216.) (5 Mk. 50 Pfg. Th. Ackermann, Cat. 44.)

— 400 auserl. Merkwürdigk. etc. 8. Leipzig, Eurich. 738.
(S.a. Ernst: Auserl. Denckwürdigkeiten...)

— — Die neu-auffgerichtete Schatz-Cammer vieler hundert anmuthiger u. sonderbarer Erfindungen, Gedanken u. Erzehlungen. Mit Titelkpf. Altenburg 1696. 12°. 488 S. (15 Mk. Paul Neubner, Cöln, 1899.)

— — Dasselbe. 4 Thle. Ebd., bey Gottfr. Richters seel. Erb. 1696, 1699, 1701, 1704. 8°. (In Berlin, Th. 1—3: Yt 9621, 1 vol; Th. 4: Yt 9622, vol. 2.) Zus. ca. 2400 S. So cplt. sehr selten! (6 Mk. 50 Pfg. Theod. Ackermann, München, Cat. 44; jetzt viel theurer!). (Th. 1 von 1696 auch in Breslau, Stadtbibl.: V. 8°. 544.)

I—II: 1146 S. III: 600 S. IV: 552 S., nebst Reg bei jedem Theile.

— — Dasselbe. 4 Thle. Ebd. 1707, 1699, 1701, 1704. 8°. (In Berlin: Yt 9622, 2 voll.)

— Schaubühne menschl. Thorheit. 8. Leipzig, Eurich. 702.

— — Die neue historische Schau-Bühne der menschl. (!) Thorheit u. göttlichen Gerechtigkeit, darauf .... fürgestellet wird, wie die gerechte Allmacht Gottes der thörichten Menschen fürgenommene Bossheit, unreine Liebe, Hochmuth, Mordthaten, Wollüste, Geitz u. Untreue, Kirchen-Raub u. Dieberey, Jachzorn, Entheiligung des Sonntags, Verrätherey, Meineyd, u. dergl. andere grobe Sünden u. Laster, mit viel u. mancherley schweren Landes-Plagen, als Mäusen, Heuschrecken, wilden Thieren, Ungeziefer, erschreckl. Feuersbrunsten, Donnerschlägen, Pulver-Schäden, seltzamen Kranckheiten u. andern traurigen Unfällen, exemplarisch heimgesucht u. abgestraffet hat: Aus den glaubwürdigsten Scribenten .... zusammen getragen .... von *Jacob Daniel Ernsten.* LEIPZIG, in Verlegung der Lanckischen Erben, 1702. (Nebst Kupfertitel.) 8°. (10 Mk. Jos. Baer & Co., 1893.) (In Berlin m. d. Jahrz. 1703: 8° Yt 9636.)

16 Bll. Vorst. (incl. roth u. schwarz gedr. Tit.) u. 1228 S., nebst 50 Bll. doppeltes Register. Enth. 50 Historien.

— erbaul. Todesgedanken. 8. Ebend. 709.

Ernst, Johann

Ernst, Joh., Gottesliebe u. Sittlichkeit. Neue Untersuchgn. üb. die Notwendigkeit d. guten Meing. (55 S.) 8. Tübingen 907. H. Laupp jr. — 80

Sonderabdruck aus: „Tüb. theol. Quartalschr."

Die Ketzertaufangelegenheit in der altchristlichen Kirche nach Cyprian. Mit bes. Berücks. d. Konzilien von Arles u. Nicäa. Von Dr. Johann **Ernst.** *Mainz: F. Kirchheim 1901.* (VIII, 94 S.) 8°

— **Forschungen** z. christl. Litteratur- u. Dogmengeschichte. Bd 2, H. 4. [01. 11838

— die Notwendigkeit der guten Meinung. gr. 8. (30 S.) Kempten 900. J. Kösel. n. — 50

Über die Notwendigkeit der guten Meinung. Untersuchungen über d. Gottesliebe als Prinzip d. Sittlichkeit u. Verdienstlichkeit. Von Dr. Johann **Ernst.** Freiburg im Br.: Herder 1905. (X, 247 S.) 8°

— **Studien,** Straßburger Theologische. Bd 7, H. 2. 3. [05. 11822

Papst Stephan I. und der Ketzertaufstreit von Dr. Johann **Ernst.** Mainz: Kirchheim & Co. 1905. (X, 116 S.) 8°

= **Forschungen** z. christl. Litteratur- u. Dogmengeschichte. Bd 5, H. 4. [05. 11803

Ernst, Johannes [aus Köln]: Untersuchungen über die pyogenen Wirkungen des Staphylococcus pyogenes aureus im Unterhautzellgewebe des **Kaninchens** .... Würzburg, Becker's Univ.-Buchdr., 1886; 27 + 1 S. 8°.

Würzburg, Med. Fak., Inaug.-Diss. v. 1886.

Ernst, Johannes, Untersuchungen über die pyogenen Wirkungen des Staphylococcus pyogenes aureus im Unterhautzellgewebe des Kaninchens. Diss. Würzburg 1886, Stahelsche Univ.-Buchh. 8°. 27 S.

— die Verlesung der Meßperikopen in der Volkssprache. gr. 8. (30 S.) Ebd. 899. n. — 50

Sonderabdruck aus: „Theol.-prakt. Monats-Schrift".

Ernst, Joh., die Werke u. Tugenden der Ungläubigen nach St. Augustin. [Nebst e. Anh. üb. den 22. Canon d. Arausicanum II.] Eine Studie üb. den „Augustinismus." gr. 8. (XIV, 254 S.) Freiburg i. B. 871. Herder. n. 2. —

Tage-Register über ... Christian des Fünften, Königs zu Dennemarck ... glorwürdigste Lebens- u. Regierungsgeschichte. [Verf.: Johann Bartram **Ernst.** Hrsg.: Johannes Laverentzen.] Nebst Anfügg einiger Medaillen u. Allerhöchstgedachter Majestät kgl. prächt. Leichbegängnuß. — Kopenhagen 1701: Kgl. u. Univ. Buchdr. 383 S. 8° (4°)

— **Johann Christian** (Leipzig), De cautione pro expensis. Quaestio juris controv. Präs. Christian Heinr. Breuning. Lpz. (Langenheim) 20. X. 1773. 8 S. (2.50) 8225

— **Johann Christoph** (Nordhausen), De relaxatione carceratorum. Diss. jur. Präs. Pet. Müller. Jena (Bauhofer) April 1680. 16 Bl., tlws. dtsch. (5.—) 8226

— — Dasselbe. Jena (Paul Ehrich) 1714. 44 S. (5.—) 8227

Die Buckelkur. Lustspiel in 3 Aufz. von J[ohann] [Friedrich] **Ernst.** Hamburg: Selbstverl.; W. E. A. Krinke in Komm. [um 1905]. (45 S.) 8° [Umschlagt.] [07. 6497

— **Johann Friedrich** (Barso/Hoyensis), Disput. jur. contin. resolutionem dubiorum circa successionem in regnis occasione certaminis inter Artabazanem & Xerxem. Präs. Franz Berens. Bremen (Herm. Chph. Jan) 11. X. 1731. 24 S. (4.80) 8228

Gew.: Phil. Adolph v. Münchhausen, Engelbert Johann v. Bardenfleht (Rechbe, Geversdorff), Sebast. von der Lieth (Nieder-Ochtenhausen).

Ernst, Joh. Frdr., der Herrscher der Lüfte. Lustspiel in 3 Aufz. (III, 52 S.) gr. 8. Blaubeuren (909). H. Baur. 1.—

Ernst, Johann Georg

Ernst, Jo. Geo, de doctrina Joannis baptistae e N. T. libris adumbrata; Dissert. exeget.-histor. 4 maj. (3 B.) Argentorati 831, (Schmidt et Grucker.)

Ernst, Johann Gottfried: Diss. de hydrope ascite. 4. Götting. 1797.

— **Johann Heinrich** (Tübingen) Naturae Christi humanae omnipraesentia, in statu exinanitionis. Präs. Joh. Christoph Pfaff. Tübingen (Hiob Francke) Juni 1709. 48 S. (5.—) 8229

— **Johann Carl,** De contractibus patris et liberorum in potestate ejus existentium. Dissert. jur. Präs. Gottlieb Gerhard Titius. Lpz. (Imman. Titius) 9. XI. 1713. 48 S. (5.—) 8222

Gew.: Bernhard Zech.

— — Dasselbe. Lpz. 1723. (5.—) 8223

— — De eo, quod justum est circa incendia. Diss. jur. Erfurt (Joh. Chph. Hering) 11. VII. 1731. 28 S. (5.—) 8224

Ernst, Johann Reinhard

— — (Hessen-Schaumburg), De applicatione juris ad factum. Dissert. jur. solennis. Präs. Eduard Franz Goclen. Rinteln (H. A. Enax) Mai 1708. 106 S. (6.—) 8231

Widm. v.: Heinr. Ernst Kestner.

— **Johann Reinhard,** De judicio historico. Präs. Friedrich Wilhelm Bierling. Rinteln (H. A. Enax) 24. III. 1703. 38 S. (5.—) 8230

Gew.: Johann Ernst (Vater).

[Ernst, Johann Ulrich.] Die Benediktiner Abtei Fischingen. [Mit 1 Tafel.] Thurg. Nbl. (14, 1837). 4. (Frauenfeld) 1837.

Ernst, Johanna, die Nachbarinnen. Eine Erzählung. Mit einem Vorwort von Joh. Chr. Fr. Burk. Reutlingen 853. Fleischhauer u. Spohn. 8. (IV, 116 S.) 9 ngl.

Ernst, Josef

Ernst, Jos. (Mitarb.), s. Abbildungen d. vorzüglichsten alten Statuen u. Gruppen in Rom u. Paris.

Ernst, Jos., nach den Gestaden der Nord- u. Ostsee. Reiseschilderung. (87 S.) 8. Warnsdorf 904. (Zittau, A. Graun.) n. 1. —

Ernst, Joseph [Dr.]: Die Lehre des hl. Paschasius Radbertus von der Eucharistie. M. bes. Berücks. d. Stellg d. hl. Rhabanus Maurus u. d. Ratramnus zu ders. ... Freiburg im Br., Herder, 1890; IV, 130 S. 8.
Würzburg, Theol. Fak., Inaug.-Diss. v. 1890

Ernst, Jos., Theorie zum Trommel-Unterricht. [Mit dem Umschlagstitel: Gründl. Anleitung binnen 4 Wochen das Trommeln vollkommen zu erlernen.] qu. 8. (66 lith. S.) Wien 848, Gerold in Comm. n. 12 ngr

Ernst, Jos. Ant., Repertorium Bavariae, oder kurze geograph. Beschreib. u. Einleit. des Baierischen Kreises, sammt e. Hauptregister. 4. München 778.

Ernst, Jules. Konische Zahnräder. Anleitung zur Berechnung, Konstruktion und Bearbeitung nach Tabellen und Formeln. Praktisches Handbuch für Ingenieure, Techniker, techn. Lehranstalten, Werkmeister, Dreher und Fräser bearb. von J' E'... . 1. Aufl. [Mit Figuren.] 60 [+ 12] S. 8. Zürich, Ed. Rascher's Erben, [1906]. [geb. fr. 1. 75]

[F.] Bilder aus der Geschichte der Pädagogik für kathol. Lehrerseminare, bearb. v. Dr. Julius **Ernst**, Kgl. Seminardir. in Fulda. *Freiburg i. B.: Herder 1898.* (XVI, 368 S.) 1 Bd 8. [98 1336

Ernst, Jul., Bilder aus der Geschichte der Pädagogik, f. katholische Lehrerseminare. 2., umgearb. u. erweit. Aufl. (XVI, 347 S.) 8. Freiburg i/B. 905. Herder. n. 3. —; geb. in Leinw. n. 3. 60

Ernst, Julius, Gerichtsassessor, a. Fulda: Zur Lehre vom mittelbaren Besitz. Fulda 1905: J. L. Uth. (VIII, 69 S.) 8° [F.]
Heidelberg, Jur. Fak., Ref. Buhl, Diss. v. 9. Nov. 1905
[Geb. 22. Nov. 76 Geisenheim; Wohnort: Fulda; Staatsangeh.: Preußen; Vorbildung: Gymn. Fulda Reife O. 95; Studium: Berlin 2, Marburg 4 S.; Rig. 22 Juni 04.]

Ernst, J., Moment-Zins-Rechentafeln f. die 12 Monate des Jahres zu den Prozentsätzen 3, $3\frac{1}{4}$, $3\frac{1}{3}$, $3\frac{1}{2}$, $3\frac{2}{3}$, $3\frac{3}{4}$ u. 4%. Vorzugsweise zum Gebrauch bei Spar- u. Darlehenskassen entworfen u. hrsg. Fol. (49 S.) Kreuznach 901 F. Harrach. Geb. in Leinw. n. 5.—

Abgekürzte Multiplikations-Rechentafeln für sämmtliche Zahlen von 2–1000. Nebst e. Anh., enth. d. Quadratzahlen von 1–1000. Entw. u. hrsg. von J. **Ernst**, Kassen- u. Rechn.-Revisor. *Braunschweig: F. Vieweg & Sohn 1901.* (X, 498 S.) 4°(8°) [01. 6762 7

Ernst, J. Tabellen der Berechnung der jährlichen und halbjährlichen Annuitäten für Amortisation von Darlehen zu den Zinsfüßen von 3% — 5%. 1902.

Ernst, J., Tabellen zur Berechnung der jährlichen u. halbjährlichen Annuitäten f. Amortisation v. Darlehen zu den Zinsfüssen 3%, $3\frac{1}{4}$%, $3\frac{1}{3}$%, $3\frac{2}{3}$%, $3\frac{3}{4}$%, $3\frac{7}{8}$%, 4%, $4\frac{1}{4}$%, $4\frac{3}{8}$%, $4\frac{1}{2}$%, $4\frac{3}{4}$% u. 5%, nebst e. Anleitg. zur Anfertigg. v. Amortisationsplänen m. Musterbeispielen, sowie Hilfstabellen f. Zinsrechng. u. f. Berechng. der Kapitaltilggn. u. Ermittelg. der Kapitalreste. Zum Gebrauch bei den Grundbuchämtern, Notaren, Verwaltungsbehörden, Kreis- u. städt. Spar- u. Darlehnskassen entworfen u. hrsg. (X, 50 S.) Lex.-8. Hannover (903). O. Rux. Geb. in Leinw. n. 5.

Tafeln zur schnellen und sicheren Berechnung der procentualen Zuschläge der Gemeinden auf die vom Staate veranlagten Grund-, Gebäude-, Einkommen- und Gewerbesteuern etc. ... Entworfen u. hrsg. von J[ulius] **Ernst**, Kassenrevisor, Kreuznach. *Koln: Th. Quos (1899).* (84 Bl.) 8°(4°) [F.] [00. 3031 6

— **Zins-Logarithmen** od. moderne Rechentafeln zur Berechng. v. Tageszinsen f. Kontokorrent-, Discont- u. directe Zinsrechng. Einfachste, prakt. u. kürzeste Zinsrechenmethode in 2 Abteilgn., nämlich: I. Zinszahlentafeln f. alle Tage des Jahres. II. Zinsrechentafeln f. 73 Prozentsätze. Zum Gebrauch in Bank- u. Wechselgeschäften, bei den Kreis- u. städt. Sparkassen, bei Vorschuss- u. Darlehnskassen, f. Verwaltgs.-Behörden, Magistrate, Bürgermeister u. überhaupt f. Alle, welche viel m. Zinsrechngn. zu thun haben. (Deutsch u. französisch.) Fol. (VIII, 223 S.) Berlin 902. Bruer & Co. Geb. in Leinw. n. 15. —

Ernst, Justus (d. i. Gustav Gardthausen)

Ernst, Justus, der Ministercongreß. Drama in 1 Act. gr. 8. (43 S.) Kiel 848, Schröder & Co. n. 1/4 thlr

Ernst, Justus, der Ministercongreß. Drama in 1 Act. gr. 8. (43 S.) Kiel 851, Schröder und Comp. *

Ernst, K.: Der Bürger in Rechtssachen sein eigner Anwalt. Ein belehr. Hülfs- u. Handbuch f. Städter u. Landleute in Baiern disseits des Rheins. *Nürnberg*, Stein. 835. gr. 16. (16 Gr.)

Ernst, K. Gli., († d. 6. Nov. 1801.) umständl. Beschreib. d. feierl. Gottesdienstes bei Gelegenheit d. Gedächtnißpredigt, zum Andenken Friedrich II., nebst d. Gedächtnißpredigt rc. 8. Schweidnitz (786).

— Versuch e. Plans z. Verbesser. der Landschulen. 8. Halle 775.

— Versuch e. Plans zu besserer Verwaltung des Kirchen-Vermögens. 8. Halle 776.

Ernst, K. L. M., Bemerkk. über die durch d. Gesetz von den Religionsdienern erforderte Erklärung. 8. Köln 797. Fabricius. 4 gr

— Bemerkk. über die französ. Gesetze, die Gottesverehrung betreff. 8. Manh. 799. Schwan u. G. 10 gr

Ernst, (K. M.,) Anleit. f. den Unterr. z. Zeichnen, zunächst f. Volksschulen u. besond. f. Lehrer rc. 1s—3s Heft. Breslau 827. Gruson u. C. 1s H. 8 gr. 2s H. 6 gr. 3s H. 8 gr. Rthlr.

Ernst, K. M, Anleitung f. d. Unterr. im Zeichnen. Zunächst f. Volksschulen u. besond. f. Lehrer etc. 4. Hft. 8. (16 lith. Bl. u. 1/4 B. Erklär.) Breslau 829, [Hentze.]
1–3. Hft. Ebendas. 1827. 22 Gr.

Ernst, K. M., histor.-geograph. Beschreibung v. Palästina f. Schulen; zunächst bearb. als Wegweiser zur Wandkarte dies. Landes f. Schulen, in 9 groß roy. Bl. 2. Aufl. 8. (3 B.) Breslau 835, [Berlin,] Hentze.

—— Leitfaden f. d. Unterr. im Zeichnen zunächst f. Mädchen. Bestehend in e. Reihe stufenweis fortschreit. Vorlegebl. z. Gebr. f. Schule u. Haus. 2 Hfte. 8. Breslau 828, [Hentze.] [1. (20 lith. Vorlegebl. u. $6\frac{1}{2}$ B. Text in 4.) 8 Gr., 2. (...) 18 Gr.]

— Leitfaden f. den Unterricht im Zeichnen, zunächst für Mädchen. 2 Hefte. 4. Bresl. 828 u. 29. (Hentze). (1s Hft. 8 gr 2s Hft. 18 gr) 1 thlr 2 gr

—— Reise durch d. Gebiete d. Erde u. d. Sternenwelt. Mit vorzügl. Berücksicht. seiner Planigloben f. Lehrer an Volksschulen. gr. 8. (11 B.) Landsberg 830, Ende. [Wilmsen.]

— Wandkarte d. bibl. Geographie. Ein Hülfsmittel zur Versinnlichung der bibl. Geschichte, mit Bezug auf die alte Geschichte. 9 lith. Bl. in gr. Fol. Bresl. 830. (Hentze). 1 thlr 12 gr

Ernst, K., Wand-Karte der biblischen Geographie. Ein Hülfsmittel zur Versinnlichung der bibl. Geschichte, m. Bezug auf die alte Geschichte. Fur Schullehrer-Seminarien, Gymnasien etc. bearb. 2. Aufl. (9 lith. Bl.) Leipzig 852, Hentze. $1\frac{1}{2}$ thlr

— Wandkarte der östlichen u. westl. Halbkugel der Erde nach den neuesten u. besten Hülfsmitteln. Metallographirt im Konigl. lithogr. Institute zu Berl. 18 Bl. in Roy.-Fol. Landsb. u. Züllichau 830. Ende. 4 thlr Hbd. Pr. 3 thlr

— Wandkarte von Palästina f. Schulen. 9 Blatt. Breslau 827, Gruson u. C.

Ernst, (K. M.,) Wegweiser, zur Wandkarte von Palästina in 9 Blatt. 8. Breslau (827), Gruson u. C.

—— Wandkarte v. Palästina (in 9 lith. Bl.), mit e. Wegweiser f. Schulen. 8. (3 B.) Breslau 828, [Hentze.]
Der Wegweiser apart 4 Gr.

— Wandkarte von Palästina. Zunächst für den Schulgebrauch entworf. 2e verb. Aufl. Roy.-Fol. Bresl. 839. Hentze. $1\frac{1}{3}$ thlr

Ernst, Carl (I.), über Abendmahlsgemeinschaft der lutherischen Kirche mit Reformirten und Unirten in besond. Rücksicht auf die hannöversche lutherische Kirche. gr. 8. (48 S.) Hannover 869, Schulze's Buchh. *

Ernst, Carl (II.), Ansprachen bei der Prüfung und Confirmation am 31. März und 3. April in der Immanuelskirche zu Gemarke. 8. (12 S.) Barmen 870, Janssen.

Ernst, Carl, s.: Beiträge zum Schriftverständniß.

Ernst, v., Bergwerksmünzen. Ein Vortrag. gr. 8. (VI, 97 S. mit 3 phototyp. Taf. Münzabbild.) Wien 885, (Manz'sche Hof-Verlags- und Universitäts-Buchh.) *
Aus: Oesterreichische Zeitschrift für Berg- und Hüttenwesen, besonders abgedruckt.

Ernst, Carl (III.), die Bestimmungen über die Eheschließung, wie sie im Gebiete des vormal. Herzogthums Nassau gültig sind mit Berücksichtigung der vormals hess. Theile des Regierungsbez. Wiesbaden. 8. (15 S.) Dillenburg 873, Seel. *

— der Brief d. Jacobus f. die Gemeinde ausgelegt. 8. (138 S.) Herborn 875. Dillenburg, Seel in Comm. n.n. 1. 30

Ernst, Carl, der Brief des Jakobus, für die Gemeinde ausgelegt. 2. Aufl. 8. (V, 136 S.) Herborn 887, Buchh. des Nassauischen Colportagevereins. *ℳ 1.50.; geb. *

Ernst, Carl, der Brief des Apostels Paulus an die Christen zu Ephesus f. die Gemeinde ausgelegt. 8. (III, 119 S.) Herborn 877. Buchh. d. Nassauischen Colportage-Vereins. n. 1. —; geb. n. 1. 50

Ernst, Carl (I.). Der Brief d. Apostels Paulus an die Christen zu Ephesus, f. die Gemeinde ausgelegt. 2. Aufl. gr. 8. (III, 118 S.) Herborn 890, Buchh. d. Nass. Colp.-Vereins. * 1 20; geb. * 1 70

— der erste Brief d. Petrus f. die Gemeinde ausgelegt. 8. (175 S.) Ebend. 878. n. 1. 50; geb. n. 2.

— der 1. Brief d. Petrus, f. die Gemeinde ausgelegt. 2. Aufl. gr. 8. (182 S.) Ebd. 892. n. 1. 60; geb. n. 2. —

—— Christus ist mein Leben. Predigten. gr. 8. (III, 275 S.) Barmen 872, Langewiesche's Buchh. *ℳ 3.; geb. *

Ernst, Karl, Christus ist mein Leben. Predigten. Wohlf. (Titel-)Ausg. gr. 8. (V, 275 S.) Herborn 894. Buchh. d. Nass. Colportagevereins. n. 1. 50; geb. n. 2. —

—— der Dienst der Frauen an der Gemeinde. Ein Vortrag im Dienste der innern Mission gehalten. gr. 8. (26 S.) Barmen 866, Janssen.

Ernst, Carl, ein Ersatz f. das Tabakmonopol. Steuerpolitischer Vorschlag. gr. 8. (8 S.) Straßburg 882. Trübner. n. — 40

Erwachen deutschen Geistes nach der Befreiung von fremdem Joch. Von Karl Ernst. Gütersloh: C. Bertelsmann 1904. (106 S.) 8° [F.]
= Bilder aus Deutschlands Werdezeit. Bdch. 10.
= Jugendbibliothek, G. Nieritz'. No 254. [illegible]

Ernst, Karl, Dr.: Die Evolutionstheorie des französischen Litterarhistorikers Ferdinand Brunetière. *Lübeck 1900: M. Schmidt.* (S. 3—28.) 4°
Lübeck, R, OP 1900 (770)

—— die Ewigkeit, deren Gewißheit, Wichtigkeit und daraus hervorgehende Verpflichtungen. gr. 8. (141 S.) Berlin [Leipzig] 870, Heinersdorff.

Ernst, Carl (II.). Examinatorium der Reichscivilproceßordnung. Für Referendare zum Gebrauch bei der Vorbereitg. zum Staatsexamen bearb. gr. 8. (IV, 115 S.) Lpz. 890, Scholtze. * 1 80

Ernst, Carl [app. Arzt aus Wiesbaden]: Ueber die Fäulnisprodukte der Galle und deren Einfluss auf die Darmfäulniss ... Strassburg i. E., Buchdr. C. Goeller, 1893; 16 S. 8.
Strassburg, Med. Fak., Inaug.-Diss. v. 1893

Ernst, M., vaterländische Geschichte f. preußische Volksschulen, s.: Andrä, J. C.

— Geschichtsbilder, s.: Andrä, J. C.

— Geschichtsbilder. Nach den Erzählgn. aus der Weltgeschichte v. J. C. Andrä bearb. Ausg. A. Für evangel. Schulen. Mit 8 (farb.) Geschichtskarten, 6 (farb.) Bildern zur Kulturgeschichte u. e. Anh.: Landes-(Provinzial-)Geschichte. gr. 8. (V, 216 S.) Leipzig 894. R. Voigtländer. Geb. n. 1. 60

— dasselbe. Ausg. B. Für konfessionell gemischte Schulen. Mit 8 Geschichtskarten, 6 Bildern zur Kulturgeschichte u. e. Anh.: Landes-(Provinzial-)Geschichte. gr. 8. (V, 216 S. m. 6 Bl. Erläutergn.) Ebd. 894. Geb. in Leinw. n. 1. 60

— die Gesetzgebung auf Sinai. Ein Beitrag zum Schrift-Verständniß. Vortrag geh. im evangel. Vereinshause zu Osnabrück. 8. (40 S.) Barmen 872. Klein. n. — 50

— Grundriß der Weltgeschichte f. Lehrerbildungs-Anstalten, s.: Andrä, J. C.

— die christliche Heilslehre in Worten der heil. Schrift dargestellt. 2. Aufl. 8. (56 S.) Wiesbaden 877. Niedner. cart. n. — 50

Ernst, Carl, die christliche Heilslehre in Worten der heil. Schrift dargestellt. 3. Aufl. 8. (60 S.) Wiesbaden 882. Niedner. geb. n. — 50

Ernst, Karl, die christliche Heilslehre, in Worten der hl. Schrift dargestellt. 4. Aufl. 8. (61 S.) Wiesbaden 886. Niedner. cart. n. — 50

—— Die christliche Heilslehre, in Worten der hl. Schrift dargestellt. 5. Aufl. 12. (71 S.) [Wiesb. 889, Niedner.] Stuttg., Greiner u. Pfeiffer. geb. * — 50

— der Heilsrath Gottes. Schriftgemäße Betrachtgn. nach der Ordng. d. „Katechismus f. evang. Gemeinden in Worten der heil. Schrift". 8. (VII, 88 S.) Wiesbaden 872. Niedner. n. 1. —

Ernst, Karl, der Heilsrat Gottes. Schriftgemäße Betrachtungen nach der Ordnung der „Christlichen Heilslehre in Worten der heil. Schrift". 2. Aufl. 8. (VIII, 91 S.) Wiesbaden 886, Niedner. *

— biblisches Historienbuch, s.: Fiedler, F.

Ernst, Karl, Johann Huß. Historisches Trauerspiel. Berlin 853. Schröder. gr. 8. (96 S.) n. 20 ngl

Ernst, C. v., s.: Jahrbuch, berg- u. hüttenmännisches.

Ernst, Carl, Iphigenie in Delphi. Schauspiel in 4 Aufzügen. Den Bühnen gegenüber Mscr. 8. (VIII, 68 S.) Leipzig 873. (Stauffer.) 1. 50

—— Ist die römisch-katholische Kirche berechtigt zu dem Aufruf an alle Protestanten und andere Nichtkatholiken, zu ihr, der allein selig-machenden Kirche zurückzukehren? Nein, und wird jener Aufruf als unbegründeter und sonach unberechtigter Uebergriff hier, im evangel. Glauben und durch die Geschichte gründlich nachgewiesen. gr. 8. (IV, 116 S.) Berlin 869, Beck. *

Ernst, Carl, aus Watertown, Wis., U.S.A.: Über die Katalyse des Knallgases durch kolloidales Platin. Mit 4 Fig. im Text. *Leipzig: W. Engelmann 1901.* (30 S.) 8° (Aus: Zeitschrift f. physikal. Chemie. Bd. 37. H. 4.)
Leipzig, Phil. Diss. v. [27. Juni] 1901

— Katechismus f. evangelische Gemeinden in Worten der heiligen Schrift bearb. gr. 16. (66 S.) Ebend. 871. n. — 40

—— die erste Hannöversche Landessynode und die Betheiligung der Gemeinden an der Auswahl ihrer Prediger. gr. 8. (24 S.) Hannover 870, Schulze's Buchh.

— Carl (Eisfeld), De leucosi. Diss. med. Götting. (Dieterich) 1830. 62 S. (4.80) 8218
Gew.: Carl Himly, Joh. Wilh. Heinr. Conradi, Carl Wilh. Wutzer.

Ernst, Carl v., die Montanindustrie Italiens. Mit (1 lithogr. und color.) Uebersichtskarte der wichtigeren italien. Bergbaue und Bergbauorte. gr. 8. (III, 118 S.) Wien 882, (Manz'sche Hofverlagsh.)
Aus: Oesterreichische Zeitschrift für Berg- und Huttenwesen, besonders abgedruckt.

Ernst, K. v., Notice sur quelques-unes des principales mines de l'État autrichien pour servir à l'explication de la collection des minerais, des produits des mines, des plans, des tableaux et des modèles envoyés à l'Exposition universelle de Paris 1900. Wien, 1900. 32 S.

— Proben deutscher Mundarten, s.a. Velhagen & Klasing's Sammlung deutscher Schulausgaben. 102. Lfg.

Proben deutscher Mundarten. Hrsg. von Sem.Oberl. K. Ernst. *Bielefeld & Leipzig: Velhagen & Klasing 1901.* (XXV, 152 S.) 8° [F.]
— Sammlung, Velhagen & Klasings, dtsch.Schulausg. Lfg 102.

Ernst, Karl, das Recht der Kirche unseres Landes auf die bestehenden Schulen. [Ein Konferenzvortrag.] gr. 8. (16 S.) Hannover 850, Rümpler. 1/8 ℛ︎

— Prov. Schlesien, s.: Landes- u. Provinzialgeschichte. 5. Hft.

— die 7 Sendschreiben der Offenbarung Johannis f. die Gemeinde ausgelegt. 8. (95 S.) Dillenburg 874. Seel. n. 1. —

Ernst, Karl, die sieben Sendschreiben der Offenbarung Johannis, f. die Gemeinde ausgelegt. (2. Aufl.) gr. 8. (92 S.) Herborn 893. Buchh. d. Nass. Colportagevereins. n. 1. —; geb. n. 1. 50

Ernst, Karl, so sollt ihr versichern! D. Versicherungswesen uns. Zeit, dessen prakt. Handhabg. u. w. rationell versichert werden soll. M. bes. Berücksicht. d. Haftpflichtversicherg. E. Ratgeber f. Jedermann. gr. 8. (VIII, 103 S.) Ravensburg 898. Dorn. n. 1. —

Ernst, Karl [aus Lübtheen i. Mecklenburg]: Syntaktische Studien zu Rabelais. (Die Congruenz des Participii Präteriti und der Gebrauch der Hülfsverba.) . . . Greifswald, Druck v. Julius Abel, 1890; 2 Bl. + IV + 93 S. 8°
Greifswald, Phil. Fak., Inaug.-Diss. v. 2. Aug. 1890

Ernst, Karl, syntaktische Studien zu Rabelais. (Die Congruenz d. Participii praeteriti u. der Gebrauch der Hülfsverba.) Inaug.-Diss. gr. 8. (IV, 91 S.) Greifswald 890. (Leipzig, Fock.) n. 1. 50

—— die Vorlage des k. hannoverschen Ministerii an die Stände des Königreichs: Grundzüge für die künftige Gestaltung des christlichen Volksschulwesens. Schreiben an Victor Strauß. Nebst Antwortschreiben darauf. 8. (48 S.) Bielefeld 849, Velhagen und Klasing.

— wieder zur Schulfrage. Antwort auf Nr. 144 der hannoverschen Zeitung. gr. 8. (18 S.) Hannover 850, Rümpler. 1/8 ℛ︎

— s.: Zeitschrift, österreichische, f. Berg- u. Hüttenwesen.

Ernst, C[arl] Alfred. Katalog der Sammlungen des Kunstvereins in der Kunsthalle in Winterthur. Aufgenommen von K. A' E', Conservator. 2. vermehrte Aufl. 45 S. 8. Winterthur, Buchdr. Winterthur, 1905. fr. —. 30

Carolus Ferdinandus Ernst: De corneis humani corporis Excrescentiis, quarum generali brevique notitiae singularis casus de hominis cujusdam corneis excrescentiis adjectus est. Berolini (1819) Krause. 28 S. 8°
Berlin, Med. Diss. v. 12. Juni 1819

Ernst, Carolus Henricus Guilelmus: De Aristotelis cognoscendi doctrina.
Halle-Wittenberg, Phil. Diss. v. 6. März 1870
Geb. [Demmin (Pomm.) 9. 3. 1839]
Ms. fehlt. Das Diplom ist fälschlich vom 6. Febr. 1870 datiert.

— Carl Ludwig Theodor (Dresden), Anus praeternaturalis. Diss. chir. Lpz. (A. Th. Engelhardt) 19. XII. 1854. 28 S. mit Biogr. (M.: A. Didel.) (4.—) 8219
Gew.: Eduard v. Zobel.

Ernst, Carl Wilh., Handbuch der Destillirkunst für Fabrikanten von Spirituosen. Nebst Anleitung zur Essig- und Schnell-Essigbereitung. Mit 40 in den Text eingedr. Holzschn. Berlin 855. Grobe. (Bergemann.) gr. 8. (XI, 254 S.) 1 ℛ︎ 7½ ngr

Ernst, Clara, nach der Arbeit. Erzählungen für die reifere weibl. Jugend. 8. (140 S. mit 4 lithogr. Bildern in Farbendr.) Stuttgart 866, Schmidt und Spring.

— der Jungfrau feines u. taktvolles Benehmen im häuslichen, gesellschaftlichen u. öffentlichen Leben. 8. (VIII 215 S.) Ebend. 884. 1. 50

— d. Jungfrau feines u. taktvolles Benehmen i. häusl., gesellschaftl. u. öffentl. Leben. 2. Aufl. 8. (160 S.) Ebd. 896. 1. 50; geb. in Leinw. m. Goldschn. n. 2. 75

Ernst, Clara, im Brautstande. Das richtige u. taktvolle Benehmen vor u. nach der Verlobg., nebst dazu pass. briefl. Mitteilgn. 16. (127 S.) Mülheim 885. Bagel. geb. 1. —

Damen-Briefsteller. Eine Anleit. z. Abfassung aller im weibl. Leben vorkomm. Briefe u. Aufsätze in richtigem, elegantem Stile. Nebst e. Reihe von Poesien zu Polterabenden ... von Clara Ernst. 2. Aufl. *Mülheim a. d. Ruhr: J. Bagel [1898].* (223 S.) 8° [F.] [vs. 1977 5

Ernst, Klara, Damenbriefsteller. Briefe a. d. Braut- u. Liebesleben. Mit Anh.: Dichterwerke f. Gedenkbücher u. Albumblätter. (80 S.) kl. 8. Mülheim-Ruhr (910). J. Bagel. — 40

Ernst, Clara, erzähle mehr. Erzählungen u. Märchen f. Knaben u. Mädchen. 8. (144 S. m. 1 Chromolith.) Mülheim 882. Bagel. cart. n. — 80

[F.] Zwanzig kleine Erzählungen für Knaben und Mädchen v. Clara Ernst [d. i. Clara Bülow]. M. 3 feinen Farbendruckbildern. *Mülheim a. d. R.: J. Bagel [1895].* (79 S., 2 Taf.) 1 Bd 8. [96. 660

— Familienbriefe f. junge Damen. Eine Anleitg. zur Abfassg. aller im weibl. Leben vorkomm. Briefe u. Aufsätze in richt., elegant. Stile. (144 S.) 8. Ebd. (910). 1. —

Ernst, Clara, Feldblumen. Berlin 860. Th. Grieben. 16. (93 S.) n. 20 ngr.

— wunderschöne kleine Geschichten u. Märchen. Mit 8 Farbendr.-Bild. 12. (80 S.) Ebd. 896. Geb. — 60

Ernst, Klara, telegraphische Glückwünsche in Versen zu Geburts- u. Tauftagen, Verlobungen, Hochzeiten, Jubiläen, sowie Freundes- u. Reisegrüße. 12. (48 S.) Mülheim a/d. R. 894. J. Bagel. n. — 25

— hört zu! Erzählungen, Märchen u. Gedichte f. Knaben u. Mädchen. 8. (144 S. m. 1 Chromolith.) Ebend. 881. cart. n. — 80

Ernst, Clara, Kinder-Theater. Dramatisirte Märchen, Lustspiele und lebende Bilder für die fröhliche Jugend. 1. und 2. Bdchn. 8. (à Bdchn. 80 S.) Mülheim 879, Bagel's Verlagsh. à Bdchn. * 50 Pf. *

— Kinder-Theater. Dramat. Märchen, Lustsp. u. leb. Bilder f. d. fröhl. Jugend. 2 Bdchn. (2. Aufl.) 12. (à 80 S.) Ebd. 895. à n. — 50

Ernst, Klara, Kinder-Theater. Dramatisierte Märchen, Lustspiele u. leb. Bilder f. die fröhl. Jugend. 2 Bdchn. 8. (à 80 S.) Mühlheim a/R. (900). J. Bagel. à n. — 50

P Ernst, Klara [Cl. Bülow]. Aus glücklicher Kinderzeit. Märchen, Geschichten u. Lieder f. die Jugend. 8. (IV, 160 S. m. 4 Farbendr.) Mülh. a. R. 889, Bagel Verlag. geb. 2 —

[F.] Aus glücklicher Kinderzeit. Märchen u. Geschichten f. d. Jugend v. Klara Ernst [d. i. Clara Bülow]. M. 4 feinen Farbendr.-Bildern. *Mülheim a. d. R.: J. Bagel [1895].* (110 S., 1 Bl., 3 Taf.) 1 Bd 8. [96. 615

— die Kunst der feinen Unterhaltung u. d. eleganten Benehmens im Hause, in der Gesellschaft, auf Bällen, Promenaden, Reisen u. s. w. f. junge Damen u. Herren, m. vielen hierauf bezügl. Gesprächen, Anreden, Anträgen 2c. nebst Antworten. 8. (111 S.) Ebd. 892. 1. 50

Ernst, Klara, die Kunst der feinen Unterhaltung u. des eleganten Benehmens im Hause, in der Gesellschaft, auf Bällen, Promenaden, Reisen usw. f. junge Damen u. Herren, m. vielen hierauf bezügl. Gesprächen, Anreden, Anträgen 2c. nebst Antworten. (111 S.) 8. Mülheim a/Rh. (905). J. Bagel. 1. —

Ernst, Clara, der Liebesbote. Briefsteller f. Herzensangelegenheiten. 16. (127 S.) Mülheim 885. Bagel. geb. 1. —

—— kleine Lustspiele und dramatisierte Märchen für die Jugend. Zur Aufführung bei Kinder- und Familienfesten. 1. und 2. Bdchn. 16. (à Bdchn. 80 S.) Ebendas. 884. à Bdchn. 40 Pf.

— Mairöschen. Erzählungen, Märchen u. Liedchen f. kleine Mädchen u. Knaben. 8. (160 S. m. 4 Farbendr.-Bildern.) Ebd. 891. Kart. 2. —

— u. Elis. Ebeling, Märchen-Zauber. Hübsche Märchen u. Geschichten f. die Jugend. 12. (80 S. m. 1 Farbendr.) Ebd. 889. geb. n. — 60

— für Polterabend u. Hochzeit. Kranzgedichte, Aufführgn. ꝛc. 16. (64 S.) Ebend. 884. n. — 60

— Polterabend-Gestalten, s.a. Ernst, Magda.

—— u. Magda Ernst [Clara Biedermann]. Polterabend-Gestalten. Aufführungen, Gedichte u. Szenen ꝛc. 2. Aufl. 8. (VII, 120 S.) Ebd. 889. 1 —

— Puppen-Theater f. die Kinderwelt. 16. (79 S.) Ebend. 884. — 40

— Still u. bewegt. Fünf Erzählungen für die reifere weibliche Jugend. Mit 4 Bildern in Buntdr. nach Zeichnungen von W. Schäfer. Neu-Ruppin 869. Oehmigke. 8. (184 S.) 1 ß

Ernst, Clara, still u. bewegt. Fünf Erzählgn. f. die reifere weibl. Jugend. Mit 4 (lith.) Bildern in Farbendr. nach Zeichngn. v. W. Schäfer. 8. (184 S.) Leipzig 875. Oehmigke. n. 3. —

—— Ein Sträußchen. Märchen, Erzählgn. u. Liedchen f. kleine Mädchen. 8. (160 S. m. 4 Farbendr.-Bildern.) Ebd. 891. cart. 2 —

— Ein Sträußchen. Märchen u. Erzählungen f. kleine Mädchen. 8. (112 S. m. 8 Farbdr.) Mülheim a/R. (901). J. Bagel. Geb. 1. 20

Ein Sträußchen. Märchen u. Erzählungen f. kleine Mädchen. Von Klara Ernst [d. i. Klara Bülow]. Mit Farbendr.-Bildern. Mülheim a. d. Ruhr: J. Bagel [1902]. (111 S.) 8° [F.]

—— der feine Ton im gesellschaftlichen und öffentlichen Leben. 16. (127 S.) Ebendas. 885. geb.

— der feine Ton im gesellschaftl. u. öffentl. Leben. 8. (118 S.) Ebd. 898. 1. —

Der feine Ton im gesellschaftlichen und öffentlichen Leben. Hrsg. von Clara Ernst [d. i. Bülow]. (2. Aufl.) Mülheim a. d. Ruhr: J. Bagel [1900]. (118 S.) 8° [F.]

Was sich schickt, Was sich nicht schickt, Kurzgefasste Anstandslehre f. Damen u. Herren. Hrsg. von Klara Ernst [d. i. Bülow]. *Mülheim a. d. Ruhr: J. Bagel [1900].* (79 S.) 8° [F.]

Weihnachten. Ein Weihnachtsbaum vom Himmel. 2 Weihnachtserzählungen von Klara Ernst [d. i. Klara Bülow] u. L. Budde. Berlin: Deutsche Sonntagsschul-Buchh. [1906]. (32 S.) 8° [F.]
— Kinderglocken. H. 23.

Ernst, Klara Linzen, s. Linzen-Ernst, Klara

Ernst, Klara Ratzka-
s. Ratzka-Ernst.

Ernst, Konrad

Ernst, O. K., Norddeutsche Bauerngeschichten. 6 Bdchn. 8. 1. Bdchn. Der Grenzzaun. (103 S.) 2. Bdchn. Die Liebesleute. (145 S.) 3. Bdchn. Der letzte Bauer v. Weidensee. (112 S.) 4. Bdchn. Gotthilf Brandt. Eine Lebensgeschichte. (112 S.) 5. Bdchn. Bauer Voß. (146 S.) 6. Bdchn. Der Ruhestörer. (181 S.) Leipzig 850. 51. O. Wigand. (1: 12 ngr 2: 1/2 ß 3—5: à 12 ngr 6: 18 ngr) 2 ß 21 ngr

Ernst, Konr., norddeutsche Bauerngeschichten. 2. (Titel-) Aufl. in einem Bde. Leipzig 854. O. Wigand. 8. (368; 103; 145 S.) 1 ß 15 ngr

Ernst, Conr., Bilder aus der Beamtenwelt. 1. Aufl. 1858. und 2. (Titel-)Aufl. 8. (III und 452 S.) Leipzig 859, O. Wigand.

Ernst, Konr., s.: Incunabula Hildeshemensia.

Ernst, Conrad: Incunabula Hildeshemensia. Fasc. 1. Incunabula gymnasii episcopalis Iosephini et seminarii clericalis. Hildesheim 1908: Lax. 96 S. 8° ¶ [Fasc. 2 erscheint, nicht als Progr., Lpz. 1909.]
Hildesheim, bischöfl. G Iosephinum P 1908 (398) [S 08. 80

Ernst, Conrad: Incunabula Hildeshemensia. Fasciculus I Incunabula gymnasii episcopalis Josephini et seminarii clericalis. X, 96 S. 8.
Progr. Bischöfl. Gymn. Josephinum *Hildesheim* 1908 (398).
Fasciculus II continens Additamenta fasciculi I^mi atque incunabula bibliothecarum ecclesiae cathedralis, civitatis Hildeshemensis, gymnasii regii Andreani, musei Roemeriani, ecclesiae ad S. Andream et nonnulla diversorum possessorum. *Lipsiae: R. Haupt* 1909. XV, 147 S., 1 S. ung. 8. M. 7.50 (I. II: M. 11.50).

[F.] Lehrbuch d. Geschichte der Griechen und Römer f. d. ob. Klassen kath. höh. Mädchenschulen. Von Konrad Ernst. M. 4 Geschichtskt. *Paderborn: F. Schöningh 1898.* (V, 86 S., 4 Kt.) 1 Bd 8.

Lehrbuch der Geschichte der Griechen und Römer für die oberen Klassen katholischer höherer Mädchenschulen. Von Konrad Ernst. Oberl. in Heiligenstadt. Mit 8 Bildertaf. u. 4 Geschichtskarten. 2. verb. Aufl. *Paderborn: F. Schöningh 1902.* (92 S.) 8° [F.]

Lehrbuch der Geschichte der Griechen und Römer f. d. oberen Klassen kath. höh. Mädchenschulen. Von Konrad Ernst, Oberl. in Hildesheim. Mit 8 Bildertaf. u. 4 Geschichtskarten. 3., verb. Aufl. Paderborn: F. Schöningh 1907. (V, 92 S.) 8° [F.]

Ernst, Konr., Lehrbuch d. Geschichte d. deutschen Volkes f. d. ob. Klassen kathol. höh. Mädchenschulen. M. 4 (farb.) Geschichtskarten. gr. 8. (VIII, 170 S.) Paderborn 897. F. Schöningh. n. 1. 60

Lehrbuch der Geschichte des deutschen Volkes für die oberen Klassen katholischer höherer Mädchenschulen. Von Konrad Ernst. Mit 4 Geschichtskarten. 2. Aufl. *Paderborn: F. Schöningh 1898.* (VIII, 170 S.) 8° [F.]

Ernst, Konr., Lehrbuch der Geschichte des deutschen Volkes f. die oberen Klassen kathol. höherer Mädchenschulen. Mit 12 Bildertaf. u. 4 (farb.) Geschichtskarten. 3., verb. Aufl. gr. 8. (VI, 170 S.) Paderborn 899. F. Schöningh. n. 1. 80

Ernst, Konr., Lehrbuch der Geschichte des deutschen Volkes f. die oberen Klassen katholischer höherer Mädchenschulen. Mit 12 Bildertaf. u. 4 (farb.) Geschichtskarten. 4., verb. Aufl. (VI, 170 S.) gr. 8. Paderborn 903. F. Schöningh. n. 1. 80

— Lehrbuch der Geschichte des deutschen Volkes f. die oberen Klass. kathol. höh. Mädchenschulen. Mit 12 Bildertaf. u. 4 (farb.) Geschichtskart. 5., verb. Aufl. (VI, 171 S.) gr. 8. Paderborn 908. F. Schöningh. 2.—; geb. n 2. 50

—— der Pfarrer von Buchendorf. Ein Roman. 8. (819 S.) Leipzig 857, O. Wigand.

— Die Wiegendrucke d. Kestner-Mus. zu Hannover. Im Auftrage des Magistrats der kgl. Haupt- u. Residenzstadt Hannover bearb. (VII, 104 S.) gr. 8. Leipzig 909. R. Haupt. 5. —

Ernst, Constantin, eine Nacht im Münchner Hofbräuhaus. 12. (32 S.) Leipzig 887, (Pfau.)

Ernst, Cornelius (Mainz)
Thesen, welche zur Erlangung der veterinair-medicinischen Doctorwürde Samstag den 19. März 1853, in der kleinen Aula Cornelius Ernst aus Mainz öffentlich vertheidigen wird.
Giessen: Brühl. 1853.
Dr. vet. med. 19.3.1853. vorh. BR Brüssel.

Ernst, L., s.: Bilder a. d. deutschen Küstenländern d. Ostsee.

Ernst, L., Bilder aus den deutschen Küstenländern der Ostsee, s.: Land u. Volk, unser deutsches.

Ernst, L., Genrebilder. 8. (24 B.) Berlin 839, [Wolff u. Cp.]

Ernst, L., Genrebilder. 3 Novellen. Inhalt: Liebesleid. — Die Hand des Sohnes. — Kunst und Kritik. 8. 839, Halle, Kolditz'sche B. 1 1/2 ß

Ernst, L., die Minnesinger als politische und sociale Parthei an einer Auswahl ihrer Lieder dargestellt. gr. 8. (103 S.) Güstrow 846, Opitz und Comp.

Ernst, Leo, die formale Natur d. Wechselobligation. gr. 8. (62 S.) Ingolstadt 898. Krüll. n. 1. 20

Ernst, Leop., und Oescher, Leop. Bau-Denkmale des Mittelalters im Erzherzogthum Oesterreich. Nach der Natur aufgenommen. Wien 1846. Fol.

Ernst, Lucy Hoesch s. Hoesch-Ernst, Lucy.

Ernst, Ludwig

Ernst, L., Anweisung zur schnellen Selbsthilfe bei der Cholera. 2. Aufl. gr. 8. (19 S.) Wien 892. C. Gerold's Sohn. n. 1. —

Ernst, Ludw., f. d. lebendig Begrabenen. Ein Appell an d. Regiergn. u. a. d. Gesellschaft behufs Schaffg. v. Institutionen z. Schutze v. Geisteskranken. gr. 8. (41 S.) Wien 896. (C. Gerold's Sohn.) n. 1. —

Ernst, Ludw., für die lebendig Begrabenen. Ein Appell an die Regiergn. u. an die Gesellschaft behufs Schaffg. v. Institutionen zum Schutze v. Geisteskranken. 2. Aufl. (41 S.) 8. Wien 904. (C. Gerold's Sohn.) n. 2. —

— der Hausarzt. gr. 8. (X, 320 S. m. Abbildgn.) Wien 888. (Leipzig, Literar. Anstalt A. Schulze.) n. 2. —

Ernst, Ludw., der Hausarzt f. gebildete Laien. Die Erfahrgn. aus e. 30jähr. ärztl. Spital- u. Privat-Praxis. Dem Wohle der Leidenden gewidmet. Mit 30 Taf. gr. 8. (XX, 331 S.) Wien 899. C. Gerold's Sohn. n. 3. —

— kalte u. warme Herzen. Ein Nachtrag z. Brochure „Kein Judenstaat sondern Gewissensfreiheit". 2., verm. Aufl. gr. 8. (12 u. IV S.) Leipzig 896. Literar. Anstalt, A. Schulze. n. — 35

— d. Juden, d. verjudeten Christlichsocialen u. Deutschnationalen. gr. 8. (36 S.) Ebd. 896. — 90

— kein Judenstaat, sondern Gewissensfreiheit. Eine Entgegng. auf Theodor Herzl's „Der Judenstaat". 2. u. 3. Aufl. gr. 8. (23 S.) Ebd. 896. n. — 50

— der Kampf der Ärzte gegen die illoyale Konkurrenz der Professoren. (20 S.) 8. Wien 905. J. Deubler. n. 1. —

Ernst, L., die Selbsthilfe. Aerztlicher Rathgeber bei allen Krankheiten der Zeugungstheile, die in Folge heiml. Jugendsünden, Ausschweifg. u. durch Ansteckg. entstehen, nebst sehr wicht. Bemerkgn. üb. frühzeit. Impotenz, Zerrüttgn. d. Nervensystems, sowie auch üb. die furchtbaren Folgen, welche durch übermäß. Gaben v. Quecksilber entstehen. 3. verb. Aufl. 8. (XII, 118 S. m. 12 Holzschntaf.) Budapest 875. (Aigner.) n. 4. —

— die Selbsthilfe. Aerztlicher Rathgeber bei allen Krankheiten, die in Folge Ausschweifg. u. Ansteckg. entstehen. 56.—59. Aufl. 8. (XII, 122 S. m. 12 Taf. anatom. Abbildgn.) Ebd. 892. 893. n. 2. —; französ. Ausg. (XII, 131 S.) n. 2. —

— dasselbe. 60. Aufl. 8. (XII, 122 S. m. 12 Taf. anatom. Abbildgn.) Wien 894. (Leipzig, Gust. Schulze.) n. 1. —

Ernst, L., die Selbsthilfe. Aerztl. Rathgeber b. Krankheiten d. gestörten Nerven- u. Sexualsystems. M. zahlr. anatom. Abb. 65. Aufl. 8. (XII, 120 S.) Wien 898. (Leipzig, Literar. Anstalt, A. Schulze.) n. 2. —

Ernst, Ludw., der Wert unserer Konversations-Lexika in kultureller Beziehung, s.: Laugen, Frdr.

— wie wird man gesund? Aerztlicher Ratgeber zur Selbsthilfe bei veralteten Krankheiten. (VI, 179 S. m. Abbildgn.) 8. Wien 906. (Szelinski & Co.) n. 1. 70

Ernst, M. J., Zeitstimmen der Dreieinigkeit an die Zionswächter im Judenthum. (Gedichte.) Nebst e. *Anhange:* die Zerstörung des ersten Tempels. Ein Oratorium. in 3 Abtlgn. von Dr. *Gust. Philippson.* Leipzig. H. Franke, 1841. 8°. Hfzbd. Schönes Expl.

Ernst, Magda, u. Clara Ernst, bunte Gestalten. Gedichte zu Polterabenden u. anderen Familienfesten, nebst Angaben zu lebenden Bildern. 8. (VII, 120 S.) Mülheim 877. Bagel. n. 1. —

Ernst, Magdalene, Handbuch der Hausfrau. 1.—3. Aufl. 12. (IV, 284 S.) Leipzig 891. F. W. v. Biedermann. Geb. in Leinw. n. 2. —

Ernst, Magdalene, Handb. der Hausfrau. 4. Aufl. 12. (IV, 284 S.) Leipzig (893). F. W. Biedermann. Geb. in Leinw. n. 2. —

[F.] Polterabend-Gestalten. Aufführgn, Gedichte u. Scenen zu Polterabend- u. and. Familienfesten f. eine u. mehrere Personen nebst Angaben zu lebenden Bildern v. Magda u. Klara Ernst [d. i. Clara Magdalene Ernestine F[rl] v. Biedermann u. Clara Bülow]. 3. Aufl. *Mülheim a. d. R.: J. Bagel [1897?].* (128 S.) 1 Bd 8.

Ernst, Magda, u. Klara Ernst, Polterabend-Gestalten. Aufführungen, Gedichte u. Scenen zu Polterabend u. anderen Familienfesten f. e. u. mehrere Personen, nebst Angaben zu leb. Bildern. 3. Aufl. 8. (128 S.) Mülheim a/R. (900). F. Bagel. 1. —

Ernst, Marie, das Buch der richtigen Ernährung Gesunder und Kranker. Ein Kochbuch, auf Grundlage der neuesten wissenschaftl. Forschungen, langjähr. hauswirthschaftl. Erfahrungen und mit besond. Berücksicht. einer vernünft. Sparsamkeit bearb. 1. Bd.: Ernährungslehre. gr. 8. (XXIV, 802 S.) Leipzig 886, Keil's Nachf. *M 7.50.; geb. +
Auch in 10 Lfgn. à * 75 Pf. — Der 2. Bd. ist noch nicht erschienen.

Ernst, Martin [aus Warschau]: Ueber den Verlauf einer Sonnenfinsterniss in höheren Atmosphärenschichten nebst Anwendg auf d. totale Sonnenfinsterniss am 8. 9. Aug. 1896 ... Berlin, A. W. Schade's Buchdr., 1896. 33 S., 1 Bl. 8.
Berlin, Phil. Fak., Inaug.-Diss. v. 16. Nov. 1896.

Ernst, Math., Handbuch für den Schiffsmaschinen-Dienst. 1. Bd. Mit 171 in den Text eingedr. Holzschn. Triest 870. Dase. Lex.-8. (VII, 165 S.) n. 2 *ℳ* 20 *ngr.*

Ernst, Math., Handbuch f. den Schiffsmaschinen-Dienst. 2. u. 3. Bd. Mit 434 in den Text eingedr. Holzschn. gr. 8. Triest 871. Dase. à n. 8. —
2. Mit 406 in den Text eingedr. Holzschn. (XIV, 289 S.)
3. Mit 28 in den Text eingedr. Holzschn. u. 2 grossen Tabellen (in Imp.-Fol.) (VIII, 296 S.)

Ernst, O. Über Diphenylaminderivate und Azine. Wiesbaden 1890.

Ernst, O. K., s. Ernst, Konrad

Ernst, Osk., Topographie d. Landgerichts-Bezirks zu Danzig, umfassend die 9 Amtsgerichts-Bezirke Berent, Carthaus, Danzig, Dirschau, Neustadt, Putzig, Schöneck, Pr. Stargard u. Zoppot. gr. 8. (IV, 169 S.) Danzig 892. A. W. Kafemann. n. 9. —

Ernst, Otto (Hrsg.), s. Abendschule, Illustrierte.

ERNST, OTTO [= O. E. SCHMIDT]. *Appelschnut.* Neues und Altes von ihren Taten, Abenteuern und Meinungen von Otto Ernst. Mit Bildern [9 farb. Tafeln u. viele, teils farb. Textabb.] von RICHARD SCHOLZ. 1. bis 10. Tausend. Leipzig, L. Staackmann, 1907. 2 Bll. 147 SS. 4°. Or.Leinen. 20.—
★ 1. Ausgabe des reizenden Werkes. Rucks. des Frontisp. gestempelt. 1 S. eingerissen.

ERNST, O. *Appelschnut.* 11.—15. Taus. Leipzig 1908. Mit 9 farb. Taf. und zahlr. z. T. farb. Abb. im Text von R. Scholz. 4°. Illustr. Orlwd. 12.—

Ernst, Otto (Otto Ernst Schmidt), Appelschnut. Neues u. Altes v. ihren Taten, Abenteuern u. Meingn. Mit Bildern v. Rich. Scholz. 16—20. Taus. (III, 147 S. m. z. Tl. farb. Abb.) gr. 8. Leipzig 909. L. Staackmann. Geb. in Leinw. 6. —

— Arbeit u. Freunde, s.: Dichter, neuer, f. d. studier. Jugend.

(Neuere Dichter für die studierende Jugend, hrgg. v. A. Bernt u. J. Tschinkel.)
Arbeit und Freude. Novellen und Skizzen v. Otto Ernst. Mit einer Einführung v. Josef Martin. Wien. 1910. 8°.

— Bannermann. Schauspiel in 3 Aufzügen. (159 S.) 8. Ebd. 905. n. 2. —; geb. in Leinw. n. 3. —

— Vom grün-goldnen Baum. Humorist. Plaudereien. Buchschmuck v. Max Bernuth. 1—5. u. 6—10. Taus. (Je 190 S.) 8. Leipzig 910. L. Staackmann. 2.50; geb. in Leinw. b 3. 50

Ernst, Otto, med. pract. aus Zollikon-Zürich: Beitrag zur Kenntniss des Adenomyoma uteri. Berlin 1908. 42 S. 8°. S.-A. aus dem Archiv für Gynäkologie. Band 85. Heft 3. [15. VII. 08.]
Zürich. Med. Diss. 1907/08.

Ernst, Otto. Beitrag zur Kenntniss des Adenomyoma uteri. Diss. Med. Univ. Zürich. [Mit Figuren.] ⟨Sonderabdruck aus dem Archiv für Gynäkologie. Band 85. Heft 3.⟩ 42 S. 8. Berlin, L. Schumacher. 1908.

Auf heiligem Boden. Roman von O[tto] Ernst [d. i. Otto Ernst Schmidt]. Bd 1. 2. Breslau: Schottlaender 1894. 8°

Ernst, Otto (Otto Ernst Schmidt), Buch d. Hoffnung. Neue Folge d. ges. Essays aus Litteratur, Pädagogik u. öffentl. Leben. In 2 Bdn. 8. Hamburg, C. Kloß. n. 7. —
1. Litteratur. (XII, 308 S.) 896. n. 3. —
2. Pädagogik u. öffentl. Leben. (VII, 456 S.) 897. n. 4. —

Einsam unter Menschen. 2 Erzählungen von Otto Ernst [d. i. Otto Ernst Schmidt]. 2. Taus. Berlin: Concordia [1907]. (110 S.) 8° [F.]
= Concordia-Bibliothek, Kleine. Bd 4.

Ernst, O., Elementargewalten. Roman. 2 Bde. 8. (256; 272 S.) Stuttgart 883, Deutsche Verlags-Anstalt.

Ernst, Otto [app. Arzt aus Neisse]: Aus d. medizin. Klinik zu Kiel. Zwei Fälle von familiärer Ataxie ... Kiel, Druck v. H. Fiencke, 1896; 26 S., 1 Bl., 1 Taf. 8.
Kiel, Med. Fak., Inaug.-Diss. v. [24. Sept.] 1896

Ernst, Otto (Otto Ernst Schmidt), ein frohes Farbenspiel. Humoristische Plaudereien. Buchschmuck v. Hans Christiansen. 1.—10. Tauf. 8. (à VII, 191 S.) Leipzig 900—902. L. Staackmann. n. 2. 50; geb. n. 3. 50

Ein frohes Farbenspiel. Humoristische Plaudereien v. Otto Ernst. Buchschmuck v. Hans Christiansen. Leipzig. 1908. 8°

— Flachsmann als Erzieher. Eine Komödie in 3 Aufzügen. 7.—17. Tauf. 8. (à VII, 132 S.) Ebd. 901. n. 2. —; geb. n. 3. —

Flachsmann als Erzieher. Eine Komödie in 3 Aufz. von Otto Ernst [d. i. Otto Ernst Schmidt]. 19. Taus. *Leipzig: L. Staackmann 1901.* (132 S.) 8° [F.]

— Flachsmann als Erzieher. Eine Komödie in 3 Aufzügen. 22. u. 23. Tauf. (VII, 132 S.) 8. Ebd. 906. n. 2. —; geb. in Leinw. n. 3. —

Flachsmann als Erzieher. Eine Komödie in 3 Aufzügen v. Otto Ernst. Leipzig. 1907. 8°

— Des Kindes Freiheit u. Freude. 1—3. u. 4—6. Tauf. (Je 50 S.) 8. Leipzig 907. H. Haessel Verl. 1. —

Ernst, Otto, Gedichte. 16. (VIII, 200 S.) Norden 889. Fischer Nachf. n. 3. —; geb. n. 4. —

Ernst Otto, Gedichte. 2., durchgeseh. Aufl. 8. (VII, 171 S. m. Bildniß.) Hamburg 893. C. Kloß. n. 3. —; geb. in Leinw. m. Goldschn. n. 4. —

Gedichte von Otto Ernst [d. i. Otto Ernst Schmidt]. Der 'Neuen Gedichte' 2., der 'Gedichte' 3., gesichtete u. rev. Aufl. Leipzig: L. Staackmann 1902. (VIII, 183 S.) 8° [F.]

— Neue Gedichte. 8. (VII, 158 S.) Hamb. 892, Kloß. geb. in Leinw. m. Goldschn. * 3 —

Siebzig Gedichte. Neue u. alte Verse von Otto Ernst [d. i. Otto Ernst Schmidt]. 1. bis 10. Taus. Leipzig: L. Staackmann 1907. (VII, 135 S.) 8° [F.]

— 70 Gedichte. Neue u. alte Verse. 1—20. Tauf. (VII, 135 S.) kl. 8. Leipzig 907. 909. L. Staackmann. 1. —

— die Gerechtigkeit. Eine Komödie in 5 Akten. 8. (135 S.) Ebd. 902. n. 2. —; geb. in Leinw. n. 3. —

Gesund und frohen Mutes. Eine Auswahl aus den Werken von Otto Ernst. Im Auftr. d. Hamburger Lehrervereinigung z. Pflege d. künstler. Bildung hrsg. von Guido Höller. Leipzig: Staackmann (1910). 144 S. 8°

— s.: Heinebuch.

Heinebuch v. Otto Ernst. Hamburg-Großborstel. 1907. 8°

— Hinaus ins Freie, s. a. Mühlmeister, Karl.

(Dietrichs Münchener Künstlerbilderbuch. 11.)
Hinaus ins Freie. Ein heiteres Bilderbuch v. Karl Mühlmeister mit Versen v. Otto Ernst. München. 1910. 8°

— das Jubiläum. Ein Schulmeisteridyll in 1 Aufzuge. (32 S.) 8. Leipzig 906. L. Staackmann. n. — 75

— Jugend v. heute. Eine deutsche Komödie in 4 Akten. 8. (VII, 142 S.) Hamburg 899. C. Kloß. n. 2. —

Jugend von heute. Eine deutsche Komödie in 4 Akten von Otto Ernst [d. i. Otto Ernst Schmidt]. 8. bis 10. Taus. *Leipzig: L. Staackmann [1900].* (142 S.) 8° [F.]

— Jugend v. heute. Eine deutsche Komödie in 4 Akten. 11. u. 12. Tauf. (VII, 141 S.) 8. Ebd. (906). n. 2. —; geb. in Leinw. n. 3. —

— Asmus Sempers Jugendland. Der Roman e. Kindheit. 1—35. Tauf. (Je IV, 358 S.) 8. Leipzig 905. 906. L. Staackmann. n. 3. 50; geb. in Leinw. n. 4. 50; in Halbfrz. n. 6. —

Asmus Sempers Jugendland. Der Roman e. Kindheit von Otto Ernst [d. i. Otto Ernst Schmidt]. 51.—55. Taus. Leipzig: Staackmann 1908. 358 S. 8°

— Asmus Semper's Jugendland. Der Roman e. Kindheit. 66—70. Tauf. (IV, 358 S.) kl. 8. Ebd. 910. 3.50; geb. in Leinw. 4. 50

— Kartäusergeschichten. Novellen u. Skizzen. 8. (VII, 226 S.) Ebd. 896. n. 2. 25; geb. n. 3. —

— Kartäusergeschichten. Novellen u. Skizzen. 2. u. 3. Tauf. 8. (III, 226 S.) Leipzig 902. L. Staackmann. n. 2. 50; geb. in Leinw. n. 3. 50

Kartäusergeschichten. Novellen u. Skizzen v. Otto Ernst. Leipzig. 1906. 8°

— die Kunstreise nach Hümpeldorf, s. a. Bibliothek moderner deutscher Autoren. 4. Bd.

(Bibliothek moderner deutscher Autoren. Bd. 4.)
Otto Ernst: Die Kunstreise nach Hümpeldorf. Humoreske. Umschlag v. Berth. Löffler. Wien u. Leipzig. 1905. 8°

— Laßt Sonne herein!, s. a. Ullstein-Bücher.

Laßt Sonne herein! Heitere Geschichten u. Plaudereien von Otto Ernst [d. i. Otto Ernst Schmidt]. Berlin-Wien: Ullstein [1910]. 300 S. 8°
(Ullstein-Bücher. [11.])

— vom geruhigen Leben. Humoristische Plaudereien üb. große u. kleine Kinder. Buchschmuck v. Max Dasio. 1—7. Tauf. (Je VIII, 175 S.) 8. Leipzig 903. L. Staackmann. n. 2. 50; geb. in Leinw. n. 3. 50

— Vom geruhigen Leben. Humorist. Plaudereien. Buchschmuck v. Max Dasio. Neue, durchgeseh. u. verm. Ausg. 16—20. Tauf. (Je 179 S.) 8. Leipzig 907. L. Staackmann. 2.50; geb. in Leinw. 3. 50

Vom geruhigen Leben. Humoristische Plaudereien v. Otto Ernst. Buchschmuck v. Max Dasio. Neue Ausg. Leipzig. 1910. 8°

Lessing. Von Otto Ernst [d. i. Otto Ernst Schmidt]. Berlin & Leipzig: Schuster & Loeffler [1905]. (78 S.) 8°
= Dichtung, Die. Bd 35.

— von kleinen u. großen Leuten, s. a. Engelhorn's allgemeine Roman-Bibliothek. XXII. 7.

(Engelhorns Allgemeine Roman-Bibliothek. Jg. 22, Bd. 7.)
Von kleinen und großen Leuten v. Otto Ernst. Stuttgart. [1905.] 8°

Blühender Lorbeer. Plauderei u. Andachten über deutsche Dichter von Otto **Ernst**. Leipzig: Staackmann (1910). 318 S. 8° (10. 17347 9

— s.: Meister der modernen Erzählungskunst.

— Narrenfest. Satiren u. Burlesken. 8. (VII, 162 S.) Hamburg 895. C. Kloß. n. 2. —

— Ortrun u. Ilsebill. Eine Märchenkomödie in 5 Akten. (152 S.) 8. Leipzig 906. L. Staackmann. n. 2. 50; geb. in Leinw. n. 3. 50

Ernst, O., die Renegatin. Roman. 8. (178 S.) Breslau 880. Schottländer. n. 3. 50

Ernst, Otto (Mitarb.), s. Der R o m a n der XII.

Ernst, Otto (Otto Ernst Schmidt), Hamborger Schipper-geschichten, s.: Drachmann, Holger.

ERNST, O. *Der Kinder Schlaraffenland.* Ein lustiger Schwank für Jung und Alt. Bilder von HANS SCHROEDTER. Mainz, J. Scholz [ca. 1905]. 55 S. m. 10 farb. Tafeln und hübschen Bordüren. 4°. Farbig illustr. Or.Leinenbd. in Or.Schuber. — ★ Erstausgabe. Wenige Gebrauchsspuren. 14.—

— Der Kinder Schlaraffenland. Ein lust. Schwank f. Jung u. Alt. (10 farb. Voll-) Bilder v. Hans Schroedter. (55 S.) gr. 8. Mainz (910). J. Scholz. Geb. in Leinw. 3. —

— Semper der Jüngling. Ein Bildungsroman. 1—10., 11—20. u. 21—30. Taus. (Je IV, 452 S.) 8. Leipzig 908. L. Staackmann. 4.—; geb. in Leinw. 5. —

Semper der Jüngling. Ein Bildungsroman v. Otto Ernst. Leipzig. 1909. 8°

— besiegte Sieger. Novellen u. Skizzen. 3., vielfach veränd. Aufl. der „Verborgenen Tiefen". 3—6. Taus. (282 S.) 8. Ebd. 906. n. 3. —; geb. in Leinw. n. 4. —

— Sklaven u. Freie. Historischer Roman. 3 Bde. 8. (246, 259 u. 272 S.) Berlin 884. Janke. n. 10. —

Stimmen des Mittags. Neue Dichtungen von Otto **Ernst** [d. i. Otto Ernst Schmidt]. Mit Buchschmuck von Max Bernuth. Leipzig: L. Staackmann 1901. (VIII, 147 S.) 8° [F.] (04. 1679

— Stimmen des Mittags. Neue Dichtgn. Mit Buchschmuck v. Max Bernuth. Vermehrte Aufl. (3. u. 4. Taus.) (VIII, 166 S.) kl. 8. Ebd. 903. n. 2. 50; geb. n. 3. 50

— Vom Strande d. Lebens, s.: Reclam's Novellen-Bibliothek.

— dasselbe, s.: Universal-Bibliothek.

(Universal-Bibliothek. Nr. 5000.)
Vom Strande des Lebens. Novellen und Skizzen v. Otto Ernst. Eingeleitet v. Hermann Diez. Mit dem Bildnis des Dichters. Leipzig. [1908.] 8°

— die größte Sünde. Drama in 5 Akten. 8. (VII, 116 S.) Ebd. 895. n. 1. 50

Die größte Sünde. Drama in 5 Akten von Otto **Ernst**. 3. bis 5. Taus. ⟨Neubearb.⟩ *Leipzig: L. Staackmann 1901.* (133 S.) 8° [F.] (04. 1964

Die größte Sünde. Drama in 5 Akten v. Otto **Ernst**. ⟨Neubearb.⟩ Leipzig. 1907. 8°

— Tartüff der Patriot. Ein satir. Komödienspiel in 3 Akten. (127 S.) 8. Leipzig 909. L. Staackmann. 2.—; geb. in Leinw. 3. —

— aus verborgenen Tiefen. Novellen u. Skizzen. 8. (VII, 244 S.) Ebd. 891. n. 2. 25; geb. in Leinw. n.n. 3. —

Ernst, O
Die Töchter des Paschas. Erzählung. Berlin 1881.
In: Roman-Zeitung, Deutsche. Bd 2.3.

Ernst, O., offenes Visier! Gesammelte Essays aus Litteratur, Pädagogik u. öffentl. Leben. 8. (VIII, 280 S.) Hamburg 890. Kloss. n. 2. 50

— der süße Willy. Ein humorist. Erziehungsidyll. 8. (56 S.) Ebd. 895. M. Goldschn. n. 1. 20

— der süße Willy od. Die Geschichte e. netten Erziehg. 3. verb. Aufl. (3—17. Taus.) (56 S.) kl. 8. Ebd. 906. Kart. n. 1. —

Ernst, P., der Bau-Tischler. Tabellen zur Berechnung der Kosten für die Bauarbeiten des Tischlers nach dem Metermaasse mit Berücksichtigung des preuss. Fussmaasses behufs Accordirung mit den Gesellen und Abgabe von Offerten bei Submissionen mit Tabellen zur Verwandlung des preuss. Fussmaasses in das Metermaass. Unter Mitwirkung bewährter Fachmänner bearb. und hrsg. 1. und 2. Aufl. 8. (VIII, 51 S.) Leipzig 872,73, Scholtze. cart.

— der Maurer. Tafeln zur Berechnung der Baukosten und Baumaterialien für den Maurer auf Grund des Metermaasses und Gewichtes mit Berücksichtigung des neuen, sowie des alten Ziegelformates zum Gebrauch für den prakt. Techniker, Maurer- und Baumeister. Unter Mitwirkung bewährter Fachmänner bearb. und hrsg. 1. und 2. Aufl. 4. (VIII, 27 S.) Leipzig 872,73, Scholtze. cart.

Ernst, Paul, s.a. Günther-Ernst, Paul.

Ernst, Paul *Carl Friedrich Theodor* [aus Schneidemühl '(Posen)']: Über das Aneurysma dissecans aortae ... Greifswald, Druck v. C. Sell, 1895; 42 S., 1 Bl. 8.
Greifswald, Med. Fak., Inaug.-Diss. v. 18. März 1895

Ernst, [Paul]. Eine geheilte zirkuläre Aortenruptur am Isthmus. [Von:] Herr E'-Zürich. Abdruck aus den: Verhandlungen der Deutschen Pathologischen Gesellschaft... 7. Tagung, gehalten zu Berlin vom 26.—28. Mai 1904... : II S. + S. 177—179. 8. Jena, Gustav Fischer, [1904].

Ernst-Berlin, Paul, die Arbeiterschutzgesetzgebung u. ihre internationale Regelung, s.a. Arbeiterbibliothek, Berliner.

Ernst, Dr. Paul, Die Arbeiterschutzgesetzgebung und ihre internationale Regelung. (Berliner Arbeiterbibliothek, 1. Serie, Heft 12. 8°. Berlin 1890.)

Ernst, Paul, von Zürich: Zur Aetiologie der Nephritis. Zür. Zürcher u. Furrer Dr. 1884. 48 S., 3 Taf. 8°.
Zürich, Med. Diss. [v. 10. Sept. 1884].

E r n s t, Paul, A u s w a h l aus des K n a b e n W u n d e r h o r n, 3. Aufl. München 1908. 8°. (Mk. 4—.) (2 Mk. 50 Pfg., wie neu, Göttinger Antiqu., 1911.)
Zuerst gedr. Leipzig 1903.

Ernst, Paul. Ueber Bau und Bedeutung der Bakterien. (Ein akademischer Vortrag, gehalten ... in Zürich am 8. Januar 1903.) Separatabdruck aus der Münchener medizinischen Wochenschrift, [Jahrg. 52,] No. 50 u. 51, 1903. II + 19 S. 8. ⟨München, J. F. Lehmann.⟩

Ernst, Paul. Ueber den feinen Bau der Bakterien. [Vortrag, gehalten in der] Gesellschaft der Aerzte des Kantons Zürich ... den 6. Mai 1902.... Separatabdruck aus dem Correspondenz-Blatt für Schweizer Aerzte, [Jahrg. 32,] 1902, Nr. 13. 6 S. gr.-8. [Basel, Schweighauser.]

Ernst, Paul. Über den feineren Bau der Knorpelgeschwülste. ⟨Polymorphismus, Metaplasie und Metatypie, Metachromasie, divergierende Differenzierung des Knorpels.⟩ Von Prof. Dr. P' E' in Zürich. Hierzu Tafel 4 und 5. (Abdruck aus den: «Beiträgen zur pathologischen Anatomie und zur allgemeinen Pathologie».... Band 38. 1905.) II S. + S. 67—100. 8. (Jena, Gustav Fischer.)

Ernst, Paul. Die Bedeutung der Allgemeinen Pathologie für die Zahnheilkunde. Vortrag gehalten an der 20. Jahresversammlung der schweizerischen zahnärztlichen Gesellschaft in Zürich, den 21. Mai 1905. Separatabdruck aus der «Schweizerischen Vierteljahrsschrift für Zahnheilkunde», Band 15, 1905, Heft 4. II + 25 S. 8. Zürich, Berichthaus, 1905.

ERNST, PAUL. Beiträge zur Kenntniss des Dimethylanilins und Diphenylamins. (Bern) Winterthur, 1887.

Ernst, Paul, Brunhild. Trauerspiel in 3 Aufzügen. (V, 86 S.) 8. Leipzig 909. Insel-Verl. 2.—; in Pappbd. 3. —

— Canossa. Ein Trauerspiel in 5 Aufzügen. (118 S.) 8. Ebd. 908. 3.—; in Pappbd. 3. 50

Ernst, Paul, Demetrios. Tragödie in 5 Akten. (97 S.) kl. 8. Leipzig 905. Insel-Verlag. n. 2. —; geb. n. 3. —

Ernst, Paul. Demonstrationen: 1. Ein knotenförmig geschlungener Thrombus im rechten Vorhof; (— 2. Die Ansiedelung eines kugeligen Th' auf Netzen und gefensterten Membranen im r' V'). [Vorgeführt in der] Gesellschaft der Aerzte in Zürich ... den 16. Juli 1904... . Separatabdruck aus dem Correspondenz-Blatt für Schweizer Aerzte, [Jahrg. 35,] 1905, Nr. 1. 3 S. gr.-8. [Basel, Schweighauser.]

— s.: Geschichten aus dem alten Pitaval.

Sechs Geschichten von Paul Ernst. *Berlin & Leipzig: Schuster & Loeffler 1900.* (100 S.) 8°

— sechs Geschichten. 8. (V, 100 S.) Berlin 900. Leipzig, Insel-Verlag. Kart. n. 2. 50

Das Gold. Trauerspiel in 4 Aufz. von Paul Ernst. Berlin: J. Bard 1906. (84 S.) 8°

Der Harz von Paul Ernst. Mit 8 Vollbild. Stuttgart: C. Krabbe [1907]. (112 S.) 8°
— Städte u. Landschaften. [4.]

Der Hulla. Lustspiel in 4 Aufz. von Paul Ernst. Berlin: J. Bard 1906. (94 S.) 8°

Henrik Ibsen. Von Paul Ernst. *Berlin & Leipzig: Schuster & Loeffler [1904].* (89 S.) 8°
— Dichtung. Die. Bd 1.

— Die selige Insel. Ein Roman. (169 S.) kl. 8. Leipzig 909. Insel-Verlag. 3.—; geb. in Ldr. 5. —

Ernst, Paul, im Kampf um Freiheit u. Recht. Erzählung. 12. (113 S.) Elberfeld (902). Westdeutscher Jünglingsbund. Kart. n. — 50

Ernst, Paul [Dr., I. Assist. d. patholog. Inst.]: Ueber Kern- und Sporenbildung bei Bacterien. . . . (Aus: Zeitschr. f. Hygiene. V. Bd.) Leipzig, Veit & Comp., 1888; 61 S. u. 2 Taf. 8°
Heidelberg, Med. Fak., Hab.-Schr. v. [31. Dez.] 1888

Ernst, Paul. Körperchen von feinem strahligen Bau ⟨Sphärokristalle⟩ im Krebsgewebe. [Von:] Herr P' E'-Zürich. Mit Tafel VI–VIII. (Abdruck aus den Verhandlungen der Deutschen Pathologischen Gesellschaft. 9. Tagung, gehalten in Meran vom 24.—27. September 1905.) III S. + S. 142—152. 8. (Jena, Gustav Fischer, [1906].)

— Ritter Lanval. Lustspiel in 3 Aufzügen. (82 S.) 8. Leipzig 906. Insel-Verlag. n. 2. —; geb. n. 2. 50

Ninon de Lenclos. Trauerspiel in 3 Aufz. von Paul Ernst. Leipzig: Insel-Verl. 1910. 66 S. 8°

— Über alle Narrheit Liebe. Lustspiel in 3 Aufzügen. (III, 100 S.) 8. Ebd. 909. 2.—; in Pappbd. 3. —

Ernst, Paul. Ein bügelförmiges gemischtes Lipom auf dem Balken im Verlauf der rechten Stria longitudinalis ⟨Lancisii⟩. ⟨Betrachtungen über intracranielle Lipome.⟩ Aus dem pathologischen Institut der Universität Zürich. Hierzu Tafel I und II und 8 Figuren im Text. (Abdruck aus: «Beiträge zur pathologischen Anatomie und zur allgemeinen Pathologie» .... Supplement 7: Festschrift für Professor Julius Arnold.) II + 28 S. 8. (Jena, Gustav Fischer, [1905].)

Ernst, Paul, Lumpenbagasch. — Im chambre séparée. Zwei Schauspiele. 8. (79 S.) Berlin 898. J. Sassenbach. n. 1. 50

— Merope od. vom Wesen des Tragischen. Eine Abhandlg. (32 S.) 8. Berlin 906. J. Bard. n. 1. —
Sonderabdruck aus: „E., der Weg zur Form".

Ernst, Paul, Missbildungen des Nervensystems, s.: Morphologie, die, der Missbildgn. d. Menschen u. d. Tiere.

Eine Nacht in Florenz. Lustspiel in 4 Aufz. von Paul Ernst. (Leipzig: Insel-Verl. 1905.) 76 S. 8°

Friedrich Nietzsche. Von Dr. Paul Ernst. *(Berlin: Gose & Tetzlaff 1900.)* (37 S.) 8° [S.]
— Essays, Moderne, z. Kunst u. Litteratur. H. 1.

Ernst, Paul. Friedrich Nietzsche, von Dr. P' E' [Berlin]. Veränderte 2. Aufl. 48 S. 8. Berlin, Gose & Tetzlaff, 1904. (M. —. 50)

Darin S. 3—5: Nietzsche's Autobiographie; S. 39—47: (Landsberg, Hans.) Nietzsches Lehre u. Zur Nietzsche-Literatur.
(Moderne Essays. Herausgeber: Dr. Hans Landsberg. Heft 1.)

— s.: Novellen, altitalienische.

Altitalienische Novellen. Ausgewählt u. übers. von Paul Ernst. Bd 1. 2. *Leipzig: Insel-Verl. 1902.* 2 Bde 8°

— Polymeter. 8. (110 S.) Ebd. 898. n. 1. 50

Ernst, Paul: Polymeter. Berlin - Paris: J. Sassenbach (1899). (110 S.) 8°.

— die Prinzessin des Ostens u. andere Novellen. 8. (298 S.) Leipzig 903. Insel-Verl. n. 4.—; geb. n. 5.—

— die gesellschaftliche Reproduction des Kapitals bei gesteigerter Productivität der Arbeit. gr. 8. (48 S.) Berlin 894. Magazin f. Volkslitteratur, F. Harnisch & Co. n. 1. —

Sophokles. Von Paul Ernst. Berlin & Leipzig: Schuster & Loeffler [1905]. (75 S.) 8°
— Dichtung, Die. Bd 37.

— s.: Spielmanns-Geschichten.

Ernst, P., Leo Tolstoi u. der slavische Roman, s.: Volkshefte, deutsche litterarische.

Ernst, [Paul]. Vortrag ... über das Ultramikroskop... . [Gehalten in der] 68. Versammlung des ärztlichen Centralvereins. 26. und 27. Mai 1905 in Zürich. ⟨Autoreferat.⟩ Separatabdruck aus dem Correspondenz-Blatt für Schweizer Aerzte, [Jahrg. 35,] 1905, Nr. 15. 4 S. gr.-8. [Basel, Schweighauser.]

Der Weg zur Form. Ästhet. Abhandlungen vornehml. z. Tragödie u. Novelle von Paul Ernst. Berlin: J. Bard 1906. (219 S.) 8°

Ⓑ — d. Weg zur Form. 906. Jetzt: Leipzig, Insel-Verlag.

Ernst, Paul, der schmale Weg zum Glück. Ein Roman 1. u. 2. Aufl. (à 367 S.) 8. Stuttgart 904. Deutsche Verlags-Anstalt. n. 5. —; geb. n.n. 6. —

— dasselbe. 3. Aufl. (367 S.) 8. Ebd. 904. n. 4. —; geb. n.n. 5 —

— Der schmale Weg zum Glück. Ein Roman. 4—6. Tausd. (409 S.) 8. Berlin 910. Meyer & Jessen. Kart. 2. 50

Ernst, Paul, Wege u. Wanderungen der Krankheitsstoffe. Akademische Antrittsrede, geh. am 8. XII. 1900 in der Aula der Universität Zürich. gr. 8. (25 S.) Zürich 901. Zürcher & Furrer. n. — 60

Ernst, Paul, wenn die Blätter fallen. — Der Tod. 2 Trauerspiele. gr. 8. (72 S.) Berlin 900. J. Sassenbach. 1. 50

Ernst, Peter, der General Fritz. Bunte Bilder aus seinem Leben erzählt für die liebe Jugend von 6 — 12 Jahren. 4. (48 S. mit eingedr. ill. Holzschn.) München 865, Braun und Schneider. cart.

Ernst, Peter, der Mohrenkönig. Eine lehrreiche Geschichte für Kinder. München 867. Braun & Schneider. 4. (91 S. m. color. Holzschn.) 25 ngr.

—— das Schreiliesel. Eine lustige und lehrreiche Geschichte für Kinder von X—8 Jahren. 1.—3. Aufl. 4. (IV und 44 S. mit eingedr. ill. Holzschn.) München 864 — 67, Braun und Schneider. cart.

Ernst, Peter, das Schreiliesel. Eine lustige und lehrreiche Geschichte für Kinder von X—8 Jahren. 4.—9. Aufl. 4. (IV, 44 S. mit eingedr. color. Holzschn.) München 868—83, Braun und Schneider.

Ernst, Phpp. Das physiologisch-richtige Schreiben, s. Löhr, Joh.

Ernst, R., praktische Anleitung zur Bleicherei u. Druckerei v. Jutestoffen aller Art, als: Tischdecken, Teppiche, Vorhangstoffe, Läufer, Plüsche 2c. Nach vieljähr. prakt. Erfahrg. u. nach den neuesten Methoden dargestellt. Mit zahlreichen Farbproben. 8. (III, 32 S.) Leipzig 886. G. Weigel. n. 5. —

Ernst, Reinhold

Ernst, Rhold., Aprilkinder. Gedichte. 8. (128 S.) Berlin 888. Hennig. n. 2. —; geb. n. 3. —

Ernst, Rich., der deutsche Aufsatz. Anleitg. zur Anfertigg. v. Aufsätzen verschiedenster Art m. vielen ausgeführten Beispielen u. zahlreichen Dispositionen, nebst besond. Belehrgn. üb. Prüfungsarbeiten f. Stellenbewerber, insbesondere Militäranwärter u. Beamte. Gemeinfaßlich bearb. (Wissen ist Macht!) (Neue Aufl.) (144 S.) 8. Hannover (906). W. Ottens. n. 1. —

ERNST, Richard (Oels/Schlesien): Ein Beitrag zur Fractura colli scapulae.- München: Ernst 1884. 40 S.
3.11.1884 - Urk (Titel: De colli scapulae fractura.); Chr 1884/85,20
Diss.Ingolst.-Landsh.-Mchn.

Ernst, Richard: Über die Einwirkung der Oxybenzaldehyde auf Phenylmethylpyrazolon. Berlin 1899. 40 S. 8°.
Bern. Phil. Diss. 1898/99.

— mir? od. Mich? Ausführlicher Leitfaden zum Gebrauch der Fürwörter in den verschiedensten Fällen. Ein Lehr- u. Uebungsbuch f. den Selbstunterricht. Gemeinfaßlich bearb. (Wissen ist Macht!) (Neue Aufl.) (111 S.) 8. Ebd. (906). n. 1. —

— richtig Deutsch. Kurzgefaßte deutsche Grammatik m. ausführl. Darlegg. der Abweichgn. der neuesten Rechtschreibg. v. der bisherigen. Ein Lehr- u. Übungsbuch f. den Selbstunterricht. Gemeinfaßlich bearb. (Wissen ist Macht!) (Neue Aufl.) (128 S.) 8. Ebd. (906). n. 1. —

Der 'moderne' Theologe und das praktische Amt. Prinzipielle Gedanken v. Dr. Richard Ernst, Pfarrer. *Halle a. S.: J. Krause 1897.* (2 Bl., 64 S.) 1 Bd 8. [98. 35

Ernst, Rich., d. „moderne" Theologe u. d. prakt. Amt. 8. (IV, 64 S.) Halle 897. [Krause.] Leipzig, C. F. Tiefenbach. n. 1. —

Ernst, Rich., Wegweiser f. Stellesuchende. Adressen, Winke u. Ratschläge, sowie Muster zu Bewerbungsbriefen. 8. (30 S.) Berlin (902). Leipzig, Ernst. — 50

— praktischer Wegweiser f. Stellesuchende. Nützliche Winke u. Ratschläge, nebst Mustern zu Bewerbungsschreiben f. Stellesuchende. 2. verb. Aufl. (30 S.) 8. Leipzig (903). Ernst. — 50

Wie ich ein moderner Theologe wurde. Von Richard Ernst. Göttingen: Vandenhoeck & Ruprecht 1908. (95 S.) 8° [F.] [08. 13339

Ernst, Robert

Ernst, Rob., die Kunst des Vortrages, s.: Licht—Luft—Wasser. 26. Hft.

Ernst, Rob., Sprech- u. Stimmgymnastik, s.: Bibliothek f. Körperkultur 5. u. 6. Heft.

Ernst, Rob., das Stottern u. seine Heilung. Ein Lehr- u. Uebungbuch f. Eltern u. Lehrer, sowie zum Selbstgebrauche f. Erwachsene zur gründl. Beseitigg. des Leidens. gr. 8. (VII, 279 S. m. 28 Abbildgn.) Berlin 892. K. Siegismund. n. 5. —

— dasselbe im J. 1893. Lex.-8. (12 S. m. 5 Diagrammen.) Ebd. 894. n. — 80

Ernst, Rob., das Stottern, seine Ursachen und die Methoden seiner Behandlung. Vortrag, geh. im pädagogisch-wissenschaftl. Verein zu Berlin. gr. 8. (24 S.) Berlin 881, H. R. Mecklenburg.

Ernst, Rostislaw, zur Frage üb. die Wirkung des bromwasserstoffsauren Scopolamins. Diss. gr. 8. (103 S.) Jurjew (Dorpat) 893. (E. J. Karow.) n. 2. —

Ernst, Rudolph [aus Hamburg]: Experimentelle Beiträge zur Kenntniss der Vorgänge bei der Verbrennung von Kohle in Luft ... Hamburg, Druck v. Schröder & Jeve, 1892; 1 Bl., 24 S., 1 Bl. 8.
Giessen, Phil. Fak., Inaug.-Diss. v. 1892

Auf der Brautfahrt. Schwank in 1 Aufz. u. 2 Bild. von Rudolf Ernst. Mülheim a. d. Ruhr: J. Bagel [1902]. (64 S.) 8° [F.]
= Liebhaber-Theater. Bdch. 86. [06. 3266

Ernst, Rud. [aus Winterthur]: Die Folgen mangelhafter Beschaffenheit der Leistung an Zahlungsstatt. . . . Zürich, Druck v. Orell Fussli & Co., 1890; 73 + 1 S. 8°
Strassburg, Rechts- u. Staatsw. Fak., Inaug.-Diss. v. 1890

Ernst, Rud. Die Folgen mangelhafter Beschaffenheit der Leistung an Zahlungsstatt nach röm. Recht. gr. 8. (74 S.) Zür. 890, Orell, Füssli Verlag. 2 —

Ernst, Rud. (O. H. Rud.), der überlistete Geizhals, s.: Schul u. Vereinsbühne. christl.. 114. Bdchn.

Ernst, S. M., Bilder d. Augenblicks. 16. (103 S.) Wiesbaden 873. Niedner. n. 1. 50

Ernst, S. M., stille Gedanken. Wiesbaden 868. Niedner. 16. (59 S.) n. 6 ngr.

— aus Mußestunden. gr. 16. (101 S.) Wiesbaden 868, Niedner.

— aus Mußestunden. gr. 16. (101 S.) Ebend 871. n. 1. 50

Ernst, Samuel, Aarau: Dissertatio physico-medica inauguralis de taenia secunda Plateri.
Basel, med. Diss. 1743.

Ernst, Siegfried, appr. Arzt a. Braunsberg, Ostpr.: Mikroskopische Studie über einen ausgesprochenen Fall von sogenannter Pick'scher Krankheit (Polyserositis productiva). Würzburg 1904: F. Scheiner. (35 S.) 8°
Würzburg, Med. Fak., Ref. v. Rindfleisch, Diss. v. 31. Okt. 1904
[Geb. 21. Aug. 78 Braunsberg; Wohnort: Braunsberg; Staatsangeh.: Preußen; Vorbildung: Gymn. Braunsberg Reife O. 98; Studium: Königsberg 5, Leipzig 2, Würzburg 4 S.; Coll. 27. Juli 04; Approb. 29. Jan. 04.]

Ernst, Th.

— Abenteuer u. Schicksale des Pudels Cäsario, von ihm selbst erzählt u. nebst 2 andern Erzählungen. 8. Leipzig 825, (Hartknoch.)

Ernst, Th., die Altenburger u. Rotenburger. — Das Wahrzeichen v. Brandenburg, od. d. Raubschlucht im Rauling. Nachtstücke aus Deutschlands Vorzeit. 8. (14 B.) Leipzig 831, Hartknoch.

— Kampf u. Rettung. Rittergeschichte aus d. Zeiten d. Befreiung d. Schweiz. 8. Braunschw. 823. Meyer. 1 ₰

— Der Raubritter. Ein Gemälde aus dem Anfange d. 17. Jahrhunderts. 8. Magdeb. 825, Rubach.

— Ulrich v. Wildenfels; e. Gemälde aus d. Ritterzeiten. — Der Raubritter; e. Gemälde aus d. Anfange d. 17n Jahrh. 8. Magdeb. 825. Rubach. 18 gr

— Verrath u. Rache, oder: die Räuber aus d. Apenninen. Ein Gemälde aus Neapels letzter Schreckensperiode. 8. Leipz. 823. (Hartknoch). 1 ₰

ERNST, THEOBALD. Ueber die Verbindungen des Radikals des Xylols mit Methyl und Aethyl. Göttingen, 1866.

Ernst, Theodor

Ernst, Thdr., (Geo. Hnr. Panitz,) Schreiben an Vetter Andres, den Holstein. Kirchenspielvogt. 8. Schleswig 798.

† Ernst, Theoph., (Ed. Hoppe.) Schulmeister-ABC. Praktische Belehrungen üb. die zweckmäßige Einrichtung des Unterrichts u. üb. das pflichtmäßige Verhalten d. Schullehrers. 8. (8½ B.) Leipzig 842, Dörffling.

Ernst, Traug., der Bürgergeist, die Bühne u. der Bühnenvorstand. Ein Wort der Bitte u. Mahnung an Staatsmänner, Gemeinderäthe, Lehrer u. die Glieder des Schauspielerstandes. Zürich 870. Herzog. gr. 8. (51 S.) n. 10 ngr.

Ernst, Ulrich, von Neftenbach [Kt. Zürich]: Geschichte des zürcherischen Schulwesens bis gegen das Ende des sechzehnten Jahrhunderts. Winterthur Bleuler-Hausheer Cie Dr. [u. Verl.] 1879. 1 Portr., VII, 202 S. m. 3 Taf., 1 Bl. 8°.
Zürich, Phil. Diss. v. 2. Nov. 1878.

Ernst, Ulrich: Die Kunstschule in Zürich, die erste zürcherische Industrieschule 1773–1833. Zür. Zürcher u. Furrer Dr. 1900. 40 S. 4°.
Programm der Kantonsschule in Zürich 1900.

Ernst, Ulr., illustr. Lehrbuch d. Welt- u. Schweizergeschichte f. Sekundar-, Real- u. Bezirksschulen, sow. f. d. obere Stufe d. allgem. Volksschule. 2., unveränd. Aufl. gr. 8. (VI, 264 S.) Winterthur 894. Geschw. Ziegler. Geb. n. 2. 40

Ernst, Ulr.: Die Unentgeltlichkeit der Lehrmittel und Schreibmaterialien. Vortrag. Winterthur 1886.

Ernst, Vikt., s.: Briefwechsel des Herzogs Christoph v. Wirtemberg.

Ernst, Viktor, Dr.: **Die wirtembergische Politik von 1550—1552.** *Stuttgart 1898: W. Kohlhammer.* (35 S.) 8° ¶(Ist Einleitung zu seiner Ausgabe d. Briefwechsels d. Herzogs Christoph v. Wirtemberg, Bd 1. 1899.)
Tübingen, Phil. Hab.-Schr. v. 1898

Ernst, B., das Biberacher Spital b. z. Reformationszeit. [Aus: „Württemb. Vierteljahrshefte f. Landesgesch."] gr. 8. (112 S.) Stuttgart 897. (Biberach, Dorn.) n. 1.—

— Victor Tobias (Magdeburg), De quaestione an jus Romanum jus positivum civile in specie in Germania esse possit. Diss. jur. Präs. Johann Hartwich Reuter. Halle (J. Ch. Hendel) Jan. 1751. 24 S. (4.50) 8232
Widm. v.: Präs., Wilh. Sam. v. Herford (Schlesien).

Ernst, W., die Aristokratie des Geistes und das moderne Schulmeistertum. Offenes Sendschreiben an den ungenannten Evangelisten unseres Jahrhunderts. 2. Aufl. 8. (23 S.) Eßlingen 886, Langguth. *

Ernst, W.: Böhmisch-Leipa vor und unter Wallenstein. B.-Leipa. 1865. 4. 28 S.
Schul-/ Univ. Schrift.

Ernst, W [Red.]
s. Erinnerungen. Monatschrift, Oesterreichische belletristische. 1858.

(F) Junges Leben und Streben. Erzählungen für die Jugend von W. Ernst. Wien. [1901.] In Comm. Huber & Lahme. Gr.-8°. 181 S. Geb. K 2.—

Ernst, W., junges Leben u. Streben. Erzählungen f. die Jugend. gr. 8. (183 S.) Wien (901). (Sallmayer'sche Buchh.) Geb. in Leinw. n. 2.—

Ernst, W.: Deutsches Lesebuch f. österreich. allg. Volksschulen. s. Ullrich, Georg.

Ernst, W. v., noch etwas vom besiegten Germanenthum. Offener Brief an die Herren Marr, Perinhart, v. Linden, Reymond, Sailer, Walddegg rc. 8. (23 S.) Dresden 879. v. Grumbkow. n. — 60

Ernst, W.: Ein Rundgang durch den Bezirk Neubau. 28 S. 4°– Wien, OR. Schottf., Progr. 1870.

Ernst, W., d. Tag v. Bar-sur-Aube. Patriot. Festsp. in 2 Abschnitten. [Aus: „Familienabend"]. gr. 8. (15 S.) Berlin 897. Buchh. d. Ostdeutschen Jünglingsbundes. n. — 30

[F.] Vom Rhein bis zum Kanal. Erinnergn aus d. Feldzuge 1870—71 von W. Ernst. *Rathenow: M. Babenzien 1893.* (2 Bl., 158 S., 1 Kt.) 8. = Ruhmestage, Deutschlands, 1870 71. [No 2.] [96. 5005

Ernst, W. G., Lehrbuch der Weltgeschichte für Bürgerschulen und verwandte Anstalten. 1. Thl.: Das Alterthum. gr. 8. (VIII, 156 S. mit 4 lithogr. histor. Karten und 7 eingedr. Holzschn.) Wien 873, Hölder. *

Ernst, W. C.: Karl Swoboda. Ein Nekrolog. 4 S. – Wien, OR. Schottf., Progr. 1871.

Ernst, W. E., über das Wärmeleitvermögen des Kesselsteines u. anderer die Kesselflächen verunreinigenden Materialien. (7 S.) gr. 8. Wien 902. (A. Hölder.) n. — 20
Sonderabdruck aus: „Sitzungsber. d. k. Akad. d. Wiss."

Ernst, Waldemar, aus Breslau: **Über Monojodoso-, Monojodo- und Jodiniumverbindungen des s-Dijodnitrobenzols.** *Freiburg i. B. 1901: K. Henn.* (58 S.) 8°
Freiburg i. B., Phil. Diss. v. 1901

Ernst, Walter, Referendar: **Die rechtliche Natur des Beamtengehalts nach Reichs- und preußischem Rechte. Borna-Leipzig 1909: Noske.** IX, 80 S. 8°
Rostock, Jur. Diss. v. 15. Sept. 1909, Ref. Hübner
[Geb. 12. Juli 81 Braunsberg, Ostpr.; Wohnort: Posen; Staatsangeh.: Preußen; Vorbildung: Gymn. Braunsberg Reife O. 01; Studium: München 2, Würzburg 2, Berlin 1, Königsberg 3 S.; Rig. 23. Okt. 08.] [U 10. 3835

Ernst, Walter (Friedemann) *(geb. Gotha 5. 5. 1857)*: Theorien über die Folgen des Irrthums bei Abschluss eines Rechtsgeschäftes durch Mittelspersonen. Breslau 1878. (40 S.) 8°
[Im Buchhandel 1878 bei Koebner in Breslau.]
Breslau, Jur. Diss. v. 25. Sept. 1878

Ernst, Werner Paul, unserm Dichter! Worte an Wilhelm Busch. (26 Bl.) 8. Rostock (908). C. Hinstorff. — 75; geb. 1. 25

Aufgabe und Arbeitsmethode der Apologetik für die Gegenwart von Wilhelm **Ernst,** ev. Pfarrer. Berlin: Trowitzsch & Sohn 1908. (67 S.) 8° [08. 7657

Ernst, Wilhelm [app. Arzt aus Werl in Westf.]: **Ein Beitrag zur Lehre von der Embolie der Arteria centralis retinae** ... Metz, Buchdr. P. Even, 1892; 35 S., 2 Tab. 8.
Strassburg, Med. Fak., Inaug.-Diss. v. 1892

Ernst, Wilh., Geschichte d. preußischen Staates. Nach den besten Quellen chronologisch kurz zusammengefaßt, m. Stammtaf. u. Uebersichten versehen. 1. Thl. Von den ältesten Zeiten bis zum Regierungsantritte König Wilhelm's. Kurze chronologisch geordnete Darstellg. der preuß. Geschichte. 8. (VIII, 183 S.) Berlin 871. Böttcher. 1. 50

— dasselbe. 2. Thl. Wilhelm, deutscher Kaiser u. König v. Preußen. gr. 8. (123 S. m. 1 Holzschntaf.) Ebend 871. 1. —

Ernst, Wilhelm Die französische Lektüre an Gymnasien. 4 (20 S.).
In: Beilage z. Jubiläums-Progr. Wilhelms-G. *Krotoschin* 1886.
Nicht im Tauschverkehr.
Progr.

Ernst, Wilhelmus: De Clementis Alexandrini Stromatum libro VIII. qui fertur. Gottingae 1910: Hubert. 59 S. 8°
Göttingen, Phil. Diss. v. 27. Okt. 1910, Ref. Pohlenz, Wendland
[Geb. 13. Okt. 85 Dinklar; Wohnort: Peine; Staatsangeh.: Preußen; Vorbildung: Gymn. Josephinum Hildesheim Reife O. 06; Studium: Göttingen 8 S.; Rig. 27. April 10.] [U 11. 1490

Ernst, Wilhelm. Über Nekrosen und den Nekrosebacillus ⟨Streptothrix necrophora⟩. Diss. Vet.-Med. Bern. Mit 2 Tafeln und 14 Abbildungen. II + 37 S. 8. Stuttgart, Union Deutsche Verlagsgesellschaft, 1902.

Ernst, Wilhelm [cand. med. aus Sasbach b. Achern]: **Eine Schädelschussverletzung** ... Freiburg i. B., Univ.-Buchdr. v. Ch. Lehmann, 1894; 36 S., 1 Bl., 1 Taf. 8.
Freiburg i. B., Med. Fak., Inaug.-Diss. v. 1894

Ernst, Wilh., e. Schädelschussverletzung. Diss. gr. 8. (36 S. m. 1 Taf.) Freiburg i/B. 894. (Lorenz & Waetzel.) n. 1. —

Ernst, Wilhelm, Referendar zu Frankfurt a. M.: Die rechtliche Stellung des Surrogats in den Reichsgesetzen: Bürgerliches Gesetzbuch vom 18. Aug. 1896. Handelsgesetzbuch vom 10. Mai 1897. Gesetz, betr. die privatrechtlichen Verhältnisse der Binnenschiffahrt vom 15. Juni 1895 in der Fassung der Bekanntmachung vom 20. Mai 1898. Gesetz, betr. die privatrechtlichen Verhältnisse der Flößerei vom 15. Juni 1895. Gesetz über die Zwangsversteigerung und Zwangsverwaltung vom 24. März 1897 in der Fassung vom 20. Mai 1898. Gesetzentwurf, betr. den Versicherungsvertrag ⟨Reichstagsvorlage⟩. Hamburg 1908: Berngruber & Henning. (VIII, 55 S.) 8°
Heidelberg, Jur. Fak., Ref. Schroeder, Diss. v. 1908
[Geb. 30. Aug. 82 Melsungen; Wohnort: Frankfurt a. M.; Staatsangeh.: Preußen; Vorbildung: Gymn. Fridericianum Laubach (Hessen) Reife O. 02; Studium: Göttingen 3, München 1, Marburg 2 S.; Rig. 14. Febr. 08.]

Ernst. Wilh., s.: Tage, goldene.

Ernst, Wilh. Der französische Unterricht auf den preufsischen Gymnasien nach den neuen Verordnungen. 19 S. *Kroloschin* 1885.
Progr.

Ernst, Wilh., der Zweckbegriff bei Kant u. s. Verhältnis zu den Kategorien, s. Kantstudien. 14. Erg.-Hft.

Ernst, Wilhelm: Der Zweckbegriff bei Kant und sein Verhältnis zu den Kategorien. Halle a. S. 1909: Kaemmerer. 82 S. 8° ¶(Ersch. auch als: Kantstudien. Erg. H. 14.)
Straßburg, Phil. Diss. v. 22. Mai 1909, Ref. Ziegler
[Geb. 22. März 77 Weißenburg i. E.; Wohnort: Hanskirchen; Staatsangeh.: Elsaß-Lothringen; Vorbildung: Gymn. Weißenburg Reife Sommer 95; Studium: Straßburg 9 S.] [U 10. 4077

Ernst, Wilh. Eberh., Gedichte. 8. (VI, 97 S.) Berlin 898. Gropius. Geb. in Leinw. n. 3. —

Ernst, Wilh. Eberh., Liane. Dichtung in 1 Vorspiel u. 3 Aufzügen unter Benutzg. der Idee e. Andersenschen Märchens. Musik v. Walt. Rabl. (Textbuch.) (III, 72 S.) 8. Straßburg (903). Süddeutscher Musikverlag. n. — 80

Die Zivilprozeßordnung. In Frage- u. Antwortform dargest. von W[illy] **Ernst** u. M[ax] Krohne, Gerichtsreferendaren. *Berlin: H. W. Müller 1904.* (XVI, 411 S.) 8° [F.]

Ernst, Woldem., ein Blick in's Leben. Buchschmuck v. S. v. Suchodolski. (56 S.) 8. Dresden (906). E. Pierson. n. 1. 50; geb. n. 2. 50

Ernst, Wolfgang, appr. Arzt a. Neu-Ruppin: Das Pyramidon und sein saures kampfersaures Salz mit einigen Beobachtungen ihrer Wirkung bei Phthisikern. Halle a. S. 1905: C. A. Kaemmerer & Co. (39 S.) 8°
Halle, Med. Fak., Ref. v. Mering, Diss. v. 27. Juli 1905
[Geb. 4. Juni 80 Neu-Ruppin; Wohnort: Neu-Ruppin; Staatsangeh.: Preußen; Vorbildung: Gymn. Neu-Ruppin Reife O. 00; Studium: Kiel 1, Halle 3, München 2, Halle 4 S.; Coll. 22. Juli 05; Approb. 19. Apr. 05.]

Ernst vom Berge, Die liberale Presse der Ruin der Menschheit. Freiburg i. Schw., Rody, 1875. 8°. 84 S.

Des Maurers Weihe. Dichtung nach Schillers Lied von der Glocke von Ch. G. **Ernst am Ende.** Dresden: Selbstverl. 1859. 15 S. 8°
Aus: Bh. 1 (1859) S. 201—204.

[Dasselbe.] 2. Ausg. Leipzig: Förster & Findel 1864. 15 S. 8°

[Dasselbe.] 3. Aufl. Leipzig: Findel 1882. 24 S. 8°
Tt. 2419. „Fest gegründet, Stein an Steine, ...“

Ernst v. Ernsthausen, A.: Erinnerungen eines Preussischen Beamten. Bielefeld: Velhagen & K 1894.

Ernst v. Ernsthausen, Vikt. Tob. Abriss von einem Polizei- und Finanz-System. 8°. Berlin, Rottmann, 1788. 2. Aufl. Berlin, Reimer, 1803. N. Aufl. (nur n. Titel). 8°. Leipzig, Hinrichs. 1811.

Ernst von Ernsthausen, Viktor Tobias, s. Gedanken üb. Bevölkerung.

Ernst von Ernsthausen: Einige Gedanken von der Sittlichkeit der Handlungen der Menschen u. dem Straf-Rechte. Berlin 1802.

— **Gedanken über die Sittlichkeit der Handlungen u. vom Strafrechte.** 8. Berl. 803. Reimer. 8 ℳ

Ernst v. Ernsthausen, Vikt. Tob., († d. 4. Jan. 1807.) Inhalt d. logischen Wahrheit. 8. Berl. 804. Reimer. 12 ℳ

— s. Religionsystem.

Ernst-Escher, [Rosalie]. Die schweizerischen Frauenvereine im Gebiete der Schutzaufsicht entlassener Gefangener. Referat für die interkantonale Versammlung der Delegierten der schweizer. Schutzaufsichtsvereine im Herbste 1901 in Zürich. Separatabdruck aus den Verhandlungen des Schweizer. Vereins für Straf- und Gefängniswesen pro 1901. II + 26 S. 8. Aarau, H. R. Sauerländer & Comp., 1901.

Ernst-Escher, [Rosalie], [und] Zürcher, [Emil]. I. Die schweizerischen Frauenvereine im Gebiete der Schutzaufsicht entlassener Gefangener von Frau Dr. Ernst-Escher in Zürich. II. Ueber die bedingte Verurteilung von Prof. Zürcher in Zürich. — 2 Referate für die interkantonale Versammlung der Delegierten der schweizer. Schutzaufsichtsvereine im Herbst 1901 in Zürich. Separatabdruck aus den Verhandlungen des Schweiz. Vereins für Straf- und Gefängniswesen pro 1901. II + 75 S. 8. Aarau, H. R. Sauerländer & Comp.

Ernst-Müncheberg, J. F., stille Stunden. Gedichte. 16. (91 S.) Hamburg 894. (Leipzig, H. Boyer.) Geb. n. — 80

Ernst-August-Album. (Zum Andenken an die Feier der Errichtung des ehernen Standbildes des Königs Ernst August's I. von Hannover am 21. Septbr. 1861.) gr. 4. (XI, 157 S. m. 27 Taf. in Lith., Chromolith., Stahlst. u. Photogr.) Hannover 862. Klindworth. cart. n. 12. —

Ernst-August-Album. gr. 4. (XI und 157 S. mit 24 Stnt., wovon 19 in Ton- und 3 in Buntdr., 2 Photogr. und chromolithogr. Titel.) Hannover 863, Klindworth. cart. *

Ernst-August-Stollen, der, am Harze. Festschrift in Anlaß der Vollendung des Stollens am 22. Juni 1864. Clausthal 864. Grosse. gr. 8. (44 S. u. 1 lith. Taf. in Fol.) n. 7½ ℛℊ

Ernstberger, Andreas [pr. Arzt in Bad Aibling]: Ueber angeborene Ellbogenluxationen ... München, kgl. Hofbuchdr. Kastner & Lossen, 1897; 32 S. 8.
München, Med. Fak., Inaug.-Diss. v. 1897

Ernste, Henr. (geb. Druten in Holl. 1. 10. 1834): De typho. Berolini (1855). (37 S.) 8°
Berlin, Med. Diss. v. 1. Aug. 1855

Ernsted, Rolf, Sinnenliebe. Roman. (192 S.) 8. Berlin (908). R. Eckstein Nachf. 8. —

Ernster, P., Rechen-Aufgaben f. die Primärschulen d. Großherzogth. Luxemburg. 8. (144 S. m. e. Steintaf. in 4.) Luxemburg 871. Heintze. — 75

Ernstes u. Heiteres v. der Bastei. (25 S.) 8. Dresden (903). (C. Weiske.) n. — 50

Ernstes und Heiteres für Christenkinder in Wort u. Bild. Ein reich ill. Büchlein mit kleinen Erzählungen, Betrachtungen u. Gedichten f. Kinder. Hrsg. von O. Pfennigsdorf, Diakonus in Dessau. Bdch. 1. *Dessau: Buchh. d. Ev. Vereinsh. [Berlin: Sonntagsschulbuchh. 1898].* 8° [...]

Ernstes u. Heiteres f. Feuerwehrkreise. 8. (64 S. m. Abbildgn.) München 894. Ph. L. Jung. n. — 75

— — üb. die Frau u. Jungfrau. Denker- u. Dichterworte, sowie Sprichwörter aus alter u. neuer Zeit, gesammelt v. Lucanus. 8. (186 S.) Leipzig 893. R. Claußner. 2. —; geb. n. 3. —

Ernstes und Heiteres für die Jugend. (Jugendschriften. Hrsg. vom Lehrerhausverein für Oberösterreich. Der ganzen Sammlung 9. Bd.) 8°. (108 S.) † Geb. K 1.—
Linz: Mareis 1902.

Ernstes u. Heiteres aus dem Kadettenleben zu Gross-Lichterfelde. 50 Bilder m. begleit. Text. (V S. Text.) 23,5×31,5 cm. Oldenburg (907). G. Stalling's Verl. Kart. 4.50

Ernstes u. Heiteres aus Leben u. Schriften v. Sr. Kais. Kgl. Hoh., dem deutschen Kronprinzen, Allmers, E. Franklin Arnold, Beecher-Stowe 2c. 8. (VII, 352 S.) Bremen 885. Heinsius. 4.50; geb. n. 5.—

ERNSTES und Heiteres aus Masochovien, von A. B. 3 Bde. Privatdruck. (190*.) (à Mk. 6—.)

Ernstes u. Heiteres aus der Südsee, s.: Missionstraktate, kleine. Nr. 28.

Ernstes und Heiteres aus der Theaterwelt von Karl Zastrow [u.a.]. Mülheim a. d. Ruhr: J. Bagel [1904]. (111 S.) 8° [F.]

Ernst-Feuerwerkerei für die grossherzogl.-hessische Artillerie. (Mit 12 Taf.) 8. Darmstadt 1823.

— f. d. Großherzogl. Hessische Artillerie. 8. Darmst. 823. (Leske). 1 ℔ 16 gr.

Ernstfeuerwerkerei, Die, für die königlich Preussische Artillerie ... Berlin 1818. V: *Vogt, Heinrich Joseph.* (Ky) (MGT) (Hitzig) (Koner)

Ernstfeuerwerkerey für die Preuß. Artillerie, auf Befehl des Prinzen August bearbeitet. Mit 12 illum. Kupf. gr. 8. Berlin, Reimer. 818.

Ernstfeuerwerkerei für die Kgl. Preuß. Artillerie. 2. Aufl. Berlin 1834. 8°. (1. Aufl. 1818.)
Dass. u. d. T.: Kriegsfeuerwerkerei zum Gebrauch für die preuß. Artillerie. T. 1. 1860.
Dass. u. d. T.: Kriegsfeuerwerkerei. (Mit) Atl. 1. 2. (u.) Nachtr. 1—5. 1872—80. 8° u. 2°.
Dass. T. 1. Abschn. 4. Neu bearb. o. O. u. J.

Ernstfeuerwerkerei für d. k. preuß. Artillerie. Mit Allerhöchster Genehm. Sr. Maj. d. Königs, auf Befehl Sr. Kgl. Hoheit d. Prinzen August v. Preußen. 2., gänzl. umgearb. Ausg. Mit 13 in Stein grav. (u. ill.) Taf. gr. 8. (30½ B.) Berlin 835, Reimer.

Ernsthafte, der, eine Fastenwochenschrift. 8. Wien 788. Trattner. 8 gr.

Ernsthausen, A. Ernst von. Erinnerungen eines Preussischen Beamten. Bielefeld u. Leipzig 1894. H: *Ernsthausen, Carol. v. geb. v. Waldow.* (Berl)

Ernsthausen, A. Ernst v., Erinnerungen e. preußischen Beamten. gr. 8. (V, 432 S.) Bielefeld 894. Velhagen & Klasing. Geb. in Leinw. n. 8.—; in Halbfrz. n.n. 9.50

v. Ernsthausen, E. A. E., die falsche Braut, s. A. v. Kotzebue, Almanach Jahrg. 1822.

— die Herzensprobe, s. A. v. Kotzebue, Almanach Jahrg. 1823.

Ernsthausen, E.: Erinnerungen eines preußischen Beamten, s. Ernsthausen, A. Ernst von

Ernsthausen, E. v.: Einige Gedanken v. der Sittlichkeit d. Handlungen d. Menschen u. dem Strafrechte, s. Ernsthausen, Victor Tobias Ernst von

Ernsthausen, Victor Tobias Ernst von: „Abriss von einem Polizey- und Finanzsystem, besonders zum Gebrauch regierender Herren", Berlin 1788; 2. Auflage Hamburg 1802; 3. Auflage Leipzig 1811.

— — dasselbe. 8. Berlin, Rottmann. 788.

— Abriß v. e. Polizey- u. Finanz-System. 8. Berlin, Himburg. (auch Hinrichs in Leipz.) 802.

v. Ernsthausen, E.: Einige Gedanken v. der Sittlichkeit d. Handlungen d. Menschen u. dem Strafrechte. *Berlin*, Reimer. 803. 8. (8 Gr.)

— Gedank. üb. die Sittlichk. d. Handl. u. v. Strafrechte. 8. Ebend. 803.

Ernsthausen, V. T. Ernst v., Inb. d. logischen Wahrheit. 8. Berlin, Himburg. (Antiq. Leo in Leipzig.) 804.

Ernsting, Artur Konrad

Ernsting, Arthur. Conr., Anfangsgr. d. Kräuterwissensch. m. K. 8. Wolfenb. Albrecht. 748.

Ernsting, Arth. Conr., Beschreibung der Pflanzen nach Linné. 2 Thle., mit Kpf. 4. Lemgo 761 u. 62. Meyer. 3 ℔

Der vor kurtzer Zeit entsprungene, und allhier überall so sehr berufene Borgfeldter so genannter Gesund- Brunne [Gesundbrunnen]. ... Von Arthur Conrad Ernsting. Braunschweig 1737: Keitel. 4 Bl. 8°

A(rthuri) C(onradi) Ernstingii [Ernsting] Lexicon chirurgicum oder ein Chirurgisches Lexicon, worinnen alle zur Hand-oder Wund-Artzeney gehörige Sachen...nach alphabetischer Ordnung...erkläret worden; nebst e.teutschen Reg. ... (Helmstädt) 1741. 86 S. 8°

(= Ernsting: Nucleus totius medicinae. P.4.)

Lexicon & dispensatorium pharmaceuticum. Oder: Der vollkommene und allezeit fertige Apothecker. ... Durch Arthurum Conradum Ernstingium [Ernsting]. Helmstädt; Braunschweig & Leipzig: Meißner in Komm. 1741. 872 S. 8°

(= Ernsting: Nucleus totius medicinae. P.1.)

A(rthuri) C(onradi) Ernstingii [Ernsting] Lexicon practico-chymicum. Oder: Der richtig-führende Chymiste...Mit e.deutschen Reg. versehen. Nebst e.Anh. (Helmstädt) 1741. 8°

(= Ernsting: Nucleus totius medicinae. P.2.)

[Hauptw.:] 1741.
Anh.: [Ernsting:] Appendix chymica. Sive Brevi loquus chymicus. 1741.

A(rthuri) C(onradi) Ernstingii [Ernsting] Lexicon theoretico- anatomicum, oder Der sich selbst-erkennende Mensch... Nebst e. vollst. teutschen Reg. (Helmstädt) 1741. 127 S. 8°

(= Ernsting: Nucleus totius medicinae. P.5.)

A(rthuri) C(onradi) Ernstingii [Ernsting] Lexicon theoretico-medicum, oder Der zur Heilungs-Gelahrtheit leitende Artzt... (Helmstädt) 1741. 320 S. 8°

(= Ernsting: Nucleus totius medicinae. P.3.)

Nucleus totius medicinae 5 partitus. Alle...Th. so wohl aus denen alten als neuern Autoribus... coll. ... Hrsg. durch Arthurum Conradum Ernstingium [Ernsting]. P.1-5. Helmstädt; Braunschweig & Leipzig: Meißner in Komm. 1741. 1 Bd 8°

P.1: [Ernsting] Ernstingius: Lexicon & dispensatorium pharmaceuticum. 1741.
P.2: [Ernsting] Ernstingius: Lexicon practico-chymicum. 1741.
P.3: [Ernsting] Ernstingius: Lexicon theoretico-medicum. 1741.
P.4: [Ernsting] Ernstingius: Lexicon chirurgicum. 1741.
P.5: [Ernsting] Ernstingius: Lexicon theoretico-anatomicum. 1741.

Ernsting, Arth. Konr., († d. 11. Sept. 1768.) nucleus totius medicinae, od. vollkommener Apotheker-Schatz. 2 Thle., mit Reg. gr. 4. Lemgo 770 u. 71. Meyer. 10 ℔.

Ernsting, Arth. Konr., Phellandrologia physico-medica seu Exercitatio phys. med. de medicamento novo, vulgo Peer-Saat, et multis in morbis tam hominum quam animalium celebrato; experimentis et observationibus illustrata. Braunschweig 739.

Prima Principia botanica, in quibus omnia ad hanc scientiam spectantia etc. in usum discentium ordine alphabetico traduntur. Anfangsgründe der Kräuter-Wissenschaft, worin alles was hierzu gehörig denen Anfängern in der Botanic nach alphabetischer Ordnung vorgetragen wird von Arthuro Conrado Ernstingio [Ernsting]. Wolfenbüttel: Meißner 1748. 482 S. 8°

[Beigedr.:] [Ernsting] Ernstingius: Fere universalis Methodus plantarum a fructu. 1748.

Ernstingers, Hans Geo., Raisbuch. Hrsg. von Ph. A. F. Walther, s.a. Bibliothek des litterarischen Vereins in Stuttgart, Bd. 135.

Ernstinger, Hans Ge., Raisbuch. [1579 ff.] Herausg. von P. A. F. Walther. Tübingen 1877. 8.
A. u. d. T.: Bibl. d. lit. Ver. Bd. 135. . . . . (I)

Ernstlieb, Jos., Faust. 2. Thl. Dramatische Dichtg. [Fragment.] gr. 8. (72 S.) Mannheim 884. Bensheimer's Verl. n. 1. 50

Salome an den Deutschen Hofbühnen. Ein Kulturbild von H. Ernstmann. Berlin: H. Walther 1906. (36 S.) 8° [J.] [s. 1908]

Ernst's Reisen durch den gestirnten Himmel; in 6 Gesängen von dem Verf. der Esoterika rc. Mit 1 Kupf. gr. 8. Zerbst 822, Kummer.

Ernsts, A., Nizza u. Hyères in medicin.-topograph. Hinsicht. Für Aerzte u. Kranke. gr. 12. (18¾ B. u. 3 Tab.) Bonn 839, Henry u. Cohen. *

— phellandrologia phys. med., do medicam. novo, vulgo Peersaat dicto. c. fig. 4. Brunsu. Schröder. 739.

Ernsts, Antonius (geb. 1798 in Beringhausen Rgbz. Arnsberg): De regeneratione ossium in genere, et de maxillae inferioris, claviculae et tibiae regeneratione partiali in specie, exemplis illustrata . . . Bonnae, typ. Thormannianis 1824. 40 S. 8.
Bonn, Med. Fak., Diss. v. Juni [nach d. Akten v. 29 Mai] 1824

Ernstthal [Schlagwort]

Ernstthal, s.: Thüringen.

Ernsty, Geo., die Berliner Range im Hinterhause od. Lotte Bach in Civil. 12. (63 S.) Leipzig (901). [C. Minde.] Alldeutsch. Verlag. n. — 50

Ernte, literarische. Sammlung literar-histor. Essays. Hrsg. v. Heinr. Schierbaum. I. kl. 8. Münster 909. Universitäts-Buchh. F. Coppenrath. 2. —
1. Robert Hamerlings Dichtung „Ahasverus in Rom". Eine literar. Studie. Von Heinr. Schierbaum. (103 S.)

Ernteergebnis der wichtigsten Körnerfrüchte, s.a. Anbau und Ernte der wichtigsten Körnerfrüchte . . .

Ernteergebniss der wichtigsten Körnerfrüchte im J. 1892. Nach amtl. Quellen im k. k. Ackerbau-Ministerium zusammengestellt. [Aus: „Statist. Monatsschr."] gr. 8. (12 S.) Wien 893. A. Hölder. n. — 80

– dasselbe im J. 1893. Lex. –8. (12 S. m. 5 Diagrammen.) Ebend. 894 . n. – 80

Ernteergebniss d. wichtigsten Körnerfrüchte i. d. J. 1894—1897. N. amtl. Quellen im k. k. Ackerbau-Ministerium zusammengest. [Aus: „Statist. Monatsschr."] Lex.-8. (à 12 S. m. 5 Diagr.) Wien 895—898. A. Hölder. à n. — 80

Ernteergebnis der wichtigsten Körnerfrüchte im Jahre 1898–1903. Nach amtlichen Quellen im k. k. Ackerbau-Ministerium zusammengestellt. Mit 5 Diagrammen. Separat-Abdruck aus der „statistischen Monatsschrift". (3 Bde.) 8. Wien 1899–1904.

Ernte-Ertrag, der höchste. Beschreibung einer neuen und bewährten Culturmethode des Weizens und der Feldfrüchte, bei welcher weit höhere Erträge erzielt werden als bei dem gewöhnlichen Anbau derselben. Aus d. Engl. nach d. 14. Aufl. d. Originals. Durchges. und mit einem Vorw. begleitet von Will. Löbe. Leipzig 856. Spamer. (Neumeister.) 8. (51 S.) 10 ngl

Ernte-Ertrag, der höchste. Beschreibung einer neuen und bewährten Culturmethode des Weizens und anderer Feldfrüchte, bei welcher weit höhere Erträge erzielt werden, als bei dem gewöhnlichen Anbau derselben. Aus dem Engl. nach der 14. Aufl. des Orig. Durchgesehen und mit einem Vorwort begleitet von William Löbe. 2., unveränd. (Titel-)Aufl. br. 8. (51 S.) Leipzig (856)59. [Hamm, Grote'sche Buchh.] *

Erntefeld, das. Eine Bildungsschrift für die reifende Jugend, besorgt u. herausg. von Carl Wilh. Medau. 1r Bd. 1s — 6s Hft. Mit Abbildd. in Steindruck. gr. 8. Leitmeritz, Prag u. Töplitz 835. Medau. 1½ ₰ — 7s — 12s Hft. A. u. d. T.: 7s Hft.: Neues Bilder Cabinet für die vaterländische Jugend. 8s Hft.: Jugendlust, oder das nützl. u. angenehmste Lese- und Bilderbuch. 9s Hft.: Otto's Lesefreuden. 10s Hft.: Schauplatz des Nützlichen und Schönen. 11s Hft.: Die Zauberlaterne, oder Bilder aus der Mährchenwelt. 12s Hft.: Winterblüthen aus den Gärten der Heimath und der Fremde. Mit Abbildd. gr. 8. Ebd. 836. 1½ ₰

— das. Eine Bildungsschrift für die vaterländ. Jugend. Herausg. von W. F. Glückselig. 2r Jahrg. 12 Hfte. A. u. d. T.: 1s Hft.: Neujahrsgabe für fleißige Knaben u. Mädchen. 2s Hft.: Schneeglöckchen, eine heitere Carnevalsgabe. 3s Hft.: Der schöne Märzabend im Kreise der Familie. 4s Hft.: Spiegel-Bilder, eine Ostergabe. 5s Hft.: Mai-Rosen, ein Pfingstgeschenk. 6s Hft.: Bruder Benno's Erzählungsbuch. 7s Hft.: Centifolien. 8s Hft.: Die schönsten Stunden der Ferienzeit. 9s Hft.: Aehrenkranz für d. vaterländ. Jugend. 10s Hft.: Der kleine Erzähler. 11s Hft: Amalthea. 12s Hft: Der Weihnachtsabend, ein Bilder- u. Erzählungsbuch. Mit vielen Abbildd. in Steindruck. gr. 8. Ebd. 837. 1½ ₰

— dasselbe, herausgeg. von C. W. Medau. 3r Jahrg. 1s Hft. Winterblüthen. Mit 8 Abbildd. — 2s Hft.: Feierstunden. Ein Geschenk für die wißbegierige Jugend, enthalt.: Erzählungen, naturgeschichtliche Gegenstände, Miscellen u. Agrionien. Mit 8 Abbildd. — 3s Hft.: Bienenlese. Mit 8 Abbildungen. — 4s Hft.: Rosenflur. Mit 8 Abbildd. — 5s Hft.: Weinreben. Ein Belehrungsbuch für die vaterländ. Jugend. Mit 8 Abbildd. 8. Ebd. 839. (à Hft. ¼ ₰) 1¼ ₰

Erntefeld, das, eine Bildungsschrift für die vaterländische Jugend. Redigirt von Franz Fischbacher. 4. Jahrg. 1840 u. 5. Jahrg. 6 Hfte. Jedes mit 4 Lithogr. gr. 12. Prag, Leitmeritz und Teplitz 841, Medau. à 1½ ₰ (1.—3. Hft. a. u. d. T.: Epheuranken. — Palmenzweige. — Kamellien.)

Erntefeld, das. Eine Monatschrift für Geist und Herz. Red.: C. A. L. Donath. 1. Jahrg. 1853. 12 Hefte (à 2 Bgn. m. Holzschn. im Text u. 2 Lithogr.) Nebst einem großen Bilde als Prämie. Spremberg, Donath. (Zittau, Schöps.) 4. 1 ₰; color. 1 ₰ 12 ngl

— das. Zeitschrift für Geist und Herz zur Belehrung und Unterhaltung. Redig. von C. A. L. Donath. 2. Jahrg. (1854.) 12 Hefte (à 2 Bgn. m. Holzschn. im Text u. 2 Lithogr.) Nebst 1 color. Lithogr. in Fol. als Prämie. Spremberg, Donath. (Zittau, Schöps.) 4. 1 ₰; color. 1 ₰ 12 ngl

Erntefeld, das. Bibliothek der vorzüglichsten und gediegensten Romane, Novellen, Erzählungen rc. Herausg. von Walther und Bekel. Neue Serie. 1. Bd. 12 Hefte (à 2 Bgn. Text u. 2 Lithogr.). Nebst lith. Prämie in Fol. Schandau (855). Walther u. Bekel. (Ebend.) 1 ₰ 6 ngl; color. 1 ₰ 18 ngl

Erntefeld. Schriftl. A. Friesen 1900–1915, halbmonatlich

Erntefest, Das, der Tonkunst ... Innsbruck 1812. V: *Weinhart, Franz von.* (margr)

Ernte-, Wein- und Nachlese des grossen Kunst- und Wissenschaftsherbstes Europa's. Reutlingen 1872. V: *Zahn, Leop.* (Tübz 19, 56)

Ernte-Lieder. Mitau 1804. V: *Bergesonn, Friedrich Wilhelm Reinhold.* (GGr) (R-N)

Ernten, zwei, in einem Jahre. Eine auf Wissenschaft und Erfahrung gegründete Darlegung, wie der Landwirth durch eine rationelle Düngung und Bearbeitung des Bodens, sowie durch eine zweckmäßige Fruchtfolge seinem Boden vermehrte und doppelte Ernten zu entnehmen vermag. Praktische Anweisungen bearb. vom Verf. der Anleitung zum Betriebe kleiner Landwirthschaften. 8. (IV und 40 S.) Leipzig 863, Wilfferodt.

Erntepredigt, gehalten den 15. Sept. 1836 über Psalm 36., 6 — 11. in Bezug u. Nachfolge der Erntepredigt des Superint. Grossmann zu Leipzig, am 6. Sept. 1835, von *A*. gr. 8. Leipzig 836. Schreck. 1/8 ℛ

Ernte-Resultate des Provinzialgutes Bokelholm in Schleswig-Holstein in den 10 Jahren 1883 bis einschließlich 1892. o. O. u. J. 3 Bl. Fol.

Erntestatistik für das Jahr 1899. Berlin. 1899. = Vierteljahrshefte zur Statistik des Deutschen Reichs. Jg. 8. 1899. Erg.-H. zu H. 1. 4°.

Ernte-Statistik von Ober-Oesterreich für das Jahr 1860. Im Auftrage der k. k. Landwirthschafts-Gesellschaft in Oesterreich ob der Enns aus den Mitteln des hohen k. k. Ackerbau-Ministeriums ausgeführt von den Central-Ausschüssen: Franz Zoepf und Carl Foltz. gr. 8. Linz. 1870. Wien, Faesy & Frick in Comm. 3 fl. 60 kr. (Nur baar.) [illegible]

Ernuszt, E., Mnemo-Plasto-Graphik. Vorläufige Andeutungen über ein neues methodolog. System zur Reform der Lehrbücher aller Wissenschaften u. Künste, sowie auch der gesammten Cartographie etc. begründet auf die Entdeckung einer durchgeistigen Benützung aller bekannten graphischen Formen u. Mittel, mit besondern Erklärungen der beiden in dem Industrie-Palast zu Paris im Jahre 1855 ausgestellten mnemo-plasto-graphischen Land- u. Erdbilder. 2. Ausg. Mit 1 grossen Uebersichts-Tableau u. 4 chromo-lithogr. Beilagen (in Fol.). Wien 856. Prandel u. Meyer in Comm. 8. (1 Bl., 48 S.) n. 20 ngr

Erny, J[acob]. Des Bauern Milch-Guthaben. 296 Tabellen, berechnet für die Quantitäten von 1 bis 2400 Kilos zu den Einheitspreisen von 12 bis 16½ Cts (von ⅛ zu ⅛). IV + 296 S. 8. Liestal, Gebr. Lüdin, 1904. [geb. fr. 6. —]

Eroberer, Der. Eine poetische Phantasie in fünf Kaprizzen. Aus alten Urkunden mit neuen Anmerkungen. Wien u. Leipz. 1786. V: *Weidmann, Paul.* (R. Payer v. Thurn: Jahrb. d. Grillp.-Ges. XIII.)

Eroberer, der,. Eine Phantasie in 5 Caprizen. 8. Dessau, Gel. Handl. 786.

Eroberer, Der. [Berlin?] 1806. V: *Müchler, Carl Friedrich.* (ADB)

Eroberer und Sklaven der Neuen Welt, s. Jenseits des Oceans.

Eroberung, die, e. Erzähl. v. Theodor Hell. 8. Lpz. Weigel. 805.

Eroberung, Die, des Aargau's im Jahre 1415. Bern 1831. V: *Stierlin, Emanuel.* (ZÜRKL)

Die Eroberung des Aargaues. 1415. [Bernsche Neujahrsstücke XXIV] 4. Bern 1831.

Eroberung, Algierische, durch die Franzosen ... Hamburg 1841. V: *Werner, Georg & Friedrich Neidemann.* (Ky)

Die Eroberung Alsens durch den Gr. Kurfürsten. o. O. (1865) 8°.

Eroberung, die, der Burgen am Neujahrstage 1308. Ein vaterländ. Schauspiel in 5 Aufzügen. Von e. eidgenössischen Freund der Freiheit und des Vaterlandes. gr. 12. Aarau 837. Sauerländer. ⅔ ℛ

Eroberung, die, des Erdballs. Beobachtungen, Erlebn. u. Taten der geograph. Forscher u. Welt-Reisenden vom Altertum bis zur Gegenwart. (IX, 452 S. m. Abbildgn., Karten u. 4 [3 farb.] Taf.) gr. 8. Stuttgart (908). W. Spemann. Geb. in Leinw. 6. —

Eroberung der Forts am Flusse Chouaguen in Nordamerika von den Franzosen, 14. Aug. 1756. 8.

Eroberung, die, des heiligen Grabes, siehe: Jugendbibliothek, katholische.

Eroberung der Insel Guadeloupe durch die Engländer, 1. Mai 1759. 8.

Eroberung, die, Jerusalems durch die Kreuzfahrer 1099. 8. Leipz. 799. (Knobloch). 5 gl.

Eroberung, Die, der Stadt Jerusalem im J. 1099. Ein heroisches Original-Schauspiel in 4 Aufz. Frankfurt u. Leipzig 1790. V: *Einzinger von Einzing, Johann Martin Maximilian.* (GGr)

Eroberung der Stadt Jerusalem im J. 1099; Schspl. in 4 A. (v. J. M. M. Einzinger von Einzing). 8. Münch. 790. Lentner. 6 gl.

Eroberung, die, Jerusalems, im Jahr 1099. 8. 799. Sonst Küchler, jetzt Knobloch in Leipzig.

Eroberung. Die, Istriens im Jahre 1813. (Aus der österreichischen militärischen Zeitschrift.) 8. Wien 1822.

Eroberung, die, von Konstantinopel. Eine Erzählung für die Jugend und Jugendfreunde. Vom Verfasser der freiwilligen Jäger. Mit 1 Stahlstich. 8. Regensburg 841, Manz. ⅓ ℛ

Eroberung, die, von Konstantinopel. Eine Erzählung für die Jugend und Jugendfreunde. Vom Verf. der freiwilligen Jäger. 2., gänzlich umgearb. Aufl. Mit 1 Stahlst. Regensburg 855. Manz. 8. (157 S.) 10 ngr

Eroberung, Die, Livlands unter Peter dem Großen. Historischer Roman nach dem Russ. Dessau 1852. V: *Lajetchnikoff, J. J.* (Winkelmann, Bibliotheca Livoniae historica. 2. Aufl. 6150.)

— die, Livlands unter Peter dem Großen. Historischer Roman. Nach d. Russischen. 4 Thle. 8. (IV. 215. 214. 220 u. 192 S.) Dessau 852, Katz. 3 ℛ

Eroberung der Festung Louisbourg in Canada durch die Engländer, 26. Juli 1758. 8.

Die Eroberung der Luft. Ein Handbuch d. Luftschiffahrt u. Flugtechnik. Nach d. neuesten Erfindungen u. Erfahrungen gemeinverständl. dargest. f. alt u. jung. Mit e. Geleitwort d. Grafen [Ferdinand] Zeppelin, 314 Abb. u. 1 Titelbild. Stuttgart, Berlin, Leipzig: Union (1909). VIII, 391 S. 8° [10. 13708]

Eroberung, Die, von Magdeburg; Trauerspiel. Magdeburg 1774. V: *Rohwedel, von.* (GGr) (Ky) H: *Schummel, Johann Gottlieb.* (BrMm)

— die, von Magdeburg. Schausp. 8. Magdeb. Scheidhauer. 774.

— v. Mexico u. Peru. 8. Bamb. 779. Wesche in Frankf. 9 gl.

Eroberung von Mexico, die, v. F. van der Velde. 3 Thle. 8. Dresden, Arnold. 821.

Eroberung, Die, von Mons. Historisch-romantisches Gemälde ... Quedlinburg 1826. V: *Zöllner, F. L.* (Ky)

Eroberung, die, v. Mons. Histor.-romant. Gemälde aus d. Zeiten d. Abfalls d. vereinigten Niederlande v. Spanien. Von Z(öllner). 2 Thle. 8. Quedlinb. 826. Basse. 2 ℛ

Eroberung, die, von Mons. Histor.-romant. Gemälde a. d. Zeiten d. Abfalls d. vereinigten Niederlande v. Spanien. Von H. 2 Thle. 8. Quedl. 826, Basse.

Eroberung, die, von Ofen und der Feldzug gegen die Türken in Ungarn im J. 1686. Dargestellt nach den Acten der Wiener Archive und anderen authent. Quellen. gr. 8. (126 S. mit 2 Taf.) Wien 886, (Seidel und Sohn.) *
Aus: Mittheilungen des k. k. Kriegs-Archivs, besonders abgedruckt.

— die, von Quito. 8. Lpz. Compt. für Lit. 795.

— die, von Quito; od. Atalibas Tod. Trauersp. 8. Laibach. (Mayr in Salzb.) 797.

Eroberung, Die, von St. Lucie. Schauspiel in 1 A. Frei nach dem Franz. Wien 1781. B: *Schmidt, Karl Fr.*

Die Eroberung der russischen | Festung Sebastopol, | am 8. September 1855. | durch die Franzosen und Engländer | (Fig.: *Schlachtenszene*, 94 × 88) | Hamburg. | Druck und Verlag v. J. Kahlbrock Wwe., Grünensood Nr. 52.
4 Bl. n. n., 168 × 104.
Dt. Vl.-Arch. Freiburg.

— die, von Valenciennes. Schausp. von Hagemann. 8. Hannov. Hahn. 793.

Eroberung, Die, der Waat 1536. Bern 1846. V: *Stierlin, Emanuel.* (zürKL)

Eroberung, die, der Waat 1536. Neujahrs-Blatt. Der bernischen Jugend gewidmet f. d. J. 1846. 4. (3 B. u. 1 Abbild.) Bern, Huber u. Comp. *

Eroberungen v. Florida. 8. Lpz. Schubart. 794.

Eroberungsrecht, das römische, im Lichte deutscher Rechtsanschauungen v. A.-G. 8. (16 S.) Rostock 899. (Stiller). n. — 30

Eroberungssucht, Die weibliche, oder Mit der Liebe ist nicht gut zu scherzen. Ein Originallustspiel in fünf Aufzügen. Wien 1787. V: *Weidmann, Joseph.* (GGr V/330, Nr. 100/4) (EiblPort)

Eroberungssucht, Die weibliche, oder mit der Liebe ist nicht gut scherzen. Ein Originallustspiel in 5 Aufzügen. Wien 1787. V: *Weidmann, Paul.* (Jahrb. d. Grillp.-Ges. XIII.)

Erofejeff, M., Bestimmung der Hauptberechnungsquotienten des schwefelsauren Ammoniak. [Aus den Sitzungsber. d. k. Akad. d. Wiss.] Lex.-8. Wien 867. (Gerold's Sohn.) gr. 8. (2 S.) 1½ ngr.

Erofejeff, M., optische Untersuchung der Krystalle des schwefelsauren Eisenoxydul. [Aus den Sitzungsber. d. k. Akad. d. Wiss.] Wien 867. Gerold's Sohn. gr. 8. (4 S.) 1½ ngr.

Die Eröffnung der königlichen Akademie zu Posen am 4. Nov. 1903. Bericht mit sämtl. Reden u. Ansprachen. *Posen 1903: Merzbach.* (40 S.) 8° [F.]
[Umschlagt.:] Kgl. Akad. zu Posen. Die Eröffnungsfeier ...

Eröffnung, die, der Leipzig-Dresdner Eisenbahn. Nebst einleit. Bemerkn. üb. Eisenbahnen. M. 6 Kpfrt. gr. 8. (1½ B.) Leipzig 837, Schreck.

Eröffnung, bey der ersten feyerlichen, der Loge zur neugekrönten Hoffnung (in Wien) den 14. Jan. 1786. 8. 2 Bl.
Zwei Wechselgesänge verfasst von Sch ... g (August von Schittlersberg), comp. von Mozart.

Eröffnung, bey der ersten feyerlichen, der Loge zur Wahrheit (in Wien) den 6. Jan. 1786. 8. 2 Bl.
Fehlt bei Kloss. — Zwei Wechselgesänge von Blumauer und M. J. Prandstetter.

Eröffnung, Erste [— 22], des grundmässigen chirurgischen Schlüssels ... Leipzig 1727—34. V: *Stahl, Georg Ernst.* (EB)

Eröffnung, die feierliche, des Franciscaner-Minoritenklosters in Oggersheim. gr. 8. (1½ B.) Mainz 845, Kirchheim, Schott u. Thielmann.
Aus: Der Katholik, besond. abgedruckt.

--Feierliche Eröffnung der Halle. 1903. Phila. 1903.

Feierliche Eröffnung d. v. Sr. Majestät d. Kaiser m. Allerh. Entschließg v. 2. Dez. 1851 neu ins Leben gerufenen K. K. feldärztl. Institutes, welche a. 15. Jan. 1852 in d. Gebäude d. Wiener Garnisons-Hauptspitales stattgefunden hat. Wien 1852. 4.

—— die feierliche, des pathologisch-anatomischen und chemischen Institutes im k. k. allgemeinen Krankenhause am 24. Mai 1862. Hrsg. von der Redact. der allgemeinen Wiener medizin. Zeitung. Lex.-8. (31 S.) Wien 862, (Sallmayer und Comp.) *

Feierliche Eröffng d. Josephs-Akademie, am 23. Okt. 1854. Wien 1854. 4.

Eröffnung, feierliche, des Schweiz. Landesmuseums 25. Juni 1898. Kostümierter Festzug, darstellend die schweizer. Volkstrachten in Bildern aus dem Volksleben. 4°. 26 Tfln. m. 6 S. Text. Zürich, Lithogr. Anstalt Fretz. 2 —

Eröffnung, feierliche, der höheren landwirthschaftlichen und landwirthschaftlich-industriellen Lehr-Anstalt zu Tetschen-Liebwerd als Landes-Anstalt des Königr. Böhmen am 9. Oktbr. 1866. gr. 8. (92 S. mit 1 Stnt.) Tetschen 867. (Prag, Reichenecker.) *

Zur feierlichen Eröffnung des Nord-Ostsee-Kanals im Juni 1895. Amtl. Zsstellg der f. d. Festlichktn getroffenen Einrichtgn u. Veranstaltgn. 2. Aufl. ... *Kiel & Leipzig: Lipsius & Tischer (1895).* (XVI, VII, 144, XXXI S., 2 Pl.) 1 Bd 8.

Eröffnung, die feierliche, des ersten kathol. Pfarr-Gottesdienstes in der Residenzstadt Karlsruhe. 8. Karlsr. 804. Braun. 6 ℛ

Eröffnung, die feierliche, des Polytechnikum Carola-Wilhelminum zu Braunschweig am 16. Oct. 1877. gr. 4. (12 S. mit 1 eingedr. Holzschn.) Braunschweig 878, (Meyer sen.) *

— die feierliche, des Priester-Seminars zu Limburg. gr. 8. Frkf. a. M., Andreä. 3 ℛ

Eröffnung, Die feierliche, der Trinitarier-Pfarrkirche in Pressburg. Pressburg 1854. V: *Morva, Nicol.* (pk)

Eröffnung, Die feierliche, des Vereins vom heil. und unbefleckten Herzen Mariä durch Sr. Eminenz ... Joh. Bapt. Scitovsky v. Nagykér ... zu Pressburg den 28. Mai 1854. Pressburg 1854. V: *Morva, Nicol.* (pk)

FEIERLICHE Eröffnung des Vereins vom heiligen und unbefleckten Herzen Mariä durch Se. Eminenz ... Johann Baptist Scitovszky von Nagykér, ... zu Preßburg ... den 28. Mai 1854. Pressburg 1854: Druck v. Alois Schreiber. 16 S. - 8°

Eröffnung, Die glorreiche, des Böhmischen Feldzugs. Königsb. 1757. V: *Hecker, Johann Wilhelm.* (ML)

Die glorreichste Eröffnung des Böhmischen Feldzugs. Im Jahre 1757. 4. (4 Bl.)

[F.] Freies Deutsches Hochstift. Zur **Eröffnung** des Frankfurter Goethemuseums am 20. Juni 1897. Ungedruckte Briefe Goethes an J. J. v. Gerning in Frankfurt a. M. 1794—1828. (Hrsg.: O[tto] Heuer.) *Frankfurt a. M.: Dr. v. Gebr. Knauer 1897.* (35 S., 2 Taf., 1 Portr., 1 Facs.) 1 Bd 8. [97. 5048

Die Eröffnung des Gymnasiums. 4 (S. 1—7 der Schuln.).
Progr. G. mit Realkl. *Schneeberg* 1889 (518).

Eröffnung, die, der Handelshochschule Berlin am 27. X. 1906. Stenographische Berichte üb. d. geh. Ansprachen. Hrsg. v. der Korporation d. Kaufmannschaft v. Berlin. (37 S.) Lex. 8. Berlin 909. G. Reimer. — 60

Zur **Eröffnung** des neuen Handelshochschul-Gebäudes in Leipzig. Leipzig: Wörner 1910. 47 S. 8° A 12. 1761

Zur Eröffnung des ersten vereinigten Landtages. Ansichten und Wünsche von einem Preußen. Breslau, Max u. Comp. 1847. 34 S. 8.

Eröffnung der höhern landwirthschaftlichen und landwirthschaftlich-[illegible] Lehr-Anstalt zu Tetschen-Liebwerder. Tetschen. 92 p. [illegible]
Schul-/Univ.-Schrift 1867

o. N., Eröffnung der k. l. Lehranstalt in Schleißheim.
Beilage zum Wochenblatt des L. Vereins in B., XIII. 10. Enthält u. a. die Festrede von Wimmer.
1822 München

Eröffnung des Mineralbades St. Georgen bei Altötting mit seinen Soolen- und Eisenmoorbädern. O. O. 1852. V: *Sollersbeck, Matth.* (Bücher-Samml. d. hist. Ver. v. u. f. Oberbayern. München 1867.)

— des akademischen Missionsvereins zu Münster in W. Ein Beitrag zur Geschichte der kathol. Missionsbewegg. in Deutschland. Den kathol. Kommilitonen an all. deutschen Hochschulen gewidmet vom Vereinsausschuß. (49 S.) 8. Münster 910. Aschendorff. — 50

Zur **Eröffnung** des Neubaues der Handelshochschule Cöln. 26. 10. 07. (Cöln): P. Neubner (1907). (55 S.) quer-8°
[Umschlagt.:] Festschrift z. Eröffnung d. Neubaues d. Handelshochschule Cöln. [08. 1170

EROFFNUNG einiger poëtischer Pensées. Augspurg 1714. 8°. Rar!
Bibl. Duboisjana, à la Haye 1725. p. 982.

Eröffnung für die Holsteinischen Provinzialstände, betreffend die von der Provinzialständeversammlung des Herzogthums Holstein im Jahre 1856 und 1857 beschlossenen allerunterthänigsten Anträge und unterstützten Petitionen. Frederiksberg, den 30sten December 18[illegible] Kopenhagen. o. J. [illegible]

⊙ **Eröffnung** für die holsteinischen Provinzialstände, betr. die von der Provinzialständeversammlung des Herzogthums Holstein im Jahre 1859 beschlossenen allerunterthänigsten Anträge in der Verfassungsangelegenheit, sowie die in dieser weiter vorzunehmenden Schritte. Extra-Beilage zu den „Itzehoer Nachrichten“ Nr. 21. Itzehoe, den 13. März 1861. 4°

Eröffnung für die Schleswigschen Provinzialstände, betreffend die Resultate der im Jahre 1836 von ihnen erstatteten Gutachten. Kopenhagen, den 12ten Mai 1838. Kopenhagen. (1838.) 4°.

Eröffnung für die Schleswigschen Provinzialstände, betreffend die Resultate der im Jahre 1838 von ihnen erstatteten Gutachten. Sorgenfrei, den 10. Oct. 1840. Kopenhagen. o. J. 4° k.

Eröffnung für die Schleswigschen Provinzialstände, betr. die Resultate der im Jahre 1844 von den Ständen erstatteten Gutachten. Kopenhagen, den 14. Oct. 1846. Kopenhagen. o. J. 4° k.

Eröffnung, die — der Realschule der königl. Freistadt Pesth am 13. Jänner 1855. Pesth. 1855. Gedruckt bei Trattner-Karolyi. (12 S. 4.)

Die **Eröffnung** der Städtischen Realschule. Nach dem Berichte der „Ostdeutschen Presse“ vom 2. Mai 1903. Bromberg 1904: O. Grunwald. (S. 8—12.) 4° [F.]
Bromberg, st. R i. E. P 1904 (207)

Eroeffnung der daenischen Reichsversammlung nebst dem derselben vorgelegten Entwurfe des Staatsgrundgesetzes. Copenhagen. 1848. 8°.

Eröffnung. Zur E' des St. Gallischen Sanatoriums auf Knoblisbühl bei Wallenstadt. St. Gallen 1909 *s.* (Sch[errer], E[duard]).

— d. Schifffahrt auf d. Schelde; aus d. Französ. nach d. Annalen d. Hrn. v. Linguet. 8. Wien 783. Trattner. 5 gr

EROEFFNUNG. – der Schiffahrt auf d. Schelde. A. d. Franz. Wien, Trattner 1784.

Zur **Eröffnung** des neuen Schulhauses. I. Hauptpunkte aus der Geschichte des Teschner Gymnasiums. Von Karl Orszulik. S. 3—16. 8. II. Die Durchführung des Neubaues. Von Franz Streinz. S. 17—21. 8. III. Beschreibung des Gebäudes. Von Heinrich Fleischmann. S. 22—28, 3 Pläne. 8.
Progr. (Vereinigtes) k. k. Albrecht-Gymn. *Teschen* 1910.

Eröffnung, die, der allgem. Stände-Versammlung des Königr. Hannover am 28. Decemb. 1819. 8. Hannover, Hahn. 820.

— der Ständeversammlung in Zion durch Constantin d. Großen. Nach der Bibel. 8. Speyer 835. Lang'sche Buchh. 1/12 rß

Eröffnung, die — einer neuen Vereinskrippe in der Vorstadt Landstraße zu Wien, gegründet zur Feier der glücklichen Entbindung Ihrer k. k. apostolischen Majestät. Wien. 1855. Gedruckt bei A. Pichler's Witwe und Sohn. (14 S. 8.)

Eröffnung, die, der außerordentl. Versammlung der rhein. Provinzial-Synode in Duisburg. Enth. die am 17. u. 18. März 1849 bei der Eröffnung gehalt. Reden u. Predigten. gr. 8. (64 S.) Essen 849, Bädeker in Comm. n. n. 6 gr

— d. ersten Versammlung d. allgem. Stände des Königr. Hannover. gr. 8. Hannov. 814. Hahn. 6 gr

Eröffnung eines Vorschlags zur Verbesserung der Russ. Historie. St. Petersburg 1732. V: *Müller, Gerh. Frdr.* (Mitth. Alex. E. Seeligmüller, Riga-Sassenhof.)

Wahre Eröffnung der Jenaischen Christnachts-Tragödie. Jena 716. 4.

Eröffnung der Wahrheit, Welche Von einem unparteyischen Patriotischen Gemüth der.... Republic gemeiner drey Bünd... über den publicierten kurtzen Entwurff... der Rechtsamen so ein Löblicher Gottshauß-Band gegen das... Bischthum Chur Puncto Electionis zu zu haben vermeinet, nach dem unverfälschten Grund viler... Tractaten... vorgestellet wird. 4. *o. O.* 1729.

Die Eröffnung des neuen Wilhelms-Gymnasiums in München am 24. October 1877. 16 Seiten Text und 2 Ansichten des Gebäudes.
Progr. München, Wilhlems-Gymnasium 1878

Eröffnung der rechtsufrigen Zürichseebahn. M. 24 Illustr. u. 1 Plan. In-8°. 32 S. Zürich, Hofer & Burger. 1894 — 50

Eröffnungen der Kirchendirektion an die Mitglieder der evangelisch-reformirten Kirchensynode des Kantons Bern. Bern 1852. V: *Blösch, Eduard Eugen.* (Cat. d. Stadtbibl. Zürich. Zürich 1864—97.)

Eröfnungen [der Loge der Afrikanischen Bauherren] o. O. u. J. 8 Bl. 8°
Für 4 Grade. 25.

Eröffnungsfeier, die, der Heidelberger Akademie d. Wissenschaften (Stiftung Heinrich Lanz) vom 3. VII. 1909. (51 S.) 8. Heidelberg 909. Carl Winter. — 80

Eröffnungsfeier, Die, des Bernouillianums in Basel 2. Juni 1874. [Basel.] V (Festrede): *Burckhardt, Fritz.* (Erman & Horn, Bibliogr. d. dtsch. Universitäten. 2. Leipz. u. Berl. 1904.)

Die Eröffnungsfeier des Elbe-Trave-Kanals. Gesammt-Fest-Bericht bearb. nach den Veröffentlichungen der Lübeckischen Anzeigen. Lübeck. 16. u. 17. Juni 1900. Lübeck. (1900.) 4° k.

Eröffnungsfeier, die, des Gewerbemuseums in Spaichingen den 11. Sept. 1876.

Eröffnungsfeier zu der Bergbahn Heiden-Rorschach am 3. Sept. 1875 mit einem Längenprofil. 10 Stn. 8. Aarau, Druck von H. R. Sauerländer. 1875

Eröffnungsfeier, die, der Hochschule Bern d. 15. Nov. 1834. gr. 8. (4½ B.) Bern, Fischer u. Comp.

Eröffnungsfeier, die, der Hochschule Bern den 15. Nov. 1834. gr. 8. Bern 835. Fischer u. Comp. ¼ ß

Eröffnungsfeier. (Offizielle Festschrift) Zur E. der Kirchenfeldbrücke in Bern ... den 24. September 1883 (nebst Programm und Verzeichnis der Comitemitglieder). Hrg. von. Fest-Komite. [Mit 1 Illustration.] 8. Bern 1883.

Eröffnungsfeier der Landesdiakonissenanstalt zu Flensburg den 29. September 1874. (Hrgg. v. Christian Bruhn.) Flensburg. 1874. 8°.

Eröffnungs-Feier, Die, der evangelischen Schule in Laibach am 22. Mai 1855. [Laibach 1855.] V: *Elze, Ludw. Theod.* (EB)

Eröffnungsfeier, Die — der evangelischen Schule in Laibach am 22. Mai 1855. Zum Besten des evangelischen Schulfondes in Laibach. Laibach, 1855. Druck von Ignaz v. Kleinmayr und Fed. Bamberg. (25 S. 8.)

Die Eröffnungs-Feier der Königlichen Rheinisch-Westphälischen Polytechnischen Schule zu Aachen. Ein Gedenkblatt für die Festgenossen. — Aachen 1870: Urlichs. 74 S. 8° 1. 38.

Eröffnungsfeier der Versammlung der deutschen Naturforscher und Ärzte in Berlin. Fest im Concertsaale des Königl. Schauspielhauses am 18. Sept. 1828. Berlin (1828): Druckerei d. Kgl. Akademie d. Wiss. 15 S. 8°

Eröffnungs-Gesang. o. O. u. J. 1 Bl. 8° [Kopftit.]
Ohne Noten: „Unsre ganze Seele fühle". Nebst Zwischen-Gesang und Schluss-Gesang. 140.

Eröffnungsprogramm [illegible] Schule in Muri. Aarau 1861. 4.

Eröffnungsrede bey der zweyten jährlichen Versammlung der Hülfsgesellschaft in Winterthu 1813. Winterthur 1813. V: *Steiner, Carl Emanuel.* (Cat. d. Stadtbibl. Zürich. Zürich 1864—97.)

Eröffnungs-Worte bei der ersten Versammlung der Deutschen geologischen Gesellschaft. Berlin 1848. V: *Carnall, Rud. von.* (BrMm)

Eröfnung(en), s. Eröffnung(en)

Eropolis. E. lyr. Schausp. in 4 A. v. Ch. Sander. 8. Copenh. Schubothe. 804.

Erörterung der lutherischen Abendmahlslehre. 18??. V: *Arnswaldt, August Freih. v.* (ADB)

. **Erörterung, Eines Anonymi,** der Frage: Ob das Systema Copernicanum der heil. Schrift zuwiderlaufe? ... Jena 1726. V: *Wiedeburg, Johann Bernhard.* (ML)

Erörterung der Archivansprüche des dt. Reichs ..., s.a. Bauer, Konrad Aloys

Erörterung, d. Archiv-Ansprüche d. deutschen Reichs ꝛc. 8. Ulm, Stettin. 793.

Erörterung über den XVI. Artikel der deutschen Bundesakte, aus Anlaß der Verhandlungen in der 17. Sitzung des Wiener Reichsrathes. (A. d. Tiroler-Stimmen besonders abgedruckt. 8. (15 S.) Innsbruck 1861, Vereinsbuchhandlung. 9 kr.

Erörterung, Ausführliche, der Frage, ob, und wie zwischen Lutheranern und Reformirten Einigkeit zu erhalten sey. O. O. 1703. V: *Masius, Hector Gfr.* (Myl)

Erörterung, ausführl., der beiden höchst wicht. Fragen: I. Was ist in d. Streitsache üb. d. gemischten Ehen streng Rechtens? II. Welche Vorschläge sind zur endlichen Ausgleichung d. desfalls. Differenzen zulässig u. empfehlungswerth? Ein Handb. f. Alle, welche in gemischter Ehe leben, u. eine solche eingehen wollen, so wie f. diejen., welche Amts halber dabei interessirt sind. Von e. unparthei. Canonisten. gr. 8. (9½ B.) Tübingen 831, Fues.

Erörterung der bei der Berathung des revidirten Entwurfs des Provinzial-Rechts des Herzogthums Berg ... von dem 7. Ausschusse des 5. Rheinischen Provinzial-Landtages angeregten Bedenken. Berlin 1841.

— einig. d. Concordata nation. germ. betreffenden Beschwerden. 4. Frankf. u. Leipz. Eßlinger. 770.

— einiger, der Concordata nation. germ. betreffend. Beschwerden. 4. Frankf. 790. (Sarätei). 3½

zwischen dem hochwürdigen Herrn Bischof von Nantes und dem Herrn Erzpriester J. Wassilieff in Betreff der kirchlichen Autorität in der russischen Kirche. Aus dem Französ. übers. Frankfurt a. M. 861. (Wiesbaden, Jurany & Hensel.) gr. 8. (98 S.) n. 12 ngr.

Erörterung des Entscheidungsrechts in zwiespaltigen Wahlen geistlicher Reichsfürsten. O. O. 1766. V: *Pestel.* (Pütter, Litt. d. Teutsch. Staatsr. Gött. 1773—91. III, 683.)

Erörterung des Entscheidungsrechtes in zwiespaltigen Wahlen geistlich. Reichsfürsten. *Mannheim*, Löffler. 766. gr. 8. (16 Gr.)

— d. Entscheidungsrechtes in zwiespalt. Wahlen geistl. Reichsfürst. gr. 8. Mannh. Löffler. 767.

— der in Bezug auf das Statut des in Berlin gestifteten Vereins für Pferdezucht u. Pferdedressur zur Sprache gebrachten Frage: Sollte es nicht zweckmäßiger sein, zur Verloosung unter die Mitglieder des Vereins, statt der Sieger auf der Rennbahn, gute u. als tüchtig befundene Gebrauchs-Pferde zu kaufen und für die oben erwähnten Sieger dagegen ansehnliche Prämien auszusetzen? Den Mitgliedern dieses Vereins zur Prüfung gewidmet. gr. 8. Berlin 833. Dümmler. ⅙ ß

Erörter. d. Frage: in wie ferne ein Buchhändler oder Bücherverl. wegen d. Inhalts einer durch ihn verbreit. Schrift zur Verantwort. gezogen werden könne? *Frankf. a. M.*, Mohr. 805. 8. (5 Gr.)

Erörterung der Frage: Kann eine Dignität, Personat oder Offizium, welches ein Domherr . . . besitzt, als eine doppelte Präbende angesehen . . . werden? O. O. 1806. H: *Hornstein, Freih. v.* (Mitth. Dr. A. Goldmann.)

Erörterung der Frage: Ob bey jetzig allgemeinen Reichskrieg die . . . Vasallen . . . ad praestationem servitiorum feudalium verbunden seyen? O. O. 17?? V: *Rössler, Johann Heinrich.* (Holz)

Erörterung der Frage, ob die Seligen im Himmel für ihre Hinterlassenen auf Erden insgemein und insonderheit beten? Leipz. 727. 4.

Erörterung der Frage ob die Todes-Strafe in Teutschland nothwendig sey? Jena [1774]. V: *Roos, Johann Philipp.* (CLzür Forts. III)

Erörterung der Frage, ob ein Landesherr Ehehindernisse setzen könne? gr. 8. *Frkf.*, Wesché. 777. (3 Gr.)

– – der Frage: ob einem ehrlichen Mann zum Heyrathen an- oder davon abzurathen sey? Zu einem Hochzeits-Geschenk übergeben von einem Ungenandten (sic!). Lemgo, gedr. bey Joh. Heinr. Meyer. 1740. 8°. 138 S. (In Darmstadt: E 5862.)
Mit freien Erörterungen. — Selten!

ERÖRTERUNG der Frage: ob es besser sey, sich verheyrathen oder ledig bleiben? Hall 1725. 12°.
Nicolai, Cat univ. — Selten!

Erörterung der Frage: ob es nach den Regeln der Staatskunst rathsam ist, den Verlust einer Schlacht zu läugnen oder falsche Siege und Vortheile auszubreiten. Gött. [Okt.] 1757. V: *Justi, Joh. Heinr. Gottlob von.* (Kat. d. ständ. Bibl. Stuttg. 1907. S. 435.)

* Erörterung der Frage, ob in der Cremper- und Wilster-Marsch Halb-Geschwister Kinder gleich nahe zur Erbschafft seyn mit Voll-Geschwister Kinder. Glückstadt. o. J. [nach 1715.] 8°

Erörterung der Frage: Ob personae miserabiles das forum austraegale zu übergehen befugt seyen . . . O. O. 17?? V: *Hinkeldey, Hieron. Hnr. v.* (Holz)

Erörterung der Frage: Ob Vater und Sohn oder sonst nahe Anverwandten zu gleicher Zeit auf den Richterstühlen des K. Reichs-Cammer-Gerichts sitzen können? nach den Gesetzen und dem Herkommen. O. O. 1775. V: *Zwierlein, Christian Jacob von.* (Pütter, Litt. des Teutschen Staatsr. Gött. 1773—91. III, 423) (Holz)

Erörterung der Frage: Sind die Herrn Grafen von Reiferscheid-Dyk und Stadion berechtiget, die ihnen nach dem 3. und 27. des letzten Reichsdeputations-Hauptschlusses angewiesenen Renten aus den Einkünften der Reichsstadt Frankfurt überhaupt zu fordern oder nur aus den Einkünften der ihr durch diesen Reichsdeputations-Hauptschluss zu Theil gewordenen geistlichen Güter, so weit solche reichen? Frankfurt a. M. 1804. V: *Hofmann, Johann Isaak.* (StBFrankf I, 120)

Erörterung der Frage über die Statthaftigkeit des geheimen Untersuchungsverfahrens in Beziehung auf den dresdner Aufstand vom 3. bis 9. Mai 1849 und auf die damit in Verbindung stehenden Vorgänge. (Von einem sächs. Rechtsgelehrten.) gr. 8. (32 S.) Leipzig 849, Expedition der Annalen.
Bildet auch ein Extraheft zu: Annalen der Criminalrechtspflege. 47. Bd.

Erörterung der Frage: War der Staat zur Concurrenz bei der englischen Waarenangelegenheit zu Lübeck verpflichtet oder nicht? Lübek 1808. V: *Binder, Nicolaus.* (Schr)

Erörterung der Frage, welche Strafe ist wirksamer . . . die Todesstrafe oder die ewige Gefängnisstrafe? Königsb. u. Leipz. 1769. V: *Porsch, Chn Glieb.* (ML) (Ky)

— d. Fr.: welche Strafe ist wirksamer, die des Todes- od. d. ewige Gefängniß-Str.? gr. 8. Königsberg, Hartung. 769.

— der Fr.: welche Strafe ist wirksamer, die des Todes oder die ewige Gefängniß-Strafe? gr. 8. Königsb. 769. Unzer. 4 g.

Erörter. d. Frage: welche Strafe ist wirksamer u. anhaltender, d. Todesstrafe od. d. ewige Gefängnisstrafe? nebst ein. Widerlegung deren Gründe des Hrn. Marq. v. *Beccaria* wid. d. Todesstrafen. *Königsb. u. Leipz.* 770. 4. (4 Gr.)

Erörterung der Frage: Wie können die gegenwärtigen Kriegs-Contributions-Militair- und andre Lasten für ganz Sachsen unmerklich werden? . . . Leipzig 1807. V: *Schlegel, Otto Hnr. Schweibold von.* (MGT) (Ky)

Erörterung der Frage: Wie können die gegenwärtigen Kriegscontributions-, Militär- und andere Lasten für ganz Sachsen unmerklich werden? 8°. Leipzig, Tauchnitz, 1807.

Erörterung der Frage, worinnen die grösste Glückseeligkeit eines hohen Regenten bestehe, welche an dem . . . Geburtsfeste Seiner Königlichen Majestät in Pohlen . . . 1728 . . . in der Deutschen Gesellschaft zu Leipzig den Preis der Beredsamkeit davongetragen. [1728.] V: *Wolf, G. Chr.* (Bem I, 1, S. 347)

Erörterung einiger das Teutsche Staatsrecht ... betreffender Fragen. Frankf. 1745. V: *Senckenberg, Hnr. Chr. von.* (Pütter, Litt. d. Teutsch. Staatsr. Gött. 1773—91. III, 849.)

Erörterung strafrechtl. Fragen a. d. Gebiete d. gerichtl. Medizin. Berlin 1868. Fol.

Erörterung strafrechtlicher Fragen aus dem Gebiete der gerichtlichen Medizin. Eine Anlage zu den Motiven des Strafgesetz-Entwurfes für den norddeutschen Bund. Fol. (III, 36 S.) Berlin 869, (v. Decker'sche Geh. Ober-Hofbuchdr.) *

— der Fragen über Verfassung und Reformen in Oesterreich. Leipzig 859. Günther. gr. 8. (32 S.) n. 5 ngr.

Erörterung und Entscheidung, Freymüthige und unpartheyische in der gesunden Vernunft ... gegründete, der noch ... streitigen Frage: Ob die Bekehrung des Menschen vom Verstand oder vom Willen müsse angefangen werden? ... Frankf. u. Leipzig 1751. V: *Havighorst, Johann.* (ML)

Erörterung, Gegründete, dass alle Anstalten gegen den Bettel ausser einem opus publicum nicht hinreichend ... O. O. 1778. V: *Bergmann, Michael Adam von.* (ML)

Erörterung, Aus den Rechten und den Geschichten genommene, derer zwischen der Gemeinde Wallhausen und denen Frhn. von Dahlberg ... rechtshängigen Sachen ... Wezlar 1758. V: *Haas, Dam. Ferd.* (Holz)

Erörterung, Geschichtmässige, der Frage: Ob ein ieder Chur- und Fürstl. Sächsischer Lehensmann zugleich ein Landsass und Unterthan sey? ... Leipz. 1719. V: *Glafey, Adam Frdr.* (Holz)

— geschichtsmässige, der Fr.: ob es rathsam sei, daß die Stände des Reichs mit d. römischen Hofe über die Nuntiaturstreitigkeit sich einlassen? (v. A. U. Mayer). 4. Frankf. 789. (Montag u. W. in Regensb.) 8 gr.

Erörterung, Geschichtmässige, der wichtigen Frage: Ob es rathsam sey, dass die Stände des Reichs mit dem Römischen Hofe in Vergleichsunterhandlungen sich einlassen? ... Frankfurt 1789. V: *Mayer, Andreas Udalrich.* (KY) (MGT)

Gründliche Erörterung der Beweise, vermittelst welcher die Chirurgi oder Barbirer zu Prag bei dem Magistrate eine favorabilem sententiam zu erhalten gesucht. Prag 1729.

— —, Gründliche, Einer noch niemahls also ausgeführten Gewissens-Frage: Ob diejenige, Welche ausser dem Ehestande mit immerwährenden und unhintertreiblichen Versuchungen geplagt sind, aber dabey soviel Jahre und Geschicklichkeit haben, eine Frau mit Verstand zu regieren und zu versorgen, nicht in ihrem Gewissen verbunden zu heyrathen, ob sie gleich noch auf Dienste warten, und der Welt Urtheil darüber ausstehen müssen? Allen Wahrheitliebenden, Sonderlich denen Herren Candidatis Ministerii, zu reiferer Ueberlegung übergeben von Einem der gar bald zu Diensten ist gekommen, Ob er gleich vor der Zeit sich eine Frau genommen. Franckfurt, Bey Philipp Friedrich Wahrlieb. 1725.
Fehlt in Weller's fing. Druckorten.

Erörterung, Historische, der Papae Marcelli Messe. Prag 1879. V: *Mayer, Johann Nep.* (EB)

— histor.-polit., der Wahleigenschaften, Wahl u. Krönung eines römischen Kaisers. gr. 8. Frankf. 791. Pech. 8 gr.

Erörterung, historisch-theologische, zwischen den zwei calvinischen Brüdern Samuel u. Gregor Renard od. gnadenreiche Rückkehr d. Predigers Gregor Renard v. Amsterdam in die römisch-kathol. Kirche. gr. 8. (VIII, 216 S.) Freiburg i/Br. 875. Herder in Comm. n. 3 —

Erörterung, Kurze, der Frage, auf welche es in der ... Löwensteinischen Matricular-angelegenheit und Aufrechnungssache ankommt ... O. O. 1756. V: *Hinkeldey, Hieron. Heinr. v.* (Holz)

Erörterung, Kurze, der zu unsern Zeiten nicht unnöthigen Frage: Sollten denn wohl die Fürsten ... bey der jetzigen Aufklärung ... auch noch die Erlaubnis haben, Christen zu seyn? Bützow 1787. V: *Döderlein, Christian Albrecht.* (ML)

Erörterung, Kurze, der Geschichts- und Rechts-Puncte, worauf es wegen des zu Kayserswerth erhobenen Licents ... ankomme. O. O. 1771. V: *Pütter, Joh. Steph.* (Holz)

Erörterung, Kurtze doch gruendliche, einiger der wichtigsten Fragen von dem einstehenden Reiche Christi. Freystadt [Hamburg] 1729. V: *Klein-Nicolai, Georg.* (Wr) (Myl)

Erörterung, Kurze, ob der Pietisten Gifft schädlich, oder nützlich sey. [Nürnberg] 1704. V: *Rabe, J. A.* (Myl.)

Erörterung, Kurze, doch vollständige, der fürstl. Neuwiedischen Rekurssache. Regensburg 1794. V: *Hoffmann, Matthäus.* (MGT)

Erörterung derjenigen Materialien, welche bey dem gegenwärtigen Kriege im teutschen Reiche vornehmlich zu erwägen, und die gerechte Sache des Wiener und Dressdner Hofes auf die überzeugendste Art und Weise bekräftigen. Franckfurt 1757. 4.

Erörterung, Naehere, der Verhältnisse der chirurgisch-medicinischen Akademie in Dresden zu dem Medicinalwesen des Königreichs Sachsen. Dresden [1832]. V: *Choulant, Johann Ludwig.* (Choulant)

Erörterung, Neue, der alten Frage: Ob Tantzen Sünde sey? A. d. Dän. übers. O. O. 1740. V: *Pontoppidan, Erich.* (Brunn,Bibl.Danica.I,292.) (Collin, Anonymer. Kiobenh. 1869.)

Nöthig befundene Erörterung der Frage: Ob die herrschafftliche Räthe und Bediente, mit ihren Ehefrauens, in einem Lande, allwo die Universal-Gemeinschafft der Güter unter Eheleuten überall hergebracht, von dieser ausgenommen seynd, oder nicht? o. O. 1751.

Erörterung der kölnischen Nuntiaturstreitigkeit . . . zu mehrerer Bestärkung des kurkölnischen Promemoria. o. O. 1788.

Erörterung der Cölnischen Nuntiaturstreitigkeiten . . . Bonn 1788. V: *Weidenfeld, Christian Franz.* (MGT) (winer)

— pragmat., d. Grundsätze d. deutschen Reichskriegsverfassung. 8. Frankf. u. Leipz. 795. Mayr in Salzb.; auch Beck in Wien. 1 Rthl. 8 gGr. Hbg. Pr, 1 Rthl.

— pragmat., d. Grunds. d. deutschen Reichskriegsverfassung. 8. Frankf. u. Leipz. (Wappler, Wien. auch Mayr in Salzb.) 795.

— prakt., aus allen Theilen der Rechtsgelehrsamkeit, hin u. wieder mit Urtheilssprüchen des Cellischen Tribunals u. der übrigen Justizhöfe bestärkt. Herausg. von F. v. Bülow und Th. Hagemann. Fortgesetzt von Er. Spangenberg. 10r Bd. Nebst einem Sachregister zu allen 10 Bdn. A. u. d. T.: Praktische Erörterungen rc. von E. Spangenberg. 2r Bd. 4. Braunschweig 837. Vieweg u. Sohn. 2 2/3 Rthl. (1r—10r Bd. 28 2/3 Rthl. Vergl. Thl. II. S. 153.)

Erörterung, Publicistische, der im Pressburger Frieden begründeten Souveränetät der Häuser Bayern, Würtemberg und Baaden. Hadamar 1806. V: *Dalwigk, Carl Friedrich August Philipp von.* (MGT) (Ky)

— publicistische, d. im Preßb. Frieden begründeten Souveränetät d. Häuser Baiern, Würtemberg u. Baden, (von K. F. v. Dalwigk). 8. Hadamar 806. (Lanz in Weilb.) 8 gGr.

—— rechtliche, d. Frage: ob d. §. 71 d. Kurhess. Verfassungs-Urkunde auch auf d. Deputirten d. Landes-Universität zu beziehen sey, od. nicht? Von e. Rhein-Preuß. Rechtsgelehrten. (Von Ferd. Mackeldey.) gr. 8. (1½ B.) Bonn 833, Marcus.

Rechtliche Erörterung der Frage: Ob die Lehns-Constitution vom 1. Junius 1723, nach dem Entwurf zur rev. Lehns-Constitution d. d. Berlin, den 16. Jan. 1777 mit Bestande Rechtens abgeändert werden könne und was dazu erfordert werde? Berlin (1777).

Erörterung, Rechtliche, der Frage: ob eine auf der Grundlage des Tit. XVI, § 2 No. 5 der preuss. Process-Ordnung . . . angestellte Nichtigkeitsklage in ihren Wirkungen auch den gehörten Mitsachbetheiligten . . . zu Gute komme? Halberstadt 1819. V: *Almendingen, Ludwig Harscher von.* (Wa) [Giessen] 1819. (Ky) (MGT)

Rechtl. Erörterung der Frage: Ob eine auf d. Grundlage d. T. XVI. §. 2. N. 5. der preuss. Processordnung von einem oder einigen ungehörten Sachbetheiligten gegen ein Revisionsurtheil angestellte Nichtigkeitsklage, in ihren Wirkungen auch d. gehörten Mitsachbetheiligten unt. vorausgesetzter Identität d. Streitobjects zu gut komme? (Von L. H. v. ALMENDINGEN.) *Halberstadt*, Helm. 819. 8. (5 Gr.)

Erörterung, Rechtliche, der Frage: Ob und inwiefern Staaten, Banken und Privatpersonen die durch Nachahmung . . . von Papiergeld . . . verursachten Schäden zu ersetzen schuldig sind? Leipzig 1802. V: *Meissner, Ferdinand August.* (MGT) (Ky)

Erörterung, rechtl., der Fr.: Ob u. in wie fern Staaten, Banken u. Privatpersonen, die durch Nachahmung u. Verfälschung v. Papiergeld, Bankzetteln u. Handschriften verursachten Schäden zu ersetzen schuldig sind? (Von Fr. Aug. MEISSNER.) *Leipzig*, Hinrichs. 802. 8. (3 Gr.)

Erörterung, Rechtliche, einiger Fragen aus dem Westphäl. Frieden . . . Wetzlar, 1768. V: *Haas, Damian Ferdinand.* (MGT) (Ky) (Holz)

— rechtl., einiger Fragen a. d. westphälischen Frieden, (v. D. F. Haas). Fol. Wetzlar 768. Winkler. 16 gGr.

Erörterung, Rechtliche, über öffentliche Verbrennung von Druckschriften. Berlin 1817. V: *Kamptz, Carl Albert Chn Hnr. von.* (Erman & Horn, Bibliogr. d. dtsch. Universitäten. 1. Leipz. u. Berl. 1904.)

Rechtliche Erörterung über die Verbrennung von Druckschriften, nebst einer Vorrede über die Feier auf der Wartburg. *Berlin*, Rücker u. Püchler. 817. 8. (6 Gr.)

—— einiger Rechtsfragen üb. d. heut. Gültigkeit u. Anwendbarkeit d. Hrzgl. Braunschweig. Verordnungen wider ungetreue Bedienten u. Boten in gewissen vorausgesetzten Fällen. gr. 8. (4½ B.) Wolfenbüttel 828, [Braunschweig, Horneyer,]

— einiger Rechtsfragen über die heutige Gültigkeit u. Anwendbarkeit d. Herzogl. Braunschw. Verordnn. wider ungetreue Bedienten u. Boten in gewissen vorgesetzten Fällen. gr. 8. Wolfenb. 828. Verlags-Cpt. 10 gGr.

. Erörterung, Zweier berühmter Rechtsgelehrten ausführliche, der Frage: ob ein Landesherr seiner Vorfahren Schulden zu bezahlen gehalten seye. O. O. 1752. V: *Cramer, Johann Ulrich Freiherr von & Heinrich Christian von Senckenberg.* (ML)

Erörterung zweier Rechtsgelehrten üb. d. Frage: ob ein Regent seiner Vorfahren Schulden zu bezahlen gehalten sei? *Frankf.*, Gebhard u. Körber. 762. 4. (8 Gr.)

Erörterung beyderseitiger Rechtsgründe in Sachen der Herren Grafen von der Schulenburg contra Braunschweig-Wolfenbüttel . . . O. O. 1778. V: *Zwierlein, Chrn Jac. v.* (Holz)

Reichs-Gesetzmässige Erörterung der Frage: In welchem Fall Ein Römischer Kaiser der Verwaltung seines Oberrichtlichen Amtes überhoben zu seyn sich genöthigt finden könnte? 1757. 4. (32 S.)

Reichsgesetzmäss. u. patriot. Erörter. d. Frage: ob u. in welchen Fällen d. Neutralität d. Stände u. Kreise d. H. R. R. Statt finde? 763. 4.

Erörterung der Neuwiedischen Recurssache. 1794. 4.

Erörterung unterschiedener wichtiger Religionsfragen. O. O. 1714. V: *Kiesling, Joh.* (Myl)

Erörterung d. wichtigsten Schwierigkeiten in der Lehre vom Teufel, s. a. Bitte um Belehrung.

Erörterung der wichtigsten Schwierigkeiten in der Lehre vom Teufel. Giessen 1776. V: *Köster, Heinrich Martin Gottfried.* (BrMm) (MGT)

— d. wichtigst. Schwierigkeiten in d. Lehre v. Teufel. 8. Marburg, Krieger. 776.

Erörterung, skizzirte, über Ausdehnung des gegenwärtigen Güter-Eigenthumbesitz-Rechts auf den Gelehrten-, Exemten- und Bürger-Stand, sowie über bezügl. Verhältnisse und Zeitbedürfnisse der Ostsee-Provinzen namentlich in Livland. gr. 8. (17 S.) Dorpat 863, Gläser's Verlag. *

Erörterung, Staatsrechtliche, einiger Hauptfragen, welche bei der im Jahre 1790 eingetretenen Reichsversammlung eingetreten sind. Regensburg Salzburg] 1790. V: *Steinhauser von Treuberg, Johann Philipp.* (EngJ) (Ky) (ML) (Hr)

— staatsrechtl., einiger Hauptfragen, welche bei der im J. 1790 eingetretenen Reichsversammlung eingetreten sind. (Von J. P. Stainhauser v. Treuberg.) 8. Regensb. 790. (Mayr in Salzburg). 4 gr.

— staatsrechtl., über den Vorzug d. Lineal-Erbfolge nach Stämmen vor der Gradual-Erbfolge über die Befugnisse der Regenten, hinsichtl. d. Veräußerung oder Vertauschung ihrer Länder, (v. J. F. A. Brunquell). 8. Ilmenau 823. Voigt. 8 gr.

Erörterung, Theoretische und praktische, über das Verhaltniss der Strom-Profile zu den darüber zu wolbenden Brücken und Kanal-Bögen, in Beziehung auf den Kanalbau, der den Graben am Opernhause in Berlin überwolben soll. Der Ansicht des Publikums, dem Urtheil der Baumeister und der Prüfung der Staatsbehorden empfohlen von einem praktisch und theoretisch gebildeten Baumeister. Nebst einer Kupfertafel. 8 Berlin 1846.

Unpartheyische Erörterung Der Aller Orten vor jetzo passirenden Staats-Frage, Ob es nemlich Der meisten Christlichen Potentzen hohen Interesse nicht praejudicirlich, Daß Bey dermahlig gefährlichen und weit-aussehenden Zeiten in Europa Sr. Czaarischen Maj. und Groß-Fürst in Moscau Sich so formidabel und mächtig mache? Nach einigen Politischen und Statistischen Gründen mit Fleiß untersuchet ... [O. O.] Gedruckt im Jahr 1711. 4°. 16 S.

Erörterung, Urkundliche, der Aufnahme der Herzöge zu Braunschweig-Grubenhagen in die kaiserliche Gesamtbelehnung der Herzöge zu Braunschw. u. Lüneburg. Leipzig 1862. V: *Schaumann.* (Löwe, Bibliogr. d. Hannov. u. Braunschw. Gesch. Hann. 1908. S. 120.)

— urkundliche, der Aufnahme der Herzöge zu Braunschweig-Grubenhagen in die kaiserliche Gesammtbelehnung der Herzöge zu Braunschweig und Lüneburg. Aus archival. Quellen. gr. 8. (IV und 33 S.) Leipzig 862, Hahn'sche Verlagsh. *

Erörterung über landständische Verfassung in Deutschland, ... Heidelberg 1820. V: *Floret, Peter Joseph.* (Ky)

Erörterung der Verhältnisse des allgem. Hüttenbetriebsfondes des unter dem Namen „Oberungarische Waldbürgerschaft" bestehenden, und mit a. h. D. genehmigten Statuten versehenen Vereines der Gelf- und Fahlerz Bergwerks-Eigenthümer und Gruben-gewerkschaften im Schmölnitzer Bergdistrikte. Leutschau, 1857. Gedr. bei J. Werthmüller & Sohn. (10 S. Halbf.)

Erörterung und Vertheidigung des Verbietungsrechts des privilegierten Buchhandel in Dresden. Dresden 1804. V: *Hermann, Chn Friedr. August.* (MGT) (Ky)

— u. Vertheidigung d. Verbietungsrechts des privilegirten Buchhandels in Dresden. 8. Dresden, Arnold. 805.

Erörterung, Völkerrechtliche, des Rechts der europäischen Mächte, in die Verfassung eines einzelnen Staates sich zu mischen. Berlin 1821. V: *Kamptz, Carl Albrecht Christoph Heinrich von.* (Ky) (EngJ)

— völkerrechtl., des Rechts der europäischen Mächte, in die Verfassung eines einzelnen Staats sich zu mischen, (von v. Kamptz). gr. 8. Berl. 821. Nicolai. 20 gr.

Erörterung der Wahrheit: Österreich seinem Fall nahe ... Freyberg [Halberstadt] 1760. V: *Lynker, Heinrich Ferdinand Christian Freih. von.* (MGT) (Wr)

Erörterung, Des katholischen Weltmanns, der Professor Weberschen Erklärung ans Publikum, die Hexenreformation betreffend ... O. O. 1788. V: *Schmid, Franz Joseph.* (MGT)

Erörterung des beständigen Werths der symbolischen Bücher ... Riga 1771. V: *Schlegel, Gottlieb.* (R-N)

— des beständigen Werths d. symbol. Bücher d. lutherisch. Kirche. 8. Riga. (Hartknoch in Leipz.) 770.

Erörterung, Erörterungen.

— der Erklärung d. Rechte d. Menschen u. des Bürgers. 8. Frkf. 791. (Jäger). 4 gr.

— d. Fr.: üb. d. zunehm. Geldmangel in Deutschl. 8. Magdeburg, Hechtel. 770.

— d. Fr.: ob die Abschaffung d. Advocaten dem gemeinen Wesen nützl. oder schädlich sey? 8. Halle 791. Hendel. 2 gr.

— der Fr.: ob ohne Wiedererstattung gestohlner Sachen schlechterdings keine Vergebung der Sünden zu erlangen sei? 8. Leipz., (Brockhaus). 2 gr.

— d. Fr.: Sollte der Mensch wohl verdienen, daß Gott Achtung für ihn hätte? u. Fortsetz. 8. Leipzig, Hilscher. 768

— dreyer Fr. v. d. principiis chymicis. 8. Heilbronn, Class. 745.

— einig. Fr. a. d. Westphälisch. Frieden. Fol. Wetzlar, Winkler. 756.

— vier wicht. Kanzley- u. Staatsfragen. 4. Frankfurt, Eßlinger. 757.

— kurze d. Streitfragen zw. d. evang.- u. röm.-kathol. Kirche. 8. Tübing. 713.

— patriotische 1) der Churmärkische Verhandl. 2) der Sächs. Creditumstände. 3) der Lage d. Märkischen Credits rc. 4. Breslau, W. Korn. 777.

— aus allen Theilen der Rechtsgelehrsamkeit, 1r — 5r Bd., herausg. von F. v. Bülow u. Th. Hagemann. 4. Hannov. 798 — 809. (1r — 3r Bd., 2e Aufl. 806 — 15.) Hahn. 11 ℛ 12 ℊ 6r u. 7r Bd., v. Th. Hagemann allein. 4. Ebd. 818, 24. 6 ℛ 12 ℊ 8r Bd. in 2 Abtheill., fortges. v. E. Spangenberg; nebst e. Biographie u. d. Bildn. Hagemann's u. e. systemat. Uebersicht sämmtl. in den 8 Bänden enthalt. Erörterungen. 4. Ebd. 829. 4 ℛ 9r Bd., fortges. von demselben, auch u. d. T.: prakt. Erörterungen von E. Spangenberg. 1r Bd. 4. Ebd. 831. 4 ℛ Alle 9 Bde. 26 ℛ

Erörterungen

—— und Abhandlungen aus dem Gebiete des hannoverschen Criminalrechts rc., s. a. Bothmer, C. F. E. A. v.

— u. Abhandlungen aus dem Gebiete des Hannoverschen Criminal-Rechts u. Criminal-Processes. Hrsg. v. C. F. E. A. v. Bothmer. 3. Bd. 1 u. 2. Hft. gr. 8. (S. 1—248.) Hannover 847, Hahn. à 1/2 ℛ (1—3, 2.: 5 1/12 ℛ)

Erörterungen über den Anschluss der rheinischen Bahn an das holländische Bahn-Netz. [Cöln 1862.] V: *Hartwich, Emil.* (StBKöln II, 268)

Erörterungen, Dogmatische, zur Einführung in das Verständniss der orthodox-katholischen Auffassung . . . Berlin 1893. V: *Malcev, Aleksěj.* (EB)

Erörterungen, dogmatische, zur Einführung in d. Verständniss der orthodox-katholischen Auffassung in ihrem Verhältniss zur römischen u. protestantischen v. e. Geistlichen der orthodox-katholischen orientalischen Kirche. gr. 8. (III, VI, 40 S.) Berlin 893. K. Siegismund. n. — 50

Erörterungen über deut. Einzelrichterwesen u. Amtsgerichtliches, nebst Justizformen, v. H. Zürich 881.

Erörterungen üb. deutsches Einzelrichterwesen u. Amtsgerichtliches, nebst Justiz-Reformen. Von H. 8. (28 S.) Zürich 885. Verlags-Magazin. n. — 50

DIE ERÖRTERUNGEN ÜBER DIE ANGEBLICHE FLEISCHNOT. Materialien aus den stenographischen Berichten des Deutschen Reichstages über seine Sitzungen am 10. und 11. Januar 1899. Berlin. Verlag: Verkaufsstelle des Bundes der Landwirte. 8°.

Erörterungen zu den Vier Fragen eines Ostpreußen von einem Nicht Ostpreußen, worin die betreffenden Stellen aus den vier Fragen wörtlich abgedruckt sind. gr. 8. Berlin, Posen u. Bromberg 841, Mittler. n. 5/12 ℛ

Erörterungen über den Gerichtsverfassungs-Entwurf des königl. württembergischen Justizministeriums. gr. 8. (80 S.) Stuttgart 862, (Lindemann.) *
Aus: Staats-Archiv für Württemberg, 1862, besonders abgedruckt.

Erörterungen zur hannoverischen Gewerbeordnung vom 1. Aug. 1847. Hannover 1848. V: *Unger, G. E. W.* (Loewe, Bibliogr. d. Hann. u. Braunschw. Gesch. Hann. 1908. S. 210.)

Erörterungen zur hannoverschen Gewerbe-Ordnung vom 1. Aug. 1847 nebst Abdruck des Gesetzes, der Vollzugs-Bekanntmachung, des Regierungs-Entwurfs, der Begründung desselben und anderer Bestimmungen, zunächst in Berücksicht. der Verhältnisse im Landdrostei-Bezirke Hannover. gr. 8. (VIII und 248 S.) Hannover 848, Hahn'sche Hofbuchh.

Gründliche Erörterungen von 33 wichtigen Rechts- und Geschichtsfragen, den gegenwärtigen Krieg in Deutschland betr., wodurch die Gerechtsame des Königs in Pr. vor Augen gelegt werden. Leipzig 1758. 4. 104 S.

Erörterungen (Kaufmännische) über Beschaffenheit erhöhter Einnahmen für das Deutsche Reich. gr. 8°. Leipzig 1893.

Landrechtliche Erörterungen. Eine Sammlung älterer Disputationen und anderer kleinen Schriften, die zur Erläuterung der Schlesw.-Holst. Landesrechte dienen. Herausgeg. von NIELS [NIK.] FALCK. 1. Bd. Schleswig. 1836. (Mere udkom ikke).

—— militairische, der preußischen Kammern, in der Session von 1850/51. gr. 8. (IV und 76 S.) Berlin 851, Mittler und Sohn.

Erörterungen, Nähere, über die östliche Eisenbahnfrage . . . Wien 1856. V: *Maager, Carl.* (EB)

Erörterungen über deutsche Orthographie zur Begründung und Erläuterung der Schrift: „Regeln und Wörterverzeichniss für die deutsche Orthographie, zum Schulgebrauch hrsg. von dem Verein der Berliner Gymnasial- und Realschullehrer. Berlin 1871.“ 1. Aufl. 1871, und 2. Aufl. gr. 8. (32 S.) Berlin 872, Weidmann'sche Buchh. (* 50 Pf.) *
Aus: Zeitschrift für das Gymnasialwesen, besonders abgedruckt.

Erörterungen, Physikalische, über den Kreislauf des Blutes in dem thierischen Körper . . . [Leipzig 1817.] V: *Schubarth, Ernst Ludwig.* (MGT)

Erörterungen einiger bei einer Reform der Zuckergesetzgebung in Betracht kommenden Punkte. 8°. Berlin 1869.

—— rechtliche und politische, über die Bundesreformacte. Von einem Süddeutschen. gr. 8. (III und 83 S.) Erlangen 863, Enke's Verlag. *

Erörter. einig. Rechtsfragen üb. d. heut. Gültigk. u. Anwendbark. d. Herzogl. Braunschw. Verordnu. wider ungetreue Bedienten u. Boten in gewissen vorausgesetzten Fällen. *Wolfenb.* 828. (Horneyer in *Bschw.*) gr. 8. (10 Gr.)

Erörterungen prakt. Rechtsfragen, s. Langenn, Fr. Alb. v.

Erörterungen, Reichsgesetzmässige, der Frage: Ob der effectus suspensiuus den reuisionibus cameralibus nach dem wahren Geiste des J. R. A. § 124 . . . zu verstatten sey? Öttingen 1769. V: *Lang, Joh. Paul.* (Holz) »Erörterung«. (ML)

Erörterungen zur Reichsversicherungsordnung. Vorträge von v. Zwiedineck-Südenhorst, Schmid, v. Köbke, Stiegler u. Hahn, s. a. Veröffentlichungen des deutschen Vereins f. Versicherungs-Wissenschaft. 18. Hft.

Erörterungen zur Reichsversicherungsordnung. Vorträge erstattet 1909 von Prof. Dr. (Otto) v. Zwiedineck-Südenhorst [u. a.] Berlin: Mittler 1910. 107 S. 8°
(Veröffentlichungen d. Deutschen Vereins f. Versicherungs-Wissenschaft. H. 18.)
[10. 1119

— sachgemäße, über das Königsst. Theater, veranlaßt durch die General-Versamml. des Actien-Vereins am 2n Jan. d. J. (v. Henoch). 2e Aufl. Nebst dessen Schreiben an d. Syndicus Kurowski ɪc. 8. Berl. 826 u. 27. (Gosmar u. Kr.) 12 gGr

Erörterungen, Staatsrechtliche, über den Vorzug der Lineal-Erbfolge nach Stämmen vor der Gradual-Erbfolge und über die Befugniss der Regenten hinsichtlich der Veräusserung oder der Vertauschung ihrer Länder. Veranlasst durch den bevorstehenden Gothaisch-Altenburgischen Landesanfall. Ilmenau 1823. V: *Brunnquell, August.* (KG Berlin I, 1187) (BMarsch 358)

Erörterungen, Staatsrechtliche, über den Vorzug der Lineal-Erbfolge nach Stämmen vor der Gradual-Erbfolge ... Ilmenau 1823. V: *Brunnquell, Jos. Fch Aug.* (MGT)

Erörterungen, staatsrechtliche, über den Vorzug d. Lineal-Erbfolge nach Stämmen vor der Gradual-Erbfolge über die Befugnisse der Regenten, hinsichtl d. Veräußerung od. Vertauschung ihrer Länder. 8. Ilmenau 823, Voigt.

Erörterungen, Theoretische und praktische, über das Verhältniss der Strom-Profile zu den darüber zu wölbenden Brücken und Canalbögen. Berlin 1816. V: *Catel, Ludw.* (MGT)

Erörterungen, theoretisch-prakt., aus den in Liv-, Esth- und Curland geltenden Rechten. Herausg. von F. G. v. Bunge u. C. O. v. Madai. 1r Bd. 1s—3s Hft. gr. 8. Dorpat u. Leipzig 839. 40. Severin (Köhler). (à n. 2/3 Thlr) 2 Thlr

— theoret.-practische, aus den in Liv-, Esth- und Curland geltenden Rechten. Herausgeg. von F. G. v. Bunge und C. O. v. Madai. 2. Bd. 4 Hfte. gr. 8. (Mit 1 Tab. in gr. 4.) Dorpat 840, 41. (Reval, Eggers.) n. 2 2/3 Thlr

— dies. 3. Bd. u. 4. Bd. 1.—3. Hft. gr. 8. Dorpat 842, 43, Kluge. à 2/3 Thlr

— theoretisch-praktische, aus den in Liv-, Esth- u. Curland geltenden Rechten. Mit Unterstützg. der HH. C. O. v. Madai, G. Neumann, C. J. A. Paucker u. C. H. Zimmerberg hrsg. v. F. G. v. Bunge. 5. Bd. 1—3. Hft. gr. 8. (... S.) Dorpat 847. 51, (Reval) Kluge. (à n. 2/3 Thlr) n. 2 Thlr

Erörterungen, theoretisch-praktische, aus den in Liv-, Esth- u. Curland geltenden Rechten. Herausg. von F. G. v. Bunge. 5. Bd. 4. (letztes) Heft. Reval 853. Fr. Kluge. gr. 8. (2 Bl., S. 289—384.) n. 20 Ngr

Erörterungen über landständische Verfassung in Deutschland, namentlich in Beziehung auf das Großherzogthum Hessen. gr. 8. Heidelberg, Groos. 820.

— über landständische Verfassung in Deutschland, namentlich in Beziehung auf das Großherzogthum Hessen, (v. P. J. Floret). gr. 8. Heidelb. 820. (Leske in Darmst.) 10 gGr

— u. Vertheidigung des Verbietungsrechts des privilegirten Buchhandels in Dresden. 8. Dresd. 805. Arnold. 9 gGr

— zur Vorgeschichte der deutschen Münzreform, s.: Arendt, Otto, wie Deutschland zur Goldwährung kam.

[A.] Ein Appell an d. Gerechtigkeitsgefühl aller Berufsgenossen ... Weitere **Erörterungen** in Sachen des Gärtnertages. Im Interesse d. Gesamtheit unseres Standes. Hrsg. v. d. Zentral-Geschäftsstelle z. Vorbereitg e. deutschen Gärtnertages. *Hannover: C. Rethwisch (1896).* (11 S.) 1 Bd 8.
[98. 7767

Erörterungen über die Wuhrbauangelegenheiten am Rhein. St. Gallen 1847.

Eros. Dichterische und witzige Aufsätze. Berlin 1805. V: *Meyer, Wilh. Ferd. Elogius.* (BGE II^3, 177)

EROS oder Wörterbuch über die Physiologie und über die Natur- und Culturgeschichte des Menschen in Hinsicht auf seine Sexualität. 2 Bde. Berlin, bei August Rücker, 1823. Gr. 8°. ($2^5/_6$ Rthl.)
Vergriffene Orig.-Ausgabe. (10 Mk., schönes Expl., Kühl; 18 Kr. Halm & Goldmann, 1904; 25 Mk. C. G. Boerner, Lpz., 1905: Orig.-Ppbde.). Genaue Inhaltsangabe in *Hugo Hayn's* Bibl. Germanor. gynaecol. Lpz. 1886.
— — Dasselbe. 2 Bde. Stuttgart, Verlag von J. Scheible, 1849. 8°. 686 u. 620 S. (incl. Vorst. u. Regg.).
(8 Mk. Fischhaber; 12 Mk. S. Calvary & Co., c. 1900.)

Eros; Betrachtt. über die Liebe, s. a. Gust. Adolph.

Eros. Betrachtungen über die Liebe ... Quedlinburg 1823. V: *Sickel, Gust. Adolph Friedr.* (MGT) (Call)

Eros; Betrachtt. über die Liebe. Deutschlands gebild. Jünglingen u. Jungfrauen gewidmet v. Gustav Adolph (Sickel.) 8. Quedlinburg 823, Basse.

§ **EROS**. Poetisches Taschenbuch auf 1831 von Nik. Meyer. Lemgo, Meyer. (1830.) 8°. (In München: P. o. germ. 913 si.) (3 Mk., Origcart. m. G., Dieterich, Göttingen, 1907.)
Die Beiträge sind sämmtlich vom Herausgeber. — Zahn.

Eros. Sammlung kultur- u. literarhistor. Neudrucke. 8. Leipzig, Teutonia-Verlag.
Abhandlung v. dem Gebrauche der Alten, fürnehmlich der Griechen u. Römer, ihre Geliebte zu schlagen. Aus dem Französ. übers. u. m. einigen Anmerkgn. vermehrt. (Von Joh. Karl Konr. Oelrichs.) Berlin 1766. (9, 16, 111 S.) (906.) n. 2. —; Liebhaberausg. n. 3. —; Luxusausg. n. 5. —
Müller-Melchior, Max, galante Musenkinder. Eine Sammlung verschollener u. wenig bekannter deutscher Liebes- u. Scherzgedichte aus früheren Jahrhunderten. Hrsg. u. m. Anmerkgn. versehen. 2. u. 3. Aufl. (168 S.) (906.) n. 3. —; geb. n. 4. 50; Luxusausg. n. 12. —

Bibliothek **Eros**. Bd 1. *(Berlin: C. M. A. Müller & Co. [1902].)* 8° [03. 2309

— über den, den ältesten griech. Dichter, (v. J. G. C. Höpfner). 8. Leipz. 793. (W. Nauck). 2 gGr

Eros und Psyche. Eine altchristliche Allegorie. Manuscript. XLIV S. Vorwort und ein Gedicht von 80 Seiten. [S. l. & a.] V: *Kleist (?), Franz Alexander von.* (BGE II^3, 178)

Eros vor dem Reichsgericht. Ein Wort an Juristen, Mediziner u. gebildete Laien zur Aufklärung üb. die „griech. Liebe". Von e. Richter. gr. 8. (86 S.) Leipzig (899). M. Spohr. n. 1. —

Erös, Lajos (Stark), die Höhen der Lüfte. Aeronautischer Vortrag, abgeh. am 14. Novbr. 1891. gr. 8. (20 S.) Budapest 892. (S. Robicsek.) n. — 80

Erostemata physico-astronomica de cometis, anno 1744, quo cometa ex Andromeda egrediens terricolas terruit ... proposita. V: *Gschwandtner, Andreas.* (ADB)

EROTAS. Neugriechische Liebesdistichen, übers. v. Luber. Salzburg 1883. 8°. (75 Pfg. L. M. Glogau Sohn, Hamburg, 1888.)

Erotema oratorium, an Divus Thomas ... Corporis Puritate an ... Doctrinae Claritate potior Censendus sit Angelus? Bresl. 1730. V: *Weiner, Franz.* (Kat. d. Druckschr. üb. Breslau. Breslau 1903. S. 262.)

Erotemata grammatica ex arte Dionysiana oriunda. Maximam partem nunc primum ed. P. Egenolff. Pr. 1880. 44 S. 4°.

Erotianus

Erotiani, Galeni et Herodoti glossaria in Hippocratem, gr. et lat., c. comment. H. Stephani, et alior., reces. var. lect. ex mss. codd. Dorvilli et Mosq. add. J. G. F. Franz. 8 maj. Leipz. 780. (Brockhaus). 2 ₰ 4 gl

Erotiani, Galeni et Herodoti glossae Hippocratis ex recens. Stephani, gr. et lat. c. animadv. Franz. 8. maj. Lips. Gleditsch. 780.

Erotiani vocum Hippocraticarum conlectio. Recensuit, emendavit, fragmentaque adjecit Jos. Klein. gr. 8. (LXIV und 168 S.) Leipzig 865, Dyk'sche Buchh. * 1

Erotici Scriptores, ed. Hirschig, s. Scriptores.

— graeci, ed. Hercher, s. Scriptores.

EROTIK, Die, in England und Frankreich um 1840. Eine Sammlung zeitgenössischer Bilder in photographischer Reproduktion, 13:18 cm. 72 Bl. in Mappe.
(Wien, C. W. Stern, um 1907, kündigte das Werk in Prospekten an. Erschienen?)

EROTIK, Japanische. 36 Holzschnitte von Moronobu, Harunobu, Utamaro. Folio. München, Piper & Co., 1907. In eleganter Original-Mappe.
»Von den drei Meistern, deren Werke jedem Kenner als die hervorragendsten des japanischen Holzschnittes bekannt sind, bringt die Mappe die schönsten Blätter. Durch die getroffene Auswahl werden nicht nur die hervorragendsten Künstler vorgeführt, sondern es wird auch die Entwicklung des japanischen Holzschnitts, der in der Erotik seine höchsten Leistungen erreicht, zur Darstellung gebracht.«

Erotische, das, im 2. Teile des Goethe'schen Faust (II. Act 1—3). Ein Beitrag zu des Dichters Denkweise, gleichzeitig als Versuch, die ganze Dichtg. in verständ. Zusammenhang zu bringen, von v. Sch. Lex.-8. (30 S.) Hagen 893. Risel & Co. n. — 75

Erp-Brockhausen, C. Ph., Erklärung des 50. Psalm. 8. Lemgo 754. Meyer. 9 gl

Sendschreiben an Herrn **Johan Philip Erpel** bey Gelegenheit der auf d. 13ten Sept. 1749 von d. Medizinischen Fakultät zu Halle Ihm zugestandenen Dokter=Würde. Nebst einer vorläufigen Beschreibung einer besondern Art Eilande so in neuern Zeiten entdecket und bevölkert worden. 4 Bl. (2.50) 8234

Erpel, Johann Philipp (Halle), De commodis et incommodis equitationis in hominum sanitatem redundantibus. Disp. med. Präs. Andreas Elias Büchner. Halle (J. Ch. Hendel) 13. IX. 1749. 72 Seiten. (6.—) 8233
Gew.: Andr. Elias Büchner. — Widm. v.: Präs., Ernst Gottfr. Kurella, Joh. Christian Hildebrand (Alberstad / Mansfeld; dtsch.), Joh. Michael Hoffinger (Wien; dtsch.).

Erpel, J. P., Nachricht von einer Frau, welche zugleich vier Mißgeburten u. ein Mondkalb geboren. 8. Halle 750. Schwetschke u. Sohn. 1 gl

Erpelding, J., u. J. Zahles, Lesebuch für die unteren Klassen der Primärschulen. 1. Thl. Für die untern Abtheilungen. 2. Aufl. 8. (35 S.) Luxemburg 877. Brück. —15

Erpelding, Nikol., der hl. Joseph. 31 Predigten od. Betrachtgn. üb. das Leben, die Tugenden u. Ehrenvorzüge des hl. Nährvaters Jesu Christi u. Gemahls der Gottesmutter Maria. (IV, 300 S. m. 1 Farbdr.) 8. Regensburg 906. F. Pustet. n. 2.10; geb. in Halbfrz. n. 2.70

Erpelding, Nik., der Rosenkranz. 31 Predigten üb. Ursprung, Inhalt, Wirksamkeit u. Gebetsweise d. Rosenkranzes. 8. (VIII, 341 S.) Dülmen 898. A. Laumann. Geb. in Halbfrz. n. 3.20

Erpeldinger, P. A., die Runkelrüben-Spiritus-Fabrikation nach eigenen prakt. Erfahrungen u. mit besonderer Rücksicht auf ihre Erträge u. auf Steuer-Ersparniß. Ein Handbuch für Spiritusfabrikanten u. zum Anbau der Runkelrübe. 1. u. 2. Aufl. 851. — 3. (Titel-) Aufl. Berlin 855. Springer. gr. 8. (VIII, 96 S.) 24 gl

Erpelt (Stadtbaumeister) „Beschreibung des neuen Real- und Lateinschulgebäudes Pirmasens". pg. 34—36. 8°. Mit Ansicht und Plan. Friedrich Deil.
Pirmasens, Progr. 1891/92

Erpenbeck, Bernhard [aus Papenburg, Prov. Hannover]: Ueber die Schädeltuberkulose nach Beobachtgn d. Erlanger chirurg. Klinik ... Erlangen, Druck d. Univ.-Buchdr. v. E. Th. Jacob, 1892; 21 S. 8.
Erl- [illegible] Med. Fak., Inaug.-Diss. v. 1892

Erpenbeck, Heinr., üb. d. Recht-Sehen trotz d. umgekehrten Sehbildes auf d. Retina. Inaug.-Abhandl. gr. 8. (3 B.) Würzburg 833, (Stahel.)

Die Pfarrkirche zu Borken in ihrer Entstehung und jetzigen Gestalt. Von Johannes Erpenbeck, Pfarrdechant. 2. umgearb. Aufl. m. 15 Bild. *Borken 1899: J. Mergelsberg.* (125 S.) 8° [.ℨ.] [illegible]

Erpenbeck, W. C., Obs. circa rabiem caninam. Burgsteinfurt. 8°. 1784

Erpenius, **Thom., grammatica arabica cum fabulis Lokmani, Arab. et Latin. c. not. A. Schultens. 4. Loyd. 768.**

— arabische Grammatik, abgekürzt, vollständiger u. leichter gemacht; nebst d. Anfang e. arabischen Chrestomathie, v. Jh. D. Michaelis. 8. Gött. 771. 2e A. 781. Vandenhöck u. R. 2 ₰

Erpenius. Thom., rudimenta linguae arab. ed. Schultens. 4. Leid. (Gleditsch, Lips.) 770. Rthlr.

Erphurdianus antiquitatum variloquus incerti auctoris, bearb. v. Rich. Thiele, s.: Geschichtsquellen der Prov. Sachsen.

Erprobung einer 11zölligen Hinterladungs-Kanone im Schiessen gegen den Panzerschild „Herkules" in Russland. (Uebersetzung aus dem Russischen Artillerie-Journal Nr. 12, 1869.) (Die Gewichts- und Mass-Angaben sind Russisch.) (Mit 1 Tafel.) (Donation Liechtenstein.) 8. Berlin 1870.

Erquickung, tägliche, für gläubige Christen. Biblisches Spruch- u. Tagebüchlein enthaltend auf jeden Tag des Jahres einige Worte aus der heil. Schrift nebst beigefügten Erklärungen von Dr. M. Luther. 2. revid. Aufl. Nürnberg 853. Raw. 8. (2 Bl., 377 S.) 15 gl

Erquickungen. (Religiöse Gedichte u. Bibelsprüche.) 6 Hfte. 32. (à 8 S. m. 2 farb. Bildern.) Nürnberg 894. Th. Stroefer. n. 1. 50
1. Heilands-Worte. — 2. Hoffnungsstern. — 3. Selige Botschaft. — 4. Gnadengrüße. — 5. Lebensströme. — 6. Lichtgedanken.

Erquickungen a. d. Sterbe- u. Krankenbette. 8. Dresden, Gerlach. 775.

Erquickungsstunden für Kranke. München 1816. V: *Poiger, Johann Baptist.* (Ky) V: *Poiger, Bened.* (Call)

Erquickungsstunden für Kranke. gr. 8. München 817. Lentner. 3 gl

Erras, Karl, Schulwandkarte des Küstenlandes. Italienische und slovenische Ausgabe. (Min.-Erl. 23. October 1891. Z. 10999.) Unaufgezogen 4.75

ERRAS, Otto (München): Beiträge zur Casuistik der Pancreascarcinome.- München: Kastner & Lossen 1899. 42 S.
16.2.1899 - Chr 1898/99,13; Jv 1898/99,213
Diss.Ingolst. Landsh.Mchn.

Erras', W., traveller's guide through Frankfurt on the Main and environs, with exact plan of the town. 2d edit. 12. (III, 52 S.) Frankfurt a. M. 885, [Erras.] Mahlau und Waldschmidt. +

Errathe, s. Schreier, Hans, der große Mime.

Errázuriz, Raymundo, Mes de noviembre, dedicado á las ánimas del purgatorio. Nueva ed. mejorada y adornada con una lámina. (VIII, 165 S.) 7,5×12,5 cm. Freiburg i/B. 905. Herder. Geb. in Leinw. n.n. — 80; in Ldr. m. Goldschn. n. 1. 40

Erren, Fr. Willigis M., O. Pr., Unschuld und Buße als Schwestern od. d. Dominikanerinnen d. hl. Maria Magdalena v. Bethanien. Ein Wort zur Einführg. der Kongregation in Deutschland. (52 S. m. 1 Bildnistaf.) gr.8. Dülmen (907). A. Laumann. — 60

Errera, Leo, die russischen Juden. Vernichtung od. Befreig.? Mit e. einleit. Briefe v. Th. Mommsen u. e. Bericht des Verf. üb. die Vorgänge in Kischinew 1903. Autoris. deutsche Ausg. (XVI, 159 S. m. 1 Karte.) gr. 8. Leipzig 903. Schulze & Co. n. 2. —

Errera, Leo, gemeinverständlicher Vortrag üb. die Darwin'sche Theorie, s. a. Vorträge u. Abhandlungen, gemeinverständl. darwinistische.

Gemeinverständlicher Vortrag über die Darwin'sche Theorie mit Berücks. einiger neueren Untersuchungen. Von Prof. Dr. L[eo] Errera, Brüssel. Aus d. Franz. übers. von G. Richels. Mit 6 Abb. Odenkirchen: W. Breitenbach 1902. (44 S.) 8° [F.]
— Vorträge, Gemeinverständliche Darwinist., u. Abhandl. H. 6. [d. 9343

Errera, Paul, das Staatsrecht d. Königr. Belgien, s. a. Recht, das öffentliche, der Gegenwart. VII.

Das Staatsrecht des Königreichs Belgien. Von Dr. Paul Errera, Prof., Brüssel. Tübingen: Mohr 1909. XX, 400 S. 4°(8°)
(Das öffentliche Recht d. Gegenwart. 7.) [09. 14133

Errettet! Ein Blick in amerikanische und englische Mässigkeitsverhältnisse. Bern 1883. 34 S.

Errettung, Die unvermuthete. Frankfurt a. M. 1770. V: *Lucius, Georg Ignaz.* (ML)

Errettung, die wunderbare, Beschreibung e. Schiffsbruchs u. d. Schicksale d. Missionarius Rudolf auf seiner Reise v. Grönland nach Europa. Nebst einigen histor. Bemerkn. üb. Grönlands Einwohner u. Sitten, als Einleit. M. 1 Kpfr. 8. (3 B.) Basel 829, (Spittler.)

Errettungen, wunderbare, s. a. Saatkörner aus d. evangel.-luther. Kirche. Nr. 1.

Wunderbare Errettungen. 2. verm. Aufl. *Elberfeld: Luth. Bücherverein [1899].* (44 S.) 8° [F.]
— Saatkörner aus d. Evang.-Luth. Kirche. No 1. [... 6... 5

Erreur, l', d'un Moment, ou la Suite de Julie. Comedie en 1 Acte p. Monvel. 8. Berl. Rottmann.

Erreur de Napoléon, ou réponse a un article du Moniteur, par un officier général russe. 8. Braunschw. 813. Pluchart. 6 gl

Erreurs, les, de la vie, ou Mémoires de Felice, par Pages. II Vol. av. fig. 8. Paris. (Sommer à Lpz.) 799.

Erricht., D., v. Kinderbewahr.-Anst. (10 S.) Dortm. 1870. W. Crüwell.

Errichtung und Auflösung, Die, des Leihhauses der Stadt Bruchsal. Bruchsal 1866. V: *Maisch.* (Hof- u. Landesbibl. Carlsruhe. Zugangsverz. 1899.)

Errichtung einer Beratungsstelle für die Versorgung der Städte mit Milch. München 1908.

Errichtung, über die, einer Brandassecuranzanstalt in d. Canton Bern. 3 Preisschr. gr. 8. Leipz. 789. (Fr. Fleischer). 3 gl

Errichtung, üb. d., e. Brandassecuranzanst. in d. Cant. Bern. 3 Preißschr. gr. 8. Leipzig, W. Fleischer. 790.

Errichtung einer Bürgerwitwenkasse in Husum. [Altona 1812.] V: *Feddersen, Berend.* (NN)

Errichtung und Ende, Der steirischen Landwehr von 1809. Geschildert von F. S. G. Marburg 1879. V: *Gödel, Franz Sales.* (Schlossar)

— üb. d. einer Ersparungs- und Pensions-Casse. gr. 8. Hamburg, Bohn. 806.

— über die, einer Ersparungs- u. Pensions-Kasse. gr. 8. Hamb. 806. (Campe). 12 gl

Errichtung, über die, einer Ersparungs- und Pensions-Casse. gr. 8. 806. Ist jetzt Verlag von Hoffmann und Campe in Hamburg und der Preis

o. N., Die Errichtung einer landw. Erziehungsanstalt zu Gern, k. Landgericht Eggenfelden im Unterdonaukreise. 1825 München

Die Errichtung von kaufmännischen Fortbildungsschulen im Kreise Solingen (Stadt und Land). Hrsg. im Auftrage der Handelskammer. Solingen, 1899. 19 S.

Errichtung, Die, einer staatlichen Gartenbauschule in Bayern und der Gartenbau zu Bamberg Bamberg 1891. V: *Lutz, Fr. Michael.* (BMarsch 1179)

Errichtung, die, des Handels-Gerichts in Hamburg. Zur Erinnerung an den 21. Febr. 1816. (Von Aug. Sutor.) gr. 8. (IV und 186 S.) Hamburg 866, Boyes und Geisler. *

Errichtung einer Handelshochschule (in Basel). Bericht der Kommission zur Beratung des Gesetzentwurfes. ([Mit Anhang:] Gesetzesentwurf ... der Kommission [und] der Regierung.) Dem Grossen Rate (des Kantons Basel-Stadt) vorgelegt den 13. März 1902. [Mit 1 Tabelle.] 30 + *Anhang* 13 S. 8.
[Ratschläge. No] 1313.

Die Errichtung einer Handelskammer Berlin. [Petition u.] (Denkschrift an d. Haus d. Abgeordneten, unterzeichnet: Bund d. Handel- u. Gewerbetreibenden, Bund d. Industriellen ...) (*Berlin 1901: O. v. Holten.*) (247 S.) 4° [Kopft.] [04. 5513

Errichtung v. Handelsschulen, s.a Veröffentlichungen des deutschen Verbandes f. das kaufmännische Unterrichtswesen. 16. Bd.

Errichtung von Handelsschulen. Berichte erstattet in d. Ausschuss-Sitzung d. Deutschen Verbandes f. d. Kaufm. Unterrichtswesen. Weimar, d. 22. u. 23. Mai 1900. *Braunschweig: Braunschw. Verl. f. kaufm. Unterrichtswesen 1900.* (59 S.) 8°
— Veröffentlichungen d. Deutschen Verbandes f. d. kaufm. Unterrichtswesen. Bd 16. [01. 4413

— die, des Neubaus „Haus f. Handel u. Gewerbe", Maximiliansplatz 8, München. Lex.-8. (22 S. m. Abb.) München (901). (L. Werner). n.n. 2. —

— einer Kapitalien-, Gülden-, Wein- u. Viehsteuer. 8. Frankf. 797. Gebhardt u. K. 4 (a. Steinkopf in Stuttg.) 16 gl.

Die Errichtung des freistudentischen Kasinos in Leipzig. (Leipzig 1910: Kästner in Waldenburg.) 8 S. 8° [Kopft.] [11. 7364

Errichtung, die, von Kinderbewahr-Anstalten. Eine im Auftrage des königl. Provinzial-Schul-Kollegiums zu Münster hrsg. Denkschrift. gr. 8. (19 S.) Dortmund 879. Crüwell. — 40

Anonym: „Ueber die Errichtung eines Credit-Vereins im Königreich Baiern. Von einem Preussen", Nürnberg 1825 (Campe).

Errichtung, die, des Kreuzes auf dem Hohenstaufen. Bergfahrt u. Predigt. Reichenhall 854. (München, Finsterlin.) gr. 8. (23 S. u. 1 Lithogr. in Fol.) 6 gl.
Inhalt: A. Die Bergfahrt. (Von Haller.) — B. Predigt, gehalten am 19. Juli 1853 rc. für die glückliche Vollbringung der Errichtung des Kreuzes rc. von Buchner.

— die, einer Landeshypothekenbank für das Königreich Sachsen. gr. 8. (45 S.) Leipzig 882. Roßberg. n. — 60

Errichtung der Landwehr und des Landsturmes in Ostpreussen, Westpreussen, am rechten Weichselufer und Litthauen 1813. 8. Berlin 1846.

Errichtung der Landwehr und des Landsturms in Ostpreußen, Westpreußen am rechten Weichsel-Ufer und Litthauen im J. 1813. Beihefte zum Militair-Wochenblatt pro Januar bis incl. October 1846. 4. (152 S.) Berlin 847, Mittler und Sohn. **

Ueber die Errichtung kleiner Landwirthschaften in hiesiger Stadt. Nürnberg 1817.

Ordentl. 49. General-Landtag d. Ostpr. Landschaft. Errichtung einer Lebensversicherungsanstalt der Ostpreußischen Landschaft als Mittel zur Entschuldung des ländl. Grundbesitzes. 2. Aufl. Königsberg 1910: [Ostpr. Dr.]. 83 S. 4° [11. 9599 10

Errichtung, Die, von Lehrlingshorten . . . Wien 1900. V: *Naske, Alois.* (EB)

(F) Die Errichtung von Lehrlingshorten. Ein Hilfsmittel bei der Heranbildung des gewerblichen Nachwuchses. Wien. 1900. Hof- und Staatsdruckerei. Gr.-8°. III, 48 S. K —.50

— über die, einer Nationalgarde im Königr. Baiern, in Folge d. königl. Verordnung v. 6. Juli 1809. 8. Ulm 809. Wohler. 3 gl.

Errichtung, die, v. Rentengütern mittleren u. kleinen Umfanges. Bekanntmachung der königl. Generalkommission f. die Provinzen Hannover u. Schleswig-Holstein zu Hannover. gr. 8. (8 S.) Osnabrück 892. H. Meinders. — 30

— über die, einer Schulden-Tilgungskasse f. das Königr. Hannover, Gedanken u. Vorschläge, zunächst den Ständen des Königr. gewidmet. gr. 8. Hannov. 820. (Hahn). 7 gl.

Die Errichtung von Schulzahnkliniken, eine wichtige Forderung der sozialen Hygiene. Im Auftrage des Deutschen Zentral-Komitees für Zahnpflege in den Schulen bearbeitet von Dr. med. KONRAD COHN, Schulzahnarzt KIENTOPF, Generalsekretär Dr. ERICH SCHMIDT. Berlin, Buchdruckerei Schmitz & Bukofzer. 4°.

Über . . .
– Die Errichtung einer Tiraillier-Schule. Berlin 1872. 105 S.

Errichtung v. elektrischen Überlandzentralen (Verhandlgn. der XXXVII. Plenarversammlg. des deutschen Landwirtschaftsrats 1909. (S. 1—84.) Lex. 8. Berlin 909. P. Parey. nn — 75
Sonderabdruck aus „Archiv d. deutsch. Landwirtschaftsrats".

Errichtung, Urspruengliche, der k. k. obersten Justizstelle . . . in Oesterreich ob und unter der Enns . . . Wien 1831. V: *Megerle von Mühlfeld, Eugen Alex.* (stur) (EngJ)

Errichtung eines schweizerischen Centralpolizeibureaus. Botschaft des Bundesrates. (Vom 16. Juni 1902.) 17 S. 8. [Bern, Stämpfli & Cie.,] 1902.

Errichtung, die, des Zentralverbandes deutscher Konsumvereine. (96 S.) 8. Hamburg 903. Verlagsanstalt des Zentralverbandes deutscher Konsumvereine v. H. Kaufmann & Co. n. — 30
Sonderabdruck aus: „Bericht üb. den konstituier. Genossenschaftstag des Zentralverbandes deut. Konsumvereine am 17. u. 18. V. 1903 in Dresden".

Anonym: „Gegen die Errichtung von Zettelbanken. Geschrieben zu Gotha im März 1856", Gotha 1856. — Vorh.: Com. Bibl. Hamburg und Bücherei der Industrie- und Handelskammer Leipzig.

— über die, einer Circulations- oder Zettel- u. Leihbank, u. den davon zu erwartenden Nutzen. 8. Hannov. 806. Hahn. 4 gl.

Erroll, H., an ugly duckling, s.: Collection of British authors.

Error calculi im Fränkischen Kreisschluss vom 14. Febr. 1795 (Kriegsrüstungen betr.). 8. Nürnberg 1795.

Error calculi im Fränkischen Reichsschluß v. 14. Febr. 1795. 4. Nürnb. 795. Eichenberg in Frankf. 10 gl.

Die Errungenschaften — Stimmen aus den Provinzen. J. Sittenfeld. 1 Bl. Fol.
Flugblatt. Berlin, 8. Juli 1848.

Errungenschaften, Die grossen, des 19. Jahrhunderts auf den Gebieten der Industrie, Technik, Kunst und des Kunstgewerbes. Berlin [1900]. V: *Malkowsky, Georg.* (Stadtbibl. Frankf. a. M. Kat. der Neueren Bestände.)

Die Errungenschaften unter König Maximilian II. (in den ersten 10 Monaten s. Regierung). O. O. u. J. (München, gedr. bei Joh. Geo. Weiss. 1849.) 8°. Cart.
11 S., unterz.: „Mehrere Bürger von München."

Preussens grosse Errungenschaften in den blutigen Tagen des Jahres 1866. Eine Zusammenstellung sämmtlicher Kriegsbegebenheiten in Holstein, Böhmen, Bayern, Sachsen, Hannover, Frankfurt a. M. u. s. w. Mit den wohlgetroffenen Portraits: Sr. Majestät des Königs, Sr. kgl. Hoheit des Kronprinzen, Sr. kgl. Hoheit des Prinzen Friedrich Karl, des Minister-Präsidenten Graf Bismarck und der Generale Vogel von Falkenstein, v. Steinmetz, v. Moltke, u. s. w. Mit einem Anhang: Der feierliche Empfang Sr. Majestät des Königs in der Haupt- und Residenzstadt Berlin. 8. Berlin 1866.

Unsere Errungenschaften [durch den falschen Liberalismus]. Hist.-pol. Blätter Bd. 24 (1849) u. 25 (1850).

1. Angestrebte Beseitigung des Christentums. S. 209—17. 2. Zunehmender Verfall der Sittlichkeit. S. 217—25. 3. Verschwinden der Ehrenhaftigkeit. S. 273—9. 4. Beseitigung der Wahrhaftigkeit. S. 279—89. 5. Um sich greifender Unglaube. S. 385—9. 6. Einbuße der Geselligkeit. S. 510—4. 7. u. 8. Verschwinden des Vertrauens. Abnahme der Treue. S. 514—22. 9. Einschrumpfen des Wohlstandes. Bd 25. S. 53—9. 10. Verkümmerung d. Verkehrs. S. 222—31. 11. Zunehmende Ruhelosigkeit. S. 232-7. 12. Vertierung der Massen. S. 372—6.

Ersatz, der,. Schausp. in 5 Akten v. Vogel. 8. Wien, Wallishäußer.

Ersatz, Der, eine Erzählung. Leipzig [1796]. V: *Kramer, Carl Siegm.* (MGT)

— u. Heranbildung d. deutschen Offizierkorps. Von ***. gr. 8. (40 S.) Magdeburg 896. C. E. Klotz. n. 1.—

Ersatz. – Üb. d. Ersatz d. Steinschlagdecken..., s. Binkowski, Bruno

— unerwarteter,. Lustsp. in 1 A. von A. K. Walder. 8. Freyberg, Craz u. G. 803.

Ersatz d. Wildschadens. Gesetz v. 1. Juni 1895, nebst Verordn. v. 25. Juni 1895. Amtl. Handausg. gr. 8. (12 S.) Darmstadt 895. (G. Jonghaus.) n. —20

Militärische Ersatz-Instruction für das Kgr. Bayern. o. O. 1872. 8°.

Militairische Ersatz-Instruction für die Preuß. Staaten vom 9. Dezember 1858. Berlin 1859. 8°.

Ersch, Johann Samuel

— s. v. Archenholz, Annalen.

Ersch, J. S., und J. G. Gruber, allgemeine Encyklopädie der Wissenschaften und Künste, s. Encyklopädie, allgemeine, der Wissenschaften und Künste.

Ersch, Johann Samuel und Gruber, Johann Gottfried: „Allgemeine Encyclopädie der Wissenschaften und Künste in alphabetischer Folge von genannten Schriftstellern bearbeitet, herausgegeben von den Obigen, dann von M. H. G. Meier, Herm. Brockhaus, G. Hassel usw., mit Kupfern und Charten", Leipzig 1818 bis 1889, 167 Bände. Dazu Suppl.-Kupferheft, zu den ersten 14 Teilen gehörig, Leipzig 1825. — Vorh.: Bibl. der Industrie- und Handelskammer Leipzig.

– La France littéraire, s. Ersch: Das gelehrte Frankreich.

Ersch, Jh. Sam., († d. 16. Jan. 1828.) das gelehrte Frankreich, oder Lexicon d. französ. Schriftsteller v. 1771—96. 3 Thle. gr. 8. Hamb. 796—98. (Campe). 4 ℔ Schrbp. 5 ℔ (Auch mit d. franz. T.: la France litteraire etc.) Schrbp. 5 ℔ Nachträge od. 1r u. 2r Suppl., von 1797—805. gr. 8. Ebd. 802—6. 4 ℔ 6 gl Schrbp. 5 ℔ 8 gl

— — Nachtr. z. gel. Fr. v. 1771-96. m. d. n. Artik. v. 1797-800. gr. 8. Ebend. 802.

— Supplément à la France littéraire de 771—96, contenant outre les additions et corrections, les nouv. Articles jusqu'en 800. Avec une Tabl. gr. 8. Hamb. Hoffmann.

Schreibp.

— second Supplément à la France littéraire depuis 771 cont. outre les corrections et addit. au corps de l'ouvrage et au premier Suppl. les nouv. artic. jusqu'en 805. gr. 8. ibid. 806.

Schreib.

Ersch, Jh. Sam., s. Handbuch, bibliographisches, der philologischen Literatur.

Ersch, Joh. Sam., bibliographisches Handbuch der philosoph. Literatur, s. Geissler, Ch. A.

Ersch, Joh. Sam., Handbuch d. deutschen Literatur, seit d. Mitte des 18ten Jahrh. bis auf die neueste Zeit. 2 Bde. (Ir 1—4. Druckp. 4 Rthlr. Schreibp. 5 Rthlr. II. 1—4. Druckp. 6 Rthlr. Schreibp. 7 Rthlr. 12 gr.) gr. 8. Leipz. Brockhaus. 812—814. Druckp. Schreibp.

— dasselbe Schreibp. in 4. (Ir 6 Rthlr. IIr 9 Rthlr.) Einzeln unt. d. Titeln:

— — I. 1. Literatur d. Philologie, Philosophie u. Pädagogik. 812.

— — I. 2. Literatur d. Theologie. 812.

— — I. 3. Literatur d. Jurisprudenz u. Politik mit Einschluß d. Cameral-Wissenschaften. 812.

— — I. 4. Literatur d. Medizin. 812.

— — II. 1. Literatur d. Mathematik, Natur- u. Gewerbkunde mit Inbegriff d. Kriegskunst u. andern Künste, außer den schönen. 813.

— — IIr 2. enthält Literatur d. Geschichte und deren Hülfswissenschaften. (Geographie u. Statistik.) 813.

— — II. 3. enth. Literatur d. schönen Künste. 814.

— — II. 4. enth. Literatur d. vermischten Schriften, u. die allgemeinen Register zum ganzen Werke 814.

Ersch, (J. S.,) Handbuch d. deutschen Literatur seit d. Mitte des 18n Jahrh. bis auf die neueste Zeit, system. bearb. u. mit den nöthigen Registern versehen. Neue, mit verschied. Mitarbeitern besorgte Ausg. 4 Bde. gr. 8. Leipzig 822, Brockhaus.

Daraus besonders abgedruckt:

— I. 1. Literatur der Philologie, Philosophie u. Pädagogik rc. Neue fortges. Ausg. v. E. G. A. Böckel. gr. 8 822.

— I. 2. Literatur d. Theologie seit d. Mitte d. 18n Jahrh. bis auf d. neueste Zeit, bearb. u. mit den nöthigen Registern versehen v. E. G. A. Böckel. gr. 8. 822.

— II. 1. Literatur der Jurisprudenz u. Politik, mit Einschluß d. Cameral-Wissenschaft, bearb. v. Joh. G. Koppe. gr. 8. 823.

— III. 1. Literatur d. Medicin seit d. Mitte d. 18n Jahrh. bis auf d. neueste Zeit; bearb. v. F. A. B. Puchelt. gr. 8. 822.

— IV. Literatur d. Geschichte u. deren Hülfswissenschaften. gr. 8. Leipzig 826, Brockhaus.

Ersch, Johann Samuel: Handbuch der deutschen Literatur seit der Mitte des achtzehnten Jahrhunderts bis auf die neueste Zeit. Neue...Ausgabe.

Leipzig: Brockhaus
Bd 3, Abth.1: Ersch, J.S.: Literatur der Medicin, bearb.von Friedrich August Benjamin Puchelt. 1822

JB 491

—— Handbuch d. deutsch. Literatur seit d. Mitte d. 18. Jahrh. bis auf d. neueste Zeit. Systemat. bearb. u. mit d. nöthigen Registern versehen. Neue, mit verschied. Mitarbeitern besorgte Ausg. III. Bd. 2. Abthl. A. u. d. T.: Literatur d. Mathematik, Natur- u. Gewerbkunde mit Inbegriff d. Kriegskunst u. a. Künste, ausser d. schönen, v. Frz. W. Schweigger-Seidel. gr. 8. (55 B.) Leipzig 828, Brockhaus. Thlr.

Ebendas. sind früher erschienen:

Bd. I. Abthl. 1. Literatur d. Philologie, Philosophie u. Pädagogik, bearb. v. Ernst Gtfr. Ado. Böckel. Neue Ausg. 1832. 1 Thlr. 16 Gr.

" — " 2. Lit. d. Theologie, bearb. v. dems. Neue Ausg. 1822. 1 Thlr. 16 Gr.

" II " 1. Lit. d. Jurisprudenz u. Politik mit Einschluss d. Kammeralwissenschn., bearb. v. Joh. Chrstn. Koppe. Neue Ausg. 1823. 1 Thlr. 18 Gr.

" III " 1. Lit. d. Medizin, bearb. v. Fr. Aug. Benj. Puchelt. Neue Ausg. 1822. 1 Thlr. 20 Gr.

" IV. Lit. d. Geschichte u. deren Hulfswissenschn. Neue Ausg. 1827. 3 Thlr. 8 Gr.

II. Bd. 2. Abthl. Lit. d. schönen Künste etc. wird neu gedruckt.

Ersch, Joh. Sam., Handbuch der deutschen Literatur seit der Mitte des 18. Jahrh. bis auf die neueste Zeit, systemat. bearb. und mit den nöthigen Registern versehen. Neue, mit verschied. Mitarbeitern besorgte Ausg. 2r Bd. (2e Abthl.) A. u. d. T.: Literatur der schönen Künste. Neue, bis zum Jahre 1830 fortgesetzte Ausg. von Joh. Karl Aug. Rese und Christ. Ant. Geißler. gr. 8. Leipzig 840. Brockhaus. n. 3½ ₰ — 4r Bd. (2e Abthl.) A. u. d. T.: Literatur der vermischten Schriften. Neue fortgesetzte Ausg. von Christ. Ant. Geißler. gr. 8. Ebd. 837. n. 5/6 ₰ (Das compl. Werk in 4 Bdn. oder 8 Abthll.: n. 12 ₰. Schreibp. n. 16 ₰. Schreibp. in 4. n. 24 ₰)

Ersch, Joh. Sam., Handbuch der philolog. Literatur, s. Handbuch.

— Handbuch üb. das Königreich Westphalen. m. Charte. gr. 8. Halle, Hemmerde u. Schw. 808.

– Dass., s.a. Handbuch...

Ersch, d. Literatur d. Jurisprudenz u. Politik seit d. Mitte d. 18. Jahrh. bis 1812. Amsterdam u. Leipz. 812. (5. 25)

Ersch, Jh. Sam. Literatur der Jurisprudenz und Politik mit Einschluss der Cameral-Wissenschaften, seit der Mitte des 18. Jahrhundertes. gr. 8°. Amsterdam 1812. 2. Ausgabe von J. Chr. Koppe, 1822, 1823.

Ersch, J. Sam.: Literatur d. Jurisprudenz u. Politik mit Einschl. d. Cameral-Wissensch. seit d. Mitte d. 18. Jahrh. bis auf die neueste Zeit (1822), systemat. bearb. und mit d. nöth. Regist. vers. Neuer fortges. Ausz. von J. Ch. Koppe. (Aus d. neuen Ausg. d. Handb. d. deutsch. Literat. besond. abgedruckt.) *Lpz.*, Brockhaus. 823. 8.

Jo. Sam. Ersch Literatur der Mathematik, Natur- und Gewerbskunde mit Inbegriff der Kriegskunst und anderer Künste, ausser den schönen. Amsterdam u. Leipz. 1812. 8. — Neue Ausgabe bearbeitet von Franz Wilh. Schweigger-Seidel. Leipz. 1828. 8.

(Handbuch der deutschen Literatur. [Ausz.:]) Literatur der Medicin seit der Mitte des 18. Jh. bis auf die neueste Zeit systemat. bearb. u. mit d. nöthigen Reg. versehen von Johann Samuel Ersch, aus dessen Handbuche d. deutschen Literatur bes. abgedr. Amsterdam & Leipzig, Kunst- u. Industrie-Comptoir 1812. 458 Sp. 8°

Ersch, Johann Samuel: Literatur der Medicin, bearb. von Friedrich August Benjamin Puchelt. 751 S., gbd.

Leipzig: Brockhaus 1822
(Ersch, J.S.: Handbuch der deutschen Literatur seit der Mitte des achtzehnten Jahrhunderts bis auf die neueste Zeit. Neue...Ausg. Bd 3, Abth.1)

JB 491/3,1

Ersch, J.
Literatur der Natur- und Gewerbskunde, seit der Mitte des 13ten Jahrhunderts bis auf die neueste Zeit. Amsterdam, 1812.
Reprinted from Ersch's Handbuch der deutschen Literatur.

— — Literatur der Philologie, Philosophie und Pädagogik, seit der Mitte des 18ten Jahrh. bis auf die neueste Zeit. (Neuer unveränd. Abdruck.) gr. 8. Leipzig, Brockhaus. 819.

Ersch, J. S., Literatur der Philologie, Philosophie und Paedagogik seit der Mitte des 18. Jahrhunderts bis auf die neueste Zeit. Neue fortgesetzte Ausg. von E. G. A. Böckel. Leipzig 1822. 8.
Sep.-Abdr. aus: Ersch, Handb. d. deutsch. Lit. Neue Ausg.

— — Literatur der Theologie seit der Mitte des 18ten Jahrhunderts bis auf die neuste Zeit. (Neuer unveränderter Abdruck.) gr. 8. Ebendas. 819.

Ersch, J. S., Repertorium über die allgemeinen deutschen Journale und andere periodische Sammlungen für Erdbeschreibung, Geschichte und die damit verwandten Wissenschaften. Bd. 1—3. Lemgo 1790–92. 8.

— Repertorium der Litteratur, siehe Repertorium.

— Repertorium all. Zeitschriften u. Journale. 3 Bde. gr. 8. Lemgo, Meyer. 790–92. (1r Bd. 1 Rthlr. 12 gr., 2r Bd. 1ste Abthl. 16 gr., 2te 16 gr., 3r Bd. 16 gr.)

— Verzeichniß aller anonymen Schriften in d. 4n Ausg. des gel. Deutschland, s. J. G. Meusel, gel. Deutschland.

— Verzeichniß all. anonym. Schr. u. Auff. in der 4n Ausg. des gel. Deutschl. s. Verzeichniß.

(Jo. Sam. Ersch) systematisches Verzeichniss der in der medicinischen, physicalischen, chemischen und naturhistorischen Literatur in d. J. 1785 bis 1790 herausgekommenen deutschen und ausländischen Schriften. Mit Nachweisung der in den vornehmsten kritischen Journalen von ihnen enthaltenen Recensionen, auch Anzeige vieler in periodischen Schriften zerstreuten einzelnen Abhandlungen. Jena 1793. 4. — Fortsetzung für d. J. 1791—1795. Weimar 1799. 4. — Forts. für d. J. 1796—1800. Weimar 1807. 4.

Erschaffung, Adam und Evens, und ihr Sündenfall. Ein geistlich Fastnachtspiel ... a. d. Schwäbischen. O. O. 1783. V: *Sailer, Sebastian.* (Anz. f. d. Alt. 24, 401.) (GGr) (ABJP) (Wagner)

Erschaffung, Adams und Evens, und ihr Sündenfall. Ein geistlich Fastnachtspiel mit Sang und Klang. O. O. [Wien] 1783. V: *Sailer, Sebastian.* (BGE I³, 20)

Erschaffung Adams u. Evas u. ihr Sündenfall. 4. Wien 784. Kurzböck. 12 gr

Ersche, Ferdinand, approb. Arzt aus Rielasingen: **Über Rubeola nach Beobachtungen in der med. Klinik zu Freiburg i. Br.** *Breisach 1901: C. Späth.* (11 S.) 8°
Freiburg i. B., Med. Diss. v. 1901

Erscheint eine Belehnung auf Gold abseiten der Bank zweckmässig und unbedenklich? ... Hamb. 1850. V: *Soetbeer, Gg Adolph.* (CBH)

Erscheinung, Die, oder Begebenheiten des Neocles ... Leipz. 1779. V: *Poinsinet de Sivry, Louis.* Ü: *Becker, Wilh. Gottlieb.* (Cat. d. Stadtbibl. Zürich. Zürich 1864—97.)

Erscheinung, die, od. Begebenheiten des Neokles, Sohn des Themistokles. Aus e. alten Handschr. gezogen u. herausg. (v. W. G. Becker). 8. Lpz. 779. Breitkopf u. H. 8 gr Hbg. Pr. 5 gr

Erscheinung, die, eine Arabeske. 8. Braunschw. Schröder. 800.

Erscheinung, die. (Gedicht.) Am Vorabende vor der Enthüllung des Denkmals des Großherzogs Carl Friedrich vorgetrag. in dem Museum zu Carlsruhe. 4. Carlsruhe 844. (Braun.) n. 1/12 ₰

Erscheinung, die. (Gedicht.) Am Vorabende vor der Enthüllung des Denkmals d. Grossherzogs Carl Friedrich vorgetrag. in dem Museum zu Carlsruhe. 4. (1 B.) Carlsruhe 845. (Braun'sche Hofbuchh.)

— außerordentliche im Gebieth der Natur. 5 Hfte. Wien, Wallishauser, 800.

— u. Bekehrung des Don Quixotte. 8. Zürich 786. Orell. 8 gr

— die, auf dem Frauenberge; ein ernstes Wort an deutsche Männer. 8. Marb. 814. Krieger. 2 gl

Erscheinung, Die, auf Friedrich den Unsterblichen. Berlin 1770. V: *Reckert, Carl Christian.* (ML) (MGT)

— meines Gatten wirkl., n. s. Tod. 8. Leipzig, Bruder u. H. 805.

Erscheinung, wirkliche, meines Gatten nach seinem Tode. Ist Verlag von Buschler in Elberfeld.

— meines Gatten wirkl., nach seinem Tode. 8. Leipz. 805. Schönian in Elberf. 20 gl

Erscheinung, Meiner Gattin wirkliche, nach ihrem Tode; eine wahre ... Geschichte ... Chemnitz 1804. 2. Ausg. 1805. V: *Wetzel, Joh. Carl.* (Ky) (MGT) »4. Aufl. 1805« (Mp) (Wr) V: *Wötzel, J. C.* (Call) (GGr)

— wirkl., mein. Gattin n. ihr. Tode z. Prüf. dargest. v. J. K. Wezel. 8. Leipzig, Jacobäer (auch Mauke in Chemnitz.) 805.

Erscheinung der Geister nach dem Tode, nebst der 1., 2. und 3. Fortsetzung. Prenzlau 752. 8.

Erscheinung, die, der unbefleckten Gottesmutter in der Grotte bei Lourdes im Jahre 1858. Nach dem authentischen Bericht des Canonicus H. Fourcade. Mit Erlaubniß des Verf. deutsch bearb. Luxemburg 862. Brück. 12. (82 S. u. 1 Lithogr.) n 8 ngr

— wirkliche, meiner Großmutter, nach ihrem Tode. 8. Zeitz, Webel. 6 gl

Erscheinung, Die, am Hochgerichte; eine abentheuerliche Geschichte... Nürnb. 1803. V: *Lochner, Johann Philipp Christoph.* (Will) (Ky) (MGT)

Erscheinung, die, am Hochgerichte (v. Jh. Ph. Lochner). 8. Nürnb. 803. (v. Ebner). 10 gl. 2e A. 825. 18 gl

— die, am Hochgerichte; e. abent. Gesch. v. Verf. d. Kreuzes im Walde. 8. Nürnb. Lechner. 803.

Schreibpap.

Erscheinung, Meiner Katze, nach ihrem Tode. O. O. 1805. V: *Heinse, Gottlob Heinrich.* (Ky) (MGT) (Call)

Meiner Katze wirkliche Erscheinung nach ihrem Tode u. s. w. Berlin 805. 8.

Erscheinung in der Nacht vom 18ten bis 19ten Oktober 1817... Frankfurt a. M. 1817. V: *Becker, Hans.* (MGT)

— die nächtliche, auf d. Gräbern zu Heßdorf, v. J. G. Müller. 8. Wien, Pichler. (a. Joachim in Lpz.) 803.

— die nächtl., im Schlosse Mazzini; aus dem Engl. (von Dor. Marg. Liebeskind). 2 Thle. 8. Hannov. 791. 2e Aufl. 798. Hahn. 1 rthl

– Dass., s.a. Erscheinungen...

Erscheinung, Die nächtliche, im Schlosse Mazzini. A. d. Engl. Hannover 1792. V: *Radcliffe, Anne.* Ü: *Liebeskind, Dorothea Margaretha geb. Wedekind vorm. Forkel.* (MGT) (GGr) (Ky) (Schl)

— die nächtliche, im Schlosse Mazzini, a. d. Engl. v. Madame Forkel. 2 Thle. 8. Hannov. Ritscher. (a. Hahn.) 798.

die nächtliche, im Schlosse Mazzini. Aus d. Engl. 2 Thle. 3. Aufl. 8. Nordhausen 815, Fürst. 1 rthl 8 ngl

Meines Pudels wirkliche Erscheinung nach seinem Tode u. s. w., von D. J. K. W. Breslau 805. 8.

Erscheinung, Meines Pudels wirkliche, nach seinem Tode ... O. O. u. J. [ca. 1805]. V: *Bernhardi, August F.* (Herrig's Archiv 33, 161.) (Zeitschr. f. Büch. 1923, S. 84) S. a. Allg. Litt.-Ztg. 1806, Nr. 81/2, Sp. 25/40.

— meiner Schwester nach ihrem Tode. 8. Lpz. Mittler. 805.

Erscheinung, wunderbare, der seligsten Jungfrau Maria, welche zwei Hirtenkinder am 19. September 1846 zu Salletto in Frankreich sahen. Mit einem Anhange von andächtigen Gebeten. Znaim. 1854. Gedr. bei M. Hofmann. (16 S. 8)

Erscheinungen. Giesen, den 19. Sept. 1771. V: *Schmidt, Christian Heinrich.* (Ky) (Mn)

— die, Gegenstück zum Acheron, (enthält auch d. Acheron v. B. v. Gelking). 8. Regensb. 799. Montag u. W. 3 gl

ERSCHEINUNGEN. Erster Schwarm: Die Entdeckungen. Leipzig, G. B. Meißner (vor 1800). 8°.
Anzeige d. Verlegers (ohne Preisangabe).

Erscheinungen, die,. Lustsp. in 4 A. von J. Cl. Tode. 8. Copenh. Schubothe. 800.

Erscheinungen, 2 Bde. (Enth. 1) die Entdeckung; 2) die Lilie). 8. Leipz. 800. (W. Rauck) 1 rthl 4 gl

Erscheinungen. 2 Bde, enth. a) d. Entdeckung, b) d. Lilie. 8. Lpz. Sommer. 800.

— die, od. der edle Warner, 2 Bde. 8. Wien 808. K. Haas. 16 gl — Dass. 8. Stuttg. 805. (Sonnewald). 1 rthl

— die, ein Gedicht üb. Unsterblichkeit. 4. Basel, Holdenecker. 810.

— die, od. d. edle Warner. 2 Bde. 8. Lpz. Joachim. 810.

Erscheinungen, allerlei bedenkliche, an dem heutigen Kur- u. Neu-Märkischen ritterschaftlichen Credit-Institut. Zum Gebrauch f. die Neuwahlen seinen Genossen vorgebracht v. e. bekannten Associirten. gr. 8. (17 S.) Berlin 883. Jacobsthal. n. — 50

— dasselbe. 2. Aufl. gr. 8. (24 S.) Ebend. 883. n. 1. —

Erscheinungen, außerordentliche, in dem Gebiete der Natur, zum Nutzen und zur Belehrung für Jedermann. Gesammelt von J. G. v. M. 5 Hefte in 1 Bd. 8. Wien, Wallishauser. 805.

Erscheinungen, Träume und Ehestandsgeschichten, Hans Barthels, komischer Roman. Hamburg 1810. V: *Müller, Heinrich August.* (MGT)

Erscheinungen, die, des deutschen Buchhandels auf dem Gebiete der Staats- u. Rechtswissenschaften, Politik, Statistik u. National-Oekonomie, des Finanz- u. Bankwesens, sowie des Kirchenrechtes u. der Kirchenpolitik. 1. Bd. Von der Gründung des deutschen Kaiserreiches bis Septbr. 1876. Lex.-8. (274S.) Leipzig 877. Berlin, C. Heymann's Verl. n. 3. —

Erscheinungen, die, des deutschen Buchhandels auf dem Gebiete der Staats- und Rechtswissenschaften, Politik, Statistik und National-Oekonomie, des Finanz- und Bankwesens, sowie des Kirchenrechtes und der Kirchenpolitik. 1. Bd.: Von der Gründung des deutschen Kaiserreiches bis Septbr. 1876. Lex.-8. (274 S.) Leipzig 877, [Hildebrandt und Comp.] Graichen und Riehl. *

Erscheinungen, die, des deutschen Buchhandels auf dem Gebiete der Staats- und Rechtswissenschaften, Politik, Statistik und National-Oekonomie, des Finanz- und Bankwesens, sowie des Kirchenrechtes und der Kirchenpolitik. 2. Bd.: Vom Septbr. 1876 bis Ende 1881. gr. 8. (315 S.) Berlin 882, C. Heymann's Verlag.
Bd. 1 und 2 in 1 Bd.
1. Bd. [Leipzig 1877.] Berlin, C. Heymann's Verlag. *ℳ 4.

Erscheinungen, Die, des Engels Gabriel oder der Engel Gabriel und J. G. Fichte ... Gabrielopolis [Leipzig] 1799. V: *Augusti, Johann Christian Wilh.* (WI) (KY) (MGT)

Erscheinungen, d. d. Engel Gabriels, od. d. Engel Gabriel u. Fichte. 2 Hfte. 8. Leipzig, Küchler. 799. 800. (à 12 gr.)

— die, des Engel Gabriel, 1s Heft, oder der Engel Gabriel u. Jh. G. Fichte. 2s Hft. Auch u. d. T.: der Engel Gabriel u. d. Gebr. Schlegel ꝛc., (von Jh. Chr. W. Augusti). 8. Leipz. 799—800. (Enobloch). 22 gℓ

— am Geist u. Körper d. Menschen. 8. Hannov. 810. Hahn. 1 ℛ

Erscheinungen bey dem Grabe der grossen Theresia. Wien 1781. V: *Weissenhahn, Gg. Mich. v.* (WRZTG 1781, Nr. 15) (BIBLPORT)

— im Haine Thuisko's, mit einem Nachtrag v. Seume; herausg. von K. W. Justi u. G. W. Beck. 8. Cassel u. Marb. 814. Krieger. 6 gℓ

Erscheinungen im Hause Thuisko's. Mit e. Nachtrage von Seume. Hg.: K. W. Justi u. W. Beck.
1814. 56 S.
Marburg. Goed. VIII, 80, 158.

Erscheinungen, Freund Heins, in Holbeins Manier. Winterthur 1786. V: *Musaeus, Joh. Carl Aug.* (KY) (MI.)

Erscheinungen, Hermanns des frommen Schäfers, zu Frankenthal oder Gründung der Wallfartskirche Vierzehen Heiligen ... Coburg 1820. V: *Koch, Johann Adam.* (GGr)

Die Erscheinungen am Himmel und in der Luft faßlich und deutlich erklärt für Jedermann. Goslar: Lohmann 1810. 64 S. 8°

— der seligsten Jungfrau zu Pellevoisin u. wunderbare Heilung der Estelle Faguette. Autorisirte Uebersetzung aus dem Französischen. 8. (52 S.) Mainz 878. Kirchheim. n. — 45

Erscheinungen, jurist. d. Deutsch. Buchhandels. Band I. 1870—76 bearb. v. Hildebrandt. — Band II. 1871—81 bearb. v. Heymann. Berlin 882.

— meiner Katze, s. Katze.

Erscheinungen der allerseligsten Jungfrau Maria im 19. Jahrhundert. Nach authent. Quellen. Den Gläubigen zur Erbauung, den Ungläubigen zum Nachdenken vorgelegt von einem Curatpriester. 8. (178 S.) Regensburg 878. Manz. 1. 60

Erscheinungen, Die, Mariens im Elsass ... 4. Aufl. Bozen [1874]. V: *Oberkofler, Anton.* (MARGR)

— die, in Marpingen. Historische Darstellung nach schriftlichen u. mündlichen, an Ort u. Stelle gesammelten Mittheilungen von Nic. Thoemes. [Aus: „Germania".] gr. 8. (IV, 52 S.) Berlin 876. Verl. der „Germania". — 60

Erscheinungen, die nächtliche, im Schlosse Mazzini, aus dem Engl. 2 Theil. 8. Hannover, 791. Ritscher. 1 Rthl.

– Dass., s.a. Erscheinung...

—— neue merkwürd., in Sachen d. Lichts u. d. Finsterniß, belegt durch Actenstücke a. d. J. 1830, od. Beiträge z. Kenntniß Rom's u. seiner Kampfgenossen in Sachsen u. Baiern, v. e. anti-jesuit. Rechtsfreunde aus Weimar, jetzt in Leipzig. (Von Alex. Müller.) gr. 8. (6 B.) Leipzig 831, (Brockhaus.)

— am See Oneida, v. Sophie de la Roche, m. K. 3 Thle. 8. Lpz. Gräff. 798.
Weilnrau.

— über die, des Pietismus in Halle. 8. Halle 831. Kümmel. 2 gℓ

Erscheinungen, die, im Schlosse der Pyrenäen. Frey nach d. Engl. der Miß A. Radcliffe vom Verf. des Admirals. 4 Theile. 8. Braunschweig, Meyer. 818 — 20. (Jeder Theil à 1 Rthlr. 12 Gr.)

Erscheinungen, Die, im Schlosse der Pyrenäen. Frei nach d. Engl. der A. Radcliff ... Braunschweig 1819. V: *Brancaglio.* (MGT)

Erscheinungen, sechs, aus d. Gebiete e. andern Natur, s.a. Maisch, K.

— sechs, aus dem Gebiete einer andern Natur. Recht gesehen, recht empfunden, recht gehört. Auf viele noch lebende Zeugen aus dem gebildeten Stande gestützt, (v. K. Maisch). 8. Heilbronn 828. (Drechsler). 5 gℓ

Erscheinungen, sechs, aus dem Gebiete einer andern Natur. Recht gesehen, recht empfunden u. recht gehört. Auf viele noch lebende Zeugen aus dem gebildeten Stande gestützt. N. Aufl. gr. 16. Heilbronn 833. Drechsler. $^1/_8$ ℛ

ERSCHEINUNGEN und Szenen in der galanten und kaufmännischen Welt, besonders aus Leipzig und Hamburg. (12 zieml. zahme satyr.-moral. Aufsätze.) Leipzig, J. D. Hinrichs, 1801. 8°.

Erscheinungen nach dem Tode, Scenen zwischen Verstorbenen und ihren lebenden Freunden, 8. Gotha, 791. Ettinger. 1 Rthl. 10 sgl.

— u. Träume, s. Mereter.

ERSCHEINUNGEN u. Träume am Ende des 18ten Jahrhunderts. Ein großes Trauerspiel in Ifflandscher u. Kotzebuescher Manier. Nebst e. (satyr.) Prolog. Germanien Lpz., Rein) 1799. 8°. (5 Mk. E. Frensdorff, 1904; 8 Mk. Oskar Rauthe, Berlin, 1907.)

Erscheinungen, übernatürliche, aus d. Reiche der Wirklichkeit u. Phantasie. Eine Samml. räthselhafter Erscheinungen u. Visionen, interessanter Sagen, merkwürd. Ahnungen u. Träume etc. Zur Unterhaltung u. Belehr. hrsg. v. Ferd. Harth. gr. 16. (36 B.) Berlin 842, Hübenthal u. Comp.

Erscheinungen Verstorbener ein Beweis für die Unsterblichkeit. Bamberger Pastoralbl. 1872, Nr. 16, 23, 24 u. 25.

Erscheinungen, über die wichtigsten, der Gestirne, insbesondere der Erde, [Licht, Wärme, Elektricität, Magnetismus etc.] Erläuterungen zu Ale. de Beroaldo Bni's „Schöpfung". gr. 8. (52 S.) Wien 852, Tendler & Co. n. 12 ngr

Erscheinungen, die wichtigsten, des wirtschaftl. Lebens in neuester Zeit. 1. u. 2. Tl. Referate, erstattet in d. XXXIII. General-Versamml. der Vereinigg. der Steuer- u. Wirtschafts-Reformer zu Berlin am 18. II. 1908. gr. 8. Berlin (S.W. 47, Hagelbergerstr. 18), Bureau der Vereinigg. d. Steuer- u. Wirtschafts-Reformer (Sekr. Stephan). 1. —
1. Preise u. Löhne. Von Heinr. Dade. (16 S.) 908. — 50
2. Die Diskontsätze in Deutschland. Von Otto Arendt. Mit begleit. Bemerkgn. von Herrenh. Mitgl. Graf. v. Mirbach-Sorquitten. (20 S.) 908. — 50

— —, Wunderbare, aus der wirklichen u. aus der Geisterwelt. Halberstadt 1798. 8°. (2 Mk. 50 Pfg., hübsches Expl., Franz Teubner, Düsseldorf, c. 1898.)

— wunderbare, aus d. wirkl. u. aus d. Geisterwelt. 8. Leipz. 798, (W. Rauck), 18 gr

Erschliessung, Die, der Ostalpen. Unter Red. von E. Richter herausg. vom deutschen u. österreich. Alpenverein. Bd. 1—3. Mit Textbildern u. Lichtdr. Wien-Berlin 1891—94. gr. Lex.-8. . . . . (h.)

Erschliessung, die, der Ostalpen. Unter Redact. v. E. Richter hrsg. vom deutschen u. österreich. Alpenverein. (In 20 Heften.) 1.—6. Heft. Lex.-8. (S. 1—384 m. Textbildern u. 8 Lichtdr.) Wien-Berl. 892. (Münch., Lindauer.) à Lfg. 1 40; 8 40

Erschliessung, die, der Ostalpen. Unter Red. v. E. Richter hrsg. vom deutschen u. österreich. Alpenverein. 3 Bde. Lex.-8. Berlin. (München, J. Lindauer.) n. 36. —
1. Die nördlichen Kalkalpen. (VI, 416 S. m. 37 Abbildgn. im Text u. 11 Taf.) 893.
2. Die Centralalpen westlich vom Brenner. (VI, 495 S. m. 57 Abbildgn. im Text, 15 Taf. u. 2 Karten.) 894.
3. Die Centralalpen östlich vom Brenner u. die südl. Kalkalpen (VIII, 638 S. m. 60 Abbildgn. im Text, 28 Taf. u. 1 Karten.) 894.

Ersilia, by the author of „My little lady", s.: Collection of brit. authors.

[ERSKINE, DAVID STEWART], Sind stehende Kriegsheere in Friedenszeiten nötig und rathsam? Ein Wort zur Zeit der Noth an alle Könige und Fürsten, so wie auch das ganze Militair. Aus dem Englischen übersetzt von R. BARNOUGHBY. Altona. 1797.

Erskine, Ebenezer, Zuversicht des Glaubens. 8. Mind. Broth. 766. Rthlr.

Erskine, Thomas

Erskine, Th., Bemerkk. über die innern Gründe d. Wahrheit der geoffenbarten Religion. Nach d. 5n Ausg. aus d. Engl. von G. W. Leonhardi. 8. Leipz. 825. Tauchnitz. 1 ₰

— Brief an den Gr. v. Liverpool, betreff. d. Angelegenheit d. Griechen; aus d. Engl. übers. v. A. W. Neuber. gr. 8. Schleswig 822. Taubst.-Inst. (Cnobloch in Leipz.) 4 gr

— Dass., aus d. Französ. übers. gr. 8. Zürich 823. Geßner. 6 gr

Erskine, Th., die unbedingte Freiheit d. Evangeliums. In drei Versuchen. A. d. Engl. gr. 12. (11¼ B.) Leipzig 831, Reclam.

— für die Griechen. Brief an d. Lord Liverpool. Aus d. Engl. von D. H. Hegewisch. 8. Hamb. 822. Perthes u. B. 8 gr Dass. französ. 8. Ebd. 822. 10 gr

ERSKINE, [THOM.], Für die Griechen. Brief an den Lord Liverpool. [Uebers. von DIETR. HERM. HEGEWISCH]. Kiel, Hamburg. 1822.

Erskine, (Th. Lord,) für die Griechen. Brief an d. Lord Liverpool. A. d. Engl. von Hegewisch. 8. Hamb. 823. Perthes.

— Schreiben an den Grafen v. Liverpool über die Angelegenheiten der Griechen; nach d. 2n Ausg. d. Engl., nebst Vorrede zu derselben. gr. 8. Leipz. 822. Ind.-Compt. 8 gr

Th. **Erskine's** Versuch üb. d. Glauben, nebst e. Vorr. d. Herzogin v. **Broglie** geb. v. **Stael**; a. d. Franz. übers. v. G. **Krüger** u. m. e. Vorr. begl. v. A. **Hahn.** *Lpz.*, C. H. Reclam. 829. gr 12° 9 gl

Erskine, W., s. Baber.

Erslev's, E., geographische Beschreibung des dänischen Staates. Ein Lehrbuch für Schulen. Aus dem Dän. übers. und mit Zusätzen verm. hrsg. von C. Johansen. gr. 8. (V und 81 S. mit Abbildungen und Karten auf 4 Holzschnt. in 8. und qu. Fol.) Schleswig 853, (Bruhn's Buchh.) *

Erslev's, E., geographische Beschreibung des Dänischen Staates. Ein Lehrbuch für Schulen. Aus dem Dän. übers. u. mit Zusätzen verm. herausg. von C. Johansen. Mit Abbildgn. u. Karten (auf 4 Holzschnitttaf. in 8. u. qu. Fol.). Schleswig 853. (Linnich.) gr. 8. (3 Bl., 84 S.) n. 9 ngr

Erslew, Th. H., siehe: Forfatter-Lexicon.

Ersparnisse, Die möglichen, im Fach der Pensionen, der Staatsschuld und des Kriegswesens. Stuttg. 1824. V: *Theobald, Joseph von.* (Kat. der ständ. Bibl. Stuttg. 1907. S. 362.)

Ersparung, sichere, des Holzes u. der Zeit beim Bierbrauen u. Branntweinbrennen etc., mit Kpf. gr. 8. Regensb. 792. Montag u. W. 10 gr

Erst geprüft! Ein Lustspiel in einem Aufzuge . . . Dresden 1788. V: *Brühl, Alois Friedrich Graf von.* (BrMm)

Erst geprüft. Lustsp. v. Brühl. 8. Dresd. Walther. 788.

Erste, der, der Schwarzen. Scenen aus St. Domingo, histor. romant. vorgetr. v. Verf. d. naturl. Zauberers. 8. Lpz. Joachim. 805.

Erste Hilfe-Taschenkalender 1907. (8. Jahrg.) 1. Die erste Hilfe bei Unfällen u. plötzl. Erkrankgn. 2. Aerztliche Ratschläge bei kleinen u. grossen Leiden. (79 S.) 24. München, Seitz & Schauer. n. — 15

Erste Hilfe-Taschenkalender 1910. (11. Jahrg.) (63 S.) 9.5×6 cm. Heidelberg, J. Hörning. — 15

Erstein [Schlagwort]

Erstein, s.: Deutschland. Kürschner-Pelp.

Erstellung von Kasernen und Beamtenwohnungen in Andermatt, sowie Erwerbung des (*Bb.: der) hierfür und für Exerzier- und Schiessplätze etc. nötigen Terrains. Bewilligung eines Nachkredites. 8. [Bern, Stämpfli & Cie.,] 1901.
Botschaft des Bundesrates. (Vom 8. März 1901.) 14 S.
Bundesbeschluss. (Vom 2. Dezember 1901.) (2 S.)

Erstellung. Die E' einer elektrischen Kraftübertragungsanlage an der Albula für die Stadt Zürich. Projekt der Ingenieure der Wasserversorgung und des Elektrizitätswerkes [der St' Z']. Oktober 1904. (Erläuterungsbericht, Kostenvoranschlag, Betriebs- und Rentabilitätsberechnung.) 93 S. 8. Zürich, Buchdr. des Schweiz. Grütlivereins, 1904.
[Weisung des Stadtrates ... betreffend Kredit ... für Erstellung eines Kraftwerkes an der Albula. Beschluss ... 22. Februar 1906. Beilage 1.]

Ersten und Letzten, Die in der Nachfolge Jesu ... vorgestellte. [Giessen 1733.] V: *Runckel, Chph Ludw.* (stri)

Erstenberg, Ed. Baron, Leonidas. Ein Trauerspiel in 5 Abtheilungen. (Den Bühnen gegenüber Mscr.) 8. (V und 117 S.) Leipzig 860, Weber. *

—— der Sieger von Gravelingen. Drama in 5 Akten und 1 Vorspiele. 8. (III und 144 S.) Leipzig 860, Weber. *

Ersterer, A.: D. wirtschaftl. Bedeutung d. Talsperren. Halle 1910.

ERSTINGIUS, ARTHUR CONRAD.
Nucleus totius medicinæ quinque partitus. Pars I continet Lexicon et Dispensatorium pharmaceuticum. Oder: Der Vollkommene und allezeit Fertige Apotheker. Darinnen alle und jede Stücke so würcklich in den Apothecken zu finden, ihre Gestalt und Gehalt Herkunfft, etc., auch was daraus zu machen ist, und wie die Composita auf das beste daraus zu bereiten, erkläret worden sind. Dabey auch nach dem Alphabeth die Kunst-Wörter und vielen anderen Beynahmen mehr folgen, etc. Pars II continet Lexicon Practico-Chymicum, oder der richtige führend Chymiste. Cum Appendice brevi loquus chymicus, oder der kurze chymische Redner genannt darinnen alles so zur Chymie gehöret zu finden ist. Pars III continet Lexicon Theoretico-Medicum oder der zur Heilungs Gelahrheit leitende Artzt, etc., welche die medicinischen Kunst-Wörter und was sonsten dazu gehöret erkläret. Pars IV est Lexicon chyrurgicum ein chyrurgisches Wörter-Buch. Pars V sistit Lexicon Theoretico-Anatomicum oder der sich selbst erkennende Mensche. Alle diese Theile so wohl aus denen alten als neuem Autoribus (auch Theils aus selbst eigener Erfahrung) mit Mühe und Fleiss colligiret und in solche Ordnung gebracht. Auch jedweden Theil mit einem deutschen Register vorsehen, damit jedweder die Nahmens, auch was sonsten in der gantzen Medicin vorfält, gleich darinnen finden und nützlich gebrauchen kan. Helmstädt, 1741. 2 vols., sm. 4to. Portrait of the author by "E. Beckly, pinxit, and Ant. Aug. Beck, sculpsit, 1740," as frontispiece to vol. I.

Erstkommunikanten-Büchlein. Verf. v. e. Priester d. Diöcese Chur. 32. (320 S. m. 2 Farbdr.) Einsiedeln 898. Verlagsanstalt Benziger & Co.
Geb. in Leinw. m. Goldschn. n. 1. 15

Erstkommunikanten-Büchlein. Verf. von e. Priester d. Diöcese Chur. *Einsiedeln, Köln: Benziger & Co. [um 1902].* (320 S.) 8° [F.]

Erstling, Ein australischer, s.a. Missions-Traktate, Kleine.

Erstling, ein australischer. 16. (16 S.) Basel 879. Missionsbuchhandlung. n. — 4

Erstlinge d. Andacht, zu Bened. Jos. Labre. 8. Augsb. M. Rieger. 785. *

Erstlinge der Andacht zu dem ehrwürdigen Knecht Gottes Jos. Bened. Labré ... Mainz 1784. V: *Goldhagen, Hermann.* (JES) (SO) (ML) (KY)

Erstlinge d. Andacht zu dem ehrwürdigen Benedikt Joseph Labre. Mit e. Samml. der bisher auf seine Fürbitte erhaltenen Wundergnaden. 8. Augsb. 785. Rieger. 3 gl.

Erstlinge v. den Arbeitsgebieten der rheinischen Mission, s.a. Missions-Traktate, rheinische. Nr. 94.

Erstlinge von den Arbeitsgebieten der rheinischen Mission. *Barmen: Missionshaus 1899.* (48 S.) 8° [F.]
— Missions-Traktate, Rheinische. No 94.

Erstlinge einer helvetischen Muse am rhätischen Gebürge. Strassburg 1787. V: *Gallati, Karl.* (GGR XII, 145) (Zeitschr. f. Büch. 1923, S. 84)

— einer helvetischen Muse, am rhät. Gebirge. 16. Straßb. 787. Treuttel u. W. 6 gl.

Erstlinge meiner Muse. Leipzig 1771. V: *Bock, Johann Christian.* (ML)

Erstlinge eines einjährigen Schülers maurerischer Weisheit und Tugend ... [Berl.] 1785. V: *Gürnth, Georg Samuel.* (SJL) (MGT) (KY)

— eines Schülers maurerischer Weisheit u. Tugend. 8. Berl. 785. Rottmann. 8 gl.

Erstlinge, Schwaldorlers. 8. Wien, Ant. Doll. 800.

Erstlinge unserer einsamen Stunden. Prag 1791. H: *Herbst, Joseph & Joseph Kirpal.* (KY) (MGT)

— unsrer einsamen Stunden, (von Jos. Herbst u. J. Kirpal). 8. Prag 791. Diesbach. 16 gl.

Erstlinge oder Versuche poetischer Werke. Cassel 1768. V: *Darmstädter, Ulrich Ludwig Aug.* (MGT) (KY) (Schr)

Erstlingsfrüchte der heiligen Schrift aus Syrien. Eine Erzählung aus d. 19. Jahrh. über d. Wert u. d. Wahrheit d. christl. Glaubens. Aus d. Arabischen ins Engl. übertr. (Sweet first-fruits) von Sir William Muir, nach d. engl. Übers. bearb. von A. F. S. (Vorr.: Pfarrer Julius Richter.) *Berlin: Deutsche Orient-Mission [1902].* (118 S.) 8° [F.]

Erstlingsgarbe, eine. 5. Aufl. Nonnenweier 870. (Barmen, Klein.) 32. (20 S.) 1½ ngr.

Erstlingslieder einer Fünfzehnjährigen. (Elisab. Usener.) (47 S.) kl. 8. Hanau 907. F. König. 1. —

Erstrebung gerechter und zeitgemässer Gesetze, betreffend die Einwirkung der Festungs-Eigenschaft auf Ortschaften und Grundeigenthum. Anlage-Band: 1. Die bezughabenden Gesetze etc. 2. Die stattgehabten Landtags-Verhandlungen etc. 3. Ergangene richterliche Entscheidungen etc. Bearbeitet vom Ausschusse des Verbandes norddeutscher Festungsstädte. 8. Berlin im Februar 1870.

Erstrebung, die, einer maritimen Stellung Deutschlands auf der Basis des Zoll Vereins. Berlin 859. G. Reimer. gr. 8. (IV, 60 S.) 7½ ngr.

Erstürmung, die, von Constantine durch die Franzosen. (Gesellschaftsspiel. Mit 1 color. Plan auf Leinwand, 12 ausgeschnitt. color. Soldaten auf Holzklötzchen u. 2 Würfeln.) Leipzig 840. Künzel. In Etui 1 ℛ

Erstürmung von Frankfurt durch die Hessen . . . Cassel 1842. V: *Ditfurth, Maximilian Joseph Carl von.* (EB)

Erstürmung, die, des Ortseinganges v. Nova Brčka am 17. IX 1878. Beitrag zur Geschichte der Anteilnahme des Infanterie-Regiments Nr. 68 an d. Okkupation nach Angaben von Mitkämpfern. (7 S.) gr. 8. Wien 907. C.W. Stern. — 50
Sonderabdruck aus „Die militär. Welt".

Erstürmung von Psophis (unter Philipp von Macedonien 219 J. v. Chr.) Weimar. 1820. 1000 Schritte = 0',218. 1 Bl. a. demselb. W.

— die, v. Regensburg durch Napoleon am 23. IV. 1809. (12 S. m. 4 Vollbildern u. 1 Plan.) 17,5×24 cm. Regensburg 909. J. Habbel. — 20
Sonderabdruck aus „Regensburger Anzeiger".

Erstürmung, die, der düppler Schanzen, s. a. Blatt, fliegendes. Nr. 3.

Die Erstürmung der Düppeler Schanzen am 18. April 1864. Separatnummer der Illustrirten Zeitung. Leipzig. Fol.

Die Erstürmung | der | Düppeler Schanzen | und | des | Brückenkopfs | durch | die Preußen, am 18. April 1864. | Jever. | Druck von C. L. Mettker u. Söhne.
8 S., 168 × 115.
LBO Bänkelsängerlit. III, 141.

Erstuermung von Schweidnitz durch den Feldzeugmeister Freiherrn von Loudon am 1. Okt. 1761. Mit 1 Pl. u. 1 Krt. Wien 1863. 30 S.

Erstürmung, die, von Selama, s. a. W. Scott.

Erstürmung, die, v. Selama, od. die Rache; e. schottische Sage nach W. Scott. 3 Thle. 8. Quedlinb. 825. Basse. 3 rf

Erstürmung, die, von Warschau durch d. Russen am 6. u. 7. Sept. 1831. Im Büreau d. Kgl. Generalstabes nach offiz. Berichten bearb. M. 1 Plan. (2 lith. u. ill. Bl. in Roy.-Fol.) gr. 8. (2 B.) Berlin 831, (Mittler.)

—— dass. — Nachtrag. Nach russ. Angaben. M. 2 Plänen u. 2 Ordres de bataille (6 lith. u. z. Theil ill. Bl. in gr. Fol. u. Imp.-Fol.) gr. 8. (2¼ B. Text.) Ebds. 852.

Ersuchen, die im Auslande zu erledigenden, der Justizbehörden, soweit sie nicht auf Auslieferung oder Festnahme gerichtet sind. (Allgemeine Verfügg. des Justizministers vom 16. VI. 1910 Just.-Minist.-Bl. S. 189 ff.) (III, 26 S.) gr. 8. Berlin 910. R. v. Decker. — 80

Ersuchungsschreiben, die i. Auslande zu erledig., d. Justizbehörden (Allgem. Verfügung d. Justizministers v. 20. Mai 1887) u. d. v. d. Justizbehörden behufs Erwirkg. v. Ausliefergn. z. beobacht. Verfahren. (Abdruck a. d. Justiz-Ministerial-Blatt f. 1887 S. 139 ff. u. f. 1889 S. 8 ff.) unt. Berücksicht. d. Aendergn. u. Ergänzgn. gr. 8. (V, 69 S.) Berlin 895. R. v. Decker. n. 1. —

Ersuchungsschreiben, die im Auslande zu erledigenden, der Justizbehörden (Allgemeine Verfügung des Justizministers vom 29. V. 1905 Just.-Minist.-Bl. S. 159 ff.) u. das v. den Justizbehörden behufs Erwirkung v. Auslieferungen zu beobachtende Verfahren. (Abdr. aus dem Justiz-Ministerial-Blatte f. 1889 S. 8 ff. unter Berücksicht. der Aendergn. u. Ergänzgn.) (V, 76 S.) gr. 8. Berlin 905. R. v. Decker. n. 1. 20

Ert, Karl, Die Anmassungen der Frauenbewegung. Studie. 8⁰. Halle, C. Marhold, 1911.

Ertappt! Ertappt! Lustsp. v. Wetzel. 8. Lp. Dyk. 778.

Erteilung, s.a. Ertheilung.

Erteilung von Hörerscheinen an Frauen (vom 7. September 1909). o. O. (1909). 1 Bl. 8° [Kopft.] [U 10. 3820
(Nicht für den Austausch)

Ertel, Anton Wilhelm

Ertel, A. W. Von Anschlag und Tax der Landgüther. In seiner Praxi aurea, von der Niedergerichtbarkeit. Edit. noviss. 1748.

Ertel, Ant. Wilh.: Observationes illustres jur.-equestres worinnen vornehmlich von des Heil. Röm. Reichs-Ohnmittelbaren Freyen Ritterschafft in Schwaben, Francken, am Rheinstrom u. Elsaß, Ursprung, Fortpflantzung . . . gehandelt werden. Th. 1. 2. Augspurg 1722.

Ertel, A. W.: „Neue und vermehrte Praxis aurea von der Niedergerichtsbarkeit, Erbgericht, Vogteylichen Obrigkeit, Hofmarkgericht", 2 Teile, Augsburg 1722. — Neue Aufl. Nördlingen 1737 (Beck).

Ertel, Anton Wilhelm. Praxis aurea, von der Niedergerichtsbarkeit, Erbgericht . . . Neue Aufl. Nördlingen 1751. H: *Dolp, Daniel Eberhard.* (Ky)

Ertel, Ant. Wlh., praxis aurea, von der Niedergerichtsbarkeit, Erbgericht &c. im röm. Reiche. 2 Thle. 4. Halle. N. Aufl. (mit Noten v. D. E. Dolp). 4. Nördl. 751. Beck. 3 rf 8 gl Hbg. Pr. 2 rf

Ertel, A. W., relation. curiosæ Bavar. 2 Th. 8. Ingolstadt, Krüll, 733.

—, relationes curiosæ Bavariæ. D. i.: Gröste (sic) Denckwürdigkeiten des Durchleuchtigisten Chur-Hertzogthum (!) Bayrn, worinnen besagten Lands Eigenschafften, Helden-Thaten, dessen Regenten, Eroberungen, ansehnliche Victorien . . . . abgebildet werden . . . . 2 Thle. (in 1 Bde.). Leipzig u. Franckfurth (Augsb.), in Verlag Carl Friederich Meyer, 1733. 8⁰. Ldrl.
I: 16 Bll. Vorst. u. 272 S. — Zuerst gedr. Augspurg 1685. (Cat. Maillinger I. no. 25) Rep. ibid. 1710. 8⁰. (4 Mk. Casp. Haugg. Augsb. Cat. 91. no. 101.) II: Augspurg 1733 (nicht von Ertl), 12 Bll. Vorst., 310 S., 1 S. Err. Jeder Theil enth. 75 Historien, u. a. über München I. no. 11. Bayrischer Juden-Brand (in München 1285); I. no. 16: Merkw. Ursprung der sogen. Dult. od. Münchnerischen Jacobi-Jahr-Marckt; I. no. 38. von Erbauung d. churfl. Residentz-Stadt München; II. no. 30: Die erstaunliche Munificenz Hertzogs Wilhelm V. in Erbau- u. Auszierung der prächtigen Jesuiter-Kirchen zu München; II. no. 31: Die herrliche Einweyhung des vortreffl. Tempels S. Michaelis in München. II. no. 43. Der zur (!) römischen Purpur (Cardinal) erhobene Münchnerische (in Wirklichkeit Wienerische) Burgers-Sohn Melch. Kleselius (1553—1630); II. no. 44. Wie u. wann die Gebein des heil. Benno aus Meissen nach München überbracht worden; II. no. 71: Die alte Beckenknecht-Bruderschafft zu München.

Ertel, Anton Wilhelm: „Neu-eröffnete Schau-Bühne Von dem Fürsten-Recht . . . .", Nürnberg 1702 (verlegt durch Peter Paul Bleuls). -- Vorh.: StB Nürnberg und Bibl. des Kammergerichts Berlin — Ja 5382.

Ertel, Anton Wilhelm: „Neu eröffneter Schau-Platz der Lands-Fürstl. Ober-Bottmässigkeit und so genannten Territorial-Superiorität", Nürnberg 1701. — Vorh.: Bibl. des Oberlandesgerichts Celle — Qf. 109.

Ertel, Arth., Handbuch f. den Bau u. die Instandhaltung der Oberleitungsanlagen elektrischer Bahnen, s. a. Bibliothek der gesamten Technik.

Handbuch für den Bau und die Instandhaltung der Oberleitungsanlagen elektrischer Bahnen. Von Arthur **Ertel**. Mit 294 Abb., 2 Taf. u. Not.-Block. Hannover: M. Jänecke 1907. (VI, 336 S.) 8°
= **Bibliothek** d. gesamten Technik. Bd 42. [c8. 1103] 7

Ertel, Jos., die volkswirtschaftliche Bedeutung der techn. Entwicklung der Zelluloidindustrie, s. a. Monographien, technisch-volkswirtschaftl., 5. Bd.

Ertel, Josef, a. Neuburg: Die volkswirtschaftliche Bedeutung der technischen Entwicklung der Zelluloidindustrie. Leipzig 1909: Brandstetter. 73 S. 8° ¶(Ersch. vollst. als: Technisch-volksw. Monographien. Bd 5.)
München, Staatswirtsch. Diss. v. 25. Febr. 1909, Ref. Sinzheimer, Brentano
[Geb. 11. Okt. 72 Speyer; Wohnort: Speyer; Staatsangeh.: Bayern; Vorbildung: Gymn. Speyer Reife Juli 93; Studium: Forstw. Aschaffenburg Forstl. Hochsch. 4, München Forstw. 4, Staatsw. 2 S.; Rig. 25. Febr. 09.] [U 09. 3258

Die volkswirtschaftliche Bedeutung der technischen Entwicklung der Zelluloidindustrie. Von Josef **Ertel**. Leipzig: Klinkhardt 1909. 130 S. 8°
[Ein T. erschien als Inaug.-Diss. München 1909.]
(Technisch-volkswirtschaftl. Monographien. Bd 5.) 09. 18321

Ertel, Paul: Der Automatenmissbrauch und seine Charakterisierung als Delikt nach dem Reichsstrafgesetzbuche. *Berlin 1898: W. Pilz.* (56 S.) 8°
Erlangen, Jur. Diss. v. 1898

Der Automatenmissbrauch u. seine Charakterisierung als Delikt nach d. Reichsstrafgesetzbuche. Von Dr. jur. Paul **Ertel**. *Berlin: Struppe & Winckler 1898.* (56 S.) 8°
[Erschien zuerst als Erlanger Diss. 1898.] 00. 3269 II

Belsazar. Sinfonische Dichtung f. großes Orchester von Paul **Ertel**. Op. 12. Partitur. Leipzig: D. Rahter [1905]. (39 S.) 4° [F.] [Autogr.] 07. 10793

Ertel, Paul. Die Quellen d. römischen-gemeinen, kirchlichen u. deutschen Rechtes. Ein Hülfsbuch für das Rechtsstudium. gr. 8. (III, VI, 171 S.) Berl. 890, Pasch. * 3 60; geb. * 4 —

Ertel T & Sohn, Zeichnungen mathematischer Instrumente. (43 T) grfol München.

Ertel, Walt., „ein Sklave". Aktenmässige Darstellg. e. Falles masochist. Triebverirrg. Mit ärztl. Anmerkgn. v. Wilh. Hammer. (16 S.) gr. 8. Leipzig 907. Verlag der Monatsschr. f. Harnkrankh. — 80
Sonderabdruck aus „Monatsschr. f. Harnkrankh."

Käthe **Ertel-Breithaupt**. Tagebuch einer glücklichen deutschen Mutter. Berlin: A. Kohler 1904. (85 S.) 8° [F.] 05. 80

(B) **Ertel-Breithaupt**, Käthe, Tagebuch. 904. (KBL 33.) Jetzt: Leipzig, M. Boerkel.

Ertelt Gustav: Synthetische Beweise einiger Sätze aus der Theorie der Flächen zweiten Grades. 19. Bielitz R. 05.
Progr.

Ertelt, Hugo (geb. Arnsdorf in Schles. 18. 8. 1833): De pericarditide haemorrhagica. Berolini (1857). (32 S.) 8°
Berlin, Med. Diss. v. 27. Apr. 1857

Erter's, Isaak, gesammelte Schriften. 2., bericht. und verm. Ausg. Mit Biographie und Einleitung von Max Letteris. gr. 8. (XVI und 146 S. mit dem photogr. Bildnisse des Verf.) Wien 864, Knöpflmacher und Söhne. *

Ertermann. Die Stiftskirche von Beromünster, ihre Umbauten u. ihre Kunstschätze einst u. jetzt. S.-A. a. d. Kathol. Schweizer-Blättern. 8°. 78 S. Luzern, Räber & Co. 1 —
1899.

Értesítője, A Magyar Nemzeti Múzeum néprajzi osztályának, s. A n z e i g e r der ethnographischen Abteilung des Ungarischen National-Museums.

Erthal, Franz Ludwig von, Fürstbischof von Bamberg und Würzburg. Tübingen 1852. V: *Reuchlin, Herm.* (Hauptkat. d. Univ.-Bibl. Tübingen. F, S. 270.)

Erthal, Frz. Ludwig's v., Fürstbischofs von Bamberg u. Würzburg, Wirken für Aufklärung. gr. 8. (30 S.) Bamberg 881. Hepple. n. — 60

Erthal, Franz Ludwig von

v. Erthal, Frz. Ldw., Predigten, in d. beiden Hochstiften Bamberg u. Wurzburg dem Landvolke vorgetragen. 2e Aufl. gr. 8. Würzburg 840. Etlinger'sche Verlagsbuchh. 1 1/6 Rthlr

v. u. zu Erthal, Frz. Ldw., (Fürst u. Bischof zu Bamb.,) Predigten zu dem Landvolke. 8. Bamb. 797. Dederich. (Wesche in Frankf.) 1 Rthlr 4 gr

Erthal, Frz. Ludw. von u. zu, Predigten, dem Landvolke vorgetragen. 2., verb. Aufl. gr. 8. (21 B.) Würzburg 811. [Nürnberg, Stein.]

ERTHEILER, Bernhard (Leukersheim): De arthritide.- Monachii: Wolf 1837. 16 S.
3.3.1837 - Urk; F 63
Diss. Ingolst.-Landsh.-Mchn.

Ertheilung, Die, von Erfindungs-Patenten. Nach der Gesetzgebung des Deutschen Reiches und der Deutschen Einzelnstaaten . . . Berlin 1874. V: *Jacobi, Leonh.* (Kat. d. Bibl. d. dtsch. Reichstages. Berl. 1882.)

Ertheilung, die, von Erfindungs-Patenten. Nach der Gesetzgebung des deutschen Reiches und der deutschen Einzelnstaaten. Für den prakt. Gebrauch zusammengestellt von einem höheren Regierungs-Beamten. 8. (96 S.) Berlin 874, Kortkampf. cart. *

Ertheilung, die, der heiligen Weihen in der kathol. Kirche. Nach dem röm. Pontifikal lateinisch und deutsch. 18. (60 S.) Mainz 852, [Kirchheim.]

Ertheilung, die, der heiligen Weihen, nach dem römischen Pontifikale übers., mit einem Vorworte. Zum Gebrauche der Ordinanden, ihrer Angehörigen und anderer frommen Christen, welche der heil. Handlung beiwohnen wollen. gr. 8. (III und 127 S.) Trier 853, Grach'sche Buchh. Thlr. -

Ertheilung, die, der heiligen Weihen in der katholischen Kirche. Nach dem römischen Pontifical lateinisch u. deutsch. 2. Aufl. Mainz 858. Kirchheim. 18. (64 S.) 3 1/2 ngr

Ertheilung, die, der heiligen Weihen in der katholischen Kirche. Nach dem römischen Pontifical lateinisch u. deutsch. 3. Aufl. Mainz 864. Kirchheim. 16. (64 S.) 1 ngr

—— die, der heiligen Weihen in der katholischen Kirche. Nach dem röm. Pontificial lateinisch und deutsch. 4. Aufl. gr. 16. (64 S.) Mainz 870, Kirchheim. *

Ertheilung, die, der heiligen Weihen in der katholischen Kirche. Nach dem röm. Pontificale latein. und deutsch. 5. Aufl. 18. (64 S.) Mainz 876, Kirchheim.

Ertheilung, die, d. hl. Weihen in d. kathol. Kirche. N. d. röm. Pontifical latein u. deutsch. 11. Aufl. 12. (64 S.) Mainz 898. F. Kirchheim. n. — 40

Ertheilung, die, der hl. Weihen in der katholischen Kirche. Nach dem röm. Pontifical lateinisch u. deutsch. 12. Aufl. 12 (64 S.) Mainz 901. F. Kirchheim. n. — 40

Erteilung, die, der hl. Weihen in der katholischen Kirche. Nach dem röm. Pontifikal lateinisch u. deutsch. 13. Aufl. (64 S.) kl. 8. Mainz 904. Kirchheim & Co. n. — 40

Erteilung, die, der hl. Weihen in der kathol. Kirche. Nach dem röm. Pontifikal lateinisch u. deutsch. 15. Aufl. (88 S.) kl. 8. Mainz 910. Kirchheim & Co. —.50; geb. — 70

Erthel, August

— s. J. B. Bossuet, Beherzigung.

— der nach d. Sinn der kathol. Kirche singende Christ. 2e Aufl. Fulda u. Würzb. 781.

– s. J a m i n : Gedanken.

Erthel, August., († d. 13. Oct. 1797.) Katechismus f. die Fuldaische Jugend. Fulda 764. N. Aufl. 767.

— der bis zu seiner Auflösung betende Kranke. Fulda 773. 2e Aufl. 8. Fulda u. Würzb. 783.

— der Tod Jesu, e. Singstück. Würzb. u. Fulda 785.

Ertinger, des Bildhauergesellen Frz. Ferd., Reisebeschreibg. durch Österreich u. Deutschland, hrsg. v. E. Tietze-Conrad, s. a. Q u e l l e n s c h r i f t e n f. Kunstgeschichte u. Kunsttechn. des Mittelalters u. der Neuzeit. XIV.

Des Bildhauergesellen Franz Ferdinand **Ertinger** Reisebeschreibung (Rais Beschreibung) durch Österreich und Deutschland. Nach d. Hs. CGM 3312 d. kgl. Hof- u. Staatsbibl. München hrsg. von E. Tietze-Conrad. Wien: K. Graeser; Leipzig: B.G. Teubner 1907. (XXV, 90 S.) 8° — **Quellenschriften** f. Kunstgeschichte u. Kunsttechnik d. Mittelalters u. d. Neuzeit. N. F. Bd 14. [07. 19488

Ertl, österreich. Unfallversicherungs-Gesetz. Genesis u. wesentl. Bestimmgn. desselben im Vergleiche m. der Unfallgesetzgebg. anderer Staaten, insbesondere Deutschlands. Wien 887.

Ertl A.: Über das Einwirkungsprodukt von Oxalsäurediäthylester auf 1, 2-Diaminoanthrachinon. 8 123. Hb . . . . vgr.
Separatabdruck

Ertl, Anton Wilhelm, s. E r t e l

Ertl, Emil, A b d è w a. Ein Märchen. 8. (VII, 72 S.) Leipzig 884. Dresden, Höckner. n. 1.20

Ertl, Emil, nachdenkliches **B i l d e r b u c h**. Ernste u. heitere Geschichten. Mit Buchschmuck v. Alfr. Keller. 2. u. 3. Taus. (Je 352 S.) 8. Leipzig 911. L. Staackmann. 4.—; geb. in Leinw. 5.—

Ertl, Emil, **F e u e r t a u f e**. Neues Novellenbuch. (VII, 344 S.) 8. Leipzig 905. L. Staackmann. n. 3.50; geb. in Leinw n. 4.50

— **F r e i h e i t**, die ich meine. Roman aus dem Sturmjahr. 1. u. 2. T. (Je 582 S.) 8. Ebd. 909. 6.—; geb. i. Lw. 7.—

Ertl, Emil, Miss Grant u. and. Novellen. gr. 16. (III, 262 S.) Leipzig 896. A. G. Liebeskind. n. 3.—

— Gesprengte **K e t t e n**. Novellen. Umschlagzeichnung von Jos. M. Auchentaller. (355 S.) 8. Ebd. 909. 4.—; geb. in Leinw. 5.—

— Lebold u. Melcher, s.: G r a e s e r ' s Schulausgaben klassischer Werke 70. Heft.

— die **L e u t e** vom blauen Guguckshaus. Roman. Umschlagzeichnung von Alfr. v. Schrötter. 1.—4. Taus. (423 S.) 8. Ebd. 906. n. 4.50; geb. in Leinw. n. 6.—

— Liebesmärchen. 8. (III, 180 S. m. eingedr. Phototyp. u. 4 Heliograv.) Leipzig 886. Liebeskind. n. 4.—; Einbd. m. Goldschn. n.n. 1.—

— **Liebesmärchen**. 2. Aufl. 8. (V, 145 S.) Ebd. 896. n. 2.-; geb. n. 3.—

Ertl, Emil, Mistral. Novellen. 8. (250 S.) Stuttgart 901. J. G. Cotta Nachf. n. 3.—; geb. n. 4.—

— **Opfer** d. Zeit. 2 Novellen aus d. Wiener Leben. 8. (V, 141 u. 121 S.) Jena 895. H. Costenoble. n. 3.—

— **O p f e r** der Zeit. 2. verm. Aufl. (III, 303 S.) 8. Ebd. 905. n. 3.50; geb. in Leinw. n. 4.50

— d. Perlenschnur, s.: **N o v e l l e n - B i b l i o t h e k**, deutsche, aus Österreich.

— Der tote Punkt u. anderes, s. K ü r s c h n e r ' s Bücherschatz.

Der tote Punkt und anderes. Erzählungen von Emil **Ertl**. Mit Ill. von A. Lewin. Berlin, Leipzig: Hillger [1910]. 112 S. 8°
(Kürschners Bücherschatz. Nr 722.) [11. 14665

Ertl, Frz. J. V., allgem. Warenkunde zum Gebrauche an Handels- u. Gewerbeschulen wie auch zum Selbstunterricht. (Sammlung kaufmänn. Lehrbücher.) gr. 8. (VIII, 138 S.) Leipzig (900). Dr. L. Huberti. Geb. in Leinw. n. 2.75

ERTL, Friedrich (Hausenberg): De intoxicatione saturnina. (Titel nach der Urkunde) 31.10.1865 - Urk; F 71
Diss. Ingolst.-Landsh.-Mchn.

Ertl, Hans, s. a. **B i l d e r** aus Münster i. W.

Bilder aus Münster i. W. 25 Kunstdrucke hrsg. von H a n s **Ertl**. (Einl. von P[aul] B a h l m a n n.) Samml. 1. *Münster i. W.: H. Mitsdörffer (1902).* quer-4° [09. 20832 6

Bilder aus Münster i. W. 25 Kunstdrucke hrsg. von Hans **Ertl**. (Einl. von P[aul] B a h l m a n n.) [Ausg. B.] Samml. 1. 2. Münster: Mitsdörffer (1902-04). quer-8° [10. 6319

Ertl, Hans, vollständiger Lehrkurs des Hypnotismus in allen seinen Phasen u. verwandten Erscheinungen. Eine einfache u. prakt. Methode zur schnellen u. unbedingten Erlerng. des Hypnotismus u. der suggestiven Einwirkgn. (Suggestion). Allgemein verständlich bearb. nach dem Ergebnis jahrelanger Erfahrgn. auf dem Gebiete des Unterrichtswesens in Hypnotismus etc. Dargestellt in ganz eigenart., unbedingt faßl. Lektionen u. Belehrgn. Mit 24 Abbildgn. u. üb. 40 genau beschriebenen Experimenten in mündl., telephon., schriftl. u. geist. Suggestion. (Umschlag: 2. Aufl.) (IV, 109 S.) 8. Leipzig 906. E. Fiedler. n. 2.—

Ertl, Hans, vollständiger Lehrkurs des Hypnotismus in allen seinen Phasen u. verwandten Erscheinungen. Hauptkursus. Dargestellt in ganz eigenart., unbedingt faßl. u. zuverläss. Lektionen, Methoden u. Belehrgn. nach dem Ergebnis jahrelanger Erfahrgn. auf dem Gebiete des Unterrichtswesens im Hypnotismus etc. Allgemein verständl. bearb. (Enth.: Ueber 100 hochinteressante Szenen u. 41 photograph. Abbildgn. 2. verb. Aufl. (VIII, 247 S.) 8. Leipzig 909. M. Spohr. 3.—; geb. n 4.50

— dasselbe. Eine einfache u. prakt. Methode zur schnellen u. unbedingten Erlerng. des Hypnotismus u. der suggestiven Einwirkgn. (Suggestion). Allgemein verständlich bearb. nach dem Ergebnis jahrelanger Erfahrgn. auf dem Gebiete des Unterrichtswesens in Hypnotismus etc. Dargestellt in ganz eigenart., unbedingt faßl. Lektionen und Belehrgn. Mit 30 Abbildgn. u. üb. 40 genau beschrieb. Experimenten in mündl., telephon., schriftl., geist. u. Heil-Suggestion. 4. bedeutend verm. u. verb. Aufl. (IV, 140 S.) 8. Ebd. 908. 2.—; geb. n 3.—

Ertl, Karl, zur **Heimatskunde** v. Oberklee. (S. 577—608 m. Abbildgn. u. 2 Taf.) gr. 8. Podersam 905. Wien (IX/4, Barnabiterg. 4), Prof. Dr. K. Ertl. n. 1.—
Sonderabdruck aus: „Ld. Mitt. d. voltt. Bez. Podersam".

Ertl, Karl: K a t a l o g der Lehrerbibliothek. 95 S. (Beil.) Brünn, II. d. St. G., P 1898

Ertl Karl: Meletemata critica Herodotea.
II. 1886 PN 452 Diss. Wien Univ. 1463

Ertl, Max, Vortheile des freiwilligen Eintrittes in das Heer (Kriegsmarine), nebst Anleitg. zur Verfassg. u. Instruierg. der Aufnahms-Gesuche hierfür u. e. „Anh.", enth. die Bestimmngn. üb. den Eintritt v. Ausländern in das k. u. k. Heer od. in die k. u. k. Kriegsmarine. gr. 8. (31 S.) Klagenfurt 893. F. v. Kleinmayr. n. — 72

Ertl, Moriz, u. **Hennet**, Leop. Frhr. v., Die landwirtschaftlichen Berufsgenossenschaften (syndicats agricoles) in Frankreich. 8°. Wien, Manz, 1910.

Ertl M, E S c h w i e d l a n d und A V e t t e r, das landwirtschaftliche Genossenschaftswesen. (370 S) (Schriften des 2. Mittelstandskongresses 3) Wien 1909

— u. **Licht**, Stef., Das landwirtschaftl. Genossenschaftswesen in Deutschland. In seinen gesamten Einrichtungen und Organisationsformen auf Grundlage persönlicher Wahrnehmungen systematisch dargestellt. Lex.-8°. Wien, Manz, 1899.

Ertl M, E Schwiedland u A Vetter, Hausindustriepflege. (231 S) (Schriften des 2. Internationalen Mittelstandskongresses 4) Wien 1909

Ertl, Moriz: Einiges Material zur Frage der landwirtschaftlichen Lagerhausgenossenschaften in Österreich. Wien 1903.

Ertl, Mor., die Mittelstandsfrage u. die österreichische Landwirtschaft. (Vortrag, geh. in der Vollversammlg. des II. intern. Mittelstandskongresses in Wien am 7. X. 1908.) (23 S.) Lex. 8. Wien 908. Manz. — 70

Ertl, M., s. Städtebuch, österreichisches.

Ertl, Dr. Mor., Das österreichische Unfallversicherungsgesetz. Die Genesis und die wesentlichen Bestimmungen desselben im Vergleiche mit der Unfallgesetzgebung anderer Staaten, insbesondere Deutschlands. gr. 8°. Wien, Toeplitz u. Deuticke, 1887.
III, 95 S.

Ertl, Moriz, Versuch einer Agrarreform in Oesterreich. (Aus: „Geschichte der österr. Land- u. Forstwirtschaft u. ihrer Industrien 1848—1898".) Lex.-8°. Wien, Perles in Komm., 1899.

Ertlin, Joh., Weihbischof, s. Metzner, J.

Ertlmayr, Erhard, Gottesblumen aus dem Klostergarten. Nach dem Tode d. Verf. hrsg. v. Fr. Katte. 16. (III, 312 S.) Dülmen 883. Laumann. geb. n. 2. —; m. Goldschn. n. 2. 25

Ertman, Ertwin, Chronik, s.: Runge, F., die niederdeutsche Bischofschronik bis 1553.

Tabaks (Des) hoher Ertrag für Staat und Volk. 8°. Wien 1861.

Ertsel, Daniel (Ungarn), Summa systematis dynamici in physica disciplina capita exponuntur, et pensitantur. Diss. philos. Götting. (Grape) 6. V. 1805. 39 S. (5.—) 8239

Ertel, Carl Heinrich Bernhard (Leipzig), De patria veterum Romanorum potestate ex jure domini non repetenda. Exercit. jur. Präs. Christian August Günther. Lpz. (Büschel) 1. VI. 1786. 42 Seiten. (4.80) 8240
Widm. v. Präs.

— **Johann Gottlob** (Zittau), De natura fidei ac eius necessario cum vitae sanctitate nexu. Dissert. theolog. Präs. Jo. Franz Budde. Jena (Jo. Ad. Müller) Juni 1725. 47 S. (5.—) 8241
Widm. v.: Präs., Gottlieb Stolle, Carl Heinr. Lang (Juliusburg/Schles.).

Ertmann, Oskar: Uber [!] ein grosszelliges Sarkom der Thymus. *Greifswald 1898: J. Abel.* (30 S.) 8°
Greifswald, Med. Diss. v. 5. Aug. 1898

Ertmann, Paul, kleine Heiligenlegende zum Gebrauch beim katholischen Religionsunterricht. 8. (46 S.) Braunsberg 892. Huye. n.n. — 25

ERTZ-BRUDERSCHAFT-BUCHLEIN oder Kurtzer Bericht von der Englischen Ertz-Bruderschaft der Allerheiligsten Dreyfaltigkeit, welche in der Bischöflichen Frey-Stadt Waitzen in dem dasselbige Gottes-haus bey denen Wol-Ehrwürdigen Geistlichen von denen andächtigen Schulen mit Päpstlichor Authorität und auf gnädigster Verwilligung Ihro Ertz-Bischöflich und Bischöflichen Gnaden Seiner Exzellenz Michaelis Caroli e Comitibus ab Althan bestättiget und eingeführet worden in dem Jahre 1749. Ofen: Druck. Veronica Nottensteinin, Wittib. 32 S. - 160 mm

Erzschrein, der fruchtbringenden Gesellschaft ältester, s. Krause, G.

Erübrigungsfrage, die, des bayerischen Staatsrechtes. gr. 8. München 843, Franz. 1/6 ß

Eructavit. An old French metrical paraphrase of psalm XLIV, published and attributed to Adam de Perseigne by T. Atkinson Jenkins, s.: Gesellschaft f. romanische Literatur. 20. Bd.

Ervast, Peter (Ostrobottniensis), Theocriti idyllia Suethice reddita. Präs. Axel Gabriel Sjöström. Part. X. Helsingfors (Frenckell). 15. VI. 1833. (S. 145—160.) (3.—) 8242

Erven, Franz

Erven, F. X., hart am Abgrunde, — aus dunkler Nacht zum Licht, } s.a. Abend-Unterhaltungen, lehrreiche.

Erven, Frz., hart am Abgrunde. Aus dunkler Nacht zum Licht. 2 Erzählgn. f. die christl. Jugend u. das christl. Volk 2. Aufl. Mit 1 color. Titelkpfr. 8. (166 S.) Straubing 883. Volks- u. Jugendschriften-Verlag. cart. 1. —

Erven, F., Onkel Anton u. sein Bruder Peter. Eine Erzählg. f. die Jugend u. Erwachsene. 3., verb. Aufl. Mit 1 Stahlst. 8. (181 S.) Straubing 889. Volks- u. Jugendschriften-Verl. cart. 1. 20

– Dass., s.a. Abend-Unterhaltungen, Lehrreiche.

— der treue Diener e. Gottesleugners. Eine Erzählg. f. christl. Jugend u. christl. Volk. Mit 1 Stahlst. 8. (144 S.) Ebend. 884. cart. 1. —

Erven, Frz. Epheuranken. Erzählungen aus dem Leben. Für christl. Jugend u. christl. Volk. 8. (171 S. m. 1 Lichtdr.-Bild.) Straubing 890, Volks- u. Jugendschriften-Verlag. cart. 1 20

Erven, Frz., das verhängnißvolle Kreuz oder so rächt sich der Edle. Eine Erzählung für christl. Jugend und christl. Volk. 8. (134 S. mit 1 Stahlst.) Regensburg 879, Volks- und Jugendschriften-Verlag. cart.

— Leonardo, der Sänger. Eine Erzählung aus dem Leben für christliche Jugend u. Volk. Mit einem Stahlst. 8. (135 S.) Ebend. 878. 1. —

Erven, Frz., Großvaters Liebling. Der Sohn des Trunkenboldes. Sühnung. 3 Erzählungen nach wahren Begebenheiten für die Jugend u. Erwachsene. 2., verb. Aufl. Mit 1 color. Titelkpfr. 8. (95, 46 u. 48 S.) Regensburg 876. Volks- u. Jugendschriften-Verl. cart. 1. 20

Erven, Frz., Murad Bey, s. Bibliothek für die reifere christl. Jugend.

—— Nicht Rast, nicht Ruhe, —— die beiden Wagen, } s. Volks- und Jugendbibliothek, neue.

— nicht Rast, nicht Ruhe, — die beiden Wagen, } s: Zehnpfennigbibliothek, Regensburger.

Erven, F., der Sohn des Trunkenboldes. Sühnung. Großvaters Liebling, s. Abendunterhaltungen, lehrreiche.

Ervendberg, L. C, neueste Nachrichten aus Texas. gr. 8. (1 B.) Frankfurt a. M. 846, Sauerländer's Verl. 4 -

Ervendberg, L. C., neueste Nachrichten aus Texas. gr. 8. (16 S.) Frankfurt a. M. 847, Sauerländer. n. 1/12 ß

Ervésy, Steph., Nacht. Sonette. 12. (74 S.) Stuttgart 899. Greiner & Pfeiffer. n. 1. 50

Erwachen, Des Dichters. Eine Vision von Hermann Riotte. Zum 150. Jahrestage der Geburt Friedrich Schillers am 10. November 1909 seinen Verehrern gewidmet. N Y. Leipzig 1909. V: *Köhler, Friedrich Albert.* (Berlzu 1920, S. 361)

Das Erwachen der Heldengeister auf dem Schlachtfelde zu St. Jakob; dem treuen Schützenvereine ... zum 400jähr. Gedenktage geweiht. Baden, 1844. 2436

Erwachen, das, der Liebe, od. d. erste Kuß. Mit 1 Vign. 8. Leipz. 800. (Andrä); 1 ℛ

ERWACHEN, Das, der Liebe, oder der erste Kuss. Leipzig, v. Kleefeld, 1800. 8°. (1/2 Rthl., Schmidt, Halle, vor 1870.)
Zahmer Roman. 275 S. (incl. Tit. m. Vignette).

Erwachen, das, des Volkes. Aus dem Franz. des Plato-Polichinelle von H. Heythausen. Münster 853. Deiters. (Aschendorff.) 8. (XI, 209 S.) 20 ngr.

Erwachen, das, der Völker. Aus d. Zeitalter d. Befreiungskriege. Hrsg. von Jul. v. Pflugk-Harttung unt. Mitwirkg. von Karl v. Bardeleben, Hans Dechend, Aug. Fournier u. a., m. ca. 500 Illustr. v. Adam, Alvarez-Dumont, Andreas u. a. m. Holzschn. aus der xylograph. Kunst-Anstalt v. R. Brend'amour & Co. in Düsseldorf. 10. Taus. (XIV, 499 S.) Lex.8. Berlin (908). Patria-Verl. 9.—; geb. 10.—
Bisher u. d. T.: Napoleon I. (2. Bd.).

Erwachet! (Ein Gesuch e. Reichsangehörigen an die regier. Obrigkeit. Ein Gespräch v. Frdr. Aug. Ludwig.) gr. 8. (31 S.) Leipzig 891. O. Wigand. n. — 60

Erwägung, Christliche, der Historie der ersten Religions-Motuum zwischen den Evangelisch-Lutherischen und Reformirten. O. O. 1705. V: *Becmann, Johann Christoph.* (Myl)

Erwägung, dankbare, der Vorzüge u. Segnungen, deren sich unser Vaterland zu erfreuen hat. Eine Bettags-Predigt. gr. 8. (1 B.) Zürich 831, Orell, Füßli u. Comp.

Einsame Erwägung der 7 Worte Jesu am Kreutze. Zur Unterhaltung am würdigen Charfreitage. Altona. (181*). P.

Erwägung des ewigen Euangelii Herrn Johann Wincklern vorgestellt. O. O. 1703. V: *Peters, Johanna Eleonore.* (Myl)

Erwägung. Frage, Gebet, Versprechen u. Andachtsübung zu Ehren des heil. Sakraments als Vorbereitung auf die erste heil. Communion. Mainz 867. Giani. 16. (24 S.) 1 ngr.

Erwägung der unvorgreifflichen Gedanken eines Schwedischen Unterthanen über das ... Dähnische Manifest ... O. O. 1710. V: *Westphalen, E. Joh.* (Bruun, Bibl. Danica III, 279.) (Collin, Anonymer. Kiobenh. 1869.)

Erwägung sämmtl. Hauptheile des prophet. Wortes Gottes rc. 1r Thl. gr. 8. Frkf., Gebhardt u. K. 12 gr (Wesché in Frkf.) 9 gr

Erwägung sämmtlicher Hauptheile d. prophetischen Wortes Gottes, in Beziehung auf die Schicksale d. Kirche Christi auf Erden. 1r Thl. gr. 8. Frankf. am M. Gebhardt und Körber. 814.

— etl. Haupttheile d. prophet. Wortes Gottes 18. Nürnberg, Raw. 794.

Erwägung, Justi Modestini, der Viereggischen Liquidationssache. O. O. 1737. V: *Rudloff, Ernst August.* (ML)

Moralisch-mathematische Erwägung der verschiedenen Lebensversicherungssysteme. Teil 2 für 1835 der Bibliothek der neuesten Weltkunde.

Erwägung, Öftere heilsame, und tägliches Gebet in der heiligen Fastenzeit. 3. Aufl. Regensburg o. J. V: *Löcherer, Joseph.* (Russell IX, 620)

Erwägungen. 8. Frft. u. Lpz. Dresd. Hilscher.

Erwägungen. Frankf. u. Leipz. 1774. V: *Geret, Samuel Luther v.* (ML)

Erwägungen u. Andachtsübungen zur Vorbereitung auf den Empfang d. heil. Bußsakraments. 32. (160 S. m. 1 Holzschn.) Einsiedeln 874. Benziger. — 20

Erwägungen für die Bischöfe des Conciliums über die Frage der päpstlichen Unfehlbarkeit ... München 1869. V: *Döllinger, Joh. Jos. Ign. v.* (Ky)

Erwägungen für die Bischöfe des Conciliums über die Frage der päpstlichen Unfehlbarkeit. Octbr. 1869 (von v. Döllinger). 1.—4. Aufl. gr. 8. (17 S) München 870, (Manz.) *

Erwägungen, Dankbare, der Vorzüge und Segnungen, deren sich unser Vaterland zu erfreuen hat ... Zürich 1831. V: *Schweizer, Ludwig Jacob.* (Zu)

— dankbare, der Vorzüge u. Segnungen, deren sich unser Vaterland zu erfreuen hat. Eine Bettags-Predigt. gr. 8. Zürich 831. Orell. 1⅓ gr

Erwägungen, Heilsame und nothwendige, über die christliche Religion. Augsburg 1766. V: *Pallu, Martin.* Ü: *Jäger, Anton.* (Jes)

Erwägungen eines Rheinischen Juristen über die Gesetzlichkeit der Verhaftung und Wegführung des Erzbischofes von Köln. Frankf. 1838. V: *Ruppenthal.* (Kat. der ständ. Bibl. Stuttgart 1907. S. 82.)

Erwägungen eines Rhein. Juristen über die Gesetzlichkeit der Verhaftung u. Wegführung des Erzbischofs von Cöln. Mit Berücksichtigung der geschichtlich-kirchenrechtl. Abhandlung des P. Goßler. gr. 8. Frankfurt a. M. 838. (Hermann.) 1/12 ℛ

— neue, über die Frage der päpstlichen Unfehlbarkeit aus den anerkannten historischen Werken Döllinger's urkundlich zusammengestellt. gr. 8. (48 S.) Regensburg 870, Pustet.

— nothwendige, über die jetzt so sehr gesuchte Gleichheit u. Freiheit unter den Menschen. 8. Augsburg 798. M. Rieger. 1 ℛ

Erwägungen, Sechs geistliche, über das Verhalten des heiligen Augustinus gegen sich, den Nächsten, und gegen Gott. Grätz 1771. V: *Schier, Xystus.* (Schier, Reginae Hungariae Primae Stirpis. Viennae 1776. S. 13.)

Erwägungen eines Wanderers durch die Schweiz, s. Chor- und Meßbuch, biblisches.

Erwägungen u. Wünsche zur evangelisch-lutherischen Kirchenverfassung der sächsischen Oberlausitz. gr. 4. (8 S.) Zittau 894. Pahl. n. — 40

Erwählung, die, in Christo, kurz im Zusammenhang entwickelt u. durch Betrachtung einiger Schriftstellen beleuchtet. 8. (10 B.) Basel 830, Spittler.

Erwärmung, über die, der neuen Gebäude für Hamburg's Bildungsanstalten durch heiße Luft, mit besond. Beziehung auf das Gutachten der königl. preuß. wissenschaftl. Deputation für das Medizinalwesen hinsichtlich des Einflusses der Erwärmung von Zimmern u. Räumen durch heiße Luft auf die Gesundheit der Bewohner derselben. gr. 8. Hamburg Meißner. n. 1/3 ℛ

Erwärmung, d., d. Gewächshäuser. (Aus d. allgem. Bauzeitung.) Mit 3 Zeichn. gr. 4. Wien, 1859. Förster. — 10

Erwart, Felicie, d. Emancipation i. d. Ehe. Briefe an e. Arzt. gr. 8. (75 S.) Hamburg 895. L. Voß. n. 1. —

— Jugendschatz. Deutsche Dichtgn., ges. v. E. M. Illustr. v. Koloman Moser. Lex.-8. (VII, 320 S.) Wien 897. M. v. Waldheim. Geb. in Leinw. n. 10. —

Erwartung, Die, ein Lustspiel. Braunschw. 1769. V: *Topp, Johann Frdr. Julius.* (ML) »1770« (Ky)

Erwartung, die; Lstspl. (v. Jh. Fr. Jul. Topp). 8. Braunschw. 770. Schulbuchh. 2 ℊ

Erwartung, die, s. Bitte, bitte, lieber Vater.

Erwartung, Die, oder bitte, bitte, lieber Vater . . . schenk uns dieses Bilderbuch . . . Leipz. 1802—03. V: *Seidel, Carl August Gottlieb.* (StAt)

Erwartung, od. bitte, bitte, lieber Vater ꝛc. 2 Thle. m. illum. K. 8. Leipz. Leo. 802-5. (1r 1 Rthlr. 18 gr., 2r 1 Rthlr. 12 gr.)

— die,. Ein ländl. Gemälde, in 1 A. 8. Grätz. Tusch. 807.

Erwartung, Erhabener Gerechten gewünschte, in beglückten Nachkommen sterbend noch zu leben . . . Bresl. 1758. V: *Burg, Joh. Frdr.* (Kat. d. Druckschr. üb. Breslau. Bresl. 1903. S. 18.)

Erwartung, die übertroffene, u. die Rache getäuschter. 2 Novellen von K. A. Seidel. Neue Ausg. 8. Leipz. Hinrichs. 813. Rthlr.

Erwartung, Die väterliche, Schauspiel mit Gesang in Einem Aufzuge. Reval 1788. V: *Kotzebue, Aug. Frdr. Ferd. von.* (JL)

Erwartung des baier. Volks v. dem Landtage im J. 1831. In zwanglosen Heften abgehandelt. 6 Hfte. *München*, Franz. 830. 31. gr. 8. (2 Thl. 20 Gr.)

Erwartungen d. evangel.-protestant. Christen-Gemeinden im Königr. Hannover, betreff. Gleichstellung mit d. römischkathol., durch R. R. R. gr. 8. (4 B.) Rinteln 832, Osterwald.

Erwartungen, Die, der katholischen Christenheit von dem heil. Stuhle zu Rom. Zürich 1847. V: *Wessenberg, Ign. Hnr. Carl Freih. von.* (Th)

Erwartungen, die, der katholischen Christenheit im 19. Jahrhundert von dem heil. Stuhle zu Rom. Auf Veranlassung des Rundschreibens Pius IX. an die sämmtl. Bischöfe. gr. 8. (32 S.) Zürich 847, Orell, Füßli und Comp.

Erwartungen, Deutschlands, vom Fürstenbunde. O. O. 1788. V: *Müller, Johann von.* (stri)

Erwartungen Deutschlands v. Fürstenbunde. 8. Leipz. Göschen. 788.

Erwartungen Deutschlands vom Aachner Congress. Ansichten eines freimüthigen deutschen Mannes. Mit einer Karte. 8. Deutschland 1818.

Erwartungen Deutschlands vom Aachner Congresse. gr. 8. Erlangen, Heyder. 818.

Erwartungen, Unsere, oder Peter Leopold. Eine Rede gehalten den 22. März 1790 in der Freimaurerloge zu Hermannstadt. Hermannstadt 1790. V: *Raditschnigg von Lerchenfeld, Joseph.* (GGr)

—— des bayer. Volkes, v. d. Landtage im J. 1831. In zwangl. Hftn. abgehandelt. gr. 8. München, [Franz.]
Hft. 1. Die Wahlen z. Kammer d. Abgeordneten. (3 1/4 B.) 830. 8 Gr.
„ 2. Das Finanzgesetz f. d. dritte Finanz-Periode u. zwar d. Einnahmen. (5 1/2 B.) 830. 10 Gr.
„ 3. Das Finanzgesetz f. d. dritte Finanz-Periode u. zwar d. Ausgaben. (7 1/4 B.) 830. 14 Gr.
„ 4., 5. Das Kulturgesetz, u. d. darüber im J. 1828 in d. Kammer d. Abgeordneten erstatt. Vorträge. (14 1/2 B.) 831. à 12 Gr.
„ 6. Die künftige Gerichts-Verfassung betreff. (7 3/4 B.) 831. 12 Gr.

UEBER die Erwartungen von dem neuen Zustande der deutschen Schaubühne in Hamburg unter einem alten Leitsmann. Ein Zuschauer an seines Gleichen. Hamburg 1811. 8⁰. (60 Mk. [so!] G. Priewe, Heringsdorf, 1911:)

Erwast, Karl, finnisch-deutsches Wörterbuch. (VIII, 805 S.) gr. 8. Tawastehus 888. (Leipzig, O. Harrassowitz.) Geb. in Halbfrz. n. 15. —

Erwe, Paul, Warum versichern wir uns? s. Volks-Bibliothek, neue.

Erwe, P. Warum versichern wir uns? Stuttgart 1851.

Erweckung zur Anbetung Gottes. Bettagspredigt gehalten den 15. März 1795. Zürich 1795. V: *Lavater, Johann Kaspar.* (schstr S. 130)

Erweckung zur Christlichen Barmherzigkeit gegen die abgebrannte Dorfschaft Lunkhofen. [Zürich] 1792. V: *Lavater, Joh. Casp.* (Cat. d. Stadtbibl. Zürich. Zürich 1864—97.)

Erweckung zur Barmherzigkeit gegen Stein, Say . . . [Zürich] 1792. V: *Lavater, Johann Caspar.* (Cat. d. Stadtbibl. Zürich. Zürich 1864—97.)

Erweckung zur Busse zu Gott, und zum Glauben an den Herrn Jesum Christum. Zürich 1772. V: *Lavater, Joh. Caspar.* (CLzür Forts. II) (Cat. d. Stadtbibl. Zürich. Zürich 1864—97.)

Erweckung zum Lobe Gottes für die Berg- und Thal-Leute im Rauracher Land. O. O. u. J. V: *Annone, Hieron. d'.* (Cat. d. Stadtbibl. Zürich. Zürich 1864—97.)

Erweckung zur Lobpreisung und zum Vertrauen auf Gott nach abgewendeter Kriegsgefahr den 30. Oktober 1796. Predigt. Zürich 1796. V: *Lavater, Johann Kaspar.* (schstr S. 131)

Erweckung der theologischen Tugenden. [Innsbruck ca. 1800.] V: *Mantinger, Ignaz.* (margr)

Erweckung zum Vertrauen auf Gott und zur Gottes Lobpreisung bey sonderbaren Führungen, oder Predigt über Ps. 71. 7. 8. Gehalten 15. XII. 1799 nach seiner Verwundung und Genesung. Zürich 1799. V: *Lavater, Johann Kaspar.* (schstr S. 134)

Erweckung, die, im Waisenhause zu Elberfeld. Hamburg 861. Oncken. 12. (33 S.) n. 3 ngr.

Erweckungen zur Anbetung Gottes, m. K. 52. Bresl. G. Korn.

Erweckungen zur Anbetung Gottes im Geist u. in d. Wahrheit. Mit 1 Kpf. Neue, mit d. vorzügl. Gebeten von Hauber, Krüger, Sailer u. Silbert verm. Aufl. 18. Köln 832. Mathieux. 4 gr. Das Dutzend in f. Pappb. 2 rß 16 gr.

Erweckungen zur Andacht bey Sterbefällen und christlichen Begräbnissen. Berlin 1792. V: *Gebhard, David Gfried.* (MGT)

Erweckungen, Christliche, zur Beherzigung der Güte und des Ernstes Gottes und zum Gebethe. Zürich 1798. V: *Lavater, Johann Kaspar.* (schstr S. 132)

Erweckungen der häuslichen Frömmigkeit, in einigen kurzen Betrachtungen über verschiedene dahin abzielende Schriftstellen ... Züllichau 1776. V: *Conrad, Christoph Friedrich.* (MGT)

Erweckungen, Vier göttliche, in allerhand vorfallenden Begebenheiten, über die Dict. Levit. 26, 6 . . . Leipz. 1719. V: *Haym (Haymann), Christoph.* (Adel)

Erweckungspredigt zur thätigen Barmherzigkeit für die unglücklichen Helvetier im Distrikt. Stanz. Den 28. X. 1798. Zürich 1798. V: *Lavater, Johann Kaspar.* (schstr S. 132)

Erweckungspredigten, zehn, e. evang. Lehr. in Fastenz. 8. Nordh. Groß. 751.

Erweckungsrede d. 23. Jan. 1733 rc. gehalten, s.a. Schriften, kleine, z. Beförderung d. christl. Glaubens rc.

Erweckungsrede, den 23. Jan. 1733? (1833?) in der Kirche zu Markbreit bei Anwesenheit der Salzburg. Emigranten vor d. Altare gehalten. 8. Augsb. 830. (Nürnberg, Raw.) 1½ gr

Erweckungsreden von einem vielgeprüften Prediger des Evangeliums. Bethanien [Nürnberg] 1818. V: *Boos, Martin.* (Wr)

Erweis, dass das Remedium restitutionis in integrum wider das Conclusum Eines hochpreissl. Reichshofraths vom 26. May 1758 und 17. August 1759 nicht statt habe . . . O. O. 1761. V: *Heuschkel, Johann Melchior.* (Holz) (ML)

Erweis dass der preuss. Monarch Friederich der Grosse mit Alexander dem Grossen nicht könne verglichen werden. (Mit Titelbl. und einer Anmerkung) Amsterdam 1758. 4.

Erweis, dass die G*ttsch*dianische Secte den Geschmack verderbe. Hamburg u. Leipz. 1743. V: *Pyra, Imman.* (Waniek, Pyra. Leipz. 1897. S. 112.) (GGr) (Wr)

— daß d. Gottschedianische Sekte d. Geschmack verderbe. 2 Stck. 8. Berl. Lange. 743.

Erweiss, dass die Cronen Frankreich und Schweden auf das vollkommenste berechtiget sind, in dem gegenwärtigen teutschen Kriege die übernommene Garantie des westphälischen Friedens in Wirklichkeit zu setzen. 4. 1757.

Erweis, dass die Pfalzgrafen bei Rhein . . . die ersten weltlichen Kurfürsten und Reichs-Erz-Truchsessen gewesen . . . Frankf. u. Leipz. 1786. V: *Crollius, G. C.* (Pütter, Litt. d. Teutschen Staatsr. Gött. 1773—91. IV, 171.)

Erweis, dass die Walachen nicht römischer Abkunft sind . . . Halle 1823. V: *Tököly v. Vizes u. Kezermes, Sava.* (Pk)

— daß Tugend rc. 1 Beyspiele.

— fernerer, daß d. evang. luth. Relig. d. Römischkathol. verehrungswürd. sey. 4. Lpz. Junius. 754.

Erweis. Fernerer E. daß die von den Deputierten des Veltlins und Jurisdiction Clefen wider ihren Landes-Fürsten eingebrachten fünfzehen Beschwerde-Punkten unbegründet sind: nebst der Widerlegung aller ihrer Einwendungen wider die von einer löbl. Standes-Commission bekannt gemachte Beleuchtung dieser Beschwerden und entworfene Ausgleichungs-Dekret, welche sie... im Brachmonat 1790. eingereicht haben. fol. *o. O. u. J.* [1790/91].

Erweis, D. C. A. Heumann's, dass die Lehre der reformirten Kirche von dem heil. Abendmahl die rechte und wahre sey. 2. Theil ... Heidelb. u. Gött. 1764. V: *Grulich, Adolph Bogislav.* (ML) (MGT)

Erweis, Eines Evangelischen Mitgliedes der ehemaligen Confoederation zu Thorn ausführlicher, der Gerechtsame der Dissidenten in Polen ... Berlin 1772. V: *Wernsdorf, Gottlob.* (Ky) (ML)

— der Gerechtsamen d. Dissidenten in Polen. 8. Berl. 772. Flörke. 18 ℳ

Erweis, neuer, des Daseyns u. d. Einheit Gottes ꝛc. 8. Altona, Hellmann. 759.

Erweis, Neuer, des Daseyns eines einzigen Gottes und Schöpfers aller Dinge ... Kopenhagen 1751. 2te ... Ausg. Altona 1756. V: *Carstens, Adolph Gotthard.* (Ky) (ML)

Erweis, neuer, des Daseins eines einzigen Gottes ꝛc., (v. A. G. Carstens). Herausg. v. C. D. Hauber. 8. Kopenh. 751. 2e Aufl. 8. Altona 756. Hellmann. 4 ℳ

— a. d. eigen. Schrift. des Ord. d. Gold- u. Rosenkreuzer, daß s. ruhenden Väter v. ewiger Wirksamkeit sind. gr. 8. Lpz. Göschen. 788.

Dass., s.a. Erweise...

Erweis, Summarischer, dass Herr Joach. Langen Schrift von Offenbahrungen unzulänglich, partheyisch, gefährlich sey. [Hamburg] 1715. V: *Grosse.* (Mp) (Myl)

Erweis, Zweiter summarischer, dass Joachim Langens Abfertigung des ersten Erweises abermal unzulänglich ... sei ... O. O. [1715]. V: *Grosse.* (schr)

— e. natürl. Unmöglichk., daß H. Graf u. D. Trilles gel. Streitigk. m. einand. führ. könnten. 8. Bresl. Meyer. 756.

Erweis des himmelweiten Unterschieds der Moral von der Religion ... Frankf. u. Leipz. 1788. V: *Schulz, Johann Heinrich.* (ErGr) (GGr) »Halle 1788« (ErschDL)

— des Unterschieds der Moral von der Religion ꝛc. 8. Frankf. u. Leipz. 788. Franke. 1 ℳ

Erweis, welcher sich auf die geistlichen und weltlichen Rechte gründet. 1764 s.a. Salis-Marschlins, Ulysses II von].

Erweis, welcher sich auf die geistlichen und weltlichen Rechte gründet, dass keine liegende Güter ohne Erlaubnis des Landesfürsten in todte Hände kommen können. [Chur?] 1764. V: *Salis-Marschling, Ulysses von.* (BrMm)

Erweise aus d. eigenen Schriften des Ordens der Gold- u. Rosenkreuzer, daß seine ruhenden Väter von ewiger Wirksamkeit sind. gr. 8. Leipz. 788. Göschen. 10 ℳ

Dass., s.a. Erweis...

Erweise, Starcke, aus den eigenen Schriften des Hochheiligen Ordens der Gold- und Rosenkreutzer ... Rom 5555. [Leipzig] 1788. V: *Bode, Johann Joach. Christoph.* (Wr) (Kl)

Erweiss, s. Erweis.

Erweisung, Augenscheinliche, dass der vermessene Ketzer-Patron, G. Arnold ... Ulm 1701. H: *Veiel, Elias.* (Hauptkat. d. Univ.-Bibl. Tübingen. G. S. 313.)

Erweisung, Augenscheinliche, dass Gottfried Arnold Theodoti Fragmentum de Valentinianis weder verstanden, noch getreulich übersetzet habe ... Ulmae 1701. V: *Wachter, Georg.* (Myl)

Erweisung, Gründliche, dass Ihro Römisch Kaiserlichen Majestät in dero Oesterreichischen Niederlanden commercia zu stabiliren ... berechtiget. O. O. 1724. V: *Berger, Friedrich Lud. Edler von.* (Oa)

Erweisung, Gründliche, was D. Luther vor Mühe und Arbeit gehabt. Frankf. 1724. V: *Dizinger, Ludw. Carl.* (Myl)

Erweiterung des Bundesbeschlusses vom 27. Juni 1890 über die Errichtung eines schweizerischen Landesmuseums [in Zürich]. 8. [Bern, Stämpfli & Cie.]
Botschaft des Bundesrates. ⟨Vom 28. Februar 1902.⟩ 11 S. 1901.
Bundesbeschluss. ⟨Vom 21. Juni 1902.⟩ 1 S. 1902.

Die **Erweiterung** der **Erwerbsfähigkeit** des weiblichen Geschlechts ohne Universitätsstudium der Frauen und ohne Mädchengymnasien. Ein Beitrag z. Frauenfrage. — Berlin: Wiegandt & Grieben 1903. 31 S. 8⁰

Erweiterung, die, der Gesetzgebungs-Initiative der Landtage, der Sonderstellung Galiziens, u. die Wahlreform. gr. 8. (22 S.) Wien 871. Perles. n. — 80

Erweiterung, die, d. Handelsrechts, durch Einfügung neuer Gesellschaftsformen, s. a. Schriften d. Vereins zur Wahrung der wirthschaftlichen Interessen v. Handel u. Gewerbe.

Erweiterung d. Handelsrechtes durch Einfügg. neuer Gesellschaftsformen. Beurth. v. d. Verein z. Wahrg. d. wirthschaftl. Interessen. Berl. 891.

Erweiterung, Die, der Westfälischen Hochschule. Denkschrift des Senates der königlichen Akademie zu Münster. Als Manuskript gedruckt. Münster i. W. 1901. V: *Lehmann, Richard.* (Minerva, bearb. v. Lüdtke u. J. Beugel. Strassb. 1911. I, S. 33.)

Erweiterung, Die, der Westfälischen Hochschule. Denkschrift des Senates der Königlichen Akademie zu Münster. 2. Abdr. Münster i. W. 1901. V: *Lehmann, Richard.* (Berl)

Erweiterung der Kompetenzen der Schulsynode des Kantons Bern. [Bern 1905.] V: *Jost, Samuel.* (BBullschw 16, S. 246)

(Gesellschaft der Lausanner Tramways.) Erweiterung der Konzession elektrischer Strassenbahnen in der Stadt Lausanne und von Lausanne nach Lutry. 8. [Bern, Stämpfli & Cie.,] 1901.
Botschaft des Bundesrates. (Vom 18. Dezember 1901.) 11 S.
Bundesbeschluss. (Vom 20. Dezember 1901.) 2 S.

Erweiterung, die, der königl. Hauptstadt Prag. gr. 8. (11 S.) Prag 881. Rytka. n. — 20

Erweiterung der genetischen Skizze des Lehrstoffs für den Unterricht in der Fortification auf den königl. Kriegsschulen. 2. Aufl. gr. 8. (144 S. mit eingedr. Holzschn.) Potsdam 867, Riegel'sche Buchh. cart. *

— der genetischen Skizze des Lehrstoffs für den Unterricht in der Waffenlehre auf den königl. Kriegsschulen. 2. veränd. Aufl. Ebend. 868. gr. 8. (IV, 167 S.) " 20 *ngr.*
Vgl.: Zeichnungen zur Waffenlehre.

Erweiterung (Die) der Volksrechte, Besprechung im Verein der Liberalen Berns. Hrsg. von F. Gengel, Redact. des „Bund". kl.-8°. Bern 1868.

Die Erweiterung des Wasserwerkes der Stadt Chemnitz. Als Festschr. hrsg. z. feierlichen Einweihung d. Wasserleitung Neunzehnhain-Einsiedel. — (Chemnitz 1908: Pickenhahn.) 57 S., 15 Taf. 4°

Erweiterung des Bahnhofes Zürich. Zürich [1874]. V: *Moser, Rob.* (Zuwachsverz. d. Bibl. in Zürich 1898 ff., 7.)

Erweiterungen, Neue, der Erkenntnis und des Vergnügens. O.O. 1753-62. H: *Titius [Tiez], Joh. Daniel.* (Waniek, Gottsched. Leipz. 1897. S. 387.) (Ky) (ML)

— der Erkenntniß u. des Vergnügens, 72 Stücke oder 12 Bde. 8. Leipz. 753.—60. Gurich. 6 *rℓ* 4 *g*

ERWEITERUNGEN, Neue, der Erkenntnis(!) und des Vergnügens (hrsg. von Joh. Daniel Titius [= Tiez], geb. 1729, † 1796). O. O. (Leipzig, Lankisch) 1753—62. 8°.
Waniek, Gottsched. Leipzig 1897, S. 387; Anon.-Lex. II. p. 1919 (nach Kayser u. Meusel).

Erweiterungen, neue, der aktenmäßigen Nachrr. von 6 Diebesbanden. 4. Hildburgh. 755. 4 *g*

Erweiterungsbauten der rheinischen Eisenbahn. 1. Abthl. Die Rheinbrücke bei Coblenz. Fol. (81 S. mit 17 Taf., wovon 3 lithogr. und 14 in Kpfrst., in gr. Fol. und Imp.-Fol.) Berlin 864, Ernst und Korn. cart. *

—— dass. — Fortsetzung, s. Hartwich, Emil.

Anonym: „Die Erwerbkunde für Frauenzimmer, oder Anleitung zu verschiedenen weiblichen Arbeiten, wodurch sich Frauenzimmer ihren Lebensunterhalt verschaffen können", 2 Stücke, Pirna 1808, 1809 (Friese); Dresden 1818 (Hilscher).

Erwerbsberufe für schulentlassene Mädchen, zsgest. v. d. Kommission Jugendfürsorge d. Vereins kathol. deutscher Lehrerinnen. 2., verb. Aufl. — Essen: Fredebeul & Koenen 1907. 54 S. 8°
1. Aufl. 1907.

Die **Erwerbsgebiete** des weiblichen Geschlechts. [Denkschriften, Gutachten, Verhandlungsberichte.] Hrsg. vom Centralverein für das Wohl der arbeitenden Klassen. — Berlin: Janke 1866. 90 S. 8°
Aus: „Arbeiterfreund". H. 12.

Erwerbs- u. Wirtschafts-Genossenschaft, die, s. a. Miniatur-Bibliothek.

Erwerbs- und Wirtschaftsgenossenschaft (Die). 32°. Leipzig, A. O. Paul, 1909. (Miniatur-Bibliothek, 811.)

Erwerbs- u. Wirthschaftsgenossenschaften, die. Reichsgesetz vom 1. Mai 1889. Die Führung d. Genossenschaftsregisters u. die Anmeldgn. zu demselben. Bekanntmachung vom 11. Juli 1889. 12. (59 S.) Würzburg 889. Stahel, Verl. — 60; cart. — 75

Erwerbs- u Wirtschaftsgenossenschaften v. 12.5.98. (Gareis Rges. 244-45) Giessen 1898

Erwerbs- u. Wirthschaftsgenossenschaften (Die) und deren Besteuerung. I. 8°. Wien, Erste Wiener Vereins-Buchdr., 1870.

Erwerbs-u. Wirthschaftsgenossenschaften, deren privatrechtliche Stellung. Gesetzentwurf und Commissionsbericht. 4°. Karlsruhe 1869.

Erwerbsjahrbuch, großes, 1908. Hrsg. vom 1. deutschen Erwerbsverein „Union". (Hauptsitz Leipzig.) M. Abhandl.: Der Erfolg im Leben, im Verkehr u. in der Gesellschaft. Erprobte Winke u. Anreggn. m. prakt. Uebgn. v. Rankwert. (VIII, 46 S.) 8. Leipzig 908. E. Marré. — 75

Erwerbsmarkt, der. Zeitschrift f. das gesamte prakt. Leben der Gegenwart m. den Beilagen „Häusl. Glück" u. „Häusl. Fleiß". Schriftleitung: F. Moser. 1. Jahrg. Oktbr. 1903 bis März 1904. 16 Nrn. (à ca. 12 S.) gr. 4. Delmenhorst, L. & H. Eichhorst. n. 2. —
Erscheint nicht mehr.

Erwerbsquelle, unerschöpfliche, für Bierbrauer, Wirthe, Oeconomen 2c. Neues, billiges, ganz unschädliches 2c. Mittel saure, trübe, verdorbene Biere in 24 Stunden mit geringen Kosten nicht nur vollkommen trinkbar, klar u. moussirend herzustellen, sondern alles alte gesammelte Tropfbier u. Uiberbleibsel gleich dem besten Gebräue auszuschenken. Ellwangen 854. Brandegger. 8. verklebt n. 3 *rℓ* 10 *ngr*

Erwerbsquellen. Zeitschrift f. prakt. u. gewinnreichen Gewerbebetrieb. Hrsg. unter Mitwirkg. der tüchtigsten Chemiker, Techniker 2c. v. A. Retemeyer. 1. Jahrg. 1875. 12 Hfte. 4. (1. Hft. 16 S.) Berlin 875. Retemeyer. n. 15. —; einzelne Hfte. à n. 1. 50

Erwerbs-Rundschau, allgemeine deutsche. Prakt. Rundschau f. chem. Kleinindustrie, Verdienst u. Nebenerwerb. Organ des allgemeinen deutschen Erwerbsvereins „Union". Red.: Ernst Marré. 7. Jahrg. 1910. 12 Nrn. (à ca. 16 S.) gr. 8. Ebd. 5.—

Erwerbsteuer-Gesetz, das badische, vom 25. Aug. 1876, nebst Vollzugsverordnung u. Anweisung. Mit einer Einleitung, Verweisungen u. einem Anh., einschlägige Gesetze u. Verordnungen enthaltend. gr. 8. (VI, XIV, 179 S.) Mannheim 877. Bensheimer. n. 4.—; geb. n. 5.—

Erwerbs- & Gewerbe-Verhältnisse in Münchener u. auswärt. bayerischen Kaminkehr-Bezirken. (Von C. Schneeberger.) (25 S.) 8. München (906). (F. Grubert.) (Nur direkt.) 1.—; erm. Pr. — 50

Erwerbung, die, der Mark Brandenburg durch d. Luxemburg. Haus. Eine Denkschrift zur Feier des 24. März 1840. Dem Justiz-Minister rc. von Kamptz ehrerbietigst dargebracht von dem Vereine für Geschichte der Mark Brandenburg. Lex.-8. Berlin 840. Gropius. 1/3 ₰

Erwerbung (Die) der deutschen Eisenbahnen durch das Reich. Volkswirthschaftliche Studie von G. M. gr. 8⁰. Berlin, Puttkammer u. Mühlbrecht, 1876.

Erwerbungen, die, der Berechtigungen der §§ 100 e und f der Reichs-Gewerbeordnung seitens der Innungen. 4⁰ Lübeck 1889

Erwerbungen der Bibliothek des Hauses der Abgeordneten. [1.] Im J. 1905. Berlin 1906: W. Greve. 8⁰(4⁰)

Erwerbungen der königl. Museen zu Berlin seit dem J. 1872. Veröffentlicht von der General-Verwaltung der königl. Museen. gr. 8. (42 S.) Berlin 875, (G. Reimer.) *
Nicht weiter erschienen.

Erwerbungen. – Neue Erwerbungen der Kgl. Bibliothek zu Berlin, s.a. Eitner, Robert

Erwerbungen, Neue, der Königlichen Bibliothek zu Berlin. Leipzig 1903. V: *Eitner, Robert.* (Berl)

Erwerbungen, Neueste, Russlands in Central-Asien. Beiheft. z. „Milit.-Wochenblatt". Berlin 1867.

Erwerbungen Preussens u. Deutschlands, s.: Preussen, Freudenfeldt, H.

(Erwiderung.) Das Königl. Polizei-Präsidium versucht durch Maueranschlag v. 30. August — Der Vorstand: Dr. Ries. Druck von F. Zschiesche. 1 Bl. Fol.
Flugblatt. Berlin, 30. Aug. 1848.

Erwiederung, Abgedrungene, auf die Schrift: Die K. Preuss. Militair-Kirchenordnung vom 12. Februar 1832. Hamm und Soest 1834. V: *Schickedanz, Wilhelm Adolf.* (Rassmann S. 290) (Zeitschr. f. Büch. 1923, S. 84)

—— abgedrungene, üb. d. Schrift: Die kgl. preuß. Militär-Kirchenordnung v. 12. Febr. 1832 rc. Von C. C. G. u. P. B. 8. (1¼ B.) Hamm 834, Schulz.

Erwiederung auf die Abhandlung „die Schenken von Limpurg und das Wappenbild des Herzogthums Ostfranken" v. H. L. o. O. u. J. 8⁰.

Erwiderung gegen des Herrn Professors Ehlers in Kiel Anmerkungen über mein Etwas aus der Staatsindustriekasse. Altona 1788. V: *Finck, Otto Jac.* (MGT) (schles)

Erwiderung auf die Ansprache der evangelischen Prediger der Stadt Dessau an ihre Gemeinden von einem Mitgliede der freien Gemeinde zu Dessau. (1—4. Abdr.) 4. (8 S.) Dessau 851, Neubürger. Thlr. *

Erwiderung auf die Antwort der allerhöchst ernannten Kommissarien zur Aufstellung neuer liturgischen Formen ... Berlin 1814. V: *Grävell, Maximilian Carl Friedrich Wilhelm.* (MGT)

Erwiderung auf Prof. Dr. Bock's offenes Antwortschreiben in Sachen der Homöopathie von dem Ausschuß des Vereins von Freunden der Homöopathie in Württemberg. gr. 8. (15 S.) Stuttgart 869, (Belser's Sortiment.) *

— des engern Ausschusses der Würtemb. allgem. Privat-Wittwen- und Waisen-Pensions-Anstalt auf die zwei Schriften des Real-Lehrers Schäffle über den neuesten Tarif und einen neuen Einigungs-Vorschlag. gr. 8. Tübing. 838. (Osiander.) 1½ ₰

Erwiderung und Beleuchtung der Druckschriften der Herren A. v. Gonzenbach und Chn. Beyel ... Zürich 1841. V: *Gäguff, J. C.* (AarK)

Erwiderung auf die in ... Nr. 24 des »Volksmann's« erschienene Beleuchtung der Kantonalbankverluste in Italien ... O. O. [1875]. V: *Bernard, Chr.* (Cat. d. Stadtbibl. Zürich. Zürich 1864—97.)

Erwiederung auf die Beleuchtung der Schrift: „zur Beherzigung den Actionären der bayer. Hypotheken- u. Wechselbank." gr. 8. München 843, Palm's Hofbuchh. 2 ngl

Erwiderung auf die Bemerkung eines Gartenfreundes: Nicht-Einfluss der Witterung. [Riga 1821.] V: *Bulmerincq, Johann Valentin von.* (R-N)

Erwiderung auf den Bericht des königl. preußischen Staatsministeriums an Se. Maj. den König von Preußen in Angelegenheit der deutschen Bundesreform. gr. 8. (39 S.) Hannover 863, Klindworth. *

Erwiderung, Eine, auf den Bericht des Vereinspräsidenten in der Generalversammlung ... des Trencsiner land- und forstwirthschaftlichen Vereins. Wien 1877. V: *Hönning O'Carrol, Freih. v.* (EB)

—— noch eine, auf den Brief Herrn Harkort's an den Arbeiter-Verein in Leipzig. gr. 8. (24 S.) Glauchau 849, Cramer.

Erwiederung auf d. Briefe üb. d. baier. Volks Erwartungen v. dem Landtage im J. 1831. In zwanglosen Heften. 1s Heft. *Augsburg*, Kranzfelder. 831. 8. (8 Gr.)

Erwiderung, Eine, auf die im November und Dezember 1878 in der »Allgemeinen Militär-Zeitung« erschienenen »Charakteristik der Feinde und der Verbündeten Preussens ...« Wien 1879. V: *Hipssich, Carl Freih. v.* (KA)

Erwiderung und Dank [der Loge „Amalia" in Weimar]. 30. October 1839. [Weimar 1839.] 2 Bl. 8⁰. [Kopftit.]
Gedicht: „Spende mir zum letzten Male ..."

Erwiederung auf die Einladung zur Gründung einer Gesellschaft für die Errichtung einer Eisenbahn mit Dampffahrt zwischen Nürnberg und Fürth. Nürnberg. 1833. 8. 1/3 Thlr.

Anonym: „Erwiderung einiger Einwendungen gegen die Anzeige einer gemachten genauen Untersuchung des Gehalts der französischen Laub- und Federthaler . . . .", Augsburg 1786.

—— auf die Erklärung der Kurheff. Regierung in der Bundestagssitzung vom 14. Nov. 1861, vom Standpunkte des Deutschen und des Kurheff. Volkes. gr. 8. (30 S.) Frankfurt a. M. 861, Auffarth. *

Erwiderung auf Herrn Rosenheyns und Herrn Hertels Erklärung in Jahns Jahrbüchern. [Schneeberg 1830.] V: *Schumann, C.* (Cat. d. Stadtbibl. Zürich. Zürich 1864—97.)

Erwiderung der eidgenössischen Experten auf die Bedenken des Herrn La Nicca in Betreff der Juragewässerkorrektion. O. O. [1857]. V: *Pestalozzi, Heinrich, Sauerbeck* & *A. Hartmann.* (Cat. d. Stadtbibl. Zürich. Zürich 1864—97.)

* **ERWIEDERUNG** von einer Weiblichen Feder, an den Herren Verfaßer des Schreibens über die Frage: Ob auch der vergnügteste Ehestand dennoch beyden Verehlichten zu einer Art von Sclaverey werden müße? O. O. 1759. 4°. 4 Bll. (In Berlin: Bibl. Diez. 4°. 2643, no. 5.)
Am Ende: Ba**ff, d. 17. Aug. 1759.

—— eine, auf die bei C. W. Leske in Darmstadt erschienene Broschüre: Die Gebrechen der heutigen Militärzustände Deutschlands und ihre Abänderung u. s. w. 8. (11 S.) Darmstadt 849, (Küchler.)

—— der deutsch-katholischen Gemeinde zu München auf den Hirten-Brief des Hrn. Erzbischofs v. München-Freising vom 11. Dezbr. 1848. Erlassen München, den 12. Jan. 1849. gr. 4. (6 S.) München 849, Franz.

Erwiderung der von dem M.*. v.*. St.*. den Schwestern ausgebrachten Gesundheit von einem Repräsentanten derselben. Zugleich als Antwort auf die Enthüllung des ächten Freimaurer-Geheimnisses u. s. w. »Vergönnen Sie, dass ich nach alter Maurer-Sitten . . .« [Frankfurt a. M.] o. J. V: *Friederich, Gerhard.* (wolfstieg II, 388)

Erwiderung auf das veröffentlichte Gutachten des Herrn Prof. Dr. J. Rüttimann betr. die Basler Festungswerke. Basel 1860. V: *Keller, Frdr. Ludw. von.* (schz) (Tübz 26, 34)

—— H. v. H's. auf Herrn Dr. Löwe-Calbe's Vortrag über die gegenwärtige innere und äußere politische Lage Preußens gehalten am 19. Oktbr. 1864 im Berliner-Arbeiter-Verein. gr. 8. (16 S.) Berlin 864, Stilke und van Muyden. *

Erwiderung auf die im Volksblatte Nr. 20 vorgebrachten »Klagen im Grossherzogtum Hessen«. Darmst. 1832. V: *Müller, Carl Friedrich.* (HS)

—— auf die Flugschrift betitelt: Der Kornmarkt in Zürich u. des Beweises des Mißverhältnisses zwischen Kornpreis u. Brodpreis, als Folge der Taxenaufhebung im J. 1835, u. die Darstellung d. Hülfsleistungen durch Staatsfurcht in d. Vorzeit. gr. 8. (1¾ B.) Winterthur 846, Literar. Compt. v. Hegner, ält.

Erwiederung auf die Kritik der Betrachtungen über den Beitrag zur Darstellung der Schlacht von Solferino. Lex.-8. (28 S.) Leipzig 865, Volckmar. *

Erwiderung auf die Kritik über die Schlacht von Solferino. Leipzig 1865. V: *Wimpffen, Franz Graf von.* (Mitth. Dr. H. Friedjung.)

kurze, auf den im „Zionsboten" [6. Jahrg.] erschienenen Artikel: „Ueber den Darbysmus". Elberfeld 870. Langewiesche in Comm. 8. (12 S.) 1½ ngr

Erwiderung, Kurze, an Herrn Dr. Buek . . . Berlin 1827. V: *Hudtwalcker, Martin Hieronymus.* (schr)

—kurze, an Hrn. D. Bunk. Vom Verf. des Aufsatzes: angebl. Einfluß d. myst. Unfugs ꝛc. gr. 8. Berl. 827. Dümmler. 2 gr

Erwiderung, Kurze und leichtfassliche, für den Hauptlehrer Herrn Herrmann aus Friedersdorf auf seine Kritik der Broschüre: „Das Für und das Wider der Besoldungskassen". [Hrsg. von d.] Magdeburger Vereinig. f. Schulpolitik. Magdeburg [1909]. 4°.

—— auf die undeutsche Mahnung eines deutschen Offiziers [Arkolay] von einem süddeutschen Offizier. 1.—3. Abdr. gr. 8. (27 S.) München 869, Kaiser. *

Erwiderung der evangel. Gemeinde Ober- und Untergröningen auf das offene Sendschreiben ihres vormaligen, zur katholischen Kirche übergetretenen Pfarrers Karl Haas. Stuttg. 1844. V: *Pfizenmayer, Eberh.* (Kat. der ständ. Bibl. Stuttg. 1907. S. 580.)

—— der evangel. Gemeinde Ober- u. Untergröningen im Königreich Württemberg auf das offene Sendschreiben ihres vormal., zur kathol. Kirche übergetretenen Pfarrers ꝛc. Hrn. Carl Haas. gr. 8. (1¾ B.) Stuttgart 844. [Becher's Verl.] *

—— protestantische, auf Dr. Ghillany's Schrift: „Römisch od. Deutsch?" gr. 8. (1½ B.) Nürnberg 845. (Korn'sche Bh.)

—— auf „Prüfung des Durchsuchungsrechtes von ein. Amerikaner," mit Bemerkungen üb. einige andere zwischen Großbritannien u. den Verein. St. anhäng. Streitfragen. Von e. Engländer. Uebers. a. d. Engl. gr. 8. (1¾ B.) Berlin 842, Jonas, Verl.

—— Rothschild's I., Königs d. Juden, auf das v. „Satan" an ihn gerichtete Pamphlet. Nach d. Franz. 2. Aufl. gr. 12. (1 B.) Berlin 846, Weyl u. Comp. *

—— Rothschild's I., Königs der Juden, auf das von „Satan" an ihn gerichtete Pamphlet. Nach dem Französ. 3. Aufl. 12. (24 S.) Berlin 847, Weyl und Comp.

—— auf d. Schrift e. Kgl. Sächs. Justizbeamten üb. d. Vernunft- u. Rechtswidrigkeit d. Patrimonial-Gerichtsbarkeit, v. e. Patrimonial-Gerichtsdirector im Königr. Sachsen. gr. 12. (1 B.) Leipzig 832, Glück.

Erwiderung auf die Schrift von A. Lippmann „Über Versuche mit Lötmitteln". Hrsg. vom Laboratorium der Küppers Metallwerke G. m. b. H. Bonn a. Rh. Köln, [1908]. 30 S.

Erwiderung auf Herrn Sempers Schrift: über den Bau evangelischer Kirchen . . . Hamburg 1845. V: *Palm, Gust.* (zu)

—— auf Hrn. Prof. Semper's Schrift: Ueber den Bau evangel. Kirchen. Vom Verf. der „Andeutungen üb. die Aufgabe der evangel. Kirchenbaukunst." gr. 8. (1¼ B.) Horn bei Hamburg 845, Agentur des Rauhen Hauses.

—auf einige gegen die Erklärung der Pfarrer der Kreissynode Dortmund in Betreff d. Schwelmer Pfarrer-Wahl-Angelegenheit erschienene Schriften. gr. 8. Leipzig 837. Enobloch. 1/3 ngr

Anonym: „Erwiderung auf die von Riesser erschienenen Schriften. Von einem Hamburger", München 1831. — Vorh.: Com. Bibl. Hamburg.

Erwiderung auf das Sendschreiben an das katholische Landvolk Württembergs und auf die Antwort einiger Katholiken hierauf [von Ben. Al. Pflanz.]. Tübingen 1832. V: *Ströbele, Urban.* H: *Lang, Lor.* (Tübz 7, 57) (Kat. d. ständ. Bibl. Stuttgart 1907. S. 88.)

—— auf d. Sendschreiben an d. kathol. Landvolk Württembergs u. auf d. Antwort einiger Katholiken hierauf. Zugleich e. Beytrag z. Schilderung d. Verhältnisse d. kathol. Kirche in Württemberg. gr. 8. (3¼ B.) Tübingen 832, Fues.

Erwiderung auf die in Sachen des Fürsten ... zu Löwenstein-Wertheim-Rosenberg, Revidenten, wider den Herzog ... zu Aremberg, Revisen, Seitens des Ersteren vertheilte sogenannte Species facti ... Berlin 1835. V: *Reinhardt.* (KGBerlin I, 603)

Erwiderung der drei evangelischen Superintendenten des Grossherzogtums Hessen: Dr. Zimmermann, Dr. Simon und Dr. Schmitt auf die Schrift des Herrn Bischofs von Mainz: Die wahren Grundlagen des religiösen Friedens. Darmstadt 1868. V: *Simon, Friedrich Carl.* (Hessische Biographien, hgbn. von Herman Haupt. Darmstadt. II/1 [1920, S. 68])

—— auf das Schriftchen: Synodal-Richter, Synodal-Examinatoren und Diözesan-Synoden. gr. 8. (15 S.) Köln 810, Lengfeld. *

— unpartheiische, auf die Recension der R. J. Wurst'schen Sprachdenklehre in der pädagog. Revüe von Dr. Mager. Ein Beitrag zur Charakteristik des literar. Sansculottismus der Gegenwart. gr. 12. Stuttgart 842, Weise und Stoppani. 1/8 ℛ

Erwiderung. [1.] Erwied' (des Vorstandes des bernischen Juristenvereins [auf die gegen ihn gerichteten Angriffe des Herrn] Professor [Carl] G[ustav] König. Bern, den 27. Februar 1881. — [2.] Abwehr [zweier] Schmähartikel [des] Prof. K[arl] G[ustav] König. Bern, im März 1881. [Von Rudolf] Leuenberger. Obergerichts-Präsident). <SA.> 8. [Bern 1881.]

Erwiderung auf Herrn Dr. Löwe-Kalbe's Vortrag über die innere und äussere politische Lage Preussens vom 19. X. 1864. Berlin 1864. V: *Hundt von Hafften.* (singerB S. 13)

Erwiderung auf das Schriftchen: Auch ein Wort über die Justizpflege des Kantons Zürich. Zürich 1848. V: *Wyss, Friedrich von.* (Cat. d. Stadtbibl. Zürich. Zürich 1864—97.)

Erwiderungen.

⊙ Erwiederungen auf zwey Anzeigen des Altonaischen Merkurs vom 2. Sept. und 17. Nov. 1817 und auf das Fragment eines Gesprächs über die neue ⟨vom König verfügte⟩ Auflage der Augsburgischen Confession, in den Provinzial-Berichten Oct. 1817 S. 558 f. Angehängt eine Erklärung des Professors Falck. o. O. 1818. 8°.

Erwiederungen auf die Bemerkungen des Hrn. Geh. Raths Dr. A. A. E. Schleiermacher üb. den Studienplan f. die großh. hess. Landes-Universität zu Gießen. Von einigen Professoren derselben. gr. 8. (2¼ B.) Gießen 843, Ricker.

Erwiderungen, zwei, auf die Schrift: „Verfahren der Herzogl. Braunschweig. Regierung wider Hrn. Carl Geibel, Prediger der reform. Gemeinde zu Braunschweig, beleuchtet von e. Freiwilligen." Unter diesem Umschlagstitel werden nachstehende Schriften zusammengeheftet ausgeg.: Ansichten eines Unbefangenen über die Geibel'sche Angelegenheit; mit Bezug auf die Schrift: „Verfahren der Herzogl. Braunschweig. Regierung wider Hrn. Karl Geibel rc.; und: Die Dienstentlassung d. vormal. Pred. d. reform. Gemeinde zu Braunschweig, Karl Geibel, aktenmäß. dargest. rc." gr. 8. Braunschw. 836. Meyer. 1/6 ℛ

Erwiederung, s. Erwiderung.

Erwiederungen, s. Erwiderungen.

Erwig, Emil: Acetylderivate der Chinasäure, der Dextrose, Laevulose und Galactose. 47 S. 8°. – München 1889: Ernst. Erlangen, Phil.Fak., Inaug.-Diss. 1889.

Erwin und Elmire, ein Schauspiel mit Gesang. Frankf. u. Leipzig 1775. V: *Goethe, Joh. Wolfgang v.* (MGT) (Mn)

Erwin u. Elmire. Schausp. von Göthe. 8. Berl. Himburg. 776.

— — dass. 8. Lpz. Göschen. 788.

Erwin von Steinbach, ein Roman. Hamburg 1834. V: *Schwarz, Theodor.* (GGr) (Ky)

Erwin, zur Erinnerung an A. A. Zimmermann. („The flying Yankee"), nebst „Trainingsleitfaden" v. A. A. Zimmermann. gr. 8. (VIII, 100 S. m. Abbildgn. u. 1 Bildn.) Stuttgart 898. [M. Zimmermann.] J. Fecht. 3. —

Erwin, s. a. Gedanken, 100, üb. den Krieg.

Erwin. Hundert Gedanken über den Krieg. In-8°. Zürich, Schmidt. 1 25
1893.

† Erwin, F. Th., (Frz. Theod. Kugler,) der letzte Wendenfürst. Novelle aus d. Zeiten d. Gründung Berlin's. 2 Thle. gr. 12. (16⅓ B.) Berlin 837, Alex. Duncker.

Erwin, Frdr., der südafrikanische Krieg von 1899—1902. (195 S. m. 1 Karte.) gr. 8. Berlin (902). Verlag Continent. n. 1. 50

Der südafrikanische Krieg von 1899–1902. Von Friedrich Erwin. *Charlottenburg: Continent [1903].* (195 S.) 8° [ff.]

Erwin, L., die Redekunst. Prakt. Anleitg. zur Erlerng. der Redekunst u. umfangreiche Sammlg. v. Musterreden für alle Fälle des privaten u. öffentl. Lebens. (174 S.) Lex. 8. Potsdam (910). Bonneß & Hachfeld. 2. 50
Sonderabdruck aus „Das praktische Buch f. jedermann".

Erwin, Paul, ernste Lieder. Berlin 861. W. Schultze. 16. (95 S.) n. 10 ngr.

Erwin, Wilh., der Adel u. seine christlich-conservative Regenerirung. gr. 8. (32 S.) Landshut 881. Thomann. — 45

Erwin, William, Bertran de Born. E. provençal. Sang. 8. (159 S.) Meran 895. (C. Jandl.) Geb. n. 3. 50

Erwin, Will., Dornröschen. Sagen u. Lieder. Wien 868. Mayer & Co. 16. (107 S.) 24 ngr.

Erwin, Will., die Langobardin. Trauerspiel in 5 Akten. 8. (144 S.) Wien 879. Mayer & Co. n. 2. —

Erwin, William, de relatione inter auctoritatem et legitimam societatem potiora momenta, ut ad causam tanti ponderis accuratius tractandam excitentur optimates brevissime adumbravit. 8. (24 S.) Mainz 896. F. Kirchheim. n. — 40

Erwina oder die Geheimnisse der unterirdischen Gruft. Pirna 1806. V: *Kerndörffer, Heinrich August.* (GGr) (Ky) (NN)

Erwina, od. d. Geheimnisse d. unterirdischen Gruft, v. Verf. d. Lorenzo. 2 Thle. 8. Pirna, Friese. 809.

Erwina, oder die Geheimnisse der unterird. Gruft. 2 Thle. wohlf. Ausg. 8. Pirna, Friese. 817.

Erwina oder Zauber, Minne und Mutterliebe. Ein Ritter-Roman, nach dem Französ. der Contes Gothiques. Wien und Prag 1819. V der »C. G.«: *Gradenstein, Josephine Perin von.* Vgl. GGr X, 156, 60, 1. 2. (DARP)

— — oder Zauber, Minne und Mutterliebe. Ritterroman. Aus d. Französ. der Contes gothiques. Mit Kupf. 8. Wien, Haas. 819.

Erwine von Steinheim. Ein Trauerspiel in fünf Aufzügen. Wien 1780. V: *Blumauer, Johann Alois.* (EE) (GGr)

Erwine von Steinheim, parodirt in Knittelversen ... Wien 1802. V: *Gewey, Franz Carl.* (GGr)

Erwinia. Feuille de correspondence maçon.: Maurerisches Correspondenzblatt. 1846. 4 Lfgn. (Mit Erwin's Denkmal in Strassburg.) gr. 8. Strassburg. (Leipzig, J. J. Weber.) **

Erwinia. Feuille de correspondance maçonnique. Maurerisches Korrespondenz-Blatt. 1847. 4 Lfgn. gr. 8. (à 4 B.) Strasbourg. (Leipzig, J. J. Weber.) baar $1^{1}/_{3}$ ℛ

Erwinia. Feuille de correspondance maçonnique. Organe officiel des congrès. [Hrsg. von der Loge Les Frères réunis in Strassburg i. E.] T. 1. [2.] Strasbourg 1847—1848: Silbermann. 8⁰ [Nebentit.:] Maurerisches Korrespondenz-Blatt. Offizielles Organ der Kongresse. Bd. 1. [2.]
1. 370 S. 3 Abb. 1847 [Umschlagtit.:] 1846; [2.] 238 S. 1848 [Umschlagtit.:] 1847.
cf. FQR. 1846 S. 263—264.
Tt. 145.

Erwinia. Vereinsblatt des „Alsabundes“. Im Auftrag des Bundes hrsg. v. Chrn. Schmitt. I. Jahrg. 1894. gr. 8. Straßburg. (Zabern, H. Fuchs.) n. 3. 50
Erscheint in zwanglosen Nrn.

Erwinia. Vereinsblatt d. „Alsabundes“. I. Auftr. d. Bundes hrsg. v. Chrn. Schmitt. II. u. III. Jahrg. 1895 u. 1896. à 12 Nrn. ($^{1}/_{2}$ Bog.) gr. 8. Straßburg [Zabern, A. Fuchs]. (Schlesier & Schweikhardt). à Jahrg. n. 3. 60

— dasselbe. 4. Jahrg. Oktbr. 1896—Septbr. 1897. 12 Nrn. (à ca. 12 S.) gr. 8. Straßburg (Schlesier & Schweikhardt). *n.n. 3. 50

— dasselbe. 5. u. 6. Jahrg. Oktbr. 1897—Septbr. 1899. à 12 Nrn. (Bog.) Lex.-8. Ebd. à Jahrg. n.n. 4. —

Erwinia. Monatsblatt des litterar. Vereins „Alsabund“. Im Auftrag des Bundes hrsg. v. Chrn. Schmitt. 7. u. 8. Jahrg. Oktbr. 1899—Septbr. 1901. à 12 Nrn. Lex.-8. (à ca. 16 S.) Straßburg (Schlesier & Schweikhardt). à Jahrg. n.n. 4. —

— dasselbe, hrsg. v. Geo. Süß. 9. u. 10. Jahrg. Oktbr. 1901—Septbr. 1903. à 12 Nrn. Lex.-8. (à ca. 16 S.) Ebd. à Jahrg. n.n. 5. —

Erwinia. Monatsblatt des literar. Vereins „Alsabund“. Elsässische Blätter f. deutsche Literatur. Im Auftrag des Bundes hrsg. v. Geo Süß. 11.—14. Jahrg. Oktbr. 1903—Septbr. 1907. à 12 Nrn. (11—13: 268, 236 u. 248 S.) gr. 8. Straßburg (Schlesier & Schweikhardt). à Jhrg. n.n. 5. —

Erwinia. Monatsblatt des literar. Vereins „Alsabund“. Elsässische Blätter f. deutsche Literatur. Im Auftrag des Bundes hrsg. v. Geo. Süß. 15.—17. Jahrg. Oktbr. 1907 bis Septbr. 1910. à 12 Nrn. (220, 196 u. 195 S.) gr. 8. Straßburg (Schlesier & Schweikhardt). à Jahrg. nn 5. —

Erwürgen, Das, der deutschen Nationalität in Ungarn. Denkschrift aus Siebenbürgen mit Vorwort von Franz von Löher. 8. München 1874.

Erxleben [Schlagwort]

Erxleben, s.: Preussen. Messtischblätter.

Erxleben [Verfasser]

Erxleben, Albrecht, die Condictiones sine causa. 1. Abthl.: Die Condictio indebiti. gr. 8. (XIII und 213 S.) Leipzig 850, Barth.

Erxleben, Albr., die Condictiones sine causa. 2. Abth. die Condictio causa data causa non secuta. A. u. d. T.: Die Rückforderung erfolgloser Leistungen oder die Obligatio ob rem dati re non secuta. Eine civilistische Abhandlung. Göttingen 853. Dieterich. gr. 8. (XVI, 520 S.) n. 2 ℛ 10 ℊ

Erxleben, Albr.: Einleitung in das Römische Privatrecht. Göttingen 1854.
[Nebentit.:] Lehrbuch des röm. Rechts. Bd 1.

– [Hrsg.], s. Göschen, Joh. Friedr. Ludwig: Vorlesungen über das gemeine Civilrecht.

Erxleben, Albr., de contractuum innominator. indole ac natura comment. 8maj. (15 B.) Gottingae 835, (Deuerlich.) *

—— Lehrbuch des römischen Rechts. 1. Bd. A. u. d. T.: Einleitung in das römische Privatrecht. gr. 8. (VIII und 496 S.) Göttingen 854, Dieterichsche Buchh. *

Erxleben, C. Betrachtungen über die Staats-Einnahmen und -Ausgaben in Preussen und Hannover und über einen für Hannover zu bildenden Provinzialfonds. gr. 8⁰. Hannover, Rümpler, 1866.

Erxleben, C., Betrachtungen über die Staats-Einnahmen und Ausgaben in Preußen und Hannover und über einen für Hannover zu bildenden Provinzialfonds. gr. 8. (63 S.) Hannover 867, Rümpler. *

Erxleben, Chr. Polyk. Fr.

Erxleben, C. P. F., über Güte und Stärke des Bieres und die Mittel diese Eigenschaften richtig zu würdigen. Mit 2 Tab. und 1 Zeichnung. 8. Prag, Krauß. 818.

Erxleben, Chr. Polyk. Fr., die böhmische Leinwandbleiche beschrieben, mit d. bekannten ältern u. neuern Bleichmethoden verglichen, nebst einem Anhange chemischer Versuche zur Berichtigung d. Theorie d. Bleichens, mit 4 K. gr. 8. Wien, Kaulfuß. 812.

— die böhm. Leinwandbleiche beschrieben, mit d. bekannten ältern u. neuern Bleichmethoden verglichen, nebst e. Anhange chem. Versuche z. Berichtigung d. Theorie d. Bleichens, mit 4 Kpft. gr. 8. Wien 812. (Schaumburg u. C.) 1 ℛ 16 ℊ Hbg. Pr. 1 ℛ -

Erxleben, Dorothea Christiane

Erxlebin, Doroth. Christ., akadem. Abhandl. v. Heil. d. Krankheiten. 8. Halle, (Hahn in Hannover.) 755.

Erxleben, Doroth. Christ., († d. 13. Juni 1762.) Abhandl. v. der gar zu geschwinden Heilung d. Krankheiten. 8. Halle 755. Hahn in Hannov. 6 gr

Erxleben, Doroth. Christine, Vernünftige Gedanken vom Studieren des schönen Geschlechtes. 8°. Frankfurt u. Leipzig 1749.

— Gründliche Untersuchung der Ursachen, die das weibliche Geschlecht vom Studieren abhalten, darin deren Unerheblichkeit gezeiget und wie möglich und nützlich es sei, dass dieses Geschlecht der Gelahrtheit sich befleissige, umständlich dargelegt wird. 8°. Berlin 1742.

UNTERSUCHUNG, Gründliche, der Ursachen, die das weibliche Geschlecht vom Studieren abhalten (von *Dorothea Christiane Erxleben*, geb. *Leporin*). Berlin 1742.
Anon.-Lex. IV. p. 270 (nach Meusel).

Erxleben, J. Benj., († d. 21. Febr. 1807.) Andachtsbuch f. das häusl. Leben, besonders zum Gebr. in Hospital-Anstalten. 8. Bresl. (805).

— e. Nachr. von d. Kirche u. d. Hospital St. Hieronymi, bei Gelegenheit d. 300jähr. Kirchenjubiläums den 10. Juni 1804. 8. Bresl. (804).

Erxleben, J. Gli.

— meine Irrgänge u. Mißgriffe in d. Weg u. Werk d. Herrn. Ein Bekenntniß von e. evangel. Prediger. 12. Görlitz 805.

Erxleben, J. Gli., Sittenbüchl. 12. Herrnhut 805.

Erxleben, Johann Christian Polykarp

Erxleben, Jh. Chr. Polyk., († d. 19. Aug. 1777.) physikal.-chemische Abhandlungen, 1r Bd. 8. Leipz. 776. Weygand. 22 gr

Physikalisch-chemische Abhandlungen. Göttingen, 1777.

— Anfangsgründe der Chemie. 8. Götting. 775, mit neuen Zusätzen verm. u. herausg. von J. C. Wiegleb. 8. Gött. 773. Dieterich. 1 Thlr

Johann Christian Polykarp Erxleben

Anfangsgründe der Chemie. Von Joh[ann] Christ[ian] Polyk[arp] Erxleben. Göttingen: Dieterich 1775. 472 S. 8°

ERXLEBEN, JOHANN CHRISTIAN POLYCARP.
* Anfangsgründe der Chemie. Göttingen, 1775 pp. [xxxii]-472-[lii], 8vo.
Zweite Auflage vermehrt von J. C. Wiegleb. Göttingen, 1784.
Dritte Auflage. Göttingen, 1793. 8vo.

Erxleben, Joh(ann) Christ(ian) Polyk(arp): Anfangsgründe der Chemie. Verm.Aufl.hrsg. von F(ranz Xaver) August von Wasserberg. 469 S., gbd.

Wien: Trattnern 1785

JB 320

— Anfangsgründe d. Naturgeschichte. 8. Götting. 768. 2e verm. u. bericht. Aufl. 8. Ebd. 773. 3e verm. u. verb. Aufl., v. J. F. Gmelin, mit Kpf. 8. Ebd. 782. 4e Aufl., mit Kpf. 8. Ebd. 791. Dieterich. 1 Thlr 12 gr

Johann Christian Polykarp Erxleben

Anfangsgründe der Naturgeschichte entworfen von Johann Christian Polykarp Erxleben. 2.,verm.u. verb.Aufl. Göttingen & Gotha: Dieterich 1773. 592 S. 8°

ERXLEBEN Joh(ann) Christ(ian) Polykarp. Anfangsgründe der Naturgeschichte. Entworfen von –. . . . Aufs neue herausgegeben von Johann Friedrich Gmelin . . . Trattner, Wien 1787.
1 vol. XLVIII + 756 S. + 6 Kupfer.

— Anfangsgründe d. Naturlehre. 8. Götting. 772. 2e Aufl. 777. 3e — 6e Aufl., von G. C. Lichtenberg. 784, 87, 91 u. 94. Mit 9 Kpf. 8. Ebd. Dieterich. 1 Thlr 12 gr

— — dasselbe. 2 Thle. m. K. 8. Würzburg, Rienner.

Erxleben, Johann Christian Polykarp: Anfangsgründe der Naturlehre. 5.Aufl., mit Zusätzen von G(eorg) C(hristoph) Lichtenberg. 755 S., gbd., Abb.

Göttingen: Dieterich 1791

JB 159

— — dass. m. K. 8. Bamberg, Lachmüller. 796.

Erxleben, Joh. Chr. Polyk., Betrachtungen über das Studium der Vieharzneikunst, nebst ein. Anzeige sein. Vorlesungen. 4. Göttingen 769.

— Betrachtt. über d. Unterricht in d. Naturgeschichte auf Academien. 8. Götting. 773. Dieterich. 2 gr

Erxleben, Johann Christ. Polykarp (Hrsg.), s.a. Bibliothek, Physikalische.

Erxleben, Johann Christian Polykarp: Physikalische Bibliothek. Bd 1 - 4, gbd.

Göttingen: Dieterich 1775 - 1779

JB 6.178

Jo. Chr. Polycarp Erxleben diss. sist. dijudicationem systematum animalium mammalium. Gotting. 1767. 4.

— (Pr.) Dubia a Cl. Bergio contra insitionem luis bovillae nuper proposita. 4. Götting. 770. Dieterich. 2 gr

Erxleben J. C. P.: Einleitung in die Vieharzneykunst. Götting. u. Gotha 1769. 463 S.
— — [Neue Ausg., m. Tit.:] Theoretischer Unterricht in der Vieharzneykunst. Neu u. verb. herausg. v. K. A. Zwierlein. Götting. 1798. 511 S.
— Praktischer Unterricht in der Vieharzneykunst. Götting. u. Gotha 1771. 430 S.
[Fortsættelse af foreg.].
— — Neu u. verb. herausg. v. K. A. Zwierlein. Götting. 1800. 432 S.

— Einleitung in die Vieharzneikunst. 8. Götting. 769. 2e Aufl. Ebd. 777. N. Aufl. u. d. T.: theoret. Unterr. in der Vieharzneikunst, verbessert v. K. A. Zwierlein. (1r Bd.) 8. Gött. 798. 4e Aufl. 800. Dieterich. 1 Thlr 6 gr

Jo. Chr. Polycarp. Erxleben oratio de arte veterinaria veteribus maxime aestimata, diu neglecta, hodie laetissime efflorescente. Gotting. 1771. 4. (Cfr. *Jo. Phil. Ingrassias quod veterinaria medicina formaliter una eademque cum nobiliori hominis medicina sit materiae duntaxat nobilitate differens.* Venet. 1568. 4. cum aliis opusculis.)

— s. 1) Pet. S. Pallas, Naturgeschichte. 2) C. Search.

— systema regni animalis per classes, ordines, genera. Class. I. Mammalia. 8 maj. Götting. (Lpz.) 776. Weygand. 2 Thlr Schrbp. 2 Thlr 12 gr

Erxleben J. C. P.: Systema regni animalis per classes, ordines, genera, species, varietates cum synonymia et historia animalium. Classis I. Mammalia. Lips. 1777. (42) 636 S.

— prakt. Unterricht in der Vieharzneikunst. 8. Götting. 771. 2e Aufl. 777. Neu verbess. von K. A. Zwierlein. (2r Bd.) 8. Ebd. 800. Dieterich. 1 Thlr 2 gr

Erxleben, Johann Christian Polykarp: Praktischer Unterricht in der Vieharzneykunst. Göttingen u. Gotha 1771. 430 S.

— Neu u. verbess. hrsg. von K[onrad] A[nton] Zwierlein. 1800. XVI. 432 S.

— — Theoretischer Unterricht oder Einleitung in die Vieharzneikunst. Neu verbessert herausgegeben von K. Ant. Zwierlein. 8. Göttingen (769). 798. Dieterich. M. 4.—

— — Dass. 2. Bd. — A. u. d. T.: Prakt. Unterricht in die Vieharzneikunst. Neu u. verb. herausgeg. v. K. Ant. Zwierlein. 8. Ebd. (771.) 800. M. 3.25.

Erxleben, Johann Christian Polykarp (Übers.u. Comm.):

s.: Vitet, (Louis): Unterricht in der Vieharzneykunst. (Médecine vétérinaire... Dt.) Th.1/1 - 2. Lemgo: 1773 - 1776

JB 5.872

Johann Daniel Erxleben's Kurze doch hinlängliche Anleitung zur Arithmetica oder Rechenkunst. Halberst. 12. 6 Bogen. 1725.

Erxleben, Johann Heinrich Chr.

— Diss. inaug. de eo quod juris est circa fictam possessionem maxime quoad rei vindicationem hereditatis petitionem. 4. Gotting. 778. Dieterich. 2 gl

Erxleben, Jo. Hnr. Chr., († d. 19. Apr. 1811.) Erläuterung der Frage: in wie fern die Gelegenheit zum Verbrechen die Strafe desselben mildere? 4. Götting. 779. Dieterich. 2 gl

Erxleben, J. H. Ch.: Princ. jur. pignoris et hypothecarum meth. syst. praelectt. acadd. accomm. Gött., Dietrich. 779. 8. (10 Gr.)

Erxleben, Karl Geo. Hnr., Diss. inaug. med. sistens epidemiae variolosae Göttingae 1792 grassatae brevem descriptionem. 8maj. Götting. 792. Dieterich. 3 gl

Erxleben, Louis, nur selig! Abschieds-Predigt, geh. am IX. Sonntage nach Trinitatis den 18. Aug. 1878 in Breslau. gr. 8. (14 S.) Breslau 878. (Dülfer.) n. — 30

Erxleben, Ricardus: De comparativi cum comparata re coniuncti usu Herodoteo. Halis Saxonum 1884: Karras. 50 S. 8°

Halle-Wittenberg, Phil. Diss. v. [22. Jan.] 1884

Geb. Stendal 20. 9. 1860. V.

Erxleben, Th., Niesky u. Umgegend. Mit 12 in den Text gedr. Plänen u. Kärtchen. 12. (VII, 164 S.) Niesky 882. Hoberg. geb. n. 2. —

Wie kann darauf hingewirkt werden, den Gemeindegliedern die heilige Schrift in noch höherem Maße vertraut und lieb zu machen? Referat, geh. auf d. Synode Königs-Wusterhausen 1907 von Wilhelm **Erxleben,** Pfarrer. Berlin: M. Warneck 1907. (32 S.) 8° [F.] 07. 8876

Erxlebin, Dorothea Christiane, s. Erxleben

Exner, P. P., Die 7 Bußpsalmen kurz erklärt. Wien, Doll, 1790.

— üb. d. Einricht., Ceremonie u. Gebr. der katholisch. Kirche. 2r Theil. 8. Ebend. 793.

— Christl. Sittenlehre. 2 Bde. 8. Ebend. 794.

— Unterricht üb. d. kathol. Kirchengebräuche. 8. Ebend. 793.

Erycia; e. Trspl. aus d. Französ. v. Albr. Wittenberg. 8. Hamb. 768.

Erythraeus, Ian. Nic., Eudemiae libri X. c. praef. Fischeri. 8. Ienae, Fischer. 740. — 7

— Epistolae ad Thyrrhenum et ad. diversos, c. Fischer. 8. ibid. 749. 6

— orationes viginti duae. 8. Altenb. (Academ. Buchhdl. in Iena.) 741. — 8

Erythrati, J. N., Pinacotheca imaginum illustrium. Lips. 712. 8. Guelf. 729. 8. 16 gr.

— pinacotheca imagin. illustr. viror. 8. Wolfenb. Albrecht. 729. — 16

Erythropel, (Hofmedicus,) Bemerkk. über das endemische Sommerfieber, in besonderer Beziehung auf die Nordsee-Küsten-Endemie d. J. 1826. 8. Stade 828. (Herold in Hamb.) 10 gl

Erythropel, Arnold Christian (Hannover), Meditat. ad pandectas spec. L. De syndico. Präs. August Leyser. Helmstedt (H. D. Hamm) 25. VII. 1716. 4 Bl. (3.50) **8243**

— David Rupert (Hannover), De ministris ecclesiarum Augustanae confessionis rite vocatis, rectis ordinatis. Diss. theol. Präs. Joh. Wilhelm Baier. Jena (Joh. Zach. Nis) o. J. 40 S. (5.—) **8241**
Widm. v.: Heinrich Christoph Erythropel (Bruder; Plön/Holst.).

Erythropel, Eberhard [wiss. Hilfsl.]: Beiträge zur Geschichte der Weserpolitik Bremens im XIII. und XIV. Jahrhundert. Geestemünde, Druck d. Nordsee-Ztg. 1892; 47 S. 8.
Geestemünde, HB, OP 1892 (333)

Erythropel, mehr Ehrfurcht vor der Religion!, s.: Reden, 4, geh. in den Volksversammlungen bei der 23. Tagung des evang. Bundes.

Erythropel, [Eberhard]: [Die bei seiner Einführung als Direktor gehaltenen Reden.] S. 20—26. 4.
Städt. Gymn., Realprogymn. u. i. d. E. begriffene Realschule Progr. *Hameln* 1906 (372).

Erythropel, [Eberhard]: [Worte anläßlich des Heimganges des Geh. Regierungsrates Lic. theol. Dr. Leimbach.] S. 30. 4.
Städt. Gymn., Realprogymn. u. i. d. E. begriffene Realschule Progr. *Hameln* 1906 (372).

Erythropel, Hermann: Das Recht am Luftraum. *Göttingen 1898: Dieterich.* (53 S.) 8°
Göttingen, Jur. Diss. v. [20. Mai] 1898

Erythropel, Herm.: Das Recht der weltlichen Vereine und geistlichen Orden in Frankreich nach dem Gesetz vom 1. Juli 1901. Unter Berücksichtigung der Vereinsgesetzgebung Deutschlands. Berlin: Liebmann 1904.

— Jo. Heinrich Philipp (Bremen), De pharmacopoea provinciali rite constituenda. Diss. med. Jena (Fiedler) 14. X. 1797. 23 S. (4.50) 8245
Gew.: Friedr. Jacob Erythropel (Vater).

Erz ..., s.a. Ertz ...

Erz, Rud., Arbeiter und Bourgeois. Einige Worte zur Orientirung in der Arbeiter-Frage. Berlin 863. (Th. Grieben.) gr. 8. (28 S.) n. 2½ ngr.

Erz, Rud., der Arbeit Recht und Gerechtigkeit! Ein Beitrag zur Lösung der socialen Frage. gr. 8. (IV und 50 S.) Berlin 864, Fahlisch.

Erzähl uns was! e. Bilderbuch m. Versen. 2 Sorten. 4. (à 8 farb. Bl.) Stuttgart (901). G. Weise. à n. — 50

(F) **Erzählbuch.** Eine Sammlung von Märchen, Fabeln, Geschichten etc. für Kindergärten, Bewahranstalten, Schule und Haus. 2. Aufl. Gr.-8°. (XV, 294 S.) K 3.—
Wien: Pichler 1902.

Erzähler

Erzähler, s.a. Bote, Der, für Berg und Tal

Erzähler, s.a. Bote, Der, vom Bodensee

Erzähler, der, s.a. Calender.

Erzähler, der, s.a. Calender, Meißner gemeinnütziger und unterhaltender.

— der, s.a. *le Conteur.*

Erzähler, der, s.a. Greif, K.

Erzähler, s.a. Intelligenzblatt von und für die Stadt Bern

Erzähler, s.a. Landbote, Glaner.

Erzähler, s.a. Novellist

Erzähler, s.a. Tagblatt, Berner

Erzähler
s.a. Der Weinländer.

Erzähler, der, eine Unterhaltungsschr., s.a. wissenschaftl. Werke.

Erzähler, s.a. Zeitung, Schwyzer

ERZÄHLER, Der, oder auserlesene Schilderungen zum Vergnügen und Nachdenken. Leipzig 1763. 8°.
Auct.-Bücher-Verz. Eisenach, 6. Apr. 1772. p. 103.

Erzähler, Der, eine Wochenschrift. Berlin 1781—82. H: *Wilmsen, Friedrich Ernst.* (KY) (ML)

— der, e. Wochenschrift. 2 Jahrgg., mit 24 Kpf. 8. Berl. 781—83. Hesse. 3 ₰ mit ill. Kpf. 7 ₰

Erzähler, Der, oder von allem etwas: eine Wochenschrift. Ulm 1801. V: *Scheler, Carl Ernst Friedrich von.* (GGr)

Erzähler, Der. Eine politische Zeitschrift. St. Gallen 1806—12. H: *Müller-Friedberg, Carl.* (GGr VIII, 16)

Erzähler: Der Erzähler (SG I)
① Eine politische Zeitschrift (nur Jahrestitelblatt) ⑤ 4. 1. 1806—29. 6. 1852 ⑥ 4° ⑦ Wochenblatt. wöchentlich 2× (ab 13. 11. 1832) ⑧ St. Gallen: Zollikofer & Züblin (4. 1. 1806—31. 12. 1834). Zollikofer'sche Offizin (1. 1. 1835—31. 12. 1840). Wegelin & Ganß (1841—1847). Chr. Ganß (1848—29. 6. 1852) ⑨ Symposion oder: Blätter für Ernst und Laune ⑩ Karl Müller-Friedberg (1806—28. 10. 1831). Huber & Co. (3. 11. 1831—1852) ⑪ Karl Müller-Friedberg, Georg Albrecht Merz, Franz Joseph Benedikt Bernold, Prof. Peter Scheitlin, Gall Jakob Baumgartner, A. O. Aepli, Peter Steiger ⑫ Regierungsblatt, eidgenössisch, freisinnig ⑬ BGSZ: 1045—1047 ⑭ SG: Va, Kb ⑮ Im Frühling 1809 für 6 Monate verboten.

— der, e. Lesebuch f. Kinder, nach Bouilly, v. L. Sternold, mit d. französ. Text gegenüber. Taschenform. Pirna 811. Friese. 1 ₰

ERZÄHLER, Der, eine Unterhaltungsschrift für Gebildete. Hrsg. von Hartwig von Hundt-Radowsky. Erster (Zweyter) Band. Berlin, Hayn, 1818—19. 8°.
Mitarbeiter nennt Goedeke VIII, 31, 133.

— der, eine Unterhaltungsschrift. 2 Bde. N. Aufl. 8. Berl. 824. Hayn. 2 ₰ 8 gGr

— der, eine politische Zeitschrift. Jahrg. 1831, 32. gr. 4. St. Gallen, Huber u. Comp. Jeder Jahrg. 2 ₰ 4 ₰

— der. Eine politische Zeitschrift. 28r—35r Jahrg. 1833—40. gr. 4. St. Gallen, Huber u. Comp. (à J. 2½ ₰) 20 ₰

— der. Eine politische Zeitschrift. 36.—41. Jahrg. 1841—1846. gr. 4. St. Gallen, Huber u. Comp. (à Jahrgang 2½ ₰) n. 15 ₰

— der. Eine politische Zeitschrift. Jahrg. 1847—1852. à 104 Nrn. 4. (½ B.) St. Gallen, Huber & Co. à Jahrg. n. 2 ₰ 8 ngr

— der, eine Wochenschrift, redig. von H. J. H. Meyer. 17r Jahrg. 1837. 52 Numm. gr. 4. Hamb., (Herold). n. 2⅔ ₰

Erzähler, der, Novellen-Cyklus. gr. 8. (21½ B. u. Titlvign.) Stuttgart 812, Hallberger'sche Vrlsh.

Erzähler, der, od.: das Buch f. lange Winterabende. Allen Ständen zur Unterhaltung gewidmet v. Karl Greif. Jahrg. 1843—46. à 4 Bde. gr. 8. Grimma, Verlags-Comptoir. [1843. (95½ B.) 44. (95½ B.) 45. (95 B.) 46. (96 B.) à J. * 6 Thlr., à Bd. 1 Thlr. 15 Ngr.]

—— der, oder: Das Buch für lange Winterabende. Allen Ständen zur Unterhaltung gewidmet von Carl Greif. Jahrg. 1846. 5. (letzter) Bd. 8. (336 S.) Grimma 848, Verlags-Comptoir.

— der. Ein Unterhaltungsblatt f. Jedermann. 1.—8. Jahrg.... 9. 11. Jahrg. 1844—1846. à 104 Numm. (½ Bog.) 4. Nördlingen, Beck. à 5/6 ₰

— der. Ein Unterhaltungsblatt f. Jedermann. 12—15. Jahrg. 1847—1850. — Red.: L. Scharrer. 16 u. 17. Jahrg. 1851 u. 1852 à 104 Nrn. 4. (½ Bog.) Nördlingen, Beck in Comm. à Jahrg. 5/6 ₰

—— der. Ein Unterhaltungsblatt für Jedermann. Redakt.: L. Scharrer. 18—21. Jahrg. 1853—56. à Jahrg. 104 Nrn. (½ Bog.) 4. Nördlingen, (Beck'sche Buchh.) à Jahrg.

Erzähler, der. Ein Unterhaltungsblatt für Jedermann. Redig. von L. Scharrer. 22—26. Jahrg. 1857—60. à Jahrg. 104 Nrn. (à ½ Bog.) 4. Augsburg. (Nördlingen, Beck'sche Buchh.) à Jahrg.

Erzähler, der. Ein Unterhaltungsblatt für Jedermann. Redact.: L. Scharrer. 26.—32. Jahrg. 1861—67. à Jahrg. 104 Nrn. (½ Bog.) 4. Augsburg. (Nördlingen, Beck'sche Buchh.) à Jahrg.

Erzähler. – Der Erzähler.–
Sigmaringen. – 1.X.1845–3.VII.1848.
Fortges. u. d. T.: Der Sigmaringer Erzähler.

Erzähler, der. Unterhaltungs-Blätter mit den neuesten u. beliebtesten Erzählungen, Novellen u. Anecdoten für Leser aller Stände. 1—7. Jahrg. 1847—1852. à 12 Lfgn. gr. 4. (à 36 S.) Schw. Hall, Nitzschke. à Lfg. 3 ngr à Jahrg. 1 ₰ 6 ngr

Erzähler, der. Unterhaltungs-Blätter mit den neuesten und beliebtesten Erzählungen, Novellen u. Anecdoten für Leser aller Stände. 8—13. Jahrg. 1853—58. à 12 Liefgn. (96 Nrn. à ½ Bgn.) Schw. Hall 853. (Stuttgart.) Nitzschke. gr. 4. Jeder Jahrg. 1 ₰ 6 ngr

— der. Unterhaltungsblätter mit den neuesten und beliebtesten Erzählungen, Novellen u. Anecdoten für Leser aller Stände. 14—18. Jahrg. 1859—63. à 12 Liefgn. (à 4 Bgn.) Stuttgart, Nitzschke. gr. 4. Jede Liefg. 3 ngr

Erzähler: Der Erzähler (Lu)
① Indirekter Vorläufer: Der Erzähler von Luzern ⑤ 29. 12. 1849 (Probeblatt) —3. 1. 1851 ⑥ 4° ⑦ Wochenblatt (29. 12. 1849—28. 6. 1850), wöchentlich 2× (2. 7. 1850—3. 1. 1851) ⑧ Luzern: Anton Petermann ⑨ Erheiterungen (2. Halbjahr 1850) ⑩ Anton Petermann ⑫ freisinnig ⑬ BGSZ: 1028, 1032 ⑭ Lu: Z ⑮ Auf die Beilage »Erheiterungen« konnte auch separat abonniert werden. Diese Beilage trägt den vollständigen Titel »Erheiterungen oder Feuilleton des Erzählers von Luzern«.

Erzähler, der. Jahrg. 1850—52. à Jahrg. 104 Nrn. (½ Bog.) gr. 4. St. Gallen, Huber und Comp. à Jahrg. * 2 Thlr. 8 Ngr.

—— der. Eine Unterhaltungsschrift für alle Stände. Hrsg. von E. D. Schmidt. Jahrg. 1851. 12 Hefte. (à 1 Bog. mit 1 Stnt.) gr. 8. Weimar, Rauschke und Schmidt. à Heft 3 Ngr.

Der Erzähler : 1853? – ? Watertown, WI
Supplement to Watertown Weltbürger.

Der Erzähler : 1858 – Jan. 1, 1933.
Sunday edition of New Jersey Freie Zeitung. Title varies: Sonntagsblatt der New Jersey Freien Zeitung, 1919 – 30. Published by E. Wenzel. Published supplement, weekly, titled Für die Damenwelt. Large quarto, 1858 – 69?; then folio; at first 4 pages, enlarged to 28 pages in last decades. Circulation 1870, 2500; 1880, 5300; 1890, 7000; 1900, 10,273; 1910, 10,800; 1920, 10,000; 1930, 4874.
Newark, NJ

Der Erzähler : Mar. 26 – May 7, 1859.
Democratic weekly. Continued as Der Highland Bote. Edited & published by Rudolf Stadtmann & John Karlen, Mar. – Apr. 1859; by Rudolf Stadtmann, Apr. 30 – May 7, 1859.
Highland, IL

Erzähler: Der Erzähler (SG II)
⑤ 16. 12. 1863 (Probenummer) – 28. 6. 1865 ⑥ 4° ⑦ wöchentlich 2× ⑧ St. Gallen ⑩ Huber & Co. ⑪ Peter Steiger, alt Landammann ⑫ freisinnig ⑬ BGSZ: 1045, 1047 ⑭ SG: Va, Kb (unvollständig) ⑮ Erneuerungsversuch des 1852 eingegangenen Erzählers (SG I).

Der Erzähler : 1874 – ? Schenectady, NY
Started as Sunday paper by F. Knauer in 1874.

Der Erzähler : 1874? – 1884?
Supplement to Der Biene. Title varies: Humoristisch-Belletristischer Erzähler.
Cleveland, OH

Der Erzähler : May? 1875 – 1907?
Supplement to Der Central Missourier. Title varies: Sonntagsbeilage, May 1875 – Dec. 1878; "Alte und Neue Schwänke in Bild und Wort," Jan. – July 1879; Der Erzähler, Aug. 7, 1879 – 1907.
Boonville, MO

Der Erzähler: 1876–1891? **Reedsburg, WI**
Literary supplement to SAUK COUNTY HEROLD.

Erzähler, der. Billige Unterhaltungs-Bibliothek für Jedermann. Hrsg. von C. Albert. (30 Hfte.) gr. 8. (1424 S.) Dresden 877. 78. Lohse. à — 30

Der Erzähler: 1880? –1885? **Sauk City, WI**
Supplement to DER PIONIER AM WISCONSIN.

Der Erzähler: Jahrgang 1–15, July 7, 1881–Feb. 1911.
Weekly supplement to ST. CROIX POST.
Stillwater, MN

Der Erzähler: 1884? –1885? **Wilkes-Barre, PA**
Literary supplement of LUZERNE COUNTY EXPRESS.

Der Erzähler: 1885?
Literary weekly supplement to CRAWFORD COUNTY POST. Circulation: 1885, 2208.
Meadville, PA

Der Erzähler: 1885? **Wausau, WI**
Literary supplement to WISCONSIN WOCHENBLATT.

Der Erzähler: 1885?–1897. **New York, NY**
Weekly supplement to DEUTSCHER ANZEIGER.

Der Erzähler: 1886? –1901?
Weekly supplement to DULUTH-SUPERIOR VOLKSFREUND. Title varies: DER SONNTAGSGAST, 1886–88.
Duluth, MN

Erzähler, der. Kalender für 1889. kl. 8. (80 S. mit farb. Bildern.) Wien, (Szelinski.) *

Erzähler, Der, Sammlung von Romanen, Novellen und unterhaltenden Aufsätzen. I. Jahrg. 1890. Redigirt von Alois Machowetz. 36 Hefte. 8. (1. Heft. S. 1—32) à —.10
Wien: Administration des „Erzähler" 1890

Erzähler, Der, Sammlung von Romanen, Novellen und unterhaltenden Aufsätzen. I. Jahrg. 1890. Redigirt von Gilbert Anger. 36 Hefte. 8. (2. Heft. S. 33—64) à —.10
Wien: Administration des „Erzähler" 1890

Erzähler, Der, Sammlung von Romanen, Novellen und unterhaltenden Aufsätzen. I. Jahrg. 1890. Redigirt von Gilbert Anger. 36 Hefte. 8. (3. Heft. S. 65—96) à —.10
Wien: Administration des „Erzähler" 1890

Erzähler, der. Meißner gemeinnütz. u. unterhalt. Kalender f. Stadt u. Land 1895. 4. (42 S. m. Bildern.) Meißen, H. W. Schlimpert. n. — 20
Kleine Ausg. des Meißner gemeinnütz. u. unterhalt. Kalenders.

Erzähler, der. Meißner gemeinnütz. u. unterhalt. Kalender f. Stadt u. Land. 1899. 4. (44 S. m. Bild.) Meißen, H. W. Schlimpert. — 20
Bildet zugl. d. kleine Ausgabe von: Kalender, Meißner gemeinnütz. ꝛc.

— **der.** Meißner gemeinnütz. u. unterhalt. Kalender f. Stadt u. Land. 1903. 4. (41 u. 5 S. m. Abbildgn.) Meißen, H. W. Schlimpert. — 20
Kl. Ausgabe v.: Kalender, Meißner gemeinnütziger u. unterhaltender; 1902 f.: Zelt, die goldene.

Erzähler, der. Meißner gemeinnütz. u. unterhalt. Kalender f. Stadt u. Land. 1907. (39 u. 5 S. m. Abbildgn.) gr. 8. Meißen, H. W. Schlimpert. n. — 20
Kl. Ausg. v.: Kalender, Meißner gemeinnütz. u. unterh.

Erzähler, der. Meißner gemeinnütz. u. unterhalt. Kalender f. Stadt u. Land. 1911. (40 u. 5 S. m. Abbild.) gr. 8. Meißen, H. W. Schlimpert. — 20
Kleine Ausgabe v.: Kalender, Meißner gemeinnütz. u. unterhaltender.

Erzähler, der. E. Gabe f. d. Feierabend. Hrsg. v. St. Paulus-Bücherverein. 1. u. 2. Hft. 12. (à 160 S. m. je 1 Bild.) Warnsdorf 896. 97. A. Opitz. à n. — 50

Erzähler, der. Eine Gabe f. den Feierabend. Hrsg. vom St. Paulus-Bücherverein. 3. Hft. 12. (160 S. m. Abb.) Warnsdorf 898. A. Opitz. n. — 50

Der **Erzähler**. Beilage z. Münsterischen Anzeiger. [1.] 1908. [Münster i. W.: Aschendorff] 1908. 4°(8°) [illegible]

— **der.** Eine deutsche Roman-Zeitg. m. Beiträgen erster Autoren. Mit den Beiblättern: Illustrierter Ratgeber u. Mode u. Heim, illustr. Hausfrauen-Ztg. Hrsg. u. Red.: Rich. Bergmann. 8. Jahrg. 1910. 52 Nrn. (à ca. 24 S.) 47,5×31,5 cm. Wien, H. Goldschmiedt. 4.—; halbjährl. 2. 40

Erzähler, der, vom Berge. Eine Sammlung unterhalt. und lehrreicher Geschichten der Vorzeit, für das Volk neu erzählt von dem Verf. des „Findlings im Schwarzwalde." 1s u. 2s Bdchn.: Das Vögelein. — Die fromme Hildegard. (Jedes mit 1 Titelbild.) 16. Reutlingen 834. Fleischhauer u. Spohn. (à 1/8 ℛ) 1/4 ℛ

Bergische **Erzähler**. Bd 1. *Elberfeld: Baedeker [1902].* 8° [F.] [illegible]

— **bergische.** 1. u. 2. Bd. 8. Elberfeld, A. Martini & Grüttefien. Geb. in Leinw. à n. 2. —
1. Grieth, Die v. der Kohls u. andere bergische Geschichten. Von Walth. Schulte vom Brühl. 2. Aufl. (165 S.) 903.
2. Hildegard. Eine Erzählg. aus altfränk. u. altsächs. Vorzeit. Von Jul. Thilötter. 2. Aufl. (200 S.) 903.

— **bergische.** 3. Bd. 8. Elberfeld, A. Martini & Grüttefien. 1.20; geb. 1. 50
Wichelkus' Käpp. En Barmer Jongesgeschichte. Von J. L. Gemarker. (104 S.) 910. 1.20; geb. 1. 50

Erzähler, Breslauer. Eine Wochenschrift. Breslau 1803—07. H: *Woltersdorf, Ernst Gabr.* (MGT)

Erzähler, Der Breslauische. Bresl. 1790. H: *Kapf, Carl Gottlieb.* (MGT)

Erzähler, Der Breslauische. Breslau 1800. V: *Fülleborn, Georg Gustav,* dann *Johann Gottlieb Rhode.* (Ky) (MGT)

— d. Breslauische, e. Wochenschrift, herausg. von Fülleborn, fortges. (v. J. G. Rhode). 1r — 10r Jahrg., mit Kpf. 8. Bresl. 800 — 809. Graß, Barth u. C. 32 ℛ 12 gl. Der neue Bresl. Erzähler, herausg. (von K. Ad. Menzel). 1r — 3r Jahrg. 4. Bresl. 810 — 12. Graß, Barth u. C. 4 ℛ

Erzähler, Der Breslauische, eine Monatsschrift für den Bürger und Landmann. Breslau 1809. H: *Kanngiesser, Peter Friedrich.* (GGr) (MGT)

— d., f. d. Bürger u. Landmann. Jhrg. 802-6. 8. Oschatz, (Weigel, Lpz.) (à 15 gr.)

Deutsche **Erzähler**. Bd 1. Stuttgart [Schöneberg]: Unterborn 1904. 8° [illegible]

— **deutsche.** 1.—11. Bd. kl. 8. Stuttgart, P. Unterborn. à n. 1. —; geb. in Leinw. à n. 1. 50
Brytt, Max., die Wage der Gerechtigkeit. Kriminal-Roman. (266 S.) 905. (Bd. 9.)
Elbe, A. v. der, drei Frauenschicksale. Geschichtlicher Roman. (226 S.) (906.) (Bd. 11.)
Gisbert, Paul, der Schrecken v. Peking. Historischer Roman aus Chinas Gegenwart. (186 S.) 904. (Bd. 4.)
Höcker, Paul Osk., Schwanengesang. Novelle. (144 S.) 901. (Bd. 1.)
Kraze, Friede H., Allerleirauh. Novelletten u. Skizzen. (167 S.) 904. (Bd. 2.)
— vogelfrei. Novelle. (164 S.) 904. (Bd. 6.)
La Rosée, Graf, eine Versuchung u. andere Novellen (216 S.) 905. (Bd. 7.)
Misch, Rob., das Schützenfest. Eine lust. Geschichte. (237 S.) 905. (Bd. 8.)
— die Töchter des Doktors. Humoristischer Roman. (168 S.) 904. (Bd. 3.)
Mordtmann, A. J., die Königin v. Golkonda. Novelle. (225 S.) (906.) (Bd. 10.)
Wichmann, Frz., die drei Eisheiligen u. andere Novellen. (195 S.) 904. (Bd. 5.)

— deutsche. 12—15. Bd. 8. Berlin, P. Unterborn. à Bd. 1.—; geb. 1.50
Eysell-Kilburger, E. (Frau Vikt. Blüthgen), Dreiklang. 3 Novellen. (IV, 204 S.) (907.) (Bd. 12.)
Hirschberg-Jura, Rud., Theatersommer, der Roman e. Sommertheaters. (232 S.) (909.) (Bd. 14.)
Pauer, Ign., „Spottvögel". (219 S.) (909.) (Bd. 15.)
Wichmann, Frz., der Goldfischer. Der Turm v. Hagenwyl. 2 Erzählgn. (198 S.) (908.) (Bd. 13.)

Deutsche Erzaehler des achtzehnten Jahrhunderts, eingel. u. hrsg. v. Rudolf Fürst. *Leipzig: G. J. Göschen 1897.* (XXIX, 178 S.) 1 Bd 8. = Litteraturdenkmale, Deutsche, d. 18. u. 19. Jahrhunderts. No 66 9. [97. 7165

—— der gemüthliche. Ein Unterhaltungsbuch für Jedermann. Hrsg. von Friedr. Scherl. 1. Bd. 12 Lfgn. (à 6 Bog. mit eingedr. Holzschn.) 4. Berlin 860, Möser und Scherl. à Lfg. 5 Ngr.

—— dass. — Ein illustr. Unterhaltungsbuch für die Stunden der Ruhe. Hrsg. von Friedr. Scherl. 2. Bd. 12 Lfgn. (à 6 Bog. mit eingedr. Holzschn.) Mit 4 Chromolithogr. 4. Ebendas. 861.

Erzähler, der gemüthliche. Illustr. Unterhaltungsblatt f. die Stunden der Ruhe. Redig. von Jul. Lasker. 4—6. Bd. à 12 Liefgn. (à 6 Bgn. mit Holzschn.) Berlin, Scherl. 4. Jede Liefg. 5 ngr.

Erzähler, Gemüthlicher. Großer illustr. Haus- u. Familienkalender pro 1882. 4. (124 S.) geh. 45 kr., cart. 50 kr.
— — kleine Ausgabe. 4. (47 S.) geh. 25 kr.
Winterberg: I. Steinbrenner, 1881

Erzähler, Gemüthlicher, Großer illustrirter Haus- und Familien-Kalender auf das Schalt-Jahr 1896. Mit vielen Illustrationen. 4. (128 S. mit Jahrmärkte-Verzeichniß) —.45, cart. —.50
Winterberg: I. Steinbrenner, 1895

Erzähler, Gemüthlicher, Großer illustrirter Haus- und Familien-Kalender auf das Jahr 1897. Mit vielen Illustrationen. 4. (128 S. mit Jahrmärkte-Verzeichniß) —.45, cart. —.50
Winterberg: Steinbrenner 1896

Erzähler, Gemüthlicher, Großer illustrirter Haus- und Familien-Kalender auf das Jahr 1898. Mit vielen Illustrationen. 4. (128 S. mit Jahrmärkte-Verzeichniß) —.45, cart. —.50
Winterberg: Steinbrenner 1897

Erzähler, Gemüthlicher, Großer illustrirter Haus- und Familien-Kalender auf das Jahr 1899. Mit vielen Illustrationen. 4. (128 S. mit Jahrmärkte-Verzeichniß) —.45, cart. —.50
Winterberg: Steinbrenner 1898

(F) Gemütlicher Erzähler. Großer illustrierter Haus- und Familienkalender für das Jahr 1906. Gr.-8°. (144 S.)
Winterberg: I. Steinbrenner, 1905

(F) Gemütlicher Erzähler. Großer illustrierter Haus- und Familienkalender für das Jahr 1907. Gr.-8°. (144 S.)
K —.90, kart. K 1.—
Winterberg: Steinbrenner 1906

Erzähler, der, launigter Geschichten des Frohsinns ꝛc. 2 Thle. 8. Eslingen, Fixdorff u. Kleinb. 813.

— der halbjährige, der neuesten Staats- u. Weltgesch. u. des Neuesten aus d. Oekonomie ꝛc. 16 u. 26 Stck. 8. Frkf. 806. Jäger. 16 gr

— der, aus der Heimath u. Fremde. Original-Erzählungen u. Uebersetzungen. Herausgeg. von Carl Spindler. Jahrg. 1846, 1. u. 2. Bd. 8. Stuttgart, Frankh. à 1 rf

— der, aus der Heimath u. Fremde. Originalerzählungen u. Uebersetzungen. Herausg. von Carl Spindler. Jahrg. 1846. 3 u. 4. Bd. 8. (3: IV u. 335 S. 4: IV u. 321 S.) Jahrg. 1847. 4 Bde. 8. (1: IV u. 332 S. 2: IV u. 319 S. 3: IV u. 324 S. 4: IV u. 331 S.) Jahrg. 1848. 4 Bde. 8. (1: IV u. 325 S. 2: IV u. 316 S. 3: IV u. 323 S. 4: IV u. 373 S.) Stuttgart, Franckh (jetzt: Hugendubel). à Bd. 1 rf (1846—1848. 12 Bde. 12 rf)

Erzähler, der illustrirte gemüthliche. Ein Unterhaltungsblatt für die Stunden der Ruhe. Herausg. von Frdr. Scherl. 1—3. Bd. à 12 Liefgn. (à 6 Bgn. m. Holzschn.) Berlin 860—63. Scherl. 4. Jeder Jahrg. 2 rf

—— der illustrirte gemüthliche. Ein Unterhaltungsblatt für die Stunden der Ruhe. Hrsg. von Friedr. Scherl. 3.—5. Bd. à Bd. 12 Lfgn. (à 6 Bog. mit eingedr. Holzschn.) 4. Berlin 863—66, Scherl. à Bd.

—— dass. — Redig. von Jul. Lasker. 6. Bd. 12 Lfgn. (à 6 Bog. mit eingedr. Holzschn.) 4. Ebendas. 867.

Erzähler. Der kleine E'. Kurze Geschichten für Kinder von 8 bis 12 Jahren. Zusammengestellt vom Primarlehrerverein der Stadt Bern. 2 Hefte. Hrg. vom Verein Bern für Verbreitung Guter Schriften. 48 u. 64 S. 8. Bern, Ott & Bolliger, 1901 u. 1904. [cart.] fr. —. 10 u. —. 10

— der kleine. Kurze Geschichten f. Kinder von 8—12 Jahren. Zusammengestellt vom Primarlehrerverein der Stadt Bern. 2. Hft. Hrsg. vom Verein Bern f. Verbreitung guter Schriften. (64 S.) kl. 8. Bern 904. (Basel, Verein f. Verbreitg. guter Schriften.) n.n. — 10

Erzähler. Der kleine E'. Kurze Geschichtchen für Kinder von 8 bis 12 Jahren. Heft 3. Zusammengestellt von Hans Mürset in Bern. (Hrg. vom Verein für Verbreitung Guter Schriften in B'.) II + 62 S. 8. Bern, Ott & Bolliger, (1908). fr. —. 10

— d. kleinen, von Bremen, f. d. Jugend. 8. Bremen, Müller.

Erzähler, die kleinen, f. die Jugend. 8. Bremen, Müller. 4 gr

— der kurzweilige u. seltsame, f. Historienbuch, unterhalt.

— d. lehrreiche, e. Vierteljahrschr. a. 1803–4. 8. Bresl. Gehr. (Jhrg. à 1 Rthlr.)

— der Leipziger, e. Unterhaltungsblatt f. gebildete Leser. 18 Halbjahr. gr. 8. Leipz. 817. Central-Cpt. 1 rf 2 gr

— — der lustige, oder Charaktergemälde und Carrikaturzeichnungen aus der Mappe eines frohsinnigen Malers. Herausgegeben von B — r. 2 Bändchen. 8. Erfurt, Keyser. 818. 819. à 1 Rthlr. 16 Gr.

— der lustige, oder Schnurren u. Schnacken, ein unterhalt. Gesellschaftsbuch f. die Kinderwelt, zur Belehrung des Scharfsinns u. d. kindlich frohen Laune, mit 12 ill. Kpf. 12. Wien 819. Müller. 1 rf 12 gr

Erzähler: Der Erzähler von Luzern
② Erzähler von Luzern (seit 1846) ③ Eidgenosse von Luzern ④ indirekt: Der Erzähler (Lu) ⑤ 13. 1. 1845—29. 12. 1848 ⑥ 4° ⑦ wöchentlich 2× ⑧ Luzern: Anton Petermann; Zug: C. C. Schell (Nummern 50 und 51, 1846) ⑩ Andreas Weber (1824—1869) ⑪ Andreas Weber ⑫ freisinnig ⑬ BGSZ: 1028, 1032 ⑭ Lu: Z ⑮ Zur Zeit, da die Petermannsche Buchdruckerei geschlossen war, wurden die einzelnen Nummern auswärts gedruckt (Nr. 49—54). 2 von ihnen tragen den Vermerk «C. C. Schell, Zug».

Erzähler. – Der Magdeburger Erzähler. – 1825–21.IV.1848.
Fortges. u. d. T.: Magdeburger Volksblatt.

— —, Der monatliche, oder Sammlung angenehmer Scherze, witziger Einfälle u. s. w. Aus den besten Schriftstellern gezogen. (Hrsg. v. H. A. Vetter.) 1. u. 2. Jahrg. (24 Stück). Görlitz 1786—87. 8°. (6 Mk., beschmutztes u. etwas defektes Expl., Adolf Weigel, 1906.)
Fehlt im Anon.-Lex. — Noch mehr erschienen?

* — —, Der neue .... Buch von Lesefrüchten .... Romane und Geschichten .... Charaden und Räthsel ... 2 Hefte. Aschersleben, o. J. (c. 1820). 8°. (In Berlin: Yw 8871, 1 vol.)

Erzähler, Der neue Breslauische. Breslau 1810—12. H: *Menzel, Carl Adolph.* (Ky)

— der neue lehrreiche, e. Vierteljahrschrift, (herausg. von J. G. Dobermann). 9 Jahrgg. 1802—9. 8. Landsh. (Bresl., Gehr). à Jahrg. 1 ℛ

Erzähler, Der neue lehrreiche. Eine Vierteljahrsschrift ... Landshut 1802—10. H: *Dobermann, Johann Gottfried.* (Ky) (MGT)

— der, für Neuwied und dessen Umgebung. 1—3. Jahrg. 1849—51. à 52 Nrn. (½ Bog.) 8. Neuwied, Lichtfers. à Jahrg. * 20 Ngr. *
Wurde den „Neuwiedischen Nachrichten" gratis beigegeben.

— norddeutsche. Novellen. Das Schicksal auf Moorheide v. Herm. Heiberg. — Ruggiero, der Brigant, v. Konr. Telmann. 8. (263 S.) Berlin 893. Verein der Bücherfreunde. n. 3. —; geb. n. 3. 75

— dasselbe. Novellen v. Wilh. Jensen, Heinr. Seidel u. Jul. Stinde. 8. Ebd. 893. n. 3. —; geb. n. 3. 75
Altflorentinische Tage. Eine Skizze von Wilh. Jensen. — Die silberne Verlobung v. Heinr. Seidel. — Martinhagen. Eine Geschichte abseits der Heerstraße von Jul. Stinde. 11—15. Tausend. (III, 325 S.)

Erzähler, norddeutsche. Novellen. Wilh. Jensen, Altflorentinische Tage. — Heinr. Seidel, die silberne Verlobung. — Jul. Stinde, Martinhagen. 11.—15. Taus. 8. (325 S). Berlin (901). A. Schall. n. 2.60; geb. n. 3.60

Norddeutsche **Erzähler**. Hermann Heiberg, Das Schicksal auf Moorheide. Konrad Telmann [d. i. Zitelmann], Ruggiero, der Brigant. Novellen. 2. Aufl. Berlin: A. Schall [um 1904]. (263 S.) 8° [J.] 07.1877 11

— nord-östlicher, und allgemeine Theater-Kronik nebst Geschäftsblatt. Ein Wochenblatt für Kunst und Wissenschaft. Red.: Heinr. Meyer. 1. Jahrg. April—Decbr. 1856. 72 Nrn. (à ½—1 Bgn.) Hamburg (Kittler). gr. 4. Vierteljährlich n. 1 ℛ 7½ ngr

— nord-östlicher, und allgemeine Theater-Zeitung nebst Geschäftsblatt. Wochenschrift für Wissenschaft, Literatur, Kunst, Theater, Unterhaltung und öffentl. Leben. Redig. von Const. Gotta. 2. Jahrg. 1857. 104 Nrn. (Bog.) gr. 4. Hamburg, Kittler. *
Ist nicht fortgesetzt worden.

— der Oberlausitzer, am häuslichen Heerd. Unter Mitwirkung mehrer Schriftsteller herausg. von Ferd. Rentzsch. 1—4. Bdchn. Löbau 854. Walde in Comm. 16. (95; 321 S.) 27 ngr

Der Erzähler am Ohio : no. 1—52, 1849—1850
Weekly. Sub-title: 1) Ein Volksblatt zur Unterhaltung und Belehrung für Stadt und Land; 2) Eine Sammlung der unterhaltendsten Erzählungen, Geschichten, Anekdoten, Witze, &c. Octavo, each issue 16 pages, paged continuously. Edited & published by Friedrich Stahl & Eduard Bühler. Cincinnati, OH

Erzähler, Öschatzer, für den Bürger und Landmann ... Oschatz 1802-06. H: *Hering, Carl Gottlieb.* (MGT)

— der Oschatzer, f. den Bürger u. Landmann. 5 Jahrgänge. 8. Oschatz 802—6. Oldecop. 2 ℛ 12 gl.

— polnische, zusammengestellt v. B. Rogatyn, s.: Romanbibliothek, slavische. II.

— der, im Quartier und in der Kaserne. Unterhaltendes und Belehrendes aus dem Kriegs- und Soldatenleben. Gesammelt aus ältern und neuern Schriften. 1. Heft. gr. 12. (96 S.) Coblenz 851, Hölscher.

Erzähler, rheinischer, s. Dewora.

Erzähler: Schweizerischer Erzähler (I)
⑤ 14. 12. 1854—12. 7. 1856 ⑥ 4° ⑦ Wochenblatt ⑨ Schwyz: Ambros Eberle ⑪ J. B. Ulrich. Landschreiber ⑫ katholisch ⑬ BGSZ: 1058 ⑭ Ei: Sb.

Erzähler- Schweizerischer Erzähler (II)
① Unterhaltungs-politisches und Anzeigeblatt. Organ für die katholische Schweiz (ab 4. 7. 1877). Zur Unterhaltung und Belehrung (1878) ④ Burgdorfer Tagblatt (I) ⑤ 18. 12. 1875—1878 ⑥ 4° (1876). 2° (1877 und 1878) ⑦ Wochenblatt (1876). wöchentlich 2× (1877). wöchentlich 3×. dann 2× (1878) ⑧ Einsiedeln: Alois Pfyl ⑨ Anzeigeblatt zum Schweiz. Erzähler (1876—1877) ⑪ herausgegeben unter Mitwirkung schweizerischer Journalisten; Redaktor: Alois Pfyl (bis 8. 8. 1877), dann Kaspar Amacker (bis 15. 7. 1878), dann wieder Pfyl ⑫ katholisch-konservativ ⑬ BGSZ: 1058 ⑭ Sz: K.A.

— der, am See. Blätter für ernste und heitere Unterhaltung. 3 Bde. in 6 Hften. gr. 4. Lindau, Stettner. (à ¾ ℛ) 2¼ ℛ

Erzähler. — Der Sigmaringer Erzähler. — 4.VII.1848—1.I.1850.
Vorh. u. d. T.: Der Erzähler.
Fortges. u. d. T.: Der Hochwächter.

— stenographischer. Red.: Th. Wendisch. (1. u. 2. Jahrg.) 1869 u. 1870. à 12 Nrn. (à 2 Bgn.) Berlin, Th. Enslin in Comm. 8. Jeder Jahrg. n. 1 ℛ

Erzähler, stenographischer. Red.: Th. Wendisch. (3—8. Jahrg.) 1871—1876. à 12 Nrn. (lith. B.) 8. Berlin, Enslin in Comm. à Jahrg. n. 3. —

— stenographischer. Red.: Th. Wendisch. Jahrg. 1877—1882. à 12 Nrn. (lith. B.) Berlin, Enslin in Comm. à Jahrg. n. 3. —

Erzähler, stenographischer. Red.: Th. Wendisch. Jahrg. 1883—1886. à 52 Nrn. (lith. B.) 8. Berlin 883. Th. Ch. F. Enslin. à Jahrg. n. 3. —

— stenographischer. Red.: Th. Wendisch. Jahrg. 1887—1890. à 12 Nrn. (lith. B.) 8. Berlin, (Th. Ch. F. Enslin). à Jahrg. n. 3. —

— stenographischer. Red.: Th. Wendisch. Jahrg. 1891. 1892. à 12 Nrn. (lith. Bog.) 12. Berlin, (R. Schoetz). à Jahrg. n. 2. —

— dasselbe. Red.: O. Badtke. Jahrg. 1893. 12 Nrn. (lith. Bog.) 12. Ebd. n. 2. —

Erzähler, Der überraschende, zur geistreichen Unterhaltung für Jung und Alt. Hamburg 1836. V: *Hoffmann, Peter Friedrich Ludwig.* (schr)

— unsere. Sammlung volkstüml. Novellen u. Romane. (Hrsg. v. Frdr. Castelle.) 1—30. Buch. kl. 8. Münster, Aschendorff. à Buch —25;
je 4 Bücher in 1 Leinw.-Bd. 1. 60
Broock, J., sein Hof. Erzählung aus dem westfäl. Bauernleben. (110 S.) (909.) (18. Buch)
— Jogl. Der wilde Hansi. Feuerresl. (79 S.) (910.) (28. Buch)
— Das Kreuz vom Uhlenhof. Erzählung aus dem westfäl. Bauernleben. (113 S.) (909.) (4. Buch)
Dincklage, Emmy v., der lederne Bräutigam. Wenn't Glücke kummt! (95 S.) (910.) (25. Buch)
Eichendorff, Jos. v., das Marmorbild. Die Entführg. (95 S.) (909.) (16. Buch)
— Eine Meerfahrt. Die Geschichte der wilden Spanierin (94 S.) (909.) (9. Buch)
Gerstäcker, Frdr., Herrn Mahlhubers Reiseabenteuer. (143 S.) (909.) (5. Buch)
Gotthelf, Jerem., Elsi, die seltsame Magd, s.: Grillparzer, Franz.
Grillparzer, Frz., der arme Spielmann. — Gotthelf, Jerem., Elsi, die seltsame Magd. (95 S.) (909.) (2. Buch)
Hackländer, F. W., die Spuren e. Romans. (93 S.) (910.) (30. Buch)
Handel-Mazzetti, Enrika v., 's Engerl. Fahrlässig getötet. (103 S.) (909.) (15. Buch)
Hartmann, Mor., die letzten Tage e. Königs. (152 S.) (910.) (21. 22. Buch)
Hoffmann, E. T. A., Nußknacker u. Mausekönig. Das fremde Kind. (127 S.) (909.) (10. Buch)
Horn, W. O. v., die Nußdorfer. Eine Pfälzer Geschichte aus dem J. 1525. (136 S.) (910.) (23. Buch)
Kopisch, Aug., Entdeckung der blauen Grotte auf der Insel Capri. Ein Karnevalsfest auf Ischia. (96 S.) (909.) (8. Buch)
Kurz, Herm., die Glocke v. Attendorn. Das Horoskop. Das gepaarte Heiratsgesuch. (94 S.) (909.) (1. Buch)
Ludwig, Otto, zwischen Himmel u. Erde. (224 S.) (909.) (13. 14. Buch)
Maistre, Xavier de, die junge Sibirierin. Die Gefangenen des Kaukasus. Aus dem Franz. übers. v. J. Dott. (102 S.) (909.) (20. Buch)
Nieritz, Gust., die drei Bleikugeln od. Der Bettelvetter. (112 S.) (909.) (19. Buch)
Nordheim, H., Geschichten aus Franken. (110 S.) (910.) (26. Buch)

Rafael, L. (H. Kiesekamp), das Lied der hl. Cäcilia. Heimgeholt. Doris. (94 S.) (910.) (27. Buch)
Reuter, Fritz, Abendteuer des Entspektor Bräsig. Schulerinnerungen. Hauhnesiken. (100 S.) (909.) (6. Buch)
Schaumberger, H., der Dorfkrieg. Eine Bergheimer Musikantengeschichte. (112 S.) (909.) (17. Buch)
Schröder, Wilh., humoristische Erzählungen. (95 S.) (909.) (7. Buch)
Schücking, Levin, der Schatz des Kurfürsten. (94 S.) (909.) (3. Buch)
Seidel, Joh. Gabr., die Schweden vor Olmütz. Eine histor. Erzählg. Sie ist versorgt. (95 S.) (910.) (24. Buch)
Spindler, Karl, der Hofzwerg. Der Nürnberger Sophokles. Der schwarze Herrgott in Tirol. (94 S.) (909.) (11. Buch)
Stifter, Adalb., Abdias. (91 S.) (910.) (29. Buch.)
Weisflog, Karl, das große Los. (96 S.) (909.) (12. Buch)

— der unterhaltende u. belehrende, f. Stadt u. Land. 2 Jahrgg. à 2 Stücke, mit Kpf. 4. Frankf. 803 u. 4. Jäger. 1 ℛ 8 ℊ

Erzähler, der, unterwegs und daheim. Novellen, Bilder und Skizzen von v. Winterfeld, Wallner, Rodenberg ꝛc. 1. Jahrg. 8. (VIII und 174 S. mit 7 Stahlst. und 4 Holzschn.) Berlin 865, Gerschel.

Erzähler: Der Erzähler aus der Urschweiz
④ Neue Schwyzer Zeitung ⑤ Januar 1847—Juli 1847 ⑧ Einsiedeln ⑪ Fürsprech Joller aus Stans ⑫ freisinnig ⑬ BGSZ: 1058 ⑮ Im Oktober 1846 erließ in Einsiedeln eine »provisorische Redaction« einen Aufruf zur Subscription eines liberalen Blattes im Kt. Schwyz. — Im Juli 1847 von der Zentralpolizeidirektion Schwyz mit Beschlag belegt.

—— der, vom und für den evangelischen Verein der Gustav-Adolf-Stiftung. 4. (80 Sp. mit eingedr. Holzschn.) Darmstadt 858, Leske.
Bildet den Inhalt des Textes zum 5. Jahrg. des Gustav-Adolf-Kalenders für 1858.

— der in Verlegenheit, s.: Familien-Bibliothek.

Erzählerchen's Wintergeschichten für artige Kinder aufgeschrieben von einer Mutter. 4. (58 S. mit 4 ill. Stnt. in Tondr.) Berlin 852, Th. Enslin.

Erzählerin, die, an Emiliens Geburtstage, oder vorzügliche Geschichten u. Begebenheiten kleiner Mädchen. Ein Belehr- u. Unterhaltungsbuch, mit 9 ill. Kpf. 12. Leipz. 819. Klein. 16 ℊ

Erzähl mir was, Max

Wintergarten, Illustrirter — von Max Erzählmirwas. Zur Erheiterung in Mußestunden für Jung und Alt. 8. (62 S.) Wien. Druck und Verlag von M. Lell. 1854.

Erzählung
s.a. Erzehlung,

ERZÄHLUNG, Die altdeutsche, vom rothen Munde. Hrsg. von Adelbert v. Keller. Tübingen 1874. 4°. (1 Mk. Ottomar Schönhuth, München, 1909.)

Erzählung der Anläße, welche die ... Streitigkeiten zwischen dem Herrn Baron [Johann Victor] v[on] Traverse ... und einigen ... Herren von Salis verursacht haben. Aus denen schriftlichen Vorstellungen, die bei öffentlicher Staats-Versammlung in Bündten eingereicht worden, und aus andern ächten Urkunden gezogen. 8. *o. O.* 1766.

— —, Aufrichtige, eines Soldaten, unglücklichen Seefahrers und Corsairs, welcher sich noch in einem der Sächsischen Herzogthümer befindet. 2 Thle. Frankfurt und Leipzig (Danzig, Flörke) 1773. 8°. (54 xr. Scheible; jetzt theurer!)

Erzählung, Ausführliche, nebst Grundrissen der Belagerung von Schweidnitz . . . Hannover 1774. V: *Hogrewe, Joh. Ludw.* (Pr) (LVS)

Ausführliche Erzählung | einer schrecklichen Mordthat, welche kürzlich zu Lyon, im Rhone-Departement, vorfiel, und | durch einen gewissen Johann Maria Setier, einen Mann von 60 Jahren, der daselbst | in der Fischerei-Straße wohnhaft war, begangen wurde. Dieser Auswurf der Menschheit | suchte gleichsam einen Ruhm darin, einzig in seiner Art zu seyn, aber zum Glück für die | Gesellschaft, entgeht der Verbrecher selten dem rächenden Arm der Gerechtigkeit.
Am Ende: Le Commissaire de Police n'empêche pas l'impression. Colmar le six Novembre 1820. Signé DERMINEUR.
Kol.: Colmar, gedruckt bei J. H. Decker, königlichen Buchdrucker, 1820
1 Bl., zweiseitig bedruckt, 21 × 17,5.
Arch. Haut-Rhin, Colmar 1. T. 452 (Druckerlaubnis war eine ungesetzliche Anmaßung des Polizeikommissars).
Schenda Volk S. 358.

הגדה של פסח Erzählung von Israels Auszug aus Aegypten, für die beiden ersten Abende des Pesach-Festes, mit e. deutschen Uebersetzung. gr. 8. Wien 841. (Leipz., Kummer.) baar 1/4 ℛ

— — allerhand lustiger und seltsamer Begebenheiten. Franckf. 1721. 12°. Rar!

Erzählung, Eine, der Begebenheiten während der Belagerung von 1813–14. 2. Aufl. Hamb. 1815. V: *Menck, Friedrich Wilh. Chn (Gottfried Chn Wilh.).* (schr)

Erzählung d. Begebenheiten in dem unglücklichen Hamburg vom 30. May 1813 bis 31. May 814. 8. Hamb. Bohn. 814.

Erzählung der vorzüglichsten Begebenheiten, die sich bei dem Aufenthalte der Franzosen in Nürnberg u. dasiger Gegend zugetragen haben. (24.) 8. s. l. 1796.

— —, Besondere u. lustige, zweyer Musen-Söhne, wie selbige von 6 schön- u. reichen Frauenzimmern zu Athen überaus wohl cultiviert u. zu einer galanten Lebens-Art aufgemuntert worden, in Ansehung der Heyrath aber, aus einem besondern Vorurtheil nachtheilige Körbe von ihnen ausgetheilet bekommen, wegen ihrer Anmuth und unzehligen Merckwürdigkeiten herausgegeben. Mit Titelkupfer. Franckfurt und Leipzig 1745. 8°. 12 Bogen. (In Dresden.)
Derb, doch nicht erot. Sehr selten!

Erzählung und Beurtheilung der über den Gerichtsstand in der Schwedter Successionsangelegenheit entstandenen Streitigkeiten. Berlin 1790. V: *Mecklenburg, Hermann Ludwig von.* (Adel) (MGT)

Erzählung und Beurtheilung der wichtigsten Veränderungen, die . . . in der gelehrten Darstellung des dogmatischen Lehrbegriffs der Protestanten gemacht worden sind. Halle 1790. V: *Brastberger, Gebhard Ulrich.* (Ky) (MGT) (Winer)

Erzählung, Biblische, aus dem alten und neuen Testament. Zürich 1772—74. V: *Hess, Joh. Jac.* (Cat. d. Stadtbibl. Zürich. Zürich 1864—97.)

Erzählung, Christophels, der Berner Reformationsgeschichte von 1528. 2. Aufl. Bern 1828. V: *Aebi, Sam.* (Cat. d. Stadtbibl. Zürich. Zürich 1864—97.)

Erzählung, Christiani Democriti Redivivi umständliche, Wie es mit seinem vermeinten Tode zugegangen sey, Und Wie er nebst seiner neuen Gesellschafft jetzt in seiner Einsamkeit den Fall Adams Und Ursprung der Sünde Und alles Bösen Gantz anders und besser als vormahls eingesehen. Gedruckt auf dem Johannis-Berge in der Wüsten. O. O. 1736. V: *Bachstrom, Joh. Frdr.* (Euph XVI, 347—348) (stri 3, S. 133)

Erzählung desjenigen, so dem Herrn Landshauptmann Rudolf von Salis regierendem Landvogt zu Fürstenau / auf seiner den 17. Jenner / 4. Hornung 1767. Erfolgten Reise / von Sils nach Chur. in denen Herrschaften Ratzüns und Reichenau begegnet, nebst Denen dazu gehörigen ächten Urkunden. 4. *o. O.*

Erzählung eines Discursus oder Gesprächs zweier Gelehrten über der jetzt streitigen Kirchensache in Hamburg ohnpartheiisch und ohne Anzüglichkeiten herausgegeben von einem, der es selbst unvermerkt angehöret. O. O. 1703. V: *Thode, Carsten.* (Schr).

Erzählung, einfache, nach der Natur treu u. wahr geschildert v. einem alten Schulmeister. [Bestimmt f. die Arbeiter auf dem Lande.] 8. (16 S.) Königsberg 848. (Nürnberger.) n. 2 *ngr.*

(Erzählung des Einsturzes einer Strasse in Zug im Jahre 1435.) Njbl. *s.* [Orelli, Felix von].

Erzählung einer Geister-Citation in Berlin. [Berlin 1789.] V: *Schwarzkopf, Joachim von.* (MGT)

Erzählung eines Gesprächs ... über die jetzige streitigen Kirchensachen in Hamburg. 1703. V: *Edzardi, Seb.* (schr)

Erzählung. Getreue E' der unglücklichen Begebenheit, die sich zu Paris am 10. August 1792. zugetragen, von einem Offizier der Schweitzer-Garde. 8. *o. O. u. J.* [1792/93].

Erzählung, Getreue, meiner processualischen Verhältnisse. Altenb. 1822. V: *Horst, Johann Heinrich Soter* [?]. (A)

(U.-Ti t:) Interessante Erzählung von der geduldigen Helena, Tochter des Kaisers Antonii, welche so viele Drangsale und Widerwärtigkeiten mit bewunderns-würdiger Geduld und Starke sowohl bei Hof, als in ihrer 22jährigen Wanderschaft ausgestanden hat.; Allen Frauenzimmern zum Beispiel, deren kuriosen Liebhabern aber zum Schrecken dem Druck übergeben. (Umschlagt.: *Helena flieht vor vermummten Gest.* ... n. 42 ... 63) Reutlingen. Druck und Verlag von R. Bardtenschlager. o. J., 47 S., 146 - 98. LBS d. D. oct K 3397

ERZÄHLUNG von Klofterbegebenheiten. Aus dem Englifchen von der Verfafferin der Gefchichte der Frau Williams. Leipzig 1772.

Erzählung von der Krankheit, der Beicht, dem Tode und der Erscheinung des Jesuiten Bertier; a. d. Franz. übers. O. O. 1760. Ü: *Jäger, Wolfg.* (will) (BB)

Kurze Erzählung v. Napoleon Bonapartens verderbl. Anschlägen, s. Kriegen etc. 8. Germanien 1813.

Erzählung, Kurtze und deutliche, wie das heilsame Reformations-Werck in der Kirche sey angehoben und fortgesetzet, insonderheit aber auch in Franckfurth eingeführet worden. Alles aus ... glaubwürdigen Urkunden vorgestellet ... Franckfurth 1717. V: *Pritius, Johann Georg.* (StBFrankf I, 96)

Erzählung, kurze aber getreue, der Geschichte einer Somnambule, genannt Elsabe Schlunz rc. s. Elsabe.

Erzählung, Kurze, vom Leben und Tode des heiligen Florinus, Weltpriesters und Pfarrers zu Ramüs in Engadin. Brixen 1836. V: *Forer, Valentin.* (margr)

Erzählung, Kurze, vom Leben und Wirken des heiligen Pirminius, Bischofs und Abtes. Brixen 1838. V: *Forer, Valentin.* (margr)

Erzählung, kurze, meiner Schicksale u. Gefangenschaft, von d. Fürstin Dora v. Aquilon (Herzogin Sophie Dorothea, geschied. Gemahlin des Königs Georg I. von England). Nach dem in franz. Sprache geschriebenen Originale übers. von C. Moller. Hamburg 840. Niemeyer. 2/3 *ng*

* Kurze Erzählung von der Stiftung der Berliner Societät der Wiffenfchaften, nebft andern dahin einfchlagenden Schriften. Berl. 4. 1711.

Erzählung, Kurze, der Streitigkeiten über die alten Urkunden ... Frankf. u. Leipz. 1783. 1785. V: *Schwab, Johann.* (ML) V: *Denis, Joh. Mich. Cosmas Peter.* (Jes) (Kn) V: *Schwabe, Joh.* (Huch)

Erzählung, Eine kurze, der wichtigsten Umstände aus dem Leben des vaterländischen Künstlers, Albrecht Dürer's ... [Nürnberg 1797.] V: *Held, Johann Georg Friedrich.* (will)

Erzählung, Kurze, des Verlaufs der bisherigen Vergleich-Handlungen über die Rochefortische Successions-Streitigkeiten ... O. O. 1754. V: *Hinkeldey, Hieron. Heinr. v.* (Holz)

Erzählung, Kurze und wahrhaftige, von Napoleon Bonapartens verderblichen Anschlägen, von seinen Kriegen in Spanien und Russland ... Germanien [Frankf.] 1813. Neue ... Aufl. 1814. V: *Arndt, Ernst Moritz.* (MGT) (Ky) (BrMm) (Wr) (GGr)

Kurze und wahrhaft. Erzählung von Bonapartes verderbl. Anschlägen, Kriegen in Spanien, Russland. 8. Leipzig 1814.

Kurzgefaßte Erzählung der vornehmsten Gründe, worauf das Recht der Krone Dänemark an Schleswig und Holstein beruhet, mit Anführung der merkwürdigsten Streitigkeiten, die zwischen den dänischen Monarchen und den Fürsten von Holstein Gottorp vorgefallen sind. Frankfurt und Leipzig. 1762. 8°

Erzählung von dem Leben u. seligen Heimgang des Julius Carl Rieu, weil. Pfarrer zu Friedericia. 12. (48 S.) Barmen 880. (Wiemann.) n. — 16

— die letzte, s. Noch ein Mal!

— eine, von der Liebe des guten Hirten. (Aus d. Engl.) Mit 1 Kpfr. 12. Nürnberg 839. Raw. 1 ℛ

Erzählung, die, des Lokomotivführers, s.: Immergrün.

Erzählung, Merkwürdige, von der Bekehrung eines einfältigen Bauers, Nahmens Jac. Schneider. 3. Aufl. Kopenhagen 1771. V: *Wilche, Joachim Matth.* (BRUNN Suppl. 90)

Erzählung d. Mutter Makrena Mieczyslawska, Aebtissin d. Brasilianerinnen zu Minsk, od. Gesch. ein. 7jähr. Verfolgung, welche sie u. ihre Ordensschwestern um des Glaubens willen gelitten. gr. 8. (3 B.) Straßburg 846. Mainz, Kirchheim, Schott u. Thielmann.

Erzählung, Poetische, des unweit Minden von den Aliirten über die Franzosen erfochtenen Sieges. Cassel 1759. V: *Casparson, Wilhelm Johann Christian Gustav.* (HS) (MGT)

Erzählung d. beiden Revolutionen am 12. Juli u. 5. Oct. 1789 ꝛc. 8. Straßb. 790. Acad. B. 6 ℛ

—— eine schauderhafte und grausenvolle, des Lebens und der wundervollen Abenteuer der Elisa Allen. gr. 8. (61 S. mit 4 Holzschnt.) (Philadelphia 855, Schäfer und Koradi.)

Erzählung, die, der Sibylle, veröffentlicht v. J. Schleifer, s.a Denkschriften der kaiserl. Akademie der Wissenschaften in Wien. Philos.-histor. Kl. 53. I.

Die Erzählung der Sibylle, ein Apokryph. Nach d. karschunischen, arab. u. aethiop. Hss. zu London, Oxford, Paris u. Rom veröffentl. von Dr. J. Schleifer. Wien: Hölder in Komm. 1908. 80 S. 4°
(Denkschriften d. Kais. Akademie d. Wiss. in Wien. Phil.-hist. Klasse. Bd 53. Abh. 1) (09 13747 4

Erzählung, Eines vornehmen Theologi wahrhaftige und gründliche, alles dessen, was zwischen denen heut zu Tage so genannten Pietisten geschehen und vorgegangen. Lichtenberg 1710. V: *Buddeus, Johann Franz.* (MYL) »Erzählung, Eines vörnehmen Theologi historisch ... 1710. 2. Aufl. 1712. 3. Aufl. 1723« (WR) V: ein Unbekannter nach B.'s Vorlesungen. (Meyer, Conv.-Lex. 1843. VI.)

—— einer vom Bischof Laurent in Luxemburg bewirkten Teufels-Austreibung. Aus d. Holländ. wörtlich übers. 8. (1½ B.) Luxemburg 843, Michaelis.

Erzählung der Umstände von der Wegbegebung des Frantz. Gesandten Grafen von Broglio aus Dresden. Strasburg 1756. 4.

Erzählung, Umständlichere, der wichtigern Begebenheiten aus der allgemeinen Weltgeschichte. Altona 1804. V: *Bredow, Gottfried Gabriel.* (MGT)

(Erzählung der Ursachen, die den Fürst Bischoff [von Basel] genöthiget haben, seine Residenz [Pruntrut] zu verlassen .... Geben den den 9. May 1792. [Mit] Beylagen.) fol. *o. O.*

Erzählung, Wahrhafte und beurkundete, der von ... Philipp Ernst, regierenden Grafen zu Schaumburg-Lippe gegen den geheimen Rath ... Georg Freiherrn zu Mönster-Beck gemachten Verschwörung, Aufwiegelung und attentirten Meuchelmords ... O. O. 1789. V: *Schelver, Caspar Erich von*; *nicht Mönster-Meinhövel, Georg Freiherr zu Landegge.* (RASS)

Erzählung. Wahrhafte E' und Gründliche Rechtfertigung Derjenigen Maßregeln / welche Eine Lobliche Stadt Chur in Ansehung des Betragens Ihro Bischöflichen Gnaden... allda zu nehmen bewogen worden. Aus Befehl einer... Obrigkeit Lobl. Stadt Chur verfaßt, und Zu Wiederlegung der fälschlich ausgestreüten Gerüchte zum Drucke befördert. fol. Chur 1753.

Ezählung, Wahrhafte, der von der fürstl. Oettingen-Spielbergischen Regierung an den gräfl. Oettingen-Oettingischen Regierungen ... verübten ... Vergewaltigungen. [Pappenheim] 1768. V: *Schaden, Franz Michael von.* (ML)

Wahrhafte Erzählung des eigentlichen Zusammenhanges des zwischen Joachim Claessen und Johann Joachim Nöhring, als ehemaligen Käufern der Güther Trenthorst und Wulmenau, und dem Etatsrath Hinrich von König, als Verkäufern gedachter Güther, entstandenen Streitigkeiten, nebst beygefügten rechtlichen Anmerkungen über das vor einiger Zeit durch den Druck bekannt gewordene, wider Etatsrath von König, wie auch die Königl. Dännemarkische Regierungs-Canzley zu Glückstadt gerichtete, so rubricirte rechtsbegründete Factum etc. o. O. (1767.) Fol.

Erzählung. Wahrhaftige E' derjenigen Begebenheit / so sich bey der... Remotion des... Herrn Antoni Gioannoli, Pfarrers zu Soglio... und der gewaltthätigen Intrusion des Herrn Carl Menns... zugetragen hat. Sammt einigen Anmerkungen über eine solche Revolution. 4. Freyburg / den 1. Brachmonat 1753.

Erzählung, Zuverlässige, der sonderbaren Begebenheiten des Herzogs v Ripperda, aus einer bisher nicht bekannt gewordenen französ. Handschrift übers. und mit ... Beylagen. Frankfurt u. Leipzig. V: *Massuet, P.* (BGE VI³, 468/9)

Erzählungen, s.a. Erzehlungen

— von Marie von ***. s. Feyerstunden von Marie von ***. 16 Bdchn.

— von A. M. 8. Braunschw. Schröder. 12 ℛ

— gr. 8. Hannover, Ritscher. 8 ℛ

Erzählungen. 8. Riga, Hartmann. 1 ℛ 12 ℛ

Erzählungen. 4. Heilbronn. 752.

— (v. Chph. Mt. Wieland.) 8. Heilbr. 752.

Erzählungen. Tübingen 1752. V: *Wieland, Christoph Martin.* (GGR) »Heilbronn« (MGT) (KY)

— 8. Eisenach 785. Bärecke. 14 ℛ.

— von Anton Wall (Heyne) nach Marmontel, 1r Theil mit 1 Kupf. 8. Leipz. 787. Göschen. 1 Rtl.

Erzählungen, von dem Herausgeber des Leipziger Taschenbuchs für Frauenzimmer. Leipzig 1787—88. V: *Claudius, Georg Carl.* (MGT) (KY)

—v. Herausg. d. Leipziger Frauenzimmer-Kalenders (G. K. Claudius). 2 Thle. 8. Leipz. 787, 88. Hamann. 1 ℳ 10 𝔊

Erzählungen. Prag 1788. V: *Claudius, Gg Carl.* (Südd. Antiqu. 62, 23.)

Erzählungen vom Verfasser des Genius. Berl. 1793—94. V: *Grosse, Carl.* (MGT) (Ky) (GGr)

— vom Verf. des Waldbruders im Eichthale, (Professor Schreiber,) 2 Theile mit Kupf. 8. Frankf 795. 1 Rthlr. 15 fgl.

Erzählungen mit 1 Kupf. 8. Eisenach, 795. Krumbhaar. 27 fgl.

Erzählungen, m. K. 8. Eisenach, Wittekind. 795. Belinnav

— — von *A. R.* Mit hübscher Signet-Titelvignette (unsign.). Braunschweig, bei Carl August Schröder, 1798. 8°. Zahm. VIII—174 S.

— v. L. F. Huber. 3 Thle. m. K. 8. Braunschw. Vieweg. 801—2. (I. 1 Rthlr. 4 gr. II. III. 2 Rthlr. 16 gr.)

— v. Gustav Stello. 2 Bde. m. K. 8. Jena, Stahl. 802.

• — von Gustav Stello, mit K. 2 Thle. 8. Jena. (Lpz. Schmidt.) 802.

— v. A. v. Steigentesch. 8. Osnabrück, Karl. (Blothe.) (Linke in Lpz.) 802.

— v. Mahler Müller. 8. Berlin, Belitz. 803.

— v. J. H. G. Heusinger. 8. Lpz. Hinrichs. 804.

— m. 1 K. u. Vign. 8. Riga, Hartmann. 804.

— — v demf. 2 Thle. 8. Wien, Geistinger. 810.

— von Aug. Mahlmann. 2 Bde. 2te wohlf. Ausg. 8. Leipz. Gleditsch. 811.

— von Gustav Schilling. 4 Bde. ist der sämmtl. Schriften von G. Schilling 12r—15r Bd. 8. Dresden, Arnold. 811.

— von Regina Frohberg. 1r. 12. Dresden, Walther. 811.

— von Caroline Pichler, geb. von Greiner. 8. Leipzig, Seeger. 812.

Erzählungen von Caroline Pichler, geb. v. Greiner. 2 Bde. 8. Wien. (Leipz. Liebeskind.) 812. Rthlr.

— von Carl Streckfuß. (Verlust u. Ersatz, der Bräutigam aus Großmuth; die Liebenden wider Willen.) 8. Dresd. Arnold. 813.

— von W. G. Becker. 4 Bde. 8. Leipz. Hartknoch. 813—15. (à 1 Rthlr.)

— oder das Vermächtniß der Freundschaft. 2 Bdchn. 8. Karlsr. 814. Braun. 1 ℳ 8 𝔊

— von H. Clauren. 16 Bdchen. Berl. Kunst- u. Industr. Comt. 815.

— von A. Freih. v. Steigentesch. 2te verb. Aufl. 1r u 2r Thl. 8. Darmstadt, Heyer u. L. 815. Belinv.

Erzählungen. Güstrow 1816. V: *Plessen, Marie Sophie von geb. v. Fick.* (GGr)

— von C. A. Stutz. 2 Thle. wohlf. 8. 8. Berlin, Nicolai. 816.

— nach d. Franz. d. Pigault le Brün. (Begebenh. des Herrn von Kinglin — Theodor oder die Peruaner — Adele u. d. Aubigny.) Mit 3 Kupf. Neue Ausg. 8. Berlin, F. Oehmigke. 816.

— von H. Clauren. 1s bis 6s Bändchen. 8. Dresden, Hilscher. 816 — 20. à 20 Gr.

— von G. Reinbeck. N. wohlf. Auflage. 8. Leipzig, Rein 817.

— von Regina Frohberg. Mit 1 Kupf. 2te verbesserte Aufl. 8. Wien, Pichler. (Leipzig, Liebeskind in Comm.) 818.

— von Friederike Lohmann. 2 Thle. 8. Magdeburg, Creutz. 818. 819. (1r Th. 1 Rthlr. 18 Gr. 2r 1 Rthlr. 6 Gr.) (2r Theil auch unter dem Titel: Leben und Dichtung.)

— v. C. W. Contessa. 2 Theile. 8. Dresden, Arnold. 819. à 1 Rthlr.

— von E. von Houwald. 8. Dresden, Arnold. 819.

— von Fanny Tarnow. 8. Leipzig, Engelmann. 819.

Erzählungen. 1s Bdchn.
Auch unter dem Titel:
Althing's hinterlass. Schriften. 1r Thl. mit Kupf. 12. Leipzig, Klein. 819.

Erzählungen. O. O. 1820. V: *Selber, Benj.* (GGr)

Erzählungen. Bern 1820. V: *Graffenried, Maria v.* (Ky)

— (v. M. Graffenried). gr. 8. Bern 820, Jenni. 20 𝔊

— von R. Roos. 8. Dresden, Arnold. 820.

— von C. Stein. N. Ausg. mit 1 Kupf. 8. Leipzig, Sommer. 820.

— von K. Sebald. Die Erzählung ohne R — die Eisfahrt auf der Neva — die Brille — das Kanapee — Prinzessin Aurelia — Elisabeth Freytag. 8. Leipzig, Voß. 820.

Erzählungen von Marie von *** Pesth 1820. V: *Zay, Maria Elisabeth Helene Freifrau v. geb. Freiin v. Calisch.* (Ky) (MGT)

— (von M. Graffenried.) gr. 8. Bern, Jenny. (Palm und Enke.) 821.

Erzählungen von der Verfasserin von Juliens Briefen. Braunschweig 1821. V: *Engelhard, Caroline.* (EE) (GGr)

— von der Verf. von Juliens Briefen. 8. Braunschweig, Vieweg. 821.

— von F. W. Gilling. 2 Bde. mit Kupf. 8. Leipzig, Kollmann. 821.

Erzählungen von Wilhelmine v. Gersdorf. 1r 2r Thl. (2r Theil auch unter dem Titel: neue Erzählungen.) 8. Leipzig, Lauffer. 821. (1r Thl. 1 Rthlr. 2r 1 Rthlr. 6 Gr.) Rthlr.

Erzählungen von der Verfasserin der Agnes von Lilien. Stuttgart 1826—27. V: *Wolzogen, Friederike Sophie Caroline Aug. von geb. von Lengefeld.* (Ky) (EE) (MGT)

Erzählungen, von der Verf. d. Agnes v. Lilien. 1r u. 2r Bd. 8. Stuttgart 826 u. 27. v. Cotta. à 2 Rthl. —

— von der Verfasserin der „Agnes von Lilien" (Frau Karol. v. Wollzogen). 1r u. 2r Bd. 8. Tübing. 826, 27. v. Cotta. 4 ℳ

— von P. B—e. 8. Leipz. 828. Wienbrack. 12 𝔊

Erzählungen gesammelt und herausgegeben von V. A. H. Leipzig 1830—33. V: *Huber, Therese geb. Heyne.* H: *Huber, Victor Aimé.* (GGr)

Erzählungen. Vom Verfasser der Wanderjahre. Iserlohn 1832. V: *Pustkuchen, Joh. Frdr. Wilhelm von.* (GGr)

—— von der Verfin. d. Lotosblätter. 8. (12½ B.) Leipzig 836, Hartknoch.

Erzählungen. Aus d. Engl., von A. Gräfin v. M***. 2 Bde. 8. Altenburg 839. Pierer. 2¾ ₰

Erzählungen. Aus d. Engl. v. A. Gräfin v. M***. 3 Bde. 2., verm. Aufl. 8. (44½ B.) Altenburg 845, Pierer.

Erzählungen von der Verfasserin von »Martha die Stiefmutter« ... Halle 1850 ff. V: *Nathusius, Maria.* (Ky)

Erzählungen von der Verfasserin von „Martha die Stiefmutter," und „Vater, Sohn und Enkel." 1. und 2. Heft 8. Halle 850—52, Mühlmann. [1. (102 S.) 2. (112 S.) à Heft 7½ Ngr.
Aus: Volksblatt für Stadt und Land, besonders abgedruckt.

Erzählungen von der Verfasserin von »Martha die Stiefmutter« ... Halle 1852—58. V: *Nathusius, Maria.* (Ky)

Erzählungen von der Verf. von „Martha die Stiefmutter" ꝛc. (Maria Nathusius.) 3. und 4. Heft. 8. (259 S.) Halle 854, Mühlmann. à Heft 7½ Ngr.
1. und 2. Heft. Ebendas. 1850—52. à Heft 7½ Ngr.

Erzählungen von der Verf. von „Martha die Stiefmutter" ꝛc. (Maria Nathusius.) 5—7. Heft. 8. Halle 858, Mühlmann. [5. und 6. Heft. (304 S.) 18 Ngr., 7. Heft. (184 S.) 12 Ngr.]
Alle 7 Hefte kosten zusammen 2 Thlr.

—— dass. — 1. Heft. 3. Aufl. und 3. und 4. Heft. 2. Aufl. 8. Ebendas. [1. Heft. (104 S.) 858., 3. und 4. Heft. (259 S.) 857. à Heft 7½ Ngr.]

Erzählungen. Von J., Verf. von „Geschichte eines jungen Mädchens". Aus dem Dän. übers. von Elisabeth Longé. 2 Bde. 8. (340; 240 S.) Bremen 875, Kühtmann und Comp. *
Vgl.: Erzählungen, neue.

Erzählungen. Den Eltern, Kindern u. Dienstboten geweiht vom Verfasser der armen Hirtenfamilie. 6 Bdchn. in 1 Bde. 2. Aufl. Mit 6 Titelbildern (in Holzschn.). 12. (96, 87, 100, 74, 104 u. 120 S.) Regensburg 882. Manz. 3. —; einzeln à — 50

(F) Erzählungen. Aus dem „Kinderfreund" von Christ. Felix Weisse ausgewählt und bearbeitet von Josef Ambros. Mit einem Titelbilde. 2. Auflage. [Ambros' Bücherei. 1.] Wien. [1899.] Pichlers W. & S. 16°. 90 S. Geb. fl. —.40

— von Adrian. 8. Frankfurt a. M., Sauerländer. 821.

— allerneueste, moralische, v. Marmontel, m. K. 8. Lpz. Crusius. (F. C. W. Vogel.) 766.

—— dem blühenden Alter gewid. v. d. Verf. d. Ostereier. 2 Bdchn. Mit Titkpfrn. 8. (à 10 B.) Augsburg 836, 38, Wolff'sche Buchh. à ⅓ Thlr.

— dem blühenden Alter gewidmet von d. Verf. der Ostereier (J. Chph. Schmidt IV.). 1s Bdchn. Mit Titelkpfr. 8. Augsb. 836, 2e Aufl. 840. (Kollmann.) ¼ ₰ — 2s Bdchn. Mit Titelkpfr. 8. Ebd. 838. ¼ ₰

— für das jugendliche Alter. Aus d. Franz. übersetzt v. J. Leser. (Mit Titelbild u. Titelvign.) 12. Straßburg 839. Levrault. $^{1}/_{6}$ ₰ color. ¼ ₰

Erzählungen, altnordische. (Sagas.) 6 Erzählgn. v. den Anwohnern der Ost-Fjorde Islands. Uebers. u. erläut. v. E. Wilken. 1. Bd. (160 S.) gr. 8. Leipzig 909. Verlag f. Literatur, Kunst u. Musik. 3. —

Erzählungen, Anacreontische. 8. 762. Sonst Rose in Greifsw. jetzt Knobloch in Leipzig.

Erzählungen, Anakreontische. Rostock und Greifswald 1765. V: *Thomas, Daniel Heinr.* (MGT) (Ky)

— anakreontische, (von D. H. Thomas). 8. Greifsw. 765. Rose. (Knobloch in Leipz.) 3 𝒢

— und Anekdoten, Ein unterhalt. Volks- u. Familienbuch zur Beförderung des geselligen Vergnügens, gesammelt u. herausgeg. von Fr. Rabener. 8. Quedlinburg 841, Ernst. $^{5}/_{12}$ ₰

Erzählungen, Anekdoten u. Biographien für Freunde des Militärstandes u. d. Militärgeschichte, auch interess. Notizen und Belehrgn. für Pferdeliebhaber. Nebst einem Anhang über das Beschläg der Pferde. Aus französischen Schriften gezogen von C. Ch. Beck. Mit 6 lith. Abbgn. 8. Ludwigsburg 26. Rast. M. 3.–

— u. Anekdoten, aus d. Kriege gegen d. Neufranken. (Ist e. neuer Titel d. Buchs: Gesch. d. franzöſ. Kriegs, 16 B.) gr. 8. Halle 796. Osterloh. 6 𝒢

— Anekdoten u. Märchen vom russischen Hofe. (In russ. Sprache.) (63 S.) 8. Berlin (904). H. Steinitz. n. 1. 60

Erzählungen und Anecdoten aus d. Thierwelt. In lehrr. Vorträge f. Kinder. 12. (7 B.) Nürnberg 829, Stein. Thlr.

— u. Anecdoten, f. gesellige Zirkel. 8. Danz. Goldstamm. 798.

Erzählungen, Angenehme und Lehrreiche, für die Jugend beiderlei Geschlechtes. Frankf. u. Leipz. 1788. V: *Wagner, Carl Samuel (Julius).* (HS)

— angenehme u. lehrreiche für d. Jugend. 8. Frankf. 788. Fleischer. 9 𝒢

Erzählungen, Angenehme morgenländische.... Aus dem Französischen. Leipzig 1768. Ü: *Wiedmer, Gottfried Rudolf.* (GGr IV², I, 584) (Zeitschr. f. Büch. 1923, S. 84)

Erzählungen, angenehme morgenländ., zum Zeitvertreib. 8. Hamb. 768. (Gleditsch in Leipz.) 12 𝒢

— angen. u. nützl., a. d. allgem. Weltgeschichte f. Bürger u. Landleute ꝛc. 8. Leipz. Linke. 803.

— angenehme, f. Toilette, von C. A. Seidel. 16. Weißenf. Nerr. 811.

— —, Angenehme, um die Langeweile zu vertreiben. Wien, Gerold, 1794. Gr. 8°. Rar!

Erzählungen angenehme, um die lange Weile zu vertreiben, gr. 8. Wien, 795. Gerold.

Erzählungen, das Angenehmste und Nützlichste aus der Geschichte ... Leipz. 1788. 2. [von Stenzel] verb. Aufl. 1790. V: *Purgold, Daniel Heinrich.* (ML) »das Nützlichste und Angenehmste« (Ky)

— d. angenehmst. u. nützl. a. d. Gesch. ꝛc. 8. Leipz. Barth 790.

— —, Anmuthige. Nürnberg 1795. 8°. (3 Sgr. Roesger, Bautzen; jetzt theurer!)

Erzählungen, Anmuthige, für junge Freundinnen der Lectüre ... a. d. Engl. Nürnb. 1795. V: *Michaelis, Chn August.* (MGT) (Ky)

— anmuthige, f. junge Freundinnen d. Lectüre; e. Beytrag z. Bildung d. Herzens, a. d. Engl. 8. Nürnb. Bauer. (Schmidmer.) 795.

— von Napoleons verderbl. Anschlägen, sa. Arndt.

— von Napoleon Bonaparte's verderbl. Anschlägen, von seinen Kriegen in Spanien u. Rußland, von d. Zerstörung seines Heeres 2c., (v. E. M. Arndt). 8. Germanien 813. N. A. 814. (Lpz., Fr. Fleischer; Frankf., Körner). 10 gr.

Erzählungen listiger und gewaltsamer Anwerbungen . . . Stendal 1799. V: *Baldenius, Joh. Georg Lorenz.* (Ky) (GGr)

— listiger u. gewaltsamer Anwerbungen, mit ihren Folgen, dargestellt (von J. G. H. Baldenius). 16 Bdchn. 8. Stendal 799. Franzen u. Gr. 16 gr. Schrbp. 20 gr.

Erzählungen, Apokryphische. Gesammelt von Esau ben Nephtali. Wien 1878. V (nicht): *Spitzer, Daniel.* (Spitzer, Daniel, Wiener Spaziergänge). V: *Bucher, Bruno.* (EB) (Hdschr. Mitth. von Hermine Rosner, 6/XII 1914.)

— apokryphische. Gesammelt von Esau ben Naphtali. 8. (111 S.) Wien 879. Rosner. n. 2. —

— aufrichtige, e. Soldaten, engl. Seefahrers u. Corsars. 2 Thle. 8. Danzig 773. Flörke. 10 gr.

— u. Aufsätze f. Gattinnen 2c. ist e. N. T. v. Bahrdts Zeitschriften.

— und vermischte Aufsätze. Ausg. letzter Hand v. A. v. Steigentesch. 8. Darmstadt, Heyer.

Erzählungen, Auserlesene, aus der Christenwelt. Berlin 1837. V: *Gossner, Johannes.* (zu)

— auserlesene, aus der Christenwelt: Wanderung u. Ansiedelung der Zillerthaler am Riesengebirge, von J. Goßner. gr. 12. Berlin 837. Wohlgemuth. (Leipzig, Köhler.) 1 gr.

— auserlesene, aus d. biblischen Geschichte s. a. J. F. Heinatz.

—— auserlesene, aus d. bibl. Geschichte, nach J. F. Heynatz. 3., verb. Ausg. 8. (7 B.) Marburg 838, Elwert'sche Univ.-Buchh.

—— auserlesene, aus d. Heidenwelt. — Die Grönländer. — Die Kaffern. — Ein Neuseeländer-Häuptling. (Von J. Goßner.) 8. (à 1⅓ B. u. Titvign.) Berlin 838, Wohlgemuth's Buchh. à

— auserlesene, f. die Jugend. Hrsg. von einem für d. geistige wie körperl. Wohl der Menschheit besorgten Vereine. 1. Hft.: Die goldene Kette. — Folgen d. Ungehorsams. — Die rothen Maroccoschuhe. gr. 16. (78 S.) — 2. Hft.: Emmeline. — Der Gang in die Erdbeeren. — Die parthische Sclavin. — Die Thierquäler. gr. 16. (78 S.) Stuttgart 848, Rümelin. (à Hft. 3 ngr) 6 ngr — Mit 1 Titelkpfr. gr. 16. (156 S.) Ebd. 849. $^{7}/_{12}$ ng

— auserles., zur belehrenden Unterhaltung f. Kinder. Mit 9 ill. Kpf. 16. Meißen 825. (N. A.) 828. (Herbig in Lpz.) 12 gr.

— ausführl., nebst Grundriß d. Belagerung der Festung Schweidnitz. gr. 8. Hannov. 774. Schmidt. 8 gr.

— ausführl., d. Hinrichtung u. des Verhörs im J. 1722, d. Georg Prölls v. Pfettrach in Baiern, so d. Hexerei beschuldigt. 8. Landsh. 806. Krüll. 16 gr.

— ausführl., des Verhörs u. d. Hinrichtung des Königs Karl I. von England u. Maria v. Schottland. Aus d. Parlamentsacten. (A. u. d. T.: Proceß u. Hinrichtung Karls I. u. Maria Stuart 2c.) 8. (803.) (Joachim in Leipz.) 8 gr.

— ausgewählte, v. Paul-Louis Courier, Rodolphe Toepffer, Alex. Dumas, Prosper Mérimée, Emile Souvestre, s.: Sammlung franz. u. engl. Textausgaben. 5. Bd.

Erzählungen und Bilder

— — ausgew. bibl., aus d. Alten u. Neuen Testament. Uns. Kindern gewidmet von ***. Mit e. Vorwort als Einführg. v. Paul Faulhaber. 4. (IV, 138 S. m. Bildern.) Stuttgart 896. C. Malkomes. Geb. in Leinw. n.n. 3.75
Erschien auch in 9 Lfgn. à — 35.

—— auserwählte, f. d. Jugend, z. Erweckung edler Gesinnungen. M. 8 ill. Kpfr. Fremde Völker in ihren Nationaltrachten 2c. vorstell. 8. (5¼ B.) Frankfurt a. d. O. 831, Trowitzsch u. Sohn.

— ausgewählte, f. Jung u. Alt. 10 Hfte. 12. (à ca. 48 S.) Hamburg (902). Agentur des Rauhen Hauses. n. 1.20; einzelne Hfte. n. — 15
Sonderabdruck aus: „Hamburger Hausfreund".

— u. Märchen, ausgewählte, f. Kinder. Hrsg. v. Clemens Adf. Deipenbrock. 1.—9. Bdchn. 16. Danzig, Kasemann. à n. — 25
1. Chrph. Schmid, das Johanniskäferchen. Das Vogelnestchen. Der Kanarienvogel. (65 S.)
2. — der Weihnachtsabend. (92 S.)
3. — die Ostereier. Die Waldkapelle. (75 S.)
4. — das Blumenkörbchen. (148 S.)
5. — die Hopfenblüthen. Der Kuchen. (106 S.)
6. Chrph. Schmid u. a., kleine lehrreiche Erzählungen u. Märchen. (96 S.)
7. Chrph. Schmid u. a., kleine lehrreiche Erzählungen u. Märchen. (78 S.)
8. Alb. Gillwald, aus harten Zeiten. Drei histor. Erzählgn. (92 S.)
9. — Azuma. Historische Erzählg. aus der Zeit der Entdeckg. Meikos. (74 S.)

—— ausgewählte schottische, übers. f. das christl. Volk. 1. Bdchn. 8. Cöthen 889, Schriften-Niederlage d. Evang. Vereinshauses. * — 25
Der erste Winter in der Hauptstadt od. Ruben Kent. (54 S.)

—— ausgewählte, a. neuen engl. Taschenbüchern, frei übers. v. P. H. W. Schnaase, nebst e. Anh. v. Uebersetzer. 2. Thl. — A. u. d. T.: Der Katholik u. d. Protestantinn, u. eilf and. Erzähln. 8. (21⅓ B.) Leipzig 829, (Rein.)
1. Thl. Ebendas. 1828 1 Thlr.

—— von Israels Auszuge aus Mizrajim. Uebersetzt von einem jüdischen Gelehrten. 5. Aufl. Mit einer Einleitung und einem Wörterbuch, besonders für den Schulgebrauch von Eman. Hecht. 8. (97 S.) Brilon (861) 62, Friedländer. *

Erzählungen, größtentheils nach wahren Begebenheiten bearb. ein Lesebuch f. Kinder von 9—12 Jahren. Von J. D. H. Mit Kupfern. 16. Ulm 824, Ebner. 16 gr. illum.

— z. Beförd. gut. Gefühle 2c. 8. Königsb. Unzer. 804.

Erzählungen zur Beförderung guter Gefühle und stiller Tugenden. Königsberg 1819. V: *Baczko, Ludwig Adolph Frz Jos. von.* (Ky)

— zur Beförderung guter Gefühle und stiller Tugenden. Neue wohlf. Ausgabe. 8. Königsberg, Unzer. 819.

— zur Beförder. der Tugend, e. Lesebuch f. Kinder. 8. Prag, Barth. 795.

— z. Beförd. d. Tugend. Leseb. f. Kinder, m. K. 8. Nürnb. Zeh. 809.
mit illum. Kupf.

— zur Beförderung d. Tugend u. des Herzens f. Kinder, mit Kpf. 8. Nürnb. 791. Zeh. 8 gr. ill. 12 gr. 6e Aufl., mit Kpf. 8. Ebd. 815. 10 gr. ill. 12 gr.

— d. Begebenheiten in dem unglückl. Hamburg vom 30. Mai 1813 bis 31. Mai 1814. 8. Hamb. 814. Bohn. 6 gr.

— merkwürd. Begebenheiten aus dem Leben berühmter u. berüchtigter Menschen. 16 Bdchn. A. u. d. T.: Leben u. Ende des berüchtigten Hundsattlers. Eine Reihe beglaubigter Thatsachen aus dem vorigen Jahrhundert. gr. 12. Nördling. 839. Beck. ⅛ ng

— der traurigen Begebenheiten während d. Gefangenschaft Ludwig XVI. im Tempel. 8. Goslar 798. Kircher. 4 gr.

— trauriger u. lustiger Begebenheiten. 8. Leipz. 807. (Fr. Fleischer). 8 gr.

Erzählungen, belehrende, über die sieben heil. Sakramente. Von der Verfasserin der Erzählungen: „Geraldini“ und „die erste Communion.“ Aus dem Engl. 8. (VIII und 501 S. mit 1 Stahlst.) Regensburg 851, Manz. Thlr.

Erzählungen, Belehrende, über die sieben heiligen Sakramente. Von der Verfasserin der Erzählungen: »Geraldine« und »Die erste Communion«. Aus d. Engl. 2. Aufl. Regensburg 1876. V: *Agnew, E. C.* (Russell IX, 471)

— belehrende, üb. die 7 heiligen Sakramente. Von der Verf. der Erzählgn.: „Geraldine“ u. „die erste Communion.“ Aus dem Engl. 2. Aufl. Mit 1 Stahlst. 8. (VIII, 501 S.) Regensburg 876. Manz. 3. —

— u. Fabeln, belehrende u. unterhaltende. Ein Geschenk f. die Jugend. Mit 1 Kpf. 8. Hamb. 817. (Aue in Altona). 8 gr

— und Fabeln, belehrende und unterhaltende. Ein Geschenk für die Jugend. Mit 1 Kupf. 8. Hamburg, Schulbuchhandl. (Leipzig, Cnobloch in Comm.) 817.

— belehrende u. unterhaltende, aus d. Leben berühmter Männer, für d. Jugend. Mit Titelkpf. 8. Kitzingen 830. Gundelach. 8 gr

— —, Belustigende. Aus d. Französ. übersetzt. Frankfurt u. Leipzig (Cramer in Bremen) 1765. 8°. ($^1/_3$ Rthl. Scheible: jetzt theurer!)
$4^1/_2$ Bog. Cat. Meissner; Vandenhoeck's Cat. II. p. 418.

— belustigende. 8. Dresden 782. Hilscher. 4 gr

— u. Beurtheil. d. wichtigsten Veränderungen in d. Darstell. des dogmat. Lehrbegriffs d. Protestanten, (v. G. U. Brastberger). 8. Halle 790. Gebauer. 9 gr

— u. Bilder, biblische, s. a. Leitfaden f. d. Religionsunterr. an züroher. Ergänzungs- u. Sekundarschulen.

— u. Bilder, biblische. Leitfaden f. den Religionsunterricht an zürcher. Ergänzungs- u. Sekundarschulen, hrsg. v. einigen zürcher. Geistlichen. 2 Tle. Winterthur, Kieschke. cart. à n. — 60
1. Altes Testament. 2. Aufl. (IV, 80 S. m. 1 Karte.) 885.
2. Neues Testament. (IV, 42 S. m. 2 Karten.) 886.

—— und Bilder, biblische. Leitfaden für den Religionsunterricht an zürcher. Ergänzungs- und Sekundarschulen, hrsg. von einigen zürcher. Geistlichen. 4 Tle. 8. Winterthur, Kieschke. cart. *
Inhalt:
Tl. 1. Altes Testament. 1. und 2. unveränd. Aufl. (IV, 80 S. mit 1 chromolithogr. Karte.) 885.; 3. verm. und verb. Aufl. (IV, 91 S. mit 2 Kärtchen.) 887. cart. * 50 Pf.
» 2. Neues Testament. (IV, 62 S. mit 2 chromolithogr. Karten.) 886. cart. * 50 Pf.
» 3. Apostelgeschichte. (55 S. mit 1 chromolithogr. Karte.) 887. cart. * 50 Pf.
» 4. Christliche Lebensbilder zum Gebrauch in Schule, Kirche und Haus. (III, 95 S.) 887. cart. * 50 Pf.

—— u. Bilder, biblische. Leitfaden f. den Religionsunterricht an zürcherischen Ergänzungs- u. Sekundarschulen. Hrsg. von einigen zürcher Geistlichen. 4 Thle. 8. Winterthur, Kieschke.
à Thl. cart. * — 50; 1 2 —
3. u. 4. Thl. zusammen geb. * — 85
1. Altes Testament. 3. u. 4. Aufl. (88 S. m. 2 Karten.) 887,91. — 2. Leben u. Lehre Jesu. 1. u. 2. Aufl. (60 S. m. 2 Karten.) 887,89. — 3. Apostelgeschichte. 1. u. 2. Aufl. (53 S. m. 1 Karte.) 887,90. — 4. Christliche Lebensbilder. (93 S.) 887.

Erzählungen, Biblische, für die Jugend. Altes Testament. Zürich 1772. V: *Hess, Joh Jacob.* (BSchwLk V, 10c)

Erzählungen, Biblische, für die Jugend. Altes und Neues Testament. Zürich 1774. V: *Hess, Johann Jacob.* (BSchwLk V, 10c)

— biblische, f. die Jugend, Alten u. N. Testaments, von d. ascet. Gesellschaft in Zürich. 8. Zürich ... N. Ausg. 790 u. 813. Orell 1 rℓ 8 gr

— bibl., f. die Jugend, Alten u. Neuen Testaments. Von e. Gesellschaft Jugendfreunde. gr. 8. Zürich 821. Orell. 12 gr

— bibl., f. die Jugend, Neuen Testaments. Aus obiger Ausgabe besonders abgedr. 8. Zürich 774. Orell. 20 gr

—— biblische, für kleine Kinder. Der Stern von Bethlehem und andere Geschichten. 4. (31 S. mit 1 Stnt.) Neu-Ruppin 859, Bergemann.

—— dass. — Der gute Hirt und andere Geschichten. 4. (31 S. mit 1 Stnt.) Ebendas. 859.

— biblische, des Neuen-Testaments. 8. Zürich, Orell. 774.

— biblische, f. die Realstufe der Volksschule. Neue durchgeseh. Aufl. d. „Religiösen Lehrmittels“. 1—3. Hft. 8. Zürich 876. Schultheß. à n.n. — 30
1. [Für die 1. Klasse.] Erzählungen aus dem Alten Teamente. (42 S.)
2. [Für die 2. Klasse.] Erzählungen aus dem Neuen Testamente. (50 S.)
3. [Für die 3. Klasse.] Die Lehre Jesu. (61 S.)

— biblische, für die Realstufe der Volksschule. Neue durchgeseh. Aufl. des „Religiösen Lehrmittels“. 2 Hfte. 4., verb. Aufl. 8. Zürich 879. Schultheß. à n.n. — 30
1. [Für die 1. Klasse.] Erzählungen aus dem Alten Testamente. (46 S.)
2. [Für die 2. Klasse.] Erzählungen aus dem Neuen Testamente. Das Leben Jesu. (64 S.)

— biblische, f. d. Realstufe der Volksschule. Neue durchgeseh. Aufl. des „Religiösen Lehrmittels“. 1.—3. Heft. kl. 8. Zürich, Schultheß & Co. à n. — 30; kart. n. à — 40
1. (Für die 1. Klasse.) Erzählungen aus dem Alten Testamente. 16. durchgeseh. Aufl. (47 S.) 902.
2. (Für die 2. Klasse.) Erzählungen aus dem Neuen Testamente. Das Leben Jesu. 13. durchgeseh. Aufl. (55 S.) 903.
3. (Für die 3. Klasse.) a. Die Lehre Jesu. b. Die Apostel. 13. durchgeseh. Aufl. (63 S.) 903.
Bisher u. d. T.: Lehrmittel f. den Religionsunterricht.

—— mit Bildern. Ein Buch zur Unterhalt. u. Belehrung. 8. ($1^1/_2$ B., worauf 9 col. Bild.) Neu-Ruppin 845, Kühn u. Sohn. (Leipzig, Thomas.)

—— und Bilder aus Amerika. br. 8. (98 S. mit 8 ill. Kpfrt.) Erfurt 852, Bartholomäus.

— zur Bildung des Geistes u. Herzens. 8. Flensb. 789. (Hammerich in Altona). 1 rℓ

— zur Bildung des Herzens, s. Damm.

— u. Biographien, f. Freunde des Militärstandes. Nebst Anhang über d. Beschlag d. Pferde. Aus d. Französ. von C. Ch. Beck. Mit 6 Abbildd. 8. Ludwigsb. 826. Nast. 1 rℓ

— aus Hannchens Brieftasche. 1r Bd. A. u. d. T.: Carriere einer schönen Amtmannstochter. 8. Gießen 810. (Leipzig, Fr. Fleischer.) 1 rℓ

Erzählungen und Bruchstücke aus dem Gebiete der Wahrheit. Glatz, Neisse u. Leipz. 1798. V: *Kaffka (Engelmann), Johann Christoph.* (R-N) (Ky) (GGr) (MGT)

— u. Bruchstücke aus d. Gebiete d. Wahrheit. 8. Glatz 798. (Lpz., Andrä). 16 gr

Erzählungen, Bukolische, und vermischte Gedichte. Frankf. u. Leipz. 1764. V: *Breitenbauch, Georg Aug. v.* (Ky)

— bukolische, u. vermischte Gedichte, (v. G. A. v. Breitenbauch). 8. Frankf. u. Leipz. 764. Gabler in Jena. 16 gr

— —, Bukolische, und vermischte Gedichte (von *Georg August v. Breitenbauch*, 1731—1817). Zweyte Auflage. Leipzig, 1764. 8°. (In Leipzig, Univbibl.)
6 Bll. Vorst., 328 Seiten. Unter der von Bucha im Thal 6. Septb. 1762 dat. Dedication nennt sich der Verfasser. — Die erste Ausgabe erschien Frankf. u. Lpz. 1763. 8°. 346 S. (Goedeke IV, 100, 16, 2.)

— für d. Bürger u. Landmann. 4 Thle. 8. Neustadt, Wagner. 10 ℳ. Hba. Pr. 9 ℳ

— f. d. Bürger u. Landmann. 1½ Thl. 8. Leipz. Joachim. 803.

— der, f. den Bürger u. Landmann. Wochenschrift für 1814. 8. Naumb. Wild.

— von Lord Byron. Aus dem Engl. Mit e. Versuch über des Dichters Leben und Schriften v. D. Adrian. 8. Frankfurt a. M., Sauerländer. 819.

— von Cäcilie. 8. Erfurt, Müller. 815.

— aus Canterbury, v. Henriette u. Sophie Lee, a. d. Engl. v. F. v. Oertel. 2 Thle. 8. Lpz. Beygang. 810. (I, 20 gr. II. h. a. die Titel: a) die beyden Emilien; b) letzter Wettkampf z. Beendigung d. Erzählungen aus Canterbury. 1 Rthlr. 16 gr.)

— u. Charaktergemälde berühmter Menschen aus allen fünf Welttheilen. Ein Geschenk für die reifere Jugend. Von J. D. C. Brugger. gr. 12. Freiburg 834. Fr. Wagner. ⁵/₈ ℳ

Erzählungen und Charakterschilderungen zur Bildung der Jugend. Frankfurt 1839. V: *Döring, Phil. Jakob.* (Heyden, Gallerie ber. u. merkw. Frankfurter. 1861. S. 546.) (Mitth. A. Rosenbaum.)

— u. Charakterschilderungen zur Bildung der Jugend. Mit 20 Kpfrn. 8. Frankfurt 839. Döring. ³/₈ ℳ

— christliche, Auswahl aus den von dem Hauptverein für christl. Erbauungsschriften in den Preußischen Staaten zu Berlin herausgeg. Tractaten. 8. Berlin 836. Eichler, jetzt Thome. n. ¹/₂ ℳ

— christliche, Auswahl aus d. von d. Hauptverein f. christl. Erbauungsschriften in d. preuß. Staaten zu Berlin hrsgeg. Tractaten. 8. (16³/₄ B.) Berlin 837, [Thome.]

Erzählungen, christliche. Nr. 1—12. 12. Hermannsburg, Missionshandlg. à — 25
1. Der Krüppel v. Rottenstein. D. Vaters Segen baut d. Kindern Häuser. Von G. H. v. Schubert. (44 S.) 895.
2. Meereswogen. (Der Meeresstrom.) Von G. H. v. Schubert. (35 S.) 895.
3. Krüppels Michael. E. Mauer um uns baue. D. Vogelbärbchen. Von O. Glaubrecht. (40 S.) 895.
4. Handwerk hat e. gold. Boden. D. Heldenbote. D. Wanderschaft. D. Steinthor. Von Karl Stöber. (40 S.) 895.
5. D. blaue Wasser od. d. Branntweintrinken u. s. Folgen. Wie man sich auf e Insel einrichten u. verhalten soll. Von Karl Stöber. (40 S.) 896.
6. Ein Stückchen aus meiner Jugendgeschichte. Der belohnte Totschlag. Hansel v. Dietfurt. Von G. H. v. Schubert. (40 S.) 897.
7. Asmus. Der Meister in allerlei Teig. D. kleine Friedensbote. Von G. H. v. Schubert. (39 S.) 897.
8. Ein Gottesgericht. Aus d. Tiefe in d. Höhe. E. Franzosenstücklein. Bauer u. Pfarrer. Von O. Glaubrecht. (40 S.) 897.
9. Kindesglaube u. Kindesliebe. Eine hannov. Dorfgeschichte. 2. Aufl. (47 S. m. Titelbild.) 898.
10. D. Winkelschule. D. rote Buch. Bescheid. Ehrlichkeit. Wer kann beten. Von O. Glaubrecht. (39 S.) 898.
11. 12. D. Stricker. D. Kaiserkrönung. D. Schiffswurm. Von Karl Stöber. (40 S.) 898.

Erzählungen, christliche. Nr. 12 u. 13. 12. Hermannsburg, Missionshandlg. à — 25
12. Das Elmthäli. Von Karl Stöber. (40 S.) 900.
13. Schuld u. Strafe. Das Sonntagskind. Dergleichen gilt hier nicht. Von Karl Stöber. (36 S.) 900.

— christliche. Nr. 14—21. kl. 8. Hermannsburg, Missionshandlg. n. 1.40
Chouans, die. — Der reiche Bauer. — Warum? (32 S.) (906.) (Nr. 21.) n. — 20
Fromme, A., der Herr verläßt die Seinen nicht. — Die ärmste Hütte im Dorfe. — Die letzte Hütte im Dorfe. (23 S.) (904.) (Nr. 16.) n. — 10
— des Kaisers Festmahl. (16 S.) (903.) (Nr. 14.) n. — 10
Hoßfeld, Fr., Armaris-Perpetua, die Bulgarenfürstin. (56 S.) 905. (Nr. 17.) n. — 20
— Arnotraut. Kurfürstin Elisabeth v. Brandenburg. Arnd's wahres Christentum in der Praxis. (31 S.) (906.) (Nr. 19.) n. — 20
— Erfahrungen e. Bibelkolporteurs. (46 S.) 903. (Nr. 15.) n. — 20
Rautenberg, die Bekehrung der Sachsen im Oerzetal. (23 S.) (906.) (Nr. 18.) n. — 10
Schmidt (richtig Schmid), Charlotte, wo ist der Himmel? Eine engl. Geschichte. Frei nacherzählt. (48 S.) (906.) (Nr. 20.) n. — 30

— christliche. Nr. 22. kl. 8. Hermannsburg 907. Missionshandlg. — 15
22. Spiridion. (Von J. Hoßfeld.) Perpetua u. ihre Leidensgenossen. (Von Th. Petersen.) Zwei Märtyrergeschichten. (23 S. m. Abb.)

— christliche, für die Jugend. 12. Elberfeld 844, Schmachtenberg. steif geb. ¹/₆ ℳ

— f. junge Damen u. Dichter. 2 Bde. 8. Lemgo, Meyer. 774–75.

Holl. Pap.

Erzählungen für junge Damen und Dichter . . . Lemgo 1775. H: *Heinse, Johann Jacob Wilhelm.* (EE) (MD) (Ky) (JI.) (GGr) (Lachmanski, Dtsche Frauenzeitschr. d. 18. Jhdts. Berl. 1900. S. 72.)

§ — — für junge Damen und Dichter gesammelt und mit Anmerkungen begleitet (von Wilhelm Heinse). Erster und (S. 129:) Zweyter Band (soviel ersch.). Komische Erzählungen. Lemgo, in der Meyerschen Buchhandlung. 1775. 8°. (In München: P. o. germ. 324 m.) (51 Mk., Expl. in reich verziert. Hlbkalbldrbd. im Style d. Zeit, Max Perl's Berliner Oct.-Auct. 1907, no. 460; 100 Mk. C. G. Boerner, Lpz., Cat. VII. [1907] no. 1214, mit d. Jahrz. „1787" [?]; 55 Mk. Auct. Deneke, 1909.)
268 fortlaufend gez. Seiten, 1 Bl. Inh., 1 Bl. Anzeigen. Goedeke IV, 342, 7; 371, 57; Lachmanski, Deutsche Frauenzeitschriften des 18. Jhdts. Berlin 1900. S. 72.

— deutsche, od. Gemälde d. deutsch. Sittlichkeit. 12. Th. Ehrenbreitstein, Gehra. 787.

— —, Deutsche, oder Gemählde der deutschen Sittlichkeit. (Erste Erzählung.) In der Subscription das erste (einzige?) Heft pro Januario. Neuwied in (so!) Tonderschen Schriften 1787. 72 S. 8°. (Titel mit Schreibschrift gedr.) (2 Mk. Max Perl's Berliner Oct.-Auct. 1907, Nr. 200.)

— deutsche, von K. A. Varnhagen von Ense. 8. Tübingen, Cotta. 815.

— u. Dialogen. 2 Bde. 8. Altona, Kave. 790.

— u. Dialogen von Ludw. Wieland. 1r Thl. 8. Leipzig, Göschen. 803.

— — ders. 2r Th. 8. Zürich, Geßner. 805.

Erzählungen, zum Theil dialogisirt. Gera 1788. V: *Heinse, Glob Heinr.* (Ky) (MGT)

— zum Theil dialogisirt (v. Glo. H. Heinse). 8. Gera 788. Rothe. 14 ℳ

— zum Theil dialogisirt. 8. Gera, 789. Rothe. 18 ggl.

— a. klassischen Dichtern f. Alt u. Jung. Nr. 14—28. 8. Köln, A. Ahn. à — 40; geb. à — 80
14. Oberon. E. Erzählg. Nach Wieland's romant. Epos bearb. Von Karl F. A. Geerling. (64 S.) (886).
15. Julius Cäsar. E. Erzählg. Nach Shakespeares Trauerspiel bearb. Von Karl F. A. Geerling. Mit 28 Denksprüchen. (56 S.) (886).
16. Walther v. Aquitanien. E. Erzählg. Nach Ekkehardts Gedicht bearb. Von Karl F. A. Geerling. (47 S.) (886).
17. 18. Die Nibelungen. E. Erzählg. Nach altdeutsch. Dichtgn. bearb. Von Karl F. A. Geerling. (94 S.) (886).
19. Gudrun. E. Geschichte aus Deutschlands Vorzeit bearb. Von Karl F. A. Geerling. (84 S.) (887).
20. 21. Parzival. E. Erzählg., n. d. Epos von Wolfram v. Eschenbach bearb. Von Karl F. A. Geerling. Mit 43 Denksprüchen. (107 S.) (888).
22. Ilias. E. Erzählg. a. Griechenlands Vorzeit, nach Homer bearb. Von Karl F. A. Geerling. Mit 42 Denksprüchen. (71 S.) (887).
23. 24. Odyssee. E. Erzählg. a. Griechenlands Vorzeit, nach Homer bearb. Vor Karl F. A. Geerling. Mit 69 Denksprüchen. (137 S.) (887).
25. 26. Leben u. Thaten des scharfsinn. Junkers Don Quichote v. d. Mancha. E. Erzählg., nach Cervantes Roman bearb. Von Karl F. A. Geerling. Mit 95 Denksprüchen. (155 S.) (892).
27. 28. Tristan u. Isolde. Nach Meister Gottfrieds Rittermär der deutschen Jugend u. dem deutschen Volke erzählt. Von Vikt. Kiy. (VIII, 116 S.) (898).

Erzählungen neuerer schweizer Dichter, s. a Verein f. Verbreitung guter Schriften C. 7. 8.

Erzählungen neuerer Schweizer Dichter. [Band] 1. Für die Jugend ausgewählt von der Jugendschriftenkommission des Schweizerischen Lehrervereins. 120 S. 8. Basel, Verein für Verbreitung guter Schriften, 1907. (geb. fr. 1. —)
Verein für Verbreitung guter Schriften (Basel). C. 7.

Erzählungen neuerer Schweizer Dichter. [Band] 2. Für die Jugend ausgewählt von der Jugendschriftenkommission des Schweizerischen Lehrervereins. 112 S. 8. Basel, Verein für Verbreitung guter Schriften, 1908. (geb. fr. 1. —)
Verein für Verbreitung guter Schriften (Basel). C. 8.

— Dichtungen, Fastnachtsspiele u. s. w., s. a. Büsching.

— —, Dichtungen, Fastnachtsspiele u. Schwänke des Mittelalters, herausg. v. J. G. Büsching. I. Bd. = 3 Hefte. (Alles was erschienen.) Breslau 1814. 8°. (3 Rthl.) (9 Mk. Ludolf St. Goar, Frankf. a. M., Cat. 40; 7 Mk. 50 Pfg. A. Weigel, 1904.)
Vergriffen u. selten! Enthält Uebertragungen u. Auszüge aus d. Alt- u. Mittelhochdeutschen, sowie andern german. u. roman. Sprachen.

— u. Dichtungen aus dem Leben der Tierwelt, s.: Jugendbände, Münchener. Nr. 1.

— die Manchem schon gefielen. 8. Berl. 823. Vereinsbuchhandl. 1 ℛ 6 𝒢

Erzählungen, Dramatisirte, aus dem Gebiete des Wunderbaren und dem Reiche der Zauberer ... Leipzig 1800. V: *Wenzel, Gottfried Immanuel.* (MGT) »Erzählungen, Dramatische. Wien 1796« (Ky) (WBL)

— dramat., aus d. Gebiete d. Wunderbaren :c. (v. G. J. Wenzel). 8. Wien. (Liebeskind in Leipz.) 16 𝒢

— dramatische, a. d. Gebiete d. Wunderbaren :c. m. K. 8. Wien, Ant. Doll. (Liebeskind in Lpz. in Commiss.) 800.

Erzählungen, Drei. Eugen und Rosalie. Die Gräfin von Santerre. Dorgeville ... Leipz. 1809. V: *Lindau, Wilhelm Adolph.* (MGT) (Ky) (EE) (NN)

— drei, 1) Eugen u. Rosalie; 2) die Gräfin v. Santerre; 3) Dorgeville, (v. W. A. Lindau). 8. Leipz. 809. Rein. 1 ℛ

— drey, von Fr. Laun, der ewige Jude — die Irmensäule — meine Kindereyen. 8. Leipzig, Baumgärtner. 820.

— drei, aus dem Französ. von Napoleon Roussel; enthaltend: Karl der kleine Kaminfeger; der bestrafte Näscher; die Geschwister. (Mit 2 Lithogr.) 12. Straßburg 841, Wittwe Levrault. geb. ⅛ ℛ — Color. 6¼ n𝒢

— drei: Kaiser Max auf der Martinswand. — Der Kanarienvogel. — Das Johanniskäferchen 8. (175 S. und 3 Stnt.) Augsburg 848, Lampart und Comp.
Aus: Sechs Erzählungen :c., besonders abgedruckt.

Erzählungen, drei. 1. Die heil. Genovefa. 2. Bertha, Königin der Franken. 3. Pulcheria, oström. Kaiserin. Hrsg. von einem Freunde des christl. Volkes. 8. (IV, 142 S.) Werl 873, Stein.

Erzählungen, drei, zur Belehrung und Unterhaltung. 3. Aufl. 16. (60 S.) Neuhaus 863, Landfraß und Sohn. *

— drei, zur Charakteristik großer Städte. 8. Heidelb., Braun. 16 𝒢

ERZÄHLUNGEN, Drei (ziemlich zahme), zur Karakteristik grosser Städte mit Rücksicht auf Berlin. Mit Titelvign. Charlottenburg (Carlsruhe, Braun) 1792. 8°. (2 Mk. 50 Pfg. W. Koebner, Breslau, c. 1885; jetzt theurer!)
Tit., 1 Bl. Vorr. (unterz.: „Friedrich"), 304 S. 1. Der Brief (a. d. Engl.). 2. Die Entführung (aus d. Russ.). 3. Der Fusstritt (von einem Berliner). — Nicht häufig!
— — Dasselbe. Dürkheim (ebd.) 1792. 8°.

— drei gleichnißartige, für die Gegenwart, Jesu Gleichnissen nachgebildet. 16. (26 S.) Barmen 872, (Wiemann.) *

— drei gleichnißartige, f. die Gegenwart, Jesu Gleichnissen nachgebildet. 16. (26 S.) Barmen 874. (Wiemann.) n.n. — 13

— Erzählungen, drei heitere, s.: Gabelsberger-Bibliothek.

— drei, für die Jugend. Vom Verf. der „Geschwister von Marienthal" (Gust. Plieninger). 2. Aufl. 16. (III und 92 S. mit 3 Stnt. in Tondr.) Stuttgart 850, Ed. Hallberger.

— drei, für die Jugend und ihre Freunde. 16. (132 S.) Barmen 848, Steinhaus.

— drei, für die Jugend und ihre Freunde. 2. Bdchn. 2. Aufl. 8. (IV, 116 S.) Ebendas. 870. *

— drei, von der Macht des Wortes Gottes. Hrsg. von der Wupperthaler Traktat-Gesellschaft. 12. (16 S.) Barmen 881. (Wiemann.) n. — 8

Erzählungen, drei neue. Von J. Aus dem Dän. übers. von Elis. Longé. 2 Bde. 3. (Titel-)Aufl. 8. (226; 179 S.) Norden (881)886, Fischer Nachf. *

Erzählungen, Drei piquante, aus Paris. 2. Aufl. Würzb. [186*]. V: *Hahn, E.* (BGE VI[8], 93)

— drei schöne, für die Jugend. 1. Die Stecknadel. 2. Der Westindier. 3. Geh' mit Gott. 12. Elberfeld 845, Schmachtenberg. 3 n𝒢

— drei schöne, f. die Jugend. 8. (2½ B.) Elberfeld 846, Schmachtenberg. -

Erzählungen, drei schöne, f. d. Jugend. 1. Die Stecknadel. 2. Der Westindier. 3. Geh' mit Gott. 12. (40 S.) Elberfeld 848, Schmachtenberg. 3 n𝒢

— drei schöne, als Warnung vor bösen Eigenschaften. Nebst e. Anh. Denk- u. Sittensprüche f. Mädchen v. 10—14 Jahren. M. 7 Kpfr. 12. (8 B.) Aarau u. Thun 837, Christen. ½ Thlr., ill.

— drollige, u. Schwänke, von Heydenreich. 2 Bde. m. K 8. Leipz. Sommer. 815.

Erzählungen und Schwänke, Drollige. Neue Auflage. Leipzig 1816. V: *Heydenreich, Heinrich.* (Ky)

— drollige, u. Schwänke, (von Hnr. Heydenreich). 2 Bde. 8. Leipz. N. A. 816. (W. Rauck). 1 Rthlr. 16 gr.

— drollige, u. Schwänke, von Heydenreich. 2 Bde. mit K. neue Ausg. 8. Leipz. Sommer. 816.

Erzählungen aus dem Dunkel der Vorzeit. Hamb. 1796—1801. V: *Albrecht, Joh. Frdr. Ernst & Sophie Albrecht.* (GGr)

Erzählungen, Ein Dutzend leichte. Petersburg u. Moskau [Leipzig] 1782. V: *Gallisch, Friedrich Anton.* (Ky) (Wr)

— ein Dutzend leichte (v. Fr. Andr. Gallisch). 8. Petersb. 782. (Dyck in Leipz.) 8 gr.

— u. Einfälle zur angenehmen Unterhaltung. 24 Stcke. 8. Berl. 783—86. Kunze. 6 Rthlr.

— aus e. Einsiedelei, für die heranwachsende Jugend. 16 Bdchn., mit Kpf. 12. Stuttg. 802. Magazin f. Litt. 12 gr. ill. 16 gr.

Erzählungen, den Eltern, Kindern u. Dienstboten geweiht vom Verf. d. armen Hirtenfamilie (J. N. Schneid). 1s Bdchn. A. u. d. T.: Der kleine Gottfried. Die wohlthätigen Wege der Vorsehung. Die arme Weberfamilie. 12. Landsh. 833. Krüll. 1/6 Rthlr. — 2s Bdchn. A. u. d. T.: Gott waltet oft wunderbar über die Seinen. Gott verläßt die Armen nicht. Der Waisenvater. 12. Ebd. 833. 1/6 Rthlr. — 3s Bdchn. A. u. d. T.: Isidor u. Sabina. Ein Spiegel f. Jung u. Alt, woraus man erkennen kann, was Häuslichkeit u. Arbeitsamkeit vermögen. gr. 12. Ebd. 835. Manz. 1/6 Rthlr. — 4s Bdchn. A. u. d. T.: Philipp u. Anton; oder: Böse Beispiele verderben gute Sitten. Der redliche Christoph. 2 lehrreiche Erzählungen. gr. 12. Ebd. 835. 1/6 Rthlr. — 5s Bdchn. A. u. d. T.: Bertha, das arme Landmädchen, eine lehrreiche Geschichte. 12. Ebd. 835. 1/6 Rthlr. — 6s Bdchn. A. u. d. T.: Der fromme Gilbert. Der heilige Bischof Karl. Der Glaubensheld Titus. 12. Regensburg u. Landshut 836. Manz. 1/6 Rthlr.

— englische, für Anfänger, die Erlernung des Englischlesens zu erleichtern. gr. 8. (16 S.) Mannheim 848, Bensheimer.

— englische, für Anfänger, die Erlernung des Englischlesens zu erleichtern. (Neue Ausg.) Mannheim 857. Bensheimer. gr. 8. (16 S.) 3 kr.

— erbauliche, zur Förderg. d. religiösen Sinnes unter dem christl. Volke. gr. 16. (192 S.) Graz 873. Moser. n. 1. —

Erzählungen, Erbauliche, d. vornehmsten biblischen Geschichten. Prag: Diesbach. 1796

— — dieselben. 8. Bamb. Göbhard. 784.

Erzählungen, erbauliche, d. vornehmsten bibl. Geschichten des A. u. N. Testaments, mit Sittenlehren f. die Jugend. 5te Aufl. m. K. 8. Prag, Enders. 814. Rthlr.

— erbauliche, der vornehmsten bibl. Geschichten des A. u. N. Testaments, mit Sittenlehren f. die Jugend. Mit Kpf. 8. Prag 796. 6e Aufl. 822. Enders. 6 gr.

— erbauliche, des Alt. u. N. Testaments f. d. Jugend, mit 1 Kpf. 8. Prag 796. Diesbach. 6 gr.

— aus dem Erzgebirge. Ein Familienbuch zur Unterhaltung und Belehrung für alle Stände. Hrsg. unter Mitwirkung mehrerer beliebter Schriftsteller von Ernst und August Schlesinger. Mit color. Abbild. 14 Lfgn. gr. 4. (IV und 232 S. mit 1 Holzschn. und 12 ill. Stnt.) Oederan 863,64, Schlesinger'sche Buchh. à Lfg. 3½ Ngr. für Sachsen à Lfg. 3 Ngr.

— etliche, merkwürd. Umstände aus J. Newtons Leben. gr. 8. Frkf. 791. Hermann. 14 gr.

— und Fabeln, m. 32 Bild. Ein Geschenk f. d. Jugend. 8. (4 B.) Berlin 830, Winckelmann u. Söhne. 11 Gr., ill.

— Fabeln, Gedichte, Räthsel, Sprüchwörter, Sentenzen in Stammbücher u. Gratulationen rc. 4. Bresl., Buchheister. 4 gr.

— Fabeln u. kleine Geschichten aus d. Orient. 2 Bdchn. 8. Jena 800. Leipz. 804. Hinrichs. 16 gr.

— Fabeln u. Lieder. 8. Halle 807. Kümmel. 14 gr.

— Fabeln u. Lieder zur moral. Bildung d. Jugend, (v. J. H. Ch. Barby). 8. Berl. 798. N. Aufl. 800. Felisch. 16 gr.

.**Erzählungen,** Fabeln, und Lieder, hauptsächlich zur ersten Entwickelung des Gedächtnisses ... Halle 1808 [1807]. V: *Simon, Christian Friedrich Liebegott.* (MGT)

Erzählungen, Fabeln und Lieder zum Gebrauch für die Jugend. Berlin 1798. V: *Barby, Johann Heinrich Christian.* (Ky) (MGT) (Hitzig) (GGr)

— f. unverdorbene Familien. 10 Bde. 8. Leipzig, Göschen.
(1r enth. f. Bergmann. 2r—6r Rochlitz (Selene, 1—6. 7r—10r Journal, f. Frauen. 1806.)

Erzählungen für unverdorbene Familien. Leipzig 1814 ff. V: *Bergmann & E. Grass.* (Ky)

— für unverdorbene Familien 11r bis 16r Thl. 8. Leipzig, Göschen. 816.

Erzählungen für verdorbene Familien. 1815-16
s. Bergmann [Hrsg.]

Erzählungen für verdorbene Familien. 1815-16
s. Grass, E [Hrsg.]

— einzelner Familienscenen. 8. Halle 795, s. unten: Erzähll. nach d. Mode.

— von allen Farben. Deutsch v. F. L. Rhode. 2 Thle. gr. 12. (20 B.) Leipzig 834, Hartleben's Vrls.-Exped.

Erzählungen, Fassliche und gemeinnützliche, für Kinder zur Entwicklung ihres Verstandes ... Bayr. 1790. V: *Klinger, Joh. Siegmund.* (Ky) (MGT) (Fiker)

— faßl. u. gemeinnützige für Kinder, zur Entwickelung ihres Verstandes, (v. J. S. Klinger). 8. Bayr. 790. Grau. 8 gr.

— der Feierlichkeiten, welche im Fürstenthum Lippe im Mai 1820 bei der Ankunft d. Durchl. Fürsten Paul Alex. Leopold zur Lippe u. Höchst rc. statt gefunden haben. 8. Lemgo 821. Meyer. 16 gr. Schrbp. 20 gr.

ERZÄHLUNGEN, Die flagellantischen, des Colonel Flogging. Aus dem Gebiete der häuslichen, pädagogischen und behördlichen Prügelstrafen. Bd. 1—4. Budapest, M. G. Schneider (um 1905). 8°.
Verb. d. Ldg. I Berlin 38 J. 720/08 und 7 J. 1355/08.

— für junge Freundinnen der Lektüre; aus d. Engl. (v. Chr. Aug. Michaelis). 8. Nürnb. 795. Schmidmer; Winter. 6 gr.

Erzählungen, Fünf ossetische, in digorischem Dialect. Herausgegeben von W. Miller und R. von Stackelberg. Mit deutscher Übersetzung, Glossar und Anhang von R. von Stackelberg. St.-Pétersbourg 1891. 4°.

— fünfzig, für die Jugend. 16. (148 S. mit 1 Holzschn.) New-York 855. (Philadelphia, Schäfer und Koradi.) *

— fünfzig kleine, für Kinder. 8. Magdeb. 803. Heinrichshofen. 1 ℛ

— 50 kleine, durchaus verständliche, für Kinder, welche so eben erst lesen gelernt haben. Von einer Mutter in der Kinderstube geschrieben. Neueste Aufl. 8. Grätz 826. Kienreich. 5 ℊℊ

— fünfzig kurze u. lehrreiche, für d. Jugend in d. Stadt u. auf dem Lande. 3e A. 12. Wien 807. Gerold. 3 ℊℊ

— 50, aus dem alten u. neuen Testament nebst e. Anhang. Für die Schuljugend. 8. (IV u. 78 S.) Darmstadt 852, Kern. n. 4 ngr

— fünfzig, aus dem alten und neuen Testament. Nebst einem Anhang. Für die Schuljugend. 2. (Titel-) Ausg. Darmstadt 855. Kern. 8. (1 Bl., 78 S.) 5 ngr

— der Mutter Gans, s. Perrault d'Armancour, Contes de ma mère loye etc.

—— aus den Gebirgen, Familien- u. Revolutionskriegen Schottlands. Ein Geschenk f. d. reif. Jugend. A. d. Engl. übers. v. J. F. Wilms. 8. (7 B.) Hamburg 837, Berendsohn.

—— über die zehn Gebote Gottes. Von e. kathol. Geistlichen. Mit Ttlkpfr. 8. (38½ B.) Sulzbach 839, v. Seidel'sche Buchh. Auch einzeln u. folg. Ttln.:
Des Glaubens Kampf u. Sieg. 9 Gr.
Die Macht böser Zungen. 2 Gr.
Segen u. Fluch. 3 Gr.
Der Sünde Stufengang. 2 Gr.
Der Unschuld Triumph. 5 Gr.

—— über die zehn Gebote Gottes von einem kathol. Geistlichen. 2. Aufl. 8. (X und 692 S. mit 1 Ttlkpfr.) Sulzbach 851, v. Seidel'sche Buchh.

Erzählungen und Gedichte zur Bildung des Geistes und Herzens. Zürich [1834]. H: *Meyer v. Knonau, Gerold.* (Cat. d. Stadtbibl. Zürich. Zürich 1864—97.)

—— und Gedichte z. Bildung d. Geistes u. Herzens. 8. (8⅓ B.) Zürich 834, Schulthess.

Erzählungen und Gedichte belehrenden, erbauenden und erheiternden Inhalts . . . 2. Ausg. Augsb. 1834. V: *Gruber, F.* H: *Russwurm, Heinrich.* (Ky)

—— und Gedichte belehr., erbauenden u. erheiternden Inhaltes. Ein Festgeschenk f. Deutschlands gebild. Jugend. Von F. G(ruber), verbess. v. H. R(usswurm). 2., durchges. Ausg. 8. (14 B. u. 1 Stndr.) Augsburg 834. (Regensburg, Manz.)

—— und Gedichte belehrenden, erbauenden u. erheiternden Inhaltes. Ein Festgeschenk f. Deutschlands gebildete Jugend. Mit Ttlbild. 2., verb. Ausg. 8. (14¼ B.) Augsburg 838, [Lampert u. Comp.]

— u. Gedichte zur geselligen Unterhaltung für Gebildete. Herausg. v. J. G. Jakobi, Pfeffel, Hebel, Matthisson, Neuffer, Salis, Ittner, Rotteck, Brun, Haug, Stolberg, Schreiber u. A. 9 Bdchn. Mit Kpfrn. 12. Zürich ... Orell u. Comp. 3⅓ ℛ

— für Geist und Herz v. J. A. Müller. 8. Passau, Pustet. 821.

—— für Geist u. Herz, od. Darstell. edler Gesinnungen u. Handlungen guter u. frommer Menschen. Gesammelt v. e. Jugendfreunde. gr. 12. (6 B.) Passau 833, Pustet. [Winkler.]

— d. selben, s. Freville.

— — und Gemälde. Th. 1. (einz.). Berlin 1796. 8⁰. (23 ggr.)

— u. Gemälde a. d. häusl. Leben, v. A. Lindemann, m. K. 12. Frankf. Guilhaumann. 800.

— u. Gemälde aus Deutschlands kraftvollem Zeitalter, v. Pott. mit K. v. Chodowiecky. gr. 8. Leipzig, Sommer. 815.

Erzählungen und Geschichten, Gemüthliche, zur Veredlung des jugendlichen Herzens gesitteter Mädchen . . . Nürnberg 1821. V: *Voltz, J.* (Ky)

Gemüthliche Erzählungen und Geschichten zur Veredlung des jugendlichen Herzens für Mädchen von 9—12 Jahren. Mit 6 Kupfertafeln nach Zeichnungen von Joh. Voltz. Nürnberg, C. H. Zeh'sche Buchhandlung [c. 1820]. Gestoch. Titel, 168 S. Kl.-4⁰. Grüngrauer, reizend (m. Weinranken, Emblemen, Figur) gestoch. Or.Karton. 40.—
Sehr hübsches, reizend illustr. Büchlein. — Einige leichte Gebrauchsspuren u. Fleckchen. Name a. d. Rücks. d. Frontispizes, Einband etwas benutzt u. leicht bestoßen.

— gemüthliche, für d. Jugend; ein Geschenk f. gute u. fleißige Kinder. Mit 1 ill. Titelkpf. 12. Prag, Bohmanns Erben. 5 ℊℊ eleg. geb. 6 ℊℊ

—— gereimte, für meine kleinen Lieblinge. Von B. W. 4. (III, 76 S. mit 1 Chromolithogr.) Liegnitz 879, (Kaulfuß'sche Buchh.) cart.

Erzählungen, gereimte, für meine kleinen Lieblinge. Von B. W. 4. (III, 76 S. m. 1 Chromolith.) Liegnitz 880. (Kaulfuß.) 1. 50

— gesammelte, von der Verfasserin der Maria Müller, der Erna rc. 2 Bde. 8. Schleswig, (Leipz., Cnobloch.)

Erzählungen, Gesammelte, von der Verfasserin der Maria Müller, der Erna. Schleswig 1822. V: *Ahlefeld, Charlotte Sophie Wilhelmine von geb. v. Seebach.* (MGT) (schl) (KE) (Ky)

Erzählungen, gesammelte, von d. Verf. der Maria Müller (Charl. v. Ahlefeld). 2 Thle. 8. Schleswig. 822. Taubstummen-Inst. 2 ℛ

Erzählungen, Gesammelte, von der Verfasserin der Bilder des Lebens. Stuttg. u. Tüb. 1839—40. V: *Rothpletz, Anna geb. von Meiss.* (ABJP)

— gesammelte, von der Verfasserin der Bilder des Lebens. 1r u. 2r Bd. 8. Stuttgart u. Tübingen 839, 40. Cotta'sche Buchh. (à 1⁵⁄₆ ℛ) 3⅔ ℛ

— gesammelte, f. die Jugend, s.: Reise- u. Jagdabenteuer, neue.

Erzählungen, e. Geschenk f. Kinder. 8. Leipz., W. Nauck. 2 ℊℊ

Erzählungen und Geschichte der Königl. Dänischen Acker-Academie . . . Flensb. 1767. V: *Lüders, Phil. Ernst.* (Bruun, Bibl. Danica. III, 767.)

— aus d. alten Geschichte u. Mythologie, s. Acerra, Philologica.

— a. d. alten Geschichte u. Mythologie f. d. Jug. 2 Bdch. 8. Hamb. Hoffmann. 786–88.

Erzählungen aus der alten und neuen Geschichte der Brüderkirche. Barby 1803. V: *Risler, Jerem.* (MGT)

— a. d. Gesch. d. Alterthums. 8. Wien, Weymar. 790.

—— aus der Geschichte der Ausbreitung des Reiches Gottes in der älteren Zeit. 8. (9½ B.) Frankfurt a. M. 843, Zimmer.

—— aus der bayer. Geschichte, m. besond. Berücksichtig. d. Pfalz. Mit ein. Vorr. v. Carl Egger. gr. 12. (8 B.) Augsburg 846, Schmid'sche Buchh.

—— aus der bayerischen Geschichte, mit besond. Berücksicht. der Pfalz. Mit einem Vorwort von Carl Egger. Zum Gebrauche in kathol. Volksschulen. 2., verm. Aufl. 12. (XVI und 175 S.) Augsburg 852, Schmid'sche Vrlgsh.

—— aus der deutschen Geschichte, s. Bilder und Erzählungen.

—— aus d. Gsch. d. christl. Kirche u. Religion, f. d. Jugend reiferen Alters. Von d. Stiftung d. Kirche bis z. Tode Constantin d. Großen. gr. 12. (9 B., Tilkpfr. u. verzierter Til.) Berlin 830, Hasselberg.

Erzählungen aus der Geschichte der Aktäontischen Nachkommen. Berlin 1789. V: *Schmidt, Clamer Eberhard Carl.* (BGE) (Ky) (MGT)

— aus d. Geschichte der aktäontischen Nachkommen, (v. Kl. Eb. K. Schmidt). 8. Berl. 789. Acad. B. 20 gl.

Erzählungen aus der Geschichte der Revolutionen in Westeuropa. Ausgabe des russisch-jüdischen Arbeiterbundes. 8°. Genf, impr. Israélite, 1905.

—— aus der rheinischen Geschichte. Mit Beiträgen von Jenny Fischer-Bach, C. Krauß, Foltz u. a. m. 8. (184 S. mit 1 Stahlst.) Leipzig 883, Lesimple's Verlag.
geb. mit 3 Stahlst. *

Erzählungen aus Schlesiens Geschichte uud Sage. [Bd 1.] Breslau: Goerlich [1909]. 8° [11. 8456]

— aus Schlesiens Geschichte u. Sage. 1.—3. Bd. 8. Breslau, F. Goerlich. 2.75; geb. in Leinw. 4.25
Hyckel, Geo., mein Heimatland! Märchen u. Sagen aus Schlesien. 2., verb. u. verm. Aufl. Mit Buchschmuck v. Herm. Knobloch. (VII, 91 S.) (910.) (Bd. 3) — 75; geb. 1.25
— Schlesischer Sagenborn. Eine Sammlg. schles. Sagen, unter Mitwirkg. namhafter schles. Schriftsteller hrsg. Mit Buchschmuck v. Herm. Knobloch. (III, 100 S. m. Abbildgn.) (909.) (Bd. 1) Erschien ohne Sammeltitel. — 75; geb. 1.25
Peberzani-Weber, Jul., Gisco v. Reste. Eine Erzählg. aus Breslaus großer Vergangenheit. Der reiferen Jugend gewidm. Mit Buchschmuck v. Herm. Knobloch. (VI, 168 S.) (910.) (Bd. 2) 1.25; geb. 1.75

— u. Geschichten, theils lehrr. u. angenehm., theils empfinds. Inh. 2 Thle. 8. Leipz. Hilscher. 780.

— interessanter Geschichten, Begebenheiten und Ereignisse rc. Agnes Bernauer, Ludwig XVI. und seine Familie, die Insel St. Helena rc. Mit 3 Kupf. 2te Ausg. 8. Regensburg, Daisenberger. 817.

— —, interessante Geschichten, Launen, Gedichte, Anekdoten, Aufsätze für Stammbücher. 4 Thle. Stuttgart 1801. 8°.
Prager's in München Leihbibl.-Cat., No. 6268—69.

— interess. Geschichten, aus d. Leben berühmt. Personen. 3 Theile, m. K. 8. Augsb. Daisenberg.

— interess. Geschichten, aus d. Leben berühmter Personen. 8. Regensb. 789. 2e A. 817. Daisenberger. 1 ℛ

— — interessanter Geschichten aus dem Leben merkwürdiger und berühmter Personen älterer und neuerer Zeiten. 3 Thle. Mit 3 TKpfrn. Berlin 1803. 8°.
Wildmoser (jetzt Gmaehle), München, Leihbibl.-Cat. 1824. Nr. 9197—99.

Erzählungen und Geschichten zur Unterhaltung und Herzensbildung der Jugend. Nach dem Französischen des M. A. Blanchard und Anderen. (Mit 8 illum. Bildern.) Pesth, 1856. Druck von J. Beimel und Basil v. Kozma. Verlag von Hermann Geibel. (242 S. 8.)

— im französ. Geschmack. 2 Bdchn. 8. Bresl. Gutsch. 16 gl.

— — im französischen Geschmack. 2 Theile. Breslau, Gutsch, 1789. 8°. (2/3 Rthl.) (1/3 Rthl. Scheible; jetzt theurer!)

Erzählungen von romantischen Geschmacke . . . Wolfenbüttel 1797. V: *Markwort, Johann Christian.* (MGT)

Erzählungen im romantischen Geschmacke. Wolfenbüttel 1797. V nicht: *Markwort, Joh. Chn.* (GGr)

— im romantischen Geschmacke, v. K. Dorner. 8. Wolfenbüttel, Albrecht. 797.

— —, Gesellschaftliche (hrsg. von Joh. Aug. Unzer). Hamburg 1752—53.
Anon.-Lex. II. p. 62 (nach Meusel u. Kayser).

— gesellschaftl., für d. Liebhaber d. Naturlehre, d. Haushaltungswissenschaften rc. 4 Thle. gr. 8. Hamb. 753. Holle. 2 ℛ 16 gl.

Erzählungen und Gespräche . . . Berl. u. Stettin 1783—88. V: *Catharina II, Kaiserin v. Russland.* H: *Nicolai, Chph Frdr.* (BrMm)

— u. Gespräche. 8. Leipz. Compt. f. Lit. 795.

— u. Gespräche v. Ereignissen u. Vorfällen im gemeinen Leben. 8. Leipz. 795. Compt. f. Litt. 6 gl.

—— u. Gespräche zur Erweck. u. Belebung sittl.-religiös. Gefühle. Zunächst u. vorzügl. f. Zöglinge in Taubstummen-Anstalten bearb. 8. (9½ B.) Würzburg 842, Etlinger'sche Vrlsh.

— u. Gespräche, (von d. Kaiserin Katharina v. Rußland). 9 Thle. Mit Krf. 8. Berl. 783—88. Nicolai. 6 ℛ 8 gl. (Auch u. d. T.: Bibliothek d. Großfürsten Alexander u. Constantin.)

— u. Gespräche f. Knaben u. Mädchen; aus d. Französ., mit 13 ill. Kpf. 12. Zürich 808. Trachsler. 1 ℛ 8 gl. 2e Ausg. 1 ℛ

— und Gespräche für kleine Knaben und Mädchen. 2te A. nebst 13 illum. Kupf. 12. Zürich, Trachsler. 816.

— getreue, von dem Untergange des Ostindien-Fahrers Kent, durch Feuer in d. Bucht von Biscaya d. 1. März 1825; aus d. Briefe e. Mitreisenden. Mit 1 Vign. 8. Basel 826. Schneider. 3 gl.

.**Erzählungen,** den Eltern, Kindern und Dienstboten geweiht . . . Landshut 1833—36. V: *Schneid, Johann Nep.* (Ky)

Erzählungen den Eltern, Kindern und Dienstboten geweiht vom Verfasser der armen Hirtenfamilie. 2. Aufl. Regensburg 1882. V: *Schneid, Joh. Nep.* (Vereinsbuchh. in Innsbruck.)

Erzählungen dem blühenden Alter gewidmet . . . Augsburg 1836—38. V: *Schmid, Johann Christoph.* (Ky)

— — für Gourmands. Budapest, „Pannonia".
Verboten v. L.-G. Wien, 6. VIII. 190*. § 516.

Erzählungen f. Gourmands. Aus dem Reiche der Pikanterie erzählt v. Jocus. 8. (110 S.) Budapest 894. Buchhandlg. „Zur Pannonia" Sachs & Pollak. n. 1.20

— f. Gourmands. A. d. Reiche d. Pikanterie erzählt v. Jocus. 2. Aufl. 8. (110 S.) Budapest 895. Sachs & Pollák. n. 1.20

Erzählungen türkischer Grausamkeiten gegen unsere Glaubensbrüder die Griechen. Vermehrt mit einer kurzen Erzählung des Türkisch-, Russischen Kriegs von 1828 bis 1829; nebst einer Beschreibung des Sultans-Serail, oder des weltberühmten kaiserlichen Residenzpalastes zu Constantinopel. (Fig.: *Sultan mit langer Pfeife*, 53 × 73) Abbildung des türkischen Kaisers. Reutlingen, in der J. C. Kurtz'schen Buchhandlung, 1846.
47 S., 163 × 95, 7 Fig. im Text (S. 5: die linke Hälfte der Figur zu dem Druck Nr. 125: *Beschreibung der ... deutschen Sklaven*).
LBS d. D. oct K 3266.

— einer Großmutter. Geschichten. Märchen, Fabeln u. Spiele f. die liebe Jugend. Mit fein color. Bildern (auf 2 Holzschntaf.) 8. (IV, 172 S.) Mülheim a. d. R. 872. Bagel. geb. 1. 60

— meines Großvaters, von Gerichtshöfen u. Processen. 8. Leipz. 790. Weygand. 16 ℊ

—— einer Hamburgerin, f. Kinder v. 6—8 Jahren. (Mit ill. Titkpfr. u. Titvign.) 12. (3⅓ B.) Altona 831, Hammerich.

— edler u. unedler Handlungen aus d. Reiche d. Wahrheit. 8. Ruppin ... (Leipz., Liebeskind). 12 ℊ

Erzählungen aus altdeutschen Handschriften, s. a. Bibliothek d. litterar. Vereins in Stuttgart. 35.

§ * — — Aus Altdeutschen Handschriften. Gesammelt durch Adelbert v. Keller. Stuttgart 1855. Gedruckt auf Kosten des litterar. Vereins. (35. Publication.) 8°. Bereits sehr selten im Handel. (8 Mk. S. Calvary & Co., 1897; jetzt theurer!)
In Versen. 686 SS. u. S. 687—712 Anmerk., Quellen d. Samml. &c. — Darin S. 120—481 sotad. Erzähl.:

— harmlose, aus dem letzten russischen Feldzuge in der Krim. Mitgetheilt von einem Augenzeugen. Berlin 857. A. Duncker. 8. (3 Bl., 345 S.) 1 ℛ 15 ℊ

Des alten Hauptmanns Erzählungen vom Kriegs- und Soldatenwesen (10 B.) 8. Berlin 1835. 4,00.

—— des deutschen Hausfreundes. 12 Bdchn. 8. Leipzig 878,79, Kempe. geb. à Bdchn. *

Inhalt:
Bdchn. 1. Hebel, J. P., Schatzkästlein. (94 S.)
" 2. Zschokke, H., Meister Jordan, oder Handwerk hat goldenen Boden. (98 S.)
" 3. Musäus, J. K. A., stumme Liebe. (S. 1—63.) — Schiller, Frdr., der Verbrecher aus verlorner Ehre. (S. 65—96.)
" 4. Hauff, W., das Wirthshaus im Spessart. (94 S.)
" 5. Weisflog, C., das große Loos. In etzlichen anmüth. Historien. (82 S.)
" 6. Hoffmann, E. T. A., Meister Martin der Küfner und seine Gesellen. (77 S.)
" 7. Carstädt, Fritz, Schuld und Sühne. Erzählung. (86 S.)
" 8. Immermann, Karl, der Oberhof. (92 S.)
" 9—11. Pestalozzi, Heinr., Lienhard und Gertrud. 3 Thle. (93; 96; 90 S.)
" 12. Usteri, Joh. Mart., Erzählungen. (93 S.)
Die Fortsetzung hierzu bildet: Saatkörner. Erzählungen des deutschen Hausfreundes.

Erzählungen des Lauterbachischen Hausfreundes. Gießen 1833. V: *Ebenau, Carl Ldw. Frdr. Chn.* (HS) (Mitth. A. Rosenbaum.)

—— des Lauterbachischen Hausfreundes. gr. 12. (10⅙ B.) Gießen 833, Ricker.

Erzählungen aus d. Heidenwelt: Die Menschenfresser. (Von J. Goßner.) gr. 12. (1 B. u. Titvign.) Berlin 838, Wohlgemuth's Buchh. Thlr.
Vgl. Goßner, J.

— aus der Heidenwelt (v. J. Goßner). 8. Berlin 838, 39. Wohlgemuth: 1. Die Menschenfresser. Mit e. Abbild. 1 ℊ 2) Schulen für Heidenkinder. Mit e. Abbild. 1 ℊ 3) Die Grönländer. Mit e. Abbild. 1 ℊ 4) Das Götzenwesen in Ostindien. Mit e. Abbild. 1 ℊ 5) Ein Eskimo in seinem Kajak. Mit e. Abbild. 1 ℊ 6) Die Kaffern. Mit e. Abbild. 1 ℊ 7) Der Neuseeländer-Häuptling. Mit e. Abbild. 1 ℊ Ferner: 8) Uebergabe der Götzen. Mit e. Steindr. 8. Ebd. 839. 1 ℊ 9) Missionär Williams in der Leonenbucht von Tutuilla. Mit e. Abbild. gr. 12. Ebd. 839. 1 ℊ 10) Die Missions-Kapelle zu Aroranschi auf Rarotonga. Mit e. Abbild. gr. 12. Ebd. 839. 1 ℊ 11) Samuel Kajarnack. Mit Titelbild. gr. 12. Ebd. 839. 1 ℊ 12) Der Missionär unter den Wilden. gr. 12. Ebd. 839. 1 ℊ 13) Drei Hindu-Schülerinnen. Mit e. Abbild. gr. 12. Ebd. 839. 1 ℊ

— aus der Heimat. Rheinische Lebens- u. Geschichtsbilder. Mit 4 (lith.) Ansichten v. Stolzenfels, Abtei Laach, Dhaun u. Godesberg. 2 Abthlgn. in 1 Bd. 8. (Neue Titelausg. d. Textes zum Volkskalender: „Die Heimat. 1849 u. 50.") (IV u. 115 S.) Kreuznach 850, Voigtländer. 3 ℊ

—— aus Heimat und Ferne. Nr. 1901—1923. 8. Mülheim 884, Bagel's Verlag.

Inhalt:
Nr. 1901. Würdig, L., vor den Geschworenen. Kriminal-Erzählung. (80 S.) 30 Pf.
" 1902. Kümmel, Max, die gefälschten Banknoten. Kriminal-Erzählung. (80 S.) 30 Pf.
" 1903. Würdig, L., Krieg und Frieden. — Bruderliebe. — Fügungen. Drei Erzählungen. (64 S.) 25 Pf.
" 1904. Wulff, F. W., mit dem Tode gesühnt oder ein Opfer der Ehre. Eine Erzählung aus den Befreiungskriegen. (63 S.) 25 Pf.
" 1905. Jastrow, Karl, Tom Blackley. Eine Erzählung aus dem Seemannsleben. (63 S.) 25 Pf.
" 1906. Mildener, Rud., Insubordination. Nach den Mitteilungen eines Seeoffiziers. — Pleuß, Wilh., in stürmischer Märznacht. Erzählung. (64 S.) 25 Pf.
" 1907. Kurtius, Kurt, der Tatar. Erzählung. — Nellenburg, Rod., ein Abenteuer in Texas. (63 S.) 25 Pf.
" 1908. Hansen, J. O., die unterirdische Eisenbahn. — Das Geheimnis des Trappers. Zwei Erzählungen. (64 S.) 25 Pf.
" 1909. Wulff, F. W., der Heidehof oder deutsche Treue in schwerer Zeit. Eine Erzählung. (80 S.) 30 Pf.
" 1910. Würdig, L., Schuld und Sühne oder ein deutscher Bürger. Erzählung. (80 S.) 30 Pf.
" 1911. Jastrow, Karl, die Verschwörung im Kaukasus oder der Kommandant von Mosdok. Eine Erzählung. (79 S.) 30 Pf.
" 1912. Kümmel, Max, die Tempel-Ruinen oder der Schatz des Seeräubers. Erzählung. (80 S.) 30 Pf.
" 1913. Prenzlau, Karl v., ein modernes Duell. — Graf Dufour. — Zwei Tage aus einem Herrscherleben. Drei Novelletten. (64 S.) 25 Pf.
" 1914. Jastrow, Karl, Marfa, die Leibeigene der Czarin oder Peter III. und die holsteinsche Garde. Eine russ. Hofgeschichte. (64 S.) 25 Pf.
" 1915. Waldheim, R., ein stummer Zeuge. Eine Kriminalgeschichte. — Eine kleine Meuterei. Erinnerung eines Seemannes. (64 S.) 25 Pf.
" 1916. Zapfen, Hans v., sonderbare Ballgäste. Militär-Humoreske. — König, Ew. Aug., die Bataillons-Ordonnanz. Militär-Humoreske. (64 S.) 25 Pf.
" 1917. Jastrow, Karl, Heideröschen. Eine Erzählung. (96 S.) 40 Pf.
" 1918. Müller, Karl, der Prärie-Doktor. — Der Findling oder Niemandsland. Zwei Erzählungen. (95 S.) 40 Pf.
" 1919. —— Feurige Kohlen. — Der Sohn des Kunstreiters. Zwei Erzählungen. (96 S.) 40 Pf.
" 1920. —— der blinde Passagier. — Die beiden Auswanderer. Zwei Erzählungen. (96 S.) 40 Pf.
Nr. 1921. Müller, Karl, die Opal-Grube. Eine Erzählung. (94 S.) 40 Pf.
" 1922. —— der Auswanderer. Eine Geschichte aus dem fernen Westen. (96 S.) 40 Pf.
" 1923. Hirschfeld, Herm., Königsche. Histor. Erzählung. (88 S.) 40 Pf.

— von dem seligen Heimgange einiger Gläubigen. 7. Aufl. [Ster.-Ausg.] Hrsg. v. der Wupperthaler Traktat-Gesellschaft. 8. (27 S.) Barmen 873. Wiemann. — 15

— aus d. Heldenalter deutscher Nationen (v. Dn. Er. Wagner). 8. Danzig, Flörke. 1 ℛ 16 ℊ

Erzählungen aus dem Heldenalter deutscher Nationen. Danzig 1780. V: *Wagner, Daniel Ernst.* (KY)

— v. Herausgeber d. Leipz. Frauenzim. Kalenders. 2 Thle. 8. Leipz. Hamann, 787–88.

— f. fühlende Herzen. 2 Thle. 8. Salzb., Mayr. 1 ℛ

— — für fühlende Herzen. 2 Bde. Leipzig 1778. 8°. (1 fl. 30 xr.)
Cat. Monath. I. p. 715.

— für fühlende Herzen, aus dem Franz. 2 Theile, 8. Salzburg, 780. Mayrs. 1 Rthlr.

Erzählungen, Historische. Für die reifere Jugend gesammelt ... V: *Maximilian, Herzog in Bayern.* (BMarsch 998)

Erzählungen, Historische, die Denkungsart und Sitten der Alten zu entdecken. Zürich 1769. V: *Bodmer, Joh. Jacob.* (ML) (GGr) (Ky)

— histor., die Denkungsart u. Sitten der Alten zu entdecken, (von J. J. Bodmer). 8. Zürich 769. Orell. 10 gl

—— histor., aus d. Geschichte v. England. Chronologisch geord. Für Kinder rc. A. d. Engl., nach d. 10. Ausg. übers., u. m. 15 Kpfr. bereichert. gr. 16. (13½ B.) München 834, (Franz.)

— historische, f. junge Protestanten. 3. Hft. Friedrich III., der Fromme, Kurfürst v. der Pfalz 1550—1576, u. der Heidelberger Katechismus. 5. Aufl. 16. (26 S.) Ebend. 872. n. — 13

Erzählungen, historische, für junge Protestanten. 2. Heft. Der Blutzeuge aus dem Böhmerlande. Der Mönch der die Welt erschütterte. 4. Aufl. [Ster.-Ausg.] Hrsg. von der Wupperthaler Traktat-Gesellschaft. gr. 16. (48 S. mit eingedr. Holzschn. und Holzschntaf.) Barmen 877, Wiemann.

—— historische, für junge Protestanten. 6 Hefte. 8. Barmen 880, Wiemann.

Inhalt:

Heft 1. Der Kaufmann von Lyon. — Der Pastor von Lutterworth. (28 S.) 20 Pf.
" 2. Der Blutzeuge aus dem Böhmerlande. — Der Mönch, der die Welt erschütterte. 4. Aufl. (48 S.) 16 Pf.
" 3. Friedrich III., der Fromme, Kurfürst von der Pfalz 1559—1576 und der Heidelberger Katechismus. (26 S.) 13 Pf.
" 4. Charlotte von Bourbon. — Louise de Coligny. 4. Aufl. (30 S.) 15 Pf.
" 5. Der junge Märtyrer. — Die junge Märtyrerin. — Die Protestantin. 3. Aufl. (30 S.) 15 Pf.
" 6. Die Bartholomäusnacht. — Die Flucht der Hugenotten. — Die Pulververschwörung. (40 S.) 16 Pf.

— Begebenheiten u. Skizzen, historische u. romantische, nach d. Russ. des A. Puschkin, A. Bestuschew, T. Bulgarin u. A. Deutsch herausg. v. Fr. Tietz. gr. 18. Berlin 838. Voß. 1 rf

Erzählungen, Historische, Von dem Anno 1418. den 18. Julii in Breßlau geschehenen Tumult und Auflauff . . . O. O. u. J. V: *Gomolcke, Dan.* (Kat. d. Druckschr. üb. Breslau. Bresl. 1903. S. 92.) (Nent)

—— historisch-romantische, Inhalt: Maria Balthasar. — Hans Grote. — Hennig Grote. — Hammer u. Schale. 8. (18¼ B.) Königsberg in d. Neumark 838, Windolff u. Striese.

Erzählungen, Anekdoten und Charakterzüge, Höchst interessante, aus dem Leben Friedrichs des Grossen. Hamburg 1835. V: *Hoffmann, Peter Friedrich Ludwig.* (schr)

— humoristische, deutscher Autoren, hrsg. v. Ernst Eckstein. s.a. Eckstein's humorist. Bibliothek.

Erzählungen, humoristische, deutscher Autoren. Mit biograph. Einleitg. v. Ernst Eckstein. 6 Bde. (Titel-Aufl. d. humorist. Hausschatz für's deutsche Volk.) 8. (307, 316, 302, 310, 314 u. 297 S.) Berlin 884. Eckstein Nachf. à n. 2. —

— u. Skizzen, humoristische, von den Verfassern der Pickwickier, der Waterloo-Erzählungen, des Hadschi-Baba, Ralph Rattlins und Andern. Aus d. Engl. von H. Roberts. 2 Thle. (Mit 4 Federzeichnungen nach Cruikshank.) gr. 12. Leipzig 838, 39. Weber. 2½ rf

Erzählungen, die 100 alten, deutsch v. Jak. Ulrich, s. a. Meistererzähler. romanische. I.

Erzählungen. Die hundert alten E' (= Le Cento Novelle antiche). Deutsch von Jakob Ulrich (Zürich). 1.—3. Tausend. L + 144 S. 8. Leipzig, Deutsche Verlagsactienges., 1905. [M. 3. —]

Romanische Meistererzähler. Unter Mitwirkung von ... Prof. Dr. J. Ulrich in Zürich ... u. A. hrg. von Dr. Friedrich S[alomo] Krauss. Band I....

Erzählungen, 100 lehrreiche, kleine, für Kinder. Von dem Verfasser der Ostereier. Neue Ausg. Regensburg 1880. V: *Schmid, Chph.* (Russell IX, 470)

— aus dem 14ten und 15ten Jahrhundert, von C. Gittermann. Neue Ausg. mit Kupf. 8. Berlin, Ferd. Oehmigke. 816.

Erzählungen aus dem zwölften bis dreizehnten Jahrhundert . . . a. d. Franz. Halle 1795—97. Ü: *Lütkenmüller, Sam. Chph Abrah.* (MGT) (Ky) (GGr) (Ebert)

— a. d. 12ten u. 13ten Jahrhundert, v. le Grand, m. histor. u. krit. Anmerk. 5 Thle. 8. Halle, Ruff. 795—98. (à 18 gr.)

— für Jedermann, 8. Kopenh. 788. (Brummer). 6 gl

— für Jedermann, 8. Kopenh. 788. Proft. 8 sgl.

— — für Jedermann. Gera 1789. 8°. (⅓ Rthl.)

— illustrirte lehrreiche u. erbauliche, f. Schule u. Haus. gr. 8. (182 S.) Luxemburg 874. Brück. — 30

Erzählungen des deutschen Improvisators. Gera 1827—28. V: *Wolff, Oscar Ludwig Bernhard.* (GGr) (Ky) (EE)

—— des deutschen Improvisators (O. L. B. Wolff.) 2. Folge. Nebst e. lyrischen Anh. 8. (20½ B.) Gera 828, Heinsius. (1. Bdchn.) Ebendas. 1827. 1 Thlr. 8 Gr.

Erzählungen moralischen Inhalts. 1. Sammlung. 2. Aufl. 8. (246 S.) Wien 863, Mechitharisten-Congregations-Buchh. *

Erzählungen, moralischen und historischen Inhalts; a. d. Engl. Flensburg 1789. Ü: *Frise, Conrad Heinrich.* (MGT)

— moral. u. histor. Inhalts. Aus d. Engl. von K. H. Friese. 8. Flensb. 789. (Hammerich in Altona). 1 rf 8 gl

Interessante Erzählungen. Ein anderes Exemplar der gleichen Ausgabe. Hellbrauner typogr. verz. Or.Karton. 40.—

—— interessante, von Paul de Kock, Janin, Chateaubriand, Jouy, v. Abrantes, v. Salvandy u. a. m. A. d. Franz. übers. v. Jul. Karolina. 8. (17 B.) Potsdam 833, Riegel.

—— interessante, a. d. Engl. übers. v. W. Pirscher. 1—3. Samml. gr. 12. Lemgo, Meyer'sche Hofb. à ⅔ Thlr.

A. u. d. Titln.:

Samml. 1. Sammlung interessant. Erzähln. (10 B.) 839.
" 2. Acht interess. Erzählungen v. Mrs. Norton, R. Bernal, G. Irvine, Mrs. Hall, Edw. Howard, X., Gräfin Blessington, Francis Purcell. (10¾ B.) 840.
" 3. Acht interess. Erzählungen von d. Gräfin v. Blessington, Kapit. Marryat, Charl. Stuart Savile, Mrs. Hall, Francis Purcell. (12 B.) 840.

— interessante, Anekdoten u. Charakterzüge a. d. Leben berühmter u. berüchtigter Menschen. 5 Thle. m. K. 8. (Hartknoch in Leipz.) 809—811. (d. 1e—3e Th. ist d. 17e—19e hist. Gemälde.) 1r u. 2r 1 Rthlr. 8 gr., 3r 1 Rthlr. 8 gr.)

— interessante, Anekdoten u. Charakterzüge aus d. Leben berühmter u. berüchtigter Menschen. 4 Bde. 8. Lpz. 809—12. Hartknoch. (à 1 rf 8 gl) 5 rf 8 gl (A. u. d. T.: Gemälde, histor., in Erzählungen, 17r — 20r Bd.)

Erzählungen, interessante u. belehr., f. d. Jugend. (M. 9 ill. Kpfrt.) 16. (11¼ B.) Emmerich 833. (Wesel, Bagel.) Thlr.

—— interessante und belehrende, für die Jugend. 2., verb. Aufl. 16. (IV und 187 S. mit 8 Stnt.) Emmerich 857, Romen. cart.

— interessante, aus dem Gebiete d. Wahrheit u. Dichtung, von F.— 8. Leipz. Weygand. 815.

— —, Interessante, aus dem Gebiete der Wahrheit und der Dichtung. Leipzig, Weygand, 1816. 8°.
Meusel's Leihbiblcat. Coburg 1822. No. 15378.

— interessante, von Landreisen, Seefahrten, Schiffbrüchen u. and. glückl. u. unglückl. Abentheuern, aus alter u. neuer Zeit. Zur Unterhalt. f. Leser aus allen Ständen. 4 Bdchen, mit Kpf. 8. Ulm, Ebner. (à 18 gr) 3 rß

Interessante Erzählungen aus der wirklichen Welt. Zur Unterhaltung für wißbegierige Söhne und Töchter. Mit 4 [handkolorierten] Kupfern [C. Heideloff del.]. Leipzig, C. Cnobloch, 1823. Kl.-8°. Etw. beschäd. Or.-Pappbd. (Rücken erneuert). 35.—
Sammlung von Schauergeschichten. z. B. „Der Knabenraub", „Der gepfählte Sklave" usw., aber auch „Anekdoten v. Mozart".

— interessante, aus d. wirkl. Welt. zur Unterhaltung f. wißbegierige Söhne u. Töchter. Mit 4 ill. Kpf. Leipz. 824. Cnobloch. 1 rß 8 gr

Erzählungen, Interessante, aus der Welt- und Menschengeschichte; für Bürger und Landleute ... Leipzig 1802. V: *Morgenroth, Ernst Chn Friedrich.* (MGT)

— interessante, a. d. Welt- u. Menschengeschichte. 8. Lpz. Sommer. 808.

— interessante, älterer u. neuerer Zeit, f. Freunde der Unterhaltung. Mit 1 Kpf. 8. Leipz. 816. (W. Nauck). 20 gr

— interessante, alt. u. neuerer Zeit, f. Freunde d. Unterhaltung, m. K. 8. Leipz. Sommer. 816.

— interessante, älterer und neuerer Zeit. Für Freunde der Unterhaltung. 8. Leipzig, Sommer. 817.

. **Erzählungen** des Interessantesten und Nützlichsten aus der Geschichte der Teutschen für die Jugend. Leipzig 1806—07. V: *Morgenroth, Ernst Chn Frdr.* (MGT) (Ky)

— des Interessant. u. Nützlichsten, aus d. Geschichte d. Deutschen, f. d. Jugend, (v. Er. Chr. F. Morgenroth). 2 Bdchn. 8. Lpz. 806—11. Barth. 2 rß 6 gr

— des Interessantesten u. Nützlichen aus d. Gesch. d. Deutschen, f. die Jugend. 3r Bd 8. Leipz. Barth. 811.

— —, Joviale. Pentameron zum Boccaz. Mit 1 (freien) TKpf. Florenz (Hamburg, Vollmer), o. J. (1806). 8°. (10 Mk. Calvary & Co., Berlin, Cat. 52 [1900], Nr. 886.)
Erotisch u. sehr rar! Titel gestoch. u. 304 S. — Kayser nennt die Jahrzahl; Weller, fing. Dr.

— joviale, als Pentameron zum Boccaz. 8. Florenz 806. (Hamb., Herold jun.) 1 rß 4 gr

— Irländische, zur Kenntniß der Sitten, der Gebräuche u. des Volkslebens in Irland; aus d. Engl. 2 Bdchn. Mit 6 Holzschnitt. nach Cruickschank'schen Zeichnungen v. G. Wetts. 16. Bresl. 825. Max u. C. 2 rß 8 gr

— irländische, zur Kenntniß d. Sitten, Gebräuche u. d. Volkslebens in Irland. Aus d. Engl. 2 Bdchen, mit 6 Holzschn. 8. Bresl. 826. Max u. C. 2 rß 8 gr

— für d. Jugend, von L. Chimani, J. S. Ebersberg, J. Glatz, G. C. Jerrer, Amalie Schoppe u. e. Festspiel v. J. F. Castelli. Mit 3 Stahlstichen. 12. Wien 830. Müller. 2 rß

— für die Jugend. Serie B. Nr. 501—535. 12. (à ca. 64 S.) Dresden, M. Fischer. à — 25

Inhaltsübersicht in alphabetischer Ordnung:

Albrecht, H., „Der schwarze Bill". Erzählung aus dem fernen Westen. (900.) (Nr. 512.)
— in der Coloradowüste. Geschichte aus Californien. (900.) (Nr. 519.)
— der Letzte seines Stammes. Indianer-Geschichte. (900.) (Nr. 516.)
— Maja, das Indianermädchen. Eine Geschichte aus dem fernen Westen. (900.) (Nr. 522.)
— nach dem Nordpol. Eine Geschichte üb. Frithjof Nansens letzte Forschungsreise. (900.) (Nr. 525.)
— Tecumseh, der Oberhäuptling. Eine Geschichte aus d. nordamerikan. Befreiungskriege. (900.) (Nr. 515.)
— unter dem Zeichen des Kreuzes. Eine Kreuzfahrergeschichte. (900.) (Nr. 523.)
Breyer, A., Conancha, der Comanche. Erzählung. (902.) (Nr. 526.)
— der Heldenthurm in Georgierland. Erzählung. (902.) (Nr. 531.)
— „Neunfinger" Black-feets-Häuptling. Erzählung. (902.) (Nr. 530.)
— der „rothe Panther", e. Schrecken des Urwaldes. Erzählung. (902.) (Nr. 528.)
— Rachezug nach Navajoes. Erzählung. (902.) (Nr. 529.)
— eine Schreckensnacht im Fort Gibson. Erzählung. (902.) (Nr. 527.)
Brown, Carl, das Goldthal in den Nebelbergen. Erzählung. (902.) (Nr. 533.)
Carrés, Carl, der Puelche. Eine Erzählg. aus Argentinien. (900.) (Nr. 514.)
— der Rächer der Seinen. Erzählung aus dem Westen. (900.) (Nr. 513.)
— der Sohn des Squatters. Erzählung aus dem Westen. (900.) (Nr. 520.)
Cassau, Carl, die Auswanderer in Arkansas. Erzählung aus dem fernen Westen. (900.) (Nr. 517.)
— Osseo, der Wunderstern. Eine Erzählg. aus der Zeit d. engl. Kolonien Nordamerikas. (900.) (Nr. 521.)
Lanners, Tip, im Urwald. Erzählung aus d. fernen Westen. (900.) (Nr. 504.)
Laswen, A. Z., in den Händen der Rothäute. Eine Geschichte aus dem wilden Westen. (900.) (Nr. 518.)
— Mala Sombra, der „böse Schatten". Indianergeschichte. (900.) (Nr. 524.)
— ein Wiedersehen im fernen Westen. Indianergeschichte. (900.) (Nr. 511.)
Lutz, Siegfr. B., kalifornische Räuber. Reiseerlebnisse in Kalifornien. (902.) (Nr. 532.)
— der blitzende Stern. Eine Geschichte aus Transvaal. (902.) (Nr. 535.)
— in der Teufelsschlucht. Erzählung. (902.) (Nr. 534.)
Parten, Johs., Luchsauge, der Häuptling der Präriesioux. Eine Erzählg. f. das Volk. (900.) (Nr. 501.)
Pfadfinder, der. Aus dem Engl. übers. v. Tip Lanners. (900.) (Nr. 503.)
Rache, die, des Siouxhäuptlings. Eine Erzählg. aus dem Indianergebiete. (900.) (Nr. 506.)
Relly, Black, die Farm am Rio Pecos. Eine Geschichte aus dem wilden Westen. (900.) (Nr. 502.)
Walther, Geo., die Ansiedlung im Urwalde. Eine Erzählung nach geschichtl. Begebenheiten. (900.) (Nr. 509.)
— der Fährtensucher od. Der Rachegeist in den Urwäldern u. Der Ueberfall auf dem Ohio. Erzählungen. (900.) (Nr. 510.)
— die verrätherische Indianerin. Eine Erzählg. (900.) (Nr. 508.)
— Trapper u. Indianer. Eine Erzählg. (900.) (Nr. 507.)
Wood, Rolf, auf dem Kriegspfade. Eine Erzählg. aus Nordamerikas Vergangenheit. (900.) (Nr. 505.)

Erzählungen für die Jugend u. ihre Freunde. Mit e. Vorrede von Emil Frommel. 3. Bdchn. Barmen 868. Langewiesche in Comm. 12. (VII, 152 S.) n. 8 ngr

—— f. die reifere Jugend, gesammelt aus d. Werken v. Engel, v. Göthe, Hebel, Jacobs u. A. Mit 4 Bildern v. Maler Sueß. 16. (16¾ B.) Coesfeld 816. [Leipzig, Riese's Verl.]

— f. Jugend u. Volk. 1.—3. Bd. 8. Graz, U. Moser. Geb. in Leinw. à n. 1. 80

1. Hans Holm. E. Soldatengeschichte aus d. Zeit d. 30jähr. Krieges. Von Hans Lange. (III, 233 S. m 4 Bild.) 897.
2. D. Sensenschmied v. Volders. Geschichtl. Erzählg. üb. d. Befreiungskämpfe Tirols i. d. J. 1796 u. 1797. Von Jos. Frdr. Mair. (III, 196 S. m. 5 Bild) 897.
3. In Krieg u. Frieden. E. Geschichte aus d. 18. Jahrh. Von Hans Lange. (III, 207 S. m. 5 Bild.) 898.

Erzählungen für Jugend u. Volk. 4.—7. Bd. 8. Graz, U. Moser. Geb. in Leinw. à n. 1. 80

4. Die 3 Kürassiere. Eine Erzählg. aus der Franzosenzeit. Von Hans Lange. Mit 4 Bildern. (III, 184 S.) (899.)
5. Der geheimnisvolle Mönch. Eine Erzählg. aus der Zeit der drei Gottesplagen in Steiermark. Von A. Groner. Mit 4 Bildern. (V, 193 S.) (900.)
6. Treu dem Kaiser, treu dem Vaterlande. Erzählung aus den Türkenkriegen. Von Hans v. der Sann. Mit 4 Bildern. (III, 160 S.) (902.)
7. Im Elend. Eine Erzählung aus der Zeit des III. Babenbergers. Von A. Groner. (III, 196 S.) (902.)

Erzählungen für Jugend u. Volk. 1., 2. u. 8.—13. Bd. 8. Graz, U. Moser. Geb. in Leinw. à n. 1. 80

Groner, Auguste, Jakob der Grillschmied. Kulturgeschichtliche Erzählg. aus dem XV. Jahrh. Mit 4 Bildern. (198 S.) (903.) (Bd. 9.)

— aus vergangenen Tagen. Erzählungen aus verschiedenen Jahrhunderten. Mit 5 Bildern. (III, 202 S.) (906.) (Bd. 12.)

Lange, Hans, Hans Holm. Eine Soldatengeschichte aus der Zeit des 30jähr. Krieges. 2. durchgearb. Aufl. Mit 4 Bildern. (III, 243 S.) (904.) (Bd. 1.)

Mair, Jos. Frdr., der Sensenschmied v. Volders. Geschichtliche Erzählg. üb. die Befreiungskämpfe Tirols in den J. 1796 u. 1797. 2., durchgearb. Aufl. Mit 5 Bildern. (III, 207 S.) (905.) (Bd. 2.)

Smolle, Leo, Gesühnt. Eine Erzählung aus der Zeit W. A. Mozarts. Mit 1 Titelbilde u. mehreren Abbildgn. im Texte. (III, 192 S.) (105.) (Bd. 11.)

— Kreuz u. Halbmond. Eine Erzählg. aus der Zeit der zweiten Türkenbelagerung Wiens. Mit 1 Titelbilde u. mehreren Abbildgn. im Texte. (III, 163 S.) (904.) (Bd. 10.)

Thetter, Jul. M., Schicksals Weben. Erzählg. Mit 4 Bildern. (III, 187 S.) (903.) (Bd. 8.)

— Die sieben Schwaben. Erzählung. Mit 4 Abbildgn. (II, 237 S.) (906.) (Bd. 13.)

— f. Jugend u. Volk. 3. 4. u. 14—18. Bd. 8. Graz, U. Moser. Geb. in Leinw. à 1. 80

Bienenstein, Karl, vor 100 Jahren. Erlebnisse v. Wiener Freiwilligen im Kriegsjahre 1809. Erzählung. Mit 14 Abbild. (III, 195 S.) (908.) (Bd. 15)

Groner, Auguste, in Not u. Gefahr. Geschichtliche Erzählgn. Mit 5 Bildern. (III, 195 S.) (909.) (Bd. 17)

Lange, Hans, in Krieg u. Frieden. Eine Geschichte aus dem 18. Jahrh. 2., durchgeseh. Aufl. Mit Abb. (III, 203 S.) (909.) (Bd. 3)

— Die 3 Kürassiere. Eine Erzählg. aus der Franzosenzeit. 2. durchgeseh. Aufl. (III, 184 S. m. 5 Vollbildern.) (910.) (Bd. 4)

Smolle, Leo, der treue Spielmann. Erzählung aus der Zeit Leopolds des Glorreichen. Mit 11 Abbild. im Texte u. 5 Vollbildern. (III, 187 S.) (907.) (Bd. 14)

— Wilhelm v. Tegetthoff, e. Held zur See. Historische Erzählg. (IV, 165 S. m. Abbild. u. 1 Vollbild.) (910.) (Bd. 18)

Thetter, Jul. M., der Küfer-Friedl. Erzählg. Mit 5 Bildern. (III, 147 S.) (908.) (Bd. 16)

— für d. zartere Jugend, zur Bildung u. Stärkung e. religiösen u. sittl. Gefühls u. Urtheils. Ein Lesebuch f. d. häusl. u. Schulgebrauch. Vom Herausg. d. „Beispiele d. Guten rc." 8. Stuttg. 826. Steinkopf. 16 ℊℊ Mit ill. Kpf. 1 ₰

Erzählungen für Jung und Alt. Mit einem Bilde. Der Reinertrag ist zur Anschaffung von Schulbüchern für arme Kinder bestimmt. Wien, 1856. Gedr. bei Anton Pichlers Witwe und Sohn. 165 S. 8.)

—— für Jung und Alt. Gesammelt von G. Nieritz. 1.—3. Bdchn. 8. (à Bdchn. 128 S. mit Stahlst. und eingedr. Holzschn.) Leipzig 873, Matzerath. à Bdchn. 75 Pf.

Nieritz' Volkskalender, Jahrg. 1870—72, ohne Kalendarium.

Erzählungen für Jung u. Alt. 1—12. Bdchn. gr. 16. Calw 879. 81. Vereinsbuchhandlung. cart. à n. — 40

1. Auf offener See. 5 Erzählungen aus allen Welttheilen. (62 S.)
2. Durch Nacht zum Licht. 3 Erzählungen aus dem Leben. (64 S.)
3. Am eigenen Herd. 4 Geschichten für's Haus. (64 S.)
4. Lebenswellen oder merkwürdige Führungen. 3 Erzählungen. (64 S.)
5. Verloren u. Gefunden. (63 S.)
6. Lichtstrahlen. (64 S.)
7. Verpflanzt. (61 S.)
8. Krumm u. doch gerade. (64 S.)
9. Aus fernen Zonen. (64 S.)
10. Lebensräthsel. (63 S.)
11. Ertappt. (63 S.)
12. Allerlei aus allerlei Welt. (63 S.)

— f. Jung u. Alt. 1.—12. Bdchn. 2. Aufl. 12. Calw 887. 888. Vereinsbuchh. cart. à n. — 40

1. Auf offener See. Fünf Erzählgn. aus allen Weltteilen. (62 S.)
2. Durch Nacht zum Licht. Drei Erzählgn. aus dem Leben. (64 S.)
3. Am eigenen Herd. Vier Erzählgn. fürs Haus. (63 S.)
4. Lebenswellen od. merkwürd. Führgn. Drei Erzählgn. (63 S.)
5. Verloren u. Gefunden. Drei Erzählgn. (62 S.)
6. Lichtstrahlen. Drei Erzählgn. (64 S.)
7. Verpflanzt. Drei Erzählgn. (60 S.)
8. Krumm u. doch gerade. Drei Erzählgn. (64 S.)
9. Aus fernen Zonen. Drei Erzählgn. (64 S.)
10. Lebensrätsel. Drei Erzählgn. (63 S.)
11. Ertappt. Fünf Erzählgn. (61 S.)
12. Allerlei aus allerlei Welt. Sechs Erzählgn. (63 S.)

— von Heinrich **Jung** genannt Stilling. 3 Bde. 8. Frankf. am M. Hermann. 814 u. 15. (à 18 gr.)

— von schönen deutschen **Jünglingen** für schöne deutsche Jünglinge, von Jul. v. Voß. 8. Berlin, Schlesinger. 820.

— **kaledonische**, von Friedr. Müller. 8. Tübingen, Cotta. 814.

Erzählungen, katholische, für die reifere Jugend. 1—15. Bdchn. 8. Schaffhausen, Hurter'sche Buchh. Thlr. 6

Auch unter den Titeln:

Bdchn. 1. Julie Ormond. Oder die neue Niederlassung. Von der Verf. der beiden Schulen. Aus dem Engl. von N. O. Durchgesehen und mit einem Vorwort begleitet von Florian Rieß. (VII und 142 S.) 852. 12 Ngr.

„ 2. Die barmherzige Schwester. Von der Verf. der beiden Schulen. Aus dem Engl. von N. O. Durchgesehen von Florian Rieß. (243 S.) 852. 18 Ngr.

„ 3. Porchat, J. J., Leben und Tod der Jungfrau von Orleans. Nach dem Französ. erzählt von J. A. Pflanz. (XV und 111 S.) 852. 9 Ngr.

„ 4. Doublet, Vict., Amalia Corsini oder die Waise aus Siena. Nach dem Französ. von J. A. Pflanz. (236 S.) 852. 15 Ngr.

„ 5. Ambach, Ed. v., der Menschenhändler oder Verstand ohne Herz. Charakteristische Bilder aus dem republikan., sogenannt. glückl. Amerika. (XIV und 186 S.) 852. 15 Ngr.

„ 6. Grünwald, der schwarze Vetter. Mit einem Vorworte von Jugschwerdt. (VII und 296 S.) 852. 18 Ngr.

„ 7. —— das Gewissen. Mit einem Vorworte von Jugschwerdt. (VII und 155 S.) 852. 9 Ngr.

„ 8. Ambach, Ed. v., der Abendstern, oder: Das schwarze Kreuz im Kalender. Ein Familiengemälde. (XV und 179 S.) 853. 10 Ngr.

„ 9. Eduard v. Termont oder Versöhnung und Reue. Nach dem Französ. von Frz. Binder. (144 S.) 853. 7½ Ngr.

„ 10. Scherer, Thdr. v., Heidenthum und Christenthum betrachtet in den Monumenten des alten und neuen Roms. Gespräche. (204 S.) 853. 15 Ngr.

„ 11. Mettenleiter, Domin., Frühlings-Blumen oder Unterhaltungen über das menschl. Leben in seinen wichtigsten Verhältnissen. (VIII und 256 S.) 854. 12 Ngr.

„ 12. Mittermaier, Ludw., aus dem Leben eines Arbeiters. Ein Charakterbild. (188 S.) 854. 10 Ngr.

„ 13. Mettenleiter, Domin., die sonntäglichen Evangelien des katholischen Kirchenjahres, durch Erzählungen erläutert. (415 S.) 856. 21 Ngr.

„ 14. —— die sonntäglichen Episteln des katholischen Kirchenjahres durch Erzählungen erläutert. (VII und 268 S.) 856. 15 Ngr.

„ 15. Brug, Frz. Maria, das Arbeitszimmer im Pfarrhause. Christliche Erzählungen, nach dem Französ. bearb. (319 S.) 85?. 18 Ngr.

—— **katholische**, für die reifere Jugend und das Volk. 16—18. Bdchn. 8. Schaffhausen, Hurter'sche Buchh.

Inhalt:

Bdchn. 16. Eichholzer, Andr., christliche Vaterliebe und Sklavenleben in der Berberei. Dokumentirte Erzählung. Aus dem Italien. der 2. Aufl. (XIII und 180 S.) 858. 10 Ngr.

„ 17. Wolllez, Mdme., Leontine und Marie, oder die beiden Schulen. Nach der 6. Aufl. aus dem Französ. übers. von einem kathol. Priester. (200 S.) 859. 12 Ngr.

„ 18. Kellner, L., Fischerknabe und Edelmann, oder: Der Herr führt die Seinen! Nach einer wahren Begebenheit aus dem 17. Jahrh. für's Volk und die reifere Jugend erzählt. (167 S.) 860. 10 Ngr.

1—15. Bdchn. Ebendas. 1852—56. 6 Thlr. 24½ Ngr.

—— **katholische**, für die reifere Jugend. 1.—7. Bdchn. Mit je 1 Holzschntaf. 8. Schaffhausen, Hurter'sche Buchh.

Inhalt:

Bdchn. 1. Julie Ormond. Oder: Die neue Niederlassung. Von der Verf. der beiden Schulen. Aus dem Engl. von N. O. Durchgesehen und mit einem Vorwort begleitet von Florian Rieß. 2. Aufl. (VII und 142 S.) 862. 10 Ngr.

„ 2. Die barmherzige Schwester. Von der Verf. der beiden Schulen. Aus dem Engl. von N. O. Durchgesehen von Florian Rieß. 2. Aufl. (243 S.) 862. 18 Ngr.

„ 3. Porchat, J. J., Leben und Tod der Jungfrau von Orleans. Nach dem Französ. für die reifere Jugend erzählt von J. A. Pflanz. 2. Aufl. (XV und 144 S.) 863. 9 Ngr.

„ 4. Doublet, Vict., Amalia Corsini oder die Waise von Siena. Nach dem Französ. für die reifere Jugend bearb. von J. A. Pflanz. 2. Aufl. (236 S.) 863. 15 Ngr.

„ 5. Die christlichen Tugenden, erklärt durch Erzählungen aus dem Leben der Heiligen von der Prinzessin Broglie. Aus dem Französ. von E. H. Autoris. Uebersetzung. 1. Thl. Die theologischen Tugenden. (XXXVIII und 220 S. mit 1 Stnt.) 867. 16 Ngr.

„ 6. —— dass. — 2. Thl. Die Gebote Gottes und der Kirche. (352 S. mit 1 Stnt. in Tondr.) 867. 21 Ngr.

„ 7. Ambach, Ed. v., der Menschenhändler, oder Verstand ohne Herz. Charakteristische Bilder aus dem republikan., sogenannten glückl. Amerika. Der reifern Jugend gewidmet. 2. Aufl. (XIV und 186 S. mit 1 Stnt. in Tondr.) 867. 15 Ngr.

—— katholische, für die reifere **Jugend** und das Volk. 8., 9., 12. und 19. Bdchn. 8. Schaffhausen, Hurter'sche Buchh. [Regensburg, Manz.] *

Inhalt:

Bdchn. 8. Ambach, Ed. v., der Abendstern, oder: das schwarze Kreuz im Kalender. Ein Familiengemälde. 2. Aufl. (XV, 149 S. mit 1 Stnt. in Tondr.) 869. *ℳ 1.

„ 9. Eduard von Termont oder Geschichte eines verlorenen Sohnes. Nach dem Französ. 2. Aufl. (143 S. mit 1 Stnt.) 863. 75 Pf.

„ 12. Mittermaier, L., aus dem Leben eines Arbeiters. 2. Aufl. (183 S. mit 1 Stnt.) 868. *ℳ 1.

„ 19. Agnes oder die kleine Braut vom heil. Sakrament. Aus dem Engl. von F. Milden. (III, 171 S. mit 1 Stahlst.) 868. ℳ 1.

Erzählungen, katholische, f. die reifere Jugend. 1. Bdchn. 8. Regensburg 887. Verlags-Anstalt. 1. —
Julie Ormond od. die neue Niederlassung. Aus dem Engl. Mit e. Vorw. v. F. Kieß. 3. Aufl. (VII, 144 S.)

— kleine, für Knaben (von V. R. Grüner), mit 6 ill. Bildern. 12. Wien 822. Bermann u. Sohn. 13 ℊ

— Fabeln u. Lehrgedichte, kleinere mittelhochdeutsche. I. Die Melker Handschrift, hrsg. v. Alb. Leitzmann, s.: Texte, deutsche des Mittelalters. IV.

— Fabeln u. Lehrgedichte, kleinere mittelhochdeutsche, s.: Texte, deutsche, des Mittelalters. XIV. XVII.

Erzählungen zur Kenntniss des nordischen Heidenthums; a. d. Dän. . . . Hamb. 1778. Ü: *Lange, Nicolaus Benedix (Benedict).* (MI.)

— zur Kenntniß d. nordischen Heidenthums; aus d. Dän. 8. Hamb. 778. Campe. 10 ℊ

— f. Kinder, n. d. Fr. s.a. Fite.

—— für Kinder. Ein Festgeschenk. Vom Verf. d. armen Anton. 12. (3⅙ B.) Basel 835, Schneider.

—— für Kinder. 16. (III und 108 S. mit eingedr. Holzschn.) Bremen 857, (Heyse's Verlag.) geb. *

—— für Kinder. Belohnte Redlichkeit und andere Geschichten. Mit 8 bunten Bildern geschmückt. 16. (16 S. mit 8 ill. Stnt.) Neu-Ruppin 860, Bergemann. *

—— für Kinder. Mit vielen Bildern. gr. 12. (180 S. mit eingedr. Holzschn.) Freiburg im Br. 861, Herder'sche Verlagsh. *

—— für Kinder. Mit vielen Bildern (in eingedr. Holzschn.) 2. und 3. Bdchn. 8. (150, 154 S.) Freiburg im Br. 861, Herder'sche Verlagsh. cart. à Bdchn. * 10 Ngr. *
(1. Bdchn.) Ebendas. 1861. * 10 Ngr.

— für gute Kinder, zur Belohnung geschrieben v. C. F. v. G. 8. Lübeck 805. Bohn. 8 ℊ (Hinrichs in Leipz.) N. A., mit Kpf. 813. 12 ℊ

— — dieselben. 8. Lübeck, Niemann. 804.

— für gute Kinder von 6—10 Jahren, s.a. Fr. Heldmann, Kinderbibl.

—— für gute Kinder v. 6—10 Jahren. Nach d. beliebt. Jugendschriften d. Auslandes bearb. v. Fr. Heldmann. 2 Bdchn. (A. d. „neuen Kinder-Bibliothek" abgedr.) 16. (15 B. u. 2 Kpfr.) Darmstadt 828, Leske. 10 Gr., ill.

— für Kinder unter 5 Jahren. Mit 8 ill. Kpf. 16. Ludwigsb. 326. Nast. 9 ℊ Mit schwarz. Kpf. 6 ℊ

— für Kinder von 7—11 Jahren. Mit vielen Bildern (in eingedr. Holzschn.) 4 Bde. 8. Freiburg i/B. 871. Herder. geb. à n. 1. —
1. Von 7—8 Jahren. (130 S.)
2. Von 8—9 Jahren. (150 S.)
3. Von 9—10 Jahren. (151 S.)
4. Von 10—11 Jahren. (172 S.)

Erzählungen für Kinder und Kinderfreunde nach dem Französischen der Frau de la Fite bearbeitet. St. Gallen 1780 bis 1782. 1798. B: *Armbruster, Joh. Michael.* (GGR VI/419, Nr. 1/1) (Allg. Litt.-Ztg. 1789, III/288) (BIBLPORT)

— f. Kinder u. Kinderfr. u. d. Franz. der Frau de la Fite. v. J. M. Armbruster. 8. St. Gallen. Huber. 798.

Erzählungen für Kinder und Kinderfreunde . . . Landshut 1823 [1822]. V: *Schmid, Johann Christoph.* (MGT)

—— für Kinder u. Kinderfreunde. Von d. Verf. d. Ostereyer (Chrstph. Schmid). 1. Bdchn. Der Kanarienvogel. Das Johanniskäferchen. Die Waldkapelle. 2. Aufl. (8 B.) 823. 8. 4 Gr., 3. Aufl. (5⅙ B.) gr. 12. Landshut 833, [Regensburg,] Manz.

—— ders. 3. Bdchn. Das Lämmchen. gr. 12. ... Ebds. 826.

—— ders. 4. Bdchn. Gottfried, d. junge Einsiedler. gr. 12. (7 B.) Ebds. 829.

—— für Kinder u. Kinderfreunde. Von d. Verf. d. Ostereier. 4. Bdchn. — A. u. d. T.: Gottfried d. junge Einsiedler. Eine Erzähl. 3. Origaufl. gr. 12. (6½ B.) Regensburg 838, Manz.
1—3. Bdchn. Ebendas. 1833. 31. 36. à 3 Gr.

—— ders. 2. Bdchn. Das Täubchen. Das verlorne Kind. (Neue Aufl.) 12. (5 B.) Ebds. 834.

— für Kinder, welche sich auf die erste heilige Communion vorbereiten. Vom Verf. „Unser heil. Vater Pius IX." 8. (16 S.) Essen 877. Fredebeul & Koenen. n. — 10

— f. Kinder, welche sich auf d. erste hl. Kommunion vorbereiten. Im Anh. Gebete u. Betrachtgn. z. Vorbereitg. V. e. Priester d. Erzdiözese Köln. 18., erweit. Aufl. 12. (31 S.) Essen 898. Fredebeul & Koenen. n. — 10

— für Kinder, aus d. wirkl. Welt. Mit 1 Kpf. 8. Gotha, Hennings. 10 ℊ

— aus d. Kinderlande. Mit Kpf. 12. Nürnb. 825. Bauer u. R. 16 ℊ

— aus der Kirchengeschichte. 7. Aufl. 8. (72 S. mit 20 Bildern.) Reading, Pa. 887. Pilger-Buchh. geb. n. 1. 20

— über Kirchenlieder, s.: Macht, die, der Liebe. 2.

Erzählungen, klassische, der Weltlitteratur. Sammlung Prochaska. 24 Bde. 8. Teschen, K. Prochaska. Geb. in Leinw. à n. — 85
Balzac, Honoré de, Eugenie Grandet. Aus dem Franz. (176 S.) (905.) (Bd. 15.)
Cummins, Miß, der Lampenputzer. Aus dem Engl. (208 S.) (906.) (Bd. 17.)
Dumas, Alex., die schwarze Tulpe. Roman aus dem Franz. (163 S.) (904.) (Bd. 4.)
Erckmann-Chatrian, Waterloo. Aus dem Franz. (180 S.) (906.) (Bd. 20.)
Ewald, H. F., Blanka. Aus dem Dän. (184 S.) (904.) (Bd. 7.)
Flygare-Carlén, Emilie, die Braut auf dem Omberg. Aus dem Schwed. (175 S.) (906.) (Bd. 19.)
Hauff, Wilh., die Bettlerin vom Pont des Arts. (176 S.) (905.) (Bd. 11.)
Heller, Rob., der Reichspostreiter in Ludwigsburg. (174 S.) (906.) (Bd. 18.)
Herloßsohn, K., die Mörder Wallensteins. Historisch-romant. Gemälde. I. u. II. (191 u. 208 S.) (906.) (Bd. 23.24.)
Immermann, Karl L., der Oberhof. Eine Erzählung aus dem westfäl. Bauernleben. (189 S.) (904.) (Bd. 6.)
König, Heinr., Hedwig die Waldenserin. (180 S.) (905.) (Bd. 16.)
Marryat, der fliegende Holländer. Aus dem Engl. (199 S.) (905.) (Bd. 14.)
Mörimée, P., Kolomba. Aus dem Franz. (170 S.) (905.) (Bd. 13.)
Meyr, Melchior, der Sieg des Schwachen. (172 S.) (905.) (Bd. 12.)
Mügge, Thdr., der Vogt v. Sylt. (191 S.) (901.) (Bd. 2.)
Ouida, Farumor. Aus dem Engl. (168 S.) (901.) (Bd. 3.)
Ruppius, O., zwei Welten. Aus dem deutschen u. amerik. Leben. (183 S.) (904.) (Bd. 5.)
Sand, George, Indiana. Aus dem Franz. (188 S.) (901.) (Bd. 1.)
Scott, Walt., Kenilworth. Aus dem Engl. I. u. II. (182 u. 192 S.) (906.) (Bd. 21.22.)
Traun, J. v. d., der Liebe Müh' umsonst. (174 S.) (905.) (Bd. 9.)
Velde, C. F. van der, Arwed Gyllenstierna. (188 S.) (905.) (Bd. 10.)
Zschokke, Heinr., Addrich im Moos. Historische Erzählung. (189 S.) (904.) (Bd. 8.)
Bildet die Fortsetzung zu: Romane, klassische, der Weltlitteratur.

— kl. 4. od. gr. 8. Hannov. Ritscher. 756.

— kleine, v. J. G. D. Schmiedgen. 8. Lpz. Rabenhorst. 805.

— —, Kleine. Berlin. 1811. 8°. (¼ Rthl. Schmidt, Halle, vor 1870.)

— kleine, von d. Verf. des Rodrich, s.a. Bibliothek der Romane, von u. für Damen. 3te Lieferung.

Kleine Erzählungen. Von der Verf. des Rodrich, der Frau des Falkensteins, der Briefe über weibliche Bildung. 1811

s.a. Fouqué, Karoline Freiin de la Motte [Verf.]

— kleine, von Fr. Laun. 2 Bdchen. 8. Leipz. Hartknoch. 814—15.
Enthalten auch unt. besond. Titeln:
Drei Dukaten, drei Küsse u. eine lange Nase.

Erzählungen, Kleine. Mit einem Vorworte von Therese Huber. Nürnb. 1822. V: *Thiessen, Charlotte.* (I.S)

Erzählungen, Kleine, vom Verfasser des Ahdim. Halberstadt 1828. V: *Schwarz, Johann Ludwig Georg.* (Zeitschr. f. Büch. 1923, S. 84)

— kleine, vom Verf. des Ahdim. 8. Halberst. 828. Helm. 1 ℛ 8 gr

—— kleine, od. Moral in Beispielen. 3. u. 4. Aufl. 8. (à 6½ B.) Ingolstadt 829, 33. (Regensburg, Manz.)

— kleine, oder Moral in Beispielen. 3e Aufl. 8. Ingolst. 829. (Krüll in Landsh.) 4 gr

— kleine, oder Moral in Beispielen. 4e Aufl. Ingolstadt 833. (Landshut, Krüll.) 5 gr

— Kleine, von E. L. Bulwer, Lady Blessington u. S. C. Hall. Uebersetzt von Louis Lax. 8. Aachen 834. Mayer. 1 ℛ

— kleine, mit color. Bildern für die erste Jugendzeit. Frankfurt a. M. 856. Krebs-Schmitt. 16. (1 Bl., 39 S.) n. 8 ngr

Erzählungen, kleine. 2 Bdchn. 16. (à Bdchn. 32 S. mit eingedr. Holzschn.) Hamburg 869, J. G. Oncken.
à Bdchn. 15 Pf.

(F) Kleine Erzählungen. 1. Abt. 10. Aufl. [Christoph von Schmids ausgewählte Erzählungen für die Jugend. 13. Bd.] 8°. (46 S.) K —.40
Wien: A. Pichlers Witwe & Sohn, 1907

(Kleine Erzählungen.) In vereinfachter deutscher Stenographie (Einigungssystem Stolze-Schrey). (1.) Berlin: Reh [um 1910]. 8°
[illegible]

— kleine auserlesene, z. Bildung d. Herzens, v. Lafontaine u. Huber. 8. Hamb. Vollmer.

— kleine, zur Befestigung des Glaubens an Tugend, Nächstenliebe und Religion für die Jugend. 16. München 836. Jaquet. ¼ ℛ

— kleine biblische, für Kleinkinderbewahr-Anstalten u. Elementar-Schüler. Zum Gebrauch für Lehrer u. Lehrerinnen. Von e. römisch-kathol. Katecheten. 8. Wien 843, Tauer u. Sohn. geb. ⅙ ℛ

— kleine, u. Gedichte für Erholungsstunden. (Aus den Erheiterungen Jahrg. 1816 u. 17 besond. abgedr.) 4 Bde. 8. Aarau 818. Sauerländer. 8 ℛ

— kleine, u. Gesch., von Chr. H. Spieß. 5 Thle. 8. Prag, Barth. 803. (à 1 Rthlr.)

— u. Geschichten, kleine, f. die Jugend. Mit 4 Farbendr.-Bildern. 8. (112 S.) Berlin 887. Liebau. geb. 1.—

Kleine Erzählungen und Geschichten für die Jugend. Mit 4 Farbendruckbild. Berlin: A. Weichert [1898]. (110 S.) 8° [illegible] [illegible]

Erzählungen, Kleine, humoristischen Inhalts vom Verfasser des Adin. Halberstadt 1828. V: *Schwarz, Joh. Ludw. Geo.* (BGE II³, 198)

—— kleine, humorist. Inhalts, v. Verf. d. Adin. 8. (19 B.) Halberstadt 828, Helm.

— kleine, für d. erste Jugendalter, ein Geschenk für gute Kinder. Mit Kpf. 16. Nürnb. N. A. 820, 27. Campe. 16 gr

— kleine, für das erste Jugendalter. Ein Geschenk für gute Kinder. Verb. Aufl., mit (4) neuen ill. Kpfrn. qu. 16. Nürnberg 835. Campe. ⅔ ℛ

—— kleine, f. d. erste Jugendalter. Ein Geschenk f. gute Kinder. Verb. Aufl., m. (4) neuen (ill.) Kpfrn. qu. 16. (8 B.) Nürnberg 835, Campe'sche Buchh.

—— kleine, für Kinder. Mit vielen (ill.) Bildern (in eingedr. Holzschn.) 1—4., verb. Aufl. 32. (IV und 192 S.) Berlin 860—62, (Beck.) *

Erzählungen, kleine, für Kinder. 2. Serie. 8 Bücher. (à 16 S. mit eingedr. Holzschn.) 32. Bremen 861, Verlag des Tractathauses. Thlr. *
1. Serie, vgl.: Erzählungen für Kinder.

— kleine, für Kinder. Mit vielen (color.) Bildern ([illegible]). 862. (191 S.) n. 10 ngr 4. verb. Aufl. Berlin [illegible]. Beck. 32. (IV, 192 S.) n. 7½ ngr

— kleine, f. Kinder. Nr. 1—28. 32. (à 16 S.) Elberfeld 890. (Faßbender.) à n. — 4; 100 Explre. n.n. 3. 50

—— kleine, f. Kinder, die gern d. ABC Buchstabiren u. Lesen lernen wollen. 1. Aufl. 8. (3 B.) 835. ⅓ Thlr., u. 2. Aufl. Jede m. 16 in Kpfr. gest. ill. Darstelln. gr. 12. (2 B.) Berlin 841, Hasselberg.

—— kleine, f. Kinder, die gern das A. B. C. Buchstabiren u. Lesen lernen wollen. 3. Aufl. 8. (2 B. u. 16 ill. Darstellgn.) Berlin 846, Hasselberg'sche Vrlsh.

— kleine, für Kinder unter 5 Jahren, mit 8 Bildern. Ludwigsburg 827. (Hamburg, Berendsohn.) ¼ ℛ

Erzählungen, Kleine, für Knaben. Wien 1822. V: *Grüner, V. R.* (Ky)

— kleine, mit ausgemalten Kupfern. Zur Unterhaltung u. Belehrung für Kinder. 3e Aufl. 8. Halle 816. Reinicke u. C. Mit schw. Kpf. 8 gr ill. 12 gr

— kleine, mit ausgemahlten Kupfern. Zur Unterhaltung und Belehrung für Kinder. 3te Aufl. 8. Halle, Ruff. 816.

— kleine, zur Lust u. Lehre f. die Jugend. Mit 12 Bildern in Farbendr. gr. 8. (12 S.) Neu-Ruppin 877. Oehmigke & Riemschneider. cart. n. 1. —

Erzählungen, Kleine, für Mädchen. Wien 1822. V: *Grüner, V. R.* (Ky)

— kleine, für Mädchen (von V. R. Grüner), mit 6 ill. Bildern. 12. Wien 822. Bermann u. Sohn. 13 gr

—— und Märchen, kleine, m. (4) ill. Abbildn. 12. (5 B.) Neuhaldensleben 839, Eyraud.

— kleine, aus der Mission in Afrika u. China. [Aus: „Missionsschriften f. Kinder".] I. Bd. gr. 16. (175 S. m. 10 Bildern.) Berlin 892. Buchh. der Berliner evangel. Missionsgesellschaft. n. — 60

— kleine, aus der Mission in Afrika u. China. [Aus: „Missionsschriften f. Kinder".] II. Bd. gr. 16. (160 S. m. 15 Bild.) Berlin 895. Buchh. d. Berliner evang. Missionsgesellschaft. à n. — 60

— kleine moralische, vorgetragen in kleinen Gemälden d. Vorzeit. 8. Gießen, Müller. 814.

— kleine moralische. 8. Gießen 815. (Ferber). 1 ℛ

Erzählungen, Kleine moralische, für die Jugend . . . Halberst. 1824. 2. Aufl. 1825. V: *Langner, Leopold.* (MGT)

— kleine moralische, für kleine Mädchen. Von Helene. 16. (VI und 102 S. mit 8 ill. Stat. in Tondr.) Stuttgart 861, Schmidt und Spring.

— kleine, für Musiker rc. 8. Weißenf. 802. (Weygand in Leipz.) 12 gr

— kleine, von merkw. Personen, nach d. Leben geschild. v. H. L. 3 Bdch. 8. Berl. Schöne. 815.

— —, Kleine, von merkwürdigen Personen nach dem Leben geschildert. Von *H. L.* 3 Bdchn. Berlin, 1816 (Vorr. dat. 1798), bei Christian Gottfried Schöne. 8°. Cplt. rar!

Erzählungen, Kleine, für Prediger und die es werden wollen . . . Leipzig 1801. V: *Möller, Chn Frdr.* (NN)

— kleine, f. Prediger u. die es werden wollen rc. 8. Leipz. 801. Gräffe. 10 gr

— kleine romantische. 12. Berl. Franke. 811.

— kleine romantische. 8. Berlin, Schöne. 821. (Ist schon 1801 unter dem Titel erschienen: „Altar der Liebenden.)

— kleine romantische. N. A. 8. Berl. 822. Schöne. 1 ℛ 12 gr

— kleine, u. Sittengemälde, (v. Karl Siegm. Kramer). 8. Halberst. 797. Groß. 16 gr

— kleine, u. Sittensprüche f. d. Jugend. 8. Erfurt, Beyer u. M. 811.

— kleine, und romant. Skizzen, von Carol. Augusten (Verfasserin von Gustavs Verirrungen rc.) 1r Theil. 8. Posen, Kühn. 818.

Erzählungen, Kleine, und romantische Skizzen . . . Posen 1819. V: *Fischer, Caroline Auguste geb. Venturini.* (schl) (GGr)

— kleine, für solche, die es mit d. wirkl. Welt halten, gesammelt v. M. J. R. 8. Gera 801. Haller. 8 gr In 12. (Leipz., Centr.-Compt.) 12 gr

— kleine, von Tarnow, s. Bibliothek d. Romane f. Damen. 6te Lieferung.

— kleine, zur Uebung im Lesen. Mit 16 Bildern. .. Guben 840. (Berger.) 5 gr

— kleine, zur Uebung im Lesen. Ein Geschenk für artige und folgsame Kinder. Mit color. Bildertaf. 8. Guben 841. (Berger.) 6½ ngr

— kleine, zur angenehmen Unterhaltung für solche die es mit der wirklichen Welt halten, gesammelt von M. J. R. 12. Leipzig, 797. Lincke. 8 gl.

— kleine, z. Unterhaltung u. Belehrung f. Kinder. m. K. 2te Aufl. 8. Ebend. 815. schwarz illum.

— kleine, z. nützl. Unterhalt. f. Kinder; m. 8 (24) ill. Kpfr. 8. (1½ B.) Frankfurt a. d. O. 832, Trowitzsch u. Sohn.

— kleine, zur Veredlung d. Herzens rc., s. Beumer, P. J. Vgl. Prämien-Bibliothek.

— kleine für häusl. Zirkel. 2 Bde. Mit Kpf. 12. Leipz. 807—9. Hinrichs. 1 ℛ

Kleinere mittelhochdeutsche Erzählungen, Fabeln und Lehrgedichte. 1. *Berlin: Weidmann 1904.* 8°
— Texte, Deutsche, d. Mittelalters. Bd 4.

Kleinere mittelhochdeutsche Erzählungen, Fabeln und Lehrgedichte. 2. Berlin: Weidmann 1908. 8°
(Deutsche Texte d. Mittelalters. Bd. 14.)

— von Klosterbegebenheiten. 8. Leipz. 772. Weidmann. 20 gr

Erzählungen, Comische. [Zürich 1765.] O. O. 1766. [Zürich] 1768. O. O. 1775. O. O. [Zürich] 1789. 1792. 1796. Reuttlingen 1775. V: *Wieland, Christoph Martin.* (BGE I³, 184/185)

— komische, (v. Cph. M. Wieland). 8. Zürich 766. 2e A. 768. Verm. Aufl. 789. Geßner. 12 gr

Erzählungen, Komische. Lemgo 1775. V: *Heinse, Johann Jacob Wilhelm.* (Grisebach, Weltlitteraturkatalog. Berlin 1898—1900. II, 77.)

Erzählungen, Comische. O. O. 1789. V: *Wieland, Christoph Martin.* (BGE) (MGT) »1765« (GGr) »1766« (Ky)

Erzählungen, Komische. Kopenhagen 1792. V: *Sander, L. C.* (Collin, Anonymer. Kiobenh. 1869.)

Erzählungen, Komische, oder Scenen aus dem menschlichen Leben . . . Copenhagen 1792. V: *Baggensen, Jens Imm.* Ü: *Sander, Christian Laevin Frdr.* (Ky) (EF)

— komische, od. Scenen aus d. menschl. Leben, (v. Chr. Fr. Sander). 8. Kopenh. 792. Brummer; a. Bonnier. 1 ℛ 4 gr

— komische, oder Scenen aus dem menschlichen Leben alter und neuer Zeiten, 8. Kopenhagen, 792. Proft. 1 Rthlr. 5 sgl.

Erzählungen, Komische. Glückstadt 1806. V: *Schneider, C. J.* (Collin, Anonymer. Kiobenh. 1869.)

— komische, Fabeln, u. Einfälle d. Pater Abraham. 8. Prag, Herrl. 808.

Erzählungen, Komische, für Freunde des Scherzes und der guten Laune. Berlin 1799. V: *Cramer, Carl Gottlob, Chn Hnr. Spiess & Aug. Frdr. Ernst Langbein.* (GGr)

— komische, für Freunde d. Scherzes rc. Mit 1 Kpfr. 8. Berl. 799. (Leipz., Joachim.) 1 ℛ (Vgl. Thl. VI. Romane S. 38.)

— komische, im Geschmack des Boccaz, (v. Fr. Sam. Mursinna). 6 Thle. 8. Halle 787—91. Dost. 3 ℛ

Erzählungen, Komische, im Geschmack des Boccaz. Halle 1788—91. V: *Mursinna, Friedrich Samuel.* (BGE) (MGT)

Erzählungen, komische, im Geschmack des Lafontaine. 1r Thl. 8. Halle, (Leipz. Fleischer.) 793. Rthlr.

Erzählungen, Komische, im Geschmack des la Fontaine. Halle 1792—95. V: *Mursinna, Frdr. Sam.* (Ky) (BGE)

— komische, im Geschmack des de la Fontaine. 3 Thle. 8. Halle 795—96. (Reinicke u. C.) 2 ℛ

§ — —, Komische, ganz im Mogol'schen Geschmack; mit Anmerkungen. Aus d. Französ. Offenbach am Mayn, Weiß, 1775. 8⁰. (12 Sgr., Scheible, Cat. 54, vor 1875.)
Auch im O. M. V. 1777, S. 219, angezeigt.
— — Dasselbe. Ebd. 1796. 8⁰. (4 Mk. 50 Pfg. A. Buchholz, München, 1906.)

— komische, ganz im mogolischen Geschmack; aus d. Französ. 8. Offenb. 776. Brede. 6 gr

— kom., ganz im morgolschen Geschmack, a. d. Franz. 8 Offenbach, Brede. 777.

Erzählungen, Komische, aus den Kreisen guter Menschen. Glückstadt 1806. V: *Schneider, Christian Jakob von.* (Lübker-Schröder S. 521) (Zeitschr. f. Büch. 1923, S. 84)

— komische, aus dem Kreise guter Menschen, vom Verfass. der „Betty Reinhardt." 8. Glückst. 808. (Hammerich in Altona). 1 ℛ 16 gr

— —, Komische, und Schwänke, für Freunde des Scherzes und der guten Laune. Herausgegeben von Spieß, Langbein, Kramer, u.a.m. Berlin 1801. 8⁰.
Anon.-Lex. II. p. 62 hat „1799" (nach Goedeke).

Erzählungen, Komische, in Versen ... Berlin 1785. V: *Hartmann, Johann David.* (Ky) (MGT)

— komische, in Versen, (v. Jh. Dav. Hartmann). 8. Berl. 785. (Reimer). 16 gr

Erzählungen, Confiskable. 1774. Wien [Giessen]. V: *Wagner, Heinr. Leop.* (Wr) (GGr) (EGE) (Ky)

— — im traulichen Kreise. Erfurt, bei Beyer u. Maring, 1798. 8⁰.

— aus der hessischen Kriegs-Geschichte. Ein Lesebuch für Jung u. Alt, so wie für hessische Vaterlandsfreunde jeden Standes. Kassel 859. Bohné. (Freyschmidt.) 8. (XIV, 106 S.) n. 8 ngr

—— dass. — 2. Thl., s. Ditfurth, Max Frhr. v., Erzählungen aus der Kriegsgeschichte.

— kunstlose, von Mar. Anna Porter, n. Beddors Gesch. d. Js. Jenkins, aus d. Engl. 8. Halle, Renger. 795.

— mit einem Kupfer u. Vignette. 8. Prag, Diesbach.

— mit Kupfern. Zur Unterhaltung u. Belehrung f. Kinder. 3e Aufl. gr. 8. 816, ist Verl. v. Reinicke u. C. in Halle. schw. Kpf. 8 gr. illum. Kpf.

Erzählungen, Kurze, ein Lehr- und Lesebuch für die deutschen Schulen in Baiern ... Regensburg 1840. V: *Schmid, Johann Christoph.* (Ky)

— kurze, ein Lehr- u. Lesebuch für die deutschen Schulen in Baiern. Vom Verf. der „Ostereier." 1s Bdchn. gr. 12. Regensburg 840. (Manz.) 1/8 ℛ

—— kurze u. angenehme, z. Behufe d. ersten zusammenhäng., schriftl. Aufsätze durch Vorerzählen u. Nachschreiben. Von e. öffentl. Lehrer. 8. (6¼ B.) München 833, Lentner.

— kurze u. angenehme, zum Behufe der ersten zusammenhängenden, schriftlichen Aufsätze durch Vorerzählen u. Nachschreiben. Von e. öffentl. Lehrer. 8. Münch. 834. Lentner. 1/4 ℛ

— kurze, zur Beförderung der Tugend u. eines guten Herzens. Ein Lesebuch für junge Leute. 8. Prag 795. Barth. 1/6 ℛ

Erzählungen, Kurze, zur Beförderung der Tugend und eines guten Herzens ... Nürnb. 179? 5. Aufl. 1809. V: *Lange, E. W. H.* (MGT)

— kurze, z. Beförderung d. Tugend u. eines guten Herzens, f. Kinder, m. K. 6te Aufl. 8. Nürnb. Zeh. 815. illum. mit schwarz. Kupf.

— kurze, für Kinder beiderlei Geschlechts. Ein Weihnachtsgeschenk von e. Kinderfreunde. 1s Bdchen. kl. 12. Aschersleben 827. (Bogler in Potsd.) 6 gr

– kurze, f. Kinder beiderlei Geschlechts. Ein Weihnachtsgeschenk v. e. Kinderfreunde. 1. Bdchn. kl. 12. (4 B.) Aschersleben 828. (Potsdam, Bogler.)

—— kurze, f. Kinder beiderlei Geschlechts. Ein Weihnachtsgeschenk von e. Kinderfreunde. 12. (4 B.) Potsdam 835. [Berlin, Danz.]

— kurze, für Kinder beiderlei Geschlechts. Ein Weihnachtsgeschenk von e. Kinderfreunde. 12. Potsd. 835. Bogler. 5 gr

-- kurze, lehrreiche, aus dem Leben der lieben Heiligen Gottes f. Schulkinder. 16. (VIII, 136 S.) Donauwörth 887. Auer. cart. n. — 40

— dasselbe. 2. Aufl. 16. (144 S.) Ebd. 887. cart. n. — 40

— kurze lehrreiche, aus dem Leben der lieben Heiligen Gottes f. Schulkinder. 4. Aufl. (148 S.) 16. Donauwörth (906). L. Auer. Kart. n. — 40

— kurze u. lehrreiche, zur Uebung im Lesen u. Nachdenken für die ersten Anfänger. 18e Aufl. 8. Grätz 828. Kienreich. 1/12 ℛ

— kurze moralische, f. Kinder, m. K. 8. Leipz. P. F. Vogel. 808.

— kurze moralische, f. Kinder v. 6—9 Jahren, z. Befestigung ihres gut. Willens. 2te Aufl. m. K. 8. Leipzig, Paul Vogel. 813.

— kurze moral., für Kinder von 6—9 Jahren, zur Befestigung ihres guten Willens. 3e umgearb. u. verb. Aufl. Mit 8 ill. Kpft. 8. Leipz. 821. (Serig). 18 gr

— kurze moralische, für Kinder von 6 bis 9 Jahren zur Befestigung ihres guten Willens. 3te umgearbeitete und verbesserte Auflage. Mit 8 illum. Kupfertafeln. 8. Leipzig, Paul Vogel. 821.

Erzählungen, Kurze, zur Unterhaltung in müssigen Stunden. Frankf. [Salzburg] 1788. V: *Berhandtsky v. Adlersberg, Joseph.* (ML) (Ky)

— kurze, zur Unterhaltung in müßigen Stunden. 8. Frankf. (Salzburg) 788. (Mayrs). 5 sal.

— nach A. Lafontaine u. Aufsätze nach Rochefoucauld. 2 Thle. 8. Elberfeld, Büschler. 802.

— nach A. Lafontaine, u. Aufsätze nach Rochefoucauld. 2 Thle. 8. Elberf. 802. (Schönian). 1 ℛ 8 gr

— vom Lande. Vom Verf. d. Erfahrungen ꝛc. (J. G. Günnel.) 8. (86 S.) Zwickau 849, Verein zur Verbreitg. von Volksschriften. n. 4 ngr

Erzählungen aus aller Herren Länder. *Osnabrück: B. Wehberg 1898.* (254 S.) 8⁰ [illegible] 7

Erzählungen, Laendliche. Helmstaedt 1778. V: *Brückner, Ernst Theod. Johann.* (Heine, Roman in Deutschland, Halle a. S. 1892, S. 6.)

— ländliche. 8. Leipz. 783. (Aue in Altona). 10 gr

— —, Ländliche. Mit netter Signet-Titelvign. (Grünler fec.). Leipzig, bey Friedr. Gotth. Jacobäer und Sohn. 1783. 8°. Zahm.
Tit., 2 Bll. Vorber., 1 Bl. Inh., 182 S., 1 leeres Bl.

Erzählungen und Gemälde, Ländliche. [Braunschweig] 1796. V: *Siede, Johann Christian.* (KY)

— ländliche, u. Gemälde, v. J. C. Siede. 1ste Samml. 8. Berlin. (Viewegs in Braunschw.) 796.

— ländliche, u. Gemälde, (von J. C. Siede). 1e Samml. 8. (Braunschw.) 796. Vieweg. 18 ℊ

— ländliche, u. Idyllen aus dem Franz. d. Perigny übersetzt, von K. Reinhard. 2 Bde. neue Ausg. 8. Leipzig, Hinrichs. 813.

— launige; aus d. Französ. 8. Bern 776. Typogr. Soc. 6 ℊ

— launigte, (v. Jh. Bürkli). 8. Bern 776. Typ. Soc. 6 ℊ

— launigte, f. Anfänger in d. italien. Sprache. 8. Leipz. Sommer. 811.

— —, Launige, einiger Begebenheiten aus dem menschlichen Leben. Görlitz, bei Hermsdorf u. Anton, 1795. 8°. (18 ggr.) Selten!

Erzählungen launige, für Freunde u. Anfänger d. italien. Sprache. 8. Leipz. 797. (W. Rauck). 8 ℊ

Erzählungen und Märchen, Launigte. Leipzig 1803. V: *Heidenreich, Johann Christian.* (MGT) (Ebert)

— launige, u. Mährchen, v. Gustaf. 8. Lpz. C. Richter. (Gleditsch.) 803.

— —, Launige, aus den Papieren eines Einsamen. 2 Bde. Leipzig, Richter, 1809. 8°. (1½ Rthl.) (½ Rthl. Scheible.)

Erzählungen und Spiele, Launigte. Paris [Bern] 1776. V: *Bürkli, Johann.* (WI) (BGE) (MGT) (KY)

— die, d. Priesters Ottmar (Lautenschlager) f. Jugend u. christl. Volk. Mit einer Vorrede von Frz. Seraph Hägelsperger. 2. verb. Aufl. Mit 1 Stahlst. gr. 8. (VI u. 198 S.) Augsburg 848, Rieger. ½ ₰

—— aus dem Leben, oder Erinnerungen einer Matrone, der Gräfin von W****. Aus dem Dänischen. gr. 12. (118 S.) Oldenburg 848, Stalling.

(Erzählungen [aus dem Leben] von Blinden.) Njbl. s. [Schulthess, Johannes II].

— aus dem häuslichen Leben, von Lafontaine, s. Sittenspiegel 4r 5r Bd.

— aus d. Leben unseres Kaisers u. unserer Kaiserin z. Gebrauche im Geschichtsunterrichte auf d. Mittelstufe zweisprachiger Volksschulen. Bearbeitet v. Lehrern u. Lehrerinnen d. Aufsichtskreises Jutroschin. (69 S.) 8. Rawitsch 910. O. Kleist. — 75

— aus d. Leben u. aus d. Naturgeschichte. Ein nützl. u. belehr. Buch f. d. Jugend u. unterhalt. f. Erwachsene. Mit 8 fein ill. Kpf. 8. Frankf. a. d. O. u. Berl. 832. Trowitsch u. S. 1 ₰

Erzählungen aus dem Leben in Schottland. 1824
s.a. Wilson, John [Verf.]

— aus den Leben in Schottland, übersetzt v. W. A. Lindau. 8. Dresd. 824, Hilscher.

Erzählungen aus dem Leben in Schottland, übersetzt von W. A. Lindau. Wien 1827. V: *Wilson, John.* (EB)

— von Ephraim Syri Leben u. Bekehrung. kl. 8. Halle 768. Waisenh.-B. 1 ℊ

— von d. Leben, d. Verbrechen u. d. Bekehrung des Fr. C. Lorenzen, welcher 1825 am 19. April in d. Nähe von Hannover enthauptet wurde. 8. Hannov. 825. Helwing. 4 ℊ

— aus dem wirklichen Leben. Eine nützliche und angenehme Lectüre für gebildete Leser. 8. Leipzig 834. (Melzer.) ⅔ ₰

—— aus d. wirkl. Leben. Eine nützl. u. angenehme Lektüre f. gebild. Leser. gr. 12. (7½ B.) Leipzig 834, Reimann.

— Lebensbeschreibb. u. Skizzen vermischten Inhalts; aus d. Engl. v. A. Eph. Kayser. 1r Bd. 8. Bayr. 791. (Grau in Hof). 20 ℊ

— u. Lebensbilder, ausgewählt für die deutsche Jugend, s.: Aus der deutschen Literatur.

— von Henriette u. Sophie Lee, s. Erzählungen aus Canterbury im Alphabet.

— lehrreiche, s.a. Auf.

Erzählungen, Lehrreiche. Berlin 1787. 2. Aufl. 1793. V: *Grossing, Fr. Rud.* (KY 2/440) (WBL V/376) (WZTG 1787, S. 1455 [Bd. I]) (F. R. Grossing, Staatenjournal 2/340) (BIBLPORT)

* — lehrreiche, von Cervantes de Saavedra. Uebers. von F. C. Siebmann. 1r Bd. 8. Berl. Weiß u. Fink. 810.

— lehrreiche, von S. Cervantes, übers. v. Siebmann. 8. Berlin. 810. Jetzt Reimer.

— lehrreiche u. angenehme, zur bequemen Uebersetzung ins Italien. 8. Bresl. 790. J. F. Korn. 4 ℊ

— lehrreiche u. angenehme, im gesellschaftl. Umgange. 8. Frankf 792. Keßler. 20 ℊ

— u. Briefe, lehrreich u. f. d. Gebr. d. Jug. rc. 8. Prag, Mangold. 785.

— lehrr., u. Gedichtchen. Ein Geschenk f. d. Knaben. Mit 24 ill. Kpf. 8. Neust. 824. Wagner. 8 ℊ

Erzählungen, Lehrreiche, aus der biblischen Geschichte für die Jugend. Neue Aufl. Nürnberg 1792. V: *Roth, Joh. Ferdinand.* (KY)

Erzählungen, lehrreiche, aus d. bibl. Geschichte für die Jugend, (v. J. F. Roth). N. Aufl., mit 26 Kpf. 8. Nürnb. 792 u. 807. Schneider u. W. 16 ℊ ill. 1 ₰ (Die 1e A. erschien 782, u. d. T.: Unterredungen mit Kindern üb. einige bibl. Historien. Mit 25 Kpf.)

— Dass. französ., s. *Histoire.*

— lehrr., a. d. bibl. Gesch. m. K. 8. Nürnb. Weigel. 792. (h. a. d. Tit.: Unterred.)

— — dasselbe franz. s. Histoire etc.

— lehrreiche, a. d. bibl. Gesch. f. Kinder. 8. Passau. (Mayr in Salzb.) 797.

— u. Geschichten, lehrreiche, f. gute Kinder; z. Bildung d. jugendl. Geistes u. Herzens. Aus d. Französ. d. Madame Sperat. Mit 6 ill. Kpf. 12. Ulm, Ebner. 20 ℊ schwarz. 16 ℊ

Erzählungen und Gespräche, Lehrreiche, für die reifere Jugend. Frei nach dem Englischen des Dr. Aiken und der Mrs. Barrauld vom Verfasser des Conrad Haselbaum. Wien 1847. V: *Fürstedler, Leopold.* (RUSSELL XIII, 494)

— u. Gespräche, lehrreiche, f. d. reifere Jugend. Frei nach dem Engl. des Aikin u. der Mrs. Barrauld, vom Verf. des Conr. Haselbaum. 8. (127 S.) Wien 847, Klang. 1/4 Thlr

— lehrreiche, für die liebe Jugend. 12. (64 S. m. 3 Farbdr.) Berlin (900). A. Weichert. Geb. 1.—

ERZAEHLUNGEN. Lehrreiche – für Kinder. Verlagsgewölbe der deutschen Schulanstalt bey St. Anna, Wien 1792. 1 vol., 128 S.

Erzählungen, lehrreiche, für Kinder. 8. (128 S.) Wien. 1845. Ungeb. 10 kr., st. geb 13 kr.

— lehrreiche, kleine, für Kinder. Ein Lesebüchlein für Volksschulen, (v. Chr. Schmid.) 1s u. 2s Bdchn. Neue Aufl. u. 3s Bdchn. 12. München 826 u. 27. (Landshut, Krüll.)

— lehrreiche kleine, für Kinder. 16. Erfurt 833. Otto. 1/3 Thlr

Erzählungen, Lehrreiche kleine, für Kinder. Ein Lesebüchlein für Volksschulen . . . München 1833. V: *Schmid, Johann Christoph.* (KY)

—— lehrr. kleine, f. Kinder. Ein Lesebüchlein f. Volksschulen. Von d. Verf. d. bibl. Gesch. (Chrstph. Schmid). 1. u. 2. Bdchn. Mit lith. Tit.-Bildrn. 12. (6 u. 7 B.) München 833. (Regensburg, Manz.) à

— lehrreiche, vom heil. Kreuze. Ein Geschenk für die Jugend u. Jugendfreunde v D. L. W. 12. Augsburg 825. (Regensb. und Landshut, Manz.) 1 1/2 gr

— lehrreiche, u. Parabeln f. die Jugend, zur Uebung im Lesen d. franz. Schrift. 8. St. Gallen, Huber. u. Comp. 815.

— u. Parabeln, lehrreiche, für d. Jugend, zur Uebung im Lesen d. französ. Schrift, 8, St. Gallen 816. Huber u. C. 6 gr

— lehrr., aus verschied. Sprachen. 2 Thle. 8. Kopenh. 767 u. 63. Schubothe. 15 gr

— lehrr., aus dem A. u. N. Testamente f. d. Jug. gr. 8. Nürnb. Weigel. 809.
mit schw. Kupf.
mit illum. Kupf.

—— lehrreiche, aus d. Thierreiche f. d. Jugend. M. 24 Abbild. nach d. Methode von Bingler. 8. (1 1/2 B.) Köln 836, (Matthieux.)

— lehrr. u. unterhaltende, für Liebhaber sittl. Lektüre. 8. Hamb. 777. (Gleditsch in Leipz.) 8 gr

Lehrreiche ERZÄHLUNGEN zur Veredlung jugendlicher Herzen. Nach dem Französischen, bearbeitet von GEORG BUCH. Mit sechs schwarzen Kupfern [= Lithogr.]. Aarau [u. Leipzig], J. J. Christen, 1829. 255 S. 12°. Hellbrauner typogr. verz. u. bedruckter Or.Karton. 27.—
Nicht bei K., Hobr. u. a. Seltenes Schweizer Kinderbuch m. 6 Geschichten m. interess. Bildchen. — Ein wenig fleckig, Einband ziemlich benutzt.

— lehrreiche, zur Veredlung jugendl. Herzen. Nach d. Franz. bearb. v. Geo. Buch. Mit 6 ill. Kpfrn. 2e wohlfeile Ausg. gr. 16. Aarau 837. Christen. cart. 1/2 Thlr m. schwarz. Kpfr. 1/3 Thlr

—— lehrr., a. d. Vorzeit. (1. u. 2. Bdchn.) Zur Bildung jugendl. Herzen neu bearb. v. e. Freunde d. Jugend. 12. (4 u. 4 1/2 B.) Ingolstadt 833, 34. (Regensburg, Manz.) à

—— leichtgeschürzte. Aus „Caviar". Pikante und heitere Blätter. 8. (144 S. mit Illustr. in Buntdr.) Budapest 888, Grimm's Verlag. *

ERZÄHLUNGEN, Leichtgeschürzte. Budapest, G. Grimm, 1891. 8°.
Verb. d. Ldg. I Berlin 38 J. 585/14.

— von Worfeld's Leiden u. Freuden, von Theod. Frölich. 8. Ebend. 812.

— für allerley Leser, 8. Halberstadt, 793. Groß. 9 sgl.

— für allerlei Leser. 8. Halberst. 793. N. A. 807. (W. Rauck in Leipz.) 7 gr

— f. allerlei Leser. 8. Lpz. Sommer. 807.

— f. gefühlvolle Leser, nebst Hildegardis Gesch. dritte Gemahlin Kais. Karl des Großen. 8. München, Fleischmann, 808.

— — für Liebende, von *C. L. B.* Mit Titelkpf. Wien, Alberti, 1792. 8°. (36 xr. Coppenrath, Regensburg, c. 1870; 1 Mk. 50 Pfg. Isaak St. Goar, Frankf. a. M., c. 1890.)

— für Liebende von C. L. B. mit 1 Kupf. 8. Wien, 792. Degen. 1 Rthl. 5 sgl.

Erzählungen, Lieder und Sprüche zur nützlichen Unterhaltung. Marburg 1811. V: *Kaufmann, Justus Rudolph Heinr.* (NN)

— list. u. gewaltsam. Anwerbungen rc. 1s Heft. 8. Stend. Franzen. 799.
Schreibv.

— lustige, v. Fr. Laun, (Fr. A. Schulz.) 2 Thle. 8. Berlin, Sander. 803. (I. enth. a) Hannchen, b) Possen, c) Rübezahl. 1 Rthlr. 2 gr. II. a) d. Grundsatz, b) d. Kunstliebhaber. 22 gr.)

— lustige. Freiherr v. Münchhausen. Don Quixote. Reineke Fuchs. Till Eulenspiegel. Für die Jugend bearb. v. E. D. Mund, P. Moritz, Max Barack u. Geo. Paysen Petersen. Mit 118 Textillustr. 8. (III, 150; 142, 144 u. 150 S.) Stuttgart (901). Loewe.
Geb. in Leinw. 4. 50

Lustige ERZÄHLUNGEN. Freiherr von Münchhausen. Don Quixote. Reineke Fuchs. Till Eulenspiegel. Für die Jugend bearbeitet von E. D. Mund, P. Moritz, Max Barack und Georg Paysen Petersen. Mit 118 Textillustr. [v. F. BERGEN u. a.]. Stuttgart, Loewe [c. 1905]. 8°. Illustr. Orlwd.
★ Erstausgabe in dieser Form. 14.—

— für junge Mädchen von 13 bis 16 Jahren. Von einer kathol. Dame. Dresden 855. Janssen. gr. 8. (IV, 91 S.) n. 12 ngr

— von schönen deutschen Mädchen für schöne Mädchen, v. Jul. v. Voß. 8. Berlin, Schlesinger. 819.

Erzählungen in Karl Stille's Manier. Jena 1795. V: *Heusinger, Johann Heinrich.* (KY) »1796« (NN)

— in Karl Stille's Manier, (v. Jh. Hnr. Heusinger). 1r Thl. 8. Jena 795. Voigt. 12 gr

Erzählungen aus der Mappe einer Deutschen in London. Leipzig 1848. V: *Bölte, Amely.* (KY)

—— aus der Mappe einer Deutschen in London. (Von Amely Bölte.) 8. (VI und 380 S.) Leipzig 848, Grunow.

— u. Mährchen, v. A. Mahlmann. 2 Thle. 8. Lpz. Junius. (Gleditsch.) 802—3. (I. 1 Rthlr. 12 gr. II. 1 Rthlr. 8 gr.)

Erzählungen und Mährchen; a. d. Franz. Berlin 1823. Ü: *Siegmeier, Johann Gottlieb.* (KY)

— u. Mährchen; aus d. Französ. (v. Jh. Gtl. Siegmeier. gr. 12. Berl. 823. Oehmigke. 1 Thlr 8 gr

— u. Mährchen; aus d. Französ. v. J. G. Siegemeyer. 8. Berl. 824, (Oehmigke.)

— u. Mährchen. Der gesammten edlern Lesewelt, besond. d. reif. Jugend dargereicht. Von d. Verf. der Beatushöhle. 8. (12 B. u. 1 Stahlst.) Regensburg 813, Manz.

Erzählungen und Mährchen. Der gesammten edleren Lesewelt, besonders der reiferen Jugend dargereicht. Von dem Verfasser der Beatushöhle. 7. Aufl. Regensburg 1874. V: *Bauberger, Wilh.* (Russell IX, 470)

— und Mährchen. Der gesammten edleren Lesewelt, besonders der reiferen Jugend dargereicht, von dem Verfasser der Beatushöhle. (W. Bauberger.) 6. Aufl. 8. (191 S. mit 1 Stahlst.) Regensburg 886, Verlags-Anstalt. ℳ 1.15.; cart.

— Märchen u. Lieder, s. a. Amanda, Tante.

— Märchen und Lieder für große und kleine Kinder von Tante Amanda. 1. Bdchn. A. u. d. T.: Zwei Geschichten für große und kleine Kinder. Dem Leben nacherzählt. 12. (62 S. mit eingedr. Holzschn.) Berlin 852, J. A. Wohlgemuth.

— u. Mährchen aus d. Morgenlande. 8. Marb. 801. Krieger. 1 ℛ

— und Mährchen aus dem Reiche des Wunderbaren und Schauerlichen von C. H. Friedrich. 8. Berlin, Schüppel. 819.

— u. Mährchen aus d. Ritterzeiten. 8. Gera 794. Rothe. 10 gℛ

— — und Mährchen aus den Ritterzeiten. Gera 1794.
Gmähle's in München Leihbibl.-Cat., Nr. 8737.

— — Mit TKpf. Eisenach, Wittekind, 1795. 8°. (8 Sgr. Scheible; jetzt theurer!)

Erzählungen nach Marmontel. Leipzig 1787. V: *Heyne, Chrn Lebr.* (EE)

Erzählungen aus dem wirklichen Menschenleben, 2 Theile, 8. Altona, 787. Kaven. 25 sgl.

— merkwürd., a. d. Bibel, f. Schullehr. 2 Thle. 8. Nürnb. Grattenauer. 784–85.

— merkwürdige, aus der Bibel mit angehängten nützlichen Jugend- und Klugheitslehren 1r Thl., altes Testament. 2r Thl neues Testament. 8. 784. 85. Jetzt Eichhorn in Nürnberg.

— merkwürd., aus d. wirkl. Menschenleben. 2 Thle. 8. Altona 787. Kave. 20 gℛ

— und Miscellen von F. L. Bährlen. 2 Bändchen mit Kupf. 8. Tübingen, Laupp. 817. 820. (1r 1 Rthlr. 8 Gr. 2r 1 Rthlr. 12 Gr.)

— aus dem Mittelalter, s. Bibliothek, neue, der Unterrichts-Lectüre,

— aus dem deutschen Mittelalter. 1. und 2. Bd. 8. Halle 864, Buchh. des Waisenhauses. cart.
Inhalt:
Bd. 1. Berndt, Mor., das Leben Karls des Großen. Nach Einhard und dem St. Galler Mönch. (V und 125 S.) 10 Ngr.
„ 2. — Heinrich der Erste und Otto der Große. Nach den sächs. Geschichten Widukinds v. Korvey bearb. (VI und 206 S.) 15 Ngr.

— dass. — Hrsg. von Otto Nasemann. 3. und 4. Bd. 8. Ebendas. 866,67. cart.
Inhalt:
Bd. 3. Berndt, Mor., Hamburg-Bremen, die Missionsstätte des scandinavischen Nordens. Mit Zugrundelegung der Hamburger Kirchengeschichte Adams v. Bremen. (VIII und 232 S.) 22½ Ngr.
„ 4. Cohn, Adf., Kaiser Heinrich II. (XII und 260 S.) 25 Ngr.

— aus dem deutschen Mittelalter. Hrsg. von Otto Nasemann. 5. und 6. Bd. 8. Halle, Buchh. des Waisenhauses. *
Inhalt:
Bd. 5. Heinemann, Otto v., Lothar der Sachse und Konrad III. (VIII, 286 S.) 869.
„ 6. Mücke, A., Kaiser Konrad II. und Heinrich III. Nach Wipo, Heriman v. Reichenau und den Altaicher Annalen dargestellt. (XII, 128 S.) 873.
1.–4. Bd. Ebendas. 1864–67. ℳ 7,25.

— aus dem deutschen Mittelalter. Hrsg. von Otto Nasemann. 7. Bd.: Kaiser Heinrich IV. und Heinrich V. Von A. Mücke. 8. (X, 241 S.) Halle 875, Buchh. des Waisenhauses. *
1.–6. Bd. Ebendas. 1864–73. *ℳ 10,95.!

— aus dem deutschen Mittelalter. Hrsg. von Otto Nasemann. 8. Bd.: Kaiser Otto II. und Otto III. Von A. Mücke. 8. (VI, 122 S.) Halle 881, Buchh. des Waisenhauses.
1.–7. Bd. Ebendas. 1864–75. *ℳ 12,95.

— nach der Mode, mit u. ohne Moral. 8. Halle 788. Franke. 18 gℛ 1795 mit d. neuen T.: Erzähll. einzelner Familienscenen. Ebd.

— moralische, a. d. Engl. od. d. Vermächtniß d. Freundsch. 3 Bdch. 8.: Carlsruhe, Macklot.

Erzählungen, Moralische, Leipzig 1757. V: *Pfeil, Joh. Gottlob Benjamin.* (Archiv f. Litt. VII, 524 ff; VIII, 222 ff.)

— moralische, a. d. Franz. d. Marmontel. 6 Thle. 8. Carlsruhe, Macklott. 769. (à 12 gr.)

— moralische. 1r bis 6r Bd. Frankf. Varrentrapp u. W. 772. (à 18 gr.)

Erzählungen, Moralische. O. O. 1773. V: *Kepner, (Johann) Frdr.* (Adel) (MGT)

— moralische von Fr. K — r, 8. Prag, 774. Gerle. 7 sgl.

— moral., e. Wochenblatt, herausg. v. Jh. Hnr. Fischer II. 8. Holzminden 785.

MORALISCHE Erzählungen. Tyrnau 1789.

— moralische, von Marmontel, übers. v. G. C. Schütz. 2 Bde. 8. Lpz. Voß. 794–95.

— — übers. von Schmerler, 4 Thle. gr. 8. Nürnb. Bauer. (Schmidmer.) 791.

— — ders. 4r Thl. od. Belisar besonders.

— moralische, v. A. Lafontaine, m. K. 6 Bde. 8. Berlin, Voß. 794–801. (I. II. à 1 Rthlr. 10 gr. III. 1 Rthlr. 4 gr. IV. 1 Rthlr. 8 gr. V. 1 Rthlr. 10 gr. VI. 1 Rthlr. 12 gr.)

— moralische, v. Sophie Ludwig. 8. Zwickau, Schumann. 802.

— moralische; aus d. Französ. ins Deutsche übersetzt rc. 8. Magdeb. 810. (Lauffer in Leipz.) 18 gℛ Hdg. Pr. 14 gℛ

— moralische, a. d. Franz. ins Deutsche übers. rc. 8. Magdeburg, Schütz. 810.

Erzählungen, moralische, v. Voltaire, frey nach Franz. bearbeitet, v. J. C. Hagen. 8. Quedlinb. Basse. 810. Rthlr.

— moralische; aus d. Engl. v. C. P. S., oder das Vermächtniß der Freundschaft. 3 Bdchen. 8. Karlsr. ... 2e Aufl. 814. (Braun). 1 ℛ 8 gℛ

— — od. das Vermächtniß d. Freundschaft. 2 Bdchen. 2te Ausg. 8. Carlsruhe, Braun. 814.

— moralische. Ein Unterhaltungsbuch für die reifere Jugend. 3e Aufl. Mit 8 Kpfrn. 16. Aarau 837. Christen. 10½ gℛ ill. ⅝ ℛ

— moral., u. Anekdoten, für d. Jugend. Nebst d. Marcus Antonius Muretus Sitten- u. Klugheitslehren an seinen Brudersohn Marcus Antonius. Aus d. Latein. neu übers. v. Frz. Xav. Sperl. 8. Grätz 806.

— mor., z. Ergänz. d. Landbibliothek. 5 Thle. 8. Frankf. Varrentrapp. 769–75.

Erzählungen, moralische, zur Ergänzung der Landbibliothek, aus den neuesten und besten Schriftstellern gezogen, 5 Theile, 8. Frankfurt, 771–75. Varrentrapp, 3 Rthl. 23 fgl.

— moralische und Familiengemälde, v. Fr. v. Genlis. (A. u. d. T.: Neue Erzähl. u. Novellen.) 6 Bde. 8. Hamb. Vollmer. 805–6. (1r 1 Rthlr. 8 gr. 2r. 1 Rthlr. 12 gr. 3r 1 Rthlr. 18 gr. 4r 1 Rthlr. 18 gr. 6r 1 Rthlr. 2 gr.)

— moral., in Gedichten. 8. Frankf. Kümmel. 754.

— —, Moralische, in dem Geschmack der Erzählungen .... Marmontels, aus verschiedenen Schriftstellern gesammelt und herausgegeben von Mlle. Unzy. Th. 1. (einz.?). Stettin 1765. 8⁰. 4 Bll., 536 S. Selten!

— moral. u. histor., f. Kinder zur Bildung. 12. Stuttg., Mag. f. Lit. 6 Gr. Mit schwarz. Kpf. 10 Gr. mit ill. Kpf. 16 Gr.

— moral. u. hist. Inh. a. d. Engl. v. Friese. 8. Flensberg. (Christiani, Schl.) 789.

—— moralische, f. d. Jugend, s. Vogel, K., der deutsche Kinderfreund,

— moral., für d. gebildete Jugend. Nach Miß Edgeworth, frei bearb. v. C. Stille. 8. Heidelb., Engelmann. 1 Thlr.

— moral., für deutsche Jünglinge u. Mädchen. 8. Küstrin 784. Oehmigke. 8 Gr.

Erzählungen, Moralische, für Kinder gebildeter Stände. Nürnberg 1818. V: ***Stevesand, Wilhelmine geb. Becker***. (Zeitschr. f. Büch. 1923, S. 84)

— moral., f. Kinder gebildeter Stände, herausg. von e. Mutter. 2 Thle, mit Kpf. 8. Nürnb. 818. (Campe). 2 Thlr 16 Gr.

— moralische, komische, von Cazotte, a. d. Franz. 4 Thle. m. K. 8. Lpz. Dyk. 789–90. (1r 1 Rthlr. 2r 20 gr. 3r 20 gr. 4r 16 gr.)

— moralische, z. Nutz. u. Zeitvertr. d. Jugend. 8 Theile. m. illum. K. gr. 8. Nürnb. Campe. (à 18 gr.)

— moralische, u. Romane. Bregenz, Brentano. 4 Gr.

— moral, f. alle Stände. 8. Frankf. u. Leipz. 787. Krieger. 8 Gr.

Erzählungen, Moralische, aus der Thier- und Menschenwelt. Leipz. 1804. V: ***Wichmann***, *Christian August*. (MGT) (Ky)

— moralische, aus d. Thier- u. Menschenwelt. Zum Geschenk f. gute Söhne u. Töchter. Neue verm. Aufl. mit K. 8. Leipz. Hinrichs. 811.

— moralische, aus d. Thier- u. Menschenwelt, zum Geschenk f. gute Söhne u. Töchter. Neue Ausg. m. K. 8. Leipz. Hinrichs. 812.

illum.

Erzählungen, Moralische, für Töchter. Von C. Ph. Funke. Bd. 1. Nürnb. 1804. V: *Neuhoff, Carl Gfr.* (StAt)

— moral., zur Unterhaltung u. sittl. Bildung d. Jugend. 2 Thle, jed. mit 6 Kpf. 8. Nürnb. 814 u. 15. Bieling. (Leipz., Fr. Fleischer). 1 Thlr 8 Gr.

—— moralische, ein Unterhaltungsbuch f. d. reif. Jugend. 3., wohlf. Ausg. M. 8 ill. Bildern. 16. (19 B.) Aarau u. Thun 837, Christen. *

— moralische, ein Weihnachtsgeschenk für gute Kinder. gr. 12. Eibenstock 839. (Leipzig. Knösel.) n. 1/6 Thlr

— morgenländische, aus dem Franz. 8. Zürich, 766. Orells. 13 fgl.

Erzählungen, Morgenländische; a. d. Franz. Zürich 1776. V: *Billardon de Sauvigny, L. Edme.* (Ky)

— morgenländische; aus d. Französ. (v. Sauvigny). 8. Zürich 776. Orell. 8 Gr.

Erzählungen, Morgenländische, nebst einigen Anmerkungen über den morgenländischen Roman ... Berlin 1795. V: *Grosse, Carl.* (Ky)

— morgenländische, od. oriental. Blumenlese. 8. Leipz. 806. Hinrichs. 12 Gr.

—— morgenländische, verdeutscht v. Phil. Wolff. 1. u. 2. Bdchn. — A. u. d. T.: Calila u. Dimna, od. d. Fabeln Bidpai's. A. d. Arabischen. 2 Bdchn. gr. 12. (21½ B.) Stuttgart 837, [Scheible, Rieger u. Sattler.]

— muntere, v. C. Pram, gesamml. u. herausg. v. C. L. Sander. 2 Thle. 8. Copenhagen, Schubothe. 802–3. (I. 20 gr. II. 16 gr.)

— zweier Musensöhne, v. Frauenzimmer. 8. Frankf. 746.

— für Müßiggänger. 8. Bern, Typ. Soc. 1 Thlr

— — für Müssiggänger. Frankfurt und Leipzig (Bern, typogr. Societät) 1795. 8⁰. 360 S. Selten!

— für unsre Müssiggänger, 8. Frankf. (Bern) 795. (Typographie). 1 Rthl.

Erzählungen e. Mutter für ihre Kinder aus d. baierischen Geschichte. 8. Regensburg 835. (Landshut, Manz.) 2/3 Thlr

— mythologische, mit Erläuterr. aus d. ältesten griech. Geschichte. Ein latein.-deutsches Lesebuch. 8. Berl. 805. Gädike. 8 Gr.

Erzählungen, Mythologische, im lieblichen Gewande ... Kreuznach 1808. V: ***Hadermann***, *Carl.* (Ky)

— mytholog. im liebl. Gewande u. s. w. Für Freunde d. Mythe, (von Karl Hadermann). 8. Kreuznach 808. Kehr. 12 Gr.

Die Erzählungen aus den Tausend und ein Nächten. Erste ungekürzte deutsche Ausgabe. Besorgt von Felix Paul Greve. Mit einer Einleitung von Hugo von Hofmannsthal und einer Abhandlung von Professor Karl Dyroff über Entstehung und Geschichte des Werkes. Titel- und Einbandzeichnung von Markus Behmer. 12 Bde. (je über 400 S.). Leipzig, Insel-Verlag, 1906–07. 8⁰. (à Bd. geheft. Mk. 5—, in Leder geb. 7—; cplt. in eleg. Lwdbdn. 72—, cplt. in grünen flexiblen Orig.-Ganzldrbdn. 84—.) (54 Mk., Orig.-Ldrbde., Oskar Rauthe, Berlin, 1909; 240 Kr., Luxusausgabe auf ächtem Büttenpap., Expl. in 12 Orig.-Prgtbdn. mit Seidenvorsatz, vergriffen und sehr selten, Gilhofer & Ranschburg, Wien, 1909.)

— die, aus den tausendundein Nächten. Vollständige deutsche Ausg. in 12 Bdn., auf Grund der Burtonschen engl. Ausg. besorgt v. Fel. Paul Greve. 12 Bde. (XV, 409; 430, 424, 424, 430, 430, 428, 437, 423, 427, 425 u. 355 S.) 8. Leipzig 907. 08. Insel-Verlag. à 5.—; geb. in Ldr. à 7.—: Luxusausg., geb. in Perg. à 14.—

DIE Erzählungen aus den tausend Nächten und der einen Nacht. Übersetzt von Theodor Ritter v. Riba. Illustriert von Franz v. Bayros. Leipzig, Wilhelm Borngräber Verlag, 1910/11. 8°. 515 S.
Mit 6 Federzeichnungen.

— Nassauer. I.—VI. 12. Höchst (900). W. Graf. Kart. n. 3. 60; in 1 Leinw.-Bd. n. 3. —
I. II. Die Tochter des Adepten. Von C. Spielmann. (200 S. m. Titelbild.) n. 1. 20
III. Sirona. Erzählung aus Wiesbadens Vergangenheit. Von C. Spielmann. (80 S. m. Titelbild.) n. — 60
IV. Gräfin Ursula v. Hadamar. Eine geschichtliche Erzählg. aus dem 30jähr. Kriege. Von Wilh. Wittgen. (93 S. m. 1 Bildnis.) n. — 60
V. Elslein v. Caub. Von C. Spielmann. (115 S. m. Titelbild.) n. — 60
VI. Graf Balthasar. Von C. Spielmann. (67 S. m. Titelbild.) n. — 50

Ⓑ — Nassauer. 900. (KBL 31.) Jetzt: Wiesbaden, B. Blaum.

— u. Naturgemälde in Yoriks Manier, Seitenstück zu Yoriks empfindsamen Reisen. Mit Kpf. 8. Leipz. 805. 2e A. 812. (W. Nauck). 16 ℋ

— u. Naturgemälde in Yoricks Manier, Seitenstück zu Yoricks empfindsamen Reisen, m. K. 8. Leipzig, Sommer. 805.

— u. Naturgemälde in Yoriks Manier. Seitenstück zu Yoriks empfinds. Reisen. 2te Aufl. mit 3 K. 8. Lpz. Sommer. 812.

— aus d. Naturgeschichte. 796., s. Gegenstände aus d. Naturgeschichte.

—— neapolitanische, gesammelt von Jak. Ziegler, s. Ziegler.

— neue, von Karoline, Baronin de la Motte Fouqué. s.a. Bibliothek d. Romane.

— neue, von Friedr. Baron de la Motte Fouqué. s.a. Romane, kleine.

Erzählungen, Neue, verschiedener Verfasser. Frankf. u. Leipz. 1747. V: *Bodmer*, *Johann Jacob* & *Blaarer von Wartensee*. (VLBS IV, 187.) (Uz-Gleim, Briefwechsel, Tübingen 1899, S. 475.) (vetter)

— neue, v. Fr. Hegrad. 8. Zittau, Schöps. 787.

— neue, v. Fr. Rochlitz. s.a. Rochlitz, Fr.

— neue, von Fr. Rochlitz. 8. Züllichau, Darnmann. 815.

— neue, von Fr. Gleich. Die Ueberraschung, und der Hirt von Gallarato. Mit Kupf. 8. Leipzig, Hinrichs. 818.

— neue, von Caroline Pichler. 3 Theile. (Auch unter dem Titel: C. Pichler sämmtl. Werke. 17r, 18r, 24r Bd. 8. Wien, Pichler. (Leipzig, Liebeskind.) 818.820. à 1 Rthl. 12 Gr.

— neue. Von J., Verf. v. „Geschichte e. jungen Mädchens". Aus dem Dän. übers. von Elisabeth Longé. 2 Bde. (318 u. 274 S.) Norden 877. Fischer Nachf. n. 8. —

—— neue, für das jugendliche Alter. A. d. Franz. v. J. Lyser. 12. (5 B. m. Titlbild.) Straßburg 810, Levrault'sche Buchh. 4 Gr., ill.

— n., a. d. Feenlande. 8. Heidelb. Pfähler. 79

„Neue gesellschaftliche Erzählungen für die Liebhaber der Naturlehre, der Haushaltungswissenschaft, der Arzeneykunst und der Sitten", Leipzig 1758 ff.

— neue gesellschaftl., f. d. Liebhaber d. Naturlehre 2c. 4 Bde. gr. 8. Hamb. u. Leipz. 758—61. 2 ℛ 16 ℋ

Erzählungen, Neue gesellschaftliche, für die Liebhaber der Naturlehre, der Haushaltungswissenschaft . . . Leipz. 1758—63. V: *Tietz (Titius)*, *Joh. Daniel*. (ML) (Ky) »Hamb. 1763—64«. (Gatterer, Repert. d. mineral. Litt. Giessen 1798—99. I, 295.)

ERZÄHLUNGEN, Neue, für Gourmands (Frische Austern). Budapest, Sachs & Pollack. 8°.
Verb. d. Ldg. Leipzig IV, 400/04.

—— neue, interessante, von Schiffbrüchen, Seefahrten, Landreisen u. a. glückl. u. unglücklichen Abenteuern. 1. u. 2. Bdchn. gr. 16. (26 B.) Ulm 834, Ebner.

—— neue, f. d. Jugend, v. Verf. des „Glockenbuben." M. 1 Stahlst. 8. (11 B.) Augsburg 811, v. Jenisch u. Stage'sche Buchh.

— neue, für die Jugend. Nr. 1—30. 12. Oberhausen 882. Spaarmann. à — 25; geb. à — 30
1. Das Goldthal. Eine Indianergeschichte v. Carl Cassau. (64 S.)
2. Der letzte Sioux. Eine Indianergeschichte v. Carl Cassau. (64 S.)
3. Kamingo, der Häuptling, oder der Indianer-Anwalt. Erzählung aus dem Leben draußen v. Carl Cassau. (64 S.)
4. Ein echter Trapper. Erzählung aus dem Indianerleben zur Zeit der nordamerikan. Freiheitskriege v. Carl Cassau. (64 S.)
5. Der Rächer. Präriebilder aus Arizona v. Max. Fuhrmann. (64 S.)
6. Die Mine der Incas. Erzählung aus dem Leben der Indianer v. Carl Cassau. (64 S.)
7. Ischkoodah, der „feurige Stern", oder ein treuer Lenape. Eine Indianer-Erzählung v. Carl Cassau. (64 S.)
8. Rettung in höchster Not oder die Silbergruben v. Baxter-Hill. Aus den Papieren eines Emigranten wiedererzählt v. Charles Shipman. (63 S.)
9. Das Kriegsbeil oder der Sohn des Farmers. Eine Indianergeschichte v. Ferd. Hoffmann. (63 S.)
10. Die Strandräuber oder wie man's treibt so geht's. Von Karl Warnbeck. (64 S.)
11. Auf dem Schaffot. Eine Erzählung v. Frz. Ritter. (64 S.)
12. Die Piraten oder die Rache des Chinesen. Von Karl Warnbeck. (64 S.)
13. Eine Poststation in Californien Erzählung f. die Jugend v. Carl Cassau. (64 S.)
14. Der Schreckenstag oder der Überfall der Siouxindianer. Eine Indianergeschichte v. Jul. Lange. (63 S.)
15. Im Goldlande oder die Rache des Negers. Eine Erzählung für die Jugend v. Karl Warnbeck. (64 S.)
16. Der Schatzgräber. Eine Erzählung für die Jugend v. Karl Warnbeck. (64 S.)
17. Der Aufstand von Mapleton oder die falschen Rothäute. Eine Erzählung aus der Mitte dieses Jahrhunderts, für die Jugend bearb. v. Ed. Kruse. (63 S.)
18. Des Häuptlings Rache oder die Ansiedler im fernen Westen. Indianer-Erzählung v. Carl Cassau. (63 S.)
19. Der Fährtensucher oder Abenteuer eines deutschen Knaben in der Wildnis. Für die Jugend erzählt v. Ed. Kruse. (64 S.)
20. Der verhängnisvolle Weihnachtsabend. Nach eigenen Erlebnissen erzählt v. A. Horn. (64 S.)
21. Der Wilddieb oder wer war der Mörder? Criminal-Erzählung für die Jugend v. Gisbert Krause. (64 S.)
22. Der treue Chinesenknabe oder der zertrümmerte Götze. Nach einem mündlichen Berichte erzählt v. Ed. Kruse. (63 S.)
23. Schmalspur, der Tallahassee-Häuptling. Eine Geschichte aus dem Indianer- u. Ansiedlerleben v. Carl Cassau. (64 S.)

24. Wyaconda, der Schrecken der Sioux. Erzählung aus dem Indianerleben v. E. Ilm. (64 S.)
25. Wakinyatawa, der Dacotahindianer. Erzählung aus dem Indianerleben v. E. Ilm. (64 S.)
26. Um lebendiges Ebenholz oder der Sklavenhändler am Zambessi. Erzählung aus dem Negerleben v. Carl Cassau. (64 S.)
27. Ein moderner Robinson. Erzählung v. Carl Cassau. (64 S.)
28. Die Empörung auf Java, oder Jakun Kawn, der Malaye. Von Carl Cassau. (64 S.)
29. Der Vampyr oder die Brüder der Nacht. Erzählung aus Mexiko v. E. Ilm. (64 S.)
30. Die Gestrandeten auf Costa Firma oder Indianer-Rache u. Dankbarkeit. Erzählung v. Ferd. Kästner. (64 S.)

— neue, für Kinder u. Kinderfreunde. Von d. Verfass. d. Ostereier, (Chr. Schmid.) 1s Bdchen. A. u. d. T.: d. Hopfenblüthen. Eine Begebenheit aus d. Leben e. armen Landschullehrers. 12. Landsh. N. A. 832. Krüll. 5 ℊℓ 2s Bdchen. N. Aufl. A. u. d. T.: d. Kirschen; d. Margarethablümchen; d. Vergißmeinnicht; d. Kuchen; d. Krebse; d. Rothkehlchen; d. Vogelnestchen. 7 neue Erzählungen 2c. 12. Ebd. 832. 5 ℊℓ 3s, 4s Bdchen. 12. Ebd. N. A. 826—29. (à 3 ℊℓ) 6 ℊℓ

—— neue, f. Kinder u. Kinderfreunde. Von d. Verf. d. Ostereyer (Chrstph. Schmid). 1. Bdchn. — A. u. d. T.: Die Hopfenblüthen. Eine Begebenheit a. d. Leben e. armen Landschullehrers. 12. (7 B.) Landshut 832, [Regensburg,] Manz.

—— ders. 2. Bdchn. — A. u. d. T.: Die Kirschen. Die Margarethablümchen. Das Vergißmeinnicht. Der Kuchen. Die Krebse. Das Rothkehlchen. Das Vogelnestchen. 7 neue Erzähln. 2c. 12. (7½ B.) Ebds. 832.

—— ders. 3. Bdchn. — A. u. d. T.: Ludwig, d. kleine Auswanderer. Eine Erzähl. 12. (7 B.) Ebds. 834.

—— neue, f. Kinder u. Kinderfreunde. Von d. Verf. d. Ostereyer. 1. u. 4. Bdchn. gr. 12. Regensburg, Manz.
A. u. d. Ttln.:
Bdchn. 1. Die Hopfenblüthen. Eine Begebenheit aus d. Leben e armen Landschullehrers. 2. Aufl. (7 B.) 835. 5 Gr.
" 4. Drei Erzähluugen: Die christl. Familie. — Das alte Raubschloß. — Das stumme Kind. (6¾ B.) 838. 5 Gr.
2. u. 3. Bdchn. Ebendas. 1832, 34. à 5 Gr.

Erzählungen, Neue, für Kinder und Kinderfreunde . . . 2. Aufl. Regensburg 1843 . . . V: *Schmid, Johann Chph.* (Ky)

—— neue, f. Kinder u. Kinderfreunde, von d. Verf. d. Ostereier. 3. Bdchn. 2., verb. Originalaufl. — A. u. d. T.: Ludwig der kleine Auswanderer. gr. 12. (7½ B.) Regensburg 843, Manz.

— u. Mährchen, neue, von Boufflers. Aus dem Franz. 2 Bde. 8. Berl. Achenwall u. Comp. 811.

— neue, noch nicht übersetzte, moralische, a. d. Franz. d. Marmontel, 2 Bdch. m. K. 8. Winterthur, Steiner. 792—95. (à 18 gr.)

— neue moralische, von Marmontel, übers. v. Müller. 8. Lpz. Tauchnitz. 801.

— neue morgenländische, von Gr. v. Caylus, a. d. Franz. 2 Thle. 8. Lpz. Breitkopf u. H. 781.

— neue, und Novellen, unter Mitwirkung deutscher und ausländischer Schriftsteller herausg. von H. E. 3 Bde. Frankfurt a. M. 857. Hedler. (Mainz, Kirchheim.) gr. 16. n. 1 ₰ 5 ngl
Inhalt: 1. Bd.: Eberhard der Falkensteiner von Conr. v. Bolanden. — Die Tyrannen von Bellevue von Heim. — Der Engel der Versöhnung von Fabre d'Olinet. — Der Friedhof von Sebastopol von J. M. — Eine Soldatengeschichte von L. M. (VI, 278 S.)
2. Bd.: Eberhard der Salier von P. Lütkemüller. — Die einzige Tochter von J. N. Fritz. — Mutter Job von C. H. Brückmann. — Treffer und Niete von Bernh. Wörner. — Die Macht der Vision von H. Veltheim. — Die Rose von Cadena von A. W. V. (325 S.)
3. Bd.: Das Rosenmädchen von Salancy von Bernh. Wörner. — Das Goldstück von L. Wildmann. — Der böse Anselmo von Wilh. Chezy. — Schicksalsfügungen von V. — Die Weißmäntel von Waldhaus. — Im Schnee und am warmen Ofen von Fr. Tz. — Aus dem Leben von Adele Bergen. — Die Spieler von Fritz v. Fr. (304 S.)

— neue romantische, von K. F. Tzschucke. 2 Bdchen. 8. Berl. Neue Societätsbuchh. 813. (1r 1 Rthlr. 6 gr. 2r 1 Rthlr. 8 gr.)

— —, Neue romantische, aus dem Geisterreiche. 2 Bde. Hamburg, Vollmer, o. J. (c. 1800). 8°. (2 Rthl.)

— neue, zur Unterhaltung u. Belehrung f. d. Bürger u. Landmann. gr. 12. Reust. 827. Waaner. 9 ℊℓ

— neue, f. häusl. Zirkel, von Th. Hell. 3 Bde. mit K. 8. Ebend. 813—15. (à 1 Rthlr.)

— neue, für häusliche Zirkel auf d. Jahr 1816 u. 1817 von Th. Hell. (Aus Penelope 5r Jahrg. abgedr.) Jedes mit 4 Kupf. 12. Leipzig, Hinrichs. à 1 Rthlr.

— neugriechische, s.: Meyer's Volksbücher.

—— und Novellen, s. a. Miniatur-Bibliothek, novellistische.

Erzählungen und Novellen. Leipzig 1801. 1809. V: ***Laukhard, Friedr. Chn.*** (BGE IV³, 42)

Erzählungen und Novellen . . . Erfurt 1816. V: *Voigt, Amalia von geb. Ludecus.* (Schl) (MGT)

Erzählungen und Novellen. I. Dissonanzen . . . Wien 1853. V (I): *Gigl, Alex.* (Ky)

— und Novellen v. Cäcilien. 8. Erfurt, Müller. 816.

— u. Novellen v. Cäcilie. Neue Ausg. 8. Erfurt 826, Müller.

—— Novellen u. Gedichte, a. d. Engl. u. Franz. v. F. Bauer. 2 Thle. gr. 12. (32½ B.) Hildesheim 838. (Braunschweig, Vieweg u. Sohn.)

— u. Novellen nach Sarazin, frei bearbeitet von Freiherrn v Thumb. 2 Bde. gr. 8. Nürnb. Riegel u. W. 814 u. 15.

Erzählungen zum Nutzen und Vergnügen; eine Wochenschrift. Cottbus 1803—05. H: *Wittenburg, Ferd. Wilh. Baron von.* (Ky) (MGT)

— zum Nutzen u. Vergnügen, 24 Bde. 1803—1806.,

— nützliche, für kleine Mädchen. Nach dem Französ. (Mit 3 Bildern.) 12. Straßburg 842, Wtw. Levrault. geb. 6¼ ngl — Colorirt ¼ ₰

—· nützliche, f. kleine Mädchen. Nach d. Franz. 12. (1⅓ B. m. 3 Bild.) Straßburg 843, Levrault'sche Buchh. 6¼ Ngr., col. -

— das Nützlichste u. Angenehmste aus d. Geschichte, zur Unterhaltung u. Belehrung, (v. Purgold). 2e verb. Ausg. 8. Lpz. 791. Barth. 12 ℊℓ

— — aus dem Orient. 2 Bdchn. Jena, Voigt, 1800. 8°. Rar! Kayser p. 24.

— u. kl. Originaldialogen. 2 Bde. 4. Lepz. Hamann. 789—90.

— — nach ausländischen Originalen. Dresden, Arnold, 1808. 8°.

— aus d. Ostmark. Hrsg. v. L. Mahlau. 1.—4. Bd. kl. 8. Danzig, A. W. Kafemann. 1.70; geb. 2.10
Domansky, Walth., das Kruzifix zu St. Marien. Aus Danzigs alten Tagen. (104 S. m. Abbildgn.) 910. (Bd. 3) —60; geb. in Halbleinw. —70
Karow, Erich, der Müller v. Sagorsch. Historische Erzählg. (45 S.) 909. (Bd. 2) —30; geb. —40
Mahlau, L., Erzählungen aus d. Ostmark. 1. Bd. — Die Eroberung Danzigs. Das „Jüngste Gericht" im Artushof. Nach dem „preuß. Leseschatz" wiedererzählt. (54 S. m. Abbildgn.) 909. (Bd. 1) —50; kart. —60
Schulz, Margrete, die Hexe v. Jastrow. Auf Grund histor. Dokumente erzählt. (44 S. m. Abbildgn.) 910. (Bd. 4) —30; geb. in Halbleinw. —40

Erzählungen, Die, des Priesters Ottmar. München 1837. V: *Lautenschlager, Othmar.* (Th)

—— die, des Priesters Ottmar für Jugend und christl. Volk. Mit einer Vorrede von Frz. Seraph Hägelsperger. 2., verb. Aufl. gr. 8. (VI und 198 S. mit 1 Stahlst.) Augsburg 848, Rieger'sche Buchh.

— u. Parabeln, zur Beförderung eines religiösen Sinnes. Ein Lesebuch für d. Jugend, mit Kpf. 8. Münch. 811. Giel. 8 gr.

— u. Parabeln, z. Beförderung eines religiösen Sinnes. Ein Lesebuch f. die Jugend, m. K. 8. München, Giel. 814.

— Parabeln und erbauliche Geschichten, zur Stärkung des Glaubens aus der Mit- u. Vorzeit. Gesammelt u. herausg. v. einem kathol. Priester. 8. Landshut 835. Thomann. 3/8 ₰

Erzählungen eines alten Pastors aus seinem Leben. Bielitz 1880. V: *Schneider, Carl Samuel.* (EB)

Patriotische Erzählungen. No 1—30. *Styrum a. d. R. & Leipzig: A. Spaarmann [1893—96].* 8. [96. 2369

— patriotische. Nr. 1—12. 12. (à 48 S.) Styrum, A. Spaarmann. à —25
1. Vor u. in Paris. Eine Erzählg. aus dem deutsch-französ. Kriege 1870—1871 v. Mart. Heinrich. 893.
2. Vor Belfort gefangen. Eine Erzählg. aus dem letzten Kriege v. Mart. Heinrich. 893.
3. Die geraubte Uhr. Eine Erzählg. aus den Tagen der Kämpfe vor Metz v. Mart. Heinrich. 893.
4. Der verhängnisvolle Brief. Eine Erzählg. aus den Kriegsjahren v. 1870/71 v. Mart. Heinrich. 893.
5. Bei Langensalza. Eine Erzählg. aus dem Kriege v. 1866 v. Mart. Heinrich. 893.
6. Der Ueberfall v. Chatillon. Eine Erzählg. aus dem deutsch französ. Kriege v. Mart. Heinrich. 893.
7. Die Flucht in Feindesland. Eine Erzählg. aus dem deutsch französ. Kriege 1870/71 v. W. Frey. 893.
8. Im Kampfe m. Franctireurs. Eine Geschichte aus dem deutsch-französ. Kriege v. R. Waldheim. 893.
9. In allem treu. Erzählung aus den Tagen des glorreichen Feldzuges 1870/71 v. Rob. Biesenbach. 894.
10. Der Spion v. Sedan. Eine Erzählg. aus dem Kriege 1870—71 v. Rob. Biesenbach. 894.
11. Der Franctireur. Erzählg. aus dem deutsch-französ. Kriege v. Rob. Biesenbach. 894.
12. In Kriegs-Gefangenschaft. Kriegs-Abenteuer aus dem J. 1870 v. Rob. Biesenbach. 894.

— patriotische. Nr. 13—31. 12. (à ca. 48 S.) Styrum, A. Spaarmann. à —25
13. Der Oberjäger v. Weißenburg. E. Erzählung a. d. deutsch-französ. Kriege. Von R. Waldheim. 895.
14. D. geheimnißvolle Schloß. E. Erinnerg. a. d. letzten deutsch-französ. Kriege. Von R. Waldheim. 895.
15. E. Sylvesterabend i. Feindesland. E. Kriegserinnerung aus Frankreich. Von R. Waldheim. 895.
16. D. Schloßherr v. Coucy. E. Geschichte a. d. deutsch-französ. Kriege. Von R. Waldheim. 895.
17. E. bedeutungsvoller Fund. E. Erzählg. a. d. deutsch-französ. Kriege 1870/71. Von Alex. Ortleb. 895.
18. D. Medaillon. E. Erzählg. a. d. deutsch-französ. Kriege 1870/71. Von Alex. Ortleb. 895.
19. Der Held v. Kolberg. E. Erzählg. a. d. Zeit d. Befreiungskriege. Von R. Waldheim. 895.
20. D. schwarze Henry. E. Franktireurgeschichte a. d. Feldzuge 1870/71. Von Emil v. Kosel. 895.
21. D. Tag v. Rathenow. Erzählg. Von R. Waldheim. 895.
22. D. Rekrut d. Prinzen Eugen. Erzählung. Von R. Waldheim. 895.
23. D. Müllerstochter. Geschichte a. d. Franktireur-Kämpfen 1870. Von Emil v. Kosel. 895.
24. Bestrafter Verrath. E. geschichtl. Erzählg. Von R. Waldheim. 895.
25. E. Talisman. Erzählg. a. d. deutsch-französ. Kriege 1870/71. Von Alex. Ortleb. 895.
26. Das eiserne Kreuz. E. Erzählg. a. d. Kriegsjahren v. 1870/71. Von Alex. Ortleb. 895.
27. D. Braut aus Feindesland. E. Erzählg. a. d. deutsch-französ. Kriege v. 1870/71. Von Alex. Ortleb. 895.
28. Marschall Bazaine. E. Episode a. d. Schlacht bei Bionville. Von Georges Harriet. 895.
29. In d. Schlacht v. Verneuilles. Erlebn. aus d. französ. Kriege, geschild. v. Geo. Harriet. 896.
30. E. gefahrvolle Weihnachtsnacht. E. Episode a. d. Franktireur-Kämpfen 1870/71. Von Emil v. Kosel. 896.
31. Erwin v. Waldheim. Histor. Erzählg. a. Deutschlands schwerer Zeit. Von Werner Holm. 898.

— persische, (von G. Fr. Backmeister). 8. Luneb. 797. Herold u. W. 12 gr.

Erzählungen, Persische, zur angenehmen Ausfüllung geschäftloser Stunden. Nach dem Engl. des A. Philips ... Lüneburg 1792. V: *Bacmeister, Georg Frdr. Lucas.* (GGr) (Ky) (MGT)

— persische zur angenehmen Ausfüllung geschäftloser Stunden, nach dem Engl. des A. Philips, 8. Lüneburg, 797. Herold. 15 sgl.

— von merkwürd. Personen, nach d. Leben geschildert. 3 Bdchn. 8. Berl. 815. Schöne. 2 ₰

—— des Pfarrers von Kirchthal. Hrsg. von Wilh. Podlaha. gr. 16. (VIII und 167 S. mit 6 ill. Stnt. von Haßlwander und lithogr. Titel in Golddr.) Wien 848, (Beck'sche Universitäts-Buchh.) *

— Phantasie- und Naturgemälde unter dem Gesichtspunkte der christl. Wahrheit für alte u. junge Leser. Neue (Titel-)Ausg. (der christlichen Familienbibliothek.) 2 Abthlgn. in 1 Bdchn. 16. (VIII u. 254 S.) Nördlingen (845) 852, Beck. 1/3 ₰

Erzählungen, Poetische. Frankf. 1750. V: *Consbruch, Flor. Arnold.* (Mn)

— —, Poetische. Halle 1759. 8°.
Cat. Monath I. p. 715.

— poetische, von F. W. Krampitz. 8. Danzig, Gerhard. 820.

— poet., u. Schäfergedichte. 8. Frkft. 760.

Poetische Erzählungen von den vornehmsten Thaten Friedrichs des Grossen und Seiner Helden in dem jetzigen Kriege. Allgemeine Erzählung. — Umständlichere Erzählungen. I. Nächste Veranlassung des Krieges und Einrückung des Königs in Sachsen II. Schlacht bei Lobositz, den I. October, 1756. III. Uebergabe der Sachsen, den 16. October, 1756. IV. Einrückung des Königs in Böhmen, im Frühling 1757. nebst der Schlacht bei Reichenberg. V. Sieg bey Prag, den 6. May. VI. Schlacht bey Kollin, den 18. Junius. VII. Schlacht bey Rossbach, den 5. November. VIII. Sieg bei Lissa, den 5. December. IX. Ferdinands von Braunschweig ruhmvolle Thaten. X. Sieg bei Wehlau und Zorndorf. Anhang. Unvollkommener Entwurf der Vollkommenheiten Friedrichs des Grossen. Halle 1758.

— poetische, von d. Thaten Friedrich d. Großen in d. jetz. Kriege. 3. Halle 758. Gebauer. 3 gr.

—— poetische, zum mündlichen Vortrag. I. und II. (Heft.) 8. (216 S.) Brandenburg 851(52,) Müller. à Heft 5 Ngr.

Erzählungen aus der Copenhagener fliegenden Post. Ins Deutsche übertragen von L. Kruse. Leipzig 1834/6. VI. V bzw. H: *Heiberg, J. L.* Von diesem Verf. ist z. B.: »Eine Alltagsgeschichte«, die Kruse bereits vorher im Taschenb. d. Liebe u. Freundschaft f. 1832, S. 149/228 veröffentlicht hatte. — (DARP)

—— aus d. Copenhagener fliegenden Post. Ins Deutsche übertragen v. L. Kruse. 1—3. Thl.: Eine Alltagsgeschichte. Clara's Selbstbekenntnisse. — Die Nattern am Busen. Käthchen. Das Kaninchen. — Die hellen Nächte. Heiraths-Gesuch. 8. (52 B.) Leipzig 834, 35, Kollmann.

—— aus d. copenhagener fliegenden Post. Ins Deutsche übertr. v. L. Kruse. 4—6. Thl. 8. Leipzig, Kollmann.
Thl. 4. Mesalliance. — Schreiben an d. copenhagener fliegende Post. (18½ B.) 835. 1 Thlr. 6 Gr.
" 5. Ehestand. (21½ B.) 836. 1 Thlr. 9 Gr.
" 6. Der magische Schlüssel. — König Hirsch. — Gefährliche Verschwiegenheit. (15 B.) 836. 1 Thlr. 6 Gr.
1—3. Thl. Ebendas. 1834, 35. 3 Thlr. 12 Gr.

—— in Prosa und Reimen für Kinder. Von der Verf. des Nürnberger Bilderbuchs. gr. 8. (IV und 59 S. mit 4 lithogr. Illustr. von Jul. Geißler.) Nürnberg 863, Zeiser. cart.

Erzählungen, Purgolds. 2. Aufl. Leipzig 1790. V: *Stenzel, Balthasar.* (MGT)

— raisonnirende, von d. Inquisition. 8. Bern 784. Haller. 6 gr.

— aus d. Reiche der Wirklichkeit u. Phantasie. 2 Thle, s.a. Fr. Fardes.

Erzählungen aus dem Reiche der Wirklichkeit und der Phantasie . . . Leipz. u. Coburg 1801. V: *Lomler, Frdr. Wilh.* (MGT)

— a. d. Reiche der Wirklichkeit und d. Phantasie v. Fr. Fardes. 2 Bde. m. K. 8. Koburg, Sinner, 801.

— v. Reinbeck. 1r Bd. m. K. (enth. Eitelkeit, Unschuld u. Liebe, Schwärmerey.) 8. Lpz. Rein. 809.

— von e. Reise durch Deutschland u. d. Schweiz, (v. F. P. Wilmsen). 8. Berl. 798. (Reimer). 1 ß 6 gr.

Erzählungen von einer Reise durch einen grossen Theil Teutschlands . . . Berlin 1798. V: *Wilmsen, Friedrich Phil.* (MGT) (Hitzig) (Ky)

Erzählungen eines Reisenden nach d. nördl. Eismeer. Aus den Engl. v. Ed. v. Bülow. 3 Thle. 8. Leipz. 827, Hartmann. Rthlr.

— eines Reisenden nach d. nördl. Eismeer; aus d. Engl. v. Ed. v. Bülow. 3 Thle. 8. Leipz. 827. (Lehnhold). 3 ß 8 gr.

Erzählungen eines Reisenden nach dem nördlichen Eismeere. Aus dem Englischen von E. v. Bülow. Leipzig 1828. V: *Gillies, Robert Peace.* (GGr IX, 209, 19; X, 478, 4) (Zeitschr. f. Büch. 1923, S. 84)

— eines Reisenden nach d. nördl. Eismeere; aus d. Engl. v. Ed. v. Bülow. 3 Thle. 8. Leipz. 828. Lehnhold). 3 ß 8 gr.

— d. hypp. Revolutionen am 12ten July u. 5ten October 1789 ic. 8. Strasb. Akad 790.

—— aus den Rheinlanden. I. 8. Limburg a. d. L. 892, Verlag der St. Marien-Stiftg. — 60; cart. * — 75
1. Die Brüder, v. Konr. Kraus. — 2. Gottvertrauen, v. Josephus. — 3. Ein Raubzug der Franzosen ins Siebengebirge, v. Marianne Meister. (95 S.)

Erzählungen aus der Ritter- und Geister-Welt. Regensburg 1792. V: *Vulpius, Chn. Aug.* Vgl. Jb. d. Sammlg. Kippenberg 6 (1926), S. 80. (DARP)

— — aus der Ritter- und Geister-Welt. Regensburg, Montag u. Weiß, 1792. 8°.
IV u. 156 S.

Erzählungen aus den Ritterzeiten; nebst einigen kleinen Liedern . . . Weissenfels u. Leipz. 1787. V: *Stieglitz, Christian Ludwig.* (Ky) (MGT) (NN)

— aus den Ritterzeiten, 8. Weißenfels, 787. Severin. 10 sgl.

— aus d. Ritterzeiten, (v. Ch. Ldw. Stieglitz). 8. Weißenf. 787, a. 802. (Weygand in Leipz.) 18 gr.

— aus den Ritterzeiten. 8. Leipz. Weygand. 807.

— u. Romane, vom Verf. des Genius (K. Große). 2 Bdchn. 12. Berl. 793, 94. Vieweg in Braunschw. 1 ß 16 gr. Velinp. 2 ß

— u. Romane, v. A. G. Eberhard. 4 Bdch. m. K. 8. Lpz. Gleditsch. 807—809. (1r bis 3r à 1 Rthlr. 8 gr. 4r 1 Rthlr. 12 gr.)

— und kleine Romane von Fr. Kind. 16 Bdchn. 8. Leipzig, Göschen. 820.

romantische, s.a. Bibliothek, europäische.

—— romantische, von der Verf. von „John Hallfar", s.a. Bibliothek, europäische.

— romantische, von verschiedenen Dichtern, 8. Augsburg, 795. Lotter. 15 sgl.

Erzählungen, Romantische, vom Verf. des Waldbruders im Eichthale. Frankf. 1795. V: *Schreiber, Alois Wilhelm.* (Kn) (Ky) (EE) (NN) (GGr)

— romantische, vom Verf. des Waldbruders im Eichthale, (Al. W. Schreiber). 2 Bde. Mit 2 Kpf. 8. Frankf. 795. Eßlinger. (Schäfer). 1 ß 12 gr.

Erzählungen, Romantische. Hof 1801. V: *Vulpius, Chn Aug.* (Ky) (EE)

— romantische, (von Vulpius). Mit 1 Kupf. 8. Hof 801. Grau. 20 gr.

— romantische, v. Chr. Gittermann, m. K. 8. Berlin, Braun. (Sommer in Lpz.) 803.

— romantische, v. J. Fr. Schink, m. K. 8. Hamburg, Schmidt, 804.

— romantische. 8. Erfurt, Müller. 808.

— romantische, v. E. v. Helmburg. 1s Bdch. m. K. (sonst unt. d. Tit.: romant. Taschenbuch.) 8. Bremen, Müller. 809.

— romantische, von E. v. Helmburg. Mit 6 Kupf. 809. (Auch unter dem Titel: Romant. Taschenbuch für 1809. 8. Bremen, Müller. 809. (Petersen in Altenburg.)

— —, Romantische (stellenw. etwas freie). Erfurt, bei Friedrich August Knick. 1809. 8°. (1⅓ Rthl.)
Tit., 1 Bl. Inh., 400 S. (incl. 1 Bl. poet. Widm.: „An Caroline"), 1 Bl. Verlag d. Firma.

— romantische. 8. Erfurt 809. Müller; (a. Weygand in Leipz.) 1 ₰ 8 gr

— romantische, von O. Benda. 8. Leipzig, Lauffer. 817.

— romantische, von Franz Horn. (Auch unter dem Titel: F. Horn, Novellen. 2r Bd.) 8. Berlin, Schüppel. 821.

—— romantische, enthalt.: Verfehltes eheliches Glück. — Die schwer Geprüften. Leichtsinn u. Tugend. — Schicksals-Wege. gr. 12. (6⅔ B.) Liegnitz 837, Kuhlmey.

— romantische, wahrer Begebenh., v. Johannes Cosmopolita. 8. Pensilvanien. (Troschel in Danzig.) 802.

— romantische, für Freunde der Unterhaltung. 8. Leipz. 812. (W. Nauck). 21 gr

— —, Romantische, für Freunde der Unterhaltung. Mit TKpf. Leipzig, Sommer, 1812. 8°.
4 Bll. u. 310 S.

— romantische, u. Gedichte, v. L. Plant. m. K. 8. Leipzig, Voß. 792.

—— romant., aus d. Gesch. Englands. Nach d. Engl. d. H. Neele, v. Ed. v. Bülow. 8. ... Leipzig 828, [Lehnhold.]

— romant., d. Königin, Margaretha v. Navarra s. a. Heptameron.

Erzählungen, Romantische, der Königin Margaritha von Navarra ... [Bern] 1791. Ü: *Dunker, Balthasar Anton.* (Ky) (MGT)

— romant., d. Kön. Margaretha v. Navarra. gr. 8. Bern. Typ. Soc. 791. m. K.

Erzählungen und Skizzen, Romantische, Wahrheit und Dichtung. St. Gallen 1790—93. V: *Armbruster, Joh. Michael.* (BGE) (Ky) (MGT) (Euph. I, 181.)

Erzählungen, romantische, und Skizzen, Wahrheit u. Dichtung. 2 Bde. 8. St. Gallen, Huber. 790—93. (1r 16 gr. 2r 12 gr.) Rthlr.

— romantische, d. Tages u. d. Vorzeit, v. J. Jester, m. K. 8. Lpz. Mein. 796.

— —, Romantische, der Vorzeit. Alte französ. u. italiän. Mährchen u. Novellen. 1. (einz.) Bdchn. O. O. (Freiberg, Craz) 1818. 16°.
4 Bll. u. 179 SS. Enth. 11 Nrn., stellenw. frei.

— romantische, aus Wallis; aus d. Engl. frei übers. v. A. K. 2 Bdchen. 8. Leipz. 828. (Lehnhold). 2 ₰ 12 gr

— —, Romantisch-Historische, aus ältern Ritterzeiten. Bregenz, Brentano, o. J. (c. 1800). 12°. (⅓ Rthl.) Selten!

Erzählungen, Romantisch-scherzhafte. Berl. 1792. V: *Jenisch, Daniel.* (Ky) (BGE) (MGT)

Erzählungen und Romanzen (von Fr. Krug v. Nidda.) 8. Leipzig, Lauffer. 821. Rthlr.

— dessen 2r Bd. Auch unter dem Titel: Darstellungen. 8. Ebend. 821.

Die Erzählungen von Maria le Roy und Barbara Leininger, welche viertehalb Jahre unter den Indianern gefangen gewesen und am 6ten May in dieser Stadt glücklich angekommen. Aus ihrem Munde niedergeschrieven und zum Druck befördert. Philadelphia: Teutsche Buchdruckerey, 1759. HSP

Erzählungen, Rührende, a d. Engl. u. Franz. Giessen 1778. Ü: *Schmid Christian Heinrich.* (ML)

— rührende, u. Gespräche. 8. Wien 795. 5 gr

— u. Gespräche, rührende, zur Erweckung edler Empfindungen in den zarten Herzen der Jugend. 8. Augsb. 780. v. Jenisch u. Stage. 9 gr

— rührende, u. Gespräche aus den besten neuen Schriftstellern. 8. Freiburg 782. Wagner. 8 gr

— rührende, u. Gespräche f. alle Stände. 8. Augsb. Stage. 781.

— rührende und lehrreiche für die Jugend. Mit 1 Kupf. 2te Aufl. 8. München, Lindauer. 818.

— rührende u. lehrreiche für d. Jugend. Mit 1 Kpf. 8. Münch. 818. 2e A. 820. Lindauer. 16 gr

Erzählungen, Rührende, aus der Thierwelt. Nördlingen 1796. V: *Essich, Johann Gottfried.* (Ky) (MGT)

— rührende, aus d. Thierwelt, (v. J. G. Essich). 8. Nördl. 796. 2e Aufl. 810. 3e A., mit 6 ill. Kpf. 8. Ebd. 825. Beck. 16 gr; ill. 1 ₰

—— rührende, aus d. Thierwelt. 4. Aufl. 8. (9½ B.) Nördlingen 835, Beck'sche Buchh. ⅓ Thlr., m. 6 ill. Kpfn.

— rührende, a. Dichtern übers. 8. Marburg, Krieger. 778.

—— russische. Deutsch von Meyer v. Waldeck. 8. (253 S.) Leipzig 878, C. F. Winter'sche Verlagsh. *

—— aus Rußland. Deutsch von Wilh. Wolfsohn. 2 Thle. 8. (VII und 575 S.) Dessau 851, Katz.

— aus den baseler Sammlungen u. andern Schriften. 8. Nürnb. 804. Raw. 2 gr

— a. d. Baseler Samml. u. a. Schr. 8. Nürnberg, Raw 805.

Erzählungen, Vetter Samuels komische. Neu-Strelitz 1798. V: *Schmidt, Jacob Friedrich Christian.* (Ky) (MGT)

Erzählungen, Satirische. Leipzig 1777—78. V: *Wezel (Wetzel), Joh. Carl.* (MGT) (GGr) (JL) (BrMm) (Ky)

— satyrische, (von J. K. Wezel), 2 Theile, 8. Leipzig, 777/78. Crusius. 25 sgl.

— satyrische, (von Jh. Karl Wezel). 2 Bdchen. 8. Leipz. 777, 778. (W. Vogel). 1 ₰

— satyrische, von Weidemann. 1r Bd. 8. Leipzig, Hartmann. 819.

Satyrisch-komische Erzählungen einzelner Familien-Szenen nach modischen (so!) Zuschnitt. — Vignette. — Görlitz, b. Hermsdorf u. Anton. 1795. 8°. (⅚ Rthl. Scheible; jetzt theurer!)
VI + IV S. Vorst. u. 296 SS. Enth. 10 Erzählungen.

—— der pers. Favorit-Sultanin Schaherasade in Tausend u. e. Nacht. 1. Bdchn.: Der redende Vogel, der sing. Baum u. d. goldgelbe Quelle. Eine Gesch. a. d. Morgenlande. A. d. Pers. in d. Franz. u. a. diesem in d. Deutsche übers. 8. (5½ B.) Nürnberg 834, Endter.

—— ders. 2. Bdchn.: Das nächtl. Abenteuer d. Kalifen Harun Alraschid mit drei Kalendern, die Königssöhne waren, u. fünf Frauen zu Bagdad. 8. (11 B.) Ebds. 834.

—— der persischen Favorit-Sultanin Schaherasade in Tausend u. einer Nacht. 3—9. Bdchn. 8. Nürnberg, Endter'sche Buchh. à 1/8 Thlr.

A. u. d. Titln.:

Bdchn. 3. Aladdin, od. d. Wunderlampe. Eine Gesch. a. d. Morgenlande. A. d. Pers. in d. Franz. u. aus dies. in d. Deutsche übers. (8 B.) 834.

" 4. Geschichte d. Kogia Hassan Alhabbal, und: Ali Baba u. d. vierzig Räuber. Zwei Geschichten rc. (6½ B.) 835.

" 5. Der Fischer u. d. Genius, d. blinde Baba Abdalla u. d. junge König Zein Alasnam u. d. König d. Geister, drei Geschichten rc. (6½ B.) 835.

" 6. Die sieben Reisen Sindbads d. Seemanns rc. (6½ B.) 836.

" 7. Die Geschichte von d. drei Aepfeln. — Die Geschichte von d. Oliven. — Der verwandelte Sidi Numan. — Der kleine Buckeligte zu Kasgar. (5½ B.) 836.

" 8. Abentheuer d. pers. Prinzen Firuz-Schach, od. d. Zauber-Pferd. — Geschichte v. d. Prinzen Beder u. d. Prinzessin Giauhare. (8 B.) 836.

" 9. Die Geschichte vom Prinzen Achmed u. d. Fee Pari-Banu. — Geschichte des Prinzen Amgiad u. Assad. (7¾ B.) 836.

1. u. 2. Bdchn. Ebendas. 1834. 6 Gr.

§ * — — zum Scherz und Warnung entworfen von *J. C. A.* (Gedichte.) Londen (!) (Leipzig, Kritzinger) 1765. 8⁰. (In Berlin: Yl 8041.) (12 Mk. Jos. Baer & Co., Frf. a. M., 1911.)

Titel (in Einfassung mit kleiner Holzschn.-Vign.) u. S. 3—80 Text. Enth. 39 gezählte Stücke, jovial u. harmlos. — Weller, fing. Dr., hat: „London" (Frankf. a. M., Drevenstadt).

— —, Scherzhafte. O. O. u. J. (ca. 1760). 8⁰. (10 Mk. Frdr. Strobel, Jena, Cat. 19 [c. 1905], no. 180:)

„40 stark erotische Gedichte". 208 S. u. 2 S. Reg. — Höchst selten!

— scherzhafte, von C. Müchler. 16—36 Bdchn. 8. Berlin, Schmidts W. u. S. 818—21. à 1 Rthlr. 8 Gr.

— scherzhafte, von H. v. Hundt-Radowsky. 8. St. Gallen, Huber. 821.

— —, Scherzhafte, kleiner Satyren von B. und A. Aus d. Französ. (Uebersetzung der „Cent nouvelles nouvelles".) Mit vielen Kpfrn. O. O. 1765. 8⁰.

Sehr selten! (1½ Rthlr. Schmidt, Halle, vor 1875; jetzt theurer!)

—— der drei Negermädchen Schiama, Gambra und Asue aus Afrika, welche von dem hochw. Hrn. Olivieri von Genua, aus der Sklaverei erlöst und in dem wohlehrwürd. Ursuliner-Kloster zu Bruneck vor 2 Jahren eine freundl. Aufnahme fanden. gr. 8. (88 S.) Bruneck 857. (Innsbruck, Pfaundler — Wagner'sche Universitäts-Buchh.) *

— der Schicksale d. Grafen v. Gräveuitz zeg. Trenk. 8. Leipz. Fleischer. 788.

— d. Schicksale durch Schiffbruch verunglückter Menschen. 1r Thl. 8. Prag 796. Herl. 16 ggr.

— u. Schilderungen aus „Waidmannsheil". 1. Bdchn. (Umschlag: Fürs Jägerheim.) 8. (III, 141 S.) Klagenfurt 901. J. Leon sen. n. 1. 50; geb. in Leinw. n. 2.40

—— schönste, für die Jugend. 3 Tle. in 1 Bde. (1. Tl.: Rübezahl, der Herr des Riesengebirges. — 2. Tl.: Münchhausens Reisen und Abenteuer zu Wasser und zu Lande. — 3. Tl.: Robinson.) 8. (216 S. mit 15 Farbendr.-Bildern.) Wesel 888, Düms. geb.

— die schönsten, f. die Jugend. Eine Auslese aus d. besten u. schönsten Erzählgn. v. Ottilie Wildermuth, Otto Glaubrecht, J. P. Hebel u. a. (112 S. m. 3 Farbdr.) 8. Reutlingen (909). Enßlin & Laiblin. Geb. — 75

Erzählungen, Schottische.

A. d. Engl. Hamb. 1834. Ü: *Fabricius, Johann Friedrich* (schr)

Erzählungen für Schulkinder. Hrsg. vom Verein kath. deutscher Lehrerinnen. [Ser. 1,] H. 1. *M.Gladbach & New-York: A. Riffarth [1898].* 8⁰ [F.] [oo. 7395

Erzählungen für Schulkinder. Hrsg. vom Verein kath. deutscher Lehrerinnen. 1. u. 2. Hftchn. 16. M.-Gladbach 898. A. Riffarth. n. — 09

1. Zippel-Zappel. Märchen von Albertine Nachtweih. (16 S.) n. — 05
2. Herzog Leopold u. sein Töchterlein. Von Anna Hilden. (8 S.) n. — 04

— für Schulkinder. Hrsg. vom Verein kath. deutscher Lehrerinnen. (I. Serie.) 1.—12. Hftchn. 16. Limburg, Limburger Vereinsdruckerei. n.n. — 54

1. Zippel-Zappel. Märchen. Von Albertine Nachtweih. 6.—10. Tauf. (16 S.) M. Gladbach. (898.) n.n. — 05
2. Herzog Leopold u. sein Töchterlein. Von Anna Hilden. 6.—10. Tauf. (8 S.) M. Gladbach (898). n.n. — 04
3. Der Trotzpeter. Von Maria Hohoff. 2. Aufl. (16 S.) M. Gladbach (898). n.n. — 05
4. Die Veilchenlese. Von Hedw. Dransfeld. 5.—10. Tauf. (8 S.) Boppard 899. n.n. — 04
5. Das Maikäfer-Prinzeßchen. Von Hedw. Dransfeld. 5.—10. Tauf. (16 S.) Boppard 899. n.n. — 05
6. Röslein. Von Johanna Arntzen. (8 S.) M. Gladbach (898.) n.n. — 04
7. Das Sparkästchen. Von Katharina Hellmuth. (16 S.) M. Gladbach (898). n.n. — 05
8. Gott läßt kein gutes Werk unbelohnt. Von Katharina Fleut. (8 S.) M. Gladbach (898). n.n. — 04
9. Die grüne Uniform. Von Helene Pagés. (16 S.) M. Gladbach (898). n.n. — 05
10. O lieb', so lang du lieben kannst. Von Margareta Meister. (8 S.) M. Gladbach (898). n.n. — 04
11. Klein Marthas Wunschzettel ans Christkind. Von J. Petrus. (16 S.) M. Gladbach (898). n.n. — 05
12. Das geheimnisvolle Männlein. Von Lucie Disse. (8 S.) M. Gladbach (898). n.n. — 04

— dasselbe, hrsg. im Auftrage u. unter Mitwirkg. deutsch. Lehrerinnen u. Jugendschriftstellerinnen v. Hedw. Dransfeld. II. Serie. 1.—12. Hftchn. 16. (à 16 S.) Boppard. Ebd. à n.n. — 05

1. Osterhäschen. Ein Märchen f. die Kleinen. Von Emma v. Brandis-Zelion. 899.
2. Sonntagskind. Von Anna Hilden. 899.
3. Die wilde Grete. Von Hedw. Dransfeld. (899.)
4. Die kleine Seiltänzerin. Von W. Dettmar. (899.)
5. Puppe Mienens Schicksale. Von Elsbeth Düker. (899.)
6. Es muß. Von Hel. Pagés. (899.)
7. Försters Gretchen. Von Anna Freiin v. Lilien. (899.)
8. Willis erste Ferien-Reise. Von J. Petrus. (900.)
9. Der blinde Hannes. Von H. Pagés. (900.)
10. Brüderleins Warnung. Von Kath. Hellmuth. (900.)
11. Zaunkönigs Weihnachten. Von H. Dransfeld. (900.)
12. Die Strandhexe. Von Hedw v. Haza-Radlitz. (900.)

Erzählungen für Schulkinder. Hrsg. im Auftrage u. unter Mitwirkg. deutsch. Lehrerinnen u. Jugendschriftstellerinnen v. Hedw. Dransfeld. III. Serie 1.—12. Hftchn. 16. (à ca. 16 S.) Limburg (900). Limburger Vereinsdruckerei. à n.n. — 05

1. Eine junge Heldin. Von Minna Freericks.
2. Weh gethan u. gut gemacht. Von Albertine Nachtweih.
3. Der kleine Martyrer Von Hedw. Dransfeld.
4. Maria. Von Helene Pagés.
5. Besserweiß u. Dummerchen. E. Märch. V. Angelika Harten. — Prinzessin Goldhaar. Von Hedw. Dransfeld.
6. Die Rosenstöckchen. Von Minna Freericks.
7. Engel auf Erden. Von Antonie Jüngst.
8. Sommermärchen u. Marienkäfer. Von Helene Pagés.
9. Das Mutterherz. Von Anna Hilden.
10. Armenseelenbank. Von W. Althaber.
11. Das kluge Peterlein. Von M. Ludolff-Huyn.
12. Christrosen. Von Helene Pagés.

— dasselbe. IV. Serie. 1.—12. Hftchn. 16. Ebd. (901.) à n.n. — 05

1. Am Sylvester. Von Helene Pagés. (16 S. m. Abbildgn.)
2. Wintermärchen. Von Elsbeth Düker. (16 S. m. Abbildgn.)
3. Das Engelchen. — Die Tetta. Von L. Rafael (L. Kiesekamp). (16 S.)

4. 5. Der König der Glorie. Eine Kommunionerzählg., m. Benutzg. v. Meinrad Helmperges Denkwürdiges Jahr. Von Enrica v. Handel-Mazzetti. (29 S.)

6. Großvaters Rößlein. Von Josephine Benninghaus. (16 S.)
7. Müllers Evchen. Von Emy Gordon. (16 S.)
8. Das Heimchen. (Märchen.) Von Hedw. Dransfeld. (16 S. m. Abbildgn.)
9. Gelobt sei Jesus Christus! — Vom Mühlbächlein. Märchen. Von Helene Pagés. (16 S. m. Abbildgn.)
10. Das salige Fräulein. Von Hedda Lengauer. (16 S.)
11. Ein Königkind. Von J. Petrus. (16 S.)
12. Weihnachtserstkommunion. Von C. Märzfeld. (16 S.)

— dasselbe. V. Serie. 1.—12. Hftchn. 16. Ebd. (902). à n.n. — 05

1. Prinzessin Herzlieb. Märchen. Von Enrica v. Handel-Mazzetti. (16 S.)

2. 3. Kommet alle zu mir. Erzählg. f. Kommunionkinder. Von Hedw. Dransfeld. (40 S.)

4. Das Pflegekind. Von Karoline Brand. (15 S. m. Abbildgn.)
5. Friedel's Irrfahrt u. Heimkehr. Den lieben Kleinen erzählt. Von Cornelia v. Machern. (16 S. m. Abbildgn.)
6. Am Wasser. Von Hedw. Dransfeld. (16 S.)
7. Das häßliche Mannerl. Von Helene Pagés. (16 S.)
8. Friedhofsblumen. Von Viola. (16 S.)
9. Die kleine Geigenfee. Von Schw. M. Paula, O. Fr. (16 S. m. Abbildgn.)
10. Blankas Geburtstag. Von M. E. Heuser. (16 S. m Abbildgn.)

11. 12. Die Himmelsmutter. Von Jos. Grau. (32 S.)

— dasselbe. I. u. II. Sammelbdchn. Oberstufe u. Mittelstufe. gr. 16. (III, 183 u. III, 126 S. m. Abb.) Ebd. (901. 902). Kart. à n. — 60

— für Schulkinder. Hrsg. im Auftrage u. unter Mitwirkg. deutscher Lehrerinnen u. Jugendschriftstellerinnen v. Hedw. Dransfeld. VI. u. VII. Serie. à 12 Heftchen. 16. Limburg, Limburger Vereinsdruckerei. à n.n. — 05
Dransfeld, Hedw., der hl. Antonius. Legende. (16 S.) (903.) (VI. 6.)
— der hl. Johannes Berchmanns. Eine Kommunion-Erzählung. (32 S.) (903.) (VI. 4. 5.)
— Johann Wolfgang v. Goethe. Ein Dichterleben. (16 S. m. 1 Bildnis.) (904.) (VII. 3.)
— Friedrich v. Schiller. Ein Dichterleben. (16 S. m. 1 Bildnis.) (904.) (VII. 2.)
Grau, Jos., Albrecht Dürer. (16 S.) (904.) (VII. 9.)
— Raffael Santi. (16 S.) (904.) (VII. 7.)
Hamann, E. M., Angelika Kauffmann. (16 S.) (904.) (VII. 11.)
Hilden, Anna, die hl. Theresia. (16 S.) (903.) (VI. 11.)
— Thorwaldsen. (16 S.) (904.) (VII. 8.)
Jüngst, Antonie, Wilhelm Achtermann. Ein westfäl. Bildhauer. (16 S.) (905.) (VII. 12.)
— Annette v. Droste-Hülshoff. Eine westfäl. Dichterin. (16 S. m. 1 Bildnis.) (904.) (VII. 1.)
Lambrecht, Nanny, Joseph Haydn. (16 S.) (904.) (VII. 5.)
— Wolfgang Amadeus Mozart. Lebensbild e. berühmten Tonkünstlers. (16 S. m. 1 Bildnis.) (904.) (VII. 4.)
Pagés, Helene, die hl. Agnes. (31 S.) (903.) (VI. 8. 9.)
— Theodor Körner. (16 S. m. 1 Bildnis.) (904.) (VII. 10.)
Paula, Schw. M., O. S. F., der hl. Franziskus von Assisi. (16 S.) (903.) (VI. 10.)
— der göttliche Jesusknabe. (32 S.) (903.) (VI. 1. 2.)
— Leo XIII., der große Jubelpapst. (16 S.) (903.) (VI. 3.)
— die hl. Monika. (16 S.) (903.) (VI. 7.)
— Giovanni Battista Pergolese, der Sänger des Stabat Mater. (16 S.) (904.) (VII. 6.)
Theophila, die hl. Elisabeth. (16 S.) (903.) (VI. 12.)

— dasselbe. VIII. Serie. 1.—6. Heftchen. (à 16 S.) 16. Ebd. (906.) à n.n. — 05

— dasselbe. Sammelbändchen III. Unter- u. Mittelstufe. (III, 123 S. m. Abbildgn.) 16. Ebd. (903.) Kart. n. —60

— für Schulkinder. Hrsg. im Auftrage u. unter Mitwirkg. deutsch. Lehrerinnen u. Jugendschriftstellerinnen v. Helene Pagés. X. Serie. VIII. Serie. 7.—12. Hftchn. IX. Ser. 12 Hftchn. u. 5. Hftchn. (à ca. 16 S.) 16. Limburg (907—10). Limb. Vereinsdruckerei. à Hft. nn — 05

— u. Schwänke, s. a. Classiker, deutsche d. Mittelalters.

— u. Schwänke, von Fr. Laun. 2 Bde. 8. Berlin, Schüppel. 818. 19. à 1 Rthlr. 10 Gr.

— und Schwänke, von F. Nicolai. 2 Theile. 2te verb. Ausg. 8. Quedlinburg, Basse. 819.

* — — und Schwänke (mittelhochdeutsche). (Hrsg.) Von Hans Lambel. (Deutsche Classiker Des Mittelalters. Mit Wort Und Sacherklärungen Begründet Von Franz Pfeiffer. Bd. XII.) Leipz: F. A. Brockhaus. 1872. 8º. (Mk. 3—; Orig.-Lwdbd. Mk. 4,50.) XIV—358 S. (Auch in der Berliner Magistratsbibl.) (2 Mk. 50 Pfg. Frdr. Klüber, 1906.)
— — Dasselbe. 2. Aufl. Ebd. 1883. 8º. XV—376 S. (Eleg. br. Kr. 7,20.) (3 Kr. 60 H. Victor Eytelhuber, Wien, 1904.)

— u. Schwänke in Bildern, s.: Jungbrunnen. 8. Bd.

— u. Schwänke für Freunde des Scherzes u. der guten Laune. 8. Leipz. 800. Joachim. 1 ℛ

— — dies. herausg. von Zauthier. 8. Quedlinb. Ernst. 800

— — und Schwänke, aus dem Gebiete der Wahrheit und der Dichtung. Mit Titelkupfer (G. W. Pistorius inv., C. G. Endner (sc. Lips). Cassel, Griesbach'sche Hofbuchhandlung (1), 1802. 8º. (10 Mk. W. H. Kühl, Berlin, c. 1882; 15 Mk. Klüber, 1901; steigt noch bedeutend im Preise!)

— u. Schwänke, aus dem Gebiete d. Wahrheit u. Dichtung. 8. Cassel 802. 2e A. 821. (Luckhardt). 1 ℛ 16 𝔤

— u. Schwänke zur Unterhalt. u. z. Zeitvertreib, herausg. v. G. F. v. Zauthier. 8. Quedlinb. Ernst. 809.

Erzählungen, Schwedische, von dem Verfasser der Heliodora. Leipzig 1842. V: *Lindau, Wilhelm Adolf.* (Zeitschr. f. Büch. 1923, S. 84)

—— schwedische, von d. Verf. der Heliodora. 8. (22½ B.) Leipzig 842, Kollmann.

Erzählungen. Schweizerische E. Mit 32 Kupfern ([wovon 31 Tafeln, von Johann Rudolf] Schellenberg [und] Dan[iel] Ehrenzeller. [sowie einem] Anhang einiger schweizerischen Gedichte). 8. St. Gallen. *o. J.* ([1826-30]).

Erzählungen, Sechs, ein Geschenk für die Jugend. Wien 1824. V: *Reinhold, Constanze.* (schl)

—— sechs: Der Unbekannte. — Der blinde Knabe. — Ludwig der kleine Auswanderer. — Kaiser Max auf der Martinswand. — Das Johanniskäferchen. — Der Kanarienvogel. Als Schauspiele für Jugend- und Familienkreise bearb. und sowohl zum Lesen als zur Aufführung gleich geeignet. Von dem Verf. des „Uhrenhändlers vom Schwarzwalde" 2c. 2 Bdchn. 8. (271 S. und 6 Stnt.) Augsburg 848, Lampart und Comp.

Erzählungen von guten und für gute Seelen ... Leipzig 1799—1800. V: *Ludwig, Christiane Sophie.* (Adel) (MGT)

— von guten, u. f. gute Seelen, v. d. Verf. d. Familie Hohenstamm. (Sophie Ludwig.) 2 Thle. 8. Lpz. Gräff. 799—800.

— aus Scrivers Seelenschatz. gr. 8. (260 S.) Kropp 882. Buchh. „Eben-Ezer". n. 1. 80; geb. n. 2. 40

Erzählungen, Selmas, aus der Romanenwelt des wirklichen Lebens. Aarau 1833—34. V: *Appenzell, Joseph Conr.* (EE)

Erzählungen, Sibirische. Von O. O. Verfasser der Sibirischen Briefe. Leipzig 1894. V: *Obručev, Vladimir Aleksandrovic.* (Berl 1908)

— sieben christliche. Hrsg. von der Wupperthaler Traktat-Gesellschaft. 12. (16 S.) Barmen 881. (Wiemann.) n. — 8

—— sieben, für Kinder und Kinderfreunde. Von dem Verf. der Ostereier (Chrph. v. Schmid.) Neue illustr. Orig.-Aufl. 8. (144 S. mit 1 Stahlst. und eingedr. Holzschn.) Regensburg 864, Manz.

— sieben, für Kinder u. Kinderfreunde. Von dem Verf. der Ostereier (Chr. v. Schmid). Neue illustr. Orig.-Aufl. [2. Abdr.] Mit (1) Stahlst. u. seinen Holzschn. (im Text). Regensburg 869. Manz. 8. (146 S.) 12 ngr.

— sieben, f. Kinder u. Kinderfreunde. Von dem Verf. der Ostereier [Chr. v. Schmidt]. [Die Kirschen. Die Margarethablümchen. Das Vergißmeinnicht. Der Kuchen. Die Krebse. Das Rothkehlchen. Das Vogelnestchen.] 4. Orig.-Aufl. gr. 16. (160 S.) Regensburg 873. Manz. — 65

— — und Sinngedichte. O. O. (Göttingen, Dieterich) 1769. 8º. (8 xr.)

Erzählungen, Sinngedichte und Episteln ... Hannover 1796. V: *Weppen, Johann August.* (MN) (MGT) (Ky) (EE)

— Sinngedichte und Episteln. (v. Weppen) 1r Bd. 8. Hannov. Hahn. 796.

— Sinngedichte u. Sittengemälde, (v. J. A. Weppen). 1r Bd. 8. Hannov. 796. Hahn. 14 gl.

Erzählungen von den Sitten und Schicksalen der Negersklaven. Bern 1789. V: *Kolb, Johann Ernst.* (Ky) (MGT)

— von den Sitten u. Schicksalen d. Negersklaven, (v. J. E. Kolb). 8. Bern 789. Haller. 18 gl.

— sittenlehr., f. Landschulen. 8. Zürich, Orell. 777.

—— und Sittenlehren aus der heil. Schrift in Liedern und Gedichten. Eine Zugabe zu jeder bibl. Geschichte. Der „Kleinen Religionslehre in gereimten Denksprüchen" 2. Thl. 16. (IV und 84 S.) Mainz 851 Wirth, Sohn.

— sittliche, Anh. z. mor. Erzähl. z. Nutzen u. Zeitvertr. d. Jug. m. illum. K. gr. 8. Nürnb. Campe.

Erzählungen, Sittliche und gefühlreiche. Für die Real-Schulen. [Zürich 1773.] V: *Bodmer, Johann Jacob.* (Bächtold, Litt. d. Schweiz. Frauenfeld 1892, S. 194.) (GGr)

Erzählungen, Sittliche, zum Unterricht und zum Vergnügen für die Jugend. Nürnberg 1793. V: *Neusinger, Johann Leonhard.* (will)

— Skandinavische, s.: Bibliothek, Europäische, 775—780. Bd.

Erzählungen und Skizzen des Schäfers von Ettrick. Aus dem Englischen von A. v. Treskow. Quedlinburg 1838. V: *Hogg, James.* (Zeitschr. f. Büch. 1923, S. 84)

—— und Skizzen d. Schäfers v. Ettrick. A. d. Engl. v. A. v. Treskow. 2 Bde. 8. (34 B.) Quedlinburg 838, Basse.

Erzählungen, sonderbare, aus d. Naturgeschichte, nebst verschied. Regeln u. Kunststücke f. Gartenfreunde u. Oekonomen. 4 Thle. 8. Magdeburg, 1784—88. Creutz. — 22⅓

Erzählungen und Begebenheiten, Spassmanns lustige. [Leipz.] 1784. V: *Kritzinger, Frdr. Adolf.* (BGE)

Erzählungen und Spiele.
Hrsg. v. Wilhelm Neumann und Karl August Varnhagen.
Hamburg: Adolph Schmidt 1807.

— aus dem Volksbuche: Die Spinnstube. Begonnen von W. O. v. Horn. (In 3 Bdn.) 1. u. 2. Bd. Mit je 3 Stahlst. u. 90 (eingedr.) Holzschn. 8. (627 u. 548 S.) Wiesbaden 882. Niedner. à n. 1. 20; geb. à n. 1. 80

— aus dem Volksbuche: Die Spinnstube. Begonnen von W. O. v. Horn. 3. (Schluß-)Bd. Mit 3 Stahlst. u. 90 (eingedr.) Holzschn. 8. (539 S.) Wiesbaden 883. Niedner. n. 1. 20; geb. n. 1. 80 (cplt.; n. 3. 60; geb. n. 5. 40)

—— aus dem Volksbuche: Die Spinnstube. Begonnen von W. O. v. Horn. 4. Bd. [Jahrg. 1884—1886.] 5. Bd. [Jahrg. 1887—1889.] Mit Holzschn. u. je 3 Stahlst. 8. (256, 250, 195; 164, 142, 164 S.) Altenb. 889,91, St. Geibel. à Bd. 1 80; geb. 2 80

— a. d. Volksbuche: Die Spinnstube. Begonnen von W. O. v. Horn. 6. Bd. (Jahrgänge 1890—1892). M. 57 Abb. u. e. Karte. 8. (III, 180, 168 u. 184 S.) Altenburg 895. St. Geibel. n. 1. 80; geb. in Leinw. n. 2. 80 (1.—6.: n. 8. 40; geb. n. 13 20)

— in deutscher Sprache, zum Uebersetzen aus dem Deutschen ins Italienische. Mit Noten von Luigi Carrara. 3 Hfte. 24. München 844, Franz. à ⅛ ℳ (compl. in 1 Bdchn. 5/12 ℳ)

— d. neuesten Staats- u Weltbegebenheiten. 12 Stcke. mit Kpf. 4. Frankf. 797—802. Jäger. 4 ℳ

— von Caroline Stahl. s. Stahl, Caroline.

— für die verschiedenen Stufen des Jugendalters. 1—3. Bdchn. Leipzig 857, 58. H. Fritzsche. br. 8.
1. Bdchn.: Die erzählende Mutter, oder kurze Geschichten für Kinder von 3 bis 5 Jahren. Von Jak. Glatz. 3. gänzl. umgearb. Aufl. von K. G. Petermann. (VI, 182 S.) 22½ ngl
2. Bdchn.: 150 Erzählungen für das Kindesalter vom 5. bis zum 8. Jahre. Zugleich ein Handbuch für Mütter zum Wiedererzählen. Eine Auswahl kleiner Geschichten aus den Schriften mehrerer Jugendfreunde. Von Jak. Glatz. 3. gänzl. umgearb. Aufl. von K. G. Petermann. (VIII, 283 S. u. 4 Lithogr.) 1 ℳ
3. Bdchn.: Erzählungen für das Kindesalter vom 8. bis zum 11. Jahre. Von K. G. Petermann. Mit 6 (lith.) Bildern. (VIII, 252 S.) 1 ℳ

— für die verschiedenen Stufen des Jugendalters. Leipzig 859. H. Fritzsche. br. 8.
4. Bdchn.: Erzählungen für das Jugendalter vom 11. bis 14. Jahre. Von K. G. Petermann. Mit 6 (lith.) Bildern. (VII, 264 S.) 1 ℳ

Erzählungen und dramatisch bearbeitete Scenen zur Unterhaltung . . . Rostock 1798. V: *Goldstein, Augusta Freiin von geb. von Wallenrodt.* (GGr)

— u. dramat. bearb. Scenen zur Unterhaltung für Freunde romant. Lectüre. Von der Verfass. von „Collmar u. Klaire." 8. Rostock 800. Stiller. 1 ℳ 4 gl

— die, der Tante. Für Kinder von 6 bis 9 Jahren. 8. (IV, 148 S. m. 4 Chromolith.) Leipzig 875. Opetz. 2. 50

— für Taubstumme. 1. u. 2. Bdchn. 8. Leipzig 883. 84. Th. Grieben. à n. — 60
1. Die Nachbarskinder v. Ottilie Wildermuth. Das Gesangbuch v. Aug. Moritz. Bearb. f. Taubstumme u. m. e. Wörterbuche versehen v. G. Riemann. (43 S.)
2. Das Blumenkörbchen von Chrph. v. Schmid. Der Sandwirt v. Passeyer v. Luise Pichler. Bearb. f. Taubstumme u. m. e. Wörterbuch versehen v. G. Riemann. (40 S.)

für Taubstumme. 1. und 2. Bdchn. 8. Leipzig 884. Grieben's Verlag. à Bdchn.
Inhalt:
Bdchn. 1. Wildermuth, Ottilie, die Nachbarskinder. — Moritz, Aug., das Gesangbuch. Bearb. für Taubstumme und mit einem Wörterbuche versehen von G. Riemann. (43 S.)
2. Schmid, Chrph. v., das Blumenkörbchen. — Pichler, Luise, der Sandwirt von Passeyer. Bearb. für Taubstumme und mit einem Wörterbuch versehen von G. Riemann. (40 S.)

—— für Taubstumme. 3. Bdchn.: Die Auswanderer, von G. Nieritz. — Durch Leid zur Freud', von W. O. v. Horn. Bearb. für Taubstumme und mit einem Wörterbuche versehen von G. Riemann. 8. (48 S.) Leipzig 887, Grieben's Verlag. *
1. und 2. Bdchn. Ebendas. 1884. à * 60 Pf.

— für Taubstumme. 4. Bdchn. 8. Leipzig 898. Th. Grieben. n. — 60
1. Lohn d. Treue. 2. Hoffnung läßt nicht zu schanden werden. 2 Erzähl̈gn. v. G. Riemann. (42 S.)

— für Taubstumme. 1. Bdchn. 8. Leipzig 904. Th. Grieben. n. — 60
Die Nachbarskinder nach Ottilie Wildermuth. — Das Gesangbuch nach Aug. Moritz. Bearb. für Taubstumme u. m. e. Wörterbuche versehen. Von G. Riemann. 2. Aufl. (VIII, 40 S.)

— 1001, f. Jung u. Alt. Nr. 1—33. kl. 8. Berlin (907. 08). H. Hillger. à Nr. — 20

Baysen, Hans, die rote Hand. (Kyrmyzyl-el.) Abenteurer-Roman. M. e. Lebensbilde v. Alfons Schulz u. e. Titelbild v. Wilh. Roegge. (96 S.) (Nr. 4)

Beecher-Stowe, H., Onkel Tom's Hütte. Neu übers. u. f. die Jugend bearb. v. Wilh. Lehr. M. e. Titelbilde v. E. Fiedler. (96 S.) (Nr. 24)

Biernatzki, J. C., die Hallig od. die Schiffbrüchigen auf der Nordseeinsel. Bearb. v. Rud. Kleinecke. Mit e. Titelbilde v. E. Fiedler. (78 S.) (Nr. 21)

Bülow, Frieda Freiin v., das Portugiesenschloß. Eine Erzählg. v. d. ostafrikan. Küste. Mit e. Lebensbilde v. Th. Zink u. e. Titelbilde v. Heinr. Binde. (80 S.) (Nr. 6)

Cooper, James Fenimore, die Wassernixe. Eine Schmugglergeschichte aus d. amerikan. Meeren. Mit e. Lebensbilde v. O. Metze u. e. Titelbilde v. H. Binde. (96 S.) (Nr. 8)

Daudet, Alphonse, der kleine Dingsda. 2 Tle. Mit e. Titelbilde v. E. Fiedler u. e. Lebensabr. v. W. Thal. (95 u. 96 S.) (Nr. 22. 23)

Ferry, Gabr., Cayetano, der Schmuggler. Mit e. Lebensbilde v. A. Geyer u. e. Titelbilde v. Eduard Fiedler. (80 S.) (Nr. 13)

— Matasiete, der Siebentöter. Für d. Jugend bearb. v. Wilh. Lehr. (96 S.) (Nr. 31)

Fischer, Wilh., der Greisenprinz. Mit e. Titelbilde v. E. Fiedler. (95 S.) (Nr. 18)

Forest, Louis, das Geheimnis d. Schwarzwaldes. Verwunderliche Geschichte e. verlorengegangenen Erfindg. Mit e. Titelbild v. E. Fiedler. (80 S.) (Nr. 16)

Gerstäcker, Frdr., aus d. Matrosenleben. (Erzählung.) Für d. Jugend bearb. v. Wilh. Lehr. Mit e. Titelbilde v. Eduard Fiedler. (94 S.) (Nr. 25)

— Die Station am Murray. Eine Erzählg. aus dem austral. Busch. Mit e. Lebensbilde v. Jos. Klein u. e. Titelbild v. E. Fiedler. (93 S.) (Nr. 5)

— Die beiden Sträflinge. Australischer Roman. Mit e. Titelbilde v. E. Fiedler. (96 S.) (Nr. 17)

Granath, Wilh., der Freischarenführer. Geschichte aus dem finn. Freiheitskriege. Autoris. Übersetzg. v. Bernh. Mann. Mit e. Titelbilde v. E. Fiedler. (96 S.) (Nr. 27)

Hesekiel, George, Fritz Scheusselhut. Vaterländische Erzählg. Für d. Jugend bearb. v. Wilh. Lehr. (93 S.) (Nr. 28)

Horn, W. O. v. (W. Oertel), der Leibhusar. Eine Gesch. aus d. Türkenkriege. Durchgesehen v. W. Lehr. (95 S.) (Nr. 29)

Jokai, Maurus, die Roseninsel. Eine Robinsonade in d. Donau. Deutsch v. Ludw. Wechsler. Mit e. Titelbilde v. Eduard Fiedler. (95 S.) (Nr. 14)

Kipling, Rudyard, die Totenstadt. Heimliche u. unheiml. Geschichten. Mit e. Lebensbilde d. Verf. v. K. Ströse u. e. Titelbilde v. A. Lewin. (96 S.) (Nr. 2)

Kristensen, Niels K., ein schwaches Kind, e. starker Mann. Deutsch v. Bernh. Mann. Mit e. Titelbilde v. E. Fiedler. (96 S.) (Nr. 19)

Loti, Pierre, zwei Katzen. Eine Tiergeschichte. Mit e. Lebensbild d. Verf. v. Wilh. Lehr u. e. Titelb. v. E. Fiedler. (80 S.) (Nr. 12)

Myers, P. Hamilton, der Erbe. Bearb. v. Wilh. Lehr. Mit e. Titelbilde v. E. Fiedler. (96 S.) (Nr. 20)

Niemann, Aug., unsere blauen Jungen. Erlebnisse auf e. deutsch. Kriegsschiffe. Mit e. Lebensbilde d. Verf. v. L. Kleinertz u. e. Titelbilde v. A. Lewin. (88 S.) (Nr. 3)

Nieritz, Gust., das Strandrecht. Mit e. Lebensbild d. Verf. v. A. F. Rohmeder. (96 S.) (Nr. 9)

Perfall, K. Frh. v., Jack. Erzählung aus d. Goldlande Kaliforniens. Mit e. Lebensbilde v. F. Werner u. e. Titelbilde v. E. Fiedler. (96 S.) (Nr. 11)

Puschkin, A., die Kapitänstochter. Erzählung aus d. Leben e. russ. Hauptmannstochter. Nach d. Russ. f. d. Jugend bearb. v. Frida Ichak. Mit e. Titelbilde v. E. Fiedler. (96 S.) (Nr. 26)

Runkel, Ferd., der Held v. Omaruru. Erzählung aus d. südwestafrikan. Kriege. Mit e. Lebensbilde d. Verf. v. H. Hassenkamp u. e. Titelbilde v. Rich. Knötel. (90 S.) (Nr. 1)

Schmid, Christoph v., Rosa v. Tannenburg. Erzählung. Bearb. v. A. Blažek. (94 S.) (Nr. 33)

See, Gust. vom, d. Mönch. Eine Erzählg. aus den Freiheitskriegen. Mit e. Titelbilde v. E. Fiedler. (94 S.) (Nr. 15)

Bely, E., Bettchen Brennecke, die Geschichte e. Stiefkindes. M. e. Lebensb. v. E. Klein u. e. Titelb. v. A. Lewin. (84 S.) (Nr. 10)

Wentzel, Hans v., Epauletten. Wahrheitsgetreue Erzählg. aus d. großen Kriege 1870/71. Mit e. Lebensbilde v. Stolze u. e. Titelbilde v. Eduard Fiedler. (72 S.) (Nr. 7)

Wohlbrück, Olga, Phomà, der Samojedenfürst. (96 S.) (Nr. 32)

Zschokke, Heinr., der tote Gast. Romantische Erzählg., bearb. v. Eva Gräfin v. Baudissin. (96 S.) (Nr. 30)

Erscheinen nicht mehr.

Erzählungen aus der Thierwelt, s. a. Familienbuch.

Erzählungen aus der Thier-Welt. Geschenk für wißbegierige und fleißige Kinder. Mit 12 Kupfern. Erste Lieferung [u. Zweite Lieferung, in 1 Band]. Weimar, Landes-Industrie-Comptoir, 1812 [1813]. 218 S. und 2 Bl. 212 S. Mit zusammen 20 Kupfern, exotische Tiere darstellend. Kl.-8°. Etw. beschäd. Pappband d. Z. mit rotem Rückenschild. 28.—

Teils ziemlich phantastische Tiergeschichten, kurios illustriert. —

ERZÄHLUNGEN am Toilettentisch. 15 Zeichnungen in Faksimilereproduktion von Choisy le Conin (Franz von Bayros). München 1908. Fol. Originalmappe.

— einig. besond. und lehrreich. Umstände in dem Leben des ***, in Briefen an Haweis. 8. Altenb. (Acad. Buchhdl. in Jena.) 766.

— einiger besondern u. lehrr. Umstände in dem Leben des ***. Aus d. Engl. übers. 8. Neisse, Hennings. 4 gr.

— unterhaltende, mit 7 ill. Kpf. Leipz., Zirges. 8 gr.

— —, Unterhaltende. Eine Lectüre zur Zeitverkürzung in Treckschuiten. 2 Thle. Amsterdam, o. J. (c. 1800?). 8°. (18 Sgr. Scheible, c. 1870; jetzt theurer!)

— unterhaltende. 8. Leipz. 818. (W. Nauck). 18 gr.

— unterhaltende. 8. Leipzig, Sommer. 818.

— unterhaltende, zu Erweckung des Gefühls für das Edle und Gute. m. K. 8. Leipz. Sommer. 801.

— unterhaltende, zur Erweckung d. Gefühls f. d. Schöne u. Gute. Mit 1 Kpf. 8. Leipz. 801. (W. Nauck). 21 gr.

— unterhalt., a. d. deutsch. Gesch. rc. 8. Leipz. Sommer. 805.

— unterhaltende, tragischen u. komischen Inhalts. 8. Leipz., (W. Nauck). 18 gr.

— —, Unterhaltende, tragischen und komischen Inhalts. Leipzig, Sommer, 1799. 8°. (2 Mk., unbeschn. Expl., Jos. Baer & Co., Frankf. a. M., 1894; 1 Mk. 50 Pfg. L. Meder's Nachf., Heidelb., c. 1902.)

— — Dasselbe. Ebd. 1818. 8°. (18 ggr.)

— unterhaltende, f. d. erste Kindesalter, mit Kpf. 8. Nürnb., Bieling. 1 Rthlr.

— zur angenehmen u. nützl. Unterhaltung, von Neuhofer, m. K. 8. Augsb. Stage. 805.

— zur Unterhaltung u. Belehrung f. Kinder, m. K. 8. Halle, Ruff. 813. illum. schwarz

— zur Unterhaltung u. Belehr. Nach Art d. beliebten Chrstph. Schmid'schen Erzählungen. 8. (6 B.) Lemgo 828, Meyer.

— z. Unterhaltung f. solche, die es mit der wirkl. Welt halten. 8. Leipz. Linke. 797.

— zur Unterhaltung f. alle Stände u. Kenntnisse menschl. Schicksale. 8. Augsb. 792—93. v. Jenisch u. St. 2 Rthlr. 4 gr.

Erzählungen zur Unterhaltung für alle Stände und Verbreitung tieferer Kenntniss menschlicher Schicksale. 2 Bde. mit 2 Titelvignetten, wovon die eine: Ch. Eisen inv., Jos. Stoercklin sc. Augsburg, C. H. Stage, 1792—93. 8°. (4 Mk. 50 Pfg., alte hübsche Ldrbde., Leo Liepmannssohn, 1906.)

— aus dem illustr. schweizerischen Unterhaltungsblatt. 1.—10. Bd. gr. 8. Wetzikon-Zürich. (Leipzig, J. H. Robolsky.) n.n. 4. 30

1. Der alte Soldat. Erzählung v. L. Meyer v. Schauensee. Autoris. Uebertragg. in Stolze'sche Stenographie. (46 S.) 891. n.n. — 50
2. Gretchen v. Saal. Historische Erzählg. v. C. Biedermann. Autoris. Uebertragg. in Stolze'sche Stenographie. (38 S.) 892. n.n. — 50
3. Der erste Toast. Humoreske v. Alfr. Hartmann. Autoris. Uebertragg. i. Stolze'sche Stenographie. (16 S.) 892. n.n. — 20
4. Der Gemsjäger. Eine Erzählg. aus dem Berner Oberland. Autoris. Uebertragg. in Stolze'sche Stenographie u. hrsg. v. Herm. Beble. (31 S.) 892. n.n. — 50
5. Die Bibliothek d. Hrn. Dukas. Eine kom. Trinkergeschichte v. E. Charilaos. Aus dem Neugriech. übers. v. Paul Mitzschke. Autoris. Uebertragg in Stolze'sche Stenographie u. hrsg. v. Herm. Beble. (19 S.) 892. n.n. — 30
6. Wer hätte das gedacht? Eine humorist. Reiseerzählg. Autoris. Uebertragg. in Stolze'sche Stenographie u. hrsg. v. Herm. Beble. (44 S.) 893. n.n. — 60
7. Schweizersagen. 1. Das Fräulein v. Unspunnen. 2. Die Erscheinungen auf dem Rütli. 3. Sage aus dem oberen Bergell. In Stolze'scher Stenographie hrsg. v. Herm. Beble. (21 S.) 893. n.n. — 30
8. Der Verdingbub. Erzählung aus dem Berner Volksleben. Autoris. Uebertragg. in Stolze'sche Stenographie u. hrsg. v. Herm. Beble. (18 S.) 894. n.n. — 30
9. Aus bewegter Zeit. Bilder aus dem Bauernkrieg v. 1653. Autoris. Uebertragg. in Stolze'sche Stenographie u. hrsg. v. Herm. Beble. (28 S.) 894. n.n. — 30
10. Die Probe. Ein Dorfgeschichtchen v. Jos. Joachim. Autoris. Uebertragg. in Stolze'sche Stenographie u. hrsg. v. Herm. Beble. (16 S.) 894. n.n. — 50

— a. d. illustr. schweiz. Unterhaltungsblatt. 11. u. 12. Bd. gr. 8. Wetzikon-Zürich 895. (Leipzig, J. H. Robolsky.) n.n. — 80

11. Die dritte Rarität. Eine lust. Geschichte aus d. Aargau. Autoris. Uebertragg. in Stolze'sche Stenographie u. hrsg. v. Herm. Bebie. (39 S.) n.n. — 50
12. A. Lessings Studentenjahren. Hist.-novellist. Skizze von Hans Frei. Autor. Uebertragg. in Stolze'sche Stenographie u. hrsg. v. Herm. Bebie. (28 S.) n.n. — 30

Erzählungen aus dem Schweizerischen Unterhaltungsblatt (*Umschlag:* aus dem U' für Stenographen) [Einigungssystem Stolze-Schrey]. No. 13 u. 14. 8. Wetzikon bei Zürich, Hermann Bebie, 1904. (fr. 1. 35 u. fr. 1. —)

s.a. César, P[ierre] — Hochzeitsreise.

— aus dem schweizerischen Unterhaltungsblatt (für Stenographen). (Einigungs-System Stolze-Schrey.) Nr. 13 u. 14. gr. 8. Wetzikon. (Leipzig, J. H. Robolsky.) n.n. 1. 75

13. Eine Hochzeitsreise ins Weltall. Von Herm. Bebie. Mit Genehmigg. der Verlagshandlg. F. Zahn in Neuenburg in vereinfachter Stenographie hrsg. (87 S.) 904. n.n. 1. —
14. Die letzte Schlossherrin. Historische Novelle. Von P. César. Autoris. Uebertragung, in vereinfachter Stenographie (Einigungs-System Stolze-Schrey) hrsg. v. Herm. Bebie. (43 S.) 904. n.n. — 75

— aus dem schweizerischen Unterhaltungsblatt. (In stenograph. Schrift, Einigungs-System Stolze-Schrey.) Nr. 1—4. gr. 8. Wetzikon (Leipzig, J. H. Robolsky.) n.n. 2. 20

1. Vikari, der. Eine Züricher Dorfgeschichte. (Für das „Unterhaltungsblatt" neu bearb.) (58 S.) 899. n.n. — 50
2. Zwischen zwei Feuern. Erzählung aus dem Wallis. (44 S.) 899. n.n. — 40
3. Das Burgfräulein v. Greifensee. Historische Erzählung. Von U. Farner. (88 S.) 899. n. 1. —
4. Die Säntisreise. Eine lust. Bergsteiger-Geschichte. Von G. Lüthi. (16 S.) 900. n.n. — 30

Fortsetzung unter dem Titel:

— aus dem Unterhaltungsblatt f. Stenographen. (Einigungs-System Stolze-Schrey.) Nr. 5—12. gr. 8. Ebd. n.n. 3. 55

5. Galleger. Eine Zeitungsgeschichte. Von Rich. Harding Davis. (37 S.) 900. n.n. — 40
6. Eine Pfarrwahl in Rumpelbach. Humoreske. Von Hans Nydegger. (11 S.) 900. n.n. — 25
7. Ihres Vaters Wunsch. Eine oberthurgauische Dorfgeschichte. Von Conr. Uhler. (56 S.) 901. n.n. — 75
8. Ein entarteter Sohn. Historische Erzählg. aus der Geschichte der Stadt Genf. Von Arminius. Neu bearb. (50 S.) 901. n. — 60
9. Nichtsnutz, Bürschchen. Eine humorist. Erzählg. aus vergilbten Blättern. (20 S.) 901. n. — 30
10. Der neue Grundbesitzer. Erzählung. Von Chatelain. (18 S.) 902. n. — 30
11. Eine Liebschaft zu Sieben. Humoreske. Von Emil Faller. Mit güt. Genehmigg. v. H. R. Sauerländer & Co., Verlagshandlg. in Aarau in vereinfachter Stenographie (System Stolze-Schrey) hrsg. v. Herm. Bebie. (19 S.) 902. n. — 35
12. Die Herren v. Stein. Eine Rittergeschichte aus der Zeit vor dem Laupenkriege. Von Hans Nydegger. (48 S.) 902. n.n. — 50

Erzählungen aus dem Unterhaltungsblatt für Stenographen [Einigungssystem Stolze-Schrey] (**No. 10 u. 12, Titelbll.:* aus dem Schweizerischen U'). No. 7—12. 8. Wetzikon bei Zürich, Hermann Bebie, 1901—1902. (fr. —. 40 *bis* 1. —)

s.a. Arminius — Châtelain, [Auguste] — Faller, Emil — Nichtsnutz — Nydegger, Hans — Uhler, Conrad.

— aus der Urwelt. 1r Thl. 8. Wittenb., Kühne. 16 gr

— — aus der Urwelt. Erster (einz.) Band. Mit Titelkpf. (J. Tromlitz del. et. sc.) u. Titelvign. Wittenberg, 1792. bey Friedrich Gottlob Kühne. 8°.

— aus Sylt's Vergangenheit in freier Darstellung. 12. (148 S.) Tondern 891. F. Dröhse. n 2. —

Erzählungen, Vermischte, eines christlichen Dichters von Jesu Christo.

O. O. 1795. V: *Lavater, Johann Kaspar.* (schstr S. 130)

Erzählungen und Einfälle, Vermischte, zur angenehmen Unterhaltung.

Berlin 1783. V: *Unger, Friederike Helene geb. von Rothenburg.* (Schl)

— — und Einfälle, Vermischte, zur allgemeinen Unterhaltung. Stück 1—20. (Cplt.?) Berlin 1784. 8°. (6 Mk., Expl. in 6 Ppbdn., Scheible, Cat. 147.)

— vermischte, f. die Jugend. 12. Straßburg, Heiz.

Erzählungen, Verschiedene.

Wien [1907]. V: *Neidl, Julius.* (EB)

— der von den Grafen zu Schaumburg-Lippe gegen den Frhrn. Gr. v. Münster-Beck gemachten Verschwörung. 8. Münster 789. Theyssing. 12 gr

— und Verseleyen von C. Lebrün. 8. Leipzig, Kummer. 820.

Vier Erzählungen. Aus dem Französischen. Tübingen: Osiander 1846. 204 S. 8°

Der jüngste Sohn der Colobrières. Von Charles Reybaud [d.i. Henriette Etiennette Fanny Reybaud].
Carmen. Von Prosper Merimée.
Die beiden Geliebten. Von Alfred de Musset.
Die Teufels-Lache. Von George Sand [d.i. Aurore Dudevant].

—— vier. Aus dem Französ. gr. 8. (302 S.) Tübingen 847, Osiander'sche Buchh. Thlr.

—— vier. (Die kleine Sündfluth. Feurige Kohlen. Gottes Führen u. Regieren. Das zerbrochene Herz.) 3. Aufl. 8. (48 S.) Cottbus 891, Gotthold-Expedition. — 30

Aus: Gotthold, besonders abgedruckt.

— —, Vier, zur Belehrung und Unterhaltung. Tabor 1847. 8°. 60 S. (1 Mk., J. Taussig, 1904.)

—— vier, zur Belehrung und Unterhaltung. Der Leichtsinn und Bosheit. — Willibald und Sidonia. — Das Kloster zur Noth Gottes. — Folgen der Leidenschaft. 8. (52 S.) Neuhaus 865, Landfraß und Sohn. *

—— vier, aus d. Französischen. — Der jüngste Sohn der Colobrières. Von Mad. Ch. Reybaud. — Carmen. Von Prosper Merimée. — Die beiden Geliebten. Von Alfred de Musset. — Die Teufels-Lache. Von George Sand. gr. 8. (24½ B.) Tübingen 846, Osiandersche Buchh.

— vier historische, für die Jugend von 9 bis 14 Jahren. Mit 1 Titelkpfr. Jena (858.) Doebereiner. 8. (152 S.) 10 ngr

— vier historische, für die Jugend von 9 bis 14 Jahren. Mit 1 Titelkpfr. Jena 859. Doebereiner. 8. (152 S.) 10 ngr

— vier hübsche, für christliche Jugend u. christl. Volk. (1. u. 2. Bd.) Mit (eingedr. Holzschn.-)Bildern. 8. Altötting 879. Lutzenberger. cart. à 1. 20

1. Onkel Toms Hütte oder das Sklavenleben der Schwarzen. Des Försters Schuß oder die Last des bösen Gewissens. Konrad, der flüchtige Mörder. Flucht des Mönches P. Theobald, Erzählung aus der schwed. Kriegszeit. (63, 48, 48 u. 46 S.)
2. Genovefa, die unschuldig verfolgte Gräfin. Griseldis, die Leiden u. Geduldproben einer Gräfin. Itha v. Toggenburg, die in die Wildniß verstoßene Mutter. Jungfrau v. Orleans, der Siegesengel der französ. Armeen. (52, 45, 52 u. 46 S.)

— 4 kleine, aus dem fröhlichen Kinderleben in 4 (chromolith.) Bildern. gr. 16. (16 S.) Wesel 879. Düms. cart. — 20

—— vier, von e. Mutter f. ihre Kinder. A. d. Engl. übers. (v. D. Leutwein, geb. v. Fellenberg). 12. (9 B.) Bern 841, (Huber u. Comp.) *

— — vier neue, f. die Jugend vom Verf. des Glockenbuben. 12. (6⅔ B. u. 1 Stahlst.) Neuburg a. D. 815, Prechter.

Erzählungen, Vier piquante. 2. Aufl. Würzburg [1869]. V: *Hahn, E.* (BGE)

—— vier piquante. 2. Aufl. 16. (223 S.) Würzburg 869, Julien'sche Buchh.

— vogtländische, v. Helene R. gr. 16. (IV, 100 S.) Plauen 876. Neupert. 1. —

— fürs Volk. 8. Kopenh. Kröden. 787.

— für das Volk. 2. Bdchn. Zwickau 868. (Döhner.) 8. (112 S.) n. 5 ngr.

—— für das Volk. Von M. v. O. 8. (120 S.) Hamb. 891, Evang. Buchh. * — 60; geb. * 1 20

—— f. das Volk. Empf. v. Verband „Arbeiterwohl". Nr. 1 u. 2. 12. M.-Gladbach 891, Riffarth. à Nr. * — 20; Feine Ausg. à * — 25
1. Opfer der Verführung. Erzählung v. Wilh. Koch. (76 S.) — 2. Von Stufe zu Stufe. Von Heinr. Keiter. Am Mutterherzen. Von Leonh. Niderberger. (80 S.)

— für das Volk. (2. Bd.) Von M. v. O. 8. (30, 12, 8, 12, 11, 8, 4, 4, 4, 7, 8, 8 u. 7 S. m. 2 Abbildgn.) Hamburg 892. Evang. Buchh. (Fr. Trümpler). n. — 60; geb. n. 1. 20
Den 1. Bd. s. 1890 (in Bd. XXVI: Riese, Ch., Erzählungen f. das Volk.

— dasselbe. 3. Bd. 8. (103 S.) Ebd. 893. n. — 60; geb. n. 1. 20

— für das Volk. IV. Bd. 8. Hamburg 894. Evang. Buchh. — 60; geb. 1. 20
Glückskinder. Von C. Winter. (111 S.)

—— für Volk und Jugend, s.a. Herchenbach, Wilh.

— für Volk und Jugend. Regensburg 860. Manz. 8. Jedes Bdchn. 10 ngr.
I. Ein Weißer unter den Wilden Afrika's. Eine Erzählung für Volk u. Jugend. Von Wilh. Herchenbach. Mit 4 Stahlst. (184 S.)
II. Bruno und Lucy, oder: Die Wege des Herrn sind wunderbar. Eine Erzählung für Volk und Jugend. Von Wilh. Herchenbach. Mit 4 Stahlst. (176 S.)

— a. d. Volksleben. Ges. u. hrsg. von H. Helbing. 1. Bd. 12. (III, 160 S.) Elberfeld 896. Westdeutscher Jünglingsbund. Kart. n. 1. —

— aus dem Volksmunde. Halle 854. Fricke. 8. (2 Bl., 210 S.) 12 ngr

Erzählungen, Volkssagen und Schilderungen aus den Tagen der Vorzeit und Gegenwart. Linz 1834—35. V: *Pillwein, Benedict.* (Hr)

—— Volkssagen u. Schilderungen aus d. Tagen d. Vorzeit u. Gegenwart im Erzhrzgth. Oesterreich ob der Enns u. dem Hrzgth. Salzburg. 2 Bdchn. 8. (15¾ B. u. 1 Ttlbild.) Linz 831, 35, (Haslinger.)

Erzählungen, Die vornehmsten, aus der Bibel, mit angehängten nützlichen Tugend- und Klugheitslehren . . . Nürnberg 1784—85. V: *Ludwig, Johannes.* (MGT) (Ky)

— die vornehmsten, aus d. Bibel, Alt. u. N. Test., für Schullehrer, (v. Jh. Ludwig). 2 Thle. 8. Nürnb. 784 u. 85. (Eichhorn). 16 gl

—— in der Wachtstube, s. Soldaten-Bibliothek.

— wahrh., in all. Auftritt. d. Leb. a. d. Engl. 2 Thle. 8 Hamb. Grund. 756.

— —, Wahrhafte, von Begebenheiten aus allen Auftritten des Lebens. 2 Thle. I: Leipzig 1756. II: Hamburg 1756. 8°.
1 Alph. 1 Bog. + 22 Bog. — Cat. Meissner.

— wahrhafte u. lehrreiche. 8. Reichenbach. (Leipz. Sommer.) 815.

— Walliser. Aus d. Engl. v. Ed. v. Bülow. 2 Thle. 8. Leipz. 827, Hartmann.

— Walliser, aus d. Engl. v. Ed. v. Bülow. 2 Thle. 8. Leipz. 827. (Lehnhold). 2 ₰ 12 gl

— —, Warnende (freie), für junge Frauenzimmer. Hildesheim, Gerstenberg, 1814. 8°. (3 Mk., Expl. ohne Titelbl., A. Bielefeld, 1891.)
Mehrere Nonnen erzählen sich ihre Liebesabentheuer. — Selten!

Erzählungen aus dem Wasgau. Leipzig 1887. V: *Jan, Hermann Ludwig von.* (ELBibl)

— aus d. alten u. neuen Welt. (A. u. d. T.: romant. Erzähll.) 8. Augsb., Lotter. 12 gl

§ — — aus der alten und neuen Welt. Augsburg, Lotter, 1795. 8°. (In München: P. o. germ. 327.)

— aus d. wirkl. Welt. 3 Bde, in 6 Stücken. 8. Halle 780. Hahn in Hannov. 2 ₰

— aus der wirkl. Welt. 8. Berl. 803. Quien. (Duncker u. H.) 18 gl

— aus d. wirkl. Welt, von Karl. Fr. Tzschucke. 2 Bde. 8. Berlin, Neue Societätsbuchh. 811. (1r 1 Rthlr. 1I 1 Rthlr. 12 gr.)

— aus der Weltgeschichte. (Aus d. Jugendfreund für Schule u. Haus abgedr.) Gütersloh 856. Bertelsmann. 8. (51 S.) n. 2½ ngr

—— aus der Weltgeschichte, zugleich die erste Stufe zu Backhaus, Leitfaden der Geschichte. 3. Aufl. 1. und 2. Ausg. gr. 8. (VI, 154 S.) Harburg 872,74, Elkan. *

—— aus der Weltgeschichte. [Zugleich als Vorstufe zu Backhaus' Leitfaden der Geschichte.] Bearb. von Harburger Lehrern. Hrsg. vom Vorstande der Lehrer-Witwen- und Waisenkasse für den Bezirk der Landdrostei Lüneburg. 3.—6. verm. Aufl. gr. 8. (VI, 164 S.) Harburg 885—88, Elkan. geb. *

—— aus der Weltgeschichte. Bearb. v. Harburger Lehrern. Hrsg. vom Vorstande der Lehrer-Witwen- u. Waisenkasse f. den Bezirk der vormal. Landdrostei Lüneburg. 7. Aufl. 8. (VI, 165 S.) Harb. 890, Elkan. geb. * 1 —

— aus der Weltgeschichte. Bearb. v. Harburger Lehrern. Hrsg. vom Vorstande der Lehrer-Witwen- u. Waisenkasse f. den Bezirk der vormal. Landdrostei Lüneburg. 8. Aufl. 8. (VI, 165 S.) Harburg 892. G. Elkan. Geb. n. 1. —

Erzählungen aus d. Weltgeschichte. Bearb. v. Hamburger Lehrern. Hrsg. vom Vorstande der Lehrer-Witwen- u. Waisenkasse f. den Bezirk der vormal. Landdrostei Lüneburg. 9. Aufl. (VI, 165 S.) Harburg (900). G. Elkan. n. — 75; geb. n. 1. —

— aus der Welt- und Menschengeschichte, siehe Jugend-Bibliothek. 1r Band.

Erzählungen aus der Welt- und Menschengeschichte zur Belebung der Frömmigkeit. München 1818. H: *Hauber, Johann Michael.* (MGT)

— für Winterabende. 8. Leipz. 804. (W. Nauck). 18 gl

— — für Winterabende. Leipzig, Sommer, 1804. 8°. (18 ggr.)

—— für Winterabende. Eine Gabe für das Volk und seine Freunde. 8. (III und 395 S.) Mainz 859, Kirchheim.

— wohlfeile interessante. 1.—11., 14., 15., 17., 18. u. 21. Bd. kl. 8. Reutlingen, R. Bardtenschlager. à — 80
Albert, C., der verhängnisvolle Sargnagel od.: Der Schatzgräber. Eine wahre Geschichte aus dem Erzgebirge. (62 S.) (906.) (Bd. 1.)
Bölke, O., die Dorf-Banditen. Eine Criminalgeschichte. (62 S.) (906.) (Bd. 7.)
Engelhardt, E., das Bekenntniß auf dem Todtenbette. Eine Criminalgeschichte. (62 S.) (906.) (Bd. 4.)
Grabowska, Thekla, Frauenhaß u. Frauenliebe. Erzählung. (64 S.) (906.) (Bd. 14.)
Ludwig, Lucie, die Tochter des Briganten. Romantische Erzählg. (63 S.) (906.) (Bd. 8.)
— die Rache des Wildschützen od.: Der Kampf am wüsten Schloß. (62 S.) (906.) (Bd. 21.)
— unter den Seeräubern. Eine Erzählg. aus dem Piratenleben. (63 S.) (906.) (Bd. 17.)
Scheibe, Otto, das Geheimnis des Geizhalses od. Getrennt u. Gefunden. Historische Erzählung. (62 S.) (906.) (Bd. 2.)
— Prophet u. Betrüger, od. die Nichte des Rosenkreuzers. Historische Erzählung. (62 S.) (906.) (Bd. 6.)
Söndermann, Adph., das Karten-Orakel. Novelle. (62 S.) (906.) (Bd. 15.)
— Kaspar, der Brandstifter, od.: wie Gott will. Eine schles. Dorfgeschichte. (62 S.) (906.) (Bd. 9.)
— die Macht der Liebe. Eine Erzählung. (64 S.) (906.) (Bd. 5.)
— der Mensch denkt, Gott lenkt, od. Gebrochener Starrsinn. Eine wahre Dorfgeschichte. (62 S.) (906.) (Bd. 3.)
— vom Tode errettet oder Erkämpftes Glück. (64 S.) (906.) (Bd. 18.)
— unschuldig gerichtet! Erzählung aus der Zeit Ludwig XIV. (62 S.) (906.) (Bd. 11.)
Stein, K., die Tochter des Flüchtlings. Erzählung aus dem Leben. (64 S.) (906.) (Bd. 10.)

—— wunderbare, Volksmärchen aus Zeitz, s. Krebs, J.

— —, Wundersame, aus dem Reiche der Todten, zwischen Telemach und dem Robinson Crusoe. 2 Thle. Nürnberg, Felsecker, 1740. 4°.
Theilweise derb und frei. Sehr selten!

Erzählungen aus der älteren und neueren Zeit. 1818
s.a. Wesselhöft, Elisabeth [Verf.]

Erzählungen aus der ältern und neuern Zeit. Jena 1819. V: *Wesselhöft, Elisabeth.* (MGT) (schl) (Ky)

— aus der ältern u. neuern Zeit, (v. Elise Wesselhöft). 8. Jena 819. Schmid. 1 ℔ 6 ℊ

—— zwanzig christliche, mit Bildern (in eingedr. Holzschn.) Hrsg. von der amerikan. Traktat-Gesellschaft. gr. 8. (III und 248 S.) New-York 863. (Philadelphia, Schäfer und Koradi.) geb. *

— zwei, von C. W. Contessa. 1) der Todesengel. 2) der Haushahn u. Paradiesvogel. 8. Berl. Dümmler. 815.

—— zwei. Ein Deutscher in Amerika. Nach einer wahren Begebenheit erzählt von R. Immann. — Im Höllenloch. Eine Episode aus dem kanad. Holzfällerleben. Von Phpp. Moreno. 12. (104 S.) Leipzig 886, Werther. *

— zwei auffallende, aus d. Lebzeiten d. Signora Sybille Rosalba, e. bekannten klugen Frau. 8. Halle 805. Hendel. 1 ℔
— Dass. 8. Leipz. 806. (Rauck). 1 ℔

— zwei auffallende, aus den Lebzeiten des S. Rosalba ꝛc., hat auch Joachim in Leipzig.

— zwei, von zwei Autoren, s. Bergson's Eisenbahnbücher.

—— zwei christliche, f. d. liebe Jugend. 12. (5 B. u. 1 ill. Titkpfr.) Blaubeuern (839), Mangold'sche Buchh.

—— zwei, für die Jugend und ihre Freunde. I. Schicksale eines geraubten Knaben, und der dornige Lebenspfad einer braven Familie. 2. Aufl. 8. (116 S.) Barmen 866, (Langewiesche's Verlag.) *

Erzählungen, Zwei, alter Leute. Aus dem Engl. von M. B. Lindau. Leipz. 1851. V: *Marsh, Anne.* (Russell VII, 2, 1750)

—— zwei, alter Leute. Der Krüppel. Die Admirals-Tochter. Vom Verf. von: „Mount Sorel, Emilia Wyndham" ꝛc. (Mrs. March.) Nach dem Engl. von M. B. Lindau. 3 Bde. 8. (574 S.) Leipzig 851, Kollmann.

Erzählungen, Zwei, mit einer Nutzanwendung. [Berlin 1791.] V: *Lucanus, Johann Heinr.* (MGT)

— —, Zwey romantische. 1. Die schöne Rheinländerinn. (Liederlich.) 2. Der Brief eines Ungenannten. Mit Titelvignette (Medaillonbildniß Sophieens, der Heldin von Nr. 1, F. Schlüter fec.). Quedlinburg, 1794. Bey Friedr. Joseph Ernst. 8°. Titel u. 111 S.

— 2 romantische, v. Semme u. Gittermann. 8. Frankf. Willmanns. 802.

Zwei unterhaltende Erzählungen etc. Leipzig, Sommer, 1806. 8°.

— zwey unterhaltende, aus d. Lebzeiten d. Signora Sibylle Rosalba, e. bekannten klugen Frau. 8. Ebend. 806.

Erzählungen, 52 angenehme und nützliche, aus der Welt- und Menschengeschichte... Leipzig 1802. V: *Morgenroth, Ernst Christian Friedrich.* (Ky)

Erzählungen, 52 angenehme u. nützl., aus d. Welt- u. Menschengeschichte für Bürger- u. Landleute, (v. Er. Chr. Fr. Morgenroth). 8. Leipz. 802. (W. Rauck). 14 ℊ 3e durchgesehene Aufl., mit 4 Kpf. 8. Leipz. 817. Hinrichs. 14 ℊ ill. 18 ℊ ohne Kpf. 8 ℊ

— 52 interessante, a. d. Welt- u. Menschengeschichte. 8. Leipz. Hinrichs. 810.

— (52 interessante) aus der Welt- und Menschengeschichte zur Unterhaltung fur wißbegierige Bürger- und Landleute auch als ein nützliches Lesebuch für Schulen zum moralischen Unterricht. 3te durchgesehene Aufl. 8. Mit 4 Kupfern. Leipzig, Hinrichs. col. u. geb. 817. -
schwarz -
roh ohne Kupf. -

* — — (22 versifizirte). (Typ. Ornam. u. Motto aus J. Owen's Epigr. lib. III: Non cuivis Lectori, auditorive placebo ....) Hannover u. Lüneburg, bey Joh. Wilh. Schmidt. 1756. G.. 8°. (In Berlin: Yl 4621; auch in Dresden: Lit. germ. rec. B. 1804 a, Beibd. 2.)
Tit., 2 Bll. Vorber., 65 S., 1 S. Inh. — Einiges etwas frei.

— mit Zwischenspielen, von Ch. Kuffner. 2 Bände. 8. Brünn, Traßler. (Leipzig, Hartmann.) 820.

Erzählungs- u. Bilder-ABC, belehr. u. unterhalt., e. Geschenk f. gutgeart. Schüler u. Schülerinnen. Vom Verf. d. Erbschaften ꝛc. M. 24 col. Bild. auf 8 Kpfrt. 12. (4½ B.) Leipzig 829, Kollmann.

Erzählungsbuch. Mit Beiträgen v. Conr. v. Bolanden, M. di San Callisto, Sophie Christ. (143 S.) 12. Mainz 902. Druckerei Lehrlingshaus. Geb. n. — 80

Erzählungsbuch für Knaben u. Mädchen, zur angenehmen u. nützl. Unterhaltung. Mit Kpf. Stuttg., Sonnewald. 6 ℊ ill. 8 ℊ

— neues moralisches, enthaltend e. Samml. edler Thaten, aus d. Leben guter Menschen ꝛc. Mit 1 Kpf. 12. Quedlinb. 810. Basse. 1 ℔

Erzählungs-Büchlein, das kleine, zur angenehmen u. nützl. Unterhalt. f. d. Jugend. M. 4 ill. Kpfr. qu. 16. (8 B.) Nürnberg 836, Campe'sche Buchh.

Erzählungslese, Poetische. Altona 1823. H: *Pinckvoss, Christian Glieb.* (GGr)

Poetische Erzählungs-Lese für die dichterische Bildung der Jugend und Deklamationsübung. 1—2. Th. Altona. 1823.

Erzählungsplan, Philantropinischer, oder vollständige Nachricht von dem ersten wirklichen Philantropin zu Marschlins. Frankfurt a. M. 1776. 2. Ausg. Frankenthal 1777. V: *Bahrdt, Carl Fch.* (Eckardt Müller 163/144) (GGr IV³/821, Nr. 8/49a) (Biblrort)

Erzählungsschriften zur Hebung der Vaterlandsliebe. 1.—3. Bdchn. 8. Linz, Ebenhöch'sche Buchh. cart. à Bdchn. 4

Inhalt:

Bdchn. 1. Weißenhofer, Rob., die Waise von Ybbsthal. Eine Erzählung aus der Zeit der Franzosen-Einfälle in Oesterreich. 2. Aufl. (VIII, 148 S.) 880.

" 2. — der Schweden-Peter. Eine Erzählung aus der Zeit des 30jähr. Krieges. (VIII, 135 S.) 880.

" 3. — das Glöcklein von Schwalbenbach. (132 S.) 882.

Erzählungsschriften zur Hebung der Vaterlandsliebe. 4. Bdchn. 8. Linz 889, Ebenhöch. cart. * 1 20

Weißenhofer, Rob. Erwin v. Prollingstein. Vaterländische Erzählg. aus der Zeit der ersten Türkeneinfälle in Oesterreich. (VII, 93 S. m. Titelbild.) 1.—3. Bdchn. Ebd. 1880—82. à * 1 20.

Erzählungsschriften zur Hebung der Vaterlandsliebe. 1. Bändchen. Inh: Dr. Robert Weißenhofer, Die Weise vom Ybbsthal. Eine Erzählung aus der Zeit der Franzosen-Einfälle in Oesterreich. 4. Auflage. 8. (X, 147 S.) Geb. —.60

Linz: Ebenhöch 1895.

Erzählungsschriften zur Hebung der Vaterlandsliebe. II. Bändchen. Inh.: Dr. Robert Weißenhofer, Der Schweden-Peter. Eine Erzählung aus der Zeit des dreißigjährigen Krieges. 3. Auflage. 8. (143 S.) Cart. —.60

Linz: Ebenhöch 1896.

Erzählungsschriften, sämmtliche, des Verfassers der Beatushöhle, s.a. Beatushöhle, die.

Erzählungsschriften, sämmtliche, des Verfassers der Beatushöhle (Wilh. Bauberger). Wohlf. Ausg. in 16 Bdn. Mit 32 Stahlst. nach J. Leudner. 8. Regensburg 849—51, Manz. à Bd. 11¼ Ngr.

Inhalt:

Bd. 1. Die Beatushöhle. Eine Erzählung für die gesammte edlere Lesewelt, besonders für die reifere Jugend. 2 Abthlgn. (270 S. und 2 Stahlst.)

" 2. Bilder aus dem Leben. Lectüre für Schule und Haus auf festliche Jahreszeiten. 2 Abthlgn. (192 S. und 2 Stahlst.)

" 3. Scenen und Gespräche. Zur lehrreichen Unterhaltung. 2 Abthlgn. (192 S. und 2 Stahlst.)

" 4. Das Thal von Almeria. 2 Abthlgn. (164 S. und 2 Stahlst.)

" 5. Die irländische Hütte. 2 Abthlgn. (166 S. und 2 Stahlst.)

" 6. Blumenspende für das reiferblühende Alter. 2 Abthlgn. 2., verm. Aufl. (192 S. und 2 Stahlst.)

" 7. Parabeln, Sagen und Erzählungen. 2 Abthlgn. (216 S. und 2 Stahlst.)

" 8. Der Einsiedler am Carmel. Eine erbauliche Legende. 2 Abthlgn. (176 S. und 2 Stahlst.)

" 9. Erzählungen und Mährchen. 2 Abthlgn. (192 S. und 2 Stahlst.)

" 10. Der Kohler aus Valencia. 2 Abthlgn. 2., verb. Aufl. (190 S. und 2 Stahlst.)

" 11. Die Klausnerin vom Karrenberge. Eine Erzählung aus den Zeiten der Kreuzzüge. 2 Abthlgn. (193 S. und 2 Stahlst.)

" 12. Die Negerin in Guayana. Eine Geschichte aus dem nördl. Südamerika. 2 Abthlgn. (164 S. und 2 Stahlst.)

" 13. Heinrich von Dinkelsbühl. 2 Abthlgn. (195 S und 2 Stahlst.)

" 14. Die Geschichte von den Spielern. Ein Sittengemälde aus dem Volksleben. 2 Abthlgn. (172 S. und 2 Stahlst.)

" 15. Otto v. Regensburg. Eine Geschichte aus der Zeit Rudolph's v. Habsburg. 2 Abthlgn. (264 S. und 2 Stahlst.)

" 16. Elsbeth vom Riedhof, oder: Die Bauern in Schwaben. (Im J. 1525.) Eine lehrreiche Volks- und Jugendschrift. 2 Abthlgn. (221 S. und 2 Stahlst.)

Erzählungsschriften, sämmtliche, des Verf. der Beatushöhle (Wilh. Bauberger.) Wohlf. Ausg. in 16 Bdn. Mit 32 Stahlst. nach Originalzeichnungen von J. Leudner. 1. Bd. 2 Abthlgn. Neue, verb. Aufl. A. u. d. T.: Die Beatushöhle. Eine Erzählung für die gesammte edlere Lesewelt besonders für die reifere Jugend. 2 Abthlgn. Neue, verb. Aufl. 8. (250 S. mit 2 Stahlst.) Regensburg 853, Manz. -

Wird auch u. d. T.: Sämmtliche Werke des Verf. der Beatushöhle 1. und 2. Bd. ausgegeben.

Erzählungsschriften, sämmtliche, des Verf. der Beatushöhle. (Chrph. v. Schmid.) Wohlf. Ausg. in 16 Bdn. 1. Bd. Die Beatushöhle. Eine Erzählung für die gesammte edlere Lesewelt besond. für die reifere Jugend. 8., verb. Aufl. 8. (253 S. mit 2 Stahlst.) Regensburg 867, Manz. -

Erzählungsschriften, sämmtliche, d. Verfassers d. Beatushöhle (W. Bauberger). Wohlf. Ausg. in 17 Bdn. M. 34 Stahlst. n. Orig.-Zeichngn. v. J Leudner. 1., 4., 5., 13., 15. u. 16. Bd. 12. Regensburg, Nationale Verlagsanstalt. à 1.15

1. D. Beatushöhle. E. Erzählg. f. d. ges. edlere Lesewelt, bes. f. d. reif. Jugend. 20. Aufl. (256 S. m. 2 Stahlst.) 895.

4. D. Thal v. Almeria. E. Erzählg. f. d. ges. edlere Lesewelt, bes. f. d. reif. Jugend. 15. Aufl. (150 S. m. 2 Stahlst.) 896.

5. D. irländ. Hütte. E. Erzählg. f. d. ges. edlere Lesewelt, bes. f. d. reif. Jugend. Neue, verb. Aufl. (160 S. m. 2 Stahlst.) 896.

13. Heinrich v. Dinkelsbühl. E. Erzählg. f. d. ges. edlere Lesewelt, bes. f. d. reif. Jugend. 11. Aufl (157 S. m. 1 Stahlst.) 896.

15. Otto v. Regensberg. E. Geschichte aus der Zeit Rudolfs v. Habsburg. D. ges. edleren Lesewelt, bes. d. reif. Jugend, erz. 10., verb. Aufl. (222 S. m. 1 Stahlst.) 895.

16. Elsbeth v Riedhof od. d. Bauern in Schwaben. (Im J. 1525.) E. lehrreiche Volks- u. Jugendschrift. 11. Aufl. (192 S. m. 2 Stahlst.) 895.

Erzählungsspiel z. Unterhalt. 16. Leipz. Sommer. 787.

Die Erzaufbereitungsanstalt der Lintorfer Bleiwerke. Berlin, 1881. 12 S. mit 3 Taf.

Erzbach, W. Müller-, s. M ü l l e r - Erzbach

Erzbergbahn, die. Mit den Anschlussstrecken Hieflau-Eisenerz u. Vordernberg-Leoben. Mit 12 Abbildgn. u. 1 Orientirungskarte. 8. (VIII, 38 S.) Wien 892. A. Hartleben. n. 1. 10

Der Erz-Bergbau. Zentralblatt für den gesamten Erzbergbau. Organ für die Interessen des deutschen Erzbergbaus. Offizielle Vereinszeitschrift des „Deutschen Erzgruben-Verbandes". Jg. 1—4 (1905—1908). Frankfurt a. M., 1905—1908 u. ff.

Erzbergbau, der. Zentralblatt f. den gesamten Erzbergbau. Organ f. die Interessen des deutschen Erzbergbaues. Wissenschaftliche Leitg.: A. Steuer. Hrsg. unter Mitwirkg. v. J. A. Ansorge, A. Arndt, W. Bruhns u. vielen anderen. Offiz. Vereinszeitschrift des Deutschen Erzgruben-Verbandes. Organ f. die Interessen der Erzgruben-Besitzer Oesterreich-Ungarns. Red.: Geo. Springer, f. Oesterreich-Ungarn: S. Metzl. 4.—6. Jahrg. 1908—1910. à 24 Hefte. (554, 462 u. 392 S. m. Abbildgn.) 31,5×22,5 cm. Berlin, Union, Zweigniederlassg. à Jahrg. 10. —

Erzberger, Joh.Georg: T h e s e s ex philosophia morali. (Resp.: Joh. Heinrich Ryhiner). 15 S.– Basel, Jur.Diss.v.14.Febr.1749.

Erzberger, Joh.Jakob: S e l e c t a juris naturae et gentium, s. T h e l l u s s o n , Joh. (Praes.)

Erzberger, Joh.Jakob: T h e s e s miscellaneae ex jure naturae et philosophia morali, s. G r y n a e u s , Joh. (Praes.)

Erzberger, Mathias, u. der **Militäretat.** (Nach den stenograph. Berichten des Reichstags.) (26 S.) gr. 8. Berlin 909. Buchh. der nationalliberalen Partei. —25

Erzberger, Mathias, Beiträge zur Parität in Württemberg, s.: Zeitfragen, politische, in Württemberg. Nr. 7.

Bilder aus dem Reichstagswahlkampf 1907. Die Agitation d. Zentrumsgegner, beleuchtet nach deren Wahlschriften von M[atthias] **Erzberger**, M. d. R. Berlin: Germania 1907. (56 S.) 8° [F.] 07. 9348

Erzberger, M., christliche od. sozialdemokratische Gewerkschaften? 12. (48 S) Stuttgart 898. Deutsches Volksblatt. n. — 20

Der Humor im Reichstage. Eine systematisch geordnete Sammlung von Parlamentsscherzen von Matthias **Erzberger**, M. d. R. Berlin: Verlagsges. f. Lit. u. Kunst (1910). 108 S. 8° [11. 941

Die Industrie-(Arbeits-)Kammern im Reichstage. Ein geschichtl. Überblick über d. seitherigen Bestrebungen im Reichstage auf Errichtung e. Interessenvertretung f. d. Industrie, zugleich e. Materialiensammlung. Dargest. von M[atthias] **Erzberger**, M. d. R. Jena: G. Fischer 1905. (V, 106 S.) 8° [F.] [05. 4673

Der Kampf gegen den Katholizismus in der Ostmark. Material z. Beurteilung d. Polenfrage durch d. deutschen Katholiken von M[atthias] **Erzberger**. Berlin: Germania 1908. 62 S. 8° [10. 1025

– Klerus und Gehaltsfrage. Beiträge zur Parität in den deutschen Bundesstaaten. Köln: Bachem 1908. 68 S. 8°

Die Kolonial-Bilanz. Bilder aus d. deutschen Kolonialpolitik auf Grund d. Verhandlungen d. Reichstags im Sessionsabschnitt 1905/06 dargest. von M[atthias] **Erzberger**, M. d. R. Berlin: Germania 1906. (93 S.) 8° [F.] [07. 4846

Erzberger, Matth., Material zur Handwerkerfrage. Aus den Verhandlungen der Handwerkerkonferenz in Ulm am 13. IV. 1899. Zusammengestellt und erweitert. 12°. Stuttgart, Deutsches Volksblatt, 1899.

Das neue Militärpensionsgesetz für Mannschaften und Militäranwärter. Nebst e. Anh. über d. Veteranenbeihilfe. Von M[atthias] **Erzberger**, M. d. R. 3. Aufl. Berlin: Germania (1906). (74 S.) 8° [F.] [07. 4847

Millionengeschenke. Die Privilegienwirtschaft in Südwestafrika. Mit einer Materialiensamml. über d. bergrechtlichen Verhältnisse dieses Schutzgebietes nebst Kt. von Südwestafrika von M[atthias] **Erzberger**, M. d. R. Berlin: Germania 1910. 96 S. 8° [11. 1085

— s.: Nachschlagewerk, geschichtliches, sozialpolitisches u. apologetisches.

Die Säkularisation in Württemberg von 1802–1810. Ihr Verlauf u. ihre Nachwirkungen. Dargestellt von M. **Erzberger**, Redakt. *Stuttgart: Deutsches Volksbl. 1902.* (VII, 448 S.) 8° [F.] [02. 2373

Erzberger, Sozialdemokratie, s. Tages-Fragen, soziale.

— die Sozialdemokratie in früheren Tagen. Auszüge aus den Protokollen der sozialdemokratischen Parteitage über einige wicht. Tagesfragen: Sozialreform—Schutzzoll—Bauernstand. (32 S.) kl. 4. Stuttgart 903. Deutsches Volksblatt. n. — 20

— Sozialdemokratie u. Zollpolitik, s. a. Tages-Fragen, soziale.

Sozialdemokratie und Zollpolitik. Auf Grund d. Parlamentsakten u. Parteitagsprotokolle geschildert von M[atthias] **Erzberger**, Mitgl. d. Reichst. M.Gladbach: Volksver. f. d. kath. Deutschl. 1905. (25 S.) 8° [F.]
= **Tages-Fragen**, Soziale. H. 30. [05. 3304 5

Sozialdemokratie und Zollpolitik. Auf Grund d. Parlamentsakten u. Parteitagsprotokolle geschildert von M[atthias] **Erzberger**, M. d. R. 2. verm. Aufl. M.-Gladbach: Volksver.-Verl. 1908. (31 S.) 8°
= **Tages-Fragen**, Soziale. [Neue Zählung.] H. 30. [08. 1818

— Gegen die Steuerhetzer! Reichsfinanzreform u. Reichspolitik, s.: Zeitfragen, politische, in Württemberg. Nr. 14.

— der Toleranzantrag der Zentrumsfraktion des Reichstages. (XVIII, 283 S.) 8. Osnabrück 906. B. Wehberg. n. 3. 50; Auszug. (54 S.) n. — 25

— Warum ist der Reichstag aufgelöst worden? Ein offenes Wort an die Wählerschaft. (89 S.) 16. Ebd. (906.) p — 20

Erzberger, M[atthias], Warum ist der Reichstag aufgelöst worden? E. offenes Wort an d. Wählerschaft. Berlin [1907]. 8°.

— was man von dem neuen Militärpensionsgesetz wissen muß. Das Gesetz, f. Kapitulanten, Militäranwärter, Kriegsinvaliden, Militärrentenempfänger, sowie die Mannschaften des aktiven Heeres gemeinverständlich erläutert. Mit Mustern f. Eingaben. (63 S.) 16. Ebd. (906.) n. — 20

Das deutsche Zentrum. Von M[atthias] **Erzberger**, M. d. R. Amsterdam: 'Messis' 1910. 143 S. 8°
(Politische, volkswirtschaftl. u. apologet. Studien.) [10. 5914

Zentrum und Reichsfinanzreform. Hrsg. von Mitgliedern d. Zentrumsfraktion d. Deutschen Reichstages. [Verf.: Matthias **Erzberger**.] 11. 60. Taus. Berlin: Germania 1909. 90 S. 8° [09. 17004

— die Zentrumspolitik im Reichstage. Reichstags-Session vom 3. XII. 1903 bis 16. VI. 1904. Eine Uebersicht über die Tätigkeit der Zentrumsfraktion in der 1. Session der XI. Legislaturperiode. (XV, 174 S.) 8. Coblenz 904. Görresdruckerei. n. 1. 50

Erzberger, Mathias, die Zentrumspolitik im Reichstage. Reichstags-Session vom 29. XI. 1904 bis 30. V. 1905. Eine Uebersicht über die Tätigkeit der Zentrumsfraktion im 2. Tagungsabschnitt der 1. Session der XI. Legislaturperiode. (XV, 268 S.) 8. Coblenz 905. Görresdruckerei. n. 2. —

— dasselbe. Reichstags-Session vom 28. XI. 1905 bis zum 28. V. 1906. Eine Uebersicht über die Tätigkeit der Zentrumsfraktion im 1. Tagungsabschnitt der 2. Session der XI. Legislaturperiode. (XV, 167 S.) 8. Ebd. 906. n. 1. 25

— Die Zentrumspolitik im Reichstage m. besond. Berücksicht. der Kolonialpolitik. Eine Übersicht üb. die Tätigkeit der Zentrumsfraktion in der 11. Legislaturperiode vom 3. XII. 1903 bis 13. XII. 1906. (79 S.) gr. 8. Berlin 907. Germania. 1. 50

— dasselbe. Reichstagssession vom 19. II. bis 14. V. 1907. Eine Uebersicht üb. die Tätigkeit der Zentrumsfraktion in dem ersten Sessionsabschnitt der 12. Legislatur-Periode. (93 S.) gr. 8. Ebd. 907. 1. 50

— dasselbe. Reichstagssession vom 22. XI. 1907 bis 7. V. 1908. Eine Uebersicht üb. die Tätigkeit der Zentrumsfraktion in dem 2. Sessionsabschnitt der 1. Session der 12. Legislatur-Periode. (196 S.) gr. 8. Ebd. 908. p 3. —

— dasselbe. Reichstagssession vom 20. X. 1908 bis 15. VII. 1909. Eine Uebersicht üb. die Tätigkeit der Zentrumsfraktion in dem 3. Sessionsabschnitt der 1. Session der 12. Legislatur-Periode. (236 S.) gr. 8. Ebd. 909. p 3. —

— dasselbe. Reichstagssession vom 30. XI. 1909—10. V. 1910. Eine Uebersicht üb. die Tätigkeit der Zentrumsfraktion im 1. Sessionsabschnitt der 2. Session der 12. Legislaturperiode. (152 S.) Ebd. 910. 2. 50

Die Lintorfer Erzbergwerke. Gruppe II, Nr. 138 in der Düsseldorfer Gewerbeausstellung v. 1880. — Düsseldorf: Schwann [1880]. 43 S. 8° 38.

Die Selbecker Erzbergwerke bei Mintard (Kreis Düsseldorf). Zur Erinnerung an den 3. Allgemeinen deutschen Bergmannstag in Düsseldorf, September 1886. Düsseldorf, 1886. 15 S. mit 1 Taf. und 2 Karten.

Erzbetrüger, der, Sabbatai Sevi, der letzte falsche Messias der Juden, unter Leopolds I. Regierung. Im Jahr der Welt 5666, u. dem 1666sten nach Christi Geburt. Halle 1760. (Anastat. Neudr.) (32 S. m. 1 Bildnis.) 8. Berlin (907). (L. Lamm.) 2. —

Erzbischof

Erzbischof, der, Herrmann v. Freiburg und die großherzogl. badische Regierung. gr. 8. (31 S.) Leipzig 854, O. Wigand. *

Erzbischof, der, von Cöln u. seine Angelegenheit. Zum ersten Male vollständ., gründl., wahrhaft u. unpartheiisch dargest. u. beleuchtet von e. Rheinpreußen. gr. 16. (5½ B.) Nordhausen 838, Fürst.

Erzbischof, Der, von Köln Clemens Augsut Frh. von Droste zu Vischering, seine Principien und Opposition . . . Leipzig 1837. V: *Steinmann, Friedrich August.* (Zeitschr. f. Büch. 1923, S. 84)

Erzbischof, der, von Köln Clemens August Freiherr von Droste zu Vischering, seine Principien u. Opposition. Nach und mit authentischen Actenstücken u. schriftlichen Belegen dargestellt. 8. Leipzig 837. Brockhaus. 1/3 ß

Erzbischof, Der, von Köln in Opposition mit dem Preussischen Staatsoberhaupte . . . Carlsruhe 1838. V: *Müller, Alexander.* (Zu) (EngJ) (Th)

Erzbischof, der, von Köln in Opposition mit dem Preußischen Staatsoberhaupte, oder neuestes Beispiel der offenen Auflehnung und starren Reaction wider die Kirchenhoheit der Staatsregierung, mit Rückblicken auf die vielfach revolutionären Umtriebe, mit zeitgemäßen Erinnerungen an das Corpus Evangelicorum, dann mit noch verschied. Zugaben, für die Lehre v. gemischten Ehen u. anderen, in das bürgerl. Leben tief eingreifenden Kultusangelegenheiten. Von dem Herausgeber des Canonischen Wächters. gr. 8. Karlsruhe 838. Müller. 1 1/2 ß

Erzbischof, Der, von Cöln und die preussische Staatsregierung. Von einem Katholiken. Leipzig 1838. V: *Ellendorf, Jos. Otto* (?) (Zu) (Th)

— der, von Köln u. die preußische Staatsregierung. Von einem Katholiken. gr. 8. Rudolstadt 838. Fröbel; Leipzig, Engelmann. 1/4 ß

Erzbischöfe, die, von Köln u. Posen. Darstellung der welthistorischen Bedeutung der katholischen Frage in Preußen. Von Anton Graf von *, Domcapitular im hohen Metropolitancapitel zu *. gr. 12. Leipzig 838 (Müller.) 2/3 ß

Erzbischöfe u. Bischöfe, die in Würzburg versammelten, Deutschlands an den gesammten Hochw. Klerus ihrer Diözesen. gr. 4. (8 S.) Mainz 849. Wirth. 2 ngl

Erzbischofswahl, Die, in Freiburg. Von einem praktischen Juristen. Mainz 1869. V: *Lieber, Moriz.* (cramerBkde S. 78)

Erzbischofswahl, die, zu Freiburg, mit Rücksicht auf die seither darüber erschienenen Schriften, dargestellt von einem prakt. Juristen. gr. 8. (32 S.) Mainz 869, Kirchheim.
Aus: Archiv für katholisches Kirchenrecht, besonders abgedruckt.

ERZBRUDERSCHAFT DER ALLERHEILIGSTEN DREYFALTIGKEIT. Die Unendliche Liebe Der Allerheiligsten Drey-einigen GOttheit An alle Erschaffene Creaturen / Zuforderist Auf eine gewisse Weise an die eyfrige Brüder und Schwester Einer Englischen Ertz-Bruderschafft der Allerheiligsten Dreyfaltigkeit von Erlösung deren gefangenen Christen: Als dise zum erstenmal nach ihrer Ambt-Ordnung an dem hohen Titular-Fest der Allerheiligsten Dreyfaltigkeit zu Carlsburg in dem Fürstenthum Siebenbürgen erschinen / und aufgetretten Zum Vergnüglichen Trost / Wie auch Beförderung ihrer GOTT-gefälliger Andacht Vorgestellet im Jahr 1734. Clausenburg 1734. Gedr. in der Academischen Buchdr. durch Simon Thaddäus Weichenberg. 8 l. - 200 mm

[F.] **Erzbruderschaft** der Ehrenwache des göttlichen Herzens Jesu . . . *Paderborn: Bonifacius-Dr. 1897.* (31 S.) 1 Bd 8. [98. 4739

Erzbruderschaft der Ehrenwache des göttlichen Herzens Jesu. *Paderborn: Bonifacius-Dr. 1899.* (31 S.) 8° [F.] [00. 8998

Erzbruderschaft, die, von Unserer lieben Frau, der Königin der Engel. Nach dem Französ. bearb. von einem Mitgliede der Erzbruderschaft. 1. Aufl. (102 S.) 40 Pf. und 2. Aufl. 8. (102 S.) Graz 875, Vereins-Buchdruckerei. *

Erzbruderschaft des heiligsten u. unbefleckten Herzens Mariä, s. Hecht, Laurenz.

ERZBRUDERSCHAFT des heiligsten und unbefleckten Herzens Mariä zur Bekehrung der Sünder. Budapest o. J. Verl. Rózsa Kálmán és Neje. Verlags- u. Buchdruckerei A.G.

Erzbruderschaft des heiligsten u. unbefleckten Herzens Mariä zur Bekehrung der Sünder. Auszug aus einem größeren französ. Werke. Nebst einem Anhang von Morgen-, Abend-, Meß-, Beicht-, Kommunion-, Vesper-, Kreuzweg- u. a. Gebeten. (Mit Titelbild.) 12. Einsiedeln 841. (Regensburg, Manz.) n. 1/3 ß

Erzbruderschaft des heiligsten u. unbefleckten Herzens Mariä, errichtet in d. Pfarrkirche Unserer Lieben Frau vom Siege zu Paris. Ausgezogen aus d. franz. Werke d. Hochw. Hrn. Dufriche Desgenettes. 1—4., verb. Aufl. u. 5. A., verb., mit d. Gesch. d. Bekehr. d. jungen Israeliten Alphons v. Ratisbonne erweitert, u. mit e. empfehl. Vorw. begleitet, v. Laurenz Hecht. (M. 2 Lithog.) gr. 18. (338 Seit.) Einsiedeln 841, 42, Gebr. Benziger. à

Erzbruderschaft des heil. u. unbefleckten Herzens Mariä zur Bekehrung der Sünder. Ein Ausz. aus d. Franz. Neue, verb., mit Morgen-, Abend- Meß-, Beicht-, Kommunion- u. der zwölfsamstäg. Andacht verm. Aufl. 18. (310 Seiten.) Stadtamhof 842. (Regensburg, Manz.) Thlr. * -

— des heiligst. u. unbefleckt. Herzens Mariä, errichtet in der Pfarrkirche U. L. Frau vom Siege zu Paris. Aus d. französ. Werke des Dufriche Desgenettes und verm. mit zweckmäß. Andachtsübungen. 5. Aufl., verb., mit der Geschichte der Bekehrung des Alph. von Ratisbonne, mit e. Vorwort von Laurenz Hecht. (Mit 2 Lithogr.) gr. 18. Einsiedeln 843, Gebr. Benziger. 6 1/4 ngl — 6.—10. Aufl. 11. verb. Ausg. Mit 2 Bild. 18. Ebend. 844. 1/4 ß — Groß. Druck. 18. Ebend. 5/12 ß — 12. verm. u. verb. Aufl. 18. Ebend. 8 ngl

—— des heil. u. unbefleckten Herzens Mariä z. Bekehrung der Sünder, errichtet in d. Pfarrkirche Unserer Lieben Frau v. Siege zu Paris. Ein Ausz. aus d. Werken: „Handbuch u. Annalen dieser Erzbruderschaft, berichtend deren Entsteh., Verbreitung u. Wirkungen rc." 6—12., verb. u. verm. Ausg. v. Laurenz Hecht. 18. (à 10 B. u. 2 Stnt.) Einsiedeln 846, Gebr. Benziger. à

—— dass. Großer Druck. 18. (14 B.) Einsiedeln 845, Gebr. Benziger. -

Erzbruderschaft des heiligsten und unbefleckten Herzens Mariä zur Bekehrung der Sünder, errichtet in der Pfarrkirche Unserer Lieben Frau vom Siege zu Paris. Ein Auszug aus den Werken: „Handbuch und Annalen dieser Erzbruderschaft". 13. und 14., verb. und verm. Ausg. von Laurenz Hecht. 18. (358 S. und 2 Stnt.) Einsiedeln 848, Gebr. Benziger.

Erzbruderschaft, die — des heiligsten und unbefleckten Herzens Mariä zur Bekehrung der Sünder. Zusammengestellt von einem Priester der Versammlung des allerheiligsten Erlösers. *Wien* 1858 (1857). Druck von *Carl Ueberreuter*. 34 Seit. 8°.

— die, d. hochheiligen u. unbefleckten Herzens Mariä zur Bekehrung der Sünder, welche in Paris in der Kirche unserer lieben Frau vom Siege errichtet u. in der Diözese Eichstatt eingeführt ist. gr. 16. (79 S.) Eichstätt 873. Krüll. n. — 25

Erzbruderschaft der christlichen Mütter. Mit erzbischöfl. Genehmigung zu Freiburg im Breisgau gegründet am St. Anna-Tag 1861. gr. 16. (8 S. mit 1 Stahlst.) Freiburg i. Br. 887, Herder'sche Verlagsh. *

Erzbruderschaft der christlichen Mütter. Mit erzbischöfl. Genehmigg. zu Freiburg im Breisgau gegründet am St. Annatag 1861. (Neuer Abdr.) 12. (8 S. m. Titelbild.) Freib. i. Br. 890, Herder. * — 20

— d. christl. Mütter. Mit erzbischöfl. Genehmigung zu Freiburg im Breisgau gegr. am St. Anna-Tag 1861. 3. Aufl. gr. 16. (8 S. m. 1 Stahlst.) Freiburg i/B. 897, Herder. n. — 20

— der christlichen Mütter. Mit erzbischöfl. Genehmigg. zu Freiburg im Breisgau gegründet am St. Anna-Tag 1861. 4. Aufl. gr. 16. (8 S. m. 1 Stahlst.) Freiburg i/B. (900). Herder. n. — 20

Erzbruderschaft der christlichen Mütter. Mit erzbischöfl. Genehmigg. zu Freiburg im Breisgau gegründet am St. Anna-Tag 1861. 6. Aufl. (8 S. m. 1 Stahlst.) kl. 8. Freiburg i/B. 904. Herder. n. — 20

Erzbruderschaft der christlichen Mütter. Mit erzbischöfl. Genehmigg. zu Freiburg im Breisgau gegründet am St. Anna-Tag 1861. 7. Aufl. (16 S. m. 1 Stahlst.) kl. 8. Freiburg i/B. (909). Herder. — 25

Erzbruderschaft der Christlichen Mütter. Mit erzbischöfl. Genehmigung zu Freiburg i. Br. gegründet am St. Anna-Tag 1861. Mit 1 Stahlst. 8. Aufl. Freiburg i. Br.: Herder (1910). 16 S. 8°

Erzbruderschaft, Die, des heiligen Rosenkranzes. Nach den zuverlässigsten Quellen bearbeitet. Regensburg 1880. V: *Löcherer, Jos.* (Russell IX, 620)

Erzbruderschaft des hochheiligen Rosenkranzes. 16. (16 S.) Dülmen 882. Laumann. n. 4. —

Erzbruderschaft d. hochheiligen Rosenkranzes. 16. (8 S.) Salzburg 884. Pustet. n. — 3; 100 Stück n. 2. —

Erzbrudorschaft des heiligen Rosenkranzes. *Neustadt O.-S.: F. Heinisch (1901).* (39 S.) 8° [F.]

Erz-Brüderschaft, recht englische, des allerheiligsten Sacraments. 8. Marburg 833. Garthe. 1/12 ß

ERZBRUDERSCHAFT des Rosenkranzes, zur beständigen Erinnerung der vornehmsten Geheimnisse des allerheiligsten Lebens, Leidens und der Herrlichkeit unsers Erlösers Jesu Christi und zur Verehrung seiner auserwählten Mutter Maria. Turócszentmárton (Sankt Martin) 1885: Buchdruckerei Actien-Verein. 197 (2) S. - 180 mm

ERZ-BRUDERSCHAFT-BÜCHLEIN Englischer Erz-Bruderschaft der Allerheiligsten Dreifaltigkeit, welche in der Königlichen Frey-Stadt St. Georgen ... den 6. May im Jahr 1761. eingeführet. Pressburg 1761: J. M. Landerer. (71 S.) - 230 mm

ERZ-BRUDERSCHAFTS-BÜCHLEIN der allerheiligsten Dreifaltigkeit in der löblichen Pfarr-Kirchen der königl. Freystadt Pest in Ungern. Ofen 1748. Gedr. bey Veronica Nottensteinin, Wittib. 12 f. - 16°.

Der Erz-Druide: Jahrgang 1 - 25, Jan. 1866 - 1900.

Monthly. Sub title: Eine Monatsschrift gewidmet den Interessen des Druiden-Ordens in den Vereinigten Staaten von Amerika; later, Officielles Organ des Vereinigten Ordens der Druiden. Place of publication varies: Quincy, Ill., Jan. 1866 -? Published in English and German, 1881 - 90. Quarto, each issue 16 - 36 pages; title-page and contents issued. Edited & published by Karl Petri, Jan. 1866 - Dec. 1880; by Heinrich Freudenthal, Jan. 1881—?
Albany, NY

Erz-Druide, Der; Off Organ d Vereinigten Alten Orden d Druiden. 6v. Quincy, Ill, 1866-71.

Die Erz-Druide: Jan. - Dec. 1866. Quincy, IL
Ed. Karl Petri. Published in office of Quincy Tribune.

Anonym: „Actenmässige Erzehlung, Was wegen der nach Anleitung des durch jüngere Reichs-Gesetze blos auf der Saumsaal eingeschränckten Speyrischen Reichs-Abschieds de Anno 1570 neuerlich einzuführen gesuchten Abordnung einiger Kayserlicher Herrn Commissarien und der Herrn Räthen der vier Hohen Rheinischen Herrn Churfürsten auf die Franckfurter Messen, zur Aufsicht über das Müntz-Wesen / seiter dem unterm 13. Aug. 1759 ins Reich publicirten Kayserlichen allerhöchsten Müntz-Patent bey dem höchstpreisslichen Reichs-Hof-Rath vorgegangen. Nebst Beylagen von Lit. A bis T incl.", Frankfurt a. M. 1760. — Vorh.: StB Nürnberg.

Erzehlung, denkwürdige u. umständl., wie die Stadt Rom durch die Armeen Kaysers Karoli V. 1527 belagert, eingenommen und geplündert worden. A. d. Frantz. 1706.

Denckwürdige und umständliche Erzehlung, wie die Stadt Rom durch die Armee Keysers Caroli V. i. J. 1527 belagert, eingenommen und geplündert worden. Aus d. Franz. o. O. 1709. 8°.

Kurtze doch umständlich u. ex actis abgefaßte Erzehlung der von den beyden Scharffrichter Knechten Joh. Gottfr., u. Joh. Balth. Gebrüder die Müller den 27. Junii 1736 an der Scharffrichter Wittwe Euphros. Fuchsin, verübten gewaltthätigen Ermordung, u. der darauf erfolgten Strafe. Nebst angehängter kurtzen specie facti der von Chr. Wilh. Torno u. seiner Frauen Anna Cath. Jahnin, den 23. Dec. 1735 an ihren Schwager Joh. Hakotz u. dessen Frauen u. Tochter verübten Mordthat. Berlin 1737.

Erzehlung: Seltsamer Naturgeschichten Des Schweitzer-Lands wochentliche Erzehlung

② Natur-Geschichten des Schweizerlands. Zweyter Theil (6. 1. 1706—29. 12. 1706); Schweizer Berg-Reise (5. 1. 1707—28. 12. 1707) ⑤ 11. 2. 1705—28. 12. 1707 ⑥ 8° ⑦ Wochenblatt ⑧ Zürich Schaufelberger & Hardmeier ⑩ Johann Jakob Scheuchzer ⑪ Johann Jakob Scheuchzer (der Verfasser) ⑬ BGSZ: 99 ⑬ Zh: Z; Bs: U ⑮ Buchtitel des Jahresbandes: Beschreibung der Naturgeschichten des Schweizerlandes; Buchtitel der ganzen Sammlung: Helvetiae Historia Naturalis oder Natur-Historie des Schweitzerlandes. Enthält Illustrationen (Stiche von Melchior Füßlin).

Erzehlung derer durch Samuel Brand verübten gantz unmenschlichen Thaten un siner darauf erfolgten Hinrichtung. Lancaster, Pa.: Franz Bailey, 1774. LCP

Umbständliche Erzehlung der Sachen sich enthaltend zwischen: Hans Henrich Baron von **Kleimanseck** angemasten Retrahenten und Citanten an einem Und: Adrian von Temming auff Kohövet Citaten am andern Theile. Cum rationibus dubitandi & decidendi in puncto angemasten Beyspruchs an das Adel. Guth Kohövot Cum adjunct. sub. Lit. A—Q. o. O. u. J. (1700?) Fol.

Erzählungen. Erzehlungen von dem Fürchterlichen Erdbeben, welches eine Lobl. Eydgenoßschafft erschüttert hat ... den 9. Christmonat. 1755. samt Gottholds zufälligen Andachten darüber. 4. (Zürich 1755.)

„Monatliche Erzehlungen allerhand künstlicher und natürlicher Curiositäten, unter einer anmuthigen Romaine, aus den neuesten Büchern heraus gezogen und mit eigener Erfahrung bewähret. Mai bis August", Leipzig 1689 (Saarische Erben und Joh. Herb. Kloss). — Vorh.: Preußische Staatsbibliothek Berlin — Oo 13275.

Erzel, Alc. Ant., Diss. de morbo hypochondriaco. 78 pp. Vienn. 8°. *1782.*
Gruner, Krit. III, 74. *Kortum & Schäffer,* Bibl. II, 544. *Eyerel,* II, 394—436. (Gute Compilation.)

Erzepki, Boleslaus (Red.), s. Mittheilungen, Posener Archaeologische.

Krzepki, Boleslaus: Der Text der Gnesener Predigten kritisch beleuchtet. Einleitung zur Abhandlung „Die Sprache der Gnesener Predigten" .... Posen, Druck v. I. J. Krassowski (Dr. W. Lebiński) 1885; 8 + 59 S. 8°.
Breslau, Phil. Fak., Inaug.-Diss. v. 10. Sept. 1885.

Erzepki, Boleslaus, der Text der Gnesener Predigten, kritisch beleuchtet. Einleitung zur Abhandlung: „Die Sprache der Gnesener Predigten". Inaugural-Dissertation. gr. 8. (50 S.) Posen 885. (Breslau, Köhler.) *

Erzerum, Abdul, s. Abdul.

Erzeugniße aus verzinkten Eisen und Eisenblech der k. k. landesbefugten Fabrik von Winiwarter & Gersheim in Gumpoldskirchen bei Wien. Mit einem Anhang: Die theoretische Begründung der neuen Dach-Konstruktion und einem Nachtrag: Ueber deren praktische Durchführung in einzelnen Fällen. Zweite vermehrte Auflage. (Mit Holzschnitten und 4 lithogr. Tafeln.) Wien, 1856. Verlag und Druck von Karl Gerolds Sohn. (33 S. 4 Bl. 4.)

Erzeugnisse, die elektrotechnischen, in dem Entwurfe zu e. neuen schwedischen Zolltarif, s. Verein zur Wahrung gemeinsamer Wirtschaftsinteressen der deutschen Elektrotechnik. Nr. 13.

Die elektrotechnischen **Erzeugnisse** in dem Entwurfe zu einem neuen schwedischen Zolltarif. Aus dem v. d. Zolltarifausschuß d. schwed. Finanzministerium vorgelegten Tarifentwurf übers. auf Veranlassung d. Vereins z. Wahrung gemeinsamer Wirtschaftsinteressen d. deutschen Elektrotechnik. Berlin: Siemens in Komm. 1909. 40 S. 4°(8°)
(Verein z. Wahrung gemeinsamer Wirtschaftsinteressen d. deutschen Elektrotechnik. Nr 13.)

Erzeugnisse, die, des deutschen Gewerbfleißes in ihrer National-Ausstellung zu Berlin 1844. Nach geograph. Verbreitung der betheiligten Fabrikationsstätten zusammengestellt in der geograph. Kunstschule zu Potsdam von A. Petermann. Lithogr. u. illum. Imp.-Fol. 845. (Berlin, Eyssenhardt'sche B.) n. 5/6 ℛ

— poetische, d. Russen. Uebersetzt u. herausg. von K. Fr. von der Borg. 2 Bde, nebst e. Anh. biograph. u. literar.-histor. Notizen. 8. Riga u. Dorpat 821, 23. Hartmann. 2 ℛ 10 g℔ Lpz., Hinrichs. Hbg. Pr. 1 ℛ 8 g℔ 2r apart 16 g℔

Erzeugnisse, poetische, d. Russen. (Uebersetzt) von K. Fr. von der Borg. 2 Bde, nebst einem Anhang biograph. u. literarisch-histor. Notizen. gr. 12. Riga 825, Hartmann.

Erzeugnisse der Silber-Schmiede-Kunst aus dem 16. bis 18. Jahrh., im Besitz der Hrn. Jul. u. Karl Jeidels in Frankfurt a/M. Photogr. Aufnahme u. Lichtdr. v. Kühl & Co. 1. u. 2. Serie. Fol. (à 25 Bl. m. 1 Bl. Text.) Frankfurt a/M. 883. Jügel's Nachf. In Mappe. 60. —

Erzeugnisse aus dem Gebiete des Wahren und Schönen. Regensburg 1798. V: *Koller, Benedict Joseph.* (Ky)

Erzeugnisse a. d. Gebiete des Wahren u. Schönen. 8. Regensb. Montag. 798.

Erzeugung, die, des Menschen, ein Leseb. f. Ehelustige rc. 8. Stendal, Franzen. 792.

Erzeugung, über die, des Menschen und dessen Geburt. Zur Belehrung für Hebammen und Landchirurgen. 8. Zerbst, Füchsel. 820

Erzeugung, über d., des Menschen u. dessen Geburt. Zur Belehrung f. Hebammen u. Landchirurgen. 8. Zerbst 820. (Kummer). 6 g℔

Erzeugung, über die, des Roh- und Stabeisens in England, besonders aber in Südwales. Aus d. Engl. v. Karl Hartmann. Mit 1 lithogr. Taf. gr. 8. Quedlinburg 833. Basse. 3/4 ℛ

— über die, des Zuckers aus Ahornsaft. 8. Ofen 812. Topogr. Soc. 12 g℔

Erzgebirge [Sachliches Ordnungswort]

Erzgebirge, das. Gemeinverständliche wissenschaftl. Aufsätze. Hrsg. vom Erzgebirgsverein Chemnitz. 2. Bd. 1. u. 2. Hft. gr. 8. Leipzig (Menger). à Hft. n. — 50

1. Erzgebirgisches Volks- u. Wirthschaftsleben im 16. Jahrh. Von H. Jacobi. (27 S.) 893.
2. Flurnamen aus dem Erzgebirge. Von E. Weinhold. Ausflug von Chemnitz nach Wildenthal u. dem Kranichsee. Von Zimmermann. (S. 29—75 m. 1 Ansicht.) 894.

Der 1. Bd. erschien 1889 u. d. T.: Aufsätze, gemeinverständliche wissenschaftl., üb. das Erzgebirge. 1. Jahrbuch d. Erzgebirgsverein Chemnitz.

Erzgebirge, das. Gemeinverständl. wissenschaftl. Aufsätze. Hrsg. v. Erzgebirgsverein Chemnitz. 2. Bd. 3. (Schluß-) Hft. gr. 8. [Leipzig 896. Menger.] Annaberg, Graser. n. — 50

Thum während d. 30jähr. Krieges. Von P. Schneider. Flurnamen a. d. Erzgebirge, 2. Tl. Von E. Weinhold. (IV u. S. 77—132.)

— dasselbe. 3. Bd. 1. Hft. gr. 8. Annaberg 898. Graser. n. — 50 (I—III, 1.: n. 3. 50)

D. Unruhen i. Erzgebirge währ. d. Bauernkrieges. Von Paul Uhle. (36 S.)

Das **Erzgebirge.** Prakt. Reiseführer. 3. Aufl. neu bearb. v. Dr. Jacobi. M. Kt.-Beil. *Berlin: A. Goldschmidt 1895.* (2 Bl., 191, 4 S., 2 Kt., 1 Tab.) 1 Bd 8.
— **Reisebücher,** Griebens. Bd 40. [96. 2645

Das **Erzgebirge.** Prakt. Reiseführer. 4. Aufl., neu bearb. von Dr. Jacobi. Mit 5 Kartenbeil. *Berlin: A. Goldschmidt 1900.* (IV, 180 S.) 8°
— **Reisebücher,** Griebens. Bd 40. [00. 2064]

Das **Erzgebirge.** Prakt. Reiseführer. 5. Aufl., neu bearb. von Dr. Jacobi. Mit 5 Karten. *Berlin: A. Goldschmidt 1903—04.* (IV, 176 S.) 8°
— **Reiseführer,** Griebens. Bd 40. [04. 3844

Das **Erzgebirge.** Prakt. Reiseführer. Neu bearb. 6. Aufl. Mit 5 Karten. Berlin: A. Goldschmidt 1908–09. (136 S.) 8°
— **Reiseführer,** Griebens. Bd 40. [08. 15350

Das **Erzgebirge** mit Berücks. d. mittl. u. östl. Vogtlands. Prakt. Reiseführer. Mit 5 Kt. Neu bearb. 7. Aufl. Berlin: Goldschmidt 1910–11. 147 S. 8°
(Griebens Reiseführer. Bd 40.) A 11. 5777

Das **Erzgebirge.** Wanderkarte mit den v. Erzgebirgs-Ver. farbig bezeichneten Wegen ... Maßst. 1:125,000. [Mit 5 Nebenkarten.] *Annaberg: Graser in Komm. [1904]; Dr. von J. C. F. Pickenhahn & Sohn in Chemnitz.* (1 Kartenbl. 84×55 cm.) quer-gr. 2° [kol.] [04. 22928

Das **Erzgebirge.** Wanderkarte mit den v. Erzgebirgs-Ver. farbig bezeichneten Wegen in Rotdruck. Hrsg.: Der Gesamtvorstand d. Erzgebirgs-Ver. ⟨e. V.⟩, Schneeberg. Maßst. 1:125,000. *Schneeberg: Erzgebirgs-Ver. 1904.* (1 Kartenbl. 84×55 cm.) quer-gr. 2° [04. 9713

Erzgebirge [Schlagwort]

— s. a.: **Elbegebiet.**

— s. a. **Hand- u. Reisekarten.** 22.

— s. a.: **Schwarzenberg.**

— s. a. **Westentaschen-Sammlung.**

Erzgebirge. Fiedler, A., Karte vom Erzgebirge. 1:250,000. Chromolith. qu. Fol. Dresden 888. Bloem. n. 1. —

Erzgebirge. Gaebler, Ed., Special-Karte d. sächsisch-böhmischen Erzgebirges, auf Grund neuester Materialien bearb. u. gezeichnet. 1:125,000. Oestliches Blatt. Farbendr. 70×49,5 cm. Chemnitz 892. B. Troitzsch. n. 1. 50

Erzgebirge. Gaebler, Ed., Special-Karte d. sächsisch-böhmischen Erzgebirges, auf Grund neuester Materialien bearb. u. gezeichnet. Westlicher Theil. 1:125,000. 69,5 × 50 cm. Farbendr. Chemnitz 896. B. Troitzsch Nachf. n. 1. 50

Erzgebirge. Gaebler, Eduard, Spezial-Karte des sächsisch-böhmisch. Erzgebirges, auf Grund neuester Materialien bearb. u. gezeichnet. Westlicher Tl. 1:125,000. 3. Aufl. 70,5×50,5 cm. Farbdr. Chemnitz (908). B. Troitzsch Nachf. 1.50

Erzgebirge. Gaebler, Eduard, Touristenkarte des gesammten sächsisch-böhmisch. Erzgebirges. Auf Grund der Generalstabskarte bearb. u. gezeichnet. 1:125,000. 3. verb. Aufl. 70,5×91 cm. Farbdr. Chemnitz (902). B. Troitzsch Nachf. n. 2. 50; auf Leinw. n. 3. 50

Erzgebirge. Gaebler, Eduard, Touristenkarte des gesamten sächsisch-böhmischen Erzgebirges. Auf Grund der Generalstabskarte bearb. u. gezeichnet. 4., verb. Aufl. Durchgesehen, berichtigt etc. v. B. Schlegel. 1:125,000. 70,5×91,5 cm. Farbdr. Chemnitz (904). B. Troitzsch Nachf. n. 2. 50; auf Leinw. n. 3. 50

— — Touristenkarte d. gesammten sächsisch-böhmischen Erzgebirges. Auf Grund d. Generalstabskarte bearb. u. gezeichnet. 1:125,000. 69,5 × 90,5 cm. Farbdr. Ebd. 897. In Futteral n. 2. 50

— Graser's Spezialkarte vom Erzgebirge m. Angabe der Touristenwege. Rev. v. P. Lissel. 1:75,000. 53,5×73,5 cm. Farbdr. Annaberg 907. Graser's Verl. 1.—

— Hjorth, Gumal, Touristenkarte vom nordwestlichen Erzgebirge. Umgebung von Chemnitz, Limbach, Glauchau, Stollberg, Schneeberg, Aue, Schwarzenberg, Annaberg, Buchholz. 43,5×47 cm. Farbdr. Chemnitz 897. Annaberg, Graser. n. — 70

— Karte des mittleren Erzgebirges. Hrsg. von der Abtlg. f. Landesaufnahme des königl. sächs. Generalstabes. 1:100,000. 75,5×62,5 cm. Farbdr. Dresden (910). (G. A. Kaufmann's Buchh.) nn 1. 50; auf Leinw. nn 2. 50

— — des östlichen Erzgebirges. Hrsg. v. der Abteilg. f. Landesaufnahme des königl. sächs. Generalstabes. Umdruck. 1 : 100,000. 69×61 cm. Farbdr. Ebd. (910). nn 1. 50; auf Leinw. nn 2. 50

Erzgebirge. Karte des westlichen Erzgebirges. Hrsg. v. d. Abteilg. f. Landesaufnahme des königl. sächs. Generalstabes. 1 : 100,000. 75,5×66 cm. Farbdr. Dresden (910). G. A. Kaufmann's Buchh. nn 1. 50; auf Leinw. nn 2. 50

— — des Erzgebirgs-Kammweges. (Umschlag: Winter-Kammwegkarte vom Erzgebirge [Winter-Höhenwegkarte] v. P. Krauss u. E. Jaeger.) 1 : 125,000. 42×44 cm. Farbdr. Annaberg (910). Graser's Verl. — 80

— Krauss, P., Erzgebirgs-Kammwegkarte v. Bodenbach bis Asch. 1 : 125,000. 2. Aufl. 42,5×44,5 cm. Lith. Ebd. (909). — 50

— Krauss, P., Touristenkarte d. zentralen Erzgebirges. Situationszeichnung v. J. Wäber. 1 : 75,000. 53,5 × 49,5 cm. Farbendr. Leipzig (Nordstr. 48) 896. Selbstverlag. n. — 60

— Krauss, P., Wander- u. Reisekarte vom Erzgebirge. Mit Angabe der hauptsächlichsten Touristenwege. 1 : 240,000. 36,5×50 cm. Farbdr. Annaberg (906). Graser. n. — 60; auf Leinw. n. 1. 50

— — Wander- u. Reisekarte vom Erzgebirge. Mit Angabe der hauptsächlichsten Touristenwege (u. d. Erzgebirgskammweges). (Umschlag: 2. Aufl.) 1 : 240,000. 36,5×50 cm. Farbdr. Ebd. (908). —60; auf Leinw. 1.50

— Loquens, J., Touristen-Karte des Erzgebirgs-Vereines Komotau m. farbigen Wegemarkierungen. Bezirk: Komotau-Görkau. 1 : 75,000. 42,5×42,5 cm. Farbdr. Komotau (907). W. Benker. Auf Leinw. 1.—

— Meinhold's Ubersichtskarte vom Erzgebirge. 1 : 300,000. 40×48 cm. Farbdr. Dresden (900). C. C. Meinhold & Söhne. n. 1. —

— Meinhold's Übersichtskarte vom Erzgebirge. 1 : 300,000. 39,5×48 cm. Farbdr. Dresden (909). C. C. Meinhold & Söhne. 1.—; auf Leinw. 1. 75

— Mittelbach, R., Uebersichtskarte f. das Erzgebirge u. seine Umgebung. 1 : 250,000. 2., verb. Aufl. Chromolith. qu. gr. Fol. Annaberg 889. Graser. n. 1. 50

— Seifert, W., Specialkarte d. gesammten sächsisch-böhmischen Erzgebirges m. seiner Umgebg. 1 : 2,500,000. 8. Abdr. m. Eintragg. sämmtl. neu entstandenen Eisenbahnen. Steindr. u. kolor. 47×54 cm. Annaberg 892. H. Graser's Verl. n. 1. —

— Stelzig, Heinr., Touristen-Karte d. östlichen Erzgebirges u. westlichen Mittelgebirges, umfass. d. polit. Bezirke Brüx-Dux-Teplitz. 1 : 75,000. 49,5 × 57 cm. Farbdr. Aussig. Teplitz 897. (A. Becker.) n. — 60

— Wanderkarte des Erzgebirges m. den vom Erzgebirgs-Verein farbig bezeichneten Wegen in Rotdruck. 1 : 125,000. 57×86 cm. Lith. Ebd. (904). n. — 40

— Wanderkarte des Erzgebirges m. den vom Erzgebirgs-Verein farbig bezeichneten Wegen in Rotdruck. 1 : 125,000. 2. verb. u. verm. Aufl. 57×86 cm. Lith. Annaberg (907). (Graser's Verl.) — 40

Erzgebirgs-Zeitung. Monatsschr. für Volkskunde, Heimatforschung, Wanderpflege und Fremdenverkehr. Hrsg. vom Nordwestböhmischen Gebirgsvereins-Verb. (Jg 1—3: Organ der Touristen-Vereine des böhm. Erz- und Mittelgebirges . . . ; Jg 23: Volksthüml. Monatsschr. für die Dtn Nordböhmens; Jg 24: . . . für Nordwestböhmen; Jg 32—46: Monatsschr. für Volkstum und Heimatkunde Nordwestböhmens). Jg 1 ff. — Teplitz-Schönau: Nordwestböhmischer Gebirgsvereins-Verb. (1880—82: Komotau, Karlsbad: Feller; 1902—1919: Teplitz-Schönau: Becker) 1880 ff.

Erzgebirgs-Zeitung. Organ der Touristen-Vereine des böhm. Erz- und Mittelgebirges, sowie der angrenz. Gebiete. Redig. von A. Mayr. 1. Jahrg. 1880. 4 Hefte. gr. 8. (204 S.) Komotau. (Karlsbad, Feller.) *

— dass. — Redig. von A. Weymann. 2.—5. Jahrg. 1881—1884. à Jahrg. 4 Hefte. (à Heft ca. 4 Bog.) gr. 8. Ebendas. à Jahrg. *

Erzgebirgs-Zeitung. Organ d. Touristen-Vereine des böhm. Erz- und Mittelgebirges. Redig. v. A. Weymann. 8. Jahrg. 1880 4 Hefte. (204 S.) geh. 1 fl.
— — 8. Jahrg. 1881. 4 Hefte. (163 S.) geh. 1 fl.

Erzgebirgs-Zeitung. Hrsg. vom nordwestböhm. Gebirgsvereins-Verband. Geleitet v. Ed. Wenisch. 17.—19. Jahrg. 1896—1898. à 12 Nrn. (à 24 S. m. Abb.) gr. 8. Teplitz (A. Becker). à Jahrg. n.n. 2. —
Der 18. Jahrg. ist von Mich. Urban u. R. Czermack, der 19. von Urban geleitet.

Erzgebirgs-Zeitung. Hrsg. vom nordwestböhm. Gebirgsvereins-Verband. Geleitet v. M. Urban. Red. R. Czermack. 20.—22. Jahrg. 1899—1901. à 12 Nrn. gr. 8. (à ca. 24 S.) Teplitz-Schönau. (A. Becker.) à Jahrg. n. 2.—

— dasselbe. Volksthümliche Monatschrift f. die Deutschen Nordwestböhmens. Hrsg. u. geleitet vom nordwestböhm. Gebirgsvereins-Verband m. dem Sitze in Teplitz. Red.: Adf. Weigend. 23 Jahrg. 1902. 12 Nrn. gr. 8. (à ca. 24 S.) Ebd. n.n. 2. 50

Erzgebirgs-Zeitung. Volkstümliche Monatschrift f. Nordwestböhmen. Hrsg. vom nordwestböhm. Gebirgsvereins-Verband mit dem Sitze in Teplitz. Geleitet v. Jos. Brechensbauer. 24.—27. Jahrg. 1903—1906 à 12 Nrn. (25—27: 304, 288 u. 284 S. m. Abbildgn.) Lex.-8. Teplitz-Schönau (A. Becker). à Jhrg. n.n. 2. 50

Erzgebirgs-Zeitung. Volkstümliche Monatsschrift f. Nordwestböhmen. Hrsg. vom nordwestböhm. Gebirgsvereins-Verband m. dem Sitze in Teplitz-Schönau. Geleitet v. Jos. Brechensbauer. 28—31. Jahrg. 1907—1910. à 12 Hefte. (262, 266, 276 u. 283 S. m. Abbildgn.) Lex. 8. Teplitz-Schönau, (A. Becker). à Jahrg. 3. —

Erzgraeber, Georg

Erzgraeber, G., englische Dichtungen zum Auswendiglernen in stufenmäßiger Folge. Gesammelt u. m. e. Vokabular u. Anmerkgn. versehen. 8. (63 S.) Güstrow 885. Opitz & Co. n. — 50

Erzgraeber, Geo., Elemente der histor. Laut- u. Formenlehre d. Französ. gr. 8. (VI, 52 S.) Berlin 895. R. Gaertner. Kart. n. 1. —

Erzgräber, G. Ueber den Modus im englischen Nebensatze. Diss. Rostock 1881, u. Güstrow, Rg., 1882. 26 S. 4. Progr.

Erzgraeber, Georg Über den Modus im englischen Nebensatze. 26 S. Progr. Rg. *Güstrow* 1882.

Erzgraeber, R., französische Schulgrammatik. — Übungsbuch f. höhere Mädchenschulen, s.: **Bödbeker, K.**

Erzgraeber, Rudolf [aus Güstrow]: Nahum Tate's und George Colman's Bühnenbearbeitungen des Shakespeare'schen King Lear ... (Aus: Jahrb. d. Deutsch. Shakespeare-Ges., Bd XXXIII.) Weimar, Druck v. R. Wagner Sohn, 1897; 69 S. 8.
Rostock, Phil. Fak., Inaug.-Diss. v. [13. März] 1897

Erzhaus, Das verewigte und triumphirende, Serenata auf das Geburtsfest Kaiser Karls VI. . . . Hamb. 1716. V: *Feind, Barthold.* (schr)

Erzherzog Carl. Ein Bild seiner Thaten und seiner Zeit. 8. (31 S.) Wien 860, F. Klemm.

Erzherzog Karl. Sein Leben &c., s. Karl.

Erzherzog Karl u. Napoleon. 8. (18³/₄ B.) Leipzig 845, Ph. Reclam jun.

Der Erzherzog Reichsverweser und seine Minister. — Ein Berliner.
Druck von J. G. Brüschke. 1 Bl. Fol.
Flugblatt. Berlin, 25. Sept. 1848.

Erzherzog Albrecht-Album. Zur Feier der Enthüllung des Denkmals weiland des Feldmarschall E. H. Albrecht in Wien 21. Mai 1899. Text von Oscar Teuber. Wien. 1899. Perles. 4°. 8 S. mit 8 Tafeln.
auf Kunstdruckpapier fl. 1.—, Luxusausgabe fl. 3.—, Prachtband fl. 5.—

Erzieher: Der Erzieher
v. Berna.

Erzieher zu deutscher Bildung. 1.—7. Bd. 8. Jena, E. Diederichs. n. 15.—; geb. in Leinw. n. 22.—; in Ldr. n. 25.50
Fichte, J. Glieb., ein Evangelium der Freiheit. Hrsg. u. eingeleitet v. Max Riess. Mit Portr. (XVIII, 316 S.) 905. (Bd. 3.) n. 3.—; geb. n. 4.— u. n. 4.50
Hamann, Joh. Geo., Sibyllinische Blätter des Magus. Ausgewählt u. eingeleitet v. Rud. Unger. Mit Portr. (XX, 146 S.) 905. (Bd. 5.) n. 2.—; geb. n. 3.— u. n. 3.50
Herder, Joh. Gottfr., Ideen. Zusammengestellt von Frdr. v. der Leyen. Mit Portr. (XX, 231 S.) 904. (Bd. 1.) n. 2.—; geb. n. 3.— u. n. 3.50
Schiller, Frdr., ästhetische Erziehung. Ausgewählt u. eingeleitet von Alex. v. Gleichen-Russwurm. Mit Portr. (165 S.) 905. (Bd. 4.) n. 2.—; geb. n. 3.— u. n. 3.50
Schlegel, Frdr., Fragmente. Ausgewählt u. hrsg. von Frdr. v. der Leyen. Mit Portr. (181 S.) 904. (Bd. 2.) n. 2.—; geb n. 3.— u. n. 3.50
Schleiermacher, Frdr., Harmonie. Hrsg. u. eingeleitet v. Herm. Mulert. Mit Portr. (XXIV, 172 S.) 906. (Bd. 6.) n. 2.—; geb. n. 3.— u. n. 3.50
Winckelmann, Joh., u. G. Ephr. Lessing, Klassische Schönheit. Ausgewählt u. eingeleitet von Alex. v. Gleichen-Russwurm. Mit 2 Portr. (201 S.) 906. (Bd. 7.) n. 2.—; geb. n. 3.— u. n. 3.50

Erzieher zu deutscher Bildung. 8. u. 9. Bd. 8. Jena, E. Diederichs. 5.—; geb. in Leinw. 7.—; in Ldr. 8.—
Humboldt, Wilh. v., Universalität. Ausgewählt u. eingeleitet v. Johs. Schubert. Mit Portr. (207 S.) 907. (Bd. 8.) 2.—; geb. in Leinw. 3.—; in Ldr. 3.50
Schelling, Fr. Wilh., schöpferisches Handeln. Hrsg. u. eingeleitet v. Emil Fuchs. Mit Portr. (334 S.) 907. (Bd. 9.) 3.—; geb. in Leinw. 4.—; in Ldr. 4.50

Erzieher, große. E. Darstellg. d. neueren Pädagogik in Biographieen. 1. u. 2. Bd. 8. (M. je 1 Bildn.) Leipzig, R. Voigtländer. à n. 1.25; geb. in Leinw. à n. 1.60
1. Pestalozzi. Von E. v. Sallwürk. (106 S.) 897.
2. Johann Bernhard Basedow. Von Rich. Diestelmann. (110 S.) 897.
3. Karl Kehr. Von A. Kleinschmidt. M. 1 Bildnis. (112 S.) 898.

Erzieher, große. Eine Darstellung der neueren Pädagogik in Biographieen. 4. Bd. 8. Leipzig, R. Voigtländer. n. 1.25; geb. n. 1.60
Adolph Diesterweg. Von Carl Andreae. Mit e. Bildnis. (112 S.) 899.

— die grossen. Ihre Persönlichkeit u. ihre Systeme. Hrsg. v. Rud. Lehmann. 1.—4. Bd. gr. 8. Berlin, Reuther & Reichard. 13.—; geb. in Leinw. n 15.70
Heubaum, Alfr., J. Heinr. Pestalozzi. (XII, 368 S.) 910. (Bd. III.) 4.—; geb. n 4.80
Münch, Wilh., Jean Paul, der Verfasser der Levana. (VIII, 237 S.) 907. (Bd. I.) 3.—; geb. in Leinw. 3.60
Spranger, Eduard, Wilhelm v. Humboldt u. d. Reform des Bildungswesens. (XIV, 255 S.) 910. (Bd. IV.) 3.—; geb. 3.70
Willmann, Otto, Aristoteles als Pädagog u. Didaktiker. (VIII, 216 S.) 909. (Bd. II.) 3.—; geb. 3.60

Erzieher des Preußischen Heeres. Hrsg.: Gen.Lt. z. D. [Gerhard] v. Pelet-Narbonne. Bd 1–12. Berlin: B. Behr 1905–07. 11 Bde 8° [F.]
1 = Pelet-Narbonne, G[erhard] v.: Friedrich Wilhelm, d. Große Kurfürst von Brandenburg. 1905.
2 = Linnebach, K[arl]: König Friedrich Wilhelm I. u. Fürst Leopold I. zu Anhalt-Dessau. 1907.
3 = Bremen, W[alter] v.: Friedrich d. Große. 1905.
4 = Voß, W[ilhelm] v.: Yorck. 1906.
5 = Lignitz, V[ikto]r v.: Scharnhorst. 1905.
6 = Friederich, R[udolf]: Gneisenau. 1906.
7 = Boeck, F[ritz] v. der: Boyen. 1906.
8 = Caemmerer, R[udolf] v.: Clausewitz. 1905.
9 = Balck, W[illiam]: Prinz Friedrich Karl. 1906.
10 = Blume, W[ilhelm] v.: Moltke. 1907.
11. 12 = Blume, W[ilhelm] v.: Kaiser Wilhelm d. Große u. Roon. 1906. [07. 17181

— des preußischen Heeres. Hrsg.: v. Pelet-Narbonne. 1., 3.—9., 11. u. 12. Bd. 8. Berlin, B. Behr's Verl. In Halbleinw. kart. à n. 2.—; in biegsam. Lederstoff à n. 3.—; Subskr.-Pr. f. Bd. 1—12 n. 20.—; geb. n. 30.—
Balck, W., Prinz Friedrich Karl. (VIII, 100 S. m. Bildnis u. 2 Fksm. S.) 906. (Bd. 9.)
Blume, W. v., Kaiser Wilhelm der Große u. Roon. (V, 295 S. m. 2 Bildnissen u. 2 Fksms.) 906. (Bd. 11. 12.)
Boeck, F. v. der, Boyen. (III, 114 S. m. 1 Bildnis u. 1 Fksm.) 906. (Bd. 7.)
Bremen, W. v., Friedrich der Große. (III, 102 S. m. 1 Bildnis u. 1 Fksm.) 905. (Bd. 3.)
Caemmerer, R. v., Clausewitz. (IV, 123 S. m. 1 Bildnis u. 1 Fksm.) 905. (Bd. 8.)
Friederich, R., Gneisenau. (V, 132 S. m. 1 Bildnis u. Fksm.) 906. (Bd. 6.)
Lignitz, Br. v., Scharnhorst. (VII, 100 S. m. 1 Bildnis u. 1 Fksm.) 905. (Bd. 5.)
Pelet-Narbonne, G. v., Friedrich Wilhelm, der Große Kurfürst v. Brandenburg. (IV, 110 S. m. 1 Bildnis u. 1 Fksm.) 905. (Bd. 1.)
Voß, W. v., Yorck. (III, 97 S. m. Bildnis u. 4 Fksm. S. in 4.) 906. (Bd. 4.)
Die fehlenden Bände sind noch nicht erschienen.

— des preußischen Heeres. Hrsg.: v. Pelet-Narbonne. (Neue [Titel-]Aufl.) 12 Bde. 8. Oldenburg (909). G. Stalling's Verl. à 1.50; geb. in Leinw. à 2.25; Doppelbde. 3.—; geb. 4.—
Balck, W., Prinz Friedrich Karl. (VIII, 100 S. m. Bildnis u. 2 Fksm. S.) [906.] (Bd. 9.)
Blume, W. v., Kaiser Wilhelm der Große u. Roon. (V, 295 S. m. 2 Bildnissen u. 2 Fksms.) [906.] (Bd. 11. 12.)
— Moltke. (V, 127 S. m. 1 Bildnis u. 1 Fksm.) [907.] (Bd. 10.]
Boeck, F. v. der, Boyen. 3. Aufl. (V, 114 S. m. 1 Bildnis u. 1 Fksm.) [906.] (Bd. 7.)
Bremen, W. v., Friedrich der Große. 2. Aufl. (V, 102 S. m. 1 Bildnis u. 1 Fksm.) [905.] (Bd. 3.)
Caemmerer, v., Clausewitz. 2. Aufl. (VI, 123 S. m. 1 Bildnis u. 1 Fksm.) [905.] (Bd. 8.)
Friederich, R., Gneisenau. 3. Aufl. (V, 132 S. m. 1 Bildnis u. 1 Fksm.) [906.] (Bd. 6.)
Lignitz, Br. v., Scharnhorst. 2. Aufl. (VII, 100 S. m. 1 Bildnis u. 1 Fksm.) [905.] (Bd. 5.)
Linnebach, K., König Friedrich Wilhelm I. u. Fürst Leopold I. zu Anhalt-Dessau. 3. Aufl. (VII, 120 S. m. 1 Bildnis u. 1 Fksm.) [907.] (Bd. 2.)
Pelet-Narbonne, G. v., Friedrich Wilhelm, der Große Kurfürst v. Brandenburg. 2. Aufl. (IV, 110 S. m. 1 Bildnis u. 1 Fksm.) [905.] (Bd. 1.)
Voß, W. v., Yorck. 3. Aufl. (V, 97 S. m. Bildnis u. 4 Fksm. S. in 35,5×25,5 cm.) [906.] (Bd. 4.)

— unsere religiösen. Eine Geschichte des Christentums in Lebensbildern, unter Mitwirkg. v. O. Baumgarten, A. Baur, W. Beß u. a. hrsg. v. W. Beß. 2 Bde. gr. 8. Leipzig 908. Quelle & Meyer. à 3.80; geb. in Leinw. à 4.40
1. Von Moses bis Huß. (Buchschmuck v. Bruno Héroux. Vignette 3 nach e. Holzschn. Dürers, Vignette 6 nach e. alten Druck.) (VIII, 279 S.)
2. Von Luther bis Bismarck. (Buchschmuck v. Bruno Héroux. Vignette 1 u. 3 nach Merian.) (III, 265 S.)

Erzieher, der, mit seinen Zöglingen auf der Reise, ein lehrreich. Lesebuch für alle Stände, mit besonderer Rücksicht auf die Jugend. (Von dem Verf. mehrerer allgemein beliebten Jugendschriften.) Mit Bill. Kpfrn. 8. Wien 833. Pfautsch. (Leipz., Liebeskind.) 1¹ 8 ...

Die Erzieherin. Eine Zeitschrift über weibliche Erziehung. H. 1 [= Jg. 1] — Jg. 6. [Mehr nicht ersch.] — Zürich: Schulthess (5. 6: Meyer & Zeller) 1845-50. 8°

— dies. 6. Jahrg. Die Musterschule am schweizer. weiblichen Seminar, ein Beitrag zur Begründg. einer Schule der Natur u. d. Lebens (v. Josephine Stadlin). gr. 8. (XII. 91 S.) Ebd. 851. n. 16 ngr

Erziehet eure Kinder für den Himmel. Bremen 860. Verlag des Traktat Hauses. 16. (88 S. u. 1 Holzschn.) n. 3 ngr

Erziehet eure Kinder f. den Himmel. 7. Aufl. 16. (64 S.) Bremen 889. Verlag d. Tractathauses. —15

Erziehung, Die, ein Originallustspiel von einem Aufzug. Wien 1775. V: *Weidmann, Paul.* (Jahrb. d. Grillp.-Ges. XIII.)

— die, Lustsp. in 1 Aufz. Von Weidmann. 8. Wien, Wallishäuser.

Erziehung, über die, aus d. Französ. v. J. A. Emmerich. 4. Meiningen 780. (Hanisch in Hildburgh.) 3 gr

Erziehung, üb. die, a. d. Fr. von Emmerich. 8. Meining. Hanisch. 782.

— über die, (v. K. E. F. v. Scheler). 8. Prag 792.

Erziehung. Pädagogische Arbeiten hrg. von Dr. Ernst Schneider.... Heft 1. 8. Bern, Gustav Grunau, 1908. [fr. 1. 25]
s. Blauert, Paul.

Erziehung, die christliche, in Verbindung mit dem Schulunterricht. Eine Belehrung für Eltern und deren Stellvertreter. Im Geiste Overberg's bearb. Coesfeld 851. Wittneven. 12. (VII, 133 S.) n. 6½ ngr

Erziehung, die christliche, auf den Staatsgymnasien und die Gründung eines Privatgymnasiums in Breklum, von Einem, der auch auf Gymnasien und Universitäten gewesen ist. 1. Aufl. (32 S.); 2. Aufl. gr. 8. (47 S.) Breklum 886, Christl. Buchhandlung. *

Erziehung, Die, der Eltern. Meines Bruders Hüter. Zwei Laienpredigten vom Verfasser von John Halifax, Gentleman. Autorisierte Übersetzung von Hedwig Weiß. Berlin 1891. V: *Craik, Dinah Mary, geb. Mulock.* (EB)

Erziehung, die, der Eltern. — Meines Bruders Hüter. Zwei Laienpredigten vom Verf. v. John Halifax, Gentleman. Autoris. Uebersetzg. v. Hedw. Weiß. 8. (67 S.) Berlin 891. J. H. Schorer. Leipzig, Paul List. Kart. n. 1.

— u. Entwickelung des preußischen Offizierstandes vom Großen Kurfürsten bis Kaiser Wilhelm I. Studie e. alten Soldaten. gr. 8. (41 S.) Breslau 891. Köhler. n. 1. —

— Die erste, durch d. Mutter n. Fröbels Grundsätzen. (32 S.) Hamburg 1854. Haendke u. L.

— die erste, durch die Mutter nach Fr. Fröbels Grundsätzen. Leipzig 854. G. Mayer. gr. 8. (32 S.) 10 ngr

Erziehung, die erste, das Wichtigste d. Menschengeschlechts. Winke f. gute Mütter. — A. m. d. Umschlagst.: Das Buch f. Mütter. A. d. Engl. M. 1 Kpfr. 8. (11¼ B.) Nürnberg 829, Campe.

— über die, d. patrizischen Familien von Bern. 1r, 2r Abschn., (v. K. V. v. Bonstetten). gr. 8. Zürich 785, 86. Orell. 4 gr

— über d. frühe, d. Kinder zur Menschenliebe. 8. Leipz. 787. Barth. 5 gr

Erziehung, die, der Gegenwart. Beiträge zur Lösung ihrer Aufgabe mit Berücksicht. von Friedr. Fröbels Grundsätzen. Redig. von Carl Schmidt. Jahrg. 1861. April—Decbr. 18 Nrn. (Bog.) Mit Abbild. gr. 4. Berlin, Th. Chr. Friedr. Enslin. *

Erziehung, die, der Gegenwart. Beiträge zur Lösung ihrer Aufgabe mit Berücksichtigung von Friedr. Fröbels Grundsätzen. Redig. von Karl Schmidt. Jahrg. 1862. 24 Nrn. (Bog.) Mit Abbild. gr. 4. Berlin, Th. C. F. Enslin.

Erziehung, die, der Gegenwart. Beiträge zur Lösung ihrer Aufgabe mit Berücksicht. von Fr. Fröbel's Grundsätzen. Neue Folge. Hrsg. vom allgemeinen Erziehungsverein als Organ desselben und aller mit ihm in Verbindung steh. Vereine. Unter Mitwirkung von E. Böhme, E. Bornemann, F. Dittes &c. redig. von O. Kellner und W. Schröter. 1. und 2. Jahrg. 1873 und 1874. à Jahrg. 12 Nrn. (Bog.) 4. Dresden, Kubel. [Burdach.] à Jahrg. *

Erziehung, die, der Gegenwart. Beiträge zu Lösung ihrer Aufgabe mit Berücksicht. von Fr. Fröbel's Grundsätzen. Neue Folge. Hrsg. vom allgemeinen Erziehungsverein als Organ desselben und aller mit ihm in Verbindung steh. Vereine. Unter Mitwirkung von E. Böhme, B. Hanschmann, E. Bornemann &c. revid. von W. Schröter. 3.—7. Jahrg. 1875—1879. à Jahrg. 12 Nrn. (à 1½ Bog.) gr. 4. Dresden, Burbach. 3. Jahrg. * 4.—7. Jahrg. à *

Erziehung, die, der Gegenwart. Beiträge zur Lösung ihrer Aufgabe mit Berücksicht. von Fr. Fröbel's Grundsätzen. Neue Folge. Hrsg. vom allgemeinen Erziehungsverein zu Dresden als Organ desselben und aller mit ihm in Verbindung stehenden Vereine. Unter Mitwirkung von E. Bornemann, Dittes, P. Hohlfeld etc. redig. von W. Schröter. 8.—10. Jahrg. 1880—1882. à Jahrg. 12 Nrn. (à Nr. 1½ Bog.) Lex.-8. Dresden, (Burdach.) à Jahrg. *

— dass. — Beiträge zur Lösung ihrer Aufgabe mit Berücksicht. von Fr. Fröbels Grundsätzen. Begründet von B. v. Marenholtz-Bülow. Organ des „Allgemeinen Erziehungs-Vereins" und des „Frauen-Vereins für Verbesserung der häusl. Erziehung". Neue Folge. Redact.: G. Wittmer. 11. und 12. Jahrg. 1883 und 1884. à Jahrg. 12 Nrn. (à Nr. 1½ Bog.) gr. 8. Kassel, Wigand. à Jahrg. *

—— die, der Gegenwart. Beiträge zur Lösung ihrer Aufgabe mit Berücksicht. von Fr. Fröbels Grundsätzen. Begründet von B. v. Marenholtz-Bülow. Organ des „Allgemeinen Erziehungs-Vereins" und des „Frauen-Vereins für Verbesserung der häusl. Erziehung". Neue Folge. Redact.: G. Wittmer. 13.—16. Jahrg. 1885—1888. à Jahrg. 12 Nrn. (à Nr. 1½ Bog.) gr. 8. [Kassel, Wigand.] Vom 1. Juli 1888 ab: Dresden, Albanus'sche Buchdr. à Jahrg. *

—— die, der Gegenwart. Beiträge zur Lösg. ihrer Aufgabe m. Berücksicht. v. Fr. Fröbels Grundsätzen. Begründet von B. v. Marenholtz-Bülow. Organ d. „Allgemeinen Erziehungs-Vereins" u. d. „Frauen-Vereins f. Verbesserg. der häusl. Erziehg." Neue Folge. Redact.: H. Kühn. 17. u. 18. Jahrg. 1889 u. 1890. à Jahrg. 24 Nrn. (Bog.) gr. 8. Dresd., Albanus'sche Buchdr. à Jahrg. * 4 —

Erziehung, Die, im Geiste des Christenthums. O. O. 1839. V: *Azaria.* (Scriptores ord. s. Benedicti. Vindob. 1881.)

Erziehung, die, im Geiste des Christenthums. gr. 8. (20½ B.) Regensburg 839, Manz.

— eine gute, befördert d. Wohl d. gemeinen Bürger- u. Soldatensöhne. 8. Berl. 804. Schöne. 8 gr (A. u. d. T.: Vorschläge zu Beförd. d. bürgerl. Wohlstandes.)

Die gute und die schlechte **Erziehung** in Beispielen von *** *Braunschweig: F. Vieweg & Sohn 1902.* (VIII, 171 S.) 8° [F.] (a3. 11 7

— über d. häusl., (v. L. C. G. Rudolphi). 8. Berl. 789. Vieweg in Braunschw. 10 gr.

Erziehung, f. häusliche. Geistes-Blüthen aus den Schriften weiser u. edl. Menschen alt. u. neuerer Zeiten. Mit einer Vorrede u. Einleitung von J. G. Münch. Nebst 1 Titelk.. 8. Stuttg. Steinkopf. 811.
Hat auch d. Titel:
Taschenbuch f. gute Eltern, die in u. mit ihren Kindern sich wahrhaft glücklich leben möchten ꝛc.

ERZIEHUNG. Über die – d. adelichen Jugend m. e. Beweise, wie schädlich d. Akademien f. d. Erziehung d. Jugend seyen. Kraus, Wien 1781/82.

— der Jugend in Hamburg. 8. Hamb. Bohn. 800.

— die, der reiferen Jugend. Fastenmandat Sr. Gnaden d. hochwürd. Hrn. Ferdinandus (Ruegg), Bischof v. St. Gallen auf d. J. 1908. (20 S.) gr. 8. St. Gallen 908. (A. & J. Köppel.) nn — 30

— von der, d. Kinder, aus den besten Schriftstellern zusammengetragen. 8. Leipz. 802. Kummer. 12 gr.

— die, der Kinder. Ein unentbehrlicher Rathgeber für Eltern u. Erzieher, zugleich aber auch ein ebenso angenehmes als nützliches Unterhaltungsbüchlein für Kinder u. Erwachsene. Zusammengestellt von e. Jugendfreunde. 2. Aufl. 8. (74 S.) Linnich 882. (Aachen, Cremer.) n. — 30

Erziehung v. Kindern aus gemischten Ehen. [Aus: „Pastor bonus".] gr. 8. (6 S.) Trier 895. Paulinus-Druckerei. n.n. — 10

— die, der Kinder für diese Welt. Moral oder Glaube? 8. (48 S.) New-York 861. (Philadelphia, Schäfer und Koradi.) geb. *

— über d., in Klosterschulen, (v. Al. Kirchmaier). 8. Riedling. 794.

— die, der Kompagnie. Winke f. jüngere Kameraden v. e. älteren Kompagniechef. gr. 8. (48 S.) Leipzig 895. Zuckschwerdt & Möschke. n. 1. 20

— **körperliche.** Zeitschrift f. reales Leben. Hrsg.: Vikt. Pimmer. 6. Jahrg. 1910. 6 Hefte. (IV, 272 S. m. Abb.) Lex. 8. Wien, F. Deuticke. 3. 60
Vgl.: Vierteljahrsschrift f. körperl. Erziehg.

— der Kinder, die körperliche u. diätetische, bis zum mannbaren Alter. Für Eltern, Erzieher, Aerzte u. Beamte der öffentl. Gesundheitspflege. 8. Ulm 839. Stettin. 1/3 Rthlr.

— über d. korperl. u. moral., d. Kinder. 8. Grätz 793. Kienreich. 11 gr.

— über die, d. Landkinder in Absicht auf d. Landwirthschaft u. die häusl. Glückseligkeit. 8. Wien 790. (Eurich in Linz). 10 gr.

Erziehung macht den Menschen; Lustspiel. Wien 1778. V: *Ayrenhoff, Cornelius Hermann von.* (Ky)

Erziehung macht den Menschen; Lstspl. (v. K. A. v. Ayrenhoff). 8. Wien 778. N. A. 803. Pichler. 5 gr.

Erziehung macht den Menschen. Ein Lustspiel in fünf Aufz. . . . Wien 1785. V: *Rautenstrauch, Johann.* (Mn)

— die, des Menschen, e. Lesebuch f. Chelustige. 8. Stendal 792. Franzen u. Gr. 16 gr.

Erziehung, die, des Menschen zum Menschen u. Bürger. Ein Wort zur Belehrung wie sie die Zeit zu erfordern scheint. Mit einer Unterrichts-Tabelle (in qu. Fol.) gr. 8. (VI u. 73 S.) Wien 848, Heubner in Comm. 12 ngr.

— über die, zur Menschenliebe. 8. Leipzig, Barth. 783.

Die **militaerische** Erziehung in Bayern. Denkschrift. Autogr. o. O. u. J. 62 S.

— u. e. Nachr. v. d. Neu-Ruppin. Schule. gr. 8. Berlin, Rottmann. 778.

Ueber nationale Erziehung. Vom Verfasser der „Briefe über Berliner Erziehung." Lpzg. 872.

— unsere nationale. Mit besond. Bezug auf die Fordergn. Paul de Lagardes u. d. Verf. v. „Rembrandt als Erzieher" v. e. Oberdeutschen. 1.—3. unveränd. Aufl. gr. 8. (VIII, 167 S.) Berlin 891. Reuther & Reichard. n. 1. —

Ueber öffentliche Erziehung u. Anstalten. Jedem edlen Wirtemberger. [Verf.: Mag. Merz od. Prof. Jahn.] o. O. Novbr. 1796.
[Für Einheitsschule u. a.]

— von d. öffentl., oder dem Unterricht d. Jugend in Schulen. 8. Augsb. 764. v. Jenisch u. St. 8 gr.

Erziehung, Ueber, zum Offizier und über Militärstaaten. Vom Verfasser: „Einiges über die nothwendigen Veränderungen in Organisation etc. der Heere". 8. Schweidnitz 1860.

— über die, zum Patriotismus. gr. 8. Berl. 813. Maurers B. 4 gr.

— über physische, d. Menschen. Aus d. Französ. v. D. Friedlander. gr. 8. Leipz. 819.

Jahresbericht, III. — der k. k. Realschule zu Klagenfurt am Schlusse des Schuljahres 1855. Klagenfurt. Gedruckt bei Johann Leon. (62 S. 8.)
Inhalt: Die religiös-sittliche Erziehung an der hiesigen k. k. Realschule.

— von d. sittl., d. Jugend, 5 Preisabhandll.; aus d. Holländ. v. A. K. E. Jacobi. 8. Jena 793. (Hennings in Neisse). 9 gr.

— über, für den Stand der Rittergutsbesitzer in Schlesien (von Frhrn v. Kloch. gr. 8. Breslau 834. (Schulz u. Comp.) 1/12 Rthlr.

Über Erziehung der Töchter. Hamburg 1773. 8°.
Heberle, Cöln, Cat. 74. Abth. N. p. 28.

Erziehung, unsere religiöse, ein Vernunftmord. Aufruf an alle protestant. Eltern, Lehrer u. Erzieher, zu schleuniger Nothwehr wider die Bestrebungen der Finsterlinge; zugleich ein Beitr. zur Entscheidung des leipziger Bekenntnißstreites. Mit 1 Anhängen. 8. (5⁵/₈ B.) Leipzig 844, Naumburg.

— und Unterricht. Pädagog. Aussprüche alter und neuer Zeit für Aeltern, Lehrer und Erzieher gesammelt und gruppirt von L. Schwenke. gr. 8. (XVI und 804 S.) Leipzig 857. [Altona, G. Mayer's Verlag.] *

— u. Unterricht. Allgemeiner Anzeiger f. Lehrer. 1. Jahrg. Apr.—Dezbr. 1894. 9 Nrn. (Bog.) gr. 4. Hamm, Breer & Thiemann. n. 1. —

— u. Unterricht. Zeitschr. f. Lehrer u. Lehrerinnen. Organ d. westf. Provinzialvereins d. „Kath. Lehrerverbandes" u. d. „Hermann-Hubertus-Stiftung". Hrsg. v. K. Kamp. 2. Jahrg. 1895. 23 Nrn. (à 1½ Bog.) gr. 4. Hamm, Breer & Thiemann. n. 2. 25
Seit 1. Okt. 1895 mit d. „Ratgeber u. Anzeiger f. Lehrer u. Lehrerinnen" vereinigt.

— dasselbe. 3.—5. Jahrg. 1896—1898. à 52 Nrn. (Bog.) gr. 4. Ebd. à Jahrg. n. 3. —
Kann auch vierteljährlich bezogen werden.

— u. Unterricht. Zeitschrift f. Lehrer u. Lehrerinnen. Organ des westfäl. Prov.-Vereins des „Kath. Lehrerverbandes" u. der „Hermann-Hubertus-Stiftung". Hrsg. v. K. Kamp. 6.—9. Jahrg. 1899—1902. à 52 Nrn. gr. 4. (456, 466, 486, 526 S.) Hamm, Breer & Thiemann. à Jahrg. n. 3. —

Erziehung u. Unterricht. Zeitschrift für Lehrer u. Lehrerinnen. Organ des westfäl. Prov.-Vereins des „Kath. Lehrerverbandes" u. der „Hermann-Hubertus-Stiftung". Mit den 2 Gratis-Beilagen: „Jugend- u. Volkslektüre" u. „Wegweiser". Hrsg. v. K. Kamp. 10. u. 11. Jahrg. 1903 u. 1904. à 52 Nrn. (IV, 516 u. II, 540 S.) gr. 4. Hamm, Breer & Thiemann. à Jahrg. n. 4. —

— — dasselbe. Zeitschrift f. die christl. Schule. Mit den Beilagen: Kleines Zentralblatt; Jugend- u. Volkslektüre. Neu hrsg. v. e. Vereinigg. prakt. Schulmänner. 12. Jahrg. 1905. 52 Nrn. (II, 568 S.) gr. 4. Ebd. n. 5. —

— — dasselbe. Pädagogische Wochenschrift f. die Schulpraxis u. Schulchronik. Mit der Beilage: Die Jugendschrift. Red.: Jos. Schiffels. 13. Jahrg. 1906. 52 Nrn. (IV, 496 S.) gr. 4. Ebd. n.n. 5. —

— u. Unterricht. Pädagog. Wochenschrift f. Schulpraxis u. Schulchronik. Red.: Jos. Schiffels. 14—17. Jahrg. 1907—1910 à 52 Nrn. (à ca. 8 S.) 33,5×26 cm. Hamm, Breer & Thiemann. à Jahrg. nn 5. —

Erziehung, Unterricht, Schulwesen. Sammlung pädagog. Schriften. I—XII. gr. 8. Wien, Graeser. *

Inhalt:

I. Fischer, A. S., Friedrich Fröbel. Sein Leben und Wirken und seine pädagog. Bedeutung. (VIII, 53 S. mit Holzschn.-Portr.) 882. *M 1.

II. Libansky, Jos., über Erziehung blinder Kinder in den ersten Lebensjahren. (79 S.) 882. *M 1,20.

III. Trunk, Hans, über die Anschaulichkeit des geographischen Unterrichtes, mit besond. Berücksichtigung des Kartenlesens. 2. verm. und verb. Aufl. Neue Ausg. (56 S.) 882. *M 1.

IV. Fischer, Karl, der deutsche Sprachunterricht in den Schulen Deutschlands und der Schweiz. Bericht über eine im Auftrage des hohen niederösterreich. Landtages im Sommer 1877 unternommene Studienreise. 2. Aufl. (48 S.) 882. * 60 Pf.

V. Schindler, Ludw., das Kindergarten- und Kleinkinder-Schulwesen in Oesterreich und Deutschland. Vergleichende Studien auf Grundlage unmittelbarer Anschauung während einer Sommerreise im J. 1877. 2. Aufl. (61 S. mit 10 lithogr. Taf.) 882. *M 1,20.

VI. Kraft, Jos., über Schüler-Bibliotheken an den Volks- und Bürgerschulen [Mittel- und Secundarschulen] in Oesterreich, Deutschland und der Schweiz. Vergleichende Studie auf Grundlage unmittelbarer Anschauung. 2. Aufl. (55 S.) 882. * 80 Pf.

VII. Schwarz, Marie, vergleichende Studien über das Mädchenschulwesen in Oesterreich und Deutschland. Bericht über eine im Auftrage des hohen niederösterreich. Landtages im Sommer 1878 unternommene Ferienreise. 2. Aufl. (48 S.) 882. * 60 Pf.

VIII. Thurnwald, A., Beiträge zur Geschichte der Pädagogik in Deutsch-Oesterreich. 2. Aufl. (72 S.) 882. *M 1.

IX. Urban, Jos., der Zeichenunterricht in den Volksschulen Süddeutschlands und der Schweiz. Bericht über eine im Auftrage des hohen niederösterreich. Landes-Ausschusses im Sommer 1878 unternommene Studienreise. 2. Aufl. (60 S. mit 2 Stnt.) 882. * 96 Pf.

X. Rotter, Rich., die Rettungsanstalten für sittlich verwahrloste Kinder. Ein Beitrag zu den Erziehungsfragen der Gegenwart. (X, 81 S.) 882. *M 1,20.

XI. Hoerfarter, M., zur Pädagogik des Kindergartens. (16 S.) 882. * 40 Pf.

XII. Stenzl, Ant., ansteckende Krankheiten. Zwei Vorträge, geh. im „Verein für Kindergärten in Oesterreich." (40 S.) 883. * 80 Pf.

—— Unterricht, Schulwesen. Sammlung pädagog. Schriften. XIII—XVI. gr. 8. Wien, Graeser. *

Inhalt:

XIII. Der Handarbeits-Unterricht für die männliche Jugend und der Slöjdunterricht in der Schule vom Standpunkte der Pädagogik. Auf Grundlage der im Sommercurs 1884 von Otto Salomon in Nääs [Schweden] gehaltenen Vorträge bearb. von Jos. Urban, Vinc. May, Wilh. Bauhofer, Jos. Kreibich. (122 S. mit 6 Taf. [100 Fig.] Skizzen der method. geordneten Modellsammlung des Nääs'schen Systems.) 885. *M 1.60.

XIV. Libansky, Jos., die Ausbildung der Blinden in der österreichisch-ungarischen Monarchie. (IV, 163 S.) 886. *M 1.60.

XV. Wendt, F. M., Methodik des schönen Vortrags beim Lesen und Deklamieren, sowie bei der freien Rede. Für Lehranstalten und zum Selbstunterrichte. (VIII, 76 S.) 887. *M 1.20.

XVI. Geschichte der Kinderbewahranstalten und Kindergärten in Oesterreich. Hrsg. vom „Verein für Kindergärten in Oesterreich". (116 S.) 887. *M 1.40.

— Unterricht, Schulwesen. Sammlung pädagog. Schriften. XVII. gr. 8. Wien 889, Graeser. * — 60

Vinstorfer, M. Die Behandlung d. Sprachunterrichtes auf Grundlage der Lesebücher f. österr. Volks- u. Bürgerschulen. Referat. 2. rev. Aufl. (32 S.)

Erziehung und Unterricht in der Schweiz
v. L'Education en Suisse — Erziehung und Unterricht in der Schweiz.

— über d. zu verbessernde, unsrer Künstler u. Handwerker, (v. J. K. Bundschuh). 8. Nürnb. 788. Grattenauer. 5 gr.

— des Volkes zur Freiheit. Eine Serie paedagogisch-socialer Briefe. Zur Aufklärg. u. Mahng. f. das Volk u. seine Freunde. gr. 8. (IV, 51 S.) Leipzig 871. Siegismund & Volkening. — 40

Die Erziehung des Volkes auf den Gebieten der Kunst und Wissenschaft. Vorberichte u. Verhandlungen der IX. Konferenz 1900 in Berlin. *Berlin: C. Heymann 1900.* (IV, 103 S.) 8° [J.]
= Schriften d. Centralstelle f. Arbeiter-Wohlfahrtseinrichtungen. No 18. [...]

— über weibl., u. Bildung; an deutsche Frauen von e. deutschen Frau, Amal. Berg, (Johanne Karol. Amal. Ludecus.) 8. Erfurt 815. (Weigand in Leipz.) 8 gr.

— die wirthschaftliche, und die Lebensaufgabe der Hausfrau. 2 Bde. 8. (XII u. 479 S.) Leipzig 852, G. Mayer. 2½ ₰

—— die wirthschaftliche, und die Lebensaufgabe der Hausfrau. 1. Ausg. 1852. und 2., unveränd. Ausg. 2 Thle. (in 1 Bd.) 8. (XII und 479 S.) Leipzig 853, G. Mayer. *

Erziehungsanstalt, die Bendersche, für Knaben von 8 bis 16 Jahren zu Weinheim an der Bergstrasse. gr. 8. (16 S.) Berlin 867, Weidmann'sche Buchh.

Erziehungsanstalt, die evangelische, zu Hörter in Westfalen. gr. 8. (14 S.) Darmstadt 859, Zernin.
Aus: Bauten des Gustav-Adolf-Vereins, besonders abgedruckt.

Erziehungsanstalt der Freimaurer in Dresden. [Leipzig 1815.] V: *Semler, Christian August.* (NN)

Erziehungsanstalt, Die, der Freimaurer in Dresden. [Leipzig 1821.] V: *Semler, Christian August.* (NN)

Erziehungsanstalt, d. häusl., des Dr. v. Liederskron, s. a. K. L. v. Liederskron.

Erziehungsanstalt, die häusliche, des Dr. von Liederskron zu Erlangen, dargestellt mit freymüth. Bemerk. über Erziehungsinstitute. Mit 1 Kupfert. gr. 8. Nürnberg, Bauer und M. 821. Rthlr. -

Erziehungsanstalt, die, zu Stetten im Remsthal im Königr. Würtemberg im J. 1846. 3. Hauptbericht unter Mitwirk. d. Lehrer hrsg. v. C. R. Wunderlich. Mit 1 Ans. d. Wohngebäudes. gr. 8. (7⅓ B.) Stuttgart 846, Metzlersche Buchh. *
1. u. 2. Bericht ...? 27½ Ngr.

Die Stoysche Erziehungsanstalt zu Jena 1885—1898. (Hrsg.: Heinrich Stoy.) ... *Jena: Dr. d. Frommannschen Hofbuchdr. 1898.* (2 Bl., 74 S.) 1 Bd 4. [...]

Erziehungsanstalten, worin sind die guten, des Fürst. Würzburg noch zu bessern? s. Worin.

Erziehungsbegebenheiten, mit Anmerkk. (v. H. M. G. Köster u. A.) 2 Jahrgg. 8. Marb. 780 u. 81. Krieger. 3 ₰

§ ERZIEHUNGSBEGEBENHEITEN, Die neuesten, für die Jahre 1780—81. O. O. u. J. 8°. (In München: Paed. 102. 2 voll.) Rar!

Erziehungsbegebenheiten, Die neuesten, mit praktischen Anmerkungen. Giessen 1780—81. H: *Köster, Heinr. Mart. Gottfr.* (Ky) (HS) (Adel) (stri) (MGT)

Erziehungsbilder. Den christlichen Müttervereinen gewidmet. gr. 8. (86 S.) Amberg 899. F. Pustet. n. — 50

Erziehungs-Blätter: 1871 --› Milwaukee, WI
Monthly. Edited by M. Grossmann. See: AMERIKANISCHE SCHULZEITUNG.

Erziehungs-Blätter. (Germ.-Am. Journal of Education.) Für Schule u. Haus. Organ d. nation. deutsch-amerikan. Lehrerbundes u. d. deutschen Lehrervereins d. Staates Ohio. Hrsg.: Freidenker Publishing Co., Milwaukee, Wis. Red.: Heinr. H. Fick. 27.—29. Jahrg. Oktbr. 1896—Septbr. 1899. à 12 Hfte. (à ca. 16 S.) gr. 4. Milwaukee, Wis. (468 East Water St.), Freidenker Publishing Co. à Jahrg. n. 8. —

Christliche Erziehungs-Blätter: 1889?—1892?
Lutheran monthly. Octavo, each issue 30 pages. Edited by John L. Fehr, & published by Toledo Express Co.
Toledo, OH

Christliche Erziehungs-Blätter für Eltern und Lehrer: 1890 1892
Monthly. Herausgegeben von einer Anzahl christlicher Gemeindeschullehrer. Vol. I, No. 1 (Jan. 1890) to Vol. III, No. 12 (Dec. 1892). It was edited by J. L. Fehr.
Steubenville, OH

Erziehungsblätter für das Haus und die Kleinkinderschule, hrsg. von J. Fölsing. 1. und 2. Jahrg. 1850 und 1851. à 12 Nrn. (à ⅓—1½ Bog.) gr. 8. Darmstadt, v. Auw. à Jahrg. * 24 Ngr. *

Erziehungsblätter, Lebensheimer. Harmonie. Familienblatt f. naturgemässe Geistes- u. Leibespflege u. f. Familienerziehg. in Haus u. Schule. Organ des Lebensheimer Erziehungsvereins. Hrsg. v. Pet. Johs. Thiel. 1. Jahrg. 1897. 12 Nrn. gr. 8. u. gr. 4. (120 S.) Elberfeld 899. (Baedeker.) n. 2. —
Fortsetzung s.: Blätter, Lebensheimer.

Erziehungsblätter f Schule und Haus. Organ des Natlen Dt-Anischen Lehrerbundes (Natl G-An Teachers Assoc). Ed: W. H. Hailmann, L. R. Klemm, and H. H. Fick). To June, 1869; succeeded by Pädagogische Monatshefte.

Erziehungsbüchlein oder: Anweisung zur Erziehung der Kinder für den Bürger und Landmann . . . Schwelm 1833. V: *Rauschenbusch*, *Hilmar Ernst.* (Ky)

Erziehungsbüchlein, oder: Anweisung zur Erziehung der Kinder für den Bürger u. Landmann, von dem Verf. der Schwelmer bibl. Geschichten (H. E. Rauschenbusch.) gr. 8. Schwelm 833. Scherz. ⅙ ß

Erziehungscatechismus, Praktischer, Beschäftigungen für die Jugend in ihren Erhohlungsstunden . . . Wien 1802. V: *Kaiserer*, *Jacob.* (MGT)

Erziehungsfrage, Die St. Gallische, und ihre Lösung. Ein Beitrag zur Verfassungsrevision von 1860. St. Gallen 1860. V: *Rüegg*, *Hans Rudolf.* (BSchwLk V, 10c)

Erziehungsfreund. Organ d. katholischen Erziehungsvereins in der Schweiz und Berichterstatter für die Cäcilienvereine. IV. Jahrg., 1881. 52 Nrn. in-4°. Schwyz, C. Weber & Cie. Pro Jahr 4 50

Erziehungsfreund. Organ d. katholischen Erziehungsvereins in der Schweiz und Berichterstatter für die Cäcilienvereine. Red. J. Betschart. V. Jahrg. 1880. 52 Nrn. in-4°. Schwyz, C. Weber & Cie. Per Jahr 4 50

Erziehungsfreund, Schweizerischer. Organ des kathol. Erziehungsvereins, sowie des Vereins kathol. Lehrer und Schulmänner der Schweiz. Berichterstatter für die Zäzilien-Vereine. 16. Jahrg. 1891. (52 N°). Red. von *H. Baumgartner.* N° 1. In-8°. 16 S. Gossau, Exped. des „Erziehungsfreund". Jährl. 4 50 Fürs Ausland 7 —

Erziehungshandbuch, Praktisches, für Ältern, Hofmeister . . . Heilbronn 1799. V: *Simon*, *Ernst Heinrich.* (Ky) (MGT)

Erziehungshandbuch, prakt., f. Aeltern, Hofmeister ꝛc., v. E. S. (Er. H. Simon). 8. Heilbr. 799. Claß. 10 ℊ

Erziehungsheim und Frauenschule auf dem Lande (3 ff.: auf d. Lande. Finkenwalde i. P.). No. 1. *Stettin 1903: L. Parenow.* 8° [F.]
[04. 8804 9

ERZIEHUNGSHIEBE. Illustriert. (190*.) (Mk. 2—.)

Erziehungsinstitut, Das, der Freimaurer in Dresden. [Leipzig 1811.] V: *Semler*, *Christian August.* (NN)

Erziehungs-Katechismus. Ein Handbüchlein für Eltern vorzüglich mittleren Standes z. zweckmäß. Erziehung ihrer Kinder v. einem Jugendfreunde. gr. 8. Breslau 846, P. F. Scholz. 1/6 ß

Erziehungskunst, die, in der Familie für Eltern, Erzieherinnen u. Erzieher. Herausgegeben von einem praktischen Schulmanne. Neue (unveränderte) Ausgabe. 8. (364 S.) geh. 2 fl. 50 kr.
Korneuburg: Kühlkopf 1882.

Erziehungskunst, Die, in der Familie für Eltern, Erzieherinnen und Erzieher. Wien 1882. V: *Boss*, *Jul.* (EB)

Erziehungskunst, die, der Mutter. Ein Leitfaden der Erziehungslehre. Hrsg. v. Arbeiterwohl, Verband f. soziale Kultur u. Wohlfahrtspflege. 6—20. Tausend. (132 S.) kl. 8. M.-Gladbach 909. Volksvereins-Verlag. In Leinw. kart. n — 75

Erziehungs- und Unterrichtslehre. Geschichte der Pädagogik. Bd. 1. Langensalza 1903. V: *Wentzel*, *Carl Albert.* (Berl)

Erziehungslehren d. Bibel, eine Volksschrift. 8. Leipz. 815. Barth. 3 ℊ

Erziehungsmethode, die Fröbel'sche. Eine Zusammenstellung vereinzelter Mittheilungen und Berichte. Nebst einem Kinderliede mit Klavierbegleitung. gr. 8. (32 S.) Berlin 866, Th. C. F. Enslin. *

ERZIEHUNGSMETHODEN, Erziehungsresultate. Eigene Erfahrungen und Beobachtungen einer Berufserzieherin über die Sinnlichkeit im Leben des Kindes. Budapest VIII, G. Schneider (um 1905). 8°.
Verb. d. Ldg. I Berlin 7 J. 1355/08.

ERZIEHUNGSMETHODEN — Erziehungsresultate. Eigene Erfahrungen und Beobachtungen einer Berufs-Erzieherin über die Sinnlichkeit im Leben des Kindes. Privatdruck. O. O. (Budapest, Schneider) u. J. (c. 1906). (Mk. 2—.) (2 Mk. Adolf Weigel, 1908.)

Erziehungsplan, Philanthropinischer, oder vollständige Nachricht von dem ersten wirklichen Philanthropin zu Marschlies. Frankfurt a. M. 1776. V: *Bahrdt, Karl Friedrich.* (Bresl 31, S. 17)

Erziehungsplan, Philanthropischer, in Marschlins. Leipz. 1776. V: *Bahrdt, Carl Friedrich.* (Ky)

Erziehungsplan, philanthrop., in Marschlins, (v. K. F. Bahrdt). gr. 8. Leipz. 776. Gleditsch. 1 *rf* 2 *g*

Erziehungs- und Unterrichtsplan, Ein, aus Pestalozzi's Schule. Winterthur 1883. V: *Morf, Hnr.* (Cat. d. Stadtbibl. Zürich. Zürich 1864—97.)

Erziehungsrat, bleibender internationaler. [Niederlande.] Erläuterung zum Reglement des Vereins „Pax humanitate". Uebersetzung. 8. (11 S.) Bonn 885, Selbstverlag von H. Molkenboer. *

Erziehungs- und Schulrath, der, herausgeg. von D. D. Krüger und D. W. Harnisch. s. a. **Krüger.**

Erziehungs- u. Schulrath, s. a. Schulrath an d. Oder.

(Wilhelm) Harnisch, Der Schulrat an der Oder [Der **Erziehungs- und Schulrath**]. Ueberarb. u. neu hrsg. von Dr. Julius Plath, Reg. u. Schulrat in Lüneburg. *Leipzig: Dürr 1900.* (V, 322 S.) 8° [ ] [illegible]

Erziehungs-Resultate. Geschichten, Characteristiken und Bilder nach dem Leben. Ein Beitrag zur pract. Erziehung für Eltern und andere Erzieher. gr. 8. (VI und 286 S.) Hannover 857. [Dresden,] Ehlermann. *

Erziehungs-Schule. Zeitschrift für Reform der Jugenderziehung in Schule und Haus. Redact.: E. Barth. 1. und 2. Jahrg. Octbr. 1880—Septbr. 1882. à Jahrg. 12 Nrn. (Bog.) gr. 4. Leipzig, Gruner. 1. Jahrg. * 2. Jahrg. *

—— dass. — 3.—5. Jahrg. Oktbr. 1882—Septbr. 1885. à Jahrg. 12 Nrn. (à Nr. 1—1½ Bog.) gr. 4. Leipzig, Reichardt Verlag. à Jahrg. *

Erziehungsschule. Zeitschrift für Reform der Jugenderziehung in Schule und Haus. Redact.: E. Barth. 5.—7. Jahrg. 1885—1887. à Jahrg. 12 Nrn. (à Nr. 1—1½ Bog.) gr. 4. Leipzig, Reichardt Verlag. à Jahrg. *
Nicht weiter erschienen.

Erziehungsschulen, Die, in Apenrade nebst Bemerkungen. [Schleswig 1820.] V: *Jessen, Marcus.* (LS)

Erziehungsspiele, Neu erfundene und verbesserte. O. O. [ca. 1790]. V: *Scheler, Eugen Carl Ludwig von.* (MGT)

Erziehungsstrafrecht, Das, in Haus und Schule von seiner juristischen Seite betrachtet . . . Minden 1882. V: *Freudenstein, Gustav.* (EB)

Erziehungsunternehmung, Pestalozzi's, im Verhältniss zur Zeitkultur . . . 1. Abth. Tübingen 1811. V: *Niederer, Johann.* (AarK)

Schleswig-Holsteinischer **Erziehungsverein** . . . (Schleswig.) o. J. 8° u. 4°, geb. in 4°
1881—1886. 1887/88—1914/15.
Das Berichtsjahr geht vom 1. April — 31. März.
Fortges. u. d. T.:
Schleswig-Holsteinischer Erziehungsverein . . . **Jahresbericht.** (ebd.) 4°
35 ff. ⟨1. April 1915 bis 31. März 1916 ff.⟩

Das gesamte **Erziehungs-** und Unterrichts**wesen** in den Ländern deutscher Zunge. Bibliogr. Verzeichn. u. Inhaltsangabe d. Bücher, Aufsätze u. behördl. Verordnungen z. Deutschen Erzieh.- u. Unterrichts-Wissensch. nebst Mitteilungen über Lehrmittel. Im Auftr. d. Gesellsch. f. deutsche Erzieh.- u. Schulgesch. hrsg. von Karl Kehrbach. Jg. 1—4. Berlin: J. Harrwitz Nachf. (1: in Komm.) 1896—1903. 4 Bde 8°
1. 1896. 2. 1897. 1900. 3. 1898. 1902. 4. 1899. 1903. [illegible]

Erziehungs- u. Unterrichtswesen, red. v. Alb. Sichler, s. a. **Bibliographie d. schweiz. Landeskunde.** V, 10c.

Erziehungs- und Unterrichts**wesen.** Hrsg. vom Bur. d. Centralkomm. f. schweiz. Landeskunde. Red. von Albert Sichler. Bd 1, (Hälfte 1). Bern: K. J. Wyss 1906. 8°
— **Bibliographie** d. Schweizerischen Landeskunde. Fasc. V, 10 c. [illegible]

Erziehungs- und Unterrichtswesen, das, als Angelegenheit d. Staates u. Gegenstand d. Gesetzgebung, mit besond. Hinsicht auf Württemberg. gr. 8. (10 B.) Reutlingen 841, Mäcken jun.

Erzielung constanter Temperaturen in ober- und unterirdischen Gebäuden. St. Petersburg 1885.

Erzinger, Heinrich

Erzinger, H., Armuth und Volkswirthschaft im Kanton Schaffhausen. Ein Nachtrag zur Beantwortung der Auswanderungsfrage. 8°. Schaffhausen, Brodtmann, 1853.

— Die Auswanderung im Kanton Schaffhausen, ihre Ursachen und Gegenmittel, Beantwortung der vom Hrn. Regierungsrath A. Wintz unterm 7. Dec. 1852 ausgeschriebenen Preisfrage. gr. 8°. Schaffhausen, Brodtmann, 1853.

Erzinger, Heinr., des Eidgenossen republikanischer Katechismus, d. i. leichtfaßlicher Unterricht in den 114 Artikeln der schweizer. Bundesverfassung in Frage u. Antwort, nebst vielen nützlichen Dingen, welche einem Republikaner im politischen Leben zu wissen nöthig u. angenehm zu lesen sind. Bern 868. Heuberger. 8. (XXII, 202 S.) n. 20 *ngr.*

Erzinger, H., schweizer Katechismus oder kurzer Unterricht über Land, Volk und Geschichte, vornehmlich aber über die neue Bundesverfassung und Bundesgesetzgebung der Schweiz. Für Fortbildungs- und Rekrutenschulen wie zum Selbstunterricht, zugleich als polit. Noth- und Hülfsbüchlein für das Schweizervolk bearb. gr. 8. (XXIV, 288 S.) Bern 883, [Dalp'sche Buchh.] Schmid, Francke und Comp. *

Erzinger, Heinr., Lesebuch für landwirthschaftliche Fortbildungsschulen, mit besonderer Berücksichtigung der Verhältnisse u. Bedürfnisse des württembergischen Bauernstandes. 860. nn. 12½ *ngr.* — 2. unveränd. Abdr. Stuttgart 861. Ebner & Seubert. gr. 8. (VIII, 176 S. m. Holzschn.) n. 12 *ngr.*

Erzinger, Heinr., **Lesebuch** f. landwirthschaftliche Fortbildungsschulen, m. besond. Berücksicht. der Verhältnisse u. Bedürfnisse d. württ. Bauernstandes. 5. im Auftr. der K. Centralstelle f. die Landwirthschaft umgearb. u. verb. Aufl. gr. 8. (X, 198 S.) Stuttgart 871. Ebner & Seubert. n. 1. —

Erzinger's Lesebuch für landwirthschaftliche Fortbildungsschulen, mit besond. Berücksicht. der Verhältnisse und Bedürfnisse des württemb. Bauernstandes. 6. Aufl. (198 S.) 1874; 7. im Auftrag der k. Centralstelle für die Landwirthschaft von Fritz Möhrlin umgearb. und verb. Aufl. gr. 8. (XII, 163 S.) Stuttgart 880, Schickhardt und Ebner. *ℳ 1.; cart. *

Erzinger, Heinr., Plan einer landwirthschaftlichen Fortbildungsschule, s. Eisenlohr, Th., die Volksschule und die Landwirthschaft.

—— die Rechnenkunst des Landwirthes. Populäre Anleitung alle im Wirthschaftsbetriebe vorkommenden, oft so complicirten Berechnungsaufgaben nach durchgerechneten Beispielen, leicht und sicher zu lösen. Vermehrt mit der prakt. Anweisung zur Decimal-, Toisir- und Wurzelrechnung, so wie zum Feldmessen und Nivelliren. Aus der Praxis hergeleitet und für die Anwendung im Leben bearb. gr. 8. (VIII und 155 S. mit eingedr. Holzschn.) Prag 858, André. *

— Rechnungsbeispiele aus dem Leben fürs Leben oder prakt. Rechenbuch für die Oberklassen der Volksschulen, für Fortbildungsschulen und für den denkenden Landwirth. Mit einem Vorw. von Eisenlohr. Schaffhausen 854. Brodtmann. gr. 8. (XV, 128 S.) n. 10 ngr

—— Rechnungsbeispiele aus dem Leben für das Leben, oder prakt. Rechenbuch für ländl. Fortbildungsschulen, landwirthschaftl. Lehranstalten und für den denkenden Landwirth. Mit einem Vorwort von Eisenlohr. 2., verm. und verb. Aufl. gr. 8. (XXII und 246 S.) Schaffhausen 859, Brodtmann'sche Buchh. *

—— Rechnungsbeispiele aus dem Leben für das Leben oder prakt. Rechenbuch für landwirthschaftl. und gewerbl. Fortbildungsschulen, für Handwerkerschulen und zum Selbst-Unterricht. Mit einem Vorwort von Eisenlohr. 3. umgearb. Aufl. gr. 8. (XVI, 200 S. mit eingedr. Holzschn.) Schaffhausen 873, Brodtmann'sche Buchh. *

—— Schlüssel zu den Rechnungsbeispielen aus dem Leben für das Leben oder dem prakt. Rechenbuche für ländl. Fortbildungsschulen, landwirthschaftl. Lehranstalten und für den denkenden Landwirth. gr. 8. (IV und 22 S.) Schaffhausen (861)62, Brodtmann'sche Buchh.

Erzlagerstätten [Schlagwort]

Erzlagerstätten, s.: Bergbau.

Erzlügner, der,. Lustsp. von des Touches. 8. Berl. Himburg. 772.

Der Erzpatriot. Rede, veranlasst durch die Rede: der Patriot und deren Verfassers (d. i.: Friderich Hoegh-Guldbergs) Geburtstag, gehalten in einer „wohlgeordneten wie frey veranstalteten" festlichen Zusammenkunft einer erzpatriotischen Gesellschaft von einem bescheidenen Mitgliede derselben. A. d. Dän. übers. 2., vom Patrioten begleitete, Aufl. Kiel. 1810. 8°.

Erz-Räthsel der Vernunft-Kritik und der verzweifelten Metaphysik . . . Meiningen 1789. V: *Obereit, Jacob Hnr.* (ML)

Erzstätt, s.: Kirnbauer v. Erzstätt.

Erzstein, Ertappter Briefwechsel v. d. Zauberey, Schröpfers Künsten, Sympathie, Gespensterei, Nativitätstellen etc., gesammelt von e. Juristen, Mediciner, Philosophen u. Theologen. 282 S. Lpz. 4°.
1777

Erzstufen, von C. F. van der Velde. 3 Thle. 8. Dresden, Arnold. 819.

Erzstufen auf dem Felde der neuesten Literatur gesammelt. Zur Unterhaltung und Belehrung. 1. Bd. 12 Hefte. (à 4 Bog.) 8. Eisleben 847, Reichardt.

Erztölpel, der flegelhafte, oder Anleit. zu possirl. Sitten. 8. Ulm, Gaum. 751.

Erzväter, Die. Eine Erzählung . . . Basel 1837. V: *Barth, Chn Gottlieb.* (Mitth. A. Rosenbaum.)

Erzväter, die, eine Geschichte zum Festgeschenk für Kinder. Von dem Verf. der „Rabenfeder." 12. Basel 837. Schneider. 1/8 ßf

Erzväter, die. 16. (7 Chromolith. m. Text.) Wien 877. 1. Wiener Depôt evang. Druckschriften. n. — 20

Erz-Wiener, Der, nach dem Leben gemalt in einem Fastnachtskatechismus. Wien, auf Kosten der sämtlichen Zehnkreuzer-Autoren 1784. 24 S. 8°. V: *Richter, Joseph.* (Hans Viktor Pisk: Joseph Richter. Diss. Wien 1927, S. 90) (BGE[3], VIII/438) »2. Aufl. Wien u. Baden 1791« (Hdschr. Mitth. von Gustav Gugitz, Wien.)

Erz-Wiener, der, nach d. Leben gemalt in einem Fastnachts-Katechismus. 8. Mannh. 784. Löffler. 2 K

FSC
www.fsc.org
MIX
Papier | Fördert gute Waldnutzung
FSC® C083411

Kolibri 360 GmbH
Ferdinand-Jühlke-Straße 7
99095 Erfurt, Deutschland
produktsicherheit@kolibri360.de